建筑施工计算手册

(第三版)

江正荣 编著

中国建筑工业出版社

图书在版编目（CIP）数据

建筑施工计算手册/江正荣编著. —3版. —北京：
中国建筑工业出版社，2013.4
ISBN 978-7-112-14996-4

Ⅰ. ①建… Ⅱ. ①江… Ⅲ. ①建筑工程-工程计算-手册 Ⅳ. ①TU723.3-62

中国版本图书馆CIP数据核字（2012）第302947号

建筑施工计算手册
（第三版）

江正荣　编著

*

中国建筑工业出版社出版、发行（北京西郊百万庄）
各地新华书店、建筑书店经销
霸州市顺浩图文科技发展有限公司制版
北京中科印刷有限公司印刷

*

开本：787×1092毫米　1/16　印张：83　字数：2000千字
2013年7月第三版　2017年1月第二十二次印刷
定价：**168.00**元
ISBN 978-7-112-14996-4
（23046）

版权所有　翻印必究
如有印装质量问题，可寄本社退换
（邮政编码 100037）

本手册是一部内容全面、实用性强的有关建筑施工计算的工具书，内容基本涵盖了建筑施工计算的各个应用领域。共计 22 章，包括：土方与爆破工程、基坑支护工程、地下水控制工程、地基处理工程、地基与基础工程、砌体与墙体工程、脚手架工程、模板工程、钢筋工程、混凝土工程、大体积混凝土裂控工程、预应力混凝土工程、建筑结构吊装工程、钢结构工程、木结构工程、防水与防腐蚀工程、装饰装修与地面工程、冬期施工、临时设施工程、施工机具设备、结构加固工程、现代施工管理技术等。书中对每项计算公式均有详细的说明或推导，附有必要的图表资料、参考数据及大量的典型计算实例，书后还附有施工常用计算数据和施工常用结构计算用表。

本次修订全部按照国家最新标准、规范编写，在第二版基础上删去了陈旧的、不常用或可有可无的施工计算方法等；增加、补充一批近年创新、发展并具有普遍推广意义的实用新技术、新工艺及现代施工管理方面的施工计算内容。读者遇到有关施工中需要的计算项目和问题，通过查阅本手册基本可顺利解决。

本手册可供建筑施工技术人员、管理人员和高级技工使用，也可供土建设计人员和大专院校土建专业师生参考。

* * *

责任编辑：咸大庆　封　毅
责任设计：董建平
责任校对：党　蕾　刘梦然

第三版前言

《建筑施工计算手册》，自 2007 年二版以来，又已五度春秋，一、二版共印刷 18 次，累计印数达 3.9 万册、受到建筑界广大读者的关爱和信任，曾被现场技术人员和一些出版专著广泛使用和引用，取得良好的技术、经济和社会效益；有些读者还对本书提出了不少宝贵的建设性意见和建议，帮助提高、改进和完善，在此谨向广大读者表示衷心的感谢和诚挚的敬意。

近五年来，建筑技术和施工工艺、方法等方面均发生了巨大变化，涌现出一大批施工新技术、新工艺、新材料、新机具设备和新的现代施工管理方法以及相应新的施工计算方法等，应用于实际工程中。特别为适应建筑业发展、施工与实际结合和与国际接轨的需要，国家对建筑工程勘察设计、施工质量验收等规范、规程、标准，陆续进行了修订、完善和制定。在施工管理方面，国务院颁发了《建筑工程安全生产管理条例》，要求对一定规模的危险性较大的分部分项工程，在施工前必须编制专项施工方案并进行安全验算或施工计算，以保障工程施工、使用安全和质量。在此新形势下，二版内容已不能准确、全面地反映当前我国建筑技术和管理水平的实际情况，许多新的施工技术和施工计算方法没有得到反映，一部分内容已经陈旧或过时，加之二版中有些章节内容和编写还不全面，已不能完全满足、适应建筑业迅猛发展和读者的迫切需要。因此有必要进行一次较全面修订、补充和完善，以适应新世纪建筑科学技术快速发展和满足广大建筑员工的迫切需要。

这次修订，主要有以下几个方面：

1. 对原二版中一些陈旧、过时、不常用或可有可无的分部分项施工计算均予以删去。如硅化法加固地基计算、钢筋冷拉施工计算、曲面可变桁架计算等等，全书共删除 65 项（节）；对内容近似、重复的施工计算均予以合并，以节省篇幅。

2. 对常用、具有典型普遍意义的施工计算项目仍保留或仅作适当补充、修改或精简。

3. 根据国家新修订或制定的设计规范和工程施工质量验收规范、规程、各种标准，对使用旧规范、规程等的各节施工计算，进行相应的修订、完善或重新改写，使手册内容紧密结合相关规范，符合新修订和制定的规范要求。

4. 增加、补充一批近年创新、发展并具有普遍推广意义的实用新技术、新工艺及现代施工管理等方面的施工计算内容，如强夯加固地基施工参数计算、悬挑式脚手架计算、混凝土跳仓法施工裂缝控制计算等等，在各章中均有增加或补充，全书新增施工计算共 126 项（节）。

5. 为使本手册能为更多读者掌握、应用，扩大使用面和范围。三版增加、补充了一批简易（简化）、近似、快速计算内容。使可满足施工要求和精度的前提下，能省去烦琐的计算，减轻计算工作量，节省工时。使一些中级技术人员和高级技工，以及编制预算人员均能较快掌握、应用，满足工作需求。

6. 二版附录中曾列入各种结构设计规范的计算公式，在有关结构设计规范中均有更详细介绍和论述，有些计算资料在手册中极少使用，在三版中均不再重复列入，但在手册中用到公式时，均注明使用的设计规范和公式编号，便于读者查找、核对、应用。

7. 三版在深度、广度和范围均有所扩大。全书编写力求简明扼要，概念清楚，深入浅出，并富启发性；使内容更加配套、全面、完整、系统，更加充实；使能满足各个层次、方面进行施工计算的需要，并便于查找、阅读、理解、掌握和实际应用。

8. 本书体例，写法保持不变，采用文字与图表相结合，理论与实际相结合，每节大都附有典型计算实例，以便读者领会计算方法要点、参照应用，使达到举一反三的效果。

修订后的第三版内容包括 22 章，内容基本涵盖了建筑施工计算的各个应用领域。另附有施工常用计算数据和施工常用结构计算用表两个附录。在每节施工计算中，根据工程的需要，重点论述施工计算的原理、计算步骤、方法、计算公式、符号意义、有关计算参数、边界条件，以及计算应注意的问题或要点，并附计算实例和必要的附图、附表等，以便于读者理解、实际参考应用和满足工程施工需要。

施工计算是一门复杂的、多学科的、专业繁多、综合性强、涉及面广博的科学技术。具有理论性、实践性、技术性强，计算边界条件复杂多变，不确定因素多，很多参数难以准确确定，无专门规范、标准可循，且使用周期短，随机性大，对安全性和质量要求高等特点。除了需要应用一般土建专业地基和结构计算知识外，还需要把其他各专业渗透融合到施工计算中应用，难度很大。因此本手册内容很难包罗万象，只能有选择地重点介绍建筑施工中各方面常遇到的典型、先进、成熟，具有普遍推广意义的施工计算方法和实例，以便施工中根据具体情况、条件，灵活地选择应用，读者遇到有关施工中需要的计算项目和问题，通过查阅本手册基本可顺利解决。

在修订中作者参考了许多国内专家、学者的著作、文献和在《建筑技术》、《建筑工人》杂志上发表的有关施工计算的经验介绍文章，谨向这些同志表示感谢和敬意，在编写中作者虽尽了很大努力，择精去粗，择要适当加以反映，但由于学识和水平有限，书中还可能存在不少缺点和可商榷、修正之处，热诚恳切祈望专家和广大读者多提宝贵意见，给予教正，俾在重印时，加以改正、充实、提高。借此三版问世之际，谨向一贯关爱本手册的新、老读者表示诚挚的问候和衷心的谢忱。

参加本书编写修订工作的尚有（以姓氏笔画为序）：朱国梁、朱庆、李达威、李花、江枫、江茜、江玉娟、江薇薇、刘涛、邵菁、何富远、孟燕、赵树成、秦翀、张光辉、程江、程道广、樊青楠等同志，全书由江正荣统稿。

江正荣
2012 年 12 月

第二版前言

《建筑施工计算手册》自2001年出版问世，已经六载，先后印刷10次，累计印数达2.2万余册，受到广大读者的欢迎和关爱，在此仅表示衷心的感谢和敬意。

进入新世纪以来，我国经济建设步入快速发展时期，建筑工业蓬勃发展，开发创新了许多新技术、新工艺和新的施工计算方法。特别是加入WTO后，为适应建筑业与国际接轨的需要，国家对建筑工程勘察设计、施工质量验收等规范、标准进行了全面修订或制定，并颁布执行；同时国务院为保证建设工程安全施工，颁布了《建筑工程安全生产管理条例》，要求对一定规模的危险性较大的分部分项工程，如基坑支护与降水、土方开挖、模板、起重吊装、脚手架以及拆除、爆破等，在施工前必须编制专项施工方案，并进行安全验算，使施工做到科学化、定量化、信息化，以保障施工和建筑物使用安全和质量。鉴于这一新的形势，本手册一版中有部分按旧规范计算的内容已显得过时，有的计算方法已经陈旧，有必要进行一次全面修订、补充和更新，将近年来出现的最新内容和规范修订部分反映进去，以适应新世纪建筑工业迅猛发展的迫切需要，推动建筑业科技进步。

这次修订，将一些过时、陈旧、不常用或可有可无的施工计算方法删去，如删去爆破一章，其他章删去的有：双排桩支护计算、场地排水明沟流量计算，场地防洪沟流量和截面计算、地基土承载力计算、岩溶地基验算、木脚手架计算、马道计算、模板用四管支柱计算、钢筋冷拔计算、预应力构架式台座计算、电热法钢筋下料长度计算、预应力筋电热张拉工艺计算、卷扬机底座固定压重计算、三叉桅杆吊装计算、悬臂式桅杆吊装计算、动臂式桅杆吊装计算、升板法施工计算、两点绑扎起吊吊点位置计算（二）、重型柱分节吊装计算、冻胀性地基容许速冻深度计算、混凝土组成材料加热计算、蒸汽毛管模板法计算、绕圈感应加热法计算、砖砌体冻结法计算、存贮理论等计59项。

增加补充一些近年新出现应用日广、规范修订增加项目的计算方法，特别为适应中、低级技术人员的需要，增加一些施工简易计算方法，如增加装饰装修工程一章，其他章增加的有：基坑、基槽土方量计算、挡土桩截面配筋简易计算、单层锚杆支点力及嵌固深度计算、土钉墙支护简易计算、逆作拱墙支护计算、地基承载力修正计算、按土的抗剪强度确定地基承载力计算、按荷载试验$p\text{-}s$曲线确定地基承载力计算、水泥粉煤灰碎石桩加固地基施工计算、树根桩承载力计算、锚杆静力压桩承载力计算、桩基工程量计算、地下水池施工期间抗浮验算、砌体材料用量简易计算、砖柱、石柱用料计算、门式钢管脚手架计算、压型钢板模板施工计算、大模板的稳定性简易分析与计算、冷轧扭钢筋代换计算、钢筋等强代换的查表简易计算、圆形构件向心钢筋下料长度计算、椭圆形构件钢筋下料长度计算、悬臂梁弯筋下料长度计算、钢筋锚固长度计算、钢筋绑扎接头搭接长度计算、钢筋焊接接头搭接长度计算、钢纤维混凝土配合比计算、喷射混凝土配合比计算、砂石堆体积计算、混凝土施工骨料含水量的测定计算、泵送混凝土初凝时间和用量计算、水泥水化热计算、混凝土表面温度裂缝控制计算、无粘结预应力筋下料长度计算、无粘结预应力筋的预应力损失计算、预应力锚杆计算、塔式起重机的地基与基础计算、附着式塔式起重机的附着计算、钢板与型钢号料长度计算、钢结构不同焊缝焊条用量计算、普通螺纹栓的直径和长度计算、钢结构折算面积计算、钢结构钢材腐蚀速度计算、木梁、柱简易计算、钢性防水屋面钢纤维混凝土板块施工计算、防水涂料单位面积用量简易计算、钾水玻璃模数、模数与密度调整计算、大模板总传热系数 K 值计算、供热散热器需用面积计算、外包钢加固法计算、粘碳纤维加固法计算、建筑企业经济活动分析等计 63 项。

对常用的具有普遍、典型意义的施工计算方法仍保留或仅作适当精简、补充；再根据国家颁布的 2002 年系列新设计规范和工程施工质量验收规范的内容，对使用旧规范的各节亦进行相应的修订、完善，或重新改写，使手册修订内容紧密结合相应规范，符合新规范要求；附录部分内容亦按新规范进行了更新。本手册修订在内容和范围上比一版有所扩大，使整个册子配套、全面、完整、更加充实，既可作为资料全面、查找方便的工具书，又可作为新规范实施的计算技术工具书。

原一版的体例、写法保持不变，仍全部采用图表化，每节附有典型简易计算实例，以便于读者领会参照应用。二版仍保持原"简明、扼要、全面、系统、新颖、实用"的特点，以便于读者查找、阅读和掌握应用。

在修订中，我们虽尽了最大努力，使它比一版各方面有所改进和充实提高，但限于学识和水平关系，可能还存在不少问题和可商榷之处，热忱希望专家和广大读者多提宝贵意见，给予指教，帮助提高完善。借此二版问世之际，谨向关注、爱护本手册的新老读者和出版社责任编辑、工作人员表示诚挚的问候和衷心的感谢。

参加本书编写工作的尚有（以姓氏笔画为序）：王晓冬、朱庆、江茜、任中秦、江微微、许冬云、芦平、赵安定、赵树成、孟燕、张民义、张光辉、谈军、焦伶侠、程道广、雷鸣、燕彬、樊兆阳、薛长省等同志，全书由江正荣统稿。

江正荣
2006 年 12 月

第一版前言

在改革开放大潮推动下，我国建筑工业蓬勃发展，建筑施工和管理亦步入信息化时代，举凡施工方案的编制、优化，技术安全措施的选用、制定，施工程序的统筹、规划，劳动组织的部署、调配，工程材料的选购、贮存，生产经营的预测、判断，技术问题的研究、处理，工程质量和施工操作安全的检测、控制，以及招标、投标的准备、实施，施工管理的科学化，无不除了对其进行一般的定性分析外，还常常需要对施工的各个方面进行必要的、严格精确的定量分析——施工计算，做到心中有数，使施工活动更加准确无误和科学可靠，以确保工程质量和施工安全，以期用科学定量的方法获得最优的施工技术效果和经济效益。因此，施工计算这门学科，近年来得到很大的发展，并已成为施工技术的一个重要分支和组成部分，受到广大建筑施工人员的高度重视和精心研究。国内一些建筑杂志都相继开辟"施工计算"专栏，介绍施工计算方法和研究成果，以推动它的提高和发展。

施工计算是一门复杂的、多学科的计算技术，它不同于一般建筑结构的设计计算，而是一种纯粹为施工控制和管理需要的计算，与一般结构计算相比较，施工计算具有实用性强、涉及面广、计算边界条件复杂、无专门规范标准可循、使用周期短、随机性大、对安全性要求高等特点，除了需要应用一般专业计算知识外，还常需要把其他各专业科学渗透融合到施工中应用，因此，计算难度相对较大。现场施工人员常担负着繁重而复杂的工程任务，无暇去博览群书，而已出的书籍虽有些零星介绍，但很不全面，因此迫切需要一本集中论述包括施工各个方面的较全面、系统、实用的施工计算手册作为施工参考和指导。

本手册编写目的旨在满足从事建筑施工的广大技术人员和高级技工的迫切需要，为他们提供一本施工计算方面的简明、实用、新颖、内容丰富、系统、齐全的施工计算参考资料，以期增进知识积累，帮助解决一些现场施工实际计算问题，有利于工作开展、技术素质、现代化管理水平和工程质量的提高，以推动建筑企业科技进步、创新和发展，以适应改革开放、现代化建筑施工技术飞速发展的紧迫需要。

本手册内容包括20个方面：即土方工程（包括土的物理、力学性质指标、工程性质、场地平整土方量、土方平衡与调配、土坡稳定性分析、挖方安全边坡、基坑开挖深度、滑坡分析、填土施工、土方机械生产效率等的计算），爆破工程（包括爆破作用指数、爆破工艺参数及药量、控制爆破、微差爆破、电爆网络联结、燃烧剂和静态破碎剂爆破工艺参数及用药量、爆破振动影响及作业安全距离等计算），支护工程（包括土压力、基坑槽和管沟支撑、挡土板桩、灌注桩、地下连续墙支护计算及其稳定性分析、土层锚杆施工、水泥土墙支护、土钉墙支护、挖孔桩井壁、护壁厚度、简易挡土墙等计算），排降水工程（包括土的渗透系数、场地防洪沟、明沟流量、基坑明沟排水、轻型井点、喷射井点、电渗井点和深井、管井井点降水等计算），地基基础工程（包括地基土的承载力、换土垫层厚度、重锤和强夯影响深度、挤密桩、振冲桩深层搅拌桩、旋喷桩、喷粉桩施工、混凝土预制桩沉桩施工控制、桩与桩基承载力、硅化地基、砂井堆载预压地基、沉井和地下连续墙施工等计算），砌体和墙体工程（包括砌筑砂浆配合比、砖墙用料、砖墙排砖、拱砖和楔形砖加工规格及数量、砖墙和烟囱砌筑稳定性等计算），脚手架工程（包括木脚手架、扣件式钢管脚手架、格构式型钢和扣件式钢管井架、龙门式钢架、吊篮脚手架、三角挂脚手架、插口飞架、桥式脚手架等计算），模板工程（包括模板用量、混凝土侧压力、组合式钢模板常用连接件和支承件、现浇混凝土模板、液压滑动模板、地脚螺栓固定架、预埋件等计算），钢筋工程（包括钢筋代换、配料、下料、用料、钢筋冷拉、冷拔等计算），混凝土工程（包括混凝土配合比、砂的细度和平均粒径、混凝土浇灌强度、混凝土拌制、配料、泵送混凝土施工、补偿收缩混凝土、混凝土蒸养工艺参数、混凝土强度验收评定等计算），大体积混凝土工程（包括混凝土温度变形值、极限拉伸、热工性能、混凝土拌合温度和浇筑温度、水化热绝热温升、混凝土收缩值和收缩当量温差、各龄期混凝土弹性模量、徐变变形和应力松弛、大体积混凝土裂缝控制、混凝土温度控制、混凝土和钢筋混凝土结构伸缩缝间距、位移值等计算），预应力混凝土工程（包括预应力混凝土台座、台面、预应力张拉力和张拉控制力、分批和叠层张拉、张拉设备选用、预应力张拉伸长值、下料长度、应力损失值、预应力筋放张、电热张拉工艺参数等计算），结构吊装工程（包括吊装索具设备、卷扬机牵引力、锚碇、吊装起重设备选用和稳定性、土法吊装、柱、梁、板绑扎吊点位置、柱校正稳定性、温度影响位移值、屋架翻身扶直、运输受力、塔类构件整体吊装、升板法提升柱子稳定性等验算、计算），钢结构工程（包括钢材重量、钢结构零件加工、焊接、高强螺栓连接、钢桁架安装稳定性、钢网架施工等计算），木结构工程（包括木材材积、木材性质指标、木结构齿连接、杆件内力及长度、坡度、角度系数、正多边形边长、拱高、圆弧圆拱、木门窗用料等计算），防水与防腐蚀工程（包括刚性防水屋面混凝土收缩值、分格缝间距、宽度、抗裂性、预应力混凝土和补偿收缩混凝土板块、防水屋面开裂值、地下槽坑钢板防水层、沥青玛琋脂配合成分、水玻璃模数及模数调整、氟硅酸钠用量、基层含水率控制等计算），冬期施工（包括土壤冻结深度、地基土冻胀率和融沉量、混凝土组成材料加热、拌合物、运输和浇筑成型温度、养护硬化温度、混凝土成熟度、混凝土蓄热法、暖棚法、蒸汽加热法、电热法、远红外线加热法、抗冻外加剂用量及浓度配制、砌体工程冬期施工等计算），临时设施工程（包括工地材料储备量、仓库及堆场面积、临时设施建筑面积、工地临时供水、供电、供热、供气、临时道路、施工和加工机械需用量、运输工具需用量等计算），结构加固工程（包括混凝土结构、砌体结构、木结构加固等计算），现代化施工管理技术（包括预测、决策、网络技术、流水节拍施工法、ABC管理法、全面质量管理、线形规划、价值工程存贮理论、量本利分析法等计算），计有540项施工计算，基本覆盖了建筑施工计算的主要应用领域。

  本手册的编写适用面广、实用性强、内容全面系统完整、配套、新颖，使理论与实践相结合，资料丰富、翔实，在编写方面力求做到简明扼要，深入浅出，基本概念清楚，数据齐全，并富有启发性；对每项计算除介绍基本原理、计算公式外，还附有一些实用图表，对所列公式有的作了简单推导，对有的计算公式限于篇幅，虽未作繁琐推导，但都较详细的阐明公式每一符号的物理意义，并附有必要的参考数据，便于理解和实际应用；在每项计算末尾都附有1~2个典型的计算实例，使读者在明了原理的基础上，能较快地掌握要领，举一反三，参考应用；本书还附有施工常用计算数据和施工常用结构计算用表及公式两个附录，便于读者在计算时查找有关数据资料，而不需要再翻阅其他有关书籍或资料。

本手册编写主要根据现行的国家设计规范和施工验收规范和有关技术规程、标准、手册、新计量单位、符号，同时对近十年来国内各技术杂志文献中出现的最新计算成果，亦尽可能的吸取和反映进去。

施工计算又是一门综合性系统科学技术，理论性、实践性、技术性很强，涉及面广，而难度较大，特别是各地区施工条件不尽相同，计算对象千变万化，与其他许多专业学科密切联系而又互相渗透交叉；随着当今信息网络的广泛应用，施工技术计算手段突飞猛进，科技进步，日新月异，新的计算方法层出不穷，很难集中概括一套统一的标准计算模式，因此，本手册内容也只能有选择地重点介绍工业与民用建筑施工中各方面常遇到的典型、先进、成熟的、具有普遍意义的分析、计算方法，以便施工中根据情况条件灵活地选择参照应用，读者遇到有关施工中的计算问题，一般查阅本手册基本可以得到解决。

在编写中作者尽了最大努力，参考了大量国内外专家学者出版的文献，引用了很多单位的科研成果和技术总结，谨向这些同志表示衷心感谢和诚挚的敬意。限于作者学识和水平，书中很可能还存在不少这样或那样的问题和可商榷、甚至错误之处，敬请读者批评指正，俾在修订时，加以改进，充实提高，使臻完善。

参加本书编写工作的尚有颜卫亨、赵安定、燕彬、雷鸣、于子福、何富远、李长春、汪飚、朱庆、任中秦、曹主宇、江茜、张光辉、程道广、樊兆阳、江微微等同志，全书由江正荣统稿；还有罗慧芬和江茜同志分别承担了全部书稿抄写和部分描绘图工作，谨致谢忱。

江正荣
2001 年元月

目 录

1 土方与爆破工程 ………………… 1
  1.1 土的物理性质指标计算与
     换算 ………………………… 1
    1.1.1 土的基本物理性质指标
        计算与换算 ……………… 1
    1.1.2 黏性土可塑性指标计算 …… 4
  1.2 土的力学性质指标计算 ………… 4
    1.2.1 土的压缩系数和压缩模量
        计算 ……………………… 4
    1.2.2 土的变形模量计算 ………… 6
  1.3 土的工程性质计算 ……………… 8
    1.3.1 土的可松性计算 …………… 8
    1.3.2 土的压缩性计算 …………… 9
  1.4 场地平整高度的计算 …………… 9
  1.5 场地平整土方量计算 …………… 13
    1.5.1 土方横截面法计算 ………… 13
    1.5.2 土方方格网法计算 ………… 15
    1.5.3 土方方格网法简易计算 …… 18
    1.5.4 边坡土方量图算法和
        表算法计算 ……………… 21
  1.6 土方的平衡与调配计算 ………… 26
  1.7 土方工程以量划界分配计算 …… 29
  1.8 场地平整工程量简易计算 ……… 30
  1.9 基坑（槽）土方量计算 ………… 31
  1.10 基坑、基槽土方量分步简易
     计算 ……………………………… 34
  1.11 土坡稳定性简易分析与
     计算 ……………………………… 35
    1.11.1 无黏性土坡和黏性土坡稳
         定性简易分析与计算 …… 36
    1.11.2 土坡的圆弧法简易分析与
         计算 ……………………… 38
  1.12 挖方允许最大安全边坡
     计算 ……………………………… 42
  1.13 土方直立壁允许最大开挖
     高度计算 ………………………… 43
  1.14 基础允许最小埋设深度的
     验算 ……………………………… 44
  1.15 土方施工滑坡分析与计算 …… 45
  1.16 填土施工计算 ………………… 48
    1.16.1 填土的最大干密度
         计算 ……………………… 48
    1.16.2 填土需补充水量计算 …… 48
  1.17 土石方爆破作用指数与药量
     简易计算 ………………………… 49
  1.18 特种爆破工艺参数与药量
     计算 ……………………………… 54
    1.18.1 冻土爆破工艺参数与药量
         计算 ……………………… 54
    1.18.2 水下爆破工艺参数与药量
         计算 ……………………… 55
    1.18.3 钢结构爆破工艺参数与
         药量计算 ………………… 56
  1.19 建（构）筑物控制爆破工艺
     参数与药量计算 ………………… 57
    1.19.1 建筑物拆除控制爆破工艺
         参数与药量计算 ………… 57
    1.19.2 烟囱控制爆破工艺参数
         与药量计算 ……………… 60
    1.19.3 水压控制爆破工艺参数
         与药量计算 ……………… 62
  1.20 构筑物临界炸毁高度的简易
     计算 ……………………………… 65
  1.21 静态破碎剂爆破工艺参数与
     用药量计算 ……………………… 66
  1.22 爆破作业安全距离的计算 …… 70

1.22.1　爆破地震波作用安全距离的计算……………………… 70
　　1.22.2　爆破冲击波作用安全距离的计算……………………… 70
　　1.22.3　爆破殉爆安全距离的计算…………………………………… 72
　　1.22.4　爆破飞石与毒气安全距离的计算……………………… 74
2　基坑支护工程……………………………………… 76
　2.1　土压力计算……………………………… 76
　　2.1.1　朗肯理论土压力计算…… 76
　　2.1.2　库伦理论土压力计算…… 81
　　2.1.3　分层土压力计算………… 87
　　2.1.4　各种特殊情况下土压力计算……………………………… 87
　2.2　基坑（槽）和管沟支撑的计算…………………………………… 99
　　2.2.1　连续水平板式支撑的计算…………………………………… 99
　　2.2.2　连续垂直板式支撑的计算…………………………………… 103
　2.3　挡土板桩支护计算…………… 105
　　2.3.1　悬臂式板桩计算………… 105
　　2.3.2　单锚（支撑）式板桩计算…………………………………… 106
　　2.3.3　多锚（支撑）式板桩计算…………………………………… 108
　2.4　挡土（钻孔）灌注桩支护计算…………………………………… 114
　　2.4.1　桩顶设锚杆（或支撑）拉结的计算……………………… 115
　　2.4.2　桩为悬臂顶部无拉结的计算……………………………… 117
　　2.4.3　桩上部设土层锚杆的计算……………………………… 121
　　2.4.4　挡土灌注桩截面的计算……………………………… 121
　　2.4.5　桩截面配筋的节约简易计算……………………………… 123

　　2.4.6　锚桩埋设深度计算……… 125
　2.5　挡土（钻孔）灌注桩支护的简易计算……………………… 126
　2.6　组合式挡土桩支护计算…… 131
　2.7　地下连续墙支护计算……… 132
　　2.7.1　无支撑（锚）支护计算…………………………………… 132
　　2.7.2　单撑（平锚）支护计算…………………………………… 133
　　2.7.3　多支撑（多锚点）支护计算…………………………………… 135
　2.8　桩顶部设单支撑（锚拉）简易计算……………………… 141
　2.9　多支撑支护的简易近似计算…………………………………… 142
　2.10　排桩、墙稳定性分析与验算………………………………… 144
　　2.10.1　抗倾覆（或翘起）验算………………………………… 144
　　2.10.2　基坑底部的隆起验算… 145
　　2.10.3　基坑底管涌验算……… 149
　　2.10.4　坑底控制渗水量计算… 150
　　2.10.5　支护整体稳定性验算… 150
　　2.10.6　抗浮稳定性验算……… 151
　　2.10.7　承受垂直压力的验算… 152
　2.11　土层锚杆施工计算………… 153
　　2.11.1　构造与布设要求……… 153
　　2.11.2　锚杆的承载力计算…… 154
　　2.11.3　锚杆水平力计算……… 156
　　2.11.4　锚杆稳定性验算……… 160
　2.12　单层锚杆支点力及桩、墙嵌固深度计算……………… 162
　2.13　水泥土墙支护计算………… 163
　　2.13.1　嵌固深度计算………… 164
　　2.13.2　墙体厚度计算………… 164
　　2.13.3　正截面承载力验算…… 165
　　2.13.4　墙体稳定性验算……… 165
　　2.13.5　墙体应力验算………… 166
　　2.13.6　墙基底地基承载力

　　　　　验算 …………………… 166
　2.13.7 墙身强度验算 ………… 166
2.14 土钉墙支护计算 ……………… 168
　2.14.1 土钉承载力计算 ……… 168
　2.14.2 土钉墙整体稳定性
　　　　　验算 …………………… 170
2.15 土钉墙支护简易计算 ………… 171
　2.15.1 土钉计算 ……………… 171
　2.15.2 喷射混凝土面层计算 … 172
　2.15.3 支护基坑分层开挖高度
　　　　　计算 …………………… 173
　2.15.4 支护整体稳定性验算 … 173
2.16 逆作拱墙支护计算 …………… 177
　2.16.1 基坑开挖深度计算 …… 177
　2.16.2 轴向压力设计值计算 … 178
2.17 人工挖孔桩护壁厚度计算 …… 178
　2.17.1 混凝土护壁厚度计算 … 178
　2.17.2 砖砌护壁厚度计算 …… 180
2.18 深坑、槽井壁混凝土支护
　　　计算 ……………………………… 181
　2.18.1 深井壁支护荷载和内力
　　　　　计算 …………………… 181
　2.18.2 井壁支护厚度计算 …… 184
　2.18.3 井壁支护截面验算 …… 185
2.19 简易挡土墙分析与计算 ……… 186

3 地下水控制工程 …………………… 195
3.1 土的渗透系数计算 ……………… 195
3.2 基坑明沟排水量计算 …………… 196
3.3 基坑涌水量计算 ………………… 200
3.4 轻型井点降水计算 ……………… 201
3.5 喷射井点降水计算 ……………… 207
3.6 电渗井点降水计算 ……………… 208
3.7 深井（管井）井点降水
　　　计算 ……………………………… 211
3.8 井点回灌施工计算 ……………… 214

4 地基处理工程 ……………………… 217
4.1 换土填层厚度和宽度计算 …… 217
4.2 换土垫层厚度曲线图法简易
　　　计算 ……………………………… 219

4.3 重锤夯实施工计算 ……………… 221
4.4 强夯加固地基施工计算 ………… 223
　4.4.1 强夯加固地基影响深度的
　　　　　计算 …………………… 223
　4.4.2 强夯加固地基施工参数的
　　　　　计算 …………………… 223
　4.4.3 强夯起重设备选用
　　　　　计算 …………………… 226
　4.4.4 强夯置换法加固地基
　　　　　计算 …………………… 228
4.5 灰土挤密桩施工计算 …………… 229
4.6 石灰挤密桩施工计算 …………… 231
4.7 砂石桩施工计算 ………………… 233
4.8 振冲碎石桩加固地基施工
　　　计算 ……………………………… 236
4.9 水泥粉煤灰碎石桩加固地基
　　　施工计算 ………………………… 239
4.10 水泥土搅拌法加固地基施工
　　　计算 ……………………………… 241
4.11 高压喷射注浆加固地基施工
　　　计算 ……………………………… 249
4.12 高压喷射技术参数计算 ……… 252
4.13 粉体喷射搅拌桩加固地基
　　　施工计算 ………………………… 254
4.14 注浆法加固地基施工计算 …… 257
4.15 堆载预压法加固地基施工
　　　计算 ……………………………… 258
4.16 加筋土地基施工计算 ………… 264

5 地基与基础工程 …………………… 266
5.1 地基承载力修正计算 …………… 266
5.2 按土的抗剪强度确定地基
　　　承载力计算 ……………………… 267
5.3 按荷载试验 p-s 曲线确定地基
　　　承载力计算 ……………………… 268
5.4 混凝土预制桩打（沉）桩施工
　　　计算 ……………………………… 269
　5.4.1 打桩屈曲荷载的计算 …… 269
　5.4.2 打桩锤击应力的计算 …… 269
　5.4.3 打桩控制贯入度的

13

　　　　计算 …………………………… 270
　5.4.4　打（沉）桩安全距离的
　　　　计算 …………………………… 271
5.5　桩与桩基承载力计算 ………………… 272
　5.5.1　单桩承载力计算 …………… 272
　5.5.2　应用动力打桩公式确定
　　　　桩承载力计算 ……………… 277
　5.5.3　动测法测定桩承载力
　　　　计算 …………………………… 283
　5.5.4　桩基承载力验算 …………… 286
5.6　钻孔灌注桩施工计算 ………………… 287
5.7　挤扩多分支承力盘灌注桩
　　承载力计算 …………………………… 289
5.8　树根桩承载力计算 …………………… 290
5.9　岩溶地基承载力计算 ………………… 291
5.10　岩石锚杆（桩）承载力
　　　计算 …………………………………… 294
5.11　锚杆静力压桩承载力计算 ………… 296
5.12　灌注桩（地下连续墙）导管
　　　法水中灌注混凝土计算 …………… 298
5.13　桩基工程量计算 …………………… 301
　5.13.1　钢筋混凝土预制桩工程量
　　　　　计算 ………………………… 301
　5.13.2　混凝土灌注桩工程量
　　　　　计算 ………………………… 302
　5.13.3　普通柱矩形棱台体基础
　　　　　体积计算 …………………… 303
　5.13.4　柔性基础交接处体积
　　　　　计算 ………………………… 303
5.14　地下水池与箱形深基础施工
　　　期间抗浮稳定性验算 ……………… 305
5.15　沉井施工计算 ……………………… 307
　5.15.1　沉井制作承垫木铺设
　　　　　数量和砂垫层铺设
　　　　　厚度计算 …………………… 307
　5.15.2　垫架拆除井壁强度
　　　　　验算 ………………………… 309
　5.15.3　沉井下沉验算 …………… 312
　5.15.4　沉井渗透水量计算 ……… 314
　5.15.5　沉井下沉稳定性验算 … 314
　5.15.6　沉井封底计算 …………… 315
　5.15.7　沉井抗浮稳定性验算 … 318
　5.15.8　沉井地基承载力验算 … 318
　5.15.9　沉井抗滑移和抗倾覆
　　　　　稳定性验算 ………………… 319
5.16　地下连续墙施工计算 ……………… 319
　5.16.1　连续墙成槽泥浆组成
　　　　　计算 ………………………… 319
　5.16.2　槽段坑坍塌验算 ………… 321
　5.16.3　泥浆护壁成槽稳定性
　　　　　分析与验算 ………………… 321
　5.16.4　连续墙挖槽速度计算 … 325
　5.16.5　连续墙混凝土浇灌强度
　　　　　计算 ………………………… 325

6　砌体与墙体工程 ………………………… 326
6.1　砌筑砂浆配合比计算 ………………… 326
　6.1.1　水泥砂浆、混合砂浆
　　　　配合比计算 ………………… 326
　6.1.2　粉煤灰砂浆配合比
　　　　计算 …………………………… 329
6.2　砂浆强度的换算 ……………………… 332
6.3　砖墙用料的计算 ……………………… 333
6.4　砌体材料用量简易计算 ……………… 337
6.5　带形砖基础大放脚横截面积
　　简易计算 ……………………………… 338
6.6　带形大放脚砖基础体积简易
　　计算 …………………………………… 340
6.7　砖柱大放脚体积的简易
　　计算 …………………………………… 341
6.8　砖柱、石柱用料计算 ………………… 343
6.9　砖墙排砖计算 ………………………… 344
6.10　砖砌平拱过梁和钢筋砖过梁
　　　验算 ………………………………… 346
6.11　砖拱圈楔形砖加工规格及
　　　数量计算 …………………………… 348
6.12　砖烟囱砌筑楔形砖加工规格及
　　　数量计算 …………………………… 350
6.13　砖墙、柱施工允许自由高度

的计算 ………………………… 352
6.14 砖含水率、砂浆灰缝厚度和饱满度对砌体强度的影响计算 ………………………… 353
6.15 砖烟囱（砖筒体）砌筑施工稳定性验算 …………………… 355

7 脚手架工程 …………………………… 357
7.1 扣件式钢管脚手架计算 ………… 357
7.2 扣件式钢管脚手架立杆允许承载力及搭设高度计算 …… 367
7.3 脚手架立杆底座和地基承载力计算 ……………………………… 370
7.4 扣件式钢管脚手架杆配件配备数量计算 …………………… 370
7.5 门式钢管脚手架计算 …………… 372
7.6 单排架子脚手杆用量计算 …… 377
7.7 悬挑式脚手架计算 ……………… 378
7.8 悬挂式吊篮脚手架计算 ………… 387
7.9 扶墙三角挂脚手架计算 ………… 389
7.10 插口飞架脚手架计算 ………… 394
7.11 桥式脚手架计算 ……………… 398
7.12 移动式脚手架计算 …………… 401
7.13 钢管脚手模板支撑架计算 …… 403
7.14 门式钢管脚手模板支撑架计算 ………………………… 406
7.15 门式钢管脚手架支模稳定性验算 ……………………… 409
7.16 垂直运输起重龙门架计算 …… 411
7.17 格构式型钢井架计算 ………… 414
7.18 扣件式钢管井架计算 ………… 423

8 模板工程 …………………………… 426
8.1 混凝土模板用量计算 …………… 426
8.2 混凝土对模板的侧压力计算 ……………………………… 428
8.3 作用在水平模板上的冲击荷载计算 …………………… 430
8.4 组合钢模板常用连接件和支承件计算 …………………… 432
　8.4.1 模板拉杆计算 ……………… 432
　8.4.2 支承钢楞计算 ……………… 434
　8.4.3 柱箍计算 …………………… 438
　8.4.4 钢管支撑计算 ……………… 440
8.5 模板用平面可调桁架计算 …… 445
8.6 现浇混凝土模板计算 ………… 446
　8.6.1 模板荷载计算及有关规定 ……………………… 446
　8.6.2 板模板计算 ………………… 449
　8.6.3 梁模板计算 ………………… 454
　8.6.4 柱模板计算 ………………… 461
　8.6.5 墙模板计算 ………………… 467
8.7 现浇混凝土模板简易计算 …… 470
　8.7.1 梁模板简易计算 …………… 470
　8.7.2 柱模板简易计算 …………… 475
　8.7.3 墙模板简易计算 …………… 478
8.8 竹、木散装散拆胶合板模板的计算 ……………………… 480
8.9 木模板简易计算 ……………… 488
8.10 模板构件的临界长度计算 … 490
8.11 柱间大梁悬空支模计算 …… 493
8.12 圆形构筑物模板的配料计算 ……………………… 495
8.13 现浇空心楼盖埋设大直径芯管的抗浮验算 …………… 497
8.14 压型钢模板施工计算 ……… 498
8.15 现浇混凝土墙大模板计算 … 500
8.16 大模板的稳定性简易分析与计算 …………………… 507
8.17 液压滑动模板施工计算 …… 508
　8.17.1 滑动模板、围圈和提升架计算 …………………… 509
　8.17.2 滑动模板操作平台计算 ……………………… 512
　8.17.3 滑模支承杆承载力及需要数量计算 ………… 515
　8.17.4 模板滑升速度计算 …… 517
　8.17.5 滑模随升起重设备刹车制动力计算 ………… 518
8.18 高精度地脚螺栓固定架

计算 …………………………… 518
　8.19 预埋铁件简易计算 ………… 522
9 钢筋工程 …………………………… 525
9.1 钢筋代换基本计算 …………… 525
　9.1.1 钢筋代换基本原则与
　　　要求 …………………………… 525
　9.1.2 钢筋等强度代换计算 …… 525
　9.1.3 钢筋等强代换查表法简易
　　　计算 …………………………… 529
　9.1.4 钢筋等面积代换计算 …… 533
　9.1.5 不需计算的钢筋代换法 … 534
9.2 钢筋特殊代换计算 …………… 535
　9.2.1 钢筋等弯矩代换计算 …… 535
　9.2.2 钢筋代换抗剪承载力
　　　计算 …………………………… 536
　9.2.3 纵向受拉钢筋一层改两层
　　　抗剪承载力验算 ………… 537
　9.2.4 钢筋代换抗裂度和挠度
　　　验算 …………………………… 538
　9.2.5 钢筋间距简易代换
　　　计算 …………………………… 541
9.3 钢筋下料长度基本计算 …… 542
　9.3.1 弯钩增加长度计算 ……… 542
　9.3.2 弯起钢筋斜长计算 ……… 544
　9.3.3 弯曲调整值计算 ………… 544
　9.3.4 各种形状钢筋弯曲下料
　　　调整值计算 ……………… 546
　9.3.5 箍筋弯钩增加长度
　　　计算 …………………………… 547
　9.3.6 钢筋下料长度计算 ……… 548
9.4 构件缩尺配筋下料长度
　　计算 …………………………… 550
　9.4.1 梯形构件缩尺配筋下料
　　　长度计算 ………………… 550
　9.4.2 圆形构件钢筋下料长度
　　　计算 …………………………… 551
　9.4.3 圆形切块缩尺配筋下料
　　　长度计算 ………………… 553
　9.4.4 圆形构件向心钢筋下料
　　　长度计算 ………………… 554
　9.4.5 非整圆弧钢筋下料长度
　　　计算 …………………………… 556
　9.4.6 椭圆形构件钢筋下料
　　　长度计算 ………………… 557
9.5 特殊形状钢筋下料长度
　　计算 …………………………… 559
　9.5.1 曲线钢筋下料长度
　　　计算 …………………………… 559
　9.5.2 螺旋箍筋下料长度
　　　计算 …………………………… 562
　9.5.3 悬臂斜梁弯筋下料长度
　　　计算 …………………………… 564
　9.5.4 弓形弯起钢筋下料长度
　　　计算 …………………………… 564
　9.5.5 元宝形吊筋设置及下料
　　　高度、长度计算 ………… 566
　9.5.6 多肢箍筋下料宽度
　　　计算 …………………………… 568
9.6 钢筋锚固长度计算 ………… 569
9.7 构造柱底端钢筋锚固长度
　　计算 …………………………… 570
9.8 钢筋绑扎接头搭接长度
　　计算 …………………………… 571
9.9 钢筋焊接接头搭接长度
　　计算 …………………………… 571
9.10 钢筋用料计算 ……………… 573
　9.10.1 钢筋重量计算 …………… 573
　9.10.2 钢筋重量简易计算 …… 574
　9.10.3 钢筋计算直径计算 …… 574
　9.10.4 带肋钢筋直径简易测定
　　　计算 …………………………… 575
　9.10.5 钢筋实际代换量计算 … 575
　9.10.6 大面积配筋的重量
　　　估算 …………………………… 576
　9.10.7 板带钢筋重量查表法
　　　快速计算 ………………… 579
9.11 配筋率对构件破坏的影响
　　计算 …………………………… 582

9.12 钢筋吊环计算 …………… 584
10 混凝土工程 …………………… 586
10.1 常用混凝土配合比计算 …… 586
  10.1.1 普通混凝土配合比
计算 ……………… 586
  10.1.2 掺外加剂混凝土配合比
计算 ……………… 594
  10.1.3 泵送混凝土和大体积
混凝土配合比计算 …… 596
10.2 特种混凝土配合比计算 …… 600
  10.2.1 抗渗混凝土配合比
计算 ……………… 600
  10.2.2 抗冻混凝土配合比
计算 ……………… 603
10.3 砂的细度模数计算 ………… 606
10.4 砂石堆体积计算 …………… 607
10.5 混凝土施工骨料含水率的
测定及调整计算 …………… 609
10.6 混凝土搅拌配料计算 ……… 610
  10.6.1 混凝土搅拌投料量
计算 ……………… 610
  10.6.2 混凝土掺外加剂投料量
计算 ……………… 611
10.7 混凝土浇灌计算 …………… 612
  10.7.1 混凝土浇灌强度计算 … 612
  10.7.2 混凝土浇筑时间计算 … 612
  10.7.3 箱形基础外墙浇筑
计算 ……………… 613
10.8 泵送混凝土施工计算 ……… 615
  10.8.1 初凝时间和用量的
计算 ……………… 615
  10.8.2 混凝土泵车或泵输送
能力计算 ………… 616
  10.8.3 混凝土泵选用计算 …… 620
10.9 补偿收缩混凝土施工计算 … 621
10.10 混凝土弹性模量的推算 …… 622
10.11 混凝土碳化深度计算 ……… 622
10.12 混凝土强度的换算 ………… 623
10.13 混凝土强度的推算 ………… 624
10.14 混凝土取样与代表值
计算 ……………… 626
10.15 混凝土强度评定计算 ……… 627
11 大体积混凝土裂控工程 ………… 631
11.1 混凝土温度变形值计算 …… 631
11.2 混凝土和钢筋混凝土极限
拉伸值计算 ………… 631
11.3 混凝土导热系数计算 ……… 632
11.4 混凝土比热容计算 ………… 633
11.5 混凝土热扩散系数计算 …… 633
11.6 混凝土热膨胀系数计算 …… 634
11.7 混凝土拌和温度计算 ……… 635
11.8 混凝土掺冰屑拌和温度
计算 ……………… 637
11.9 预冷混凝土出机温度计算 … 638
11.10 混凝土浇筑温度计算 ……… 640
11.11 水泥水化热计算 …………… 641
11.12 混凝土水化热绝热温升值
计算 ……………… 642
11.13 混凝土内部实际最高温升值
计算 ……………… 644
11.14 构件内外部温差的计算 …… 646
11.15 各龄期混凝土收缩值
计算 ……………… 647
11.16 各龄期混凝土收缩当量温度
计算 ……………… 649
11.17 各龄期混凝土弹性模量
计算 ……………… 649
11.18 混凝土徐变变形计算 ……… 650
11.19 混凝土应力松弛系数
计算 ……………… 651
11.20 大体积混凝土自约束裂缝
控制施工计算 ……… 652
11.21 大体积混凝土外约束裂缝
控制施工计算 ……… 653
  11.21.1 混凝土浇筑前裂缝控制
施工计算 ………… 653
  11.21.2 混凝土浇筑后裂缝控制
施工计算 ………… 656

11.22 混凝土表面温度裂缝控制计算 …… 662
11.23 混凝土保温（隔热）养护裂缝控制所需材料厚度计算 …… 664
11.24 混凝土蓄水养护裂缝控制计算 …… 665
11.25 混凝土薄层浇筑裂缝控制计算 …… 666
11.26 混凝土和钢筋混凝土结构伸缩缝间距计算 …… 668
11.27 混凝土和钢筋混凝土底板裂缝间距计算 …… 672
11.28 混凝土和钢筋混凝土结构位移值计算 …… 674
11.29 跳仓法施工裂缝控制计算 …… 676

12 预应力混凝土工程 …… 679
12.1 预应力混凝土台座计算 …… 679
12.1.1 预应力墩式台座计算 …… 679
12.1.2 预应力槽式台座计算 …… 685
12.1.3 预应力换埋式台座 …… 690
12.1.4 预应力长线矩形换埋式台座计算 …… 692
12.2 素混凝土台座伸缩缝设置间距计算 …… 693
12.3 不设伸缩缝的预应力混凝土台座计算 …… 693
12.4 混凝土台面计算 …… 694
12.4.1 普通混凝土台面计算 …… 694
12.4.2 预应力混凝土台面计算 …… 695
12.5 预应力筋张拉力计算 …… 698
12.6 预应力筋有效预应力值计算 …… 699
12.7 预应力张拉设备选用计算 …… 699
12.7.1 张拉设备需要能力计算 …… 699
12.7.2 张拉设备需要行程计算 …… 700
12.7.3 张拉设备压力表选用计算 …… 701
12.7.4 张拉设备油管选用计算 …… 701
12.8 预应力筋张拉伸长值计算 …… 701
12.8.1 张拉伸长值计算 …… 702
12.8.2 多曲线段伸长值计算 …… 704
12.8.3 抛物线形曲线伸长值计算 …… 705
12.8.4 后张有粘结（无粘结）预应力筋伸长值计算 …… 706
12.9 预应力筋下料长度计算 …… 706
12.9.1 预应力钢丝束下料长度计算 …… 707
12.9.2 预应力钢绞线下料长度计算 …… 708
12.9.3 预应力精轧螺纹钢筋下料长度计算 …… 709
12.9.4 长线台座预应力粗钢筋下料长度计算 …… 709
12.9.5 长线台座预应力钢丝和钢绞线下料长度计算 …… 710
12.9.6 无粘结预应力筋下料长度计算 …… 711
12.10 预应力钢筋应力损失值计算 …… 711
12.10.1 预应力损失及组合 …… 711
12.10.2 锚固变形预应力损失计算 …… 712
12.10.3 孔道摩擦预应力损失计算 …… 714
12.10.4 温差引起的预应力损失计算 …… 715
12.10.5 预应力筋应力松弛损失计算 …… 715
12.10.6 混凝土收缩徐变预应力损失计算 …… 715
12.10.7 环向预应力引起的预

　　　　应力损失计算……… 716
　12.10.8 弹性压缩预应力损失
　　　　计算 ………………… 716
12.11 无粘结预应力筋的预应力
　　损失计算 ………………… 718
12.12 预应力筋分批张拉计算…… 721
12.13 预应力筋叠层张拉计算…… 722
12.14 预应力筋放张施工计算…… 723
　12.14.1 预应力筋放张回缩值
　　　　计算 ………………… 723
　12.14.2 预应力筋楔块放张
　　　　计算 ………………… 725
　12.14.3 预应力筋砂箱放张
　　　　计算 ………………… 725
12.15 预应力锚杆计算 ………… 726

13 建筑结构吊装工程 …………… 728
13.1 吊装绳索计算 …………… 728
　13.1.1 白棕绳（麻绳）容许
　　　　拉力计算 …………… 728
　13.1.2 白棕绳选用简易计算 … 729
　13.1.3 钢丝绳容许拉力计算 … 729
　13.1.4 钢丝绳选用简易计算 … 732
　13.1.5 起重钢丝绳长度计算 … 732
　13.1.6 梁、板起吊吊索长度
　　　　计算 ………………… 733
　13.1.7 钢丝绳的复合应力和
　　　　冲击荷载计算 ……… 734
13.2 吊装工具计算 …………… 735
　13.2.1 卡环计算 …………… 735
　13.2.2 吊环计算 …………… 736
　13.2.3 横吊梁计算 ………… 737
13.3 滑车和滑车组计算 ……… 743
13.4 卷扬机牵引力计算 ……… 749
　13.4.1 手动卷扬机（绞磨）
　　　　推力计算 …………… 749
　13.4.2 电动卷扬机牵引力
　　　　计算 ………………… 750
　13.4.3 卷扬机卷筒容绳量
　　　　计算 ………………… 752

13.5 锚碇计算 ………………… 752
　13.5.1 垂直（桩式）锚碇
　　　　计算 ………………… 753
　13.5.2 水平（卧式）锚碇及
　　　　容许拉力计算 ……… 754
　13.5.3 利用厂房柱脚作锚碇
　　　　计算 ………………… 759
　13.5.4 活动锚碇计算 ……… 760
13.6 吊装起重设备选用计算 … 760
　13.6.1 起重机工作参数选用
　　　　计算 ………………… 760
　13.6.2 起重机臂杆长度计算 … 762
13.7 起重机稳定性验算 ……… 766
　13.7.1 履带式起重机稳定性
　　　　验算 ………………… 766
　13.7.2 轮胎式起重机稳定性
　　　　验算 ………………… 768
　13.7.3 塔式起重机稳定性
　　　　验算 ………………… 770
13.8 履带式起重机加辅助装置
　　计算 ………………………… 771
13.9 塔式起重机安装施工计算 … 773
　13.9.1 塔式起重机的地基与
　　　　基础计算 …………… 773
　13.9.2 附着式塔式起重机的
　　　　附着计算 …………… 775
13.10 土法吊装设备及吊装
　　　计算 ………………………… 779
　13.10.1 独脚桅杆吊装计算…… 779
　13.10.2 钢管独脚桅杆简易
　　　　计算 ………………… 791
　13.10.3 人字桅杆吊装计算 … 792
　13.10.4 人字桅杆简易计算…… 795
　13.10.5 桅杆式起重机吊装
　　　　计算 ………………… 797
　13.10.6 建筑物上设置动臂桅杆
　　　　吊装计算…………… 801
　13.10.7 悬索式起重机吊装
　　　　计算………………… 802

13.11 重型物件滑移和滚移计算 …… 806
13.12 等截面柱吊装绑扎吊点位置计算 …… 810
 13.12.1 等截面柱一点绑扎起吊吊点位置计算 …… 810
 13.12.2 等截面柱两点绑扎起吊吊点位置计算 …… 811
 13.12.3 等截面长柱三点绑扎起吊吊点位置计算 …… 813
 13.12.4 等截面长柱四点绑扎平吊吊点位置计算 …… 816
13.13 变截面柱绑扎吊点位置计算 …… 819
 13.13.1 变截面柱一点绑扎起吊吊点位置计算 …… 819
 13.13.2 变截面柱两点绑扎起吊吊点位置计算 …… 821
 13.13.3 变截面柱吊点位置近似计算 …… 823
13.14 柱吊装强度及裂缝宽度验算 …… 828
13.15 重型柱双机抬吊负荷分配计算 …… 831
 13.15.1 一点绑扎抬吊负荷分配计算 …… 831
 13.15.2 两点绑扎抬吊负荷分配计算 …… 832
13.16 柱子无风缆校正稳定性验算 …… 835
13.17 柱子校正温差影响位移调整计算 …… 836
13.18 梁、板类构件绑扎起吊位置及吊索内力计算 …… 837
 13.18.1 梁、板起吊位置计算 …… 837
 13.18.2 梁、板起吊吊索内力计算 …… 839
13.19 三角架类构件不等长吊索内力计算 …… 840
13.20 异形构件吊装重心位置计算 …… 841
13.21 屋架吊装施工计算 …… 843
 13.21.1 屋架吊装绑扎验算 …… 843
 13.21.2 屋架翻身扶直验算 …… 845
 13.21.3 屋架吊装吊索内力计算 …… 848
13.22 屋架运输强度及裂缝控制验算 …… 849
13.23 塔类结构整体吊装计算 …… 852
 13.23.1 人字桅杆整体吊装塔类结构计算 …… 852
 13.23.2 独脚桅杆整体吊装塔类结构计算 …… 858

14 钢结构工程 …… 860
14.1 钢材重量计算 …… 860
 14.1.1 钢材重量基本计算 …… 860
 14.1.2 钢材重量简易计算 …… 860
 14.1.3 角钢重量近似计算 …… 861
14.2 钢板与型钢号料长度计算 …… 861
 14.2.1 钢板号料长度计算 …… 861
 14.2.2 圆钢、扁钢、钢管号料长度计算 …… 864
 14.2.3 角钢、槽钢、工字钢号料长度计算 …… 866
14.3 卷板机弯曲钢板曲率半径计算 …… 871
14.4 钢结构零件加工计算 …… 872
 14.4.1 冲剪下料冲剪力计算 …… 872
 14.4.2 零件压弯弯曲力计算 …… 872
 14.4.3 冲孔冲裁力计算 …… 873
 14.4.4 钢结构弯曲火焰矫正收缩应力计算 …… 874
14.5 钢结构焊接连接计算 …… 875
14.6 钢结构焊接连接板长度计算 …… 878
14.7 钢结构不同焊缝焊条用量计算 …… 881

14.8 钢材的含碳当量计算 …… 884
14.9 高强度螺栓需用长度计算 … 885
14.10 高强度螺栓施工参数
　　　计算 …………………… 886
　14.10.1 高强度螺栓受剪承
　　　　　载力计算 ………… 886
　14.10.2 高强度螺栓抗滑移
　　　　　系数计算 ………… 887
　14.10.3 高强度螺栓紧固轴力
　　　　　计算 ……………… 887
　14.10.4 高强度螺栓扭矩及扭矩
　　　　　系数计算 ………… 888
14.11 钢桁架杆件长度及内力系数
　　　计算 …………………… 890
14.12 钢桁架安装稳定性验算 …… 891
14.13 钢网架施工计算 ………… 894
　14.13.1 钢网架拼装支架稳定性
　　　　　验算 ……………… 894
　14.13.2 钢网架高空滑移法安装
　　　　　计算 ……………… 897
14.14 钢结构折算面积计算 …… 900
14.15 钢结构钢材腐蚀速度
　　　计算 …………………… 903

15 木结构工程 ………………… 905
15.1 木材材积计算 …………… 905
15.2 木材物理性质指标计算 …… 908
　15.2.1 木材含水率和平衡含水
　　　　率计算 ……………… 908
　15.2.2 木材干缩率和干缩系数
　　　　计算 ………………… 910
　15.2.3 木材质量密度计算与
　　　　换算 ………………… 911
15.3 木材的力学性能与换算 …… 912
15.4 木材斜纹抗压强度设计值
　　　确定计算 ……………… 913
15.5 木结构受压杆件计算长度、面积、
　　　长细比和稳定系数的确定
　　　计算 …………………… 914
15.6 木压杆稳定性验算 ……… 915

15.7 木梁、柱简易计算 ……… 918
15.8 三角形结构斜长简易计算 … 920
15.9 木屋架杆件内力及长度系数
　　　计算 …………………… 921
15.10 木屋架杆件角度系数
　　　计算 …………………… 924
15.11 木结构坡度系数计算 …… 925
15.12 木屋架杆件截面及连接螺栓
　　　简易计算 ……………… 927
15.13 木结构正多边形边长和拱高
　　　计算 …………………… 929
15.14 木结构圆弧和圆拱计算 …… 930
15.15 梯形构件各挡长度简易
　　　计算 …………………… 933
15.16 木门窗用料计算 ………… 934

16 防水与防腐蚀工程 ………… 937
16.1 刚性防水屋面混凝土收缩值
　　　计算 …………………… 937
16.2 刚性防水屋面分格缝间距
　　　计算 …………………… 939
16.3 刚性防水屋面分格缝宽度
　　　计算 …………………… 941
16.4 刚性防水屋面板块抗裂性
　　　验算 …………………… 941
16.5 刚性防水屋面补偿收缩混凝
　　　土板块施工计算 ……… 942
16.6 刚性防水屋面钢纤维混凝土
　　　板块施工计算 ………… 945
16.7 刚性防水屋面预应力混凝土
　　　板块施工计算 ………… 947
16.8 刚性防水屋面开裂值计算 … 949
16.9 防水屋面保温层厚度计算 … 951
16.10 平屋面找坡层控制厚度
　　　计算 …………………… 952
16.11 排汽屋面排汽帽的下料
　　　计算 …………………… 953
16.12 地下防水工程渗透量
　　　计算 …………………… 954
16.13 地下槽坑金属板防水层施工

21

计算……955	17.14 油漆（涂料）工程用料的计算……982
16.14 地下结构防水层防水涂料用量简易计算……956	17.15 粉刷材料用量简易计算……983
16.15 沥青玛琋脂配合成分计算……957	17.16 围护结构内表面温度计算……984
16.16 水玻璃模数和模数调整计算……958	17.17 大面积地面设置伸缩缝验算……985
16.16.1 钠水玻璃模数和模数调整计算……958	**18 冬期施工** ……987
16.16.2 钾水玻璃模数和模数调整计算……959	18.1 土壤冻结深度计算……987
	18.2 松土保温土壤冻结深度计算……988
16.17 水玻璃密度调整计算……961	18.3 覆雪保温土壤冻结深度计算……989
16.17.1 钠水玻璃密度与波美度换算……961	18.4 覆盖保温材料防止地基冻结计算……991
16.17.2 钾水玻璃密度调整计算……962	18.5 混凝土拌合物温度计算……992
16.18 水玻璃类材料固化剂用量计算……962	18.5.1 混凝土拌合物出厂温度计算……992
16.19 防腐涂料用量和涂层厚度计算……963	18.5.2 混凝土拌合物温度计算……993
17 装饰装修与地面工程 ……965	18.5.3 混凝土拌合物出机温度计算……994
17.1 抹灰工程材料用量计算……965	18.6 混凝土拌合物温度图表法简易计算……994
17.2 饰面工程材料用量计算……966	
17.3 贴墙材料用量计算……967	18.7 混凝土运输和浇筑成型温度计算……995
17.4 内饰面砖装饰的排砖计算……968	
17.5 常用装饰材料的损耗率估算……969	18.8 混凝土养护硬化平均温度计算……996
17.6 装饰装修与地面材料配合比理论质量简易计算……970	18.9 混凝土当量时间和当量温度计算……999
17.7 抹灰砂浆配合比计算……973	18.10 混凝土早期强度的成熟度法估算……1000
17.8 装饰装修与地面工程砂浆体积比换算重量比计算……974	18.11 混凝土蓄热法计算……1005
17.9 胀锚螺栓的应用计算……975	18.11.1 蓄热法简易计算……1005
17.10 植筋钻孔深度、特征值和用胶量计算……977	18.11.2 蓄热规范法计算……1010
17.11 基层含水率控制计算……979	18.12 混凝土暖棚法计算……1013
17.12 涂料涂刷露点温度的确定计算……980	18.13 混凝土蒸汽加热法计算……1015
	18.13.1 蒸汽套加热法计算……1015
17.13 溶液稀释的简易计算……981	18.13.2 蒸汽热模加热法

　　　　　计算 …………………… 1019
　18.13.3　构件内部通汽法
　　　　　计算 …………………… 1021
　18.13.4　构件蒸汽养护法
　　　　　计算 …………………… 1025
18.14　混凝土电热法计算 ………… 1027
　18.14.1　电热法基本计算 ……… 1027
　18.14.2　电极加热法计算 ……… 1030
　18.14.3　电热模加热法计算 …… 1036
18.15　远红外线加热法计算 ……… 1038
　18.15.1　远红外线加热法
　　　　　计算 …………………… 1038
　18.15.2　大模板远红外线加热法
　　　　　计算 …………………… 1041
　18.15.3　室内装修远红外线加热
　　　　　法计算 ………………… 1042
18.16　抗冻外加剂用量和浓度
　　　　配制计算 ………………… 1044
　18.16.1　抗冻外加剂用量
　　　　　计算 …………………… 1044
　18.16.2　抗冻外加剂浓度配制
　　　　　计算 …………………… 1045
18.17　砌筑砂浆组成材料加热
　　　　温度的计算 ……………… 1047
18.18　砖砌体暖棚法计算 ………… 1049
18.19　毛石砌体缓遭冻结法
　　　　计算 ……………………… 1050

19　临时设施工程 ……………… 1053

19.1　现场材料储备量和仓库及
　　　　堆场面积计算 …………… 1053
　19.1.1　材料储备量计算 ……… 1053
　19.1.2　仓库和堆场需要面积
　　　　　计算 …………………… 1054
　19.1.3　贮料仓库容积计算 …… 1056
19.2　构件堆放场和构件拼装场地
　　　　计算 ……………………… 1058
　19.2.1　构件堆放场计算 ……… 1058
　19.2.2　构件拼装场地计算 …… 1060
19.3　临时设施建筑面积计算 …… 1061
　19.3.1　临时生活设施建筑面积
　　　　　计算 …………………… 1061
　19.3.2　临时生产设施建筑面积
　　　　　计算 …………………… 1061
19.4　现场临时供水计算 ………… 1064
　19.4.1　现场临时供水量
　　　　　计算 …………………… 1064
　19.4.2　供水网路使用钢管
　　　　　计算 …………………… 1068
　19.4.3　现场临时供水系统
　　　　　计算 …………………… 1071
19.5　现场临时供电计算 ………… 1073
　19.5.1　现场临时用电量及变压器
　　　　　容量计算 ……………… 1074
　19.5.2　配电导线截面计算 …… 1078
　19.5.3　电缆长度的计算 ……… 1082
19.6　现场临时供热计算 ………… 1083
　19.6.1　现场临时耗热量
　　　　　计算 …………………… 1083
　19.6.2　蒸汽用量及供汽管道
　　　　　计算 …………………… 1088
　19.6.3　锅炉选用及耗煤量
　　　　　计算 …………………… 1091
　19.6.4　散热器需用面积
　　　　　计算 …………………… 1093
19.7　现场临时供气计算 ………… 1095
　19.7.1　压缩空气需要量
　　　　　计算 …………………… 1095
　19.7.2　空气压缩机生产率
　　　　　计算 …………………… 1095
　19.7.3　空气压缩机及管径选用
　　　　　计算 …………………… 1096
19.8　现场临时运输设施计算 …… 1097
　19.8.1　现场施工运输量
　　　　　计算 …………………… 1097
　19.8.2　现场施工运输工具需用
　　　　　数量计算 ……………… 1098
19.9　现场临时道路计算 ………… 1098
　19.9.1　现场简易道路技术要求

　　　　数据……………………… 1098
　19.9.2 临时道路简易平曲线及
　　　　竖曲线计算……………… 1100
　19.9.3 圆曲线放样简易
　　　　计算……………………… 1101
20 施工机具设备……………………… 1103
　20.1 施工机械需用量综合
　　　计算………………………… 1103
　20.2 挖掘机生产率及需用数量
　　　计算………………………… 1106
　20.3 挖掘机工期及配套自卸汽车
　　　数量计算…………………… 1107
　20.4 铲运机生产率及有关参数
　　　计算………………………… 1107
　20.5 推土机生产率及推土机运土
　　　土方量计算………………… 1110
　20.6 压路机生产率计算…………… 1112
　20.7 爆破凿岩机需要台数
　　　计算………………………… 1113
　20.8 运土车辆生产率及需配数量
　　　计算………………………… 1113
　20.9 排水机械需用台数计算……… 1114
　20.10 各种加工机械需用量综合
　　　 计算………………………… 1115
　20.11 混凝土搅拌机生产率
　　　 计算………………………… 1115
　20.12 混凝土搅拌机需用数量
　　　 计算………………………… 1116
　20.13 商品混凝土搅拌站生产率
　　　 计算………………………… 1117
　20.14 混凝土泵车或泵生产率
　　　 计算………………………… 1118
　20.15 混凝土泵车或泵需用数量
　　　 计算………………………… 1119
　20.16 混凝土搅拌运输车需用
　　　 数量计算…………………… 1120
　20.17 塔式起重机或井架运输能力
　　　 及需要数量计算…………… 1120
　20.18 混凝土振捣器需要数量
　　　　计算……………………… 1121
　20.19 吊装起重机需要数量
　　　　计算……………………… 1121
　20.20 运输工具需用数量及汽车
　　　　台班产量计算…………… 1122
21 结构加固工程……………………… 1125
　21.1 混凝土结构加固计算………… 1125
　　21.1.1 加大截面加固法
　　　　　计算……………………… 1125
　　21.1.2 预应力加固法
　　　　　计算……………………… 1128
　　21.1.3 粘钢加固法计算………… 1136
　　21.1.4 粘碳纤维加固法
　　　　　计算……………………… 1140
　21.2 砌体结构加固计算…………… 1145
　　21.2.1 套箍加固砌体法
　　　　　计算……………………… 1145
　　21.2.2 加大砌体截面法
　　　　　计算……………………… 1148
　21.3 钢结构加固计算……………… 1150
　　21.3.1 加固常用方法及
　　　　　选用……………………… 1150
　　21.3.2 改变结构计算图形的
　　　　　加固……………………… 1150
　　21.3.3 加大构件截面加固法
　　　　　计算……………………… 1151
　21.4 木结构加固计算……………… 1158
　　21.4.1 木夹板加固法计算……… 1158
　　21.4.2 钢拉杆加固法计算……… 1160
　　21.4.3 预应力拉杆加固法
　　　　　计算……………………… 1166
22 现代施工管理技术………………… 1170
　22.1 预测技术……………………… 1170
　22.2 决策技术……………………… 1177
　22.3 网络计划技术………………… 1181
　　22.3.1 基本原理和步骤
　　　　　方法……………………… 1181
　　22.3.2 双代号网络图时间参数
　　　　　计算……………………… 1184

22.3.3 单代号网络图时间参数
计算 …………………… 1187
22.3.4 网络计划工期优化方法
计算 …………………… 1190
22.3.5 非肯定型网络计划模型
计算 …………………… 1191
22.4 流水节拍施工法 …………… 1195
22.4.1 流水参数的计算 ………… 1195
22.4.2 流水施工工期计算 ……… 1196
22.5 线性规划 …………………… 1200
22.6 全面质量管理 ……………… 1203
22.6.1 质量管理常用数值
计算 …………………… 1203
22.6.2 排列图统计法计算 ……… 1206
22.6.3 因果分析图法绘制 ……… 1208
22.6.4 直方图统计法计算 ……… 1208
22.6.5 控制图统计法计算 ……… 1212
22.6.6 相关分析图法计算 ……… 1220
22.7 ABC 管理法 ………………… 1226
22.8 价值工程 …………………… 1228
22.9 存贮技术 …………………… 1232
22.10 量本利分析法 ……………… 1238

附录一 施工常用计算数据 …… 1245
1.1 重要常数与角度变换 ……… 1245
1.1.1 圆周率（π）、自然对数
（e）表 ………………… 1245
1.1.2 角度化弧度表 …………… 1245
1.1.3 弧度化角度表 …………… 1246
1.1.4 斜度变换角度表 ………… 1246
1.2 重要角度的函数 …………… 1246
1.2.1 重要角度的函数 ………… 1246
1.2.2 计算任意三角函数值的
化简表 ………………… 1247
1.2.3 双曲函数表 ……………… 1247
1.3 常用几何基本图形计算
公式 …………………… 1251
1.3.1 平面图形计算公式 ……… 1251
1.3.2 立体图形计算公式 ……… 1253
1.4 材料基本性质计算公式 …… 1255

1.4.1 材料有关性质计算
公式 …………………… 1255
1.4.2 材料物理性质计算
公式 …………………… 1256
1.4.3 材料力学性质计算
公式 …………………… 1256
1.5 常用建筑材料自重 ………… 1257
1.6 常用计量单位及其换算 …… 1258
1.6.1 法定计量单位 …………… 1258
1.6.2 有关的非法定计量单位与
法定计量单位的换算 … 1259
1.6.3 温度单位换算 …………… 1260
1.6.4 标准筛常用网号、目数
对照 …………………… 1261
1.6.5 pH 参考表 ……………… 1261

附录二 施工常用结构计算用表 … 1262
2.1 常用设计荷载 ……………… 1262
2.1.1 民用建筑楼面均布活
荷载 …………………… 1262
2.1.2 屋面均布活荷载 ………… 1263
2.1.3 楼面和屋面的施工或检修
集中荷载和栏杆水平
荷载 …………………… 1264
2.2 常用结构静力计算公式 …… 1264
2.2.1 构件常用截面的几何与
力学特性 ……………… 1264
2.2.2 短柱、长柱压应力极限荷
载计算公式 …………… 1266
2.2.3 单跨梁的反力、剪力、弯矩、
挠度计算公式 ………… 1267
2.2.4 二跨等跨连续梁的弯矩、
剪力、挠度计算系数及
公式 …………………… 1270
2.2.5 不等跨连续梁在均布荷载
作用下的弯矩、剪力计算
系数及公式 …………… 1271
2.2.6 双向板在均布荷载作用下
的弯矩、挠度计算系数
及公式 ………………… 1273

25

2.3 砌体结构计算用表 ………… 1275
2.4 混凝土结构计算用表 ……… 1278
2.5 钢结构计算用表 …………… 1282
2.6 木结构计算用表 …………… 1292

附录三 我国建筑施工计算技术的应用与发展……………… 1295
主要参考文献………………………… 1300

1 土方与爆破工程

1.1 土的物理性质指标计算与换算

1.1.1 土的基本物理性质指标计算与换算

土的基本物理性质指标计算与换算　　　　　表 1-1

指标名称	符号	单位	物理意义	表达式	常用换算公式
密度	ρ	t/m³	单位体积土的质量，又称质量密度	$\rho=\dfrac{m}{V}$	$\rho=\rho_d(1+w)$；$\rho=\dfrac{d_s+S_r e}{1+e}\rho_w$
重度	γ	kN/m³	单位体积土所受的重力，又称重力密度	$\gamma=\dfrac{W}{V}$ 或 $\gamma=\rho g$	$\gamma=\dfrac{W}{V}$；$\gamma=\dfrac{d_s(1+0.01w)}{1+e}$
相对密度	d_s		土粒单位体积的质量与 4℃ 时蒸馏水的密度之比	$d_s=\dfrac{m_s}{V_s \rho_w}$	$d_s=\dfrac{S_r e}{w}$；$d_s=\dfrac{m_s}{V_s \rho_w}$
干密度	ρ_d	t/m³	土的单位体积内颗粒的质量	$\rho_d=\dfrac{m_s}{V}$	$\rho_d=\dfrac{\rho}{1+w}$；$\rho_d=\dfrac{d_s}{1+e}$
干重度	γ_d	kN/m³	土的单位体积内颗粒的重力	$\gamma_d=\dfrac{W_s}{V}$ 或 $\rho_d g$	$\gamma_d=\dfrac{1}{1+w}\gamma$；$\gamma_d=\dfrac{d_s}{1+e}$
含水量	w	%	土中水的质量与颗粒质量之比	$w=\dfrac{m_w}{m_s}\times 100$	$w=\dfrac{S_r e}{d_s}\times 100$；$w=\left(\dfrac{\gamma}{\gamma_d}-1\right)\times 100$
饱和密度	ρ_{sat}	t/m³	土中孔隙完全被水充满时土的密度	$\rho_{sat}=\dfrac{m_s+V_v \cdot \rho_w}{V}$	$\rho_{sat}=\rho_d+\dfrac{e}{1+e}$；$\rho_{sat}=\dfrac{d_s+e}{1+e}\rho_w$
饱和重度	γ_{sat}	kN/m³	土中孔隙完全被水充满时土的重度	$\gamma_{sat}=\rho_{sat}\cdot g$	$\gamma_{sat}=\dfrac{W_s+V_v \gamma_w}{V}$；$\gamma_{sat}=\dfrac{d_s+e}{1+e}\cdot\gamma_w$
有效重度	γ'	kN/m³	在地下水位以下，土体受到水的浮力作用时土的重度，又称浮重度	$\gamma'=\gamma_{sat}-\gamma_w$	$\gamma'=\dfrac{(d_s-1)\gamma_w}{1+e}$；$\gamma'=\dfrac{m_s-V_s \rho_w}{V}\cdot g$
孔隙比	e		土中孔隙体积与土粒体积之比	$e=\dfrac{V_v}{V_s}$	$e=\dfrac{d_s \rho_w}{\rho_d}-1$；$e=\dfrac{n}{1-n}$
孔隙率	n	%	土中孔隙体积与土的总体积之比	$n=\dfrac{V_v}{V}\times 100$	$n=\dfrac{e}{1+e}\times 100$；$n=\left(1-\dfrac{\gamma_d}{d_s \gamma_w}\right)\times 100$
饱和度	S_r		土中水的体积与孔隙体积之比	$S_r=\dfrac{V_w}{V_v}$	$S_r=\dfrac{w d_s}{e}$；$S_r=\dfrac{w \rho_d}{n}$；$S_r=\dfrac{w(\rho_s/\rho_w)}{e}$

续表

指标名称	符号	单位	物理意义	表达式	常用换算公式
表中符号意义			m—土的总质量$(m=m_s+m_w)$； m_s—土的固体颗粒的质量； m_w—土中水的质量； m_a—土中气体的质量，$m_a\approx 0$； V—土的总体积$(V=V_s+V_w+V_a)$； V_s—土中固体颗粒的体积； V_w—土中水所占的体积； V_a—土中空气所占的体积； V_v—土中空隙体积$(V=V_a+V_w)$； W—土的总重力(量)； W_s—土的固体颗粒的重力(量)； W_w—土中水的重力(量)； ρ_w—蒸馏水的密度，一般$\rho_w=1t/m^3$； γ_w—水的重度，近似取$\gamma_w=10kN/m^3$； g—重力加速度，取$g=10m/s^2$		土的三相组成示意图

注：1. 密度一般用环刀法测定；重度、干密度由试验方法测定后计算求得；相对密度用比重瓶法测定；干重度由试验方法直接测定；含水量用烘干法测定；饱和密度、饱和重度、有效重度、孔隙比、孔隙率、饱和度等均由计算求得；

2. 天然状态下土的密度(ρ)一般为$1.6\sim 2.0t/m^3$；土的重度(γ)一般为$16\sim 20kN/m^3$；一般黏性土的相对密度(d_s)为$2.7\sim 2.75$，砂土的相对密度(d_s)为$2.65\sim 2.69$；一般土的干密度(ρ_d)为$1.3\sim 1.8t/m^3$；一般土的干重度γ_d为$18kN/m^3$；

3. 一般土的含水量(w)为$20\%\sim 60\%$；饱和密度(ρ_{sat})为$1.8\sim 2.3t/m^3$；饱和重度(γ_{sat})为$18\sim 23kN/m^3$；有效重度(γ')为$8\sim 13kN/m^3$；

4. 孔隙比(e)：一般黏性土为$0.5\sim 1.2$，砂土为$0.3\sim 0.9$；孔隙率(n)：一般黏性土为$30\%\sim 60\%$，砂土为$25\%\sim 45\%$；饱和度(S_r)：对一般土为$0\sim 1.0$，孔隙全部为水所充填，即$S_r=1$的土称为饱和土，$S_r=0.8$的土可认为是饱和的。

【例1-1】 工程地基经试验测定：原状土样的体积$V=70cm^3$，土的质量$m=0.126kg$，土的固体颗粒的质量$m_s=0.1043kg$，土的相对密度$d_s=2.68$，试求土样的密度、重度、干密度、干重度、含水量、孔隙比、饱和重度及有效重度。

【解】

土的密度 $\quad\quad\quad \rho=\dfrac{m}{V}=\dfrac{0.126}{70}=0.0018kg/cm^3=1.8t/m^3$

土的重度 $\quad\quad\quad \gamma=\rho g=1.8\times 10=18kN/m^3$

土的干密度 $\quad\quad \rho_d=\dfrac{m_s}{V}=\dfrac{0.1043}{70}=0.00149kg/cm^3=1.49t/m^3$

土的干重度 $\quad\quad \gamma_d=\rho_d g=1.49\times 10=14.9kN/m^3$

土的含水量 $\quad\quad w=\dfrac{m-m_s}{m_s}=\dfrac{0.126-0.1043}{0.1043}=0.2081=20.81\%$

土的孔隙比 $\quad\quad e=\dfrac{V_v}{V_s}=\dfrac{d_s\rho_w}{\rho_d}-1=\dfrac{2.68\times 1}{1.49}-1=0.8$

土的饱和重度　　$\gamma_{sat} = \rho_{sat}g = \dfrac{m_s + V_v\rho_w}{V} \cdot g = \dfrac{m_s + eV_s\rho_w}{V} \cdot g$

$$= \dfrac{m_s + e\dfrac{m_s}{d_s}}{V} \cdot g = \dfrac{0.1043 + 0.8 \times \dfrac{0.1043}{2.68}}{70} \times 10$$

$$= 0.01934 \text{kg/cm}^3 = 19.34 \text{kN/m}^3$$

土的有效重度　　$\gamma' = \gamma_{sat} - \gamma_w = 19.34 - 10 = 9.34 \text{kN/m}^3$

【例 1-2】 住宅楼房心回填土夯实后的密度 $\rho = 1.85 \text{t/m}^3$，含水量 $w = 14.5\%$，设计要求夯实后的干密度 $\rho_d = 1.55 \text{t/m}^3$，试问此房心填土是否符合设计质量要求。

【解】 按表 1-1 公式得：

干密度　　　　　　$\rho_d = \dfrac{\rho}{1+w} = \dfrac{1.85}{1+0.145} = 1.62 \text{t/m}^3$

因夯实后的 ρ_d 大于要求的干密度 1.55t/m^3，故符合设计质量要求。

【例 1-3】 写字楼基坑钻探取得原状土样，经实测得土的天然密度 $\rho = 1.70 \text{t/m}^3$，含水量 $w = 13.0\%$，土颗粒的相对密度 $d_s = 2.68$，试求土的孔隙比 e 和饱和度 S_r。

【解】 按表 1-1 公式算出孔隙比为：

$$e = \dfrac{d_s \rho_w (1+w)}{\rho} - 1 = \dfrac{2.68 \times 1 \times (1+0.13)}{1.70} - 1 = 0.781$$

饱和度为：　　$S_r = \dfrac{w d_s}{e} = \dfrac{0.13 \times 2.68}{0.781} = 0.446 = 44.6\%$

【例 1-4】 地下室基坑原状土样出室内试验得土的天然重度 $\gamma = 18.65 \text{kN/m}^3$，土粒相对密度 $d_s = 2.70$，天然含水量 $w = 28\%$，试求土的孔隙比、孔隙率、饱和度、饱和土重度、干土重度和有效重度。

【解】 由换算公式

孔隙比　　$e = \dfrac{d_s \gamma_w (1+w)}{\gamma} - 1 = \dfrac{2.70 \times 10 (1+0.28)}{18.65} - 1 = 0.853$

孔隙率　　$n = \left[1 - \dfrac{\gamma}{d_s \gamma_w (1+w)}\right] \times 100\% = \left[1 - \dfrac{18.65}{2.70 \times 10(1+0.28)}\right] \times 100\% = 46.0\%$

或　　　　$n = \dfrac{e}{1+e} \times 100\% = \dfrac{0.853}{1+0.853} \times 100\% = 46.0\%$

饱和度　　$S_r = \dfrac{w d_s}{e} \times 100\% = \dfrac{0.28 \times 2.7}{0.853} \times 100\% = 88.6\%$

饱和土重度　　$\gamma_{sat} = \dfrac{(d_s + e)\gamma_w}{1+e} = \dfrac{(2.7 + 0.853) \times 10}{1 + 0.853} = 19.17 \text{kN/m}^3$

干土重度　　$\gamma_d = \dfrac{\gamma}{1+w} = \dfrac{18.65}{1+0.28} = 14.57 \text{kN/m}^3$

有效重度　　$\gamma' = \dfrac{(d_s - 1)\gamma_w}{1+e} = \dfrac{(2.70 - 1) \times 10}{1 + 0.853} = 9.17 \text{kN/m}^3$

或　　　　$\gamma' = \gamma_{sat} - \gamma_w = 19.17 - 10.0 = 9.17 \text{kN/m}^3$

1.1.2 黏性土可塑性指标计算

黏性土的可塑性指标计算　　　　　　　　　　　　　　　　　表 1-2

指标名称	符号	单位	物 理 意 义	表 达 式
塑限	w_P	%	土由可塑状态过渡到半固体状态的界限含水量	
液限	w_L	%	土由可塑状态过渡到流动状态的界限含水量	
塑性指数	I_P		液限与塑限之差	$I_P = w_L - w_P$
液性指数	I_L		土的天然含水量与塑限之差对塑性指数之比	$I_L = \dfrac{w - w_P}{I_P}$
含水比	α_w		土的天然含水量与液限之比值	$\alpha = \dfrac{w}{w_L}$

注：1. 塑限现场简易测定方法：在土中逐渐加水，至能用手在毛玻璃上搓成土条，当土条搓到直径 3mm 时，恰好断裂，此时土条的含水量，即为塑限。
2. 塑限一般用搓条法通过试验测定；液限一般用锥式液限仪通过试验测定；塑性指数由计算求得，是进行黏土分类的重要指标，参见表 1-3；液性指数由计算求得，是判别黏性土软硬程度的重要指标，参见表 1-4；含水比由计算求得，亦是判别黏性土坚硬状态的重要指标。

黏性土按塑性指数 I_P 分类　　　　　　　　　　　　　　　表 1-3

黏性土的分类名称	黏　土	粉 质 黏 土
塑性指数 I_P	$I_P > 17$	$10 < I_P \leqslant 17$

注：1. 塑性指数由相应于 76g 圆锥体沉入土样中深度为 10mm 时测定的液限计算而得；
2. $I_P \leqslant 10$ 的土称粉土（少黏性土）。粉土又分黏质粉土（粉粒>0.05mm 的不到 50%，$I_P \leqslant 10$）、砂质粉土（粉粒>0.05mm 的占 50% 以上，$I_P \leqslant 10$）。

黏性土的状态（坚硬程度）按液性指数 I_L 分类　　　　　　　表 1-4

塑性状态	坚硬	硬塑	可塑	软塑	流塑
液性指数 I_L	$I_L \leqslant 0$	$0 < I_L \leqslant 0.25$	$0.25 < I_L \leqslant 0.75$	$0.75 < I_L \leqslant 1$	$I_L > 1$

【**例 1-5**】 住宅楼基坑取土样经试验测定天然含水量 $w = 20.5\%$；塑限 $w_P = 18.5\%$，液限 $w_L = 28.7\%$，试确定土样的名称及所处的物理状态。

【**解**】 由表 1-2 中公式，土样的塑性指数为：
$$I_P = w_L - w_P = 28.7 - 18.5 = 10.2$$

由表 1-3 可知，$I_P > 10$，同时 < 17，故知土样为粉质黏土。
又由表 1-2 中公式，土样的液性指数为：
$$I_L = \frac{w - w_P}{I_P} = \frac{20.5 - 18.5}{10.2} = 0.196$$

由表 1-4 可知，$I_L > 0$，同时 < 0.25，故知土样为硬塑状态。

1.2 土的力学性质指标计算

1.2.1 土的压缩系数和压缩模量计算

一、土的压缩系数计算

压缩系数表示土在单位压力下孔隙比的变化。通常用压缩系数来表示土的压缩性，其值由原状土的压缩性试验确定。土的压缩系数可按下式计算：

$$a = 1000 \times \frac{e_1 - e_2}{p_2 - p_1} \tag{1-1}$$

式中 a——土的压缩系数（MPa^{-1}）；

　　1000——单位换算系数；

　　p_1、p_2——固结压力（kPa）；

　　e_1、e_2——相对应于 p_1、p_2 时的孔隙比。

由式（1-1）知，压缩系数大，土的压缩性亦大。但土的压缩系数并不是常数，而是随压力 p_1、p_2 的数值的变化而变化。在评价地基压缩性时，一般取 $p_1=100kPa$、$p_2=200kPa$，并将相应的压缩系数记作 a_{1-2}。在《建筑地基基础设计规范》（GB 50007）中按 a_{1-2} 的大小将地基的压缩性划分为低、中、高压缩性三类：

1. 当 $a_{1-2}<0.1MPa^{-1}$ 时，为低压缩性土；
2. 当 $0.1 \leqslant a_{1-2}<0.5MPa^{-1}$ 时，为中压缩性土；
3. 当 $a_{1-2} \geqslant 0.5$ 时，为高压缩性土。

【例1-6】 工程地基土由室内压缩性试验知，当固结压力 $p_1=100kPa$ 时，孔隙比 $e_1=0.623$；$p_2=200kPa$ 时，$e_2=0.548$，试求土的压缩系数，并评价该土层的压缩性高低。

【解】 根据已知试验数据由式（1-1）可求得土的压缩系数为：

$$a_{1-2} = 1000 \times \frac{e_1 - e_2}{p_2 - p_1} = 1000 \times \frac{0.623 - 0.545}{200 - 100} = 0.75 MPa^{-1}$$

因 $a_{1-2}=0.75>0.5MPa^{-1}$，故知该土层为高压缩性土。

二、土的压缩模量计算

工程上还常用室内试验求压缩模量 E_s，作为土的压缩性指标。土的压缩模量可按下式计算

$$E_s = \frac{1+e_0}{a} \tag{1-2}$$

式中 E_s——土的压缩模量（MPa）；

　　e_0——地基土的天然（自重压力下）孔隙比；

　　a——从土的自重应力至土的自重附加应力段的压缩系数（MPa^{-1}）。

由式（1-2）知，压缩模量与压缩系数相反，压缩模量大，土的压缩性小；反之，压缩模量小，土的压缩性大。为了对比土的压缩性，工程上常采用 $p_1=100kPa$ 和 $p_2=200kPa$ 压力段所确定的压缩模量，作为评定土的压缩性指标。则式（1-2）可写成：

$$E_{s(1-2)} = \frac{1+e_0}{a_{1-2}} \tag{1-3}$$

式中 $E_{s(1-2)}$——相应于 $p=100kPa$，$p_2=200kPa$ 时土的压缩模量（MPa）；

　　a_{1-2}——$p=100kPa$、$p_2=200kPa$ 时土的压缩系数。

用压缩模量划分压缩性等级和评价土的压缩性可按表1-5规定。

地基土按 E_s 值划分压缩性等级的规定			表 1-5
室内压缩模量 E_s(MPa)	压缩等级	室内压缩模量 E_s(MPa)	压缩等级
<2	特高压缩性	7.6~11	中压缩性
2~4	高压缩性	11.1~15	中低压缩性
4.1~7.5	中高压缩性	>15	低压缩性

【例 1-7】 工程地基土由室内压缩性试验知土的压缩系数 $a_{1-2}=0.43\text{MPa}^{-1}$，土的天然（自重压力下）孔隙比 $e_0=0.95$，试求土的压缩模量并评定土的压缩性等级。

【解】 根据已知试验数据由式（1-3）得：

$$E_{s(1-2)}=\frac{1+e_0}{a_{1-2}}=\frac{1+0.95}{0.43}=4.53$$

由表 1-5 知，$E_{s(1-2)}$ 在 4.1~7.5 之间，属于中高压缩性土。

三、土的变形模量与压缩模量之间的关系

土的变形模量与压缩模量之间存在一定的相关关系。土的变形模量 E_0 与压缩模量 E_s 的关系一般可按弹性理论得出如下式所示：

$$E_0=\beta E_s \tag{1-4}$$

式中 β——与土的泊松比 μ 有关的系数，$\beta=1-\frac{2\nu^2}{1-\nu}$；亦可由表 1-6 查得。

土的泊松比 μ 与系数 β 参考表			表 1-6
项次	土的种类与状态	μ	β
1	碎石土	0.15~0.20	0.95~0.90
2	砂土	0.20~0.25	0.90~0.83
3	粉土	0.25	0.83
4	粉质黏土 坚硬状态	0.25	0.83
	可塑状态	0.30	0.74
	软塑及流塑状态	0.35	0.62
5	黏土 坚硬状态	0.25	0.83
	可塑状态	0.35	0.62
	软塑及流塑状态	0.42	0.39

【例 1-8】 地基土为粉质黏土，呈可塑状态，土的泊松比 $\mu=0.30$，由试验求得土的压缩模量 $E_s=5.5\text{N/mm}^2$，试求土的变形模量。

【解】 由 $\mu=0.30$ 可求得：

$$\beta=1-\frac{2\nu^2}{1-\nu}=1-\frac{2\times 0.3^2}{1-0.3}=0.743$$

由式（1-4）得：

$$E_0=\beta E_s=0.743\times 5.5=4.09\text{N/mm}^2$$

故知，土的变形模量为 4.09N/mm^2。

1.2.2 土的变形模量计算

土的变形模量，系通过野外荷载试验，得出荷载板底面的应力 p 与其下沉量 s 的关系

曲线（图 1-1），选取一直线段，采用弹性力学公式，可反算地基土的变形模量 E_0（MPa），其计算公式为：

$$E_0 = 0.88(1-\nu^2)\sqrt{F} \cdot \frac{p}{s} \quad (1-5)$$

或

$$E_0 = \omega(1-\nu^2)\frac{p_{cr}b}{s_1} \times 10^{-3} \quad (1-6)$$

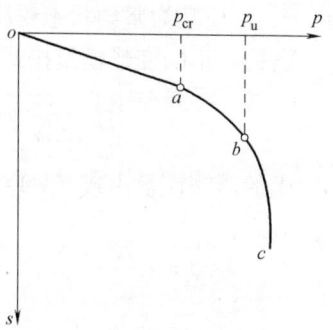

图 1-1 荷载板应力 p 与沉降量 s 的关系曲线

式中 ν——土的泊松比，为有侧胀竖向压缩时土的侧向应变与竖向压缩应变的比值（侧向膨胀系数），对碎石类土为 0.15～0.2；对砂类土为 0.20～0.25；对粉土为 0.25；对粉质黏土为 0.25～0.35（硬塑～软塑）；对黏土为 0.25～0.42（硬塑～软塑）；

F——荷载板的底面积（mm²）；通常用 500×500、707×707 和 1000×1000mm² 三种；

p——荷载板底面的应力（MPa），同时 $p \leqslant p_b$；

p_b——荷载与下沉保持直线比例的界限应力（MPa）；

s——当应力为 p 时，荷载板下所发生的下沉量（mm）；

ω——沉降量系数，刚性正方形荷载板 $\omega=0.88$；刚性圆形荷载板 $\omega=0.79$；

p_{cr}——p-s 曲线直线段终点对应的应力（kPa）；

s_1——与直线段终点所对应的沉降量（mm）；

b——承压板宽度或直径（mm）。

地基土的变形模量 E_0 的参考值见表 1-7。

土的变形模量 E_0（MPa） 表 1-7

土的种类	E_0		土的种类	E_0	
砾石及卵石	65～54			密实的	中密的
碎石	65～29		干的粉土	16.0	12.5
砂石	42～14		湿的粉土	12.5	9.0
	密实的	中密的	饱和的粉土	9.0	5.0
粗砂、砾砂	28.0	36.0		坚硬	塑性状态
中砂	42.0	31.0	粉土	59～16	16～4
干的细砂	36.0	25.0	粉质黏土	39～16	16～4
湿的及饱和的细砂	31.0	19.0	淤泥	3	
干的粉砂	21.0	17.5	泥炭	2～4	
湿的粉砂	17.5	14.0	处于流动状态的黏性土、粉土	3	
饱和的粉砂	14.0	9.0			

【例 1-9】 某工程基坑通过荷载试验，已知 $F=500000$mm²，$p=0.3$MPa，$s=6$mm，地基为软塑黏土，$\nu=0.42$，求土的变形模量。

【解】 土的变形模量按公式（1-5）

$$E_0 = 0.88(1-0.42^2)\sqrt{500000} \cdot \frac{0.3}{6} = 25.9\text{MPa}$$

【例 1-10】 某工程地基基坑通过野外荷载试验，已知 $b=707$mm，$p_{cr}=300$kPa，

$s=6$mm,地基为坚硬状态粉质黏土,$\nu=0.25$,$\beta=0.83$,试求土的变形模量和压缩模量。

【解】 土的变形模量按式(1-6)

$$E_0=0.88(1-0.25^2)\frac{300\times 707}{6}\times 10^{-3}=29.16\text{MPa}$$

土的压缩模量由式(1-4)

$$E_s=\frac{29.16}{0.83}=35.13\text{MPa}$$

1.3 土的工程性质计算

1.3.1 土的可松性计算

土的可松性是指土经过挖掘后组织破坏、体积增加的性质,以后虽经回填压实,仍不能恢复成原来的体积。土的可松性程度一般以可松性系数表示,它是挖填土方时计算土方机械生产率、回填土方量、运输机具数量、进行场地平整规划竖向设计、土方平衡调配的重要参数。土的可松性,根据其开挖后和经回填压实后增加体积量的不同,分为最初可松性系数和最后可松性系数,按下式计算:

最初可松性系数 $$K_1=\frac{V_2}{V_1} \tag{1-7}$$

最后可松性系数 $$K_2=\frac{V_3}{V_1} \tag{1-8}$$

式中 V_1——开挖前土在自然状态下的体积(m^3);
V_2——土经开挖后的松散体积(m^3);
V_3——土经回填压实后的体积(m^3)。

一般土的可松性系数参考数值参见表1-8。

土的可松性系数 表1-8

土 的 名 称	体积增加百分比		可松性系数	
	最初	最后	K_1	K_2
砂土、粉土	8~17	1~2.5	1.08~1.17	1.01~1.03
种植土、淤泥、淤泥质土	20~30	3~4	1.20~1.30	1.03~1.04
粉质黏土、潮湿黄土、砂土(或粉土)	14~28	1.5~5	1.14~1.28	1.02~1.05
混碎(卵)石、填土、黏土、砾石土、干黄土、黄土(或粉质黏土)混碎(卵)石、压实填土	24~30	4~7	1.24~1.30	1.04~1.07
黏土、黏土混碎(卵)石、卵石土、密实黄土	26~32	6~9	1.26~1.32	1.06~1.09
泥灰岩	33~37	11~15	1.33~1.37	1.11~1.15
软质岩石、次硬质岩石	30~45	10~20	1.30~1.45	1.10~1.20
硬质岩石	45~50	20~30	1.45~1.50	1.20~1.30

注:1. 最初体积增加百分比=$[(V_2-V_1)/V_1]\times 100\%$;
最后体积增加百分比=$[(V_3-V_1)/V_1]\times 100\%$。
2. 在土方工程中,K_1是计算挖方工程量、装运车辆数量及挖土机械生产率、土方平衡调配的主要参数;K_2是计算填方所需挖土工程量、竖向设计的主要参数。

【例 1-11】 某住宅楼采用毛石基础,其截面尺寸如图 1-2 所示,地基为粉质黏土,已知土的可松性系数 $K_1=1.27$,$K_2=1.05$,试计算 100m 长基槽的挖方量;如留下回填土后,余土要求全部运出,并计算填土量及弃土量。

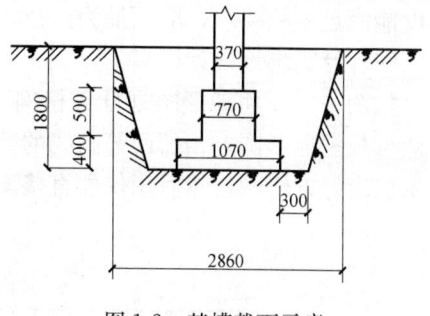

图 1-2 基槽截面示意

【解】 100m 长基槽的挖土量为:
$$V_{挖}=\frac{(2.86+1.67)\times 1.8}{2}\times 100=408\text{m}^3$$

基础所占体积为:
$$V_{基}=(0.4\times 1.07+0.5\times 0.77+0.9\times 0.37)\times 100=114.6\text{m}^3$$

预留填方量(按原土计算)为:
$$V_{留}=\frac{V_{挖}-V_{基}}{K_2}=\frac{408-114.6}{1.05}=279.43\text{m}^3$$

弃土量(按松散体积计算)为:
$$V_{弃}=(V_{挖}-V_{留})K_1=(408-279.43)\times 1.27=163.28\text{m}^3$$

1.3.2 土的压缩性计算

取土回填或移挖作填,松土经运输,填压以后,均会压缩,一般以压缩率表示,可按下式计算:

$$P=[(\rho-\rho_d)/\rho_d]\times 100\% \tag{1-9}$$

式中 P——土的压缩率(%);
　　ρ_d——原状土的干质量密度(t/m³);
　　ρ——压实后土的干质量密度(t/m³)。

【例 1-12】 回填土坑,土质用粉土,由现场检验知 $\rho_d=1.71\text{t/m}^3$,$\rho=1.58\text{t/m}^3$,试求土的压缩率(亦即截面增加土方量)。

【解】 由式(1-9)可求得土的压缩率为:
$$\begin{aligned}P&=[(\rho-\rho_d)/\rho_d]\times 100\%\\&=[(1.58-1.71)/1.71]\times 100\%=-7.6\%\end{aligned}$$

故知,回填应按填方截面增加 7.6% 的土方量。

1.4 场地平整高度的计算

场地平整,应先确定场地平整后的设计标高,作为计算挖方、填方工程量、进行土方平衡调配、选择土方机械、制定施工方案的依据。

对较大面积的场地平整,正确地选择场地平整高度(设计标高),对节约工程投资、加快建设速度均具有重要意义。一般选择原则是:在符合生产工艺和运输的条件下,尽量利用地形,以减少挖方数量;场地内的挖方与填方量应尽可能达到互相平衡,以降低土方运输费用;同时应考虑最高洪水位的影响等。

场地平整高度计算常用的方法为"挖填土方量平衡法",因其概念直观,计算简便,精度能满足工程要求，应用最为广泛，其计算步骤和方法如下：

一、计算场地设计标高

如图 1-3a，将地形图划分方格网（或利用地形图的方格网），每个方格的角点标高，一般可根据地形图上相邻两等高线的标高，用插入法求得。当无地形图时，亦可在现场打设木桩定好方格网，然后用仪器直接测出。

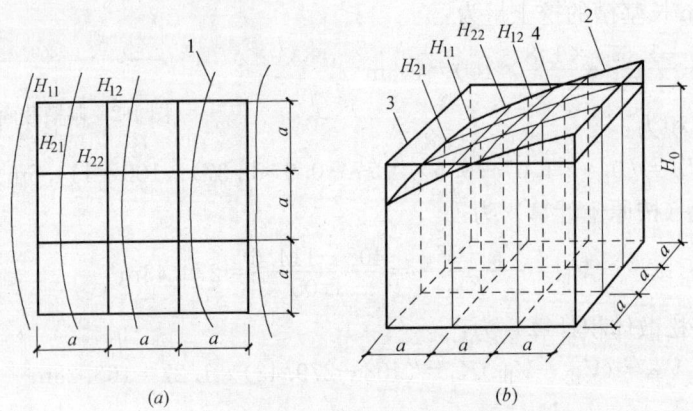

图 1-3 场地设计标高计算简图
(a) 地形图上划分方格；(b) 设计标高示意图
1—等高线；2—自然地坪；3—设计标高平面；4—自然地面与设计标高平面的交线（零线）

一般要求是：使场地内的土方在平整前和平整后相等而达到挖方和填方量平衡，如图 1-3b。设达到挖填平衡的场地平整标高为 H_0，则由挖填平衡条件，H_0 值可由下式求得：

$$H_0 N a^2 = \sum_1^n \left(a^2 \frac{H_{11}+H_{12}+H_{21}+H_{22}}{4} \right)$$

$$H_0 = \sum_1^n \frac{(H_{11}+H_{12}+H_{21}+H_{22})}{4N} \tag{1-10}$$

式 (1-10) 可改写成下列形式：

$$H_0 = \frac{\sum H_1 + 2\sum H_2 + 3\sum H_3 + 4\sum H_4}{4N} \tag{1-11}$$

式中　　a——方格网边长（m）；

N——方格网数（个）；

$H_{11} \cdots H_{22}$——任一方格的四个角点的标高（m）；

H_1——一个方格共有的角点标高（m）；

H_2——二个方格共有的角点标高（m）；

H_3——三个方格共有的角点标高（m）；

H_4——四个方格共有的角点标高（m）。

式 (1-11) 计算的 H_0，为一理论数值，实际尚需考虑：(1) 土的可松性；(2) 设计标高以下各种填方工程用土量，或设计标高以上的各种挖方工程量；(3) 边坡填挖土方量不等；(4) 部分挖方就近弃土于场外，或部分填方就近从场外取土等等因素。考虑这些因素所引起的挖填土方量的变化后，适当提高或降低设计标高。

1.4 场地平整高度的计算

二、考虑排水坡度对设计标高的影响

式（1-11）计算的 H_0 未考虑场地的排水要求（即场地表面均处于同一个水平面上），实际均应有一定排水坡度。如场地面积较大，应有 2‰ 以上排水坡度，尚应考虑排水坡度对设计标高的影响。故场地内任一点实际施工时所采用的设计标高 H_n（m）可由下式计算：

单向排水时
$$H_n = H_0 + li \quad (1\text{-}12)$$

双向排水时
$$H_n = H_0 \pm l_x i_x \pm l_y i_y \quad (1\text{-}13)$$

式中 l——该点至 H_0 的距离（m）；

i——x 方向或 y 方向的排水坡度（不少于 2‰）；

l_x、l_y——该点于 $x-x$、$y-y$ 方向距场地中心线的距离（m）；

i_x、i_y——分别为 x 方向和 y 方向的排水坡度；

$\pm$——该点比 H_0 高则取"+"号，反之取"−"号。

三、考虑设计标高的调整值

按式（1-11）计算的 H_0 是一个理论值，还应根据实际情况考虑以下因素的影响而进行调整：

1. 由于土具有可松性，即自然状态下的土经开挖后，体积因松散而增加，以后虽经回填压实仍不能恢复成原体积，一般情况下土有多余，应提高设计标高，其设计标高调整值可按下式计算：

$$\Delta h_1 = \frac{V_{挖}(K_2 - 1)}{A_{填} + A_{挖} \cdot K_2} \quad (1\text{-}14)$$

式中 Δh_1——设计标高调整值（m）；

$V_{挖}$——挖方土的体积（m³）；

K_2——最后可松性系数；

$A_{填}$——填方的面积（m²）；

$A_{挖}$——挖方的面积（m²）。

2. 高于设计标高以上的各种填方工程用土量而影响设计标高的降低；或者由于设计标高以下的各种挖方工程挖土量而影响设计标高的提高。设计标高相应的增减调整值可按下式计算：

$$\Delta h_2 = \frac{\sum Q(+, -)}{N \cdot a^2} \quad (1\text{-}15)$$

式中 Δh_2——设计标高的相应增减调整值（m）；

Q——挖方工程的挖土量取"−"值，填方工程的用土量取"+"值（m³）；

N——方格数（个）；

a——方格边长（m）。

【例 1-13】 场地平整的方格网边长为 20m，角点的地面标高如图 1-4 所示，地面排水坡度 $i_x = 3‰$，$i_y = 2‰$，试计算确定场地平整达到挖填平衡的设计标高 H_0 和考虑排水坡后的设计标高（H_n）。

【解】 由图 1-4，方格数 $N = 7$

1 土方与爆破工程

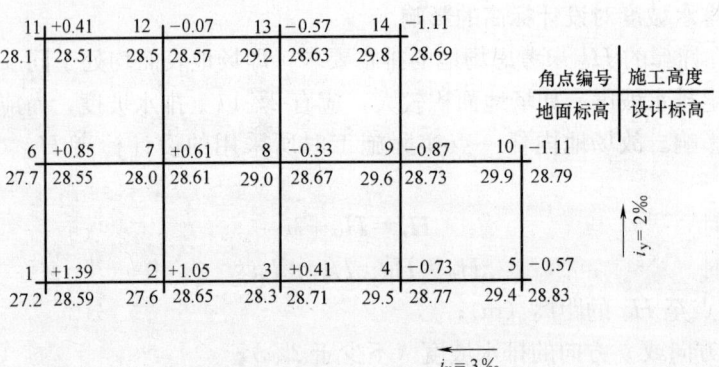

图 1-4 场地方格网及地面标高挖方为"－"，填方为"＋"

一个方格共有的角点标高：
$$\sum H_1 = 28.1 + 29.8 + 29.9 + 29.4 + 27.2 = 144.4\text{m}$$

二个方格共有的角点标高：
$$\sum H_2 = 28.5 + 29.2 + 29.5 + 28.3 + 27.6 + 27.7 = 170.8\text{m}$$

三个方格共有的角点标高：
$$\sum H_3 = 29.6\text{m}$$

四个方格共有的角点标高：
$$\sum H_4 = 28.0 + 29.0 = 57.0\text{m}$$

将上述各值代入公式（1-11）得：
$$H_0 = \frac{\sum H_1 + 2\sum H_2 + 3\sum H_3 + 4\sum H_4}{4N}$$
$$= \frac{144.4 + 2\times170.8 + 3\times29.6 + 4\times57.0}{4\times7} = 28.67\text{m}$$

以场地中心角点 8 为 H_0，则其余各点设计标高，考虑排水坡度的影响，由公式（1-12）或式（1-13）计算得：

$H_1 = H_0 - 40\times3‰ + 20\times2‰ = 28.67 - 0.12 + 0.04 = 28.59\text{m}$

$H_2 = H_1 + 20\times3‰ = 28.59 + 0.06 = 28.65\text{m}$

$H_3 = H_2 + 20\times3‰ = 28.65 + 0.06 = 28.71\text{m}$

$H_4 = H_3 + 20\times3‰ = 28.71 + 0.06 = 28.77\text{m}$

$H_5 = H_4 + 20\times3‰ = 28.77 + 0.06 = 28.83\text{m}$

$H_6 = H_0 - 40\times3‰ \pm 0 = 28.67 - 0.12 = 28.55\text{m}$

$H_7 = H_6 + 20\times3‰ = 28.55 + 0.06 = 28.61\text{m}$

$H_8 = H_7 + 20\times3‰ = 28.61 + 0.06 = 28.67\text{m}$

$H_9 = H_8 + 20\times3‰ = 28.67 + 0.06 = 28.73\text{m}$

$H_{10} = H_9 + 20\times3‰ = 28.73 + 0.06 = 28.79\text{m}$

$H_{11} = H_0 - 40\times3‰ - 20\times2‰ = 28.67 - 0.12 - 0.04 = 28.51\text{m}$

$H_{12} = H_{11} + 20\times3‰ = 28.51 + 0.06 = 28.57\text{m}$

$H_{13} = H_{12} + 20\times3‰ = 28.57 + 0.06 = 28.63\text{m}$

$$H_{14}=H_{13}+20\times 3‰=28.63+0.06=28.69\text{m}$$

将调整后的场地设计标高注于图1-4右下角上,其与自然地面标高之差,即为施工需挖或填土方高度(见图1-4角点右上角)。

1.5 场地平整土方量计算

在编制场地平整土方工程施工组织设计或施工方案、进行土方的平衡调配以及检查、验收土方工程时,常需要进行土方量计算,计算方法有以下三种:

1.5.1 土方横截面法计算

系根据地形图或现场测绘,将场地划分为若干个相互平行的横截面,应用横截面计算公式逐段计算土方量,最后将各段汇总,即得场地总挖、填土方量。本法多用于地形起伏变化较大、自然地面较复杂的地段或地形狭长的地带。计算较为简单方便,但精度较低。其计算步骤如下:

1. 划分横截面

按垂直等高线或垂直主要建筑物的边长原则,将场地划分为 AA'、BB'、CC'……(图1-5),截面的间距通常取10~15m。

2. 画横截面图形

按比例(水平为1:200~500、垂直为1:100~200)绘制每个横截面的自然地面和设计地面的轮廓线,两轮廓线之间的面积即为挖方或填方的截面。

3. 计算横截面面积

按表1-9中公式计算每个横截面的挖方或填方截面积。

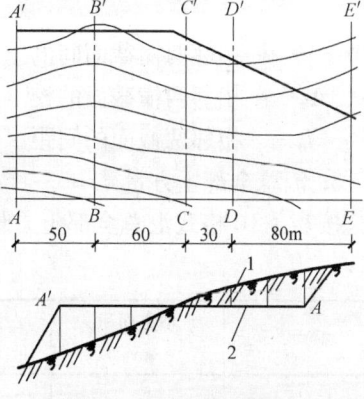

图1-5 画横截面示意图
1—自然地面;2—设计地面

常用横截面计算公式　　　　表1-9

项次	图　式	截面积计算公式
1		$A=h(b+nh)$
2		$A=h\left[b+\dfrac{h(m+n)}{2}\right]$
3		$A=b\dfrac{h_1+h_2}{2}+\dfrac{1}{2}h_1h_2(m+n)$ 当 $m=n$ $A=b\dfrac{h_1+h_2}{2}+nh_1h_2$

续表

项次	图式	截面积计算公式
4	(图式：h_1, h_2, h_3, h_4，底宽 a_1, a_2, a_3, a_4, a_5)	$A=h_1\dfrac{a_1+a_2}{2}+h_2\dfrac{a_2+a_3}{2}+h_3\dfrac{a_3+a_4}{2}+h_4\dfrac{a_4+a_5}{2}$
5	(图式：$h_0, h_1, h_2, h_3, h_4, h_5, h_6, h_7$，等分 a)	$A=\dfrac{a}{2}(h_0+2h+h_n)$ $h=h_1+h_2+h_3+h_4+h_5+h_6$

4. 计算土方量

根据截面积按下式计算每段土方量：

$$V=\dfrac{A_1+A_2}{2}\times L \tag{1-16}$$

式中 V——相邻两横截面间的土方量（m³）；

A_1、A_2——相邻两横截面的挖（或填）方截面面积（m²）；

L——相邻两截面的间距（m）。

5. 汇总全部土方量

按表 1-10 格式汇总全部土方量。

土方工程量汇总表　　　　　　　　　表 1-10

截面	填方面积 （m²）	挖方面积 （m²）	截面间距 （m）	填方体积 （m³）	挖方体积 （m³）
A-A′					
B-B′					
C-C′					
……					
合　计					

【例 1-14】 丘陵地段场地整平如图 1-5 所示，已知 AA'、BB'、CC'……EE' 截面的填方面积分别为 47、45、20、5、0m³，挖方面积分别为 15、22、38、20、16m²，试求该地段的总填方和挖方量。

【解】 由图 1-5 所注各截面间距并由式（1-16）分别计算各截面间土方量为：

$$V_{AB填}=\dfrac{47+45}{2}\times 50=2300\text{m}^3 \qquad V_{AB挖}=\dfrac{15+22}{2}\times 50=925\text{m}^3$$

$$V_{BC填}=\dfrac{45+20}{2}\times 60=1950\text{m}^3 \qquad V_{BC挖}=\dfrac{22+38}{2}\times 60=1800\text{m}^3$$

$$V_{CD填}=\dfrac{20+5}{2}\times 30=375\text{m}^3 \qquad V_{CD挖}=\dfrac{38+20}{2}\times 30=870\text{m}^3$$

$$V_{DE填}=\dfrac{5+0}{2}\times 80=200\text{m}^3 \qquad V_{DE挖}=\dfrac{20+16}{2}\times 80=1440\text{m}^3$$

按表 1-10 格式汇总全部土方工程量如表 1-11。

1.5 场地平整土方量计算

土方工程量汇总表 表1-11

截　面	填方面积 (m^2)	挖方面积 (m^2)	截面间距 (m)	填方体积 (m^3)	挖方体积 (m^3)
AA'	47	15	50	2300	925
BB'	45	22	60	1950	1800
CC'	20	38	30	375	870
DD'	5	20	80	200	1440
EE'	0	16			
合　计			220	4825	5035

1.5.2 土方方格网法计算

系根据工程地形图（一般用1∶500的地形图）将欲计算场地分成若干个方格网，应用方格网计算公式逐格计算土方量，最后将所有方格汇总即得场地总挖填土方量。本法多用于地形较平缓、面积大或台阶宽度较大的地段。作为平整场地，精度较高。其计算步骤如下：

1. 划分方格网　方格边长根据地形变化的复杂程度，一般为10、20、30或40m，对地形简单、坡度平缓的大面积场地，可用50、100m。方格尽量与测量或施工控制的纵横坐标网重合。

2. 标注高程　根据地形图的自然等高线高程和设计地面标高，在方格角点右下角标上自然地面标高，在右上角标上设计地面标高，并将两者地面标高的差值，即各角点的挖、填高度，标在方格角点的左上角，挖方为（＋），填方为（－）。

3. 计算零点位置　在一个方网中同时存在挖方或填方时，可先按表1-12第一项公式算出方格网边零点位置，并标注于方格网上，零点连接线便是挖方区与填方区的分界线。

4. 计算土方量　按方格网平面图形用表1-12所列方格网计算公式计算每个方格网内的挖方或填方量。

常用方格网计算公式 表1-12

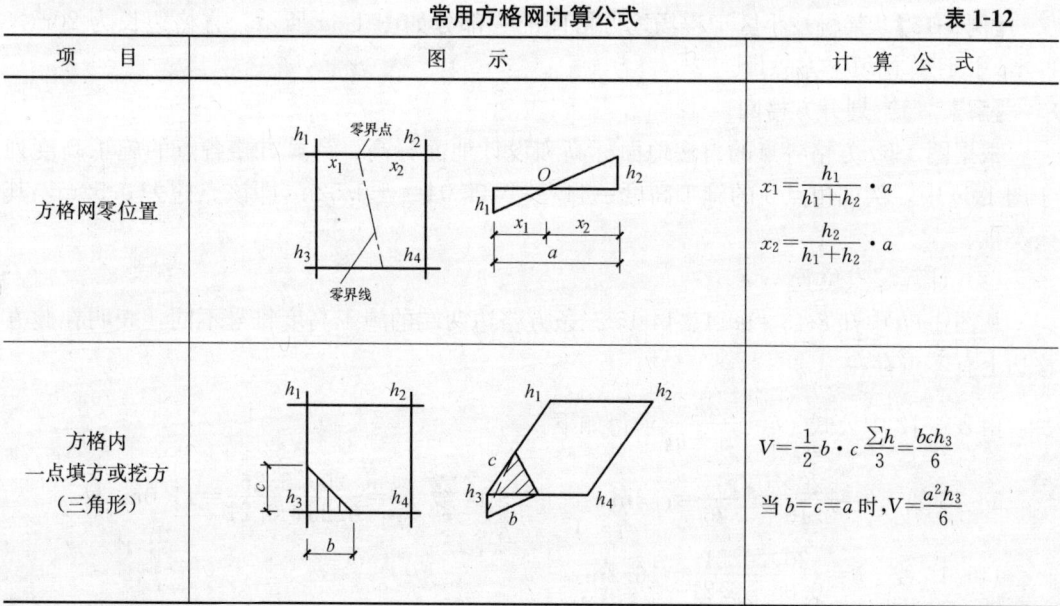

项　目	图　示	计　算　公　式
方格网零位置		$x_1=\dfrac{h_1}{h_1+h_2}\cdot a$ $x_2=\dfrac{h_2}{h_1+h_2}\cdot a$
方格内一点填方或挖方（三角形）		$V=\dfrac{1}{2}b\cdot c\dfrac{\sum h}{3}=\dfrac{bch_3}{6}$ 当 $b=c=a$ 时，$V=\dfrac{a^2h_3}{6}$

项目	图示	计算公式
方格内 二点填方或挖方 (梯形)		$V_- = \frac{b+c}{2}a\frac{\sum h}{4} = \frac{a}{8}(b+c)(h_1+h_3)$ $V_+ = \frac{d+e}{2}a\frac{\sum h}{4} = \frac{a}{8}(d+e)(h_2+h_4)$
方格内 三点填方或挖方 (五角形)		$V = \left(a^2 - \frac{bc}{2}\right)\frac{\sum h}{5}$ $= \left(a^2 - \frac{bc}{2}\right)\frac{h_1+h_2+h_4}{5}$ $V = \frac{bch_3}{6}$
方格内 四点填方或挖方 (正方形)		$V = \frac{a^2}{4}\sum h$ $= \frac{a^2}{4}(h_1+h_2+h_3+h_4)$

注：表内计算公式中 a 为方格网的边长（m）；b、c、d、e 为零点到一角的边长（m）；h_1、h_2、h_3、h_4 为各角点的施工高程，用绝对值代入；V 为挖方或填方的体积（m³）；x_1、x_2 为角点至零点的距离（m）。

5. 汇总全部土方量 将挖方区和填方区所有方格计算土方量进行汇总，即为该场地整平挖方和填方的总土方量。

【例1-15】 某科技小区工程场地方格网的一部分如图1-6a所示，方格边长为20m×20m，试计算挖填土方总量。

【解】（1）划分方格网

根据图1-6a方格各点的自然地面标高和设计地面标高，计算方格各点的施工高度列于图1-6b中，例如角点5的施工高度＝44.56－44.04＝+0.52m，即该点挖去0.52m，其余类推。

（2）计算零点位置

从图1-6b中知8-13、9-14、14-15三条方格边两端的施工高度符号不同，表明在此方格边上有零点存在。

由表1-12中公式 $b = \frac{ah_1}{h_1+h_2}$ 求得如下：

3～13线 $b = \frac{20 \times 0.16}{0.16+0.26} = 7.6\text{m}$ 9～14线 $b = \frac{20 \times 0.26}{0.26+0.21} = 11.0\text{m}$

14～15线 $b = \frac{20 \times 0.21}{0.05+0.21} = 16.2\text{m}$

1.5 场地平整土方量计算

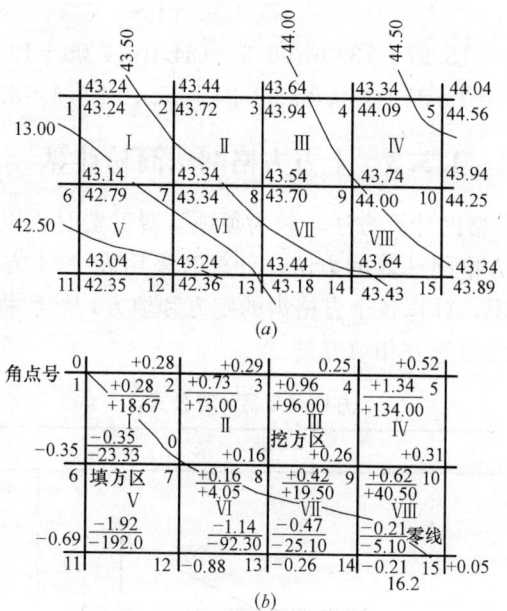

图 1-6 方格网计算土方图例
（a）方格角点标高、方格编号、角点编号图；（b）零线、角点填挖高、土方工程量图
注：(a)、(b) 图在实际工作中为一张图，为清楚和便于说明问题，特分别绘制。

将各零点标于图上，并将零点线连接起来。

（3）计算土方量 如表1-13。

方格网土方量计算　　　　　　　　　　　　　　　　表1-13

方格序号	底面图形及编号	土方量计算(m³)
Ⅰ	三角形 127	$V_+ = \dfrac{0.28}{6} \times 20 \times 20 = +18.67$
	三角形 167	$V_- = \dfrac{0.35}{6} \times 20 \times 20 = -23.33$
Ⅱ	正方形 2378	$V_+ = \dfrac{20 \times 20}{4}(0.28+0.29+0.16+0) = +73.00$
Ⅲ	正方形 3489	$V_+ = \dfrac{20 \times 20}{4}(0.29+0.25+0.26+0.16) = +96.00$
Ⅳ	正方形 45910	$V_+ = \dfrac{20 \times 20}{4}(0.25+0.52+0.31+0.26) = +134.00$
Ⅴ	正方形 671112	$V_- = \dfrac{20 \times 20}{4}(0.35+0.88+0.69) = -192.00$
Ⅵ	三角形 780	$V_+ = \dfrac{0.16}{6}(7.6 \times 20) = +4.05$
	梯形 712130	$V_- = \dfrac{(20+12.4)}{8} \times 20(0.88+0.26) = -92.34$
Ⅶ	梯形 8900	$V_+ = \dfrac{(7.6+11.0)}{8} \times 20(0.26+0.16) = +19.53$
	梯形 013140	$V_- = \dfrac{(12.4+9)}{8} \times 20(0.21+0.26) = -25.15$
Ⅷ	三角形 0140	$V_- = \dfrac{0.21}{6} \times 9 \times 16.2 = 5.10$
	三角形 0910150	$V_+ = \left(20+20-\dfrac{16.2 \times 9}{2}\right) \times \left(\dfrac{0.26+0.31+0.05}{5}\right) = +40.56$

注：土方数量的符号"+"表示挖方，"-"表示填方，本表计算结果列于图1-6b中。

(4) 土方量汇总

全部挖方量：$\sum V_+ = 18.67+73.0+96.0+134.0+4.05+19.53+40.56=385.81\text{m}^3$

全部填方量：$\sum V_- = 23.33+192.0+92.34+25.15+5.1=337.92\text{m}^3$

1.5.3 土方方格网法简易计算

1.5.2 节为正规的方格网计算方法，较为烦琐、费工费时，以下简介一种仅用简易计算公式，即可快速进行方格网计算的方法。计算时采用表 1-14 方格网简易计算公式，将方格网分为三至四种类型，计算各个方格内的挖方和填方，然后将全部方格的挖方和填方分别相加，即得到场地的总挖方和填方量。

方格网简易计算公式　　　　　　　　表 1-14

项次	项 目	图 示	计 算 公 式
1	方格网零点位置		$x = \dfrac{ah_1}{h_1+h_2}$
2	方格网内四角点均为挖方或填方（正方形）		$V = \dfrac{a^2}{4}(h_1+h_2+h_3+h_4)$
3	方格网内相邻两角点 (h_1、h_2) 为挖方，另两角点 (h_3、h_4) 为填方（梯形）		$V^+_{1,2} = \dfrac{a^2}{4}\left(\dfrac{h_1^2}{h_1+h_4}+\dfrac{h_2^2}{h_2+h_3}\right)$ $V^-_{3,4} = \dfrac{a^2}{4}\left(\dfrac{h_3^2}{h_2+h_3}+\dfrac{h_4^2}{h_1+h_4}\right)$
4	方格网内三角点 (h_1、h_2、h_3) 为挖方（或填方），另一角点 (h_4) 为填方（或挖方）（三角形）		$V^-_4 = \dfrac{a^2}{6}\cdot\dfrac{h_4^3}{(h_1+h_4)(h_3+h_4)}$ $V^+_{1,2,3} = \dfrac{a^2}{6}(2h_1+h_2+2h_3-h_4)+V_4$

1.5 场地平整土方量计算

续表

项次	项 目	图 示	计 算 公 式
5	方格网内一角点为挖方，一角点为填方，另两角点为零（零线为方格的对角）	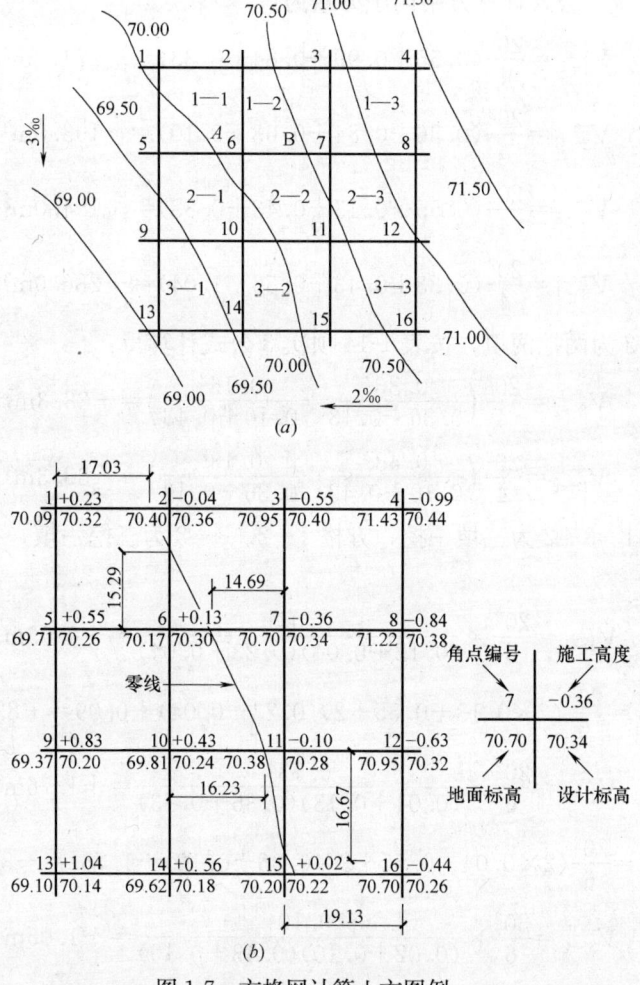	$V = \dfrac{1}{6}a^2 h$

注：表1-14计算公式中：a 为方格网的边长；V 为挖方或填方的体积（m³）；h_1、h_2、h_3、h_4 为方格网角点挖、填方施工高度（m）（等于各角点的自然标高或设计标高），挖方为正（＋），填方为负（－），计算时取绝对值（m）；h 为挖或填测的高度（m）；x 为角点 A 至零点的距离（m）。

图1-7 方格网计算土方图例
(a) 建筑场地地形图和方格网布置；(b) 各方格角点的设计标高及施工高度

【例 1-16】 某有色金属加工厂建筑场地方格网的一部分如图 1-7 所示,方格网边长 $a=20$m,试用表 1-14 公式计算该场地方格网的总挖、填土方量。

【解】 (1) 计算零点位置线

从图 1-7a 中知 1—2、2—6、6—7、10—11、11—15、15—16 六条方格边两端的施工高度符号不同,表明在此方格边上有零点存在。

$$x_{1-2}=\frac{20\times0.23}{0.23+0.04}=17.03; \quad x_{2-6}=\frac{20\times0.13}{0.13+0.04}=15.29;$$

$$x_{6-7}=\frac{20\times0.36}{0.36+0.13}=14.69; \quad x_{10-11}=\frac{20\times0.43}{0.43+0.10}=16.23;$$

$$x_{11-15}=\frac{20\times0.10}{0.10+0.02}=16.67; \quad x_{15-16}=\frac{20\times0.44}{0.44+0.02}=19.13$$

将各零点标于图上,并将零点线连接起来。

(2) 计算土方工程量

1) 方格 1—3、2—3 是四个角点全部为填方;方格 2—1、3—1 是四个角点全部为挖方,按表 1-14 项次 2 公式计算方格内土方量为:

$$V_{1-3}^{-}=\frac{20^2}{4}(0.55+0.99+0.84+0.36)=-274.0\text{m}^3$$

$$V_{2-3}^{-}=\frac{20^2}{4}(0.36+0.84+0.63+0.10)=-193.0\text{m}^3$$

$$V_{2-1}^{+}=\frac{20^2}{4}(0.55+0.13+0.43+0.83)=+194.0\text{m}^3$$

$$V_{3-1}^{+}=\frac{20^2}{4}(0.83+0.43+0.56+1.04)=+286.0\text{m}^3$$

2) 方格 2—2 为两挖两填,按表 1-14 项次 3 公式计算得:

$$V_{2-2}^{-}=\frac{20^2}{4}\left(\frac{0.36^2}{0.36+0.13}+\frac{0.16^2}{0.10+0.43}\right)=-28.3\text{m}^3$$

$$V_{2-2}^{+}=\frac{20^2}{4}\left(\frac{0.43^2}{0.10+0.43}+\frac{0.13^2}{0.36+0.13}\right)=+38.3\text{m}^3$$

3) 方格 1—1、3—2 为三填一挖,方格 1—2、3—3 为三挖一填,按表 1-14 项次 4 公式计算得:

$$V_{1-1}^{-}=\frac{20^2}{6}\times\frac{0.04^3}{(0.12+0.04)(0.23+0.04)}=-0.09\text{m}^3$$

$$V_{1-1}^{+}=\frac{20^2}{6}(2\times0.13+0.55+2\times0.23-0.04)+0.09=+82.09\text{m}^3$$

$$V_{1-2}^{+}=\frac{20^2}{6}\times\frac{0.13^3}{(0.04+0.13)(0.36+0.13)}=+1.76\text{m}^3$$

$$V_{1-2}^{-}=\frac{20^2}{6}(2\times0.04+0.55+2\times0.36-0.13)+1.76^3=-83.09\text{m}^3$$

$$V_{3-2}^{-}=\frac{20^2}{6}\times\frac{0.10^3}{(0.02+0.10)(0.43+0.10)}=-1.05\text{m}^3$$

$$V_{3-2}^{+}=\frac{20^2}{6}(2\times0.02+0.56+2\times0.43-0.10)+1.05=+91.72\text{m}^3$$

1.5 场地平整土方量计算

$$V_{3-3}^+ = \frac{20^2}{6} \times \frac{0.02^3}{(0.10+0.02)(0.44+0.02)} = +0.01\text{m}^3$$

$$V_{3-3}^- = \frac{20^2}{6}(2\times0.10+0.63+2\times0.44-0.02)+0.01 = -112.67\text{m}^3$$

4）将计算出的土方量填入图 1-7b 相应的方格中，场地挖填方土方量汇总为：

总挖方量：

$$\sum V^+ = V_{1-1}^+ + V_{1-2}^+ + V_{2-1}^+ + V_{2-2}^+ + V_{3-1}^+ + V_{3-2}^+ + V_{3-3}^+$$
$$= 82.09+1.76+194.0+38.3+286.6+91.72+0.01$$
$$= 693.88\text{m}^3$$

总填方量：

$$\sum V^- = V_{1-1}^- + V_{1-2}^- + V_{1-3}^- + V_{2-2}^- + V_{2-3}^- + V_{3-2}^- + V_{3-3}^-$$
$$= 0.09+83.09+274.0+28.3+193.0+1.05+112.67$$
$$= 692.20\text{m}^3$$

1.5.4 边坡土方量图算法和表算法计算

用于平整场地、修筑路基、路堑的边坡挖、填土方量计算，常用以下两种方法：

一、边坡土方图算法计算

用于小面积场地平整边坡土方量计算，方法直观、简便。

本法系根据地形图和边坡竖向布置图或现场测绘，将要计算的边坡划分为两种近似的几何形体（图 1-8），一种为三角棱体（如体积①～③、⑤～⑪），另一种为三角棱柱体（如体积④），然后应用表 1-15 中几何公式分别进行土方计算，最后将各块汇总即得场地总挖（＋）、填土（－）方量。

【例 1-17】 场地整平工程，长 80m，宽 60m，土质为粉质黏土，取挖方区边坡坡度为 1∶1.25，填方边坡坡度为 1∶1.5，已知平面图挖填方界线尺寸及角点标高如图 1-9 所示，试求边坡挖、填土方量。

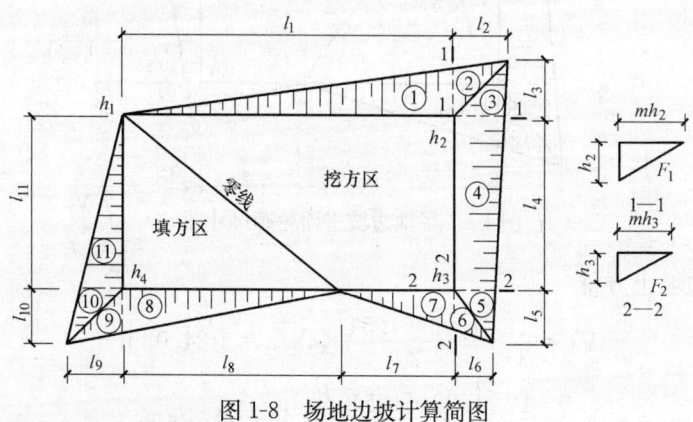

图 1-8 场地边坡计算简图

【解】 先求边坡角点 1-4 的挖、填方宽度
角点 1 挖方宽度　0.85×1.50=1.28m
角点 2 挖方宽度　1.54×1.25=1.93m
角点 3 挖方宽度　0.40×1.25=0.50m

角点 4 挖方宽度　1.40×1.50＝2.10m

按照场地四个控制角点的边坡宽度，利用作图法可得出边坡平面尺寸（如图 1-9 所示），边坡土方工程量，可划分为三角棱体和三角棱柱体两种类型，按表 1-15 公式计算如下：

常用边坡三角棱体、棱柱体计算公式　　　　　　　　　　表 1-15

项　目	计　算　公　式	符　号　意　义
边坡三角棱体体积	边坡三角棱体体积 V 可按下式计算（例如图 1-8 中的①） $V_1 = \dfrac{1}{3} F_1 l_1$ 其中　$F = \dfrac{h_2(mh_2)}{2} = \dfrac{mh_2^2}{2}$ V_2、V_3、$V_5 \sim V_{11}$ 计算方法同上	V_1、V_2、V_3、$V_5 \sim V_{11}$——边坡①、②、③、⑤～⑪三角棱体体积（m³）； l_1——边坡①的边长(m)； F_1——边坡①的端面积(m²)； h_2——角点的挖土高度(m)； m——边坡的坡度系数；
边坡三角棱柱体体积	边坡三角棱柱体体积 V_4 可按下式计算（例如图 1-8 中的④） $V_4 = \dfrac{F_1 + F_2}{2} l_4$ 当两端横截面面积相差很大时，则 $V_4 = \dfrac{l_4}{6}(F_1 + 4F_0 + F_2)$ F_1、F_2、F_0 计算方法同上	V_4——边坡④三角棱柱体体积(m³)； l_4——边坡④的长度(m)； F_1、F_2、F_0——边坡④两端及中部的横截面面积(m²)

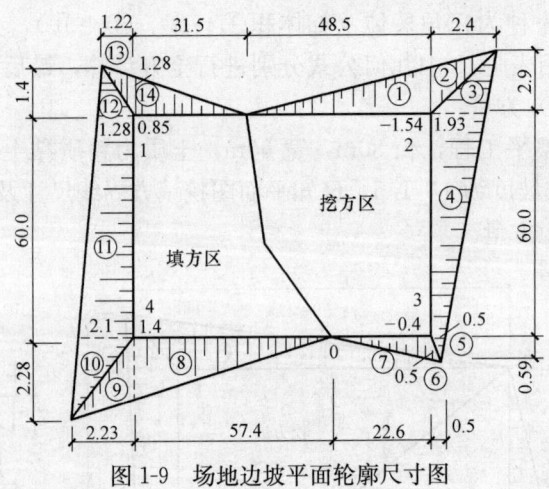

图 1-9　场地边坡平面轮廓尺寸图

1. 挖方区边坡土方量

$$V_1 = \dfrac{1}{3} \times \dfrac{1.93 \times 1.54}{2} \times 48.5 = +24.03 \text{m}^3$$

$$V_2 = \dfrac{1}{3} \times \dfrac{1.93 \times 1.54}{2} \times 2.4 = +1.19 \text{m}^3$$

$$V_3 = \dfrac{1}{3} \times \dfrac{1.93 \times 1.54}{2} \times 2.9 = +1.44 \text{m}^3$$

$$V_4 = \dfrac{1}{2} \left(\dfrac{1.93 \times 1.54}{2} \times \dfrac{0.4 \times 0.5}{2} \right) \times 60 = +47.58 \text{m}^3$$

$$V_5 = \frac{1}{3} \times \frac{0.5 \times 0.4}{2} \times 0.59 = +0.02 \text{m}^3$$

$$V_6 = \frac{1}{3} \times \frac{0.5 \times 0.4}{2} \times 0.5 \approx +0.02 \text{m}^3$$

$$V_7 = \frac{1}{3} \times \frac{0.5 \times 0.4}{2} \times 22.6 = +0.75 \text{m}^3$$

挖方区边坡的土方量合计

$$V_{挖} = 24.03 + 1.19 + 1.44 + 47.58 + 0.02 + 0.02 + 0.75 = +75.03 \text{m}^3$$

2. 填方区边坡的土方量

$$V_8 = \frac{-1}{3} \times \frac{2.1 \times 1.4}{2} \times 57.4 = -28.13 \text{m}^3$$

$$V_9 = \frac{-1}{3} \times \frac{2.1 \times 1.4}{2} \times 2.23 = -1.09 \text{m}^3$$

$$V_{10} = \frac{-1}{3} \times \frac{2.1 \times 1.4}{2} \times 2.28 = -1.12 \text{m}^3$$

$$V_{11} = \frac{-1}{2} \left(\frac{2.1 \times 1.4}{2} + \frac{1.28 \times 0.85}{2} \right) \times 60 = -60.42 \text{m}^3$$

$$V_{12} = \frac{-1}{3} \times \frac{1.28 \times 0.85}{2} \times 1.4 = -0.25 \text{m}^3$$

$$V_{13} = \frac{-1}{3} \times \frac{1.28 \times 0.85}{2} \times 1.22 = -0.22 \text{m}^3$$

$$V_{14} = \frac{-1}{3} \times \frac{1.28 \times 0.85}{2} \times 31.5 = -5.71 \text{m}^3$$

填方区边坡的土方量合计：

$$V_{填} = -(28.13 + 1.09 + 1.12 + 60.42 + 0.25 + 0.22 + 5.71) = -96.94 \text{m}^3$$

二、边坡土方表算法计算

用于路基、路堑及大面积场地平整边坡土方计算，方法简便快速，其步骤为：

1. 划分截面

根据地形图、竖向布置图、设计边坡坡度，绘制边坡地段平面图、截面图；截面图的间距一般取 10m、20m 或更大些，但不超过 50m。在边坡地段平面图上的边坡的起点的左上角分别填上自然地面和设计地面的高度及两者标高的差值，挖方为（＋），填方为（－），同时填上原自然地形坡度 n（$=\tan\alpha$）和设计边坡坡度值 m（$=\tan\varphi$）。

2. 计算横截面面积

由图 1-10 截面积 A 可按下式计算：

$$A = \frac{h^2}{2(m-i)} \tag{1-17}$$

同样，边坡的水平距离值：

$$D = \frac{h}{m-i} \tag{1-18}$$

式中　A——边坡挖方或填方的横截面面积（m^2）；

　　　D——边坡的水平距离（m）；

　　　h——边坡的施工标高（m）；

m——边坡的坡度值,即 $m=\tan\varphi=\dfrac{H}{D}$;

i——自然地形坡度,即 $i=\tan\alpha=\dfrac{H-h}{D}$;

H——边坡的高度(m)。

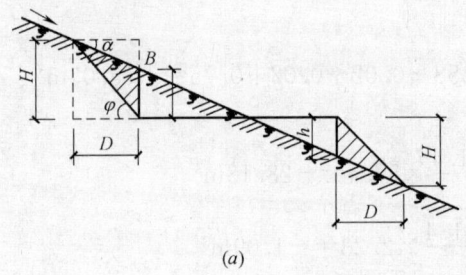 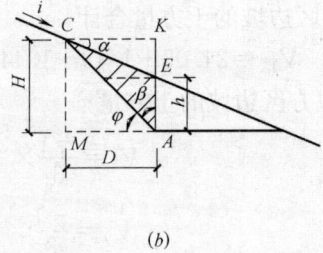

图 1-10 边坡截面面积

(a) 台阶式布置的边坡截面;(b) 边坡计算简图

由式(1-17)、式(1-18),设

$$K_V=\dfrac{1}{2(m-i)};\ K_D=\dfrac{1}{m-i} \qquad (1\text{-}19)$$

则得

$$A=K_V h^2;\ D=K_D h \qquad (1\text{-}20)$$

当自然地形为 0~50%,边坡坡度值为 1:0.5、1:0.75、1:1.0、1:1.25、1:1.5、1:1.75 时,K_V、K_D 值可制成表 1-16,查表求得。

边坡土方计算 K_D、K_V 值表   表 1-16

m K_D,K_V $i(\%)$	1:0.5		1:0.75		1:1.0		1:1.25		1:1.5		1:1.75	
	K_D	K_V	K_D	K_V	K_D	K_V	K_D	K_V	K_D	K_V	K_D	K_V
0	0.50	0.25	0.75	0.38	1.00	0.50	1.25	0.63	1.50	0.75	1.75	0.88
1	0.50	0.25	0.75	0.38	1.01	0.51	1.26	0.63	1.52	0.76	1.79	0.90
2	0.51	0.26	0.76	0.38	1.02	0.51	1.28	0.64	1.55	0.78	1.82	0.91
3	0.51	0.26	0.77	0.39	1.03	0.52	1.30	0.65	1.57	0.79	1.85	0.93
4	0.51	0.26	0.77	0.39	1.04	0.52	1.32	0.66	1.60	0.80	1.89	0.95
5	0.51	0.26	0.78	0.39	1.05	0.53	1.33	0.67	1.62	0.81	1.92	0.96
6	0.52	0.26	0.78	0.39	1.06	0.53	1.35	0.68	1.65	0.83	1.96	0.98
7	0.52	0.26	0.79	0.40	1.07	0.54	1.37	0.69	1.68	0.84	2.00	1.00
8	0.52	0.26	0.80	0.40	1.09	0.55	1.39	0.70	1.71	0.86	2.04	1.02
9	0.52	0.26	0.80	0.40	1.10	0.55	1.41	0.71	1.74	0.87	2.08	1.04
10	0.53	0.27	0.81	0.41	1.11	0.56	1.43	0.72	1.77	0.89	2.13	1.07
11	0.53	0.27	0.82	0.41	1.12	0.56	1.45	0.73	1.80	0.90	2.17	1.09
12	0.53	0.27	0.82	0.41	1.14	0.57	1.47	0.74	1.83	0.92	2.22	1.11
13	0.54	0.27	0.83	0.42	1.15	0.58	1.49	0.75	1.87	0.94	2.27	1.14
14	0.54	0.27	0.84	0.42	1.16	0.58	1.51	0.76	1.90	0.95	2.33	1.17
15	0.54	0.27	0.84	0.42	1.18	0.59	1.54	0.77	1.94	0.97	2.38	1.19
16	0.54	0.27	0.85	0.43	1.19	0.60	1.56	0.78	1.98	0.99	2.44	1.22
17	0.55	0.28	0.86	0.43	1.20	0.60	1.59	0.80	2.02	1.01	2.50	1.25
18	0.55	0.28	0.87	0.44	1.22	0.61	1.61	0.81	2.06	1.03	2.56	1.28
19	0.55	0.28	0.87	0.44	1.24	0.62	1.64	0.82	2.10	1.05	2.63	1.32
20	0.56	0.28	0.88	0.44	1.25	0.63	1.66	0.83	2.15	1.08	2.70	1.35

1.5 场地平整土方量计算

续表

$i(\%)$ \ m / K_D, K_V	1:0.5		1:0.75		1:1.0		1:1.25		1:1.5		1:1.75	
	K_D	K_V	K_D	K_V	K_D	K_V	K_D	K_V	K_D	K_V	K_D	K_V
21	0.56	0.28	0.89	0.45	1.27	0.64	1.70	0.85	2.20	1.10	2.78	1.39
22	0.56	0.28	0.90	0.45	1.28	0.64	1.72	0.86	2.24	1.12	2.86	1.43
23	0.57	0.29	0.90	0.45	1.30	0.65	1.76	0.88	2.30	1.15	2.94	1.47
24	0.57	0.29	0.91	0.46	1.32	0.66	1.78	0.89	2.35	1.18	3.03	1.52
25	0.57	0.29	0.92	0.46	1.33	0.67	1.82	0.91	2.40	1.20	3.13	1.57
26	0.58	0.29	0.93	0.47	1.35	0.68	1.85	0.93	2.46	1.23	3.23	1.62
27	0.58	0.29	0.94	0.47	1.37	0.69	1.88	0.94	2.52	1.26	3.33	1.67
28	0.58	0.29	0.95	0.48	1.39	0.70	1.92	0.96	2.59	1.30	3.45	1.73
29	0.59	0.30	0.96	0.48	1.41	0.71	1.96	0.98	2.65	1.33	3.57	1.79
30	0.59	0.30	0.97	0.49	1.43	0.72	2.00	1.00	2.72	1.36	3.70	1.85

3. 计算土方量

根据横截面面积按下式计算土方量:

$$V = \frac{A_1 + A_2}{2} \times s \tag{1-21}$$

式中 V——相邻两边坡截面间的土方工程量(m^3);
A_1、A_2——相邻两边坡截面间的填方(—)或挖方(+)的截面面积(m^2);
s——相邻两边坡截面的间距(m)。

4. 计算土方总量

列表汇总边坡全部土方量,方法同"截面法"(略)。

【例 1-18】 场地挖方边坡平面如图 1-11,边坡坡度值为 1:0.75,1—1、2—2 截面处施工标高分别为 2.1、2.3m,$i=0.15$,计算该段边坡土方工程量。

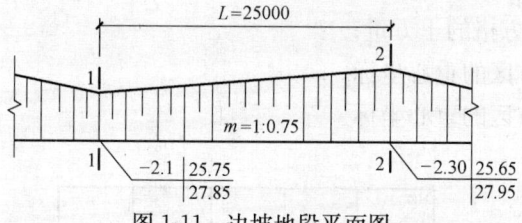

图 1-11 边坡地段平面图

【解】 $m = 1/0.75 = 1.33$

$$D_1 = \frac{h}{m-i} = \frac{2.1}{1.33-0.15} = 1.779 \text{m};$$

$$D_2 = \frac{2.3}{1.33-0.15} = 1.949 \text{m}$$

$$A_1 = \frac{h^2}{2(m-i)} = \frac{2.1^2}{2(1.33-0.15)} = 1.868 \text{m}^2$$

$$A_2 = \frac{2.3^2}{2(1.33-0.15)} = 2.241 \text{m}^2$$

或查表 1-16,$K_D = 0.84$,$K_V = 0.42$

$$D_1 = K_D \cdot h = 0.84 \times 2.1 = 1.764 \text{m}$$

$$D_2 = 0.84 \times 2.3 = 1.932 \text{m}$$
$$A_1 = K_V \cdot h^2 = 0.42 \times 2.1^2 = 1.852 \text{m}^2$$
$$A_2 = 0.42 \times 2.3^2 = 2.222 \text{m}^2$$
$$V = \frac{A_1 + A_2}{2} \times s = \frac{1.868 + 2.241}{2} \times 25 = 51.36 \text{m}^3$$

1.6 土方的平衡与调配计算

场地平整土方调配是使土方运输量或土方运输成本最低的条件下,确定填挖方区土方的调配方向和数量,从而达到缩短工期,提高效益的目的。土方平衡调配的计算一般按以下步骤、方法进行:

1. 划分调配区 在场地平面图上先划出挖、填区的分界线,并在挖方区和填方区适当划出若干调配区,确定调配区的大小位置(应满足土方机械操作要求)。

2. 计算各调配区土方量 用方格网法计算各调配区土方量,并标注在图上。

3. 求出每对调配区之间的平均运距 即挖方区土方重心至填方区土方重心的距离。方法是取场地或方格网中的纵横两边为坐标轴,以一个角作为坐标原点(图1-12),分别求出各区土方的重心位置,即

$$X_o = \frac{\sum V_i x_i}{\sum V_i}; \quad Y_o = \frac{\sum V_i y_i}{\sum V_i} \tag{1-22}$$

则填、挖方区间的平均运距 L_o 为:

$$L_o = \sqrt{(X_{oT} - X_{ow})^2 + (Y_{oT} - Y_{ow})^2} \tag{1-23}$$

式中 X_o、Y_o——挖方调配区或填方调配区的重心坐标;

x_i、y_i——i 块方格的重心坐标;

V_i——i 块方格的土方量;

X_{oT}、Y_{oT}——填方区的重心坐标;

X_{ow}、Y_{ow}——挖方区的重心坐标。

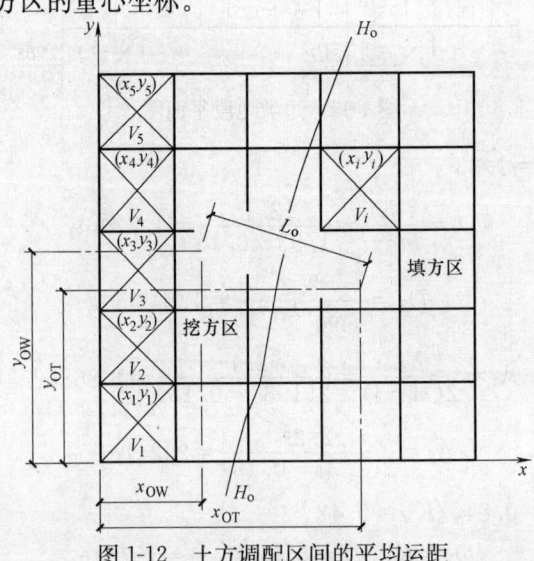

图 1-12 土方调配区间的平均运距

1.6 土方的平衡与调配计算

为简化 X_0、Y_0 的计算，可假定每个方格上的土方是各自均匀分布的，用图解法近似地求出调配区形心位置（即几何中心），以代替重心位置。重心求出后，标于图上，用比例尺——量出每对调配区的平均运输距离（L_{11}、L_{12}、L_{13}……），并将计算结果列于土方平衡与运距表内（表 1-17）。

土方平衡与运距表　　　　　　　　　表 1-17

挖方区＼填方区	B_1	B_2	…	B_j	…	B_n	挖方量 (m^3)
A_1	x_{11}　L_{11}	x_{12}　L_{12}	…	x_{1j}　L_{1j}	…	x_{1n}　L_{1n}	a_1
A_2	x_{21}　L_{21}	x_{22}　L_{22}	…	x_{2j}　L_{2j}	…	x_{2n}　L_{2n}	a_2
⋮	⋮	⋮	…	⋮	…	⋮	⋮
A_j	x_{i1}　L_{i1}	x_{i2}　L_{i2}	…	x_{ij}　L_{ij}	…	x_{in}　L_{in}	a_i
⋮	⋮	⋮	…	⋮	…	⋮	⋮
A_m	x_{m1}　L_{m1}	x_{m2}　L_{m2}	…	x_{mj}　L_{mj}	…	x_{mn}　L_{mn}	a_m
填方量 (m^3)	b_1	b_2	…	b_j	…	b_n	$\sum_{i=1}^{m} a_i = \sum_{j=1}^{n} b_j$

注：1. L_{11}、L_{12}……挖填方之间的平衡运距；
　　2. x_{11}、x_{12}……调配土方量。

4. 进行土方调配，确定最优方案　一般采用线形规划中的"表上作业法"求解，使总土方运输量 $W = \sum_{i=1}^{m} \sum_{j=1}^{h} L_{ij}$、$x_{ij}$ 为最小值，即为最优调配方案。

5. 绘制土方调配图　根据表上作业法得出的调配方案，在场地土方地形图上，标出调配方向、土方数量及平均运距（再加上施工机械前进、倒退和转弯必需的最短操作长度）。

【**例 1-19**】　矩形广场各调配区的土方量和相互之间的平均运距如图 1-13 所示，试求最优土方调配方案和土方总运输量及总的平均运距。

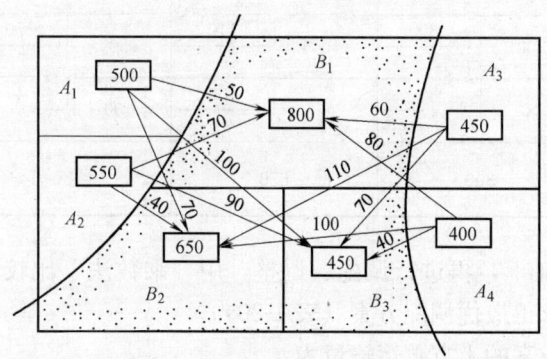

图 1-13　各调配区的土方量和平均运距

【**解**】　(1) 先将图 1-13 中的数值标注在填、挖方平衡及运距表 1-18 中。

填挖土方平衡及运距表　　　　　　　　　表1-18

挖方区＼填方区	B_1	B_2	B_3	挖方量(m^3)
A_1	50	70	100	500
A_2	70	40	90	550
A_3	60	110	70	450
A_4	× 80	× 100	40	400
填方量(m^3)	800	650	450	1900 / 1900

（2）采用"最小元素法"编初始调配方案，即根据对应于最小的 L_{ij}（平均运距）取尽可能最大的 X_{ij} 值的原则进行调配。首先在运距表内的小方格中找一个 L_{ij} 最小数值，如表中 $L_{22}=L_{43}=40$，任取其中一个，如 L_{43}，于是先确定 x_{43} 的值，使其尽可能的大，即 $x_{43}=\max(400、450)=400$，由于 A_4 挖方区的土方全部调到 B_3 填方区，所以 $x_{41}=x_{42}=0$，将 $x_{43}=400$ 填入例表1-22中 x_{43} 格内，加一个括号，同时在 x_{41}、x_{42} 格内打个"×"号，然后在没有"（　）""×"的方格内重复上面步骤，依次地确定其 x_{ij} 数值，最后得出初始调配方案（表1-19）。

土方初始调配方案　　　　　　　　　　表1-19

挖方区＼填方区	B_1	B_2	B_3	挖方量(m^3)
A_1	(500) 50	× 70	× 100	500
A_2	× 70	(550) 40	× 90	550
A_3	(300) 60	(100) 110	(50) 70	450
A_4	× 80	× 100	400 40	400
填方量(m^3)	800	650	450	1900 / 1900

（3）在表1-19基础上，再进行调配、调整，用"乘数法"比较不同调配方案的总运输量，取其最小者，求得最优调配方案（表1-20）。

该土方最优调配方案的土方总运输量为：
$$W = 400 \times 5 + 100 \times 70 + 550 \times 40 +$$
$$400 \times 60 + 50 \times 70 + 400 \times 40$$
$$= 92500 m^3 \cdot m$$

土方最优调配方案

表 1-20

挖方区 \ 填方区	B_1		B_2		B_3		挖方量(m³)
A_1	400	50	100	70		100	500
A_2		70	550	40		90	550
A_3	400	60		110	50	70	450
A_4		80	100		400	40	400
填方量(m³)	800		650		450		1900 / 1900

其总的平均运距为：

$$L_0 = \frac{W}{V} = \frac{92500}{1900} = 48.68 \text{m}$$

最后将表 1-20 中的土方调配数值绘成土方调配图，如图 1-14。

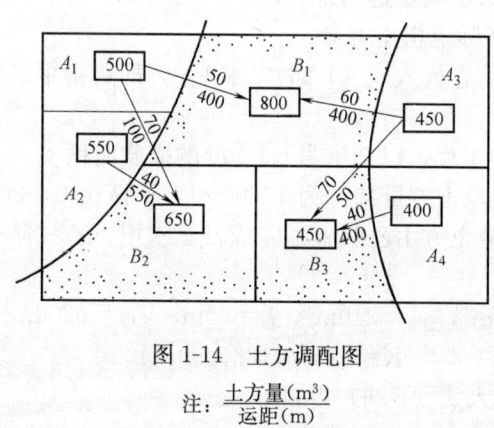

图 1-14 土方调配图

注: $\frac{\text{土方量(m}^3\text{)}}{\text{运距(m)}}$

1.7 土方工程以量划界分配计算

在场地平整工程，施工单位分配土方任务时，往往会遇到两个施工队的分界段不在一个整数桩号的情况，而是落在两个桩号之间。如果采用试算法划界，要反复进行多次运算，既烦琐，又费工费时。此时，如果采用直线方程以量划界法进行分配计算，则比较简易、快速、方便，其步骤方法是：

1. 建立直线方程，求直线方程的斜率

以场地平整的长度 x 为横坐标，土方的横截面积为纵坐标，建立一个平面直角坐标体系，如令桩号 $0+x_{i1}$ 为 x_1，$0+x_{i2}$ 为 x_2，划分的横截面处为 x_0，两桩号的横截面积为 y_1、y_2，划分横截面 x_0 处的横截面积为 y_0，则表示长度桩号与横截面的关系为一直线方程。令 $x_1=0$，则直线方程为：

$$y_0 = Kx_0 + y_1 \tag{1-24}$$

式中，K 为直线方程的斜率，可按下式求得：
$$K=(y_2-y_1)/l$$
式中　l——两桩号间的长度。

2. 推导梯形的平均截面积计算公式，求分界桩号 x_0 值

令 $S=\dfrac{y_1+y_0}{2}$，则 x_0 段的土方工程量为：$V_甲=Sx_0$，即：

$$V_甲=\dfrac{y_1+y_0}{2}\cdot x_0 \tag{1-25}$$

将式（1-25）代入式（1-24）整理得：

$$\dfrac{Kx_0^2}{2}+y_1x_0-V_甲=0 \tag{1-26}$$

将已知 K、y_1、$V_甲$ 值代入式（1-26）即可求解 x_0 值为：

当 $y_1<y_2$ 时
$$x_0=\dfrac{-2y_1+\sqrt{(2y_1)^2+8KV_甲}}{2K} \tag{1-27}$$

当 $y_1>y_2$ 时：
$$x_0=\dfrac{2y_1-\sqrt{(2y_1)^2-8KV_甲}}{2K} \tag{1-28}$$

由横截面 y_1、y_2 的大小确定选用式（1-27）或式（1-28）求解，即可得出 x_0 值。

3. 确定分界桩号和实际承担土方量

求得分界 x_0 值，再将它代入式（1-26），求 $V_实$，即可得甲、乙两施工队按分甲桩号实际承担的土方量。

【例 1-20】　场地平整工程，已知桩号 0+200 的横截面积 $y_1=180\text{m}^2$，桩号 0+250 的横截面积 $y_2=240\text{m}^2$，此段土方量共计为 10600m^3，甲队由 0+200 一端进行施工，分配任务为 6200m^3，其余部分土方由乙队施工完成，试求甲、乙二队分界桩位置和实际分配的土方量。

【解】　已知 $y_1=180\text{m}^2$，$y_2=240\text{m}^2$，$L=50\text{m}$，$V_甲=6200\text{m}^3$。

直线方程的斜率　　　$K=(240-180)/50=1.2$

将 K、y_1、$V_甲$ 值代入式（1-26）得：

$$\dfrac{1.2x_0^2}{2}+180x_0-6200=0$$

因 $y_1<y_2$，用式（1-27）得：

$$\begin{aligned}x_0&=[-2y_1+\sqrt{(2y_1)^2+8KV_甲}]/2K\\&=[-2\times180+\sqrt{(2\times180)^2+8\times1.2\times6200}]/2\times1.2=31.2\text{m}\end{aligned}$$

列入桩号为 0+231.2 即所求的甲、乙两施工队在此段的分界位置。

再将 K、y_1、x_0 的值代入式（1-26）得：

$$V_实=Kx_0^2/2+y_1x_0=1.2\times31.2^2/2+180\times31.2=6200.1\text{m}^3$$

由此可知乙施工队实际分配的土方量为：

$$10600-6200.1=4399.9\approx4400\text{m}^3$$

1.8　场地平整工程量简易计算

土建场地平整系指厚度在 ±300mm 以内的挖填土找平，其工程量按建（构）筑物底

面积外边线各增加 2m 计算。

对于矩形截面房屋，如图 1-15 所示，按常规方法，其计算式为：（底长＋4）（底宽＋4）＝(26＋4)(10＋4)＝420m²，比较简单、方便。但对于凸字形建筑物或平面更复杂的建筑物，按以上方法计算，就较困难、烦琐，且容易出现差错。

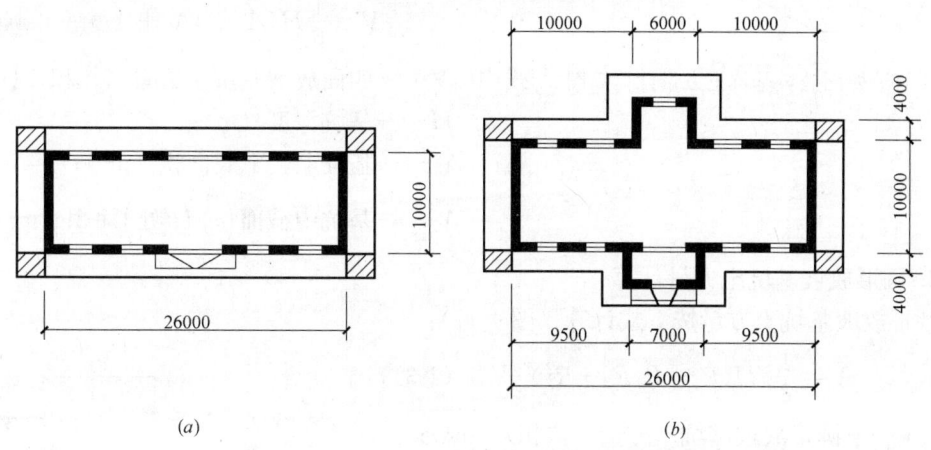

图 1-15　一字形和凸字形建筑物平面计算简图
(a) 一字形建筑物；(b) 凸字形建筑物

如果将上式进行分解，切割和改进，简化为下式：

$$A = F + S \times 2 + 16 \tag{1-29}$$

式中　A——场地平整工程量（m²）；

　　　F——建筑物底面积（m²）；

　　　S——建筑物周长（m）。

按简化式计算图 1-15a 工程量为：$(26 \times 10) + (26 + 10) \times 2 \times 2 + 16 = 420$m²，结果一样，但引申推广应用于凸字形或平面更复杂的建筑物场地平整工程量计算，则可减少许多计算上的烦琐，可避免计算重复，而计算更加简易、快速、准确。

【例 1-21】　凸形建筑物平面尺寸如图 1-15b 所示，试用常规规则法和简化分割法计算场地平整工程量

【解】　(1) 常规规则法计算

$A = (26+4) \times (10+4) + (6+4) \times (2 \times 2) + (7+4) \times (2+2) = 504$m²

(2) 简化分割法计算　按式 (1-29) 得：

$A = (26 \times 10 + 6 \times 4 + 7 \times 4) + (26 \times 2 + 10 \times 2 + 4 \times 2 \times 2) \times 2 + 16 = 504$m²

故知，两法计算结果一致，但后法分割层次清楚，计算快捷，不易出错。

1.9　基坑（槽）土方量计算

一、基坑土方量计算

挖基坑多用于需全部大开挖的满堂基础、独立基础、设备基础等挖土工程。

1. 四面放坡基坑土方量计算

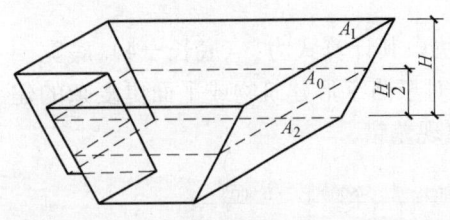

基坑土方量的计算可近似地按拟柱体（即上下底为两个平行的平面，所有的顶点都在两个平行平面上的多面体）体积公式按下式计算（图1-16）：

$$V=\frac{1}{6}H(A_1+4A_0+A_2) \tag{1-30}$$

图1-16 四面放坡基坑土方量计算简图

式中 V——四面放坡基坑土方量（体积）（m³）；
H——基坑深度（m）；
A_1、A_2——基坑上、下底面积（m²）；
A_0——基坑中截面（$\frac{1}{2}H$处）面积（m²）。

2. 圆形放坡基坑土方量计算

圆形放坡基坑土方量按下式计算（图1-17）：

$$V=\frac{1}{3}\pi H(R_1^2+R_1R_2+R_2^2) \tag{1-31}$$

式中 V——圆形放坡基坑土方量（体积）（m³）；
R_1、R_2——圆形基坑上、下底半径（m）；
π——3.14；
H——基坑深度（m）。

二、基槽土方量计算

挖基槽多用于建筑物的条形基础、渠道、管沟等挖土工程。

基槽土方量计算，可沿其长度方向分段进行计算，各段土方量之和，即为总土方量。

如该段内基槽横截面形状、尺寸不变时，其土方量即为该段横截面面积乘以该段基槽长度。一般按两边放坡按下式计算（图1-18）：

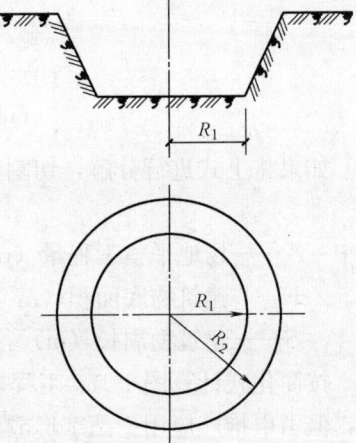

图1-17 圆形放坡基坑土方量计算简图

$$V=H(B+mH)L \tag{1-32}$$

式中 V——两边放坡基槽该段土方量（体积）（m³）；
H——基槽深度（m）；
B——基槽宽度（m）；
L——该段基槽长度（m）；
m——坡度系数，$m=\frac{C}{H}$，当$m=0$，则表示基槽垂直开挖不放坡；
C——基槽边坡底宽（m）。

如该段内横截面的形状、尺寸有变化时，也可近似地用拟柱体的体积公式按下式计算（图1-19）：

$$V_i=\frac{1}{6}L_i(A_{i1}+4A_{oi}+A_{i2}) \tag{1-33}$$

式中 V_i——基槽该段土方量（体积）（m³）；

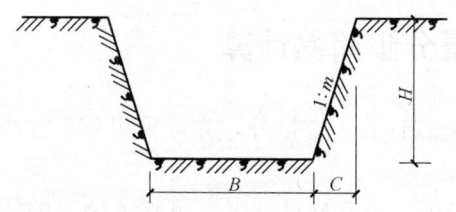

图 1-18 两边放坡基槽土方量计算简图

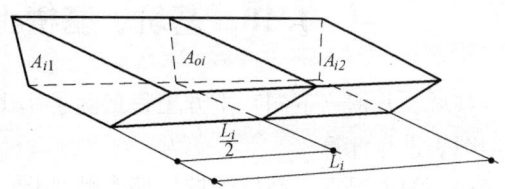

图 1-19 基槽土方量计算简图

L_i——该段基槽长度（m）；

A_{i1}、A_{i2}——该段基槽两端横截面面积（m²）；

A_{oi}——该段基槽中截面$\left(\dfrac{1}{2}L_i 处\right)$面积（m²）。

【例 1-22】 大型柱基基坑尺寸如图 1-20 所示，坡度系数为 0.33，试求基坑开挖土方量。

【解】 由题意知

坑口面积　$A_1=(a+2mH)(b+2mH)$
$=(3+2\times0.33\times2.5)(3.4+2\times0.33\times2.5)=23.48\text{m}^2$

坑底面积　$A_2=a\times b=3.0\times3.4=10.2\text{m}^2$

中间截面积　$A_{oi}=\dfrac{1}{4}(\sqrt{23.48}+\sqrt{10.2})^2$
$=16.16\text{m}^2$

由式（1-31）得：

$$V=\dfrac{H}{6}(A_1+4A_0+A_2)$$
$$=\dfrac{2.5}{6}(23.48+4\times16.16+10.2)\text{m}^2=40.97\text{m}^3$$

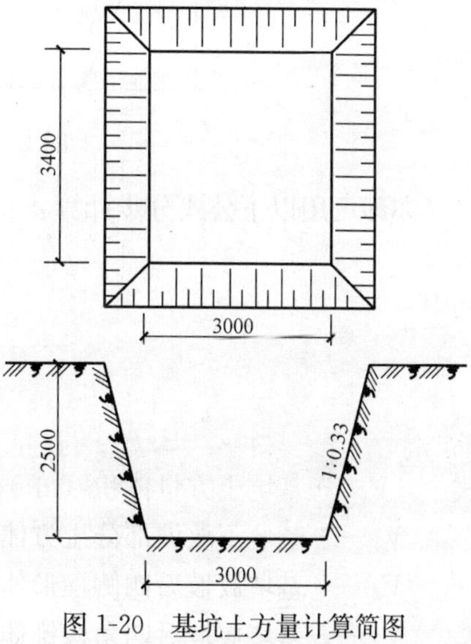

或用以下计算公式

$$V=(a+mH)(b+mH)H+\dfrac{1}{3}m^2H^3$$
$$=(3+0.33\times2.5)(3.4+0.33\times2.5)\times2.5+\dfrac{1}{3}\times0.33^2\times2.5^3=40.97\text{m}^3$$

图 1-20 基坑土方量计算简图

故知，基坑开挖土方量为 40.97m³。

【例 1-23】 某住宅楼条形基础基槽，已知基槽底宽 1.1m，深 2.2m，坡度系数为 0.33，槽全长 54m，试求基槽开挖土方量。

【解】 由题意和式（1-32）得：

$$V=H(B+mH)L$$
$$=2.2\times(1.1+0.33\times2.2)\times54=216.93\text{m}^3$$

故知，基槽开挖土方量为 216.93m³。

1.10 基坑、基槽土方量分步简易计算

基坑、基槽（下同）土方工程量除了用1-9节公式计算土方量外，亦可采用分步方法借用图表进行计算。

在一般情况下，基坑开挖呈棱台状如图1-21所示。土方量计算时，可将该棱台的体积划分为三步计算：即先计算中间没有放坡部分的体积，然后再计算四侧楔形部分的体积，最后计算出四角棱锥体积，将三部分累加，即为该基坑总土方工程量。

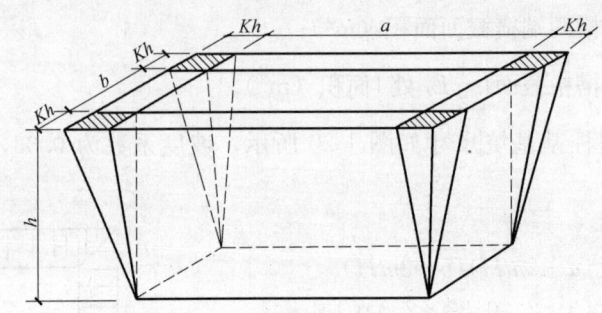

图1-21 基坑开挖分步计算简图

亦即可用以下公式分步计算：

$$V=V_1+V_2+V_3$$

其中

$$V_1=abh \tag{1-34}$$

$$V_2=Kh^2(a+b) \tag{1-35}$$

$$V_3=\frac{4}{3}K^2h^3 \tag{1-36}$$

式中 V——基坑土方量体积（m³）；
V_1——基坑不放坡部分土方体积（m³）；
V_2——基坑放坡后四侧楔形体土方体积（m³）；
V_3——基坑放坡后四角棱锥体土方体积（m³）；
a——基坑底长度（m）；
b——基坑底宽度（m）；
h——基坑底深度（m）；
K——基坑四侧放坡系数，人工开挖取0.1、0.25、0.33、0.5、0.75、1.0；机械开挖取0.33、0.67、0.75。

为简化计算，亦可采用土方工程量分部计算表（表1-21）进行计算，则更为简便、快速。

土方工程量分步计算表（m³） 表1-21

放坡系数(K)	未放坡体积(V_1)	放坡楔形体积(V_2)	放坡棱锥体积(V_3)
0.10	abh	$0.10h^2(a+b)$	$0.0133h^3$
0.25	abh	$0.25h^2(a+b)$	$0.0833h^3$
0.33	abh	$0.33h^2(a+b)$	$0.1452h^3$

续表

放坡系数(K)	未放坡体积(V_1)	放坡楔形体积(V_2)	放坡棱锥体积(V_3)
0.50	abh	$0.50h^2(a+b)$	$0.3333h^3$
0.67	abh	$0.67h^2(a+b)$	$0.5985h^3$
0.75	abh	$0.75h^2(a+b)$	$0.7500h^3$
1.00	abh	$h^2(a+b)$	$1.3333h^3$

【**例 1-24**】 基坑开挖,已知基坑底长 15m,宽 50m,深 6.0m,按 0.33 放坡,试求该基坑开挖土方量。

【**解**】 按题意由式(1-34)~式(1-36)得:

$$V_1 = abh = 15 \times 50 \times 6.0 = 4500 \text{m}^3$$
$$V_2 = Kh^2(a+b) = 0.33 \times 6^2(15+50) = 772.2 \text{m}^3$$
$$V_3 = \frac{4}{3}K^2h^3 = \frac{4}{3} \times 0.33^2 \times 6^3 = 31.4 \text{m}^3$$
$$V = V_1 + V_2 + V_3 = 4500 + 772.2 + 31.4 = 5303.6 \text{m}^3$$

如按土方工程量分步计算表计算有:

$$V_1 = abh = 15 \times 50 \times 6.0 = 4500 \text{m}^3$$
$$V_2 = 0.33h^2(a+b) = 0.33 \times 6^2(15+50) = 772.2 \text{m}^3$$
$$V_3 = 0.1453h^3 = 0.1453 \times 6^3 = 31.38 \approx 31.4 \text{m}^3$$
$$V = 4500 + 772.2 + 31.4 = 5303.6 \text{m}^3$$

故知,基坑开挖土方量为 5303.6m³;两种计算方法的结果一致。

【**例 1-25**】 设备基础基坑土方开挖平面如图 1-22 所示,已知基坑长 50m,宽 14m,深 5.6m,放坡系数为 0.67,试求基坑开挖土方量。

【**解**】 已知 $a=50$m,$b=14$m,$h=5.6$m,$K=0.67$,由式(1-34)~式(1-36)得:

$$V_1 = abh = 50 \times 14 \times 5.6 = 3920 \text{m}^3$$
$$V_2 = Kh^2(a+b) = 0.67 \times 5.6^2(50+14) = 1344.7 \text{m}^3$$
$$V_3 = \frac{4}{3}K^2h^3 = \frac{4}{3} \times 0.67^2 \times 5.6^3 = 18.8 \text{m}^3$$
$$V = V_1 + V_2 + V_3 = 3920 + 1344.7 + 18.8 = 5283.5 \text{m}^3$$

上式 V 层减去右上角土方 V',则

$$V' = 20 \times 4 \times 5.6 = 448 \text{m}^3$$

基坑开挖土方量为:$V - V' = 5283.5 - 448 = 4835.5 \text{m}^3$

故知,基坑土方量为 4835.5m³。

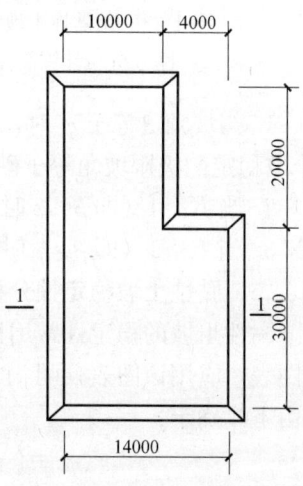

图 1-22 设备基础基坑土方开挖尺寸图

1.11 土坡稳定性简易分析与计算

在建筑施工中,常遇到土坡稳定问题。当开挖土坡内某一滑裂面上的下滑力矩大于该面抗剪强度提供的抗滑力矩时,坡体便出现下滑现象,称为土坡失稳,工程上又称为塌

方。土坡失稳不仅影响工程顺利进行，有时还会造成人身和工程事故，因此研究和分析计算土坡稳定是地基工程中的常遇重大技术课题，以下论述简单土坡稳定性分析与计算。所谓简单土坡，系由均质土组成，坡面单一，其顶面和底面均为水平，并伸至很远的土坡。按土质不同常用以下三种分析计算方法。

1.11.1 无黏性土坡和黏性土坡稳定性简易分析与计算

一、无黏性土坡稳定性分析与计算

如图 1-23 所示，一坡角为 β 的无黏性均质土坡，坡高为 H，土颗粒之间没有黏聚力（$c=0$），设斜坡上有一土颗粒 M、重力为 G，土的内摩擦角为 φ，则土颗粒的下滑力 $H_d = G \cdot \sin\beta$，土的抗滑力 $H_0 = G\cos\beta\tan\varphi$。

设无黏性土坡的稳定系数（抗滑力和滑动力的比值）为 K，K 值应符合下式要求：

$$K = \frac{H_0}{H_d} = \frac{G\cos\beta\tan\varphi}{G\sin\beta} = \frac{\tan\varphi}{\tan\beta} \geq 1.1 \sim 1.5 \quad (1-37)$$

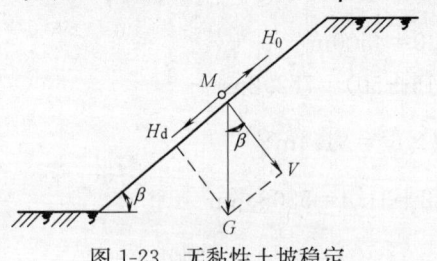

图 1-23 无黏性土坡稳定性分析与计算简图

由式（1-37）知：

1. 当坡角 β 等于 φ 时，$K=1$，此时的抗滑力等于滑动力，土坡处于极限平衡状态（土坡稳定的极限坡角等于砂土的内摩擦角时，坡角 β 通称为自然休止角或天然坡度角）。

2. 当 $K>1$（即 $\beta<\varphi$ 时），土坡处于稳定状态，而且与坡高 H 无关。

3. 当 $K<1$（即 $\beta>\varphi$ 时），土坡处于不稳定状态。

二、黏性土坡稳定性分析与计算

黏性土坡的稳定性常用稳定系数法进行计算。它是根据理论计算绘制如图 1-24 所示的图表，应用该图表便可简便地分析简单土坡的稳定性。图中纵坐标表示稳定系数 φ_s，它由下式确定：

$$\varphi_s = \frac{\gamma H}{c} \quad (1-38)$$

横坐标表示土的坡度角 β。假定土黏聚力不随深度变化，对于一个给定的土的内摩擦角 φ 值，边坡的临界高度及稳定安全高度，可由下式计算：

$$H_c = \varphi_s \frac{c}{\gamma} \quad (1-39a)$$

$$H = \varphi_s \frac{c}{K \cdot \gamma} \quad (1-39b)$$

式中 H_c——边坡的临界高度（m），即边坡的稳定高度；
H——边坡的稳定安全高度（m）；
φ_s——稳定系数，由图 1-24 查出；
K——稳定安全系数，一般取 1.1～1.5；
c——土的黏聚力（kN/m^2）；
γ——土的重度（kN/m^3）。

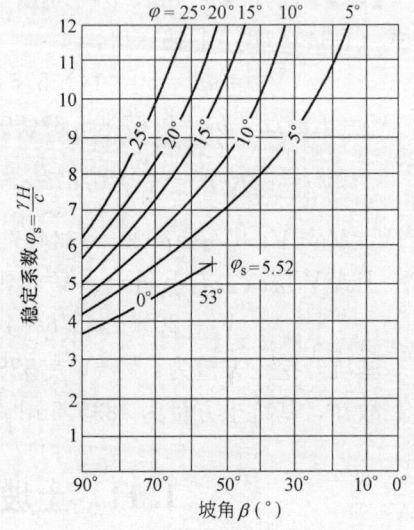

图 1-24 不同内摩擦角 φ_s-β 曲线

式 (1-39a)、式 (1-39b) 中，已知 β 及土的 c、φ、γ 值，可以求出稳定的坡高 H 值；已知 H 或 H、β 值及土的 c、φ、γ 值，可以分别求出稳定的坡角 β 值或稳定安全系数 K 值。

【**例 1-26**】 开挖砂土基坑，已知砂土的内摩擦角 $\varphi=36°$，现开挖坡角 β 为 $30°$，试分析它的稳定性。

【**解**】 已知 $\varphi=36°$，$\beta=30°$，由式 (1-37) 得：

$$K=\frac{\tan\varphi}{\tan\beta}=\frac{\tan 36°}{\tan 30°}=\frac{0.7265}{0.5774}\approx 1.26>1$$

因为土坡的 $K>1$，故知基坑处于稳定状态。

【**例 1-27**】 基坑开挖，已知土的黏聚力 $c=22\text{kN/m}^2$，重度 $\gamma=18.5\text{kN/m}^3$，内摩擦角 $\varphi=20°$，如果挖方的坡角 $\beta=70°$，边坡高度的安全系数取 1.3，求该基坑挖方允许的最大高度。

【**解**】 当 $\varphi=20°$、$\beta=70°$，由图 1-24 查得 $\varphi_s=8.25$，由式 (1-39a) 得：

$$H_c=8.25\times\frac{22}{18.5}\approx 9.81\text{m}$$

由于安全系数为 1.3，所以允许最大高度为：

$$H=\frac{9.81}{1.3}\approx 7.55\text{m}$$

【**例 1-28**】 已知土的内摩擦角为 $15°$，黏聚力为 10kN/m^2，重度为 18kN/m^3，求：
(1) 保持坡角为 $50°$ 的土坡稳定时的临界高度；
(2) 坡高为 5m 时的稳定坡角；
(3) 坡高为 4.8m，坡角为 $50°$ 时的稳定安全系数。

【**解**】 (1) 由图 1-24 曲线上可查得相应 $\beta=50°$ 时的 φ_s 值为 10.25，按纵坐标上指示式 $\varphi_s=\gamma\cdot H/c$，可得：

$$H_c=\frac{\varphi_s\cdot c}{\gamma}=\frac{10.25\times 10}{18}\approx 5.69\text{m}$$

(2) 先求出 φ_s：

$$\varphi_s=\frac{\gamma\cdot H}{c}=\frac{18\times 5}{10}=9$$

在图 1-24 中 $\varphi=15°$ 的曲线上查得 $\varphi_s=9$ 时的稳定坡角为 $58°$。

(3) 已知 $H=4.8\text{m}$、$\beta=50°$，由图 1-24 查得 $\varphi_s=10.25$，由式 (1-39b) 得：

$$K=\frac{\varphi_s\cdot c}{H\cdot\gamma}=\frac{10.25\times 10}{4.8\times 18}\approx 1.2$$

黏性土坡稳定性分析亦可由曲线图 1-25 来进行，其横坐标以坡角 β 表示，纵坐标用稳定系数的倒数 $N=\dfrac{c}{\gamma H}$ 来表示，符号意义同上，利用它亦可求解两类问题：(1) 已知 β、φ、c 和 γ，可求边坡的最大高度 H，即根据 β、φ 由曲线图 1-25 查得系数 $N=\dfrac{c}{\gamma H}$，然后再从中解出 H；(2) 已知 c、φ、γ 和 H 求土坡稳定时的最大坡角 β。

【**例 1-29**】 已知粉土的重度 $\gamma=19.5\text{kN/m}^3$，内摩擦角 $\varphi=25°$，黏聚力 $c=7\text{kN/m}^2$，试求保持坡角为 $70°$ 时土坡稳定时的最大高度。

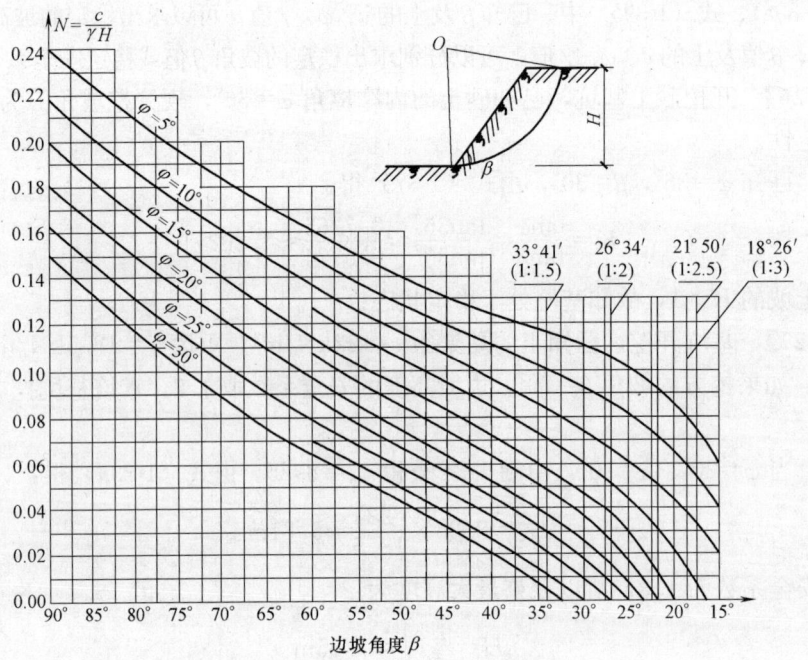

图 1-25 黏性土简单土坡计算简图

【解】 由图 1-25 曲线上查得相应 $\beta=75$ 时的 N 值为 0.103,按纵坐标上指示式 $N=\dfrac{c}{\gamma H}$,可得:

$$H=\dfrac{c}{\gamma N}=\dfrac{7}{19.5\times 0.103}\approx 3.5$$

故知土坡稳定时的最大高度为 3.5m。

【例 1-30】 基坑开挖深 6.5m,开挖范围内土的重度 $\gamma=18$kN/m³,内摩擦角 $\varphi=20°$,黏聚力 $c=15$kN/m²,求基坑开挖达到稳定的最大坡角。

【解】 由已知条件计算 $N=\dfrac{c}{\gamma H}=\dfrac{15}{18\times 6.5}=0.128$,查图 1-25 曲线,当 $N=0.128$ 和 $\varphi=20$ 时,$\beta=72°$

故知,基坑开挖达到稳定的最大坡角为 72°。

【例 1-31】 某商住楼基坑开挖深 $H=6.0$m,地基土天然重度 $\gamma=18.2$kN/m³,内摩擦角 $\varphi=15°$,黏聚力 $c=12$kN/m²,试计算确定能保证基坑开挖安全的稳定边坡坡度。

【解】 由已知条件 H、γ、c 并由图 1-25 纵坐标指示式得:

$$N=\dfrac{c}{\gamma H}=\dfrac{12.0}{18.2\times 6.0}=0.11$$

再由 $N=0.11$ 查图 1-25 中 $\varphi=15°$ 的曲线,得坡角 $\beta=58°30'$,故知基坑开挖时的稳定边坡坡度为 1:0.61。

1.11.2 土坡的圆弧法简易分析与计算

用圆弧法(又称条分法,下同)分析土坡稳定,是基于对失稳土坡现场观测得知土坡失稳时的滑动曲面呈圆弧形，如图 1-26 所示，分析时假定 1m 长条的土体 ACD 绕圆心 O 转动（即沿$\stackrel{\frown}{AC}$弧滑动时），用极限平衡状态来判别土坡是否失稳。本法适用于各向同性的均质黏性土坡，也可用于分层土坡，其计算方法步骤如下：

（1）按比例绘制土坡剖面（图 1-26），假设滑弧通过坡脚，任选一圆心为 O、半径为 R 的圆弧$\stackrel{\frown}{AC}$，并将圆弧分为若干个垂直的土条（一般取 8～12 条），并编号；

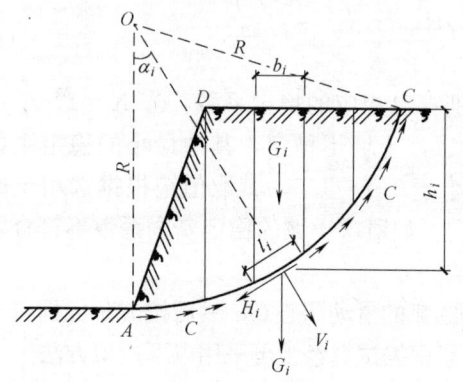

图 1-26 土坡稳定的圆弧法分析与计算简图

（2）将每个土条的重力 G_i（$G_i = \gamma_i \cdot H_i b_i$），沿圆弧分解成切向力 H_i 和垂直圆弧的法向力 V_i，即

$$H_i = G_i \sin\alpha_i \tag{1-40a}$$
$$V_i = G_i \cos\alpha_i \tag{1-40b}$$

分析时不计土条两侧面的法向力和剪切力的影响（其误差约为 10%～15%）。

（3）分别计算滑动土体的滑动力矩 M_{ov} 和抗滑力矩 M_r（均对滑动圆心取力矩），应等于：

$$M_{ov} = \sum_{i=1}^{n} H_i R = R \sum_{i=1}^{n} G_i \sin\alpha_i \tag{1-41}$$

$$M_r = \sum_{i=1}^{n} (V_i \tan\varphi_i + c_i \hat{l}_i) R = R \sum_{i=1}^{n} (G_i \cos\alpha_i \tan\varphi_i + c_i \hat{l}_i) \tag{1-42}$$

式中 φ_i、c_i——分别为第 i 条滑弧处土的内摩擦角和黏聚力；

$\hat{l}_i$——第 i 条滑弧长度；

α_i——第 i 条中线处法线与铅直线的夹角。

（4）计算边坡稳定安全系数 K

$$K = \frac{M_r}{M_{ov}} = \frac{\sum_{i=1}^{n} G_i \cos\alpha_i \tan\varphi_i + \sum_{i=1}^{n} c_i \hat{l}_i}{\sum_{i=1}^{n} G_i \sin\alpha_i}$$

$$= \frac{\sum_{i=1}^{n} \gamma_i b_i h_i \cos\alpha_i \tan\varphi_i + \sum_{i=1}^{n} c_i \hat{l}_i}{\sum_{i=1}^{n} \gamma_i b_i h_i \sin\alpha_i} \geq 1.1 \sim 1.5 \tag{1-43}$$

如土质相同，土条分成等宽，则

$$K = \frac{\gamma b \tan\varphi \sum_{i=1}^{n} H_i \cos\alpha_i + c \hat{l}_i}{\gamma b \sum_{i=1}^{n} h_i \sin\alpha_i} \geq 1.1 \sim 1.5 \tag{1-44}$$

式中 γ_i——第 i 条土的重度；

b_i——第 i 条土条宽，一般取 $(1/10 \sim 1/20)R$；

h_i——第 i 条土条平均高度。

(5) 假定若干个可能出现滑动的滑弧面，分别算出相应的稳定系数，当 $K=1$，土坡处于极限平衡状态；当 $K>1$，土坡稳定；当 $K<1$，土坡不稳定，其中最小的稳定系数相对应的滑弧，即为最危险的滑动面。K_{min} 应不小于 1.1~1.5，其取值应根据选用土的强度指标的可靠程度和该处土坡稳定的重要性确定。如所求土坡的稳定安全系数不符合要求，应放缓坡度，重新进行计算。

按上述步骤进行计算，首先要找出最危险滑动圆弧的滑动圆心 O，然后按坡角圆即可画出最危险滑动圆弧。为了减轻繁重的试算工作，一般根据试算经验可采用以下近似方法：

1. 当土的内摩擦角 $\varphi=0$ 的高塑黏土，其最危险滑动圆弧的滑动圆心 O，可根据坡角 β 从表 1-22 中查得 α_1、α_2 角，按图 1-27 作 α_1、α_2 角，其交点即为圆心 O。

坡底角 α_1 和坡顶角 α_2 值　　　　　　　　　表 1-22

土坡坡度(竖距：横距)	坡角 β	坡底角 α_1	坡顶角 α_2
1：0	90°	33°	40°
1：0.26	75°	32°	40°
1：0.58	60°	29°	40°
1：1.00	45°	28°	38°
1：1.50	33°41′	26°	35°
1：1.75	30°	26°	36°
1：2.00	26°34′	25°	35°
1：3.00	18°26′	25°	35°
1：4.00	14°03′	24°	37°
1：5.00	11°19′	25°	37°

2. 当土的内摩擦角 $\varphi>0$ 时，其最危险滑动圆弧的滑动圆心 O，可按图 1-27 在坡脚 A 点下量一高度 H，由 c 点向右量一距离使等于 $4.5H$ 而得 D 点，连接 DO，在 DO 延长线上找出若干点，作为滑动圆心，画出坡脚圆，试算 K 值，找出 K 值较小的 E 点，再于 E 点作 DO 延长线的垂线，于此垂线上再找若干点作为滑动圆心，试算 K 值，找出 K 值最小的 O'_2 点，即为最危险滑动圆弧的滑动圆心。试算时，需经多次试算，才能找出，目前已可应用电子计算机迅速地找出滑动圆心。

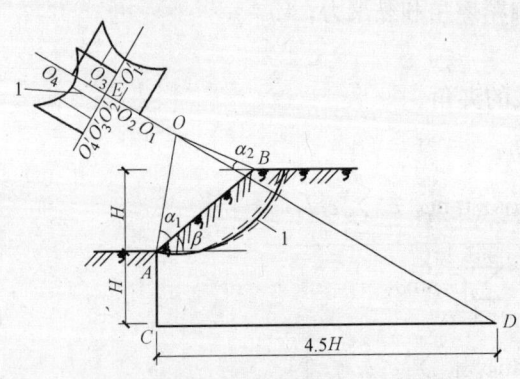

图 1-27　最危险滑动面圆心位置的确定
1—最小 K 值

从以上分析可知，影响土坡稳定的因素主要是：(1) 产生下滑的土体自重力，而影响土体自重力大小的因素有土的种类、边坡坡角 β 和土坡高度 H；(2) 阻止下滑的土体的抗剪强度，主要表现在抗剪强度指标 φ、c 的大小，而影响 φ、c 值的因素有土的密实度、地下水和地面水的作用。为了保证基坑(槽)边坡的稳定，防止塌方，在基坑(槽)开挖时，要保持一定的安全边坡，表 1-23 规定的边坡坡度允许值可供参考。

1.11 土坡稳定性简易分析与计算

土质边坡坡度允许值　　　　　　　　　　　　　表 1-23

土的类别	密实度或状态	坡度允许值（高宽比）	
		坡高在 5m 以内	坡高 5~10m
碎石土	密实	1∶0.35~1∶0.50	1∶0.50~1∶0.75
	中密	1∶0.50~1∶0.75	1∶0.75~1∶1.00
	稍密	1∶0.75~1∶1.00	1∶1.00~1∶1.25
粉土	$S_r \leqslant 0.5$	1∶1.00~1∶1.25	1∶1.25~1∶1.50
黏性土	坚硬	1∶0.75~1∶1.00	1∶1.00~1∶1.25
	硬塑	1∶1.00~1∶1.25	1∶1.25~1∶1.50

注：1. 表中碎石土的充填物为坚硬或硬塑状态的黏性土，或饱和度不大于 0.5 的粉土；
　　2. 对于砂土或充填物为砂土的碎石土，其边坡坡度允许值均按自然休止角确定。

【**例 1-32**】 土方边坡如图 1-28 所示，土质为粉质黏土，重度 $\gamma = 18 \text{kN/m}^3$，黏聚力 $c = 10 \text{kN/m}^2$，内摩擦角 $\varphi = 15°$，试用圆弧法验算其稳定性。

【**解**】 根据已知条件可按以下方法步骤进行计算：

（1）按比例绘出边坡的截面图（图 1-28），先根据 1∶2 的边坡坡度，坡角 $\beta = 26°34'$，由表 1-24 查出坡底角 $\alpha_1 = 25°$ 和坡顶角 $\alpha_2 = 35°$，由此求出第一次试算的滑动圆心 O_1，从图上量出滑动半径 $R = 10.4 \text{m}$；

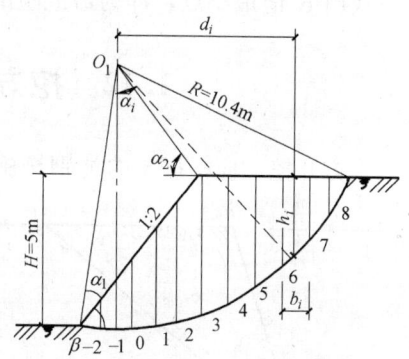

图 1-28　边坡稳定计算简图

（2）将边坡分为若干条，取条宽 $b = 0.1R = 1.04 \text{m}$，各条的编号如图 1-28 所示，编号为负数的条，表示其产生的切向力反向；

（3）计算 $\sin\alpha_i$ 以第 6 条为例，$\sin\alpha_i = \dfrac{d_i}{R} = \dfrac{i_b}{R} = 0.1i$；

（4）量出各条的中心高度 h_i 和弧长 $\widehat{l_i}$，编号为 −2 和 8 的两个分条，其宽度并不正好等于 1.04m，其中心高度 h_i 要换算成宽度等于 1.04m 宽分条的宽度；

（5）计算如表 1-24；

计算用表　　　　　　　　　　　　　　　　　　表 1-24

分条编号	h_i	$\sin\alpha_i = 0.1i$	$\cos\alpha_i = \sqrt{1-\sin^2\alpha_i}$	$h_i\sin\alpha_i$	$h_i\cos\alpha_i$	$\widehat{l_i}$
−2	1.1	−0.2	0.980	−0.22	1.08	1.9
−1	1.7	−0.1	0.995	−0.17	1.69	1.1
0	2.3	0	1.000	0	2.30	1.0
1	2.8	0.1	0.995	0.28	2.79	1.0
2	3.1	0.2	0.980	0.62	3.04	1.1
3	3.5	0.3	0.954	1.05	3.34	1.2
4	3.5	0.4	0.916	1.40	3.21	1.2
5	3.4	0.5	0.866	1.70	2.94	1.2
6	3.3	0.6	0.813	1.98	2.68	1.3
7	2.6	0.7	0.715	1.82	1.86	1.3
8	1.5	0.8	0.600	1.20	0.90	2.7
合　计				Σ9.66	Σ25.83	Σ15.0

(6) 以各已知值代入式（1-44）计算相应于滑动圆心 O_1 时的稳定安全系数：

$$K=\frac{\gamma b\tan\varphi\sum_{i=1}^{n}h_i\cos\alpha_i+c\,\widehat{l}}{\gamma b\sum_{i=1}^{n}h_i\sin\alpha_i}$$

$$=\frac{18\times1.04\times\tan15°\times25.83+10\times15}{18\times1.04\times9.66}=1.55$$

(7) O_1 不一定为最危险滑动圆心，因而 K_{01} 不一定为最小的稳定安全系数。故应再假定其他滑动圆心，一般可按 $0.3H$ 在 EO 线上移动，再按上述方法，即可找出在该 EO 线上土坡最小稳定安全系数 K_{min} 值，再在该点作垂线，于此垂线上再找若干点作滑动圆心，找出 K 值最小点，即为最危险滑动圆弧的滑动圆心（从略）。

1.12 挖方允许最大安全边坡计算

土方开挖，应根据土的类别按施工及验收规范规定放坡，以保证边坡稳定和施工安全。但规范只作原则规定，不够具体。以下简介通过计算确定边坡的方法，只要知道土的重度、内摩擦角和黏聚力值（查地质资料或有关手册），便可由计算确定允许最大安全边坡。如图 1-29，假定边坡滑动面通过坡脚一平面，滑动面上部土体为 ABC，其重力为：

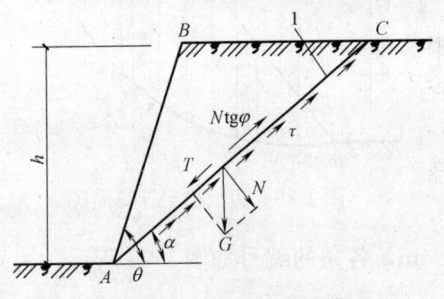

图 1-29 挖方边坡计算简图
1—滑动面

$$G=\frac{\gamma h^2}{2}\cdot\frac{\sin(\theta-\alpha)}{\sin\theta\cdot\sin\alpha} \quad (1-45)$$

当土体处于极限平衡状态时，挖方边坡的允许最大高度可按下式计算：

$$h=\frac{2c\sin\theta\cos\varphi}{\gamma\sin^2\left(\frac{\theta-\varphi}{2}\right)} \quad (1-46)$$

式中　γ——土的重度（kN/m^3）；
　　　θ——边坡的坡度角（°）；
　　　φ——土的内摩擦角（°）；
　　　c——土黏聚力（kN/m^2）。

由上式，如知土的 γ、φ、c 值，假定开挖边坡的坡度角 θ 值，即可求得挖方边坡的允许最大高度 h 值。

由上式还可知以下情况：

(1) 当 $\theta=\varphi$ 时，$h=\infty$，即边坡的极限高度不受限制，土坡处于平衡状态，此时土的黏聚力未被利用。

(2) 当 $\theta>\varphi$ 时，为陡坡，此时 c 值越大，允许的边坡高度 h 可越高。

(3) 当 $\theta>\varphi$ 时，若 $c=0$，则 $h=0$，此时挖方边坡的任何高度将是不稳定的。

(4) 当 $\theta < \varphi$ 时，为缓坡，此时 θ 越小，允许坡高越大。

【例 1-33】 已知土的重度 $\gamma = 18.0 \text{kN/m}^3$，内摩擦角 $\varphi = 20°$，黏聚力 $c = 10 \text{kN/m}^2$。求：(1) 当开挖坡度角 $\theta = 60°$ 时，土坡稳定时的允许最大高度；(2) 挖土坡度为 6.5m 时的稳定坡度 θ。

【解】 (1) 由 (1-46) 式得：

$$h = \frac{2 \times 10 \sin 60° \cos 20°}{18 \sin^2 \left(\frac{60° - 20°}{2}\right)} = 7.72 \text{m}$$

故土坡允许最大高度为 7.72m

(2) 将已知挖土坡高 $h = 6.5$m 及 γ、φ、c 值代入 (1-46) 式得：

$$6.5 = \frac{2 \times 10 \sin\theta \cos 20°}{18 \sin^2 \left(\frac{\theta - 20°}{2}\right)}$$

解之得 $\sin\theta = 0.906$，$\theta = 65°$，故知，土坡的稳定坡角为 65°。

1.13 土方直立壁允许最大开挖高度计算

土方开挖时，当土质均匀，且地下水位低于基坑（槽、沟）底面标高时，挖方边坡可以做成直立壁不加支撑。对黏性土垂直壁允许最大高度 h_{max} 可以按以下步骤计算（图 1-30）：

令作用在坑壁上主动土压力 $E_a = 0$，即

$$E_a = \frac{\gamma h^2}{2} \tan^2 \left(45° - \frac{\varphi}{2}\right) - 2ch \tan\left(45° - \frac{\varphi}{2}\right) + \frac{2c^2}{\gamma} = 0$$

解之得：$h = \dfrac{2c}{\gamma \tan\left(45° - \dfrac{\varphi}{2}\right)}$

取安全系数为 K（一般用 1.25），则

$$h_{max} = \frac{2c}{K\gamma \tan\left(45° - \dfrac{\varphi}{2}\right)} \tag{1-47a}$$

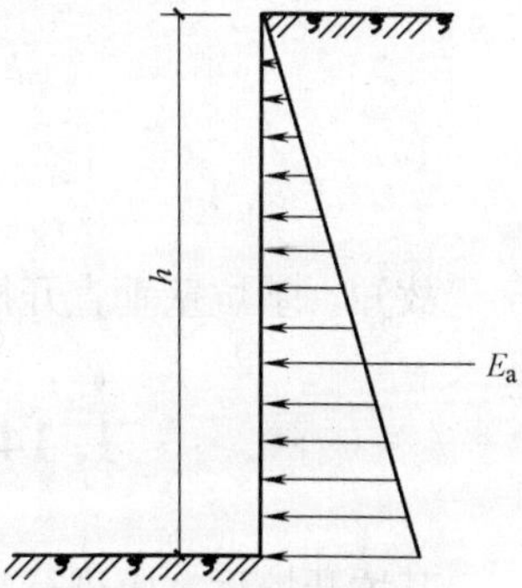

图 1-30 土方无支撑直立壁开挖高度计算简图

当坑顶护道上有均布荷载 $q (\text{kN/m}^2)$ 作用时，则

$$h_{max} = \frac{2c}{K\gamma \tan\left(45° - \dfrac{\varphi}{2}\right)} - \frac{q}{\gamma} \tag{1-47b}$$

或令作用在坑壁上的被动土压力 $E_p = 0$，即

$$E_p = \frac{\gamma h^2}{2} \tan^2\left(45° + \frac{\varphi}{2}\right) + 2ch \tan\left(45° + \frac{\varphi}{2}\right) = 0$$

解之得：$h = \dfrac{4c}{\gamma \tan\left(45° + \dfrac{\varphi}{2}\right)}$

同样，取安全系数为 K（一般用 1.25），则：

$$h_{max} = \frac{4c}{K\gamma \tan\left(45° + \frac{\varphi}{2}\right)} \qquad (1\text{-}47c)$$

当坑顶护道上有均布荷载 q（kN/m^2）作用时，则：

$$h_{max} = \frac{4c}{K\gamma \tan\left(45° + \frac{\varphi}{2}\right)} - \frac{q}{\gamma} \qquad (1\text{-}47d)$$

式中　γ——坑壁土的重度（kN/m^3）；

　　　φ——坑壁土的内摩擦角（°）；

　　　c——坑壁土的黏聚力（kN/m^2）；

　　　h——基坑开挖高度（m）。

【例 1-34】 基坑开挖，土质为粉质黏土，土的重度为 18.2kN/m^3，内摩擦角为 20°，黏聚力为 14.5kN/m^2，坑顶护道上均布荷载为 4.5kN/m^2，试计算坑壁垂直开挖最大允许高度。

【解】 取 $K=1.25$，由上式（1-47b）

$$h_{max} = \frac{2 \times 14.5}{1.25 \times 18.2 \tan\left(45° - \frac{20°}{2}\right)} - \frac{4.5}{18.2} = 1.57m$$

或由式（1-47d）得：

$$h_{max} = \frac{4 \times 14.5}{1.25 \times 18.2 \tan\left(45° + \frac{20°}{2}\right)} - \frac{4.5}{18.2}$$

$$= 1.54m \approx 1.57m$$

故知，基坑壁垂直开挖允许最大高度为 1.57m。

1.14 基础允许最小埋设深度的验算

基坑开挖后，应进行验槽，除了检验基坑尺寸、标高、土质是否符合设计要求外，还应检验或核算基坑开挖的深度能否满足承载力要求，下面简介一种简单验算方法。

如图 1-31 所示，假定基础底 AB 上，因上部结构物重量，受到单位压力 p_1 作用，则在基底四周的土层，应有一个侧压力 p_2 来支持，按朗肯理论，两者的关系为：

$$p_2 = p_1 \tan^2\left(45° - \frac{\varphi}{2}\right) \qquad (1\text{-}48)$$

式中　φ——土壤的内摩擦角。

压力 p_3 等于基底以上土重，其深度为 D，设土的单位重力为 γ，则 $p_3 = \gamma D$，或 $p_3 = p_2 \tan^2\left(45° - \frac{\varphi}{2}\right)$。

$$D = \frac{p_1}{\gamma} \tan^4\left(45° - \frac{\varphi}{2}\right) \qquad (1\text{-}49)$$

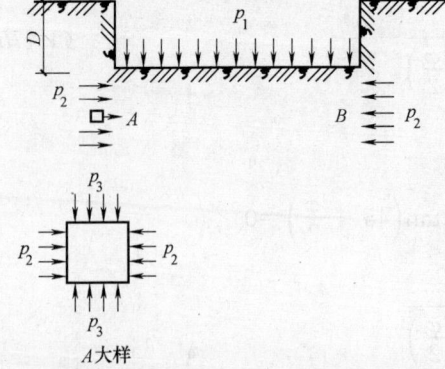

图 1-31　基础坑的最小深度计算简图

上式为无黏性土壤中基础的理论最小深度，如果为黏性土，分析方法同上，根据土压力计算公式可得到相当于式（1-50）的最小深度公式为：

$$D = \frac{p_1}{\gamma}\tan^4\left(45° - \frac{\varphi}{2}\right) - \frac{2c}{\gamma} \cdot \frac{\tan\left(45° - \frac{\varphi}{2}\right)}{\cos^2\left(45° - \frac{\varphi}{2}\right)} \quad (1\text{-}50)$$

式中　c——黏聚力。

【例 1-35】 厂房柱基础，对地基压力为 210kN/m^2，地基上为砂土，单位重力 $\gamma = 17.8\text{kN/m}^3$，内摩擦角 $\varphi = 34°$，要求安全系数 $K=2$，试求该基础最小埋置深度。

【解】 由式（1-49）得

$$D = K\frac{p_1}{\gamma}\tan^4\left(45° - \frac{\varphi}{2}\right)$$
$$= 2 \times \frac{210}{17.8} \times \tan^4\left(45° - \frac{34°}{2}\right) = 1.9\text{m}$$

故知，该基础最小埋置深度应为 1.9m。

1.15　土方施工滑坡分析与计算

山区建厂，平整场地，开挖基坑（槽），或修筑道路、开垦挖方，往往不适当的将山体坡脚挖去，或在坡体上堆载，或边坡坡度不够，或地下、地面水的浸入，降低土与土、土体与岩面之间的抗剪强度……等等，造成滑坡条件。为了评价山坡的稳定性和设置支挡结构，预防滑坡，工程施工前，常需进行滑坡的分析与计算，求出推力大小、方向和作用点，以便为坡体稳定性分析和采取抗滑措施提供可靠依据，以确保施工和工程使用安全。

滑坡推力系指滑坡体向下滑动的力与岩土抵抗向下滑动力之差（又称剩余下滑力），常用折线法（又称传递系数法）进行分析和计算。当滑体具有多层滑动面时，应取推力最大的滑动面确定滑坡推力。计算时，假定滑坡面为折线形，斜坡土石体沿着坚硬土层或岩层面作整体滑动（滑面一般由工程地质勘察报告提供）；并设滑坡推力作用点位于两段界面的中点，方向平行于各段滑面的方向；计算时，顺滑坡主轴取 1m 宽的土条作为计算基本截面，不考虑土条两侧的摩擦力。如图 1-32，假设滑体处于极限平衡状态，则滑坡推力可按下式计算：

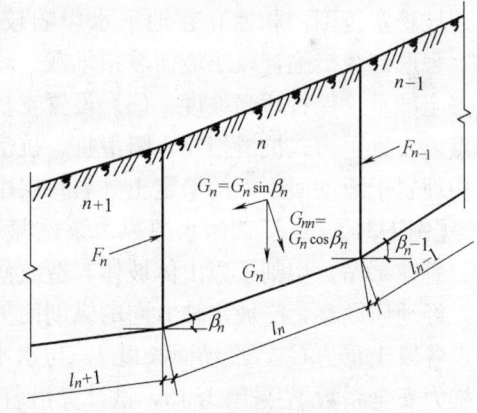

图 1-32　滑坡推力计算简图

$$F_n = F_{n-1}\psi + \gamma_t G_{nt} - G_{nn}\tan\varphi_n - c_n l_n \quad (1\text{-}51)$$

式中　F_n——第 n 段滑体沿着滑面的剩余下滑力（kN/m）；

　　　F_{n-1}——第 $n-1$ 段滑体沿着滑面的剩余下滑力（kN/m）；

　　　ψ——推力传递系数；

1 土方与爆破工程

$$\psi = \cos(\beta_{n-1} - \beta_n) - \sin(\beta_{n-1} - \beta_n) \tan\varphi_n$$

其中 β_n、β_{n-1}——分别为第 n 段和第 $n-1$ 段滑面与水平面的夹角（°）；

    φ_n——第 n 段滑体沿滑面土的内摩擦角标准值（°）；

    γ_t——滑坡推力安全系数，根据滑坡现状及其对工程的影响等因素确定；对甲级建筑物取 1.25，乙级建筑物取 1.15，丙级建筑物取 1.05；

    G_{nt}、G_{nn}——分别为第 n 段滑体自重力产生的平行于滑面的分力和垂直于滑面的分力（kN/m）；

$$G_{nt} = G_n \sin\beta_n; \quad G_{nn} = G_n \cos\beta_n;$$

    G_n——第 n 段滑体的自重力（kN/m）；

    c_n——第 n 段滑体沿着滑面土的黏聚力标准值（kN/m²）；

    l_n——第 n 段滑动面的长度（m）。

计算时，从上往下逐段计算剩余下滑力，并逐段下传，一直到滑体的最后一段或支挡结构，可得出滑坡的最终推力或支挡结构所承受的滑坡推力。

在计算过程中，如果任何一段的剩余下滑力为零或为负值时，表明该段不存在滑坡推力，应从下段重新开始累计。如最后一段滑坡体推力为零或为负值时，表明整个斜坡是稳定的，如为正值，则不稳定，应考虑设置支挡结构，以阻挡滑坡体的滑动，或对山坡进行削坡卸荷处理。

计算时，应选择平行于滑坡方向的几个具有代表性的剖面进行计算（一般不少于 2 个），以剩余推力最大的滑坡体作为评价山坡稳定或设置支挡结构的依据。

为防止边坡失稳，山体滑坡，一般常采取下列措施：(1) 做好坡面、地面排水，设置排水沟，防止地面水浸入滑坡地段，必要时采取防渗措施，如坡面坡脚的保护，避免在影响边坡稳定范围内积水；在地下水影响较大情况下，应做好地下排水工程或井点降水；(2) 采取卸载措施，减小坡面坡顶堆载，将边坡设计成台阶或缓坡，减小下滑土体自重；或去土减重，保持适当坡度；(3) 设置支挡结构，可根据边坡失稳时推力的大小、方向作用点，设置重力式抗滑挡墙、阻滑桩、抗滑锚杆、护坡桩等抗滑结构加固坡脚，并将支挡结构埋置于滑动面以下的稳定土（岩）层中。

【例 1-36】 某厂黄河水源取水泵站紧靠河岸边设置，背面为黄土高坡，由于整平场地、修建泵站，切割了原山体坡体，造成滑坡条件，使覆盖土层有可能沿底部软弱土层滑动。经地质勘察，滑坡主轴方向的纵剖面如图 1-33 所示。按滑动面的方向将滑坡体分为 4 段，各段土重力 G_n，滑动面长度 l，与水平面的夹角 β 以及土的 φ、c 值如图中所注。滑坡推力安全系数 γ_t 采用 1.15，试计算沿着滑坡主轴方向对 AB 面的滑坡推力。

【解】 顺滑坡主轴方向取 1m 宽的土条作为计算单元，分段计算滑坡体的自重力和滑坡推力，并逐段往下传递：

第一段：$G_1 = 8670 \text{kN/m}$

$$G_{1t} = G_1 \sin\beta_1 = 8670 \sin 46°30' = 6289 \text{kN/m}$$

$$G_{1n} = G_1 \cos\beta_1 = 8670 \cos 46°30' = 5968 \text{kN/m}$$

$$F_1 = \gamma_t G_{1t} - G_{1n} \tan\varphi_1 - c_1 l_1$$

$$= 1.15 \times 6289 - 5968 \tan 22° - 2 \times 69 = 4683 \text{N/m}$$

第二段：$G_2 = 20070 \text{kN/m}$

1.15 土方施工滑坡分析与计算

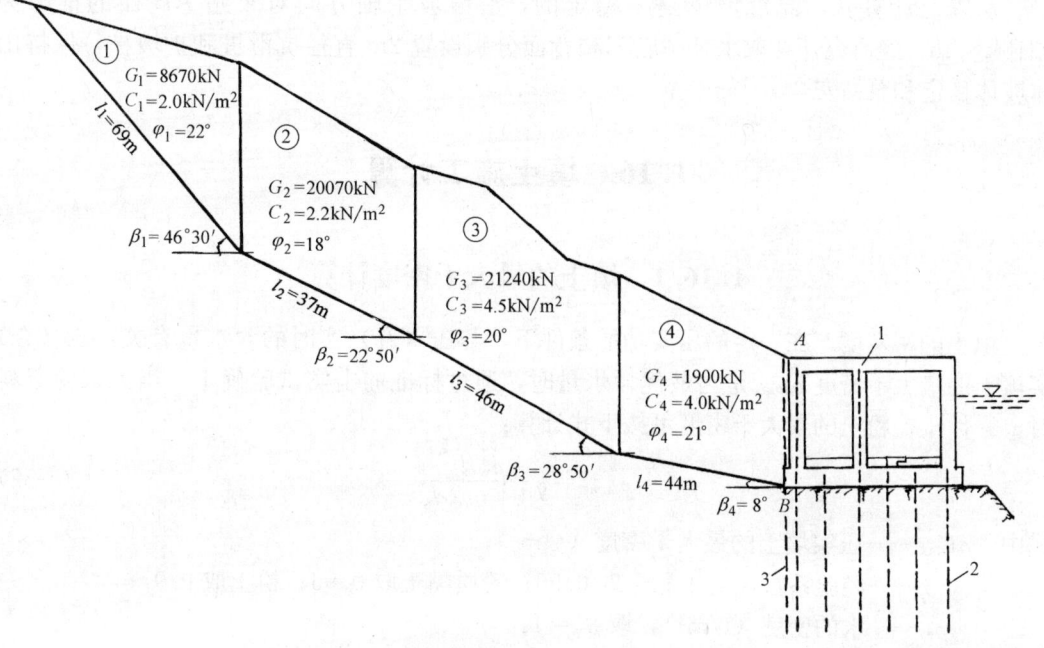

图 1-33 滑坡主轴方向纵剖面的土质条件
1—取水泵站；2—抗滑桩；3—护坡桩

$G_{2t} = G_2 \sin\beta_2 = 20070\sin22°50' = 7787 \text{kN/m}$

$G_{2n} = G_2 \cos\beta_2 = 20070\cos22°50' = 18498 \text{kN/m}$

$\psi_1 = \cos(\beta_1 - \beta_2) - \sin(\beta_1 - \beta_2)\tan\varphi_2$
$= \cos(46°30' - 22°50') - \sin(46°30' - 22°50')\tan18° = 0.786$

$F_2 = F_1\psi_1 + K_t G_{2t} - G_{2n}\tan\varphi_2 - c_2 l_2$
$= 4683 \times 0.786 + 1.15 \times 7787 - 18498\tan18° - 2.2 \times 37 = 6544 \text{kN/m}$

第三段：$G_3 = 21240 \text{kN/m}$

$G_{3t} = G_3 \sin\beta_3 = 21240\sin28°50' = 10242 \text{kN/m}$

$G_{3n} = G_3 \cos\beta_3 = 21240\cos28°50' = 18607 \text{kN/m}$

$\psi_2 = \cos(\beta_2 - \beta_3) - \sin(\beta_2 - \beta_3)\tan\varphi_3$
$= \cos(22°50' - 28°50') - \sin(22°50' - 28°50')\tan20° = 0.957$

$F_3 = F_2\psi_2 + \gamma_t G_{3t} - G_{3n}\tan\varphi_3 - c_3 l_3$
$= 6544 \times 0.957 + 1.15 \times 10242 - 18607\tan20° - 4.5 \times 46 = 11062 \text{kN/m}$

第四段：$G_4 = 19700 \text{kN/m}$

$G_{4t} = G_4 \sin\beta_4 = 19700\sin8° = 2742 \text{kN/m}$

$G_{4n} = G_4 \cos\beta_4 = 19700\cos8° = 19508 \text{kN/m}$

$\psi_3 = \cos(\beta_3 - \beta_4) - \sin(\beta_3 - \beta_4)\tan\varphi_4$
$= \cos(28°50' - 8°) - \sin(28°50' - 8°)\tan21° = 0.798$

$F_4 = F_3\psi_3 + \gamma_t G_{3t} - G_{3n}\tan\varphi_4 - c_4 l_4$
$= 11062 \times 0.798 + 1.15 \times 2742 - 19508 \cdot \tan21° - 4 \times 44 = 4316 \text{kN/m}$

从以上计算知，此滑坡体是不稳定的，沿滑坡主轴方向对泵站 AB 面的推力为 4316kN/m。经研究，在取水泵站底部和背面分别设置 2m 直径抗滑桩和护坡桩，保持山体坡体稳定和泵站安全。

1.16 填土施工计算

1.16.1 填土的最大干密度计算

填土的密实度，在一定的压实功能条件下，与压（夯）实时的含水量有关，压（夯）实填土的最大干密度 ρ_{dmax} 是当最优含水量时，通过标准的击实试验确定。当无试验资料时，黏性土、粉土的最大干密度可按下式计算：

$$\rho_{dmax} = \eta \frac{\rho_w d_s}{1 + w_{op} d_s} \tag{1-52}$$

式中 ρ_{dmax}——压实填土的最大干密度（t/m³）；
η——经验系数，对于黏土取 0.95；粉质黏土取 0.96；粉土取 0.97；
ρ_w——水的密度（t/m³），取 $\rho_w=1$；
d_s——土的相对密度（颗粒比重），一般取黏土 2.74～2.76；粉质黏土 2.72～2.73；粉土 2.70～2.71；砂土 2.65～2.69t/m³；或由试验求得；
w_{op}——土的最优含水量（%），可按当地经验或取 $w_{op}=w_p+2$；粉土取 14%～18%，或按表 1-25 采用；
w_p——土的塑限。

土的最优含水量和最大干密度参考表　　表 1-25

项次	土的种类	变动范围		项次	土的种类	变动范围	
		最优含水量 %（重量比）	最大干密度 (t/m³)			最优含水量 %（重量比）	最大干密度 (t/m³)
1	砂土	8～12	1.80～1.88	3	粉质黏土	12～15	1.85～1.95
2	黏土	19～23	1.58～1.70	4	粉土	16～22	1.61～1.80

注：1. 表中土的最大密度应以现场实际达到的数字为准；
　　2. 一般性的回填可不作此项测定。

当压实填土为碎石或卵石时，其最大干密度可取 2.0～2.2t/m³。

【例 1-37】 墙基回填土土料为粉质黏土，由试验得知土的相对密度 $d_s=2.72$，最优含水量 $w_{op}=13\%$，试求填土的最大干密度。

【解】 取 $\eta=0.96$，$\rho_w=1.0t/m^3$，由式（1-52）得：

$$\rho_{dmax} = \eta \frac{\rho_w d_s}{1 + w_{op} \cdot d_s} = \frac{0.96 \times 1.0 \times 2.72}{1 + 0.01 \times 13 \times 2.72} = 1.929 t/m^3$$

故知，回填土的最大干密度为 1.929t/m³。

1.16.2 填土需补充水量计算

填土时，土料的含水量应控制在最优含水量范围内，只有在最优含水量范围内，才能使土的压实效果最好，在一定的压实功能条件下，使土最容易压实，并能达到最大密度获得最大干密度。

土的最优含水量和最大干密度可用室内击实试验测得。方法是采用击实仪将同一种土（土料直径小于5mm），配成六、七份不同含水量的试样，用同样的击实功能，分别作击实试验，测定各试样击实后的密度 ρ 和含水量 w，用公式 $\rho_d = \dfrac{\rho}{1+w}$ 计算干密度，从而绘出 $w - \rho_d$

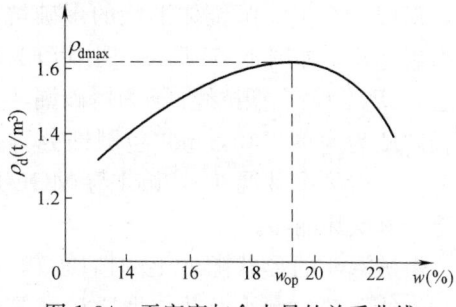

图1-34 干密度与含水量的关系曲线

关系击实曲线（图1-34）。在击实曲线上出现一个干密度 ρ_d 峰值，即最大干密度 ρ_{dmax}，相应于这个峰值的含水量即为最优含水量 w_{op}。

回填土时，如含水量过高应翻松，晾干或风干；当土料含水量过低时，应洒水进行润湿，每立方米铺好的土内需要补充的水量可按下式计算：

$$V = \frac{\rho_w}{1+w}(w_{op} - w) \tag{1-53}$$

式中 V——单位体积内需要补充的水量（L/m³）；
　　w——土的天然含水量（%）（以小数计）；
　　ρ_w——碾压或夯实前（含水量为 w 时）土的密度（t/m³）；
　　w_{op}——土的最优含水量（%），根据击实试验确定，如无试验资料，可参考表1-25选用。

【例1-38】 场地填土土料为黏土，天然含水量 $w = 16\%$，密度 $\rho_w = 1.75 t/m^3$，由击实试验求得最优含水量为20%，试求每立方米土料需要补充的水量。

【解】 由式（1-53）需要补充的水量：

$$V = \frac{\rho_w}{1+w}(w_{op} - w) = \frac{1.75}{1+0.16}(0.20 - 0.16) = 0.06 t/m^3 = 60 L/m^3$$

故知，填土每立方米土料需补充水量为60L。

1.17 土石方爆破作用指数与药量简易计算

在土方施工中，深基坑内有时会遇到岩层；在山区场地平整、基坑开挖，有的基岩埋藏较浅，有的露出在地表，必须开挖一定深度；在寒冷地区冬期施工中，有时会遇到很厚的冻土层；在改建工程中，常需拆除部分旧基础、建（构）筑物及地下障碍物以及钢结构，此外还会遇到一些特殊爆破。这些一般都不需要专业爆破公司进行，而是由土建施工单位借助简易凿岩机具和爆破方法，在现场爆破后再清除。爆破方法大多采用炮孔法，一般只需选定爆破类型，按本节二所列公式计算药包用量，再按常规方法进行爆破即可。

一、爆破漏斗和爆破作用指数计算

当药包在具有一个临空面的土石内爆破后，土石被炸成碎块，并抛散在其周围地面上,形成一个倒立圆锥体形状的爆破坑,称为爆破漏斗,如图 1-35 所示。图中 O 为药包中心,ON 为最小抵抗线,r 为爆破漏斗上口半径,R 为抛掷半径,mol 包围部分称抛掷漏斗(一般称爆破漏斗),mol 与 MOL 所包围部分称破坏漏斗。

爆破漏斗的形状随岩土的性质、炸药的品种性能和药包大小及药包埋置深度等不同而变化,其大小和抛掷岩土碎块的多少,以爆破作用指数 n 来表示,按下式计算:

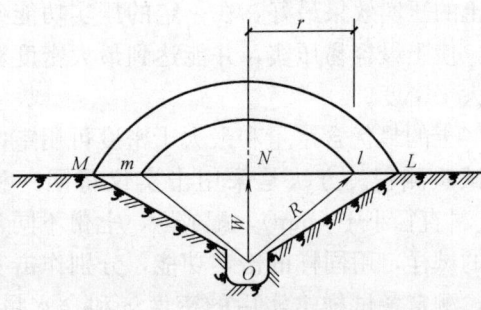

图 1-35 爆破漏斗分类简图
W—最小抵抗线;r—爆破漏斗半径;
R—爆破作用半径

$$n=\frac{r}{W} \qquad (1-54)$$

式中 W——最小抵抗线(m);
r——漏斗半径(m)。

一般用爆破作用指数 n 来区分不同爆破漏斗,划分不同爆破类型,当 $n=1$ 时(图 1-36a),称为标准抛掷爆破漏斗;当 $0.75<n<1$ 时(图 1-36b),称为减弱抛掷爆破漏斗;当 $n>1$ 时(图 1-36c),称为加强抛掷爆破漏斗;当 $n\leqslant 0.75$ 时(图 1-36d),称为松动爆破漏斗;当 $n\leqslant 0.2$ 时,称裸露爆破漏斗。

n 是计算药包量、决定漏斗大小和药包距离的重要参数。

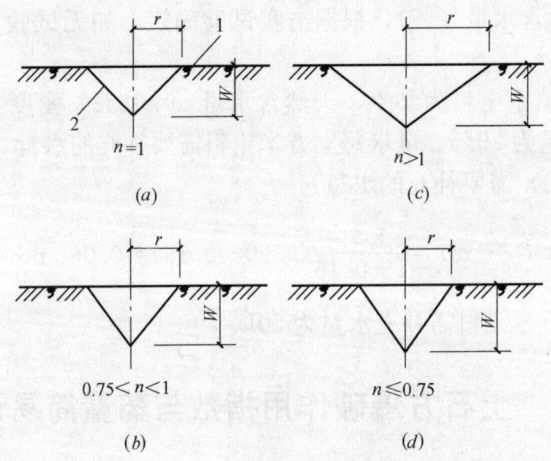

图 1-36 爆破漏斗类型简图
(a) 标准抛掷爆破漏斗;(b) 减弱抛掷爆破漏斗;(c) 加强抛掷爆破漏斗;(d) 松动爆破漏斗
1—临空面;2—漏斗
W—最小抵抗线;r—漏斗半径;n—爆破作用指数

二、爆破药量计算

在进行爆破时,用药量通常是根据地形、地质条件(地面形状、临空面多少、岩石软硬程度、地质构造、节理缝隙状况等)、炸药性能、药包量大小、预计爆破的方数以及现场施工条件和经验等来确定。

计算药包量的基本公式，是假定需要装药量的多少与被爆破的土石方数成正比，又与这种土石对爆炸作用力抵抗程度成正比，则所需药包量可用下式表达：

$$Q=qV \tag{1-55}$$

式中　Q——所需的药包量（kg）；

　　　q——爆落 $1m^3$ 某类土石方所消耗的炸药数（kg）；

　　　V——需爆落的土石方数（m^3）。

三、标准抛掷药包量计算

在标准抛掷爆破的情况下，要爆碎的土石立方米数，即为标准抛掷漏斗的体积，即：

$$V=\frac{1}{3}\pi W^3=\frac{1}{3}\times 3.14\times W^3\approx W^3$$

代入式（1-55）得标准抛掷药包量为：

$$Q=qV=qW^3 \tag{1-56}$$

为了实用方便起见，以在建筑工程爆破中，使用最广泛的2号硝铵炸药作为标准炸药，根据试验和实践经验统计，列出炸药单位消耗量系数 q 值如表 1-26。如采用其他炸药，应乘以换算系数 e，如表 1-28 所列，则式（1-56）变为：

$$Q=qW^3 e \tag{1-57}$$

式中　Q——药包重量（kg）；

　　　q——爆破岩土单位体积炸药消耗量系数（kg/m^3）；与岩石的性质及炸药种类有关，可按表 1-26 取用；

　　　e——与炸药性质有关的换算系数，可按表 1-28 取用；

　　　W——药包的最小抵抗线（m）。

建筑工程土的工程分类如表 1-29，常用硝铵类炸药和铵油炸药的种类及其性能见表 1-30。

炸药单位消耗量 q 值　　表 1-26

土的类别	一	二	三	四	五	六	七	八
$q(kg/m^3)$	0.5~1.0	0.6~1.1	0.9~1.3	1.2~1.5	1.4~1.65	1.6~1.85	1.8~2.6	2.1~3.25

注：1. 本表以2号岩石硝铵炸药为准，当用其他炸药时，须乘以换算系数 e 值；
　　2. 表中所列 q 值是指一个自由面的情况。如为二个自由面，应乘以 0.83；三个自由面乘以 0.67；四个自由面乘以 0.50；五个自由面乘以 0.33；六个自由面乘以 0.17；
　　3. 表中 q 值是在药孔堵塞良好，即堵塞系数为1的情况下定出。如果堵塞不良，应视具体情况乘以堵塞系数 d 见表 1-27；表中土的工程分类见表 1-29。

堵塞系数 d 的数值　　表 1-27

实际堵塞长度 B' 与计算堵塞长度 B 的比值 B'/B		1.00	0.75	0.50	0.25	0
对土体	烈性炸药	1.0	1.2	1.4	1.7	2.0
	黑火药	1	2	4	6	12
对岩石和混凝土	烈性炸药	1.0	1.2	1.4	1.7	2.0
	黑火药	1	2	4	6	—

炸药换算系数 e 值表 表1-28

炸药名称	型号	换算系数	炸药名称	型号	换算系数
岩石硝铵	1号	0.90	35%胶质炸药	普通	1.06
岩石硝铵	2号	1.00	混合胶质炸药	普通	1.00
露天硝铵	2号、3号	1.14	梯恩梯		1.05~1.14
62%胶质炸药	普通	0.89	铵油炸药		1.14~1.36
62%胶质炸药	耐冻	0.89	黑火药		1.14~1.42

土的工程分类 表1-29

土的分类	土的级别	土的名称	坚实系数 (f)	密度 (kg/m³)	开挖方法及工具
一类土(松软土)	I	砂土、粉土、冲积砂土层、疏松的种植土、淤泥(泥炭)	0.5~0.6	600~1500	用锹、锄头挖掘,少许用脚蹬
二类土(普通土)	II	粉质黏土、潮湿的黄土、夹有碎石、卵石的砂、粉土混卵(碎)石、种植土、填土	0.5~0.8	1100~1600	用锹、锄头挖掘,少许用镐翻松
三类土(坚土)	III	软及中等密实黏土、重粉质黏土、砾石土、干黄土、含有碎石卵石的黄土、粉质黏土、压实的填土	0.8~1.0	1750~1900	主要用镐,少许用锹、锄头挖掘,部分用撬棍
四类土(砂砾坚土)	IV	坚硬密实的黏性土或黄土、含碎石、卵石的中等密实的黏性土或黄土、粗卵石、天然级配砂石、软泥灰岩	1.0~1.5	1900	整个先用镐、撬棍,后用锹挖掘,部分用楔子及大锤
五类土(软石)	V、IV	硬质黏土、中密的页岩、泥灰岩、白垩土、胶结不紧的砾岩、软石灰岩及贝壳石灰岩	1.5~4.0	1100~2700	用镐或撬棍、大锤挖掘,部分使用爆破方法
六类土(次坚石)	VII~IX	泥岩、砂岩、砾岩、坚实的页岩、泥灰岩、密实的石灰岩、风化花岗岩、片麻岩及正长岩	4.0~10.0	2200~2900	用爆破方法开挖,部分用风镐
七类土(坚石)	XII、XIII	大理岩、辉绿岩、玢岩、粗、中粒花岗岩、坚实的白云岩、砂岩、砾岩、片麻岩、石灰岩、微风化安山岩、玄武岩	10.0~18.0	2500~3100	用爆破方法开挖
八类土(特坚土)	XIV~XVI	安山岩、玄武岩、花岗片麻岩、坚实的细粒花岗岩、闪长岩、石英岩、辉长岩、辉绿岩、玢岩、角闪岩	18.0~25.0以上	2700~3300	用爆破方法开挖

注:1. 本表还可用于选择施工方法、确定工作量、计算劳动力机具及工程费用之用;
2. 土的级别为相当于一般16级土石分类级别;坚实系数 f 为相当于普氏岩石强度系数。

硝铵类炸药的主要性能及规格 表1-30

炸药名称		岩石硝铵炸药		露天硝铵炸药		抗水露天硝铵炸药		露天铵油炸药
		1号	2号	1号	2号	1号	2号	
化学组成(%)	硝酸铵	83	85	82	86	84	86	89.5
	梯恩梯	14	11	10	5	10	5	—
	木粉	4	4	4	9	5	8.2	8.5
	其他物质	—	—	—	—	沥青0.5 石蜡0.5	沥青0.4 石蜡0.4	轻柴油2
物理指标	密度(g/cm³)	0.95~1.10	0.95~1.10	0.8~1.0	0.85~1.10	0.8~1.0	0.8~1.0	0.8~1.0
	爆力(mL)	>350	>320	>280	>250	300	250	240
	猛度(mm)	>13	>12	>10	>8	11	8	8
	殉爆距离(mm)	>60	>50	>50	>30	2	2	1

1.17 土石方爆破作用指数与药量简易计算

续表

炸药名称	岩石硝铵炸药		露天硝铵炸药		抗水露天硝铵炸药		露天铵油炸药
	1号	2号	1号	2号	1号	2号	
抗水性	差		差		好		差
保证使用期	6个月		4个月		6个月	4个月	1个月
主要性能 优点	(1)对外界作用的敏感度较安全 (2)用火焰和火星也易燃烧						
主要性能 缺点	(1)有吸水性,久存易胶结和结块 (2)炸药爆炸后能产生大量有毒气体						
适用范围	在露天爆破工程中使用,不宜在矿井内使用,因这种炸药爆炸时能产生大量有毒气体						

注: 1. 硝铵炸药又称铵梯炸药;
2. 在露天爆破工程中使用的硝铵类炸药,其含水量应不大于1.5%,当含水量超过3%时,可能发生拒爆;
3. 尺寸:药卷每节长度200mm,直径32mm,重量150g,每扎20卷,重3kg,每箱炸药净重24kg。

四、加强抛掷爆破药包量计算

加强抛掷爆破(加强松动爆破)药包量,一般按下式计算:

当 $W<25$m 时:

$$Q=qW^3(0.4+0.6n^3)e \tag{1-58}$$

当 $W>25$m 时:

$$Q=qW^3(0.4+0.6n^3)e \cdot \sqrt{\frac{W}{25}} \tag{1-59}$$

对斜坡地面:

$$Q=qW^3(0.4+0.6n^3)e \cdot \sqrt{\frac{W\cos\theta}{25}} \tag{1-60}$$

当 $W\cos\theta<25$m 时,Q 不进行修正。

式中 n——爆破作用指数,不应超过 $1.25\sim1.5$;
θ——山坡面与水平面的交角(°);
$\sqrt{\frac{W}{25}}$——重力修正系数;

其他符号意义同前,下同。

五、松动爆破药包量计算

松动爆破药包量一般按下式计算:

$$Q=0.33eqW^3 \tag{1-61}$$

对斜坡地形或阶梯式地形

$$Q=0.36eqW^3 \tag{1-62}$$

六、内部作用爆破药包量计算

内部作用爆破药包量一般按下式计算:

$$Q=0.2eqW^3 \tag{1-63}$$

【例1-39】 在坚实的泥岩上开一个1.8m,直径35mm炮孔,采用2号岩石硝铵炸药(装药密度为0.9g/cm³)进行松动爆破,要求岩石不抛掷,求所需炸药重量。

【解】 由表1-29岩石分类表中查得坚实的泥岩为六类土,参考表1-26取 $q=1.75$kg/m³,采用2号岩石炸药,$e=1$,炮孔装药长度 l 一般为炮孔深度 L 的 $1/3\sim1/2$,现假定药包长度 $l=2 \cdot L/3=2\times180/3=120$cm,则堵塞物长 $l_1=1.8-1.2=0.6$m,$W=1.8-$

0.6=1.2m，由式（1-61）得：

$$Q=0.33eqW^3=0.33\times1\times1.75\times1.20^3=0.997\text{kg}$$

0.997kg 药包长为 115cm，与假定不符，现重新假定药包长度为 118cm，则 $W=1.8-0.59=1.21$m，则 $Q=0.33eqW^3=0.33\times1\times1.75\times1.21^3=1.023$kg

118cm 长药包重为 $\frac{\pi\times3.5^2}{4}\times118\times0.9=1.021$kg，与计算基本相符，堵塞长度有 62cm，可以满足要求，故所需药量定为 1.023kg。

【例 1-40】 在坚实的砾岩台阶下 2.1m 处设置一集中药包，要求爆破作用指数为 1.1，有 2 个自由面，采用 2 号岩石硝铵炸药，求堵塞 $d=1.2$ 时的药包重量。

【解】 由表 1-29 查得密实的砾岩为七类土，参考表 1-26，取 $q=2.2$kg/m³，有两个自由面应乘以 0.83 系数，同时已知 $W=2.1$m，$n=1.1$，$e=1$，$d=1.2$ 由式（1-58）得

$$Q=qW^3(0.4+0.6n^3)\times0.83\times ed$$
$$=2.2\times2.1^3\times(0.4+0.6\times1.1^3)\times0.83\times1\times1.2=24.32\text{kg}$$

故知，所需药包重量为 24.32kg。

【例 1-41】 在软的石灰岩上打一个 1.6m 深炮孔，孔径为 35mm，采用 62%胶质炸药（装药密度为 1.01）进行松动爆破，求堵塞良好情况下的药包重量。

【解】 由表 1-29 知软石灰岩为五类土，由表 1-26，取 $q=1.53$kg/m³，因采用 62%胶质炸药，需考虑炸药换算系数，由表 1-28 取 $e=0.89$。

先设药包长度 $l=800$mm，则 $W=1.6-\frac{0.8}{2}=1.2$m，由式（1-61）得

$$Q=0.33eqW^3=0.33\times0.89\times1.53\times1.2^3\approx0.78\text{kg}$$

800mm 长药包重量约为 $\frac{\pi\times3.5^2}{4}\times80\times1.01=777\text{g}\approx0.78$kg，与假定符合，堵塞长度有 800mm 已足够，故知所需药量为 0.78kg。

1.18 特种爆破工艺参数与药量计算

1.18.1 冻土爆破工艺参数与药量计算

冻土爆破多用炮孔法，厚度在 2m 以内可一次爆破，大于 2m 时应分层爆破。

一、炮孔布置及工艺参数

炮孔宜交叉呈梅花形布置，炮孔直径宜在 30~75mm，深度为冻土层厚度的 0.6~0.8 倍，冻土厚度 0.5~2.0m 的炮孔深度，可参考表 1-31 采用。

炮孔深度参考值　　　　　　　　表 1-31

冻土厚度(m)	0.5	0.6	0.7	0.8	0.9	1.0	1.2	1.4	1.6	1.8	2.0
炮孔深度(m)	0.4	0.45	0.55	0.6	0.6	0.75	0.9	1.1	1.3	1.4	1.6

炮孔间距为 1.2 倍最小抵抗线长度，排与排之间等于 1.5 倍最小抵抗线长度，炮孔与地面垂直或成 30°以上角度。为提高爆破效果，炮孔不宜穿破冻土层，保留厚度为冻土层厚度的 20%~25%；如冻土深厚度大于 70cm 时，应把炮孔钻至其表面下 15~20cm。

二、药量计算

冻土爆破用药量可按下式计算：

$$Q = q_I \cdot W^3 \tag{1-64}$$

式中 Q——炮孔装药量（kg）；

q_I——爆破 1m³ 冻土所需硝铵炸药的数量（kg/m³），可按表 1-32 取用；

W——最小抵抗线长度（m）。

爆破 1m³ 冻土所需硝铵炸药量（kg）　　　　表 1-32

土的名称	q_I	土的名称	q_I
黏　土	0.55	粗　砂	0.35
腐植土	0.31	粉　土	0.39

注：如用黑火药时，表列数值乘以 1.1，采用梯恩梯炸药时乘以 0.85。

【例 1-42】 基坑冻土厚为 1.4m，土质为黏土，采用炮孔法爆破，求每立方米冻土需用硝铵炸药量。

【解】 炮孔深取 0.8 倍冻土层厚，即 $W = 0.8 \times 1.4 = 1.12$m，由表 2-32 查得，$q_I = 0.55$kg/m³，由式（1-64）得每一炮孔装药量为：

$$Q = q_I \cdot W^3 = 0.55 \times 1.12^3 = 0.77 \text{kg}$$

故知，每立方米冻土需用炸药 0.77kg。

1.18.2　水下爆破工艺参数与药量计算

水下爆破一般用裸露药包法或炮孔法。当用裸露药包法时，药包距水面的距离要等于或大于 2 倍最小抵抗线长度，一般最小抵抗线长度 W 应等于所需要炸松的深度 H。

一、炮孔布置及工艺参数

当采用裸露药包法时，炮孔间距 $a = (3 \sim 3.5)W$，排距 $b = (2.1 \sim 3.0)W$；当采用炮孔法时，炮孔间距 $a = (1 \sim 2)W$，排距 $b = (1 \sim 1.75)W$；炮孔深度 l 应比最小抵抗线或要松爆深度大 10%～20%。

二、药量计算

水下爆破药量可按下式计算：

$$Q = K_w \cdot W^3 \tag{1-65}$$

式中 Q——所需的药包重量（kg）；

K_w——爆破 1m³ 岩土所需要的炸药量，可参考表 1-33 采用；

W——最小抵抗线长度（m）。

水下爆破炸药单位消耗量 K_w（kg/m³）　　　　表 1-33

项次	土石种类	裸露药包法	炮孔法
1	坚硬的、非常密致的砂层	7.0	1.1
2	含砾石的岩石	3.5	0.7
3	含小砾石的密致的粉质黏土	5.5	0.9
4	密致的粉质黏土	8.7	1.35
5	坚硬的青色黏土	9.8	1.4
6	松软有裂隙岩石	13.5	1.53
7	石灰岩及其他中等硬度岩石	27.0	1.86
8	花岗岩及其他坚硬岩石	40.0	2.2

【例 1-43】 水下裸露爆破含砾石的岩石，抵抗线长度 $W=1.2m$，求需要药包重量。

【解】 爆破含砾石的岩石由表 1-33 查得 $K_w=3.5kg/m^3$ 由式（1-65）得：

$$Q=K_w \cdot W^3=3.5 \times 1.2^3 \approx 6.05kg$$

故需要药包重量为 6.05kg。

1.18.3 钢结构爆破工艺参数与药量计算

钢结构爆破一般根据结构不同厚度，使用不同工艺方法参数与药量。

一、钢结构物厚度小于 150mm 时的爆破计算

在室内爆炸钢结构，一般用裸露药包，紧贴地捆绑在钢结构构件表面进行爆炸。每个药包量最大不得超过 2kg。通常炸角钢、槽钢或钢板的药量 Q（kg）可按下式计算：

$$Q=Ct^2B \tag{1-66}$$

式中 C——系数，对钢材为 0.0077；对生铁为 0.005；

t——金属物体厚度（cm）；

B——金属物体宽度（cm）。

二、钢结构物厚度大于 150mm 时的爆破计算

一般用炮孔法爆炸，炮孔直径为 30～35mm；炮孔深度等于金属物厚度的 1/2～3/4，炮孔间距为孔深的 1.0～1.5 倍，一般采用 30～40cm。装药长度为炮孔深度的 1/2，其余一半用砂子堵塞。每一个炮孔的药量可按下式计算：

$$Q=1.5l^3 \text{（kg）} \tag{1-67}$$

式中 l——炮孔深度（m）。

三、钢结构容器爆破计算

一般用水压爆破法，在容器内装满清水，将防水药包用棍子悬挂在水中心，位于水深的 2/3 处。药包重量可按表 1-34 估算。对长方形箱子解体，可同时用两个药包悬挂在容器各一半面积水中进行爆炸。

金属容器爆破炸药需用量 表 1-34

项 次	箱板厚度(mm)	药包重量(kg)
1	15	0.7
2	20	0.8
3	25	1.0

四、钢结构铆接结构爆破计算

爆破铆接钢结构，一般用较长的条形药包放在铆钉排上爆炸，药量可用下式计算：

$$Q=Ct^2l \text{（kg）} \tag{1-68}$$

$$Q=ql \text{（kg）} \tag{1-69}$$

式中 C——系数，为 0.0077；

t——钢板厚度（cm）；

l——铆钉排长度（cm）；

q——铆接钢结构每 1cm 长所需的药量（kg），$q=0.0077t^2$。

1.19 建（构）筑物控制爆破工艺参数与药量计算

1.19.1 建筑物拆除控制爆破工艺参数与药量计算

控制爆破是指通过合理的爆破设计和精心操作，严格控制爆炸能量和爆破规模（即一次起爆的最大装药量），使爆破的声响、飞石、振动、破坏区域以及破碎物的散坍范围和方向，控制在规定限度内。它的基本点就是选择适当的临空面，采取较多炮孔，较少装药，依次起爆或群炮齐爆，使爆破体达到"破散不抛"、"就近塌落"、或爆破范围控制在规定限度内，达到"爆上不坏下，爆前不损后"，使爆裂面较规整地出现在预定的设计位置。爆破时的音响（一般不超过 70～90dB）、飞石、振动（一般控制 $v \leqslant 5cm/s$）、冲击波、地震波减弱到允许程度；爆破后的大块率不超过 10%。

本法具有不需要专门设备，不受环境限制，能在禁区内爆破，施工安全、迅速，节省劳力和费用，保证邻近建筑设施不受破坏等优点。适于各种建（构）筑物的拆除爆破。

一、炮孔布置及工艺参数

1. 最小抵抗线　当爆破墙壁或小截面柱、梁时，最小抵抗线可按下式计算：

$$W = \frac{1}{2}B \tag{1-70}$$

式中　W——最小抵抗线（m）；
　　　B——墙壁的厚度或柱、梁爆破截面中最小的边长（m）。

当爆破较大体积圬工结构，并采用人工清渣时，W 值一般为：

混凝土　$W = 0.40 \sim 0.60m$

钢筋混凝土　$W = 0.30 \sim 0.50m$

浆砌块石　$W = 0.50 \sim 0.70m$

若要求爆渣小，上述 W 取较小值。

2. 炮孔深度　一般不应小于抵抗线长度，可按下式确定：

$$l = C \cdot H \tag{1-71}$$

式中　H——设计爆除部分的高度（或厚度）；
　　　C——边界条件系数，当爆破体底部有临空面或有明显断裂层，取 0.5～0.7；爆裂面位于衔接不够紧密的接触面，取 0.7～0.8；爆破面位于变截面上，取 0.9～1.0；爆裂面位于强度均匀、等截面的爆破体之间部取 1.0。

要求设计爆裂面以外保留部分不受损伤时，药孔深度可按下式计算：

$$l = H - (0.2 - 0.4)W \tag{1-72}$$

其他符号意义同上。

对于只有一个临空面的墙（如挡土墙、地下室、外墙等），其炮孔深度可取墙厚的 3/4。对于柱、梁及具有两个临空面的墙，炮孔深度应尽量使装药中心到邻近临空面方向的距离大体相等。

3. 炮孔间距　它关系到破碎块度和爆裂面的平整程度，并与爆破要求及起爆方法有关。炮孔间距一般按下式计算：

$$a = K_a W \tag{1-73}$$

式中 a——炮孔间距；

K_a——间距系数，按表1-35选用。

间距系数 K_a 值　　　　表1-35

项　次	爆破要求与材料种类	K_a 值
1	破碎混凝土、浆砌块石	1.0～1.5
2	破碎一般钢筋混凝土	1.3～1.8
3	切割混凝土，要求爆裂面平整	0.5～0.8
4	切割混凝土，不要求爆裂面平整	0.8～1.0
5	切割混凝土薄地坪	2.0～3.5

注：爆破钢筋混凝土时，由于装药爆炸形成的应力波在混凝土与钢筋接触处发生反射后加强，混凝土容易散离钢筋，故 K_a 值应取稍大。

预裂爆破时，炮孔间距可按下式计算：

$$a = (8\sim12)d \tag{1-74}$$

式中 d——炮孔直径（cm）。

4. 炮孔排距　　排距一般按下式计算：

$$b = K_b a \tag{1-75}$$

式中 b——炮孔排距；

a——炮孔间距；

K_b——排距系数，当为多排炮孔齐爆时，K_b 可取 0.8～1.0；当为多排药孔延期起爆时，K_b 可取 1.0～1.2；当材料强度较低时，K_b 可取大值，反之取小值。

二、装药量计算

控制爆破影响装药量的因素较多，如材质、火工种类、起爆方法、爆破效果要求等，精确计算较为困难。一般采取分两步进行，即第一步依据公式作近似计算，并与爆破各类材质的单位消耗药量经验数值进行对照比较，第二步通过试爆对计算值进行调整。

1. 混凝土结构单个炮孔的装药量 q_1 可按下式计算（图1-37）：

$$q_1 = K \cdot P \cdot l \,(g) \tag{1-76}$$

式中 K——临空面系数，查表1-36采用；

P——爆破系数，与最小抵抗线及材质有关，查表1-37；

l——炮孔深度（cm）。

临空面系数 K　　　　表1-36

爆体类型＼临空面个数	（Ⅰ）	（Ⅱ）	（Ⅲ）	（Ⅳ）	（Ⅴ）
1	1.10～1.20	1.10～1.20	1.10～1.20	—	—
2	1	1	1	—	1.15～1.20
3	0.85～0.90	0.85～0.90	0.85～0.90	1	1.05～1.10
4	0.70～0.80	0.70～0.80	0.70～0.80	0.85～0.90	1
5	—	—	—	0.70～0.80	0.85～0.90
6					0.60～0.75

注：1. 第Ⅳ类型仅用于单排布孔的情况。
　　2. 爆体类型见图1-37。

爆破系数 P 值　　　　表1-37

W(m)	0.1	0.2	0.3	0.4	0.5	0.6	0.7	0.8	0.9	1.0
P	0.3	0.3	0.4	0.4	0.6	0.7	0.9	1.2	1.5	1.8

注：表内 P 值可视材质的好坏增减10%左右。

1.19 建（构）筑物控制爆破工艺参数与药量计算

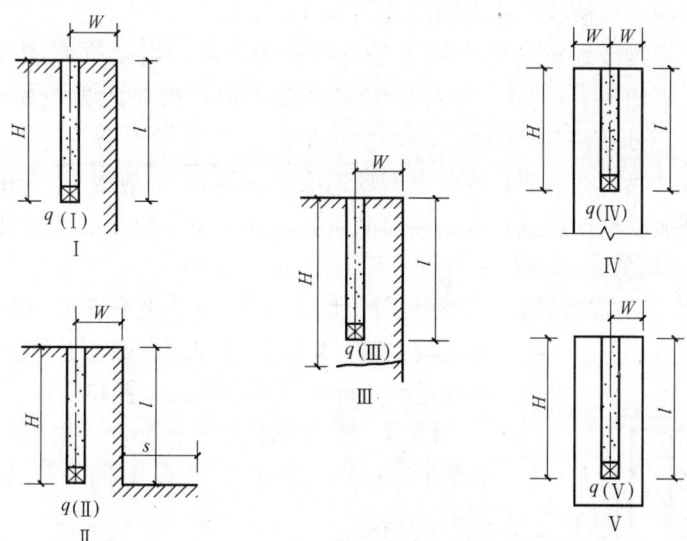

图 1-37 装药量计算简图
H—爆除部分的深度（或厚度）；l—炮孔深度

2. 钢筋混凝土结构单个炮孔的装药量 q_2 按下式计算：

钢筋粗密时 $\qquad q_2=(1.6\sim2.0)q_1 \qquad$ (1-77)

钢筋少时 $\qquad q_2=(1.2\sim1.5)q_1 \qquad$ (1-78)

3. 毛石混凝土结构单个炮孔的装药量 q_3 按下式计算：

$$q_3=(0.6\sim1.0)q_1 \qquad (1\text{-}79)$$

根据式（1-76）～式（1-79）各式所算得的单个炮孔装药量，即可按炮孔布置图进而推算出每 1m³ 的爆破体所耗用的药量。根据经验每 1m³ 的爆破体所耗用药量如表 1-38 所示，可供比较参考，如相差过大，宜进行复核，检查计算有无差错，但并非必须取得一致。最后再通过小范围试爆对计算值进行检验和调整，即为最后用药量。

每 1m³ 的爆破结构耗药量　　　　　表 1-38

项次	结 构 类 别	爆破体情况	耗药量 (g/m³)
1	爆破混凝土结构	材质较差（无空洞）	110～150
		材质较好，单排切割式爆破	170～180
		材质较好，非切割式爆破	160～200
2	爆破钢筋混凝土结构	布筋较粗密	350～400
		布筋稀少或梁柱构件	270～340
3	爆破块石混凝土结构	较密实	120～160
		有空隙	170～210

三、控制爆破一次起爆允许药量计算

为保护邻近建筑物不受爆破振动的损害，应控制一次起（齐）爆最大允许用药量，一般可按以下经验公式计算：

$$Q=R^3\left(\frac{v}{K_\mathrm{C}}\right)^{3/\alpha} \qquad (1\text{-}80)$$

式中　Q——一次齐爆的允许总装药量（kg）；

R——爆破中心至被保护建筑物间的距离（m）；

K_c——与传播爆破地震波的介质等条件有关的系数，当介质为基岩时，$K=30 \sim 70$，平均值 $\overline{K}=50$，岩石强度高者取小值；当介质为土质时，$K=150 \sim 250$，平均值 $\overline{K}=200$。

v——被保护物所在地面允许质点振动速度（cm/s），一般取 $v \leqslant 5$cm/s；

α——爆破振动（地震波）随距离衰减系数，$\alpha=1.0 \sim 2.0$，近距离取2，远距离取1，平均值 $\overline{\alpha}=1.67$。

【例 1-44】 扩建工程需爆除一钢筋混凝土墙，高1.5m，宽0.5m，长9m（图1-38），布筋较粗密，要求严格控制爆破能量和规模，采用控制爆破进行破碎，试进行炮孔布置和计算用药量。

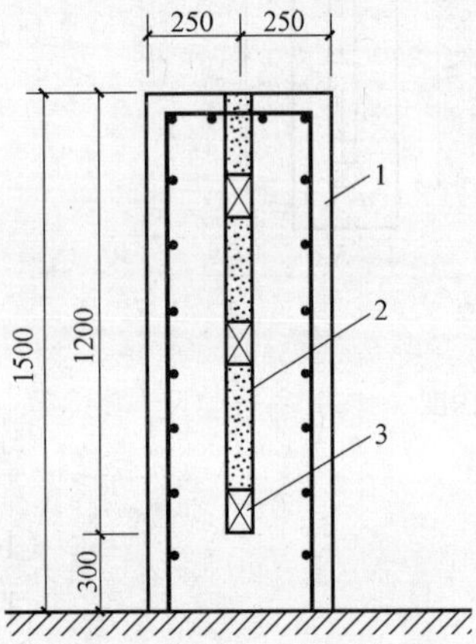

【解】 因墙厚不大于500mm，采用单排垂直炮孔劈裂爆破方法，炮孔布置在中间，最小抵抗线 $W=\dfrac{500}{2}=250$mm

炮孔间距 $a=1.3W=325$mm，取用300mm

炮孔深度取 $l=(0.7 \sim 0.8)H$
$=(0.7 \sim 0.8) \times 1500$
$=1050 \sim 1200$mm

因要求炮孔底到临空面距离不小于 W，则允许炮孔深度为 $1500-300=1200$mm，在计算的 l 值范围内，故取 $l=1200$mm。墙炮孔布置见图1-38。

图 1-38 钢筋混凝土墙布孔
1—墙；2—炮孔；3—药包

墙为三面临空由表1-36，取 $K=1.0$，又考虑材质情况由表1-37，取 $P=0.40$，则由式（1-77）每孔装药量为：

$q_2=1.8q_1=1.8KPl=1.8 \times 1.0 \times 0.4 \times 120=86.4$g 用 87g

采用三层装药，上层为27g、中层和下层为30g，共布孔29个，全部墙总装药量为：
$$Q=87 \times 29=2523\text{g}$$

每立方米墙体爆破耗药量为：$q=\dfrac{2523}{0.5 \times 1.5 \times 9.0} \approx 374$kg/m³

在表1-38中爆破钢筋混凝土墙耗药量 $350 \sim 400$g/m³ 范围内。

【例 1-45】 某厂房爆破拆除设备基础，距四层砖混结构宿舍楼最近为12m，该宿舍楼设计抗震裂度为6度，基础拆除采用控制爆破，试计算一次起爆最大用药量。

【解】 根据有关经验确定该宿舍楼所在地面质点震动速度不应超过3cm/s，取 $\alpha=1.5$，$K_c=200$

由公式（1-80）得一次起爆的允许装药量为：

$$Q=R^3\left(\dfrac{v}{K_c}\right)^{\frac{3}{1.5}}=(12)^3\left(\dfrac{3}{200}\right)^{\frac{3}{1.5}} \approx 0.39\text{kg}$$

故知，一次起爆最大用药量为0.39kg。

1.19.2 烟囱控制爆破工艺参数与药量计算

钢筋混凝土烟囱控制爆破是应用炸药的爆破力将烟囱壁倾倒部位的根部破坏，使其失去支撑自重的能力，由烟囱自重产生的弯矩，迫使烟囱整体失去稳定将烟囱未爆区根部的钢筋拉断，沿预定方向和范围倾倒、破碎。

一、爆破支座和切口布置

为控制烟囱倾倒的方向，在爆破时，烟囱根部应保留一部分初始支承面积（图1-39），选择好初始倾倒支点（图1-39中A_1和A_2点），亦即切口弧长。烟囱在倾倒过程中的支点起支撑筒体的作用，根据理论计算和实践，对于中、低烟囱，一般使筒体切口部位弧长所对应的圆周角$\beta=(4/3 \sim 5/4)\pi$，即能够满足定向倾倒失稳的要求，但A_1和A_2点连线须垂直于倾倒方向中心线；对于高、重烟囱，一般取切口弧长$\beta=(5/4 \sim 8/7)\pi$，亦可满足要求。切口弧长过大$\left(\beta=\frac{4}{3}\pi\right)$初始支承面积Ⅱ将减小，不足以支承烟囱倾倒时的轴向压力和剪力，会使初始受压支座筒壁破坏严重，造成倾倒方向失控；切口弧长过小（$\beta<\pi$），将使烟囱难以倾倒。为使烟囱定向倾覆力矩远大于抗倾覆力矩，一般宜将支座受拉面的纵向钢筋预先切断。

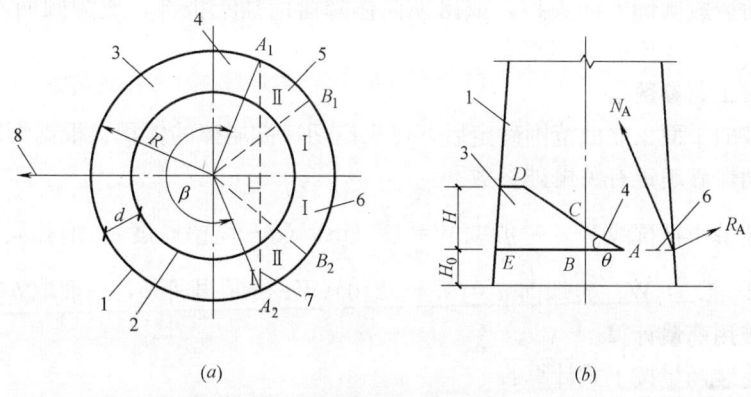

图1-39 烟囱爆破倾倒支座及切口布置
(a) 切口弧长位置；(b) 支座面及导向孔位置
1—烟囱外壁；2—烟囱内壁；3—爆破切口；4—导向孔；5—初始支承面（Ⅱ区）；
6—受拉面（Ⅰ区）；钢筋；7—倾倒轴；8—倾倒方向

切口形状多做成近似三角形与梯形组合切口，其θ角应大于倾倒角，并且不大于20°，切口高度$H=1.4 \sim 2.0 \mathrm{m}$，$H_0=0.8 \sim 1.0 \mathrm{m}$为佳，在筒体切口后面保留部分具有一定的承压面和剪切高度H，以承受轴向力N_A和切向力R_A。采用初始切口为三角形的好处在于烟囱在初始倾倒过程中的初始三角形切口将逐渐缓慢地闭合，从而受压面亦逐渐增大，相应地保证了压缩破坏过程的对称性，可有效地控制烟囱倾倒在预定的方向和角度内。为使爆破所形成的初始三角形切口的边缘平整，先人工用风镐预先凿出BAC三角形切口边线，并将切口边缘处的轴向和环向钢筋全部切断。然后在烟囱倾倒方向根部三角形与梯形组合切口部位打炮孔，炮孔沿烟囱筒体圆周规定的范围内设置，呈梯形布置，高度1.7m左右，使爆破后形成要求的三角形与梯形组合切口。施爆时分两段进行，首先即发起爆，形成三角初始切口；第二段延发起爆形成梯形切口，一旦爆破形成切口后，其预留支座段的抗压和抗剪强度低于轴向压力和切向推力，整个烟囱将下落并定向倾倒。

二、支座可靠性核算

对高、重的混凝土烟囱,当 $\beta=(5/4\sim8/7)\pi$ 时,还应以支座安全储备系数 K 作为支座可靠性的依据,K 值按下式计算:

$$K=\frac{f_{cc}A_c+f_{sc}A_s}{G} \tag{1-81}$$

式中 f_{cc}——实测烟囱混凝土强度后查设计规范(GB 50010—2010)中抗压强度;
A_c——支座受压面积,建议 $A_c=2dL_c$ 取值;
d——支座筒壁厚度;
L_c——支座弧长;$L_c=4d$;
A_s——支座弧长内纵向钢筋面积;
f_{sc}——钢筋抗压设计强度;
G——倾倒段重量。

如 $K\geqslant 2$,可以认为支座可靠;$K\leqslant 1$,则支座不牢固,施爆后会因支座失效出现筒体严重降落,而造成倾倒方向失控,或出现筒体降落而插于根部,成为倾而不倒的危险状态。当 $1<K<2$,支座亦属不牢靠。

三、爆破工艺参数

烟囱爆破的平面、立面范围确定后,可求出切口欲崩掉的体积。根据烟囱的材料、结构,可按松动爆破确定有关爆破参数。

切口爆破最小抵抗线 W,一般取 $W=\frac{d}{2}$(m)(d—筒壁厚度);炮孔间距 a;混凝土烟囱 $a=(1.3\sim1.6)W$;砖烟囱 $a=(1.4\sim2.0)W$;炮孔排距 b,一般取 $b=a$。

四、爆破用药量计算

单个炮孔装药量按下式计算:

$$Q=cabd \tag{1-82}$$

式中 a——炮孔间距(m);
b——炮孔排距(m);
d——筒壁厚度(m);
c——装药系数,按表1-39选用。

装药系数 C 值   表1-39

项次	烟囱材料	筒壁厚度	$C(kg/m^3)$
1	混凝土	350	1.7~1.95
		450	0.85~0.96
2	砖	370	1.8~2.1
		490	1.2~1.35
		620	0.72~0.86
		750	0.54~0.65

1.19.3 水压控制爆破工艺参数与药量计算

水压控制爆破系在完全封闭或未予封闭的中空结(构)筑物内,全部或部分灌水,然

1.19 建（构）筑物控制爆破工艺参数与药量计算

后起爆自由悬挂置于水中一定深度处的防水药包，充分利用水的不可压缩性和传压效果良好的特性，使构筑物四周壁体均匀破碎。水压控制爆破与爆孔法爆破相比，具有不用钻孔作业，装药个数少，点火线路简单，炸药能量能有效利用，空气冲击波、爆破地震波、声响、飞石、粉尘、有害气体等危害作用小，安全性较好以及结构破碎均匀，作业快速，费用较低等优点；但爆破宜选用威力大、耐水性好的炸药，并应有排水措施。

一、药包布置及工艺参数

对于均匀圆筒形或长方形（长宽比 $\frac{a}{b} \leqslant 1.2$）的中空构筑物或罐体，一般用单个中心药包，药包至内壁的距离，取等于罐体内半径（图1-40a），当罐体高度 $H \geqslant 3R_w$ 时，则设上下层中心群药包（图1-40b）。长方形罐体的长宽比 $\frac{a}{b} > 1.5$ 时，可设计分群药包。药包入水深度 H_0 与 R_w 之比应为 $\frac{H_0}{R_w} = 0.7 \sim 1.0$ 同时 H_0 不小于 $\sqrt[3]{Q}$（Q——药包总重量），药包与罐底的距离 H_1 与 R_w 之比 $\frac{H_1}{R_w} = 0.35 \sim 0.5$，水深应充满整个欲爆碎的罐体。采用群药包，药包群主药包的间距 $a = (1.0 \sim 1.5) R_w$。如在罐体壁上有加强柱，应另在加强柱底部设辅助药包。

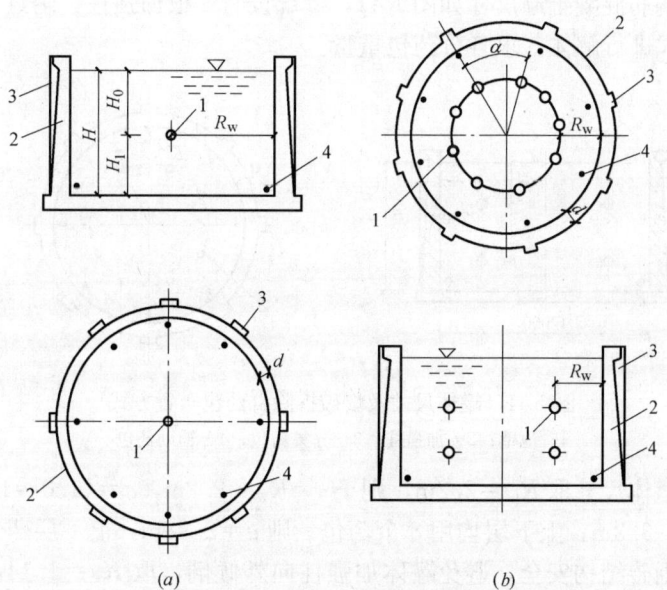

图1-40 水压控制爆破计算简图
(a) 中心药包布置方式；(b) 群药包布置方式
1—药包；2—罐壁；3—加强柱；4—辅助药包

二、药包量计算

水压控制爆破的装药量，可按以下经验公式计算：

$$Q = K_e \cdot d \cdot R_w^2 \tag{1-83}$$

式中　Q——药包总重量（kg）；

　　　d——构筑物壁厚（m）；

R_w——药包中心至圆形罐体内壁或矩形罐体短边内壁的距离（m）；

K_e——与中空结构特性、爆破方式、配筋情况、材质、环境条件等有关的系数，一般取 0.5~2.5；直径<10m，壁厚<0.2m，常取 0.5~1.25。

对于边长不等的矩形薄壁构筑物，d 与 R 应采用等效壁厚 $\hat{d}$ 与等效半径 $\hat{R}$，可按下式计算：

$$\hat{d}=\sqrt{\frac{4(a+b)(b+d)}{\pi}}-\sqrt{\frac{4ab}{\pi}} \tag{1-84}$$

$$\hat{R}=\frac{4ab}{\pi} \tag{1-85}$$

式中 a、b——分别为矩形构筑物长边的 1/2。

水压控制爆破简单钢筋混凝土槽形结构，装药量亦可按以下经验公式计算：

$$Q=KS \tag{1-86}$$

式中 Q——药包装药数量（kg）；

K——爆破系数，混凝土结构为 0.020~0.025；钢筋混凝土结构为 0.030~0.033；

S——通过装药中心水平面的槽壁截面面积（cm²）。

式（1-86）系采用梯黑炸药，采用其他炸药时，药量适当增加。

【例 1-46】 钢筋混凝土罐尺寸如图 1-41，壁部设有 8 根加强柱，附近有砖结构，试用分群药包布置方式进行解体，求各分药包重量。

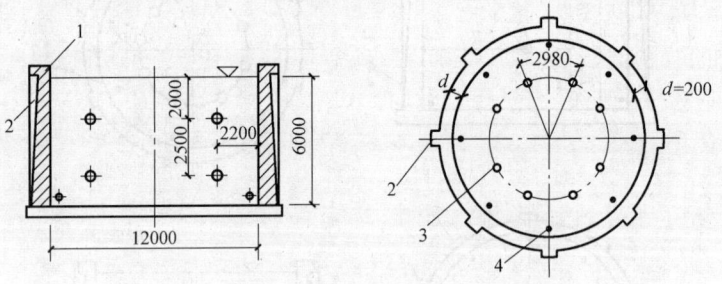

图 1-41 罐体尺寸及爆破拆除群药包布置方式
1—池壁；2—加强柱；3—分集药包；4—辅助药包

【解】 根据罐体尺寸取 $R_w=2.2$m，则 $H_0=R_w=2.2$m，$a=(1.0\sim1.5)R_w=(1.0\sim1.5)\times2.2=2.2\sim3.3$m，上下层均用 8 个药包，则 $a=2.98$m，上下层药包间距为 2.5m。

为了确保周围砖结构安全，避免罐体加强柱向外倾倒，取 $K_e=1.14$，则每个分群主药包重量为：

$$Q=K_e d R_w^2=1.14\times0.2\times2.2^2=1.1\text{kg}$$

在加强柱根部放 8 个辅助小药包，主药包承担破坏罐壁主体部分，辅助药包承担爆破罐体四周加强柱的根部，布置如图 1-41。

【例 1-47】 人防地下室工程，系钢筋混凝土结构，长 9.0m、宽 4.0m、高 4.0m，墙壁、底板和顶盖厚均为 500mm（图 1-42a）。现拟采用水压控制爆破，采用硝铵炸药，试求药包量并进行药包布置。

【解】 取爆破系数 $K=0.033$

通过装药中心水平面的工程截面面积为：

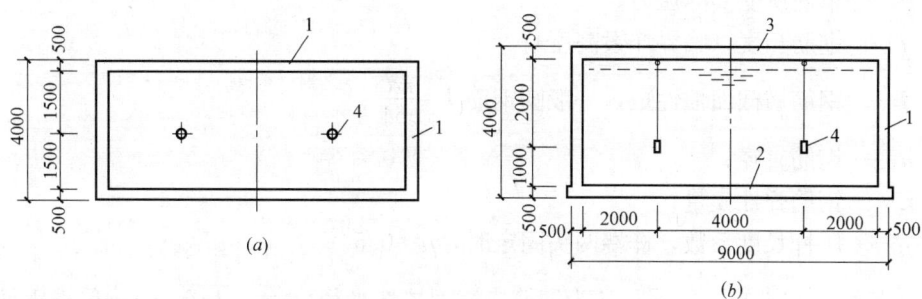

图 1-42 人防地下室结构尺寸及药包布置
(a) 平面图；(b) 剖面及药包布置
1—墙壁；2—底板；3—顶板；4—药包

$$S=9.0\times0.5\times2+(4-1.0)\times0.5\times2=12\text{m}^2$$

由式（1-86）装药数量为：

$$Q=KS=0.033\times12\times10000/1000=3.96\approx4.0\text{kg}$$

本工程采用硝铵炸药，故按计算药量增加 15%，总药量为：

$$Q=4.0\times1.15=4.6\text{kg}$$

由于地下室为长方形，分为两个药包，每个装药 2.3kg，置于水深的 2/3 处，即 $(4-2\times0.5)\times\dfrac{2}{3}=2\text{m}$ 深处（图 1-42b）。把装药放入医用盐水瓶内，每瓶装 500g，内放电雷管 2 个，瓶口用橡皮塞塞紧，再用胶布密封，然后用 2 个塑料袋封闭，安上电爆导线，把装药用绳悬吊在地下室设计爆破位置，从小孔内引出导线。水从封闭后的小孔内灌入。为防震在地下室四周挖一条宽 0.4m，深 0.6m（底板厚 0.5m）的防震沟，并在四周做好防震和排水措施。

1.20　构筑物临界炸毁高度的简易计算

在城市和工厂改造和扩建工程中，对废旧住宅楼、厂房和构筑物，多采用控制爆破进行拆除，其关键技术就是在构筑物（建筑物，下同）的底部炸开一个具有足够高度的开口，破坏构筑物的平衡状态，造成失稳，使构筑物按预定方向倾倒或坍塌。这个开口高度常常是爆破成败的关键，称为临界炸毁高度 H_1，H_1 过大增加爆破工作量和飞石及爆破震害影响，过低则达不到爆破炸毁破碎目的。

一般控制爆破是把承重壁、柱混凝土破碎，使上部荷载由壁、柱中钢筋支承，当上部荷载能使钢筋屈服失稳后，则结构随之失稳而倾倒或坍塌。

如作用在钢筋上的应力小于钢筋的比例极限时，此时钢筋处于大柔度杆（$\lambda>100$）受压状态，计算失稳可按下式确定临界炸毁高度 H_1：

按欧拉公式

$$\sigma=P=\dfrac{\pi^2 EI}{(\mu l)^2}$$

则

$$H_1=l=\dfrac{\pi}{\mu}\sqrt{\dfrac{EI}{P}}=2\pi\sqrt{\dfrac{EI}{P}}=\dfrac{d^2}{4}\sqrt{\dfrac{E\pi^2}{P}} \tag{1-87}$$

式中　　P——单筋所受实际压力；

l——钢筋长度（临界炸毁高度）；

I——钢筋横截面惯性矩，一般圆钢筋 $I=\dfrac{\pi d^4}{64}$；

d——钢筋直径；

E——钢筋弹性模量；

μ——压杆长度系数，杆端两头固定时，$\mu=0.5$。

再按长细比定义知　$\lambda=\dfrac{\mu l}{i}$，i 为钢筋横截面惯性半径，$i=\sqrt{I/A}$，A—单根钢筋截面积，则：

$$H_1=l=\dfrac{\lambda \cdot i}{\mu}=2\pi\sqrt{\dfrac{\pi d^4/64}{\pi d^2/4}}=\lambda \cdot \dfrac{d}{2} \tag{1-88}$$

如压杆 $\lambda>100$，则得：$H_1>50d$

如压杆处于 $60\leqslant\lambda\leqslant100$ 时，则得：$30d\leqslant H_1\leqslant50d$

根据上两式，可以很快算出构筑物的临界炸毁高度。

1.21　静态破碎剂爆破工艺参数与用药量计算

静态破碎剂爆破又称静态爆破，系将一种含有铝、镁、钙、铁、氧、硅、磷、钛等元素的无机盐粉末破碎剂，用适量水调成流动状浆体，直接装入炮孔中，经水化后，产生巨大膨胀压力（可达 30~50MPa），将混凝土（抗拉强度为 1.5~3.0MPa）或岩石（抗拉强度为 4~10MPa）胀裂、破碎。其特点是：（1）破碎剂非易燃、易爆危险品，运输、保管、使用安全；（2）爆破无振动、无噪声、无烟尘、毒气、无飞石等公害；（3）操作简便，容易掌握，不需堵炮孔，不用雷管，不需点炮等操作，不需专业工种；（4）可定向破碎或切割。但本法也存在钻孔较多、能量较炸药小，开裂时间不易控制，成本稍高等问题。适用于混凝土、钢筋混凝土和砖石结构及各种岩石、大体积脆性材料的破碎和切割或作二次破碎。

一、破碎机理

填充在岩石或混凝土结构物炮孔中的破碎剂浆体，随时间的增长产生的膨胀压力作用在孔壁上，将引起两个方向的力，即径向压应力 σ_r 和切（环）向拉应力 σ_θ。

一般被解体的岩石和混凝土均属脆性的破坏形式，脆性材料的抗压强度大，抗拉强度小，抗拉强度分别为 4~10MPa 和 1.5~3.0MPa，约相当于其抗压强度的 1/10~1/20。

当填充在炮孔中的破碎剂膨胀压力在孔壁上引起的拉应力大于岩石或混凝土的抗拉强度时，岩石或混凝土即被破碎解体。一般炮孔中破碎剂产生的应力，对于岩石：39.9MPa；对于混凝土：39.0MPa。亦即由破碎剂产生的破碎拉应力约为岩石的 4~10 倍；约为混凝土的 10~25 倍，故此能较易的将其破碎解体。

二、破碎剂型号的选择

国内生产的破碎剂种类很多，应用最多的为国家建材研究院研制生产的无声破碎剂（Soundless Creaking Agent，简称 SCA）。

SCA 的型号一般根据使用时的现场气温按表 1-40 进行选用。

SCA 型号和使用温度范围 表 1-40

项 次	型 号	使用温度范围	使用季节
1	SCA-Ⅰ	20°～35℃	夏期用
2	SCA-Ⅱ	10°～25℃	春秋用
3	SCA-Ⅲ	5°～15℃	冬期用
4	SCA-Ⅳ	5°～8℃	寒冬用

注：一般在 10～24h 产生裂缝。

三、工艺参数计算

被破碎的钻孔工艺参数可按下式计算：

$$L=\frac{A_c f_t \eta}{D(1+\mu)p} \tag{1-89}$$

$$N=\frac{L}{L_1} \tag{1-90}$$

式中 L——单位面积钻孔的总长度（mm）；

N——单位面积上钻孔的孔数（个）；

A_c——破碎体被破坏的面积（mm²）；

f_t——被破碎体材料的抗拉强度（MPa）；

η——被破碎体材料开裂的经验系数，可按表 1-41 取用；

D——钻孔直径（mm）；

μ——被破碎体材料的泊松比，一般混凝土 $\mu=0.30$；岩石 $\mu=0.33$；

p——SCA 产生的膨胀压，与时间，温度、水灰比、孔径有关，对混凝土和岩石的钻孔为 30～50MPa，条件差时为 20MPa；

L_1——单孔的钻孔深度（mm）。

各类材料开裂的经验系数 表 1-41

项 次	破碎材料种类	材料开裂的经验系数
1	浆砌砖、块石	0.3～0.6
2	无筋混凝土	0.5～0.7
3	钢筋混凝土	1.5～2.0
4	岩石(单、双面切割)	0.7～0.8
5	岩石(三面切割)	0.8～0.9

当单位面积钻孔的长度 L 固定时，亦可根据式（1-89）求出需钻孔的直径。

破碎剂钻孔参数可参考表 1-42 采用。

静态破碎剂布孔参考表 表 1-42

被破碎物体		钻孔参数				SCA 使用量 (kg/m³)
		孔径 d(mm)	孔距 a(mm)	抵抗线 W(cm)	孔深 l(cm)	
软质岩破碎		40～50	40～60	30～50	H	8～10
中、硬质岩破碎		40～65	40～60	30～50	1.05H	10～15
软、硬质岩石破碎		35～40	20～40	100～200	H	5～15
无筋混凝土		35～50	40～60	30～40	0.8H	8～10
钢筋混凝土	基础、柱	35～50	15～40	20～30	0.9H	15～25
	梁、墙板	35～50	10～30	20～30	0.9H	15～26

注：H 为物体计划破碎高度；排距 $b=(0.6～0.90)a$；多排采用梅花形布置；孔径一般用 38～44mm；钢筋混凝土破碎先将箍筋切断。

四、用药量计算

静态破碎剂爆破每孔用药量可按下式计算：

$$Q = \pi R^2 \cdot L \cdot K \tag{1-91}$$

式中　Q——每孔的破碎剂重量（kg）；
　　　R——钻孔半径（m）；
　　　L——钻孔深度（m）；
　　　K——每立方米 SCA 浆体中 SCA 重量（kg/m³），可由表 1-43 取用。

SCA 的比重及每立方米浆体中 SCA 重量 K 值　　表 1-43

SCA 型号	密度（g/cm³）	水灰比	K（kg/m³）
SCA-Ⅰ、Ⅱ	3.19	0.33	1540
SCA-Ⅲ、Ⅳ	3.28	0.33	1650

当钻孔直径不同和使用 SCA 型号不同时，可算出每米钻孔的 SCA 使用量如表 1-44。

每米钻孔的 SCA 用量表　　表 1-44

SCA 型号	钻孔直径（mm）											
	28	30	32	34	36	38	40	42	44	46	48	50
	SCA 用量（kg/m）											
SCA-Ⅰ、Ⅱ	0.95	1.09	1.24	1.40	1.57	1.75	1.94	2.13	2.34	2.56	2.79	3.00
SCA-Ⅲ、Ⅳ	1.00	1.17	1.33	1.50	1.68	1.87	2.07	2.29	2.51	2.74	3.00	3.24

破碎剂损耗率可按下式计算：

$$损耗率 = \frac{实际使用量 - 理论使用量}{理论使用量} \times 100\% \tag{1-92}$$

损耗率一般为 5%～10%。

【例 1-48】 无筋混凝土基础尺寸为 1500mm×1000mm×1000mm（长×宽×高），混凝土轴心抗拉强度设计值 $f_t = 3\text{MPa}$，泊松比 $\mu = 0.3$，材料系数 $\eta = 0.5$，钻孔直径 $D = 40\text{mm}$，钻孔深度 $L_1 = 0.8H$，施工温度为 12～15℃，选用 SCA-Ⅲ，24h 膨胀压 $p = 20\text{MPa}$，求单面切割破碎的钻孔工艺参数。

【解】 由式（1-89）得：

$$L = \frac{A_c \cdot f_t \cdot \eta}{D(1+\mu)p} = \frac{1500 \times 1000 \times 3 \times 0.5}{40(1+0.3) \times 20} = 2163\text{mm}$$

钻孔深度　$L_1 = 0.8H = 0.8 \times 1000 = 800\text{mm}$

钻孔孔数　$N = \dfrac{L}{L_1} = \dfrac{2168}{800} = 2.7$，取 3 个

由此得出钻孔参数为：最小抵抗线 $W = 300\text{mm}$；钻孔直径 $D = 40\text{mm}$；钻孔孔距 $a = 450\text{mm}$；钻孔深度 $L_1 = 800\text{mm}$；钻孔孔数 $N = 3$ 个；钻孔布置如图 1-43。

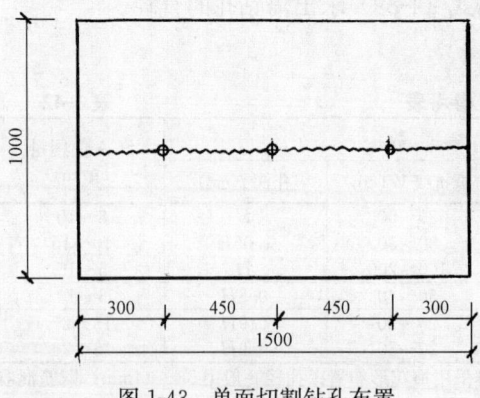

图 1-43　单面切割钻孔布置

【例 1-49】 钢筋混凝土基础尺寸为 1800mm×1000mm×1200mm（长×宽×高），已知混凝土轴心抗拉强度设计值 $f_t = 3\text{MPa}$，

泊松比 $\mu=0.30$；材料系数 $\eta=1.7$；钻孔孔数为 20 个，钻孔深度 $L_1=0.9H$，钻孔总长度 $L=NL_1=20\times0.9\times1200=21600\text{mm}$；施工温度为 25～35℃，选用 SCA-Ⅰ，其 24h 膨胀压 $p=30\text{MPa}$，要求破碎成小块，钻孔排数 $m=3$，求钻孔直径并布置钻孔。

【解】 由式（1-89）得：

$$D=\frac{A_c\cdot f_t\cdot \eta\cdot m}{L(1+\mu)p}=\frac{1800\times1200\times3\times1.7\times3}{21600(1+0.3)\times30}=39\text{mm}，取40\text{mm}$$

由此得出如下钻孔参数：钻孔直径 $D=40\text{mm}$；最大抵抗线 $W=200\text{mm}$；钻孔孔距 $a=225\text{mm}$；钻孔排距 $b=300\text{mm}$；钻孔深度 $L_1=1080\text{mm}$；钻孔孔数 $N=20$ 个；钻孔布置如图 1-44。

【例 1-50】 大理石切割，已知材料抗拉强度 $f_t=6\text{MPa}$，泊松比 $\mu=0.33$，材料系数 $\eta=0.8$；施工温度为 10～25℃，选用 SCA-Ⅱ，其 24h 膨胀压 $p=30\text{MPa}$；钻孔直径 $D=40\text{mm}$，钻孔深度 $L_1=H$，要求切割尺寸为 $1000\text{mm}\times1000\text{mm}\times1000\text{mm}$，求（1）二面切割；(2) 三面切割该大理石的钻孔参数。

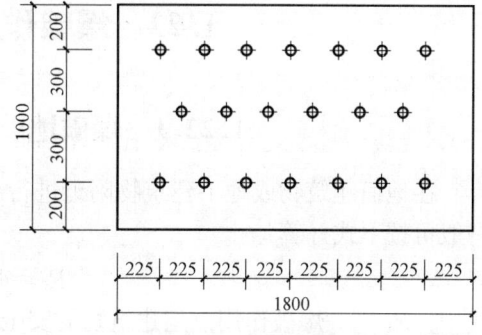

图 1-44 钢筋混凝土基础破碎钻孔布置

【解】 （1）二面切割，由式(1-89)得：

$$L=\frac{1000\times1000\times6\times0.8}{40(1+0.33)\times30}=3008\text{mm}$$

设钻孔深度　$L_1=H=1000$

则钻孔孔数　$N=\dfrac{L}{L_1}=\dfrac{3008}{1000}=3.008$ 个，取 3 个

由此得钻孔参数为：钻孔直径 $D=40\text{mm}$；钻孔孔距 $a=300\text{mm}$；抵抗线 $W=200\text{mm}$；钻孔深度 $L_1=1000\text{mm}$；钻孔孔数 $N=3$ 个，钻孔布置如图 1-45 所示。

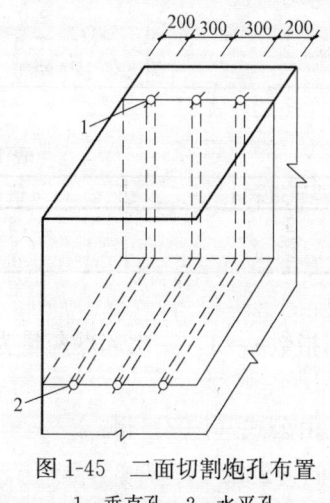

图 1-45 二面切割炮孔布置
1—垂直孔；2—水平孔

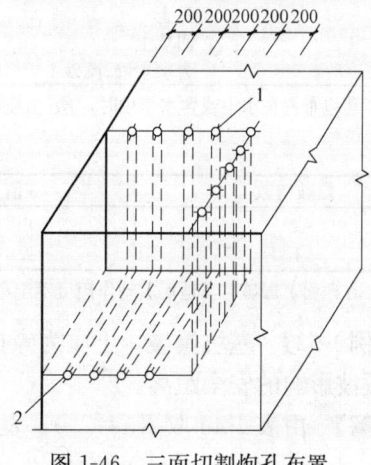

图 1-46 三面切割炮孔布置
1—垂直孔；2—水平孔

（2）三面切割　计算式与二面切割完全相同，所得钻孔参数亦与二面切割相同，但钻孔布置如图 1-46 所示。

【例 1-51】 破碎钢筋混凝土基础，其体积为 18m^3，经破碎设计计算得：孔径为

40mm，总孔长 $L=130$m，使用 SCA-Ⅳ，求该基础 SCA 用量。

【解】 由表 1-44 查得每米钻孔 SCA 用量为 2.07kg，则破碎该基础的用药量为：
$$2.07 \times 130 = 269.1 \text{kg}$$

损耗率取 5%，则 SCA 实际使用量为：
$$269.1 \times 1.05 = 282.6 \text{kg}$$

故知，每立方米 SCA 使用量为 $282.6/18 = 15.7 \text{kg/m}^3$

1.22 爆破作业安全距离的计算

1.22.1 爆破地震波作用安全距离的计算

在地面建筑物或地下建筑物附近进行爆破时，建筑物防爆破地震波作用的安全距离，一般可按下式计算：

$$R_C = K_C \cdot \alpha \cdot \sqrt[3]{Q} \tag{1-93}$$

式中 R_C——爆破作用点至建筑物的安全距离（m）；

K_C——根据建筑物地基土石性质确定的系数，见表 1-45；

α——依爆破作用指数 n 确定的系数，由表 1-46 查得；

Q——一次起爆的炸药总重量（kg）。

K_C 值 表 1-45

项 次	被保护建筑物地基土	K_C 值
1	坚硬密致的岩石	3.0
2	坚硬有裂隙的岩石	5.0
3	松软岩石	6.0
4	砾石、碎石土	7.0
5	砂土、密实土壤	8.0
6	黏土	9.0
7	回填土	15.0
8	含水土壤、流砂	20.0

注：药包布置在水中或含水土中时，K_C 值应增加 0.5~1.0 倍。

系数 α 的数值 表 1-46

爆破指数 n	α 值	爆破指数 n	α 值
≤0.5	1.2	2.0	0.8
1.0	1.0	≥3.0	0.7

注：在地面上爆破时，地面震动作用可不予考虑。

【例 1-52】 基坑爆破，土质为碎石类土，爆破作用指数 $n=1$，一次起爆药量为 64kg，求地震波影响的安全距离。

【解】 由表 1-45 取 $K_C=7.0$，表 1-46 取 $\alpha=1.0$，由公式（1-93）得：
$$R_C = K_C \cdot \alpha \cdot \sqrt[3]{Q} = 7 \times 1 \times \sqrt[3]{64} = 28 \text{m}$$

故知，地震波影响的安全距离为 28m。

1.22.2 爆破冲击波作用安全距离的计算

爆破时空气冲击波会对建筑物造成破坏作用，对房屋的冲击波安全距离一般按下式计算：

$$R_B = K_B \sqrt{Q} \tag{1-94}$$

式中 R_B——冲击波安全距离（m），即空气波的危害半径；

K_B——与装药条件和破坏程度有关的系数，其值可由表1-47查得；

Q——装药量，即药包总重量（kg）。

系数 K_B 的数值　　　　　表1-47

爆破破坏程度	安全级别	K_B 值 裸露药包	K_B 值 全埋入药包
安全无损	1	50～150	10～50
偶然破坏玻璃	2	10～50	5～10
玻璃全坏，门窗局部破坏	3	5～10	2～5
隔墙、门窗、板棚破坏	4	2～5	1～2
砖石和木结构破坏	5	1.5～2	0.5～1.0
全部破坏	6	1.5	—

注：1. 防止空气冲击波对人身危害时，K_B 值采用15，一般最少用5～10；
　　2. 对露天松动爆破可不考虑空气冲击波的影响，对露天加强松动爆破，K_B 值可取0.5～1.0进行计算。

炸药爆炸所形成的空气冲击波，其超压 ΔP 随着距离的增加而显著衰减，破坏作用亦随之减弱；在同样的距离，大药量比小药量的衰变减慢，亦即破坏作用随药量的增大而增强。考虑建筑物允许的冲击波极限超压 ΔP_B 值，计算爆破空气冲击波的安全距离 R_B (m) 可按下式计算：

当 $n > 1$

$$R_B = \frac{2(1+n^2)}{\sqrt{\Delta P_B}} \sqrt{Q} \tag{1-95}$$

当 $n \leq 1$

$$R_B = \frac{4n^2}{\sqrt{\Delta P_B}} \cdot \sqrt{Q} \tag{1-96}$$

式中 ΔP_B——建筑物冲击波允许极限超压值；对建筑物小于0.002MPa；对人员小于0.01MPa；

n——爆破作用指数；

Q——药包总重量（kg）。

空气冲击波的危害范围受地形因素的影响，在峡谷地形进行爆破，沿沟的纵深或沟的出口方向应增大50%～100%；在山坡一侧进行爆破，对山后影响较小，可减少30%～70%。

在空气冲击波不同超压 ΔP_B 作用下，建筑物的破坏程度和对于暴露人体的伤害程度分别见表1-48、表1-49和表1-50。

空气冲击波对建筑物的破坏程度　　　表1-48

破坏等级	对建筑物破坏情况	冲击波超压 ΔP_B (MPa)
1	砖木结构完全破坏	>0.20
2	砖墙部分倒塌或缺裂，土房倒塌，木结构建筑物破坏	0.10～0.20
3	木结构梁柱倾斜，部分折断，砖木结构屋顶掀掉，墙部分移动或裂缝，土墙裂开或局部倒塌	0.05～0.10
4	木隔板墙破坏，木屋架折断，顶棚部分破坏	0.03～0.05
5	门窗破坏，屋面瓦大部分掀掉，顶棚部分破坏	0.015～0.03
6	门窗部分破坏，玻璃破碎，屋面瓦部分破坏，顶棚抹灰脱落	0.007～0.015
7	玻璃部分破坏，屋面瓦部分翻动，顶棚抹灰部分脱落	0.002～0.007

不同超压对建筑物破坏程度 表 1-49

项 次	对建筑物破坏情况	冲击波超压 ΔP_B(MPa)
1	门窗玻璃破碎	0.005
2	建筑物局部破坏	0.01～0.02
3	建筑物轻度破坏,墙裂缝	0.002～0.003
4	建筑物中度破坏,墙大裂缝	0.004～0.005
5	严重破坏,部分倒塌,钢筋混凝土破坏	0.006～0.007
6	砖墙倒塌	>0.007
7	防震钢筋混凝土建筑破坏	0.01～0.02
8	钢架桥破坏	0.2～0.5

空气冲击波对人体的伤害程度 表 1-50

损伤等级	对人体伤害情况	冲击波超压 ΔP_B(MPa)
轻 微	轻微的挫伤	0.02～0.03
中 等	听觉器官损伤,中等挫伤骨折等	0.03～0.05
严 重	内脏严重挫伤,可引起死亡	0.05～0.10
极严重	可大部分死亡	>0.10

【例 1-53】 基岩爆破,一次爆破用药量为 20kg,试求防空气冲击波的安全距离。

【解】 由表 1-47 查得 $K_B=30$,由式(1-94)得:

$$R_B = K_B\sqrt{Q} = 30\sqrt{20} = 134.2\text{m}$$

故知,防空气冲击波的安全距离为 134.2m

【例 1-54】 基坑爆破,爆破作用指数 $n=1.1$,一次爆破用药量为 25kg,建筑物允许冲击波极限超压值 $\Delta P_B = 0.002$MPa,试求冲击波的安全距离。

【解】 ∵ $n>1$,由式(1-95)得:

$$R_B = \frac{2(1+n^2)}{\sqrt{\Delta P_B}}\sqrt{Q} = \frac{2(1+1.1^2)}{\sqrt{0.002}}\sqrt{25} = 494\text{m}$$

故知,防空气冲击波极限超压的安全距离为 494m。

1.22.3 爆破殉爆安全距离的计算

殉爆系指一个药包爆炸时,可以使位于一定距离处与其无任何联系的另一药包也发生爆炸的现象。起始爆炸的药包称为主动药包,受它影响而爆炸的药包称为被动药包。前者引爆后者的最大距离称为殉爆距离。炸药的殉爆能力用殉爆距离表示。

在设置炸药库房位置时,应使某一库房爆炸不得殉爆另一库房,其殉爆安全距离可按下式计算:

$$R_S = K_S\sqrt{Q} \tag{1-97}$$

式中 R_S——殉爆安全距离(m);

K_S——由炸药种类及爆破条件所定的殉爆安全系数,可由表 1-51 查得;

Q——炸药重量(即炸药库存量)(kg)。

如果仓库内贮存有数种不同种类的炸药,则殉爆安全距离可由下式计算:

$$R_S = \sqrt{Q_1 K_{S1}^2 + Q_2 K_{S2}^2 + \cdots + Q_n K_{Sn}^2} \tag{1-98}$$

式中 Q_1、$Q_2\cdots Q_n$——不同品种炸药的重量(kg);

1.22 爆破作业安全距离的计算

K_{S1}、K_{S2}…K_{Sn}——由炸药种类及爆破条件所决定的系数，由表 1-51 查得。

系数 K_S 的数值　　　　　　表 1-51

主动药包		被动药包			
		硝铵类炸药		40%以上胶质炸药	
		裸露	埋藏	裸露	埋藏
硝铵类炸药	裸露	0.25	0.15	0.35	0.25
	埋藏	0.15	0.10	0.25	0.15
40%以上胶质炸药	裸露	0.50	0.30	0.70	0.50
	埋藏	0.30	0.20	0.50	0.30

注：1. 裸露安置在表面的药包，适用于贮藏炸药的轻型建筑及裸露堆积于空台的炸药，即无土堤的炸药库；
　　2. 埋藏的药包适用于爆炸材料在防护墙内贮存的情况，即有土堤的炸药库；
　　3. 当殉爆炸药由不同种类炸药所组成，则计算安全距离时，应根据炸药中对殉爆具有最大敏感的炸药来选择 K_S 的数值。

在药库中，雷管与炸药必须分开贮存，雷管库到雷管库之间或雷管库到炸药库之间的殉爆安全距离可按下式计算：

$$R = K\sqrt{N} \tag{1-99}$$

式中　R——雷管库到雷管库，或雷管库到炸药库的殉爆安全距离（m）；
　　　K——殉爆安全系数，由表 1-52 查得；
　　　N——雷管库存数量（个）。

亦可由表 1-53 直接查出不同数目的雷管仓库到炸药仓库的殉爆安全距离。

雷管库之间，雷管、炸药库之间殉爆安全系数　　　　　　表 1-52

库房种类	K 值		
	双方无土堤	一方有土堤	双方有土堤
雷管库之间	0.06	0.04	0.03
雷管、炸药库之间	0.10	0.067	0.05

注：导爆索库安全距离与雷管库计算相同（每米导爆索按相当于 10 个雷管换算）。

雷管仓库到炸药仓库间的殉爆安全距离　　　　　　表 1-53

仓库内的雷管数目(个)	到炸药仓库的安全距离(m)	仓库内的雷管数目(个)	到炸药仓库的安全距离(m)
1000	2.0	75000	16.5
5000	4.5	100000	19.0
10000	6.0	150000	24.0
15000	7.5	200000	27.0
20000	8.5	300000	33.0
30000	10.0	400000	38.0
50000	13.5	500000	43.0

注：如条件许可时，一般安全距离不小于 25m。

【**例 1-55**】　在两座相距 30m 无土堤的库房内，各储存硝铵类炸药 10t，试计算其殉爆安全距离是否满足要求。

【**解**】　由题意查表 1-51，$K_S = 0.25$
由式（1-97）殉爆安全距离为：

$$R_S = K_S\sqrt{Q} = 0.25\sqrt{10000} = 25\text{m}$$

因 $R_S < 30\text{m}$，故殉爆安全距离满足要求。

【例 1-56】 在无土堤的 10t 硝铵类炸药库附近拟建一座无土堤储存 50000 个雷管的雷管库，试求其殉爆安全距离。

【解】 由题意查表 1-52，$K=0.10$

由式（1-99）雷管、炸药库之间的殉爆安全距离为：

$$R = K\sqrt{N} = 0.10\sqrt{50000} = 22.3\text{m}$$

由上例知储存 10t 炸药库的殉爆安全距离为 25m，故殉爆安全距离为 25m。

1.22.4 爆破飞石与毒气安全距离的计算

一、爆破飞石安全距离的计算

爆破时，个别飞石对人员、机具、建筑物造成极大危害，是爆破中安全工作应考虑的重要问题。一般抛掷爆破个别飞石飞散的安全距离可按下式计算：

$$R_f = 20K_f n^2 W \tag{1-100}$$

式中 R_f——个别飞石的安全距离（m）；

K_f——与地形、地质、气候及药包埋置深度有关的安全系数，一般取用 1.0～1.5；定向或抛掷爆破正对最小抵抗线方向时采用 1.5；风速大且顺风时，或山间、垭口地形时，采用 1.5～2.0；

n——最大药包的爆破作用指数；

W——最大药包的最小抵抗线。

当遇到大风天气、顺风方向的飞散距离还应增大 25%～30%。同时参照国家现行爆破安全规程，爆破飞石的最小安全距离不应小于表 1-54 规定。

爆破飞石的最小安全距离　　　　　　　　　　　　表 1-54

项次	爆破方法	最小安全距离（m）	项次	爆破方法	最小安全距离（m）
1	炮孔爆破、炮孔药壶爆破	200	6	小洞室爆破	400
2	二次爆破、蛇穴爆破	400	7	直井爆破、平洞爆破	300
3	深孔爆破、深孔药壶爆破	300	8	边线控制爆破	200
4	炮孔爆破法扩大药壶	50	9	拆除爆破	100
5	深孔爆破法扩大药壶	100	10	基础龟裂爆破	50

【例 1-57】 边坡采用定向抛掷爆破，爆破作用指数 $n=1.25$，最小抵抗线长度 $W=2.8\text{m}$，试求个别飞石的安全距离。

【解】 取 $K_f = 1.5$，由式（1-100）得：

$$R_f = 20 \cdot K_f \cdot n^2 \cdot W = 20 \times 1.5 \times 1.25^2 \times 2.8 = 131.3\text{m}$$

故知，个别飞石的安全距离为 131.3m。

二、爆破毒气安全距离的计算

爆破时，有毒气体的影响范围，一般按下式计算：

$$R_g = K_g \cdot \sqrt[3]{Q} \tag{1-101}$$

式中 R_g——爆破毒气的安全距离（m）；

K_g——系数，根据有关试验资料统计，一般取 K_g 的平均值为160；下风时，K_g 值乘2；

Q——爆破总炸药量（t）。

【例 1-58】 场地平整爆破，一次爆破总炸药量 $Q=2.0t$，试求防毒气的安全距离。

【解】 取 $K_g=160$，由式（1-101）得：

$$R_g = K_g \cdot \sqrt[3]{Q} = 160\sqrt[3]{2} = 201.6 \text{m}$$

故知，防毒气的安全距离为 201.6m。

2 基坑支护工程

2.1 土压力计算

在建筑施工中,基坑开挖边坡稳定的分析与验算、深基坑支护的设置、临时支挡结构的设计与计算,以及地下结构和逆作法施工受力、稳定性核算等等都需要进行土压力的计算。

计算土压力的理论和方法有多种,常用的主要有 W.J.M 朗肯(Ran Kine)理论、C.A 库伦(Coulomb)理论两种。

2.1.1 朗肯理论土压力计算

一、主动土压力计算

当墙背竖直、光滑,其后填土表面水平,并无限延伸,不计土与墙间的摩擦力,主动土压力强度 p_a(kN/m²)可按下式计算(图 2-1):

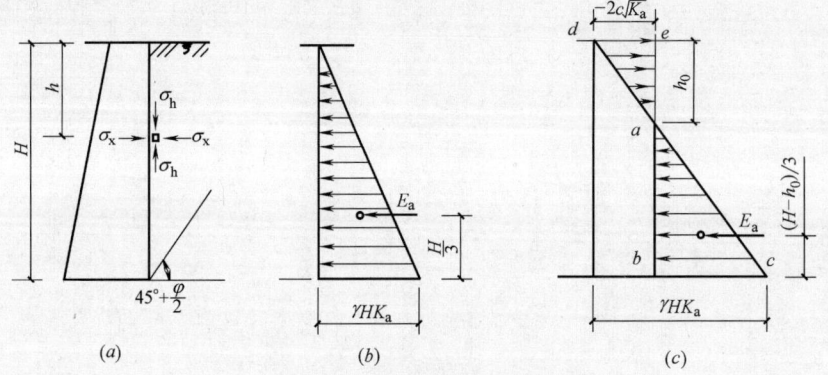

图 2-1 主动土压力计算简图
(a) 主动土压力的计算;(b) 无黏性土;(c) 黏性土

无黏性土
$$p_a = \gamma h \tan^2\left(45° - \frac{\varphi}{2}\right) = \gamma h K_a \tag{2-1}$$

黏性土
$$p_a = \gamma h \tan^2\left(45° - \frac{\varphi}{2}\right) - 2c\tan\left(45° - \frac{\varphi}{2}\right)$$
$$= \gamma \cdot h K_a - 2c\sqrt{K_a} \tag{2-2}$$

其中
$$K_a = \tan^2\left(45° - \frac{\varphi}{2}\right) \tag{2-3}$$

2.1 土压力计算

式中 γ——墙后填土的重度（kN/m^3），地下水位以下用浮重度；

h——计算主动土压力强度的点至填土表面的距离（m）；

φ——填土的内摩擦角（°），根据试验确定，当无试验资料时，可参考表 2-1 数值选用；

K_a——主动土压力系数，已知 φ、K_a 值可从表 2-2 查得；

c——填土的黏聚力（kN/m^2）。

土的内摩擦角 φ 值参考数值　　　　　　表 2-1

名 称	粉砂土	细砂土	中砂土	粗砂土砾砂土、砾石	碎石土	黏性土
内摩擦角 φ	15°～25°	20°～30°	25°～35°	30°～40°	40°～45°	10°～30°

土压力系数 K_a、K_p 值　　　　　　表 2-2

φ	$\tan\left(45°-\dfrac{\varphi}{2}\right)$	$\tan^2\left(45°-\dfrac{\varphi}{2}\right)$	$\tan\left(45°+\dfrac{\varphi}{2}\right)$	$\tan^2\left(45°+\dfrac{\varphi}{2}\right)$
0°	1.000	1.000	1.000	1.000
2°	0.966	0.933	1.036	1.072
4°	0.933	0.870	1.072	1.150
5°	0.916	0.840	1.091	1.190
6°	0.900	0.811	1.111	1.233
8°	0.869	0.756	1.150	1.323
10°	0.839	0.704	1.192	1.420
12°	0.801	0.656	1.235	1.525
14°	0.781	0.610	1.280	1.638
15°	0.767	0.589	1.303	1.608
16°	0.754	0.568	1.327	1.761
18°	0.727	0.528	1.376	1.804
20°	0.700	0.490	1.428	2.040
22°	0.675	0.455	1.483	2.198
24°	0.649	0.422	1.540	2.371
25°	0.637	0.406	1.570	2.464
26°	0.625	0.390	1.600	2.561
28°	0.601	0.361	1.664	2.770
30°	0.577	0.333	1.732	3.000
32°	0.554	0.307	1.804	3.255
34°	0.532	0.283	1.881	3.537
35°	0.521	0.271	1.921	3.690
36°	0.510	0.260	1.963	3.852
38°	0.488	0.238	2.050	4.204
40°	0.466	0.217	2.145	4.599
42°	0.445	0.198	2.246	5.045
44°	0.424	0.180	2.356	5.550
45°	0.414	0.172	2.414	5.828
46°	0.404	0.163	2.475	6.126
48°	0.384	0.147	2.605	6.786
50°	0.364	0.132	2.747	7.549

发生主动土压力时的滑裂面与水平面的夹角为 $45°+\dfrac{\varphi}{2}$。

墙高 H，单位长度总主动土压力 E_a（kN/m）按下式计算：

无黏性土 $$E_a = \frac{1}{2}\gamma H^2 \tan\left(45° - \frac{\varphi}{2}\right) = \frac{1}{2}\gamma H^2 K_a \qquad (2\text{-}4)$$

主动土压力强度 p_a 与深度 h 成正比，沿墙高的压力分布呈三角形，E_a 通过三角形形心，即在离墙底 $H/3$ 处。

黏性土
$$E_a = \frac{1}{2}\gamma H^2 \tan^2\left(45° - \frac{\varphi}{2}\right) - 2cH \tan\left(45° - \frac{\varphi}{2}\right) + \frac{2c^2}{\gamma}$$
$$= \frac{1}{2}\gamma H^2 K_a - 2cH\sqrt{K_a} + \frac{2c^2}{\gamma} \qquad (2\text{-}5)$$

E_a 通过三角形压力分布图 abc 的形心，即在离墙底 $(H-h_0)/3$ 处。

式中
$$h_0 = \frac{2c}{\gamma \tan\left(45° - \frac{\varphi}{2}\right)} = \frac{2c}{\gamma\sqrt{K_a}} \qquad (2\text{-}6)$$

二、被动土压力计算

当墙背竖直、光滑，填土水平，不计土与墙间的摩擦力，被动土压力强度 p_p（kN/m²）可按下式计算（图 2-2）。

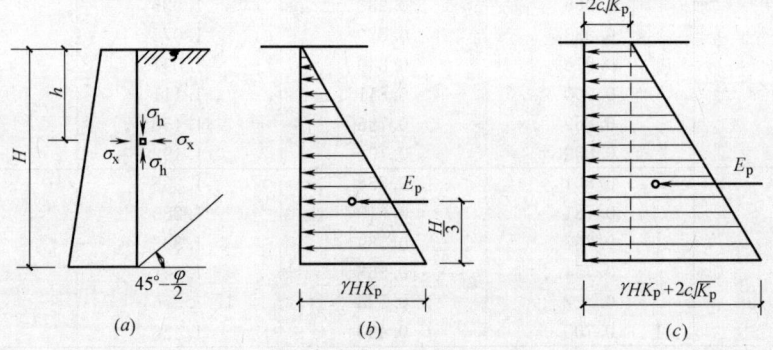

图 2-2 被动土压力计算简图
(a) 被动土压力的计算；(b) 无黏性土；(c) 黏性土

无黏性土 $$p_p = \gamma h \tan^2\left(45° + \frac{\varphi}{2}\right) = \gamma h K_p \qquad (2\text{-}7)$$

黏性土
$$p_p = \gamma h \tan^2\left(45° + \frac{\varphi}{2}\right) + 2c \tan\left(45° + \frac{\varphi}{2}\right)$$
$$= \gamma h K_p + 2c\sqrt{K_p} \qquad (2\text{-}8)$$

其中 $$K_p = \tan^2\left(45° + \frac{\varphi}{2}\right) \qquad (2\text{-}9)$$

式中 K_p——被动土压力系数。

其余符号意义同前。

墙高 H，单位长度的总主动土压力 E_p（kN/m）可由下式计算：

无黏性土 $$E_p = \frac{1}{2}\gamma H^2 \tan^2\left(45° + \frac{\varphi}{2}\right) = \frac{1}{2}\gamma H^2 K_p \qquad (2\text{-}10)$$

E_p 通过三角形的形心，即在离墙底 $H/3$ 处。

黏性土
$$E_p = \frac{1}{2}\gamma H^2 \tan^2\left(45° + \frac{\varphi}{2}\right) + 2cH\tan\left(45° + \frac{\varphi}{2}\right)$$
$$= \frac{1}{2}\gamma H^2 K_p + 2cH\sqrt{K_p} \tag{2-11}$$

E_p 通过梯形压力分布图的形心,即在离墙底 $\dfrac{H}{3} \cdot \dfrac{\gamma H\sqrt{K_p}+6c}{\gamma H\sqrt{K_p}+4c}$ 处。

【例 2-1】 挡土墙高 5.2m,墙背竖直,光滑,填土表面水平,填土为砂土,其重度 $\gamma=18\text{kN/m}^3$,内摩擦角 $\varphi=30°$,试求主动土压力及其作用点,并绘出主动土压力强度分布图。

【解】 按式(2-1)计算墙底处($h=H=5.2\text{m}$)的压力强度:
$$p_a = \gamma H \tan^2\left(45° - \frac{\varphi}{2}\right) = 18 \times 5.2 \times \tan^2\left(45° - \frac{30°}{2}\right) = 31.17\text{kN/m}^2$$

按式(2-4)计算主动土压力:
$$E_a = \frac{1}{2}\gamma H^2 \tan^2\left(45° - \frac{\varphi}{2}\right) = \frac{1}{2} \times 18 \times 5.2^2 \times \tan^2\left(45° - \frac{30°}{2}\right) = 81.04\text{kN/m}$$

主动土压力作用点离墙底距离为:
$$\frac{1}{3}H = \frac{1}{3} \times 5.2 = 1.73\text{m}$$

主动土压力强度呈三角形分布如图 2-3 所示。

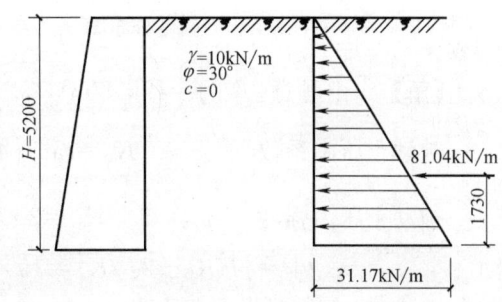

图 2-3 主动土压力强度分布图

【例 2-2】 挡土墙高 4.8m,墙背竖直,光滑,填土表面水平,填土为黏性土,其重度 $\gamma=18\text{kN/m}^3$,内摩擦角 $\varphi=20°$,黏聚力 $c=10\text{kN/m}^2$,试求主动土压力及其作用点,并绘出主动土压力强度分布图。

【解】 已知 $\varphi=20°$,由表 2-2 查得 $K_a=0.49$,按式(2-2)计算墙顶处($h=0$)土压力强度:

$$p_{ao} = \gamma H \tan^2\left(45° - \frac{\varphi}{2}\right) - 2c\tan\left(45° - \frac{\varphi}{2}\right)$$
$$= 18 \times 0 \times \tan^2\left(45° - \frac{20°}{2}\right) - 2 \times 10 \times \tan\left(45° - \frac{20°}{2}\right) = -14\text{kN/m}^2$$

在墙底处的土压力强度 p_{ab} 由式(2-2)得:
$$p_{ab} = 18 \times 4.8 \times 0.49 - 2 \times 10 \times \sqrt{0.49} = 28.3\text{kN/m}^2$$

主动土压力,由式(2-5)
$$E_a = \frac{1}{2}\gamma H^2 \tan^2\left(45° - \frac{\varphi}{2}\right) - 2cH\tan\left(45° - \frac{\varphi}{2}\right) + \frac{2c^2}{\gamma}$$
$$= \frac{1}{2} \times 18 \times 4.8^2 \times 0.49 - 2 \times 10 \times 4.8\sqrt{0.49} + \frac{2 \times 10^2}{18} = 45.5\text{kN/m}$$

临界深度
$$h_0 = \frac{2c}{\gamma\sqrt{K_a}} = \frac{2 \times 10}{18\sqrt{0.49}} = 1.59\text{m}$$

主动土压力 E_a 作用点在离墙底的距离为：
$$\frac{H-h_0}{3}=\frac{4.8-1.59}{3}=1.07\text{m}$$

主动土压力强度分布如图 2-4 所示。

【例 2-3】 挡土墙底脚高 2m（图 2-5），填土水平，土的重度 $\gamma=19\text{kN/m}^3$，内摩擦角 $\varphi=20°$，黏聚力 $c=10\text{kN/m}^2$，试求被动土压力及其作用点距墙底的距离。

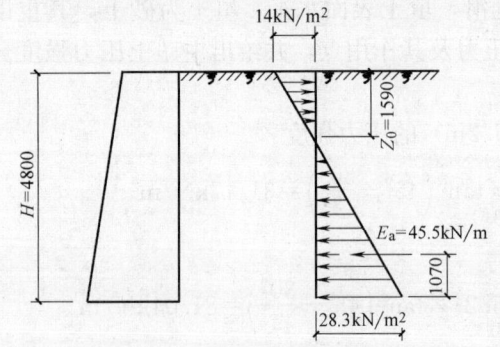

图 2-4 主动土压力强度分布图　　　　图 2-5 挡土墙底脚的被动土压力

【解】 由题意已知 $\gamma=19\text{kN/m}^3$，$\varphi=20°$，$c=10\text{kN/m}^2$。

被动土压力系数　　　　$K_p=\tan^2\left(45°+\dfrac{20}{2}\right)=1.43^2$

被动土压力强度　　　　$p_{pa}=2c\sqrt{K_p}=2\times10\times1.43=28.6\text{kN/m}^2$

$$p_{pb}=\gamma H K_p+2c\sqrt{K_p}=19\times2\times1.43^2+28.6=106.3\text{kN/m}^2$$

由式（2-11）被动土压力为：
$$E_p=\frac{1}{2}\gamma H^2 K_p+2cH\sqrt{K_p}$$
$$=\frac{1}{2}\times19\times2^2\times1.43^2+2\times10\times2\times1.43=134.9\text{kN/m}$$

被动土压力作用点离墙底距离为：
$$\frac{H}{3}\cdot\frac{\gamma H\sqrt{K_p}+6c}{\gamma H\sqrt{K_p}+4c}=\frac{2}{3}\times\frac{19\times2\times1.43+6\times10}{19\times2\times1.43+4\times10}=0.81\text{m}$$

【例 2-4】 采用顶管施工，已知后背墙高 5.5m，宽 3.5m（图 2-6），墙后土体为黏土，$\gamma=19\text{kN/m}^3$、$\varphi=20°$、$c=10\text{kN/m}^2$，试计算总被动土压力 E_p 及作用点，标出破裂面与水平面的夹角，并绘制墙体被动土压力分布图。

【解】 （1）计算墙顶 A 点的被动土压力 p_{pA}
$$p_{pA}=\gamma h_A\tan^2\left(45°+\frac{\varphi}{2}\right)+2c\tan\left(45°+\frac{\varphi}{2}\right)$$
$$=19\times0\times\tan^2\left(45°+\frac{20°}{2}\right)+2\times10\times\tan55°$$
$$=28.56\text{kN/m}^2$$

（2）计算墙底 B 点被动土压力 p_{pB}（$h_B=5.5\text{m}$）

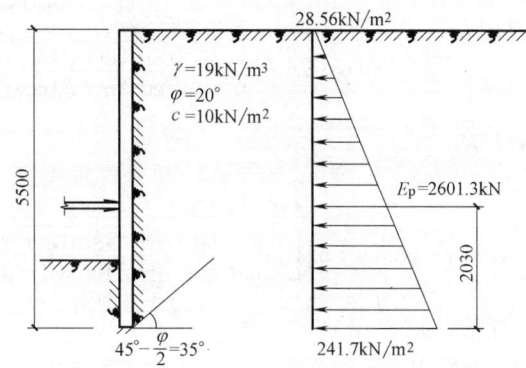

图 2-6 被动土压力分布图

$$p_{pB} = \gamma h_B \tan^2\left(45° + \frac{\varphi}{2}\right) + 2c\tan\left(45° + \frac{\varphi}{2}\right)$$
$$= 19 \times 5.5 \times \tan^2\left(45° + \frac{20°}{2}\right) + 2 \times 10 \times \tan 55° = 241.7 \text{kN/m}^2$$

(3) 作用于后背墙上的总被动土压力 E_p 需按土压力分布面积乘以墙宽 $b=3.5\text{m}$ 计算，即

$$E_p = \frac{1}{2}(p_{pA} + p_{pB})bh = \frac{1}{2}(28.56 + 241.70) \times 3.5 \times 5.5 = 2601.3 \text{kN}$$

(4) 根据梯形面积形心公式

$$h_f = \frac{h}{3} \cdot \frac{2p_{pA} + p_{pB}}{p_{pA} + p_{pB}} = \frac{5.5(2 \times 28.56 + 241.70)}{3 \times (28.56 + 241.70)} = 2.03 \text{m}$$

(5) 破裂面与水平面的夹角 $45° - \frac{\varphi}{2} = 35°$。被动土压力分布图，如图 2-6 所示。

2.1.2 库伦理论土压力计算

一、主动土压力计算

如图 2-7a 所示，挡土墙的墙背倾斜，填土表面呈斜坡且墙背与填土间存在摩擦力的情况，并假设墙后填土为无黏性土，土体滑裂破坏面 BC 为一平面，土楔 ABC 向下滑动而处于极限平衡状态，由静力平衡条件，则主动土压力 E_a 可由下式计算：

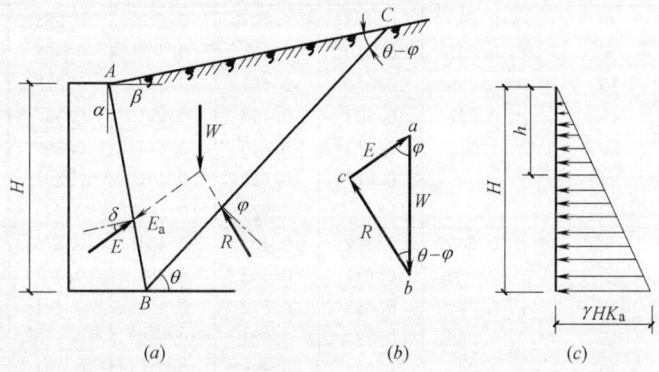

图 2-7 主动土压力计算简图

(a) 土楔 ABC 的作用力；(b) 力三角形；(c) 主动土压力分布图

$$E_a = \frac{1}{2}\gamma H^2 \cdot \frac{\cos^2(\varphi-\alpha)}{\cos^2\alpha \cdot \cos(\alpha+\delta)\left[1+\sqrt{\frac{\sin(\varphi+\delta)\sin(\varphi-\beta)}{\cos(\alpha+\delta)\cos(\alpha-\beta)}}\right]^2}$$

$$= \frac{1}{2}\gamma H^2 K_a \tag{2-12}$$

其中
$$K_a = \frac{\cos^2(\varphi-\alpha)}{\cos^2\alpha \cdot \cos(\alpha+\delta)\left[1+\sqrt{\frac{\sin(\varphi+\delta)\sin(\varphi-\beta)}{\cos(\alpha+\delta)\cos(\alpha-\beta)}}\right]^2} \tag{2-13}$$

式中 γ——墙后填土的重度（kN/m³）；

H——挡土墙高度（m）；

φ——墙后填土的内摩擦角（°）；

α——墙背的倾斜角（°），俯斜（逆时针）时取正号，仰斜（顺时针）时为负号；

β——墙后填土面的倾斜角（°）；

δ——墙背与填料间的摩擦角，应由试验或由墙背的粗糙程度和排水条件按以下确定：当墙背平滑和排水不良时，取 $\delta = \left(0 \sim \frac{1}{3}\right)\varphi$；当墙背粗糙和排水良好时，取 $\delta = \left(\frac{1}{3} \sim \frac{1}{2}\right)\varphi$；墙背很粗糙和排水良好时，取 $\delta = \left(\frac{1}{2} \sim \frac{2}{3}\right)\varphi$；

K_a——库伦主动土压力系数，已知 δ、α、β、φ 可查表 2-3 求得。在支护工程中，仰斜式很少使用，K_a 系数从略。

主动土压力系数 K_a 值　　　　　表 2-3

α	β \ φ	20°	25°	30°	35°	40°	45°	50°
$\delta=0$								
0°	0°	0.490	0.406	0.333	0.271	0.217	0.172	0.132
	5°	0.524	0.431	0.352	0.284	0.227	0.178	0.137
	10°	0.569	0.462	0.374	0.300	0.238	0.186	0.142
	15°	0.639	0.505	0.402	0.319	0.251	0.194	0.147
	20°	0.883	0.573	0.441	0.344	0.267	0.204	0.154
	25°		0.821	0.505	0.379	0.288	0.217	0.162
	30°			0.750	0.436	0.318	0.235	0.172
10°	0°	0.560	0.478	0.407	0.343	0.288	0.238	0.194
	5°	0.601	0.510	0.431	0.362	0.302	0.249	0.202
	10°	0.655	0.550	0.461	0.384	0.318	0.261	0.211
	15°	0.737	0.603	0.498	0.411	0.337	0.274	0.221
	20°	1.015	0.685	0.548	0.444	0.360	0.291	0.231
	25°		0.977	0.628	0.491	0.391	0.311	0.245
	30°			0.925	0.566	0.433	0.337	0.262
20°	0°	0.648	0.569	0.498	0.434	0.375	0.322	0.274
	5°	0.700	0.611	0.532	0.461	0.397	0.340	0.288
	10°	0.768	0.663	0.572	0.492	0.421	0.358	0.302
	15°	0.868	0.730	0.621	0.529	0.450	0.380	0.318
	20°	1.205	0.834	0.688	0.576	0.484	0.405	0.337
	25°		1.196	0.791	0.639	0.527	0.435	0.358
	30°			1.169	0.740	0.586	0.474	0.385

2.1 土压力计算

续表

α	β \ φ	20°	25°	30°	35°	40°	45°	50°
$\delta=5°$								
0°	0°	0.465	0.387	0.319	0.260	0.210	0.166	0.129
	5°	0.500	0.412	0.337	0.274	0.219	0.173	0.133
	10°	0.547	0.444	0.360	0.289	0.230	0.180	0.138
	15°	0.620	0.488	0.388	0.308	0.243	0.189	0.144
	20°	0.886	0.558	0.428	0.333	0.259	0.199	0.150
	25°		0.825	0.493	0.369	0.280	0.212	0.158
	30°			0.753	0.428	0.311	0.229	0.168
10°	0°	0.536	0.460	0.393	0.333	0.280	0.233	0.191
	5°	0.579	0.493	0.418	0.352	0.294	0.243	0.199
	10°	0.636	0.534	0.448	0.374	0.311	0.255	0.207
	15°	0.725	0.589	0.486	0.401	0.330	0.269	0.217
	20°	1.035	0.676	0.538	0.436	0.354	0.286	0.228
	25°		0.996	0.622	0.484	0.385	0.306	0.242
	30°			0.943	0.563	0.428	0.333	0.259
20°	0°	0.627	0.553	0.485	0.424	0.368	0.318	0.271
	5°	0.682	0.597	0.520	0.452	0.391	0.335	0.285
	10°	0.755	0.650	0.562	0.484	0.416	0.355	0.300
	15°	0.866	0.723	0.614	0.523	0.445	0.376	0.316
	20°	1.250	0.835	0.684	0.571	0.480	0.402	0.335
	25°		1.240	0.794	0.639	0.525	0.434	0.357
	30°			1.212	0.746	0.587	0.474	0.385
$\delta=10°$								
0°	0°	0.447	0.373	0.309	0.253	0.204	0.163	0.127
	5°	0.483	0.398	0.327	0.266	0.214	0.169	0.131
	10°	0.531	0.431	0.350	0.282	0.225	0.177	0.136
	15°	0.609	0.476	0.379	0.301	0.238	0.185	0.141
	20°	0.897	0.549	0.420	0.326	0.254	0.195	0.148
	25°		0.834	0.487	0.363	0.275	0.209	0.156
	30°			0.762	0.423	0.306	0.226	0.166
10°	0°	0.520	0.448	0.384	0.326	0.275	0.230	0.189
	5°	0.566	0.482	0.409	0.346	0.290	0.240	0.197
	10°	0.626	0.524	0.440	0.369	0.307	0.253	0.206
	15°	0.721	0.582	0.480	0.396	0.326	0.267	0.216
	20°	1.064	0.674	0.534	0.432	0.351	0.284	0.227
	25°		1.024	0.622	0.482	0.382	0.304	0.241
	30°			0.969	0.564	0.427	0.332	0.258
20°	0°	0.615	0.543	0.478	0.419	0.365	0.316	0.271
	5°	0.674	0.589	0.515	0.448	0.388	0.334	0.285
	10°	0.752	0.646	0.558	0.482	0.414	0.354	0.300
	15°	0.872	0.723	0.613	0.522	0.444	0.377	0.317
	20°	1.308	0.844	0.687	0.573	0.481	0.403	0.337
	25°		1.298	0.806	0.643	0.528	0.436	0.360
	30°			1.268	0.758	0.594	0.478	0.388
$\delta=15°$								
0°	0°	0.434	0.363	0.301	0.248	0.201	0.160	0.125
	5°	0.471	0.389	0.320	0.261	0.211	0.167	0.130
	10°	0.522	0.423	0.343	0.277	0.222	0.174	0.135
	15°	0.603	0.470	0.373	0.297	0.235	0.183	0.140
	20°	0.914	0.546	0.415	0.323	0.251	0.194	0.147
	25°		0.850	0.485	0.360	0.273	0.207	0.155
	30°			0.777	0.422	0.305	0.225	0.165

续表

α	β \ φ	20°	25°	30°	35°	40°	45°	50°
$\delta=15°$								
10°	0°	0.511	0.441	0.378	0.323	0.273	0.228	0.189
	5°	0.559	0.476	0.405	0.343	0.288	0.240	0.197
	10°	0.623	0.520	0.437	0.366	0.305	0.252	0.206
	15°	0.723	0.581	0.478	0.395	0.325	0.267	0.216
	20°	1.103	0.679	0.535	0.432	0.351	0.284	0.228
	25°		1.062	0.628	0.484	0.383	0.305	0.242
	30°			1.005	0.571	0.430	0.334	0.260
20°	0°	0.611	0.540	0.476	0.419	0.366	0.317	0.273
	5°	0.673	0.588	0.514	0.449	0.389	0.336	0.287
	10°	0.757	0.649	0.560	0.484	0.416	0.357	0.303
	15°	0.889	0.731	0.618	0.526	0.448	0.380	0.321
	20°	1.383	0.862	0.697	0.579	0.486	0.408	0.341
	25°		1.372	0.825	0.655	0.536	0.442	0.365
	30°			1.341	0.778	0.606	0.487	0.395
$\delta=20°$								
0°	0°		0.357	0.297	0.245	0.199	0.160	0.125
	5°		0.384	0.317	0.259	0.209	0.166	0.130
	10°		0.419	0.340	0.275	0.220	0.174	0.135
	15°		0.467	0.371	0.295	0.234	0.183	0.140
	20°		0.547	0.414	0.322	0.251	0.193	0.147
	25°		0.874	0.487	0.360	0.273	0.207	0.155
	30°			0.798	0.425	0.306	0.225	0.166
10°	0°		0.438	0.377	0.322	0.273	0.229	0.190
	5°		0.475	0.404	0.343	0.289	0.241	0.198
	10°		0.521	0.438	0.367	0.306	0.254	0.208
	15°		0.586	0.480	0.397	0.328	0.269	0.218
	20°		0.690	0.540	0.436	0.354	0.286	0.230
	25°		1.111	0.639	0.490	0.388	0.309	0.245
	30°			1.051	0.582	0.437	0.333	0.264
20°	0°		0.543	0.479	0.422	0.370	0.321	0.277
	5°		0.594	0.520	0.454	0.395	0.341	0.292
	10°		0.659	0.568	0.490	0.423	0.363	0.309
	15°		0.747	0.629	0.535	0.456	0.387	0.327
	20°		0.891	0.715	0.592	0.496	0.417	0.349
	25°		1.467	0.854	0.673	0.549	0.453	0.374
	30°			1.434	0.807	0.624	0.501	0.406
$\delta=25°$								
0°	0°			0.296	0.245	0.199	0.160	0.126
	5°			0.316	0.259	0.209	0.167	0.130
	10°			0.340	0.275	0.221	0.175	0.136
	15°			0.372	0.296	0.235	0.184	0.141
	20°			0.417	0.324	0.252	0.195	0.148
	25°			0.494	0.363	0.275	0.209	0.157
	30°			0.828	0.432	0.309	0.228	0.168

2.1 土压力计算

续表

α	β \ φ	20°	25°	30°	35°	40°	45°	50°
δ=25°								
10°	0°			0.379	0.325	0.276	0.232	0.193
	5°			0.408	0.346	0.292	0.244	0.201
	10°			0.443	0.371	0.311	0.258	0.211
	15°			0.488	0.403	0.333	0.273	0.222
	20°			0.551	0.443	0.360	0.292	0.235
	25°			0.658	0.502	0.396	0.315	0.250
	30°			1.112	0.600	0.448	0.346	0.270
					1.034	0.537	0.392	0.295
						0.944	0.471	0.335
							0.845	0.403
								0.739
20°	0°			0.488	0.430	0.377	0.329	0.284
	5°			0.530	0.463	0.403	0.349	0.300
	10°			0.582	0.502	0.433	0.372	0.318
	15°			0.648	0.550	0.469	0.399	0.337
	20°			0.740	0.612	0.512	0.430	0.360
	25°			0.894	0.699	0.569	0.469	0.387
	30°			1.553	0.846	0.650	0.520	0.421
					1.494	0.788	0.594	0.466
						1.414	0.721	0.532
							1.316	0.647
								1.201

力的三角形见图 2-7b。

当墙背直立（α=0）、光滑（δ=0）、墙后填土面水平（β=0）时，式（2-12）变为：

$$E_a = \frac{1}{2}\gamma H^2 \tan^2\left(45° - \frac{\varphi}{2}\right) \tag{2-14}$$

可知，在上述条件下，库伦公式和朗肯公式相同。

在离墙顶为任意深度 h 处的主动土压力强度为 p_a 可将 E_a 对 h 取导数而得，即：

$$p_a = \frac{dE_a}{dh} = \frac{d}{dh}\left(\frac{1}{2}\gamma h^2 K_a\right) = \gamma h K_a \tag{2-15}$$

由上式（2-15）知，主动土压力强度沿墙高成三角形分布（图 2-7c），主动土压力的作用点在离墙底 $H/3$ 处。

二、被动土压力计算

条件同上，当墙在外力作用下被推向填土，使填土沿一破裂面 BC 破坏时，土楔 ABC 向上滑动，并处于被动极限平衡状态时（图 2-8a），此时土楔 ABC 在其自重 W 和反力 R 和 E_p 的作用下平衡，可求得被动土压力为：

$$E_p = \frac{1}{2}\gamma H^2 \cdot \frac{\cos^2(\varphi+\alpha)}{\cos^2\alpha \cdot \cos(\alpha-\delta)\left[1 - \sqrt{\frac{\sin(\varphi+\delta)\sin(\varphi+\beta)}{\cos(\alpha-\delta)\cos(\alpha-\beta)}}\right]^2}$$

$$= \frac{1}{2}\gamma H^2 K_p \tag{2-16}$$

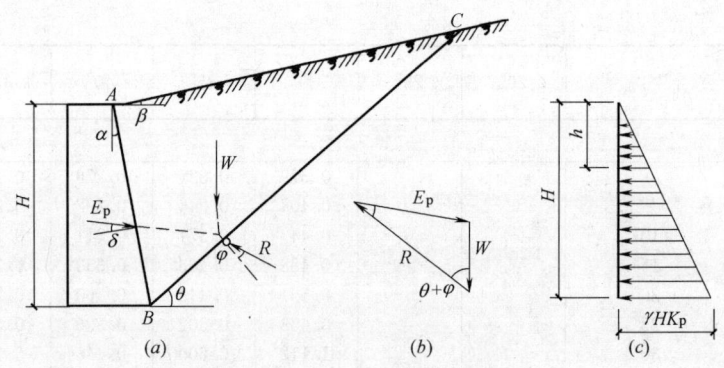

图 2-8 被动土压力计算简图
(a) 土楔 ABC 的作用力；(b) 力三角形；(c) 被动土压力分布图

其中

$$K_p = \frac{\cos^2(\varphi+\alpha)}{\cos^2\alpha \cdot \cos(\alpha-\delta)\left[1-\sqrt{\dfrac{\sin(\varphi+\delta)\sin(\varphi+\beta)}{\cos(\alpha-\delta)\cos(\alpha-\beta)}}\right]^2} \quad (2\text{-}17)$$

式中 K_p——库伦被动土压力系数；

其余符号意义同前。

力的三角形见图 2-8b。

当墙背直立（$\alpha=0$）、光滑（$\delta=0$）、墙后填土面水平（$\beta=0$），则式（2-16）变为：

$$E_p = \frac{1}{2}\gamma H^2 \tan^2\left(45°+\frac{\varphi}{2}\right) \quad (2\text{-}18)$$

可知，在上述条件下，库伦公式和朗肯公式也相同。

被动土压力强度可按下式计算：

$$p_p = \frac{\mathrm{d}E_p}{\mathrm{d}h} = \frac{\mathrm{d}}{\mathrm{d}h}\left(\frac{1}{2}\gamma h^2 K_p\right) = \gamma h K_p \quad (2\text{-}19)$$

被动土压力强度沿墙高也呈三角形分布（图 2-8c）。被动土压力的作用点在距离墙底 $\dfrac{H}{3}$ 处。

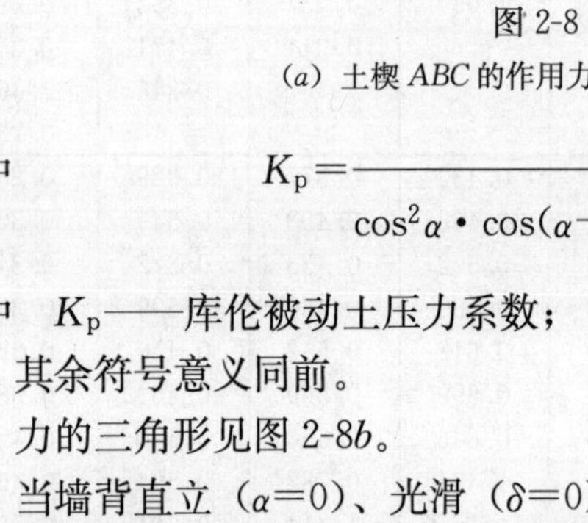

【例 2-5】 挡土墙高 5m，墙背倾斜角 $\alpha=10°$（俯斜），$\beta=5°$（图 2-9），填土重度 $\gamma=18\text{kN/m}^3$，内摩擦角 $\varphi=30°$，黏聚力 $c=0$，填土与墙背的摩擦角 $\delta=\dfrac{2}{3}\varphi$，试求主动土压力 E_a 及其作用点。

【解】 根据 $\delta=\dfrac{2}{3}\varphi=\dfrac{2}{3}\times30°=20°$，$\alpha=10°$，$\beta=5°$，$\varphi=30°$，查表 2-3 得主动土压力系数 $K_a=0.404$

图 2-9 挡土墙尺寸

由式（2-12）计算土压力为：

$$E_a = \frac{1}{2}\gamma H^2 K_a = \frac{1}{2}\times18\times5^2\times0.404 = 90.9\text{kN/m}$$

土压力作用点在距墙底 $\dfrac{1}{3}H = \dfrac{1}{3}\times5 = 1.67\text{m}$ 处。

【例 2-6】 挡土墙高 $H=4.8\mathrm{m}$，墙背倾斜角 $\alpha=10°$，填土水平 $\beta=0$，填土密度 $\gamma=18\mathrm{kN/m^3}$，内摩擦角 $\varphi=30°$，黏聚力 $c=0$，填土与墙背摩擦角 $\delta=20°$，试求被动土压力 E_p 及其作用点。

【解】 根据 $\alpha=10°$、$\varphi=30°$、$\delta=20°$、$\beta=0$，由式（2-17）算得：

$$K_\mathrm{p}=\frac{\cos^2(30°+10°)}{\cos^210°\cos(10°-20°)\left[1-\sqrt{\frac{\sin(30°+20°)\sin(30°+0)}{\cos(10°-20°)\cos(10°-0)}}\right]^2}$$

$$=\frac{0.5868}{0.955[1-\sqrt{0.3949}]^2}=4.453$$

再由式（2-16）得：

$$E_\mathrm{p}=\frac{1}{2}\gamma H^2 K_\mathrm{p}=\frac{1}{2}\times 18\times 4.8^2\times 4.453=923.3\mathrm{kN/m}$$

土压力作用点在距墙底 $\dfrac{H}{3}=\dfrac{4.8}{3}=1.6\mathrm{m}$ 处。

2.1.3 分层土压力计算

在基坑工程中，基坑周边的土层通常由多种土质成层组成，分层土的土压力一般以分层土的重力密度 γ_i，内摩擦角 φ_i，黏聚力 C_i 按下式计算（图 2-10）：

第 n 层土底面对墙的主动土压力强度为 p_an (kN/m^2) 为：

$$p_\mathrm{an}=(q_\mathrm{n}+\sum\gamma_i h_i)\tan^2(45°-\varphi_\mathrm{n}/2)-2c_\mathrm{n}\tan(45°-\varphi_\mathrm{n}/2) \qquad (2\text{-}20)$$

第 n 层土底面对墙的被动土压力强度 p_pn (kN/m^2) 为：

$$p_\mathrm{pn}=\sum\gamma_i h_i\tan^2(45°-\varphi_\mathrm{n}/2)+2c_\mathrm{n}\tan(45°+\varphi/2) \qquad (2\text{-}21)$$

式中 q_n——地面附加荷载传递到 n 层土底面的垂直荷载（kN/m）；

γ_i——第 i 层土的天然重力密度（kN/m³）；

h_i——第 i 层土厚度（m）；

φ_n——第 n 层土的内摩擦角（°）；

c_n——第 n 层土的黏聚力（kN/m²）。

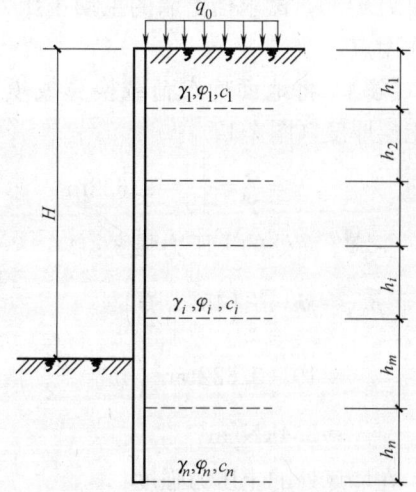

图 2-10 分层土压力计算简图

2.1.4 各种特殊情况下土压力计算

一、填土面上有均布荷载土压力计算

当墙后填土面上有均布荷载 q 作用时，可将均布荷载换算成位于地表以上假想的当量土层（等效的土层厚度），即用假想的土重代替均布荷载，当量的土层厚度为 $h=\dfrac{q}{\gamma}$（γ—填土的重度）。

计算时，以 $A'B$ 为墙背（即 $H+h$ 为墙高），按假想的墙高、填土面无荷载的情况计

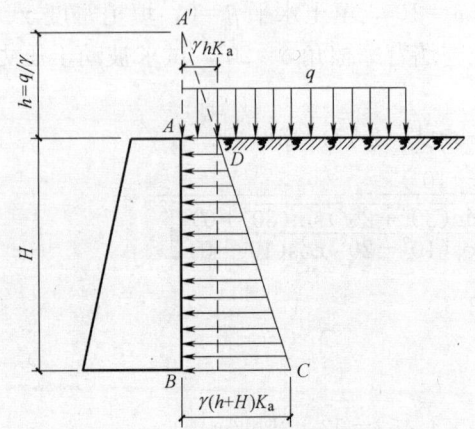

算土压力强度，然后根据实际墙高范围内的土压力强度分布图计算土压力（图2-11），现用朗肯理论并以无黏性土为例，则填土面 A 点的土压力强度为：

$$p_{aA}=\gamma h\tan^2\left(45°-\frac{\varphi}{2}\right)=\gamma hK_a \quad (2-22)$$

墙底 B 点的土压强度为：

$$p_{aB}=\gamma(h+H)\tan^2\left(45°-\frac{\varphi}{2}\right)=\gamma(h+H)K_a \quad (2-23)$$

则主动土压力为土压分布图 $ABCD$ 部分

$$E_a=\left(h+\frac{H}{2}\right)H\gamma\tan^2\left(45°-\frac{\varphi}{2}\right)$$
$$=\left(h+\frac{H}{2}\right)H\gamma K_a \quad (2-24)$$

图 2-11 填土面水平其上有均布荷载的土压力计算简图

土压力的作用点在梯形的形心，在离墙底 $\dfrac{H}{3}\cdot\dfrac{3h+H}{2h+H}$（或 $\dfrac{H}{3}\cdot\dfrac{2p_{aA}+p_{aB}}{p_{aA}+p_{aB}}$）处。

【例 2-7】 挡土墙高 5.5m，墙背直立、光滑，填土面水平，并有均布荷载 $q=12\text{kN/m}^2$，填土的重度 $\gamma=19\text{kN/m}^3$，内摩擦角 $\varphi=34°$，黏聚力 $c=0$，试求挡土墙的主动土压力 E_a 及其作用点。

【解】 将地面均布荷载换算成填土的当量土层厚度（图 2-12）：

$$h=\frac{q}{\gamma}=\frac{12}{19}=0.632\text{m}$$

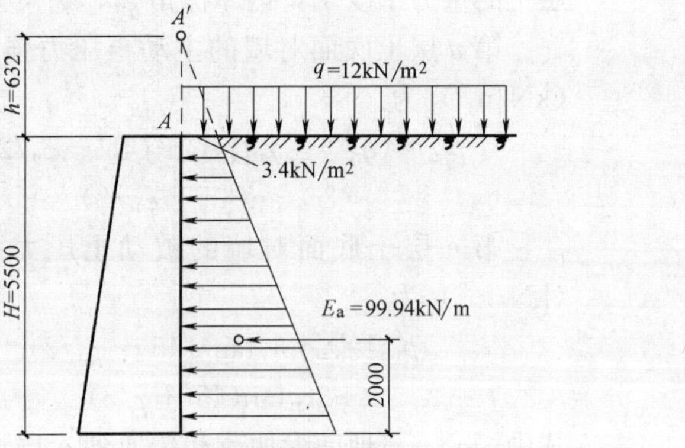

在填土面处的土压力强度：

$$p_{aA}=\gamma h\tan^2\left(45°-\frac{\varphi}{2}\right)$$
$$=19\times 0.632\tan^2\left(45°-\frac{34°}{2}\right)$$
$$=3.4\text{kN/m}^2$$

图 2-12 填土面上有均布荷载的主动土压力分布图

在墙底处的土压力强度：

$$p_{aB}=\gamma(h+H)\tan^2\left(45°-\frac{\varphi}{2}\right)=19(0.632+5.5)\tan^2\left(45°-\frac{34°}{2}\right)=32.94\text{kN/m}^2$$

则总主动土压力为：

$$E_a=\frac{(3.4+32.94)\times 5.5}{2}=99.94\text{kN/m}$$

主动土压力 E_a 作用在离墙底的距离为：

$$\frac{H}{3}\cdot\frac{3h+H}{2h+H}=\frac{5.5}{3}\times\frac{3\times 0.632+5.5}{2\times 0.632+5.5}=2.0\text{m}$$

二、墙背面垂直，填土面倾斜，上无荷载土压力计算

墙背垂直，其后填土面向上倾斜如图 2-13 所示，ABC 为滑裂面，AC 以上的土楔部分的重量是：

$$W = \frac{1}{2}\gamma h^2 \frac{\tan\theta}{1-\tan\theta\tan\delta} \quad (2\text{-}25)$$

假设土与墙间无摩擦力，则土压力与墙背面正交成水平，R 是斜面 AC 上与斜面正交的力 N 和相切的 $N\tan\varphi$ 的合力，由于各力沿垂直 R 方向的分力互相平衡，可解得：

$$E_a = \frac{1}{2}\gamma h^2 \frac{\tan\theta}{(1-\tan\theta\tan\delta)\tan(\theta+\varphi)}$$

$$(2\text{-}26)$$

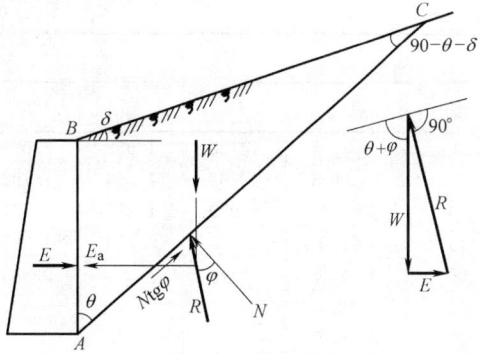

图 2-13 墙背垂直，填土倾斜，上无荷载土压力计算简图

为推导方便，设 $\tan\theta = \frac{1}{x}$，式（2-26）变为：

$$E_a = \frac{1}{2}\gamma h^2 \frac{x - \tan\varphi}{(x-\tan\delta)(1+x\tan\varphi)} \quad (2\text{-}27)$$

取 E_a 对 x 之第一次微分，并令其等于零，得：

$$x^2 - 2x\tan\varphi + \frac{\tan\delta}{\sin\varphi\cos\varphi} - 1 = 0$$

解之得：

$$x = \frac{1}{\tan\theta} = \tan\varphi + \sqrt{1+\tan^2\varphi - \frac{\tan\delta}{\sin\varphi\cos\varphi}}$$

代入式（2-27）得垂直墙背上无摩擦力时的最大土压力，即主动土压力为：

$$E_a = \frac{1}{2}\gamma h^2 \left[\frac{\cos\varphi}{1+\sqrt{\sin\varphi(\sin\varphi-\cos\varphi\tan\delta)}}\right]^2 = \frac{1}{2}\gamma h^2 K_a \quad (2\text{-}28)$$

同样，可求得被动土压力为：

$$E_p = \frac{1}{2}\gamma h^2 \left[\frac{\cos\varphi}{1-\sqrt{\sin\varphi(\sin\varphi-\cos\varphi\tan\delta)}}\right]^2 = \frac{1}{2}\gamma h^2 K_p \quad (2\text{-}29)$$

当已知 δ、φ，K_a、K_p 值可从表 2-4 和表 2-5 查得。

E_a 和 E_p 的作用点，分别为墙高的 $H/3$。

K_a 值　　　　　　　　　　　　　　　　　　　　　　　　　　表 2-4

δ		φ 值(°)						
度	坡度	10	15	20	25	30	35	40	45
0	0	0.704	0.589	0.490	0.406	0.333	0.271	0.217	0.172
5	1∶11.5	0.769	0.635	0.524	0.431	0.352	0.284	0.227	0.178
10	1∶5.7	0.970	0.704	0.569	0.453	0.374	0.300	0.238	0.186
15	1∶3.7		0.933	0.639	0.505	0.402	0.319	0.251	0.194
20	1∶2.7			0.883	0.572	0.441	0.344	0.270	0.204
25	1∶2.1				0.821	0.505	0.378	0.288	0.217
30	1∶1.7					0.750	0.436	0.318	0.235
35	1∶1.4						0.671	0.369	0.260
40	1∶1.2							0.587	0.304
45	1∶1.0								0.500

K_p 值 表 2-5

δ		φ 值(°)						
度	坡度	10	15	20	25	30	35	40	45
0	0	1.420	1.698	2.039	2.464	3.000	3.690	4.599	5.829
5	1∶11.5	1.262	1.504	1.792	2.144	2.577	3.124	3.826	4.747
10	1∶5.7	0.970	1.295	1.551	1.925	2.224	2.644	3.193	3.897
15	1∶3.7		0.933	1.299	1.566	1.866	2.223	2.660	3.204
20	1∶2.7			0.883	1.278	1.553	1.848	2.118	2.629
25	1∶2.1				0.821	1.230	1.501	1.796	2.140
30	1∶1.7					0.750	1.162	1.428	1.712
35	1∶1.4						0.671	1.076	1.331
40	1∶1.2							0.587	0.972
45	1∶1.0								0.500

【**例 2-8**】 挡土墙高 5.0m，墙背直立、光滑，填土面倾斜，已知 $\delta=10°$，土的重度 $\gamma=19\text{kN/m}^2$，$\varphi=35°$，试求挡土墙的主动土压力 E_a 及其作用点。

【**解**】 根据已知 δ、φ 值由表 2-5 查得 $K_a=0.30$，挡土墙的主动土压力由式 (2-28) 得：

$$E_a=\frac{1}{2}\gamma h^2 K_a=\frac{1}{2}\times 19\times 5^2\times 0.3=71.3\text{kN/m}$$

主动土压力 E_a 作用在离墙底的距离为 $\frac{H}{3}=\frac{5}{3}=1.67\text{m}$。

三、填土和墙背面倾斜，上有均布荷载土压力计算

当填土面和墙背面倾斜时（图 2-14），当量土层的厚度仍为 $h=\frac{q}{\gamma}$，假想的填土面与墙背 AB 的延线交于 A' 点。计算时以 $A'B$ 为假想墙背按地面无荷载的情况计算土压力，假想墙高为 $h'+H$，由 $\triangle A'AE$ 几何关系可求得 $h'=h\frac{\cos\beta\cos\alpha}{\cos(\alpha-\beta)}$，以无黏性土为例，则填土面 A 点的土压力强度为：

$$p_{aA}=\gamma h'\tan^2\left(45°-\frac{\varphi}{2}\right)=\gamma h' K_a \quad (2\text{-}30)$$

墙底 B 点的土压力强度为：

$$p_{aB}=\gamma(h'+H)\tan^2\left(45°-\frac{\varphi}{2}\right)=\gamma(h'+H)K_a \quad (2\text{-}31)$$

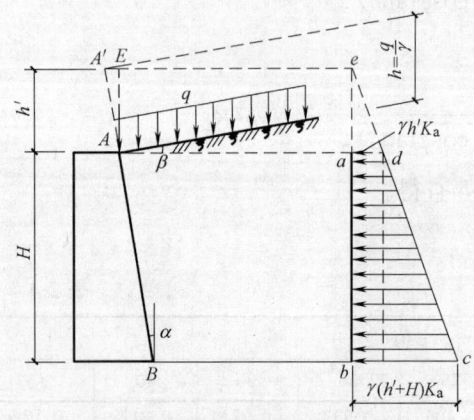

图 2-14 填土和墙背倾斜，上有均布荷载的土压力计算简图

则主动土压力为：

$$E_a=\left(h'+\frac{H}{2}\right)H\gamma\tan^2\left(45°-\frac{\varphi}{2}\right)=\left(h'+\frac{H}{2}\right)H\gamma K_a \quad (2\text{-}32)$$

土压力的作用点在梯形的形心。

【**例 2-9**】 已知条件同例 2-7，只墙背面倾斜 $\alpha=10°$，填土面倾斜 $\beta=30°$，试求挡土墙

的主动土压力 E_a 及其作用点。

【解】 将地面均布荷载换算成填土的当量土层厚度 $h=\dfrac{12}{19}=0.632\text{m}$

根据 h 及墙和填土倾斜角计算 h'：

$$h'=0.632\dfrac{\cos30°\cos10°}{\cos(10°-30°)}=0.574\text{m}$$

在填土面处的土压力强度：

$$p_{aA}=\gamma h'\tan^2\left(45°-\dfrac{\varphi}{2}\right)=19\times0.574\tan^2\left(45°-\dfrac{34°}{2}\right)=3.08\text{kN/m}^2$$

在墙底处的土压力强度：

$$p_{aB}=\gamma(h'+H)\tan^2\left(45°-\dfrac{\varphi}{2}\right)=19(0.574+5.5)\tan^2\left(45°-\dfrac{34°}{2}\right)=32.63\text{kN/m}^2$$

则总主动土压力为：

$$E_a=\dfrac{1}{2}(3.08+32.63)\times5.5=98.2\text{kN/m}$$

主动土压力作用在离墙底的距离为：

$$\dfrac{H}{3}\cdot\dfrac{2p_{aA}+p_{aB}}{p_{aA}+p_{aB}}=\dfrac{5.5}{3}\times\dfrac{2\times3.08+32.63}{3.08+32.63}=1.99\text{m}$$

四、填土面上有局部均布荷载土压力计算

有两种荷载分布情况：第一种情况是距墙顶 l 处有连续均布荷载 $q\text{kN/m}^2$ 作用如图 2-15a 所示。其主动土压力的计算，可从荷载起点 O 引 OC 直线与水平线成 $45°+\dfrac{\varphi}{2}$ 角，交墙背于 C 点。设 C 点以上不考虑均布荷载的作用，其主动土压力只是由于填土的自重所引起，土压力分布如图 2-15a 中 ABa 所示。C 点以下考虑均布荷载的作用，由此所引起的主动土压力强度分布图形如 $acde$ 所示。

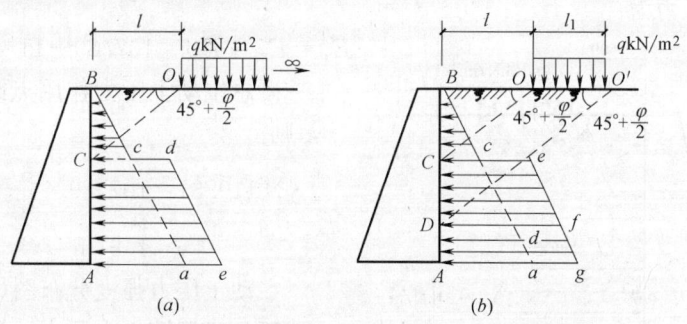

图 2-15 局部均布荷载作用下主动土压力计算简图
(a) 距墙顶 l 处开始作用均布荷载；(b) 距墙顶 l 处开始作用 l_1 宽均布荷载

作用在墙背上总主动土压力为图形 $ABcde$ 面积，计算方法同前。

第二种情况是距墙顶 l 处作用 l_1 宽的均布荷载 q 如图 2-15b 所示，其主动土压力计算可从 O 点引 OC 与水平线交于 C 点，先设荷载是连续分布求出主动土压力强度分布图形如 $ABceg$。再从局部均布荷载另一端 O' 点引直线与水平线成 $45°+\dfrac{\varphi}{2}$ 角，并交墙背于 D 点，因只有 O' 点左侧才有连续均布荷载，O' 右侧并不存在均布荷载，所以主动土压力强度分

布图形应在 $ABceg$ 中减去 $adfg$，图 2-15b 中 $ABcefda$ 图形面积即为作用在墙背上的总主动土压力。

【例 2-10】 挡土墙高 6m，距墙顶 1.5m 处有连续均布荷载 $q=10\text{kN/m}^2$（图 2-16），填土重度 $\gamma=18\text{kN/m}^3$，内摩擦角 $\varphi=30°$，黏聚力 $c=0$，试求主动土压力 E_a 及其作用点，并绘出主动土压力强度分布图。

【解】 从荷载起点 O 引 OC 线与水平线成 $45°+\dfrac{\varphi}{2}=45°+\dfrac{30°}{2}=60°$ 角交墙背于 C 点；

则 BC 高度为 $1.5\times\tan60°=1.5\times1.732\approx2.6\text{m}$

则 CA 高度为 $6.0-2.6=3.4\text{m}$

由填土自重引起的土压力强度为：

$$p_{aA}=\gamma H\tan^2\left(45°-\dfrac{\varphi}{2}\right)=18\times6\times\tan^2\left(45°-\dfrac{30°}{2}\right)=35.96\text{kN/m}^2$$

则主动土压力为：

$$E_{a1}=\dfrac{1}{2}\gamma H^2\tan^2\left(45°-\dfrac{\varphi}{2}\right)=\dfrac{1}{2}\times18\times6^2\times\tan^2\left(45°-\dfrac{30°}{2}\right)=107.89\text{kN/m}$$

局部均布荷载换算成填土的当量土层厚度：$h=\dfrac{q}{\gamma}=\dfrac{10}{18}\approx0.56\text{m}$

则 CA 处由局部均布荷载引起的土压力强度为：

$$p_{ac}=p_{aA}=\gamma h\tan^2\left(45°-\dfrac{\varphi}{2}\right)$$
$$=18\times0.56\times\tan^2\left(45°-\dfrac{30°}{2}\right)=3.36\text{kN/m}^2$$

则主动土压力为：

$$E_{a2}=\dfrac{(3.36+3.36)}{2}\times3.4=11.42\text{kN/m}$$

总主动土压力为：

$$E_a=E_{a1}+E_{a2}=107.89+11.42=119.31\text{kN/m}$$

设总主动土压力作用点距墙底的距离为 y，则

$$y\times119.31=107.89\times\dfrac{6}{3}+11.42\times\dfrac{3.4}{2}$$

$$y=1.97\text{m}$$

主动土压力强度分布图如图 2-16 所示。

五、成层填土土压力计算

当墙后有几层不同种类（重度）的水平填土层（图 2-17），在计算土压力时，先作第一层的土压力强度分布图，按均质土计算，如图中 abc 部分。计算第二层土压力时，再将第一层土层按重度换算成与第二层土相同的当量土层，当量土层的厚度为 $h_1'=h_1\dfrac{\gamma_1}{\gamma_2}$，然后以 $h_1'+h_2$ 为墙高，按均质土计算土

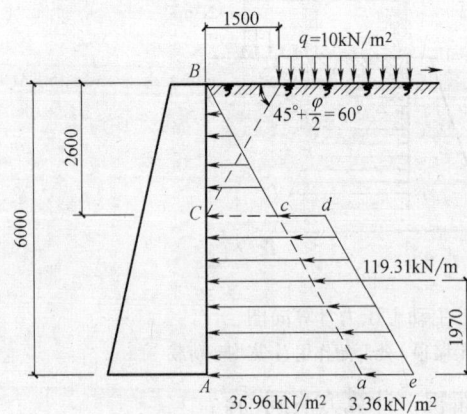

图 2-16 挡土墙局部均布荷载作用下主动土压力分布图

2.1 土压力计算

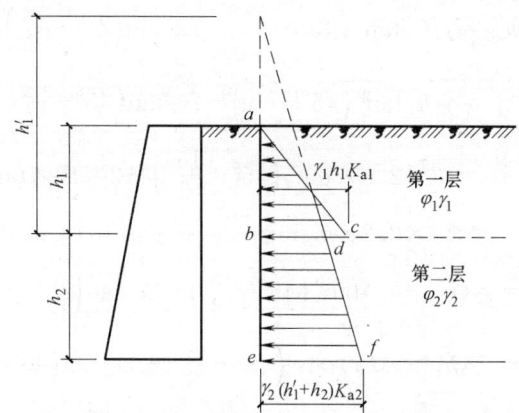

图 2-17 成层填土土压力计算简图

压力。计算时，每层应取每层土的内摩擦角和黏聚力，但只在第二层土层厚度范围内有效，如图中 $bdef$ 部分。以无黏性土为例如图 2-17 所示，则主动土压力为：

$$E_a = \frac{1}{2}\gamma_1 h_1^2 \tan^2\left(45°-\frac{\varphi_1}{2}\right) + \frac{1}{2}(\gamma_2 h_1' + \gamma_2 h_1' + \gamma_2 h_2) \times h_2 \tan^2\left(45°-\frac{\varphi_2}{2}\right)$$

$$= \frac{1}{2}\gamma_1 h_1^2 \tan^2\left(45°-\frac{\varphi_1}{2}\right) + \frac{1}{2}\gamma_2 h_2 (2h_1' + h_2) \tan^2\left(45°-\frac{\varphi_2}{2}\right)$$

$$= \frac{1}{2}\gamma_1 h_1^2 K_a + \frac{1}{2}\gamma_2 h_2 (2h_1' + h_2) K_a \tag{2-33}$$

土压力合力等于阴影线部分的面积，合力作用点在该图的形心处。

【例 2-11】 挡土墙高 4.7m，墙背直立、光滑，墙后填土面水平，共分两层，每层土厚和物理力学性质指标如图 2-18 所示，试求主动土压力 E_a，并绘出土压力的分布图。

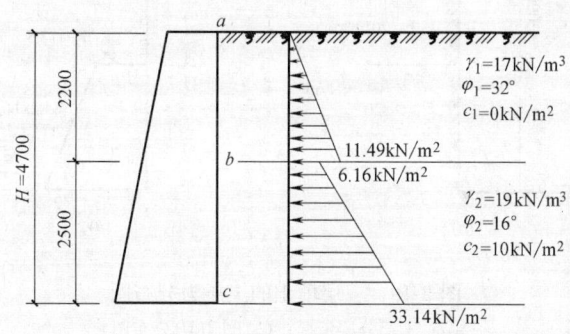

图 2-18 二层填土的土压力分布图

【解】 计算第一层填土的土压力强度：

$$p_{a1} = \gamma_1 h_1 \tan^2\left(45°-\frac{\varphi_1}{2}\right) = 17 \times 2.2 \times \tan^2\left(45°-\frac{32°}{2}\right) = 11.49\text{kN/m}^2$$

计算第二层填土的土压力强度：

第一层填土的当量土层厚度：$h_1' = h_1 \dfrac{\gamma_1}{\gamma_2} = 2.2 \times \dfrac{17}{19} = 1.97\text{m}$

第二层填土顶面和底面的土压力强度分别为：

$$p'_{a2} = \gamma_2 h'_1 \tan^2\left(45° - \frac{\varphi_2}{2}\right) - 2c_2 \tan\left(45° - \frac{\varphi_2}{2}\right)$$

$$= \gamma_1 h_1 \tan^2\left(45° - \frac{\varphi_2}{2}\right) - 2c_2 \tan\left(45° - \frac{\varphi_2}{2}\right)$$

$$= 17 \times 2.2 \times \tan^2\left(45° - \frac{16°}{2}\right) - 2 \times 10 \times \tan\left(45° - \frac{16°}{2}\right)$$

$$= 17 \times 2.2 \times 0.568 - 2 \times 10 \times 0.754 = 6.16 \text{kN/m}^2$$

$$p_{a2} = \gamma_2 (h'_1 + h_2) \tan^2\left(45° - \frac{\varphi_2}{2}\right) - 2c_2 \tan\left(45° - \frac{\varphi_2}{2}\right)$$

$$= (\gamma_1 h_1 + \gamma_2 h_2) \tan^2\left(45° - \frac{\varphi_2}{2}\right) - 2c_2 \tan\left(45° - \frac{\varphi_2}{2}\right)$$

$$= (17 \times 2.2 + 19 \times 2.5) \tan^2\left(45° - \frac{16°}{2}\right) - 2 \times 10 \tan\left(45° - \frac{16°}{2}\right)$$

$$= 84.9 \times 0.568 - 20 \times 0.754 = 33.14 \text{kN/m}^2$$

主动土压力 E_a 为：

$$E_a = \frac{1}{2} \times 11.49 \times 2.2 + \frac{1}{2}(6.16 + 33.14) \times 2.5 = 61.76 \text{kN/m}$$

主动土压力分布如图 2-18 所示。

【例 2-12】 挡土墙高 6m，墙背直立、光滑，墙后填土垂直，共分三层，每层土厚的物理力学性质指标如图 2-19a 所示，试求主动土压力 E 及作用点，并绘出土压力分布图。

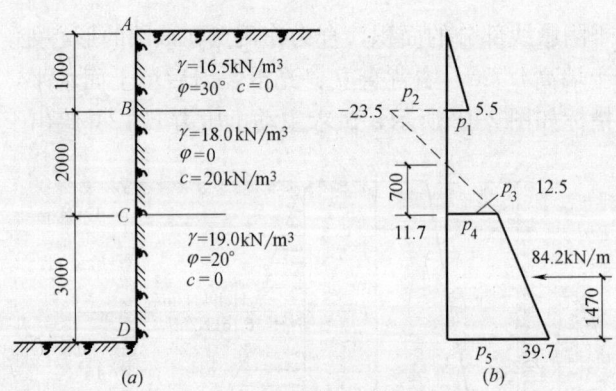

图 2-19 三层填土的土压力分布图
(a) 土层分层情况；(b) 土压力分布图

【解】 挡土墙 $ABCD$ 各点的竖应力为：

$$p_A = 0$$
$$p_B = 16.5 \times 1 = 16.5 \text{kN/m}^2$$
$$p_C = 16.5 + 18.0 \times 2 = 52.5 \text{kN/m}^2$$
$$p_D = 52.5 + 19.0 \times 3 = 109.5 \text{kN/m}^2$$

由公式（2-1）、式（2-2）求得主动土压力为：

$$p_1 = 16.5 \times \tan^2\left(45° - \frac{30°}{2}\right) = 5.5 \text{kN/m}^2$$

$$p_2 = 16.5 \times \tan^2\left(45° - \frac{0}{2}\right) - 2 \times 20 \times \tan\left(45 - \frac{0}{2}\right)$$
$$= 16.5 - 40.0 = -23.5 \text{kN/m}^2$$
$$p_3 = 52.5 \times \tan^2\left(45° - \frac{0}{2}\right) - 2 \times 20 \times \tan\left(45° - \frac{0}{2}\right)$$
$$= 52.5 - 40.0 = 12.5 \text{kN/m}^2$$
$$p_4 = 52.5 \times \tan^2\left(45° - \frac{20°}{2}\right) - 2 \times 10.0 \times \tan\left(45° - \frac{20°}{2}\right)$$
$$= 25.7 - 14.0 = 11.7 \text{kN/m}^2$$
$$p_5 = 109.5 \times \tan^2\left(45° - \frac{20°}{2}\right) - 2 \times 10 \times \tan\left(45° - \frac{20°}{2}\right)$$
$$= 53.7 - 14.0 = 39.7 \text{kN/m}^2$$

填土与挡土墙背之间的拉应力（图 2-19b）的虚线部分应当略去不计，求得总主动压力的合力为：

$$E_a = \frac{1}{2} \times 5.5 \times 1.0 + \frac{1}{2} \times 12.5 \times 0.7 + \frac{1}{2} \times 12.5 \times 3.0 + \frac{1}{2} \times 39.7 \times 3.0$$
$$= 2.8 + 4.4 + 17.5 + 59.5 = 84.2 \text{kN/m}$$

总主动压力作用点离墙底的距离设为 y，则：

$$84.2 \times y = 2.8 \times 5.33 + 4.4 \times 3.23 + 17.5 \times 2.0 + 59.5 \times 1.0 = 1.47 \text{m}$$

主动土压力分布如图 2-19 所示。

六、墙后填土有地下水土压力计算

当墙后填土有地下水时，作用在墙背上的侧压力有土压力和水压力两部分，计算土压力时，假设地下水位以上和以下的土的内摩擦角 φ 和墙与土之间的摩擦角 δ 相同；如墙背平滑和排水不良时，则墙背摩擦角 $\delta=0$；土的重度对地下水位以上采用天然重度，地下水位以下采用浮重度计算。以无黏性填土为例，在图 2-20 中 abdec 图形面积是水位以上填土所引起的土压力；cef 图形面积是水位以下填土所引起的土压力；cfg 图形面积是水引起的压力。墙背总压力为 abdefgca 图形面积。

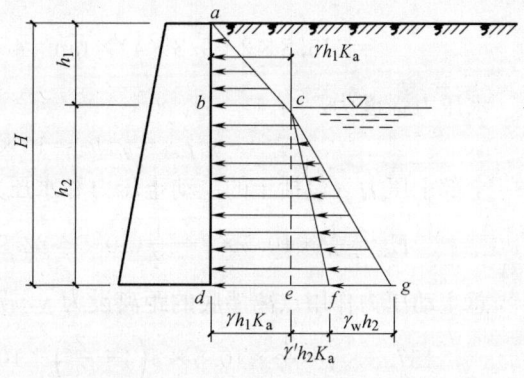

图 2-20 墙后填土有地下水土压力计算简图

即
$$E_a = (h_1 + 2h_2)\frac{\gamma h_1}{2}K_a + (\gamma'K_a + \gamma_w)\frac{h_2^2}{2} \qquad (2-34)$$

式中 h_1、h_2——分别为地下水位线至墙顶和墙底的距离；

γ'——土的浮重度，$\gamma' = \gamma - 10$；

γ_w——水的重度；

γ、K_a 符号意义同前。

土压力 E 的作用点在 abdefgca 图形的形心处，其作用方向垂直墙背。

【例 2-13】 挡土墙高 6m，墙后填土为无黏性土，顶面水平，天然土重度 $\gamma=15.8$ kN/m³，土内摩擦角 $\varphi=30°$，在地面下 2m 有地下水，填土的饱和重度为 19.3kN/m³（图 2-21a），试求作用在墙上的总压力（土压力和水压力之和）及作用点距墙底的距离。

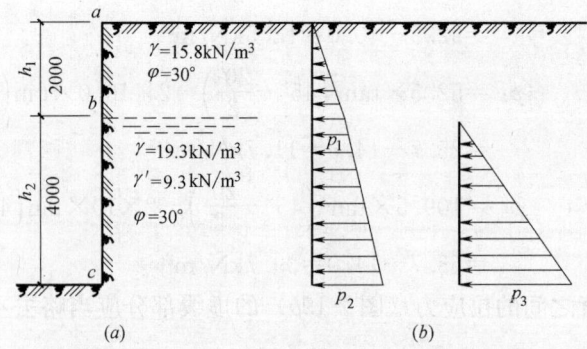

图 2-21 墙后填土有地下水的土压力
(a) 土层情况；(b) 土压力分布图

【解】 由题意已知，$h_1=2\mathrm{m}$，$h_2=4\mathrm{m}$，$\gamma_\mathrm{w}=10\mathrm{kN/m^3}$，$\gamma'=19.3-10.0=9.3\mathrm{kN/m^3}$

因土的内摩擦角不变，地下水位上下的主动土压力系数 K_a 相同。

墙顶和墙底部土压力强度为：

$$p_{a1}=\gamma_1 h_1 \tan^2\left(45°-\frac{\varphi}{2}\right)=15.8\times 2\times \tan^2\left(45°-\frac{30°}{2}\right)=10.5\mathrm{kN/m^2}$$

$$p_{a2}=(\gamma_1 h_1+\gamma' h_2)\tan^2\left(45°-\frac{\varphi}{2}\right)$$

$$=(15.8\times 2+9.3\times 4)\times \tan^2\left(45°-\frac{30°}{2}\right)=22.9\mathrm{kN/m^2}$$

水压力强度为：

$$p_{a3}=\gamma_\mathrm{w} h_2=10\times 4=40\mathrm{kN/m^2}$$

全部土压力（包括土的主动土压力和水压力）为：

$$E_\mathrm{a}=\frac{1}{2}\times 10.5\times 2+\frac{1}{2}(10.5+22.9)\times 4+\frac{1}{2}\times 4\times 40=157.3\mathrm{kN/m}$$

总主动压力作用点离墙底的距离设为 y，则：

$$157.3\times y=\frac{1}{2}\times 10.5\times 2\left(4+\frac{2}{3}\right)+10.5\times 4\times 2+\frac{(22.9-10.5)}{2}\times 4\times \frac{4}{3}$$

$$+\frac{40\times 4}{2}\times \frac{4}{3}$$

$$y=1.73\mathrm{m}$$

主动土压力分布如图 2-21b。

七、填土表面不规则时土压力计算

在工程中挡土墙背面填土表面往往不是单一的水平面或倾斜面所组成，而多为两者的组合。此时，可近似地分别按平面、倾斜面计算，然后再进行组合。几种常见情况是：

1. 先水平面，后倾斜面的填土（图 2-22a）：计算土压力时，可将填土表面分解为水平面或倾斜面，分别计算，然后再组合。方法是：先延长倾斜填土面交于墙背于 C

点。在水平面填土的作用下,其土压力强度分布如图中 ABe;同样在倾斜面填土作用下,其土压力强度分布图为 CBf。这两个图形交于 g 点,则实际土压力强度分布图形 $ABfgA$ 可近似认为为此填土情况下土压力分布图,它的面积就是主动土压力 E_a 的近似值。

2. 先倾斜面后水平面的填土(图 2-22b):同上法在倾斜面填土作用下,土压力分布图形如图中的 ABe;在水平面填土作用下,先延长水平面与墙背延长线交于 A',此时,土压力分布图为 $A'Bf$。这两个三角图形相交于 g 点,则图形 $ABfgA$ 为此填土情况下的实际主动土压力强度的近似分布图形。

3. 先水平面,后倾斜面,再后水平面填土(图 2-22c):计算时,先画出水平面作用下的土压力三角形 ABe',再绘出在倾斜面填土作用下土压力三角形 CBe'',此时,Ce'' 与 Ae' 交于 g 点。再后求第二个水平面的土压力三角形 $A'Be$,$A'e$ 与 Cge'' 相交于 f 点,则图形 $ABefgA$ 为此填土情况下的实际主动土压力强度的近似分布图形。

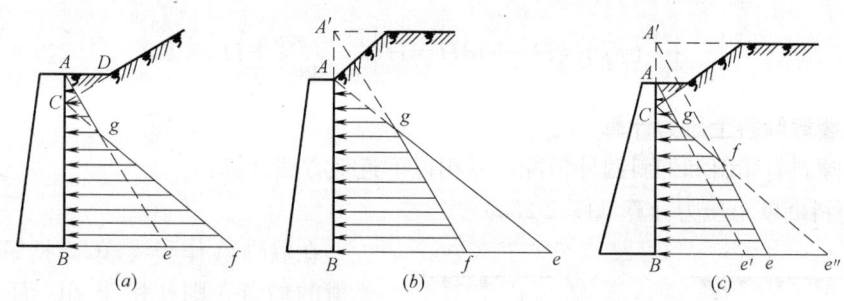

图 2-22 填土面不规则土压力计算简图
(a) 先水平面,后倾斜面填土;(b) 先倾斜面,后水平面填土;(c) 先水平面,后倾斜面,再后水平面填土

八、填土后面有集中荷载时土压力计算

如图 2-23 所示,在墙后水平填土表面上沿纵向有连续集中荷载 P(kN/m)作用,从荷载作用点 O 引两直线 OC 及 OD 分别与水平线成 φ 与 $45°+\varphi/2$ 角,交墙背于 C 点及 D 点。设集中荷载仅作用在 CD 段范围内,则由此所引起的土压力增量 ΔE_a(可近似取 $\Delta E_a = p\tan^2\left(45°-\dfrac{\varphi}{2}\right)$),即可按图 2-23 近似计算。并认为它的压力分布图形按等腰三角形分布如图中所示。

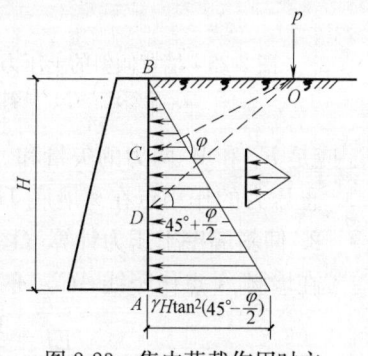

图 2-23 集中荷载作用时主动土压力计算简图

九、墙后填土上有轨道土压力计算

如图 2-24 所示,设轨道(铁路)的荷重为 q(kN/m²),枕木长度为 b(m),假定荷重在土壤中沿 1:2 线分布,则:

竖向应力为:
$$\sigma_h = \frac{qb}{b+h}(\text{kN/m}^2)$$

土深度 h 处的土压力为:
$$(p_A)_h = \frac{qb}{b+h}\tan^2\left(45°-\frac{\varphi}{2}\right)$$

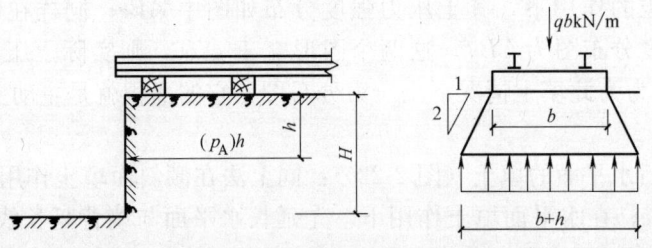

图 2-24 填土面上有轨道的土压力计算简图

全部土压力为:

$$p_A = \int_0^H (p_A)_h dh = qb\tan^2\left(45° - \frac{\varphi}{2}\right)\lg e \frac{b+H}{b} \tag{2-35}$$

p_A 的作用点离墙底的距离为:

$$\int_0^H (p_A)_h (H-h) dH = H\left[1 - \frac{1}{\lg e \frac{b+H}{b}}\right] + b \tag{2-36}$$

十、墙背倾斜土压力计算

墙背倾斜有俯斜和仰斜两种情况，常用以下近似方法计算:

1. 俯斜墙壁土压力计算（图 2-25a）

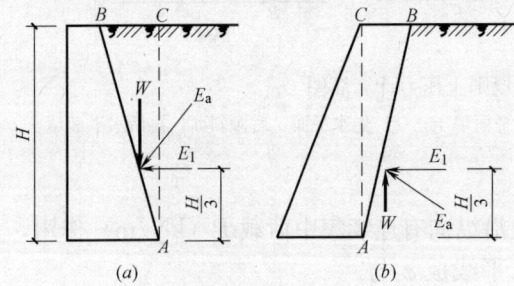

图 2-25 墙背倾斜的土压力计算简图
(a) 俯斜墙; (b) 倾斜墙

在墙脚 A 作竖线 AC，把 AC 视作是光滑的墙背，则作用于 AC 面上的土压力为:

$$E_1 = \frac{1}{2}\gamma H^2 \tan^2\left(45° - \frac{\varphi}{2}\right) = \frac{1}{2}\gamma H^2 K_a \tag{2-37}$$

符号意义同前。

再 ABC 土体的重力

$$W = (面积 ABC) \times \gamma$$

则作用在墙背 AB 上的主动土压力 E_a 应是 E_1 和 W 两力的矢量和。

土压力的作用点在离墙底 $H/3$ 处，其作用方向则由封闭力三角形图解确定。

2. 仰斜墙壁土压力计算（图 2-25b）

在墙脚 A 点作竖线 AC，亦把 AC 视作光滑墙背，则作用于 AC 面上的土压力为:

$$E_1 = \frac{1}{2}\gamma H^2 \tan^2\left(45° - \frac{\varphi}{2}\right) = \frac{1}{2}\gamma H^2 K_a \tag{2-38}$$

$$W = (面积 ABC) \times \gamma \tag{2-39}$$

式中 γ——为土壤的单位重量，与挡土墙圬工的单位重量无关;

其他符号意义同上。

则作用在墙背上的主动土压 E_a 应是 E_1 和 W 的矢量和的反力。

土压力的作用点在离墙底 $H/3$ 处，作用方向由封闭三角形图解确定。

当挡土墙为悬臂式，土压力的计算与墙背倾斜的情况相同。

2.2 基坑（槽）和管沟支撑的计算

2.2.1 连续水平板式支撑的计算

连续水平板式支撑的构造为：挡土板水平连续放置，不留间隙，然后两侧同时对称立竖楞木（立柱），上、下各顶一根横撑木，端头加木楔顶紧。这种支撑适于较松散的干土或天然湿度的黏土类土、地下水很少，深度为3～5m的基坑（槽）和管沟支撑。

计算简图如图 2-26a 所示，水平挡土板与梁的作用相同，承受土的水平压力的作用，设土与挡土板间的摩擦力不计，则深度 h 处的主动土压力强度 p_a （kN/m²）为：

$$p_a = \gamma h \tan^2\left(45° - \frac{\varphi}{2}\right) \tag{2-40}$$

式中 γ——坑壁土的平均重度 $\left(\gamma = \frac{\gamma_1 h_1 + \gamma_2 h_2 + \gamma_3 h_3}{h_1 + h_2 + h_3}\right)$ （kN/m³）；

h——基坑（槽）深度（m）；

φ——坑壁土的平均内摩擦角 $\left(\varphi = \frac{\varphi_1 h_1 + \varphi_2 h_2 + \varphi_3 h_3}{h_1 + h_2 + h_3}\right)$ （°）。

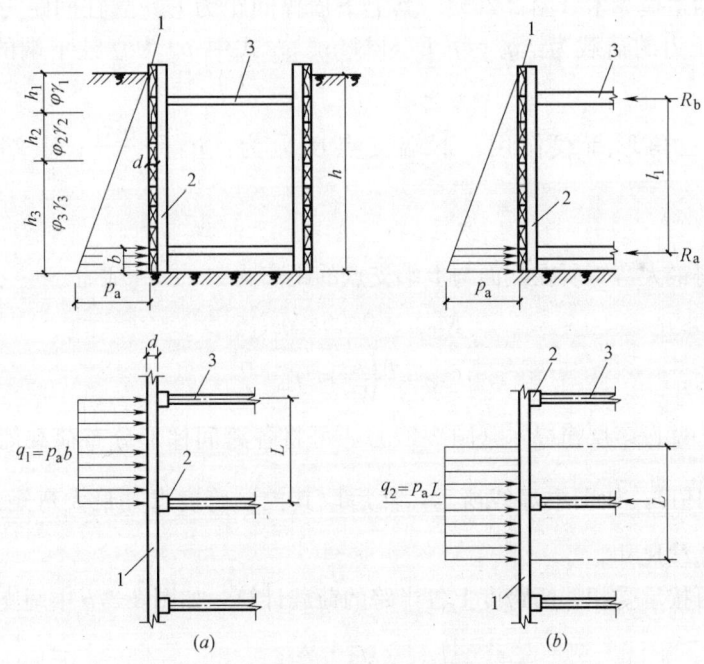

图 2-26 连续水平板式支撑
(a) 水平挡土板受力情况；(b) 双层横撑立柱受力情况
1—水平挡土板；2—立柱；3—横撑木

一、挡土板计算

挡土板厚度按受力最大的下面一块板计算。设深度 h 处的挡土板宽度为 b，则主动土压力作用在该挡土板上的荷载 $q_1 = p_a b$。

当挡土板视作简支梁，如立柱间距为 L 时，则挡土板承受的最大弯矩为：

$$M_{\max}=\frac{q_1 L^2}{8}=\frac{p_a b L^2}{8} \tag{2-41}$$

所需木挡板的截面矩 W 为：
$$W=\frac{M_{\max}}{f_m} \tag{2-42}$$

式中 f_m——木材的抗弯强度设计值（N/mm²）。

需用木挡板的厚度 d 为：
$$d=\sqrt{\frac{6W}{b}} \tag{2-43}$$

或设木挡板厚度 d 和宽度 b 进行应力验算：

木挡板的截面抵抗矩为：
$$W=\frac{bd^2}{6}$$

木挡板的最大弯曲应力为：
$$f_m=\frac{M_{\max}}{W}=\frac{3p_a L^2}{4d^2}\leqslant [f_m]$$

式中 $[f]$——木材的抗弯容许应力（N/mm²）；

其他符号意义同上。

二、立柱计算

立柱为承受三角形荷载的连续梁，亦按多跨简支梁计算，并按控制跨设计其尺寸。当坑（槽）壁设两道横撑木（图 2-26b），其上下横撑间距为 l_1，立柱间距为 L 时，则下端支点处主动土压力的荷载为：$q_2=p_a L$（kN/m²），式中 p_a 为立柱下端的土压力（kN/m²）。

立柱承受三角形荷载作用，下端支点反力为：$R_a=\frac{q_2 l_1}{3}$；上端支点反力为：$R_b=\frac{q_2 l_1}{6}$。

由此可求得最大弯矩所在截面与上端支点的距离为：$x=0.578 l_1$。

最大弯矩为：
$$M_{\max}=0.0642 q_2 l_1^2 \tag{2-44}$$

最大应力为：
$$\sigma=\frac{M_{\max}}{W}\leqslant f_m \tag{2-45}$$

当坑（槽）壁设多层横撑木（图 2-27a），可将各跨间梯形分布荷载简化为均布荷载 q_i（等于其平均值），如图中虚线所示，然后取其控制跨度求其最大弯矩：$M_{\max}=\frac{q_3 l_3^2}{8}$，可同上法决定立柱尺寸。

支点反力可按承受相邻两跨度上各半跨的荷载计算，如图 2-27b 中间支点的反力为：
$$R=\frac{q_3 l_3+q_2 l_2}{2} \tag{2-46}$$

A、D 两支点的外侧无支点，故计算的立柱两端的悬臂部分的荷载亦应分别由上下两个支点承受。

三、横撑计算

横撑木为承受支点反力的中心受压杆件，可按下式计算需用截面积：
$$A_0=\frac{R}{\varphi f_c} \tag{2-47}$$

2.2 基坑（槽）和管沟支撑的计算

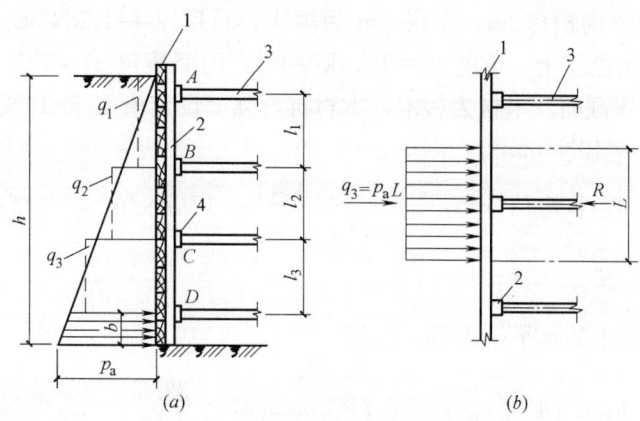

图 2-27 多层横撑的立柱计算简图
(a) 多层横撑支撑情况；(b) 立柱承受荷载情况
1—水平挡土板；2—立柱；3—横撑木；4—木楔

式中 A_0——横撑木的截面积（mm^2）；
R——横撑木承受的支点最大反力（N）；
f_c——木材顺纹抗压及承压强度设计值（N/mm^2）；
φ——横撑木的轴心受压稳定系数。

φ 值可按下式计算：

树种强度等级为 TC17、TC15 及 TB20：

当 $\lambda \leqslant 75$ 时
$$\varphi = \frac{1}{1+\left(\frac{\lambda^2}{80}\right)^2} \quad (2\text{-}48a)$$

$\lambda > 75$ 时
$$\varphi = \frac{3000}{\lambda^2} \quad (2\text{-}48b)$$

树种强度等级为 TC13、TC11、TB17 及 TB15：

当 $\lambda \leqslant 91$ 时
$$\varphi = \frac{1}{1+\left(\frac{\lambda}{65}\right)^2} \quad (2\text{-}49a)$$

$\lambda > 91$ 时
$$\varphi = \frac{2800}{\lambda^2} \quad (2\text{-}49b)$$

式（2-48）、式（2-49）中，λ 为横撑木的长细比。

由于木支撑系统系临时性结构，其尺寸取决于现场备有材料的规格，而后进行校核。如应力过大，可适当加密或增加立柱和横撑的根数。

当基坑（槽）宽度≤4m，深度≤5m（软土）或≤8m（砂土）时，可参考应用以下参数：

横撑的水平间距（即立柱的间距）：2.0～2.5m；
横撑的竖间距：1.2～2.0m；
立柱的截面尺寸：10×14～20×20cm（视槽深而定）；
横撑的截面尺寸：10×10～20×20cm（视槽宽而定）；
横板尺寸：厚3～5cm，宽15～25cm。

2 基坑支护工程

【例 2-14】 管道沟槽深 2m，上层 1m 为填土，重度 $\gamma_1=17\text{kN/m}^3$，内摩擦角 $\varphi_1=22°$，1m 以下为褐黄色黏土，重度 $\gamma_2=18.4\text{kN/m}^3$，内摩擦角 $\varphi_2=23°$。用连续水平板式支撑，试选择木支撑截面。木材为杉木，木材抗弯强度设计值 $f_m=10\text{N/mm}^2$，木材顺纹抗压强度设计值 $f_c=10\text{N/mm}^2$。

【解】 土的重度平均值 $\gamma=\dfrac{17\times1+18.4\times1}{2}=17.7\text{N/m}^3$，内摩擦角平均值 $\varphi=\dfrac{22°\times1+23°\times1}{2}=22.5°$。

在沟底 2m 深处土的水平压力 p_a：

$$p_a=\gamma h\tan^2\left(45°-\dfrac{\varphi}{2}\right)=17.7\times2\tan^2\left(45°-\dfrac{22.5}{2}\right)=15.8\text{kN/m}^2$$

水平挡土板选用 75mm×200mm，在 2m 深处的土压力作用于该木板上的荷载 q_1：

$$q_1=p_a\cdot b=15.8\times0.2=3.16\text{kN/m}$$

木板的截面矩为：$W=\dfrac{20\times7.5^2}{6}=187.5\text{cm}^3$，抗弯强度值 $f_m=10\text{N/mm}^2$，所能承受的最大弯矩为：

$$M_{max}=187.5\times10^3\times10\times10^{-3}=1875\text{N}\cdot\text{m}$$

立柱间距 L 按公式（2-41）求出：

$$L=\sqrt{\dfrac{8M_{max}}{q_1}}=\sqrt{\dfrac{8\times1875}{3.16\times10^3}}=2.18\text{m}，取 2\text{m}$$

立柱下支点处主动土压力荷载 q_2：

$$q_2=p_a\cdot L=15.8\times2=31.6\text{kN/m}$$

立柱选用截面为 15cm×15cm 方木，截面矩 $W=\dfrac{15^3}{6}=562.5\text{cm}^3$，立木 $f_m=10\text{N/mm}^2$，则立柱所能承受的弯矩，$M_{max}=562.5\times10^3\times10\times10^{-3}=5625\text{N}\cdot\text{m}$。

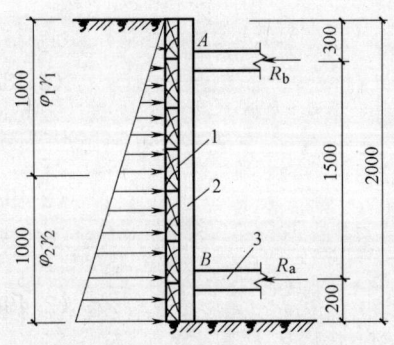

图 2-28 管道沟槽连续水平板式支撑
1—水平挡土板；2—立柱；3—横撑木

由式（2-44）可得横撑木间距 $l_1=\sqrt{\dfrac{M_{max}}{0.0642q_2}}$

$=\sqrt{\dfrac{5625}{0.0642\times31.6\times10^3}}=1.67\text{m}$。为便于支撑，取 1.5m，上端悬臂 0.3m，下端悬臂 0.2m，如图 2-28 所示。

立木在三角形荷载作用下，下端支点反力：$R_a=\dfrac{q_2l_1}{3}=\dfrac{31.6\times1.5}{3}=15.8\text{kN}$，上端支点反力：$R_b=\dfrac{q_2l_1}{6}=\dfrac{31.6\times1.5}{6}=7.9\text{kN}$。

横撑木按中心受压构件计算。横撑木 $f_c=10\text{N/mm}^2$，横撑木实际长度 $l=l_0=2.5\text{m}$，初步选定截面为 10×10cm 方木，所以长细比 $\lambda=\dfrac{l_0}{i}=\dfrac{2.5}{0.29\times0.10}=86.2<91$

由式（2-49a）得：$\varphi = \dfrac{1}{1+\left(\dfrac{\lambda}{65}\right)^2} = \dfrac{1}{1+\left(\dfrac{86.2}{65}\right)^2} = 0.36$

横撑木轴心受压力 N：$N = \varphi A_0 f_c = 0.36 \times 100 \times 100 \times 10$
$= 36000\text{N} = 36\text{kN} > R_a\ (=15.8\text{kN})$ 可。

2.2.2 连续垂直板式支撑的计算

连续垂直板式支撑的构造为：挡土板垂直放置，连续或留适当间隙，然后每侧上、下各水平顶一根木方（横垫木），再用横撑木顶紧。这种支撑适用于土质较松散或湿度很高的土，地下水较少，深度可不限的基坑（槽）和管沟支撑。

基坑（槽）和管沟开挖，采用连续垂直板式支撑挡土时，其横垫木和横撑木的布置和计算有等距和不等距（等弯矩）两种方式。

一、横撑等距布置计算

如图 2-29 所示，横撑木的间距均相等，垂直挡土板与梁的作用相同，承受土的水平压力，可取最下一跨受力最大的板进行计算，计算方法与连续水平板式支撑的立柱相同。承受梯形分布荷载的作用，可简化为均布荷载（等于其平均值），求最大弯矩：$M = \dfrac{q_4 h_1^2}{8}$，即可决定垂直挡土板尺寸。

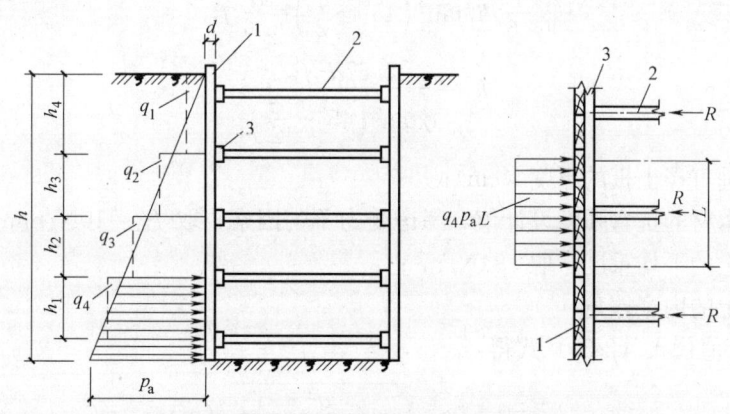

图 2-29 连续垂直板式等距横支撑计算简图
1—垂直挡土板；2—横撑木；3—横垫木

横垫木的计算及荷载与连续水平板式支撑的水平挡土板相同。

横撑木的作用力为横垫木的支点反力，其截面计算亦与连续水平板式支撑的横撑木计算相同。

这种布置挡土板的厚度按最下面受土压力最大的板跨进行计算，需要厚度较大，不够经济，但偏于安全。

二、横撑不等距（等弯矩）布置计算

计算简图如图 2-30 所示，横垫木和横撑木的间距为不等距支设，随基坑（槽、管沟）深度而变化，土压力增大而加密，使各跨间承受弯矩相等。

设土压力 E_{a1} 平均分布在高度 h_1 上，并假定垂直挡土板各跨均为简支，则 h_1 跨单位

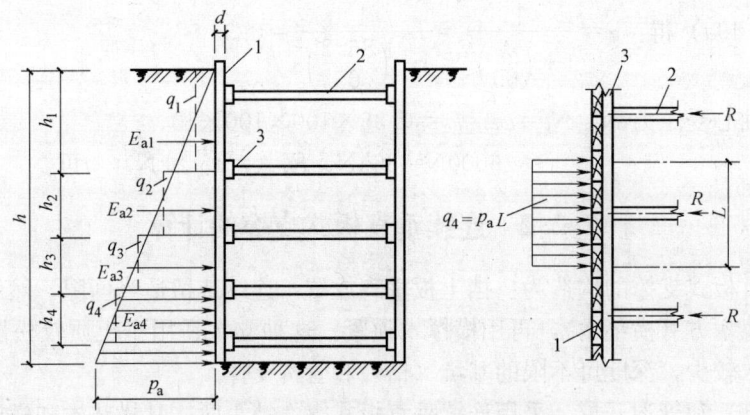

图 2-30 连续垂直板式不等距横支撑计算简图
1—垂直挡土板；2—横撑木；3—横垫木

长度的弯矩为：

$$M_1 = \frac{E_{a1} h_1}{8} = \frac{d^2}{6} f_m$$

将 $E_{a1} = \frac{1}{2}\gamma h_1^2 \tan^2\left(45° - \frac{\varphi}{2}\right)$ 代入上式得：

$$\frac{1}{16}\gamma h_1^3 \tan^2\left(45° - \frac{\varphi}{2}\right) = \frac{d^2}{6} f_m$$

$$h_1^3 = \frac{2.67 d^2 f_m}{\gamma \tan^2\left(45° - \frac{\varphi}{2}\right)} \tag{2-50}$$

式中　d——垂直挡土板的厚度（cm）；
　　　f_m——木材的抗弯强度设计值，考虑受力不匀因素，取 $f_m = 10 \text{N/mm}^2$；
　　　γ——土的平均重度，取 18kN/m^3；
　　　φ——土的内摩擦角（°）。

将 f_m、γ 值代入（2-50）式得：

$$h_1 = 0.53 \cdot \sqrt[3]{\frac{d^2}{\tan^2\left(45° - \frac{\varphi}{2}\right)}} \quad (\text{m}) \tag{2-51}$$

其余横垫木（横撑木）间距，可按等弯矩条件进行计算：

$$\frac{E_{a1} h_1}{8} = \frac{E_{a2} h_2}{8} = \frac{E_{a3} h_3}{8} = \cdots = \frac{E_{an} h_n}{8}$$

将 E_{a1}、E_{a2}、E_{a3}……E_{an} 代入得：

$$h_1 \cdot h_1^2 = h_2 [(h_1 + h_2)^2 - h_1^2]$$
$$= h_3 [(h_1 + h_2 + h_3)^2 - (h_1 + h_2)^2]$$
$$\cdots\cdots$$
$$= h_n \left[\left(\sum_1^n h\right)^2 - \left(\sum_1^{n-1} h\right)^2\right]$$

解之得　　　　$h_2 = 0.62 h_1$ 　　　　　　　　　　　　　　(2-52)

$$h_3 = 0.52h_1 \tag{2-53}$$

$$h_4 = 0.46h_1 \tag{2-54}$$

$$h_5 = 0.42h_1 \tag{2-55}$$

$$h_6 = 0.39h_1 \tag{2-56}$$

如已知垂直挡土板厚度，即可由（2-51）～（2-56）式求得横垫木（横撑木）的间距。一般垂直挡土板厚度为 50～80mm，横撑木视土压力的大小和基坑垫（槽、管沟）的宽、深采用 100mm×100mm～160mm×160mm 方木或直径 80～150mm 圆木。

以上布置挡土板的厚度按等弯矩受力计算较为合理，也是实际常用布置方式。

【例 2-15】 已知基坑槽深为 5m，土的重度为 18kN/m³，内摩擦角 $\varphi=30°$，采用 50mm 厚木垂直挡土板，试求横垫木（横撑木）的间距。

【解】 基坑槽深 5.0m，考虑试用四层横垫木及横撑木。由式（2-51）得最上层横垫木及横撑木间距为：

$$h_1 = 0.53 \cdot \sqrt[3]{\frac{5.0^2}{\tan^2\left(45° - \frac{30°}{2}\right)}} = 2.24\text{m}$$

由式（2-52）、式（2-53）可算得下两层横垫木及横撑木的间距为：

$$h_2 = 0.62h_1 = 0.62 \times 2.24 = 1.39\text{m}$$

$$h_3 = 0.52h_1 = 0.52 \times 2.24 = 1.16\text{m}$$

2.3 挡土板桩支护计算

板桩是在深基坑开挖时用打桩机沉入土中，构成一排连续紧密的薄墙，作为基坑的支护，用来承受土和水产生的水平压力，并依靠它打入土内的水平阻力，以及设在板桩上部的拉锚或支撑来保持支护的稳定。板桩支护使用的材料有型钢、木板材、钢筋混凝土等，其中钢板桩由于强度高，连接紧密可靠，打设方便，应用最为广泛。

挡土钢板桩根据基坑挖土深度、土质情况、地质条件和相邻近建筑、管线情况等，可采用悬臂板桩、单拉锚（支撑）板桩和多锚（支撑）板桩等形式，对坑壁支护，以便于基坑开挖。

作用在板桩上的土侧压力，与土的内摩擦角 φ、黏聚力 c 和重度 γ 有关，其值应由工程地质勘察报告提供，如经坑内打桩、降水后，土质有挤密、固结或扰动情况，φ、c、γ 值应作调整，应再进行二次勘察测定。如土层不同时，应分层计算土侧压力，对于不降水的一侧，应分别计算地下水位以下的土和水对板桩的侧压力。

地面荷载包括静载（堆土、堆物等）和活载（施工活载、汽车、吊车等），按实际情况折算成均布荷载计算。

2.3.1 悬臂式板桩计算

悬臂式板桩指顶端不设支撑或锚杆，完全依靠打入足够的入土深度来保证其稳定性。
悬臂式板桩的入土深度和最大弯矩的计算，一般按以下步骤进行（图 2-31）：

1. 试算确定埋入深度 t_1 　先假定埋入深度 t_1，然后将净主动土压力 acd 和净被动土

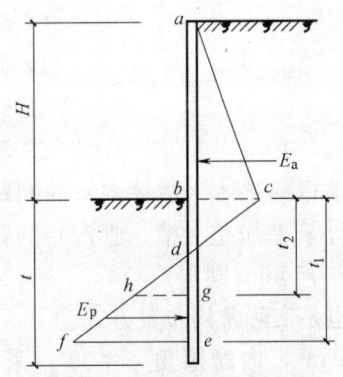

图 2-31 悬臂式板桩计算简图
H—板桩悬臂高度；E_a—主动土压力；
E_p—被动土压力

压力 def 对 e 点取力矩，要求由 def 产生的抵抗力矩大于由 acd 所产生的倾覆力矩的 2 倍，即防倾覆的安全系数不小于 2；

2. 确定实际所需深度 t　将通过试算求得的 t_1 增加 15%，以确保板桩的稳定；

3. 求入土深度 t_2 处剪力为零的点 g　通过试算求出 g 点，该点净主动土压力 acd 应等于净被动土压力 dgh；

4. 计算最大弯矩　此值应等于 acd 和 dgh 绕 g 点的力矩之差值；

5. 选择板桩截面　根据求得的最大弯矩和板桩材料的容许应力（钢板桩取钢材屈服应力的 1/2），即可选择板桩的截面、型号。

对于中小型工程，长 4m 内的悬臂板桩，如土层均匀，已知土的重度 γ、内摩擦角 φ 和悬臂高度 h，亦可参考表 2-6 来确定最小入土深度 $t_{\min}$ 和最大弯矩 $M_{\max}$。

不同悬臂长度时的最小埋深 $t_{\min}$ 及最大弯矩 $M_{\max}$　　表 2-6

内摩擦角 φ	下面悬臂长度(m)时的最小埋深 $t_{\min}$(m)						下面悬臂长度(m)时的最大弯矩 $M_{\max}$(kN·m)					
	1.5	2.0	2.5	3.0	3.5	4.0	1.5	2.0	2.5	3.0	3.5	4.0
20°	0.9	2.2	—	—	—	—	17	44	—	—	—	—
25°	0.6	1.4	2.6	—	—	—	13	26	52	—	—	—
30°	0.5	0.9	1.7	3.0	—	—	7	16	34	58	—	—
35°	—	0.6	1.1	2.1	3.4	4.0	5	10	23	42	66	84
40°	—	0.6	0.8	1.5	2.3	3.0	4	8	15	28	45	59
45°	—	0.5	0.7	1.1	1.6	2.4	—	6	11	20	30	46
50°	—	—	0.5	0.8	1.1	2.0	—	5	8	16	21	41

注：本表适用于土重度为 15.5～18.0kN/m³ 情况。

2.3.2 单锚（支撑）式板桩计算

单锚板桩按入土的深度，分为以下两种计算方法：

一、单锚浅埋板桩计算

假定上端为简支，下端为自由支承。这种板桩相当于单跨简支梁，作用在桩后为主动土压力，作用在桩前为被动土压力（图 2-32）。

主动土压力　　$$E_a = \frac{1}{2} e_a (H+t) = \frac{1}{2} \gamma (H+t)^2 K_a \tag{2-57}$$

被动土压力　　$$E_p = \frac{1}{2} e_p t = \frac{1}{2} \gamma t^2 K_p \tag{2-58}$$

式中　e_a——主动土压力最大压强，$e_a = \gamma (H+t) K_a$；

e_p——被动土压力最大压强，$e_p = \gamma t K_p$；

K_a——主动土压力系数，$K_a = \tan^2 \left(45° - \dfrac{\varphi}{2}\right)$；

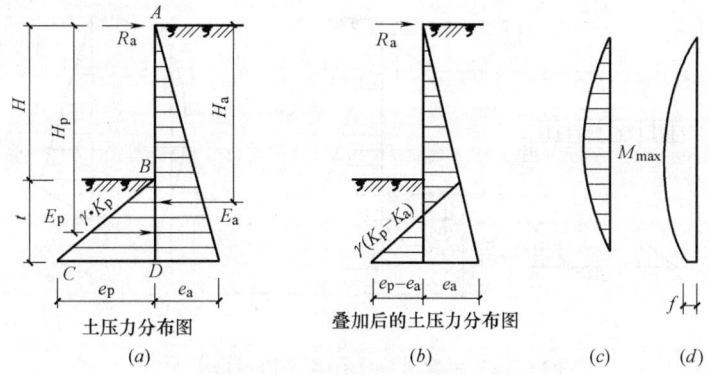

图 2-32 单锚浅埋板桩计算简图
(a) 土压力分布图；(b) 叠加后的土压力分布图；(c) 弯矩图；(d) 板桩变形图

K_p——被动土压力系数，$K_p = \tan^2\left(45° + \dfrac{\varphi}{2}\right)$；

γ——土的重度。

为使板桩保持稳定，在 A 点的力矩应等于零，即使 $\Sigma M_A = 0$，亦即：

$$E_a H_a - E_p H_p = E_a \cdot \frac{2}{3}(H+t) - E_p\left(H + \frac{2}{3}t\right) = 0$$

整理后即可求得所需的最小入土深度 t：

$$t = \frac{(3E_p - 2E_a)H}{2(E_a - E_p)} \tag{2-59}$$

再根据 $\Sigma X = 0$，即可求得作用在 A 点的锚杆拉力 R_a 为：

$$R_a - E_a + E_p = 0$$
$$R_a = E_a - E_p \tag{2-60}$$

根据求得之入土深度 t 和锚杆拉力 R_a，可画出作用在板桩上的所有的力，并依此可求得剪力为零的点，在该点截面处可求出最大弯矩 M_{max}，根据此最大弯矩来选用板桩截面。

由于 E_a 和 E_p 均为 t 的函数，通常先假定 t 值，然后进行验算，如不合适，再重新假定 t 值，直至合适时为止。

板桩的入土深度 t 主要取决于被动土压力，计算时，被动土压力（三角形 BCD）一般只取其一部分，即安全系数取 2。

二、单锚深埋板桩计算

单锚深埋板桩上端为简支，下端为固定支承，其计算常用等值梁法，较为简便。其基本原理如图 2-33 所示。ab 为一梁，其一端为简支，另一点固定，正负弯矩在 c 点转折。如在 c 点切断 ab 梁，并于 c 点置一自由支承形成 ac 梁，则 ac 梁上的弯矩值不变，此 ac 梁即为 ab 梁上 ac 段的等值梁。

用等值梁法计算板桩，为简化计算，常用土压力等于零的位置来代替正负弯矩转折点的位置，其计算步骤和方法如下：

（1）计算作用于板桩上的土压力强度，并绘出土压力分布图。计算土压力强度时，应考虑板桩墙与土的摩擦作用，将板桩墙前和墙后的被动土压力分别乘以修正系数（为安全

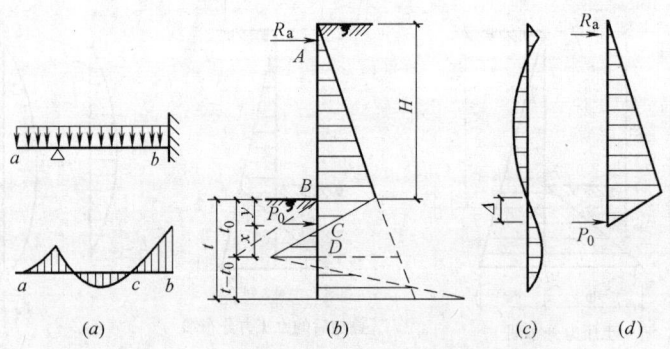

图 2-33 用等值梁法计算单锚板桩简图
(a) 等值梁法；(b) 板桩上土压力分布；(c) 板桩弯矩图；(d) 等值梁

起见，对主动土压力则不予折减），钢板桩的被动土压力修正系数见表 2-7。t_0 深度以下的土压力分布可暂不绘出；

钢板桩的被动土压力修正系数　　表 2-7

土的内摩擦角 φ	40°	35°	30°	25°	20°	15°	10°
K	2.3	2.00	1.80	1.70	1.60	1.40	1.20
K'	0.35	0.40	0.47	0.55	0.64	0.75	1.00

(2) 计算板桩墙上土压力强度等于零的点离挖土面的距离 y。在 y 处板桩墙前的被动土压力等于板桩墙后的主动土压力，即

$$\gamma K \cdot K_p \cdot y = \gamma K_a(H+y) = P_b + \gamma K_a y$$

$$y = \frac{P_b}{\gamma(K \cdot K_p - K_a)} \tag{2-61}$$

式中　P_b——挖土面处板桩墙后的主动土压力强度值；
其余符号意义同前。

(3) 按简支梁计算等值梁的最大弯矩 M_{max} 和两个支点的反力（即 R_a 和 P_0）；

(4) 计算板桩墙的最小入土深度 t_0，$t_0 = y + x$；

x 可根据 P_0 和墙前被动土压力对板桩底端的力矩相等求得，即

$$P_0 = \frac{\gamma(K \cdot K_p - K_a)}{6} x^2 \tag{2-62}$$

所以

$$x = \sqrt{\frac{6P_0}{\gamma(K \cdot K_p - K_a)}} \tag{2-63}$$

板桩实际埋深应位于 x 之下，故所需实际板桩的入土深度为：

$$t = (1.1 \sim 1.2) t_0 \tag{2-64}$$

一般取下限 1.1，当板桩后面为填土时取 1.2。
用等值梁法计算板桩是偏于安全的。

2.3.3 多锚（支撑）式板桩计算

一、支撑（锚杆）的布置和计算

支撑（锚杆）层数和间距的布置，影响着板桩、横梁和横撑的截面尺寸和支撑数量。

其布置方式有以下两种：

1. 等弯矩布置

这种布置是将支撑布置成使板桩各跨度的最大弯矩相等，且等于板桩的允许抵抗弯矩，以便充分发挥板桩的抗弯强度，并使板桩材料最经济。计算步骤为：

（1）根据施工条件，选定一种类型的板桩，并查得或计算其截面模量 W，常用钢板桩型号、规格和性能如表 2-8 所示。

钢板桩型号与技术规格　　　　　　表 2-8

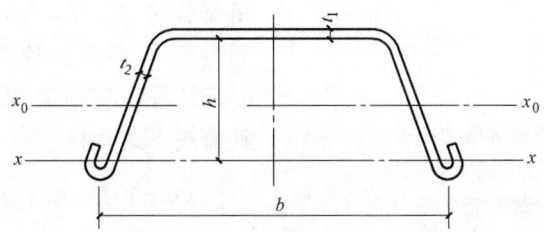

型 号	截面尺寸（mm）				每延长米面积 (cm^2)	每延长米重量 (kg)	每延长米截面矩 (cm^3)
	B	h	t_1	t_2			
拉森Ⅱ	400	100	10.5	—	61.18	48.0	874
拉森Ⅲ	400	145	13.0	8.5	198.00	60.0	1600
拉森Ⅳ	400	155	15.5	11.0	236.00	74.0	2037
拉森Ⅴ	420	180	20.5	12.0	303.00	100.0	3000
拉森Ⅵ	420	220	22.0	14.0	370.00	121.8	4200
鞍Ⅳ	400	155	15.5	10.5	247.00	77.0	2040

注：1. 拉森型钢板桩长度有 12、18 和 30m 三种，根据需要可焊接接长；
　　2. 鞍Ⅳ型亦属拉森型。

（2）根据其允许抵抗弯矩计算桩顶部悬臂部分的最大允许跨度 h：

由 $[f] = \dfrac{M_{max}}{W} = \dfrac{\frac{1}{6}\gamma K_a h^3}{W}$

所以 $h = \sqrt[3]{\dfrac{6[f]W}{\gamma \cdot K_a}}$ （2-65）

式中 $[f]$——板桩的抗弯强度设计值；
　　　γ——板桩墙后的土的重度；
　　　K_a——主动土压力系数。

（3）计算下部各层支撑的跨度（即支撑的间距），把板桩视作一个承受三角形荷载的连续梁，各支点近似地假定为不转动，即把每跨都视作两端固定，可按一般力学计算算出各支点最大弯矩都等于 M_{max} 时各跨的跨度，其值如图 2-34 所示。

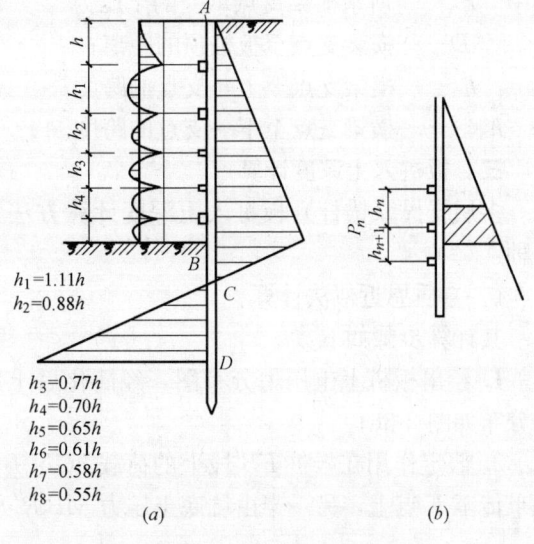

$h_1 = 1.11h$
$h_2 = 0.88h$
$h_3 = 0.77h$
$h_4 = 0.70h$
$h_5 = 0.65h$
$h_6 = 0.61h$
$h_7 = 0.58h$
$h_8 = 0.55h$

图 2-34　支撑的等弯矩布置

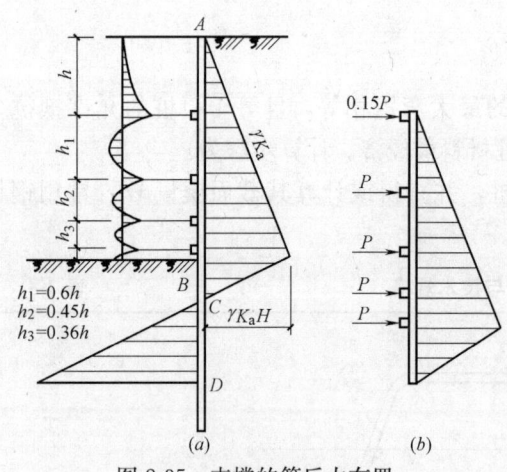

图 2-35 支撑的等反力布置
(a) 支撑的等反力布置计算简图；
(b) 三角形荷载的连续梁

(4) 如算出的支撑层数过多或过少，可另外再选择板桩的规格，按上述步骤重新计算各跨跨度。

2. 等反力布置计算

这种布置是使各层横梁和支撑所承受的力都相等，以简化支撑系统，而不考虑充分利用板桩的抗弯强度。

计算支撑间距时，把板桩视作承受三角荷载的连续梁，解之即得到各跨的跨度，如图 2-35 所示。这样除顶部支撑压力为 $0.15P$ 外，其他支撑承受的反力均为 P，其值按下式计算：

$$(n-1)P + 0.15P = \frac{1}{2}\gamma \cdot K_a \cdot h^2$$

$$P = \frac{\gamma K_a h^2}{2(n-0.85)} \qquad (2-66)$$

通常按第一跨的最大弯矩进行板桩截面的选择。

以上两种是理论上较理想的布置方式，如实际施工中因某种原因不能按上述布置支撑（或锚杆）时，则将板桩视作承受三角形荷载的连续梁，用力矩分配法计算板桩的弯矩和反力，用来验算板桩截面和选择支撑规格。

二、横梁计算

支撑间距确定后，可按照图 2-35b 计算横梁所承受的均布水平荷载 P_n。即假定横梁承受相邻两跨各半跨上的土压力：

$$P_n = \frac{1}{2}\gamma_1 K_a \cdot D(h_n + h_{n+1}) \qquad (2-67)$$

式中 P_n——所求横梁支点承受的土压力；
D——横梁支点至板桩顶的距离；
h_n——横梁支点至上一支点的跨度；
h_{n+1}——横梁支点至下一支点的跨度。

三、板桩入土深度计算

多层支撑（锚杆）板桩入土深度计算方法有两种：

（一）盾恩近似法计算

其计算步骤如下：

1. 绘出板桩上土压力分布图，经简化后土压力分布如图 2-36；

2. 假定作用在板桩 FB' 段上的荷载 $FGN'B'$ 一半传至 F 点上，另一半由坑底土压力 $MB'R'$ 承受，由图 2-36 几何关系可得：

$$\frac{1}{2}\gamma K_a H(L_5 + x) = \frac{1}{2}\gamma(K_p - K_a)x^2$$

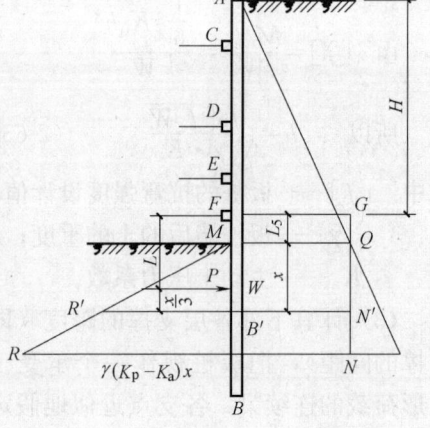

图 2-36 多层支撑板桩计算简图

$$(K_p - K_a)x^2 - K_a H x - K_a H L_5 = 0 \tag{2-68}$$

式中 K_p、K_a、H、L_5 均为已知数,解之即得入土深度 x。

3. 坑底被动土压力的合力 P 的作用点,在离坑底 $2/3x$ 处的 W 点,假定此 W 点即为板桩入土部分的固定点,所以板桩最下面一跨的跨度为:

$$FW = L_5 + \frac{2}{3}x \tag{2-69}$$

4. 假定 F、W 两点皆为固定端,则可以近似地按两端固定计算 F 点的弯矩。

(二) 等值梁法计算

其计算步骤和方法同单锚板桩。

1. 绘出土压力分布图,如图 2-37;

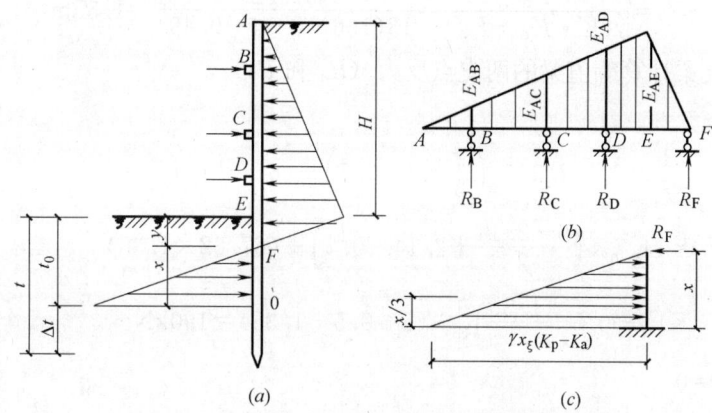

图 2-37 等值梁法计算多层支撑板桩计算简图
(a) 土压力分布;(b) 等值梁;(c) 入土深度计算简图

2. 计算板桩墙上土压力强度等于零点离挖土面的距离 y;

3. 按多跨连续梁 AF 用力矩分配法计算各支点和跨中的弯矩,从中求出最大弯矩 M_{max},以验算板桩截面;并可求出各支点反力 R_B、R_C、R_D、R_F 即作用在横梁上的荷载;

4. 根据 R_F 和墙前被动土压力对板桩底端 O 的力矩相等的原理可求得 x,而 $t_0 = x + y$,所以入土深度为:

$$t = (1.1 \sim 1.2)t_0 \tag{2-70}$$

式中符号意义同前。

【例 2-16】 某箱形基础,挖土深度 6m,经打桩和井点降水后实测土的平均重度为 18kN/m³,平均内摩擦角 $\varphi = 20°$,距板桩外 1.5m 有 30kN/m² 的均布荷载,拟用拉森型钢板桩单拉锚支护,试求板桩的入土深度和选择板桩截面。

【解】 (1) 计算作用于板桩上的土压力强度并绘出压力分布图 (图 2-38)。

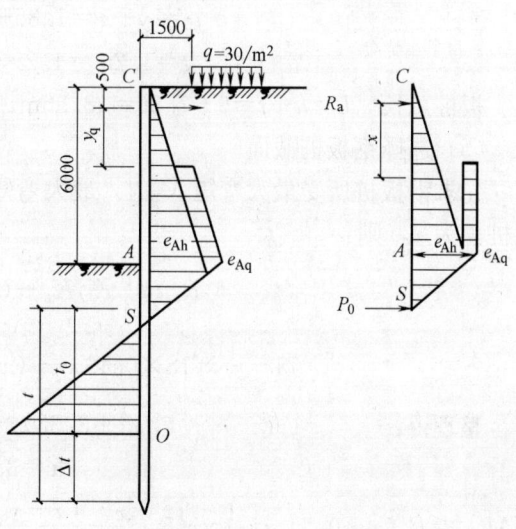

图 2-38 板桩土压力分布

2 基坑支护工程

$$K_p = \tan^2\left(45° + \frac{20°}{2}\right) = 2.04$$

$$K_a = \tan^2\left(45° - \frac{20°}{2}\right) = 0.49$$

$$e_{Ah} = \gamma h K_a = 18 \times 6 \times 0.49 = 52.92 \text{kN/m}^2$$

$$e_{Aq} = q K_a = 30 \times 0.49 = 14.7 \text{kN/m}^2$$

所以

$$P_b = e_{Ah} + e_{Aq} = 52.92 + 14.70 = 67.62 \text{kN/m}^2$$

$$y_q = \tan\left(45° + \frac{20°}{2}\right) \times 1.5 = 2.14 \text{m}$$

(2) 计算 y 值

$$y = \frac{P_b}{\gamma(K \cdot K_p - K_a)} = \frac{67.62}{18(1.6 \times 2.04 - 0.49)} = 1.35 \text{m}$$

(3) 按简支梁计算等值梁的两支点反力（R_a 和 P_0）：

$$\Sigma M_c = 0$$

$$P_0 = \left[\frac{1}{2} \times 6 \times 52.92 \times \left(\frac{2}{3} \times 6 - 0.5\right) + (6 - 2.14)\right.$$

$$\left. \times 14.7 \times \left(\frac{6 - 2.14}{2} + 2.14 - 0.5\right) + (67.62 \times 1.35)\right.$$

$$\left. \times \left(6 - 0.5 + \frac{1.35}{3}\right)\right] \div (6 - 0.5 + 1.35) = 190 \text{kN}$$

$$\Sigma Q = 0$$

$$R_a = \frac{1}{2} \times 6 \times 52.92 + (6 - 2.14) \times 14.7 + \frac{1}{2} \times 1.35 \times 67.62 - 190 = 71 \text{kN}$$

(4) 计算板桩最小入土深度 t_0

按公式 (2-63) 得：

$$x = \sqrt{\frac{6 \times 190}{18(1.6 \times 2.04 - 0.49)}} = 4.78 \text{m}$$

$$t_0 = y + x = 1.35 + 4.78 = 6.13 \text{m}$$

$$t = 1.2 t_0 = 1.2 \times 6.13 = 7.36 \text{m}$$

板桩总长 $L = h + t = 6 + 7.36 = 13.36 \text{m}$，取 15m

(5) 选择钢板桩截面

先求钢板桩所受最大弯矩 M_{max}。最大弯矩处即为剪力等于零处，设剪力等于零处距板桩顶为 x，则：

$$R_a - \frac{1}{2} x^2 \gamma K_a - (x - y_q) q K_a = 0$$

$$71 - \frac{1}{2} \times 18 \times 0.49 x^2 - (x - 2.14) \times 30 \times 0.49 = 0$$

整理得：

$$x^2 + 3.33x - 23.23 = 0$$

$$x = 3.43$$

$$M_{max} = R_a(x - 0.5) - \left[\frac{1}{2} \gamma x^2 K_a \frac{x}{3} + \frac{(x - y_q)^2}{2} q K_a\right]$$

$$=71(3.43-0.5)-\left[\frac{1}{2}\times18\times3.43^2\times0.49\times\frac{3.43}{3}+\frac{(3.43-2.14)^2}{2}\times30\times0.49\right]$$
$$=136.5\text{kN}\cdot\text{m}$$

采用Ⅲ号拉森钢板桩，$W=1600\text{cm}^3$

$$f=\frac{136500\times0.74}{1600\times10^{-6}}=63.13\text{MPa}<\frac{1}{2}[f]=100\text{MPa}$$

【例 2-17】 地下室工程基坑挖深 $H=10\text{m}$，采用钢板桩围护，地质资料如图 2-39。地面附加荷载为 30kPa，采用井点降水，拉森Ⅴ型钢板桩 $W=3000\text{cm}^3$，$[f]=200\text{MPa}$，试求板桩入土深度。

【解】 (1) γ、φ、c 按 19.8m 范围内的加权平均值计算：

$$\gamma_{\text{平均}}=\frac{2.8\times18.2+4.6\times17.7+12.4\times17.2}{19.8}=17.5\text{kN/m}^3$$

$$\varphi_{\text{平均}}=\frac{2.8\times14+4.6\times14.7+12.4\times12}{19.8}=12.9°$$

$$c_{\text{平均}}=\frac{2.8\times11+4.6\times7.0+12.4\times6.5}{19.8}=7.3\text{MPa}$$

(2) 确定支撑层数及间距

按等弯矩布置确定各层支撑的间距，则板桩顶部悬臂端的最大允许跨度，由式 (2-65) 得：

$$h=\sqrt[3]{\frac{6[f]W}{\gamma K_a}}=\sqrt[3]{\frac{6\times200\times10^5\times3000}{17.5\times10^3\times0.633}}=319\text{cm}=3.19\text{m}$$

$h_1=1.11h=1.11\times3.19=3.54\text{m}$

$h_2=0.88h=0.88\times3.19=2.81\text{m}$

$h_3=0.77h=0.77\times3.19=2.46\text{m}$

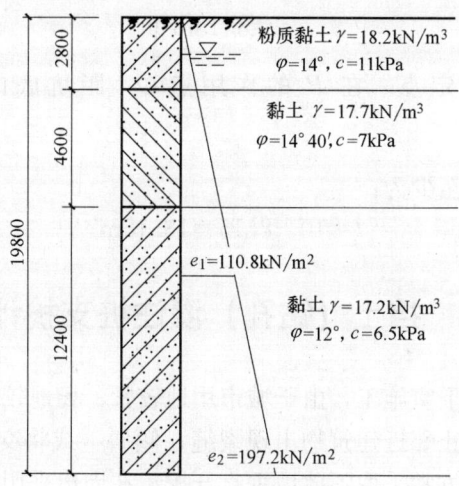

图 2-39 地质剖面图

根据具体情况，确定采用的布置如图 2-40 所示。

(3) 用盾恩近似法计算板桩入土深度

因采用井点降水，坑底以下的土密度不考虑浮力影响。

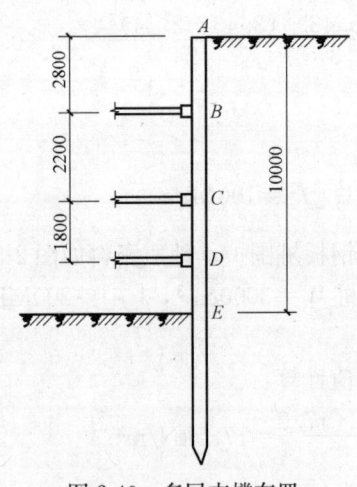
图 2-40 多层支撑布置

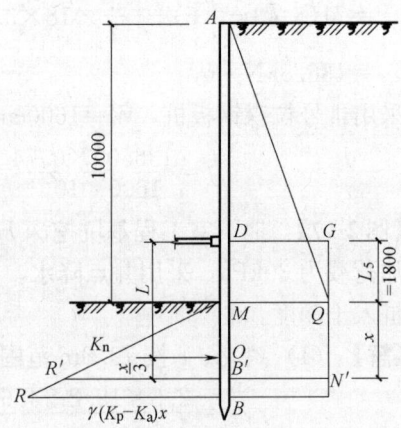
图 2-41 计算简图

主动土压力系数 $K_a = \tan^2\left(45° - \dfrac{13°}{2}\right) = 0.633$

被动土压力系数 $K_p = \tan^2\left(45° + \dfrac{13°}{2}\right) = 1.583$

由图 2-41 知，$\overset{\frown}{MR}$ 的斜率：

$$K_n = \gamma(K_p - K_a) = 17.5(1.583 - 0.633) = 16.6$$

$$e_1 = MQ = K_a \gamma H = 0.633 \times 17.5 \times 10 = 110.8 \text{kN/m}^2$$

DB' 板桩上的荷载 $GDB'N'$ 一半传至 D 点，另一半传至土压力 $MR'B'$，由式（2-68）得：

$$\gamma(K_p - K_a)x^2 - K_a \gamma H x - K_a \gamma H L_5 = 0$$

$$16.6x^2 - 110.8x - 110.8 \times 1.8 = 0$$

$$x = 8.15 \text{m}$$

根据入土部分的固定点，在 P 的作用点 O，距坑底的距离为：$\dfrac{2}{3}x = \dfrac{2}{3} \times 8.15 = 5.43\text{m}$。

故知，板桩的总长度至少为：

$$l = 10 + 8.15 = 18.15\text{m}$$

2.4 挡土（钻孔）灌注桩支护计算

高层建筑深基础或地下室施工，由于城市用地较紧，场地较狭，周围建筑物、道路密集，地下管网较多，为防止邻近建筑物出现裂缝、倾斜（或将交通和管线切断），保证正常使用和安全，深基坑土方常采取不放坡垂直开挖，在周边采用钢筋混凝土挡土护坡灌注桩（简称挡土灌注桩，下同）支护。这种支护具有刚度大，位移小，施工方便，振动、噪声低，节省钢材，费用较省等特点，有的还可作为结构的支承部分，在工程施工中得到广泛的应用。

挡土灌注桩支护的计算，一般有两种方法：一是计算与图表相结合计算法；一是近似计算法（参见"2.10 土层锚杆施工计算"一节），现将前法简介如下：

挡土灌注桩支护一般有三种类型，即（1）桩顶部设锚杆（或支撑）；（2）桩为悬臂式，顶部无拉结；（3）在桩上部适当部位设置1～3道锚杆拉结。

2.4.1 桩顶设锚杆（或支撑）拉结的计算

如图 2-42 所示顶部位拉结桩，设土为非黏性土，并设墙背与填土间摩擦角 $\delta=0$，取长度计算单位为 1m，则作用在桩上的力有：

$$E_{a1}=\frac{\gamma(h+x)^2}{2}\tan^2\left(45°-\frac{\varphi}{2}\right)=\frac{\gamma(h+x)^2}{2}K_a$$

$$E_{a2}=p(h+x)\tan^2\left(45°-\frac{\varphi}{2}\right)=p(h+x)K_a$$

$$E_p=\frac{\gamma x^2}{2}\tan^2\left(45°+\frac{\varphi}{2}\right)=\frac{\gamma x^2}{2}K_p$$

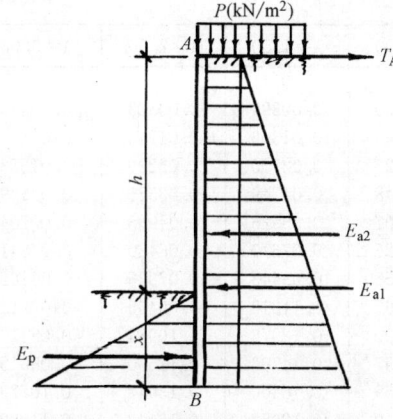

图 2-42 顶部有拉结桩计算简图

式中　γ——土的重度（kN/m³）；
　　　φ——土的内摩擦角（°）；
　　　K_a——主动土压力系数；
　　　K_p——被动土压力系数；
　　　E_a——主动土压力（kN）；
　　　E_p——被动土压力（kN）。

因桩顶部设锚杆（或支撑），A点为铰接，B点设为弹性嵌固，亦为铰接，A及B点均不发生位移，可按简支计算，取$\Sigma M_A=0$，则

$$E_{a1}\cdot\frac{2(h+x)}{3}+E_{a2}\cdot\frac{(h+x)}{2}=E_p\left(h+\frac{2}{3}x\right) \quad (2-71)$$

将 E_{a1}、E_{a2} 及 E_p 值代入得：

$$\frac{\gamma K_a(h+x)^3}{3}+\frac{pK_a(h+x)^2}{2}-\frac{\gamma K_p x^2\left(h+\frac{2}{3}x\right)}{2}=0 \quad (2-72)$$

设 $\omega=\frac{x}{h}$，$\lambda=\frac{pK_a}{h\gamma K_a}=\frac{p}{\gamma h}$ 代入式（2-72）得：

$$\frac{\gamma K_a(h+\omega h)^3}{3}+\frac{pK_a(h+\omega h)^2}{2}-\frac{\gamma K_p\omega^2 h^2\left(h+\frac{2\omega h}{3}\right)}{2}=0 \quad (2-73)$$

将上式 ω 括出，并将 $pK_a=\lambda\gamma hK_a$ 代入，并简化后得：

$$\frac{K_a}{K_p}=\frac{(1.5+\omega)\omega^2}{(1+\omega)^2(1+\omega+1.5\lambda)} \quad (2-74)$$

当 $p=0$ 时，即地面无荷载，$\lambda=0$，得：

$$\frac{K_a}{K_p}=\frac{(1.5+\omega)\omega^2}{(1+\omega)^3} \quad (2-75)$$

将式 (2-74) 制成表格如表 2-9，其中 K_a、K_p 可由 φ 计算求得，又 p、γ、h 均为已知条件，未知数 ω 可由表 2-9 查得，x 值可由 $x=\omega h$ 算得。

求锚杆拉力 T_A，如图 2-43，取 $\Sigma M_B=0$，即可得最大弯矩应在剪力为零处。设距 A 点距离 y 处剪力为零，即 $\Sigma Q_y=0$，则

$$\frac{y^2}{2}\gamma K_a + pK_a y - T_A = 0$$

解之得：

$$y = \frac{-pK_a + \sqrt{(pK_a)^2 + 2\gamma K_a T_A}}{\gamma K_a} \tag{2-76}$$

最大弯矩：

$$M_{\max} = -\frac{\gamma K_a y^3}{6} - \frac{pK_a y^2}{2} + T_A y \tag{2-77}$$

上部拉接下部简支桩计算系数   表 2-9

ω	K_a/K_p							
	$\lambda=0$	$\lambda=0.25$	$\lambda=0.50$	$\lambda=0.75$	$\lambda=1.00$	$\lambda=1.50$	$\lambda=2.00$	$\lambda=3.00$
0	0	0	0	0	0	0	0	0
0.1	0.01202	0.00896	0.00715	0.00594	0.00509	0.00395	0.00323	0.00236
0.2	0.03935	0.02998	0.02422	0.02031	0.01749	0.01369	0.01143	0.00828
0.3	0.07330	0.05723	0.04676	0.03953	0.03423	0.02700	0.02229	0.01653
0.4	0.11078	0.08738	0.07214	0.06142	0.05348	0.04249	0.03525	0.02629
0.5	0.14814	0.11851	0.09876	0.08465	0.07407	0.05926	0.04938	0.03704
0.6	0.18507	0.14952	0.12566	0.10837	0.09526	0.07670	0.06420	0.04841
0.7	0.21941	0.17976	0.15224	0.13203	0.11656	0.09443	0.07936	0.06162
0.8	0.25240	0.20888	0.17816	0.15522	0.13767	0.11218	0.09465	0.07211
0.9	0.28327	0.23658	0.20310	0.17792	0.15830	0.12976	0.10984	0.08410
1.0	0.31250	0.26315	0.22545	0.20000	0.17857	0.14706	0.12500	0.09615
1.1	0.33873	0.28740	0.24259	0.22056	0.19759	0.16400	0.13947	0.10778
1.2	0.36513	0.31196	0.27230	0.24159	0.21710	0.18052	0.15448	0.11989
1.3	0.38883	0.33552	0.29427	0.26205	0.23619	0.19660	0.16934	0.13498
1.4	0.41116	0.35560	0.31326	0.27994	0.25302	0.21222	0.18274	0.14301
1.5	0.43200	0.37565	0.33230	0.29790	0.27000	0.22737	0.19636	0.15428

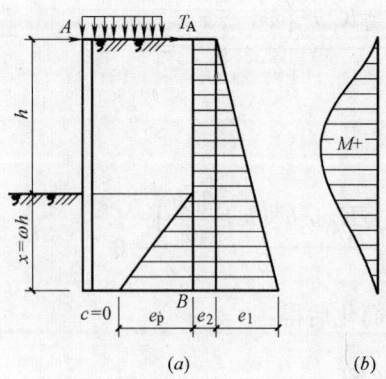

图 2-43 桩顶设锚拉杆计算简图
(a) 土压荷载面积；(b) 力矩面积

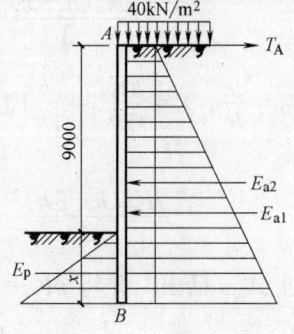

图 2-44 计算简图

【例 2-18】 高层建筑箱形基础，深 9m，周围有建筑物及道路，不能放坡开挖基坑，采用顶部有拉结灌注桩支护。地面部分地区要行走履带式吊车，土的平均内摩擦角 $\varphi=$

$30°$,平均重度 $\gamma=18\mathrm{kN/m^3}$,无地下水(图2-44),求灌注桩需埋置深度,顶部锚杆拉力 T_A,桩最大弯矩 $M_{\max}$。

【解】 (1) 计算桩深度

根据 $\varphi=30°$,求出:

$$K_a = \tan^2\left(45°-\frac{30°}{2}\right)=0.33$$

$$K_p = \tan^2\left(45°+\frac{30°}{2}\right)=3.00$$

则

$$\frac{K_a}{K_p}=0.11$$

地面荷载:履带吊车在桩边 $1.5\sim 3.5\mathrm{m}$ 时,可按 $40\mathrm{kN/m^2}$ 计算,可求出:

$$\lambda=\frac{p}{\gamma h}=\frac{40}{18\times 9}=0.25$$

查表2-9得:$\omega=0.473$

则得 $x=\omega h=0.473\times 9=4.25\mathrm{m}$

钻孔桩深为:$9+4.25=13.25\mathrm{m}$

(2) 计算拉力 T_A

$$E_{a1}=\frac{1}{2}\times 18\times 13.25^2\times 0.33=521.4\mathrm{kN}$$

$$E_{a2}=40\times 13.25\times 0.33=174.9\mathrm{kN}$$

$$E_p=\frac{18\times 4.25^2\times 3}{2}=487.6\mathrm{kN}$$

取 $\Sigma M_B=0$

$$13.25 T_A=521.4\times\frac{13.25}{3}+174.9\times\frac{13.25}{2}-487.6\times\frac{4.25}{3}$$

∴ $T_A=209.1\mathrm{kN}$

$\Sigma H=0 \quad E_{a1}+E_{a2}-T_A-E_p=0$

$521.4+174.9-209.1-487.6\approx 0$(黏聚力 $c=0$)

(3) 求最大弯矩 $M_{\max}$

剪力为零处,由式(2-76)得:

$$y=\frac{-pK_a+\sqrt{(pK_a)^2+2\gamma K_a T_A}}{\gamma K_a}$$

$$=\frac{-40\times 0.33+\sqrt{(40\times 0.33)^2+2\times 18\times 0.33\times 209.1}}{18\times 0.33}$$

$$=6.5\mathrm{m}(距桩顶)$$

由式(2-77)得:

$$M_{\max}=209.1\times 6.5-\frac{18\times 0.33\times 6.5^3}{6}-\frac{40\times 0.33\times 6.5^2}{2}=808.42\mathrm{kN\cdot m}$$

2.4.2 桩为悬臂顶部无拉结的计算

在地下固定的桩(图2-45a)可视为刚性悬臂的静定结构计算。地下为弹性嵌固的桩，如（图 2-45b）所示，桩顶部无水平拉杆，桩底为弹性嵌固，桩在主动土压力推动下，将绕桩底部反转点 D 向左转动，与此同时，在桩脚将产生一种向右转动的力，使桩保持垂直位置，这种阻止转动的力，一是从 M 到 D 向右的被动土压力，一是从 D 到 B 向左的被动土压力，它的大小等于被动土压力与主动土压力之差，即 $E_p - E_a$。布氏（H·Blum）研究认为，上述力系可以用图 2-46 代替，即将原来桩反弯点下面，即这部分阻力重心处用一个单力 p 代替，它围绕桩下端 B 点能满足 $\Sigma M = 0$ 及 $\Sigma H = 0$ 的条件。由于土的阻力是向桩脚方向逐渐增加，在取 $\Sigma M = 0$ 时，桩会得到一个较小的插入深度，布氏建议按此图形算出桩插入深度 x 后，再将它增加 20%，即为选定的插入深度，其具体计算如图 2-47 所示。

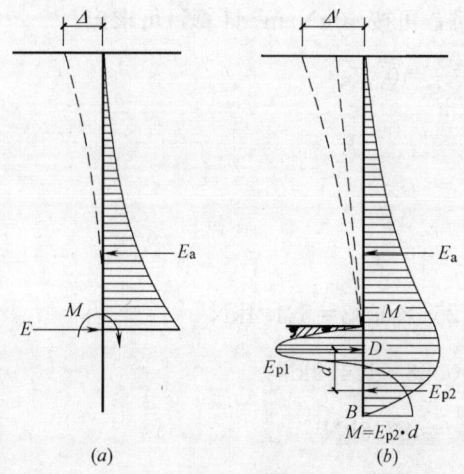
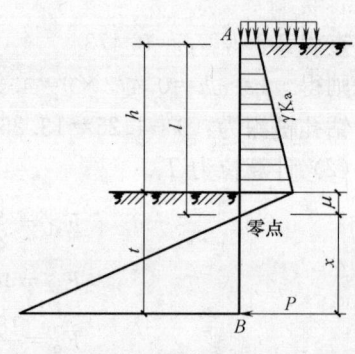

图 2-45　固定及简支的桩弯曲及位移图
(a) 固定；(b) 弹性固定

图 2-46　布氏假定代替图

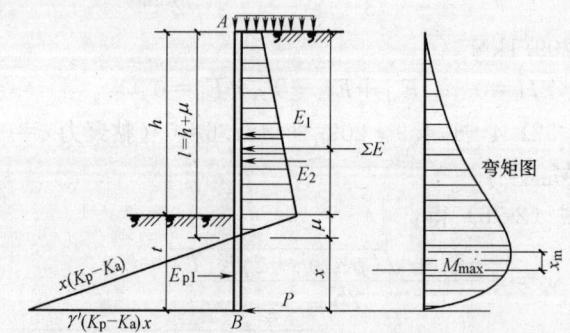

图 2-47　弹性嵌固悬臂桩荷载与弯矩计算简图

图中 ΣE 是各种主动土压力之和。E_p 是被动土压力的一部分，而其反力的另一部分被假定的 p 代替。取 $\Sigma M_B = 0$，则得：

$$\Sigma E(l + x - a) - \frac{x^3 (K_p - K_a) \gamma'}{6} = 0 \qquad (2-78)$$

式中　γ'——换算后的土重度，当为均布荷载，可折土柱高 $h' = \dfrac{p}{\gamma}$，则 $\gamma' = \gamma \dfrac{h + h'}{h}$；

K_a——主动土压力系数，$K_a = \tan^2\left(45° - \dfrac{\varphi}{2}\right)$；

K_p——被动土压力系数，$K_p = \tan^2\left(45° + \dfrac{\varphi}{2}\right)$。

将式（2-78）整理后得：

$$x^3 - \dfrac{6\Sigma E}{(K_p - K_a)\gamma'}x - \dfrac{6\Sigma E(l-a)}{(K_p - K_a)\gamma'} = 0 \tag{2-79}$$

上式令 $\omega = \dfrac{x}{h+\mu} = \dfrac{x}{l}$；$K_r = (K_p - K_a)\gamma'$（$K_r$ 为土的综合压力系数），代入式（2-79）得：

$$\omega^3 = \dfrac{6\Sigma E(1+\omega)}{K_r l^2} - \dfrac{6\Sigma E_a}{K_r l^3} \tag{2-80}$$

再令 $m = \dfrac{6\Sigma E}{K_r l^2}$；$n = \dfrac{6\Sigma E_a}{K_r l^3}$ 代入式（2-79）得：

$$\omega^3 = m(1+\omega) - n \tag{2-81}$$

m、n 与荷载、桩长有关，布氏作一曲线如图 2-48，由图 2-48 可查得 ω，由 $x = \omega l$ 可求得 x 值。

μ 值可由下式计算：
$$\mu = \dfrac{e_A}{\gamma(K_p - K_a)} \tag{2-82}$$

桩需插入深度为：$t = \mu + 1.2x$

最大弯矩在桩剪力为零处，即 $\Sigma Q = 0$，得：

$$\Sigma E = \dfrac{x_m^2(K_p - K_a)}{2}\gamma'$$

$$x_m = \sqrt{\dfrac{2\Sigma E}{(K_p - K_a)\gamma'}}$$

$$M_{\max} = \Sigma E(l + x_m - a) - \dfrac{(K_p - K_a)\gamma' x_m^3}{6} \tag{2-83}$$

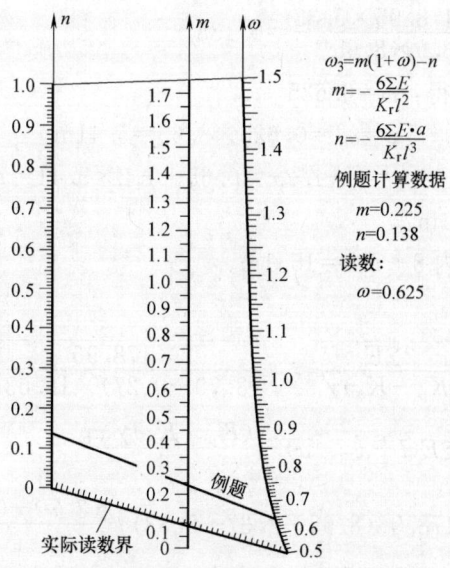

图 2-48 布氏（Blum）理论曲线

2 基坑支护工程

【例 2-19】 深基工程开挖深度为 8m，其一侧为马路，走汽车，不能设拉结，桩下土质为砂砾层，土的内摩擦角 $\varphi=35°$，重度 $\gamma=18kN/m^3$，$\alpha=0$，$\beta=0$，$\delta=0$，无地下水，采用钻孔灌注桩支护，求桩需埋置深度和最大弯矩。

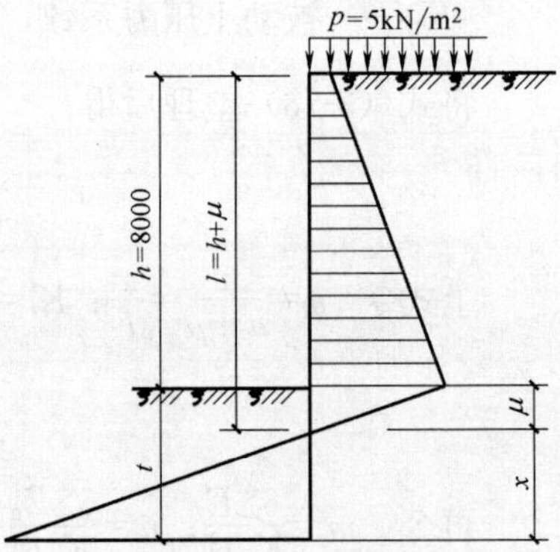

【解】 （1）桩深计算

因马路走汽车按轻路面荷载计算，折成 $p=5kN/m^2$，如图 2-49。

$$\gamma=18kN/m^3，则\quad h'=\frac{p}{\gamma}=\frac{5}{18}=0.28m$$

$$\gamma'=\gamma\frac{h+h'}{h}=18\times\frac{8+0.28}{8}=18.63kN/m^3$$

$$K_a=\tan^2\left(45°-\frac{\varphi}{2}\right)=\tan^2\left(45°-\frac{35°}{2}\right)=0.27$$

$$K_p=\tan^2\left(45°+\frac{\varphi}{2}\right)=\tan^2\left(45°+\frac{35°}{2}\right)=3.70$$

$$\mu=\frac{e_a}{(K_p-K_a)\gamma}=\frac{8\times18\times0.27+5\times0.27}{(3.70-0.27)\times18}=0.65$$

$$l=h+\mu=8+0.65=8.65m$$

$$\Sigma E=8.65\times\frac{8\times18}{2}\times0.27+5\times8\times0.27=178.96kN/m$$

$$a=\frac{2}{3}h=\frac{2}{3}\times8=5.33m$$

$$K_r=(K_p-K_a)\gamma'=(3.70-0.27)\times18.63=63.9$$

$$m=\frac{6\Sigma E}{K_r l^2}=\frac{6\times178.96}{63.9\times8.65^2}=0.225$$

$$n=\frac{6\Sigma E\cdot a}{K_r l^3}=\frac{6\times178.95\times5.33}{63.9\times8.65^3}=0.138$$

图 2-49 计算简图

由 m、n 值查图 2-48 得：$\omega=0.625$

则 $\quad x=\omega l=0.625\times8.65=5.41m$

$\quad t=\mu+1.2x=0.65+1.2\times5.41=7.14m$

故知，桩需入土深 7.1m。

钻孔灌注桩应打入土内 $8+7.1=15.1m$。

（2）最大弯矩计算

$$x_m=\sqrt{\frac{2\Sigma E}{(K_p-K_a)\gamma'}}=\sqrt{\frac{2\times178.96}{(3.70-0.27)\times18.63}}=2.37m$$

$$M_{max}=\Sigma E(l+x_m-a)-\frac{(K_p-K_a)\gamma' x_m^3}{6}$$

$$=178.96(8.65+2.37-5.33)-\frac{(3.70-0.27)\times18.63\times2.37^3}{6}$$

$$=876.5kN\cdot m$$

故知，桩最大弯矩为 $876.5kN\cdot m$。

2.4.3 桩上部设土层锚杆的计算

见"2.10 土层锚杆施工计算"一节。

2.4.4 挡土灌注桩截面的计算

混凝土灌注桩一般按钢筋混凝土正截面受弯构件计算配筋。对于沿周边均匀配置纵向钢筋的圆形截面钢筋混凝土受弯构件，当截面内纵向钢筋数量不少于6根时，其受弯承载力按下式计算：

$$M = \frac{2}{3}\alpha_1 f_c A r \frac{\sin^3\pi\alpha}{\pi} + f_y A_s r_s \frac{\sin\pi\alpha + \sin\pi\alpha_t}{\pi} \tag{2-84}$$

且

$$\alpha\alpha_1 f_c A \left(1 - \frac{\sin 2\pi\alpha}{2\pi\alpha}\right) + (\alpha - \alpha_t) f_y \cdot A_s = 0 \tag{2-85}$$

$$\alpha_t = 1.25 - 2\alpha \tag{2-86}$$

式中 M——单桩抗弯承载力（N·mm）；
 f_c——混凝土轴心抗压强度设计值（N/mm²）；
 A——混凝土灌注桩横截面积（mm²）；
 r——圆形截面的半径（mm）；
 α_1——系数，当混凝土强度等级小于C50，$\alpha_1=1$；
 f_y——钢筋抗拉强度设计值（N/mm²）；
 A_s——全部纵向钢筋的截面面积（mm²）；
 r_s——纵向钢筋所在圆周的半径（mm），$r_s = r - a_s$；
 a_s——钢筋保护层的厚度（mm）；
 α——对应于受压区混凝土截面面积的圆心角（rad）与2π的比值；
 α_t——纵向受拉钢筋截面面积与全部纵向钢筋截面面积的比值，当$\alpha>0.625$时，取$\alpha_t=0$。

计算步骤如下：

（1）根据经验假定桩的截面和配筋量A_s。

（2）根据式（2-85）用试算法求得α值，或根据计算系数$K=f_y A_s/f_c A$查表2-10得出系数α值。

（3）将α值代入（2-84）即可求得单桩抗弯承载力M。

（4）比较M值与单桩承受的弯矩值，若过大则减小A_s值，若过小则增加A_s值，重复（2）、（3）步骤，直至满足要求为止。

亦可根据计算求得桩承受的弯矩值和假定的截面，求得桩需配置的钢筋截面面积。

桩的构造配筋为：最小配筋率为0.42%；主筋保护层厚度不应小于50mm；箍筋宜采用$\phi 6 \sim 8$mm 螺旋筋，间距一般为200~300mm，每隔150~200mm层布置一根直径不小于12mm 的焊接加强箍筋，以增强钢筋笼的整体刚度，以利于钢筋笼吊放和不变形；钢筋笼一般应离孔底保持200~500mm。

【例 2-20】 某深基坑工程采用$\phi 600$mm 混凝土灌注桩作支护墙，桩中心距750mm，经计算支护墙最大弯矩为510kN·m，试求桩配筋。

【解】 (1) 单桩受最大弯矩

$$M = 510 \times 0.75 = 382.5 \text{kN} \cdot \text{m}$$

(2) 按周边均匀配筋计算

取灌注桩采用 C30，$f_c = 14.3 \text{N/mm}^2$，$f_y = 300 \text{N/mm}^2$，取保护层厚度 $a_s = 50 \text{mm}$，则 $r_s = r - a_s = 300 - 50 = 250 \text{mm}$

设钢筋配置为 16Φ22mm，$A_s = 6082 \text{mm}^2$，而 $A = \pi r^2 = 3.14 \times 300^2 = 2.83 \times 10^5 \text{mm}^2$

α 值表   表 2-10

K	α	$α_t$	K	α	$α_t$	K	α	$α_t$	K	α	$α_t$
0.01	0.113	1.204	0.26	0.272	0.706	0.51	0.311	0.628	0.76	0.332	0.586
0.02	0.139	0.972	0.27	0.274	0.702	0.52	0.312	0.626	0.77	0.333	0.584
0.03	0.156	0.938	0.28	0.276	0.698	0.53	0.313	0.624	0.78	0.334	0.582
0.04	0.169	0.912	0.29	0.278	0.694	0.54	0.314	0.622	0.79	0.334	0.580
0.05	0.180	0.890	0.30	0.280	0.690	0.55	0.315	0.620	0.80	0.335	0.578
0.06	0.189	0.872	0.31	0.282	0.686	0.56	0.316	0.618	0.81	0.336	0.578
0.07	0.197	0.856	0.32	0.284	0.682	0.57	0.317	0.616	0.82	0.336	0.576
0.08	0.204	0.842	0.33	0.286	0.678	0.58	0.318	0.614	0.83	0.337	0.576
0.09	0.210	0.830	0.34	0.288	0.674	0.59	0.319	0.612	0.84	0.337	0.574
0.10	0.216	0.818	0.35	0.289	0.672	0.60	0.320	0.610	0.85	0.338	0.572
0.11	0.222	0.806	0.36	0.291	0.668	0.61	0.321	0.608	0.86	0.339	0.572
0.12	0.226	0.798	0.37	0.293	0.664	0.62	0.322	0.606	0.87	0.339	0.570
0.13	0.231	0.788	0.38	0.294	0.662	0.63	0.323	0.604	0.88	0.340	0.570
0.14	0.235	0.780	0.39	0.296	0.658	0.64	0.323	0.604	0.89	0.340	0.568
0.15	0.239	0.772	0.40	0.297	0.656	0.65	0.324	0.602	0.90	0.341	0.568
0.16	0.243	0.764	0.41	0.298	0.654	0.66	0.325	0.600	0.91	0.341	0.566
0.17	0.247	0.756	0.42	0.300	0.650	0.67	0.326	0.598	0.92	0.342	0.566
0.18	0.250	0.750	0.43	0.301	0.648	0.68	0.327	0.596	0.93	0.342	0.566
0.19	0.253	0.744	0.44	0.303	0.644	0.69	0.327	0.596	0.94	0.343	0.564
0.20	0.256	0.738	0.45	0.304	0.642	0.70	0.328	0.594	0.95	0.343	0.564
0.21	0.259	0.732	0.46	0.305	0.640	0.71	0.329	0.592	0.96	0.344	0.562
0.22	0.262	0.726	0.47	0.306	0.638	0.72	0.330	0.590	0.97	0.344	0.562
0.23	0.264	0.722	0.48	0.307	0.636	0.73	0.330	0.590	0.98	0.345	0.560
0.24	0.267	0.716	0.49	0.309	0.632	0.74	0.331	0.588	0.99	0.345	0.560
0.25	0.269	0.712	0.50	0.310	0.630	0.75	0.332	0.586	1.00	0.346	0.558

将计算式 (2-85) 整理后，令 $K = \dfrac{f_y A_s}{f_c A}$ 得：

$$\alpha = \frac{1}{1+3K}\left(1.25K + \frac{\sin 2\pi\alpha}{2\pi}\right)$$

已知

$$K = \frac{300 \times 6082}{14.3 \times 2.83 \times 10^5} = 0.450$$

将 K 代入上式，并用试算法求得 $\alpha = 0.304$

由式 (2-86) 得 $\alpha_t = 1.25 - 2 \times 0.304 = 0.642$

或由 $K = 0.450$ 直接查表 2-10 得：

$$\alpha = 0.304; \quad \alpha_t = 0.642$$

代入式 (2-84) 得：

$$M = \frac{2}{3}f_c r^3 \sin^3 \pi\alpha + f_y A_s r_s \frac{\sin\pi\alpha + \sin\pi\alpha_t}{\pi}$$

$$= \frac{2}{3} \times 14.3 \times 300^3 \sin^3(0.304\pi)$$

$$+ 300 \times 6082 \times 250 \times \frac{\sin(0.304\pi) + \sin(0.642\pi)}{\pi}$$

$$= 1.40 \times 10^8 + 2.50 \times 10^8 = 3.90 \times 10^8 \text{N} \cdot \text{mm}$$

$$=390\text{kN}\cdot\text{m}>382.5\text{kN}\cdot\text{m}$$

故知,按 16 Φ 22mm 配筋可以满足要求。

2.4.5 桩截面配筋的节约简易计算

支护挡土灌注桩的截面按 2.4.4 节计算的前提是按周边圆均匀配筋,是考虑了任何方向都要具有相同的抗弯能力,而挡土混凝土灌注桩的受拉侧是一定的,其中有 40% 的钢筋不受拉;再按 2.4.4 节提供的圆形截面计算公式进行计算比较烦琐费时。为节省配筋和计算快捷,也可采用等效矩形截面的方法来计算配筋,即将圆截面按等效刚度原则换算成等效矩形截面,设灌注桩的直径为 D,等效矩形截面边长分别为 b 和 h,则由圆形截面和矩形截面的惯性矩相等,见图 2-50。

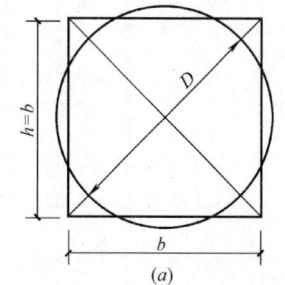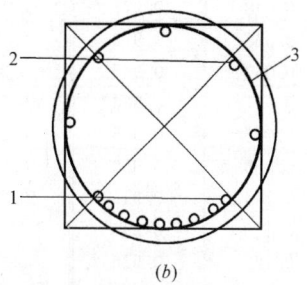

图 2-50 按等效矩形截面计算配筋简图
(a) 等效矩形截面;(b) 钢筋排列分布图
1—受拉侧主钢筋;2—构造筋;3—箍筋

按等刚度,则
$$\frac{\pi D^4}{64}=\frac{bh^3}{12} \tag{2-87}$$

再令 $h=b$ 则 $h=b=0.876D$ (2-88)

计算出正方形的边长 b 后,按 $b\times b$ 的正方形截面计算配筋,一般按钢筋混凝土梁的截面由以下简易方法计算,便可求得受拉侧纵向钢筋的截面积。

按钢筋混凝土矩形截面受弯构件,当仅配有纵向受拉钢筋时,其全部钢筋的截面面积 A_s(mm²)可按下式计算:

$$A_s=\frac{M}{\gamma_s f_y h_0} \tag{2-89}$$

其中,计算系数 γ_s 可根据系数 α_s 查表 2-11 求得,α_s 可按下式计算:

$$\alpha_s=\frac{M}{f_c b h_0^2} \tag{2-90}$$

式中 A_s——全部纵向受拉钢筋的截面面积(mm²);
M——挡土灌注桩承受的最大弯矩(N·mm);
f_c——混凝土轴心抗压强度设计值(N/mm²);对 C20 混凝土为 9.6N/mm²;对 C25 混凝土为 11.9N/mm²;对 C30 混凝土为 14.3N/mm²;
f_y——钢筋抗拉强度设计值,对 HPB300 钢筋为 270N/mm²;对 HRB335 钢筋为 300N/mm²;对 HRB400 钢筋为 360N/mm²;
h_0——截面有效高度(mm);
α_s、γ_s——计算系数,查表 2-11 求得。

钢筋混凝土矩形截面受弯构件正截面受弯承载力系数　　　　表 2-11

α_s	γ_s	α_s	γ_s	α_s	γ_s	α_s	γ_s
0.010	0.995	0.156	0.915	0.276	0.835	0.365	0.760
0.020	0.990	0.164	0.910	0.282	0.830	0.370	0.755
0.030	0.985	0.172	0.905	0.289	0.825	0.375	0.750
0.039	0.980	0.180	0.900	0.295	0.820	0.380	0.745
0.048	0.975	0.188	0.895	0.302	0.815	0.385	0.740
0.058	0.970	0.196	0.890	0.308	0.810	0.389	0.736
0.067	0.965	0.204	0.885	0.314	0.805	0.390	0.735
0.077	0.960	0.211	0.880	0.320	0.800	0.394	0.730
0.086	0.955	0.219	0.875	0.326	0.795	0.396	0.728
0.095	0.950	0.226	0.870	0.332	0.790	0.399	0.725
0.104	0.945	0.234	0.865	0.338	0.785	0.401	0.722
0.113	0.940	0.241	0.860	0.343	0.780	0.403	0.720
0.122	0.935	0.248	0.855	0.349	0.775	0.408	0.715
0.130	0.930	0.255	0.850	0.351	0.772	0.412	0.710
0.139	0.925	0.262	0.845	0.354	0.770	0.416	0.705
0.147	0.920	0.269	0.840	0.360	0.765	0.420	0.700

注：表中 $\alpha_s=0.389$ 以下数值不适于 HRB400 级钢筋；$\alpha_s=0.396$ 以下数值不适用于钢筋直径 $d\leqslant25mm$ 的 HRB325 级钢筋；$\alpha_s=0.401$ 以下数值不适用于钢筋直径 $d=28\sim40mm$ 的 HRB325 级钢筋。

此外，还可以采用以下公式计算纵向钢筋采用单边配筋时桩截面的受弯承载力 M_c：

$$M_c = A_s f_y (y_1 + y_2) \quad (2\text{-}91)$$

其中

$$y_1 = \frac{r\sin^3\pi\alpha}{1.5\alpha - 0.75\sin2\alpha} \quad (2\text{-}92)$$

$$y_2 = \frac{2\sqrt{2}r_s}{\pi} \quad (2\text{-}93)$$

式中　M_c——单边配筋时桩截面的受弯承载力（N·mm）；

　　　r——圆形截面的半径（mm）；

　　　α——对应于受压区混凝土截面面积的圆心角（rad）与 2π 的比值；

　　　r_s——纵向钢筋所在圆周的半径（mm）。

应该注意的是：采用等效矩形截面配筋的挡土混凝土灌注桩，成孔后吊放钢筋笼时，受力纵向钢筋应集中配置在桩的挡土面受拉区边缘处，防止钢筋笼错位或扭转，并在浇筑混凝土前做好隐蔽工程检查和记录，以避免钢筋放置方向不对而造成挡土灌注桩受力时破坏。

【例 2-21】　条件同例 2-20，已知挡土混凝土灌注桩承受最大弯矩 $M=382.5\text{kN·m}=382.5\times10^6\text{N·mm}$，桩采用直径 $D=600\text{mm}$，混凝土用 C30，$f_c=14.3\text{N/mm}^2$，钢筋用 $f_y=300\text{N/mm}^2$，试用等效矩形截面计算确定桩需用钢筋截面积。

【解】　由式（2-88）得：

$$b = 0.876D = 0.876\times600 = 525.6\text{mm}$$

取保护层厚度 $a_s=50\text{mm}$，由式（2-90）得

$$\alpha_s = \frac{M}{f_c b h_0^2} = \frac{382.5\times10^6}{14.3\times525.6\times475.6^2} = 0.224$$

查表（2-11）得 $\gamma_s=0.872$，则

$$A_s = \frac{M}{\gamma_s f_y h_c} = \frac{382.5 \times 10^6}{0.872 \times 300 \times 475.6} = 3074 \text{mm}^2$$

选配纵向受拉钢筋 8 Φ 22mm，$A_s = 3041\text{mm}^2$，与 3074mm^2 只差1%，可。

另在受压区配置 5 Φ 14mm 纵向构造筋。

【例 2-22】 条件同例 2-20，试按式（2-91），按等效矩形截面配置纵向钢筋，并与例 2-21 计算结果进行比较。

【解】 设置 8 Φ 22mm 钢筋，$A_s = 3041\text{mm}^2$

有：$K = f_y A_s / f_c A = 300 \times 3041 / 14.3 \times \pi \times 300^2 = 0.226$

查表 2-11 得 $\alpha = 0.2632$

代入式（2-91）得：

$$M = A_s f_y (y_1 + y_2) = A_s f_y \left(\frac{r \sin^3 \pi \alpha}{1.5\alpha - 0.75\sin 2\alpha} + \frac{2\sqrt{2} \cdot r_s}{\pi} \right)$$

$$= 3041 \times 300 \left(\frac{300 \times \sin^3(0.2632\pi)}{1.5 \times 0.2632 - 0.75\sin(2 \times 0.2632)} + \frac{2\sqrt{2} \times 250}{\pi} \right)$$

$$= 4.86 \times 10^8 \text{N} \cdot \text{mm} = 486 \text{kN} \cdot \text{m} > 382.5 \text{kN} \cdot \text{m}$$

故，按 8 Φ 22mm 进行单边纵向配筋可以满足要求。另在受压区配置 5 Φ 14mm 纵向构造钢筋。

由计算知，采用等效矩形截面纵向配筋，可以比周边均匀配筋节省主筋 50% 左右，但是还需在非受拉侧配置适当构造钢筋，因此，总纵向钢筋配置量可节省大约 30%～40%，这个节约数值是很可观的，计算方法也较 2.4.4 节传统方法简易、快捷。

【例 2-23】 已知挡土混凝土灌注桩承受最大弯矩 $M_{\max} = 382.5 \text{kN} \cdot \text{m}$，桩直径采用 $\phi 600 \text{mm}$，$A = 282600 \text{mm}^2$，混凝土用 C30，$f_c = 14.3 \text{N/mm}^2$，钢筋采用 $f_y = 300 \text{N/mm}^2$，受压区混凝土截面积的圆心角为 180°，试求钢筋截面积。

【解】 已知 $\alpha = \frac{180°}{2\pi} = 0.500$，$\alpha_t = 1.25 - 2 \times 0.5 = 0.25$，$\alpha_1 = 1$，由式（2-84）得：

$$382.5 \times 10^6 = \frac{2}{3} \times 14.3 \times 282600 \times 300 \times \frac{\sin^3 \pi \times 0.500}{3.14}$$

$$+ 300 \times A_s \times 250 \times \frac{\sin \pi \times 0.500 + \sin \pi \times 0.25}{3.14}$$

解之得：$382.5 \times 10^6 = 257.4 \times 10^6 + 4.077 \times 10^4 A_s$

$A_s = 3068.4 \text{mm}^2$

选用 Φ 22mm 钢筋，$A = 380.1 \text{mm}^2$

需要钢筋根数 $n > \frac{3068.4}{380.1} = 8.07$ 根 用 8 根

故知，受拉区需用 Φ 22mm 钢筋 8 根，另在受压区配置 5 Φ 14mm 纵向构造钢筋。

2.4.6 锚桩埋设深度计算

锚杆拉结区域应设在稳定区域内，并做锚桩（或锚板、锚梁），拉结区划分如图 2-51 所示，Ⅰ、Ⅱ 处在滑楔之内是不稳定的。Ⅲ 区接近滑块是半稳定的，Ⅳ 区是全稳定的。锚桩埋设深度可按图 2-52 计算。

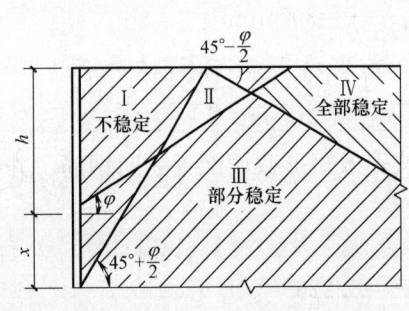

图 2-51 锚杆拉结区稳定性划分图

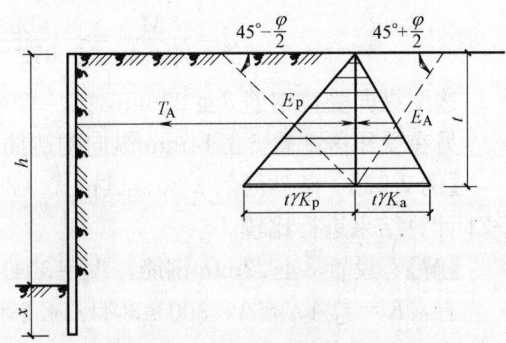

图 2-52 锚杆拉结短桩受力图

取 $\Sigma H=0$，则

$$T_A+\frac{t^2\gamma}{2}K_a-\frac{t^2\gamma}{2}K_p\cdot\frac{1}{K}=0$$

化简后得：

$$t=\sqrt{\frac{2T_A}{\gamma\left(\frac{K_p}{K}-K_a\right)}} \tag{2-94}$$

式中　t——锚桩埋设深度；

　　　K——安全系数，一般取 1.5；

其他符号意义同前。

【例 2-24】 应用例题 2-18 计算求得的 $T_A=209.1$kN 值，试求锚桩需埋置深度、锚结点位置。

【解】 由例题 2-18 知：$K_a=0.33$，$K_p=3.0$，$\gamma=18$kN/m³，由式 (2-94) 得：

$$t=\sqrt{\frac{2\times209.1}{18\left(\frac{3.0}{1.5}-0.33\right)}}=3.7\text{m}$$

故锚桩埋设深度为 3.7m。锚杆拉结作用点距地面距离为 $\frac{2}{3}t=\frac{2}{3}\times3.7=2.5$m 处。

锚桩需埋设在距灌注桩 $\frac{9}{\tan30°}=15.6$m 以外的稳定区域内。

2.5　挡土（钻孔）灌注桩支护的简易计算

2.4 节挡土灌注桩支护计算是一种常用较正规、典型的计算方法，但其计算较复杂烦琐。而实际在城市或老厂改建工程中，使用的挡土灌注桩支护往往埋深不大，使用时间较短，基坑开挖方法较简单，土质也常不同于公式假定，而使用支护形式也只悬臂和简支两种，是可以通过简易计算来满足施工需要，节省工时。

经对各种情况的挡土灌注桩支护进行分析，可得出桩入土深度 h 与挡土高度 H 的关系及桩所受弯矩 M_{max} 与主动土压力 E_a、挡土高度 H 的关系，列于表 2-12 中进行简易计算，亦即对挡土灌注桩的入土深度、承受的主动土压力 E_a 和最大弯矩 M 可参照表 2-12 和计算简图 2-53 进行简化、快速计算，即可满足现场实际施工需要。

2.5 挡土（钻孔）灌注桩支护的简易计算

挡土桩简易计算表 表2-12

项次	桩型	附加荷载	挡土高度(m)	入土深度(m)	y (m)	y_1 (m)	主动土压力 E_a (kN/m)	最大弯矩(kN·m)
1	悬臂桩	有	H	$\frac{2}{3}H$	$0.2H$	—	$E_a = \frac{1}{2}\gamma H(H+2h_0)\tan^2\left(45°-\frac{\varphi}{2}\right)$	$M_{\max} = 1.5 E_a \frac{H}{3}$
2		无	H	$\frac{2}{3}H$	$0.18H$	—	$E_a = \frac{1}{2}\gamma H^2 \tan^2\left(45°-\frac{\varphi}{2}\right)$	$M_{\max} = 1.4 E_a \frac{H}{3}$
3	简支桩	有	H	$\frac{1}{4}H$	$0.125H$	$0.25H$	$E_a = \frac{1}{2}\gamma H(H+2h_0)\tan^2\left(45°-\frac{\varphi}{2}\right)$	$M_{\max} = \frac{E_a(H-y_1)(y_1+y)}{H+y}$
4		无	H	$\frac{1}{4}H$	$0.125H$	$0.25H$	$E_a = \frac{1}{2}\gamma H^2 \tan^2\left(45°-\frac{\varphi}{2}\right)$	$M_{\max} = \frac{E_a(H-y_1)(y_1+y)}{H+y}$

注：表中 $\gamma=1.7\text{t/m}^3$，$\varphi=50°$，$h_0=\frac{q}{\gamma}$。

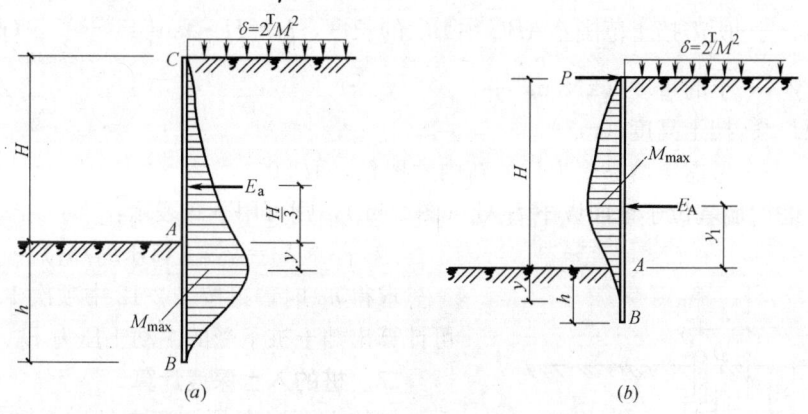

图 2-53 挡土灌注桩支护计算简图
(a) 悬臂挡土灌注桩弯矩图；(b) 简支挡土灌注桩弯矩图

简易计算步骤、方法是：

一、计算土壤对桩的水平推力

1. 当桩后无附加荷载时：只考虑土的水平推力。按库伦土压力理论和条件，其背面填土为无黏性砂土，其主动土压力 E_a（kN）和被动土压力 E_p（kN）按以下两式计算：

$$E_a = \frac{1}{2}\gamma H^2 \tan^2\left(45°-\frac{\varphi}{2}\right) \quad (2-95)$$

$$E_p = \frac{1}{2}\gamma H^2 \tan^2\left(45°-\frac{\varphi}{2}\right) \quad (2-96)$$

式中 γ——土的重度（kN/m³）；
H——挡土墙高度（m）；
φ——土的内摩擦角（°）。

考虑城市和老厂改建中，土质多为黏性杂填土，挡土时间短，因此在使用时，式（2-95）和式（2-96）中的 φ 可换新的内摩擦角。再放坡一般用图 2-54 形式，图中 $\tan\alpha = \frac{H}{3} \times \frac{1}{H} = 0.333$，即 $\angle\alpha=18°16'$，为简化和安全，可取 $\angle\alpha=20°$，因 $\angle\alpha=45°-\frac{\varphi}{2}$，则 $\varphi=50°$，将新的 φ 代入表 2-12 中土压力

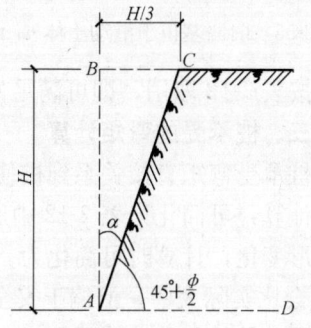

图 2-54 基坑放坡示意图

公式，便可以求出 E_a 和 E_p，即为土壤对挡土灌注桩的水平推力，其合力作用点距底部 $H/3$ 处。

2. 当桩后有附加荷载时：如挡土桩后有旧房基础、墙，将对桩形成了一个附加水平推力，计算时可将此荷载折算成作用于土层表面的均布荷载，再将它换算成等代土层厚度由下式计算：

$$h_{0,\max}=\frac{Q}{b \cdot l_0 \cdot \gamma} \tag{2-97}$$

式中 $h_{0,\max}$——等代土层厚度（m）；
   Q——附加荷载总重（kN）；
   b——附加荷载作用长度（m）；
   l_0——所需挡土范围 $\triangle ABC$ 中 BC 的长度，$l_0 = H \cdot \tan\left(45° - \dfrac{\varphi}{2}\right)$（m）；
   γ——土的重度（kN/m³）；
   H——挡土高度（m）；
   φ——考虑土壤黏聚力后的新内摩擦角，取 50°。

如果考虑旧墙基位于地面以下 l_1 处（图 2-55），则可用下式表示：

$$h_0 = h_{0,\max}(1 + h_3/h_1) \tag{2-98}$$

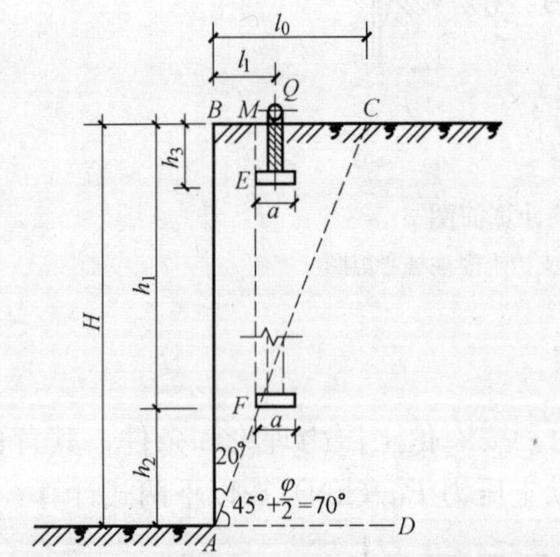

求得 h_0 时，再按表 2-12 中项次 1、3 公式即可计算出挡土桩承受的主动土压力 E_a。

二、桩的入土深度计算

桩的入土深度是保证支护安全的重要条件。从理论上准确计算，工作量很大，且较烦琐，而作为施工临时措施意义不大。因为计算得出的入土深度，并不很大，悬臂桩约为 $0.4H \sim 0.5H$，简支桩约为 $0.14H \sim 0.17H$，如果考虑现场施工中的一些不利因素：如坑底土的扰动，地下水对土壁及坑底的影响以及施工中的振动等，再适当加深一点桩的入土深度，提高支护的安全度即可。根据桩型不同，采用简易计算方法，其入土

图 2-55 旧墙基位于滑动土体 h_0 计算简图

深度按表 2-12 取用，即可满足使用要求。

三、桩承受的弯矩计算

桩承受弯矩直接关系到桩使用的直径大小和配筋数量。经分析几种常用挡土高度时弯矩的计算，可简化为表 2-12 中所列公式，再由计算简图 2-53 知，两种桩形的弯矩图均为曲线形变化，计算时可简化为一集中水平推力 E_a 作用于桩上，以此来求得弯矩，得出的 M 值会比实际大些，但偏于安全。因此，在计算配筋时，安全系数 K 一般可取 1。

四、桩的配筋计算

配筋采取按惯性矩的公式将桩的圆形截面换算成正方形截面计算：

按等刚度，则
$$\frac{\pi D^4}{64} = \frac{b^4}{12}$$

$$b = 0.878D \tag{2-99}$$

式中　D——挡土灌注桩直径（mm）；
　　　b——换算成正方形的边长（mm）。

再按式（2-89）和式（2-90）进行计算，即可求得桩受拉一侧需要的配筋截面积。在桩受压一侧可配 3～5 根直径 12～14mm 的竖向构造筋，箍筋可按构造配置直径 6mm 间距 250mm。

五、锚桩的计算

简支挡土桩上端一般采用锚桩固定拉杆，用直径 18～25mm 钢筋，其锚固桩的入土深度可为 1.5～2.0m，与挡土桩的水平距离不宜小于挡土高度 H 值。

【例 2-25】 轧钢厂大型设备基础，尺寸为 46.0×22.0m。基础垫层底标高为 −6.1m，地基土质为黏性杂填土和黏土夹细砂砾石层，由于厂房柱、墙基础埋深较浅，离新基础较近，如基坑采取放坡开挖，将危害到厂房的安全。因此，经研究采用钻孔挡土灌注桩支护，桩径 300mm，间距 600mm，混凝土采用 C20，f_c=9.6N/mm²，桩离基础外壁 1.0m 沿四周布置，顶部用 40cm×40cm 连系梁连接，在连系梁外按间距 2.4m 设钢筋拉杆，将连系梁与锚桩拉结。试计算挡土灌注桩承受的主动土压力、弯矩、需配置的钢筋、桩的入土深度以及连系梁与拉杆的配筋。

【解】 挡土灌注桩与锚拉杆设置如图 2-56。

（1）桩主动土压力、最大弯矩和配筋计算

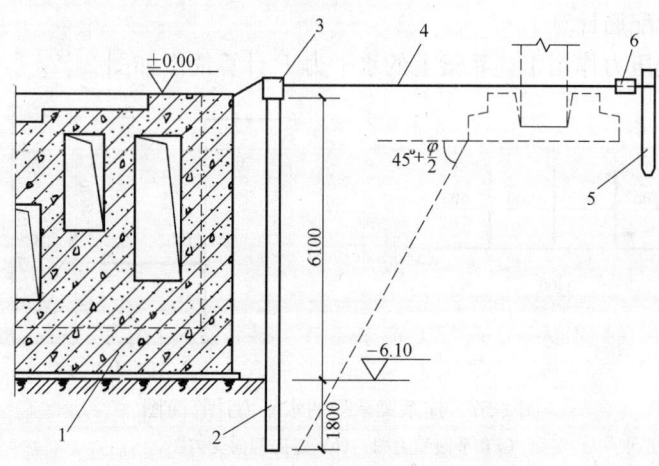

图 2-56　基坑挡土灌注桩支护设置
1—大型设备基础；2—挡土灌注桩；3—连系梁；4—钢锚拉杆；5—锚桩；6—松紧器

取 γ=18kN/m³，φ=50°，按表 2-12 项次 4 可计算土层对挡土灌注桩的主动土压力为：

$$E_a = \frac{1}{2}\gamma H^2 \tan^2\left(45°-\frac{\varphi}{2}\right)$$
$$= \frac{1}{2}\times 18 \times 6.1^2 \tan^2\left(45°-\frac{50°}{2}\right)=44.4\text{kN}$$

E_a 为 1m 长度范围内挡土桩承受土的水平推力，当间距为 600mm 时，则每根桩承受的水平推力为：44.4×0.6=26.6kN，作用于距坑底部 $H/3$ 处，即 6.1/3=2.03m。

桩承受最大弯矩由表 2-12 项次 4 公式得：

$$M_{\max} = \frac{E_a(H-y_1)(y_1+y)}{H+y}$$

$$=\frac{26.6(6.1-0.25\times6.1)(0.25\times6.1+0.125\times6.1)}{6.1+0.125\times6.1}=40.57\text{kN/m}$$

桩配筋计算，按等惯性矩公式，换算成正方形的边长为：
$$b=0.876D=0.876\times300=262.8\text{mm}$$
$$h_0=262.8-35=259.3\text{mm}$$

计算系数 γ_s 可根据系数 α_s 按下式求得：
$$\alpha_s=\frac{M}{f_c b h_c^2}=\frac{40.57\times10^6}{9.6\times262.8\times259.3^2}=0.239$$

查表 2-11 得 $\gamma_s=0.861$，则
$$A_s=\frac{M}{\gamma_s f_y h_0}=\frac{40.57\times10^6}{0.861\times300\times259.3}=605.7\text{mm}^2$$

选配纵向受拉钢筋 4Φ14mm，$A_s=615.0\text{mm}^2>605.7\text{mm}^2$，可。另在受压区配置 3Φ14mm 纵向构造筋，桩箍筋用 Φ6@250mm。

(2) 桩入土深度计算

桩入土深度由表 2-12 项次 4 得：
$$t=\frac{1}{4}H=\frac{1}{4}\times6.1=1.53\text{m}$$

考虑现场施工中一些不利因素，取 $t=1.8\text{m}$。

(3) 桩连系梁配筋计算

桩承受主动土压力作用于连系梁上的水平力 P 计算简图如图 2-57a 所示。

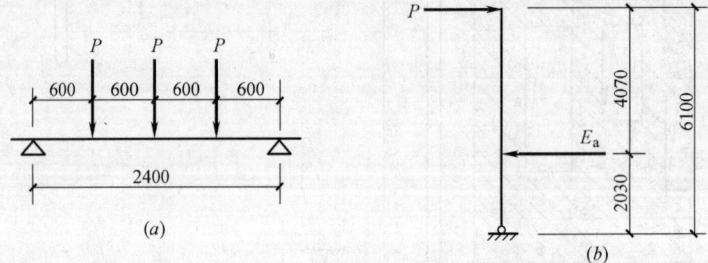

图 2-57 连系梁承受的水平力计算简图
(a) 平面受力图；(b) 竖向剖面受力图

已知桩承受的主动土压力 $E_a=26.6\text{kN}$，由图 2-57b 得：
$$P\times6.1=E_a\times2.03$$

则
$$P=\frac{E_a\times2.03}{6.1}=\frac{26.6\times2.03}{6.1}=8.9\text{kN}$$

连系梁承受最大弯矩为：
$$M_{\max}=\frac{1}{2}PL=\frac{1}{2}\times8.9\times2.4=10.7\text{kN}\cdot\text{m}$$

由计算知，连系梁承受的弯矩很小，可按构造配筋。在 40cm×40cm 连系梁截面上配置 6 根直径 10mm 主筋，箍筋用直径 6mm 间距 250mm。

(4) 钢拉杆计算

钢拉杆承受的拉力为：

$$T = 4P = 4 \times 8.9 = 35.6 \text{kN}$$

考虑 1.4 的安全系数,则

$$T' = 35.6 \times 1.4 = 49.8 \text{kN}$$

采用 HPB300 钢筋,$f_y = 270 \text{N/mm}^2$

需用钢拉杆截面 $A = \dfrac{49.8 \times 10^3}{270} = 184 \text{mm}^2$

采用 Φ16mm 钢筋作钢拉杆,$A = 201 \text{mm}^2 > 184.4 \text{mm}^2$ 可。

【例 2-26】 条件同例 2-25,只在滑动土体 △ABC 上有旧厂房柱、墙基荷载作用,已知柱墙基附加荷载总重 $Q = 26 \text{kN/m}$,附加荷载作用长度 $b = 1 \text{m/m}$,$h_3/h_1 = 0.2$。所需挡土范围 BC 长度 $l_0 = 2.22 \text{m}$。试求挡土灌注桩承受的最大主动土压力。

【解】 已知:$H = 6.1$,$\varphi = 50°$,桩距为 0.6m,$\gamma = 18 \text{kN/m}^3$,等代土层厚度由式 (2-97) 得:

$$h_{0,\max} = \frac{Q}{b \cdot l_0 \cdot \gamma} = \frac{26}{1.0 \times 2.22 \times 18} = 0.65 \text{m}$$

$$h_0 = h_{0,\max}(1 - h_3/h_1) = 0.65(1 - 0.2) = 0.52 \text{m}$$

桩承受的最大土压力由表 2-12 项次 3 得:

$$E_a = \frac{1}{2}\gamma H (H + 2h_0) \tan^2\left(45° - \frac{\varphi}{2}\right)$$

$$= \frac{1}{2} \times 18 \times 6.1 (6.1 + 2 \times 0.52) \tan^2\left(45° - \frac{50°}{2}\right) = 51.9 \text{kN}$$

桩间距为 0.6m,每根桩承受的主动土压力为:$E_a = 51.9 \times 0.6 = 31.3 \text{kN}$

2.6 组合式挡土桩支护计算

在深基坑开挖中,当土质较差,地下水位较高时,挡土支护结构常要求不仅能挡土,而且还能抗渗透。采用地下连续墙、钢板桩和连续灌注排桩支护,虽可解决挡土抗渗问题,但施工技术要求高,接缝复杂,工期长,费用昂贵。比较常用有效经济的方法,是按常规方法设置挡土灌注桩,而在桩间设置旋喷桩(图 2-58)组成挡土、防水帷幕,防止渗水和土体从桩间流失。这种组合式挡土桩支护与灌注桩组合连续护壁相比较具有:可分段施工,灌注桩之间有一定间隔,在不良地质条件易于成孔成桩,既挡土又挡水防渗,施工快速,可节省投资(1/3~1/4)等优点。

组合式挡土桩支护计算的基本点是:假定挡土灌注桩承担桩间的全部土压力和水压力作用,计算方法同"2.4.1、2.4.2"节(略),而以用高压喷射注浆法旋喷水泥浆形成的水泥

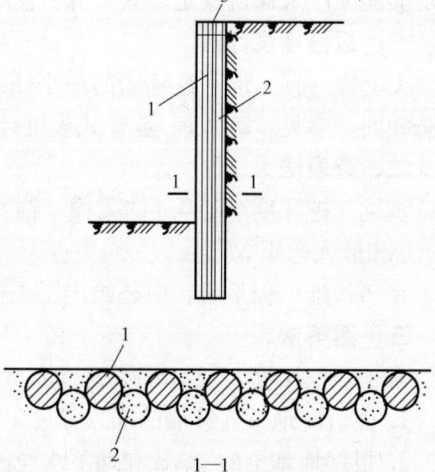

图 2-58 组合式挡土桩支护
1—挡土钢筋混凝土灌注桩,直径 0.5~2.0m;2—旋喷桩,直径 0.5~1.5m;3—钢筋混凝土连系梁

土桩与挡土灌注桩紧密结合起挡土和抗渗作用。旋喷桩背面土压力和水压力，由桩传递到挡土灌注桩身承受，不作承重考虑，仅用作安全储备。由于旋喷桩有一定强度，而背面桩间土产生土拱作用，土侧压甚小，故强度足够，而偏于安全。桩顶间用钢筋混凝土顶梁连成整体。

组合支护施工应注意：(1) 旋喷桩钻孔应保证钻杆紧贴两挡土支护桩，当钻杆进尺达到设计标高后，开始高压定向喷射水泥浆，上下反复1～3次，幅度500～1000mm；浆压不得小于15MPa，钻头不得脱离浆面；(2) 应确保压浆射流切削两桩间的土体形成规则的水泥土桩体，使抗渗止水桩与前排挡土支护桩充分相切、相交紧密结合形成止水幕墙，使共同工作达到挡土止水双重效果。

2.7 地下连续墙支护计算

地下连续墙是在地面上用特制的挖槽多头钻机，沿着深开挖工程的周边或轴线，在泥浆护壁条件下，开挖一条狭长端圆的深槽，在槽内放置钢筋骨架或不放置钢筋骨架，然后用导管法在水中灌注混凝土，如此逐段进行施工，在地下构成一道连续的钢筋或无筋混凝土墙。在工程中常用于作截水、抗渗、整体性要求高的深基坑支护，或用作高层建筑多层地下室逆作法施工的支护或兼作外墙壁。其特点是：墙体强度高、刚度大，整体性、稳定性及截水抗渗性能好，并可作为地下结构的一部分使用；施工时对周围地基无扰动，与邻近建筑物最近距离可达0.2m，可减少土石方量；施工震动小，工效高，质量好，速度快，降低支护和工程费用等。

地下连续墙支护形式一般有无支撑（锚）、单支撑（平锚）和多支撑（多锚点）三种。

2.7.1 无支撑（锚）支护计算

无支撑（锚）支护又称悬臂支护。地下连续墙作为自立式挡土墙板，完全依靠插入坑底足够的深度来保持稳定。其计算方法有多种，常用的有以下几种：

一、板桩墙设计法

无支撑（锚）地下连续墙的最小插入深度、墙板的内力与板桩墙支护的入土深度计算方法相同，参见"2.3.1 悬臂式板桩计算"一节。

二、查表法

基坑开挖深度小于4m的无撑（锚）地下连续墙可按表2-6直接查得最小插入坑底深度t_{min}和最大弯矩M_{max}。

在《基础工程手册》中还绘出了无撑墙板的一般设计图表，可供参考应用。

三、图解法

对于开挖深度大于4m的板桩墙，可采用图解法计算，其计算步骤如下（图2-59a）：

1. 先假定地下连续墙的插入深度t'；
2. 根据地基土的γ、φ和地下水位画出土压力图形，如图2-59b；
3. 将土压力图沿墙高分成若干段（每段长0.5～1.0m），并以相应的集中力代替作用于小段上的土压力，作用点应位于压力图形的形心上（图2-59c）；
4. 选择适当的力的比例尺及极距η，作力的矢量图，并根据该图作力索多边形图（图

2.7 地下连续墙支护计算

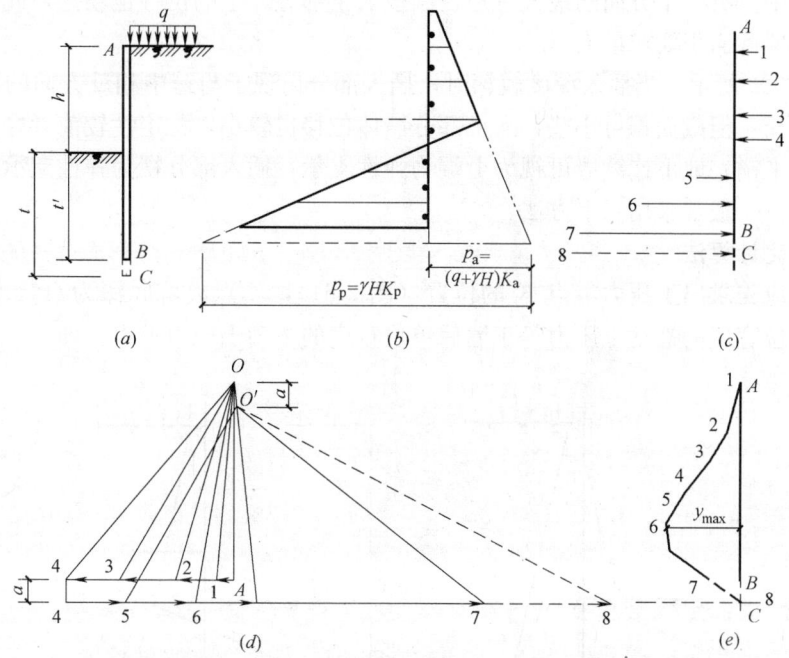

图 2-59 无支撑（锚）地下连续墙板图解法

2-59d）。则墙板任一截面的弯矩 M 等于极距 η 与索多边形力矩图坐标 y（代表距离的比例尺）的乘数，其最大力矩为 $M_{max} = y_{max} \cdot \eta$；

5. t 的大小由闭合线与索多边形的交点来决定。如图 2-59e 所示，原假定的深度 t'，其索多边形不能与 AB 闭合，说明插入深度不够；当 AB 增加到 AC 时，如索多边形能闭合，则此时所得的 t 为所需的插入坑底的深度 t'。

2.7.2 单撑（平锚）支护计算

单撑（平锚）地下连续墙支护在土压力作用下，随着入土深度的不同，其墙板将会发生不同的变形，墙板变形的不同反过来又影响土压力的分布，不同的插入深度其土压力图形、墙板变形和弯矩图如图 2-60 所示。

如图 2-60a 所示，当作用在地下连续墙板上的外力达到平衡，墙板插入深度为最小

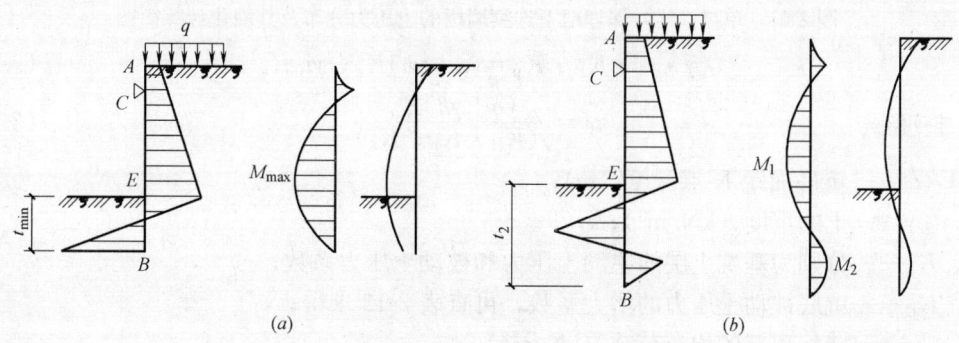

图 2-60 单撑（平锚）地下连续墙板图解法

时，则墙板中只有一个方向的最大弯矩，墙板入土部分产生的位移也较大，此时所需的墙板为最短，但截面积要求最大。

如图 2-60b 所示，当插入深度较深时，插入部分出现了与跨中相反方向的弯矩，这种墙板长度增长，但截面积可小些，入土部分墙体位移也较小，稳定性较前者好。

单撑（平锚）地下连续墙可视为上端为弹性支承，插入部分视为弹性支承的梁。其计算方法较多，一般常采用以下方法：

一、简化计算法

计算时应先求出土压力零点 K 的位置（图 2-61），K 点离坑底深为 t_0，可利用 K 点处墙板前单位宽度的被动土压力等于墙后单位宽度的主动土压力求得，即：

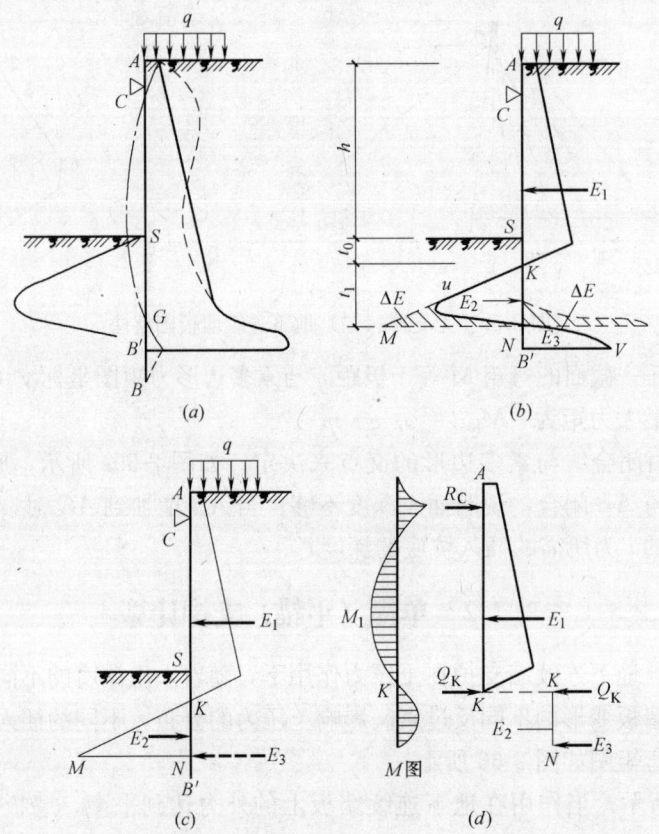

图 2-61 单撑（锚）深埋地下连续墙板的土压力分布及其简化计算简图

$$\gamma \cdot t_0 \cdot K_B \cdot K_p = (q+\gamma h)K_a + \gamma t_0 K_a \tag{2-100}$$

整理得
$$t_0 = \frac{(q+\gamma h)K_a}{\gamma(K_B \cdot K_p - K_a)} \tag{2-101}$$

式中　t_0——坑底面距 K 点深度（m）；

γ——土的重度（kN/m³）；

K_a、K_p——分别为基坑土层的主动土压力和被动土压力系数；

K_B——坑底被动土压力的增大系数，可查表 2-13 求得；

q——墙板顶部的均布荷载（kN/m²）。

求得 t_0 后，即可计算 AK 简支梁的支撑点反力 R_c 和 K 点剪力 Q_K。于是即可利用

2.7 地下连续墙支护计算

坑底被动土压力增大系数 K_B 表　　　　表 2-13

φ	K_B		φ	K_B	
	木、钢墙板	钢筋混凝土墙板		木、钢墙板	钢筋混凝土墙板
10°	1.2	1.2	30°	1.8	2.3
15°	1.4	1.5	35°	2.0	2.6
20°	1.6	1.8	40°	2.3	3.0
25°	1.7	2.1			

注：φ 为土的内摩擦角。

$\Sigma M_N=0$，得出 $E_2=3Q_K$；利用 KM 是 HK 的延长线，斜率相同，故 $E_2=\frac{1}{2}\gamma(K_B \cdot K_p-K_a)t_1^2$，由此即可得到插入坑底深度 t_1 值：

$$t_1=\sqrt{\frac{6Q_K}{\gamma(K_B K_p-K_a)}} \tag{2-102}$$

E_3 合力作用点离坑底的深度 $t'=t_0+t_1$，地下连续墙板的实际插入坑底深度可视土质情况取经验值：$t=(1.1\sim 1.2)t'$。故此可求得地下连续墙的最小长度：$L=h+t$。由以上计算结果，即可按一般计算方法求得单撑（平锚）地下连续墙板的最大弯矩、剪力和撑（平锚）的支承力等。

二、按锚杆挡墙计算法

与锚杆挡墙支护的入土深度计算方法相同，参见"2.10　土层锚杆施工计算"一节。

2.7.3 多支撑（多锚点）支护计算

多支撑（多锚点）地下连续墙板支护计算，因施加支撑（锚点）方式不同，其土压力分布和墙体变形及内力亦不同，由于考虑因素和假定的不同，有多种计算方法，如铁路使用的简化法、等值梁法、山肩帮男法及其近似解法、弹性法、弹性支撑法、共同变形法等等，考虑到实用及合理，现介绍以下三种常用方法。

一、简化法

我国铁路部门计算板桩常用的简化法如图 2-62a 所示，假定中间支撑（或锚）仅承受

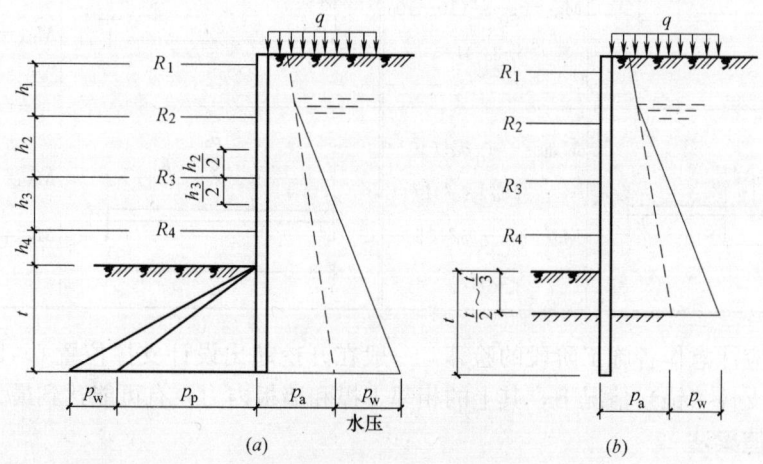

图 2-62　简化法计算简图
(a) 墙板插入坑底深度；(b) 内力计算简图

相邻上下支撑间各半跨的土压力和水压力等荷载（同二分之一分割法），然后再取这些土压力、水压力和支撑反力等对最上面的支撑（锚）点的力矩，按力矩的平衡条件来确定墙板插入坑底的最小深度 t。最后以墙板为多跨连续梁，其下端根据土的紧密程度假定为铰接或嵌固于基坑底以下 $(0.50\sim0.33)h$ 插入深度，并不小于 $1m$ 处，再按图 2-62b 所示之压力分布图来检验导梁和各支撑（或锚）的内力。

地下连续墙板用力矩分配法计算时，需用到超静定固端弯矩公式，可参考表 2-14。

超静定梁固端弯矩　　　　　表 2-14

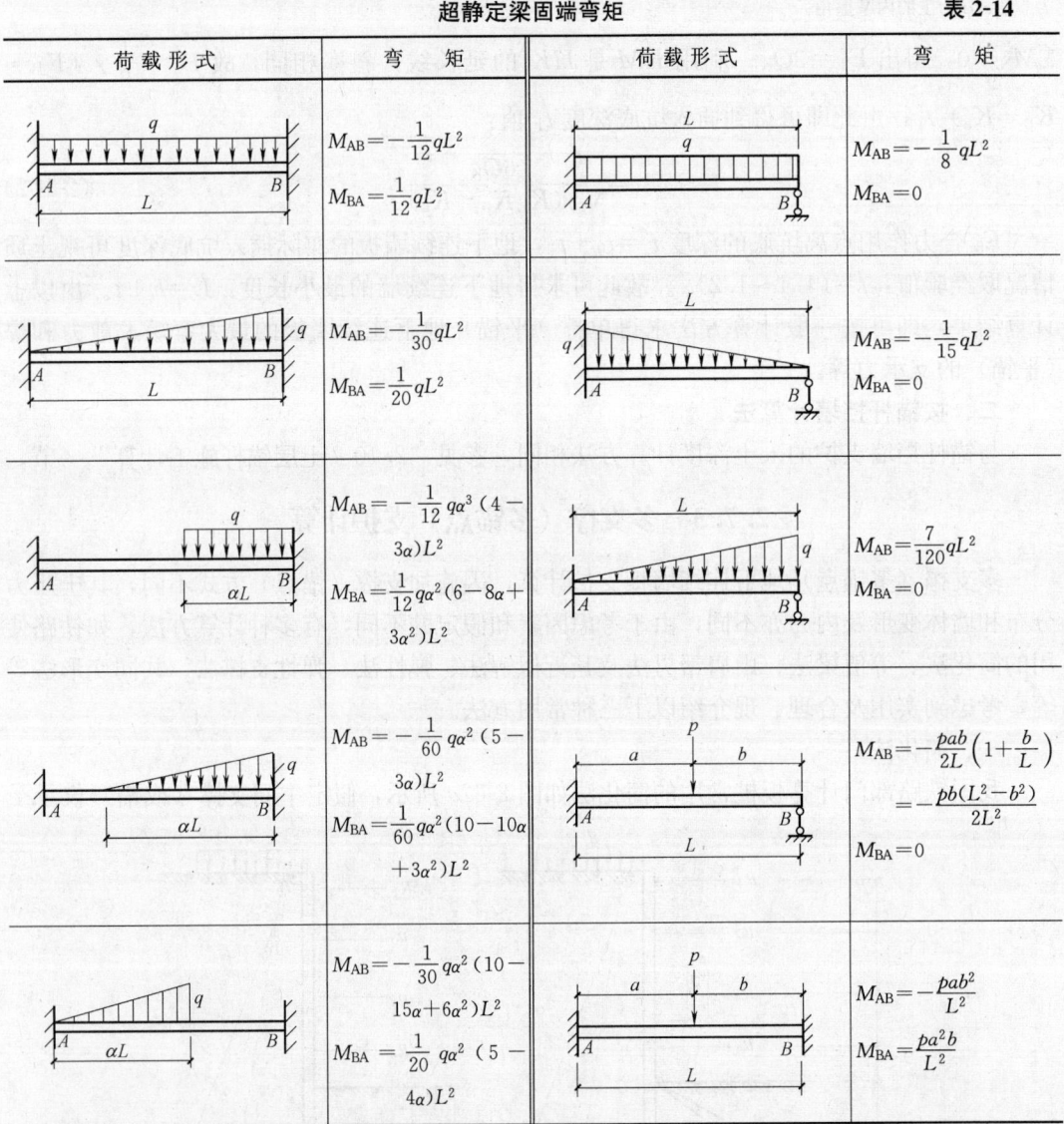

计算时应注意作各施工阶段的验算，一般在开挖超出设计支撑位置 $0.75\sim1.0m$，而又尚未设置支撑（锚）情况下，其上的相邻支撑和墙板内力，有可能达到最大值。

二、等值梁法

等值梁法的计算原理和方法，与板桩计算相同，参见"2.3 挡土板桩支护计算"一节。用本法计算地下连续墙板的关键问题在于如何确定坑底下的假想铰（零弯矩点）的位置，常有以下一些假设：

1. 假想铰位置在地下土压力为零的一点处。
2. 假设假想铰的位置由地质条件和结构特征而定，在离入土面 K 处，而 $t_0 = (0.1 \sim 0.2)h$，如图 2-63 所示。
3. 认为假想铰的位置与土质的标准贯入度 N 有关，可按表 2-15 采用。

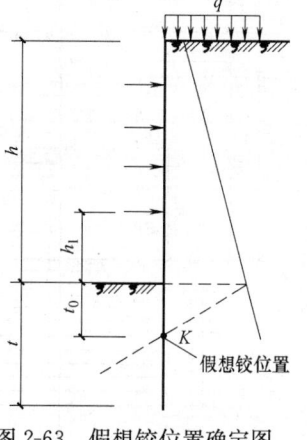

图 2-63 假想铰位置确定图

假想铰的位置   表 2-15

砂 质 土	黏 性 土	假想铰位置
	$N<2$	$t_0=0.4h_1$
$N<15$	$2<N<10$	$t_0=0.3h_1$
$15<N<30$	$10<N<20$	$t_0=0.2h_1$
$N>30$	$N>20$	$t_0=0.1h_1$

注：h_1——最下面一道支撑至入土面的距离。

4. 假想铰根据经验取值，上海隧道公司设计统一取 $t_0=3$m；日本资料按经验大致取值为：非常密实的地层，取 $t_0=0 \sim 0.5$m；中等密实的地层，取 $t_0=1.0 \sim 2.0$m；软弱地层，取 $t_0=3.0 \sim 4.0$m。

确定了假想铰的位置，则墙板弯矩，可按照弹性结构的连续梁求得。但用此法求得的墙板的最大弯矩与最小弯矩相差较大。因此，有的提出使各跨弯矩相等的等弯矩支撑布置方法，但用此法布置支撑也存在有支撑间距上部过稀，墙体变形较大，下部过密，施工不便等问题。

三、山肩帮男法及其近似解法

1. 山肩帮男精确法

日本山肩帮男法是属于支撑轴力和墙板弯矩不变化的方法，其基本假定是：（1）在黏性土层中地下连续墙板视为无限长的弹性体；（2）墙背主动土压力，在开挖面上为三角形，开挖面以下取为矩形；（3）开挖面以下土的横向抵抗力，分为两个区域，一为达到被动土压力的塑性区（高度为 l）；一为反力与墙体变形成线性关系的弹性区（图 2-64）；（4）横撑（锚）设置后，即作为不动支点，下道横撑（锚）设置后，上道横撑的轴力不变化；而且下道横撑（锚）撑（锚）点以上的墙板仍然保持原来的位置、形状。

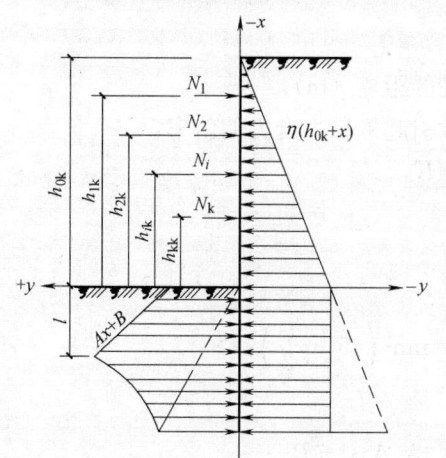

图 2-64 山肩帮男精确法的土压力分布计算简图

根据上述假定把整个横剖面自上而下分成三个区段：第 K 道横撑到开挖面、开挖面以下的塑性区和弹性区。由此建立弹性微分方程式，再根据边界条件和连续条件即可推导出第 K 道横撑轴力 N_K 计算公式和变位及内力计算公式，由于公式中包括五次函数，因此用该法进行计算非常烦琐。

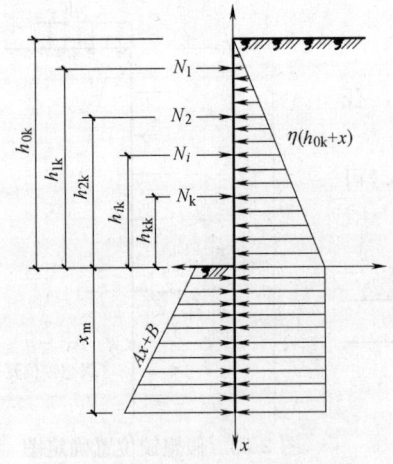

图 2-65 山肩帮男近似法的
土压力分布计算简图

2. 山肩帮男近似法

为简化计算,山氏在精确解法基础上改进提出了近似解法,其基本假定是:(1) 在黏性土层中,墙板视为底端自由的有限弹性体;(2) 墙背主动土压力,在开挖面以上为三角形,在以下为矩形;(3) 被动土压力指开挖线以下的被动土压力,其中 $Ax+B$ 为被动土压力减去静止土压力 (ηx) 后的值;(4) 横撑(锚)设置后即作为不动支点,下道横撑(锚)设置后,即认为其上道横撑(锚)点以上的墙板仍然保持原来的位置;(5) 把开挖面以下墙板弯矩为零处视为铰,并忽略铰以下的墙板对上部墙板的剪力传递。

计算简图如图 2-65 所示。

根据以上假定,近似法只需用力的平衡条件 $\Sigma N=0$ 和 $\Sigma M_k=0$ 两个方程式,即可求得入土深度和横撑的轴力:

由 $\Sigma N=0$ 得:

$$N_k = \frac{1}{2}\eta \cdot h_{0k}^2 + \eta \cdot h_{0k} x_m - \sum_1^{k-1} N_i - B x_m - \frac{1}{2} A x_m^2 \qquad (2\text{-}103)$$

由 $\Sigma M_k=0$,化简后得:

$$\frac{1}{3}A x_m^3 - \frac{1}{2}(\eta \cdot h_{mk} - B - A \cdot h_{kk}) x_m^2 - (\eta \cdot h_{0k} - B) h_{kk} \cdot x_m$$
$$- \left[\sum_{i=1}^{k=1} N_i h_{ik} - h_{kk} \sum_1^{k=1} N_i + \frac{1}{2}\eta \cdot h_{kk} \cdot h_{0k}^2 - \frac{1}{6}\eta h_{0k}^3 \right] = 0 \qquad (2\text{-}104)$$

式中 h_{0k}——基坑深度(m);

h_{1k}、h_{2k}……h_{ik}、h_{kk}——横撑(或锚)离基坑底的距离(m);

η——主动土压力及地面荷载引起侧压力合力的斜率,

$$\eta = \frac{(\gamma \cdot h_{0k} + q) K_a}{h_{0k}}$$

γ——土的重度(kN/m³);

q——地面荷载(kN/m²);

K_a——主动土压力系数,$K_a = \tan^2\left(45° - \dfrac{\varphi}{2}\right)$;

φ——土的内摩擦角(°);

$$e_p = \gamma \cdot x_m \cdot K_p - 2c\sqrt{K_p} = A x_m - B$$

K_p——被动土压力系数,$K_p = \dfrac{1}{\tan^2\left(45° - \dfrac{\varphi}{2}\right)}$;

e_p——被动土压力(kN/m²);

x_m——地下连续墙入土深度(m);

A、B——被动土压力系数，$A=\gamma K_p$；$B=2c\sqrt{K_p}$；

c——土的黏聚力（kN/m^2）。

近似解法的计算步骤如下：

(1) 在第一次开挖中，由公式（2-104）的下标 K_2，而且 N_i 只有一个 N_1 是已知值。N_k 即为 N_2，由公式（2-104）求出 x_m；

(2) 求出 x_m 之后，将 x_m 代入公式（2-104）中，求得横撑（或锚）轴力 N_3；

(3) 由此类推，求出各次开挖时横撑（或锚）的轴力；

(4) 求得各横撑（或锚）轴力之后，即可计算出每次开挖时的墙板内力；

(5) 墙板强度计算。

按山氏近似计算的结果，一般都大于山氏精确解，横撑轴力稍大于精确解，最大弯矩值约大 10%，因此是偏于安全的，近似程度也相当高，故可用于实际支护设计计算。

【**例 2-27**】 地下连续墙支护，已知地基土层为黏性土，重度 $\gamma=20kN/m^3$（近似将水土合算），内摩擦角 $\varphi=25°$，黏聚力 $c=20kN/m^2$，地面荷载 $q=10kN/m^2$，设两道横撑，试求基坑开挖到 $-7.0m$ 和 $-10.5m$ 时横撑的内力及墙板的弯矩。

【**解**】 (1) 土压力计算

主动土压力不考虑黏聚力，主动土压力系数：

$$K_a=\tan^2\left(45°-\frac{\varphi}{2}\right)=\tan^2\left(45°-\frac{25°}{2}\right)=0.406$$

主动土压力及地面荷载引起侧压力合力的斜率：

$$\eta=\frac{(\gamma\cdot h+q)K_a}{h}=\frac{(20\times10.5+10)\times0.406}{10.5}=8.51$$

被动土压力按朗金土压力公式之被动土压力系数：

$$K_p=\frac{1}{\tan^2\left(45°-\frac{\varphi}{2}\right)}=\frac{1}{\tan^2\left(45°-\frac{25°}{2}\right)}=2.46$$

被动土压力：

$$\begin{aligned}e_p&=\gamma\cdot x\cdot K_p-2c\sqrt{K_p}\\&=20x\times2.46-2\times20\times1.57=49.2x-62.8\end{aligned}$$

得出 $A=49.2$；$B=62.8$

(2) 假定先设有顶横撑，开挖到 7.0m，此时，支撑段 $k=1$，$h_{0k}=7.0m$，$h_{km}=h_{1k}=6.7m$，$N_k=N_1$。

由公式（2-104）求入土深度 x_m：

$$\frac{1}{3}\times49.2x_m^3-\frac{1}{2}(8.5\times7.0-62.8-49.2\times6.7)x_m^2-(8.5\times7.0-62.8)$$

$$\times6.7x_m-\left[\frac{1}{2}\times8.5\times7.0^2\times6.7-\frac{1}{6}\times8.5\times7.0^3\right]=0$$

解得 $x_m=2.1m$。

应用公式（2-103）求 N_1

$$N_1 = \frac{1}{2} 8.5 \times 7.0^2 + 8.5 \times 7.0 \times 2.1 - 62.8 \times 1.2 - \frac{1}{2} \times 49.2 \times 2.1^2$$
$$= 100.5 \text{kN/m}$$

$$M_1 = 8.5 \times \frac{0.3^2}{2} \times \frac{0.3}{3} = 0.038 \text{kN} \cdot \text{m}$$

$$M_2 = \frac{8.5 \times 7.0^2}{2} \times \frac{7.0}{3} - 100.5 \times 6.7 = -187.43 \text{kN} \cdot \text{m}$$

设第一道支撑横撑的轴力及墙体的弯矩如图 2-66 所示。

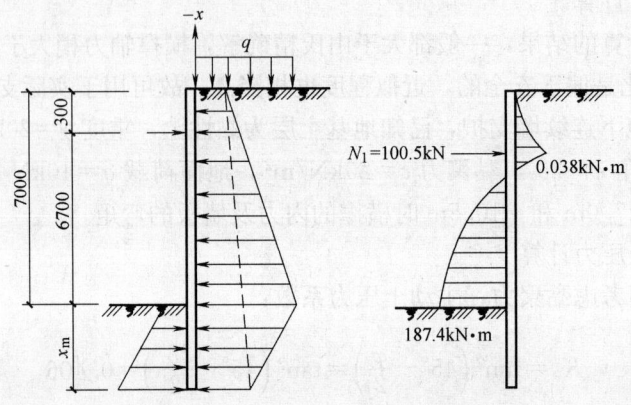

图 2-66 开挖 7.0m 时计算简图及结果图

（3）设第二道横撑后继续开挖到 10.5m，如图 2-67，已知：$k=2$，$N_i = N_1 = 100.5 \text{kN/m}$，$h_{0k} = 10.5\text{m}$，$h_{1k} = 10.2\text{m}$，$h_{kk} = h_{2k} = 4\text{m}$，$N_k = N_2$，其他同上，同样利用公式（2-104）求 x_m：

$$\frac{1}{3} \times 49.2 x_m^3 - \frac{1}{2}(8.5 \times 10.5 - 62.8 - 49.2 \times 4)x_m^2 - (8.5 \times 10.5 - 62.8)$$
$$\times 4 x_m - [100.5 \times 10.2 - 4 \times 100.5 + \frac{1}{2} \times 8.5 \times 10.5^2$$
$$\times 4 - \frac{1}{6} \times 8.5 \times 10.5^3] = 0$$

$$16.4 x_m^3 + 85.2 x_m^2 - 105.8 x_m - 857.4 = 0$$

解之得　　$x_m = 2.96 \text{m} \approx 3.0 \text{m}$

由公式（2-103）求 N_2

$$N_2 = \frac{1}{2} \times 8.5 \times 10.5^2 + 8.5 \times 10.5 \times 3 - 100.5 - 62.8 \times 3 - \frac{1}{2} \times 49.2 \times 3^2$$
$$= 226.0 \text{kN/m}$$

已知　　$M_1 = 0.038 \text{kN} \cdot \text{m}$
　　　　$M_2 = -187.43 \text{kN} \cdot \text{m}$

$$M_3 = 8.5 \times \frac{10.5^2}{2} \times \frac{10.5}{3} - 100.5 \times 10.2 - 226 \times 4 = -289.13 \text{kN} \cdot \text{m}$$

开挖到 10.5m 深的横撑轴力及墙体弯矩如图 2-67 所示。

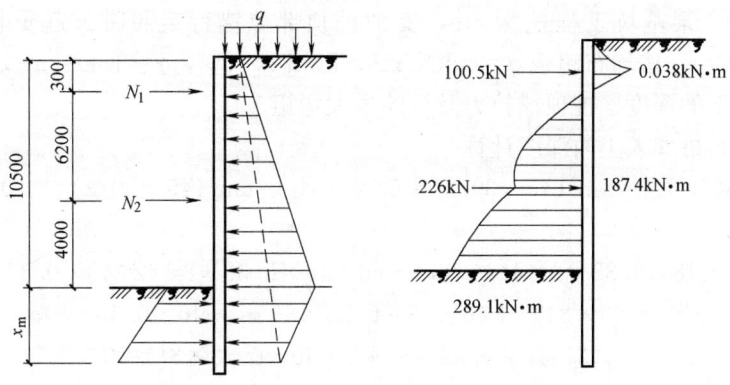

图 2-67 开挖 10.5m 深计算简图及结果图

2.8 桩顶部设单支撑（锚拉）简易计算

当桩墙后面有均布荷载 q 作用，为减小桩的截面、插入深度和位移，常在桩墙顶部设置单支撑或锚拉杆，如图 2-68 所示。计算时设 A 点铰接无移动，桩墙或灌注桩埋在地下亦无移动，自由端因较浅不作固端，按地下简支计算。

一、桩的埋入地下深度计算

在 A 点取矩，令 $M_A=0$，则埋入深度为：

$$\frac{\gamma K_a(h+x)^3}{3}+\frac{qK_a(h+x)^2}{2}$$

$$-\frac{\gamma K_p x^2(h+2x/3)}{2}=0$$

解得：

$$(2\gamma K_a-2\gamma K_p)x^3+(6\gamma K_a h+3qK_a$$
$$-3\gamma K_p h)x^2+(6\gamma K_a h^2+6qK_a h)x$$
$$+(2\gamma K_a h^3+3qK_a h^2)=0 \quad (2\text{-}105)$$

x 的三次式，可以用试算求得桩的埋入深度。

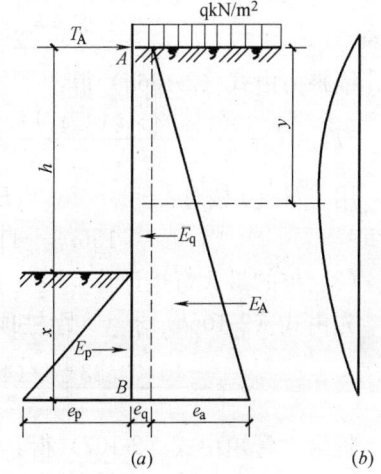

图 2-68 桩顶拉锚计算简图
(a) 土压力图；(b) 弯矩图

二、锚拉力或支撑力计算

求出 x 后，可令 $\sum M_B=0$，求锚拉或支撑力 T_A，即：

$$(h+x)T_A+xE_p/3-(h+x)E_a/3+(h+x)E_q/2=0$$

$$T_A=\frac{(h+x)E_A/3+(h+x)E_q/2-xE_p/3}{(h+x)} \quad (2\text{-}106a)$$

三、桩最大弯矩计算

桩最大弯矩应在剪力为零处，从桩顶往下 y 处剪力为 0，则：

$$0.5\gamma K_a y^2+qK_a y-T_A=0$$

解得：

$$y=\frac{-qK_a\pm\sqrt{(qK_a)^2+2\gamma K_a T_A}}{\gamma K_a} \quad (2\text{-}106b)$$

$$M_{max}=T_A y-\frac{qK_a y^2}{2}-\frac{\gamma K_a y^3}{6} \quad (2\text{-}107)$$

【例 2-28】 某基坑工程挖深 8m,支护桩顶部拉锚行走履带式起重机(在桩墙边 1.5~3.5m 行走),按均布超载 $q=40\text{kN/m}^2$,已知 $\varphi=30°$,$\gamma=18\text{kN/m}^3$,$\delta=0$,$c=0$,试求桩埋入地下的深度、桩顶锚拉力及桩的最大弯矩。

【解】 (1) 桩埋入土内深度计算

已知 $\varphi=30°$,$K_a=\tan^2(45-30/2)=0.33$,$K_p=\tan^2(45+30/2)=3.0$,将已知数代入式 (2-105):

$$(2\times18\times0.33-2\times18\times3)x^3+(6\times18\times0.33\times8+3\times40\times0.33-$$
$$3\times18\times3\times8)x^2+(6\times18\times0.33\times8^2+6\times40\times0.33\times8)x$$
$$+(2\times18\times0.33\times8^3+3\times40\times0.33\times8^2)=0$$

化简得: $$x^3+10.1x^2-30.3x-89.6=0$$

试算后得:$x=3.84\text{m}$。施工时尚应乘以 $K=1.1\sim1.2$。

(2) 桩顶锚拉力计算

$$E_q=40\times0.33\times(8+3.84)=156.3\text{kN}$$

$$E_a=18\times0.33\times\frac{1}{2}\times(8+3.84)^2=416.4\text{kN}$$

$$E_p=\frac{1}{2}\times18\times3\times3.84^2=398.1\text{kN}$$

锚桩力由式 (2-106a) 得:

$$T_A=\frac{1/3\times11.84\times416.4+1/2\times11.84\times156.3-1/3\times3.84\times398.1}{11.84}=173.9\text{kN}$$

用 $\sum H=0$ 核对:$$E_q+E_a+E_p-T_A=0$$
$$156.3+416.4-398.1-173.9=0.7\approx0$$

(3) 桩的最大弯矩计算

先由式 (2-106b) 求 y (距桩顶剪力为零的距离):

$$y=\frac{-40\times0.33\pm\sqrt{(40\times0.33)^2+2\times18\times0.33\times173.9}}{18\times0.33}=5.7\text{m}$$

桩最大弯矩由式 (2-107) 得:

$$M_{\max}=173.9\times5.7-\frac{40\times0.33\times5.7^2}{2}-\frac{18\times0.33\times5.7^3}{6}=593.5\text{kN}\cdot\text{m}$$

2.9 多支撑支护的简易近似计算

挡土板桩、灌注桩、地下连续墙等多支撑支护的计算,一般多采用等值梁法、盾恩近似法、山肩帮男近似法等。但都需用手算,较为烦琐、复杂,且费工费时,以下介绍一种简易近似的二分之一分割法,较为简单方便,可满足一般临时性支护的施工需要,计算简图如图 2-69 所示。

一、基本假定

假设地面超载按矩形分布,支护承受土压力呈三角形分布,AB 处土压力为 e_0,CD 处为 e_1,入土部分为矩形,被动土压力为三角形分布。

支撑承载力(内力)计算,假定 ABCD 的土压力由支撑 R_1 承受,CDEF 的土压力由

支撑 R_2 承受，$EFGH$ 的土压力由支撑 R_3 承受，超过三层以上，以此类推，可直接计算得各道支撑的支承力。

二、入土嵌固埋深计算

令 GI 段被动土压力等于 $GHIJ$，则支护桩（墙）入土嵌固深度可按下式计算：

$$\frac{1}{2}\gamma \cdot K_p \cdot t_0^2 = e_3 \cdot t_0$$

则　　　　　　$t_0 = \dfrac{2e_3}{\gamma \cdot K_p}$　　　　　　(2-108)

式中　t_0——支护入土埋深（m）；

　　　e_3——第3层土的主动土压力强度（kN/m²）；

　　　γ——土的重力密度（kN/m³）；

　　　K_p——被动土压力系数。

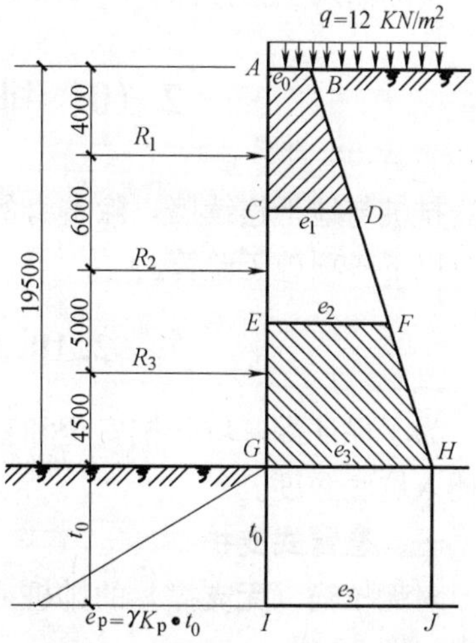

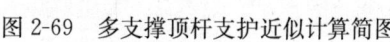

图 2-69　多支撑顶杆支护近似计算简图

为安全计，实际支护插入坑底深度取 $t = (1.1 \sim 1.2)t_0$，一般取下限 1.1，当支护桩后为杂填土或松软土层时，取 1.2。

【**例 2-29**】　商贸大厦开挖基坑深 19.5m，采用挡土灌注桩支护，中部设三层支撑，如图 2-69 所示。已知桩顶均布荷载 $q = 12$kN/m²，土的重度 $\gamma = 18$kN/m³，内摩擦角 $\varphi = 30°$。试用简易近似法计算各道支撑的支承力及支护桩入土锚固深度。

【**解**】　将桩顶均布荷载换算成填土的当量土层厚度：$h = 12/18 = 0.67$m；又知：

$$K_a = \tan^2\left(45° - \frac{\varphi}{2}\right) = \tan^2\left(45° - \frac{30}{2}\right) = 0.33$$

$$K_p = \tan^2\left(45° + \frac{\varphi}{2}\right) = \tan^2\left(45° + \frac{30}{2}\right) = 3.00$$

各层土压力强度为：

$$e_0 = \gamma h \tan^2\left(45° - \frac{30}{2}\right) = 18 \times 0.67 \times 0.33 = 3.98 \text{kN/m}^2$$

$$e_1 = \gamma(h+H)\tan^2\left(45° - \frac{30}{2}\right) = 18 \times (0.67 + 7) \times 0.33 = 45.56 \text{kN/m}^2$$

$$e_2 = 18 \times (0.67 + 12.5) \times 0.33 = 78.23 \text{kN/m}^2$$

$$e_3 = 18 \times (0.67 + 19.5) \times 0.33 = 119.81 \text{kN/m}^2$$

各层支撑的承载力为：

$$R_1 = \frac{(3.98 + 45.56)}{2} \times 7 = 173.39 \text{kN/m}$$

$$R_2 = \frac{(45.56 + 78.23)}{2} \times 5.5 = 340.42 \text{kN/m}$$

$$R_3 = \frac{(78.23 + 119.81)}{2} \times 7 = 693.14 \text{kN/m}$$

支护挡土灌注桩入土锚固埋深由式（2-108）得：

$$t_0 = \frac{2e_3}{\gamma K_p} = \frac{2 \times 119.81}{18 \times 3.0} = 4.44 \text{m}$$

实际取入土锚固深 $t=1.1t_0=1.1\times4.44=4.88\text{m}$，用 4.9m。

2.10 排桩、墙稳定性分析与验算

排桩与地下连续墙，除本身的强度、刚度和力的平衡满足稳定性要求之外，一般还需进行以下各项施工验算。

2.10.1 抗倾覆（或翘起）验算

为了保证深基坑开挖安全和基坑周围土体的稳定，排桩与地下连续墙支护必须有一定的插入坑底深度。

一、悬臂式支护

对无拉锚（无支撑）的排桩或地下连续墙，支护的实际插入坑底深度 t，应满足下式要求（图 2-70）。

$$t\geqslant 1.2t' \tag{2-109}$$

式中 t'——按力的平衡条件，即 $E_a-E_p=0$ 求得的最小插入坑底深度；

E_a——主动土压力，$E_a=\dfrac{(h+t')^2}{2}\gamma K_a$；

E_p——被动土压力，$E_p=\dfrac{t'^2}{2}\gamma\cdot K_p$；

K_a、K_p——分别为主动和被动土压力系数；

h——基坑深度；

γ——土体重度（kN/m^3），为简化计，亦可近似取土体重度 $\gamma=20\text{kN/m}^3$。

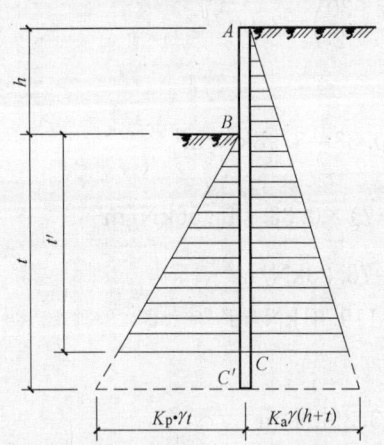
图 2-70 悬臂支护插入坑底深度计算简图

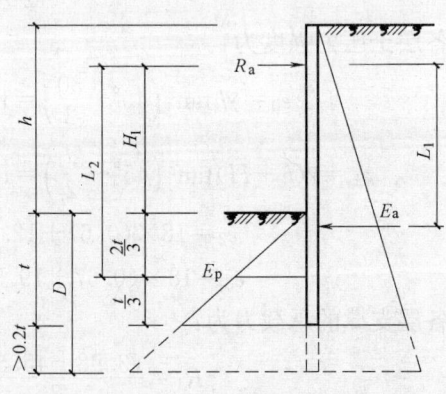
图 2-71 单支点支护最小插入坑底深度计算简图

二、单锚（单支撑）支护

对于仅设单锚点或单支撑的排桩或地下连续墙的最小插入坑底深度，由静力平衡条件按下式求得（图 2-71）：

$$\Sigma N=0 \quad R_a-E_a+E_p=0 \tag{2-110}$$

$$\Sigma M=0 \quad E_pL_2-E_aL_1=0 \tag{2-111}$$

2.10 排桩、墙稳定性分析与验算

式中 R_a——锚杆（或支撑）承载力（kN）；

L_2——被动土压力合力 E_p 至支撑的距离（m）；即 $L_2 = H_1 + \dfrac{2}{3}t$；

L_1——主动土压力的合力 E_a 至支撑的距离（m）。

同样，为了安全，实际插入深度 t 要求满足 $t \geqslant 1.2t'$。

三、多锚点（多支撑）支护

对于设有多锚点（或多支撑）的排桩或地下连续墙，其最小插入坑底深度可近似地按下式计算（图 2-72）：

$$E_p l_2 - E_a l_1 = 0$$

则 $\qquad l_2 = \dfrac{E_a \cdot l_1}{E_p} \qquad (2\text{-}112)$

$$l_2 = \dfrac{2t'}{3} + h_1 = l_1 \dfrac{E_a}{E_p}$$

$$t' = 1.5\left(l_1 \dfrac{E_a}{E_p} - h_1\right) \qquad (2\text{-}113)$$

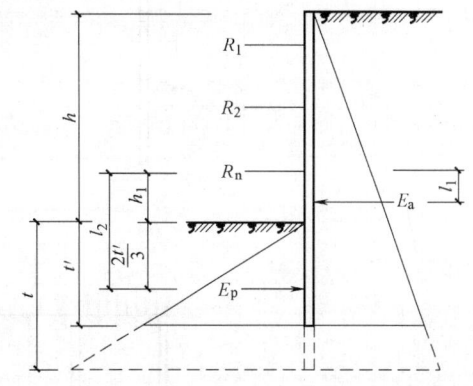

图 2-72 多支点支护最小插入坑底深度计算简图

同样，为了安全，实际插入坑底深度 t 亦要求满足 $t \geqslant 1.2t'$。

2.10.2 基坑底部的隆起验算

当基坑底为软弱有地下水的黏性土层时，如果排桩背后的土柱重量超过基坑底面以下地基土的承载力时，地基的平衡状态受到破坏，就有可能发生坑壁两侧土的流动，即使坑顶下陷，坑底隆起的现象（图 2-73a），因而就有可能造成坑壁坍塌，基底破坏等严重情况。为了避免这种现象发生，施工前，需对地基稳定性或地基强度进行验算，常用的验算方法有以下两种。

一、地基稳定性验算

1. 如图 2-73b，假定在坑壁上重力 G 作用下，其下部的软土地基沿圆柱面 $\overset{\frown}{BC}$ 产生滑动和破坏，失去稳定的地基土绕圆柱面中心轴转动，则：

转动力矩 $\qquad M_{0v} = G \cdot \dfrac{x}{2} = (q + \gamma h)\dfrac{x^2}{2} \qquad (2\text{-}114)$

稳定力矩 $\qquad M_r = x \displaystyle\int_c^\pi \tau_f (x\mathrm{d}\theta) \qquad (2\text{-}115)$

当地基土质均匀时，则

$$M_r = \pi \cdot \tau_f \cdot x^2 \qquad (2\text{-}116)$$

式中 τ_f——地基土不排水剪切的抗剪强度，$\tau_f = \sigma\tan\varphi + c$，在饱和性软黏土中，$\tau_f = c$。

地基稳定力矩与转动力矩之比称抗隆起安全系数，以 K 表示，如 K 满足下式，则地基土稳定，不会发生隆起现象。

$$K = \dfrac{M_r}{M_{0v}} \geqslant 1.2 \qquad (2\text{-}117)$$

当地基土质均匀时，则：

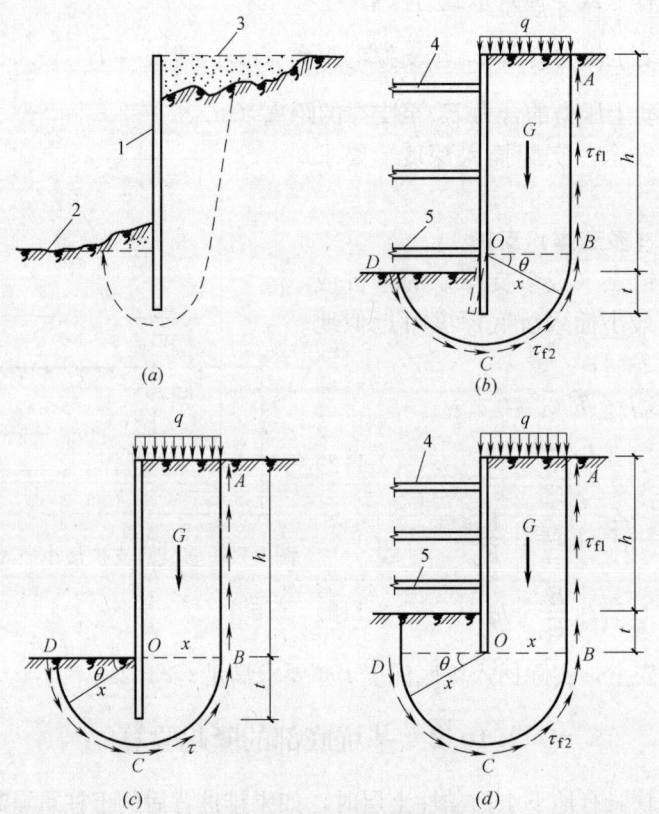

图 2-73 基坑底部隆起验算简图
(a) 基坑隆起现象;(b) 无支撑支护基坑隆起验算简图;
(c) 刚度较小浅桩支护基坑隆起验算简图;(d) 刚性支护基坑隆起验算简图
1—支护;2—坑底;3—原地面;4—支撑;5—最下一道支撑

$$K = \frac{2\pi c}{q + \gamma h} \geqslant 1.2 \tag{2-118}$$

式(2-118)中 M_r 未考虑土体与排桩或地下墙间的摩擦力及垂直面 AB 上土的抗剪强度对土体下滑的阻力,故计算偏于安全。

2. 如图 2-73c 假定在坑壁重力 G 作用下,其下部的软土地基沿圆柱面 $\overparen{BC}$ 产生滑动和破坏,其圆柱滑动中心在最低层支撑点处,半径为 x。当不考虑垂直面上的抗滑阻力时,则:

转动力矩
$$M_{0v} = (q + \gamma h)\frac{x^2}{2} \tag{2-119}$$

稳定力矩
$$M_r = x \int_0^{\frac{\pi}{2}+\alpha} \tau_f (x \mathrm{d}\theta) \tag{2-120}$$

如果基坑土质均匀,则抗隆起安全系数可整理为:

$$K = \frac{M_r}{M_{0v}} = \frac{(\pi + 2\alpha)\tau_f}{q + \gamma h} \tag{2-121}$$

符号意义均同前。

3. 如图 2-73d 所示，当排桩或地下连续墙入土深度较深，且本身刚度较大，即插入坑底深度 $t \leqslant \frac{2.5}{\alpha}$ 时（式中 α 为变形系数，$\alpha = \sqrt[5]{\frac{mb_0}{EI}}$，其中 b_0 为计算宽度；m 为土的地基系数的比例系数，E、I 分别为支护板、墙的弹性模量和惯性矩），软土基底丧失稳定，即会隆起。假定土体 G 沿 $ABCD$ 绕圆柱面中心 O 点向坑内滑移。当坑内土体排水不好时，有可能处于悬浮状态，因而可略去其坑内土体的抗隆起作用，同样假定略去土体与地下板墙间的摩擦力，仅考虑由 ABC 面上的剪力来抵抗滑动力，则：

转动力矩
$$M_{0v} = G \cdot \frac{x}{2} = \frac{(q+\gamma H)}{2} x^2 \tag{2-122}$$

稳定力矩
$$M_r = x \int_0^\pi \tau_{f2}(x d\theta) + H \cdot \tau_{f1}$$
$$= \pi \cdot \tau_{f2} \cdot x^2 + H \cdot \tau_{f1} \cdot x \tag{2-123}$$

则，抗隆起安全系数 K 为

$$K = \frac{M_v}{M_{0v}} = \frac{2\pi \cdot \tau_{f2}}{q + \gamma \cdot H} + \frac{2H \cdot \tau_{f2}}{(q+\gamma H)x} \tag{2-124}$$

式中 τ_{f1}——AB 段的平均抗剪强度，

$$\tau_{f1} = \frac{\gamma \cdot H \cdot K_a}{2} \tan\varphi + c$$

τ_{f2}——BC 段的平均抗剪强度，

$$\tau_{f2} = \frac{\gamma \cdot H \cdot K_a}{\pi} \cdot \tan\varphi + c$$

将 τ_{f1}、τ_{f2} 代入式（2-124），并近似取 $x - \frac{h}{2}$ 得：

$$K = \frac{2\gamma \cdot H \cdot K_a \cdot \tan\varphi + 2\pi c}{q + \gamma \cdot H} + \frac{2\gamma \cdot H^2 \cdot K_a \cdot \tan\varphi + 4Hc}{(q+\gamma H)h} \geqslant 1.0 \sim 1.5 \tag{2-125}$$

当排桩或地下连续墙的刚度较小，即 $t > \frac{2.5}{\alpha}$ 时，假定基底隆起如图 2-73a 所示，土体下端板墙绕最下一道支撑点 O 向坑内转动，则需破坏坑内外土体的剪力，同样坑内可能积水，故仅考虑外侧土体的作用，则抗隆起安全系数可按下式计算：

$$K = \frac{h_1 \cdot \gamma \cdot K_a \cdot \tan\varphi + \pi \cdot c}{q + \gamma \cdot h_1} + \frac{2\gamma \cdot h_1^2 \cdot K_a \cdot \tan\varphi + 4h_1 \cdot c}{(q+\gamma h_1)h} \geqslant 1.0 \sim 1.5 \tag{2-126}$$

式中 H——排桩或地下连续墙的深度；

h——基坑最大开挖深度；

h_1——基坑最底一层一道支撑的深度；

t——排桩或地下连续墙有效计算插入坑底深度；

K_a——主动土压力系数。

二、地基强度验算

如图 2-74 所示，在饱和软黏土中，$\varphi = 0$ 时，$\overline{DO'}$ 面与水平面夹角为 $45°$，地基土不排水剪切的抗剪强度 $\tau = 0$，土的单轴抗压强度 $q_u = 2c$，地基土的极限承载能力 $q_d = 5.7c$。

1. 当无排桩或地下连续墙时，在坑壁土柱重量 G 的作用下，下面的软土地基圆柱面 $\overset{\frown}{BD}$ 及斜面 $\overline{DO'}$ 产生滑动。

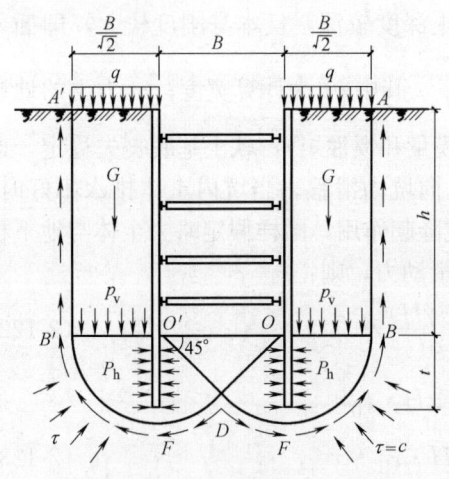

图 2-74 地基强度验算简图

此时，坑臂外坑底平面 $\overline{OB}$ 上的总压力 P_v 为：

$$P_v = G - \tau h = (q + \gamma h)\frac{B}{\sqrt{2}} - ch \tag{2-127}$$

单位面积上的压力 p_v 为：

$$p_v = \frac{P_v}{B/\sqrt{2}} = q + \gamma h - \frac{\sqrt{2} \cdot c \cdot h}{B} \tag{2-128}$$

此压力与地基土的极限承载能力的比值，称为抗滑安全系数，如 K 满足下式，则地基土稳定，不会发生滑动和隆起。

$$K = \frac{q_d}{p_v} = \frac{q_d}{q + \gamma h - \dfrac{\sqrt{2} \cdot c \cdot h}{B}} \geqslant 1.5 \tag{2-129}$$

由于 $q_d = 5.7c$，如保证不产生隆起，则要求：

$$p_v \leqslant \frac{q_d}{K} = \frac{5.7c}{1.5} = 3.8c \tag{2-130}$$

2. 当有排桩或地下连续墙时，则地基土的破坏和滑动会受到排桩或地下连续墙的阻碍和土体抗剪的阻止，此时排桩和地下连续墙处于受力状态。取坑壁下扇形土块 $O'BF$ 为自由体，对 O 点取力矩的平衡条件为：

$$p_h \cdot \frac{B}{\sqrt{2}} \cdot \frac{1}{2} \cdot \frac{B}{\sqrt{2}} = p_v \cdot \frac{B}{\sqrt{2}} \cdot \frac{1}{2} \cdot \frac{B}{\sqrt{2}} - \frac{\pi}{2} \cdot \frac{B}{\sqrt{2}} \cdot c \cdot \frac{B}{\sqrt{2}}$$

即

$$p_h = p_v - \pi \cdot c \tag{2-131}$$

作用在板桩或地下连续墙上的总压力：

$$P_h = (p_v - \pi c)\frac{B}{\sqrt{2}} \tag{2-132}$$

如排桩或地下连续墙的入土深度 $t < \widehat{OF}\left(\widehat{OF} = \dfrac{B}{\sqrt{2}}\right)$，则水平压力 P_h 一部分由板桩或地下连续墙承受，另一部分由排桩或地下连续墙下面的土层承受。

如排桩或地下连续墙的入土深度 $t \geqslant \dfrac{2}{3}\widehat{OF}$，由于排桩或地下连续墙的刚度较大，作用在排桩下面土层上的水平压力将大部分转移到排桩上，因而可以认为排桩承担了全部的水平压力 P_h。如排桩或地下连续墙的入土深度，$t \leqslant \dfrac{2}{3}\widehat{OF}$，则可假定排桩或地下连续墙承受的水平压力为：

$$P_h = 1.5t(p_v - \pi \cdot c) \tag{2-133}$$

此压力可以认为均匀分布在入土部分的排桩或地下连续墙上。P_h 是由基坑底下面位于板桩或地下墙前面的土体的抗压强度和排桩或地下连续墙入土部分的抗弯强度来平衡。即入土部分的排桩或地下连续墙承受的荷载为：

$$P_r = P_h - q_u \cdot t = P_h - 2ct \tag{2-134}$$

当入土部分呈悬臂状态的排桩或地下连续墙，如在 P_r 作用下发生受弯破坏，则坑底以下的土体也会失稳而发生隆起，否则，基坑底部土体就不会隆起。

2.10.3 基坑底管涌验算

管涌主要是由于水头差所引起的，当排桩或地下连续墙插入透水性和黏聚力均小的饱和土中，如粉砂、淤泥等，施工时采用坑内明沟排水时，常有可能发生管涌或流砂现象。

一般基坑开挖后，基坑内排水，地下水形成水头差 h'，地下水由高处向低处渗流，坑底下的土浸泡在水中，其有效重度为浮重度 γ'；当地下水向上渗流力（动水压力）$j \geqslant \gamma'$ 时，土粒则处于浮动状态，在坑底产生管涌现象，要避免管涌现象出现，则要求满足以下条件（图2-75）：

$$\gamma' \geqslant K \cdot j \tag{2-135}$$

或

$$K = \frac{\gamma'}{j} \geqslant 1.5 \tag{2-136}$$

其中

$$j = i \cdot \gamma_w = \frac{h'}{h'+2t} \cdot \gamma_w$$

式中 K——抗管涌安全系数，一般取 $K = 1.5 \sim 2.0$；
γ'——土的浮重度，$\gamma' = \gamma - \gamma_w$；
γ——土的重度；
γ_w——地下水的重度；
j——最大渗流力（动水压力）；
i——水头梯度；
t——排桩或地下连续墙的入土深度；
h'——地下水位至坑底的距离（即地下水形成的水头差）；

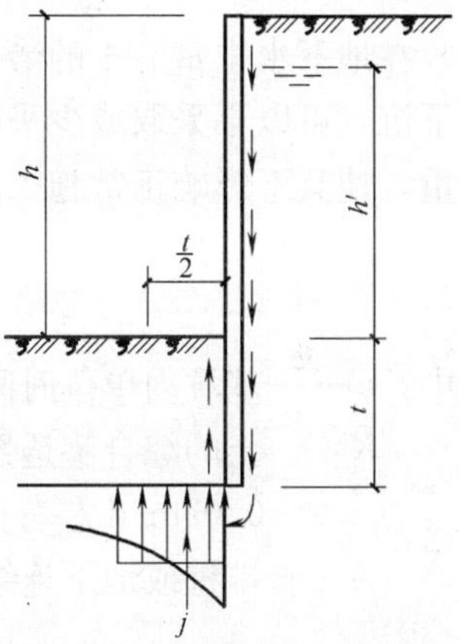

图 2-75 基坑管涌计算简图

不发生管涌的条件应为：

$$K = \frac{(h'+2t)\gamma'}{h'\gamma_w} \geqslant 1.5 \tag{2-137}$$

或

$$\gamma' \geqslant K \frac{h'}{h'+2t} \gamma_w \tag{2-138}$$

或

$$t \geqslant \frac{Kh'\gamma_w - \gamma' h'}{2\gamma'} \tag{2-139}$$

即板桩入土深度如满足上述条件，即不会发生管涌。

若坑底以上的土层为松散填土、多裂隙土层等透水性强的土层，则地下水流经此层的水头损失很小，可忽略不计，此时不产生管涌的条件为：

$$t \geqslant \frac{Kh'\gamma_w}{2\gamma'} \tag{2-140}$$

或

$$K \leqslant \frac{2\gamma' t}{h' \gamma_w} \tag{2-141}$$

在确定排桩入土深度时，也应符合以上条件。

【例2-30】 地下室基坑深6.5m，土质为淤泥质粉质黏土，土的重度 $\gamma=18\text{kN/m}^3$，离地面1.0m有地下水，$\gamma_w=10\text{kN/m}^3$，采用排桩支护，插入深度为3.0m，试验算是否会出现管涌现象。

【解】 由已知条件，土的浮重度 $\gamma'=18-10=8\text{kN/m}^3$，取 $K=1.5$，$h'=6.5-1=5.5\text{m}$

由式（2-139）土的插入深度为：

$$t=\frac{Kh'\gamma_w-\gamma'h'}{2\gamma'}=\frac{1.5\times5.5\times10-8\times5.5}{2\times8}=2.4\text{m}<3\text{m}$$

故知，不会发生管涌现象。

2.10.4 坑底控制渗水量计算

在地下水丰富、土的渗透系数较大的土层设置支护，开挖深基坑，为了防止井内外土体下沉，可以不采取或少采取降水措施，而以排桩或地下连续墙的插入坑底深度来控制渗水量，使其不影响正常施工。其坑底渗水量可按下式计算：

$$Q=K\cdot A\cdot i=\frac{K\cdot A\cdot h'}{h'+2t} \tag{2-142}$$

式中 Q——基坑内单位时间的渗水量（m^3/d）；

K——土的综合渗透系数，其值可在垂直和水平渗透系数之间，如轻粉质黏土可取 0.05m/d 左右；

A——排桩或地下连续墙闭合所构成的井底面积（m^2）；

i——水头梯度，$i=\dfrac{h'}{L}=\dfrac{h'}{h'+2t}$；

h'——水头差（m）；

t——排桩或地下连续墙插入坑底深度（m）。

在基坑稳定性验算满足安全的前提下，可按式（2-142）求得的渗水量 Q，选用明沟排水用水泵的功率和型号、规格。

2.10.5 支护整体稳定性验算

采用排桩或地下连续墙支护，当平面尺寸较大时，应验算其整体稳定性。

分析计算多采用圆弧法（图2-76），先假定一点 O 作滑动中心，以此作通过排桩或地下连续墙底端点 B 的圆弧作滑动面。从圆心作垂线将弧内土体划作两部分，分别求出其合力 G_1、G_2、T_0，此时将滑动弧内土体与板（墙）视为一个整体，将 G_1、G_2 作用线延长与弧相交，并求出 N_1、N_2（用图解法），再分别对圆心 O 点求力矩，则：

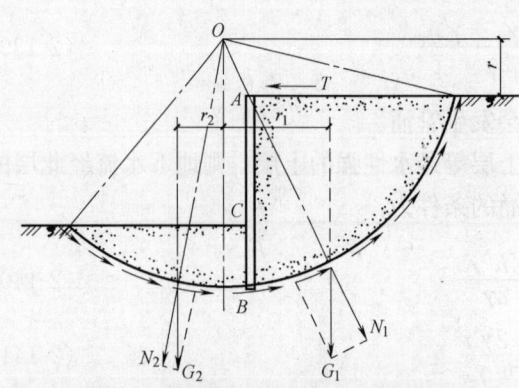

图 2-76　墙板支护整体稳定性验算简图

转动力矩 $\quad M_{0v}=G_1 \cdot r_1 - G_2 \cdot r_2 + T \cdot r$ (2-143)

稳定力矩 $\quad M_r = \Sigma N_i \cdot \tan\varphi \cdot R + c \cdot L \cdot R$ (2-144)

则抗滑安全系数 K 为：

$$K = \frac{M_r}{M_{0v}} = \frac{R(\Sigma N_i \cdot \tan\varphi + c \cdot L)}{G_1 \cdot r_1 - G_2 \cdot r_2 - T \cdot r} \geq 1.2 \quad (2\text{-}145)$$

式中 φ——土的内摩擦角；

c——土的黏聚力；

L——滑动弧长；

r_1、r_2、r、R 符号意义见图 2-76。

以上找出最危险滑动圆弧，需经多次试算，求出多个 K 值，取 K 值最小的面定为最危险的滑动面，但试算较为烦琐、困难；亦可采用较简单的方法，即在板（墙）顶点作与水平面交角 36°的斜线，如图 2-77 所示，在该线上取 O_1、O_2、O_3 和 O_4 作滑动中心，以 R 为半径通过墙板底端作滑动圆弧面，分别求得 K_1、K_2、K_3 和 K_4 值，则 K 值最小的面即为最危险的滑动面。

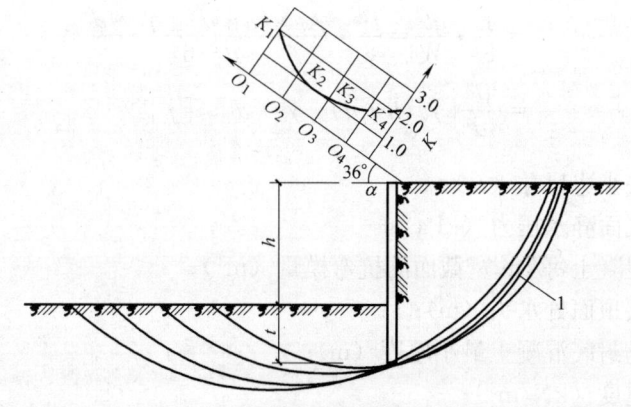

图 2-77 求最危险滑动面计算简图
1—最危险滑动面

2.10.6 抗浮稳定性验算

排桩和地下连续墙支护为抗管涌和施工方便常在基坑底部用高压喷射注浆（旋喷桩）或厚混凝土垫层或底板封底。当停止降水或抽干基坑内积水时，在封底层的底面将会因水头差受到向上的浮力（即静水压力）作用，这就要求封底混凝土与支护之间有足够的承载能力，其自身还应有足够的强度，以保证封底混凝土和支护不被破坏，因此，对基坑内外存在水头差时，封底混凝土应进行整体抗浮和强度等验算。

一、整体抗浮验算

深基坑有截水要求的支护在封底后，地下水将对其产生上浮力，将由支护自重、支护与土的摩阻力和封底混凝土重来平衡，应按下式来验算抗浮稳定性：

$$K = \frac{P_K}{P_f} = \frac{0.9 P_h + \lambda \cdot L \cdot \Sigma f_i \cdot h_i}{P_f} \geq 1.05 \quad (2\text{-}146)$$

式中　K——整体抗浮稳定安全系数，一般取 1.05；
　　　P_K——总抗浮力；
　　　P_f——总的上浮力，即地下水位以下的支护、封底及基坑内净体积的总排水量；
　　　P_h——支护、封底及已浇底板混凝土的总重量；
　　　λ——抗拔容许摩阻力与受压容许阻力的比例系数，由工程重要性、荷载、质量及土质情况等因素而定，一般取 0.4～0.7；
　　　L——支护与土体接触外壁周长；
　　　f_i——支护侧各土层的容许摩阻力；
　　　h_i——支护侧各土层的厚度。

如按式（2-145）计算的 K 值小于 1.05 时，可采取加厚封底混凝土或在坑内封底混凝土中设集水井，继续降水，施工基础结构，直至能满足抗浮要求才停止降水。

二、封底混凝土强度验算

封底混凝土板在上浮力（静水压力）作用下的内力，可近似地简化为简支单向板计算。封底层顶因静水压力作用产生的弯曲拉应力 f 为：

$$f = \frac{1}{8} \cdot \frac{ql^2}{W} = \frac{l^2}{8} \cdot \frac{\gamma_w \cdot (h+d) - \gamma_c \cdot d}{d^2/6}$$

$$= \frac{3l^2}{4d^2}[\gamma_w(h+d) - \gamma_c \cdot d] \leqslant [f] \tag{2-147}$$

式中　l——基坑底小边尺寸（m）；
　　　q——封底底面静水压力（kPa）；
　　　W——封底混凝土每 1m 宽截面的抗弯模量（m³）；
　　　h——封底层顶面处水头（m）；
　　　d——假定的封底混凝土最小厚度（m）；
　　　γ_w——水的重度（kN/m³）；
　　　γ_c——混凝土的重度（kN/m³）；
　　　$[f]$——封底混凝土容许抗弯曲强度，一般采用 C15 或 C20 混凝土，考虑荷载作用时间较短，可分别取 1200～1500kPa。

2.10.7　承受垂直压力的验算

地下连续墙上单位宽度的承载能力可按下式计算：

$$P = \Sigma h_{i\text{上}} \cdot f_i + 2\Sigma h_{i\text{下}} \cdot f_i + Aq_i \tag{2-148}$$

式中　P——单位宽度地下连续墙上的承载能力；
　　　$h_{i\text{上}}$——坑底以上第 i 层土的厚度；
　　　f_i——第 i 层土的容许摩阻力，其值参见表 2-16；
　　　A——单位宽度地下连续墙的横截面面积；
　　　q_i——墙下土的容许端承力，见表 2-17。

排桩的垂直承载力亦可按式（2-147）计算，只 f_i 应取排桩与土间的容许摩阻力计算。

混凝土地下墙与土的容许摩阻力　　　　　　表 2-16

土的名称	土的状态	f(kPa)
淤泥		5～8
淤泥质土		10～15
黏土、粉质黏土	软塑	20～30
	可塑	30～35
	硬塑	35～40
粉土	软塑	22～30
	可塑	30～35
	硬塑	35～45
粉细砂	稍密	20～30
	中密	30～40
	密实	40～60

地下水位以下地下墙容许端承力 q_i（kPa）　　　　　表 2-17

土的名称	土的状态	地下墙入土深度(m)		
		5	10	15
一般黏性土		100	160	220
粉、细砂	中密	150	300	400
	密实	200	350	500
中砂、粗砂	中密	250	450	650
	密实	350	550	800

注：表中值适用于槽底的淤土小于 30cm 时。

2.11　土层锚杆施工计算

土层锚杆简称土锚杆。它是在地面或深开挖的地下室墙面（挡土墙、桩或地下连续墙）或未开挖的基坑立壁土层钻孔，达到一定深度后，或再扩大孔的端部，形成柱状或其他形状，在孔内放入钢筋、钢丝束、钢绞线或其他抗拉材料，灌入水泥浆，使之与土层结合成为抗拉（拔）力强的锚杆。

土层锚杆已广泛应用于地下结构施工的临时支护和作永久性建筑工程的承拉构件。

2.11.1　构造与布设要求

土层锚杆由锚头、拉杆和锚固体三个基本部分组成（图 2-78），以主动滑动面为界分为锚固段和非锚固段（图 2-79）。拉杆与锚固体的粘着部分为锚杆的锚固长度，其余部分为自由长度，其四周无摩阻力，仅起传递拉力的作用。

锚杆布设包括锚杆埋置深度、锚杆层数、锚杆的垂直间距和水平间距、锚杆的倾斜角、锚杆的长度、钻孔直径等。

锚杆的埋置深度应保证不使锚杆引起地面隆起和地面不出现地基的剪切破坏，最上层锚杆的上面需要有一定的覆土厚度，一般厚度不小于 4～5m；锚杆的层数和间距应通过计算确定，一般上下层间距为 2～5m，锚杆的水平间距多为 1.5～4.5m，为锚固体直径的

2 基坑支护工程

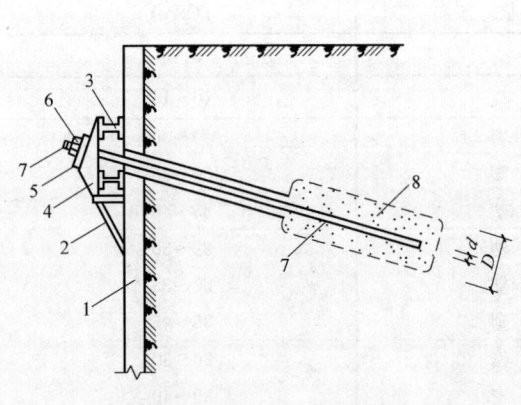

图 2-78 土层锚杆构造
1—支护（板桩、灌注桩、地下连续墙）或构筑物；
2—支架；3—横梁；4—台座；5—承压垫板；6—紧固器
（螺母）；7—拉杆；8—锚固体（水泥浆或水泥砂浆）

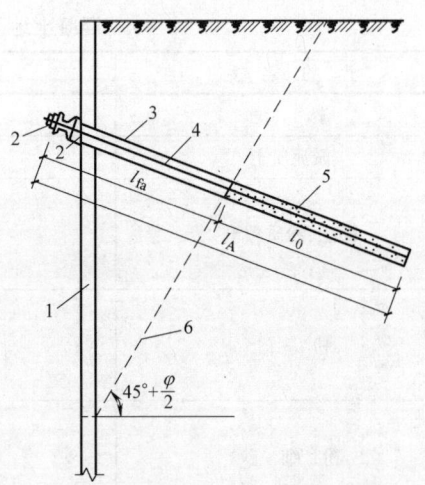

图 2-79 土层锚杆长度划分
1—支护（板桩、灌注桩、地下连续墙）或构筑物；2—锚杆头部；3—锚孔；4—拉杆；5—锚固体；6—主动土压裂面；
l_{fa}—锚固段长度；l_0—非锚固段长度；l_A—锚杆长度

10 倍；锚杆的倾角，为了受力和灌浆施工方便，不宜小于 12.5°，一般水平成 15°～25°倾斜角；锚杆的长度根据需要而定，一般要求超过挡墙支护背后的主动土压力区或已有滑动面，并需在稳定地层中具有足够的有效锚固长度。通常长度为 12～25m，单杆锚杆最大长度不超过 30m，锚固体长度一般为 5～7m，有效锚固长度不小于 4m；在饱和软黏土中，锚杆固定段长度以 20m 左右合适；锚杆钻孔直径，一般为 90～130mm；用地质钻时可达 146mm；用风动凿岩机钻孔，最大直径为 50mm 左右。

2.11.2 锚杆的承载力计算

土层锚杆的承载力受土质条件、地下水位、锚固体型和埋入深度、灌浆压力和次数以及成孔和锚固工艺方法等因素的影响，单根锚杆的承载力（抗拔力），一般通过抗拔试验确定，或根据使用经验数据由计算确定。

根据锚杆的传力方式，锚杆的承载力主要由拉杆的极限抗拉强度、拉杆与锚固体之间的极限握裹力、锚固体与土之间的极限抗拔力三者确定，一般在软质岩、风化岩层和土层中，锚杆的极限抗拉强度，锚杆孔壁与砂浆的摩擦力均低于砂浆对钢拉杆的握裹力，锚杆极限抗拔力受孔壁摩擦力控制，即取决于沿接触面外围软质岩和土层的抗剪强度，故锚杆的极限抗拔力可按下式计算（图 2-80）：

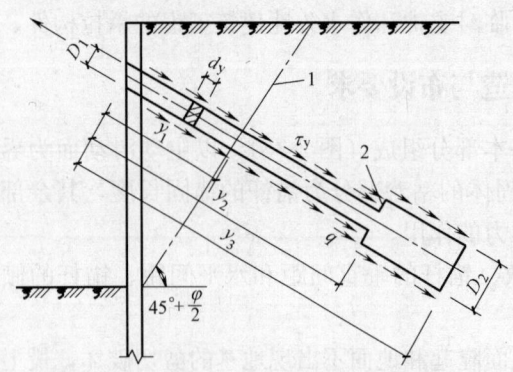

图 2-80 土层锚杆的极限抗拔力计算简图
1—主动土滑动（压裂）面；2—承压面积 A

$$T_u = F + Q = \pi D_1 \int_{y_1}^{y_2} \tau_y dy + \pi D_2 \int_{y_2}^{y_3} \tau_y dy + A \cdot q \quad (2\text{-}149)$$

式中 T_u——土层锚杆的极限抗拔力（kN）；
　　　F——锚固体周围表面的总摩阻力（kN）；
　　　Q——锚固体受压面的总抗压力（kN）；
　　　D_1——锚固体的直径（cm）；
　　　D_2——锚固体扩孔部分的直径（cm）；
　　　τ_y——深度 y 处锚固体与土体单位面积上的抗剪强度（摩阻力）（kPa）；
　　　q——锚固体扩孔部分土体的抗压强度（kPa）；
　　　A——锚固体扩孔部分的受压面积（cm²）；
y_1、y_2、y_3——长度（cm）。

临时性锚杆将 T_u 除以安全系数 1.3～1.5；永久性锚杆将 T_u 除以安全系数 2～2.5 即为锚杆的允许承载力。当锚杆的承载力不能满足要求时，可采用适当增大锚固长度、一次或多次高压灌浆、机械或爆扩等方法来提高锚固体的极限抗拔力。

锚杆土层与砂浆间的单位面积上的抗剪强度（摩阻力）τ_y，受土层的物理力学性质（土的内摩擦角、黏聚力等）、灌浆材料和灌浆压力、埋置深度、地下水、锚杆类型和灌浆工艺等许多复杂因素的影响而变化，表 2-18 和表 2-19 为日本锚杆协会和我国铁道部科学研究院提出的抗剪强度值 τ_y，可供施工、设计参考选用。

各种土层的抗剪强度 τ_y 值　　　　　　　　　　　　　　　　　　表 2-18

项次	锚固体部位土层种类			抗剪强度 τ_y 值(MPa)
1	砂 土	N 值	10	0.10～0.14
			20	0.18～0.22
			30	0.23～0.27
			40	0.29～0.35
			50	0.30～0.40
2	砂 砾	N 值	10	0.10～0.20
			20	0.17～0.25
			30	0.25～0.35
			40	0.35～0.45
			50	0.45～0.70
3	黏性土			$10c$
4	岩 石	硬质岩		1.20～2.50
		软质岩		1.00～1.50
		风化岩		0.60～1.00
		泥 岩		0.60～1.20

注：N—标准贯入试验值；c—黏聚力。

软岩及土层抗剪强度 τ_y 值　　　　　　　　　　　　　　　　　　表 2-19

项次	锚固土部位土层种类	抗剪强度 τ_y 值(MPa)
1	薄层灰岩夹页岩	0.40～0.80
2	细砂及粉砂质泥岩	0.20～0.40
3	风化砂页岩、炭质页岩、粉砂质泥岩	0.15～0.20
4	黏质土、粉质黏土	0.06～0.13
5	软土	0.02～0.03

锚杆在土层的抗剪强度 τ_y 也可用下式进行估算：

$$\tau_y = \sigma_v \tan\varphi + c\cos^2\varphi \tag{2-150}$$

式中 σ_v——锚杆锚固部分土的上部荷载；
φ——土的内摩擦角（°）；
c——土的黏聚力（MPa）。

对一般灌浆锚杆，抗剪强度 τ_y 值可用下式计算：

$$\tau_y = \sigma\tan\varphi + c \tag{2-151}$$

或

$$\tau_y = K_0\gamma h\tan\varphi + c \tag{2-152}$$

式中 σ——孔壁周边法向压、应力（MPa）；
K_0——土压系数，砂土取 $K_0=1$，黏土取 $K_0=0.5$；
γ——土的重度（kN/m³）；
h——锚杆覆盖的土层厚度（m）；
其他符号意义同前。

根据土层的抗剪强度 τ，可按下式估算有效锚固长度 L_e：

$$L_e = \frac{T_c}{\pi D\tau} \tag{2-153}$$

式中 T_c——锚杆设计拉力（kN）；
D——锚杆钻孔直径（m）；
τ——锚固段周边的抗剪强度（kPa）。

2.11.3 锚杆水平力计算

锚杆水平力计算应先确定挡土桩埋设深度，然后按力的平衡计算锚杆的水平力。

一、挡土桩的埋入深度计算

如图 2-81 挡土桩承受桩后主动土压力 E_a、桩前被动土压力 E_p 和锚杆支承力 T 的作用，如欲使挡土桩保持稳定，则必须使作用在桩上的 E_a、E_p、T 保持平衡，在 C 点取力矩，使 $\Sigma M_C=0$ 得：

$$T(l+t-a) = E_{a1}\left(\frac{l+t}{3}\right) + E_{a2}\left(\frac{l+t}{2}\right) - E_p \cdot \frac{t}{3} \tag{2-154}$$

$$T(l+t-a) = \frac{\gamma_a K_a(l+t)^3}{6} + \frac{qK_a\gamma_a(l+t)^2}{2} - \frac{\gamma_p K_p t^3}{6} \tag{2-155}$$

再取 $\Sigma x=0$ 得：

$$T - E_{a1} - E_{a2} + E_p = 0$$

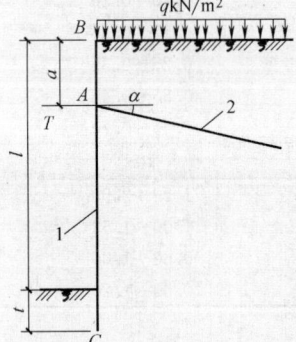

图 2-81 锚杆水平力计算简图
1—挡土桩；2—锚杆

$$T - \frac{\gamma_a K_a(l+t)^2}{2} - qK_a\gamma_a(l+t) + \frac{\gamma_p K_p t^2}{2} = 0 \tag{2-156}$$

整理（2-155）式、（2-156）式，并令 $\omega=\frac{t}{l}$、$\psi=\frac{a}{l}$、$K=\frac{e_2}{e_1}=\frac{qK}{\gamma_a l K_a}$，得所需的最小入土深度计算式为：

$$\frac{\gamma_a K_a}{\gamma_p K_p} = \frac{\omega^2(3+2\omega-3\psi)}{(1+\omega)^2(2+2\omega-3\psi)+3K(1+\omega)(1+\omega-2\psi)} \tag{2-157}$$

式中 q——地面均布荷载（kN/m²）；

2.11 土层锚杆施工计算

γ_a——主动土压力平均重度（kN/m³）；

γ_p——被动土压力的重度（kN/m³）；

K_a——主动土压力系数，$K_a = \tan^2\left(45° - \dfrac{\varphi_a}{2}\right)$；

K_p——被动土压力系数，$K_p = \tan^2\left(45° + \dfrac{\varphi_p}{2}\right)$；

φ_a——主动土压力的平均土的内摩擦角（°）；

φ_p——被动土压力的内摩擦角（°）；

T——锚杆作用力（kN）；

l——基坑深（m）；

a——锚杆离地面距离（m）；

t——挡土桩入土深度（m）。

将已知项 γ_a、γ_p、K_a、K_p、l、a、K 代入公式（2-157），解方程式，即可求得 ω 值。

则入土深度为：
$$t = \omega l \tag{2-158}$$

二、锚杆所需水平力计算

求得 t 后，可由式（2-154）计算 T 如下：

$$T = \dfrac{2(l+t)E_{a1} + 3(l+t)E_{a2} - 2tE_p}{6(l+t-a)} \tag{2-159}$$

锚杆间距为 b，则水平力为：
$$T_b = b \times T \tag{2-160}$$

锚杆拔力
$$T_u = \dfrac{T_b}{\cos\alpha} \tag{2-161}$$

式中 α——锚杆的倾角（°）。

【例 2-31】 基坑深 13.3m，支护采用板桩和单层土层锚杆，锚杆设在地面下 4.6m 处，间距 1.5m，地面均布荷载为 10kN/m²，主动土压力的平均重度 $\gamma_a = 18.8$kN/m³，平均土的内摩擦角 $\varphi_a = 40°$；被动土压力的重度 $\gamma_p = 19.3$kN/m³，土的内摩擦角 $\varphi_p = 45°$，锚杆孔直径为 ϕ140mm，倾角 $\alpha = 13°$，试计算挡土桩埋入深度及锚杆所受的水平力及轴向力。

【解】 计算简图如图 2-82。

1. 计算挡土桩埋入深度

由已知条件可求得：

主动土压力系数 $K_a = \tan^2\left(45° - \dfrac{40°}{2}\right) = 0.217$

被动土压力系数 $K_p = \tan^2\left(45° + \dfrac{45°}{2}\right) = 5.828$

系数 $\psi = \dfrac{a}{l} = \dfrac{4.6}{13.3} = 0.346$

系数 $K = \dfrac{e_2}{e_1} = \dfrac{qK_a}{\gamma_a l K_a} = \dfrac{10}{18.8 \times 13.3} = 0.04$

将各已知项代入公式（2-157）得：

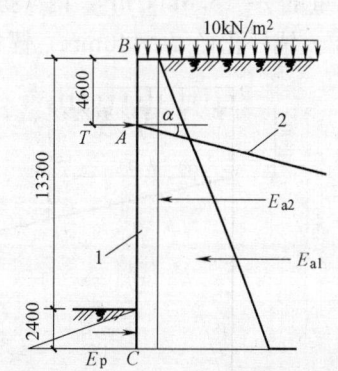

图 2-82 挡土桩上部锚杆水平力计算
1—挡土桩；2—锚杆

$$\frac{18.8\times0.217}{19.3\times5.828}=\frac{\omega^2(2\omega+3-3\times0.346)}{(1+\omega)^2(2+2\omega-3\times0.346)+3\times0.04(1+\omega)(1+\omega-2\times0.346)}$$

$$0.036=\frac{\omega^2(2\omega+1.96)}{(1+\omega)^2(2\omega+0.96)+0.12(1+\omega)(\omega+0.31)}$$

整理后得：

$$1.93\omega^3+1.77\omega^2-0.146\omega-0.036=0$$

解三次方程式得：$\omega=0.174$

则 $t=\omega l=0.174\times13.3=2.31\text{m}$

埋入深度取 2.4m。

2. 计算锚杆所受水平力

如图 2-82，桩后主动土压力为：

$$E_{a1}=\frac{1}{2}(13.3+2.4)^2\times18.8\times0.217=502.79\text{kN/m}$$

$$E_{a2}=10\times(13.3+2.4)\times0.217=34.07\text{kN/m}$$

桩前被动土压力为：

$$E_p=\frac{1}{2}\times2.4^2\times19.3\times5.828=323.94\text{kN/m}$$

取 $\Sigma M_c=0$，则：

$$(13.3+2.4-4.6)T=\frac{15.7}{3}E_{a1}+\frac{15.7}{2}E_{a2}-\frac{2.4}{3}E_p$$

$$\therefore T=\frac{5.23\times502.79+7.85\times34.07-0.8\times323.94}{11.1}=237.64\text{kN/m}$$

锚杆间距为 1.5m，则水平力为：

$$T_{1.5}=1.5\times237.64=356.46\text{kN}$$

锚杆的轴向力为：

$$T_u=\frac{T_{1.5}}{\cos\alpha}=\frac{356.46}{\cos13°}=365.97\text{kN}$$

【例 2-32】 基坑支护条件和尺寸同例 2-31（图 2-83），锚杆埋设在砂土层内，土的平均重度 $\gamma=18.8\text{kN/m}^3$，内摩擦角 $\varphi=40°$，黏聚力 $c=0$，$K_0=1$，施工机械钻孔倾角 $\alpha=13°$，锚杆孔径 $d=140\text{mm}$，锚杆间距 $b=1.5\text{m}$，试计算锚杆需要非锚固段和锚固段长度，选择锚杆钢筋直径、锚头支承槽钢截面。

【解】

(1) 计算非锚固段长度 AE

如图 2-83 所示。

$$AD=(13.3+2.4-4.6)\tan\left(45°-\frac{40°}{2}\right)$$

$$=11.1\tan25°=5.18\text{m}$$

在三角形 ADE 中

$$\angle ADE=90°-25°=65°$$

$$\angle AED=180°-13°-65°=102°$$

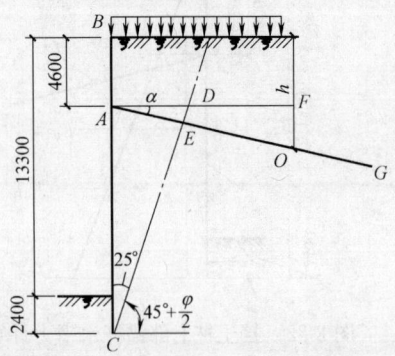

图 2-83 锚杆锚固段计算简图

根据正弦定律 $\dfrac{AD}{\sin AED}=\dfrac{AE}{\sin ADE}$

∴ $AE=\dfrac{AD\sin ADE}{\sin AED}=\dfrac{5.18\sin65°}{\sin102°}=4.8\text{m}$

故非锚固段（自由段）长度为 4.8m。

(2) 计算锚固段长度 EG

由例 2-31 已求得锚杆间距为 1.5m 时，锚杆所受水平分力 $T_{1.5}=356.46\text{kN}$，锚杆的轴向力 $T_u=365.97\text{kN}$。

假设锚杆长度为 10m，O 点为锚杆段中点，则

$$AO=AE+EO=4.8+5.0=9.8\text{m}$$
$$h=4.6+AO\sin13°=4.6+9.8\sin13°=6.8\text{m}$$

抗剪强度为：

$$\tau=K_0\gamma h\tan\varphi+c$$
$$=1\times18.8\times6.8\times\tan40°+0=107.27\text{kN/m}^2$$

对临时锚杆的安全系数一般取 1.5，则：

$$\text{需要的锚固长度}=\dfrac{T_u\times1.5}{\pi d\tau}$$
$$=\dfrac{365.96\times1.5}{3.14\times0.14\times107.27}=11.64\text{m}$$

原假设锚固长度为 10m 应予以修正：

$$h=4.6+\left(4.8+\dfrac{11.64}{2}\right)\sin13°=6.99\text{m}$$
$$\tau=1\times18.8\times6.99\tan40°=110.27\text{kN/m}^2$$
$$\text{锚固长度}=\dfrac{365.97\times1.5}{3.14\times0.14\times110.27}=11.3\text{m}$$

故知，设计锚固长度应为 11.3m。

每米计算极限摩阻力为：

$$110.27\times0.14\pi=48.5\text{N/m}$$

(3) 需用锚杆钢筋直径计算

锚杆采用 HRB335 钢筋，$f_{st}=300\text{MPa}$

$$\text{需用截面积}=\dfrac{365.97}{30}=12.199\text{cm}^2$$

选用 1Φ40，$A=12.57\text{cm}^2>12.199\text{cm}^2$

按钢筋抗拉强度计算，安全系数：

$$\dfrac{12.57\times50}{365.97}=1.72$$

(4) 锚杆支承槽钢计算

锚杆端头布置如图 2-84，轴力 $T_u=365.97\text{kN}$

锚杆间距 $b=1.5\text{m}$

$$M=\dfrac{T_u b}{4}=\dfrac{365.97\times1.5}{4}=137.24\text{kN·m}$$

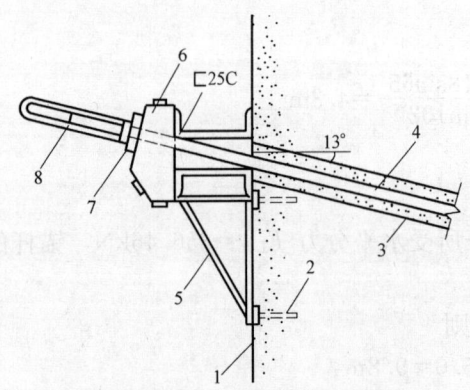

图 2-84 锚杆与挡土桩支护连接构造
1—支护；2—预埋件；3—钻孔；4—Φ40mm 锚杆；
5—支撑三角架；6—铁靴子；7—垫板；8—U 形铁

选用 2⊏25C，背靠背设置，间距 28cm

$$\sigma = \frac{M}{W_y} = \frac{137240}{987} = 139\text{MPa} < 170\text{MPa}$$

故知，可以用 2⊏25C。

2.11.4 锚杆稳定性验算

锚杆的稳定性分为整体稳定性和深部破裂面稳定性两种情况（图2-85），应分别进行验算。

一、整体稳定性验算

整体失稳时，由于土层滑动面在基坑支护的下面，可按土坡稳定的计算方法进行验算（详见"1.11 土坡稳定性简易分析与计算"一节）。

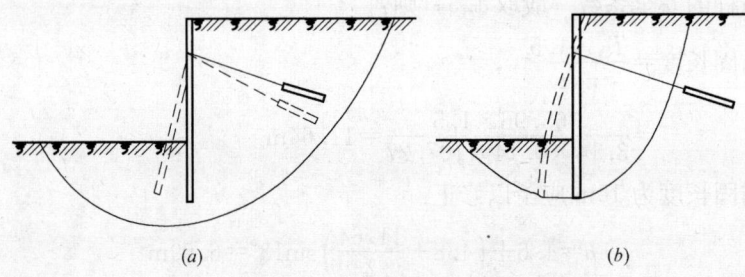

图 2-85 土层锚杆的失稳情形
(a) 整体失稳情形；(b) 深部破裂面的失稳情形

二、深部破裂面稳定性验算

深部破裂面在基坑支护桩的下端处（图 2-85b），一般采用德、Kranz 氏简易计算法。如图 2-86 所示，通过锚固体的中点 c 与基坑支护挡土桩下端的假想支承点 b 连一直线 bc，并假定 bc 线为深部滑动线。再由 c 点向上作垂直线 cd，以此作为假想的代替墙。在土体 $abcd$ 上，除土体自重 G 外，还有反力 Q 和作用在挡土桩上的主动土压力 E_a 及作用在代替墙上的主动土压力 E_1，当处于平衡状态时，即可用作图法，应用力的多边形求出锚杆能承受的最大拉力 T_{umax} 和其水平分力 T_{hmax}。

T_{hmax} 与锚杆的设计（或实际）水平力 T_h 之比值称锚杆的稳定安全系数 K_s，当

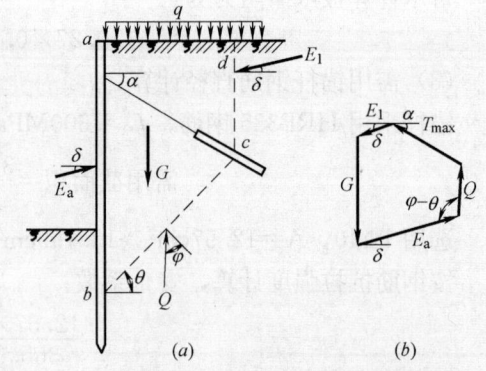

图 2-86 土层锚杆深部破裂面的稳定性计算简图
(a) 土中应力分布；(b) 力的图解计算

$$K_s = \frac{T_{hmax}}{T_h} \geq 1.5 \tag{2-162}$$

则不会出现上述深部破坏和整体破坏情形。

2.11 土层锚杆施工计算

锚杆承受的最大拉力 T_{hmax} 可用以下方法计算：如图 2-87 所示，将多边形各边画出其水平分力，再从力的多边形分力的几何关系得出计算公式。由图知：

$$T_{hmax} = E_{ah} - E_{1h} + c$$
$$c + d = [G + E_{1h}\tan\delta - E_{ah}\tan\delta]\tan(\varphi-\theta)$$
$$d = T_{hmax}\tan\alpha\tan(\varphi-\theta)$$
$$\therefore T_{hmax} = E_{ah} - E_{1h} + [G + E_{1h}\tan\delta - E_{ah}\tan\delta]\tan(\varphi-\theta) - T_{hmax}\tan\alpha\tan(\varphi-\theta)$$

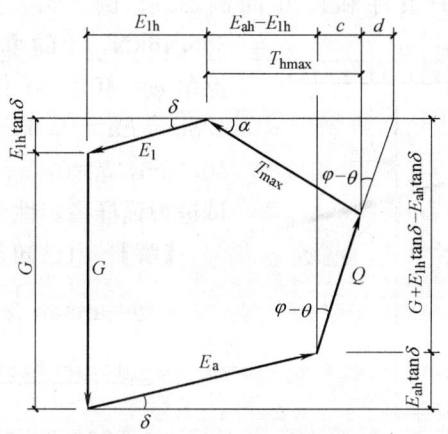

图 2-87 力的多边形计算简图

整理后得：

$$T_{hmax} = \frac{E_{ah} - E_{1h} + [G + E_{1h}\tan\delta - E_{ah}\tan\delta]\tan(\varphi-\theta)}{1 + \tan\alpha\tan(\varphi-\theta)} \tag{2-163}$$

式中 G——深部破裂面范围内的土体重量；
E_a——作用在基坑支护上的主动土压力；
E_1——作用在代替墙 cd 面上的主动土压力；
Q——bc 面上反力的合力，与滑动面的法线成 φ 角；
φ——土的内摩擦角；
δ——支护挡土桩（墙）与土之间的摩擦角；
θ——深部破裂面与水平面间的夹角；
α——锚杆的倾角。

深部破裂面稳定性除可由式 (2-162) 验算外，还可采用英、Locher 提出的简化计算法。如图 2-88，由锚固体中点 c 向上作垂线 cd，在该垂直面上作用有主动土压力 E；将 c 与基坑支护桩下端的假想支承点 b 连直线 bc，在该深部破裂面上作用有土体重量 G 及反力 R_n，R_n 作用方向与深部破裂面的法线间成 φ_n 角。由几何关系知 R_n 与垂线间的夹角为 $\varphi_n - \theta$。由于锚杆是稳定的，

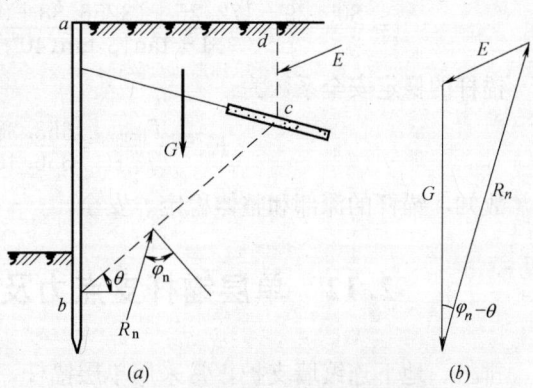

图 2-88 土层锚杆稳定性简化计算
(a) 土中应力分布；(b) 力的图解计算

故此 E、G、R_n 应构成封闭三角形。由此可求出 $\varphi_n-\theta$ 角,因 θ 为已知,故而可求得 φ_n 角,锚杆的稳定安全系数 K_s 可由下式求得:

$$K_s=\frac{\tan\varphi}{\tan\varphi_n} \tag{2-164}$$

式中 φ_n——土的标称内摩擦角;
φ——土的内摩擦角,由勘察报告提供。

【例 2-33】 基坑支护条件和尺寸同例 2-31、例 2-32,如图 2-89 所示。$T_{1.5}=356.46\text{kN}$,土的重度 $\gamma=18.8\text{kN/m}^3$,内摩擦角 $\varphi=40°$。od 代替墙 $h=6.99\text{m}$,$AE=4.8\text{m}$,$Eo=5.65\text{m}$,$Ao=10.45\text{m}$,$AF=10.18\text{m}$,$\delta=0$,$\alpha=13°$,锚杆间距 $b=1.5\text{m}$,试进行锚杆稳定性分析。

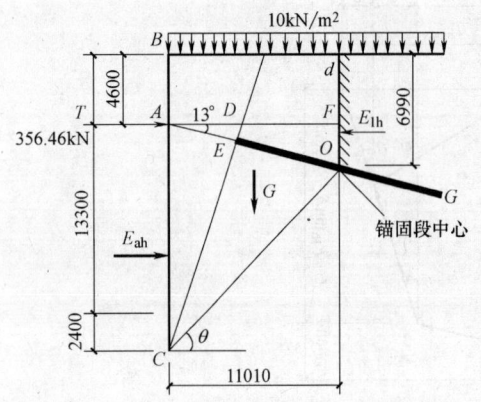

图 2-89 Kranz 法计算锚杆稳定性简图

【解】 由已知条件

$$\theta=\arctan\frac{15.7-6.99}{10.45\cos13°}=40.54°$$

$$G=\frac{15.7+6.99}{2}\times10.18\times1.5\times18.8$$
$$=3256.88\text{kN}$$

挡土桩的主动土压力为:

$$E_{ah}=\frac{1}{2}\gamma H^2 K_a\times1.5+qHK_a\times1.5$$
$$=\frac{1}{2}\times18.8\times15.7^2\times0.217\times1.5+10\times15.7\times0.217\times1.5=805.29\text{kN/m}$$

代替墙的主动土压力为:

$$E_{1h}=\frac{1}{2}\times18.8\times6.99^2\times0.217\times1.5+10\times6.99\times0.217\times1.5=172.25\text{kN/m}$$

代入公式 (2-163) 得锚杆最大可能承受的水平力为:

$$T_{hmax}=\frac{E_{ah}+E_{1h}+(G+E_{1h}\tan\delta-E_{ah}\tan\delta)\tan(\varphi-\theta)}{1+\tan\alpha\tan(\varphi-\theta)}$$
$$=\frac{805.29-172.25+(3256.88+0-0)\tan(40°-40.56°)}{1+\tan13°\tan(40°-40.56°)}=663.38\text{kN}$$

锚杆的稳定安全系数为:

$$K_s=\frac{T_{hmax}}{T_{1.5}}=\frac{663.38}{356.46}=1.86>1.5$$

故知,锚杆的深部和整体稳定、安全。

2.12 单层锚杆支点力及桩、墙嵌固深度计算

排桩、地下连续墙支护,常采用单层锚杆,其单层锚杆支点力及嵌固深度可按下列规定计算(图 2-90):

1. 基坑底面以下支护结构设定弯矩零点位置至基坑底面的距离 h_{c1} 可按下式确定(图

2-90）：

$$e_{a1k} = e_{p1k} \tag{2-165}$$

2. 锚杆支点力 T_{c1} 可按下式计算：

$$T_{c1} = \frac{h_{a1}\Sigma E_{ac} - h_{p1}\Sigma E_{pc}}{h_{T1} + h_{c1}} \tag{2-166}$$

式中 e_{a1k}——水平荷载标准值；

e_{p1k}——水平抗力标准值；

ΣE_{ac}——设定弯矩零点位置以上基坑外侧各土层水平荷载标准值的合力之和；

h_{a1}——合力 ΣE_{ac} 作用点至设定弯矩零点的距离；

ΣE_{pc}——设定弯矩零点位置以上基坑内侧各土层水平抗力标准值的合力之和；

h_{p1}——合力 ΣE_{pc} 作用点至设定弯矩零点的距离；

h_{T1}——支点至基坑底面的距离；

h_{c1}——基坑底面至设定弯矩零点位置的距离。

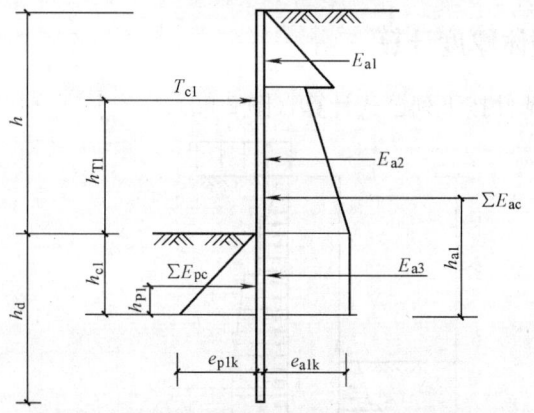

图 2-90 单层支点支护结构支点力计算简图

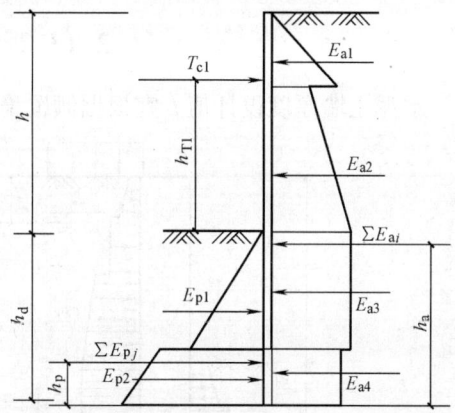

图 2-91 单层支点支护结构嵌固深度计算简图

3. 桩、墙嵌固深度设计值 h_d 可按下式确定（图 2-91）：

$$h_p\Sigma E_{pj} + T_{c1}(h_{T1} + h_d) - 1.2\gamma_0 h_a \Sigma E_{ai} \geqslant 0 \tag{2-167}$$

或

$$h_d = \frac{1.2\gamma_0 h_a \Sigma E_{ai} - h_p \Sigma E_{pj} - T_{c1} h_{T1}}{T_{c1}} \tag{2-168}$$

式中 ΣE_{pj}——桩、墙底以上的基坑内侧各土层水平抗力标准值 e_{pjk} 的合力之和；

h_p——合力 ΣE_{pj} 作用点至桩、墙底的距离；

ΣE_{ai}——桩、墙底以上的基坑外侧各土层水平荷载标准值 e_{ajk} 的合力之和；

h_a——合力 ΣE_{ai} 作用点至桩、墙底的距离；

γ_0——基坑侧壁重要性系数，基坑侧壁安全等级为一级 $\gamma_0 = 1.10$；二级 $\gamma_0 = 1.00$；三级 $\gamma_0 = 0.90$。

其他符号意义同前或见图注。

2.13 水泥土墙支护计算

水泥土墙支护，系采用连续的水泥土排桩，作为深基坑的支护。水泥土排桩常用的有深层搅拌水泥土桩、喷粉桩、高压喷射注浆桩等。水泥土墙采用格栅布置时，水泥土的置换率对淤泥不宜小于0.8；淤泥质土不宜小于0.7；一般黏性土及砂土不宜小于0.6；格栅长宽比不宜大于2。水泥土桩与桩之间的搭接宽度不宜小于100mm，考虑截水作用时不宜小于150mm。浆喷深层搅拌的水泥掺入量宜为被加固土重度的15%～18%；喷粉深层搅拌的水泥掺入量宜为被加固土体的13%～16%。

这种支护具有成桩工艺设备常规，速度快，材料单一，墙体挡土抗渗性好，费用低等优点。适用于作一般黏性土、砂土、淤泥和淤泥质土层、深6m以内的基坑支护。但墙体应有28d以上期令方可进行基坑开挖。

2.13.1 嵌固深度计算

水泥土墙嵌固深度设计值 h_d 一般按1.11.2节圆弧滑动简单条分法确定。当基坑底为碎石土及砂土、基坑内排水且有渗透水压力时，尚应按4.1.3节抗渗透稳定条件验算。如按以上确定的嵌固深度设计值 h_d 小于 $0.4h$（h—墙体高）时，宜取 $0.4h$。

2.13.2 墙体厚度计算

水泥土墙厚度设计值 b 宜根据倾覆稳定条件按下列公式计算（图2-92）：

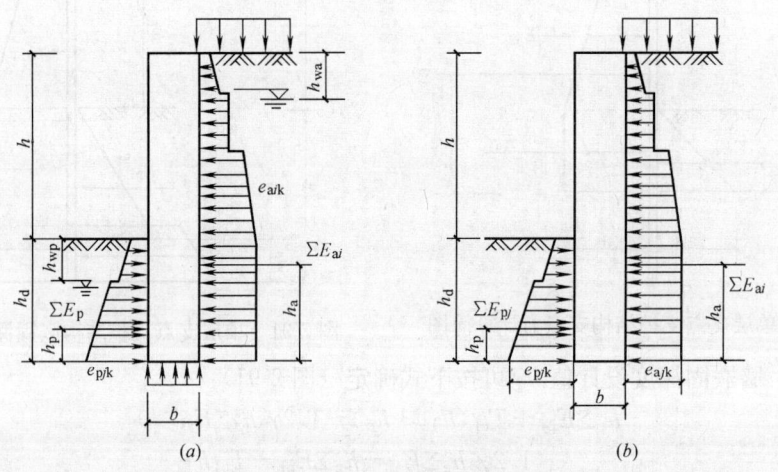

图 2-92　水泥土墙宽度计算简图
(a) 墙底位于碎石土或砂土上；(b) 墙底位于黏土或粉土上

1. 当水泥土墙底部位于碎石土或砂土时，墙体厚度设计值 b 按下式计算（图2-92a）：

$$b \geqslant \sqrt{\frac{10 \times (1.2\gamma_0 h_a \Sigma E_{ai} - h_p \Sigma E_{pj})}{5\gamma_{cs}(h+h_d) - 2\gamma_0 \gamma_w(2h+3h_d-h_{wp}-2h_{wa})}} \quad (2\text{-}169)$$

2. 当水泥土墙底部位于黏性土或粉土中时，墙体厚度设计值 b 宜按下式计算（图2-92b）：

$$b \geqslant \sqrt{\frac{2(1.2\gamma_0 h_a \Sigma E_{ai} - h_p \Sigma E_{pj})}{\gamma_{cs}(h+h_d)}} \quad (2\text{-}170)$$

式中　γ_{cs}——水泥土墙体平均重度；
　　　γ_w——水的重度；
　　　γ_0——基坑侧壁重要性系数，取0.9～1.1；

h——支护高度；
h_d——水泥土墙嵌固深度；
h_a——合力 ΣE_{ai} 作用点至水泥土墙底的距离；
h_{wa}——基坑外侧水位深度；
h_p——合力 ΣE_p 作用点至水泥土墙底的距离；
h_{wp}——基坑内侧水位深度；
ΣE_{ai}——水泥土墙底以上基坑外侧水平荷载标准值合力之和；
ΣE_{pj}——水泥土墙底以上基坑内侧水平抗力标准值的合力之和。

3. 当按上述1、2项计算确定的水泥土墙厚度小于 $0.4h$ 时，取 $0.4h$。

2.13.3 正截面承载力验算

水泥土墙厚度设计值按式（2-169）或式（2-170）确定后，尚应按下列公式进行正截面承载力验算：

压应力验算
$$1.25\gamma_0\gamma_{cs}Z+\frac{M}{W}\leqslant f_{cs} \tag{2-171}$$

拉应力验算
$$\frac{M}{W}-\gamma_{cs}Z\leqslant 0.06 f_{cs} \tag{2-172}$$

其中
$$M=1.25\gamma_0 M_c \tag{2-173}$$

式中 γ_{cs}——水泥土墙平均重度；
  Z——由墙顶至计算截面的深度；
  M——单位长度水泥墙截面弯矩设计值；
  M_c——截面弯矩计算值；
  W——水泥土墙截面模量；
  f_{cs}——水泥土开挖龄期抗压强度设计值。
γ_0 符号意义同前。

2.13.4 墙体稳定性验算

墙体的抗滑和抗倾覆稳定性可按下式验算（图2-93）。
抗滑稳定性
$$K_h=\frac{G\cdot\mu+E_p}{E_a}\geqslant 1.3 \tag{2-174}$$

抗倾覆稳定性
$$K_q=\frac{G\cdot b/2+E_p\cdot h_p}{E_a\cdot h_a}\geqslant 1.5 \tag{2-175}$$

式中 K_h——抗滑稳定性安全系数；
  G——墙体自重（kN/m）；
  E_a——主动土压力合力（kN/m）；
  E_p——被动土压力合力（kN/m）；
  μ——墙体基底与土的摩擦系数，对淤泥质土为 $0.20\sim 0.25$；一般

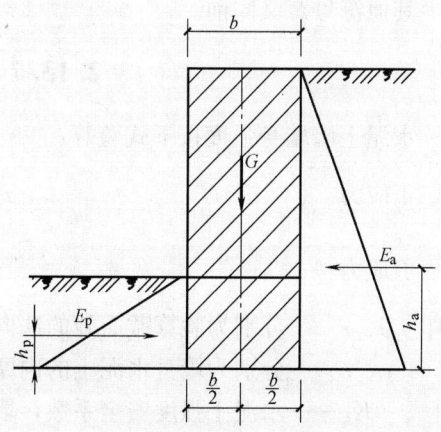

图 2-93 水泥土墙抗滑和抗倾覆稳定性验算简图

黏性土为 0.25~0.40；砂类土为 0.40~0.50；岩石为 0.50~0.70；

K_q——抗倾覆稳定性安全系数；

$b/2$、h_p、h_a——G、E_p、E_a对墙趾的力臂（m）。

2.13.5 墙体应力验算

水泥土墙墙体正应力和剪应力按下式验算：

正应力 $$\sigma_{\min}^{\max}=\frac{G_1}{b}\left(1\pm\frac{6e_1}{b_1}\right) \quad (2-176)$$

$$\sigma_{\max}\leqslant f_u/2 \quad (2-177)$$

$$|\sigma_{\min}|\leqslant f_c/2\,(\sigma_{\min}<0\text{时}) \quad (2-178)$$

剪应力 $$\tau=\frac{E_{a1}-G_1\mu_1}{b_1}\leqslant f_j/2 \quad (2-179)$$

式中 e_1——荷载作用于验算截面上的偏心距（m）；

b_1——验算截面宽度（m）；

G_1——验算截面以上墙体重（kN/m）；

E_{a1}——验算截面以上的主动土压力（kN/m）；

μ_1——墙体材料抗剪断系数，取 0.4~0.5；

f_u——水泥土抗压强度设计值（kPa）；

f_c——水泥土抗拉强度设计值（kPa），一般取 $0.15f_u$；

f_j——水泥土抗剪强度设计值（kPa），一般取 $0.33f_u$。

2.13.6 墙基底地基承载力验算

水泥土墙墙基底地基承载力按下式验算：

$$\sigma_{\min}^{\max}=\frac{G}{b}\left(1\pm\frac{6e}{b}\right) \quad (2-180)$$

$$\sigma_{\max}\leqslant 1.2f \quad (2-181)$$

$$\sigma_{\min}>0 \quad (2-182)$$

式中 f——按开挖深度修正后的地基土承载力特征值（kPa）；

其他符号意义同前。

2.13.7 墙身强度验算

水泥土墙墙身强度按下式验算：

正应力 $$\sigma=\frac{G}{b}<\frac{q_u}{2K_c} \quad (2-183)$$

剪应力 $$\tau=\frac{E_a-\mu G}{b}<\frac{\sigma\tan\varphi+c}{K_c} \quad (2-184)$$

式中 σ、τ——分别为验算截面处的法向应力和剪应力（kPa）；

φ、c——分别为墙身水泥土的内摩擦角（°）和黏聚力（kPa）；

K_c——水泥土强度安全系数，取 1.2~1.5；

q_u——水泥土抗压强度，取 0.8MPa；

2.13 水泥土墙支护计算

其余符号意义同前。

【**例 2-34**】 某基坑属二级基坑,开挖深度为 5.5m,地面荷载 $q_0=20\text{kN/m}^2$,土的内摩擦角 $\varphi=15°$,黏聚力 $c=8\text{kN/m}^2$,土的重度 $\gamma=18\text{kN/m}^3$,拟采用水泥土墙支护结构,试计算水泥土墙的嵌固深度及墙体厚度。

【**解**】 按《建筑基坑支护技术规程》JGJ 120—99 计算。

(1) 嵌固深度计算

本工程为均质黏性土且无地下水,按 $h_0=n_0 h$ 计算。

土层固结快剪黏聚力系数

$$\delta=\frac{c}{\gamma h}=\frac{8}{18\times 5.5}=0.08$$

根据 φ、δ 查有关表得 $n_0=0.69$

则,嵌固深度为:

$$h_0=n_0 h=0.69\times 5.5=3.8\text{m}$$

二级基坑重要性参数 γ_0 取 1,则嵌固深度设计值 h_d 为

$$h_d=1.10 h_0=1.10\times 3.8=4.18\text{m}$$

取 4.5m。

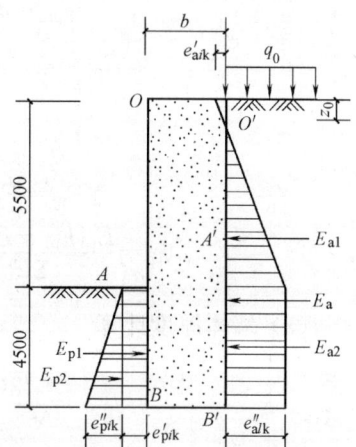

图 2-94 水平荷载及抗力计算简图

(2) 水平荷载及抗力计算(图 2-94)

1) 水平荷载

$$K_{ai}=\tan^2\left(45°-\frac{\varphi}{2}\right)=\tan^2\left(45°-\frac{15°}{2}\right)=0.59$$

OO' 截面处: $\sigma_{aik}=\sigma_{\gamma k}+\sigma_{0k}+\sigma_{1k}=q_0=20\text{kN/m}^2$

$$e'_{aik}=\sigma_{aik}\cdot K_{ai}-2c_i\sqrt{K_{ai}}=20\times 0.59-2\times 8\sqrt{0.59}=-0.49\text{kN/m}^2$$

AA' 截面处: $\sigma_{aik}=\sigma_{\gamma k}+\sigma_{0k}+\sigma_{1k}=\gamma_{mi} z_i+q_0=18\times 5.5+20=119\text{kN/m}^2$

$$e''_{aik}=\sigma_{aik}\cdot K_{ai}-2c\sqrt{K_{ai}}=119\times 0.59-2\times 8\sqrt{0.59}=57.9\text{kN/m}^2$$

$$z_0=\frac{0.49}{57.9+0.49}\times 5.5=0.046\text{m}$$

因 z_0 很小,近似取 $z_0=0$

$$E_{a1}=\frac{1}{2}e''_{aik}\cdot h=\frac{1}{2}\times 57.9\times 5.5=159.2\text{kN/m}$$

$$h_{a2}=\frac{1}{3}h+h_d=\frac{1}{3}\times 5.5+4.5=6.33\text{m}$$

$$E_{a2}=e''_{aik}\cdot h_d=57.9\times 4.5=260.6\text{kN/m}$$

$$h_{a2}=\frac{1}{2}h_d=\frac{1}{2}\times 4.5=2.25\text{m}$$

$$\Sigma E_{ai}=E_{a1}+E_{a2}=159.2+260.6=419.8\text{kN/m}$$

$$h_a=\frac{E_{a1}h_{a1}+E_{a2}h_{a2}}{\Sigma E_a}=\frac{159.2\times 6.33+260.6\times 2.25}{419.8}=3.8\text{m}$$

2) 水平抗力 $K_{pi}=\tan^2\left(45°+\dfrac{\varphi}{2}\right)=\tan^2\left(45°+\dfrac{15°}{2}\right)=1.7$

AA'截面处：
$$\sigma_{pik}=0$$
$$e'_{pik}=2c\sqrt{K_{pi}}=2.8\sqrt{1.7}=20.9\text{kN/m}^2$$
$$E_{p1}=e'_{pik}\cdot h_d=20.9\times 4.5=94.1\text{kN/m}$$
$$h_{p1}=\frac{1}{2}h_d=2.25\text{m}$$

BB'截面处：
$$\sigma_{pik}=\gamma_{mi}z_i=18\cdot 4.5=81\text{kN/m}^2$$
$$e''_{pik}=\sigma_{pik}\cdot K_{pi}=81\times 1.7=137.7\text{kN/m}^2$$
$$E_{p2}=\frac{1}{2}e''_{pik}\cdot h_d=\frac{1}{2}\times 137.7\times 4.5=309.8\text{kN/m}$$
$$h_{p2}=\frac{1}{3}h_d=1.5\text{m}$$
$$\Sigma E_{pj}=E_{p1}+E_{p2}=94.1+309.8=403.9\text{kN/m}$$
$$h_p=\frac{E_{p1}h_{p1}+E_{p2}h_{p2}}{\Sigma E_p}=\frac{94.1\times 2.25+309.8\times 1.5}{403.9}=1.67\text{m}$$

（3）墙体厚度计算

$$b=\sqrt{\frac{2(1.2\gamma_0 h_a\Sigma E_{ai}-h_p\Sigma E_{pj})}{\gamma_{cs}(h+h_d)}}$$
$$=\sqrt{\frac{2(1.2\times 1.0\times 3.8\times 419.8-1.67\times 403.9)}{19(5.5+4.5)}}=3.6\text{m}$$

采用 2Φ700 水泥土搅拌桩，搭接 200，格栅式布置，按经验数据取 $b=3.70\text{m}$，共设置 7 排。

2.14 土钉墙支护计算

土钉墙，是将拉筋插入边坡土体内部，并在坡面上喷射混凝土，从而形成土体加固区带，其结构类似于重力式挡墙，以提高整个基坑边坡的稳定。

土钉墙设计及构造要求：土钉墙墙面坡度不宜大于 1∶0.1；一般为 70°～90°。土钉材料宜采用 HPB235 级、HRB335 级钢筋，直径宜为 16～32mm；土钉的长度宜为开挖深度的 0.5～1.2 倍；间距宜为 1～2m；与水平夹角宜为 10°～20°；钻孔直径宜为 70～120mm；注浆材料宜采用水泥浆或水泥砂浆，其强度等级不宜低于 M20；喷射混凝土面层宜配置钢筋网，钢筋直径宜为 6～10mm，间距宜为 150～300mm，坡面上下段钢筋网搭接长度应大于 300mm。喷射混凝土强度等级不宜低于 C20；面层厚度不宜小于 80mm。墙顶应采用砂浆或混凝土护面；坡顶和坡脚应设排水措施，坡面上宜设置适当数量泄水孔。土钉墙支护具有对场地邻近建筑物影响小，施工机具简单，施工灵活，经济效益显著（比锚钉墙可节省投资 30%～40%）等优点。适用于基坑深 15m 以内、除软土以外的多种土层支护。

2.14.1 土钉承载力计算

单根土钉抗拉承载力应符合下式要求：

2.14 土钉墙支护计算

$$1.25\gamma_0 T_{jk} \leqslant T_{uj} \quad (2\text{-}185a)$$

单根土钉受拉荷载标准值可按下式计算：

$$T_{jk} = \xi e_{ajk} S_{Xj} \cdot S_{Zj}/\cos\alpha_j \quad (2\text{-}185b)$$

其中 $\xi = \tan\dfrac{\beta-\varphi_k}{2}\left[\dfrac{1}{\tan\beta_2+\varphi_k} - \dfrac{1}{\tan\beta}\right] / \tan^2\left(45°-\dfrac{\varphi}{2}\right)$

对于基坑侧壁安全等级为二级的土钉抗拉承载力设计值应按试验确定，基坑侧壁安全等级为三级时可按下式计算（图2-95）：

$$T_{uj} = \dfrac{1}{\gamma_s}\pi d_{nj}\Sigma q_{sik}l_i \quad (2\text{-}185c)$$

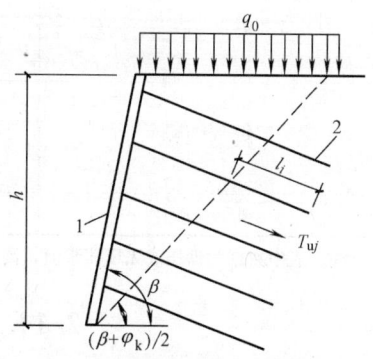

图2-95 土钉抗拉承载力计算简图
1—喷射混凝土面层；2—土钉

式中 T_{jk}——第 j 根土钉受拉荷载标准值，可按式(2-185b) 计算确定；

T_{uj}——第 j 根土钉抗拉承载力设计值，可按式(2-185c) 计算确定；

ξ——荷载折减系数；

e_{ajk}——第 j 个土钉位置处的基坑水平荷载标准值；

S_{Xj}、S_{Zj}——第 j 根土钉与相邻土钉的平均水平、垂直间距；

γ_s——土钉抗拉力分项系数，取1.3；

d_{nj}——第 j 根土钉锚固体直径；

q_{sik}——土钉穿越 i 层土土体与锚固体极限摩阻力标准值，由试验确定；如无试验资料，可由表2-20取用；

l_i——第 j 根土钉在直线破裂面外穿越第 i 稳定土体内的长度，破裂面与水平面的夹角为 $\dfrac{\beta+\varphi_k}{2}$；

α_j——第 j 根土钉与水平面的夹角。

土钉锚固体与土体极限摩阻力标准值 表2-20

土 的 名 称	土 的 状 态	q_{sik}(kPa)
填 土	—	16～20
淤 泥	—	10～16
淤泥质土	—	16～20
黏性土	$I_L>1$	18～30
	$0.75<I_L\leqslant 1$	30～40
	$0.50<I_L\leqslant 0.75$	40～53
	$0.25<I_L\leqslant 0.50$	53～65
	$0.0<I_L\leqslant 0.25$	65～73
	$I_L\leqslant 0.0$	73～80
粉 土	$e>0.90$	20～40
	$0.75<e\leqslant 0.90$	40～60
	$e<0.75$	60～90
粉细砂	稍密	20～40
	中密	40～60
	密实	60～80

续表

土 的 名 称	土 的 状 态	q_{sik}(kPa)
中砂	稍密	40～60
	中密	60～70
	密实	70～90
粗砂	稍密	60～90
	中密	90～120
	密实	120～150
砾砂	中密、密实	130～160

注：表中数据为低压或无压注浆值，高压注浆时对中粗砾砂可适当提高。

2.14.2 土钉墙整体稳定性验算

土钉墙应根据施工期间不同开挖深度及基坑底面以下可能滑动面采用圆弧滑动简单条分法（图 2-96），按下式进行整体稳定性验算：

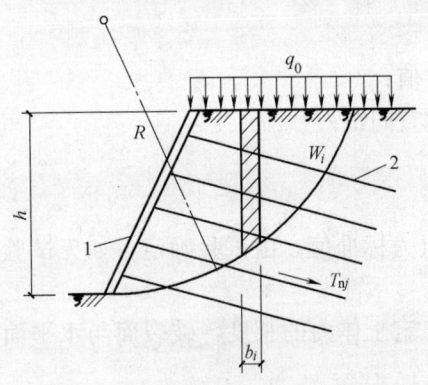

图 2-96 土钉墙整体稳定性验算简图
1—喷射混凝土面层；2—土钉

$$\frac{\sum_{i=1}^{n} c_{ik}L_i s + s\sum_{i=1}^{n}(w_i + q_0 b_i)\cos\theta_i\tan\varphi_{ik} + \sum_{j=1}^{m} T_{nj} \times \left[\cos(\alpha_j+\theta_j)+\frac{1}{2}\sin(\alpha_j+\theta_j)\tan\varphi_{ik}\right]}{s\gamma_k\gamma_0 \sum_{i=1}^{n}(w_i+q_0 b_i)\sin\theta_i} \geqslant 0 \quad (2\text{-}186)$$

式中 n——滑动体分条数；
m——滑动体内土钉数；
γ_k——整体滑动分项系数，可取 1.3；
γ_0——基坑侧壁重要性系数；
w_i——第 i 分条土重，滑裂面位于黏性土或粉土中时，按上覆土层的饱和土重度计算；滑裂面位于砂土或碎石类土中时，按上覆土层的浮重度计算；
b_i——第 i 分条宽度；
c_{ik}——第 i 分条滑裂面处土体固结不排水（块）剪黏聚力标准值；
φ_{ik}——第 i 分条滑裂面处土体固结不排水（块）剪内摩擦角标准值；
θ_i——第 i 分条滑裂面处中点切线与水平面夹角；
α_j——土钉与水平面之间的夹角；
L_i——第 i 分条滑裂面处弧长；
s——计算滑动体单元厚度；
T_{nj}——第 j 根土钉在圆弧滑裂面外锚固体与土体的极限抗拉力，可按式（2-187）确定。即单根土钉在圆弧滑裂面外锚固体与土体的极限抗拉力可按下式确定：

$$T_{nj} = \pi d_{nj}\Sigma q_{sik} \cdot l_{ni} \quad (2\text{-}187)$$

式中 l_{nj}——第 j 根土钉在圆弧滑裂面外穿越第 i 层稳定土体内的长度；

其他符号意义同前。

2.15 土钉墙支护简易计算

土钉墙支护设置除按 2.13 节方法计算外，尚可采用以下较简易计算方法。

2.15.1 土 钉 计 算

一、土钉所受最大拉力或设计内力计算

在土体自重和地表均布荷载作用下，每一土钉中所受的最大拉力或设计内力 N（kN）可按下式计算（图 2-97）：

$$N = \frac{1}{\cos\theta} p S_v S_h \qquad (2\text{-}188)$$

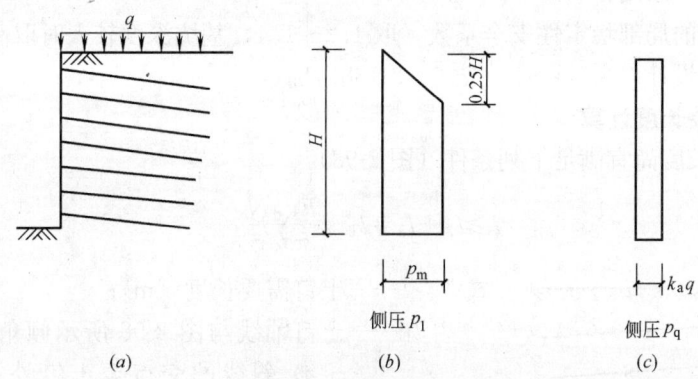

图 2-97 侧压力分布图形

其中
$$p = p_1 + p_q \qquad (2\text{-}189)$$

式中 θ——土钉的倾角（°）；

p——土钉长度中点所处深度位置上的侧压力（kN/m²）；

p_1——土钉长度中点所处深度位置上由支护土体自重引起的侧压力，据图 2-97 求出；

p_q——地表均布荷载引起的侧压力（kN/m²）。

图 2-97 中自重引起的侧压力峰压 p_m：

对于 $\frac{c}{\gamma H} \leqslant 0.05$ 的砂土和粉土：

$$p_m = 0.55 K_a \gamma H \qquad (2\text{-}190)$$

对于 $\frac{c}{\gamma H} > 0.05$ 的一般黏性土：

$$p_m = K_a \left(1 - \frac{2c}{\gamma H} \cdot \frac{1}{\sqrt{K_a}}\right) \gamma H \leqslant 0.55 K_a \gamma H \qquad (2\text{-}191)$$

黏性土 p_m 的取值应不小于 $0.2\gamma H$。

图 2-97 中地表均布荷载引起的侧压力取为：

$$p_q = K_a q = \tan^2\left(45° - \frac{\varphi}{2}\right) q \tag{2-192}$$

对性质相差不远的分层土体，上式中的 φ、c 及 γ 值可取各层土的参数 $\tan\varphi_j$、c_j 及 γ_j 按其厚度 h_j 加权的平均值求出。

二、土钉需要直径计算

各层土钉在设计内力作用下应满足下列条件：

$$F_{s,d} N \leqslant 1.1 \frac{\pi d^2}{4} f_{yk}$$

则

$$d = \sqrt{\frac{4 F_{s,d} N}{1.1 \pi f_{yk}}} \tag{2-193}$$

式中　d——土钉钢筋直径（mm）；

　　　f_{yk}——钢筋抗拉强度标准值（N/mm²），按《混凝土结构设计规范》（GB 50010—2010）取用；

　　　$F_{s,d}$——土钉的局部稳定性安全系数，取 1.2～1.4，基坑深度较大时取高值；

　　　N——土钉设计内力（kN），按式（2-188）确定。

三、土钉需要长度计算

各层土钉的长度尚宜满足下列条件（图 2-98）：

$$l \geqslant l_1 + l_a = l_1 + \frac{F_{s,d} N}{\pi d_0 \tau} \tag{2-194}$$

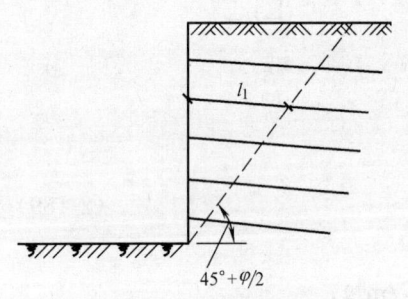

图 2-98　土钉长度的确定

式中　l——土钉需要长度（m）；

　　　l_1——土钉轴线与图 2-98 所示倾角等于（45°+φ/2）斜线的交点至土钉外端点的距离；对于分层土体，φ 值根据各层土的 $\tan\varphi_j$ 值按其层厚加权的平均值算出；

　　　l_a——土钉在破坏面一侧伸入稳定土体中的长度（m）；

　　　d_0——土钉的孔径（m）；

　　　τ——土钉与土体之间的界面粘结强度（kPa）；

其他符号意义同前。

2.15.2　喷射混凝土面层计算

在土体自重及地表均布荷载 q 作用下，喷射混凝土面层所受的侧向土压力 p_o（kN/m²）可按下式计算：

$$p_o = (p_{o1} + p_q) \tag{2-195}$$

其中

$$p_{o1} = 0.7\left(0.5 + \frac{s - 0.5}{5}\right) p_1 \leqslant 0.7 p_1 \tag{2-196}$$

式中　s——土钉水平间距和竖向间距中的较大值（m）；

　　　p_1、p_q 符号意义及计算同前。

当有地下水及其他荷载时，尚应计入这些荷载在混凝土面层上产生的侧压。

求得 p_o 值后，喷混凝土面层可按以土钉为点支承的连续板进行强度验算，作用于面层的侧向压力在同一间距内可按均布考虑，其反力作为土钉的端部拉力。验算的内容包括板在跨中和支座截面的受弯、板在支座截面的冲切等。

土钉与喷混凝土面层的连接，应能承受土钉端部拉力的作用。当用螺纹、螺母和垫板与面层连接时，垫板边长及厚度应通过计算确定。当用焊接方法通过不同形式的部件与面层相连时，应对焊接强度作出验算。此外，面层连接处尚应验算混凝土局部承压作用。

2.15.3 支护基坑分层开挖高度计算

土钉（喷锦，下同）支护基坑应按设计要求分段分层进行开挖施工。作业面分段长度应视土质情况确定，宜为 5.0～15.0m；分层一次开挖高度 h_0（m）宜为 0.5～2.0m，并应满足下式要求：

$$h_0 = \frac{2c}{\gamma \tan(45° + \varphi/2)} \tag{2-197}$$

式中 γ——土的重度（kN/m³）；
φ——土的内摩擦角（°）；
c——土的黏聚力（MPa）。

2.15.4 支护整体稳定性验算

土钉墙支护施工阶段整体稳定性验算分外部整体稳定性和内部整体稳定性两种情况。

一、外部整体稳定性验算

土钉墙支护外部整体稳定性分析与重力式挡土墙的稳定性分析相同，可将由土钉加固的整个土体视作重力式挡土墙，主要验算整个支护沿底面水平滑动和整个支护绕基坑底角倾覆，并验算此时支护底面的地基承载力，验算按下式进行：

抗滑移 $\quad K_1 = \dfrac{F_1}{\Sigma N} \geqslant 1.2 \tag{2-198}$

抗倾覆 $\quad K_2 = \dfrac{M_w}{M_o} \geqslant 1.3 \tag{2-199}$

式中 ΣN——引起滑移的力（kN）；
F_1——抵抗滑移的力（kN）；
K_1——抗滑移稳定系数，一般取不小于 1.2；
M_o——倾覆力矩（kN·m）；
M_w——抗倾覆力矩（kN·m）；
K_2——抗倾覆稳定系数，一般取不小于 1.3。

二、内部整体稳定性验算

土钉墙支护的内部整体稳定性分析，是指边坡土体中可能出现的破坏面发生在支护内部并穿过全部或部分土钉。假定破坏面上的土钉只承受拉力且达到式（2-200）、式（2-201）所确定的最大抗力 R，按圆弧破坏面采用普通条分法对支护作整体稳定性分析（图2-99a），取单位长度支护进行计算，内部整体稳定性安全系数可按下式计算：

$$K_S = \frac{\Sigma[(W_i + Q_i)\cos\alpha_i \cdot \tan\varphi_i + (R_k/S_{hk})\sin\beta_k \cdot \tan\varphi_i]}{\Sigma[(W_i + Q_i)\sin\alpha_i]}$$

$$+\frac{c_i(\Delta_i/\cos\alpha_i)+(R_k/S_{hk})\cos\beta_k]}{\Sigma[(W_i+Q_i)\sin\alpha_i]} \tag{2-200}$$

式中 K_S——支护内部整体稳定性安全系数最低值:当基坑深度等于或小于6m时,不小于1.2;6~12m时,不小于1.3;大于12m时,不小于1.4;

W_i、Q_i——作用于土条 i 的自重和地面、地下荷载(kN);

α_i——土条 i 圆弧破坏面切线与水平面的夹角(°);

Δ_i——土条 i 的宽度(m);

φ_i——土条 i 圆弧破坏面所处第 j 层土的内摩擦角(°);

c_i——土条 i 圆弧破坏面所处第 j 层土的黏聚力(kPa);

R_k——破坏面上第 k 排土钉的最大抗力,按式(2-202)确定;

β_k——第 k 排土钉轴线与该处破坏面切线之间的夹角(°);

S_{hk}——第 k 排土钉的水平间距。

当有地下水时,在上式中尚应计入地下水压力的作用及其对土体强度的影响。作为设计依据的临界破坏面位置需根据图2-99b 试算确定。

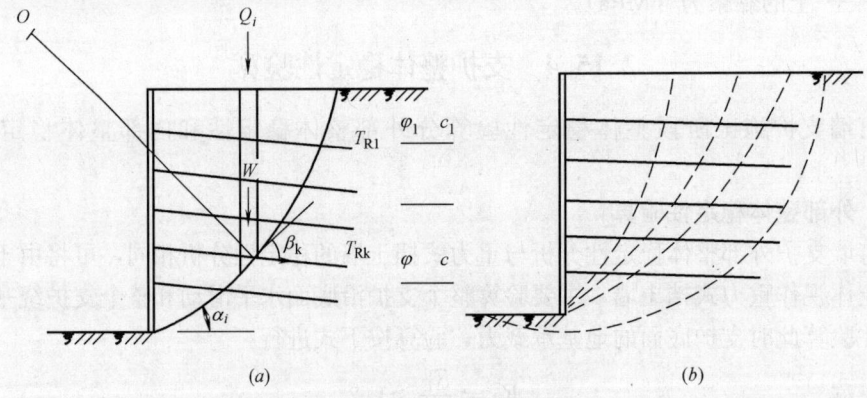

图 2-99 内部整体稳定性分析简图
(a) 稳定性分析简图;(b) 各种可能的破坏面

对支护作内部整体稳定性分析时,土体破坏面上每一土钉达到的极限抗拉能力 R (kN) 按下列公式计算,并取其中的最小值:

按土钉受拔条件
$$R=\pi d_0 l_a \tau \tag{2-201}$$

按土钉受拉屈服条件
$$R=1.1\frac{\pi d^2}{4}f_{yk} \tag{2-202}$$

符号意义同式(2-193)和式(2-194)。

对于靠近支护底部的土钉,尚应考虑破坏面外侧土体和喷混凝土面层脱离土钉滑出的可能,其最大抗力尚应满足下列条件:

$$R \leqslant \pi d_0 (l-l_a)\tau + R_i \tag{2-203}$$

式中 R_i——土钉端部与面层连接处的极限抗拔力(kN);

其他符号意义同前。

以上当边坡土质较好时,可只进行外部整体稳定性验算;当边坡土质为较软弱黏性土时,则要进行内部整体稳定性验算。

2.15 土钉墙支护简易计算

【例2-35】 某基坑挖深 $H=7.4\text{m}$,土钉孔径 $d_0=0.1\text{m}$,土质为一般黏性土,呈坚硬状态,土的内摩擦角 $\varphi=25°$,土的内聚力 $c=18\text{kPa}$,土钉与土体之间的界面粘结强度 $\tau=50\text{kPa}$,土的重度 $\gamma=19\text{kN/m}^3$,地面超荷载 $q=20\text{kN/m}^2$,试求土钉所受的拉力、土钉长度、直径、边坡喷混凝土厚度及配筋并进行边坡稳定性验算。

【解】 (1) 求土钉在土体中所受的侧压力 p

由公式 $$\frac{c}{\gamma H}=\frac{18}{19\times 7.4}=0.13>0.05$$

对于 $\frac{c}{\gamma H}\leqslant 0.05$ 的砂土和粉土

即 $$p=0.55K_a\gamma H$$

对于 $\frac{c}{\gamma H}>0.05$ 的一般黏性土

即按下式计算: $$p_1=K_a\left(1-\frac{2c}{\gamma H}\cdot\frac{1}{\sqrt{K_a}}\right)\gamma H$$

已知式中,$K_a=0.406$,$\sqrt{K_a}=0.637$

$$p_1=0.406\left(1-\frac{2\times 18}{19\times 7.4}\cdot\frac{1}{0.637}\right)\times 19\times 7.4=34.14\text{kN/m}^2$$

$$p_q=K_a\cdot q=0.406\times 20=8.12\text{kN/m}^2$$

$$p=p_1+p_q=34.14+8.12=42.26\text{kN/m}^2$$

(2) 求土钉所受的拉力 N

由式 (2-188) 得: $$N=\frac{1}{\cos\theta}pS_xS_y$$

θ 为土钉的倾角,取 $10°$;S_x 为土钉的水平间距,取 1.0m;S_y 为土钉竖向间距,取 1.4m。

$$N_{1-4}=\frac{1}{\cos 10°}\times 42.26\times 1.0\times 1.4=60.08\text{kN}$$

$$N_5=\frac{1}{\cos 10°}\times 42.26\times 1.0\times 1.1=47.16\text{kN}$$

(3) 求土钉长度 l

土钉墙支护布置如图 2-100,取土钉的局部稳定性安全系数 $F_{S,d}=1.3$。

土钉在破坏面一侧伸入稳定土体中的长度 l_a:

$$l_a=\frac{F_{S,d}N}{\pi d_0\tau}=\frac{1.3\times 60.08}{3.142\times 0.1\times 50}=4.97\text{m} \quad 取 5\text{m}$$

土钉长度: $l=l_1+l_a$

式中,l_1 按图 2-100 求得。

经计算可得出各土钉的长度,其长度由上而下分别为: 7.50m,7.00m,6.50m,6.00m,5.50m。

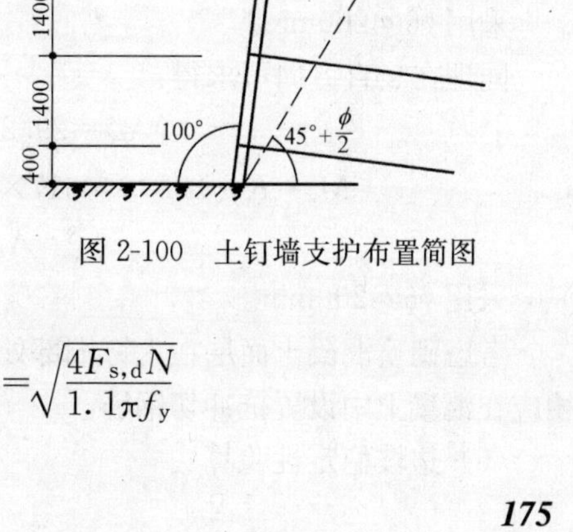

图 2-100 土钉墙支护布置简图

(4) 求土钉钢筋直径 d

由式 (2-193) $F_{S,d}\cdot N=1.1\frac{\pi d^2}{4}f_y$,可得: $d=\sqrt{\frac{4F_{S,d}N}{1.1\pi f_y}}$

土钉采用 HRB335 钢筋,取 $f_y=300\text{N/mm}^2$

2 基坑支护工程

则 $$d=\sqrt{\frac{4\times1.3\times60.08\times1000}{1.1\times3.142\times300}}=17.36\text{mm}$$

用 ⌀18mm 钢筋。

(5) 边坡喷混凝土面层计算

在土体自重及地表均布荷载 q 作用下，喷混凝土面层所受的侧向土压力为：

$$p_o=(p_{o1}+p_q)$$

式中

$$p_{o1}=0.7\times\left(0.5+\frac{s-0.5}{5}\right)p_1\leqslant 0.7p_1$$

即

$$p_{o1}=0.7\times\left(0.5+\frac{1.4-0.5}{5}\right)\times 34.14$$
$$=16.25\text{kN/m}^2\leqslant 0.7\times34.14=23.9\text{kN/m}^2$$

则 $$p_o=1.2(16.25+8.12)=29.24\text{kN/m}^2$$

按四边简支板形式配制钢筋：

$$\frac{l_x}{l_y}=\frac{1.0}{1.4}=0.714$$

查双向板在均布荷载作用下的内力系数表得：

水平方向 $K_x=0.0683$

竖直方向 $K_y=0.0317$

求水平方向的配筋：

$$q_x=29.24\times1.4=40.94\text{kN/m}$$
$$M_x=K_xq_xl_x^2=0.0683\times40.94\times1000^2=27.96\times10^5\text{N}\cdot\text{mm}$$

按 2.4.5 节计算方法选用配筋：

$$\alpha_s=\frac{M}{f_cbh_o^2};\quad A_s=\frac{M}{\gamma_sf_yh_o}$$

式中，取 $f_c=9.6\text{N/mm}^2$（喷射混凝土强度等级为 C20），喷射混凝土面层厚度为 100mm，则 $h_o=80\text{mm}$

$$\alpha_s=\frac{27.96\times10^5}{9.6\times1000\times80^2}=0.046$$

查表：$\gamma_s=0.976$，采用 HPB300 钢筋，$f_y=270\text{N/mm}^2$

则 $$A_s=\frac{27.96\times10^5}{0.976\times270\times80}=132.62\text{mm}^2$$

采用 $\phi6@200\text{mm}$。

同理在竖直方向可求得：

$$q_y=29.24\times1.0=29.24\text{kN/m}$$
$$M_y=K_yq_xl_y^2=0.0317\times29.24\times1400^2=18.17\times10^5\text{N}\cdot\text{mm}$$
$$A_s=109.25\text{mm}^2$$

采用 $\phi6@200\text{mm}$。

考虑到喷混凝土面层在土钉端部处的抗冲切，可在该处配制承压钢板与土钉焊接，并相应在混凝土中设置抗冲切钢筋。

(6) 边坡稳定性验算

由于边坡土质为一般性黏性土，呈坚硬状态，只需进行外部整体稳定性验算。
① 抗滑移验算

设土体墙宽度为 5m（按墙宽一般取基坑深度的 0.4～0.8）
$$F_1=(7.4\times5\times19+5\times20)\times\tan25°=374.45\text{kN}$$
$$\Sigma N=60.08\times4+47.16=287.51\text{kN}$$

由式（2-198）得：
$$K_1=\frac{F_1}{\Sigma N}=\frac{374.45}{287.51}=1.3>1.2 \quad 可。$$

② 抗倾覆验算

土的自重平衡力矩：$M_\text{W}=(7.4\times5\times19+5\times20)\times\dfrac{5}{2}=2007.5\text{kN}\cdot\text{m}$

土的倾覆力矩：$M_\text{o}=287.51\times7.4\times\dfrac{1}{3}=709.2\text{kN}\cdot\text{m}$

由式（2-199）得：$K_2=\dfrac{M_\text{W}}{M_\text{o}}=\dfrac{2007.5}{709.2}=2.83>1.3 \quad 可。$

2.16　逆作拱墙支护计算

逆作拱墙支护，系在平面近似方形或圆形的基坑工程，将支护墙在平面上做成圆形闭合拱墙、或组合拱墙，使支护墙受力起拱的作用。拱墙的截面宜为 Z 字形，拱壁的上下端宜加肋梁（图 2-101）。当基坑较深且一道 Z 字形的支护高度不够时，可由数道拱墙叠合组成。

圆形拱墙壁厚不应小于 400mm，其他拱墙壁厚不应小于 500mm，混凝土强度等级不宜小于 C25；拱墙水平方向应配通长双向钢筋；其总配筋率不应小于 0.7%；拱墙轴线的矢跨比不宜小于 1/8，基坑开挖深度不宜大于 12m。拱墙不应作为防水体系使用，当地下水位高于基坑底面时，应采取降水或截水措施。

逆作拱墙支护具有：结构主要承受压应力，可减小结构截面和埋深，变形小，受力安全可靠，外形简单，施工方便、快速，支护费用较低等优点。适用于基坑深度不大于 12m、平面为圆形、方形或接近方形的深基坑作支护。

2.16.1　基坑开挖深度计算

当基坑底土层为黏性土时，基坑开挖深度应满足下列抗隆起验算条件：
$$h\leqslant\frac{c_\text{k}(K_\text{p}e^{\pi\tan\varphi_\text{k}}-1)}{1.3\gamma\tan\varphi_\text{k}}-\frac{q_0}{\gamma} \tag{2-204}$$

式中　h——基坑开挖深度；

　　　γ——开挖面以上土体平均重度；

　　　c_k、φ_k——基坑底面以下土层黏聚力及内摩擦角标准值；

　　　q_0——地面超载；

　　　K_p——被动土压力系数；

　　　e——常数，为 2.718；

π——3.14。

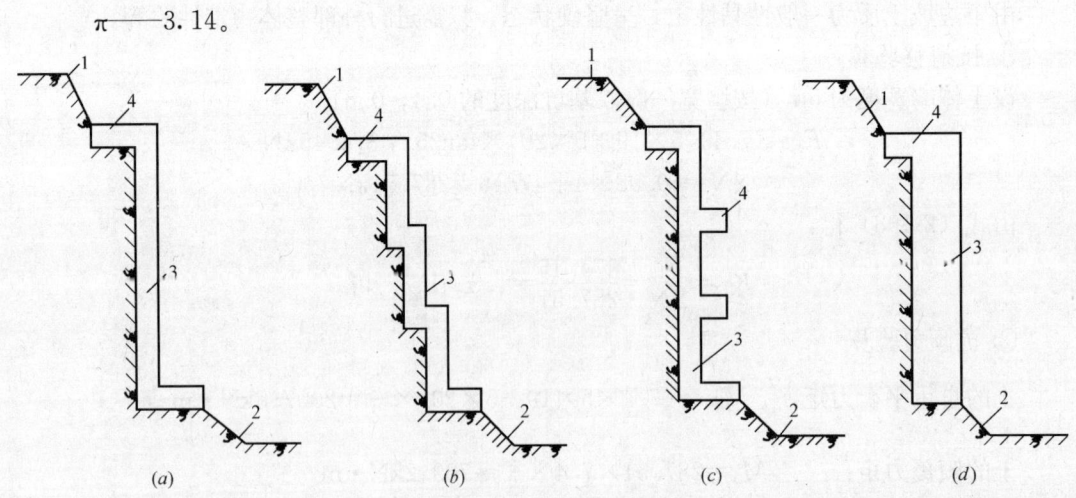

图 2-101 拱墙截面形式、构造简图
(a)~(d) 拱墙截面常用各种构造形式
1—地面；2—基坑底；3—拱墙；4—肋梁

2.16.2 轴向压力设计值计算

在均布荷载作用下，圆形闭合拱墙结构轴向压力设计值应按下式计算：

$$N_i = 1.35\gamma_0 R e_a h_i \tag{2-205}$$

式中 N_i——拱墙结构轴向压力设计值；
γ_0——基坑侧壁重要性系数；
R——圆拱的外圈半径；
h_i——拱墙分道计算高度；
e_a——在分道高度 h_i 范围内基坑外侧水平荷载标准值的平均值；
1.35——安全系数。

逆作拱墙支护断面尺寸，可根据计算求得的轴向压力设计值按《混凝土结构设计规范》(GB 50010—2010) 确定。

2.17 人工挖孔桩护壁厚度计算

为了防止塌方，保证操作安全，大直径人工挖孔桩大多采取分段挖土，分段护壁的方法施工。护壁材料多采用混凝土或砖砌。

2.17.1 混凝土护壁厚度计算

分段现浇混凝土护壁厚度，一般取受力最大处，即地下最深段护壁所承受的土压力及地下水的侧压力由计算确定，设混凝土护壁厚度为 t，则可按下式计算（图 2-102）：

$$t \geqslant \frac{KN}{f_c} \tag{2-206}$$

2.17 人工挖孔桩护壁厚度计算

或 $$t \geqslant \frac{KpD}{2f_c} \quad (2\text{-}207)$$

式中 N——作用在护壁截面上的压力（N/m²），$N = p \times \dfrac{D}{2}$；

p——土和地下水对护壁的最大侧压力（N/m²）；

对无黏性土：当挖孔无地下水时，$p = \gamma H \tan^2\left(45° - \dfrac{\varphi}{2}\right)$

当有地下水时，$p = \gamma h \tan^2\left(45° - \dfrac{\varphi}{2}\right) + (\gamma - \gamma_w)(H-h)\tan^2\left(45° - \dfrac{\varphi}{2}\right) + (H-h)\gamma_w$

对黏性土：当挖孔无地下水时，$p = \gamma H \tan^2\left(45° - \dfrac{\varphi}{2}\right) - 2c\tan\left(45° - \dfrac{\varphi}{2}\right)$

当有地下水时，$p = \gamma H \tan^2\left(45° - \dfrac{\varphi}{2}\right) - 4c\tan\left(45° - \dfrac{\varphi}{2}\right) + (\gamma - \gamma_w)(H-h)\tan\left(45° - \dfrac{\varphi}{2}\right) + (H-h)\gamma_w$

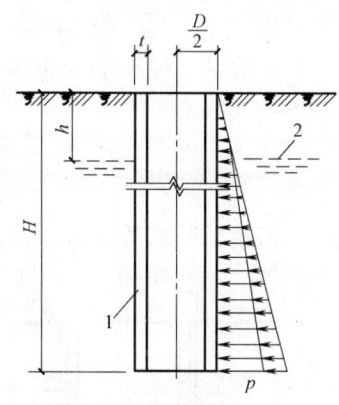

图 2-102 护壁受力计算简图
1—护壁；2—地下水位

γ——土的重度（kN/m³）；
γ_w——水的重度（kN/m³）；
H——挖孔桩护壁深度（m）；
h——地面至地下水位深度（m）；
D——挖孔桩或圆形构筑物外直径（m）；
f_c——混凝土的轴心抗压强度设计值（N/mm²）；
φ——土的内摩擦角（°）；
c——土的黏聚力（kN/m²）；
K——安全系数，取 1.65。

【例 2-36】 1.8m 直径混凝土灌注桩，深 30m，用人工挖孔，混凝土护壁采用 C20，每节高 1.0m，地基土为粉质黏性土，土天然重度 $\gamma = 19.5$kN/m³，内摩擦角 $\varphi = 20°$，地面以下 6m 有地下水，不考虑黏聚力（$c=0$）试计算混凝土护壁所需厚度。

【解】 最深段的总压力为：

$$p = \gamma H \tan^2\left(45° - \frac{\varphi}{2}\right) + (\gamma - \gamma_w)(H-h)\tan^2\left(45° - \frac{\varphi}{2}\right) + (H-h)\gamma_w$$

$= 19.5 \times 6 \times \tan^2\left(45° - \dfrac{20°}{2}\right) + (19.5 - 10) \times (30-6)\tan^2\left(45° - \dfrac{20°}{2}\right) + (30-6) \times 10 = 409.1$N/m²

用 C20 混凝土，$f_c = 9.6$N/mm²，$D = 1.8$m

则 $t=KpD/2f_c=1.65\times409.1\times180/2\times9.6\times10^3=6.3$ cm

一般护壁最小厚度为 8cm，故采用 8cm。为安全计，再加适量的 ϕ6mm 钢筋，间距 200~300mm。

2.17.2 砖砌护壁厚度计算

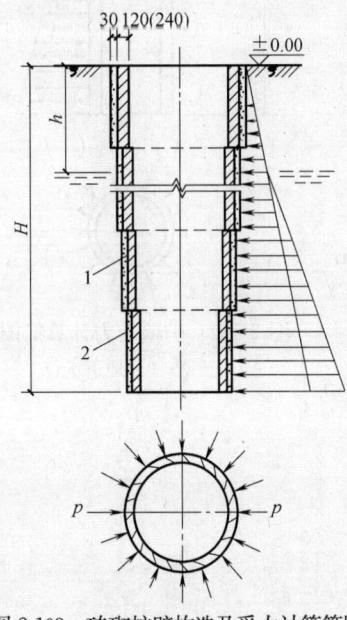

图 2-103 砖砌护壁构造及受力计算简图
1—半砖或一砖厚护壁（M10 水泥砂浆砌筑）；2—30mm 厚 M10 水泥砂浆填实计值 f_v（N/mm²）；

砖砌护壁系每挖 1.0~1.5m 深，用 M10 砂浆砌半砖（或一砖）厚护壁，用 30mm 厚的 M10 水泥砂浆填实于砖与土壁之间空隙，每挖一段护砌一段，挖（砌）下段时，孔径比上段缩小 60mm，如此逐段进行，直至要求深度。砖砌护壁施工较简单，快速，费用低（仅混凝土护壁的 1/3），适用于老填土、粉质黏土、黏土中地下水较小的圆形结构或直径 1.5~2.0m、深 30m 以内的人工挖孔桩护壁。

砖砌护壁厚度计算时，护壁所承受外侧的土压力同"2.17.1 混凝土护壁厚度计算"（图2-103）。

砖砌护壁所承受的环向应力 σ_n 按下式计算：

$$\sigma_n=\frac{pD}{2t} \tag{2-208}$$

砖砌护壁所承受的径向应力 σ_a 在圆壁外侧等于 p，而内侧等于 σ，壁厚方向的分布呈抛物线，可取平均值按下式计算：

$$\sigma_a=\frac{p}{2} \tag{2-209}$$

在砖砌护壁上产生的 σ_n 和 σ_a 应小于砖砌体的抗压强度设计值 f（N/mm²）和水泥砂浆缝的抗剪强度设

$$\sigma_n<f \tag{2-210}$$

$$\sigma_a<f_v \tag{2-211}$$

式中 t——砖砌护壁的厚度；
D——圆形构筑物或挖孔桩的外直径；
p——土和地下水对砖砌护壁的最大侧压力。

【例 2-37】 条件同例 2-36，砖砌护壁采用 M10 水泥砂浆、MU10 烧结普通砖砌筑，厚 120mm，用 30mm 厚的 M10 水泥砂浆填实砖与土壁间空隙。地基土为粉质黏土，无地下水，不考虑黏聚力，试验算砖砌护壁是否满足要求。

【解】 由题意知 $\gamma=19.5$ kN/m³，$\varphi=20°$，$c=0$，$D=1800$mm，$t=120+30=150$mm，又 $f=1.89$N/mm²，$f_v=0.17$N/mm²

$$p=\gamma H\tan^2\left(45°-\frac{\varphi}{2}\right)$$

$$=19.5\times30\times\tan^2\left(45°-\frac{20}{2}\right)=286.7\text{kN/m}^2=0.287\text{N/mm}^2$$

砖砌护壁承受的环向应力由式（2-208）得：

$$\sigma_\mathrm{n} = \frac{p \cdot D}{2t} = \frac{0.287 \times 1800}{2 \times 150} = 1.72 \mathrm{N/mm^2} < f = 1.89 \mathrm{N/mm^2}$$

砖砌护壁承受的径向应力由式（2-209）得：

$$\sigma_\mathrm{a} = \frac{p}{2} = \frac{0.287}{2} = 0.143 \mathrm{N/mm^2} < f_\mathrm{v} = 0.17 \mathrm{N/mm^2}$$

由验算知 σ_n 和 σ_a 分别小于 f 和 f_v，故知，砖砌护壁满足要求。

2.18 深坑、槽井壁混凝土支护计算

在工业建筑改扩建工程中，常会遇到在原厂房内修建深埋的坑槽、设备基础或柱基础。为防止基坑、槽、基础土方大开挖时，破坏原厂房内的基础结构和地基，保证原厂房结构的安全，施工常采用井壁混凝土支护方案，基坑挖深一段，现浇一段混凝土护壁，施工完后，废弃不用或使成为坑槽、基础的复合结构。本法与板桩墙及槽壁结构相比较，具有不需专用设备，施工占场地面积小，土方量少，施工简便，不危及厂房内相邻建筑物、设备安全等特点。

井壁支护结构的形式有矩形、圆形、端圆矩形等；厚度有等截面、变截面等形式。

井壁混凝土支护施工计算包括以下各项。

2.18.1 深井壁支护荷载和内力计算

一、井壁支护荷载计算

井壁支护承受的荷载有四周的土压力和水压力，考虑地面有附加荷载的土压力和水压力等（图2-104）。

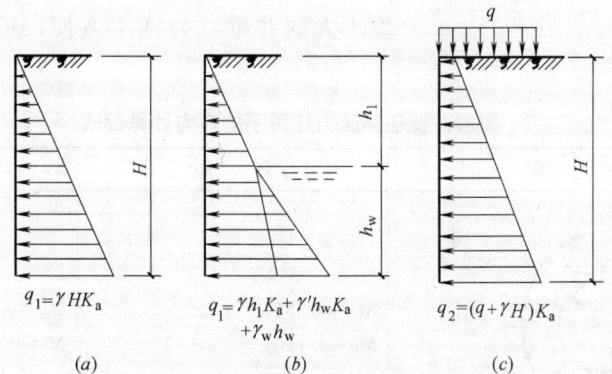

图 2-104 改建工程基坑井壁支护受力简图
(a) 土压力作用；(b) 有土压力水压力作用；(c) 地面有附加荷载的侧压力

土的侧压力

无地下水时
$$q_1 = \gamma H \tan^2\left(45° - \frac{\varphi}{2}\right) \tag{2-212}$$

有地下水时
$$q_1 = (\gamma H - \alpha \gamma_\mathrm{w} h_\mathrm{w}) \tan^2\left(45° - \frac{\varphi}{2}\right) + \psi \gamma_\mathrm{w} h_\mathrm{w} \tag{2-213}$$

地面有附加荷载时
$$q_2 = (q_0 + \gamma h) \tan^2\left(45° - \frac{\varphi}{2}\right) \tag{2-214}$$

式中　q_1——在计算深度 h 处单位面积上的压力（kN/m²）；

　　　q_2——地面有附加荷载的土压力（kN/m²）；

　　　q_0——地面附加荷载（kN/m²）；

　　　γ——土的重度（kN/m³）；

　　　γ'——土的浮重度，$\gamma'=\gamma-10$；

　　　γ_w——水的重度（kN/m³）；

　　　α——系数，与土的密度有关，一般为 0.5～0.7；

　　　ψ——折减系数，根据土的透水性确定，在排水时，在黏性土中，井壁外侧水压力值按静水压力的 70% 计算，取 =0.7；

　　　h_w——自最高地下水位至计算深度的距离（m）；

　　　H——护壁距地表深度（m）；

　　　φ——计算点处土的内摩擦角。

二、井壁支护水平内力计算

一般受力情况是：井壁支护挖到设计标高，每段的井壁都受到各自的最大水平侧压力，同时产生最大水平内力。

表 2-21 和表 2-22 分别列出了圆形和矩形平面井壁在不同水平侧压力下的内力计算公式，可供使用。

为保证施工安全，通常取每段井壁受力最大的单位高度井壁（即每段井壁最下部的 1m）进行计算，或按分段均布荷载进行计算，并沿每段上配置相同的钢筋。其计算截面和所受外力如图 2-105 所示。对深度不大的井壁，为施工方便，可取最下面 1m 进行计算。

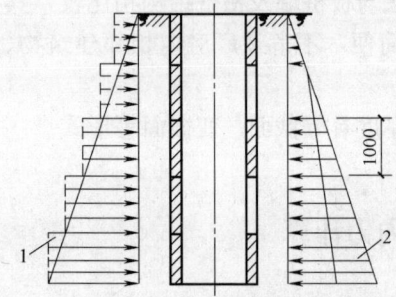

图 2-105　井壁支护受力计算简图
1—按分段均布荷载计算；2—按受力最大的单位高度井壁计算

图形井壁在侧压力作用下的内力计算公式　　　　表 2-21

计 算 简 图	弯 矩	轴力（或剪力）
（椭圆形井壁受 q_1、q_2 作用）	$M_A\approx 0.15(q_1-q_2)\gamma^2$ $M_B\approx 0.14(q_2-q_1)\gamma^2$	$N_A=q_1\gamma+0.8\gamma(q_2-q_1)$ $N_B\approx q_1\gamma+0.5\gamma(q_2-q_1)$
（圆形井壁受均布 q 作用，半径 R）	$M_A=0$ $M_B=0$	$N_A=qR$ $N_B=qR$

2.18 深坑、槽井壁混凝土支护计算

续表

计 算 简 图	弯 矩	轴力(或剪力)
	$M_A = -\dfrac{qR^2}{4}$ $M_B = \dfrac{qR^2}{4}$	$N_A = qR$ $N_B = 0$
	$M_A = -\dfrac{(q_1-q_2)R^2}{4}$ $M_B = \dfrac{(q_1-q_2)R^2}{4}$	$N_A = q_1 R$ $N_B = q_2 R$
	$M_A = \dfrac{2qaR\left(\dfrac{a^2}{6R}+\dfrac{a\pi}{4}+R\right)}{2a+\pi R}$ $x = 0 \sim Q$（直线段） $M_x = M_A - \dfrac{q}{2}x^2$ $a = 0 \sim \dfrac{\pi}{2}$（圆弧段） $M_a = M_A - \dfrac{q}{2}a^2 - qaR\sin\alpha$	$N_x = qR$ $N_a = qR + qa\sin\alpha$ $(V_x = -qx)$ $(V_a = -qa\cos\alpha)$

矩形井壁在侧压力作用下的计算公式　　　　　表 2-22

计 算 简 图	弯 矩	轴 力
	支座　$M_0 = -\dfrac{q(a^3-b^3)}{3(a+b)}$ 跨中　$M_a = \dfrac{q(a^3+3a^2b-2b^3)}{6(a+b)}$ 　　　$M_b = \dfrac{q(b^3+3ab^2-2a^3)}{6(a+b)}$	$N_a = qb$ $N_b = qa$
	支座　$M_0 = -\dfrac{qb^3}{3(a+b)}$ 跨中　$M_a = \dfrac{qb^3}{3(a+b)}$ 　　　$M_b = \dfrac{qb^2(3a+b)}{6(a+b)}$	$N_a = qb$ $N_b = 0$

续表

计算简图	弯矩	轴力
	支座 $M_c = -\dfrac{qv}{2(a+b)}\left(b^2-\dfrac{v^2}{3}\right)$ 跨中 $M_a = \dfrac{qv}{2(a+b)}\left(b^2-\dfrac{v^2}{3}\right)$ $M_b = \dfrac{3qv}{6(a+b)}\left(au+bu+ab+\dfrac{v^2}{3}\right)$	

三、井壁支护垂直受力计算

在施工过程中，井壁支护仅承受自重，其强度足够，一般不需验算。但在井壁支护达到设计深度，在井壁下部土方被掏空情况下，井壁支护可能会在井深某处被较大摩阻力箍住，而处于悬挂状态，使井壁支护有可能在自重作用下被拉断的危险，故此还要验算井壁支护的受拉，并应配置适当的竖向受拉钢筋。井壁支护的最大竖向拉力可按下式计算：

对于等截面井壁支护 $\quad S_{max}=\dfrac{1}{4}G_0 \quad$ (2-215)

对于变截面井壁支护 $\quad S_x=G_x-\dfrac{1}{2}f_x \cdot x \cdot u \quad$ (2-216)

式中 S_{max}——井壁支护最大垂直拉力；

S_x——距井壁支护下端 x 处的拉力；

G_0——井壁混凝土支护自重；

G_x——距井壁支护下端 x 处的井壁自重力；

f_x——距井壁下端 x 处的井壁外侧在土面处的摩阻力；

x——距井壁支护下端的距离；

u——井壁外围长度。

2.18.2 井壁支护厚度计算

井壁混凝土支护的厚度，按长细比要求，一般可按下式计算：

对矩形平面钢筋混凝土支护： $\quad t=\left(\dfrac{1}{8}\sim\dfrac{1}{12}\right)L \quad$ (2-217)

对圆形平面混凝土支护： $\quad t\geqslant\dfrac{L_b}{24} \quad$ (2-218)

对圆形平面钢筋混凝土支护： $\quad t\geqslant\dfrac{L_b}{30} \quad$ (2-219)

式中 t——井壁厚度；

L——长跨的计算长度；

L_b——圆环的换算长度，$L_b=1.82r$；

r——井壁半径。

2.18.3 井壁支护截面验算

一、侧向压力作用下井壁支护强度验算

井壁支护在侧向压力作用下，截面上同时作用有轴向力 N 和弯矩 M，可按《混凝土结构设计规范》(GB 50010) 第 7.3.4 条中公式按偏心受压构件计算。在井壁设计中一般采取对称配筋。

(1) 按大偏心受压计算

当 $\dfrac{N}{f_c b} < \xi_b h_0$ 时，可按大偏心受压计算，则按下式计算井壁对称配筋：

$$A'_s = A_s = \dfrac{Ne - f_c bx\left(h_0 - \dfrac{x}{2}\right)}{f'_y(h_0 - a'_s)} \tag{2-220}$$

式中 e——轴向力作用点至受拉钢筋合力点之间的距离，$e = \eta e_1 + \dfrac{h}{2} - a_s$；

e_1——初始偏心距，$e_1 = e_0 + e_a$；

e_0——轴向力对截面重心的偏心距，$e_0 = \dfrac{M}{N}$；

e_a——附加偏心距，$e = 0.12(0.3h_0 - e_0)$；

η——偏心距增大系数；

$$\eta = 1 + \dfrac{1}{1400\dfrac{e_1}{h_0}}\left(\dfrac{l_0}{h}\right)^2 \xi_1 \xi_2 \tag{2-221}$$

ξ_1——截面曲率修正系数，$\xi_1 = \dfrac{0.5 f_c A}{N}$，当 $\xi_1 > 1$ 时，取 $\xi_1 = 1$；

ξ_2——考虑构件长细比对截面曲率的影响系数，当 $l_0/h < 15$ 时，取 $\xi_2 = 1.0$；

M、N——井壁截面上的弯矩和轴向力；

f_c——混凝土轴心抗压强度、弯曲抗压强度设计值；

h、b——井壁计算截面的单位高度和宽度；

h_0——受拉钢筋中心至受压区边缘的距离；

a_s、a'_s——受拉和受压钢筋保护层厚度；

f_y、f'_y——钢筋抗拉、抗压强度设计值；

ξ_b——相对界限受压区高度，$\xi_b = \dfrac{0.8}{1 + \dfrac{f_y}{0.0033 E_s}}$； $\tag{2-222}$

E_s——钢筋弹性模量。

当 $\dfrac{M}{f_c b} < 2a'_s$ 时，可由下式计算井壁对称配筋： $A'_s = A_s = \dfrac{Ne'}{f_y(h_0 - a'_s)}$ $\tag{2-223}$

式中 $e' = \eta e_1 - \dfrac{h}{2} + a'_s$

(2) 按小偏心受压计算

当 $\dfrac{N}{f_{cm} b} > \xi_b h_0$ 时，可按小偏心受压计算，则按下列近似公式计算钢筋面积：

$$A'_s = A_s = \frac{Ne - \xi(1-0.5\xi)f_c bh_0^2}{f'_y(h_0 - a'_s)} \qquad (2-224)$$

$$\xi = \frac{N - \xi_b f_c bh_0}{\dfrac{Ne - 0.43 f_c bh_0^2}{(0.8-\xi_b)(h_0 - a'_s)} + f_c bh_0} + \xi_b \qquad (2-225)$$

以上计算尚应满足最小配筋率和构造要求。

二、井壁支护垂直受拉钢筋计算

井壁支护在最大竖向拉力作用下需要配置的竖向钢筋，可按轴向受拉构件，钢筋需要截面积 A_s（mm^2）按下式计算：

$$A_s = \frac{S_{max}}{f_y} \qquad (2-226)$$

式中　　f_y——钢筋抗拉强度设计值（N/mm^2）。

S_{max}符号意义同前。

经上述计算确定井壁尺寸、配筋外，尚应满足以下构造要求：井壁支护的平面尺寸，根据上部坑槽、基础大小和操作人员在井内挖土所必须的净空尺寸而定。对矩形，一般净空尺寸不少于 $1.5m \times 1.5m$；对圆形不少于 $\phi1.2m$；井壁厚度为 $80 \sim 300mm$。混凝土强度等级不低于 C15。钢筋配置，主钢筋直径不宜小于 $\phi10mm$，间距不大于 $250mm$；竖向钢筋按构造配置取 $\phi8 \sim 10@250mm$，要求每米配置不少于 3 根。当护壁周围土体可能流失，则按能悬吊 $8 \sim 10$ 段重的拉力计算确定，护壁顶部作成"¬"形，以增大护壁的悬挂能力。

2.19　简易挡土墙分析与计算

挡土墙是用以维护土体边坡稳定、防止边坡坍落的支护或支承结构。一般简易挡土墙，高在 5m 以内多采用重力式挡土墙，用毛石浆砌或混凝土浇筑而成，依靠墙体自身的重量保持边坡的稳定。具有构造简单，施工方便，可就地取材等优点，因此在土建施工中应用比较广泛。

一、构造型式要求

多采用垂直式、仰斜式或俯斜式（图 2-106），以前两种使用较多。墙面坡度采用 $1:0.05 \sim 1:0.25$。挡土墙基础埋置深度，根据地基的容许承载力、冻结深度、基岩风化程度、雨水冲刷等因素来确定，在土质地基上，一般埋深 1.0m，在岩石地基上，视其风化情况，取 $0.25 \sim 1.0m$。挡土墙的截面尺寸需经计算确定，一般顶宽约为 $\frac{1}{12}h$，底宽约为 $\left(\frac{1}{2} \sim \frac{1}{3}\right)h$（$h$ 为墙高）。沿墙全长每 $10 \sim 25m$ 设一道缝宽 $20 \sim 30mm$ 的伸缩缝；当地基土质有变化时，宜加沉降缝。内嵌沥青柔性防腐材料。在拐角处应适当采取加强的构造措施。墙背一般设尺寸为 $50 \times 100mm$ 或 $100 \times 100mm$ 或直径 $50 \sim 100mm$ 的排水孔，外斜 5%，间距 $2 \sim 3m$，以排除地下水，减低土压力，以利于墙体稳定。挡土墙后的填土土料，宜尽量选用透水性好的砂土、砾石，因其抗剪强度指标 φ 比较稳定，易于排水。当采用黏性土、粉土作为填料时，宜掺入适量碎石，不得采用淤泥、膨胀土作填料。在冬季施

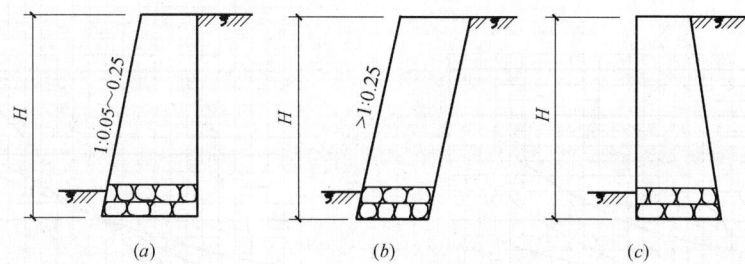

图 2-106 重力式挡土墙
(a) 垂直式；(b) 仰斜式；(c) 俯斜式

工时，填料中不得夹有大块冻土，此外还需注意，填土应分层夯实。

二、挡土墙稳定性分析与验算

一般先根据经验并参考有关技术资料，按选定形式，初步拟定墙身截面尺寸，然后验算墙身的稳定性和地基承载力，不合要求时，则对墙体尺寸作适当修改，再进行验算，直至满足设计要求为止。

(一) 土压力计算

在计算挡土墙土压力时，对向外移动或转动的挡土墙，可按主动土压力计算。

主动土压力可根据平面滑裂面假定按下式计算：

$$E_a = \frac{1}{2}\gamma h^2 K_a \tag{2-227}$$

式中 E_a——主动土压力 (kN/m)；
　　γ——填土重度 (kN/m³)；
　　h——挡土墙的高度 (m)；
　　K_a——主动土压力系数，可根据土质情况和精度要求按 2.1.1 节或 2.1.2 节确定。

对 5m 以下，设有泄水孔、滤水层等，排水条件良好的挡土墙，其主动土压力亦可用曲线图按下式计算（图 2-107 和图 2-108）：

$$E_x = m_x \cdot n_x \cdot H^2 \tag{2-228}$$

$$E_y = m_y \cdot n_y \cdot H^2 \tag{2-229}$$

式中 E_x、E_y——分别为主动土压力的水平分力和垂直分力 (kN/m)；
　　m_x、m_y——分别为墙背垂直时土压力水平分力和垂直分力计算系数，按图 2-107 确定；
　　n_x、n_y——分别为墙倾斜时土压力水平分力和垂直分力影响系数，按图 2-108 确定；
　　H——挡土墙的高度 (m)。

(二) 挡土墙稳定性验算

挡土墙稳定性包括倾覆稳定性和滑动稳定性两部分（图 2-109）。

1. 倾覆稳定性验算

如图 2-109 将主动土压力分解为水平分力 E_{ax} 和垂直分力 E_{ah}，则挡土墙抗倾覆稳定性应满足以下条件：

$$K_t = \frac{Gx_0 + E_{ah}x_f}{E_{ax}h_f} \geq 1.5 \tag{2-230}$$

2 基坑支护工程

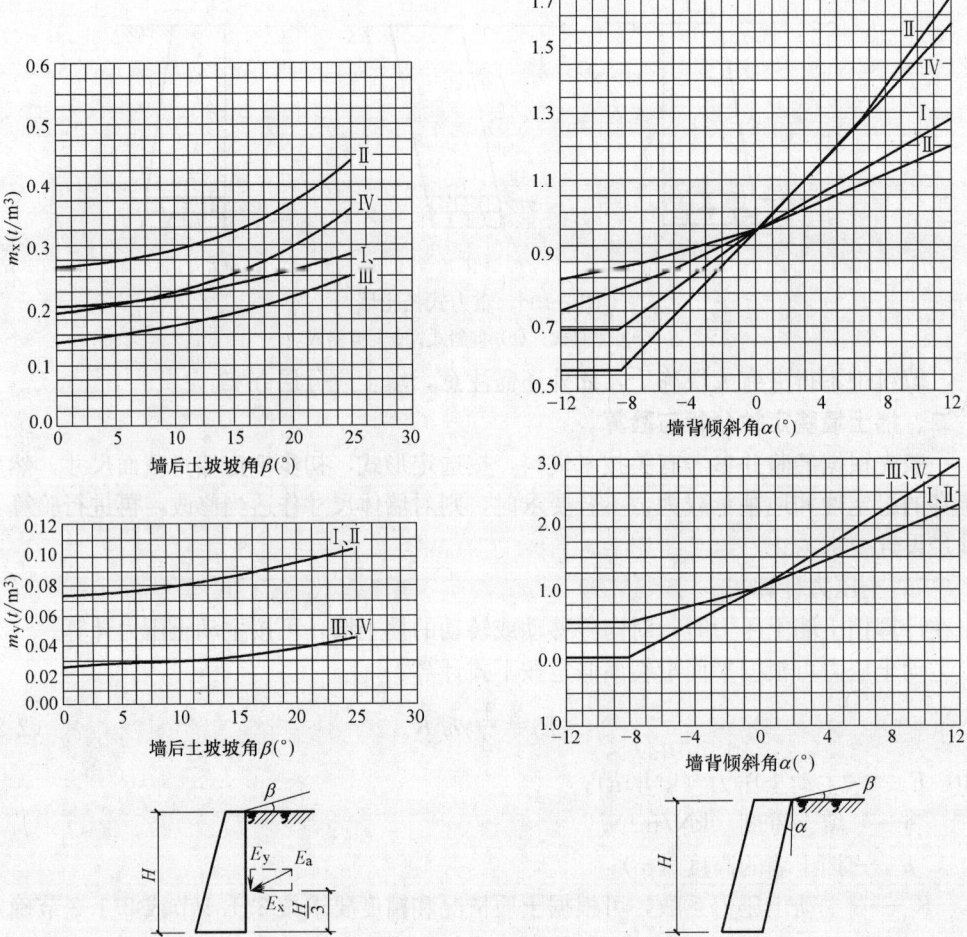

图 2-107　墙背垂直时的土压力计算系数 m_x、m_y　　图 2-108　墙背倾斜时的土压力影响系数 n_x、n_y

图 2-107、图 2-108 曲线的说明：
　　曲线Ⅰ　墙后为碎石（填）土；密实度符合中密要求，干密度大于或等于 $2t/m^3$；
　　曲线Ⅱ　墙后为砂（填）土，包括砾砂、粗砂、中砂，其密实度符合中密要求，干密度大于或等于 $1.65t/m^3$；
　　曲线Ⅲ　墙后为黏土夹块石（填）土，干密度大于或等于 $1.9t/m^3$；
　　曲线Ⅳ　墙后为粉质黏（填）土，干密度大于或等于 $1.65t/m^3$。
　　墙背倾斜角 α 为墙背与垂线的夹角，以垂线为准，反时针为正，称俯斜；顺时针为负，称仰斜。

式中　K_t——抗倾覆安全系数；
　　　　G——每延米挡土墙自重（kN/m）；
　　E_{ax}、E_{ah}——分别为主动土压力的水平分力和垂直分力（kN/m）；
　　h_f、x_0、x_f——分别为 E_{ax}、G、E_{ah} 对墙趾 O 点的力臂（m）。

　　当计算的 K_t 不能满足式（2-230）要求时，可采取下列措施：(1) 增大挡土墙截面尺寸，使重量增大；(2) 将墙背做成仰斜式，以减小主动土压力；(3) 在墙背设置卸荷（减压）平台（图 2-110），使主动土压力减小，增加稳定力矩；(4) 适当加大 x_0，即伸长墙趾。

2. 抗滑稳定性验算

2.19 简易挡土墙分析与计算

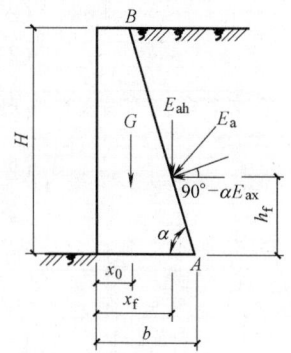

图 2-109 挡土墙稳定性验算简图

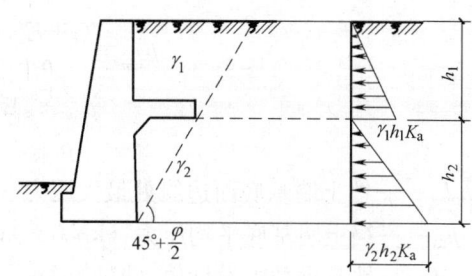

图 2-110 有卸荷台时土压力强度分布

作用在挡土墙上的主动土压力的水平分力 E_{ax} 使墙向外滑移，为保证挡土墙滑移的稳定性，应满足以下条件：

$$K_s = \frac{(G + E_{ah})\mu}{E_{ax}} \geqslant 1.3 \tag{2-231}$$

式中 K_s——抗滑安全系数；

μ——土对挡土墙基底的摩擦系数，可按表 2-23 选用。

G、E_{ax}、E_{ah} 符号意义同上。

土对挡土墙基底的摩擦系数 表 2-23

土 的 类 别		摩擦系数 μ
黏 性 土	可 塑	0.25～0.30
	硬 塑	0.30～0.35
	坚 硬	0.35～0.45
粉 土	$S_r \leqslant 0.5$	0.30～0.40
中砂、粗砂、砾砂		0.40～0.50
碎 石 土		0.40～0.60
软 质 岩 石		0.40～0.60
表面粗糙的软质岩石		0.65～0.75

注：1. 对易风化的软质岩石和塑性指数 I_p 大于 22 的黏性土，基底摩擦系数应通过试验确定；

2. 对碎石土可根据其密实度、填充物状况、风化程度等确定。

当计算的 K_s 不能满足式（2-231）要求时，可采取下列措施：(1) 将挡土墙基底做成逆坡，利用滑动面上部分反力来增强抗滑能力，但对一般地基不宜大于 1：0.1；对岩石地基不宜大于 1：0.2；(2) 修改挡土墙截面尺寸，加大 G 值；(3) 挡土墙底面做成砂石垫层，以提高 μ 值。

3. 圆弧滑动稳定性验算

当挡土墙基底下有软弱土层时，可能产生接近圆弧状滑动面而丧失稳定性（图 2-111），此时应按圆弧（条分）法进行稳定性分析与验算，分析方法参见本章 2.11.2 一节。

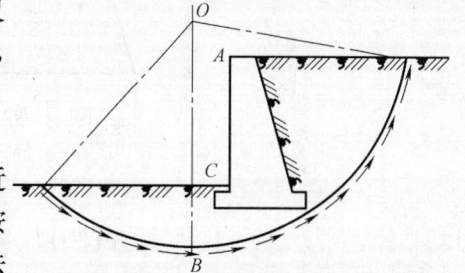

图 2-111 挡土墙圆弧滑动稳定性验算简图

三、挡土墙地基承载力验算

挡土墙地基承载力应满足下列条件：

2 基坑支护工程

$$p_{max} \leqslant 1.2f \tag{2-232}$$

$$p_m \leqslant f \tag{2-233}$$

或

$$p_{min}^{max} = \frac{G+E_{ah}}{b}\left(1\pm\frac{6e}{b}\right) \tag{2-234}$$

$$p_{max} \leqslant 1.2f \tag{2-235}$$

$$p_{min} \geqslant 0 \tag{2-236}$$

式中 p_{max}——挡土墙基底面边缘处最大压力（kN/m^2）；

p_m——挡土墙基底平均压力（kN/m^2）；

f——地基承载力设计值（kN/m^2）；

p_{min}——挡土墙基底边缘处的最小压力（kN/m^2）；

b——挡土墙基底宽度（m）；

e——荷载作用下基础底面上的偏心距（m），按下式计算：

$$e = \frac{b}{2} - \frac{Gx_f + E_{ah}x_f - E_{ax}h_f}{G+E_{ah}} \tag{2-237}$$

e 应 $<\frac{b}{6}$，当 $e>\frac{b}{6}$ 时，公式（2-237）不适用；或当验算不能满足式（2-232）～式（2-236）要求时，应改变挡土墙截面尺寸，重新验算，直至满足要求为止。

挡土墙一般尺寸较大，不需作墙身应力验算。常用石砌重力式挡土墙截面尺寸，参见表 2-24。

【例 2-38】 挡土墙形式及截面尺寸如图 2-112a，墙背光滑、垂直，浆砌块石重度为 $22kN/m^3$，墙后填土水平，土的重度 $\gamma=19kN/m^3$，内摩擦角 $\varphi=36°$，黏聚力 $c=0$，基底摩擦系数 $\mu=0.55$，地基承载力特征值 $f=185kN/m^2$，试验算倾覆稳定性、滑动稳定性和地基承载力。

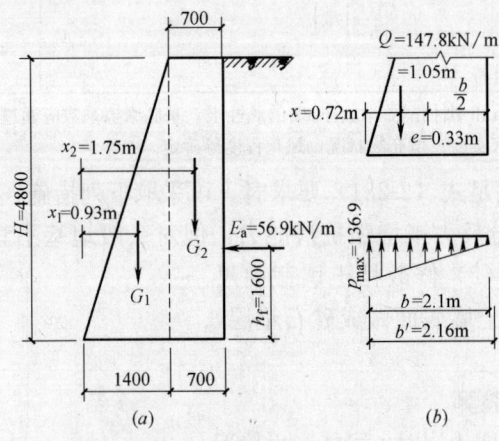

图 2-112 简易挡土墙计算简图

【解】 （1）土压力计算（取 1m 墙长为计算单元）

$$E_a = \frac{1}{2}\gamma H^2 \tan^2\left(45°-\frac{\varphi}{2}\right) = \frac{1}{2}\times19\times4.8^2\times\tan^2\left(45°-\frac{36°}{2}\right) = 56.9kN/m$$

2.19 简易挡土墙分析与计算

表 2-24 常用石砌重力式挡土墙截面尺寸（m）

图式	H_1	H_2	H_3	b	B	B_1	f	g	d_1	d_2	$1:m$	$x:1$	F (m²)	σ_{max} (t/m²)	备注
	1.0	0.7	1.00	0.30	0.44	0.44	0	0	0.3	0.3	1:0.2	0:1	0.39	3.37	$\delta=15°$ 墙背垂直，水平 无荷载
	2.0	1.7	2.00	0.30	0.75	0.64	0.11	0	0.3	0.3	1:0.2	0:1	1.02	6.50	
	3.0	2.6	3.00	0.30	1.20	0.95	0.15	0.10	0.4	0.4	1:0.25	0:1	2.11	9.42	
	4.0	3.5	4.16	0.35	1.55	1.23	0.20	0.13	0.5	0.66	1:0.25	0.1:1	3.65	14.30	
	5.0	4.4	5.19	0.40	1.90	1.50	0.25	0.15	0.6	0.79	1:0.25	0.1:1	5.50	19.20	
	1.0	0.7	1.00	0.30	0.48	0.48	0	0	0.3	0.3	1:0.25	0:1	0.41	3.66	$\delta=15°$ $\beta=\varphi=35°$ 墙背垂直，有斜坡
	2.0	1.7	2.09	0.35	0.90	0.78	0.13	0	0.3	0.39	1:0.25	0.1:1	1.26	7.32	
	3.0	2.6	3.13	0.40	1.30	1.05	0.15	0.10	0.4	0.53	1:0.25	0.1:1	2.49	13.24	
	4.0	3.5	4.17	0.50	1.70	1.38	0.20	0.13	0.5	0.61	1:0.25	0.1:1	4.28	18.40	
	5.0	4.4	5.22	0.60	2.20	1.70	0.40	0.10	0.6	0.82	1:0.25	0.1:1	6.62	18.92	
	1.0	0.7	1.00	0.3	0.48	0.48	0	0	0.3	0.3	1:0	0:1	0.41	4.93	$\delta=12°$ 墙背俯斜，水平 无荷载
	2.0	1.7	2.00	0.4	0.93	0.83	0.10	0	0.3	0.3	1:0	0:1	1.32	8.96	
	3.0	2.6	3.00	0.5	1.35	1.15	0.10	0.10	0.4	0.4	1:0.05	0.1:1	2.69	17.00	
	4.0	3.5	4.19	0.5	1.90	1.55	0.27	0.13	0.5	0.69	1:0.05	0.1:1	4.72	18.08	
	5.0	4.4	5.25	0.6	2.50	1.86	0.40	0.23	0.6	0.85	1:0.05	0.1:1	7.40	20.78	

2 基坑支护工程

续表

图式	H_1	H_2	H_3	b	B	B_1	f	g	d_1	d_2	$1:m$	$x:1$	F (m²)	σ_{max} (t/m²)	备注
	1.0	0.7	1.09	0.4	0.58	0.58	0	0	0.3	0.39	1:0	0.15:1	0.54	5.44	$\delta=12°$ 墙背俯斜·有斜坡
	2.0	1.7	2.17	0.5	1.13	0.93	0.20	0	0.3	0.47	1:0	0.15:1	1.64	11.91	
	3.0	2.6	3.27	0.6	1.80	1.32	0.28	0.20	0.4	0.67	1:0.05	0.15:1	3.56	16.80	
	4.0	3.5	4.36	0.75	2.40	1.71	0.42	0.28	0.5	0.86	1:0.05	0.15:1	6.16	21.10	
	5.0	4.4	5.45	0.9	3.00	2.10	0.52	0.38	0.6	1.05	1:0.05	0.15:1	9.44	15.43	

图式	H_1	H_2	H_3	b	B	B_1	f	g	d_1	d_2	$x:1$	$F(m^2)$	σ_{max} (t/m²)	备注
	1.0	0.7	1.00	0.3	0.55	0.44	0.11		0.3	0.30	0:1	0.43	2.45	$\delta=11°18'$ 墙背仰斜,水平无荷载
	2.0	1.7	2.00	0.3	0.75	0.64	0.11		0.3	0.30	0:1	1.03	3.62	
	3.0	2.6	3.00	0.3	1.02	0.82	0.20		0.4	0.40	0:1	1.87	4.70	
	4.0	3.5	4.13	0.3	1.30	1.00	0.30		0.5	0.63	0.1:1	3.01	8.85	
	5.0	4.4	5.15	0.3	1.50	1.18	0.32		0.6	0.75	0.1:1	4.28	4.20	
	1.0	0.7	1.00	0.35	0.60	0.49	0.11		0.3	0.30	0:1	0.47	2.29	$\delta=11°18'$ 墙背仰斜,有斜坡
	2.0	1.7	2.10	0.45	0.95	0.79	0.16		0.3	0.40	0.1:1	1.38	5.27	
	3.0	2.6	3.13	0.60	1.30	1.12	0.18		0.4	0.53	0.1:1	2.85	8.80	
	4.0	3.5	4.16	0.65	1.60	1.35	0.25		0.5	0.66	0.1:1	4.43	2.18	
	5.0	4.4	5.19	0.70	1.90	1.58	0.32		0.6	0.79	0.1:1	6.33	15.60	

注：1. 块石砌筑用M5水泥砂浆；墙背土填内摩擦角 $\varphi=35°$（回填为一般黏性土），干重度 $\gamma=1.9t/m^3$；浆砌块石重度 $\gamma=2.3t/m^3$；
2. 墙背与填土摩擦角为：墙背垂直时 $\delta=(\frac{1}{3}-\frac{2}{3})\varphi$，$\varphi=15°$；墙背仰斜时 $\delta=11°18'$，$\delta=\alpha=11°18'$，墙背俯斜时 $\delta=(\frac{1}{4}-\frac{1}{2})\varphi$，$\varphi=12°$；
3. 仅适用于一般地区，不适用于干燥地区、浸水地区、陡坡滑动地震区和不良地质土层等。

土压力作用点距墙趾的距离为： $h_f = \frac{1}{3}h = \frac{1}{3} \times 4.8 = 1.6\text{m}$

(2) 挡土墙自重和重心距离墙趾距离

将挡土墙分成一个三角形和一个矩形（图 2-112b），则

$$G_1 = \frac{1}{2} \times 1.4 \times 4.8 \times 22 = 73.92\text{kN/m}$$

$$G_2 = 0.7 \times 4.8 \times 22 = 73.92\text{kN/m}$$

G_1 和 G_2 作用点距墙趾 O 点的水平距离分别为：

$$x_1 = \frac{2}{3} \times 1.4 = 0.93\text{m}; \quad x_2 = 1.4 + \frac{0.7}{2} = 1.75\text{m}$$

(3) 倾覆稳定性验算

$$K_t = \frac{G_1 x_1 + G_2 x_2}{E_a h_f} = \frac{73.92 \times 0.93 + 73.92 \times 1.75}{56.9 \times 1.6} = 2.17 > 1.5 \qquad 安全$$

(4) 滑动稳定性验算

$$K_s = \frac{(G_1 + G_2)\mu}{E_a} = \frac{(73.92 + 73.92) \times 0.55}{56.9} = 1.43 > 1.3 \qquad 安全$$

(5) 地基承载力验算

作用于基底总竖向力：$Q = G = G_1 + G_2 = 73.92 + 73.92 = 147.84\text{kN/m}$

总竖向偏心力作用点距 O 点的距离 x：

$$x = \frac{Gx_1 + G_2 x_2 - E_a h_f}{G} = \frac{73.92 \times 0.93 + 73.92 \times 1.75 - 56.9 \times 1.6}{147.84} = 0.72$$

总竖向力偏心力的偏心距为： $e = \frac{b}{2} - x = \frac{2.1}{2} - 0.72 = 0.33 < \frac{b}{6} = 0.35$

$$p_{max} = \frac{2G}{3\left(\frac{b}{2} - e\right)} = \frac{2 \times 147.84}{3\left(\frac{2.1}{2} - 0.33\right)} = 136.9\text{kN/m}^2 < 1.2f = 222\text{kN/m}^2$$

$$p_m = \frac{1}{2}(p_{max} + p_{min}) = \frac{1}{2}(136.9 + 0) = 68.5 < f = 185\text{kN/m}^2$$

$$b' = 3\left(\frac{b}{2} - e\right) = 3\left(\frac{2.1}{2} - 0.33\right) = 2.16\text{m}$$

【例 2-39】 块石挡土墙形式和截面尺如图 2-113 所示，浆砌块石重度为 22kN/m³，墙后为粉质黏土，基底摩擦系数 $\mu = 0.4$，地基土的承载力特征值 $f = 170$kPa，试验算倾覆稳定性、滑动稳定性和地基承载力。

【解】 (1) 土压力计算

因墙背垂直，$\alpha = 0$，填土面水平 $\beta = 0$，查图 2-107 曲线Ⅳ得：$m_x = 1.85\text{kN/m}^3$；$m_y = 0.28\text{kN/m}^3$。故土压力为：

$$E_x = 1.85 \times 5^2 = 46.3\text{kN/m}; \quad E_y = 0.28 \times 5^2 = 7.0\text{kN/m}$$

土压力作用点离墙底的距离： $h = \frac{1}{3} \times 5 = 1.67\text{m}$

(2) 挡土墙自重及重心（图 2-113b）

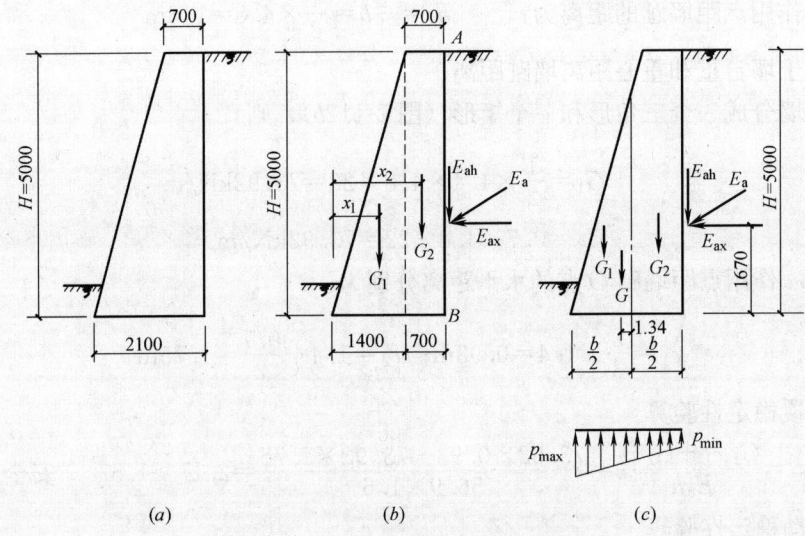

图 2-113 简易挡土墙计算简图

$$G_1 = \frac{1}{2}(2.1-0.7) \times 5 \times 22 = 77\text{kN/m}$$

$$G_2 = 0.7 \times 5 \times 22 = 77\text{kN/m}$$

$$\therefore \quad G = 77+77 = 154\text{kN/m}$$

$$x_1 = \frac{2}{3} \times 1.4 = 0.93\text{m}; \quad x_2 = 1.4 + \frac{0.7}{2} = 1.75\text{m}$$

(3) 倾覆稳定性验算

由式 (2-230) 得：$\quad K_t = \dfrac{77 \times 0.93 + 77 \times 1.75 + 7 \times 2.1}{46.3 \times 1.67} = 2.86 > 1.5 \quad$ 安全

(4) 滑动稳定性验算

由式 (2-231) 得：$\quad K_s = \dfrac{(154+7) \times 0.4}{46.3} = 1.39 > 1.3 \quad$ 安全

(5) 地基承载力验算（图 2-113c）

由式 (2-237)

$$e = \frac{2.1}{2} - \frac{77 \times 0.93 + 77 \times 1.75 + 7 \times 2.1 - 46.3 \times 1.67}{154+7}$$

$$= 1.05 - 0.893 = 0.157\text{m} < \frac{b}{6} = 0.35$$

由式 (2-234) 得：$p_{\min}^{\max} = \dfrac{154+7}{2.1}\left(1 \pm \dfrac{6 \times 0.157}{2.1}\right)$

$$= 76.67(1 \pm 0.45) = \frac{111.2}{42.2}\text{kN/m}^2$$

$$p_{\max} = 111.2 < 1.2f = 1.2 \times 170 = 204\text{kN/m}^2$$

$$p_{\min} = 42.2 > 0$$

3 地下水控制工程

3.1 土的渗透系数计算

土的渗透系数是计算基坑和井点涌水量的重要参数，一般在现场做抽水试验确定，根据观测水井周围的地下水位的变化来求渗透系数。方法是：在现场设置抽水井（图 3-1），贯穿到整个含水层，并距抽水井 r_1 与 r_2 处设一个或两个观测孔，用水泵匀速抽水，当水井的水面及观测孔的水位大体上呈稳定状态时，根据所抽水的水量 Q 可按下式计算渗透系数 K 值。

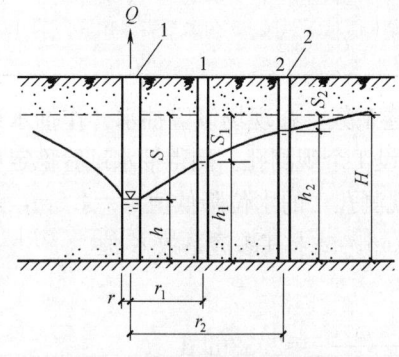

图 3-1 渗透系数计算简图
1—抽水井；2—观测井

设 1 个观测孔时：

$$K = 0.73Q \frac{\lg r_1 - \lg r}{h_1^2 - h^2}$$

$$= 0.73Q \frac{\lg r_1 - \lg r}{(2H - S - S_1)(S - S_1)} \quad (3-1)$$

设 2 个观测孔时：

$$K = 0.73Q \frac{\lg r_2 - \lg r_1}{h_2^2 - h_1^2}$$

$$= 0.73Q \frac{\lg r_2 - \lg r_1}{(2H - S_1 - S_2)(S_1 - S_2)} \quad (3-2)$$

式中 K——渗透系数（m/d）；
Q——抽水量（m³/d）；
r——抽水井半径（m）；
r_1、r_2——观测孔 1、观测孔 2 至抽水井的距离（m）；
h——由抽水井底标高算起完全井的动水位（m）；
h_1、h_2——观测孔 1、观测孔 2 的水位（m）；
S——抽水井的水位降低值（m）；
S_1、S_2——观测孔 1、观测孔 2 的水位降低值（m）；
H——含水层厚度（m）。

当无条件做抽水试验时，渗透系数 K 值可参考表 3-1 取用。

3 地下水控制工程

土的渗透系数   表 3-1

土 的 名 称	渗透系数 K	
	m/d	cm/s
黏　　土	<0.005	$<6\times10^{-6}$
粉质黏土	0.005~0.1	$6\times10^{-6}\sim1\times10^{-4}$
黏质粉土	0.1~0.5	$1\times10^{-4}\sim6\times10^{-4}$
黄　　土	0.25~0.5	$3\times10^{-4}\sim6\times10^{-4}$
粉　　土	0.5~1.0	$6\times10^{-4}\sim1\times10^{-3}$
细　　砂	1.0~5	$1\times10^{-3}\sim6\times10^{-3}$
中　　砂	5~20	$6\times10^{-3}\sim2\times10^{-2}$
均质中砂	35~50	$4\times10^{-2}\sim6\times10^{-2}$
粗　　砂	20~50	$2\times10^{-2}\sim6\times10^{-2}$
均质粗砂	60~75	$7\times10^{-2}\sim8\times10^{-2}$
圆　　砾	50~100	$6\times10^{-2}\sim1\times10^{-1}$
卵　　石	100~500	$1\times10^{-1}\sim6\times10^{-1}$
无充填物卵石	500~1000	$6\times10^{-1}\sim1\times10$
稍有裂隙岩石	20~60	$2\times10^{-2}\sim7\times10^{-2}$
裂隙多的岩石	>60	$>7\times10^{-2}$

【例 3-1】 某厂房区降低地下水位需测定其土的渗透系数，在现场设置抽水井作抽水试验，抽水井滤管半径为 100mm，距抽水井 5m 和 10m 各设 1 个观测孔。测得抽水试验稳定后的抽水量 $Q=200\text{m}^3/\text{d}$，抽水井的水位降低值 $S=8\text{m}$，观测孔 1 的水位降低值 $S_1=4.5\text{m}$，观测孔 2 的水位降低值 $S_2=2\text{m}$。该地区含水层厚度 $H=20\text{m}$。试求其渗透系数 K 值。

【解】 (1) 求抽水井至观测孔 1 的渗透系数 K_1：

$$K_1=0.73\times200\times\frac{\lg5-\lg0.1}{(2\times20-8-4.5)(8-4.5)}=2.58\text{m/d}$$

(2) 求抽水井至观测孔 2 的渗透系数 K_2：

$$K_2=0.73\times200\times\frac{\lg10-\lg0.1}{(2\times20-8-2)(8-2)}=1.62\text{m/d}$$

(3) 求观测孔 1 至观测孔 2 的渗透系数 K_3：

$$K_3=0.73\times200\times\frac{\lg10-\lg5}{(2\times20-4.5-2)(4.5-2)}=0.52\text{m/d}$$

(4) 最后求得抽水井至观测孔之间的平均渗透系数 K：

$$K=\frac{K_1+K_2+K_3}{3}=\frac{2.58+1.62+0.52}{3}=1.57\text{m/d}$$

故知，该地区土的渗透系数 K 为 1.57m/d。

3.2 基坑明沟排水量计算

明沟排水又称表面排水，它是利用设置在基坑（槽）内（或外）的明沟、集水井和抽水设备，将地下水从集水井中不断排走，保持基坑处于干燥状态。排水沟、集水井均在挖至地下水位以前设置。排水沟、集水井应设在基础轮廓线以外，根据需要在基坑一侧（两侧或三侧）或四侧设置。排水沟边缘应离开坡脚不小于 0.3m；排水沟深度应始终保持比挖土面低 0.5m；集水井应比排水沟低 0.5~1.0m，并随基坑的挖深而加深，保持水流畅通，地下水位始终低于开挖基坑底 0.5m 以上。一侧设排水沟应设在地下水的上游。

本法施工方便，设备简单，降水费用低，管理维护较易，应用最为广泛。适用于渗水量不大的黏性土、碎石土、粗砂土地基、中等面积建（构）筑物基坑（槽）的排水。

一、基坑涌水量计算

基坑采用明沟排水，流入基坑内的渗水量与土的种类、渗透系数、水头、坑底面积等有关，可通过抽水试验或经验估计，或按大井法估算。系把矩形基坑（其长、短边的比值不大于 10）假想为一个半径为 r_0 的圆形大井，其流入基坑内的涌水量 Q，为从四周坑壁和坑底流入的水量之和，可按下式计算：

$$Q = \frac{1.366KS(2H-S)}{\lg \frac{R}{r_0}} + \frac{6.28KSr_0}{1.56 + \frac{r_0}{m_0}\left(1 + 1.185\lg \frac{R}{4m_0}\right)} \tag{3-3}$$

式中　Q——基坑总涌水量（m³/d）；

　　　K——土的渗透系数（m/d）；当含水层为非均质土层时，应采用各分层土壤渗透系数加权平均值，即：

$$K = \frac{\sum K_i h_i}{\sum h_i}$$

式中　K_i、h_i——各土层的渗透系数（m/d）与厚度（m）；

　　　S——抽水时坑内水位下降值（m）；

　　　H——抽水前坑底以上的水位高度（m）；

　　　R——抽水影响半径（m），可按表 3-2 选用；

　　　r_0——引用（假想）半径（m），对矩形基坑，$r_0 = \eta \frac{a+b}{4}$；对不规则形基坑，$\frac{a}{b} < 2 \sim 3$ 时，$r_0 = 0.565\sqrt{A}$；$\frac{a}{b} > 2 \sim 3$ 时，$r_0 = u/\pi$；

　　　a、b——矩形基坑的边长（m）；

　　　u——基坑周长（m）；

　　　A——基坑面积（m²）；

　　　η——系数，由表 3-3 查得；

　　　m_0——从坑底到下卧不透水层的距离（m）。

在选择水泵考虑水泵流量时，因最初涌水量较稳定涌水量大，按式（3-3）计算得出的涌水量应增加 10%～20%。

抽水影响半径 R 值　　　　表 3-2

土的种类	极细砂	细砂	中砂	粗砂	极粗砂	小砾石	中砾石	大砾石
粒径(mm)	0.05~0.1	0.1~0.25	0.25~0.5	0.1~1.0	1.0~2.0	2.0~3.0	3.0~5.0	5.0~10.0
所占重量(%)	<70	>70	>50	>50	>50	—	—	—
R(m)	25~50	50~100	100~200	200~400	400~500	500~600	600~1500	1500~3000

系数 η 值　　　　表 3-3

b/a	0	0.2	0.40	0.60	0.80	1.00
η	1.00	1.12	1.14	1.16	1.18	1.18

二、水泵功率计算

水泵所需功率 N（kW）按下式计算：

$$N = \frac{K_0 Q H_0}{75 \eta_1 \cdot \eta_2} \tag{3-4}$$

式中 K_0——安全系数，一般取 2；
Q——基坑的涌水量（m^3/d）；
H_0——包括扬水、吸水以及由各种阻力所造成的水头损失在内的总高度（m）；
η_1——水泵效率，一般取 0.40～0.50；
η_2——动力机械效率，一般取 0.75～0.85。

求得 N，即可选择水泵类型。需用水泵（容量）亦可通过试验确定，在一般面积基坑的集水井，设置口径 50～200mm 水泵即可。水泵类型的选择：当涌水量 $Q<20m^3/h$，可用膜式水泵、潜水电泵。膜式水泵可排除泥浆水。

常用离心式水泵、泥浆泵、污水泵和潜水电泵的技术性能见表 3-4～表 3-8。

BA 型离心水泵主要技术性能 表 3-4

水泵型号	流量（m^3/h）	扬程（m）	吸程（m）	电机功率（kW）	外形尺寸(mm)（长×宽×高）	重量(kg)
2BA-6	20.0	38.0	7.2	4.0	524×337×295	35
3BA-6	60.0	50.0	5.6	17.0	714×368×410	116
3BA-9	45.0	32.6	5.0	7.5	623×350×310	60
4BA-6	115.0	81.0	5.5	55.0	730×430×440	138
4BA-8	109.0	47.6	3.8	30.0	722×402×425	116
4BA-12	90.0	34.6	5.8	17.0	725×387×400	108
6BA-8	170.0	32.5	5.9	30.0	759×528×480	166
6BA-12	10.0	20.1	7.9	17.0	747×490×450	146
6BA-18	162.0	12.5	5.5	10.0	748×470×420	134
6BA-12	280.0	29.1	5.6	40.0	809×584×490	191
6BA-18	285.0	18.0	5.5	22.0	786×560×480	180
6BA-25	270.0	12.7	5.0	17.0	779×512×480	143

B 型离心水泵主要技术性能 表 3-5

水泵型号	流量(m^3/h)	扬程(m)	吸程(m)	电机功率(kW)	重量(kg)
2B-31	10～30	34.5～24.0	8.2～5.7	4.0	37.0
2B-19	11～25	21.0～16.0	8.0～6.0	2.2	19.0
3B-19	32.4～52.2	21.5～15.6	6.2～5.0	4.0	23.0
3B-33	30～55	35.5～28.8	6.7～3.0	7.5	40.0
3B-57	30～70	62.0～44.5	7.7～4.7	17.0	70.0
4B-15	54～99	176～10.0	5.0	5.5	27.0
4B-20	65～110	22.6～17.1	5.0	10.0	51.6
4B-35	65～120	37.7～28.0	6.7～3.3	17.0	48.0
4B-54	70～120	59.0～430	5.0～3.5	30.0	78.0
4B-91	65～135	98.0～72.5	7.1～40.0	55.0	89.0
6B-13	126～187	14.3～9.6	5.9～5.0	10.0	88.0
6B-20	110～200	22.7～17.1	8.5～7.0	17.0	104.0

泥浆泵主要技术性能 表 3-6

泥浆泵型号	流量（m^3/h）	扬程（m）	电机功率（kW）	泵口径(mm) 吸入口	泵口径(mm) 出口	外形尺寸(m)（长×宽×高）	重量(kg)
3PN	108	21	22	125	75	0.76×0.59×0.52	450

续表

泥浆泵型号	流量 (m^3/h)	扬程 (m)	电机功率 (kW)	泵口径(mm) 吸入口	泵口径(mm) 出口	外形尺寸(m) (长×宽×高)	重量 (kg)
3PNL	108	21	22	160	90	1.27×5.1×1.63	300
4PN	100	50	75	75	150	1.49×0.84×1.085	1000
$2\frac{1}{2}$NWL	25~45	5.8~3.6	1.5	70	60	1.247(长)	61.5
3NWL	55~95	9.8~7.9	3	90	70	1.677(长)	63
BW600/30	(600)	300	38	102	64	2.106×1.051×1.36	1450
BW200/30	(200)	300	13	75	45	1.79×0.695×0.865	578
BW200/40	(200)	400	18	89	38	1.67×0.89×1.6	680

注：流量一栏的括号中数量单位为 L/min。

污水泵主要技术性能 表 3-7

污水泵型号	流量(m^3/h)	扬程(m)	吸程(m)	电机功率(kW)	转速(r/min)	重量(kg)
$2\frac{1}{2}$PW	43~108	48~39	7~4.5	22	2940	65
$2\frac{1}{2}$PW	43~108	34~29	6~5	13	2920	65
$2\frac{1}{2}$PW	36~72	11~9	7.5~7.0	4	1440	65
$2\frac{1}{2}$PW	5.6	8.7	5.5	4	1450	65
4PW	108~180	27~24	7.8~7.0	30	1460	125
4PW	72~120	12~10	7.0~5.5	7.5	950	125

潜水泵主要性能 表 3-8

型号	流量(m^3/h)	扬程(m)	电机功率(kW)	转速(r/min)	电流(A)	电压(V)
QY 3.5	100	3.5	2.2	2800	6.5	380
QY-7	65	7	2.2	2800	6.5	380
QY-15	25	15	2.2	2800	6.5	380
QY-25	15	25	2.2	2800	6.5	380
JQB-1.5-6	10~22.5	28~20	2.2	2800	5.7	380
JQB-2-10	15~32.5	21~12	2.2	2800	5.7	380
JQB-4-31	50~90	8.2~4.7	2.2	2800	5.7	380
JQB-5-69	80~120	5.1~3.1	2.2	2800	5.7	380
7.5JQB8-97	288	4.5	7.5	—	—	380
1.5JQB2-10	18	14	1.5	—	—	380

注：JQB-1.5-6、JQB-5-69、1.5JQB-10 的重量分别为 55kg、45kg、43kg。

【例3-2】 写字楼工程基坑采用明沟排水，基坑长20m、宽10m、深6.0m，已知地下水位深1.0m，$K=1.25m/d$，$R=75m$，$m_0=8m$，$H_0=12m$，$K_0=2$，$\eta_1=0.45$，$\eta_2=0.8$，试求基坑内总涌水量和需用水泵功率。

【解】 抽水前水位高度 $H=6-1=5m$

$$S=5.0+0.5=5.5m$$

$\frac{b}{a}=\frac{10}{20}=0.5$，查表3-3 得 $\eta=1.15$

$$r_0=1.15\times\frac{(20+10)}{4}=8.6m$$

由式（3-3）基坑总涌水量为：

$$Q = \frac{1.366 \times 1.25 \times 5.5(2 \times 5 - 5.5)}{\lg \frac{75}{8.6}} + \frac{6.28 \times 1.25 \times 5.5 \times 8.6}{1.56 + \frac{8.6}{8}\left(1 + 1.185\lg \frac{75}{4 \times 8}\right)}$$

$$= 44.93 + 119.00 = 163.9 \text{m}^3/\text{d}$$

水泵需用功率 由式（3-4）得：

$$N = \frac{2 \times 163.9 \times 12}{75 \times 0.45 \times 0.8} = 145.7 \text{kW}$$

3.3 基坑涌水量计算

基坑开挖，当基坑底为一般碎石土、砂类土，并处于干河床时，其总涌水量 $Q(\text{m}^3/\text{d})$ 可按下式计算：

$$Q = \frac{1.36KH^2}{\lg(R+r_0) - \lg r_0} \tag{3-5}$$

式中 K——渗透系数（m/d）；

H——稳定水位至设计基坑底的深度（m），当基底以下为深厚透水层时，H 值可酌加 3~4m，以确保安全；

R——影响半径（m），当为不均匀的粗粒、中粒和细粒砂，$K=5\sim20$m/d 时，$R=80\sim150$m；当为碎石、卵石类土层，混有大量细颗粒，$K=20\sim60$m/d 时，$R=100\sim200$m；当为碎石、卵石类地层，无细颗粒混杂，均匀的粗砂和中砂，$K>60$m/d 时，$R=200\sim600$m；

r_0——引用基坑半径（m），对矩形基坑，$r_0 = u\dfrac{L+B}{4}$；形状不规则时，$r_0 = \sqrt{\dfrac{F}{\pi}}$；

$L、B、F$——分别为基坑的长、宽（m）和面积（m^2）；

u——系数，当 $\dfrac{B}{L}=0.1\sim0.2$，$u=1.0$；$\dfrac{B}{L}=0.3$，$u=1.12$；$\dfrac{B}{L}=0.4$，$u=1.16$；$\dfrac{B}{L}=0.8\sim1.0$，$u=1.18$。

【例 3-3】 在不均匀的砂层上开挖底面积 8m×4.8m、深 10m 的基坑，已知砂层渗透系数 $K=15$m/d，地下水位深 -1.0m，试计算基坑总涌水量。

【解】 由题意所给地质资料已知，$K=15$m/d，得知 $R=100$m；因为 $\dfrac{B}{L}=4.8/8=0.6$，所以 $u=1.18$。

引用基坑半径：

$$r_0 = u\frac{L+B}{4} = \frac{1.18(8+4.8)}{4} = 3.78\text{m}$$

$$H = 10 - 1 + 4 = 13\text{m}$$

将上述数据代入公式（3-5）得：

$$Q = \frac{1.36KH^2}{\lg(R+r_0) - \lg r_0} = \frac{1.36 \times 15 \times 13^2}{\lg(100+3.78) - \lg 3.78}$$

$$= 2396.5 \text{m}^3/\text{d} = 99.9 \text{m}^3/\text{h} \approx 100 \text{m}^3/\text{h}$$

故知,基坑总涌水量为100m³/h。

3.4 轻型井点降水计算

轻型井点降水系在工程外围竖向埋设一系列井点管深入含水层内,以连接管与集水总管连接,再与真空泵和离心水泵相连,进行抽水,使地下水位降低到基坑底以下。主要机具设备由井点管、连接管、集水总管及抽水设备等组成。本法具有机具设备较简单,使用灵活,装拆方便,降水效果好,可防止流砂发生,提高边坡稳定,降水费用较低等优点。适用于渗透系数为0.5~50m/d的土以及土中含有大量的细砂和粉砂的土,或明沟排水易引起流砂和塌方等情况时使用。单层轻型井点可降低水位3~6m;多层轻型井点可降低水位6~12m深。

一、井点布置及埋置深度

根据基坑平面形状与大小、地质和水文情况、工程性质、降水深度等而定。当基坑(槽)宽度小于6m,且降水深度不超过6m时,可采用单排井点,布置在地下水上游一侧;当大于6m或土质不良、渗透系数较大时,宜采用双排井点,布置在基坑(槽)的两侧;当基坑面积较大时,宜采用环形井点。挖土运输设备出入道可不封闭,间距可达4m,宜留在地下水下游方向。井点管距坑壁不应小于1.0~1.5m,间距一般为0.8~1.6m,最大可达2.0m。集水总管标高宜尽量接近地下水位线,并沿抽水水流方向有0.25%~0.5%的上仰坡度。

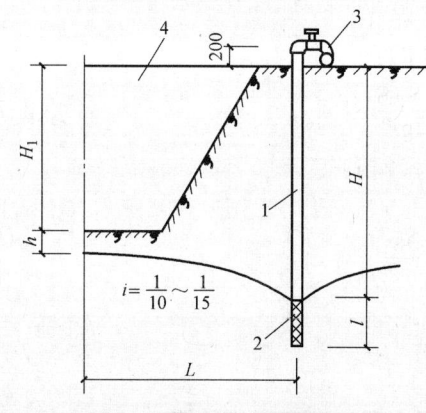

图3-2 轻型井点高程布置
1—井点管;2—滤水管;3—总管;4—基坑

井点管的埋置深度应根据降水深度及含水层所在位置决定,一般必须将滤水管埋入含水层内,并且比开挖基坑(沟、槽)底深0.9~1.2m以上。井点管的埋置深度一般可按下式计算(图3-2):

$$H \geqslant H_1 + h + iL + l \tag{3-6}$$

式中 H——井点管的埋置深度(m);

H_1——井点管埋设面至基坑底面的距离(m);

h——基坑中央最深挖掘面至降水曲线最高点的安全距离(m),一般为0.5~1.0m,人工开挖取下限,机械开挖取上限;

L——井点管中心至基坑中心短边距离(m);

i——降水曲线坡度,根据扬水试验和工程实测经验确定。对环状或双排井点可取1/10~1/15;对单排线状井点可取1/4~1/5;环状降水外取1/8~1/10;

l——滤水管长度(m)。

H计算出后,为安全计,再增加1/2滤水管长度。井点管露出地面高度,一般取0.2~0.3m。

二、轻型井点计算

轻型井点计算的主要内容包括:根据确定的井点系统的平面和竖向布置图计算单井井

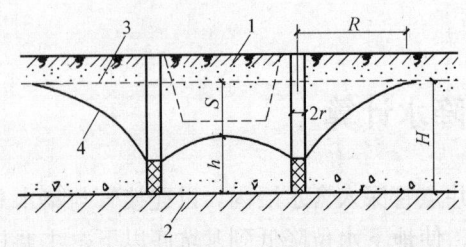

图 3-3 无压完整井涌水量计算简图
1—基坑；2—不透水层；3—原水位线；4—降低后水位

点涌水量和群井（井点系统）涌水量，确定井点管数量和间距，校核水位降低数值，选择抽水系统（抽水机组、管路）的类型、规格和数量以及进行井点管的布置等。井点计算由于受水文地质和井点设备效率等多种因素的影响，计算结果只是近似的，对重要工程，其计算结果应经现场试验进行修正。

（一）涌水量计算

井点系统涌水量是以水井理论为依据的。水井根据其井底是否达到不透水层分为完整井与非完整井。井底到达不透水层的称完整井；井底未到达不透水层的称非完整井。根据地下水有无压力又分为：水井布置在两层不透水层之间充满水的含水层内，地下水有一定的压力的称为承压井；水井布置在无压力的潜水层内的，称为无压井。其中以无压完整井的理论较为完善，应用较普遍。

1. 无压完整井井点系统涌水量计算

(1) 无压完整井单井涌水量 按下式计算（图 3-3）：

$$Q = 1.366 K \frac{(2H-S)S}{\lg R - \lg r} \tag{3-7}$$

式中 Q——单井涌水量（m^3/d）；
K——渗透系数（m/d）；
H——含水层厚度（m）；
R——抽水影响半径（m）；
S——水位降低值（m）；
r——井点的半径（m）。

(2) 无压完整井群井井点（即环形井点系统）涌水量 可用下式计算：

$$Q = 1.366 K \frac{(2H-S)S}{\lg R - \lg x_0} \tag{3-8}$$

式中 x_0——基坑的假想半径（m），对于矩形基坑，当其长宽比不大于 5 时，可将其化成一个假想半径为 x_0 的圆形井，按下式计算：

$$x_0 = \sqrt{\frac{A}{\pi}} \tag{3-9}$$

其中 A——基坑井点管所包围的平面面积（m^2）；
其他符号意义同上式。

上式中 R、K 需预先确定。

1) 抽水影响半径 R 一般做现场井点抽水试验确定。井点系统抽水后，地下水受到影响而形成降落曲线，降落曲线稳定时的影响半径，即为计算用的抽水影响半径 R。抽水影响半径，亦可用下式进行计算：

$$R = 1.95 S \sqrt{HK} \tag{3-10}$$

式中 S、H、K 的符号意义同前。

2) 渗透系数 K 值 可根据地质报告提供数值，或参考表 3-1 所列数值，或通过现场抽水试验（参见"3.1 土的渗透系数计算"一节）。

2. 无压非完整井井点系统涌水量计算

为简化计算，一般仍用无压完整井群井涌水量计算公式，但式中的 H 换成有效带深度 H_0（图 3-4），H_0 值可根据表 3-9 确定，涌水量按下式计算：

$$Q = 1.366K \frac{(2H_0 - S)S}{\lg R - \lg x_0} \tag{3-11}$$

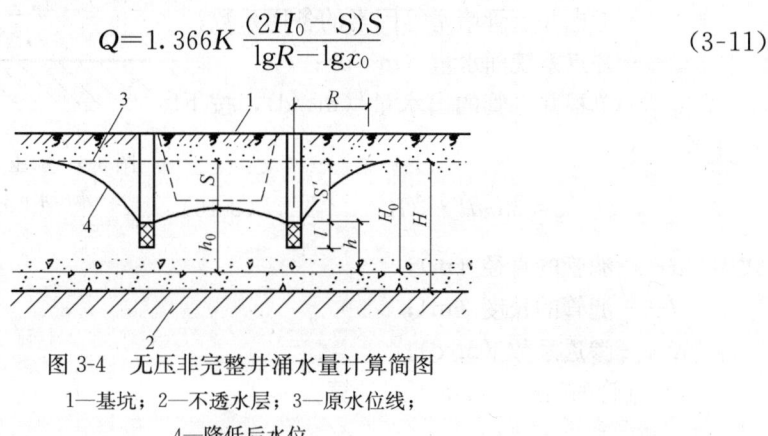

图 3-4 无压非完整井涌水量计算简图
1—基坑；2—不透水层；3—原水位线；
4—降低后水位

H_0 值　　　　　　　　表 3-9

$S'/(S'+l)$	0.2	0.3	0.5	0.8
H_0	$1.3(S'+l)$	$1.5(S'+l)$	$1.7(S'+l)$	$1.85(S'+l)$

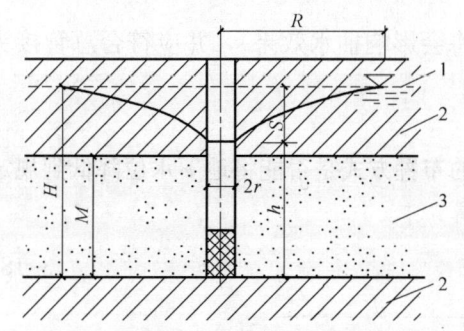

图 3-5 承压完整井涌水量计算简图
1—承压水位；2—不透水层；3—含水层

上式经佛尔赫格麦尔试验，考虑地下潜水从井的侧面和底面同时渗入，修正如下式：

$$Q = 1.366K \frac{(2H_0 - S)S}{\lg R - \lg x_0} \cdot \sqrt{\frac{h_0 + 0.5r}{h_0}} \cdot \sqrt{\frac{2h_0 - l}{h_0}} \tag{3-12}$$

式中符号意义见图 3-5。

3. 承压完整井井点系统的涌水量计算（图 3-5）

承压完整井涌水量按下式计算：

$$Q = 2.73K \frac{MS}{\lg R - \lg x_0} \tag{3-13}$$

式中符号意义见图 3-5。

4. 承压非完整井井点系统的涌水量计算（图 3-6）

承压非完整井涌水量按下式计算：

$$Q = 2.73K \frac{MS}{\lg R - \lg x_0} \cdot \sqrt{\frac{M}{1 + 0.5r}} \sqrt{\frac{2M - 1}{M}} \tag{3-14}$$

（二）确定井点管的数量与间距计算

1. 井点管需要根数　可按下式计算：

$$n = 1.1 \frac{Q}{q} \quad (3-15)$$

式中　n——井点管的根数；

1.1——考虑井点管堵塞等因素的备用系数；

Q——井点系统涌水量（m^3/d）；

q——单根井点管的出水量（m^3/d），按下式计算：

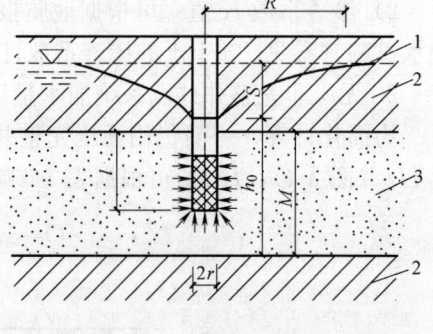

图 3-6　承压非完整井涌水量计算简图
1—承压水位；2—不透水层；3—含水层

$$q = 65\pi d l \cdot \sqrt[3]{K} \quad (3-16)$$

式中　d——滤管的直径（m）；

l——滤管的长度（m）；

K——渗透系数（m/d）；

2. 井点管的间距　可按下式计算：

$$D = \frac{2(L+B)}{n} \quad (3-17)$$

式中　D——井点管的平均间距（m）；

L、B——矩形井点系统的长度和宽度（m）。

求出的井点管间距应大于 $15d$（因井点太密将会影响抽水效果），并应符合总管接头的间距（800mm、1200mm、1600mm）要求。

（三）校核水位的实际降低数值计算

井点数量确定后，尚应根据下式校核所采用的布置方式是否能将地下水位降低到规定的标高，即 h 是否不小于规定的数值，按下式计算：

$$S = H - h \quad (3-18)$$

$$h = \sqrt{H^2 - \frac{Q}{1.366K}\left[\lg R - \frac{1}{n}\lg(x_1 \cdot x_2 \cdots x_n)\right]} \quad (3-19)$$

如果各井点设在一个圆周上，则 $x_1 = x_2 = x_3 \cdots = x_n = x_0$，即等于圆的半径，代入上式，则得：

$$h = \sqrt{H^2 - \frac{Q}{1.366K}(\lg R - \lg x_0)} \quad (3-20)$$

式中　h——滤管外壁处或坑底任意点的动水位高度（m），对完整井算至井底，对不完整井算至有效带深度；

x_1、$x_2 \cdots x_n$——所核算的滤管外壁或坑底任意点至各井点管的水平距离（m）；

n——井点管数量。

S、H、Q、K、R 符号意义同前。

（四）抽水设备选用计算

3.4 轻型井点降水计算

一般按涌水量、渗透系数、井点管数量与间距、降水深度及需用水泵功率等综合数据来选定水泵的型号(包括流量、扬程、吸程等)。水泵需用功率计算参见"3.2 基坑明沟排水计算"一节。常用设备有真空泵、射流泵、离心式水泵等,其性能见表3-10～表3-12以及表3-4和表3-8可供参考。

真空泵型轻型井点系统设备规格与技术性能 表3-10

名　　称	数　量	规格与技术性能
往复式真空泵	1台	V_5型(W_8型)或V_6型;生产率4.4m³/min;真空度100kPa,电动机功率5.5kW,转速1450r/min
离心式水泵	2台	B型或BA型;生产率20m³/h;扬程25m,抽吸真空高度7m,吸口直径50mm,电动机功率2.8kW,转速2900r/min
水泵机组配件	1套	井点管100根,集水总管直径75～100mm,每节长1.6～4.0m,每套29节,总管上节管间距0.8m,接头弯管100根;冲射管用冲管1根;机组外形尺寸2600mm×1300mm×1600mm,机组重1500kg

注:1. 地下水位降低深度为5.5～6.5m;
　　2. 离心式水泵数量为一台备用。

ϕ50型射流泵轻型井点设备规格及技术性能 表3-11

名　　称	型号及技术性能	数　量	备　注
离心泵	3BL-9,流量45m³/h,扬程32.5m	1台	供给工作水
电动机	JO_2-42-2,功率7.5kW	1台	水泵的配套动力
射流泵	喷嘴ϕ50mm,空载真空度100kPa,工作水压0.15～0.3MPa,工作水流45m³/h,生产率10～35m³/h	1个	形成真空
水箱	1100×600×1000mm	1个	循环用水

注:每套设备带9m长井点25～30根,间距1.6m,总长180m,降水深5～6m。

ϕ400mm真空压力型隔膜泵技术性能 表3-12

型　号	隔膜数量(根)	隔膜频率(次/min)	隔膜行程(mm)	电机功率(kW)	真空度(kPa)	压力(MPa)	工作流量(m³/h)
ϕ400mm	2	58	90	3.0	93.3～100	0.1～0.2	10

【例3-4】 某商住楼工程地下室基坑平面尺寸如图3-7,基坑底宽10m,长19m,深4.1m,挖土边坡为1:0.5。地下水深为0.6m,根据地质勘查资料,该处地面下0.7m为杂填土,此层下面有6.6m的细砂层,土的渗透系数$K=5$m/d,再往下为不透水的黏土层,现采用轻型井点设备进行人工降低地下水位,机械开挖土方,试对该轻型井点系统进行设计计算。

【解】(1)井点系统的布置

该基坑顶部平面尺寸为14m×23m,布置环状井点,井点管离边坡0.8m,要求降水深度$S=4.10-0.6+0.50=4.00$m,故用一级轻型井点系统即可满足要求,总管和井点布置在同一水平面上。

由井点系统布置处至下面一层不透水黏土层的深度为$0.7+6.6=7.3$m,设井点管长度为7.2m(井管长6m,滤管长1.2m),故滤管底距离不透水黏土层只差0.1m,可按无压完整井进行设计和计算。

(2)基坑总涌水量计算

含水层厚度:　　　　　　　　　$H=7.3-0.6=6.7$m

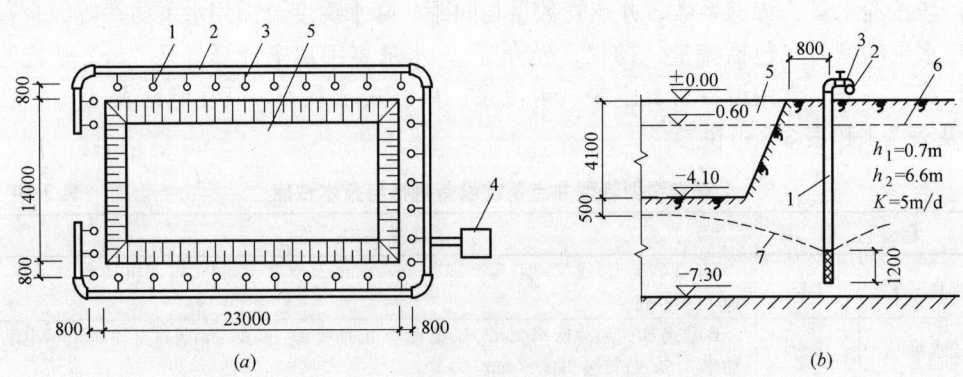

图 3-7 轻型井点布置计算实例
(a) 井点管平面布置；(b) 高程布置
1—井点管；2—集水总管；3—弯连管；4—抽水设备；5—基坑；6—原地下水位线；7—降低后地下水位线

降水深度： $S=4.1-0.6+0.5=4.0\text{m}$

基坑假想半径：由于该基坑长宽比不大于5，所以可化简为一个假想半径为 x_0 的圆井进行计算：$x_0=\sqrt{\dfrac{A}{\pi}}=\sqrt{\dfrac{(14+0.8\times2)(23+0.8\times2)}{3.14}}=11\text{m}$

抽水影响半径：$R_0=1.95S\sqrt{HK}=1.95\times4\sqrt{6.7\times5}=45.1\text{m}$

基坑总涌水量按公式（3-8）计算：

$$Q=1.366K\dfrac{(2H-S)S}{lgR-lgx_0}=1.366\times5\times\dfrac{(2\times6.7-4)\times4}{lg45.1-lg11}=419\text{m}^3/\text{d}$$

(3) 计算井点管数量和间距

单井出水量：$q=65\pi dl\cdot\sqrt[3]{K}=65\times3.14\times0.05\times1.2\times\sqrt[3]{5}=20.9\text{m}^3/\text{d}$

需井点管数量：$n=1.1\dfrac{Q}{q}=1.1\times\dfrac{419}{20.9}=22$ 根

在基坑四角处井点管应加密，如考虑每个角加2根井管，则采用的井点管数量为22+8=30根，井点管间距平均为：

$$D=\dfrac{2(24.6+15.6)}{30-1}=2.77\text{m}，取2.4\text{m}$$

布置时，为使机械挖土有开行路线，宜布置成端部开口（即留3根井点管距离），因此实际需要井点管数量为：

$$n=\dfrac{2(24.6+15.6)}{2.4}-2=31.5\text{根，用32根}$$

(4) 校核水位降低数值

由公式（3-19）得：$h=\sqrt{H^2-\dfrac{Q}{1.366K}(lgR-lgx_0)}$

$=\sqrt{6.7^2-\dfrac{419}{1.366\times5}(lg45.1-lg11)}=2.7\text{m}$

实际可降低水位：

$$S=H-h=6.7-2.7=4.0\text{m}$$

与需要降低水位数值 4.0m 相符，故布置可行。

3.5 喷射井点降水计算

喷射井点降水是在井点管内部装设特制的喷射器，用高压水泵或空气压缩机通过井点管中的内管向喷射器输入高压水（喷水井点）或压缩空气（喷气井点），形成水气射流，将地下水经井点外管与内管之间的间隙抽出排走。本法由于具有设备较简单，排水深度大（可达 8~20m），比使用多层轻型井点降水设备少，基坑土方开挖量节省，施工速度快，费用低等特点，应用较为广泛。适用于渗透系数为 0.1~20m/d 的土层。

一、井点布置

喷射井点管布置、井点管的埋设等与轻型井点相同。基坑面积较大时，采用环形布置；基坑宽度小于 10m 时，采用单排线型布置；大于 10m 时作双排布置。井点间距一般为 2.0~3.5m；采用环形布置，施工设备进出口（道路）处的井点间距为 5~7m；冲孔直径为 400~600mm，深度比滤管底深 1m 以上。

二、井点计算

喷射井点的涌水量计算及确定井点管数量和间距、抽水设备等均与轻型井点相同。

三、水泵工作水需用压力计算

根据所需的扬程 H_0，喷射井点水泵工作水需用压力按下式计算：

$$P_1=\frac{1.1H_0}{\alpha} \tag{3-21}$$

式中　P_1——喷射井点水泵需用工作水压力（N/mm²）；

　　　H_0——扬水高度，即水箱至井管底部的总高度（m）；

　　　α——扬水高度与喷嘴前面工作水头之比，当渗透系数 $K<1\text{m/d}$ 时，取 $\alpha=0.225$；$1 \leqslant K \leqslant 50$ 时，取 $\alpha=0.25$；$K>50$ 时，取 $\alpha=0.30$。

四、喷射井点的工作水流量计算

根据单井排水量 Q_0，喷射井点的工作水流量 Q_1，按下式计算：

$$Q_1=\frac{Q_0}{\beta} \tag{3-22}$$

式中　β——吸入水流量与工作水流量之比，当渗透系数 $K<1\text{m/d}$ 时，取 $\beta=0.8$；$1 \leqslant K \leqslant 50$ 时，取 $\beta=1.0$；$K>50$ 时，取 $\beta=1.2$。

五、喷射井点喷嘴直径计算

喷射井点需用喷嘴直径 d_1（mm），由工作水流量 Q_1 及工作水压力 P_1 按下式计算：

$$d_1=19\sqrt{\frac{Q_1\times 10^{-6}}{V_1\times 3600}} \tag{3-23}$$

其中　　　　　　　$V_1=\varphi\sqrt{2gH_0}=\varphi\sqrt{2gP_1\times 10}=\varphi\sqrt{20gP_1}$

式中　V_1——工作水在喷嘴出口处流速（m/s）；

　　　φ——喷嘴流速系数，取近似值 0.95；

　　　P_1——工作水压力（N/mm²）；

g——重力加速度，取 9.8m/s^2。

喷射井点所采用的高压水泵，其功率一般为 55kW，流量为 $160\text{m}^3/\text{h}$，扬程 70m。每台泵可带动 30～40 根井点管。

【例 3-5】 条件同例 3-4，采用喷射井点降水，已计算确定水箱高度为 4.2m，井点管长度为 6.45m，$\alpha=0.25$，$Q_0=20.9\text{m}^3/\text{d}$，$\beta=1.0$，试计算喷射井点需用水泵的工作水压力和水流量，并选用水泵型号。

【解】 由已知条件，$H_0=4.2+6.45=10.65\text{m}$

喷射井点需用水泵工作水压力由式（3-21）得：

$$P_1=\frac{1.1H_0}{\alpha}=\frac{1.1\times10.65}{0.25}=46.86\text{m}$$

选用 3BA-8 型水泵，扬程 47.60m。

喷射井点的工作水流量按式（3-22）得：

$$Q_1=\frac{Q_0}{\beta}=\frac{20.9}{1.0}=20.9\text{m}^3/\text{d}$$

3.6 电渗井点降水计算

电渗井点降水是在轻型井点或喷射井点管的内侧加设电极，通以直流电，利用黏土的电渗现象和电泳特性，使渗透系数较小（$K<0.1\text{m/d}$）的黏土空隙中的水流动加速，从而使地基排水效率得到提高。

一、构造及布置

电渗井点一般是利用轻型或喷射井点管本身作阴极，沿基坑（槽、沟）外围布置，用直径 50～70mm 钢管或直径 25mm 以上钢筋作阳极，埋设在井点管环圈内侧 1.25m 处，上端露出地面 20～40cm，入土深度比井点管深 50cm。阴阳极间距：对轻型井点为 0.8～1.0m；对喷射井点为 1.2～1.5m，并成平行交错排列；阴阳极数量应相等，必要时阳极数量可多于阴极；阴阳极分别用 BX 型钢芯橡皮线或扁钢、钢筋等连成通路，并分别接到直流发电机的相应电极上，如图 3-8 所示。一般可用 9.6～20kW 的直流电焊机代替直流发电机使用；工作电压为 45V 或 60V，土中电流密度为 0.5～1.0A/m²。为减少电耗，可在阳极上部涂以沥青绝缘。

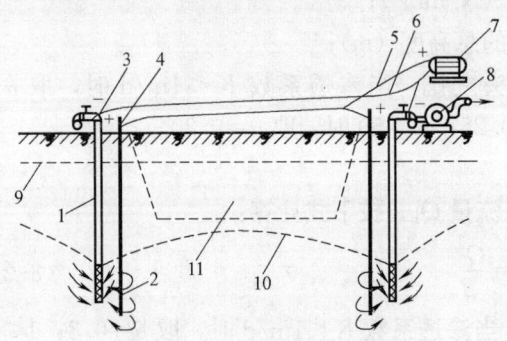

图 3-8 电渗井点构造与布置
1—阴极（轻型或喷射井点管）；2—阳极（钢管或钢筋）；3—连接阴极电线（或扁钢）；4—连接阳极钢筋或电线；5—阳极与发电机连接电线；6—阴极与发电机连接电线；7—直流发电机（或直流电焊机）；8—水泵；9—原地下水位线；10—降低后地下水位线；11—基坑

二、电渗井点计算

电渗井点的计算（以电渗喷射井点为例，电渗轻型井点基本相同），内容包括以下几项：

（一）总吸水量计算

电渗井点总吸水量可按潜流完整井（图3-9）用下式计算：

$$Q = 1.366 K \frac{(2H-S)S}{\lg R - \lg x_0} \tag{3-24}$$

式中　Q——电渗井点总吸水量（m³/d）；

　　　K——土的渗透系数（m/d）；

　　　H——含水层厚度（m）；

　　　R——抽水影响半径（m）；

　　　x_0——基坑的假想半径（m），对于矩形基坑，当其长宽比不大于5时，可将其化成一个假想半径为 x_0 的圆形井，按下式计算：

$$x_0 = \sqrt{\frac{A}{\pi}}$$

式中　A——基坑井点管所包围的平面面积（m²）；

　　　S——水位降低值（m）。

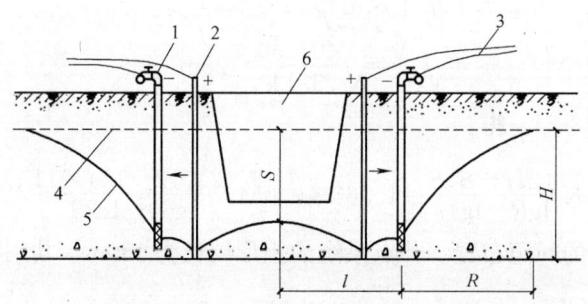

图3-9　电渗井点按潜流完整井计算简图

1—喷射或轻型井点管；2—钢筋或钢管；3—接直流发电机或直流电焊机；4—原地下水位线；5—降低后地下水位线；6—基坑

（二）井点间距、井管长度和需用水泵数量计算

井点管间距一般为　　　　　1.2～2.0m

井点管需要长度　　　　　　$L \geqslant H + h + 0.5$（m）

式中　H——基坑开挖深度；

　　　h——地下水降落坡度高差，取 $l/10$。

井点管分组设置，每组30～40个井管，各由一个水泵系统带动，每组设2台水泵（一台备用）。

（三）泵压计算

泵送工作水压力须达到井点回水扬程需要，按下式计算：

$$P_1 = \frac{H_1}{\beta} \tag{3-25}$$

式中　P_1——需要工作水压力，以扬程m计；

　　　H_1——回水需要扬程，$H_1 = l + y$；

　　　l——井管长度；

y——工作水箱高度；

β——压力比系数，一般取 0.20。

(四) 电渗系统功率计算

电渗功率（N）按下式计算：
$$N=\frac{UJA}{1000} \tag{3-26}$$

式中　N——电焊机功率（kW）；
　　　U——电渗电压，一般取 45V 或 60V；
　　　J——电流密度，取 $0.5\sim1.0$A/m²；
　　　A——电渗面积（m²），$A=H\times L$；
　　　H——导电深度（m）；
　　　L——井点管布置周长（m）。

【例 3-6】 商贸大厦地下室工程，位于地面下 10.5m，基坑开挖面积为 40m×50m，土层为淤泥质粉质黏土，含水层厚度 $H=12$m，渗透系数 $K=0.054$m/d，井点影响半径 $R=60$m，采用电渗喷射井点降水，要求降水深度 $S=11$m。试计算总吸水量，并确定井点间距、井点管长度、需要水泵水压及电渗的功率。

【解】 基层假想半径 $x_0=\sqrt{\dfrac{A}{\pi}}=\sqrt{\dfrac{40\times 50}{3.14}}=25$m

总吸水量由式（3-24）得：

$$Q=1.366K\frac{(2H-S)S}{\lg R-\lg x_0}=1.366\times 0.054\frac{(2\times 12-11)\times 11}{\lg 60-\lg 25}=27.8\text{m}^3/\text{d}$$

井点按常规 2m 的间距布置。井点系统的矩形周长为 180m，共用喷射井点管 180/2=90 根。井点管需要长度：$l=10.5+\dfrac{1}{10}\times 20+0.5=13$m。

用 11.5m 长井管再加过滤器及总管埋深在内，实际有效长度可达 13m。

喷射井管 90 根，分为 3 组，各由一个水泵系统带动，每组设 2 台水泵（其中 1 台备用）。

泵送需要工作水压由式（3-25）得：

取 $y=4.4$m，则 $H_1=l+y=11.5+4.4=15.9$m

$$\therefore P_1=\frac{H_1}{\beta}=\frac{15.9}{0.2}=79.5\text{m}$$

选用 150S-78 型水泵，扬程 78m。

阳极采用直径 25mm，长 11.5m 钢筋，布置于紧靠基坑旁与井管相距 1.25m，为减少能耗，钢筋上部 5.5m 涂以沥青绝缘，则

$$A=H\times L=(11.5-5.5)\times 180=1080\text{m}^2$$

用　　$U=45$V，　$J=1$A/m²

电渗功率由式（3-26）得：

$$N=\frac{UJF}{1000}=\frac{45\times 1\times 1080}{1000}=48.6\text{W}$$

采用 AX-500 型，功率为 20kW 的直流电焊机 3 台。

3.7 深井（管井）井点降水计算

深井（管井，下同）井点，又称大口径井点，系由滤水井管、吸水管和抽水设备等组成。具有井距大，易于布置，排水量大，降水深（10～30m），降水设备和操作工艺简单，可代替多组轻型井点作用等特点。适用于渗透系数大（5～250m/d），土质为砂类土，地下水丰富，降水深，面积大、时间长的降水工程应用。

一、井点构造及布置

深井井点构造有图 3-10 所示两种。一般沿工程基坑周围离边坡上缘 0.5～1.5m 呈环形布置；当基坑宽度较窄，亦可在一侧呈直线布置。井点宜深入到透水层 6～9m，通常还应比所需降水的深度深 6～8m，间距一般相当于埋深，由 10～30m。基坑开挖深 8m 以内，井距为 10～15m；8m 以上井距为 15～20m。

二、井点计算

深井井点涌水量的计算与轻型井点计算基本相同。

深井（管井）井点计算内容包括：计算井点系统总涌水量、深井进水过滤器需要的总长度、群井抽水单个深井过滤器浸水部分长度、群井总涌水量、选择抽水设备和深井井点的布置等。

（一）深井井点系统总涌水量计算

深井井点涌水量的计算与轻型井点计算基本相同，根据井底是否达到不透水层，亦分为完整井与非完整井。

对无压完整井深井井点涌水量按下式计算：

$$Q = 1.366 K \frac{(2H-S)S}{\lg R - \lg x_0} \quad (3-27)$$

对无压非完整井深井井点涌水量按下式计算：

$$Q = 1.366 K \frac{(2H_0-S)S}{\lg R - \lg X_0} \quad (3-28)$$

式中符合意义及 x_0、X_0、R、K 值的确定与轻型井点计算相同。

（二）深井进水过滤器需要总长度计算

深井单位长度进水量 q 可按下式计算：

$$q = 2\pi r l \frac{\sqrt{K}}{15} \quad (3-29)$$

深井进水过滤器部分需要的总长度 L 为：

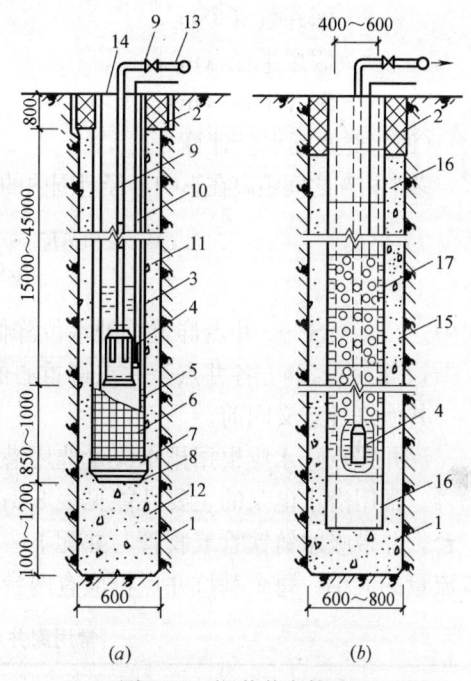

图 3-10 深井井点构造
(a) 钢管井点；(b) 混凝土管井点
1—井孔；2—井口（黏土封口）；3—ϕ300～375mm 钢管井管；4—潜水电泵；5—过滤段（内填碎石）；6—滤网；7—导向段；8—井孔底板（下铺滤网）；9—ϕ50mm 出水管；10—电缆；11—小砾石或中粗砂；12—中粗砂；13—ϕ50～75mm 出水总管；14—20mm 厚钢板井盖；15—小砾石；16—沉砂管（混凝土实管）；17—混凝土过滤管

3 地下水控制工程

$$L=\frac{Q}{q} \tag{3-30}$$

式中 K——渗透系数（m/s）；
l——过滤管长度（m）；
r——深井井点半径（m）；
Q——深井系统总涌水量（m³/d）。

（三）群井抽水单个深井过滤器长度计算

群井抽水单个深井（管井）过滤器浸水部分长度可按下式计算：

$$h_0=\sqrt{H^2-\frac{Q}{\pi Kn}\cdot\ln\frac{x_0}{nr}} \tag{3-31}$$

式中 Q——深井系统总涌水量（m³/d）；
H——抽水影响半径为 R 的一点水位（m）；
n——深井数（个）；
x_0——假想半径（m）；
r——深井半径（m）。

（四）群井涌水量计算

多个相互之间距离在影响半径范围内的深井井点同时抽水时的总涌水量可按下式计算：

$$Q=1.366K\frac{(2H-S)S}{\lg R-\frac{1}{n}\lg(x_1\cdot x_2\cdots x_n)} \tag{3-32}$$

式中 S——井点群重心处水位降低数值（m）；
x_1、$x_2\cdots x_n$——各井点至井点群重心的距离。
其他符号意义同前。

深井井点降水应根据排水流量选用潜水电泵或长轴深井水泵，排水量应大于设计值的20%。常用潜水电泵的主要性能见表3-8；常用深井水泵的主要技术性能见表3-13。每井一台，并带吸水铸铁管或胶管，并配上一个控制井内水位的自动开关，在井口安装阀门调节流量的大小。每个基坑井点群应有两台泵备用。

常用深井水泵主要技术性能　　　　　表3-13

型号	流量(m³/h)	扬程(m)	转速(r/min)	比转数	扬水管入井的最大长度(m)	轴功率(kW)	重量(kg)	配带电机 型号	配带电机 功率(kW)	叶轮直径 D(mm)	效率(%)
4JD10×10	10	30	2900	2500	28	1.41	585	JLB₂	5.5	72	58
4JD10×20		60			55.5	2.82	900	JLB₂	5.5	72	
6JD36×4	36	38	2900	200	35.5	5.56	1100	JLB₂	7.5	114	67
6JD36×6		57			55.5	8.36	1650	JLB₂	11	114	
6JD56×4	56	32	2900	280	28	7.27	850	DMM402-2	11		68
6JD56×6		48			45.5	10.8	1134		15		
8JD80×10	80	40	1460	280	36	12.04	1685	DMM452-4	18.5	160	70
8JD80×5		60			57	18.75	2467	DMM-451-4	22	160	
SD8×10	35	35	1460			5.8	883	JLB62-4	10	138.9	63
SD8×20		70				10.6	1923	JLB63-4	14	138.9	

3.7 深井（管井）井点降水计算

续表

型 号	流量 (m³/h)	扬程 (m)	转速 (r/min)	比转数	扬水管入井的最大长度(m)	轴功率 (kW)	重量 (kg)	配带电机 型号	配带电机 功率 (kW)	叶轮直径 D(mm)	效率 (%)
SD10×3	72	24	1460			7.05	991	JLB62-4	10	186.8	67
SD10×5		40	1460			11.75	1640	JLB63-4	14	186.8	
SD10×10		80	1460			233.5	3380	JLB73-4	28	186.8	
SD12×2	126	26	1460			12.7	1427	JLB72-4	20	228	70
SD12×3		39	1460			19.1	1944	JLB73-4	28		
SD12×4		52	1460			25.5	2465	JLB82-4	40	228	
SD12×5		65				31.8	3090	JLB82-4	40		

注：SD、JLB2（深井泵专用三相异步电动机）型的轴功率单位为 kW。

（五）深井（管井）出水总干管管径选用计算

深井（管井）出水总干管管径 d（m）可按下式计算：

$$d=\sqrt{\frac{4Q}{n \cdot v \cdot 1000}} \tag{3-33}$$

式中　Q——深井（管井）总出水量（L/s）；

v——出水干管中水流速度，管径 100～500mm，取 1.0～1.6m/s。

【**例 3-7**】 某写字楼工程平面为 L 形，尺寸如图 3-11，该地基土层为粉土，已知渗透系数 $K=1.3\text{m/d}(=0.000015\text{m/s})$；影响半径 $R=13\text{m}$，含水层厚为 13.8m，其下为淤泥质粉质黏土类黏土，为不透水层。要求建筑物中心的最低水位降低值 $S=6\text{m}$，取深井井点半径 $r=0.35\text{m}$，试计算建筑物范围内所规定的水位降低时的总涌水量和需设置的深井井点数量及井的布置距离。

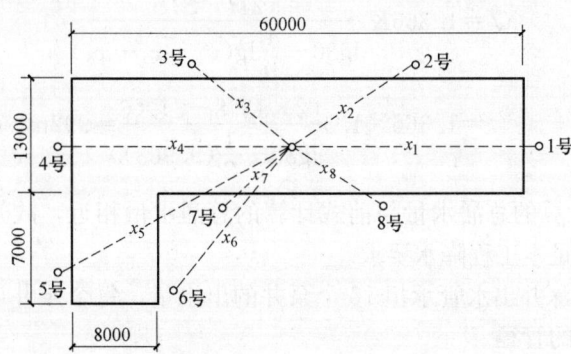

图 3-11　写字楼工程平面尺寸及降水深井井点布置简图

【**解**】 根据平面计算假想半径 x_0 为：

$$x_0=\sqrt{\frac{A}{\pi}}=\sqrt{\frac{60\times 13+7\times 8}{3.14}}\approx 17\text{m}$$

降水系统的总涌水量，可采用潜水完整井计算，R 用抽水影响半径 $R_0=13+17=30\text{m}$。由式（3-27）得：

$$Q=1.366K\frac{(2H-S)S}{\lg R-\lg x_0}=1.366\times 1.3\frac{(2\times 13.8-6)\times 6}{\lg 30-\lg 17}$$

$$=932.9\text{m}^3/\text{d}=0.0108\text{m}^3/\text{s}$$

深井过滤器进水部分每米井的单位进水量由式（3-29）得：

$$q = 2\pi r l \frac{\sqrt{K}}{15} = 2 \times 3.14 \times 0.35 \times 1 \times \frac{\sqrt{0.000015}}{15} = 0.00057 \text{m}^3/\text{s}$$

深井过滤器进水部分需要的总长度为：

$$\frac{Q}{q} = \frac{0.0108}{0.00057} = 18.95\text{m} \approx 19.0\text{m}$$

按式（3-31）假定深井数进行试算确定深井井点数量，当井数为 8 个时，取 $H = 13.8 - 6 = 7.8\text{m}$，则：

$$h_0 = \sqrt{7.8^2 - \frac{932.9}{3.14 \times 1.3 \times 8} \ln \frac{17}{8 \times 0.35}} = 3.0\text{m}$$

此数值符合 $nh_0 = (8 \times 3 = 24) \geqslant \frac{Q}{q} (=18.95 \approx 19\text{m})$ 条件。井的深度钻孔打到不透水层，取 16m。

深井井点的布置要考虑工程的平面尺寸经多次试排后，确定的 8 个深井井点距建筑物中心的距离如下（图 3-11）：

$x_1 = 30\text{m}$，$\lg x_1 = 1.477$；　　　$x_5 = 34\text{m}$，$\lg x_5 = 1.532$

$x_2 = 10\text{m}$，$\lg x_2 = 1.000$；　　　$x_6 = 30\text{m}$，$\lg x_6 = 1.477$

$x_3 = 10\text{m}$，$\lg x_3 = 1.000$；　　　$x_7 = 10\text{m}$，$\lg x_7 = 1.000$

$x_4 = 30\text{m}$，$\lg x_4 = 1.477$；　　　$x_8 = 10\text{m}$，$\lg x_8 = 1.000$

$\therefore \quad \lg(x_1 \cdot x_2 \cdots x_8) = 1.477 + 1.000 + 1.000 + 1.477 + 1.532$
$$+ 1.477 + 1.000 + 1.000 = 9.963$$

再根据式（3-32）计算总涌水量：

$$Q = 1.366K \frac{(2H-S)S}{\lg 30 - \frac{1}{n} \lg(x_1 \cdot x_2 \cdots x_8)}$$

$$= 1.366 \times 1.3 \frac{(2 \times 13.8 - 6) \times 6}{\lg 30 - \frac{1}{8}(9.963)} = 992\text{m}^3/\text{d} \approx 0.0114\text{m}^3/\text{s}$$

按图 3-11 布置计算的总涌水量与前式计算的总涌水量相近，故知，总涌水量、深井井点数和布置距离满足本工程降水要求。

【例 3-8】 已知深井出水管承担 16 个泵井的出水量，每个泵井出水量为 $11.4\text{m}^3/\text{h}$，试求需用出水总干管的管径。

【解】　选用 $v = 1.6\text{m/s}$，出水管最大出水量为：$Q = 16 \times 11.4 = 182.4\text{m}^3/\text{h} = 50.67\text{L/s}$

则出水总干管的管径由式（3-33）得：

$$d = \sqrt{\frac{4Q}{\pi \cdot v \cdot 1000}} = \sqrt{\frac{4 \times 50.67}{3.14 \times 1.6 \times 1000}} = 0.2\text{m}$$

选用规格为 $\phi 219 \times 6\text{mm}$ 钢管。

3.8　井点回灌施工计算

在深基坑工程进行井点降水，为防止由于地下水位下降，土体被压密，造成相邻建筑物产生不均沉降和开裂，常在井点和建筑物之间设置一道回灌井点（图3-12）。在井点降水的同时，向土层中补充足够的水，从而在井点与建筑物之间形成一道隔水帷幕（与抽水井点相反的侧向降落漏斗），阻止回灌井点外侧的建筑物下的地下水流失，土层压力仍维持原平衡状态，可有效防止建筑物不均下沉和开裂。

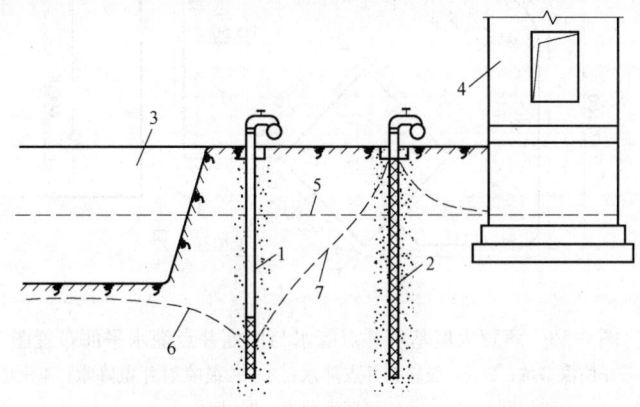

图3-12 回灌井点的设置
1—降水井点；2—回灌井点；3—深基坑；4—相邻原建筑物；5—原地下水位线；6—降低后水位线；7—降水与回灌井点间水位线

回灌井点系统的工作方式多采取在抽水井点与一侧建筑物之间设置1～2级轻型回灌井点。回灌机多使用射流泵机组，以控制水流量。注水总管采用直径100mm钢管，每节长6m，分节连接，注水支管用直径38mm钢管；滤管部分长度 l 宜从地下水位以上0.5m处开始一直到井管底部，但不小于1.5m。

回灌井点按无压完整井计算，方法同轻型抽水井点系统。所需回灌水量 Q_1 按工程深基坑总涌水量 Q 的1/4估算，并考虑补偿系数 $K_1=2$（即考虑回灌水量1/2流向相邻建筑物一侧）则所需回灌水量 Q_1（m³/d）按下式计算：

$$Q_1 = 2Q \times \frac{1}{4} = Q/2 \tag{3-34}$$

单根井点管的回灌水量 q_1（m³/d）按下式计算：

$$q_1 = 65\pi dl \sqrt[3]{K} \tag{3-35}$$

式中 K——土层的渗透系数（m/d）。

需用回灌井点管数量 n（根）为：

$$n = 1.1 \frac{Q_1}{q_1} \tag{3-36}$$

回灌井点间距 D（m）可按下式计算：

$$D = 1.1 \frac{L}{n} \tag{3-37}$$

式中 L——设置回灌井点一侧基坑长度或建筑物长度（m）。

【例3-9】 某商贸大厦工程基坑深为-5.5m和-12.25m，地下水位深为-3.2m，基坑总涌水量 $Q=1950$m³/d，采用二级轻型井点降水，布置如图3-13所示。在邻近基坑东侧有一座商住大楼,为防止深基坑降水造成该大楼产生不均匀下沉和开裂,经研究采用二级轻型井点回灌措施。试计算确定回灌井点数量和间距,并进行布置。

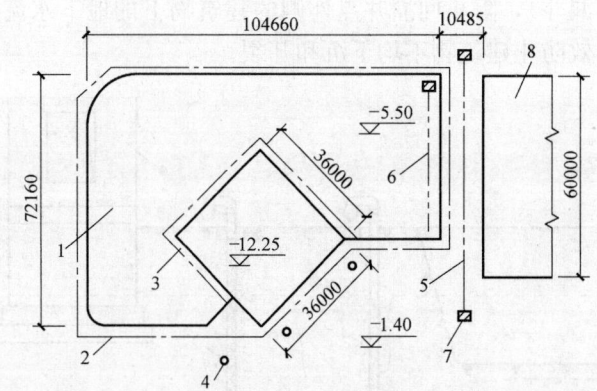

图 3-13 商贸大厦基坑井点降水与回灌井点灌水平面布置图
1—开挖深基坑;2——级轻型井点降水;3—二级喷射井点降水;4—大口井;5——级回灌井点;6—二级回灌井点;7—回灌机;8—商住大楼

【解】 取 $K=3.85$,$l=1.5$m。已知 $Q=1950$m³/d,则回灌水量 Q 按式(3-34)得:
$$Q_1=Q/2=1950/2=975\text{m}^3/\text{d}$$

单根井点管的回灌水量 q_1 由式(3-35)得:
$$q_1=65\pi dl\sqrt[3]{K}=65\times3.14\times0.038\times1.5\times\sqrt[3]{3.85}=18.23\text{m}^3/\text{d}$$

回灌井点的根数 n 由式(3-36)得:
$$n=1.1Q_1/q_1=1.1\times\frac{975.0}{18.23}\approx59\text{根}$$

回灌井点间距 D 由式(3-37)得:
$$D=1.1\frac{L}{n}=1.1\frac{60}{59}\approx1.0\text{m}$$

回灌井点布置如图 3-13 所示。一级回灌井点布置在商住大楼与该工程基坑之间,离基坑上口边沿 1m,共布置 50 根,分别长 7m、12m、14.5m 的支管,交错布置,其中 3 根支管为观测井,用于观测回灌水位。二级回灌井点布置在裙房基坑东侧-5.50m 处,仅设在靠商住大楼一侧范围内。

4 地基处理工程

4.1 换土填层厚度和宽度计算

换土垫层系将基础下面一定厚度的软弱土层挖除，然后换以中砂、粗砂、角（圆）砾、碎（卵）石、灰土或黏性土以及其他压缩性小、性能稳定、无侵蚀性材料，经拌合、分层回填夯（压）实而成，作为地基的持力层。这种垫层具有一定的强度和低压缩性，施工设备工艺简单，取材较易，费用较低等优点，为一种应用广泛、经济、实用的浅层地基加固方法。

一、垫层的厚度

地基采用换土垫层（又称换填法）处理软弱地基，常采用砂、砂石、灰土……等材料，垫层的厚度应根据作用在垫层底部软弱土层底面处土的自重压力（标准值）与附加压力（设计值）之和不大于软弱土层经深度修正后的地基承载力特征值（图 4-1）的条件确定，即应符合下式要求：

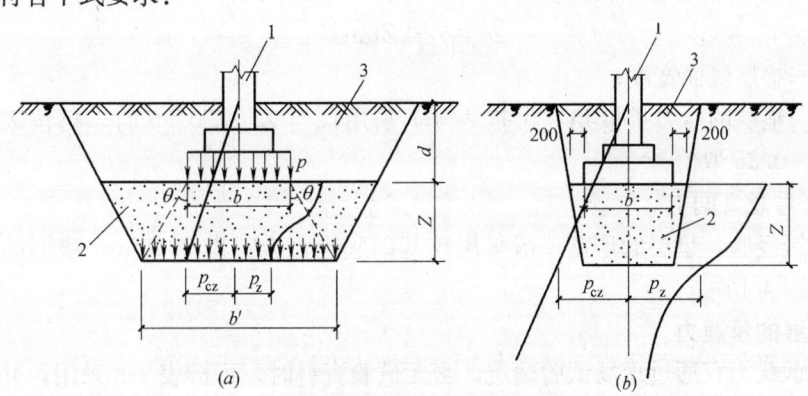

图 4-1 垫层内应力分布
(a) 按扩散角设置；(b) 按基础同宽设置
1—基础；2—换土垫层（灰土、砂石、灰土…等）；3—回填土

$$p_{cz} + p_z \leqslant f_{az} \tag{4-1}$$

p_z 可根据基础不同形式分别按以下简化式计算：

条形基础
$$p_z = \frac{b(p - p_c)}{b + 2Z\tan\theta} \tag{4-2}$$

矩形基础
$$p_z = \frac{bl(p - p_c)}{(b + 2Z\tan\theta)(l + 2Z\tan\theta)} \tag{4-3}$$

式中 p_{cz}——垫层底面处土的自重压力（kN/m²）；

p_z——垫层底面处的附加压力（kN/m^2）；

f_{az}——垫层底面处土层的地基承载力特征值（kN/m^2）；

b——条形基础或矩形基础底面的宽度（m）；

l——矩形基础的底面长度（m）；

p——基础底面压力（N/m^2）；

p_c——基础底面处土的自重压力（N/m^2）；

Z——基础底面下垫层的厚度（mm）；

θ——垫层的压力扩散角，可按表4-1采用。

压力扩散角 θ (°)　　　　　　　　　　　　　　　　表4-1

Z/b	换填材料 中砂、粗砂、砾砂、圆砾、角砾、卵石、碎石	黏性土和粉土（$8<I_p<14$）	灰土
0.25	20	6	28
≥0.50	30	23	28

注：1. 当 $Z/b<0.25$ 时，除灰土仍取 $\theta=28°$ 外，其余材料均取 $\theta=0°$；
　　2. 当 $0.25<Z/b<0.50$ 时，θ 值可内插求得。

按公式（4-1）确定垫层厚度时，需要用试算法，即预先估算一个厚度，再按式（4-1）校核，如不能满足要求时，再增加垫层厚度，直至满足要求为止。

垫层的厚度一般为 0.5～2.5m，不宜大于 3.0m，否则费工费料，不够经济，但也不宜小于 0.5m，垫层过薄则效果不明显。

二、垫层的宽度

垫层的宽度应满足基础底面应力扩散的要求，可按下式计算：

$$b' \geqslant b + 2Z\tan\theta \tag{4-4}$$

式中　b'——垫层底面宽度；

　　　θ——垫层的压力扩散角，可按表4-1采用；当 $Z/b<0.25$ 时，仍按表中 $Z/b=0.25$ 取值；

b、Z 符号意义同上。

根据建筑经验，垫层的顶宽一般采用较基础底边每边宽出 200mm，垫层的底宽可取基础同宽（图4-1b）。

三、垫层的承载力

垫层的承载力宜通过现场试验确定，当无试验资料时，可按表4-2采用，并验算下卧层的承载力。

各种垫层的压实标准和承载力　　　　　　　　　　　　表4-2

施工方法	换填材料类别	压实系数 λ_c	承载力特征值 f_{ak}(kPa)
碾压、振密或夯实	碎石、卵石	0.94～0.97	200～300
	砂夹石（其中碎石、卵石占全重的30%～50%）		200～250
	土夹石（其中碎石、卵石占全重的30%～50%）		150～200
	中砂、粗砂、砾砂、角砾、圆砾、石屑		150～200
	粉质黏土		130～180
	灰土	0.95	200～250
	粉煤灰	0.90～0.95	120～150

注：1. 压实系数 λ_c 为土的控制干密度 ρ_d 与最大干密度 ρ_{max} 的比值；土的最大干密度宜采用击实试验确定，碎石或卵石的最大干密度可取 $2.0\sim2.2t/m^3$；
　　2. 当采用轻型击实试验时，压实系数 λ_c 宜取高值，采用重型击实试验时，压实系数 λ_c 可取低值；
　　3. 矿渣垫层的压实指标为最后二遍压实的压陷差小于2mm。

4.2 换土垫层厚度曲线图法简易计算

【例 4-1】 四层写字楼，承重墙传到±0.00处的设计荷载为 $F=174\text{kN/m}$，地基土上层为人工填土，厚 1.5m，重度为 17kN/m^3，下层为软黏土，厚约 8m，重度为 17.5kN/m^3，承载力特征值 $f_{ak}=70\text{kN/m}^2$，基础采用条形基础（图 4-2），基础及其台阶上的平均重度 $\gamma_G=20\text{kN/m}^3$，地基处理采用砂垫层，用中砂，其承载力特征值取 $f=150\text{kN/m}^2$，压力扩散角 $\theta=30°$，试确定基础及垫层尺寸。

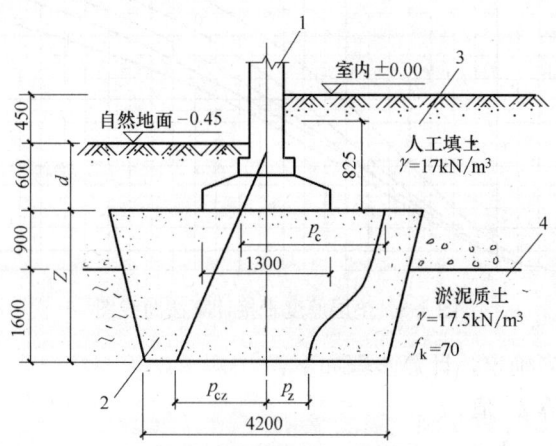

图 4-2 写字楼基础及砂垫层尺寸
1—墙基础；2—砂垫层；3—回填土；4—原土

【解】 基础宽度
$$b=\frac{F}{f-\gamma_0 h}=\frac{174}{150-20\times 0.825}=1.30\text{m}$$

基础底面压力
$$p=\frac{F+G}{b}=\frac{174+1.3\times 0.825\times 20}{1.3}=150.3\text{kN/m}^2$$

基础底面处土的自重压力 $p_c=\gamma d=17\times 0.6=10.2\text{kN/m}^2$

砂垫层底面处的附加压力
$$p_z=\frac{b(p-p_c)}{b+2Z\tan\theta}=\frac{1.3(150.3-10.2)}{1.3+2\times 2.5\times 0.577}=43.5\text{kN/m}^2$$

砂垫层底面处土的自重压力：
$$p_{cz}=\sum\gamma Z=17\times 1.5+17.5\times 1.6=53.5\text{kN/m}^2$$

砂垫层底面以上土的加权平均重度：
$$\gamma_m=\frac{17\times 1.5+17.5\times 1.6}{1.5+1.6}=17.3\text{kN/m}^3$$

砂垫层底面处地基承载力特征值：
$$f_{az}=f_{ak}+\eta_d\gamma_m(d+Z-0.5)$$
$$=70+1.0\times 17.3(0.6+2.5-0.5)=114.98\text{kN/m}^2$$
$$p_z+p_{cz}=43.5+53.5=97.0<f_{az}=114.98\text{kN/m}^2 \quad 可。$$

砂垫层的宽度 $b'=b+2Z\tan\theta=1.3+2\times 2.5\times 0.577=4.2\text{m}$

4.2 换土垫层厚度曲线图法简易计算

换土垫层厚度除按 4.1 节计算外，为了减少试算工作量，亦可采用图 4-3 所示垫层厚

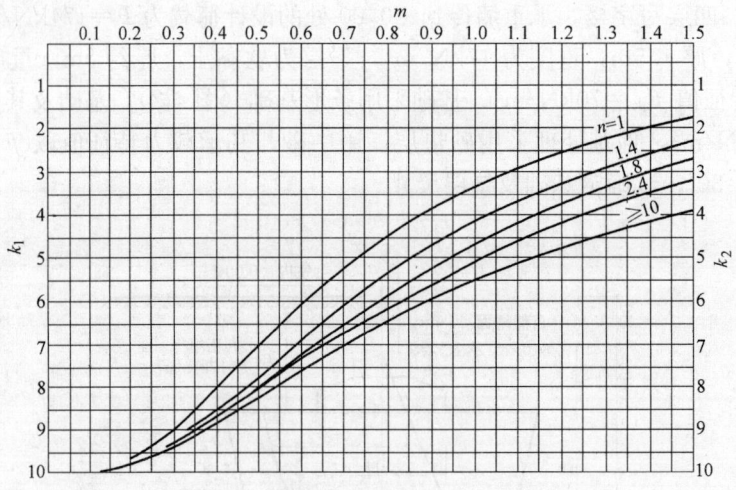

图 4-3 垫层厚度直接计算法曲线图

度直接计算法曲线图来确定,计算步骤如下:

(1) 先按下式计算 k_1 值

$$k_1 = \frac{1}{p_0}[f_{ak} + \eta_b \gamma_0(b-3) + \eta_d(d-0.5) - \gamma_0 d] \times 10 \qquad (4-5)$$

(2) 再按下式计算 k_2 值

$$k_2 = k_1 + \frac{15b}{p_0}(\eta_d \gamma_0 - \gamma_s) \qquad (4-6)$$

式中 p_0——基础底面附加压力 (kN/m²);

f_{ak}——垫层底面处软弱土层承载力特征值 (kN/m²);

η_b、η_d——分别为基础宽度和埋深的承载力修正系数,按表 5-1 根据垫层底面处软弱土层的名称确定;

d——基础埋置深度 (m);

γ_0、γ_s——分别为软弱土层和垫层的重度 (kN/m³)。

(3) 根据 k_1、k_2 和基础底面长边与短边的比值 $n = \dfrac{l}{b}$,由图 4-3 的曲线可查得 m 值。

(4) 按下式直接计算需要垫层的厚度:

$$Z = mb \qquad (4-7)$$

【例 4-2】 住宅楼工程外墙承受上部结构荷载设计值 $F=220$kN/m,室内外高差 0.3m,从室外地面算起的基础埋深 $d=1.4$m,地基为软黏土,$I_L=1.00$,孔隙比 $e=1.00$,其承载力标准值 $f_k=115$kN/m²,重度 $\gamma=17$kN/m³,基础尺寸如图 4-4 所示,试用简化方法确定垫层的厚度和有关尺寸。

【解】 采用中砂作换土材料,垫层施工使达到中密程度,其承载力特征值按 210kN/m² 计算,重度 $\gamma_s=19.5$kN/m³,基础与回填土的平均重度 $\bar{\gamma}=20$kN/m³。

由作用在基础底面的压力小于或等于地基土承载力设计值的条件确定基底宽度:

$$b = \frac{F}{f - \bar{\gamma}H} = \frac{220}{210 - 20 \times 1.55} = 1.23\text{m,取 }1.25\text{m}$$

基础底面的附加压力为:

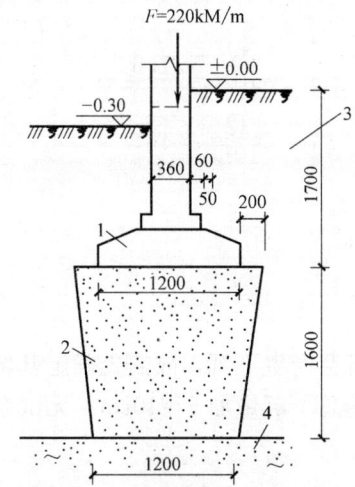

图 4-4 住宅楼基础及垫层尺寸
1—外墙基础；2—砂垫层；3—回填土；4—原土

$$p_0 = \frac{F+G}{b} - \gamma d = \frac{220+1.25\times1.55\times20}{1.25} - 17\times1.40 = 183 \text{kN/m}^2$$

根据软黏土 $I_L=1.00>0.85$，$e=1.00>0.85$ 查表得到 $\eta_b=0$，$\eta_d=1.1$
按式 (4-5) 计算 k_1 值为：

$$k_1 = \frac{1}{p_0}[f_k + \eta_b\gamma_0(b-3) + \eta_d\gamma_0(d-0.5) - \gamma_0 d] \times 10$$

$$= \frac{1}{183}[115 + 0 + 1.1\times17(1.40-0.5) - 17\times1.40] \times 10 = 5.90$$

按式 (4-6) 计算 k_2 值为：

$$k_2 = k_1 + \frac{15b}{p_0}(\eta_d\gamma_0 - \gamma_s)$$

$$= 5.90 + \frac{15\times1.25}{183}(1.1\times17 - 19.5) = 5.82$$

在图 4-3 曲线图左边和右边尺标上，分别查出 $k_1=5.90$ 和 $k_2=5.82$，并连成直线，然后从 $n\geqslant10$ 的曲线的交点作竖直线，从上部水平标尺上得到 $m=0.9$。

故由式 (4-7) 得砂垫层的厚度为：

$$Z = bm = 1.25\times0.9\text{m} = 1.13\text{m}，取 1.20\text{m}。$$

4.3 重锤夯实施工计算

重锤夯实由于具有使用设备轻型，易于解决，施工简便，费用较低等优点，在浅层地基处理中，得到较广泛应用。在施工中应通过试夯和计算，确定以下有关技术参数，以指导施工和控制质量。

一、夯锤重量与锤底直径

锤重与底面直径的关系，应符合使锤重在底面积上的单位静压力保持在 15～20kPa 左右的原则。根据实践，为使有效夯实深度能达到锤底直径的 1.0～1.2 倍，夯锤的重量、锤底直径应满足以下关系式：

$$\frac{Q}{10A} \geqslant 1.6 \qquad (4-8)$$

$$\frac{Q}{10D} \geqslant 1.8 \qquad (4-9)$$

式中　Q——夯锤重量（kN）；
　　　A——夯锤底面积（m²）；
　　　D——夯锤底面直径（m）。

二、预留土层的厚度

采用重锤夯实，地基土夯打会产生下沉，故需先确定基坑（槽）底面以上预留土层的厚度。预留土层厚度为试夯时的总下沉量加 5~10cm。无试夯资料时，基坑（槽）底面以上预留土层的厚度可按下式计算：

$$S = \frac{e-e'}{1+e} hk \qquad (4-10)$$

式中　S——基坑（槽）底面以上预留土层的厚度（m）；
　　　e——在有效夯实深度内地基土夯实前的平均孔隙比；
　　　e'——在有效夯实深度内地基土夯实后的平均孔隙比，一般为夯实前的 55%~65%；
　　　h——有效夯实深度（m），一般为 1.2~1.75m；
　　　k——经验系数，一般为 1.5~2.0。

三、基坑底面的夯实宽度

采用重锤夯实时，确定基坑（槽）底面的宽度，除应考虑基底应力扩散宽度外，还应考虑施工特点，避免基坑（槽）底面因夯实宽度不足而使地基土产生侧向挤出降低处理效果。基坑（槽）底面的夯实宽度可按下式计算：

$$B = b + 0.8h + 2C \qquad (4-11)$$

式中　B——基坑底面的夯实宽度（m）；
　　　b——基础底面的宽度（m）；
　　　C——考虑靠近坑（槽）壁边角处难以夯打而增加的附加宽度，一般为 0.1~0.15m。

四、补充加水量

重锤夯实地基土的含水量应控制在最优含水量±2%范围内，如含水量低于 2%以上，应按计算加水量加入，使均匀渗入地基，经 1d 后，含水量符合要求方可夯打。每平方米基坑（槽）的加水量可按下式计算：

$$Q = w'_{op} - w \frac{\gamma}{10(1+w)} h \cdot k \qquad (4-12)$$

式中　Q——每平方米基坑的加水量（m³）；
　　　w'_{op}——土的最优含水量，以小数计；
　　　w——夯实前地基土的平均天然含水量，以小数计；
　　　γ——夯实前地基土的平均天然密度（kN/m³）。

【例 4-3】 厂房场地采用重锤表面夯实，经试夯测定，地基土夯实前的平均孔隙比 $e=1.56$；夯实后的平均孔隙比 $e'=0.88$，有效夯实深度 $h=1.6$m，k 取 1.70，试确定预留土层的厚度。

【解】 由式 (4-10)

$$S=\frac{e-e'}{1+e}h \cdot k=\frac{1.56-0.88}{1+1.56}\times 1.6\times 1.70=0.72\text{m}$$

故知，需预留土层厚度为 0.72m。

【例 4-4】 设备基础（坑）采用重锤夯实，土的天然密度 $\gamma=1.75\text{t/m}^3$，含水量 $w=12\%$，最优含水量 $w'_{op}=15\%$，有效夯实深度 $h=1.6\text{m}$，取 $k=1.70$，试求每平方米基坑的补充加水量。

【解】 由式 (4-12)

$$Q=w'_{op}-w\frac{\gamma}{10(1+w)}h \cdot k=0.15-0.12\frac{1.75}{10(1+0.12)}\times 1.6\times 1.70=0.1\text{m}^3$$

故知，每平方米基坑需加水量为 0.1m^3。

4.4 强夯加固地基施工计算

4.4.1 强夯加固地基影响深度的计算

强夯法是国内外较广泛使用的一种有效的深层地基加固方法，强夯加固地基的影响深度与土质、土层厚度情况、地下水位和强夯能量等有着密切的关系，法梅那氏曾提出以下计算公式：

$$H=\sqrt{M \cdot h} \tag{4-13}$$

但实践证明，按这个公式计算的结果数值偏大。因此，国内经大量试验统计分析后现都采用以下修正公式计算：

$$H=K\sqrt{\frac{M \cdot h}{10}} \tag{4-14}$$

式中 H——强夯加固土层影响深度 (m)；

M——夯锤重力 (kN)，一般有 100kN、120kN、160kN、250kN 等几种；

h——落距 (m)，锤底至起夯面的距离，一般不小于 6m，通常采用 8m、10m、13m、18m、20m、25m 等几种；

K——修正系数，一般黏性土取 0.5；对砂性土取 0.7；对黄土取 0.35~0.50。

【例 4-5】 黏性土地基，有地下水，采用 12t 重锤夯实（锤重力为 120kN），落距为 18m，试求地基加固影响深度。

【解】 由公式 (4-14) 取 $K=0.5$，则

$$H=K\sqrt{\frac{M \cdot h}{10}}=0.5\sqrt{\frac{120\times 18}{10}}=7.3\text{m}$$

故知，加固影响深度为 7.3m。

4.4.2 强夯加固地基施工参数的计算

强夯法加固地基应通过试夯、地基土原位测试或计算等方式确定各项有关强夯施工参数，包括：能级（能量）、锤重、击数、遍数、遍间时间间隔和加固范围等，它是保证强

夯质量的重要环节。

一、强夯能级（能量）计算

每一击的夯击能级（又称能量，下同），$E=Mh$，一般取 1000～6000kJ，夯击能的总和除以施工面积称为平均夯击能，平均夯击能不宜过大或过小，一般对砂质土可取 500～1000kJ/m²，对于黏性土可取 1500～3000kJ/m²。

强夯能级选择的关键是第一遍单击能量的选用。第一遍强夯采用的夯击能量，一般按下式计算：

$$E=Mh=10\left(\frac{H}{K}\right)^2 \tag{4-15}$$

式中 M——夯锤重力（kN）；
　　　h——夯锤落距（m）；
　　　H——强夯加固土层的要求深度（m）；
　　　K——修正系数，一般黏性土取 0.5，对砂性土取 0.7，对黄土取 0.35～0.5。

第二遍夯击能量再根据前一遍强夯实际有效加固深度，再决定后一遍强夯应采用的能级，一般第二遍再取剩余加固深度（扣除夯坑平均深度）H' 和修正系数 K' 计算，即 $10(H'/K')^2$，能级应逐遍减小。确定能级后，即可选定锤重和落距。但落距的绝对值一般不应小于锤重的绝对值。

二、夯锤重量计算

夯锤重量与所加固土层的深度和落距有关，当地基加固深度和落距确定后，锤重可按下式计算：

$$M=\frac{10}{h}\left(\frac{H}{K}\right)^2 \tag{4-16}$$

根据自由落体冲量公式，锤重与落距还有以下关系：

$$F=m\sqrt{2gh} \tag{4-17}$$

式中 F——夯锤落地冲量（kN·m/s）；
　　　g——重力加速度（m/s²）；
　　　其他符号意义均同前。

由式（4-17）知，在冲量一定的条件下，增大锤重比增大落距效果更好，但还应考虑运输转移，吊车起重能力等因素，以取得最优的施工效益为准。一般夯锤重量可取 8～25t，落距以 8～30m 为宜。

三、强夯击数计算

满足加固深度的能级选定后，每遍单坑击数，也是保证强夯加固效果的关键参数。它是根据夯击土体竖向压缩量最大，而侧向位移最小的原则，按现场试夯得到的锤击数和夯沉量关系曲线确定，同时要求满足以下条件：(1) 最后两击的平均夯沉量不大于 5cm，夯击能较大时，不大于 10cm；或最后三击平均下沉量不超过某一限值；(2) 没有过大的隆起，即夯击坑周围的隆起量小于夯坑体积的 25%；(3) 夯坑深度能满足预估场地总下沉量的要求，可按下式估算：

$$h=\Sigma h_i \tag{4-18}$$

其中
$$h_i=\frac{Z_i \cdot A_i}{B_{ia} \cdot B_{ib}}$$

式中 h——夯后场地总下沉量（m），约为有效加固深度的10%～15%；

h_i——第 i 遍夯后场地下沉量（m）；

Z_i——第 i 遍夯坑深度（m）；

A_i——夯第 i 遍的锤底面积（m²）；

B_{ia}、B_{ib}——第 i 遍夯坑距离（m）。

四、夯击遍数

夯击遍数应根据地基上的性质确定，一般为2～4遍。对于渗透性弱、含水量高的黏性土（如淤泥质土），必要时适当增加遍数。其中第一遍是加固深层的关键，中间各遍用于加固影响深度以内的土体，最后再以低能级满夯一遍，又称"搭夯"，主要用于加固地基表层。

五、遍间时间间隔

强夯前后两遍夯击之间应有一定的时间间隔，它取决于地基内孔隙水压力的消散时间。一般当孔隙水压力消散60%～70%以后，方可进行下一遍夯击。对渗透性较差的黏性土地基的间隔时间，宜为3～4周；对于渗透性好的砂性土地基，可连续夯击。但不宜采用少击多遍的方法加固地基。

六、加固范围

强夯加固地基范围应大于建筑物基础范围，放大宽度可自建筑物基础外缘起增加拟加固深度的1/3～1/2的距离，并不宜小于3.0m。

【**例 4-6**】 某化工厂，场地湿陷性土层厚14m，拟采用强夯法加固地基，消除建筑物地基的全部湿陷性，试求第一遍和第二遍强夯需用的能级。

【**解**】 取 $K=0.56$，第一遍采用强夯的能级由式（4-15）得：

$$E=Mh=10\left(\frac{H}{K}\right)^2=10\left(\frac{14}{0.56}\right)^2=6250\text{kN}\cdot\text{m}$$

夯第一遍试夯后测得夯坑深平均为5.5m。经测试14m以内的 $\delta_s<0.015$，7～14m深的 E_s 值 $>100\text{N/mm}^2$，故知第二遍强夯需加固的深度为7m，取 $K=0.5$，则第二遍强夯采用的能级由式（4-15）得：

$$E=10\left(\frac{7}{0.5}\right)^2=2000\text{kN}\cdot\text{m}$$

故知，第一遍和第二遍强夯需用的能级分别为 $6250\text{kN}\cdot\text{m}$ 和 $2000\text{kN}\cdot\text{m}$。

【**例 4-7**】 某住宅楼区湿陷性黄土地基，加固深度为5m，夯锤落距为12m，试求需用夯锤重量。

【**解**】 取 $K=0.45$，夯锤需用重量由式（4-16）得：

$$M=\frac{10}{h}\left(\frac{H}{K}\right)^2=\frac{10}{12}\times\left(\frac{5}{0.45}\right)^2=102.3\text{kN}=10.2\text{t}$$

故知，需用夯锤重量为10.2t。

【**例 4-8**】 强夯地质条件和采用能级同例4-6，选定夯第一遍能级为 $6250\text{kN}\cdot\text{m}$ 进行试夯，夯点间距为6m，夯锤底面积为7m²，采取单点连续夯20击，最后三击平均下沉量为23cm，夯坑深5.5m，夯坑周围无隆起现象；第二遍能级为 $2000\text{kN}\cdot\text{m}$，夯点间距为4m，夯锤底面积为4m²，连续夯击12击，夯坑深1.6m，最后三击平均下沉量为8cm，坑周亦无明显隆起，试验算场地下沉量和击数是否满足要求。

【**解**】 夯第一遍后，场地下沉量由式（4-18）得：

4 地基处理工程

$$h_1 = \frac{Z_1 \cdot A_1}{B_{1a} \cdot B_{1b}} = \frac{5.5 \times 7}{6 \times 6} = 1.07\text{m}$$

同样,夯第二遍后,场地下沉量为:

$$h_2 = \frac{Z_2 \cdot A_2}{B_{2a} \cdot B_{2b}} = \frac{1.6 \times 4}{3 \times 3} = 0.71\text{m}$$

场地总下沉量 $h = h_1 + h_2 = 1.07 + 0.71 = 1.78\text{m} \approx 14 \times 13\% = 1.82\text{m}$

故知,夯坑深度为 $1.78\text{m} \approx 1.82\text{m}$,满足预估场地总下沉量要求。同时知,第一、第二遍试夯,夯单坑击数分别采用 20 击和 12 击,亦符合下沉量需要,击数满足要求。

4.4.3 强夯起重设备选用计算

一、起重机工作参数选用计算

强夯法施工起重设备多用履带式起重机,其所用型号应根据夯锤重量、尺寸、落距以及夯坑对夯锤的吸附力及有关安全操作的规定等确定,其性能应满足强夯工艺要求。起重量、起重高度和起重幅度为选用起重设备型号的三个重要工作参数。

1. 起重机起重量计算

强夯作业时,起重机的起重量 Q (t) 可按下式计算:

$$Q \geqslant KQ_1 + q \tag{4-19}$$

式中 Q_1——夯锤的重量(t);
q——索具的重量(t);
K——夯坑吸附阻力系数,依土质情况及夯锤结构形状等因素确定,一般取 $1.3 \sim 3.0$。

2. 起重机起重高度计算

强夯作业时,起重机的起重高度 H (m) 可按下式计算(图 4-5):

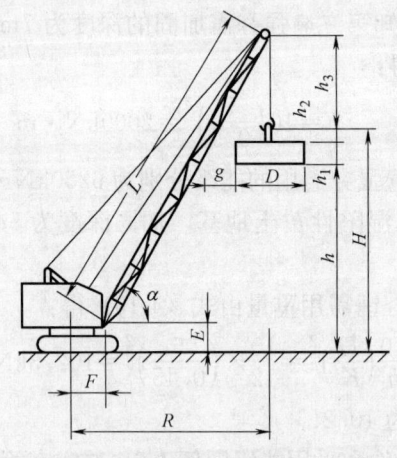

图 4-5 起重机起重高度和幅度计算简图

$$H = h + h_1 + h_2 \tag{4-20}$$

式中 h——夯锤落距(m);
h_1——夯锤高度(m);
h_2——夯锤吊环高度(m)。

3. 起重机起重幅度（回转半径）计算

强夯施工时，根据起重量及起重高度即可初步选定起重机型号，并由其技术性能表或工作特性曲线确定所需臂杆长度 L 及工作幅度（回转半径）R。为保证夯锤起吊至预定高度时，锤顶外缘不碰衢臂杆，且不超高，尚需验算臂杆与夯锤上缘安全间距及臂杆顶定滑轮中心至吊钩钩口安全距离，如图 4-5 所示。

夯锤上缘至臂杆中心线安全距离 g（m）可按下式计算：

$$g = \frac{(L\sin\alpha + E) - h - h_1}{\tan\alpha} - \frac{D}{2} \tag{4-21}$$

$$\alpha = \cos^{-1}\left(\frac{R-F}{L}\right) \tag{4-22}$$

定滑轮中心至吊钩钩口中心最小安全距离 h_3（m）可按下式计算：

$$h_3 = (L\sin\alpha + E) - H \tag{4-23}$$

式中 H——起重机起重高度（m）；
  L——起重机臂杆长度（m）；
  E——臂杆枢轴中心距地面高度（m）；
  F——臂杆枢轴中心距回转中心距离（m）；
  D——夯锤上缘最大径向尺寸（m）；
  α——臂杆倾角（°）。

其他符号意义同前。g 一般取 $0.6 \sim 1.2$m；h_3 一般为 $2.5 \sim 4.5$m。

【例 4-9】 某工程场地为湿陷性黄土地基，拟采用强夯法加固处理。取单点夯击能为 1000kJ，夯锤重量 $Q_1 = 10$t，锤径 $D = 2.52$m，锤高 $h_1 = 0.7$m、吊环高 $h_2 = 0.65$m，落距 $h = 10$m。试选用履带式起重机的型号并确定其工作参数。

【解】（1）已知 $Q_1 = 10$t，取 $K = 1.3$，$q = 0.2$t，起重机需用起重量由式（4-19）得：

$$Q = KQ_1 + q = 1.3 \times 10 + 0.2 = 13.2 \text{t}$$

（2）又知 $h = 10$m，$h_1 = 0.7$m，$h_2 = 0.65$m，起重机需要起重高度由式（4-20）得：

$$H = h + h_1 + h_2 = 10 + 0.7 + 0.65 = 11.35 \text{m}$$

根据以上计算和施工单位具有设备条件，初步选用 WQ-25 型履带式起重机，查其起重特性表，采用臂杆长 L 为 16m，幅度 R 为 7m 时，可满足起重量及起重高度要求。

（3）已知 $L = 16$m，$R = 7$m，$E = 1.7$m，$F = 1.3$m、α、g、h_3 分别由式（4-21）、式（4-22）和式（4-23）得：

$$\alpha = \cos^{-1}\left(\frac{7.0 - 1.3}{16}\right) = 69°$$

$$g = \left(\frac{16\sin 69° + 1.7) - 10 - 0.7}{\tan 69°}\right) - \frac{2.52}{2} = 1.08 \text{m}$$

$$h_3 = (16\sin 69° + 1.7) - 11.35 = 5.29 \text{m}$$

故知，夯锤上缘至臂杆中心线安全间距 g 符合要求，锤缘不会碰衢臂杆，同时，h_3 亦符合安全距离要求。

二、起重机稳定性验算

稳定性验算时，应选择起重机起吊夯锤最不利位置，即车身与行驶方向垂直的位置进行（图 4-6）。此时，履带轨链中心 A 为倾覆中心，起重机的安全条件以稳定性安全系数 K 来判别。

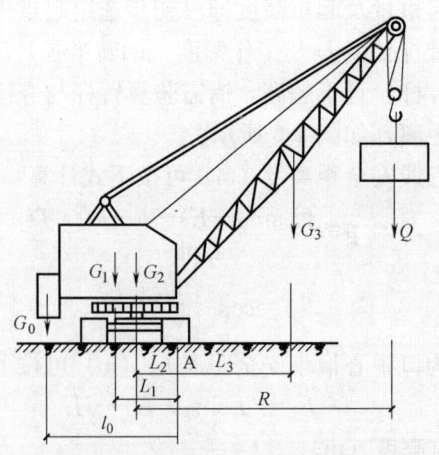

图 4-6 履带式起重机进行强夯稳定性分析简图

不考虑附加荷载（风荷载、刹车惯性力等）时要满足 $K>1.4$；考虑附加荷载时，取 $K>1.15$。

为简化计算，一般不考虑附加荷载，按图 4-6，根据力矩平衡条件求得：

$$K=\frac{G_1L_1+G_2L_2+G_0L_0-G_3L_3}{Q(R-L_2)} \geqslant 1.4 \tag{4-24}$$

式中　　G_0——平衡重量（t）；

G_1、G_2——分别为起重机身可转动和不转动部分重量（t）；

G_3——起重机起重杆重量（t），约为起重机重的 4%～7%；

Q——强夯夯锤和索具重量（t）；

R——起重机回转半径（m）；

L_0、L_1、L_2、L_3——以上各部分的重心至倾覆中心 A 点的相应距离（m）。

若验算不能满足式（4-24）要求时，对一般起重吊装作业可采用增加配重（平衡重量）等措施解决；而对强夯施工，由于臂杆释重反弹，增加配重有可能造成起重机失稳向后倾覆，故只宜在臂杆前端采取增设钢龙门架或辅助桅杆等措施解决。

4.4.4 强夯置换法加固地基计算

强夯置换法是利用强夯方法将地基土挤密或排开，将块石、碎石、砂砾或其他坚硬散体材料（如矿渣），采用多次填入和夯击，最终形成密实的柱状砂石墩，并与墩间土组成复合地基。多用于高饱和度的粉土与软塑～流塑的黏性土等地基对变形控制要求不严的地基加固工程。

强夯置换施工计算时，单击夯击能应通过现场试验确定，或计算单击夯击能平均值 $\overline{E}$ 和单击夯击能最低值 E_w，初选单击夯击能可在 $\overline{E}$ 和 E_w 之间选取：

$$\overline{E}=940(H_1-2.1) \tag{4-25a}$$

$$E_w=940(H_1-3.3) \tag{4-25b}$$

式中　H_1——置换墩深度（m）。

夯点的夯击次数应通过现场试夯确定，且应同时满足以下条件：（1）墩体穿透软弱土层；（2）累计夯沉量为设计墩长的 1.5～2.0 倍；（3）最后两击的平均夯沉量不大于 50mm；当单击能量较大时，不大于 100mm。

4.5 灰土挤密桩施工计算

灰土挤密桩（或土桩）为地基处理常用方法，在各地应用较为广泛。施工时，常需计算桩距、排距、布桩总数、总面积和总用料量等，作为布桩、安排施工计划和备料的依据。

一、布桩桩距

灰土挤密桩孔位宜按等边三角形布置，其间距 s（m）可按下式计算（图 4-7）：

$$s = 0.95d\sqrt{\frac{\bar{\lambda}_c \rho_{dmax}}{\bar{\lambda}_c \rho_{dmax} - \bar{\rho}_d}} = 0.95d \cdot n \quad (4-26)$$

其中

$$n = \sqrt{\frac{\bar{\lambda}_c \rho_{dmax}}{\bar{\lambda}_c \rho_{dmax} - \bar{\rho}_d}} \quad (4-27)$$

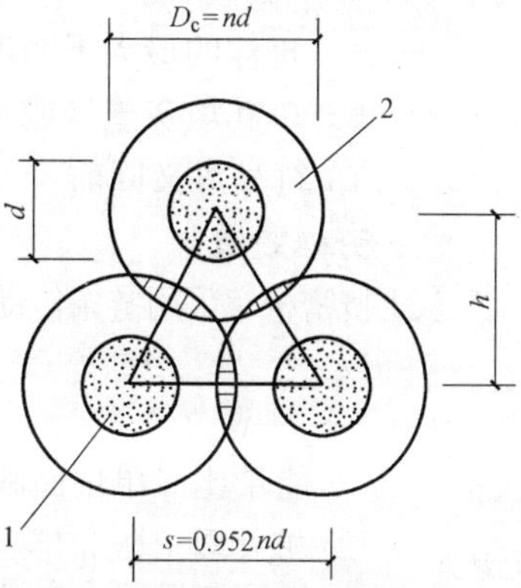

如采用其他布孔方式，s 按下式计算：

正方形 $\quad s = 0.887d \cdot n \quad (4-28a)$

梅花形 $\quad s = 1.254d \cdot n \quad (4-28b)$

等腰三角形 $\quad s = \dfrac{1}{\sqrt{x}} \cdot 0.887d \cdot n \quad$（$x$ 为要求的 h/s） $\quad (4-29)$

图 4-7 等边三角形布桩计算简图
1—灰土挤密桩；2—桩有效挤密范围

式中 d——桩孔直径，一般为 300～600mm；
$\bar{\lambda}_c$——地基挤密后，桩间土的平均压实系数，宜取 0.93；
ρ_{dmax}——桩间土的最大干密度（t/m^3）；
$\bar{\rho}_d$——地基挤密前土的平均干密度（t/m^3）。

二、布桩排距

灰土挤密桩的桩孔按等边三角形布置，其排距 h（m）可按下式计算：

$$h = 0.866s \quad (4-30)$$

如用其他布孔方式，h 按下式计算：

正方形 $\quad h = 1.000s \quad (4-31)$

梅花形 $\quad h = 0.500s \quad (4-32)$

等腰三角形 $\quad h = x \cdot s \quad (4-33)$

s、x 符号意义同前。

三、布桩总数

设加固地基的总面积为 A（m²），布桩总数 N（根）可按下式计算：

$$N = 1.2732 \frac{A}{n^2 \cdot d^2} \quad (4-34)$$

n、d 符号意义同前。

四、布桩总面积

布桩总面积 A_d（m²）可按下式计算：

$$A_{\mathrm{d}}=\frac{A}{n^2} \tag{4-35}$$

n、A 符号意义同前。

五、布桩总用料量

布桩总用料量 G (t) 按下式计算：

$$G=\frac{Al_0}{n^2} \cdot \rho_{\mathrm{p}}(1+w_{\mathrm{p}}) \tag{4-36}$$

式中　l_0——桩体长度（m）；

　　　ρ_{p}——桩体的最大干密度（t/m^3）；

　　　w_{p}——桩孔填灰土（或土）的最优含水量（%）；

　　　n、A 符号意义同前。

六、夯锤重量

灰土挤密桩宜采用链条传动摩擦轮提升的桩孔夯土机。夯锤重量 Q（kg）可按下式计算：

$$Q=\frac{\pi d_0^2 \cdot c}{4H} \tag{4-37}$$

式中　c——能量比（单位面积上的能量值），一般为 8~10kg·cm。对大桩孔取下限，小桩孔取上限；

　　　d_0——锤下部最大外径（cm）；

　　　π——取 3.14；

　　　H——锤的提升高度（cm），一般为 60~100cm。

【例 4-10】 某综合楼工程，长 32.7m，宽 12.9m，建筑面积 421.8m²，地基为Ⅱ级自重湿陷性黄土，基底下湿陷性土层厚度为 6~7m。采用灰土挤密桩加固处理，拟采用桩径 $d=350$mm，桩长 $l_0=7.0$m。经试验，地基挤密前土的平均干密度 $\bar{\rho}_{\mathrm{d}}=1.28t/m^3$，处理后桩间土的最大干密度 $\rho_{\mathrm{dmax}}=1.49t/m^3$，桩灰土最大干密度 $\rho_{\mathrm{p}}=1.76t/m^3$，$w_{\mathrm{p}}=20\%$，桩采用等边三角形布置，试求布桩间距、排距、布桩总数、总面积及总用料量。

【解】 由式（4-26）可得：

$$n=\sqrt{\frac{\bar{\lambda}_{\mathrm{c}}\rho_{\mathrm{dmax}}}{\bar{\lambda}_{\mathrm{c}}\rho_{\mathrm{dmax}}-\bar{\rho}_{\mathrm{d}}}}=\sqrt{\frac{0.93\times1.49}{0.93\times1.49-1.28}}=3.62$$

由式（4-26）可得桩的间距：

$$s=0.95d \cdot n=0.95\times0.35\times3.62=1.2\mathrm{m}$$

由式（4-30）可得桩的排距：

$$h=0.866s=0.866\times1.2=1.0\mathrm{m}$$

加固地基的总面积（设每边加宽 3.5m 和 3.2m）：

$$A=(32.7+3.5)\times(12.9+3.2)=582.8\mathrm{m}^2$$

由式（4-34）可得布桩总数：

$$N=\frac{1.2732A}{n^2 \cdot d^2}=\frac{1.2732\times582.8}{3.62^2\times0.35^2}=462 \text{ 根}$$

由式（4-35）可得布桩总面积：

$$A_{\mathrm{d}}=\frac{A}{n^2}=\frac{582.8}{3.62^2}=44.5\mathrm{m}^2$$

由式（4-36）可得布桩总用料量：

$$G = \frac{A \cdot l_0}{n^2} \cdot \rho_p (1+w_p) = \frac{582.8 \times 7}{3.62^2} \times 1.76(1+20\%) = 657.5 \text{t}$$

4.6 石灰挤密桩施工计算

石灰挤密桩是用于处理地下水位以上湿陷性黄土、软弱黏性土、填土等地基的一种地基处理方法。是利用打拔钢管、钻孔或挖孔等方法成孔，并在孔内填入石灰或含石灰填料，分层夯填而成。在成孔过程中将桩孔位置的土体挤入桩孔周围的天然土体中使得到挤密，同时利用生石灰吸收地基中水分，减少地基含水率，并发生膨胀，扩大桩的体积，有的加入碎石及砂，可使填充料级配合理，地基强度提高（为天然地基的 1.4～1.5 倍左右），这种地基处理方法，材料易得，成桩工艺简便，效果显著。

石灰挤密桩常需通过计算确定桩的合理间距，作为施工参数，通过试验和计算确定复合地基的强度和压缩模量，作为复核设计地基承载力的依据。

一、石灰挤密桩间距计算

石灰挤密桩间距多按正三角形布置，其桩位布置和膨胀挤密情况如图 4-8 所示。

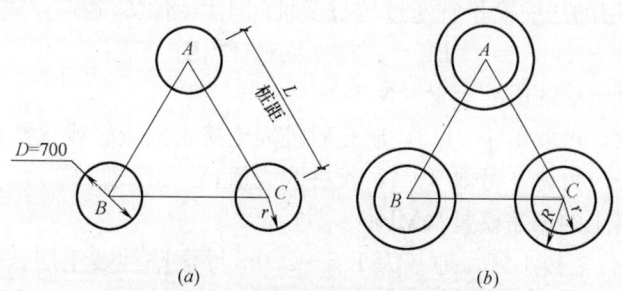

图 4-8 石灰挤密桩布置和间距计算简图
(a) 地基加固前桩位布置图；(b) 加固后桩膨胀情况

石灰桩的间距可由加固前图 4-8a 中 $\triangle ABC$ 内土的重量 Q_1（不包括桩本身的体积）应和加固后图 4-8b 中 $\triangle ABC$ 内土的重量 Q_2（不包括膨胀后桩的体积）相等求得（仅干密度不同），即：

$$Q_1 = \left(\frac{\sqrt{3}}{4}L^2 - \frac{\pi r^2}{2}\right) r_a H$$

$$Q_2 = \left(\frac{\sqrt{3}}{4}L^2 - 0.72\pi r^2\right) \gamma_b H$$

令 $Q_1 = Q_2$

$$\left(\frac{\sqrt{3}}{4}L^2 - \frac{\pi r^2}{2}\right)\gamma_a = \left(\frac{\sqrt{3}}{4}L^2 - 0.72\pi r^2\right)\gamma_b \tag{4-38}$$

式中 γ_a、γ_b——分别为加固前和加固后土的干密度（kN/m³）；
H——石灰挤密桩的深度（m）。

式（4-38）中 γ_a、γ_b 和 H 为已知数，解之即可求得挤密桩桩距 L（m）。

二、复合地基强度（承载力）计算

石灰桩复合地基的承载力可按下式计算：

$$f_{spk}=mf_{pk}+(1-m)f_{sk} \tag{4-39}$$

其中
$$m=\frac{\pi d_1^2}{4s_1 s_2} \tag{4-40}$$

或
$$m=\frac{f_{spk}-f_{ck}}{f_{pk}-f_{ck}} \tag{4-41}$$

式中 f_{spk}——复合地基承载力特征值（kPa）；

f_{pk}——桩身抗压强度比例界限值，由单桩竖向载荷试验测定，初步设计时可取 350～500kPa，或按桩体静力触探值 P_s 的10%取用；

f_{sk}——处理后桩间土承载力特征值（kPa），取天然地基承载力特征值的1.05～1.20倍；

s_1——桩的纵向间距（m）；

s_2——桩的横向间距（m）；

d_1——实际桩径，$d_1=(1.1～1.2)d+30$mm；

d——设计桩直径（mm）；

m——面积置换率。

三、复合地基土层压缩模量计算

石灰桩复合土层的压缩模量宜通过桩身及桩间土压缩试验确定，或按下式估算：

$$E_{sp}=\alpha[1-m(n-1)]E_s \tag{4-42}$$

式中 E_{sp}——复合土层的压缩模量（MPa）；

α——系数，可取1.1～1.3，成孔对桩周土挤密效应好或置换率大时取高值；

n——桩土应力比，可取3～4，长桩取大值；

E_s——天然土的压缩模量（MPa）。

【例4-11】 某住宅楼小区，地基为1.5～2.0m厚湿陷性黄土层，采用石灰挤密桩进行地基处理，桩径为700mm，桩内填料的配合比（体积比）为：碎生石灰块：碎石：粗砂=1:2:1.5。桩位按正三角形布置，加固前地基土的干密度 $\gamma_a=14.5$kN/m³，要求加固后土的干密度 $\gamma_b=15.5$N/m³，试求挤密桩的桩距。

【解】 挤密桩加固布置如图4-8所示。

由于生石灰占桩内填料体积的2/9，此部分石灰体积发生膨胀。

原来桩的横截面积： $S_1=\pi r^2$

膨胀后桩的横截面积： $S_2=\pi r^2 \times \frac{2}{9} \times 3 + \frac{7}{9}\pi r^2 = 1\frac{4}{9}\pi r^2$

令 $\pi R^2 = 1\frac{4}{9}\pi r^2$ 则 $R=1.2r$

设桩深 $H=2.0$m， 代入式（4-38）得：

$$\left(\frac{\sqrt{3}}{4}L^2-\frac{\pi r^2}{2}\right) \times 14.5 = \left(\frac{\sqrt{3}}{4}L^2-0.72\pi r^2\right) \times 15.5$$

解得： $L=5.35r=5.35 \times 0.35 = 1.87$m

实际施工中选用桩距 $L=2.0$m，与假设一致。

【例4-12】 住宅楼为七层砖混结构，条形基础，采用直径300mm石灰桩处理地基，地基土质自上而下为：粉质黏土，厚4.8m，$f_k=80$kPa；粉土，厚8.0m，$f_k=100$kPa；

要求处理后复合地基承载力为160kPa；经静力触探原位测试桩体$p_s=4.2$MPa，试求石灰桩复合地基的承载力。

【解】 已知$f_{sk}=1.15f_k=1.15\times80=92$kPa，$f_{pk}=0.1p_s=0.1\times4.2=0.42MPa=420$kPa，$d_1=1.1d+30=1.1\times300+30=360$mm，取纵向间距$s_1=700$mm，横向间距$s_2=650$mm。

面积置换率由式（4-40）得：

$$m=\frac{\pi d_1^2}{4s_1s_2}=\frac{3.14\times0.36^2}{4\times0.70\times0.65}=0.22$$

复合地基的承载力由式（4-39）得：

$$\begin{aligned}f_{spk}&=mf_{pk}+(1-m)f_{sk}\\&=0.22\times420+(1-0.22)\times92\\&=164.2\text{kPa}>160\text{kPa}\end{aligned}$$

故知，石灰桩复合地基承载力为164.2kPa，大于要求的复合地基承载力160kPa，安全。

4.7 砂石桩施工计算

砂石桩由于其具有施工设备工艺简单，材料易得，施工快速，成本较低等优点，在地基处理中得到较广泛应用。在施工中常需通过计算或试验确定桩距、排距、布桩总数、总面积和总用料量、每根桩填砂石量以及桩基承载力等作为布桩、安排作业计划、确定工期、准备材料和复核设计地基承载力的依据。

一、布桩桩距

砂石桩孔位宜采用等边三角形或正方形（图4-9），其间距应通过现场试验确定，但不宜大于4d；当无试验资料桩距，也可按下式计算：

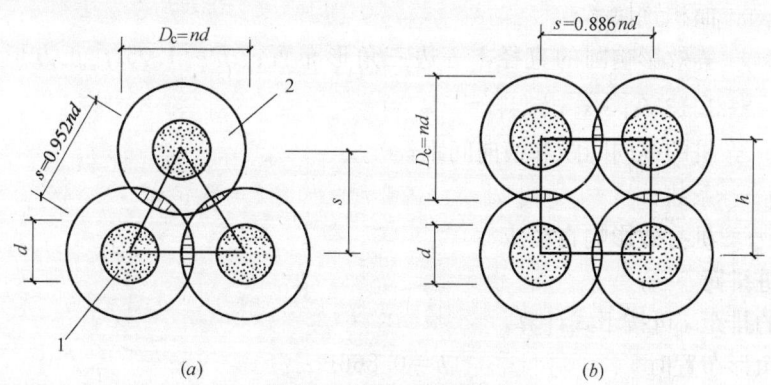

图4-9 砂石桩布桩形式
（a）等边三角形布桩；（b）正方形布桩
1—砂石桩；2—桩有效挤密范围

1. 松散砂土地基

等边三角形布置时：

$$s=0.952d\sqrt{\frac{1+e_0}{e_0-e_1}}$$

$$= 0.952d \cdot n = 0.952D_0 \tag{4-43}$$

其中
$$n = \sqrt{\frac{1+e_0}{e_0-e_1}} \tag{4-44}$$

$$D_0 = n \cdot d$$

正方形布置时：
$$s = 0.886d\sqrt{\frac{1+e_0}{e_0-e_1}}$$
$$= 0.886d \cdot n = 0.886D_0 \tag{4-45}$$

其中
$$e_1 = e_{max} - D_{rl}(e_{max} - e_{min})$$

2. 黏性土地基

等边三角形布置时
$$s = 1.08\sqrt{A_e} \tag{4-46}$$

正方形布置时
$$s = \sqrt{A_e} \tag{4-47}$$

其中
$$A_e = \frac{A_p}{m} ; \quad m = \frac{d^2}{d_e^2}$$

式中　　s——砂石桩间距；

d——砂石桩直径；

e_0——地基处理前砂土的孔隙比，可按原状土样试验确定；也可根据动力或静力触探等对比试验确定；

e_1——地基挤密后要求达到的孔隙比；

e_{max}、e_{min}——分别为砂土的最大、最小孔隙比，按《土工试验方法标准》的有关规定确定；

D_{rl}——地基挤密后要求砂土达到的相对密度，可取 0.70～0.85；

A_e——一根砂石桩承担的处理面积；

A_p——面积置换率；

d_e——等效影响圆的直径，等边三角形布置：$d_e = 1.05s$；正方形布置：$d_e = 1.13\sqrt{s_1 \cdot s_2}$；

s_1、s_2——桩的纵向间距和横向间距；

n——系数；

D_0——桩有效影响直径。

二、布桩排距

砂石桩的排距 s 可按下式计算：

等边三角形布置时
$$h = 0.866s \tag{4-48}$$

正方形布置时
$$h = 1.000s \tag{4-49}$$

s 符号意义同上。

三、布桩总数、总面积和总用料量

设加固地基的总面积为 A，布桩总数为 N，布桩总面积为 A_0，布桩总用料量为 G_0，则

1. 布桩总数 N 可按下式计算：

$$N = \frac{1.2733A}{D_0^2} \tag{4-50}$$

或 $$N=\frac{1.2733A}{n^2 \cdot d^2} \tag{4-51}$$

D_0、n、d 符号意义同前。

2. 布桩总面积 A_0 可按下式计算：

$$A_0=\frac{Ad^2}{D_0^2} \tag{4-52}$$

或 $$A_0=\frac{A}{n^2} \tag{4-53}$$

A、d、D_0、n 符号意义同前。

3. 布桩总布料量 $G_0(t)$ 可按下式计算：

$$G_0=\frac{Al_0d^2}{D_0^2} \cdot \rho_{\text{ds}} \tag{4-54}$$

或 $$G_0=\frac{Al_0}{n^2} \cdot \rho_{\text{ds}} \tag{4-55}$$

式中 l_0——桩的长度；

ρ_{ds}——砂石填料的密度。当用粗砂填料时，$\rho_{\text{ds}}=1.6\sim1.7t/m^3$；当用碎石、卵石填料时，$\rho_{\text{ds}}=1.6\sim1.8t/m^3$。

A、d、D_0、n 符号意义同前。

式（4-50）～式（4-55）三角形布桩和正方式布桩各式均相同；当 $A=1m^2$ 时，可得单位面积地基上的布桩数、布桩面积及用料量。

四、桩孔内填砂石量

每根砂石桩孔内的填砂石量 Q（m^3）可按下式计算：

$$Q=\frac{A_pl_0d_s}{1+e_1}(1+0.01w) \tag{4-56}$$

式中 d_s——砂石料的相对密度（比重）；

w——砂石料的含水量（%）；

A_p、l_0、e_1 符号意义同前。

桩孔内的填料可用砾砂、粗砂、中砂、圆砾、角砾、卵石、碎石等。填料中含泥量不得大于 5%，并不宜含有大于 50mm 的颗粒。

五、桩基承载力

砂石桩地基承载力按桩土共同承受荷载的复合地基计算，与 4.8 节振冲碎石桩复合地基承载力计算相同（略）。

【**例 4-13**】 某工程地基土为松散砂土，孔隙比 $e_0=0.764$，采用砂桩加固地基，桩径 $d=426mm$，深 8.5m，按正方形布置，加固面积 $F=640m^2$，要求挤密处理后的孔隙比 $e_1=0.556$，砂的密度 $\rho_{\text{ds}}=1.65t/m^3$，相对密度 $d_s=2.7$，砂的含水量 $w=10\%$，试求桩距、排距，并计算布桩总数、总面积、总用料量及施工时每根桩的填砂量。

【**解**】 由式（4-44）得：

$$n=\sqrt{\frac{1+e_0}{e_0-e_1}}=\sqrt{\frac{1+0.764}{0.764-0.556}}=2.91$$

由式（4-45）、式（4-49）得：

桩的间距　　　　　　$s=0.886d \cdot n=0.886\times0.426\times2.91=1.1\text{m}$

桩的排距　　　　　　$h=1.000s=1\times1.1=1.1\text{m}$

由式（4-51）、式（4-53）和式（4-55）得：

布桩总数　　　　　　$N=\dfrac{1.2733A}{n^2 \cdot d^2}=\dfrac{1.2733\times640}{2.91^2\times0.426^2}=530$ 根

布桩总面积　　　　　$A_0=\dfrac{A}{n^2}=\dfrac{640}{2.91^2}=75.6\text{m}^2$

布桩总用料量　　　　$G_0=\dfrac{Al_0}{n^2}\rho_{ds}=\dfrac{640\times8.5}{2.91^2}\times1.65=1060\text{t}$

由式（4-56）　　　　$A_p=\dfrac{\pi}{4}\times0.426^2=0.142\text{m}^2$

每根桩填砂量　　　　$Q=\dfrac{A_p l_0 d_s}{1+e_1}(1+0.01w)$

$$=\dfrac{0.142\times8.5\times2.7}{1+0.556}(1+0.01\times10)=2.30\text{m}^3$$

4.8　振冲碎石桩加固地基施工计算

振冲法分振冲置换法和振冲密实法两类。前者是在地基土中借振冲在土中形成振冲孔，并在振动、冲水过程中填以砂、碎石等材料，借振冲器的水平及垂直振动，振密填料置换，形成一群以碎石或砂砾等散粒材料组成的桩体与原地基土一起构成复合地基，以利加速土层固结，使承载能力提高，沉降减少；后者主要是利用振动和压力水使砂层液化，砂颗粒重新排列，孔隙减少，同时依靠振冲器的水平振动力，在加填料（或不加填料）情况下，使砂层挤压加密，从而提高砂层的承载力和抗液化能力。振冲法加固地基特点是：机具设备简单，操作简便，就地取材，加固速度快，节省投资；可加速地基固结，提高承载力（1.2～1.33倍），可使砂土地基增加抗液化能力。振冲置换法适于处理不排水抗剪强度小于20kPa的黏性土、粉土、饱和黄土和人工填土等地基；振冲密实法适用于处理砂土和粉土等地基，不加填料的仅适用于处理粘粒含量小于10%的粗砂、中砂地基。

振冲法碎石桩加固地基施工计算有以下各项：

一、填料及桩径选择计算

填料是用于填充在振冲器上提后在砂层中可能留下的孔洞，并利用填料作为传力介质，将砂层进一步挤压密实。对中粗砂，可不加填料；对粉细砂，必须加填料后才能获得较好的振密效果。

填料应选用强度高、透水性好的材料，如粗砂、砾石、碎石、矿渣等，粒径为0.5～5cm，使用30kW振冲器，填料最大粒径宜在5cm以内；使用75kW大功率振冲器时，最大粒径可放宽到10cm。填料级配的合适程度，以"适宜数"S_n表示按下式计算：

$$S_n=1.7\sqrt{\dfrac{3}{(D_{50})^2}+\dfrac{1}{(D_{20})^2}+\dfrac{1}{(D_{10})^2}} \qquad (4-57)$$

式中　D_{50}、D_{20}、D_{10}——分别为颗粒大小级配曲线上对应于50%、20%、10%的颗粒直径（mm）。

根据适宜数对填料级配的评价准则见表 4-3。填料适宜数小，则振冲的桩体密实性高，振密速度快。

填料按 S_n 的评价准则 表 4-3

S_n	0~10mm	10~20mm	20~30mm	30~50mm	>50mm
评价	很好	好	一般	不好	不适用

桩径一般应根据振冲器的性能而定，国产振冲器振筒外径多在 35cm 以上，振冲桩的直径多为 0.6~1.2m，平均桩径一般在 0.8~0.9m，设计多取桩径 $d=0.8$m。

二、桩有效影响范围计算

桩有效影响范围 D_0 值主要取决于振冲器性能，一般由现场试验来确定，其次 D_0 值还与土壤性质有关，因此尚可按控制砂土的密实度的方法来估算。设地基土的挤密与振实仅限于在有效范围内，即可推得有效影响直径 D_0 与桩直径 d 的关系式为：

$$D_0 = \sqrt{A/\pi} \quad 或 \quad D_0 = nd \tag{4-58}$$

其中
$$n = \sqrt{\frac{1+e_0}{e_0 - e_1}} \tag{4-59}$$

式中　e_0——天然砂基的加权平均孔隙比；
　　　e_1——加固地基土的加权平均孔隙比，一般要求 $e_1=0.55$~0.65；
　　　A——每根桩的影响范围面积。

三、孔位布置和桩距

振冲孔位布置常用等边三角形和正方形两种（图 4-10）。

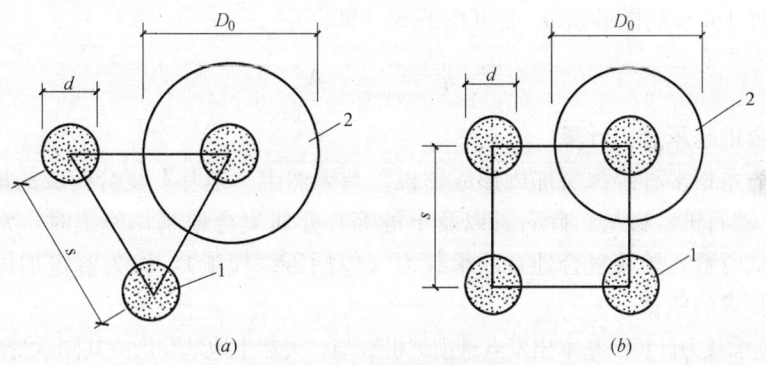

图 4-10　振冲桩孔位布置
(a) 按等边三角形布桩；(b) 按正方形布桩
1—振冲桩；2—桩有效影响范围

按等边三角形布桩时，桩距 s 可按下式计算：

$$s = 0.9523 D_0 \tag{4-60}$$

或
$$s = 0.9523 nd \tag{4-61}$$

按正方形布桩时，桩距 s 可按下式计算：

$$s = \sqrt{A} = \sqrt{0.25\pi \cdot D_0^2} = 0.8862 D_0 \tag{4-62}$$

或
$$s = 0.8862 nd \tag{4-63}$$

符号意义同前。

振冲桩距一般与砂土的颗粒组成、密实度要求、地下水位、振冲器功率有关，砂的颗粒愈细，密实度要求越高，桩距应越小。使用30kW振冲器，间距一般为1.8～2.5m；使用75kW大功率振冲器，间距可加大到2.5～3.5m。

大面积砂层振冲挤密时，振冲桩距也可用下式估算：

$$s = \alpha\sqrt{\frac{V_p}{V}} \tag{4-64}$$

式中 s——振冲桩（孔）距（m）；
α——系数，等边三角形布置为1.075；正方形布置为1；
V_p——单位桩长的平均填料量，一般为0.3～0.5m³；
V——原地基为达到规定密实度单位体积所需的填料量，可按式(4-65)计算。

四、布桩数量、面积、用料量计算

布桩数量、面积、用料量计算与"4.7 砂石桩施工计算"一节相同。

桩基单位体积所需的填料亦可按下式计算：

$$V = \frac{(1-e_p)(e_0-e_1)}{(1+e_0)(1+e_1)} \tag{4-65}$$

式中 V——桩基单位体积所需的填料量；
e_0——振冲前砂层的原始孔隙比；
e_p——桩体的孔隙比；
e_1——振冲后要求达到的孔隙比。

每根桩每1m长的灌砂量 q_0 亦可按下式计算：

$$q_0 = \frac{e_0-e_1}{1+e_2}A$$

五、复合地基承载力计算

复合地基系指多种经深层加固形成"桩"与天然土"地基"复合构成的地基。振冲桩（包括4.7节砂石桩、砂桩、碎石桩以及土桩等）亦属复合地基，施工时，常需根据地基土和桩的测试资料，验算复合地基的承载力（包括压缩模量），作为鉴定加固后的地基是否满足设计要求的依据。

复合地基承载力计算的基本出发点是由"桩"与"天然土地基"形成共同承受荷载的地基。

复合地基的承载力特征值 f_{spk} 应按现场复合地基载荷试验确定，也可根据单桩和桩间土的载荷试验按下式计算：

$$f_{spk} = mf_{pk} + (1-m)f_{sk} \tag{4-66}$$

其中

$$m = \frac{d^2}{d_e^2} \tag{4-67}$$

等边三角形布置 $\quad d_e = 1.05s$
正方形布置 $\quad d_e = 1.13s$
矩形布置 $\quad d_e = 1.13\sqrt{s_1 s_2}$

对小型工程的黏性土地基，如无现场资料，复合地基的承载力特征值，可按下式计算：

$$f_{spk} = [1 + m(n-1)]f_{sk} \tag{4-68}$$

或
$$f_{spk}=[1+m(n-1)](3S_v) \tag{4-69}$$

式中 f_{pk}——桩体单位截面积承载力特征值；

f_{sk}——桩间土的承载力特征值，在没有挤密的情况下与天然地基承载力相同；也可用处理前地基土的承载力特征值代替；

m——面积置换率，为一根桩的面积与所分担面积之比；

d——桩的直径；

d_e——等效影响圆的直径，当桩为等边三角形布置：$d_e=1.05s$；当桩为正方形布置：$d_e=1.13s$；当桩为矩形布置：$d_e=1.13\sqrt{s_1 \cdot s_2}$；

s、s_1、s_2——分别为桩的间距、桩纵向间距和横向间距；

n——桩土应力比，无实测资料时，可取 2~4，原土强度低取大值，原土强度高取小值；

S_v——桩间土的十字板抗剪强度，也可用处理前地基土十字板抗剪强度代替。

根据试验，按单桩和桩间土允许承载力计算的复合地基承载力是偏于安全的。

六、复合地基压缩模量计算

振冲桩复合地基的压缩模量，可按下式计算：

$$E_{sp}=[1+m(n-1)]E_s \tag{4-70}$$

式中 E_{sp}——复合地基的压缩模量；

E_s——桩间土的压缩模量。

式（4-70）中的桩土应力比 n 在无资料时，对黏性土可取 2~4，对粉土、砂土可取 1.5~3.0，原土强度低取大值，原土强度高取小值。

【**例 4-14**】 振冲桩复合地基，桩直径 $d=1.0m$，按等边三角形布置，桩距 $s=2.0m$，已知桩体单位截面积承载力特征值 $f_{pk}=500kN/m^2$，桩间土为粉质黏土，承载力特征值 $f_{sk}=100kN/m^2$，压缩模量 $E_s=6.5N/mm^2$，桩土应力比 $n=3$，试求振冲桩复合地基的承载力特征值和压缩模量。

【**解**】 因桩采取等边三角形布置，故 $d_e=1.05 \times 2.0=2.1m$

由式（4-67）
$$m=\frac{d^2}{d_e^2}=\frac{1.0^2}{2.1^2}\approx 0.23$$

复合地基的承载力特征值由式（4-66）得：
$$f_{spk}=mf_{pk}+(1-m)f_{sk}$$
$$=0.23 \times 500+(1-0.23) \times 100=192kN/m^2$$

复合地基的压缩模量由式（4-70）得：
$$E_{sp}=[1+m(n-1)]E_s$$
$$=[1+0.23(3-1)] \times 6.5=9.5N/mm^2$$

4.9 水泥粉煤灰碎石桩加固地基施工计算

水泥粉煤灰碎石桩（Cement Fly-ash Gravel pile），简称 CFG 桩，是在碎石桩的基础上掺入适量石屑、粉煤灰和少量水泥，加水拌合后制成具有一定强度的桩体。其骨料仍为碎石，用掺入石屑来改善颗粒级配，掺入粉煤灰来改善混合料的和易性，掺入少量水泥使桩体具一定粘结强度。它是一种低强度混凝土桩，可充分利用桩间土的承载力，共同作用，并可传递荷载到深层地基中去。CFG桩的特点是：改变桩长、桩径、桩距等设计参数，可使承载力在较大范围内调整；有较高的承载力（提高幅度在250%～300%）；沉降量小，变形稳定快；工艺性好，灌注方便，质量易于控制，可节省大量水泥，钢材，利用粉煤灰废料，降低工程费用，与预制混凝土桩相比，可节省投资30%～40%。适用于处理黏性土、粉土、砂土和已自重固结的素填土等地基。

水泥粉煤灰碎石桩法加固地基施工计算包括以下各项：

一、复合地基承载力

水泥粉煤灰碎石桩复合地基承载力特征值，应通过现场复合地基荷载试验确定，施工中也可按下式估算：

$$f_{spk} = m\frac{R_a}{A_p} + \beta(1-m)f_{sk} \tag{4-71}$$

式中 f_{spk}——复合地基承载力特征值（kPa）；

m——面积置换率；

R_a——单桩竖向承载力特征值（kN）；

A_p——桩的截面积（m²）；

β——桩间土承载力折减系数，宜按地区经验取值，如无经验时可取0.75～0.95，天然地基承载力较高时取大值；

f_{sk}——处理后桩间土承载力特征值（kPa），宜按当地经验取值，如无经验时，可取天然地基承载力特征值。

二、单桩竖向承载力

单桩竖向承载力特征值 R_a（kN）可按以下确定：

1. 当采用单桩载荷试验时，应将单桩竖向极限承载力除以安全系数2；
2. 当无单桩载荷试验资料时，可按下式估算：

$$R_a = u_p\sum_{i=1}^{n}q_{si}l_i + q_p A_p \tag{4-72}$$

式中 u_p——桩的周长（m）；

n——桩长范围内所划分的土层数；

q_{si}、q_p——桩周第i层土的侧阻力、桩端端阻力特征值（kPa），可按《建筑地基基础设计规范》（GB 50007—2011）有关规定确定；

l_i——第i层土的厚度（m）；

其他符号意义同前。

三、桩体试块抗压强度平均值

桩体试块抗压强度平均值应满足以下要求：

$$f_{cu} \geq 3\frac{R_a}{A_p} \tag{4-73}$$

式中 f_{cu}——桩体混合料试块（边长150mm立方体）标准养护28d立方体抗压强度平均值（kPa）；

其他符号意义同前。

四、复合地基变形计算

CFG桩复合地基变形值亦可按《建筑地基基础设计规范》(GB 50007) 5.3.5节公式计算。复合土层的分层与天然地基相同,各复合土层的压缩模量等于该层天然地基压缩模量的ζ倍,ζ值可按下式确定:

$$\zeta = \frac{f_{spk}}{f_{ak}} \tag{4-74}$$

式中 f_{ak}——基础底面下天然地基承载力特征值(kPa)。

变形计算系数ψ_s根据当地沉降观测资料及经验确定,也可采用表4-4数值。

变形计算经验系数 ψ_s 表4-4

$\overline{E}_s$(MPa)	2.5	4.0	7.0	15.0	20.0
ψ_s	1.1	1.0	0.7	0.4	0.2

注:$\overline{E}_s$为变形计算深度范围内压缩模量的当量值,应按下式计算:

$$\overline{E}_s = \frac{\sum A_i}{\sum \frac{A_i}{E_{si}}} \tag{4-75}$$

式中 A_i——第i层土附加应力系数沿土层厚度的积分值;
E_{si}——基础底面下第i层土的压缩模量值(MPa),桩长范围内的复合土层按复合土层的压缩模量取值。

为简化计算亦可略去CFG桩复合地基的变形量,只计算下卧软弱土层的变形量,系由基础扩散到下卧软弱土层顶面的附加应力引起,其变形量可用通常的分层总和法计算。

【例4-15】 水泥粉煤灰碎石桩复合地基,桩直径$d=0.5$m,桩长$l_i=10$m,按等边三角形布置,桩距$s=2.0$m,已知$q_{si}=24$kPa,$q_p=1600$kPa,$f_{sk}=140$kPa,取$\beta=0.85$,试求单桩竖向承载力特征值和CFG桩复合地基承载力特征值。

【解】 桩采用等边三角形布置,故$d_e=1.05\times2.0=2.1$m,$m=\dfrac{d^2}{d_e^2}=\dfrac{0.5^2}{2.1^2}=0.06$

又 $u_p=3.14\times0.5=1.57$m,$A_p=\dfrac{3.14\times0.5^2}{4}=0.196$m^2

由式(4-72)得:

$$R_a = u_p q_{si} l_i + q_p A_p = 1.57 \times 24 \times 10 + 1600 \times 0.196 = 690 \text{kN}$$

由式(4-71)得:

$$f_{spk} = m\frac{R_a}{A_p} + \beta(1-m)f_{sk}$$

$$= 0.06 \times \frac{690}{0.196} + 0.85(1-0.06) \times 140 = 323 \text{kPa}$$

故知,CFG桩单桩竖向承载力特征值为690kN,CFG桩复合地基承载力特征值为323kPa。

4.10 水泥土搅拌法加固地基施工计算

水泥土搅拌法、又称深层搅拌法,系利用水泥或水泥砂浆作固化剂,通过深层搅拌机在地基深部,就地将软土和固化剂(浆体或粉体)强制拌和,使凝结成具有整体性、水稳性好和较高强度的水泥加固体,与天然地基形成复合地基。本法的特点是:可有效提高软土地基强度（4～10倍）；施工无振动、无噪声；对土壤无侧向挤压；施工快速，造价较低等。适于加固较深较厚的淤泥，淤泥质土、粉土和含水量较高、地基承载力不大于120kPa的黏性土地基以及深基坑开挖护壁、地下防渗墙等工程。

深层搅拌法加固地基施工计算有以下几项：

一、桩水泥掺入比及掺入量计算

深层搅拌桩水泥掺入比可根据要求选用（7、10、12、14、15、18、20）%等，可按下式计算：

$$\alpha_W = \frac{W}{W_0} \times 100\% \qquad (4\text{-}76)$$

水泥掺量按下式计算：

$$\alpha = \frac{W}{V} \qquad (4\text{-}77)$$

式中　α_W——水泥掺入比（%）；
　　　W_0——被加固软土的湿重量（kg）；
　　　W——掺加的水泥重量（kg）；
　　　α——水泥掺量（kg/m³）；
　　　V——被加固土的体积（m³）。

水泥掺量一般采用180～250kg/m³，采用强度等级42.5普通硅酸盐水泥。

水泥土的无侧限抗压强度试验资料见表4-5；水泥土强度与水泥土掺入比、龄期的关系曲线见图4-11和图4-12。

水泥土的无侧限抗压强度试验资料　　表4-5

天然土的无侧限抗压强度 f_{cuo}（MPa）	水泥掺入比 α_W（%）	水泥土的无侧限抗压强度 f_{cu}（MPa）	龄期 t（d）	$\dfrac{f_{cu}}{f_{cuo}}$
0.037	5	0.266	90	7.2
	7	0.560	90	15.1
	10	1.124	90	30.4
	12	1.520	90	41.1
	15	2.270	90	61.3

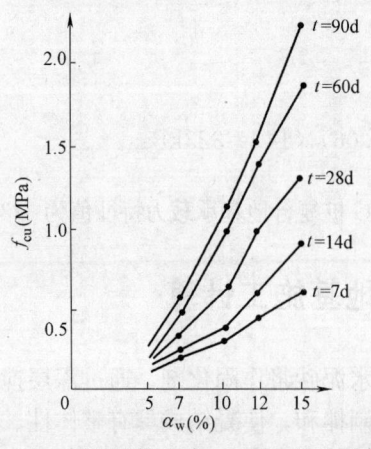

图4-11　水泥强度 f_{cu} 与 α_W 和 t 的关系曲线

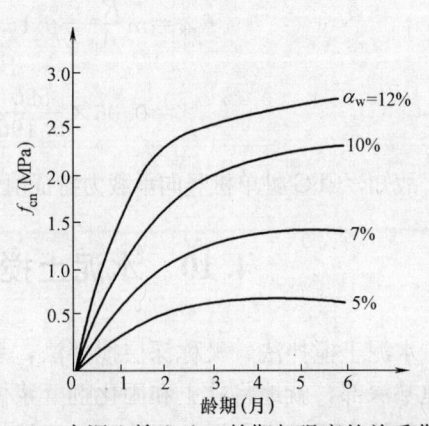

图4-12　水泥土掺入比、龄期与强度的关系曲线

二、搅拌机提升速度计算

为确保水泥土搅拌法加固地基强度和加固体的均匀性，压浆阶段不容许出现断裂或输浆管道堵塞情况，并严格控制搅拌机的提升速度，当水泥掺入比和灰浆泵的排浆量确定后，提升速度 V（m/min）可由下式计算：

$$V=\frac{\gamma_d \cdot Q}{A \cdot \gamma \cdot \alpha_w(1+\alpha_c)} \tag{4-78}$$

式中 Q——灰浆泵排浆量（m³/min）；
γ_d、γ——分别为水泥浆和土的重度（kN/m³）；
A——一次加固面积，取 0.71m²；
α_w——水泥掺入比；
α_c——水灰比，一般为 0.4。

三、搅拌桩单桩承载力计算

水泥土搅拌桩单桩竖向承载力特征值应通过现场单桩荷载试验确定，也可按下列二式计算，取其中较小值：

$$R_a = \eta \cdot f_{cu} \cdot A_p \tag{4-79}$$

$$R_a = U_p \sum_{i=1}^{n} \bar{q}_{si} l_i + \alpha q_p A_p \tag{4-80}$$

式中 R_a——单桩竖向承载力特征值（kN）；
f_{cu}——与搅拌桩桩身加固土配比相同的室内加固土试块（边长为 70.7mm 的立方体，也可采用边长为 50mm 的立方体）的无侧限抗压强度平均值（kPa）；
η——强度折减系数，可取 0.35~0.50；
A_p——桩的截面积（m²）；
$\bar{q}_s$——桩周土的平均摩擦力，对淤泥可取 5~8kPa，对淤泥质土可取 8~12kPa，对黏性土可取 12~15kPa；
U_p——桩周长（m）；
l——桩长（m）；
q_p——桩端天然地基土的承载力特征值，可按《建筑地基基础设计规范》（GB 50007）第 8 章第 5 节的有关规定确定；
α——桩端天然地基土的承载力折减系数，可取 0.4~0.6。

四、搅拌桩复合地基计算

搅拌桩复合地基承载力特征值应通过现场复合地基荷载试验确定。也可按下式计算：

$$f_{spk} = m \frac{R_a}{A_p} + \beta(1-m) f_{sk} \tag{4-81}$$

式中 f_{spk}——复合地基的承载力特征值（kPa）；
m——面积置换率；
A_p——桩的截面积（m²）；
f_{sk}——桩间天然地基土承载力特征值（kPa）；
β——桩间土承载力折减系数，当桩端土为软土时，可取 0.5~1.0；当桩端土为硬土时，可取 $0.1\sim0.4$；当桩不考虑桩间软土的作用时，可取零；

R_a——单桩竖向承载力特征值（kN），应通过现场单桩载荷试验确定，或按式（4-79）、式（4-80）计算确定，取其中较小值。

五、搅拌桩的置换率计算

搅拌桩的置换率可根据设计要求的单桩竖向承载力 R_k^d 和复合地基承载力特征值 f_{spk} 按下式计算：

$$m=\frac{f_{spk}-\beta f_{sk}}{\dfrac{R_a}{A_p}-\beta f_{sk}} \tag{4-82}$$

符号意义同前。

六、搅拌桩的桩长计算

在深层软弱土层中，搅拌桩属于摩擦桩，在式（4-79）和式（4-80）中，令 $R_a=R_a$，再式（4-80）右端第二项往往省略，可确定桩的最大长度 L_{max}（m）应为：

$$L_{max}=\frac{\eta \cdot f_{cu} A_p}{\pi \cdot D \cdot q} \tag{4-83}$$

式中 q——桩侧土平均摩阻力（kPa）；

D——搅拌桩直径（m）；

其他符号意义同前。

七、搅拌桩的桩距计算

复合地基的置换率 m 确定后，即可按下式计算桩距 d（m）：

$$d=\left(\frac{A_p}{m}\right)^{\frac{1}{2}} \tag{4-84}$$

符号意义同前。

八、桩的总数计算

桩布桩形式可采用正方形或等边三角形，其桩总数可按下式计算：

$$n=\frac{mA}{A_p} \tag{4-85}$$

式中 n——搅拌桩总桩数；

m——面积置换率；

A——地基加固的面积（m²），即基础底面积；

A_p——桩的截面积（m²）。

根据求得的总桩数 n，即可进行搅拌桩的平面布置。

九、搅拌桩下卧层强度验算

当搅拌桩设计为摩擦型，桩的置换率较大（一般 $m>20\%$），且非单行竖向排列时，由于每根单桩不能充分发挥单桩的承载力作用，此时应按群桩作用原理对下卧层地基强度进行验算，即将搅拌桩和桩间土视为一个假想的整体实体基础，考虑假想实体基础侧面与土的摩擦力，则假想基础底面（下卧层地基）的承载力按下式验算（图4-13）：

$$f=\frac{f_{spk} \cdot A+G-\bar{q}_s \cdot A_s-f_{sk}(A-A_1)}{A_1}<[f] \tag{4-86}$$

式中 f——假想实体基础底面压力（kPa）；

f_{spk}——复合地基承载力特征值（kPa）;
A——地基加固的面积（m²）;
A_1——假想实体基础底面积（m²）;
G——假想实体基础自重（kN）;
$\bar{q}_s$——作用在假想实体基础侧壁上的平均容许摩阻力（kPa）;
A_s——假想实体基础侧表面积（m²）;
f_{sk}——假想实体基础边缘软土的承载力（kPa）;
$[f]$——假想实体基础底面经修正后的容许地基承载力（kPa）。

当验算不能满足要求时，须重新设计单桩，直至满足要求为止。

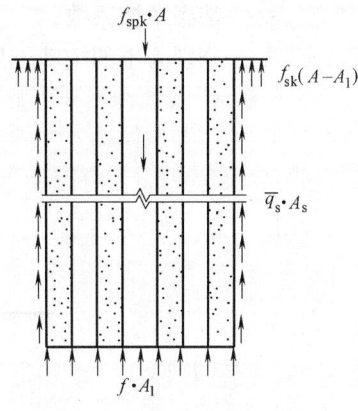

图 4-13 搅拌桩下卧土层强度验算

十、搅拌桩沉降验算

深层搅拌桩复合地基变形值 S 的验算，包括搅拌桩群体的压缩变形 S_1 和桩端下未加固土层的压缩变形 S_2 之和，按下式计算：

$$S = S_1 + S_2 \tag{4-87}$$

其中

$$S_1 = \frac{(p + p_0)l}{2E_0} \tag{4-88}$$

$$p = \frac{f_{spk} \cdot A - f_{sk}(A - A_1)}{A_1} \tag{4-89}$$

$$p_0 = f - \gamma_p \cdot l \tag{4-90}$$

$$E_0 = mE_p + (1-m)E_s \tag{4-91}$$

式中 p——桩群顶面的平均压力（kPa）;
p_0——桩群底面土的附加压力（kPa）;
E_0——桩群体的变形模量（kPa）;
l——深层搅拌桩桩长（m）;
E_p——深层搅拌桩的变形模量，当水泥土桩的无侧限抗压强度 $f_{cu} = 0.1 \sim 3.5$ MPa 时，取 $E_p = 10 \sim 550$ MPa;
E_s——桩间土的变形模量（kPa）;
γ_p——桩群底面以上土的加权平均重度（kN/m³）;

其他符号意义同前。

S_1 值也可根据上部结构、桩长、桩身强度等不同情况按经验取 $10 \sim 40$ mm。S_2 可按《建筑地基基础设计规范》(GB 50007) 的有关规定确定。

十一、搅拌桩墙稳定性验算

1. 滑动稳定性验算（图 4-14）

$$K_h = \frac{\mu W + E_p}{E_a} \geq 1.3 \tag{4-92}$$

式中 K_h——抗滑动稳定安全系数，取大于或等于 1.3;
W——水泥土桩墙自重（kN/m）;

μ——基底摩擦系数；

E_a、E_p——分别为土的主动土压力和被动土压力（kN/m）。

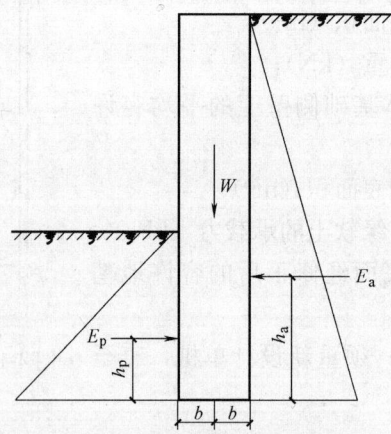

图 4-14 水泥土桩挡墙稳定性验算

2. 倾覆稳定性验算（图 4-14）

$$K_q = \frac{Wb + E_p h_p}{E_a h_a} \geqslant 1.5 \tag{4-93}$$

式中　K_q——抗倾覆稳定安全系数，取大于或等于 1.5；

其余符号意义见图 4-14 或同前。

十二、墙身应力验算

$$\sigma = \frac{W_1}{2b} < \frac{q_u}{2K} \tag{4-94}$$

$$\tau = \frac{E_a - W_1 \mu}{2b} < \frac{\sigma \tan\varphi + c}{K} \tag{4-95}$$

式中　σ、τ——所验算截面处的法向应力和剪切应力（kPa）；

　　　W_1——所验算截面上部的桩墙体重量（kN/m）；

q_u、φ、c——水泥土的抗压强度、内摩擦角和黏聚力（kPa）；

　　　　K——水泥土强度的安全系数，一般取 1.5。

其他符号意义同前。

【**例 4-16**】　商住楼为七层砖混结构，占地面积 $1160m^2$，采用片筏式基础，地基下卧层有 4～5m 深的高压缩性流塑状淤泥质土，自上而下土层为：粉质黏土，层厚 1.8m，$f_{sk}=75$kPa，$q_s=12$kPa，$\gamma=19.5$kN/m^3；淤泥质黏土，层厚 4.5m，$f_{sk}=50$kPa，$q_s=5.8$kPa；褐色黏土，层厚 0.9m，$f_{sk}=110$kPa，$q_s=14$kPa；黄色黏土，层厚 3.0m，$f_{sk}=210$kPa，$q_s=250$kPa；砂砾层，层厚大于 4.0m，$f_{sk}=370$kPa。采用直径 500mm 深层水泥土搅拌桩进行地基加固处理，要求地基承载力达到 $f_{spk}=150$kPa，已知 $f_{cu}=1.5$MPa，$q_p=250$kPa，$\eta=0.4$，$\alpha=0.6$，试验算单桩、复合地基承载力，并确定面积置换率、桩长，桩距和总桩数。

【**解**】　已知 $u_p = 3.14 \times 0.5 = 1.57$m；$A_p = 3.14 \times (0.5)^2/4 = 0.196 \approx 0.20 m^2$

单桩承载力由式（4-80）和式（4-79）计算得：

4.10 水泥土搅拌法加固地基施工计算

$$R_a = u_p \Sigma q_{si} \cdot l_i + \alpha q_p A_p$$
$$= 1.57(1.8 \times 12 + 4.5 \times 5.8 + 0.9 \times 14) + 0.6 \times 250 \times 0.20 = 124.7 \text{kN}$$
$$R_a = \eta f_{cu} A_p = 0.4 \times 1500 \times 0.20 = 120 \text{kN}$$

单载竖向承载力取二者较小值 120kN。
复合地基承载力由式（4-81）计算

$$f_{spk} = m \frac{R_a}{A_p} + \beta(1-m) f_{sk}$$
$$= m \times \frac{120}{0.20} + 0.6 \times (1-m) \times 75 = 550m + 45$$

令 $f_{spk} = 150 \text{kPa}$ 代入上式或式（4-82）得：

$$m = \frac{105}{550} = 0.190$$

将 m 代入得 $\quad f_{spk} = 550 \times 0.190 + 45 = 150 \text{kPa}$

桩平均摩阻力 $\quad q_0 = \dfrac{1.8 \times 12 + 4.5 \times 5.8 + 0.9 \times 14}{1.8 + 4.5 + 0.9} = 8.38 \text{kPa}$

桩长由式（4-83）得：

$$L_{max} = \frac{\eta \cdot f_{cu} A_p}{\pi \cdot D \cdot q_0} = \frac{0.4 \times 1500 \times 0.20}{3.14 \times 0.6 \times 0.838} = 7.6 \text{m}$$

桩距由式（4-84）得：

$$d = \sqrt{A_p/m} = \sqrt{0.20/0.19} = 1.03 \text{m}, \text{用} 1.0 \text{m}$$

需用总桩数由式（4-85）得：

$$n = m \cdot A/A_p = 0.19 \times 1160/0.2 = 1102 \text{根}$$

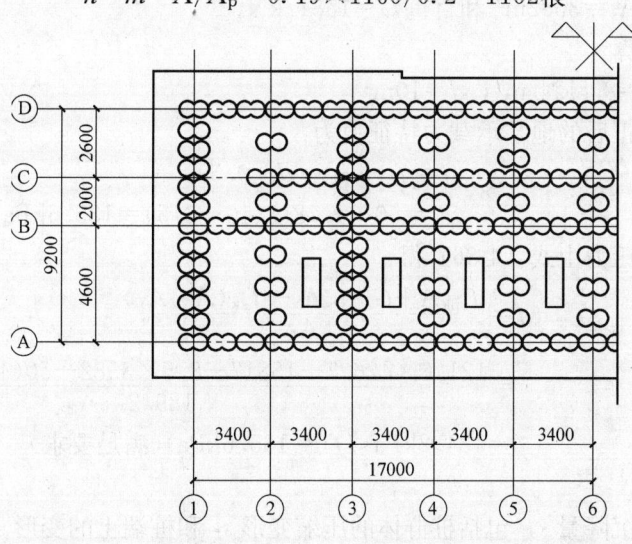

图 4-15 六层条式住宅楼水泥土搅拌桩加固平面布置图

【例 4-17】 某六层条式住宅楼，底层为框架结构，上部为砖混结构，建筑面积 2057m²，条基底面积 $A = 426.7 \text{m}^2$，基底压力 $p_a = 121.6 \text{kPa}$，落在素填土层上，$f_{sk} = 50 \text{kPa}$，其下为粉质黏土层，由于结构刚度较差，地基承载力较低，采用水泥土搅拌桩搭接成格栅状连续壁加固地基，桩平面布置如图 4-15 所示。搅拌桩加固深度：填土地表以下10m，桩截面积 $A_p=0.71m^2$，桩周长 $U_p=3.35m$，计算桩长 $L=8.4m$（按摩擦型计算，不考虑填土层桩段长），桩侧平均摩阻力 $\bar{q}_s=8.5kPa$，试验算单桩容许承载力、桩置换率、总桩数、群桩承载力和沉降能否满足要求。

【解】 1. 单桩容许承载力计算

单桩容许承载力由式（4-80）得：
$$R_a=\bar{q}_s U_p l=8.5\times3.35\times8.4=239.2kN \quad 用240kN$$

相应的桩身水泥强度（取 $\eta=0.42$）
$$f_{cm}=\frac{R_a}{\eta A_p}=\frac{240}{0.42\times0.71}=805kPa$$

根据配比试验相应的水泥配方选用42.5级普通硅酸盐水泥，使用10%的水泥掺入比。

2. 桩置换率和总桩数计算

取 $\beta=0.5$，桩置换率由式（4-82）得：
$$m=\frac{f_{spk}-\beta f_{sk}}{R_a/A_p-\beta f_{sk}}=\frac{121.6-0.5\times50}{240/0.71-0.5\times50}=30.8\%$$

桩总数
$$n=\frac{mA}{A_p}=\frac{0.308\times426.7}{0.71}=185 根$$

水泥土搅拌桩的平面布置如图4-15所示。

3. 群桩基础验算

将加固后的群桩视作一格子状的假想实体基础，基础纵向壁宽1.2m，横向壁宽0.7m，壁高按 $(d-0.5)m$ 计，水泥土平均重度 $\gamma_m=8.8kN/m^3$，实体基础底面积 $A_1=189.2m^2$，侧面积 $A_s=3582m^2$ 和自重 $G=15817kN$。

（1）承载力验算

取 $\eta_d=1$，$\gamma_m=8.8kN/m^3$，$d=10m$

实体基底面修正后的地基承载力特征值为：
$$f=f_k+\eta_d\gamma_m(d-0.5)$$
$$=50+1\times8.8(10-0.5)=135.6kPa$$

实体基础底面压力由式（4-86）得：
$$f=\frac{f_{spk}A+G-\bar{q}_s A_s-f_{sk}(A\cdot A_1)}{A_1}$$
$$=\frac{121.6\times426.7+15817-8.5\times3582-50(426.7-189.2)}{189.2}$$
$$=134.2kPa<f(=135.6kPa)（满足要求）$$

（2）沉降验算

住宅楼基础总沉降量 s，包括桩群体的压缩变形 s_1 和桩端土的变形 s_2 两部分，即 $s=s_1+s_2$

桩群顶面的平均压力由式（4-89）得：
$$p=\frac{f_{spk}A-f_{sk}(A-A_1)}{A_1}$$
$$=\frac{121.6\times426.7-56(426.7-189.2)}{189.2}=211.5kPa$$

群桩底面土的附加压力
$$p_0 = f - \gamma_m l = 134.2 - 8.8 \times 9 = 55 \text{kPa}$$
根据桩和桩间土按面积折算求出桩群体的变形模量 $E_0 = 55.8 \text{MPa}$
$$s_1 = \frac{(p+p_0)(d-0.5)}{2E_0}$$
$$= \frac{(211.5+55)(10-0.5) \times 10^3}{2 \times 55.8 \times 10^3} = 23\text{mm} = 2.3\text{cm}$$

s_2 用分层总和法计算，实体基础底面中点沉降 $s_2 = 6.9\text{cm}$
$$s = s_1 + s_2 = 2.3 + 6.9 = 9.2\text{cm}$$
估算条形基础平均沉降约 10cm 左右，可满足要求。

4.11 高压喷射注浆加固地基施工计算

高压喷射注浆法，又称旋喷法，它是利用钻机把带有特殊喷嘴的注浆管钻进至预定土层后，用高压脉冲泵，将水泥浆液通过钻杆下端的喷射装置，向四周以高速水平喷入土体切削土层，使喷流射程内土体遭受破坏，与此同时钻杆一面以 20r/min 速度旋转，一面以 15～30cm/min 低速徐徐提升，使土体与水泥浆充分搅拌混合，胶结硬化后在地基中形成直径较均匀具有一定强度（0.5～8.0MPa）的水泥土桩体（称为旋喷桩），从而使地基得到加固。高压喷射注浆法的注浆形式分旋喷注浆、定喷注浆和摆喷注浆三种；按使用的机具设备的不同又有单管法、二重管法和三重管法三种。本法的特点是：可提高地基的抗剪强度，能利用小直径钻孔旋喷成比孔大 8～10 倍的大直径固结体；设备较简单轻便，机械化程度高，可用于已有建筑物地基加固而不扰动附近土体；施工噪声低、振动小，施工速度快，成本低等。适用于处理淤泥、淤泥质土、黏性土、粉土、黄土砂土、人工填土和碎石土等地基；可用于既有建筑和新建筑地基的处理，深基坑侧壁挡土或挡水、基坑底部加固防止管涌和隆起，坝的加固与防水帷幕等工程。

高压喷射注浆法加固地基施工计算主要有以下各项：

一、加固有效桩径计算

加固有效桩径 D 与土的密实度、土颗粒粗细、黏聚力强弱有关，通常以标准贯入试验 N 值为主来考虑，按下式计算：

对于黏性土
$$D = \frac{1}{2} - \frac{1}{200} N_1^2 \quad (4\text{-}96a)$$

对于砂质土
$$D = \frac{1}{1000}(350 + 10N - N_2^2) \quad (4\text{-}96b)$$

式中 N_1——为黏性土的标准贯入试验值，仅适用于 $0 < N \leqslant 5$ 的情况；

N_2——为砂质土的标准贯入试验值，仅适用于 $5 \leqslant N < 15$ 的情况。

二、加固桩柱总面积计算

加固地基需要桩柱总面积可按下式计算：
$$A_p = \frac{W_{\max} - W}{\sigma_p / k} \quad (4\text{-}97)$$

式中 W——高压喷射注浆前建筑物地基承受的重量；

W_{max}——高压喷射注浆加固后所需支承的最大重量；

σ_p——桩柱体的抗压极限强度，按配方试验或现场承载力试验确定；

k——加强桩柱的安全系数，其值按桩孔布置的合理程度、桩径、柱体强度以及建筑物增加荷载的准确性、建筑物的重要性等因素综合考虑，一般取$k=2$。

三、布孔形式及孔距计算

用于堵水防渗工程的布孔形式及孔距，宜按双排或三排布孔，使形成帷幕。孔距应为旋喷设计半径R_0的0.866倍，排距以$0.75R_0$最为经济，如图4-16a所示。

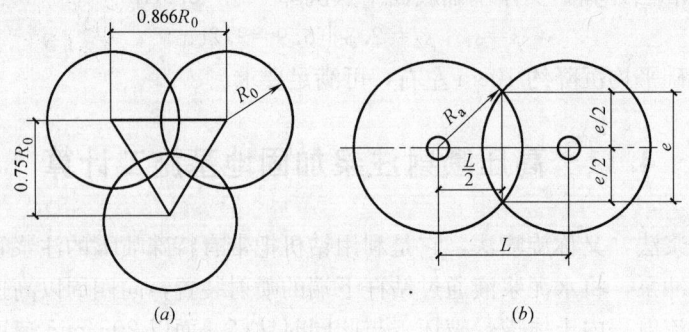

图4-16 旋喷桩布孔及孔距计算简图
(a) 旋喷桩帷幕的孔距与排距；(b) 旋喷桩的交圈厚度

旋喷桩的交圈厚度可按下式计算（图4-16b）：

$$e=2\sqrt{R_0^2-(L/2)^2}=\sqrt{D^2-L^2} \tag{4-98}$$

式中 e——旋喷桩的交圈厚度（m）；

R_0、L、D——分别为旋喷桩的半径、孔距和直径（m）。

四、加固桩柱数量计算

加固桩柱数量可由下式计算：

$$m=\frac{A_p}{F}=\frac{A_p}{\frac{1}{4}\pi D^2}=1.273\frac{A_p}{D^2} \tag{4-99}$$

式中 A_p——高压喷射注浆加固桩柱总面积；

D——桩柱的有效直径，由试桩或经验公式(4-96a)、式(4-96b)计算求得。根据实践，当喷射压力为20MPa，喷嘴直径$d \geqslant 2.0$mm时，实际所得桩直径比经验公式计算值约大30%～40%。

五、高压喷射注浆浆液用量计算

高压喷射注浆浆液用量计算方法，有以下两种：

（一）根据已确定的桩径计算：

$$Q=\frac{\pi}{4}D^2h\alpha(1+\beta) \tag{4-100}$$

式中 Q——一根桩浆液用量（m³）；

D——桩有效直径（m）；

h——施工长度（m），即旋喷长度；

4.11 高压喷射注浆加固地基施工计算

α——变动系数，随土质的不同和有效直径的大小而变化，由图 4-17 查用；

β——损失系数，配合损失、残余损失和机械故障时损失取 $\beta=0.1$。

（二）根据已选定的设备参数计算：

$$Q=\frac{h}{V}q(1+\beta) \tag{4-101}$$

式中 Q——一根桩喷浆量（m^3/根）;

V——旋喷注浆管提升速度（m/min）；

h——旋喷长度（m）；

q——泵的排浆量（m^3/min），即单位时间喷浆量；

β——浆液损失系数，一般取 0.1～0.2。

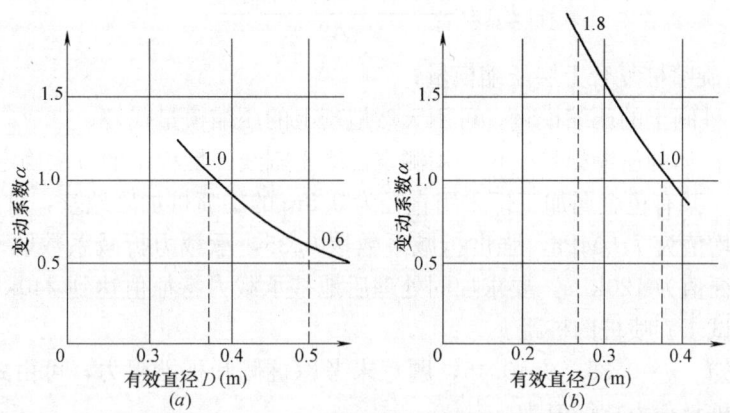

图 4-17　土的变动系数
(a) 黏性土的变动系数；(b) 砂土的变动系数

根据计算所需的喷浆量和设计的水灰比，即可确定水泥的使用数量。

六、旋喷桩复合地基承载力计算

竖向承载旋喷桩复合地基承载力特征值应通过现场复合地基载荷试验确定，也可按下式估算：

$$f_{spk}=m\frac{R_a}{A_p}+\beta(1-m)f_{sk} \tag{4-102}$$

式中 β——桩间土承载力折减系数，可根据试验或类似土质条件工程经验确定，当无试验资料或经验时，可取 0.1～0.5，承载力较低时取低值，不考虑桩间软土的作用时，可取 $\beta=0$；

R_a——单桩竖向承载力特征值，可通过现场载荷试验确定。

单桩竖向承载力特征值也可按下列二式计算，取其中较小值：

$$R_a=\eta f_{cu}\cdot A_p \tag{4-103}$$

$$R_a=n\bar{d}\sum_{i=1}^{n}h_i q_{si}+A_p q_p \tag{4-104}$$

式中 f_{cu}——桩身试块（边长为 70.7mm 的立方体）的无侧限抗压强度平均值；

η——强度折减系数,可值 0.35~0.50;
$\bar{d}$——桩的平均直径;
n——桩长范围内所划分的土层数;
h_i——桩周第 i 层土的厚度;
q_{si}——桩周第 i 层土的摩擦力特征值,可采用钻孔灌注桩侧壁摩擦力特征值;
q_p——桩端天然地基土的承载力特征值,可按《建筑地基基础设计规范》(GB 50007)第 8 章第 5 节的有关规定确定。

七、旋喷桩复合土层压缩模量计算

桩长范围内复合土层以及下卧层地基变形值可按《建筑地基基础设计规范》(GB 50007)的有关规定计算,其中复合土层的压缩模量可按下式计算:

$$E_{ps} = \frac{E_s(A_e - A_p) + E_p A_p}{A_e} \tag{4-105}$$

式中 E_{ps}——旋喷桩复合土层压缩模量;
E_s——桩间土的压缩模量,可用天然地基上的压缩模量代替;
E_p——桩体的压缩模量,可采用测定混凝土割线弹性模量的方法确定。

【例 4-18】 某有色金属加工厂采用直径为 0.5m 的旋喷桩加固地基,桩身试块的立方体抗压强度平均值为 7.0MPa,强度折减系数取 0.35,承载力折减系数取 0.45,已知桩间土承载力特征值为 120kPa,要求加固处理后地基承载力特征值达到 240kPa,采用等边三角形布桩,试求旋喷桩的桩距。

【解】 已知 $\eta = 0.35$,$\beta = 0.45$,题意未考虑桩侧和桩端阻力,可由式(4-103)计算旋喷桩的单桩承载力特征值为:

$$R_a = \eta f_{cu} A_p = 0.35 \times 7000 \times 3.14(0.5/2)^2 = 480.8 \text{kN}$$

一根桩承担的处理面积由式(4-102)得:

$$A_e = \frac{R_a - \beta A_p f_{sk}}{f_{spk} - \beta f_{sk}} = \frac{480.8 - 0.45 \times 0.196 \times 120}{240 - 0.45 \times 120} = 2.528 \text{m}^2$$

对于等边三角形布桩,桩距 s 为:

$$s = d_e/1.05 = \sqrt{4A_e/\pi}/1.05 = \sqrt{4 \times 2.528/3.14}/1.05 = 1.70 \text{m}$$

4.12 高压喷射技术参数计算

单管旋喷的技术参数主要包括:喷射压力、喷射泵量、喷嘴直径和个数、旋转速度、提升速度以及浆液性能等;二重管和三重管旋喷时还包括压缩空气的压力和流量,后者还增加注浆压力和注浆量两个参数。

一、喷射压力计算

影响喷射压力的主要因素是:喷射泵量、喷嘴直径、喷嘴个数和喷射液体的密度。喷射入口压力 p (MPa)可按下式计算:

$$p = \frac{0.225 \rho Q^2}{(n \mu \varphi d_0^2)^2} \tag{4-106}$$

式中 ρ——喷射流体的密度(g/cm³);

Q——喷射泵量（1/min）；
n——喷嘴个数（个）；
μ——喷嘴流量系数，对圆锥形喷嘴 $\mu=0.95$；
φ——喷嘴流速系数，良好的圆锥形喷嘴，$\varphi=0.97$；
d_0——喷嘴出口内径（mm）。

二、喷射泵量计算

喷射泵量系指单位时间内通过喷嘴的流量，在无泄漏的情况下，即为高压泵的排量。当喷射泵设定，喷射泵量 Q（1/min）可按下式计算：

$$Q=2.11 n d_0^2 \mu \varphi \sqrt{p/\rho} \tag{4-107}$$

符号意义均同前。求得 Q 值，即可按此选择高压泵。

三、喷嘴直径和个数计算

喷嘴的直径和个数是影响喷射压力和喷射泵量的主要因素。当喷射压力、喷射泵量和喷嘴个数已选定时，喷嘴的出口直径 d_0（mm）可按下式计算：

$$d_0=6.69\sqrt{\frac{Q}{n\cdot\mu\cdot\varphi\sqrt{p/\rho}}} \tag{4-108}$$

符号意义同前。

从注浆管回转的稳定性分析，旋喷时以采用两个互成 180°的喷嘴为佳，如若采用一个喷嘴或两个不成 180°的喷嘴，喷射的反作用就会使注浆管偏离导孔的中心，远离要破坏的土体，因而会影响喷射的效果。

四、旋转和提升速度

旋喷转速和提升速度一般由试验和经验确定，表 4-6 可供参考。旋转速度应合理配合，通常每转一圈提升 0.5~1.25cm 为宜，最大高度不宜超过 2.0cm。这样，在距喷嘴 0.25m 土体的任意点，大约都可受到 5~6 次喷射流的冲击。旋喷提升的方式宜采用连续提升，即注浆管向上作匀速运动，操作较简便。

五、压缩空气的流量和风压

根据空气喷流帷幕对水（浆）喷射流影响的分析，空气流量增大时，喷射长度相应增加。结合试验和实际施工经验，压缩空气的流量以 1~2m³/min 为宜。相应的风压以 0.6~0.7MPa 为宜。

六、三重管法的注浆泵量与注浆压力计算

三重管法的注浆量是否合适直接影响旋喷固结体的质量和成本。如注浆量过少，固结体中将充填大量原来的土颗粒，使强度明显下降。反之，如果注浆量过多，大量浆液随高压水喷射形成的泥浆流出地表，将浪费材料，加大成本，且增加浆液处理工作量。合理的注浆泵量 q（m³/min）可按下式计算：

$$q=\frac{\pi}{4}D_e^2 v K_1$$

式中　D_e——预计旋喷固结体直径（m）；
　　　v——注浆管提升速度（m/min）；
　　　K_1——设计充填率，一般取 0.75~0.90。

国内常用的高压喷射注浆的技术参数参见表 4-6。

国内常用的高压喷射注浆的技术参数　　　　　表 4-6

项次	技术参数		单管法	二重管法	三重管法
1	水	压力(MPa) 流量(L/min) 喷嘴孔径(mm) 喷嘴个数(个)	— — — —	— — — —	20～30 80～120 2～3 1～2
2	空气	压力(MPa) 流量(m³/min) 喷嘴间隙(mm)	— — —	0.7 1～2 1～2	0.7 1～2 1～2
3	浆液	压力(MPa) 流量(L/min) 喷嘴孔径(mm) 喷嘴个数(个)	20 80～120 2～3 2	20 80～120 2～3 1～2	0.5～3 70～150 10～14
4	注浆管	提升速度 cm/min 旋转速度(r/min) 外径(mm)	20～25 约 20 42 或 50	10～20 10～20 42、50、75	约 10 约 10 75、90

4.13 粉体喷射搅拌桩加固地基施工计算

喷粉桩又称粉体喷射搅拌桩，系采用喷粉桩机，借助压缩空气将粉体（水泥或石灰粉）输送到桩头，并以雾状喷入加固地基的土层中，并借钻头叶片旋转加以搅拌，使其充分混合，形成水泥（或石灰）土桩体，与原地基构成复合地基。喷粉桩的特点是：可有效加固改良地基，提高地基承载力（2～3 倍）和水稳性，减少沉降量（1/3～2/3）；施工机具设备较简单，操作液压控制，效率高（每台喷粉机每日可成桩 50 根）；施工无污染、振动和噪声，处理费用低（仅为混凝土灌注桩的 60%～70%）。适用于工业厂房与 9 层以下的民用建筑地基处理、边坡的加固及地下工程支护；特别适用于有地下水或土的含水率大于 23% 的黏性土、粉土、砂土、杂填土、软土地基作浅层（深 14m 以内）加固

喷粉桩施工计算有以下各项：

一、粉体喷出量计算

为了确保喷粉桩的施工质量，制桩过程中必须控制固化剂喷出量。

粉体发送器单位时间内的粉体喷出量，即喷入被搅拌土层中的固化剂数量可按下式计算：

$$q_p = \frac{\pi}{4} d^2 \cdot \rho_d \cdot \mu_p \cdot v \tag{4-109}$$

式中 q_p——单位时间内粉体喷出量（kg/min）；

d——钻头直径（m）；

ρ_d——被搅拌土的干密度（kg/m³）；

μ_p——要求的固化剂掺入比（%），由试验室提供；

v——钻头提升速度（m/min）。

在式（4-109）中，除提升速度外，其他各项均是固定不变的，故此通过变换钻头提

升速度,可以得到不同的喷粉量,以此来掌握各段桩需要的喷粉量。

二、灰土搅拌次数计算

理论上讲,对于喷入粉体的同一点土位,搅拌次数越多,灰土混合得越均匀,成桩质量越佳。如提升钻头的速度为定值,则搅拌次数可按下式计算:

$$C_\mathrm{p}=\frac{h\cdot Z}{v}\cdot n\cdot i \tag{4-110}$$

式中 C_p——被搅拌的土层中任一点经钻头搅拌叶片拌合的次数(次);
  h——钻头叶片垂直投影高度,即叶片上最高点与最低点之间的投影竖直距离(m);
  Z——钻头上的叶片总数(个);
  n——搅拌轴转速(r/min);
  v——钻头提升速度(m/min);
  i——同一桩孔的钻头钻进搅拌次数,当一次钻进时,$i=1$;当复钻一次,$i=3$。

式(4-110)中,h、Z、v 往往是固定不变的,故此,为了获得较多的搅拌次数,应尽可能采用较大的搅拌轴转速,或者对喷入固化剂的原位孔复钻一次。

三、桩体强度计算

桩体强度设计值的确定,有两种方法:

1. 先行确定法:系先通过室内试验,根据不同的固化料掺入量,确定桩体灰土的极限平均值 q_u,为喷粉桩设计和施工提供依据,此时,桩体强度设计值 q 可按下式计算:

$$q=\frac{q_\mathrm{u}}{2k} \tag{4-111}$$

式中 q_u——桩体材料试验抗压强度极限值;
  k——桩加固料强度安全系数,取 1.2~1.5;
  2——单桩承载力安全系数。

2. 后行确定法:系根据上部荷载首先算出单桩承载力值 R_k,则桩身的实际强度 q 可按下式计算:

$$q=\frac{R_\mathrm{k}}{A_\mathrm{p}} \tag{4-112}$$

式中 R_k——单桩竖向承载力值;
  A_p——桩身截面。

桩体强度的试验值的确定:如果先由式(4-112)求出了桩体截面的实际抗压强度设计值 q,则应选用不同的固化料掺入量进行室内试验,并确定掺入比,满足下式所需桩体灰土的抗压强度试验值 q_u:

$$q_\mathrm{u}=\frac{2kR_\mathrm{k}}{A_\mathrm{p}} \tag{4-113}$$

式中 q_u——相应于桩体材料的灰土无侧限抗压强度极限值;
  其他符号意义同上。

四、复合地基承载力计算

喷粉桩复合地基承载力特征值应通过现场复合地基荷载试验检测确定。也可按下式计算:

$$f_{spk} = m\frac{R_k}{A_p} + \beta(1-m)f_{sk} \tag{4-114}$$

式中 f_{spk}——复合地基承载力特征值；

m——面积置换率，计算方法见本节五；

R_k——单桩竖向承载力特征值，现场试验确定；

A_p——桩的截面积；

f_{sk}——桩间天然土承载力特征值；

β——桩间土承载力折减系数，当桩端土为软土时，可取 0.5～1.0；当桩端土为硬土时，可取 0.1～0.4；当不考虑桩间软土的作用时，可取零。

利用式（4-114）计算出的复合地基承载力应大于设计要求的复合地基承载力。

五、桩面积置换率计算

桩的面积置换率又称灰土置换率，一般为 11%～18%，它是指桩的面积所占基础面积的比例。桩面积置换率可按下式计算：

$$m = \frac{f_{spk} - \beta f_{sk}}{\dfrac{R_k}{A_p} - \beta f_{sk}} \tag{4-115}$$

或

$$m = \frac{nA_p}{A} \tag{4-116}$$

$$m = \frac{A_p}{A_c} \tag{4-117}$$

式中 n——喷粉桩总的数量；

A——建筑物基础底面积；

A_c——1 根桩承担的处理面积；

其他符号意义同前。

式（4-115）、式（4-116）、式（4-117）具有同等的计算效力，可根据已知条件选用。如已知一根桩的承担处理面积时，可由式（4-117）来计算 m；如已知总桩数和基底总面积时，可由式（4-116）计算 m；如已知复合地基的承载力时，则用式（4-115）求得 m 值。

六、桩的总数计算

喷粉桩总桩数可从桩位总平面布置图中查得，也可以按下式计算：

$$n = \frac{mA}{A_p} \tag{4-118}$$

式中 n——总的喷粉桩数；

A_p——桩的截面积；

A——建筑物基础底面积；

m——面积置换率。

利用式（4-115）计算出的 m 代入式（4-117）中，可以初定出一根桩的处理面积，进而定出桩总数，此时桩总数 n 可按下式计算：

$$n = \frac{A}{A_c} \tag{4-119}$$

七、复合地基实际承载力计算

已知基础总面积、总桩数、单桩承载力和桩体强度,地基的实际承载能力可由下式计算:

$$f_{szk} = \frac{nR_k + (A - nA_p)f_{sk}}{A} \tag{4-120}$$

式中 f_{szk}——复合地基最终实际承载力值;
f_{sk}——桩间天然土地基承载力特征值;
n——总桩数;
R_k——单桩承载力;
A——基础总面积;
A_p——单桩截面积。

利用式(4-120)计算所得的 f_{szk} 值应大于要求的复合地基承载力值,且应与式(4-114)的计算值基本接近。如实际的复合地基承载力 f_{szk} 比要求的复合地基承载力大过多,应调整桩距和桩数后,再用式(4-120)复算,直至达到要求为止。

4.14 注浆法加固地基施工计算

压力注浆法的适用范围甚广,可灌注岩体、土体、建筑物地基加固及湿凝土、砖、石结构的裂缝处理以及建筑物纠偏等许多方面。

压力注浆法除做好地质调查、初步选择注浆方案、确定注浆标准外,还应进行以下施工计算:

一、可灌性比值计算

对最为常用的渗入性注浆使用的粒状浆材,其颗粒尺寸必须能进入孔隙或裂隙中,多以可灌比值 N 表达。对于砂砾石地层按下式计算:

$$N = \frac{D_{15}}{d_{85}} \geqslant 10 \sim 15 \tag{4-121}$$

式中 D_{15}——砂砾石中含量为15%的颗粒尺寸;
d_{85}——注浆材料中含量为85%的颗粒尺寸。

另外也可用渗透系数评估:当土的渗透系数 $K > (2 \sim 3) \times 10^{-1}$ cm/s 时,可用水泥注浆;当 $K > (5 \sim 6) \times 10^{-2}$ cm/s 时,可用水泥黏土浆。超细水泥平均粒径约 $4\mu m$,可灌注 $K = 10^{-3} \sim 10^{-4}$ cm/s 的细砂或岩石细裂隙。

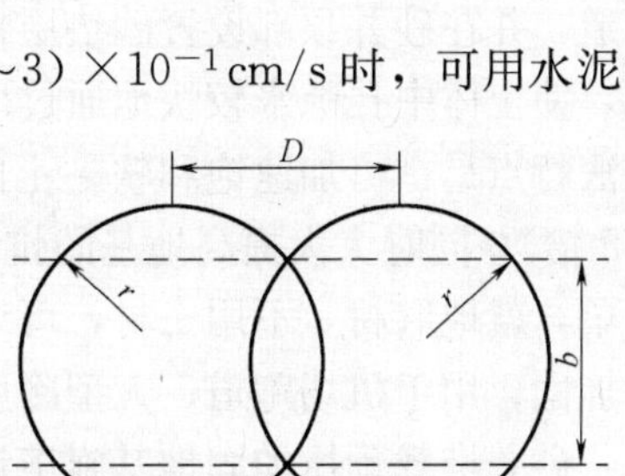

二、钻孔排距与孔距选用计算

如图4-18所示,假定浆液扩散半径为已知,浆液呈圆柱状扩散,两圆相交即得一定厚度 b、两排厚度的中心距即为排距 R,而 b 又取决于选用的孔距 D,即:

$$b = 2 \cdot \sqrt{r^2 - D^2/4} \tag{4-122}$$

图4-18 钻孔灌浆帷幕有效厚度示意

若单排孔厚度满足不了要求时,可作多排孔布置,其有效厚度 b_m 可按下式计算:

奇数排 $$b_\mathrm{m}=(n-1)\left[r+\left(\frac{n+1}{n-1}\right)\sqrt{r^2-D^2/4}\right] \quad (4\text{-}123)$$

偶数排 $$b_\mathrm{m}=n(r+\sqrt{r^2-D^2/4}) \quad (4\text{-}124)$$

排距 $R=(r+b/2)$ 时，两排孔将紧密搭接，是一种最优的排列。孔位以三角形布置效率最高。

为获得最优的厚度 b，可以用加大或减小 r 和 D 值来取得，加大 D 值可减小钻孔数量，节约钻孔费用，但同时加大 r 值，则会使注浆时间加长，废浆较多，增大注浆费用。故应进行优化选用，使综合费用最小。

三、注浆压力选用计算

在渗入性注浆时，以不破坏地层的天然结构为原则，选用注浆压力 p，常用方法有二：(1) 在注浆试验中，逐级增大压力，测定注浆量，绘制压力与注浆量间的关系曲线，在注浆量突然增加时，相应的压力即为允许注浆压力。(2) 按经验取用，注浆过程中再按具体情况调整：

对砂砾地基 $$p=c(0.75T+k\lambda h) \quad (4\text{-}125)$$

对岩石地基 $$p=p_0+mT \quad (4\text{-}126)$$

式中 c——与注浆次序有关系数，第一序孔取 $c=1$，第二序孔，$c=1.25$，第三序孔 $c=1.5$；

T——盖重层厚度；

k——与注浆方式有关的系数，自上而下注浆时 $k=0.8$；自下而上时 $k=0.6$；

λ——与地层性质有关的系数，在 $0.5\sim1.5$ 之间选用，结构疏松取低值；

h——地面至注浆段深度；

p_0——取决于基岩性质，在 $0.25\sim3.0\mathrm{kg/cm^2}$ 间取用；

m——取决于基岩性质及注浆方法，在 $0.25\sim2.0\mathrm{kg/m^2}$ 间取用。

4.15 堆载预压法加固地基施工计算

砂井堆载预压加固地基，系在软弱地基中用钢管打孔、灌砂，设置砂井作为竖向排水通道，并在砂井顶部设置砂垫层作为水平排水通道，在砂垫层上部压载以增加土中附加应力，使土体中孔隙水较快地通过砂井、垫层排出，从而加速土体固结，使地基得到加固。本法特点是：可加速饱和软黏土的排水固结，使沉降及早完成（下沉速度可加快 $2.0\sim2.5$ 倍），同时大大提高地基的抗剪强度和承载力，防止基土滑动破坏；施工机具和方法简单，就地取材，不用三材，可缩短施工期限，降低造价。适用于透水性低的饱和软黏性土加固；用于机场跑道、大型冷库、油罐、水池、堤坝等工程地基处理。

砂井堆载预压加固地基施工计算有以下各项：

一、砂井的设置计算

1. 砂井直径和间距

砂井分普通砂井和袋装砂井。砂井直径和间距主要取决于黏性土层的固结特性和施工期限的要求。普通砂井直径可取 $300\sim500\mathrm{mm}$；袋装砂井直径可取 $70\sim100\mathrm{mm}$；塑料排水带的当量换算直径可按下式计算：

$$D_p = \alpha \cdot \frac{2(b+\delta)}{\pi} \tag{4-127}$$

式中 D_p——塑料排水带当量换算直径；
α——换算系数，无试验资料时可取 $\alpha = 0.75 \sim 1.00$；
b——塑料排水带宽度；
δ——塑料排水带厚度。

砂井的间距可根据地基土的固结特性和预定时间内所要求达到的固结度确定。通常砂井的间距可按井径比 n（$n = \frac{d_e}{d_w}$，d_w——为砂井直径，d_e——为砂井有效排水圆柱体直径）确定。普通砂井的间距可按 $n = 6 \sim 8$ 选用，一般为砂井直径的 $5 \sim 7$ 倍；袋装砂井或塑料排水带的间距可按 $n = 15 \sim 20$ 选用，一般为 $1 \sim 1.5m$。

2. 砂井长度

砂井长度的选择与土层分布、地基中附加应力的大小、施工期限和条件等因素有关。当软土层不厚、底部有透水层时，砂井应尽可能穿透软土层；如软土层较厚，但间有砂层或砂透镜体，砂井应尽可能打至砂层或透镜体。当黏土层很厚，其中又无透水层时，可按地基的稳定性及建筑物变形要求处理的深度来决定。按稳定性控制的工程，如路堤、土坝、岸坡、堆料场等，砂井深度应通过稳定分析确定，砂井长度应超过最危险滑弧面的深度 2m。从沉降考虑，砂井长度应穿过主要的压缩层。砂井长度一般为 $10 \sim 20m$。

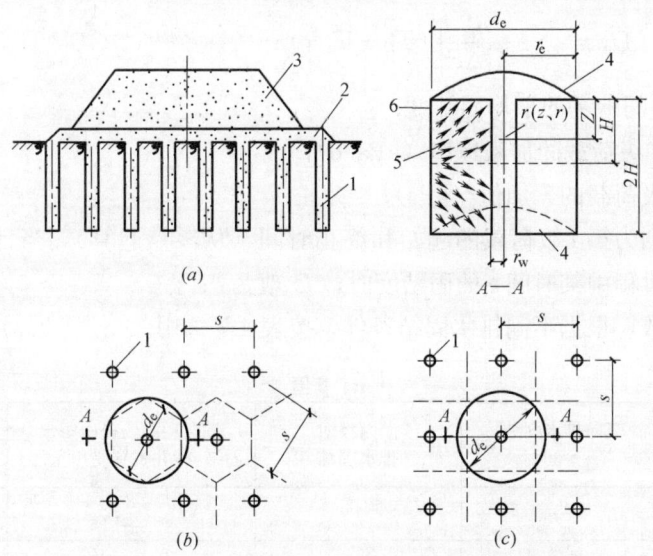

图 4-19 砂井平面布置及影响范围土柱体剖面
(a) 砂井剖面；(b)、(c) 砂井三角形、正方形排列
1—砂井；2—砂垫层；3—堆载预压；4—排水面；5—水流途径；6—无水流经过此界线

3. 砂井的排列和范围

砂井常按等边三角形和正方形布置（图 4-19）。当砂井为等边三角形排列时，砂井的有效排水范围为正六边形，而正方形排列时则为正方形，如图 4-19 中虚线所示。假设每个砂井的有效影响面积为圆面积，如砂井距为 s，则等效圆（有效影响范围）的直径 d_e 与 s 的关系如下：

等边三角形排列时 $$d_e = \sqrt{\frac{2\sqrt{3}}{\pi}} \cdot s = 1.05s \tag{4-128}$$

正方形排列时 $$d_e = \sqrt{\frac{4}{\pi}} \cdot s = 1.13s \tag{4-129}$$

由井径比就可算出井距 s。由于等边三角形排列较正方形紧凑和有效，较常采用，但理论上两种排列效果相同（当 d_e 相同时）。砂井的布置范围，宜比建筑物基础范围稍大为佳。扩大的范围可由基础的轮廓线向外增大约 2~4m。

4. 砂垫层厚度

在砂井顶面应铺设排水砂垫层，以连动各个砂井形成通畅的排水面，将水排到场地以外。砂垫层通常作成反向过滤式，厚度一般为 0.4~0.5m；为节约砂子，也可采用连动砂井的纵横砂沟代替整片砂垫层，砂沟的高度一般为 0.5~1.0m，砂沟的宽度取砂井直径的 2 倍。

二、砂井地基固结度计算

固结度的计算是砂井堆载预压地基施工中的一个很重要的内容，因为知道各级荷载下不同时间的固结度，即可推算出地基强度的增长，从而可进行各级荷载下地基的稳定性分析，并确定相应的加载计划，亦可推算加荷期间地基的沉降量，确定预压荷载的期限。

地基加载通常是逐渐分级进行的，在一级或多级等速加载条件下，t 时间对应总荷载的地基平均固结度，可按下式计算：

$$\overline{U}_t = \sum_{i=1}^{n} \frac{q_i}{\sum \Delta P}\left[(T_i - T_{i-1}) - \frac{\alpha}{\beta} \cdot e^{-\beta}(e^{\beta T_i} - e^{\beta T_{i-1}})\right] \tag{4-130}$$

式中 $\overline{U}_t$——t 时间地基的平均固结度；

q_i——第 i 级荷载的加载速率（kPa/d）；

$\sum \Delta P$——各级荷载的累加值（kPa）；

T_{i-1}、T_i——分别为第 i 级荷载的起始和终止时间（从零点起算），当计算第 i 级荷载加载过程中某时间 t 的固结度时，T_i 改为 t；

α、β——参数，根据不同排水固结条件，按表 4-7 采用。

α、β 值 表 4-7

排水固结条件 参　数	竖向排水固结 $\overline{U}_z > 30\%$	向内径向排水固结	竖向和向内径向排水固结（砂井贯穿受压土层）	砂井未贯穿受压土层间固结
α	$\dfrac{8}{\pi^2}$	1	$\dfrac{8}{\pi^2}$	$\dfrac{8}{\pi^2}Q$
β	$\dfrac{\pi^2 C_v}{4H^2}$	$\dfrac{8C_h}{F_n d_e^2}$	$\dfrac{8C_h}{F_n d_e^2} + \dfrac{\pi^2 C_v}{4H^2}$	$\dfrac{8C_h}{F_n d_e^2}$

注：C_v——土的竖向排水固结系数（cm²/s）；

C_h——土的水平向排水固结系数（cm²/s）；

H——土层竖向排水距离（cm），双面排水时，H 为土层厚度的一半，单面排水时，H 为土层厚度（cm）；

$$Q \approx \frac{H_1}{H_1 + H_2}$$

H_1——砂井深度（cm）；

H_2——砂井以下压缩土层厚度（cm）；

$$F_n = \frac{n^2}{n^2 - 1}\ln(n) - \frac{3n^2 - 1}{4n^2};$$

n——井径比；

$\overline{U}_z$——双面排水土层或固结应力均匀分布的单面排水土层平均固结度。

三、考虑涂抹和井阻影响时，竖井地基径向排水平均固结度计算

当排水竖井采用袋装砂井或塑料排水带，并采用挤土方式施工时，应考虑涂抹对土体固结的影响。当竖井的纵向通水量 q_w 与天然土层水平向渗透系数 k_h 的比值较小，且长度又较长时，尚应考虑井阻影响。瞬时加载条件下，考虑涂抹和井阻影响时，竖井地基径向排水平均固结度可按下式计算：

$$\overline{U}_r = 1 - e^{-\frac{8c_h}{Fd_e^2}t} \tag{4-131}$$

$$F = F_n + F_s + F_r \tag{4-132}$$

$$F_n = \ln(n) - \frac{3}{4} \quad n \geqslant 15 \tag{4-133}$$

$$F_s = \left[\frac{k_h}{k_s} - 1\right] \ln s \tag{4-134}$$

$$F_r = \frac{\pi^2 L^2}{4} \cdot \frac{k_h}{q_w} \tag{4-135}$$

式中 $\overline{U}_r$——固结时间 t 时竖井地基径向排水平均固结度；

k_h——天然土层水平向渗透系数（cm/s）；

k_s——涂抹区土的水平向渗透系数，可取 $k_s = \left(\frac{1}{5} \sim \frac{1}{3}\right) k_h$（cm/s）；

s——涂抹区直径 d_s 与竖井直径 d_w 的比值，可取 $s = 2.0 \sim 3.0$，对中等灵敏黏性土取低值，对高灵敏黏性土取高值；

L——竖井深度（cm）；

q_w——竖井纵向通水量，为单位水力梯度下单位时间的排水量（cm³/s）；

一级或多级等速加荷条件下，考虑涂抹和井阻影响时竖井穿透受压土层地基之平均固结度可按式（4-130）计算，其中 $\alpha = \frac{8}{\pi^2}$，$\beta = \frac{8c_h}{Fd_e^2} + \frac{\pi^2 c_v}{4H^2}$。

如地基固结度仅按式（4-130）计算砂井地基平均固结度应乘以折减系数，其值通常可取 0.80～0.95。

四、地基抗剪强度增长的预估计算

在荷载作用下，地基强度将因固结而增长。同时随着荷载的增加，地基中剪应力也在增大，但在一定条件下，由于剪切蠕动尚有可能导致强度衰减，考虑这些情况，在预压荷载下，正常固结饱和黏性土地基中某点任意时间的抗剪强度可按下式计算：

$$\tau_{ft} = \tau_{fo} + \Delta\tau_{fc} \tag{4-136}$$

其中

$$\Delta\tau_{fc} = \Delta\sigma_z U_t \tan\varphi_{cu} \tag{4-137}$$

式中 τ_{ft}——t 时刻该点土的抗剪强度（kPa）；

τ_{fo}——地基土的天然抗剪强度（kPa），由十字板剪切试验测定；

$\Delta\tau_{fc}$——该点土由于固结而增长的强度；

$\Delta\sigma_z$——预压荷载引起的该点附加竖向压力（kPa）；

U_t——该点土的固结度；

φ_{cu}——三轴固结不排水试验求得的内摩擦角（°）。

五、堆载预压最终变形量计算

预压荷载下地基的最终竖向变形量可按下式计算：

$$s_f = \xi \sum_{i=1}^{n} \frac{e_{0i} - e_{li}}{1 + e_{0i}} \cdot h_i \tag{4-138}$$

式中 s_f——最终竖向变形量；

e_{0i}——第 i 层中点土自重压力所对应的孔隙比，由室内固结试验所得的孔隙比 e 和固结压力 p（即 $e-p$）关系曲线查得；

e_{li}——第 i 层中点土自重压力和附加压力之和所对应的孔隙比，由室内固结试验所得的 $e-p$ 关系曲线查得；

h_i——第 i 层土层厚度；

ξ——经验系数，对正常固结和轻度超固结黏性土地基取 $\xi=1.1\sim1.4$，荷载较大，地基土较弱软时，取较大值，否则取较小值。

变形计算时，可取附加压力与自重压力的比值为 0.1 的深度作为受压层深度的界限。

【例 4-19】 已知地基为淤泥质黏土层，固结系数 $c_h=c_v=1.8\times10^{-3}\text{cm}^2/\text{s}$，受压土层厚 20m，袋装砂井直径 $d_w=70\text{mm}$，袋装砂井为等边三角形排列，间距 $l=1.4\text{m}$，深度 $H=20\text{m}$，砂井底部为不透水层，砂井打穿受压土层。预压荷载总压力 $p=100\text{kPa}$，分两级等速加

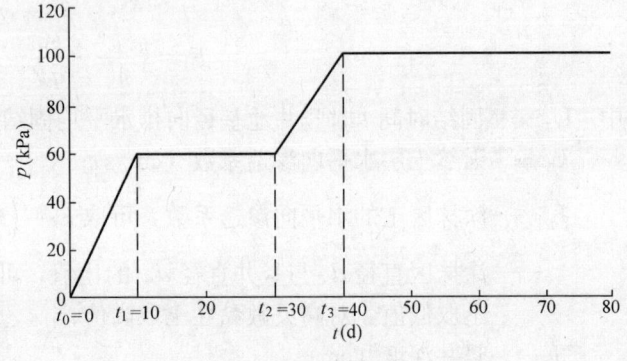

图 4-20 加荷过程

速，如图 4-20 所示，试求：加荷开始后 120d 受压土层之平均固结度（不考虑竖井井阻和涂抹影响）。

受压土层平均固结度包括两部分：径向排水平均固结度和向上竖向排水平均固结度。按公式（4-130）计算，其中 α、β 由表知：

$$\alpha = \frac{8}{\pi^2} = 0.81$$

$$\beta = \frac{8c_h}{F_n d_e^2} + \frac{\pi^2 c_v}{4H^2}$$

根据砂井的有效排水圆柱体直径 $d_e=1.05l=1.05\times1.4=1.47\text{m}$

径井比 $n=d_e/d_w=1.47/0.07=21$，则

$$F_n = \frac{n^2}{n^2-1}\ln(n) - \frac{3n^2-1}{4n^2}$$

$$= \frac{21^2}{21^2-1}\ln(21) - \frac{3\times21^2-1}{4\times21^2} = 2.3$$

$$\beta = \frac{8\times1.8\times10^{-3}}{2.3\times147^2} + \frac{3.14^2\times1.8\times10^{-3}}{4\times2000^2}$$

$$= 2.908\times10^{-7}\text{ 1/s} = 0.0251(1/\text{d})$$

第一级荷载加荷速率 $\dot{q}_1=60/10=6\text{kPa/d}$

第二级荷载加荷速率 $\dot{q}_2=40/10=4\text{kPa/d}$

固结度计算：

$$\overline{U}_\mathrm{t} = \sum \frac{\dot{q}_i}{\sum \Delta p}\left[(T_i - T_{i-1}) - \frac{\alpha}{\beta}\mathrm{e}^{-\beta t}(\mathrm{e}^{\beta T_i} - \mathrm{e}^{\beta T_{i-1}})\right]$$

$$= \frac{\dot{q}_1}{\sum \Delta p}\left[(t_1 - t_0) - \frac{\alpha}{\beta}\mathrm{e}^{-\beta t}(\mathrm{e}^{\beta t_1} - \mathrm{e}^{\beta t_0})\right]$$

$$+ \frac{\dot{q}_2}{\sum \Delta p}\left[(t_3 - t_2) - \frac{\alpha}{\beta}\mathrm{e}^{-\beta t}(\mathrm{e}^{\beta t_3} - \mathrm{e}^{\beta t_2})\right]$$

$$= \frac{6}{100}\left[(10-0) - \frac{0.81}{0.0251}\mathrm{e}^{-0.0251\times120}(\mathrm{e}^{0.0251\times10} - \mathrm{e}^0)\right]$$

$$+ \frac{4}{100}\left[(40-30) - \frac{0.81}{0.0251}\mathrm{e}^{-0.0251\times120}(\mathrm{e}^{0.0251\times40} - \mathrm{e}^{0.0251\times30})\right]$$

$$= 0.93$$

故知加荷载 120d 后受压土层 i 平均固结度为 0.93。

【例 4-20】 已知地基为淤泥质黏土层，水平向渗透系数 $k_\mathrm{h} = 1\times10^{-7}\,\mathrm{cm/s}$，$c_\mathrm{h} = c_\mathrm{v} = 1.8\times10^{-3}\,\mathrm{cm}^2/\mathrm{s}$，袋装砂井直径 $d_\mathrm{w} = 70\,\mathrm{mm}$，砂料渗透系数 $k_\mathrm{w} = 2\times10^{-2}\,\mathrm{cm/s}$，涂抹区土的渗透系数 $k_\mathrm{s} = \frac{1}{5}k_\mathrm{h} = 0.2\times10^{-7}\,\mathrm{cm/s}$。取 $s=2$，袋装砂井为等边三角形排列，间距 $l = 1.4\,\mathrm{m}$，深度 $H = 20\,\mathrm{m}$，砂井底部为不透水层，砂井打穿受压土层。预压荷载总压力 $p = 100\,\mathrm{kPa}$，分两级等速加载，如图 4-16 所示。试求：加载开始后 120d 受压土层之平均固结度。

【解】 袋装砂井纵向通水量

$$q_\mathrm{w} = k_\mathrm{w} \times \pi d_\mathrm{w}^2/4 = 2\times10^{-2}\times3.14\times7^2/4 = 0.769\,\mathrm{cm}^3/\mathrm{s}$$

$$F_\mathrm{n} = \ln(n) - \frac{3}{4} = \ln 21 - \frac{3}{4} = 2.29$$

$$F_\mathrm{r} = \frac{\pi^2 L^2}{4}\frac{k_\mathrm{h}}{q_\mathrm{w}} = \frac{3.14^2\times2000^2}{4}\times\frac{1\times10^{-7}}{0.769} = 1.28$$

$$F_\mathrm{s} = \left(\frac{k_\mathrm{h}}{k_\mathrm{s}} - 1\right)\ln s = \left(\frac{1\times10^{-7}}{0.2\times10^{-7}} - 1\right)\ln 2 = 2.77$$

$$F = F_\mathrm{n} + F_\mathrm{r} + F_\mathrm{s} = 2.29 + 1.28 + 2.77 = 6.34$$

$$\alpha = \frac{8}{\pi^2} = 0.81$$

$$\beta = \frac{8c_\mathrm{h}}{Fd_\mathrm{e}^2} + \frac{\pi^2 c_\mathrm{v}}{4H^2} = \frac{8\times1.8\times10^{-3}}{6.34\times147^2} + \frac{3.14^2\times1.8\times10^{-3}}{4\times2000^2}$$

$$= 1.06\times10^{-7}\,1/\mathrm{s} = 0.0092\,(1/\mathrm{d})$$

$$\overline{U}_\mathrm{t} = \frac{\dot{q}_1}{\sum \Delta p}\left[(t_1 - t_0) - \frac{\alpha}{\beta}\mathrm{e}^{-\beta t}(\mathrm{e}^{-\beta t_1} - \mathrm{e}^{\beta t_0})\right]$$

$$+ \frac{\dot{q}_2}{\sum \Delta p}\left[(t_3 - t_2) - \frac{\alpha}{\beta}\mathrm{e}^{-\beta t}(\mathrm{e}^{\beta t_3} - \mathrm{e}^{\beta t_2})\right]$$

$$= \frac{6}{100}\left[(10-0) - \frac{0.81}{0.0092}\mathrm{e}^{-0.0092\times120}(\mathrm{e}^{0.0092\times10} - \mathrm{e}^0)\right]$$

$$+ \frac{4}{100}\left[(40-30) - \frac{0.81}{0.0092}\mathrm{e}^{-0.0092\times120}(\mathrm{e}^{0.0092\times40} - \mathrm{e}^{0.0092\times30})\right] = 0.68$$

故知,加荷载后120d,考虑涂抹和井阻影响时受土层i平均固结度为0.68。

4.16 加筋土地基施工计算

加劲土地基系由填土和填土中布置一定量的水平带状拉筋以及直立的墙面板三部分组成一个整体复合结构(图4-21)。这种结构内部存在着墙面土压力、拉筋的拉力以及填土与拉筋间的摩擦力等相互作用的内力,并维持互相平衡,从而可保证这个复合地基体的整体性和稳定性,变为能够支承外力、自重的地基或结构。

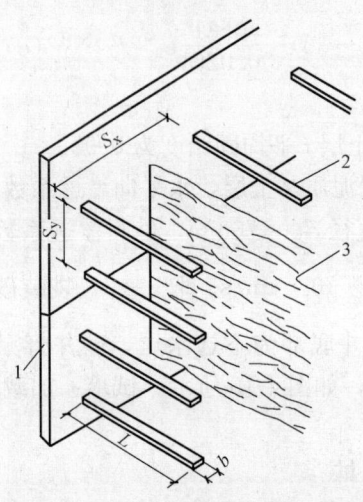

图4-21 加劲土结构物剖面示意图
1—面板;2—拉筋;3—填料

加劲土具有可美化环境,结构轻型,体积小,节省用地、投资;结构整体性强,稳定性好,抗震性优良,结构简单,施工方便、快速,只需压实机械,质量易于控制等特点。适用于山区和城市道路的挡墙、护坡、路堤、堤坝、桥台等工程应用。拉筋材料可采用截面5mm×40mm或50mm×60mm镀锌钢带、铝合金钢带和不锈钢带、钢条(Q235钢)、尼龙绳、玻璃纤维和土工织物等。填料多用级配砂砾土、砂类土或黄土、中低液限黏性土等。

加劲土加固地基施工计算有以下各项:

一、拉筋拉力及所需横截面面积计算

1. 拉筋拉力 当土体的主动土压力充分作用时,每根拉筋除通过摩擦力以阻止部分填土的水平位移外,还能拉紧一定范围的面板,使得拉筋能和主动土压力保持平衡。每根拉筋所受的拉力随深度的增加而增大,而最下面的一根拉筋的拉力T_1(kN)为最大,可按下式计算(图4-21):

$$T_1 = \gamma(H+h_0) \cdot K_a \cdot s_x \cdot s_y \tag{4-139}$$

式中 γ——填土的重度(kN/m³);

H——挡土墙的高度(m);

h_0——地面超载换算成土层的厚度(m);

K_a——主动土压力系数,$K_a = \tan^2\left(45° - \dfrac{\varphi}{2}\right)$;

s_x、s_y——拉筋间的水平和垂直间距（m）。

2. 拉筋截面积 所需要的拉筋横截面面积 F（m²）可按下式计算：

$$F=\frac{T_1}{[R_g]} \tag{4-140}$$

式中　$[R_g]$——拉筋的设计拉应力（kPa），即容许拉应力。

二、拉筋总长度计算

在锚固区内由于拉筋与填土之间的摩擦作用而使拉筋产生的抗拉力 T_b（kN）为：

$$T_b=2L_0 \cdot b \cdot \gamma(H+h_0) \cdot f$$

在同一深度处抗拉板的安全系数 K_b 为：

$$K_b=\frac{T_b}{T_1}=\frac{2L_0 \cdot b \cdot f}{K_a \cdot s_x \cdot s_y} \geqslant 1.5 \sim 2.0 \tag{4-141}$$

式中　b——拉筋的宽度；

　　　f——填土与拉筋间的摩擦系数，与加筋材料的类型、填料的种类和密度以及侧限压力有关，由试验确定。

由上式可知，K_b 只与锚固长度 L_0 有关，而与深度无关，由此可得拉筋的锚固长度 L_0（m）为：

$$L_0=\frac{K_b \cdot K_a \cdot s_x \cdot s_y}{2b \cdot f} \tag{4-142}$$

按构造要求，L_0 还应 $\geqslant 0.7H_0$。拉筋的总长度 L 为无效长度和锚固长度之和，可按下式计算：

$$L=\frac{H}{\tan(45+\varphi/2)}+\frac{K_b \cdot K_a \cdot s_x \cdot s_y}{2b \cdot f} \tag{4-143}$$

符号意义同前。

三、加筋土体总体稳定性验算

应包括地基承载力、地基沉降、抗滑稳定性和深层滑动稳定性等项。

地基承载力验算：一般指拉筋和上下面的基底压力与墙面板下基底压力均应小于或等于地基土的承载力。

地基沉降验算：由于加筋土挡墙能承受很大的沉降而不致产生危害，其差异沉降可控制在 1% 范围内即可。

抗滑稳定性验算：由于加劲土挡墙具有柔性，不大可能发生倾覆性破坏。但应验算墙底面的抗滑稳定性，将其视作一个整体，将其后面作用的主动土压力作为外力，进行验算，抗滑安全系数一般可取 1.5。

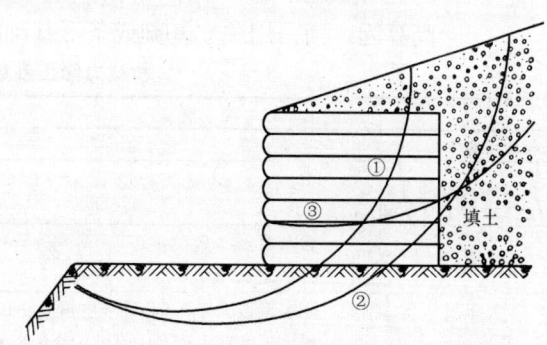

图 4-22　加劲土挡墙的深层滑动示意

深层滑动稳定性验算：滑动时可能穿过加筋土挡土墙，特殊情况下，滑动面可视作圆弧如图 4-22 所示。深层滑动安全系数应大于或等于 1.5。

以上验算方法基本同水泥土搅拌桩墙总体稳定性验算（略）。

5 地基与基础工程

5.1 地基承载力修正计算

地基承载力特征值一般由载荷试验或其他原位测试、公式计算、并结合工程实践经验等方法综合确定。当基础宽度大于3m或埋置深度大于0.5m时，从载荷试验或其他原位测试、经验值等方法确定的地基承载力特征值，尚应按下式进行修正计算：

$$f_a = f_{ak} + \eta_b \gamma (b-3) + \eta_d \gamma_m (d-0.5) \tag{5-1}$$

式中 f_a——修正后的地基承载力特征值（kPa）；

f_{ak}——地基承载力特征值（kPa）；

η_b、η_d——基础宽度和埋深的地基承载力修正系数，按基底下土的类别查表5-1取值；

γ——基础底面以下土的重度，为基底以下土的天然质量密度 ρ 与重力加速度 g 的乘积，地下水位以下取浮重度（kN/m³）；

b——基础底面宽度（m），当基宽小于3m，按3m取值，大于6m按6m取值；

γ_m——基础底面以上土的加权平均重度，地下水位以下取浮重度（kN/m³）；

d——基础埋置深度（m），一般自室外地面标高算起。在填方整平地区，可自填土地面标高算起，但填土在上部结构施工后完成时，应从天然地面标高算起。对于地下室，如采用箱形基础或筏基时，基础埋置深度自室外地面标高算起；当采用独立基础或条形基础时，应从室内地面标高算起。

承载力修正系数　　　　　　　　表5-1

土 的 类 别		η_b	η_d
淤泥和淤泥质土		0	1.0
人工填土 e 或 I_L 大于等于0.85的黏性土		0	1.0
红黏土	含水比 $a_w > 0.8$	0	1.2
	含水比 $a_w \leq 0.8$	0.15	1.4
大面积压实填土	压实系数大于0.95、黏粒含量 $\rho_c \geq 10\%$ 的粉土	0	1.5
	最大干密度大于2.1t/m³ 的级配砂石	0	2.0
粉 土	黏粒含量 $\rho_c \geq 10\%$ 的粉土	0.3	1.5
	黏粒含量 $\rho_c < 10\%$ 的粉土	0.5	2.0
e 及 I_L 均小于0.85的黏性土		0.3	1.6
粉砂、细砂（不包括很湿与饱和时的稍密状态）		2.0	3.0
中砂、粗砂、砾砂和碎石土		3.0	4.4

注：1. 强风化和全风化的岩石，可参照所风化成的相应土类取值，其他状态下的岩石不修正；
　　2. 地基承载力特征值按本规范附录D深层平板载荷试验确定时 η_d 取0。

【例 5-1】 写字楼基础的埋置深度 $d=1.5\text{m}$,基础底面以上土的加权平均重度 $\gamma_m=18.5\text{kN/m}^3$,地基持力层为一般黏性土,孔隙比 $e=0.7$,液性指数 $I_L=0.75$,地基承载力特征值 $f_{ak}=242\text{kPa}$,基础宽度 $b=2\text{m}$,试确定修正后的地基承载力特征值。

【解】 因 $b=2\text{m}<3\text{m}$,故宽度不需修正。又知 $e=0.7$,$I_L=0.75$,查表 5-1 得,$\eta_d=1.6$
代入公式(5-1)得:
$$f_a = f_{ak} + \eta_d \gamma_m (d-0.5)$$
$$= 242 + 1.6 \times 18.5(1.5-0.5) = 272\text{kPa}$$

故知,修正后的地基承载力特征值为 272kPa。

【例 5-2】 住宅楼基础的埋置深度 $d=2.6\text{m}$,持力层土的重度 $\gamma=19.5\text{kN/m}^3$,基础底面以上土的加权平均重度 $\gamma_m=18.5\text{kN/m}^3$,地基持力层为黏性土,孔隙比 $e=0.75$,液性指数 $I_L=0.5$,地基承载力特征值 $f_{ak}=252\text{kPa}$,基础宽度 $b=3.3\text{m}$,试确定修正后的地基承载力特征值。

【解】 由于 e 和 I_L 均小于 0.85,查表 5-1 得 $\eta_b=0.3$,$\eta_d=1.6$
代入式(5-1)得:
$$f_a = f_{ak} + \eta_b \gamma (b-3) + \eta_d \gamma_m (d-0.5)$$
$$= 252 + 0.3 \times 19.5(3.3-3) + 1.6 \times 18.5(2.6-0.5) = 316\text{kPa}$$

故知,修正后的地基承载力特征值为 316kPa。

5.2 按土的抗剪强度确定地基承载力计算

通过试验得到土的抗剪强度指标值后,当偏心距 e 小于或等于 0.033 倍基础底面宽度时,根据土的抗剪强度指标可按下式计算地基承载力特征值:

$$f_a = M_b \gamma b + M_d \gamma_m d + M_c C_k \tag{5-2}$$

式中　　f_a——由土的抗剪强度指标确定的地基承载力特征值(kPa);
M_b、M_d、M_c——承载力系数,按表 5-2 确定;
　　　　　b——基础底面宽度(m),大于 6m 时按 6m 取值;对于砂土小于 3m 时,按 3m 取值;
　　　　　C_k——基底下一倍短边宽深度内土的黏聚力标准值。
其他符号意义同前。

【例 5-3】 条件同例 5-2,通过试验得知土的内摩擦角标准值 $\varphi_k=18°$,土的黏聚力标准值 $C_k=0.03\text{MPa}$,试求地基承载力特征值。

【解】 由例 5-2 知　$\gamma=19.5\text{kN/m}^3$,$\gamma_m=18.5\text{kN/m}^3$,$b=3.3\text{m}$,$d=2.6\text{m}$;又由 $\varphi_k=18°$ 查表 5-2 得:$M_b=0.43$,$M_d=2.72$,$M_c=5.31$
代入式(5-2)得:
$$f_a = M_b \gamma b + M_d \gamma_m d + M_c C_k$$
$$= 0.43 \times 19.5 \times 3.3 + 2.72 \times 18.5 \times 2.6 + 5.31 \times 0.03 \times 10^3 = 317.8\text{kPa}$$

故知,按土的抗剪强度计算确定的地基承载力特征值为 317.8kPa。

承载力系数 M_b、M_d、M_c 表 5-2

土的内摩擦角标准值 $\varphi_k(°)$	M_b	M_d	M_c	土的内摩擦角标准值 $\varphi_k(°)$	M_b	M_d	M_c
0	0	1.00	3.14	22	0.61	3.44	6.04
2	0.03	1.12	3.32	24	0.80	3.87	6.45
4	0.06	1.25	3.51	26	1.10	4.37	6.90
6	0.10	1.39	3.71	28	1.40	4.93	7.40
8	0.14	1.55	3.93	30	1.90	5.59	7.95
10	0.18	1.73	4.17	32	2.60	6.35	8.55
12	0.23	1.94	4.42	34	3.40	7.21	9.22
14	0.29	2.17	4.69	36	4.20	8.25	9.97
16	0.36	2.43	5.00	38	5.00	9.44	10.80
18	0.43	2.72	5.31	40	5.80	10.84	11.73
20	0.51	3.06	5.66				

注：φ_k—基底下一倍短边宽深度内土的内摩擦角标准值。

5.3 按荷载试验 p-s 曲线确定地基承载力计算

1. 根据试验结果，可绘制荷载板底面的应力（p）与其相应下沉量（s）的关系曲线（即 p-s 曲线），如图 5-1 所示。从图中可看出，在荷载作用下地基土的变形过程可分为三个变形阶段：

（1）直线变形阶段：即荷载从 0 到 p_0 时，荷载与变形之间的关系接近于正比例关系，地基土是稳定的；

（2）局部剪切阶段：当荷载超过 p_0 以后，荷载与变形之间的关系为一曲线，曲线上各点的斜率逐渐增大，如曲线中 1～2 段所示，地基土的稳定性逐渐降低；

（3）完全破坏阶段：当荷载继续增大达到某一限值，即极限荷载后，沉降量急剧增大，曲线出现陡降，这时地基完全破坏，表示失去稳定。

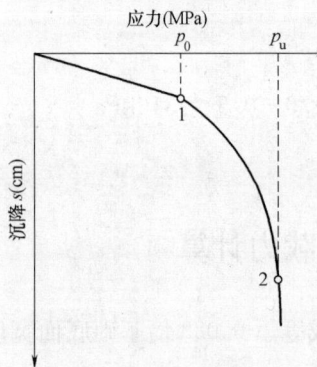

图 5-1 应力-沉降（p-s）曲线

2. 地基土的承载力特征值可根据 p-s 曲线的特征按以下确定：

（1）当 p-s 曲线有较明显的直线段时，可采用直线段的比例界限点（俗称第一拐点）所对应的荷载值（p_0）作为地基土的承载力特征值；但极限荷载小于对应比例界限的荷载值的 2 倍时，可取荷载极限值的一半；

（2）当不能按（1）要求确定时，当压板面积为 0.25～0.50m²，可取 $s/b=0.01$～0.015 所对应的荷载，但其值不应大于最大加载量的一半；

（3）同一土层参加统计的试验点不应少于 3 点，当试验实测值的极差不超过其平均值的 30% 时，取此平均值作为该土层的地基承载力特征值 f_{ak}。

【例 5-4】 地基荷载试验，已知 p-s 曲线上的比例界限点所对应的荷载值 p_0=186.5kPa，其极限荷载值 p_u=336kPa，试确定地基的承载力特征值。

【解】 由于 p_u/p_0=336.0/186.5=1.8<2.0

可取荷载极限值的一半作为地基土的承载力特征值，即 336/2=168kPa。

故知，地基土的承载力特征值为 168kPa。

【例 5-5】 在黏性土地基进行荷载试验，3 个试验点实测值为 162kPa，185kPa 和 210kPa，试计算确定其地基承载力特征值。

【解】 试验点实测值的极差为 210－162=48kPa

试验点实测值的平均值为 $\frac{162+185+210}{3}=186\text{kPa}$

按 $186\times 30\%=56\text{kPa}>48\text{kPa}$

故知，可取地基承载力特征值为 186kPa。

5.4 混凝土预制桩打（沉）桩施工计算

5.4.1 打桩屈曲荷载的计算

打桩时，桩锤打击的冲击荷载，有时会使桩产生长柱屈曲或打入时使桩头部分局部产生屈曲，或由于地上部分桩的荷载而引起长柱屈曲。

验算时，由于冲击荷载和荷载重量所产生的长柱屈曲，当细长比（屈曲长度/桩最小回转半径）超过 100 时，可以采用欧拉公式计算桩的最大允许屈曲荷载 P_{cr}（kN）：

$$P_{cr}=\frac{\pi^2 EI}{l_0^2} \tag{5-3}$$

式中 E——桩材的弹性模量（N/mm²）；
    I——桩的惯性矩（m⁴）；
    l_0——桩屈曲长度（m），一般取从桩头到假设固定点的长度。

如果 P_{cr} 大于桩锤击产生的冲击荷载，表示桩不会产生屈曲破坏。否则，应该更换较小桩锤或将桩截面加大。

【例 5-6】 桩基工程已知钢筋混凝土桩截面为 35cm×35cm 桩长为 12m，弹性模量为 2.1×10^7 kPa 现采用 25kN 柴油桩锤，最大冲击力为 2000kN。试验算打桩时，在桩锤冲击力作用下，是否会产生长柱屈曲破坏。

【解】 设桩的下端固定于土中 5m，上端与桩帽连接为半自由状态，桩屈曲计算长度取：
$$l_0=1.5l=1.5(12-5)=10.5\text{m}$$

桩最小回转半径 $\quad i=0.289h=0.289\times 35$

桩的长细比 $\quad \dfrac{l_0}{i}=1050/0.289\times 35=103.8>100$

$$P_{cr}=\pi^2 EI/l_0^2=\frac{\left[3.14^2\times 2.1\times 10^7\times \left(\frac{1}{12}\right)\times 0.35^4\right]}{10.5^2}$$

$$=2348\text{kN}>2000\text{kN}$$

故知，桩在锤冲击荷载作用下不会产生屈曲破坏。

5.4.2 打桩锤击应力的计算

打桩过程中，由于桩材内部产生锤击应力，桩的头部会压屈、压碎。它对木桩和钢筋混凝土桩的危害性更大。桩材内部锤击应力大小的推算，一般采用冲击波动方程式的方法，可以给出接近实际的应力值，可按下式计算：

$$\sigma_p=\frac{\alpha\sqrt{2eE\gamma_p H}}{\left[1+\dfrac{A_C}{A_H}\sqrt{\dfrac{E_C\cdot \gamma_C}{E_H\cdot \gamma_H}}\right]\left[1+\dfrac{A}{A_C}\sqrt{\dfrac{E\cdot \gamma_P}{E_C\cdot \gamma_C}}\right]} \tag{5-4}$$

式中 σ_p——桩的最大锤击压应力（kN/m^2）；

A_H、A_C、A——分别为锤、桩垫、桩的实际截面面积（m^2）；

E_H、E_C、E——分别为锤、桩垫、桩的弹性模量；一般钢筋混凝土桩 $E=2.1×10^7 kPa$；钢桩 $E=2.1×10^8 kPa$；木桩 $E=1.0×10^7 kPa$，或按实测值；

γ_H、γ_C、γ_P——分别为锤、桩垫、桩的重度（kN/m^3）；

H——落锤高度（m）；

α——锤型系数，自由落锤，$\alpha=1$；柴油锤，$\alpha=1.4$；

e——锤击效率系数，用落锤打桩机时，$e=0.6$；用柴油锤打桩机时，$e=0.8$。

按以上计算式计算，如果 σ_p 大于桩的允许锤击应力，在锤击能量相同的条件下，可以采用限制锤的重量，降低锤的下落高度或改变桩垫材料等办法；或不使用大于桩截面的锤，以控制桩头产生的锤冲应力值，避免桩头破裂，桩身裂断。

【例 5-7】 桩基工程打钢筋混凝土桩，已知桩净截面 $A=0.35m×0.35m$、长 12m、$E=2.1×10^7 kPa$，桩的重度 γ_p 为 $36.75kN/m^3$，桩允许锤击应力为 $8750kN/m^2$；现选用 25kN 柴油桩锤，锤截面 $A_H=0.36m×0.36m$，$E_H=2.1×10^8 kPa$，锤重度 γ_H 为 $25kN/m^3$，落锤高度 H 取 0.5m，桩垫截面 $A_c=0.4m×0.4m$，$E_c=1.0×10^7 kPa$，桩垫重度 $\gamma_c=1.0kN/m^3$，取 $e=0.8$，$\alpha=\sqrt{2}$，试验算打桩是否安全。

【解】 由式（5-4）得：

$$\sigma_p = \frac{\alpha\sqrt{2eE\gamma_p H}}{\left[1+\frac{A_c}{A_H}\sqrt{\frac{E_c \cdot \gamma_c}{E_H \cdot \gamma_H}}\right]\left[1+\frac{A}{A_c}\sqrt{\frac{E \cdot \gamma_p}{E_c \cdot \gamma_c}}\right]}$$

$$= \frac{1.4 \cdot \sqrt{2×0.8×2.1×10^7×36.75×0.5}}{\left[1+\frac{0.40×0.40}{0.36×0.36}\sqrt{\frac{1.0×10^7×1.0}{2.1×10^8×25}}\right]\left[1+\frac{0.35×0.35}{0.40×0.40}\sqrt{\frac{2.1×10^7×36.75}{1.0×10^7×1.0}}\right]}$$

$=4272kN/m^2 < 8750kN/m^2$ 故知，打桩安全。

5.4.3 打桩控制贯入度的计算

打预制钢筋混凝土桩的设计质量控制，通常是以贯入度和设计标高两个指标来检验。桩尖位于坚硬、硬塑的黏性土、碎石土、中密以上的砂土或风化岩层等上层时，以贯入度控制为主；桩尖进入持力层深度或桩尖标高可以作为参考。桩尖位于其他软土层时，以桩尖设计标高控制为主，贯入度可以作为参考。打桩贯入度的检验，一般是以桩最后 10 击的平均贯入度应该小于或等于通过荷载试验（或设计规定）确定的控制数值，当无试验资料或设计无规定时，控制贯入度可以按以下动力公式计算：

$$S = \frac{nAQH}{mp(mp+nA)} \times \frac{Q+0.2q}{Q+q} \tag{5-5}$$

式中 S——桩的控制贯入度（mm）；

Q——锤重力（N）；

H——锤击高度（mm）；

q——桩及桩帽重力（N）；

A——桩的横截面（mm^2）；

p——桩的安全（或设计）承载力（N）；

m——安全系数：对永久工程，$m=2$；对临时工程，$m=1.5$；

n——桩材料及桩垫有关系数：钢筋混凝土桩用麻垫时，$n=1$；钢筋混凝土桩用橡木垫时，$n=1.5$；木桩加桩垫时，$n=0.8$；木桩不加垫时，$n=1.0$。

如已作静荷载试验，应该以桩的极限荷载 P_k（kN）代替公式中的 mp 值计算。

【例 5-8】 采用 18kN 柴油打桩机进行打桩，落锤高 $H=1000$mm，钢筋混凝土桩长为 10m，截面 $A=350\times350=122500$mm^2，桩重力 29000N。桩帽用麻垫（$n=1.0$），桩帽重力 1200N，地基土质为硬塑粉质黏土，桩的设计承载力为 145kN；求打桩时控制贯入度。

【解】 按式（5-5）得：

$$S=\frac{1.0\times122500\times18000\times1000}{2\times145000(2\times145000+1.0\times122500)}\times\frac{18000+0.2(29000+1200)}{18000+(29000+1200)}$$

$$=18.4\times0.5=9.2\text{mm} \quad \text{取 10mm}。$$

故知，打桩时的控制贯入度为 10mm。

5.4.4 打（沉）桩安全距离的计算

打（沉）桩安全距离通常以振幅值来评价，如果仅考虑瑞利波效应以及由于土并非完全弹性体而引起的振动能量消耗，则面波的竖向分量的振幅可按下式计算：

$$A_r=A_0\sqrt{\frac{r_0}{r}}\cdot e^{-\alpha(r-r_0)} \tag{5-6}$$

式中 A_r、A_0——分别为距震源 r 和 r_0 处的竖向分量的振幅（mm）；

α——土的能量吸收系数（1/m），与土质情况有关，对松软饱和细粉砂、粉质黏土、粉土为 0.01～0.031/m；对很湿的粉质黏土、黏土为 0.04～0.061/m；对稍湿的和干的粉质黏土、粉土为 0.07～0.10。

以振幅为评价标准的常用界限图见图 5-2；根据对结构物的损害及人的感受程度即可查得相应的允许振幅值。

【例 5-9】 某商住楼桩基工程采用 DZ40-A 振动沉桩机施工，地基土为很湿的粉质黏土，根据已知测试资料，在离打桩 15m 处沉管至持力层时，地面最大振幅为 0.05mm（频率 9Hz），试求附近砖木和砖混结构房屋基本不受危害的最小安全距离。

【解】 由题意已知 $A_0=0.05$mm，$r_0=15$m，又由图 5-2，如以旧顶棚仅轻微受损作为安全界限，则当频率为 9Hz 时，最大振幅应小于 0.015 左右，即 $A_r=0.015$，求 r 值。现以面波的竖向分量为评价标准，作近似估算，则根据式（5-6）可采用试算法计算，根据土质情况，取 $\alpha=0.051$/m。

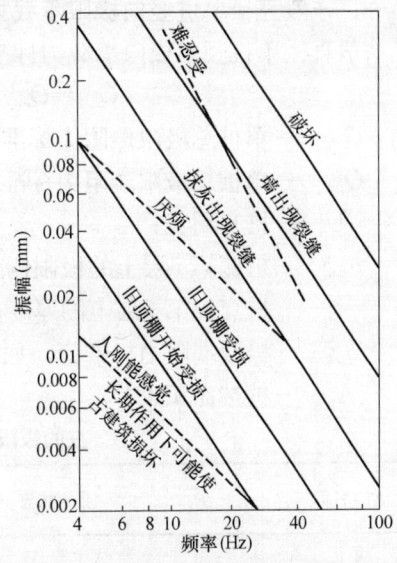

图 5-2 振动对结构物损害及人的感受程度的判定标准图

先设 $r=25$m,由式(5-6)得:

$$A_r = A_0\sqrt{\frac{r_0}{r}} \cdot e^{-\alpha(r-r_0)} = 0.05 \times \sqrt{\frac{15}{25}} \times e^{-0.05(25-15)}$$

$$= 0.05 \times \sqrt{0.6} \times \frac{1}{e^{0.5}} = 0.05 \times \sqrt{\frac{0.6}{2.72}} = 0.023\text{mm} > 0.015\text{mm}$$

再设 $r=35$m,由式(5-6)得:

$$A_r = 0.05 \times \sqrt{\frac{15}{35}} \times e^{-0.05(35-15)} = 0.05 \times \sqrt{0.428} \times \frac{1}{e}$$

$$= 0.05 \times \frac{\sqrt{0.428}}{2.72} = 0.012\text{mm} < 0.015\text{mm}$$

又设 $r=32$m,由式(5-6)得:

$$A_r = 0.05 \times \sqrt{\frac{15}{32}} \times e^{-0.05(32-15)} = 0.05 \times \sqrt{0.469} \times \frac{1}{e^{0.85}}$$

$$= 0.05 \times \frac{\sqrt{0.469}}{2.33} = 0.0146\text{mm} \approx 0.015\text{mm}$$

故知,根据近似计算沉桩安全距离为32m。

5.5 桩与桩基承载力计算

5.5.1 单桩承载力计算

桩基施工,应复核单桩承载力是否满足设计要求,一般通过现场静载荷试验确定。如无试验资料亦可按土的物理性质指标与承载力参数之间的经验关系确定单桩承载力。

一、一般直径单桩竖向极限承载力计算

一般直径单桩竖向极限承载力标准值,可按下式计算:

$$Q_{uk} = Q_{sk} + Q_{pk} = U\sum q_{sik}l_i + q_{pk}A_p \tag{5-7}$$

式中 Q_{sk}——单桩总极限侧阻力标准值;

Q_{pk}——单桩总极限端阻力标准值;

U——桩身周长;

q_{sik}——桩侧第 i 层土的极限侧阻力标准值,如无当地经验值时,可按表5-3取值;

l_i——桩穿越第 i 层土的厚度;

q_{pk}——极限端阻力标准值,如无当地经验值时,可按表5-4取值;

A_p——桩端面积。

桩的极限侧阻力标准值 q_{sik} (kPa) 表5-3

土的名称	土的状态	混凝土预制桩	泥浆护壁钻(冲)孔桩	干作业钻孔桩
填土	—	22~30	20~28	20~28
淤泥	—	14~20	12~18	12~18
淤泥质土	—	22~30	20~28	20~28

续表

土的名称	土的状态		混凝土预制桩	泥浆护壁钻（冲）孔桩	干作业钻孔桩
黏性土	流塑	$I_L>1$	24~40	21~38	21~38
	软塑	$0.75<I_L\leqslant1$	40~55	38~53	38~53
	可塑	$0.50<I_L\leqslant0.75$	55~70	53~68	53~66
	硬可塑	$0.25<I_L\leqslant0.50$	70~86	68~84	66~82
	硬塑	$0<I_L\leqslant0.25$	86~98	84~96	82~94
	坚硬	$I_L\leqslant0$	98~105	96~102	94~104
红黏土		$0.7<a_w\leqslant1$	13~32	12~30	12~30
		$0.5<a_w\leqslant0.7$	32~74	30~70	30~70
粉土	稍密	$e>0.9$	26~46	24~42	24~42
	中密	$0.75\leqslant e\leqslant0.9$	46~66	42~62	42~62
	密实	$e<0.75$	66~88	62~82	62~82
粉细砂	稍密	$10<N\leqslant15$	24~48	22~46	22~46
	中密	$15<N\leqslant30$	48~66	46~64	46~64
	密实	$N>30$	66~88	64~86	64~86
中砂	中密	$15<N\leqslant30$	54~74	53~72	53~72
	密实	$N>30$	74~95	72~94	72~94
粗砂	中密	$15<N\leqslant30$	74~95	74~95	76~98
	密实	$N>30$	95~116	95~116	98~120
砾砂	稍密	$5<N_{63.5}\leqslant15$	70~110	50~90	60~100
	中密（密实）	$N_{63.5}>15$	116~138	116~130	112~130
圆砾、角砾	中密、密实	$N_{63.5}>10$	160~200	135~150	135~150
碎石、卵石	中密、密实	$N_{63.5}>10$	200~300	140~170	150~170
全风化软质岩		$30<N\leqslant50$	100~120	80~100	80~100
全风化硬质岩	—	$30<N\leqslant50$	140~160	120~140	120~150
强风化软质岩		$N_{63.5}>10$	160~240	140~200	140~220
强风化硬质岩		$N_{63.5}>10$	220~300	160~240	160~260

注：1. 对于尚未完成自重固结的填土和以生活垃圾为主的杂填土，不计算其侧阻力；
2. a_w为含水比，$a_w=w/w_l$，w为土的天然含水量，w_l为土的液限；
3. N为标准贯入击数；$N_{63.5}$为重型圆锥动力触探击数；
4. 全风化、强风化软质岩和全风化、强风化硬质岩系指其母岩分别为$f_{rk}\leqslant15MPa$，$f_{rk}>30MPa$的岩石。

二、大直径单桩竖向极限承载力计算

大直径（$d\geqslant800mm$）单桩竖向极限承载力标准值，可按下式计算：

$$Q_{uk}=Q_{sk}+Q_{pk}=U\sum\psi_{si}q_{sik}l_{si}+\psi_p q_{pk}A_p \tag{5-8}$$

式中 q_{sik}——桩侧第i层土的极限侧阻力标准值，如无当地经验值时，可按表5-3取值，对于扩底变截面以上$2d$长度范围及斜面不计侧阻力；

q_{pk}——桩径为800mm的极限端阻力标准值，可采用深层载荷板试验确定，当不能进行深层载荷板试验时，可采用当地经验值或按表5-4取值，对于干作业（清底干净）可按表5-5取值；

ψ_{si}、ψ_p——大直径桩侧阻、端阻尺寸效应系数，按表5-6取值。

对于混凝土护壁的大直径挖孔桩，计算单桩竖向承载力时，其设计桩径取护壁外直径。

U、l_{si}、A_p符号意义同前。

5 地基与基础工程

桩的极限端阻力标准值 q_{pk} (kPa) 表 5-4

土名称	土的状态	桩型	混凝土预制桩桩长 l(m)				泥浆护壁钻(冲)孔桩桩长 l(m)				干作业钻孔桩桩长 l(m)			
			$l\leqslant 9$	$9<l\leqslant 16$	$16<l\leqslant 30$	$l>30$	$5\leqslant l<10$	$10\leqslant l<15$	$15\leqslant l<30$	$30\leqslant l$	$5\leqslant l<10$	$10\leqslant l<15$	$15\leqslant l$
黏性土	软塑	$0.75<I_L\leqslant 1$	210~850	650~1400	1200~1800	1300~1900	150~250	250~300	300~450	300~450	200~400	400~700	700~950
	可塑	$0.50<I_L\leqslant 0.75$	850~1700	1400~2200	1900~2800	2300~3600	350~450	450~600	600~750	750~800	500~700	800~1100	1000~1600
	硬可塑	$0.25<I_L\leqslant 0.50$	1500~2300	2300~3300	2700~3600	3600~4400	800~900	900~1000	1000~1200	1200~1400	850~1100	1500~1700	1700~1900
	硬塑	$0<I_L\leqslant 0.25$	2500~3800	3800~5500	5500~6000	6000~6800	1100~1200	1200~1400	1400~1600	1600~1800	1600~1800	2200~2400	2600~2800
粉土	中密	$0.75\leqslant e\leqslant 0.9$	950~1700	1400~2100	1900~2700	2500~3400	300~500	500~650	650~750	750~850	800~1200	1200~1400	1400~1600
	密实	$e<0.75$	1500~2600	2100~3000	2700~3600	3600~4400	650~900	750~950	900~1100	1100~1200	1200~1700	1400~1900	1600~2100
粉砂	稍密	$10<N\leqslant 15$	1000~1600	1500~2300	1900~2700	2100~3000	350~500	450~600	600~700	650~750	500~950	1300~1600	1500~1700
细砂	中密、密实	$N>15$	1400~2200	2100~3000	3000~4500	3800~5500	600~750	750~900	900~1100	1100~1200	900~1000	1700~1900	1700~1900
中砂	中密、密实	$N>15$	2500~4000	3600~5000	4400~6000	5300~7000	650~850	900~1200	1200~1500	1500~1800	1200~1600	2000~2400	2400~2700
细砂	中密、密实	$N>15$	4000~6000	5500~7000	6500~8000	7500~9000	850~1050	1100~1500	1500~1900	1900~2100	1800~2400	2800~3800	3600~4400
粗砂		$N>15$	5700~7500	7500~8500	8500~10000	9500~11000	1500~1800	2100~2400	2400~2600	2600~2800	2900~3600	4000~4600	4600~5200

5.5 桩与桩基承载力计算

续表

土名称	土的状态	桩型	混凝土预制桩桩长 l(m)				泥浆护壁钻(冲)孔桩桩长 l(m)				干作业钻孔桩桩长 l(m)		
			$l≤9$	$9<l≤16$	$16<l≤30$	$l>30$	$5≤l<10$	$10≤l<15$	$15≤l<30$	$30≤l$	$5≤l<10$	$10≤l<15$	$15≤l$
砾砂	中密、密实	$N>15$	6000~9500	9000~10500			1400~2000	2000~3200			3500~5000		
角砾、圆砾		$N_{63.5}>10$	7000~10000	9500~11500			1800~2200	2200~3600			4000~5500		
碎石、卵石		$N_{63.5}>10$	8000~11000	10500~13000			2000~3000	3000~4000			4500~6500		
全风化软质岩		$30<N≤50$	4000~6000				1000~1600				1200~2000		
全风化硬质岩		$30<N≤50$	5000~8000				1200~2000				1400~2400		
强风化软质岩		$N_{63.5}>10$	6000~9000				1400~2200				1600~2600		
强风化硬质岩		$N_{63.5}>10$	7000~11000				1800~2800				2000~3000		

注：1. 砂土和碎石类土中桩的极限端阻力取值，宜综合考虑土的密实度，桩端进入持力层的深径比 h_b/d，土愈密实，h_b/d 愈大，取值愈高；
2. 预制桩的极限端阻力指桩端支承于中、微风化岩表面或进入强风化岩、软质岩一定深度条件下极限端阻力；
3. 全风化、强风化软质岩和全风化、强风化硬质岩指其母岩分别为 $f_{rk}≤15MPa$，$f_{rk}>30MPa$ 的岩石。

5 地基与基础工程

干作业挖孔桩（清底干净，$D=800$mm）极限端阻力标准值 q_{pk}（kPa）　　　表5-5

土名称		状　态		
黏性土		$0.25<I_L\leq0.75$	$0<I_L\leq0.25$	$I_L\leq0$
		800～1800	1800～2400	2400～3000
粉土		—	$0.75\leq e\leq0.9$	$e<0.75$
		—	1000～1500	1500～2000
砂土、碎石类土		稍密	中密	密实
	粉砂	500～700	800～1100	1200～2000
	细砂	700～1100	1200～1800	2000～2500
	中砂	1000～2000	2200～3200	3500～5000
	粗砂	1200～2200	2500～3500	4000～5500
	砾砂	1400～2400	2600～4000	5000～7000
	圆砾、角砾	1600～3000	3200～5000	6000～9000
	卵石、碎石	2000～3000	3300～5000	7000～11000

注：1. 当桩进入持力层的深度 h_b 分别为：$h_b\leq D$，$D<h_b\leq4D$，$h_b>4D$ 时，q_{pk} 可相应取低、中、高值。
　　2. 砂土密实度可根据标贯击数判定，$N\leq10$ 为松散，$10<N\leq15$ 为稍密，$15<N\leq30$ 为中密，$N>30$ 为密实。
　　3. 当桩的长径比 $l/d\leq8$ 时，q_{pk} 宜取较低值。
　　4. 当对沉降要求不严时，q_{pk} 可取高值。

大直径灌注桩侧阻力尺寸效应系数 ψ_{si}、端阻力尺寸效应系数 ψ_p　　　表5-6

土类型	黏性土、粉土	砂土、碎石类土
ψ_{si}	$(0.8/d)^{1/5}$	$(0.8/d)^{1/3}$
ψ_p	$(0.8/D)^{1/4}$	$(0.8/D)^{1/3}$

注：当为等直径桩时，表中 $D=d$。

【例 5-10】 预制钢筋混凝土桩，截面尺寸为 $350\text{mm}\times350\text{mm}$，长度为 13.0m，地质剖面如图 5-3，桩支承在中密砂层上，试求单桩极限承载力标准值。

【解】 桩支承在中密中砂层上，查表 5-4 得：$q_{pk}=5700\text{kN/m}^2$，由式（5-7）得：

$$Q_{uk}=U\sum q_{sik}l_i+q_{pk}A_p$$
$$=4\times0.35(50\times5\times0.8+75\times7\times1+64\times1.0\times1.01)+5700\times0.35\times0.35$$
$$=1105.5+698.3=1803.8\text{kN} \quad 取 1800\text{kN}。$$

【例 5-11】 干作业钻孔桩，直径 800mm，长度 16m，地质剖面如图 5-4 桩支承在密实细粉砂层上，清底干净，试求单桩极限承载力标准值。

【解】 桩支承在密实细粉砂层上，查表 5-4 得：$q_{pk}=1800\text{kN/m}^2$，由表 5-6，知黏性土、粉土 $\psi_{si}=\left(\dfrac{0.8}{d}\right)^{\frac{1}{5}}=\left(\dfrac{0.8}{0.8}\right)^{\frac{1}{5}}=1$；$\psi_p=\left(\dfrac{0.8}{D}\right)^{\frac{1}{4}}=\left(\dfrac{0.8}{0.8}\right)^{\frac{1}{4}}=1$；砂土 $\psi_{si}=\left(\dfrac{0.8}{0.8}\right)^{\frac{1}{3}}=1$；$\psi_p=\left(\dfrac{0.8}{0.8}\right)^{\frac{1}{3}}=1$，又 $A_p=\dfrac{3.14\times0.8^2}{4}=0.50\text{m}^2$

由式（5-8）得：

$$Q_{uk} = U\sum\psi_{si}q_{sik} \cdot l_{si} + \psi_p \cdot q_{pk} \cdot A_p$$
$$= 3.14 \times 0.8 \times 1(36 \times 7.5 + 50 \times 8 + 70 \times 0.5) + 1 \times 1800 \times 0.5$$
$$= 1771 + 900 = 2670 \text{kN} \quad \text{取 } 2670 \text{kN}$$

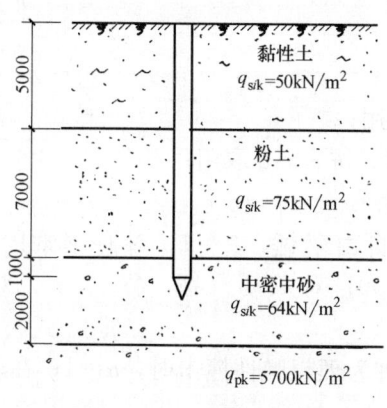

图 5-3　桩地质剖面图

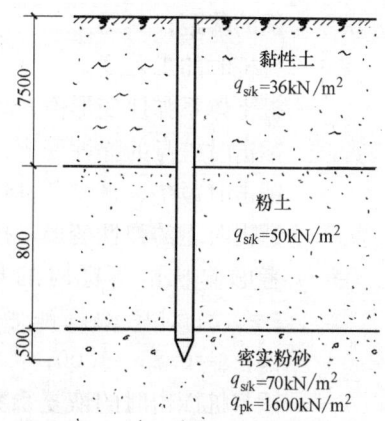

图 5-4　桩地质剖面图

5.5.2　应用动力打桩公式确定桩承载力计算

应用打桩试验结果得到的参数，求桩的容许承载力的公式称为动力打桩公式。动力打桩公式是一种桩承载力动测方法，它较广泛应用于施工中，以控制打桩时的静载力要求。一般是根据设计要求的极限承载力，代入所选定的动力打桩公式，求出相应桩的贯入度，并以此贯入度，作为施工时检验每根桩承载力的标准。

动力打桩公式大都是从能量守恒定理推导出来的，是基于桩锤给予桩的有效能量等于桩贯入时所作的功这一基本原理，其基本关系式为：

桩锤作功＝[桩贯入土中所需的有效功]+[桩土体系所消耗的弹性变形能]+[桩土体系所消耗的非弹性变形能]

动力打桩公式的种类很多，其中可靠性较高、国内外应用较广泛的动力打桩公式有以下几种：

一、海利打桩公式

海利（Hiley，A）打桩公式是根据动量守恒原理和撞击定理推导得到的，其基本表达式为：

$$P_u = \frac{\xi W_r h}{e + \dfrac{c}{2}} \cdot \frac{W_r + n^2 W_p}{W_r + W_p} \tag{5-9}$$

或

$$P_u = \frac{\xi W_r h}{e + \dfrac{1}{2}(c_1 + c_2 + c_3)} \cdot \frac{W_r + n^2 W_p}{W_r + W_p} \tag{5-10}$$

对于双动汽锤，上式可改写成如下形式：

$$P_u = \frac{\xi E_h}{e + \dfrac{c}{2}} \cdot \frac{W_r + n^2 W_p}{W_r + W_p} \tag{5-11}$$

式中　P_u——桩的极限承载力；

　　　W_r——锤重；

　　　W_p——桩重（包括桩帽、锤垫、送桩器和双动汽锤中的砧座）；

　　　h——锤的落距；

　　　e——打桩时的贯入度；

　　　c——桩土体系弹性变形值，$c=c_1+c_2+c_3$；

　　　c_1——锤击时桩身的弹性变形，按表5-7取用；

　　　c_2——锤击时锤垫、桩帽、桩垫的弹性变形，按表5-8取用；

　　　c_3——锤击时土的弹性变形，按表5-9取用；

　　　ξ——考虑非自由落锤时的折减系数，自由落锤，$\xi=1$；对有钢索的吊锤，$\xi=0.8$；对单动汽锤 $\xi=0.75\sim0.90$；对双动汽锤，$\xi=0.85$；对柴油锤，$\xi=0.85\sim1.00$；

　　　n——锤与桩撞击时的恢复系数，当锤与桩为理想弹性撞击时，$n=1$；在非理想弹性撞击时，$n<1$，一般取 $0.4\sim0.5$；

　　　E_h——双动汽锤的冲击能量。

桩身弹性变形值 C_1（cm）　　表5-7

桩身材料	弹性模量（MPa）	打桩时，木桩或钢筋混凝土桩的材料应力(MPa)			
		3.5	7.0	10.5	14.0
		打桩时，钢桩的材料应力(MPa)			
		50	100	150	200
木　　桩	10000	$0.035l$	$0.07l$	$0.11l$	$0.14l$
钢筋混凝土桩	21000	$0.017l$	$0.035l$	$0.05l$	$0.07l$
钢　　桩	210000	$0.026l$	$0.05l$	$0.074l$	$0.10l$

注：1. 表中 l 值，对端承桩为全长，对摩擦桩为桩顶至入土深度一半处之长度，以 m 计；
　　2. 如弹性模量与表中数值不同时，则表中 c_1 值应乘以 E_p/E_p'，E_p 为表列的弹性模量，E_p' 为实际桩的弹性模量；
　　3. 选用表中 c_1 值时，需先假定桩身应力（一般均假定为 P_u/A，P_u 为极限荷载），求出 P_p 后，再根据求出的 P_u 计算桩身材料应力是否与原假定相符，重复计算至两者相符为止。

桩帽的弹性变形值 C_2（cm）　　表5-8

桩　帽　材　料	打桩时桩帽的材料应力(MPa)			
	3.5	7.0	10.5	14.0
钢筋混凝土桩上有10cm弹性垫层桩帽	0.18	0.35	0.53	0.7
木质桩帽	0.13	0.25	0.38	0.5
钢桩帽	0.1	0.2	0.3	0.4
钢桩、无桩帽	0	0	0	0

土的弹性变形值 C_3（cm）　　表5-9

桩　　　型	桩身材料应力(MPa)			
	3.5	7.0	10.5	14.0
有固定横截面的桩	0～0.25	0.25～0.5	0.5～0.75	0.12～0.5

二、格尔塞万诺夫打桩公式

前苏联格尔塞万诺夫（H、M、Гepceвaиoв）也是根据同样原理，以上述的基本关系式推导得到以下打桩公式：

$$R = -\frac{nF}{2} + \sqrt{\left(\frac{nF}{2}\right)^2 + \frac{nF}{S}QH \cdot \frac{Q+\varepsilon^2 q}{Q+q}} \tag{5-12}$$

$$S = \frac{nFQH}{R(R+nF)} \cdot \frac{Q+\varepsilon^2 q}{Q+q} \tag{5-13}$$

式（5-12）除以安全系数后，即得到单桩的容许承载力 P_a：

$$P_a = \frac{R_u}{K} = \frac{R}{K} \tag{5-14}$$

式中　R——极限阻力，即极限承载力 R_u；

　　　F——桩的截面面积；

　　　n——参数，与桩和桩垫材料性质有关，钢筋混凝土桩用麻垫时，$n=1.0$；用橡木垫时，$n=1.5$；木桩加桩垫，$n=0.8$；木桩不加垫，$n=1.0$；没有桩垫的钢桩，$n=5$；有木垫的钢桩，$n=2$；

　　　S——贯入度；

　　　Q——锤重；

　　　q——桩重，包括送桩、桩帽等重量；

　　　H——锤的落距；

　　　ε——锤与桩撞击时的弹性恢复系数，一般取 $0.4 \sim 0.5$；

　　　K——安全系数，一般取 $K=2$。

如已作静荷载试验，应以桩的极限承载力 P_u（kN）代替式（5-13）中的 R 值计算。

三、工程新闻打桩公式

工程新闻（ENR）打桩公式（又称惠灵顿公式）推导，系将锤所作的功变为有效功 $P_u e$ 和无效功 $P_u c$，把各种能量损失都合并为一个系数 c，并假定 $\xi=1$，则有

$$W_r h = P_u e + P_u c \tag{5-15}$$

整理得打桩公式为：

$$P_u = \frac{W_r h}{e + c} \tag{5-16}$$

单桩容许承载力为：

$$P_a = \frac{P_u}{K} \tag{5-17}$$

式中　P_u——单桩的极限承载力；

　　　e——打桩时的贯入度；

　　　c——能量损失系数，对吊锤 $c=1$；对蒸汽锤 $c=0.1$；

　　　W_r——锤重；

　　　h——锤的落距；

　　　P_a——单桩的容许承载力；

　　　K——安全系数，取 $K=7$。

四、修正的工程新闻公式

修正的工程新闻公式（Modified ENR）桩极限承载力按下式计算：

$$P_u = \frac{\xi W_r \cdot h}{e+c} \cdot \frac{W_r + n^2 W_p}{W_r + W_p} \quad (5-18)$$

另一修正公式是用于蒸汽锤的，即：

$$P_u = \frac{\xi(W_r + A_r p)h}{e+0.1} \quad (5-19)$$

式中 A_r——汽缸的有效面积；
p——蒸汽或空气的压力（单动汽锤 $p=0$）；
h——锤的落距；
其他符号意义同前。

应用式（5-16）、式（5-18）和式（5-19）时，因原公式均采用英制，故当长度单位采用厘米时，式中系数 c（或 0.1 值）均应乘以 2.54；取安全系数 $K=6$。

五、太平洋岸统一建筑规范打桩公式

根据动量守恒原理和撞击定理推导桩的极限承载力按下式计算：

$$P_u = \frac{\xi E_h c_1}{e + c_2} \quad (5-20)$$

其中

$$c_1 = \frac{W_r + K W_p}{W_r + W_p} \quad (5-21)$$

（对钢桩，$K=0.25$；对其他材料桩，$K=0.1$）

$$c_2 = \frac{P_u L}{AE} \quad (5-22)$$

式中 L、A、E——分别为桩的长度、截面积和材料的弹性模量；
其他符号意义同前。

计算时，先假定 $c_2=0$，按式（5-20）求出 P_u，然后按 $0.75 P_u$ 代入式（5-22）求 c_2 和相应的另一 P_u 值，然后再以此新的 P_u 值计算新的 c_2 值，重复多次，直至计算的 c_2 所采用的 P_u 值与所求出的 P_u 值相差在 10% 以内。求容许承载力时，取安全系数 $K=4$。

六、江布打桩公式

江布（Janbu）打桩公式按上述同样原理推导桩的极限承载力按下式计算：

$$P_u = \frac{\xi E_h}{K_u e} \quad (5-23)$$

其中

$$K_u = c_d \left(1 + \sqrt{1 + \frac{\lambda}{c_d}}\right) \quad (5-24)$$

$$c_d = 0.75 + 0.15 \frac{W_p}{W_r} \quad (5-25)$$

$$\lambda = \frac{\xi E_h L}{A E e^2} \quad (5-26)$$

式中 E_h——锤的冲击能；
其他符号意义同前。

按江布公式求容许承载力时，取安全系数 $K=3\sim 6$。

七、丹麦动力打桩公式

丹麦打桩公式桩的极限承载力按下式计算：

$$P_u = \frac{\xi E_h}{e + c_1} \tag{5-27}$$

其中

$$c_1 = \sqrt{\frac{\xi E_h L}{2AE}} \tag{5-28}$$

符号意义均同前。

按丹麦动力打桩公式求容许承载力 $P_a = \dfrac{P_u}{K}$ 时，取安全系数 $K = 3 \sim 6$。

八、加拿大建筑规范打桩公式

加拿大建筑规范打桩公式桩的极限承载力按下式计算：

$$P_u = \frac{\xi E_h c_1}{e + c_2 \cdot c_3} \tag{5-29}$$

其中

$$c_1 = \frac{W_r + n^2(0.5 + W_p)}{W_r + W_p} \tag{5-30}$$

$$c_2 = \frac{P_u}{2A} \tag{5-31}$$

$$c_3 = \frac{L}{E} + 0.001 \tag{5-32}$$

符号意义均同前。

应用式（5-29）时，c_2、c_3 的单位应与 e 一致，在计算单桩容许承载力 $P_a = \dfrac{P_u}{K}$ 时，取安全系数 $K = 3$。

【例 5-12】 高层建筑地下室桩基工程，采用预应力钢筋混凝土管桩，直径为 400mm，管壁厚 90mm，桩长 $l = 18$m，桩侧土分别为淤泥质粉质黏土、粉砂、残积粉质黏土等，支承在强风化砂岩上。打桩时，采用锤重 $W_r = 45$kN，落距 $h = 2.7$m，桩重（包括桩帽及锤重外的非冲击部分重量）$W_p = 126$kN，根据桩帽在打桩中的最大应力查表 5-9，取桩帽的弹性变形值 $c_2 = 0.7$cm，从收锤时打桩记录查得桩和土的弹性变形值 $c_1 + c_3 = 1.5$cm，最终贯入度 $e = 0.075$cm，试用海利打桩公式求该桩的极限承载力。

【解】 根据上述原始资料，取落锤效率折减系数 $\xi = 1$，恢复系数 $n = 0.4$，$c = c_1 + c_2 + c_3 = 2.2$cm，由式（5-9）得：

桩的极限承载力

$$P_u = \frac{\xi W_r h}{e + 0.5c} \cdot \frac{W_r + n^2 W_p}{W_r + W_p}$$

$$= \frac{1 \times 45 \times 270}{0.075 + 0.5 \times 2.2} \times \frac{45 + 0.4^2 \times 126}{45 + 126} = 3940 \text{kN}$$

【例 5-13】 高层建筑地下室桩基工程采用钢筋混凝土预制桩，截面尺寸为 30cm×30cm，截面积 $F = 900$cm^2，桩长 $l = 10.5$m，桩侧土为软塑粉质黏土，桩端打入可塑粉质黏土深 1.5m。打桩机锤重 $Q = 16$kN，落距 $H = 85$cm，桩重包括桩帽重 $q = 22.7$kN，最终贯入度分别为 $S = 3$mm（休止后）和 $S = 30$mm（休止前），根据资料知 $n = 1.5$MPa $= 0.15$kN/cm^2，$\varepsilon = 0.45$，试用格尔塞万诺夫打桩公式求单桩的极限承载力。

【解】 由式（5-12）得：

5 地基与基础工程

$$R = \frac{-nF}{2} + \sqrt{\left(\frac{nF}{2}\right)^2 + \frac{nF}{S} \cdot QH \cdot \frac{Q+\varepsilon^2 q}{Q+q}}$$

$$= \frac{-0.15 \times 900}{2} + \sqrt{\left(\frac{0.15 \times 900}{2}\right)^2 + \frac{0.15 \times 900}{0.3} \times 16 \times 85 \times \frac{16 + 0.45^2 \times 22.7}{16 + 22.7}}$$

$$= 506 \text{kN}$$

【例 5-14】 住宅楼桩基工程采用 H 型钢桩（HP360×109），截面积为 139cm^2，桩长 12.2m，用 80C 型打桩锤，锤重 $W_r = 35.58\text{kN}$，冲击能量 $E_h = 33.14\text{kN} \cdot \text{m}$，桩重 $W_p = 19.7\text{kN}$，落距 $h = 100\text{cm}$，$AE = 33.13 \times 10^5 \text{kN}$，最终贯入度 $e = 1.79\text{cm}$，已知 $c = 0.254$，$n = 0.5$，$\xi = 0.84$，试用工程新闻及修正公式、太平洋岸统一建筑规范、江布、丹麦、加拿大建筑规范等动力打桩公式计算其极限承载力。

【解】（1）按工程新闻打桩公式计算

由公式（5-16）得：

$$P_u = \frac{\xi W_r h}{e + c} = \frac{0.84 \times 35.58 \times 100}{1.79 + 0.254} = 1462 \text{kN}$$

（2）按修正的工程新闻公式计算

由公式（5-18）得：

$$P_u = \frac{\xi W_r h}{e + c} \cdot \frac{W_r + n^2 W_p}{W_r + W_p}$$

$$= 1462 \times \frac{35.58 + 0.5^2 \times 19.7}{35.58 + 19.7} = 1071 \text{kN}$$

（3）按太平洋岸统一建筑规范打桩公式计算

由已知数据求得：

$$c_1 = \frac{W_r + n^2 W_p}{W_r + W_p} = 0.738 \text{cm}; \quad c_2 = \frac{P_u L}{AE} = 0.294 \text{cm}$$

由公式（5-20）得：

$$P_u = \frac{\xi E_h c_1}{e + c_2} = \frac{0.84 \times 33.14 \times 100 \times 0.738}{1.79 + 0.294} = 978 \text{kN}$$

（4）按江布打桩公式计算

由已知数据求得

$$c_d = 0.75 + 0.15 \frac{W_p}{W_r} = 0.83; \quad \lambda = \frac{\xi E_h L}{AE e^2} = 0.319;$$

$$K_u = c_d \left(1 + \sqrt{1 + \frac{\lambda}{c_d}}\right) = 1.806$$

由公式（5-23）得：

$$P_u = \frac{\xi E_h}{K_u e} = \frac{0.84 \times 33.14 \times 100}{1.806 \times 1.79} = 860 \text{kN}$$

（5）按丹麦动力打桩公式计算

由已知数据求得：

$$c_1 = \sqrt{\frac{\xi E_h L}{2AE}} = 0.716 \text{cm}$$

由公式（5-27）得：

$$P_u = \frac{\xi E_h}{e+c_1} = \frac{0.84 \times 33.14 \times 100}{1.79+0.716} = 1111 \text{kN}$$

（6）按加拿大建筑规范打桩公式计算

由已知数据求得：

$$c_1 = \frac{W_r + n^2(0.5W_p)}{W_r + W_p} = 0.688; \qquad c_2 = \frac{P_u}{2A} = 305$$

$$c_3 = \frac{L}{E} + 0.001 = 0.0015$$

由公式（5-29）得：

$$P_u = \frac{\xi E_h c_1}{e + c_2 \cdot c_3} = \frac{0.84 \times 33.14 \times 100 \times 0.688}{1.79 + 305 \times 0.0015} = 855 \text{kN}$$

从该桩的现场静荷载试验曲线分析知，单桩的极限承载力 $P_u = 1245$ kN。

5.5.3 动测法测定桩承载力计算

动测法，又称动力无损检测法，是检测桩基承载力及桩身质量的一项新技术，作为静载试验的补充，在国内外得到较广泛的应用。

动测法是对桩土体进行适当的简化处理，建立起数学—力学模型，借助于现代电子技术与量测设备采集桩—土体系在给定的动荷载作用下所产生的振动参数，结合实际桩土条件进行计算所得结果与相应的静载试验结果进行对比，在积累一定数量动静试验对比结果基础上，找出两者之间的某种相关关系，并以此作标准来确定桩基承载力。

动测法检验具有仪器轻便灵活，检测快速，单桩试验时间仅为静载试验的 1/50 左右，可缩短试验时间；数量多，不破坏桩基，相对也较准确，可进行普查；费用低，单桩测试费约为静载试验的 1/30 左右，可节省静载试验锚桩、堆载、设备运输、吊装焊接等大量人力、物力；但动测法也存在需做大量测试数据，需静载试验资料来充实完善，编制软件，有时与静载荷值离散性较大等问题。

单桩承载力的动测法种类较多，但应用最多的，准确度较高的为动力参数法。它是用锤击法测定桩的自振频率，用以换算桩基的各种设计参数。对承压桩，可用竖向频率换算抗压刚度和承载力。计算模型如图5-5，系将桩基作为单自由度的质量—弹簧体系，则质量—弹簧体系的弹簧刚度 K 与频 f 间的关系可表达为：

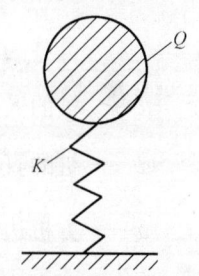

图 5-5 质量—弹簧体系示意

$$K = \frac{(2\pi f)^2 Q}{g} \tag{5-33}$$

其中

$$Q = Q_1 + Q_2 \tag{5-34}$$

式中 Q_1——桩的折算重量；

Q_2——参加振动的土体重量。

此计算模型可使计算简化，同时考虑了参振土体对频率的影响，比较符合实际情况。如若 Q_1 与 Q_2 先按桩和土的原始数据算出，则动测时只需实测出桩基频率，即可进行承

压桩的参数计算,故此这种动测法又称"频率法",其计算步骤、方法如下:

一、计算单桩抗压刚度 K_z

当被测桩经竖向锤击而被激起振动后,桩将在竖向作自由振动,并通过桩侧摩擦力及桩尖作用力带动周围部分土体参加振动,形成复杂的桩、土振动体系,从而根据计算模型可按下式求出单桩抗压刚度(动刚度)K_z:

$$K_z = \frac{(2\pi f_v)^2 (Q_1 + Q_2)}{2.365g} \tag{5-35}$$

式中　g——重力加速度,取 9.81m/s^2;

　　　2.365——单桩抗压刚度修正系数;

　　　f_v——桩的竖向自振频率(Hz);

　　　Q_1——折算后参振桩重(kN);

$$Q_1 = \frac{1}{3} A \cdot L_0 \cdot \gamma_1$$

A——桩的横截面积(m^2);

L_0——桩的全长(m);

γ_1——桩体重度(kN/m^3);

Q_2——折算后参振土重(kN);

$$Q_2 = \frac{1}{3}\left[\frac{\pi}{9} r_z^2 (L + 16 r_z) - \frac{L}{3} \cdot A\right]\gamma_2$$

r_z——参振土体的扩散半径(m),将参振土体折算成梨形土体(图 5-6)后,按下式计算:

$$r_z = \frac{D_z}{2} = \frac{1}{2}\left(\frac{2}{3} L \cdot \tan\frac{\varphi}{2} + d\right)$$

L——桩的入土深度(m);

d——桩的直径(m),如为方桩,$d = \dfrac{a}{\sqrt{\pi}}$;

a——方桩边长(m);

γ_2, φ——分别为桩下段 2/3 范围内 $\dfrac{L}{3}$ 参振土体的重度(kN/m^3)及内摩擦角(°)。

二、计算单桩临界荷载

单桩临界荷载 Q_{cr},指与按静荷载试验测定的 Q-S 曲线土与拐点对应的荷载(图5-7),可按下式计算:

$$Q_{cr} = \eta \cdot K_z \tag{5-36}$$

式中　η——静测临界荷载与动测抗压刚度之间的比例系数,由单桩动、静实测数据对比得来,一般取 $\eta = 0.004$。

三、计算单桩容许承载力 Q_a

对粗长桩,特别是当桩尖以下土质较桩侧为强时,单桩容许承载力 Q_a 按下式计算:

$$Q_a = Q_{cr} \tag{5-37}$$

5.5 桩与桩基承载力计算

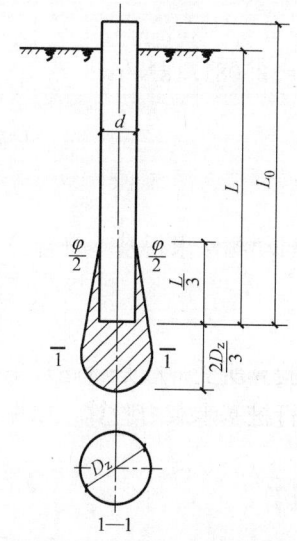

图 5-6 参振土体示意图

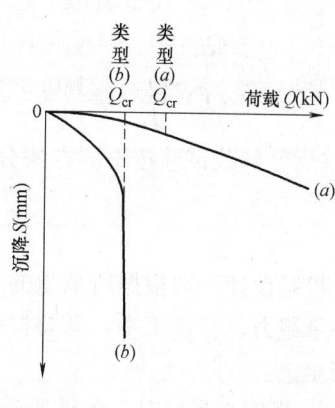

图 5-7 典型的 $Q-S$ 曲线

对中、小桩，特别是当桩尖以下土质较桩侧为弱时，单桩承载力 Q_a 按下式计算：

$$Q_a = \frac{Q_{cr}}{K} \tag{5-38}$$

式中 K——安全系数，一般取 $K=2$，对新填土可适当增大。

本法仪器配备和实际操作方面均较简便，有较好的准确度，可对群桩进行普查。适用于测定摩擦桩由土层提供的承载力，桩的入土深度为 5～40m；不适于支承在基岩或密实卵石层上的端承桩。

【例 5-15】 某商住楼桩基工程，采用钢筋混凝土预制桩，桩长 $L_0=20.0\text{m}$，桩入土深 $L=19.8\text{m}$，桩截面积 $A=0.35\text{m}\times0.35\text{m}=0.1225\text{m}^2$，折算直径 $d=0.395\text{m}$，桩身重力密度 $\gamma_1=24\text{kN/m}^3$，在 $L/3$ 范围内地层由二层土组成，上层土厚 3.7m，$\varphi=22°$，$\gamma_1=19.1\text{kN/m}^2$，下层土厚 2.9m，$\varphi=16°$，$\gamma_2=18.6\text{kN/m}^3$，桩尖下土质较桩侧弱，取 $K=2$，实测振动频率 $f_v=42.5\text{Hz}$，试求抗压刚度 K_z 及单桩容许承载力 Q_a。

【解】 因桩下段 $L/3$ 范围内有二层土，φ 及 γ 应按层厚取加权平均值：

$$\overline{\varphi}=\frac{22\times3.7+16\times2.9}{3.7+2.9}=19.4°$$

$$\overline{\gamma}=\frac{19.1\times3.7+18.6\times2.9}{3.7+2.9}=18.9\text{kN/m}^3$$

$$r_z=\frac{1}{2}\left(\frac{2}{3}L\cdot\tan\frac{\overline{\varphi}}{2}+d\right)=\frac{1}{2}\left(\frac{2}{3}\times19.8\tan\frac{19.4}{2}+0.395\right)=1.33\text{m}$$

$$Q_1=\frac{1}{3}A\cdot L_0\cdot\gamma_1=\frac{1}{3}\times0.1225\times20\times24=19.6\text{kN}$$

$$Q_2=\frac{1}{3}\left[\frac{\pi}{9}r_z^2(L+16r_z)-\frac{L}{3}A\right]\overline{\gamma}$$

$$=\frac{1}{3}\left[\frac{3.14}{9}\times1.33^2(19.8+16\times1.33)-\frac{19.8}{3}\times0.1225\right]\times18.9=154.67\text{kN}$$

285

$$Q = Q_1 + Q_2 = 19.6 + 154.67 = 174.27 \text{kN}$$

$$K_z = \frac{(2\pi f_v)^2 Q}{2.365 g} = \frac{(2 \times 3.14 \times 42.5)^2 \times 174.27}{2.365 \times 9.81} = 535081.1 \text{kN/m}$$

$$Q_{cr} = 0.004 K_z = 0.004 \times 535081.1 = 2140.3 \text{kN}$$

$$Q_a = \frac{Q_{cr}}{K} = \frac{2140.3}{2} = 1070.2 \text{kN}$$

(后经静载试验按不同方法分析，$Q_a = 1050 \sim 1160 \text{kN}$，与动测法求得基本符合。)

5.5.4 桩基承载力验算

桩基设计一般根据所承受的外力确定桩数和布桩，然后验算所受荷载是否超过单桩的容许承载力。在施工中，常要根据实际桩承载力和布桩，进行桩基承载力验算，以保证使用安全。

1. 当轴心受压时，各桩所受的荷载 Q（kN）应按下式计算：

$$Q \leqslant Q_0 \tag{5-39}$$

$$Q = \frac{F + G}{n} \tag{5-40}$$

$$Q_0 = 1.2 Q_k \tag{5-41}$$

式中　Q——桩基中单桩所承受的竖向力；

Q_0——单桩竖向承载力特征值；

F——作用于桩基上的竖向力；

G——桩基承台自重设计值和承台上的土自重标准值；

n——桩数；

Q_k——按"5.5.1 单桩承载力计算"一节确定的单桩竖向承载力特征值。

2. 当偏心受压时，各桩所受的荷载 Q_i 除满足（5-39）公式外，尚应满足下式要求：

$$Q_{max} \leqslant 1.2 Q_0 \tag{5-42}$$

$$Q = \frac{F + G}{n} + \frac{M_x y_i}{\sum y_i^2} + \frac{M_y x_i}{\sum x_i^2} \tag{5-43}$$

式中　Q_{max}——桩基中单桩所承受的最大竖向力；

M_x、M_y——作用于桩群上的外力对通过桩群重心的 x、y 轴力矩；

x_i、y_i——桩 i 至通过桩群重心的 y、x 轴线的距离；

其他符号意义同前。

【例 5-16】 桩基承台平面尺寸及桩布置如图 5-8 所示，已知桩数 $n = 8$，单桩竖向承载力特征值 $Q_0 = 500 \text{kN}$，作用于桩基上的竖向力 $F = 1620 \text{kN}$，桩基承台自重设计值和承台上土的自重标准值 $G = 850 \text{kN}$，作用于桩群上的外力通过桩群重心的 x、y 轴的力矩 $M_x = 450 \text{kN} \cdot \text{m}$，$M_y = 980 \text{kN} \cdot \text{m}$，求第 4 号桩所承

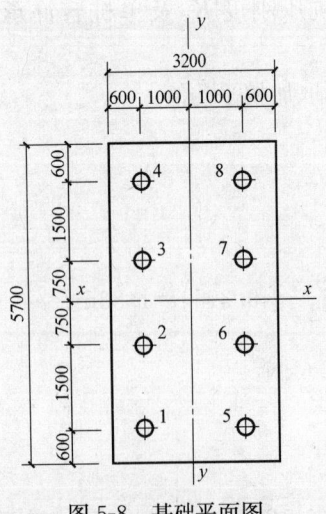

图 5-8　基础平面图

受的外力设计值。

【解】 由式（5-43）得：

$$Q = \frac{F+G}{n} + \frac{M_x y_4}{\sum y_i^2} + \frac{M_y x_4}{\sum x_i^2} = \frac{1620+850}{8} + \frac{450 \times 2.25}{4(0.75^2+2.25^2)} + \frac{980 \times 1.0}{2 \times 4 \times 1.0^2}$$
$$= 308.75 + 45.0 + 122.5 = 476.25 \text{kN} \leqslant Q_0 \ (=500 \text{kN})$$

5.6　钻孔灌注桩施工计算

钻孔灌注桩由于具有设备常规、简单，易于解决，可用于各种地质条件，且费用较低等优点，在地基加固中，应用较为广泛。但对施工质量存在不确定性，操作时必须严加控制成孔的质量和桩浇筑混凝土的质量。前者关键在控制泥浆的质量，后者则在控制好混凝土浇筑导管的提管高度，亦即导管下口的埋深。操作时应仔细进行施工计算，以确保桩基工程质量。

一、钻孔护壁泥浆的质量计算

泥浆的质量是保护井壁不坍塌、不卡钻的关键，而泥浆的密度（比重，下同）是其重要指标，其值的大小是随掺用黏土成分的多少来决定。黏土和水用量一般可按以下计算：

对任一体积泥浆 V_n 中，可建立重量关系平衡式和体积关系平衡式。

$$V\gamma + V_w \gamma_w = V_n \gamma_n \tag{5-44}$$

$$V_w = (1-V) \tag{5-45}$$

将式（5-45）代入式（5-44）化简得

$$V = \frac{\gamma_n - \gamma_w}{\gamma - \gamma_w} \cdot V_n \tag{5-46}$$

当 $V_n = 1 \text{m}^3$，且 $\gamma_w = 1$，则 1m^3 泥浆需用黏土量为：

$$V = \frac{\gamma_n - 1}{\gamma - 1} \tag{5-47}$$

式中　V_n——护壁泥浆的体积（m^3）；

　　　V、V_w——分别为黏土和水的用量（m^3）；

　　　γ——干燥土的密度，一般为 $2.4 \sim 2.6$；

　　　γ_n——泥浆的密度，一般为 $1.15 \sim 1.25$，对含砂砾的松散土层用 $1.26 \sim 1.36$；

　　　γ_w——水的密度，取 1.0。

二、灌注桩浇筑导管下口最小埋深计算

按导管内混凝土与管外泥浆必须压强平衡的原理及灌入孔内的混凝土体积与拌和送给的混凝土体积视为相等条件，导管下口最小埋深可按下式计算：

$$\Delta H = (an_p - b) - \sum n_g L_g \geqslant [\Delta H] \tag{5-48}$$

其中

$$a = V_p / (A_k - A_g) \tag{5-49}$$

$$b = \gamma_n H_k A_g / \gamma_h (A_k - A_g) \tag{5-50}$$

式中　ΔH——混凝土灌注过程中，实际提管或顶部取管时的下管口埋深；

　　　a、b——系数，分别按式（5-49）、式（5-50）计算；

　　　n_g、L_g——分别为灌注导管顶部拆取的各管段数和各管段长度；

n_p——混凝土在各时段的灌注盘数；

$[\Delta H]$——容许最小埋深，规范要求不小于 $1.0m$；

V_p——每盘混凝土混合物的体积；

A_k、A_g——分别为桩孔和灌注导管的截面积；

γ_n、γ_h——分别为泥浆和混凝土的重力密度；

H_k——钻孔的深度。

【例 5-17】 某高层商住楼，采用钻孔灌注桩加固淤泥质软塑土和粉质黏土地基，成孔泥浆密度采用 $\gamma_n=1.16$，已知土的密度 $\gamma=2.5$，水的密度 $\gamma_w=1.6$，试求 $1m^3$ 泥浆中黏土和水的用量。

【解】 $1m^3$ 泥浆需用的黏土用量由式（5-47）得：

$$V=\frac{\gamma_n-1}{\gamma-1}=\frac{1.16-1}{2.5-1}=0.167m^3$$

水用量由式（5-45）得：

$$V_w=1-V=1.0-0.167=0.833m^3$$

【例 5-18】 住宅楼采用钻孔灌注桩加固地基，桩长 $H=27.2m$，要求超灌高度 $H_0=1.0m$，桩孔直径 $D=1.0m$，孔深 $H_k=29m$，灌注导管 $d=0.25m$，管节长 $L_g=1.5m$，使用泥浆重力密度 $\gamma_n=1.25$，每盘拌料 $V_p=0.28m^3$，试计算每次灌注管下口需要埋深最小值 ΔH。

【解】 已知 $A_g=\pi d^2/4=0.049m^2$，$A_k=\pi D^2/4=0.875m^2$

管节数 $\sum n_g=(H_k+0.2-1.0)/1.5=18.8$ 节

（其中上管口高出桩孔中泥浆需 $0.2m$，下管节增长 $1.0m$）

灌注总数 $\sum n_p=\dfrac{(H+H_0)A_k}{V_p}=\dfrac{(27.2+1)\times 0.785}{0.28}=79$ 盘

$$a=\frac{V_p}{A_k-A_g}=\frac{0.28}{0.785-0.049}=0.38m/盘$$

$$b=\frac{\gamma_n H_k A_g}{\gamma_h(A_k-A_g)}=\frac{1.25\times 29\times 0.049}{24(0.785-0.049)}=1.00m$$

将 a、b 值代入式（5-48）求得每次的 ΔH 值如表 5-10 所示。

导管下口最小埋深 ΔH 值表　　　　表 5-10

n_p (盘)	$\sum n_p$ (盘)	an_p-b (m)	n_g (节)	$\sum n_g$ (节)	L_g (m)	$\sum n_g \cdot L_g$ (m)	ΔH (m)
6.5	6.5	1.47	—	—	—	0.47	1.00
3.5	10	2.80	1	1.0	1.2	1.2	1.60
9	19	6.13	2	2.8	1.5	4.2	1.93
9	28	9.55	2	4.8	1.5	7.2	2.35
8	36	12.59	2	6.8	1.5	10.2	2.39
8	44	15.63	2	8.8	1.5	13.2	2.43
8	52	18.67	2	10.8	1.5	16.2	2.47
7	59	21.33	2	12.8	1.5	19.2	2.13
7	66	23.99	2	14.8	1.5	22.2	1.79
7	73	26.65	2	16.8	1.5	25.2	1.45
3.5	76.5	27.98	1	17.8	1.5	26.7	1.28
2.5	79	28.93	1.7—0.7	18.8	2.5—1	28.2	全取出

从表 5-10 中可知，$\Delta H_{max}=2.47$m，是小于底层管节长度的；管口埋深 ΔH 约大于 1.0m；ΔH 值的排列成宝塔形，符合施工实际情况。如出现 ΔH 值大小交错，则需要调整盘数或取管数。

5.7 挤扩多分支承力盘灌注桩承载力计算

多分支承力盘灌注桩是在普通灌注桩基础上，按承载力要求和工程地质条件的不同，在桩身不同部位设置分支和承力盘而成。这种桩的特点是：单桩承载能力高（比普通灌注桩高 2～3 倍），提高地基强度（5～10 倍），降低桩埋设深度（35％～45％）；机械化程度高，施工速度快，节省原材料（30％左右）和降低工程费用（25％左右）等。适用于在黏性土、细砂土、砂中含少量姜结石及软土等多种土层中应用。

当普通灌注桩埋深较大，施工时需改用多分支承力盘灌注桩时，应按以下进行桩型变换和承载力核算。

一、桩构造与布置

多分支承力盘灌注桩的造型、尺寸、承力盘与分支数量根据上部建筑物的荷载量、结构型式、地质情况及使用的分支器尺寸而定。桩的分支、盘的间距按表 5-11 采用。一般在桩柱周围每隔 1400mm 左右设一组对称分支，呈十字方向分布，在下部设 1～3 道承力盘。多分支承力盘灌注桩的最小中心距一般取 (1.5～2.3)d 或 d+1m（d 为多分支承力盘灌注桩的直径）。桩端持力层应选在较硬的土层上，厚度应大于 3m，下卧层不可有软弱土层。

分支与承力盘的间距 (mm) 表 5-11

项次	桩径 d(mm)	分支与承力盘间距(中距)S
1	ϕ426	(3.0～6.0)d
2	ϕ600	(4.0～5.0)d
3	ϕ800	(3.0～4.0)d

注：当工程地质条件好时，间距亦可适当减小。

多分支承力盘桩混凝土采用 C20 或 C25，配筋主筋用 ϕ12～16mm，长度一般要求在 L（L—桩长），最小不小于 $L/2$，其配筋率 $P=0.4％～0.6％$，箍筋用 ϕ8～10mm，间距 100～200mm，另设加强筋。

二、单桩承载力计算

多分支承力盘灌注桩单桩竖向承载力的计算，应根据工程地质报告提供的地质钻孔剖面及柱状图（土层以平均厚度计）及相应的物理力学性能指标的数值按相应深度的数据计算。

（一）单桩竖向极限承载力特征值计算

单桩的极限承载力 P_k 由主桩竖向极限承载力 P_m 和桩分支、盘的竖向极限承载力 P_b 组成，单桩的极限承载力 P_k 可按下式计算：

$$P_k=P_m+P_b \tag{5-51}$$

其中

$$P_m=q_{pk} \cdot A_m + \sum q_{sik} \cdot F_m \tag{5-52}$$

$$P_b=\sum R_{pk} \cdot A_b \cos\theta + \sum f_{sik} \cdot F_b \tag{5-53}$$

式中 q_{pk}——主桩端上（或承力盘上）的极限端阻力特征值 (kPa)；

A_m——主桩端承力盘面积（m^2）；
q_{sik}——主桩周围土的极限侧阻力特征值（kPa）；
F_m——主桩土层分段的桩周表面积（m^2）；
R_{pk}——桩分支端土的极限阻力特征值（kPa）；
A_b——桩分支底面积（m^2）；
f_{sik}——桩分支周围土的极限侧阻力（kN/m^2）；
F_b——桩分支的桩周表面积（m^2）；
θ——桩分支与水平面的夹角（°）。

计算公式的参数选择，除了桩端承载力计算值采用端承极限特征值外，土分层的承载力和侧摩阻力均采用工程地质报告中给出的侧摩阻力和承载力特征值。

以上式计算的单桩竖向极限承载力 P_k 值必须与单桩竖向静载试验值相对照、相校核，并以静载荷试验值为依据。

（二）桩基抗拔极限承载力特征值计算

桩基抗拔极限承载力 U_k 可按下式计算：

$$U_k = \sum \lambda_i \cdot q_{sik} \cdot F_m + \sum q_{pk} \cdot A_m + \sum R_{pk} \cdot A_b \cdot \cos\alpha + \sum f_{sik} \cdot F_b + G \quad (5-54)$$

式中 λ_i——抗拔系数，可从《建筑桩基技术规范》（JGJ 94—2008）表 5.4.6-2 查得；
q_{sik}——主桩周围土的极限侧阻力特征值（kPa）；
F_m——主桩周围土层分段的桩周表面积（m^2）；
q_{pk}——承力盘上极限端阻力特征值（kPa）；
A_m——承力盘上面积（m^2）；
R_{pk}——桩分支顶端上土极限端阻力特征值（kPa）；
A_b——桩分支顶上面积（m^2）；
f_{sik}——桩分支两侧面土的极限阻力特征值（kPa）；
F_b——桩分支两侧面的表面积（m^2）；
G——多分支承力盘承载桩的自重（kN）；
α——桩分支顶面与水平面的夹角（°）。

对于分支、设盘的桩在计算分支、盘的抗拔极限承载力特征值时，尚应根据工程地质条件、施工经验等因素乘以施工工艺系数 $\psi_c = 0.9 \sim 1.1$。

桩基抗拔极限承载力特征值，必须与桩竖向抗拔静载荷试验值相对照、相校核，并以竖向抗拔静载荷试验值为依据。

5.8 树根桩承载力计算

树根桩系一种小型钻孔灌注桩。先用钻孔机钻孔，同时清除孔内的土，待达到预定深度后，插入钢筋笼灌注水泥砂浆或混凝土成桩。其用于地基加固，通常是一束不同倾斜度的桩束，形状如同树根。适用于碎石土、砂土、粉土和黏性土等土层中；改扩建加固的基础托换、原建筑加层的地基加固；边坡稳定的支护结构和地下建筑的地基处理，以及施工深基坑的临时支护等。

一、桩构造要求

树根桩直径一般为 75～250mm；直径 75～125mm 配单根钢筋；直径 110～250mm 可放 3～5 根钢筋组成的钢筋笼，箍筋为 $\phi6@100mm$ 或 $\phi8@100mm$。桩长根据土质情况而定，对密实的砂和碎石类土为 6～10m，密实的黏性土为 10～15m，一般土为 20m。桩可竖向，也可斜向，并在各个方向可倾斜任意角度。

二、桩的承载力计算

树根桩的容许承载力为极限荷载的一部分，其值取决于建筑物的容许沉降值。树根桩的极限荷载，可按以下经验公式计算：

$$p=\pi DL\tau I \tag{5-55}$$

式中　p——树根桩的极限承载力（N）；
　　　D——桩的直径，即钻孔直径（mm）；
　　　L——桩的长度（mm）；
　　　τ——桩与土间的附着力或由于桩而使土中产生的剪应力或与土的黏聚力有关的系数，单位为 N/mm^2。当为软土，$\tau=0.05$；松散土，$\tau=0.1$；中等密实度土，$\tau=0.15$；极坚硬的土、碎石、砂，$\tau=0.2$；
　　　I——无量纲系数，取决于桩的直径，当 $D=100mm$，$I=1.0$；$D=150mm$，$I=0.9$；$D=200mm$，$I=0.85$；$D=250mm$，$I=0.80$。

树根桩可穿过不同土层直接支承在基岩上作支承桩，也可用于支承在砂土或黏土上作摩擦桩。当树根桩的安全系数 K 取 3 时，支承在岩石上的竖直树根桩，其承载能力由材料强度决定，容许承载力可参考表 5-12。

支承在岩石上的树根桩容许荷载　　　　表 5-12

桩的标准直径/mm	120	140	170	220	280
容许荷载/kN	100～150	150～200	200～250	300～400	400～500

注：1. 对于倾斜桩和摩擦桩，承载力将小于上述数值。
　　2. 树根桩托换安全系数的确定：
　　　树根桩用于托换，其安全系数要大，将由以下两项构成，即：

$$K=K_f+K_p$$

　　　式中　K——树根桩的安全系数；
　　　　　K_f——原有地基的安全系数，$K_f \geqslant 1$；
　　　　　K_p——桩本身的安全系数，$K_p=\dfrac{P_{max}}{P}>1$；
　　　　　P——使用荷载。

5.9　岩溶地基承载力计算

在岩溶地区，在岩石顶板下面常会遇到各种形状、大小的溶洞存在，当不进行填塞或支顶处理时，在岩体自重或建筑物重量作用下，会发生地面变形、地基坍陷，影响建筑物的安全和使用，因此，在施工前应对地基进行必要的计算。

岩溶地基的验算方法较多，有坍塌拱理论、摩擦拱理论、普氏理论、萨文理论……等，计算比较复杂，以下简介用结构物的应力公式验算溶洞顶板较简单的方法。

本法基本原理是把稳定条件下的岩体情况简化，以材料力学理论根据平衡条件来验算各区间、各部位岩体或岩层所处的应力状态及安全度，使应力控制在允许范围内。考虑溶洞顶板的天然拱作用，把天然岩溶洞简化为以下两种情况进行计算。

一、按平过梁验算

当建筑物基础下卧层岩溶稳定层顶板厚度 $H \leqslant \dfrac{B_0}{2}$ 时，可按平过梁弯矩或岩体剪切强度按下式计算（图5-9a）：

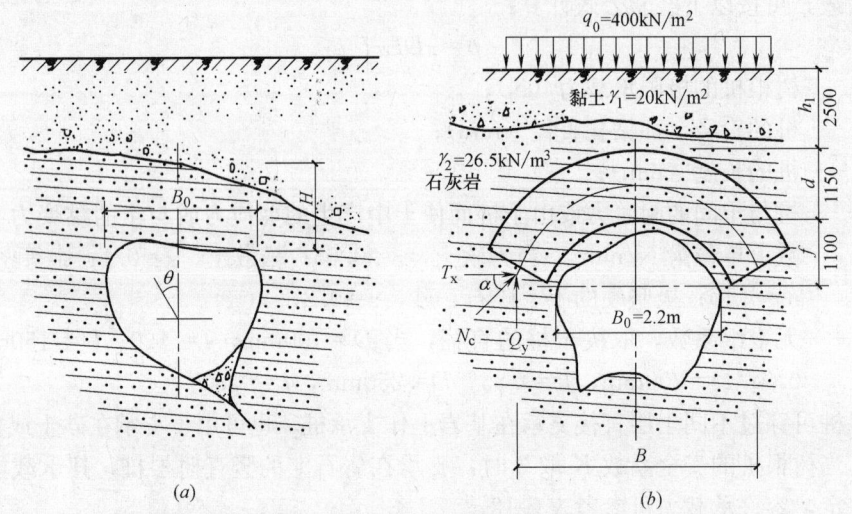

图 5-9 溶洞顶板验算简图

(a) $H \leqslant \dfrac{B_0}{2}$ 时顶板验算；(b) H（或 d）$> \dfrac{B_0}{2}$ 时顶板验算：

$$\frac{M_{\max}}{W} < [f_t] \quad 或 \quad \frac{6M_{\max}}{bH^2} < [f_t] \tag{5-56a}$$

$$\tau = \frac{q+G}{HL} < [f_v] \quad 或 \quad \frac{Q_{\max}}{bH} < [f_v] \tag{5-56b}$$

式中 B_0——溶洞的最大净跨度（m）；

H——溶洞顶板的有效厚度（m）；

b——溶洞顶板的计算宽度（m），或取1m计算；

$M_{\max}$——溶洞顶板单位宽度内受外荷及自重产生的最大弯矩（kN·m）；

W——溶洞顶板工作部分截面抵抗矩（m³）；

q——地表上或基础上的总荷载，如为基础板时，可取地基反力的最大值（kN/m²）；

G——溶洞顶板自重和顶板到荷载面的土重之和（kN/m²）；

L——溶洞顶板净空平面受剪切的周边长度，或计算荷载所影响的剪切支承端总宽度（m）；

τ——溶洞顶板的剪切应力（kN/m²）；

$Q_{\max}$——L长度上（支承周边或支承两端长）受到的总切力（kN）；

f_r——岩石饱和单轴抗压强度（kN/m²）；

$[f_t]$——岩体允许抗拉强度（kN/m²）；

$[f_v]$——岩体允许抗剪强度（kN/m^2）；
$[f_a]$——岩体允许抗压强度（kN/m^2）；
$[f_m]$——岩体允许抗弯强度（kN/m^2）。

f_r、$[f_t]$、$[f_v]$、$[f_a]$、$[f_m]$可根据现场试验或地质勘察报告提供数据，或参考表5-13经验数据取用。

中等坚实石灰岩平均强度参考值　　　　　　　表5-13

密度	$\gamma_w(t/m^3)$	≤2.2	2.3	2.4	2.5	2.6	2.7	≥2.8
f_r	(N/mm^2)	25~30	30~40	40~55	55~70	70~80	80~115	125~150
$[f_a]$	(N/mm^2)	4~5	5~6.5	6.5~9.0	9~11.5	11.5~13	13~21	21~25
$[f_t]$	(N/mm^2)	0.25~0.3	0.3~0.4	0.4~0.5	0.5~0.7	0.7~0.8	0.8~1.2	1.2~1.5
$[f_v]$	(N/mm^2)	0.3~0.4	0.4~0.5	0.5~0.7	0.7~0.9	0.9~1.1	1.1~1.7	1.7~2.0
$[f_m]$	(N/mm^2)	0.5~0.6	0.6~0.8	0.8~1.1	1.1~1.4	1.4~1.6	1.6~2.5	2.5~3.0

注：1. 如岩体有明显层理或节理顺剪切方向或垂直抗弯方向时，其允许强度应乘以0.6折减，或根据实际情况按砌筑拱计算。
　　2. 岩石比重 γ 为 2.7~2.8。

计算顶板 M_{max} 时，应分清不同顶板形式使符合实际支承状况：(1) 当顶板与侧壁完整、坚实，或仅有个别紧密接触的裂隙时，则按两端固定计算；(2) 当顶板在近于跨中有垂直节理缝时，且缝隙不在跨中者，可当作两个悬臂梁分别计算；(3) 若顶板与侧壁支承处有明显裂隙，可按两端简支计算；(4) 如顶板有中厚层垂直裂缝，且缝隙封闭无软弱夹层，则按砌筑过梁考虑。

二、按近似圆拱结构验算

岩溶顶板厚度 H（或 d）$>\dfrac{B_0}{2}$，顶板有明显拱度时，则按近似圆拱结构按下列公式计算：

$$f_a = \frac{2N_c}{d} < [f_a] \tag{5-57}$$

$$N_c = T_x \cos\alpha + Q_y \sin\alpha \tag{5-58a}$$

$$T_x = \frac{1}{8f}\Sigma(\gamma_i h_i) \cdot B^2 \tag{5-58b}$$

$$Q_y = \frac{1}{2}\Sigma(\gamma_i h_i) \cdot B \tag{5-58c}$$

$$B = B_0 + d \cdot \sin\alpha \tag{5-59}$$

式中　f_a——拱截面所受的压应力（kN/m^2）；
　　　N_c——拱脚处的轴向压力（kN/m）；
　　　Q_y——拱脚处的垂直切力（kN/m）；
　　　T_x——拱脚处的水平推力（kN/m）；
　　　B——拱计算跨度（m）；
　　　α——拱脚的水平倾角，当为半圆拱时，$\alpha=90°$，当为切圆拱时，则按实际取用；
　　　f——拱的矢高（m）。

由于溶洞壁厚远大于顶板，故水平推力的影响可不考虑。

【例 5-19】 某工程地基下部有一石灰岩溶洞各部尺寸如图 5-9b 所示，上部有 2.5m 厚黏土层（$\gamma_1=20\text{kN/m}^3$），附加荷载 $q_0=400\text{kN/m}^2$，岩体为中等坚实，$\gamma_2=26.5\text{kN/m}^3$。已知岩体强度 $f_r=98\text{N/mm}^2$，$[f_a]=17\text{N/mm}^2$，$[f_v]=1.5\text{N/mm}^2$，$[f_m]=2\text{N/mm}^2$，试验算其强度是否满足要求。

【解】 因 $H(d)=1.15\text{m}>\dfrac{B_0}{2}\left(=\dfrac{2.2}{2}=1.1\text{m}\right)$，按圆拱结构计算。

取 $\alpha=45°$，由式（5-59）得：
$$B=B_0+d\sin\alpha=2.2+1.15\times\sin45°\approx3.0\text{m}$$

N_c 由式（5-58a）、式（5-58b）、式（5-58c）得：
$$T_x=\frac{1}{8f}\Sigma(\gamma_ih_i)\cdot B^2=\frac{1}{8\times1.1}(26.5\times1.15+20\times2.5+400)\times3^2=491.4\text{kN/m}$$

$$Q_y=\frac{1}{2}\Sigma(\gamma_ih_i)\cdot B=\frac{1}{2}(26.5\times1.15+20\times2.5+400)\times3=720.7\text{kN/m}$$

$$N_c=T_x\cos\alpha+Q_y\sin\alpha=491.4\times\cos45°+720.7\times\sin45°=860.6\text{kN/m}$$

拱的压应力由式（5-57）得：
$$\sigma=\frac{2N_c}{d}=\frac{2\times860.6}{1.15}=1496.7\text{kN/m}^2<[f_a]=1700\text{kN/m}^2$$

故知，该岩溶顶板承载力（强度）能满足要求，使用安全。

5.10 岩石锚杆（桩）承载力计算

岩石锚杆（又称锚桩）多用于施工作临时设施的锚碇，或在岩石地基上将结构物或构筑物基础应用锚杆与基岩连成整体，作为基础或上部结构的一部分共同工作，以承受上部结构的拉力或水平力，可有效地减少埋深和结构尺寸，节省劳动力、原材料和土石方开挖量，加快工程进度，降低施工和工程费用。

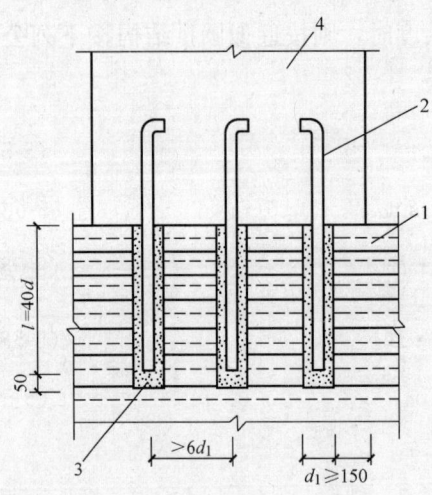

图 5-10 岩石锚杆构造
1—基岩；2—锚杆；3—砂浆；4—上部基础
d_1—锚杆孔直径；l—锚杆的有效锚固长度；
d—锚杆直径

一、构造要求

岩石锚杆的构造要求，可按图 5-10 采用，锚杆孔直径，宜取三倍锚杆直径，但不应小于一倍锚杆直径加 50mm；锚杆插入上部结构的长度，必须符合钢筋锚固长度的要求；锚杆宜采用螺纹钢筋，水泥砂浆（或细石混凝土）强度等级不宜低于 M30。

二、单根锚杆抗拔力计算

岩石锚杆（锚桩，下同）中单根锚杆的抗拔力一般应通过试验确定，当缺乏试验资料，且基岩的抗剪强度大于砂浆与岩石的粘结力时，单根锚杆的抗拔力可按下式计算：

$$R_t\leqslant\pi d_1\cdot l\cdot f \tag{5-60}$$

单根锚杆的截面面积 A_g（cm²）为：

5.10 岩石锚杆（桩）承载力计算

$$A_g = \frac{K \cdot R_t}{f_{st}} \tag{5-61}$$

式中 R_t——单根锚杆的抗拔承载力（kN）；

d_1——锚杆孔直径（cm），一般取 $3d$，但不小于 $d+50$mm；

d——锚杆直径（cm）；

l——锚杆有效锚固长度（cm），一般大于 $40d$，而不小于 80cm；

f——砂浆与岩石间的粘结强度特征值（N/mm²），当水泥砂浆为 M30 时，对页岩 $f=0.1\sim0.18$；对白云岩、石灰岩 $f=0.3$；对砂岩、花岗岩 $f=0.4$N/mm²；硬质岩 $f=0.4\sim0.6$N/mm²；

f_{st}——锚杆的抗拉强度设计值（kN/m²）；

K——安全系数，一般取 1.25。

锚杆基础中每根锚杆所承受的拔力 Q_{max}（kN）应按下式验算：

$$N_{max} \leqslant R_t \tag{5-62}$$

$$N_{ti} = \frac{F+G}{n} - \frac{M_x y_i}{\sum y_i^2} - \frac{M_y x_i}{\sum x_i^2} \tag{5-63}$$

式中 N_{ti}——单根锚杆所承受的拔力设计值（kN）；

R_t——单根锚杆的抗拔承载力（kN）；

F——作用于基础上的垂直荷载（kN）；

G——基础自重和基础上的土重（kN）；

n——锚杆（桩）数；

M_x、M_y——作用于锚杆群上的外力对通过锚杆群重心 x、y 轴的力矩（kN·m）；

x_i、y_i——锚杆 i 至通过锚杆群重心 y、x 轴线的距离（m）。

【例 5-20】 在砂岩地上设置临时锚碇，埋设锚杆，打孔深 1.0m，孔径 75mm，采用 335HRB 级钢作锚杆，用 M30 水泥砂浆，试求单根锚杆的抗拔力及需用锚杆截面。

【解】 由题意知 $f=0.45$，$f_{st}=300$N/mm²

由式（5-60）单根锚杆的抗拔力为：

$R_t = \pi d_1 \cdot l \cdot f = 3.14 \times 75 \times 1000 \times 0.45$
$= 105975$N ≈ 106kN

由式（5-61）单根锚杆需用截面积为：

$A_g = \frac{KR_t}{f_{st}} = \frac{1.25 \times 105975}{300} = 441.6$mm²

采用 $\Phi25$mm 锚杆，$A_s = 490.6$mm² 大于 441.6mm²，可满足要求。

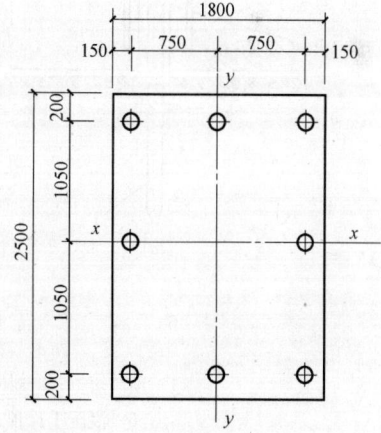

图 5-11 岩石锚杆基础平面

【例 5-21】 岩石锚杆基础，锚杆布置如图 5-11，基岩为石灰岩，锚杆设置同例 5-20，已知 $R_t=106$kN，$F=240$kN，$G=194$kN，$M_x=636$kN·m，$M_y=246$kN·m，试验算锚杆抗拔力是否符合要求。

【解】 由式（5-63）单根锚杆的拔力为：

$$N_t = \frac{F+G}{n} - \frac{M_x y_i}{\sum y_i^2} - \frac{M_y x_i}{\sum x_i^2} = \frac{240+194}{8} - \frac{636 \times 1.05}{6 \times 1.05^2} - \frac{246 \times 0.75}{6 \times 0.75^2}$$
$$= -101.4 \text{kN} < R_t \ (=106\text{kN})$$

故知，锚杆抗拔力可以满足要求。

5.11　锚杆静力压桩承载力计算

锚杆静力压桩，系利用建筑物的自重作为压载，先在基础上开凿出压桩孔和锚杆孔，然后埋设锚杆或在新建筑物基础上预留压桩孔预埋钢锚杆，借锚杆反力，通过反力架，用液压压桩机将钢筋混凝土预制短桩逐段压入基础中开凿或预留的桩孔内，当压桩力 P_p 达到 $1.5 P_a$（P_a—桩的设计承载力，kN）和满足设计桩长时，便可认为满足设计要求，再将桩与基础连接在一起，卸去液压压桩机后，桩即能立即承受上部荷载，从而使地基得到加固。

一、静压桩装置及锚杆要求

锚杆静压桩装置如图 5-12 所示。

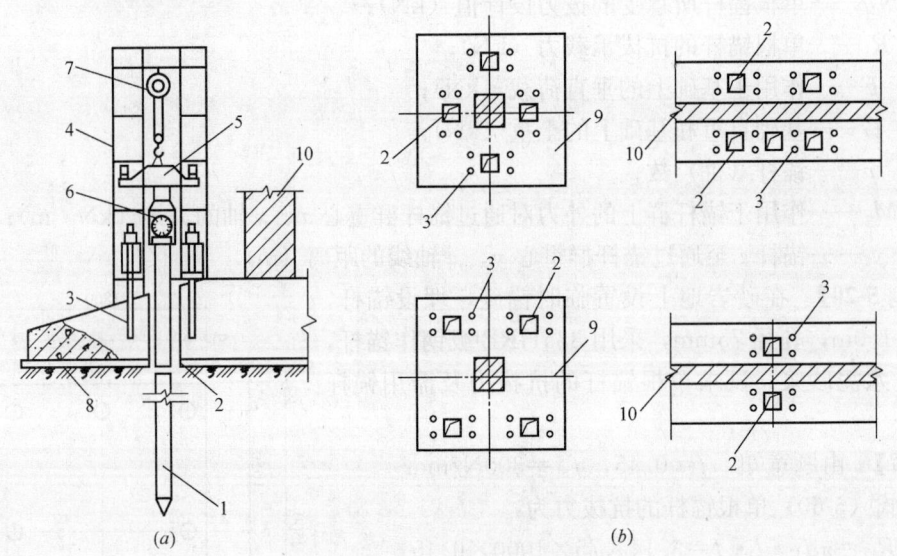

图 5-12　锚杆静压沉桩装置
(a) 静压桩装置；(b) 压桩孔与锚杆孔位置
1—预制短桩；2—压桩孔；3—锚杆；4—钢结构反力架；5—活动横梁；
6—液压千斤顶；7—电动葫芦；8—基础；9—柱基；10—砖墙

锚杆的形式，新浇基础一般采用预埋爪式锚杆螺栓；在旧有基础上，采用先凿孔，后埋设带镦粗头的直杆螺栓；后埋式锚杆与基础混凝土的粘结一般采用环氧树脂胶泥或硫磺砂浆，经固化后，即能承受桩的抗拔力；锚杆埋深为 8～10d（d—锚杆直径，mm），端部镦粗或采用螺栓锚杆。

二、压桩阻力与单桩承载力计算

锚杆静力压桩时的力系平衡如图 5-13 所示。将桩压入土中时，要克服土体对桩的阻

5.11 锚杆静力压桩承载力计算

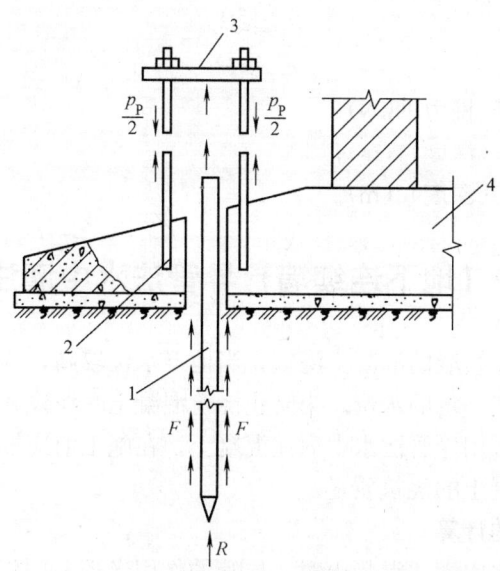

图 5-13 锚杆静压沉桩时力系平衡简图
1—预制短桩；2—锚杆；3—反力架；4—基础
F—桩侧阻力；R—桩尖阻力

力，该阻力称为压桩阻力 P_p，由桩侧阻力和桩尖阻力两部分组成，可按下式计算：

$$P_p = F + R = U\sum h_i f_i + A g_i \tag{5-64}$$

式中 P_p——压桩力，即土体对桩的阻力（kN）；

U——桩周长（m）；

h_i——各土层的厚度（m）；

f_i——各土层的桩侧阻力系数（kPa）；

A——桩尖面积（m²）；

g_i——桩尖阻力系数（kPa）。

压桩力亦可按土质情况由下式估算：

$$P_p = \beta P_a \tag{5-65}$$

式中 β——系数，对触变性土（如海相或湖相沉积的饱和黏土），取 1.3～1.5；对非触变性土（含黄土、填土等），取 1.5～2.5。

三、单桩桩数计算

$$n = \frac{Q_1 + Q_2}{P_a} \tag{5-66}$$

式中 Q_1——上部结构荷载（kN）；

Q_2——基础自重和基础上复土自重（kN）；

P_a——桩的设计承载力（kN）；

n——单桩桩数（根）。

桩截面一般为 200mm×200mm～250mm×250mm，桩设计长度为 1.5～2.5m。

四、压桩标准

最为常用的为压桩力和深度双控标准，即：

$$P_{ap} \geqslant P_a \tag{5-67}$$
$$H_a \geqslant H \tag{5-68}$$

式中 P_{ap}——实际最终压桩力（kN）；

H_a——实际桩长（深度）（m）；

H——设计桩长（深度）（m）。

5.12 灌注桩（地下连续墙）导管法水中灌注混凝土计算

现场灌注桩和地下连续墙的混凝土浇筑，当地下水位较高，或为稳定孔（槽）壁需要时，孔（槽）壁内常保持一定的水位。为防止浇筑混凝土时泥浆和水混入混凝土内，影响混凝土的质量，一般都采用导管法水中灌注混凝土。在施工前应根据浇筑要求计算确定有关技术参数，以确保混凝土的浇筑质量。

一、导管作用半径的计算

采用直升导管法在水中灌注混凝土时，导管的作用半径 r，按下式计算：

$$r = 0.85 \frac{KJ}{I} \quad (m) \tag{5-69}$$

式中 K——混凝土流动性保持系数（h），取 $1.4 \sim 1.5h$；

J——混凝土灌注强度（即浇注速度）（m³/m²·h）；

I——标准的混凝土表面平均坡度。

导管的作用半径一般为 $2.5 \sim 4.0$m。

二、导管需用搅拌机台数计算

一根混凝土导管需用混凝土搅拌机台数 n，可按下式计算：

$$n = \frac{q}{p} = \frac{V}{tp} \tag{5-70}$$

式中 p——混凝土搅拌机的生产率（m³/h）；

q——混凝土浇筑速度（m³/h），$q = \frac{V}{t}$，但 q 值不得超过吊机、导管等设施的灌注效率，一般直径 $200 \sim 300$mm 的导管，每小时约灌注混凝土 $5 \sim 25$m³；

t——1 根导管的连续灌注时间限制（h），一般不宜大于最初浇注的混凝土初凝时间。

三、导管应承受压力计算

导管使用前应先组装，并装栓塞（球）和充水试压，其压力不得小于灌注混凝土时导管壁可能承受的最大压力 P_d，其值按下式计算：

$$P_d = \gamma_c \cdot h_c - \gamma_w \cdot H_w \tag{5-71}$$

式中 γ_c——混凝土的重度（kN/m³）；

h_c——导管内混凝土柱最大高度（m），一般可采用导管全长；

γ_w——槽孔内水或泥浆的重度（kN/m³）；

5.12 灌注桩（地下连续墙）导管法水中灌注混凝土计算

H_w——预计浇注混凝土顶面至水面的高差（m）。

四、开导管首批混凝土用量计算

水中灌注混凝土开导管时，漏斗和贮料斗内必须储备一定数量的混凝土，以保证能完全排除导管内水或泥浆，并使导管出口埋于至少 0.8m 深的流态混凝土中。

开导管首批混凝土用量按下式计算（图 5-14）：

$$V = h_1 \times \frac{\pi d^2}{4} + H_c \cdot A \qquad (5-72)$$

其中

$$h_1 = \frac{H_w \cdot \gamma_w}{\gamma_c} \qquad (5-73a)$$

$$H_c = H_D + H_E \qquad (5-73b)$$

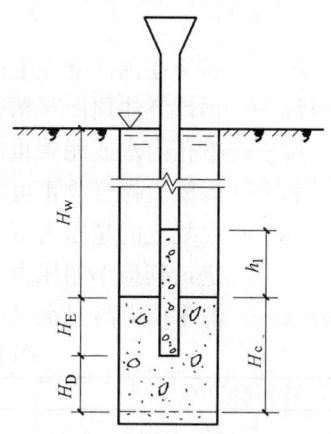

图 5-14 开导管混凝土用量计算简图

式中 V——开导管浇注首批混凝土所需要的用量（m³）；
d——导管内直径（m）；
H_c——首批混凝土要求浇灌深度（m）；
H_D——管底至槽孔底的高度，一般取 0.4～0.5m；
H_E——导管的埋设深度，一般取 0.8～1.2m；
A——灌注桩（或槽）浇注段的横截面面积（m²），当槽孔扩大时，应用扩孔后的横截面面积；
h_1——槽孔内混凝土达到 H_c 时，导管内混凝土柱与导管外水压平衡所需高度（m）；
H_w——预计浇灌混凝土顶面至槽孔水面或导墙顶面高差（m）；即桩（或墙）孔内泥浆深度；
γ_w——槽孔内水或泥浆的重度，水取 10kN/m³，泥浆取 11～12kN/m³；
γ_c——混凝土拌合物重度，取 24N/m³。

求得灌注首批混凝土所需要的储备用量 V，再乘以适当的充盈系数 K（对一般土质取 $K=1.1$，软土取 $K=1.2\sim1.3$），再据此确定漏斗的容量和需增设的贮料斗。漏斗一般用 2～3mm 厚的钢板制成圆锥形或棱锥形。圆锥形漏斗上口直径一般为 800mm，高 900mm；棱锥形漏斗一般为 1000mm×1000mm×800mm。漏斗与导管连接的变径管长度均不宜短于 300mm，且成圆锥形，一般锥度为 15°～20°，漏斗容量要满足提升一节导管后混凝土埋深不小于 1.2m 的要求。

五、混凝土导管漏斗需要提升高度的计算

在水中灌注混凝土的整个过程中，混凝土导管漏斗都要提升一定高度，以便利用混凝土柱产生的挤压力使混凝土在槽孔内摊开，浇灌面逐渐上升，并将水或泥浆排出槽孔外。混凝土导管漏斗需要提升的高度（即导管内混凝土柱高度）可按下式计算（图 5-15）：

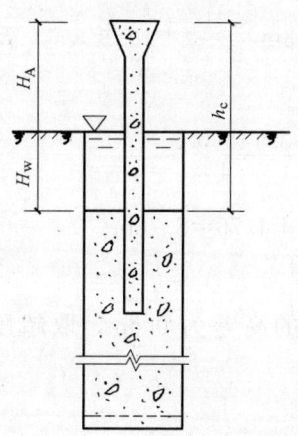

图 5-15 漏斗高度计算简图

$$h_c = \frac{p + H_w \cdot \gamma_w}{\gamma_c} \qquad (5-74)$$

299

$$H_A = h_c - H_w \tag{5-75}$$

式中 h_c——漏斗在预计浇注混凝土顶面以上所需高度（m）；

H_w——预计浇注顶面至槽孔水面的高差（m）；

γ_w——槽孔内水或泥浆重度（kN/m³）；

γ_c——混凝土拌合物重度（kN/m³）；

p——混凝土的超压力（kN/m²），根据每根混凝土导管浇注半径或槽段的长度而定，其最小超压力见表5-14；

H_A——漏斗顶需高出水（或泥浆）面高度（m）。

混凝土导管作用范围和超压力关系表 表5-14

最小超压力(kN/m²)	混凝土导管作用半径(m)	导管浇注槽段(孔)长度(m)
250	4.0	7.0
150	3.5	6.0
100	3.0	5.0
75	≤2.5	≤4.0

一般混凝土柱的高度在桩（或墙）顶低于或高出槽孔中水面，应比水面或桩（墙）顶至少高出3m。

【例5-22】 采用导管法水中灌注地下连续墙槽段混凝土，管外混凝土浇筑强度为0.45m³/m²·h，混凝土表面平均坡度为15%，试求导管的作用半径。

【解】 由公式（5-69）

$$r = 0.85 \times \frac{KJ}{I} = 0.85 \times \frac{1.45 \times 0.45}{0.15} = 3.7 \text{m}$$

故知，导管的作用半径为3.7m。

【例5-23】 2m直径灌注桩，桩孔深30m，扩孔率为8%，采用导管法水中灌注混凝土。导管内直径为0.3m，要求埋于混凝土中深度不小于1m，导管下口离桩孔底为0.4m。混凝土拌合物重度为24kN/m³，泥浆重度为12kN/m³，求开导管混凝土用量。

【解】 由给定条件得：

$$H_c = H_D + H_E = 1.0 + 0.4 = 1.4 \text{m}$$
$$H_w = 30 - (1 + 0.4) = 28.6 \text{m}$$
$$h_1 = \frac{H_w \cdot \gamma_w}{\gamma_c} = \frac{28.6 \times 12}{24} = 14.3 \text{m}$$

由公式（5-72）得：

$$V = h_1 \times \frac{\pi d_1^2}{4} + H_c A(1 + 0.08) = 14.3 \times \frac{3.14 \times 0.3^2}{4}$$
$$+ 1.4 \times \frac{3.14 \times 2^2}{4}(1 + 0.08) = 1.01 + 4.75 = 5.76 \text{m}^3$$

故知，开导管混凝土用量为5.76m³。

【例5-24】 同例5-23，预计浇注顶面至桩孔水面的高差为0.5m，取超压力为75kN/m²，求漏斗在预计浇注混凝土顶面以上所需高度。

【解】 由给定的已知条件和式（5-74）得：

$$h_c = \frac{p + H_w \cdot \gamma_w}{\gamma_c} = \frac{75 + 0.5 \times 12}{24} = 3.38 \text{m}$$

5.13 桩基工程量计算

5.13.1 钢筋混凝土预制桩工程量计算

1. 打（沉）混凝土预制桩的体积 按设计桩长（包括桩尖长度，不扣除桩尖虚体积，下同）乘以桩截面面积，以立方米计算，管桩的空心体积应扣除，如管桩空心部分设计要求填灌混凝土或其他材料时，应另行计算填充料。

桩体积 V（m^3）按以下公式计算：

方桩 $$V=LFN \tag{5-76}$$

管桩 $$V=L\left(\frac{\pi}{4}D^2-\frac{\pi}{4}d^2\right)$$

$$=\frac{L}{4}\pi(D^2-d^2) \tag{5-77}$$

板桩 $$V=WtLN \tag{5-78}$$

式中　L——设计桩长，包括桩尖长度（m）；

　　　F——桩横截面面积（m）；

　　　N——桩根数；

　　　D——管桩外径（m）；

　　　d——管桩内径（m）；

　　　W——板桩宽，按设计宽（桩缝不扣除，凹槽不扣减，凸榫不增加）（m）；

　　　t——板桩厚度（m）。

2. 接桩 如采用焊接法接桩，则按设计接头数，按个计算；当采用硫磺胶泥接桩时，工程量按桩截面以 m^2 计算。

3. 送桩 以送桩长度，即打桩架底至桩顶面高度或自桩顶面至自然地坪面另加 500mm，乘桩的截面面积以 m^3 计算；对空心桩不扣减空心部分体积。

4. 凿截预制桩 凿截混凝土预制桩，按实际修凿，截断体积以 m^3 计。

【例 5-25】 写字楼基础工程需打设 400mm×400mm×16000mm 钢筋混凝土预制方桩共 140 根，预制桩的每节长度为 8m，送桩深度为 4.5m，桩的接头采用焊接接头。试求预制方桩的工程量、送桩工程量及桩接头数量。

【解】 (1) 预制方桩的工程量
$$V=LFN=16\times0.4\times0.4\times140=358.4m^3$$

(2) 送桩工程量
$$V=(4.5+0.5)FN$$
$$=(4.5+0.5)\times0.4\times0.4\times140=112m^3$$

(3) 桩的接头数量

每根桩节数＝16/8＝2，即每根桩有 1 个接头

接头工作量＝1×140 个＝140 个

5.13.2 混凝土灌注桩工程量计算

1. 定额对各种灌注桩材料用量的计算,均已包括表 5-15 所规定的充盈系数和材料损耗。充盈系数系指实际灌注材料体积与按桩身设计直径计算的体积之比。

灌注材料充盈系数及损耗率　　　　　　表 5-15

项目名称	充盈系数	损耗率(%)	项目名称	充盈系数	损耗率(%)
打孔灌注混凝土桩	1.25	1.5	打孔灌注砂桩	1.30	3
打孔灌注混凝土桩	1.30	1.5	打孔灌注砂石桩	1.30	3

注:表中灌注砂石桩除上述充盈系数和损耗率外,还包括级配密实系数 1.334。

2. 打孔(打沉管,下同)灌注混凝土桩的体积,按设计规定的桩长(包括桩尖,不扣除桩尖虚体积,下同)另加 250mm 乘以钢套管管箍外径截面积以 m^3 计。

设计复打时,按上述计算方法的单桩体积 V 乘以复打次数,即复打一次:$V\times2$;复打二次:$V\times3$。

打沉管时埋入预制混凝土桩尖,再灌注混凝土时,桩尖按钢筋混凝土预制桩规定计算体积,灌注桩按设计长度(自桩尖顶面至桩顶高度)乘以钢套管管箍外径截面积计算。

3. 钻孔灌注桩的体积,按设计桩长(包括桩尖)增加 250mm 乘以设计截面面积计算。

4. 长螺旋钻孔灌注桩的单桩体积,按设计桩长另加 250mm 再乘以螺旋外径或设计截面面积以 m^3 计。

5. 泥浆运输工程量按钻孔体积以 m^3 计算。

6. 灌注混凝土桩钢筋笼制作按设计规定,并按"钢筋混凝土工程"中的计算规则,以 t 计算,并执行相应项目定额。

7. 截断、修凿混凝土桩头,按实际截断、修凿体积以 m^3 计算。

8. 人工挖孔桩的土方量按图示桩截面积乘以设计桩孔中心线深度计算。混凝土按设计桩径(桩芯)截面乘以挖孔深度以 m^3 计算(设计桩径为圆柱体或分段圆锥体)。井壁按设计井壁截面(不含混凝土桩芯)乘挖孔深度以 m 计算(设计桩径为圆柱体或分段圆锥体)。

【例 5-26】 商住楼现场灌注混凝土桩,用 40t 振动打拔桩机施工,钢管外径 377mm,桩深 15m,采用一次复打,复打深度为 7.5m,共计 150 根。试求灌注混凝土桩工程量。

【解】 工程量分两部分计算,一部分为单打工程量,另一部分为复打工程量,在套用定额时,分别按单打和复打套用相应定额基价。

单打工程量: $V=$ 钢管外径截面积 $\times L\times N$

$$=\frac{\pi}{4}\times0.377^2\times(15-7.5+0.25)\times150=129.7m^3$$

复打工程量 $V=$ 单桩体积 $\times$(复打次数 $+1$)$\times N$

$$=\frac{\pi}{4}\times0.377^2\times(7.5+0.25)\times(1+1)\times150=259.4m^3$$

【例 5-27】 住宅楼采用回转钻成孔灌注桩共 280 根,桩直径为 800mm,桩长为 32m,其中入岩深度预计平均为 2.0m。混凝土灌入从桩底到地下室底板,总计 26m,留 6m 空孔。试求钻土、钻岩工程量、混凝土灌入体积及泥浆外运量。

【解】 (1) 钻土、钻岩工程量

钻土 $V=$ 桩截面面积 $\times$ 钻土长度 $\times N = \frac{\pi}{4} \times 0.8^2 \times (38-2) \times 280 = 5064.2 \text{m}^3$

钻岩 $V=$ 桩截面面积 $\times$ 钻岩长度 $\times N = \frac{\pi}{4} \times 0.8^2 \times 2 \times 280 = 281.3 \text{m}^3$

(2) 混凝土灌入体积

混凝土灌入体积 $V=$ 桩截面面积 $\times$ (灌入长度 $+1$ 倍桩径) $\times N$

$$= \frac{\pi}{4} \times 0.8^2 \times (26+0.8) \times 280 = 3770 \text{m}^3$$

(3) 泥浆外运量

泥浆 $V=$ 桩截面面积 $\times L \times N =$ 钻土工程量 $+$ 钻岩工程量
$= 5064.2 + 281.3 = 5345.5 \text{m}^3$

5.13.3 普通柱矩形棱台体基础体积计算

在编制预算、决算时，经常会碰到普通柱矩形棱台体基础体积的计算，其外形和尺寸如图 5-16 所示，计算较繁杂，参数较多，其体积 V (m^3) 一般可采用以下简易公式计算：

$$V = ABh_1 + (AB + ab + \sqrt{ABab})h_2/3 \quad (5-79)$$

式中 A、B——分别为柱基础底部矩形体的长度和宽度 (m)；

a、b——分别为柱基础顶部棱台体的长度和宽度 (m)；

h_1、h_2——分别为柱基础底部矩形体和上部棱台体的高度 (m)。

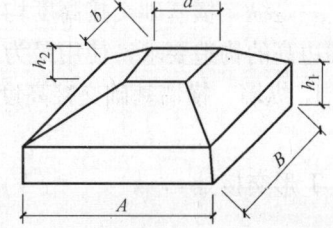

图 5-16 普通矩形棱台体基础体积计算简图

【例 5-28】 某高层教学楼框架柱基础，采用普通矩形棱台体钢筋混凝土基础，已知基础尺寸 $A=2.0\text{m}$、$B=1.8\text{m}$、$a=1.0\text{m}$、$b=0.9\text{m}$、$h_1=1.2\text{m}$、$h_2=1.0\text{m}$，试求其体积。

【解】 棱台体基础体积由式 (5-79) 得：

$V = ABh_1 + (AB + ab + \sqrt{ABab})h_2/3$
$= 2.0 \times 1.8 \times 1.2 + (2.0 \times 1.8 + 1.0 \times 0.9 + \sqrt{2.0 \times 1.8 \times 1.0 \times 0.9}) 1.0/3$
$= 6.42 \text{m}^3$

5.13.4 柔性基础交接处体积计算

在建筑工程的预算、结算和计划编制中，对带形钢筋混凝土柔性基础在纵、横交接处的体积计算，往往采用估算方法，准确度较差；当基础面积大，交接处很多时，还会给预算、结算和计划安排上带来一定影响。实际上柔性基础交接处体积计算难度并不很大，采用以下简易公式计算，既简单、实用，又快速、准确。

柔性基础交接处的体积，系指纵轴、横轴在 T 字和十字处的体积，如图 5-17 所示的

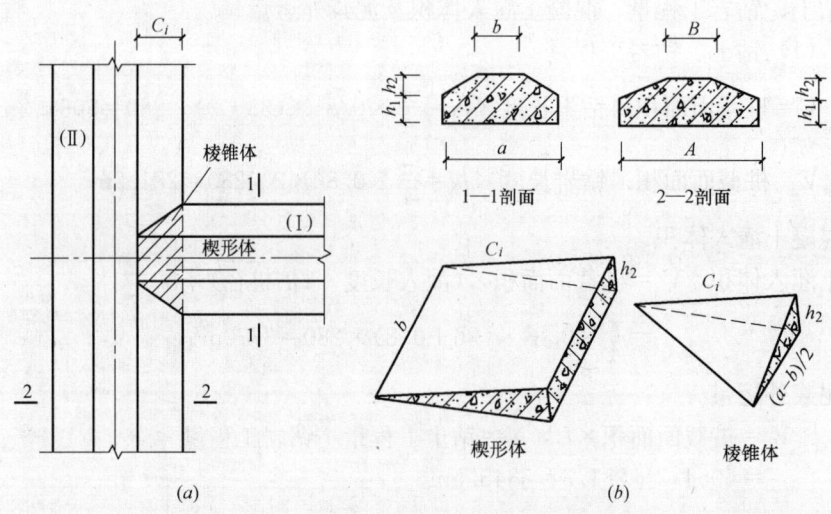

图 5-17 柔性基础交接处体积计算简图
(a) 纵、横墙基础交接示意图；(b) 楔形体与棱锥体

斜线部分。它由一个楔形体和两边二个体积相等、对称的棱锥体组成。其构造形式有两类，一是纵、横基础交接高度均相等；一是纵、横基础交接高度不相等。前者由于能满足基础边高的构造要求，使用最为广泛。

1. 纵墙、横墙基础交接高度相等时（即 $h_2 = h_2'$），其体积 V 按下式计算：

T 形交接处
$$V = \frac{c_i h_2 b}{2} + \frac{2 \cdot \frac{c_i}{2} \cdot h_2 \left(\frac{a-b}{2}\right)}{3}$$
$$= c_i h_2 (a+2b)/6 \tag{5-80}$$

十字形交接处 $\quad V = c_i h_2 (a+2b)/3 \tag{5-81}$

当有多个交接处，则有

T 形交接处 $\quad V = \sum c_i h_2 (a+2b)/6 \tag{5-82}$

十字形交接处 $\quad V = \sum c_i h_2 (a+2b)/3 \tag{5-83}$

式中 c_i——楔形体、棱锥体边长，$c_i = (A-B)/2$；

$\sum c_i$——相同条形基础各个交接长度之和；

其他符号意义见图 5-17 所注，均为施工图纸中已知尺寸。

c_i 求出后代入式（5-80）、式（5-81）即可求出基础交接处体积。

2. 纵墙、横墙基础交接高度不相等时（即 $h_2 < h_2'$），其体积 V 仍按式（5-80）～式（5-83）进行单个或多个交接处体积计算，其中 c_i 值改用 $c_i = h_2 \left(\frac{A-B}{2}\right) / h_2'$ 代入，即可求得体积。

【例 5-29】 有一柔性基础纵、横轴线交接处等高，已知 $A = a = 1.6\mathrm{m}$，$B = b = 0.6\mathrm{m}$，$h_2 = 0.6\mathrm{m}$，试求其交接处体积。

【解】 已知 $c_i = (A-B)/2 = (1.6-0.6)/2 = 0.5\mathrm{m}$

由式（5-80）得：
$$V = c_i h_2 (a+2b)/6 = 0.5 \times 0.6(1.6+2\times 0.6)/6 = 0.14\mathrm{m}^3$$

故知，柔性基础交接处体积为 0.14m³。

5.14 地下水池与箱形深基础施工期间抗浮稳定性验算

当水池（污水池或过滤池，下同）与高层建筑箱形深基础（简称箱基，下同）深埋在地下水位以下，施工期间四周尚未回填土，并已停止降排水（或停电、降排水出现故障），而水池内尚未贮水，箱基内设施未施工，此时，水池与箱基有被地下水浮托起来或底板有被浮力顶破的危险，故此在施工期间，必须对水池或箱基进行抗浮稳定性验算，以防止水池与箱基出现破坏性重大事故。

一、总浮力计算

地下水对水池与箱基的总浮力，相当于水池与箱基所排开同体积的地下水重，可按下式计算：

$$F=\gamma_w A(h_w+h_1+h_2) \tag{5-84}$$

式中 F——水池或箱基的总浮力（kN）；

γ_w——水的密度，取 $\gamma_w=10kN/m^3$；

A——水池或箱基的底面积，算至池壁或箱基最外周边（包括基底挑出部分的面积）（m²）；

h_w——地下水位至底板面层的高度（m）；

h_1——水池或箱基底板的厚度（m）；

h_2——水池或箱基垫层的厚度（m）。

二、水池或箱基整体抗浮稳定性验算

水池（图 5-18a）或箱基的整体抗浮稳定性按下式验算：

$$\frac{G_k}{F} \geq K_f \tag{5-85}$$

式中 G_k——水池或箱基的抗浮总重力（kN），包括水池总自重、垫层总重、池顶覆土重（仅对封闭式水池，池顶已覆土时考虑）；对箱基包括箱基及已建上部结构自重、垫层总重；回填后应包括基底外挑部分的水、土重，水密度 $\gamma_w=10kN/m^3$，土密度 $\gamma=20kN/m^3$；

F——水池或箱基的总浮力（kN），按式（5-84）计算；

K_f——抗浮稳定安全系数，一般取 1.05～1.15，根据施工阶段建筑物重要程度、处理难度与水位风险程度取值，通常取 1.10。

式（5-85）未考虑池壁、箱基壁与四周填土间摩阻力的抗浮作用，因较难准确估算，一般作为一种额外安全储备，计算时可不考虑。

如经验算水池或箱基的整体抗浮稳定性不能满足式（5-85）要求。对水池可采取继续降排水，做好上部设施至工程完成，或水池尽快贮水；对箱基可采取在地下室内注水增加抗浮荷载，若条件不允许注水，则可采取对箱基进行锚拉或降低地下水位等措施解决。

三、水池或箱基局部抗浮稳定性验算

对有中间支柱的封闭式水池（图 5-18b）或箱基，若整体抗浮得到满足，而总抗浮力分布不均匀，且通过池壁、箱基壁所传递的抗浮力所占比重过大，底板以下的地下水浮力

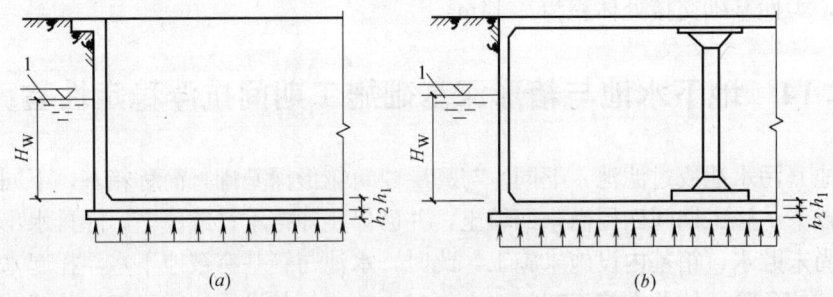

图 5-18 地下水池抗浮稳定性验算简图
(a) 整体抗浮验算简图；(b) 局部抗浮验算简图
1—地下水位

有可能使中间支柱产生向上的位移，从而导致底板和顶板开裂破坏。只有在柱子及板底传递的底面单位面积的抗浮力与底面单位面积浮力得以平衡，即局部抗浮得到满足，才能防止以上情况发生。水池或箱基的局部抗浮稳定性可按下式验算：

$$\frac{G_{ik}}{\gamma_w \cdot A_i(h_w+h_1+h_2)} \geqslant K_f \tag{5-86}$$

式中 G_{ik}——为水池顶盖所有中间支柱、底板、垫层等的自重及覆土重新形成的池底面单位面积上的抗浮力，即上述各种重力的总和除以池底面积（kPa）；或箱基一根立柱或一道剪力墙的荷载范围内的全部永久荷载（kPa）。

A_i——水池内一根柱，或箱基内一根柱或一道剪力墙的荷载范围（m²）。

其他符号意义同前。

如局部抗浮稳定性不能满足式（5-86）要求，可采取及时回填水池或箱基外壁四周土方，增大水池顶板上覆土厚度，水池早日贮水；或继续施工箱基上部结构或向箱基地下室内注水来解决。

四、确定警戒水位高度计算

计算整体抗浮稳定时，警戒水位高度可按下式计算：

$$H_w = \frac{G_k}{K_f \cdot \gamma_w \cdot A} \tag{5-87}$$

$$H_w = h_w + h_1 + h_2 \tag{5-88}$$

计算局部抗浮稳定时，警戒水位高度按下式计算：

$$H_{iw} = \frac{G_{ik}}{K_f \cdot \gamma_w \cdot A_i} \tag{5-89}$$

$$H_{iw} = h_{iw} + h_1 + h_2 \tag{5-90}$$

式中 H_w、H_{iw}——分别为整体和局部抗浮稳定，在 A 和 A_i 范围内从基底起算的最高地下水位（m）；

其他符号意义同前。

实际施工中，用警戒水位线控制水位，较为简明、实用。

【例 5-30】某供水厂 400t 封闭式矩形水池，长 17.2m，宽 6.1m，高 5.9m，其上覆土厚 0.3m，土的重力密度 $\gamma=20$kN/m³，已知水池总自重为 4967kN，底板厚 0.25m，垫层厚 0.1m，总重为 241kN，地下水位到底板面层的高度 $h_w=4.5$m，试验算水池的整体抗浮稳定性。

【解】 按水池使用重要程度和水位风险程度取 $K_f=1.15$。

池顶覆土重为：$17.2\times6.1\times0.3\times20=629.5$kN

水池总重力（抗浮力）为：$G_k=4967+241+629.5=5837.5$kN

水池总浮力由式（5-84）得：

$$F=\gamma_w A(h_w+h_1+h_2)=10\times17.2\times6.1(4.5+0.25+0.1)$$
$$=5088.6\text{kN}$$

水池整体抗浮稳定由式（5-85）得：

$$\frac{G_k}{F}=\frac{5837.5}{5088.6}=1.147\approx K_f=1.15$$

故知，水池能满足抗浮稳定要求。

5.15 沉井施工计算

5.15.1 沉井制作承垫木铺设数量和砂垫层铺设厚度计算

一、刃脚承垫木铺设数量计算

沉井制作为使地基均匀承受沉井筒身重量，不致在混凝土浇筑过程中突然下沉或倾斜，导致筒身刃脚裂缝破坏和便于支设模板，一般在沉井下部铺设垫木（或设垫架，下同）（图 5-19），承垫木铺设数量，由第一节沉井的重量及地基（或砂垫层）的承载力而定。沿刃脚每米铺设垫木的根（排）数 n，可按下式计算：

$$n=\frac{G}{A\cdot f} \quad (5-91)$$

式中 G——第一节沉井单位长度的重力（kN/m）；

A——每根垫木与地基或砂垫层接触的底面积（m²）；

f——地基或砂垫层的承载力特征值（kN/m²）。

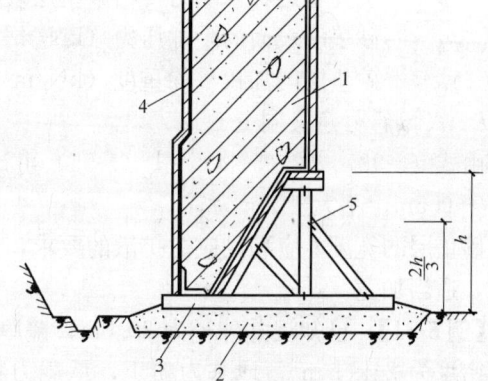

图 5-19 沉井刃脚垫木垫架支设
1—刃脚；2—砂垫层；3—垫木；
4—模板；5—垫架

二、砂垫层铺设厚度计算

沉井制作，当地基承载力较低，经计算需用较多的垫木，铺设间距过密，一般在垫木下加设砂垫层，提高垫木底部地基承载力，以减少铺设垫木数量，避免发生不均匀沉降，同时便于表面找平和铺设垫木以及方便沉井下沉前垫木的抽出。

砂垫层厚度 h（cm）应满足砂垫层底面处的自重应力加砂垫层底面处的附加应力应小于或等于砂垫层底部土层的承载力，一般根据第一节沉井重量和垫层底部地基土的承载力按下式计算（图5-20），砂垫层本身重力忽略不计。

$$h=\frac{G/f-l}{2\tan\theta} \quad (5-92)$$

式中 G——沉井第一节单位长度的重力（kN/m）；
f——砂垫层底部土层的承载力特征值（kN/m²）；
l——垫木长度（m）；
θ——砂垫层的压力扩散角（°），不大于45°，一般取22.5°。

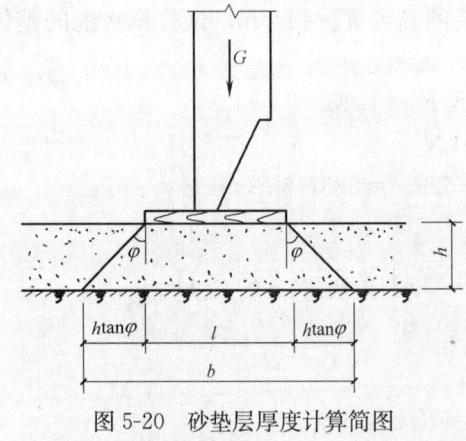

图5-20 砂垫层厚度计算简图

如砂垫层厚度大于1m，应考虑砂垫层本身附加重力，按下式计算：

$$p_z+p_{cz}\leqslant f_z \quad (5-93)$$

$$p_z=\frac{l(p-p_c)}{l+2h\tan\theta} \quad (5-94)$$

$$p_{cz}=\gamma_P\cdot h \quad (5-95)$$

式中 p_z——沉井自重对下卧层的附加压力（kN/m²）；
p_{cz}——砂垫层传给下卧层的压力（kN/m²）；
f_z——砂垫层底面处土层的地基承载力特征值（kN/m²）；
p——沉井每延长米重力传给砂垫层表面的压力（kN/m²）；
p_c——砂垫层表面的附加压力（kN/m²）；
γ_P——砂垫层的加权平均重度（kN/m³）；

h、l、θ符号意义同上。

由式（5-93）、式（5-94）、式（5-95）可计算需要的砂垫层厚度h。一般以其总厚度不小于0.5m，不大于2m为宜。

砂垫层的宽度b应满足应力扩散的要求，即$b\geqslant l+2h\tan\theta$，另外不应防止垫层向两边挤动，适当加宽。

【例5-31】已知沉井外径为20.0m，壁厚1.0m，第一节井身混凝土量为470m³，混凝土密度为24kN/m³，地基为粉土，承载力特征值$[f]=130$kN/m²；砂垫层承载力为$f=180$kN/m²，压力扩散角$\theta=22.8°$，采用垫木规格为$0.16m\times0.22m\times2.5m$，试计算需铺设垫木数量和砂垫层的厚度和宽度。

【解】第一节沉井单位长度的重力：

$$G=\frac{470\times24}{19\times3.14}=189.07\text{kN/m}$$

又 $A=0.22\times2.5=0.55\text{m}^2$

由式（5-91）砂垫层上每米需铺设垫木数量：

$$n=\frac{G}{A\cdot f}=\frac{189.07}{0.55\times180}=1.91 \text{ 根} \quad \text{间距 }0.52\text{m}$$

沉井刃脚需铺设垫木数量：$\frac{19\times3.14}{0.52}=115$ 根

由式（5-92）需铺设砂垫层厚度：

$$h=\frac{G/f-l}{2\tan\theta}=\frac{189.07/0.52\times130-2.5}{2\tan22.8°}=0.35\text{m} \quad 取\ 0.5\text{m}$$

故沉井刃脚处需铺设砂垫层的厚度为 0.50m。

需铺砂垫层的宽度：

$$b=l+2h\tan\theta=2.5+2\times0.50\tan22.8°=2.92\text{m}$$

应适当加宽，采用 3.0m。

5.15.2 垫架拆除井壁强度验算

沉井制作达到下沉强度后，拆除刃脚垫架，抽除承垫木，沉井最后仅支承在少量垫木上，在下沉前应验算井壁的竖向强度能否满足要求，以防出现裂缝或裂断。

验算时，将沉井按最不利状态，当作支承于 4 个固定承垫上的梁，支承点应尽可能控制在最有利的位置，使支点和跨中所产生的弯矩相等。

一、矩形沉井验算

采取 4 点支承，如图 5-21a；其计算公式如下：

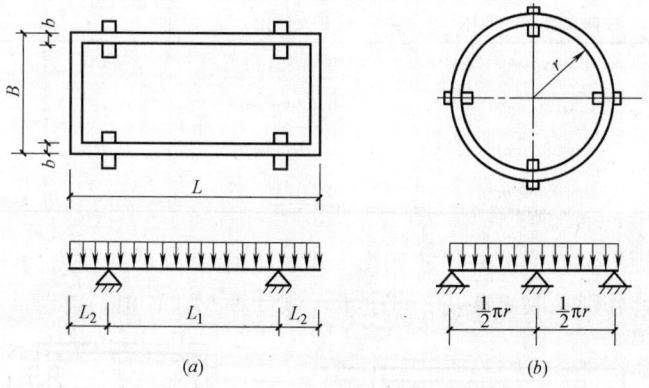

图 5-21 沉井竖向强度计算简图
(a) 矩形沉井四点支承；(b) 圆形沉井四点支承

$$M_{支}=-\frac{qL_2^2}{2}-q\left(\frac{B}{2}-b\right)\left(L_2-\frac{b}{2}\right) \tag{5-96}$$

$$M_{中}=\frac{qL_1^2}{8}-M_{支} \tag{5-97}$$

$$V_1=qL_2+q\left(\frac{B}{2}-b\right) \tag{5-98}$$

$$V_2=\frac{qL_1}{2} \tag{5-99}$$

式中 $M_{支}$——支座弯矩（kN·m）；

$M_{中}$——跨中弯矩（kN·m）；

V_1——支座外侧的剪力（kN）；

V_2——支座内侧的剪力（kN）；

q——井墙的单位长度重量（kN/m）；

L——沉井长边的长度(m);
B——沉井矩边的长度(m);
L_1——长边两支座间的距离,一般可取 $(0.7\sim0.8)L$ (m);
L_2——长边支座外的悬臂长度,一般可取 $(0.10\sim0.15)L$ (m);
b——井壁的厚度(mm)。

由以上公式亦可推及其他平面形状,当矩形沉井长与宽之比接近相等时,可考虑在两个方向都设支承点。

按以上公式计算出 $M_支$、$M_中$、V_1、V_2 后,可按一般钢筋混凝土结构计算公式验算井壁的强度是否满足要求(略)。

二、圆形沉井验算

当沉井直径较小,多用 4 点支承验算(图 5-20b),如沉井直径较大,可用 6~12 个点对称支承,以减小内力。计算沉井竖向强度时,可当作支承于 4~12 个支点上的连续水平圆弧梁,其在垂直均布荷载作用下的弯矩、剪力和扭矩值可查表 5-16 求得。

水平圆弧梁内力计算表　　表 5-16

圆弧梁支点数	弯矩		最大剪力	最大扭矩
	在两支点间的跨中	在支座上		
4	$0.03524\pi qr^2$	$-0.06831\pi qr^2$	$r\pi q/4$	$0.01055\pi qr^2$
6	$0.01502\pi qr^2$	$-0.02964\pi qr^2$	$r\pi q/6$	$0.00302\pi qr^2$
8	$0.00833\pi qr^2$	$-0.01653\pi qr^2$	$r\pi q/8$	$0.00126\pi qr^2$
12	$0.00366\pi qr^2$	$-0.00731\pi qr^2$	$r\pi q/12$	$0.00037\pi qr^2$

【例 5-32】 矩形及方形沉井尺寸如图 5-22。井墙单位长度重力为 160kN/m,拆除刃脚垫架承垫木后,分别采取 4 点及 8 点支承,试计算 M、V 值。

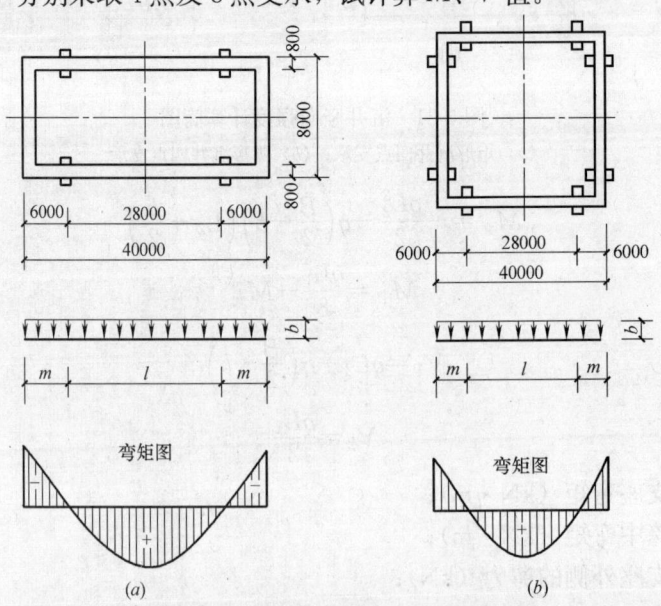

图 5-22 矩形及方形沉井的尺寸、荷载及弯矩
(a) 矩形沉井;(b) 方形沉井

【解】 (1) 矩形沉井

四点支承（图 5-21a），按式(5-93)～式(5-96)：

$$M_{支}=-\frac{160\times 6^2}{2}-160\left(\frac{8}{2}-0.8\right)\left(6-\frac{0.8}{2}\right)=-5747.2\text{kN}\cdot\text{m}$$

$$M_{中}=\frac{1}{8}\times 160\times 28^2-5747.2=9932.8\text{kN}\cdot\text{m}$$

$$V_1=160\times 6+160\left(\frac{8}{2}-0.8\right)=1472\text{kN}$$

$$V_2=\frac{1}{2}\times 160\times 28=2240\text{kN}$$

(2) 方形沉井

八点支承（图 5-21b）：$M_{支}=-\dfrac{160\times 6^2}{2}=-2880\text{kN}\cdot\text{m}$

$$M_{中}=\frac{1}{8}\times 160\times 28^2-2880=12800\text{kN}\cdot\text{m}$$

【例 5-33】 两圆形沉井尺寸如图 5-23 所示，井墙单位长度重量分别为 160kN/m 及 240kN/m，拆除刃脚垫架承垫木后，分别采取 4 点及 8 点支承，试计算 M、V 及 $M_{扭}$ 值。

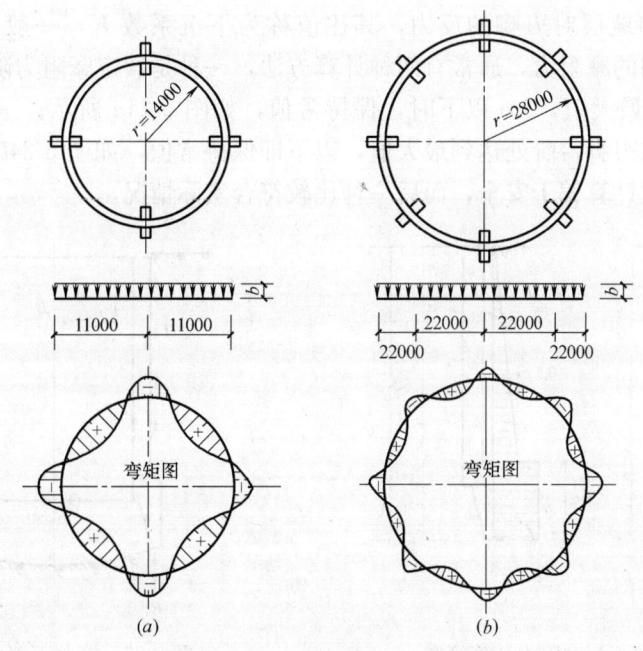

图 5-23 井壁竖向强度计算图
(a) 四点支承；(b) 八点支承

【解】 采取四点支承时（图 5-23a），查表 5-16：

$$M_{支}=-0.06831\pi qr^2$$
$$=-0.06831\times 3.1416\times 160\times 14^2=-6730\text{kN}\cdot\text{m}$$

$$M_{中}=0.03524\pi qr^2$$
$$=0.03524\times 3.1416\times 160\times 14^2=3472\text{kN}\cdot\text{m}$$

$$V_{\max} = \frac{r\pi q}{4} = \frac{14 \times 3.1416 \times 160}{4} = 1759 \text{kN}$$

$$M_{扭} = 0.01055\pi qr^2$$
$$= 0.01055 \times 3.1416 \times 160 \times 14^2 = 1039 \text{kN} \cdot \text{m}$$

采取八点支承时（图 5-23b），查表 5-16：

$$M_{支} = -0.01653\pi qr^2$$
$$= -0.01653 \times 3.1416 \times 240 \times 28^2 = -9771 \text{kN} \cdot \text{m}$$

$$M_{中} = 0.00833\pi qr^2$$
$$= 0.00833 \times 3.1416 \times 240 \times 28^2 = 4924 \text{kN} \cdot \text{m}$$

$$V_{\max} = \frac{r\pi q}{8} = \frac{28 \times 3.1416 \times 240}{8} = 2639 \text{kN}$$

$$M_{扭} = 0.00126\pi qr^2$$
$$= 0.00126 \times 3.1416 \times 240 \times 28^2 = 745 \text{kN} \cdot \text{m}$$

5.15.3 沉井下沉验算

沉井下沉时，应对其在自重下能否下沉进行必要的验算。沉井下沉时，必须克服井壁与土间的摩阻力和地层对刃脚的反力，其比值称为下沉系数 K，一般应不小于 $1.15\sim 1.25$；井壁与土间的摩阻力，通常有两种计算方法，一种是假定摩阻力随土深而加大，并且在 5m 深时达到最大值，5m 以下时，保持常值，如图 5-24a 所示；一种是假定摩阻力随土深而增大，在刃脚台阶处达到最大值，以下即保持常值，如图 5-24b 所示，使用较多的为前一种，按此计算偏于安全，而后一种比较符合实际情况。

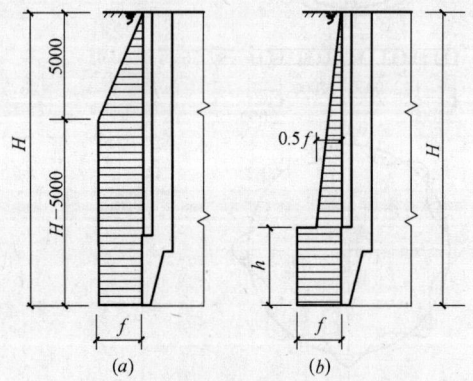
图 5-24 沉井下沉摩阻力计算简图

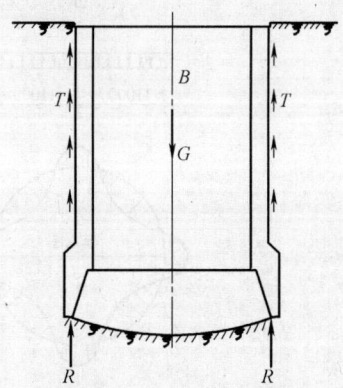
图 5-25 沉井下沉力系平衡

沉井下沉力系平衡如图 5-25，其下沉安全系数按下式计算：

$$K = \frac{Q-B}{T+R} \tag{5-100}$$

式中　K——下沉安全系数，一般应大于 $1.15\sim 1.25$；

　　　Q——沉井自重及附加荷重（kN）；

　　　B——被井壁排出的水量（kN），如采取排水下沉时，则 $B=0$；

　　　T——沉井与土间的摩阻力（kN），按第一种假定时，$T=\pi D(H-2.5) \cdot f$；按第二种假定时，$T = \pi D \cdot \left(h + \dfrac{H-h}{2}\right) f$；

D——沉井外径(m)；

H——沉井全高(m)；

h——刃脚高度(m)；

R——刃脚反力（kN），如采取将刃脚底面及斜面的土方挖空，则 $R=0$；

f——井壁与土的摩阻系数（即单位面积的摩阻力的平均值），可从表 5-17 查得；

当下沉范围内土层由不同土层构成时，其平均摩阻系数 f_0 由下式计算：

$$f_0 = \frac{f_1 n_1 + f_2 n_2 + f_3 n_3 + \cdots + f_n n_n}{n_1 + n_2 + n_3 + \cdots + n_n} \tag{5-101}$$

式中 f_1、f_2、f_3……f_n——各层土与井壁的摩阻系数（kN/m²）；

n_1、n_2、n_3……n_n——各层土的厚度（m）。

土与沉井外壁间的单位面积摩阻力　　表 5-17

土的种类	土与沉井壁面间的摩阻力 (kN/m²)	土的种类	土与沉井壁面间的摩阻力 (kN/m²)
黏性土	24.5～49.0	砂卵石	17.7～29.4
软　土	9.8～11.8	砂砾石	14.7～19.6
砂　土	11.8～24.5	泥浆润滑套	2.9～4.9

沉井采取分节制作、分节下沉时，其下沉系数亦应分段计算。

【例 5-34】 沉井尺寸及地质剖面如图 5-26，$D=20$m，下沉深度为 16.5m，采取分二节制作，高度均为 8.5m，其井身混凝土量分别为 470m³ 和 507m³，不考虑浮力及刃脚反力作用，试验算沉井在自重下能否下沉。

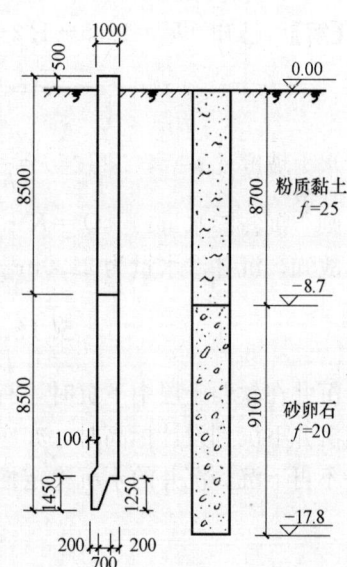

图 5-26　沉井尺寸及地质剖面图

【解】 不考虑浮力及刃脚反力作用，则 $B=0$，$R=0$

土层的平均摩阻系数：

$$f_0 = \frac{8.7 \times 25 + 8.3 \times 20}{8.7 + 8.3} = 22.6 \text{kN/m}^2$$

第一节沉井的下沉系数：

$$K_1 = \frac{470 \times 24}{20 \times 3.14(8.5 - 2.5) \times 22.6}$$
$$= 1.32 > 1.15 \quad 可$$

接高第二节后的下沉系数：

$$K_2 = \frac{(470 + 507) \times 24}{20 \times 3.14(16.5 - 2.5) \times 22.6} = 1.18 > 1.15 \quad 可。$$

K_1、K_2 均大于 1.15，故能下沉。

5.15.4 沉井渗透水量计算

沉井采用排水下沉时,应根据已知渗透系数和沉井渗透水截面面积计算渗透入沉井内的水量,以作为选择、设置排水设施的依据。

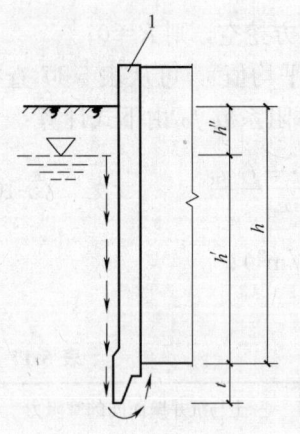

图 5-27 沉井渗水量计算简图
1—沉井壁

由于沉井四侧为混凝土壁,计算时可假定为一深井,其渗透水量可按下式计算(图 5-27):

$$Q = K \cdot A \cdot i \tag{5-102}$$

其中

$$i = \frac{h'}{h' + 2t}$$

式中 Q——单位时间内的渗透水量(m^3/d);

K——土的渗透系数(m/d),根据"3.1 土的渗透系数计算"一节确定或按表 3-1 选用;

A——水渗流的截面积(m^2);

i——水力坡度,即高水位与低水位之差与渗透距离之比值。

沉井内设置排水泵的总排水量,一般采用沉井总渗透水量 Q 的 1.5~2.0 倍。

【例 5-35】 某沉井外直径 10m,壁厚 0.8m,沉入深度 12.5m,地下水位 $h''=1.2m$,$t=1.3m$,土的渗透系数 $K=0.5m/d$,试求沉井渗水量。

【解】 已知 $h'=12.5-1.2-1.3=10m$

$$A = \frac{\pi(10-2\times0.8)^2}{4} = 55.4 m^2$$

水力坡度: $i = \frac{h'}{h'+2t} = \frac{10}{10+2\times1.3} = 0.79$

则 沉井渗水量: $Q = K \cdot A \cdot i = 0.5\times55.4\times0.79 = 21.9 m^3/d$

故知,沉井渗水量为 $21.9 m^3/d$。

5.15.5 沉井下沉稳定性验算

沉井在软弱土层中下沉时,有时可能发生突沉,这时需对沉井下沉进行稳定性验算;再当沉井下沉到设计标高时,亦应验算沉井下部的支承力是否足以支承沉井的自重力,使保持不再下沉。沉井的下沉稳定性以下沉稳定系数 K 表示,可按下式验算:

$$K = \frac{G-B}{R_f + R_1 + R_2} \tag{5-103}$$

其中

$$R_1 = \pi D_0 \left(C + \frac{n}{2}\right) f_u \tag{5-104}$$

$$R_2 = A_1 f_u \tag{5-105}$$

式中 K——沉井下沉稳定系数,应小于1;

G——沉井的自重力;

B——地下水浮力,排水下沉时,$B=0$,不排水下沉时取总浮力的 70%;

R_f——沉井外壁有效摩阻力的总和;

R_1——刃脚踏面及斜面下土的支承力;

π——圆周率,取 3.14;

D_0——沉井的平均直径(m);

C——刃脚踏面宽度(m);

n——刃脚斜面与井内土体接触面的水平投影宽度(m);

R_2——沉井内部隔墙和底梁下土的支承力;

A_1——隔墙和底梁的总支承面积(m^2);

f_u——按表 5-18 所建议的土的极限承载力。

地基土的极限承载力 f_u(kN/m^2) 表 5-18

土 的 种 类	f_u	土 的 种 类	f_u
淤泥	100~200	坚硬、硬塑黏性土	300~500
淤泥质黏土	200~300	细砂	200~400
可塑粉质黏土	200~300	中砂	300~500
坚硬、硬塑粉质黏土	300~400	粗砂	400~600
可塑黏性土	200~400		

【例 5-36】 沉井尺寸,地基土质同例 5-34,已知砂卵石承载力特征值 $f=300$kN/m^2,试验算沉井在自重下能否稳定。

【解】 沉井总重力:$G=(470+507)\times 24=23448$kN

沉井外壁的摩擦力总和:

$$R_f = 3.14 \times 20(8.7 \times 25 + 7.8 \times 20) = 23455.8 \text{kN}$$

因沉井刃脚斜面土被掏空,不考虑斜面土的支承力,刃脚踏面支承力为:

$$R_1 = 3.14(20-0.1) \times 0.2 \times 300 = 3749.2 \text{kN}$$

沉井无隔墙和底梁 $R_2=0$

下沉稳定系数由式(5-103)得:

$$K = \frac{G}{R_f + R_1 + R_2} = \frac{23448}{23455.8 + 3749.2} = 0.86 < 1.0 \quad 可。$$

故知,沉井在自重下能够稳定。

5.15.6 沉井封底计算

沉井封底有干封底和水下封底两种情况,可根据具体情况进行计算。

一、沉井干封底计算

当沉井的刃脚是落在不透水的黏土层中(图 5-28),可采用干封底的方法,但黏土层应有足够的厚度,以免被下部含水层中的地下水压力所"顶破"。干封底应确保满足下列计算条件:

$$A \cdot \gamma' \cdot h + c \cdot u \cdot h > A \cdot \gamma_w \cdot H_w$$

$$h \geq \frac{A \cdot \gamma_w \cdot H_w}{A \cdot \gamma' + cu} \tag{5-106}$$

式中 A——沉井的底部面积(m^2);

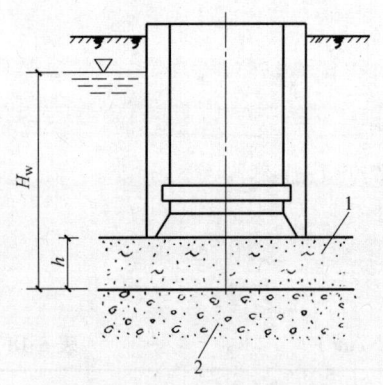

图 5-28 沉井干封底计算简图
1—不透水黏土层；2—含水砂层

γ'——土的浮重力（kN/m³）；
h——刃脚下面不透水黏土层厚度（m）；
c——黏土的黏聚力（kN/m²）；
u——沉井刃脚踏面内壁周长（m）；
γ_w——水的重度（kN/m³）；
H_w——透水砂层的水头高度（m）。

二、水下封底混凝土的厚度计算

水下混凝土封底的厚度，除应满足沉井抗浮要求外，主要按照素混凝土的强度来计算。

水下封底混凝土承受的荷载应按施工中最不利的情况考虑，即在沉井封底以后，在钢筋混凝土底板尚未施工前，井内的水被排干，封底素混凝土将受到可能产生的向上最大水压力作用，通常以此荷载（即为地下水头高度减去封底混凝土的重量）作为计算值。

由于水中封底混凝土质量较普通混凝土差，封底混凝土不应出现拉应力。因基底地基反力是通过封底混凝土沿与刃脚高度竖直方向成 45°的分配线传至井壁及隔墙上去的，若两 45°的分配线在封底混凝土内或底板面相交（图 5-29a）或做成锅底倒拱形式（图 5-29b），封底混凝土将不会出现拉应力，可不计算；若两 45°分配线在封底混凝土底板面内不相交（图 5-29c），则应按简支支承的双向板、单向板或圆形板计算，板的计算跨度 l 取图 5-29c 中所示，A、B 两点间的距离，当井内有隔墙或底梁时，可分格计算。

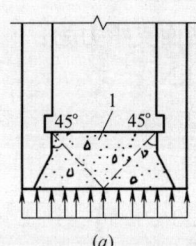 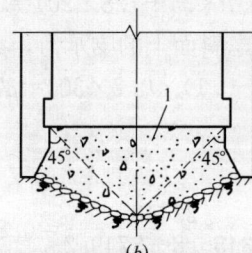 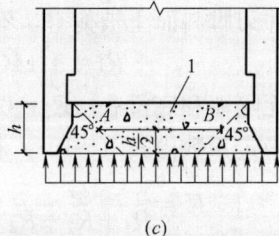

图 5-29 水下封底混凝土厚度计算简图
1—封底混凝土

1. 圆形沉井封底计算

按周边简支支承的圆板计算，承受均布荷载时，板中心的弯矩 M 值，可按下式计算：

$$M_{\max}=\frac{pr^2}{16}(3+\mu)=\frac{pr^2}{16}\left(3+\frac{1}{6}\right)=0.198pr^2 \tag{5-107}$$

式中 p——静水压力形成的荷载（kN/m）；
r——圆板的计算半径（m）；
μ——混凝土的横向变形系数（即泊桑比），一般等于 1/6。

2. 矩形沉井封底计算

按周边简支支承的双向板，承受均布荷载时，跨中弯矩 M_1、M_2 可按下式计算（图 5-30）：

$$M_1=a_1 pl_1^2 \tag{5-108}$$

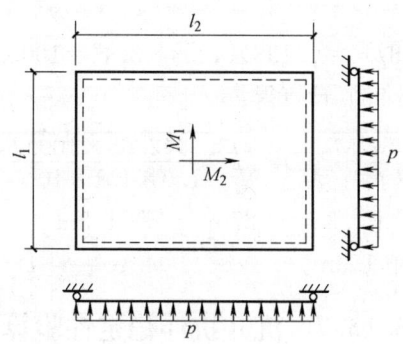

图 5-30 封底混凝土按简支双向板计算简图

$$M_2 = a_2 p l_1^2 \tag{5-109}$$

式中 a_1、a_2——弯矩系数，按表 5-19 取用；
p——静水压力形成的荷载（kN/m²）；
l_1——矩形板的计算跨度（取小跨）（m）。

弯矩系数表　　　　表 5-19

l_1/l_2	a_1	a_2	l_1/l_2	a_1	a_2
0.50	0.0994	0.0335	0.80	0.0617	0.0428
0.55	0.0927	0.0359	0.85	0.0564	0.0432
0.60	0.0860	0.0379	0.90	0.0516	0.0434
0.65	0.0795	0.0396	0.95	0.0471	0.0432
0.70	0.0732	0.0410	1.00	0.0429	
0.75	0.0673	0.0420			

3. 封底混凝土的厚度计算

根据求得的弯矩 M 按下式计算：

$$h = \sqrt{\frac{3.5K \cdot M}{b \cdot f_{ct}}} + D \tag{5-110}$$

式中 h——封底混凝土厚度（mm）；
K——安全系数，按抗拉强度计算的受压、受弯构件为 2.65；
M——板的最大弯矩（N·mm）；
b——板宽，一般取 1000mm；
f_{ct}——混凝土抗拉强度设计值（N/mm²）；
D——考虑水下混凝土可能与井底泥土掺混的增加厚度，一般取 300~500mm。

【例 5-37】 水源井内直径为 8.0m，壁厚 0.6m，刃脚凹槽至踏面的距离 $h_1=1.2$m，深入地下水位高 7.5m，封底混凝土为 C20，抗拉强度设计值 $f_{ct}=1.1$N/mm²，试求封底混凝土厚度。

【解】 圆板的计算半径：

$$r = \frac{8 - 2 \times 0.6}{2} = 3.4\text{m}$$

假设封底混凝土厚度为 1.3m，静水压力形成的荷载：

$$p = 75 - 1.3 \times 24 = 43.8\text{kN/m}$$

板中心的弯矩：
$$M = 0.198pr^2 = 0.198 \times 43.8 \times 3.4^2 = 100.25 \text{kN} \cdot \text{m}$$

封底混凝土厚度由式（5-95）计算得：
$$h = \sqrt{\frac{3.5KM}{bf_{ct}}} + D = \sqrt{\frac{3.5 \times 2.65 \times 100.25}{1.0 \times 1.1 \times 10^3}} + 0.35$$
$$= 0.92 + 0.35 = 1.27 \text{m} \quad \text{取 } 1.3\text{m}。$$

故知，封底混凝土厚度用 1.3m。

5.15.7 沉井抗浮稳定性验算

沉井封底后，整个沉井受到被排除地下水的向上浮力作用，应验算其抗浮系数 K，一般有两种算法。

一、沉井外未回填土计算

不计抗浮的井壁与侧面土反摩擦力的作用，按下式验算：
$$K = \frac{G}{F} \geqslant 1.05 \sim 1.25 \tag{5-111}$$

式中 G——沉井自重力（kN）；
F——地下水向上的浮力（kN），等于地下水位以下沉井排除同体积水的重力。

若井体重量不足以抗浮，除加重外，可临时降水，此外使用阶段的抗浮、抗倾、抗滑稳定也应验算。

二、沉井外已回填土计算

考虑井壁与侧面土反摩擦力的作用，按下式验算：
$$K = \frac{G+f}{F} \geqslant 1.05 \sim 1.10 \tag{5-112}$$

式中 f——井壁与侧面土反摩阻力（kN）；
G、F 符号意义同上。

【例 5-38】 某沉井外径 8.0m，壁厚 0.6m，深 9.2m，封底混凝土厚 1.4m，地下水深 6.0m，外壁未回填土，试验算其抗浮稳定性。

【解】 沉井自重为：
$$G = 3.14 \times (8-0.6) \times 0.6 \times 9.2 \times 24 + \frac{3.14}{4} \times (8-1.2)^2 \times 1.4 \times 24 = 3466.7 \text{N}$$

地下水向上浮力为：$F = \dfrac{3.14}{4} \times 8^2 \times 10 \times 6.0 = 3014.4 \text{kN}$

抗浮系数由式（5-108）得：$K = \dfrac{G}{F} = \dfrac{3466.7}{3014.4} = 1.15 > 1.1$ 可。

故知，沉井抗浮稳定。

5.15.8 沉井地基承载力验算

沉井作为深基础，应验算地基的承载力，按下式计算：
$$F + G \leqslant f_0 A + T \tag{5-113}$$

式中 F——沉井顶面上部结构自重力（kN）；

G——沉井自重力及井内荷重（kN）；
f_0——沉井底面下持力层承载力特征值（kN/m²）；
A——沉井底面积（m²）；
T——沉井壁总摩阻力（kN）。

【例 5-39】 某沉井外径 12m，深 16m，已知沉井上部结构自重力 $F=5260$kN，沉井自重力及井内荷重 $G=19620$kN，沉井地基承载力特征值 $f_a=310$kN/m²，土与沉井壁面间的摩阻力 $f_0=11.5$kN/m²，试验算沉井地基的承载力。

【解】 已知 $F+G=5260+19620=24880$kN
考虑刚完成沉井 f_0 只能发挥 1/2，则

$$f_a A+T=310\times\frac{3.14\times 12^2}{4}+3.14\times 12\times 16\times\frac{11.5}{2}=38510\text{kN}>24880\text{kN}$$

故知，沉井地基承载力满足要求。

5.15.9 沉井抗滑移和抗倾覆稳定性验算

沉井两侧在承受不对称、不平衡载荷作用下，如位于河岸、斜坡、坝坡地段，应考虑沉井在使用阶段的抗滑移和抗倾覆稳定性。

一、抗滑移稳定性验算

沉井处在受力环境不对称、不平衡时，抗滑移稳定性可按下式验算：

$$K_p=\frac{E_p+Gf}{E_a}>1.2\sim 1.3 \tag{5-114}$$

式中 K_p——抗滑移安全系数，与建筑等级及荷载组合有关；
E_a——井后主动土压力（kN），计算时应考虑土面超载，但不计水压力，水下土取浮重；
E_p——井前被动土压力（kN）；
G——沉井构筑物自重力，包括上部建筑和设备的重量；
f——井底面接触土的摩阻系数：黏土 0.25，粉质黏土 0.30，砂类土 0.4。

二、抗倾覆稳定性验算

沉井的抗倾覆稳定性以前趾为转动点按下式进行验算：

$$K_m=\frac{E_p\cdot h_p+G\cdot\frac{B}{2}}{E_a\cdot h_a}>1.5\sim 1.6 \tag{5-115}$$

式中 K_m——抗倾覆安全系数，与建筑物等级及荷载组合有关；
h_a——E_a 作用点距计算转动点的高度（m）；
h_p——E_p 作用点距计算转动点的高度（m）；
B——沉井转动一侧的外直径或边长（m）。
其他符号意义同前。

5.16 地下连续墙施工计算

5.16.1 连续墙成槽泥浆组成计算

地下连续墙成槽用泥浆，应根据地质条件和施工中可能出现的各种情况，通过试验确

定其组成成分和配比。在施工前,应对泥浆组成进行较准确计算,以保证泥浆的质量。在施工中还应针对地质水文可能出现的变化,对泥浆的密度、含砂量、黏度等进行多次调整,这些都应对泥浆的组成进行必要的计算,以下简介常用泥浆组成计算方法。

一、每 $1m^3$ 泥浆所需黏土量计算

$$Q_n = \frac{\gamma_t(\gamma_n - \gamma_w)}{\gamma_t - \gamma_w} \tag{5-116}$$

式中　Q_n——每 $1m^3$ 泥浆所需黏土（风干状态）量（t）；

　　　γ_t——黏土的密度（t/m^3）,一般取 $2.2\sim2.6t/m^3$；

　　　γ_n——所配泥浆密度（t/m^3）；

　　　γ_w——水的密度,一般取 $1.0t/m^3$。

二、每 $1m^3$ 泥浆用水量计算

$$Q_w = 1 - Q_n/\gamma_t \tag{5-117}$$

式中　Q_w——每 $1m^3$ 泥浆用水量（t）。

三、泥浆总用量计算

$$V_n = 2V_z + V_x \tag{5-118}$$

式中　V_n——地下连续墙成槽施工泥浆总需用量（m^3）；

　　　V_z——同时施工各种成槽的总体积（m^3）；

　　　V_x——地表循环系统（循环槽、沉淀池）体积（m^3）,一般取 $V_x=5\sim10m^3$。

地下连续墙施工中的泥浆总用量亦可按下式估算：

$$V_n = \left[\frac{V_y m}{E} + \frac{(K_1+K_2)(E-m)V_y}{100E} + \frac{K_3 V_y}{100}\right]\left(1 + \frac{a}{100}\right) \cdot \frac{K_4 V_y}{100} \tag{5-119}$$

式中　V_y——地下连续墙设计总挖土方量（m^3）；

　　　m——挖槽机同时作业的台数（台）；

　　　E——单元槽段数；

　　　K_1——混凝土浇筑引起泥浆废浆率（%）,一般取 1/槽深（m）×100%；

　　　K_2、K_3——分别为其他原因和随排渣、溢出导墙等原因引起的泥浆废弃率（%）,不用分散剂,取 10%～20%；用分散剂,取 20%～30%；

　　　K_4——由于形成泥皮、向地基土内渗透和透浆等引起的废弃率（%）,对黏土、粉土层,取 1%～3%；对细砂、粗砂,取 5%～20%；对砂砾层,取 20%～30%；

　　　a——超挖率（%）,对黏土、粉土层,取 5%～10%；对细砂、粗砂、砂砾层,取 10%～20%。

四、降低泥浆密度时的加水量计算

$$V_{wj} = \frac{\gamma_y - \gamma_n}{V_n - \gamma_w} \cdot V_{yj} \tag{5-120}$$

式中　V_{wj}——降低泥浆密度时的加水量（m^3）；

　　　γ_y——原有泥浆密度（t/m^3）；

　　　γ_n——调整后泥浆密度（t/m^3）；

　　　V_{yj}——原有泥浆总体积（m^3）。

五、提高泥浆比重（密度）时重晶石粉加入量计算

$$Q_c = \frac{\gamma_c(\gamma_n - \gamma_y)}{\gamma_c - \gamma_y} \times V_{yj} \tag{5-121}$$

式中　Q_c——重晶石粉加入量（t）；

　　　γ_c——重晶石粉密度（t/m³），一般取 4.0～4.5t/m³。

六、掺盐水泥浆中每 1m³ 泥浆的加盐量计算

$$Q_v = \frac{K_c Q_s}{100 - K_c} \tag{5-122}$$

式中　Q_v——每 1m³ 掺盐水泥浆加盐量（t）；

　　　Q_s——1m³ 泥浆的重量（t）；

　　　K_c——含盐量（%），按所需泥浆凝固点选用。

5.16.2　槽段坑坍塌验算

地下连续墙槽段平面长度的划分，既要满足结构构造要求，又要考虑施钻、钢筋笼吊放和水下混凝土浇筑等的方便，而且还要保持槽壁的稳定，在施工中不出现变形、坍塌。为此，对划分的槽段要按下式进行坑坍塌验算，即

$$K = \frac{N\left(\frac{1}{2}H\gamma' K_a \tan\varphi + c\right)}{K_0(\gamma' H + q) - \gamma_1' H} > 1 \tag{5-123}$$

式中　K——槽壁坑坍塌安全系数；

　　　N——条形深基的承载系数，对于矩形沟槽，$N=4(1+B/L)$；

　　　L、B、H——分别为沟槽的长、宽、深；

　　　K_a、K_0——分别为主动和静止土压力系数；

　　　q——有影响的地面或已有建筑物的均布荷载；

　　　γ'、γ_1'——分别为土和泥浆的有效单位密度，即浮密度；

　　　φ、c——分别为不排水土体的内摩擦角和内聚力。

5.16.3　泥浆护壁成槽稳定性分析与验算

在地下连续墙成槽或钻孔灌注排桩成孔过程中，为了对槽（孔，下同）壁保护和支撑，保持槽壁的稳定和防止槽壁坍塌，常采用泥浆护壁措施进行施工。它也是保证成槽质量和工程顺利进行的关键技术。

一、泥浆护壁的作用

地基土在天然状态下一般处于稳定状态，当地基中钻出一道沟槽时，槽壁上的土便失去平衡而有向槽内坍塌的趋势，在槽壁内充满泥浆则具有维持槽壁平衡、保护和稳定槽壁的作用，其机理是：（1）泥浆具有一定的密度，对槽壁产生一定静水压力，相当于在槽内设置了液体支撑；（2）泥浆能够从槽壁表面向壁内渗透一定厚度，充填于土的孔隙内并粘附在土粒表面成为静止的凝胶，在一定程度上使土颗粒相对固定，在槽壁表面形成一定厚度较为稳定的土层，起到阻止槽壁坍塌和渗透水的作用；（3）泥浆能在具有一定渗透性的土层槽壁上形成不透水的泥皮（隔水膜），有助于维护土壁的稳定。此外，泥浆还可起到携渣、冷却和滑润成槽设备等的作用。国内外实践经验表明，槽内泥浆液面如高出地下水

位 0.6~1.2m，就能防止槽壁坍塌。

二、槽壁稳定性分析与验算

泥浆对槽壁的支撑可借助于楔形土体滑动的假定所分析的结果进行计算。

（一）在黏性土层内成槽计算

1. 当槽内无泥浆时，保持槽壁稳定的临界深度可按下式计算：

$$H_{cr} = \frac{4S_u - 2q}{\gamma \cdot K_0} \cdot \cot \frac{\theta}{2} \tag{5-124}$$

当槽壁上无荷载时，且槽壁成垂直的槽面，亦即 $\theta = 90°$，则槽壁临界深度为：

$$H_{cr} = \frac{4S_u}{\gamma \cdot K_0} \tag{5-125}$$

式中 H_{cr}——槽壁保持稳定状态时的临界深度（m）；
S_u——不排水条件下黏土抗剪强度（kPa）；
q——槽壁上部均匀分布荷载（kPa）；
γ——槽壁土的密度（kN/m³）；
K_0——在黏性土层内成槽，槽壁稳定的安全系数，应使 $K_0 > 1$；
θ——槽壁倾角（°）。

2. 当槽内充满泥浆时，槽壁将受到泥浆的支撑护壁作用，此时泥浆使槽壁保持相对稳定，其临界稳定槽深可按下式计算：

$$H_{cr} = \frac{4S_u - 2q}{(\gamma - \gamma_1) K_0} \cdot \cot \frac{\theta}{2} \tag{5-126}$$

同样，当槽壁上部无荷载，且槽壁面垂直，其临界稳定槽深为：

$$H_{cr} = \frac{4S_u}{(\gamma - \gamma_1) K_0} \tag{5-127}$$

式中 γ_1——泥浆的密度（kN/m³）；
其他符号意义同前。

从式（5-127）可知，γ_1 愈大，则 H_{cr} 也愈大，如 $\gamma_1 \approx \gamma$，槽深将不受限制，可长时间保持稳定状态。

（二）在非黏性土层的成槽计算

1. 在干砂土层内成槽，一般只有当槽壁面的倾角 θ 小于干砂的内摩擦角时才有可能，其安全系数 K_s 可由下式计算：

$$K_s = \frac{\tan \varphi}{\tan \theta} \tag{5-128}$$

式中 K_s——在非黏性砂土层中成槽，槽壁稳定的安全系数，应使 $K_s > 1.0$；
φ——干砂土的内摩擦角（°）；
θ——槽壁倾角（°）。

实际上，纯净的干砂土的 θ 角不可能大于 φ，即 $K_s < 1$，故在干砂层中如果无支护，是不可能成垂直开挖沟槽。

2. 当砂层中采用泥浆护壁时，其安全系数 K_s 可由下式计算：

$$K_s = \frac{2\sqrt{\gamma \cdot \gamma_1}}{\gamma - \gamma_1} \cdot \tan \varphi \tag{5-129}$$

符号意义同前。

(三) 在有地下水位的土层内成槽计算

在成槽过程中,如遇地下水位较高的情况,泥浆对槽壁作用的水平力必须平衡土的侧压力与地下水压之和,槽壁稳定的安全系数 K_w 可按下式计算:

$$K_w = \frac{2\sqrt{\gamma' \cdot \gamma_1'}}{\gamma' - \gamma_1'} \cdot \tan\varphi' \tag{5-130}$$

式中 K_w——在有地下水的土层内成槽,槽壁稳定的安全系数,应使 $K_w > 1$;

γ'——土的浮密度 (kN/m^3),$\gamma' = \gamma - \gamma_w$;

γ_w——水的密度 (kN/m^3);

γ_1'——泥浆的浮密度 (kN/m^3);$\gamma_1' = \gamma_1 - \gamma_w$;

φ'——地下水中非黏性砂土的内摩擦角 $(°)$。

(四) 在有地面均布荷载的土层内成槽计算

在有地面和构筑物荷载的土层内成槽,其开槽抗坍塌安全系数 K 可按下式计算:

$$K = \frac{Nc}{K_0(\gamma' H + q) - \gamma_1' H} > 1 \tag{5-131}$$

开槽壁面横向的容许变形 Δ (m) 为:

$$\Delta = (1 - \mu^2)[(K_0 \gamma' z + q) - \gamma_1' z] \frac{L}{E_0} \leqslant 0.04 \tag{5-132}$$

式中 K_0——静止土压力系数,一般取 $K_0 = 0.5$;

γ'、γ_1'——分别为土和泥浆的有效单位密度 (kN/m^3),即浮密度;

H——槽壁的深度 (m);

q——有影响的地面或已有构筑物的均布荷载 (kN/m^2);

N——条形深基础的承载力系数,对于矩形沟槽 $N = 4\left(1 + \frac{B}{L}\right)$;

L、B——分别为沟槽的长度和宽度 (m);

c——黏性土不排水抗剪强度 (kN/m^2);

μ——土的泊松比,无试验资料时,可近似地取 $\mu = 0.3 \sim 0.5$;

z——所考虑计算的深度 (m);

E_0——土的压缩模量 (kN/m^2)。

【例 5-40】 地下连续墙段开挖,槽壁黏土的密度 $\gamma = 19.5 kN/m^3$,用单轴压缩试验与固结不排水时的三轴实验测得其抗剪强度 $S_u = 98.5 kN/m^2$,泥浆密度为 $11.2 kN/m^3$,取安全系数为 1.5,试计算无泥浆护壁和有泥浆护壁时的临界深度。

【解】 当槽内无泥浆时,由式 (5-125) 得:

$$H_{cr} = \frac{4S_u}{\gamma \cdot K_0} = \frac{4 \times 98.5}{19.5 \times 1.5} = 13.5 m$$

当槽内有泥浆时,由式 (5-127) 得:

$$H_{cr} = \frac{4S_u}{(\gamma - \gamma_1)K_0} = \frac{4 \times 98.5}{(19.5 - 11.2)1.5} = 31.6 m$$

故知,无泥浆护壁和有泥浆护壁时的临界深度分别为 13.5m 和 31.6m。

【例 5-41】 地下连续墙槽段开挖,土质为粉土,黏聚力 c 极小,内摩擦角 $\varphi = 32°$,土密度 $\gamma = 19.5 kN/m^3$,泥浆密度 $\gamma_1 = 10.5 kN/m^3$,试验算槽壁稳定性。

5 地基与基础工程

【解】 按式（5-129）得：

$$K_s = \frac{2\sqrt{\gamma \cdot \gamma_1}}{\gamma - \gamma_1} \cdot \tan\varphi = \frac{2 \times \sqrt{19.5 \times 10.5}}{19.5 - 10.5} \times \tan 32° = 1.98$$

∵ K_s 大于 1.0，故知槽壁能保持稳定。

【例 5-42】 地下连续墙槽段开挖，土层为干砂土，其密度 $\gamma = 19.3\text{kN/m}^3$，内摩擦角 $\varphi = \varphi' = 28°$，泥浆密度 11.3kN/m^3，试计算分析，采用泥浆护壁，在干砂中和地下水位接近地面的情况下挖槽，能否保持槽壁稳定。

【解】 （1）在干砂中成槽，由式（5-129）得：

$$K_s = \frac{2\sqrt{\gamma \cdot \gamma_1}}{\gamma - \gamma_1} \cdot \tan\varphi = \frac{2\sqrt{19.5 \times 11.3}}{19.3 - 11.3} \times \tan 28° = 1.93$$

∵ K_s 大于 1，故知成槽能保持稳定。

（2）在有地下水位时成槽

$$\gamma' = 19.3 - 10 = 9.3\text{kN/m}^3 ；\quad \gamma_1' = 11.3 - 10 = 1.3\text{kN/m}^3$$

由式（5-130）得：

$$K_w = \frac{2\sqrt{\gamma' \cdot \gamma_1'}}{\gamma' - \gamma_1'} \cdot \tan\varphi' = \frac{2 \times \sqrt{9.3 \times 1.3}}{9.3 - 1.3} \times \tan 28° = 0.46$$

∵ K_w 小于 1，故知成槽不能保持稳定。

【例 5-43】 地下连续墙槽段壁长 $L = 2.22 \times 2 = 4.44\text{m}$（即以二钻一段考虑），宽 $B = 0.82\text{m}$，深 $H = 29\text{m}$，已知 $c = 21\text{kN/m}^2$，$K_0 = 0.5$，$q = 12\text{kN/m}^2$，$\gamma = 18.5\text{kN/m}^3$，$\gamma_1 = 12\text{kN/m}^3$，$\gamma_w = 10\text{kN/m}^3$，$\mu = 0.4$，$E_c = 10000\text{kN/m}^2$，试验算槽壁的稳定性和槽深 $z = 15\text{m}$ 及 $z = 29\text{m}$ 处的变形。

【解】 由已知数值得：

$$N = 4\left(1 + \frac{B}{L}\right) = 4\left(1 + \frac{0.82}{4.44}\right) = 4.74$$

土的有效密度　　$\gamma' = \gamma - \gamma_w = 18.5 - 10 = 8.5\text{kN/m}^3$
泥浆的有效密度　　$\gamma_1' = \gamma_1 - \gamma_w = 12 - 10 = 2\text{kN/m}^3$

槽段抗塌的安全系数由式（5-131）得：

$$K = \frac{Nc}{K_0(\gamma'H + q) - \gamma_1'H}$$

$$= \frac{4.74 \times 21}{0.5(8.5 \times 29 + 12) - 2 \times 29} = 1.4 > 1.0 \qquad 故安全。$$

槽段壁面在 15m 深处（即 $z = 15\text{m}$）的横向变形 Δ_{15} 为：

$$\Delta_{15} = (1 - \mu^2)[(K_0\gamma'z + q) - \gamma_1'z]\frac{L}{E_0}$$

$$= (1 - 0.4^2)[(0.5 \times 8.5 \times 15) - 2 \times 15]\frac{4.44}{10000}$$

$$= 0.013\text{m} < 0.04\text{m} \qquad 可满足要求。$$

槽段壁面在 29m 深处（即 $z = 29\text{m}$）的横向变形 Δ_{29} 为：

$$\Delta_{29} = (1 - 0.4^2)[(0.5 \times 8.5 \times 29) - 2 \times 29]\frac{4.44}{10000}$$

=0.026m<0.04m　　可满足要求。

5.16.4　连续墙挖槽速度计算

多头钻成槽，应使挖掘速度（钻进效率）与砂石泵排量相适应。在选择砂石泵时，要考虑到槽的截面尺寸和开挖段的长度，同时还要考虑砂石泵的实际排量会随泥浆黏度和含砂石量的增大而减少。砂石泵选定后，其钻速要加以控制。钻机钻速可按下式计算：

$$v=\frac{(\gamma_2-\gamma_1)}{(\gamma-1)S} \cdot Q\eta_P \tag{5-133}$$

式中　v——多头钻挖槽速度（m/h）；
　　　γ_1——净化后的泥浆密度（kN/m³）；
　　　γ_2——槽中含泥碴的泥浆密度（kN/m³）；
　　　γ——槽内原状土的密度（kN/m³）；
　　　Q——砂石泵排量（重）（m³/h）；
　　　S——一次开挖槽段截面面积（m²）；
　　　η_P——砂石泵抽吸效率，一般取 $\eta_P=0.7$。

【例5-44】 地下连续墙采用多头钻成槽，槽宽0.8m，矩形切土长度为1.8m，已测得槽壁为粉质黏土，密度 $\gamma=18.5$ kN/m³，槽中含钻渣泥浆密度 $\gamma_1=14.5$ kN/m³，净化后的泥浆密度 $\gamma_2=12.5$ kN/m³，所用砂石泵的排量 $Q=108$ m³/h，试计算钻机应控制的挖槽速度。

【解】 由式（5-133）得：

$$v=\frac{14.5-12.5}{(18.5-10)(0.8\times1.8+0.785\times0.8^2)}\times108\times0.7=9.16\text{m/h}$$

故知，控制钻进速度不超过9m/h，砂石泵可以满足挖槽要求。

5.16.5　连续墙混凝土浇灌强度计算

连续墙混凝土浇灌一次连续供给量，要求搅拌运输设备必须具有一定规模，混凝土的浇灌（供应）强度 Q（m³/h）可按下式计算：

$$Q=K \cdot V \cdot L \cdot B \tag{5-134}$$

式中　K——考虑槽壁土质、地下水动态、泥浆成槽质量等因素影响的综合超灌系数；对粉土层，$K=1.05\sim1.10$；砂层，$K=1.10\sim1.15$；砂砾层，$K=1.15\sim1.25$；含卵石砂砾层，$K=1.2\sim1.3$；一般取 $K=1.15$；
　　　V——浇灌时槽内混凝土面的上升速度，一般要求 $V>2.0$m/h，或按实际测定或按实际供应强度和槽段尺寸计算；
　　　L——单元槽段混凝土浇灌长度（m）；
　　　B——槽宽（m）。

【例5-45】 用DZ-800×4型地下连续墙多头钻机开挖一单元槽段5.43m，宽0.8m的槽段，要求混凝土浇灌面上升速度为3m/h，试求其混凝土供应、浇灌强度。

【解】 由式（5-134）得：

$$Q=K \cdot V \cdot L \cdot B=1.15\times3\times5.43\times0.8=14.99\approx15.0\text{m}^3/\text{h}$$

故知，槽段混凝土浇灌要求供应浇灌强度为15.0m³/h。

6 砌体与墙体工程

6.1 砌筑砂浆配合比计算

6.1.1 水泥砂浆、混合砂浆配合比计算

水泥砂浆、水泥混合砂浆配合比的确定,应按以下方法、步骤进行计算。

一、计算砂浆试配强度 $f_{m,0}$

砂浆的试配强度,可按下式确定:

$$f_{m,0}=kf_2 \tag{6-1}$$

$$\sigma=\sqrt{\frac{\sum_{i=1}^{n}f_{m,i}^2-n\mu_{fm}^2}{n-1}} \tag{6-2}$$

式中 $f_{m,0}$——砂浆试配强度(MPa),精确至 0.1MPa;
　　　f_2——砂浆强度等级(MPa),精确至 0.1MPa;
　　　k——系数,按表 6-1 取用;
　　　σ——砂浆现场强度标准差,精确至 0.1MPa;
　　　$f_{m,i}$——统计周期内同一品种砂浆第 i 组试件的强度(MPa);
　　　μ_{fm}——统计周期内同一品种砂浆 n 组试件强度的平均值(MPa);
　　　n——统计周期内同一品种砂浆试件的总组数,$n \geqslant 25$。

当不具有近期统计资料时,其砂浆现场强度标准差 σ 可按表 6-1 取用。

砂浆强度标准差 σ 及 k 值　　　　表 6-1

施工水平 \ 强度等级	强度标准差 σ(MPa)							k
	M5	M7.5	M10	M15	M20	M25	M30	
优良	1.00	1.50	2.00	3.00	4.00	5.00	6.00	1.15
一般	1.25	1.88	2.50	3.75	5.00	6.25	7.50	1.20
较差	1.50	2.25	3.00	4.50	6.00	7.50	9.00	1.25

二、计算每立方米砂浆中的水泥用量 Q_c

每立方米砂浆中的水泥用量,可按下式计算:

$$Q_c=\frac{1000(f_{m,0}-\beta)}{\alpha f_{ce}} \tag{6-3}$$

式中 Q_C——每立方米砂浆的水泥用量（kg），应精确至1kg；

$f_{m,0}$——砂浆的试配强度（MPa）；

f_{ce}——水泥的实测强度，精确至0.1MPa；

当无法取得水泥的实测强度值时，可按下式计算：

$$f_{ce}=\gamma_c f_{ce,k} \tag{6-4}$$

式中 $f_{ce,k}$——水泥强度等级值（MPa）；

γ_c——水泥强度等级的富余系数，该值宜按实际统计资料确定。无统计资料时可取1.0；

$\alpha、\beta$——砂浆的特征系数，其中α取3.03，β取-15.09（各地区也可用本地区试验资料确定$\alpha、\beta$值，统计用的试验组数不得少于30组）。

当计算出水泥砂浆中的水泥用量不足200kg/m³时，应按200kg/m³采用。

三、按水泥用量Q_C计算石灰膏用量Q_D

水泥混合砂浆的石灰膏用量可按下式计算：

$$Q_D=Q_A-Q_C \tag{6-5}$$

式中 Q_D——每立方米砂浆的石灰膏用量（kg），应精确至1kg，稠度宜为120mm±5mm；

Q_C——每立方米砂浆的水泥用量（kg）应精确至1kg；

Q_A——每立方米砂浆中水泥和石灰膏的总量（kg），应精确至1kg，可为350kg。

石灰膏不同稠度时，其换算系数可按表6-2进行换算。

石灰膏不同稠度时的换算系数　　　　表6-2

石灰膏稠度(mm)	120	110	100	90	80	70	60	50	40	30
换算系数	1.00	0.99	0.97	0.95	0.93	0.92	0.90	0.88	0.87	0.86

四、确定砂用量Q_S

每立方米砂浆中的砂子用量Q_S（kg），应以干燥状态（含水率小于0.5%）的堆积密度值作为计算值（kg）。

五、按砂浆的稠度选用用水量Q_W

每立方米砂浆中的用水量，可根据砂浆稠度等要求选用210kg～310kg。

六、进行砂浆试配、调整与确定

试配时应采用现场实际使用的材料；搅拌方法应与施工时使用的方法相同。

按计算配合比进行试拌，测定其拌合物的稠度和分层度，若不能满足要求，则应调整用水量或掺加料，直到符合要求为止。然后确定为试配时的砂浆基准配合比。

试配时至少应采用三个不同的配合比，其中一个为按以上试样得出的基准配合比，另外两个配合比的水泥用量按基准配合比分别增加及减少10%，在保证稠度、分层度合格的条件下，可将用水量或掺加料用量作相应调整。

三个不同的配合比，经调整后，应按国家现行标准《建筑砂浆基本性能试验方法》的规定制作试件，测定砂浆强度等级；并选定符合强度要求且水泥用量较少的配合比。

砂浆配合比确定后，当材料有变更时，其配合比必须重新通过试验确定。

水泥砂浆材料用量可按表6-3选用。

每立方米水泥砂浆材料用量（kg/m³）　　　　　　　表 6-3

强度等级	水泥	砂	用水量
M5	200～230		
M7.5	230～260		
M10	260～290		
M15	290～330	砂的堆积密度值	270～330
M20	340～400		
M25	360～410		
M30	430～480		

注：1. M15 及 M15 以下强度等级水泥砂浆，水泥强度等级为 32.5 级；M15 以上强度等级水泥砂浆，水泥强度等级为 42.5 级；
2. 当采用细砂或粗砂时，用水量分别取上限或下限；
3. 稠度小于 70mm 时，用水量可小于下限；
4. 施工现场气候炎热或干燥季节，可酌量增加用水量；
5. 试配强度应按式 6-1 计算。

常用砌筑砂浆的参考配合比见表 6-4。

常用砌筑砂浆配合比参考表　　　　　　　表 6-4

砂浆强度等级	重量配合比			材料用量（kg/m³）			外加剂掺量（%）
	水泥	石灰膏	砂子	水泥	石灰膏	砂子	
M5.0	1	0.52～0.58	8.53～7.63	170～190	90～110	1430～1450	1～2
M7.5	1	0.33～0.39	6.9～6.3	210～230	70～90	1430～1450	1
M10.0	1	0.15～0.22	5.6～5.2	260～280	40～60	1430～1450	0

注：石灰膏稠度为 12cm；机械拌合。

【例 6-1】 用 32.5 级矿渣硅酸盐水泥，含水率为 2% 的中砂，堆积密度为 1480kg/m³，掺用石灰膏，稠度为 105mm，施工水平为一般，试配制砌筑砖墙、柱用 M7.5 等级水泥石灰砂浆，稠度要求 70～100mm。

【解】（1）计算试配强度 $f_{m,0}$

已知 $f_2=7.5$MPa，由表 6-1 得 $\sigma=1.88$MPa，$k=1.2$

由式（6-1）得：　　　$f_{m,0}=kf_2=1.2\times7.5=9.0$MPa

（2）计算水泥用量 Q_C

按式（6-4）　　　$f_{ce}=32.5$MPa

由式（6-3）$Q_C=\dfrac{1000(f_{m,0}-\beta)}{\alpha\cdot f_{ce}}=\dfrac{1000(9.0+15.09)}{3.03\times32.5}=244.6$kg/m³　用 245kg/m³

（3）计算石灰用量 Q_D

取　$Q_A=350$kg/m³；则　$Q_D=Q_A-Q_C=350-245=105$kg

石灰膏稠度 105 换算成 120mm 查表 6-2 得：$105\times0.98=103$kg

（4）计算用砂量 Q_S

根据砂子堆积密度和含水量计算砂用量为：$Q_S=1480(1+0.02)=1510$kg

（5）选择用水量 Q_W

根据稠度选择试配用水量 $Q_W=300$kg

(6) 确定配合比

由以上计算得出砂浆试配时各材料的用量比例为：

水泥：石灰膏：砂：水＝245：103：1510：300
$$=1：0.42：6.16：1.22$$

6.1.2 粉煤灰砂浆配合比计算

粉煤灰水泥砂浆、粉煤灰水泥混合砂浆配合比的确定，应按以下方法步骤进行计算：

一、计算砂浆试配强度 $f_{m,0}$

砂浆的试配强度，可按下式确定：

$$f_{m,0}=kf_2 \tag{6-6}$$

其中
$$\sigma=\sqrt{\frac{\sum_{i=1}^{n}f_{m,i}^2-n\mu_{fm}^2}{n-1}} \tag{6-7}$$

符号意义均同"6.1.1 水泥砂浆、混合砂浆配合比计算"。

二、计算水泥用量 Q_C

每立方米砂浆中的水泥用量，可按下式计算：

$$Q_C=\frac{1000(f_{m,0}-\beta)}{\alpha f_{ce}} \tag{6-8}$$

当无法取得水泥的实测强度值时，f_{ce} 可按下式计算：

$$f_{ce}=\gamma_c \cdot f_{ce,k} \tag{6-9}$$

以上符号意义均同"6.1.1 水泥砂浆、混合砂浆配合比计算"。

当计算出水泥砂浆中的水泥用量不足 200kg/m³ 时，应按 200kg/m³ 采用。

三、计算石灰用量 Q_D

按求出的水泥用量由下式计算石灰用量：

$$Q_D=Q_A-Q_C \tag{6-10}$$

式中　Q_D——每立方米不掺粉煤灰砂浆中的石灰膏用量（kg）；

　　　Q_A——每立方米砂浆中水泥和掺加石灰膏的重量（kg），应精确至 1kg，可为 350kg；

　　　Q_C——每立方米砂浆中的水泥用量（kg）。

四、选择水泥取代率，计算粉煤灰砂浆的水泥用量 Q_{C0}

每立方米粉煤灰砂浆的水泥用量，可按下式计算：

$$Q_{C0}=Q_C(1-\beta_{m1}) \tag{6-11}$$

式中　Q_{C0}——每立方米粉煤灰砂浆的水泥用量（kg）；

　　　β_{m1}——水泥取代率（%）；

　　　Q_C——每立方米不掺粉煤灰砂浆的水泥用量（kg）。

五、选择石灰取代率，计算粉煤灰砂浆的石灰膏用量 Q_{D0}

每立方米粉煤灰砂浆的石灰膏用量，按下式计算：

$$Q_{D0}=Q_D(1-\beta_{m2}) \tag{6-12}$$

式中 Q_{D0}——每立方米粉煤灰砂浆的石灰膏用量（kg）；
　　　β_{m2}——石灰膏取代率（％）；
　　　Q_D——每立方米不掺粉煤灰砂浆的石灰膏用量（kg）。

六、选择粉煤灰超量系数，计算粉煤灰砂浆中的粉煤灰用量 Q_{f0}

每立方米粉煤灰砂浆中的粉煤灰用量，按下式计算：

$$Q_{f0}=\delta_m[(Q_C-Q_{C0})+(Q_D-Q_{D0})] \tag{6-13}$$

式中 Q_{f0}——每立方米粉煤灰砂浆的粉煤灰用量（kg）；
　　　δ_m——粉煤灰超量系数；
其他符号意义同前。

七、计算砂用量 Q_{S0}

计算水泥、粉煤灰、石灰膏和砂的绝对体积，求出粉煤灰超出水泥部分的体积，并扣除同体积的砂用量，则得每立方米粉煤灰砂浆中的砂用量按下式计算：

$$Q_{S0}=Q_S-\left(\frac{Q_{C0}}{\rho_C}+\frac{Q_{f0}}{\rho_f}+\frac{Q_{D0}}{\rho_D}-\frac{Q_C}{\rho_C}-\frac{Q_D}{\rho_D}\right)\rho_S \tag{6-14}$$

式中 Q_{S0}——每立方米粉煤灰砂浆的砂用量（kg）；
　　　Q_S——每立方米砂浆的砂用量（kg）；
　　　ρ_C——水泥相对密度；
　　　ρ_f——粉煤灰相对密度；
　　　ρ_D——石灰膏相对密度；
　　　ρ_S——砂相对密度；
其他符号意义同前。

八、确定用水量 Q_W

通过试拌，按粉煤灰砂浆稠度确定用水量。

九、试配与调整配合比

试配与调整方法同"6.1.1 水泥砂浆、水泥混合砂浆配合比计算"。
砂浆中粉煤灰取代水泥率及超量系数见表6-5。

砂浆中粉煤灰取代水泥率及超量系数　　　　表6-5

砂浆品种		砂浆强度等级				
		M1	M2.5	M5	M7.5	M10
水泥石灰砂浆	β_m(％)	15～40			10～25	
	δ_m	1.2～1.7			1.1～1.5	
水泥砂浆	β_m(％)	—	25～40	20～30	15～25	10～20
	δ_m	—	1.3～2.0		1.2～1.7	

注：表中 β_m 为粉煤灰取代水泥率；δ_m 为粉煤灰超量系数。

砂浆中粉煤灰取代石灰膏率可通过试验确定，但最大不宜超过50％。
水泥粉煤灰砂浆材料用量可按表6-6选用。

6.1 砌筑砂浆配合比计算

每立方米水泥粉煤灰砂浆材料用量（kg/m³）　　表 6-6

强度等级	水泥和粉煤灰总量	粉煤灰	砂	用水量
M5	210~240	粉煤灰掺量可占胶凝材料总量的 15%~25%	砂的堆积密度值	270~330
M7.5	240~270			
M10	270~300			
M15	300~330			

注：1. 表中水泥强度等级为 32.5 级；
　　2. 同表 6-3 中注 2~5 项。

【例 6-2】 住宅楼工程需配制砌砖墙用 M5 粉煤灰水泥石灰砂浆，采用 32.5 级矿渣硅酸盐水泥，含水率 2% 的中砂，$Q_S=1500\text{kg/m}^3$，粉煤灰取代率 $\beta_{m1}=10\%$，取代石灰膏率 $\beta_{m2}=45\%$，取粉煤灰超量系数 $\delta_m=1.6$，石灰膏稠度 120mm，施工水平一般。试求每立方米砂浆中的水、石灰膏、粉煤灰及砂用量。

【解】（1）计算试配强度

已知 $f_2=5.0\text{MPa}$，由表 6-1 得 $\sigma=1.25\text{MPa}$

由式（6-6）得：$f_{m,0}=kf_2=1.2\times 5.0=6.0\text{MPa}$

（2）计算水泥用量 Q_C

已知 $\alpha=3.03$；$\beta=-15.09$；又 $f_{ce}=32.5\text{MPa}$

由式（6-8）得 $Q_C=\dfrac{1000(6.0+15.09)}{3.05\times 32.5}=212.8\text{kg}$　用 213kg

（3）计算石灰膏用量 Q_D

取 $Q_A=350\text{kg/m}^3$　由式（6-10）得：$Q_D=350-213=137\text{kg}$

（4）计算粉煤灰砂浆水泥用量 Q_{C0}

由式（6-11）得：$Q_{C0}=Q_C(1-\beta_{m1})=213(1-0.10)=192\text{kg/m}^3$

（5）计算粉煤灰砂浆石灰膏用量 Q_{D0}

由式（6-12）得：$Q_{D0}=Q_D(1-\beta_{m2})=137(1-0.45)=75\text{kg}$

（6）计算粉煤灰砂浆的粉煤灰用量 Q_{f0}

由式（6-13）得：$Q_{f0}=\delta_m[(Q_C-Q_{C0})+(Q_D-Q_{D0})]$
$=1.6[(213-192)+(137-75)]=133\text{kg}$

（7）计算粉煤灰砂浆中的砂用量 Q_{S0}

取 $\rho_C=3.1$，$\rho_f=2.2$，$\rho_D=2.9$，$\rho_S=2.62$，$Q_S=1500\text{kg/m}^3$，由式（6-14）得：

$$Q_{S0}=Q_S-\left(\dfrac{Q_{C0}}{\rho_C}+\dfrac{Q_{f0}}{\rho_f}+\dfrac{Q_{D0}}{\rho_D}-\dfrac{Q_C}{\rho_C}-\dfrac{Q_D}{\rho_D}\right)\rho_S$$
$$=1500-\left(\dfrac{192}{3.1}+\dfrac{133}{2.2}+\dfrac{75}{2.9}-\dfrac{213}{3.1}-\dfrac{137}{2.9}\right)\times 2.62=1415\text{kg}$$

（8）确定用水量 Q_W

根据稠度选择试配用水量为 280kg/m³。

（9）试配与调整配合比

由以上得出每立方米粉煤灰砂浆材料用量为：

水泥：石灰膏：粉煤灰：砂：水 = 192 : 75 : 133 : 1415 : 280
　　　　　　　　　　　　= 1 : 0.40 : 0.69 : 7.57 : 1.47

通过试配,假定符合要求,故不需作调整。

6.2 砂浆强度的换算

砂浆在不同温度和龄期下,其强度增长情况是不相同的,温度高者强度也高,温度低者强度也低;同时,砂浆的强度随龄期的增加而提高。因此在实际施工时,当砂浆养护的温度和龄期不符合标准养护温度($20°\pm3℃$)和标准养护龄期(28d)时,常常需要按实际养护温度和龄期来进行砂浆强度换算,以确定砂浆是否达到设计强度等级要求,或据以确定砖结构(如过梁或筒拱)等的拆模时间。

一、按温度进行强度换算

砂浆在不同温度养护条件下,不同龄期的砂浆强度增长情况,在砖石工程施工及验收规范附录一中列出了两个表格,如表6-7、表6-8所示。

用 32.5 级普通硅酸盐水泥拌制的砂浆强度增长表　　　　　表 6-7

龄期(d)	不同温度下的砂浆强度百分率(以在 20℃时养护 28d 的强度为 100%)							
	1℃	5℃	10℃	15℃	20℃	25℃	30℃	35℃
1	4	6	8	11	15	19	23	25
3	18	25	30	36	43	48	54	60
7	38	46	34	62	69	73	78	82
10	46	55	64	71	78	84	88	92
14	50	61	71	78	85	90	94	98
21	55	67	76	85	93	98	102	104
28	59	71	81	92	100	104	—	—

用 32.5 级矿渣硅酸盐水泥拌制的砂浆强度增长表　　　　　表 6-8

龄期(d)	不同温度下的砂浆百分率(以在 20℃时养护 28d 强度为 100%)							
	1℃	5℃	10℃	15℃	20℃	25℃	30℃	35℃
1	3	4	6	8	11	15	19	22
3	12	18	24	31	39	45	50	56
7	28	37	45	54	61	68	73	77
10	39	47	54	63	72	77	82	86
14	46	55	62	72	82	87	91	95
21	51	61	70	82	92	96	100	104
28	55	66	75	89	100	104	—	—

由表知,如已知配制砂浆的水泥种类、强度等级和养护温度和龄期,即可推算出相当标准养护温度下的砂浆强度。当养护温度高于25℃时,表内虽未列出 28d 的强度百分率,考虑到温度较高时对强度发展的有利因素,可以按25℃时的百分率,即只要砂浆试块强度达到设计强度等级的104%,即认为合格。当自然温度在表列温度值之间时,可以采用插入法求取百分率。

二、按龄期进行强度换算

由于砂浆强度等级的龄期定为 28d,故表 6-7、表 6-8 中龄期最多为 28d,因此根据表格最多只能推算到 28d 的砂浆强度。至于 28d 以上，龄期 $t \leqslant 90d$ 的强度，可按下式推算：

$$R_t = \frac{1.5tR_{28}}{14+t} \tag{6-15}$$

式中　R_t——龄期为 t（d）时的砂浆强度（MPa）；

　　　t——龄期（d）；

　　　R_{28}——龄期 28d 的砂浆抗压强度（MPa）。

按式（6-15）适用于混合砂浆和水泥砂浆在温度为 20°±3℃ 的情况。

【例 6-3】 用 32.5 级普通硅酸盐水泥拌制 M2.5 砂浆，试块采取现场自然养护，养护期间（28d）的平均气温为 5℃ 和 25℃，砂浆试块 28d 的试压结果分别为 1.76MPa 和 2.57MPa，试换算该两组试块强度是否达到设计要求。

【解】 已知养护期限 28d、温度分别为 5℃ 和 25℃，由表 6-7 查得应达到强度等级的百分率分别为 71% 和 104%。

即试块强度值分别应不小于：

$$2.5 \times 0.98 \times 0.71 = 1.74 \text{MPa}$$
$$2.5 \times 0.98 \times 1.04 = 2.55 \text{MPa}$$

现试压结果分别为 1.76MPa（>1.74MPa）和 2.57MPa（>2.55MPa）

故知，符合砂浆设计强度等级要求。

【例 6-4】 已知一组混合砂浆试块龄期 40d 的平均强度为 2.73MPa，试推算该试块在标准温度（20°±5℃）条件下，龄期为 28d 和 60d 的强度。

【解】 由公式（6-15）龄期 28d 的强度为：

$$2.73 = \frac{1.5 \times 40 \times R_{28}}{14+40}$$

$$R_{28} = \frac{2.73 \times 54}{1.5 \times 40} = 2.46 \text{MPa}$$

则龄期为 60d 的强度为：

$$R_{60} = \frac{1.5 \times 60 \times 2.46}{14+60} = 2.99 \text{MPa}$$

故知，推算龄期 28d 和 60d 的强度分别为 2.46MPa 和 2.99MPa。

6.3　砖墙用料的计算

在砌砖墙时，常需计算砖墙用料，包括砖、砌筑砂浆和砂浆材料用量。

一、砖及砂浆用量计算

计算前先量出砖的平均长度、宽度、厚度，或按出厂合格证上砖的规格尺寸。设砖长 $=a$，砖宽 $=b$，砖厚 $=c$，再按规范要求，确定灰缝厚度，设竖缝为 $=d_1$，横缝 $=d_2$，则：

1. 砖墙每平方米需用砖及砂浆的数量，根据砖墙厚度（图 6-1）按下式计算：

（1）半砖墙

砖数　　　　　　　　　$A = \dfrac{1}{(a+d_1)(c+d_2)}$（块）　　　　　　（6-16）

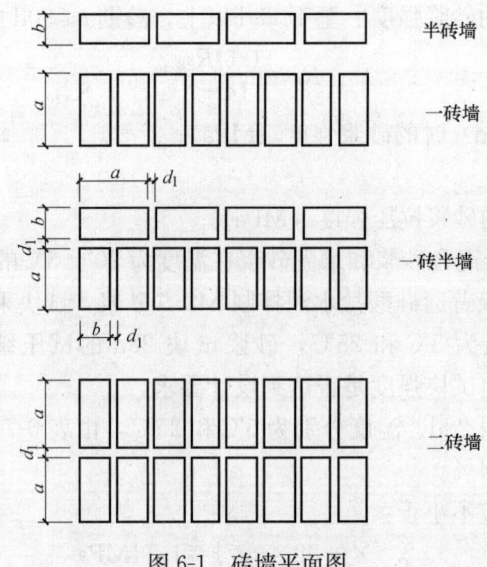

图 6-1 砖墙平面图

砂浆量 $\qquad B = b - A \cdot a \cdot b \cdot c \,(\text{m}^3)$ \hfill (6-17)

（2）一砖墙

砖数 $\qquad A = \dfrac{1}{(b+d_1)(c+d_2)}$ （块） \hfill (6-18)

砂浆量 $\qquad B = a - A \cdot a \cdot b \cdot c \,(\text{m}^3)$ \hfill (6-19)

（3）一砖半墙

砖数 $\qquad A = \dfrac{1}{(a+d_1)(c+d_2)} + \dfrac{1}{(b+d_1)(c+d_2)}$ （块） \hfill (6-20)

砂浆量 $\qquad B = (a+b+d_1) - A \cdot a \cdot b \cdot c \,(\text{m}^3)$ \hfill (6-21)

（4）二砖墙

砖数 $\qquad A = \dfrac{2}{(b+d_1)(c+d_2)}$ （块） \hfill (6-22)

砂浆量 $\qquad B = (2a+d_1) - A \cdot a \cdot b \cdot c \,(\text{m}^3)$ \hfill (6-23)

2. 每立方米砖墙需用砖及灰浆的数量等于每平方米需用数量乘以下列倍数：

（1）半砖墙的倍数 $= \dfrac{1}{b}$

（2）一砖墙的倍数 $= \dfrac{1}{a}$

（3）一砖半墙的倍数 $= \dfrac{1}{a+b+d_1}$

（4）二砖墙的倍数 $= \dfrac{1}{2a+d_1}$

二、砂浆材料用量计算

砌墙常用水泥砂浆和混合砂浆，配料采用体积配合比（或由重量比折成体积配合比）。

1. 水泥砂浆用料计算：

设 $W_C = 1\text{m}^3$ 水泥的重量 $= 1350\text{kg}$，或按实际量出重量，并设水泥砂浆配合比为水泥：砂$=C:S$，按需要的稠度加水拌合成砂浆后，量其体积，可求出拌合成砂浆后的制成系数 V_m，即：

$$V_m = \frac{拌合成砂浆后的体积}{(C+S)的体积} \tag{6-24}$$

该制成系数为计算用数数量的重要根据，一般为 0.65～0.80，则：

$$每立方米砂浆需用水泥数量 = \frac{W_C \cdot C}{(C+S)V_m} \text{ (kg)} \tag{6-25}$$

$$每立方米砂浆需用砂子数量 = \frac{S}{(C+S)V_m} \text{ (m}^3) \tag{6-26}$$

2. 石灰砂浆用料计算：

设 $W_l = 1\text{m}^3$ 生石灰的重量 $= 1150\text{kg}$，或按实际量出；生石灰化为熟石灰体积增加，增加率多少视生石灰的质量而定，亦可在现场由实际量得，方法是取一个单位体积的生石灰（碎成粉末），加适量水化为熟石灰后，量其体积，则

$$V_l = 熟石灰的体积/生石灰的体积$$

V_l 一般为 2～2.5。设石灰砂浆配合比例为：石灰：砂$=l:S$，则

$$每立方米砂浆生石灰用量 = \frac{W_l \cdot l}{(l+S) \cdot V_m \cdot V_l} \text{ (kg)} \tag{6-27}$$

$$每立方米砂浆砂子用量 = \frac{S}{(l+S)V_m} \text{ (m}^3) \tag{6-28}$$

V_m 符号的意义同水泥砂浆。

3. 混合砂浆用料计算：

设混合砂浆的配合比为：水泥：石灰膏：砂$=C:l:S$，则

$$每立方米混合砂浆需用水泥数量 = \frac{W_C \cdot C}{(C+l+S)V_m} \text{ (kg)} \tag{6-29}$$

$$每立方米混合砂浆需用石灰数量 = \frac{W_l \cdot l}{(C+l+S)V_m \cdot V_l} \text{ (kg)} \tag{6-30}$$

$$每立方米混合砂浆需用砂子数量 = \frac{S}{(C+l+S)V_m} \text{ (m}^3) \tag{6-31}$$

V_m、V_l 符号的意义同石灰砂浆。

【例 6-5】 砌一砖墙，砖规格为 $240 \times 115 \times 53\text{mm}$，用混合砂浆砌筑，砂浆体积配合比为：水泥：石灰膏：砂子$=1:2:11$，灰缝宽度 $d_1 = d_2 = 10\text{mm}$，已知 $V_m = 0.75$，$V_l = 2$，试计算每立方米砖墙需用砖、砂浆、水泥、石灰和砂的数量。

【解】 按以上计算公式：

砂数量　　$A = \dfrac{1}{(b+d_1)(c+d_2)} \cdot \dfrac{1}{a}$

$= \dfrac{1}{(0.115+0.01)(0.053+0.01)} \cdot \dfrac{1}{0.24} = 529$ 块

砂浆数量　　$B = (a - A \cdot a \cdot b \cdot c) \cdot \dfrac{1}{a}$

$= (0.24 - 127 \times 0.24 \times 0.115 \times 0.053) \cdot \dfrac{1}{0.24} = 0.225\text{m}^3$

混合砂浆需用水泥数量 $=\dfrac{W_C \cdot C}{(C+l+S)V_m} \cdot B = \dfrac{1350 \times 1}{(1+2+11) \times 0.75} \times 0.225 = 29\text{kg}$

混合砂浆需用石灰数量 $=\dfrac{W_l \cdot l}{(C+l+S)V_m \cdot V_l} \cdot B = \dfrac{1150 \times 2}{(1+2+11)0.75 \times 2} \times 0.225 = 25\text{kg}$

混合砂浆需用砂子数量 $=\dfrac{S}{(C+l+S)V_m} \cdot B = \dfrac{11}{(1+2+11) \times 0.75} \times 0.225 = 0.236\text{m}^3$

故知,每立方米砖墙需用砖 529 块,混合砂浆 0.225m³,水泥 29kg,石灰 25kg,砂 0.236m³。

三、砌墙实体积用砖和用灰量计算

砖砌体材料用量有时需按实体积计算砖墙用砖和用灰量,以立方米计。

每立方米各种不同厚度砖墙用砖和用灰量可分别由以下通用公式求得:

1. 需用砖块净用量计算

每立方米砖墙净用砖块数量 A(块)可按下式计算:

$$A = \dfrac{1}{D(a+d)(c+d)} \cdot K \tag{6-32}$$

式中 D——砖墙厚度;
a——砖长度;
c——砖厚度;
d——灰缝厚度;
K——系数,$K = N \times 2$。

2. 需用砂浆净用量计算

每立方米砖墙砂浆净用量 B(m³)可按下式计算:

$$B = 1 - N \cdot V \tag{6-33}$$

式中 N——墙身的砖数量(块);
V——每块砖体积。

【例 6-6】 烧结普通砖墙,采用砖规格为 240mm×115mm×53mm,横竖灰缝厚度均为 10mm,试分别计算半砖、一砖、一砖半、二砖、二砖半厚砖墙每立方米砌体需用砖块数量和用灰量。

【解】 每块砖体积为 $0.24 \times 0.115 \times 0.053 = 0.0014628\text{m}^3$

(1) 半砖厚墙

$$A = \dfrac{1}{0.115(0.24+0.01)(0.053+0.01)} \times 0.5 \times 2 = 552 \text{块}$$

$B = 1 - 552 \times 0.0014628 = 0.192\text{m}^3$

(2) 一砖厚墙

$$A = \dfrac{1}{0.24(0.24+0.01)(0.053+0.01)} \times 1 \times 2 = 529 \text{块}$$

$B = 1 - 529 \times 0.0014628 = 0.226\text{m}^3$

(3) 一砖半厚墙

$$A = \dfrac{1}{0.365(0.24+0.01)(0.053+0.01)} \times 1.5 \times 2 = 522 \text{块}$$

$B = 1 - 522 \times 0.0014628 = 0.237\text{m}^3$

(4) 二砖厚墙

$$A=\frac{1}{0.49(0.24+0.01)(0.053+0.01)}\times2\times2=518块$$

$$B=1-518\times0.0014628=0.242m^3$$

(5) 二砖半厚墙

$$A=\frac{1}{0.614(0.24+0.01)(0.053+0.01)}\times2.5\times2=517块$$

$$B=1-517\times0.0014628=0.244m^3$$

6.4 砌体材料用量简易计算

砖砌体材料用量，除可按 6.3 节计算外，由于烧结普通砖的标准尺寸均为：240mm×115mm×53mm（长×宽×厚），因此，尚可进一步简化按以下方法简易计算。

一、砖墙每平方米砌体材料用量计算

设 b 为砖宽，c 为砖厚，d 为灰缝厚度，则砖墙每平方米砌体材料用量可按下式计算：

$$A=\frac{K}{(b+d)(c+d)}=\frac{K}{(0.115+0.01)(0.053+0.01)}\approx127K \quad (6-34)$$

$$B=D-AV=D-0.001463A=D-0.1858K \quad (6-35)$$

式中　A——1m² 砖砌体净用砖量（块）；

　　　B——1m² 砖砌体净用砂浆量（m³）；

　　　K——墙厚砖数；

　　　D——墙厚（m³）；

　　　V——每块砖体积，即 $0.24\times0.115\times0.053\approx0.001463$（m³）。

墙厚（m）乘以 1m² 即 1m² 的墙体体积，故墙厚的数值以体积表示。

1m² 标准砖墙的砖数和砂浆用量按式（6-34）和式（6-35）计算结果见表 6-9 所示。

砖砌体墙厚砖数及 1m² 净用量表　　　　表 6-9

墙厚砖数	半砖	一砖	一砖半	二砖
K 值	0.5	1.0	1.5	2.0
墙厚 D(m)	0.115	0.240	0.365	0.490
A(块)	64	127	191	254
B(m³)	0.022	0.054	0.086	0.118

在实际应用时，还应考虑一定的材料损耗率，砖和砂浆的损耗率一般均按1%计。在算出单位工程墙体的面积（m²）后，即可以算出砖和砂浆的实际需用量。即：

砖用量为 1.01A 乘以墙体面积（块）；

砂浆用量为 1.01B 乘以墙体面积（m³）。

二、砖墙每立方米砌体材料用量计算

设 D 为砖墙厚度，d 为灰缝宽度，则砖墙每立方米砌体材料用量可按下式计算：

$$A=\frac{8}{0.053+d}\times\frac{K}{D} \quad (6-36)$$

$$B=1-0.001463\times A \quad (6-37)$$

式中　A——$1m^3$ 砖砌体净用砖量（块）；

　　　B——$1m^3$ 砖砌体净用砂浆量（m^3）；

　　　K——不同厚度砖砌体的砖数。

通过上式可以计算出每 $1m^3$ 砖墙的砖和砂浆的净用量，如表 6-10 所列。

砖砌体墙厚砖数及 $1m^3$ 净用量表　　　表 6-10

墙厚砖数	半砖	一砖	一砖半	二砖
K 值	0.5	1.0	1.5	2.0
墙厚 D(m)	0.115	0.240	0.365	0.490
A(块)	552	529	522	518
B(m^3)	0.193	0.226	0.236	0.242

同样，在实际应用时，应考虑 1‰ 的材料损耗率。在算出单位工程墙体的体积（m^3）后，就可以按以下公式算出砖和砂浆的用量：

$$砖用量 = 墙体体积 \times 每1m^3 用砖量 \times (1+1\%)（块） \tag{6-38}$$

$$砂浆用量 = 墙体体积 \times 每1m^3 墙体的砂浆净用量 \times (1+1\%)（m^3） \tag{6-39}$$

【**例 6-7**】 已知住宅楼一砖墙面积为 $650m^2$，试求砖和砂浆需用量，并考虑材料的损耗率。

【**解**】 由式（6-34）和式（6-35）得：

砖需用量：$A = 650 \times 127K \times 1.01 = 650 \times 127 \times 1 \times 1.01 = 83376$（块）

砂浆需用量：$B = 650 \times (D - 0.1858K) \times 1.01$

$\qquad = 650 \times (0.24 - 0.1858 \times 1) \times 1.01 = 35.6 m^3$

或查表 6-9 得：

砖需用量：$A = 650 \times 127 \times 1.01 = 83376$（块）

砂浆需用量：$B = 650 \times 0.054 \times 1.01 = 35.5 m^3$

【**例 6-8**】 条件同例 6-7，试求砖和砂浆需用量，并考虑材料的损耗率。

【**解**】 由式（6-36）和式（6-37）得：

$$A = \frac{8}{0.053+d} \times \frac{K}{D} = \frac{8}{0.053+0.01} \times \frac{1.0}{0.24} = 529（块）$$

$$B = 1 - 0.001463 \times A = 1 - 0.001463 \times 529 = 0.226 m^3$$

砖需用量：　　$A = 650 \times 0.24 \times 529 \times 1.01 = 83349$（块）

砂浆需用量：　$B = 650 \times 0.24 \times 0.226 \times 1.01 = 35.6 m^3$

或查表 6-10 得：

砖需用量：　　$A = 650 \times 0.24 \times 529 \times 1.01 = 83349$（块）

砂浆需用量：　$B = 650 \times 0.24 \times 0.226 \times 1.01 = 35.6 m^3$

本例算出的 A 与例 6-7 相比，仅差 0.03%。

6.5　带形砖基础大放脚横截面积简易计算

在工程预算编制中，经常会遇到带形砖基础大放脚的横截面积计算问题，较为烦琐、费工，现在下面简介一种简易、便捷计算方法。

6.5 带形砖基础大放脚横截面积简易计算

带形砖基础大放脚横截面形式通常有不等高和等高两种,如图 6-2a、b 所示。前者为每砌二皮砖,收进 1/4 砖长(即 63mm)与一皮砖收进 1/4 砖间隔进行;后者为每砌二皮砖收进 1/4 砖长。计算时,将基础截面分成 A、B、C 三部分,其面积分别为 S_A、S_B、S_C,于是有 $S_A=S_C$,$S_B=bh$,则砖基础横截面积:$S=S_A+S_B+S_C=2S_A+S_B$。

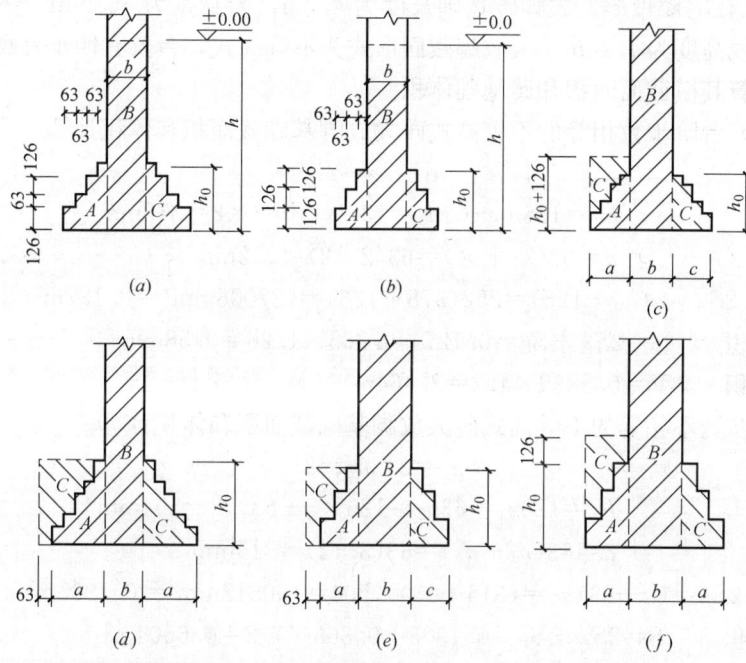

图 6-2 带形砖基础大放脚横截面积计算简图
(a) 不等高式大放脚横截面;(b) 等高式大放脚横截面;
(c) 台阶数相等的不等高式大放脚横截面;(d) 台阶数不相等的不等高式大放脚横截面;
(e) 等高式大放脚横截面情形之一;(f) 等高式大放脚横截面情形之二

一、不等高式大放脚横截面面积计算

将图 6-2 中图形 C 部分沿水平轴转动 180°,移至 A 部分左上方,可得一矩形截面如图 6-2c、d 所示,则得:

放脚高度 $\qquad h_0=126n_1+63n_2 \qquad$ (6-40)

$$a=63(n_1+n_2) \qquad (6-41)$$

当 $n_1=n_2$(图 6-2c),$\quad 2S_A=a(h_0+126) \qquad$ (6-42)

当 $n_1\neq n_2$(图 6-2d)$\quad 2S_A=(a+63)h_0 \qquad$ (6-43)

式中 n_1、n_2——分别为基础大放脚高 126mm,63mm 的台阶数。

二、等高式大放脚横截面面积计算

等高式大放脚横截面情形之一(图 6-2e):

$$2S_A=(a+63)h_0=ah_0+63h_0 \qquad (6-44)$$

等高式大放脚横截面情形之二(图 6-2f):

$$2S_A=a(h_0+126)=ah_0+126a \qquad (6-45)$$

因 $h_0:a=126:63$ 得 $h_0=2a$,故式(6-44)、式(6-45)结果相同,因此用其中任一

式计算均可。

在图 6-2e、图 6-2f 中基础大放脚台阶数为奇数,当为偶数时,计算方法亦相同。

由以上各式可计算出各种形式带形砖基础大放脚横截面面积 $S(=2S_A+S_B)$,再乘以基础的长度,即可得出带形砖基础的体积。

【例 6-9】 住宅楼带形大放脚砖基础长度为 4.2m,墙身宽为 365mm,垫层上皮至墙基与墙身分界线高度为 1.26m,大放脚截面形式为不等高式,台阶有四步等高和五步不等高两种,试计算其横截面面积和砖基础体积。

【解】 (1) 台阶步数相等的不等高式砖大放脚基础截面积和体积计算

已知 $n_1=n_2=2$

$$h_0=126n_1+63n_2=126\times2+63\times2=378\text{mm}$$

$$a=63(n_1+n_2)=63(2+2)=252\text{mm}$$

又 $2S_A=a(h_0+126)=252(378+126)=127008\text{mm}^2=0.127\text{m}^2$

横截面面积 $S=2S_A+S_B=0.127+0.365\times1.26=0.5869\text{m}^2$

砖基础体积 $V=0.5869\times4.2=2.464\text{m}^3$

(2) 台阶步数不相等的不等高式砖大放脚基础截面积和体积计算

已知 $n_1=3$,$n_2=2$

$$h_0=126n_1+63n_2=126\times3+63\times2=504\text{mm}$$

$$a=63(n_1+n_2)=63(3+2)=315\text{mm}$$

又 $2S_A=(a+63)h_0=(315+63)\times504=190512\text{mm}^2=0.1905\text{m}^2$

横截面面积 $S=2S_A+S_B=0.1905+0.365\times1.2=0.6504\text{m}^2$

砖基础体积 $V=0.6504\times4.2=2.732\text{m}^3$

6.6 带形大放脚砖基础体积简易计算

带形砖基础的大放脚通常有 1∶2 等高、1∶1.5 不等高上单和 1∶1.5 不等高上双等截面形式,如图 6-3 所示。

一般标准砖的规格为 240mm×115mm×53mm,灰缝高(厚)度为 10mm,则砖基础的每皮砖高度为 63mm,大放脚每边各砌出 62.5mm,令单位面积常数 $c=0.0625\times0.063=0.0039375$,$2c=0.007875$。

则带形大放脚砖基础体积可按以下公式计算:

1∶2 截面形式:

$$V=L[BH+0.007875(n+1)n] \tag{6-46}$$

1∶1.5 上单截面形式:

$$V=L\{BH+0.007875[0.75n^2+(-1)^nn]\} \tag{6-47}$$

1∶1.5 上双截面形式:

$$V=L\{BH+0.007875[0.75n^2+0.5(-1)^nn]\} \tag{6-48}$$

式中 V——带形大放脚砖基础体积(m^3);

L——带形大放脚砖基础的长度(m);

B——带形大放脚砖基础墙身的宽度(m);

H——垫层上皮至墙基与砖身分界线的高度（m）；

n——带形大放脚砖基础的放脚步数。

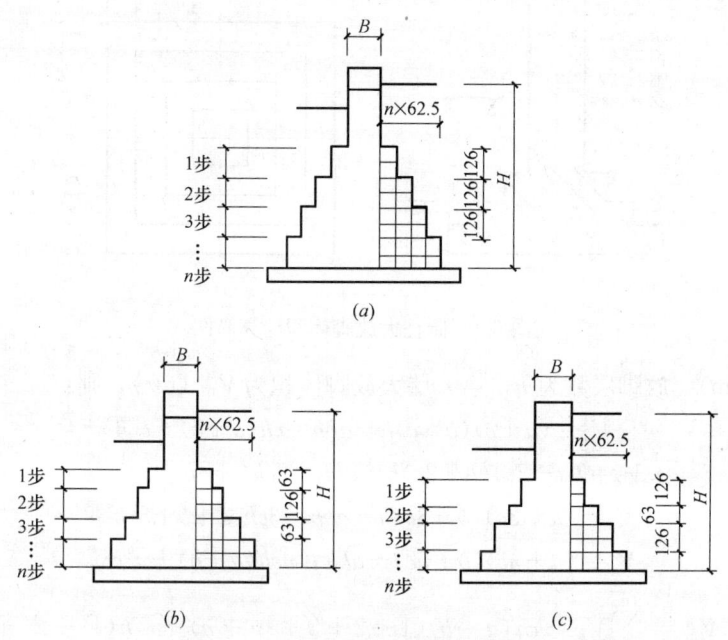

图 6-3 带形大放脚砖基础截面形式
（a）1∶2砖基础；（b）1∶1.5上单砖基础；（c）1∶1.5上双砖基础截面

【例 6-10】 已知带形大放脚砖基础的长度 $L=4.2$m，墙身宽度 $B=0.365$m，垫层上皮至墙身与砖身分界线的高度 $H=1.26$m，采取 4 步，试计算截面形式为 1∶2、1∶1.5 上单和 1∶1.5 上双带形大放脚砖基础的体积。

【解】 1∶2 截面形式带形大放脚砖基础体积由式（6-46）得：

$V = L[BH+0.007875(n+1)n]$
$= 4.2[0.365\times1.26+0.007875(4+1)\times4] = 2.593$m³

1∶1.5 上单截面形式带形大放脚砖基础体积由式（6-47）得：

$V = L\{BH+0.007875[0.75n^2+(-1)^n n]\}$
$= 4.2\{0.365\times1.26+0.007875[0.75\times4^2+(-1)^4\times4]\} = 2.461$m³

1∶1.5 上双截面形式带形大放脚砖基础体积由式（6-48）得：

$V = L\{BH+0.007875[0.75n^2+0.5(-1)^n n]\}$
$= 4.2\{0.365\times1.26+0.007875[0.75\times4^2+0.5(-1)^4\times4]\} = 2.394$m³

6.7 砖柱大放脚体积的简易计算

砖柱体积计算包括柱身和柱基。计算时，先求出每个柱身的体积，然后再计算柱基四周大放脚的体积。柱身体积可用断面面积乘以高度即可求得，砖柱大放脚部分的体积，可用以下简易方法计算：

如图 6-4 所示，设砖柱断面尺寸为 a（m）×b（m），大放脚每边宽度为 $c/2$（m），放

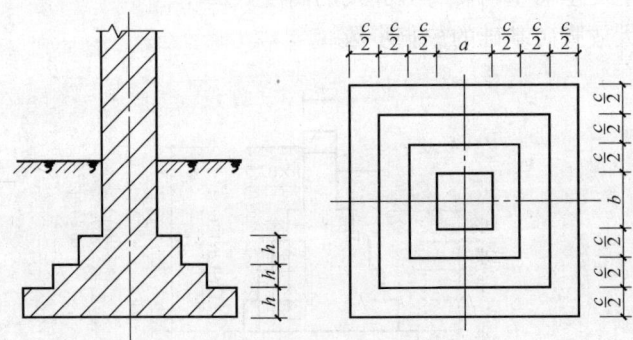

图 6-4 砖柱大放脚体积计算简图

脚高度为 h (m)，放脚层数为 n，第 n 层大放脚体积为 V_n (m³)，则：

第一层 $\quad V_1=(a+c)(b+c)h-abh=ch(a+b)+c^2h \quad$ (6-49)

第二层 $\quad V_2=(a+2c)(b+2c)h-abh=2ch(a+b)+2^2c^2h \quad$ (6-50)

第三层 $\quad V_3=(a+3c)(b+3c)h-abh=3chca+b+3^2c^2h \quad$ (6-51)

第 n 层 $\quad V_n=(a+nc)(b+nc)-abh=nch(a+b)+n^2c^2h \quad$ (6-52)

汇总 $\quad V_{放}=\sum_{i=1}^{n}V_i=ch(a+b)(1+2+3+\cdots+n)+c^2h(1^2+2^2+3^2+\cdots+n^2)$

$$=\frac{1}{6}chn(n+1)(3a+3b+2nc+c) \quad (6\text{-}53)$$

式（6-53）为砖柱四面大放脚体积的通用计算表达式，体积 $V_{放}$ 与砖柱断面尺寸大小、放脚层数、高度和宽度等参数密切相关，利用此式，按照确定的参数，可制定出各种形式砖柱大放脚体积计算表供查用。表 6-11 为采用标准砖四面放脚，每层高 12.60cm，每边各砌出宽度 6.25cm 的计算体积用表。

常用标准砖柱大放脚是砖柱大放脚的常用形式，因此，利用式（6-53）以及表 6-11 中的已知条件，可按以下求得常用标准大放脚体积计算式：

已知 $\quad c=0.0625\times 2\text{m}=0.125\text{m}, h=0.126\text{m}$

由式（6-53）得：

$$V_{标}=\frac{1}{6}\times 0.125\times 0.126n(n+1)(3a+3b+2n\times 0.125+0.125)$$

$$=0.000328n(n+1)(24a+24b+2n+1) \quad (6\text{-}54)$$

砖柱放脚和柱身体积计算表　　　　　　　　　　　　　　　表 6-11

砖柱断面($a\times b$) /m×m	放脚层数及体积/(m³/个)						每米高砖柱体积/m³
	二	三	四	五	六	七	
0.24×0.24	0.033	0.073	0.135	0.226	0.338	0.487	0.0576
0.24×0.365	0.038	0.085	0.154	0.251	0.379	0.542	0.0876
0.365×0.365	0.044	0.097	0.174	0.281	0.421	0.598	0.1332
0.365×0.49	0.050	0.108	0.194	0.310	0.462	0.653	0.1790
0.49×0.49	0.056	0.120	0.213	0.340	0.503	0.708	0.2401

续表

砖柱断面($a \times b$)/m×m	放脚层数及体积/(m³/个)						每米高砖柱体积/m³
	二	三	四	五	六	七	
0.49×0.615	0.062	0.132	0.233	0.369	0.545	0.763	0.301
0.615×0.615	0.068	0.144	0.253	0.399	0.586	0.818	0.378
0.615×0.74	0.074	0.156	0.273	0.428	0.627	0.873	0.455
0.74×0.74	0.080	0.167	0.292	0.458	0.669	0.928	0.548

式（6-54）就是常用标准砖柱大放脚体积计算公式。

【例6-11】 已知砖柱$a=0.49$m，$b=0.615$m，$n=5$层，试求大放脚的体积。

【解】 当$a=0.45$m，$b=0.615$m，$n=5$时，由式（6-54）得：

$$V_{标}=0.000328 \times 5 \times (5+1) \times (24 \times 0.49+24 \times 0.615+2 \times 5+1)$$
$$=0.369 \text{m}^3$$

查表6-11也是0.369m³，与计算数值一致。

6.8 砖柱、石柱用料计算

计算砖、石柱需用材料数量，先要计算出柱的体积（m³），再计算每1m³用多少材料，最后累计。

一、砖柱的砖及砂浆用量计算

设砖长为a、砖宽为b，砖厚为c（一般标准砖长为0.24m，砖宽为0.115m，砖厚为0.053m）；灰缝厚度为d（规范规定为0.01m）。则砖柱每1m³ 需砖块数A按下式计算（再加5%损耗数）：

$$A=\frac{1}{(a+d)(b+d)(c+d)} \text{（块/m}^3\text{）} \tag{6-55}$$

砖柱每1m³ 需砂浆用量B按下式计算

$$B=1-(a \times b \times c \times A) \text{（m}^3\text{）} \tag{6-56}$$

二、石柱的石材及砂浆用量计算

石砌柱，如为一定规格的平整石砌体，亦可按以上公式计算，如为毛石砌体，则无法计算出准确数，一般按经验估计，每1m³ 毛石砌体用毛石1.1m³（现场松方），用砂浆0.36m³。

【例6-12】 某公共建筑有490mm×490mm砖柱24根，高4.5m，用标准砖和M5水泥混合砂浆砌筑，试计算砖和砂浆需用量。

【解】 砖柱砌体体积$=0.49 \times 0.49 \times 4.5 \times 24=25.93$m³

取$d=0.01$m 由式（6-55）得每1m³ 用砖：

$$A=\frac{1}{(0.24+0.01)(0.115+0.01)(0.053+0.01)}=508 \text{块}$$

总计用砖$=508 \times 25.93 \times 1.05$（加损耗）$=13831$块

每1m³ 砖柱需用砂浆由式（6-56）得：

$$B=1-(0.24 \times 0.115 \times 0.053 \times 508)=0.257 \text{m}^3$$

总计需用 M5 水泥混合砂浆＝0.257×25.93＝6.66m³。

6.9 砖墙排砖计算

烧结普通砖墙的铺砌方法有满丁满条、五层重排法；老的砌法有三顺一丁、一顺一丁等。在砌筑前，要根据设计的门窗口、砖墙、门窗垛等尺寸和排砖方法，进行排砖计算或校核，以使砖墙尺寸准确。以下简介砖墙尺寸排砖计算及校核公式。

一、砖墙长度计算

1. 满丁满条砌法

砖墙长度按下式计算：

满条长度 $\qquad L=2e+N_1 a+(N_1+1)d_1 \qquad$ (6-57)

或 $\qquad L=25N_1+38 \qquad$ (6-58)

满丁长度 $\qquad L=N_2 b+(N_2-1)d_1 \qquad$ (6-59)

或 $\qquad L=12.5N_2-10 \qquad$ (6-60)

式中 L——砖墙长度（cm）；

a——砖墙长度，一般为 24cm；

b——砖墙宽度，一般为 11.5cm；

e——七分头砖长度，一般取 18.5cm；

N_1——条砖的数量，其数值取整数；

N_2——丁砖的数量，其数值取整数；

d_1——竖缝宽度，一般取 1.0cm。

2. 五层重排砌法

砖墙长度按下式计算：

$$L=2e+2b+N_1 a+(N_1+3)d_1 \qquad (6\text{-}61)$$

或 $\qquad L=25N_1+63 \qquad$ (6-62)

$\qquad L=N_2 b+(N_1-1)d_1 \qquad$ (6-63)

或 $\qquad L=12.5N_2-10 \qquad$ (6-64)

符号意义同前。

二、门窗口宽度计算

门窗口宽度按下式计算：

$$B=b+N_1 a+(N_1+1)d_1 \qquad (6\text{-}65)$$

或 $\qquad B=25N_1+12.5\approx 25N_1+13 \qquad$ (6-66)

式中 B——门窗口宽度；

其他符号意义同前。

三、门窗口高度计算

$$H=(c+d_2)K \qquad (6\text{-}67)$$

式中 H——门窗口高度（cm）；

c——砖厚度，一般为 5.3cm；

d_2——横缝厚度，一般取 1.0cm；

K——砖厚加灰缝（=6.3cm）的倍数。

如门窗口上面砌砖发碹，H 应再加 1cm。

按以上公式计算的排砖设计参考数据见表 6-12。

黏土砖清水墙排砖设计参考数据 表 6-12

N	砖墙长度（满丁满条）(cm)	砖墙长度（五层重排）(cm)	门窗口宽度(cm)	N	砖墙长度（满丁满条）(cm)	砖墙长度（五层重排）(cm)	门窗口宽度(cm)
1	63	88	38	16	438	463	413
2	88	113	63	17	463	488	438
3	113	138	88	18	488	513	463
4	138	163	113	19	513	538	488
5	163	188	138	20	538	563	513
6	188	213	163	21	563	588	538
7	213	238	188	22	588	613	563
8	238	263	213	23	613	638	588
9	263	288	238	24	638	663	613
10	288	313	263	25	663	688	638
11	313	338	288	26	688	713	663
12	338	363	313	27	713	738	688
13	363	388	338	28	738	763	713
14	388	413	363	29	763	788	738
15	413	438	388	30	788	813	763

注：砖的标准尺寸为 24×11.5×5.3（长×宽×厚）cm。7 分头砖长为 18.5cm，灰缝宽为 10mm。

【例 6-13】 砖墙采用满丁满条砌法，顺铺条砖数量 $N_1=4$，试计算砖墙长度和进行排砖设计。

【解】 由式（6-58）得：

砖墙长度　　$L=25N_1+38=25×4+38=138$cm

排砖方法如图 6-5a 所示。

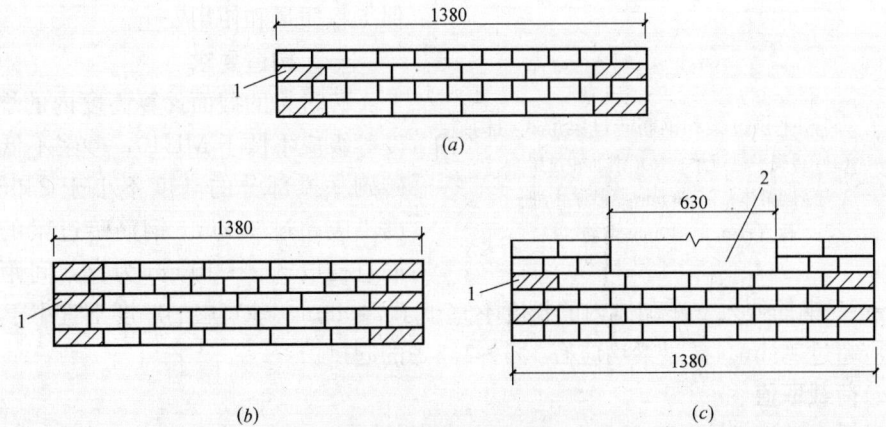

图 6-5　砖墙排砖方式

(a) 砖墙满丁满条；(b) 砖墙五层重排砌法；(c) 满丁满条砌门窗口

1—七分头；2—窗口

【例6-14】 砖墙采用五层重排砌法,顺铺条砖的数量 $N_1=3$,试计算砖墙长度和进行排砖设计。

【解】 由式(6-62)得:

砖墙长度 $L=25N_1+63=25\times3+63=138\text{cm}$

排砖方法如图6-5b所示。

【例6-15】 砖墙采用满丁满条砌法砌门窗口,窗口下顺铺砖数量 $N_1=2$,试计算砖墙门窗口宽度和进行排砖设计。

【解】 由式(6-66)得:

门窗口宽度 $B=25N_1+13=25\times2+13=63\text{cm}$

排砖方法如图6-5c所示。

6.10 砖砌平拱过梁和钢筋砖过梁验算

砖墙门窗洞口上的过梁,当跨度不很大时,一般多采用砖砌平拱过梁和钢筋砖过梁,通常由施工单位根据跨度和荷载情况选用,设计单位不作具体规定。

砖砌平拱过梁系用较高强度等级的竖砖砌筑而成,竖向灰缝呈楔形(图6-6a);施工简便,不用钢材,但受力性能差。钢筋砖过梁砌筑与砌体相同,并在过梁的计算截面的高度内,采用较高强度等级砖和砂浆,而在底层砂浆内配置纵向钢筋(图6-6b);施工方便、快速,受力性能较平拱过梁要好。但两种过梁在较大振动荷载或可能产生不均匀沉降的房屋,均易出现裂缝,不宜采用,应改用钢筋混凝土过梁。故在选用砖过梁时应根据构造要求、荷载情况和跨度等进行必要的验算,以确保工程质量和使用安全。

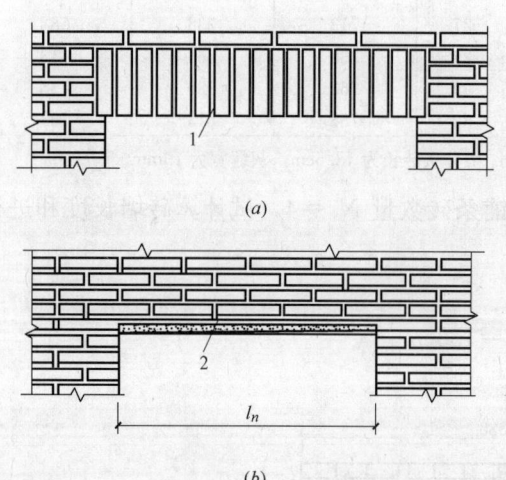

图6-6 砖砌平拱过梁和钢筋砖过梁形式与构造
(a)砖砌平拱过梁;(b)钢筋砖过梁
1—竖砌梁体;2—30mm厚砂浆内埋
设直径5.5~10mm钢筋

一、构造要求

砖过梁的截面计算高度内的烧结砖强度等级应不低于MU10,砂浆不低于M5,砖砌平拱部分的高度不小于240mm,跨度不应超过1.2m。钢筋砖过梁的纵向钢筋直径以5.5~10mm为宜,间距不宜大于120mm,钢筋伸入支座砌体内的长度不宜小于240mm,砂浆层的厚度不宜小于30mm,跨度不应超过1.5m。砖过梁均应有1‰~1.5‰的起拱。

二、荷载取值

当过梁上的墙体高度 $h_w<l_n/3$(l_n 为过梁的净跨)时,应按墙体的均布自重采用;当 $h_w \geqslant l_n/3$ 时,应按高度为 $l_n/3$ 墙体的均布自重采用。当梁板下的墙体高度 $h_w<l_n$ 时,应计算梁板传来的荷载;当 $h_w \geqslant l_n$ 时,梁、板荷载可不考虑。对于砖砌平拱过梁,h_w 计

算到过梁底面；而对于钢筋砖过梁，h_w 为梁板支承面下面至过梁顶面。

三、砖砌过梁的验算

（一）砖砌平拱过梁验算

受弯承载力应按下式计算：

$$M \leqslant f_{un}W \tag{6-68}$$

式中　M——弯矩设计值；

　　　f_{un}——砌体弯曲抗拉强度设计值，按附录二附表 2-26 采用；

　　　W——过梁截面抵抗矩。

受剪承载力应按下式计算：

$$V \leqslant \frac{2bh}{3} \cdot f_v \tag{6-69}$$

式中　V——剪力设计值；

　　　f_v——砌体的抗剪强度设计值，按附录二附表 2-26 采用；

　　　b——过梁截面宽度；

　　　h——过梁截面计算高度。

（二）钢筋砖过梁验算

受弯承载力应按下式计算：

$$M \leqslant 0.85h_0 f_y A_s \tag{6-70}$$

式中　M——按简支梁计算的跨中弯矩设计值；

　　　f_y——钢筋的抗拉强度设计值；

　　　A_s——受拉钢筋的截面面积；

　　　h_0——过梁截面的有效高度，$h_0 = h - a_s$；

　　　a_s——受拉钢筋重心至截面下边缘的距离；

　　　h——过梁的截面计算高度，取过梁底面以上的墙体高度，但不大于 $l_n/3$；当考虑梁、板传来的荷载时，则按梁、板下的高度采用。

受剪承载力计算同砖砌平过梁，按式（6-69）验算。

【例 6-16】 住宅楼窗口宽 1.2m，过梁上墙体高度为 1.3m，墙厚为 240mm，拟采用 MU10 烧结普通砖、M5 砂浆，$f_{un}=0.23\text{N/mm}^2$，$f_v=0.11\text{N/mm}^2$ 砌筑砖平拱过梁，试验算是否符合要求。

【解】 过梁上墙体高度 $h_w=1.3\text{m}$，大于 $\dfrac{l_n}{3}=\dfrac{1.2}{3}=0.4\text{m}$，过梁荷载按 $l_n/3$ 计算，梁板荷载不考虑。

荷载　　$q=$砖墙自重＋砖墙内外粉刷重量

$\qquad\qquad =0.24\times0.4\times1900\times10+0.02\times2\times0.4\times1700\times10=2096\text{N/m}$

过梁弯矩　　$M=\dfrac{1}{8}ql_n^2=\dfrac{1}{8}\times2096\times1.2^2=377\text{N}\cdot\text{m}$

过梁剪力　　$V=\dfrac{1}{2}ql_n=\dfrac{1}{2}\times2096\times1.2=1258\text{N}$

抗弯验算　　$M=f_{un}W=0.23\times\dfrac{1}{6}\times24\times40^2$

$$= 1472 \text{N} \cdot \text{m} > 377 \text{N} \cdot \text{m} \text{（可）}$$

抗剪验算
$$V = \frac{2bhf_v}{3} = \frac{2 \times 24 \times 40 \times 0.11 \times 10^2}{3}$$
$$= 7040 \text{N} > 1258 \text{N} \text{（可）}$$

故知，通过以上验算，采用砖砌平过梁能满足结构要求。

【例 6-17】 写字楼窗洞口宽 1.5m，过梁洞口上墙体高度为 1.5m，墙厚 240mm，楼板作用的位置在洞口上 0.5m 处，楼板传来的荷载为 5500N/m，拟采用 MU10 烧结普通砖、M5 砂浆砌筑钢筋砖过梁，配 2Φ6mm（或 3Φ5mm）钢筋，已知 $f_{un}=0.23\text{N/mm}^2$，$f_v=0.11\text{N/mm}^2$，$f_y=270\text{N/mm}^2$，$a_s=15\text{mm}$，试验算是否符合要求。

【解】 因 $h_w > l_n/3$，过梁上的墙体重量按 $\frac{l_n}{3} = \frac{1.5}{3} = 0.5\text{m}$ 计算；又 $h_0 = h - a_s = 50 - 1.5 = 48.5\text{cm}$

荷载 $q = $ 砖墙自重 + 砖墙内外粉刷自重 + 楼板荷载
$$= 0.24 \times 0.5 \times 1900 \times 10 + 0.02 \times 2 \times 0.5 \times 1700 \times 10 + 5500 = 8120 \text{N/m}$$

过梁弯矩 $M = \frac{1}{8}ql_n^2 = \frac{1}{8} \times 8120 \times 1.5^2 = 2284 \text{N} \cdot \text{m}$

过梁剪力 $V = \frac{1}{2}ql_n = \frac{1}{2} \times 8120 \times 1.5 = 6090 \text{N}$

过梁需要钢筋面积由式（6-70）得：
$$A_s = \frac{M}{0.85h_0 f_y} = \frac{2284}{0.85 \times 48.5 \times 270} = 0.20 \text{cm}^2$$

选用 2Φ6mm（或 3Φ5mm）钢筋
$$A_s' = 0.565 \text{（或 0.589）} \text{cm}^2 > 0.20 \quad \text{（可）}$$

抗剪验算
$$V = \frac{2bhf_y}{3} = \frac{2 \times 24 \times 50 \times 0.11 \times 10^2}{3}$$
$$= 8800 \text{N} > 6090 \text{N} \quad \text{（可）}$$

故知，通过以上验算钢筋砖过梁能满足结构要求。

6.11 砖拱圈楔形砖加工规格及数量计算

砌筑砖拱圈时，常需计算确定各类拱的用砖加工尺寸和数量，以下简介计算方法。

1. 当砖拱圈仅由一种楔形砖组砌时，楔形砖小头的厚度和每环拱顶所需楔形砖的数量可由下式计算（图 6-7）：

$$c_0 = \frac{c(R-b)}{R} \tag{6-71}$$

$$N = \frac{\pi R \theta}{180(c+d)} \tag{6-72}$$

式中 c_0——楔形砖小头厚度（mm）；
c——楔形砖或直形砖大头的厚度（mm）；
R——砖拱的外半径（mm）；

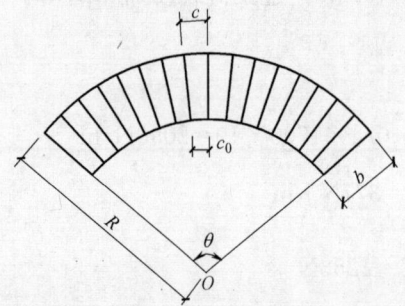

图 6-7 砖拱楔形砖加工计算简图

b——砖拱的砌砖厚度（mm）；
d——砖缝厚度（mm）；
θ——拱的中心角（°）。

2. 当砖拱圈用楔形砖与直形砖搭配组砌时，每环拱所需楔形砖与直形砖的数量可由下式计算：

楔形砖块数 $$N=\frac{\pi\theta b}{180(c-c_0)} \tag{6-73}$$

直形砖块数 $$n=\frac{\pi R\theta}{180(c+d)}-N \tag{6-74}$$

式中 N——楔形砖的数量（块）；
n——直形砖的数量（块）；
其他符号意义同前。

3. 当砖拱圈用两种不同楔形砖搭配组砌时，每环拱所需不同楔形砖的数量可由下式计算：

$$(N_1+N_2)(c+d)=l \tag{6-75}$$

$$N_1(c_1+d)+N_2(c_2+d)=l_0 \tag{6-76}$$

式中 N_1——一种楔形砖数量（块）；
N_2——另一种楔形砖数量（块）；
c_1——一种楔形砖（数量为N_1）的小头厚度（mm）；
c_2——另一种楔形砖（数量为N_2）的小头厚度（mm）；
l——拱外弧长度（mm）；
l_0——拱内弧长度（mm）。

【例6-18】 砖拱外半径$R=1230$mm，拱的厚度$b=230$mm，拱中心角$\theta=60°$，楔形砖的大头厚度$c=65$mm，砖缝厚度$d=2$mm，试求楔形砖小头的厚度和每环拱顶所需楔形砖的块数。

【解】 由式（6-71）得：

楔形砖小头厚度 $$c_0=\frac{c(R-b)}{R}=\frac{65(1230-230)}{1230}\approx 52\text{mm}$$

由式（6-72）得：

每环拱楔形砖数 $$N=\frac{\pi R\theta}{180(c+d)}=\frac{3.14\times 1230\times 60}{180(65+2)}=19.2\text{块} \quad 用20块$$

【例6-19】 砖烟囱某段平均半径$R=3.0$m，砖规格为240mm×115mm×53mm，砖垂直缝$d=10$mm，试求加工砖小头的宽度及数量。

【解】 由式（6-71）得：

砖的小头加工宽度 $$b_0=\frac{b(R-a)}{R}=\frac{115(3000-240)}{3000}=106\text{mm}$$

故知，加工砖的规格为240mm×115/106mm×53mm，实际不需每块砖都加工，可将几块砖加工的数量集中到一块砖上，如每三块砖加工一块，则加工砖尺寸为240mm×115/88mm×53mm

又由式（6-72）得：

砖加工数量　　$N=\dfrac{\pi R\theta}{180(c+d)}=\dfrac{3.14\times3000\times360}{180(115+10)}=150$ 块

故知，每圈加工数量为 150 块。

【例 6-20】 砖拱外半径 $R=3040$mm，拱的厚度 $b=230$mm，拱中心角 $\theta=45°$，用 230mm×113mm×65mm 和 230mm×113mm×65/55mm 两种砖组砌，试求每环拱顶所需楔形砖和直形砖的数量。

【解】　由式（6-73）得：

每环拱顶楔形砖数量　　$N=\dfrac{\pi\theta b}{180(c-c_0)}=\dfrac{3.14\times45\times230}{180(65-55)}\approx18$ 块

由式（6-74）得：

每环拱顶直形砖数量　　$N=\dfrac{\pi R\theta}{180(c+d)}-N=\dfrac{3.14\times3040\times45}{180(65+2)}-18=18$ 块

【例 6-21】 砖拱外半径 $R=1200$mm，采用 230mm×113mm×65/55mm 和 230mm×113mm×65/45mm 两种不同楔形砖组砌，砖缝厚度 $d=2$mm，试求出两种楔形砖需用的数量。

【解】　由式（6-75）、式（6-76）得：

$$(N_1+N_2)(65+2)=1200\pi \tag{1}$$

$$N_1(55+2)+N_2(45+2)=970\pi \tag{2}$$

由（1）式

$$N_1+N_2=\dfrac{1200\pi}{67}$$

$$N_1+N_2=56 \text{ 块}$$

$$N_1=56-N_2 \tag{3}$$

以（3）式代入（2）式得：

$$(56-N_2)\times57+47N_2=970\pi$$

解之得：$N_2\approx15$ 块

则　　　　　　　　　　$N_1=56-N_2=56-15=41$ 块

故知，两种不同楔形砖需用数量分别为 41 块和 15 块。

6.12　砖烟囱砌筑楔形砖加工规格及数量计算

砖烟囱筒身及内衬砌筑，为保证砌筑质量，常需将大部分标准砖进行加工成楔形砖。为减少加工砖的种类和数量，应将筒身高度分成几段计算，而在使用加工砖的比例上加以调整，其计算方法如图 6-8 所示。

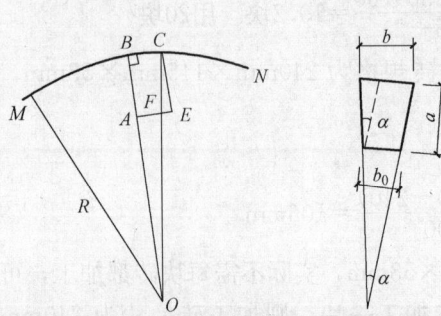

图 6-8　砖烟囱楔形砖加工计算简图

设 MN 为半径 R 圆弧的一部分
$AB=EC=a$；$BC=AE=b$
$OB=OC=R$；$AF=b_0$
由图知△OBC 与△OAF 为相似三角形
则　　　　$\dfrac{AF}{OA}=\dfrac{BC}{OB}$

6.12 砖烟囱砌筑楔形砖加工规格及数量计算

$$b_0 = AF = \frac{BC \times OA}{OB} = \frac{b(R-a)}{R} \quad (6\text{-}77)$$

又由图知

$$\tan\frac{\alpha}{2} = \frac{(b-b_0+d)}{2a}$$

砖的圆心角

$$\alpha = 2\arctan\left(\frac{b-b_0+d}{2a}\right) \quad (6\text{-}78)$$

式中 R——烟囱外半径（mm）；
a——砖的长度，一般为 240mm；
b——砖的宽度，一般为 115mm；
b_0——加工砖小头的宽度（mm）；
α——砖的圆心角（°）；
d——垂直灰缝厚度（mm），一般为 10mm。

1. 采用单一楔形砖砌筑时，圆周楔形砖的数量按下式计算：

$$N = \frac{360°}{\alpha} \quad (6\text{-}79)$$

式中 N——单一楔形砖的数量（块）；
α——砖的圆心角（°）。

2. 采用楔形砖与直形砖相间砌筑时，圆周楔形砖或直形砖的数量按下式计算：

$$N = \frac{360°}{2\alpha} \quad (6\text{-}80)$$

符号意义同前。

3. 采用两种规格楔形砖砌筑时，圆周楔形砖的数量按下式计算：

$$N_1 = \frac{(360-N_2\alpha_2)}{\alpha_1} \quad (6\text{-}81)$$

$$N_2 = \frac{(360-N_1\alpha_1)}{\alpha_2} \quad (6\text{-}82)$$

式中 N_1——一种楔形砖的数量（块）；
N_2——另一种楔形砖的数量（块）；
α_1——一种楔形砖的圆心角（°）；
α_2——另一种楔形砖的圆心角（°）。

【例 6-22】 砖烟囱某段半径 $R=3.0$m，砖规格为 240mm×115mm×53mm，试求加工砖小头的宽度和数量。

【解】 由式（6-77）得加工砖的小头宽度：

$$b_0 = \frac{b(R-a)}{R} = \frac{115 \times (3000-240)}{3000} = 106\text{mm}$$

即加工砖的规格为 240mm×115/106mm×53mm 实际上不需要每块砖都加工，可将数块砖加工的数量集中到一块砖上，如三块砖中有一块加工，则加工砖尺寸为 240mm×115/88mm×53mm。

由式（6-78）砖的圆心角

$$\alpha = 2\arctan\left(\frac{b-b_0+d}{2a}\right) = 2\arctan\left(\frac{115-106+10}{2\times 240}\right) = 2\arctan 0.0396$$

$$\alpha = 4.5°$$

由式（6-79）

加工砖数量　　$N = \dfrac{360°}{\alpha} = \dfrac{360°}{4.5°} = 80$ 块

【**例 6-23**】 烟囱内衬采用两种规格楔形砖砌筑，已知砖圆心角（含灰缝厚度）分别为 2.6° 和 5.2°，试求圆周需要两种楔形砖的数量。

【**解**】 由式（6-81）　　∵ $N_1 = N_2$

$$N_1 = \dfrac{(360 - N_2 \alpha_2)}{\alpha_1} = \dfrac{360 - N_1 \times 5.2°}{2.6°}$$

解之得　　$N_1 = 46$ 块

∴　　$N_2 = N_1 = 46$ 块

6.13 砖墙、柱施工允许自由高度的计算

在施工中，刚砌筑完的砖墙、柱，当超过一定高度，如尚未安装楼板、屋面板或浇筑圈梁、安设连系梁，或采取临时支撑措施，在较大风荷载作用下，将有可能被风吹倒塌，遇此情况，应对其稳定性进行验算。

验算时，假定砖墙、柱底部砂浆与楼板或基础的粘结作用忽略不计，其抗倾覆稳定性可按下式计算（图 6-9）：

$$Kq \cdot \dfrac{h^2}{2} = \dfrac{\gamma b^2 h}{2}$$

$$h = \dfrac{\gamma b^2}{Kq} \tag{6-83}$$

式中　h——砖墙柱的允许自由高度（m）；

q——风荷载（kN/m^2）；

K——抗倾覆安全系数，当墙、柱厚 190、240mm 时，取 $K = 1.12$；墙、柱厚 370mm，$K = 1.41$；墙、柱厚 490mm，$K = 1.49$；墙、柱厚 620mm，$K = 1.46$；

γ——砖、石砌体重度（kN/m^3）；

b——墙、柱厚度（m）。

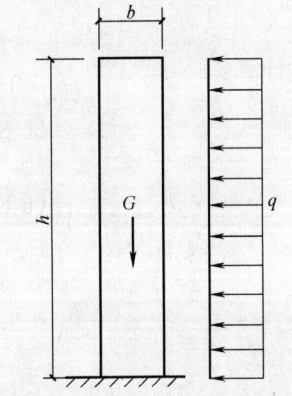

图 6-9　砖墙柱倾覆性计算简图

为应用方便，在砖石工程施工质量验收规范（GB 50203）中列出了在不同风载时，不同墙、柱厚度的允许自由高度如表 6-13，可供参考。

墙和柱的允许自由高度（m）　　表 6-13

墙（柱）厚(cm)	砌体密度>1600(kg/m³)			砌体密度 1300~1600(kg/m³)		
	风载(kN/m²)			风载(kN/m²)		
	0.3(约7级风)	0.4(约8级风)	0.5(约9级风)	0.3(约7级风)	0.4(约8级风)	0.5(约9级风)
190	—	—	—	1.4	1.1	0.7
240	2.8	2.1	1.4	2.2	1.7	1.1

续表

墙(柱)厚(cm)	砌体密度＞1600(kg/m³)			砌体密度 1300～1600(kg/m³)		
	风载(kN/m²)			风载(kN/m²)		
	0.3(约7级风)	0.4(约8级风)	0.5(约9级风)	0.3(约7级风)	0.4(约8级风)	0.5(约9级风)
370	5.2	3.9	2.6	4.2	3.2	2.1
490	8.6	6.5	4.3	7.0	5.2	3.5
620	14.0	10.5	7.0	11.4	8.6	5.7

注：1. 本表适用于施工处相对标高（H）在 10m 范围内的情况。如 $10m<H\leq15m$，$15m<H\leq20m$ 时，表内的允许自由高度应分别乘以 0.9、0.8 的系数；如 $H>20m$ 时，应通过抗倾覆验算确定其允许自由高度。
2. 当所砌筑的墙有横墙或其他结构与其连接，而且间距小于表列限值的 2 倍时，砌筑高度可不受本表的限制。
3. 施工处标高 H 按下式计算：

$$H=L+\frac{h}{2}$$

式中　H——施工处标高（m）；
　　　L——起始计算自由高度处的标高（m）；
　　　h——表内允许自由高度值（m）。

4. 7 级风为疾风，相当风速 13.9～17.1m/s；8 级为大风，相当风速 17.2～20.7m/s；9 级为烈风，相当风速 20.8～24.4m/s。

【例 6-24】 写字楼 370mm 砖墙，砌体重度 $\gamma=16.8kN/m^2$，求在风载 $q=0.4kN/m^2$ 作用时的墙允许自由高度。

【解】 370mm 砖墙，取 $K=1.41$，由式（6-83）得：

$$h=\frac{\gamma b^2}{Kq}=\frac{16.8\times0.37^2}{1.41\times0.4}=4.0m$$

故知，砖墙允许自由高度为 4.0m。

6.14 砖含水率、砂浆灰缝厚度和饱满度对砌体强度的影响计算

在砌体施工中，砖的含水率、砂浆水平灰缝厚度和砂浆饱和度是砌体质量控制的重要指标之一，常直接影响砌体的强度和耐久性，因此施工中必须了解其影响程度，加以控制。

一、砖含水率对砌体强度的影响计算

对于烧结普通砖，含水率对砌体抗压强度的影响系数，可按下式计算：

$$K=0.84+\frac{\sqrt[3]{w}}{10} \tag{6-84}$$

式中　w——砖的含水率（以百分数计）。

表 6-14 为砖含水率对砌体抗压强度的影响试验数据，可供参考。由表知，采用含水率为 8%～10% 和饱和的砖砌筑的砌体，抗压强度比含水率为零的砖砌体分别提高 20% 和 30% 左右。

砖含水率对砌体抗压强度的影响　　表 6-14

砖强度(MPa)	砂浆强度(MPa)	砖含水率(%)	砌体抗压强度(MPa)	影响系数 K
6.91	3.88	0	1.63	0.84
6.91	4.29	4.75	1.93	1.01
6.91	2.98	10.8	2.05	1.06
6.91	3.88	20.0(饱和)	2.14	1.11

二、砂浆水平灰缝厚度对砌体强度的影响计算

砂浆水平灰缝厚度 t 对砌体抗压强度的影响系数 ψ，可按下式计算：

对实心砖砌体　$$\psi=\frac{1.4}{1+0.04t}\tag{6-85}$$

对空心砖砌体　$$\psi=\frac{2}{1+0.1t}\tag{6-86}$$

式中　t——砂浆水平灰缝厚度（mm）。

水平灰缝厚度对实心和空心砖砌体抗压影响的试验数据分别见表 6-15、表 6-16 和表 6-17，可供参考。

水平灰缝厚度对实心砖砌体抗压强度的影响　　表 6-15

砖强度(MPa)	砂浆强度(MPa)	灰缝厚度(mm)	砌体破坏强度平均值(MPa)
13.43	3.66	8.5	6.03
		10.0	5.73
		12.0	4.36
13.43	4.01	8.5	7.60
		10.0	7.01
		12.0	4.95

水平灰缝厚度对实心砖砌体抗压强度的影响　　表 6-16

平均灰缝厚度(mm)	破坏强度(MPa)	平均灰缝厚度(mm)	破坏强度(MPa)
0	30.28(磨光)	10.41	20.40
(干砌)	14.05(修平)	9.65	20.87
0	29.11	16.26	18.88
0.51	27.49	17.10	18.07
1.27	31.65	15.75	21.95
		25.40	14.87

注：磨光指砖上下表面用打光机磨光；修平指上下表面用锯修平。

水平灰缝厚度对空心砖砌体抗压强度的影响　　表 6-17

平均灰缝厚度(mm)	破坏强度(MPa)	平均灰缝厚度(mm)	破坏强度(MPa)
0	31.85(磨光)	8.89	19.69
(干砌)	27.25(修平)	7.87	18.18
0	38.66	13.72	15.88
0.51	37.73	14.22	12.25
1.02	30.67	14.48	16.36
8.38	16.85	25.40	8.37
8.13	18.13		

注：磨光指砖上下表面用打光机磨光；修平指上下表面用锯修平。

三、砂浆水平灰缝饱满度对砌体强度的影响计算

砂浆水平灰缝饱满度为 B 时的砌体抗压强度，可按下式计算：

$$R_B=(0.2+0.8B+0.4B^2)R \tag{6-87}$$

式中 R_B——水平灰缝砂浆饱满度为 B 时的砌体抗压强度；
　　　B——水平灰缝砂浆饱满度（以小数计）；
　　　R——设计规范中规定的砌体抗压强度。

上式当 $B=0.73$ 时，$R_B=R$，表明当水平灰缝砂浆饱满度达到 73%，砌体的抗压强度即能达到设计规范中规定的数值。但从保证提高施工质量出发，新规范仍取水平灰缝的砂浆饱满度不得低于 80%，以便于施工掌握。

6.15 砖烟囱（砖筒体）砌筑施工稳定性验算

砖烟囱（砖筒体，下同）每日砌筑一定高度，底部砂浆尚未凝固，未达到一定的砌体强度，在较大风载作用下在迎风面一侧有可能出现拉应力，在背风面一侧出现较大压应力，将会使烟囱开裂，变形，甚至失稳倒坍，因此在施工中特别是在冬季施工，每砌一定高度，应对其强度和稳定性进行验算，使每天砌筑高度控制在允许范围以内，否则应采取预防失稳技术措施。验算的基本点是：在迎风面不允许出现拉应力，在背风面的压应力不允许超过砂浆强度为零时的砖砌体抗压强度设计值。

设烟囱每天砌筑段高度为 h，则该砌筑段筒壁重量可按下式计算：

$$G=\frac{\pi}{8}[(D_1^2-d_1^2)+(D_2^2-d_2^2)]\gamma h \tag{6-88}$$

式中　　G——每天砌筑段的筒壁重量（kN）；
　D_1、D_2——该段筒壁底部和顶部的外直径（m）；
　d_1、d_2——该段筒壁底部和顶部的内直径（m）；
　　　γ——筒身砖砌体密度（kN/m³）；
　　　h——该砌筑段高度（m）。

该砌筑段筒壁所受风力弯矩，可按下式计算：

$$M=\frac{1}{6}kqh^2(D_1+2D_2) \tag{6-89}$$

式中　M——风力作用于该砌筑段的弯矩（kN·m）；
　　　k——风力系数，对圆形烟囱取 0.6；方形取 1.0；
　　　q——风载荷（kN/m²）；

其他符号意义同前。

该砌筑段筒壁底部截面面积可按下式计算：

$$A=\frac{\pi}{4}(D_1^2-d_1^2) \tag{6-90}$$

该砌筑段筒壁底部截面抵抗矩可按下式计算：

$$W=\frac{\pi(D_1^4-d_1^4)}{32D_1} \tag{6-91}$$

在风荷载作用下该砌筑段筒壁稳定性，可按下式计算：

迎风面的拉应力或压应力：　　　　　$f_t = \dfrac{G}{A} - \dfrac{M}{W} \geqslant 0$ 　　　　　　(6-92)

背风面的压应力：　　　　　　　　$f_c = \dfrac{G}{A} + \dfrac{M}{W}$ 　　　　　　　　(6-93)

式中　f_t——烟囱迎风面的拉应力或压应力（MPa）；

　　　f_c——烟囱背风面的压应力（MPa）；

　　　其他符号意义同前。

将式（6-88）～式（6-91）分别代入式（6-92）和式（6-93）中，即可分别求得 f_t 和 f_c 值。

式（6-93）中 $\dfrac{G}{A} > \dfrac{M}{W}$，所得 f_t 为压应力，反之为拉应力，验算时要求 f_t 大于或等于零，即不出现拉应力，否则应调整日砌筑筒身高度 h，使控制在允许范围以内。

式（6-93）中的压应力，应不超过砂浆强度为零时的砖砌体的抗压强度设计值，否则亦应调整日砌筑筒身高度 h，使控制在允许范围以内。

【例 6-25】 60m 砖烟囱，每日砌筑高度为 6.0m，该砌筑段 $D_1 = 4.5$m；$d_1 = 3.76$m；$D_2 = 4.25$m，$d_2 = 3.51$m；已知用 MU10 烧结普通砖、M5.0 水泥混合砂浆砌筑，砌体密度 $\gamma = 18.5$kN/m³，风载 $q = 0.5$kN/m²，$k = 0.6$，试验算该砌筑高度是否满足稳定性要求。

【解】 由式（6-88）该砌筑段筒壁重量为：

$$G = \dfrac{3.14}{8}[(4.50^2 - 3.76^2) + (4.25^2 - 3.51^2)] \times 18.5 \times 6.0 = 516.27 \text{kN}$$

由式（6-89）该砌筑段筒壁所受风力弯矩为：

$$M = \dfrac{1}{6} \times 0.6 \times 0.5 \times 6^2 (4.5 + 2 \times 4.25) = 23.40 \text{kN} \cdot \text{m}$$

由式（6-90）该砌筑段筒壁底部截面面积为：

$$A = \dfrac{3.14}{4}(4.5^2 - 3.76^2) = 4.80 \text{m}^2$$

由式（6-91）该段筒壁底部截面抵抗矩为：

$$W = \dfrac{3.14(4.5^4 - 3.76^4)}{32 \times 4.5} = 4.58 \text{m}^3$$

由式（6-92）该砌筑段筒壁迎风面的应力为：

$$f_t = \dfrac{G}{A} - \dfrac{M}{W} = \dfrac{516.27}{4.80} - \dfrac{23.40}{4.58}$$

$$= 107.56 - 5.11 = 102.45 \text{kPa} \approx 0.102 \text{MPa} > 0 \quad 满足要求。$$

因用 MU10 烧结普通砖，当砌筑砂浆强度为零时的砖砌体抗压强度设计值为 0.67MPa。由式（6-93）该砌筑段筒壁背风面的压应力为：

$$f_c = \dfrac{G}{A} + \dfrac{M}{W} = \dfrac{516.27}{4.80} + \dfrac{23.40}{4.58}$$

$$= 107.56 + 5.11 = 112.67 \text{kPa} \approx 0.113 \text{MPa} < 0.67 \text{MPa} \quad 满足要求。$$

故知，该烟囱每日砌筑 6.0m 高可满足强度和稳定性要求。

7 脚手架工程

7.1 扣件式钢管脚手架计算

扣件式钢管脚手架由于具有节约木材，经久耐用，装拆方便，连接牢固，强度高，稳定性好等优点，是国内应用最为广泛的脚手之一。

扣件式钢管脚手架主要由钢管和扣件组成。脚手架的搭设，根据使用不同，分为单排、双排、满堂红等数种。钢管规格一般采用外径 48mm、壁厚 3.5mm 的焊接钢管，或外径 51mm、壁厚 3～4mm 的无缝钢管；整个脚手架系统则由立杆、纵横水平杆、剪刀撑、连墙件、脚手板以及连接它们的扣件组成。立杆用对接扣件连接，纵向设长水平杆连系，与立杆用直角扣件或回转扣件连接，并设适当斜杆以增强稳定性。在顶部横向水平杆上设短水平横杆，上铺脚手板（图 7-1）。一般建筑扣件式钢管脚手架的构造尺寸见表 7-1。

常用敞开式双排脚手架的设计尺寸（m）　　　　　表 7-1（1）

连墙件设置	立杆横距 l_b	步距 h	下列荷载时的立杆纵距 l_a(m)				脚手架允许搭设高度 $[H]$
			$2+4×0.35$ (kN/m^2)	$2+2+4×0.35$ (kN/m^2)	$3+4×0.35$ (kN/m^2)	$3+2+4×0.35$ (kN/m^2)	
二步三跨	1.05	1.20～1.35	2.0	1.8	1.5	1.5	50
		1.80	2.0	1.8	1.5	1.5	50
	1.30	1.20～1.35	1.8	1.5	1.5	1.5	50
		1.80	1.8	1.5	1.5	1.2	50
	1.55	1.20～1.35	1.8	1.5	1.5	1.5	50
		1.80	1.8	1.5	1.5	1.2	37
三步三跨	1.05	1.20～1.35	2.0	1.8	1.5	1.5	50
		1.80	2.0	1.8	1.5	1.5	34
	1.30	1.20～1.35	1.8	1.5	1.5	1.5	50
		1.80	1.8	1.5	1.5	1.2	30

注：1. 表中所示 $2+2+4×0.35$（kN/m^2），包括下列荷载：

　　$2+2$（kN/m^2）是二层装修作业层施工荷载；

　　$4×0.35$（kN/m^2）包括二层作业层脚手板，另两层脚手板是根据 JGJ 130 技术规范第 7.3.12 条的规定确定；

2. 作业层横向水平杆间距，应按不大于 $l_a/2$ 设置。

常用敞开式单排脚手架的设计尺寸（m） 表7-1（2）

连墙件设置	立杆横距 l_b	步距 h	下列荷载时的立杆纵距 l_a(m)		脚手架允许搭设高度 $[H]$
			$2+2\times 0.35$ (kN/m²)	$3+2\times 0.35$ (kN/m²)	
二步三跨 三步三跨	1.20	1.20~1.35	2.0	1.8	24
		1.80	2.0	1.8	24
	1.40	1.20~1.35	1.8	1.5	24
		1.80	1.8	1.5	24

注：1. 表中所示 $2+2+4\times 0.35$（kN/m²），包括下列荷载：
　　$2+2$（kN/m²）是二层装修作业层施工荷载；
　　4×0.35（kN/m²）包括二层作业层脚手板，另两层脚手板是根据JGJ 130技术规范第7.3.12条的规定确定；
2. 作业层横向水平杆间距，应按不大于 $l_a/2$ 设置。

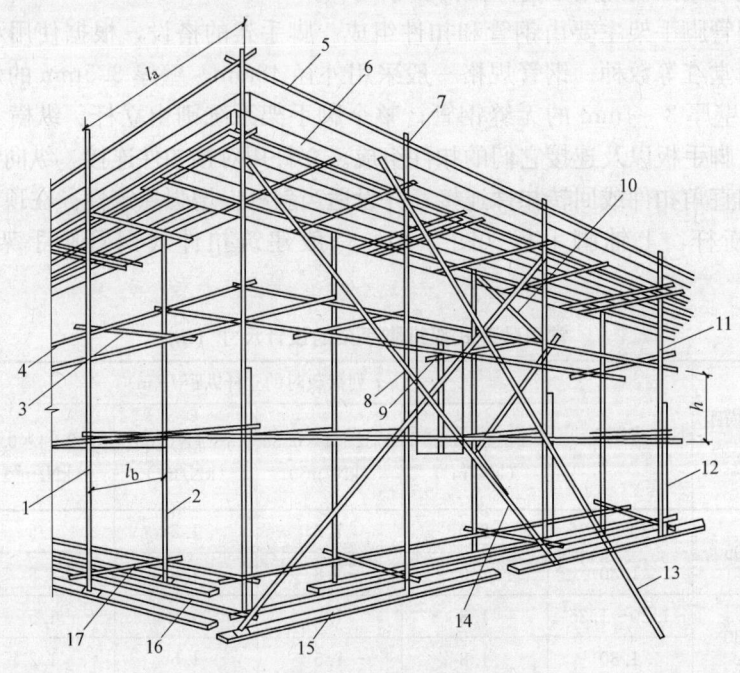

图 7-1　扣件式钢管脚手架的组成

1—外立杆；2—内立杆；3—横向水平杆；4—纵向水平杆；5—栏杆；6—挡脚板；
7—直角扣件；8—旋转扣件；9—连墙件；10—横向斜撑；11—主立杆；12—副立杆；
13—抛撑；14—剪刀撑；15—垫板；16—纵向扫地杆；17—横向扫地杆

一、计算基本规定

1. 脚手架的承载能力应按概率极限状态设计法的要求，采用分项系数设计表达式进行计算。计算内容包括：（1）纵向、横向水平杆等受弯构件的强度和连接扣件的抗滑承载力计算；（2）立杆的稳定性计算；（3）连墙件的强度、稳定性和连接强度的计算；（4）立杆地基承载力计算等。

2. 计算构件的强度、稳定性与连接强度时，应采用荷载效应基本组合的设计值。永久荷载分项系数应取 1.2，可变荷载分项系数应取 1.4。

3. 脚手架中的受弯构件，尚应根据正常使用极限状态的要求验算变形。验算构件变形时，应采用荷载短期效应组合的设计值。

4. 当纵向或横向水平杆的轴线对立杆轴线的偏心距不大于 55mm 时，立杆稳定性计算中可不考虑此偏心距的影响。

5. 50m 以下的常用敞开式单、双排脚手架，当采用表 7-1 规定的构造尺寸，且符合表 7-3 注及有关脚手架构造规定时，其相应杆件可不再进行设计计算。但连墙件、立杆地基承载力等仍应根据实际荷载进行设计计算。

6. 钢材的强度设计值与弹性模量应按表 7-2 采用。

钢材的强度设计值与弹性模量（N/mm²）　　　　表 7-2

项目	数值
Q235 钢抗拉、抗压和抗弯强度设计值 f	205
弹性模量 E	$2.06×10^5$

7. 扣件、底座的承载力设计值应按表 7-3 采用。

扣件、底座的承载力设计值（kN）　　　　表 7-3

项　目	承载力设计值	项　目	承载力设计值
对接扣件（抗滑）	3.20	底座（抗压）	40.00
直角扣件、旋转扣件（抗滑）	8.00	—	—

注：扣件螺栓拧紧扭力矩不小于 40N·m，且不应大于 65N·m。

8. 受弯构件的挠度不应超过表 7-4 中规定的容许值。

受弯构件的容许挠度　　　　表 7-4

构件类别	容许挠度 $[v]$	构件类别	容许挠度 $[v]$
脚手板，纵向、横向水平杆	1/150 与 10mm	悬挑受弯构件	$l/400$

注：l 为受弯构件的挠度。

9. 受压、受拉构件的长细比不应超过表 7-5 中规定的容许值。

受压、受拉构件的容许长细比（kN）　　　　表 7-5

构件类别		容许长细比 $[\lambda]$	构件类别	容许长细比 $[\lambda]$
立杆	双排架	210	横向斜撑、剪刀撑中的压杆	250
	单排架	230	拉杆	350

注：计算 λ 时，立杆的计算长度按式（7-86）计算，但 K 值取 1.00，本表中其他杆件的计算长度 $l_0=\mu l=1.27l$ 计算。

二、计算需用基本数据

见表 7-6～表 7-15。

三、纵向、横向水平杆计算

1. 计算纵向、横向水平杆的内力与挠度时，纵向水平杆宜按三跨连续梁计算，计算跨度取纵距 l_a；横向水平杆宜按简支梁计算，计算跨度 L_0，单排架为墙中心至脚手杆中心；双排架横向水平杆为内外杆中心距，当其外伸长度 $a_1=500$，其计算外伸长度 a_1 可取 300mm。

7 脚手架工程

φ48×3.5钢管脚手架每米立杆承受的结构自重标准值 g_k (kN/m)   表7-6

步距(m)	脚手架类型	纵距(m) 1.2	1.5	1.8	2.0	2.1
1.20	单排	0.1581	0.1723	0.1865	0.1958	0.2004
	双排	0.1489	0.1611	0.1734	0.1815	0.1856
1.35	单排	0.1473	0.1601	0.1732	0.1818	0.1861
	双排	0.1379	0.1491	0.1601	0.1674	0.1711
1.50	单排	0.1384	0.1505	0.1626	0.1706	0.1746
	双排	0.1291	0.1394	0.1495	0.1562	0.1596
1.80	单排	0.1253	0.1360	0.1467	0.1539	0.1575
	双排	0.1161	0.1248	0.1337	0.1395	0.1424
2.00	单排	0.1195	0.1298	0.1405	0.1471	0.1504
	双排	0.1094	0.1176	0.1259	0.1312	0.1338

注：1. 双排脚手架每米立杆承受的结构自重标准值是指内外立杆的平均值；单排脚手架每米立杆承受的结构自重标准值系按双排脚手架外立杆等值采用。
    2. 当采用φ51×3钢管时，每米立杆承受结构自重标准值可按表中数值乘以0.96采用。

常用构配件与材料、人员的自重   表7-7

名 称	单 位	自 重	备 注
扣件:直角扣件		13.2	—
旋转扣件	N/个	14.6	—
对接扣件		18.4	—
人	N	800～850	
灰浆车、砖车	/辆	2.04～2.50	
普通砖 240mm×115mm×53mm	kN/m³	18～19	684块/m³,湿
灰砂砖	kN/m³	18	砂:石灰=92:8
瓷面砖 150mm×150mm×8mm	kN/m³	17.8	55.56块/m³
陶瓷锦砖(马赛克)δ=5mm	kN/m³	0.12	
石灰砂浆、混合砂浆	kN/m³	17	
水泥砂浆	kN/m³	20	
素混凝土	kN/m³	22～24	
加气混凝土	kN/块	5.5～7.5	—
泡沫混凝土	kN/m³	4～6	—

钢管截面特性   表7-8

外径 ϕ,d (mm)	壁厚 t (mm)	截面积 A (cm²)	惯性矩 I (cm⁴)	截面模量 W (cm³)	回转半径 i (cm)	每米长质量 (kg/m)
48	3.5	4.89	12.19	5.08	1.58	3.84
51	30	4.52	13.08	5.13	1.70	3.55

脚手板自重标准值   表7-9

类 别	标准值(kN/m²)	类 别	标准值(kN/m²)
冲压钢脚手板	0.30	木脚手板	0.35
竹串片脚手板	0.35	竹笆脚手板	0.10

栏杆、挡脚板线荷载标准值   表7-10

类 别	标准值(kN/m)	类 别	标准值(kN/m)
栏杆、冲压钢脚手板挡板	0.16	栏杆、木脚手板挡板	0.17
栏杆、竹串板脚手板挡板	0.16		

7.1 扣件式钢管脚手架计算

施工均布活荷载标准值 表 7-11

类别	标准值(kN/m²)	类别	标准值(kN/m²)
装修架手架	2	结构脚手架	3

注：斜道均布活荷载标准值不应低于 2kN/m²。

稳定系数 φ 表（Q235 钢） 表 7-12

λ	0	1	2	3	4	5	6	7	8	9
0	1.000	0.997	0.995	0.992	0.989	0.987	0.984	0.981	0.979	0.976
10	0.974	0.971	0.968	0.966	0.963	0.960	0.958	0.955	0.952	0.949
20	0.947	0.944	0.941	0.938	0.936	0.933	0.930	0.927	0.924	0.921
30	0.918	0.915	0.913	0.909	0.906	0.903	0.899	0.896	0.893	0.889
40	0.880	0.882	0.879	0.875	0.872	0.868	0.864	0.861	0.858	0.855
50	0.852	0.849	0.846	0.843	0.839	0.836	0.832	0.829	0.825	0.822
60	0.818	0.814	0.810	0.806	0.802	0.797	0.793	0.789	0.784	0.779
70	0.775	0.770	0.765	0.760	0.755	0.750	0.744	0.739	0.733	0.728
80	0.722	0.716	0.710	0.704	0.698	0.692	0.686	0.680	0.673	0.667
90	0.661	0.654	0.648	0.641	0.634	0.626	0.618	0.611	0.603	0.595
100	0.588	0.580	0.573	0.566	0.558	0.551	0.544	0.537	0.530	0.523
110	0.516	0.509	0.502	0.496	0.489	0.483	0.476	0.470	0.464	0.458
120	0.452	0.446	0.440	0.434	0.428	0.423	0.417	0.412	0.406	0.401
130	0.396	0.391	0.386	0.381	0.376	0.371	0.367	0.362	0.357	0.353
140	0.349	0.344	0.340	0.336	0.332	0.328	0.324	0.320	0.316	0.312
150	0.308	0.305	0.301	0.298	0.294	0.291	0.287	0.284	0.281	0.277
160	0.274	0.271	0.268	0.265	0.262	0.259	0.256	0.253	0.251	0.248
170	0.245	0.243	0.240	0.237	0.235	0.232	0.230	0.227	0.225	0.223
180	0.220	0.218	0.216	0.214	0.211	0.209	0.207	0.205	0.203	0.201
190	0.199	0.197	0.195	0.193	0.191	0.189	0.188	0.186	0.184	0.182
200	0.180	0.179	0.177	0.175	0.174	0.172	0.171	0.169	0.167	0.166
210	0.164	0.163	0.161	0.160	0.159	0.157	0.156	0.154	0.153	0.152
220	0.150	0.149	0.148	0.146	0.145	0.144	0.143	0.141	0.140	0.139
230	0.138	0.137	0.136	0.135	0.133	0.132	0.131	0.130	0.129	0.128
240	0.127	0.126	0.125	0.124	0.123	0.122	0.121	0.120	0.119	0.118
250	0.117	—	—	—	—	—	—	—	—	—

注：当 λ>250 时，$\varphi = \dfrac{7320}{\lambda^2}$。

脚手架的风荷载体型系数 μ_s 表 7-13

背靠建筑物的状况		全封闭墙	敞开、框架和开洞墙
脚手架状况	全封闭、半封闭	1.0φ	1.3φ
	敞开	μ_{stw}	μ_{stw}

注：1. μ_{stw} 值可将脚手架视为桁架，按现行国家标准《建筑结构荷载规范》（GB 50009—2012）表 8.3.1 第 32 项和第 33 项的规定计算。
2. φ 为挡风系数，$\varphi = 1.2 A_n/A_w$，其中 A_n 为挡风面积；A_w 为迎风面积。敞开式单、双排架手架的 φ 值宜按表 7-14 采用。

7 脚手架工程

敞开式单、双排扣件式钢管（φ48×3.5mm）脚手架的挡风系数 φ 值　　　表7-14

步距(m)	纵距(m)			
	1.2	1.5	1.8	2.0
1.2	0.115	0.105	0.099	0.097
1.35	0.110	0.100	0.093	0.091
1.5	0.105	0.095	0.089	0.087
1.8	0.099	0.089	0.083	0.080
2.0	0.096	0.086	0.080	0.077

注：当采用 φ51×3 钢管时，表中系数乘以 1.06。

荷载效应组合　　　表7-15

项次	计算项目	荷载效应组合
1	纵向、横向水平杆强度与变形	永久荷载+施工均布活荷载
2	脚手架立杆稳定	①永久荷载+施工均布活荷载 ②永久荷载+0.90(施工均布活荷载+风荷载)
3	连墙件承载力	单排架、风荷载+2.0kN 双排架、风荷载+3.0kN

2. 纵向、横向水平杆的抗弯强度，按下式计算：

$$\sigma = \frac{M}{W} \leqslant f \tag{7-1}$$

其中
$$M = 1.2 M_{GK} + 1.4 \Sigma M_{QK} \tag{7-2}$$

式中　M——弯矩设计值；
M_{GK}——脚手板自重标准值产生的弯矩；
M_{QK}——施工荷载标准值产生的弯矩；
W——截面模量，按表 7-8 取用；
f——钢材的抗弯强度设计值，按表 7-2 取用。

3. 纵向、横向水平杆的挠度应符合下式规定：

$$v \leqslant [v] \tag{7-3}$$

式中　v——挠度；
$[v]$——容许挠度，按表 7-4 取用。

4. 纵向或横向水平杆与立杆连接时，其扣件的抗滑承载力应符合下式规定：

$$R \leqslant R_c \tag{7-4}$$

式中　R——纵向、横向水平杆传给立杆的竖向作用力设计值；
R_c——扣件抗滑承载力设计值，按表 7-3 采用。

四、立杆计算

1. 立杆的稳定性应按下列公式计算：

不组合风荷载时
$$\frac{N}{\varphi A} \leqslant f \tag{7-5}$$

其中
$$N = 1.2(N_{G1K} + N_{G2K}) + 1.4 \Sigma N_{QK} \tag{7-6}$$

组合风载荷时
$$\frac{N}{\varphi A} + \frac{M_w}{W} \leqslant f \tag{7-7}$$

7.1 扣件式钢管脚手架计算

其中
$$N = 1.2(N_{G1K} + N_{G2K}) + 0.90 \times 1.4 \Sigma N_{QK} \tag{7-8a}$$

式中 N——计算立杆段的轴向力设计值，按式（7-6）、式（7-8a）计算；

φ——轴心受压杆件的稳定系数，可根据长细比由表 7-12 取值；

当 $\lambda > 250$ 时，$\varphi = \dfrac{7320}{\lambda^2}$；

λ——长细比，$\lambda = l_0 / i$；

l_0——计算长度，按下式计算：

$$l_0 = k\mu h \tag{7-8b}$$

k——计算长度附加系数，其值取 1.155；

μ——考虑脚手架整体稳定因素的单杆计算长度系数，可按表 7-16 采用；

脚手架立杆的计算长度系数 μ 表 7-16

类 别	立杆横距 b(m)	连墙件布置	
		二步三跨	三步三跨
双排架	1.05	1.50	1.70
	1.30	1.55	1.75
	1.55	1.60	1.80
单排架	≤1.50	1.80	2.00

h——立杆步距；

i——截面回转半径，按表 7-8 采用；

A——立杆的截面面积，按表 7-8 采用；

f——钢材的抗压强度设计值，按表 7-2 采用；

M_w——计算立杆段由风载荷设计值产生的弯矩，可按下式计算：

$$M_w = 0.90 \times 1.4 M_{WK} = \frac{0.90 \times 1.4 w_k l_a h^2}{10}$$

M_{WK}——风荷载标准值产生的弯矩；

w_k——风载标准值，按下式计算：

$$w_k = \mu_z \cdot \mu_s \cdot w_0$$

μ_z——风压高度变化系数，按现行国家标准《建筑结构荷载规范》（GB 50009）规定采用；

μ_s——脚手架风载体型系数，按表 7-13 采用；

w_0——基本风压（kN/m²），按现行国家标准《建筑结构荷载规范》（GB 50009）的规定采用；

l_a——立杆纵距；

N_{G1K}——脚手架结构自重标准值产生的轴向力；按表 7-17 所查数据的 1/2 采用；

N_{G2K}——构配件自重标准值产生的轴向力；按表 7-18 所查数据的 1/2 采用；

ΣN_{QK}——施工荷载标准值产生的轴向力总和，内、外立杆可按一纵距（跨）内施工荷载总和的 1/2 取值，按表 7-19 所查数据的 1/2 采用。

7 脚手架工程

一步一纵距的钢管、扣件重力 N_{G1K} (kN)　　表 7-17

立杆纵距 l(m)	步距 h(m)				
	1.2	1.35	1.50	1.80	2.00
1.2	0.351	0.366	0.380	0.111	0.431
1.5	0.380	0.396	0.411	0.442	0.463
1.8	0.409	0.425	0.441	0.474	0.496
2.0	0.429	0.445	0.462	0.495	0.517

脚手架一个立杆纵距的附设构件及物品重力 N_{G2K} (kN)　　表 7-18

立杆横距 b(m)	立杆纵距 c(m)	脚手架上脚手板铺设层数		
		二 层	四 层	六 层
1.05	1.2	1.372	2.360	3.348
	1.5	1.715	2.950	4.185
	1.8	2.058	3.540	5.022
	2.0	2.286	3.933	5.580
1.30	1.2	1.549	2.713	3.877
	1.5	1.936	3.391	4.847
	1.8	2.323	4.069	5.826
	2.0	2.581	4.521	6.462
1.55	1.2	1.725	3.066	4.406
	1.5	2.156	3.832	5.508
	1.8	2.587	4.598	6.609
	2.0	2.875	5.109	7.344

注：本表根据脚手板 $0.3kN/m^2$，操作层的挡脚板 $0.036kN/m$，护栏 $0.0376kN/m$，安全网 $0.040kN/m$（沿脚手架纵向）计算；当实际与此不符时，应根据实际荷载计算。

一个立杆纵距的施工荷载标准值产生的轴力 $\sum_{i=1}^{n} N_{QiK}$ (kN)　　表 7-19

立杆横距 b(m)	立杆纵距 l(m)	均布施工荷载 (kN/m²)				
		1.5	2.0	3.0	4.0	5.0
1.05	1.2	2.52	3.36	5.04	6.72	8.40
	1.5	3.15	4.20	6.30	8.40	10.50
	1.8	3.78	5.04	7.56	10.08	12.60
	2.0	4.20	5.60	8.40	11.20	14.00
1.30	1.2	2.97	3.96	5.94	7.92	9.90
	1.5	3.71	4.95	7.43	9.90	12.38
	1.8	4.46	5.94	8.91	11.80	14.85
	2.0	4.95	6.60	9.90	13.20	16.50
1.55	1.2	3.12	4.56	6.84	9.12	11.40
	1.5	4.28	5.70	8.55	11.40	14.25
	1.8	5.13	6.84	10.26	13.68	17.10
	2.0	5.70	7.60	11.40	15.20	19.00

2. 立杆稳定性计算部位的确定应符合下列规定

（1）当脚手架搭设尺寸采用相同的步距、立杆纵距、立杆横距和连墙件间距时，应计算底层立杆段。

（2）当脚手架搭设尺寸中的步距、立杆纵距、立杆横距和连墙件间距有变化时，除计算底层立杆段外,还必须对出现最大步距或最大立杆纵距、立杆横距、连墙件间距等部位的立杆段进行验算。

(3) 双管立杆变截面处主立杆上部单根立杆的稳定性,应按式(7-5)或式(7-7)进行计算。

五、脚手架可搭设高度计算

当立杆采用单管时,敞开式、全封闭、半封闭脚手架的可搭设高度 H_s,应按下列公式计算并取小者。但当基本风压等于或小于 0.35kN/m^2 的地区,每个连墙点覆盖面积不大于 30m^2,连墙点构造符合要求时,亦可仅用式(7-9)计算:

不组合风荷载时

$$H_s = \frac{\varphi A f - (1.2 N_{G2K} + 1.4 \Sigma N_{QK})}{1.2 g_K} \tag{7-9}$$

组合风荷载时

$$H_s = \frac{\varphi A f - \left\{1.2 N_{G2K} + 0.90 \times 1.4 \left(\Sigma N_{QK} + \frac{M_{WK}}{W}\varphi A\right)\right\}}{1.2 g_K} \tag{7-10}$$

式中 H_s——按稳定计算的搭设高度;

g_K——每米立杆承受的结构自重标准值(kN/m),可按表 7-6 采用;

其他符号意义同前。

当按式(7-9)、式(7-10)计算的脚手架搭设高度 H_s 等于或大于 26m 时,可按下式调整且不超过 50m

$$[H] = \frac{H_s}{1 + 0.001 H_s} \tag{7-11}$$

式中 $[H]$——脚手架搭设高度限值(m)。

高度超过 50m 的脚手架,可采用双管立杆、分段悬挑或分段卸荷等有效措施,必须另行专门设计。

六、连墙件计算

连墙件的强度、稳定性和连接强度应按现行国家标准《冷弯薄壁型钢结构技术规范》(GB 50018)、《钢结构设计规范》(GB 50017)、《混凝土结构设计规范》(GB 50010)等的规定计算。

1. 连接件的轴向力设计值应按下式计算:

$$N_l = N_{lw} + N_0 \tag{7-12}$$

其中

$$N_{lw} = 1.4 w_k \cdot A_w \tag{7-13}$$

式中 N_l——连墙件轴向力设计值(kN);

N_{lw}——风荷载产生的连墙件轴向力设计值;

A_w——每个连墙件的覆盖面积内脚手架外侧面的迎风面积;

N_0——连墙件约束脚手架平面外变形所产生的轴向力(kN),单排架取 3,双排架取 5;

其他符号意义同前。

2. 扣件连墙件的连接扣件应按式（7-4）验算抗滑承载力。

3. 螺栓、焊接连墙件与预埋件的设计承载力应大于扣件抗滑承载力设计值 R_c。

七、立杆地基承载力计算

参见 7.3"脚手架立杆底座和地基承载力计算"一节。

【**例 7-1**】 某高层建筑施工，需搭设 50.0m 高双排钢管外脚手架。已知立杆横距 $b=1.50$m；立杆纵距 $l=1.05$m；内立杆距建筑外墙皮距离 $a=0.35$m；脚手架步距 $h=1.80$m；铺设钢脚手板层数为 6 层；同时进行施工层数为 2 层。脚手架与建筑主体结构连接点的布置，其竖向间距 $H_1=2h=2\times1.80=3.6$m，水平距离 $L_1=3l=3\times1.50=4.5$m；钢管为 $\phi48\times3.5$；根据规定均布施工荷载 $Q_K=3.0$kN/m²，试计算采用单根钢管作立杆的允许搭设高度。

【**解**】 (1) $h=1.80$m，由连墙杆布置系二步三跨，查表 7-16 中 $b=1.05$m 得 $\mu=1.5$，$l_0=\mu h=1.5\times1.8=2.70$m，查表 7-8 中 $\phi48\times3.5$ 得 $i=15.8$mm，则 $\lambda=\dfrac{l_0}{i}=\dfrac{2700}{15.8}=170.9$；再由 $\lambda=170.9$ 查表 7-12 得：$\varphi=0.2432$；$A=489$mm²，$f=205$N/mm²；

(2) 由 $b=1.05$m，$l=1.50$m，脚手板铺设层数 6 层，查表 7-18 得：$N_{G2K}=4.185/2=2.0925$kN；

(3) 由 $b=1.05$，$l=1.50$m，$Q_K=2.0$N/m²，因为是两个操作层同时施工，所以按 $Q_K=4.0$kN/m²，查表 7-19 得：$\Sigma N_{QK}=8.40/2$kN$=4.20$kN；

(4) $h=1.80$m，$l=1.50$m，查表 7-6 得：$g_K=0.1248$kN；

(5) 将 φ、A、f、N_{G2K}、N_{QK}、g_K 代入公式 (7-9) 与式 (7-11)，其中 $k=0.725$，因为立杆采用单根钢管，得：

$$H_s=\dfrac{K\varphi A f-(1.2N_{G2K}+1.4\Sigma N_{QK})}{1.2g_K}$$

$$=\dfrac{0.725\times0.243\times489\times0.205-(1.2\times2.0925+1.4\times4.20)}{1.2\times0.1248}=61.90\text{m}$$

最大允许搭设高度

$$[H]=\dfrac{H_s}{1+0.001H_s}=\dfrac{61.90}{1+0.001\times61.90}=58.29\text{m}$$

根据上述计算结果知，允许搭设 50.0m 高双排钢管外脚手架。

【**例 7-2**】 已知条件同例 7-1，假设根据验算结果单根钢管作立杆只允许搭设 47.27m 高，现采取由顶往下算 47.27m 至 50.0m 之间用双钢管作立杆，试验算脚手架结构的稳定性。

【**解**】 脚手架上部 47.27m 为单根钢管作立杆，其折合步数 $n=\dfrac{47.27}{1.8}=26.26$ 步，实际单根钢管作立杆部分的高度为 $26\times1.8=46.80$m，下部双钢管作立杆的高度为 $50-46.8=3.20$m，双钢管可每步 (h') 为 1.6m 高，共两步。

(1) 验算单根钢管搭设部分的整体稳定

按公式 (7-5) 进行验算

$$\dfrac{N}{\varphi A}\leqslant f$$

1) 求 N 值：单根钢管搭设部分的最底一步为最不利，查表 7-17，$l=1.5$m，$h=$

1.8m 得：
$$N_{G1K}=\frac{0.442}{2}=0.221\text{kN}$$

再按公式（7-6）求 N：
$$N=1.2(nN_{G1K}+N_{G2K})+1.4\Sigma N_{QK}$$
$$=1.2(26\times0.221+2.0925)+1.4\times4.2=15.29\text{kN}$$

2) 计算 φ 值：由 $b=1.05$m，连墙杆二步三跨布置查表 7-16 得 $\mu=1.5$，$l_0=\mu h=1.5\times1.8=2.7$m；$\lambda=\frac{l_0}{i}=\frac{2700}{15.8}=170.9$；

由 $\lambda=170.9$，查表 7-12 得：$\varphi=0.2432$

3) 验算单杆搭设的整体稳定

将 A、N、φ、f 代入式（7-5）得：
$$\frac{N}{\varphi A}=\frac{15.29\times10^3}{0.2432\times489}=128.40\text{N/mm}^2$$

$f=205\text{N/mm}^2>128.4\text{N/mm}^2$ 　　故安全。

(2) 验算双根钢管搭设部分的整体稳定性

1) 求 N 值：最底部压杆轴力最大和最为不利。

先求双钢管部分，每一步一个纵距脚手架的自重 N'_{G1K}：
$$N'_{G1K}=N_{G1K}+1\times1.6\times0.0384+2\times0.0146$$
　　　　　　　　　　（钢管增重）　　　（扣件增重）
$$=\frac{0.221\times1.6}{1.8}+0.0614+0.0292=0.287\text{kN}$$

再按公式（7-6）求 N：
$$N=1.2(nN_{G1K}+n'N'_{G1K}+N_{G2K})+1.4\Sigma N_{QK}$$
$$=1.2(26\times0.221+2\times0.287+2.0925)+1.4\times4.2=15.975\text{kN}$$

2) 计算 φ 值：计算长度系数 μ 仍为 1.5，$l_0=\mu h'=1.5\times1.6=2.4$m
$$\lambda=\frac{l_0}{i}=\frac{2400}{15.8}=151.9$$

由 $\lambda=151.9$ 查表 7-12 得：$\varphi=0.3014$

3) 验算双杆搭设的整体稳定

因立杆采用双钢管，故在公式（7-5）的右边应乘以 $k_A=0.85$ 受力不均匀的折减系数；

现将 N、φ、A、k_A、f 代入式（7-5）得：
$$\frac{N}{2\varphi A}=\frac{15.975\times10^3}{2\times0.3014\times489}=54.20\text{N/mm}^2$$

$k_A f=0.85\times205=174\text{N/mm}^2>54.20\text{N/mm}^2$ 　　故安全。

7.2　扣件式钢管脚手架立杆允许承载力及搭设高度计算

扣件式钢管脚手架主要杆件为立柱，其他杆件如小横杆、大横杆等其承受荷载能力均为已知，控制施工荷载不超过其允许承载力即可，为简化计算，一般只需计算立柱的允许承载力即可求得其允许搭设高度,一般可采用以下简单方法计算。

一、设计荷载计算

立杆的设计荷载可按下式计算:

$$KN = A_n \left[\frac{f_y + (\eta+1)\sigma}{2} - \sqrt{\left(\frac{f_y + (\eta+1)\sigma}{2}\right)^2 - f_y \sigma} \right] \tag{7-14}$$

式中　N——立杆的设计荷载;

　　　K——考虑钢管平直度、锈蚀程度等因素影响的附加系数,一般取$K=2$;

　　　f_y——立杆的强度设计值;

　　　σ——欧拉临界应力;

　　　η——$0.3\left(\frac{1}{100i}\right)^2$;

　　　l_0——底层立杆的有效长度,$l_0 = \mu l$;

　　　i——立杆截面的回转半径;

　　　l_0/i——底层立杆长细比;

　　　A_n——立杆的净截面积。

按操作规程要求,安装钢管外脚手架,要在脚手架的两端、转角处以及每隔6~7根立杆设剪刀撑和支杆,剪刀撑和支杆与地面角度应大于60°。同时,每隔2~3步距和间距,脚手架必须同建筑物牢固连系,故可将扣件式钢管脚手架视作"无侧移多层刚架",按《建筑结构计算手册》,无侧移刚架柱的计算长度系数,μ可取0.77。

二、允许搭设高度及安全系数计算

按式(7-14)求得设计荷载后,根据操作层荷载(一般取三层)及安装层(即非操作层)荷载,即可按下式求得允许安装层数和高度:

$$[3W_1 + nW_2]S = N \tag{7-15}$$

$$n = \frac{N - 3W_1 \cdot S}{W_2 S} \tag{7-16}$$

$$h = n \times b \tag{7-17}$$

式中　n——安装层层数;

　　　N——立杆设计荷载;

W_1、W_2——分别为操作层和安装层荷载;

　　　S——每根立杆受荷面积;

　　　h——计算安装高度;

　　　b——脚手架步距。

扣件式脚手架在安装时,由于安装偏差,立杆产生初始偏心;在施工时,由于局部超载,以及错误的拆除局部拉杆及支撑,常使立杆的设计荷载降低,且这些因素,随安装高度增高,出现的概率增大。因此在确定安全系数时,必须考虑安装高度的影响。

安全系数K一般可按下式计算:

$$K = 1 + \frac{h}{a}$$

式中　h——根据立杆设计荷载求出的脚手架最大安装高度;

a——常数，取值为 200。

【例 7-3】 砌墙用单管双排扣件式钢管脚手架，其步距和间距均为 1.8m，架宽为 1.2m，试计算确定其允许搭设高度。

【解】 1. 荷载计算

(1) 操作层荷载计算　脚手架上操作层附加荷载不得大于 2700N/m^2。考虑动力系数 1.2，超载系数 2，脚手架自身重力为 300N/m。操作层附加荷载 W_1 为：

$$W_1 = 2 \times 1.2 \times (2700 + 300) = 7200 \text{N/m}^2$$

(2) 非操作层荷载计算　钢管理论重力为 38.4N/m，扣件重力按 10N/个。剪刀撑长度近似按对角支撑的长度计算：

$$l = \sqrt{1.8^2 + 1.8^2} = 2.55\text{m}$$

每跨脚手架面积　$S = 1.8 \times 1.2 = 2.16\text{m}^2$

非操作层每层荷载 W_2 为：

$$W_2 = \frac{(1.8 \times 2 + 1.8 \times 2 + 1.2 + 2.55 \times 2) \times 38.4 \times 1.3 + 10 \times 4}{2.16} = 330\text{N/m}^2$$

式中 1.3 为考虑钢管实际长度的系数。

2. 立杆设计荷载计算

计算钢管的截面特征：$A_n = 4.893 \times 10^2 \text{mm}^2$，$i = 15.78\text{mm}$，$l_0 = \mu l = 0.77 \times 1800 = 1386\text{mm}$，$\lambda = l_0/i = 1386/15.78 = 87.83$

欧拉临界应力：

$$\sigma = \frac{\pi^2 E}{\lambda^2} = \frac{\pi^2 \times 210000}{87.83^2} = 269\text{N/mm}^2$$

$$\eta = 0.3 \times \frac{1}{(100i)^2} = 0.3 \frac{1}{(100 \times 0.01578)^2} = 0.12$$

设计荷载 N 为：

$$N = \frac{4.89 \times 10^2}{2} \left[\frac{170 + (1 + 0.12) \times 269}{2} \right.$$

$$\left. - \sqrt{\left(\frac{170 + (1 + 0.12) \times 269}{2}\right)^2 - 170 \times 269} \right] = 33300\text{N} = 33.3\text{kN}$$

3. 安装高度计算

假设操作层为三层，安装层数按下式计算：

$$S \times [3W_1 + nW_2] = 33.3\text{kN}$$

式中 S 为每根立杆受荷面积，$S = \frac{1.2 \times 1.8}{2} = 1.08\text{m}^2$

$$n = \frac{33300 - 3 \times 7200 \times 1.08}{330 \times 1.08} = 27.9 \text{ 层}$$

计算安装高度　$h = 1.8 \times 27.9 = 50.2\text{m}$

安全系数　$K = 1 + \frac{50.2}{200} = 1.25$

允许安装高度　$H = \frac{50.2}{1.25} = 40.2\text{m}$

故知，扣件式钢管脚手架的允许搭设高度为 40.2m。

7.3 脚手架立杆底座和地基承载力计算

脚手架计算，除进行纵、横水平杆的强度、挠度，立杆的稳定性和脚手架的整体稳定性以及连接件的强度、稳定性和连接强度验算外，还应对立杆底座和地基承载力按以下公式进行验算：

立杆底座验算：

$$N \leqslant R_d \tag{7-18}$$

立杆地基承载力验算：

$$\frac{N}{A_d} \leqslant K_c \cdot f_{ak} \tag{7-19}$$

式中 N——脚手架立杆传至基础顶面的平均轴向力设计值；

R_d——底座承载力（抗压）设计值，一般取 40kN；

A_d——立杆基础的计算底面积，可按以下情况确定：(1) 仅有立杆支座（支座直接放于地面上）时，A_d 取支座板的底面积；(2) 在支座下设有厚度为 50～60mm 的木垫板（或木脚手板），则 $A_d = a \times b$（a 和 b 为垫板的两个边长，且不小于 200mm），当 A_d 的计算值大于 $0.25m^2$ 时，则取 $0.25m^2$ 计算；(3) 在支座下采用枕木作垫木时，A_d 按枕木的底面积计算；(4) 当一块垫板或垫木上支承二根以上立杆时，$A_d = \frac{1}{n} a \times b$（$n$ 为立杆数），且用木垫板应符合（2）的取值规定；

f_{ak}——地基承载力特征值；

K_c——脚手架地基承载力调整系数，对碎石土、砂土、回填土取 0.4；对黏土取 0.5；对岩石、混凝土取 1.0。

【例 7-4】 已知脚手杆立杆传至底座顶面的平均轴向力 $N=21.5kN$，立杆底座面积 $A_d=0.25m \times 0.6m$，地基承载力特征值 $f_{ak}=315kN/m^2$，试验算立杆底座和地基承载力。

【解】 (1) 立杆底座验算

取 $R_d=40kN$，则

$N=21.5 < 40kN$　　可满足要求。

(2) 立杆地基承载力验算

已知 $A_d=0.25 \times 0.60=0.15m^2$，则

$$\frac{N}{A_d} = \frac{21.5}{0.15} = 143.3 kN/m^2$$

取 $K_c=0.5$，则

$$K_c \cdot f_{ak} = 0.5 \times 315 = 157.5 > 143.3 kN/m^2$$

故知，地基承载力满足要求。

7.4 扣件式钢管脚手架杆配件配备数量计算

扣件式钢管脚手架的杆配件配备数量，需有一定的富余量，以适应脚手架搭设时变化

的需要，因此可采用近似匡算方法，简介于下：

一、按立柱根数计的杆配件用量计算

设已知脚手架立柱总数为 n，搭设高度为 H，步距为 h，立杆纵距为 l_a，立杆横距为 l_b，排数为 n_1 和作业层数为 n_2 时，其杆配件用量可按表 7-20 所列公式进行计算。

扣件式钢管脚手架杆配件用量概算式　　表 7-20

项次	计算项目	单位	条件	单排架手架	双排架手架	满堂脚手架
1	长杆总长度 L	m	A	$L=1.1H\cdot\left(n+\dfrac{l_a}{h}\cdot n-\dfrac{l_a}{h}\right)$	$L=1.1H\cdot\left(n+\dfrac{l_a}{h}\cdot n-2\dfrac{l_a}{h}\right)$	$L=1.2H\cdot\left(n+\dfrac{l_a}{h}\cdot n-\dfrac{l_a}{h}\cdot n_1\right)$
			B	$L=(2n-1)H$	$L=(2n-2)H$	$L=(2.2n-n_1)H$
2	小横杆数 N_1	根	C	$N_1=1.1\left(\dfrac{H}{h}+2\right)n$	$N_1=1.1\left(\dfrac{H}{2h}+1\right)n$	—
			D	$N_1=1.1\left(\dfrac{H}{h}+3\right)n$	$N_1=1.1\left(\dfrac{H}{2h}+1.5\right)n$	
3	直角扣件数 N_2	个	C	$N_2=2.2\left(\dfrac{H}{h}+1\right)n$	$N_2=2.2\left(\dfrac{H}{h}+1\right)n$	$N_2=2.4n\dfrac{H}{h}$
			D	$N_2=2.2\left(\dfrac{H}{h}+1.5\right)n$	$N_2=2.2\left(\dfrac{H}{h}+1.5\right)n$	$N_2=2.4n\dfrac{H}{h}$
4	对接扣件数 N_3	个		$N_3=\dfrac{L}{l}$　　l：长杆的平均长度		
5	旋转扣件数 N_4	个		$N_4=0.3\dfrac{L}{l}$　　l：长杆的平均长度		
6	脚手板面积 S	m²	C	$S=2.2(n-1)l_al_b$	$S=1.1(n-2)l_al_b$	$S=0.55(n-n_1+\dfrac{n}{n_1}+1)l_a^2$
			D	$S=3.3(n-1)l_al_b$	$S=1.6(n-2)l_al_b$	

注：1. 长杆包括立杆、纵向平杆和剪刀撑（满堂脚手架也包括横向平杆）；
　　2. A 为原算式，B 为 $\dfrac{l_a}{h}=0.8$ 时的简式；
　　3. C 为 $n_2=2$；D 为 $n_2=3$（但满堂架为一层作业）；
　　4. 满堂脚手架为一层作业，且按一半作业层面积计算脚手板。

二、按面积或体积计的杆配件用量计算

设取立杆纵距 $l_a=1.5$m，立杆横距 $l_b=1.2$m 和步距 $h=1.8$m 时，每 100m² 单、双排脚手架和每 100m³ 满堂红脚手架的杆配件用量列于表 7-21 中，可供计算参考使用。

按面积或体积计的扣件式钢管脚手架杆配件用量参考表　　表 7-21

类别	作业层数 n_2	长杆 (m)	小横杆 (根)	直角扣件 (个)	对接扣件 (个)	旋转扣件 (个)	底座 (个)	脚手板 (m²)
单排脚手架 (100m² 用量)	2	137	51	93	28	9	(4)	14
	3		55	97				20
双排脚手架 (100m² 用量)	2	273	51	187	55	17	(7)	14
	3		55	194				20
满堂脚手架 (100m³ 用量)	0.5	125	—	81	25	8	(6)	8

注：1. 满堂脚手架按一层作业，且铺占一半面积的脚手板；
　　2. 长杆的平均长度取 5m；
　　3. 底座数量取决于 H，表中（　）内数字依据为：单、双排架 H 取 20m，满堂架取 10m，所给数字仅供参考。

三、按长杆重量计的杆配体配备量计算

当施工单位已拥有 100t、长 4~6m 的扣件脚手钢管时,其相应的杆配件的配备量列于表 7-22 中,可供参考。在计算时,取加权平均值,单排架、双排架和满堂红脚手架的使用比例(权值)分别取 0.1、0.8 和 1.0 时,扣件的装配量大致为 0.26~0.27。

扣件式钢管脚手架杆配件的参考配备量表　　表 7-22

项　次	杆配件名称	单　位	数　量
1	4~6m 长杆	t	100
2	1.8~2.1m 小横杆	根(t)	4770(34~41)
3	直角扣件	个(t)	18178(24)
4	对接扣件	个(t)	5271(9.7)
5	旋转扣件	个(t)	1636(2.4)
6	底座	个(t)	600~750
7	脚手板	块(m²)	2300(1720)

【例 7-5】 已知双排扣件式钢管脚手架的立杆数 $n=30$;搭设高度 $H=21.6$m,步距 $h=1.8$m,立杆纵距 $l_a=1.5$m,立杆横距 $l_b=1.2$m,钢管长度 $l=6.5$m,采取二层作业,试匡算脚手架杆配件的需用数量。

【解】 由表 7-20 中双排脚手架公式得:

长杆总长度　　$L = 1.1H\left(n + \dfrac{l_a}{h} \cdot n - 2\dfrac{l_a}{h}\right)$

$= 1.1 \times 21.6\left(30 + \dfrac{1.5}{1.8} \times 30 - 2 \times \dfrac{1.5}{1.8}\right) = 1267.1$m

小横杆数　　$N_1 = 1.1\left(\dfrac{H}{2h} + 1\right)n = 1.1\left(\dfrac{21.6}{2 \times 1.8} + 1\right) \times 30 = 231$ 根

直角扣件数　　$N_2 = 2.2\left(\dfrac{H}{h} + 1\right)n = 2.2\left(\dfrac{21.6}{1.8} + 1\right) \times 30 = 858$ 个

对接扣件数　　$N_3 = \dfrac{L}{l} = \dfrac{1267.1}{6.5} = 195$ 个

旋转扣件数　　$N_4 = 0.3\dfrac{L}{l} = 0.3 \times \dfrac{1267.1}{6.5} = 59$ 个

脚手板面积　　$S = 1.1(n-2)l_a l_b = 1.1(30-2)1.5 \times 1.2 = 55.4$m²

7.5　门式钢管脚手架计算

一、施工设计

门式钢管脚手架的施工设计应列入单位工程施工组织设计中,其内容包括:(1) 脚手架的平、立、剖面图;(2) 脚手架基础作法;(3) 连墙件的布置及构造;(4) 脚手架的转角处、通道口处构造;(5) 脚手架的施工荷载限值;(6) 脚手架的计算,一般包括脚手架稳定性或搭设高度计算以及连墙件的计算;(7) 分段搭设或分段卸荷方案的设计计算;(8) 脚手架搭设、使用,拆除等的安全措施等。

二、计算需用基本数据

典型的门架几何尺寸及杆件规格　　　　表 7-23

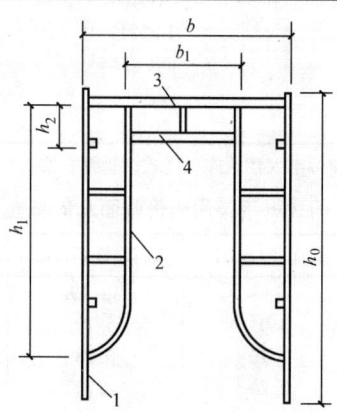

门架代号		MF1219	
门架几何尺寸(mm)	h_2	80	100
	h_0	1930	1900
	b	1219	1200
	b_1	750	800
	h_1	1536	1550
杆件外径壁厚(mm)	1	$\phi42.0\times2.5$	$\phi48.0\times3.5$
	2	$\phi26.8\times2.5$	$\phi26.8\times2.5$
	3	$\phi42.0\times2.5$	$\phi48.0\times3.5$
	4	$\phi26.8\times2.5$	$\phi26.8\times2.5$

注：表中门架代号含义同现行行业标准《建筑施工门式钢管脚手架安全技术规范》(JGJ 128)。

扣件规格及重量　　　　表 7-24

规　　格		重量(kN/个)
直角扣件	JK4848、JK4843、JK4343	0.0135
旋转扣件	JK4848、JK4843、JK4343	0.0145

典型的门架、配件重量 (kN)　　　　表 7-25

名　称	单位	代　号	重量(kN)
门架	榀	MF1219	0.224
门架	榀	MF1217	0.205
交叉支撑	副	C1812	0.040
水平架	榀	H1810	0.165
脚手板	块	P1805	0.184
连接棒	个	J220	0.006
锁臂	副	L700	0.0085
固定底座	个	FS100	0.010
可调底座	个	AS400	0.035

续表

名 称	单位	代 号	重量(kN)
可调托座	个	AU400	0.045
梯型架	榀	LF1212	0.133
窄型架	榀	NF617	0.122
承托架	榀	BF617	0.209
梯子	副	S1819	0.272

注：表中门架配件的代号同现行行业标准《建筑施工门式钢管脚手架安全技术规程》(JGJ 128)。

门式脚手架用钢管截面几何特性 表 7-26

钢管外径(mm)	壁厚(mm)	截面积(cm²)	截面惯性矩(cm⁴)	截面抵抗矩(cm³)	截面回转半径(cm)
48.0	3.5	4.89	12.19	5.08	1.58
42.7	2.4	3.04	6.19	2.90	1.43
42.0	2.5	3.10	6.08	2.83	1.40
34.0	2.2	2.20	2.79	1.64	1.13
27.2	1.9	1.51	1.22	0.89	0.90
26.8	2.5	1.91	1.42	1.06	0.86

一榀门架的稳定承载力设计值 表 7-27

门 架 代 号		MF1219	
门架高度 h_0(mm)		1930	1900
立杆加强杆高度 h_1(mm)		1536	1550
立杆换算截面回转半径 i(cm)		1.525	1.652
立杆长细比 λ	$H \leqslant 45m$	148	135
	$45 < H \leqslant 60m$	154	140
立杆稳定系数 φ	$H \leqslant 45m$	0.316	0.371
	$45 < H \leqslant 60m$	0.294	0.349
钢材强度设计值 f(N/mm²)		205	205
门架稳定承载力设计值(kN)	$H \leqslant 45m$	40.16	74.38
	$45 < H \leqslant 60m$	37.37	69.97

注：1. 本表门架稳定承载力系根据表 7-23 的门架计算，当采用的门架几何尺寸及杆件规格与表 7-23 不符合时，应另行计算。
2. 表中 H 代表脚手架搭设高度。
3. 其他见表 7-23 注。

操作层均布施工荷载标准值 Q_k (kN/m²) 表 7-28

脚手架用途	结 构	装 修
均布施工荷载	3.0	2.0

注：表中均布荷载为一个操作层上相邻两门架跨距范围内的全部荷载除以跨距与门架宽度的乘积。

荷载组合 表 7-29

项次	计 算 项 目	荷 载 组 合
1	脚手架稳定	①永久荷载＋1.0 施工荷载
		②永久荷载＋0.85(施工荷载＋风荷载)
2	连墙件强度与稳定	1.0 风荷载＋3.0kN

三、脚手架的稳定性计算

脚手架的稳定性应按下式计算：

$$N \leqslant N^d \tag{7-20}$$

不组合风荷载时

$$N = 1.2(N_{GK1} + N_{GK2})H + 1.4\Sigma N_{QiK} \tag{7-21}$$

组合风荷载时

$$N = 1.2(N_{GK1} + N_{GK2})H + 0.85 \times 1.4\left(\Sigma N_{QiK} + \frac{2M_k}{b}\right) \tag{7-22}$$

$$M_k = \frac{q_k H_1^2}{10} \tag{7-23}$$

式中 N——作用于一榀门架的轴向力设计值，取式（7-21）和式（7-22）计算结果的较大者；

N_{GK1}——每米高度脚手架构配件自重产生的轴向力标准值；

N_{GK2}——每米高度脚手架附件重产生的轴向力标准值；

ΣN_{QiK}——各施工层施工荷载作用于一榀门架的轴向力标准值总和；

H——以米为单位的脚手架高度值；

1.2、1.4——永久荷载与可变荷载的荷载分项系数；

M_k——风荷载产生的弯矩标准值；

q_k——风荷载标准值；

H_1——连墙件的竖向间距；

0.85——荷载效应组合系数；

N^d——一榀门架的稳定承载力设计值，按下式计算：

$$N^d = \varphi \cdot A \cdot f \tag{7-24}$$

φ——门架立杆的稳定系数，按 $\lambda = \frac{kh_0}{i}$，查表 7-12；

k——调整系数，按表 7-30 采用。

调整系数 k 表 7-30

脚手架高度(m)	≤30	31~45	46~60
k	1.13	1.17	1.22

i——门架立杆换算截面回转半径，按下式计算：

$$i = \sqrt{\frac{I}{A_1}}$$

$$I = I_0 + I_1 \frac{h_1}{h_0}$$

I——门架立杆换算截面惯性矩；

h_0——门架高度；

I_0、A_1——分别为门架立杆的毛截面惯性矩与毛截面积；

h_1、I_1——分别为门架加强杆的高度及毛截面惯性矩；

A——一榀门架立杆的毛截面积，$A = 2A_1$；

f——门架钢材的强度设计值,对 Q235 钢采用 205N/mm²;

N^d 亦可按表 7-27 查取。

四、脚手架搭设高度计算

脚手架的搭设高度按下式(7-25)和式(7-26)计算,取其计算结果的较小者:

不组合风荷载时

$$H^d = \frac{\varphi A f - 1.4 \Sigma N_{QiK}}{1.2(N_{GK1} + N_{GK2})} \quad (7-25)$$

组合风荷载时

$$H_w^d = \frac{\varphi A f - 0.90 \times 1.4 \left(\Sigma N_{QiK} + \frac{2M_k}{b} \right)}{1.2(N_{GK1} + N_{GK2})} \quad (7-26)$$

符号意义同前。

敞开式脚手架,当其搭设高度不超过表 7-31 规定及规范有关构造要求时,亦可不进行稳定性或搭设高度的计算。

落地脚手架搭设高度超过表 7-31 规定时,宜采用分段卸荷或分段搭设等方法;分段搭设时,每段脚手架高度宜控制在 30m 以下。

落地门式钢管脚手架搭设高度　　　　　　表 7-31

施工荷载标准值 ΣQ_k(kN/m²)	搭设高度(m)	施工荷载标准值 ΣQ_k(kN/m²)	搭设高度(m)
3.0～5.0	≤45	≤3.0	≤60

五、连墙件计算

1. 连墙件的强度和稳定性按下列公式计算:

强度

$$\sigma = \frac{N_t(N_c)}{A_n} \leqslant 0.85 f \quad (7-27)$$

稳定

$$\sigma = \frac{N_c}{\varphi A} \leqslant 0.85 f \quad (7-28)$$

其中

$$N_t(N_c) = N_w + 3.0 (\text{kN}) \quad (7-29)$$

$$N_w = 1.4 w_k \cdot L_1 \cdot H_1 \quad (7-30)$$

式中　　A_n——连墙件的净截面积,带螺纹的连墙件应取螺纹处的有效截面积;

A——连墙件的毛截面积;

N_t、N_c——风荷载及其他作用对连墙件产生的拉、压力设计值;

φ——连墙件的稳定系数,按连墙件长细比,查表 7-12 求得;

N_w——风荷载作用于连墙件的拉(压)力设计值;

H_1、L_1——分别为连墙件的竖向及水平间距;

w_k——风荷载标准值,按下式计算:

$$w_k = 0.7 \mu_z \cdot \mu_s \cdot w_o \quad (7-31)$$

μ_z、μ_s、w_o——符号意义和取值同扣件式钢管脚手架计算。

2. 连墙件与脚手架、连墙件与主体结构的连接强度,按下式计算:

$$N_t(N_c) \leqslant N_v \quad (7-32)$$

式中　N_v——连墙件与脚手架、连墙件与主体结构连接的抗拉(压)承载力设计值。当采用扣件连接时，一个直角扣件为 8.0kN；当为其他连接时应按相应规范规定计算。

【例 7-6】 已知门式脚手架施工荷载 $Q_k=3.0\text{kN/m}^2$，连墙件竖向及水平间距为 2 步 3 跨（$H_1=4\text{m}$, $L_1=6\text{m}$），门架型号采用 MF1219，钢材采用 Q235，门架宽 $b=1.22\text{m}$，门架高 $h_0=1.93$，$i=15.25\text{mm}$，$A=310\times2\text{mm}^2$，同时知 $N_{GK1}=0.276\text{kN/m}$，$N_{GK2}=0.081\text{kN/m}$，$\Sigma N_{QiK}=6.70\text{kN}$，风荷体型系数 $\mu_{stw}=0.443$，基本风压 $w_0=0.55\text{kN/m}^2$，试求该脚手架可搭设的最大高度。

【解】 脚手架的搭设高度应考虑不组合风荷载与组合风荷载两种工况，取其计算结果的较小者作为允许搭设的最大高度。

由表 7-30 试取 $k=1.22$，据 $\lambda=kl_0/i=1.22\times1930/12.25=154$，查表 7-12 得 $\varphi=0.294$，又知 $A=310\times2\text{mm}^2$，$f=205\text{N/mm}^2$；$Q_k=3.0\text{kN/m}^2$ 时，$\Sigma N_{QiK}=6.70\text{kN}$，由式（7-25）得：

$$H^d=\frac{\varphi Af-1.4\Sigma N_{QiK}}{1.2(N_{GK1}+N_{GK2})}=\frac{0.294\times310\times2\times205\times10^{-3}-1.4\times6.70}{1.2(0.276+0.081)}=65\text{m}$$

组合风荷载时，式（7-26）中仅风荷载产生的弯矩需计算。先试按 $H=60\text{m}$，地面粗糙度 B 类查（GBJ 50009）表 7.2.1 得风压高度系数 $\mu_z=1.77$，已知 $\mu_{stw}=0.443$，$w_0=0.55\text{kN/m}^2$，风荷载标准值：

$$w_k=0.7\mu_z\cdot\mu_{stw}\cdot w_0=0.7\times1.77\times0.443\times0.55=0.302\text{kN/m}^2$$

风线荷载标准值：

$$q_k=w_k\cdot l=0.302\times1.83=0.552\text{kN/m}$$

风荷作用对计算单元产生的弯矩标准值：

$$M_k=\frac{q_k H_1^2}{10}=\frac{0.552\times4^2}{10}=0.88\text{kN}\cdot\text{m}$$

脚手架搭设高度，由式（7-26）得：

$$H_w^d=\frac{\varphi Af-0.90\times1.4\left(\Sigma M_{QiK}+\dfrac{2M_k}{b}\right)}{1.2(N_{GK1}+N_{GK2})}$$

$$=\frac{0.294\times310\times2\times205\times10^{-3}-1.26\left(6.70+\dfrac{2\times0.88}{1.22}\right)}{1.2(0.276+0.081)}\approx63.3\text{m}$$

由计算知，试取的调整系数 k 和风压高度系数 μ_z 合适。两种工况计算结果搭设高度分别为 65m 和 63.3m，但根据表 7-31 规定，当施工荷载标准值 $Q_k\leqslant3.0\text{kN/m}^2$ 时，脚手架搭设高度不宜超过 60m，故脚手架的搭设高度应取 $H=60\text{m}$。

7.6 单排架子脚手杆用量计算

单排架子是各种架子构造的基础，其绑扎法也是各种架子的基本方法。根据实践经验，一般立杆的间距为 1.6m，横杆的间距为 1.2m，立杆的基础坑深为 300～400mm。为防止横杆脱落，架子端部的杆头需要伸出 200～300mm。则：

搭设单排架子所需的杆子根数可按下式计算：

$$立杆根数 = 搭设架子全长/1600 + 1 \tag{7-33}$$

$$横杆根数 = 架子的高度/1200 + 1 \tag{7-34}$$

$$十字杆根数 = 十字个数 \times 2 \tag{7-35}$$

$$杆子总数 = 立杆根数 + 横杆根数 + 十字杆根数 \tag{7-36}$$

立杆和横杆的计算长度为：

$$立杆长度 = 架子高度 + (1300 \sim 1400)mm \tag{7-37}$$

$$横杆长度 = 架子长度 + 2 \times (200 \sim 300)mm \tag{7-38}$$

立杆与墙的最小距离应为1300mm，最大距离不超过1600mm。

7.7 悬挑式脚手架计算

悬挑式脚手架系在结构外部设置不落地的悬挑式或悬挑与拉、撑相结合的脚手架。其构造由悬挑承力结构和悬挑承力结构向上的双排外脚手架两部分组成。悬挑承力结构从结构承力形式上可分为挑梁式、挑拉式、挑撑式和撑拉结合式等四类，如图7-2所示。

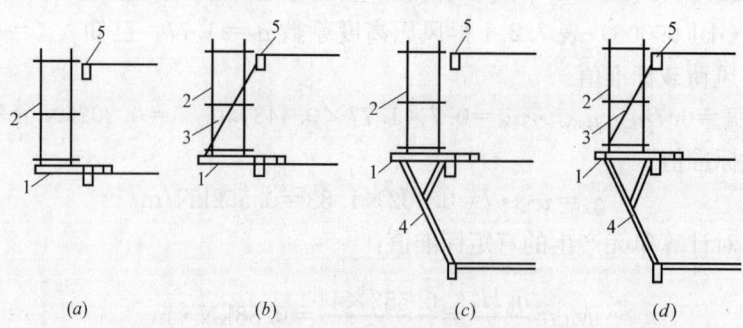

图 7-2 悬挑脚手架结构形式与构造
（a）挑梁式；（b）挑拉式；（c）挑撑式；（d）撑拉结合式
1—型钢挑梁；2—外脚手架；3—斜拉杆；4—斜撑杆；5—楼板结构

挑梁式悬挑脚手架，承力架采用型钢挑梁，用螺栓临时固定在楼面上，在悬出的型钢梁上搭设高度不超过12m的脚手架，使用后可以拆除或上翻。适用于框架结构。若在悬出端设置斜拉索（杆），称为挑拉式悬挑外脚手架，其组成如图7-3a所示，由于其结构受力合理，并可分散向结构传力，承载力高，多应用于高层建筑工程施工。

挑撑式悬挑脚手架的承力架采用型钢焊接的三角形架作为悬挑支承结构，悬挑架上设置纵梁，其上铺横楞，搭设高度不超过20m的脚手架。悬挑架为三角斜撑，又称下撑式悬挑脚手架，其组成如图7-3b所示，主要应用于框架结构。若在挑撑式脚手架上再设斜拉杆（索），组成撑拉结合式悬挑脚手架，则可在承力架上搭设更高的脚手架。

悬挑式脚手架计算主要是：悬挑梁或悬挑三角架。

一、悬挑梁计算

1. 内力计算（图7-4）

支座反力
$$R_A = N(2 + K_1 + K_2) + \frac{ql}{2}(1 + K^2) \tag{7-39}$$

7.7 悬挑式脚手架计算

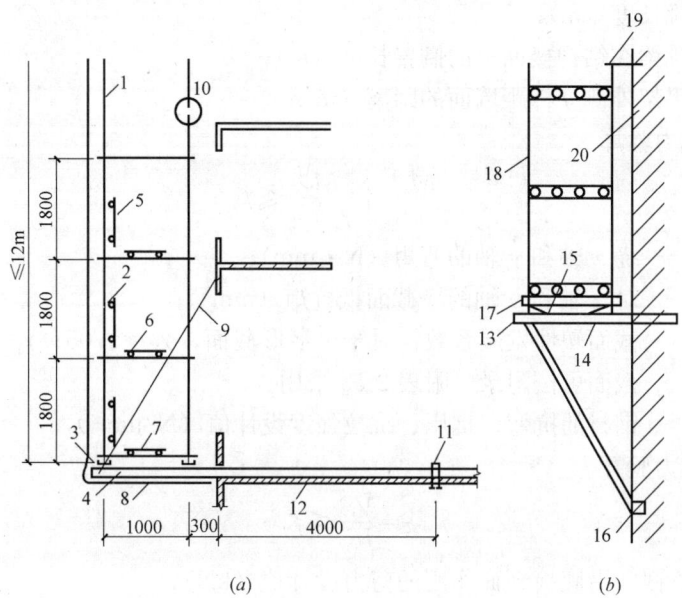

图 7-3 型钢梁与三角架悬挑式脚手架构造示意
(a) 型钢梁悬挑式脚手架；(b) 三角架悬挑式脚手架
1—立杆；2—栏杆；3—8号槽钢；4—悬挑钢梁；5—竹笆；6—大横杆；7—脚手板；
8—安全网；9—拉接钢管；10—立杆接头；11—悬挑钢梁与楼板连接；12—楼板结构；
13—粗塑钢纵梁；14—型钢三角架；15—型钢横梁中部连接架；16—预埋铁件；
17—8号工字钢横楞（设有脚手架插座）；18—上部脚手架；19—连墙件；20—结构墙

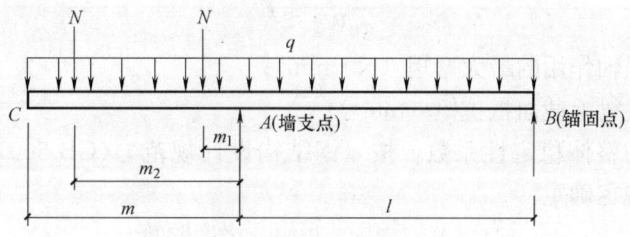

图 7-4 悬挑梁计算简图

$$R_B = -N(K_1+K_2) + \frac{ql}{2}(1-K^2) \tag{7-40}$$

支座弯矩
$$M_A = -N(m_1+m_2) - \frac{qm^2}{2} \tag{7-41}$$

悬出端 C 点最大挠度

$$w_{\max} = \frac{Nm_2 l}{2EI}(1+k_2) + \frac{Nm_1^2 l}{2EI}(1+k_1)$$
$$+ \frac{ml}{3EI} \times \frac{ql^2}{8}(-1+K^2+3K^2) \tag{7-42}$$

其中 $K = m/l$；$k_1 = m_1/l$；$k_2 = m_2/l$

式中 N——脚手架立杆传到悬挑梁上的集中力设计值（kN）；
q——悬挑梁的自重（kN/m）；

m——悬挑长度（m）；

l——悬挑梁在结构楼面上的搁置长度（m）；

m_1——脚手架外侧立杆距墙面的距离（m）。

2. 抗弯承载力验算

$$\frac{M_x}{\gamma_x w_{nx}} + \frac{M_y}{\gamma_y w_{ny}} \leqslant f \tag{7-43}$$

式中 M_x、M_y——绕 x 轴和 y 轴的弯矩（N·mm）；

w_{nx}、w_{ny}——对 x 轴和 y 轴的净截面抵抗矩（mm³）；

γ_x、γ_y——截面塑性发展系数：对于 I 字形截面，$\gamma_x=1.05$；$\gamma_y=1.20$，对其他截面可按附录二附表 2-53 采用；

f——钢材的抗弯、抗压、抗拉强度设计值（N/mm²）。

3. 抗剪承载力验算

$$\tau = \frac{VS}{It_w} \leqslant f_y \tag{7-44}$$

式中 V——计算截面沿腹板平面作用的剪力设计值（kN）；

S——计算剪应力处以上毛截面对中和轴的面积矩（mm³）；

I——毛截面惯性矩（mm⁴）；

t_w——腹板的厚度（mm）；

f_y——钢材抗剪强度设计值（N·mm²）。

4. 整体稳定性验算

$$\frac{M_x}{\varphi_b W_x} \leqslant f \tag{7-45}$$

式中 M_x——绕强轴作用的最大弯矩（N·mm）；

W_x——悬挑梁毛截面抵抗矩（mm³）；

φ_b——梁的整体稳定性系数，按《钢结构设计规范》（GB 50017—2003）附录 B 的规定确定。

5. 挠度验算

$$w_{max} = w_1 + w_2 \leqslant [w] \tag{7-46}$$

式中 w_{max}——钢梁最大挠度（mm）；

w_1——集中荷载引起的最大挠度（mm），可从附录二，2.2.3 节有关表查得；

w_2——均布荷载引起的最大挠度（mm），可从附录二，2.2.3 节有关表查得；

$[w]$——容许挠度值，见表 7-4。

二、悬挑三角架计算

1. 内力计算（图 7-5）

斜杆轴力 $N_z = \dfrac{w_p}{l_c/EA + l^3/3EI} \tag{7-47}$

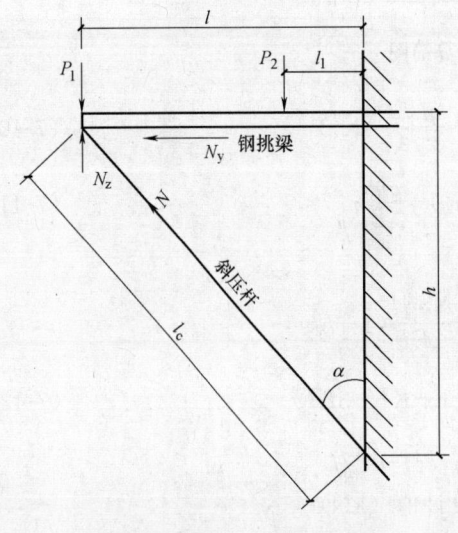

图 7-5 悬挑三角架计算简图

$$N_y = N_z \sin\alpha \tag{7-48}$$

挑梁弯矩 $\qquad M_{\max} = (P_1 - N_z)l + P_2 l_1$

挑梁端部最大挠度（位移） $\qquad w_p = \dfrac{P_1 l^3}{3EI} + \dfrac{P_2 l_1^2 (l - l_1/3)}{2EI} \tag{7-49}$

式中　l——挑梁外挑长度（m）；

l_c——斜压杆的长度（m）；

l_1——脚手架内侧立杆到墙面的距离（m）；

P——传到钢挑梁上的脚手架荷载设计值（kN）；

h——三角架支座距离（m）；

N_z、N_y——钢梁外端节点处的垂直分力和水平分力（kN）；

N——斜压杆轴向力（kN）。

2. 钢挑梁抗弯强度验算

$$\dfrac{N}{A_n} \pm \dfrac{M_x}{\gamma_x w_{nx}} \pm \dfrac{M_y}{\gamma_y w_{ny}} \leqslant f \tag{7-50}$$

式中　N——轴心拉力（N）；

A_n——钢梁截面积（mm²）；

M_x、M_y——绕 x 轴和 y 轴的弯矩（N·mm）；

w_{nx}、w_{ny}——对 x 轴和 y 轴的净截面抵抗矩（mm³）；

γ_x、γ_y——截面塑性发展系数，按附录二附表 53 采用；

f——钢材的抗拉、抗压强度设计值（N/mm²）。

3. 钢挑梁端部锚筋抗剪强度验算

一般均在钢挑梁埋入端设置锚固件，锚筋的抗剪可按下式计算：

$$\tau = \dfrac{N_y/n}{A} \leqslant f_y \tag{7-51}$$

式中　N_y——轴向拉力（N）；

n——锚筋的数量（根）；

A——锚筋截面面积（mm²）；

τ——锚筋的剪应力（N/mm²）；

f_y——锚筋的抗剪强度设计值（N/mm²）。

如钢挑梁直接埋入有困难时，也可埋入预埋件，将钢挑梁焊于预埋件上，预埋件要按有关规范进行计算，并要计算钢挑梁与预埋件焊接的焊缝强度。

4. 斜杆强度和稳定性验算

强度 $\qquad \dfrac{N}{A_n} + \dfrac{M_x}{\gamma_x w_{nx}} + \dfrac{M_y}{\gamma_y w_{ny}} \leqslant f \tag{7-52}$

稳定性 $\qquad \dfrac{N}{\varphi A} \leqslant f$

式中　N——轴心受压的荷载设计值（N）；

A——斜杆的截面面积（mm²）；

φ——轴心受压的稳定系数按表 7-12 采用。

5. 斜杆焊缝验算

7 脚手架工程

$$t_f = \frac{N}{h_c l_w} \leqslant f_f^w \tag{7-53}$$

式中 N——平行焊缝长度方向的轴力，$N=N_z$（N）；
h_c——角焊缝有效厚度（mm）；
l_w——焊缝的有效长度（mm）；
t_f——沿角焊缝长度方向的剪应力（N/mm²）；
f_f^w——角焊缝抗剪强度设计值（N/mm²）。

【例 7-7】 某高层建筑，从第五层起为标准层，层高为 3.2m。拟采用单元提升悬挑外脚手架。由楼层板上设[16 悬挑梁，在钢梁上搭设 $\phi 48 \times 3.5$ 扣件式钢管脚手架，搭设高度为 6 步架，每步架高 1.8m，总高 10.2m；单元架体长 5.25m，宽 1.2m，内立杆距墙 0.30m。每层满铺竹笆和围笆，外侧用安全网封闭。一个单元脚手架坐落在 2[8 槽钢腹板上，由 3 根[16 槽钢悬挑支撑（图 7-6），试验算悬挑钢梁的强度、稳定性和挠度是否满足要求。

【解】 以单元脚手架（纵向长 5.25m、高 10.2m、宽 1.2m）为计算单元，按钢管、扣件、竹笆、安全网等的实际用量计算恒载标准值，在 6 步架高度范围内允许有一层结构施工，施工均布活载标准值取 3kN/m²（水平面）。

(1) 脚手架荷载标准值
1) 脚手架恒载标准值（图 7-6）

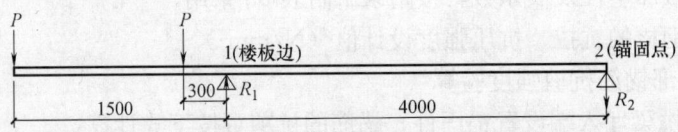

图 7-6 脚手架恒载受力及内力计算简图

内外立杆：6 根×10.2m/根×38.4N/m=2350N
大横杆：30 根×5.25m/根×38.4N/m=6048N
小横杆：18 根×1.5m/根×38.4m=1.037N
扣件：140 个×15N/个=2100N
竹笆、剪刀撑：44m²×356N/m²+650N=16050N
安全网：60m²×38.4N/m²=2400N
小计=29985N

2) 脚手架底座（2[8 槽钢）：300N
恒载合计：30285N

3) 施工均布活荷载标准值
$$5.25m \times 1.2m \times 3kN/m^2 = 18900N$$

4) 悬挑钢梁承受的荷载设计值 P
因单元脚手架由 3[16 槽钢支承。每根悬挑钢梁上所受的集中荷载 P 为：
$$P = \frac{1}{2} \times \frac{1}{3} \times (1.2 \times 30285 + 1.4 \times 18900) = 10467N$$

(2) 内力计算

悬挑钢梁为[16B，重量 197.5N/m²；$A=2515\text{mm}^2$；$w_x=116.8\text{cm}^3$；$S_x=70.3\text{cm}^3$；$I_x=934.5\text{cm}^4$；$t_w=8.5\text{mm}$。支座反力及弯矩由图 7-6 计算得：

$$R_1=\frac{10467\times(4.3+5.5)}{4.0}=25644\text{N}$$

$$R_2=25644-2\times10467=4710\text{N}$$

$$M_1=10467\times(1.5+0.3)=18840\text{N}\cdot\text{m}$$

（3）悬挑钢梁承载力验算

抗弯 $\quad\sigma=\dfrac{M_1}{\gamma_x w_x}=\dfrac{18840\times1000}{1.05\times116800}=153.6\text{N/mm}^2<f=205\text{N/mm}^2$

抗剪 $\quad\tau=\dfrac{VS}{It_2}=\dfrac{25644\times70300}{9345000\times8.5}=22.7\text{N/mm}^2<f_v=125\text{N/mm}^2$

（4）梁的整体稳定性验算

梁采用[16，$h=160\text{mm}$；$b=65\text{mm}$；$t=8.5\text{mm}$；$f_y=215\text{N/mm}^2$。按《钢结构设计规范》(GB 50017—2003) 附录 B.3，梁的整体稳定系数为：

$$\varphi_b=\frac{570bt}{l_1h}\cdot\frac{235}{f_y}=\frac{570\times65\times8.5}{2\times1500\times160}\times\frac{235}{215}=0.715>0.6$$

则按下式代替：

$$\varphi_b'=1.07-0.282/\varphi_b=1.07-0.282/0.715=0.676$$

则悬挑钢梁的整体稳定性由式（7-45）得：

$$\frac{M_x}{\varphi_b' w_x}=\frac{18840\times1000}{0.676\times116800}=238.6\text{N/mm}^2>f=215\text{N/mm}^2$$

由计算知，钢梁整体稳定性不能满足要求，需要采取上拉措施。

（5）悬挑钢梁的挠度验算

查附录二附表 2-9 并由式（7-46）得：

$$w_{max}=w_1+w_2=\frac{Pl^3}{3EI}+\frac{Pb^2}{6EI}(3l-b)$$

$$=\frac{10467\times1.5^2}{2\times2.06\times10^6\times934.5}+\frac{10467\times30^2}{6\times2.06\times10^6\times934.5}(3\times150-30)$$

$$=14.06\text{mm}>[w]=\frac{l}{400}=\frac{1500}{400}=3.75\text{mm}$$

由计算知，$w_{max}>[w]$，挠度过大，不能满足使用要求，应加大槽钢截面或采取上拉措施进行卸荷，以减少挠度。

【例 7-8】 某高层建筑标准层施工采用悬挑式脚手架。其构造和布置为（图 7-7）：由结构墙上悬挑出下撑式钢架，用 18 号工字钢，纵向间距 3m；在钢架上架设 2I25a 工字钢纵梁；用[8 槽钢作横梁，搁置在 I25a 上面；再在[8 槽钢横梁上搭设扣件式钢管脚手架，每挑一次搭设 13 步，高度为 20.4m；在 13 步架内允许两层同时施工。试验算悬挑三角架钢挑梁的承载力和斜杆的稳定性。

【解】（1）荷载计算

脚手架自重计算从略。经计算后，传到钢梁上的集中荷载设计值：

$$P_1=55330\text{N}；\qquad P_2=71410\text{N}$$

（2）内力计算

7 脚手架工程

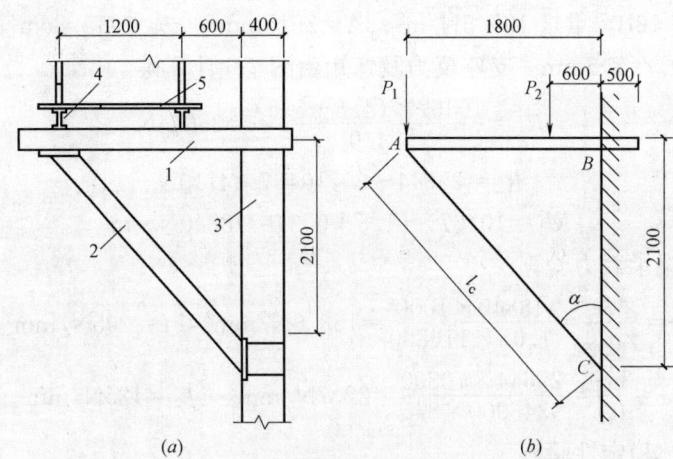

图 7-7 悬挑三角形钢架构造及计算简图
(a)悬挑三角形钢架构造；(b)计算简图
1—I 18挑梁；2—φ89×5mm无缝钢管斜杆；3—结构墙；4—I 25a工字钢纵梁；
5—[8槽钢横梁；6—φ48×3.5mm扣件式钢管脚手架

由型钢表查得：I 18工字钢的 $I_x=1660\text{cm}^4$；$w_x=185\text{cm}^4$；$A=30.6\text{cm}^2$，斜杆的轴力由式（7-47）～式（7-49）得：

$$w_p = \frac{\frac{1}{3}(55330\times1800^3)+\frac{1}{2}\times71410\times600^2\left(1800-\frac{1}{3}\times600\right)}{2.06\times10^5\times1600000}=37.5\text{mm}$$

$$N_z = \frac{w_p}{\frac{l_c}{EA}+\frac{l^3}{3EI}} = \frac{37.5}{\frac{2769}{2.06\times10^5\times1320}+\frac{1800^3}{3\times2.06\times10^5\times16.6\times10^5}}=6400\text{N}$$

又 $\cos\theta=2100/2769=0.7584$；$\sin\theta=1800/2769=0.6501$
$N=N_z/\cos\theta=64000/0.7584=84388\text{N}$
$N_y=N/\sin\theta=84388\times0.6501=54860\text{N}$
$M_{max}=(P_1-N_z)l+P_2l_1$
$=(55330-64000)\times1800+71410\times600=27240\text{N·m}$

（3）钢挑梁 AB 抗弯承载力验算

$$\sigma=\frac{M_{max}}{\gamma_x w_x}+\frac{N}{A_n}=\frac{27240\times1000}{1.05\times185000}+\frac{54860}{3060}=158\text{N/mm}^2\text{（安全）}$$

（4）斜杆 AC 稳定性验算

斜压杆采用 φ89×5mm 无缝钢管，$A_0=1320\text{mm}^2$；$i=29.8\text{mm}$；$l_c=2769\text{mm}$；$\lambda=l/i=93<250$（可）；查表 7-12 得 $\varphi=0.641$

$$\sigma=\frac{N}{\varphi A_0}=\frac{84388}{0.641\times1320}=99.7\text{N/mm}^2<205\text{N/mm}^2\text{（安全）}$$

（5）斜杆 AC 下端焊缝验算

斜杆 AC 用 φ89×5mm 无缝钢管，总焊缝周长为 $l_w=\pi D=3.14\times89=276\text{mm}$，焊缝 $h_f=6\text{mm}$；$h_e=0.7h_f$；该处剪力 $N_z=64000\text{N}$；用 E43 型焊条，则：

$$\tau=\frac{N_z}{h_e l_f}=\frac{64000}{0.7\times6\times276}=56\text{N/mm}^2<f_v^w$$

$$=125\text{N/mm}^2 \qquad (焊缝满足要求)$$

【**例 7-9**】 某高层建筑搭设挑拉式悬挑脚手架，拟用[12.6槽钢作悬挑梁，在悬挑端用设有法兰螺栓的直径12mm钢丝绳与上层框架梁连接作斜拉绳（图7-8），槽钢跟部用 $\phi16$mm圆钢两头攻丝，穿过担在槽钢上的钢板与楼板用双螺母紧固。已知悬挑梁上的上部扣件式钢管脚手架的集中荷载 $P_1 = P_2 = 12.07$kN，试验算悬挑梁的稳定性和斜拉钢丝绳及连接件的强度。

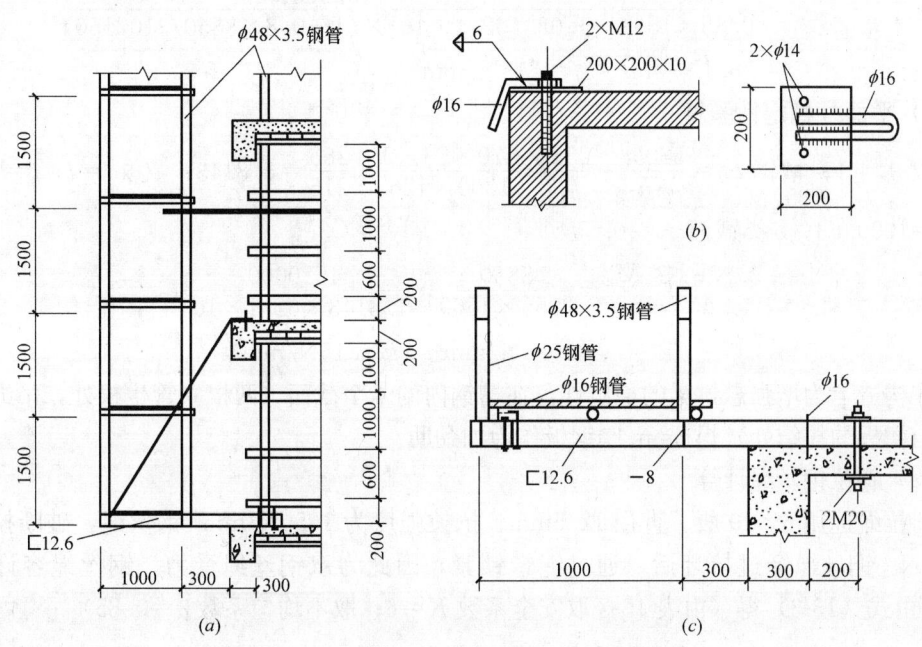

图 7-8 悬挑承力架结构构造及上、下端固定
(*a*) 悬挑承力架结构；(*b*)、(*c*) 上、下部固定

【**解**】（1）内力计算（图7-9）

悬挑梁弯矩 $M_{\max} = \dfrac{Pab}{l} = \dfrac{12.07 \times 1.0 \times 0.6}{1.6} = 4.52$kN

悬挑梁反力 $R_A = \dfrac{Pa}{l} = \dfrac{12.07 \times 0.6}{1.6} = 4.53$kN

$R_B = \dfrac{Pb}{l} = \dfrac{12.07 \times 1.0}{1.6} = 7.54$kN

钢绳拉力 $T = \dfrac{(12.07 + 4.53) \times 3.4}{3} = 18.81$kN

挑梁压力 $N = 18.81 \times \dfrac{1.6}{3.4} = 8.85$kN

（2）悬挑梁稳定性验算

悬挑梁选用[12.6槽钢，$I_x = 391$cm^4；$w_x = 62.1$cm^2；$A = 15.69$cm^2

1）整体稳定性验算

槽钢悬挑梁为压弯杆件，取计算长度 $l_0 = 1600$mm；$\lambda_x =$

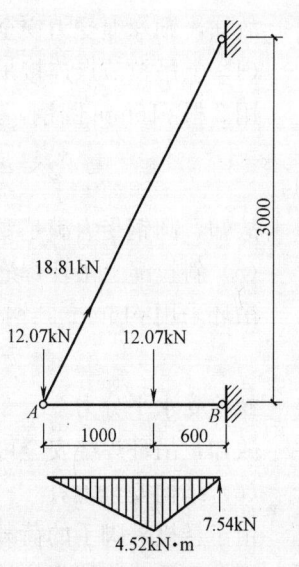

图 7-9 挑拉式悬挑梁计算简图

$l_0/i = 1600/49.8 = 32.13$，按 C 类截面 $\varphi_x = 0.845$；并取 $\beta_{mx} = 1$；$\gamma = 1.05$。

梁的稳定性按以下公式验算：

$$N_{Ex} = \frac{\pi^2 E I_x}{l_0^2} = \frac{3.14^2 \times 2.06 \times 10^5 \times 391 \times 10^4}{1600^2} = 3102150 \text{N}$$

$$\frac{N}{\varphi_x A} + \frac{\beta_{mx} M_x}{\gamma w_{1x}(1 - 0.8 N/N_{Ex})}$$

$$= \frac{8850}{0.85 \times 1569} + \frac{4520000}{1.05 \times 62.1 \times 10^3 \times (1 - 0.8 \times 8850/3102150)}$$

$$= 76.1 \text{N/mm}^2 < f = 215 \text{N/mm}^2$$

2）平面外稳定性验算

取 $\beta_{tr} = 1$；槽钢 $\varphi_b = \frac{570bt}{l_1 h} \cdot \frac{253}{f_y} = \frac{570 \times 53 \times 9}{1300 \times 126} \times \frac{253}{215} = 1.8143$；又 $\lambda_y = l_0/i = 1600/15.9 = 1000.63$；b 类截面 $\varphi_y = 0.55$

$$\frac{N}{\varphi_y A} + \frac{\beta_{tx} M_x}{\varphi_b w_x} = \frac{8850}{0.55 \times 1569} + \frac{4520000}{1.8143 \times 62.1 \times 10^3}$$

$$= 50.4 \text{N/mm}^2 < f = 215 \text{N/mm}^2$$

在构造上为增强悬挑梁的稳定性，在槽钢内的 4 个截面（两根立管生根处，吊绳拉环处及与楼板的拉结处）焊 8mm 厚钢板作为加劲肋。

（3）斜拉钢丝绳计算

斜拉绳选用 6×19 股、直径 12.5mm、抗拉强度为 1550N/mm² 钢丝绳，破断拉力为 88.7kN。钢丝绳穿过拉环后，通过绳卡锁紧，因此为双钢丝绳受力。钢丝绳容许拉力 $[F_g]$ 由式（13-3）得（由表 13-3 取安全系数 $K = 6$；取不均匀系数 $\alpha = 0.85$）：

$$[F_g] = \frac{\alpha F_g}{K} = \frac{0.85 \times 2 \times 88.7}{6} = 25.13 \text{kN} > 18.81 \text{kN}$$

故知，钢丝绳受力安全。

（4）上吊拉节点连接吊环验算

用 2 根 $\phi 16$mm 圆钢，其抗拉设计强度为：

$$2 \times 3.14 \times (16^2/4) \times 215 = 86.42 \text{kN} > 18.81 \text{kN}$$

故知，圆钢受力满足要求。

（5）斜拉绳上吊环焊缝及膨胀螺栓验算

吊环采用 $\phi 16$mm 圆钢弯成，与钢板有 4 条长 100mm 的角焊缝：

$$0.7 \times 6 \times 4 \times 100 \times 160 = 268.8 \text{kN} > 18.81 \text{kN}$$

螺栓受水平分力　　　　$F_b = 18.81 \times 1/\sqrt{5} = 8.41 \text{kN}$

故知，吊环焊缝安全可靠，膨胀螺栓采用 $2\phi 12$mm 的抗剪能力满足要求。

（6）结构安全验算

由于悬挑外脚手的荷载最终通过挑拉承力架分配传递至建筑结构上，由建筑结构承受，因此，需对连接部位的结构进行安全复核，验算的内容包括：结构的局部承压；结构的承载力以及结构的抗裂能力等（从略）。

7.8 悬挂式吊篮脚手架计算

悬挂式吊篮脚手架在建筑工程主要用于外墙的勾缝和装修。具有节省大量脚手材料，搭拆方便，费用较低等优点。

悬挂式吊篮脚手架，由吊篮、悬挂钢绳、挑梁、顶端杉杆等组成。常用吊篮脚手架构造及尺寸如图 7-10 所示。使用时用倒链或卷扬机将吊篮提升到最上层，然后逐层下放，装修自上而下进行。

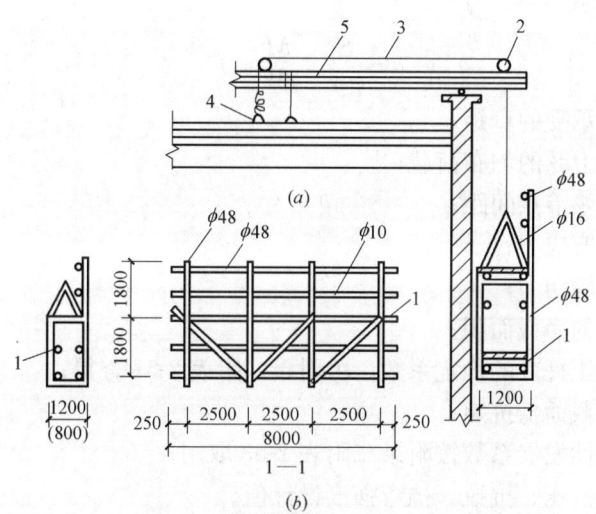

图 7-10 悬挂式吊篮架构造及尺寸
(a) 悬挂式吊篮装置构造；(b) 吊篮架尺寸
1—吊篮；2—杉杆包铁皮；3—钢丝绳；4—钢丝绳固定环；5—挑梁

悬挂式吊篮脚手架应进行以下各项计算：

一、悬挂吊篮架计算

吊篮架由吊篮片、钢管及钢管卡箍组合而成。吊篮片之间用 $\phi 48mm$ 钢管连接组成整体桁架体系。计算时，将吊篮视作由两榀纵向桁架组成，取其中一榀分析内力进行强度验算（图 7-11）。吊篮荷载 q：包括吊篮自重 q_1 和施工荷载 q_2。

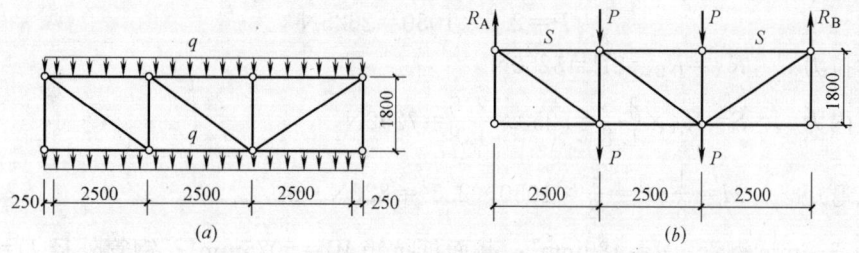

图 7-11 吊篮计算简图
(a) 组合吊篮计算简图；(b) 吊篮桁架内力计算简图

桁架内力分析时可将均布荷载 q 化为节点集中荷载 F（作用于上弦）和 P（作用于下弦），按铰接桁架计算，各杆件仅承受轴向力作用。拉杆应力按下式计算：

$$\sigma_1 = \frac{S}{A} \tag{7-54}$$

式中 σ_1——杆件的拉应力；
S——杆件的轴心拉力；
A——杆件的净截面积。

上弦受压同时受均布荷载作用，上弦弯矩按下式计算：

$$M = \frac{1}{8}ql^2 \tag{7-55}$$

其强度按下式验算：

$$\sigma = \frac{S}{\varphi A} + \frac{M}{\gamma W} \leqslant f \tag{7-56}$$

式中 M——上弦杆承受的弯矩；
q——作用于上弦的均布荷载；
l——桁架上弦节点间距；
σ——上弦压弯应力；
S——上弦杆轴向力；
A——上弦杆的净截面积；
φ——轴心受压杆件的稳定系数，由附录二附表2-57查得；
W——上弦杆截面抵抗矩；
γ——截面塑性发展系数按附录二附表2-53取用；
f——钢材的抗压、抗拉、抗弯强度设计值。

【例7-10】 悬挂式吊篮架已知节点间距 $l=2.5$m，高 $h=1.8$m，宽为1.2m，吊篮架自重力为550N/m²，施工荷载为1200N/m²，采用 $\phi48\times3.5$mm 钢管制作，$f=215$N/mm²，试验算上弦强度是否满足要求。

【解】 桁架由两榀组成，每榀荷载分别为：

$$q_1 = \frac{550 \times 1.2}{2} = 330\text{N/m}; \quad q_2 = \frac{1200 \times 1.2}{2} = 720\text{N/m}$$

总荷载 $\quad q = q_1 + q_2 = 330 + 720 = 1050$N/m

桁架内力将均布荷载化为集中荷载，按铰接桁架计算：

$$P = 2.5 \times 1050 = 2625\text{N}$$

吊索拉力 $\quad R_A = R_B = 2P = 5250$N

上弦内力 $\quad S = R_A \times \frac{2.5}{1.8} = 5250 \times \frac{2.5}{1.8} = 7292$N

上弦弯矩 $\quad M = \frac{1}{8}ql^2 = \frac{1}{8} \times 1050 \times 2.5^2 = 820$N·m

$\phi48\times3.5$mm 钢管：$A=489$mm²；截面抵抗矩 $W=5075$mm³；钢管外径 $D=48$mm；内径 $d=41$mm

$$i = 0.25\sqrt{D^2 + d^2} = 0.25\sqrt{48^2 + 41^2} = 15.78\text{mm}$$

$\lambda = l_0/i = \dfrac{2500}{15.78} = 158.5$，查附录二附表2-57得 $\varphi=0.307$，查附表2-53得 $\gamma=1.15$

上弦强度为：
$$\sigma = \frac{S}{\varphi A} + \frac{M}{W} = \frac{7292}{0.307 \times 489} + \frac{820000}{1.15 \times 5075}$$
$$= 48.6 + 140.5 = 189.1 \text{N/mm}^2 < f \ (=215 \text{N/mm}^2)$$

故知，上弦强度满足要求。

二、吊篮钢丝绳承载力计算

吊篮承重钢丝绳安全系数 K_1 应按下式计算：

$$K_1 = \frac{F_g n}{w} \geqslant 9 \tag{7-57}$$

式中　F_g——单根钢丝绳的破断拉力（kN）；
　　　n——钢丝绳根数（根）；
　　　w——吊篮的全部荷载（含自重）（kN）。

三、吊篮脚手架抗倾覆验算

吊篮脚手架抗倾覆安全系数 K_2 按下式计算：

$$K_2 = \frac{Gb}{wa} \geqslant 3 \tag{7-58}$$

式中　G——配重或锚固力（kN）；
　　　b——配重或锚固力中心到挑梁支点的距离（m）；
　　　w——吊篮总荷重（含自重）（kN）；
　　　a——吊篮承重钢丝绳到挑梁支点的距离（m）。

7.9　扶墙三角挂脚手架计算

扶墙三角挂脚手架是建筑工程常用简单工具式脚手架之一，主要用于外墙的勾缝或装饰粉刷。它具有制作、装拆、搬运方便，节省脚手材料和劳力等优点。但在使用时，要求墙体达到一定强度（上层最好已安装好预制楼板），脚手架之间应用钢管或杉木杆连接，用卡具或铁丝绑扎牢固，上铺脚手板使形成整体。常用钢管三角挂脚手架构造如图 7-12 所示。

扶墙三角挂脚手架计算包括荷载计算、内力计算和杆件截面验算等。

一、荷载计算

作用在三角挂脚手架上的荷载有：操作人员荷载：按每一开间（3.3m 左右）脚手架上最多可能有 5 人同时操作，每人按 750N 计；工具荷载：按机械喷涂考虑。每一操作人员携带的灰浆喷嘴、管子和零星工具重量按 500N 计；脚手架自重：架子上面铺的钢管、脚手板（宽 1m 左右）等自重，每副按 1000N 计。

二、内力计算

三角挂脚手架内力计算，系以单榀三角架为计算单元，视各杆件之间的节点为铰接点，各杆件只承受轴力作用。在计算时，将作用于水平杆上的均布荷载转化为作用于杆件节点的集中力。先根据外力的平衡条件（即 $\Sigma X=0$、$\Sigma Y=0$ 和 $\Sigma M=0$），求出桁架在荷载作用下的支座反力。当无拉杆设置时，上弦支座 A 在水平方向受拉，下弦支座（下弦斜杆的底端）B 沿斜杆方向受压，然后计算各杆件的轴力，可自三角形桁架的外端节点 C 开始，用节点力系平衡 $\Sigma X_i=0$、$\Sigma Y_i=0$) 条件，依次求出各杆件的内力。

7 脚手架工程

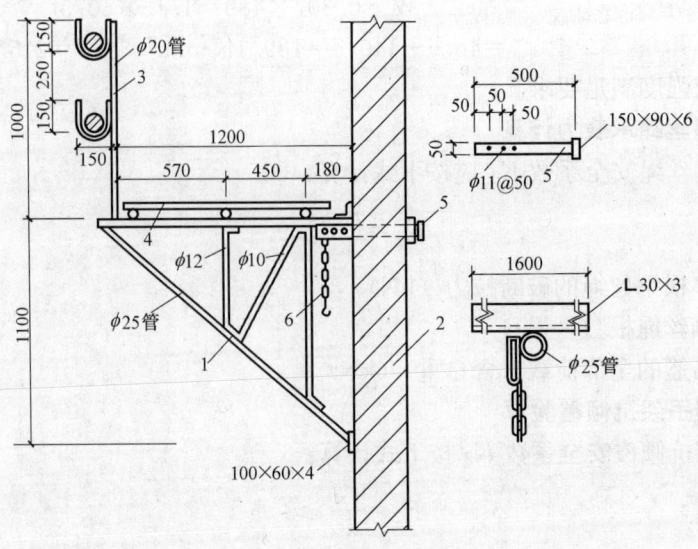

图 7-12 钢管三角挂脚手架构造

1—三角架；2—墙身；3—扶手栏杆；4—脚手板；5—扁钢销片；6—插扁钢销片用 $\phi 10mm$ 钩子

常用三角挂脚手架的荷载及内力公式列于表 7-32 中可供参考。

	常用三角挂脚手架的内力分析	表 7-32
项次	荷载图示	内力计算式
1	(图示：p_1, p_1+p_2, p_2 作用于 S_1、S_2、A点；R_{AH}、R_{AV}、R_{BH} 支座反力；杆件 S_3、S_4、S_5、S_6、S_7；角度 θ_1、θ_2；高度 h；底边 l_1、l_2、l)	$R_{AV}=2(p_1+p_2)$ $R_{AH}=-R_{BH}=\dfrac{l_2}{h}(p_1+p_2)+\dfrac{l}{h}p_1$ $S_1=S_2=p_1\cot\theta_1$ $S_3=-p_1\csc\theta_1$ $N_5=-(p_1+p_2)$ $S_4=R_{BH}\sec\theta_1$ $S_7=S_4\sin\theta_1=R_{BH}\tan\theta_1$ $S_6=\dfrac{S_7+R_{AV}-p_2}{\sin\theta_2}$
2	荷载图示同"1"，且取 $p_1=p_2=0.5p$ $p_1+p_2=p$ $l_1=l_2=0.5l$ $h=l$ $\theta_1=\theta_2=45°$	$R_{AV}=2p$ $R_{AH}=-R_{BH}=p$ $S_1=S_2=0.5p$ $S_3=-0.707p$ $S_5=-p$ $S_4=-1.414p$ $S_7=-p$ $S_6=0.707p$

续表

项次	荷载图示	内力计算式
3	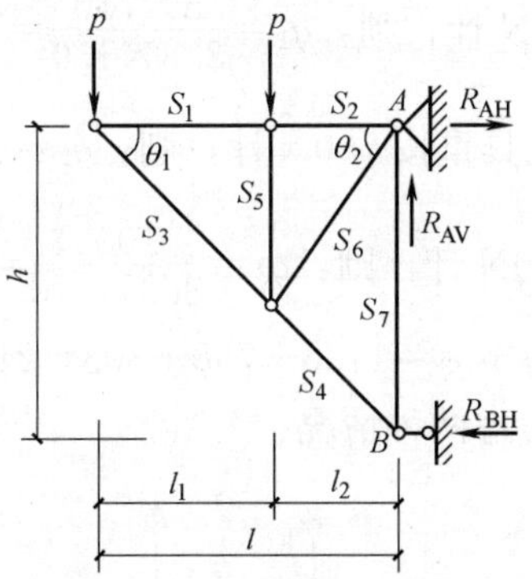 (见图示)	$R_{AV} = 2p$ $R_{AH} = -R_{BH} = \dfrac{p}{h}(l+l_2)$ $S_1 = S_2 = p\cot\theta_2$ $S_3 = -p\csc\theta_2$ $S_5 = -p$ $S_4 = R_{BH}\sec\theta_1$ $S_7 = R_{BH}\tan\theta_1$ $S_6 = \dfrac{S_7 + R_{AV}}{\sin\theta_2}$
4	荷载图示同"3",且取 $l_1 = l_2 = 0.5l$ $h = l$ $\theta_1 = \theta_2 = 45°$	$R_{AV} = 2p$ $R_{AH} = -R_{BH} = 1.5p$ $S_1 = S_2 = p$ $S_3 = -1.414p$ $S_5 = -p$ $S_4 = -2.12p$ $S_7 = -1.5p$ $S_6 = 0.707p$

三、截面强度验算

三角挂脚手架拉杆应力按下式验算：

$$\sigma = \frac{S}{A} \leqslant f \tag{7-59}$$

式中 σ——杆件拉应力；

S——杆件的轴向拉力；

A——杆件的净截面积；

f——钢材的抗拉、抗压强度设计值。

三角挂脚手架压杆强度验算：

$$\sigma = \frac{S}{\varphi A} \leqslant f \tag{7-60}$$

式中 σ——杆件压应力；

S——杆件的轴向压力；

A——杆件的截面积；

φ——纵向弯曲系数，可根据 $l_0/i_{\min}$ 值查表求得；

l_0——杆件计算长度，一般取节点之间的距离；

$i_{\min}$——杆件截面的最小回转半径，根据选用的型钢，由型钢规格查表得；

其他符号意义同前。

【例 7-11】 扶墙三角挂脚手架，尺寸及荷载布置如图 7-13 所示，间距 3.3m，脚手架上由 5 人操作进行外墙机械喷涂饰面作业，试计算三角挂脚手架各杆件的内力并选用杆件截面，验算强度是否满足要求。

【解】 1. 荷载与计算简图

脚手架上的荷载有：

(1) 操作人员荷载 q_1　每人按 750N 计，则：$q_1 = \dfrac{5 \times 750}{3.3 \times 1.0} = 1136 \text{N/m}^2$

(2) 工具荷载 q_2　每一操作人员机具重按 500N 计，则：$q_2 = \dfrac{5 \times 500}{3.3 \times 1.0} = 758 \text{N/m}^2$

(3) 脚手架自重 q_3　每副架按 1000N 计，则：$q_3 = \dfrac{1000}{3.3 \times 1.0} = 303 \text{N/m}^2$

(4) 总荷载 q　　　　$q = q_1 + q_2 + q_3 = 1136 + 758 + 303 = 2197 \text{N/m}^2$

计算简图如图 7-13 所示，计算时考虑两种情况：

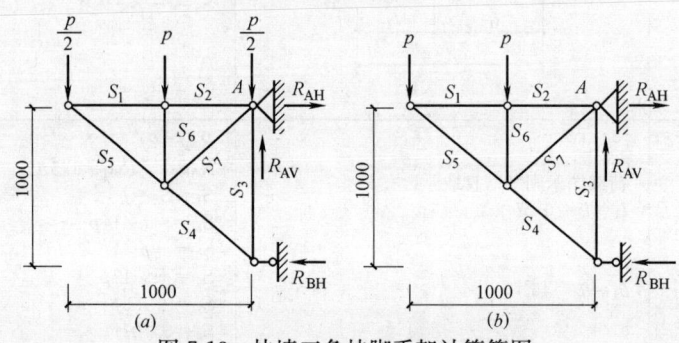

图 7-13　扶墙三角挂脚手架计算简图
(a) 荷载均布时；(b) 荷载分布偏于外侧时

(1) 脚手架上的荷载为均匀分布（图 7-13a），化为节点集中荷载，则为：

$$p = \dfrac{2197 \times 3.3 \times 1.0}{2} = 3625 \text{N}$$

(2) 荷载的分布偏于脚手架外侧（图 7-13b），此时单位面积上的荷载为：$2197 \times 2 = 4394 \text{N/m}^2$，化为节点集中荷载，则为：

$$p = \dfrac{4394 \times 3.3 \times 0.5}{2} = 3625 \text{N}$$

2. 内力计算

按桁架进行计算，内力值及选用杆件规格、截面积列于表 7-33 中。

桁架杆件内力表　　　　表 7-33

内力系数及内力值(N)		选用杆件规格(mm)	杆件截面面积(mm²)
荷载均匀分布时	荷载偏于外侧时		
$S_1 = 0.5p = 1813$	$S_1 = 1.0p = 3625$	φ25 钢管(壁厚 3)	207
$S_2 = 0.5p = 1813$	$S_2 = 1.0p = 3625$	φ25 钢管(壁厚 3)	207
$S_3 = -1.0p = -3625$	$S_3 = -1.5p = -5438$	φ12 圆钢	113
$S_4 = -1.41p = -5111$	$S_4 = -2.12p = -7685$	φ25 钢管	207
$S_5 = -0.7p = -2538$	$S_5 = -1.41p = -5111$	φ25 钢管	207
$S_6 = -1.0p = -3625$	$S_6 = -1.0p = -3625$	φ12 圆钢	113
$S_7 = 0.7p = 2538$	$S_7 = 0.707p = 2563$	φ12 圆钢	113
支座 $R_{AV} = 2.0p = 7250$　$R_{AH} = 1.0P = 3625$　$R_{BH} = 1.0p = 3625$	支座 $R_{AV} = 2.0p = 7250$　$R_{AH} = 1.5p = 5438$　$R_{BH} = 1.5p = 5438$		

3. 截面强度验算

(1) 杆件 $S_1=S_2=3625$N，选用 $\phi25$ 钢管，$A=207$mm^2。

考虑钢管与销片连接有一定偏心，其容许应力乘以 0.95 折减系数。

$$\sigma=\frac{S_1}{A}=\frac{3625}{207}=17.5\text{N}<0.95f=0.95\times215=204\text{N/mm}^2$$

(2) 杆件 S_3、S_7 均为拉杆，其最大内力 $S=5438$N，均选用 $\phi12$ 圆钢，则

$$\sigma=\frac{S_3}{A}=\frac{5438}{113}=48.1\text{N/mm}^2<204\text{N/mm}^2$$

$$i=\frac{d}{4}=\frac{12}{4}=3\text{mm},\ l_0=1000\text{mm};\ \lambda=\frac{l_0}{i}=\frac{1000}{3}=333<[\lambda]=400$$

故在强度和容许细长比方面均满足要求。

(3) 杆件 S_4、S_5 均为压杆，其最大内力 $S_4=7685$N，$S_5=5111$N。

根据《钢结构设计规范》，该杆在平面外的计算长度为：

$$l_0=l_1\left(0.75+0.25\frac{S_5}{S_4}\right)=1410\times\left(0.75+0.25\times\frac{5111}{7685}\right)=1290\text{mm}$$

(l_1 为 S_4 与 S_5 长度之和)。

$$i=0.25\sqrt{D^2+d^2}=0.25\sqrt{25^2+19^2}=7.85\text{mm}$$

(D、d 分别为钢管的外径和内径)。

$$\lambda=\frac{l_0}{i}=\frac{1290}{7.85}=164>[\lambda]=150$$

由附录二附表 2-57 查得 $\varphi=0.289$；$\sigma=\frac{S_4}{\varphi A}=\frac{7685}{0.289\times207}=129\text{N/mm}^2<204\text{N/mm}^2$

此两根压杆强度均满足要求，长细比略大于容许长细比，可不更换规格。

(4) 压杆 $S_6=3625$N，选用 $\phi12$ 圆钢

计算长度 $l_0=500$mm，$i=0.25d=0.25\times12=3$mm，$\lambda=\frac{l_0}{i}=\frac{500}{3}=166>[\lambda]=150$

根据 $\lambda=166$，查得 $\varphi=0.282$，则：$\sigma=\frac{S_6}{\varphi A}=\frac{3625}{0.282\times113}=114\text{N/mm}^2<204\text{N/mm}^2$

4. 焊缝强度验算

取腹杆中内力最大杆件 S_3（$=5438$N）计算，焊缝厚度 h_f 取 4mm，则焊缝有效厚度 $h_u=0.7h_f=0.7\times4=2.8$mm。焊缝长度应为：

$$l_f=\frac{S_3}{h_u\tau_f}=\frac{5438}{2.8\times160}=12.1\text{mm}\qquad\text{取 40mm。}$$

5. 支座强度验算

(1) 支座 A 采用 -50×6 扁铁销片，上面开有 $\phi11$mm 孔。

销片受拉验算：$R_{AH}=5438$N，$A_j=50\times6-11\times6=234$mm^2

$$\sigma=\frac{R_{AH}}{A_j}=\frac{5438}{234}=23.2\text{N/mm}^2<f=215\text{N/mm}^2$$

销片受剪验算：$R_{AV}=7250$N；$A_j=234$mm^2

$$\tau=\frac{R_{AV}}{A_j}=\frac{7250}{234}=31\text{N/mm}^2<f_V^W=125\text{N/mm}^2$$

(2) 支座 B 采用 $60×60×6$ 的垫板支承在墙面上。

墙面承压验算: $R_{BH}=5400\text{N}$, $A=60×60=3600\text{mm}^2$

$$\sigma=\frac{R_{BH}}{A}=\frac{5400}{3600}=1.5\text{N/mm}^2<f=2.1\text{N/mm}^2$$

7.10 插口飞架脚手架计算

插口飞架脚手架系在有窗洞口的建筑,根据工程特点(主要指平面结构形式及外墙洞口尺寸),将整体式悬挑架子化整为零,先在地面上用 $\phi48\text{mm}$ 钢管和扣件组成单体脚手架,借助工程使用的塔吊将单体脚手架插入建筑物的窗洞口内,并同室内横向挡固杆(别杠)连接固定,而后将单体脚手架用杆件连接组成整体挑脚手架(图 7-14)。脚手架随主体施工逐层上提直至工程完成。这种脚手架施工法的优点是:集悬挑架、插口架于一体,利用常规材料和设备,脚手架解体、提升、固定简单易行,使用安全可靠,操作方便,经济效果显著。适用于外墙有窗洞口(不受建筑物外形限制)的中、高层、超高层全现浇结构应用。

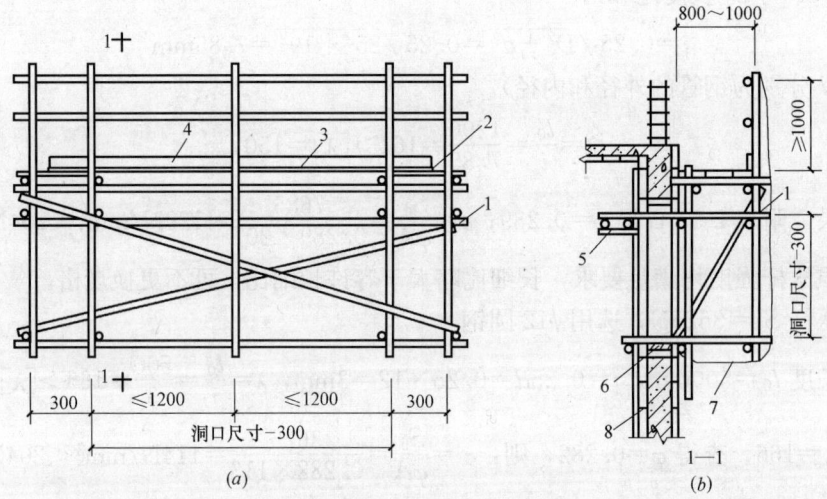

图 7-14 插口飞架脚手架构造
(a) 外立面;(b) 侧剖面
1—钢管插口飞架;2—压花钢板;3—木脚手板;4—挡脚板;5—挡固杆或钢管桁架;6—木垫块;7—安全网;8—组合式钢模板

插口飞架脚手架的计算包括荷载计算、内力计算和杆件截面验算等。

一、荷载计算

荷载计算同"三角挂脚手架",包括操作人员荷载、工具荷载和脚手架自重等,或按实际荷载再乘以超载系数 1.2。

二、内力计算

插口飞架脚手架受力为简单的拉撑杆件体系,由作为承载主体的水平梁或杆件与支撑斜杆组成。水平杆件受拉或受拉弯作用,斜杆相当于设在水平杆件悬挑一端的支座,承受

7.10 插口飞架脚手架计算

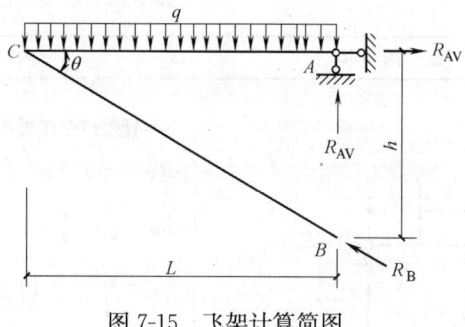

图 7-15 飞架计算简图

压力作用,计算简图如图 7-15 所示,θ 角一般取 $45°\sim75°$ 之间。脚手架在不同荷载作用下的内力计算公式示于表 7-34 中。表中所示内力分别为简支梁或者为其在不同荷载作用下的内力。斜支杆上端对水平杆的反力的垂直分力为 R_{AV},而其水平分力即为水平杆所受拉力 R_{AH},在表中公式计算时还应另乘以钢管及扣件强度计算系数 1.5。

上拉下支式杆件体系的内力计算 表 7-34

项次	荷载图示	内力计算式
1	(图示:C点θ角,顶端A,集中力p,长l,高h,B点反力R_B)	AC 杆受拉,CB 杆受压 $R_A = p \cdot \cot\theta = \dfrac{l}{h}p$ $R_B = p \cdot \csc\theta = \dfrac{\sqrt{l^2+h^2}}{h}p$
2	(图示:均布荷载 q,长 l,高 h)	AC 杆受拉弯作用,CB 杆受压 $R_{AV} = \dfrac{1}{2} \cdot ql$ $R_B = \dfrac{1}{2}ql \cdot \csc\theta = \dfrac{\sqrt{l^2+h^2}}{2h} \cdot ql$ $R_{AH} = \dfrac{1}{2}ql \cdot \cot\theta = \dfrac{l}{2h} \cdot ql$ AC 杆跨中最大弯矩: $M_{max} = \dfrac{1}{8}ql^2$
3	(图示:局部均布荷载,a、b、x,D、A点)	AC 杆受拉弯作用,CB 杆受压 $R_{AV} = \dfrac{a^2}{2l} \cdot q$ $R_B = \dfrac{qa}{2}\left(2-\dfrac{a}{l}\right)\csc\theta = \dfrac{\sqrt{l^2+h^2}}{2h} \times \left(2-\dfrac{a}{l}\right)q$ $R_{AH} = \dfrac{qa}{2}\left(2-\dfrac{a}{l}\right)\cot\theta = \dfrac{al}{2h}\left(2-\dfrac{a}{l}\right)q$ AC 杆最大弯矩(当 $x=b+\dfrac{a^2}{2l}$ 时): $M_{max} = \dfrac{a^2}{8}\left(2-\dfrac{a}{l}\right)^2 q$

续表

项次	荷载图示	内力计算式
4		AC 杆受拉弯作用，CB 杆受压 $R_{AV}=\dfrac{a}{l}p$ $R_B=\left(p+\dfrac{b}{l}p\right)\csc\theta$ $\quad=\dfrac{\sqrt{l^2+h^2}}{h}\left(1+\dfrac{b}{l}\right)p$ $R_{AH}=\left(p+\dfrac{b}{l}p\right)\cot\theta$ $\quad=\dfrac{l}{h}\left(1+\dfrac{b}{l}\right)p$ AC 杆最大弯矩（在 D 处） $M_{\max}=\dfrac{ab}{l}p$

三、截面强度验算

（一）插口飞架脚手架水平拉弯杆件应力验算

$$\sigma=\frac{R_{AH}}{A}+\frac{M}{\gamma_x W}\leqslant f \tag{7-61}$$

式中 σ——杆件的拉应力或拉弯应力；

R_{AH}——杆件的拉应力；

A——杆件的净截面积；

M——杆件承受的弯矩；

W——杆件的截面抵抗矩；

γ_x——截面塑性发展系数，对钢管一般取 $\gamma_x=1.15$；

f——钢材的抗拉、抗弯、抗压强度设计值。

（二）插口飞架脚手架斜杆受压强度验算

$$\sigma=\frac{R_B}{\varphi A}\leqslant f \tag{7-62}$$

式中 σ——杆件的压应力；

R_B——杆件的轴向压力；

A——杆件的截面积；

φ——纵向弯曲系数，可根据 $l_0/i_{\min}$ 值查表求得；

l_0——斜杆计算长度，一般取节点之间的距离；

$i_{\min}$——杆件截面的最小回转半径，根据选用的钢管由钢管规格表查得；

其他符号意义同前。

（三）洞口内横向挡固杆的抗弯强度及挠度验算

挡固杆受水平的拉力作用（图7-16），其承受的弯矩 M 和产生的挠度 w 按下式计算：

$$M=R_{AH}\cdot a \tag{7-63}$$

$$w=\frac{R_{AH}\cdot a}{24EI}(3l^2-4a^2) \tag{7-64}$$

式中　l——窗洞口宽度（mm）；
　　　E——钢材的弹性模量，一般取 $206 \times 10^3 \mathrm{N/mm^2}$；
　　　I——挡固杆的惯性矩（$\mathrm{mm^4}$）。

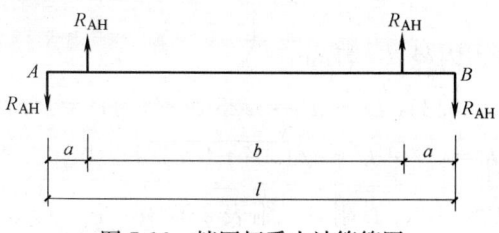

图 7-16　挡固杆受力计算简图

挡固杆的抗弯强度及挠度按下式验算：

$$\sigma = \frac{M}{\gamma_x W} \leqslant f \qquad (7\text{-}65)$$

$$w \leqslant [w] \qquad (7\text{-}66)$$

式中　σ——杆件的抗弯强度；
　　　M——杆件承受的弯矩；
　　　W——杆件的截面抵抗矩；
　　　w——杆件的挠度；
　　　$[w]$——容许变形值，取杆件受弯跨度的 1/300。

（四）扣件抗滑移承载力验算

$$R \leqslant R_c \qquad (7\text{-}67)$$

式中　R——扣件节点处的支座反力计算值；
　　　R_c——扣件抗滑移承载力设计值，每个直角扣件和旋转扣件取 8.5kN。

【例 7-12】　插口飞架脚手架，构造尺寸如图 7-14 所示，采用 $\phi 48 \times 3.5\mathrm{mm}$ 钢管搭设，用扣件连接，已知钢管截面积 $A = 489 \mathrm{mm^2}$，截面抵抗矩 $= 5000 \mathrm{mm^3}$，飞架 $\theta = 60°$，$l = 1.0\mathrm{m}$，$h = 1.73\mathrm{m}$，均布荷载 $q = 2.5 \mathrm{kN/m^2}$，窗洞宽 $l_0 = 2.4\mathrm{m}$，钢管及扣件强度计算系数为 1.5，$\gamma_x = 1.15$，试验算杆件及其连接强度是否满足要求。

【解】　（1）内力计算

由表 7-34 第 2 项公式得：

$$R_{AH} = \frac{1}{2h} \cdot ql \times 1.5 = \frac{1}{2 \times 1.73} \times 2.5 \times 1 \times 1.5 = 1.08 \mathrm{kN} = 1080 \mathrm{N}$$

$$R_{AV} = \frac{1}{2} ql \times 1.5 = \frac{1}{2} \times 2.5 \times 1 \times 1.5 = 1.875 \mathrm{kN} = 1875 \mathrm{N}$$

$$R_B = \frac{\sqrt{l^2 + h^2}}{2h} \cdot ql \times 1.5 = \frac{\sqrt{1^2 + 1.73^2}}{2 \times 1.73} \times 2.5 \times 1 \times 1.5 = 2.166 \mathrm{kN}$$
$$= 2166 \mathrm{N}$$

AC 杆跨中最大弯矩为：

$$M = \frac{1}{8} q l^2 \times 1.5 = \frac{1}{8} \times 2.5 \times 1^2 \times 1.5 = 0.47 \mathrm{kN \cdot m} = 470000 \mathrm{N \cdot mm}$$

（2）截面强度验算

① 水平杆强度验算 由式（7-61）得：

$$\sigma = \frac{R_{AH}}{A} + \frac{M}{\gamma_x W} = \frac{1080}{489} + \frac{47000}{1.15 \times 5000} = 83.9 \text{N/mm}^2 < f \ (=205\text{N/mm}^2)$$

② 斜杆强度验算

钢管外径 $D=48\text{mm}$，内径 $d=41\text{mm}$

$$i = 0.25\sqrt{D^2 + d^2} = 0.25\sqrt{48^2 + 41^2} = 15.78 \text{mm}$$

$$l_0 = \sqrt{l^2 + h^2} = \sqrt{1.0^2 + 1.73^2} \approx 2.0$$

$$\lambda = \frac{2000}{15.78} = 126.7 \quad \text{查附录二附表 2-57 得} \quad \varphi = 0.453$$

由式（7-62）斜杆强度为：

$$\sigma = \frac{R_B}{\varphi A} = \frac{2166}{0.453 \times 489} = 9.78 \text{N/mm}^2 < 205 \text{N/mm}^2$$

③ 挡固杆抗弯及挠度验算

挡固杆受水平杆拉力作用，其产生的弯矩和挠度，由式（7-63）和式（7-64）得：

已知 $\phi 48 \times 3.5\text{mm}$ 钢管的 $I = 12.19 \times 10^4 \text{mm}^4$，窗洞宽 $l = 2400\text{mm}$，水平杆作用点离窗洞边 $a = 150\text{mm}$

$$M = R_{AH} \cdot a = 1080 \times 150 = 162000 \text{N} \cdot \text{mm}$$

$$w = \frac{R_{AH} \cdot a}{24EI}(3l^2 - 4a^2) = \frac{1080 \times 150}{24 \times 206 \times 10^3 \times 12.19 \times 10^4}(3 \times 2400^2 - 4 \times 150^2) = 4.6 \text{mm}$$

挡固杆的抗弯强度为：$\sigma = \frac{M}{\gamma_x W} = \frac{162000}{1.15 \times 5000} = 28 \text{N/mm}^2 < f \ (=205\text{N/mm}^2)$

挡固杆的挠度：$w = 4.6\text{mm} < [w] \left(= \frac{2400}{300} = 8\text{mm} \right)$ 可。

④ 扣件抗滑移承载力验算

扣件节点处主要承受 R_{AH} 和 R_B 的作用，其值分别为 1080N 和 2166N，均小于 R_c（=8500N），故知，满足要求。

7.11 桥式脚手架计算

桥式脚手架常用于六层及六层以下民用建筑外装修，在结构施工阶段亦可支挂安全网作外防护架用，它具有制作简便、安装快速、稳定性好、提升、固定简单，使用安全可靠等优点。

一、形式与构造

桥式脚手架由桥架和支承架（立柱）组合而成。桥架又称桁架式工作平台（图 7-17a），一般由两个单片型钢桁架用水平横杆和剪刀撑连接组装，并在上面铺脚手板而成。其跨度由 3.6~8.0m，最长可达 16m，以 6m 使用最多，宽度由 1.0~1.4m，桁架搁置部分长度为 200mm，加焊短角钢使之成为方形，端部焊以 $\phi 16\text{mm}$ 钢筋吊环作为升降吊挂之用。支承架形式多样，使用较广的有格构式型钢支架和扣件式钢管支架两类。前者支承架截面尺寸为 400mm×400mm，立杆用 L40mm×4mm 角钢，缀板用 $\phi 18\text{mm}$ 圆钢，缀条用 $\phi 14\text{mm}$ 圆钢。支承架采取分节制作，用螺栓法兰连接。首节支承架用 L75mm×50mm×6mm 角钢框作底座

7.11 桥式脚手架计算

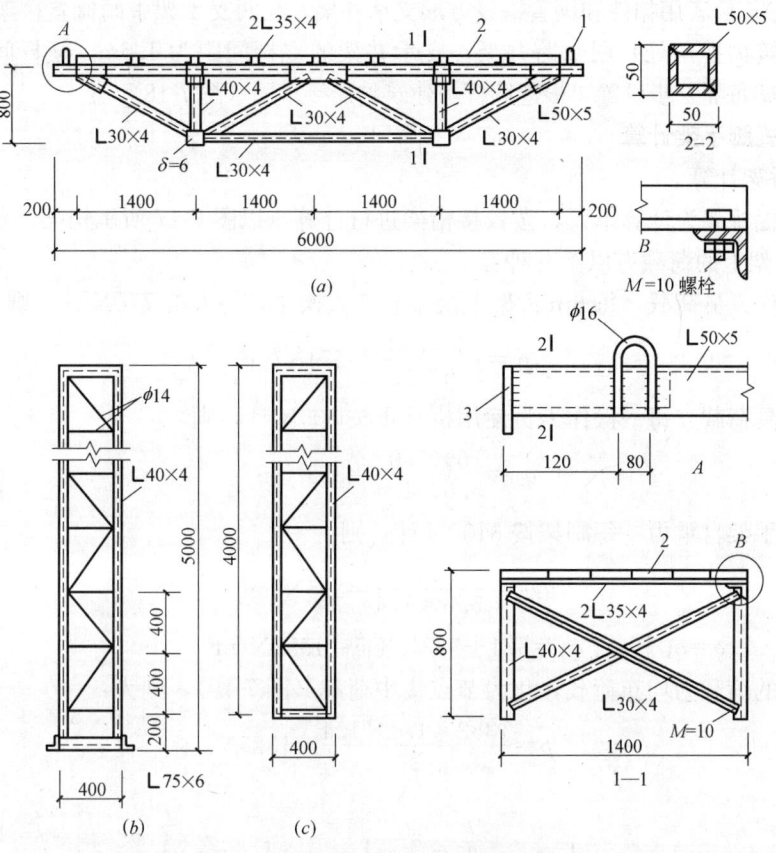

图 7-17 格构式型钢立柱桥式脚手架构造
(a) 型钢桁架式桥架；(b) 首节格构式型钢支承架；(c) 标准节格构式型钢支承架
1—吊环；2—脚手板；3—防滑挡板—50×6×100mm

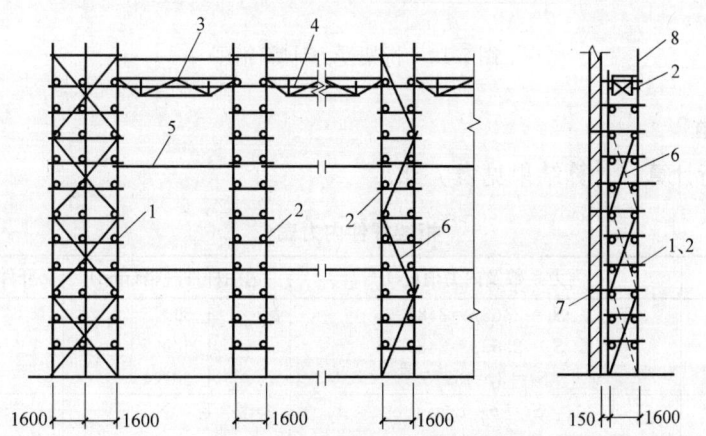

图 7-18 扣件式钢管桥式脚手架构造
1—双跨支承井架；2—单跨支承井架；3—桥架；4—临时拉杆；
5—井架拉杆；6—斜杆；7—连墙杆；8—栏杆

7 脚手架工程

(图7-17b、c);后者用扣件和钢管搭设方形支承井架,在两支承架中间搁置桥架,在脚手架的尽端(建筑物拐角处)用双跨井架。支承井架的立杆间距为1.6m,横杆间距为1.2~1.4m,支承架每隔三步设置二根连墙杆与建筑物连接牢固(图7-18)。

二、桥式脚手架计算

(一)桥架计算

可以单榀桥架为计算单元,按铰接桁架进行计算,以图7-17所示桁架为例计算如下:

1. 脚手架上的荷载有以下几种:

(1)操作人员荷载 每6m桥架上最多有6人操作,每人按750N计,则

$$q_1 = \frac{6 \times 750}{5.6 \times 1.4} = 574 \text{N/m}^2$$

(2)工具荷载 每一操作人员使用机具重按500N计,则

$$q_2 = \frac{6 \times 500}{5.6 \times 1.4} = 383 \text{N/m}^2$$

(3)脚手架自重力 每副架按3100N计,则

$$q_3 = \frac{3100}{5.6 \times 1.4} = 395 \text{N/m}^2$$

总荷载 $q = q_1 + q_2 + q_3 = 574 + 383 + 395 = 1352 \text{N/m}^2$

桥架上的荷载为均布荷载,化为节点集中荷载(图7-19),则为:

$$p = \frac{1352 \times 1.4 \times 1.4}{2} = 1325 \text{N}$$

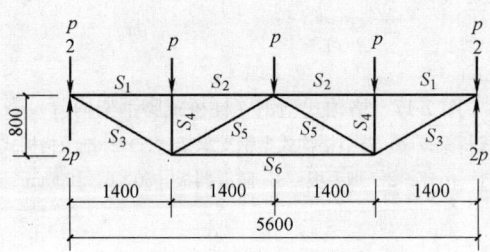

图7-19 桥架受力计算简图

2. 内力计算

按桁架进行计算,计算结果见表7-35。

桁架杆件内力表 表7-35

项次	内力系数及内力值(N)	选用杆件规格(mm)	杆件截面面积(mm²)
1	$S_1 = 2.63p = 3485$	∟50×5	480.3
2	$S_2 = 2.63p = 3485$	∟50×5	480.3
3	$S_3 = 3p = 3975$	∟30×4	227.6
4	$S_4 = p = 1325$	∟40×4	308.6
5	$S_5 = p = 1325$	∟30×4	227.6
6	$S_6 = 3.5p = 4638$	∟30×4	227.6

3. 截面验算

(1)杆件 $S_1 = S_2 = 3485$N,均为压杆,选用∟50×5角钢,$A = 480.3 \text{mm}^2$,$I_x =$

$I_y=15.3$mm,$W=3130$mm^3,因中间节点无支撑,$l_0=2800$mm,又因上弦除承受节点集中荷重外,实际还有均布荷载作用,承受弯矩作用,实为压弯杆件。

S_1、S_2 杆承受的弯矩为:

$$M=\frac{1}{8}ql^2=\frac{1}{8}\times 0.7\times 1352\times 1.4^2=231.87\text{N}\cdot\text{m}=231870\text{N}\cdot\text{mm}$$

又 $\dfrac{l_0}{i_x}=\dfrac{2800}{15.3}=183$ 查表得 $\varphi=0.236$

$$\sigma=\frac{S}{\varphi A}+\frac{M}{\gamma_x W}=\frac{3485}{0.236\times 480.3}+\frac{231870}{1.05\times 3130}$$
$$=30.75+70.6=101.35\text{N/mm}^2<f\ (=205\text{N/mm}^2)$$
$$\lambda=183<[\lambda]\ (=400) \quad 可。$$

(2) 杆件 $S_3=3975$N,$S_6=4638$N,均为拉杆。为制作方便均选用∟30mm×4mm 角钢,$A=227.6$mm^2,$i_x=i_y=9.0$,则

$$\sigma=\frac{S_6}{A}=\frac{4638}{227.6}=20.4\text{N/mm}^2<205\text{N/mm}^2$$
$$\lambda=\frac{l_0}{i_x}=\frac{2800}{9.0}=311<400 \quad 可。$$

(3) 杆件 $S_4=S_5=1325$N,均为压杆。选用∟40mm×4mm 角钢,$A=308.6$mm^2,$i_x=i_y=12.2$mm,取其最大计算长度 $l_0=1.61$m 进行验算

$$\frac{l_0}{i_x}=\frac{l_0}{i_y}=\frac{1610}{12.2}=132;\quad 查表得\quad \varphi=0.423$$
$$\sigma=\frac{S_4}{\varphi A}=\frac{1325}{0.423\times 308.6}=10.2\text{N/mm}^2<205\text{N/mm}^2$$
$$\lambda=\frac{l_0}{i_x}=132<400 \quad 可。$$

(4) 焊缝强度验算

取桁架中内力最大杆件 S_6($=4638$N)计算。焊缝厚度 h_f 取 4mm,则焊缝有效厚度 $h_e=0.7h_f=0.7\times 4=2.8$mm。焊缝长度应为:

$$l_w=\frac{S}{h_e\cdot f_t^w}=\frac{4638}{2.8\times 160}=10.4\text{mm}$$

考虑焊接方便,取焊缝长度为 40mm。

(二) 支承架计算

支承架计算方法同"7.17 格构式型钢井架计算"和"7.18 扣件式钢管井架计算"(略)。

7.12 移动式脚手架计算

移动式脚手架,又称移动式平台架,系用扣件式钢管或门式钢管脚手杆(架)搭设而成,由立杆、纵杆(主梁)、横杆(次梁)、脚手板和行走轮等组成(图 7-20)。一般搭设高度不超过 5m,平台面积不超过 10m^2;高宽比(高度和短边的比值)不宜大于 2:1,否则应采取设置抛撑等安全措施。适于建筑装修工程和管道、电气安装工程应用。

移动式脚手架计算包括:横杆(次梁,下同)、纵杆(主梁,下同)的抗弯承载力计

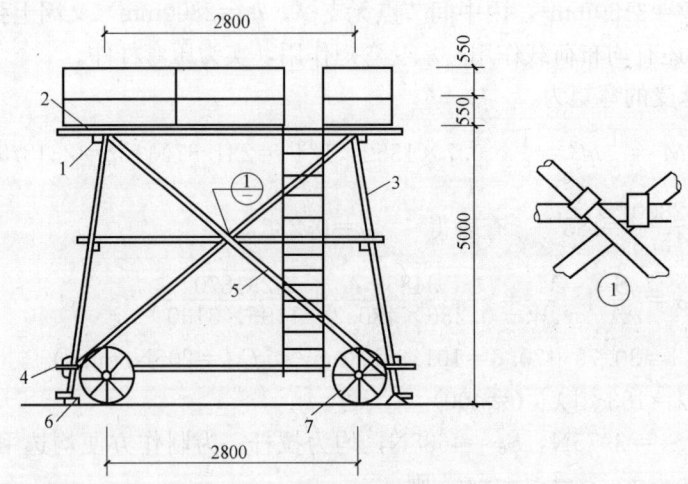

图 7-20 移动式脚手架构造形式
1—纵杆（主梁）；2—横杆（次梁）；3—立杆；4—水平拉撑杆；5—剪刀撑；6—木楔；7—行走轮

算、立杆强度及稳定性验算等。

一、横杆抗弯承载力计算

1. 荷载　恒荷载（永久荷载）中的自重，$\phi 48\times 3.5$mm 钢管以 38.4N/m、30mm 厚铺板以 0.30kN/m² 计；施工活荷载（可变荷载）以 2kN/m² 计。

2. 内力计算　横杆按单跨简支梁，承受均布荷载计算：

$$M=\frac{ql^2}{8} \tag{7-68}$$

式中　M——横杆弯矩设计值（N·m）；
　　　q——横杆上等效均布荷载设计值（N/m）；
　　　l——横杆计算跨度（m）。

横杆按承受集中荷载计算：

$$M=\frac{ql}{8}+\frac{Pl}{4} \tag{7-69}$$

式中　q——横杆上仅依恒荷载计算的均布荷载设计值（N/m）；
　　　P——横杆上的集中活荷载（N）。

3. 强度验算　取以上两项弯矩中的较大值按下式验算强度 σ（N/mm²）：

$$\sigma=\frac{M}{W}\leqslant f \tag{7-70}$$

式中　M——横杆弯矩设计值（N·m）；
　　　W——横杆截面抵抗矩（mm³）；
　　　f——钢材的抗弯、抗压、抗拉强度设计值（N/mm²）。

二、纵杆抗弯承载力计算

1. 荷载　纵杆以立柱为支承点，将横杆传递的恒荷载和施工活荷载，加上纵杆自重的恒荷载，按等效均布荷载计算。

2. 内力计算　立杆为三根时，位于中间立杆支点处的弯矩值较大，可按双跨连续梁按下式计算纵杆中间的负弯矩：
$$M=-0.125ql^2 \tag{7-71}$$
式中 q——纵杆上的等效均布荷载设计值（N/m）；
　　　l——纵杆计算跨度（m）。

3. 强度计算　纵杆强度按下式验算：
$$\sigma=\frac{M}{W}\leqslant f \tag{7-72}$$
式中符号意义同上。

三、立杆强度及稳定性验算

1. 强度计算　由于双跨的中间立杆受力较大，取中间立杆计算，其所受轴向力 $N=1.25$，可按轴心受压杆件，用下式计算：
$$\sigma=\frac{N}{A_n}\leqslant f \tag{7-73}$$
式中　σ——受压正应力（N/mm²）；
　　　N——立杆轴心压力设计值（N）；
　　　A_n——立杆净截面面积（mm²）。

2. 稳定性验算　立杆稳定性按下式验算：
$$\frac{N}{\varphi A}\leqslant f \tag{7-74}$$
式中　φ——受压杆件的稳定系数，按立杆最大长细比查附录二附表 2-57 采用；
　　　A——立杆的毛截面面积（mm²）。
　　其他符号意义同上。

注：计算荷载设计值时，恒荷载应按标准值乘以荷载分项系数 1.2；活荷载应按标准值乘以可变荷载分项系数 1.4。

7.13　钢管脚手模板支撑架计算

扣件式钢管脚手材料除可搭设脚手架、井架、上料平台架和栈桥等外，还可用于搭设层高较大的梁、板和框架结构的模板支架。具有材料易得，支拆方便，承载力高，可变性大，节省模板材料，损耗率小，费用较低等优点。

钢管脚手支架由钢管、扣件、底座和调节杆等组成。钢管一般用外径 48mm、壁厚 3.0～3.5mm 的焊接钢管，长度有 2、3、4、5m 等几种。扣件按用途的不同，有直角扣件、回转扣件和对接扣件三种；按使用材质的不同，又可分为玛钢扣件和钢板扣件两种，其单个重量和容许荷载见表 7-36。底座安装在立杆的下部，有可调螺栓式和固定套管式两种。

扣件重量和容许荷载表　　　　表 7-36

项　　目		直角扣件	回转扣件	对接扣件
玛钢扣件	重量(kg)	1.25	1.50	1.60
	容许荷载(N)	6000	5000	2500
钢板扣件	重量(kg)	0.69	0.70	1.00
	容许荷载(N)	6000	5000	2500

钢管脚手支架连接有用扣件对接和扣件搭接两种方式（图 7-21）。前者由立杆直接传力，受力性能较合理，承载能力能充分利用，支架高度调节灵活；后者荷载直接支承在横杆上，受力性能较差，立杆的承载能力未被充分利用，支架高度调节较困难，但钢管的长度可不受楼层高度变化的影响。其计算方法如下：

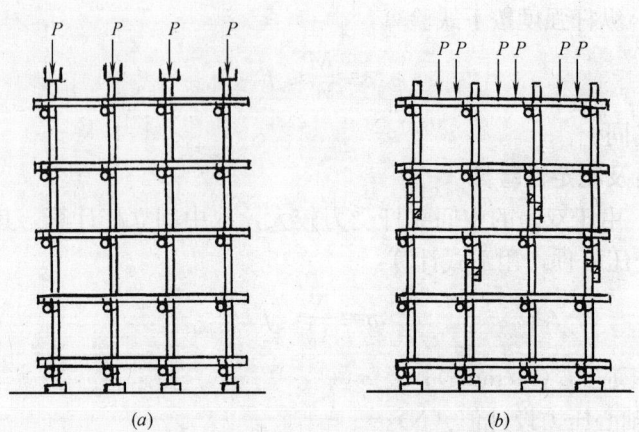

图 7-21　钢管脚手模板支撑架计算简图
(a) 对接连接；(b) 搭接连接

一、立杆的稳定验算

钢管脚手支架主要验算立杆的稳定性，可简化为按两端铰接的受压杆件来计算。

1. 用对接扣件连接的钢管支架：考虑到立杆本身存在弯曲，对接扣件的偏差和荷重不均匀，可按偏心受压杆件来计算。

若按偏心 1/3 的钢管直径，即

$e = \dfrac{D}{3} = \dfrac{48}{3} = 16 \text{mm}$，则 $\phi 48 \times 3 \text{mm}$ 钢管的偏心率　$\varepsilon = e \cdot \dfrac{A}{W} = 16 \times \dfrac{424}{449} = 15.1$

长细比　　　　　　　　　　　　$\lambda = \dfrac{L}{r} = \dfrac{L}{15.9}$

式中　L——计算长度，取横杆的步距。

立杆的容许荷载 $[N]$ (N) 可按下式计算：
$$[N] = \varphi \cdot A \cdot f \tag{7-75}$$

符号意义同前。

按上式计算出不同步距的 $[N]$ 值见表 7-37。

立杆容许荷载 $[N]$ 表 (kN)　　　　　　　表 7-37

横杆步距 (mm)	$\phi 48 \times 3$ 钢管		$\phi 48 \times 3.5$ 钢管	
	对接立杆	搭接立杆	对接立杆	搭接立杆
1000	31.7	12.2	35.7	13.9
1250	29.2	11.6	33.1	13.0
1500	26.8	11.0	30.3	12.4
1800	24.0	10.2	27.2	11.6

2. 用回转扣件搭接的钢管支架：立杆按偏心受压，偏心距取 $e = 70 \text{mm}$ 左右，按上述

计算公式（7-75）算出立杆的容许荷载 $[N]$，亦列入表 7-37 中。

二、横杆的强度和刚度验算

当模板直接放在顶端横杆上时，横杆承受均布荷载。当顶端横杆上先放两根檩条，再放模板时，则横杆承受集中荷载。横杆可视作连续梁，其抗弯强度和挠度的近似计算公式如下

在均布荷载作用下：

$$\sigma_{max}=\frac{M_{max}}{W}=\frac{ql^2}{10W}\leqslant f \tag{7-76}$$

$$w_{max}=\frac{ql^4}{150EI}\leqslant [w] \tag{7-77}$$

在两点集中荷载作用下：

$$\sigma_{max}=\frac{M_{max}}{W}=\frac{Pl}{3.5W}\leqslant f \tag{7-78}$$

$$w_{max}=\frac{Pl^3}{55EI}\leqslant [w] \tag{7-79}$$

式中　σ_{max}——横杆的最大应力（N/mm²）；

w_{max}——横杆的最大挠度（mm）；

M_{max}——横杆的最大弯矩（N·mm）；

W——横杆的截面抵抗矩（mm³）；

E——横杆钢材的弹性模量（N/mm²）；

I——横杆的截面惯性矩（mm⁴）；

q——均布荷载（N/mm）；

P——集中荷载（N）；

l——立杆的间距（mm）；

f——钢材强度设计值，为 215N/mm²；

$[w]$——容许挠度，为 3mm。

【例 7-13】 现浇钢筋混凝土楼板，平面尺寸为 3300mm×4900mm，楼板厚 100mm，楼层净高 4.475m，用组合钢模板支模，内、外钢楞承托，用钢管作楼板模板支架，试计算钢管支架。

【解】　模板支架的荷载：

钢模板及连接件钢楞自重力　　750N/m²
钢管支架自重力　　　　　　　250N/m²
新浇混凝土重力　　　　　　　2500N/m²
施工荷载　　　　　　　　　　2500N/m²
合计　　　　　　　　　　　　6000N/m²

钢管立于内、外钢楞十字交叉处（图 7-22），每区格面积为 1.4×1.5＝2.1m²

每根立杆承受的荷载为　2.1×6000＝12600N

设用 $\phi 48\times 3$mm 钢管，$A=424$mm²

钢管回转半径为：

$$i=\sqrt{\frac{d^2+d_1^2}{4}}=\sqrt{\frac{48^2+42^2}{4}}=15.9\text{mm}$$

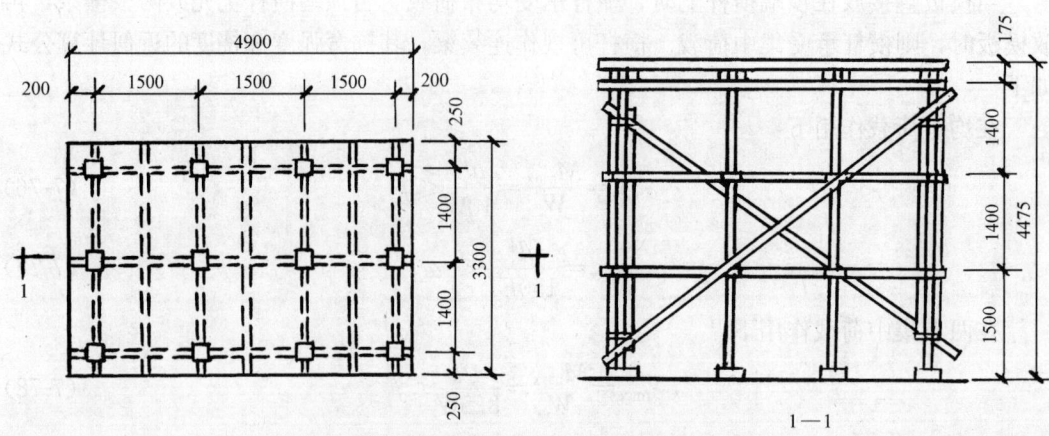

图 7-22 用钢管脚手架作楼板模板支撑架

采用立柱 12 根,各立柱间布置双向水平撑,上下共两道,并适当布置垂直剪刀撑。按强度计算,支柱的受压应力为:

$$\sigma=\frac{N}{A}=\frac{12600}{424}=29.7\text{N/mm}^2$$

按稳定性计算支柱的受压应力为:

长细比 $\lambda=\frac{L}{i}=\frac{1500}{15.9}=94.3$

查附录二附表 2-57 得 $\varphi=0.594$,由式 (7-75),则

$$\sigma=\frac{N}{\varphi A}=\frac{12600}{0.594\times 424}=50\text{N/mm}^2<f=215\text{N/mm}^2 \quad 可。$$

7.14 门式钢管脚手模板支撑架计算

门式钢管脚手架简称门型架,除了广泛用作内外脚手架外,各地还广泛应用作模板支撑。这种门型架支撑具有品种齐全,承载力高,组拼灵活,装拆速度快和安全性好等优点。

一、门型架支撑组成和构造

门型架支撑由门型架、调节螺旋底座、剪刀撑、连接棒、臂扣、水平框等部件组成(图 7-23a)。门型架支撑的主要部件是门型架,由主立杆、上横杆和加劲杆组成(图 7-23b)。一般标准型门型架高 1700mm、宽 1219mm。主立杆和上横杆采用 $\phi 42.7\times 2.4$mm 的优质钢管,加劲杆采用 $\phi 26.8\times 2$mm 的钢管。北京建筑工程研究所结合国内建筑尺寸特点,为便于与普通 $\phi 48\times 3.5$mm 脚手钢管用扣件连接,专门开发了 GZM 工具门型架,其常用宽度为 1200mm,高度为 1800、1500、1200mm,另设 900、600mm 两种调节架。

二、门型架支撑承载力计算

因门型架支撑下部主门架与上部辅助架立杆之间系通过连接棒连接,连接棒的外管径

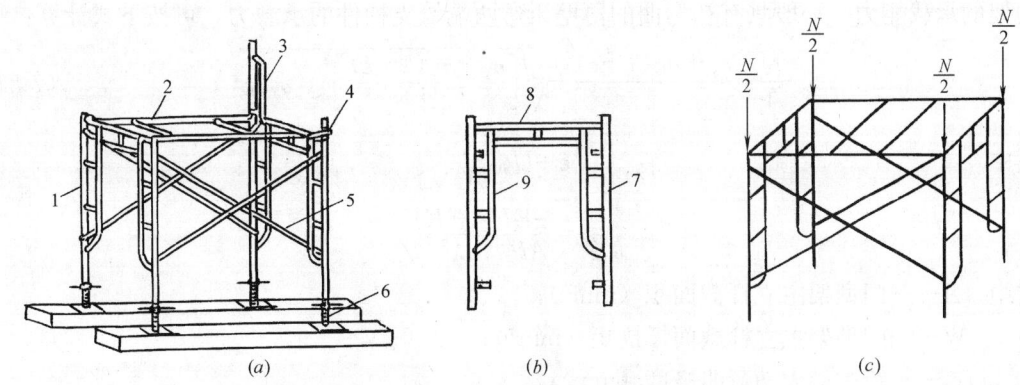

图 7-23 门型架支撑组成与构造
(a) 门型架支撑组成；(b) 门型架构造；(c) 门型架单元受力
1—门型架；2—水平框架；3—臂扣；4—连接棒；5—剪刀撑；6—调节螺栓底座；7—主立杆；8—上横杆；9—加劲杆

与立杆的内管径有一配合公差，导致门型架的上下连接作用弱于钢管支架的对接扣件，因此上下立杆的连接可视为"铰接"，门型架支撑承载力主要决定于标准步高的门型架单元承载力（图 7-23c）。

三、门型架等效为欧拉柱的承载力计算

由于门型架加劲杆对主杆的抗弯刚度起加强作用，使门型架的失稳只能在平面外。门型架可等效为两端铰支的欧拉柱，柱的计算高度即为门型架步高另加连接棒的接口高度 25mm。

主立杆惯性矩：

$$I_0 = \frac{\pi}{64}(D^4 - d^4) = \frac{\pi}{64}(42.7^4 - 37.9^4) = 6.19 \times 10^4 \text{mm}^4$$

加劲杆惯性矩：

$$I_1 = \frac{\pi}{64}(D'^4 - d'^4) = \frac{\pi}{64}(26.8^4 - 22.8^4) = 1.21 \times 10^4 \text{mm}^4$$

1. 有连接棒时门型架等效柱的惯性矩及临界荷载：

等效惯性矩 $$I = 2I_0 + nI_1 \frac{h_1}{h_0} \tag{7-80}$$

临界荷载 $$N_{cr} = \frac{\pi EI}{l^2} \tag{7-81}$$

式中　n——加劲杆数；

　　h_1——加劲杆高度（mm）；

　　h_0——门型架高度，包括连接棒接口高度（mm）；

　　l——门型计算高度（mm）；

其他符号意义同前。

2. 无连接棒时门型架等效柱的惯性矩及临界荷载：
计算同上，只门型架的高度取 1700mm。

四、初弯曲对门型架承载能力的影响计算

单片门型架在运输和装拆过程中，易在抗弯刚度较小的平面外向上弯曲，影响该片门

型架的承载能力。一般具有初弯曲的薄壁压弯两端铰支构件的承载力，可按下式计算：

$$\frac{N}{A}=\frac{\sigma_y+\sigma_E(1+\varepsilon)}{2}-\sqrt{\left[\frac{\sigma_y+\sigma_E(1+\varepsilon)}{2}\right]^2-\sigma_y\sigma_E} \quad (7-82)$$

其中

$$\varepsilon=U_{0m}\frac{A}{W}$$

$$\sigma_E=\frac{\pi EI}{Al^2}=\frac{\pi^2 E}{\lambda^2}$$

式中　A——门型架主立杆截面积（mm^2）；
　　　W——门型架主立杆截面抵抗矩（mm^3）；
　　　U_{0m}——跨中最大初弯曲挠度（mm）；
　　　σ_y——薄壁杆屈服强度（N/mm^2）；

其他符号意义同前。

若考虑门型架的主立杆（包括加劲杆）侧向初弯曲为 $0.5\sim 0.3$mm $\left(\frac{l}{500}=\frac{1700}{500}=3.4\text{mm}\right)$，则单片门型架承载力：

当 $U_{0m}=0$mm 时　　　$N=94.04$kN
当 $U_{0m}=0.5$mm 时　　$N=90.17$kN
当 $U_{0m}=1.0$mm 时　　$N=87.03$kN
当 $U_{0m}=3.0$mm 时　　$N=78.00$kN

支模时，在门型架上部，荷载作用在不同部位，门型架的容许承载力亦不同（表7-38），因此荷载应尽量作用在主立杆的顶部，而不作用在门型架的横杆上，以有效发挥门型架的最大承载力。再门架支撑的基础要牢靠，不应产生下沉或移动；各层各跨门型架都要设剪力撑，最好每层设水平框，以加强门架支撑的整体刚度和便于安装人员操作。

门型架加载部位与承载力　　　　　表7-38

加载点部位					
每片门架最大承载力(kN)	100	91	75	50	30
容许承载力(kN)	50	35	30	20	12

【例7-14】已知标准门型架高1700mm，连接棒接口高25mm，主立杆惯性矩 $I_0=6.19\times 10^4 mm^4$；加劲杆高度1545mm，加劲杆惯性矩 $I_1=1.21\times 10^4 mm^4$；$E=1.95\times 10^5 N/mm^2$ 加劲杆数 $n=2$，试求有连接棒时和无连接棒时的临界荷载。

【解】有连接棒时的门型架惯性矩，由式（7-80）得：

$$I = 2I_0 + nI_1 \frac{h_1}{h_0} = 2 \times 6.19 \times 10^4 + 2 \times 1.21 \times 10^4 \times \frac{1545}{1725} = 14.54 \times 10^4 \text{mm}^4$$

有连接棒时的临界荷载由式（7-81）得：

$$N_{cr} = \frac{\pi^2 EI}{l^2} = \frac{\pi^2 \times 1.95 \times 10^5 \times 14.54 \times 10^4}{(1700+25)^2} = 94.05 \text{kN}$$

无连接棒时的门型架惯性矩为：

$$I = 2 \times 6.19 \times 10^4 + 2 \times 1.21 \times 10^4 \times \frac{1545}{1700} = 14.57 \times 10^4 \text{mm}^4$$

无连接棒时的临界荷载：

$$N_{cr} = \frac{\pi^2 \times 1.95 \times 10^5 \times 14.57 \times 10^4}{1700^2} = 97.03 \text{kN}$$

7.15 门式钢管脚手架支模稳定性验算

在模板工程中，采用门式钢管脚手架（简称门架）支模，应用甚为普遍。具有利用现场工具式脚手材料，提高支模效率，省工、省时、省料，节约劳动力 1/3 左右，经济实用，安全可靠等优点。

门式钢管脚手架的构造参见 7.5 一节。一般多用于支撑梁、板模板，垂直于梁轴线布置，两门架之间用交叉支撑连接，借调交器调整模板支撑高度。支模程序是：先铺设门架调节器，间距为 1.8m；然后安装门架，连接交叉支撑，支设托梁、小楞，设置水平加固件；最后支上部梁、板模板，如图 7-24 所示。

门架支撑稳定性验算方法、步骤包括以下各项：

1. 计算各种荷载对门架支撑计算单元产生的标准值

包括：每米高度门架支撑自重产生的轴向力标准值 N_{GK1}、每米高度门架加固杆、附件自重产生的轴向力标准值 N_{GK2} 和施工荷载作用于一榀门架的轴向力标准值 $\sum N_{QiK}$ 等。

2. 计算作用于一榀门架最大轴向力设计值 N

一般不组合风载，按下式计算：

$$N = 1.2(N_{GK1} + N_{GK2})H + 1.4\sum N_{QiK} \tag{7-83}$$

式中 H——以米为单位的门架高度值；

1.2、1.4——永久荷载与可变荷载的荷载分项系数；

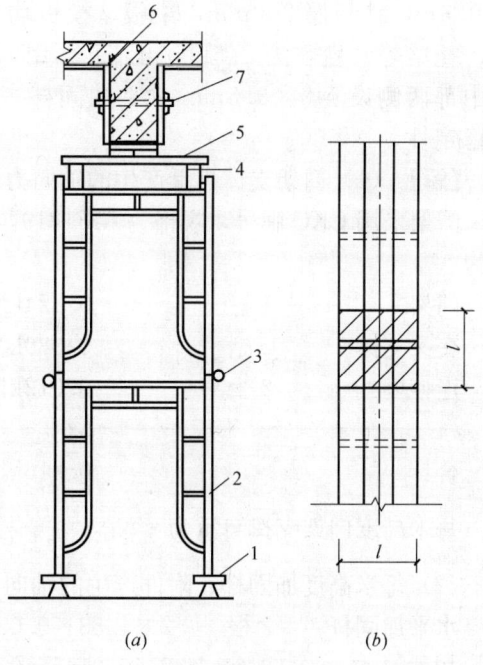

图 7-24 门式钢管脚手架支模构造
(a) 门架支模构造；(b) 门架支模计算单元
1—调节器；2—门架；3—水平加固杆；4—托梁；
5—小楞；6—梁、板模板；7—对拉螺栓

N_{GK1}、N_{GK2}、N_{GiK}符号意义同前。

3. 计算一榀门架的稳定承载力设计值 N^d

按 JGJ 128—2010 规范 5.2 节由下式计算：

$$N^d = \varphi \cdot A \cdot f \cdot R \quad (7\text{-}84)$$

$$i = \sqrt{I/A_1} \quad (7\text{-}85)$$

$$I = I_0 + I_1 \frac{h_1}{h_0} \quad (7\text{-}86)$$

式中 φ——门架立杆的稳定系数，按 $\lambda = kh_0/i$ 查附录 B 表 B.0.6 求得；

k——调整系数，用于门架支撑，取 1.0；

i——门架立杆换算截面回转半径；

I——门架立杆换算截面惯性矩；

h_0——门架高度；

I_0、A_1——分别为门架立杆的毛截面惯性矩与毛截面积；

h_1、I_1——分别为门架加强杆的高度及毛截面惯性矩；

A——一榀门架立杆的毛截面积，$A = 2A_1$；

f——门架钢材的强度设计值，对 Q235 钢采用 205N/mm²；

R——承载力折减系数，取 0.8。

如计算 $N^d > N$，即可认为门架支撑的稳定性满足要求。

【例 7-15】 某宾馆为 22 层高层建筑，底下三层支模高度为 4.2m，梁高 1.0m，宽 0.4m，楼板厚 200mm，梁板、模板均采用定型组合钢模板，每米梁长模板（含小楞、托梁等）自重为 2.5kN/m，下部用二榀门架叠层支撑，门架间距为 1.8m，在门架中部两侧设 $\phi48 \times 3.5$mm 水平加固杆一道，自重为 0.038kN/m，试验算门架支撑的稳定性。

【解】（1）门架支撑自重产生的轴向力 N_{GK1} 计算

门架采用 CKC 牌号，规格为 MF1219，跨距为 1.8m，则每步架高内的构配件及其重量为：

门架	1 榀	0.224kN
交叉支撑	2 副	0.080kN
连接棒	2 个	0.012kN
合计		0.316kN

每米高度门架支撑自重为：$N_{GK1} = \dfrac{0.316}{1.95} = 0.162$kN

（2）每米高度加固杆、附件产生的轴向力 N_{GK2} 计算

水平加固杆	2 根	$2 \times 1.83 \times 0.038 = 0.139$kN
扣件	2 个	$2 \times 0.0145 = 0.029$kN
合计		0.168kN

则 $N_{GK2} = \dfrac{0.168}{2 \times 1.8} = 0.047$kN

(3) 施工荷载产生的轴向力 $\sum N_{QiK}$ 计算

1) 模板自重 N_{Q1K}，在每架距（1.8m）内

$$N_{Q1K}=1.8\times2.5=4.5\text{kN}$$

2) 混凝土和钢筋自重 N_{Q2K}

$$N_{Q2K}=1.8\times0.4\times1\times(25+1.5)=19.08\text{kN}$$

3) 施工人员和设备自重 N_{Q3K}

$$N_{Q3K}=1.8\times1\times1=1.8\text{kN}$$

4) 振捣混凝土产生的荷载 N_{Q4K}

$$N_{Q4K}=1.8\times0.4\times2=1.44\text{kN}$$

则

$$\sum N_{QiK}=(4.5+19.08+1.8+1.44)=26.82\text{kN}$$

(4) 作用于一榀门架轴向力设计值 N 计算

$$N=1.2(N_{GK1}+N_{GK2})H+1.4\sum N_{QiK}$$
$$=1.2(0.162+0.047)\times1.95+1.4\times26.82=38.0\text{kN}$$

(5) 一榀门架稳定承载力设计值 N^d 计算

已知门架立杆钢管为 $\phi42\times2.5\text{mm}$，$A_1=310\text{mm}^2$，$h_0=1930\text{mm}$，$I_0=6.08\times10^4\text{mm}^4$；门架加强钢管为 $\phi26.8\times2.5\text{mm}$，$I_1=1.42\times10^4\text{mm}^4$，$h_1=1536\text{mm}$，代入式(7-86)得门架立杆换算截面惯性矩：

$$I=I_0+I_1\frac{h}{h_0}=6.08\times10^4+1.42\times10^4\times\frac{1536}{1930}=7.21\times10^4\text{mm}^4$$

门架立杆换算截面回转半径由式(7-85)得：

$$i=\sqrt{I/A_1}=\sqrt{7.21\times10^4/310}=15.25\text{mm}$$

又

$$\lambda=kh_0/i=1.0\times1930/15.25=127$$

查附录 B 表 B.0.6 得立杆稳定系数 $\varphi=0.412$

N^d 由式(7-84)得：

$$N^d=\varphi\cdot A\cdot f\cdot R=0.412\times2\times310\times205\times10^{-3}\times0.8$$
$$=41.9\text{kN}>N=38.0\text{kN}$$

故知，$N^d>N$，此门架模板支撑的稳定性满足要求。如不能满足时，可采取缩小门架距离等措施。因门架系按构造搭设，故此不必进行立杆稳定性验算。

7.16　垂直运输起重龙门架计算

龙门式型钢架，简称龙门架，是工业与民用建筑砌筑或吊装工程垂直运输材料或小型构件的主要起重设施。由于它具有构造、设备简单，起重空间大，刚度好，搭设拆除方便、快速，使用轻便，费用较低等优点，在民用与工业建筑应用非常广泛。

龙门架一般由两根立柱、顶部横梁、吊盘、起重滑车组、缆风绳等组成。龙门架的立柱可采用单根钢管或型钢组合式立柱，由角钢或钢管等分节组装而成。常用钢管龙门架的构造如图 7-25 所示。基本尺寸常用技术参数见表 7-39。

7 脚手架工程

钢管组合立柱龙门架的构造和起重量 表7-39

基本尺寸(mm)	架设高度(m)	吊盘尺寸 长×宽(m)	主要材料	自重(t)	起重量(t)
$b=500$ $a=500$ $l=4000$	20	2.40×1.33 3.60×1.60	立柱 $\phi25\times3.2$ 缀条 $\phi16$	1.30	0.8
$b=300$ $a=300$ $l_上=3000$ $l_下=4000$	25	3.60×1.60	立柱 $\phi48\times3.5$ 缀条 $\phi18$	0.90	0.8

注：b、a 符号意义见图7-25。

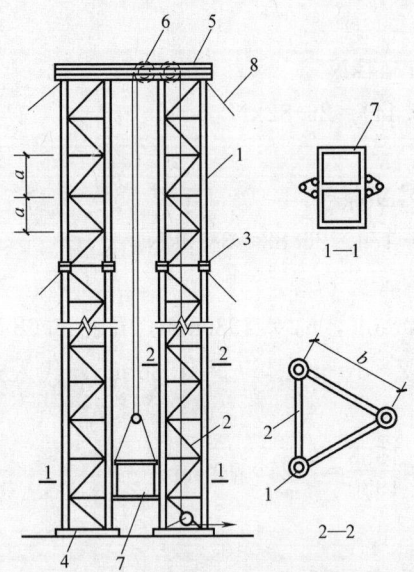

图7-25 钢管组合立柱龙门架构造
1—立柱；2—斜缀条；3—连接板；4—底座；
5—横梁；6—天轮；7—吊盘；8—缆风绳

一、荷载计算

作用在龙门架上的荷载有：

1. 吊盘和吊物重力 $G=k(Q+q)$；
2. 提重物时滑轮组引出的钢丝绳拉力 $S=f_0[k(Q+q)]$；
3. 龙门架重 可参考表7-39或按实际情况计算；
4. 风荷载 $W=k_1 \cdot k_2 w_0 \beta A_F$；

对体型系数 k_1 可按 $k_1=k_p(1+\eta)$ 计算，$k_p=k_\varphi$，k 值按以下取用：当 $w_0 d^2 \leqslant 0.3$，$k=1.2$；当 $w_0 d^2 \geqslant 2.0$，$k=0.6$；其中 d 为钢管外径；$\varphi=\Sigma A_0/A_F$。当 $\varphi \geqslant 0$ 时，$k_1=0.9 k_p(1+\eta)$。对风振系数 β 的数值，取值与格构式井架相同。

5. 风荷载作用下，缆风绳张力对龙门架的垂直和水平分力；
6. 缆风绳自重力对龙门架作用的垂直分力和水平分力。

以上各项荷载符号意义与"格构式井架计算"相同。

二、龙门架计算

龙门架计算主要是立柱的计算，其原理和方法与钢格构式井架计算大体相同。

1. 内力计算

各个控制截面的轴力和弯矩计算，参见"格构式井架计算"。

2. 截面验算

立柱截面为三角形，仅单轴对称（图7-26），其截面的验算，可按薄壁型钢的格构式偏心受压构件进行，包括强度计算，荷载作用于对称平面内时弯矩作用平面内的稳定性计算，单肢局部稳定以及缀条的计算等项，可参照《冷弯薄壁型钢结构技术规范》(GB 50018)中有关规定进行计算。以下简介一近似柱梁计算法，主要用于截面验算。

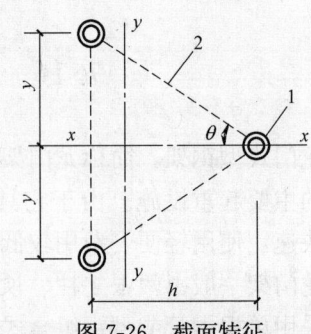

图7-26 截面特征
1—钢管；2—缀条

7.16 垂直运输起重龙门架计算

本法系假定缆风绳与龙门架的交接处为铰接，并且为一刚性支座，可把龙门架简化为一个两端铰接的柱梁进行计算。其计算数值与精确法（弹性支座）计算和试验结果的误差不大，可以满足工程要求。

(1) 立柱应力验算

先根据立柱截面特征按以下计算几何特征：

$$I_x = I_y \approx 2A_B y^2 \tag{7-87}$$

$$i = \sqrt{I_x/3A_B} \tag{7-88}$$

$$\lambda = l_0/i \tag{7-89}$$

当设一道缆风绳时，l_0 等于龙门架的总高度。

当设两道缆风绳时，l_0 则分两段计算，分别求得 λ_1、λ_2。

若采用缀条，折算长细比 $\lambda_{np} = \sqrt{\lambda^2 + 56\dfrac{A_B}{A_p}}$，由 λ_{np} 求出纵向弯曲系数 φ 值。

式中 A_B——一根主单肢的截面面积；

A_p——三角形截面单边平面内斜缀条的截面面积。

截面抵抗矩 $\qquad W_y = I_y/x$

式中 x——单根主肢钢管的中心至 $y-y$ 轴的距离，$x = 2h/3$，而 $h = \sqrt{(2y)^2 - y^2}$（用于等边三角形）。

立柱的应力 σ 按下式验算：

$$\sigma = \frac{N}{3A_B\varphi} + \frac{M}{W} \leqslant f \tag{7-90}$$

式中 N、M——分别为验算截面的轴压力和弯矩；

A_B——一根主肢的截面面积；

φ——纵向弯曲系数，由已知折算长细比 λ_{np} 求得；

W——立柱的截面抵抗矩；

f——钢材的抗拉、抗压和抗弯强度设计值。

(2) 单根主肢的稳定性验算

单肢的长细比

$$\lambda = l/i = 4/d \tag{7-91}$$

式中 l——立柱两条水平缀条的间距；

d——单根主肢的直径。

根据 λ 值查表可求得 φ 值。

单根主肢的稳定性按下式验算：

$$\sigma = \frac{1}{\varphi A_B}\left(\frac{n}{3} + \frac{M}{x}\right) \leqslant f \tag{7-92}$$

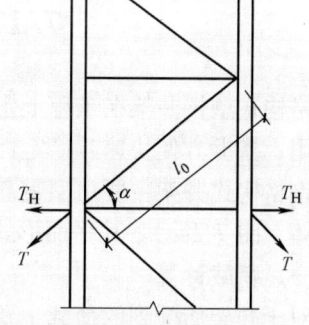

图 7-27 斜缀条计算简图

式中符号意义同前。

(3) 缀条应力验算（图 7-27）

$$\sigma = \frac{N}{\varphi A_F} \leqslant f \tag{7-93}$$

式中 σ——缀条应力；

N——作用于一根缀条上的轴向压力,$N=\dfrac{V}{2\cos\alpha}$;

V——验算截面处的剪力,即缆风绳与龙门架交点处的水平分力 T_H;

α——斜缀条与水平面夹角;

φ——纵向弯曲系数,由 $\lambda=l_0/i$ 查得;

l_0——等于斜缀条长度;

i——回转半径,$i=\sqrt{I/A_F}$;

I——斜缀条惯性矩,当用圆钢筋缀条,$I=\pi d^4/64$;

d——钢筋直径;

A_F——缀条的截面面积。

(4) 整体稳定性的验算

一般用求临界力的方法进行验算,即

$$\dfrac{N_{kp}}{N}=\dfrac{\pi^2 EI}{Nl^2}\geqslant K \tag{7-94}$$

式中 N_{kp}——临界轴向力,$N_{kp}=\dfrac{\pi^2 EI}{l^2}$;

N——最大的轴向压力(相当于"格构式井架计算"中的 N_{01}、N_{02});

π——圆周率,取 3.14;

E——钢材的弹性模量;

I——三角形截面对 x 轴(或 y 轴)的惯性矩,即 $I_x=2A_B y^2$;

l——计算长度,当设一根缆风绳时,l 等于龙门架高度;当设两根缆风绳时,应分段计算,取其较小值代入公式应用;

K——稳定安全系数,一般取 $K=1.5\sim2.5$。

对顶部挂天轮的横梁计算,可按两端支承在立柱上的简支梁考虑,作用在梁上的荷载包括天轮梁自重力、吊物重力、吊盘重力与钢丝绳的拉力等,计算按一般方法(略)。

7.17 格构式型钢井架计算

格构式型钢井架在工程上主要用于垂直运输建筑材料和小型构件,具有设备简单、经久耐用、搭拆方便快速、稳定性好、使用安全等优点,在建筑工程上应用较为普遍。

钢格构式井架主要由型钢立柱、型钢缀条或缀板(钢板)焊接(或螺栓连接)而成一个整体(图 7-28a),其平面形式分方形或长方形。

一、荷载计算

对于井架所受到的荷载主要包括以下几项(图 7-28b):

1. 起吊物和吊盘重力(包括索具等)G

$$G=K(Q+q) \tag{7-95}$$

式中 K——动力系数,对起重 5t 以下的手动卷扬机 $K=1$;30t 以下的机动卷扬机 $K=1.2$;

Q——起吊物体重力;

q——吊盘(包括索具等)自重力。

7.17 格构式型钢井架计算

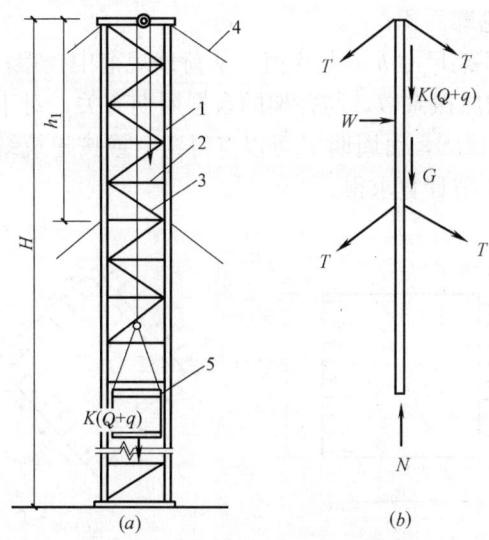

图 7-28 井架构造及受力简图
(a) 井架构造；(b) 受力简图
1—立柱；2—水平缀条；3—斜缀条；4—缆风绳；5—吊盘
Q—吊物重力；q—吊盘自重力；K—动力系数；G—井架自重力；W—风荷载；T—缆风绳张力

2. 提升重物的滑轮组引起的钢丝绳拉力 S

$$S = f_0 [K(Q+q)] \tag{7-96}$$

式中 f_0——引出绳拉力计算系数，按表 7-40 取用。

滑轮组引出绳拉力计算系数 f_0 值　　　　　　　　表 7-40

滑轮的轴承或衬套材料	滑轮组拉力系数 f	动滑轮上引出的钢丝绳根数 n								
		2	3	4	5	6	7	8	9	10
滚动轴承	1.02	0.52	0.35	0.27	0.22	0.18	0.15	0.14	0.12	0.11
青铜套轴承	1.04	0.54	0.36	0.28	0.23	0.19	0.17	0.15	0.13	0.12
无衬套轴承	1.06	0.56	0.38	0.29	0.24	0.20	0.18	0.16	0.15	0.14

3. 井架自重力

一般截面尺寸为 600mm×600mm 井架，自重力约 0.6~0.7kN/m；1000mm×1000mm 井架，自重力约 0.8~1.0kN/m；1500mm×1500mm~2000mm×2000mm 井架，自重力约 1.0~1.5kN/m，或按实际估算。

4. 风荷载 w

当风向平行于井架时（图 7-29a）：

$$w = w_0 \mu_z \mu_s \beta_z A_F \tag{7-97}$$

式中 w_0——基本风压，按建筑结构荷载规范中的规定，对不同地区采用不同的 w_0 值；

μ_z——风压高度变化系数，从建筑结构荷载规范中查用；

μ_s——风载体型系数，$\mu_s = 1.3\phi(1+\eta)$；

ϕ——桁架的挡风系数；$\phi = \dfrac{\Sigma A_C}{A_F}$；

A_C——受风面杆件的投影面积；

A_F——受风面的轮廓面积；

η——系数，由井架尺寸 h/b 与 ϕ 值，从荷载规范中查得；

β_z——z 高度处的风振系数，与井架的自振周期有关，对于钢格构式井架，自振周期 $T=0.01HS$，由周期 T 可以查得 β_z；或按建筑结构荷载规范(GB 50009)第8章第4节计算求得；

H——井架高度。

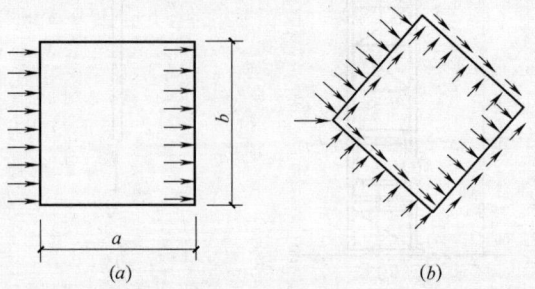

图 7-29 井架风向

(a) 风向与井架平行；(b) 风向与井架成对角线

当风向与井架成对角线时（图 7-29b）

$$w = w_0 \mu_z \mu_s \psi \beta_z A_F \tag{7-98}$$

式中 ψ——系数，对于单肢杆件的钢塔架，$\psi=1.1$；对于双肢杆件的钢塔架，$\psi=1.2$。

通常将风荷载简化成沿井架高度方向的平均风载，即 $q=w/H$。

5. 缆风绳张力对井架产生的垂直与水平分力

当井架设一道缆风绳时，可从计算简图（图 7-30a）分别求出水平分力 T_{H1} 和垂直分力 T_{V1}，如缆风绳与地面成 45°角时，则 $T_{H1}=T_{V1}$。水平分力 T_{H1} 的大小，等于风荷载 q 作用下的简支梁的支座反力。

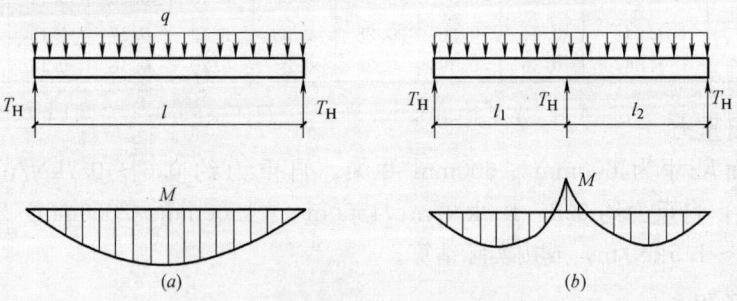

图 7-30 风载作用下井架计算简图

(a) 设一道缆风绳时；(b) 设二道缆风绳时

当井架设二道缆风绳时，可从计算简图（图 7-30b）中分别求出第二道缆风绳的水平分力 T_{H2} 和垂直分力 T_{V2}。此时可按 q 作用下的两跨连续墙计算。

6. 缆风绳自重力对开架产生的垂直与水平分力

$$T_S = \frac{nql^2}{8w} \tag{7-99}$$

7.17 格构式型钢井架计算

$$T_H = T_S \sin\alpha; \quad T_V = T_S \cos\alpha \tag{7-100}$$

式中　T_S——缆风绳自重力产生的张力；
　　　n——缆风绳的根数，一般为 4 根；
　　　q——缆风绳单位长度自重力，当绳直径 $\phi=13\sim15\text{mm}$ 时，$q=8\text{N/m}$；
　　　l——缆风绳长度，$l=H/\cos\alpha$；
　　　H——井架高度；
　　　α——缆风绳与井架的夹角；
　　　w——缆风绳自重产生的挠度，$w=1/300$ 左右；
　　　T_H——缆风绳自重力对井架产生的垂直分力；
　　　T_V——缆风绳自重力对井架产生的水平分力。

因缆风绳都对称设置，水平分力互相抵消，故为零，只垂直分力对井架产生轴向压力。

设一道缆风绳时，水平和垂直分力分别为 T_{H3} 和 T_{V3}；

设两道缆风绳时，第二道缆风绳处的水平和垂直分力，分别为 T_{H4} 和 T_{V4}。

二、井架计算

一般简化为一个铰接的平面桁架来进行。

1. 内力计算

(1) 轴向力计算

当设一道缆风绳时，需要验算井架顶部的截面。顶部的轴压力 N_{01} 为：

$$N_{01} = G + S + T_{V1} + T_{V3} \tag{7-101}$$

当设两道缆风绳时，应分别验算顶部和第二道缆风绳的截面。顶部的轴力计算同上；第二道缆风绳与井架相交截面处的轴压力 N_{02} 为

$$N_{02} = G + S + \text{验算截面以上井架自重} + T_{V1} + T_{V2} + T_{V3} + T_{V4} \tag{7-102}$$

(2) 弯矩计算

当设一道缆风绳时，井架在均布风载 $q=w/H$ 作用下按简支梁计算弯矩 M_1（图 7-30a）；

当设两道缆风绳时，井架在均布风载 $q=w/H$ 作用下，按两跨连续梁计算（图 7-30b）。

2. 截面验算

(1) 井架的整体稳定性验算

格构式井架为偏心受压构件，并假定弯矩作用于与缀条面平行的主平面内。

根据型钢规格表查出立柱的主肢、缀条等有关几何特征，如截面面积、惯性矩、回转半径等，并求截面总的惯性矩 I_x、I_y、I'_x、I'_y（图 7-31）。对其计算弯矩作用平面内的稳定性，应选取最危险的截面（即最小的总的惯性矩 $I_{\min}$）作为验算截面。

井架的长细比按下式计算：

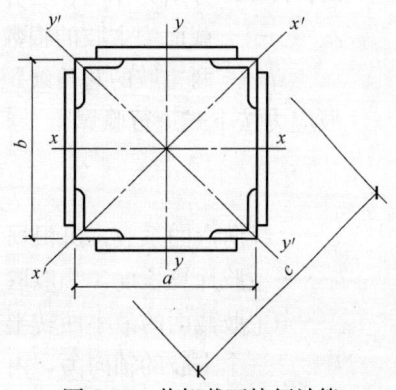

图 7-31　井架截面特征计算

$$\lambda = \frac{H}{\sqrt{I_{\min}/4A_0}} \tag{7-103}$$

式中 H——井架的总高度，按两端为简支考虑，即计算长度 $l_0 = H$；

$I_{\min}$——截面的最小惯性矩；

A_0——一个主肢的截面面积。

换算长细比：
$$\lambda_h = \sqrt{\lambda^2 + \frac{40A}{A_1}} \tag{7-104}$$

式中 A——井架横截面的毛截面面积；

A_1——井架横截面所截垂直于 x—x 轴（或 y—y 轴）的平面内各斜缀条毛截面面积之和。

根据计算的换算长细比 λ_h，从《钢结构设计规范》附录中即可查得 φ 值。

井架在弯矩作用平面内的整体稳定性按下式验算：

$$\frac{N}{\varphi_x A} + \frac{\beta_{mx} M}{W_{1x}\left(1 - \varphi_x \dfrac{N}{N'_{Ex}}\right)} \leqslant f \tag{7-105}$$

式中 N——所计算构件段范围内的轴心压力；

φ_x——稳定系数，根据换算长细比由《钢结构设计规范》附录中查得；

M——所计算构件段范围内的最大弯矩；

W_{1x}——弯矩作用平面内较大受压纤维的毛截面抵抗矩；

β_{mx}——等效弯矩系数，对于有侧移的框架柱和悬臂构件，$\beta_{mx} = 1$；

N'_{Ex}——欧拉临界力，$M_{Ex} = \dfrac{\pi^2 EA}{\lambda_x^2}$。

（2）主肢角钢稳定性验算

对于格构式偏心受压构件，当弯矩作用在和缀条面平行的主平面内时，弯矩作用平面外的整体稳定性可不需验算，但应验算单肢的稳定性。

已知作用在验算截面的弯矩 M，轴力 N，则作用于每一个主肢上的轴力 N'，可按下式计算：

$$N' = \frac{N}{n} + \frac{M}{d} \tag{7-106}$$

式中 M、N——分别为作用在验算截面上的已知的弯矩和轴力；

n——截面中主肢的根数；

d——两主肢的对角线距离（风载作用于对角线方向）。

主肢应力按下式进行验算：

$$\sigma = \frac{N'}{\varphi A_0} \leqslant f \tag{7-107}$$

式中 φ——纵向弯曲系数，可根据 $l_0/i_{\min}$ 值查表求得；

l_0——主肢计算长度，一般取水平缀条之间的距离；

$i_{\min}$——主肢截面的最小回转半径，根据选用的型钢，由型钢规格表查得；

N'——一个主肢的轴向力，由式（7-106）计算；

A_0——一个主肢的横截面面积。

7.17 格构式型钢井架计算

f——钢材的抗拉、抗压和抗弯强度设计值。

(3) 缀条（板）验算

当计算求得所需验算的截面剪力 V_1，并按设计规范计算 $V=20A$（A 为全部肢件的毛截面面积）得到 V_2，比较 V_1、V_2，取其较大者作为验算用的剪力值。

根据求得的 V 值和缀条的夹角 α，即可按下式求出斜缀条的轴向力 N（图7-32）：

$$N=\frac{V}{2\cos\alpha} \quad (7\text{-}108)$$

按轴心受压构件验算缀条的稳定性按下式验算：

$$\sigma=\frac{n}{\varphi A}\leqslant f \quad (7\text{-}109)$$

式中 φ——由 $l_0/i_{\min}$ 值查表求得；

A——一根缀条的毛截面面积。

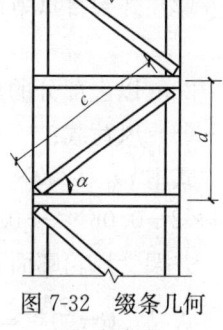

图 7-32 缀条几何尺寸简图

【**例 7-16**】 设计一钢井架，供施工中作垂直运输和构件吊装之用，要求井架高 40.6m，井架吊篮起重量（包括自重）$Q=1.0$t，摇臂杆长 9.0m，摇臂杆起重量 1.5t（图7-33）。

【**解**】 参考已有类似的钢井架，初步确定：井架截面的宽、厚为 $1.6m\times2.0m$，主肢角钢用 $L75\times8$，缀条腹杆用 $L60\times6$，每节高 1.4m，井架设两道缆风绳，第一道设在离地面 20.6m 处，第二道设在井架顶端，缆风绳与井架夹角为 45°，摇臂杆设在距井架顶部 12m 处（摇臂杆设计从略，但已算得摇臂杆根部轴力 $N_0=37.7$kN，起重滑轮组引出索拉力 $S_1=21$kN，变幅滑轮组钢丝绳的张力 $T_1=19.2$kN），其计算简图见图7-34。

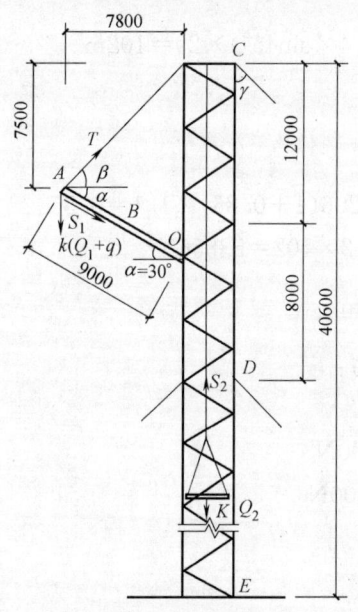

图 7-33 井架轮廓尺寸

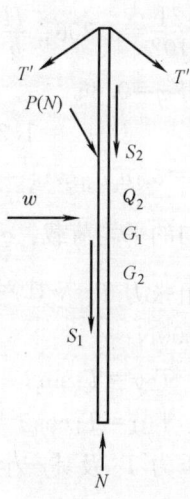

图 7-34 井架的计算简图
G_1—摇臂杆自重力；w—风载；S_1—引出索拉力；
$P(N)$—摇臂杆的轴力；G_2—井架自重力；
S_2—拉升吊篮的引出索拉力；T'—缆风绳拉力；Q_2—吊篮起重力及自重力

419

1. 荷载计算

为简化计算，假定在荷载作用下只考虑顶端一道缆风绳起作用，只有在风荷载作用下才考虑上下两道缆风绳同时起作用。

(1) 吊篮起重力及自重力：$KQ_2 = 1.2 \times 10000 = 12000\text{N}$

(2) 井架自重力：$q_2 = 1\text{kN/m}$，28m 以上部分总自重力为：
$$N_{q2} = (40-28) \times 1000 = 12000\text{N}$$

20m 以上部分的总自重力：$N_{q1} = 20 \times 1000 = 20000\text{N}$

(3) 风荷载：
$$w = w_0 \mu_z \mu_s \beta_z A_F$$

式中 $w_0 = 250\text{N/m}^2$，$\mu_z = 1.2$；$\mu_s = 1.3\phi(1+\eta)$，井架投影面积 $\Sigma A_C = (0.075 \times 1.4 \times 2 + 0.06 \times 2 + 0.06 \times 2.45 \times 29 \times 1.1) = 15.13\text{m}^2$

井架受风轮廓面积 $A_F = 40.6 \times 2 = 81.2\text{m}^2$

$$\therefore \quad \phi = \frac{\Sigma A_C}{A_F} = \frac{15.13}{81.2} = 0.19; \quad \frac{H}{b} = \frac{2}{1.6} = 1.25\text{，由荷载规范查得 }\eta = 0.88$$

$$\mu_s = 1.3 \times 0.19(1+0.88) = 0.46$$

β 按荷载规范计算得出 $\beta = 3.20$。

所以当风向与井架平行时，风载为：$w = 250 \times 1.2 \times 0.46 \times 3.2 \times 81.2 = 35858\text{N}$

沿井架高度方向的平均风载：$q = \dfrac{35858}{40.6} = 883\text{N/m}$

当风向沿井架对角线方向吹时，井架受风的投影面积 $\Sigma A_C = [0.075 \times 1.4 \times 3 + 0.06 \times 2 \times \sin 45° + 0.06 \times 1.6 \times \sin 45° + 0.06 \times 2.45 \times \sin 45° + 0.06 \times 2.13 \sin 45°] \times 29 \times 1.1 = 21\text{m}^2$

井架受风轮廓面积 $A_F = (1.60 \times 1.4 \times \sin 45° + 2 \times 1.4 \times \sin 45°) \times 29 = 102\text{m}^2$

$$\therefore \quad \phi = \frac{\Sigma A_C}{A_F} = \frac{21}{102} = 0.206; \quad \frac{H}{b} = \frac{2}{1.6} = 1.25$$

由荷载规范查得 $\eta = 0.86$

风载体型系数 $\mu_s = 1.3\varphi(1+\eta)\psi = 1.3 \times 0.206(1+0.86) \times 1.1 = 0.55$

所以 $w' = w_0 \mu_z \mu_s \beta_z A_F = 250 \times 1.2 \times 0.55 \times 3.2 \times 102 = 53856\text{N}$

沿井架高度方向的平均荷载：$q' = \dfrac{53856}{40.6} = 1.326\text{N/m}$

(4) 变幅滑轮组张力 T_1 及其产生的垂直与水平分力：

已知 $T_1 = 19200\text{N}$

垂直分力：$T_{1V} = T_1 \sin\beta = 19200 \times \sin 44° = 13400\text{N}$

水平分力：$T_{1H} = T_1 \cos\beta = 19200 \times \cos 44° = 13800\text{N}$

(5) 缆风绳自重力 T_2 及其产生的垂直和水平分力：
$$T_2 = n \cdot \frac{ql^2}{8w}$$

式中 $n = 4$，$q = 8\text{N/m}$（缆风绳直径 $13 \sim 15\text{m}$ 时），$l = \dfrac{H}{\cos\gamma} = \dfrac{40.6}{\cos 45°}$，$w = \dfrac{l}{300} = 0.003l$

7.17 格构式型钢井架计算

$$\therefore \quad T_2 = 4 \times \frac{8 \times \left(\frac{40.6}{\cos 45°}\right)^2}{8 \times 0.003 \times \left(\frac{40.6}{\cos 45°}\right)} = 76691\text{N}$$

垂直分力：$T_{2V} = T_2\cos\gamma = 76691 \times \cos 45° = 54220\text{N}$

水平分力：$T_{2H} = 0$（因 4 根缆风绳的水平分力相互抵消）。

(6) 起重时缆风绳的张力 T_S 及其产生的垂直和水平分力：

起重时只考虑顶端一道缆风绳起作用，在起重时缆风绳的张力：

$$T_3 = \frac{k(Q_1+\dot{q}) \times 7.8 + G \times \frac{7.8}{2}}{H\sin 45°} = \frac{1.2 \times (15000+1500) \times 7.8 + 3000 \times \frac{7.8}{2}}{40.6 \times \sin 45°} = 5788\text{N}$$

垂直分力：$T_{3V} = T_3\cos\gamma = 5788\cos 45° = 4093\text{N}$

水平分力：$T_{3H} = T_3\sin\gamma = 5788\sin 45° = 4093\text{N}$

(7) 风荷载作用下，缆风绳张力产生的垂直和水平分力：

在风荷载作用下，考虑井架顶部及 20.6m 处的两道缆风绳皆起作用，故整个井架可近似按两跨等跨连续梁计算。

顶部缆风绳处：

水平分力：$T_{4H} = 0.375q'l = 0.375 \times 1326 \times 20 = 9945\text{N}$

垂直分力：$T_{4V} = T_{4H} = 9945\text{N}$

中部截面处：

水平分力：$T_{5H} = 1.25q'l = 1.25 \times 1326 \times 20 = 33150\text{N}$

垂直分力：$T_{5V} = T_{5H} = 33150\text{N}$

(8) 摇臂杆轴力 N_0 及起重滑轮组引出索拉力 S_1 对井架引起的垂直和水平分力：

水平分力：$N_{H1} = (N_0 - S_1)\cos\alpha = (37700 - 21000)\cos 30° = 14463\text{N}$

垂直分力：$N_{V1} = (N_0 - S_1)\sin\alpha = (37700 - 21000)\sin 30° = 8350\text{N}$

(9) 起重滑轮组引出索拉力 S_1 经导向滑轮后对井架的垂直压力：

$$N_{V2} \approx S_1 = 21000\text{N}$$

(10) 升降吊篮的引出索拉力 S_2 对井架的压力：

$$N_{V3} \approx S_2 = f_0 K Q_2 = 1.06 \times 1.2 \times 10000 = 12800\text{N}$$

2. 内力计算

(1) 轴力

1) O 截面（摇臂杆支座处）井架的轴力

$$\begin{aligned}N_0 &= KQ_2 + Nq_2 + T_{1V} + T_{2V} + T_{3V} + T_{4V} + N_{V1} + N_{V2} + N_{V3}\\ &= 12000 + 12000 + 13400 + 54220 + 4093 + 9945 + 8350 + 21000 + 12800\\ &= 147808\text{N}\end{aligned}$$

2) D 截面（第一道缆风处）井架的轴力

$$\begin{aligned}N_D &= KQ_2 + Nq_1 + T_{1V} + T_{2V} + T_{3V} + T_{4V} + T_{5V} + N_{V1} + N_{V2} + N_{V3}\\ &= 12000 + 20000 + 13400 + 54220 + 4093 + 9945 + 33150 + 8350 + 21000 + 12800\\ &= 188958\text{N}\end{aligned}$$

(2) 弯矩

1) 风载对井架引起的弯矩 考虑上、下两道缆风绳同时起作用,因而近似的按两跨连续梁计算。

$$M_{01} = T_{4H} \times 12 - \frac{1}{2} q' \times 12^2$$
$$= 9945 \times 12 - \frac{1}{2} \times 1326 \times 12^2 = 23868 \text{N} \cdot \text{m}$$
$$M_{D1} = -0.125 q' \times 20^2$$
$$= -0.125 \times 1326 \times 20^2 = -66300 \text{N} \cdot \text{m}$$

2) 起重荷载引起的水平分力对井架产生的弯矩 此时只考虑顶端的缆风绳起作用。

$$M_{02} = (T_{1H} - T_{3H}) \times 12 + (T_{1V} + T_{3V} + N_{V1} + N_{V2}) \times \frac{2.55}{2}$$
$$= (13800 - 4093) \times 12 + (13400 + 4093 + 8350 + 21000) \times \frac{2.55}{2}$$
$$= 176208 \text{N} \cdot \text{m}$$

$$M_{D2} = (T_{1H} - T_{3H}) \times 20 - N_{H1} \times 8 + (T_{1V} + T_{3V} + N_{V1} + N_{V2}) \times \frac{2.55}{2}$$
$$= (13800 - 4093) \times 20 - 14463 \times 8 + (13400 + 4093 + 3350 + 21000) \times \frac{2.55}{2}$$
$$= 138161 \text{N} \cdot \text{m}$$

所以,井架 O 截面的总弯矩:
$$M_O = M_{01} + M_{02} = 23868 + 176208 = 200076 \text{N} \cdot \text{m}$$

井架 D 截面的总弯矩:
$$M_D = M_{D1} + M_{D2} = 66300 + 138161 = 204461 \text{N} \cdot \text{m}$$

3. 截面验算

(1) 井架截面的力学特征:查型钢特性表得:

主肢: ∟75×8,$A_0 = 11.5 \text{cm}^2$,$Z_0 = 2.15 \text{cm}$,$I_x = I_y = 60 \text{cm}^4$,$I_{\min} = 25.3 \text{cm}^4$,$i_{\min} = 1.48 \text{cm}$。

缀条: ∟60×6,$A_0 = 6.91 \text{cm}^2$,$I_x = 23.3 \text{cm}^4$,$Z_0 = 1.7 \text{cm}$,$i_x = 1.84 \text{cm}$,$I_{\min} = 9.76 \text{cm}^4$,$i_{\min} = 1.19 \text{cm}$。

井架的总惯矩:

y—y 轴:
$$I_y = 4 \left[I_y + A_0 \left(\frac{B_{21}}{2} - Z_0 \right)^2 \right]$$
$$= 4 \left[60 + 11.5 \left(\frac{160}{2} - 2.15 \right)^2 \right] = 279000 \text{cm}^4$$

x—x 轴:
$$I_x = 4 \left[I_x + A_0 \left(\frac{B_{22}}{2} - Z_0 \right)^2 \right]$$
$$= 4 \left[60 + 11.5 \left(\frac{200}{2} - 2.15 \right)^2 \right] = 440000 \text{cm}^4$$

y'—y' 轴和 x'—x' 轴:
$$I'_y = I'_x = I_x \cos^2 45° + I_y \sin^2 45°$$
$$= 440000 \cos^2 45° + 279000 \sin^2 45° = 359500 \text{cm}^4$$

井架的总惯矩取 $I_y = 279000 \text{cm}^4$

(2) 井架的整体稳定性验算

1) O 截面

$$N_0 = 147808\text{N}, \quad M_0 = 200076\text{N} \cdot \text{m}$$

$$\lambda_y = \frac{l_0}{\sqrt{\frac{I_y}{4A_0}}} = \frac{4060}{\sqrt{\frac{279000}{4 \times 11.5}}} = 51.8$$

换算长细比 $\lambda_{0y} = \sqrt{\lambda_y^3 + 40\frac{A}{A_{1y}}} = \sqrt{51.8^2 + 40 \times \frac{4 \times 11.5}{2 \times 6.91}} = 53.0$

查《钢结构设计规范》附录得 $\varphi_y = 0.842$

$$N'_{Ex} = 1.1 \frac{\pi^2 EA}{\lambda_y^2} = \frac{\pi^2 \times 2.1 \times 10^7 \times 46}{1.1 \times 51.8^2} = 3230000\text{N}$$

$$\sigma = \frac{N_0}{\varphi_y A} + \frac{\beta_{mx} M_0}{W_{1y}\left(1 - \varphi_y \frac{N_0}{N'_{Ex}}\right)} = \frac{147808}{0.842 \times 4600} + \frac{1 \times 200076 \times 10^3}{\frac{279000 \times 10^4}{1600/2}\left(1 - 0.842 \times \frac{147808}{3230000}\right)}$$

$$= 38.2 + 59.7 = 98.0 \text{N/mm}^2 < f = 215 \text{N/mm}^2$$

2) D 截面

$$N_D = 188958\text{N}, \quad M_D = 20446\text{N} \cdot \text{m}$$

同上计算得 $\lambda_{Dy} = 53$，查得 $\varphi_y = 0.842$，$N'_{Ex} = 3230000\text{N}$

$$\sigma = \frac{N_D}{\varphi_y A} + \frac{\beta_{mx} M_D}{W_{1y}\left(1 - \varphi_y \frac{N_D}{N'_{Ex}}\right)} = \frac{188958}{0.842 \times 4600} + \frac{1.0 \times 204461 \times 10^3}{\frac{279000 \times 10^4}{1600/2}\left(1 - 0.842 \times \frac{188958}{3230000}\right)}$$

$$= 48.8 + 61.7 = 110.5 \text{N/mm}^2 < f = 215 \text{N/mm}^2 \quad 可。$$

主肢角钢及缀条的稳定性验算（略）。

7.18　扣件式钢管井架计算

采用扣件式钢管脚手杆搭设井架作为现场垂直运输工具，为施工常用井架形式之一，它具有可利用现场常规脚手工具，材料易得，搭拆方便、快速，使用灵活，节省施工费用等优点。

扣件式钢管井架常用井孔尺寸有 4.2m×2.4m、4.0m×2.0m 和 1.9m×1.9m 三种，起重量前二种为 1t，后一种为 0.5t，常用高度为 20～30m。井架为由四榀平面桁架用系杆构成的空间体系，主要由立杆、水平杆、斜杆、扣件和缆风绳等构成（图 7-35）。计算时，通常简化为平面桁架来进行。井架所用管子均为一般搭脚手架的管子，即外径 ϕ48mm、壁厚 3.5mm 的焊接钢管或外径 ϕ51mm、壁厚 3～4mm 的无缝钢管。

一、荷载计算

作用在井架上的荷载有：

1. 垂直荷载　包括井架自重力 Q；吊盘和吊物重力 q，并考虑 1.24 振动系数的影响；起重钢丝绳的拉力 S；缆风绳张力的垂直分力 T_V；

2. 水平荷载　包括风载和缆风绳张力的水平分力 T_H。

7 脚手架工程

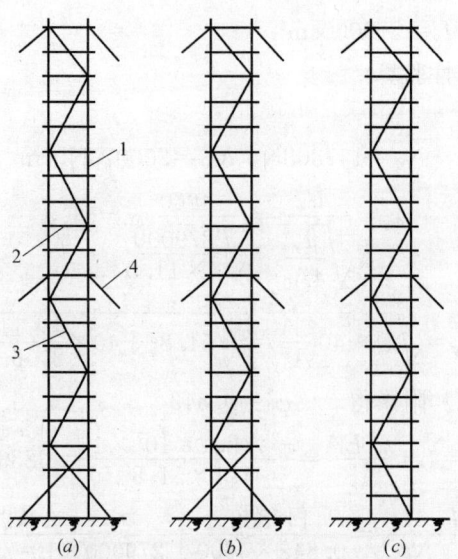

图 7-35 扣件式钢管井架构造
(a) 进料口侧面；(b) 出料口侧面；(c) 侧面
1—立杆；2—水平杆；3—斜杆；4—缆风绳

荷载计算与格构式井架相同。

二、井架计算

井架的计算包括立杆稳定性验算和井架的整体稳定性验算。

1. 立杆稳定性验算

在垂直荷载作用下，立杆可按压杆稳定的条件来验算截面，因水平杆的内力为零，立杆应力 σ 按下式验算：

$$\sigma = \frac{N'}{\varphi A} \leqslant f \tag{7-110}$$

式中 N'——平均作用在每根钢管上的轴压力，$N' = \dfrac{N}{n}$；

N——作用在某一截面上的轴压力；

n——立杆的杆数；

A——每一根立杆的毛截面面积；

φ——纵向弯曲系数，由 $l_0/i_{\min}$ 值查表求得；

l_0——立杆的计算长度，按两端铰接考虑，等于节点间的间距；

$i_{\min}$——最小回转半径，对于钢管，$i_{\min} = \dfrac{1}{4} \times \sqrt{d^2 - d_1^2}$；

d、d_1——分别为钢管的外径和内径。

2. 井架整体稳定验算

在风载作用下，对井架产生倾覆力矩 $\Sigma W_{\mathrm{p}i} \times h_i$，当井架上吊盘无荷载时，由井架自重力产生的抵抗力矩 $\dfrac{Qb}{2}$ 来平衡，验算其稳定性（图7-36），即：

$$\Sigma W_{\mathrm{p}i} h_i \leqslant \frac{Qb}{2} \tag{7-111}$$

7.18 扣件式钢管井架计算

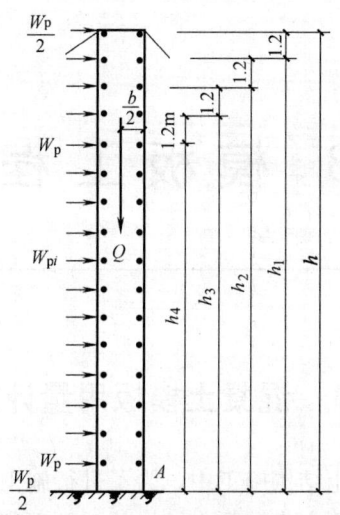

图 7-36 钢管井架稳定性计算简图

如倾覆力矩大于抵抗力矩,对于有缆风绳的井架有可能引起井架立杆产生一定挠度和弯曲应力,但实践情况表明,其值均小于容许值,因此可以认为,井架设缆风绳时,由风载所引起的倾覆失稳可不予考虑,但对缆风绳的拉力应小于下式计算数值:

$$T=\frac{\Sigma W_{pi}h_i-\dfrac{Qb}{2}}{h\cos\alpha} \tag{7-112}$$

式中符号见图 7-36。

8 模板工程

8.1 混凝土模板用量计算

在现浇混凝土和钢筋混凝土结构施工中，为了进行施工准备和实际支模，常需估量模板的需用量和耗费，即计算每立方米混凝土结构的展开面积用量，再乘以混凝土总量，即可得模板需用总量。一般每 $1m^3$ 混凝土结构的展开面积模板用量 U（m^2）的基本表达式为：

$$U = \frac{A}{V} \tag{8-1}$$

式中 A——模板的展开面积（m^2）；

V——混凝土的体积（m^3）。

一、各种截面柱模板用量

1. 正方形截面柱 其边长为 $a \times a$ 时，每立方米混凝土模板用量 U_1（m^2）按下式计算：

$$U_1 = \frac{4}{a} \tag{8-2}$$

2. 圆形截面柱 其直径为 d 时，每立方米混凝土模板用量 U_2（m^2）按下式计算：

$$U_2 = \frac{4}{d} \tag{8-3}$$

表 8-1 为正方形或圆形截面柱，边长 a（或 d）由 0.3 至 2.0m 时的 U 值。

正方形或圆形截面柱的模板用量值　　　　表 8-1

柱模截面尺寸 $a \times a$（m^2）	模板用量 $U = \dfrac{4}{a}$（m^2）	柱模截面尺寸 $a \times a$（m^2）	模板用量 $U = \dfrac{4}{a}$（m^2）
0.3×0.3	13.33	0.9×0.9	4.44
0.4×0.4	10.00	1.0×1.0	4.00
0.5×0.5	8.00	1.1×1.1	3.64
0.6×0.6	6.67	1.3×1.3	3.08
0.7×0.7	5.71	1.5×1.5	2.67
0.8×0.8	5.00	2.0×2.0	2.00

3. 矩形截面柱 其边长为 $a \times b$ 时，每立方米混凝土模板用量 U_3（m^2）按下式计算：

$$U_3 = \frac{2(a+b)}{ab} \tag{8-4}$$

表 8-2 为各种尺寸矩形截面柱 U 值。

矩形截面柱子的模板用量 U 值　　　　　表 8-2

柱模截面尺寸 $a \times b$ (m²)	模板用量 $U=\dfrac{2(a+b)}{ab}$ (m²)	柱模截面尺寸 $a \times b$ (m²)	模板用量 $U=\dfrac{2(a+b)}{ab}$ (m²)
0.4×0.3	11.67	0.8×0.6	5.83
0.5×0.3	10.67	0.9×0.45	6.67
0.6×0.3	10.00	0.9×0.60	6.56
0.7×0.35	8.57	1.0×0.50	6.00
0.8×0.40	7.50	1.0×0.70	4.86

二、主梁和次梁模板用量

钢筋混凝土主梁和次梁，每立方米混凝土的模板用量 U_4（m²）按下式计算：

$$U_4 = \frac{2h+b}{bh} \tag{8-5}$$

式中　b——主梁或次梁的宽度（m）；

　　　h——主梁或次梁的高度（m）。

表 8-3 为常用矩形截面主梁及次梁的 U 值。

矩形截面主梁及次梁之模板用量 U 值　　　　　表 8-3

梁截面尺寸 $h \times b$ (m)	模板用量 $U=\dfrac{2h+b}{hb}$ (m²)	梁截面尺寸 $h \times b$ (m)	模板用量 $U=\dfrac{2h+b}{hb}$ (m²)
0.30×0.20	13.33	0.80×0.40	6.25
0.40×0.20	12.50	1.00×0.50	5.00
0.50×0.25	10.00	1.20×0.60	4.17
0.60×0.30	8.33	1.40×0.70	3.57

三、楼板模板用量

钢筋混凝土楼板，每立方米混凝土模板用量 U_5（m²）按下式计算：

$$U_5 = \frac{1}{d_1} \tag{8-6}$$

式中　d_1——楼板的厚度（m）。

肋形楼板的厚度，一般由 0.06～0.14m；无梁楼板的厚度，由 0.17～0.22m，其每立方米混凝土模板用量 U_5 见表 8-4。

肋形楼板和无梁楼板的模板用量 U 值　　　　　表 8-4

板　厚 (m)	模板用量 $U=\dfrac{1}{d_1}$ (m²)	板　厚 (m)	模板用量 $U=\dfrac{1}{d_1}$ (m²)
0.06	16.67	0.14	7.14
0.08	12.50	0.17	5.88
0.10	10.00	0.19	5.26
0.12	8.33	0.22	4.55

四、墙模板用量

混凝土和钢筋混凝土墙，每立方米模板用量 U_6（m²）按下式计算：

$$U_6=\frac{2}{d_2} \tag{8-7}$$

式中 d_2——墙的厚度（m）。

常用的墙厚与相应的模板用量 U_6 值见表 8-5。

墙模板用量 U 值　　　　　表 8-5

墙　厚 (m)	模板用量 $U=\dfrac{2}{d_2}$ (m^2)	墙　厚 (m)	模板用量 $U=\dfrac{2}{d_2}$ (m^2)
0.06	33.33	0.18	11.11
0.08	25.00	0.20	10.00
0.10	20.00	0.25	8.00
0.12	16.67	0.30	6.67
0.14	14.29	0.35	5.71
0.16	12.50	0.40	5.00

【例 8-1】 住宅楼工程钢筋混凝土柱截面为 0.7m×0.7m 和 0.7m×0.35m；梁高 $h=0.6$m；宽 $b=0.30$m；楼板厚 $d_1=0.08$m；墙厚 $d_2=0.25$m，试计算每立方米混凝土柱、梁、楼板和墙的模板用量。

【解】 （1）柱模板

正方形柱模板按式（8-2）得：

$$U_1=\frac{4}{a}=\frac{4}{0.7}=5.71 m^2$$

矩形柱模板按式（8-4）得：

$$U_3=\frac{2(a+b)}{ab}=\frac{2(0.70+0.35)}{0.70\times 0.35}=8.57 m^2$$

（2）梁模板

梁模板按式（8-5）得：

$$U_4=\frac{2h+b}{bh}=\frac{2\times 0.6+0.3}{0.3\times 0.6}=8.33 m^2$$

（3）楼板模板

楼板模板按式（8-6）得：

$$U_5=\frac{1}{d_1}=\frac{1}{0.08}=12.5 m^2$$

（4）墙模板

墙模板按式（8-7）得：

$$U_6=\frac{2}{d_2}=\frac{2}{0.25}=8.0 m^2$$

8.2　混凝土对模板的侧压力计算

在进行混凝土结构模板设计时，常需要知道新浇混凝土对模板侧面的最大压力值，以便据此计算确定模板厚度和支撑的间距等。

混凝土作用于模板的侧压力，根据测定，随混凝土的浇筑高度而增加，当浇筑高度达到某一临界值时，侧压力就不再增加，此时的侧压力即为新浇筑混凝土的最大侧压力。侧

8.2 混凝土对模板的侧压力计算

压力达到最大值的浇筑高度称为混凝土的有效压头。通过理论推导和试验，国内外提出过很多混凝土最大侧压力的计算公式，现选取我国《混凝土结构工程施工及验收规范》（GB 50204）中提出的新浇混凝土作用在模板上的最大侧压力计算公式如下：

采用内部振捣器时，新浇筑的混凝土作用于模板的最大侧压力，可按下列二式计算，并取二式中的较小值：

$$F = 0.22\gamma_c t_0 \beta_1 \beta_2 V^{\frac{1}{2}} \qquad (8-8)$$

$$F = \gamma_c H \qquad (8-9)$$

式中 F——新浇筑混凝土对模板的最大侧压力（kN/m²）；

γ_c——混凝土的重力密度（kN/m³）；

t_0——新浇混凝土的初凝时间（h），可按实测确定。当缺乏试验资料时，可采用 $t_0 = \dfrac{200}{(T+15)}$ 计算；

T——混凝土的温度（°）；

V——混凝土的浇灌速度（m/h）；

H——混凝土侧压力计算位置处至新浇筑混凝土顶面的总高度（m）；

β_1——外加剂影响修正系数，不掺外加剂时取 1.0；掺具有缓凝作用的外加剂时取 1.2；

β_2——混凝土坍落度影响修正系数，当坍落度小于 30mm 时，取 0.85；50～90mm 时，取 1.0；110～150mm 时，取 1.15。

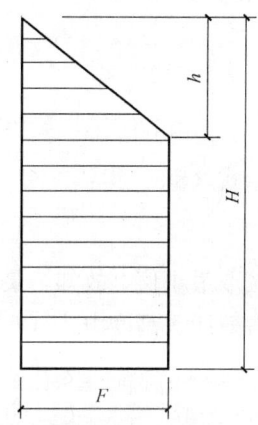

图 8-1 混凝土侧压力计算分布图形
h—有效压头高度（m）；
H—混凝土浇灌高度（m）。

混凝土侧压力的计算分布图形如图 8-1 所示，有效压头高度 h（m）按下式计算：

$$h = \frac{F}{\gamma_c} \qquad (8-10)$$

新浇筑混凝土对模板侧面的最大压力　　表 8-6

浇筑速度 (m/h)	混凝土的最大侧压力标准值(kN/m²) 在下列温度条件下						
	5℃	10℃	15℃	20℃	25℃	30℃	35℃
0.3	28.92	23.14	19.28	16.52	14.46	12.86	11.57
0.6	40.90	32.72	27.27	23.37	20.45	18.18	16.36
0.9	50.09	40.07	33.39	28.62	25.05	22.67	20.40
1.2	57.84	46.27	38.56	33.05	28.92	25.71	23.14
1.5	64.67	51.73	43.11	36.95	32.33	28.75	25.87
1.8	70.84	56.67	47.23	40.48	35.42	31.49	28.34
2.1	76.51	61.21	51.01	43.72	38.26	34.01	30.61
2.4	81.80	65.44	54.53	46.74	40.90	36.36	32.72
2.7	86.76	69.41	57.84	49.57	43.38	38.57	34.70
3.0	*91.45	73.16	60.97	52.26	45.73	40.65	36.58
4.0	*105.60	84.48	70.40	60.34	52.80	46.94	42.24
5.0	*118.06	*94.45	78.71	67.46	59.03	52.48	47.23
6.0	*129.33	*103.47	86.22	73.90	64.67	57.49	51.73

注：1. 根据式（8-8）计算，普通混凝土坍落度为 5～9cm，未掺外加剂。
　　2. 带 * 的数值实际应按 90kN/m² 的限值采用。

根据上述公式算出的混凝土最大侧压力标准值列于表 8-6 中。

【例 8-2】 混凝土墙高 $H=4.0\text{m}$，采用坍落度为 30mm 的普通混凝土，混凝土的重力密度 $\gamma_c=25\text{kN/m}^3$，浇筑速度 $V=2.5\text{m/h}$，浇筑入模温度 $T=20℃$，试求作用于模板的最大侧压力和有效压头高度。

【解】 由题意取 $\beta_1=1.0$，$\beta_2=0.85$

由式（8-8）得：

$$F=0.22\gamma_c t_0 \beta_1 \beta_2 V^{\frac{1}{2}}=0.22\gamma_c\left(\frac{200}{T+15}\right)\beta_1\beta_2 V^{\frac{1}{2}}$$

$$=0.22\times25\times\left(\frac{200}{20+15}\right)\times1.0\times0.85\times\sqrt{2.5}=42.2\text{kN/m}^2$$

由式（8-9）得：

$$F=\gamma_c H=25\times4.0=100\text{kN/m}^2$$

按取最小值，故知，最大侧压力为 42.2kN/m^2。

有效压头高度由式（8-10）得：

$$h=\frac{F}{\gamma_c}=\frac{42.2}{25}\approx1.7\text{m}$$

故知，有效压头高度为 1.7m。

8.3 作用在水平模板上的冲击荷载计算

浇筑混凝土时，作用在水平模板上的冲击荷载有：混凝土机动翻斗车刹车时的水平力、混凝土吊斗卸料时的冲击力和泵送混凝土出料时的冲击力等。

一、混凝土机动翻斗车刹车时的水平力计算

混凝土机动翻斗车急刹车时产生的水平力 F （kN），可按下式计算：

$$F=Ma=\frac{Wa}{g} \tag{8-11}$$

式中 M——负载翻斗车的质量，$M=\frac{W}{g}$；

W——负载翻斗车的重力（kN）；

g——重力加速度（m/s²），取 $g=9.8\text{m/s}^2$；

a——斗车平均加速度或减速度（m/s²）。

当用机动翻斗车浇筑楼板混凝土，模板及其支撑系统应能承受作用在模板上的水平力。如有多辆翻斗车同时刹车，应考虑总推力的作用。

一般防止模板因水平力作用失稳的措施是：(1) 缩短支撑的自由长度，在纵横向均设水平支撑；(2) 从支撑顶部到另一支撑底部安装双向剪刀撑；(3) 当翻斗车的重量和冲击力，有可能同时作用在某一跨模板上时，将支撑的顶部与其上的纵梁模板连接牢固，以防止将相邻跨模板抬起。

二、混凝土吊斗卸料时的冲击力计算

混凝土浇灌采用吊斗卸料时，混凝土碰到模板或其上的混凝土料堆而突然降低速度所

产生的附加压力，有时是相当大的。

如图 8-2 所示，设有一吊斗悬挂在模板上空，混凝土从吊斗倾倒在模板上或新浇的混凝土的顶面上，假定混凝土的速度在点 3 处为零。当某一部分混凝土在点 2 与点 3 之间发生速度变化时，由此而产生的冲击力 F (kN)，可按下式计算：

$$F=\frac{W\sqrt{2gh}}{Tg} \quad (8-12)$$

式中　W——吊斗中原有混凝土自重 (kN)；
　　　h——点 1 到点 2 的卸料高度 (m)；
　　　g——重力加速度 (m/s²)，取 $g=9.8$m/s²；
　　　T——混凝土均速卸料时卸空吊斗所需的时间 (s)。

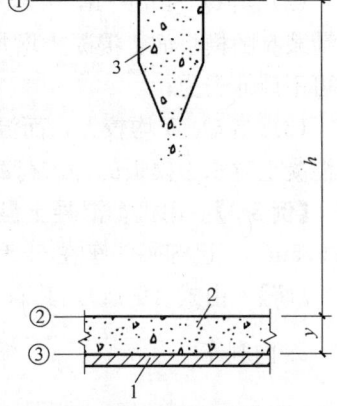

图 8-2　混凝土从料斗卸到水平模板上产生的冲击力
1—模板；2—混凝土；3—混凝土吊斗
h—点①到点②之间的距离 (m)；
y—点②到点③之间的距离 (m)

由上式知，F 取决于吊斗内混凝土的原有重量、吊斗内混凝土上表面到模板的垂直距离及卸空吊斗所需时间。该力与卸空吊斗的速度成正比，并与卸料高度的平方根成正比。由此可知，如需减小冲击力，减慢卸料速度比减小卸料高度更为有效。

三、泵送混凝土出料口的冲击力计算

泵送混凝土是用混凝土泵通过输送管道将拌合物的混凝土压送到浇筑部位，因混凝土在输送管出口处具有初速度，故泵送混凝土在浇灌过程中对水平模板的冲击荷载比传统浇筑法大。其对水平模板的最大冲击力 F_{tmax} (kN) 一般可按下式计算：

$$F_{tmax}=\frac{\gamma}{g}b\overline{Q}\left(\frac{2\overline{Q}}{A}+\sqrt{2gh}\right) \quad (8-13a)$$

将 $\gamma=24$kN/m³，$g=9.8$m/s²，$A=\frac{\pi}{4}D^2$ 代入，整理后得：

$$F_{tmax}\approx\overline{Q}\left(\frac{\overline{Q}}{D^2}+2\sqrt{h}\right)\times10 \quad (8-13b)$$

式中　$\overline{Q}$——单位时间内平均泵送混凝土量 (m³/h)；
　　　γ——新拌混凝土的自重力 (kN/m³)；
　　　b——比例系数，与混凝土泵的构造与工作效率有关，对柱塞式与隔膜式泵，$b=1.25\sim2.0$；对软管挤压式泵，$b=1.20\sim1.5$；
　　　A——泵车输送管的横截面面积 (mm²)；
　　　D——泵车输送管的内径 (mm)；
　　　h——混凝土输送管出料口距模板面的垂直高度 (mm)；
　　　g——重力加速度 (m/s²)。

为便于和其他均布荷载组合，可用等效方法将 F_{tmax} 换算成均布荷载 q：

$$q=\frac{2F_{tmax}}{l} \quad (8-14)$$

式中　l——水平模板支撑间距 (m)。

由上式分析，可以得出以下几点：

(1) 当 $\overline{Q}<40\text{m}^3/\text{h}$，$h<2\text{m}$ 时，无论何种形式模板，均可考虑不计冲击力作用；

(2) 当 $\overline{Q}>40\text{m}^3/\text{h}$，$h>2\text{m}$ 时，冲击力可能大于振捣力，但泵送混凝土对模板的冲击荷载有随模板面上混凝土增加而分散减小的特性，当混凝土板浇筑厚度大于 30cm 时，亦可不计冲击力；

(3) 当 $\overline{Q}$、h 均较大，而混凝土板厚又小于 30cm 时，则在进行模板设计时应适当考虑混凝土对水平模板的冲击荷载。

【例 8-3】 用机动混凝土翻斗车浇筑混凝土，负载翻斗车的重力为 22kN，最大速度为 6.5m/s，已知翻斗车在 5s 和 3s 内刹车，试求其水平冲击力。

【解】 由式 (8-11)，其水平冲击力分别为：

5s 内刹车 $\qquad F=\dfrac{Wa}{g}=\dfrac{22}{9.8}\times\dfrac{6.5}{5}=2.91\text{kN}$

3s 内刹车 $\qquad F=\dfrac{22}{9.8}\times\dfrac{6.5}{3}=4.86\text{kN}$

【例 8-4】 用吊斗浇筑混凝土，斗内装有 24kN 的混凝土，在 5s 内卸空，最大卸料高度为 1.5m，如作用在 0.5m^2 的模板上，试计算产生的冲击力和增加的压力。

【解】 由式 (8-12)，其产生的冲击力为：

$$F=\dfrac{W\sqrt{2gh}}{Tg}=\dfrac{24\sqrt{2\times 9.8\times 1.5}}{5\times 9.8}=2.656\text{kN}$$

该力作用在 0.5m^2 的模板上，由此增加的压力为：

$$F_0=\dfrac{2.656}{0.5}=5.31\text{kN/m}^2$$

【例 8-5】 用泵车浇灌楼板混凝土，已知施工时平均泵送量为 55m^3/h，输送管径 12.5cm，混凝土出料口处自由倾落高度为 1.5m，试求对模板的最大冲击荷载。

【解】 已知 $\overline{Q}=55\text{m}^3/\text{h}=0.015\text{m}^3/\text{s}$

由式（8-14）其对模板产生的冲击荷载为

$$F_{tmax}=\overline{Q}\left(\dfrac{\overline{Q}}{D^2}+2\sqrt{h}\right)\times 10=0.015\times\left(\dfrac{0.015}{0.125^2}+2\sqrt{1.5}\right)\times 10^4=511\text{N}$$

设模板支撑间距 $l=0.75\text{m}$，化为均布荷载：

$$q=\dfrac{2F_{tmax}}{l}=\dfrac{2\times 511}{0.75}=1363\text{N/m}$$

故知，对模板的最大冲击荷载为 1363N/m。

8.4 组合钢模板常用连接件和支承件计算

8.4.1 模板拉杆计算

模板拉杆用于连接内、外两组模板，保持内、外模板的间距，承受混凝土侧压力对模板的荷载，使模板有足够的刚度和强度。

拉杆形式多采用圆杆式（通称对拉螺栓或穿墙螺栓），分组合式和整体式两种。前者由内、外拉杆和顶帽组成。后者为自制的通长螺栓（图 8-3）。通常采用 Q235 圆钢制作。

8.4 组合钢模板常用连接件和支承件计算

模板拉杆的计算公式如下

$$P = F \cdot A \tag{8-15}$$

式中 P——模板拉杆承受的拉力（N）；

F——混凝土的侧压力（N/m²）；

A——模板拉杆分担的受荷面积（m²），其值为 $A=a \times b$；

a——模板拉杆的横向间距（m）；

b——模板拉杆的纵向间距（m）。

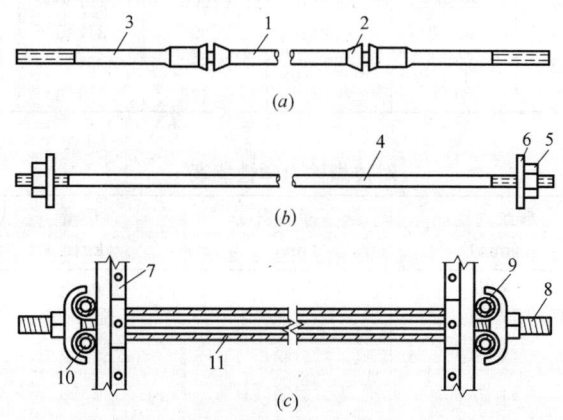

图 8-3 对拉螺栓
(a) 组合式；(b) 整体式；(c) 整体对拉螺栓支模
1—内拉杆；2—顶帽；3—外拉杆；4—螺杆；5—螺母；6—垫板；
7—钢模板；8—对拉螺栓；9—扣件；10—钢楞；11—套管

表 8-7、表 8-8 为按公式（8-15）编制的对拉螺栓拉力计算表，已知 F、a、b 可直接查出 P 值。

表 8-9 为常用对拉螺栓力学性能表，可根据计算或查出的 P 值选用螺栓直径。

对拉螺栓拉力（N）计算表（$F=30\text{kN/m}^2$） 表 8-7

b(m) \ a(m)	0.45	0.50	0.55	0.60	0.65	0.70	0.75
0.45	6075	—	—	—	—	—	—
0.50	6750	7500	—	—	—	—	—
0.55	7425	8250	9075	—	—	—	—
0.60	8100	9000	9900	10800	—	—	—
0.65	8775	9750	10725	11700	12675	—	—
0.70	9450	10500	11550	12600	13650	14700	—
0.75	10125	11250	12375	13500	14625	15750	16875
0.80	10800	12000	13200	14400	15600	16800	18000
0.85	11475	12750	14025	15300	16575	17850	19125
0.90	12150	13500	14850	16200	17550	18900	20250

注：当混凝土侧压力 $F \neq 30\text{kN/m}^2$ 时，对拉螺栓的拉力 $P' = \dfrac{P \cdot F'}{F}$，$F'$ 为实际的混凝土侧压力；P 为由表 8-7 中查出之值。当 $F=60\text{kN/m}^2$ 时，可查表 8-8。

对拉螺栓拉力（N）计算表（$F=60\text{kN/m}^2$） 表8-8

b(m) \ a(m)	0.45	0.50	0.55	0.60	0.65	0.70	0.75
0.45	12150						
0.50	13500	15000					
0.55	14850	16500	18150				
0.60	16200	18000	19800	21600			
0.65	17550	19500	21450	23400	25350		
0.70	18900	21000	23100	25200	27300	29400	
0.75	20250	22500	24750	27000	29250	31500	33750
0.80	21600	24000	26400	28800	31200	33600	36000
0.85	22950	25500	28050	30600	33150	35700	38250
0.90	24300	27000	29700	32400	35100	37800	40500

注：注同表8-7。

对拉螺栓力学性能表 表8-9

螺栓直径 (mm)	螺纹内径 (mm)	净面积 (mm^2)	重量 (kg/m)	容许拉力 (N)
M12	9.85	76	0.89	12900
M14	11.55	105	1.21	17800
M16	13.55	144	1.58	24500
M18	14.93	174	2.00	29600
M20	16.93	225	2.46	38200
M22	18.93	282	2.98	47900

【例8-6】 已知混凝土对模板的侧压力为 26kN/m^2，拉杆横向间距为 0.75m，纵向间距为 0.85m，试选用对拉螺栓直径。

【解】 按公式（8-15）计算拉杆承受的拉力
$$P=26000\times0.75\times0.85=16575\text{N}$$

亦可查表8-7得 $P=19125\text{N}$

$$\therefore P=\frac{19125\times26}{30}=16575\text{N}$$

查表8-9选用 M14 螺栓，其容许拉力为 17800N>16575N，可。

8.4.2 支承钢楞计算

支承钢模板用钢楞又称连杆、檩条、龙骨等，用于支承钢模板，加强其整体刚度。钢楞材料有钢管、矩形钢管、内卷边槽钢和槽钢等多种形式。钢楞常用各种型钢力学性能见表8-10。

钢楞系直接支承在钢模板上，承受模板传递的多点集中荷载，为简化计算，通常按均布荷载计算。其计算原则是：(1) 连续钢楞跨度不同时，按不同跨数有关公式进行计算。钢楞带悬臂时，应另行验算悬臂端的弯矩和挠度，取最大值。(2) 每块钢模板上宜有两处支承，每个支承上有两根钢楞。(3) 长度1500、1200和900mm的钢模板内楞间距 a，一般分别取750、600和450mm。外钢楞最大间距取决于抗弯强度及挠度的控制值，但不宜超过2000mm。(4) 热轧钢楞的强度设计值 $f=215\text{N/mm}^2$，冷弯型钢钢楞的容许应力 $[f]=160\text{N/mm}^2$。钢楞的容许挠度 $[w]=0.3\text{cm}$。

8.4 组合钢模板常用连接件和支承件计算

各种型钢力学性能表 表 8-10

规 格 (mm)		截面积 A (mm^2)	重量 (kg/m)	截面惯性矩 I_x (mm^4)	截面最小抵抗矩 W_x (mm^3)
扁钢	—70×5	350	2.75	14.29×10^4	4.08×10^3
角钢	∟75×25×3.0	291	2.28	17.17×10^4	3.76×10^3
	∟80×35×3.0	330	2.59	22.49×10^4	4.17×10^3
钢管	φ48×3.0	424	3.33	10.78×10^4	4.49×10^3
	φ48×3.5	489	3.84	12.19×10^4	5.08×10^3
	φ51×3.5	522	4.10	14.81×10^4	5.81×10^3
矩形钢管	□60×40×2.5	457	3.59	21.88×10^4	7.29×10^3
	□80×40×2.0	452	3.55	37.13×10^4	9.28×10^3
	□100×50×3.0	864	6.78	112.12×10^4	22.42×10^3
冷弯槽钢	⊏80×40×3.0	450	3.53	43.92×10^4	10.98×10^3
	⊏100×50×3.0	570	4.47	88.52×10^4	12.20×10^3
内卷边槽钢	⊏80×40×15×3.0	508	3.99	48.92×10^4	12.23×10^3
	⊏100×50×20×3.0	658	5.16	100.28×10^4	20.06×10^3
槽钢	⊏8	1024	8.04	101.30×10^4	25.30×10^3

一、单跨及两跨连续的内钢楞计算（图 8-4）

1. 按抗弯强度计算内钢楞跨度 b

$$q = Fa \qquad (8-16)$$

$$M_{max} = \frac{qb^2}{8} = \frac{Fab^2}{8}$$

$$\sigma_{max} = \frac{M_{max}}{W} = \frac{Fab^2}{8W} \leqslant f$$

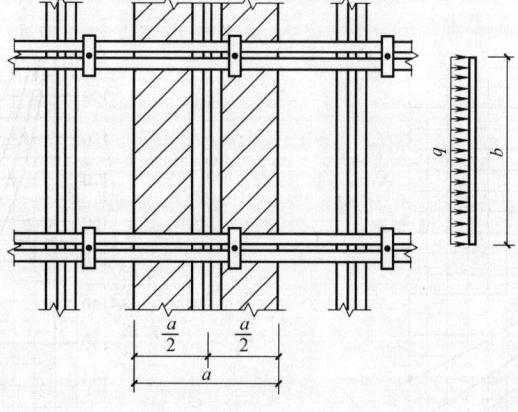

图 8-4 内钢楞计算简图

即得

$$b \leqslant \sqrt{\frac{8fW}{Fa}} \qquad (8-17)$$

2. 按挠度计算内钢楞的跨度 b

$$w_{\max}=\frac{5qb^4}{384EI}=\frac{5Fab^4}{384EI}\leqslant [w]$$

即得
$$b\leqslant\sqrt[4]{\frac{384[w]EI}{5Fa}} \tag{8-18}$$

式中 F——混凝土侧压力（N/mm^2）；
q——均布荷载（N/mm）；
a——内钢楞间距（mm）；
b——外钢楞间距（或内钢楞的跨度）（mm）；
$M_{\max}$——内钢楞承受的最大弯矩（$N\cdot mm$）；
$\sigma_{\max}$——内钢楞承受的最大应力（N/mm^2）；
f——钢材的抗拉、抗弯强度设计值（N/mm^2）；
W——双根内钢楞的截面最小抵抗矩（mm^3）；
$w_{\max}$——内钢楞最大挠度（mm）；
$[w]$——内钢楞容许挠度值（mm）；
EI——双根内钢楞的抗弯刚度（$N\cdot mm^2$）。

同样，根据以上计算公式，可以计算出在不同混凝土侧压力作用下，外钢楞（或模板拉杆）的最大间距（即内钢楞的最大跨度）。图 8-5～图 8-7 为用各种型钢作内钢楞时的外钢楞最大间距选用图。

二、三跨及三跨以上连续的内钢楞计算

1. 按抗弯强度计算内钢楞的跨度 b

$$q=Fa ; \quad M_{\max}=\frac{qb^2}{10}=\frac{Fab^2}{10}$$

$$\sigma_{\max}=\frac{M_{\max}}{W}=\frac{Fab^2}{10W}\leqslant f$$

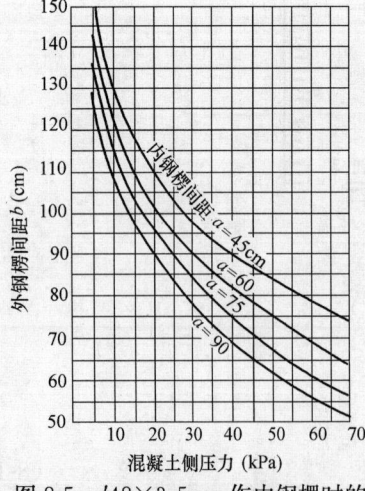

图 8-5 $\phi 48\times 3.5mm$ 作内钢楞时的外钢楞最大间距选用图

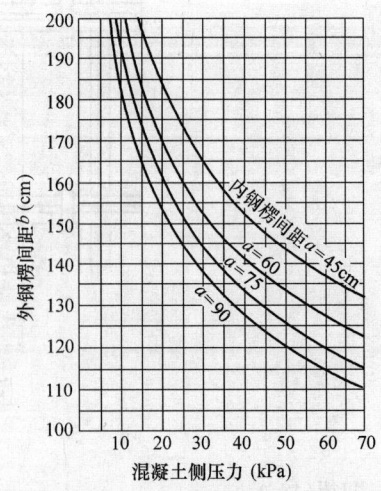

图 8-6 ⊏8 作内钢楞时的外钢楞最大间距选用图

8.4 组合钢模板常用连接件和支承件计算

即得
$$b \leqslant \sqrt{\frac{10fW}{Fa}} \tag{8-19}$$

符号意义同前。

2. 按挠度计算内钢楞的跨度 b

$$w_{max} = \frac{qb^4}{150EI} = \frac{Fab^4}{150EI} \leqslant [w]; \quad b \leqslant \sqrt[4]{\frac{150[w]EI}{Fa}} \tag{8-20}$$

符号意义同前。

同样，根据以上计算公式，可以计算出在不同混凝土侧压力作用下，外钢楞（或模板拉杆）的最大间距。图 8-8 为常用内卷边槽钢作内钢楞时的外钢楞最大间距选用图。

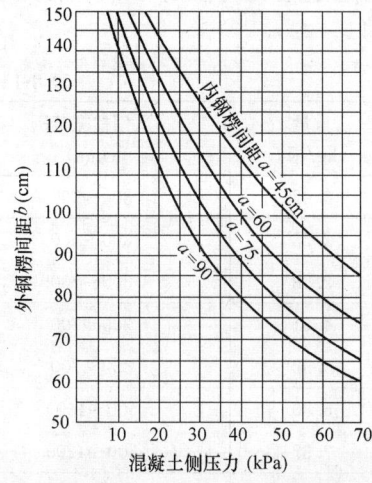

图 8-7 □80mm×40mm×2mm 作内钢楞时的外钢楞最大间距选用表

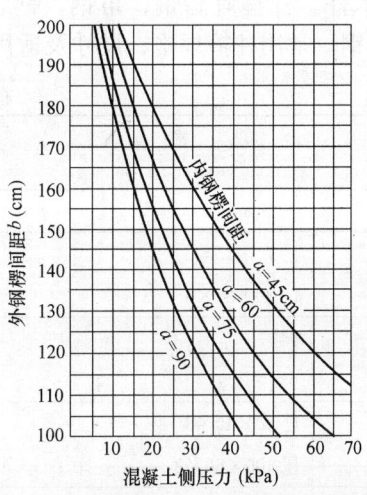

图 8-8 □80mm×40mm×15mm×3mm 作内钢楞时的外钢楞最大间距选用图

【例 8-7】 住宅楼混凝土墙尺寸为：长 3950mm、高 2900mm，施工时气温为 20℃，混凝土浇筑速度为 5m/h，混凝土重力密度 $\gamma=25kN/m^3$，采用组合式钢模支模，试选用内、外钢楞规格。

【解】 已知施工气温 $T=20℃$，混凝土浇筑速度 $V=5m/h$，取 $\beta_1=\beta_2=1$，由式（8-8）得混凝土最大侧压力为：

$$F = 0.22\gamma_c \left(\frac{200}{T+15}\right)\beta_1\beta_2 V^{\frac{1}{2}} = 0.22 \times 25 \left(\frac{200}{T+15}\right) \times 1 \times 1 \times \sqrt{5} = 70.3 kN/m^2$$

选用 2□100×50×3mm 冷弯槽钢作内、外钢楞，内钢楞竖向布置，取间距 $a=900$mm，根据墙高，内钢楞的最大跨度（即外钢楞或模板拉杆的最大间距）按三跨以上连续梁计算。

1. 按抗弯强度计算内钢楞的容许跨度 b

已知 $I=2\times 88.52\times 10^4=177.04\times 10^4 mm^4$；$W=2\times 12.2\times 10^3=24.4\times 10^3 mm^3$；$E=2.1\times 10^5 N/mm^2$；$f=215N/mm^2$，由式（8-19）得：

$$b = \sqrt{\frac{10fW}{Fa}} = \sqrt{\frac{10\times 215\times 24.4\times 10^3}{70.3\times 10^{-3}\times 900}} = 910mm$$

取 $b=750mm$。

2. 按挠度计算内钢楞的容许跨度 b

由式（8-20）得：

$$b=\sqrt[4]{\frac{150[w]EI}{Fa}}=\sqrt[4]{\frac{150\times3\times2.1\times10^5\times177.04\times10^4}{70.3\times10^{-3}\times900}}=1275\text{mm}$$

按以上计算，内钢楞跨度取 750mm（间距为 900mm），外钢楞采用内钢楞同一规格，间距为 750mm。

8.4.3 柱箍计算

柱箍又称柱夹箍，柱卡箍，能同时支承和夹紧模板，保证其刚度，是各类柱模板的重要支承件。柱箍有扁钢、角钢、钢管、冷弯槽钢、内卷边槽钢等多种形式。材质多用 Q235 钢。常用柱箍规格、尺寸及适用柱宽范围见表 8-11。

柱箍规格及适用范围　　　　表 8-11

规 格	(mm)	夹板长度 (mm)	重量 (kg/根)	适用柱宽范围 (mm)
扁钢	—70×5	1100	3.02	300～700
角钢	∟75×25×3	1000	2.28	300～600
	∟80×35×3	1150	2.98	300～700
钢管	φ48×3.5	1200	4.61	300～700
	φ51×3.5	1200	4.92	300～700
冷弯槽钢	[80×40×3	1500	5.30	500～1000
	[100×50×3	1650	7.38	500～1200
内卷边槽钢	□80×40×15×3	1800	7.18	500～1000
	□100×50×20×3	1800	9.20	600～1200

柱箍直接支承在钢模板上，承受钢模板传递的均布荷载，同时还承受其他两侧钢模板上混凝土侧压力引起的轴向拉力。柱箍间距一般按下式计算（图 8-9）。

一、按抗弯强度计算柱箍间距

$$q=Fl_1\,;\quad M_{\max}=\frac{ql_2^2}{8}=\frac{Fl_1l_2^2}{8}$$

$$\sigma_1=\frac{M_{\max}}{W}=\frac{Fl_1l_2^2}{8W}\,;\quad N=q\cdot\frac{l_3}{2}=\frac{Fl_1l_3}{2}$$

$$\sigma_2=\frac{N}{A}=\frac{Fl_1l_3}{2A}\,;\quad \sigma_{\max}=\sigma_1+\sigma_2\leqslant f$$

即得 $\quad l_1=\dfrac{8fWA}{F(l_2^2A+4l_3W)}$ （8-21）

二、按挠度计算柱箍间距

$$w_{\max}=\frac{5ql_2^4}{384EI}=\frac{5Fl_1l_2^4}{384EI}\leqslant[w]$$

即得 $\quad l_1=\dfrac{384[w]EI}{5Fl_2^4}$ （8-22）

8.4 组合钢模板常用连接件和支承件计算

式中 F——混凝土侧压力（N/mm²）；
　　q——均布荷载（N/mm）；
　　l_1——柱箍间距（mm）；
　　l_2——长边柱箍跨距（＝长边柱距＋两侧钢模板肋高）（mm）；
　　l_3——短边柱箍跨距（＝短边柱距＋两侧钢模板肋高）（mm）；
　　σ_1——柱箍受弯曲应力（N/mm²）；
　　N——柱箍受轴向拉力（N）；
　　A——柱箍截面积（mm²）；
　　σ_2——柱箍受轴向应力（N/mm²）；
　　σ_{max}——柱箍受总应力（N/mm²）；
　　EI——柱箍抗弯刚度（N·mm²）。

根据以上计算结果，取最小值，即为柱箍间距。

采用以上计算公式，可以计算出在不同混凝土侧压力作用下，不同柱宽时的柱箍最大间距。图 8-10～图 8-13 为常用各种型钢柱箍的最大箍距选用图，可供参考。矩形柱的柱箍按长边计算。

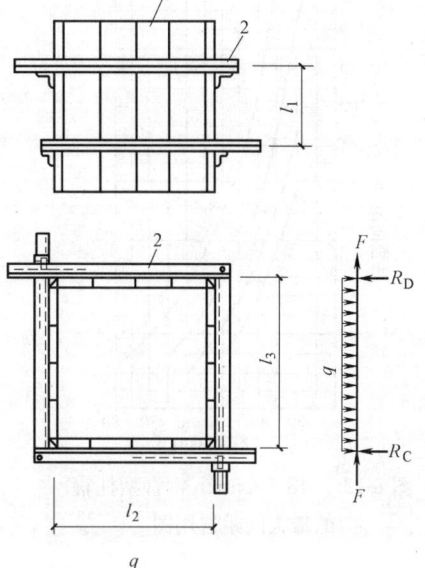

图 8-9　柱箍计算简图
1—钢模板；2—柱箍

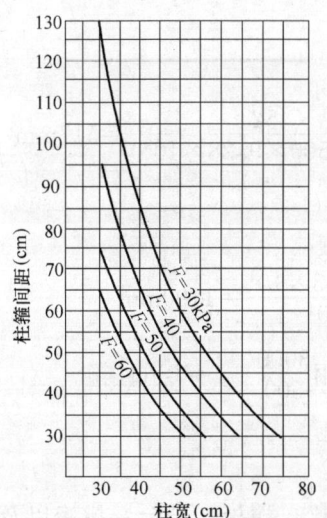

图 8-10　—70mm×5mm 扁钢型柱箍的最大间距选用图

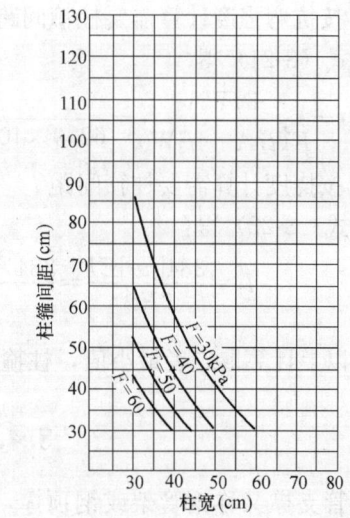

图 8-11　∟75mm×25mm×3mm 角钢型柱箍的最大间距选用图

【例 8-8】 高层建筑商住楼框架柱截面为 400×600mm，净高为 3.0m，施工气温为 20℃，混凝土浇筑速度为 4m/h，混凝土坍落度为 5.0cm，采用组合钢模板支模，试选用柱箍并确定间距。

【解】 由题意取 $\gamma_c=25\text{kN/m}^3$，$\beta_1=\beta_2=1$

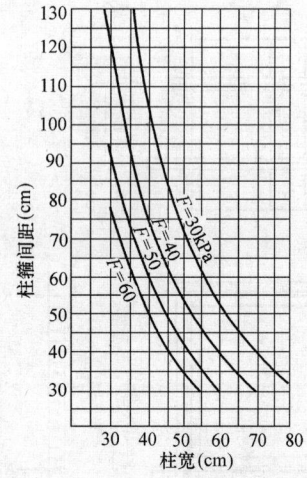
图 8-12 $\phi 48\times 3.5$mm 钢管型柱箍的最大间距选用图

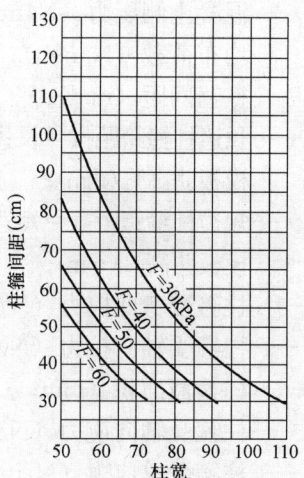
图 8-13 ⌒80mm×40mm×3mm 冷弯槽钢柱箍的最大间距选用图

由式（8-8）得

$$F=0.22\gamma_c t_0 \beta_1 \beta_2 V^{\frac{1}{2}}=0.22\times 25\times \frac{200}{20+15}\times 1\times 1\times \sqrt{4}=62.9 \text{kN/m}^2$$

选用 □80mm×40mm×2mm 矩形钢管作柱箍，则 $A=452\text{mm}^2$，$I=37.13\times 10^4 \text{mm}^4$，$W=9.28\times 10^3 \text{mm}^3$，取 $f=215 \text{N/mm}^2$，$[w]=3\text{mm}$

1. 按抗弯强度计算需要柱箍间跨 l_1

由式（8-21）得

$$l_1=\frac{8fWA}{F(l_2^2 A+4l_3 W)}=\frac{8\times 215\times 9.28\times 10^3\times 452}{62.9\times 10^{-3}(700^2\times 452+4\times 500\times 9.28\times 10^3)}=517\text{mm}$$

2. 按挠度计算需要柱箍间距 l_1

由式（8-22）得：

$$l_1=\frac{384[w]EI}{5Fl_2^4}=\frac{384\times 3\times 2.1\times 10^5\times 37.13\times 10^4}{5\times 62.9\times 10^{-3}\times 700^4}=1190\text{mm}$$

按以上计算取二者最小值，柱箍间距取 500mm，共用 $\frac{3000}{500}+1=7$ 道柱箍。

8.4.4 钢管支撑计算

钢管支撑又称钢管架或钢顶撑，主要用作大梁、次梁、楼板、阳台、挑檐以及隧道等水平模板的垂直支撑。钢管架制成工具式的。规格形式较多，使用较为普通的为 CH 型和 YJ 型两种。具有结构简单，调节灵活，使用轻巧方便，操作容易，安全可靠等优点。

钢管支撑一般由顶板、底板、套管、插管、调节螺管、转盘和插销等组成（图 8-14）。使用长度的大距离调节用插销，微调用螺管。CH 型和 YJ 型钢管架的规格和力学性能分别见表 8-12 和表 8-13。

钢管支撑可按两端铰接的轴心受压杆件进行设计或验算。在插管拉伸至最大使用长度

8.4 组合钢模板常用连接件和支承件计算

时，钢管架的受力情况最为不利，其计算简图如图 8-15 所示，其临界荷载为：

$$P_{cr} = \frac{\pi E I_2}{l_0^2} = \frac{\pi E I_2}{(\mu l)^2} \tag{8-23}$$

式中 P_{cr}——支柱临界荷载；

l_0——为支柱计算长度；

μ——为插管与套管的惯性矩不同时计算长度换算系数，即 $\mu = l_0/l$，当 l_0 取实际全长，$\mu = 1$；当支柱中点纵横拉条时，$\mu = \frac{1}{2}$；

E——钢材的弹性模量取 $2.1 \times 10^5 \text{N/mm}^2$；

I_2——下部套管的截面惯性矩（mm^4）。

如这种支柱在中点也有双向拉条时，可近似地取上柱作为两端铰接压杆计算，计算长度为 $l/2$，这是偏于安全的。

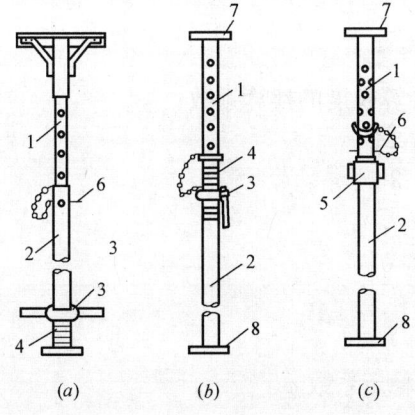

图 8-14 钢管支撑形式构造
(a) 普通型钢管支撑；(b) CH 型钢管支撑；(c) YJ 型钢管支撑
1—插管；2—套管；3—转盘；4—螺管；5—螺栓套；6—插销；7—顶板；8—底板

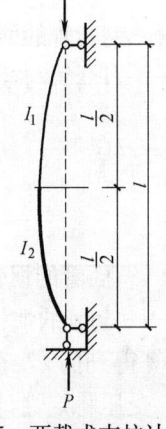

图 8-15 两截式支柱计算简图

钢管支撑规格表   表 8-12

项 目		型 号					
		CH-65	CH-75	CH-90	YJ-18	YJ-22	YJ-27
最小使用长度(mm)		1812	2212	2712	1820	2220	2720
最大使用长度(mm)		3062	3462	3962	3090	3490	3990
调节范围(mm)		1250	1250	1250	1270	1270	1270
螺栓调节范围(mm)		170	170	170	70	70	70
容许荷重	最小长度时(N)	20.000	20.000	20.000	20.000	20.000	20.000
	最大长度时(N)	15.000	15.000	15.000	15.000	15.000	15.000
重量(kg)		12.4	13.2	14.8	13.87	14.99	16.39

8 模板工程

钢管支撑力学性能表　　　　　　　　　　　　　　　　　表 8-13

项　目		直径(mm)		壁厚(mm)	截面积 A (mm^2)	惯性矩 I (mm^4)	回转半径 i (mm)
		外径	内径				
CH 型	插管	48.6	43.8	2.4	348	9.32×10^4	16.4
	套管	60.5	55.7	2.4	438	18.51×10^4	20.6
YJ 型	插管	48.0	43.0	2.5	357	9.28×10^4	16.1
	套管	60.0	55.4	2.3	417	17.38×10^4	20.4

当已知钢管架的力学性能，其容许荷载可按以下计算：

一、钢管架受压稳定计算

根据国家标准《冷弯薄壁型钢结构技术规范》（GB 50018），可按轴心受压稳定性要求确定钢管架的允许承载力。

（一）钢管支柱长细比计算

钢管支柱的长细比
$$\lambda = \frac{\mu l}{i_2} \tag{8-24}$$

式中　l——钢管支柱使用长度（mm）；

　　　i_2——钢套管的回转半径（mm）；

　　　μ——当套管与插管的惯性矩不同时，计算长度的换算系数；

$$\mu = \sqrt{\frac{1+n}{2}} \tag{8-25}$$

其中
$$n = \frac{I_2}{I_1}$$

式中　I_1——插管的惯性矩（mm^4）；

　　　I_2——套管的惯性矩（mm^4）。

由计算得到的 λ，查附录二附表 2-57 得到稳定系数 φ。

（二）受压稳定性计算

钢管支柱的稳定性计算有两种情况：

（1）当钢管支柱仅受轴心压力作用时

此时钢管支柱在轴心受压条件下的允许压力设计值 N 按下式计算：

$$N \leqslant \varphi A_2 f \tag{8-26a}$$

式中　φ——钢管支柱稳定系数；

　　　A_2——钢套管的毛截面积（mm^2）；

　　　f——钢管支柱钢材的抗压强度设计值，$f=215N/mm^2$（临时性结构，可不考虑折减为 $205N/mm^2$，以下均同）。

（2）当钢管支柱受偏心压力作用时

在施工过程中，支柱的套管和插管之间，可能因接头松动而成为折线形，由一些产生初始偏心，使支柱处于压弯的受力状态，此时弯矩作用平面内所计算支柱段范围的轴心压力设计值 N 应按下式计算：

$$\frac{N}{\varphi_x A} + \frac{\beta_m M_x}{\gamma_x W_{1x}\left(1 - 0.8 \dfrac{N}{N'_{EX}}\right)} \leqslant f \tag{8-26b}$$

8.4 组合钢模板常用连接件和支承件计算

式中 A——套管的毛截面面积（mm^2）；

φ_x——轴心受压支柱弯矩作用平面内的稳定系数，与（1）计算相同；

β_m——等效弯矩系数，取 $\beta_{mx}=1$；

M_x——偏心弯矩值，$M_x=Ne$；

e——套管和插管之间因接头松动而形成的初始偏心距，$e=d_1/2$；

d_1——插管直径；

γ_x——截面塑性发展系数，$\gamma_x=1.15$；

W_{1x}——插管弯矩作用平面内，较大受压毛截面抵抗矩；

N'_{EX}——欧拉临界力，$N'_{EX}=\dfrac{\pi^2 EA}{\lambda_x^2}$。

二、钢管壁受压强度计算

钢管壁的受压容许荷载 $[N]$（N）按下式计算：

$$[N]=f_{ce}A \tag{8-27}$$

式中 f_{ce}——钢管壁端面承压强度设计值，取 $320N/mm^2$；

A——两个插销孔的管壁受压面积（mm^2）

$$A=2a\cdot\dfrac{d}{2}\cdot\pi$$

a——插管壁厚（mm）；

d——插销直径（mm）。

三、插销受剪力计算

插销受剪的容许荷载 $[N]$（N）按下式计算：

$$[N]=f_v\cdot 2A_c \tag{8-28}$$

式中 f_v——钢材抗剪强度设计值，取 $125N/mm^2$；

A_c——插销截面积（mm^2）。

【例 8-9】 CH-65 型钢支撑，其最大使用长度为 3.06m，钢支撑中间无水平拉杆，插管与套管之间因松动产生的偏心为半个钢管直径，试求钢支撑的容许荷载。

【解】 插管偏心值 $e=\dfrac{D}{2}=\dfrac{48.6}{2}=24.3mm$，则偏心率 $\varepsilon=e\cdot A_2/W_2=24.3\times\dfrac{438}{\dfrac{18.51\times 100^4}{32.5}}=1.87$

长细比 $\qquad\qquad\qquad\lambda=\dfrac{l_0}{i_2}=\dfrac{\mu l}{i_2}$

钢管支撑的使用长度 $\qquad l=3060mm$

钢管支撑的计算长度 $\qquad l_0=\mu l$

$$\mu=\sqrt{\dfrac{1+n}{2}};\ n=I_2/I_1=\dfrac{18.51}{9.32}=1.99$$

$$\mu=\sqrt{\dfrac{1+1.99}{2}}=1.22$$

$$\lambda=\dfrac{\mu l}{i_2}=\dfrac{1.22\times 3060}{20.6}=181.2$$

(1) 钢管受压稳定验算

根据《钢结构设计规范》附录或本手册附录二附表 2-57（下同）得：$\varphi=0.223$

由公式（8-26a）得：
$$[N]=0.223\times438\times215\approx21000\text{N}$$

(2) 钢管壁受压强度验算

插销直径 $d=12\text{mm}$，插销壁厚 $a=2.5\text{mm}$，管壁的端承面承压强度设计值 $f_{ce}=320\text{N/mm}^2$。

两个插销孔的管壁受压面积 $A=2a\cdot\dfrac{d}{2}\cdot\pi=2\times2.5\times\dfrac{12}{2}\times3.14=94.2\text{mm}^2$

由公式（8-27），管壁承受容许荷载：
$$[N]=f_{ce}A=320\times94.2=30144\text{N}$$

(3) 插销受剪力验算

插销截面积 $A_0=113\text{mm}^2$，两处受剪力，由公式（8-28），则插销受容许荷载：
$$[N]=f_v\cdot2A_0=125\times2\times113=28250\text{N}$$

根据验算，取三项验算的最小容许荷载，故 CH—65 钢支撑的最大使用长度时的容许荷载为 21000N。

【例 8-10】 已知钢管架，上柱外径 60mm，壁厚 3.5mm，毛截面积 $A=621\text{mm}^2$，惯性矩 $I=25\times10^4\text{mm}^4$，回转半径 $r=20\text{mm}$，下柱外径 75.5mm，壁厚 3.75mm，毛截面积 $A=844\text{mm}^2$，惯性矩 $I=54.4\times10^4\text{mm}^4$，回转半径 $r=25.3\text{mm}$，试求其容许荷载及当中间无拉条，由于内外管之间存在空隙，产生偏心外移 30mm 时的容许荷载。

【解】 已知 $n=\dfrac{I_2}{I_1}=\dfrac{54.4}{25}=2.18$，由式（8-25）得 $\mu=\sqrt{\dfrac{1+n}{2}}=1.261$

由此得长细比 $\lambda=\dfrac{\mu l}{r_2}=\dfrac{1.261\times3600}{25.3}=179.4$（稍大于 150），查附录二附表 2-57 得稳定系数 $\varphi=0.244$

由式（8-26a）得容许荷载为：
$$N=\varphi\cdot A_2\cdot f=0.244\times844\times215=44276\text{N}\approx44.3\text{kN}$$

当中点无拉条产生偏心 $e=30\text{mm}$，考虑此偏心不大，支柱处于临界状态时，截面应力分布情况为拉、压区都出现塑性，故容许荷载按式（8-26b）求得：

式中有关数值为：
$$N'_{\text{EX}}=\dfrac{\pi^2 EA}{1.1\lambda^2}=\dfrac{3.14^2\times2.1\times10^5\times844}{1.1\times(179.4)^2}=49360\text{N}$$

$$W_{1x}=\dfrac{54.4\times10^4}{\dfrac{75.5}{2}}=14411\text{mm}^3$$

取 $\gamma_x=1$，$\beta_m=1$，$\varphi_x=0.244$（a 类截面）

$A=844\text{mm}^2$，$M_x=30\text{N}(\text{N}\cdot\text{mm})$，$f=215\text{N/mm}^2$

将以上值代入上式得：
$$\dfrac{N}{0.244\times844}+\dfrac{1\times30N}{1.0\times14411\times\left(1-0.8\times\dfrac{N}{49360}\right)}=215$$

解之得容许荷载　　$N=24200\text{N}=24.2\text{kN}$

8.5　模板用平面可调桁架计算

平面可调桁架系用各种型钢焊接加工制成。为能适应不同跨度，多制成两个半榀，使用时，用两半榀桁架相互拼装，使跨度可以灵活调节。这种桁架具有使用方便，节省模板支撑，扩大施工楼层内空间等特点。多用于作楼板、梁等水平模板的支架。

平面可调桁架的类型较多，工地采用较多的为小规格角钢拼装焊接加工制成的组合桁架，每半榀桁架长 3050mm，自重 46kg，两半榀的拼接跨度可调范围为 3050～5700mm。在最大跨度时，一榀桁架承载能力为 5t（均匀放置），构造如图 8-16a 所示；桁架的计算简图如图 8-16b。节点荷载 $P=\dfrac{50000}{9}=5556\text{N}$。

桁架各杆件的内力按铰接分析计算，结果如表 8-14 所列。

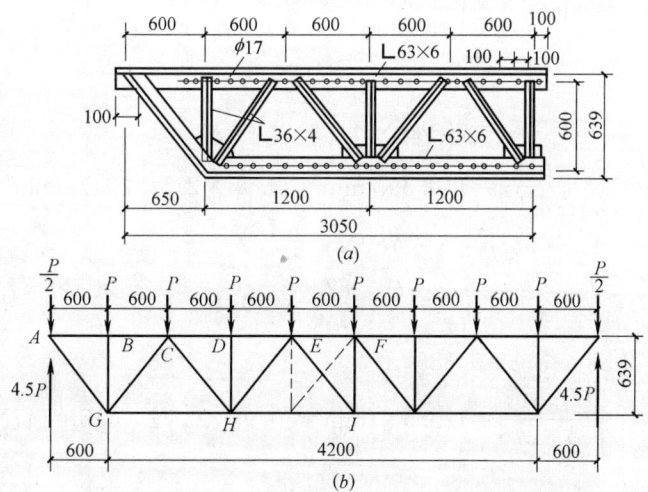

图 8-16　平面可调组合桁架构造及桁架计算简图
(a) 角钢组合桁架构造；(b) 桁架计算简图

各杆件强度验算方法如下：

1. 上弦杆验算

压杆 CD：$N=-8.43\times 5556=-46837\text{N}$

钻孔直径 17mm，则净截面积

$$A_n=618\text{mm}^2,\ \lambda=\dfrac{l_0}{i}=\dfrac{60}{1.94}=30.93$$

查附录二附表 2-58，得 $\varphi=0.932$

$$\therefore \sigma=\dfrac{N}{\varphi A_n}=\dfrac{46837}{0.932\times 618}=81.3\text{N/mm}^2<0.65\times 0.95\times 215=133\text{N/mm}^2$$

2. 下弦杆验算

拉杆 HI：$N=9.37\times 5556=52060\text{N}$

平面可调组合桁架各杆件内力计算表 表 8-14

杆件编号		杆件规格 (mm)	毛截面积 A (mm^2)	内力系数	杆件长度 l_0 (mm)	惯性矩 I (mm^4)	回转半径 i (mm)
上弦杆	AB	∟63×6	729	$-3.75P$	600	27.19×10^4	19.4
	BC	∟63×6	729	$-3.75P$	600	27.19×10^4	19.4
	CD	∟63×6	729	$-8.43P$	600	27.19×10^4	19.4
	DE	∟63×6	729	$-8.43P$	600	27.19×10^4	19.4
下弦杆	GH	∟63×6	729	$+6.56P$	1200	27.19×10^4	19.4
	HI	∟63×6	729	$+9.37P$	1200	27.19×10^4	19.4
腹杆	AG	∟36×4	276	$+5.48P$	876	3.3×10^4	10.9
	BG	∟36×4	276	$-P$	839	3.3×10^4	10.9
	CG	∟36×4	276	$-4.1P$	876	3.3×10^4	10.9
	CH	∟36×4	276	$+2.74P$	876	3.3×10^4	10.9
	DH	∟36×4	276	$-P$	639	3.3×10^4	10.9
	EH	∟36×4	276	$-1.37P$	876	3.3×10^4	10.9

$$\sigma=\frac{N}{A_n}=\frac{52060}{618}=84.24 N/mm^2 < 0.95\times0.85\times215=174 N/mm^2$$

3. 腹杆验算

拉杆 AG：$N=5.48\times5556=30447N$

$$\sigma=\frac{N}{A}=\frac{30447}{276}=110.3 N/mm^2 < 0.95\times215=204 N/mm^2$$

压杆 CG：$N=-4.1\times5556=-22780N$

$$\lambda=\frac{l_0}{i}=\frac{87.6}{1.09}=80.4$$

查附录二附表 2-58 得 $\varphi=0.685$

$$\sigma=\frac{N}{\varphi A}=\frac{22780}{0.685\times276}=120.5 N/mm^2 < 0.95\times0.72\times215=147 N/mm^2$$

8.6 现浇混凝土模板计算

8.6.1 模板荷载计算及有关规定

一、模板及其支架的荷载标准值

作用在模板上的荷载标准值有：

1. 模板及其支架自重标准值

模板及其支架的自重标准值应根据模板设计图确定。对肋形楼板及无梁楼板的自重标准值，可按表 8-15 采用。

楼板模板自重标准值（kN/m^2） 表 8-15

模板构件名称	木模板	定型组合钢模板
平板的模板及小楞	0.3	0.5
楼板模板(其中包括梁的模板)	0.5	0.75
楼板模板及其支架(楼层高度为 4m 以下)	0.75	1.1

8.6 现浇混凝土模板计算

2. 新浇筑混凝土自重标准值

对普通混凝土可采用 $24N/m^3$，对其他混凝土可根据实际重力密度确定。

3. 钢筋自重标准值

钢筋自重标准值应根据设计图纸确定。对一般梁板结构每立方米钢筋混凝土的钢筋自重标准值可采用下列数值：

楼板：1.1kN；梁：1.5kN。

4. 施工人员及设备荷载标准值

（1）计算模板及直接支承模板的小楞时，对均布荷载取 $2.5kN/m^2$，另应以集中荷载 2.5kN 再行验算；比较两者所得的弯矩值，按其中较大者采用。

（2）计算直接支承小楞结构构件时，均布活荷载取 $1.5kN/m^2$。

（3）计算支架立柱及其他支承结构构件时，均布活荷载取 $1.0kN/m^2$。

注：1）对大型浇筑设备如上料平台、混凝土输送泵等按实际情况计算；
　　2）混凝土堆集料高度超过 100mm 以上者按实际高度计算；
　　3）模板单块宽度小于 150mm 时，集中荷载可分布在相邻的两块板上。

5. 振捣混凝土时产生的荷载标准值

（1）对水平模板可采用 $2.0kN/m^2$。

（2）对垂直面模板可采用 $4.0kN/m^2$（作用范围在新浇混凝土侧压力的有效压头高度之内）。

6. 新浇筑混凝土对模板侧面的压力标准值

详见"8.2 混凝土对模板的侧压力计算"一节。

7. 倾倒混凝土时产生的荷载标准值

倾倒混凝土时对垂直面模板产生的水平荷载标准值可按表 8-16 采用。

倾倒混凝土时产生的水平荷载标准值（kN/m^2）　　表 8-16

项次	向模板内供料方法	水平荷载
1	溜槽、串筒或导管	2
2	容量小于 $0.2m^3$ 的运输器具	2
3	容量为 0.2 至 $0.8m^3$ 的运输器具	4
4	容量为大于 $0.8m^3$ 的运输器具	6

注：作用范围在有效压头高度以内。

二、计算模板及其支架时的荷载分项系数

计算模板及其支架时的荷载设计值，应采用荷载标准值乘以相应的荷载分项系数求得，荷载分项系数可按表 8-17 采用。

荷载分项系数　　表 8-17

项次	荷载类别	γ_i
1	模板及支架自重	1.2
2	新浇筑混凝土自重	1.2
3	钢筋自重	1.2
4	施工人员及施工设备荷载	1.4
5	振捣混凝土时产生的荷载	1.4
6	新浇筑混凝土对模板侧面的压力	1.2
7	倾倒混凝土时产生的荷载	1.4

三、模板及其支架设计计算时荷载的组合

计算模板及其支架时,参与模板及其支架荷载效应组合的各项荷载可按表 8-18 采用。

参与模板及其支架荷载效应组合的各项荷载　　　　表 8-18

模 板 类 别	参与组合的荷载项	
	计算承载能力	验算刚度
平板和薄壳的模板及支架	1,2,3,4	1,2,3
梁和拱模板的底板及支架	1,2,3,5	1,2,3
梁、拱、柱(边长≤300mm)、墙(厚≤100mm)的侧面模板	5,6	6
大体积结构、柱(边长>300mm)、墙(厚>100mm)的侧面	6,7	6

四、模板及其支架计算有关技术规定

1. 模板材料及材料的容许应力

模板及其支架所用的材料,钢材应符合《普通碳素钢钢号和一般技术条件》中的 Q235 钢标准,木材应符合《木结构工程施工质量验收规范》(GB 50206)中的承重结构选材标准,其树种可按各地区实际情况选用,材质不宜低于Ⅲ等材。

钢模板及其支架的设计应符合现行国家标准《钢结构设计规范》的规定,其截面塑性发展系数取 1.0;其荷载设计值可乘以系数 0.85 予以折减;采用冷弯薄壁型钢应符合现行国家标准《冷弯薄壁型钢结构技术规范》的规定,其荷载设计值不应折减。

木模板及其支架的设计应符合现行国家标准《木结构设计规范》的规定;当木材含水率小于 25% 时,其荷载设计值可乘以系数 0.90 予以折减。

2. 模板变形值的规定

为了保证结构构件表面的平整度,模板必须有足够的刚度,验算时其变形值不得超过下列规定:

(1) 结构表面外露的模板,为模板构件计算跨度的 1/400。
(2) 结构表面隐蔽的模板,为模板构件计算跨度的 1/250。
(3) 支架的压缩变形值或弹性挠度,为相应的结构计算跨度的 1/1000。

3. 模板设计中有关稳定性的规定

支架的立柱或桁架应保持稳定,并用撑拉杆件固定。

为防止模板及其支架在风荷载作用下倾倒,应从构造上采取有效措施,如在相互垂直的两个方向加水平及斜拉杆、缆风绳、地锚等。当验算模板及其支架在自重和风荷载作用下的抗倾倒稳定性时,风荷载按《建筑结构荷载规范》(GB 50009)的规定采用,模板及其支架的抗倾倒系数不应小于 1.15。

五、组合钢模板的规格及力学性能

国内使用最为广泛的标准组合钢模平面模板的规格及其力学性能见表 8-19 和表 8-20,供模板计算时参考应用。

8.6 现浇混凝土模板计算

平面模板规格表　　　　　　　　　　　　　表 8-19

宽度(mm)	代号	尺寸(mm)	每块面积(m^2)	每块重量(kg)	宽度(mm)	代号	尺寸(mm)	每块面积(m^2)	每块重量(kg)
300	P3015	300×1500×55	0.45	14.90	200	P2007	200×750×55	0.15	5.25
	P3012	300×1200×55	0.36	12.06		P2006	200×600×55	0.12	4.17
	P3000	300×900×55	0.27	9.21		P2004	200×450×55	0.09	3.34
	P3007	300×750×55	0.225	7.93	150	P1515	150×1500×55	0.225	8.01
	P3006	300×600×55	0.18	6.36		P1512	150×1200×55	0.18	6.47
	P3004	300×450×55	0.135	5.08		P1509	150×900×55	0.135	4.93
250	P2515	250×1500×55	0.375	13.19		P1507	150×750×55	0.113	4.23
	P2512	250×1200×55	0.30	10.66		P1506	150×600×55	0.09	3.40
	P2509	250×900×55	0.225	8.13		P1504	150×450×55	0.068	2.69
	P2507	250×750×55	0.188	6.98	100	P1015	100×1500×55	0.15	6.36
	P2506	250×600×55	0.15	5.60		P1012	100×1200×55	0.12	5.13
	P2504	250×450×55	0.113	4.45		P1009	100×900×55	0.09	3.90
200	P2015	200×1500×55	0.03	9.76		P1007	100×750×55	0.075	3.33
	P2012	200×1200×55	0.24	7.91		P1006	100×600×55	0.06	2.67
	P2009	200×900×55	0.18	6.03		P1004	100×450×55	0.045	2.11

注：1. 平面模板重量按 2.3mm 厚钢板计算。
　　2. 代号：如 P3015，P 表示平面模板，30 表示模板宽度为 300mm、15 表示模板长度为 1500mm。但 P3007 中 07 表示模板长 750mm，P3004 中 04 表示模板长 450mm。

2.3mm 厚平面模板力学性能表　　　　　　　表 8-20

模板宽度(mm)	截面积 $A(cm^2)$	中性轴位置 $y_0(cm)$	X轴截面惯性矩 $I_x(cm^4)$	截面最小抵抗矩 $W_x(cm^3)$	截 面 简 图
300	10.80 (9.78)	1.11 (1.00)	27.91 (26.39)	6.36 (5.86)	300 (250), $\delta=2.3$, $\delta=2.8$, 55
250	9.65 (8.63)	1.23 (1.11)	26.62 (25.38)	6.23 (5.78)	
200	7.02 (6.39)	1.06 (0.95)	17.63 (16.62)	3.97 (3.65)	200 (150、100), $\delta=2.3$, 55
150	5.87 (5.24)	1.25 (1.14)	16.40 (15.64)	3.86 (3.58)	
100	4.72 (4.09)	1.53 (1.42)	14.54 (14.11)	3.66 (3.46)	

8.6.2 板模板计算

楼板（平台）模板一般支承在横楞（木楞或钢楞）上，横楞再支承在下部支柱或桁架上，两端则支承在梁的立档上。

一、板模板计算

1. 当为木模板时，木楞的间距一般为 0.5～1.0m，模板按连续梁计算，可按结构计算方法或查表求出它的最大弯矩和挠度，再按下式分别进行强度和刚度验算：

截面抵抗矩　　　　　　　　　$W \geqslant \dfrac{M}{f_m}$　　　　　　　(8-29)

挠度
$$w_A = \frac{K_w q l^4}{100 EI} \leqslant [w] = \frac{l}{400} \quad (8-30)$$

式中　W——板模板的截面抵抗矩（mm^3）；
　　　M——板模板计算最大弯矩（N·mm）；
　　　f_m——木材抗弯强度设计值（N/mm^2），取 $13N/mm^2$；
　　　w_A——板模板的挠度（mm）；
　　　K_w——挠度系数，可从附录二附表 2-14 中查得，一般按四跨连续梁考虑，$K_w=0.967$；
　　　q——作用于模板底板上的均布荷载；
　　　l——计算跨度，等于木楞间距（mm）；
　　　E——木材的弹性模量，$E=9.5\times10^3 N/mm^2$；
　　　I——底板的截面惯性矩（mm^4），$I=\frac{1}{2}bh^3$；
　　　b——底板木板的宽度（mm）；
　　　h——底板木板的厚度（mm）；
　　　$[w]$——板模板的容许挠度，取 $l/400$。

2. 当为组合式钢模板时，钢楞间距按图 8-17 位置布置，可按单跨两端悬臂板求其弯矩和挠度，再按下式分别进行强度和刚度验算：

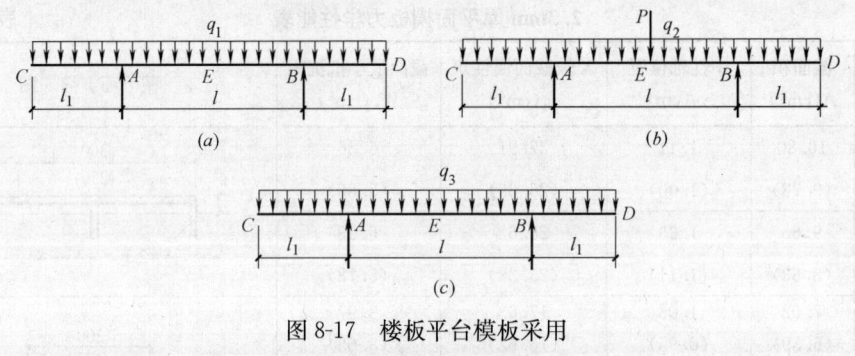

图 8-17　楼板平台模板采用
组合钢模板计算简图

当施工荷载均布作用时（图 8-17a），设 $n=\frac{l_1}{l}$

支座弯矩
$$M_A = -\frac{1}{2} q_1 l_1^2 \quad (8-31)$$

跨中弯矩
$$M_E = \frac{1}{8} q_1 l^2 (1-4n^2) \quad (8-32)$$

当施工荷载集中作用于跨中时（图 8-17b）

支座弯矩
$$M_A = -\frac{1}{2} q_2 l_1^2 \quad (8-33)$$

跨中弯矩
$$M_E = -\frac{1}{8} q_2 l^2 (1-4n^2) + \frac{Pl}{4} \quad (8-34)$$

以上弯矩取其中弯矩最大值，按以下公式进行截面强度验算：

8.6 现浇混凝土模板计算

$$\sigma = \frac{M}{W} < f \tag{8-35}$$

板的挠度按下式验算（图 8-17c）：

端部挠度
$$w_c = \frac{q_3 l_1 l^3}{24EI}(-1 + 6n^2 + 3n^3) < [w] \tag{8-36}$$

跨中挠度
$$w_E = \frac{q_3 l^4}{384EI}(5 - 24n^2) < [w] \tag{8-37}$$

式中 q_1、q_2、q_3——分别为作用于钢模板上不同组合的均布荷载（N/mm）；

l——钢模板计算跨度（mm），等于钢楞间距；

l_1——钢模板悬臂端长度（mm）；

P——作用于跨中的施工集中荷载（N）；

σ——钢模板承受的应力（N/mm²）；

W——钢模板截面抵抗矩（mm³）；

f——钢模板的抗拉、抗弯强度设计值，取 215N/mm²；

E——钢材的弹性模量，$E = 2.1 \times 10^5$ N/mm²；

I——钢模板的截面惯性矩（mm⁴）；

$[w]$——钢模板的容许挠度，取 $l/400$。

二、板模板横楞计算

横楞由支柱或钢桁架支承，其跨距一般与板模板跨距相当，当横楞长度较大（大于 1.5m），按二跨或三跨连续梁计算；当长度较小（小于 1.5m），按单跨两端悬臂梁计算，求出最大弯矩和挠度，然后用板模板同样的方法进行强度和刚度的验算。

三、支柱计算

当采用木支柱时，强度和稳定性验算方法同梁、木顶撑的计算方法（参见 8.6.3 梁模板计算）；当采用工具或钢管架或钢管脚手支架支顶时，其强度和稳定性验算方法参见"8.4.4 钢管支撑计算"和"7.13 钢管脚手模板支撑架计算"（略）。

【例 8-11】 商住楼底层平台楼面，标高为 6.5m，楼板厚 200mm，次梁截面为 250×600mm，中心距 2.0m，采用组合钢模板支模，主板型号为 P3015（钢面板厚度为 2.3mm，重量 0.33kg/m²，$I_{xj} = 26.39 \times 10^4$ mm⁴，$W_{xj} = 5.86 \times 10^3$ mm³），钢材设计强度为 215N/mm²，弹性模量为 2.1×10^5 N/mm²。支承横楞用内卷边槽钢。

【解】 1. 楼板模板验算

（1）荷载计算

楼板标准荷载为：

楼板模板自重力	0.33kN/m²
楼板混凝土自重力	25×0.20 = 5.0kN/m²
楼板钢筋自重力	1.1×0.20 = 0.22kN/m²
施工人员及设备（均布荷载）	2.5kN/m²
（集中荷载）	2.5kN/m²

永久荷载分项系数取 1.2；可变荷载分项系数取 1.4；由于模板及其支架中不确定的因素较多，荷载取值难以准确，不考虑荷载设计值的折减，已知模板宽度为 0.3m。则设

计均布荷载分别为：

$$q_1=[(0.33+5.0+0.22)\times1.2+2.5\times1.4]\times0.3=3.048\text{kN/m}$$
$$q_2=(0.33+5.0+0.22)\times1.2\times0.3=1.998\text{kN/m}$$
$$q_3=(0.33+5.0+0.22)\times0.3=1.665\text{kN/m}$$

设计集中荷载为： $P=2.5\times1.4=3.5\text{kN}$

(2) 强度验算

计算简图如图 8-18a 所示。

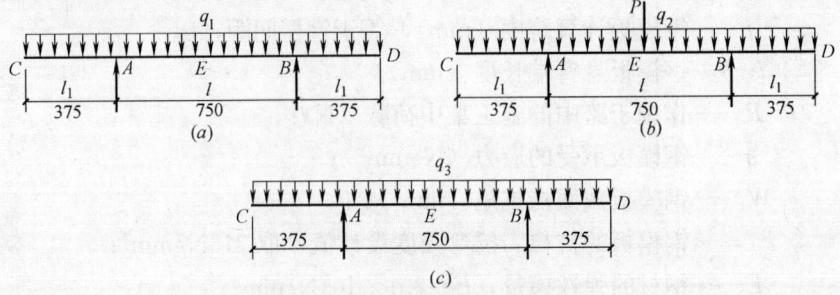

图 8-18 楼板模板计算简图
(a) 当施工荷载均布作用时，模板的强度计算简图；(b) 当施工荷载集中作用于跨中时，模板的强度计算简图；(c) 模板的刚度计算简图

当施工荷载按均布作用时（图 8-18a），已知 $n=\dfrac{0.375}{0.75}=0.5$

支座弯矩　　$M_\text{A}=-\dfrac{1}{2}q_1l_1^2=\dfrac{1}{2}\times3.048\times0.375^2=-0.214\text{kN}\cdot\text{m}$

跨中弯矩　　$M_\text{E}=\dfrac{1}{8}q_1l^2(1-4n^2)=\dfrac{1}{8}\times3.048\times0.75^2\times[1-4\times(0.5)^2]=0$

当施工荷载集中作用于跨中时（图 8-18b）

支座弯矩　　$M_\text{A}=-\dfrac{1}{2}q_2l_1^2=-\dfrac{1}{2}\times1.998\times0.375^2=-0.140\text{kN}\cdot\text{m}$

跨中弯矩　　$M_\text{E}=\dfrac{1}{8}q_2l^2(1-4n^2)+\dfrac{1}{4}Pl=\dfrac{1}{8}\times1.998\times0.375^2\times[1-4(0.5)^2]+$

$$\dfrac{1}{4}\times3.5\times0.75=0.656\text{kN}\cdot\text{m}$$

比较以上弯矩值，其中以施工荷载集中作用于跨中时的 M_E 值为最大，故以此弯矩值进行截面强度验算，由式（8-36）得：

$$\sigma_\text{E}=\dfrac{M_\text{E}}{W_{xj}}=\dfrac{0.656\times10^6}{5860}=112\text{N/mm}^2<215\text{N/mm}^2 \quad 满足要求$$

(3) 刚度验算

刚度验算的计算简图如图 8-18c 所示。

端部挠度　　$w_\text{C}=\dfrac{q_3l_1l^3}{24EI}(-1+6n^2+3n^3)$

$$=\dfrac{1.665\times375\times(750)^3}{24\times2.1\times10^5\times26.39\times10^4}[-1+6(0.5)^2+3(0.5)^3]$$

$$=0.173\text{mm}<\frac{750}{400}=1.875\text{mm}$$

跨中挠度　$w_B=\dfrac{q_3 l^4}{384EI}(5-24n^2)=\dfrac{1.665\times(750)^4}{384\times 2.1\times 10^5\times 26.39\times 10^4}[5-24(0.5)^2]$

$$=0.025\text{mm}<1.875\text{mm}$$

故知，刚度满足要求。

2. 楼板模板　支承钢楞验算

设钢楞采用两根 $100\times 50\times 20\times 3\text{mm}$ 的内卷边槽钢（$W_x=20.06\times 10^3\text{mm}^3$，$I_x=100.28\times 10^4\text{mm}^4$），钢楞间距为 0.75m。

（1）荷载计算

钢楞承受的楼板标准荷载与楼板相同，则钢楞承受的均布荷载为：

$$q_1=[(0.33+5.0+0.22)\times 1.2+2.5\times 1.4]\times 0.75=7.62\text{kN/m}$$
$$q_2=(0.33+5.0+0.22)\times 1.2\times 0.75=4.995\text{kN/m}$$
$$q_3=(0.33+5.0+0.22)\times 0.75=4.163\text{kN/m}$$

集中设计荷载　　　　　$P=2.5\times 1.4=3.5\text{kN}$

（2）强度验算

钢楞强度验算简图如图 8-19a 所示，$n=\dfrac{0.3}{1.0}=0.3$

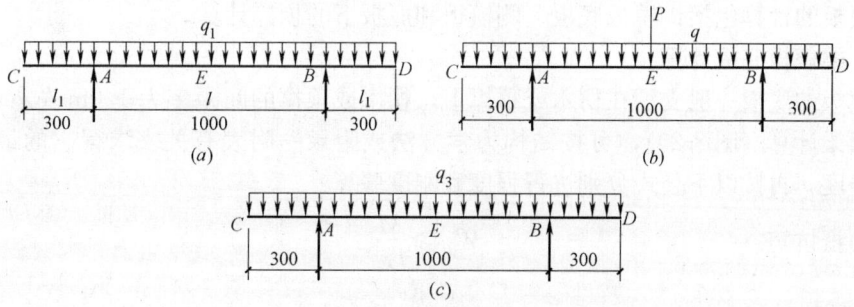

图 8-19　支承楼板模板的钢楞计算简图

(a) 当施工荷载均布作用，钢楞的强度计算简图；(b) 当施工荷载集中作用于跨中时，钢楞的强度计算简图；(c) 钢楞的刚度计算简图

当施工荷载均布作用时

支座弯矩　$M_A=\dfrac{1}{2}q_1 l_1^2=-\dfrac{1}{2}\times 7.62\times(0.3)^2=-0.343\text{kN}\cdot\text{m}$

跨中弯矩　$M_E=\dfrac{1}{8}q_1 l^2(1-4n^2)=\dfrac{1}{8}\times 7.62\times(1.0)^2\times[1-4\times(0.3)^2]=0.610\text{kN}\cdot\text{m}$

当施工荷载集中作用于跨中时（图 8-19b）

支座弯矩　$M_A=-\dfrac{1}{2}q_2 l_1^2=-\dfrac{1}{2}\times 4.995\times(0.3)^2=-0.224\text{kN}\cdot\text{m}$

跨中弯矩　$M_E=\dfrac{1}{8}q_2 l^2(1-4n^2)+\dfrac{1}{4}Pl=\dfrac{1}{8}\times 4.995\times 1^2\times[1-4(0.3)^2]+\dfrac{3.5\times 1}{4}$

$$=1.275\text{kN}\cdot\text{m}$$

比较以上弯矩值，其中以施工荷载集中作用于跨中时的 M_E 值为最大。

$$\sigma_E = \frac{M_E}{W_x} = \frac{1.275 \times 10^6}{20.06 \times 10^3 \times 2} = 31.8 \text{N/mm}^2 < 215 \text{N/mm}^2$$

故知，强度满足要求。

(3) 刚度验算（图 8-19c）

端部挠度 $\quad w_C = \dfrac{q_3 l_1 l^3}{24EI}(-1 + 6n + 3n^3)$

$$= \frac{4.163 \times 300 \times (1000)^3}{24 \times 2.1 \times 10^5 \times 100.28 \times 10^4 \times 2} \times [-1 + 6 \times (0.3)^2 + 3 \times (0.3)^3]$$

$$= 0.469 \text{mm} < \frac{1000}{400} = 2.5 \text{mm}$$

跨中挠度 $\quad w_E = \dfrac{q_3 l^4}{384EI}(5 - 24n^2)$

$$= \frac{4.163 \times 1000^4}{384 \times 2.1 \times 10^5 \times 100.28 \times 10^4 \times 2}[5 - 24 \times (0.3)^2]$$

$$= 0.73 \text{mm} < 2.5 \text{mm}$$

故知，刚度满足要求。

8.6.3 梁模板计算

梁模板的计算包括：模板底板、侧模板和底板下的顶撑计算。

一、梁模板底板计算

梁模板的底板一般支承在楞木或顶撑上，楞木或顶撑的间距多为 1.0m 左右，一般按多跨连续梁计算（图 8-20），可按结构力学方法或附录一附表有关表求得它的最大弯矩、剪力和挠度，再按以下公式分别进行强度和刚度验算：

截面抵抗矩 $\qquad\qquad W_{ji} \geqslant \dfrac{M}{f_m} \qquad\qquad$ (8-38)

剪应力 $\qquad\qquad \tau_{max} = \dfrac{3V}{2bh} \leqslant f_v \qquad\qquad$ (8-39)

挠度 $\qquad\qquad w_A = \dfrac{K_w q l^4}{100EI} \leqslant [w] = \dfrac{l}{400} \qquad\qquad$ (8-40)

式中 M——计算最大弯矩；

f_m——木材抗弯强度设计值，施工荷载的调整系数 $m = 1.3$；

V——计算最大剪力，$V = K_v q l$，K_v 为剪力系数，可从附录二中查得；

b——底板的宽度；

h——底板的厚度；

f_v——木材顺纹抗剪强度设计值；

K_w——挠度系数，可从附录二附表 2-14 中查得，一般按四跨连续梁考虑，$K_w = 0.967$；

q——作用于底板上的均布荷载；

l——计算跨度，等于顶撑间距；

E——木材的弹性模量，$E = (9 \sim 12) \times 10^3 \text{N/mm}^2$；

I——底板截面惯性矩，$I=\dfrac{1}{12}bh^3$。

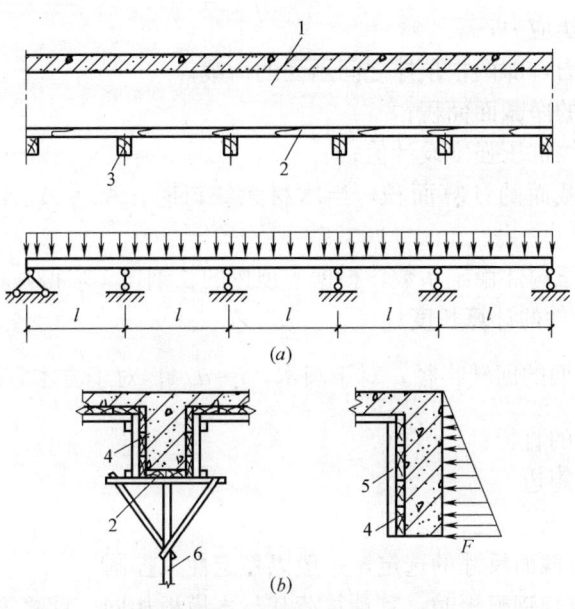

图 8-20 梁模板构造和计算简图
(a) 梁模底板计算简图；(b) 梁模侧模板计算简图
1—大梁；2—底模板；3—楞木；4—侧模板；5—立档；6—木顶撑

二、梁侧模板计算

梁侧模板受到新浇筑混凝土侧压力的作用（图 8-20b），侧压力计算方法和公式参见"8.2 混凝土对模板的侧压力计算"一节。

梁侧模支承在竖向立档上，其支承跨度由立档的间距所确定。一般按三或四跨连续梁计算，求出其最大弯矩，剪力和挠度值，然后再用底板计算同样的方法进行强度和刚度的验算。

三、木顶撑计算

木顶撑（立柱）主要承受梁的底板或楞木传来的竖向荷载的作用。木顶撑一般按两端铰接轴心受压杆件来验算。当顶撑中间不设纵横向拉条时，其计算长度 $l_0=l$（l 为木顶撑的长度）；当顶撑中间两个方向设水平拉条时，计算长度 $l_0=\dfrac{l}{2}$。

木顶撑的间距一般为 800～1250mm，顶撑头截面为 50mm×100mm，顶撑立柱截面为 100mm×100mm，顶撑承受两根顶撑之间的梁荷载。按轴心受压杆件计算。

1. 强度验算

顶撑的受压强度按下式验算：

$$\sigma=\dfrac{N}{A_\mathrm{n}}\leqslant f_\mathrm{c} \tag{8-41}$$

2. 稳定性验算

顶撑的稳定性按下式验算：

$$\sigma=\frac{N}{\varphi A_0}\leqslant f_c \tag{8-42}$$

式中 σ——顶撑的压应力；

N——轴向压力，即两根顶撑之间承受的荷载；

A_n——木顶撑的净截面面积；

f_c——木材顺纹抗压强度设计值；

A_0——木顶撑截面的计算面积，当木材无缺口时，$A_0=A$（A 为木顶撑的毛截面面积）；

φ——轴心受压构件稳定系数，根据木顶撑的长细比 λ 求得，$\lambda=l_0/i$；

其中 l_0——受压构件的计算长度；

i——构件截面的回转半径，对于圆木，$i=d/4$；对于方木，$i=\dfrac{b}{\sqrt{2}}$；

d——圆截面的直径；

b——方截面短边。

由 λ 可查附录二或有关公式求得 φ 值。

根据经验，顶撑截面尺寸的选定，一般以稳定性来控制。

当梁模板采用组合钢模板时，其计算荷载与木模板相同，计算方法同"8.6.2 板模板计算"中有关组合钢模板计算部分（略）。

【**例 8-12**】 商住楼矩形大梁，长 6.8m，高 0.6m，宽 0.25m，离地面高 4m。模板底楞木和顶撑间距为 0.85m，侧模板立档间距 500mm，木材料用松木，$f_c=10\text{N/mm}^2$，$f_v=1.4\text{N/mm}^2$，$f_m=13\text{N/mm}^2$，$E=9.5\times10^3\text{N/mm}^2$，混凝土的重力密度 $\gamma_c=25\text{kN/m}^3$，试计算确定梁模板底板、侧模板和顶撑的尺寸。

【**解**】 1. 底板计算

（1）强度验算

底板承受标准荷载：

底板自重力　　　　　　　$0.3\times0.25=0.075\text{kN/m}$

混凝土自重力　　　　　　$25\times0.25\times0.6=3.75\text{kN/m}$

钢筋自重力　　　　　　　$1.5\times0.25\times0.6=0.225\text{kN/m}$

振捣混凝土荷载　　　　　$2.0\times0.25\times1=0.5\text{kN/m}$

总竖向设计荷载　$q=(0.075+3.75+0.225)\times1.2+0.5\times1.4=5.56\text{kN/m}$

梁长 6.8m，考虑中间设一接头，按四跨连续梁计算，按最不利荷载布置，由附录二附表 2-14，可查得：$K_m=-0.121$；$K_v=-0.620$；$K_w=0.967$

$$M_{\max}=K_m q l^2=-0.121\times5.56\times0.85^2=-0.49\text{kN}\cdot\text{m}$$

需要截面抵抗矩　　$W_n=\dfrac{M}{f_m}=\dfrac{0.49\times10^6}{13}=37692\text{mm}^3$

选用底板截面为　　$250\text{mm}\times35\text{mm}$，$W_n=51041\text{mm}^3$，可

（2）剪应力验算

$$V=K_v q l=0.620\times5.56\times0.85=2.93\text{kN}$$

剪应力　　　　$\tau_{\max}=\dfrac{3V}{2bh}=\dfrac{3\times2.93\times10^3}{2\times250\times35}=0.50\text{N/mm}^2$

$$f_v=1.4\text{N/mm}^2>\tau_{max}=0.50\text{N/mm}^2 \quad \text{满足要求。}$$

(3) 刚度验算

刚度验算时按标准荷载，同时不考虑振动荷载，所以 $q=0.075+3.75+0.225=4.05\text{kN/m}$

由式（8-40）得：

$$w_A=\frac{K_w q l^4}{100EI}=\frac{0.967\times4.05\times850^4}{100\times9.5\times10^3\times\frac{1}{12}\times250\times35^3}=2.40\text{mm}\approx[w]=\frac{850}{400}=2.13\text{mm}$$

比较接近，基本满足要求。

2. 侧模板计算

(1) 侧压力计算

分别按式（8-8）、式（8-9）计算 F 值，设已知 $T=30°$，$V=2\text{m/h}$，$\beta_1=\beta_2=1$，则

$$F=0.22\times25\times\left(\frac{200}{20+15}\right)\times1\times1\times\sqrt{2}=34.5\text{kN/m}^2$$

$$F=25\times0.6=15\text{kN/m}^2$$

取二者较小值 15kN/m^2 计算。

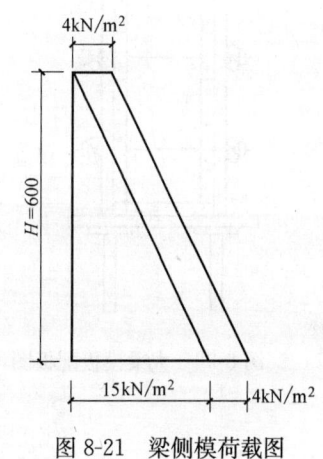

图 8-21 梁侧模荷载图

(2) 强度验算

立档间距为 500mm，设模板按四跨连续梁计算，同时知梁上混凝土楼板厚 100mm，梁底模板厚 35mm。梁承受倾倒混凝土时产生的水平荷载 4kN/m^2 和新浇筑混凝土对模板的侧压力。设侧模板宽度为 200mm，作用在模板上下边沿处，混凝土侧压力相差不大，可近似取其相等，故计算简图如图 8-21 所示，设计荷载为：

$$q=(15\times1.2+4\times1.4)\times0.2=4.72\text{kN/m}$$

弯矩系数与模板底板相同。

$$M_{max}=K_m q l^2=-0.121\times4.72\times0.5^2$$
$$=-0.143\text{kN}\cdot\text{m}$$

需要 $W_n=\dfrac{M}{f_m}=\dfrac{0.143\times10^6}{13}=11000\text{mm}^3$

选用侧模板的截面尺寸为 200mm×25mm，截面抵抗矩 $W=\dfrac{200\times25^2}{6}=20833\text{mm}^3>W_n$，可满足要求。

(3) 剪力验算

剪力　　　$V=0.62ql=0.62\times4.72\times0.5=1.463\text{kN}$

剪应力　　$V_{max}=\dfrac{3V}{2bh}=\dfrac{3\times1.463\times10^3}{2\times200\times25}=0.44\text{N/mm}^2$

$f_v=1.4\text{N/mm}^2>0.44\text{N/mm}^2$，可满足要求。

(4) 挠度验算

挠度验算不考虑振动荷载，其标准荷载为：

$$q=15\times0.2=3.0\text{kN/m}$$

8 模板工程

$$w_A = \frac{K_w q l^4}{100EI} = \frac{0.967 \times 3.0 \times 500^4}{100 \times 9.5 \times 10^3 \times \frac{1}{12} \times 200 \times 25^3} = 0.73 \text{mm} < [w] = \frac{500}{400} = 1.25 \text{mm}，符合要求。$$

3. 顶撑计算

假设顶撑截面为80mm×80mm，间距为0.85m，在中间纵横各设一道水平拉条，$l_0 = \frac{l}{2} = \frac{4000}{2} = 2000$mm，$d = \frac{80}{\sqrt{2}} = 56.76$mm，$i = \frac{56.57}{4} = 14.14$mm；则$\lambda = \frac{l_0}{i} = \frac{2000}{14.14} = 141.4$

(1) 强度验算

已知 $N = 5.56 \times 0.85 = 4.726$kN

$$\frac{N}{A_n} = \frac{4.726 \times 10^3}{80 \times 80} = 0.74 \text{N/mm}^2 < 10 \text{N/mm}^2，符合要求。$$

(2) 稳定性验算

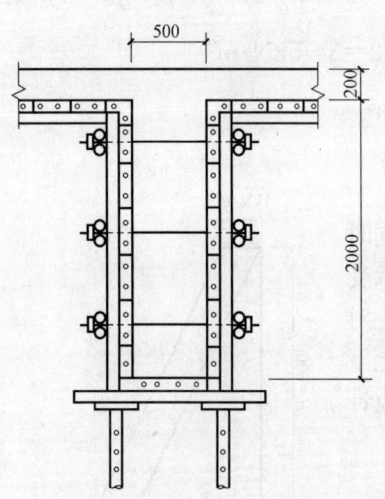

图8-22 大梁模板配板图

$\because \lambda > 91$，$\varphi = \frac{2800}{\lambda^2} = \frac{2800}{141.4^2} = 0.14$

$$\frac{N}{\varphi A_0} = \frac{4.726 \times 10^3}{0.14 \times 80 \times 80} = 5.3 \text{N/mm}^2 < 10 \text{N/mm}^2，符合要求。$$

【**例8-13**】 高层建筑底层钢筋混凝土梁，截面尺寸为0.5m×2.0m，采用组合钢模板支模，用普通C25混凝土浇筑，坍落度为7cm，混凝土浇筑速度$V = 3$m/h，混凝土入模温度$T = 30℃$，钢模板配板设计如图8-22，试对梁模板、钢楞、螺栓拉力进行验算。

【**解**】 1. 梁底模板验算

梁底模板用P2515，用2根100mm×50mm×20mm×3mm内卷边槽钢支承，间距为0.75m，计算简图如图8-23所示。$n = 0.375/0.75 = 0.5$

(1) 梁底模板标准荷载

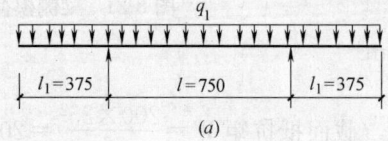

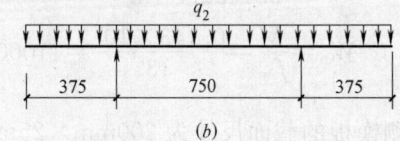

图8-23 梁底模板及侧模板计算简图
(a) 强度计算简图；(b) 刚度计算简图

梁模板自重力	$= 0.352$ kN/m²
梁混凝土自重力	$25 \times 2.0 \times 1.0 = 50.0$ kN/m²
梁钢筋自重力	$1.5 \times 2.0 \times 1 = 3.0$ kN/m²
振捣混凝土产生荷载	$= 2.0$ kN/m²

(2) 梁底模板强度验算

梁底模板强度验算的设计荷载：

$$q_1 = [(0.352 + 50.0 + 3.0) \times 1.2 + 2.0 \times 1.4] \times 0.25 = 16.706 \text{kN/m}$$

支座弯矩　$M_A = -\dfrac{1}{2}q_1 l_1^2 = -\dfrac{1}{2} \times 16.706 \times (0.375)^2 = -1.175 \text{kN} \cdot \text{m}$

跨中弯矩　$M_E = 0$

底模应力　$\sigma_A = \dfrac{M_A}{W} = -\dfrac{1.175 \times 10^6}{5.78 \times 10^3} = 203 \text{N/mm}^2 < 215 \text{N/mm}^2$

故强度满足要求。

(3) 梁底模刚度验算

梁底模刚度验算的标准荷载

$$q_2 = (0.352 + 50.0 + 3.0) \times 0.25 = 13.338 \text{kN/m}$$

端部挠度　$w_c = \dfrac{q_2 l_1 l^3}{24EI}(-1 + 6n^2 + 3n^3)$

$= \dfrac{13.838 \times 375 \times (750)^3}{24 \times 2.1 \times 10^5 \times 25.38 \times 10^4}[-1 + 6 \times (0.5)^2 + 3 \times (0.5)^3]$

$= 1.44 \text{mm} < [w] = \dfrac{750}{400} = 1.875 \text{mm}$

跨中挠度　$w_E = \dfrac{q_2 l^4}{384EI}(5 - 24n^2) = \dfrac{13.838 \times (750)^4}{384 \times 2.1 \times 10^5 \times 25.38 \times 10^4}[5 - 24 \times (0.5)^2]$

$= -0.206 \text{mm} < -1.875 \text{mm}$

故刚度满足要求。

2. 梁侧模板验算

梁侧模板采用 $P3015$。

(1) 梁侧模板的标准荷载

新浇混凝土对模板产生的侧压力：

$F = 0.22 \times \gamma_c \dfrac{200}{T+15} \cdot \beta_1 \cdot \beta_2 \cdot V^{\frac{1}{2}} = 0.22 \times 25 \times \dfrac{200}{30+15} \times 1 \times 1 \times \sqrt{3} = 42.3 \text{kN/m}^2$

$F = \gamma_c H = 25 \times 2 = 50 \text{kN/m}^2 > 42.3 \text{kN/m}^2$

取二者较小值，$F = 42.3 \text{kN/m}^2$

混凝土侧压力的有效压头高度　$h = \dfrac{42.3}{25} = 1.69 \text{m}$

倾倒混凝土产生的水平荷载取 4kN/m^2

梁侧模板的侧压力图形如图 8-24 所示。应验算承受最大侧压力的一块模板，由于模板宽度不大，按均匀分布考虑，其计算简图可参见图 8-25。

(2) 梁侧模板的强度验算

梁侧模板强度验算的设计荷载（不考虑荷载设计值折减系数 0.85）：

$$q_1 = (42.3 \times 1.2 + 4 \times 1.4) \times 0.3 = 16.91 \text{kN/m}$$

支座弯矩　$M_A = -\dfrac{1}{2}q_1 l_1^2 = -\dfrac{1}{2} \times 16.91 \times (0.375)^2 = -1.189 \text{kN} \cdot \text{m}$

跨中弯矩　$M_E = 0$

$\sigma_A = \dfrac{M_A}{W_x} = \dfrac{1.189 \times 10^6}{5.86 \times 10^3} = 203 \text{N/mm}^2 < 215 \text{N/mm}^2$

8 模板工程

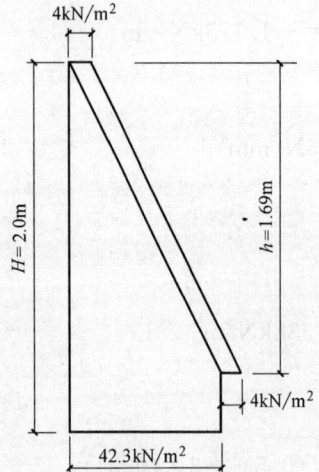

图 8-24 梁侧模板的侧压力图形

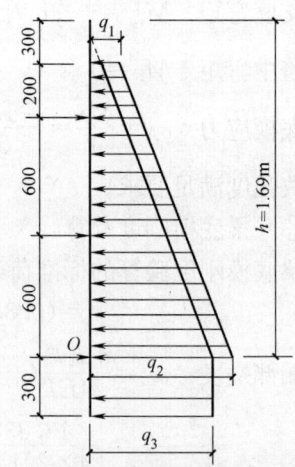

图 8-25 梁侧模板竖向钢楞计算简图

故知，强度满足要求。

（3）侧模板的刚度验算

梁侧模板刚度验算的标准荷载：

$$q_2 = 42.3 \times 0.3 = 12.69 \text{kN/m}$$

端部挠度 $w_c = \dfrac{q_2 l_1 l^3}{24EI}(-1+6n^2+3n^3)$

$$= \dfrac{12.69 \times 375 \times (750)^3}{24 \times 2.1 \times 10^5 \times 26.39 \times 10^4} \times [-1+6\times(0.5)^2+3\times(0.5)^3]$$

$$= 1.32 \text{mm} < 1.875 \text{mm}$$

跨中挠度 $w_E = \dfrac{q_2 l^4}{384EI}(5-24n^2) = \dfrac{12.69 \times (750)^4}{384 \times 2.1 \times 10^5 \times 26.39 \times 10^4} \times [5-24\times(0.5)^2]$

$$= -0.189 \text{mm} < -1.875 \text{mm}$$

故知，刚度满足要求。

3. 梁侧模板钢楞的验算

梁侧模板用 2 根 $\phi 48 \times 3.5$mm 钢管（$W=5.08\times 10^3 \text{mm}^3$）组成的竖向及水平楞夹牢，钢楞外用三道对拉螺栓拉紧。取竖向钢楞间距为 0.75m，上端距混凝土顶面 0.3m，其计算简图如图 8-25 所示。

钢楞设计荷载为：

$$q_1 = (25\times 0.3 \times 1.2 + 4\times 1.4)\times 0.75 = 10.95 \text{kN/m}$$
$$q_2 = (42.3\times 1.2 + 4\times 1.4)\times 0.75 = 42.27 \text{kN/m}$$
$$q_3 = 42.3\times 1.2 \times 0.75 = 38.07 \text{kN/m}$$

竖向钢楞按连续梁计算，经过计算，以 O 点的弯矩值最大，其值为：

$$M_0 = -\dfrac{1}{2}q_3 l^2 = -\dfrac{1}{2}\times 38.07 \times (300)^2 = -1.713\times 10^6 \text{N}\cdot\text{mm}$$

$$\sigma_0 = \dfrac{M_0}{W} = \dfrac{1.713\times 10^6}{2\times 5.08\times 10^3} = 169 \text{N/mm}^2 < 215 \text{N/mm}^2$$

故知，满足要求。

4. 对拉螺栓计算

对拉螺栓取横向间距为 0.75m，竖向为 0.6m，按最大侧压力计算，每根螺栓承受的拉力为：

$$N = (42.3 \times 1.2 + 4 \times 1.4) \times 0.75 \times 0.6 = 25.36 \text{kN}$$

采用直径 $\phi 16$mm 对拉螺栓，净截面积 $A = 144.1 \text{mm}^2$，每根螺栓可承受拉力为：

$$S = 144.1 \times 215 = 30982 \text{N} = 30.98 \text{kN} > 25.36 \text{kN}$$

故知，满足要求。

8.6.4 柱模板计算

柱常用截面为正方形或矩形，模板的一般构造如图 8-26a 所示。柱模板主要承受混凝土的侧压力和倾倒混凝土的荷载，荷载计算和组合与梁的侧模基本相同，倾倒混凝土时产生的水平荷载标准值一般按 2kN/m² 采用。

一、柱箍计算

1. 柱箍间距计算

柱箍为模板的支撑和支承件，其间距 s 按柱的侧模板刚度来控制。按两跨连续梁计算，其挠度应满足以下条件：

$$w = \frac{K_w q s^4}{100 E_t I} \leqslant [w] \tag{8-43}$$

式中 E_t——木材的弹性模量，$E_t = (9 \sim 10) \times 10^2 \text{N/mm}^2$；

I——柱模板截面的惯性矩，$I = \frac{bh^3}{12} (\text{mm}^4)$；

b——模板的宽度（mm）；

h——模板的厚度（mm）；

K_w——系数，两跨连续梁，$K_w = 0.521$；

q——侧压力线荷载，如模板每块拼板宽度为 100mm，则 $q = 0.1F + 2$；

F——柱模受到混凝土侧压力（N/mm²）。

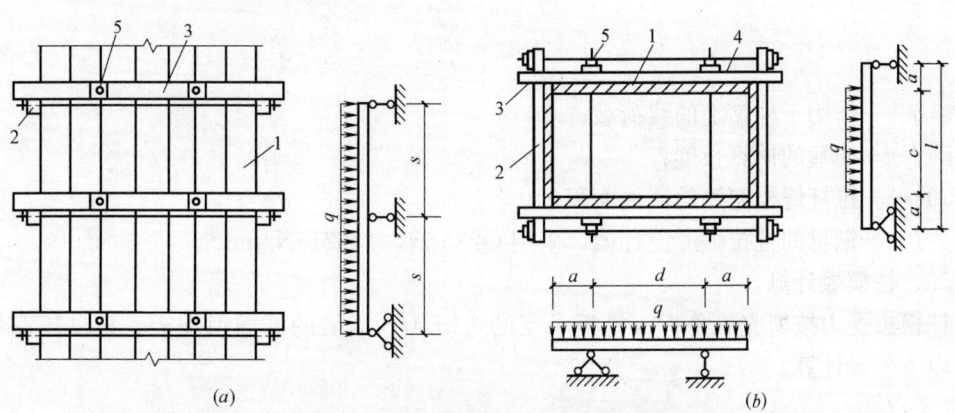

图 8-26 柱模板构造及计算简图
(a) 柱模板构造及计算简图；(b) 柱箍长、短边计算简图
1—柱模板；2—柱短边方木或钢楞；3—柱箍长边方木或钢楞；4—拉杆螺栓或钢筋箍；5—对拉螺栓

2. 柱箍截面选择

对于长边（图 8-26b），假定设置钢拉杆，则按悬臂简支梁计算，不设钢拉杆，则按简支梁计算。其最大弯矩 $M_{\max}$ 按下式计算：

$$M_{\max 1}=(1-4\lambda^2)\frac{qd^2}{8} \tag{8-44}$$

式中　d——跨中长度；

　　　q——作用于长边上的线荷载；

　　　λ——悬臂部分长度 a 与跨中长度 d 的比值，即 a/d。

柱箍长边需要的截面抵抗矩：

$$W_1=\frac{M_{\max 1}}{f_m}$$

对于短边（图 8-26b），按简支梁计算，其最大变矩 $M_{\max 2}$ 按下式计算：

$$M_{\max 2}=(2-\eta)\frac{qcl}{8} \tag{8-45}$$

式中　q——作用于短边上的线荷载；

　　　c——线荷载分布长度；

　　　l——短边长度；

　　　η——c 与 l 的比值，即 $\eta=\frac{c}{l}$。

柱箍短边需要的截面抵抗矩：

$$W_2=\frac{M_{\max 2}}{f_m} \tag{8-46}$$

柱箍的做法有两种：(1) 用单根方木及矩形钢箍加楔块夹紧；(2) 用两根方木，在中间用拉杆螺栓夹紧。螺栓受到的拉力 N，等于柱箍处的反力。

拉杆螺栓的拉力 N（N）和需要的截面 A_0（mm²）按下式计算：

$$N=\frac{ql}{2}$$

$$A_0=\frac{N}{f} \tag{8-47}$$

式中　q——作用于柱箍上的线荷载；

　　　l——柱箍的计算长度；

　　　A_0——拉杆螺栓需要的截面面积；

　　　f——钢材的抗拉强度设计值，采用 Q235 钢，$f=215\text{N/mm}^2$。

二、柱模板计算

柱模板受力按简支梁分析。模板承受的弯矩 M，需要的截面惯性矩、挠度控制值分别按以下公式计算：

弯矩
$$M=\frac{1}{8}ql^2 \tag{8-48}$$

截面抵抗矩
$$W=\frac{M}{f_m} \tag{8-49}$$

挠度

$$w_A = \frac{5ql^4}{384EI} \leqslant [w] = \frac{l}{400} \tag{8-50}$$

符号意义同前。

当柱模板采用组合钢模板时,其计算荷载与木模板相同,计算方法亦同"8.6.2 板模板计算"中有关组合钢模板计算部分(略)。

【例 8-14】 柱截面尺寸为 600mm×800mm,柱高 4m,每节模板高 2m,采取分节浇筑混凝土,每节浇筑高度为 2m,浇筑速度 $V=2$m/h,浇筑时气温 $T=30$℃,$E=9.5\times 10^3$N/mm²,试计算确定柱箍尺寸、间距和模板截面。

【解】 柱模板计算简图如图 8-27 所示。

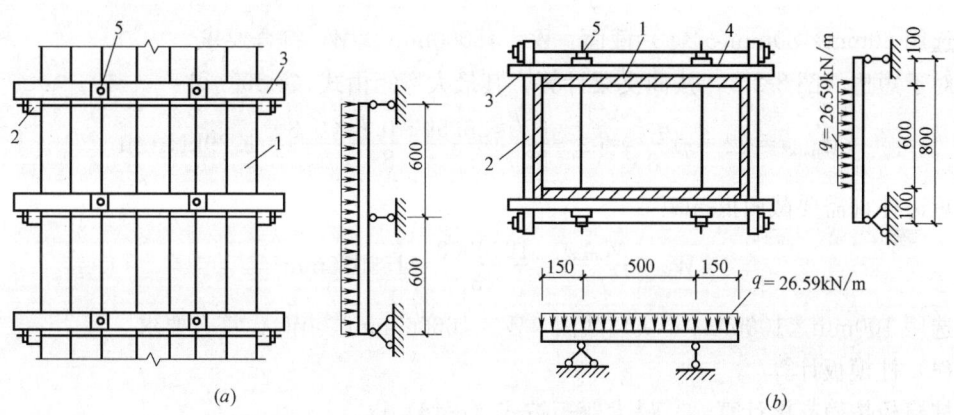

图 8-27 柱模板计算简图
(a)柱侧模计算简图;(b)柱箍长短边计算简图
1—模板;2—柱箍短边方木;3—柱箍长边方木;4—拉杆螺栓;5—对拉螺栓

(1) 荷载计算

柱模受到混凝土的侧压力为:

$$F = 0.22 \times 25 \times \frac{200}{30+15} \times 1 \times 1 \times \sqrt{2} = 34.6 \text{kN/m}^2$$

$$F = \gamma_c H = 25 \times 2 = 50 \text{kN/m}^2$$

取 F 值较小者,$F=34.6$kN/m² 作为标准值,并考虑倾倒混凝土产生的水平荷载 2kN/m²,则

总侧压力 $=34.6\times 1.2 + 2\times 1.4 = 44.32$kN/m²

(2) 柱箍间距计算

假定模板厚 30mm,每块拼板宽 100mm,则侧压力的线分布荷载:$q=44.32\times 0.1=4.432$kN/m²,又两跨连续梁的挠度系数 $K_w=0.521$,由式(8-27)将 $[w]=\frac{s}{400}$ 代入化简得:

$$s = \sqrt[3]{\frac{E_t I}{4K_w q}} = \sqrt[3]{\frac{9.5\times 10^3 \times \frac{1}{12} \times 100 \times 30^3}{4\times 0.521 \times 4.432}} = 614 \text{mm}$$

据计算选用柱箍间距 $s=600≈414$mm 可

(3) 柱箍截面计算

柱箍受到的侧压力 $F=44.32$kN/m², 现柱箍间距 $S=600$mm, 线分布荷载 $q=44.32×0.6=26.59$kN/m。对于长边（图 8-27），假定设两根拉杆，两边悬臂 150mm，则承受的最大弯矩由式 (8-44) 得：

$$M_{max1}=(1-4\lambda^2)\frac{qd^2}{8}=\left[1-4×\left(\frac{0.15}{0.50}\right)^2\right]\frac{26.59×0.5^2}{8}=0.532\text{kN·m}$$

长边柱箍需截面抵抗矩：

$$W_1=\frac{M_{max1}}{f_m}=\frac{532000}{13}=40923\text{mm}^3$$

选用 80mm×80mm($b×h$) 截面，$W=48000$mm³ $>W_1$ 符合要求。

对于短边（图 8-27），按简支梁计算，其最大弯矩由式 (8-45) 得：

$$M_{max2}=(2-\eta)\frac{qcl}{8}=\left(2-\frac{600}{800}\right)\frac{26.59×0.6×0.8}{8}=1.99\text{kN·m}$$

短边柱箍需要截面抵抗矩：

$$W_2=\frac{M_{max2}}{f_m}=\frac{1990000}{13}=153076\text{mm}^3$$

选用 100mm×100mm($b×h$) 截面，$W=166667$mm³ $>W_2$，符合要求。

(4) 柱模板计算

柱模板按简支梁计算，其最大弯矩按式 (8-48) 得：

$$M=\frac{1}{8}ql^2=\frac{1}{8}×4.432×0.6^2=0.199\text{kN·m}$$

模板需要截面抵抗矩 $W=\frac{M}{f_m}=\frac{199000}{13}=15307\text{mm}^3$

假定模板截面为 100mm×30mm，$W_n=\frac{1}{6}×100×30^2=15000\text{mm}^3<W$，改用 100mm×35mm，$W_n=20416\text{mm}^3>W$ 满足要求。

刚度验算：

不考虑振动荷载，其标准荷载 $q=34.6×0.1=3.46$kN/m，由式 (8-50) 模板的挠度为：

$$w=\frac{5ql^4}{384EI}=\frac{5×3.46×600^4}{384×9.5×10^3×\frac{1}{12}×100×35^3}=1.7\text{mm}≈[w]=\frac{600}{400}=1.5\text{mm}$$

基本满足刚度要求。

【例 8-15】 写字楼现浇钢筋混凝土柱截面为 400mm×600mm，楼面至上层梁底的高度为 3.3m，混凝土浇筑速度为 2m/h，混凝土入模温度为 20℃，采用组合式钢模板支模配板如图 8-28，试对柱模板、钢楞、螺栓拉力进行验算。

【解】 1. 柱模板验算

(1) 模板标准荷载

新浇混凝土对模板的侧压力取 $\gamma_c=25$kN/m³，$\beta_1=\beta_2=1$

8.6 现浇混凝土模板计算

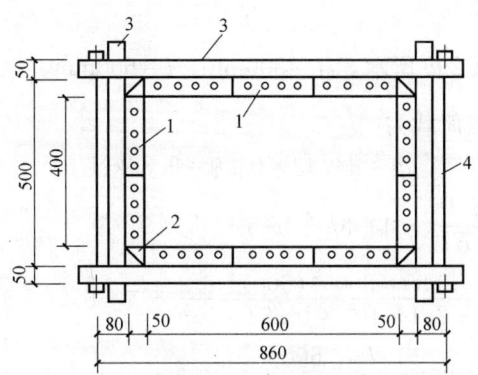

图 8-28 柱模板支模配板图
1—组合钢模 $P2012$；2—角模；
3—2[$100\times50\times20\times3$mm 内卷边槽钢；4—$\phi16$mm 对拉螺栓

$$F=0.22\gamma_c\left(\frac{200}{T+15}\right)\beta_1\beta_2 V^{\frac{1}{2}}=0.22\times25\times\left(\frac{200}{20+15}\right)\times1\times1\times\sqrt{2}=44.43\text{kN/m}^2$$

$$F=\gamma_c H=25\times3.3=82.5\text{kN/m}^2$$

取二式中的较小者，$F=44.43\text{kN/m}^2$

其有效压头高度 $\qquad h=\dfrac{44.43}{25}=1.78\text{m}$

倾倒混凝土时对模板产生的水平荷载取 2.0kN/m^2

(2) 柱模板强度验算

强度验算时，永久荷载分项系数取 1.2，可变荷载分项系数取 1.4，柱模板用 $P2012$ 纵向配置，柱箍间距为 0.6m，计算简图如图 8-29a 所示。

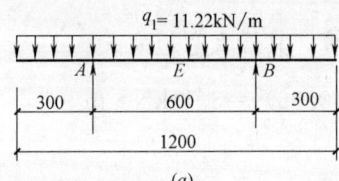 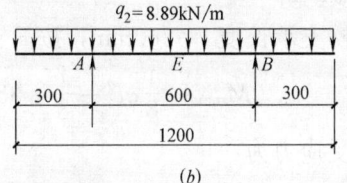

图 8-29 柱模板计算简图
(a) 强度验算计算简图；(b) 刚度验算计算简图

强度设计荷载为：$q_1=(44.43\times1.2+2\times1.4)\times0.2=11.22\text{kN/m}$

支座弯矩 $M_A=-\dfrac{1}{2}q_1 l_1^2=-\dfrac{1}{2}\times11.2\times(0.30)^2=-0.505\text{kN}\cdot\text{m}$

跨中弯矩 $M_E=0$

模板选用 $P2012$ 钢面板厚度 2.3mm，自重 0.330kN/m^2，$W_x=3.65\times10^3\text{mm}^3$，$I_x=16.62\times10^4\text{mm}^4$，钢材强度设计值为 215N/mm^2，弹性模量为 $2.1\times10^5\text{N/mm}^2$，故柱模强度为：

$$\sigma_A=\frac{M_A}{W_x}=\frac{0.505\times10^6}{3650}=138\text{N/mm}^2<215\text{N/mm}^2$$

故知，强度满足要求。

(3) 柱模板刚度验算

刚度计算简图如图 8-29b 所示，$l_1=300\text{mm}$，$l=600\text{mm}$，$n=\dfrac{l_1}{l}=\dfrac{300}{600}=0.5$

柱模板刚度计算标准荷载为：
$$q_2=44.43\times0.20=8.89\text{kN/m}$$

端部挠度
$$w_C=\dfrac{q_2 l_1 l^3}{24EI}(-1+6n+3n^3)$$
$$=\dfrac{8.89\times300\times(600)^3}{24\times2.1\times10^5\times16.62\times10^4}[-1+6\times(0.5)^2+3(0.5)^3]$$
$$=0.3\text{mm}<\dfrac{l}{400}=\dfrac{600}{400}=1.5\text{mm}$$

跨中挠度
$$w_E=\dfrac{q_2 l^4}{384EI}(5-24n^2)=\dfrac{8.89\times(600)^4}{384\times2.1\times10^5\times16.62\times10^4}[5-24(0.5)^2]$$
$$=-0.27\text{mm}<1.5\text{mm}$$

故知，刚度满足要求。

2. 钢楞验算

长边分别用 2 根 $100\times50\times20\times3\text{mm}$ 的卷边槽钢组成钢楞柱箍。钢楞间距 600mm，长边钢楞用 $\phi16\text{mm}$ 对拉螺栓拉紧，钢楞截面抵抗矩 $W=20.06\times10^3\text{mm}^3$，惯性矩 $I_x=100.28\times10^4\text{mm}^4$，对拉螺栓净截面面积 $A_0=144.1\text{mm}^2$。钢材抗拉强度 $f=215\text{N/mm}^2$，螺栓抗拉强度 $f_t^b=170\text{N/mm}^2$

(1) 荷载计算

强度验算时 $\quad q=(44.43\times1.2+2\times1.4)\times0.6=33.67\text{kN/m}$

刚度验算时 $\quad q=44.43\times0.6=26.66\text{kN/m}$

(2) 强度验算

长边钢楞支承长度 $l=860\text{mm}$，按简支梁计算，其最大弯矩为：
$$M_{\max}=\dfrac{1}{8}ql^2=\dfrac{1}{8}\times33.67\times(0.86)^2=3.11\text{kN}\cdot\text{m}$$

钢楞承受应力为：
$$\sigma=\dfrac{M}{W}=\dfrac{3.11\times10^6}{2\times20.06\times10^3}=78\text{N/mm}^2<215\text{N/mm}^2$$

故知，强度满足要求。

(3) 刚度验算

长边钢楞的最大挠度为：
$$w=\dfrac{5ql^4}{384EI}=\dfrac{5\times26.66\times(860)^4}{384\times2.1\times10^5\times100.28\times10^4}=0.902\text{mm}<\dfrac{860}{400}=2.15\text{mm}$$

故知，刚度满足要求。

3. 对拉螺栓拉力验算

对拉螺栓的最大拉力为：
$$N=(44.43\times1.2+2\times1.4)\times0.60\times0.86\times\dfrac{1}{2}=14.48\text{kN}$$

每根螺栓可承受拉力为：

$$S = Af = 144 \times 170 = 24480\text{N} = 24.48\text{kN} > 14.48\text{kN}$$

故知，螺栓拉力满足要求。

8.6.5 墙模板计算

墙模板的计算包括墙侧模板（木模或钢模）、内楞（木或钢）、外楞（木或钢）和对拉螺栓等。

一、墙侧模板计算

1. 荷载计算

墙侧模板受到新浇混凝土侧压力，侧压力的计算参见"8.2 混凝土对模板的侧压力计算"一节。另外对厚度小于等于 100mm 的墙，受到振捣混凝土时产生的荷载，对垂直面模板可采用 4.0kN/m^2（标准荷载值）；对厚度大于 100mm 的墙受到倾倒混凝土时对垂直面模板产生的水平荷载，其荷载标准值按表 8-16 采用。

2. 强度验算

当墙侧模采用木模板时，支承在内楞上一般按三跨连续梁计算，其最大弯矩 $M_{\max}$ 按下式计算：

$$M_{\max} = \frac{1}{10} q l^2 \tag{8-51}$$

其截面强度按下式验算：

$$\sigma = \frac{M_{\max}}{W} < f_{\text{m}} \tag{8-52}$$

式中 q——作用在模板上的侧压力（N/mm）；

l——内楞的间距（mm）；

σ——模板承受的应力（N/mm²）；

W——模板的截面抵抗矩（mm³）；

f_{m}——木材的抗弯强度设计值，采用松木板取 13N/mm²。

当墙侧模采用组合式钢模板时，板长多为 1200mm 或 1500mm，端头横向用 U 形卡连接，纵向用 L 形插销连接，板的跨度不应大于板长，一般取 600mm 或 750mm，可按单跨两端悬臂板求其弯矩，再按下式进行强度验算：

支座弯矩

$$M_{\text{A}} = -\frac{1}{2} q_1 l_1^2 \tag{8-53}$$

跨中弯矩

$$M_{\text{E}} = \frac{1}{8} q_1 l^2 (1 - 4n^2) \tag{8-54}$$

其截面强度按下式验算：

$$\sigma = \frac{M}{W} < f \tag{8-55}$$

式中 q_1——作用于钢模板上的均布荷载（N/mm）；

l_1——钢模板悬臂端长度（mm）；

l——钢模板计算长（跨）度，即等于内钢楞间距（mm）；

n——l_1 与 l 的比值，即 $n = l_1/l$；

σ——钢模板承受的应力（N/mm²）；

W——钢模板的截面抵抗矩（mm^3）；

f——钢模板的抗拉、抗弯强度设计值，取 $215N/mm^2$。

3. 刚度验算

当用木模板时，板的挠度按下式验算：

$$w = \frac{q_1 l^4}{150EI} < \frac{l}{400} \tag{8-56}$$

当用组合钢模板时，板的挠度按下式验算：

端部挠度
$$w_C = \frac{q_2 l_1 l^3}{24EI}(-1 + 6n^2 + 3n^3) < [w] = \frac{l}{400} \tag{8-57}$$

跨中挠度
$$w_E = \frac{q_2 l^4}{384EI}(5 - 24n^2) < [w] = \frac{l}{400} \tag{8-58}$$

式中 q_2——作用于钢模板上的标准均布荷载；

E——木材或钢材的弹性模量，木材取 $(9 \sim 10) \times 10^3 N/mm^2$；钢材取 $2.6 \times 10^5 N/mm^2$；

I——木模板或钢模板的截面惯性矩（mm^4）；

$[w]$——木模板或钢模板的容许挠度值（mm），取 $\frac{l}{400}$；

其他符号意义同前。

二、墙模板内外楞计算

1. 内楞强度验算

内楞（木或钢）承受模板、墙模板作用的荷载按三跨连续梁计算，其强度按下式验算：

$$M = \frac{1}{10} q_3 l^2 \tag{8-59}$$

$$\sigma = \frac{M}{W} < f_m \text{ 或 } f \tag{8-60}$$

式中 M——内楞的最大弯矩（$N \cdot mm$）；

q_3——作用在内楞上的荷载（N/mm）；

l——内楞计算跨矩（mm）；

W——内楞截面抵抗矩（mm^3）；

其他符号意义同前。

2. 内楞刚度验算

内楞挠度按下式计算：

$$w = \frac{q_3 l^4}{150EI} \leqslant [w] = \frac{l}{400} \tag{8-61}$$

式中 w——内楞的挠度（mm）；

E——木材或钢材的弹性模量（N/mm^2）；

I——木模板或钢模板的截面惯性矩（mm^4）；

$[w]$——内楞的容许挠度值（mm），取 $l/400$；

其他符号意义同前。

外楞的作用主要是加强各部分的连接及模板的整体刚度，不是一种受力构件，按支承内楞需要设置，可不进行计算。

三、对拉螺栓计算

对拉螺栓一般设在内、外楞（木或钢）相交处，直接承受内、外楞传来的集中荷载，其允许拉力 N 按下式计算：

$$N = A[f_t^b] \tag{8-62}$$

式中　A——对拉螺栓的净截面积（mm^2）；

$[f_t^b]$——螺栓抗拉强度设计值，取 $170N/mm^2$。

【例 8-16】 商业楼地下室墙厚 450mm，高 5.0mm，每节模板高 2.5m，采取分节浇筑混凝土，每节浇筑高度为 2.5m，浇筑速度 $V=2m/h$，混凝土重力密度 $\gamma_c=25\ kN/m^3$，浇筑时温度 $T=25℃$，采用木模，试计算确定木模板厚度和内楞截面和间距。

【解】 1. 荷载计算

取 $\beta_1 = \beta_2 = 1$，由式（8-8）、式（8-9），墙木模受到的侧压力为：

$$F = 0.22\gamma_c\left(\frac{200}{T+15}\right)\beta_1\beta_2 V^{\frac{1}{2}} = 0.22 \times 25 \times \left(\frac{200}{25+15}\right) \times 1 \times 1 \times \sqrt{2} = 38.9 kN/m^2$$

$$F = \gamma_c H = 25 \times 2.5 = 62.5 kN/m^2$$

取二者中的较小值，$F = 38.9 kN/m^2$ 作为对模板侧压力的标准值，并考虑倾倒混凝土产生的水平荷载标准值 $4kN/m^2$，分别取荷载分项系数 1.2 和 1.4，则作用于模板的总荷载设计值为：

$$q = 38.9 \times 1.2 + 4 \times 1.4 = 52.3 kN/m^2$$

2. 木模板计算

（1）强度验算

设木模板的厚度为 30mm，$W = \dfrac{1000 \times 30^2}{6} = 15 \times 10^4 mm^3$

$$M = \frac{1}{10}ql^2 = \frac{1}{10} \times 52.3 \times (0.5)^2 = 1.3 kN \cdot m$$

模板截面强度由式（8-60）得

$$\sigma = \frac{M}{W} = \frac{1.3 \times 10^6}{15 \times 10^4} = 8.7 N/mm^2 < f_m = 13 N/mm^2$$

故知，强度满足要求。

（2）刚度验算

刚度验算采用标准荷载，同时不考虑振动荷载作用，则

$$q_2 = 38.9 \times 1 = 38.9 kN/m$$

模板挠度由式（8-61）得：

$$w = \frac{q_2 l^4}{150EI} = \frac{38.9 \times (500)^4}{150 \times 9 \times 10^3 \times 22.5 \times 10^5} = 0.8 mm < [w] = \frac{500}{400} = 1.25 mm$$

故知，刚度满足要求。

3. 内木楞计算

设内木楞的截面 $80mm \times 100mm$，$W = 13.33 \times 10^4 mm^3$，$I = 6.67 \times 10^6 mm^4$，外楞间距为 550mm。

(1) 强度验算

内木楞承受的弯矩由式（8-59）得：

$$M = \frac{1}{10}q_1 l^2 = \frac{1}{10} \times 52.3 \times (0.55)^2 = 1.58 \text{kN} \cdot \text{m}$$

内木楞的强度由式（10-60）得：

$$\sigma = \frac{M}{W} = \frac{1.58 \times 10^6}{13.33 \times 10^4} = 11.9 \text{N/mm}^2 < f_m = 13 \text{N/mm}^2$$

故知，强度满足要求。

(2) 刚度验算

内木楞的挠度由式（8-61）得：

$$w = \frac{q_2 l^4}{150EI} = \frac{38.9 \times (550)^4}{150 \times 9 \times 10^3 \times 6.67 \times 10^6} = 0.40 \text{mm} < [w] = \frac{550}{400} = 1.38 \text{mm}$$

故知，刚度亦满足要求。

8.7 现浇混凝土模板简易计算

模板是现浇混凝土工程量大而广的临时性结构，根据《混凝土结构工程施工质量验收规范》（GB 50204）的要求，在支模前，应对模板结构进行承载力计算和刚度验算，以保证工程质量和施工操作安全，但精确计算较为烦琐和费时，以下介绍简化计算方法。当作用在模板上的荷载值确定后，即可快速、简易地计算出模板结构的各项有关技术数据或对已有或已支设的模板结构进行校核，可做到胸中有数，不致出现质量和安全问题。

8.7.1 梁模板简易计算

一、梁模采用木模板计算

1. 木模底模

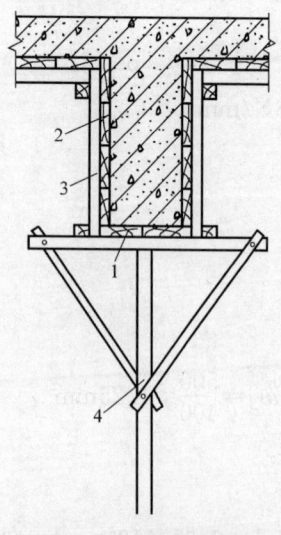

图 8-30 梁木模板底模
1—底模板；2—侧模板；3—立档；4—顶撑

梁木模板的底模一般支承在顶撑或楞木上，顶撑或楞木间距 1.0m 左右（图 8-30），底板可按连续梁计算，底板上所受荷载按均布荷载考虑，则底板按强度和刚度需要的厚度，可按以下简化公式计算：

按强度要求：

$$M = \frac{1}{10}q_1 l^2 = [f_m] \cdot \frac{1}{6}bh^2$$

$$h = \frac{l}{4.65}\sqrt{\frac{q_1}{b}} \quad (8\text{-}63)$$

按刚度要求：

$$w = \frac{q_1 l^4}{150EI} = [w] = \frac{l}{400}$$

$$h = \frac{l}{6.67} \cdot \sqrt[3]{\frac{q_1}{b}} \quad (8\text{-}64)$$

式中 M——计算最大弯矩（N·mm）；

q_1——作用在梁木模底板上的均布荷载（N/mm）；

l——计算跨距，对底板为顶撑或楞木间距（mm）；

$[f_m]$——木材抗弯强度设计值，采用松木模板取 $13N/mm^2$；

b——梁木模底板宽度（mm）；

h——梁木模需要的底板厚度（mm）；

E——木材的弹性模量，取 $9.5×10^3 N/mm^2$；

I——梁木模底板的截面惯性矩（mm^4）；

w——梁木模的挠度（mm）；

$[w]$——梁木模的容许挠度值，取 $l/400$。

h 取式（8-63）和式（8-64）中的较大值，即为梁木模需要的底板厚度。

2. 木模侧板

梁木模侧板受到新浇筑混凝土侧压力的作用，侧压力的计算参见"8.2 混凝土对模板的侧压力计算"，同时还受到倾倒混凝土时产生的水平荷载作用，一般取水平荷载标准值为 $2kN/m^2$。梁侧模支承在竖向立档上，其支承条件由立档的间距所决定，一般按三~四跨连续梁计算，可用梁木模底板同样计算方法，按强度和刚度要求确定其需要的侧板厚度。

3. 木模顶撑

木顶撑（立柱）主要承受梁底板或楞木传来竖向荷载的作用，一般按两端铰接的轴心受压杆件进行计算。当顶撑中部无拉条，其计算长度 $l_0=l$；当顶撑中间两个方向设水平拉条时，计算长度 $l_0=\dfrac{l}{2}$。木顶撑间距一般取 1.0m 左右，顶撑立柱截面为 100mm×100mm；顶撑头截面为 50mm×100mm，顶撑承受两根顶撑之间的梁荷载，按下式进行强度和稳定性验算：

按强度要求
$$\dfrac{N}{A_n} \leqslant f_c \tag{8-65}$$

$$N = 12 A_n \tag{8-66}$$

按稳定性要求
$$\dfrac{N}{\varphi A_0} \leqslant f_c \tag{8-67}$$

$$N = 12 A_0 \varphi \tag{8-68}$$

式中 N——轴向压力，即两根顶撑之间承受的荷载（N）；

A_n——木顶撑的净截面面积（mm^2）；

f_c——木材顺纹抗压强度设计值，松木取 $12N/mm^2$；

A_0——木顶撑截面的计算面积（mm），当木材无缺口时，$A_0=A$；

A——木顶撑的毛截面面积（mm^2）；

φ——轴心受压构件稳定系数，根据木顶撑木的长细比 λ 求得，$\lambda=l_0/i$，由 λ 可从 15.5 节四项中有关公式求得 φ 值；

l_0——受压杆件的计算长度（mm）；

i——构件截面的回转半径（mm），对于方木，$i=\dfrac{b}{\sqrt{2}}$；对于圆木，$i=d/4$；

b——方形截面的短边（mm）；

d——圆形截面的直径（mm）。

二、梁模采用组合钢模板计算

1. 组合钢模板底模

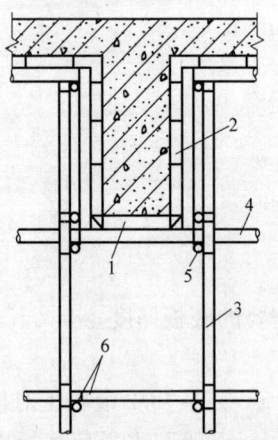

图8-31 梁组合钢模板底模板
1—梁底模；2—梁侧模板；3—钢管立柱；
4—小楞；5—大楞；6—纵横向支撑

梁模采用组合钢模板时，多用钢管脚手支模，由梁模、小楞、大楞和立柱组成（图8-31）。梁底模受均布线荷载作用按简支梁计算，按强度和刚度的要求，允许的跨度按下式计算：

按强度要求

$$M=\frac{1}{8}q_1 l^2; \quad l=\sqrt{\frac{8M}{q_1}}=\sqrt{\frac{8[\sigma]W}{q_1}}=\sqrt{\frac{8\times 215 W}{q_1}}$$

$$l=41.5\sqrt{\frac{W}{q_1}} \tag{8-69}$$

按刚度要求

$$w=\frac{5q_1 l^4}{384EI} \leqslant [w]=\frac{l}{400}$$

$$l=34.3 \cdot \sqrt[3]{\frac{I}{q_1}} \tag{8-70}$$

式中 M——计算最大弯矩（N·mm）；
q_1——作用在梁底模上的均布荷载（N/mm）；
l——计算跨距，对底板为顶撑立柱纵向间距（mm）；
W——组合钢模底模的截面抵抗矩（mm³）；
w——梁底模的挠度（mm）；
$[w]$——梁底模的容许挠度（mm），取 $l/400$；
E——钢材的弹性模量，取 $2.1\times 10^5 N/mm^2$；
I——组合钢模板底模的截面惯性矩（mm⁴）。

2. 钢管小楞

钢管小楞间距一般取 30、40、50、60cm 四种，小楞按简支梁计算。在计算刚度时，梁作用在小楞上的荷载，可简化为一个集中荷载，按强度和刚度要求，容许的跨度按下式计算：

按强度要求

$$M=\frac{1}{8}Pl\left(2-\frac{b}{l}\right)$$

$$l=860\frac{W}{P}+\frac{b}{2} \tag{8-71}$$

按刚度要求

$$w=\frac{Pl^3}{48EI}=\frac{l}{400}$$

$$l=158.7\sqrt{\frac{I}{P}} \tag{8-72}$$

式中 M——计算最大弯矩（N·mm）；
P——作用在小楞上的集中荷载（N）；
l——计算跨距，对小楞为钢管立柱横向间距（mm）；
b——梁的宽度（mm）；

W——钢管截面抵抗矩,$W=\frac{\pi}{32}\left(\frac{d^4-d_1^4}{d}\right)$,$\phi 48\times 3.5$mm 钢管,$W=5.08\times 10^3$mm^3;

I——钢管截面惯性矩,$I=\frac{\pi}{64}(d^4-d_1^4)$,$\phi 48\times 3.5$mm 钢管,$I=12.18\times 10^4$mm^4;

d——钢管外径(mm);

d_1——钢管内径(mm);

其他符号意义同前。

3. 钢管大楞

大楞多用 $\phi 48\times 3.5$mm 钢管,按连续梁计算,承受小楞传来的集中荷载,为简化计算,转换为均布荷载,精度可以满足要求。大楞按强度和刚度要求,容许跨度可按下式计算:

按强度要求:
$$M=\frac{1}{10}q_2 l^2=[f]W$$

$$l=3305\sqrt{\frac{1}{q_2}} \tag{8-73}$$

按刚度要求:
$$w=\frac{q_2 l^4}{150EI}=\frac{l}{400}$$

$$l=2124.7\cdot\sqrt[3]{\frac{1}{q_2}} \tag{8-74}$$

式中 M——计算最大弯矩(N·mm);

q_2——小楞作用在大楞上的均布荷载(N/mm);

l——大楞计算跨距(mm);

$[f]$——钢材的抗拉、抗压、抗弯强度设计值,Q235钢取 215N/mm^2;

其他符号意义同前。

4. 钢管立柱

钢管立柱多用 $\phi 48\times 3.5$mm 钢管,其连接有对接和搭接两种。前者的偏心假定为 $1D$,即为48mm;后者的偏心假定为 $2D$ 即96mm。立柱一般由稳定性控制,按下式计算:

$$N=\varphi_1 A_1[f]$$
$$N=105135\varphi_1 \tag{8-75}$$

式中 N——钢管立柱的容许荷载(N);

φ_1——钢构件轴心受压稳定系数,查附录二附表 2-57 求得;

A_1——钢管净截面面积(mm^2),$\phi 48\times 3.5$mm 钢管 $A_1=489$mm^2;

D——钢管直径(mm);

其他符号意义同前。

【例 8-17】 住宅楼梁长 4.5m,截面尺寸为 600mm×300mm,采用木模板支模,模板底楞木和顶撑间距为 0.75m,已知竖向总荷载为 4.8kN/m,试求底板需要的厚度。

【解】 按强度要求,底板需要的厚度由式(8-63)得:

$$h=\frac{l}{4.65}\sqrt{\frac{q_1}{b}}=\frac{750}{4.65}\sqrt{\frac{4.8}{300}}=20.4\text{mm}$$

按刚度要求,底板需要的厚度,由式(8-64)得:

$$h = \frac{l}{6.67} \cdot \sqrt[3]{\frac{q_1}{b}} = \frac{750}{6.67} \cdot \sqrt[3]{\frac{4.8}{300}} = 28.3 \text{mm}$$

取二者的较大值 $h=28.3$mm，用 30mm。

【例 8-18】 写字楼矩形梁长 6.8m，截面尺寸 600mm×250mm，离地面高 4.0m，采用组合钢模板，用钢管脚手支模，已知梁底模承受的均布荷载 $q_1=5.4$kN/m，试计算确定底（小）楞间距（跨距），大楞跨距和验算钢管立柱承载力。

【解】 1. 梁底模

梁底模选用 P2515 型组合钢模板，$I_x=25.38\times10^4$mm^4，$W_x=5.78\times10^3$mm^3

按强度要求允许底楞间（跨）距由式（8-69）得：

$$l = 41.5\sqrt{\frac{W}{q_1}} = 41.5\times\sqrt{\frac{5.78\times10^3}{5.4}} = 1358\text{mm}$$

按刚度要求允许底楞间（跨）距，由式（8-70）得：

$$l = 34.3 \cdot \sqrt[3]{\frac{I}{q_1}} = 34.3\times\sqrt[3]{\frac{25.38\times10^4}{5.4}} = 1238\text{mm}$$

取二者较小值，$l=1238$mm，用 750mm。

2. 钢管小楞

钢管小楞选用 $\phi48\times3.5$mm 钢管，$W_x=5.08\times10^3$mm^3，$I_x=12.18\times10^4$mm^4 作用在小楞上的集中荷载为：$P=5.4\times0.75=4.05$kN

钢管小楞的容许跨度按强度要求由式（8-71）得：

$$l = 860\frac{W}{P} + \frac{b}{2} = 860\times\frac{5.08\times10^3}{4.05\times10^3} + \frac{250}{2} = 1079+125 = 1204\text{mm}$$

按刚度要求的容许跨度由式（8-72）得：

$$l = 158.7 \cdot \sqrt{\frac{I}{P}} = 158.7\times\sqrt{\frac{12.18\times10^4}{4.05\times10^3}} = 870\text{mm}$$

取二者较小值 $l=870$mm　　用 870mm

3. 钢管大楞

钢管大楞亦用 $\phi48\times3.5$mm 钢管，作用在大楞上的均布荷载 $q_2=\frac{1}{2}\times5.4=2.7$kN/m

钢管大楞的容许跨度，按强度要求由式（8-73）得：

$$l = 3305\sqrt{\frac{1}{q_2}} = 3305\times\sqrt{\frac{1}{2.7}} = 2011\text{mm}$$

按刚度要求的容许跨度由式（8-74）得：

$$l = 2124.7 \cdot \sqrt[3]{\frac{1}{q_2}} = 2124.7\times\sqrt[3]{\frac{1}{2.7}} = 1526\text{mm}$$

取二者较小值，$l=1526$mm　　用 1500mm

4. 钢管立柱

钢管立柱亦选用 $\phi48\times3.5$mm，净截面积 $A=489$mm^2，钢管使用长度 $l=4000$mm，在中间设水平横杆，取 $l_0=\frac{1}{2}=2000$mm，$i=\frac{1}{4}\sqrt{48^2+41^2}=15.78$mm，$\lambda=\frac{l_0}{i}=\frac{2000}{15.78}=126.7$

查附录二附表 2-67 得稳定系数 $\varphi=0.453$，由式（8-75）容许荷载为：

$$N = 105135\varphi_1 = 105135 \times 0.453 = 47626\text{N} \approx 47.6\text{kN}$$

钢管承受的荷载 $N = \dfrac{1}{2} \times 1.5 \times 5.4 = 4.05\text{kN} < 47.6\text{kN}$

故知，满足要求。

8.7.2 柱模板简易计算

柱模板由四侧竖向模板和柱箍组成。模板主要承受新浇混凝土的侧压力和倾倒混凝土的冲击荷载，荷载计算与梁的侧模相同。倾倒混凝土时对侧面模板产生的水平荷载按 2kN/m^2 采用。

一、柱箍及拉紧螺栓计算

柱箍为模板的支撑和支承，其间距 s 由柱侧模板刚度来控制。按两跨连续梁计算，其挠度按下式计算，并满足以下条件：

$$w = \dfrac{K_w q s^2}{100 E_t I} \leqslant [w] = \dfrac{s}{400}$$

整理得：
$$s = \sqrt[3]{\dfrac{E_t I}{4 K_w q}} \tag{8-76}$$

式中 s——柱箍的间距（mm）；

w——柱箍的挠度（mm）；

$[w]$——柱模的容许挠度值（mm）；

E_t——木材的弹性模量，取 $E_t = 9.5 \times 10^3 \text{N/mm}^2$；

I——柱模板截面的惯性矩，$I = \dfrac{bh^3}{12}$（mm^4）；

b——柱模板宽度（mm）；

h——柱模板厚度（mm）；

K_w——系数，两跨连续梁，$K_w = 0.521$；

q——侧压力线荷载，如模板每块拼板宽度为 100mm，则 $q = 0.1F$；

F——柱模受到的混凝土侧压力（kN/m^2）。

柱箍的截面选择：如图 8-32 所示，对于长边，假定设置钢拉杆，则按悬臂简支梁计算，不设钢拉杆，则按简支梁计算：

$$M_{\max} = (1 - 4\lambda^2) \dfrac{q_1 d^2}{8} \tag{8-77}$$

柱箍长边需要的截面抵抗矩：

$$W_1 = \dfrac{M_{\max}}{f_m} = (d^2 - 4a^2) \dfrac{q_1}{104} \tag{8-78}$$

对于短边按简支梁计算，其最大弯矩按下式计算：

$$M_{\max} = (2 - \eta) \dfrac{q_2 c l}{8} \tag{8-79}$$

柱箍短边需要的截面抵抗矩：

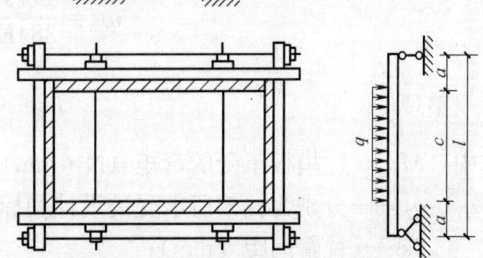

图 8-32 柱箍长短边计算简图

$$W_2=\frac{M_{\max}}{f_m}=(2l-c)\frac{q_2 c}{104} \tag{8-80}$$

式中 $M_{\max}$——柱箍长、短边最大弯矩（N·mm）；

$\quad\quad d$——长边跨中长度（mm）；

$\quad\quad \lambda$——悬臂部分长度 a 与跨中长度 d 的比值，即 $\lambda=\frac{a}{d}$；

$\quad\quad q_1$——作用于长边上的线荷载（N/mm）；

$\quad\quad q_2$——作用于短边上的线荷载（N/mm）；

$\quad\quad c$——短边线荷载分布长度（mm）；

$\quad\quad l$——短边计算长度（mm）；

$\quad\quad \eta$——c 与 l 的比值，即 $\eta=\frac{c}{l}$；

W_1、W_2——柱箍长、短边截面抵抗矩（mm³）；

$\quad\quad f_m$——木材抗弯强度设计值，取 13N/mm²。

柱箍多采用单根方木及矩形钢箍加楔块夹紧，或用两根方木中间用螺栓夹紧。螺栓受到的拉力 N，等于柱箍处的反力。拉紧螺栓的拉力 N 和需要的截面积按下式计算：

$$N=\frac{1}{2}q_3 l_1 \tag{8-81}$$

$$A_0=\frac{N}{f_t^b}=\frac{q_3 l_1}{170} \tag{8-82}$$

式中 q_3——作用于柱箍上的线荷载（N/mm）；

$\quad\quad l_1$——柱箍的计算长度（mm）；

$\quad\quad A_0$——螺栓需要的截面面积（mm²）；

$\quad\quad f_t^b$——螺栓抗拉强度设计值，采用 Q235 钢，$f=170$N/mm²。

二、模板截面尺寸计算

模板按简支梁考虑，模板承受的弯矩值 M 需要的厚度按下式计算：

$$M=\frac{1}{8}q_1 s^2=f_m \cdot \frac{1}{6}bh^2$$

整理得

$$h=\frac{s}{4.2}\sqrt{\frac{q_1}{b}} \tag{8-83}$$

按挠度需要的厚度按下式计算：

$$w_A=\frac{5q_2 s^4}{384EI}\leqslant [w]=\frac{s}{400}$$

整理得

$$h=\frac{s}{5.3}\cdot\sqrt[3]{\frac{q_2}{b}} \tag{8-84}$$

式中 M——柱模板承受的弯矩（N·mm）；

$\quad q_1$、q_2——分别为柱模所承受的设计和标准线荷载（N/mm）；

$\quad\quad s$——柱箍间距（mm）；

$\quad\quad b$——柱模板宽度（mm）；

$\quad\quad h$——柱模板厚度（mm）；

E——木材弹性模量，取 $9.5 \times 10^3 \text{N/mm}^2$；

I——柱模截面惯性矩，$I = \frac{1}{12}bh^3$ （mm^4）。

【例 8-19】 厂房矩形柱，截面尺寸为 $800\text{mm} \times 1000\text{mm}$，柱高 6m，每节模板高 6m，采用木模板，每节模板高 3m，采取分节浇筑混凝土，每节浇筑高度为 3m，浇筑速度 $V=3\text{m/h}$，浇筑时气温 $T=25°$，试计算柱箍尺寸和间距。

【解】 柱模板计算简图如图 8-26a。

(1) 柱模受到的混凝土侧压力：

$$F = 0.22 \times 25 \times \frac{200}{25+15} \times 1 \times 1 \times \sqrt{2} = 38.8 \text{kN/m}^2$$

$$F = \gamma_c H = 25 \times 3 = 75 \text{kN/m}^2$$

取二者中的较小值，$F=38.8\text{kN/m}^2$，并考虑倾倒混凝土的水平荷载标准值 4kN/m^2，分别取分项系数 1.2 和 1.4，则设计荷载值：

$$q = 38.8 \times 1.2 + 4 \times 1.4 = 52.2 \text{kN/m}^2$$

(2) 柱箍间距 s 计算

假定模板厚 35mm，每块拼板宽 150mm，则侧压力的线布荷载 $q = 52.2 \times 0.15 = 7.83\text{kN/m}$，柱箍需要间距由式 (8-76) 得：

$$s = \sqrt[3]{\frac{E_t I}{4K_w q}} = \sqrt[3]{\frac{9.5 \times 10^3 \times \frac{1}{12} \times 150 \times 35^3}{4 \times 0.521 \times 7.83}} = 678 \text{mm}$$

根据计算选用柱箍间距 $s=600\text{mm} < 678\text{mm}$，满足要求。

(3) 柱箍截面计算

柱箍受到线布荷载 $q = 52.2 \times 0.6 = 31.3 \text{kN/m}$

对于长边（图 8-26b），假定设二根拉杆，两边悬臂 200mm，则需要截面抵抗矩由式 (8-78) 得：

$$W_1 = (d^2 - 4a^2)\frac{q_1}{104} = (600^2 - 4 \times 200^2) \times \frac{31.3}{104} = 60192 \text{mm}^3$$

柱箍短边需要的截面抵抗矩，由式 (8-80) 得：

$$W_2 = (2l - c)\frac{q_2 c}{104} = (2 \times 1000 - 800) \times \frac{31.3 \times 800}{104} = 288923 \text{mm}^3$$

柱箍长边选用 $80\text{mm} \times 80\text{mm}$（$b \times h$）截面，$W_1 = 85333 \text{mm}^3$

柱箍短边选用 $120\text{mm} \times 120\text{mm}$（$b \times h$）截面，$W_2 = 288000 \text{mm}^3$

均满足要求。

长边柱箍用二根螺栓固定，每根螺栓受到的拉力为 $N = \frac{1}{2}ql = \frac{1}{2} \times 31.3 \times 1.0 = 15.65 \text{kN}$

螺栓需要净截面积 $\quad A_0 = \frac{N}{f_t^b} = \frac{15650}{170} = 92.0 \text{mm}^2$

选用 $\phi 14\text{mm}$ 螺栓 $\quad A_0 = 105 \text{mm}^2$，满足要求。

(4) 模板计算

柱模板受到线布荷载 $\quad q_1 = 52.2 \times 0.6 \times 0.15 = 4.7 \text{kN/m}$

按强度要求需要模板厚度,由式(8-83)得:

$$h=\frac{s}{4.2}\sqrt{\frac{q_1}{b}}=\frac{600}{4.2}\times\sqrt{\frac{4.7}{150}}=25.3\text{mm}<35\text{mm}$$

按刚度要求需要模板厚度,由式(8-84)得:

刚度计算按标准荷载　　$q_2=38.8\times0.6\times0.16=3.5\text{kN/m}$

$$h=\frac{s}{5.3}\cdot\sqrt[3]{\frac{q_2}{b}}=\frac{600}{5.3}\cdot\sqrt[3]{\frac{3.5}{150}}=32.4\text{mm}<35\text{mm}$$

故知,满足要求。

8.7.3　墙模板简易计算

墙模板构件包括:墙侧模板(钢模或木模)、内楞(钢或木)、外楞(钢或木)及对拉螺栓等。

墙侧模板受到新浇混凝土侧压力的作用,侧压力的计算参见"8.2 混凝土对模板的侧压力计算"一节,同时还受到倾倒混凝土时产生的水平荷载作用,一般取水平荷载标准值为 2kN/m^2 或 4kN/m^2。

一、墙侧模板计算

当墙侧采用木模板时,支承在内楞上,一般按三跨连续梁计算,按强度和刚度要求,容许跨度(间距)按下式计算:

按强度要求

$$M=\frac{1}{10}q_1 l^2=[f_m]\cdot\frac{1}{6}bh^2$$

$$l=147.1h\sqrt{\frac{1}{q_1}} \tag{8-85}$$

按刚度要求

$$w=\frac{q_1 l^4}{150EI}=[w]=\frac{l}{400}$$

$$l=66.7h\cdot\sqrt[3]{\frac{1}{q_1}} \tag{8-86}$$

式中　M——墙侧模板计算最大弯矩(N·mm);

　　　q_1——作用在侧模板上的侧压力(N/mm);

　　　l——侧板计算跨度(mm);

　　　b——侧板宽度(mm)取1000mm;

　　　h——侧板厚度(mm);

　　　f_m——木材抗弯强度设计值,取 13N/mm^2;

　　　w——侧板的挠度(mm);

　　　$[w]$——侧板容许挠度,取 $l/400$;

　　　E——弹性模量,木材取 $9.5\times10^3\text{N/mm}^2$;钢材取 $2.1\times10^5\text{N/mm}^2$;

　　　I——侧板截面惯性矩(mm^4),$I=\frac{bh^3}{12}$。

当墙侧模板采用组合钢模板时,板长为1200mm或1500mm,端头用U形卡连接,板的跨度不宜大于板长，一般取 600～1000mm，可不进行计算。

二、内外楞计算

内楞承受墙侧模板作用的荷载，按多跨连续梁计算，其容许跨度（间距）按下式计算：

当采用木内楞时：

按强度要求：
$$M=\frac{1}{10}q_2 l^2=[f_m]\cdot W$$

$$l=11.4\sqrt{\frac{W}{q_2}} \tag{8-87}$$

按刚度要求
$$w=\frac{q_2 l^4}{150EI}=[w]=\frac{l}{400}$$

$$l=15.3\cdot\sqrt[3]{\frac{I}{q_2}} \tag{8-88}$$

当采用钢内楞时：

按强度要求
$$M=\frac{1}{10}q_2 l^2=[f]\cdot W$$

$$l=46.4\sqrt{\frac{W}{q_2}} \tag{8-89}$$

按刚度要求
$$w=\frac{q_2 l^4}{150EI}=[w]=\frac{l}{400}$$

$$l=42.86\cdot\sqrt[3]{\frac{I}{q_2}} \tag{8-90}$$

式中　M——内楞计算最大弯矩（N·mm）；
　　　q_2——作用在内楞上的荷载（N/mm）；
　　　l——内楞计算跨距（mm）；
　　　W——内楞截面抵抗矩（mm³）；
　　　w——内楞的挠度（mm）；
　　　$[w]$——内楞的容许挠度，取 $l/400$；
　　　I——内楞的截面惯性矩（mm⁴）；
　　　$[f]$——钢材抗拉、抗压、抗弯强度设计值，采用 Q235 钢，取 215N/mm²；
其他符号意义同前。

【例 8-20】 地下室墙厚为 400mm，高 5m，每节模板高 2.5m，采取分节浇筑混凝土，每节浇筑高度为 2.5m，浇筑速度 $V=3$m/h，混凝土重力密度 $\gamma_c=25$kN/m³，浇筑温度 $T=30$℃，采用厚 25mm 木模板，试计算确定内楞的间距（侧模板容许的跨距）。

【解】 取 $\beta_1=\beta_2=1$，由式（8-8）墙模板受到的侧压力为：

$$F=0.22\gamma_c\left(\frac{200}{T+15}\right)\beta_1\beta_2 V^{\frac{1}{2}}=0.22\times25\times\left(\frac{200}{30+15}\right)\times1\times1\times\sqrt{3}=42.3\text{kN/m}^2$$

$$F=\gamma_c H=25\times2.5=62.5\text{kN/m}^2$$

取二者中的较小值，$F=42.3$kN/m² 作为标准荷载。

有效压头高度
$$h=\frac{F}{\gamma_c}=\frac{42.3}{25}=1.69\text{m}$$

考虑倾倒混凝土时对侧模产生的水平荷载标准值为4kN/m²，则其强度设计荷载为：
$$q_1 = 42.3 \times 1.2 + 4 \times 1.4 = 56.36 \text{kN/m}$$

按刚度要求，采用标准荷载，同时不考虑倾倒混凝土荷载
$$q_1 = 42.3 \times 1 = 42.3 \text{kN/m}$$

按强度要求需要内楞间距，由式（8-85）得：
$$l = 147.1h \cdot \sqrt{\frac{1}{q_1}} = 147.1 \times 25 \times \sqrt{\frac{1}{56.36}} = 490 \text{mm}$$

按刚度要求需要内楞间距，由式（8-86）得：
$$l = 66.7h \cdot \sqrt[3]{\frac{1}{q_1}} = 66.7 \times 25 \times \sqrt[3]{\frac{1}{42.3}} = 479 \text{mm}$$

取二者中的较小值 $l=479$mm，用 460mm。

8.8 竹、木散装散拆胶合板模板的计算

现浇混凝土结构支模，多采用竹、木散装散拆胶合板模板，使用门式钢管脚手架支承系统。其优点是：模板结构简单、板幅大、自重轻、板面平整、装拆方便、快速，周转率高，费用较低。

一、模板结构构造

模板结构系统的典型构造如图 8-33 所示。楼板下设门式钢管脚手架做模板支架，行距 781mm，排距 914mm，每榀门架支承楼板宽度 2000mm，楼板模板采用 18mm 厚竹（或木，下同）胶合模板，支承模板的次楞用 80mm×80mm 方木，间距 300mm，主楞用方木 80mm×80mm 间距 1219mm。梁底垂直于梁轴线布置门式钢管脚手架排距 914mm，梁底、梁侧模板采用 18mm 厚竹胶合板模板，梁底模板次楞采用方木 80mm×100mm，间距 300mm，主楞用方木 80mm×100mm，间距 1219mm，梁侧立档采用方木 80mm×80mm，间距 450mm，板条斜撑间距 450mm。竹胶合模板由于具有竹材生长快、生产周

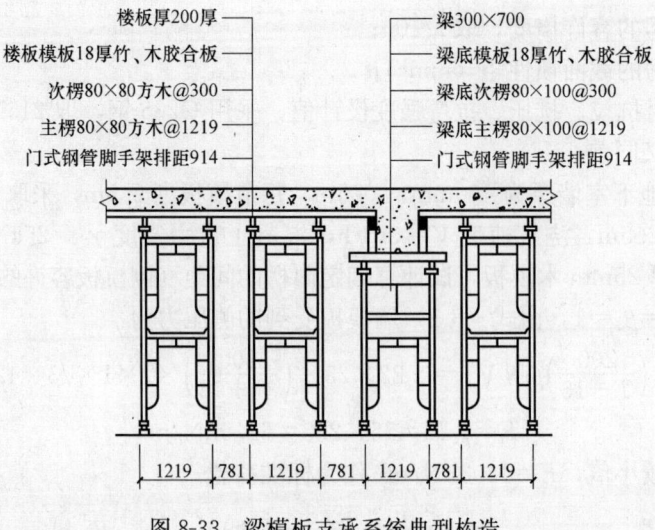

图 8-33 梁模板支承系统典型构造

期短（一般2～3年成材），资源丰富，制成的竹胶合板收缩率小、膨胀率和吸水率低，以及强度较高、承载能力大等特点，使用较为广泛。

二、模板计算

竹、木散装散拆模板的计算内容包括：楼板模板、楼板次楞、楼板主楞；梁底模板、梁侧模板、梁底次楞、梁底主楞等。每一项计算均包括抗弯强度、抗剪强度、刚度及支座反力等，计算通用公式有以下各项：

按抗弯强度要求 $$\sigma = \frac{M}{W} \leqslant f_d \text{（或 } f_m\text{）} \tag{8-91}$$

按抗剪强度要求 $$\tau = \frac{3V}{2bh} \leqslant f_v \tag{8-92}$$

按刚度要求 $$w \leqslant [w] \tag{8-93}$$

按支承要求 $$R \leqslant [R] \tag{8-94}$$

式中 σ——楼板模板、次楞、主楞、梁底模板、侧模板、次楞、主楞等（以上简称以上各项）所承受的弯曲应力（N/mm²）；

M——以上各项所承受的弯矩（N·mm）；

W——以上各项的截面抵抗矩，取1m宽的板带为计算单元，18mm厚竹、木胶合模板 $W = \frac{bh^2}{6} = \frac{1000 \times 18^2}{6} \text{mm}^3 = 54000\text{mm}^3$；80mm×80mm 方木 $W = \frac{80 \times 80^2}{6} \text{mm}^3 = 85333\text{mm}^3$；80mm×100mm 方木 $W = \frac{80 \times 100^2}{6} \text{mm}^3 = 133333\text{mm}^3$；

$f_d(f_m)$——以上各项的弯矩设计强度值，对18mm厚竹胶合板模板 $f_d = 15\text{N/mm}^2$，木胶合板模板 $f_d = 13\text{N/mm}^2$；对松木 $f_m = 13\text{N/mm}^2$，考虑临时和露天环境使用，可取 $f_m = 13 \times 1.2 \times 0.9\text{N/mm}^2 = 14.04\text{N/mm}^2$（1.2为临时使用调整系数，0.9为露天环境调整系数，下同）；

τ——以上各项承受的剪应力（N）；

b——以上各项的计算宽度（mm）；

h——以上各项的计算高度（mm）；

V——以上各项承受的剪力（N）；

f_v——以上各项的抗剪强度设计值，对竹胶合板模板 $f_v = 1.2\text{N/mm}^2$；木胶合板模板 $f_v = 1.0\text{N/mm}^2$；对木材 $f_v = 1.5 \times 1.2 \times 0.9\text{N/mm}^2 = 1.62\text{N/mm}^2$；

w——以上各项的计算挠度值，承受的荷载、连续跨数和跨度由计算确定；

$[w]$——以上各项的挠度允许值，不得超过其计算跨度的1/250；

R——以上各项在支承部位产生的反力值（N）；

$[R]$——以上各项支承部位的允许承载力值（kN）；按产品说明书，一般每榀门式钢管脚手架允许承载力取45kN，根据有关文献，单架承载力和多重架承载力相近，因此可用单架承载力估算多重架支撑体系的承载力。

此外对梁侧模还应进行对拉螺栓计算。

【例 8-21】 某商住楼工程,层高 4.5m,楼板厚 200mm,梁截面尺寸 300mm×700mm($b×h$),采用竹散装模板,用门式钢管脚手架做模板支架,模板系统构造如图 8-34 所示,已知竹胶合板模板的弹性模量 $E=6500×0.9=5850\text{N/mm}^2$(0.9 为调整系数)、木材的弹性模量 $E=10000×0.85=8500\text{N/mm}^2$(0.85 为调整系数),试计算该模板支撑系统是否满足施工要求。

【解】 1. 楼板模板计算

楼板模板承受竖向荷载作用,按三跨等跨连续梁计算(图 8-34),当跨距较小时,可近似假定活荷载均布于各跨。取 1m 宽的板带为计算单元,其荷载计算见表 8-21。

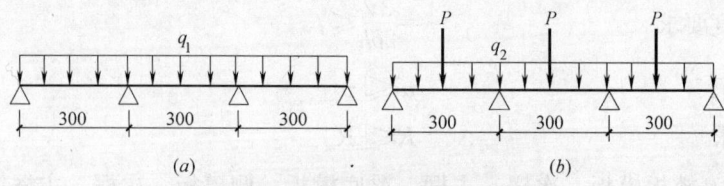

图 8-34 楼板模板计算简图
(a)均布荷载;(b)均布荷载+集中荷载

楼板模板、次楞、主楞荷载计算表　　　　　表 8-21

项次	荷载项目		荷载标准值	荷载分项系数	荷载设计值
楼板模板	模板自重 新浇混凝土自重 钢筋自重		$6×0.018=0.108\text{kN/m}^2$ $24×0.2=4.8\text{kN/m}^2$ $1.1×0.2=0.22\text{kN/m}^2$	1.2 1.2 1.2	0.13kN/m 5.76kN/m 0.264kN/m
	施工人员及设备荷载	均布	2.5kN/m^2	1.4	3.5kN/m
		集中(跨中)	2.5kN	1.4	3.5kN
楼板次楞	模板自重 新浇混凝土自重 钢筋自重		0.3kN/m^2 $24×0.2=4.8\text{kN/m}^2$ $1.1×0.2=0.22\text{kN/m}^2$	1.2 1.2 1.2	0.108kN/m 1.728kN/m 0.079kN/m
	施工人员及设备荷载	均布	2.5kN/m^2	1.4	1.05kN/m
		集中(跨中)	2.5kN	1.4	3.5kN
楼板主楞	模板自重 新浇混凝土自重 钢筋自重 施工人员及设备荷载		0.3kN/m^2 $24×0.2=4.8\text{kN/m}^2$ $1.1×0.2=0.22\text{kN/m}^2$ 1.5kN/m^2	1.2 1.2 1.2 1.4	0.108kN/m 1.728kN/m 0.079kN/m 0.63kN/m

用于承载力验算的均布荷载设计值:

包括施工荷载　$q_1=0.13+5.76+0.264+3.5=9.65\text{kN/m}$

不包括施工荷载　$q_2=0.13+5.76+0.264=6.15\text{kN/m}$

用于挠度计算的均布荷载标准值(不含施工荷载):

$$q_3=0.108+4.8+0.22=5.13\text{kN/m}$$

(1) 按抗弯强度要求:当施工荷载为均布作用时(图 8-34a):

$$M_1=K_M q_1 l^2=0.1×9.65×300^2=87000\text{N·mm}$$

当施工荷载集中作用于跨中时(图 8-34b):

$$M_2=K_M q_2 l^2+K_M pl=0.08×6.15×300^2+0.213×3500×300=268000\text{N·mm}$$

取二者较大弯矩值，$M_{\max}=268000\text{N}\cdot\text{mm}$

$$\sigma=\frac{M_{\max}}{W}=\frac{268000}{54000}=4.96\text{N/mm}^2<f_d=15\text{N/mm}^2 \quad (可)$$

(2) 按抗剪强度要求：$V=K_Vq_1l=0.6\times9.65\times0.3=1.738\text{kN}=1738\text{N}$

$$\tau=\frac{3V}{2bh}=\frac{3\times1738}{2\times1000\times18}=0.15\text{N/mm}^2<f_v=1.2\text{N/mm}^2 \quad (可)$$

(3) 按刚度要求：已知 $E=5850\text{N/mm}^2 \quad I=\frac{bh^3}{12}=\frac{1000\times18^3}{12}=486000\text{mm}^4$

$$\omega=\frac{K_Wq_3l^4}{100EI}=\frac{0.677\times5.128\times300^4}{100\times5850\times4.86\times10^5}$$

$$=0.099\text{mm}<[\omega]=\frac{l}{250}=\frac{300}{250}=1.2\text{mm} \quad (可)$$

(4) 支座反力计算：$R=K_Vq_1l=(0.6+0.5)\times9.654\times0.3=3.186\text{kN}$

以上 M、V、ω 计算公式及 K_M、K_V、K_W 系数均从附录二附表 2-12、附表 2-13 中查得。以下各项计算公式和系数也均可从相应附表中查得。

2. 楼板次楞计算

楼板次楞（用方木 80mm×80mm）为受弯构件，承受竖向荷载作用，考虑方木长 2000mm，按支承情况简化成单跨两端悬臂梁计算（图 8-35a、b）。

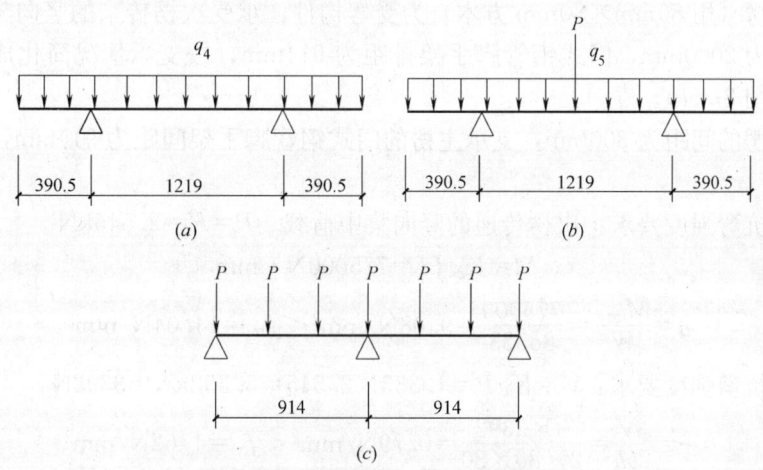

图 8-35 楼板次楞、主楞计算简图
(a) 次楞均布荷载；(b) 次楞均布荷载+集中荷载；(c) 主楞集中荷载

楼板次楞间距为 300mm，其荷载计算见表 8-21。用于承载能力验算的均布荷载设计值：

包括施工荷载 $\quad q_4=0.108+1.728+0.079+1.05=2.965\text{kN/m}$

不包括施工荷载 $\quad q_5=0.108+1.728+0.079=1.915\text{kN/m}$

用于挠度计算的均布荷载标准值（不含施工荷载）

$$q_6=(0.3+4.8+0.22)\times0.3=1.596\text{kN/m}$$

(1) 按抗弯强度要求：当施工荷载为均布作用时（图 8-35a）：

$$M_3=\left(1-\frac{4a^2}{l^2}\right)\frac{q_4l^2}{8}=325000\text{N}\cdot\text{mm}$$

当施工荷载集中作用于跨中时（图 8-35b）：

$$M_4=\left(1-\frac{4a^2}{l^2}\right)\frac{q_5 l^2}{8}+\frac{Pl}{4}=1276000\text{N}\cdot\text{mm}$$

取两者较大弯矩值，并考虑临时使用乘以调整系数 0.9 采用，$M_{\max}=1276000\times 0.9$ N·mm＝1148400N·mm。

$$\sigma=\frac{M_{\max}}{W}=\frac{1148400}{85333}=13.46\text{N/mm}^2<f_m=14.04\text{N/mm}^2 \quad （可）$$

（2）按抗剪强度要求：$V=\dfrac{q_4 l}{2}=\dfrac{2.965\times 1219}{2}=1807\text{N}$

$$\tau=\frac{3V}{2bh}=\frac{3\times 1807}{2\times 80\times 80}=0.42\text{N/mm}^2<f_v=1.62\text{N/mm}^2 \quad （可）$$

（3）按刚度要求：$\omega=\left(5-\dfrac{24a^2}{l^2}\right)\dfrac{q_6 l^4}{384EI}=0.80\text{mm}<[\omega]=\dfrac{l}{250}=\dfrac{1219}{250}=4.87\text{mm}$ （可）

（4）支座反力计算

计算直接支承小楞结构时，均布活荷载取 1.5kN/m²。$R=\left(1+\dfrac{2a}{l}\right)\dfrac{ql}{2}=2.545\text{kN}$

3. 楼板主楞计算

楼板主楞（用 80mm×80mm 方木）为受弯构件，承受次楞传来的竖向集中荷载，考虑方木长度为 2000mm，门式钢管脚手架排距为 914mm，按支承情况简化成二跨等跨连续梁计算（图 8-35c）。

楼板次楞的间距为 300mm，支承主楞的门式钢管脚手架间距为 914mm，其荷载计算见表 8-21。

（1）按抗弯强度要求：次楞传递的竖向集中荷载 $P=R=2.545\text{kN}$

$$M=K_M Pl=775000\text{N}\cdot\text{mm}$$

$$\sigma=\frac{M_{\max}}{W}=\frac{775000}{85333}=9.08\text{N/mm}^2<f_m=14.04\text{N/mm}^2 \quad （可）$$

（2）按抗剪强度要求：$V=K_V P=1.333\times 2.545=3.392\text{kN}=3392\text{N}$

$$\tau=\frac{3V}{2bh}=\frac{3\times 3392}{2\times 80\times 80}=0.79\text{N/mm}^2<f_v=1.62\text{N/mm}^2 \quad （可）$$

（3）按刚度要求：$w=\dfrac{K_w Pl^3}{100EI}=0.98\text{mm}<|w|=\dfrac{l}{250}=\dfrac{914}{250}=3.65\text{mm}$ （可）

（4）支座反力计算：计算支架立柱及其他支承结构构件时，均布活荷载可取 1kN/m²。

次楞的支座反力 $R=\left(1+\dfrac{2a}{l}\right)\dfrac{ql}{2}=2.335\text{kN}$

主楞的支座反力 $R=2K_V P+P=2\times 1.333\times 2.335+2.335=8.56\text{kN}$

4. 支承楼板的门式钢管脚手架核算

模板支撑系统使用了可调底托和顶托，根据文献 [39]，按调节螺杆伸出长度超过 300mm 考虑，应乘以修正系数 0.8，即一榀门架承载力设计值修正为：49.0×0.8＝39.2kN，每根立柱平均承载力为 39.2/2＝19.6kN 则：$R=8.56\text{kN}<19.6\text{kN}$ （可）

8.8 竹、木散装散拆胶合板模板的计算

5. 梁底模板计算

梁底模板（用18mm厚竹胶合板）为受弯构件，承受竖向荷载，按支承情况简化成三跨等跨连续梁计算（图6-36a）跨距较小时可近似假定活荷载为均布且同时作用于各跨。

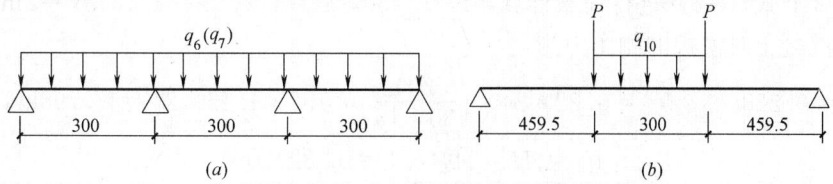

图 8-36 梁底模板及次楞计算简图
(a)梁底模板；(b)梁底次楞

梁底模板荷载计算见表8-22。

梁底模板、次楞荷载计算表　　　　　　表8-22

项次	荷载项目	荷载标准值/(kN/m)	荷载分项系数	荷载设计值/(kN/m)
梁底模板	模板自重	6×0.018×0.3=0.032	1.2	0.038
	新浇混凝土自重	24×0.3×0.7=5.04	1.2	6.048
	钢筋自重	1.1×0.3×0.7=0.231	1.2	0.277
	振捣混凝土时产生的荷载	2×0.3=0.6	1.4	0.84
梁底模板均布荷载	模板自重	0.5×0.3=0.15	1.2	0.18
	新浇混凝土自重	24×0.3×0.7=5.04	1.2	6.048
	钢筋自重	1.1×0.3×0.7=0.231	1.2	0.277
	振捣混凝土时产生的荷载	2×0.3=0.6	1.4	0.84
梁底模板集中荷载	模板自重	0.3	1.2	0.108
	新浇混凝土自重	24×0.2=4.8	1.2	1.728
	钢筋自重	1.1×1.2=0.22	1.2	0.079
	施工人员及设备荷载	均布　2.5	1.4	1.05

用于承载能力验算的均布荷载设计值：
$$q_6=0.038+6.048+0.277+0.84=7.20\text{kN/m}$$
用于挠度计算的均布荷载标准值：
$$q_7=0.032+5.04+0.231=5.03\text{kN/m}$$

(1) 按抗弯强度要求：$M=K_M q_6 l^2 = 65000\text{N·mm}$

$$W=\frac{bh^2}{6}=\frac{300\times 18^2}{6}\text{mm}^3=16200\text{mm}^3$$

$$\sigma=\frac{M}{W}=\frac{65000}{16200}=4.01\text{N/mm}^2<f_d=15\text{N/mm}^2 \quad (可)$$

(2) 按抗剪强度要求：$V=K_V q_6 l = 0.6\times 7.203\times 0.3 = 1.297\text{kN}=1297\text{N}$

$$\tau=\frac{3V}{2bh}=0.36\text{N/mm}^2<f_v=1.2\text{N/mm}^2 \quad (可)$$

(3) 按刚度要求：$I=\dfrac{bh^3}{12}=\dfrac{300\times 18^3}{12}=145800\text{mm}^4$

$$\omega=\frac{K_W q_7 l^4}{100EI}=0.431\text{mm}<|w|=\frac{l}{250}\ \frac{300}{250}=1.2\text{mm} \quad (可)$$

(4) 支座反力计算：$R = K_V q_6 l = (0.6+0.5) \times 7.303 \times 0.3 = 2.377 \text{kN}$

6. 梁侧模板计算

梁侧模板（用18mm厚竹胶合板）为受弯构件，承受侧向荷载，立档间距为450mm，按支承情况简化成三跨等跨连续梁计算，计算简图同图8-34a。

按8.2节式（8-8）进行荷载计算，设 $T=30$，$\beta_1=1.2$，$\beta_2=1.15$，$V=2\text{m/h}$

新浇混凝土对模板的侧压力为：

$$F_1 = 0.228 t_0 \beta_1 \beta_2 V^{\frac{1}{2}} = 0.22 \times 24 \times \left(\frac{200}{30+15}\right) \times 1.2 \times 1.15 \times 2^{\frac{1}{2}} = 47.798 \text{kN/m}^2$$

$$F_2 = \gamma H = 24 \times 0.7 = 16.8 \text{kN/m}^2$$

取二者中小值，侧压力荷载标准值 16.8kN/m^2，荷载设计值 $F = 16.8 \times 1.2 = 20.16 \text{kN/m}^2$。

振捣混凝土时产生的荷载：对垂直模板面取 4kN/m^2（荷载标准值），则荷载设计值为：$4 \times 1.4 = 5.6 \text{kN/m}^2$。

以上两项合计为：$20.16+5.6=25.76 \text{kN/m}^2$

混凝土板厚为200mm，将侧压力化为线均布荷载 $q_8 = 12.88 \text{kN/m}$。

侧压力荷载标准值 $F=16.8 \text{kN/m}^2$ 化为线荷载：$q_9 = 16.8 \times (0.7-0.2) = 8.4 \text{kN/m}$

(1) 按抗弯强度要求：$M = K_M q_8 l^2 = 0.261 \text{kN} \cdot \text{m} = 261000 \text{N} \cdot \text{mm}$

$$W = \frac{bh^2}{6} = \frac{450 \times 18^2}{6} = 24300 \text{mm}^3$$

$$\sigma = \frac{M_{\max}}{W} = \frac{261000}{24300} = 10.74 \text{N/mm}^2 < f_d = 15 \text{N/mm}^2 \quad \text{（可）}$$

(2) 按抗剪强度要求：$V = K_V q_8 l = 0.6 \times 12.88 \times 0.45 = 3478 \text{N}$

$$\tau = \frac{3V}{2bh} = 0.64 \text{N/mm}^2 < f_v = 1.2 \text{N/mm}^2 \quad \text{（可）}$$

(3) 按刚度要求：$I = \frac{bh^3}{12} = \frac{450 \times 18^3}{12} = 218700 \text{mm}^4$

$$\omega = \frac{K_W q_9 l^4}{100 EI} = 1.82 \text{mm} < |\omega| = \frac{l}{250} = \frac{500}{250} \text{mm} = 2 \text{mm} \quad \text{（可）}$$

(4) 对拉螺栓计算：对拉螺栓在梁侧面高度方向设置一道M12对拉螺栓，纵向间距900mm，水平方向用 $2\phi 48 \times 3.5\text{mm}$ 钢管夹紧。

已知梁侧模板的侧压力荷载设计值为 25.76kN/m^2，则对拉螺栓所承受拉力的荷载设计值为：$N = 25.76 \times 0.5 \times 0.9 = 11.592 \text{kN}$。查M12螺栓的容许拉力为 $12.9 \text{kN} > 11.59 \text{kN}$ （可）

7. 梁底次楞计算

梁底次楞（用80mm×100mm方木）为受弯构件，门架的支承范围按2000mm考虑，除承受梁底模板传递的均布荷载外，还承受梁两侧各850mm宽楼板传递的竖向集中荷载作用（图8-36b）梁底均布荷载的荷载计算见表8-22。

用于承载能力验算的均布荷载设计值（含振捣荷载）：

$$q_{10} = 0.18 + 6.048 + 0.277 + 0.84 = 7.345 \text{kN/m}$$

用于挠度计算的均布荷载标准值：$q_{11} = 0.15 + 5.04 + 0.231 = 5.421 \text{kN/m}$

楼板传递的竖向集中荷载计算见表 6-5。
用于承载能力验算的均布荷载设计值（含施工荷载）：
$$q_{12}=0.108+1.728+0.079+1.05=2.965\text{N/m}$$
其楼板传递的竖向集中荷载　$P=2.965\times0.850=2.52\text{kN}$。
用于挠度计算的均布荷载标准值（不含施工荷载）：
$$q_{13}=(0.3+4.8+0.22)\times0.3=1.596\text{kN/m}$$
其楼板传递的竖向集中荷载　$P=1.596\times0.850=1.357\text{kN}$。

(1) 按抗弯强度要求：$M_{\max}=\left(2-\dfrac{b}{l}\right)\dfrac{q_{10}bl}{8}+Pa=1747000\text{N}\cdot\text{mm}$

$$\sigma=\frac{M_{\max}}{W}=\frac{1747000}{133333}=13.10\text{N/mm}^2<f_\text{m}=14.04\text{N/mm}^2 \quad\text{（可）}$$

(2) 按抗剪强度要求：$V=\dfrac{q_{10}b}{2}+P=\dfrac{7.345\times0.3}{2}+2.520=3.622\text{kN}$

$$\tau=\frac{3V}{2bh}=\frac{3\times3622}{2\times80\times100}=0.68\text{N/mm}^2<f_\text{v}=1.2\text{N/mm}^2 \quad\text{（可）}$$

(3) 按刚度要求：$\omega_1=\left(8-\dfrac{4b^2}{l^2}+\dfrac{b^3}{l^3}\right)\dfrac{q_{11}bl^3}{384EI}=1.052\text{mm}$

$$\omega_2=(3l^2-4a^2)\frac{Pa}{24EI}=0.002\text{mm}$$

$$w_{\max}=1.052+0.002=1.05\text{mm}<|w|=\frac{l}{250}=\frac{1219}{250}=4.88\text{mm} \quad\text{（可）}$$

(4) 支座反力计算：$R=\dfrac{q_{10}b}{2}+P=\dfrac{7.345\times0.3}{2}+2.52=3.622\text{kN}$

8. 梁底主楞计算

梁底主楞（用 80mm×100mm 方木）为受弯构件，承受次楞传递的竖向集中荷载作用，考虑方木长度 2000mm，门式钢管脚手架排距 914mm，按支承情况简化成二跨等跨连续计算，计算简图同图 8-36。

(1) 按抗弯强度要求：次楞传递的集中荷载　$P=3.622\text{kN}$

$$M=K_\text{M}Pl=1.102\times10^6\text{N}\cdot\text{mm}$$

$$\sigma=\frac{M}{W}=\frac{1.102\times10^6}{133333}=8.26\text{N/mm}^2<f_\text{m}=14.04\text{N/mm}^2 \quad\text{（可）}$$

(2) 按抗剪强度要求：$V=K_\text{V}P=1.333\times3.622=4.828\text{kN}=4828\text{N}$

$$\tau=\frac{3V}{2bh}=\frac{3\times4828}{2\times80\times100}=0.91\text{N/mm}^2<f_\text{v}=1.62\text{N/mm}^2 \quad\text{（可）}$$

(3) 按刚度要求：$\omega=\dfrac{K_\text{W}Pl^3}{100EI}=0.72\text{mm}<|\omega|=\dfrac{l}{250}=\dfrac{914}{250}=3.66\text{mm}$ （可）

(4) 支座反力计算：$R=2K_\text{V}P+P=13.278\text{kN}$

9. 支承梁的门式钢管脚手架

模板支撑系统使用了可调底托和顶托，按调节螺杆伸出长度超过 300mm 考虑，应乘以修正系数 0.8，即一榀门架承载力设计值修正为：$49.0\text{kN}\times0.8=39.2\text{kN}$，每根立柱平

均承载力为 $\frac{29.2}{2}=19.6\text{kN}$,则 $P=R=13.28\text{kN}<19.6\text{kN}$ （可）

8.9 木模板简易计算

一般常见结构的模板，只根据结构尺寸及施工方法，参考有关资料，凭经验估计模板各部件的尺寸。对于一些特殊形式或重要部位的模板，则要通过简易计算确定模板各部件尺寸，以保证模板安全可靠和经济合理。

一、模板荷载

一般结构件的模板分为底模板和侧面模板。前者主要承受垂直荷载，后者承受水平荷载。

底模板荷载主要有：

(1) 模板自重。为简化计算，对木模板通常平板模板及楞木取 30kg/m^2；模板（含梁）模板取 50kg/m^2；模板支架（层高不大于 4m）取 75kg/m^2。对定型组合钢模板比木模板重，则分别取 50、75 和 110kg/m^2。

(2) 新浇混凝土重。一般以碎石或卵石为骨料的混凝土，取 2500kg/m^3。

(3) 钢筋重量。按施工图纸计算确定。通常梁板结构中每 1m^3 混凝土中钢筋重量：楼板取 110kg，梁取 150kg。

(4) 施工荷载。指施工人员、工具、运输车辆等作用在模板不同部位上的荷载值：计算支承楞木的结构构件取 150kg/m^2；计算立柱及支承楞木的其他构件取 100kg/m^2。遇特殊情况，还应取最不利情况验算集中荷载的作用。

(5) 振捣混凝土产生的荷载。对水平模板取 100kg/m^2，对垂直面模板取 400kg/m^2。

侧面模板主要有以下两项：

(6) 混凝土的侧压力。新浇混凝土作用于侧面模板的最大侧压力值，其计算及取值参见 8-2 混凝土对模板侧压力计算一节。

(7) 倾倒混凝土产生的振动、冲击荷载。一般采用溜槽或串筒下料时，取 200kg/m^2。

模板的计算主要为强度和变形验算，不同模板构件采用的荷载组合见表 8-23。

模板的荷载组合　　　　表 8-23

模板构件名称	计算强度时	验算刚度时
平板和薄壳模板及支架	(1)+(2)+(3)+(4)	(1)+(2)+(3)
柱(边长≤300)、墙(厚≤100)模板	(5)+(6)	(6)
柱(边长>300)、墙(厚>100)模板	(7)+(6)	(6)
梁和拱的侧面模板	(5)+(6)	(6)
梁和拱的底模板	(1)+(2)+(3)+(5)	(1)+(2)
厚大结构模板	(7)+(6)	(5)

二、模板的强度验算

根据模板构件的荷载组合计算作用在构件上的均布荷载 q（kg/m）（取 1m 宽计）或集中荷载 P（kg）及支承情况，按以下计算最大弯矩 M_{max}（kg·m）：

当模板构件承受均布荷载时：

单跨简支梁　　　　　　　　　　$M_{max}=\frac{1}{8}ql^2$ 　　　　　　　　　　(8-95)

两跨以上连续梁 $\qquad M_{\max} \approx \dfrac{1}{10} q l^2 \qquad$ (8-96)

当模板构件为跨中作用集中荷载时

单跨简支梁 $\qquad M_{\max} = \dfrac{1}{4} P l \qquad$ (8-97)

两跨以上连续梁 $\qquad M_{\max} = \dfrac{1}{6} P l \qquad$ (8-98)

l 为梁的跨度（m）。

验算模板构件的弯曲应力按下式进行：

$$\sigma = \dfrac{M_{\max}}{W} \leqslant [\sigma] \qquad (8\text{-}99)$$

其中 $\qquad W = \dfrac{bh^2}{6} \qquad$ (8-100)

式中 W——模板构件的截面抵抗矩（cm³）；
$\quad\quad b$——模板构件的截面宽度（cm）；
$\quad\quad h$——模板构件的截面高度（cm）；
$\quad\quad [\sigma]$——木材的容许弯曲应力（N/mm²），松木取 12N/mm²。
其他符号意义同前。

三、模板的变形验算

按模板构件的荷载及支承情况，分别不同情况计算挠度 f（cm）；

当模板构件为单跨简支梁时

均布荷载 $\qquad f = \dfrac{5q l^4}{384 EI} \qquad$ (8-101)

跨中集中荷载 $\qquad f = \dfrac{P l^3}{48 EI} \qquad$ (8-102)

当模板构件为两跨以上连续梁时：

均布荷载 $\qquad f = \dfrac{q l^4}{100 EI} \qquad$ (8-103)

跨中集中荷载 $\qquad f = \dfrac{16 P l^3}{1000 EI} \qquad$ (8-104)

模板的挠度应符合下式要求

$$f \leqslant [f] \qquad (8\text{-}105)$$

式中 E——木材的弹性模量，一般取 9.5×10^3 N/mm²；
$\quad\quad I$——惯性矩，矩形截面为 $\dfrac{bh^3}{12}$（cm⁴）；
$\quad\quad [f]$——模板容许挠度值，取 $l/400$；
其他符号意义同前。

四、模板支柱验算

支撑梁 板等模板通常用支柱，其破坏的特点是受压弯曲，最后折断，称失稳。支柱的稳定与其截面大小、长度和压力大小有关，验算通常按下式计算：

$$\dfrac{N}{\varphi F} \leqslant [\sigma] \qquad (8\text{-}106)$$

式中　　N——支柱承受的压力；

　　　　F——支柱截面面积；

　　　　φ——支柱纵向弯曲系数，曲支柱的长细比 λ 值查表 8-24 得，λ 由下式计算 $\lambda = l_0/r$；

　　　　r——支柱截面的回转半径，$r=\sqrt{I/F}$；

　　　　I——支柱截面的惯性矩（cm^4），对矩形截面，$I=bh^3/12$（h 取矩边长）；圆形截面，$I=\pi D^4/64$；

　　　　l_0——支柱的计算长度。

木材纵向弯曲系数 φ 值表　　　　表 8-24

细长比 λ	0	40	60	80	100	110	120	130	140	150	170	190
φ 值	1	0.87	0.71	0.48	0.31	0.25	0.22	0.18	0.16	0.14	0.11	0.09

如不能满足式（8-106）要求，应加大支柱截面尺寸，重新验算，直至合适时为止。

8.10　模板构件的临界长度计算

在模板构件计算中，对每一模板构件均需一一计算其弯矩、剪力和挠度，并用容许抗弯强度设计值，抗剪强度设计值和挠度值来验算确定支承（座）的最大安全距离（跨距），往往需要花费较多的时间，也较为烦琐，实际上该三个条件必有一项起控制作用，假若预先知道某一荷载类型下，哪一个条件起控制作用，只需按该条件进行分析计算，则可有效简化计算工作量。根据经验，一般可用计算支座之间的临界长度（跨距）这一方法来判断弯矩与剪力、弯矩与挠度、剪力与挠度由哪一项起控制作用，以下简介其判别方法。

设以均布荷载的三跨连续矩形木梁为例进行分析，并已知木梁抗弯强度设计值 $f_m=13N/mm^2$，抗剪强度设计值 $f_v=1.5N/mm^2$，弹性模量 $E=9.5\times 10^3 N/mm^2$，受弯构件的容许挠度 $[w]=\dfrac{l}{400}$。其他荷载类型、跨型及模板类型可采用同样方法类推。

一、梁按弯矩与剪力的临界长度

已知弯矩　　　　　　　　　$M=fW$

则　　　　　　　　　　$\dfrac{1}{10}ql^2 = 13 \cdot \dfrac{bh^2}{6}$

移项得　　　　　　　　　　$bh^2 = \dfrac{0.6}{13}ql^2$　　　　　　　　　　（8-107a）

又知　　　　　$V=f_v \cdot \dfrac{bh}{1.5}$，　　$0.6ql = 1.5\dfrac{bh}{1.5}$

　　　　　　　　　　　　$bh = 0.6ql$　　　　　　　　　　（8-107b）

式中　　M——梁承受的弯矩（$N \cdot mm$）；

　　　　W——梁的净截面抵抗矩（mm^3），对矩形截面为 $\dfrac{bh^2}{6}$；

　　　　b——梁截面宽度（mm）；

　　　　h——梁截面高度（mm）；

　　　　l——梁的跨度（mm）；

q——梁上均布荷载（N/mm）；

V——梁的剪力（N）。

将式（8-107b）两边乘h，使其与式（8-107a）相等：

则
$$\frac{0.6}{13} \cdot ql^2 = 0.6qlh$$

移项化简得
$$\frac{l}{h} = 13.0 \tag{8-108}$$

当$\frac{l}{h} = 13.0$时，梁的抗弯与抗剪是等强的；当$\frac{l}{h} < 13.0$时，抗剪控制；当$\frac{l}{h} > 13.0$时，抗弯控制。

二、梁按弯矩与挠度的临界长度

已知挠度
$$w = \frac{0.677ql^4}{100EI} \leqslant [w]$$

$$\frac{0.677ql^4 \times 12}{100 \times 9.5 \times 10^3 \times bh^3} = \frac{l}{400}$$

移项化简得
$$bh^3 = 0.00342ql^3 \tag{8-109}$$

式中 w——木梁的挠度（mm）；

I——木梁的截面惯性矩（mm^4）；

其他符号意义同前。

将（8-107a）式两边乘h，使其与式（8-109）相等

则
$$\frac{0.6}{13} \cdot ql^2 \cdot h = 0.00342ql^3$$

移项化简得
$$\frac{l}{h} = 13.5 \tag{8-110}$$

当$\frac{l}{h} < 13.5$时，抗弯控制；当$\frac{l}{h} > 13.5$时，挠度控制。

三、梁按剪力与挠度的临界长度

将式（8-107b）两边乘h^2，使其与式（8-109）相等

则
$$0.6qlh^2 = 0.00342ql^3$$

移项化简得
$$\frac{l}{h} = 13.3 \tag{8-111}$$

当$\frac{l}{h} < 13.3$时，抗剪控制；当$\frac{l}{h} > 13.3$时，挠度控制。

当f_m、f_v、E一定时，根据不同的$[w]$值，可以算出不同的l/h，列于表8-25中。

木梁按弯曲应力、剪应力和挠度的临界长度　　　表8-25

容许挠度 $[w]$	临 界 长 度 比(l/h)		
	弯矩对剪力	弯矩对挠度	剪力对挠度
$l/250$	13.0	21.6	16.7
$l/400$	13.0	15.5	13.3
$l/500$	13.0	10.8	11.8

注：1. 表中木材抗弯强度设计值$f_m = 13N/mm^2$；抗剪强度设计值$f_v = 1.5N/mm^2$；弹性模量$E = 9.5 \times 10^4 N/mm^2$。

2. 荷载图示：均布荷载的三跨连续梁。

8 模板工程

【例 8-22】 商住楼地下车库墙高 3.4m，厚 30cm，采用木模板，混凝土强度等级 C20，重力密度 $\gamma_c=25kN/m^3$，坍落度为 8cm。采用 $0.6m^3$ 混凝土吊斗卸料，浇筑速度为 2.0m/h，混凝土温度为 25℃，用插入式振动器捣实。拟采用侧模板厚度为 20mm，竖楞木的截面尺寸为 50mm×50mm，横楞木截面尺寸为 100mm×100mm，采用松木 $f_m=13N/mm^2$；$f_v=1.5N/mm^2$；$E=9.5×10^3 N/mm^2$；螺栓 $f_t=170N/mm^2$，模板容许挠度 $[w]=l/400$（l—模板构件的跨度），试求墙模板的竖楞木和横楞木的间距及对拉螺栓的直径和间距。

【解】 墙模板各部件按三跨连续梁计算。

1. 墙模板承受的侧向荷载

混凝土侧压力标准值由式（8-8）得：

$$F=0.22\gamma_c\left(\frac{200}{T+15}\right)\beta_1\beta_2 V^{\frac{1}{2}}=0.22×25×\frac{200}{25+15}×1×1×\sqrt{2}=38.9kN/m^2$$

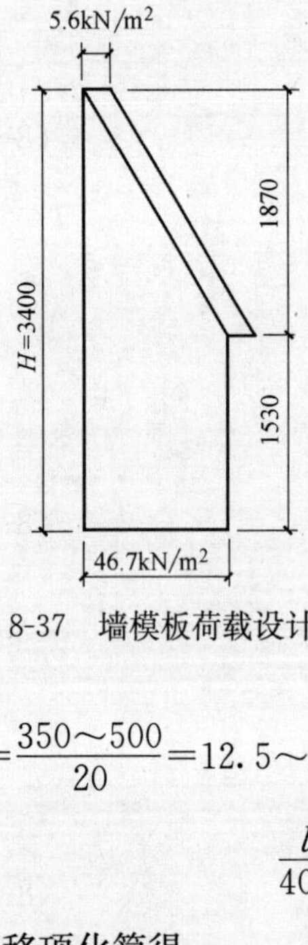

混凝土侧压力设计值为：

$$q_1=38.9×1.2=46.7kN/m^2$$

有效压头高度 $h=\dfrac{46.7}{25}=1.87m$

倾倒混凝土产生的水平荷载标准值，查表 8-16 为 $4kN/m^2$，其设计值 $q_2=4×1.4=5.6kN/m^2$，荷载组合为：$q=q_1+q_2=46.7+5.6=52.3kN/m^2$，如图 8-37。由图知倾倒混凝土产生的荷载仅在有效压头高度范围内起作用，可略去不计，考虑到模板结构不确定的因素较多，同时亦不考虑荷载折减，取 $q_1=46.7kN/m^2$。

图 8-37 墙模板荷载设计值

2. 竖楞木间距（即侧板的跨度）

侧板计算宽度取 1000mm，楞木间距设为 350～500mm，则

$$\frac{l}{h}=\frac{350～500}{20}=12.5～25.0，查表8-25，l/h>13.5，故知由挠度控制：$$

$$\frac{l}{400}=\frac{0.677q_2l^4}{100EI}=\frac{0.677×46.7×l^4×12}{100×9.5×10^3×1000×20^3}$$

移项化简得 $l=\sqrt[3]{50×10^6}=368mm$

取竖楞木间距为 350mm。

3. 横楞木间距（即竖楞木跨度）

$$q=46.7×\frac{350}{1000}=16.3N/mm$$

横楞木间距设为 500～700mm，则

$$\frac{l}{h}=\frac{500～700}{100}=5～7 \text{ 查表 8-25 得：} \frac{l}{h}<13.0，故由剪力控制$$

$$0.6ql=bh，0.6×16.3l=50×100$$

移项化简得 $l=511mm$（净距），$l=511+100=611mm$，取 600mm。

4. 对拉螺栓的直径和间距

横楞木承受竖楞木传来的集中荷载，由于楞木较密，可近似按均布荷载计算。

$$q = 46.7 \times 0.6 = 28.02 \text{N/mm}$$

同理，横楞木的跨度，仍由剪力控制：

$$0.6ql = 0.6 \times 28.02l = bh = 100 \times 100$$

$$l = 595\text{mm} \quad 取 550\text{mm}$$

对拉螺栓的拉力 $\quad F = 46.7 \times 0.6 \times 0.55 = 15.41 \text{kN}$

需要螺栓净截面积 $\quad A = \dfrac{15.41 \times 10^3}{170} = 90.6 \text{mm}^2$

选用 M14 螺栓，净截面积为 $105\text{mm}^2 > A$，满足要求

根据以上结果，绘出墙模板拼装图如图 8-38 所示。

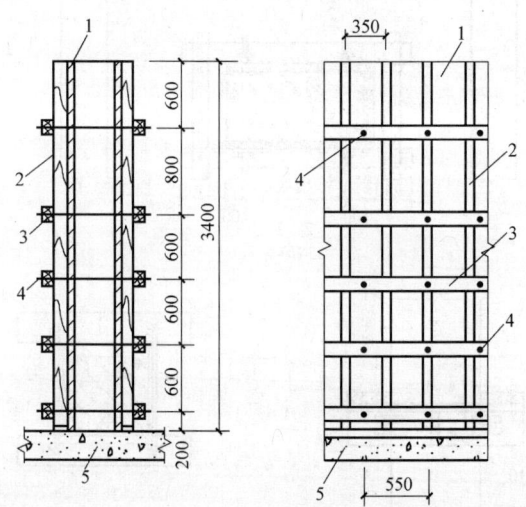

图 8-38　墙模板拼装图
1—墙侧模板；2—竖楞木；3—横楞木；4—对拉螺栓；5—垫层或楼板

8.11　柱间大梁悬空支模计算

在工业和公共建筑层高较大的柱间大梁支模施工中，利用已浇筑的钢筋混凝土柱作桁架支撑承受大梁模板荷载，是一项节省大量模板支承材料的有效方法。它具有施工工具化、节约模板支撑，扩大施工层内空间，使用方便、快速、安全可靠等特点。

本法是在现浇柱的上部预留螺栓杆孔洞（或预埋螺栓杆，或在柱侧预留凹槽），待柱混凝土达到 75% 以上强度，穿入螺杆，装上工具或钢托或角钢扁担，拧紧螺帽，在其上放置两榀工具式钢或钢木桁架，用来承受上部大梁和模板等荷载，如图 8-39 所示。

螺杆用 45 号圆钢加工并进行热处理；钢托用 6mm 厚钢板焊成或用角钢扁担；桁架采用工具式定型钢桁架。图 8-39c 安装时，将凸块嵌入柱侧的预留凹槽内，并拧紧螺栓。柱侧钢支托，主要靠夹紧螺栓产生的摩擦抗剪能力及凸块嵌入柱侧预留凹槽内产生的承压力来支承上部荷载。上部大梁模板支设方法均按常规方法。

8 模板工程

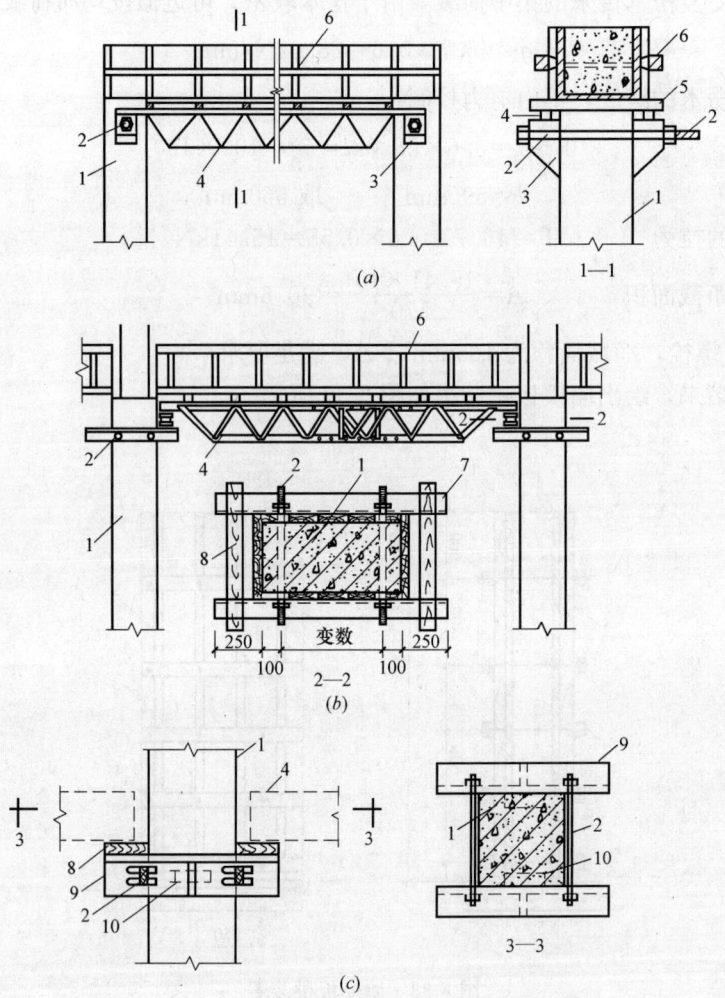

图 8-39 柱间大梁悬空支模组装图
(a) 柱顶装螺杆、钢承托；(b) 柱顶预埋螺杆装角钢扁担承托；(c) 柱顶两侧装螺栓角钢扁担承托
1—现浇混凝土柱；2—螺(栓)杆(直径 20~40mm)；3—钢托；4—钢或钢木桁架；
5—横方木；6—大梁模板；7—角钢(∟75×8mm)；8—垫木(60~120mm)；
9—角钢(背面加焊 15mm 厚凸块)；10—凸块

采用悬空支模对支承、固定钢托的螺杆应进行以下验算：

一、螺杆抗剪强度验算

螺杆的剪切应力 τ（MPa）按下式验算：

$$\tau = \frac{P}{A} \leqslant [f_v^b] \tag{8-112}$$

式中　P——作用在螺杆上的剪切力（kN）；
　　　A——螺杆的净截面积（mm²）；
　　　$[f_v^b]$——螺杆的容许抗剪强度设计值（N/mm²）。

二、螺杆承压强度验算

螺杆的承挤压应力 σ_c（N/mm²）按下式验算：

$$\sigma_c = \frac{P_c}{A_c} = \frac{P}{td} \leqslant [f_c^b] \quad (8\text{-}113)$$

式中 P_c——作用在螺杆上的挤压力（kN）；

t——钢托厚度（mm）；

d——螺杆的有效直径（mm）；

$[f_c^b]$——螺杆的容许承挤压强度设计值。

三、螺杆弯曲强度验算

螺杆弯曲应力 σ_W（N/mm²）可按下式验算：

$$\sigma_W = \frac{M}{W} \quad (8\text{-}114)$$

式中 M——作用在螺杆上的弯矩；

W——螺杆的截面矩，$W = \frac{\pi d^2}{32}$；

其他符号意义同前。

【例 8-23】 某高层建筑，大梁跨度 8.0m，梁高 1.0m，宽 0.4m，采用悬空支模，螺杆直径 40mm，取 $[f_v^b] = 60\text{N/mm}^2$，$[f_c^b] = 120\text{N/mm}^2$，试验算螺杆的抗剪切和承挤压强度是否满足要求。

【解】 螺杆承受模板的荷载：

$$P = 8 \times 1 \times 0.4 \times 25 \times 1.2/2 = 48.0\text{kN}$$

剪切强度由式（8-112）得：

$$\tau = \frac{P}{A} = \frac{4P}{\pi d^2} = \frac{4 \times 48 \times 10^3}{3.14 \times (40 \times 10^{-3})^2}$$
$$= 38.22\text{N/mm}^2 < [f_v^b] = 60\text{N/mm}^2$$

承挤压强度由式（8-113）得：

$$\sigma_c = \frac{P}{td} = \frac{48 \times 10^3}{160 \times 40 \times 10^{-6}}$$
$$= 7.5\text{N/mm}^2 < [f_c^b] = 120\text{N/mm}^2$$

故知，螺杆可满足抗剪和承挤压强度要求，支承模板荷载安全、可靠。

8.12 圆形构筑物模板的配料计算

钢筋混凝土圆形构筑物，如料坑、水池、水塔、筒仓、塔筒等，因其外形较复杂，直径、高度较大，施工中需要分块制作模板，然后拼装，因而需要进行模板配料计算。

如图 8-40 所示的圆，设将圆周分成 n 等分，每一等分对应的圆心角为 α，则其所对应的弦长和弓形矢高可由下式计算：

$$\frac{b}{2} = \frac{d}{2}\sin\frac{\alpha}{2} = \frac{d}{2}\sin\frac{360°}{2n}$$

即

$$b = d\sin\frac{180°}{n} \quad (8\text{-}115)$$

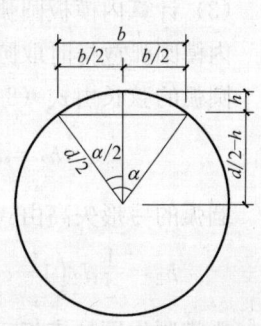

图 8-40 圆形构筑物圆弧弦长和弓形矢高计算简图

同理 $\dfrac{d}{2}-h=\dfrac{d}{2}\cos\dfrac{\alpha}{2}=\dfrac{d}{2}\cos\dfrac{360°}{2n}$

即 $h=\dfrac{d}{2}\left(1-\cos\dfrac{180°}{n}\right)$ (8-116)

式中 b——圆弧的弦长（mm）；

h——圆弧的弓形矢高（mm）；

d——圆的直径（mm）。

由式（8-115）、式（8-116）即可计算确定每块圆弧形模板的外形和尺寸及相应圆弧横档的外形和尺寸。

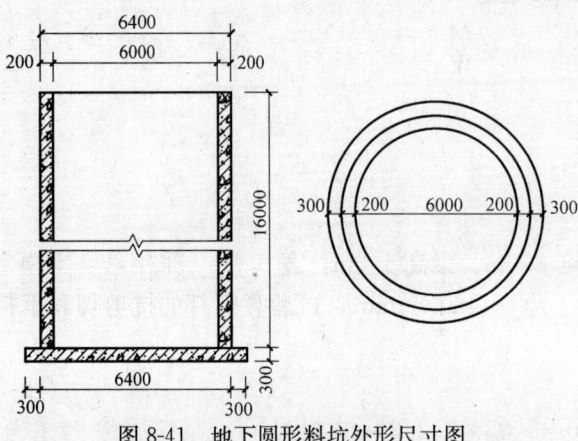

图 8-41　地下圆形料坑外形尺寸图

【例 8-24】 地下圆形料坑，如图 8-41 所示，内直径 6.0m，壁厚 0.20m，高 16.0m，采用 2mm 钢板制作定形钢模板面板，试进行模板配料计算。

【解】（1）确定模板分块数

模板的块数尽量采取偶数，并使内外模板的分块数相等。为制作安装方便，板宽度宜控制在 1000mm 以内，取 $n=22$ 块。

(2) 计算外模圆弧的弦长和弓形矢高

外模圆弧放样时，取圆直径　$d_1=6400+2\times 2=6404\text{mm}$

圆弧的弦长由式（8-115）得：

$$b_1=d_1\sin\dfrac{180°}{n}=6404\times\sin\dfrac{180°}{22}=911\text{mm}，用 910\text{mm}$$

圆弧的弓形矢高由式（8-116）得：

$$h_1=\dfrac{1}{2}d_1\left(1-\cos\dfrac{180°}{n}\right)=\dfrac{1}{2}\times 6404\times\left(1-\cos\dfrac{180°}{22}\right)=33\text{mm}，用 32\text{mm}。$$

每块模板高度取 1600mm，四边用 30mm×3mm 扁钢或 L30×3mm 角钢作边框，中间加设一道圆弧形扁钢横肋，与面板点焊成高 1600mm、弦长 910mm 弧形定型钢模板，在边肋上钻孔，板与板之间用 U 形卡连接成一圈整体圆形料坑外模板。

(3) 计算内模板圆弧的弦长和弓形矢高

内模圆弧放样时取圆直径　$d_2=6000-2\times 2=5996\text{mm}$

圆弧的弦长由式（8-115）得：

$$b_2=d_2\sin\dfrac{180°}{n}=5996\times\sin\dfrac{180°}{22}853\text{mm}，用 852\text{mm}$$

圆弧的弓形矢高由式（8-116）得：

$$h_2=\dfrac{1}{2}d_2\left(1-\cos\dfrac{180°}{n}\right)=\dfrac{1}{2}\times 5996\left(1-\cos\dfrac{180°}{22}\right)=30.9\text{mm}，用 30\text{mm}$$

内模制作同外模板。

(4) 模板组装

模板组装应先立内模板，绑钢筋后，再立外模板，每节内、外模板用2～3道直径16mm钢筋箍或弧形[5槽钢圈，借螺栓顶（箍）紧，内模应用少量60mm×80mm方木支顶在坑内脚手平台上固定。内外模板间用撑木临时固定，使整个模板依靠内模固定外模保持坑壁尺寸正确。

因料坑高达16m，采用二节钢模板施工，支设一节模板，浇一节混凝土，待下节混凝土强度达到0.6～0.8MPa（约4～5h），即可拆下节支上节，循环作业，直至完成，不留设水平施工缝。

8.13 现浇空心楼盖埋设大直径芯管的抗浮验算

现浇空心楼盖（板，下同）内埋BDF、GBF芯管成孔，是应用日广的一项新型楼盖结构形式和新施工工艺。它是在楼盖中按一定管距放置埋入式内模（BDF或GBF管），使管与上、下钢筋网片连成一体，浇筑混凝土形成空腔的楼盖。埋管主要起成孔形状的作用，为非轴芯内模，不参与结构受力。管芯有圆形薄壁管、方形薄壁箱体等形式，常用BDF空心管的规格尺寸与物理力学性能见表8-26。

BDF空心管规格尺寸与物理力学性能表　　表8-26

项次	规格尺寸(mm)			重量 (kg/m)	物体力学性能 抗压荷载(N)
	外径	壁厚	长度		
1	150	5	1000	≤12	≥1000
2	250	6	1000	≤25	≥1000

这种楼盖结构的特点是自重轻、跨度大、结构整体性好，隔声及隔热效果优良等；同时，施工简便、快速、综合造价低。适用于大跨度的公共建筑。但这种埋管施工应注意的问题是：由于BDF（GBF，下同）管在浇筑流态混凝土（坍落度不小于16cm）会产生较大浮力，使管上浮，因而易导致楼盖板出现板筋和管芯位移，板下钢筋的混凝土保护层偏大，管下方混凝土难以振捣密实等情况，严重影响板的质量。为解决这一问题，现多采用压筋法抗浮，即在肋间设置ϕ8mm"⊓"字形钢筋支架，分别布置在距BDF管端部200mm处，用来控制管的上口位置和排与排之间的距离，在BDF管铺设完成后，在支架上部点焊ϕ10mm通长压筋，再用8号或12号铁丝，每隔1m穿过下部模板将通长压筋与楼板下支模钢管脚手架连接固定，抗浮效果甚佳。但在浇筑混凝土前，应选取1.0m×1.0m作计算单元（图8-42）进行抗浮验算。

一、浮力计算

对于每一单元（虚心区段）的浮力F(N)可按下式计算：

$$F = \rho \cdot g \cdot V \quad (8-117)$$

式中　ρ——混凝土的密度，取2500kg/m³；
　　　g——重力加速度，取9.8m/s²；
　　　V——BDF、GBF管的体积（m³）。

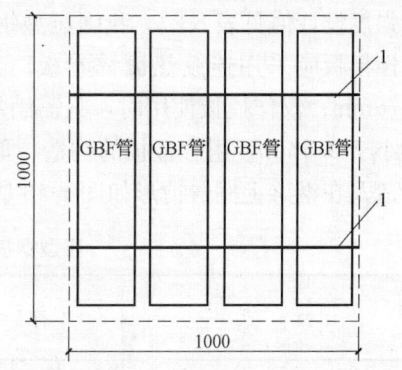

图8-42　现浇空心楼板埋GBF管
抗浮验算计算单元简图
1—通长压筋，位于管长1/5处

二、应力验算

在一个计算单元内,设两处拉结点,每一个拉结点用一根8号铁丝连接,其应力 σ(N/mm^2)按下式验算:

$$\sigma = \frac{F \cdot K}{2A} \leqslant [\sigma] \tag{8-118}$$

式中 A——拉结用8号铁丝截面积,取直径为4mm;

K——抗浮安全系数,取1.1;

$[\sigma]$——8号铁丝容许拉应力,取210N/mm^2;

F 符号意义同前。

【例8-25】 写字楼空心楼板,埋设ϕ100mm GBF管成孔,每1.0m×1.0m单元用2根8号铁丝拉结固定,试验算其抗浮力是否满足要求。

【解】 每单元GBF管的浮力由式(8-117)得

$$F = \rho g V = 2500 \times 9.8 \times 3.14 \times 0.1^2 \times 0.9 \times 4 = 2769.5N$$

8号铁丝的应力由式(8-118)得:

$$\sigma = \frac{F \cdot K}{2A} = \frac{2769.5 \times 1.1}{2 \times 3.14 \times 2^2} = 121.3N/mm^2 < [\sigma] = 210N/mm^2$$

由计算,$\sigma < [\sigma]$,故知满足抗浮安全要求。

8.14 压型钢模板施工计算

在高(多)层钢结构或钢—混凝土结构中,楼层多采用组合楼板(盖,下同),它是用压型钢板与混凝土通过各种不同的剪力连接形式组合在一起。压型钢板用作组合楼板(楼盖)施工中的模板,具有良好的结构受力性能,可部分或全部地起组合楼板中的受拉钢筋作用,并可用作永久性模板,施工中不需设满堂支撑,且无支模和拆模工序,可有效地加快施工进度等优点。

一、压型钢板规格与构造

压型钢板采用现行国家标准 GB 700《碳素结构钢》中规定的 Q215、Q235 钢牌号,其强度设计值见表8-27。我国压型钢板板型规格及各种参数见表8-28。压型钢板用作永久性模板应采用连续热镀锌卷板。当压型钢板作为受拉钢筋使用,基板厚度不宜小于0.75mm;仅作模板使用时,只需满足浇筑混凝土的承载能力和刚度要求,其基板厚度不宜小于0.5mm。组合楼板的构造、形式为:压型钢板+栓钉+钢筋+混凝土。组合楼板构造及在钢梁上搁置情形如图8-43所示。

压型钢板钢材强度设计值(N/mm^2) 表8-27

种 类	符 号	钢 牌 号	
		Q215	Q235
抗拉、抗压、抗弯	f	190	205
抗剪	f_v	110	120
弹性模量	E	206000	

8.14 压型钢模板施工计算

国产压型钢板规格与参数 表 8-28

板型	板厚(mm)	重量(kg/m) 未镀锌	重量(kg/m) 镀锌 Z27	断面性能(1m宽) 全截面 惯性矩 $I(cm^4/m)$	断面性能(1m宽) 全截面 截面系数 $W(cm^3/m)$	断面性能(1m宽) 有效宽度 惯性矩 $I(cm^4/m)$	断面性能(1m宽) 有效宽度 截面系数 $W(cm^3/m)$
YX-75-230-690 (Ⅰ)	0.8	9.96	10.6	117	29.3	82	18.8
	1.0	12.4	13.0	145	36.3	110	26.2
	1.2	14.9	15.5	173	43.2	140	34.5
	1.6	19.7	20.3	226	56.4	204	54.1
	2.3	28.1	28.7	316	79.1	316	79.1
YX-75-230-690 (Ⅱ)	0.8	9.96	10.6	117	29.3	82	18.8
	1.0	12.4	13.0	146	36.5	110	26.2
	1.2	14.8	15.4	174	43.4	140	34.5
	1.6	19.7	20.3	228	57.0	204	54.1
	2.3	28.0	28.6	318	79.5	318	79.5
YX-75-200-690 (Ⅰ)	1.2	15.7	16.3	168	38.4	137	35.9
	1.6	20.8	21.3	220	50.2	200	48.9
	2.3	29.5	30.2	306	70.1	306	70.1
YX-75-200-600 (Ⅱ)	1.2	15.6	16.3	169	38.7	137	35.9
	1.6	20.7	21.3	220	50.7	200	48.9
	2.3	29.5	30.2	309	70.6	309	70.6
YX-70-200-600	0.8	10.5	11.1	110	26.6	76.8	20.5
	1.0	13.1	13.6	137	33.3	96	25.7
	1.2	15.7	16.2	164	40.0	115	30.6
	1.6	20.9	21.5	219	53.3	153	40.8

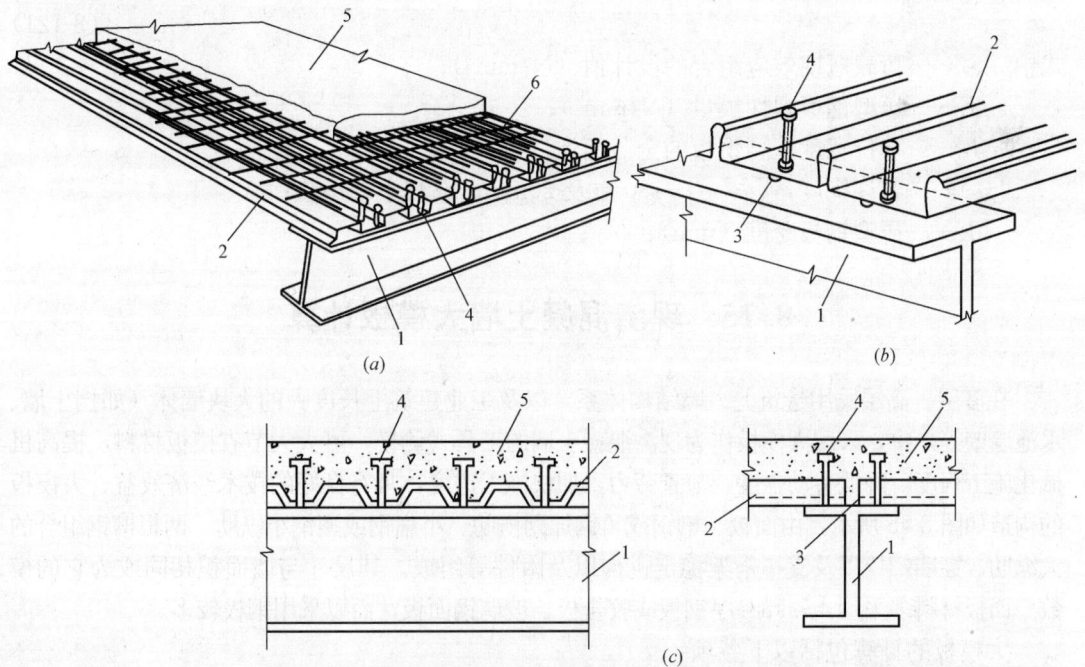

图 8-43 压型钢板组合楼板构造及在钢梁上搁置情形
(a) 压型钢板组合楼板构造；(b) 压型钢板搁置在钢梁上；(c) 综合楼层结构
1—钢梁；2—压型钢板；3—点焊；4—剪力栓；5—楼板混凝土；6—剪力钢筋

二、压型钢板模板强度及变形验算

压型钢板模板在施工阶段要作强度及变形验算。

(一) 压型钢板模板强度验算

压型钢板的正截面抗弯承载能力应满足下式要求：

$$M \leqslant fW_s \tag{8-119}$$

式中 M——施工阶段弯矩设计值（N/mm²）；

f——压型钢板抗拉抗压强度设计值（N/mm²）；

W_s——压型钢板截面抵抗矩（mm³），取受压区 W_{sc} 与受拉区 W_{st} 的较小值，$W_{sc} = I_s/x_c$ 或 $W_{st} = I_s/(h_a - x_c)$；

I_s——单位宽度压型钢板对截面重心轴的惯性矩（mm⁴）。受压翼缘的计算宽度取 b_{ef}（图8-44），应满足 $b_{ef} \leqslant 50t$；

t——压型板的厚度（mm）；

x_c——压型钢板从其受压翼缘外边缘到中和轴的距离（mm）；

h_a——压型钢板总高度（mm）。

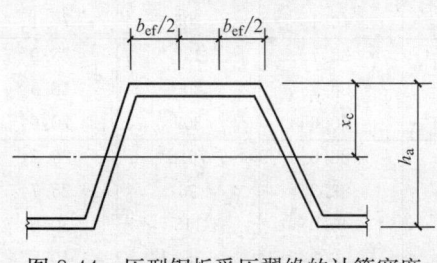

图 8-44 压型钢板受压翼缘的计算宽度

(二) 压型钢板变形验算

压型钢板在施工阶段，应按以下公式进行正常使用极限状态下的挠度 w 验算：

当均布荷载作用时：

简支板 $\quad w_s = 5S_sL^4/384EI_s \leqslant [w] \tag{8-120}$

双跨连续板 $\quad w_s = S_sL^4/185EI_s \leqslant [w] \tag{8-121}$

式中 S_s——荷载短期效应组合的设计值（N/mm²）；

E——压型钢板弹性模量（N/mm²）；

I_s——单位宽度压型钢板的全截面惯性矩（mm⁴）；

$[w]$——容许挠度，$[w] = L/180$ 以及 20mm，取其中较小值；

L——压型钢板跨度（mm）。

8.15 现浇混凝土墙大模板计算

在多层、高层民用建筑剪力墙结构体系，以及工业建筑上长度大的大块墙体（如挡土墙、水池墙壁等）中，采用大模板作为现浇混凝土墙的工具式侧模，可大大节省模板材料，提高机械化施工程度，降低劳动强度，节省劳力，加快施工进度，具有良好的技术经济效益。大模板的构造如图8-45所示，由面板、槽钢或角钢加劲横肋、小扁钢或型钢小纵肋、两根槽钢组合的大纵肋、穿墙螺栓以及支撑桁架稳定机构以及附件等组成。其尺寸与墙面积相同或为它的模数。面板材料多采用4～5mm厚钢板或胶合板、玻璃钢面板，而以采用钢板较多。

大模板的计算包括以下各项：

一、侧压力计算

大模板主要承受混凝土的侧压力，根据国内外大量试验研究，当大模板的高度 $H = 2.5 \sim 3.0$m 时，侧压力的分布图形可用图8-46表示。当最大侧压力 $F_{max} = 50$kN/m² 时，

8.15 现浇混凝土墙大模板计算

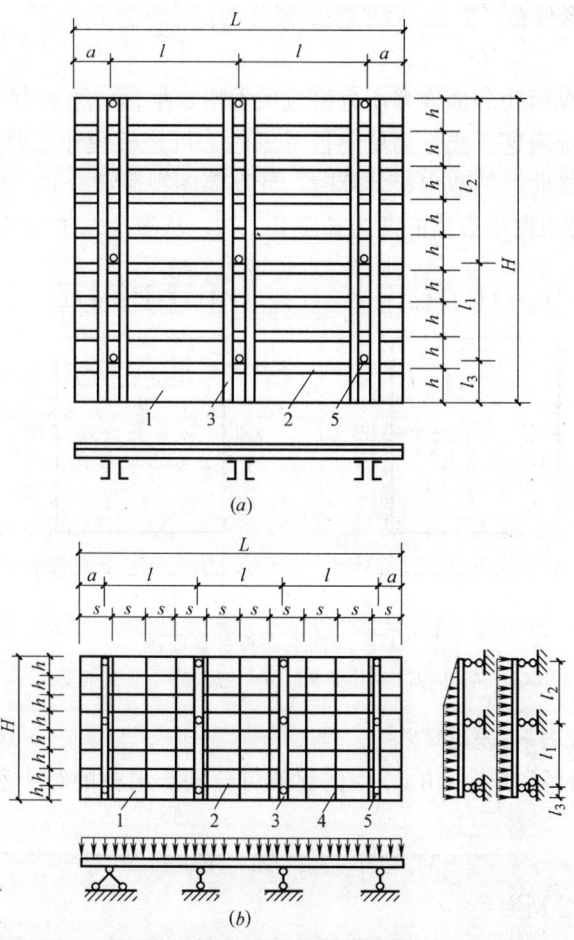

图 8-45 大模板构造
(*a*) 单向板的大模板构造；(*b*) 双向板的大模板构造
1—面板；2—横肋；3—大纵肋；4—小纵肋；5—穿墙螺栓

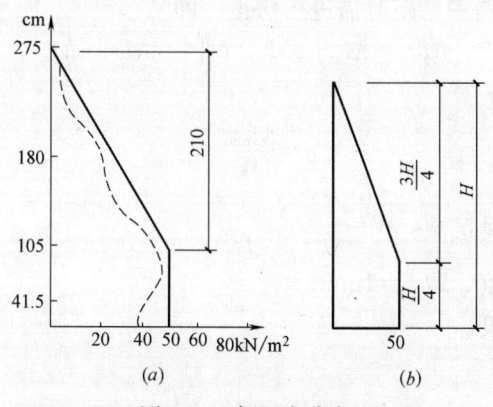

图 8-46 侧压力分布
(*a*) 侧压力试验分布规律；(*b*) 简化侧压力分布规律

在 2.1m 以上按三角形分布，2.1m 以下按矩形分布。

二、钢面板计算

大模板的面板被纵横肋分成许多小方格或长方格，根据方格长宽尺寸的比例，可把面板当作单向板或双向板考虑。当作为单向板考虑时，可将板视作三跨或四跨连续梁计算；当作为四边支承在纵横肋上的双向板计算时，计算简图视荷载分布、周边的嵌固程度而有所不同（图 8-47），可根据小方格的两边长度 l_x、l_y，从附录二中即可求得它的内力。

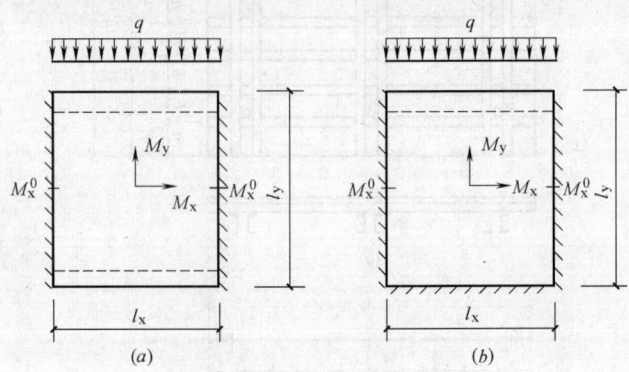

图 8-47 双向钢面板计算简图
(a) 两边嵌固、两边简支；(b) 三边嵌固，一边简支

（一）最大的正应力 σ_{max} 验算

应用附录二中的计算方格，由 l_y/l_x 的比值可分别查出板的跨中和支座弯矩。跨中两个方向的弯矩分别为

$$M_x = K_x q l_x^2 ; \quad M_y = K_y q l_y^2 \tag{8-122}$$

支座边上的弯矩分别为：

$$M_x^0 = K_x^0 q l_x^2, \quad M_y^0 = K_y^0 q l_y^2 \tag{8-123}$$

式中 K_x、K_y、K_x^0、K_y^0——内力计算系数，由附录二中有关表格查得；

q——从侧压力图形中得到的线布侧压力；

l_x、l_y——分别为板的两边边长。

查表时应注意泊松比系数 ν 取值的不同，若按 $\nu=0$ 的情况查取，而实际 $\nu \neq 0$（一般钢材的 ν 值为 0.3），求跨中弯矩时需进行修正。即

$$M_x^{(\nu)} = M_x + \nu M_y, \quad M_y^{(\nu)} = M_y + \nu M_x \tag{8-124}$$

板的正应力按下式验算：

$$\sigma = \frac{M_{max}}{W} \leq f \tag{8-125}$$

式中 W——板的截面抵抗矩，$W = \frac{1}{6} b h^2$；

b——板单位宽度，取 $b=1mm$；

h——钢板的厚度。

（二）最大挠度验算

$$w_{max} = K_w \frac{F l^4}{B_0} \tag{8-126}$$

式中 w_{max}——板的最大挠度；

F——混凝土的最大侧压力，$F=50\text{kN/m}^2$；

l——面板的短边长；

K_w——从附录二中查得的挠度计算系数；

B_0——构件的刚度，$B_0=\dfrac{Eh^3}{12(1-\nu^2)}$；

其中 E——钢材的弹性模量，取 $2.1\times10^5\text{N/mm}^2$；

h——钢板厚度；

ν——钢板的泊松比系数，$\nu=0.3$。

计算得到的 $w_{max}\leqslant[w]=\dfrac{l}{500}$，则满足要求，否则，需调整钢板厚度或肋的间距。

三、横肋计算

横肋支承在竖向大肋上，可作为支承在竖向大肋上的连续梁计算（图 8-48），其跨距等于竖向大肋的间距。

横肋上的荷载为： $q=Fh$ (8-127)

式中 F——混凝土的侧压力，$F=50\text{kN/m}^2$；

h——横肋之间的水平距离。

横肋的弯矩、剪力可用一般的结构力学分析方法，如弯矩分配法、三弯矩方程或查表法直接求得，从其最大弯矩和剪力值进行强度和挠度验算。

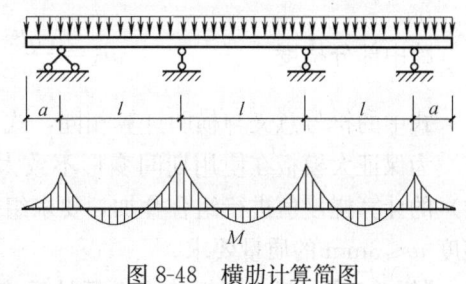

图 8-48 横肋计算简图

1. 强度验算

$$\sigma=\dfrac{M_{max}}{W}\leqslant f \quad (8\text{-}128)$$

式中 M_{max}——由计算或查表求得的横肋最大弯矩值；

W——横肋的截面抵抗矩。

2. 挠度验算

悬臂部分挠度 $$w_{max}=\dfrac{qa^4}{8EI}\leqslant[w]=\dfrac{a}{500} \quad (8\text{-}129)$$

跨中部分挠度 $$w_{max}=\dfrac{ql^4}{384EI}(5-24\lambda^2)\leqslant\dfrac{l}{500} \quad (8\text{-}130)$$

式中 q——横肋上的荷载，$q=Fh$；

a——悬臂部分长度；

E——钢材的弹性模量；

I——横肋的截面抵抗矩；

l——跨中部分的长度；

λ——悬臂部分的长度与跨中部分长度之比，即 $\lambda=a/l$。

四、竖向大肋计算

竖向大肋通常用二根槽钢制成。为将内、外模板连成整体，在大肋上每隔一段距离穿上螺栓固定，因此计算时，可把竖向大肋视作支承在穿墙螺栓上的两跨连续梁。大肋承受横肋传来的集中荷载。为简化计算，常把集中荷载化为均布荷载（图 8-49）。

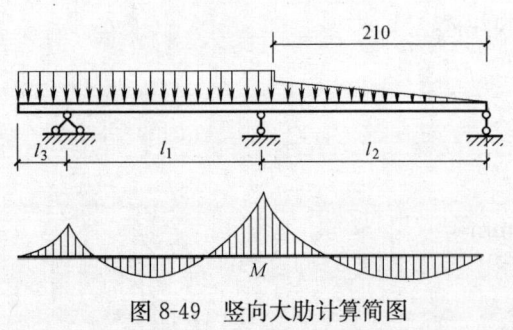

图 8-49　竖向大肋计算简图

大肋下部荷载　　$q_1 = Fl$ 　　(8-131)

式中　F——混凝土侧压力，$F = 50 \text{kN/m}^2$；

　　　l——竖向大肋的水平距离。

大肋上部荷载　　$q_2 = \dfrac{q_1 l_2}{2100}$ 　　(8-132)

式中　l_2——上部穿墙螺栓的竖向间距；

　　　2100——侧压力分布图中距顶部 2.1m 处的三角形分布侧压力的距离。

已知荷载分布、支承情况后，可按一般力学分析方法求出最大弯矩值，再进行截面验算。

对挠度的验算，与横肋验算方法相同，可按下式验算：

悬臂部分挠度　　　　$w_A = \dfrac{q_1 l_3^4}{8EI} \leqslant \dfrac{l}{500}$　　(8-133)

跨中部分挠度　　　　$w_A = \dfrac{q l^4}{384EI}(5 - 24\lambda^4) \leqslant \dfrac{l}{500}$　　(8-134)

式中的符号意义与横肋计算相同，式中的 l 分别表示 l_1 或 l_2。

为保证大模板在使用期间变形不致太大，应将面板的计算挠度值与横肋（或竖向大肋）的计算挠度值进行组合叠加，要求组合后的挠度值，小于模板制作允许偏差，板面平整度 $w \leqslant 3 \text{mm}$ 的质量要求。

【例 8-26】　双向面板的大模板计算实例，已知大模板构造尺寸如图 8-45。面板采用 5mm 厚钢板，尺寸为 $H \times L = 2750 \times 4900 \text{mm}$，竖向小肋采用扁钢—$60 \times 6$，间距 $s = 490\text{mm}$，横肋采用槽钢[8，间距 $h = 300\text{mm}$，$h_1 = 350\text{mm}$，竖向大肋采用 2 根槽钢组合 2[8，间距 $l = 1370\text{mm}$，$a = 400\text{mm}$，穿墙螺栓间距为 $l_1 = 1050\text{mm}$，$l_2 = 1450\text{mm}$，$l_3 = 250\text{mm}$，试验算该大模板的强度与挠度。

【解】　取大模板的最大侧压力 $F = 50 \text{kN/m}^2$

1. 面板验算

（1）强度验算

选面板区格中三面固定、一面简支的最不利受力情况进行计算。

$\dfrac{l_y}{l_x} = \dfrac{300}{490} = 0.61$，查附录二附表 2-19，得 $K_{M_x^0} = -0.0773$，$K_{M_y^0} = -0.1033$，$K_{M_x} = 0.0153$，$K_{M_y} = 0.0454$，$K_w = 0.00403$。

取 1mm 宽的板条作为计算单元，荷载为：

$$q = 0.05 \times 1 = 0.05 \text{N/mm}$$

求支座弯矩：

$$M_x^0 = K_{M_x^0} \cdot q \cdot l_x^2 = -0.0773 \times 0.05 \times 300^2 = -348 \text{N} \cdot \text{mm}$$

$$M_y^0 = K_{M_y^0} \cdot q \cdot l_x^2 = -0.1033 \times 0.05 \times 300^2 = 465 \text{N} \cdot \text{mm}$$

面板的截面抵抗矩　　$W = \dfrac{1}{6}bh^2 = \dfrac{1}{6} \times 1 \times 5^2 = 4.167 \text{mm}^3$

应力为：

$$\sigma_{\max}=\frac{M_{\max}}{W}=\frac{465}{4.167}=112\text{N/mm}^2<215\text{N/mm}^2$$

满足要求。

求跨中弯矩：

$$M_x=K_{M_x}\cdot q\cdot l_x^2=0.0153\times0.05\times300^2=69\text{N}\cdot\text{mm}$$

$$M_y=K_{M_y}\cdot q\cdot l_x^2=0.0454\times0.05\times300^2=204\text{N}\cdot\text{mm}$$

钢板的泊松比 $\nu=0.3$，故需换算。

$$M_x^{(\nu)}=M_x+\nu M_y=69+0.3\times204=130\text{N}\cdot\text{mm}$$

$$M_y^{(\nu)}=M_y+0.3M_x=204+0.3\times69=225\text{N}\cdot\text{mm}$$

应力为：

$$\sigma_{\max}=\frac{M_{\max}}{W}=\frac{225}{4.167}=54\text{N/mm}^2<215\text{N/mm}^2，满足要求。$$

（2）挠度验算

$$B_0=\frac{Eh^3}{12(1-\nu^2)}=\frac{2.1\times10^5\times5^3}{12(1-0.3^2)}=24\times10^5\text{N}\cdot\text{mm}$$

$$w_{\max}=K_f\frac{ql^4}{B_0}=0.00403\times\frac{0.05\times300^4}{24\times10^5}=0.680\text{mm}$$

$$\frac{f}{l}=\frac{0.680}{490}=\frac{1}{720}<\frac{1}{500}，满足要求。$$

2. 横肋计算

横肋间距300mm，采用[8，支承在竖向大肋上。

荷载 $q=Fh=0.05\times300=15\text{N/mm}$

[8的截面系数 $W=25.3\times10^3\text{mm}^3$，惯性矩 $I=101.3\times10^4\text{mm}^4$

横肋为两端带悬臂的三跨连续梁，利用弯矩分配法计算得弯矩如图8-50所示。

由弯矩图中可得最大弯矩 $M_{\max}=2554000\text{N}\cdot\text{mm}$

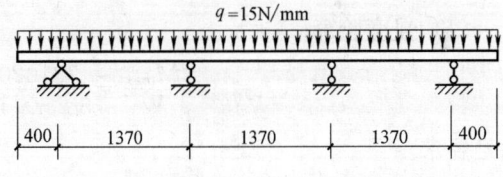
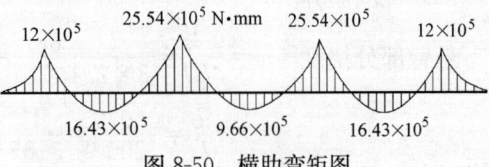

图 8-50 横肋弯矩图

（1）强度验算

$$\sigma_{\max}=\frac{M_{\max}}{W}=\frac{2554000}{25.3\times10^3}=101\text{N/mm}^2<215\text{N/mm}^2$$

满足要求。

（2）挠度验算

悬臂部分挠度 $w=\dfrac{ql^4}{8EI}=\dfrac{15\times400^4}{8\times2.1\times10^5\times101.3\times10^4}=0.226\text{mm}$

$$\frac{w}{l}=\frac{0.226}{400}=\frac{1}{1770}<\frac{1}{500} \quad \text{(可)}$$

跨中部分挠度 $w=\frac{ql^4}{384EI}(5-24\lambda^2)=\frac{15\times1370^4}{384\times2.1\times10^5\times101.3\times10^4}\left[5-24\times\left(\frac{400}{1370}\right)^2\right]=1.911\text{mm}$

$$\frac{w}{l}=\frac{1.911}{1370}=\frac{1}{717}<\frac{1}{500} \quad \text{(可)}$$

3. 竖向大肋计算

选用 2⊏8，以上、中、下三道穿墙螺栓为支承点，$W=50.6\times10^3\text{mm}^3$，$I=202.6\times10^4\text{mm}^4$

大肋下部荷载 $\qquad q_1=Fl=0.05\times1370=68.5\text{N/mm}$

大肋上部荷载 $\qquad q_2=\frac{q_1 l_2}{2100}=\frac{68.5\times1450}{2100}=47.3\text{N/mm}$

大肋为一端带悬臂的两跨连续梁，利用弯矩分配法计算得弯矩如图 8-51 所示。

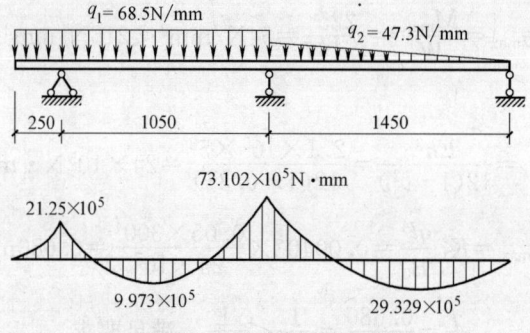

图 8-51 竖向大肋弯矩图

由弯矩图中可得最大弯矩 $M_{\max}=7310200\text{N}\cdot\text{mm}$

（1）强度验算

$$\sigma_{\max}=\frac{M_{\max}}{W}=\frac{7310200}{50.6\times10^3}=144<215\text{N/mm}^2$$

满足要求。

（2）挠度验算

悬臂部分挠度 $\quad w=\frac{q_1 l_3^4}{8EI}=\frac{68.5\times250^4}{8\times2.1\times10^5\times202.6\times10^4}=0.079\text{mm}$

$$\frac{w}{l}=\frac{0.079}{250}=\frac{1}{3165}<\frac{1}{500} \quad \text{满足要求。}$$

跨中部分挠度 $w=\frac{q_1 l^4}{384EI}(5-24\lambda^2)=\frac{68.5\times1050^4}{384\times2.1\times10^5\times202.6\times10^4}\times\left[5-24\left(\frac{250}{1050}\right)^2\right]=1.855\text{mm}$

$$\frac{w}{l}=\frac{1.855}{1050}=\frac{1}{566}<\frac{1}{500} \quad \text{满足要求。}$$

以上分别求出面板、横肋和竖向大肋的挠度，组合的挠度为：

面板与横肋组合 $\qquad w=0.680+1.911=2.591<3\text{mm}$

面板与竖向大肋组合 $\quad w=0.680+1.855=2.535<3\text{mm}$

均满足施工对模板质量的要求。

8.16 大模板的稳定性简易分析与计算

在高层（多层）剪力墙结构体系或工业建筑大面积较长墙体施工中，一般墙体浇筑多使用大模板支模，大模板的高度通常为一个楼层或工业墙体的高度，宽度为一间房间（或一段墙体）的进深（或长度）。由于大模板的面积较大，搬动困难，施工中需要就地堆放，因而在风载的作用下其抗倾覆稳定性是必须考虑的问题。

大模板的稳定性主要取决于模板的自稳角。为保证支架的稳定性，不致使其向右边倾覆（图 8-52），在设计支架时应使 $b \geqslant a$；为了保证模板在风荷载作用下不致向左边倾覆，就应使模板与垂直方向的夹角 α 控制在一个合适的范围内，这个角度就称为大模板的自稳角。

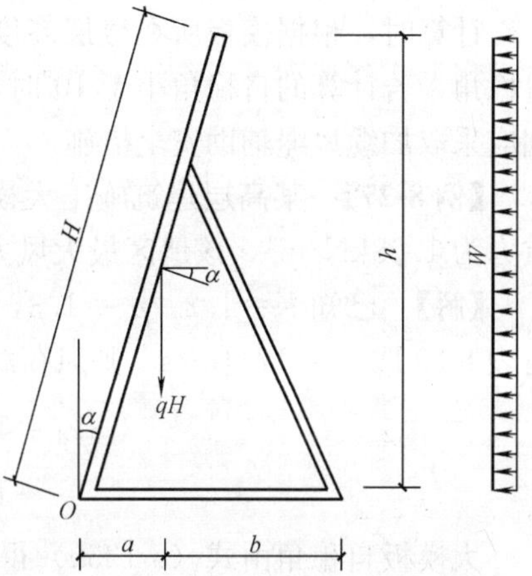

自稳角计算时，取 1m 宽的板带，假定模板自重为 q（N/m²），风荷载为 W（N/m²）。大模板保证自稳条件是：抗倾覆力矩 qHa 大于或等于倾覆力矩 $Wh \times \dfrac{h}{2}$，即

$$qHa \geqslant Wh\dfrac{h}{2}$$

图 8-52 大模板稳定性分析与计算简图

图中 $h = H\cos\alpha$，$a = \dfrac{H}{2}\sin\alpha$ 代入上式得

$$\dfrac{q}{2}H^2\sin\alpha \geqslant \dfrac{1}{2}WH^2\cos^2\alpha \geqslant \dfrac{1}{2}WH^2(1-\sin^2\alpha)$$

即有

$$W\sin^2\alpha + q\sin\alpha - W = 0$$

解之得

$$\sin\alpha = \dfrac{-q \pm \sqrt{q^2 + 4W^2}}{2W} \tag{8-135a}$$

则有

$$\alpha = \arcsin\left(\dfrac{-q \pm \sqrt{q^2 + 4W^2}}{2W}\right) \tag{8-135b}$$

其中

$$W = Kw_d$$

式中 K——抗倾覆稳定系数，取 1.2；

w_d——风荷载设计值（kN/m²），由风荷载标准值 w_k 乘以荷载分项系数 1.4 计算所得；

q——模板单位面积自重设计值（kN/m²），由模板单位面积自重乘以荷载分项系数 0.9 计算所得；

w_k——风荷载标准值（kN/m²），按下式计算：

$$w_k = \mu_s\mu_z v_0^2/1600 \tag{8-136}$$

μ_s——风荷载体型系数，取 1.3；

μ_z——风压高度变化系数，地面立放时取 1.0；离地面 15～20m，取 1.14～1.25；

30~40m，取1.42~1.56；50~60m，取1.67~1.77；70~80m，取1.86~1.95m；

v_0——风速（m/s），按表8-29取值；

α——大模板自稳角（即模板面板与垂直面之间的夹角）（°）。

风力与风速换算 表8-29

风力(级)	5	6	7	8	9	10	11	12
风速v_0(m/s)	8.0~10.7	10.8~13.8	13.9~17.1	17.2~20.7	20.8~24.4	24.5~28.4	28.5~32.6	32.7~36.9

计算时，根据模板所在楼层高度与风力、模板自重，按式（8-135）即可确定安全的自稳角，若计算的自稳角小于10°时，应取$\alpha \geqslant 10°$；当计算结果大于20°时，应取$\alpha \leqslant 20°$，则应采取加缆风绳辅助安全措施。

【例8-27】 某高层建筑施工大模板放在15m高楼面上，采用拼装式全钢大模板，自重力为1.68kN/m²，该地区最大风力为7级，体型系数为1.3，试求大模板的自稳角。

【解】 已知$K=1.2$，$\mu_s=1.3$，大模板放在高15m楼板上，取$\mu_z=1.14$，风力7级，由表8-29取$v_0=17.1$m/s 则风荷载设计值w_d为：

$$w_d = 1.4w_k = 1.4\mu_s\mu_z v_0^2/1600$$
$$= 1.4 \times 1.3 \times 1.14 \times 17.1^2/1600 = 0.379 \text{kN/m}^2$$

大模板自稳角由式（8-135a）得：

$$\sin\alpha = \frac{-q + \sqrt{q^2 + 4K^2 w_d^2}}{2Kw_d}$$

$$= \frac{-1.68 + \sqrt{1.68^2 + 4 \times 1.2^2 \times 0.379^2}}{2 \times 1.2 \times 0.379} = 0.2758$$

则 $\alpha = 16°$

故知，大模板支架的角度要大于16°。

8.17 液压滑动模板施工计算

液压滑动模板是现浇竖向钢筋混凝土结构的一项先进施工工艺。它是在建筑物或构筑物的基础上，按照平面图，沿结构周边一次装设高1.2m左右的一段模板，随着模板内不断浇筑混凝土和绑扎钢筋，不断提升模板来完成整个建（构）筑物的浇筑和成型。它的特点是：整个结构仅用一套液压滑动模板，一次组装；滑升过程不用再支模、拆模、搭设脚手和运输等工作，混凝土保持连续浇筑，施工速度快，可避免施工缝，同时具有节省大量模板、脚手材料和劳力，减轻劳动强度，降低工程施工成本，施工安全等优点。广泛应用于烟囱、贮仓、水塔、油罐、竖井、沉井、电视塔等工程上；对民用高层、多层框架、框剪结构、亦可应用。

整个液压滑模是由模板结构系统和液压提升设备系统两大部分组成。模板结构系统其构造和布置如图8-53所示，主要由模板、围圈、提升架、千斤顶、操作平台、支承杆等组成。本节简介其计算方法。

8.17 液压滑动模板施工计算

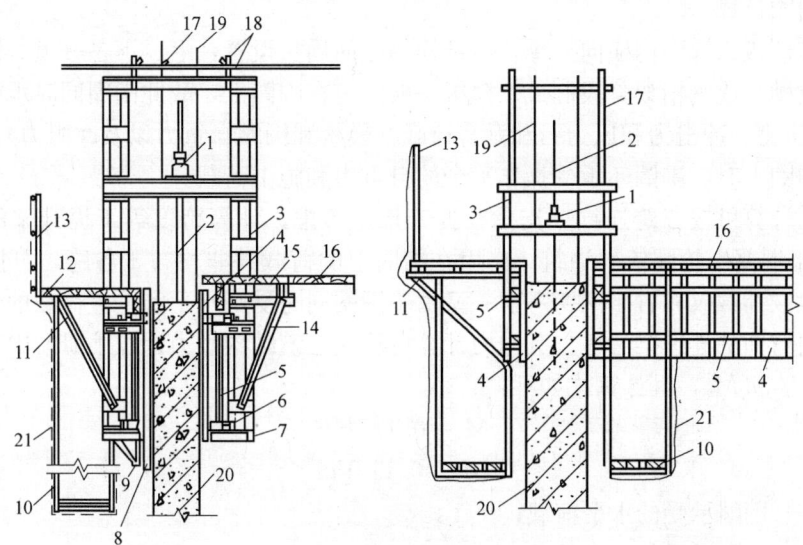

图 8-53 滑模装置构造和布置
1—液压千斤顶；2—支承杆；3—提升架；4—滑动模（围）板；5—围圈；6—连接挂钩；7—围圈托板；
8—接长外模板；9—附加角钢围圈；10—吊脚手；11—外挑架；12—外平台；13—护栏；14—内挑架；
15—固定平台；16—活动平台；17—钢筋支架；18—水平钢管拉杆；
19—竖向钢筋；20—混凝土墙体或筒壁；21—安全网

8.17.1 滑动模板、围圈和提升架计算

一、模板计算

滑动模板一般多用钢模板，亦可用木或钢木模板、组合钢模板。钢模板的宽度一般为 200～500mm，高度可根据混凝土达到出模强度所需时间和模板滑升速度用下式计算：

$$H = T \cdot v \tag{8-137}$$

式中 H——模板的高度（m）；
T——混凝土达到滑升强度所需的时间（h）；
v——模板的滑升速度（m/h）。

模板设计主要考虑的荷载有：

新浇混凝土和振捣时的侧压力：对于浇灌高为 80cm 左右的侧压力分布如图 8-54 所示，其侧压力合力取 5.0～6.0kN/m，合力的作用点在 2/5H 处。

模板与混凝土的摩阻力：对钢模板取 1.5～3.0kN/m²。

倾倒混凝土时模板承受的冲击力：作用于模板侧面的水平集中荷载取 2.0kN。

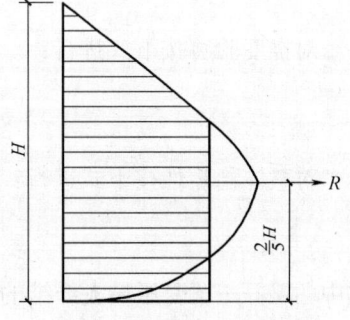

图 8-54 侧压力分布图
H—混凝土浇灌高度；R—侧压力合力

根据作用在模板上的荷载和纵横肋布置情况，可按单向板或双向板进行计算，包括强度和挠度方面的验算，以确定模板所用的钢板厚度。一般钢板厚度用 1.5～3.0mm，边肋用∟30mm×4mm 或∟40mm×4mm 角钢。

二、围圈计算

围圈是模板系统中的横向支撑，沿结构物截面周长设置，上、下各一道。围圈多用型钢（角钢或槽）或钢桁架分段制成。模板一般固定在围圈上，故此围圈同时承受水平荷载（混凝土侧压力、冲击力和风力）和垂直荷载（模板和围圈自重力以及摩阻力），当操作平台支承在围圈上时，围圈还承受操作平台的自重力和施工荷载。

围圈的计算可按三跨连续梁支承在提升架上考虑，计算跨度等于提升架的间距（图8-55）。由于混凝土轮圈依次浇筑，作用在围圈上的荷载并非均布于各跨，可按最不利情况，近似地取荷载仅布置于两跨考虑。又由于围圈同时受到水平和垂直荷载的作用，因此要按受双向弯曲的连续梁考虑。其内力计算可从《建筑结构静力计算手册》中查得两个方向的弯矩 M_x 和 M_y，其计算式如下：

$$M_x = 0.117 H l^2 \tag{8-138}$$

$$M_y = 0.117 V l^2 \tag{8-139}$$

式中 H——围圈承受的水平荷载；
V——围圈承受的垂直荷载；
l——提升架的间距。

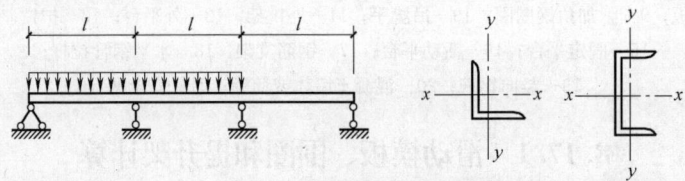

图 8-55 围圈计算简图

在求得 M_x、M_y 之后，可分别按两个方向进行强度、挠度和整体稳定性验算，其叠加应力应小于钢材容许应力。

对截面校核按下式进行：

$$\sigma = \frac{M}{W} \leqslant f \tag{8-140}$$

对挠度验算按下式进行：

$$w_{max} = 0.573 \frac{Fl^4}{100EI} \leqslant [w] = \frac{l}{500} \tag{8-141}$$

对整体稳定性按下式进行：

$$\sigma = \frac{M}{\varphi_b W} \leqslant f \tag{8-142}$$

式中 W——梁受压最大纤维的毛截面抵抗矩；
φ_b——梁的整体稳定系数，按附录二附表 2-68 查用；
f——钢材抗拉或抗压的强度设计值。

其他符号意义同前。

三、提升架计算

提升架是滑模装置的主要承力构件，滑模施工中的各种水平和竖向荷载均通过模板、围圈传递到提升架上，再通过提升架上的液压千斤顶传到钢支承杆上，最后传递到已凝固的混凝土结构体上。提升架是由立柱、横梁，牛腿和外挑梁架等组成（图 8-56）。横梁一般由槽钢制作，立柱多用槽钢、角钢或钢管制成。提升架的两根立柱必须保持平行，并与横梁连接成 90°角。提升架形式又分单横梁和双横梁两种。

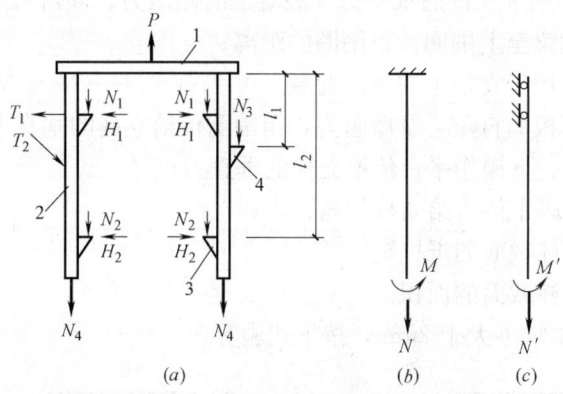

图 8-56 提升架荷载和计算简图
(a) 提升架上的荷载；(b) 立柱与横梁为刚接时；(c) 立柱与横梁为铰接时
1—横梁；2—立柱；3—牛腿；4—外挑梁

（一）提升架高、宽的确定计算

提升架的高度根据模板的高度和施工操作高度而定。一般为 1.85～2.50m；提升架的宽度，即两根立柱的净宽 B，一般按下式计算：

$$B = a + 2(b + c + d) + e \tag{8-143}$$

式中 a——结构物截面的最大宽度；
　　　b——模板的厚度；
　　　c——围圈的宽度；
　　　d——围圈的支托宽度；
　　　e——模板倾斜引起两侧放宽的尺寸。

（二）横梁的计算

当横梁与立柱刚性连接时，其弯矩 M 可按两端固定梁计算：

$$M = \frac{1}{8} PL \tag{8-144}$$

式中 P——千斤顶的顶升力；
　　　L——横梁的跨度，取两立柱中轴线之间的距离。

当横梁与立柱铰接时，其弯矩 M 可按简支梁计算：

$$M = \frac{1}{4} PL \tag{8-145}$$

符号意义同前。

（三）立柱计算

当立柱与横梁为刚接时，立柱可作为悬臂梁计算，按拉弯杆件验算（图 8-56b）；当立柱与横梁为铰接时，立柱亦可作为悬臂简支梁，同样按拉弯构件验算（图 8-56c）。

立柱的强度按下式验算：

$$\sigma = \frac{M}{W} + \frac{N}{A} \leqslant f \tag{8-146}$$

式中 M——水平力对立柱产生的弯矩，$M = H_1 l_1 + H_2 l_2$；

其中 H_1、H_2——作用于立柱的水平力（混凝土的侧压力、冲击力等）；

l_1、l_2——横梁至上围圈、下围圈的距离；

N——作用于立柱上的竖向荷载：$N = N_1 + N_2 + N_3 + N_4 + N_5$；

其中 N_1、N_2——模板的自重力及摩阻力，由围圈传给立柱的垂直力；

N_3、N_4——上、下操作平台传给立柱的垂直力；

N_5——吊脚手架传给立柱的垂直力；

W——立柱截面的抵抗矩；

A——立柱截面的面积。

立柱的侧向变形要求不大于 2mm，按下式验算：

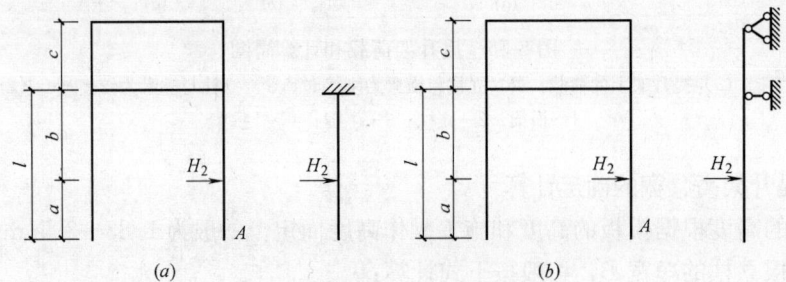

图 8-57 立柱侧向变形验算
(a) 立柱与横梁刚接；(b) 立柱与横梁铰接

对于立柱与横梁为刚接时，按悬臂梁计算（图 8-57a）：

$$w_A = \frac{H_2 b^2 l}{6EI}\left(3 - \frac{b}{l}\right) \tag{8-147}$$

对于立柱与横梁为铰接时，按悬臂简支梁计算（图 8-57b）：

$$w_A = \frac{H_2 b^2 l}{6EI}\left(3a + 2b + 2c + \frac{2ac}{b}\right) \tag{8-148}$$

式中 H_2——混凝土的侧压力，冲击力；

E——钢材的弹性模量；

I——立柱的截面惯性矩；

其他符号意义见图 8-57。

8.17.2 滑动模板操作平台计算

滑动模板操作平台是液压滑模提升时承受各种施工操作设备的主要平台。操作平台的形式通常有两种：当筒径在 10m 以内时，采用无井架上撑式空间结构（图 8-58）；当筒径在 10m 以上（或用于框架结构）且荷载较大时，多采用无井架下撑式空间结构（图 8-59）。由于平台为圆形（或方形、矩形）空间结构体系，各杆件形状、截面、连接方式、刚度不一，精确计算较为困难，一般都化简为平面结构形式，并作某种假定进行计算。由于计算简图和假定不同，因而计算方法也不尽相同，本节介绍两种常用较简便的计算方法。

8.17 液压滑动模板施工计算

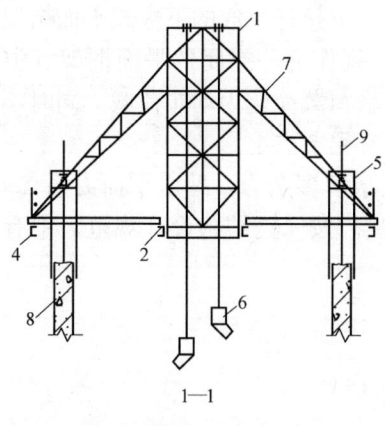

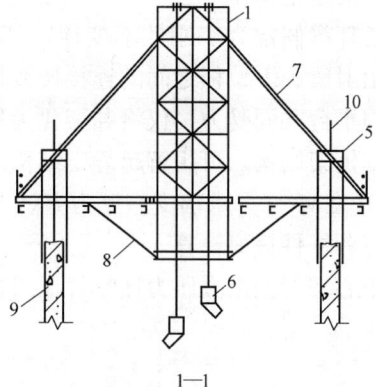

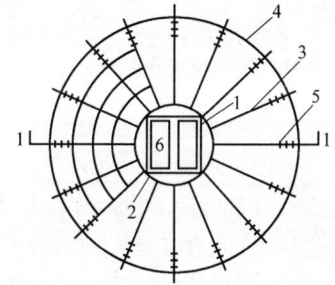

图 8-58 无井架上撑式操作平台
1—井架；2—内环梁；3—辐射梁；4—外环梁；
5—提升架；6—罐笼；7—井架斜撑；
8—筒壁；9—支承杆

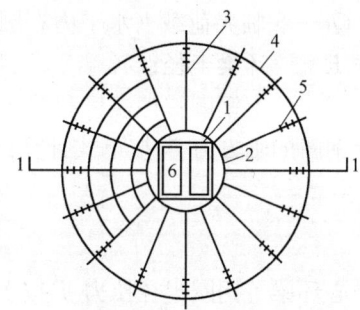

图 8-59 无井架下撑式操作平台
1—井架；2—内环梁；3—辐射梁；4—外环梁；
5—提升架；6—罐笼；7—井架斜撑；8—下拉杆；
9—筒壁；10—支承杆

一、上撑式桁架梁计算

本法是把辐射状空间结构平台简化为一平面结构计算，将中心环梁与辐射梁、井架、井架斜撑视作一个梁式桁架（图 8-60）。因此，整个结构为一个一次超静定混合式桁架结构，可用解超静定结构的一般性分析方法，由基本方程：$\delta_1 x_1 + \Delta P_1 = 0$ 求解多余力 x_1，在确定辐射的内力 M、N、V 和变位 Δ 及各杆件内力 N 后，按钢结构设计规范中有关公式，进行各杆件的截面计算。

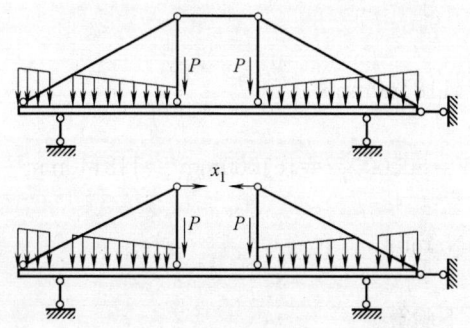

图 8-60 上撑式桁架梁法计算简图

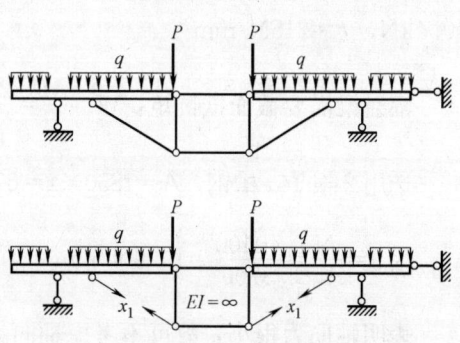

图 8-61 下撑式平面桁架法计算简图

二、下撑式平面桁架法（图 8-61）

本法是把操作平台视为一个由中心环梁、辐射梁、下拉杆组成的下撑式平面桁架，并将中心环梁假定为一刚性不变体，其横截面（剖面）视作为一封闭的平面框架。中心环梁、辐射梁、下拉杆之间的连接按铰接考虑。并将平台荷载简化为均布荷载。同时不考虑井架与平台共同受力，仅将井架化为集中荷载作用于环梁节点上。

本桁架结构，可用解超静定结构的一般分析方法求解多余力，并由平面力系 $\Sigma x=0$、$\Sigma y=0$，$\Sigma M=0$，求出支座反力 R_A、R_B 及 M_D、N 后，按《钢结构设计规范》中有关公式进行各杆件截面计算。

中心环梁上钢圈压力环临界压力按下式计算：

$$Q_1 = \frac{3EI}{R^3} \tag{8-149}$$

式中 Q_1——临界荷载（水平力在圆周单位长分布值）；
R——环梁半径；
E、I——上钢圈弹性模量和截面惯性矩。

上钢圈的轴方力 N 按下式计算：

$$N = Q_1 R = \frac{3EI}{R^2} \tag{8-150}$$

中心环梁下钢圈半径拉力 T 按下式计算：

$$T = NR \tag{8-151}$$

N、R 符号意义同上。

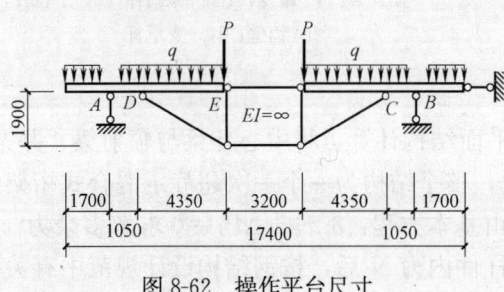

图 8-62 操作平台尺寸

【例 8-28】 烟囱滑模操作平台采用无井架下撑式结构，尺寸如图 8-62。设 48 根辐射梁，已算得：$R_A = 20.5$kN；$M_D = 25.4$kN·m；$N_{DF} = 44.1$kN；$N_{DE} = 40.4$kN；$N_{EF} = 17.6$kN，试计算确定操作平台各杆件截面。

【解】（1）辐射梁截面计算

已知 $M_D = 25.4$kN·m，$N_{DE} = 40.4$kN，$f = 215$N/mm²。

辐射梁需要截面抵抗矩：$W = \frac{M}{f} = \frac{25.4 \times 10^6}{215} = 118140$mm³

选用 2 根 14a 槽钢，$A = 1850 \times 2 = 3700$mm²，$W = 80500 \times 2 = 161000$mm³ >118140mm³

因 $\sigma = \frac{N}{A_n} = \frac{40400}{3700} = 10.9$N/mm² $< 0.1f = 21.5$N/mm²，

表明轴向力很小，故可不考虑轴向力，强度可不验算。

（2）拉杆 DF

需要 $A=\dfrac{N}{f}=\dfrac{44100}{270\times1.05}=156\text{mm}^2$

选用 $\phi16\text{mm}$ 光圆钢筋（HPB300），$A=210\text{mm}^2$，满足要求。

(3) 中心环梁截面计算

1) 上钢圈截面计算

已知 $D=2.95\text{m}$。中心环梁上钢圈压力环单位长度作用压力：

$$Q_1=\dfrac{48N_{DE}}{\pi D}=\dfrac{48\times40400}{3.14\times2.95}=209349\text{N/m}$$

上钢圈需要惯性矩：$I=\dfrac{Q_1R^3}{3E}=\dfrac{209.349\times1475^3}{3\times2.1\times10^5}=1066366\text{mm}^4$

选用上钢圈截面为 $260\times260\text{mm}$ 箱形截面，由 $d=12\text{mm}$ 钢板焊成。则

$$I=\dfrac{260^4-236^4}{12}=122309632\text{mm}^4>1066366\text{mm}^4$$

故知，满足要求。

2) 下钢圈截面计算

下钢圈单位长度作用拉力：$Q=\dfrac{48N_{DF}\cos\alpha}{\pi D}=\dfrac{48\times44100\times0.916}{3.14\times2950}=209.3\text{N/mm}$

钢圈拉力 $\qquad T=209.3\times\dfrac{2950}{2}=308718\text{N}$

需要截面积 $\qquad A=\dfrac{308718}{170}=1816\text{mm}^2$

选用 1 根 16 号槽钢 $A=2515\text{mm}^2$ 可满足要求。

(4) 上下环梁之间支撑截面计算

上下环梁之间支撑需承受总压力为：$N=48N_{EF}=48\times17.6=844.8\text{kN}$

支撑需要截面积 $\qquad A=\dfrac{844800}{170}=4969\text{mm}^2$

选用 16 根 $\llcorner 70\times6$，$A=942.4\times16=15078\text{mm}^2$，单角钢 $i=13.8$，$l_0=1900$

$$\lambda=\dfrac{1900}{13.8}=137.7 \quad 查附录二附表 2\text{-}58 得 \varphi=0.354$$

$$\sigma=\dfrac{844800}{0.35\times942.4\times16}=158\text{N/mm}^2<215\text{N/mm}^2$$

可满足要求。支撑 EF 需与上下环梁刚性连接。

8.17.3 滑模支承杆承载力及需要数量计算

支承杆是滑模施工中的传力和承力构件，一般用直径 25mm 的圆钢或螺纹钢制成。它的承载能力往往由其稳定性来控制。支承情况为下端固接在混凝土中，上端与穿过千斤顶的卡头铰接。

一、支承杆承载力计算

支承杆承载能力的计算有两种方法：

1. 按中心受压构件的计算方法

每根支承杆的承载能力 P 按下式计算：

$$P \leqslant \varphi A f \tag{8-152}$$

式中　A——支承杆的横截面面积；
　　　f——钢材的抗压强度设计值；
　　　φ——支承杆受压稳定系数，根据 $\lambda = l_0/i$ 查表求得；
　　　l_0——计算长度，$l_0 = 0.7l$，其中 l 为千斤顶上卡头至新浇混凝土底面之间的距离；
　　　i——回转半径，对圆截面，$i = d/4$，d 为支承杆的直径。

2. 按《液压滑动模板施工技术规范》的计算方法

模板处于正常滑升状态，即从模板上口以下，最多只有一个浇灌层高度尚未浇灌混凝土的条件下，支承杆的允许承载力可用下式计算：

$$[P] = \frac{\alpha \cdot 40EI}{K_1(L_0 + 95)^2} \tag{8-153}$$

式中　$[P]$——每根支承杆的允许承载力（kN）；
　　　α——工作条件系数，取 0.7～1.0，视施工操作水平、滑模平台结构情况确定。一般整体式刚性平台取 0.7；分割式平台取 0.8；采用工具式支承杆取 1.0；
　　　E——支承杆弹性模量（kN/cm²）；
　　　I——支承杆截面惯性矩（cm⁴）；
　　　K_1——安全系数，取值应不小于 2.0；
　　　L_0——支承杆脱空长度，从混凝土上表面至千斤顶下卡头距离（cm）。

二、支承杆需要数量计算

滑模需要支承杆最少数量 n（根）按下式计算：

$$n = \frac{P_1}{P_0 K_2} \tag{8-154}$$

式中　P_1——滑升模板分别处于滑升状态时，或浇筑混凝土吊重状态时，作用于支承杆的最大垂直荷载进行比较，取其中较大值；
　　　P_0——每根支承杆的承载能力，按式（8-152）和式（8-153）计算求得，取两者较小值；
　　　K_2——工作条件系数，用液压千斤顶时，取 $K_2 = 0.8$；用螺栓千斤顶时，取 $K_2 = 0.67$。

【**例 8-29**】　某厂 120m 烟囱采用液压滑动模板施工，滑升时作用于支承杆上全部施工荷载 $P_1 = 360$kN，支承杆用直径 $d = 2.5$cm，$A = 4.909$cm²，用 Q235 钢制作，$f = 215$N/mm²，支承杆工作时的最大长度 $l = 150$cm，取 $K_1 = 2.0$，$K_2 = 0.8$，$\alpha = 0.7$，$E = 2.1 \times 10^4$ kN/cm²，试求支承杆的允许承载力和需要支承杆的数量。

【解】 根据支承情况，取 $l_0=0.7l=0.7\times150=105\text{cm}$；$i=\dfrac{d}{4}=\dfrac{2.5}{4}=0.625\text{cm}$；$\lambda=\dfrac{l_0}{i}=\dfrac{105}{0.625}=168$，查附录二附表 2-57 得 $\varphi=0.276$

支承杆的承载力先按式（8-152）得：

$$P=\varphi A f=0.276\times4.909\times215=29\text{kN}$$

再由式（8-153）计算每根支承杆的允许承载力为：

取上下卡头距离为 6cm $\quad L_0=150-6=144\text{cm}$，又 $I=\dfrac{\pi d^4}{64}=\dfrac{3.14\times2.5^4}{64}=1.92\text{cm}^4$ 则

$$[P]=\dfrac{\alpha\cdot 40EI}{K_1(L_0+95)^2}=\dfrac{0.7\times40\times2.1\times10^4\times1.92}{2\times(144+95)^2}=10\text{kN}$$

取二者较小值 $\quad P_0=10\text{kN}$

需要支承杆的数量，按式（8-154）得：$n=\dfrac{P_1}{K_2 P_0}=\dfrac{360}{0.8\times10}=45$ 根

故知，应使用 45 根直径 25mm 的支承杆。

8.17.4 模板滑升速度计算

模板滑升应控制滑升速度，它是保证模板结构不被损坏和混凝土质量的重要环节，一般模板的滑升速度可按以下计算确定：

1. 当支承杆无失稳可能时，按混凝土的出模强度控制模板的滑升速度，可按下式计算：

$$V=\dfrac{H-h-a}{T} \tag{8-155}$$

式中 V——模板滑升速度（m/h）；
$\quad\ \ H$——模板高度（m）；
$\quad\ \ h$——每个浇灌层厚度（m）；
$\quad\ \ a$——混凝土浇灌满后，其表面到模板上口的距离，取 0.05～0.1m；
$\quad\ \ T$——混凝土达到出模强度所需的时间（h）。

2. 当支承杆受压时，按支承杆的稳定条件控制模板的滑升速度，可按下式计算：

$$V=\dfrac{10.5}{T\sqrt{KP}}+\dfrac{0.6}{T} \tag{8-156}$$

式中 V——模板滑升速度（m/h）；
$\quad\ \ P$——单根支承杆的荷载（kN）；
$\quad\ \ T$——在作业班的平均气温条件下，混凝土强度达到 0.7～1.0N/mm² 所需要的时间 h，由试验确定；
$\quad\ \ K$——安全系数，取 $K=2.0$。

8.17.5 滑模随升起重设备刹车制动力计算

滑模装置随升起重设备刹车制动力可按下式计算：

$$W=\left(\frac{A}{g}+1\right)Q=KQ \tag{8-157}$$

式中 W——刹车时产生的荷载（N）；
　　　A——刹车时的制动减速度（m/s²）；
　　　g——重力加速度，取 9.8m/s²；
　　　Q——料罐总重（N）；
　　　K——动载系数。

式中 A 值与安全卡的制动灵敏度有关，其数值应根据经验确定，为防止因刹车过急而对平台产生过大荷载，A 值一般可取 g 值的 1~2 倍。K 值一般在 2~3 之间取用。如果 K 值过大，则对平台不利；取值过小，则在离地面较近时，容易发生事故。

8.18 高精度地脚螺栓固定架计算

在工业厂房较大型设备基础施工中，常埋设有大量各种规格地脚螺栓，埋设精度要求高，一般螺栓中心线偏差要求在 2mm 以内，螺栓顶端标高要求为+10mm 与-0mm，垂直度偏差为 1/10。为保证地脚螺栓位置、标高和垂直度正确，国内外应用最为普遍、有效的方法是采用钢（或木、钢木混合）固定架固定地脚螺栓。它又称一次埋入灌浆安装地脚螺栓法，它是在设备基础支模、绑钢筋的同时，用固定架将地脚螺栓精确地固定在设计位置，并和设备基础一块浇筑混凝土，施工完毕大部分固定架留在混凝土中，露出设备基础表面部分固定框回收重复利用。本法可用于埋设各种类型、直径大小和长短的地脚螺栓，操作简便，能保证螺栓的安装精度要求和施工工期。这种固定架的布置与设计要根据螺栓固定架的布置精确进行设计和计算。本节简介一种较典型的钢固定架计算方法，其他固定架计算可采用类似的方法进行。

一、荷载计算

作用在固定架上的荷载包括：(1) 螺栓自重力，包括锚板、套筒、填塞物及固定架自重力；对较大的套筒螺栓，如锚板下不设底座，还应考虑螺栓锚板上按 45°角方向上 (1.2m 高) 的部分混凝土的重力；(2) 钢筋、模板、埋设件及管道的重力。当在固定架上吊挂钢筋、模板、埋设件及管道时应考虑这些重力；(3) 操作荷重，如安装时工人、工具的重力（每根梁上不超过 1500N）；(4) 浇筑混凝土时的冲击荷重，当模板和脚手架与固定架连在一起时，要考虑混凝土的侧压力和混凝土浇筑运输时的活荷载。

二、螺栓固定架计算

螺栓固定架一般由螺栓固定框、横梁、立柱以及斜撑、拉结条等杆件组成（图 8-63）。杆件之间采用焊接连接。为简化计算，固定框和横梁均按简支计算。

（一）固定框计算

固定框多采用双角钢或槽钢制成。承受螺栓和操作的集中荷载。根据固定螺栓数量和位置，可按表 8-30 中公式计算弯矩、剪力和挠度值，其强度按下式计算：

8.18 高精度地脚螺栓固定架计算

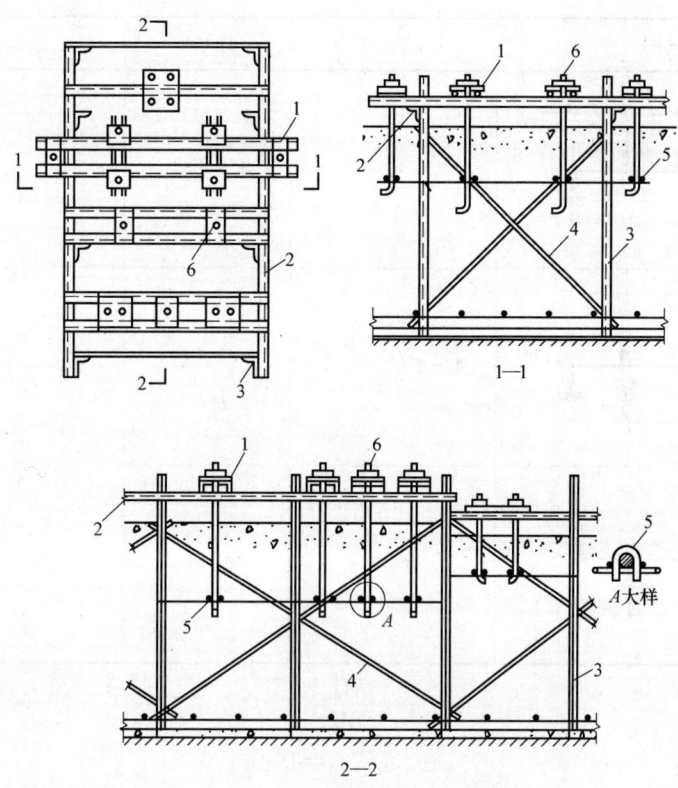

图 8-63 钢固定架构造
1—螺栓固定框；2—角钢横梁；3—角钢立柱；4—斜撑；5—螺栓拉结条；6—地脚螺栓

简支梁的弯矩、剪力、挠度表　　　　　　　　　表 8-30

荷载简图	弯矩 M	剪力 V	挠度 w_A
	$M = \dfrac{Pl}{4}$	$V = \dfrac{1}{2}P$	$w_A = \dfrac{Pl^3}{48EI}$
	$M = \dfrac{Pl}{3}$	$V = P$	$w_A = \dfrac{23Pl^3}{648EI}$
	$M = Pa$	$V = P$	$w_A = \dfrac{Pal^2}{24EI}\left(3 - \dfrac{4a^2}{l^2}\right)$

续表

荷载简图	弯矩 M	剪力 V	挠度 w_A
(荷载图：四个等距集中荷载 P，跨度 l，间距 $l/4$)	$M=\dfrac{Pl}{2}$	$V=1.5P$	$w_A=\dfrac{19Pl^3}{384EI}$
(荷载图：两侧距支座 a 处及跨中两侧 $l/2$ 处各作用 P)	$M=P\left(\dfrac{l}{4}-a\right)$	$V=\dfrac{3P}{a}$	$w_A=\dfrac{P}{48EI}(l^3+6al^2-8a^3)$
(荷载图：外伸梁，两端各作用 P，外伸长度 a，跨度 l)	$M=Pa$	$V=P$	$w_A=\dfrac{Pa^2l}{6EI}\left(3+\dfrac{2a}{l}\right)$

$$\sigma=\frac{M_{max}}{W_n}\leqslant f \qquad (8-158)$$

挠度应满足

$$w_A\leqslant [w]=10\text{mm} \qquad (8-159)$$

式中　M_{max}——作用于固定框的最大弯矩；

　　　　W_n——固定框的截面抵抗矩；

　　　　w_A——固定框的计算挠度值；

　　　　f——钢材的抗拉、抗压、抗弯强度设计值，取 $f=215\text{N/mm}^2$

　　　　$[w]$——固定架允许挠度值，取 10mm。

（二）横梁计算

横梁多采用单角钢（或槽钢），承受固定框传来的集中荷载。计算时，取荷重最大、跨度最长跨加以核算。作用在横梁上的荷重 P，可分为 $P\sin\alpha$ 和 $P\cos\alpha$（图8-64），作用于 x_0—x_0，y_0—y_0 轴。横梁在两个主平面内受弯，其强度可按下式验算：

$$\sigma=\frac{M\cos\alpha}{W_{pnx_0}}+\frac{M\sin\alpha}{W_{pny_0}}\leqslant f \qquad (8-160)$$

式中　W_{pnx_0}、W_{pny_0}——分别为对单角钢 x_0 和 y_0 轴的净截面塑性抵抗矩；

　　　　其他符号意义同上。

（三）立柱计算

横梁与立柱为单面焊接，故柱子按偏心受压杆件计算，强度按下式验算（图8-65）：

$$\sigma=\frac{N}{A_n}\pm\frac{M_x}{\gamma_x W_{nx}}\pm\frac{M_y}{\gamma_y W_{ny}}\leqslant f \qquad (8-161)$$

式中　N——横梁作用于立柱的轴力；

　　　　M_x、M_y——分别为横梁作用于立柱 x、y 轴的弯矩，$M=Ne$；

　　　　W_{nx}、W_{ny}——分别为 x、y 轴方向的净截面抵抗矩；

8.18 高精度地脚螺栓固定架计算

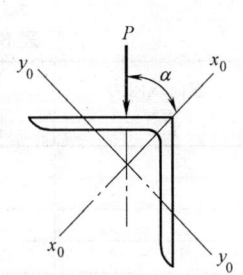
图 8-64 横梁计算简图

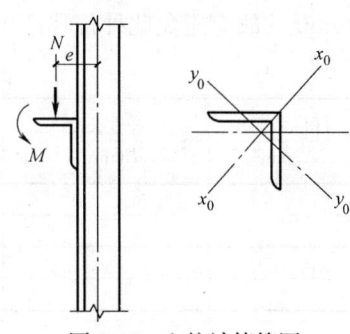
图 8-65 立柱计算简图

A_n——立柱的净截面积；

γ_x、γ_y——截面塑性发展系数，按《钢结构设计规范》表 5.2.1 或附录二附表 2-67 采用。

柱子长细比应满足：

$$\lambda = \frac{l_0}{i} \leqslant 150 \tag{8-162}$$

（四）斜撑、拉条设置

斜撑 $\lambda \leqslant 150$ 设置，用单角钢拉结。螺栓定位拉条用 $\phi 6 \sim 8mm$ 钢筋拉固，不另计算。

（五）固定架侧向位移计算

当固定架与脚手架合用，固定架顶部运输手推车或机动翻斗车水平力的作用，将产生水平变位（图 8-66a），应进行计算，以控制在允许范围内。

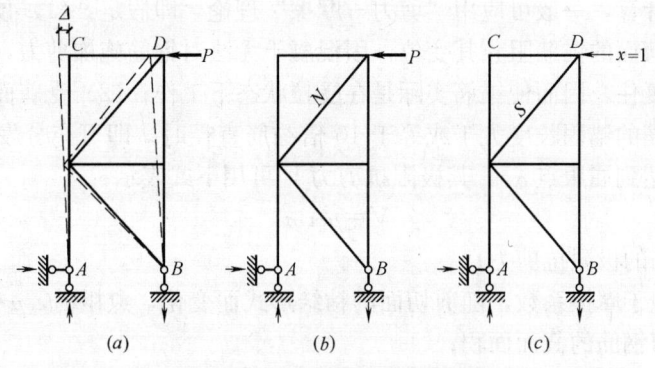
图 8-66 固定架位移计算简图

固定架位移值一般可用虚功法计算。如图 8-66，假定 A 端为固定，B 点为移动端，先在固定架上部加实荷重 P（图 8-66b），求出各杆件所产生的内力 N，然后再将荷重移去，在 D 点作用单位虚力（假想力）$x=1$，求出各杆件产生的虚内力 S（图 8-66c），由表 8-31 计算出各杆件的 $\dfrac{NSL}{AE}$ 值，则固定架的总水平位移 Δ 由下式求得：

$$\Delta = \Sigma \frac{NSL}{AE} \leqslant [\Delta] = 2mm \tag{8-163}$$

如所求 Δ 值大于容许值，应对固定架侧向进行加固。由实践证明，因手推车引起的变形甚微（一般 2～3mm），可不考虑。如模板支撑在固定架上，则水平位移很大，可达

10～20mm，故应避免此种位移产生。

固定架侧向位移计算用表　　　　　表8-31

杆件编号	杆件截面积 $A(\text{mm}^2)$	杆件长度 $L(\text{mm})$	实荷载内力 $N(N)$	$\dfrac{NL}{AE}$ (mm)	虚荷载内力 $S(N)$	$\dfrac{NSL}{AE}$ (mm)

注：E—各杆件的弹性模量。　　　　　　　　　　　　　　　$\Delta = \Sigma \dfrac{NSL}{AE}$

（六）焊缝计算

可根据作用于连接接头处的轴向力和剪力，参见第14章14节，按一般钢结构焊缝方法确定焊缝的厚度和长度（略）。

8.19　预埋铁件简易计算

在工业与民用建筑施工中，为支承模板、桁架等构件或吊装中悬挂、锚固吊索、缆风绳或作桅杆等的支座，常常需要在施工的钢筋混凝土结构上预先埋设一些临时性受力铁件，作为施工的支承件或悬挂、锚固件，利用已完建筑物自身结构来承受施工荷载，以减少施工设施。这类临时性预埋铁件虽不同于工程上的支承件和连接件，但同样需要较高的安全度，以保证操作使用安全，为此，常需要进行必要的计算，以下简介简易计算方法。

预埋铁件的计算，一般可应用"剪力—摩擦"理论，即假定：(1) 预埋铁件承受剪力时，由垂直于受剪面的锚筋阻止其变位，因混凝土无法对钢筋施加剪力，全靠最前面一段混凝土将锚筋握裹住，因而使锚筋实际是在受拉状态下工作；(2) 受剪面不论采用哪种粘结形式，受剪钢筋的锚固长度大于或等于10倍锚筋直径时，即可充分发挥其作用，它的强度可认为已经达到屈服点 σ_T，其极限抗剪力 V 可用下式表示：

$$V = \mu A_s \sigma_T \tag{8-164}$$

式中　V——锚筋的极限抗剪力；
　　　μ——类似于摩擦系数，随剪切面的粘结形式而变化，愈粗糙，μ 值愈大；
　　　A_s——受剪钢筋的截面面积；
　　　σ_T——钢筋的极限屈服强度。

由试验知，预埋铁件被破坏之前，剪切面先开裂，使锚筋受拉，使剪切面产生摩阻力来承担剪力，抗剪能力是由剪切面的摩擦所决定。

以下根据"剪力—摩擦"理论，简述几种不同受力情况下的预埋件计算方法。

一、承受剪切荷载的预埋件计算（图8-67a）

$$K_1 V_j \leqslant \mu (A_{s1} + A_{s2}) f_{sv} \cdot a_r \tag{8-165}$$

式中　V_j——作用于预埋件的剪切荷载；
　　　K_1——抗剪强度设计安全系数；
　　　μ——摩擦系数，取 $\mu = 1$；
A_{s1}、A_{s2}——钢筋截面面积，当为双排锚筋时，$A_{s1} = A_{s2}$；

8.19 预埋铁件简易计算

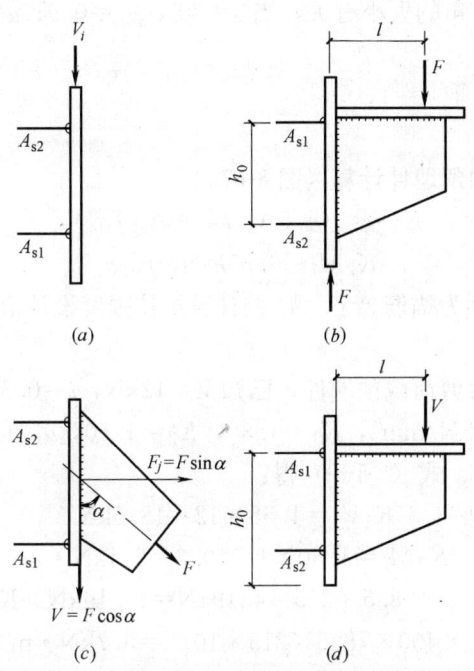

图 8-67 预埋铁件计算简图
(a) 承受剪切荷载；(b) 承受纯弯荷载；
(c) 承受轴心受拉荷载；(d) 承受弯剪荷载

f_{sv}——钢筋在混凝土中的抗剪强度设计值，取 $0.7f_{si}$；

a_r——锚筋层数的影响系数，当等间距配置时，二层取 1.0；三层取 0.9；四层取 0.85。

二、承受纯弯荷载的预埋件计算（图 8-67b）

$$K_2 M_j \leqslant h_0 A_{s1} f_{si} a_r \tag{8-166}$$

式中 M_j——作用于预埋件的纯弯矩，$M_j = Fl$；

K_2——抗弯强度设计安全系数；

h_0——加荷牛腿顶点至受拉锚筋的距离；

A_{s1}——下部锚筋的截面面积；

f_{si}——锚筋抗拉强度设计值；

其他符号意义同前。

三、承受轴心抗剪荷载的预埋件计算（图 8-67c）

$$K_3 F_j \leqslant \frac{A_s f_{si} a_r}{\sin\alpha + \dfrac{\cos\alpha}{\mu_1 \mu}} \tag{8-167}$$

式中 F_j——作用于预埋件的拉力；

K_3——抗拉剪强度设计安全系数；

A_s——总锚筋，为 $A_{s1} + A_{s2}$；

α——外力 F 与预埋件的轴线夹角；

μ_1——系数,与 α 角的大小有关,当 $\alpha=30°$, $\mu_1=0.9$; $\alpha=45°$, $\mu_1=0.8$; $\alpha=60°$, $\mu_1=0.7$;

μ——摩擦系数,取 $\mu=1$;

其他符号意义同前。

四、承受弯剪荷载的预埋件计算（图 8-67d）

$$K_1 V_j \leqslant (1.5 A_{s1} f_{st1} + A_{s2} f_{st2}) a_r \tag{8-168}$$

$$K_2 M_j \leqslant 0.85 h_0 A_{s1} f_{st1} a_r \tag{8-169}$$

式中 f_{st1}、f_{st2}——分别为锚筋 A_{s1}、A_{s2} 的计算抗拉强度设计值;

其他符号意义同前。

【例 8-30】 一承受弯剪荷载预埋件,已知 $V=12\text{kN}$, $l=0.3\text{m}$, $h_0=0.4\text{m}$,锚筋用 2 根 $\phi 10\text{mm}$ 钢筋, $f_{si}=215\text{N/mm}^2$, $K_1=1.55$, $K_2=1.50$, $a_r=1$,试验算是否安全。

【解】 由式（8-168）、式（8-169）得:

$$K_1 V_j = 1.55 \times 12 = 18.6 \text{kN}$$

$$K_2 M_j = 1.50 \times 12 \times 0.3 = 5.4 \text{kN} \cdot \text{m}$$

$$2.5 A_{s1} f_{st1} = 2.5 \times 78.5 \times 215 = 42194 \text{N} = 42.19 \text{kN} > K_1 V_j = 18.6 \text{kN}$$

$$0.85 h_0 A_{s1} f_{st1} = 0.85 \times 400 \times 78.5 \times 215 \times 10^{-6} = 5.7 \text{kN} \cdot \text{m} > K_2 M_j = 5.4 \text{kN} \cdot \text{m}$$

故知,预埋件安全。

9 钢筋工程

9.1 钢筋代换基本计算

9.1.1 钢筋代换基本原则与要求

1. 在施工中，已确认工地不可能供应设计图要求的钢筋品种和规格时，才允许根据库存条件进行钢筋代换。

2. 代换前，必须充分了解设计意图、构件特征和代换钢筋性能，严格遵守国家现行设计规范和施工验收规范及有关技术规定。

3. 代换后，仍能满足各类极限状态的有关计算要求强度数值以及必要的配筋构造规定（如受力钢筋和箍筋的最小直筋、间距、锚固长度、配筋百分率以及混凝土保护层厚度等）；在一般情况下，代换钢筋还必须满足截面对称的要求。

4. 对抗裂性要求高的构件（如吊车梁，薄腹梁、屋架下弦等），不宜用光面钢筋代换变形钢筋，以免裂缝开展过宽。

5. 梁内纵向受力钢筋与弯起钢筋应分别进行代换，以保证正截面与斜截面强度。

6. 偏心受压构件或偏心受拉构件（如框架柱、承受吊车荷载的柱、屋架上弦等）钢筋代换时，应按受力面（受压或受拉）分别代换，不得取整个截面配筋量计算。

7. 吊车梁等承受反复荷载作用的构件，必要时，应在钢筋代换后进行疲劳验算。

8. 当构件受裂缝宽度控制时，代换后应进行裂缝宽度验算。如代换后裂缝宽度有一定增大（但不超过允许的最大裂缝宽度，被认为代换有效），还应对构件作挠度验算。

9. 同一截面内配置不同种类和直径的钢筋代换时，每根钢筋拉力差不宜过大（同品种钢筋直径差一般不大于5mm），以免构件受力不匀。

10. 钢筋代用应避免出现大材小用，优材劣用，或不符合专料专用等现象。钢筋代换后，其用量不宜大于原设计用量的5%，如判断原设计有一定潜力，也可以略微降低，但也不应低于原设计用量的2%。

11. 进行钢筋代换的效果，除应考虑代换后仍能满足结构各项技术性能要求之外，同时还要保证用料的经济性和加工操作的方便，尽量不浪费或少浪费钢筋。

12. 重要结构和预应力混凝土钢筋的代换应征得设计单位同意。

9.1.2 钢筋等强度代换计算

当结构构件按强度控制时，可按强度相等的方法进行代换，即代换后钢筋的"钢筋抗

9 钢筋工程

力"不小于施工图纸上原设计配筋的"钢筋抗力",即

$$A_{s1}f_{y1} \leqslant A_{s2}f_{y2} \tag{9-1}$$

或

$$n_1 d_1^2 f_{y1} \leqslant n_2 d_2^2 f_{y2} \tag{9-2}$$

当原设计钢筋与拟代换的钢筋直径相同时:

$$n_1 f_{y1} \leqslant n_2 f_{y2} \tag{9-3}$$

当原设计钢筋与拟代换的钢筋级别相同时(即 $f_{y1}=f_{y2}$):

$$n_1 d_1^2 \leqslant n_2 d_2^2 \tag{9-4}$$

式中 f_{y1}、f_{y2}——分别为原设计钢筋和拟代换用钢筋的抗拉强度设计值(N/mm^2);

A_{s1}、A_{s2}——分别为原设计钢筋和拟代换钢筋的计算截面面积(mm^2);

n_1、n_2——分别为原设计钢筋和拟代换钢筋的根数(根);

d_1、d_2——分别为原设计钢筋和拟代换钢筋的直径(mm)。

在普通钢筋混凝土构件中,高强度钢筋难以充分发挥作用,故多采用 HRB335 级、HRB400 级钢筋,以及 HPB300 级钢筋。常用钢筋的强度标准值和强度设计值见表 9-1。HPB235 级钢筋在规范过渡期及对即有结构进行设计时,仍按原规范取值。

普通钢筋强度标准值与设计值(N/mm^2)　　　表 9-1

牌号	符号	公称直径 d(mm)	屈服强度标准值 f_{yk}	极限强度标准值 f_{stk}	抗拉强度设计值 f_y	抗压强度设计值 f'_y
HPB300	Φ	6~22	300	420	270	270
HRB335 HRBF335	Φ Φ^F	6~50	335	455	300	300
HRB400 HRBF400 RRB400	Φ Φ^F Φ^R	6~50	400	540	360	360
HRB500 HRBF500	Φ Φ^F	6~50	500	630	435	410

式(9-1)~式(9-4)为一种钢筋代换另一种钢筋的情况,当多种规格钢筋代换时,则有:

$$\sum n_1 f_{y1} d_1^2 \leqslant \sum n_2 f_{y2} d_2^2 \tag{9-5}$$

当用两种钢筋代换原设计的一种钢筋时:

$$n_1 f_{y1} d_1^2 \leqslant n_2 f_{y2} d_2^2 + n_3 f_{y3} d_3^2 \tag{9-6}$$

当用多种钢筋代换原设计一种钢筋时:

$$n_1 f_{y1} d_1^2 \leqslant n_2 f_{y2} d_2^2 + n_3 f_{y3} d_3^2 + n_4 f_{y4} d_4^2 + \cdots \tag{9-7}$$

式中符号意义均同前,式中有下标"2"、"3"、"4"…的代表拟代换的两种或多种钢筋。

具体应用(9-6)式时,可将该式写为:

$$n_3 \geqslant \frac{n_1 f_{y1} d_1^2 - n_2 f_{y2} d_2^2}{f_{y3} d_3^2} \tag{9-8}$$

令

$$a = n_1 \frac{f_{y1} d_1^2}{f_{y3} d_3^2}, \quad b = \frac{f_{y2} d_2^2}{f_{y3} d_3^2}$$

则有

$$n_3 \geqslant a - b n_2 \tag{9-9}$$

9.1 钢筋代换基本计算

当假定一个 n_2 值，便可得到一个相应的 n_3 值，因此应多算几种情况，进行比较，以便得到一个较为经济合理的钢筋代换方案。

同样具体应用式（9-7）时，可将该式写为：

$$n_2 \geqslant \frac{n_1 f_{y1} d_1^2 - n_3 f_{y3} d_3^2 - n_4 f_{y4} d_4^2}{f_{y2} d_2^2} \tag{9-10}$$

同理 需要假定 n_3、$n_4\cdots$，才能根据式（9-10）计算出 n_2 值；计算过程较繁琐，但也必须多算几种情况，以供比较选择。

实际只有当钢筋根数很多时，才用多种钢筋代换原设计一种钢筋。

钢筋的计算截面面积是根据它们的直径大小（对于变形钢筋，按公称直径），按圆形面积计算公式 $A = \frac{\pi}{4} d^2$ 算出的截面面积 A_s，见表 9-2。用于板类构件 1m 宽的钢筋面积 A_s 见表 9-3。

钢筋面积 A_s（mm^2） 表 9-2

钢筋直径 (mm)	钢 筋 根 数								
	1	2	3	4	5	6	7	8	9
4	12.6	25.1	37.7	50.3	62.8	75.4	88.0	100.5	113.1
5	19.6	39.3	58.9	78.5	98.2	117.8	137.4	157.1	176.7
6	28.3	56.5	84.8	113.1	141.4	169.6	197.9	226	254
8	50.3	100.5	150.8	201	251	302	352	402	452
9	63.6	127.2	190.9	254	318	382	445	509	573
10	78.5	157.1	236	314	393	471	550	628	707
12	113.1	226	339	452	565	679	792	905	1018
14	153.9	308	462	616	770	924	1078	1232	1385
16	201	402	603	804	1005	1206	1407	1608	1810
18	254	509	763	1018	1272	1527	1781	2036	2290
20	314	628	942	1257	1571	1885	2199	2513	2827
22	380	760	1140	1521	1901	2281	2661	3041	3421
25	491	982	1473	1963	2454	2945	3436	3927	4418
28	616	1232	1847	2463	3079	3695	4310	4926	5542
32	804	1608	2413	3217	4021	4825	5630	6434	7238
36	1018	2036	3054	4072	5089	6107	7125	8143	9161
40	1257	2513	3770	5027	6283	7540	8796	10053	11310

1m 宽的钢筋面积 A_s（mm^2） 表 9-3

钢筋间距 (mm)	钢 筋 直 径 (mm)								
	6	6/8	8	8/10	10	10/12	12	12/14	14
80	353	491	628	805	982	1198	1414	1669	1924
90	314	436	559	716	873	1065	1257	1484	1710
100	283	393	503	644	785	958	1131	1335	1539
110	257	357	457	585	714	871	1028	1214	1399
120	236	327	419	537	654	798	942	1113	1283
130	217	302	387	495	604	737	870	1027	1184
140	202	280	359	460	561	684	808	954	1100
150	188	262	335	429	524	639	754	890	1026
160	177	245	314	403	491	599	707	834	962
170	166	231	296	379	462	564	665	785	906

续表

钢筋间距 (mm)	钢筋直径 (mm)								
	6	6/8	8	8/10	10	10/12	12	12/14	14
180	157	218	279	358	436	532	628	742	855
190	149	207	265	339	413	504	595	703	810
200	141	196	251	322	393	479	565	668	770
210	135	187	239	307	374	456	539	636	733
220	129	178	228	293	357	436	514	607	700
230	123	171	219	280	341	417	492	581	669
240	118	164	209	268	327	399	471	556	641
250	113	157	201	258	314	383	452	534	616

【例 9-1】 矩形梁原设计采用 HRB335 级钢筋 3Φ16mm，现拟用 HPB300 级钢筋代换，试计算需代换钢筋的直径、根数和面积。

【解】 由表 9-2 $A_{s1}=201$mm，由式（9-1）得：

$$A_{s2}=\frac{f_{y1}}{f_{y2}} \cdot A_{s1}=\frac{300}{270} \times 3 \times 201 = 670 \text{mm}^2$$

选用 2φ18mm 和 1φ16mm 钢筋代换

$$A_{s2}=2 \times 254 + 1 \times 201 = 710 \text{mm}^2 > 670 \text{mm}^2$$

【例 9-2】 框架梁原设计采用 HRB335 级钢筋 6Φ14mm，现拟用 HPB300 级钢筋 φ14mm 代换，试计算确定需代换根数。

【解】 由式（9-2）得代换根数为：

$$n_2=\frac{n_1 f_{y1} d_1^2}{f_{y2} d_2^2}=\frac{6 \times 300 \times 14^2}{270 \times 14^2}=6.67 \text{ 根} \quad 用 7 根$$

故知，需用 7 根 φ14mm 钢筋代换。

【例 9-3】 框架梁原设计采用 HPB300 级钢筋 10φ18mm，现拟用 HRB400 级Φ14mm 和 HRB335 级Φ16mm 两种钢筋代换，试计算确定两种钢筋各需代换的根数。

【解】 设用下标"2"和"3"分别代表Φ14mm 和Φ16mm 两种规格钢筋

$$a=n_1 \frac{f_{y1} d_3^2}{f_{y3} d_2^2}=10 \times \frac{270 \times 18^2}{300 \times 16^2}=11.39$$

$$b=\frac{f_{y2} d_2^2}{f_{y3} d_3^2}=\frac{360 \times 14^2}{300 \times 16^2}=0.92$$

由式（9-9） $n_3 \geqslant a - bn_2 = 11.39 - 0.92 n_2$

先设 $n_2=5$，则有：

$$n_3 \geqslant 11.39 - 0.92 \times 7 = 6.79$$

取 $n_3=7$ 根，多用钢筋 $7-6.79=0.21$ 根

为取得经济合理指标，再计算几种情况列于表 9-4 中。

n_2、n_3 值计算结果　　　　　　表 9-4

假定 n_2 值	4	6	7	8	9	10	……
$11.39-0.92n_2$	7.71	5.87	4.95	4.03	3.11	2.19	……
n_3 取值	8	6	5	5	4	3	……
多用钢筋(根)	0.29	0.13	0.05	0.97	0.89	0.81	……

根据表9-4的计算结果，选用代换钢筋为：7Φ14mm 钢筋和 5Φ16mm 钢筋（只多用 Φ16mm 钢筋 0.05 根）。

9.1.3 钢筋等强代换查表法简易计算

钢筋代换一般按9.1.2节所列公式计算，比较繁琐。为减少计算工作量亦可采用查表方法。钢筋代换时，利用已制成的钢筋代换用表，可迅速直接查得结果，则比较简易方便，以下简介两种常用方法：

一、查表对比法

系利用已制成的各种规格和根数的钢筋抗力值表（表9-5、表9-6），对原设计和拟代换的钢筋进行对比，从而确定可代换的钢筋规格和根数。本法适用于钢筋根数较少的情况（钢筋不多于9根），并且可以确定多种钢筋代换方案。表9-6为用于板类构件计算的1m宽的钢筋抗力 $f_y A_s$（钢筋抗力按HPB300级钢筋计）。

钢筋抗力 $f_y A_s$（kN）　　　　　　　　　　表9-5

钢筋规格	钢筋根数								
	1	2	3	4	5	6	7	8	9
Φ6	7.64	15.28	22.92	30.56	38.2	45.84	53.48	61.12	68.76
Φ8	13.58	27.16	40.74	54.32	67.9	81.48	95.06	108.6	122.2
Φ9	17.17	34.34	51.51	68.68	85.85	103.0	120.2	137.3	154.5
Φ10	21.20	42.4	63.6	84.8	106.0	127.2	148.4	169.6	190.8
Φ12	30.54	61.08	91.62	122.1	152.7	183.2	213.8	244.3	274.8
Φ14	41.55	83.1	124.65	166.2	207.6	249.3	290.8	332.4	373.9
Φ16	54.27	108.5	162.8	217.1	271.5	325.6	379.9	434.3	488.4
Φ18	68.58	137.2	205.7	274.3	342.9	411.5	480.1	548.6	617.2
Φ20	84.78	169.6	254.3	339.1	423.9	508.7	593.5	678.2	763.0
Φ22	102.6	205.2	307.8	410.4	513.0	615.6	718.2	820.8	923.4
Φ25	132.6	265.1	397.7	530.3	662.9	795.4	928.0	1060	1193
Φ28	166.3	332.6	499.0	665.3	831.6	997.9	1164	1331	1497
Φ32	217.1	434.2	651.3	868.3	1086	1303	1520	1737	1954
Φ36	274.9	549.7	824.6	1099	1374	1649	1924	2199	2474
Φ40	339.4	678.8	1018	1358	1697	2036	2376	2715	3055
Φ6	8.49	16.97	25.44	33.93	42.42	50.90	57.37	67.86	76.34
Φ8	15.08	30.15	45.24	60.32	75.39	90.47	105.6	120.7	135.7
Φ10	23.56	47.12	70.68	94.24	117.8	141.4	164.9	188.5	212.0
Φ12	33.93	67.86	101.8	135.7	169.5	203.6	237.5	271.4	305.3
Φ14	45.67	92.36	138.6	184.7	230.9	277.1	323.2	369.5	415.6
Φ16	60.32	120.7	181.0	241.2	301.5	361.9	422.2	482.5	542.9
Φ18	76.34	152.7	229.1	305.3	381.5	458.0	534.4	610.7	687.1
Φ20	94.24	188.5	282.8	377.0	471.2	565.4	659.7	753.9	848.2
Φ22	114.0	228.1	342.1	456.2	570.2	684.2	798.3	894.8	1027
Φ25	147.3	294.5	441.8	989.0	736.3	883.5	1031	1178	1326
Φ28	172.8	345.6	518.4	691.2	864.0	1036	1210	1383	1555
Φ32	225.7	451.4	677.1	902.8	1128	1354	1580	1806	2031
Φ36	285.7	571.3	857.0	1143	1428	1714	1999	2285	2571
Φ40	352.6	705.3	1058	1411	1763	2116	2469	2821	3174

续表

钢筋规格	钢筋根数								
	1	2	3	4	5	6	7	8	9
Φ6	10.18	20.37	30.53	40.71	50.90	61.08	71.25	81.43	91.61
Φ8	18.10	36.19	54.29	72.38	90.48	108.6	126.7	144.8	162.9
Φ10	28.27	56.55	84.82	113.1	141.3	169.6	197.9	226.2	254.4
Φ12	40.71	81.43	122.2	162.8	203.6	244.3	285.0	325.7	366.5
Φ14	55.42	110.9	166.2	221.1	276.5	332.5	387.9	443.3	498.8
Φ16	72.40	144.7	217.2	289.5	361.9	434.3	506.6	579.1	651.4
Φ18	91.61	183.2	274.9	366.5	458.0	549.6	641.2	732.9	824.5
Φ20	113.1	226.2	339.2	452.4	565.5	678.6	789.4	904.7	1018
Φ22	136.8	273.7	410.5	547.4	684.2	821.1	957.9	1095	1231
Φ25	176.7	353.4	530.1	706.9	883.6	1060	1237	1413	1590
Φ28	221.7	443.3	665.0	886.6	1109	1330	1551	1773	1995
Φ32	289.5	579.1	868.5	1158	1447	1737	2027	2310	2606
Φ36	366.5	732.9	1099	1465	1832	2198	2565	2932	3298
Φ40	452.4	904.7	1357	1809	2262	2715	3167	3619	4071

1m 宽的钢筋抗力 $f_y A_s$ (kN) 表 9-6

钢筋间距 /mm	钢筋直径 /mm								
	6	6/8	8	8/10	10	10/12	12	12/14	14
80	95.42	132.6	169.6	217.4	265.1	323.4	266.0	450.6	519.6
90	84.82	117.8	150.8	193.2	235.7	287.5	339.3	400.5	461.8
100	76.34	106.0	135.8	173.8	212.0	258.7	305.4	360.5	415.7
110	69.40	96.39	123.4	158.1	192.7	235.2	277.6	327.7	377.9
120	63.61	88.35	113.1	148.9	176.7	215.6	254.4	300.5	346.4
130	58.71	81.56	104.4	133.7	163.2	199.0	234.9	277.3	319.6
140	54.52	75.73	96.94	124.2	151.5	184.8	218.1	257.5	296.9
150	50.89	70.69	90.47	115.9	141.4	172.4	203.5	240.3	277.1
160	47.71	70.69	84.82	108.7	132.6	161.7	190.8	225.3	259.7
170	44.89	62.37	79.83	102.3	124.74	152.2	179.6	212.0	244.5
180	42.42	58.90	72.82	96.61	117.81	143.7	169.6	200.3	230.9
190	40.18	55.80	71.43	91.52	111.6	136.2	160.7	189.8	218.7
200	38.17	53.01	67.86	86.94	106.0	129.3	152.2	180.3	207.8
210	36.35	50.49	64.63	82.80	100.9	123.2	145.4	171.6	197.9
220	34.70	48.19	61.69	79.04	96.39	117.6	138.9	163.8	188.9
230	33.20	46.11	59.00	75.60	92.20	112.5	132.8	156.7	180.8
240	31.81	44.18	55.77	72.45	88.35	107.8	127.2	150.2	173.2
250	30.53	42.42	54.28	69.56	84.82	103.5	122.1	144.3	166.2

二、代换系数法

系利用已制成的几种常用钢筋按等强度计算的截面积代换系数（表 9-7），对原设计和拟代换的钢筋进行代换，从而可确定可代换的钢筋规格和根数。如果以两种规格的钢筋交替（即排放钢筋时间隔分放两种规格）代换一种规格的钢筋；或一种规格的钢筋代换两种规格的钢筋，只需取两个系数相加，得出的系数等于一种或两种规格的钢筋系数即可。

本法钢筋代换时亦不用计算，从表 9-7 中可迅速直接查得结果，比较简易方便，最适用于根数较多的情况。

9.1 钢筋代换基本计算

钢筋按等强计算的截面积换算表   表9-7

在下列钢筋根数时钢筋按等强的截面面积(cm²)

直径(mm)	1 HPB300 Φ 270	1 HRB335 Φ 300	1 HRB400 Φ 360	2 HPB300 Φ 270	2 HRB335 Φ 300	2 HRB400 Φ 360	3 HPB300 Φ 270	3 HRB335 Φ 300	3 HRB400 Φ 360	4 HPB300 Φ 270	4 HRB335 Φ 300	4 HRB400 Φ 360	重量(kg/m)	直径(mm)
8	0.503	0.559	0.670	1.005	1.117	1.340	1.508	1.675	2.010	2.011	2.234	2.681	0.395	8
9	0.636	0.707	0.848	1.272	1.413	1.696	1.909	2.121	2.545	2.545	2.827	3.392	0.499	9
10	0.785	0.872	1.046	1.571	1.745	2.094	2.356	2.618	3.141	3.142	3.491	4.188	0.617	10
12	1.131	1.257	1.508	2.262	2.513	3.015	3.393	3.770	4.523	4.524	5.026	6.030	0.888	12
14	1.539	1.710	2.051	3.079	3.421	4.104	4.618	5.131	6.156	6.158	6.842	8.209	1.208	14
16	2.011	2.234	2.681	4.021	4.467	5.360	6.032	6.702	8.041	8.042	8.935	10.720	1.578	16
18	2.545	2.827	3.392	5.089	5.654	6.784	7.634	8.481	10.176	10.179	11.309	13.569	1.998	18
20	3.142	3.491	4.188	6.283	6.980	8.375	9.425	10.471	12.564	12.566	13961	16.750	2.466	20
22	3.801	4.223	5.067	7.603	8.447	10.135	11.404	12.670	15.202	15.205	16.893	20.268	2.984	22
25	4.909	5.454	6.544	9.817	10.907	13.086	14.726	16.361	19.630	19.635	21.814	26.173	3.853	25
28	6.153	6.836	8.202	12.315	13.682	16.416	18.473	20.524	24.625	24.630	27.364	32.832	4.834	28
32	8.043	8.936	10.721	16.085	17.870	21.441	24.127	26.805	32.161	32.170	35.741	42.883	6.313	32
36	10.179	11.309	13.569	20.385	22.627	27.173	30.536	33.925	40.704	40.715	45.234	54.273	7.990	36
40	12.561	13.955	16.744	25.133	27.923	33.502	37.699	41.884	50.253	50.265	55.844	67.00	9.865	40

续表

直径 (mm)	在下列钢筋根数时钢筋按等强的截面面积 (cm²)													重量 (kg/m)	直径 (mm)
	5			6			7			8				
	HPB300	HRB335	HRB400	HPB300	HRB335	HRB400	HPB300	HRB335	HRB400	HPB300	HRB335	HRB400		
	Φ	Φ	Φ	Φ	Φ	Φ	Φ	Φ	Φ	Φ	Φ	Φ		
	270	300	360	270	300	360	270	300	360	270	300	360		
	1.000	1.111	1.333	1.000	1.111	1.333	1.000	1.111	1.333	1.000	1.111	1.333		
8	2.513	2.792	3.350	3.016	3.348	4.020	3.519	3.910	4.691	4.021	4.467	5.360	0.395	8
9	3.181	3.534	4.240	3.817	4.241	5.088	4.453	4.947	5.936	5.089	5.654	6.784	0.499	9
10	3.927	4.363	5.235	4.712	5.235	6.281	5.498	6.108	7.329	6.283	6.980	8.375	0.617	10
12	5.655	6.283	7.538	6.786	7.539	10.049	7.917	8.796	10.553	9.048	10.052	12.061	0.888	12
14	7.697	8.551	10.260	9.236	10.261	12.312	10.776	11.972	14.364	12.315	13.682	16.416	1.208	14
16	10.053	11.169	13.401	12.064	13.403	16.081	14.074	15.636	18.761	16.085	17.870	21.441	1.578	16
18	12.723	14.135	16.960	15.268	16.963	20.352	17.813	19.790	23.745	20.358	22.618	27.137	1.998	18
20	15.708	17.452	20.939	18.850	20.942	25.130	21.991	24.432	29.314	25.133	27.923	33.502	2.466	20
22	19.007	21.117	25.336	22.808	25.340	30.403	26.609	29.563	35.470	30.411	33.787	40.538	2.984	22
25	24.544	27.268	32.717	29.452	32.721	39.260	34.361	38.145	45.803	39.270	43.629	52.347	3.853	25
28	30.788	34.205	41.040	36.945	41.046	49.248	43.103	47.887	57.456	49.260	54.728	65.664	4.834	28
32	40.212	44.676	53.630	48.255	53.611	64.324	56.297	62.546	75.044	64.340	71.482	85.765	6.313	32
36	50.894	56.543	67.842	61.073	67.852	81.410	71.251	79.160	94.978	81.430	90.469	108.546	7.990	36
40	62.830	69.804	83.752	75.398	83.767	100.506	87.965	97.729	117.257	100.531	111.690	134.008	9.865	40

注：表中换算系数：HRB335/HPB300＝300/270＝1.111；HRB400/HPB300＝360/270＝1.333。

9.1 钢筋代换基本计算

【例 9-4】 条件同例 9-1，试用查表法确定需代换的钢筋直径，根数和面积。

【解】 (1) 查表对比法

原设计钢筋抗力为：
$$f_{y1}A_{s1} = 300 \times 3 \times 201 = 180900\text{N} \approx 181.0\text{kN}$$

查表 9-5，$2\phi18$mm 和 $1\phi16$mm 钢筋的抗力为：$f_{y2}A_{s2} = 137.2 + 54.27 = 191.5\text{kN} > 181.0\text{kN}$

故知，可用 $2\phi18$mm 和 $1\phi16$mm 钢筋代换。

(2) 查表代换系数法

查表 9-7，已知 $3\Phi16$mm，从 3 根 HRB335 栏中查得 $A_{s1} = 6.702\text{cm}^2$，再在相应的 HPB235 级钢筋栏中查得相当 $2\phi18$mm 和 $1\phi16$mm 钢筋等强截面积 $A_{s2} = 5.089 + 2.011 = 7.10\text{cm}^2 > 6.70\text{cm}^2$

故知，可用 $2\phi18$mm 和 $1\phi16$mm 钢筋代换。

【例 9-5】 条件同例 9-2，试用查表法确定代换根数。

【解】 (1) 查表对比法

原设计钢筋的抗力为：
$$f_{y1}A_{s1} = 300 \times 6 \times 153.9 = 277020\text{N} = 277.0\text{kN}$$

查表 9-5，$7\phi14$mm 钢筋抗力 $f_{y2}A_{s2} = 290.8\text{kN} > 277.0\text{kN}$

故知，可用 7 根 $\phi14$mm 钢筋代换。

(2) 查表代换系数法

从表 9-7 中已知 $6\Phi14$mm 查得 $A_{s1} = 10.261\text{cm}^2$，再在相应的 HPB300 级钢筋栏中查得 7 根 $\phi14$mm 钢筋相当等强面积为 $A_{s2} = 10.776\text{cm}^2 > 10.261\text{cm}^2$

故知，可用 7 根 $\phi14$mm 钢筋代换。

【例 9-6】 条件同例 9-3，试用查表法确定两种钢筋各需代换的根数。

【解】 (1) 查表对比法

原设计钢筋的抗力为：
$$f_{y1}A_{s1} = 270 \times 10 \times 254 = 685800\text{N} = 685.80\text{kN}$$

查表 9-5，$7\Phi14$mm 和 $5\Phi16$mm 钢筋的抗力为：
$$f_{y2}A_{s2} + f_{y3}A_{s3} = 387.9 + 301.5 = 689.4\text{kN} > 685.80\text{kN}$$

故知，可用 7 根 $\Phi14$mm 和 5 根 $\Phi16$mm 钢筋代换。

(2) 查表代换系数法

从表 9-7 中已知 $10\phi18$mm 钢筋，查得 $A_{s1} = 10 \times 2.54 = 25.40\text{cm}^2$，再在相当的 HRB400 栏中查得 $7\Phi14$mm 钢筋的 $A_{s2} = 14.364\text{cm}$，在 HRB335 栏中查得 $5\Phi16$mm 钢筋的 $A_{s3} = 11.169\text{cm}^2$

$$A_{s2} + A_{s3} = 14.364 + 11.169 = 25.53\text{cm}^2 > 25.40\text{cm}^2$$

故知，可用 $7\Phi14$mm 和 $5\Phi16$mm 钢筋代换。

9.1.4 钢筋等面积代换计算

当构件按最小配筋率配筋时，钢筋可按面积相等的方法按下式进行代换：

$$A_{s1} \leqslant A_{s2} \tag{9-11}$$

或 $$n_1d_1^2 \leqslant n_2d_2^2 \tag{9-12}$$

式中 A_{s1}、n_1、d_1——分别为原设计钢筋的计算截面面积（mm^2），根数（根），直径（mm）；

A_{s2}、n_2，d_2——分别为拟代换钢筋的计算截面面积（mm^2）、根数（根）、直径（mm）。

【例 9-7】 大型设备基础底板按构造最小配筋率配筋为Φ14@200mm，现拟用 $\phi16mm$ 钢筋代换，试求代换后的钢筋数量。

【解】 因底板为按构造要求最小配筋率配筋，故按等面积进行代换，由式（9-12）得：

$$n_2 = \frac{n_1d_1^2}{d_2^2} = \frac{5\times14^2}{16^2} = 3.83 \text{ 根} \quad 用 4 根$$

故知，钢筋可用Φ16@250mm 代换。

9.1.5 不需计算的钢筋代换法

当用钢筋直径差上下相等的两种规格钢筋代换原设计的一种钢筋，则无需计算。可证明钢筋代换表达式为：

$$N_2 + N_3 \geqslant N_1 \tag{9-13}$$

即 $$n_2d_2^2f_{y2} + n_3d_3^2f_{y3} \geqslant n_1d_1^2f_{y1} \tag{9-14}$$

其中已知 $$f_{y1} = f_{y2} = f_{y3}$$

则式（9-14）可简化为：

$$n_2d_2^2 + n_3d_3^2 \geqslant n_1d_1^2 \tag{9-15}$$

式中 N_1——代表原设计钢筋抗拉强度；

N_2、N_3——代表代换后钢筋抗拉强度。

以上只需要证明式（9-15）成立，代换就不需要计算。

设原设计的钢筋直径与代换后的两种钢筋直径上下相差 Δ。

即 $$d_2 = d_1 + \Delta, d_3 = d_1 - \Delta, \tag{9-16}$$

由于已知 $$n_1 = 2, n_2 = n_3 = 1$$

上述各式分别代入式（9-15）中，则式（9-15）中右半部分为：

$$n_1d_1^2 = 2d_1^2 \tag{9-17}$$

式（9-15）中左半部分为：

$$\begin{aligned}n_2d_2^2 + n_3d_3^2 &= d_2^2 + d_3^2 = (d_1+\Delta)^2 + (d_1-\Delta)^2 \\ &= d_1^2 + 2d_1\Delta + \Delta^2 + d_1^2 - 2d_1\Delta + \Delta^2 \\ &= 2d_1^2 + 2\Delta^2 > 2d_1^2\end{aligned} \tag{9-18}$$

比较式（9-17）、式（9-18）两式知：式（9-18）＞式（9-17）。

即式（9-15）左边大于式（9-15）右边，证明式（9-15）成立。

但用本法需注意两点：一是同一截面内钢筋相互间差值不宜过大（同级钢筋直径不大于 5mm），以免受力不均；二是钢筋代换尚需满足规范有关构造要求。

【例 9-8】 原设计钢筋直径为Φ10mm@200mm，现拟用 1Φ8mm 和 1Φ12mm 钢筋代换 2Φ10mm 钢筋，试说明无需计算。

【解】 由题意知,φ8mm、φ12mm 钢筋与 φ10mm 钢筋上下相差均为 2mm,代换后间距为 208mm,略大于原设计 200mm,故知可按原间距 200mm,无需计算。

9.2 钢筋特殊代换计算

9.2.1 钢筋等弯矩代换计算

梁类构件钢筋代换,除了钢筋的截面强度需满足原设计要求外,有时还需验算钢筋代换后梁的抗弯(或抗剪)承载力(强度)是否满足原设计要求。

钢筋代换时,如果钢筋直径加大或根数增多,需要增加排数,从而会使构件截面的有效高度 h_0 相应减小,截面强度降低,不能满足原设计抗弯强度要求,此时应对代换后的截面强度进行复核;如果不能满足要求,应稍增加配筋,予以弥补,使与原设计抗弯强度相当。对常用矩形截面的受弯构件,可按以下公式复核截面强度。

由钢筋混凝土结构计算可知,矩形截面所能承受的设计弯矩 M_u 为:

$$M_u = A_s f_y \left(h_0 - \frac{A_s f_y}{2 f_c b} \right) \tag{9-19}$$

钢筋代换后应满足下式要求:

$$A_{s2} f_{y2} \left(h_{02} - \frac{A_{s2} f_{y2}}{2 f_c b} \right) \geqslant A_{s1} f_{y1} \left(h_{01} - \frac{A_{s1} f_{y1}}{2 f_c b} \right) \tag{9-20}$$

式中 A_{s1}、A_{s2}——分别为原设计钢筋和拟代换钢筋的计算截面面积(mm²);

f_{y1}、f_{y2}——分别为原设计钢筋和拟代换钢筋的抗拉强度设计值(N/mm²);

h_{01}、h_{02}——分别为原设计钢筋和拟代换钢筋合力作用点至构体截面受压边缘的距离(mm);

f_c——混凝土的抗压强度设计值;对 C20 混凝土为 9.6N/mm²;C25 混凝土为 11.9N/mm²;C30 混凝土为 14.3N/mm²;

b——构件截面宽度(mm)。

【例 9-9】 矩形梁的截面如图 9-1a 所示,混凝土为 C30,原设计主筋为 4Φ22mm,现拟以Φ22mm 钢筋代换,求所需钢筋的根数。

【解】 原设计主筋 4Φ22 的 $A_{s1} = 1520.4$ mm²,相当Φ22 等强截面积 $A_{s2} = \frac{360 \times 1520.4}{300} = 1824.5$ mm²,需用Φ22 钢筋 4.8 根,现用 5Φ22 代换,$A_{s2} = 1900.5$ mm²。由于代换后钢筋根数增加,须复核钢筋间净距 t。

$$t = \frac{220 - 2 \times 25 - 5 \times 22}{4} = 15 < 25 \text{mm}$$

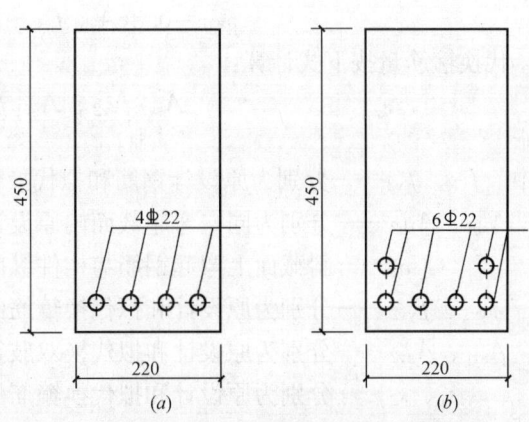

图 9-1 矩形梁的等弯矩钢筋代换
(a) 原设计钢筋布置;(b) 代换后钢筋布置

因此，需将钢筋排成两排，则

$$a_g = \frac{3 \times 36 + 2 \times 83}{5} = 54.8 \approx 55 \text{mm}$$

$$h_{02} = 450 - 55 = 395 \text{mm}$$

由计算知，代用后钢筋截面虽比原设计增加，但有效高度 h_0 减小，因此，需复核梁截面强度

$$A_{s1} f_{y1} \left(h_{01} - \frac{A_{s1} f_{y1}}{2 f_c b}\right) = 1520.4 \times 360 \left(414 - \frac{1520.4 \times 360}{2 \times 14.3 \times 220}\right)$$

$$= 178981000 \text{N} \cdot \text{mm} \approx 179 \text{kN} \cdot \text{m}$$

$$A_{s2} f_{y2} \left(h_0 - \frac{A_{s2} f_{y2}}{2 f_c b}\right) = 1900.5 \times 300 \left(395 - \frac{1900.5 \times 300}{2 \times 14.3 \times 220}\right)$$

$$= 173545000 \text{N} \cdot \text{mm} \approx 173.5 \text{kN} \cdot \text{m}$$

由计算知，梁截面强度降低 3‰，必须再增加钢筋，改用 6Φ22，$A'_{s2} = 2280.6 \text{mm}^2$，$h'_{02} = 39.5\text{cm}$（下排 4 根，上排 2 根），见图 9-1 (b)，则：

$$A'_{s2} f_{y2} \left(h'_{02} - \frac{A'_{s2} f_{y2}}{2 f_c b}\right) = 2280.6 \times 300 \left(395 - \frac{2280.6 \times 300}{2 \times 14.3 \times 220}\right)$$

$$= 195855000 \text{N} \cdot \text{mm} \approx 196 \text{kN} \cdot \text{m} > 179 \text{kN} \cdot \text{m}$$

故知，可满足抗弯强度要求。

9.2.2 钢筋代换抗剪承载力计算

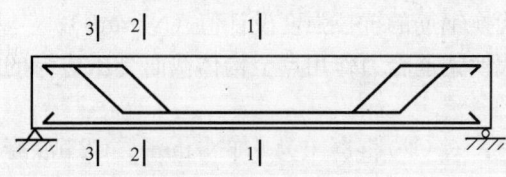

图 9-2 钢筋代换抗剪承载力计算简图

设有弯起钢筋的梁类构件如图 9-2 所示，当钢筋代换后使截面 1—1、2—2 和 3—3 的纵向受力钢筋均符合与原设计等强的要求，但弯起钢筋的钢筋抗力有所降低时，宜以适当增强箍筋的方法补强。

弯起钢筋影响斜截面受剪承载力（强度）的降低值 V_j，可按下式计算：

$$V_j = 0.8 (A_{sb1} f_{y1} - A_{sb2} f_{y2}) \sin \alpha_s \tag{9-21a}$$

代换箍筋量按下式计算：

$$\frac{A_{sv2} f_{yv2}}{s_2} \geqslant \frac{A_{sv1} f_{yv1}}{s_1} + \frac{2V_j}{3h_0} \tag{9-21b}$$

式中 f_{y1}、f_{y2}——分别为原设计钢筋和拟代换钢筋的抗拉强度设计值（N/mm²）；

A_{sb1}、A_{sb2}——分别为同一弯起截面内原设计钢筋和拟代换钢筋的截面积（mm²）；

α_s——斜截面上弯起钢筋与构件纵向轴线的夹角（℃）；

f_{yv1}、f_{yv2}——分别为原设计和拟代换箍筋的抗拉强度设计值（N/mm²）；

A_{sv1}、A_{sv2}——分别为原设计和拟代换双肢箍筋的截面面积（mm²）；

s_1、s_2——分别为原设计和拟代换箍筋沿构件长度方向上的间距（mm）；

h_0——构件截面的有效高度（mm）。

【例 9-10】 矩形梁截面宽 250mm、高 600mm（图 9-3），原设计纵向配筋为 4Φ20mm，箍筋为 φ6@200mm，现①号筋拟用 2Φ22mm 钢筋代换，②号筋拟用 2Φ18mm 钢筋代换，

试验算其抗剪承载力（强度）。

【解】 用2Φ22代换原Φ20伸入支座的钢筋，所具有的钢筋等强面积大于原设计，故可满足要求；而②号筋用Φ18钢筋代换，其等强面积值小于原设计2Φ20的等强面积，应验算并适当增强箍筋。

原设计2Φ20钢筋的截面积 $A_{sb1}=628.4\text{mm}^2$，拟代换2Φ18钢筋的截面积 $A_{sb2}=508.9\text{mm}^2$，由式（9-21a）得斜截面抗剪强度降低值 V_j 为：

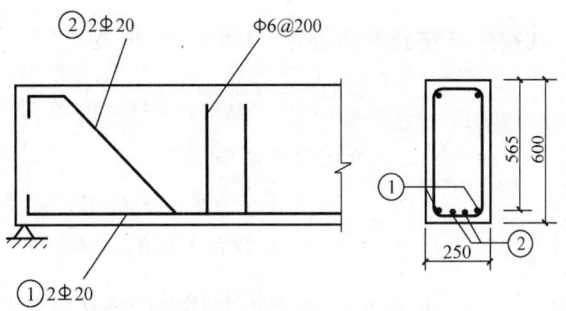

图9-3 矩形梁截面及配筋

$$V_j = 0.8(A_{sb1}f_{y1} - A_{sb2}f_{y2})\sin\alpha$$
$$= 0.8(628.4 \times 300 - 508.9 \times 300)\sin 45°$$
$$= 20276.8\text{N}$$

已知原设计箍筋的截面积 $A_{sv1}=2\times 28.3=56.6\text{mm}^2$，将其代入式（9-21b）得代换箍筋量为：

$$\frac{A_{sv2}f_{yv2}}{s_2} = \frac{A_{sv1}f_{yv1}}{s_1} + \frac{2V_j}{3h_0}$$
$$= \frac{56.6 \times 270}{200} + \frac{2 \times 20276.8}{3 \times 565} = 100.3\text{N/mm}$$

如仍采用双肢φ6mm箍筋，则

$$s = \frac{56.6 \times 270}{100.3} = 152.4\text{mm}，用150mm$$

故知，代换后为满足原设计抗剪强度要求，应在弯起钢筋的部位将原箍筋的间距由200mm加密为150mm。

如需仍保持间距为200mm，则需将箍筋直径适当加大。

$$f_{yv2}A_{sv2} = 100.3 \times 200 = 20060\text{N} = 20.06\text{kN}$$

从表9-5查用箍筋为双肢φ8mm。

比较两种情况，如采用双肢φ8mm箍筋，其钢筋抗力为27.16kN，超出需用量的35.4%，不够经济；如采取加大箍筋间距（可达250mm），构造处理不当，因此仍以采用双肢φ6mm箍筋，间距150mm较合适。

9.2.3 纵向受拉钢筋一层改两层抗剪承载力验算

当钢筋代换后，由一层改为两层布置时，由于截面的有效高度减少，将会使梁的受剪承载力降低，此时应对代换后抗剪承载力进行复核，如不能满足要求应增箍筋予以弥补，使与原设计抗剪承载力相当。对常用矩形构件可按下式复核梁的受剪承载力：

假设梁的受剪承载力仅由混凝土和箍筋承担，则原设计（主筋为一层时）梁的受剪承载力为：

$$V_{cs1} = \left(0.07 f_c b h_{01} + 1.5 f_{yv} \frac{2A_{sv1}}{s_1} h_{01}\right) \times 10^{-3}$$

代换后（主筋为两层时）梁的受剪承载力为：

$$V_{cs2} = \left(0.07 f_c b h_{02} + 1.5 f_{yv} \frac{2A_{sv1}}{s_2} h_{02}\right) \times 10^{-3}$$

令 $V_{cs1} = V_{cs2}$ 整理后得梁的受剪承载力计算式为：

$$s_2 = \frac{3 f_{yv} \cdot A_{sv1} \cdot h_{02}}{0.07 f_c \cdot b(h_{01} - h_{02}) + \dfrac{3 f_{yv} \cdot A_{sv1} \cdot h_{01}}{s_1}} \tag{9-22}$$

式中 V_{cs1}、V_{cs2}——分别为钢筋代换前原设计和代换后的构件斜截面上混凝土和箍筋的受剪承载力设计值（kN）；

f_c——混凝土轴心抗压强度设计值（N/mm²）；

b——梁的截面宽度（mm）；

h_{01}、h_{02}——分别为钢筋代换前和代换后梁截面的有效高度（mm）；

s_1、s_2——分别为原设计和代换后箍筋的间距（mm）；

f_{yv}——箍筋抗拉强度设计值（N/mm²）；

A_{sv1}——单肢箍筋的截面面积（mm²）。

【例 9-11】 矩形简支梁的截面尺寸为 200（b）mm×550（h）mm，混凝土强度等级为 C25，配有 ϕ8@200mm 双肢箍筋，纵向梁底直筋为 3Φ25mm（一层筋），拟采用 4Φ20mm+1Φ22mm 直筋代换，经复核代换后满足受弯承载力要求，如代换后仍采用 ϕ8mm 双肢箍筋，试计算需用箍筋的间距。

【解】 已知 C25 混凝土 $f_c = 11.9$N/mm²，$b = 200$mm，代换后梁底钢筋需布置成两层，故 $h_{01} = 550$mm-35mm$=515$mm，$h_{02} = 550$mm-60mm$=490$mm，$f_{yv} = 270$N/mm²，$A_{sv1} = 50.3$mm²，$s_1 = 200$mm，由式（9-22）得：

$$s_2 = \frac{3 f_{yv} A_{sv1} h_{02}}{0.07 f_c b (h_{01} - h_{02}) + \dfrac{3 f_{yv} A_{sv1} h_{01}}{s_1}}$$

$$= \frac{3 \times 270 \times 50.3 \times 490}{0.07 \times 11.9 \times 200 \times (515 - 490) + \dfrac{3 \times 270 \times 50.3 \times 515}{200}}$$

$$= 183.0 \text{mm}，用 180 \text{mm}。$$

故知，代换后用 ϕ8@180mm 箍筋，可以满足梁设计受剪承载力要求。

9.2.4 钢筋代换抗裂度和挠度验算

当结构构件按裂缝宽度或挠度控制时（如水池、水塔、贮液罐、承受水压的地下室墙、烟囱、贮仓或重型吊车梁及屋架、托架的受拉杆件等），其钢筋代换如用同品种粗钢筋等强度代换细钢筋，或用光圆钢筋代换变形钢筋，应按《混凝土结构设计规范》（GB 50010），按代换后的配筋重新验算裂缝宽度是否满足要求；如代换后钢筋的总截面面积减小，应同时验算裂缝宽度和挠度。

一、抗裂度验算

对钢筋混凝土受拉、受弯和偏心受压构件及预应力混凝土轴心受拉和受弯构件等，考虑裂缝宽度分布的不均匀性和荷载长期效应组合的影响，其最大裂缝宽度 w_{max}（mm）可按下式计算：

$$w_{max}=\alpha_{cr}\psi\frac{\sigma_s}{E_s}\left(1.9c+0.08\frac{d_{eq}}{\rho_{te}}\right) \qquad (9\text{-}23)$$

其中

$$\psi=1.1-0.65\frac{f_{tk}}{\rho_{te}\sigma_s} \qquad (9\text{-}24)$$

$$d_{eq}=\frac{\Sigma n_i d_i^2}{\Sigma n_i \nu_i d_i} \qquad (9\text{-}25)$$

$$\rho_{te}=\frac{A_s+A_p}{A_{te}} \qquad (9\text{-}26)$$

式中 w_{max}——构件按荷载效应的标准组合并考虑长期作用影响计算的最大裂缝宽度，以 mm 计；

α_{cr}——构件受力特征系数，按表9-8选用；

ψ——裂缝间纵向受拉钢筋应变不均匀系数，$0.2\leqslant\psi\leqslant 1.0$；

σ_s——按荷载效应的标准组合计算的构件内纵向受拉钢筋的应力（N/mm²）；

E_s——钢筋弹性模量（N/mm²）；

c——最外层纵向受拉钢筋外边缘至受拉区底边的距离（mm），$20\leqslant c\leqslant 65$；

ρ_{te}——按有效受拉混凝土截面面积计算的纵向受拉钢筋配筋率，$\rho_{te}\geqslant 0.01$；

A_{te}——有效受拉混凝土截面面积：对轴心受拉构件，取构件截面面积；对受弯、偏心受压和偏心受拉构件，$A_{te}=0.5bh+(b_f-b)h_f$，此处 b_f、h_f 为受拉翼缘的宽度、高度；

A_s——受拉区纵向钢筋截面面积（mm²）；

A_p——受拉区纵向预应力筋截面面积（mm²）；

f_{tk}——混凝土轴心抗拉强度标准值（N/mm²）；

d_{eq}——受拉区纵向钢筋的等效直径（mm）；

d_i——受拉区第 i 种纵向钢筋的公称直径（mm）；

n_i——受拉区第 i 种纵向钢筋的根数；

ν_i——受拉区第 i 种纵向钢筋的相对粘结特性系数，光圆钢筋 $\nu_i=0.7$，带肋钢筋 $\nu_i=1.0$。

构件受力特征系数　　　　　　　　　　表9-8

类　型	α_{cr}	
	钢筋混凝土构件	预应力混凝土构件
受弯、偏心受压	1.9	1.5
偏心受拉	2.4	—
轴心受拉	2.7	2.2

二、挠度验算

一般简单的钢筋混凝土构件受荷情况及其最大挠度值 f_{max} 可按下式计算：

$$f_{max}=k_y\cdot\frac{M_k}{B}\cdot l_0^2 \qquad (9\text{-}27)$$

受弯构件挠度验算其长期刚度 B 可按下式计算：

$$B=\frac{M_k}{M_q(\theta-1)+M_k}\cdot B_s \qquad (9\text{-}28)$$

荷载短期效应组合作用下受弯构件的短期刚度 B_s 可按下式计算：

$$B_s = \frac{E_s A_s h_0^2}{1.15\psi + 0.2 + \dfrac{6\alpha_E \rho}{1+3.5\gamma'_f}} \tag{9-29}$$

式中　B——受弯构件长期刚度；

　　　k_y——系数，简支梁受均布荷载为 5/48；受中心集中荷载为 1/12；两端受弯矩 M 为 $\dfrac{1}{8}$；

　　　M_k——梁所受最大弯矩；

　　　l_0——梁的净跨度。

其他符号意义及其计算分别见《混凝土结构设计规范》GB 50010—2010 规范第 7 章 7.2.2 和 7.2.3 节

【例 9-12】　简支矩形梁截面宽 200mm，高 500mm，截面有效高度 $h_0 = 465$mm，梁的净跨度 $l_0 = 6.0$m，纵向钢筋原设计为 2Φ18+1φ18，代用后为 3Φ20，梁混凝土为 C20，建筑结构环境类别为一类，梁受均布荷载（包括自重）标准值为 10kN/m，并已知构件受力特征系数 $\alpha_{cr} = 1.9$；钢筋应变不均匀系数 $\psi = 0.88$；纵向受拉钢筋的应力 $\sigma_{sk} = 235$N/mm²，$c = 25$mm，钢筋配筋率 $\rho_{te} = 0.0188$，钢筋弹性模量 $E_s = 2\times10^5$N/mm²，试验算钢筋代换后，在正常使用的最大裂缝宽度是否符合极限状态要求。

【解】　由题意知 $d = 20$mm，所用钢筋为变形钢筋

最大裂缝宽度由式（9-23）得：

$$\begin{aligned}
w_{max} &= \alpha_{cr}\psi \cdot \frac{\sigma_{sk}}{E_s}\left(1.9c + 0.08\frac{d_{eq}}{\rho_{te}}\right) \\
&= 1.9 \times 0.88 \times \frac{235}{2\times10^5} \times \left(1.9\times25 + 0.08\frac{20}{0.0188}\right) \\
&= 0.26 \text{mm}
\end{aligned}$$

由 GB 50010—2010 规范表 3.4.5 知，一般构件配置 HRB335 钢筋，其最大裂缝宽度允许值 $[w_{max}]$ 为 0.3mm，大于 0.26mm，故梁在正常使用时，最大裂缝宽度符合极限状态要求。

【例 9-13】　条件同例 9-12，已知有关数据为：代用钢筋截面面积 $A_s = 942$mm²，弹性模量比值 $\alpha_E = 7.84$，受拉钢筋配筋率 $\rho = 0.01013$，$\gamma'_f = 0$，按荷载短期效应组合弯矩 $M_k = 89.7$kN·m，按荷载长期效应组合弯矩 $M_q = 62.9$kN·m，试验算钢筋代换后，在正常使用时最大挠度是否符合极限状态要求。

【解】　梁的短期刚度 B_s 由式（9-29）得：

$$\begin{aligned}
B_s &= \frac{E_s A_s h_0^2}{1.15\psi + 0.2 + \dfrac{6\alpha_E \rho}{1+3.5\gamma'_f}} \\
&= \frac{2\times10^5 \times 942 \times 465^2}{1.15\times0.88 + 0.2 + 6\times7.84\times0.01013} \\
&= 2.41\times10^{13} \text{N·mm}^2
\end{aligned}$$

因纵向受压配筋率 $\rho' = 0$，故挠度增大影响系数 $\theta = 2$，梁的长期刚度 B 由式(9-28)得：

$$B = \frac{M_k}{M_q(\theta-1)+M_k} \cdot B_s$$
$$= \frac{89.7}{62.9(2-1)+89.7} \times 2.41 \times 10^{13}$$
$$= 1.417 \times 10^{13} \text{N} \cdot \text{mm}^2$$

因均布荷载作用，$k_y = \frac{5}{48}$，梁钢筋代换后的最大挠度由式（9-27）得：

$$f = k_y \cdot \frac{M_k}{B} \cdot l_0^2 = \frac{5}{48} \times \frac{89.7 \times 10^6}{1.417 \times 10^{13}} \times 6000^2$$
$$= 23.7 \text{mm}$$

由 GB 50010—2010 规范表 3.4.5 知，梁的最大挠度允许值 $[f]$ 为 $l_0/200$，即

$$[f] = \frac{l_0}{200} = \frac{6000}{200} = 30\text{mm} > f = 23.7\text{mm}$$

故，梁在正常使用时，最大裂缝宽度符合极限状态要求。

9.2.5 钢筋间距简易代换计算

建筑工程上的楼板和墙钢筋及梁、柱箍筋，都是以某种钢筋规格、间距中至中多少来表达，作为钢筋制作、安全的依据。当施工遇到钢筋规格不全或缺货等情况，必须用另一种或两种规格的钢筋代换时，可用以下简易方法进行代换计算。

1. 当结构构件的配筋按间距控制时，在一定长度范围内，代换后的钢筋强度数值应不小于原设计钢筋的强度数值，即

$$\frac{L}{@_1} \cdot \frac{\pi d_1^2}{4} \cdot f_{y1} \leqslant \frac{L}{@_2} \cdot \frac{\pi d_2^2}{4} f_{y2} \tag{9-30}$$

因 L、π 相同，化简得：

$$\frac{d_1^2}{@_1} \cdot f_{y1} \leqslant \frac{d_2^2}{@_2} \cdot f_{y2} \tag{9-31}$$

2. 当原设计钢筋与代换的钢筋直径相同时，则

$$\frac{f_{y1}}{@_1} \leqslant \frac{f_{y2}}{@_2} \tag{9-32}$$

3. 当原设计钢筋与代换的钢筋级别相同（即 $f_{y1}=f_{y2}$）时，则

$$\frac{d_1^2}{@_1} \leqslant \frac{d_2^2}{@_2} \tag{9-33}$$

4. 当用两种不同直径和强度钢筋代换原设计一种钢筋时，则

$$\frac{d_1^2}{@_1} f_{y1} \leqslant \frac{(d_2^2 f_{y2} + d_3^2 f_{y3})/2}{@_{2.3}} \tag{9-34}$$

5. 如果代换的两种直径钢筋与原设计钢筋级别相同时（即 $f_{y1}=f_{y2}=f_{y3}$），则：

$$\frac{d_1^2}{@_1} \leqslant \frac{(d_2^2 + d_3^3)/2}{@_{2.3}} \tag{9-35}$$

6. 如果原设计是两种直径的钢筋用另两种直径的钢筋来代换，方法也不一样。

式中 f_{y1}、f_{y2}、f_{y3}——分别为原设计钢筋和拟代换用钢筋的抗拉强度设计值（N/mm^2）；

d_1、d_2、d_3——分别为原设计钢筋和拟代换用钢筋的直径（mm）；

@$_1$、@$_2$、@$_3$——分别为原设计钢筋和拟代换用钢筋的间距（mm）；

L——构件的长度（mm）；

π——圆周率。

【**例 9-14**】 商住楼楼板原设计钢筋为Φ12mm@220mm，现拟用φ14mm钢筋代换，试求代换后的钢筋间距。

【**解**】 已知 $f_{y1}=300\text{N/mm}^2$，$f_{y2}=270\text{N/mm}^2$，由式（9-31）得：

$$@_2=\frac{d_2^2 f_{y2} @_1}{d_1^2 f_{y1}}=\frac{14^2\times 270\times 220}{12^2\times 300}=269.5\text{mm}，用269\text{mm}$$

故知，代换后的钢筋间距为269mm。

【**例 9-15**】 梁的箍筋原设计钢筋为φ9@180mm，现拟用φ8mm钢筋代换，试求代换后的钢筋间距。

【**解**】 由式（9-33）得：

$$@_2=\frac{d_2^2 @_1}{d_1^2}=\frac{8^2\times 180}{9^2}=142\text{mm}$$

故知，代换后的钢筋间距为142mm。

【**例 9-16**】 箱形基础底板原设计钢筋用φ22@200mm，现拟用φ20mm和Φ18mm两种钢筋代换，试求代换后的钢筋间距。

【**解**】 由式（9-34）得：

$$@_{2.3}=\frac{@_1(d_2^2 f_{y2}+d_3^2 f_{y3})/2}{d_1^2 f_{y1}}$$

$$=\frac{200(20^2\times 270+18^2\times 300)/2}{22^2\times 270}=153.6\text{mm}，用150\text{mm}$$

故知，用φ20mm和Φ18mm两种钢筋一隔一根代换后间距为150mm。

【**例 9-17**】 墙板原设计钢筋用φ12@200mm，现拟用φ10mm和φ14mm两种钢筋代换，试求代换后的钢筋间距。

【**解**】 由式（9-35）得：

$$@_{2.3}=\frac{@_1(d_2^2+d_3^2)/2}{d_1^2}$$

$$=\frac{200(10^2+14^2)/2}{12^2}=205.5\text{mm}，用205\text{mm}$$

故知，用φ10mm和φ14mm两种钢筋一隔一根代换后间距为205mm。

9.3 钢筋下料长度基本计算

9.3.1 弯钩增加长度计算

钢筋弯钩有半圆弯钩、直弯钩和斜弯钩三种形式（图9-4）。

半圆弯钩（或称180°弯钩），HPB300级钢筋末端需要作180°弯钩，其圆弧弯曲直径（D）应不小于钢筋直径（d）的2倍，平直部分长度不宜小于钢筋直径的3倍；用于轻骨料混凝土结构时，其圆弧弯曲直径（D）不应小于钢筋直径（d）的3.5倍。直弯钩（或称90°弯钩）和斜弯钩（或称135°弯钩）弯折时，弯曲直径（D）对HPB300级钢筋不宜小于$2.5d$；对HRB335级钢筋不宜小于$4d$；对HRB400级钢筋不宜小于$5d$。

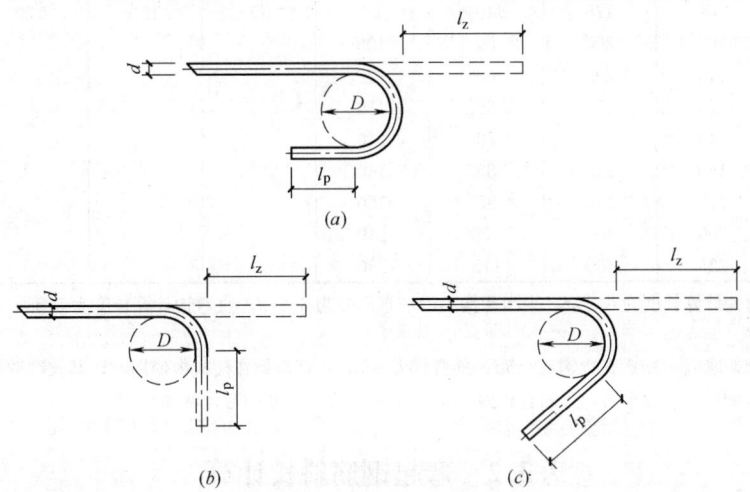

图9-4 钢筋弯钩形式

（a）半圆（180°）弯钩；（b）直（90°）弯钩；（c）斜（135°）弯钩

三种弯钩增加的长度 l_z 可按下式计算：

半圆弯钩　　　　　$l_z = 1.071D + 0.571d + l_p$　　　　　(9-36)

直弯钩　　　　　　$l_z = 0.285D - 0.215d + l_p$　　　　　(9-37)

斜弯钩　　　　　　$l_z = 0.678D + 0.178d + l_p$　　　　　(9-38)

式中　D——圆弧弯曲直径，对HPB300级钢筋取$2.5d$；HRB335级钢筋取$4d$；HRB400级钢筋取$5d$；

　　　d——钢筋直径；

　　　l_p——弯钩的平直部分长度。

采用HPB300级钢筋，按圆弧弯曲直径为$D=2.5d$，l_p按$3d$考虑，半圆弯钩增加长度应为$6.25d$；直弯钩l_p按$5d$考虑，增加长度应为$5.5d$；斜弯钩l_p按$10d$考虑，增加长度为$12d$。三种弯钩形式各种规格钢筋弯钩增加长度可参见表9-9采用。如圆弧弯曲直径偏大（一般在实际加工时，较细的钢筋常采用偏大的圆弧弯曲直径），取用不等于$3d$、$5d$、$10d$的平直部分长度，则仍应根据式（9-36）～式（9-38）进行计算。

各种规格钢筋弯钩增加长度参考表　　　　　　　　表9-9

钢筋直径 d(mm)	半圆弯钩(mm)		半圆弯钩(mm)(不带平直部分)		直弯钩(mm)		斜弯钩(mm)	
	1个钩长	2个钩长	1个钩长	2个钩长	1个钩长	2个钩长	1个钩长	2个钩长
6	40	75	20	40	35	70	75	150
8	50	100	25	50	45	90	95	190
9	60	115	30	60	50	100	110	220

(续)

钢筋直径 d(mm)	半圆弯钩(mm)		半圆弯钩(mm)(不带平直部分)		直弯钩(mm)		斜弯钩(mm)	
	1个钩长	2个钩长	1个钩长	2个钩长	1个钩长	2个钩长	1个钩长	2个钩长
10	65	125	35	70	55	110	120	240
12	75	150	40	80	65	130	145	290
14	90	175	45	90	75	150	170	340
16	100	200	50	100				
18	115	225	60	120				
20	125	250	65	130				
22	140	275	70	140				
25	160	315	80	160				
28	175	350	85	190				
32	200	400	105	210				
36	225	450	115	230				

注：1. 半圆弯钩计算长度为 $6.25d$；半圆弯钩不带平直部分为 $3.25d$；直弯钩计算长度为 $5.5d$；斜弯钩计算长度为 $12d$。

2. 半圆弯钩取 $l_p=3d$；直弯钩 $l_p=5d$；斜弯钩 $l_p=10d$；直弯钩在楼板中使用时，其长度取决于楼板厚度。

3. 本表为HPB300级钢筋，弯曲直径为 $2.5d$，取尾数为5或0的弯钩增加长度。

9.3.2 弯起钢筋斜长计算

梁、板类构件常配置一定数量的弯起钢筋，弯起角度有30°、45°和60°几种（图9-5）。

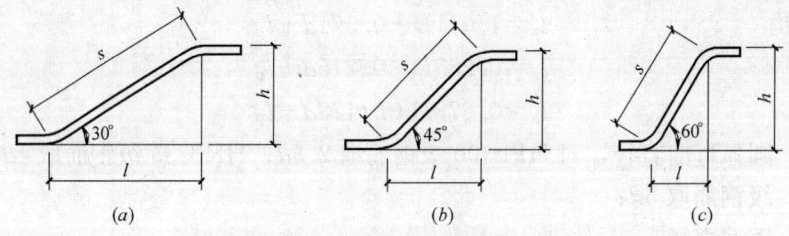

图9-5 弯起钢筋斜长计算简图
(a) 弯起30°角；(b) 弯起45°角；(c) 弯起60°角

弯起钢筋斜长增加的长度 l_s 可按下式计算：

弯起30°角　　　　　　　$s=2.0h$；$l=1.732h$

$$l_s=s-l=0.268h \tag{9-39}$$

弯起45°角　　　　　　　$s=1.414h$；$l=1.000h$

$$l_s=s-l=0.414h \tag{9-40}$$

弯起60°角　　　　　　　$s=1.155h$；$l=0.577h$

$$l_s=s-l=0.578h \tag{9-41}$$

9.3.3 弯曲调整值计算

钢筋弯曲时，内皮缩短，外皮延伸，只中心线尺寸不变，故下料长度即中心线尺寸。一般钢筋成形后量度尺寸都是沿直线量外皮尺寸；同时弯曲处又成圆弧，因此弯曲钢筋的量度尺寸大于下料尺寸，两者之间的差值称为"弯曲调整值"，即在下料时，下料长度应等于量度尺寸减去弯曲调整值。钢筋弯曲常用形式及调整值计算简图，如图9-6所示。

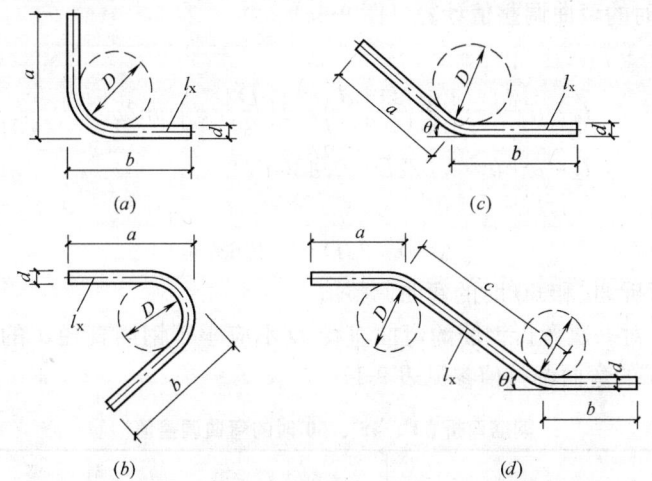

图 9-6 钢筋弯曲形式及调整值计算简图

(a) 钢筋弯曲 90°；(b) 钢筋弯曲 135°；(c) 钢筋一次弯曲 30°、45°、60°；(d) 钢筋弯曲 30°、45°、60°
a、b—量度尺寸；l_x—下料长度

一、钢筋弯折 90°时的弯曲调整值计算（图 9-6a）

设量度尺寸为 $a+b$，下料尺度为 l_x，弯曲调整值为 Δ，则有 $\Delta=a+b-l_x$。

$$l_x = b + l_x = b + 0.285D - 0.215d + \left(a - \frac{D}{2} - d\right) \tag{9-42}$$

代入得弯曲调整值为：

$$\Delta = 0.215D + 1.215d \tag{9-43}$$

不同级别钢筋弯折 90°时的弯曲调整值参见表 9-10。

钢筋弯折 90°和 135°时的弯曲调整值　　　　表 9-10

弯折角度	钢筋级别	弯曲调整值	
		计算式	取值
90°	HPB300 级	$\Delta=0.215D+1.215d$	1.75d
	HRB335 级		2.08d
	HRB400 级		2.29d
135°	HPB300 级	$\Delta=0.822d-0.178D$	0.38d
	HRB335 级		0.11d
	HRB400 级		-0.07d

注：1. 弯曲直径：HPB300 级钢筋 $D=2.5d$；HRB335 级钢筋 $D=4d$；HRB400 级钢筋 $D=5d$。
　　2. 弯曲图见图 9-6 钢筋弯曲形式及调整值计算简图 (a)、(b)。

二、钢筋弯折 135°时的弯曲调整值计算（图 9-6b）

同上，据式（9-7）有：

$$l_x = b + l_x = b + 0.678D + 0.178d + \left(a - \frac{D}{2} - d\right) \tag{9-44}$$

弯曲调整值为：

9 钢筋工程

$$\Delta = 0.822d - 0.178D \tag{9-45}$$

不同级别钢筋弯折135°时的弯曲调整值参见表9-10。

三、弯折 45°时的弯曲调整值计算（图 9-6c）

由图知

$$l_x = a + b + \frac{45\pi}{180}\left(\frac{D+d}{2}\right) - 2\left(\frac{D}{2}+d\right)\tan 22.5°$$

即

$$l_x = a + b - 0.022D - 0.436d \tag{9-46}$$

弯曲调整值为：

$$\Delta = 0.022D + 0.436d \tag{9-47}$$

同样可求得弯折30°和60°时的弯曲调整值。

按规范规定，对一次弯折钢筋的弯曲直径 D 不应小于钢筋直径 d 的 5 倍，其弯折角度为 30°、45°、60°的弯曲调整值参见表 9-11。

钢筋弯折30°、45°、60°时的弯曲调整值　　　　表 9-11

项次	弯折角度	钢筋调整值	
		计算式	按 $D=5d$
1	30°	$\Delta = 0.006D + 0.274d$	$0.3d$
2	45°	$\Delta = 0.022D + 0.436d$	$0.55d$
3	60°	$\Delta = 0.054D + 0.631d$	$0.9d$

四、弯起钢筋弯折 30°、45°、60°时的调整值计算（图 9-6d）

同理，按图 9-6d 的量法，其中 θ 以度计，有

$$l_x = a + b + c - \left[2(D+2d)\tan\frac{\theta}{2} - d(\csc\theta - \operatorname{ctan}\theta) - \frac{\pi\theta}{180}(D+d)\right] \tag{9-48}$$

式中末项的括号内值即为弯曲调整值。

同样，钢筋弯曲直径取 $5d$，取弯折角度为 30°、45°、60°代入式（9-48）可得弯起钢筋弯曲调整值如表 9-12 中所列。

弯起钢筋弯曲 30°、45°、60°的弯曲调整值　　　　表 9-12

项次	弯折角度	弯曲调整值	
		计算式	按 $D=5d$
1	30°	$\Delta = 0.012D + 0.28d$	$0.34d$
2	45°	$\Delta = 0.043D + 0.457d$	$0.67d$
3	60°	$\Delta = 0.108D + 0.685d$	$1.23d$

9.3.4　各种形状钢筋弯曲下料调整值计算

钢筋的下料长度计算，习惯上是用逐段相加法，即按照钢筋的设计形状，一段一段地相加，便成为总的长度，但按此法算出的长度下料、成型、加工成型出来的钢筋长短，往往不合适，因它没有考虑各种形状的"下料调整值"。

实际上钢筋的特性是弯曲后，在各种形状受弯处，内皮收缩，外皮延伸，只中心线保持原来尺寸。因此下料时应按形状减去各种伸长值（下料调整值），才能使钢筋弯成符合要求的外形尺寸。再由于钢筋加工实际操作往往不能准确地按规定的最小 D 值取用，有

时略偏大或略偏小取用；再有时成型机心轴规格不全，不能完全满足加工的需要，因此除按以上计算方法求弯曲调整值之外，亦可以根据各工地实际经验确定，图 9-7 为根据经验提出的各种形状钢筋弯曲调整值，可供现场施工下料人员操作时参考应用。

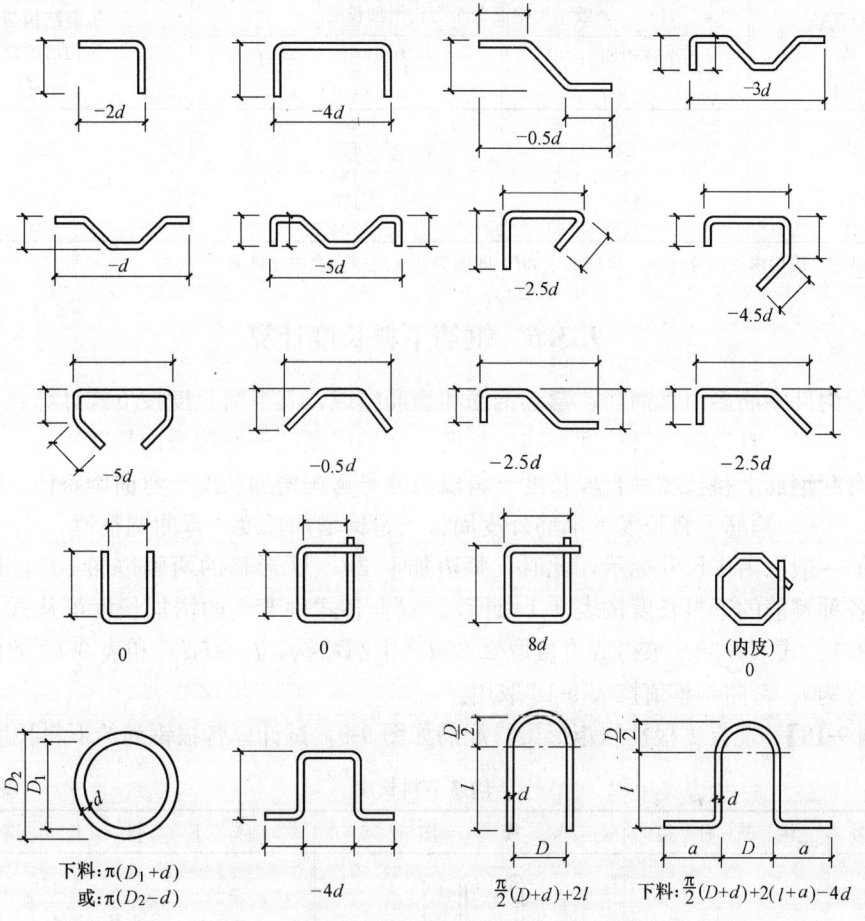

图 9-7　各种形状钢筋弯曲延伸下料调整值

9.3.5　箍筋弯钩增加长度计算

箍筋的末端应作弯钩，用 HPB300 级钢筋或冷拔低碳钢丝制作的箍筋，其弯钩的弯曲直径应大于受力钢筋直径，且不小于箍筋直径的 5 倍；对有抗震要求的结构，不应小于箍筋的 10 倍。弯钩形式，可按图 9-8 (a)、(b) 加工；对有抗震要求和受扭的结构，可按图 9-8c 加工。

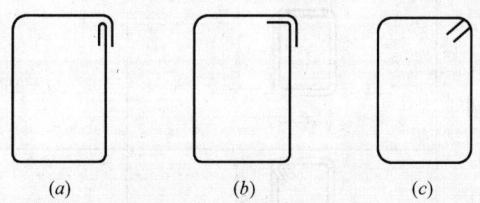

图 9-8　箍筋弯钩示意图
(a) 90°/180°；(b) 90°/90°；(c) 135°/135°

箍筋弯钩的增加长度，可按式（9-36）、式（9-37）和式（9-38）求出。
常用规格钢筋箍筋弯钩长度增加长度可参见表9-13求得。

箍筋弯钩长度增加值参考值 表9-13

钢筋直径 d (mm)	一般结构箍筋两个弯钩增加长度		抗震结构两个弯钩增加长度 ($27d$)
	两个弯钩均为90° ($14d$)	一个弯钩90°另一个弯钩180° ($17d$)	
≤5	70	85	135
6	84	102	162
8	112	136	216
10	140	170	270
12	168	204	324

注：箍筋一般用内皮尺寸标示，每边加上$2d$，即成为外皮尺寸，表中已计入。

9.3.6 钢筋下料长度计算

一般构件钢筋多由直钢筋、弯起钢筋和箍筋组成，其下料长度按下式计算：

直钢筋下料长度＝构件长度－保护层厚度＋弯钩增加长度 （9-49）

弯起钢筋下料长度＝直段长度＋斜段长度＋弯钩增加长度－弯曲调整值 （9-50）

箍筋下料长度＝箍筋外皮周长＋弯钩增加长度－弯曲调整值 （9-51）

箍筋一般以内皮尺寸标示，此时，每边加上$2d$（U形箍的两侧边加$1d$），即成外皮尺寸。各种箍筋的下料长度按表9-14计算。以上各式中弯钩的增加长度可从式（9-36）、式（9-37）、式（9-38）求得或直接取$8.25d$（半圆弯钩，$l_p=5d$）和表9-13的值（直弯钩和斜弯钩）；弯曲调整值按表9-10取用。

【例9-18】 现有1根预制矩形梁，配筋如图9-9，试计算各根钢筋的下料长度。

箍筋下料长度 表9-14

编号	钢筋种类	简图	下料长度
1	HPB300级 ($D=2.5d$)		$a+2b+19d$ $(a+2b)+(6-2\times1.75+2\times8.25)d$
2			$2a+2b+17d$ $(2a+2b)+(8-3\times1.75+8.25+5.5)d$
3			$2a+2b+14d$ $(2a+2b)+(8-3\times1.75+2\times5.5)d$
4			$2a+2b+27d$ $(2a+2b)+(8-3\times1.75+2\times12)d$

9.3 钢筋下料长度基本计算

续表

编号	钢筋种类	简 图	下 料 长 度
5	HRB335级 ($D=4d$)		$a+2b$ $(a+2b)+(4-2\times2.08)d$
6			$2a+2b+14d$ $(2a+2b)+(8-3\times2.08+2\times6)d$

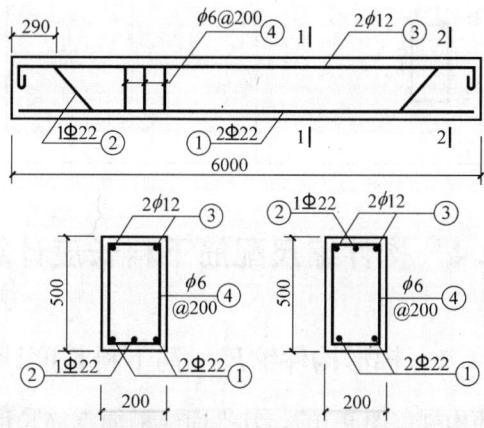

图 9-9　L-1 梁配筋详图

【解】①号钢筋　是 2 根 ⊈22 的直钢筋。

下料长度＝构件长度－两端钢筋保护层厚度

即　　　$6000-2\times25=5950$mm

②号钢筋　是 1 根 ⊈22 的弯起钢筋，弯起终点外的锚固长度 $L_m=20d=20\times22=440$mm，因此弯起筋端头需向下弯 $440-265=175$mm。

钢筋下料长度＝直段长度＋斜段长度－弯曲调整值

即　　　$(4520+265\times2+175\times2)+635\times2-(2\times0.67\times22+2\times2.08\times22)\approx6530$mm

③号钢筋　是 2 根 φ12 的架立钢筋，伸入支座的锚固长度 L_m（作构造负筋）$=25d=25\times12=300$mm，为满足操作需要，应向下弯 150mm。

下料长度＝直段长度＋弯钩增加长度－弯曲调整值

即　　　$5950+150\times2+150-2\times1.75\times12\approx6360$mm

④号钢筋　是 φ6 的箍筋，间距 200mm。

下料长度＝箍筋周长＋弯钩增加长度＋钢筋弯曲调整值

即　　　$(450+150)\times2+150+2\times0.38\times6\approx1355$mm

箍筋个数＝（主筋长度÷箍筋间距）＋1＝$5950\div200+1=31$个。

钢筋配料计算完成后，需填写钢筋下料通知单，如表 9-15。

9 钢筋工程

钢筋下料通知单　　　　　　　　　　　　　　　　　　　　表 9-15

构件名称	编号	简　图	钢号与直径	下料长度(mm)	单位根数	合计根数	重量(kg)
L-1 (共5根)	①	5950	22	5950	2	10	178
	②	175 265 635 635 265 175 / 4520	22	6530	1	5	98
	③	150 5950 150	φ12	6360	2	10	57
	④	150 / 450	φ6	1355	31	155	47
合　计							380

9.4 构件缩尺配筋下料长度计算

9.4.1 梯形构件缩尺配筋下料长度计算

平面或立面为梯形的构件（图 9-10），其平面纵横向钢筋长度或立面箍筋高度，在一组钢筋中存在多种不同长度的情况，其下料长度或高度，可用数学法根据比例关系进行计算。每根钢筋的长短差 Δ 可按下式计算：

$$\Delta = \frac{l_d - l_c}{n-1} \quad 或 \quad \Delta = \frac{h_d - h_c}{n-1} \tag{9-52}$$

其中

$$n = \frac{s}{a} + 1 \tag{9-53}$$

式中　Δ——每根钢筋长短差或箍筋高低差；
　　　l_d、l_c——分别为平面梯形构件纵、横向配筋最大和最小长度；
　　　h_d、h_c——分别为立面梯形构件箍筋的最大和最小高度；
　　　n——纵、横筋根数或箍筋个数；
　　　s——纵、横筋最长筋与最短筋之间或最高箍筋与最低箍筋之间的距离；
　　　a——纵、横筋或箍筋的间距。

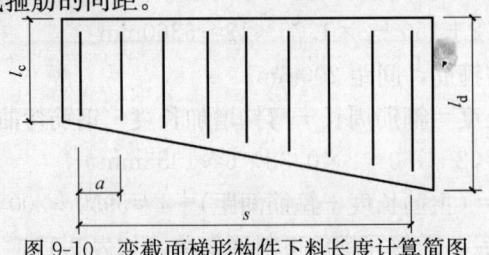

图 9-10　变截面梯形构件下料长度计算简图

9.4 构件缩尺配筋下料长度计算

【例 9-19】 薄腹梁尺寸及箍筋如图 9-11 所示，试计算确定每个箍筋的高度。

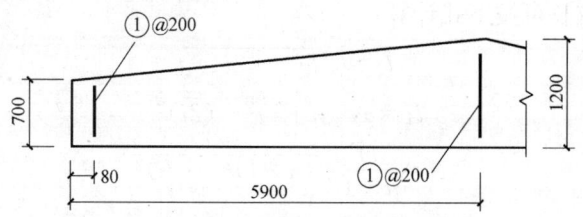

图 9-11 薄腹梁尺寸及箍筋布置

【解】 梁上部斜面坡度为 $\dfrac{1200-700}{5900}=\dfrac{5}{59}$，最低箍筋所在位置的模板高度为 $700+80\times\dfrac{5}{59}=707$ mm，故箍筋的最小高度 $h_c=707-50=657$ mm，又 $h_d=1200-50=1150$ mm

由式（9-53） $n=\dfrac{s}{a}+1=\dfrac{5900-80}{200}+1=30.1$，用 30 个箍筋，又由式（9-52）得：

$$\Delta=\dfrac{h_d-h_c}{n-1}=\dfrac{1150-657}{30-1}=17.0\text{mm}$$

故各个箍筋的高度分别为（单位：mm）：657、674、691、708、725、742…1150。

9.4.2 圆形构件钢筋下料长度计算

对于圆形的构件，如水池、贮罐底板、顶板、井盖板等，其配筋也是按缩尺计算，只外形不是直线坡，而是成圆弧形的。其配筋有直线形和圆形两种。

一、按弦长布置的直线形钢筋

先根据弦长计算公式算出每根钢筋所在处的弦长，再减去两端保护层厚度，即得该处钢筋下料长度。

当钢筋间距为单数时（图 9-12a），配筋有相同的两组，弦长可按下式计算：

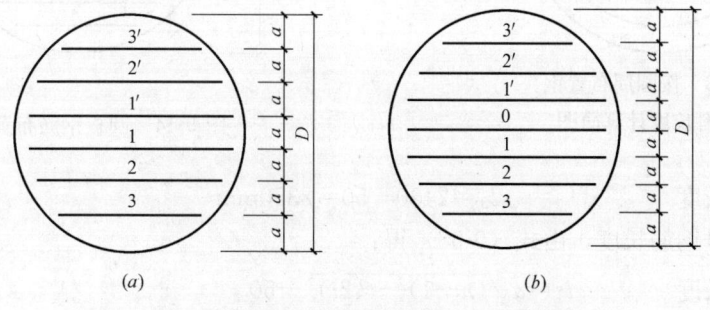

图 9-12 按弦长布置钢筋下料长度计算简图
(a) 按弦长单数间距布置；(b) 按弦长双数间距布置

$$l_1=\sqrt{D^2-[(2i-1)a]^2} \tag{9-54}$$

或

$$l_1=a\sqrt{(n+1)^2-(2i-1)^2} \tag{9-55}$$

或

$$l_1=\dfrac{D}{n+1}\sqrt{(n+1)^2-(2i-1)^2} \tag{9-56}$$

当钢筋间距为双数时（图 9-12b），有一根钢筋所在位置的弦长即为该圆的直径，另有相同的两组配筋，弦长可按下式计算：

$$l_1 = \sqrt{D^2 - (2ia)^2} \tag{9-57}$$

或

$$l_1 = a\sqrt{(n+1)^2 - (2i)^2} \tag{9-58}$$

或

$$l_1 = \frac{D}{n+1}\sqrt{(n+1)^2 - (2i)^2} \tag{9-59}$$

其中

$$n = \frac{D}{a} - 1 \tag{9-60}$$

式中 l_1——从圆心向两边计数的第 i 根钢筋所在位置的弦长；
　　　D——圆形构件的直径；
　　　a——钢筋间距；
　　　n——钢筋根数；
　　　i——从圆心向两边计数的序号数。

二、按圆周布置的圆形钢筋

按圆周布置的缩尺配筋如图 9-13 所示。计算时，一般按比例方法先求出每根钢筋的圆直径，再乘以圆周率，即为圆形钢筋的下料长度。

【例 9-20】 钢筋混凝土圆板，直径 2.4m，钢筋沿圆直径等间距布置如图 9-14 所示，两端保护层厚度共为 50mm，试求每根钢筋的长度，并拟定表达格式。

【解】 由图知配筋间距为双数，$n = 11$

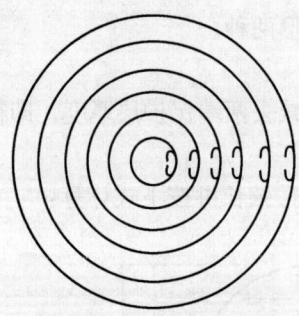

图 9-13 按圆周布置钢筋下料长度计算简图

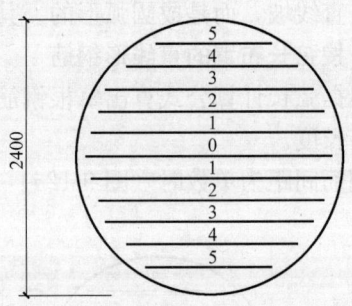

图 9-14 圆板钢筋布置

0 号钢筋长度　　　　$l_0 = 2400 - 50 = 2350$ mm

1 号至 5 号钢筋长度，由式（9-58）得：

1 号钢筋长度　　$l_1 = a\sqrt{(n+1)^2 - (2i)^2} - 50$

$$= \frac{2400}{11+1} \times \sqrt{(11+1)^2 - (2\times1)^2} - 50$$

$$= 2316 \text{mm}$$

2 号钢筋长度　　$l_2 = 200 \times \sqrt{(11+1)^2 - (2\times2)^2} - 50$

$$= 2213 \text{mm}$$

3 号钢筋长度　　$l_3 = 200 \times \sqrt{(11+1)^2 - (2\times3)^2} - 50$

$$=2028\text{mm}$$

4号钢筋长度 $l_4=200\times\sqrt{(11+1)^2-(2\times4)^2}-50$
$$=1739\text{mm}$$

5号钢筋长度 $l_5=200\times\sqrt{(11+1)^2-(2\times5)^2}-50$
$$=1277\text{mm}$$

材料表中的表达格式：画两个直径式样，其中一个写上长度 2350mm，根数为一根；另一个写上长度 1277～2316mm，根数为 2×5。0 号钢筋为一个编号；1 至 5 号钢筋合编为一个编号。

9.4.3 圆形切块缩尺配筋下料长度计算

圆形切块的形状常见的有图 9-15 所示几种。缩尺钢筋是按等距均匀布置，成直线形，计算方法与圆形构件直线形配筋相同，先确定每根钢筋所在位置的弦与圆心间的距离（弦心距）C，弦长即可按下式计算：

$$l_0=\sqrt{D^2-4C^2} \tag{9-61}$$

或

$$l_0=2\sqrt{R^2-C^2} \tag{9-62}$$

$$l_0=2\sqrt{(R+C)(R-C)} \tag{9-63}$$

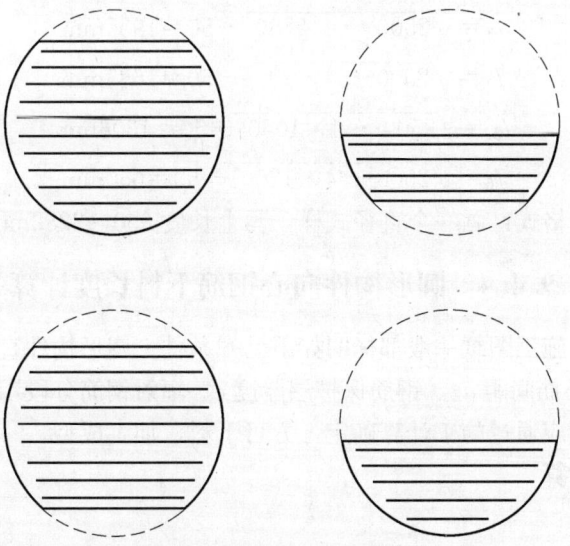

图 9-15 圆形切块的类型

弦长减去两端保护层厚度 d，即可求得钢筋长度 l_i：

$$l_i=\sqrt{D^2-4C^2}-2d \tag{9-64}$$

式中 l_0——圆形切块的弦长；
D——圆形切块的直径；
C——弦心距，即圆心至弦的垂线长；
R——圆形切块的半径。

9 钢筋工程

【例 9-21】 钢筋混凝土圆形切块板，直径为 2.50m 钢筋布置如图 9-16 所示，两端保护层厚度共为 50mm，试求每根钢筋的长度，并拟定表达格式。

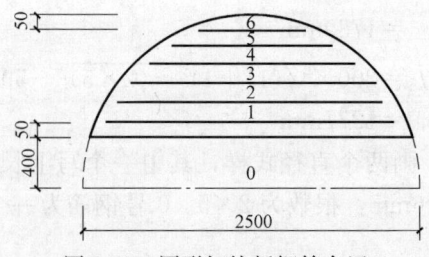

图 9-16 圆形切块板钢筋布置

【解】 每根钢筋之间的间距由图 9-16 计算

$$a=\frac{s}{n-1}=\frac{\left(\frac{2500}{2}-50-50-400\right)}{6-1}=150\text{mm}$$

故 C_1、C_2、$C_3\cdots C_6$ 分别为 450、600、750、900、1050、1200，代入式（9-64）得各根钢筋的长度为：

$$l_1=\sqrt{D^2-4C^2}-50=\sqrt{2500^2-4\times450^2}-2\times25=2282\text{mm}$$
$$l_2=\sqrt{2500^2-4\times600^2}-50=2143\text{mm}$$
$$l_3=\sqrt{2500^2-4\times750^2}-50=1950\text{mm}$$
$$l_4=\sqrt{2500^2-4\times900^2}-50=1685\text{mm}$$
$$l_5=\sqrt{2500^2-4\times1050^2}-50=1306\text{mm}$$
$$l_6=\sqrt{2500^2-4\times1200^2}-50=650\text{mm}$$

材料表中的表达格式：画一个直径式样，写上长度 650～2282mm，根数为 6 根。

9.4.4 圆形构件向心钢筋下料长度计算

圆形构件配筋，施工图纸一般都标明如下已知条件：圆形构件直径 D、设计辐射钢筋最大间距 a_1、设计环筋间距 a_2、钢筋保护层厚度 c、辐射钢筋分段示意、钢筋规格和品种等。具体钢筋长度则应通过施工计算确定，方可下料、加工成型。

一、辐射钢筋计算

计算步骤方法是：

1. 先计算最外圈环筋周长 L 和最内圈环筋周长 L_1，按下列公式计算：

$$L=\pi(D-2c) \tag{9-65}$$
$$L_1=2\pi a_2 \tag{9-66}$$

2. 再根据外圈环筋计算辐射钢筋根数 $N=L/a_1$。N 值应取整数，如为偶数即取读数，如为奇数应加 1 变为偶数。此根数在内圈环筋钢筋。

二、环筋计算

由已知条件，环筋需要根数 n 可按下式计算：

$$n=\frac{D-2c-d}{2a_2} \tag{9-67}$$

9.4 构件缩尺配筋下料长度计算

式中 d——环筋直径；

其他符号意义同前。

n 取整数值（例如 $n=7.8$，取 8 根），实际间距为：

$$a_2' = \frac{D-2c-d}{2n'} \tag{9-68}$$

式中 n'——实际根数。

按 9.4.2 节圆周布置的圆形钢筋计算方法，可算出各环筋的长度。

以上方法计算的圆形构件向心钢筋配料的辐射钢筋、环筋均为基本长度，在施工下料时的间距 $a = \frac{L_1}{N}$，应不小于配筋的最小间距（一般取最小间距为70mm）；如果 $a \geqslant 70$mm，则此圆形构件的辐射钢筋为一种，根数即 N；如果 $a < 70$mm，就使辐射钢筋截止于另一圈环筋上，使得它们的间距处于 70mm 与 a_1 之间。

根据计算结果，即可画出向心钢筋布置图（图 9-17），则辐射钢筋的根数和长度即可按图较易算出。

1—0 号辐射钢筋；2—环筋；3—2 号辐射钢筋；4—3 号辐射钢筋；5—1 号辐射，用光圆钢筋端部要增加弯钩长度，辐射钢筋、环筋较长时还应增加搭接长度，位于辐射钢筋处的 4 根钢筋改为 2 根直通钢筋（图 9-17 中的 0 号辐射钢筋）；此外辐射钢筋要考虑适当加上交搭环筋的长度等。

【例 9-22】 已知圆形构件直径 $D=3$m，辐射筋最大间距 $a_1=200$mm，环筋的间距 $a_2=250$mm，钢筋直径 $d=16$mm，保护层厚度 $c=25$mm，试计算辐射筋和环筋的根数，并进行布置。

【解】 由式（9-65）和式（9-66）得：

$$L = \pi(D-2c) = 3.1416(3-2\times 0.25) = 9.27\text{m}$$
$$L_1 = 2\pi a_2 = 2\times 3.1416 \times 0.25 = 1.57\text{m}$$

则，辐射筋根数为：

$$N = \frac{L}{a_1} = \frac{9.27}{0.2} = 46.4 \text{ 根，用 48 根}$$

设用 12 根辐射筋伸入内圈第一道环筋上，则

$$a = \frac{L_1}{N} = \frac{1570}{12} = 130\text{mm} > 70\text{mm} \quad \text{（可）}$$

用 24 根辐射筋伸入内圈第二道环筋上，则

$$a = \frac{2\times 1570}{24} = 131\text{mm} > 70\text{mm} \quad \text{（可）}$$

48 根辐射筋伸入内圈第三道环筋上，则

$$a = \frac{3\times 1570}{48} = 98\text{mm} > 70\text{mm} \quad \text{（可）}$$

环筋需要数量由式（9-67）得：

$$n = \frac{D-2c-d}{2a_2} = \frac{3-2\times 0.025-0.016}{2\times 0.25} = 5.87 \text{ 根，用 6 根}$$

实际环筋间距为：

$$a_2' = \frac{D-2c-d}{2n'} = \frac{3-2\times0.025-0.016}{2\times6} = 0.245\text{m} = 245\text{mm}$$

圆形构件辐射筋、环筋布置如图 9-18 所示。

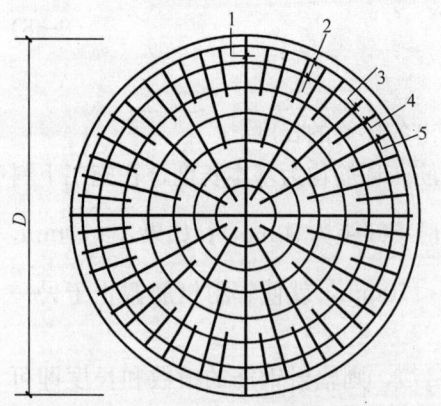

图 9-17 圆形构件向心布筋简图

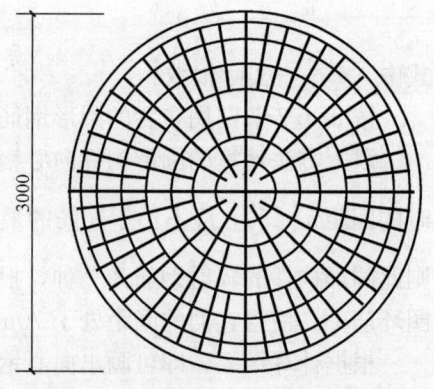

图 9-18 圆形构件辐射筋、环筋布置

9.4.5 非整圆弧钢筋下料长度计算

在钢筋加工中,有时会遇到计算非整圆弧钢筋下料长度问题,一般按以下方法进行。

由于整圆的弧长就是圆周长,其计算式为:

$$S = 2\pi R \tag{9-69}$$

而圆弧所对的圆心角为 2π 弧度,当圆弧所对的圆心角为 θ 弧度时,则其圆弧长可按下式计算(图 9-10a):

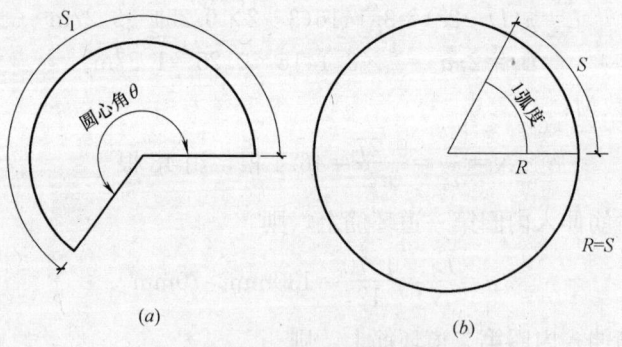

图 9-19 非整圆弧长度计算简图
(a) 非整圆弧简图;(b) 弧度计算简图

$$S_1 = \theta R \tag{9-70}$$

其中 θ 的单位为度,将其换成弧度得,$1° = \pi/180 = 0.017453$ 弧度,1 弧度 $= 57°17'45''$(图 9-19b),将其代入式 (9-70) 中得:

$$S_1 = 0.017453\theta R \tag{9-71}$$

式中 S——圆弧的周长(mm);

π——圆周率,其值取 3.141592;

R——圆的半径（mm）；
S_1——非整圆弧长度（mm）；
θ——所求弧长所对的圆心角（°）。

按式（9-71）计算出 S_1，再加上弯钩增加长度，减去弯曲调整值（钢筋圆弧延伸率可不考虑），即得非整圆弧钢筋下料长度。

【例 9-23】 钢筋混凝土烟囱的烟道口处剖面如图 9-20 所示，已知烟囱外半径 $R=1200\text{mm}$，烟道口宽度 $b=1080\text{mm}$，混凝土保护层厚度为 30mm，试求非整圆弧水平钢筋的下料长度。

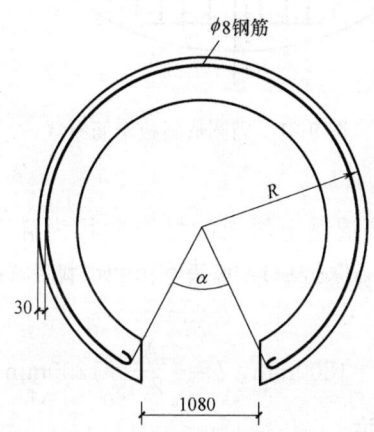

图 9-20 烟道口处非整圆弧钢筋下料长度计算简图

【解】 非整圆弧钢筋半径 $=1200-30=1170\text{mm}$

因 $$\sin\frac{\alpha}{2}=\frac{b}{2R}=\frac{1080}{2\times 1170}=0.4615, \alpha=55°$$

圆心角 $\theta=360°-55°=305°$

钢筋成型长度由式（9-71）得：
$$S_1=0.017453\theta R=0.017453\times 305\times 1170=6228\text{mm}$$

钢筋下料长度＝钢筋成型长度＋弯钩长度－保护层厚度－钢筋弯曲调整值（略）
$$=6228+2\times 50-2\times 30=6268\text{mm}$$

9.4.6 椭圆形构件钢筋下料长度计算

设椭圆形长半轴长度为 a，短半轴长度为 b，则椭圆形的标准方程式为：

$$\frac{x^2}{a^2}+\frac{y^2}{b^2}=1 \tag{9-72}$$

经移项变形后得方程为：

$$x=a\sqrt{1-\left(\frac{y}{b}\right)^2} \tag{9-73}$$

$$y=b\sqrt{1-\left(\frac{x}{a}\right)^2} \tag{9-74}$$

将已知条件分别代入式（9-73）、式（9-74），便可分别求出椭圆形板 x、y 轴方向每

9 钢筋工程

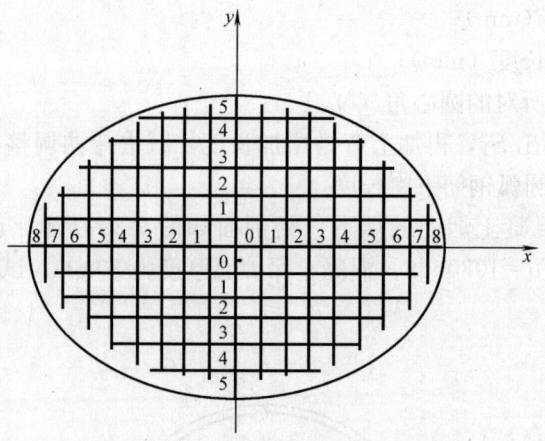

图 9-21 椭圆形斜板钢筋布置

根钢筋下料长度。

【例 9-24】 某筒仓内钢筋混凝土斜板的投影形状为椭圆形，钢筋沿椭圆长短轴等间距布置如图 9-21 所示，两端保护层厚度共 50mm，试求斜板长短轴每根钢筋的长度，并拟定表达格式。

【解】 由题意知 $a=\dfrac{3600}{2}=1800\text{mm}$，$b=\dfrac{2400}{2}=1200\text{mm}$

在 x 轴方向，0 号钢筋长度
$$l_{x0}=2a-50=2\times 1800-50=3550\text{mm}$$

1 号至 5 号钢筋长度由式（9-73）得：

1 号钢筋长度
$$l_{x1}=2a\sqrt{1-\left(\dfrac{y_1}{b}\right)^2}-50=2\times 1800\sqrt{1-\left(\dfrac{200}{1200}\right)^2}-50=3500\text{mm}$$

2 号钢筋长度
$$l_{x2}=2a\sqrt{1-\left(\dfrac{y_2}{b}\right)^2}-50=2\times 1800\sqrt{1-\left(\dfrac{400}{1200}\right)^2}-50=3345\text{mm}$$

3 号钢筋长度
$$l_{x3}=2a\sqrt{1-\left(\dfrac{y_3}{b}\right)^2}-50=2\times 1800\sqrt{1-\left(\dfrac{600}{1200}\right)^2}-50=3068\text{mm}$$

4 号钢筋长度
$$l_{x4}=2a\sqrt{1-\left(\dfrac{y_4}{b}\right)^2}-50=2\times 1800\sqrt{1-\left(\dfrac{800}{1200}\right)^2}-50=2633\text{mm}$$

5 号钢筋长度
$$l_{x5}=2a\sqrt{1-\left(\dfrac{y_5}{b}\right)^2}-50=2\times 1800\sqrt{1-\left(\dfrac{1000}{1200}\right)^2}-50=1980\text{mm}$$

在 y 轴方向 0 号钢筋长度
$$l_{y0}=2b-50=2\times 1200-50=2350\text{mm}$$

1 号至 8 号钢筋长度由式（9-74）得：

1号钢筋长度

$$l_{y1}=2b\sqrt{1-\left(\frac{x_1}{a}\right)^2}-50=2\times1200\sqrt{1-\left(\frac{200}{1800}\right)^2}-50=2335\text{mm}$$

2号钢筋长度

$$l_{y2}=2b\sqrt{1-\left(\frac{x_2}{a}\right)^2}-50=2\times1200\sqrt{1-\left(\frac{400}{1800}\right)^2}-50=2290\text{mm}$$

3号钢筋长度

$$l_{y3}=2b\sqrt{1-\left(\frac{x_3}{a}\right)^2}-50=2\times1200\sqrt{1-\left(\frac{600}{1800}\right)^2}-50=2213\text{mm}$$

4号钢筋长度

$$l_{y4}=2b\sqrt{1-\left(\frac{x_4}{a}\right)^2}-50=2\times1200\sqrt{1-\left(\frac{800}{1800}\right)^2}-50=2100\text{mm}$$

5号钢筋长度

$$l_{y5}=2b\sqrt{1-\left(\frac{x_5}{a}\right)^2}-50=2\times1200\sqrt{1-\left(\frac{1000}{1800}\right)^2}-50=1946\text{mm}$$

6号钢筋长度

$$l_{y6}=2b\sqrt{1-\left(\frac{x_6}{a}\right)^2}-50=2\times1200\sqrt{1-\left(\frac{1200}{1800}\right)^2}-50=1739\text{mm}$$

7号钢筋长度

$$l_{y7}=2b\sqrt{1-\left(\frac{x_7}{a}\right)^2}-50=2\times1200\sqrt{1-\left(\frac{1400}{1800}\right)^2}-50=1458\text{mm}$$

8号钢筋长度

$$l_{y8}=2b\sqrt{1-\left(\frac{x_8}{a}\right)^2}-50=2\times1200\sqrt{1-\left(\frac{1600}{1800}\right)^2}-50=1150\text{mm}$$

材料表中的表达格式：在平行 x 轴方向，画两个直径样式，其中一个写上长度3550mm，根数为1根；另一个写上长度1980~3500mm，根数为2×5。0号钢筋为一个编号；1至5号钢筋合编为一个编号。再用同样格式表达平行 y 轴方向钢筋格式（略）。

9.5 特殊形状钢筋下料长度计算

9.5.1 曲线钢筋下料长度计算

曲线构件中曲线的走向和形状是以"曲线方程"确定的，钢筋下料长度分别按以下计算：

一、曲线钢筋长度计算

曲线钢筋长度采用分段按直线计算的方法。计算时，系根据曲线方程 $y=f(x)$，沿水平方向分段，分段愈细，计算出的结果愈准确，每段长度 $l=x_i-x_{i-1}$，一般取300~500mm，

然后求已知 x 值时的相应 $y(y_i, y_{i-1})$ 值,再用勾股弦定理计算每段的斜长(三角形的斜边)如图 9-22,最后再将斜长(直线段)按下式叠加,即得曲线钢筋的长度(近似值)。

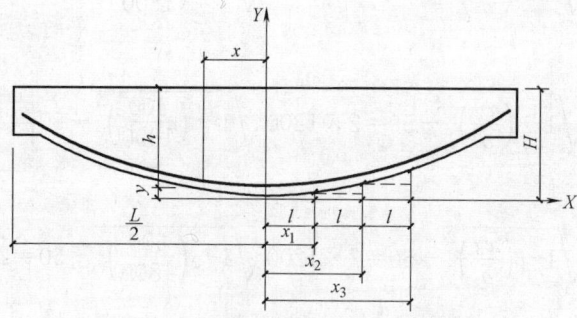

图 9-22 曲线钢筋下料长度计算简图

$$L = 2\sum_{i=1}^{n} \sqrt{(y_i - y_{i-1})^2 + (x_i - x_{i-1})^2} \qquad (9-75)$$

式中 L——曲线钢筋长度;

x_i、y_i——曲线钢筋上任一点在 x、y 轴上的投影距离;

l——水平方向每段长度。

二、抛物线钢筋长度

当构件一边为抛物线形时(图 9-23),抛物线钢筋的长度 L,可按下式计算:

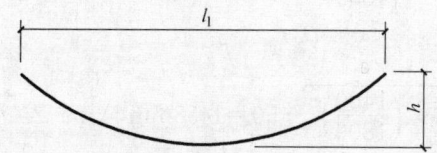

$$L = \left(1 + \frac{8h^2}{3l_1^2}\right)l_1 \qquad (9-76)$$

式中 h——抛物线的矢高;

l_1——抛物线水平投影长度。

图 9-23 抛物线钢筋下料长度计算简图

三、箍筋高度计算

根据曲线方程,以箍筋间距确定 x_i 值,可求得 y_i 值(图 9-24),然后利用 x_i、y_i 值和施工图上有关尺寸,即可计算出该处的构件高度 $h_i = H - y_i$,再扣去上下层混凝土保护层,即得各段箍筋高度。

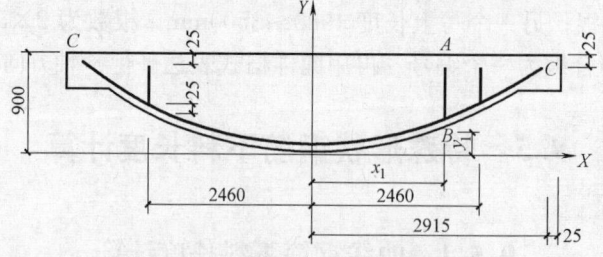

图 9-24 鱼腹式吊车梁尺寸及配筋

【例 9-25】 钢筋混凝土鱼腹式吊车梁尺寸及配筋如图 9-24,下缘曲线方程为 $y = 0.0001x^2$,试求曲线钢筋长度及箍筋的高度。

【解】 (1) 曲线钢筋长度计算

取钢筋的保护层为 25mm,则钢筋的曲线方程为:$y = 0.0001x^2 + 25$

钢筋末端 c 点处的 y 值为 900-25=875mm,故相应的 x 值为:

9.5 特殊形状钢筋下料长度计算

$$x=\sqrt{\frac{y-25}{0.0001}}=\sqrt{8500000}=2915\text{mm}$$

曲线钢筋按水平方向每 300mm 分段,以半根钢筋长度进行计算的结果列于表 9-16 中,所分第一段始端的 $y=25$ 未在表中示出,而 y_i-y_{i-1} 栏中的 y_{i-1} 值是取 25 的。

钢筋长度计算表 (mm) 表 9-16

段 序	终端 x	终端 y	x_i-x_{i-1}	y_i-y_{i-1}	段 长
1	300	34	300	9	300.1
2	600	61	300	27	301.2
3	900	106	300	45	303.4
4	1200	169	300	63	306.5
5	1500	250	300	81	310.7
6	1800	349	300	99	315.9
7	2100	466	300	117	322.0
8	2400	601	300	135	329.0
9	2700	754	300	153	336.8
10	2915	875	215	121	246.7

曲线钢筋总长为:

$$L=2\sum_{i=1}^{n}\sqrt{(y_i-y_{i-1})^2+(x_i-x_{i-1})^2}$$
$$=2(300.1+301.2+303.4+306.5+310.7+315.9+322.0$$
$$+329.0+336.8+246.7)$$
$$=2\times 3072.3\approx 6145\text{mm}$$

(2) 箍筋高度计算

由式 (9-53) 得出梁半跨的箍筋根数为:

$$n=\frac{s}{a}+1=\frac{2460}{200}+1=13.3,\text{用 14 根。}$$

设箍筋的上、下保护层均为 25mm,则根据箍筋所在位置的 x 值可算出相应的 y 值 (如图中 AB 箍筋有相应的 x_1、y_1 值),则

箍筋的高度 $h_i\approx H-y_i-50=900-y_1-50$

各箍筋的实际间距为 $\frac{2460}{14-1}=189\text{mm}$

从跨中起向左或右顺序编号的各箍筋高度列于表 9-17。

箍筋高度计算表 表 9-17

编 号	x	y	高度(mm)
1	0	0	850
2	189	4	846
3	378	14	836
4	567	32	818
5	756	57	793
6	945	89	761
7	1134	129	721
8	1323	175	675
9	1512	229	621
10	1701	289	561
11	1890	357	493
12	2079	432	418
13	2268	514	336
14	2460	605	245

9.5.2 螺旋箍筋下料长度计算

一、螺旋箍筋精确计算

在圆柱形构件（如圆形柱、管柱、灌注桩等）中，螺旋箍筋沿主筋圆周表面缠绕，如图 9-25 所示，则每米钢筋骨架长的螺旋箍筋长度，可按下式计算：

$$l=\frac{2000\pi a}{p}\left[1-\frac{e^2}{4}-\frac{3}{64}(e^2)^2-\frac{5}{256}(e^2)^3\right] \tag{9-77}$$

其中

$$a=\frac{\sqrt{p^2+4D^2}}{4} \tag{9-78}$$

$$e^2=\frac{4a^2-D^2}{4a^2} \tag{9-79}$$

式中 l——每 1m 钢筋骨架长的螺旋箍筋长度（mm）；

p——螺距（mm）；

π——圆周率，取 3.1416；

D——螺旋线的缠绕直径；采用箍筋的中心距，即主筋外皮距离加上箍筋直径（mm）。

式（9-77）中括号内末项数值甚微，一般可略去，即

$$l=\frac{2000\pi a}{p}\left[1-\frac{e^2}{4}-\frac{3}{64}(e^2)^2\right] \tag{9-80}$$

二、螺旋箍筋简易计算

1. 螺旋箍筋长度亦可按以下简化公式计算：

$$l=\frac{1000}{p}\sqrt{(\pi D)^2+p}+\frac{\pi d}{2} \tag{9-81}$$

式中 d——螺旋箍筋的直径（mm）；

其他符号意义同前。

2. 对于箍筋间距要求不大严格的构件，或当 p 与 D 的比值较小 $\left(\frac{p}{D}<0.5\right)$ 时，螺旋箍筋长度也可以用机械零件设计中计算弹簧长度的近似公式按下式计算：

$$l=n\sqrt{p^2+(\pi D)^2} \tag{9-82}$$

式中 n——螺旋圈数；

其他符号意义同前。

3. 螺旋箍筋的长度亦可用类似缠绕三角形纸带方法根据勾股弦定理，按下式计算（图 9-26）：

$$L=\sqrt{H^2+(\pi Dn)^2} \tag{9-83}$$

式中 L——螺旋箍筋的长度；

H——螺旋线起点到终点的垂直高度；

n——螺旋线的缠绕圈数；

其他符号意义同前。

【例 9-26】 钢筋混凝土圆截面柱，采用螺旋形箍筋，钢筋骨架沿直径方向的主筋外皮距离为 290mm，钢筋直径 $d=10$mm，箍筋螺距 $p=90$mm，试求每 1m 钢筋骨架长度螺

9.5 特殊形状钢筋下料长度计算

旋箍筋的下料长度。

【解】 $D=290+10=300$mm 由式（9-78）和式（9-79）：

$$a=\frac{\sqrt{p^2+4D^2}}{4}=\frac{\sqrt{90^2+4\times300^2}}{4}=151.7\text{mm}$$

$$e^2=\frac{4a^2-D^2}{4a^2}=\frac{4\times151.7^2-300^2}{4\times151.7^2}=0.0222$$

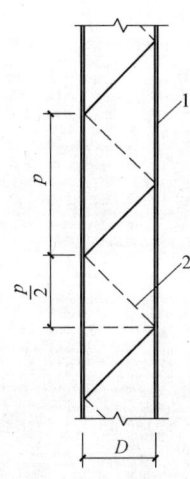

9-25 螺旋箍筋下料长度计算简图
1—主筋；2—螺旋箍筋

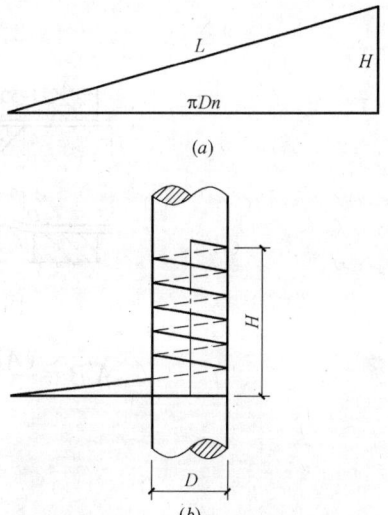

图 9-26 螺旋箍筋计算简图
(a) 三角形纸带；(b) 纸带缠绕圆柱体

代入式（9-80）得：

$$l=\frac{2000\pi a}{p}\left[1-\frac{e^2}{4}-\frac{3}{64}(e^2)^2\right]$$

$$=\frac{2000\times3.1416\times151.7}{90}\left[1-\frac{0.0222}{4}-\frac{3}{64}(0.0222)^2\right]$$

$$=10532\text{mm}$$

按简式（9-81）计算：

$$l=\frac{1000}{p}\sqrt{(\pi D)^2+p^2}+\frac{\pi d}{2}$$

$$=\frac{1000}{90}\sqrt{(3.1416\times300)^2+90^2}+\frac{3.1416\times10}{2}$$

$$=10535\text{mm}$$

按简式（9-82）计算：

$$l=n\sqrt{p^2+(\pi D)^2}=\frac{1000}{90}\sqrt{90^2+(3.1416\times300)^2}$$

$$=10520\text{mm}$$

按式（9-83）计算：

$$l=\sqrt{H^2+(\pi Dn)^2}=\sqrt{1000^2+\left(3.1416\times300\times\frac{1000}{90}\right)^2}$$

=10520mm

式(9-80)与式(9-81)、式(9-82)和式(9-83)计算结果分别相差 0.02%和 0.1%,可忽略不计。

9.5.3 悬臂斜梁弯筋下料长度计算

悬臂斜梁弯筋计算比较麻烦,一般可按几何图形用下列公式进行计算(图 9-27):

$$BB' = \frac{AB \times BC}{AD - BC} \tag{9-84}$$

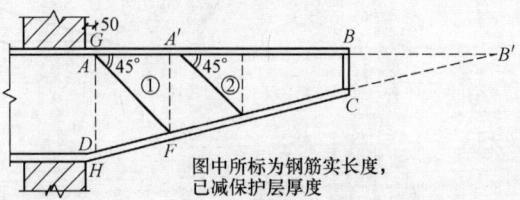

图 9-27 悬臂斜梁弯筋计算简图

$$A'B = \frac{(AB-50) \times (AB+BB') - BB' \times AD}{AD+AB+BB'} \tag{9-85}$$

$$A'G = AB - 50 - A'B \tag{9-86}$$

$$GF = \sqrt{2} \times A'G \tag{9-87}$$

$$B'F = \sqrt{(A'G)^2 + (A'B+BB')^2} \tag{9-88}$$

$$B'C = \sqrt{(BB')^2 + (BC)^2} \tag{9-89}$$

$$FC = B'F - CB' \tag{9-90}$$

求得 GF 和 FC,即可计算出①号(GFC)的长度。

【例 9-27】 已知悬臂斜梁长 $AB=1600$mm,梁支座部位高 $AD=550$mm,梁悬臂端部高 $BC=200$mm,试求①号筋 GF、FC 的长度。

【解】 由已知悬臂梁尺寸分别代入式(9-84)~式(9-90)得:

$$BB' = \frac{1600 \times 200}{550 - 200} = 914 \text{mm}$$

$$A'B = \frac{(1600-50) \times (1600+914) - 914 \times 550}{550+1600+914} = 1108 \text{mm}$$

$$A'G = 1600 - 50 - 1108 = 442 \text{mm}$$

$$GF = \sqrt{2} \times 442 = 625 \text{mm}$$

$$B'F = \sqrt{442^2 + (1108+914)^2} = 2070 \text{mm}$$

$$CB' = \sqrt{914^2 + 200^2} = 936 \text{mm}$$

$$FC = 2070 - 936 = 1134 \text{mm}$$

故知,①号弯筋 $GF=625$mm,$FC=1134$mm。

9.5.4 弓形弯起钢筋下料长度计算

弓形弯起钢筋通常指梁等受弯构件的弯起钢筋,如图 9-28 所示,计算一般按以下步骤进行。

9.5 特殊形状钢筋下料长度计算

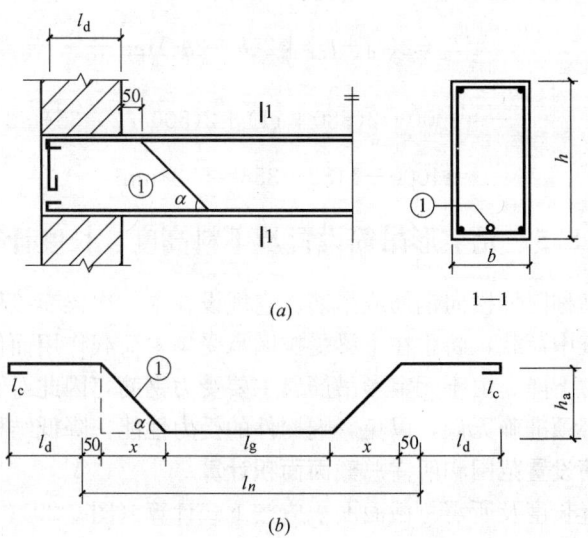

图 9-28 梁弯起钢筋构造和下料图（注：①表示①号筋）
(a)梁弯起钢筋构造图；(b)梁弓形弯起钢筋下料图

1. 先计算图 9-28b 中 h_a 高度

$$h_a = h - 2a_s$$

2. 计算图 9-28b 中 x

$$x = h_a \text{ctan}\alpha = (h - 2a_s)\text{ctan}\alpha$$

3. 计算弓背长度 l_g

$$l_g = l_n - 2x - 100 = l_n - 2(h - 2a_s)\text{ctan}\alpha - 100 \quad (9\text{-}91)$$

4. 按下式计算弓形弯起钢筋下料长度：

$$\begin{aligned} l &= l_n + 2(l_d + l_c) + 2h_a(1/\sin\alpha - \text{ctan}\alpha) \\ &= l_n + 2(l_d + l_c) + 2(h - 2a_s)(1 - \cos\alpha)/\sin\alpha \\ &= l_n + 2(l_d + l_c) + 2(h - 2a_s)\tan\alpha/2 \end{aligned} \quad (9\text{-}92)$$

式中　l_n——钢筋混凝土梁净长度（mm）；
　　　h——钢筋混凝土梁高度（mm）；
　　　a_s——混凝土保护层厚度（mm）；
　　　α——钢筋弯起角度（°）；
　　　l_d——受拉钢筋伸入墙内或拉身内锚固长度，按设计要求，并符合表 9-18 的规定；
　　　l_c——弯起钢筋弯曲调整值。

【**例 9-28**】矩形钢筋混凝土梁高 500mm，混凝土强度等级为 C30，弓形弯起钢筋采用 1 Φ 16mm，弯起形状如图 9-28b。已知 $l_n = 4000$mm，$l_d = 580$mm，$l_c = 11$mm，$\alpha = 45°$，$a_s = 35$mm，试求弯起钢筋弓背长度 l_g 及弓形弯起钢筋 l_0。

【**解**】弯起钢筋弓背长度由式（9-91）得：

$$\begin{aligned} l_g &= l_n - 2(h - 2a_s)\text{ctan}\alpha - 100 \\ &= 4000 - 2(5000 - 2 \times 35)\text{ctan}45° - 100 \\ &= 4000 - 860 - 100 = 3040 \text{mm} \end{aligned}$$

弓形弯起钢筋下料长度由式（9-92）得：

$$l = l_n + 2(l_d + l_c) + 2(h - 2a_s)\tan\frac{\alpha}{2}$$

$$= 4000 + 2(580 + 11) + 2(500 - 2 \times 35)\tan\frac{45°}{2}$$

$$= 4000 + 1182 + 356 = 5538 \text{mm}$$

9.5.5 元宝形吊筋设置及下料高度、长度计算

元宝形吊筋，又称附加横向钢筋或吊筋。它埋设在主、次梁交接处的主梁内，用来承担次梁传递的全部集中荷载，防止在主梁受拉区承受集中荷载作用而使下部的混凝土开裂或被拉脱，使承载力下降。由于元宝形吊筋属主要受力钢筋，因此对它的计算和加工出的钢筋尺寸和安装，必须准确无误，以免影响构件的受力性能，降低结构的安全度。

一、元宝形吊筋设置范围和所需总截面面积计算

元宝形吊筋布置长度及所需总截面面积应按下式计算（图9-29）：

$$s = 2h_1 + 3b \tag{9-93}$$

$$A_{sv} \geq \frac{F}{f_{yv}\sin\alpha} \tag{9-94}$$

式中 s——附加横向钢筋（元宝形附加吊筋、附加箍筋，下同）布置长度；

h_1——主梁高度与次梁高度之差；

b——次梁宽度；

A_{sv}——承受集中荷载所需的附加横向钢筋总截面面积；当采用附加吊筋时，A_{sv}应为左、右弯起段钢筋截面面积之和；

F——作用在梁的下部或梁截面高度范围内的集中荷载设计值；

f_{yv}——附加横向钢筋的抗拉强度设计值；

α——附加横向钢筋与梁轴线间的夹角。

二、元宝形吊筋高度计算

元宝形吊筋的高度 h 可按下式计算：

h＝元宝形吊筋所处主梁高度－上部保护层厚度25mm－下部底筋直径－下部保护层厚度25mm－下部底筋与元宝形吊筋之间的净空25mm (9-95a)

三、元宝形吊筋下料长度计算

元宝形吊筋弯曲成型的下料长度 L 可按下式计算（图9-30）：

$$L = l + 2h\tan\frac{\alpha}{2} - \left[(4D + 6d)\tan\frac{\alpha}{2} - (D+d)\alpha\pi/90°\right] \tag{9-95b}$$

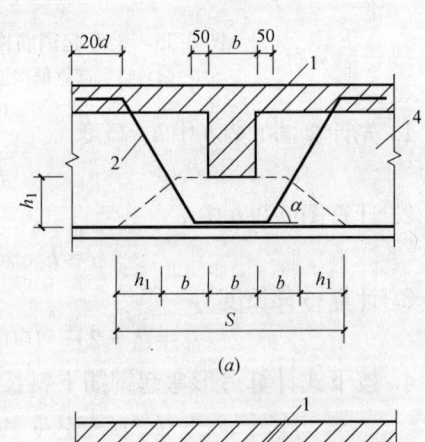

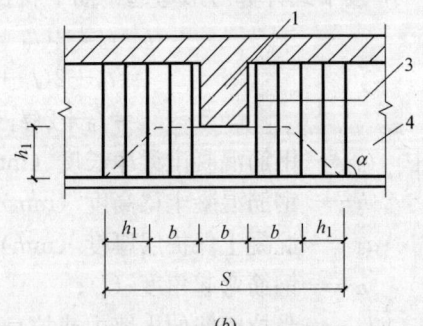

图 9-29 主梁、次梁交接处附加横向钢筋的布置

(a) 元宝形附加吊筋；(b) 附加箍筋
1—次梁传递集中荷载的位置；
2—元宝形附加吊筋；
3—附加箍筋；4—主梁

式中　h——上侧钢筋上表皮到下侧钢筋下表皮的垂直距离；

　　　D——钢筋的弯曲直径；

　　　d——钢筋的直径；

　　　$α$——钢筋的弯折角度。

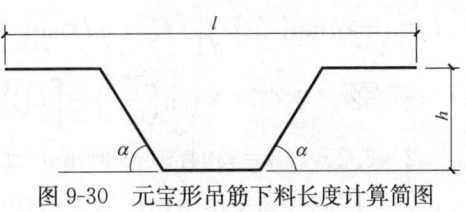

图 9-30　元宝形吊筋下料长度计算简图

如元宝形吊筋两端有弯钩，上式须加上端部弯钩增加长度。

四、元宝形吊筋代换附加箍筋计算

主梁上附加横向钢筋（即附加箍筋或附加吊筋），有时漏扎附加箍筋，由于附加吊筋补上较方便，须用它进行代换时，可用下法计算：

先按式（9-94）算出原设计附加箍筋的总截面面积 A_{sv1}

令附加吊筋　　　　　　　$α=45°$，$f_{yv2}=f_{yv1}$

则　　　　　　　$F=A_{sv1}f_{yv1}\sin 90°=A_{sv2}f_{yv2}\sin 45°$

即　　　　　　　　　$A_{sv2}=A_{sv1}\csc 45°$　　　　　　　　　（9-96）

使　　　　　　　　$A_{sv2} \geqslant A_{sv1}$ 即可满足代用要求

式中　A_{sv1}、A_{sv2}——分别为原设计附加箍筋和拟代换附加吊筋的总截面面积（mm²）；

　　　f_{yv1}、f_{yv2}——分别为原设计附加箍筋和拟代换附加吊筋的抗拉强度设计值(N/mm²)。

【例 9-29】 主梁与次梁交接处，次梁作用在主梁上的集中荷载为 150kN，现拟采用 HPB300 钢筋作附加吊筋，$f_{yv}=210$N/mm²，$α$ 取 45°，试求附加吊筋需要的总截面面积和根数。

【解】 附加吊筋需要的总截面面积由式（9-94）得：

$$A_{sv}=\frac{F}{f_{yv}\sinα}=\frac{150000}{270×\sin 45°}=786\text{mm}^2$$

需要附加吊筋的总面积为 786mm²，每边需要吊筋的面积为 786/2=393mm²。

采用 2ϕ16mm 附加吊筋，其面积为 402mm²＞393mm²，可。

【例 9-30】 主梁高 800mm，纵向主筋为⊥25mm；次梁宽 300mm，主、次梁交接处附加元宝形吊筋按图 9-29a 设置，采用 2ϕ18mm，弯折角 $α=45°$，端部锚固长度为 20d，试计算附加元宝形吊筋高度和下料长度。

【解】 附加吊筋高度由式（9-95a）得：

$$h=800-25-25-25-25=700\text{mm}$$

附加元宝形吊筋设置外形、尺寸如图 9-30 所示：

$$l=b+100+2h+2×20d$$
$$=300+100+2×700+2×20×18=2520\text{mm}$$

用 ϕ18mm 吊筋，每个弯钩增加长度为 6.25d；

取 $D=2.5d=2.5×18=45$mm

附加元宝形吊筋下料长度由式（9-95b）得：

$$L = l + 2h\tan\left(\frac{\alpha}{2}\right) - \left[(4D+6d)\tan\left(\frac{\alpha}{2}\right) - (D+d)\alpha\pi/90°\right] + 2\times 6.25d$$
$$= 2520 + 2\times 700\times \tan\left(\frac{45°}{2}\right) - \left[(4\times 45+6\times 18)\tan\frac{45°}{2} - (45+18)45°\alpha\pi/90°\right] +$$
$$2\times 6.25\times 18 = 3304.5\approx 3305\text{mm}$$

故知,附加元宝形吊筋高度为 700mm,下料长度为 3305mm。

【例 9-31】 主梁与次梁交接处,原设计在次梁两侧的主梁内每边配置 2φ8mm 双肢附加箍筋,因该梁的附加箍筋在安装主梁骨架钢筋时漏扎,现拟用附加吊筋进行代换插入,试求代换后的附加吊筋的直径和根数。

【解】 已知 $A_{sv1} = 4\times 50.3\times 2 = 402.4\text{mm}^2$

由式(9-96)得:
$$A_{sv2} = A_{sv1}\csc 45° = 402.4\times 1.4142 = 569\text{mm}^2$$

每边附加吊筋需要的截面积为 569/2 = 284.5mm²

采用 2φ14 钢筋代换作附加吊筋,其截面面积为:308mm² > 284.5mm²,故满足要求。

9.5.6 多肢箍筋下料宽度计算

在钢筋混凝土结构中,梁和柱宽度大于 300mm 时,其箍筋多采用双肢或多肢箍筋。

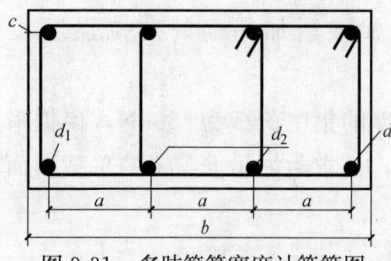

图 9-31 多肢箍筋宽度计算简图

当箍筋为多肢复合箍时,大多采用大箍套小箍的形式,其宽度计算是否正确,常影响纵向钢筋位置的准确与否,如计算失误,将导致排列不匀而造成质量事故。以下简介多肢箍筋宽度简易计算方法。计算简图如图 9-31 所示。

一、外箍筋内皮宽度 $l_{外}$ 的计算

$$l_{外} = b - 2c \tag{9-97}$$

式中 b——梁宽度;

c——纵向钢筋保护层厚度。

二、内箍筋内皮宽度 $l_{内}$ 计算

纵向钢筋间距 $a = (b-2c-d_1)/(n-1)$

当 $d_1 = d_2 = d$ 时

$$l_{内} = a + d_2 = (b-2c-d_1)/(n-1) + d_2$$
$$= (b-2l-d)/(n-1) + d$$
$$= (b-2l+nd-2d)/(n-1) \tag{9-98}$$

式中 d_1、d_2——分别为纵向钢筋直径;

n——多肢箍肢数;

b、c——符号意义同前。

【例 9-32】 四肢箍地梁,尺寸和配筋如图 9-32 所示,试计算外箍筋和内箍筋的内皮宽度。

【解】 外箍筋内皮宽度计算:
$$l_{外} = b - 2c = 540 - 2\times 25 = 490\text{mm}$$

内箍筋内皮宽度计算：

$$l_{内}=(b-2l-d_1)/(n-1)+d_2$$
$$=(540-2\times25-22)/(4-1)+22$$
$$=181mm$$

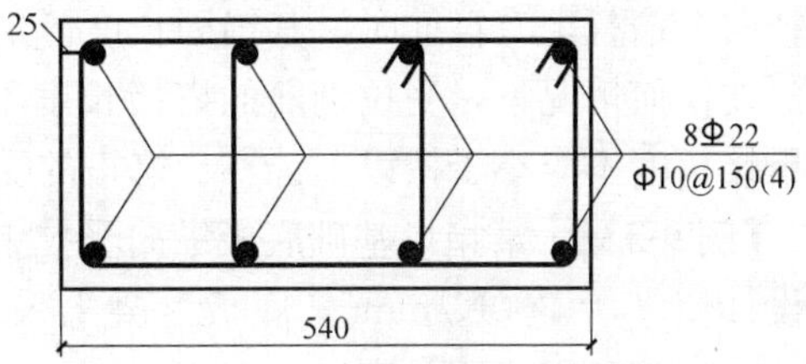

图 9-32 地梁四肢箍宽度计算实例图

9.6 钢筋锚固长度计算

钢筋基本锚固长度，取决于钢筋强度及混凝土抗拉强度，并与钢筋外形有关。当计算中充分利用钢筋的抗拉强度时，受拉钢筋的锚固长度，可按下式计算：

$$l_a=\alpha\frac{f_y}{f_t}\cdot d \tag{9-99}$$

式中 l_a——受拉钢筋的锚固长度（mm）；
f_t——混凝土轴心抗拉强度设计值（N/mm²）；当混凝土强度等级高于C60时，按C60取值；
f_y——普通钢筋的抗拉强度设计值（N/mm²）；
d——钢筋的公称直径（mm）；
α——钢筋的外形系数，光圆钢筋为0.16，带肋钢筋为0.14，刻痕钢丝为0.19，螺旋肋钢丝为0.13。

按式 9-99 计算的受拉钢筋的锚固长度不应小于表 9-18 规定的数值；简支梁下部纵向受力钢筋伸入支座的锚固长度 l_{as} 应符合表 9-19 规定。

纵向受拉钢筋的最小锚固长度 l_a (mm) 表 9-18

钢筋类型	混凝土强度等级			
	C15	C20~C25	C30~C35	≥C40
HPB300 级	40d	30d	25d	20d
HRB335 级	50d	40d	30d	25d
HRB400 与 RRB400 级	—	45d	35d	30d

注：1. 当圆钢筋末端应做180°弯钩，弯后平直段长度不应小于3d。
2. 在任何情况下，纵向受拉钢筋的锚固长度不应小于250。
3. d——钢筋公称直径。

简支梁下部纵向受力钢筋伸入支座的锚固长度 l_{as} 表 9-19

$V\leqslant 0.07f_cbh_o$		$l_{as}\geqslant 5d$
$V>0.07f_cbh_o$	带肋钢筋	$l_{as}\geqslant 12d$
	光面钢筋	$l_{as}\geqslant 15d$

上式和表使用时，尚应将计算所得的基本锚固长度按以下锚固条件进行修正：

1. 当 HRB335、HRB400 和 RRB400 级钢筋直径大于 25mm 时，其锚固长度应乘以修正系数 1.1；

2. 当钢筋在混凝土施工过程中易受扰动（如滑模施工）时，其锚固长度应乘以修正系数 1.1；

3. 当 HRB335、HRB400 和 RRB400 级钢筋在锚固区的混凝土保护层厚度大于钢筋直径的3倍且配有箍筋时，其锚固长度可乘以修正系数0.8。

在任何情况下，受拉钢筋的搭接长度不应小于250mm；纵向受压钢筋搭接时，其最小搭接长度不应小于按以上计算、修正的受拉锚固长度的0.7倍。

【例9-33】 某箱形基础底板纵向受拉钢筋采用HRB335级Φ28mm钢筋，钢筋抗拉强度设计值$f_y=300\text{N/mm}^2$，底板混凝土采用C25级，轴心抗拉强度设计值$f_t=1.27\text{N/mm}^2$，试求所需锚固长度。

【解】 取$\alpha=0.14$，由式（9-99）得：

$$l_a=\alpha\frac{f_y}{f_t}\cdot d=0.14\times\frac{300}{1.27}\cdot d=33.1d$$

由于钢筋直径大于25mm应乘以修正系数1.1

则 $l_a=33.1d\times1.1=36.4d$ 用$40d$。

故知，纵向受拉钢筋锚固长度为$40d$。

9.7 构造柱底端钢筋锚固长度计算

在砖混结构中，多在墙体转角或T形、十字形交接处以及其他薄弱部位，加设构造柱，并与圈梁连接，沿房屋全高贯通。其作用是增强纵、横墙体的连结和整体性，约束墙体裂缝开展，提高墙体抗剪、抗弯能力和抗震性能。

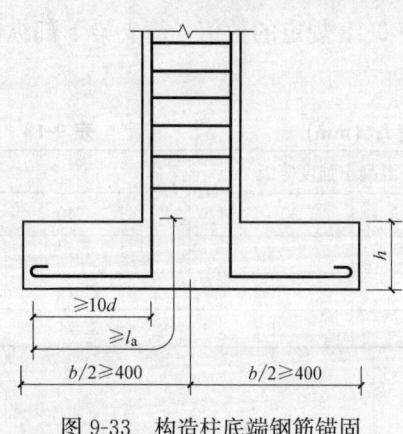

图9-33 构造柱底端钢筋锚固

构造柱的最小截面尺寸一般为240mm×180mm，混凝土强度等级不低于C15，纵筋多采用4Φ12mm。角柱和7度设防地区起6层，8度超5层及9度时的构造柱纵筋适当加粗。

设计对构造柱底端钢筋弯出锚固长度，一般不作交代，以致有时锚固长度不能满足要求，影响结构性能。

根据规范，一般构造柱锚固长度如图9-33所示。钢筋在底端最小锚固长度要求参见9-20，以此计算长度。底脚基础混凝土保护层厚度，有垫层为35mm，无垫层为70mm。

钢筋最小锚固长度　　　　　　表9-20

钢筋级别	混凝土强度等级		
	C15	C20	C25
HPB300级	40d	30d	25d
HRB335级	50d	40d	35d

注：d—纵筋直径。

【例9-34】 住宅楼混凝土垫层上的构造柱如图9-33所示，采用C20混凝土，柱下方墩边长为800mm，高为300mm，纵筋采用4Φ14mm，试求构造柱钢筋的锚固长度和柱底端水平段弯出长度。

【解】 构造柱钢筋锚固长度查表9-20知为$30d$。

钢筋锚固长度： $l_a=30d=30\times14=420\text{mm}$

柱底端水平段变出长度：
$l = 420 - (300 - 35) = 155\text{mm} > 10d$，可

9.8 钢筋绑扎接头搭接长度计算

纵向受拉钢筋绑扎搭接接头的搭接长度应根据位于同一连接区段内的钢筋搭接接头面积百分率按下式计算：

$$l_1 = \xi \cdot l_a \tag{9-100}$$

式中 l_1——纵向受拉钢筋的搭接长度；
l_a——纵向受拉钢筋的锚固长度，按式（9-99）计算修正后确定；
ξ——纵向受拉钢筋搭接长度修正系数；当纵向钢筋搭接接头面积百分率≤25%时，$\xi=1.2$；50%时，$\xi=1.4$；100%时，$\xi=1.6$。

在任何情况下，纵向受拉钢筋绑扎搭接接头的搭接长度均不应小于300mm。

构件中的纵向受压钢筋，当采用搭接连接时，其受压搭接长度不应小于纵向受拉钢筋搭接长度的0.7倍，且在任何情况下不应小于200mm。

在梁、柱类构件的纵向受力钢筋搭接长度范围内，应按设计要求配置箍筋，当设计无要求时，应符合下列规定：（1）箍筋直径不应小于搭接钢筋较大直径的0.25倍；（2）受拉搭接区段的箍筋间距不应大于搭接钢筋较小直径的5倍，且不应大于100mm；（3）受压搭接区段箍筋的间距不应大于搭接钢筋较小直径的10倍，且不应大于200mm；（4）当柱中纵向受力钢筋直径大于25mm时，应在搭接接头两个端面外100mm范围内各设置两个箍筋，其间距宜为50mm。

【例9-35】 条件同例9-33，纵向钢筋接头面积百分率为25%，试求纵向受拉钢筋绑扎接头的搭接长度。

【解】 由例9-33已知纵向受拉钢筋经计算并修正的锚固长度 $l_a = 36.4d$，取 $\xi = 1.2$，由式（9-100）得：

$$l_1 = \xi \cdot l_a = 1.2 \times 36.4d = 43.7d \quad \text{用} 45d。$$

故知，纵向受拉钢筋绑扎接头的搭接长度为 $45d$。

9.9 钢筋焊接接头搭接长度计算

根据施工图的要求，有时主要受力钢筋需要很长的下料长度，而仓库内又没有足够长度的材料，此时，往往需要用短钢筋焊接接长使用，于是，便出现如何计算确定焊接接头搭接长度的问题。

一、钢筋焊接搭接的机理与要求

对于用电弧焊焊接的钢筋接头，为使两段钢筋接长能实施焊接，就必须留有一定的搭接长度，以便能在上面填布焊缝。同时，焊缝的抗力必须大于钢筋的抗力，才能保证钢筋受力至承载能力的极限状态时（即受力至被拉断时），焊缝仍保持完整可靠。因此，应通过必要的钢筋搭接长度来使焊缝达到要求的长度，以保证焊缝具有足够的抗力。

二、钢筋焊接搭接长度计算

一根钢筋的抗力一般可按下式计算：

$$R_s = \frac{\pi d^2}{4} f_y \tag{9-101}$$

式中　R_s——钢筋的抗力（N）；
　　　d——钢筋直径（mm）；
　　　f_y——钢筋抗拉强度设计值（N/mm²）。

钢筋接头焊缝的抗力按下式计算：

$$R_f = h l f_t \tag{9-102}$$

式中　R_f——钢筋接头焊缝的抗力（N）；
　　　h——焊缝厚度（mm）；约按 $0.3d$ 取用；
　　　d——钢筋直径（mm）；
　　　l——钢筋搭接焊缝长度（mm）；
　　　f_t——焊缝抗剪强度设计值（N/mm²），采用 E43 型焊条（对 HPB300 级钢筋）时取 160N/mm²；采用 E50 型焊条（对 HRB335 级和 HRB400 级钢筋）时取 200N/mm²。

为保证焊缝具有足够的抗力，应使 $R_f > R_s$，即

$$0.3 d l f_t > \frac{\pi d^2}{4} f_y，即\ l > \frac{2.62 d f_y}{f_t} \tag{9-103}$$

当用于 HPB300 级钢筋，$f_y = 270\text{N/mm}^2$，则 $l > \frac{2.62 \times 270}{160} d \approx 4.5d$

当用于 HRB335 级钢筋，$f_y = 300\text{N/mm}^2$，则 $l > \frac{2.62 \times 300}{200} d \approx 4.0d$

当用于 HRB400 级钢筋，$f_y = 360\text{N/mm}^2$，则 $l > \frac{2.62 \times 360}{200} d = 4.72d$ 用 $5d$。

如用双面焊焊接，则对 HPB300 级钢筋取 $l > 2.25d$；对 HRB335 级钢筋和 HRB400 级钢筋，则分别取 $l > 2.0d$ 和 $l > 2.4d$。一般宜采用双面焊接，焊缝对称，以节省钢材。

以上为理论上的粗略计算。实际上，由于操作因素（如操作不熟练，焊接参数选择不当，或焊接时为了改善钢筋搭接根部的热影响，需要局部减薄焊缝等）以及钢筋受力条件的差异，钢筋焊接长度还应根据具体情况乘以安全系数 2.0～2.5，可按规范的规定取用（表 9-21）。

钢筋焊接接头的搭接长度规定　　　　表 9-21

钢筋级别	焊缝形式	搭接长度	弯折角度
HPB300 级	单面焊	$\geqslant 8d$	$\leqslant 7°11'$
	双面焊	$\geqslant 4d$	$\leqslant 14°29'$
HRB335 级、RRB400 级	单面焊	$\geqslant 10d$	$\leqslant 50°29'$
	双面焊	$\geqslant 5d$	$\leqslant 11°32'$

钢筋采用电弧焊搭接接头时，焊接端钢筋应适当预弯，以保证两钢筋的轴线在一直线上。电弧焊接头处弯折角 α 值，可按规范规定搭接长度 l 由计算得出。如以 HRB335 级钢筋双面搭接焊接为例，按图 9-34 所示，取 $l = 5d$，则 $\sin\alpha = \frac{BC}{AB} = \frac{d}{5d} = 0.2$，查三角函数

表，$\alpha=11°32'$。同样，可求出其他形式搭接焊接头弯折角度值，列入表 9-21 中，供使用参考。

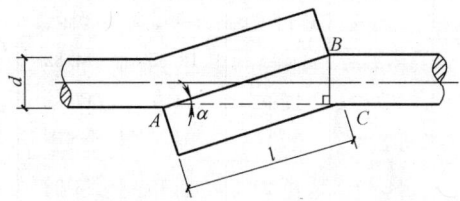

图 9-34 钢筋搭接焊接头示意

9.10 钢筋用料计算

9.10.1 钢筋重量计算

每 1m 长钢筋的体积可按下式计算：

$$V = \frac{\pi d^2}{4} \cdot 1000$$
$$= 250\pi d^2 \tag{9-104}$$

每 1m 长的钢筋的重量可按下式计算：

$$G = 7850 \times 10^{-9} \times 250\pi d^2$$
$$= 0.006165 d^2 \tag{9-105}$$

式中　　V——每 1m 长钢筋的体积（mm³）；

　　　　π——圆周率，取 3.1416；

　　　　d——钢筋直径（mm），变形钢筋为公称直径或称计算直径；

　　　　G——单位长度钢筋的重量（质量，下同）（kg）；

7850×10^{-9}——钢材的密度（kg/mm³）。

根据式 (9-105) 算出的各种规格钢筋重量见表 9-22。对于长度大于 9m 的，按 10 倍、100 倍……从表中取值。

钢筋重量表（kg）　　　　　表 9-22

钢筋直径 (mm)	钢　筋　长　度(m)								
	1	2	3	4	5	6	7	8	9
4	0.099	0.198	0.297	0.396	0.495	0.594	0.693	0.792	0.891
5	0.154	0.308	0.462	0.616	0.77	0.924	1.078	1.232	1.386
6	0.222	0.444	0.666	0.888	1.11	1.332	1.554	1.776	1.998
8	0.395	0.79	1.185	1.58	1.795	2.37	2.765	3.16	3.555
9	0.499	0.998	1.497	1.996	2.495	2.994	3.493	3.992	4.491
10	0.617	1.234	1.851	2.468	3.085	3.702	4.319	4.936	5.553
12	0.888	1.776	2.664	3.552	4.44	5.328	6.216	7.104	7.992
14	1.21	2.42	3.63	4.84	6.05	7.26	8.47	9.68	10.89
16	1.58	3.16	4.74	6.32	7.9	9.48	11.06	12.64	14.28

续表

钢筋直径 (mm)	钢筋长度(m)								
	1	2	3	4	5	6	7	8	9
18	2	4	6	8	10	12	14	16	18
20	2.47	4.94	7.41	9.88	12.35	14.82	17.29	19.76	22.23
22	2.98	5.96	8.94	11.92	14.9	17.88	20.86	23.84	26.82
25	3.85	7.7	11.55	15.4	19.25	23.1	26.95	30.8	34.65
28	4.83	9.66	14.49	19.32	24.15	28.98	33.81	38.64	43.47
32	6.31	12.62	18.93	25.24	31.55	37.86	44.17	50.48	56.79
36	7.99	15.98	23.97	31.96	39.95	47.94	55.93	63.92	71.91
40	9.87	19.74	29.61	39.48	49.35	59.22	69.09	78.96	88.83

【例 9-36】 已知 ϕ20mm 钢筋 753m,试求其重量。

【解】 由式（9-105）计算其重量为：

$$G=0.006165d^2l$$
$$=0.006165\times20^2\times753=1856.9\text{kg}$$

查表 9-22 其重量为：

$$G=17.29\times100+12.35\times10+7.41$$
$$=1859.91\text{kg}$$

计算与查表重量相差 0.16%。

9.10.2 钢筋重量简易计算

光圆钢筋每 1m 重量，在施工备料和预、决算中常会用到，为易于记忆，亦可将式（9-105）简化为以下简易公式：

$$G=0.617d^2 \tag{9-106}$$

式中 G——圆钢筋每米重量（kg/m）；
d——钢筋的直径（cm）。

【例 9-37】 已知钢筋直径为 20mm,试求其每 1m 的重量。

【解】 按式（9-106）得：

$$G=0.617d^2=0.617\times2.0^2$$
$$=2.468\text{kg/m}\approx2.47\text{kg/m}$$

故知，钢筋每 1m 重量为 2.47kg,与查表 9-22 所得相同。

9.10.3 钢筋计算直径计算

进行钢筋拉伸试验或钢筋质量检查，都应知道钢筋的计算直径。光圆钢筋可用游标卡尺或外径千分尺量得；对变形钢筋，则较难准确量得，一般应用计算的方法。具体方法是：取表面未经车削的变形钢筋长约 20cm,两端截面切平、切直，称重量后，先按下式计算截面积：

$$F=\frac{Q}{7.85L} \tag{9-107}$$

式中 F——变形钢筋的截面面积（cm^2）；
Q——变形钢筋的重量（g）；
L——变形钢筋的长度（cm）。

截面面积求出后，再按下式计算变形钢筋的计算直径 d_0：

$$d_0=\sqrt{\frac{4F}{\pi}}\times 10 \tag{9-108}$$

式中 d_0——变形钢筋的计算直径（mm）；
F——变形钢筋的截面面积（cm^2）。

【例 9-38】 切取变形钢筋 20cm 长一段，两端切平后称得重量为 596g，试求其计算直径。

【解】 由式（9-107）求得其截面面积为：

$$F=\frac{Q}{7.85L}=\frac{596}{7.85\times 20}=3.7962 cm^2$$

由式（9-108）求得其计算直径为：

$$d_0=\sqrt{\frac{4F}{\pi}}\times 10=\sqrt{\frac{4\times 3.7962}{3.1416}}\times 10$$
$$=21.99mm\approx 22mm$$

故知，计算直径为 22mm。

9.10.4 带肋钢筋直径简易测定计算

带肋钢筋多用月牙形纹，表面有纵肋和横肋，其外形凸凹不平，利用卡具很难测定其直径，以下简介一种通过现场测定，快速确定带肋钢筋直径的简易计算方法：

从待测定型号的一批钢筋中取出一根，将其端部截掉 1m 长或这种型号钢筋的某种下料长度，然后从剩余部分中再截取 1m 长。这 1m 长应与前面截取的部分在同一端部，如剩余长度不足，应另取一根，从其中间截取 1m 长度作为样棒，用磅秤或其他计量工具称其重量（以 kg 计），即可按下式计算其直径：

$$d=\sqrt{\frac{Q}{0.00617}} \tag{9-109}$$

式中 Q——每 1m 钢筋重量（kg）；
d——钢筋直径（mm）。

【例 9-39】 按上述方法已测定 1m 长某种带肋钢筋样棒重 2.98kg，试计算确定其直径。

【解】 由式（9-109）得：

$$d=\sqrt{\frac{Q}{0.00617}}=\sqrt{\frac{2.98}{0.00617}}=21.98mm$$

故知，可以判定该批钢筋的直径为 22mm。

9.10.5 钢筋实际代换量计算

钢筋代换后其实际用量（重量）与原设计有所改变，应按实际配料单的下料量结算，并应考虑适当的损耗率。对单一规格钢筋代换，实际钢筋代换量可按下式计算：

$$W_2 = \frac{d_2^2}{d_1^2} \cdot W_1 \tag{9-110}$$

式中　W_1——原设计图算出的钢筋重量（kg）；
　　　W_2——代换后的钢筋重量（kg）；
　　　d_1——原设计的钢筋直径（mm）；
　　　d_2——代换后的钢筋直径（mm）。

如已知原设计 n_1 根直径为 d_1 的钢筋以 n_2 根直径为 d_2 的钢筋代换，则代换后钢筋增加的重量按下式计算：

$$G_2 - G_1 = 0.006165 d_2^2 n_2 l_2 - 0.006165 d_1^2 n_1 l_1$$

即

$$G_2 - G_1 = 0.006165(l_2 n_2 d_2^2 - l_1 n_1 d_1^2) \tag{9-111}$$

式中　G_1——原设计钢筋的总重量（kg）；
　　　G_2——所代换钢筋的总重量（kg）；
　　　l_1——原设计钢筋的下料长度（m）；
　　　l_2——所代换钢筋的下料长度（m）。

【例 9-40】 钢筋混凝土梁原设计图用 $\phi22mm$ 钢筋，重 2850kg，因缺料，后用 $\phi24mm$ 钢筋代换，求代换后的钢筋重量。

【解】 由式（9-110）得：

$$W_2 = \frac{d_2^2}{d_1^2} \cdot W_1 = \frac{24^2}{22^2} \times 2850 = 3392 kg$$

【例 9-41】 钢筋混凝土梁原设计主筋为 $4\Phi20mm$，长 5.98m，现用 $5\phi22mm$、长 6.33m 钢筋代换，试计算代换后增加的钢筋重量。

【解】 由式（9-111）代换后增加的钢筋重量为：

$$\begin{aligned}G_2 - G_1 &= 0.006165(l_2 n_2 d_2^2 - l_1 n_1 d_1^2) \\ &= 0.006165(6.33 \times 5 \times 22^2 - 5.98 \times 4 \times 20^2) \\ &= 35.5 kg\end{aligned}$$

故知，代换后增加的钢筋重量为 35.5kg

9.10.6　大面积配筋的重量估算

在工程招标投标中，由于设计资料不全，常需要对钢筋的用量进行估算，以便能较为准确的符合实际情况，以下简介估算方法。

一、矩形平面配筋重量估算

如图 9-35a 将一矩形面积分为 n 块宽度为 a 的矩形，则该矩形面积 A 应等于 nal，于是便有：$nl = \dfrac{A}{a}$

设想矩形的分割线为一批布置在其上的钢筋，间距为 a，左右两端的混凝土保护层约为 $\dfrac{a}{2}$，则所有钢筋的总长 L 如图 9-35b 所示，略去钢筋两端头的保护层约 10mm，亦当为

nl。在此基础上,则可估算出该矩形面积 A 的配筋长度约为:

$$L = nl = \frac{A}{a} \tag{9-112}$$

式中　L——平面的全部配筋长度;
　　　n——分割块数;
　　　l——矩形或曲边形宽度;
　　　A——矩形或曲边形面积;
　　　a——分块式钢筋间距。

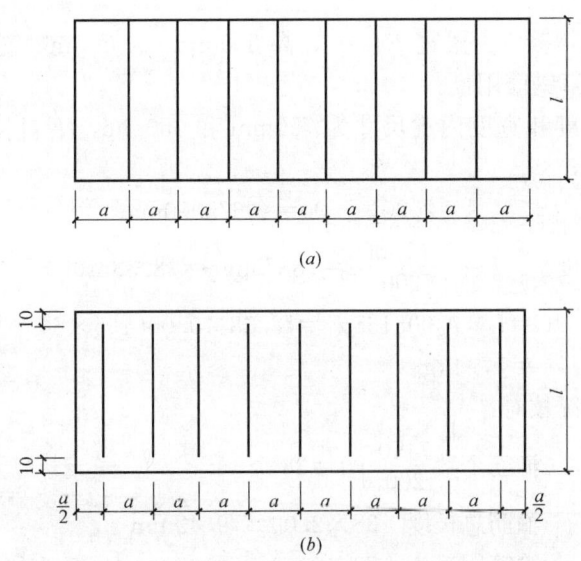

图 9-35　矩形平面图形分割
(a) 平面图形分割;(b) 设想钢筋布置

根据式 (9-112) 即可求出钢筋重量,在实际运算时,只需知 A 和 a 二个指标即可。

二、曲边形平面配筋重量估算

如图 9-36 所示曲边形平面图,同样将平面图形予以分割,然后连接各个分割线端头,使整个面积 A 分成若干个梯形或三角形(首尾两个是三角形),将分割线看作钢筋,则有:

$$A = a\left(\frac{l_1}{2} + \frac{l_1 + l_2}{2} + \frac{l_2 + l_3}{2} + \cdots + \frac{l_{n-1} + l_n}{2} + \frac{l_n}{2}\right)$$

$$= a(l_1 + l_2 + l_3 + \cdots + l_{n-1} + l_n) \tag{9-113}$$

则平面的全部配筋长度 L 应为:

$$L = l_1 + l_2 + l_3 + \cdots + l_{n-1} + l_n$$

故亦有

$$L = \frac{A}{a} \tag{9-114}$$

式中　$l_1、l_2、l_3 \cdots l_n$——曲边形分割线长度;
　　　其他符号意义同前。

9 钢筋工程

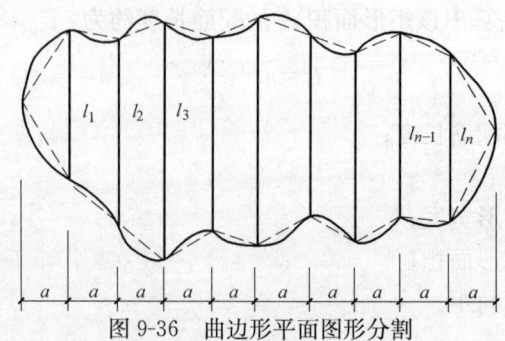

图 9-36 曲边形平面图形分割

【例 9-42】 钢筋混凝土大梁宽 300mm、高 800mm、长 7.5m，箍筋直径为 6mm，间距 $a=200$mm，试估算钢筋用量。

【解】 箍筋的高度和宽度内皮尺寸为 750mm 和 250mm，下料长度为 $2\times250+2\times750+15\times6=2090$mm

梁的展开面积　　　　$A=2090\times7500=15675000$mm^2

故需用箍筋总长度　　$L=\dfrac{15675000}{200}=78375mm=78.38$m

得箍筋用量为　　　　$G=L\times0.006165d^2=78.38\times0.006165\times6^2$
　　　　　　　　　　$=17.4$kg

根据实际配筋情况核对：

箍筋个数　$\dfrac{7450}{200}+1=38$ 个

箍筋总长度　$38\times2.09=79.42$mm

箍筋用量为　$79.42\times0.006165\times6^2=17.63$kg

与以上计算所得相差 1.3%。

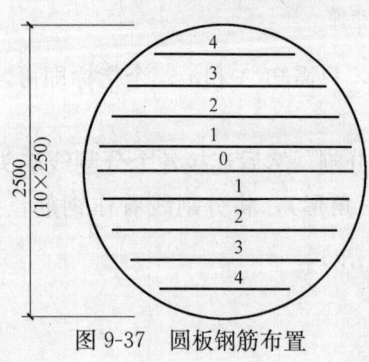

图 9-37 圆板钢筋布置

【例 9-43】 钢筋混凝土圆板，直径 2.5m，按相等间距均匀地布置直径 14mm 的钢筋，如图 9-37 所示，试估算配筋总量。

【解】 估计配筋重量所用圆板面积图形中的面积（按直径 2500mm 减去钢筋两端保护层 $2\times25=50$mm 计算）为：

$$A=\dfrac{\pi}{4}\times2450^2=4711963\text{mm}^2$$

$$a=\dfrac{2500}{10}=250\text{mm}$$

$$L=\dfrac{4711963}{250}=18848\text{mm}\approx18.85\text{m}$$

得配筋用量为

$$18.85\times0.006165\times14^2=22.78\text{kg}$$

根据实际情况核对：

中间 1 根配筋长度　$L_0=2500-2\times25=2450$mm

其余4根配筋长度由式（9-55）得：

$$L_1 = a\sqrt{(n+1)^2-(2i)^2}-2\times 25$$
$$= 250\sqrt{(9+1)^2-(2\times 1)^2}-2\times 25 = 2400\text{mm}$$
$$L_2 = 250\sqrt{10^2-4^2}-2\times 25 = 2241\text{mm}$$
$$L_3 = 250\sqrt{10^2-6^2}-2\times 25 = 1950\text{mm}$$
$$L_4 = 250\sqrt{10^2-8^2}-2\times 25 = 1450\text{mm}$$

钢筋总长度　　$L=2450+2(2400+2241+1950+1450)=18532\text{mm}$
配筋用量为　　　　$18.532\times 0.006165\times 14^2 \approx 22.39\text{kg}$
与以上计算所得相差1.7%。

9.10.7 板带钢筋重量查表法快速计算

在预算和结算工程中，常遇到需要对钢筋混凝土板带的钢筋重量逐一进行计算，由于工作量大，极为烦锁，费工费时。以下介绍一种利用钢筋含量系数表，查表进行计算的方法，相比较，则较快速、简便，可节省大量工时。

本法是根据大量模拟分析计算，制成各种不同直径钢筋在各种不同间距下、各种不同组合情况时的每平方米钢筋含量系数表，以供计算板带钢筋重量时查用。它除了用于一般矩形板块外，还可应用于不规则异形板带，更为方便、快速。本法计算精度可达98%左右，作为预算可以满足使用要求，结算时，再按实际情况调整。

如表9-23～表9-26给出各种不同组合情况下，每平方米钢筋含量系数的数据，如已知板带的面积、配筋直径和间距，即可快速从表上查到相应钢筋含量系数，算出需用钢筋重量。

φ6和φ6钢筋在各种间距下的钢筋含量系数（kg/m²）　　表9-23

φ6(mm) \ φ6(mm)	100	110	120	130	140	150	160	170	180	190	200
100	4.35	4.15	3.99	3.85	3.73	3.63	3.54	3.46	3.38	3.32	3.26
110	4.15	3.96	3.79	3.65	3.53	3.43	3.34	3.26	3.19	3.12	3.07
120	3.99	3.79	3.63	3.49	3.37	3.26	3.17	3.09	3.02	2.96	2.90
130	3.85	3.65	3.49	3.35	3.23	3.12	3.03	2.95	2.88	2.82	2.76
140	3.73	3.53	3.37	3.23	3.11	3.00	2.91	2.83	2.76	2.70	2.64
150	3.63	3.43	3.26	3.12	3.00	2.90	2.81	2.73	2.66	2.60	2.54
160	3.54	3.34	3.17	3.03	2.91	2.81	2.72	2.64	2.57	2.50	2.45
170	3.46	3.26	3.09	2.95	2.83	2.73	2.64	2.56	2.49	2.42	2.37
180	3.38	3.19	3.02	2.88	2.76	2.66	2.57	2.49	2.42	2.35	2.30
190	3.32	3.12	2.96	2.82	2.70	2.60	2.50	2.42	2.35	2.29	2.23
200	3.26	3.07	2.90	2.76	2.64	2.54	2.45	2.37	2.30	2.23	2.18
250	3.05	2.85	2.68	2.54	2.42	2.32	2.23	2.15	2.08	2.02	1.96

9 钢筋工程

φ6 和 φ8 钢筋在各种间距下每平方米的钢筋含量系数（kg/m²）　　表 9-24

8(mm) 6(mm)		100	110	120	130	140	150	160	170	180	190	200
		3.87	**3.52**	**3.23**	**2.98**	**2.77**	**2.58**	**2.42**	**2.28**	**2.15**	**2.04**	**1.94**
100	**2.18**	6.05	5.69	5.40	5.15	4.94	4.76	4.59	4.45	4.33	4.21	4.14
110	**1.98**	5.85	5.50	5.20	4.96	4.74	4.56	4.40	4.25	4.13	4.02	3.91
120	**1.81**	5.68	5.33	4.04	4.79	4.58	4.39	4.23	4.09	3.96	3.85	3.75
130	**1.67**	5.54	5.19	4.90	4.65	4.44	4.25	4.09	3.95	3.82	3.71	3.61
140	**1.55**	5.43	5.07	4.78	4.53	4.32	4.13	3.97	3.83	3.70	3.59	3.49
150	**1.45**	5.32	4.97	4.68	4.43	4.22	4.03	3.87	3.73	3.60	3.49	3.39
160	**1.36**	5.23	4.88	4.59	4.34	4.12	3.94	3.78	3.64	3.51	3.40	3.30
170	**1.28**	5.15	4.80	4.51	4.26	4.04	3.86	3.70	3.56	3.43	3.32	3.22
180	**1.21**	5.08	4.73	4.43	4.19	3.97	3.79	3.63	3.49	3.36	3.25	3.14
190	**1.15**	5.02	4.66	4.37	4.12	3.91	3.73	3.56	3.42	3.30	3.18	3.08
200	**1.09**	4.96	4.61	4.31	4.07	3.85	3.67	3.51	3.36	3.24	3.12	3.02
250	**0.87**	4.74	4.39	4.10	3.85	3.64	3.45	3.29	3.15	3.02	2.91	2.81

注：表中黑体字的系数为单独算一种直径的钢筋的系数，即两种不同直径的钢筋分开计算的系数。

φ10 支座负筋和 φ6 分布筋在各种间距下每平方米的钢筋含量系数（kg/m²）　　表 9-25

10(mm) 6(mm)		100	110	120	130	140	150	160	170	180	190	200
		6.48	**5.89**	**5.40**	**4.98**	**4.63**	**4.32**	**4.05**	**3.81**	**3.60**	**3.41**	**3.24**
200	**1.17**	7.64	7.06	6.56	6.15	5.79	5.48	5.21	4.98	4.76	4.58	4.40
250	**0.93**	7.41	6.82	6.33	5.92	5.56	5.25	4.98	4.74	4.53	4.34	4.17

注：表中黑体字的系数为单独算一种直径的钢筋的系数，即两种不同直径的钢筋分开计算的系数。

φ8 和 φ8 钢筋在各种间距下的每平方米的钢筋含量系数（kg/m²）　　表 9-26

8(mm) 8(mm)	100	110	120	130	140	150	160	170	180	190	200
100	7.74	7.39	7.10	6.85	6.64	6.45	6.29	6.15	6.02	5.91	5.81
110	7.39	7.04	6.74	6.50	6.28	6.10	5.94	5.80	5.67	5.56	5.45
120	7.10	6.74	6.45	6.20	5.99	5.81	5.65	5.50	5.38	5.26	5.16
130	6.85	6.50	6.20	5.96	5.74	5.56	5.40	5.25	5.13	5.02	4.91
140	6.64	6.28	5.09	5.74	5.53	5.35	5.18	5.04	4.92	4.80	4.70
150	6.45	6.10	5.81	5.56	5.35	5.16	5.00	4.86	4.73	4.62	4.52
160	6.29	5.94	5.65	5.40	5.18	5.00	4.84	4.70	4.57	4.46	4.35
170	6.15	5.80	5.50	5.25	5.04	4.86	4.70	4.55	4.43	4.31	4.21
180	6.02	5.67	5.38	5.13	4.92	4.73	4.57	4.43	4.30	4.19	4.09
190	5.91	5.56	5.26	5.02	4.80	4.62	4.46	4.31	4.19	4.07	3.97
200	5.81	5.45	5.16	4.91	4.70	4.52	4.35	4.21	4.09	3.97	3.87
250	5.42	5.07	4.77	4.53	4.31	4.13	3.97	3.83	3.70	3.59	3.48

【例 9-44】 商住楼矩形板带，其通用标准间尺寸、结构配筋情况如图 9-38 所示，试用查表法和手工算法计算其需用钢筋重量，并比较其计算精度。

【解】（1）查表法计算

该板带轴线面积为：$S = 4.5 \times 3.5 = 15.75 \text{m}^2$

查表 9-24，纵向查 φ6@180mm，横向查 φ8@150mm，二者相交得钢筋含量系数为 3.79kg/m²，则①号与②号钢筋的合计重量为：

$$G_{1,2} = 15.75 \times 3.79 = 59.7 \text{kg}$$

9.10 钢筋用料计算

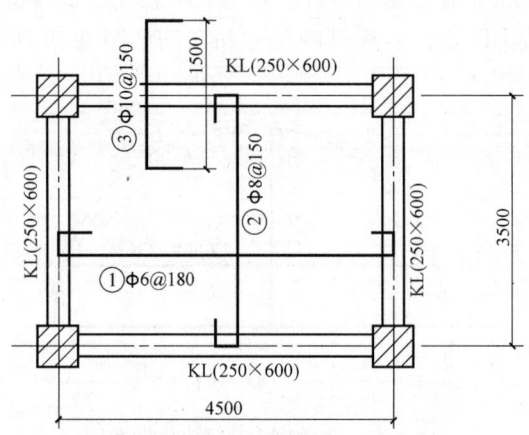

图 9-38 矩形板带尺寸及配筋简图

如果采取将①号、②号不同直径的钢筋分开计算,则查表 9-24 中最左边和最上边对应于 $\phi 6@180mm$ 和 $\phi 8@150mm$ 的分系数,分别得 $1.21kg/m^2$ 和 $2.58kg/m^2$,则可求得 $\phi 6mm$ 钢筋重量为:$15.75 \times 1.21 = 19.06kg$;$\phi 8mm$ 钢筋重量为:$15.75 \times 2.58 = 40.64kg$,两者合计重量为:$19.06 + 40.64 = 59.7kg$。

(2) 手工法计算
①号钢筋根数:
$$N_1 = (3500 - 250 - 2 \times 50)/180 + 1 = 18.5 根$$

①号钢筋下料长度
$$L_1 = (4500 + 2 \times 6.25 \times 6) = 4575mm$$

①号钢筋重量
$$G_1 = 4.575 \times 18.5 \times 0.222 = 18.79kg$$

②号钢筋根数
$$N_2 = (4500 - 250 - 2 \times 50)/150 + 1 = 28.7 根$$

②号钢筋下料长度
$$L_2 = 3500 + 2 \times 6.25 \times 8 = 3600mm$$

②号钢筋重量
$$G_2 = 3.6 \times 28.7 \times 0.395 = 40.81kg$$

①号与②号钢筋合计重量:$18.79 + 40.81 = 59.6kg$。

(3) 查表法计算与手工法计算比较

由以上知,查表法计算与手工法计算法相比较,①号钢筋与②号钢筋一起查表计算相差:$59.6 - 59.7 = 0.1kg$,约合 0.16%;①号钢筋与②号钢筋分开查表计算相差:$59.7 - 59.6 = 0.1kg$,约合 0.16%;从计算难度和节约时间方面比较,查表法简便、快速。

【例 9-45】 条件同例 9-44,试用查表法计算③号负弯矩钢筋的重量。

【解】 已知③号负筋段长为 1500mm,则
③号支座负筋的布筋范围的面积为:$1.5 \times 4.5 = 6.75m^2$
查表 9-25,从纵向 $\phi 6@250mm$、横向 $\phi 10@150mm$ 查得钢筋含量系数为 $5.25kg/m^2$,

则：③号支座负筋带 $\phi 6mm$ 分布筋的合计重量为：$6.75×5.25=35.4kg$。

【例 9-46】 写字楼半圆形阳台板带的尺寸和布筋如图 9-39 所示，试用查表法求①号和②号筋的合计重量。

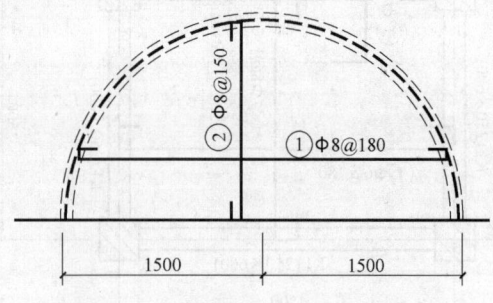

图 9-39 半圆形阳台板带配筋简图

【解】 由图知半圆形阳台板带面积为：

$$S=\frac{1}{2}×3.14×1.5^2=3.533m^2$$

查表 9-26 得每平方米的钢筋含量系数为 $4.73kg/m^2$，则：
①号和②号钢筋的合计重量为：$3.533×4.73=16.71kg$。

9.11 配筋率对构件破坏的影响计算

在建、构筑物施工中，对配筋过少或过多的构件，或意外增大荷载的构件，应对构件配筋率进行必要的核算，特别是对受弯构件，以便及时发现问题，与设计单位协商处理，以避免使用中出现少筋或超筋突发性脆性破坏安全事故（图 9-40），这也是确保工程质量非常重要的一个环节。

校核方法是求出构件的最小和最大配筋率，使构件的配筋控制在适筋范围内。构件的最小配筋率在混凝土结构设计规范（GB 50010—2010）纵向受力钢筋的最小配筋率一节中已有规定，可按规范表 8.5.1 及有关规定求得。对于受弯构件配筋率上限值的确定，可用 $\zeta=x/h_0$ 表示截面受压区的相对高度。则对于有明显屈服点软钢钢筋配筋的构件，其界限配筋时的受压区相对高度 ζ_b 可按下式计算

$$\zeta_b=\frac{0.8}{1+f_y/0.0033E_s} \tag{9-115}$$

对无明显屈服点钢筋

$$\zeta_b=\frac{0.8}{1.6+f_y/0.0033E_s} \tag{9-116}$$

对受弯构件上限（最大）配筋率 ρ_{max} 可按下式计算：

$$\rho_{max}=\zeta_b\frac{f_c}{f_y} \tag{9-117}$$

校核应满足：

$$\rho_{min}\leqslant\rho\leqslant\rho_{max} \tag{9-118}$$

9.11 配筋率对构件破坏的影响计算

式中 x——等效矩形压应力图中受压区的高度；

h_o——截面的有效高度；

f_y——钢筋的抗拉强度设计值；

f_c——混凝土弯曲抗压强度设计值。

【例 9-47】 工业厂房框架梁，混凝土强度等级采用 C30，梁截面为矩形，$b \times h = 350\text{mm} \times 800\text{mm}$，其控制截面纵向受力钢筋用 4⌀22，$A_s = 1521\text{mm}^2$，一排布置，已知 $f_y = 300\text{N/mm}^2$、$E_s = 2.0 \times 10^5 \text{N/mm}^2$，$f_c = 14.3 \text{N/mm}^2$、$f_t = 1.43 \text{N/mm}^2$、$a_s = 35\text{mm}$，试核算梁钢筋的配筋率是否符合适筋范围。

【解】 已知 $h_o = 800 - 35 = 765\text{mm}$

则 $$\rho = \frac{A_s}{bh_o} = \frac{1521}{350 \times 765} = 0.0057 = 0.57\%$$

由混凝土结构设计规范（GB 50010）表 8.5.1 查得 $\rho_{\min} = 0.20\%$ 和 $\rho_{\min} = 0.45 f_t/f_y = 0.45 \times 1.43/300 = 0.215\%$，取较大值 0.215% 即 $0.215\% \approx 0.22\%$

又由式（9-115）得：

$$\zeta = \frac{0.8}{1 + f_y/0.0033 E_s} = \frac{0.8}{1 + 300/0.0033 \times 2 \times 10^5} = 0.80$$

代入式（9-117）得：

$$\rho_{\max} = \zeta_b \frac{f_c}{f_y} = 0.80 \times \frac{14.3}{300} = 0.038 = 3.38\%$$

因 $0.22\% < 0.57\% < 3.38\%$，故满足式（9-118）要求，符合适筋范围。

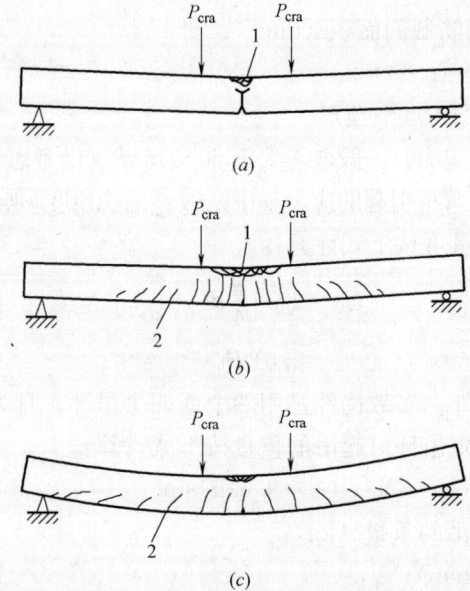

图 9-40 受弯构件配筋破坏情况

(a) 构件少筋破坏情况；(b) 构件超筋破坏情况；(c) 构件适筋破坏情况

1—脆性破坏区；2—裂缝

9.12 钢筋吊环计算

在钢筋骨架（钢筋笼）起吊、安装、预制构件运输、吊装，以及施工设备绳索的锚碇中，常需要在结构主筋或构件上配置钢筋吊环，有的设计在配筋时已设置，有的则是施工单位根据需要设置，虽都属辅助、临时使用性质，但都必须做到安全可靠。

一、设计计算原则

吊环设置均应通过计算，并应遵循以下原则：

1. 吊环应采用 HPB300 级钢筋制作，严禁使用冷加工钢筋，以防脆断。
2. 作吊环计算采用容许应用值，在构件自重标准值作用下，吊环的拉应力不应大于 $60N/mm^2$（起吊时的动力系数已考虑在内）。
3. 每个吊环按两个截面计算，当在一个构件上设有四个吊环，计算时仅考虑三个吊环同时发挥作用。
4. 吊环应尽可能对构件重心对称布置，使受力均匀。
5. 构件绑扎吊环应保证埋入构件深度不小于 $30d$（d—吊环直径）；焊接吊环焊于主筋上，每肢有效焊缝长度不少于 $5d$。

二、吊环计算

吊环的应力可按下式计算：

$$\sigma = \frac{9807G}{nA} \leqslant [\sigma] \tag{9-119}$$

式中 σ——吊环拉应力（N/mm^2）；

n——吊环的截面个数，一个吊环时为 2；二个吊环时为 4；四个吊环时为 6；

A——一个吊环的钢筋截面面积（mm^2）；

G——构件的重量（t）；

9807——t（吨）换算成 N（牛顿）

$[\sigma]$——吊环的允许拉应力，一般取不大于 $60N/mm^2$（已考虑超载系数、吸附系数、动力系数、钢筋弯折引起的应力集中系数、钢筋角度影响系数、钢筋代换等）。

一个吊环可起吊的重量可按下式计算：

$$G_0 = 2[\sigma]\frac{\pi}{4}d^2\frac{1}{9.807}$$

$$= 9.61d^2 \tag{9-120}$$

除个别小型块状构件外，多数构件是用两个或四个吊环，且为对称布置，在此情况下应考虑吊绳斜角的影响，则吊环可起吊的重量按下式计算：

$$G_0 = 9.61d^2\sin\alpha \tag{9-121}$$

式中 G_0——一个吊环起吊的重量（kg）；

d——吊环直径（mm）；

$[\sigma]$——吊环的允许拉应力，取 $60N/mm^2$；

α——吊绳起吊斜角（°）。

由式（9-120）算出吊环直径与构件重量的关系列于表 9-27 中，可供选用。

9.12 钢筋吊环计算

吊环规格及可吊构件重量选用表 表 9-27

吊环直径 d (mm)	可吊构件重量(t)							吊环露出混凝土面高度 (mm)
	吊绳垂直			吊绳斜角 45°		吊绳斜角 60°		
	一个吊环	两个吊环	四个吊环	两个吊环	四个吊环	两个吊环	四个吊环	
6	0.35	0.70	1.04	0.49	0.73	0.60	0.90	50
8	0.61	1.22	1.84	0.86	1.31	1.06	1.60	50
10	0.96	1.92	2.89	1.36	2.04	1.66	2.50	50
12	1.38	2.77	4.15	1.94	2.94	2.38	3.60	60
14	1.88	3.77	5.65	2.65	4.00	3.24	4.90	60
16	2.46	4.92	7.38	3.46	5.22	4.24	6.36	70
18	3.12	6.23	9.36	4.38	6.60	5.34	8.08	70
20	3.84	4.69	11.53	5.40	8.16	6.60	9.96	80
22	4.66	9.31	13.96	6.50	9.88	7.98	12.12	90
25	6.00	12.02	18.05	8.44	12.72	10.32	15.60	100
28	7.54	15.07	22.61	10.60	15.96	12.96	19.56	110

【例 9-48】 钢筋混凝土吊车梁重 3.5t，拟采用两个吊环起吊，试计算选用吊环截面。

【解】 由式（9-119）得：

$$A_s = \frac{9807G}{[\sigma]n} = \frac{9807 \times 3.5}{60 \times 4} = 143.0 \text{mm}^2$$

选用 ϕ14mm 吊环，$A=153.9 > 143.0$mm 可。

【例 9-49】 条件同例 9-48，吊绳起吊斜角 45°，试考虑吊绳斜角起吊的影响选用吊环的直径。

【解】 需用吊环直径由式（9-121）得：

$$d = \sqrt{\frac{G_0}{9.61\sin\alpha}} = \sqrt{\frac{3500}{2 \times 9.61 \times \sin 45°}}$$
$$= 16.0 \text{mm}$$

选用 ϕ16mm 吊环。

或查表 9-27 选用吊环直径 16mm，当吊绳斜角 45°，两个吊环可起吊构件重量 3.46t，近似等于 3.5，可以满足起吊要求。

10 混凝土工程

10.1 常用混凝土配合比计算

10.1.1 普通混凝土配合比计算

普通混凝土的配合比应根据工程特点、原材料性能及对混凝土的技术要求进行计算，并经试验室试配、试验，再进行调整后确定，使混凝土组成材料之间用量的比例关系符合设计要求的强度和耐久性，施工要求的和易性，同时还应符合经济合理使用材料、节约水泥等原则。

一、混凝土配合比设计

混凝土配合比设计应包括配合比的计算、试配和调整等步骤。进行混凝土配合比设计时，应首先按下列步骤计算供试配用的混凝土配合比：

（一）计算要求的试配强度

当混凝土的设计强度等级小于C60时，试配强度按下式计算：

$$f_{cu,o} \geqslant f_{cu,k} + 1.645\sigma \tag{10-1}$$

当设计强度等级不小于C60时，试配强度按下式计算：

$$f_{cu,o} \geqslant 1.15 f_{cu,k} \tag{10-2}$$

式中 $f_{cu,o}$——混凝土配制强度（MPa）；
  $f_{cu,k}$——混凝土立方体抗压强度标准值，这里取混凝土的设计强度等级值（MPa）；
  σ——混凝土强度标准差（MPa）；
  1.645——保证率系数。

σ 的取值，当具有近1个月～3个月的同一品种、同一强度等级混凝土的强度资料，且试件组数不小于30时，其混凝土强度标准差 σ 应按下式计算：

$$\sigma = \sqrt{\frac{\sum_{i=1}^{n} f_{cu,i}^2 - n m_{fcu}^2}{n-1}} \tag{10-3}$$

式中 $f_{cu,i}$——第 i 组试件的强度值（MPa）；
  m_{fcu}——n 组试件的强度平均值（MPa）；
  n——试件的组数。

对于强度等级不大于C30的混凝土，当混凝土强度标准差计算值不小于3.0MPa时，应按式（10-3）计算结果取值；当混凝土强度标准差计算值小于 3.0MPa 时，应取 3.0MPa。对于强度等级大于 C30 且小于 C60 的混凝土，当混凝土强度标准差计算值不小于 4.0MPa 时，应按式（10-3）计算结果取值；当混凝土强度标准差计算值小于 4.0MPa 时，应取 4.0MPa。当没有近期的同一品种、同一强度等级混凝土强度资料时，其强度标准差 σ 可按表 10-1 取值。

σ 值（MPa） 表 10-1

混凝土强度标准值	≤C20	C25~C45	C50~C55
σ	4.0	5.0	6.0

（二）计算要求的水胶比

当混凝土强度等级小于 C60 时，混凝土水胶比宜按下式计算：

$$W/B=\frac{\alpha_a f_b}{f_{cu,o}+\alpha_a \alpha_b f_b} \tag{10-4}$$

式中 W/B——混凝土水胶比；

α_a、α_b——回归系数，根据工程使用的原材料，通过试验建立的水胶比与混凝土强度关系式来确定。当无试验统计资料时，其回归系数为：对碎石混凝土，α_a 可取 0.53，α_b 可取 0.20；对卵石混凝土，α_a 可取 0.49，α_b 可取 0.13；

f_b——胶凝材料 28d 胶砂抗压强度（MPa），可实测；无实测时，可按下式计算：

$$f_b=\gamma_f \gamma_s f_{ce} \tag{10-5}$$

式中 γ_f、γ_s——粉煤灰影响系数和粒化高炉矿渣粉影响系数，按表 10-2 选用；

粉煤灰影响系数（γ_f）和粒化高炉矿渣粉影响系数（γ_s） 表 10-2

掺量(%)	种类 粉煤灰影响系数 γ_f	粒化高炉矿渣粉影响系数 γ_s
0	1.00	1.00
10	0.85~0.95	1.00
20	0.75~0.85	0.95~1.00
30	0.65~0.75	0.90~1.00
40	0.55~0.65	0.80~0.90
50	—	0.70~0.85

注：1. 采用Ⅰ级、Ⅱ级粉煤灰宜取上限值。
2. 采用 S75 级粒化高炉矿渣粉宜取下限值，采用 S95 级粒化高炉矿渣粉宜取上限值，采用 S105 级粒化高炉矿渣粉可取上限值加 0.05。
3. 当超出表中的掺量时，粉煤灰和粒化高炉矿渣粉影响系数应经试验确定。

f_{ce}——水泥 28d 胶砂抗压强度（MPa），可实测，或按下式计算：

$$f_{ce}=\gamma_c f_{ce,g} \tag{10-6}$$

γ_c——水泥强度等级值的富余系数，可按实际统计资料确定；当无资料时，一般分别按水泥强度等级值：32.5、42.5 和 52.5 取富余系数为 1.12、1.16 和 1.10；

$f_{ce,g}$——水泥强度等级值（MPa）。

(三) 选取混凝土的单位用水量和外加剂用量

1. 每立方米干硬性和塑性混凝土用水量 (m_{wo}),当混凝土水胶比在 0.40~0.80 范围时,可按表 10-3 和表 10-4 选用;当混凝土水胶比小于 0.40 时,可通过试验确定。

干硬性混凝土的用水量 (kg/m³)　　　　　　　　　　　表 10-3

拌合物稠度		卵石最大粒径(mm)			碎石最大粒径(mm)		
项目	指标	10	20	40	16	20	40
维勃稠度 (s)	16~20	175	160	145	180	170	155
	11~15	180	165	150	185	175	160
	5~10	185	170	155	190	180	165

塑性混凝土的用水量 (kg/m³)　　　　　　　　　　　表 10-4

拌合物稠度		卵石最大粒径(mm)				碎石最大粒径(mm)			
项目	指标	10	20	31.5	40	16	20	31.5	40
坍落度 (mm)	10~30	190	170	160	150	200	185	175	165
	35~50	200	180	170	160	210	195	185	175
	55~70	210	190	180	170	220	205	195	185
	75~90	215	195	185	175	230	215	205	195

注:1. 本表用水量系采用中砂时的平均取值。如用细砂时,每立方米混凝土用水量可增加 5~10kg;采用粗砂时,则可减少 5~10kg。
　　2. 掺用各种外加剂或掺合料时,用水量应相应调整。

2. 掺外加剂时,每立方米流动性或大流动性混凝土的用水量 (m_{wo}) 可按下式计算:

$$m_{wo} = m'_{wo}(1-\beta)$$

式中　m_{wo}——计算配合比每立方米混凝土用水量 (kg/m³);

m'_{wo}——未掺外加剂时推定的满足实际坍落度要求的每立方米混凝土用水量 (kg/m³),以表 10-4 中 90mm 坍落度的用水量为基础,按每增大 20mm 坍落度相应增加 5kg/m³ 用水量来计算,当坍落度增大到 180mm 以上时,随坍落度相应增加的用水量可减少;

β——外加剂的减水率 (%),应经混凝土试验确定。

3. 每立方米混凝土中外加剂用量 (m_{ao}) 应按下式计算:

$$m_{ao} = m_{bo}\beta_a \qquad (10\text{-}7)$$

式中　m_{ao}——计算配合比每立方米混凝土中外加剂用量 (kg/m³);

m_{bo}——计算配合比每立方米混凝土中胶凝材料用量 (kg/m³);

β_a——外加剂掺量 (%),应经混凝土试验确定。

(四) 计算胶凝材料、矿物掺合料和水泥用量

1. 每立方米混凝土的胶凝材料用量 (m_{bo}) 应按下式计算:

$$m_{bo} = \frac{m_{wo}}{W/B} \qquad (10\text{-}8)$$

式中　m_{bo}——计算配合比每立方米混凝土中胶凝材料用量 (kg/m³);

m_{wo}——计算配合比每立方米混凝土用水量 (kg/m³);

W/B——混凝土水胶比。

算出的胶凝材料用量应进行试拌调整,在拌合物性能满足的情况下,取经济合理的胶凝材料用量。

2. 每立方米混凝土的矿物掺合料用量（m_{fo}）应按下式计算：

$$m_{fo}=m_{bo}\beta_f \tag{10-9}$$

式中　m_{fo}——计算配合比每立方米混凝土中矿物掺合料用量（kg/m^3）;

β_f——矿物掺合料掺量（%），可按表10-2和表10-5取用。

钢筋混凝土中矿物掺合料最大掺量　　　　　　表10-5

矿物掺合料种类	水胶比	最大掺量（%）	
		采用硅酸盐水泥时	采用普通硅酸盐水泥时
粉煤灰	≤0.40	45	35
	>0.40	40	30
粒化高炉矿渣粉	≤0.40	65	55
	>0.40	55	45
复合掺合料	≤0.40	65	55
	>0.40	55	45

注：1. 采用其他通用硅酸盐水泥时,宜将水泥混合材掺量20%以上的混合材量计入矿物掺合料。
　　2. 复合掺合料各组分的掺量不宜超过单掺时的最大掺量。
　　3. 在混合使用两种或两种以上矿物掺合料时,矿物掺合料总掺量应符合表中复合掺合料的规定。

3. 每立方米混凝土的水泥用量（m_{co}）应按下式计算：

$$m_{co}=m_{bo}-m_{fo} \tag{10-10}$$

式中　m_{co}——计算配合比每立方米混凝土中水泥用量（kg/m^3）。

（五）选取砂率

砂率为砂子的重量与砂石总重量的百分率。一般根据施工单位对所用材料的使用经验选用合理的数值。如无使用经验,可按骨料品种、规格及混凝土的水灰比在表10-6的范围内选用。

混凝土砂率选用表（%）　　　　　　表10-6

水灰比 (W/C)	卵石最大粒径(mm)			碎石最大粒径(mm)		
	10	20	40	10	20	40
0.40	26~32	25~31	24~30	30~35	29~34	27~32
0.50	30~35	29~34	28~33	33~38	32~37	30~35
0.60	33~38	32~37	31~36	36~41	35~40	33~38
0.70	36~41	35~40	34~39	39~44	38~43	36~41

注：1. 表中数值系中砂的选用砂率。对细砂或粗砂,可相应地减少或增加砂率。
　　2. 本表适用于坍落度为1~6cm的混凝土,坍落度大于6cm或小于1cm时,应相应地增加或减少砂率。
　　3. 只用一个单粒级粗骨料配制混凝土时,砂率值应适当增加。

（六）计算粗、细骨料用量

在已知混凝土用水量、矿物掺合料用量、水泥用量和砂率的情况下,可用质量法和体积法求出粗、细骨料用量。

1. 质量法

质量法又称假定质量法。系先假定一个混凝土拌合物质量,从而根据各材料之间的质量关系，可求出单位体积混凝土的骨料总用量（质量），进而可分别求出粗、细骨料的质量，方程式如下：

$$m_{fo}+m_{co}+m_{go}+m_{so}+m_{wo}=m_{cp} \tag{10-11}$$

$$\beta_s=\frac{m_{so}}{m_{so}+m_{go}}\times 100\% \tag{10-12}$$

粗细骨料用量可按下式计算

$$m_{go}=(m_{go}+m_{so})-m_{so} \tag{10-13}$$

$$m_{so}=(m_{go}+m_{so})\times \beta_s \tag{10-14}$$

式中 m_{go}——计算配合比每立方米混凝土的粗骨料用量（kg/m³）；

　　　m_{so}——计算配合比每立方米混凝土的细骨料用量（kg/m³）；

　　　m_{cp}——每立方米混凝土拌合物的假定质量（kg），可取 2350kg/m³～2450kg/m³；

　　　β_s——砂率（%）；

其他符号意义同前。

2. 体积法

体积法又称绝对体积法，系假定混凝土组成材料绝对体积的总和等于混凝土的体积，从而得到下列方程式，解之，即可求得粗细骨料用量。

$$\frac{m_{co}}{\rho_c}+\frac{m_{fo}}{\rho_f}+\frac{m_{go}}{\rho_g}+\frac{m_{so}}{\rho_s}+\frac{m_{wo}}{\rho_w}+0.01\alpha=1 \tag{10-15}$$

$$\beta_s=\frac{m_{go}}{m_{so}+m_{go}}\times 100\% \tag{10-16}$$

式中 ρ_c——水泥密度（kg/m³），一般可取 2900kg/m³～3100kg/m³；

　　　ρ_f——矿物掺合料密度（kg/m³）；

　　　ρ_g——粗骨料的表观密度（kg/m³）；

　　　ρ_s——细骨料的表观密度（kg/m³）；

　　　ρ_w——水的密度（kg/m³），可取 1000kg/m³；

　　　α——混凝土的含气量百分数，在不使用引气剂或引气型外加剂时，α 可取 1；

其他符号意义同前。

（七）确定试配用混凝土配合比

求得混凝土各组成材料用量后，则试配用混凝土的重量比为：

$$m_{co}:m_{go}:m_{so}:m_{wo} \tag{10-17}$$

或

$$1:\frac{m_{go}}{m_{co}}:\frac{m_{so}}{m_{co}}:\frac{m_{wo}}{m_{co}} \tag{10-18}$$

$$\beta_s=\frac{m_{so}}{m_{go}+m_{so}}\times 100\% \tag{10-19}$$

符号意义同前。

二、混凝土配合比的试配、调整与确定

（一）配合比的试配

试配混凝土配合比确定后，首先用施工所用的原材料进行试配，以检查拌合物的性能。当试拌得出的拌合物坍落度或维勃稠度不能满足要求，或粘聚性和保水性能不好时，应在保证水胶比不变的条件下相应调整用水量或砂率，直到符合要求为止。并据此提出供混凝土强度试验用的试拌配合比。

制作混凝土强度试块时,至少应采用三个不同的配合比,其中一个是按上述方法得出的试拌配合比,另外两个配合比的水胶比,应较试拌配合比分别增加或减少 0.05,其用水量与试拌配合比相同,砂率可分别增加或减少 1%。当不同水胶比的混凝土拌合物坍落度与要求值相差超过允许偏差时,可以增、减用水量进行调整。

制作混凝土强度试块时,尚应检验混凝土的坍落度或维勃稠度、粘聚性、保水性及拌合物表观密度,并以此结果作为代表这一配合比的混凝土拌合物的性能。

每种配合比应至少制作一组(三块)试块,标准养护 28d 或设计规定的龄期进行试压。

(二)配合比的调整与确定

经试配后,根据混凝土强度试验结果,宜绘制强度和胶水比的线性关系图或插值法确定略大于配制强度对应的胶水比。

在试拌配合比的基础上,用水量(m_w)和外加剂用量(m_a)应根据确定的水胶比作调整;胶凝材料用量(m_b)应以用水量乘以确定的胶水比计算得出;粗骨料和细骨料用量(m_g 和 m_s)应根据用水量和胶凝材料用量进行调整。

当配合比经调整后,配合比应按下列步骤校正:

1. 根据上面调整定的材料用量,按下式计算混凝土拌合物的表观密度值:

$$\rho_{c,c} = m_c + m_f + m_g + m_s + m_w \tag{10-20}$$

式中 $\rho_{c,c}$——混凝土拌合物的表观密度计算值(kg/m³);

m_c、m_f、m_g、m_s、m_w——分别为每立方米混凝土的水泥用量、矿物掺合料用量、粗骨料用量、细骨料用量和用水量(kg/m³)。

2. 按下式计算混凝土配合比的校正系数:

$$\delta = \frac{\rho_{c,t}}{\rho_{c,c}} \tag{10-21}$$

式中 δ——混凝土配合比校正系数;

$\rho_{c,t}$——混凝土拌合物的表观密度实测值(kg/m³)。

当混凝土拌合物表观密度实测值与计算值之差的绝对值不超过计算值的 2% 时,则按以上调整的配合比维持不变;当二者之差超过 2% 时,应将配合比中每项材料用量均乘以校正系数(δ),即为最终确定的混凝土设计配合比。

3. 施工时,再根据粗、细骨料含水率,按下式计算确定施工配合比:

水泥 $\quad m'_{co} = m_{co} \tag{10-22}$

粗骨料 $\quad m'_{go} = m_{go}(1 + W_a\%) \tag{10-23}$

细骨料 $\quad m'_{so} = m_{so}(1 + W_b\%) \tag{10-24}$

水 $\quad m'_{wo} = m_{wo} - (m_{go} \times W_a\% + m_{so} \times W_b\%) \tag{10-25}$

式中 m'_{co}——每立方米混凝土的水泥实用量(kg/m³);

m'_{go}——每立方米混凝土的粗骨料实用量(kg/m³);

m'_{so}——每立方米混凝土的细骨料实用量(kg/m³);

W_a——粗骨料的含水率(%);

W_b——细骨料的含水率(%)。

【例 10-1】 钢筋混凝土柱设计混凝土强度等级为 C25，使用材料为 42.5 级普通硅酸盐水泥，碎石最大粒径 40mm（表观密度 2.65t/m³），中砂（表观密度 2.62t/m³），自来水。混凝土用机械搅拌，振动器振捣，混凝土坍落度要求 3～5cm，试用体积法计算确定混凝土配合比。

【解】 (1) 选定混凝土试配强度

查表 10-1，取 $\sigma=5\text{N/mm}^2$，由式（10-1）：

混凝土试配强度 $f_{cu,t}=25+1.645\times5=33.2\text{N/mm}^2$

(2) 计算水灰比

由式（10-6）先求水泥实际强度值

$$f_{ce}=1.16\times42.5=49\text{N/mm}^2$$

采用骨料为碎石，由式（10-4）混凝土所需水灰比为：

$$\frac{W}{C}=\frac{0.53\times49}{33.2+0.53\times0.20\times49}=0.68，\text{取}\ 0.65。$$

(3) 选取单位用水量

已知选定混凝土的坍落度为 3～5cm，骨料采用碎石，最大粒径为 40mm。

查表 10-4 得每立方米混凝土用水量为：

$$m_{wo}=175\text{kg/m}^3$$

(4) 按式（10-8）计算每立方米混凝土的水泥用量

$$m_{co}=\frac{m_{wo}}{W/C}=\frac{175}{0.65}=269\text{kg/m}^3$$

(5) 选取砂率

根据水灰比、骨料品种和最大粒径，由表 10-6 得合理砂率 $\beta_s=37\%$。

(6) 计算粗、细骨料用量

采用体积法，根据已知条件按式（10-15）、式（10-16）列出方程式：

$$\frac{269}{3100}+\frac{m_{go}}{2650}+\frac{m_{so}}{2620}+\frac{175}{1000}+0.01\times1=1$$

$$\frac{m_{so}}{m_{so}+m_{go}}\times100\%=37\%$$

解之得　　砂的用量　　$m_{so}=711\text{kg}$

　　　　　　石子的用量　$m_{go}=1211\text{kg}$

(7) 确定试拌配合比

混凝土的试拌配合比为：水泥∶砂∶碎石∶水＝269∶711∶1211∶175

或质量比为：水泥∶砂∶碎石∶水＝1∶2.64∶4.50∶0.65

(8) 试配、调整、确定施工配合比

经试配调整后测得混凝土的实测密度为 2410kg/m³，计算密度为 2366kg/m³，可由式（10-21）得普通混凝土配合比校正系数为：

$$\delta=\frac{\rho_{c,t}}{\rho_{c,c}}=\frac{2410}{2366}\approx1.018$$

由此得每立方米普通混凝土设计配合比为：

$$m_c=274\text{kg};\qquad m_s=724\text{kg}$$

$$m_{\text{g}} = 1233\text{kg}; \qquad m_{\text{w}} = 178\text{kg}$$

由上知，$\delta = 1.013 < 1.02$，材料用量校正后增加甚微，实际上可不校正，用试拌配合比作设计配合比（下同）。

【例 10-2】 条件同例 10-1，试用重量法计算确定混凝土的配合比。

【解】 由例 10-1，已算得每立方米水泥用量 $m_{\text{co}} = 269\text{kg/m}^3$，水用量 $m_{\text{wo}} = 175\text{kg/m}^3$，砂率 $\beta_{\text{s}} = 37\%$；设混凝土拌合物的假定密度 $\rho_{\text{h}} = 2400\text{kg/m}^3$

由式（10-11）和式（10-12）得以下方程式：

$$269 + m_{\text{go}} + m_{\text{so}} + 175 = 2400$$

$$\frac{m_{\text{so}}}{m_{\text{go}} + m_{\text{so}}} \times 100\% = 37\%$$

解之得： 碎石的用量 $m_{\text{go}} = 1230\text{kg}$

砂的用量 $m_{\text{so}} = 726\text{kg}$

则混凝土的质量配合比为：

水泥：砂：碎石：水 $= 269 : 726 : 1230 : 175$

或质量比为：

水泥：砂：碎石：水 $= 1 : 2.70 : 4.57 : 0.65$

经试配、调整后测得混凝土的实测密度为 2410kg/m^3，计算密度为 2400kg/m^3，由式（10-21）得混凝土配合比校正系数为：

$$\delta = \frac{2410}{2400} = 1.003$$

由此得每立方米普通混凝土设计配合比的材料用量为：

$$m_{\text{c}} = 269.8\text{kg} \qquad m_{\text{s}} = 728\text{kg}$$
$$m_{\text{g}} = 1234\text{kg} \qquad m_{\text{w}} = 176\text{kg}$$

【例 10-3】 钢筋混凝土柱，混凝土设计强度等级为 C30，其标准差 $\sigma = 5\text{N/mm}^2$，混凝土拌合物坍落度为 30～50mm；水泥采用 42.5 级普通硅酸盐水泥，粗骨料为碎石，其最大粒径为 20mm，细骨料采用中砂，试设计掺粉煤灰混凝土配合比的材料用量。

【解】 1. 根据式（10-1）计算混凝土试配强度为：

$$f_{\text{cu,o}} = f_{\text{cu,k}} + 1.645\sigma = 30 + 1.645 \times 5 = 38.2\text{N/mm}^2$$

2. 计算基准混凝土的材料用量：

(1) 由式（10-4）水胶比为：

$$\frac{W}{C} = \frac{0.53\gamma_{\text{c}}\gamma_{\text{f}}f_{\text{ce}}}{f_{\text{cu,o}} + 0.105\gamma_{\text{c}}\gamma_{\text{f}}f_{\text{ce}}} = \frac{0.53 \times 1.16 \times 0.85 \times 42.5}{38.2 + 0.105 \times 1.16 \times 0.85 \times 42.5} = 0.52$$

(2) 查表 10-4 得用水量 $m_{\text{wo}} = 195\text{kg}$

由式（10-8）求得胶凝材料用量 $m_{\text{bo}} = \dfrac{195}{0.52} = 375\text{kg}$

(3) 查表 10-6 取砂率为 36%

(4) 每立方米混凝土掺粉煤灰用量

取 $\beta_{\text{f}} = 0.15$，则 $m_{\text{fo}} = 375 \times 0.15 = 56.3\text{kg}$，取 56kg

(5) 每立方米水泥用量：

$$m_{\text{co}} = m_{\text{bo}} - m_{\text{fc}} = 375 - 56 = 319\text{kg}$$

(6) 计算粗、细骨料用量

设 $m_{cp}=2400\text{kg/m}^3$,由式(10-11)和式(10-12)得:

$$56+319+m_{go}+m_{so}+195=2400$$

$$36\%=\frac{m_{so}}{m_{go}+m_{so}}\times 100\%$$

解得: 石子用量 $m_{go}=1171\text{kg}$
砂子用量 $m_{so}=659\text{kg}$

(7) 确定试拌配合比

水泥:粉煤灰:砂:碎石:水=319:56:659:1171:195

(8) 试配、调整、确定施工配合比

经试配、调整后测得混凝土拌合物的表观密度值为 2415kg/m³,计算密度值为 2400kg/m³,由式(10-21)得混凝土配合比校正系数为:

$$\delta=\frac{\rho_{c,t}}{\rho_{c,c}}=\frac{2415}{2400}=1.006$$

由此得每立方米掺粉煤灰混凝土配合比的材料用量为:

$m_{cc}=320\text{kg}$; $m_{fo}=57\text{kg}$; $m_{so}=663\text{kg}$
$m_{go}=1178\text{kg}$; $m_{wo}=196\text{kg}$

10.1.2 掺外加剂混凝土配合比计算

一、掺引气剂混凝土配合比计算

掺加引气剂的普通混凝土配合比的计算方法与普通混凝土基本相同,所不同的是要考虑掺引气剂后混凝土强度的降低和用水量的减少。普通混凝土的含气量一般为1%~2%;掺加引气剂后,混凝土的含气量将增加至3%~5%,混凝土的抗压强度将有所降低。一般混凝土中含气量每增加1%,混凝土的抗压强度相应下降4%~6%;坍落度和单位水泥用量不变时,水灰比可减少2%~4%,即单方用水量可减少4~6kg。

计算方法可应用"10.1.1 普通混凝土配合比计算"相同的方法,采用体积法或质量法进行,但应对材料用量进行一定修正。

【例10-4】 配制C30掺引气剂混凝土,机械搅拌,机械振捣,坍落度50~70mm,原材料为:水泥为42.5级普通水泥,$\rho_c=3.1\text{t/m}^3$;砂为中砂,$\rho_s=2.65\text{t/m}^3$;石子为卵石,最大粒径40mm,$\rho_g=2.73\text{t/m}^3$,水为自来水,$\rho_w=1\text{t/m}^3$,引气剂为水泥用量的0.02%,含气量为混凝土体积的5%,试用体积法计算试拌配合比。

【解】 (1) 确定试配强度

$$f_{cu,o}=f_{cu,k}+1.645\sigma=30+8.2=38.2\text{N/mm}^2$$

引气混凝土的含气量在普通混凝土含气量1.5%的基础上还应增加(5-1.5)%=3.5%,则强度降低为5×3.5%=17.5%,因此需将试配强度 $f_{cu,o}$ 作修正:

$$f_{\text{修}}=\frac{38.2}{1-0.175}=46.3\text{N/mm}^2$$

(2) 计算水胶比 按式(10-4)计算水灰比:

$$\frac{W}{C}=\frac{0.49 f_{ce}}{f_{cu,o}+0.064 f_{ce}}=\frac{0.49\times 1.16\times 42.5}{38.2+0.064\times 1.16\times 42.5}=0.58 \quad \text{取} 0.50$$

(3) 计算用水量　查表 10-4　$m_{wo}=170\text{kg}$，因掺引气剂，达到同样坍落度，可减水 $3×3.5\%=10.5\%$，故经过修正后用水量为：
$$170-170×10.5\%=152\text{kg}$$
(4) 计算水泥用量
$$m_{co}=\frac{m_{wo}}{W/C}=\frac{152}{0.50}=304\text{kg}$$
(5) 确定砂率　查表 10-6 选用，$\beta_s=30\%$。
(6) 计算砂石用量（用体积法）：
用水量（体积）　　　　　　$V_w=152\text{L}$
水泥用量（体积）　　　　　$V_c=\dfrac{304}{3.1}=98\text{L}$
空气含量：　　　　　　　　$V_{空气}=50\text{L}$
砂石体积：　　　　　　　　$1000-(152+98+50)=700\text{L}$
解下列联立方程：
$$\frac{m_{so}}{2.65}+\frac{m_{go}}{2.73}=700;\quad \frac{m_{so}}{m_{so}+m_{go}}=0.30$$
解得：　　　　　　　　　　$m_{so}=568\text{kg}$；$m_{go}=1325\text{kg}$
引气剂用量　$0.02×304=0.061\text{kg}=61\text{g}$
(7) 计算得初步配合比　如表 10-7。

混凝土初步配合比　　　　　　　　　　　　　　　　　　　　　表 10-7

混凝土材料用量（kg/m³）					砂率 （%）	水灰比 （W/C）	坍落度 （mm）	含气量 （%）
水泥(42.5级)	水	中砂	卵石(40mm)	引气剂				
304	152	568	1325	0.061	30	0.50	50~70	5

二、掺减水剂混凝土配合比计算

掺加减水剂的普通混凝土，其配合比设计原则和计算方法与普通混凝土也基本相同，所不同的是掺入减水剂后混凝土性能显著得到改善，在保持混凝土强度和坍落度不变的情况下，可节约水泥 5%~10% 和降低用水量 10%~15%。

计算方法亦可应用"10.1.1 普通混凝土配合比计算"同样方法，采用体积法或质量法进行，但应对组成材料用量进行一定调整。

掺减水剂的混凝土用水量、水泥用量可按下式计算：
$$m_{wa}=m_{wo}(1-\beta_1) \qquad (10-26)$$
$$m_{ca}=m_{co}(1-\beta_2) \qquad (10-27)$$

式中　m_{wa}、m_{ca}——分别为掺减水剂混凝土每立方米混凝土中的用水量和水泥用量（kg）；

　　　m_{wo}、m_{co}——分别为未掺加减水剂混凝土每立方米混凝土中的用水量和水泥用量（kg）；

　　　β_1、β_2——分别为减水剂的减水率（%）和减水泥率（%），由试验确定。

【例 10-5】　配制强度等级为 C30 掺 5% 复合早强减水剂 MS-F 的混凝土，坍落度 30~

50mm，原材料条件同（例10-4），机械振捣，试用体积法计算配合比。

【解】 （1）先根据给定的条件，按体积法计算出不掺减水剂时的试拌配合比为：

水泥：320kg　砂子：588kg　石子：1372kg

水：160kg　砂率：30%　水灰比：0.50

（2）由于掺入MS-F减水剂（密度2.2t/m³）后，在保持混凝土强度和坍落度不变的情况下，可减水10%，节约水泥10%，拌合物含气量达4%。故需在原初步配合比的基础上进行调整，调整方法如下：

1) 调整用水量：　$m'_{wo}=m_{wo}(1-0.1)=160×0.9=144kg$

2) 调整水泥用量：　$m'_{co}=m_{co}(1-0.1)=320×0.9=288kg$

3) 调整砂率：

因加入5%MS-F后，含气量为4%，为提高混凝土质量，其砂率可减少2%，则：

$$\beta_s=30\%-2\%=28\%$$

4) 砂、石用量：$\dfrac{m_{so}}{\rho_s}+\dfrac{m_{go}}{\rho_g}=1000-\left(144+\dfrac{288}{3.1}+\dfrac{14.4}{2.2}+40\right)\approx717L$

解下列联立方程：

$$\frac{m_{so}}{2.65}+\frac{m_{go}}{2.73}=717;\quad \frac{m_{go}}{m_{so}+m_{go}}=0.28$$

解得：　　　　　$m_{so}=543kg；\quad m_{go}=1396kg$

所以调整配合比如表10-8所示。

混凝土调整后初步配合比　　　　　　　　　表10-8

混凝土材料用量(kg/m³)					砂率 (%)	水灰比 (W/C)	坍落度 (mm)	含气量 (%)
水泥(矿42.5级)	水	砂	卵石(40mm)	MS-F				
288	144	543	1396	14.4	28	0.50	30~50	4

10.1.3　泵送混凝土和大体积混凝土配合比计算

一、泵送混凝土配合比计算

泵送混凝土为用混凝土泵沿管道输送和浇筑的一种大流动度混凝土。这种混凝土具有一定的流动性和较好的粘塑性，泌水小，不易分离等特性。广泛应用于高层建筑、大体积混凝土等结构工程上。

（一）设计的一般规定

1. 泵送混凝土的配合比除满足流动性、强度、耐久性、经济等要求外，还必须满足可泵性要求。

2. 泵送混凝土拌合物的坍落度不应小于80mm，其所采用的原材料应符合下列要求：

（1）水泥应选用硅酸盐水泥、矿渣硅酸盐水泥和粉煤灰硅酸盐水泥，不宜采用火山灰质硅酸盐水泥。水泥用量不仅满足强度要求外，还必须充分包裹骨料表面，并能在管道内起到润滑作用，不宜小于300kg/m³。

（2）粗骨料的粒径与输送管径之比，当泵送高度在50m以下时，对碎石不宜大于1：3,对卵石不宜大于1：2.5；泵送高度在50~100m时，对碎石不宜大于1：4，对卵石不宜大于1∶3；泵送高度在100m以上时，对碎石不宜大于1∶5，对卵石不宜大于1∶4；粗骨料应用连续级配，且针片状颗粒含量不宜大于10％。用ϕ125mm和150mm两种配管时，选用5～38mm的碎石，输送效果较好。

（3）细骨料宜用中砂，其通过0.315mm筛孔的颗粒含量不应小于15％，通过0.160mm筛孔的含量不应小于5％。砂率宜为35％～45％。

（4）泵送混凝土应采用泵送剂或减水剂，并宜采用粉煤灰或其他活性矿物掺合料，以改善和易性，减小泌水性。当掺用粉煤灰时，应用Ⅰ、Ⅱ级粉煤灰。其掺量约为水泥量的15％。掺用引气剂型外加剂时，其混凝土含气量不宜大于4％。

3. 泵送混凝土的坍落度可按表10-9选用。

泵送混凝土坍落度选用表　　　　　　　　　　　表10-9

泵送高度(m)	<30	30～60	60～100	>100
坍落度(mm)	100～140	140～160	160～180	180～200

（二）配合比计算步骤方法

1. 计算要求的试配强度

混凝土配制强度可按下式计算：

$$f_{cu,o} = f_{cu,k} + 1.645\sigma \tag{10-28}$$

符号意义和计算方法同10.1.1一节。

2. 计算要求的水灰比

混凝土的水灰比可按下式计算：

$$W/C = \frac{\alpha_a f_{ce}}{f_{cu,o} + \alpha_a \cdot \alpha_b f_{ce}} \tag{10-29}$$

符号意义和计算方法同10.1.1一节。

计算所得混凝土的水灰比不宜大于0.60，如大于该数值应按0.60采用。

3. 选取单位用水量

根据施工要求按表10-9选取混凝入泵时的坍落度，再按下式计算试配时要求的坍落度值：

$$T_t = T_p + \Delta T \tag{10-30}$$

式中　T_t——配制时要求的坍落度值（mm）；

T_p——入泵时要求的坍落度值（mm）；

ΔT——试验测得在预计时间内的坍落度经时损失值（mm）。

求得T_t再根据使用骨料的品种、粒径选取单位体积混凝土的用水量m_{wo}。用水量一般可根据施工单位所用材料凭经验取用。或参照表10-4，以表中坍落度90mm的用水量为基础，按坍落度每增大20mm用水量增加5kg，计算出来掺加外加剂时的混凝土用水量。

4. 计算水泥用量

水泥用量可根据已定的用水量和水灰比按下式计算：

$$m_{co} = \frac{m_{wo}}{W/C} \tag{10-31}$$

符号意义和计算方法同10.1.1一节。

计算所得的水泥用量应不小于300kg/m³，如小于该值按300kg/m³取用。

5. 选取砂率

混凝土的砂率可根据施工单位对所用材料的使用经验选用。如无使用经验，可按骨料品种、规格及混凝土的水灰比，按普通混凝土在表10-6的范围内选用。因该表为坍落度小于或等于60mm，且等于或大于10mm的混凝土砂率；坍落度等于或大于100mm的混凝土砂率可在该表的基础上，按坍落度每增大20mm，砂率增大1%的幅度予以调整。

6. 选取外加剂掺量和调整用水量及水泥用量

泵送混凝土掺用泵送剂或减水剂品种、用量及粉煤灰用量可根据经验或通过试验确定。一般泵送剂或减水剂掺量取水泥用量的0.25%～0.30%；粉煤灰取代水泥百分率β_c取10%～20%。掺加泵送剂或减水剂的用水量及水泥用量应按下式调整：

$$m_{wa}=m_{wo}(1-\beta_1) \tag{10-32}$$

$$m_{ca}=m_{co}(1-\beta_2) \tag{10-33}$$

掺加粉煤灰的水泥用量按下式调整：

$$m_c=m_{co}(1-\beta_c) \tag{10-34}$$

符号意义及计算方法参见10.1.2一节。

7. 计算粗细骨料用量

一般采用体积法进行计算。

当不掺加（和掺加）粉煤灰时，粗细骨料用量用10.1.1节相同方法计算。

8. 试配和调整，并确定施工配合比

根据计算的泵送混凝土配合比用与10.1.1一节相同的方法，通过试配，在保证设计所要求的和易性、坍落度基础上，进行混凝土配合比的调整，再根据调整后的配合比，提出现场施工用的泵送混凝土配合比。

（三）泵送混凝土参考配合比

泵送混凝土参考配合比见表10-10。

泵送混凝土参考配合比 表10-10

编号	混凝土强度等级	碎石粒径(mm)	配合比（kg/m³）					
			水泥	砂	碎石	木钙减水剂	粉煤灰	水
1	C20	5～40	310	816	1082	0.775	0	192
2	C25	5～40	350	780	1078	0.875	0	192
3	C20	5～40	326	745	1071	0.960	58	200
4	C25	5～40	361	710	1065	1.062	64	200
5	C20	5～25	326	825	1047	0.815	0	202
6	C25	5～25	369	786	1043	0.922	0	202
7	C20	5～25	342	750	1037	1.007	61	210
8	C25	5～25	379	715	1029	1.118	67	210
9	C30	5～25	480	644	974	1.20	—	220
10	C30	5～25	251	655	1025	4.97	168	201
11	C35	5～25	298	647	1025	5.34	113	205
12	C40	5～25	417	652	1064	1.87	47	210

10.1 常用混凝土配合比计算

续表

编号	混凝土强度等级	碎石粒径（mm）	配合比（kg/m³）					
			水泥	砂	碎石	木钙减水剂	粉煤灰	水
13	C50	5～30	344	679	1112	4.00	60	171
14	C50	5～30	470	650	1051	5.64	66	183
15	C60	5～30	385	606	1079	2.47	82	145
16	C60	5～25	470	550	1095	6.38	110	141

注：编号1～9采用42.5级普通硅酸盐水泥，木钙减水剂，坍落度11～13cm；编号10～16采用52.5级普通硅酸盐水泥，采用萘系、FON、JM-3、FON-SP、SF等高效减水剂，坍落度12～18cm。

二、大体积混凝土配合比计算

大体积混凝土除应满足普通混凝土施工所要求的力学性能及可施工性外，还应控制有害裂缝产生。即在配合比设计时，应降低水泥水化热温度，减少混凝土的收缩和温度应力等技术措施。

（一）大体积混凝土配合比计算步骤与方法

计算步骤与方法可应用"10.1.1 普通混凝土配合比计算"同样的步骤与方法，采用质量法或体积法进行。采用泵送时，还应符合泵送混凝土配合比计算有关规定。

（二）大体积混凝土配合比所用原材料要求

1. 水泥宜采用中、低热硅酸盐水泥或低热矿渣硅酸盐水泥。当采用硅酸盐水泥或普通硅酸盐水泥时，应掺加矿物掺合料。胶凝材料的3d和7d水化热分别不宜大于240kJ/kg和270kJ/kg。

2. 粗骨料宜为连续级配，最大公称粒径不宜小于31.5mm，含泥量不应大于1.0%；细骨料宜为中砂，含泥量不应大于3.0%。

3. 宜掺用矿物掺合料和缓凝型减水剂。

（三）配合比设计的一般规定

1. 设计强度等级宜为C25～C40。

2. 可采用60d或90d的强度作为混凝土配合比的设计。宜采用标准尺寸试件进行抗压强度试验。

3. 水胶比不宜大于0.50，用水量不宜大于175kg/m³。混凝土坍落度不宜大于160mm。

4. 在保证混凝土性能要求的前提下，宜提高每立方米混凝土中的粗骨料用量；砂率宜为38%～42%。

5. 在保证混凝土性能要求的前提下，应减少胶凝材料中的水泥用量，提高矿物掺合料掺量。配合比中，粉煤灰掺量不宜超过胶凝材料用量的40%；矿渣粉的掺量不宜超过胶凝材料用量的50%；粉煤灰和矿渣粉掺合料的总量不宜大于混凝土中胶凝材料用量的50%。

6. 在配合比试配和调整时，控制混凝土绝热温升不宜大于50℃。大体积混凝土配合比还应满足施工对混凝土凝结时间的要求。

10.2 特种混凝土配合比计算

10.2.1 抗渗混凝土配合比计算

抗渗混凝土又称防水混凝土，系指抗渗等级等于或大于 P6 级的混凝土。用于工程上可兼起结构物的承重、围护、防水三重作用，具有防水效果好，材料来源广，施工方便快速，降低造价等优点。适用于地下室、水池、沉淀池、泵房等工程作防水结构。

一、应用的一般规定

1. 设计必须满足抗压强度、抗渗性、施工和易性和经济性等基本要求。
2. 所用原材料：水泥强度等级不宜小于 32.5 级，其品种应满足混凝土抗渗性、耐久性及使用要求；当有抗冻要求时，宜选用硅酸盐水泥或普通硅酸盐水泥。
3. 粗细骨料质量应符合国家标准，具有连续级配。粗骨料的最大粒径不宜大于 40mm，其含泥量（重量比，下同）不得大于 1.0%，泥块含量不得大于 0.5%；细骨料含泥量不得大于 3%，泥块含量不得大于 1%。
4. 掺外加剂宜采用防水剂、膨胀剂、引气剂或减水剂。掺用引气剂的抗渗混凝土，其含气量宜控制在 3%~5%。矿物掺合料宜用 Ⅰ 级或 Ⅱ 级粉煤灰。

二、配合比计算步骤、方法

（一）确定水胶比

水胶比主要依据抗渗要求和施工和易性，其次考虑强度要求。供试配用的抗渗混凝土的最大水胶比参照表 10-11 选用。

抗渗混凝土最大水胶比允许值　　　　　　表 10-11

混凝土抗渗等级（N/mm²）	混凝土强度等级	
	C20~C30	C30 以上
P6	0.60	0.55
P8~P12	0.55	0.50
P12 以上	0.50	0.45

注：1. 混凝土抗渗等级是表示混凝土试块在渗透仪上作抗渗试验时，试块未发现渗水现象的最大水压值。例如 P8 表示该试块能在 0.8N/mm 的水压力下不出现渗水现象。
2. 试块 P 值应比设计提高 $0.2N/mm^2$。

（二）选择用水量

用水量应根据结构条件（截面尺寸、钢筋稀密程度等）和施工需要的和易性、坍落度等要求而定。一般厚度大于 250mm 的结构，坍落度可选用 30mm 左右；厚度小于 200mm 或钢筋稠密的结构，坍落度可选用 30~50mm 左右；厚大、少筋的结构控制在 30mm 以内，或根据需用的坍落度和砂率按表 10-12 选用。

（三）计算水泥用量

水泥用量可根据用水量和水灰比按下式计算：

$$m_{co}=\frac{m_{wo}}{W/C} \tag{10-35}$$

式中　m_{co}——每立方米抗渗混凝土的水泥用量（kg）；

m_{wo}——每立方米抗渗混凝土的用水量（kg）；

$\dfrac{W}{C}$——混凝土所要求的水灰比；

W——每立方米混凝土的用水量（kg）；

C——每立方米混凝土的水泥用量（kg）。

混凝土拌合用水量参考表（kg/m³）　　　　　表 10-12

坍落度(mm)	砂　率(%)		
	35	40	45
10～30	175～185	185～195	195～205
30～50	180～190	190～200	200～210

注：1. 表中石子粒径为 5～20mm。若石子最大粒径为 40mm，用水量应减少 5～10kg/m³。表中石子按卵石考虑，若为碎石应增加 5～10kg/m³。
　　2. 表中采用火山灰质水泥，若用普通水泥用水量可减少 5～10kg/m³。

计算所得的每立方米水泥用量应满足每立方米抗渗混凝土中的水泥用量（含掺合料）不宜小于 320kg 的要求。

（四）选取砂率

抗渗混凝土的砂率除满足填充石子空隙并包裹石子外，还必须有一定厚度的砂浆层。一般砂率宜为 35%～40%；灰砂比宜为 1∶2～1∶2.5；或根据砂的平均粒径和石子空隙率参考表 10-13 选用。

砂率选择参考数值　　　　　表 10-13

砂子平均粒径(mm)	石 子 空 隙 率(%)				
	30	35	40	45	50
0.30	35	35	35	35	36
0.35	35	35	35	36	37
0.40	35	35	36	37	38
0.45	35	36	37	38	39
0.50	30	37	38	39	40

注：本表是按石子粒径为 3～30mm 计算，若用 5～20mm 石子时，砂率可增加 2%。

石子的空隙率按下式计算：

$$n_g = \left(1 - \dfrac{\rho_{gm}}{\rho_g}\right) \times 100\% \quad (10\text{-}36)$$

式中　n_g——石子的空隙率（%）；

ρ_{gm}——石子的质量密度（t/m³）；

ρ_g——石子的表观密度（t/m³）。

（五）计算粗细骨料

抗渗混凝土一般用绝对体积法计算混凝土配合比。即假设混凝土组成材料绝对体积的总和等于混凝土的体积，从而得以下方程式：

$$\dfrac{m_{co}}{\rho_c} + \dfrac{m_{gs}}{\rho_{gs}} + \dfrac{m_{wo}}{\rho_w} = 1000 \quad (10\text{-}37)$$

粗细骨料混合密度按下式计算：

$$\rho_{gs}=\rho_g(1-\beta_s)+\rho_s\beta_s \tag{10-38}$$

粗细骨料混合用量按下式计算：

$$m_{gs}=\rho_{gs}\left(1000-\frac{m_{co}}{\rho_c}-\frac{m_{wo}}{\rho_w}\right) \tag{10-39}$$

则粗细骨料用量为：

$$m_{so}=m_{gs}\beta_s \tag{10-40}$$

$$m_{go}=m_{gs}-m_{so} \tag{10-41}$$

式中　m_{co}——每立方米抗渗混凝土的水泥用量（kg）；

m_{gs}——每立方米抗渗混凝土中粗细骨料的混合重量（kg）；

m_{wo}——每立方米抗渗混凝土水的重量（kg）；

ρ_c——水泥的密度（t/m³），一般取 2.9～3.1；

ρ_{gs}——粗、细骨料（石子、砂）的混合密度（t/m³）；

ρ_w——水的密度（t/m³），取 $\rho_w=1$；

ρ_g——粗骨料（石子）的表观密度（t/m³）；

ρ_s——细骨料（砂）的表观密度（t/m³）；

β_s——砂率（%）；

m_{so}——每立方米抗渗混凝土的细骨料（砂）用量（kg）；

m_{go}——每立方米抗渗混凝土的粗骨料（石子）用量（kg）。

（六）确定配合比

混凝土的重量比为：

$$水泥：砂：石子：水=m_{co}:m_{so}:m_{go}:m_{wo} \tag{10-42}$$

或

$$=1:\frac{m_{so}}{m_{co}}:\frac{m_{go}}{m_{co}}:\frac{m_{wo}}{m_{co}} \tag{10-43}$$

（七）试配与校正

按照初步配合比进行试拌，试拌方法同"10.1.1 普通混凝土配合比计算"一节。试拌结果若与工程要求不符，应按实际情况进行校正，调整比例，使达到工程的要求。

抗渗混凝土配合比设计时，应增加抗渗性能试验；试配要求的抗渗水压值应比设计值提高 0.2N/mm²。试配时，应采用水灰最大的配合比作抗渗试验，其试验结果应符合下式要求：

$$p_t\geqslant\frac{P}{10}+0.2 \tag{10-44}$$

式中　p_t——6 个试件中 4 个未出现渗水时的最大水压值（N/mm²）；

P——设计要求的抗渗等级。

掺引气剂的混凝土还应进行含气量试验，试验结果，其含气量不宜大于 5%。

掺外加剂的抗渗混凝土配合比计算可按 10.1.1 节计算确定基准配合比，再按 10.1.2 节进行调整，最后确定施工配合比。

【例 10-6】　钢筋混凝土水池工程，采用 C25、P10 抗渗混凝土，水泥用 42.5 级普通硅酸盐水泥，$\rho=3.1t/m^3$；细骨料用中砂，平均粒径 0.35mm，$\rho_s=2.6t/m^3$；粗骨料采用碎石，用二级级配，5～10mm：10～30mm＝30：70，$\rho_g=2.7t/m^3$，石子空隙率为45%；要求混凝土坍落度为30～50mm，用振动器捣实，试计算确定配合比。

【解】 (1) 选取水灰比、用水量和砂率。根据所要求的强度等级、抗渗等级、坍落度及材料情况，由表10-11初步确定水灰比0.55；查表10-13，砂率为36%；查表10-12，用水量为190kg/m³。

(2) 计算水泥用量。由式（10-35）得：

$$m_{co}=\frac{m_{wo}}{W/C}=\frac{190}{0.55}=345kg/m^3$$

符合普通防水混凝土水泥用量不小于320kg/m³的要求。

(3) 计算砂石混合密度。由式（10-38）得：

$\rho_{sg}=\rho_s\beta_s+\rho_g(1-\beta_s)=2.6\times0.36+2.7(1-0.36)=0.935+1.728=2.66t/m^3$

(4) 计算砂石混合重量。由式（10-39）得：

$$m_{gs}=\rho_{gs}\left(1000-\frac{m_{wo}}{\rho_w}-\frac{m_{co}}{\rho_c}\right)=2.66\left(1000-\frac{190}{1}-\frac{345}{3.1}\right)=1859kg/m^3$$

(5) 分别计算砂石用量。由式（10-40）、式（10-41）得：

$$m_{so}=m_{sg}\beta_s=1859\times0.36=669kg/m^3$$
$$m_{go}=m_{sg}-m_{so}=1859-669=1190kg/m^3$$

(6) 初步确定配合比

水泥：砂：碎石：水＝345：669：1190：190
＝1：1.94：3.45：0.55

试拌后坍落度为3～4cm，符合工程要求。

10.2.2 抗冻混凝土配合比计算

抗冻混凝土是指抗冻等级F50及以上的混凝土（简称抗冻混凝土）。它是在混凝土中掺加一定量的防冻剂配制而成。由于防冻剂掺入到混凝土中以后，拌合水即成为防冻剂的溶液，在一定的负温度下，水泥水化反应继续进行，混凝土得以逐渐硬化，不致被冻结破坏。一般用于日平均气温不低于－10℃，极端最低气温不低于－16℃，对强度增长速度要求不高的钢筋混凝土或混凝土工程。

一、设计原则和一般规定

1. 混凝土经负温养护后，不仅能满足工程设计提出的各项技术性能指标要求，而且其耐久性能不低于常温施工所达到的水平。配合比设计应符合经济合理的原则，确定的配合比应具有可操作性，能满足施工要求。

2. 抗冻混凝土应优先选用硅酸盐水泥或普通硅酸盐水泥，并不得使用火山灰质硅酸盐水泥。

3. 粗骨料宜选用连续级配，其含泥量不得大于1.0%，泥块含量不得大于0.5%；细骨料含泥量不得大于3.0%，泥块含量不得大于1%。

4. 粗骨料和细骨料均应进行坚固性试验，其结果应符合国家现行标准的要求。

5. 抗冻混凝土宜采用减水剂，对抗冻等级F100及以上的混凝土应掺引气剂，掺用后混凝土的最小含气量应符合表10-14的规定，混凝土的含气量亦不宜超过7%。

严冷环境中混凝土的最小含气量　　　　　　　　表 10-14

项　次	粗骨料最大粒径(mm)	最小含气量值(%)
1	31.5 及以上	4
2	16	5
3	10	6

注：含气量的百分比为体积比。

6. 抗冻混凝土使用原材料，宜预先适当加热，使混凝土在浇筑完毕时的温度不低于 5℃。在一般情况下，浇筑后混凝土的表面宜用塑料薄膜作保护性覆盖，以避免水和防止霜雪侵袭。

7. 在钢筋混凝土和预应力混凝土中不得掺含有氯盐的防冻剂；在预应力混凝土中不得掺含有亚硝酸盐或碳酸盐的防冻剂。

8. 抗冻混凝土配合比中，最大水胶比和最小胶凝材料用量应符合表 10-15 的要求；复合矿物掺合料宜符合表 10-16 的规定；其他矿物掺合料掺量宜符合表 10-5 的规定。

最大水胶比和最小胶凝材料用量　　　　　　　　表 10-15

设计抗冻等级	最大水胶比		最小胶凝材料用量 (kg/m³)
	无引气剂时	掺引气剂时	
F50	0.55	0.60	300
F100	0.50	0.55	320
不低于 F150	—	0.50	350

复合矿物掺合料最大掺量　　　　　　　　表 10-16

水胶比	最大掺量(%)	
	采用硅酸盐水泥时	采用普通硅酸盐水泥时
≤0.40	60	50
>0.40	50	40

注：1. 采用其他通用硅酸盐水泥时，可将水泥混合材掺量 20% 以上的混合材量计入矿物掺合料；
　　2. 复合矿物掺合料中各矿物掺合料组分的掺量不宜超过规定的单掺时的限量。

二、配合比计算步骤方法

抗冻混凝土配合比的设计计算步骤方法一般按以下进行。

（一）准备资料

在进行配合比设计前应搜集下列资料：现场使用材料的规格和品质；混凝土浇筑养护期间（当使用普通硅酸盐水泥时为 3d；当使用矿渣水泥时为 5d）几天内的日平均气温；设计对混凝土的强度等级、抗渗或抗冻等级要求；施工对石子粒径、混凝土稠度的要求以及反映施工单位质量管理水平的强度标准差。

（二）确定配制强度

当混凝土强度的保证率为 95% 时，混凝土的配制强度按下式计算：

$$f_F = f_{cu,k} + 1.645\sigma \tag{10-45}$$

式中　f_F——混凝土配制强度（MPa）；
　　　$f_{cu,k}$——混凝土立方体抗压强度标准值（MPa）；
　　　σ——在实际工程中统计得出的混凝土强度标准差（MPa）。

10.2 特种混凝土配合比计算

(三) 计算确定试拌配合比

根据以往经验并通过计算提出试拌配合比。试拌配合比的计算步骤方法同"10.1.1 普通混凝土配合比计算"。

混凝土掺加防冻剂的配方可参考表 10-17 选择。当采用单掺商品防冻剂时，应参照说明书使用。在确定试拌配合比时，尚应考虑掺加某种防冻组成材料对强度降低的影响。

在试拌配合比中应包括每立方米混凝土各种组成材料（包括防冻剂）的用量或重量比例，并提出坍落度和表观密度的指标。

(四) 混凝土配合比的试配、调整与确定

采用与"10.1.1 普通混凝土配合比计算"中试配调整相同的方法先进行常温试验，然后再进行负温抗冻融性能试验。

负温养护工艺防冻剂参考配方　　　　表 10-17

水泥品种	规定温度(℃)	防 冻 剂 配 方(%)
普通水泥	−10	亚硝酸钠(13.4)+硫酸钠 2+木钙 0.25 亚硝酸钠(6.1)+硝酸钠(9.7)+硫酸钠 2+木钙 0.25 尿素(7.3)+硝酸钠(8.5)+硫酸钠 2+木钙 0.25
普通水泥	−5	亚硝酸钠(6.9)+硫酸钠 2+木钙 0.25 亚硝酸钠(3.4)+硝酸钠(5.7)+硫酸钠 2+木钙 0.25 尿素(4.5)+硝酸钠(5.7)+硫酸钠 2+木钙 0.25
普通水泥	0	亚硝酸钠(3.2)+硫酸钠 2+木钙 0.25 尿素(4.4)+硫酸钠 2+木钙 0.25 食盐(4.4)+硫酸钠 2+木钙 0.25
矿渣水泥	−5	亚硝酸钠(9.0)+硫酸钠 2+木钙 0.25 亚硝酸钠(4.4)+硝酸钠(6.6)+硫酸钠 2+木钙 0.25 尿素(6.6)+硝酸钠(6.6)+硫酸钠 2+木钙 0.25
矿渣水泥	0	亚硝酸钠(3.1)+硫酸钠 2+木钙 0.25 尿素(4.1)+硫酸钠 2+木钙 0.25 食盐(4.1)+硫酸钠 2+木钙 0.25

注：1. 防冻剂配方中（　）内为占用水量的%，其余为占水泥用量的%。
　　2. 食盐配方仅用于无筋混凝土，其余均可用于钢筋混凝土。
　　3. 木钙可用适量的其他减水剂取代。

1. 常温试验

(1) 用现场所用原材料按照试拌配合比进行试拌，检查拌合物的性能，测定和易性、坍落度和表观密度。如与原定指标不符，应作适当的调整后再行试拌重新测定。

(2) 当和易性、坍落度和表观密度均符合原定指标要求以后，在保持用水量不变的前提下，将水灰比分别增加或减少 0.05，得出三个不同的配合比。

(3) 将三个配合比各制作一组抗压强度试件，经 20℃标准养护 28d 试压，选取符合试配强度的配合比作下步的试验。

(4) 如设计方面还有抗渗要求时，应加作相应的试件，经 20℃标准养护 28d 后试验。如试验结果不能满足要求，应将配合比作适当调整，再进行试验，直至满足要求为止。此时的配合比如同时满足试配强度要求，即可进行负温、抗冻融性能试验。

2. 负温、抗冻融性能试验

（1）抗冻混凝土除按以上进行试配和调整外，尚应作负温和抗冻融性能试验，试验所用试件应以三个配合比中水灰比最大的混凝土制作。

（2）负温试验系按照常温试验后选定的配合比拌制混凝土，在同一批中取样同时成型两组抗压强度试件。其中一组成型后，即放于20℃标准条件下养护至28d试压得强度f_{28}；另一组成型后先在20℃室内静置若干小时（试件边长为100mm时为4h，试件边长为150mm时为2h），然后送入具有规定温度的低温室（温度为估计实际浇筑养护期间混凝土硬化初期几天内的日平均温度±2℃），试件在低温室存放14d后取出转入20℃标准养护室，继续养护21d，取出试压得强度$f_{14'+21}$。则所得强度应满足下式要求：

$$f_{14'+21} \geqslant f_{28} \tag{10-46}$$

$$f_{28} \geqslant f_F \tag{10-47}$$

若试验结果可满足上两式要求，表明防冻剂可以达到防冻效果，混凝土不会遭受冻害，该配合比可以达到设计要求的强度等级。否则需增加防冻剂的掺量，或改用其他防冻剂，或需减少水灰比或改用高强度等级水泥配制。调整后的配合比应重作试验，直至完全满足上述要求为止。此时的配合比即可提供施工使用。

（3）抗冻融性能试验应加作试件。试件在室内成型后先在20℃条件下静置几小时（具体时间与抗压试件相同），然后送入具有规定温度的低温室，养护至14d时取出转入20℃标准养护室继续养护21d后取出试压，所得结果应满足设计要求。如不能满足要求，则应调整配合比，重作试验，直至所有指标（包括抗压强度）均满足要求为止。此时的配合比即可提供施工使用。

10.3　砂的细度模数计算

砂的细度模数，是用以表示砂的粗细程度的一个重要指标。细度模数大，表示砂子粗，反之则细。在混凝土中，用砂不宜过粗或过细，当砂的用量相同时，如砂过粗，则拌出的混凝土粘聚性较差，易于产生泌水、离析；如砂过细，则它的总表面积较大，需用较多的水泥浆包裹砂子，因而配制混凝土需耗用较多水泥，因此必须根据结构和施工要求，恰当的选用砂的细度模数，以获得最优的质量。

砂的细度模数一般通过筛分法来测定。砂的筛分是用一套孔径为10mm、5mm、2.5mm（净孔）的圆孔筛以及筛孔尺寸为1.25mm、0.63mm、0.315mm、0.16mm（净孔）的方孔筛，试验时称取烘干的砂试样500g，由大到小顺序过筛，然后分别称出筛子上的砂重，并计算各筛上的"分计筛余"（%）及"累计筛余"（%）。

分计筛余$a_{1\sim6}$按下式计算：

$$a_{1\sim6}(\%) = \frac{各号筛上的筛余量}{试样总重} \times 100\% \tag{10-48}$$

累计筛余$\beta_{1\sim6}$按下式计算：

$$\beta_{1\sim6}(\%) = 该号筛上的分计筛余(\%) + 大于该号筛的各筛余(\%)之和 \tag{10-49}$$

式中　a_1、a_2、a_3、a_4、a_5、a_6——分别为孔径（单位：mm）5.0、2.5、1.25、0.63、0.315、0.16各筛上的分计筛余百分率（%）；

β_1、β_2、β_3、β_4、β_5、β_6——分别为孔径（单位：mm）5.0、2.5、1.25、0.63、

0.315、0.16 各筛上的累计筛余百分率（%）。

分计筛余与累计筛余的关系可表示如表 10-18 所示。

由上表知，累计筛余愈大，砂也就愈粗。由于细度模数的定义为：所有累计筛余之总和的百分率，并应扣除 5mm 筛孔以上的"砂"，其去掉 5β，相应分母 100 亦去掉 β，因而，细度模数可按下式计算：

$$\mu_f = \frac{(\beta_2 + \beta_3 + \beta_4 + \beta_5 + \beta_6) - 5\beta_1}{100 - \beta_1} \tag{10-50}$$

式中 μ_f——砂子的细度模数；

其他符号意义同上。

分计筛余与累计筛余关系 表 10-18

筛孔尺寸(mm)	分计筛余(%)	累 计 筛 余(%)
5.00	a_1	$\beta_1 = a_1$
2.50	a_2	$\beta_2 = a_1 + a_2$
1.25	a_3	$\beta_3 = a_1 + a_2 + a_3$
0.63	a_4	$\beta_4 = a_1 + a_2 + a_3 + a_4$
0.315	a_5	$\beta_5 = a_1 + a_2 + a_3 + a_4 + a_5$
0.16	a_6	$\beta_6 = a_1 + a_2 + a_3 + a_4 + a_5 + a_6$

根据《普通混凝土用砂质量标准及检验方法》（JGJ 52）规定，砂按细度模数的大小分为：粗砂（$\mu_f = 3.7 \sim 3.1$）；中砂（$\mu_f = 3.0 \sim 2.3$）；细砂（$\mu_f = 2.2 \sim 1.6$）；特细砂（$\mu_f = 1.5 \sim 0.7$）。

【例 10-7】 筛分 500g 砂试样，测得各号筛上的筛余重量为 5.00mm 筛上 27.5g；2.50mm 筛上 42g；1.25mm 筛上 47g；0.63mm 筛上 191.5g；0.315mm 筛上 102.5g；0.16mm 筛上 82g；0.16mm 以下为 7.5g，试确定该砂粗细程度。

【解】 (1) 计算分计筛余和累计筛余，如表 10-19。

500g 试样筛分统计表 表 10-19

筛孔尺寸(mm)	筛余重量(g)	分计筛余(%)	累计筛余(%)
5.00	27.5	5.5	5.5
2.50	42.0	8.4	13.9
1.25	47.0	9.4	23.3
0.63	191.0	38.3	61.6
0.315	102.5	20.5	82.1
0.16	82.0	16.4	98.5
0.16 以下	7.5	1.5	100.0

(2) 细度模数按式 (10-50) 计算得：

$$\mu_f = \frac{(13.9 + 23.3 + 61.6 + 82.1 + 98.5) - 5 \times 5.5}{100 - 5.5} = 2.67$$

结果评定：此砂细度模数在 3.0~2.3 之间，属于中砂。

10.4 砂石堆体积计算

建筑工程施工现场，常会遇到上下为矩形且平行的四周放坡的砂、石子堆（或土石方工程、混凝土工程，下同），而需计算其体积。

砂、石子堆的外形一般有两种情况：

1. 外形像棱台，上、下面为平行的相似多边形，上、下面各对应边的比值相等，各侧面均呈梯形，其各个侧棱的延长线交于一点，如图 10-1a 所示。这种棱台的体积计算，可按大棱锥体积减去上面小棱锥的体积计算：

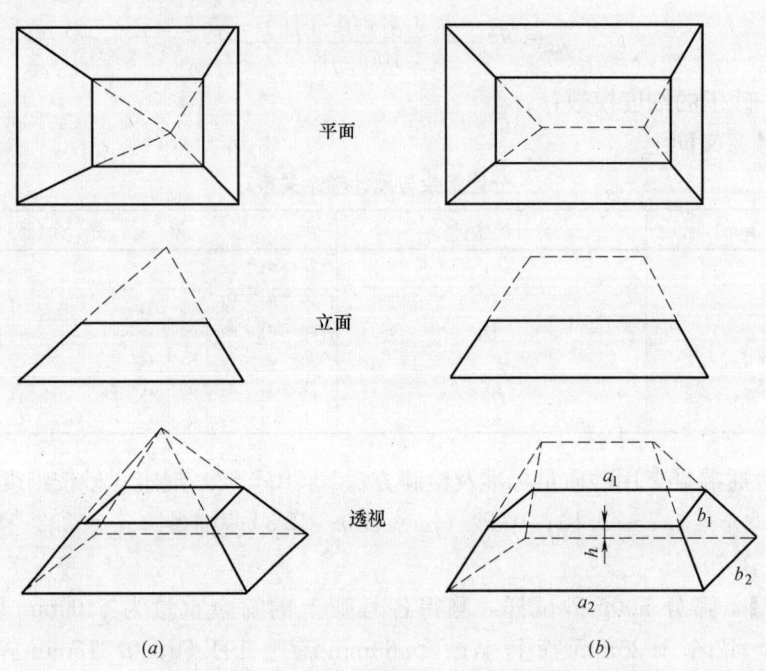

图 10-1 棱台与拟柱体（梯形体）
(a) 四棱台；(b) 拟柱体（梯形体）

$$V = \frac{h}{3}(A_1 + A_2 + \sqrt{A_1 \cdot A_2}) \tag{10-51}$$

式中 V——砂、石子堆体积（m^3）；
　　　h——砂、石子堆高度（m）；
　A_1、A_2——砂、石子堆上、下底面积（m^2）

2. 外形大都不是正规堆积的，只是使上、下底面保持平行，四个侧面为梯形的六面体，其侧棱的延长线并不交于一点（图 10-1b），上、下两个面也不一定相似，这种形体称拟柱体（梯形体），其堆积体积计算是先将梯形体切成中间矩形体、四边三棱柱、四角四棱锥，将它们相加，按下式计算：

$$V = \frac{h}{6}(A_1 + A_2 + 4A_0) \tag{10-52a}$$

或 $$V = \frac{h}{6}[a_1 b_1 + a_2 b_2 + (a_1 + a_2)(b_1 + b_2)] \tag{10-52b}$$

其中 $A_1 = a_1 b_1$；$A_2 = a_2 b_2$ \hfill (10-52c)

式中 A_0——砂、石子堆中截面（$h/2$ 处）面积（m^2）；

其他符号意义同前。

式（10-52a）、式（10-52b）也适用于棱台、柱体、锥体体积的计算，可视作是拟柱体的特殊情况。

【例 10-8】 现场有一砂（石子）堆，下底面为长 7.0m、宽 4.4m 的矩形，上顶面为长 6.0m、宽 3.2m 的矩形，高度为 1.5m，试求此砂（石子）堆的体积。

【解】 这一砂（石子）堆的几何形状不是一个棱台，因其侧棱的延长线不能交汇于一点，但可视作拟柱体。其中截面尺寸为：

中截面矩形的长度为：$\frac{1}{2} \times (7+6) = 6.5 \text{m}$

中截面矩形的宽度为：$\frac{1}{2} \times (4.4+3.2) = 3.8 \text{m}$

由式（10-52c）得

$$A_1 = 7 \times 4.4 = 30.8 \text{m}^2$$
$$A_2 = 6 \times 3.2 = 19.2 \text{m}^2$$
$$A_0 = 6.5 \times 3.8 = 24.7 \text{m}^2$$

代入拟柱体的体积公式（10-52a）得：

$$V = \frac{h}{6}(A_1 + A_2 + 4A_0) = \frac{1.5}{6} \times (30.8 + 19.2 + 4 \times 24.7) = 37.2 \text{m}^3$$

或由式（10-52b）得：

$$V = \frac{h}{6}[a_1 b_1 + a_2 b_2 + (a_1 + a_2)(b_1 + b_2)]$$
$$= \frac{1.5}{6}[7 \times 4.4 + 6.5 \times 3.8 + (7+6)(4.4+3.2)] = 37.2 \text{m}^3$$

故知，砂（石子）堆体积为 37.2m³。

10.5 混凝土施工骨料含水率的测定及调整计算

一、骨料含水率的计算

根据理论计算和试拌调整所确定的混凝土配合比为理论配合比，其骨料系采用干燥状态的砂、石料，而现场实际砂、石子并非干燥的，因此在实际施工中，应视现场骨料的含水状况来进行修正，使调整成为施工配合比。

砂子含水率的现场简易快速测定可采用烘干法，其步骤方法是：(1) 向干净的砂盘中加入约 500g 砂子，称取砂盘和试样总重 m_2；(2) 把砂子烘干，冷却后，称取砂子和砂盘总重 m_3；(3) 称取砂盘重 m_1；(4) 砂子含水率 w_x 可按下式计算：

$$w_x = \frac{m_2 - m_3}{m_3 - m_1} \times 100\% \tag{10-53}$$

以两次试验结果的算术平均值作为砂子含水率。

同样，石子的含水率也可用烘干法测定，称试样重 1~1.5kg，可测得石子含水率 w_g。现场砂子含水率测定亦可近似以密度法按下式计算求得：

$$w = \frac{W - W_0(1 - w_0)}{W_0(1 - w_0)} \tag{10-54}$$

式中　w——现场砂子含水率；

　　　w_0——原砂子含水率；

　　　W_0——某一容器中原砂子重量；

　　　W——同一容器中现场砂子重量。

搅拌站根据新的砂子含水率，调整原配合比中砂子的重量和水的用量。

二、骨料含水率的调整计算

设混凝土理论配合比为：水泥：砂：石子$=1:x:y$，水灰比为W/C，并测得砂的含水率为w_x，石子含水率为w_y，则混凝土施工配合比为：

$$1:x(1+w_x):y(1+w_y) \tag{10-55}$$

实际上，现场砂和石子的含水率随气候的变化而变化，因此，在施工中必须经常测定其含水率，及时调整混凝土配合比，准确控制原材料用量，确保混凝土质量。

【例10-9】 已知砂用烘干法测得$m_1=500g$，$m_2=1000g$，$m_3=985g$，试求砂子的含水率。

【解】 按已知条件，砂子的含水率由式（10-53）得：

$$w_x = \frac{m_2-m_3}{m_3-m_1} \times 100\% = \frac{1000-985}{985-500} \times 100\% = 3.09\% \approx 3.1\%$$

故知，砂子的含水率为3.1%。

【例10-10】 已知混凝土理论配合比为：1:2.69:4.57:0.65（水泥:砂:石子:水），经测定砂的含水率为3%，石子的含水率为1%，试确定其施工配合比。

【解】 其施工配合比应为：$1:2.69\times(1+3\%):4.57\times(1+1\%):(0.65-2.69\times 3\%-4.57\times 1\%)=1:2.77:4.62:0.52$。

故知，其施工配合比为1:2.77:4.62:0.52。

10.6　混凝土搅拌配料计算

10.6.1　混凝土搅拌投料量计算

混凝土拌制投料量，应根据混凝土搅拌机出料容量和粗细骨料的实际含水率进行修正后而定，同时应考虑在搅拌一罐混凝土时，省去水泥的配零工作量，水泥投入量尽可能以整袋水泥计，或每5kg晋级取整数。

混凝土搅拌机的出料容量，在铭牌上有说明，材料的含水率，按材料含水时的重量应等于干燥状态下的重量加上干燥状态下的重量与含水率的乘积（此乘积即所含水量）按下式计算：

$$m_h = (1+w)m_d \tag{10-56}$$

式中　m_h——粗、细骨料含水时的重量（kg）；

　　　m_d——粗、细骨料干燥状态下的重量（kg）；

　　　w——粗、细骨料的含水率（%）。

【例10-11】 钢筋混凝土柱、梁，采用C20普通混凝土，设计重量配合比为：水泥:砂:碎石$=1:2.11:4.07$，水灰比$W/C=0.57$，水泥用量为307kg/m³　施工现场测得砂含水率为3%，碎石含水率为1.5%，采用J_4-1500强制式搅拌机拌制，出料容量为

1000L，试计算搅拌机在额定生产条件下一次搅拌的各种材料投料量。

【解】 其施工配合比和每立方米混凝土各种材料用量为：

施工配合比　1：2.11(1+3％)：4.07(1+1.5％)=1：2.17：4.13

每立方米混凝土各组成材料用量为：

　　水泥　　　　307kg
　　砂　　　　　307×2.17=666kg
　　碎石　　　　307×4.13=1268kg
　　水　　　　　0.57×307-2.11×307×0.03-4.07×307×0.015=136.8kg

则混凝土搅拌机每次（罐）投料量为：

　　水泥　　　　307×1.0=307kg，取 300kg，用 6 袋水泥
　　砂　　　　　300×2.17=651kg
　　碎石　　　　300×4.13=1239kg
　　水　　　　　300×0.57-300×2.11×0.03-300×4.07×0.015=133.7kg

【例 10-12】 条件同例 10-11，采用 J_1-400 自落式混凝土搅拌机拌制，出料容量为 260L，试计算搅拌机在额定生产条件下，一次搅拌的各种材料用量。

【解】 由例 10-11，已知每立方米水泥用量为 307kg，则每一次可加入水泥量为 307×0.26=79.8kg，为避免水泥配零工作，每拌合一次用一袋水泥（50kg），按水泥用量比例计，则每罐混凝土量为 $\frac{50}{307}=0.163\text{m}^3$

故混凝土搅拌机每次（罐）投料量为：

　　水泥　　　　50kg
　　砂　　　　　666×0.163=108.6kg　　用 109kg
　　碎石　　　　1268×0.163=206.7kg　　用 207kg
　　水　　　　　136.8×0.163=22.3kg　　用 22kg

10.6.2　混凝土掺外加剂投料量计算

混凝土掺外加剂用量计算的步骤是：先按外加剂掺量求纯外加剂用量，再根据已知浓度外加剂，求实际外加剂用量；然后计算配成水溶液后的每袋水泥的溶液掺量及扣除溶液含水量后的加水量。

【例 10-13】 C15 混凝土，用 42.5 级普通硅酸盐水泥配制，每立方米混凝土水泥用量为 210kg，水用量为 180kg，木钙减水剂掺量为水泥用量的 0.3％（纯度 95％），工地用木钙纯度 70％，试计算每袋（50kg）水泥掺木钙及水的用量。

【解】 每立方米混凝土纯木钙用量　210×0.3％=0.63kg

70％浓度木钙需用量为 $\frac{0.63\times0.95}{0.7}=0.86\text{kg}$

将这 0.86kg 木钙先调入 20kg 清水中成为木钙溶液，然后按水泥用量掺用。

每一次拌合用水泥一袋（即 50kg），则需用木钙溶液 $\frac{20.86\times50}{210}=4.97\text{kg}$

每袋水泥加水量为：$\frac{180\times50}{210}-\frac{20\times50}{210}=38.1\text{kg}$

10.7 混凝土浇灌计算

10.7.1 混凝土浇灌强度计算

混凝土浇筑，一般都用混凝土搅拌机拌制混凝土，或采用商品混凝土。为保证结构浇筑在混凝土的水泥初凝时间内接缝，必须配备足够的搅拌设备，而混凝土搅拌能力的配备，应根据结构浇灌强度（即每小时浇灌混凝土量）而定，需要先计算混凝土的浇灌强度。一般混凝土的最大浇灌强度可按下式计算：

$$Q=\frac{Fh}{t} \tag{10-57}$$

其中
$$t=t_1-t_2$$

式中 Q——混凝土的最大浇筑强度（m^3/h）；
F——混凝土最大水平浇筑截面积（m^2）；
h——混凝土分层浇筑厚度，随浇筑方式而定，一般为 0.2~0.5m；
t——每层混凝土浇筑时间（h）；
t_1——水泥的初凝时间（h）；
t_2——混凝土的运输时间（h）。

按式（10-57）求得混凝土的最大浇筑强度，即可根据现场混凝土搅拌机实际台班产量（按 6h 产量计），求得需设置的混凝土搅拌机数量，以及需用的运输汽车、振捣工具数量。当混凝土的搅拌、运输设备能力不能满足混凝土浇筑强度要求时，可考虑增设临时搅拌设备；或将基础按结构部件分段、分块浇筑，以减少一次浇筑面积；或在混凝土中掺加缓凝剂或缓凝性减水剂，以延缓水泥的初凝时间，降低浇筑速度等措施，都能收到良好的技术和经济效果。

【例 10-14】 高层建筑地下室筏板基础长 45m、宽 30m、厚 3.5m，混凝土强度等级为 C30，混凝土由搅拌站用混凝土搅拌运输车运送至现场，运输时间为 0.5h（包括装、运、卸），混凝土初凝时间为 4.0h，采用插入式振捣器振捣，混凝土每层浇筑厚度为 30cm，要求连续一次浇筑完成不留施工缝，试求混凝土的浇灌强度。

【解】 已知基础面积 $F=45\times30=1350m^2$
每层浇筑厚度为 0.3m
同时，已知 $t_1=4h$；$t_2=0.5h$
由式（10-57）混凝土浇筑强度为：

$$Q=\frac{Fh}{t_1-t_2}=\frac{1350\times0.3}{4.0-0.5}=116m^3/h$$

故知，该筏板基础混凝土浇筑强度为 $116m^3/h$。

10.7.2 混凝土浇筑时间计算

混凝土的浇筑时间一般按下式计算：

$$T=\frac{V}{Q} \tag{10-58}$$

式中　T——全部混凝土浇筑完毕需要的时间（h）；
　　　V——全部混凝土浇筑量（m³）；
　　　Q——混凝土的最大浇筑强度（m³/h）。

【例 10-15】　条件同例 10-14，试求混凝土浇完所需时间。

【解】　由上例知基础体积 $V=1350\times3.5=4725\text{m}^3$，$Q=116\text{m}^3/\text{h}$
由式（10-58）浇完该基础所需时间为：

$$T=\frac{V}{Q}=\frac{4725}{116}=40.7\text{h}$$

故知，浇筑完该基础需要 40.7h。

10.7.3　箱形基础外墙浇筑计算

箱形基础是高层建筑广泛采用的形式。其混凝土浇筑分底板、墙体和顶板三个阶段进行，其中底板和顶板的浇筑多按常规方法进行，质量较易控制。基础墙体的浇筑，因其关系到基础的结构防水性、耐久性和安全使用，合理组织混凝土的浇筑极为重要。墙体的浇筑顺序一般是：先浇筑外墙混凝土，在内墙上留与墙垂直的施工缝，再浇筑内墙混凝土。外墙体混凝土的浇筑，通常采用以下两种方法，并通过计算确定其有关参数。

1. 分层分段循环浇筑法

将外墙周边分成若干段浇筑，如图 10-2a，分为三个小组，分层分段循环浇筑，控制每层浇筑不超过混凝土初凝时间，依此循环作业，直至浇筑完成。采用本法应先计算确定每段的浇筑长度，它取决于现场混凝土的供料能力、浇筑强度、分层厚度和混凝土的初凝时间。

当混凝土浇筑强度确定，单位时间内的最大浇筑长度可按下式计算：

$$l_{\max}=\frac{Q}{hb} \tag{10-59}$$

当混凝土初凝时间确定，单位时间内最小的浇筑长度可按下式计算：

$$l_{\min}=\frac{Q}{hbt_1} \tag{10-60}$$

很明显，分段长度 l 应满足下式要求：

$$l_{\max}\geqslant l\geqslant l_{\min} \tag{10-61}$$

式中　$l_{\max}$——单位时间内最大浇筑长度（m）；
　　　$l_{\min}$——单位时间内最小浇筑长度（m）；
　　　l——分段浇筑长度（m）；
　　　Q——混凝土的浇筑强度（m³/h）；
　　　h——混凝土墙体分层浇筑厚度（m）；
　　　b——混凝土四周外墙厚度（m）；
　　　l——分段浇筑长度（m）；
　　　t_1——混凝土初凝时间（h）。

2. 分层分段一次浇筑法

系将外墙周边分成若干偶数段，例如图 10-2b，分为 2 段（或 4 段、6 段，下同），两

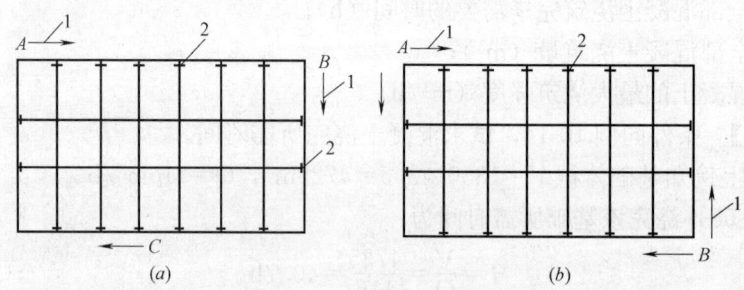

图 10-2 外墙体混凝土浇筑法
(a) 分层分段循环浇筑法；(b) 分层分段一次浇筑法
1—浇筑方向；2—施工缝

个浇筑小组，从1点（或2点、3点，下同）开始浇筑，至与另一浇筑组相汇后，再两组相对应向后延伸浇筑，直至周边混凝土闭合，分层浇筑至墙体全高，略低于顶板底面标高为止。每段的浇筑长度取决于混凝土的供料能力、浇筑强度和总的浇筑时间要求，而不受混凝土初凝时间的限制。

当混凝土浇筑强度确定，总的浇筑时间，可按下式计算：

$$T = \frac{LHb}{nQ} \tag{10-62}$$

式中 T——箱基外墙总的浇筑时间（h）；

L——箱基外墙周边长度（m）；

H——箱基外墙浇筑高度（m）；

n——箱基外墙分段数；

b、Q 符号意义同前。

如需缩短总的浇筑时间 T，可通过调整 n 来实现，但需考虑现场的供料能力，即 nQ 不能超过现场供料能力极限。

【例 10-16】 箱基外墙体拟采用分层分段循环浇筑，已知混凝土的浇筑强度 $Q=6.5\text{m}^3/\text{h}$，分层浇筑厚度 $h=0.3\text{m}$，墙体厚度 $b=0.2\text{m}$，混凝土初凝时间 $t_1=4\text{h}$，试求单位时间内的最大和最小浇筑长度。

【解】 由式（10-59）和式（10-60）得：

$$l_{\max} = \frac{Q}{hb} = \frac{6.5}{0.3 \times 0.2} = 108.3\text{m}$$

$$l_{\min} = \frac{Q}{hbt_1} = \frac{6.5}{0.3 \times 0.2 \times 4} = 27.0\text{m}$$

故知，单位时间内的最大和最小浇筑长度为108.3和27.0m。

【例 10-17】 箱基外墙体拟采用分层分段一次浇筑，已知外墙周边长度 $L=182\text{m}$，墙浇筑高度 $H=3.0\text{m}$，墙体厚度 $b=0.2\text{m}$，分两个施工段浇筑，浇筑强度 $Q=4.8\text{m}^3/\text{h}$，试求外墙总的浇筑时间。

【解】 由式（10-62）得：

$$T = \frac{LHb}{nQ} = \frac{182 \times 3 \times 0.2}{2 \times 4.8} = 11.4\text{h}$$

故知,外墙总的浇筑时间为11.4h。

10.8 泵送混凝土施工计算

10.8.1 初凝时间和用量的计算

大体积混凝土采用泵送时,由于使用大流动度混凝土,混凝土斜面的坡度一般常达到10%~12.5%,难以达到水平分层浇筑要求,因此混凝土浇筑时,多采用"分段定点、一个坡度、薄层浇筑、循序推进、一次到顶"的斜面分层浇筑方法。分段宽度一般为10m左右,每层浇筑厚度为300mm左右,每段混凝土浇筑顺序和混凝土斜面分层分别如图10-3和图10-4所示。

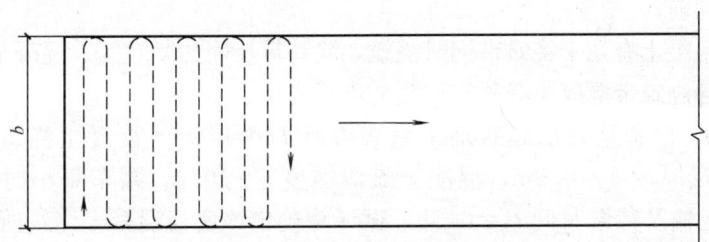

图10-3 每段混凝土浇筑顺序图
→浇筑方向

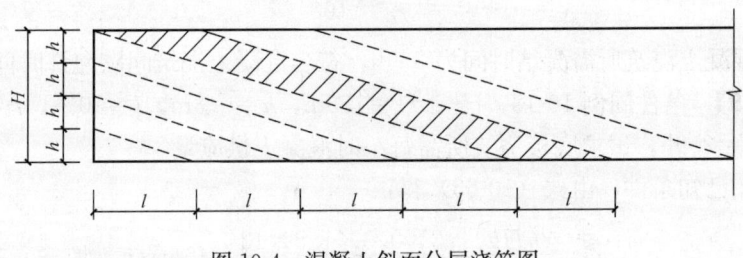

图10-4 混凝土斜面分层浇筑图

一、混凝土初凝时间计算

浇筑二层(皮)混凝土(一个来回)所需时间 t_1 (h)可按下式计算(图10-4):

$$t_1 = \frac{2V}{q} = \frac{2lHb}{q} = \frac{2\frac{h}{i}Hb}{q} = \frac{2hHb}{iq} \tag{10-63}$$

根据《混凝土结构工程施工质量验收规范》(GB 50204—2002)第7.4.4条规定:"同一施工段的混凝土应连续浇筑,并应在底层混凝土初凝之前将上一层混凝土浇筑完毕"。为保证浇筑第二层混凝土末段时第一层混凝土起始段不产生初凝,混凝土所需初凝时间t(h)应满足下式要求:

$$t \geqslant t_1 + t_2 \tag{10-64}$$

式中 V——较大方量一层混凝土体积(图10-4中较密斜线部分)(m³);

q——混凝土每小时供应量(或每小时排量)(m³/h);

l——混凝土流淌长度（m）；
H——混凝土底板厚度（m）；
b——混凝土每段（浇灌带）宽度（m）；
h——薄层混凝土浇筑时每层厚度（m）；
i——混凝土流淌坡度（%）；
t_2——混凝土运输、待泵时间（h）。

二、混凝土用量计算

如果混凝土初凝时间 t 已确定，即可按 T_1 式计算每小时所需供应量（或每小时排量）$q(\mathrm{m^3/h})$：

$$q \geqslant \frac{2hHb}{it_1} = \frac{2hHb}{i(t-t_2)} \tag{10-65}$$

符号意义同前。

如若底板混凝土有几个浇筑带同时浇筑，除计算所需初凝时间、混凝土供应量外，施工时尚应考虑各浇筑带混凝土必须在初凝前进行搭接。

【例 10-18】 已知某高层建筑地下室底板厚 $H=1.5\mathrm{m}$，混凝土浇筑宽度 $b=12\mathrm{m}$，每层混凝土浇筑厚度 $h=0.3\mathrm{m}$，混凝土流淌坡度 $i=10\%$，泵车每小时泵送混凝土量 $q=45\mathrm{m^3/h}$，运输及待泵时间 $t_2=0.5\mathrm{h}$，试计算确定该底板混凝土浇筑所需初凝时间。

【解】 按已知条件，由式（10-63）得：

$$t \geqslant t_1 + t_2 = \frac{2hHb}{iq} + t_2 = \frac{2 \times 0.3 \times 1.5 \times 12}{\frac{10}{100} \times 45} + 0.5 = 2.9\mathrm{h}$$

故知，混凝土浇筑所需凝结时间为 2.9h，符合混凝土浇筑间歇允许时间要求。

【例 10-19】 条件同例 10-18，已知 $H=1.5\mathrm{m}$，$h=0.3\mathrm{m}$，$i=10\%$，$t_2=0.5\mathrm{h}$，并通过试验已知 $t=2.9\mathrm{h}$，试求底板浇筑所需每小时混凝土供应量。

【解】 按已知条件，由式（10-65）得：

$$q \geqslant \frac{2hHb}{i(t-t_2)} = \frac{2 \times 0.3 \times 1.5 \times 12}{\frac{10}{100} \times (2.9-0.5)} = 45\mathrm{m^3/h}$$

故知，底板浇筑每小时浇筑需混凝土量为 45m³。

10.8.2 混凝土泵车或泵输送能力计算

混凝土泵车或泵的输送能力是以单位时间内最大输送距离和平均输出量来表示。

一、混凝土输送管的水平换算长度计算

在规划泵送混凝土时，应根据工程平面和场地条件确定泵车（或泵，下同）的停放位置，并做出配管设计，使配管长度不超过泵车的最大输送距离。单位时间内的最大排出量与配管的换算长度密切相关，如表 10-20 所示。但配管是由水平管、垂直管、斜向管、弯管、异形管以及软管等各种管组成。在选择混凝土泵车和计算泵送能力时，应将混凝土配管的各种工作状态换算成水平长度，配管的水平换算长度一般可按下式计算：

$$L = (l_1 + l_2 + \cdots) + k(h_1 + h_2 + \cdots) + fm + bn_1 + tn_2 \tag{10-66}$$

10.8 泵送混凝土施工计算

式中 L——配管的水平换算长度（m）；

l_1、l_2…——各段水平配管长度（m）；

h_1、h_2…——各段垂直配管长度（m）；

m——软管根数（根）；

n_1——弯管个数（个）；

n_2——变径锥形管个数（个）；

k、f、b、t——分别为每米垂直管及每根软管、弯管、变径管的换算长度，可按表10-21取用。

配管换算长度与最大排出量的关系　　　　　　　　表10-20

水平换算长度(m)	最大排出量与设计最大排出量对比(%)	水平换算长度(m)	最大排出量与设计最大排出量对比(%)
0~49	100	150~179	80~70
55~99	90~80	180~199	70~60
100~149	80~70	200~249	60~50

注：1. 本表条件为：混凝土坍落度12cm，水泥用量300kg/m³。
　　2. 坍落度降低时，排出量对比值还应相应减少。

各种配管与水平管换算表　　　　　　　　表10-21

项次	项　目	管型规格		换算成水平管长度(m)
1	向上垂直管 k（每1m）	管径100mm(4″)		4
		管径125mm(5″)		5
		管径150mm(6″)		6
2	软管 f	每5~8m长的1根		20
3	弯管 b（每1个）	曲率半径 $R=0.5$m	90°	12
			45°	6
			30°	4
			15°	2
		曲率半径 $R=1.0$m	90°	9
			45°	4.5
			30°	3
			15°	1.5
4	变径管 t（锥形管）（每1根）$l=1$~2	管径175→150mm		4
		管径150→125mm		8
		管径125→100mm		16

注：1. 本表的条件是：输送混凝土中的水泥用量300kg/m³以上，坍落度21cm；当坍落度小时换算率应适当增大。
　　2. 向下垂直管，其水平换算长度等于其自身长度。
　　3. 斜向配管时，根据其水平及垂直投影长度，分别按水平、垂直配管计算。

在编制泵送作业设计时，应使泵送配管的换算长度小于泵车的最大输送距离。垂直换算长度应小于0.8倍泵车的最大输送距离。

二、混凝土泵车或泵的最大水平输送距离计算

可由试验确定；或查泵车（或泵，下同）技术性能表（曲线）确定；或根据混凝土泵车出口的最大压力、配管情况、混凝土性能指标和输出量按下式计算：

$$L_{max}=\frac{P_{max}}{\Delta P_H} \tag{10-67}$$

$$\Delta P_H = \frac{2}{r_0}\left[K_1 + K_2\left(1+\frac{t_2}{t_1}\right)V_0\right]\alpha_0 \tag{10-68}$$

$$K_1 = (3.00 - 0.01S) \cdot 10^2 \tag{10-69}$$

$$K_2 = (4.00 - 0.01S) \cdot 10^2 \tag{10-70}$$

式中 $L_{\max}$ ——混凝土泵车的最大水平输送距离（m）；

$P_{\max}$ ——混凝土泵车的最大出口压力（Pa），可从泵车的技术性能表中查得；

ΔP_H ——混凝土在水平输送管内流动每米产生的压力损失（Pa/m）；

r_0 ——混凝土输送管半径（m）；

K_1 ——粘着系数（Pa）；

K_2 ——速度系数 Pa/(m·s)；

S ——混凝土坍落度（cm）；

t_2/t_1 ——混凝土泵分配切换时间与活塞推压混凝土时间之比，一般取 0.3；

V_0 ——混凝土拌合物在输送管内的平均流速（m/s）；

α_0 ——径向压力与轴向压力之比，对普通混凝土取 0.90。

当配管有水平管、向上垂直或弯管等情况时，应先按表 10-24 进行换算，然后再用上两式进行计算。

三、泵送混凝土阻力计算

泵送混凝土阻力可按以下经验公式计算：

$$P = \Sigma \Delta P_r L_r + \gamma H + 3\Sigma \Delta P_r m_r + 2\Sigma \Delta P_r N_r \tag{10-71}$$

式中 P ——泵送阻力（MPa）；

ΔP_r ——半径等于 r 的水平管道压力损失（MPa/m），可从图 10-5 中查得；

γ ——混凝土的重力密度（kN/m³）；

L_r ——半径等于 r 的管道总长度（m）；

H ——泵送混凝土垂直距离（m）；

m_r ——半径等于 r 的弯管数（个）；

N_r ——软管长度（m）。

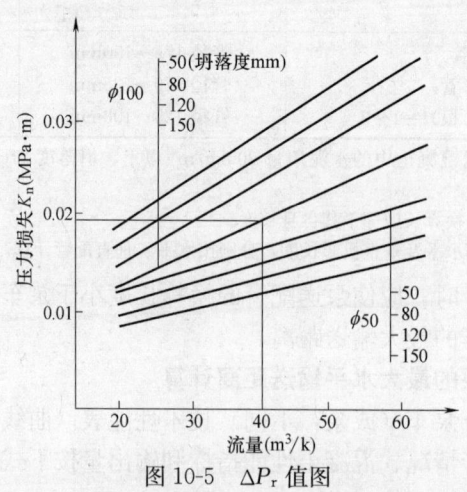

图 10-5 ΔP_r 值图

一般经过弯管的压力损失，约为 1m 长的水平管的三倍；经过软管的压力损失，最多为经过相同长度的水平管的两倍。

四、混凝土泵车或泵的平均输出量计算

一般是根据泵车（或泵，下同）的最大排出量，结合配管条件系数按下式计算：

$$Q_A = q_{max} \cdot \alpha \cdot \eta \tag{10-72}$$

式中 Q_A——泵车的平均输出量（m³/h）；

q_{max}——泵车最大排出量，可从技术性能表中查得，如 DC-S115B 型泵车为 70m³/h；

α——配管条件系数，可取 0.8～0.9；

η——作业效率，根据混凝土搅拌运输车混凝土泵车供料的间歇时间、拆装混凝土输送管和布料停歇等情况，可取 0.5～0.7；一台搅拌运输车供料取 0.5；两台搅拌运输车同时供料取 0.7。

五、混凝土泵的泵送能力验算

根据具体的施工情况和有关计算尚应符合以下要求：

1. 混凝土输送管道的配管整体水平换算长度，应不超过计算所得的最大水平泵送距离。

2. 按表 10-22 和表 10-23 换算的总压力损失，应小于混凝土泵正常工作的最大出口压力。

混凝土泵送的换算压力损失 表 10-22

管件名称	换算量	换算压力损失(MPa)	管件名称	换算量	换算压力损失(MPa)
水平管	每20m	0.10	90°弯管	每只	0.10
垂直管	每5m	0.10	管路截止阀	每个	0.80
45°弯管	每只	0.05	3～5m 橡皮软管	每根	0.20

附属于泵体的换算压力损失 表 10-23

部位名称	换算量	换算压力损失(MPa)
Y 形管 175～125mm	每只	0.05
分配阀	每个	0.08
混凝土泵起动内耗	每台	2.80

【例 10-20】 高层建筑筏板式基础，采用混凝土输送泵车浇筑，泵车的最大出口泵压 $P_{max} = 4.71 \times 10^6$ Pa，输送管直径为 125mm，每台泵车水平配管长度为 120m，装有一根软管，二个弯管和三根变径管，混凝土坍落度 $S = 18$cm，混凝土在输送管内的流速 $V_0 = 0.56$m/s，试计算混凝土输送泵的输送距离，并验算泵送能力能否满足要求。

【解】 由式（10-66）配管的水平换算长度为：

$$L = l + fm + bn_1 + tn_2 = 120 + 20 \times 1 + 12 \times 2 + 16 \times 3 = 212\text{m}$$

由式（10-68），取 $t_2/t_1 = 0.3$，$\alpha_0 = 0.9$

$$K_1 = (3.0 - 0.01S) \cdot 10^2 = (3.0 - 0.01 \times 18) \times 10^2 = 282\text{Pa}$$

$$K_2 = (4.0 - 0.01S) \cdot 10^2 = (4.0 - 0.01 \times 18) \times 10^2 = 382\text{Pa}$$

$$\Delta P_H = \frac{2}{r_0} \left[K_1 + K_2 \left(1 + \frac{t_2}{t_1}\right) V_0 \right] \alpha_0$$

$$=\frac{2\times 2}{0.125}[282+382(1+0.3)\times 0.56]\times 0.9=16130\text{Pa/m}$$

由式（10-67）混凝土输送泵车的最大输送距离为

$$L_{max}=\frac{P_{max}}{\Delta P_H}=\frac{4.71\times 10^6}{16130}=292\text{m}$$

又由表 10-22 和表 10-23 换算的总压力损失为：
（设另装有 Y 形管一只，分配阀一个）

$$P=\frac{120}{6}\times 0.1+1\times 0.20+2\times 0.2+1\times 0.05+1\times 0.08+2.8=4.13\text{MPa}$$

由以上计算知混凝土输送管道的配管整体水平换算长度为 212m，不超过计算所得的最大泵送距离 292m；混凝土泵送的换算压力损失为 4.13MPa，小于混凝土泵的最大出口压力 4.71MPa，故知能满足要求。

【例 10-21】 某宾馆工程楼面泵送混凝土浇筑管道布置如图 10-6 所示，试计算其配管的水平换算长度。

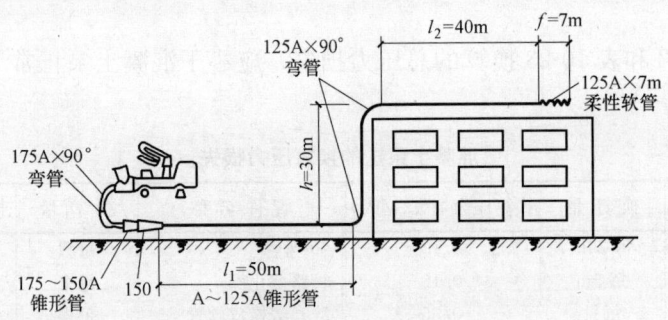

图 10-6 泵送混凝土浇筑管道布置图

【解】 由图 10-6 知，配管的水平换算长度为：

$$L=弯管+锥形管+水平管+垂直管+柔性软管$$
$$=4\times 4+1\times 4+1\times 8+50+40+5\times 30+2\times 7=282\text{m}$$
$$\qquad\qquad\qquad\qquad(l_1)\ (l_2)\qquad(h)$$

故知，配管的水平换算长度为 282m。

10.8.3 混凝土泵选用计算

高层建筑施工中，一般主体结构的混凝土量很大，一栋 1~3 万平方米的高层建筑，上部结构的混凝土垂直运输量高达 2.9~8.6 万立方米。因此，恰当选用垂直运输机械是确保工程顺利进行的重要环节。高层建筑混凝土垂直运输机械通常采用塔吊或泵送，采用哪种机械合理、适用、需要进行一定的工期计算来确定，以下简介经验判别式。

当采用塔吊运送混凝土工期（d/层）$M<[M]$ 时，可用塔吊运输；反之，若 $M>[M]$ 时，宜选用混凝土泵输送混凝土，可按下式计算需要的工期：

$$M=\frac{(H_{max}/V_1+H_{max}/V_2+t_1+t_2)Q}{60bcq} \tag{10-73}$$

式中 M——用塔吊提升混凝土时，每个标准层所需要的工期（d）；

H_{max}——标准层最高一层标高 (m);
V_1——吊钩上升速度 (m/min);
V_2——空钩下降速度 (m/min);
t_1——起重臂每吊回转时间 (min);
t_2——塔吊装卸吊钩时间 (min);
Q——每个标准层所需浇筑的混凝土量 (m³);
b——每个台班工作时间 (h);
c——每天每台塔吊的台班数 (台班);
q——塔吊每台混凝土量 (m)³;
$[M]$——每个标准层允许混凝土施工工期 (d),由网络计划确定。

上式可作为高层建筑施工中选择混凝土泵的经验判别式;对于混凝土泵的具体型号及所需要的台数,还应根据有关规程,结合工程具体条件和产品技术参数进行选用。

【例 10-22】 某大厦高层建筑通过网络确定主体结构施工进度为每天浇筑一层,即 $[M]=1d$,已知 $Q=360m^3$,$H_{max}=95m$,拟采用 70HC 内爬式塔吊进行输送,有关技术参数为:$V_1=28.7m/min$,$V_2=57.2min$,$t_1=0.5min$,$b=2min$,$q=1m^3/吊$,$b=7h$,$c=3$ 台班。试计算确定采用塔吊还是采用混凝土泵输送能满足工期要求。

【解】 根据已知条件,由式 (10-73) 得:

$$M = \frac{(H_{max}/V_1 + H_{max}/V_2 + t_1 + t_2)Q}{60bcq}$$

$$= \frac{(95/28.7 + 95/57.2 + 0.5 + 2) \times 360}{60 \times 7 \times 3 \times 1}$$

$$= 2.1d > [M] \ (=1d)$$

故知,用 1 台 70HC 内爬塔吊不能满足标准层最高一层的混凝土输送要求,因此,要选择混凝土泵,采用泵送混凝土。

10.9 补偿收缩混凝土施工计算

补偿收缩混凝土(又称膨胀混凝土)是用膨胀水泥或普通水泥掺入膨胀剂,与粗细骨料和水配制而成。这种混凝土具有微膨胀特性,可用来抵消混凝土的全部或大部分收缩,因而可避免或大大减轻混凝土的开裂,同时还具有良好的抗渗性和较高的强度。适用于屋面、地下结构、水池、贮液罐等防水和抗裂工程应用。

补偿收缩混凝土的性能要求是:限制膨胀率(即在配筋或其他限制下,混凝土产生的体积膨胀率)不小于 1.5×10^{-4};限制收缩率(即在配筋或其他限制下,混凝土产生的体积收缩率)不大于 4.5×10^{-4};28d 抗压强度不小于 20.0MPa。

在补偿收缩混凝土工程中,主要通过设计计算和采取技术措施控制限制膨胀率来达到控制结构裂缝的目的。

补偿收缩混凝土的最终变形按下式计算:

$$\Delta \varepsilon = \varepsilon_{2p} - \varepsilon_{2s} \tag{10-74}$$

对于不允许出现拉应力的结构构件中,应使

$$\Delta\varepsilon \geqslant 0 \quad \text{或} \quad \varepsilon_{2p} = \varepsilon_{2s} \tag{10-75}$$

对于不允许出现裂缝的结构构件中,应使

$$\Delta\varepsilon \leqslant |\varepsilon_{l\max}| \quad \text{或} \quad \varepsilon_{2p} = \varepsilon_{2s} - |\varepsilon_{l\max}| \tag{10-76}$$

式中 $\Delta\varepsilon$——补偿收缩后的最终变形(即剩余变形);

ε_{2p}——限制膨胀率;

ε_{2s}——限制收缩率,即各种收缩率之和,在补偿干缩时 $\varepsilon_{2s} = \varepsilon_2$(干缩率);在同时补偿干缩与冷缩时,$\varepsilon_{2s} = \varepsilon_2 + \varepsilon_T$(冷缩率);

$\varepsilon_{l\max}$——混凝土的极限延伸值,即混凝土出现裂缝的最大应变值(负值)。

【**例 10-23**】 高层建筑地下室钢筋混凝土底板,拟采用补偿收缩混凝土浇筑,根据设计的混凝土强度等级、湿度及长期埋在地下的特点,已知 $\varepsilon_2 = 5 \times 10^{-4}$,$\varepsilon_{l\max} = -2 \times 10^{-4}$,不允许出现裂缝,试求符合要求的限制膨胀率。

【**解**】 由式 (10-74),不允许出现裂缝时,应使 $\Delta\varepsilon = \varepsilon_{l\max}$,则

$$\varepsilon_{2p} = \Delta\varepsilon + \varepsilon_{2s} = \varepsilon_{l\max} + \varepsilon_{2s} = -2 \times 10^{-4} + 5 \times 10^{-4} = 3 \times 10^{-4}$$

故知,湿养护 14d 的底板的限制膨胀率达到 3×10^{-4},即可控制裂缝出现。

10.10 混凝土弹性模量的推算

混凝土的弹性模量是混凝土抵抗弹性变形能力的一个重要指标,可根据混凝土的强度等级值,按以下公式推算:

$$E_c = \frac{10^5}{2.2 + \dfrac{34.7}{f_{cu,k}}} \tag{10-77}$$

式中 E_c——混凝土的弹性模量(N/mm²);

$f_{cu,k}$——混凝土强度等级值(N/mm²),即混凝土抗压强度标准值。

潮湿状态下的 E_c 值比干燥时大;蒸汽养护混凝土的 E_c 值比潮湿养护要降低 10%。

【**例 10-24**】 已知混凝土强度等级值为 C20,试求其弹性模量值。

【**解**】 由式 (10-77) 得:

$$E_c = \frac{10^5}{2.2 + \dfrac{34.7}{20}} = \frac{10^5}{3.935} = 2.54 \times 10^4 \text{ N/mm}^2$$

根据式 (10-77) 求出与立方体抗压强度标准值相对应的弹性模量列于表 10-24。

混凝土弹性模量($\times 10^4$ N/m²) 表 10-24

混凝土强度等级	C15	C20	C25	C30	C35	C40	C45	C50	C55	C60	C65	C70	C75	C80
E_c	2.20	2.55	2.80	3.00	3.15	3.25	3.35	3.45	3.55	3.60	3.65	3.70	3.75	3.80

10.11 混凝土碳化深度计算

空气中的 CO_2 气体渗透到混凝土内,与其碱性物质 $Ca(OH)_2$ 起化学反应生成碳酸盐和水,使混凝土碱度降低的过程称为混凝土碳化。当碳化深度超过混凝土的保护层时,在

水和空气存在的条件下,就会使混凝土失去对钢筋的保护作用,使钢筋开始生锈。

混凝土的碳化深度可用多系数方程来计算:

$$D = \eta_1 \eta_2 \eta_3 \eta_4 \eta_5 \eta_6 \alpha \sqrt{t} \tag{10-78}$$

式中 $\eta_1 \cdots \eta_6$——影响系数,见表10-25;

α——碳化速度系数,对普通混凝土 $\alpha = 2.32$;

t——碳化龄期(d);

D——混凝土的碳化深度(mm)。

碳化影响系数 表10-25

水泥用量 (kg/m³)	η_1	水灰比	η_2	粉煤灰掺量 (%)	η_3	水泥品种	η_4	骨料品种	η_5	养护方法	η_6
250	1.4	0.4	0.7	0	1.0	普硅42.5	1.0	天然轻骨料	1.0	标准养护	1.0
300	1.0	0.5	1.0	10	1.3	矿渣42.5	1.35	人造轻骨料	0.6	蒸汽养护	1.85
350	0.9	0.6	1.4	20	1.5	火山灰42.5	1.35	卵石	0.55		
400	0.8	0.7	1.9	30	2.0	矿渣32.5	1.5	普通砂	1.0		
500	0.7							破碎轻砂	1.4		
								珍珠岩砂	2.0		

【例10-25】 某混凝土墙、柱采用42.5级普通硅酸盐水泥配制混凝土,水泥用量为300kg/m³,水灰比为0.5,用普通砂、石子,混凝土采用标准养护,混凝土龄期为90d,试求碳化深度。

【解】 由已知条件查表10-25, $\eta_1 = \eta_2 = \eta_3 = \eta_4 = \eta_5 = \eta_6 = 1$, $\alpha = 2.32$, 由式(10-78)得:

$$D = 1 \times 1 \times 1 \times 1 \times 1 \times 1 \times 2.32 \times \sqrt{90} = 22 \text{mm}$$

故知,墙、柱混凝土碳化深度为22mm。

10.12 混凝土强度的换算

混凝土强度的换算是施工中常遇到的问题,如已知混凝土的 nd 强度,需要推算出相当28d标准龄期的强度,或另一个龄期的强度等;或已知标准养护28d龄期的强度,需要推算 nd 龄期的强度等。由大量的试验知,混凝土强度增长情况大致与龄期的对数成正比例关系,其关系式如下:

$$f_n = f_{28} \frac{\lg n}{\lg 28} \tag{10-79}$$

或

$$f_{28} = \frac{f_n \lg 28}{\lg n} \tag{10-80}$$

式中 f_n——nd 龄期的混凝土抗压强度(MPa),$n > 3$;

f_{28}——28d 龄期的混凝土抗压强度(MPa);

$\lg 28$、$\lg n$——28 和 n($n \not< 3$)的常用对数。

根据上式可由一个已知龄期的混凝土强度推算另一个龄期强度。上式只适用于在标准养护条件下,而且龄期大于(或等于)3d的情况。采用普通水泥拌制的中等强度等级的混凝土，由于水泥品种、养护条件、施工方法等常有差异，混凝土强度发展与龄期的关系也不尽相同，故此只能作为大致推算参考用。

【例 10-26】 已知一组普通水泥混凝土试块的 38d 的平均抗压强度为 32.5MPa，试换算该组试块在标准养护条件下 28d 和 60d 达到的强度。

【解】 由式（10-79）、式（10-80）得：

$$f_{28}=\frac{32.5\lg28}{\lg38}=29.8\text{MPa}$$

$$f_{60}=\frac{29.8\lg60}{\lg28}=36.6\text{MPa}$$

故换算的强度分别为 29.8MP 和 36.6MPa

10.13 混凝土强度的推算

一、利用 7d 抗压强度（f_7）推算 28d 抗压强度

可用以下相关经验公式计算：

$$f_{28}=f_7+r\sqrt{f_7} \tag{10-81}$$

式中 f_{28}——28d 龄期的混凝土抗压强度（MPa）；

f_7——7d 龄期的混凝土抗压强度（MPa）；

r——常数，由试验统计资料确定，一般取 $r=1.5\sim3.0$。

上式适合于中等水泥强度等级普通水泥混凝土标准养护条件下强度的推算。

二、利用已知两个相邻早期抗压强度推算任意一个后期强度

可按以下经验公式计算：

$$f_n=f_a+m(f_b-f_a) \tag{10-82}$$

式中 f_n——任意一个后期龄期（常用龄期为 14、28、60、90d 等）nd 的抗压强度（MPa）；

f_a——前一个早龄期（常用龄期为 3、4、5、7d 等）ad 的混凝土抗压强度（MPa）；

f_b——后一个早龄期（常用龄期为 7、8、10、14d 等）bd 的混凝土抗压强度（MPa）；

m——常数值，按下式计算：

$$m=\frac{\lg(1+\lg n)-\lg(1+\lg a)}{\lg(1+\lg b)-\lg(1+\lg a)} \tag{10-83}$$

已知 a、b 值，推算 28d 强度的 m 值列于表 10-26 中，可直接查用。

推算 28d 强度的 m 值表　　　　　　表 10-26

m a \ b	4	6	7	8	10	12	14	16	18	21
2	3.04	2.02	1.81	1.66	1.47	1.35	1.26	1.20	1.15	1.09
3		2.73	2.28	2.00	1.67	1.48	1.35	1.26	1.19	1.12
4			3.00	2.46	1.91	1.63	1.45	1.33	1.24	1.14

续表

a \ b	4	6	7	8	10	12	14	16	18	21
5				3.22	2.24	1.81	1.56	1.40	1.29	1.17
6					2.72	2.04	1.70	1.49	1.34	1.20
7						2.37	1.87	1.59	1.41	1.23
8							2.10	1.72	1.48	1.27
9								1.87	1.57	1.31
10									1.68	1.35

三、利用已知 28d 的抗拉强度 $f_{t(28)}$ 推算不同龄期的抗拉强度

可按以下经验公式计算：

$$f_t(t)=0.8f_t(\lg t)^{2/3} \qquad (10\text{-}84)$$

式中　$f_t(t)$——不同龄期的抗拉强度（MPa）；

　　　f_t——龄期为 28d 的抗拉强度（MPa）。

在计算中遇有弯拉、偏拉受力状态，考虑低拉应力区对高拉应力区的"模箍作用"，应乘以 $\gamma=1.7$ 系数，借以表达抗拉能力的提高。

四、混凝土抗拉与抗压强度的关系

国内外进行了大量试验，可采用以下指数经验公式表示：

$$f_t = a f_c^b \qquad (10\text{-}85)$$

或

$$\lg f_t = \lg a + b \lg f_c \qquad (10\text{-}86)$$

式中　f_t——混凝土轴向抗拉强度（MPa）；

　　　f_c——混凝土立方体抗压强度（MPa）；

　　　a、b——常数值，a 大约在 $0.3 \sim 0.4$ 之间，b 大约在 0.7 左右，国内科研单位试验得到的常数值如表 10-27。

指数经验式的常数值　　　表 10-27

项　次	试　验　单　位	a	b	备　注
1	水利水电科学研究院	0.305	0.732	劈裂法
	刘家峡水电局	0.33	0.72	劈裂法
	中国建筑科学研究院	0.32	0.65	劈裂法
2	水利水电科学研究院	0.55	0.68	轴拉法
	中国建筑科学研究院	0.72	0.633	轴拉法
	铁道科学研究院	0.72	0.633	轴拉法

由大量试验知，混凝土抗拉强度与同龄期抗压强度的关系随不同条件而变化，其变化范围大约为 $\frac{1}{10} \sim \frac{1}{16}$，亦即混凝土的抗拉强度只有抗压强度的 $\frac{1}{10} \sim \frac{1}{16}$，它随着混凝土抗压强度的增长而增长。

【**例 10-27**】已知一组普通水泥混凝土的 7d 的平均抗压强度为 12.2MPa，试推算该组试块在标准养护条件下 28d 达到的大致强度。

【**解**】取 $r=2.0$，由式（10-81）得 28d 的混凝土抗压强度为：

$$f_{28} = f_7 + r\sqrt{f_7} = 12.2 + 2.0 \times \sqrt{12.2} \approx 21.0 \text{MPa}$$

故知，推算 28d 的抗压强度为 21.0MPa。

【例 10-28】 已知两组试块 3d 和 7d 的平均抗压强度分别为 7.9MPa 和 13.3MPa，试推算该两组试块在标准养护条件下 28d 达到的抗压强度。

【解】 已知 $a=3$，$b=7$，m 值由式（10-83）得：

$$m=\frac{\lg(1+\lg n)-\lg(1+\lg a)}{\lg(1+\lg b)-\lg(1+\lg a)}=\frac{\lg(1+\lg 28)-\lg(1+\lg 3)}{\lg(1+\lg 7)-\lg(1+\lg 3)}$$

$$=\frac{\lg 2.4472-\lg 1.4771}{\lg 1.8451-\lg 1.4771}=2.28$$

或查表 10-26，得 $m=2.28$。

由式（10-82）得 28d 的混凝土抗压强度为：

$$f_n=f_a+m(f_b-f_a)=7.9+2.28(13.3-7.9)=20.2\text{MPa}$$

故知，推算 28d 的抗压强度为 20.2MPa。

【例 10-29】 已知一组普通水泥混凝土的 28d 的平均抗拉强度为 1.5MPa，试推算该组试块在标准养护条件下 14d 达到的抗拉强度。

【解】 由式（10-84）得：

$$f_t(14)=0.8\times f_t(\lg t)^{2/3}=0.8\times 1.5\times \frac{2}{3}\lg 14=0.92\text{MPa}$$

故知，推算 14d 的抗拉强度为 0.92MPa。

【例 10-30】 已知一组普通水泥混凝土的 28d 平均抗压强度为 20.5MPa，试推算该组试块在标准养护条件下 28d 达到的抗拉强度。

【解】 取 $a=0.35$，$b=0.7$，由式（10-85）、式（10-86）得混凝土的抗拉强度为：

$$f_t=af_c^b=0.35\times 20.5^{0.7}=2.9\text{MPa}$$

或

$$\lg f_t=\lg a+b\lg f_c=\lg 0.35+0.7\lg 20.5=0.462$$

$$f_t=2.9\text{MPa}$$

故知，推算 28d 的抗拉强度为 2.9MPa。

10.14　混凝土取样与代表值计算

对于混凝土质量的评定，一般可用其强度均值和标准差作为控制指标。评定一批混凝土强度质量时，由于不可能采用全数的破坏性试验，因此，只能从检验批的总体中随机抽取若干组试件进行破坏性试验，并以此试验结果来判断总体的质量状况。

用于检查构件混凝土质量的试件，应在混凝土的浇筑地点随机取样制作，试件的留置应符合以下规定：(1) 每拌制 100 盘且不超过 100m³ 的同配合比的混凝土，其取样不得少于一次；(2) 每工作班拌制的同配合比的混凝土不足 100 盘时，其取样不得少于一次；(3) 每次取样应至少留置一组标准试件，同条件养护试件的留置组数，可根据实际需要确定。

每组三个试件应在同盘混凝土中取样制作，并按以下规定确定该组试件的混凝土强度代表值：(1) 取三个试件强度的平均值；(2) 当三个试件强度中的最大值或最小值之一与中间值之差超过中间值的 15% 时，取中间值；(3) 当三个试件强度中的最大值和最小值与中间值之差均超过中间值的15%时，该组试件不应作为强度评定的依据。

混凝土强度应分批进行验收。同一验收批的混凝土应由强度等级相同、生产工艺和配合比基本相同的混凝土组成。对同一验收批的混凝土强度，应以同批内标准试件的全部强度代表值来评定。

【例10-31】 某预制构件有三组试块的强度分别为：18.7、21.2、23.9N/mm²；16.6、20.1、25.4N/mm²；17.8、20.3、24.7N/mm²，试求三组混凝土试块强度的代表值。

【解】 第一组试块强度的代表值为：

$$m_{f,cu1} = \frac{18.7+21.2+23.9}{3} = 21.3 \text{N/mm}^2$$

第二组试块强度的代表值不合格，因为16.6N/mm²与中间值20.1相比，25.4N/mm²与中间值20.1N/mm²相比，均超过15%，故试验结果作废。

第三组试块强度的代表值为20.3N/mm²，因为17.8N/mm²与中间值20.3N/mm²相比未超过15%；但24.7N/mm²与中间值20.3N/mm²相比已超过15%，故仍取中间值20.3N/mm²为其强度代表值。

10.15 混凝土强度评定计算

由于混凝土施工单位的装备、管理水平、工艺条件和人员素质的差异，以及各单位在相应时期的产量、生产期等状况的不同，因此对混凝土强度的评定方法亦应区别对待，一般采用统计方法和非统计方法两种。

一、统计方法评定计算

商品混凝土（搅拌站）、混凝土预制厂和施工现场集中搅拌混凝土的单位，其混凝土强度的检验评定应采用统计方法进行。

所谓统计方法其具体运用是控制强度均值和标准差，其实质是从考虑标准差状况来评定混凝土质量。评定时有以下两种情况：

（一）标准差已知计算

当混凝土的生产条件在较长时间内能保持一致，且同一品种混凝土的强度变异性能保持稳定时，应由连续的三组试件代表一个验收批，其强度应同时符合下列要求：

$$m_{fcu} \geq f_{cu,k} + 0.7\sigma_0 \tag{10-87}$$

$$f_{cu,min} \geq f_{cu,k} - 0.7\sigma_0 \tag{10-88}$$

当混凝土强度等级不高于C20时，尚应符合下式要求：

$$f_{cu,min} \geq 0.85 f_{cu,k} \tag{10-89}$$

当混凝土强度等级高于C20时，尚应符合下式要求：

$$f_{cu,min} \geq 0.90 f_{cu,k} \tag{10-90}$$

式中　m_{fcu}——同一验收批混凝土强度的平均值（N/mm²）；

　　　$f_{cu,k}$——设计的混凝土强度标准值（N/mm²）；

　　　σ_0——验收批混凝土强度的标准差（N/mm²），可按式（10-91）计算求得；

　　　$f_{cu,min}$——同一验收批混凝土强度的最小值（N/mm²）。

验收批混凝土强度的标准差 σ_0，应根据前一检验期内同一品种混凝土强度数据，按下式确定：

$$\sigma_0 = \frac{0.59}{m} \sum_{i=1}^{m} \Delta f_{cu,i} \tag{10-91}$$

式中　$\Delta f_{cu,i}$——前一检验期内第 i 验收批混凝土试件中强度的最大值与最小值之差；
　　　m——前一检验期内验收批总批数。

但上述检验期不应超过三个月，且在该期内强度数据的总批数不得小于15。

(二) 标准差未知计算

当混凝土的生产条件在较长时间内不能保持基本一致，混凝土强度变异性不能保持稳定时，或由于前一个检验期内的同一品种混凝土没有足够的数据，用以确定验收批混凝土强度的标准差时，应由不少于10组的试件组成一个验收批，其强度应同时满足下列二式的规定：

$$m_{fcu} - \lambda_1 S_{fcu} \geq 0.9 f_{cu,k} \tag{10-92}$$

$$f_{cu,min} \geq \lambda_2 f_{cu,k} \tag{10-93}$$

式中　S_{fcu}——验收批混凝土强度的标准差（N/mm²），当 S_{fcu} 的计算值小于 $0.06 f_{cu,k}$ 时，取 $S_{fcu} = 0.06 f_{cu,k}$；
　　　λ_1、λ_2——合格判定系数，按表10-28取用。

合格判定系数　　　　　　　　　　　　　　　　　　　　　表10-28

试件组数	10～14	15～24	≥25
λ_1	1.70	1.65	1.60
λ_2	0.90	0.85	0.85

验收批混凝土强度的标准差 S_{fcu} 应按下式计算：

$$S_{fcu} = \sqrt{\frac{\sum_{i=1}^{n} f_{cu,i}^2 - n m_{fcu}^2}{n-1}} \tag{10-94}$$

式中　$f_{cu,i}$——验收批第 i 组混凝土试件的强度值（N/mm²）；
　　　n——验收批内混凝土试件的总组数。

根据式（10-92）和式（10-93）评定混凝土强度，一般都能保持具有较小的生产方和用户方的风险。式（10-93）和式（10-88）是关于强度最小值的限制条件，用以防止因实际标准差过大产生的不利情况，或防止出现混凝土强度过低的情况。

【例10-32】　高层建筑框架结构，混凝土强度等级为C30，前一统计期15批45组试件的强度及极差如表10-29所列，而近期有9批（27组）试件的强度及最小值如表10-30所列，试对该批混凝土试件进行强度合格与否的评定。

前一统计期的试件强度（N/mm²）　　　　　　　　　　　表10-29

抗压强度数据			极差	抗压强度数据			极差	抗压强度数据			极差
32.4	30.0	32.5	2.5	28.0	30.2	34.0	6.0	29.2	31.3	32.2	3.0
34.6	29.9	32.8	4.7	29.1	32.3	35.1	6.0	28.1	33.4	35.1	7.0
28.1	33.6	32.4	5.5	27.3	35.8	37.3	10.0	29.6	32.1	34.4	4.8

10.15 混凝土强度评定计算

续表

抗压强度数据			极差	抗压强度数据			极差	抗压强度数据			极差
29.3	30.4	31.3	2.0	29.4	33.3	34.4	5.0	29.4	33.4	37.4	8.0
28.6	32.1	33.6	5.0	33.3	28.8	31.4	4.5	28.4	34.1	35.4	7.0

近期的试件强度 (N/mm²)　　　　　　　　　　　　　　表 10-30

抗压强度数据			最小值	抗压强度数据			最小值	抗压强度数据			最小值
37.9	33.4	34.2	33.4	31.3	30.4	33.6	30.4	32.9	30.4	33.2	30.4
33.1	32.3	29.6	29.6	37.8	35.3	30.1	30.1	33.5	27.4	34.8	27.4
35.9	33.1	36.2	33.1	36.5	33.7	27.4	27.4	33.1	30.6	33.5	30.6

【解】 由式 (10-91) 得：

$$\sigma_0 = \frac{0.59}{m}\sum_{i=1}^{m}\Delta f_{cu,i} = \frac{0.59}{15}(2.5+6.0+3.0+4.7+6.0+7.0+5.5+$$
$$10.0+4.8+2.0+5.0+8.0+5.0+4.5+7.0)$$
$$=3.19\text{N/mm}^2$$

由式 (10-87) 及式 (10-88) 和式 (10-90) 确定验收界限为：

$$m_{fcu} \geq f_{cu,k} + 0.7\sigma_0 = 30 + 0.7 \times 3.19 = 32.4\text{N/mm}^2$$
$$f_{cu,min} \geq f_{cu,k} - 0.7\sigma_0 = 30 - 0.7 \times 3.19 = 27.8\text{N/mm}^2$$
$$f_{cu,min} \geq 0.9 f_{cu,k} = 0.9 \times 30 = 27.0\text{N/mm}^2$$

以上 $f_{cu,min}$ 应取二者的较大值，即 $f_{cu,min} \geq 27.8\text{N/mm}^2$

根据验收界限对表 10-30 所列 9 组试件逐批进行合格与否的评定，列于表 10-31 所示。

以验收界限 $m_{fcu} \geq 32.2\text{N/mm}^2$ 和 $f_{cu,min} \geq 27.8\text{N/mm}^2$ 两个指标与表中各组试件的 m_{fcu} 和 $f_{cu,min}$ 进行比较，其中加上括号的为不合格者，而每个验收批只要出现一个"括号"，即被评定为不合格品。

【例 10-33】 钢筋混凝土梁板结构，混凝土设计强度等级为 C20，混凝土试件共 14 组，强度数据如表 10-32，试对该批混凝土试件进行强度合格与否的评定。

逐批评定情况　　　　　　　　　　　　　　表 10-31

评 号	各组强度(N/mm²)	m_{fcu}(N/mm²)	$f_{cu,min}$(N/mm²)	评定结果
1	37.9、33.4、34.2	35.2	33.4	合 格
2	31.3、30.4、33.6	(31.8)	30.4	不合格
3	32.9、30.4、33.2	32.2	30.4	合 格
4	33.1、32.3、29.6	(31.7)	29.6	不合格
5	37.8、35.3、30.1	34.4	30.1	合 格
6	33.5、27.4、34.8	(31.9)	(27.4)	不合格
7	35.9、33.1、36.2	35.1	33.1	合 格
8	36.5、33.7、27.4	32.5	(27.4)	不合格
9	33.1、30.6、33.5	32.4	30.6	合 格

混凝土试件抗压强度 (N/mm²)　　　　　　　　　　　　表 10-32

混凝土抗压强度数据								最小值
24.5	19.5	28.2	25.1	19.1	22.8	25.7		19.1
22.4	19.9	20.8	24.3	23.4	28.1	22.1		

【解】 因缺乏前一时期混凝土强度的统计数据，属于标准差未知情况。

本验收批混凝土强度的平均值为：

$$m_{fcu} = \frac{1}{14}(24.5+19.5+28.2+25.1+19.1+22.8+$$
$$25.7+22.4+19.9+20.8+24.3+23.4+28.1+22.1) = 23.28\text{N/mm}^2$$

由表 10-28 查得：$\lambda_1 = 1.70$，$\lambda_2 = 0.9$

$$\sum_{i=1}^{14} f_{cu,i}^2 = 24.5^2+19.5^2+28.2^2+25.1^2+19.1^2+22.8^2+25.7^2+22.4^2+$$
$$19.9^2+20.8^2+24.3^2+23.4^2+28.1^2+22.1^2 = 7697.37$$

由式（10-94）得：

$$S_{fcu} = \sqrt{\frac{\sum_{i=1}^n f_{cu,i}^2 - n \cdot m_{fcu}^2}{n-1}} = \sqrt{\frac{7697.37 - 14 \times 23.28^2}{14-1}}$$
$$= 2.91\text{N/mm}^2 > 0.06 f_{cu,k} = 0.06 \times 20 = 1.2\text{N/mm}^2$$
$$m_{fcu} - \lambda_1 S_{fcu} = 23.28 - 1.70 \times 2.91 = 18.33 > 0.9 f_{cu,k}$$
$$= 0.9 \times 20 = 18\text{N/mm}^2$$
$$f_{cu,min} = 19.1 > \lambda_2 f_{cu,k} = 0.9 \times 20 = 18.0\text{N/mm}^2$$

由以上知，式（10-92）、式（10-93）均满足要求，故该梁板结构的混凝土强度合格。

二、非统计方法评定计算

对于零星生产的预制构件混凝土，或现场搅拌量不大的混凝土，由于不具有采用统计方法评定混凝土的条件，可采用非统计方法评定。此时，验收批混凝土的强度必须同时符合下列要求：

$$m_{fcu} \geq 1.15 f_{cu,k} \qquad (10\text{-}95)$$
$$f_{cu,min} \geq 0.95 f_{cu,k} \qquad (10\text{-}96)$$

符号意义同前。

根据式（10-95）和式（10-96）评定混凝土强度，比用统计方法检验效果要差，存在着将合格品错判为不合格品（生产方风险）或将不合格品漏判为合格品（用户方风险）的可能性。

【例 10-34】 制作少量钢筋混凝土过梁，共成型 4 组试块，在标准条件下养护 28d 的强度分别达 19.7N/mm^2、22.3N/mm^2、23.5N/mm^2 和 22.6N/mm^2，该梁的设计要求混凝土强度等级为 C20，试对该梁的混凝土强度进行合格与否的评定。

【解】 由式（10-95）和式（10-96）得：

$$m_{fcu} = \frac{1}{4}(19.7+22.3+23.5+22.6)$$
$$= 22.0\text{N/mm}^2 < 1.15 f_{cu,k} = 1.15 \times 20 = 23\text{N/mm}^2$$
$$f_{cu,min} = 19.7\text{N/mm}^2 > 0.95 f_{cu,k} = 0.95 \times 20 = 19\text{N/mm}^2$$

从以上计算结果知（10-96）式虽然已经满足，但式（10-95）强度平均值未达到 $1.15 f_{cu,k}$，未满足要求，故知该梁的混凝土强度不合格。

11 大体积混凝土裂控工程

11.1 混凝土温度变形值计算

在温度变化时，混凝土（砖砌体）结构的伸长或缩短的变形值与长度、温差成正比例关系，与材料的性质有关，可按下式计算：

$$\Delta L = L(t_2 - t_1)\alpha \tag{11-1}$$

式中 ΔL——随温度变化而伸长或缩短的变形值（mm）；

L——结构长度（mm）；

$t_2 - t_1$——温度差（℃）；

α——材料的线膨胀系数，混凝土为 1.0×10^{-5}；钢材为 12×10^{-6}；砖砌体为 0.5×10^{-5}。

【例 11-1】现浇混凝土底板，长 45m，已知温差为 25℃，试求其温度产生的变形值。

【解】温度变形值由式（11-1）得：

$$\Delta L = L(t_2 - t_1)\alpha = 45000 \times 25 \times 1.0 \times 10^{-5}$$
$$= 11.25 \text{mm} \approx 11.3 \text{mm}$$

故知，该底板的温度变形值为 11.3mm。

11.2 混凝土和钢筋混凝土极限拉伸值计算

混凝土和钢筋混凝土的极限拉伸是指这种材料的最终相对拉伸变形。混凝土和钢筋混凝土的抗拉能力，很大程度取决于混凝土极限拉伸。混凝土的极限拉伸为 1.0×10^{-4}，一般在 $(0.7 \sim 1.6) \times 10^{-4}$。混凝土的极限拉伸与配筋有关，工程实践证明，适当、合理的配筋（例如配筋细而密），可以提高混凝土的极限拉伸和抗裂性，钢筋混凝土不考虑徐变影响的极限拉伸值，可按以下经验公式计算：

$$\varepsilon_{pa} = 0.5 f_t \left(1 + \frac{\rho}{d}\right) \times 10^{-4} \tag{11-2}$$

式中 ε_{pa}——钢筋混凝土的极限拉伸值；

f_t——混凝土的抗拉设计强度（N/mm²）；

ρ——截面配筋率 $\rho \times 100$，例如配筋率为 0.2%，则 $\rho = 0.2$；

d——钢筋直径（cm）。

【例 11-2】钢筋混凝土筏式底板采用混凝土强度等级为 C25，$f_t = 1.3 \text{N/mm}^2$，配筋

率 $\rho=0.35$，采用钢筋直径 $d=16\text{mm}$，试求钢筋混凝土底板的极限拉伸值。

【解】 底板的极限拉伸值由式（11-2）得：

$$\varepsilon_{pa} = 0.5f_t\left(1+\frac{\rho}{d}\right)\times 10^{-4} = 0.5\times 1.3\left(1+\frac{0.35}{1.6}\right)\times 10^{-4}$$
$$= 0.79\times 10^{-4}$$

故知，钢筋混凝土筏式底板的极限拉伸值为 0.79×10^{-4}。

11.3 混凝土导热系数计算

混凝土导热系数（又称热导率）指在单位时间内，热流通过单位面积和单位厚度混凝土介质时混凝土介质两侧为单位温差时热量的传导率。它是反映混凝土传导热量难易程度的一种系数。导热系数以下式表示：

$$\lambda = \frac{Q\delta}{(T_1-T_2)A\tau} \tag{11-3}$$

式中 λ——混凝土导热系数 $[\text{W}/(\text{m}\cdot\text{K})]$；

Q——通过混凝土厚度为 δ 的热量（J）；

δ——混凝土厚度（m）；

T_1-T_2——温度差（℃）；

A——面积（m^2）；

τ——时间（h）。

当 $T_1-T_2=1℃$，$A=1\text{m}^2$，$\tau=1\text{h}$，$\delta=1\text{m}$ 时，则 $\lambda=Q[1.16\text{W}/(\text{m}\cdot\text{K})]$

上式（11-3）中导热系数要通过试验求得。但它决定于水泥、粗细骨料及水本身的热工性能，如已知混凝土各组成材料的重量百分比，并利用已知材料的热工性能表，混凝土的导热系数亦可以加权平均法由下式计算：

$$\lambda = \frac{1}{p}(p_c\lambda_c + p_s\lambda_s + p_g\lambda_g + p_w\lambda_w) \tag{11-4}$$

式中 λ、λ_c、λ_s、λ_g、λ_w——分别为混凝土、水泥、砂、石子、水的导热系数 $[\text{W}/(\text{m}\cdot\text{K})]$；

p、p_c、p_s、p_g、p_w——分别为混凝土、水泥、砂、石子、水的每立方米混凝土所占的百分比（%）。

影响导热系数的主要因素是骨料的用量，骨料本身的热工性能、混凝土的温度及其含水量。密度小的轻混凝土和泡沫混凝土的导热系数小。含水量大的混凝土比含水量小的混凝土导热系数大（表 11-1）。

不同含水状态混凝土的导热系数　　　表 11-1

含水量(体积%)	0	2	4	8
λ(W/m·K)	1.28	1.86	2.04	2.33

一般普通混凝土的导热系数 $\lambda=2.33\sim 3.49\text{W}/(\text{m}\cdot\text{K})$；轻混凝土的导热系数 $\lambda=0.47\sim 0.70\text{W}/(\text{m}\cdot\text{K})$。

【例 11-3】 已知混凝土的配合比及有关材料的热工性能如表 11-2，试求混凝土的导热系数。

混凝土配合比及有关材料热工性能　　　　表 11-2

混凝土组成材料	水泥	砂	石	水	总计
重量比(kg)	275	834	1106	185	2400
百分比(%)	11.46	34.75	46.08	7.71	100
材料导热系数 $\lambda[W/(m\cdot K)]$	2.218	3.082	2.908	0.600	
比热容 $C[kJ/(kg\cdot K)]$	0.536	0.745	0.708	4.187	

【解】 由式（11-4）混凝土的导热系数为：

$$\lambda = \frac{1}{p}(p_c\lambda_c + p_s\lambda_s + p_g\lambda_g + p_w\lambda_w)$$

$$= \frac{1}{100}(11.46 \times 2.218 + 34.75 \times 3.082 + 46.08 \times 2.908 + 7.71 \times 0.600)$$

$$= 2.71 W/(m\cdot K)$$

故知，混凝土的导热系数为 $2.71 W/(m\cdot K)$。

11.4　混凝土比热容计算

单位重量的混凝土，其温度升高 1℃ 所需的热量称为混凝土的比热容，其单位是 $kJ/(kg\cdot K)$。已知混凝土各组成材料的重量百分比，混凝土的比热容可由下式计算：

$$C = \frac{1}{p}(p_cC_c + p_sC_s + p_gC_g + p_wC_w) \tag{11-5}$$

式中　C、C_c、C_s、C_g、C_w——分别为混凝土、水泥、砂、石子、水的比热容 $[kJ/(kg\cdot K)]$；其他符号意义同前。

影响混凝土比热容的因素主要是骨料的数量和温度的高低，而骨料的矿物成分对比热容影响很小。

混凝土的比热容一般在 $0.84\sim1.05 kJ/(kg\cdot K)$ 范围内。

【例 11-4】 条件同例 11-3，试求混凝土的比热容。

【解】 由式（11-5）混凝土的比热容为：

$$C = \frac{1}{p}(P_cC_c + p_sC_s + p_gC_g + p_wC_w)$$

$$= \frac{1}{100}(11.46 \times 0.536 + 34.75 \times 0.745 + 46.08 \times 0.708 + 7.71 \times 4.187)$$

$$= 0.97 kJ/(kg\cdot K)$$

故知，混凝土的比热容为 $0.97 kJ/(kg\cdot K)$。

11.5　混凝土热扩散系数计算

混凝土的热扩散系数（又称导温系数）是反映混凝土在单位时间内热量扩散的一项综

合指标。热扩散系数愈大，愈有利于热量的扩散。混凝土的热扩散系数一般通过试验求得，或按下式计算：

$$a = \frac{\lambda}{C\rho} \tag{11-6}$$

式中　a——混凝土导温系数（m^2/s）；
　　　λ——混凝土的导热系数 [$W/(m·K)$]；
　　　C——混凝土的比热容 [$J/(kg·K)$]；
　　　ρ——混凝土的密度（kg/m^3），随骨料的表观密度、级配、石子粒径、含气量、混凝土配合比以及干湿程度等因素而变化，其中影响最大的为骨料的性质。普通混凝土的密度约在 2300～2450kg/m^3 之间，钢筋混凝土的密度约在 2450～2500kg/m^3 之间；新拌混凝土的密度经验值参见表 11-3。

新拌混凝土密度的经验数值　　　　　　　　　　　表 11-3

石子最大粒径(mm)	10	20	25	40	50	80
普通混凝土(kg/m^3)	2330	2370	2380	2400	2410	2430

影响导温系数的因素有骨料的种类和用量，骨料密度小或用量多，导温系数将加大。混凝土的导温系数一般在 $0.56×10^{-6}$～$1.68×10^{-6} m^2/s$ 之间。

【例 11-5】　条件同例 11-3，试求混凝土的导温系数。

【解】　由式（11-6）混凝土的导温系数为：

$$a = \frac{\lambda}{C\rho} = \frac{2.71}{0.97 \times 2400}$$
$$= 0.00116 W·m^2/kJ = 1.16 \times 10^{-6} m^2/s$$

11.6　混凝土热膨胀系数计算

混凝土的热膨胀系数系指线膨胀系数。混凝土线膨胀系数为单位温度变化导致混凝土单位长度的变化。混凝土的体积随着温度的变化而热胀冷缩。混凝土的体积膨胀率为其线膨胀系数的三倍。混凝土的热膨胀系数亦可以按各组成材料的热膨胀系数加权平均值按下式计算：

$$\alpha_c = \frac{\alpha_p E_p V_p + \alpha_s E_s V_s + \alpha_g E_g V_g}{E_p V_p + E_s V_s + E_g V_g} \tag{11-7}$$

式中　α_c——混凝土的线膨胀系数；
　　　α_p——水泥石的线膨胀系数；
　　　α_s——砂的线膨胀系数；
　　　α_g——石子的线膨胀系数；
　　　E_p——水泥石的弹性模量；
　　　E_s——砂的弹性模量；
　　　E_g——石子的弹性模量；
　　　V_p——混凝土中水泥石的体积比；
　　　V_s——混凝土中砂的体积比　$V_s = 1 - V_p - V_g$；

V_g——混凝土中石子的体积比　$V_g=1-V_p-V_s$。

水的热膨胀系数约为 $210\times10^{-6}/℃$，高于水泥石的热膨胀系数十多倍，所以水泥石的线膨胀系数取决于它本身的含水量，变动范围在 $11\times10^{-6}/℃\sim20\times10^{-6}/℃$。一般取砂和石子相同的线膨胀系数，统称骨料的膨胀系数，变动范围在 $5\times10^{-6}/℃\sim13\times10^{-6}/℃$ 之间。

混凝土的热膨胀系数主要随粗骨料的性质和用量而变化，而与含水程度关系不大，烘干的和含饱和水的混凝土似乎有相等的热膨胀系数。

普通混凝土的热膨胀系数大约为 $(6\sim13)\times10^{-6}/℃$，一般平均值为 $10\times10^{-6}/℃$。混凝土常用骨料的热工性能见表 11-4。各种混凝土的热工性能见表 11-5。

各种骨料的热工性能（温度　20℃）　表 11-4

骨料种类	相对密度	导热系数 [W/(m·K)]	比热容 [kJ/(kg·K)]	热扩散系数 (10^{-6}m²/s)	热膨胀系数 ($\times10^{-5}/℃$)
石英	2.635	5.175	0.733	2.70	10.2~13.4
花岗岩	—	2.91~3.08	0.716~0.787		5.5~8.5
白云岩	—	4.12~4.30	0.804~0.837		6~10
石灰岩	2.67~2.70	2.66~3.23	0.749~0.846	1.28~1.43	3.64~6.0
长石	2.555	2.33	0.812	1.13	0.88~16.7
大理石	2.704	2.45	0.875	1.05	4.41
玄武岩	2.695	1.71	0.766~0.854	0.75	5~75
砂岩	—		0.712		10~12

注：水的热膨胀系数为 $210\times10^{-6}/℃$。

各种混凝土的热工性能　表 11-5

种类	骨料 细骨料	骨料 粗骨料	质量密度 (kg/m³)	导热系数 [W/(m·K)]	比热容 [kJ/(kg·K)]	热扩散系数 (10^{-6}m²/s)	热膨胀系数 ($10^{-6}/℃$)	温度范围
重混凝土		磁铁矿	4020	2.44~3.02	0.75~0.84	0.784~1.036	8.9	≈300℃
		赤铁矿	3860	3.26~4.65	0.80~0.84	1.092~1.512	7.6	
		重晶石	3640	1.16~1.40	0.54~0.59	0.588~0.756	16.4	
普通混凝土	—	石英岩	2430	3.49~3.61	0.88~0.96	1.568~1.736	12~15	10℃~30℃
		白云岩	2450	3.14~3.26	0.92~1.00	1.344~1.428	5.8~7.7	
		白云岩	2500	3.26~3.37	0.96~1.00	1.33~1.42		
		花岗岩	2420	2.56	0.92~0.96	—	8.1~9.1	
		流纹岩	2340	2.09	0.92~0.96	0.9242		
		玄武岩	2510	2.09	0.96	0.868~0.896	7.6~10.4	
	河砂	石	2300	2.09	0.92	0.70		
轻混凝土	河砂	轻石	600~1900	0.63~0.79	—	0.392~0.524		
	轻砂	轻石	900~1600	0.50		0.364	7~12	
泡沫混凝土	水泥—硅质系		500~800	0.22~0.24	—	0.252	8	
	石灰—硅质系						7~14	

11.7　混凝土拌和温度计算

混凝土的拌和温度，又称出机温度，计算方法有多种，以下简介两种常用简便计算方法。

一、简化法计算

本法基本原理是：设混凝土拌合物的热量系由各种原材料所供给，拌和前混凝土原材料的总热量与拌和后流态混凝土的总热量相等，从而混凝土拌和温度可按下式计算：

$$T_0 = \frac{C_s T_s m_s + C_g T_g m_g + C_c T_c m_c + C_w T_w m_w + C_w T_s w_s + C_w T_g w_g}{m_s + m_g + m_c + m_w + w_s + w_g} \tag{11-8}$$

式中　　T_0——混凝土的拌和温度（℃）；

T_s、T_g——砂、石子的温度（℃）；

T_c、T_w——水泥、拌和用水的温度（℃）；

m_c、m_s、m_g——水泥、扣除含水量的砂及石子的重量（kg）；

m_w、w_s、w_g——水及砂、石子中游离水的重量（kg）；

C_c、C_s、C_g、C_w——水泥、砂、石子及水的比热容[kJ/(kg·K)]。

上式若取 $C_s = C_g = C_c = 0.84$ kJ/(kg·K)，$C_w = 4.2$ kJ/(kg·K) 经简化和修正后得：

$$T_0 = \frac{0.22(T_s m_s + T_g m_g + T_c m_c) + T_w m_w + T_s w_s + T_g w_g}{0.22(m_s + m_g + m_c) + m_w + w_s + w_g} \tag{11-9}$$

【例 11-6】 基础混凝土配合比为：水泥 $m_c = 300$ kg，砂 $m_s = 626$ kg，石子 $m_g = 1270$ kg，水 $m_w = 180$ kg，砂含水量 $w_s = 5\%$，石子含水量 $w_g = 1\%$，经现场测试水泥和水的温度 $T_c = T_w = 25°$，砂的温度 $T_s = 30℃$，石子的温度 $T_g = 28℃$，已知水泥、砂、石子的比热容 $C_c = C_s = C_g = 0.84$ kJ/(kg·K)，水的比热容 $C_w = 4.2$ kJ/(kg·K)，试求搅拌后混凝土拌合物的温度。

【解】 砂中含水重量 $w_s = 626 \times 5\% = 31$ kg；石子中含水重量 $w_g = 1270 \times 1\% = 13$ kg

扣除砂、石子中含水量后应加水重 $m_w = 180 - 31 - 13 = 136$ kg

根据已知条件，混凝土的拌和温度由式（11-9）得：

$$T_0 = \frac{0.22(30 \times 626 + 28 \times 1270 + 300 \times 25) + 25 \times 136 + 30 \times 31 + 28 \times 13}{0.22(626 + 1270 + 300) + 136 + 31 + 13}$$

$$= \frac{18298.8}{663.12} = 27.6℃$$

故知，搅拌后混凝土的拌和温度为 27.6℃。

二、规程法计算

《建筑工程冬期施工规程》（JGJ 104-97）提出混凝土拌合物温度可按下式计算：

$$T_0 = [0.92(m_c T_c + m_s T_s + m_g T_g) + 4.2 T_w (m_w - w_s m_s - w_g m_g) + c_1(w_s m_s T_s +$$
$$w_g m_g T_g) - c_2(w_s m_s + w_g m_g)] \div [0.92(m_c + m_s + m_g) + 4.2 m_w] \tag{11-10}$$

式中　c_1、c_2——分别为水的比热容（kJ/kg·K）和冰的溶解热（kJ/kg）；当骨料温度大于 0℃时，$c_1 = 4.2$，$c_2 = 0$，当骨料温度小于或等于 0℃时，$c_1 = 2.1$，$c_2 = 335$。

其他符号意义同式（11-9）。

【例 11-7】 条件同例 11-6，试用规程计算法求混凝土拌合物的温度。

【解】 由题意知 $c_1 = 4.2$，$c_2 = 0$，按式（11-10）计算得：

$$T_0 = [0.92(300 \times 25 + 626 \times 30 + 1270 \times 28) + 4.2 \times 25(180 - 0.05 \times 626 - 0.01 \times 1270) +$$
$$4.2(0.05 \times 626 \times 30 + 0.01 \times 1270 \times 28)] \div [0.92(300 + 626 + 1170) + 4.2 \times 180]$$

$$= \frac{76610.1}{2776.3} = 27.6℃$$

由计算得知，式（11-10）计算所得温度与式（11-9）计算所得温度一致，但没有式（11-9）计算简便。

三、表格法计算

本法原理和假定同"一、简化计算法"，其基本关系式可用下式表达：

$$T_0 \sum m_i C_i = \sum T_i m_i C_i \tag{11-11a}$$

则

$$T_0 = \frac{\sum T_i m_i C_i}{\sum m_i C_i} \tag{11-11b}$$

式中　T_0——混凝土的拌和温度（℃）；

　　　m_i——各种材料的重量（kg）；

　　　C_i——各种材料的比热容 [kJ/(kg·K)]；

　　　T_i——各种材料的初始温度（℃）。

式（11-11a）等式的右侧，是按各种原材料分别计算，原材料用量可根据试验室提供的施工混凝土配合比；材料温度可按实测资料或根据施工时的气温预估，然后相加，再按式（11-11b）即可得出混凝土的拌和温度。为便于计算和检查，可制成表格，如本节例11-8。

【**例 11-8**】 条件同例 11-6，试用表格计算法求搅拌后混凝土拌合物的温度。

【**解**】 将例 11-6 中有关数据制成表格形式列入表 11-6 中。

混凝土拌和温度计算表　　　　　　表 11-6

材料名称	重量 m(kg) (1)	比热容 C[kJ/(kg·K)] (2)	热当量 W_c(kJ/℃) (3)=(1)×(2)	温度 T_i(℃) (4)	热量 $T_i m_i C_i$(kJ) (5)=(3)×(4)
水泥	300	0.84	252	25	6300
砂子	626	0.84	526	30	15780
石子	1270	0.84	1067	28	29876
砂中含水量5%	31	4.2	130	25	3250
石中含水量1%	13	4.2	55	25	1375
拌和水	136	4.2	571	25	14275
合　计	2376		2601		70856

注：1. 表中配合比取自试验室提供实际资料。
　　2. 砂、石子的重量是扣除游离水分后的净重。

由表算结果再由式（11-11b）可得出混凝土拌和温度为：

$$T_0 = \frac{\sum T_i mC}{\sum mC} = \frac{(5)}{(3)} = \frac{70856}{2601} = 27.3℃$$

故知，搅拌后混凝土的拌和温度为 27.3℃，与简化法计算相比相差仅 1%，但较清楚易懂。

11.8　混凝土掺冰屑拌和温度计算

在大体积混凝土施工中，为降低混凝土的浇筑入模温度和混凝土的最高温度，减小内外温差，控制降温温度收缩裂缝的出现，常常采取将一部分拌和水以冰屑代替，由于冰屑融解时要吸收 335kJ/kg 的潜热（融解热），从而可降低混凝土的拌和温度，此时可由下式计算：

$$T_0 = \frac{0.22(T_s m_s + T_g m_g + T_c m_c) + T_s w_s + T_g w_g + (1-P)T_w m_w - 80P m_w}{0.22(m_s + m_g + m_c) + m_w + w_s + w_g}$$

(11-12a)

式中 P——加冰率，实际加水量的％；

其他符号意义同前。

现以例11-8、表11-6为例，则式（11-12a）可改写为

$$T_0 = 0.257T_s + 0.439T_g + 0.099T_c + 0.204(1-P)T_w - 16.35P \quad (11\text{-}12b)$$

由上式（11-12b）分析可知，在混凝土组成各种原材料中，对混凝土拌和温度影响最大的是石子的温度，其次是砂和水的温度，水泥的温度影响最小，因此，降低混凝土拌和温度最有效的办法是降低石子的温度，石子的温度每降低1℃，混凝土拌和温度约可降低0.4～0.6℃。同时由式（11-12b）知，在混凝土拌合水中以部分冰屑代替，可有效降低混凝土的拌合温度，根据国内外经验加冰率一般控制在25％～75％之间。

【例11-9】 条件同例11-8，在拌和水中分别加入25％、5％和75％的冰屑，试计算不加冰和加冰屑后混凝土的拌和温度。

【解】 由式（11-12b）不加冰（$P=0$）的混凝土拌和温度为：

$T_0 = 0.257T_s + 0.439T_g + 0.099T_c + 0.204(1-P)T_w - 16.35P$

$= 0.257 \times 30 + 0.439 \times 28 + 0.099 \times 25 + 0.204(1-0) \times 25 - 16.35 \times 0$

$= 22.48 + 5.10 - 0 = 27.6℃$

当加冰率 $P=25\%$ 时：

$T_0 = 22.48 + 0.204(1-0.25) \times 25 - 16.35 \times 0.25 = 22.2℃$

当加冰率 $P=50\%$ 时：

$T_0 = 22.48 + 0.204(1-0.50) \times 25 - 16.35 \times 0.50 = 16.9℃$

当加冰率 $P=75\%$ 时：

$T_0 = 22.48 + 0.204(1-0.75) \times 25 - 16.35 \times 0.75 = 11.5℃$

由以上计算知，混凝土拌和水中分别以25％、50％和75％的冰屑代替，可降低混凝土拌和温度分别为5.4℃、10.7℃和16.1℃。

混凝土拌和水中加冰量亦可根据需要降低水温按下式计算：

$$X = \frac{(T_{wo} - T_w) \times 1000}{80 + T_w}$$

(11-12c)

式中 X——每吨水需加冰量（kg）；

T_{wo}——加冰前水的温度（℃）；

T_w——加冰后水的温度（℃）。

例如已知水温15℃，需降低水温至5℃，则每吨水需加冰量为：

$$X = \frac{(15° - 5°) \times 1000}{80 + 5} = 117.6 \text{kg/m}^3$$

11.9 预冷混凝土出机温度计算

在炎热季节拌制混凝土，采取掺加冷冻水和冰屑（冰片，下同）代替自来水拌制预冷

混凝土是最为实用、有效和经济的方法。一般在 30℃ 左右气温，单纯用冷冻水即可达到要求的预冷混凝土温度。过高，即要考虑掺加冰屑，方可收到显著的效果。但掺加冰屑的掺量不可超过拌和用水的 85%，应有 15% 的自由水使混凝土添加剂能迅速而均匀地掺和。冰屑的厚度宜控制在 1.5～2.5mm，过厚，搅拌难以充分融解。

拌制预冷混凝土的关键，在于控制出机温度。一般先设定一个合适的出机温度，再根据最不利气温、浇筑速度、最大一次混凝土浇灌量、混凝土允许的拌和用水量等，通过计算确定预冷方案，然后根据要求预冷的温差 ΔT（ΔT=不采取任何措施的出机温度－要求的出机温度）确定各种材料应保持的温度。

预冷混凝土的出机温度和控制要求温差，可按以下简化公式计算：

不考虑掺冰制冷时：

$$T_1 = \frac{c_1(T_a m_a + T_c m_c) + c_2(T_w m_w + T_{wa} m_{wa})}{c_1(m_a + m_c) + c_2(m_w + m_{wa})} \tag{11-13a}$$

考虑掺冰制冷时：

$$T_2 = \frac{c_1(T_a m_a + T_c m_c) + c_2(T_w m_{w1} + T_{wa} m_{wa}) - c_3 m_1}{c_1(m_a + m_c) + c_2(m_{w1} + m_{wa} + m_1)} \tag{11-13b}$$

$$\Delta T = T_1 - T_2 \tag{11-13c}$$

式中　T_1、T_2——分别为不掺冰和掺冰新鲜混凝土的出机温度（℃）；

T_a——砂、石子温度（0℃，遮阳棚下同气温，取特定月份日平均最高温度）；

T_c——水泥温度（℃）；

T_w——水温度（℃）；

T_{wa}——砂石子含水温度（℃，同气温）；

m_a——砂、石子重量（kg）；

m_c——水泥重量（kg）；

m_w——水重量（kg）；

m_{wa}——砂、石子含水重量（kg）；

m_1——冰屑（片）重量（kg）；

c_1——砂、石子及水泥比热；

c_2、c_3——分别为水的比热和冰的溶解热；

ΔT——要求预冷的温差（℃）。

【例 11-10】　条件同例 11-6，在拌和水中掺入 40% 的冰屑，试计算不掺冰屑和掺冰屑的预拌混凝土出机温度及其温差。

【解】　取 $T_a = T_{wa} = 29℃$，$c_1 = 0.84$kJ/kg·k，$C_z = 4.2$kJ/kg·k，$c_3 = 335$kJ/kg；已知 $T_c = T_w = 25℃$，$m_a = 626 + 1270 = 1896$kg

砂、石子含水重量　$m_{wa} = 626 \times 5\% + 1270 \times 1\% = 44$kg

扣除砂、石子中含水量后应加水重　$m_w = 180 - 44 = 136$kg

掺加冰屑重量　$m_1 = 136 \times 40\% = 54.4$kg

则不掺加冰屑拌制混凝土时的出机温度由式（11-13a）得：

$$T_1 = \frac{0.84(29 \times 1896 + 25 \times 300) + 4.2(25 \times 136 + 29 \times 44)}{0.84(1896 + 300) + 4.2(136 + 44)} = 27.7℃$$

扣除砂、石子中含水量和掺加冰屑后的加水重 $m_{w1} = 136 - 54.4 = 81.6$kg

掺加冰屑拌制预冷混凝土时的出机温度由式（11-13b）得

$$T_2=\frac{0.84(29\times1896+25\times300)+4.2(25\times81.6+29\times44)-355\times54.4}{0.84(1896+300)+4.2(81.6+44+54.4)}=18.5℃$$

其温差由式（11-13c）得：

$$\Delta T=T_1-T_2=27.7-18.5=9.2℃$$

故知，不掺冰与掺冰的预拌混凝土开机温度分别为 27.7℃ 和 18.5℃，其温差为 9.2℃。

11.10 混凝土浇筑温度计算

混凝土拌和出机后，经运输平仓振捣等过程后的温度称为浇筑温度。混凝土浇筑温度受外界气温的影响，当在夏季浇筑，外界气温高于拌和温度，浇筑后就比拌和温度为高，如在冬季浇筑，则恰相反，这种冷量（或热量）的损失，随混凝土运输工具类型、运输时间、运转时间、运转次数及平仓、振捣的时间而变化，根据实践，混凝土的浇筑温度一般可按下式计算：

$$T_P=T_0+(T_a-T_0)(\theta_1+\theta_2+\theta_3+\cdots+\theta_n) \tag{11-14}$$

式中　　T_P——混凝土的浇筑温度（℃）；

T_0——混凝土的拌和温度（℃）；

T_a——混凝土运输和浇筑时的室外气温（℃）；

θ_1、θ_2、$\theta_3\cdots\theta_n$——温度损失系数，按以下规定取用：

(1) 混凝土装卸和运转，每次 $\theta=0.032$；

(2) 混凝土运输时，$\theta=At$，t 为运输时间（min），A 如表 11-7 所列；

(3) 浇筑过程中，$\theta=0.003t$，t 为浇筑时间（min）。

混凝土运输时冷量（或热量）损失计算 A 值　　　　表 11-7

项次	运输工具	混凝土容积(m³)	A
1	搅拌运输车	6.0	0.0042
2	自卸汽车(开敞式)	1.0	0.0040
3	自卸汽车(开敞式)	1.4	0.0037
4	自卸汽车(开敞式)	2.0	0.0030
5	自卸汽车(封闭式)	2.0	0.0017
6	长方形吊斗	0.3	0.0022
7	长方形吊斗	1.6	0.0013
8	圆柱形吊斗	1.6	0.0009
9	双轮手推车(保温、加盖)	0.15	0.0070
10	双轮手推车(本身不保温)	0.75	0.0100

【例 11-11】 夏季浇筑大体积筏板式基础，混凝土原材料经预冷后，混凝土拌和温度 $T_0=15℃$，气温 $T_a=29℃$，装卸和运转 3min，用开敞式自卸翻斗汽车运输 12min，用吊车起吊容积 1.6m³ 长方形吊斗下料 10min，平仓、振捣至混凝土浇筑完毕共 60min，试求混凝土最后浇筑温度。

【解】 先求出各项温度损失系数值：

(1) 装料、转运、卸料　　$\theta_1=0.032\times3=0.096$

(2) 自卸汽车运输　　　　$\theta_2=0.0030\times12=0.036$
(3) 起吊方形吊斗下料　$\theta_3=0.0013\times10=0.013$
(4) 平仓振捣混凝土　　$\theta_4=0.003\times60=0.180$

$$\sum_{i=1}^{4}\theta_i=0.096+0.036+0.013+0.180=0.325$$

故　　　　　　　$T_P=15+(29-15)\times0.325=19.6℃$

如不计入第4项平仓、振捣时间

$$\sum_{i=1}^{3}\theta_i=0.096+0.036+0.013=0.145$$

此时　　　　　　$T_0=15+(29-15)\times0.145=17.03℃$

11.11　水泥水化热计算

一、某一龄期水泥水化热值计算：

$$Q_t=a_tC_3S+b_tC_2S+c_tC_3A+d_tC_4AF \tag{11-15a}$$

式中　　　　　　Q_t——td 的水泥累计水化热值（J/g）；
　　　　　　　a_t、b_t、c_t、d_t——水泥中各水化热物质在 td 的累计水化热值，可查表11-8(1)得出；
　　C_3S、C_2S、C_3A、C_4AF——水泥熟料中产生水化热的各种矿物含量，可以根据不同水泥品种的化学成分查出其组成量，即各种矿物在熟料中的百分比。

按式（11-15a）计算出的水化热为熟料的估算值，此值应乘以不同品种水泥所含熟料的百分数，方可得出该品种水泥的水化热估算量。

其中 Q_t 取一年时间的累计水化热值，即为水泥的水化热总量 Q_0。

水泥熟料中单矿物水化热物质发热量（21℃）　　表 11-8 (1)

水化热物质	水化热(J/g)				
	3d	7d	28d	90d	一年
$a_t(C_3S)$	242.8	221.9	376.8	435.4	489.9
$b_t(C_2S)$	50.2	41.9	104.7	175.9	226.1
$c_t(C_3A)$	887.6	1557.5	1377.5	1302.1	1168.1
$d_t(C_4AF)$	288.9	494.0	494.0	410.3	376.8

注：本表引自《水泥物理检验》（第三版）。

【例 11-12】 已知水泥中的矿物成分含量分别为：硅酸三钙（C_3S）为 41.82%、硅酸二钙（C_2S）为 27.93%、铝酸三钙（C_3A）为 5.98% 和铁铝酸四钙（C_4AF）为 15.59%，试计算在21℃条件下，于3d和7d时的累计水化热量。

【解】 由式（11-15a）查表 11-8 (1) 得：

$Q_3=0.4182\times242.8+0.2793\times50.2+0.0598\times887.6+0.1559\times288.9$
　　$=213.5$kJ/kg

$Q_7=0.4182\times321.9+0.2793\times41.9+0.0598\times1557.5+0.1559\times494.0$
　　$=316.4$kJ/kg

二、水泥的水化热总量 Q_0 (kJ/kg) 的简易计算

$$Q_0 = \frac{4}{7/Q_7 - 3/Q_3} \tag{11-15b}$$

式中 Q_3、Q_7——分别为龄期 3d 和 7d 的累计水化热 (kJ/kg)。

三、胶凝材料水化热总量计算

胶凝材料水化热总量应在水泥、掺合料、外加剂用量确定后根据实际配合比由试验得出。当无试验数据时，可按下式计算：

$$Q = kQ_0 \tag{11-15c}$$

式中 Q——胶凝材料水化热总量 (kJ/kg)；
k——不同掺量掺合料水化热调整系数。

当现场采用粉煤灰与矿渣粉双掺时，不同掺量掺合料水化热调整系数可按下式计算：

$$k = k_1 + k_2 - 1$$

式中 k_1、k_2——分别为粉煤灰和矿渣粉掺量对应的水化热调整系数，可按表 11-8 (2) 取值。

不同掺量掺合料水化热调整系数　　　　　　　　　表 11-8 (2)

掺量	0	10%	20%	30%	40%
粉煤灰(k_1)	1	0.96	0.95	0.93	0.82
矿渣粉(k_2)	1	1	0.93	0.92	0.84

注：表中掺量为掺合料占总胶凝材料用量的百分比。

11.12　混凝土水化热绝热温升值计算

水泥水化过程中，放出的热量称为水化热。当结构截面尺寸小，热量散失快，水化热可不考虑。但对大体积混凝土，混凝土在凝固过程中聚积在内部的热量散失很慢，常使温度峰值很高。而当混凝土内部冷却时就会收缩，从而在混凝土内部产生拉应力。假若超过混凝土的极限抗拉强度时，就可能在内部裂缝，而这些内部裂缝又可能与表面干缩裂缝连通，从而造成渗漏甚至破坏，所以对大体积混凝土的水化热问题应给予高度重视。

假定结构物四周没有任何散热和热损失条件，水泥水化热全部转化成温升后的温度值，则混凝土的水化绝对温升值一般可按下式计算：

$$T_{(t)} = \frac{m_c Q}{C\rho}(1 - e^{-mt}) \tag{11-16}$$

$$T_{max} = \frac{m_c Q}{C\rho} \tag{11-17a}$$

或

$$T = \frac{m_c C}{10} + \frac{F}{50} \tag{11-17b}$$

$$T = \frac{m_c Q}{C\rho} \times 0.83 + F \tag{11-17c}$$

$$T = (m_c + k \cdot F)Q/(c \cdot \rho) \tag{11-17d}$$

式中 $T_{(t)}$——浇完一段时间 t，混凝土的绝热温升值 (℃)；
m_c——每立方米混凝土水泥用量 (kg/m³)；

11.12 混凝土水化热绝热温升值计算

Q——每千克水泥水化热量（kJ/kg），可查表11-9求得；

C——混凝土的比热容在（0.92～1.0）kJ/(kg·℃)之间，一般取 0.96kJ/(kg·℃)；

ρ——混凝土的质量密度，取（2400～2500）kg/m³；

e——常数，为 2.718；

t——龄期（d）；

m——与水泥品种比表面、浇捣时温度有关的经验系数，由表11-10查得，一般取（0.3～0.5）d⁻¹；

T_{max}、T——混凝土最大水化热绝热温升值（℃），即最终温升值。

F——每立方米混凝土中粉煤灰掺量（kg/m³）；

k——掺和料折减系数，粉煤灰取 0.25～0.30。

以上水泥水化热绝热温升值计算公式应用最为广泛的为式（11-16）和式（11-17a）。

水泥在不同期限内的发热量　　　　　　　　　　　　　表 11-9

水泥种类	水泥强度等级	每公斤水泥的水化热量 Q_{ce}(kJ/kg)		
		3d	7d	28d
普通硅酸盐水泥	42.5	315	355	375
	32.5	250	270	335
矿渣硅酸盐水泥	32.5	190	250	335
火山灰质硅酸盐水泥	32.5	165	230	315

注：本表按平均温度为+15℃编制的，当硬化时的平均温度为7～10℃，则 Q_{ce} 值按表内数值。

计算水化热温升时的 m 值　　　　　　　　　　　表 11-10

浇筑温度(℃)	5	10	15	20	25	30
m(1/d)	0.295	0.318	0.340	0.362	0.384	0.406

为计算方便 e^{-mt} 及 $1-e^{-mt}$ 值列于表11-11中，可供查用。

$\dfrac{1-e^{-mt}}{e^{-mt}}$ 值　　　　　　　　　　　　表 11-11

浇筑温度(℃)	(m)	龄期(d)								
		1	2	3	4	5	6	7	8	9
5	0.295	0.256	0.446	0.587	0.693	0.771	0.830	0.873	0.906	0.930
		0.7445	0.554	0.4127	0.3073	0.2288	0.1703	0.1268	0.0944	0.0703
10	0.318	0.272	0.471	0.615	0.720	0.796	0.852	0.8920	0.921	0.943
		0.7276	0.5294	0.3852	0.2803	0.2039	0.1484	0.1080	0.0786	0.0572
15	0.340	0.288	0.493	0.639	0.743	0.817	0.870	0.907	0.934	0.953
		0.7118	0.5066	0.3606	0.2567	0.1827	0.1300	0.0926	0.0654	0.0469
20	0.362	0.304	0.515	0.662	0.765	0.836	0.886	0.921	0.945	0.962
		0.6963	0.4848	0.3376	0.2350	0.1637	0.1140	0.0793	0.0552	0.0385
25	0.384	0.319	0.536	0.684	0.785	0.853	0.900	0.932	0.954	0.968
		0.6811	0.4639	0.3160	0.2152	0.1466	0.0999	0.0680	0.0463	0.0316
30	0.406	0.334	0.556	0.704	0.803	0.869	0.913	0.942	0.961	0.974
		0.6663	0.4440	0.2958	0.1971	0.1313	0.0875	0.0583	0.0389	0.0259

续表

浇筑温度(℃)	(m)	龄期(d)								
		10	11	12	13	14	15	16	17	18
5	0.295	0.948	0.961	0.971	0.978	0.984	0.988	0.991	0.993	0.995
		0.0523	0.0390	0.0290	0.0216	0.0161	0.0120	0.0089	0.0066	0.0049
10	0.318	0.958	0.970	0.978	0.984	0.988	0.992	0.994	0.996	0.997
		0.0416	0.0303	0.0220	0.0160	0.0117	0.0085	0.0062	0.0045	0.0033
15	0.340	0.967	0.976	0.983	0.988	0.991	0.994	0.996	0.997	0.998
		0.0334	0.0238	0.0169	0.0120	0.0086	0.0061	0.0043	0.0031	0.0022
20	0.362	0.973	0.981	0.987	0.991	0.994	0.996	0.997	0.998	0.999
		0.0268	0.0187	0.0130	0.0090	0.0063	0.0044	0.0031	0.0021	0.0015
25	0.384	0.979	0.985	0.990	0.993	0.995	0.997	0.998	0.999	0.999
		0.0215	0.0146	0.0100	0.0068	0.0046	0.0032	0.0022	0.0015	0.0010
30	0.406	0.983	0.989	0.992	0.995	0.997	0.998	0.999	0.999	0.999
		0.0173	0.0115	0.0077	0.0051	0.0034	0.0023	0.0015	0.0010	—

注：表中分母为 e^{-mt} 值；分子为 $1-e^{-mt}$ 值。

11.13 混凝土内部实际最高温升值计算

按式（11-16）计算的水化热温度为绝热状态下的混凝土温升值，实际大体积混凝土并非完全处于绝热状态，而是处于散热条件下，上下表面一维散热，温升值比按绝热状态计算的要小；而不同浇筑块厚度与混凝土的绝热温升亦有密切关系，混凝土块厚度愈小，散热愈快，水化热温升值低，反之混凝土块厚度愈大，散热亦愈慢，当浇筑混凝土块厚度在 5m 以上，混凝土实际温升已接近于绝热温升。根据大量测试资料，不同浇筑块厚度与混凝土最终绝热温升的关系 ζ 如表 11-12 所示；不同龄期混凝土水化热温升曲线与浇筑厚度的关系如表 11-13。

不同浇筑块厚度与混凝土最终绝热温升的关系（ζ 值）　　表 11-12

浇筑块厚度(m)	1.0	1.5	2.0	2.5	3.0	4.0	5.0	6.0
ζ	0.36	0.49	0.57	0.65	0.68	0.74	0.79	0.82

不同龄期水化热温升与浇筑块厚度的关系　　表 11-13

浇筑块厚度(m)	不同龄期(d)时的 ζ 值									
	3	6	9	12	15	18	21	24	27	30
1.00	0.36	0.29	0.17	0.09	0.05	0.03	0.01			
1.25	0.42	0.31	0.19	0.11	0.07	0.04	0.03			
1.50	0.49	0.46	0.38	0.29	0.21	0.15	0.12	0.08	0.05	0.04
2.50	0.65	0.62	0.59	0.48	0.38	0.29	0.23	0.19	0.16	0.15
3.00	0.68	0.67	0.63	0.57	0.45	0.36	0.30	0.25	0.21	0.19
4.00	0.74	0.73	0.72	0.65	0.55	0.46	0.37	0.30	0.25	0.24

注：本表适用于混凝土浇筑温度为 20~30℃ 的工程。

故此，混凝土内部的中心温度按下式计算：

$$T_{max}=T_0+T_{(t)} \cdot \zeta \tag{11-18}$$

式中　T_{max}——混凝土内部中心最高温度（℃）；

T_0——混凝土的浇筑入模温度（℃）；

$T_{(t)}$——在 t 龄期时混凝土的绝热温升（℃）；

ζ——不同浇筑块厚度的温降系数，$\zeta=T_m/T_n$，按表 11-12 和表 11-13 查用；

T_n——混凝土的最终绝热温升值（℃）；

T_m——混凝土由水化热引起的实际温升（℃）。

大体积混凝土的绝热温升与水泥的品种、用量和混凝土配合比有密切关系。因此可以通过选择合适的水泥品种和配合比，使用减水剂、粉煤灰掺料、降低水泥用量、浇灌速度和拌合物温度，以及采用人工冷却等措施来加以控制。

【例 11-13】 用 32.5 级矿渣水泥配制混凝土，$m_c=275\text{kg/m}^3$，$Q=335\text{kJ/kg}$，$C=0.96\text{kJ/(kg·K)}$，$\rho=2400\text{kg/m}^3$，求混凝土最高水化热绝热温度及 1d、3d、7d 的水化热绝热温度。

【解】（1）混凝土最高水化热绝热温度：

$$T_{\max}=\frac{275\times 335}{0.96\times 2400}(1-e^{-\infty})=39.98℃$$

（2）混凝土 1d、3d、7d 的水化热绝热温度：

$$T_{(t)}=39.98(1-2.718^{-0.3t})$$

当 $t=1$　$T_{(1)}=39.98(1-2.718^{-0.3\times 1})=10.36℃$

$$\Delta T_1=T_{(1)}-0℃=10.36℃$$

当 $t=3$　$T_{(3)}=39.98(1-2.718^{-0.3\times 3})=23.72℃$

$$\Delta T_3=T_{(3)}-T_{(1)}=13.36℃$$

当 $t=7$　$T_{(7)}=39.98(1-2.718^{\ 0.3\times 7})=35.08℃$

$$\Delta T_7=T_{(7)}-T_{(3)}=11.36℃$$

【例 11-14】 设备基础底板长 60.8m、宽 30.5m、厚 3.0m，采用 C20 混凝土，每立方米混凝土水泥用量为 275kg，采用强度等级 32.5 普通水泥，水化热为 375kJ/kg，混凝土浇筑温度为 24℃，支模采用模板，外包两层草垫，混凝土比热容 C 取 0.96kJ/(kg·K)，试计算不同龄期时混凝土的内部温度。

【解】 混凝土的最终绝热温升由式（11-17a）得：

$$T_h=\frac{m_c Q}{C\rho}=\frac{275\times 375}{0.96\times 2400}=45℃$$

查表 11-13 的温降系数 ζ 可求得不同龄期的水化热温升为：

$t=3\text{d}$　　$\zeta=0.68$　　$T_h\cdot\zeta=45\times 0.68=30.6℃$
$t=6\text{d}$　　$\zeta=0.67$　　$T_h\cdot\zeta=45\times 0.67=30.2℃$
$t=9\text{d}$　　$\zeta=0.63$　　$T_h\cdot\zeta=45\times 0.63=28.4℃$
$t=12\text{d}$　　$\zeta=0.57$　　$T_h\cdot\zeta=45\times 0.57=25.7℃$
　　　⋮　　　　　⋮　　　　　　⋮
$t=30\text{d}$　　$\zeta=0.19$　　$T_h\cdot\zeta=45\times 0.19=8.6℃$

由式（11-18）得混凝土内部的中心温度为：

$$T_{(3)}=T_0+T_{(t)}\zeta=24+30.6=54.6℃$$

$$T_{(6)}=24+30.2=54.2℃$$

$$T_{(9)}=24+28.4=52.4℃$$

$$T_{(12)} = 24 + 25.7 = 49.7℃$$
$$\vdots \quad \vdots \quad \vdots \quad \vdots$$
$$T_{(30)} = 24 + 8.6 = 32.6℃$$

11.14 构件内外部温差的计算

对表面系数较小的结构体，在混凝土浇筑后由于水泥水化产生热量，当构件内部热阻大于表面热阻时，构件中心的温度将明显高于构体表面的温度，如温差超过 20℃，混凝土有可能产生裂缝。为此，在施工中从确保工程质量出发，应对构件进行必要的温差计算或进行实际测温。如发现温差超过规定时，应采取温控措施，在拆模后的构件表面进行适当保温覆盖。

平面或圆柱状构件的内外温差，以及拆模后保温层必需的传热系数，可用以下方法进行近似计算。

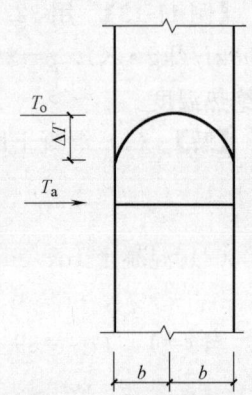

图 11-1 混凝土构件中温度分布简图

一、构件内外温差的计算

构件中心温度与表面温度之差，可按下式进行计算（图 11-1）：

$$\Delta T = \frac{Bi}{Bi+2}(T_o - T_a) \qquad (11\text{-}19a)$$

其中
$$Bi = \frac{k \cdot b}{\lambda} \qquad (11\text{-}19b)$$

式中 ΔT——构件中心与表面的温度（°）；
T_o——构件中心温度（°）；
T_a——环境气温（°）；
Bi——毕渥准则数；
k——构件围护层的传热系（W/m²·K）；
b——构件中心至表面的距离（m）；
λ——混凝土的导热系数，取 1.74W/m·K。

二、构件拆模后的保温层计算

当构件的中心温度与表面温度i差超过 20℃时，拆模后构件表面应覆盖保温层，保温层必需的传热系数 K(W/m²·K) 可按下式计算：

$$K = \frac{40}{(T_o - T_a - 20)} \cdot \frac{\lambda}{6} \qquad (11\text{-}20)$$

式中符号意义同前。

【例 11-15】 钢筋混凝土墙，厚度为 400mm，施工时保温良好，内部温度较均匀，当拆去保温层及模板后，测得内部温度为 39℃，环境温度为 -10℃，试计算构件中心与表面的温差，如需在拆模后的构件表面加设保温层，试计算保温层需要的传热系数并确定保温层构造。

【解】 从表 18-25 查得混凝土表面不覆盖时的传热系数为 30W/m²·K，则 Bi 与 ΔT 由式（11-19b）和式（11-19a）得：

$$Bi = \frac{k \cdot b}{\lambda} = \frac{30 \times 0.2}{1.74} = 3.45$$

$$\Delta T = \frac{Bi}{Bi+2}(T_o - T_a) = \frac{3.45}{3.45+2}(39+10)$$
$$= 31℃ > 20℃$$

由计算知，$\Delta T = 31℃ > 20℃$，故需在拆模后的构件表面加设保温层，需要的传热系数由式（11-20）得：

$$K = \frac{40}{(T_o - T_a - 20)} \cdot \frac{\lambda}{b} = \frac{40}{(39+10-20)} \times \frac{1.74}{0.20}$$
$$= 12.0 \text{W/m}^2 \cdot \text{K}$$

查表 18-25，选用塑料薄膜一层覆盖保温（$K = 12.0 \text{W/m}^2 \cdot \text{K}$），可满足需要。

11.15　各龄期混凝土收缩值计算

混凝土在水泥水化、胶凝、硬化及随后的碳化过程中以及水分蒸发，必将引起体积的收缩，将产生一定的收缩变形。

在标准状态下混凝土最终收缩（即极限收缩）量，以结构相对收缩变形值表示为：

$$\varepsilon_y^0(\infty) = 324 \times 10^{-6} = 3.24 \times 10^{-4} \tag{11-21}$$

各龄期混凝土的收缩变形随许多具体条件和因素的差异而变化，一般可用下列指数函数表达式进行收缩值的计算：

标准状态下混凝土任意龄期的收缩变形值为：

$$\varepsilon_{y(t)}^0 = \varepsilon_y^0 (1 - e^{-bt}) \times 10^{-4} \tag{11-22}$$

非标准状态下的混凝土任意龄期收缩的相对变形值为：

$$\varepsilon_{y(t)} = \varepsilon_y^0 (1 - e^{-bt}) \times M_1 \times M_2 \times M_3 \times \cdots \times M_n \tag{11-23}$$

式中　$\varepsilon_{y(t)}^0$——标准状态下混凝土任意龄期（d）的收缩变形值；

　　　　ε_y^0——标准状态下的最终收缩值（即极限收缩值），取 $(3.24 \sim 4.0) \times 10^{-4}$；

　　　　$\varepsilon_{y(t)}$——非标准状态下混凝土龄期为 t 时的收缩引起的相对变形值；

　　　　e——常数，为 2.718；

　　　　b——经验系数，取 0.01；

　　　　t——混凝土浇筑后至计算时的天数（d）；

M_1、M_2、$M_3 \cdots M_n$——考虑各种非标准条件，与水泥品种细度、骨料品种、水灰比、水泥浆量、养护条件、环境相对湿度、构件尺寸、混凝土捣实方法、配筋率等有关的修正系数，按表 11-14 取用。

【例 11-16】　某现浇钢筋混凝土墙，沿墙板纵向配筋率为 0.2%，混凝土为 C20，用矿渣水泥配制，水灰比为 0.6，机械振捣，保持良好的潮湿养护，试计算龄期为 15d 的混凝土收缩变形值。

【解】　由已知条件和表 11-14 取：$\varepsilon_y^c = 3.24 \times 10^{-4}$，$M_1 = 1.25$，$M_2$、$M_4$、$M_7$ 均为 1，$M_3 = 1.42$，$M_5 = 0.93$，$M_6 = 0.7$，$M_8 = 0.95$，则混凝土的收缩变形值为：

$$\varepsilon_{y(15)} = 3.24 \times 10^{-4} (1 - e^{-0.15}) \times 1.25 \times 1.42 \times 0.93 \times 0.7 \times 0.95 = 0.495 \times 10^{-4}$$

11 大体积混凝土裂控工程

混凝土收缩值不同条件影响修正系数 表 11-14

水泥品种	M_1	水泥细度 (m^3/kg)	M_2	水胶比	M_3	胶浆量 (%)	M_4	养护时间 (d)	M_5	环境相对湿度 (%)	M_6	$\bar{r}$	M_7	$\dfrac{E_sA_s}{E_cA_c}$	M_8	减水剂	M_9	粉煤灰掺量 (%)	M_{10}	矿物粉掺量 (%)	M_{11}
矿渣水泥	1.25	300	1.00	0.3	0.85	20	1.00	1	1.11	25	1.25	0	0.54	0.00	1.00	无	1.00	0	1.00	0	1.00
低热水泥	1.10	400	1.13	0.4	1.00	25	1.20	2	1.11	30	1.18	0.1	0.76	0.05	0.86	有	1.30	20	0.86	20	1.01
普通水泥	1.00	500	1.35	0.5	1.21	30	1.45	3	1.09	40	1.10	0.2	1.00	0.10	0.76	—	—	30	0.89	30	1.02
火山灰水泥	1.00	600	1.58	0.6	1.42	35	1.75	4	1.07	50	1.00	0.3	1.03	0.15	0.68	—	—	40	0.90	40	1.03
抗硫酸盐水泥	0.78	—	—	—	—	40	2.10	5	1.04	60	0.88	0.4	1.20	0.20	0.61	—	—	—	—	—	—
—	—	—	—	—	—	—	—	7	1.00	70	0.77	0.5	1.31	0.25	0.55	—	—	—	—	—	—
—	—	—	—	—	—	45	2.55	10	0.95	80	0.70	0.6	1.40	—	—	—	—	—	—	—	—
—	—	—	—	—	—	50	3.03	14~180	0.93	90	0.54	0.7	1.43	—	—	—	—	—	—	—	—

注：1. $\bar{r}$ 为水力半径的倒数、构件截面周长 (L) 与截面积 (A) 之比，$\bar{r}=L/A (cm^{-1})$。
2. E_sA_s/E_cA_c 为广义配筋率，E_s、E_c 为钢筋、混凝土的弹性模量 (N/mm^2)，A_s、A_c 为钢筋、混凝土的截面积 (mm^2)。
3. 粉煤灰（矿渣粉）掺量指粉煤灰（矿渣粉）掺合料重量占胶凝材料总重的百分数。

故知，龄期为 15d 的混凝土收缩变形值为 0.495×10^{-4}。

11.16　各龄期混凝土收缩当量温度计算

混凝土收缩当量温度是将混凝土干燥收缩与自身收缩产生的变形值，换算成相当于引起等量变形所需要的温度，以便按温差计算温度应力。

混凝土的收缩变形换成当量温度按下式计算：

$$T_{y(t)}=-\frac{\varepsilon_{y(t)}}{\alpha} \tag{11-24}$$

式中　$T_{y(t)}$——任意龄期（d）混凝土收缩当量温度（℃），负号表示降温；

$\varepsilon_{y(t)}$——各龄期（d）混凝土的收缩相对变形值；

α——混凝土的线膨胀系数，取 1.0×10^{-5}。

【例 11-17】　条件同例 11-16，试计算龄期为 15d 的收缩当量温度。

【解】　由例 11-16 已计算得到：$\varepsilon_{y(15)}=0.495\times10^{-4}$，将它代入式（11-24）得：

$$T_{y(t)}=-\frac{\varepsilon_{y(t)}}{\alpha}=\frac{-0.495\times10^{-4}}{10\times10^{-6}}$$

$$=-4.95\approx-5℃$$

故知，15d 龄期的收缩当量温差为 $-5℃$。

11.17　各龄期混凝土弹性模量计算

混凝土的弹性模量是表示材料弹性性质的系数，反映瞬时荷载作用下的应力应变性质。根据试验，混凝土的弹性模量随着混凝土抗压强度和密度的增加而加大，亦即混凝土的弹性模量随混凝土浇筑后龄期的增加而加大，随龄期不同而变化。各龄期混凝土的弹性模量按下式计算：

$$E_{(t)}=\beta E_c(1-e^{-0.09t}) \tag{11-25}$$

式中　$E_{(t)}$——混凝土从浇筑后至计算时的弹性模量（N/mm²），计算温度应力时，一般取平均值；

E_c——混凝土的最终弹性模量（N/mm²）；可近似取 28d 的混凝土弹性模量，可按表 11-15 取用；

e——常数，为 2.718；

t——混凝土从浇筑后到计算时的天数（d）；

β——混凝土中掺合料对弹性模量的修正系数，$\beta=\beta_1\cdot\beta_2$；

β_1、β_2——分别为混凝土中掺粉煤灰和矿渣粉的掺量对应的弹性模量修正系数。当掺量分别为：0、20%、30%、40%时，β_1（掺粉煤灰）为：1、0.99、0.98、0.96；β_2（掺矿渣粉）为：1、1.02、1.03、1.04。

混凝土的抗拉弹性模量与抗压弹性模量之比值约为 0.96~0.97，前者比后者略低一些，由于两者比值接近于 1，为了实用方便起见，通常取两者相等。

11 大体积混凝土裂控工程

混凝土的弹性模量 E_c 表 11-15

项次	混凝土强度等级 (N/mm²)	弹性模量 (N/mm²)	项次	混凝土强度等级 (N/mm²)	弹性模量 (N/mm²)
1	C15	2.20×10^4	6	C40	3.25×10^4
2	C20	2.55×10^4	7	C45	3.35×10^4
3	C25	2.80×10^4	8	C50	3.45×10^4
4	C30	3.0×10^4	9	C55	3.55×10^4
5	C35	3.15×10^4	10	C60	3.60×10^4

【例 11-18】 计算 C20 混凝土 15d 的弹性模量。

【解】 $\beta=1$，15d 的弹性模量为：

$$E_{(15)} = 2.55 \times 10^4 (1 - e^{-0.09 \times 15}) = 1.89 \times 10^4 \text{N/mm}^2$$

故知，C20 混凝土 15d 的弹性模量为 $1.89 \times 10^4 \text{N/mm}^2$。

11.18 混凝土徐变变形计算

混凝土结构在外荷载等于常量的情况下，变形随时间缓慢增加的现象称徐变。徐变变形是微裂的压缩及颗粒间滑动而形成。它是在常量荷载作用下除了弹性变形外产生的一种非弹性变形。

不同材质的混凝土，因所处条件的差异具有不同的徐变特性。标准状态下，单位应力引起的最终徐变变形称为"徐变度"，以 C^0 表示，见表 11-16，它是混凝土加荷龄期和持续时间的函数。

标准极限徐变度 表 11-16

混凝土强度等级 (N/mm²)	$C^0 \cdot 10^{-6}$	混凝土强度等级 (N/mm²)	$C^0 \cdot 10^{-6}$
C10	8.84	C40	7.40
C15	8.28	C50	6.44
C20	8.04	C60~C90	6.03
C30	7.40	C100	6.03

当结构的使用应力为 σ 时，最终徐变变形为：

$$\varepsilon_n^0(\infty) = C^0 \cdot \sigma \tag{11-26}$$

若无法预先知道使用应力，则 $\varepsilon_n^0(\infty)$ 的计算可假定使用应力为混凝土抗拉或抗压强度的 1/2，即：

$$\varepsilon_n^0(\infty) = C^0 \cdot \frac{1}{2} \cdot f \tag{11-27}$$

式中 $\varepsilon_n^0(\infty)$——混凝土的最终徐变变形；

C^0——徐变度，按表 11-16 取用；

σ——结构使用应力；

f——混凝土的抗拉或抗压强度。

11.19 混凝土应力松弛系数计算

由于混凝土的徐变特性，混凝土结构的变形在常量的情况下，当应变不变化时，其内应力会随时间而逐渐衰减的现象称应力松弛。其原因也是由于颗粒滑动及微裂扩展而造成的。当结构变形不变时，其内部约束应力会因混凝土粘性滑动而产生"应力松弛"，这时变形变化引起的应力状态是非常重要的。其松弛系数一般可按以下经验公式计算：

$$S_{h(t)} = 1 - \frac{A_1}{\rho_1}(1 - e^{-\rho_1 t}) - \frac{A_2}{\rho_2}(1 - e^{-\rho_2 t}) \tag{11-28}$$

式中　A_1、ρ_1、A_2、ρ_2——分别为经验系数，其值为：

$A_1 = 0.0237 d^{-1}$；　　$\rho_1 = 0.067419 d^{-1}$

$A_2 = 3.45167 d^{-1}$；　　$\rho_2 = 9.4379 d^{-1}$

e——常数，为 2.718。

由式（11-28）知混凝土的松弛系数，是荷载持续时间的函数，数值小于1，如图11-2所示。

按忽略混凝土龄期影响和考虑混凝土龄期及荷载持续时间，由式（11-28）计算得到的应力松弛系数 $S_{(t)}$ 和 $S_{h(t)}$ 分别列于表 11-17 和表 11-18 中，可供直接查用。

按弹性理论计算温度应力时，徐变所导致的温度应力的松弛，有益于防止裂缝的开展。徐变可使混凝土的长期极限抗拉值增加一倍左右，即提高了混凝土的极限变形能力。因此在计算混凝土的抗裂性时，应把徐变所导致的温度应力的松弛影响考虑进去，应再乘以应力松弛系数。

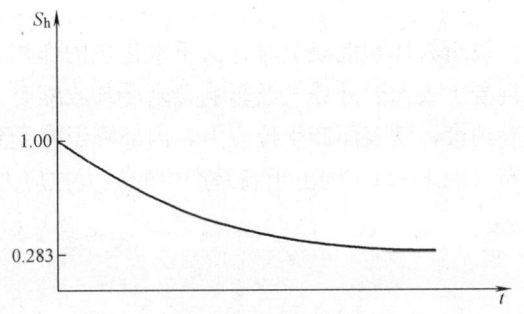

图 11-2　松弛系数与时间关系

混凝土的应力松弛系数　　　　表 11-17 (1)

$t(d)$	0	0.5	1	2	3	6	7	9	10	12
$S_{h(t)}$	1.000	0.626	0.611	0.590	0.570	0.520	0.502	0.480	0.462	0.440
$t(d)$	15	18	21	24	28	30	40	60	90	∞
$S_{h(t)}$	0.411	0.386	0.368	0.352	0.336	0.327	0.306	0.288	0.284	0.280

注：本表为忽略混凝土龄期影响的松弛系数表，一般在简化计算中应用。

混凝土考虑龄期及荷载持续时间的应力松弛系数　　　　表 11-17 (2)

时间 $t(d)$	3	6	9	12	15	18	21	27	30
$S_{(t)}$	0.186	0.208	0.214	0.215	0.233	0.252	0.301	0.570	1.00

在龄期为 t 阶段时，在第 i 计算区段产生的约束应力延续至 t 时的松弛系数，可按表 11-18 取值。

混凝土的松弛系数　　　　　　　表 11-18

$t=2d$		$t=5d$		$t=10d$		$t=20d$	
t	$S(t)t$	t	$S(t)t$	t	$S(t)t$	t	$S(t)t$
2.00	1.000	5.00	1.000	10.00	1.000	20.00	1.000
2.25	0.426	5.25	0.510	10.25	0.551	20.25	0.592
2.50	0.342	5.50	0.443	10.50	0.499	20.50	0.549
2.75	0.304	5.75	0.410	10.75	0.476	20.75	0.534
3.00	0.278	6.00	0.383	11.00	0.457	21.00	0.521
4.00	0.225	7.00	0.296	12.00	0.392	22.00	0.473
5.00	0.199	8.00	0.262	14.00	0.306	25.00	0.367
10.00	0.187	10.00	0.228	18.00	0.251	30.00	0.301
20.00	0.186	20.00	0.215	20.00	0.238	40.00	0.253
30.00	0.186	30.00	0.208	30.00	0.214	50.00	0.252
∞	0.186	∞	0.200	∞	0.210	∞	0.251

11.20　大体积混凝土自约束裂缝控制施工计算

浇筑大体积混凝土时，由于水化热的作用，中心温度高，与外界接触的表面温度低，当混凝土表面受外界气温影响急剧冷却收缩时，外部混凝土质点与混凝土内部各质点之间相互约束，使表面产生拉应力，内部降温慢受到自约束产生压应力。设温度呈对称抛物线分布（图 11-3），则由于温差产生的最大拉应力和压应力可由下式计算：

$$\sigma_t = \frac{2}{3} \cdot \frac{E_{(t)} \alpha \Delta T_1}{1-\nu} \tag{11-29}$$

$$\sigma_c = \frac{1}{3} \cdot \frac{E_{(t)} \alpha \Delta T_1}{1-\nu} \tag{11-30}$$

式中　σ_t、σ_c——分别为混凝土的拉应力和压应力（N/mm²）；
　　　$E_{(t)}$——混凝土的弹性模量（N/mm²）；
　　　α——混凝土的热膨胀系数（1/℃）；
　　　ΔT_1——混凝土截面中心与表面之间的温差（℃）；
　　　ν——混凝土的泊松比，取 0.15～0.20。

在施工准备阶段，最大自约束应力也可按以下简式计算：

$$\sigma_{xmax} = \frac{\alpha}{2} \cdot E_{(t)} \cdot \Delta T_{imax}$$

式中　ΔT_{imax}——混凝土浇筑后可能出现的最大里表温差（℃）。

由上式计算的 σ_t 如果小于该龄期混凝土的抗拉强度，则不会出现表面裂缝，否则则有可能出现裂缝。同时由上式知采取措施控制温差 ΔT_1 就可有效地控制表面裂缝的出现。大体积混凝土一般允许温差宜控制在 20～25℃ 范围内。再上式考虑混凝土徐变作用应乘以 $S(t)$。

【例 11-19】 大型设备基础底板，厚度 2.5m，采用 C20 混凝土浇筑后，在 3d 龄期测温如图 11-4，试求其不考虑徐变松弛影响因里表温差引起的最大拉应力和压应力。

【解】 由题意，取 $E_0 = 2.55 \times 10^4 \text{N/mm}^2$，$\alpha = 1 \times 10^{-5}$，$\Delta T_1 = 51 - 38° = 13℃$，$\nu =$

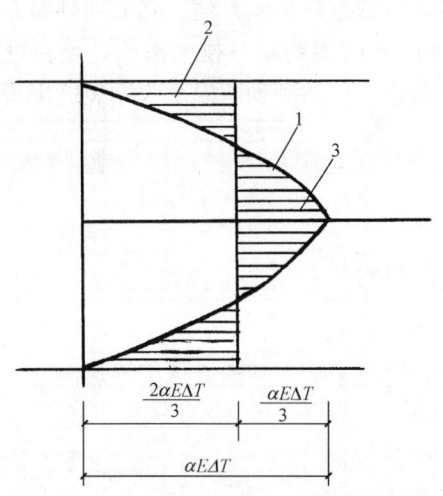

图 11-3 内部温差引起的温度应力
1—温度分布；2—温度拉应力；3—温度压应力

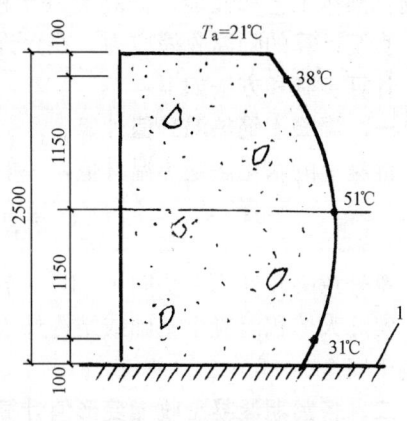

图 11-4 基础底板温差
1—地基面

0.15。由式（11-25）混凝土在3d龄期的弹性模量为：
$$E_{(3)}=E_c(1-e^{-0.09t})=2.55\times10^4(1-2.78^{-0.09\times3})=0.62\times10^4\text{N/mm}^2$$

混凝土的最大拉应力由式（11-29）得：
$$\sigma_t=\frac{2}{3}\times\frac{E_{(t)}\alpha T_1}{1-\nu}=\frac{2}{3}\times\frac{0.62\times10^4\times1\times10^{-5}\times13°}{1-0.15}=0.63\text{N/mm}^2$$

混凝土的最大压应力由式（11-30）得：
$$\sigma_c=\frac{1}{3}\times\frac{E_{(t)}\alpha\Delta T_1}{1-\nu}=\frac{1}{3}\times\frac{0.62\times10^4\times1\times10^{-5}\times13°}{1-0.15}=0.32\text{N/mm}^2$$

故知，因里表温差引起的拉应力和压应力分别为 0.63N/mm^2 和 0.32N/mm^2。

11.21 大体积混凝土外约束裂缝控制施工计算

大体积混凝土基础或结构浇筑后，由于水泥水化热使混凝土温度升高，体积膨胀，达到峰值后（约3~5d）将持续一段时间，因内部温度慢慢要与外界气温相平衡，以后温度将逐渐下降，从表面开始慢慢深入到内部，此时混凝土已基本结硬，弹性模量很大，降温时当温度收缩变形受到外部边界条件的约束，将引起较大的温度应力。一般混凝土内部温升值愈大，降温值也愈大，产生的拉应力也愈大，如通过施工计算采取措施控制过大的降温收缩应力的出现，即可控制裂缝的发生。外约束裂缝控制的施工计算按不同时间和要求，分以下两个阶段进行。

11.21.1 混凝土浇筑前裂缝控制施工计算

是在大体积混凝土浇筑前，根据施工拟采取的施工方法、裂缝控制技术措施和已知施工条件，先计算混凝土的最大水泥水化热温升值、收缩变形值、收缩当量温差和弹性模量，然后通过计算，估量混凝土浇筑后可能产生的最大温度收缩应力，如小于混凝土的抗拉强度，则表示所采取的裂缝控制技术措施，能有效地控制裂缝的出现；如超过混凝土的允许抗拉强度,则应采取调整混凝土的浇筑温度,减低水化热温升值,降低内外温差,改善施工操作工艺和性能,提高混凝土极限拉伸强度或改善约束等技术措施,重新进行计算,直至计算的降温收缩应力,在允许范围以内为止,以达到预防温度收缩裂缝出现的目的,计算步骤和方法如下:

一、混凝土绝热温升值计算

混凝土的水化热绝热温升值,一般按下式计算:

$$T_{(t)} = \frac{m_c Q}{C\rho}(1 - e^{-mt}) \tag{11-31}$$

符号意义及计算方法同 11.12 一节式 (11-16)。

实际大体积混凝土基础或结构外表是散热的,混凝土的实际温升低于绝热温升,计算值偏于安全。

二、各龄期混凝土收缩变形值计算

各龄期混凝土的收缩变形值 $\varepsilon_{y(t)}$ 一般可按下式计算:

$$\varepsilon_{y(t)} = \varepsilon_y^0 (1 - e^{-bt}) \times M_1 \times M_2 \times M_3 \times \cdots \times M_n \tag{11-32}$$

符号意义和计算方法同 11.15 一节式 (11-23)。

三、混凝土收缩当量温度计算

混凝土收缩变形会在混凝土内引起相当大的应力,在温度应力计算时应把收缩变形这个因素考虑进去,为计算方便,把混凝土收缩变形合并在温度应力之中,换成"当量温度"按下式计算

$$T_{y(t)} = -\frac{\varepsilon_{y(t)}}{\alpha} \tag{11-33}$$

符号意义和计算方法同 11.16 一节式 (11-24)。

四、各龄期混凝土弹性模量计算

变形变化引起的应力状态随弹性模量的上升而显著增加,计算温度收缩应力应考虑弹性模量的变化,各龄期混凝土弹性模量可按下式计算:

$$E_{(t)} = \beta E_c (1 - e^{-0.09t}) \tag{11-34}$$

符号意义及计算方法同 11.17 一节式 (11-25)。

五、混凝土温度收缩应力计算

大体积混凝土基础或结构(厚度大于 1m)贯穿性或深进的裂缝,主要是由平均降温差和收缩差引起过大的温度收缩应力而造成的。混凝土因外约束引起的温度(包括收缩)应力(二维时),一般用约束系数法来计算约束应力,按以下简化公式计算:

$$\sigma = -\frac{E_{(t)} \alpha \Delta T}{1 - \nu_c} \cdot S_{(t)} R \tag{11-35}$$

$$\Delta T = T_0 + \frac{2}{3}T_{(t)} + T_{y(t)} - T_h \tag{11-36}$$

式中 σ——混凝土的温度(包括收缩)应力(N/mm²);

$E_{(t)}$——混凝土从浇筑后至计算时的弹性模量(N/mm²),一般取平均值;

α——混凝土的线膨胀系数,取 1.0×10^{-5};

ΔT——混凝土的最大综合温差(℃)绝对值,如为降温取负值;当大体积混凝土基础长期裸露在室外,且未回填土时,ΔT 值按混凝土水化热最高温升值(包

括浇筑入模温度）与当月平均最低温度之差进行计算；计算结果为负值，则表示降温；

T_0——混凝土的浇筑入模温度（℃）；

$T_{(t)}$——浇筑完一段时间 t，混凝土的绝热温升值（℃），按式（11-31）计算；

$T_{y(t)}$——混凝土的收缩当量温差（℃），按式（11-33）计算；

T_h——混凝土浇筑完后达到稳定时的温度，一般根据历年气象资料取当年平均气温（℃）；

$S_{(t)}$——考虑徐变影响的松弛系数，按表 11-17（2）取用，一般取 0.3～0.5；

R——混凝土的外约束系数，当为岩石地基时，$R=1$；当为可滑动垫层时，$R=0$，一般土地基取 0.25～0.50；

ν_c——混凝土的泊松比，取 0.15。

【例 11-20】 轧板厂大型设备基础混凝土采用 C20，用 32.5 级矿渣水泥配制，水泥用量为 275kg/m³，水灰比为 0.6，$E_c=2.55\times10^4$N/mm²，$T_y=9$℃，$S_{(t)}=0.3$，$R_{(t)}=0.32$，混凝土浇灌入模温度为 14℃，当地平均温度为 15℃，由天气预报知养护期间月平均最低温度为 3℃，试计算可能产生的最大温度收缩应力和露天养护期间（15d）可能产生温度收缩应力及抗裂安全度。

【解】 (1) 计算混凝土的绝热温升值

由表 11-9 知，$Q=335$kJ/kg，$C=0.96$kJ/kg·K，$\rho=2400$kg/m³

混凝土 15d 水化热绝热温度及最大的水化热绝热温度为：

$$T_{(15)}=\frac{m_cQ}{C\rho}(1-e^{-mt})=\frac{275\times335}{0.96\times2400}(1-2.718^{-0.3\times15})=39.54℃$$

$$T_{max}=\frac{275\times335}{0.96\times2400}(1-2.718^{-\infty})=39.98℃$$

(2) 计算各龄期混凝土收缩变形值

由表 11-14 知，$M_1=1.25$，M_2、M_4、M_7 均为 1，$M_3=1.42$，$M_5=0.93$，$M_6=0.7$，$M_8=0.95$

则混凝土的收缩变形值为：
$$\varepsilon_{y(15)}=\varepsilon_y^0(1-e^{-0.01t})\times M_1\times M_2\times M_3\times\cdots\times M_n$$
$$=3.24\times10^{-4}(1-2.718^{-0.15})\times1.25\times1.42\times$$
$$0.93\times0.7\times0.95=0.495\times10^{-4}$$

(3) 计算混凝土的收缩当量温差

混凝土 15d 收缩当量温差为：$T_{y(15)}=\dfrac{\varepsilon_{y(t)}}{\alpha}=\dfrac{0.495\times10^{-4}}{10\times10^{-5}}=4.95\approx5$℃

(4) 计算各龄期混凝土的弹性模量

混凝土 15d 的弹性模量为：$E_{(15)}=E_c(1-e^{-0.09t})$
$$=2.55\times10^4(1-2.718^{-0.09\times15})=1.89\times10^4$$

(5) 计算混凝土的温度收缩应力

混凝土的最大综合温差为：$\Delta T=T_0+\dfrac{2}{3}T_{(t)}+T_{y(t)}-T_h$
$$=14+\dfrac{2}{3}\times39.98+9-15=34.65℃$$

11　大体积混凝土裂控工程

则基础混凝土最大降温收缩应力为：

$$\sigma = -\frac{E_{(t)}\alpha\Delta T}{1-\nu_c} \cdot S_{(t)}R$$

$$= -\frac{2.55\times10^4\times1\times10^{-5}(-34.65)}{1-0.15}\times0.3\times0.32$$

$$= 0.998 < f_t = 1.1\text{N/mm}^2$$

$$K = \frac{1.1}{0.998} = 1.10 \approx 1.15 \qquad 可以$$

露天养护期间基础混凝土产生的降温收缩应力为：

$$\Delta T = T_0 + \frac{2}{3}T_{(t)} + T_{y(t)} - T_h$$

$$= 14 + \frac{2}{3}\times39.54 + 5 - 3 = 42.36℃$$

$$\sigma_{(15)} = -\frac{1.89\times10^4\times1\times10^{-5}\times(-42.36)}{1-0.15}\times0.30\times0.32$$

$$= 0.90 > 75\%\times1.1 = 0.83\text{N/mm}^2$$

由计算知基础在露天养护期间混凝土有可能出现裂缝，在此期间混凝土表面应采取养护和保温措施，使养护温度加大（即 T_h 加大），综合温差 ΔT 减小，使计算的 $\sigma_{(15)}$ 小于 $0.83/1.15 = 0.72\text{N/mm}^2$，则可控制裂缝出现。

11.21.2　混凝土浇筑后裂缝控制施工计算

大体积混凝土浇筑后，根据实测温度值和绘制的温度升降曲线，分别计算各降温阶段产生的混凝土温度收缩拉应力，其累计总拉应力值，如不超过同龄期的混凝土抗拉强度，则表示所采取的防裂措施能有效地控制预防裂缝的出现，不至于引起结构的贯穿性裂缝；如超过该阶段时的混凝土抗拉强度，则应采取加强养护和保温（如覆盖保温材料、及时回填土等）措施，使缓慢降温和收缩，提高该龄期混凝土的抗拉强度、弹性模量，发挥徐变特性等，以控制裂缝的出现，计算步骤和方法如下：

一、混凝土绝热温升值计算

绝热状态下混凝土的水化热绝热温升值按下式计算：

$$T_{(t)} = \frac{m_c Q}{C\rho}(1-e^{-mt}) \tag{11-37}$$

$$T_{\max} = \frac{m_c Q}{C\rho} \tag{11-38}$$

式中　$T_{\max}$——混凝土的最大水化热绝热温升值（℃）；

其余符号意义和计算方法同 11.12 一节式（11-16）。

二、混凝土实际最高温升值计算

根据各龄期的实际温升后的降温值及升降温曲线，按下式求各龄期实际水化热最高温升值：

$$T_d = T_n - T_0 \tag{11-39}$$

式中　T_d——各龄期混凝土实际水化热最高温升值（℃）；

　　　T_n——各龄期实测温度值（℃）；

T_0——混凝土入模温度（℃）。

三、混凝土水化热平均温度计算

结构裂缝主要是由降温和收缩引起的，任意降温差（水化热温差加上收缩当量温差）均可分解为平均降温差和非均匀降温差；前者引起外约束，是导致产生贯穿性裂缝的主要原因；后者引起自约束，导致产生表面裂缝。因此，重要的是控制好两者的降温差，减少和避免裂缝的开展。非均匀降温差一般都采取控制混凝土内外温差在 20～30℃ 以内。在一般情况下，现浇大体积混凝土在升温阶段出现裂缝的可能性较小，在降温阶段，如平均降温差较大，则早期出现裂缝的可能性较大。在施工阶段早期降温主要是水化热降温（包括少量混凝土收缩），其水化热平均温度可按下式计算（图11-5）：

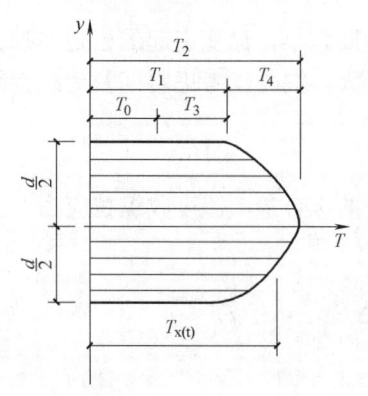

图 11-5　基础底板水化热引起的温升简图
d—大体积混凝土基础或结构厚度

$$T_{t(t)} = T_1 + \frac{2}{3} T_4 \tag{11-40}$$
$$= T_1 + \frac{2}{3}(T_2 - T_1)$$

式中　$T_{t(t)}$——各龄期混凝土的综合温差（℃）；
　　　T_1——保温养护下混凝土表面温度（℃）；
　　　T_2——实测基础中心最高温度（℃）。

四、混凝土基础或结构截面上任意深度的温差计算

混凝土基础或结构截面上的温差，常假定呈对称抛物线分布，则基础或结构截面上，任意深度处的温度，可按下式计算：

$$T_y = T_1 + \left(1 - \frac{4y^2}{d^2}\right) T_4 \tag{11-41}$$

式中　T_y——基础或结构截面上任意深度处的温度（℃）；
　　　d——基础或结构的厚度；
　　　y——基础截面上任意一点离开中心轴的距离；
　　　T_1、T_4——符号意义同式（11-40）。

五、各龄期混凝土收缩变形值、收缩当量温差及弹性模量计算

混凝土收缩变形值 $\varepsilon_{y(t)}$、收缩当量温差 $T_{y(t)}$ 及弹性模量 E_t 的计算同"11.21.1 混凝土浇筑前裂缝控制的施工计算"。

六、各龄期混凝土的综合温差及总温差计算

各龄期混凝土的综合温差按下式计算：

$$T_{(t)} = T_{x(t)} + T_{y(t)} \tag{11-42a}$$

式中　$T_{(t)}$——各龄期混凝土的综合温差（℃）；
　　　$T_{x(t)}$——各龄期水化热平均温差（℃）；
　　　$T_{y(t)}$——各龄期混凝土收缩当量温差（℃）。

总温差为混凝土各龄期综合温差之和，即：

11 大体积混凝土裂控工程

$$T = T_{(1)} + T_{(2)} + T_{(3)} + \cdots + T_{(n)} \tag{11-42b}$$

式中　　T——总温差，即各龄期混凝土综合温差之和（℃）；

$T_{(1)}$、$T_{(2)}$、$T_{(3)}\cdots T_{(n)}$——各龄期混凝土的综合温差。

以上各种降温差均为负值。

七、各龄期混凝土松弛系数计算

混凝土松弛程度同加荷时混凝土的龄期有关，龄期越早，徐变引起的松弛亦越大；其次同应力作用时的长短有关，时间越长，则松弛亦越大，混凝土考虑龄期及荷载持续时间影响下的应力松弛系数 $S_{(t)}$ 见表 11-17（2）。

八、最大温度应力值计算

弹性地基上大体积混凝土基础或结构各降温阶段的综合最大温度收缩拉应力，按下式计算：

$$\sigma_{(t)} = -\frac{\alpha}{1-\nu} \cdot R_{i(t)} \sum_{i=1}^{n} E_{i(t)} \Delta T_{i(t)} \cdot S_i(t) \tag{11-43}$$

$$\sigma_{(t)} = -\frac{\alpha}{1-\nu} \left[1 - \frac{1}{\cosh \cdot \beta \cdot \frac{L}{2}} \right] \sum_{n=i}^{n} E_{i(t)} \Delta T_{i(t)} S_{i(t)} \tag{11-44}$$

降温时，混凝土的抗裂安全度应满足下式要求：

$$K = \frac{\lambda f_t}{\sigma_{(t)}} \geqslant 1.15 \tag{11-45}$$

式中　$\sigma_{(t)}$——各龄期混凝土基础所承受的温度应力（N/mm²）；

　　　α——混凝土线膨胀系数，取 1.0×10^{-5}；

　　　ν——混凝土泊松比，当为双向受力时，取 0.15；

　　　$E_{i(t)}$——各龄期混凝土的弹性模量（N/mm²）；

　　　$\Delta T_{i(t)}$——各龄期综合温差（℃），均以负值代入；

　　　$R_{i(t)}$——混凝土外约束的约束系数；

　　　$S_{i(t)}$——各龄期混凝土松弛系数；

　　　$\cosh$——双曲余弦函数，可由附录一附表 1-10 查得；

　　　β——约束状态影响系数，按下式计算：

$$\beta = \sqrt{\frac{C_x}{H \cdot E_{(t)}}} \tag{11-46}$$

其中

$$C_x = C_{x1} + C_{x2}$$
$$C_{x2} = Q/F$$

　　　H——大体积混凝土基础式结构的厚度（mm）；

　　　C_{x1}——地基水平阻力系数（地基水平剪切刚度）（N/mm³），可由表 11-22 查得；

　　　C_{x2}——桩的阻力系数（N/mm³）；

　　　Q——桩产生单位位移所需水平力（N/mm）；

　　　当桩与结构铰接时 $Q = 2E \cdot I [K_n \cdot D/(4E \cdot I)]^{3/4}$

　　　当桩与结构固接时 $Q = 4E \cdot I [K_n \cdot D(4E \cdot I)]^{3/4}$

　　　E——桩混凝土的弹性模量（N/mm²）；

I——桩的惯性矩（mm^4）；

K_n——地基水平侧移刚度，取 1×10^{-2}（N/mm^3）；

D——桩的直径或边长（mm）；

F——每根桩分担的地基面积（mm^2）；

L——基础或结构底板长度（mm）；

K——抗裂安全度，取 1.15；

f_t——混凝土抗拉强度设计值（N/mm^2）。

λ——掺合料对混凝土抗拉强度的影响系数，$\lambda=\lambda_1\lambda_2$；

λ_1、λ_2——分别为混凝土中掺加粉煤灰和矿物粉对混凝土抗拉强度的调整系数。当掺量分为 0、20%、30%、40% 时，λ_1（掺粉煤灰）为 1、1.03、0.97、0.92；λ_2（掺矿渣粉）为 1、1.13、1.09、1.10。

以上两种计算公式是按底板为平面导出的，大体积混凝土基础或结构底板截面复杂，底板和上表面标高不一，内部沟道纵横交错，各处温度分布不均，温度场复杂；同时应力的大小还与所在地区气候环境条件、基础构造、配筋情况、约束状态、徐变情况等因素有关，一些计算参数如约束系数、徐变系数、温差等都是根据试验或经验数据推算的，因此很难以较准确的进行计算，以上两种方法实际都是近似的计算方法，裂控理论计算与实际情况会有一定的误差，但仍不失为作为施工估量温度应力和采取措施的重要依据。同时从以上分析计算可知，防止大体积混凝土基础或结构出现裂缝，须保持混凝土内表温差或混凝土的综合温差（混凝土最高平均温度与环境温差加收缩当量温差）须低于同龄期混凝土拉应力所许可的温差；再混凝土应具备这种特性，即早期强度高而温峰值（最高水化热温升时的混凝土温度）要低，过温峰后降温要慢，内表温差要小。施工中宜结合工程结构具体情况和施工条件，通过计算采取简单、经济、有效的技术措施，以尽可能地避免有害裂缝的发生。

【例 11-21】 大型设备基础底板长 90.8m，宽 31.3m，厚 2.5m，混凝土为 C20，采用 60d 后期强度配合比，用 32.5 级矿渣水泥，水泥用量 $m_c=280kg/m^3$，水泥发热量 $Q=335kJ/kg$，混凝土浇筑入模温度 $T_0=28℃$，结构物周围用钢模板，在模板和混凝土上表面外包两层草袋保温，混凝土比热 $C=1.0kJ/kg·K$，混凝土密度 $\rho=2400kg/m^3$。混凝土浇筑后，实测基础中心 C 点逐日温度如表 11-19，升降温曲线如图 11-6，试计算总降温产生的最大温度拉应力。

C 测温点逐日温度升降表   表 11-19

日期	C_1 测点(℃)	日期	C_1 测点(℃)	日期	C_1 测点(℃)
1	38.0	11	43.5	21	35.7
2	50.5	12	42.5	22	35.4
3	52.0	13	41.5	23	35.0
4	51.7	14	40.5	24	34.8
5	50.5	15	39.5	25	34.5
6	49.5	16	38.5	26	34.0
7	48.5	17	38.0	27	33.5
8	47.0	18	37.5	28	32.5
9	46.0	19	36.5	29	32.3
10	45.0	20	36.2	30	32.0

11 大体积混凝土裂控工程

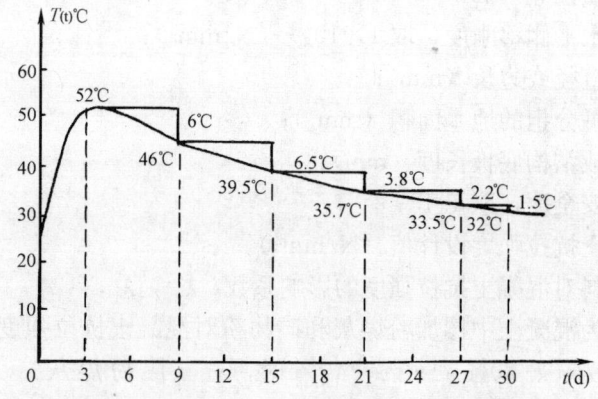

图 11-6 基础中心 C 点各龄期水化热升降温度曲线

【解】 (1) 计算绝热温升值

$$T_{max} = \frac{m_c Q}{C\rho} = \frac{280 \times 335}{1.0 \times 2400} = 39.1℃$$

(2) 计算实际最高温升值

为减少计算量,采取分段计算,由公式得:

$$T_{d(3)} = T_n - T_0 = 52℃ - 28℃ = 24℃$$

同样由计算得:$T_{d(9)} = 18℃$

$$T_{d(15)} = 11.5℃; \qquad T_{d(21)} = 7.7℃$$
$$T_{d(27)} = 5.5℃; \qquad T_{d(30)} = 4℃$$

(3) 计算水化热平均温度

经实测已知 3d 的 $T_1 = 36℃$;$T_2 = 52℃$,故由公式得:

$$T_{x(3)} = T_1 + \frac{2}{3}(T_2 - T_1) = 36 + \frac{2}{3}(52 - 36) = 46.7℃$$

又知混凝土浇灌 30d 后,$T_1 = 27℃$,$T_2 = 32℃$

故

$$T_{x(30)} = 27 + \frac{2}{3}(32 - 27) = 30.3℃$$

水化热平均总降温差:

$$T_x = T_{x(3)} - T_{x(30)} = 46.7 - 30.3 = 16.4℃$$

(4) 计算各龄期混凝土收缩值及收缩当量温度

取 $\varepsilon_y^0 = 3.24 \times 10^{-4}$;$M_1 = 1.25$;$M_2 = 1.35$;$M_3 = 1.00$;$M_4 = 1.45$;$M_5 = 1.00$;$M_6 = 1.05$;$M_7 = 0.54$;$M_8 = 1.20$;$M_9 = 1.00$;$M_{10} = 0.9$;$\alpha = 1.0 \times 10^{-5}$,则 3d 收缩值为:

$$\varepsilon_{y(3)} = \varepsilon_y^0 \times M_1 \times M_2 \times \cdots\cdots M_{10}(1 - e^{-0.01t})$$
$$= 3.24 \times 10^{-4} \times 1.25 \times 1.35 \times 1.00 \times 1.45 \times 1.00 \times 1.05 \times 0.54 \times$$
$$1.20 \times 1.00 \times 0.9(1 - e^{-0.01 \times 3}) = 0.144 \times 10^{-4}$$

3d 收缩当量温度为:

$$T_{y(3)} = \frac{\varepsilon_{y(3)}}{\alpha} = \frac{0.144 \times 10^{-4}}{1.0 \times 10^{-5}} = 1.44℃$$

11.21 大体积混凝土外约束裂缝控制施工计算

同样由计算得

$$\varepsilon_{y(9)} = 0.419 \times 10^{-4}; \quad T_{y(9)} = 4.19℃$$
$$\varepsilon_{y(15)} = 0.677 \times 10^{-4}; \quad T_{y(15)} = 6.77℃$$
$$\varepsilon_{y(21)} = 0.921 \times 10^{-4}; \quad T_{y(21)} = 9.21℃$$
$$\varepsilon_{y(27)} = 1.151 \times 10^{-4}; \quad T_{y(27)} = 11.51℃$$
$$\varepsilon_{y(30)} = 1.260 \times 10^{-4}; \quad T_{y(30)} = 12.60℃$$

根据以上各龄期当量温差值,算出每龄期台阶间每隔6(3)d作为一个台阶的温差值,见图11-7。

(5) 计算各龄期综合温差及总温差

各龄期水化热平均温差,系在算出的水化热平均总降温差为16.4℃的前提下,根据升降温曲线图(图11-6)推算出各龄期的平均降温差值,并求出每龄期台阶间的水化热温差值。为偏于安全计,采用3d最高温度52℃与30d时32℃的温差值作为计算依据,算出各龄期台阶(同样以每隔6d作为一台阶)的温差值,如图11-6所示。为考虑徐变作用,把总降温分成若干台阶式降温,分别计算出各阶段降温引起的应力,最后叠加得总降温应力。

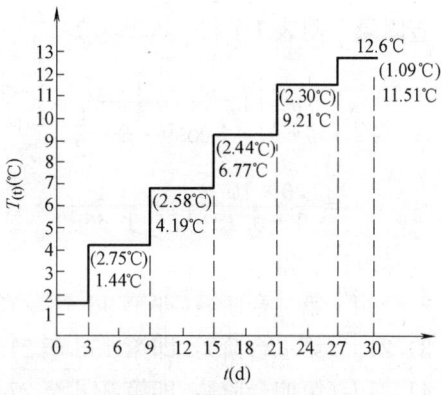

图 11-7 各龄期混凝土收缩当量温差

$$T_{(9)} = 6.0 + 2.75 = 8.75℃; \quad T_{(15)} = 6.5 + 2.58 = 9.08℃$$
$$T_{(21)} = 3.8 + 2.44 = 6.24℃; \quad T_{(27)} = 2.2 + 2.30 = 4.5℃$$
$$T_{(30)} = 1.5 + 1.09 = 2.59℃$$

总综合温差:

$$T_{(t)} = T_{(9)} + T_{(15)} + T_{(21)} + T_{(27)} + T_{(30)}$$
$$= 8.75 + 9.08 + 6.24 + 4.50 + 2.59 = 31.16℃$$

(6) 计算各龄期的混凝土弹性模量

取 $\beta = 1$

$$E_{(3)} = E_c(1 - e^{-0.09t}) = 2.55 \times 10^4 (1 - e^{-0.09 \times 3})$$
$$= 0.603 \times 10^4 \, \text{N/mm}^2$$

同样由计算得

$$E_{(9)} = 1.416 \times 10^4 \, \text{N/mm}^2; \quad E_{(15)} = 1.889 \times 10^4 \, \text{N/mm}^2$$
$$E_{(21)} = 2.165 \times 10^4 \, \text{N/mm}^2; \quad E_{(27)} = 2.325 \times 10^4 \, \text{N/mm}^2$$
$$E_{(30)} = 2.378 \times 10^4 \, \text{N/mm}^2$$

(7) 各龄期混凝土松弛系数

根据实际经验数据荷载持续时间 t,按下列数值取用:

$$S_{(3)} = 0.186; \quad S_{(9)} = 0.214; \quad S_{(15)} = 0.233;$$
$$S_{(21)} = 0.301; \quad S_{(27)} = 0.570; \quad S_{(30)} = 1.000$$

(8) 最大拉应力计算

取　$\alpha=1.0\times10^{-5}$；　　　　$\nu=0.15$；$C_x=0.02\text{N/mm}^2$；
　　　$H=2500\text{mm}$；　　　　$L=90800\text{mm}$

根据公式计算各台阶温差引起的应力：

1) 9d（第一台阶）：即自第 3d 到第 9d 温差引起的应力：

$$\beta=\sqrt{\frac{C_x}{H\cdot E_{(t)}}}=\sqrt{\frac{0.02}{2500\times 1.416\times 10^4}}=0.0000238$$

$$\beta\cdot\frac{L}{2}=0.000024\times\frac{90800}{2}=1.09$$

查附录一附表 1-7 得　$\cosh\cdot\beta\cdot\frac{L}{2}=1.665$，代入公式得：

$$\sigma_{(9)}=\frac{\alpha}{1-\nu}\left(1-\frac{1}{\cosh\cdot\beta\cdot\frac{L}{2}}\right)E_{(9)}\cdot T_{(9)}\cdot S_{(9)}$$

$$=\frac{1.0\times10^{-5}}{1-0.15}\left(1-\frac{1}{1.665}\right)\times 1.416\times 10^4\times 8.75\times 0.214=0.125\text{N/mm}^2$$

同样由计算得

2) 15d（第二台阶）：即第 9d 至第 15d 温差引起的应力：$\sigma_{(15)}=0.142\text{N/mm}^2$
3) 21d（第三台阶）：即第 15d 至 21d 温差引起的应力：$\sigma_{(21)}=0.158\text{N/mm}^2$
4) 27d（第四台阶）：即第 21d 至 27d 温差引起的应力：$\sigma_{(27)}=0.179\text{N/mm}^2$
5) 30d（第五台阶）：即第 27d 至 30d 温差引起的应力：$\sigma_{(30)}=0.188\text{N/mm}^2$
6) 总降温产生的最大温度拉应力：

$$\sigma_{\max}=\sigma_{(9)}+\sigma_{(15)}+\sigma_{(21)}+\sigma_{(27)}+\sigma_{(30)}$$
$$=0.125+0.142+0.158+0.179+0.188=0.792\text{N/mm}^2$$

混凝土抗拉强度设计值取 1.1N/mm^2，则抗裂安全度：

$$K=\frac{1.1}{0.792}=1.39>1.15\quad\text{满足抗裂条件}$$

故知，不会出现裂缝。

11.22　混凝土表面温度裂缝控制计算

大体积混凝土结构施工应使混凝土中心温度与表面温度、表面温度与大气温度之差在允许范围之内（一般取 25℃），则可控制混凝土裂缝的出现，混凝土中心温度可按 11.12 一节进行计算，混凝土表面温度，可按下式计算：

$$T_{b(t)}=T_a+\frac{4}{H^2}h'(H-h')\Delta T_{(t)} \tag{11-47}$$

式中　$T_{b(t)}$——龄期 t 时，混凝土的表面温度（℃）；
　　　T_a——龄期 t 时，大气的平均温度（℃）；
　　　H——混凝土的计算厚度，$H=h+2h'$；
　　　h——混凝土的实际厚度（m）；
　　　h'——混凝土的虚厚度（m），$h'=K\dfrac{\lambda}{\beta}$；

11.22 混凝土表面温度裂缝控制计算

λ——混凝土的导热系数,取 $2.33 W/(m·K)$;

K——计算折减系数,可取 0.666;

β——模板及保温层的传热系数 $(W/(m^2·K))$,

$$\beta = 1 \bigg/ \left(\sum \frac{\delta_i}{\lambda_i} + \frac{1}{\beta_a}\right)$$

δ_i——各种保温材料的厚度 (m);

λ_i——各种保温材料的导热系数 $(W/(m·K))$,见表 11-20;

β_a——空气层传热系数,可取 $23 W/(m^2·K)$;

$\Delta T_{(t)}$——龄期 t 时,混凝土内最高温度与外界气温之差 $(℃)$,$\Delta T_{(t)} = T_{max} - T_a$。

各种保温材料的导热系数   表 11-20

材料名称	密度(kg/m³)	导热系数 λ (W/m·K)	材料名称	密度(kg/m³)	导热系数 λ (W/m·K)
木模板	500~700	0.23	普通混凝土	2400	1.51~2.33
钢模板		58	空气		0.03
草袋	150	0.14	水	1000	0.58
木屑		0.17	矿棉岩棉	110~200	0.031~0.065
红砖	1900	0.43	沥青矿棉毡	110~160	0.033~0.052
膨胀蛭石	80~200	0.047~0.07	膨胀珍珠岩	40~300	0.019~0.065
沥青蛭石板	350~400	0.081~0.105	泡沫塑料制品	25~50	0.035~0.047

【例 11-22】 筏形基础,厚 1.5m,混凝土为 C20,混凝土配合比采用强度等级 32.5 矿渣水泥 $m_c = 265 kg/m^3$ ($Q = 335 kJ/kg$),粉煤灰 $F_A = 80 kg/m^3$ ($Q_F = 52 kJ/kg$) 混凝土表面采用一层塑料薄膜加一层草袋保温养护,大气温度 $T_a = 24℃$,试核算筏形基础混凝土中心温度与表面温度、表面温度与大气温度之差是否符合防裂要求。

【解】 (1) 水泥水化热引起的混凝土最高温升值计算

由式 (11-17) 得:

$$T_{max} = 24 + \frac{265 \times 335 + 80 \times 52}{0.96 \times 2400} = 64℃$$

(2) 混凝土表面温度计算

$$\beta = \frac{1}{\left(\sum \dfrac{\delta_i}{\lambda} + \dfrac{1}{\beta_a}\right)} = \frac{1}{\left(\dfrac{0.001}{0.04} + \dfrac{0.01}{0.14} + \dfrac{1}{23}\right)}$$

$$= 7.15$$

$$h' = K \frac{\lambda}{\beta} = 0.666 \times \frac{2.33}{7.15} = 0.22$$

$$H = h + 2h' = 1.5 + 2 \times 0.22 = 1.94 m$$

$$T_b = T_a + \frac{4}{H^2} \cdot h'(H - h') \Delta T_{(t)}$$

$$= 24 + \frac{4}{1.94^2} \times 0.22 (1.94 - 0.22)(64 - 24) = 40℃$$

(3) 温度差计算

混凝土中心温度与表面温度之差：$T_{max}-T_b=64-40=24℃<25℃$
混凝土表面温度与大气温度之差：$T_b-T_a=40-24=16℃<25℃$
故知，满足防裂要求。

11.23 混凝土保温（隔热）养护裂缝控制所需材料厚度计算

混凝土采取保温养护，有两种做法和涵义。一种是在冬季寒冷气温下，为使混凝土不被冻坏，而保持正常硬化，或在寒潮作用下，不出现温度陡降，使混凝土急剧冷却（或受冻），而产生裂缝（或冻伤），因此对混凝土表面要采取保温措施，混凝土的保温方法计算及要求参见 18 冬期施工一章。另一种是在春秋气温情况下，为了减少混凝土内外温差，延缓收缩和散热时间（即使后期缓慢地降温），使混凝土在缓慢的散热过程中获得必要的强度来抵抗温度应力，同时降低变形变化的速度（即使缓慢地收缩），充分发挥材料的徐变松弛特性，有效的削减约束应力，使小于该龄期抗拉强度，防止内外温差过大并超过允许界限（一般为 20℃～25℃），而导致出现温度裂缝，从而采取在混凝土裸露表面适当的覆盖保温材料。本节主要简介这一种保温计算。

保温法温控计算包括选定保温材料、计算保温材料需要的厚度。

其计算根据热交换原理，假定混凝土的中心温度向混凝土表面的散热量，等于混凝土表面保温材料应补充的发热量，因而，混凝土表面保温材料所需厚度可按下式计算：

$$\delta_i = \frac{0.5H\lambda_i(T_b-T_a)}{\lambda(T_{max}-T_b)} \cdot K \tag{11-48}$$

式中 δ_i——保温材料所需厚度（m）；

　　H——结构厚度（m）；

　　λ_i——保温材料的导热系数 W/(m·K)，可按表 11-20 取用；

　　λ——混凝土的导热系数，取 2.3W/(m·K)；

　　T_{max}——混凝土中心最高温度（℃），可按浇筑后 3～5d 取用；

　　T_b——混凝土表面温度（℃），可按浇筑后 3～5d 取用；

　　T_a——混凝土浇筑后 3～5d 空气平均温度（℃）；

　　0.5——指中心温度向边界散热的距离，为结构厚度的一半；

　　K——传热系数的修正值，即透风系数。对易于透风的保温材料组成取 2.6 或 3.0（指一般括风或大风情况，下同）；对不易透风的保温材料取 1.3 或 1.5；对混凝土表面用一层不易透风材料，上面再用容易透风的保温材料组成，取 2.0 或 2.3。

这种保温养护方法大多采取在表面护盖 1～2 层草袋（或草垫、下同），或一层塑料薄膜一层草袋。草袋要上下错开，搭接压紧，形成良好的保温层。根据实践，如在模板四周盖二层草袋保温，可使混凝土外表与气温差缩小到 10℃ 以内。同时可减少混凝土表面热扩散，充分发挥混凝土强度的潜力和松弛作用，使应力小于抗拉强度；另一方面能保持适度的湿养护（或浇少量水湿润），有利于水泥的水化作用顺利进行和弹性模量的增长；前者可提高早期抗拉强度，防止表面脱水；后者可增强抵抗变形能力。通过大量工程实践证明，保温养护对防止大体积混凝土基础出现有害深进或贯穿性温度收缩裂缝是有效的。

【例 11-23】 大体积混凝土基础底板，厚度 $h=2.5$m，在 3d 时混凝土内部中心温度 $T_{max}=52℃$，实测混凝土表面温度 $T_b=25℃$，大气温度 $T_a=15℃$，混凝土导热系数 $\lambda=2.3$W/(m·K)，试求表面所需保温材料的厚度。

【解】 因 $T_{max}-T_b=52-25=27℃>25℃$，故需保温。

设用草袋保温，其导热系数 $\lambda_i=0.14$W/(m·K)，属易透风的保温材料，取 $K=2.6$ 保温材料的厚度，由式（11-48）得：

$$\delta = \frac{0.5H\lambda_i(T_b-T_a)}{\lambda(T_{max}-T_b)} \cdot K$$

$$= \frac{0.5 \times 2.5 \times 0.14(25-15)}{2.3(52-25)} \times 2.6 = 0.07\text{m} = 7\text{cm}$$

故知，用 7cm 厚草袋覆盖保温可控制裂缝出现。

11.24 混凝土蓄水养护裂缝控制计算

蓄水法进行温度控制系在混凝土终凝后，在结构表面蓄以一定高度的水，由于水具有一定的隔热保温效果（导热系数为 0.58W/(m·K)），因而可在一定时间（7～10d）内，控制混凝土表面与内部中心温度之间的差值在 20℃ 以内，使混凝土在预定时间内具有一定的抗裂强度，从而达到裂控目的。

计算系根据热交换原理，每 1m³ 混凝土在规定时间内，内部中心温度降到表面温度时放出的热量，等于混凝土结构物在此养护期间散失到大气中的热量，因而混凝土表面所需的热阻系数可按下式计算：

$$R = \frac{XM(T_{max}-T_b)K}{700T_0+0.28m_cQ_{(t)}} \tag{11-49}$$

式中 R——混凝土表面的热阻系数（k/W）；

X——混凝土维持到预定温度的延续时间（h）；

M——混凝土结构物的表面系数（1/m）；

T_{max}——混凝土的中心温度（℃）；

T_b——混凝土的表面温度（℃）；

K——传热系数修正值，可取 1.3；

700——混凝土的热容量，即比热与密度之乘积（kJ/m³·K）；

T_0——混凝土浇筑、振捣完毕开始养护时的温度（℃）；

m_c——每立方米混凝土的水泥用量（kg/m³）；

$Q_{(t)}$——混凝土在规定龄期内水泥的水化热（kJ/kg）。

按上式求得 R 值，即可按下式计算混凝土的表面蓄水深度：

$$h_w = R \cdot \lambda_w \tag{11-50}$$

式中 h_w——混凝土表面的蓄水深度（m）；

R——混凝土表面的热阻系数（k/W），由式（11-48）计算求得；

λ_w——水的导热系数，取 0.58W/(m·K)。

式（11-49）中是令 $T_{max}-T_b=20℃$ 进行计算。如施工通过测温，中心温度与表面温度之差大于 20℃ 时，可采取提高水温或调整水深度进行处理。

蓄水深度，可根据不同水温按下式计算调整：

$$h'_w = h_w \cdot \frac{T'_b}{T_a} \tag{11-51}$$

式中 h'_w——调整后的蓄水深度（cm）；

h_w——按 $T_j-T_b=20℃$ 时计算的蓄水深度（cm）；

T'_b——需要蓄水养护温度（℃），即 $T'_b=T_0-20$；

T_a——大气平均温度（℃）。

【例 11-24】 高层建筑筏板式基础长 32m，宽 16m，厚 2.0m，采用蓄水法进行温度控制，要求保持混凝土内部中心温度与表面温度之差控制在 20℃ 范围内，试求需蓄水深度。

【解】 设温度控制的时间为 10d，则

$$X = 10 \times 24 = 240h$$

$$M = \frac{F}{V} = \frac{2(32 \times 2) + 2(16 \times 2) + 32 \times 16}{32 \times 16 \times 2} = 0.69(l/m)$$

$$T_{max} - T_b = 20℃$$

又设 $K=1.3$，$T_0=20℃$，$m_c=300kg$

$Q_{(t)}=188kJ/kg \cdot K$（低热水泥 7d 时的水化热值），则混凝土表面的热阻系数由式 (11-48) 得：

$$R = \frac{XM(T_{max}-T_b)K}{700T_0 + 0.28m_cQ_{(t)}}$$

$$= \frac{240 \times 0.69 \times 20 \times 1.3}{700 \times 20 + 0.28 \times 300 \times 188} = 0.144k/W$$

则，混凝土表面的蓄水深度，由式 (11-49) 得：

$$h_w = R\lambda_w = 0.144 \times 0.58 = 0.084m = 8.4cm \quad 用 9cm$$

故知，蓄水深度为 9cm 可控制裂缝出现。

【例 11-25】 条件同例 11-24，已知 $h_w=9cm$，经实测 $T_0=55℃$，$T_a=25℃$，现不采取提高水温措施，而采取调整蓄水高度，试求调整后的蓄水深度。

【解】 已知 $T'_b = T_0 - T_a = 55 - 25 = 30℃$

调整后蓄水深度由式 (11-50) 得：

$$h'_w = h_w \frac{T'_b}{T_a} = 9.0 \times \frac{30}{25} = 10.8cm \quad 用 11cm。$$

故知，调整后的蓄水深度为 11cm。

11.25 混凝土薄层浇筑裂缝控制计算

在大体积、大厚度基础底板浇筑中，采取薄层（分层，下同）浇筑是温度控制常用的一项施工方法和有效的裂控措施。其优点是工艺简便，适用性强，温控费用低，效果显著等。

大体积、大厚度混凝土薄层浇筑时，其分层厚度、分块方法和允许间歇时间以及浇筑温度、允许温差等的确定，是裂控的重要参数，它与浇筑时气温、温控方法及施工能力密切相关，对工程施工成本、工期有较大影响，因此应进行必要的施工计算和分析。

一、最高水化热平均温升 T_r 计算

$$T_{ri}=G_i \cdot T_m \tag{11-52}$$

其中

$$T_m=\frac{m_c Q}{c\rho} \tag{11-53}$$

式中 G_i——浇筑间歇为 i（d）时，混凝土表面散热系数，浇筑块不同厚度、不同间歇时间的 G_i 值见表 11-21；

不同层厚、不同间歇混凝土水化热温升 表 11-21

间歇时间		3d		5d		7d		9d	
		G_3	T_{r3}(℃)	G_5	T_{r5}(℃)	G_7	T_{r7}(℃)	G_9	T_{r9}(℃)
层厚 (m)	1.0	0.70	26.5	0.45	17.1	0.33	12.5	0.23	8.7
	1.5	0.78	29.5	0.63	23.8	0.52	19.7	0.40	15.1
	2.0	0.84	31.8	0.73	27.6	0.64	24.2	0.54	20.4

T_m——水泥水化热绝热温升值（℃）；

其他符号意义同式（11-16）。

二、基础允许温差 ΔT 及抗裂计算

基础允许温差系指在基础约束范围内混凝土最高温度和达到稳定温度之差，它也是实施薄层浇筑的重要参数。

控制裂缝产生的 ΔT 可按式（11-35）和胡克定律变换由下式计算：

$$\Delta T=\frac{(1-\nu)\sigma}{S_{(t)}R \cdot \alpha \cdot E}=\frac{(1-\gamma)\varepsilon_p}{S_{(t)} \cdot R \cdot \alpha} \tag{11-54a}$$

$$\Delta T=T_p+T_r-T_h \leqslant \frac{(1-\gamma)\varepsilon_p}{S_{(t)} \cdot R \cdot \alpha} \tag{11-54b}$$

式中 T_p——混凝土浇筑温度（℃），可取浇筑时平均气温加 5℃计算；

T_r——最高水化热平均温度（℃）；

T_h——混凝土浇筑后达到稳定时的温度，可采用年平均气温（℃）代替；

$S_{(t)}$——混凝土徐变影响的松弛系数，取 0.5；

R——混凝土的外约束系数，一般取 0.3～0.5，对基岩或老混凝土取 0.8；

α——混凝土的线膨胀系数，取 1.0×10^{-5}；

γ——混凝土的泊松比，取 0.15；

ε_p——混凝土的极限拉伸值，不低于 0.85×10^{-4}。

将以上数据代入式（11-54b）即可求得 ΔT，利用 ΔT 和表 11-21 数据，即可得到不同厚度、不同间歇的浇筑温度 T_p；或在浇筑温度已定时求得混凝土最高允许平均温度。如浇筑时段气温较高，不能满足基础温差要求及进度要求时，则应考虑对砂、石子进行预冷或采取其他减热降温措施。

此外，应注意控制浇筑块的高长比（H/L），由于薄层浇筑近似于直接浇筑在基岩或老混凝土上的薄板，浇筑块的高长比应控制大于 0.125，如小于 0.125 时，不但底部基础约束系数会显著增大，且整个截面都处于强约束状态（图 11-8），易产生贯穿性裂缝的可能性较大。

三、混凝土表面保护及表面裂缝控制计算

可参见 11.22 节混凝土表面裂缝控制计算，采取表面护盖保护和温控措施（从略）。

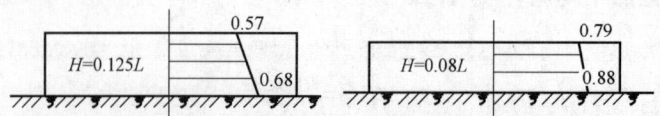

图 11-8 高长比不同时浇筑块的约束系数

【例 11-26】 已知某电站主厂房,面积为 68m×50m,底板厚度为 4~7m,混凝土用 C20 级,水泥用量为 260kg/m³、水泥 28d 水化热量为 335kJ/kg·K,混凝土比热容为 0.96kJ/kg·K、混凝土质量密度为 2400kg/m³。基础底板采取 1.0m 厚薄层浇筑,浇筑期间平均气温为 17.5℃,年平均气温为 17℃,试求不同层厚、不同间歇的混凝土最高水化热平均温升及浇筑层厚 1m 时不同间歇的浇筑温度和在浇筑温度已定的混凝土最高允许平均温度。

【解】 (1) 最高水化热平均温升 T_r 计算

由题意已知:$m_c=260$kg/m³,$Q=335$kJ/kg,$C=0.96$kJ/kg·K,$\rho=2400$kg/m³
水泥水化热绝热温升由式 (11-53) 得:

$$T_m=\frac{m_c Q}{c\rho}=\frac{260\times 335}{0.96\times 2400}=37.80℃$$

按式 (11-52) 计算 1.0m 厚度,不同间歇混凝土的水化热温升为:

$$T_{r3}=G_3\times T_{m3}=0.7\times 37.8=26.5℃$$
$$T_{r5}=0.45\times 37.8=17.0℃$$
$$T_{r7}=0.33\times 37.8=12.5℃$$
$$T_{r9}=0.23\times 37.8=8.7℃$$

同理,求得层厚 1.5m、2.0m 的不同间歇混凝土的水化热温升列入表 11-21 中。

(2) 允许温差 ΔT 及抗裂计算

已知,$T_P=17.5+5=22.5℃$;$T_h=17℃$;$S=0.5$,$R=0.8$,$\alpha=1.0\times 10^{-3}$,$\varepsilon_P=0.85\times 10^{-4}$

基础底板允许温差由式 (11-54a) 和式 (11-54b) 得:

$$\Delta T=\frac{(1-0.15)\times 0.85\times 10^{-4}}{0.5\times 0.8\times 1.0\times 10^{-5}}=18.06\approx 18.1℃$$

$$\Delta T=T_P+T_r-T_h\leqslant 18.06\approx 18.1℃$$

由上式 ΔT (=18.1℃) 和表 11-21 可求得:

当层厚为 1.0m,间歇 5d 时,混凝土浇筑温度应控制在:$T_P=\Delta T-T_r+T_h=18.1-17.1+17=18.0℃$。

当层厚为 1.0m,设混凝土浇筑温度已知为 24℃时,混凝土最高平均温度应控制在:$T_r=18.1-T_p+T_h=18.1-24+17=11.1℃$,再由表 11-21 查得间歇时间应为 8d 等。

11.26 混凝土和钢筋混凝土结构伸缩缝间距计算

合理设置伸缩缝(包括沉降缝)是防止混凝土和钢筋混凝土结构开裂的重要措施。钢筋混凝土结构的伸缩缝主要使结构不致由于周围气温变化、水泥水化热温差及收缩作用而产生有害裂缝。在现行《混凝土结构设计规范》(GB 50010) 中，对伸缩缝的设置虽有规定，例如挡土墙、地下室墙壁等类结构，对室内或土中钢筋混凝土允许间距为 30m，混凝土为 20m；对露天相应为 20m 和 10m。但是在某些情况下，例如在建筑物中不宜设置伸缩缝或规范附注中允许通过计算或采取可靠措施扩大伸缩缝间距；或施工中需要调整伸缩缝位置；或结构在施工期处于不利的环境条件中，常常需要对结构的伸缩缝间距进行必要的验算或计算。

地下钢筋混凝土（或混凝土）底板或长墙的最大伸缩间距（整体浇筑长度，下同）可按下式计算：

$$L_{max} = 2\sqrt{\frac{H \cdot E}{C_x}} \text{arch} \frac{|\alpha T|}{|\alpha T| - |\varepsilon_p|} \tag{11-55}$$

式（11-55）是按混凝土的极限拉伸推导的，是混凝土底板尚未开裂时的最大伸缩缝间距，一旦混凝土底板在最大应力处（结构中部），开裂，则形成两块板。这种情况下的最大伸缩缝间距只有式（11-55）求出的 1/2，此时的伸缩缝间距称为最小伸缩缝间距，其值为：

$$L_{min} = \frac{1}{2}[L_{max}] = \sqrt{\frac{H \cdot E}{C_x}} \text{arch} \frac{|\alpha T|}{|\alpha T| - |\varepsilon_p|} \tag{11-56}$$

在计算时，一般多采用两者的平均值，即以平均的最大伸缩缝间距 L_{cp} 作为控制整体浇筑长度的依据，如超过 $[L_{cp}]$ 则表示需要留伸缩缝，不超过，就可整体浇筑，不留伸缩缝。故地下钢筋混凝土（或混凝土）底板或长墙的平均最大伸缩间距可按下式计算：

$$L_{cp} = 1.5\sqrt{\frac{H \cdot E_c}{C_{x1}}} \text{arch} \frac{|\alpha T|}{|\alpha T| - \varepsilon_p} \tag{11-57}$$

式中 L_{cp}——板或墙允许平均最大伸缩缝间距；

$\overline{H}$——板厚或墙高的计算厚度或计算高度，当实际厚度或高度 $H \leqslant 0.2L$ 时，取 $\overline{H} = H$，即实际厚度或实际高度；当 $H > 0.2L$ 时，取 $\overline{H} = 0.2L$；

L——底板或长墙的全长；

E_c——底板或长墙的混凝土弹性模量，一般按表 11-15 取用；

C_{x1}——反映地基对结构约束程度的地基水平阻力系数，可按表 11-22 取用；

T——结构相对地基的综合温差，包括水化热温差、气温差和收缩当量温差。当截面厚度小于 500mm 时，不考虑水化热的影响；

$$T = T_{y(t)} + T_2 + T_3$$

$T_{y(t)}$——收缩当量温差，由收缩相对变形求得：

$$T_{y(t)} = -\frac{\varepsilon_{y(t)}}{\alpha_t}$$

α_t——线膨胀系数，取 10×10^{-6}；

$\varepsilon_{y(t)}$——各龄期混凝土的收缩变形值，按下式计算求得：

$$\varepsilon_{y(t)} = 3.24 \times 10^{-4}(1 - e^{-0.01t}) \times M_1 \times M_2 \times \cdots \times M_n$$

t——时间，由浇筑后至计算时的天数；

$M_1、M_2 \cdots M_n$——不同条件影响系数，按表 11-14 取用；

T_2——水化热引起的温差；

11 大体积混凝土裂控工程

T_3——气温差;

α——混凝土或钢筋混凝土的线膨胀系数,取 10×10^{-6};一般以降温与收缩共同作用为最不利状态,在公式中取绝对值 $|\alpha T|$;

ε_p——混凝土的极限变形值,按 11-2 一节求得;

arch——双曲线余弦函数的反函数,可从附录-附表 1-7 查得(已知 archx,求 x =?),或用下式计算求得;

$$\text{arch}x = \ln(x \pm \sqrt{x^2-1})$$

地基水平阻力系数 C_{x1} 表 11-22

项 次	地 基 条 件	承载力(kN/m²)	C_{x1}(N/mm³)	$C_{x1}(10^{-2}$N/mm²)
1	软黏土	80~150	0.01~0.03	1~3
2	一般砂质黏土	250~400	0.03~0.06	3~6
3	坚硬黏土	500~800	0.06~0.10	6~10
4	风化岩、低强度混凝土垫层	5000~10000	0.60~1.00	60~100
5	C10 以上混凝土垫层	5000~10000	1.00~1.50	100~150

【例 11-27】 现浇钢筋混凝土矩形底板,厚度 1.2m,沿底板横向配置受力筋,纵向配置 ϕ14mm 螺纹筋,间距 150mm,配筋率 0.205%;混凝土强度等级采用 C20,地基为坚硬黏土;施工条件正常(材料符合质量标准,水灰比准确,机械振捣,混凝土养护良好),试计算早期(15d)不出现贯穿性裂缝的允许间距。

【解】 考虑施工条件正常,由表 11-14 查得:M_1、M_2、M_3、M_5、M_8、M_9 均取 1,$M_4=1.42$、$M_6=0.93$、$M_7=0.70$、$M_{10}=0.95$。

混凝土经 15d 的收缩变形(由式 11-23)得:

$$\varepsilon_{y(15)} = 3.24\times 10^{-4}(1-e^{-0.15})\times 1.42\times 0.93\times 0.70\times 0.95 = 0.396\times 10^{-4}$$

收缩当量温度:

$$T_{y(15)} = \frac{\varepsilon_{y(15)}}{\alpha} = \frac{0.396\times 10^{-4}}{1.0\times 10^{-5}} = 3.96\approx 4°C$$

混凝土上下面降温 15℃,混凝土的水化热绝热温升值按式(11-37)计算为 30℃,则水化热平均降温差:

$$T_2 = 15° + \frac{2}{3}\times 15° = 25°C$$

由于时间短、养护较好,气温差忽略不计,则混凝土遭受的总温差为:

$$T = T_{y(15)} + T_2 = 4 + 25 = 29°C$$

混凝土的极限拉伸,由公式(11-2)代入:

$$\varepsilon_{pa(15)} = \varepsilon_{pa}\frac{\ln 15}{\ln 28} = \varepsilon_{pa}\times 0.813$$

$$= 0.5 f_t\left(1+\frac{\rho}{d}\right)\times 0.813\times 10^{-4}$$

$$= 0.5\times 1.1\left(1+\frac{0.205}{1.4}\right)\times 0.813\times 10^{-4} = 0.513\times 10^{-4}$$

(∵ C20 混凝土的 $f_t=1.1$N/mm²,$\rho=0.205$,$d=1.4$cm)

考虑混凝土的抗拉徐变变形比抗压徐变变形大 1 倍,即 $\varepsilon_p = 2\varepsilon_{pa} = 2\times 0.513\times 10^{-4} = $

1.026×10^{-4}

15d 混凝土的弹性模量由公式 (11-25) 为：
$$E_{(15)} = 2.55 \times 10^4 (1-e^{-0.09t})$$
$$= 2.55 \times 10^4 (1-e^{-0.09 \times 15}) = 1.89 \times 10^4 \text{ N/mm}^2$$

伸缩缝允许最大间距由公式 (11-57) 为：
$$L_{CP} = 1.5 \sqrt{\frac{HE}{C_{x1}}} \text{arch} \frac{|\alpha T|}{|\alpha T| - \varepsilon_p}$$
$$= 1.5 \sqrt{\frac{1200 \times 1.89 \times 10^4}{80 \times 10^{-3}}}$$
$$\times \text{arch} \frac{1.0 \times 10^{-5} \times 25}{1.0 \times 10^{-5} \times 25 - 1.026 \times 10^{-4}}$$
$$= 1.5 \times 17 \times 10^3 \times \text{arch} 1.696 = 28560 \text{mm} \approx 28.6\text{m}$$

（查附录-双曲余弦表附表 1-7 $\text{arch} x=1.696$，$x=1.12$）

（或由计算 $\text{arch}1.696 = \ln(1.696 + \sqrt{1.696^2-1}) = \ln3.066 = 1.12$）

由计算知，板允许最大伸缩缝间距为 28.6m，板纵向长度小于 28.6m 可以避免裂缝出现，如超过 28.6m，则需在中部设置伸缩缝或"后浇缝"。

【例 11-28】 条件同例 11-27，将矩形底板配筋改为 ϕ12mm 上下两层配置，配筋率为 0.4%，施工保证优质，提高抗拉强度 50%，并考虑混凝土抗拉徐变变形比抗压徐变变形大 1.5 倍，试计算早期 (15d) 不出现贯穿性裂缝的允许间距。

【解】 由题意 $f_t = 1.5 \times 1.1 = 1.65$，$\rho = 0.4$，$d = 1.2$cm

混凝土的极限拉伸为：
$$\varepsilon_{pa(15)} = 0.5 \times 1.65 \left(1 + \frac{0.4}{1.2}\right) \times 0.813 \times 10^{-4} = 0.894 \times 10^{-4}$$

考虑混凝土的抗拉徐变变形比抗压变形大 1.5 倍

则 $\varepsilon_p = 2.5 \times \varepsilon_{pa} = 2.5 \times 0.894 \times 10^{-4} = 2.24 \times 10^{-4}$

伸缩缝允许平均最大间距由公式 (11-57) 得：
$$L_{CP} = 1.5 \times \sqrt{\frac{1200 \times 1.8 \times 10^4}{80 \times 10^{-3}}} \times \text{arch} \frac{1.0 \times 10^{-5} \times 25}{1.0 \times 10^{-5} \times 25 - 2.24 \times 10^{-4}}$$
$$= 1.5 \times 16.84 \times 10^3 \times \text{arch} 9.62 = 74630\text{mm} \approx 75\text{m}$$

由计算知，将底板配筋改细、加强配筋构造和质量控制，提高结构极限拉伸，不出现裂缝的间距可增至 75m。

【例 11-29】 地下箱形基础，底板已浇筑完毕，后浇侧墙，纵向长 60m，高 13m，壁厚 300mm，混凝土强度等级 C20，沿长墙纵向配置双层直径 10mm 构造钢筋，间距 150mm。采用大开挖施工，底板处于土中，长侧墙长期不回填土而处于大气中，长墙与基础有相对温差及收缩差，设平均降温差为 15℃，平均收缩当量温差为 20℃，试验算长墙的温度伸缩缝间距。

【解】 本工程为一般施工条件。

综合温差 $T = 15 + 20 = 35℃$

构造配筋率 $\rho = 0.35\%$

11 大体积混凝土裂控工程

混凝土的极限拉伸：

$$\varepsilon_{pa} = 0.5 f_t \left(1 + \frac{\rho}{d}\right) \times 10^{-4}$$
$$= 0.5 \times 1.1 \left(1 + \frac{0.35}{1}\right) \times 10^{-4} = 0.74 \times 10^{-4}$$

考虑混凝土徐变为弹性变形一倍，总拉伸：

$$\varepsilon_p = 2\varepsilon_{pa} = 2 \times 0.74 \times 10^{-4} = 1.48 \times 10^{-4}$$

墙体计算高度 $\overline{H}$ 的确定：

当墙体实际高度 $H \leqslant 0.2l$ 时，$\overline{H} = H$

本例 $H = 13 > 0.2l (0.2 \times 60)$，则取：

墙体计算高度 $\overline{H} = 0.2l = 0.2 \times 60 = 12\text{m}$，$C_x = 1000 \times 10^{-3} \text{N/mm}^3$。

允许平均最大伸缩缝间距：

$$L_{cp} = 1.5 \sqrt{\frac{\overline{H} E}{C_x}} \text{arch} \frac{|\alpha T|}{|\alpha T| - \varepsilon_p}$$
$$= 1.5 \sqrt{\frac{12000 \times 2.55 \times 10^4}{1000 \times 10^{-3}}} \times \text{arch} \frac{1.0 \times 10^{-5} \times 35}{1.0 \times 10^{-5} \times 35 - 1.48 \times 10^{-4}}$$
$$= 1.5 \times 17.5 \times 10^3 \times 1.147 = 30108\text{mm} \approx 30.1\text{m} < 60\text{m}$$

在长侧墙中部需设一条伸缩缝或"后浇缝"，始可避免出现裂缝（本例情况，亦可应用于室外挡土墙、地下隧道、长通廊、长地沟等）。

【例 11-30】 条件同例 11-29，施工中采取减少收缩，减少水灰比，加强养护等措施，使墙和基础相对收缩温差减至 10℃；同时加强混凝土材质和浇筑质量控制，提高混凝土抗拉能力 40%，试验算长墙的温度伸缩缝间距。

【解】 由题意知综合温差 $T = 15 + 10 = 25℃$

$$\varepsilon_p = 1.48 \times 10^{-4} + 1.48 \times 10^{-4} \times 0.4 = 2.07 \times 10^{-4}$$

伸缩缝间距

$$L = 1.5 \times \sqrt{\frac{12000 \times 2.55 \times 10^4}{1000 \times 10^{-3}}} \times \text{arch} \frac{1.0 \times 10^{-5} \times 25}{1.0 \times 10^{-5} \times 25 - 2.07 \times 10^{-4}}$$
$$= 1.5 \times 17.5 \times 10^3 \times \text{arch} 5.814 = 64210\text{mm} \approx 64.2\text{m}$$

由计算知，施工采取有效综合技术措施降低综合温差，提高混凝土的抗拉强度，伸缩缝间距可达 64.2m 大于基础底板长度 60m，故知，全长可不设伸缩缝。

11.27 混凝土和钢筋混凝土底板裂缝间距计算

由理论知，混凝土底板的温度应力与温差、约束程度、混凝土线膨胀系数，弹性模量、结构的长度和高度有关。结构的裂缝除此还与混凝土的极限拉伸及降温速度有关。

已知混凝土底板最不利的温差，地基对底板的约束程度、混凝土的线膨胀系数，弹性模量和极限拉伸，则混凝土底板最大裂缝间距 $L_{max}(\text{m})$，即允许不留伸缩缝时的最大裂缝间距可按下式计算：

$$L_{max} = 2 \sqrt{\frac{H \cdot E_c}{C_x}} \text{arch} \frac{|\alpha T|}{|\alpha T| - |\varepsilon_P|} \tag{11-58}$$

底板最小裂缝间距 $L_{\min}$(m) 为最大裂缝间距的一半，按下式计算：

$$L_{\min} = \frac{1}{2}L_{\max} \tag{11-59}$$

底板平均裂缝间距 L_{cp}(m) 为：

$$L_{cp} = \frac{1}{2}(L_{\max} + L_{\min}) \tag{11-60}$$

式中符号意义均同式（11-56）。

【例 11-31】 某热轧基础筏或底板厚 1.5m，长 240m，混凝土强度等级为 C20，配筋率为 0.14%，配筋为 ϕ14mm，底板一次连续浇筑，未设伸缩缝，其第 15d 平均弹性模量 $E = 0.1 \times 10^5 \text{N/mm}^2$，线膨胀系数 $\alpha = 10 \times 10^{-6}$，混凝土的抗拉强度 $f_t = 0.5 \sim 0.6 \text{N/mm}^2$，底板落在硬质黏土层上，对底板的阻力系数 $C_x = 0.1 \text{N/mm}^3$。经实测水泥水化热最高温度，即水化热温升与浇筑温度之和为 59.5℃，至浇筑完后第 15d 降至平均温度 30℃，试求底板出现最大、最小和平均裂缝间距。

【解】（1）计算混凝土的极限拉伸 ε_P

已知配筋率 $\rho = 0.14\%$，配筋直径为 14mm，混凝土抗拉强度 $f_t = 0.6 \text{N/mm}^2$，则

$$\varepsilon_p = 0.5 f_t \left(1 + \frac{\rho}{\alpha}\right) \times 10^{-4}$$

$$= 0.5 \times 0.6 \times \left(1 + \frac{0.14}{1.4}\right) \times 10^{-4} = 0.33 \times 10^{-4}$$

考虑第 15d 徐变变形为弹性变形的 0.5 倍，则

$$\varepsilon_p = 1.5 \times 0.33 \times 10^{-4} = 0.495 \times 10^{-4}$$

（2）计算平均温差 T_1

为验算贯穿性裂缝，应求出平均降温差，设底板的温度呈抛物线分布，其平均温差可按下式求得：

$$T_1 = (59.5 - 30)\frac{2}{3} = 19.7℃$$

（3）计算 15d 混凝土收缩当量温差 T_2

取 $M_1 = M_2 = \cdots = M_{10} = 1.0$

$$\varepsilon_y(15) = 3.24 \times 10^{-4}(1 - e^{-0.01t}) \times M_1 \times M_2 \cdots M_{10}$$

$$= 3.24 \times 10^{-4}(1 - e^{-0.15}) = 4.5 \times 10^{-5}$$

则收缩当量温度为：

$$T_2 = \frac{\varepsilon_y(t)}{\alpha} = \frac{4.5 \times 10^{-5}}{10 \times 10^{-6}} = 4.5℃$$

（4）计算底板遭受的总温差 T

$$T = T_1 + T_2 = 19.7 + 4.5 = 24.2℃$$

（5）计算裂缝间距

最大裂缝间距由式（11-55）得：

$$L_{\max} = 2 \cdot \sqrt{\frac{HE}{C_x}} \text{arch} \frac{|\alpha T|}{|\alpha T| - \varepsilon_P}$$

$$= 2 \cdot \sqrt{\frac{150 \times 1 \times 10^5}{10}} \times \text{arch} \frac{10 \times 10^{-6} \times 24.2}{10 \times 10^{-6} \times 24.2 - 0.495 \times 10^{-4}}$$

$$= 2 \times 1.224 \times 10^3 \times \text{arch} 1.26$$
$$= 2.448 \times 10^3 \times 0.71 = 1.738 \times 10^3 \text{cm} = 17.38 \text{m}$$

最小裂缝间距由式（11-56）得：
$$L_{\min} = \frac{1}{2} L_{\max} = \frac{17.38}{2} = 8.69 \text{m}$$

平均裂缝间距由式（11-57）得：
$$L_{CP} = \frac{1}{2}(L_{\max} + L_{\min})$$
$$= \frac{1}{2}(17.38 + 8.69) = 13.0 \text{m} \quad \text{经检测与实际情况接近。}$$

11.28 混凝土和钢筋混凝土结构位移值计算

地下混凝土或钢筋混凝土底板或长墙的位移值可按下式计算：

$$U = \frac{\alpha T}{\beta \cosh\beta \cdot \frac{L}{2}} \sinh\beta x \tag{11-61}$$

当 $x = \frac{L}{2}$ 则
$$U = \frac{\alpha T}{\beta} \tanh\beta \cdot \frac{L}{2} \tag{11-62}$$

其中
$$\beta = \sqrt{\frac{C_x}{HE}}$$

式中 U——地下结构任意一点的位移；
  L——底板或长墙的全长；
  x——任意一点的距离；
$\cosh\beta x$、$\sinh\beta x$——双曲余弦、双曲正弦函数，可从附录一中附表1-7查得；
其他符号意义同"11.26 混凝土和钢筋混凝土结构伸缩缝间距计算"。

采用式（11-61）除计算底板和长墙任意点位移外，还可用于验算裂缝开展宽度。

【例 11-32】 地下室底板，平面为矩形，长15m，厚1.0m，落于坚实地基上，已知混凝土线膨胀系数 $\alpha = 10 \times 10^{-6}$，弹性模量 $E = 1.93 \times 10^4 \text{N/mm}^2$，综合温差 $T = 32℃$，地基水平阻力系数 $C_x = 6$，试求因温差产生的总位移。

【解】 因温差产生的总位移由式（11-62）得：

$$U = 2\alpha T \frac{1}{\beta} \cdot \tanh\beta \cdot \frac{L}{2} = 2\alpha T \sqrt{\frac{HE}{C_x}} \cdot \tanh\sqrt{\frac{C_x}{HE}} \cdot \frac{L}{2}$$
$$= 2 \times 10 \times 10^{-6} \times 32.0 \times \sqrt{\frac{1000 \times 1.93 \times 10^4}{6}} \times \tanh\sqrt{\frac{6}{1000 \times 1.93 \times 10^4}} \times \frac{1500}{2}$$
$$= 2 \times 10 \times 10^{-6} \times 32.0 \times 1.8 \times 10^3 \times \tanh\frac{1}{1.8 \times 10^3} \times \frac{1500}{2}$$
$$= 1.15 \tanh 0.42 = 1.15 \times 0.39693 = 0.456 \text{cm} = 4.6 \text{mm}$$

故知，因温差产生的总位移为4.6mm。

【例 11-33】 地下钢筋混凝土筏板式基础，厚1.5m，配置 $\phi 14 \text{mm}$ 钢筋，配筋率 $\rho = 0.136\%$，混凝土采用C20，混凝土浇筑后，在龄期15d出现贯穿性裂缝，裂缝间距约

13m 左右，平均缝宽 2.0mm 左右，经检查该龄期抗拉强度为 0.5～0.6N/mm²，平均弹性模量 $E_{15}=1\times10^4$N/mm²，$C_x=0.1$N/mm²，实测混凝土水化热最高温度（含浇筑温度）为 59.5℃，至浇筑后 15d 时平均降温为 30℃，试验算允许缩缝间距和裂缝开展宽度。

【解】 (1) 计算极限拉伸值 ε_p

已知钢筋直径 $d=14$mm，配筋率 $\rho=0.136$，抗拉强度 $f_t=0.6$N/mm²，极限拉伸值由式 (11-2) 得：

$$\varepsilon_{pa}=0.5f_t\left(1+\frac{\rho}{d}\right)\times10^{-4}$$

$$=0.5\times0.6\left(1+\frac{0.136}{1.4}\right)\times10^{-4}=0.329\times10^{-4}$$

考虑 15d 徐变变形为弹性变形的 0.5 倍，其极限拉伸应为：

$$\varepsilon_{pa}=1.5\times0.329\times10^{-4}=0.494\times10^{-4}$$

(2) 计算平均温差

设底板的温度呈抛物线分布，其平均温差为：

$$T_1=(59.5-30)\times\frac{2}{3}=19.7℃$$

(3) 计算收缩当量温差

取 $M_1=M_2=M_3=\cdots=M_{10}=1$

15d 龄期的收缩变形值由式 (11-23) 得：

$$\varepsilon_{y(15)}=3.24\times10^{-4}(1-e^{-0.01t})\times M_1\times M_2\times M_3\times\cdots\times M_{10}$$

$$=3.24\times10^{-4}\times(1-e^{-0.01\times15})=4.5\times10^{-5}$$

收缩当量温差由式 (11-24) 得：

$$T_2=\frac{\varepsilon_{y(15)}}{\alpha}=\frac{4.5\times10^{-5}}{10\times10^{-6}}=4.5℃$$

$$T=T_1+T_2=19.7+4.5=24.2℃$$

(4) 验算裂缝间距

可用平均最大伸缩缝间距公式（即允许不留伸缩缝时的裂缝间距）进行验算：

$$L_{max}=1.5\sqrt{\frac{HE}{C_x}}\text{arch}\frac{|\alpha T|}{|\alpha T|-\varepsilon_p}$$

$$=1.5\times\sqrt{\frac{1500\times1\times10^4}{0.1}}\cdot\text{arch}\frac{10\times10^{-6}\times24.1}{10\times10^{-6}\times24.1-0.494\times10^{-4}}$$

$$=1.5\times1.225\times10^4\text{arch}1.26=1.836\times10^4\times0.71$$

$$=1.30\times10^4=13.0\text{m} \quad 与实际情况13m左右相符。$$

(5) 验算裂缝开展宽度

应用式 (11-61) 板端最大位移公式，可以求出该基础的裂缝开展宽度。即把裂缝处视作两块底板的板端，裂缝宽度即为两个端点的位移之和，则由式 (11-61) 得：

$$U=\frac{\alpha T}{\beta\cosh\beta\frac{L}{2}}\sinh\beta x$$

当 $x=\frac{L}{2}$，即在中间最大应力处开裂，上式可改写为：

$$U = \frac{\alpha T}{\beta} \cdot \tanh\beta \cdot \frac{L}{2} = \frac{\alpha T}{\sqrt{\frac{C_x}{HE}}} \cdot \tanh\sqrt{\frac{C_x}{HE}} \cdot \frac{L}{2}$$

以 w 表示裂缝宽度，则：

$$w = 2U = 2 \times 10 \times 10^{-6} \times 24.2 \times 1.225 \times 10^4 \times \tanh 0.82 \times 10^{-4} \times \frac{13 \times 10^3}{2}$$
$$= 5.93 \times \tanh 0.53 = 2.87 \text{mm}$$

由验算知、裂缝宽度为 2.87mm，比实际情况 2mm 左右略大一些，这是因计算公式是在弹性假定条件下推导的，实际上，结构开裂后，由于混凝土的徐变性质，板端不可能完全回弹到计算位置，故实际裂缝宽度一般比理论计算值小一些，说明计算与实际是相符的。

11.29　跳仓法施工裂缝控制计算

跳仓法施工系指在高层和工业建筑的大面积、大厚度、超长基础底板或设备基础施工中，采取分区、分段间隔浇筑混凝土。本法具有可进行流水作业施工，加块工程进度；避免结构产生有害裂缝，取消永久性伸缩缝、沉降缝及相关后浇带，省去地下结构外防水层；缩短建设工期，确保工程质量，降低施工费用和建设投资等优点。

跳仓法施工计算，包括以下几项：

一、进行分段分块计算

根据基础底板（设备基础，下同）的结构构造、尺寸，浇筑设备条件，施工程序和最不利工况，工期要求以及混凝土结构设计规范（GB 50010—2010）中有关伸缩缝最大间距的规定，对超长基础底板进行分段、分块，通过计算分析确定跳仓分段分块数量、各块平面几何尺寸和浇筑次序。跳仓的最大分块尺寸不宜大于 40m。

二、确定综合裂控技术措施

按"抗与放"设计原则和"抗放结合，先放后抗，以抗为主"的方法、程序，研究确定综合裂控技术措施（如合理配置构造钢筋、改善约束条件、降低水泥水化热量和入模温度，加强施工温度控制、提高混凝土拉伸强度、优化配比以及在混凝土中掺加减水剂，矿物掺合料、跳仓间隔施工的时间不小于 7d、跳仓接缝按施工缝要求设置和处理、采取保湿保温养护等），计算水泥水化热最高温升值、入模控制温度等技术参数，以指导施工。

三、验算跳仓阶段的每一块混凝土的最大温度收缩应力

相邻仓浇筑的间隔时间一般为 7～10d，按 10d 计算最大温度收缩应力和相应的平均裂缝间距（即基础结构允许长度 L）。

基础底板混凝土的收缩量、收缩当量温差按 11.14 节、11.15 节式（11-23）、式（11-24）计算，取 $t=10$d 计算式为：

$$\varepsilon_{(10)} = \varepsilon_y^0 (1 - e^{-0.1}) \cdot M_1 \cdot M_2 \cdot M_3 \cdots M_{11} \tag{11-63}$$

$$T_{y(10)} = -\frac{\varepsilon_{y(10)}}{\alpha} \tag{11-64}$$

混凝土极限拉伸值按 11.2 节式（11-2）计算式为：

$$\varepsilon_p = 0.5 R_f (1 + \rho/d) \times 10^{-4} \tag{11-65}$$

底板平均裂缝间距（结构允许长度 L）按 11.25 节式（11-56）计算式为：

$$|L| = 1.5 \sqrt{\frac{H \cdot E}{C_x}} \text{arch} \frac{|\alpha T|}{|\alpha T| - \varepsilon_p} \tag{11-66}$$

R_f 为混凝土抗裂设计强度（N/mm²），其他符号意义均同有关节。

如计算的 $|L|$ 值大于实际跳仓分块长度，即表示不会产生裂缝，满足安全要求。

四、验算跳仓封闭后底板整体温度收缩应力

验算项目、方法、计算式同本节第三项，只长度取分仓连成整体后的基础底板长度；计算时间按基础周围土回填后的湿度情况取用，在水土中取 60d；在干湿土中取 90d 验算，因在此期间基础底板基本降到永久温度（达到稳定温差），基本完成收缩（后续轻微收缩可忽略不计）。验算后，如底板的裂缝间距大于整体基础底板长度，表明混凝土的极限拉伸大于混凝土的自由收缩应变，基础底板最大约束应变小于自由温度收缩（即小于混凝土的极限拉伸），不会产生裂缝，裂控是安全的，基础底板可以不设伸缩缝和后浇带。否则应采取调整裂控措施，使 $|L|$ 大于基础底板长度。

【**例 11-34**】某综合楼 17 层高层建筑，地下室 1 层，主体结构基础长 148.2m，宽 110m，底板厚 $H = 600$mm，承台最厚达 3.8m，采用 C35 混凝土，弹性模量 $E = 3.15 \times 10^4$ N/mm²，地下室埋深 -5.1m，地下水位深 0.7m。底板下设隔离层，采取跳仓法分为 7 个区域浇筑（图 11-9），跳仓分块长 40~50m，未设伸缩缝、沉降缝、相关后浇带和地下防水层。底板分区（块）跳仓浇筑次序为：7→1→3→5→4→2→6。试验算跳仓阶段每一板块混凝土的最大温度收缩应力和封闭后底板的整体极限拉伸是否满足裂控要求。

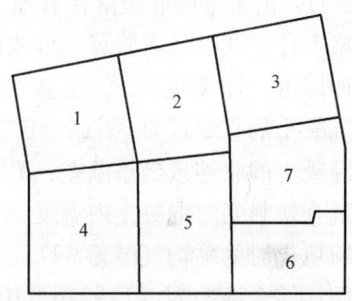

图 11-9 底板跳仓法分区（块）浇筑示意图
1、2、3、4、5、6、7—分区（块）次序

【**解**】 1. 验算跳仓阶段每一块混凝土的最大温度收缩应力

(1) 计算混凝土收缩量和当量温差

设 $t = 10$d，$\varepsilon_y^0 = 4.0 \times 10^{-4}$，由表 11-14 查得：$M_1 = 1.0$、$M_2 = 1.13$、$M_3 = 1.21$、$M_4 = 1.20$、$M_5 = 93$、$M_6 = M_7 = 0.54$、$M_8 = 0.55$、$M_9 = 1.3$、$M_{10} = 0.89$、$M_{11} = 1.01$，则混凝土收缩量由式（11-62）得：

$$\varepsilon_{y(10)} = \varepsilon_y^0 (1 - e^{-0.1}) \cdot M_1 \cdot M_2 \cdot M_3 \cdots M_{11} = 0.109 \times 10^{-4}$$

混凝土收缩当量温差由式（11-63）得。（取 $\alpha = 1 \times 10^{-5}$）：

$$T_{y(10)} = \frac{\varepsilon_{y(10)}}{\alpha} = \frac{0.109 \times 10^{-4}}{1 \times 10^{-5}} = 1.1 \text{℃}$$

由计算和最高温升值为 58℃，10d 降温差为 28℃，则综合温差：$T = 1.1 + 28 = 29.1$℃

(2) 计算混凝土极限拉伸

考虑配筋影响，已知底板 $d = 1.5$cm，$R_f = 2.2$N/mm²，$\rho = 0.56$，则底板每一板块的

极限拉伸由式（11-65）得：
$$\varepsilon_{pe}=0.5R_f(1+\rho/d)\times10^{-4}=0.5\times2.2(1+0.56/1.5)\times10^{-4}$$
$$=1.51\times10^{-4}$$

考虑短期徐变影响，则
$$\varepsilon_p=1.5\varepsilon_{pe}=1.5\times1.5\times10^{-4}=2.27\times10^{-4}$$

（3）底板板块平均裂缝间距计算

已知 $C_x=0.03\text{N/mm}^3$，底板板块的平均裂缝间距（结构允许长度 L）由式（11-66）得

$$|L|=1.5\sqrt{\frac{H\cdot E}{C_x}}\cdot\text{arch}\frac{|\alpha T|}{|\alpha T|-\varepsilon_p}$$

$$=1.5\sqrt{\frac{600\times3.15\times10^{-4}}{0.03}}\cdot\text{arch}\frac{|1\times10^{-5}\times29.1|}{|1\times10^{-5}\times29.1|-2.27\times10^{-4}}$$

$$=83324\text{mm}\approx83.3\text{m}$$

由计算知 $|L|=83.3\text{m}$，大于跳仓分块长度 $40\sim50\text{m}$，故跳仓阶段不会产生裂缝，裂控满足要求。

2. 跳仓板块封闭后的裂缝控制验算

底板跳仓块混凝土全部浇筑完成后（包括地下室侧墙和顶板）形成整体（长148.2m），由于基础底板落在有地下水的土中，一般约60d，收缩已基本完成，后续收缩可忽略不计，此时只需验算温度收缩应力及约束应变，控制最大约束应变小于混凝土的极限拉伸即可，计算项目、方法基本同1，跳仓阶段验算如下：

混凝土的收缩量为：$\varepsilon_{(60)}=0.516\times10^{-4}$

混凝土的收缩量当量温差：$T_1=\Delta T_{(60)}-T_{y(15)}=3.6℃$

跳仓块封闭时混凝土内温度：$T_2=10℃$

回填土时的平均气温为23℃，取温差为：$T_3=8℃$

则，综合温差为：$T=3.6+10+8=21.6℃$

考虑长期徐变，混凝土的弹性极限拉伸为：
$$\varepsilon_p=2\varepsilon_{pe}=3.02\times10^{-4}$$

封闭后底板的裂缝间距可由式（11-65）计算得：

$$|L|=1.5\sqrt{\frac{H\cdot E}{C_x}}\cdot\text{arch}\frac{|\alpha T|}{|\alpha T|-\varepsilon_p}$$

$$=1.5\sqrt{\frac{600\times3.15\times10^4}{0.03}}\text{arch}\frac{|1\times10^{-5}\times21.6|}{|1\times10^{-5}\times21.6|-3.02\times10^{-4}}$$

$$=37650\times\text{arch}[2.16/-0.86]\rightarrow\infty$$

由计算知，$|\alpha T|-\varepsilon_p$ 为负值，底板允许长度 $|L|$ 为无限大，即长期处于地下稳定温差等于21.6℃的水土中，底板封闭后不会产生裂缝，造成渗透。表明基础底板设置必要的构造筋、采取跳仓法浇筑，收缩可忽略不计，不设伸缩缝、后浇带和外防水层是可行和安全的，可满足裂控要求。

12 预应力混凝土工程

12.1 预应力混凝土台座计算

12.1.1 预应力墩式台座计算

墩式台座为先张法生产预应力构件应用最为广泛的一种台座形式。由传力台墩、台座板、台面和横梁等组成（图12-1），其构造多采取传力墩、台座板、台面共同受力形式，借以依靠自重平衡张拉力，并可减小台墩自重和埋深。这种台座张拉力较大（可达1000kN～2000kN），多用于生产中小型构件或多层重叠浇筑的预应力混凝土构件。

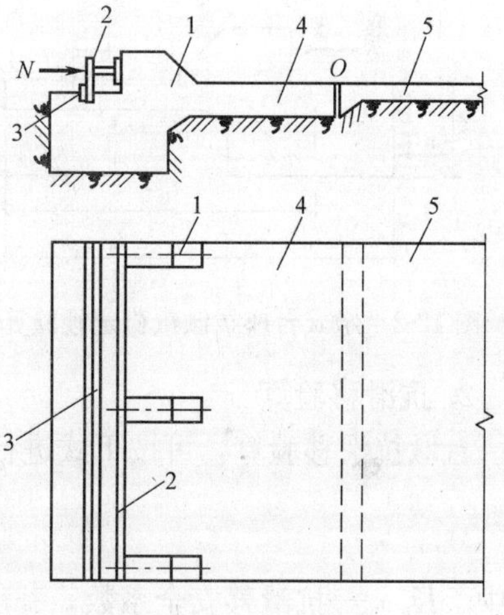

一、台座尺寸

台座长度应根据场地条件、生产规模及构件尺寸而定，一般为100～150m，可按下式计算：

$$L = ln + (n-1) \times 0.5 + 2K \quad (12\text{-}1)$$

式中 L——台座长度（m）；
  l——构件长度（m）；
  n——一条生产线内生产的构件数（根）；
  0.5——两根构件相邻端头间的距离（m）；
  K——台座横梁到第一根构件端头的距离，一般为1.25～1.50m。

图12-1 墩式台座构造
1—传力墩牛腿；2—钢横梁；3—承力钢板；4—台座板；5—台面

台座宽度根据构件规格尺寸、布筋宽度及张拉、浇筑操作要求而定，一般每组为1.5～2.0m，通常将几条生产线并列在一起，以充分利用场地面积。

在台座的端部应留出张拉操作用地和通道，两侧要有构件运输和堆放的场地。

二、台墩计算

承力台墩，一般由现浇钢筋混凝土作成。台墩应有合适的外伸部分，以增大力臂而减少台座自重。台墩应具有足够的稳定性、强度和刚度。

（一）稳定性验算

稳定性验算包括抗倾覆稳定性和抗滑移稳定性两个方面。

1. 抗倾覆验算

台墩的抗倾覆验算，可按下式进行（图 12-2）：

$$K=\frac{M_r}{M_{ov}}=\frac{G_1 l_1+G_2 l_2+E_p \cdot \frac{2H}{3}}{Nh_1} \quad (12\text{-}2)$$

式中　K——抗倾覆安全系数，一般不小于 1.5；

　　　M_{ov}——倾覆力矩，由预应力筋的张拉力产生；

　　　M_r——抗倾覆力矩，由台座自重力和土压力等产生；

　　　G_1——台座外伸部分的重力；

　　　l_1——G_1 点至 O 点的水平距离；

　　　G_2——台座部分的重力；

　　　l_2——G_2 点至 O 点的水平距离；

　　　N——预应力筋的张拉力；

　　　h_1——张拉力合力作用点至倾覆转动点 O 的垂直距离；

　　　E_p——台墩后面的被动土压力合力，当台墩埋置深度较浅时，可忽略不计；

　　　H——台座的埋置深度。

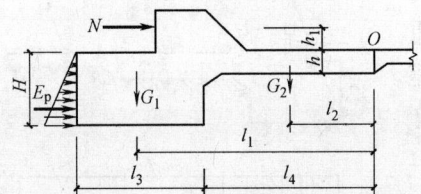
图 12-2　墩式台座抗倾覆稳定性验算简图

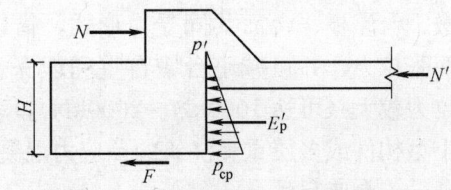
图 12-3　墩式台座抗滑移验算简图

2. 抗滑移验算

台墩抗滑移验算，可按下式进行（图 12-3）：

$$K_c=\frac{N_1}{N} \geqslant 1.3 \quad (12\text{-}3)$$

式中　K_c——抗滑移安全系数，一般不小于 1.30；

　　　N——作用于台墩上的滑动力，即预应力筋的张拉力；

　　　N_1——抗滑移的力，$N_1=N'+F+E'_p$；

　　　N'——台面板抗力（kN），当混凝土强度为 10～15MPa 时，台面厚 $d=60$mm，$N'=150$～200kN/m；$d=80$mm，$N'=200$～250kN/m；$d=100$mm，$N'=250$～300kN/m 台面宽；

　　　F——混凝土台墩与土的摩阻力，$F=\mu(G_1+G_2)$；

　　　G_1——台墩外伸部分的重力；

　　　G_2——台座板部分的重力；

　　　μ——摩擦系数，对黏性土，$\mu=0.25$～0.40；对砂土 $\mu=0.40$；对碎石 $\mu=0.40$～0.50；

　　　E'_p——台座板底部和台墩背面上土压力的合力：$E'_p=\dfrac{(p_{ep}+p')(H-h)B}{2}$；

　　　p_{ep}——台墩后面的最大的土压力

$$p_{ep} = \gamma H \tan^2\left(45° + \frac{\varphi}{2}\right) - \gamma H \tan^2\left(45° - \frac{\varphi}{2}\right)$$

p'——台座板底部的土压力,$p' = \dfrac{h p_{ep}}{H}$;

γ——土的重度;

φ——土的内摩擦角,对粉质黏土 $\varphi = 30°$;细砂 $\varphi = 20 \sim 30°$;中砂 $\varphi = 30 \sim 40°$;

H——台墩的埋设深度;

h——台座板厚度;

B——台墩宽度。

以上验算应考虑台面的水平力,台墩侧壁土压力和台墩底部摩阻力共同工作。实际上混凝土的弹性模量(C20混凝土 $E_c = 2.6 \times 10^4 \text{N/mm}^2$),与土的压缩模量(低压缩性土 $E_s = 20 \text{N/mm}^2$)相差甚大,两者难以共同工作,而底部摩阻力也较小(约占5%),可略去不计,而实际上作用于台墩上的水平力,几乎全部传给台面,因此当台墩与台面连接良好、能保证共同工作时,亦可不作抗滑移验算,而应验算台面的承载力。

(二)截面设计计算

1. 台墩外伸部分(图12-4a)

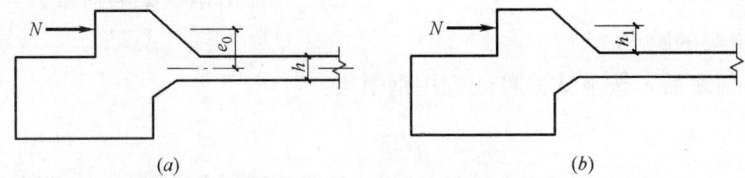

图12-4 墩式台座截面计算简图

(a) 台墩外伸部分;(b) 牛腿

台墩的牛腿和延伸部分,分别按钢筋混凝土结构的牛腿和偏心受压杆件计算,如为大偏心,则按下式计算:

$$N \leqslant f_c b x + f'_y A'_s - f_y A_s \tag{12-4}$$

或

$$Ne \leqslant f_c b x \left(h_0 - \frac{x}{2}\right) + f'_y A'_s (h_0 - a'_s) \tag{12-5}$$

其中

$$e = \eta e_1 + \frac{h}{2} - a$$

式中 N——作用外伸部分的轴力;

f_c——混凝土抗压强度设计值;

x——混凝土受压区高度;

b——截面的宽度;

h_0——截面的有效高度;

a'_s——A'_s 的合力点到截面近边的距离;

f_y——纵向受拉钢筋的强度设计值;

A_s、A'_s——纵向受拉及受压钢筋截面面积;

e——轴向力作用点至受拉钢筋合力点之间距离;

η——偏心受压构件考虑挠曲影响的轴向力偏心距增大系数;

e_1——初始偏心距,$e_1=e_0+e_a$;
e_0——轴向力对截面重心的偏心距,$e_0=M/N$;
e_a——附加偏心距,$e_a=0.12(0.3h-e_0)$,当 $e_0 \geqslant 0.3h_0$ 时,取 $e_a=0$;
a——纵向受拉钢筋合力点到截面近边的距离。

2. 牛腿的配筋设计(图 12-4b)

包括纵向受拉钢筋、斜截面强度和抗裂度计算(略),配筋构造如图 12-5 所示。

3. 钢横梁计算

钢横梁按承受均布荷载的简支梁计算:
钢梁承受的最大弯矩,按下式计算:

$$M=\frac{1}{8}ql^2 \tag{12-6}$$

其中

$$q=\frac{N}{l} \tag{12-7}$$

式中 M——钢梁承受的最大弯矩;
q——承力钢板传给每根钢横梁的均布荷载;
N——传给钢横梁的荷载;
l——横梁的跨度。

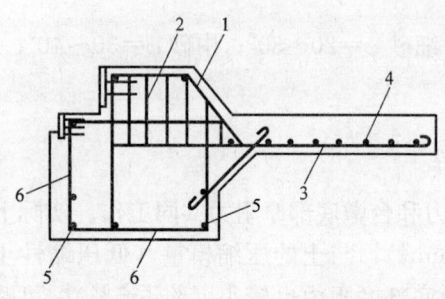

图 12-5 台墩、台面及牛腿配筋图
1—ϕ16~20mm 钢筋;2—ϕ8~10mm 钢筋;
3—ϕ10@200mm 钢筋;4—ϕ8@200mm 钢筋;
5—8ϕ10mm 钢筋;6—ϕ6@200mm 箍筋

在求得 M 值之后,按下式验算或选用钢横梁:

$$W \geqslant \frac{M}{f} \tag{12-8}$$

钢横梁的剪应力按下式复核:

$$V=\frac{1}{2}ql \tag{12-9}$$

$$\tau=\frac{V}{A} \leqslant f_v \tag{12-10}$$

式中 W——钢梁的截面抵抗矩;
f——钢材的抗拉、抗弯强度设计值;
V——作用于钢横梁的剪力;
τ——钢横梁的剪应力;
f_v——钢材拉剪强度设计值;
A——钢横梁的截面面积;
其他符号意义同前。

钢横梁应有足够的刚度,以减少张拉预应力钢筋时的预应力损失,钢横梁的变形值按下式验算:

$$w_{\max}=\frac{5ql^4}{384EI} \leqslant [w]=\frac{l}{400} \tag{12-11}$$

式中 $w_{\max}$——钢梁的挠度;
E——钢材的弹性模量;
I——钢梁的惯性矩;
$[w]$——钢梁的允许挠度,应小于 $l/400$,但不大于 2mm。

如钢横梁的挠度不能满足要求，应增强刚度。预应力筋的定位板必须安装准确，其挠度不大于1mm。

三、台面计算

台面计算参见"12.4.1普通混凝土台面计算"一节。

【**例 12-1**】 预应力墩式台座，尺寸如图12-6所示。已知张拉力 $N=1150\text{kN}$，$G_1=230\text{kN}$，$G_2=100\text{kN}$，传力墩之间距离 $B=4.0\text{m}$，台墩用C20混凝土，HPB300级钢筋，台面厚度为100mm，$N'=300\text{kN/m}$，$\mu=0.35$，地基为砂质黏土，$\gamma=18\text{kN/m}^3$，$\varphi=30°$。试验算台座抗倾覆、抗滑移稳定性，并进行截面设计，确定钢梁截面。

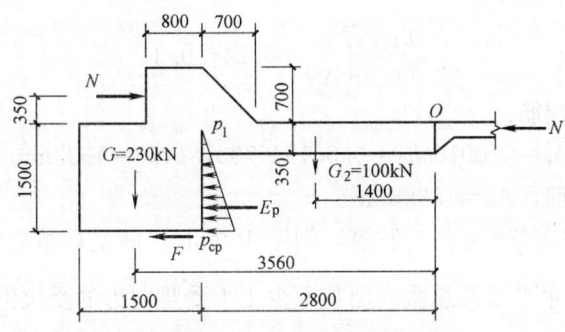

图 12-6 墩式台座计算尺寸

【**解**】 （1）抗倾覆验算

因埋置不深，且在开挖土方时后面土被扰动，可忽略土压力作用。

平衡力矩　　　$M_1 = G_1 l_1 + G_2 l_2 = 230 \times 3.5 + 100 \times 1.4 = 945 \text{kN·m}$

倾覆力矩　　　　　　$M = Nh_1 = 1150 \times 0.35 = 403 \text{kN·m}$

抗倾覆安全系数　　　$K = \dfrac{M_1}{M} = \dfrac{945}{403} = 2.34 > 1.5$　　安全

（2）抗滑移验算　　　　　$N' = 300 \times 4 = 1200 \text{kN}$

$$F' = \mu(G_1 + G_2) = 0.35(230 + 100) = 116 \text{kN}$$

台座底部的被动土压力：

$$p_{ep} = \gamma H \left[\tan^2\left(45° + \frac{\varphi}{2}\right) - \tan^2\left(45° - \frac{\varphi}{2}\right) \right]$$

$$= 18 \times 1.5 (\tan^2 60° - \tan^2 30°) = 72 \text{kN/m}^2$$

$$p' = \frac{h p_{ep}}{H} = \frac{0.35 \times 72}{1.5} = 16.8 \text{kN/m}^2$$

$$E'_p = \frac{(p_{ep} + p')(H - h)B}{2}$$

$$= \frac{(72 + 16.8)(1.5 - 0.35) \times 4}{2} = 204 \text{kN}$$

抗滑安全系数

$$K = \frac{N' + F + E'_p}{N} = \frac{1200 + 116 + 204}{1150} = 1.32 > 1.3 \quad 安全$$

（3）截面设计

1) 牛腿配筋计算 $h_0 = 1500 - 40 = 1460\text{mm}$

$$A_s = \frac{Nh_1}{0.85h_0 f_g} = \frac{1150 \times 350 \times 10^3}{0.85 \times 1460 \times 270} = 1201\text{mm}^2$$

设计规范规定，当采用 HPB300 级钢筋时，纵向受拉钢筋的最小配筋率 $\left(\dfrac{A_s}{bh_0}\right)$ 不应小于 0.2%，现 A_s 小于规范规定，故取

$$A_s = 0.002 \times 700 \times 1460 = 2044\text{mm}^2$$

选用 6φ22mm 钢筋，$A_s = 2281\text{mm}^2$

2) 弯起钢筋 A_s 计算

本台座 $\dfrac{h_1}{h_0} = \dfrac{350}{1460} = 0.24 < 0.3$

故应按规范要求配筋：

$$A_s = 0.0015bh_0 = 0.0015 \times 700 \times 1460 = 1533\text{mm}^2$$

选用 6φ18mm 钢筋，$A_s = 1526\text{mm}^2$

3) 牛腿采用水平箍筋 φ10 且双肢箍，间距 100mm，满足规范要求（规范要求：在牛腿上部 $\dfrac{2}{3}h_0$ 的范围内水平箍筋总截面面积不少于承受竖向力的受拉钢筋截面面积的 $\dfrac{1}{2}$）。

4) 裂缝控制验算

$$N \leqslant \frac{\beta f_{tk} bh_0}{0.5 + h_1/h_0}$$

式中 β——裂缝控制系数，取 $\beta = 0.80$

$$N = \frac{0.80 \times 1.54 \times 700 \times 1460}{0.5 + \dfrac{350}{1460}} = 1702200\text{N}$$

$\qquad = 1702.2\text{kN} > N = 1150\text{kN}$ 安全

5) 台座板配筋的计算

已知 $h = 350\text{mm}$, $h_0 = 350 - 35 = 315\text{mm}$, $a = 35\text{mm}$, $b = 4000\text{mm}$, $f_c = 9.6\text{N/mm}^2$, $f_y = 270\text{N/mm}^2$。

$$e_0 = \frac{M}{N} = \frac{1150 \times 350}{1150} = 350\text{mm} > 0.3 \times 315 = 94.5\text{mm}$$

$\therefore \ e_a = 0$

$\varphi = \dfrac{l_0}{h} = \dfrac{2800}{350} = 8$，故不考虑挠度对纵向力偏心距的影响。

$$e = e_0 + \frac{h}{2} - a = 350 + \frac{350}{2} - 35 = 490\text{mm}$$

$$x = \frac{1150000}{4000 \times 9.6} = 30\text{mm}$$

$$A_s = \frac{1150000 \times 490 - 9.6 \times 4000 \times 30 \left(315 - \dfrac{30}{2}\right)}{270(315 - 35)} = 2882\text{mm}^2$$

选用 20 根 φ14 钢筋，$A_s = 3078\text{mm}^2$（上层钢筋在非牛腿部分弯至底部）。底板箍筋用 φ6@300mm。

(4) 钢横梁计算

钢梁承受的均布荷载 $q = \dfrac{1150}{3.3} = 348.5 \text{kN/m}$

$$M = \frac{1}{8}ql^2 = \frac{1}{8} \times 348.5 \times 3.3^2 = 474.4 \text{kN} \cdot \text{m}$$

钢梁需要的截面抵抗矩：

$$W = \frac{M}{f} = \frac{474.4 \times 10^6}{315} = 1506 \times 10^3 \text{mm}^3$$

用 16Mn 钢，2I40b，$W_x = 1140 \times 10^3 \times 2 = 2280 \times 10^3 \text{mm}^3$
$\qquad\qquad\qquad > 1506 \times 10^3 \text{mm}^3$ 可

钢梁的剪力

$$V = \frac{1}{2}ql = \frac{1}{2} \times 348.5 \times 3.3 = 575 \text{kN}$$

钢梁的剪应力：

$$\tau = \frac{V}{F} = \frac{575 \times 10^3}{9410 \times 2} = 30.6 \text{N/mm}^2 < f_v = 185 \text{N/mm}^2$$

钢梁变形值

$$w_{\max} = \frac{5ql^4}{384EI} = \frac{5 \times 348.5 \times 3300^4}{384 \times 2 \times 10^5 \times 22780 \times 10^4 \times 2}$$

$$= 5.9 \text{mm} < \frac{l}{400} = \frac{3300}{400} = 8.3 \text{mm}$$

因 $2\text{mm} < w_{\max} < 8.3\text{mm}$，不能满足要求，改用 I56b，$I = 68512 \text{mm}^4$，重算 $w_{\max} = 1.96\text{mm} < 2\text{mm}$

故知，可满足要求。

12.1.2 预应力槽式台座计算

预应力槽式台座由锚固端柱、张拉端柱、传力柱、台面及上下横梁等受力构件组成。可做成整体式的或装配式的。前者为现浇钢筋混凝土；后者传力柱用预制柱装配而成，一般多作成装配式的。传力柱可分段制作，每段长 5～6m。台座的总长度一般 45～76m，宽度随构件外形及制作方式而定，一般每条生产线宽 1.0～2.0m。台座构造如图 12-7 所示，

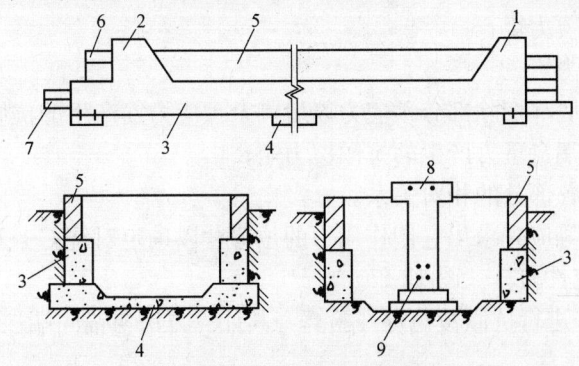

图 12-7 槽式台座构造
1—锚固端柱；2—张拉端柱；3—传力柱；4—基础板；5—砖墙；
6—上横梁；7—下横梁；8—吊车梁；9—吊车梁预应力筋

这种台座既可承受张拉力，又可作养生槽用。适用于生产张拉力和倾覆力矩均较大的中型预应力构件，如吊车梁、屋架等。

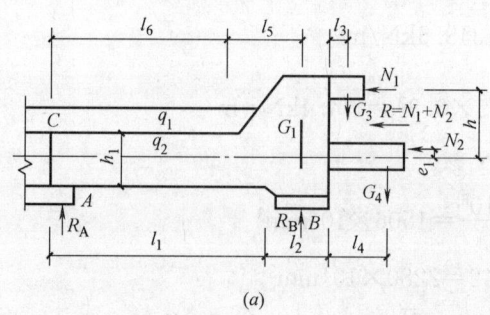

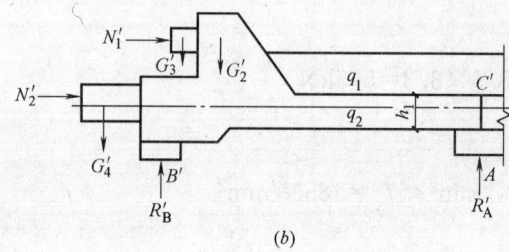

图 12-8　槽式台座抗倾覆验算
(a) 锚固端抗倾覆验算；(b) 张拉端抗倾覆验算

一、端柱计算

（一）抗倾覆稳定性验算

整体式槽式台座的端柱不需作抗倾覆稳定性验算。装配式端柱应作抗倾覆稳定性验算。一般当吊车梁底部的部分预应力筋切断掉（如 4 根切断掉 2 根）时为最不利状态，此时产生的抗倾覆力矩最大。

1. 锚固端柱稳定性验算（图 12-8a）

设砖墙每米长重力为 q_1，传力柱每米长重力为 q_2；锚固端柱一段及基础板一半的重力为 G_1；张拉端端柱一段及基础板一半的重力为 G_2；上横梁一半重力为 G_3；下横梁一半重力为 G_4。又设上部预应力钢筋的压力为 N_1；下部除去断掉的预应力钢筋后剩下的预应力钢筋对一根端柱的压力为 N_2，则锚固端柱的抗倾覆可按下式验算：

$$K = \frac{M_r}{M_{ov}} = \frac{M_1 + M_2}{M_{ov}} \geqslant 1.5 \tag{12-12a}$$

其中
$$M_r = M_1 + M_2 \tag{12-12b}$$
$$= \left[N_2 \left(\frac{h_1}{2} - e_1 \right) \right] + \left[G_3(l_1 + l_2 + l_3) \right.$$
$$\left. + G_4(l_1 + l_2 + l_4) + G_1(l_5 + l_6) + \frac{1}{2}(q_1 + q_2)l_6^2 \right]$$

$$M_{ov} = N_1 \left(h - \frac{h_1}{2} \right) \tag{12-12c}$$

式中　K——抗倾覆安全系数，一般不小于 1.5；
　　　M_r——抗倾覆力矩；
　　　M_{ov}——倾覆力矩；
　　　M_1——构件底部切除部分预应力筋后剩余预应力筋产生的抗倾覆力矩；
　　　M_2——锚固端自重力产生的抗倾覆力矩；
　　　l_1、$l_2 \cdots l_n$——构件各部分的相对关系。

对 G_1、$G_2 \cdots G_4$ 等应先求出它们作用力的位置，以确定对绕 C 点取力矩的距离。

2. 张拉端柱稳定性验算（图 12-8b）

取 C' 点的力矩来进行抗倾覆稳定性验算，其计算方法与锚固端柱相同。

（二）弯矩计算

1. 锚固端柱的弯矩（图 12-9a）

先根据平衡条件取 $\sum M_C = 0$，求出传力柱对端柱的反力 R 位置 e_0，再取 $M_B = 0$（或

$\Sigma M_A = 0$,求出支座反力 R_A(或 R_B)。由计算知,一般在 1—1 截面处的弯矩较大,可作为控制截面的弯矩,即:

$$M_{1-1} = R_A l_7 + R e_0 - \frac{1}{2}(q_1 + q_2) l_6^2$$

(12-13)

为计算中间柱对端柱的反力 F,需先求出反力作用点距截面中心的距离 e_0,e_0 随着合力 R 的偏心距 e 的大小而变化,当 R 作用于截面轴线(即 $e=0$),$e_0=0$;当 R 对 C 点之力矩等于自重力 G(G—端柱全部自重力)对 C 点的力矩时,$e = \frac{GL}{R} + \frac{h}{2}$,此时 $e_0 = \frac{h}{2}$。

当张拉力合力 R 的实际作用点位于 $e = \frac{GL}{R} + \frac{h}{2}$ 与 $e=0$ 之间时,可用以下插入法求解 e_0(图 12-10):

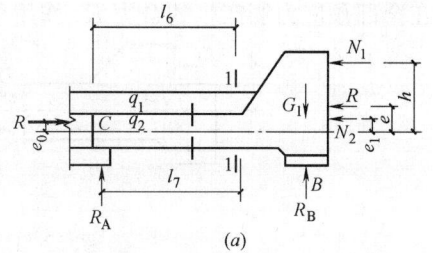

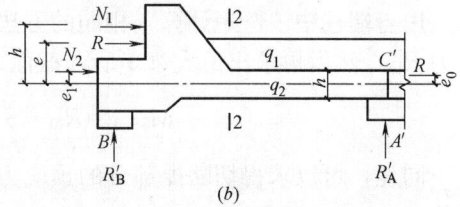

图 12-9 端柱弯矩计算简图
(a) 锚固端柱弯矩计算;(b) 张拉端柱弯矩图

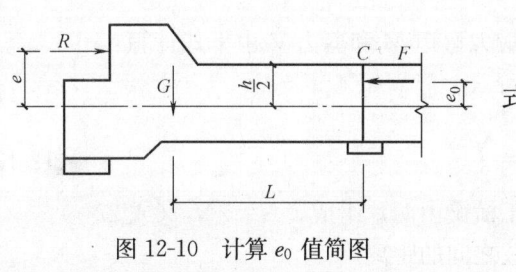

图 12-10 计算 e_0 值简图

$$e_0 = e \cdot \frac{h}{2} \div \left(\frac{GL}{R} + \frac{h}{2} \right)$$

(12-14)

式中 G——端柱自重力;
R——预应力筋张拉力的合力;
L——端柱重心至 C 点的距离;
h——传力柱截面高度;
e——张拉力合力作用点的偏心距。

2. 张拉端柱的弯矩(图 12-9b)

计算方法与锚固端柱相同,以 M_{2-2} 作为控制截面的弯矩。

(三)配筋计算

一般按钢筋混凝土偏心受压构件进行配筋。

二、传力柱计算

(一)计算长度确定计算

传力柱按偏心受压柱计算。其计算长度 l_0 可按下式确定:

$$l_0 = 2 \cdot \sqrt{\frac{Re}{\rho A}}$$

(12-15)

式中 R——预应力筋张拉力之合力;
e——张拉力合力作用点之偏心距;
A——传力柱横截面面积;
ρ——混凝土的重力密度。

(二)传力柱弯矩计算

分两种情况计算:1. 在全部预应力钢筋产生的合力 R_1 作用下;2. 下部部分预应力筋切断掉后,在剩余预应力筋产生的合力 R_2 作用下。

在全部预应力筋产生的合力 R_1 作用下,传力柱的受力情况及符号见图 12-11。

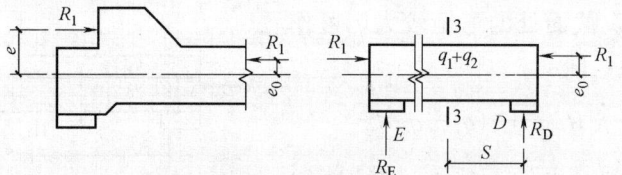

图 12-11　传力柱计算简图

用与端柱中"弯矩计算"相同的方法,求传力柱反力位置 e_0,取 $\sum M_B = 0$,求出底板反力 R_D,然后再求出最大弯矩所在截面 3—3 距 R_D 的距离 S,则最大弯矩 M_{3-3} 为:

$$M_{3-3} = R_D \cdot S + R_1 e_0 + \frac{1}{2}(q_1 + q_2)S^2 \qquad (12\text{-}16)$$

同理,可以求得切断掉部分的预应力筋后,剩下的预应力筋在传力柱上产生的最大弯矩值。

(三) 配筋计算

分别按上述两种情况,即:(1) $N_1 = R_1$ 和 M_{max};(2) $N_2 = R_2$ 和 M_{max} 的内力组合,按钢筋混凝土偏心受压构件计算进行截面配筋(略)。

三、横梁计算

按两端支承于端柱上的简支梁计算,其最大弯矩 M 和剪力 V 由下式计算:

$$M = \frac{1}{4}Nl \qquad (12\text{-}17)$$

$$V = \frac{N}{2} \qquad (12\text{-}18)$$

式中　N——作用于横梁中点的集中力,由于横梁由两片组成,$N = 2N_1$(或 $2N_2$);

　　　l——横梁跨度,等于台座两根传力柱之间的距离。

根据求出的 M、V 值,按钢筋混凝土受弯构件进行截面计算配筋。一般下横梁的截面尺寸较大,实为一根深梁,因此要适当增设必要的构造配筋。

【例 12-2】　预应力槽式台座,构造尺寸如图 12-12 所示。已知上部预应力筋的张拉力 $N_1 = 160\text{kN}$,下部预应力筋的张拉力 $N_2 = 560\text{kN}$,砖砌体重度 $\gamma_1 = 18\text{kN/m}^3$,混凝土重度 $\gamma = 25\text{kN/m}^3$,试验算台座的稳定性和计算张拉端柱的轴力和控制弯矩。

【解】　(1) 台座自重

砖墙每 1m 长所受重力:$q_1 = 0.24 \times 0.4 \times 1 \times 18 = 1.73 \text{kN/m}$

传力柱每 1m 长所受重力:$q_2 = 0.5 \times 0.35 \times 1 \times 25 = 4.38 \text{kN/m}$

张拉端柱顶部(2.4m 长)一段及二分之一支座底板所受的重力经计算

$$G_1 = 26.5 \text{kN}$$

二分之一上横梁所受的重力　　$G_3 = 2.6 \text{kN}$

二分之一下横梁所受的重力　　$G_4 = 7.0 \text{kN}$

槽式台座张拉端柱受力简图如图 12-13 所示。

(2) 抗倾覆验算

取 C 点为倾覆旋转中心,由式 (12-12c) 得:

$$M_{ov} = N_1 \left(h - \frac{h_1}{2} \right) = 160 \times \left(0.94 - \frac{0.5}{2} \right) = 110 \text{kN} \cdot \text{m}$$

12.1 预应力混凝土台座计算

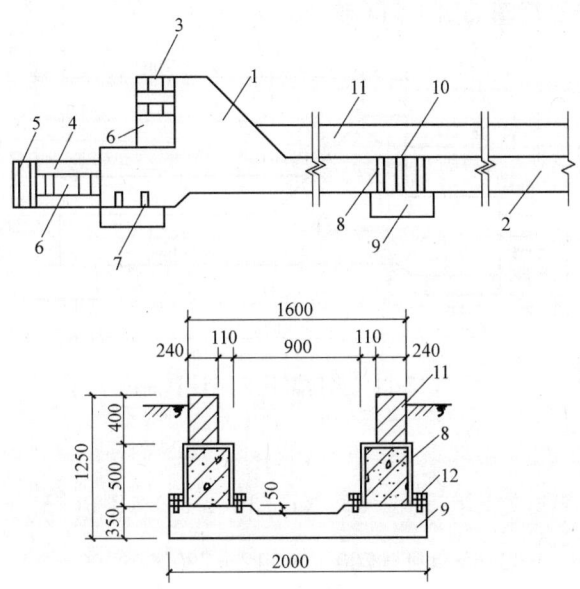

图 12-12 槽式台座构造及尺寸
1—张拉端柱；2—传力柱；3—上横梁；4—下横梁；5—钢梁；6—垫块；7—连接铁件；
8—卡环；9—基础板；10—砂浆嵌缝；11—砖墙；12—锚固螺栓

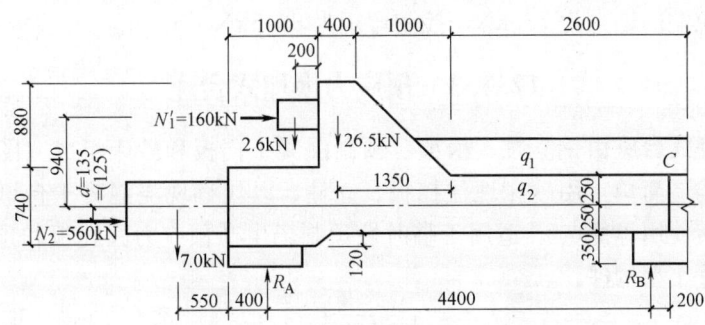

图 12-13 槽式台座张拉端柱受力简图

平衡力矩由式（12-12b）

$$M_1 = 560(0.25 + 0.125) = 210 \text{kN} \cdot \text{m}$$

$$M_2 = 7 \times 5.5 + 2.6 \times 4.2 + 26.5 \times 3.95 + (1.73 + 4.38)\frac{2.6^2}{2} = 175 \text{kN} \cdot \text{m}$$

由式（12-12a）抗倾覆稳定系数为：

$$K = \frac{M_1 + M_2}{M_{ov}} = \frac{210 + 175}{110} = 3.5 > 1.5 \quad 可$$

（3）轴力及弯矩计算

张拉的合力（轴力） $\quad N = 160 + 560 = 720 \text{kN}$

合力离柱轴线距离 $\quad e = 0.112 \text{m}$

根据平衡条件 $\sum M_c = 0$ 或式（12-14）求得传力柱对端柱的反力 R 的位置 $e_o = 0.066 \text{m}$

张拉端柱弯矩计算简图如图12-14所示。

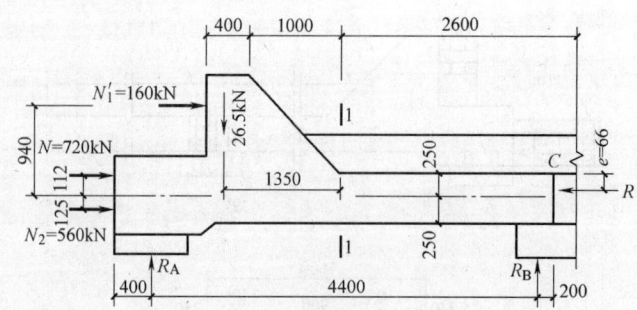

图12-14 张拉端柱弯矩计算简图

取 $\sum M_A = 0$ 得

$$R_B \times 4.4 - 26.5 \times 0.65 - (1.73 + 4.38) \times 2.6\left(\frac{2.6}{2} + 2\right)$$
$$-2.6 \times 0.4 - 720 \times 0.112 + 720 \times 0.066 = 0$$

解之得 $R_B = 23.6 \text{kN}$

由式（12-13）知在1—1截面处的控制弯矩为

$$M_{1-1} = 23.6(2.6 - 0.2) + 720 \times 0.066 - \frac{1}{2}(1.73 + 4.38) \times 2.6^2 = 83.5 \text{kN} \cdot \text{m}$$

故知，张拉端的轴力为720kN，控制弯矩为83.5kN·m。

12.1.3 预应力换埋式台座

预应力换埋式台座由钢立柱、横梁、预制混凝土挡板和砂床组成（图12-15）。这种台座特点是：构造简单，用砂床埋住挡板、立柱，以代替现浇混凝土台墩，具有拆迁方便，可多次周转使用等优点。适用于临时性预制场生产预应力圆孔板和预应力折板等张拉力不大的中、小型构件。

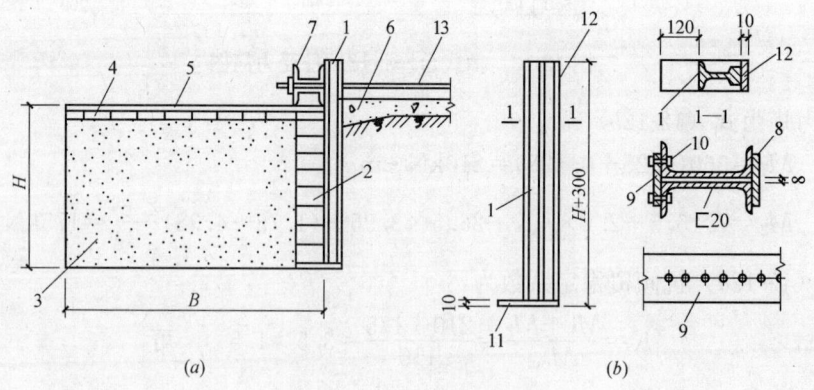

图12-15 换埋式台座构造
(a) 台座构造简图；(b) 立柱、横梁
1—43kg/m旧钢轨立柱@1.0～1.2m；2—预制混凝土挡板（旧楼板或小梁）；3—砂床，分层夯实；4—铺砌红砖；
5—抹水泥砂浆20～30mm；6—混凝土台面；7—2⊏20槽钢横梁；8—8mm厚连接板；9—钢丝定位板；
10—连接螺栓；11—下托板；12—前贴板；13—预应力筋

一、台座抗倾覆（埋设深度）计算

将立柱和挡板视作一刚性挡土墙，设土面倾角 α、墙背倾角 β、墙背摩擦角 δ 均等于零，立柱和挡板的自重略去不计。台座张拉时产生的倾覆力矩，将由立柱下部另侧被动土压力产生的抗倾覆力矩平衡（因挡板与台面下的土不紧密接触，主动土压力可不考虑），倾覆点位于立柱与台面接触处，于是，由图 12-16 得（取单位宽度计算）：

$$M = N \cdot h$$

$$M_1 = E_p \times \frac{2H}{3} = \frac{1}{2}\gamma H^2 \tan^2\left(45° + \frac{\varphi}{2}\right) \times \frac{2}{3}H$$

$$= \frac{1}{3}\gamma H^3 \tan^2\left(45° + \frac{\varphi}{2}\right)$$

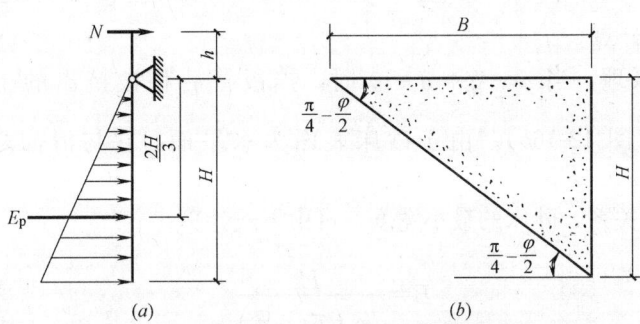

图 12-16　砂床深度和宽度计算简图

(a) 砂床深度计算简图；(b) 砂床宽度计算简图

令 $M = M_1$，化简后乘以一安全系数 K 得：

$$H = \sqrt[3]{\frac{3KNh}{\gamma \tan^2\left(45° + \frac{\varphi}{2}\right)}} \tag{12-19}$$

式中　H——台座埋设深度（m）；

　　　N——台座每米张拉力（kN/m）；

　　　h——张拉力作用点距台面支点高度（m）；

　　　γ——砂土的重力密度（kN/m³）；

　　　φ——砂土的内摩擦角（℃）；按表 12-1 取用；

　　　K——抗倾覆安全系数，一般取 1.5。

砂类土内摩擦角 φ 计算值（°）　　　　　　　　　表 12-1

砂 土 类 别	孔　　　隙　　　比		
	0.41～0.50	0.51～0.60	0.61～0.70
砾砂和粗砂	41°	38°	36°
中　　砂	38°	36°	33°
细　　砂	36°	34°	30°

为使用方便，根据式（12-19）计算出不同 φ 值和不同张拉倾覆力矩的台座埋深如表 12-2，可供查用。

不同张拉倾覆力矩的台座埋深（m） 表 12-2

φ \ M_{ov} / H	10	20	30	40	50	60	70	80	90	100
30°	0.98	1.23	1.41	1.55	1.67	1.78	1.87	1.96	2.04	2.11
32°	0.95	1.20	1.37	1.51	1.63	1.73	1.82	1.91	1.98	2.05
34°	0.93	1.17	1.34	1.47	1.59	1.68	1.77	1.85	1.93	2.00
36°	0.90	1.13	1.30	1.43	1.54	1.64	1.72	1.80	1.87	1.94
38°	0.87	1.10	1.26	1.39	1.50	1.59	1.67	1.75	1.82	1.88
40°	0.85	1.07	1.23	1.35	1.45	1.54	1.62	1.70	1.77	1.83

注：表中砂土重力密度取 $\gamma=16\text{kN/m}^3$。M_{ov} 为每米台座上所作用的倾覆力矩（kN·m）。

二、砂床宽度计算

根据土压力原理，当 $\alpha=\beta=\delta=0$ 时，挡板背后将被挤出的土楔与水平线成 $\left(\dfrac{\pi}{4}-\dfrac{\varphi}{2}\right)$ 的角度（图 12-16b）。由于砂床表面为水平面，它与滑面之间的夹角亦为 $\left(\dfrac{\pi}{4}-\dfrac{\varphi}{2}\right)$。由几何关系，砂床的最小宽度，可由下式计算：

$$B=\frac{H}{\tan\left(\dfrac{\pi}{4}-\dfrac{\varphi}{2}\right)} \tag{12-20}$$

式中 B——砂床的宽度（m）；

H——台座（砂床）的埋置深度（m）；

φ——砂土的内摩擦角（°）。

根据式（12-20）可算得：当 $\varphi=40°$ 时，$B=2.15H$；当 $\varphi=35°$ 时，$B=1.92H$；当 $\varphi=30°$ 时，$B=1.73H$。

【例 12-3】 预应力换埋式台座，已知每米台座上的张拉力 $N=50\text{kN}$，张拉力作用点距台面高度 $h=0.6\text{m}$，采用砂床，砂土的重度 $\gamma=16\text{kN/m}^3$，内摩擦角 $\varphi=36°$，试求台座的埋设深度和砂床宽度。

【解】 取 $K=1.5$，由式（12-19）得：

$$H=\sqrt[3]{\frac{3KNh}{\gamma\tan^2\left(45°+\dfrac{\varphi}{2}\right)}}=\sqrt[3]{\frac{3\times1.5\times50\times0.6}{16\times\tan^2\left(45°+\dfrac{36°}{2}\right)}}=1.30\text{m}$$

台座埋设宽度由（12-20）得：

$$B=\frac{H}{\tan\left(45°-\dfrac{\varphi}{2}\right)}=\frac{1.3}{\tan\left(45°-\dfrac{36°}{2}\right)}=2.55\text{m}$$

12.1.4 预应力长线矩形换埋式台座计算

换埋式台座的计算方法亦可应用于普通长线台座的计算。构造形式如图 12-17 所示，计算简图 12-17b 与图 12-16a 相同。台座采取预制、吊装就位，埋设深度和宽度亦由式（12-19）和式（12-20）计算确定，背面填土代替填砂，土压实系数应达到 0.95。安装钢

12.3 不设伸缩缝的预应力混凝土台座计算

丝（筋）定位板采取在台座上预留螺栓孔。

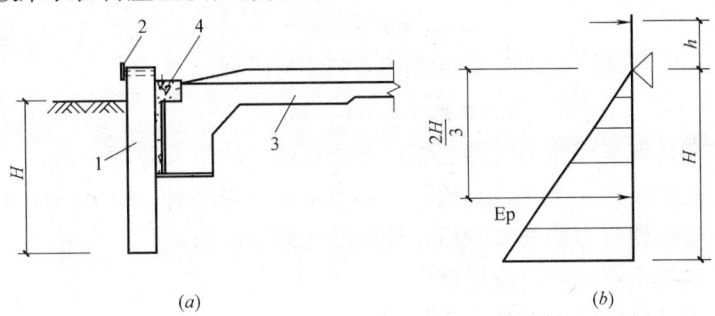

图 12-17 长线矩形换埋式台座
(a) 长线换埋式台座构造；(b) 台座埋置深度计算简图
1—预制台座；2—钢丝定位板；3—台座与台面；4—C20 细石混凝土灌缝

12.2 素混凝土台座伸缩缝设置间距计算

对于素混凝土台座，通常需要设置横向伸缩缝，以防在大气温差作用下，出现大量不规则杂乱裂缝，影响构件生产质量，其最大间距 L_{max}（m）按下式计算：

$$L_{max}=\frac{f_t}{0.65K\mu\gamma(1+h_1/h)} \tag{12-21}$$

式中 f_t——混凝土抗拉强度设计值（N/mm²）；
  K——考虑超载不均匀构件锚台影响的综合安全系数，取 $K=2.0$；
  μ——台座面层板块与基层之间的摩擦系数，按表 12-4 取用；
  γ——台座板块的重力密度（kN/m³）；
  h——台座板块的厚度（mm）；
  h_1——台座板块与其上荷载的折算厚度（mm）。

【例 12-4】 某预制厂素混凝土台座长 60m，混凝土采用 C15，$f_t=0.91\text{N/mm}^2$，$h_1/h=13.5/12=1.125$，隔离剂采用废机油两度加滑石粉，取 $\mu=0.60$。试求其最大伸缩缝间距。

【解】 取 $K=2.0$，$\gamma=24\text{kN/m}^3$，最大伸缩缝间距由式（12-21）得：

$$\begin{aligned}L_{max}&=\frac{f_t}{0.65K\mu\gamma(1+h_1/h)}\\&=\frac{0.91\times10^6}{0.65\times2\times0.60\times24(1+1.125)}\\&=22890\text{mm}=22.89\text{m，用}22.0\text{m}\end{aligned}$$

故知，最大伸缩缝间距为 22m，该素混凝土台座应设伸缩缝 2 道，用 20mm 厚浸沥青木板条或聚苯乙烯板嵌缝。

12.3 不设伸缩缝的预应力混凝土台座计算

预应力混凝土露天长线台座不设横向伸缩缝时，在使用阶段设计的主要控制条件是，在日温差或季节性温差作用下，不允许开裂，即满足下式要求：

$$\sigma_{tmax} \cdot K_f \leqslant \sigma_h + f_t \tag{12-22}$$

其中
$$\sigma_{tmax} = 0.6 S\mu\gamma(1+h_1/h)L$$
$$\sigma_h = (\sigma_k - \sigma_s)A_g/A_o$$

式中 σ_{tmax}——在日温差或季节性温差作用下，板块中的最大温度应力；

K_f——抗裂设计安全系数，按严格要求不出现裂缝时，取 $K_f=1.25$；

σ_h——全部预应力损失扣除后，板块的有效预应力；

f_t——混凝土抗拉强度设计值；

L——不设横向伸缩缝的台座长度；

σ_k——预应力钢筋的张拉控制应力；

σ_s——板块预应力钢筋在相应阶段的预应力损失；

A_g——全部纵向受拉钢筋的截面面积；

A_o——构件（板块）换算截面面积。

按式 (12-22)，根据台座长度 L、台面板块厚度 h 及混凝土强度等级等技术参数，编制出不设横向伸缩缝的预应力混凝土台座需配置纵向预应力钢丝的间距（数量）表参见表 12-3。

不设横向缝露天长线台座纵向预应力钢丝间距选用表　　表 12-3

混凝土强度等级		C20			C25			C30		
	h(mm)	60	80	100	60	80	100	60	80	100
L(m)	60	@200	@200	@200	—	—	—	—	—	—
	70	@150	@150	@150	@200	@200	@200	—	—	—
	80	—	@100	@150	@150	@150	@150	—	—	@200
	90	—	—	@100	—	@100	@150	@100	@150	@200
	100	—	—	—	—	—	@100	—	@100	@150

注：本表取 $\mu=0.6$，$h_1=80$mm，预应力筋采用 ΦP4 消除应力钢丝。

12.4　混凝土台面计算

12.4.1　普通混凝土台面计算

普通混凝土台面，一般是在夯实的地面上铺设一层 100~200mm 厚碎石，夯压密实，再在其上浇筑一层厚 60~100mm 厚的混凝土而成。要求密实具有一定的抗压强度，能承受预应力台座端头张拉传来的水平力，其水平承载力可按下式计算：

$$P = \frac{\varphi A f_c}{K_1 K_2} \tag{12-23}$$

式中 P——台面的水平承载力；

φ——轴心受压纵向弯曲系数，取 $\varphi=1$；

A——台面截面面积；

f_c——混凝土轴心抗压强度设计值；

K_1——超载系数，取 1.25；

K_2——考虑台面截面不均匀和其他影响因素的附加安全系数,取 $K_2=1.5$。

台面伸缩可根据当地温差和经验设置,一般约为 10m 设置一条,也可采用预应力混凝土滑动台面,不留施工缝,计算参见 12.14.2 一节。

【**例 12-5**】 预应力墩式台座台面,已知张拉力 $N=1350$kN,台面宽 3.6m,厚 80mm,在靠近台墩 10m 范围内加厚至 100mm,混凝土用 C15,$f_c=7.2$N/mm^2,试求台面承载力是否满足要求。

【**解**】 由式(12-23)台面的水平承载力为:

$$P=\frac{\varphi A f_c}{K_1 K_2}=\frac{1\times 100\times 3600\times 7.2}{1.25\times 1.5}=13.8\times 10^5 \text{N}=1380\text{kN}$$

台面水平承载力 1380kN>1350kN,故知,满足要求。

12.4.2 预应力混凝土台面计算

普通混凝土台面由于受温差的影响,常会出现不同程度的开裂,使台面使用寿命缩短和构件质量下降。为了克服这一缺陷,国内有些构件预制厂采用了预应力混凝土滑动台面。

预应力混凝土台面的构造如图 12-18 所示。其做法是在原有的台面或新浇的混凝土基层上刷隔离剂,张拉应力钢丝,浇筑混凝土面层。待混凝土达到放张强度后再切断钢丝,台面就发生滑动,这种台面可避免出现裂缝。

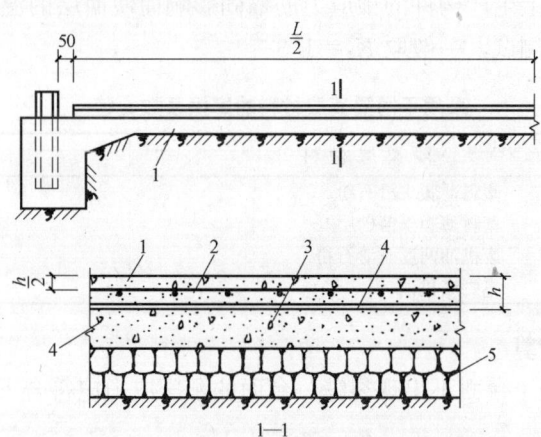

图 12-18 预应力混凝土滑动台面构造
1—预应力滑动台面;2—预应力钢丝 $\phi 40@250$mm;3—混凝土基层或旧台面;
4—隔离层(塑料薄膜或废机油滑石粉);5—垫层

一、台面温度应力计算

由于预应力台面设置隔离层,可降低面层与基层之间的摩擦阻力,在降温温差作用下面层产生收缩变形,当其克服了摩擦阻力之后便可自由滑动,于是温度应力不再增加,由此可知面层的温度应力主要与摩阻力有关,其大小可按下式计算(图 12-19)。

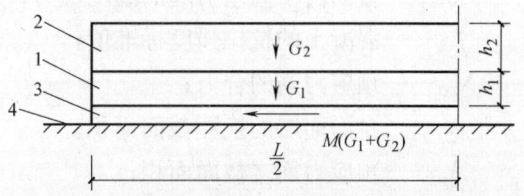

图 12-19 预应力混凝土台面温度应力计算简图
1—预应力混凝土面层;2—台面上的构件;
3—隔离层;4—基层

$$\sigma_t = \frac{\mu(G_1+G_2)}{Bh_1} \cdot K_t = \frac{\mu\gamma(h_1+h_2)B \cdot \frac{L}{2}}{Bh_1} \cdot K_t$$

$$= 0.5\mu\gamma\left(1+\frac{h_2}{h_1}\right)L \cdot K_t \tag{12-24}$$

或 $$\sigma_t = 0.65\mu\gamma\left(1+\frac{h_2}{h_1}\right)L \tag{12-25}$$

式中 σ_t——台面由于温差引起的温度应力；

μ——台面与混凝土基层之间的摩擦系数，采用不同隔离层材料的摩擦系数可按表12-4取用；

G_1——台面混凝土自重；

G_2——台面上构件等荷载；

L——台面长度；

B——台面宽度；

h_1——预应力混凝土台面厚度；

h_2——台面上构件或堆积物等的折算厚度；

γ——台面混凝土及其上构件或堆积物的重力密度；

K_t——由于台面上生产构件的预应力筋锚固影响而使面层的温度应力增大的附加系数，根据测试，一般取 $K_t=1.3$。

采用不同隔离层材料的摩擦系数 μ 值 表12-4

项 次	隔 离 层 材 料	摩擦系数 μ 值
1	塑料薄膜＋滑石粉	0.5～0.6
2	塑料薄膜＋薄砂层	0.8
3	废机油两度＋滑石粉	0.6～0.7
4	皂脚废机油	0.65

二、台面预应力计算

为了使预应力混凝土台面不出现裂缝，台面的预压应力应符合下列要求：

$$\sigma_{pc} > \sigma_t - 0.5f_{tk} \tag{12-26}$$

其中 $$\sigma_{pc} = \frac{N_{po}}{A_0} = \frac{(\sigma_{con}-\sigma_L)A_p}{A_0} \tag{12-27}$$

式中 σ_{pc}——台面的预压应力，即由于预加应力产生的混凝土法向应力；

σ_t——台面由于温差引起的温度应力；

f_{tk}——混凝土的抗拉强度标准值；

N_{po}——预应力筋的合力；

A_0——台面面层的换算截面面积；

A_p——预应力筋之截面面积；

σ_L——预应力筋张拉控制应力；$\sigma_{con}=(0.75\sim0.80)f_{ptk}$；

f_{ptk}——预应力钢丝的抗拉强度标准值；

0.5——受拉区混凝土塑性影响系数和混凝土拉应力限制系数的乘积。

三、台面钢丝选用及配置

预应力台面用的钢丝,可选用 $\phi^P 4\sim 5$ 消除应力钢丝和 $\phi^I 5$ 消除应力刻痕钢丝居中配置,$\sigma_{con}=0.7 f_{ptk}$。混凝土为 C30 和 C40。滑动台面预应力筋配置可参见表 12-5。

滑动台面预应力筋配置参考表 表 12-5

台面荷载 (kN/m²)	台面厚度 h(mm)	滑动台面预应力钢筋配置 在下列台面长度 L_F(m)			
		50	75	100	125
2	60	$\phi^P 4@75$	$\phi^P 4@50$	$\phi^P 5@50$	$\phi^I 5@100$
	80	$\phi^P 4@65$	$\phi^P 5@65$	$\phi^P 5@40$	$\phi^I 5@90$
3	60	$\phi^P 4@65$	$\phi^P 5@65$	$\phi^P 5@40$	$\phi^I 5@90$
	80	$\phi^P 4@50$	$\phi^P 5@50$	$\phi^I 5@100$	$\phi^I 5@75$

注:1. 混凝土等级:$\phi^P 4\sim 5$ 为 C30;$\phi^I 5$ 为 C40。
  2. 张拉控制应力:$\phi^P 4$,$\sigma_{con}=1169\text{N/mm}^2$;$\phi^P 5$,$\sigma_{con}=1099\text{N/mm}^2$;$\phi^I 5$,$\sigma_{con}=1099\text{N/mm}^2$。
  3. 隔离剂 $\mu=0.7$;如 $\mu>0.7$,则配筋量按比例增加。
  4. 预应力台面的长度 $L>125$m 时,宜设置横缝一条。

【例 12-6】 构件预制厂预应力混凝土台面,长 100mm,厚 80mm,采用 C30 混凝土,$f_{cu,k}=30\text{N/mm}^2$,$f_{tk}=2\text{N/mm}^2$,$E_c=3\times10^4\text{N/mm}^2$;$\gamma=25\text{kN/m}^3$,预应力筋采用 ϕ^P 消除应力钢丝,$f_{ptk}=1570\text{N/mm}^2$,$E_s=2\times10^5\text{N/mm}^2$,间距为 80mm。隔离层采用塑料薄膜+滑石粉,$\mu=0.6$。台面上荷载的折算厚度 70mm,试计算台面上产生的温度应力和验算台面预压应力是否满足要求。

【解】 预应力台面面层的温度应力由式(12-25)得:

$$\sigma_t = 0.65\mu\gamma\left(1+\frac{h_2}{h_1}\right)L$$

$$= 0.65\times 0.6\times 25\times 10^{-6}\left(1+\frac{70}{80}\right)\times 100\times 10^3 = 1.83\text{N/mm}^2$$

取台面计算宽度 $b=1$m,截面几何特征为:

$$A_p = 19.6\times 12.5 = 245\text{mm}^2$$

$$A_0 = bh_1 + \frac{E_s}{E_c}A_p = 8.16\times 10^4\text{mm}^2$$

$$\sigma_{con} = 0.75 f_{ptk} = 1178\text{N/mm}^2$$

$$\sigma_{L1} = \frac{a}{L}E_s = \frac{5}{100\times 10^3}\times 2\times 10^5 = 10\text{N/mm}^2$$

$$\sigma_{L4} = 0.085\sigma_{con} = 100\text{N/mm}^2$$

$$\sigma_{Lr} = \sigma_{L1} + \sigma_{L4} = 110\text{N/mm}^2$$

$$\sigma_{pcr} = \frac{(\sigma_{con}-\sigma_{Lr})A_P}{A_0} = \frac{(1178-110)\times 245}{8.16\times 10^4} = 3.2\text{N/mm}^2$$

配筋率 $\rho = \dfrac{245}{8\times 10^4} = 0.3\%$

施加预应力时混凝土抗压强度取 $f'_{cu} = 0.75 f_{cu,k}$

$$\sigma_{L5} = \frac{60+340\sigma_{pcr}/f'_{cu}}{1+15\rho}$$

$$= \frac{60+(340\times 3.2)/(0.75\times 30)}{1+15\times 0.3\%} = 103.7 \text{N/mm}^2$$

$$\sigma_L = \sigma_{L1} + \sigma_{L5} = 110 + 103.7 = 213.7 \text{N/mm}^2$$

预应力混凝土台面的预压应力由式（12-2）得：

$$\sigma_{pc} = \frac{(\sigma_{con}-\sigma_L)A_p}{A_0} = \frac{(1178-213.7)\times 245}{8.16\times 10^4} = 2.9 \text{N/mm}^2$$

$$\sigma_t - 0.5 f_{tk} = 1.83 - 0.5 \times 2 = 0.83 \text{N/mm}^2$$

由计算知台面预压应力 $\sigma_{pc}=2.90\text{N/mm}^2 > 0.83\text{N/mm}^2$ 满足式（12-26）要求，故知该预应力混凝土台面不会开裂，符合使用要求。

12.5　预应力筋张拉力计算

预应力张拉力大小对保证构件质量极为关键，张拉力过高，抗裂性虽好，但使构件出现裂缝的荷载接近破坏荷载，破坏前没有明显预告，是不安全的。张拉力过大，造成构件预拉区易出现裂缝或反拱值过大，也是不利的。反之，张拉阶段预应力损失值大，建立的预应力值低，则构件可能过早出现裂缝，也是不安全的。因此设计施工中必须准确的计算预应力筋张拉力，精心操作，当遇到实际施工情况所产生的预应力损失与设计值不一致，应调整好张拉力，以准确建立预应力值。

预应力筋的张拉力，一般根据设计要求的控制应力按下式计算：

$$P_j = \sigma_{con} \cdot A_p \tag{12-28}$$

式中　P_j——预应力筋的张拉力；
　　　σ_{con}——预应力筋的张拉控制应力值；
　　　A_p——预应力筋的截面面积。

预应力筋的张拉控制应力 σ_{con} 按照《混凝土结构设计规范》（GB 50010—2010）规定不宜超过表12-6的数据。

张拉控制应力 σ_{con} 允许值　　　　表12-6

项次	预应力筋种类	张拉方法	
		先张法	后张法
1	消除应力钢丝、钢绞线	$0.75 f_{ptk}$	$0.75 f_{ptk}$
2	中强度预应力钢丝	$0.70 f_{ptk}$	$0.65 f_{ptk}$
3	预应力螺纹钢筋	$0.85 f_{pyk}$	$0.85 f_{pyk}$

注：1. f_{ptk} 为预应力筋极限强度标准值；f_{pyk} 为预应力螺纹钢筋屈服强度标准值。
　　2. 在下列情况下，表中 σ_{con} 允许提高 $0.05 f_{ptk}$ 或 $0.05 f_{pyk}$：
　　　（1）要求提高构件在施工阶段的抗裂性能而设置在使用阶段受压区的预应力筋；
　　　（2）要求部分抵消由于应力松弛、摩擦、钢筋分批张拉，以及预应力筋与张拉台座的温差因素产生的预应力损失。
　　3. 消除应力钢丝、钢绞线的张拉控制应力 σ_{con} 值不应小于 $0.4 f_{ptk}$；预应力螺纹钢筋的 σ_{con} 不宜小于 $0.5 f_{pyk}$。

预应力筋张拉控制应力，应符合设计要求。施工时，预应力筋如需超张拉，其最大张拉控制应力 σ_{con}：对精轧螺纹钢筋为 $0.95f_{pyk}$；对消除应力钢丝和钢绞线为 $0.8f_{ptk}$。但锚口下建立的预应力值不应大于 $0.85f_{pyk}$ 与 $0.75f_{ptk}$。

后张法构件采取分批张拉时，或叠层预制时，其张拉力应考虑附加的预应力损失。分多批张拉时，应分别计算各后批张拉的钢筋对前各批钢筋的影响，而求出各批钢筋的张拉力。

【例 12-7】 住宅楼多孔板用 $\phi^P 4mm$ 消除应力钢丝，单根钢丝截面积 $A_p = 12.6mm$，已知其钢筋强度标准值 $f_{pty} = 1720N/mm^2$，张拉程序为：$0 \longrightarrow 103\%\sigma_{con}$，试计算确定单根钢丝的张拉力。

【解】 由表 12-6 知，张拉控制应力 σ_{con} 允许值为 $0.75f_{ptk}$，则其张拉力应为：
$$P_j = 0.75f_{ptk} \cdot 103\% \cdot A_p$$
$$= 0.75 \times 1720 \times 1.03 \times 12.6 = 16742N = 16.74kN$$

故知，多孔板单根预应力钢丝张拉力为 16.74kN。

12.6 预应力筋有效预应力值计算

预应力筋中建立的有效预应力值可按下式计算：

$$\sigma_{pc} = \sigma_{con} - \sum_{i=1}^{n} \sigma_{li} \tag{12-29}$$

式中　σ_{pc}——预应力筋的有效预应力值；
　　　σ_{con}——预应力筋的张拉控制应力值；
　　　σ_{li}——第 i 项预应力损失值。

对消除应力钢丝与钢绞线，其有效预应力值 σ_{pc} 不应大于 $0.6f_{ptk}$，也不宜小于 $0.4f_{ptk}$。

如设计上仅提供有效预应力值，则需计算预应力损失值，两者叠加，即得所需的张拉力。

【例 12-8】 采用后张法张拉直径 25mm 的预应力螺纹钢筋，已知各项预应力损失值合计 $80N/mm^2$，试求预应力筋的有效预应力值。

【解】 已知 $\sum \sigma_{li} = 80N/mm^2$，预应力螺纹钢筋屈服标准强度（即屈服点）$f_{pyk} = 785N/mm^2$；预应力钢筋的控制应力为：
$$\sigma_{con} = 0.85f_{pyk} = 0.85 \times 785 = 667.3N/mm^2$$

预应力筋的有效预应力值由式（12-29）得：
$$\sigma_{pc} = \sigma_{con} - \sum_{i=1}^{n} \sigma_{li} = 667.3 - 80 = 587.3N/mm^2$$

故知，预应力钢筋的有效预应力值为 $587.3N/mm^2$。

12.7 预应力张拉设备选用计算

12.7.1 张拉设备需要能力计算

张拉设备所需要的张拉力，由预应力钢筋要求的张拉力大小确定。预应力钢筋的张拉力由下式计算：

$$N = \sigma_{con} A_p n \tag{12-30}$$

式中　N——预应力筋的张拉力（N）；
　　　σ_{con}——预应力筋的张拉控制应力（N/mm²）；可按表 12-6 选用；
　　　A_p——每根钢筋的截面面积（mm²）；
　　　n——同时张拉的钢筋根数。

为安全可靠，张拉设备的张拉能力，一般取钢筋拉力的 1.5 倍左右，即：

$$F = 1.5 \frac{N}{1000} \tag{12-31}$$

式中　F——张拉设备所需要的张拉能力（kN）；
　　　N——预应力筋的张拉力（N）。

【例 12-9】　采用后张法张拉 2 根直径 18mm 预应力螺纹钢筋，试计算需用张拉设备能力。

【解】　冷拉 HRB400 级钢筋标准强度（即屈服点）：$f_{pyk} = 785 \text{N/mm}^2$

张拉控制应力　　　　$\sigma_{con} = 0.85 f_{pyk} = 0.85 \times 785 = 667.3 \text{N/mm}^2$

钢筋截面积　　　　　$A_p = 2.54 \text{cm}^2$

钢筋根数　　　　　　$n = 2$

张拉力　　　　　　　$N = \sigma_{con} A_p n = 667.3 \times 2.54 \times 100 \times 2$
　　　　　　　　　　　　$= 338990 \text{N}$

张拉设备需要吨位数，由式（12-31）得：

$$F = 1.5 \times \frac{N}{1000} = 1.5 \times \frac{338990}{1000} = 508.5 \text{kN}$$

故知，张拉设备需要能力为 508.5kN。

12.7.2　张拉设备需要行程计算

油压千斤顶等张拉设备所需要的行程长度，应满足预应力钢筋张拉时的伸长要求，即：

$$l_s \geqslant \Delta l = \frac{\sigma_{con}}{E_s} \cdot L \tag{12-32}$$

式中　l_s——千斤顶或其他张拉设备的行程长度（mm）；
　　　Δl——预应力钢筋张拉伸长值（mm）；
　　　σ_{con}——预应力钢筋张拉控制应力（N/mm²），按表 12-6 取用；
　　　E_s——预应力钢筋弹性模量（N/mm²）；
　　　L——预应力钢筋张拉时的有效长度（mm）。

【例 12-10】　条件同例 12-9，张拉时钢筋有效长度为 18.5m，$E = 2.0 \times 10^5 \text{N/mm}^2$，试计算张拉设备需要行程。

【解】　钢筋张拉伸长值，由式（12-32）得：

$$\Delta l = \frac{\sigma_{con}}{E_s} \cdot L = \frac{667.3 \times 18500}{2.0 \times 10^5} = 61.7 \text{mm}$$

故张拉设备需要行程长度应大于 61.7mm，可选用 600kN 拉杆式千斤顶，张拉行程为150mm，足可满足要求。

12.7.3 张拉设备压力表选用计算

压力表上的压力读数是指张拉设备的工作油压面积（活塞面积）上每单位面积承受的压力，由下式计算：

$$p_n = \frac{N}{A_s} \tag{12-33}$$

式中　p_n——计算压力表读数（N/mm²）；
　　　N——预应力钢筋的张拉力（N）；
　　　A_s——张拉设备的工作油压面积（mm²）。

一般选用的压力表读数应为计算 p_n 的 1.5～2.0 倍。

【例 12-11】 条件同例 12-9、例 12-10，试选用压力表。

【解】 600kN 拉杆式千斤顶的工作油压面积 $A_n = 20000\text{mm}^2$
压力表需要读数由式（12-33）得：

$$p_n = \frac{N}{A_n} = \frac{338990}{20000} = 16.95\text{N/mm}^2$$

压力表最大读数应为 $2p_n = 2 \times 16.95 = 33.9\text{N/mm}^2$
可选最大读数为 40N/mm² 的压力表。

12.7.4 张拉设备油管选用计算

用作张拉机具配套的输油管线一般采用紫铜管，其管径的选用按"环箍应力"的计算方法计算：

$$\frac{p \cdot d_y}{2\delta_y} \leqslant [\sigma] \tag{12-34}$$

式中　p——油压（压力表读数）（N/mm²）；
　　　d_y——油管内径（mm）；
　　　δ_y——油管壁厚度（mm）；
　　　$[\sigma]$——紫铜的许用应力，取为 80N/mm²。

通常情况下，p 值不大于 40N/mm² 时多用内径 5mm、外径 8mm、壁厚 1.5mm 的油管。

【例 12-12】 条件同例12-11，已知油压读数为 40N/mm²，试选用需用紫铜油管规格。

【解】 拟选用内径5mm，壁厚1.5mm的油管，由式（12-34）环箍应力为：

$$\sigma = \frac{pd_y}{2\delta_y} = \frac{40 \times 5}{2 \times 1.5} = 66.7\text{N/mm}^2$$

由计算知 $\sigma = 66.7\text{N/mm}^2$ 小于许用应力 80N/mm²，故可选内径为 5mm 壁厚为 1.5mm 的紫铜管。

12.8　预应力筋张拉伸长值计算

预应力筋张拉操作过程中，均须预先计算出预应力筋的张拉伸长值，作为确定预应力值和校核液压系统压力表所示值之用,此外复核测定因摩擦阻力引起的预应力损失值,选定锚具尺寸(如确定垫块厚度和螺杆的螺丝长度)等也都需要进行张拉伸长值计算。

12.8.1 张拉伸长值计算

预应力筋张拉伸长值可按弹性定理,按下式计算:

$$\Delta l = \frac{Pl}{A_p E_s} \tag{12-35}$$

式中 P——预应力筋张拉力;
　　 l——预应力筋长度;
　　 A_p——预应力筋截面面积;
　　 E_s——预应力筋弹性模量,宜由实测求得或按以下取用:

对消除应力钢丝、预应力螺纹钢筋　$E_s = (2.0 \sim 2.05) \times 10^5$
对钢绞线、HRB400 级钢筋　$E_s = (1.8 \sim 1.95) \times 10^5$

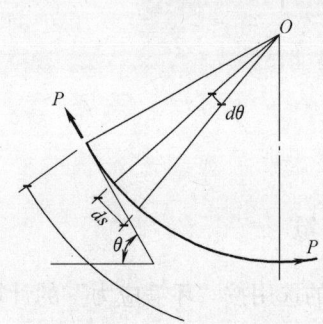

图 12-20　张拉伸长值计算简图

先张法构件,张拉力是沿着钢筋全长均匀建立的。后张法构件由于预应力筋与孔道之间存在摩擦阻力,预应力筋沿长度方向各截面的张拉力,沿钢筋全长并非均匀建立,而是从张拉段开始向内逐渐减小。因此,在应用式(12-35)时,P 应取为计算段内钢筋拉力的平均值。

但对曲线形预应力筋其伸长值可按以下分析计算:

如图 12-20 所示取一段曲线预应力筋,起点拉力 P,经过长度 l 之后终点处拉力 P_s,取微段 ds 的拉力增量 $dP_s = \mu P_s d\theta$,对 l 段积分:

$$\int_P^{P_s} \frac{dP_s}{P_s} = \int_0^\theta \mu d\theta$$

得

$$P_s = P \cdot e^{-\mu\theta} \tag{12-36}$$

参照以上分析,如同时考虑孔道局部偏差对摩阻的影响,则得:

$$P_s = P \cdot e^{-(kl+\mu\theta)} \tag{12-37}$$

式中 μ——预应力筋与孔道壁之间的摩擦系数,按表 12-11 取用;
　　 k——考虑孔道每米长度局部偏差的摩擦系数,按表 12-11 取用;
　　 l——从起点至计算截面的孔道长度(m);
　　 θ——从起点至计算截面曲线孔道部分切线的夹角(rad),$\theta = 0$,即为直线段;
其他符号意义同前。

l 段内预应力拉力之平均值为:

$$\overline{P} = \frac{1 - e^{-(kl+\mu\theta)}}{kl + \mu\theta} \cdot P \tag{12-38}$$

将上式(12-38)代入式(12-35)得:

$$\Delta l = \frac{\overline{P} l}{A_p E_s} = \frac{Pl}{A_p E_s} \left[\frac{1 - e^{-(kl+\mu\theta)}}{kl + \mu\theta} \right] \tag{12-39a}$$

为了计算方便,上式(12-39a)亦可简化得:

12.8 预应力筋张拉伸长值计算

$$\Delta l = \frac{Pl}{A_p E_s}\left(1 - \frac{kl + \mu\theta}{2}\right) \tag{12-39b}$$

对于直线段预应力筋，由于 k 值很小，一般可不考虑孔道摩阻的影响，直接按式（12-35）计算。

对于曲线段预应力筋的张拉伸长值，一般应考虑摩阻的影响，应采用繁式（12-39a）或简化式（12-39b）进行计算。

【例 12-13】 30m 预应力折线形屋架，预应力筋采用 4-17ϕ^P5 钢丝束，$P=350.2$kN/束；钢管抽芯成孔，$k=0.0010$，一端张拉。钢丝束长度 $l=30.5$m，试求其张拉伸长值。

【解】 当不考虑孔道摩阻影响，由式（12-35）得：

$$\Delta l = \frac{Pl}{E_s A_p} = \frac{350.2\times 10^3 \times 30.5 \times 10^3}{2.0\times 10^5 \times 17\times 19.6} = 160.3\text{mm}$$

考虑孔道摩阻影响，由式（12-39b）得：

$$\Delta l = \frac{Pl}{E_s A_p}\left(1 - \frac{kl}{2}\right) = 160.3\left(1 - \frac{0.0010\times 30.5}{2}\right) = 157.9\text{mm}$$

两者比较，伸长值计算结果相差约 1.5%。

【例 12-14】 12m 预应力托架，预应力筋采用 6-15ϕ^P5 消除应力钢丝，取 $\sigma_{con}=1020$N/mm^2，两端张拉。波纹管成型孔道 $k=0.0015$，$\mu=0.25$。已知半榀托架的孔道直线段长度 4560mm，曲线段长度为 1730mm，$\theta=0.14\pi$；构件端面至千斤顶卡盘的距离为 440mm，试求此束钢丝的张拉伸长值。

【解】 计算简图见图 12-21，直线段 AC 的伸长值，取 $E_s=2.0\times 10^5$N/mm^2

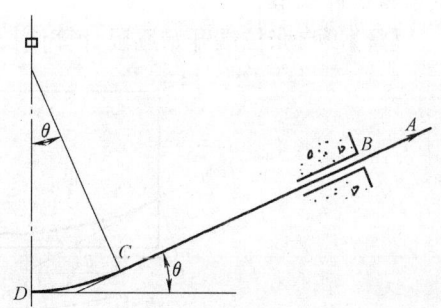

图 12-21 12m 托架张拉伸长值计算简图

$$\Delta l = \frac{\sigma_{con} l}{E_s} = \frac{1020(4560+440)}{2.0\times 10^5} = 25.5\text{mm}$$

计算曲线段 CD 的伸长值

$$kl + \mu\theta = 0.0015\times 1.73 + 0.25\times 0.14\pi = 0.1126$$

当不考虑摩阻影响，由式（12-35）得：

$$\Delta l = \frac{\sigma_{con} l}{E_s} = \frac{1020\times 1730}{2.0\times 10^5} = 8.82\text{mm}$$

当考虑摩阻影响，按繁式（12-39a）计算得：

$$\Delta l = \frac{\sigma_{con} l}{E_s}\left[\frac{1 - e^{-(kl+\mu\theta)}}{kl+\mu\theta}\right] = 8.82\left(\frac{1-e^{-0.1126}}{0.1126}\right) = 8.34\text{mm}$$

考虑摩阻影响，按简化式（12-39b）计算得：

$$\Delta l = \frac{\sigma_{con} l}{E_s}\left(1 - \frac{kl+\mu\theta}{2}\right) = 8.82\left(1 - \frac{0.1126}{2}\right) = 8.32\text{mm}$$

以繁式计算结果为基准进行比较：按简化式计算其差值为 0.24%；按不考虑摩阻影响计算其差值为 5.8%。因此，计算曲线段预应力筋伸长值应考虑孔道摩阻影响，其计算式可采用简化式。

∴ 该束钢丝的张拉伸长值为：
$$\Delta l = 2(25.5+8.32) = 67.6\text{mm}$$

12.8.2 多曲线段伸长值计算

对多曲线段或直线段与曲线段组成的曲线预应力筋，张拉伸长值应分段计算，然后叠加，即：

$$\Delta L = \sum \frac{(\sigma_{i1}+\sigma_{i2})L_i}{2E_s} \tag{12-40}$$

式中　σ_{i1}、σ_{i2}——分别为第i线段两端的预应力筋拉力；

L_i——第i线段预应力筋长度；

其他符号意义同前。

【例 12-15】 12m梁的预应力筋为$3\phi^j15.2$钢绞线束，长度：直线段$l_2=8$m，曲线段$l_1=l_2=2.1$m，$\theta=30°$，张拉控制应力$\sigma_{con}=0.75\times1860=1395\text{N/mm}^2$，一端张拉，量则伸长的初始应力取$\sigma_o=139.5\text{N/mm}^2$；胶管抽心成孔，$k=0.0015$，$\mu=0.60$，试求此钢绞线束张拉伸长值。

【解】 自张拉端开始逐段计算伸长值（图12-22）

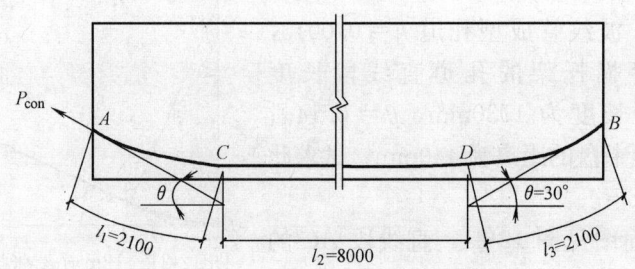

图 12-22　12m梁张拉伸长值计算简图
A—张拉端；B—锚固端

(1) 曲线段AC　设$\sigma_{i1}=\sigma_{i2}$，又$\theta=30°=0.5236\text{rad}$

$$kl+\mu\theta = 0.0015\times2.1+0.6\times0.5236 = 0.3173$$

$$e^{-(kl+\mu\theta)} = 0.7281$$

$$\sigma_A = \sigma_{con}-\sigma_o = 1395-139.5 = 1255.5\text{N/mm}^2$$

$$\Delta l_1 = \frac{\sigma_A l_1}{E_s}\left[\frac{1-e^{-(kl+\mu\theta)}}{kl+\mu\theta}\right]$$

$$= \frac{1255.5\times2100}{1.8\times10^5}\left[\frac{1-0.7281}{0.3172}\right] = 12.6\text{mm}$$

(2) 直线段CD

先求出CD段起点截面C处预应力筋应力：

$$\sigma_C = \sigma_A \cdot e^{-(kl_2+\mu\theta)} = 1255.5\times0.7281 = 914\text{N/mm}^2$$

$$\Delta l_2 = \frac{\sigma_C l_2}{E_s} = \frac{914\times8000}{1.8\times10^5} = 40.6\text{mm}$$

(3) 曲线段DB

$$kl_3 + \mu\theta = 0.3173; \quad e^{-(kl_3+\mu\theta)} = 0.7281$$

$$\sigma_D = \sigma_C = 914 \text{N/mm}^2$$

$$\Delta l_3 = \frac{914 \times 2100}{1.8 \times 10^5} \times \left[\frac{1-0.7281}{0.3173}\right] = 9.1 \text{mm}$$

$$\Delta l_1 + \Delta l_2 + \Delta l_3 = 12.6 + 40.6 + 9.1 = 62.3 \text{mm}$$

推算初始应力 σ_0 以下的伸长 Δl_0

$$\Delta l_0 = \frac{\sigma_0 \sum \Delta l}{\sigma_A} = \frac{139.5 \times 62.3}{1255.5} = 6.9 \text{mm}$$

故知，此束钢绞线的总伸长为：

$$\Delta l = 62.3 + 6.9 = 69.2 \text{mm}$$

12.8.3 抛物线形曲线伸长值计算

对抛物线形曲线（图 12-23），其伸长值可按下式计算：

$$\Delta l = \frac{PL_T}{A_p E_s} \quad (12-41)$$

其中

$$L_T = \left(1 + \frac{8H^2}{3L^2}\right)L \quad (12-42)$$

$$\frac{\theta}{2} = \frac{4H}{L} \quad (12-43)$$

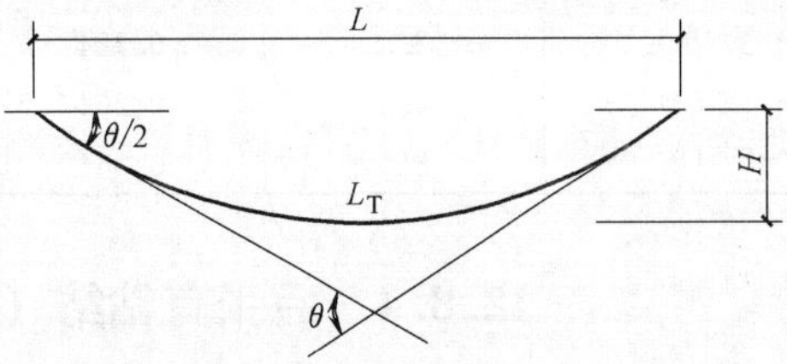

式中 L_T——抛物线预应力筋的实际长度；

L——抛物线的水平段投影长度；

H——抛物线的矢高；

θ——从张拉端至计算截面曲线孔道部分的夹角（rad）；

其他符号意义同前。

图 12-23 抛物线的几何尺寸

【例 12-16】 工业厂房双跨预应力混凝土框架，其屋面连续梁的尺寸与预应力筋布置见图 12-24。预应力筋采用 2 束 28ϕ^P5 钢丝束，取 $f_{ptk} = 1600 \text{N/mm}^2$，张拉控制应力 $\sigma_{con} = 0.75 \times 1600 = 1200 \text{N/mm}^2$。每束张拉力 $P_j = 658 \text{kN}$，$A_P = 5.49 \text{cm}^2$，$E_s = 2 \times 10^5 \text{N/mm}^2$。预应力筋孔道采用国产 $\phi 55$ 波纹管，取 $k = 0.003$，$\mu = 0.3$，试求屋面连续梁的张拉伸长值。

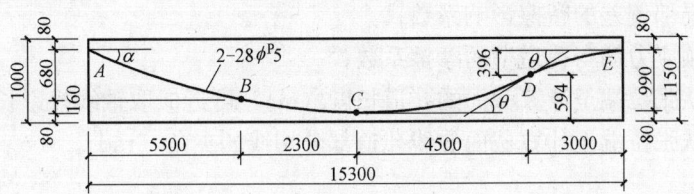

图 12-24 双跨屋面连续梁的尺寸及预应力筋布置

【解】 $\alpha = \frac{68}{550} = 0.124$；$\theta = \frac{4 \times 594}{9000} = 0.264$ （rad）

直线段 $\qquad L_{T(A-B)} = \sqrt{550^2 + 68^2} = 554.2 \text{cm}$

抛物线段 $\qquad L_{T(D-E)} = \left(1 + \frac{8 \times 396^2}{3 \times 6000^2}\right) \times 300$

$$= 1.0116 \times 300 = 303.5 \text{cm}$$
$$L_{T(C-D)} = 1.0116 \times 450 = 455.2 \text{cm}$$
$$L_{T(B-C)} = 1.0116 \times 230 = 232.7 \text{cm}$$

预应力筋张拉伸长值,按公式(12-40)与表12-7的数据,分段计算至内支座处加倍得出:

$$\Delta L = \frac{1}{2 \times 2 \times 10^5}[(1200+1180)5542+(1180+1129)2327$$
$$+(1129+1030)4552+(1030+943)3035] \times 2$$
$$= 85.95 \times 2 = 171.9 \text{mm}$$

故知,屋面连续梁的张拉伸长值为171.9mm。

各线段终点应力计算表　　　　　　　　　表 12-7

线段	L_T(m)	θ	$kL_T+\mu\theta$	$e^{-(kL_T+\mu\theta)}$	终点应力(N/mm²)
AB	5.5	0	0.0165	0.9836	1180
BC	2.3	0.124	0.0441	0.9569	1129
CD	4.5	0.264	0.0927	0.9115	1030
DE	3.0	0.264	0.0882	0.9156	943

12.8.4　后张有粘结(无粘结)预应力筋伸长值计算

预应力筋张拉伸长值 ΔL_p,可按下式计算:

$$\Delta L_p = \frac{P_{pm} \cdot L_p}{A_p E_s} \tag{12-44}$$

式中　P_{pm}——预应力筋的平均张拉力:

$$P_{pm} = P_{con}\left(\frac{1+e^{kx-\mu\theta}}{kx-\mu\theta}\right) \tag{12-45}$$

式中　L_p——预应力筋的实际长度;
　　　E_s——预应力筋的弹性模量;
　　　A_p——预应力筋的截面面积;
　　　k——局部偏差的摩擦影响系数;
　　　μ——预应力筋与孔道壁的摩擦系数;
　　　x——从张拉端至计算截面的孔道长度(m),可近似取轴线投影长度;
　　　θ——从张拉端至计算截面曲线孔道部分切线的夹角(rad)。

12.9　预应力筋下料长度计算

预应力筋下料长度应按实际条件计算确定,务求准确。下料长度过大,非但浪费材料,且在某种条件下无法锚紧或需加锚头,从而影响结构安装质量;下料过短,则会使张拉夹具夹不上钢筋,有可能导致整根预应力筋报废。

预应力筋下料长度的计算,应考虑预应力钢材品种、锚具形式规格、焊接接头、镦粗头、冷拉拉长率、弹性回缩率、张拉伸长值、台座长度、构件孔道长度性能要求、张拉设备以及施工工艺方法等因素。

12.9.1 预应力钢丝束下料长度计算

一、采用钢质锥形锚具 以锥锚式千斤顶在构件上张拉

钢丝的下料长度，可按图12-25所示尺寸计算：

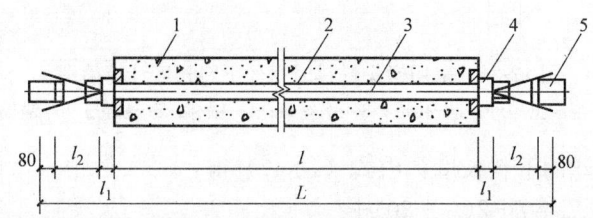

图12-25 采用钢质锥形锚具时钢丝束钢丝下料长度计算简图
1—混凝土构件；2—孔道；3—钢丝束；4—钢质锥形锚具；5—锥锚式千斤顶

1. 当两端张拉时

$$L=l+2(l_1+l_2+80) \tag{12-46}$$

2. 当一端张拉时

$$L=l+2(l_1+80)+l_2 \tag{12-47}$$

式中 L——预应力钢丝的下料长度；
 l——构件的孔道长度；
 l_1——锚环厚度；
 l_2——千斤顶分丝头至卡盘外端距离，对YZ85型千斤顶为470mm（包括大缸伸出40mm）。

二、采用镦头锚具 以拉杆式或穿心式千斤顶在构件上张拉

钢丝的下料长度应考虑钢丝束张拉锚具后螺母位于锚环中部，按下式计算（图12-26）：

$$L=l+2(h+\delta)-K(H-H_1)-\Delta L-C \tag{12-48}$$

式中 L——预应力钢丝的下料长度；
 l——构件的孔道长度，按实际尺量；
 h——锚杯底部厚度或锚板厚度；
 δ——钢丝镦头留量，对ϕ^P5取10mm；
 K——系数，一端张拉时取0.5，两端张拉时取1.0；
 H——锚杯高度；
 ΔL——钢丝束张拉伸长值；
 C——张拉时构件混凝土的弹性压缩值。

【例12-17】 24m跨度的钢丝束预应力屋架，下弦配2束钢丝束，每束20根ϕ^P5消除应力钢丝，采用钢质锥形锚具锚固，TD-60型锥锚式千斤顶一端张拉，构件孔道长$l=23.8$m，试计算每根钢丝的下料长度。

【解】 已知$l=23800$mm，$l_1=55$mm，$l_2=640$mm

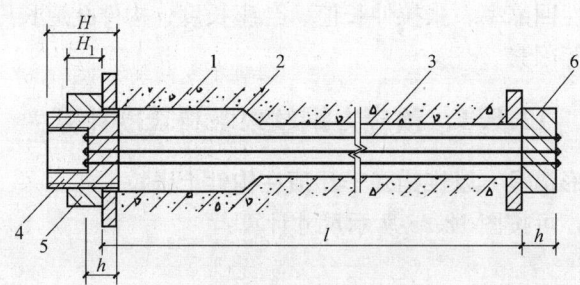

图 12-26 采用镦头锚具时钢丝下料长度计算简图
1—混凝土构件；2—孔道；3—钢丝束；4—锚杯；5—螺母；6—锚板

一端张拉每根钢丝的下料长度，由式（12-47）得：

$$L = l + 2(l_1 + 80) + l_2$$
$$= 23800 + 2(55 + 80) + 640 = 24710 \text{mm} = 24.71 \text{m}$$

故知，每根钢丝下料长度应为 24.71m。

12.9.2 预应力钢绞线下料长度计算

采用夹片式锚具（如 JM、XM、QM 与 OVM 型等），以穿心式千斤顶在构件上张拉，钢绞线束的下料长度可按图 12-27 所示尺寸计算：

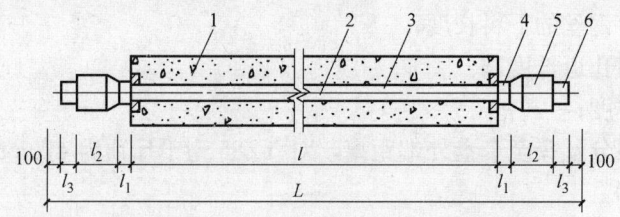

图 12-27 钢绞线下料长度计算简图
1—混凝土构件；2—钢绞线；3—孔道；4—夹片式工作锚；5—穿心式千斤顶；6—夹片式工具锚

一、当两端张拉时计算

$$L = l + 2(l_1 + l_2 + l_3 + 100) \tag{12-49}$$

二、当一端张拉时计算

$$L = l + 2(l_1 + 100) + l_2 + l_3 \tag{12-50}$$

式中 L——预应力钢绞线束的下料长度；

l——构件的孔道长度；

l_1——夹片式工作锚厚度；

l_2——穿心式千斤顶长度；

l_3——夹片式工具锚厚度。

【例 12-18】 12m 吊车梁，配 4 根 $5\phi^s 15$mm 钢绞线，构件孔道长 11.8m，采用 YC60 型穿心式千斤顶两端张拉，用 JM 型夹片式锚具锚固，试计算钢绞线的下料长度。

【解】 由题意已知 $l = 11800$mm，$l_1 = 58$mm，$l_2 = 435$mm，$l_3 = 56$mm

钢绞线两端张拉下料长度，由式（12-49）得：

$$L = l + 2(l_1 + l_2 + l_3 + 100)$$
$$= 11800 + 2(58 + 435 + 56 + 100) = 13098 \text{mm} = 13.1 \text{m}$$

故知，钢绞线的下料长度为 13.10m。

12.9.3 预应力精轧螺纹钢筋下料长度计算

预应力精轧螺纹钢筋下料长度 L，当采用一端张拉时，可按图 12-28 所示尺寸计算：

$$L = l + 2(h + l_1) + l \tag{12-51}$$

式中 l——构件预留孔道长度；
  h——垫板厚度；
  l_1——螺母厚度；
  l_2——钢筋露出螺母的长度，取 20mm；
  l_3——张拉端千斤顶螺纹套筒拧入长度，取 80mm。

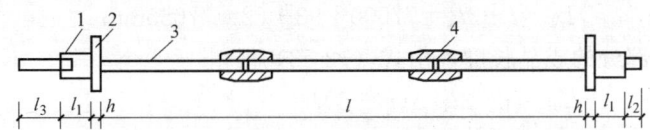

图 12-28 预应力精轧螺纹钢筋下料长度计算简图
1—螺母；2—垫板；3—精轧螺纹钢筋；4—联结器

12.9.4 长线台座预应力粗钢筋下料长度计算

长线台座分段钢筋下料长度可按图 12-29 所示尺寸计算：

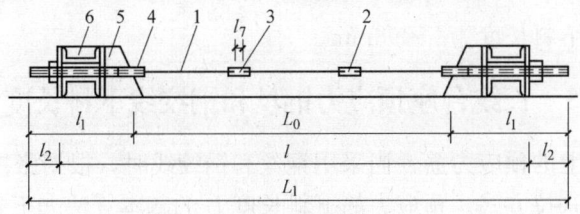

图 12-29 长线台座分段冷拉钢筋下料长度计算简图
1—分段预应力筋；2—镦头；3—钢筋连接器；4—螺丝端杆连接器；5—台座承力架；6—横梁

1. 预应力筋的成品长度按下式计算：

$$L_1 = l + 2l_2 \tag{12-52}$$

2. 预应力筋钢筋部分的成品长度按下式计算：

$$L_0 = L_1 - 2l_1 - (m-1)l_7 \tag{12-53}$$

3. 预应力筋钢筋部分的下料长度按下式计算：

$$L = \frac{L_0}{1 + r - \delta} + ml_0 + 2ml_8 \tag{12-54}$$

式中 l——长线台座长度（包括横梁、定位板在内）；
  l_1——螺丝端杆长度（一般为 320mm）；
  l_2——螺丝端杆伸出构件外的长度；

m ——钢筋分段数；

l_7 ——钢筋连接器中间部分的长度；

l_8 ——每个镦头的压缩长度；

其他符号意义同前。

【例 12-19】 采用先张法长线台座制作预应力吊车梁，长线台座长为 77.5m，预应力钢筋直径 20mm 的 20MnSiV 直条钢筋，每根长为 9m，使用 YC 型穿心式千斤顶在一端张拉，两端用螺丝端杆锚具，试计算预应力筋下料长度。

【解】 已知 $l=77500$mm，取 $l_1=320$mm，$H=36$mm，$h=16$mm，$l_7=60$mm，$m=8$，$l_8=30$mm

张拉端 $\quad l_2=2H+h+5=2\times36+16+5=93$mm

锚固端 $\quad l_2=H+h+10=36+16+10=62$mm

预应力筋的成品长度，由式（12-52）得：

$$L_1=l+2l_2=77500+93+62=77655\text{mm}$$

预应力筋钢筋部分的成品长度，由式（12-53）得：

$$L_0=l_1-2l_1-(m-1)l_7$$
$$=77655-2\times320-(8-1)\times60=76595\text{mm}$$

预应力筋钢筋部分的下料长度由式（12-54）得：

（取 $r=3\%$，$\delta=0.35\%$）

$$L=\frac{L_0}{1+r-\delta}+2ml_8$$
$$=\frac{76595}{1+0.03-0.0035}+2\times8\times30=75098\text{mm}$$

故知，预应力筋下料长度为 75098mm。

12.9.5 长线台座预应力钢丝和钢绞线下料长度计算

先张法长线台座上的预应力筋，当采用钢丝和钢绞线时，根据张拉装置不同，可采取单根张拉方式与整体张拉方式。预应力筋下料长度 L 的基本算法如下式（图 12-30）：

$$L=l_1+l_2+l_3-l_4-l_5 \tag{12-55}$$

式中 l_1 ——长线台座长度；

l_2 ——张拉装置长度（含外露预应力筋长度）；

l_3 ——固定端所需长度；

l_4 ——张拉端工具式拉杆长度；

l_5 ——固定端工具式拉杆长度。

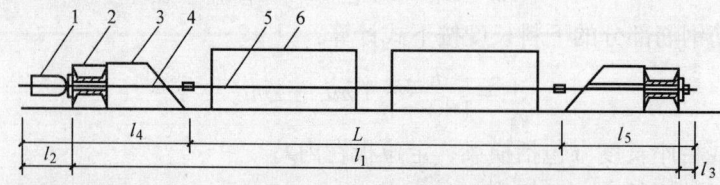

图 12-30 长线台座预应力筋（钢丝和钢绞线）下料长度计算简图

1—张拉装置；2—钢横梁；3—台座；4—工具式拉杆；5—预应力筋（钢丝和钢绞线）；6—待浇筑混凝土构件

如预应力筋直接在钢横梁上张拉与锚固,则可取消 l_4 与 l_5 值。同时,预应力筋下料长度应满足构件在台座上排列要求。

12.9.6 无粘结预应力筋下料长度计算

在无粘结后张法预应力混凝土构件中,梁、板无粘结预应力筋的竖向布置多呈抛物线形(图12-31),抛物线长用数学方法精确计算较为烦琐,由于其 H 与 L_1 的比值甚小(一般 $H/L_1<10\%$),可采用以下近似简易公式计算:

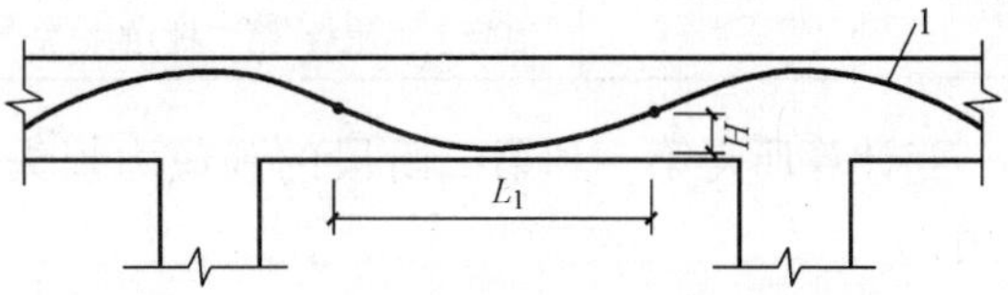

$$L_{弧}=\left(1+\frac{8H^2}{3L_1^2}\right)L_1 \quad (12\text{-}56)$$

图12-31 无粘结预应力筋竖向布置计算简图
1—无粘结预应力筋

式中 $L_{弧}$——抛物线段长度;
H——抛物线最高点与最低点的高差(矢高);
L_1——一段抛物线起终点间距。

将梁、板各段计算的抛物线长度累加,再加上两端张拉、锚固、外露需要的长度,即为连续梁、板的下料长度。

12.10 预应力钢筋应力损失值计算

12.10.1 预应力损失及组合

预应力施工中,理解预应力损失的规律,搞好张拉值的控制,以准确建立有效预应力值,是保证预应力混凝土结构质量的关键。

引起预应力损失的因素很多,有材料方面的,如预应力钢材的应力松弛、混凝土的收缩徐变等;有施工方面的,如锚具变形、预应力筋与孔道壁的摩擦、混凝土养护时的温差等;其他如后张法构件的分批张拉损失、构件叠层预制时的叠层摩阻损失等。

各项预应力损失及其符号列于表12-8。

预应力损失 表12-8

项次	引起预应力损失的因素		符号
1	张拉端锚具变形和钢筋内缩		σ_{l1}
2	预应力筋的摩擦	与孔道壁之间的摩擦(后张法)	σ_{l2}
		在转向装置处的摩擦(先张法)	
3	混凝土加热养护时,受张拉的钢筋与承受拉力的设备间温差		σ_{l3}
4	预应力钢筋的应力松弛		σ_{l4}
5	混凝土的收缩徐变		σ_{l5}
6	用螺旋式预应力筋作配筋的环形构件,当直径 $d\leqslant3m$ 时,由于混凝土的局部挤压		σ_{l6}

以上预应力损失值 $\sigma_{l1}\sim\sigma_{l6}$ 并不是对每一种构件都同时具有,而且也不是同时产生的,根据上述应力损失值产生的先后程序,可分为混凝土预压前和预压后两个阶段。在制作阶

段的应力验算时，仅考虑混凝土预压前的应力损失；在使用阶段的抗裂验算时，则两个阶段的应力损失均不考虑，各阶段的预应力损失的组合见表12-9。

各阶段预应力损失的组合 表12-9

项次	预应力损失组合	先 张 法	后 张 法
1	混凝土预压前(第一批)的损失	$\sigma_{l1}+\sigma_{l2}+\sigma_{l3}+\sigma_{l4}$	$\sigma_{l1}+\sigma_{l2}$
2	混凝土预压后(第二批)的损失	σ_{l5}	$\sigma_{l4}+\sigma_{l5}+\sigma_{l6}$

当计算所得第一和第二阶段的预应力损失值的总和小于下列数值时，则按下列数值取用：

先张法构件　　　　　　　　　　　100N/mm²
后张法构件　　　　　　　　　　　80N/mm²

12.10.2　锚固变形预应力损失计算

张拉锚固时，由于锚固变形和预应力筋内缩引起的预应力损失称为锚固损失。锚固损失包括锚具变形、预应力筋内缩以及后加垫板缝隙压缩变形所引起的预应力损失等。根据预应力筋的形状不同，分别采取下列算法。

一、直线预应力筋的锚固损失计算

直线预应力筋的锚固损失可按下式计算：

$$\sigma_{l1}=\frac{a}{L} \cdot E_s \tag{12-57}$$

式中　σ_{l1}——锚具变形和钢筋内缩引起的预应力损失值（N/mm²）；
　　　　a——张拉端锚具变形和预应力筋内缩值（mm），按表12-10取用；
　　　　L——钢筋张拉端至锚固端之间的距离（mm），先张法中为台座长度；后张法中为构件的长度；
　　　　E_s——预应力钢筋的弹性模量（N/mm²）。

锚具变形和钢筋内缩值 a（mm）　表12-10

项次	锚　具　类　别		a
1	支承式锚具(钢丝束镦头锚具等)	螺帽缝隙	1
		每块后加垫板的缝隙	1
2	锥塞式锚具(钢丝束的钢质锥形锚具等)		5
3	夹片式锚具	有顶压时	5
		无顶压时	6~8

注：1. 表中 a 值也可根据实测数据确定。
　　2. 其他类型的锚具变形和钢筋内缩值应根据实测数据确定。

对块体拼成的结构，其预应力损失尚应考虑块体间填缝的预压变形。对于采用混凝土或砂浆为填缝材料时，每条填缝的预压变形值为1mm。

二、曲线预应力筋的锚固损失计算

1. 对于常用的圆弧形曲线预应力筋，当其对应的圆心角 $\theta \leqslant 30°$，且假定正、反向摩擦系数相等时（图12-32），锚固损失可按下式计算：

$$\sigma_{l1}=2\sigma_{con}l_f\left(\frac{\mu}{r_c}+k\right)\left(1-\frac{x}{l_1}\right) \tag{12-58}$$

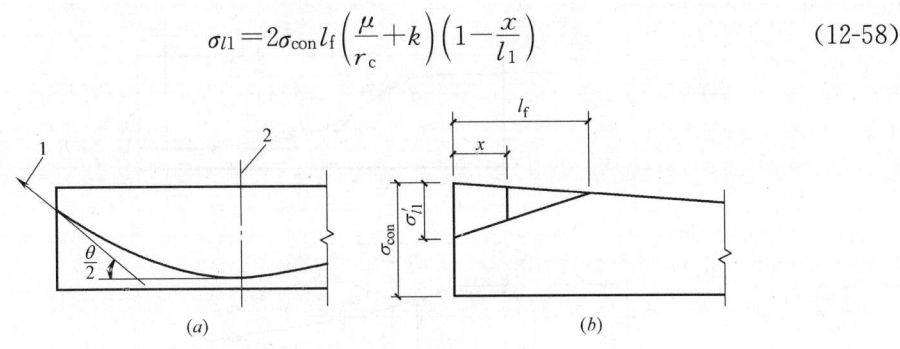

图 12-32 圆弧形曲线预应力钢筋锚固损失计算简图
(a) 圆弧形曲线预应力钢筋；(b) 预应力损失值 σ_{l1} 分布
1—张拉端；2—对称轴

反向摩擦影响长度，按下式计算：

$$l_f=\sqrt{\frac{aE_s}{1000\sigma_{con}\left(\frac{\mu}{r_c}+k\right)}} \tag{12-59}$$

式中 l_f——预应力曲线钢筋与孔道壁之间反向摩擦影响长度（m）；

σ_{con}——预应力的张拉控制应力（N/mm²）；

r_c——圆弧形曲线预应力钢筋的曲率半径（m）；

μ——预应力钢筋与孔道壁之间的摩擦系数，按表 12-11 取用；

k——考虑孔道每米长度局部偏差的摩擦系数，按表 12-11 取用；

x——从张拉端至计算截面的孔道距离（m），且符合 $x\leqslant l_f$ 的规定；计算孔道摩擦损失亦可近似取该段孔道在纵轴上投影长度；

其他符号同前。

摩擦系数　　表 12-11

项次	孔道成型方式	k	μ	
			钢绞线、钢丝束	预应力螺纹钢筋
1	预埋金属波纹管	0.0015	0.25	0.50
2	预埋塑料波纹管	0.0015	0.15	—
3	预埋钢管	0.0010	0.30	—
4	抽芯成型	0.0014	0.55	0.60
5	无粘结预应力筋	0.0040	0.09	—

注：摩擦系数也可根据实测数据确定。

2. 端部为直线，而后由两条圆弧形曲线（圆弧对应的圆心角 $\theta\leqslant 30°$）组成的预应力筋（图 12-33），其预应力损失 σ_{l1} 可按下式计算：

分为 3 段分别计算：

当 $x\leqslant l_0$ 时　　　　$\sigma_{l1}=2i_1(l_1-l_0)+2i_2(l_f-l_1)$

当 $l_0<x\leqslant l_1$ 时　　$\sigma_{l1}=2i_1(l_1-x)+2i_2(l_f-l_1)$

当 $l_1<x\leqslant l_f$ 时　　$\sigma_{l1}=2i_2(l_f-x)$

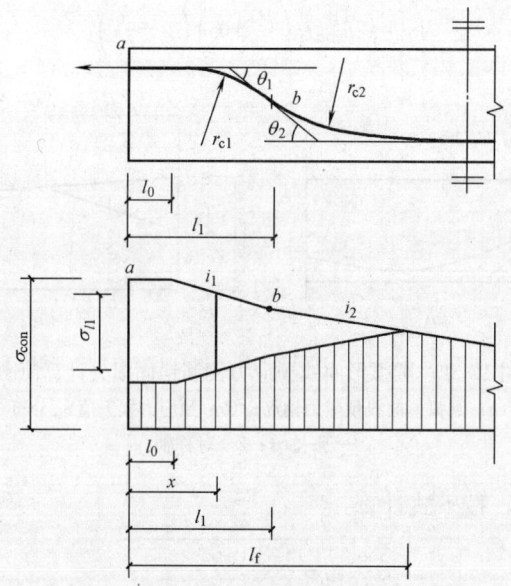

图 12-33 两条圆弧形曲线组成的预应力筋的预应力损失 σ_{l1} 计算简图

反向摩擦影响长度 l_f（m）可按下列公式计算：

$$l_f = \sqrt{\frac{aE_s}{1000i_2} - \frac{i_1(l_1^2 - l_0^2)}{i_2} + l_1^2} \tag{12-60}$$

$$i_1 = \sigma_a(\kappa + \mu/r_{c1}) \tag{12-61}$$

$$i_2 = \sigma_b(\kappa + \mu/r_{c2}) \tag{12-62}$$

式中 l_1——预应力筋张拉端起点至反弯点的水平投影长度；

i_1、i_2——第一、二段圆弧形曲线预应力筋中应力近似直线变化的斜率；

r_{c1}、r_{c2}——第一、二段圆弧形曲线预应力筋的曲率半径；

σ_a、σ_b——预应力筋在 a、b 点的应力。

12.10.3 孔道摩擦预应力损失计算

预应力筋与孔道壁之间的摩擦引起的预应力损失，称为孔道摩擦损失，可按以下公式计算（图12-34）：

$$\sigma_{l2} = \sigma_{con}\left(1 - \frac{1}{e^{kx+\mu\theta}}\right) \tag{12-63}$$

当 $kx + \mu\theta \leqslant 0.2$ 时，σ_{l2} 可按以下近似式计算：

$$\sigma_{l2} = \sigma_{con}(kx + \mu\theta) \tag{12-64}$$

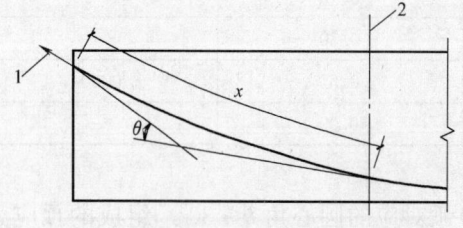

图 12-34 孔道摩擦预应力损失计算简图

式中 σ_{l2}——预应力钢筋与孔道壁之间的摩擦引起的预应力损失；

k——考虑孔道（每米）局部偏差对摩擦影响的系数，按表 12-10 取用；

x——从张拉端至计算截面的孔道长度（m），也可近似地取该段孔道在纵轴上的投影长度；

12.10 预应力钢筋应力损失值计算

μ——预应力筋与孔道壁的摩擦系数；

θ——从张拉端至计算截面曲线孔道部分切线的夹角（rad）。

对不同曲率组成的曲线束、宜分段计算孔道摩擦损失。对空间曲线束，可按平面曲线束计算孔道摩擦损失，但 θ 角应取空间曲线包角，x 应取空间曲线弧长。

当采用钢质锥形锚具或多孔夹片锚具（QM 与 OVM 型等）时，尚应考虑锚环口或锥形孔处的附加摩擦损失，其值由实测数据确定。

12.10.4 温差引起的预应力损失计算

混凝土加热养护时，张拉钢筋与承受拉力的设备或张拉台座之间的温度差所引起的预应力损失称温差损失，其损失值可按下式计算：

$$\sigma_{l3} = \alpha_s E_s \Delta t = 2\Delta t \tag{12-65}$$

式中 σ_{l3}——预应力钢筋与张拉台座之间的温差所引起的预应力损失（N/mm²）；

α_s——钢筋线膨胀系数，取 1×10^{-5} 1/℃；

E_s——钢筋的弹性模量，取 2×10^5 N/mm²；

2——每度温差所引起的预应力损失；

Δt——预应力筋与承受拉力设备或台座之间的温度差（℃）。

12.10.5 预应力筋应力松弛损失计算

预应力筋的应力松弛损失，可按下列各式计算：

一、对消除应力钢丝、钢绞线

普通松弛级：
$$\sigma_{l4} = 0.4\left(\frac{\sigma_{con}}{f_{ptk}} - 0.5\right)\sigma_{con} \tag{12-66}$$

低松弛级：当 $\sigma_{con} \leqslant 0.7 f_{ptk}$ 时

$$\sigma_{l4} = 0.125\left(\frac{\sigma_{con}}{f_{ptk}} - 0.5\right)\sigma_{con} \tag{12-67}$$

当 $0.7 f_{ptk} < \sigma_{con} \leqslant 0.8 f_{ptk}$ 时

$$\sigma_{l4} = 0.20\left(\frac{\sigma_{con}}{f_{ptk}} - 0.575\right)\sigma_{con} \tag{12-68}$$

二、中强度预应力钢丝： $\quad \sigma_{l4} = 0.08\sigma_{con} \tag{12-69a}$

三、预应力螺纹钢筋： $\quad \sigma_{l4} = 0.03\sigma_{con} \tag{12-69b}$

式中 σ_{l4}——预应力钢筋的应力松弛损失（N/mm²）；

σ_{con}——预应力筋的张拉控制应力（N/mm²）；

f_{ptk}——预应力筋的标准强度（N/mm²）。

12.10.6 混凝土收缩徐变预应力损失计算

混凝土收缩、徐变引起受拉（压）区纵向预应力筋的预应力损失值 σ_{l5}（σ'_{l5}），一般情况可按下列公式计算：

先张法构件

$$\sigma_{l5}=\frac{60+340\dfrac{\sigma_{pc}}{f'_{cu}}}{1+15\rho} \quad (12\text{-}70)$$

$$\sigma'_{l5}=\frac{60+340\dfrac{\sigma'_{pc}}{f'_{cu}}}{1+15\rho'} \quad (12\text{-}71)$$

后张法构件

$$\sigma_{l5}=\frac{55+300\dfrac{\sigma_{pc}}{f'_{cu}}}{1+15\rho} \quad (12\text{-}72)$$

$$\sigma'_{l5}=\frac{55+300\dfrac{\sigma'_{pc}}{f'_{cu}}}{1+15\rho'} \quad (12\text{-}73)$$

式中　σ_{pc}、σ'_{pc}——在受拉、压区预应力筋合力点处的混凝土法向应力；

　　　f'_{cu}——施加预应力时混凝土立方体抗压强度；

　　　ρ、ρ'——受拉、压区预应力筋和非预应力筋的配筋率。

计算混凝土法向应力 σ_{pc}、σ'_{pc} 时，预应力损失值仅考虑混凝土预压前（第一批）的损失，当受压区预应力筋合力点处混凝土法向应力为拉应力时，取 $\sigma'_{pc}=0$。σ_{pc}、σ'_{pc} 值不得大于 $0.5f'_{cu}$。

对处于高湿度条件的结构，按上式算得的 σ_{l5} 值可降低 50%；对处于干燥环境的结构，σ_{l5} 值应增加 30%；当 $\sigma_{con}/f_{ptk}\leqslant 0.5$ 时，预应力筋的应力松弛损失值可取为零。

施工预应力时的混凝土龄期对徐变损失的影响也较大，例如：施加预应力时的混凝土龄期 3d 比 7d 引起的徐变损失增大 14%；龄期 30d 比 7d 减少 28%。

12.10.7　环向预应力引起的预应力损失计算

σ_{l6} 是当环形构件采用螺旋式预应力钢筋作配筋时，由于混凝土的局部挤压造成的，可按下式计算：

当环形构件的直径 $d\leqslant 3\text{m}$ 时　　$\sigma_{l6}=30\text{N/mm}^2$ 　　(12-74a)

当环形构件的直径 $d>3\text{m}$ 时　　$\sigma_{l6}=0$ 　　(12-74b)

12.10.8　弹性压缩预应力损失计算

先张法构件放张或后张法构件分批张拉时，由于混凝土受到弹性压缩引起的预应力损失称为弹性压缩损失。

一、先张法弹性压缩损失

先张法构件放张时，预应力传递给混凝土使构件缩短，预应力筋随着构件缩短而引起的应力损失，可按下式计算：

$$\sigma_{l6}=\frac{E_s}{E_c}\sigma_{pc} \quad (12\text{-}75)$$

式中　σ_{l6}——混凝土受到弹性压缩引起的预应力损失（N/mm²）；

　　　E_c——混凝土的弹性模量（N/mm²）；

　　　E_s——预应力筋的弹性模量（N/mm²）；

　　　σ_{pc}——由于预应力所引起位于钢筋水平处混凝土的应力（N/mm²）。

12.10 预应力钢筋应力损失值计算

对轴心受预压的构件：

$$\sigma_{pc} = \frac{P_{yl}}{A} \tag{12-76}$$

对偏心受预压的构件（如梁、板）：

$$\sigma_{pc} = \frac{P_{yl}}{A} + \frac{P_{yl}e^2}{I} - \frac{M_G \cdot e}{I} \tag{12-77}$$

式中 P_{yl}——扣除第一批预应力损失后的张拉力，一般取 $P_{yl} = 0.9P_j$；

A——混凝土截面面积，可近似地取毛截面面积；

M_G——构件自重引起的弯矩；

e——构件重心至预应力筋合力点的距离；

I——毛截面惯性矩。

二、后张法弹性压缩损失

当全部预应力筋同时张拉时，混凝土弹性压缩在锚固前完成，所以没有弹性压缩损失。

当多根预应力筋依次张拉时，先批张拉的预应力筋，受后批预应力筋张拉所产生的混凝土压缩而引起的平均应力损失，可按下式计算：

$$\sigma_{l6} = 0.5 E_s \cdot \frac{\sigma_{pc}}{E_c} \tag{12-78}$$

符号意义同前。

后张法弹性压缩损失在设计中一般没有计算在内，可采取超张拉措施将弹性压缩平均损失值加入到张拉力内。

【例 12-20】 24m 后张预应力混凝土屋架，混凝土强度等级为 C40，下弦截面为 160mm×250mm，设 2ϕ50mm 预应力筋孔道，制作采用塑料波纹管留孔，预应力筋用中强度预应力钢丝束，极限抗拉强度标准值 $f_{pyk} = 800\text{N/mm}^2$，弹性模量 $E_s = 2.05 \times 10^5 \text{N/mm}^2$，每孔穿 8 根直径 9mm 预应力钢丝，采用夹片式锚具，试计算预应力损失值。

【解】 （1）张拉端锚具的变形损失值 σ_{l1} 查表 12-10，$a = 5\text{mm}$

$$\sigma_{l1} = \frac{a}{L} \times E_s = \frac{5}{24000} \times 2.05 \times 10^5 = 42.7\text{N/mm}^2$$

（2）预应力钢丝与孔道摩擦的损失值 σ_{l2}

因为直线孔道 $\theta = 0$

钢丝控制应力 $\sigma_{con} = 0.70 f_{pyk} = 0.70 \times 800 = 560\text{N/mm}^2$

查表 12-11，$k = 0.0015$，$kx = 0.0015 \times 24 = 0.036$

∴ $\sigma_{l2} = 560\left(1 - \frac{1}{e^{0.036}}\right) = 19.8\text{N/mm}^2$

（3）钢丝应力松弛的损失值 σ_{l4}

$$\sigma_{l4} = 0.08 \sigma_{con} = 0.08 \times 560 = 44.8\text{N/mm}^2$$

（4）混凝土的收缩和徐变的损失值 σ_{l5}

$$A_n = 250 \times 160 - 2 \times \frac{3.14 \times 50^2}{4} = 36075\text{mm}^2$$

$$N_p = A_p(\sigma_{con} - \sigma_{l1} - \sigma_{l2})$$
$$= 1018(560 - 42.7 - 19.8) = 506460\text{N}$$

$$\sigma_{pc} = N_p/A_n = 506460/36075 = 14.04 \text{N/mm}^2$$

$$\sigma_{l5} = \frac{55 + 300 \times \dfrac{14.04}{40}}{1 + 15 \times \dfrac{1018}{36075}} = 112.65 \text{N/mm}^2$$

由表12-9得：

第一批预应力损失值：

$$\sigma_{s1} = \sigma_{l1} + \sigma_{l2} = 42.7 + 19.8 = 62.5 \text{N/mm}^2$$

第二批预应力损失值：

$$\sigma_{s2} = \sigma_{l4} + \sigma_{l5} = 44.8 + 112.65 = 157.45 \text{N/mm}^2$$

预应力总损失值：

$$\sigma_s = \sigma_{s1} + \sigma_{s2} = 62.5 + 157.45 = 219.95 \text{N/mm}^2 \approx 220.0 \text{N/mm}^2$$

12.11　无粘结预应力筋的预应力损失计算

一、无粘结预应力筋的预应力损失

无粘结预应力筋的预应力损失有：

张拉端锚具变形和无粘结预应力筋内缩 σ_{l1}；

无粘结预应力筋的摩擦 σ_{l2}；

无粘结预应力筋的应力松弛 σ_{l4}；

混凝土的收缩和徐变 σ_{l5}；

采用分批张拉时，张拉后批无粘结预应力筋所产生的混凝土弹性压缩损失 σ_{l6}；

无粘结预应力筋的总损失值不应小于 80N/mm^2。

二、无粘结预应力筋的预应力损失值计算

1. 无粘结预应力直线筋由于锚具变形和无粘结预应力筋内缩引起的预应力损失 σ_{l1} 可按下列公式计算：

$$\sigma_{l1} = \frac{a}{l} E_p \tag{12-79}$$

式中　a——张拉端锚具变形和无粘结预应力筋内缩值，当采用镦头式锚具时，a 为 1mm，当采用夹片式锚具时，a 为 5mm；

　　　l——张拉端至锚固端之间的距离；

　　　E_p——无粘结预应力筋弹性模量。

无粘结预应力曲线筋由于锚具变形和无粘结预应力筋内缩引起的预应力损失值 σ_{l1}，可按"锚具变形损失"一节所列公式计算。摩擦系数 μ、κ 按表12-11取用。

2. 无粘结预应力筋与壁之间的摩擦引起的预应力损失 σ_{l2} 可按下列公式计算：

$$\sigma_{l2} = \sigma_{con}[1 - e^{-(\kappa x + \mu \theta)}] \tag{12-80}$$

当 $\kappa x + \mu \theta$ 不大于0.2时，可按下列公式计算：

$$\sigma_{l2} = (\kappa x + \mu \theta)\sigma_{con} \tag{12-81}$$

式中　x——从张拉端至计算截面的曲线长度（m），可近似取曲线在纵轴上的投影长度；

　　　θ——从张拉端至计算截面曲线部分夹角的总和（rad）；

12.11 无粘结预应力筋的预应力损失计算

μ——无粘结预应力筋与壁之间的摩擦系数，按表12-12取用；

κ——考虑无粘结预应力壁每米局部偏差对摩擦的影响系数，按表12-11取用。

无粘结预应力筋的摩擦系数　　　　　　　　　　　　表 12-12

无粘结预应力筋种类	κ	μ
7ϕ5 钢丝	0.0035	0.10
ϕ15 钢绞线	0.0040	0.12

3. 由于无粘结预应力筋的应力松弛引起的预应力损失 σ_{l4}，可按下列公式计算：

$$\sigma_{l4}=0.2\left(\frac{\sigma_{\mathrm{con}}}{f_{\mathrm{ptk}}}-0.575\right)\sigma_{\mathrm{con}} \tag{12-82}$$

式中　f_{ptk}——无粘结预应力筋抗拉强度标准值。

当 $\sigma_{\mathrm{con}}/f_{\mathrm{ptk}} \leqslant 0.5$ 时，无粘结预应力筋的应力松弛损失取零。

4. 混凝土收缩、徐变引起的预应力损失 σ_{l5} 可按下列公式计算：

$$\sigma_{l5}=\frac{55+300\dfrac{\sigma_{\mathrm{pc}}}{f'_{\mathrm{cu}}}}{1+15\rho} \tag{12-83}$$

式中　σ_{pc}——受拉区无粘结预应力筋合力点处混凝土法向压应力；

f'_{cu}——施加预应力时的混凝土立方体抗压强度；

ρ——配筋率，受拉区无粘结预应力筋和非预应力钢筋截面面积之和与构件净截面面积的比值。

计算无粘结预应力筋合力点处混凝土法向应力时，预应力损失值仅考虑混凝土预压前（第一批）的损失 σ_{l1} 与 σ_{l2} 之和；σ_{pc} 值不得大于 $0.5f'_{\mathrm{cu}}$。

5. 采用分批张拉时，张拉后批无粘结预应力筋所产生的混凝土弹性压缩损失：

无粘结预应力筋分批张拉时，应考虑后批张拉钢筋所产生的混凝土弹性压缩对先批张拉钢筋的影响，即将先批张拉钢筋的张拉应力值 σ_{con} 增加 $\alpha_{\mathrm{E}}\sigma_{\mathrm{pci}}$。

α_{E} 为无粘结预应力筋弹性模量与混凝土弹性模量的比值；σ_{pci} 为后批张拉钢筋在先批张拉钢筋重心处产生的混凝土法向应力。

对于无粘结预应力混凝土平板，为考虑后批张拉钢筋所产生的混凝土弹性压缩对先批张拉钢筋的影响，可将先批张拉钢筋的张拉应力值 σ_{con} 增加 $0.5\alpha_{\mathrm{E}}\sigma_{\mathrm{pc}}$。

【例 12-21】 某厂房 30m 两跨后张无粘结预应力屋面梁，混凝土 C40，预应力钢筋选用 1860 级 ϕ^s15.2 低松弛预应力钢绞线，$f_{\mathrm{pth}}=1860\mathrm{N/mm^2}$，$f_{\mathrm{py}}=1320\mathrm{N/mm^2}$，$A_{\mathrm{p}}=139\mathrm{mm^2}$，$E_{\mathrm{s}}=1.95\times10^5\mathrm{N/mm^2}$，梁与钢筋的布置形式与例 12-16 相同，采用夹片式锚具，试求预应力损失。

【解】 张拉控制应力 $\sigma_{\mathrm{con}}=0.75f_{\mathrm{ptk}}=0.75\times1860=1395\mathrm{N/mm^2}$

(1) 由于锚具变形和预应力筋内缩引起的预应力损失值 σ_{l1}

已知：内缩值 $a=5\mathrm{mm}$，$E_{\mathrm{s}}=1.95\times10^5\mathrm{N/mm^2}$，$\sigma_{\mathrm{a}}=\sigma_{\mathrm{con}}=1395\mathrm{N/mm^2}$，$k=0.004$，$\mu=0.09$，$l_1=2650\mathrm{mm}$，$l_0=400\mathrm{mm}$，曲率半径 $r_{\mathrm{c1}}=2250\times7500/600\times2=14.06$，$r_{\mathrm{c2}}=5250\times7500/600\times2=32.81$，$f'_{\mathrm{cu}}=40\mathrm{N/mm^2}$，由式（12-60）~式（12-62）得：

$$i_1=\sigma_{\mathrm{a}}\left(k+\frac{\mu}{r_{\mathrm{c1}}}\right)=1395\times(0.004+0.09/14.06)=14.51$$

$$i_2 = \sigma_a\left(k + \frac{\mu}{r_{c2}}\right) = 1395 \times (0.004 + 0.09/32.81) = 9.19$$

反向摩擦影响长度 $l_f = \sqrt{\dfrac{aE_S}{1000 i_2} - \dfrac{i_1(l_1^2 - l_0^2)}{i_2} + l_1^2} = 10.113\text{m}$

当 $x \leqslant l_0$， $\sigma_{l1} = 2i_1(l_1 - l_0) + 2i_2(l_f - l_1) = 202.46\text{N/mm}^2$

当 $x \leqslant l_1$， $\sigma_{l1} = 165.08\text{N/mm}^2$

当在跨中时 $\sigma_{l1} = 2i_2(l_f - x) = 40.67\text{N/mm}^2$

(2) 无粘结预应力筋与护套之间的摩擦引起的预应力损失 σ_{l2}（见表 12-13、表 12-14）：

无粘结预应力损失 σ_{l2} 计算结果　　　表 12-13

编号	x(m)	θ	$kx+\mu\theta$	$\sigma_{l2}=(kx+\mu\theta)\sigma_{con}$	终点应力(kN/mm²)	$\Sigma\sigma_{l2}$(kN/mm²)
B C	2.25	0.16	0.0234 <0.2	32.64	1362.36	32.64
C D	5.25	0.16	0.0354 <0.2	48.23	1314.13	80.87
D E	5.25	0.195	0.03855 <0.2	50.66	1263.47	131.53
E F	2.25	0.195	0.02655 <0.2	33.55	1229.92	165.08

损失 σ_{l1} 和 σ_{l2} 汇总　　　表 12-14

项次	截面	σ_{l1}(N/mm²)	σ_{l2}(N/mm²)	$\sigma_{l1}+\sigma_{l2}$(N/mm²)
1	端支座	202.46	0	202.46
2	跨中	40.67	80.87	121.54
3	内支座	0	165.08	165.08

(3) 钢筋松弛预应力损失 σ_{l4}

由于 $0.7f_{ptk} < \sigma_{con} < 0.8f_{ptk}$，则 $\sigma_{l4} = 0.20\left(\dfrac{\sigma_{con}}{f_{ptk}} - 0.575\right) \times \sigma_{con} = 48.825\text{N/mm}^2$

(4) 混凝土收缩徐变引起的损失 σ_{l5}

a. 支座处

$A = 370000\text{mm}^2, e_p = 104\text{mm}, M_G = 464217000\text{N}\cdot\text{m}, I = 3.7352 \times 10^{10}\text{mm}^4$

$N_p = (\sigma_{con} - \sigma_{l1} - \sigma_{l2}) \times A_p = (1395 - 202.46) \times 2224 = 2652209\text{N}$

$\sigma_{pc} = \dfrac{N_p}{A} + (N_p e_p - M_G)e_p/I = 6.65\text{N/mm}^2$

b. 同理，跨中

$\sigma_{pc} = \dfrac{N_p}{A} + (N_p e_p - M_G)e_p/I = 16.85\text{N/mm}^2 < 0.5f'_{cu} = 20\text{N/mm}^2$

c. 同理，支座处

$\sigma_{pc} = \dfrac{N_p}{A} + (N_p e_p - M_G)e_p/I = 2.71\text{N/mm}^2 < 0.5f'_{cu} = 20\text{N/mm}^2$

假设非预应力钢筋面积，取预应力度 $\lambda = 0.75$，得到各截面的非预应力钢筋面积：

$$A_s = \frac{A_p f_{yp}(1-\lambda)}{f_y \lambda} = \frac{2224 \times 1320 \times (1-0.75)}{360 \times 0.75} = 2718 \text{mm}^2, \text{ 取 } 6\text{Φ}25, A_s = 2945 \text{mm}^2; \rho = $$
$(2224+2945)/420000=0.012$。

d. 端支座处

$$\sigma_{l5} = \frac{55+300\dfrac{\sigma_{pc}}{f'_{cu}}}{1+15\rho} = \frac{55+300\dfrac{6.65}{40}}{1+15\times 0.012} = 88.88 \text{N/mm}^2$$

e. 同理：跨中 $\sigma_{l5} = 153.71 \text{N/mm}^2$；内支座 $\sigma_{l5} = 63.83 \text{N/mm}^2$

(5) 总预应力损失（表 12-15）

总预应力损失汇总表　　　　　　表 12-15

截面	第一批预应力损失 $\sigma_1 = \sigma_{l1} + \sigma_{l2}$	第二批预应力损失 $\sigma_2 = \sigma_{l4} + \sigma_{l5}$	$\sigma_l = \sigma_{l1} + \sigma_{l2} + \sigma_{l4} + \sigma_{l5}$ (N/mm^2)
端支座	202.46	137.71	202.46+137.71=340.17
跨中	121.54	202.54	121.54+202.54=324.08
内支座	165.08	112.66	165.08+112.66=277.74

由计算知，各截面处的预应力总损失均大于 80N/mm^2，满足要求。

12.12　预应力筋分批张拉计算

预应力筋分批张拉时，应考虑后批预应力筋张拉时，产生的混凝土弹性压缩对先批张拉的预应力筋的影响，而将先批预应力筋的张拉力提高。其张拉力的增加值 ΔP 按下述方法计算：

后批张拉的预应力筋的有效预应力 σ_{pe}：

$$\sigma_{pe} = \sigma_{con} - \sigma_{L1}$$

由预加应力在先批张拉预应力筋作用点处产生的混凝土法向应力 σ_{pc}：

$$\sigma_{pc} = \frac{\sigma_{pe} A_{p2}}{A_n} \pm \frac{\sigma_{pe} A_{p1} e_{pn}}{I_n} \cdot y_n \tag{12-84}$$

则先批张拉预应力筋应增加的张拉力为：

$$\Delta P = \alpha_E \sigma_{pc} A_{p1} \tag{12-85}$$

式中　σ_{con}——后批张拉预应力筋的张拉控制应力；

σ_{L1}——预应力损失值；

A_{p2}——后批张拉预应力筋的截面面积；

A_{p1}——先批张拉预应力筋的截面面积；

A_n——构件净截面面积；

I_n——净截面惯性矩；

e_{pn}——净截面重心至后批张拉预应力筋作用点之距离；

y_n——净截面重心至先批张拉预应力筋作用点之距离；

α_E——预应力筋弹性模量 E_s 与混凝土弹性模量 E_c 的比值。

【例 12-22】 折线形屋架 YWJA-30-4 下弦杆截面 240mm×220mm、4 孔 ϕ50、C48 级混凝土、$E_c = 3.41 \times 10^4 \text{N/mm}^2$；非预应力筋 4Φ14、$A_s = 616 \text{mm}^2$，$E_s = 2 \times 10^5 \text{N/mm}^2$。

预应力筋为 4 束 $17\phi^P5$，每束钢丝的截面积 $A_p=333.2\text{mm}^2$，张拉力 350.2kN，拟分两批张拉，试求其各束的张拉力。

【解】 $\alpha_E=\dfrac{E_s}{E_c}=\dfrac{2\times10^5}{3.41\times10^4}=5.87$

$$A_n=240\times220-4\times\dfrac{\pi}{4}\times50^2+616\times5.87=48.6\times10^3\text{mm}^2$$

第二批张拉的每束张拉力 $P_2=350.2$

$$\sigma_{con}=\dfrac{350.2\times10^3}{333.2}=1050\text{N}/\text{mm}^2$$

$$\sigma_{l1}=\dfrac{a}{L}E_s=\dfrac{5}{29.8\times10^3}\times2\times10^5=34\text{N}/\text{mm}^2$$

$$\sigma_{l2}=\sigma_{con}\cdot k\cdot L=1050\times0.0015\times29.8=47\text{N}/\text{mm}^2$$

$$\sigma_{pe}=\sigma_{con}-(\sigma_{l1}+\sigma_{l2})=1050-(34+47)=969\text{N}/\text{mm}^2$$

混凝土的预压应力

$$\sigma_{pc}=\dfrac{\sigma_{pe}A_p}{A_n}=\dfrac{969\times333.2\times2}{48.6\times10^3}=13.3\text{N}/\text{mm}^2$$

故知，第一批张拉的钢丝每束张拉力为：

$$P_1=(\sigma_{con}+\alpha_E\sigma_{pc})A_p$$
$$=(1050+5.87\times13.3)\times333.2=375.9\text{kN}$$

12.13 预应力筋叠层张拉计算

后张结构件叠层生产时，由于构件接触面摩擦阻力影响，混凝土弹性压缩变形受到阻碍，待构件起模后，摩阻力影响的消失而引起钢筋的预应力损失。影响叠层摩阻损失大小的因素有：预应力筋品种、隔离剂种类、构件自重以及接触表面的状况等。张拉时可先实测各层构件的压缩值，再按下式计算叠层摩阻损失值：

$$\sigma_{lm}=\dfrac{\Delta l-\Delta l_i}{L}\cdot E_s \tag{12-86}$$

式中 σ_{lm}——叠层生产因摩阻消失而引起的第 i 层构件预应力损失；

Δl——构件张拉时理论弹性压缩变形计算值，其值为 $\dfrac{\sigma_{pc}}{E_c}\cdot L$；

Δl_i——第 i 层构件混凝土弹性压缩变形实测值；

L——构件长度（以百分表之间的长度计）；

E_s——预应力钢筋弹性模量；

E_c——混凝土弹性模量；

σ_{pc}——预应力筋张拉产生的混凝土法向应力。

根据式（12-86）即可分别计算出各层的超张拉值，作为实际张拉的依据。

【例 12-23】 24m 预应力屋架，采取现场四层叠层制作、张拉，下弦截面为 $20\times24\text{cm}$，预留两个直径为 48mm 孔道，混凝土净截面面积 $A_n=444\text{cm}^2$，下弦长度 2380cm，百分表装置在构件两端 90cm 处，预应力配置二束 $16\phi^P5$ 钢丝束，两端均用镦头锚具，$A_p=2\times3.14=$

6.28cm², $E_s=2\times10^5\text{N/mm}^2$，锚具变形与钢筋回缩值 $a=1$mm，混凝土强度等级为C40，$E_c=3.25\times10^4\text{N/mm}^2$，采取一端张拉，设计控制应力 $\sigma_{con}=1178\text{N/mm}^2$（$=0.75f_{puk}=0.75\times1570$），第一批预应力损失 $\sigma_{l1}=44.4\text{N/mm}^2$，实测屋架下弦混凝土弹性压缩值，自上而下分别为：8.97、6.68、5.49和3.13mm，试求每层应增加的超张拉力值。

【解】 混凝土预压应力 σ_c 为

$$\sigma_c=\frac{(\sigma_{con}-\sigma_{l1})A_p}{A_n}=\frac{(1178-44.4)\times6.28}{444}$$

$$=16.03\text{N/mm}^2$$

屋架下弦混凝土理论弹性压缩值 ΔL

$$\Delta L=\frac{\sigma_c}{E_c}\cdot L=\frac{16.03}{3.25\times10^4}(23800-1800)$$

$$=10.85\text{mm}$$

各层的超张拉值由式（12-86）得：

对第一层屋架 $\Delta L_1=8.97$mm，超张拉百分率为

$$\frac{\sigma_{lm1}}{\sigma_{con}}=\frac{10.85-8.97}{22000}\times2.0\times10^5/1178$$

$$=\frac{17.09}{1178}=0.0145=1.45\%$$

由于第一层屋架实测与理论混凝土弹性压缩值相接近，故可以不超张拉。以下各层则以第一层的混凝土弹性压缩值为基数，计算以下各层超张拉百分率。

对第二层屋架 $\Delta L_2=6.68$mm，超张拉百分率为：

$$\frac{\sigma_{lm2}}{\sigma_{con}}=\frac{8.97-6.68}{22000}\times2.0\times10^5/1178$$

$$=\frac{20.8}{1178}=0.0177=1.77\%\approx2.0\%$$

同理，第三层屋架 $\Delta L_3=5.49$mm，超张拉百分率为：

$$\frac{\sigma_{lm3}}{\sigma_{con}}=\frac{8.97-5.49}{22000}\times2.0\times10^5/1178$$

$$=\frac{31.64}{1178}=0.0269\approx3.0\%$$

第三层屋架，$\Delta L=3.13$mm，超张拉百分率为：

$$\frac{\sigma_{lm4}}{\sigma_{con}}=\frac{8.97-3.13}{22000}\times2.0\times10^5/1178$$

$$=\frac{53.1}{1178}=0.0451\approx5.0\%$$

故知，根据以上计算结果，四榀屋架自上而下逐层超张拉值分别为：$0\%\sigma_{con}$、$2\%\sigma_{con}$、$3\%\sigma_{con}$ 和 $5\%\sigma_{con}$。

12.14　预应力筋放张施工计算

12.14.1　预应力筋放张回缩值计算

预应力筋放张过程，是预应力的传递过程，也是先张法构件获得良好质量的一个重要

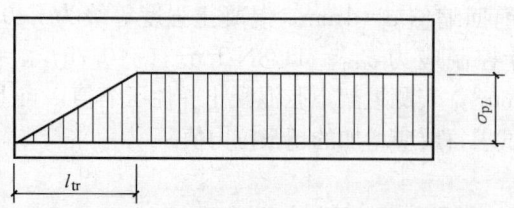

图 12-35 先张法构件预应力筋传递长度范围内预应力的变化范围

环节。

放张预应力筋时,混凝土的强度不得低于设计强度的 70%,放张过早会引起较大的预应力损失,或钢丝滑动。除此还应检查钢丝与混凝土的粘结效果。可根据钢丝应力传递长度 l_{tr}(即钢丝应力由端部为零逐步增至 σ_{pl} 所需的长度),如图 12-35 所示,求出放张时钢丝在混凝土内的回缩值 a。如放张时实测回缩值 a' 小于 a 则认为钢丝与混凝土粘结良好,可以进行放张。

回缩值可按下式计算:

$$a = \frac{1}{2} \cdot \frac{\sigma_{pl}}{E_s} \cdot l_{tr} > a' \tag{12-87}$$

式中　a——钢丝在混凝土内的回缩值(mm);

σ_{pl}——第一批预应力损失完成后,预应力钢丝中的有效预应力(N/mm²);

E_s——钢丝的弹性模量(N/mm²);

l_{tr}——预应力筋传递长度,可按表 12-16 取用(mm);

a'——放张的实测回缩值(mm)。在实测 a' 时应检查钢丝应力是否与 σ_{pl} 接近,若相差很大时,则实测回缩值 a' 仍不能作为判断粘结效果的依据。

预应力筋传递长度 l_{tr}(mm)　　　　　表 12-16

项次	钢筋种类	混凝土强度等级			
		C20	C30	C40	≥C50
1	刻痕钢筋直径 $d=5mm$, $\sigma_{pl}=100N/mm^2$	150d	100d	65d	50d
2	钢绞线直径 $d=9\sim15mm$	—	85d	70d	70d
3	冷拔低碳钢丝直径 $d=4\sim5mm$	110d	90d	80d	80d

注:1. 确定传递长度 l_{tr} 时,表中混凝土强度等级应按传力锚固阶段混凝土立方体抗压强度确定。
　　2. 当刻痕钢丝的有效预应力值 σ_{pl} 大于或小于 1000N/mm² 时,其传递长度应根据本表项次 l 的数值按比例增减。
　　3. 当采用骤然放张预应力钢筋的施工工艺时,l_{tr} 起点应从离构件末端 $0.25l_{tr}$ 处开始计算。

【例 12-24】 预应力混凝土梁,采用 C30 混凝土,放张时混凝土强度为 20N/mm²。预应力筋采用 $\phi^P 5$,$E_s = 2.0 \times 10^5 N/mm^2$,其标准强度 $f_{ptk} = 1570 N/mm^2$,试求钢丝回缩值。

【解】 取控制应力 $\sigma_{con} = 0.75 f_{ptk}$,考虑第一批预应力损失为 $0.1\sigma_{con}$,则放张时钢丝的有效预应力 $\sigma_{pl} = 0.9\sigma_{con} = 0.9 \times 0.75 f_{ptk} = 0.675 f_{ptk}$

查表 12-16,当放张混凝土强度为 20N/mm² 时,其传递长度 $l_{tr} = 110d$,由式(12-87)钢丝的回缩值为:

$$a = \frac{1}{2} \cdot \frac{\sigma_{pl}}{E_s} \cdot l_{tr} = \frac{1}{2} \cdot \frac{0.675 f_{ptk}}{2.0 \times 10^5} \times 110d$$

$$= \frac{1}{2} \times \frac{0.675 \times 1570}{2.0 \times 10^5} \times 110 \times 5 = 1.46 mm$$

故知,如实测钢丝回缩值 a' 小于 1.46mm 时,即可放张预应力钢丝。

12.14.2 预应力筋楔块放张计算

放张预应力筋时,应使预应力构件自由压缩,避免过大的冲击和偏心。同时,还应使台座承受的倾覆力矩及偏心力减小。此外,当预应力筋放张数量较多时,应做到同时缓慢放张,以避免构件应力传递长度骤增,使端部开裂。为了防止出现以上问题,一般放张多采取在台座横梁支点处放置楔块或穿心式砂箱来控制放张速度。

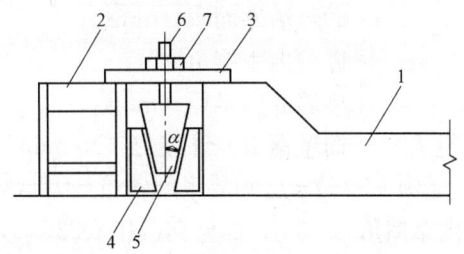

图 12-36 用楔块放张预应力筋构造
1—台座;2—横梁;3—承力板;4—钢块;
5—钢楔块;6—螺杆;7—螺母

楔块放张装置构造如图 12-36 所示。系在台座与横梁间预先设置钢楔块,放张时,旋转螺母,使螺杆向上移动,而使钢楔块退出,便可同时放张预应力筋。

楔块坡角 α 应选择恰当,过大楔块易滑出,过小则又难以拔出,α 角的正切应略小于楔块与钢块之间的摩擦系数 μ,即:

$$\tan\alpha \leqslant \mu \tag{12-88}$$

式中 α——楔块坡角(°);

μ——楔块与钢块之间的摩擦系数,取 0.15~0.20。

设张拉后横梁对钢块的正压力为 N,放张时拔出钢楔块所需之竖向力(即螺杆所受之轴向力),可按下式计算:

$$Q = N(\mu + \mu\cos2\alpha - \sin2\alpha) \tag{12-89}$$

式中 Q——楔块(或螺杆)所受之轴向力;

其他符号意义同上。

根据 Q 即可选择螺杆及螺母。

楔块放张适用于张拉力不大(小于 300kN)的情况。

12.14.3 预应力筋砂箱放张计算

砂箱放张装置构造如图 12-37 所示。砂箱也是预先放在台座与横梁之间。一般按 1600kN 设计,由钢制箱套及活塞(套箱内径应比活塞外径大 2mm)等组成。内装石英砂或铁砂。当张拉钢筋时,箱内砂被压实,承担着横梁的反力。放张钢筋时,将出砂口打开,使砂慢慢流出,从而可慢慢放张钢筋。具有能控制放张速度,工作可靠,施工方便等优点。

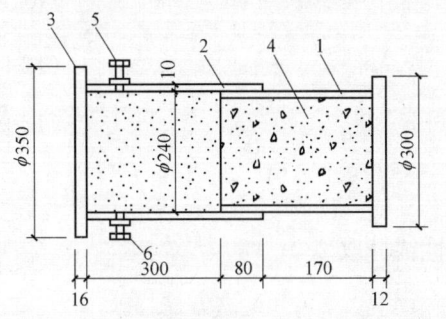

图 12-37 放张预应力筋(1600kN)砂箱构造
1—活塞;2—套箱;3—套箱底板;
4—具有级配的干砂;5—进砂口(ϕ25mm 螺丝);6—出砂口(ϕ16mm 螺丝)

砂箱的承载能力主要取决于筒壁的厚度,可按下式计算:

$$t \geqslant \frac{pr}{[f]} \tag{12-90}$$

其中

$$p = \frac{N_0}{A}\tan^2\left(45° - \frac{\varphi}{2}\right) \tag{12-91}$$

式中　t——砂箱筒壁的厚度（mm）；
　　　p——筒壁所受的压力（N/mm^2）；
　　　N_0——砂箱所受正压力（即横梁对砂箱的压力）（kN）；
　　　A——砂箱活塞面积（mm^2）；
　　　φ——砂的内摩擦角（°）；
　　　r——砂箱的内半径（mm）；
　　　$[f]$——筒壁钢板允许应力（N/mm^2）。

【例 12-25】 已知放张用砂箱最大承载力 $N_0=1600$kN，砂箱内直径 $D=240$mm，砂的内摩擦角 $\varphi=35°$，筒壁钢板用 Q235，允许应力 $[f]=215$N/mm^2，试求需用筒壁钢板厚度。

【解】　考虑超载系数 $N_0=1600\times 1.1=1760$kN
由式（12-91）筒壁所受侧压力为：

$$p=\frac{1760}{\frac{\pi}{4}\times 240^2}\tan^2\left(45°-\frac{35°}{2}\right)=10.5\text{N/mm}^2$$

由式（12-90）需用筒壁钢板厚度为：

$$t=\frac{pr}{[f]}=\frac{10.5\times 120}{215}=5.9\text{mm}$$

取 $t=8$mm（考虑加工损耗减薄等）。

12.15　预应力锚杆计算

一、锚杆的承载力计算

锚杆的承载能力取决于：预应力筋的极限抗拉强度、预应力筋与锚固体之间的极限握裹力、锚固体与岩土之间的极限抗拔力。对于土层锚杆，其承载力一般由后者控制。

预应力筋的截面面积 A_s，可按下式计算：

$$A_s=\frac{T}{0.55f_{ptk}} \tag{12-92}$$

锚固段长度 L，可按下式计算：

$$L=\frac{TK}{\pi d\tau} \tag{12-93}$$

对土层：
$$\tau=K_0\gamma h\tan\varphi+c \tag{12-94}$$

式中　T——锚杆的设计荷载；
　　　f_{ptk}——预应力筋的抗拉强度标准值；
　　　K——安全系数，临时性锚杆取 1.5；永久性锚杆取 2.0；
　　　πd——锚杆的周长；
　　　τ——岩土与锚固体之间单位面积上的摩阻力：对硬质岩 $\tau=1.2\sim 2.5$N/mm^2；对软质岩 $\tau=1.0\sim 1.5$N/mm^2；对风化岩 $\tau=0.6\sim 1.0$N/mm^2；对土层按式（12-94）计算；
　　　K_0——砂土取 1.0，黏土取 0.5；

γ——土的重度；

φ——土的内摩擦角；

h——锚固段中心到地面的距离（覆土深）；

c——土的黏聚力。

计算扩大头型锚杆的承载力时，还应包括支承面阻力与扩孔段的摩擦力。支承面阻力可等于土不排水抗剪强度的 7~8 倍乘扩大头支承净面积。对二次压浆的土层锚杆，承载力可提高 20%~50%；土层锚杆的锚固段最佳长度为 6~9m。

预测锚杆承载力的现有计算方法仅在初步设计中估算时使用。锚杆的最终承载力应由每根锚杆的现场试验验证。

二、预应力取值计算

锚杆施加预应力的目的在于限制锚固岩土层的变形、提高锚杆承载力和验证锚杆的承载力等。预应力筋一般采用粗钢筋、钢丝束分钢绞线束。根据国内工程实践，张拉力可取以下两式计算的较小值。

按预应力筋的张拉控制应力：

$$P = 0.7 f_{ptk} \cdot A_p \tag{12-95}$$

按锚杆的极限承载力：

$$P = \frac{P_f}{1.5 \sim 2.0} \tag{12-96}$$

式中 P——预应力筋的张拉力；

A_p——预应力筋的截面面积；

f_{ptk}——预应力筋的抗拉强度标准值；

P_f——锚杆的极限承载力。

13 建筑结构吊装工程

13.1 吊装绳索计算

13.1.1 白棕绳（麻绳）容许拉力计算

白棕绳，又称棕绳、麻绳，用剑麻为原料，性软，吊装工程一般用于起吊轻型构件和作受力不大的缆风、溜绳等。

白棕绳的容许拉力，可按下式计算：

$$[F_z] = \frac{F_z}{K} \tag{13-1}$$

式中 $[F_z]$——白棕绳（麻绳，下同）的容许拉力（kN）；
F_z——白棕绳的破断拉力（kN），常用白棕绳的规格及破断拉力见表13-1；旧绳取新绳的40%～50%；
K——白棕绳的安全系数，按表13-2取用。

白棕绳的容许拉力亦可按以下经验式计算：

$$[F_z] = d(\text{mm}) \times d(\text{mm}) \div 0.2(N) \tag{13-2}$$

白棕绳技术性能　　　　表13-1

直径 d (mm)	圆周 (mm)	每卷重量（长250m）(kg)	破断拉力 (kN)	直径 d (mm)	圆周 (mm)	每卷重量（长250m）(kg)	破断拉力 (kN)
6	19	6.5	2.00	22	69	70	18.5
8	25	10.5	3.25	25	79	90	24.00
11	35	17	5.75	29	91	120	26.00
13	41	23.5	8.00	33	103	165	29.00
14	44	32	9.50	38	119	200	35.00
16	50	41	11.50	41	129	250	37.50
19	60	52.5	13.00	44	138	290	45.00
20	63	60	16.00	51	160	330	60.00

注：应用滑车最小直径 $D \geq 10d$。

麻绳安全系数　　　　表13-2

麻绳的用途	使用程度	安全系数值 K
一般吊装	新绳	3
	旧绳	6
作缆风绳	新绳	6
	旧绳	12
作捆绑吊索或重要的起重吊装		8～10

13.1 吊装绳索计算

白棕绳配用的滑车直径 D 为：动力起重时 $D \geqslant 30d$；人力起重时 $D \geqslant 10d$。

【例 13-1】 用一根直径 20mm 的白棕绳作一般小型构件的捆绑吊索，试求容许拉力。

【解】 查表 13-1 知直径 20mm 的白棕绳破断拉力为 16kN，同时由表 13-2 查得 $K=8$。其容许拉力由式（13-1）得：

$$[F_z] = \frac{F_z}{K} = \frac{16}{8} = 2\text{kN}$$

或由式（13-2）得：

$$[F_z] = \frac{d \times d}{0.2} = \frac{20 \times 20}{0.2} = 2000\text{N} = 2\text{kN}$$

故知，直径 20mm 的白棕绳容许拉力为 2kN。

13.1.2 白棕绳选用简易计算

麻绳的容许拉力 $[F_z]$（kN）亦可用下式计算：

$$[F_z] = \frac{\pi d^2}{4}[\sigma] \tag{13-3}$$

式中　d——麻绳直径（mm）；

$[\sigma]$——麻绳的容许应力（N/mm²），参见表 13-3。

麻绳容许应力表（N/mm²）　　　　　　　　　　　表 13-3

规　格	起重用麻绳	捆绑用麻绳
麻绳	10	5
浸油麻绳	9	4.5

式（13-3）应计入 5 倍以上安全系数。

式（13-3）亦可化成下式：

$$d = \sqrt{\frac{4[F_z]}{\pi[\sigma]}} \tag{13-4}$$

如已知吊装重量和麻绳的容许拉力，可以计算选用麻绳的直径。

【例 13-2】 某吊装工程拟用一根麻绳起吊重 300kg 的构件，试计算需用麻绳的直径。

【解】 麻绳需用的直径由式（13-3）得：

$$d = \sqrt{\frac{4[F_z]}{\pi[\sigma]}} = \sqrt{\frac{4 \times 3000}{3.14 \times 10}} \approx 19.5\text{mm}$$

查表 13-1，选用 $d=20$mm 的白棕绳，其破断拉力 $F_z=16.00$kN，代入 $K=F_z/[F_z]$ 式中计算：

$$K = 16000/3000 = 5.33 > 5 \quad (\text{安全})$$

13.1.3 钢丝绳容许拉力计算

钢丝绳系由几股钢丝子绳和一根绳芯（一般为浸油麻芯）捻成。具有强度高，弹性大，韧性、耐磨性、耐久性好，磨损易于检查等优点。结构吊装中常采用 6 股钢丝绳，每股由 19、37、61 根 0.4~3.0mm 高强钢丝组成。通常表示方法是：6×19+1、6×37+1、6×61+1；以前两种使用最多，6×19 钢丝绳多用作缆风绳和吊索；6×37 钢丝绳多用于穿滑车组和作吊索。

钢丝绳的容许拉力可按下式计算：

$$[F_g] = \frac{\alpha F_g}{K} \tag{13-5}$$

式中　$[F_g]$——钢丝绳的容许拉力（kN）；

　　　F_g——钢丝绳的钢丝破断拉力总和（kN）；

　　　α——考虑钢丝绳之间荷载不均匀系数，对 6×19、6×37、6×61 钢丝绳，α 分别取 0.85、0.82、0.80；

　　　K——钢丝绳使用安全系数，按表 13-4 取用。

F_g 可从表 13-5～表 13-7 查得，如无表时，可近似地按下式计算：

$$F_g = 0.5 d^2 \tag{13-6}$$

式中　d——钢丝绳直径。

钢丝绳安全系数及需用滑车直径　　　　表 13-4

钢丝绳的用途	安全系数 K	滑车直径
缆风绳及拖拉绳	3.5	≥12d
用于滑车时：手动的	4.5	≥16d
机动的	5～6	≥16d
作吊索：无绕曲时	5～7	—
有绕曲时	6～8	≥20d
作地锚绳	5～6	—
作捆绑吊索	8～10	—
用于载人升降机	14	≥30d

注：d 为钢丝绳直径。

6×19 钢丝绳的主要规格及荷重性能　　　　表 13-5

直径		钢丝总断面积	参考重量	钢丝绳公称抗拉强度（N/mm²）				
钢丝绳	钢丝			1400	1550	1700	1850	2000
(mm)		(mm²)	(kg/100m)	钢丝破断拉力总和 (kN) 不小于				
6.2	0.4	14.32	13.53	20.0	22.1	24.3	26.4	28.6
7.7	0.5	22.37	21.14	31.3	34.6	38.0	41.3	44.7
9.3	0.6	32.22	30.45	45.1	49.9	54.7	59.6	64.4
11.0	0.7	43.85	41.44	61.3	67.9	74.5	81.1	87.7
12.5	0.8	57.27	54.12	80.1	88.7	97.3	105.5	114.5
14.0	0.9	72.49	68.50	101.0	112.0	123.0	134.0	144.5
15.5	1.0	89.49	84.57	125.0	138.5	152.0	165.5	178.5
17.0	1.1	103.28	102.3	151.5	167.5	184.0	200.0	216.5
18.5	1.2	128.87	121.8	180.0	199.5	219.0	238.0	257.5
20.0	1.3	151.24	142.9	211.5	234.0	257.0	279.5	302.0
21.5	1.4	175.40	165.8	245.5	271.5	298.0	324.0	350.5
23.0	1.5	201.35	190.3	281.5	312.0	342.0	372.0	402.5
24.5	1.6	229.09	216.5	320.5	355.0	389.0	423.5	458.0
26.0	1.7	258.63	244.4	362.0	400.5	439.5	478.0	517.0
28.0	1.8	289.95	274.0	405.5	449.5	492.5	536.0	579.5
31.0	2.0	357.96	338.3	501.0	554.5	608.5	662.0	715.5
34.0	2.2	433.13	409.3	306.0	671.0	736.0	801.0	
37.0	2.4	515.46	487.1	721.5	798.5	876.0	953.5	
40.0	2.6	604.95	571.7	846.5	937.5	1025.0	1115.0	
43.0	2.8	701.60	663.0	982.0	1085.0	1190.0	1295.0	
46.0	3.0	805.41	761.1	1125.0	1245.0	1365.0	1490.0	

注：表中，粗线左侧，可供应光面或镀锌钢丝绳，右侧只供应光面钢丝绳。

13.1 吊装绳索计算

6×37 钢丝绳的主要规格及荷重性能　　　　表 13-6

直径		钢丝总断面积	参考重量	钢丝绳公称抗拉强度(N/mm²)				
钢丝绳	钢丝			1400	1550	1700	1850	2000
				钢丝破断拉力总和				
(mm)	(mm)	(mm²)	(kg/100m)	(kN)不小于				
8.7	0.4	27.88	26.21	39.0	43.2	47.3	51.5	55.7
11.0	0.5	43.57	40.96	60.9	67.5	74.0	80.6	87.1
13.0	0.6	62.74	58.98	87.8	97.2	106.5	116.0	125.0
15.0	0.7	85.39	80.57	119.5	132.0	145.0	157.5	170.5
17.5	0.8	111.53	104.8	156.0	172.5	189.5	206.0	223.0
19.5	0.9	141.16	132.7	197.5	213.5	239.5	261.0	282.0
21.5	1.0	174.27	163.3	243.5	270.0	296.0	322.0	348.5
24.0	1.1	210.87	198.2	295.0	326.5	358.0	390.0	421.5
26.0	1.2	250.95	235.9	351.0	388.5	426.5	464.0	501.5
28.0	1.3	294.52	276.8	412.0	456.5	500.5	544.5	589.0
30.0	1.4	341.57	321.1	478.0	529.0	580.5	631.5	683.0
32.5	1.5	392.11	368.6	548.5	607.5	666.5	725.0	784.0
34.5	1.6	446.13	419.4	624.5	691.5	758.0	825.0	892.0
36.5	1.7	503.64	473.4	705.0	780.5	856.0	931.0	1005.0
39.0	1.8	564.63	530.8	790.0	875.0	959.5	1040.0	1125.0
43.0	2.0	697.06	655.3	975.5	1080.0	1185.0	1285.0	1390.0
47.5	2.2	843.47	792.9	1180.0	1305.0	1430.0	1560.0	
52.0	2.4	1003.80	943.6	1405.0	1555.0	1705.0	1855.0	
56.0	2.6	1178.07	1107.4	1645.0	1825.0	2000.0	2175.0	
60.5	2.8	1366.28	1234.3	1910.0	2115.0	2320.0	2525.0	
65.0	3.0	1568.43	1474.3	2195.0	2430.0	2665.0	2900.0	

注：表中，粗线左侧，可供应光面或镀锌钢丝绳，右侧只供应光面钢丝绳。

6×61 钢丝绳的主要规格及荷重性能　　　　表 13-7

直径		钢丝总断面积	参考重量	钢丝绳公称抗拉强度(N/mm²)				
钢丝绳	钢丝			1400	1550	1700	1850	2000
				钢丝破断拉力总和				
(mm)	(mm)	(mm²)	(kg/100m)	(kN)不小于				
11.0	0.4	45.97	43.21	64.3	71.2	78.1	85.0	91.9
14.0	0.5	71.83	67.52	100.5	111.0	122.0	132.0	143.5
16.5	0.6	103.43	97.22	144.5	160.0	175.5	191.0	206.5
19.5	0.7	140.78	132.3	197.0	218.0	239.0	260.0	281.5
22.0	0.8	183.88	172.9	257.0	285.0	312.5	340.0	367.5
25.0	0.9	232.72	218.3	325.5	360.5	395.5	430.5	465.0
27.5	1.0	287.31	270.1	402.0	445.0	488.0	531.5	574.5
30.5	1.1	347.65	326.8	486.5	538.5	591.0	643.0	695.0
33.0	1.2	413.73	388.9	579.0	641.0	703.0	765.0	827.0
36.0	1.3	485.55	456.4	679.5	752.5	825.0	898.0	971.0
38.5	1.4	563.13	529.3	788.0	872.5	957.0	1040.0	1125.0
41.5	1.5	640.45	607.7	905.0	1000.0	1095.0	1195.0	1290.0
44.0	1.6	735.51	691.4	1025.0	1140.0	1250.0	1360.0	1470.0
47.0	1.7	830.33	780.5	1160.0	1285.0	1410.0	1535.0	1660.0
50.0	1.8	930.88	875.0	1300.0	1440.0	1580.0	1720.0	1860.0
55.5	2.0	1149.24	1080.3	1605.0	1780.0	1950.0	2125.0	2295.0
61.0	2.2	1390.58	1307.1	1945.0	2155.0	2360.0	2570.0	
66.5	2.4	1654.91	1555.6	2315.0	2565.0	2810.0	3060.0	
72.0	2.6	1942.22	1825.7	2715.0	3010.0	3300.0	3590.0	
77.5	2.8	2252.51	2117.4	3150.0	3490.0	3825.0	4165.0	
83.0	3.0	2585.79	2430.6	3620.0	4005.0	4395.0	4780.0	

注：表中，粗线左侧可供应光面或镀锌钢丝绳，右侧只供应光面钢丝绳。

13 建筑结构吊装工程

【例 13-3】 吊装构件采用 6×19、直径 17.0mm，钢丝强度极限为 1400N/mm^2 的钢丝绳作起重滑车组的起重绳，用卷扬机牵引，求该绳的容许拉力。

【解】 由表 13-5 查得 6×19、直径 17mm 的钢丝绳的钢丝破断拉力总和为 $F_g = 151.5\text{kN}$；取不均衡系数 $\alpha = 0.85$，由表 13-4，取安全系数 $K = 5.5$，

钢丝绳的容许拉力由式（13-5）得

$$[F_g] = \frac{\alpha F_g}{K} = \frac{0.85 \times 151.5}{5.5} = 23.4\text{kN}$$

当没有钢丝绳技术性能表时，钢丝绳的破断拉力可由式（13-6）近似计算得：

$$F_g = 0.5 \times 17.0^2 = 144.5\text{kN}$$

$$[F_g] = \frac{0.85 \times 144.5}{5.5} = 22.3\text{kN}$$

查表与估算两者相差约 4.7%，可以满足要求。

13.1.4 钢丝绳选用简易计算

钢丝绳的选用，主要取决于容许应力。容许拉力由破断拉力除以安全系数，二者均可从表 13-4 和表 13-5 中查得。但钢丝绳规格繁多，不易记住，现场施工和操作人员选用不够方便。根据有关资料和实践经验，亦可采用以下简易方法进行近似计算。

即 $$P = 45d^2 \tag{13-7}$$

式中 P——钢丝绳破断拉力（kN）；
d——钢丝绳直径（mm）。

【例 13-4】 吊装重 1.68t 构件，采用 $6 \times 19 + 1$、直径 18.5mm 钢丝绳，试核算容许拉力是否满足要求。

【解】 由式（13-7）知，钢丝绳破断拉力为：

$$P = 45d^2 = 45 \times 18.5^2 = 154.0\text{kN}$$

采用查表法，查表 13-5，当钢丝绳公称抗拉强度为 1400N/mm^2 时，得：$P = 0.85 \times 180.0 = 153.0\text{kN}$

简易计算与查表法误差为 0.65%。

又查表 13-4，安全系数 K 为 8~10，取 $K = 9$，则钢丝绳容许拉力为：

$$[F_g] = \frac{154}{9} = 17.1 > 16.8\text{kN} \quad 可$$

13.1.5 起重钢丝绳长度计算

起重钢丝绳长度 $L(\text{m})$ 按下式计算：

$$L = n(h + 3d) + s + 10m \tag{13-8}$$

式中 n——工作绳数；
h——扬程（mm）；
d——滑轮直径（mm）；
s——定滑车至卷扬机之间距离（mm）。

【例 13-5】 某安装工程设置一滑车组，工作绳为 6 根，滑轮直径为 350mm，扬程为

20m，定滑车至卷扬机距离为15m（图13-1），试计算需用钢丝绳长度。

【解】 所需钢丝绳长度由式（13-8）得：

$$L = n(h+3d)+s+10000$$
$$= 6(20000+3\times 350)+15000+10000$$
$$= 151300\text{mm} = 151.3\text{m}$$

故知，需用钢丝绳长度为151.3m。

13.1.6 梁、板起吊吊索长度计算

梁、板类构件起吊，一般梁用双支、板用四支起吊（图13-2）。吊索长度可根据吊数支数、吊索与梁板类构件的水平夹角大小和绑扎点距离等按下式计算：

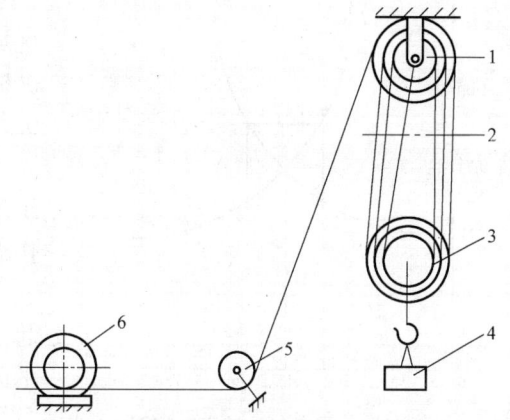

图13-1 起重滑车组钢丝绳长度计算简图
1—定滑车；2—工作绳；3—动滑车；4—重物；5—导向滑车；6—卷扬机

$$l = \frac{L}{2\cos\alpha} \tag{13-9}$$

$$l_0 = nl \tag{13-10}$$

式中 l——双支起吊或四支吊索起吊的单支长度；

α——吊索与梁、板构件水平面的夹角；

L——构件绑扎点之间的距离，双支绑扎为两支点之间的长度，四支绑扎为两对角线长度；

l_0——起吊需要的吊索总长度；

n——支数，双支起吊取2，四支起吊取4。

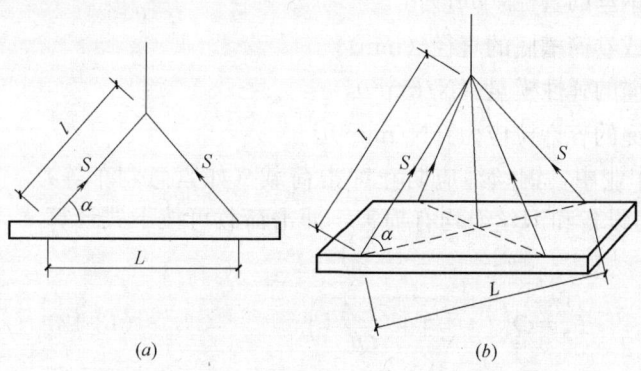

图13-2 梁、板类构件吊装吊索长度计算简图
(a) 双支吊索起吊；(b) 四支吊索起吊

给一组绑扎吊角α，由式（13-9）即可得一组单支l值：

$\alpha = 30°$时 $l = 0.58L$；$\alpha = 50°$时 $l = 0.78L$；

$\alpha = 35°$时 $l = 0.61L$；$\alpha = 55°$时 $l = 0.87L$；

$\alpha = 40°$时 $l = 0.65L$；$\alpha = 60°$时 $l = L$；

$\alpha = 45°$时 $l = 0.71L$；$\alpha = 65°$时 $l = 1.18L$。

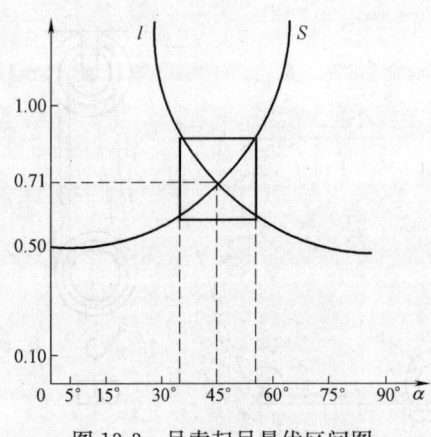

图 13-3 吊索起吊最优区间图

其中满足吊索长度不过长,而受力尽量小的区域是 $l=(0.61\sim 0.87)L$,此时 $S=(0.87\sim 0.61)Q$(见表 13-33),其最优起吊吊索长度 $l=0.71L$,如图 13-3 所示。

求得的 l_0 仅为吊索需要的基本长度,在编织吊索时,还应按需要另加连结吊钩、卡环或制作绳环或捆绑构件需用的长度。

【例 13-6】 大型屋面板采用四支起吊,已知起吊吊索对角线长度为 4.6m,吊索与屋面板水平面夹角为 50°,试求吊索长度。

【解】 已知 $n=4$,$L=4.6\text{m}$,$\alpha=50°$,由式(13-9)和式(13-10)得:

$$l_0 = nl = \frac{4L}{2\cos\alpha} = \frac{4\times 4.6}{2\times \cos 50°} = 14.3\text{m}$$

故知,大型屋面板四支起吊吊索长度为 14.3m。

13.1.7 钢丝绳的复合应力和冲击荷载计算

钢丝绳在承受拉伸和弯曲时复合应力按下式计算:

$$\sigma = \frac{F}{A} + \frac{d_0}{D}\cdot E_0 \leqslant [\sigma] \tag{13-11}$$

式中 σ——钢丝绳承受拉伸和弯曲的复合应力(N/mm²);
  F——钢丝绳承受的综合计算荷载(kN);
  A——钢丝绳钢丝截面积总和(mm²);
  d_0——单根钢丝的直径(mm);
  D——滑轮或卷筒槽底的直径(mm);
  E_0——钢丝绳的弹性模量(N/mm²);
  $[\sigma]$——钢丝绳的容许拉应力(N/mm²)。

在起重吊装作业中,钢丝绳应防止冲击荷载(如紧急刹车等)作用,冲击荷载对设备和钢丝绳均有损害,冲击荷载可按下式计算(图 13-4):

$$F_s = Q\left(1 + \sqrt{1 + \frac{2EAh}{QL}}\right) \tag{13-12}$$

式中 F_s——冲击荷载(N);
  Q——静荷载(N);
  E——钢丝绳的弹性模量(N/mm²);
  A——钢丝绳截面积(mm²);
  h——落下高度(mm);
  L——钢丝绳的悬挂长度(mm)。

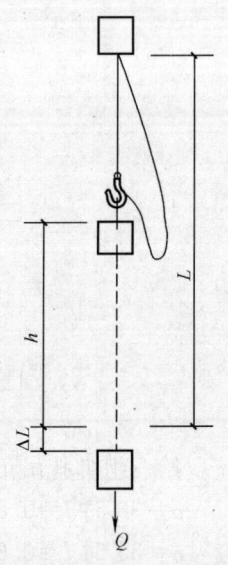

图 13-4 冲击荷载计算简图

【例 13-7】 采用一根 6×37 直径 17.5mm 钢丝绳,钢丝总截面

积 $A=111.53\text{mm}^2$,钢丝绳的弹性模量 $E=7.84\times10^4\text{N/mm}^2$,吊重(静荷载)$Q=20.5\text{kN}$,悬挂长度 $L=5\text{m}$,落下距离 $h=250\text{mm}$,试求其冲击荷载。

【解】 冲击荷载由式(13-12)得:

$$F_s = Q\left(1+\sqrt{1+\frac{2EAh}{QL}}\right) = 2.05\times10^4\left(1+\sqrt{1+\frac{2\times7.84\times10^4\times111.54\times250}{2.05\times10^4\times5000}}\right)$$

$$= 2.05\times10^4(1+6.6) = 15.58\times10^4 \approx 156\text{kN}$$

由计算知冲击荷载为 156kN 为静荷载的 7.6 倍。

13.2 吊装工具计算

13.2.1 卡环计算

卡环又称卸甲,系吊索与吊索或吊索与构件吊环之间连接的常用工具。由弯环与销子两部分组成。

常用卡环的主要规格和安全荷重可查表 13-8 取用。

在施工现场作业中,卡环的容许荷载,可根据卡环的销子直径按以下近似式计算:

$$[F_K] = (35\sim40)d^2 \tag{13-13}$$

式中 $[F_K]$——卡环的容许荷载(N);
   d——卡环销子直径(mm)。

常用卡环规格及安全荷重　　　　　　　　　　　表 13-8

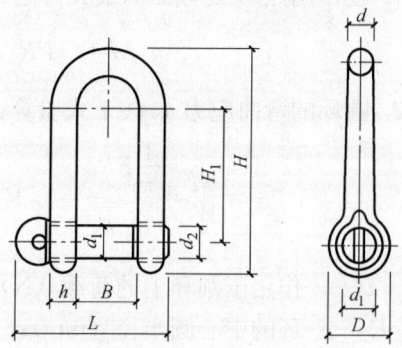

型号	使用负荷		D	H	H_1	L	d	d_1	d_2	B	重量
	(N)	(kg)	(mm)								(kg)
0.2	2450	250	16	49	35	34	6	8.5	M8	12	0.04
0.4	3920	400	20	63	45	44	8	10.5	M10	18	0.09
0.6	5880	600	24	72	50	53	10	12.5	M12	20	0.16
0.9	8820	900	30	87	60	64	12	16.5	M16	24	0.30
1.2	12250	1250	35	102	70	73	14	18.5	M18	28	0.46
1.7	17150	1750	40	116	80	83	16	21	M20	32	0.69
2.1	20580	2100	45	132	90	98	20	25	M22	36	1.00
2.7	26950	2750	50	147	100	109	22	29	M27	40	1.54
3.5	34300	3500	60	164	110	122	24	33	M30	45	2.20
4.5	44100	4500	68	182	120	137	28	37	M36	54	3.21

续表

型号	使用负荷		D	H	H_1	L	d	d_1	d_2	B	重量
	(N)	(kg)	(mm)								(kg)
6.0	58800	6000	75	200	135	158	32	41	M39	60	4.57
7.5	73500	7500	80	226	150	175	36	46	M42	68	6.20
9.5	93100	9500	90	255	170	193	40	51	M48	75	8.63
11.0	107800	1100	100	285	190	216	45	56	M52	80	12.03
14.0	137200	1400	110	318	215	236	48	59	M56	90	15.58
17.5	171500	1750	120	345	235	254	50	66	M64	100	19.35
21.0	205800	2100	130	375	250	288	60	71	M68	110	27.83

【例 13-8】 已知卡环的销子直径为 18.5mm，试求卡环的容许荷载。

【解】 卡环的容许荷载由式（13-13）得：

$$[F_K] = 37.5d^2 = 37.5 \times 18.5^2 = 12834 \text{N}$$

查表 13-8 得销子直径 $d_1 = 18.5$mm，卡使用负荷为 12250N，两者较为接近。

13.2.2 吊环计算

吊装工程常用吊环有圆环和整体吊环两种形式。前者多用于轻载荷情况；后者常用于较重的负荷情况。其计算为超静定问题，较为复杂，工程上常用简化近似计算法，同时以降低容许应力（增大安全系数）来弥补计算误差。

一、圆形吊环计算

圆形吊环计算简图如图 13-5 所示，近似计算公式如下：

1. 在作用点 A 处截面的最大弯矩 M 为：

$$M = \frac{1}{\pi} P R_0 \tag{13-14}$$

2. 圆环的弯曲应力 σ_0 按下式验算：

$$\sigma_0 = \frac{M}{W} = \frac{\frac{1}{\pi} P R_0}{\frac{\pi}{32} d^2} = 3.24 \frac{P R_0}{d^2} \leqslant [\sigma_0] \tag{13-15}$$

式中 P——作用于圆环上的荷载（N）；
R_0——环的中心圆半径（mm）；
d——圆环截面圆的直径（mm）；
$[\sigma_0]$——圆环容许应力，取 80N/mm²。

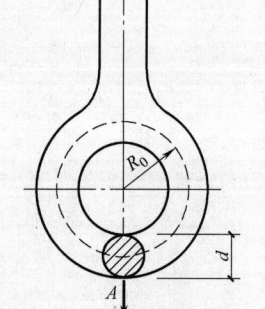

图 13-5 圆形吊环计算简图

二、整体吊环计算

整体吊环计算简图如图 13-6。为减少自重，截面多作成变截面，计算较繁，多按以下近似公式计算：

1. 在横杆中点截面的弯矩 M_1 和拉力 P_1 按下式计算：

$$M_1 \approx \frac{Pl}{6} + P_1 x \tag{13-16}$$

其中

$$P_1 = \frac{P}{2} \cdot \tan \frac{\alpha}{2} \tag{13-17}$$

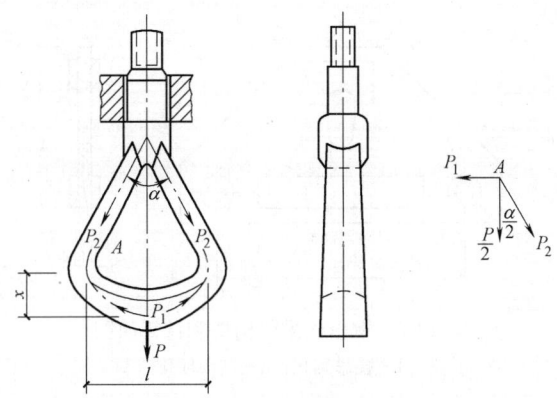

图 13-6 整体吊环计算简图

2. 在吊环转角处截面中（A 点）的弯矩 M_2：

$$M_2 = \frac{Pl}{13} \tag{13-18}$$

3. 在斜杆中的拉力 P_2：

$$P_2 = \frac{P}{2\cos\frac{\alpha}{2}} \tag{13-19}$$

4. 横杆中点截面的最大拉应力 σ_1 为：

$$\sigma_1 = \frac{M_1}{W} + \frac{P_1}{F_1} \leqslant [\sigma] \tag{13-20}$$

5. 斜杆中点截面的拉应力 σ_2 为：

$$\sigma_2 = \frac{P_2}{F_2} \leqslant [\sigma] \tag{13-21}$$

式中 P——作用于整体吊环上的荷载（N）；

P_1——在横杆中的拉力（N）；

l——横杆跨度（mm）；

x——转角处至横杆中线的距离（mm）；

α——吊环两斜杆间的夹角（°）；

W——横杆中点抗弯截面抵抗矩（mm³）；

F_1——横杆中点截面面积（mm²）；

F_2——斜杆中点截面面积（mm²）；

$[\sigma]$——容许应力，取 $[\sigma]=80\text{N}/\text{mm}^2$。

13.2.3 横吊梁计算

一、钢板横吊梁计算

柱子吊装时，为减少吊索的水平分力对柱的压力，保持柱身的垂直平稳，便于柱子安装就位，常在吊索与柱子之间设置一工具式横吊梁。用钢板或型钢制成（图 13-7），长 0.6~1.0m，高由计算确定，钢板横吊梁中的两个挂卡环孔的距离应比柱的厚度大 200mm，以便于柱子"进档"。多用于吊装重 10t 以下的柱子。

13 建筑结构吊装工程

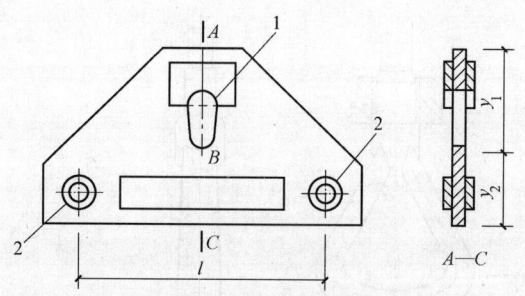

图 13-7 钢板横吊梁构造和计算简图
1—挂吊钩孔；2—挂卡环孔

钢板横吊梁一般按受弯构件计算。其计算步骤、方法一般是根据经验初步选定截面尺寸，再进行强度验算。

钢板横吊梁计算应对中部截面进行强度验算和对吊钩孔壁、卡环孔壁进行局部承压验算。

（一）中部截面强度验算

$A—C$ 截面的弯矩 M 按下式计算：

$$M = \frac{1}{4}KQl \tag{13-22}$$

式中 M——钢板横吊梁弯矩；
Q——构件重力；
K——动力系数，取 $K=1.5$；
l——两挂卡环孔间距离。

横吊梁为受弯构件，根据求出之 M，按下式验算强度：

$$\sigma_1 = \frac{M}{W_1} \leqslant f \tag{13-23}$$

$$\sigma_2 = \frac{M}{W_2} \leqslant f \tag{13-24}$$

式中 σ_1、σ_2——分别为钢板横吊梁上、下部分的应力；
W_1、W_2——分别为上、下两部分的截面抵抗矩；

$$W_1 = \frac{I}{y_1}; \quad W_2 = \frac{I}{y_2}$$

其中 I——截面的惯性矩；
y_1、y_2——分别为截面的重心轴到上、下边缘的距离；
f——横吊梁受弯强度设计值。

求得 σ_1、σ_2 取其较大值作为验算值。

AB 截面剪应力按下式验算：

$$\tau = \frac{KQ}{A_{AB}} \tag{13-25}$$

式中 A_{AB}——吊钩孔以上钢板 AB 截面面积；
其他符号意义同前。

将以上计算求得的 σ、τ 值，再按强度理论公式验算强度：

$$\sqrt{\sigma^2+3\tau^2} \leqslant [\sigma] \tag{13-26}$$

式中　$[\sigma]$——钢材的容许应力，对 Q235 钢，取 $[\sigma]=140\text{N}/\text{mm}^2$

如满足，表示安全，否则应加强。

（二）吊钩孔壁局部承压验算

吊钩孔壁局部承压强度按下式计算：

$$\sigma_{cd} = \frac{KQ}{b \cdot \Sigma d} \leqslant [\sigma_{cd}] \tag{13-27}$$

式中　σ_{cd}——吊装孔壁、局部压应力；

　　　b——吊钩的宽度；

　　　Σd——孔壁钢板的总厚度；

　　　$[\sigma_{cd}]$——钢材局部承压强度容许应力，取 $0.9f_c$；

其他符号意义同前。

（三）卡环孔壁局部承压验算

$$\sigma_{cd} = \frac{KQ}{2b_i \Sigma d_i} \leqslant [\sigma_{cd}] \tag{13-28}$$

式中　b_i——卡环孔宽，等于卡环直径 d；

　　　Σd_i——孔壁钢板总厚度；

其他符号意义同前。

二、钢管横吊梁（铁扁担）计算

吊装屋架时，使用横吊梁（铁扁担，下同）可有效降低屋架绑扎高度和减少吊绳对屋架的横向压力。通常采用钢管或型钢制造，计算时除考虑由吊重及自重引起的轴向力弯矩外，还应考虑由于荷载偏心引起的弯矩。根据横吊梁受力情况可按双向受弯或双向压弯构件计算。

横吊梁的整体稳定性可按下式计算：

$$\frac{N}{\varphi_x A} + \frac{\beta_{mx} M_x}{W_{1x}\left(1-\varphi_x \dfrac{N}{N'_{Ex}}\right)} + \frac{\beta_{ty} M_y}{W_{1y}} \leqslant f \tag{13-29}$$

式中　N——吊重对横吊梁的轴向压力；

　　M_x、M_y——分别为由横吊梁自重产生的跨中弯矩和侧向弯矩；

　　W_{1x}、W_{1y}——分别为横吊梁，在水平和垂直方向的截面抵抗矩；

　　　φ_x——在弯矩作用平面内的轴心受压构件稳定系数；

　　　A——横吊梁截面积；

　　　β_{mx}——弯矩作用平面内的等效弯矩系数；

　　　β_{ty}——弯矩作用平面外的等效弯矩系数；

　　　N'_{Ex}——欧拉临界力，$N'_{Ex} = \dfrac{\pi^2 EA}{\lambda_x^2}$；

　　　E——钢材的弹性模量；

　　　λ_x——横吊梁于 X 方向的长细比。

此外还应验算横吊梁两端上、下部吊环的强度。

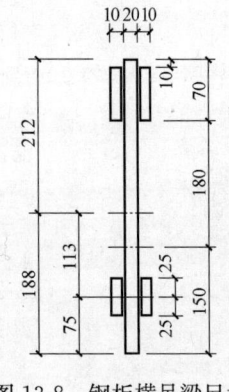

图 13-8 钢板横吊梁尺寸

【例 13-9】 柱重力为 120kN，采用钢板式横吊梁绑扎吊装，横吊梁外形及主要尺寸如图 13-8 所示，两挂卡环孔间的距离为 0.6m，用 Q235 号钢制成，试进行强度验算和孔壁局部承压验算。

【解】 (1) 对 A—C 截面进行强度验算

$$M = \frac{1}{4}KQl = \frac{1}{4} \times 1.5 \times 120 \times 0.6 = 27 \text{kN} \cdot \text{m}$$

令主重心轴至受拉边缘的距离为 x

$$x = \frac{70 \times 20 \times 35 + 60 \times 20 \times 40 + 150 \times 20 \times 325 + 50 \times 20 \times 325}{70 \times 20 + 60 \times 20 + 150 \times 20 + 50 \times 20}$$

$$= 212 \text{mm}$$

$$I = \left(\frac{1}{12} \times 20 \times 150^3 + 20 \times 150 \times 113^2\right) + \left(\frac{1}{12} \times 20 \times 50^3 + 20 \times 50 \times 113^2\right)$$

$$+ \left[\frac{1}{12} \times 20 \times 70^3 + 20 \times 70 \times (212-35)^2\right]$$

$$+ \left[\frac{1}{12} \times 20 \times 60^3 + 20 \times 60 \times (212-40)^2\right]$$

$$= 137202400 \text{mm}^4$$

$$W_1 = \frac{I}{y_1} = \frac{137202400}{212} = 647181.13 \text{mm}^3$$

$$W_2 = \frac{I}{y_2} = \frac{137202400}{188} = 729800 \text{mm}^3$$

$$\sigma_1 = \frac{M}{W_1} = \frac{27 \times 10^6}{647181} = 41.7 \text{N/mm}^2$$

$$\sigma_2 = \frac{M}{W_2} = \frac{27 \times 10^6}{729800} = 37.0 \text{N/mm}^2$$

$$\tau = \frac{KQ}{A_{AB}} = \frac{1.5 \times 120000}{70 \times 20 + 60 \times 20} = 69.2 \text{N/mm}^2$$

$$\therefore \sqrt{\sigma_1^2 + 3\tau^2} = \sqrt{41.7^2 + 3 \times 69.2^2} = 127 \text{N/mm}^2$$

$$< [\sigma] = 140 \text{N/mm}^2 \quad 安全$$

(2) 对吊钩孔壁进行局部承压验算

取吊钩宽度 $b = 80$mm 则：

$$\sigma_{cd} = \frac{KQ}{b\Sigma d} = \frac{1.5 \times 120000}{80 \times (20+20)} = 56 \text{N/mm}^2 < [\sigma_{cd}] = 215 \times 0.9 = 193.5 \text{N/mm}^2$$

(3) 对卡环孔壁进行局部承压验算

验算方法同吊钩孔壁（略）。

【例 13-10】 厂房屋架重力为 120kN，用 1 根 7.5m 长横吊梁吊装，横吊梁由两根 20a 号槽钢组成，其主要尺寸如图 13-9 所示，钢材用 Q235 号，抗弯设计强度 $f = 215$ N/mm²，试核算其强度。

【解】 (1) 20a 号槽钢的有关数据

高度 $h = 200$mm，翼宽 $b = 73$mm，腹板厚 $d = 7$mm，截面面积 $A = 28.83$cm²，重力

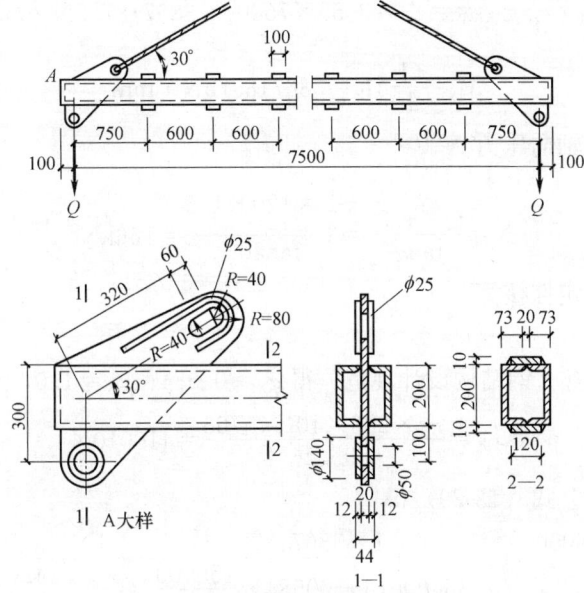

图 13-9 吊装屋架横吊梁

$g=226.3$N/m；截面惯性矩 $I_x=1780.4$cm^4，$I_y=128.0$cm^4；截面抵抗矩 $W_x=178.0$cm^3，$W_y=24.2$cm^3；截面回转半径 $i_x=7.86$cm，$i_y=2.11$cm；截面形心至腹板外侧的距离 $Z_0=2.01$cm。

横吊梁组合截面的截面面积、惯性矩及回转半径：$A_总=2\times28.83=57.66$cm^2；$I_{x总}=2\times1780.4=3560.8$cm^4，$W_{x总}=2\times178.0=356.0$cm^3，$i_{x总}=\sqrt{\dfrac{I_{x总}}{A_总}}=\sqrt{\dfrac{3560.8}{57.66}}=7.86$cm；$I_{y总}=2\times\left[128+28.83\times\left(\dfrac{2.0}{2}+7.3-2.01\right)^2\right]=2537$cm^4，$W_{y总}=\dfrac{2537}{1.0+7.3}=306$cm^3；$i_{y总}=\sqrt{\dfrac{I_{y总}}{A_总}}=\sqrt{\dfrac{2537}{57.66}}=6.63$cm。

(2) 横吊梁的长细比核算

$$\lambda_{x总}=\dfrac{l_0}{i_{x总}}=\dfrac{750}{7.86}=95.4(<[\lambda]=150)\quad 可。$$

$$\lambda_{y总}=\dfrac{l_0}{i_{y总}}=\dfrac{750}{6.63}=113$$

缀板间净距为 50cm，则

$$\lambda_1=\dfrac{50}{i_y}=\dfrac{50}{2.11}=23.7(<[\lambda]=40)\quad 可。$$

Y—Y 轴的核算长细比

$$\lambda_{hy}=\sqrt{(\lambda_{y总})^2+\lambda_1^2}=\sqrt{(113)^2+(23.7)^2}=115.5(<[\lambda]=150)\quad 可。$$

(3) 横吊梁的内力计算（考虑附加动力系数 1.2）

$$g_总=2g\times1.2=2\times226.3\times1.2=543\text{N/m}\approx0.55\text{N/mm}$$

由横吊梁自重产生的跨中弯矩：

$$M_x = \frac{1}{8} g_{\text{总}} l_0^2 = \frac{1}{8} \times 0.55 \times 7500^2 = 3867187.5 \text{N} \cdot \text{mm}$$

侧向弯矩
$$M_y = \frac{1}{10} M_x = 386718.75 \text{N} \cdot \text{mm}$$

吊重对横吊梁的轴向压力 N

$$N = \frac{Q \times 1.5}{\tan \alpha} = \frac{\frac{1}{2} \times 120 \times 1.5}{\tan 30°} = 156 \text{kN}$$

(4) 横吊梁的稳定性核算

1) 整体稳定性

因 $\lambda_{x\text{总}} = 95.4$，查《钢结构设计规范》得 $\varphi_x = 0.584$；$\beta_{ty} = 1.0$，$\beta_{mx} = 1.0$

$$N'_{\text{EX}} = \frac{\pi^2 \times 206 \times 10^3 \times 5766}{95.4^2} = 410010 \text{N}$$

将上述数据代入公式（13-29）得：

$$\frac{156000}{0.584 \times 5766} + \frac{1 \times 3867187.5}{356000 \left(1 - 0.584 \times \frac{156000}{410010}\right)} + \frac{1 \times 386718.75}{24200}$$

$$= 46.3 + 14 + 16 = 76.3 \text{N}/\text{mm}^2 \leqslant = 215 \text{N}/\text{mm}^2$$

2) 计算单肢稳定性

由于此横梁受弯矩甚小，单肢肢长的长细比亦很小，单肢稳定性验算可以从略。

(5) 横吊梁端部吊环强度核算

1) 上吊环强度核算

可参考《混凝土结构设计规范》有关吊环设计。

$$N = \frac{Q}{2} = \frac{120000}{2} = 60000$$

$$\sigma = \frac{\frac{1.5 N}{\sin \alpha}}{A} = \frac{\frac{60000 \times 1.5}{\sin 30°}}{2 \times 20 \times 40 + 4 \times \pi \frac{(25)^2}{4}} = 50 \text{N}/\text{mm}^2 \leqslant [\sigma] = 50 \text{N}/\text{mm}^2 \qquad 可。$$

(式中 $[\sigma]$ 为吊环容许拉应力)。

2) 下环孔应力核算

承压应力 $\sigma'_c = \dfrac{\frac{1}{2} \times 120000 \times 1.5}{40 \times 42} = 53.6 \text{N}/\text{mm}^2 < f = 215 \text{N}/\text{mm}^2$

剪应力 $\tau = \dfrac{\frac{1}{2} \times 120000 \times 1.5}{2 \times 44 \times 45} = 22.7 \text{N}/\text{mm}^2 < f_v = 125 \text{N}/\text{mm}^2$

经核算此横吊梁吊装重力为 120kN 的屋架是安全的。

【例 13-11】 某厂房吊装工程使用图 13-10a 所示钢管平衡型横吊梁，安装 68t 重构件，采用双分支吊装，试选用钢管横吊梁的规格并验算其强度。

【解】 无缝钢管横吊梁受力简图如图 13-10b 所示。已知吊重 $P=68$t，吊索与横吊梁夹角为 60°，则分支吊索拉力 P_1 可按下式计算：

$$P_1 = \frac{P}{n} \cdot \frac{1}{\sin\beta} = \frac{68}{2} \cdot \frac{1}{\sin 60°} = 39.27\text{t}$$

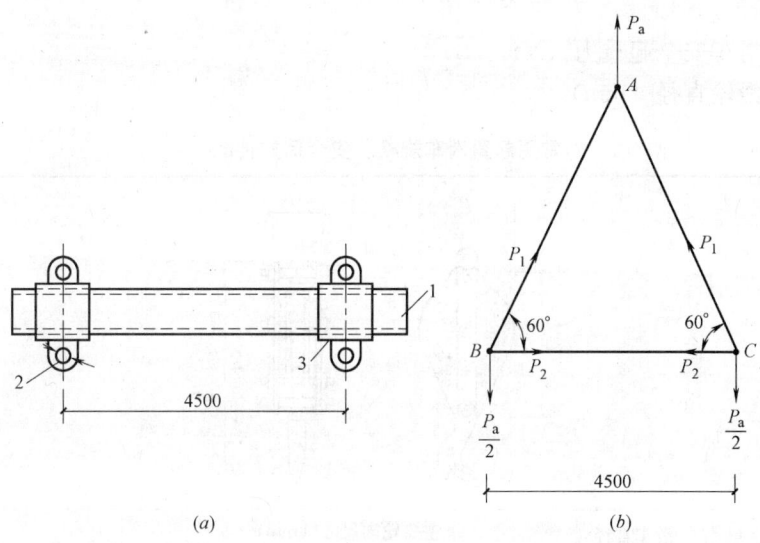

图 13-10 无缝钢管横吊梁构造、尺寸及受力简图
(a) 横吊梁构造及尺寸；(b) 平衡梁受力简图
1—无缝钢管；2—ϕ60mm（δ=30mm）吊耳；3—加强板

梁承受的水平分力为：
$$P_2 = P_1 \cos 60° = 39.27 \times 0.5 = 19.64\text{t}$$

横吊梁选用 $\phi 220 \times 9$mm 无缝钢管制作，其几何性质为：$F=59.659\text{cm}^2$，$i=7.46\text{cm}^4$，c=450cm，取 $\mu=1$，则 $l_1 = \mu l = 1 \times l = l$

细长比 $\lambda = \dfrac{\mu l}{i} = \dfrac{l}{i} = \dfrac{450}{7.46} = 60.2$

查附表 2-57 得 $\varphi = 0.88$

取不均衡系数 $K_P = 1.2$，则横吊梁承受的水平分力为：
$$P = K_p \cdot P_2 = 1.2 \times 19.64 = 23.57\text{t}$$

取安全系数 $K=2.5$，钢管横吊梁承受的应力为：
$$\sigma = \frac{KP}{\varphi F} = \frac{2.5 \times 235700}{0.88 \times 5965.9} = 112\text{N/mm}^2 < [f] = 215\text{N/mm}^2 \quad \text{（安全）}$$

13.3 滑车和滑车组计算

一、滑车计算

滑车是吊装作业中一种简单起重工具。滑车的安全起重力，根据滑轮和轴的直径确定，一般标在滑车夹套的铭牌上。常用起重滑车规格及安全荷重性能见表 13-9，起重力可按表规定使用。

对起重力不明的滑车，应根据轮轴的剪应力及支承应力来估算，轮轴的抗剪强度按 70N/mm² 采用；夹套板支承面容许抗压强度按 110N/mm² 采用，取二者计算容许最低值作为安全起重力。或按以下经验公式近似计算：

$$F=\frac{D^2}{2} \tag{13-30}$$

式中　F——滑车安全起重力（N）；
　　　D——滑轮直径（mm）。

常用起重滑车规格及安全荷重性能　　　　表 13-9

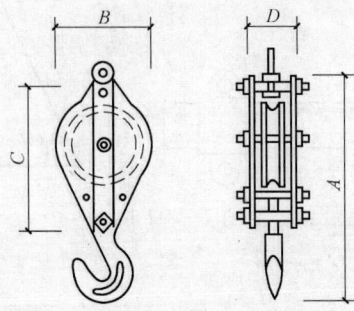

起重力 (kN)	轮数	滑车直径 (mm)	主要轮廓尺寸 (mm)				自重 (kg)	钢丝绳直径 (mm)
			A	B	C	D		
5		125	425	160	245	75	6	6.2
10		150	535	195	355	90	12	11.0
30	1	250	855	310	565	140	50	17.5
60		350	1070	420	715	160	90	21.5
100		450	1400	530	955	182	180	26.0
20		150	615	195	370	140	20	11.0
60	2	250	920	310	575	190	85	17.5
100		350	1230	420	775	270	200	19.5
20		150	690	195	405	170	40	11.0
100		250	1080	310	645	250	160	17.5
150	3	350	1345	420	820	300	280	21.5
200		450	1610	530	1010	380	470	25.0
250		450	1740	530	1045	380	550	26.0
200	4	350	1450	420	880	370	380	21.5
250	5	450	1648	530	1045	560	660	28.0

【例 13-12】　单轮滑车的滑轮直径为 350mm，试求其安全起重力。

【解】　单轮滑车直径为 350mm 的安全起重量由式（13-30）得：

$$F=\frac{D^2}{2}=\frac{350^2}{2}=61250\text{N}\approx61\text{kN}$$

查表 13-9 知单轮滑车的安全起重力为 60kN，与近似计算接近。

二、滑车组计算

滑车组装成滑车组后，起重能力有效加大，并可以省力和改变力的方向。滑车组受力简图如图 13-11a 所示。由图知，绕出绳拉力略大于 S_1，而 S_1 又略大于 S_2……根据试验结果有：

$$S_1=\frac{S}{f}; \qquad S_2=\frac{S_1}{f}=\frac{S}{f^2}$$

13.3 滑车和滑车组计算

$$S_3 = \frac{S}{f^3}; \quad \cdots$$

$$S_n = \frac{S}{f^n} \tag{13-31}$$

取动滑车与构件为隔离体，由静力平衡得：

$$Q = S_1 + S_2 + S_3 + \cdots + S_n = S\left(\frac{1}{f} + \frac{1}{f^2} + \frac{1}{f^3} + \cdots + \frac{1}{f^n}\right)$$
$$= S\left(\frac{f^{n-1} + f^{n-2} + f^{n-3} + \cdots + 1}{f^n}\right) = S\left[\frac{f^n - 1}{f^n(f-1)}\right] \tag{13-32}$$

于是推导得起重滑车组绕出绕绳（或称跑头快绳）拉力 S 的计算式为：

$$S = \frac{f^n(f-1)}{f^n - 1} \cdot Q \tag{13-33}$$

如绳端有导向滑车，每经过一个导向滑车绳端拉力要增加一个 f 倍值，则式（13-33）变为：

$$S = \frac{f^n(f-1)}{f^n - 1} \cdot f^k \cdot Q \tag{13-34}$$

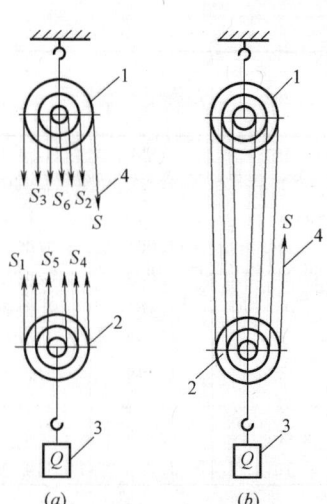

图 13-11 滑车受力计算简图
(a) 跑头从定滑轮绕出的滑车组；
(b) 跑头从动滑轮绕出的滑车组
1—定滑轮；2—动滑轮；
3—构件重力；4—绕出绳

如绕出绳从动滑车绕出（图 13-11b），则工作绳数比滑轮总数多 1，则：

$$S = \frac{f^{n-1}(f-1)}{f^n - 1} \cdot f^k \cdot Q \tag{13-35}$$

式中　　S——滑车组绕出绳头（跑头）的拉力，即滑车组拉力；

S_1、S_2、$S_3 \cdots S_n$——各工作绳的拉力；

　　　　f——单个滑车的转动阻力系数，对滚珠或滚柱轴承，$f = 1.02$；对青铜衬套轴承，$f = 1.04$；对于无轴承的滑轮，$f = 1.06$；

　　　　Q——构件重力（即吊装荷载），为构件重力与索具重力之和；

　　　　n——滑车组的工作绳数（即绕过动滑车上的绳索根数，亦即分支数）或叫走几，$n = 1 \sim 20$ 的 f^n 值可由表 13-10 查得；

　　　　k——导向滑车个数，若绕出绳由定滑车绕出，则最后一个定滑车亦应按导向滑车计算，即实际导向滑车个数加 1；若绕出绳由动滑车绕出，则按实际导向滑车个数计算。

滑车组提升时，绕出绳头（跑头）的拉力 S 亦可用查表法按下式计算：

$$S = K_0 Q \tag{13-36}$$

式中　K_0——荷载系数，$K_0 = \dfrac{f^n(f-1)}{f^n - 1}$ 可由表 13-11 查得；

其他符号意义同前。

常用滑车组的穿绕方式和提升时绕出绳头（跑头）的拉力 S 亦可从表 13-12 直接查得。

13 建筑结构吊装工程

滑轮阻力系数乘方值（f^n）表　　　　表 13-10

n	f			n	f		
	1.02	1.04	1.06		1.02	1.04	1.06
0	1.000	1.000	1.000	11	1.243	1.539	1.898
1	1.020	1.040	1.060	12	1.268	1.601	2.012
2	1.040	1.082	1.124	13	1.294	1.665	—
3	1.061	1.125	1.191	14	1.319	1.732	—
4	1.082	1.170	1.262	15	1.346	1.801	—
5	1.104	1.217	1.338	16	1.373	1.873	—
6	1.126	1.265	1.419	17	1.400	1.948	—
7	1.149	1.316	1.504	18	1.428	2.026	—
8	1.172	1.369	1.594	19	1.457	2.107	—
9	1.195	1.423	1.689	20	1.486	2.191	—
10	1.219	1.480	1.791	21	1.516	2.279	—

滑车荷载系数 K_0 值　　　　表 13-11

工作绳数 n	导向滑轮数			
	1	2	3	4
1	1.040	1.082	1.125	1.170
2	0.527	0.549	0.571	0.594
3	0.360	0.375	0.390	0.405
4	0.276	0.287	0.298	0.310
5	0.225	0.234	0.243	0.253
6	0.191	0.199	0.207	0.215
7	0.165	0.173	0.180	0.187
8	0.149	0.155	0.161	0.167
9	0.134	0.140	0.145	0.151
10	0.124	0.129	0.134	0.139
11	0.114	0.119	0.124	0.129
12	0.106	0.111	0.115	0.119
13	0.099	0.104	0.108	0.112
14	0.094	0.098	0.102	0.106

注：表中 K_0 值是根据滑轮装置为青铜衬套条件计算的。

根据跑头拉力的大小，可以选择钢丝绳的直径和卷扬机的型号、规格；反之如果卷扬机的型号、规格已知，亦可用表 13-12 确定穿走几滑车组。

对于与卷扬机连接的导向滑车，一般可按起重滑车平均单轮起重力选用，也可以按以下方法选用：

导向滑车的吨位与钢丝绳牵引力有以下关系：

$$Q_0 = KP \tag{13-37}$$

式中　Q_0——导向滑车的吨位（起重力）（kN）；

　　　P——卷扬机的牵引力（kN）；

　　　K——导向滑车系数，根据导向角度 β 的大小按表 13-13 取用。

13.3 滑车和滑车组计算

表 13-12 常用滑车组的穿绕方式和提升时绕出绳头（跑头）的拉力

过动滑车上绳的根数 n（走几）	走 1	走 2	走 3	走 4	走 5	走 6	走 7	走 8	走 9	走 10
绳头自定滑车绕出										
滑车数（门）K 定滑车	1	1	2	2	3	3	4	4	5	5
滑车数（门）K 动滑车	0	1	1	2	2	3	3	4	4	5
钢丝绳总数	2	3	4	5	6	7	8	9	10	11
重物相对移动速度（m/min）	4.5	3.0	2.2	1.8	1.5	1.3				
需要钢丝绳总长度相当于重物移动的倍数	4	6	8	10	12	14	16	18	20	22
绕出绳（跑头）的拉力 S	1.04Q	0.53Q	0.36Q	0.28Q	0.23Q	0.19Q	0.17Q	0.15Q	0.13Q	0.12Q

13 建筑结构吊装工程

续表

过动滑车上绳的根数 n（走儿）	走2	走3	走4	走5	走6	走7	走8	走9	走10
绳头自动滑车绕出									
滑车数（门）定滑车 K	0	1	1	2	2	3	3	4	4
动滑车	1	1	2	2	3	3	4	4	5
钢丝绳总数	1	2	3	4	5	6	7	8	9
重物相对移动速度（m/min）	8	4	2.7	2	1.6	1.3			
需要钢丝绳总长度相当于重物移动的倍数	2	4	6	8	10	12	14	16	18
绕出绳（跑头）的拉力 S	0.52Q	0.35Q	0.26Q	0.22Q	0.18Q	0.16Q	0.14Q	0.13Q	0.12Q

注：1. Q 为所吊物体的重力。
2. 表中数值按滑动轴承计算，滑车转动阻力系数采用 $f=1.04$。
3. 为便于看清绳索在绕滑车情况，图中用一个圆圈代表一个滑车，画成大小不一，实际滑车的直径都是相同的。

表 13-13　导向滑车系数 K 值

导向角 β	<60°	60°～90°	90°～120°	>120°
系数 K	2.0	1.7	1.4	1.0

注：β角如图 13-9 所示。

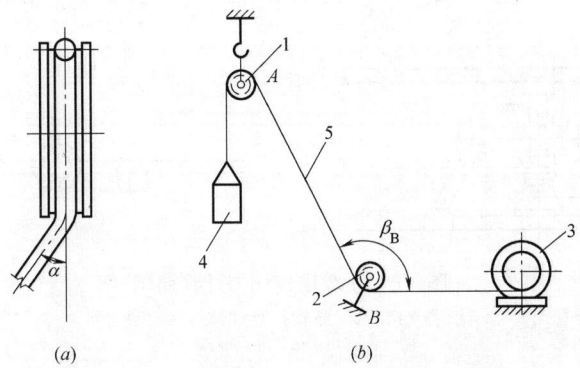

图 13-12　导向滑车及钢丝绳通过滑轮偏角
1—定滑车；2—导向滑车；3—卷扬机；4—构件；5—钢丝绳

【例 13-13】 用走 6 滑车组起吊重 245kN 重构件，滑车装在青铜套轴上，绕出绳头由定滑车绕出，并经过二个导向滑车，试求绕出绳的拉力 S。

【解】 由题意已知 $n=6$，$Q=245$kN，$f=1.04$，$k=2+1=3$
滑车组绕出绳的拉力由式（13-34）得：

$$S=\frac{1.04^5\times(1.04-1)}{1.04^6-1}\times 1.04^3\times 245=50.6\text{kN}$$

或查表 13-11 得，$K_0=0.207$
滑车组绕出绳的拉力由式（13-36）得：

$$S=K_0Q=0.207\times 245=50.7\text{kN}$$

由表知，滑车组绕出绳的拉力为 50.7kN 与计算基本相同。

【例 13-14】 已知导向滑车钢丝绳的导向角 $\beta=105°$，卷扬机的牵引力 $P=60$kN，试选用导向滑车。

【解】 已知 $\beta=105°$，查表 13-13 得 $K=1.4$
需用导向滑车的起重力由式（13-37）得：

$$Q_0=KP=1.4\times 60=84\text{kN}$$

故　导向滑车应选用 84kN（约 8.5t）或 100kN（约 10t）级的。

13.4　卷扬机牵引力计算

13.4.1　手动卷扬机（绞磨）推力计算

作用在绞磨推杆上需要的力按下式计算（图 13-13）：

$$F=\frac{Rr}{l}K \tag{13-38}$$

式中　F——推动绞磨推杆需要的推力（N）；
　　　R——钢丝绳的拉力（N）；
　　　r——鼓筒的半径（mm）；
　　　l——推力作用点至中心轴的距离（mm）；
　　　K——阻力系数，取 $K=1.1\sim1.2$。

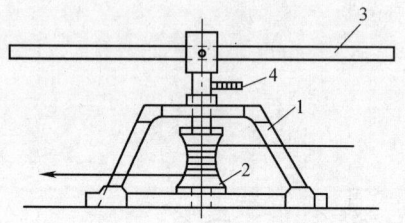 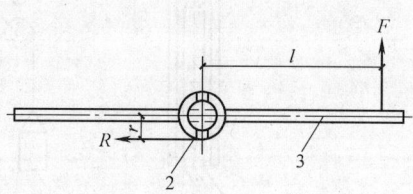

图 13-13　绞磨作用力计算简图
1—绞磨支架；2—鼓轮；3—推杆；4—制动器

【例 13-15】 有一构件重 8.5kN，用一台绞磨由二人在平地拖运，已知绞磨 $l=2000\text{mm}$，$r=120\text{mm}$，$K=1.1$，试求需用推力。

【解】 推动绞磨需用推力由式（13-38）得：

$$F=\frac{Rr}{l}K=\frac{8500\times120}{2000}\times1.1=561\text{N}$$

故知，推动绞磨推力为 561N。

13.4.2　电动卷扬机牵引力计算

卷扬机牵引力是指卷筒上钢丝绳缠绕一定层数时，钢丝绳所具有的实际牵引力。实际牵引力与额定牵引力有时不一致，当钢丝绳缠绕层数较少时，实际牵引力比额定牵引力大，需要按实际情况进行计算。

电动卷扬机的传动简图如图 13-14。其卷筒上钢丝绳的牵引力可按下式计算：

$$S=1020\frac{P_\text{H}\eta}{V} \tag{13-39}$$

其中

$$V=\pi D' n_\text{n} \tag{13-40}$$

$$V=\frac{\pi D' n_\text{e}}{i} \tag{13-41}$$

$$\eta=\eta_0\cdot\eta_1\cdot\eta_2\cdot\eta_3\cdots\eta_n \tag{13-42}$$

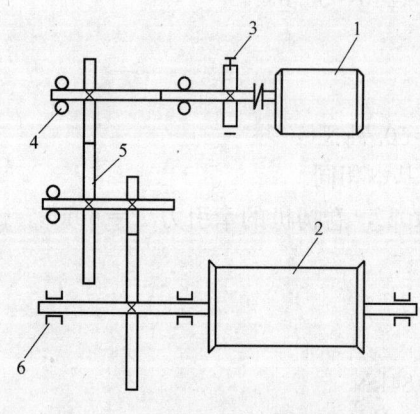

图 13-14　电动卷扬机传动简图
1—电动机；2—卷筒；3—止动器；4—滚动轴承；5—齿轮；6—滑动轴承

式中　　　S——作用于卷筒上钢丝绳的牵引力（N）；
　　　　　P_H——电动机的功率（kW）；
　　　　　η——卷扬机传动机构总效率（%），等于各传动机构效率的总乘积；根据齿轮传动方式及轴承类别决定；

13.4 卷扬机牵引力计算

η_0——卷筒效率。当卷筒装在滑动轴承上时，$\eta_0=0.94$；当卷筒装在滚动轴承上时，$\eta_0=0.96$；

η_1、η_2、$\eta_3 \cdots \eta_n$——分别为第 1、2、3、$\cdots n$ 组等传动机构的效率，不同的传动机构有不同的效率 由表 13-14 取用；

V——钢丝绳速度（m/s）；

π——圆周率，取 3.14；

D'——缠有钢丝绳的卷筒的计算直径（m）；

$$D' = D + (2m-1)d;$$

D——卷筒直径（m）；

d——钢丝绳直径（m）；

m——钢丝绳在卷筒上的缠绕层数；

n_n——卷筒转速（r/s），$n_n = \dfrac{n_h i}{60}$；

n_h——电动机转数（r/min）；

n_e——电动机转速（r/s）；

i——传动比，$i = T_e / T_p$；

T_e——所有主动齿轮的乘积；

T_p——所有被动齿轮的乘积。

各种传动机构的效率表　　　　　　　　　　　　　　表 13-14

项次	传动机构名称		传动效率 η
1	平皮带传动		0.92～0.97
2	三角皮带传动		0.90～0.94
3	卷筒	滑动轴承	0.93～0.95
4		滚动轴承	0.93～0.96
5	齿轮（圆柱）传动	开式传动 滑动轴承	0.93～0.95
6		开式传动 滚动轴承	0.93～0.96
7		闭式传动（稀油润滑）滑动轴承	0.95～0.97
8		闭式传动（稀油润滑）滚动轴承	0.96～0.98
9	蜗轮蜗杆传动	单头	0.70～0.75
10		双头	0.75～0.80
11		三头	0.80～0.85
12		四头	0.85～0.92

【例 13-16】 有 1 台电动卷扬机，技术性能如图 13-15 所示，$P_H = 22\text{kW}$，$n_h = 960$ r/min，有 3 对齿轮（滑动轴承），$T_1 = 30$，$T_2 = 120$，$T_3 = 22$，$T_4 = 66$，$T_5 = 16$，$T_6 = 64$，卷筒直径为 0.35m，试求其牵引力。

【解】
$$i = \dfrac{30 \times 22 \times 16}{120 \times 66 \times 64} = \dfrac{1}{48}$$

$$n_n = \dfrac{n_h i}{60} = \dfrac{960 \times \dfrac{1}{48}}{60} = 0.333$$

$$V = \pi D n_n = 3.14 \times 0.35 \times 0.333 = 0.37 \text{m/s}$$

$$\eta = 0.94 \times 0.93 \times 0.93 \times 0.93 = 0.756，\text{取 } \eta = 0.75$$

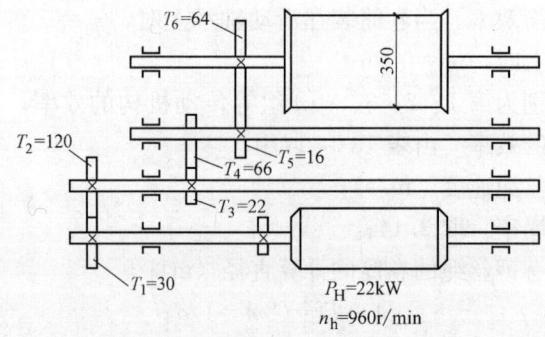

图 13-15 卷扬机技术性能计算简图

由式（13-39）牵引力为：

$$S = 1020 \times \frac{22 \times 0.75}{0.37} = 45486\text{N}$$

13.4.3 卷扬机卷筒容绳量计算

卷筒容绳量系指卷筒可缠绕钢丝绳的长度，一般按下式计算（图 13-16）：

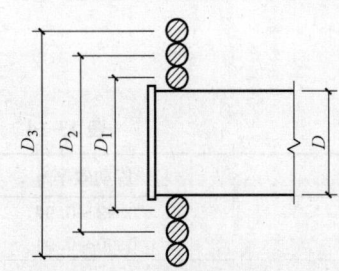

图 13-16 卷筒缠绕钢丝绳计算简图

$$L = Z\pi(D_1 + D_2 + D_3 + \cdots + D_m)$$

又 $D_1 = D + d$；$D_2 = D + 3d$

$$D_m = D + (2m-1)d$$

代入上式得：

$$L = Z\pi\{mD + d[1+3+5+\cdots+(2m-1)]\}$$
$$= Z\pi\left(mD + d\,\frac{1+2m-1}{2}\cdot m\right)$$
$$= Z\pi(mD + dm^2)$$

即
$$L = Zm\pi(D+dm) \tag{13-43}$$

式中 L——卷筒容绳量（m）；

Z——卷筒每层能缠绕钢丝绳的圈数；

m——卷筒上缠绕钢丝绳的层数；

D——卷筒直径（m）；

d——钢丝绳直径（m）。

【例 13-17】 已知 3t 卷扬机卷筒直径 $D=350\text{mm}$，每层能缠绕直径 $d=17\text{mm}$ 钢丝绳 30 圈，缠绕层数 $m=8$，试求该卷筒的容绳量。

【解】 卷扬机卷筒的容绳量由式（13-43）得：

$$L = Zm\pi(D+dm) = 30 \times 8 \times 3.14(0.35 + 0.017 \times 8) = 366\text{m}$$

故知，该卷扬机卷筒能缠绕钢丝绳 366m。

13.5 锚碇计算

锚碇又称地锚或地垅，是用来固定缆风绳和卷扬机或定滑车、导向滑车的，它是桅杆稳定系统中的重要组成部分。锚碇又分垂直（桩式）锚定、水平（卧式）锚碇和活动锚碇等。

13.5.1 垂直（桩式）锚碇计算

垂直锚碇又称桩式锚碇，是把圆木成排地垂直或稍倾斜打入土中而成，一般受力为 10~50kN。所需的排数、圆木尺寸以入土深度，可根据作用力大小参考表 13-15 和表 13-16 计算数据选用。

圆木埋桩式锚碇规格及容许作用力　　　　表 13-15

类　型	作用力 N(kN)	10	15	20	30	40	50
（图）	a_1(mm)	500	500	500	—	—	—
	b_1(mm)	1600	1600	1600	—	—	—
	c_1(mm)	900	900	900	—	—	—
	d_1(mm)	180	200	220	—	—	—
	l_1(mm)	1000	1000	1200	—	—	—
（图）	a_1(mm)	—	—	—	500	500	500
	b_1(mm)	—	—	—	1600	1600	1600
	c_1(mm)	—	—	—	900	900	900
	d_1(mm)	—	—	—	180	200	220
	l_1(mm)	—	—	—	1000	1000	1200
	a_2(mm)	—	—	—	500	500	500
	b_2(mm)	—	—	—	1500	1500	1500
	c_2(mm)	—	—	—	900	900	900
	d_2(mm)	—	—	—	220	250	260
	l_2(mm)	—	—	—	1000	1000	1000
	e(mm)	—	—	—	900	900	900

注：作用于土的压力为 0.25N/mm^2 档木直径与桩柱直径相同。

圆木桩式锚碇规格及容许作用力　　　　表 13-16

类　型	作用力 N(kN)	10	15	20	30	40	50
（图）	施于土的压力（MPa）	0.15	0.20	0.23	0.31	—	—
	a(mm)	300	300	300	300	—	—
	b(mm)	1200	1200	1200	1200	—	—
	c(mm)	400	400	400	400	—	—
	d(mm)	180	200	220	260	—	—
（图）	施于土的压力（MPa）	—	—	—	0.15	0.20	0.28
	a_1(mm)	—	—	—	300	300	300
	b_1(mm)	—	—	—	1200	1200	1200
	c_1(mm)	—	—	—	900	900	900
	d_1(mm)	—	—	—	220	250	260
	a_2(mm)	—	—	—	300	300	300
	b_2(mm)	—	—	—	1200	1200	1200
	c_2(mm)	—	—	—	400	400	400
	d_2(mm)	—	—	—	200	220	240

注：水平圆木长 1000mm，直径与桩相等。

13.5.2 水平（卧式）锚碇及容许拉力计算

水平锚碇又称卧式锚碇，是用一根或几根圆木或方木、枕木捆绑在一起，横卧着埋入土内而成。钢丝绳的一端从坑前端的槽中引出，绳与地面的夹角等于缆风与地面的夹角，然后用土石回填夯实。它可以承受较大的作用力，埋入深度应根据锚碇受力大小和土质情况而定，一般为 1.5～3.5m，可受作用力 30～400kN，当作用力超过 75kN 时，锚碇横木上应增加水平压板；当作用力大于 150kN，还应用圆木作成板栅（护板）加固，以增强土的横向抵抗力（图 13-17）。

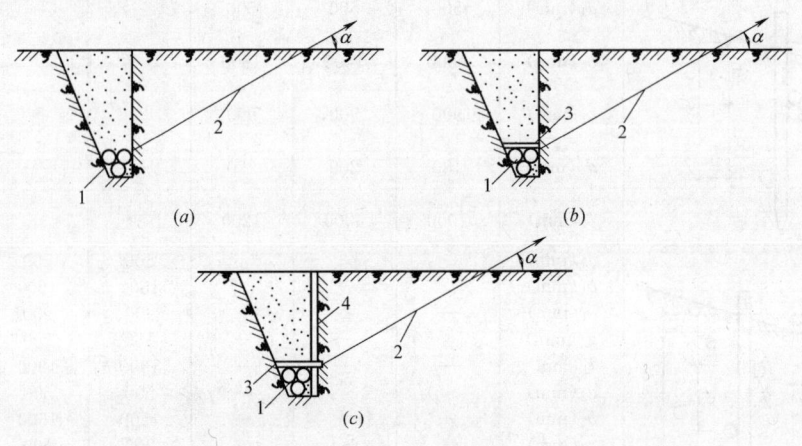

图 13-17 水平锚碇构造
(a) 普通水平锚碇；(b) 有压板水平锚碇；(c) 有板栅和压板水平锚碇
1—横木；2—钢丝绳（或拉索）；3—压板；4—立柱、板栅

水平锚碇计算步骤、方法是：先根据作用力及角度选定横木截面和锚坑尺寸，然后再进行以下三方面验算，至符合要求为止。

一、在垂直分力作用下锚碇的稳定性验算（图 13-18）

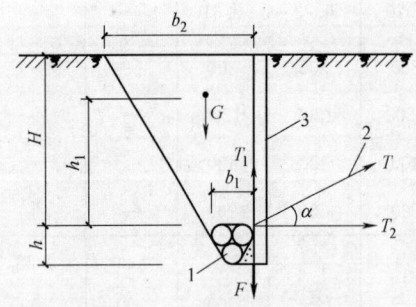

图 13-18 水平锚碇计算简图
1—横木；2—钢丝绳或拉索；3—板栅

锚碇的稳定性按下式验算：

$$KT_1 \leqslant G+F \tag{13-44}$$

式中 K——安全系数，一般取 2；
T_1——锚碇受张力 T 后的垂直分力，$T_1=T\sin\alpha$；
T——缆风绳所受张力；
α——缆风绳与地面的夹角；
G——土的重力，按以下估算：

对无板栅锚碇 $G=\dfrac{b_1+b_2}{2}Hl\gamma$

对有板栅锚碇 $G=Hbl\gamma$

其中 b_1——横木宽度；
b_2——土有效压力区宽度，与土的内摩擦角有关，$b_2=b_1+H\tan\varphi$；
φ——土的内摩擦角，松土取 15°～20°，一般土取 30°～40°；

b——有板栅时锚碇宽度；

H——横木埋置深度；

l——横木长度；

γ——土的重度；

F——摩擦力，$F=\mu T_2$；

其中　μ——摩擦系数，无板栅锚碇取 0.5；有板栅锚碇取 0.4；

T_2——锚碇受 T 力后的水平分力，$T_2=T\cos\alpha$。

二、在水平分力作用下，侧向土的压力强度验算：

对于无板栅锚碇：
$$[\sigma]K \geqslant \frac{T_2}{hl} \quad (13\text{-}45)$$

对有板栅锚碇
$$[\sigma]K \geqslant \frac{T_2}{(h+h_1)l} \quad (13\text{-}46)$$

式中　$[\sigma]$——深度 H 处土的容许压力；

K——土挤压不均容许应力降低系数，可取 $0.5\sim0.7$；

其他符号意义同前。

三、锚碇横木截面应力验算

当锚碇横木为圆形截面时，按单向受弯构件计算；当为矩形截面时，则按双向受弯构件计算。

1. 当一根钢丝绳系在横木上时（图 13-19a），其最大弯矩为：

对圆木横木：
$$M = \frac{Tl}{8} \quad (13\text{-}47)$$

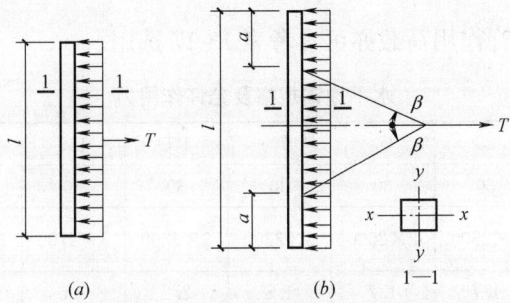

图 13-19　锚碇横木计算简图

(a) 一根绳索的水平锚碇；(b) 二根绳索的水平锚碇

对矩形横木：
$$M_x = \frac{T_2 l}{8}; \quad M_y = \frac{T_1 l}{8} \quad (13\text{-}48)$$

对圆木横木应力：
$$\sigma = \frac{M}{W_n} \leqslant f_m \quad (13\text{-}49)$$

对矩形横木应力：
$$\sigma_m = \frac{M_x}{W_{nx}} + \frac{M_y}{W_{ny}} \leqslant f_m \quad (13\text{-}50)$$

式中 M、W_n——圆木横木所受的弯矩和截面抵抗矩；

M_x、W_{nx}——矩形横木于水平方向所受的弯矩和截面抵抗矩；

M_y、W_{ny}——矩形横木于垂直方向所受的弯矩和截面抵抗矩；

f_m——横木受弯强度设计值，对落叶松一般取 $17N/mm^2$；对杉木可取 $11 N/mm^2$。

2. 当二根钢丝绳系在横木上时（图 13-19b），其最大弯矩为：

对圆木横木：
$$M=\frac{Ta^2}{2l} \tag{13-51}$$

对矩形横木：
$$M_x=\frac{T_2 a^2}{2l};\ M_y=\frac{T_1 a^2}{2l} \tag{13-52}$$

圆形或矩形横木的轴向力为：
$$N_0=\frac{T}{2}\tan\beta \tag{13-53}$$

圆木横木应力：
$$\sigma=\frac{Mf_c}{W_n f_m}+\frac{N_0}{A_n}\leqslant f_c \tag{13-54}$$

矩形横木应力
$$\sigma=\frac{M_x}{W_{nx}}+\frac{M_y}{W_{ny}}+\frac{N_0}{A}\leqslant f_c \tag{13-55}$$

式中 a——横梁端点到绳的距离；

β——二绳夹角的一半；

A——横木截面面积；

f_c——木材顺纹抗压强度设计值；

其余符号意义同前。

水平地锚规格及允许作用荷载亦可参考表 13-17 选用。

水平地锚规格及允许作用力　　　　表 13-17

作用力(kN)	28	50	75	100	150	200	300	400
缆绳的水平夹角(°)	30	30	30	30	30	30	30	30
横梁根数×长度(mm)（直径24mm）	1×2500	2×2500	3×3200	3×3200	3×2700	3×3500	3×4000	4×4000
埋深 H(m)	1.7	1.7	1.8	2.2	2.5	2.75	2.75	3.5
横梁上系绳点数(点)	1	1	1	1	2	2	2	2
档木:根数×长度(mm)（直径24mm）	无	无	无	无	4×2700	4×3500	5×4000	5×4000
柱木:根数×长度×直径	—	—	—	—	2×1200×ϕ200	2×1200×ϕ200	3×1500×ϕ220	3×1500×ϕ220
压板:长×宽(mm)（密排ϕ10mm）	—	800×3200	800×3200	1400×2700	1400×3500	1500×4000	1500×4000

注：本表计算依据：夯填土重度为 $16kN/m^3$，土内摩擦角 $\varphi=45°$ 木材抗弯强度设计值为 $11N/mm^2$。

四、锚碇容许拉力计算

水平（卧式）锚碇除按以上计算外，还可用以下简化方法直接计算其容许应力

（一）无板栅锚碇容许拉力计算

假定锚碇垂直分力由一直立楔形体积的土体平衡，水平分力由等于 H 深处的被动土

抗平衡，取二者中较小值作为锚碇的容许拉力（抗拔力）。

计算简图如图 13-20，则水平锚碇的容许拉力按下列二式计算：

$$[T] = \frac{1}{K}(blH + \frac{1}{2}lH^2\tan\theta)\gamma \frac{1}{\sin\alpha} \quad (13\text{-}56)$$

$$[T] = 0.5hlH\gamma\left[\tan^2\left(45°+\frac{\varphi}{2}\right) + 2c\tan\left(45°+\frac{\varphi}{2}\right)\right]\frac{1}{\cos\alpha} \quad (13\text{-}57)$$

式中　$[T]$——锚碇容许拉力（kN）；

　　　K——抗拔安全系数，取 2～3；

　　　b——锚坑下口宽度（m）；

　　　l——横木长度（m）；

　　　H——横木底部距地面深度（m）；

　　　h——横木的直径或高度（m）；

　　　θ——土的计算抗拔角，由表 13-18 取用；

　　　φ——土的内摩擦角，由表 13-18 取用；

　　　γ——土的重度，由表 13-18 取用；

　　　c——土的黏聚力，由表 13-18 取用；

　　　α——锚碇受力方向与地面水平夹角。

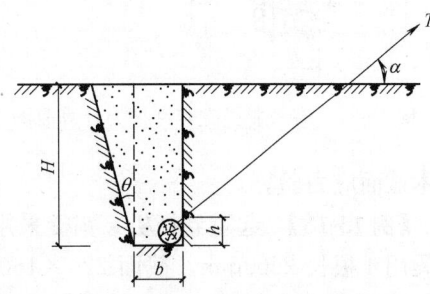

图 13-20　无板栅锚碇容许拉力计算简图

土的重度、内摩擦角、黏聚力和计算抗拔角　　　　表 13-18

土 的 名 称		土的状态	重度 γ (kN/m³)	内摩擦角 φ	黏聚力 c (kN/m²)	计算抗拔角 θ
黏性土	黏土	坚塑	18	18°	5.0	30°
		硬塑	17	14°	2.0	25°
		可塑	16	14°	2.0	20°
		软塑	16	8°～10°	0.8	10°～15°
	粉质黏土*	坚塑	18	18°	3.0	27°
		硬塑	17	18°	1.3	23°
		可塑	16	18°	1.3	19°
		软塑	16	13°～14°	0.4	10°～15°
	粉质黏土*	坚塑	18	20°	1.5	27°
		可塑	17	22°	0.8	23°
砂性土	砾石及粗砂	任何湿度	18	40°		30°
	中砂	任何湿度	17	38°		28°
	细砂	任何湿度	16	36°		26°
	粉砂	任何湿度	15	34°		22°

*：两个粉质黏土，φ、c 不同时用。

（二）有板栅锚碇容许拉力计算

假定同无板栅容许拉力计算，计算简图如图 13-21，则水平锚碇的容许拉力，按下列二式计算，并取二式中的较小值。

13 建筑结构吊装工程

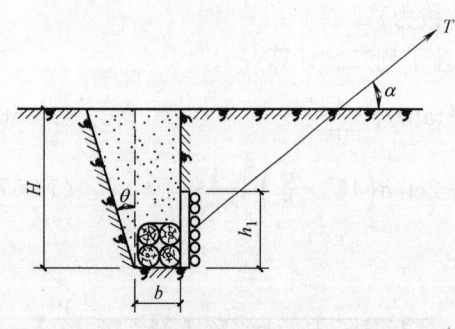

$$[T]=\frac{1}{K}\left(blH+\frac{1}{2}lH^2\tan\theta\right)\gamma\frac{1}{\sin\alpha} \quad (13\text{-}58)$$

$$[T]=0.5h_1lH\gamma\left[\tan^2\left(45°+\frac{\varphi}{2}\right)\right.$$
$$\left.+2c\tan\left(45°+\frac{\varphi}{2}\right)\right]\frac{1}{\cos\alpha} \quad (13\text{-}59)$$

式中 h_1——横木板栅高度（m）；
其他符号意义同前。

（三）横木计算

横木强度核算同 13.5.2 一节项次三、锚碇横木截面应力验算。

图 13-21 有板栅锚碇容许拉力计算简图

【例 13-18】 起重卷扬机，锚碇采用单根水平锚碇（图 13-22），缆绳拉力 $T=55\text{kN}$，横梁用 4 根长 2500mm，截面 220×160mm 的枕木组成，埋深 1.6m，缆绳水平夹角 $\alpha=30°$；土的重度 $\gamma=17\text{kN/m}^3$，摩擦角 $\varphi=25°$，试验算锚碇的稳定、土的压力和横木的截面。

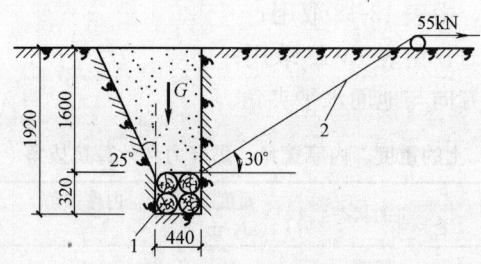

图 13-22 卷扬机水平锚碇计算简图
1—枕木 160×220×2500，4 根；2—钢丝绳

【解】 （1）在垂直分力作用下锚碇的稳定性验算

土重 $G=\dfrac{b+(b+H\tan\varphi)}{2}Hl\gamma=\dfrac{0.44+(0.44+1.6\tan25°)}{2}\times1.6\times2.5\times17$
$=55.3\text{kN}$

摩擦力 $F=\mu T_2=\mu T\cos\alpha=0.5\times55\cos30°=23.8\text{kN}$

锚碇垂直分力 $T_1=T\sin\alpha=55\sin30°$

安全系数

$$K=\frac{G+F}{T_1}=\frac{55.3+23.8}{27.5}=2.88>2，可$$

（2）在水平力作用下土的压力强度验算

$$T_2=T\cos\alpha=55\cos30°=47.6\text{kN}$$

$$\sigma=\frac{T_2}{hl}=\frac{47.6}{0.32\times2.5}=59.5\text{kN/m}^2\approx0.06\text{N/mm}^2$$

土的容许压力为 0.15N/mm^2，应力降低系数取 0.6，则

$$[\sigma]K=0.15\times0.6=0.09\text{N/mm}^2>0.06\text{N/mm}^2，可$$

（3）锚碇横木截面应力验算

$$\sigma = \frac{M_x}{W_{nx}} + \frac{M_y}{W_{ny}} = \frac{\frac{T_2 l}{8}}{4 \times \frac{bh^2}{6}} + \frac{\frac{T_1 l}{8}}{4 \times \frac{hb^2}{6}} = \frac{\frac{47.6 \times 2.5}{8}}{4 \times \frac{0.22 \times 0.16^2}{6}} + \frac{\frac{27.5 \times 2.5}{8}}{4 \times \frac{0.16 \times 0.22^2}{6}}$$

$$= 5567 \text{kN/m}^2 = 5.6 \text{N/mm}^2 < 11 \text{N/mm}^2 \quad 可$$

根据以上验算卷扬机的水平锚碇可以满足要求。

【**例 13-19**】 一缆风锚碇，埋入黏性土中，土质为硬塑状态，试求容许拉力。

【**解**】 由题意，设 $b = 0.5$m，$l = 2.5$m，$H = 1.65$m，取 $K = 2.5$，$\alpha = 30°$，$h = 0.22$m，查表 13-18，$\theta = 25°$，$\gamma = 17$kN/m³，$c = 2$kN/m²，$\varphi = 14°$

锚碇容许拉力由式（13-58）和式（13-59）得：

$$[T] = \frac{1}{K}\left(blH + \frac{1}{2}lH^2 \tan\theta\right)\gamma \cdot \frac{1}{\sin\alpha}$$

$$= \frac{1}{2}(0.5 \times 2.5 \times 1.65 + 0.5 \times 2.5 \times 1.65^2 \times \tan 25°) \times 17 \times \frac{1}{\sin 30} = 62 \text{kN}$$

$$[T] = 0.5 hlH\gamma \left[\tan^2\left(45° + \frac{\varphi}{2}\right) + 2c\tan\left(45° + \frac{\varphi}{2}\right)\right]\frac{1}{\cos\alpha}$$

$$= 0.5 \times 0.22 \times 2.5 \times 1.65 \times 17 \times \left[\tan^2\left(45° + \frac{14°}{2}\right) + 2 \times 2 \times \tan\left(45° + \frac{14°}{2}\right)\right]\frac{1}{\cos 30°}$$

$$= 60 \text{kN}$$

取二式中的较小值 60kN，故知，该锚碇容许拉力为 60kN。

13.5.3 利用厂房柱脚作锚碇计算

一、利用混凝土柱脚作锚碇

如图 13-23a、b，锚碇的容许拉力 T （kN）可按下式计算：

$$T \leqslant m f_t bh \tag{13-60}$$

式中 m——混凝土构件的工作系数，一般取 1；

f_t——混凝土轴心抗拉强度设计值（N/mm²）；

b——矩形截面宽度，工字形截面的肋宽（mm）；

h——截面的高度（mm）。

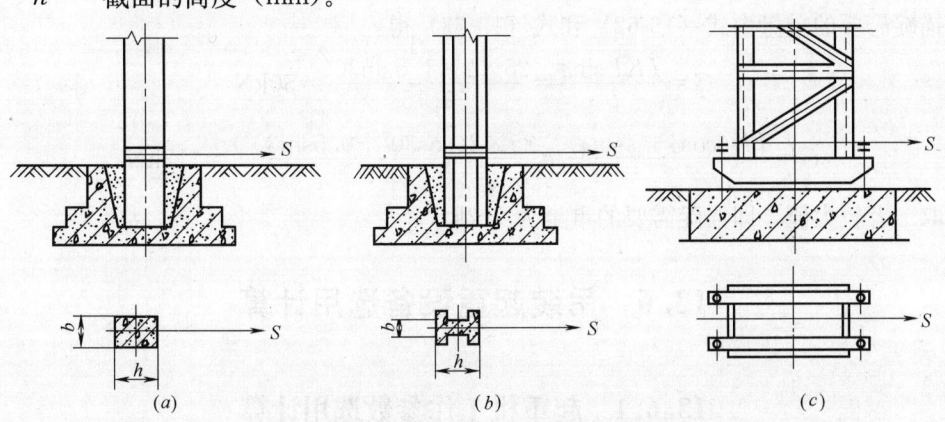

图 13-23 利用厂房柱脚作锚碇计算简图
(a) 混凝土柱矩形截面；(b) 混凝土柱工字形截面；(c) 利用钢柱脚作锚碇

二、利用钢柱脚作锚碇

如图 13-23c，钢柱锚碇的容许拉力 T（kN）按钢柱的两个地脚螺栓受剪切计算：

$$T \leqslant \frac{\pi d^2}{2}[f_v^b] \tag{13-61}$$

式中　d——地脚螺栓直径（mm）；

　　　$[f_v^b]$——地脚螺栓的抗剪容许强度设计值（N/mm²）。

13.5.4　活动锚碇计算

当锚碇需经常移动时，为避免转移麻烦，节省费用，常采用活动锚碇，计算简图如图 13-24 所示。

在锚碇 T 的垂直分力和水平分力作用下，为保持稳定，活动锚碇的容许拉力按下列二式计算，并取二式中的较小值：

$$[T] \leqslant \frac{Gl}{K \cdot L \cdot \sin\alpha} \tag{13-62}$$

$$[T] \leqslant \frac{Gf}{K(\cos\alpha + f\sin\alpha)} \tag{13-63}$$

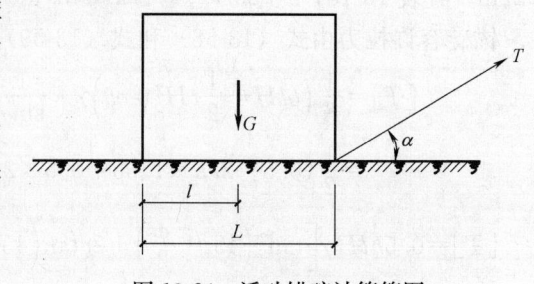

图 13-24　活动锚碇计算简图

式中　$[T]$——活动锚碇的容许拉力；

　　　K——安全系数，取 2；

　　　L——活动锚碇的长度（m）；

　　　l——活动锚碇的重心至边缘的距离（m）；

　　　α——活动锚碇受力方向与地面的夹角（°）；

　　　f——滑动摩擦系数，取 0.5；

　　　G——活动锚碇的重量（kN）。

【例 13-20】桅杆缆风绳拉力为 25kN，与地面夹角为 30°，采用活动锚碇，试求需要的重量。

【解】取 $K=2$，$L=1.5$m，$l=0.75$m，$f=0.5$

锚碇需要的重量由式（13-62）和式（13-63）得：

$$G = \frac{TKL\sin\alpha}{l} = \frac{25 \times 2 \times 1.5\sin30°}{0.75} = 50\text{kN}$$

$$G = \frac{TK(\cos\alpha + f\sin\alpha)}{f} = \frac{25 \times 2(\cos30° + 0.5\sin30°)}{0.5} = 112\text{kN}$$

取二者较大值，即锚碇需要的重量为 112kN。

13.6　吊装起重设备选用计算

13.6.1　起重机工作参数选用计算

结构吊装工程用起重机型号主要根据工程结构特点、构件的外形尺寸、重量、吊装高度、起重（回转）半径以及设备和施工现场条件等确定。起重量、起重高度和起重半径为选择和计算起重机型号的三个主要工作参数。

一、起重机起重量计算

1. 起重机单机吊装的起重量可按下式计算：

$$Q \geqslant Q_1 + Q_2 \tag{13-64}$$

式中　Q——起重机的起重量（t）；
　　　Q_1——构件的重量（t）；
　　　Q_2——绑扎索重、构件加固及临时脚手等的重量。

单机吊装的起重机在特殊情况下，当采取一定的有效技术措施（如按起重机实际超载试验数据；在机尾增加配重；改善现场施工条件等）后，起重量可提高10%左右。

2. 结构吊装双机抬吊的起重机起重量可按下式计算：

$$(Q_主 + Q_副)K \geqslant Q_1 + Q_2 \tag{13-65}$$

式中　$Q_主$——主机起重量（t）；
　　　$Q_副$——副机起重量（t）；
　　　K——起重机的降低系数，一般取0.8。

其他符号意义同前。

双机抬吊构件选用起重机时，应尽量选用两台同类型的起重机，并进行合理的荷载分配。

二、起重机起重高度计算

起重机的起重高度，可由下式计算（图13-25）：

$$H \geqslant h_1 + h_2 + h_3 + h_4 \tag{13-66}$$

式中　H——起重机的起重高度（m）；
　　　h_1——安装支座表面高度（m）；
　　　h_2——安装间隙，视具体情况而定，一般取0.2~0.5m；
　　　h_3——绑扎点至构件吊起后底面的距离（m）；
　　　h_4——吊索高度（m），自绑扎点至吊钩面的距离，视实际情况而定（m）。

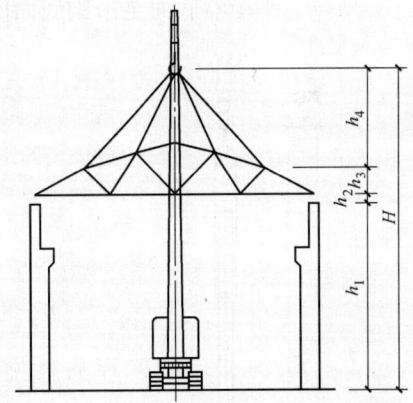

图13-25　起重机起重高度计算简图

三、起重机起重半径计算

对一般中、小型构件，当场地条件较好，已知起重量Q和吊装高度H后，即可根据起重机技术性能表和起重曲线选定起重机的型号和需用起重臂杆的长度。对某些安装就位条件差的中、重型构件，起重机不能开到构件吊装位置附近，吊装时还应计算起重半径R，根据Q、H、R三个参数选定起重机的型号。

起重机的起重半径一般可按下式计算：

$$R = F + L\cos\alpha \tag{13-67}$$

式中　R——起重机的起重半径（m）；
　　　F——起重机臂杆支点中心至起重机回转中心的距离（m）；
　　　L——所选择起重的臂杆长度（m）；

α——所选择起重机的仰角（°），可按 13.6.2 一节计算求得或图解法量得。

按计算出的 L 及 R 值，查起重机的技术性能表或曲线表复核起重量 Q 及起重高度 H，如能满足构件吊装要求，即可根据 R 值确定起重机吊装屋面板时的停机位置。

13.6.2 起重机臂杆长度计算

一、柱吊装起重机臂杆长度计算

1. 柱吊装采用垂直吊法时，起重机起重臂杆长度可按下式计算（图 13-26）：

$$L \geq \frac{H + h_a - h_b}{\sin\alpha} \tag{13-68}$$

或

$$L \geq \frac{e + a + l_1 + b + h_a - h_b}{\sin\alpha} \tag{13-69}$$

式中 L——起重机的臂杆长度（m）；

H——起升高度（m），即从停机面算至吊钩底高度；

h_a——起重臂头至起升高度的距离（m）；

h_b——起重臂底铰至停机面距离（高度）（m）；

α——起重臂的仰角（°），即起重臂纵轴线与水平面的夹角，一般取 70°～77°；

e——柱基杯口顶面至停机面的距离（m），当 e 为负值时，杯口顶面应为停机面；

a——柱杯口至柱底距离，一般取 0.2m 左右；

l_1——柱身长度（m）；

b——平衡器底面至柱顶距离（m）；

h——平衡器底面至吊钩底面的距离（m）。

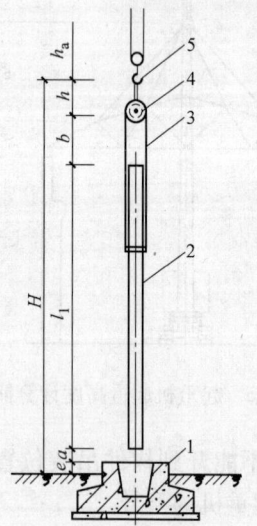

图 13-26 柱垂直吊法吊装起重机
臂杆长度计算简图

1—柱基；2—柱；3—吊索；
4—滑轮、平衡器或横吊梁；
5—起重机吊钩

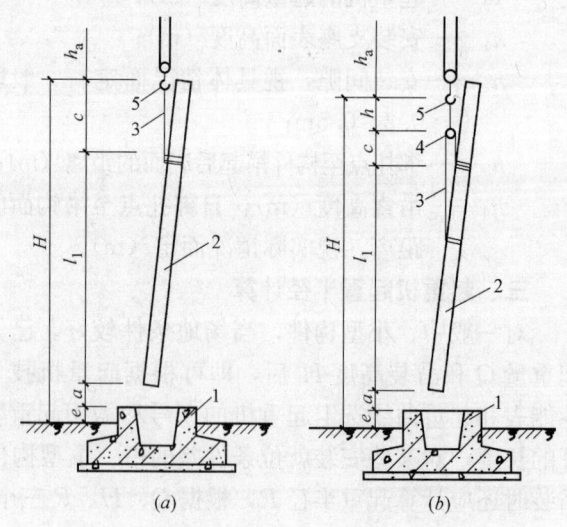

图 13-27 柱斜吊法吊装起重机臂杆长度计算简图
(a) 一点斜吊；(b) 二点斜吊
1—柱基；2—柱；3—吊索；4—滑轮或
平衡器；5—起重机吊钩

2. 柱吊装采用斜吊法时，起重机起重臂杆长度可按下式计算（图13-27）：

$$L \geqslant \frac{H+h_a-h_b}{\sin\alpha} \tag{13-70}$$

或，一点斜吊时

$$L = \frac{e+a+l_1+c+h_a-h_b}{\sin\alpha} \tag{13-71}$$

两点斜吊时

$$L = \frac{e+a+l_1+c+h+h_a-h_b}{\sin\alpha} \tag{13-72}$$

式中 l_1——柱底至绑扎点的长度（m）；
　　　c——柱绑扎点至吊钩底面的距离，不宜小于1m；
　　　其他符号意义同垂直吊法。

二、屋架吊装起重机臂杆长度计算

屋架吊装起重机起重臂杆长度可按下式计算（图13-28）：

$$L \geqslant \frac{H+h_a-h_b}{\sin\alpha} \tag{13-73}$$

或

$$L \geqslant \frac{h_1+h_2+h_3+h_4+h_a-h_b}{\sin\alpha} \tag{13-74}$$

式中 h_1——地面到安装构件支座上表面高度（m）；
　　　h_2——安装时需要的间隙，一般不得小于0.2m；
　　　h_3——绑扎点至构件的底面距离（m）；
　　　h_4——索具高度（m），绑扎点至吊钩底面的距离，视具体情况而定；

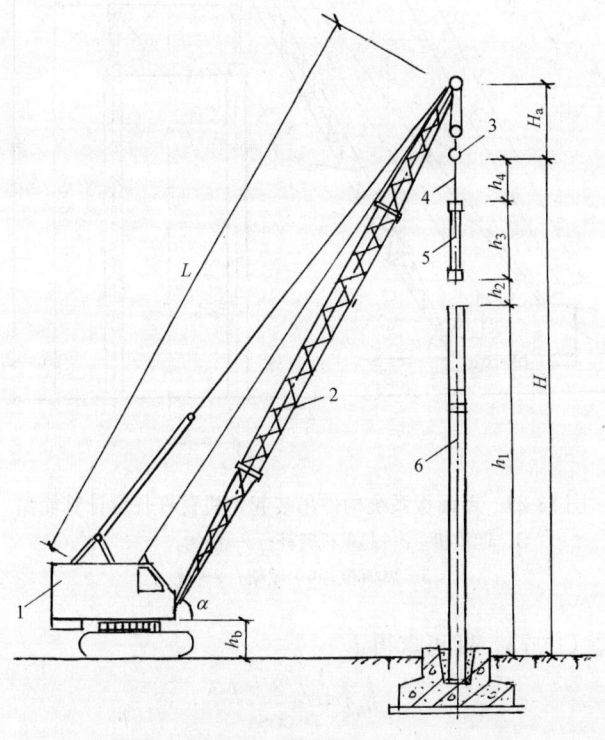

图13-28　屋架吊装起重机臂杆长度计算简图
1—起重机；2—起重机臂杆；3—吊钩；4—吊索；5—屋架；6—柱

其他符号意义同柱吊装起重机臂杆长度计算。

三、屋面板、支撑等构件吊装起重机臂杆长度计算

屋面板及屋面支撑等构件吊装，起重机臂杆长度计算有数解法和图解法两种方法，或用两种方法互相校核。

（一）数解法

屋面板及屋面支撑等构件吊装时，起重臂杆需跨越已安装好的屋架、天窗架，起重臂杆长度，可按下式计算（图13-29）：

$$L = L_1 + L_2 = \frac{h_0}{\sin\alpha} + \frac{S}{\cos\alpha} \tag{13-75}$$

令

$$\frac{dL}{d\alpha} = \frac{h_0 \cos\alpha}{\sin^2\alpha} + \frac{S\sin\alpha}{\cos^2\alpha} = 0$$

解之得：

$$\tan\alpha = \sqrt[3]{\frac{h_0}{S}}; \quad \alpha = \arctan \cdot \sqrt[3]{\frac{h_0}{S}} \tag{13-76}$$

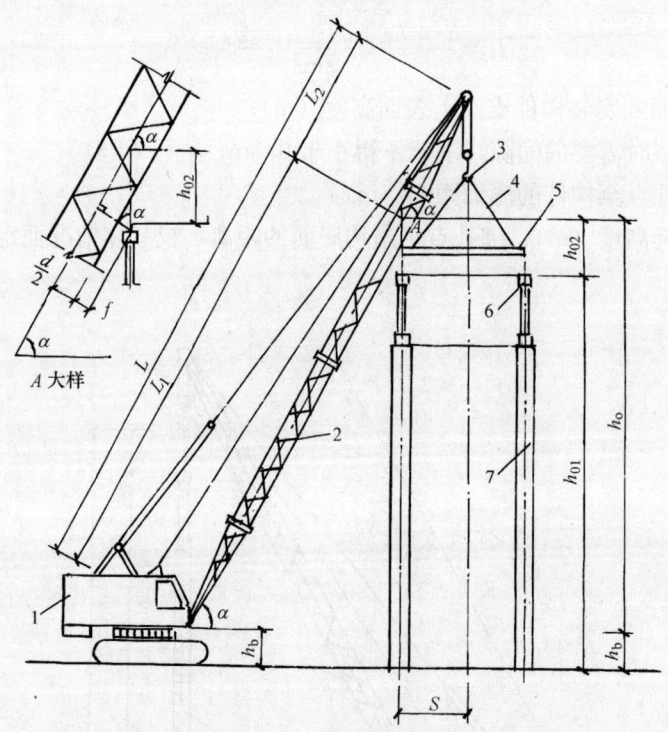

图13-29 屋面板系统构件吊装起重机臂杆长度计算简图
1—起重机；2—起重机臂杆；3—吊钩；4—吊索；
5—屋面板；6—屋架；7—柱

求得 α，代入式（13-75）即可求得 L

其中

$$h_{02} = \frac{d/2 + f}{\cos\alpha}$$

求 h_{02} 可近似取

$$\alpha \approx \arctan \cdot \sqrt[3]{\frac{h_{01}}{S}}$$

$$h_{02} \approx \frac{d/2+f}{\cos\left(\arctan \cdot \sqrt[3]{\dfrac{h_{01}}{S}}\right)} \tag{13-77}$$

式中 L——起重机的臂杆长度（m）；

L_1——已安装屋架垂直轴线与起重臂杆轴线交点至起重臂杆铰座的距离（m）；

L_2——已安装屋架垂直轴线与起重臂杆轴线交点至起重臂杆顶端的距离（m）；

S——起重机吊钩的伸距（m）；

h_0——起重臂 L_1 部分在垂直轴上的投影，

$$h_0 = h_{01} + h_{02} - h_b;$$

h_{01}——屋面板的吊装高度（m）；

h_{02}——起重臂杆中心至安装构件顶面的距离（m）；

d——起重臂宽度，一般取 $0.6 \sim 1.0 \mathrm{m}$；

f——起重臂杆与安装构件的间隙，一般取 $0.3 \sim 0.5 \mathrm{m}$；

其他符号意义同柱吊装起重机臂杆长度计算。

（二）图解法

屋面板、屋面支撑等构件吊装用图解法求起重机起重臂杆最小长度的步骤和方法如下（图 13-30）：

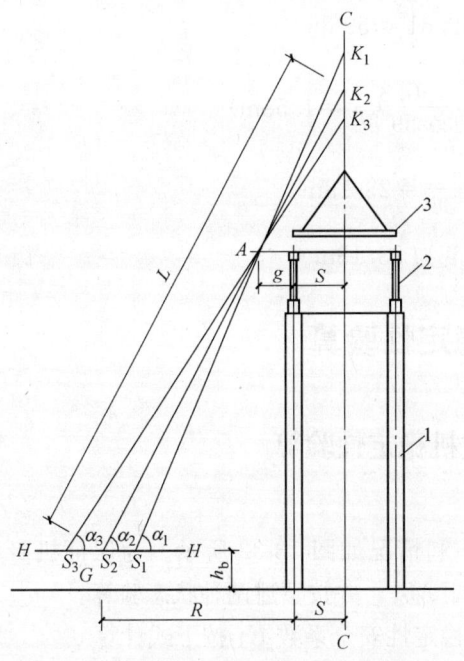

图 13-30 图解法求起重机臂杆最小长度
1—柱；2—屋架；3—屋面板

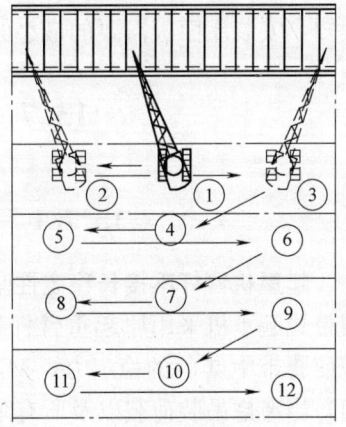

图 13-31 起重机折线行走吊装屋面板示意图
①、②…⑫—行走路线和顺序

1. 按比例绘出欲吊装厂房的一个最高节间的纵剖面图及中心线 $C-C$；

2. 根据初步选定的起重机，选定起重机臂杆长度，查出起重臂杆支点高度 G，并通过支点划一水平线 $H-H$；

3. 自屋架顶向起重机的水平方向量出一水平距离 $g=1.0\text{m}\left(\approx\dfrac{0.5d+f}{\sin\alpha}\right)$，可得 A 点；

4. 过 A 点作若干条直线，被 C—C、H—H 两线所截得线段 S_1K_1、S_2K_2、S_3K_3 等；

5. 取以上 S_iK_i 线中最短的一根，即为吊装屋面板时的起重臂的最小长度，量出 α 角，即为所求的起重臂仰角。亦可通过 A 点作一条直线与水平线呈 α 角的斜线交 C—C 于 K，交 H—H 于 S，则 KS 长度，即为起重臂杆需用的最小长度；

6. 再复核能否满足吊装最边缘一块屋面板的要求，若不能满足时，则需改用较长的起重臂杆及起重仰角或使起重机由直线退着行走改为折线行走如图 13-31 所示。

【**例 13-21**】厂房大型屋面板安装，已知 $h_0=15\text{m}$，$S=3\text{m}$，采用 W-100 起重机，其起重臂宽度 $d=0.8\text{m}$，$h_b=1.7\text{m}$，试计算安装屋面板时需要的最小起重机臂杆长度。

【**解**】由式 (13-75)、式 (13-76) 得：

$$\alpha\approx\arctan\sqrt[3]{\dfrac{15}{3}}\approx 59.68°\approx 59°40'$$

$$h_{02}=\dfrac{0.8/2+0.4}{\cos 59.68°}=1.58\text{m}$$

$$h_{01}=15+1.58-1.7=14.88\text{m}$$

$$\alpha=\arctan\sqrt[3]{\dfrac{14.88}{3}}\approx 59.61°\approx 59°36'$$

（如用 $\alpha=59°36'$ 复求 $h_{02}=\dfrac{0.8}{\cos 59°36'}=1.58\text{m}$）

$$\therefore\quad L=\dfrac{14.88}{\sin 59°36'}+\dfrac{3}{\cos 59°36'}=23.18\text{m}$$

故知，安装屋面板需要的最小的起重臂杆长度为 23.18m。

13.7 起重机稳定性验算

13.7.1 履带式起重机稳定性验算

一、起重机臂杆不接长稳定性验算

履带式起重机采用原起重臂杆稳定性的最不利情况如图 13-32 所示。为保证机身稳定，应使履带中点 O 的稳定力矩 M_r 大于倾覆力矩 M_{ov}，并按下述两种状态验算。

(1) 当考虑吊装荷载以及所有附加荷载时的稳定性安全系数 K_1 按下式计算

$$K_1=\dfrac{M_r}{M_{ov}}=\dfrac{G_1l_1+G_2l_2+G_0l_0-(G_1h_1+G_2h_2)}{(Q+q)(R-l_2)}$$

$$+\dfrac{(G_0h_0+G_3h_3)\sin\beta-G_3l_3+M_F+M_G+M_L}{(Q+q)(R-l_2)}\geqslant 1.15 \quad (13\text{-}78)$$

(2) 只考虑吊装荷载，不考虑附加荷载时的稳定性安全系数 K_2 按下式计算：

13.7 起重机稳定性验算

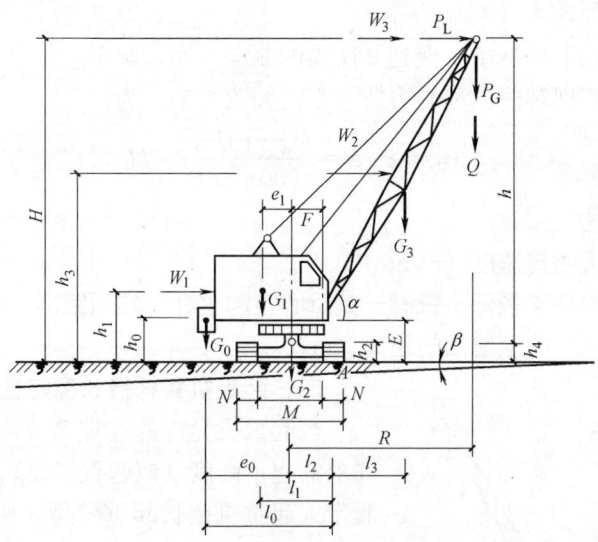

图 13-32 稳定性验算简图
h_4—构件最低位置时的重心高度

$$K_2 = \frac{M_r}{M_{ov}} = \frac{G_1 l_1 + G_2 l_2 + G_0 l_0 - G_3 l_3}{(Q+q)(R-l_2)} \geqslant 1.4 \tag{13-79}$$

式中 G_1——起重机机身可转动部分的重力（kN）；

G_2——起重机机身不转动部分的重力（kN）；

G_0——平衡重的重力（kN）；

G_3——起重臂重力（kN）；

Q——吊装荷载（包括构件重力和索具重力）（kN）；

q——起重滑车组的重力（kN）；

l_1——G_1 重心至 0 点的距离（地面倾斜影响忽略不计，下同）（m）；

l_2——G_2 重心至 0 点的距离（m）；

l_3——G_3 重心至 0 点的距离（m）；

l_0——G_0 重心至 0 点的距离（m）；

h_1——G_1 重心至地面的距离（m）；

h_2——G_2 重心至地面的距离（m）；

h_3——G_3 重心至地面的距离（m）；

h_0——G_0 重心至地面的距离（m）；

β——地面倾斜角度，应限制在 3°以内；

R——起重半径（即工作幅度）（m）；

M_F——风载引起的倾覆力矩（kN·m），起重臂长度小于 25m 时，可以不计；

M_G——重物下降时突然刹车的惯性力矩所引起的倾覆力矩（kN·m）：

$$M_G = P_G(R-l_2) = \frac{(Q+q)v}{gt}(R-l_2) \tag{13-80}$$

其中 P_G——惯性力（kN）；

v——吊钩下降速度（m/s），取为吊钩起重速度的 1.5 倍；

g——重力加速度（9.8m/s²）；

t——从吊钩下降速度 v 变到 0 所需的制动时间，取 1s；

M_L——起重机回转时的离心力所引起的倾覆力矩，为：

$$M_L = P_L H = \frac{(Q+q)Rn^2}{900-n^2h} \cdot H \tag{13-81}$$

其中 P_L——离心力（kN）；

n——起重机回转速度（r/min）；

h——所吊构件于最低位置时，其重心至起重杆顶端的距离（m）；

H——起重机顶端至地面的距离（m）。

二、起重机臂杆接长稳定性验算

当起重机允许的起重高度（或起重半径）小于要求的起重高度（或起重半径）时，可接长起重臂。履带式起重机接长起重臂后，所能具有的最大起重力 Q'，可从起重机原有性能表（或性能曲线）查出最大臂杆长时的最大起重量，然后可近似地按力矩等量换算原则求得，如图 13-33。

由 $\Sigma M_A = 0$ 可得出：

$$Q'\left(R' - \frac{M-N}{2}\right) + G'\left(\frac{R'+R}{2} - \frac{M-N}{2}\right) \leqslant Q\left(R - \frac{M-N}{2}\right)$$

化简后，得：

$$Q' \leqslant \frac{1}{2R'-M+N}[Q(2R-M+N) - G'(R'+R-M+N)] \tag{13-82}$$

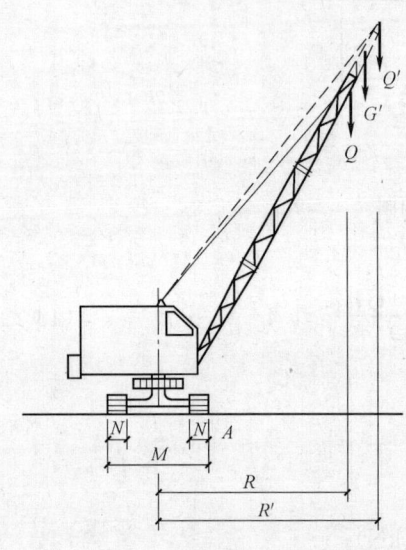

图 13-33 起重机接长计算简图

式中 R'——接长起重臂后的最小起重半径（m）；

R——起重机原有最大臂长的最小起重半径（m）；

G'——起重臂在中部接长后，端部所增长部分的重力（图示虚线部分）（kN）；

Q——起重机原有性能表（或性能曲线）查出最大臂长时的最大起重力（kN）；

M——起重机履带外边缘宽度（m）；

N——起重机履带的宽度（m）。

当计算出的 Q' 大于所吊构件的重力时，即可满足吊装要求，否则应采取相应稳定措施（如在起重臂顶端系缆风绳等）以保证稳定和安全。

13.7.2 轮胎式起重机稳定性验算

轮胎式起重机计算简图如图 13-34 所示，则考虑吊装荷载及附加荷载时的稳定安全系数 K 可按下式计算：

$$K = \frac{1}{Q[(R-l_2)+H\sin\alpha]}[M_s - G_3(l_3-l_2) - (G_1h_1' +$$

13.7 起重机稳定性验算

$$G_2h_2'+G_3h_3'+G_0h_0)]\sin\alpha-\frac{Qn^2R}{900-n^2h}H-\frac{Qv}{gt_2}(R-l_2)$$

$$-W_1h_1-W_2h_2 \geqslant 1.15 \tag{13-83}$$

式中 h_1——风力 W_1 作用合力点高度（m）；

h_2——W_2 的重心高度（m）；

h_1'——G_1 的重心高度（m）；

h_2'——G_2 的重心高度（m）；

h_3'——G_3 吊臂重量的重心高度（m）；

h——吊臂顶至重物重心高度（m）；

H——吊臂顶至地面高度（m）；

l_2——回转中心至倾覆点的距离（m）；

l_3——回转中心至吊臂重心距离（m）；

Q——吊装重物重量（包括吊具、索具）（kN）；

G_0——平衡重（即配重）重量（kN）；

G_1——起重机回转部分重量（kN）；

G_2——起重机底盘部分重量（kN）；

G_3——吊臂重量（kN）；

R——回转半径（m）；

α——起重机倾斜度，用支腿找平，一般控制在 $1°\sim1°30'$，不用支腿时为 $3°$；

n——回转速度（m/s）；

t_2——吊钩下降制动时间（s）；

g——重力加速度（9.8m/s^2）；

v——重物起升速度（m/s）；

W_1——作用在起重机的风力合力点；

W_2——作用在起吊重物上风力合力点；

M_s——稳定力矩（kN·m）。

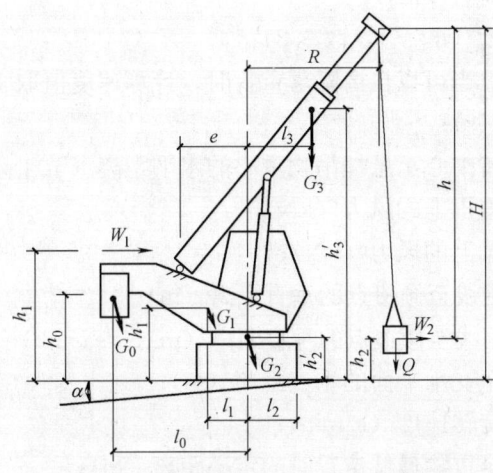

图 13-34 轮胎式起重机稳定性验算简图

13.7.3 塔式起重机稳定性验算

塔式起重机的稳定性验算可分为有荷载时和无荷载时两种状态。

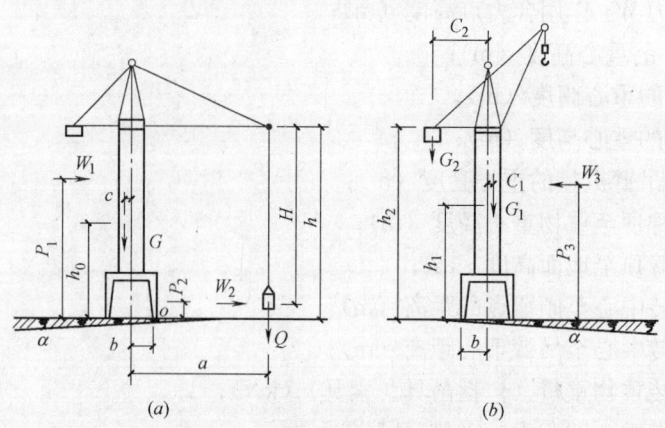

图 13-35 塔式起重机稳定性验算简图
(a) 有荷载时；(b) 无荷载时

一、塔式起重机有荷载时稳定性验算

塔式起重机有荷载时，稳定安全系数可按下式验算（图 13-35a）：

$$K_1 = \frac{1}{Q(a-b)}\left[G(c - h_0\sin\alpha + b) - \frac{Qv(a-b)}{gt} - W_1P_1 - W_2P_2 - \frac{Qn^2ah}{900-Hn^2}\right] \geq 1.15$$

(13-84)

式中　K_1——塔式起重机有荷载时的稳定安全系数，取 1.15；
　　　G——起重机自重力（包括配重、压重）（kN）；
　　　c——起重机重心至旋转中心的距离（m）；
　　　h_0——起重机重心至支承平面距离（m）；
　　　b——起重机旋转中心至倾覆边缘的距离（m）；
　　　Q——最大工作荷载（kN）；
　　　g——重力加速度（m/s²），取 9.81；
　　　v——起升速度，当可以自由降落重物时，计算速度值取 $1.5v$；
　　　t——制动时间（s）；
　　　a——起重机旋转中心至悬挂吊物重心的水平距离（m）；
　　　W_1——作用在起重机上的风力（kN）；
　　　W_2——作用在荷载上的风力（kN）；
　　　P_1——自 W_1 作用线至倾覆点的垂直距离（m）；
　　　P_2——自 W_2 作用线至倾覆点的垂直距离（m）；
　　　h——吊杆端部至支承平面的垂直距离（m）；
　　　n——起重机的旋转速度（r/min）；
　　　H——吊杆端部至重物最低位置时的重心距离（m）；
　　　α——起重机的倾斜角（轨道或道路的坡度）一般取 $\alpha=2°$。

二、塔式起重机无荷载时稳定性验算

塔式起重机无荷载时稳定系数可按下式验算（图13-35b）：

$$K_2 = \frac{G_1(b+c_1-h_1\sin\alpha)}{G_2(c_2-b+h_2\sin\alpha)+W_3 P_3} \geqslant 1.15 \tag{13-85}$$

式中　K_2——塔式起重机无荷载时的稳定性安全系数，取1.15；
　　　G_1——后倾覆点前面起重机各部分的重力（kN），一般按吊杆倾角最大时的位置考虑；
　　　c_1——G_1至旋转中心的距离（m）；
　　　h_1——G_1至支承平面的距离（m）；
　　　G_2——使起重机倾覆部分的重力（kN）；
　　　c_2——G_2至旋转中心的距离（m）；
　　　h_2——G_2至支承平面的距离（m）；
　　　W_3——作用在起重机上的风力（kN）；
　　　P_3——W_3至倾覆点的距离（m）；
其他符号意义同前。

13.8　履带式起重机加辅助装置计算

当履带式起重机、轮胎式起重机的起重能力不能满足吊装需要时，可采取一定技术措施（如在起重吊臂增加牵引绳、支柱或采取两台起重机吊臂之间加设横梁等），以提高原起重机的起重能力，使满足吊装工程的需要。但起重机在加辅助装置后，要求做到安全可靠，装拆快速，移动简便，不损伤原机。同时改装后要进行必要的动、静荷载试验，动力系数可取1.3以上。

一、起重机臂杆增加牵引绳计算

在起重吊臂杆上增加牵引绳如图13-36所示。

起重机臂杆上所受的力N和牵引绳的牵引拉力，可按下式计算：

$$N = \frac{1.1G\cos\beta}{\sin(\alpha-\beta_1)} \tag{13-86}$$

$$S = \frac{G\cos\alpha}{2\sin(\alpha-\beta)\cos\frac{\theta}{2}} \tag{13-87}$$

式中　N——作用于起重机吊臂杆上的力（kN）；
　　　S——增加牵引绳的牵引拉力（kN）；
　　　G——起吊构件的重量（kN）；
　　　β——牵引绳与地面的夹角（°）；

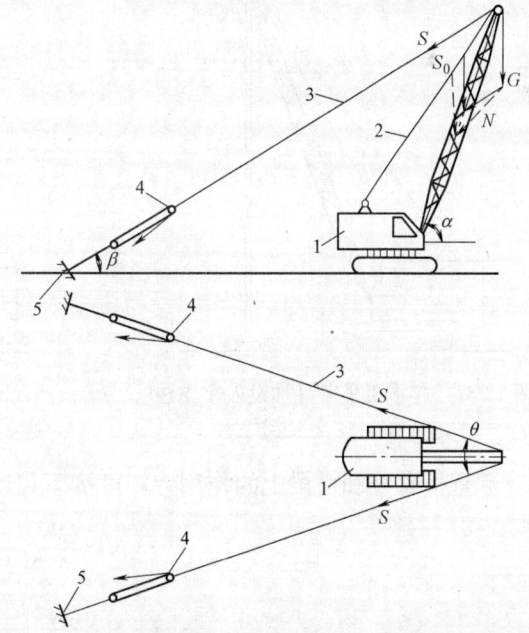

图13-36　起重机臂杆上加牵引绳计算简图
1—起重机；2—原起重机拉臂杆绳；
3—增加牵引绳；4—滑车组；5—锚碇点

β_1——牵引绳在通过臂杆立面上的投影角（°）；

$$\beta_1 \approx \sin^{-1}\frac{\sin\beta}{\cos\frac{\theta}{2}}$$

α——起重机吊臂杆仰角（°）；
θ——左右两根牵引绳的平面夹角（°）。

二、起重臂杆加支柱计算

在起重机吊臂杆上加设支柱如图 13-37 所示。

起重机臂杆和支柱内所受力 N 和 S 可按下式计算：

$$N = \frac{G\sin\beta}{\sin(\alpha+\beta)} \tag{13-88}$$

$$S = \frac{G\sin\alpha}{\sin(\alpha+\beta)} \tag{13-89}$$

式中 N——吊臂上的力（kN）；
G——起吊构件的重量（kN）；
α——臂杆与起重滑车组轴线间夹角（°）；
β——支柱与起重滑车组间的夹角（°）；
S——支柱上的压力（kN）。

三、两台起重机臂杆加设横梁计算

在两台起重臂杆上加设横梁如图 13-38 所示。应将原起重机拉臂绳适当放松，并使两台起重机处于同一轴线上，以防发生扭转，使起重机失稳。

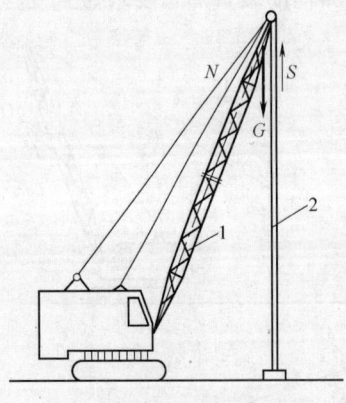

图 13-37 起重机吊臂杆加设人字支柱
1—起重机臂杆；2—人字支柱

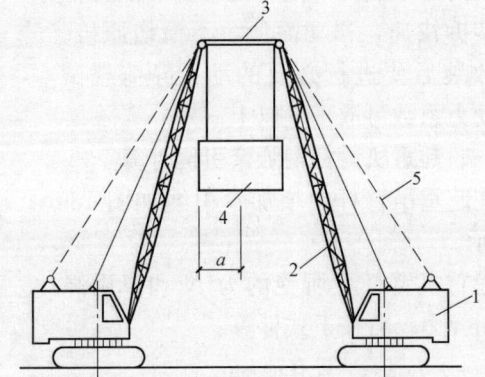

图 13-38 起重机臂杆加设横梁
1—起重机；2—臂杆；3—横梁；4—抬吊构件；5—原拉臂绳

起重机臂杆和横梁上的作用力，可按下式计算：

$$N = \frac{GL}{2}\sqrt{\frac{1}{L^2-a^2}} \tag{13-90}$$

$$S = \frac{Ga}{2}\sqrt{\frac{1}{L^2-a^2}} \tag{13-91}$$

式中 N——起重机臂杆上所受力（kN）；
G——抬吊构件的重量（kN）；

L——起重机臂杆长度（m）；
a——臂杆距回转中心线距离（m）；
S——横梁上所受的力（kN）。

13.9 塔式起重机安装施工计算

13.9.1 塔式起重机的地基与基础计算

固定式塔式起重机的基础有整体式和分离独立式（简称分离式或独立式）钢筋混凝土基础两种。整体式基础是塔机通过十字底架梁与预埋在十字交叉基础内的地脚螺栓连接而固定于基础之上（图 13-39a）；分离式基础则是将塔机底架和支腿组装后安装在四个独立基础上（图 13-39b）。分离独立式基础主要承受轴心荷载，计算较为简单，混凝土和钢筋用量少，造价低，应用较多。

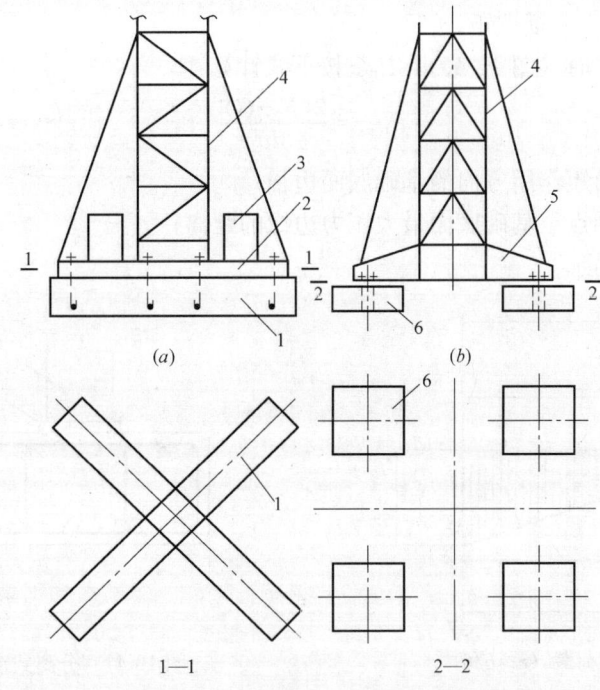

图 13-39 固定式塔式起重机基础形式
(a) 整体式基础；(b) 分离式基础
1—十字交叉基础；2—十字底架梁；3—压重；4—塔身；
5—塔机支腿；6—分离独立式基础

一、地基承载力计算

1. 地基底面的压力，应符合下式要求：

当轴心荷载作用时： $P \leqslant f_a$ (13-92a)

式中 P——基础底面的平均压力值；
f_a——地基承载力特征值，可由荷载试验或其他原位测试等方法确定。

当偏心荷载作用时，除符合式（13-92a）要求外，尚应符合下式要求：

$$P_{max} \leq 1.2 f_a \quad (13\text{-}92b)$$

式中　P_{max}——基础底面边缘的最大压力值。

2. 基础底面的压力，按下式确定：

当轴心荷载作用时：

$$P = \frac{F+G}{A} \quad (13\text{-}93)$$

式中　F——塔式起重机传至基础顶面的竖向力值；
　　　G——基础自重和基础上的土重；
　　　A——基础底面面积。

当偏心荷载作用，偏心距 $e \leq b/6$ 时：

$$P_{max} = \frac{F+G}{A} + \frac{M}{W} \quad (13\text{-}94)$$

式中　M——作用于基础底面的力矩；
　　　W——基础底面的抵抗矩。

当偏心距 $e > b/6$ 时（图13-40），P_{max} 按下式计算：

$$P_{max} = \frac{2(F+G)}{3la} \quad (13\text{-}95)$$

式中　l——垂直于力矩作用方向的基础底面边长；
　　　a——合力作用点至基础底面最大压力边缘的距离；
其他符号意义同前。

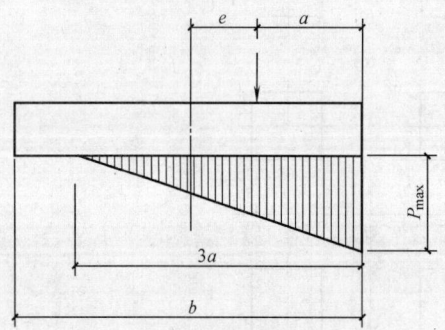

图13-40　偏心荷载（$e > b/6$）
下基础底压力计算简图

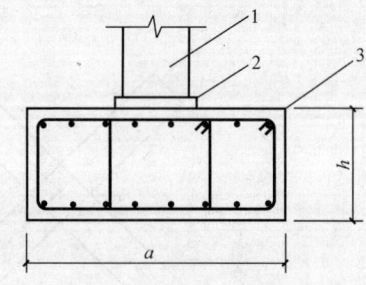

图13-41　分离式混凝土基础
1—塔机支腿；2—支腿底座板；3—混凝土基础

二、分离式基础计算

分离式基础计算（图13-41）可按以下步骤进行：

1. 确定基础埋置深度　一般塔机基础埋设深度为1.0~1.5m。

2. 计算基础底部所需面积 A

$$A = \frac{F+G}{f_a} \quad (13\text{-}96)$$

符号意义同前。

分离式基础承受轴心荷载，故基础底面可采用正方形，其边长 $a = \sqrt{A}$。

3. 确定基础高度 需满足抗冲切需要，可近似按下式计算：

$$h \geqslant \frac{F}{0.6 f_t \cdot \mu_m} \tag{13-97}$$

式中 h——基础高度；
f_t——混凝土抗拉强度设计值；
μ_m——基础顶面荷载作用面积的周长，即塔机支腿底座板周长；
F——塔式起重机传至基础顶面的竖向力值。

4. 配筋 一般受力钢筋的最小直径不应小于10mm；间距取100～200mm；箍筋不小于ϕ8mm，间距取150～200mm；必要时，配筋按抗弯计算确定。

三、整体式基础计算

整体式基础计算除其自身强度需满足规范要求外，尚应满足防止塔式起重机倾覆和地基承载力的要求。

1. 防塔机倾覆验算

为防止塔机倾覆需满足以下条件：

$$e = \frac{M_t + Hh}{F + G} \leqslant \frac{b}{3} \tag{13-98}$$

式中 M_t——作用于塔身的不平衡力矩；
H——作用于基础上的水平力；
h——整体基础的高度；
F——作用于基础顶面的竖向力；
G——基础自重；
b——基础宽度。

2. 地基承载力验算

整体式钢筋混凝土基础的地基承载力验算按本节式（13-92）、式（13-93）和式（13-94）或式（13-95）进行。

3. 配筋 同分离式基础。

13.9.2 附着式塔式起重机的附着计算

塔式起重机附着（锚固）装置的构造、内力和安装要求以及基础构造、荷载和施工要求，在使用说明书中均有详细说明，使用单位按要求执行即可，不需要进行计算；一般当塔式起重机安装位置至建筑物距离超过使用说明书规定，需增长附着杆（支承杆），或附着杆与建筑物连接的两支座间距改变时，则需要进行附着计算。

附着计算的内容主要包括：附着杆计算，附着支座连接计算和锚固环计算三项。

一、附着杆计算

附着杆一般按两铰支的轴心受压杆件计算：

1. 附着杆内力计算

一般可按说明书规定取用；如说明书无规定，或附着杆与建筑物连接的两支座间距改变时，则需进行计算，其计算方法要点如下：

(1) 塔机按说明书规定与建筑物附着时，最上一道附着装置的负荷最大（图13-42），

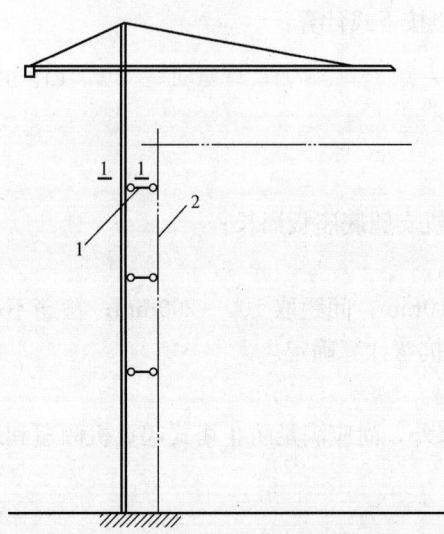

图13-42 塔式起重机与建筑物附着情况简图
1—最上一道附着装置；2—建筑物

因此，应以此道附着杆的负荷作为设计或校核附着杆截面的依据。

（2）附着式塔式起重机的塔身可视为一个带悬臂的刚性支承连续梁，其内力及支座反力计算简图如图13-43所示，计算方法参见本手册施工常用结构计算及建筑结构力学有关部分。

（3）附着杆的内力计算应考虑两种工况：

工况Ⅰ：塔机满载工作，起重臂顺塔身 x—x 轴或 y—y 轴，风向垂直于起重臂（图13-44a）；工况Ⅱ：塔机非工作，起重臂处于塔身对角线方向，风由起重臂吹向平衡臂（图13-44b）。

（4）附着杆内力按力矩平衡原理计算：

对于工况Ⅰ（图13-45a）计算：

由 $\Sigma M_B = 0$ 得：

$$l_1 \cdot R_{AC} = T + l_2 \cdot V'_x + l_3 \cdot V'_y \tag{13-99}$$

$$\therefore R_{AC} = \frac{T + l_2 \cdot V'_x + l_3 \cdot V'_y}{l_1}$$

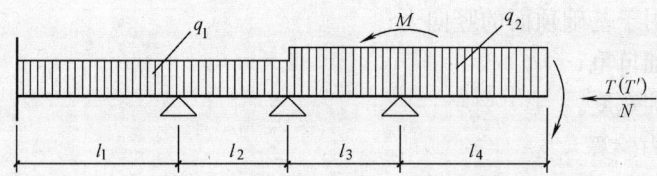

图13-43 塔身内力及支座反力计算简图
q_1、q_2—风荷载；M—力矩；N—轴向力；$T(T')$—由回转惯性力及风力产生的扭矩

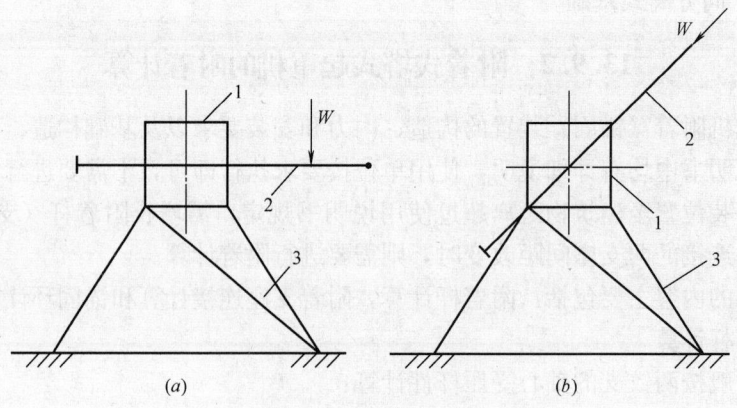

图13-44 附着杆内力计算的两种工况
(a) 计算工况Ⅰ；(b) 计算工况Ⅱ
1—锚固环；2—起重臂；3—附着杆
W—风力

13.9 塔式起重机安装施工计算

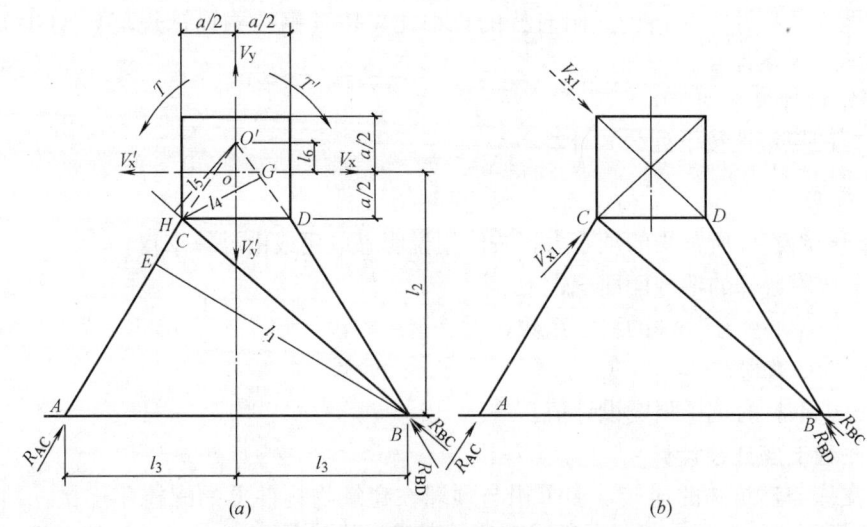

图 13-45 用力矩平衡原理计算附着杆内力
(a) 计算工况Ⅰ; (b) 计算工况Ⅱ

由 $\Sigma M_C=0$ 得：

$$l_4 \cdot R_{BD} = T' + 0.5a \cdot V_x + 0.5a \cdot V'_y$$

∴

$$R_{BD} = \frac{T' + 0.5a(V_x + V'_y)}{l_4} \tag{13-100}$$

由 $\Sigma M'_0 = 0$ 得：

$$l_5 \cdot R_{BC} = T + l_6 \cdot V_x$$

∴

$$R_{BC} = \frac{T + l_6 \cdot V_x}{l_5} \tag{13-101}$$

式中 R_{AC}、R_{BD}、R_{BC}——分别为作用于附着杆 AC、BD、BC 的内力；

T、T'——塔身在截面 1—1 处（最上一道附着装置处，见图 13-42，下同）所承受的由于回转惯性力（包括起吊构件重、塔机回转部件自重产生的惯性力）而产生的扭矩与由于风力而产生的扭矩之和。风力按工作风压 0.25kN/m^2 取用。$|T|=|T'|$，但方向相反，系考虑回转方向不同之故；

V_x、V'_x——塔身在截面 1—1 处在 x 轴方向的剪力，$|V_x|=|V'_x|$，方向相反，原因同上；

V_y、V'_y——塔身在截面 1—1 处在 y 轴方向的剪力，$|V_y|=|V'_y|$，方向相反，原因同上；

a、$l_1 \sim l_5$——力臂，见图 13-45；

V_{x1}、V'_{x1}——为非工作状态下的截面 1—1 处的剪力；

l_1——附着杆长度。

对于工况Ⅱ（图 13-45b）计算：

同样，由 $\Sigma M_B=0$、$\Sigma M_C=0$、$\Sigma M_0=0$，分别求得塔机在非工作状态下的 R_{AC}、R_{BC} 和 R_{BD} 值，但无扭矩作用，风力按塔机使用地区的基本风压值计算。

2. 附着杆长细比计算

附着杆长细比 λ 不应大于 100。实腹式附着杆的长细比按 $\lambda = l_1 : \gamma$（γ 为附着杆截面的最小惯性半径)计算;格构式附着杆的长细比 λ 按《钢结构设计规范》(GB 50017—2003)第 5.1.3 条计算。

3. 稳定性计算

附着杆的稳定性按下列公式计算:

$$\frac{N}{\varphi A} \leqslant f \tag{13-102}$$

式中　N——附着杆所承受的轴心力,按使用说明书取用或由计算求得;

　　　A——附着杆的毛截面面积;

　　　φ——轴心受压杆件的稳定系数,由《钢结构设计规范》(GB 50017—2003)附录 C 查得;

　　　f——钢材的抗压强度设计值。

二、附着支座连接计算

附着支座与建筑物的连接,多采用与预埋在建筑物构件上的螺栓相连接。预埋螺栓(以下简称螺栓)的规格、材料、数量和施工要求,塔机使用说明书一般都有规定,如无规定,可按以下要求确定:

1. 螺栓应用 Q235 镇静钢制作;直径不宜小于 24mm;附着的建筑物混凝土强度等级不应低于 C20。

2. 螺栓埋入长度和数量按下式计算:

$$0.75 n \pi d l_0 f_\tau = N \tag{13-103}$$

式中　n——螺栓数量;

　　　d——螺栓直径;

　　　l_0——螺栓埋入混凝土长度;

　　　f_τ——螺栓与混凝土的粘结强度,对于 C20 混凝土取 1.5N/mm²;对于 C30 混凝土取 3.0N/mm²;

　　　0.75——螺栓群不能同时发挥作用的降低系数。

3. 式(13-103)计算结果尚应符合下列要求:

(1) 螺栓数量:单耳支座不得少于 4 根;双耳支座不得少于 8 根;螺栓埋入长度不应少于 15d。

(2) 螺栓埋入混凝土的一端应作弯钩并加焊横向锚固钢筋;附着点应设在建筑物楼面标高附近。

(3) 螺栓的直径和数量尚应按《钢结构设计规范》(GB 50017—2003)检验其抗拉强度。

三、锚固环计算

锚固环按方形刚架计算,计算简图如图 13-46a 所示;计算时,可将其分解、简化如

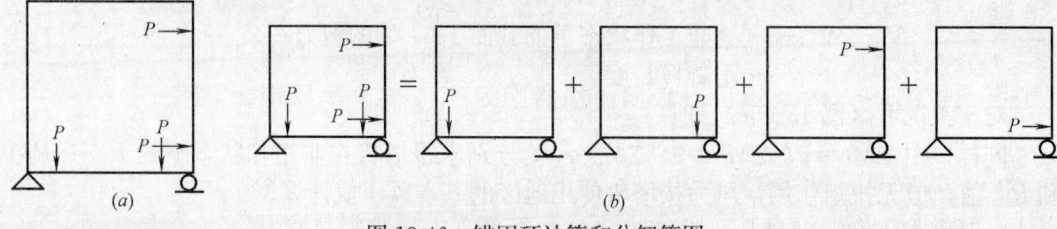

图 13-46　锚固环计算和分解简图

(a) 锚固环计算;(b) 锚固环计算分解

图 13-46b 所示。图中 P 为作用于锚固环的荷载；根据最大单根附着杆内力计算，作用点为预紧螺栓（锚固环与塔身连接用）与锚固环的接触点。具体计算方法参见建筑结构力学有关内容（从略）。

13.10　土法吊装设备及吊装计算

13.10.1　独脚桅杆吊装计算

独脚桅杆由整根可移动或固定的立杆、缆风绳及起重滑车组等组成。独脚桅杆按材料分为木独脚桅杆、钢管独脚桅杆和型钢格构式独脚桅杆三种（图 13-47）。木独脚桅杆的起重力一般在 150kN 以内，起重高度一般小于 15m；钢独脚桅杆的起重力一般在 300kN 以内，起重高度小于 30m；格构式独脚桅杆起重力可达 1000kN，起重高度可达 60m。缆风绳常用 5～8 根，其一端固定在地锚或建筑物上，与地面夹角为 30°～45°。

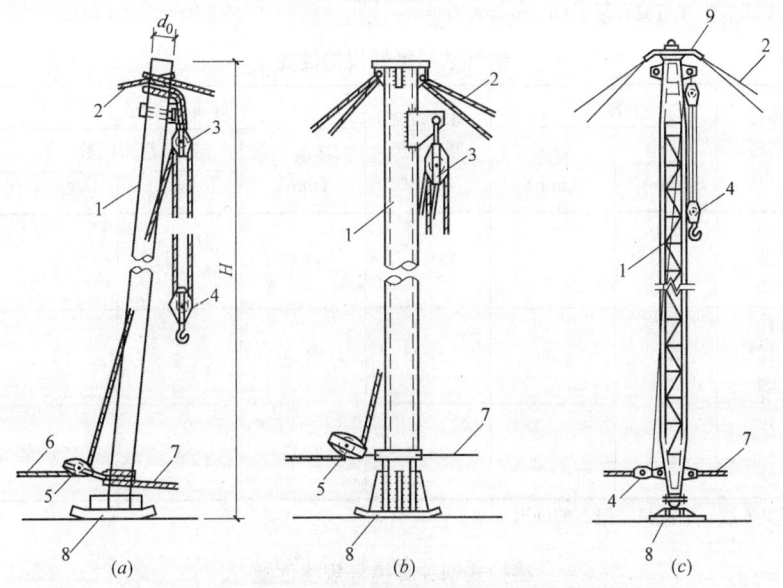

图 13-47　独脚桅杆构造与组成
(a) 木独脚桅杆；(b) 钢管独脚桅杆；(c) 型钢格构式独脚桅杆
1—圆木、钢管或型钢格构桅杆；2—缆风绳；3—定滑车；4—动滑车；5—导向滑车；
6—通向卷扬机；7—拉绳；8—底座或拖子；9—活动顶板

常用三种材料的独脚桅杆规格性能分别见表 13-19、表 13-20 和表 13-21。

独脚桅杆的计算步骤、方法是：先根据结构吊装的实际需要，定出基本参数（起重量和起升高度），然后初步选择桅杆尺寸（包括型钢规格），最后通过验算确定桅杆尺寸及用料规格。另外还要计算桅杆所需要的起重滑车组、卷扬机、缆风绳和锚碇。

一、桅杆的受力分析

独脚桅杆由于有多根缆风绳作用，实际受力情况较为复杂。一般分析时作以下假定：(1) 在吊重情况下，与起吊构件同一侧的缆风绳的拉力均为零；(2) 与起吊构件另一侧的缆风绳，其空间合力与起重滑轮组及桅杆轴线作用于同一平面内；(3) 桅杆两端均视为铰接。

圆木独脚桅杆规格性能   表13-19

桅杆起重力 (kN)	桅杆高度 H (m)	桅杆梢径 d_0 (mm)	缆风直径 d_1 (倾角45°) (mm)	起重滑车组 缆风绳直径 d (mm)	起重滑车组 滑车门数 定滑车	起重滑车组 滑车门数 动滑车	卷扬机起重力 (kN)	桅杆连接搭接长度 L (m)
30	6.0	180	15.5	12.5	2	1	15	2.5~3.0
	8.5	200						2.5~3.0
	11.0	220						2.5~3.0
	13.0	220						3.0~3.5
	15.0	240						3.0~3.5
50	8.5	240	15.5	15.5	2	1	30	3.0~3.5
	11.0	260	20.0					3.0~3.5
	13.0	260	20.0					3.5~4.0
	15.0	280	20.0					3.5~4.0
100	8.5	300	21.5	17.0	3	2	30	3.5~4.0
	11.0	300						4.0~5.0
	13.0	320						4.0~5.0

注：表中的数系按滑车组偏心距 $e=0.2$m 计算而得。

钢管独脚桅杆规格性能   表13-20

桅杆起重力 (kN)	桅杆高度 (m)	钢管尺寸 直径 (mm)	钢管尺寸 臂厚 (mm)	风缆直径 (倾角45°) (mm)	钢丝绳直径 (mm)	起重滑车组 滑车门数 定滑车	起重滑车组 滑车门数 动滑车	卷扬机起重力 (kN)
100	10	250	8	21.5	17.0	3	2	30
	15	250						
	20	300						
200	10	250	8	24.5	21.5	4	3	50
	15	300						
	20	300						
300	10	300	8	28.0	24.5	5	4	50
	15							
	20							

注：缆风绳共6根，后缆风4根，前缆风2根。

格构式钢独脚桅杆规格性能   表13-21

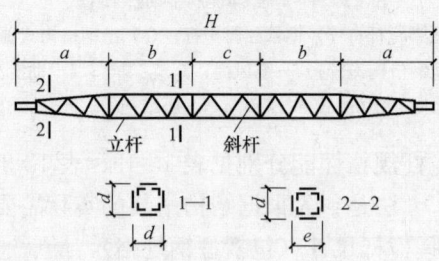

起重力 (kN)	高度 (m)	桅杆尺寸(m) a	桅杆尺寸(m) b	桅杆尺寸(m) c	桅杆尺寸(m) d	桅杆尺寸(m) e	杆件规格(mm) 主肢	杆件规格(mm) 缀条	自重 (t)
50	30	7.5	7.5	—	0.45	0.25			2.2
100	22.5	7.5	—	7.5	0.45	0.25	∟65×8	∟30×4	1.8
150	15	7.5	—	—	0.45	0.25			1.3

13.10 土法吊装设备及吊装计算

续表

起重力 (kN)	高度 (m)	桅杆尺寸(m)					杆件规格(mm)		自重 (t)
		a	b	c	d	e	主肢	缀条	
100	35	7.5	7.5	5.0	0.65	0.35	∟75×8	∟50×5	4.6
150	30	7.5	7.5	—	0.65	0.35			4.4
200	25	7.5	5.0	—	0.65	0.35			3.7
300	15	7.5	—	—	0.65	0.35			2.3
300	30	7.5	7.5	10.0	0.90	0.60	∟90×12	∟50×5	5.4
360	22.5	7.5	7.5	—	0.90	0.60			4.4
200	40	7.5	7.5	10.0	0.90	0.60	∟90×12	∟50×5	10.1
270	30	7.5	7.5	—	0.90	0.60			8.4
250	40	10.0	10.0	—	1.00	0.70	∟100×12	∟50×5	9.7
350	30	10.0	—	10.0	1.00	0.70			7.7
450	20	7.5	—	5.0	1.00	0.70			6.1
400	45	10.0	10.0	5.0	1.20	0.80	∟130×12	∟65×6	15.5
500	35	10.0	7.5	—	1.20	0.80			12.9
600	25	10.0	—	5.0	1.20	0.80			10.5
650	20	7.5	—	5.0	1.20	0.80			8.8
500	45	10.0	10.0	5.0	1.20	0.80	∟150×12	∟65×6	15.0
550	40	10.0	10.0	—	1.20	0.80	∟150×12	∟65×6	13.0
1000	40	10.0	10.0	—	1.20	0.80	∟200×16	∟100×8	21.0

注：缆风绳根数根据起重量、起重高度以及钢丝绳的强度而定，一般6～12根。

1. 桅杆所受总压力计算

桅杆的轴向压力是由所吊装构（物）件荷载、起重滑车组绕出绳的拉力、缆风绳初拉力以及桅杆自重的作用力而产生的（图13-48a）。

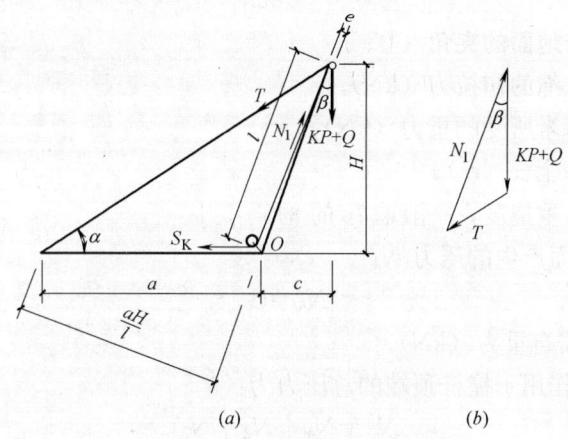

图 13-48 独脚桅杆内力计算简图
(a) 独脚桅杆内力计算简图；(b) 求 N_1 的图解

（1）荷载作用于桅杆的压力 N_1

由 $\Sigma M_A = 0$

$$(KP+Q)(a+c) - N_1 \left(\frac{aH}{l}\right) = 0$$

$$N_1 = \frac{(KP+Q)(a+c)l}{aH} \tag{13-104}$$

$$N_1 = \frac{(KP+Q)(a+c)}{a\cos\beta} \tag{13-105}$$

若桅杆垂直地面（即 $c=0$，$H=l$），则

$$N_1 = KP + Q \tag{13-106}$$

式中 P——吊装荷载（包括所吊构件和索具）（kN）；

Q——起重滑车组所受的重力（kN）；

K——动荷载系数，对电动卷扬机为 1.1；手摇卷扬机（绞磨、绞车）为 1.0；

l——桅杆长度（m）；

a——桅杆底至锚碇的距离（m）；

c——桅杆的倾斜距（m）；

H——桅杆顶部至地面的距离（m）；

$$H = \sqrt{l^2 - c^2}$$

β——桅杆倾斜角（°）；

N_1 也可以用图解法求得，如图 13-48b 所示。

(2) 起重滑车组绕出绳对桅杆的压力 N_2

$$N_2 = S_k = \frac{f^n(f-1)}{f^n - 1} \cdot f^k (KP + Q) \tag{13-107}$$

式中 f、n、k 符号意义同式 (13-35)、f^n 值计算见表 13-10。

(3) 缆风绳的初拉力对桅杆的压力 N_3

$$N_3 = \Sigma(S_0 \sin\alpha) \tag{13-108}$$

其中

$$S_0 = \frac{ql_1^2 \cos\alpha}{8w_1} \tag{13-109}$$

式中 α——缆风绳与地面的夹角（°）；

S_0——单根缆风绳的初拉力（kN）；

q——缆风绳每米所受的重力（kN）；

l_1——缆风绳的全长（m）；

w_1——缆风绳自重挠度，一般取 l_1 的 3‰～5‰。

(4) 由桅杆自重而产生的压力 N_4

$$N_4 = G \tag{13-110}$$

式中 G——桅杆所需自重力（kN）。

综合以上各项，作用于桅杆顶端的总压力为：

$$N_0 = N_1 + N_2 + N_3 \tag{13-111}$$

作用于桅杆中部的总压力为：

$$N_{cp} = N_1 + N_2 + N_3 + \frac{N_4}{2} \tag{13-112}$$

2. 桅杆所受的弯矩计算

(1) 由偏心吊重及滑车组绕出绳拉力在桅杆顶端所引起的最大弯矩 M_0（图 13-49）

$$M_0 = (KP + Q + N_2)e \tag{13-113}$$

式中 e——起重滑车组中定滑车挂孔中心至桅杆中心的偏心距（m）。

13.10 土法吊装设备及吊装计算

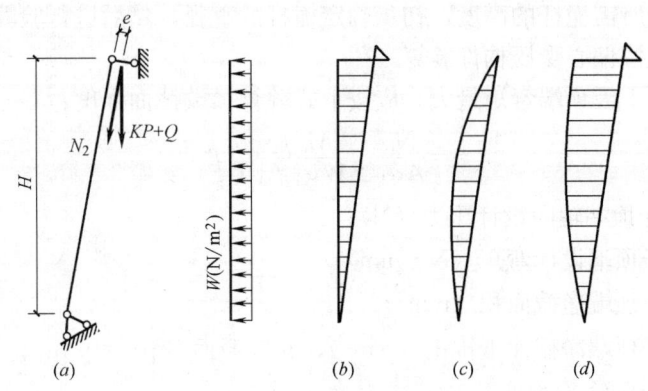

图 13-49 桅杆弯矩图
(a) 计算简图；(b) 由吊重等所引起的弯矩图；
(c) 由风载所引起的弯矩图；(d) 桅杆所受的总弯矩图

(2) 桅杆中部截面上的弯矩 M_{CP}

$$M_{CP}=\frac{1}{2}(KP+Q+N_2)e+M_F \tag{13-114}$$

式中 M_F——风载引起的弯矩，对型钢格构式桅杆应计入，对木桅杆可不考虑；

$$M_F=\frac{WA_F H}{8}$$

其中 A_F——桅杆受风面的轮廓面积；
H——桅杆高度；
W——风载，$W=KW_0$；
W_0——工作风压值，取 0.25kPa；
K——桅杆结构体型系数，如图 13-50 所示，对 a 型，可近似地取 0.6；对 b 型取 0.8；对于 c 型及实体结构，取 1.0；

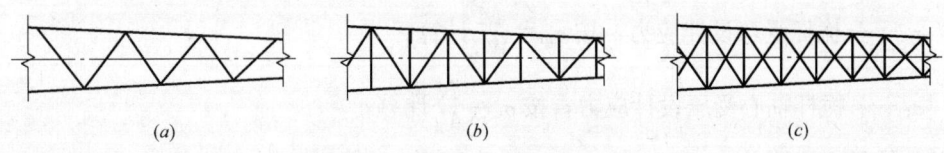

图 13-50 桅杆的几种格构体型形式

(3) 桅杆底部的水平推力 H

$$H=N_0\sin\beta \tag{13-115}$$

其中 $$N_0=(N_1+N_2+N_3+N_4)$$

式中 N_0——作用在桅杆底部的压力；
β——桅杆的倾角（°），当 $\beta\leqslant 10°$ 时，由于桅杆重力产生的摩阻力（滑动摩擦系数：木与土为 0.5 左右；钢与土为 0.4 左右）足以克服水平推力，可不考虑水平推力的影响。

二、桅杆截面选择和验算

1. 木独脚桅杆截面验算

根据起重量和所需桅杆的高度,初步确定桅杆的直径,然后进行验算。木独脚桅杆吊重受偏心作用,故按偏心受压构件验算。

(1)强度验算 因顶端弯矩最大,应按下式验算顶端截面强度:

$$\sigma = \frac{N_0}{A_{HT}} + \frac{M_0 f_c}{W_{HT} f_m} \leqslant f_c \tag{13-116}$$

式中 N_0——桅杆顶端轴向设计压力(N);

M_0——桅杆顶端设计弯矩(N·mm);

A_{HT}——桅杆顶端净截面积(mm^2);

W_{HT}——桅杆顶端净截面抵抗矩(mm^3);对圆截面 $W_{HT}=0.1d_0^3$;

d_0——桅杆直径(mm);

f_c——木材顺纹抗压强度设计值(N/mm^2);

f_m——木材抗弯强度设计值(N/mm^2)。

(2)稳定性验算 因桅杆中部偏上的挠度最大,可近似地取桅杆中部截面,按下式验算其稳定性:

$$\sigma = \frac{N_{cp}}{\varphi \varphi_m A_{cp}} + \frac{M_{cp} f_c}{W_{cp} f_m} \leqslant f_c \tag{13-117}$$

式中 N_{cp}——桅杆中部所受轴向压力(N);

A_{cp}——桅杆中部截面的计算截面积(其中径可按小头直径每米增大 0.9cm 计算)(mm^2);

φ——轴心受压杆件稳定系数,可根据长细比 $\lambda\left(\lambda=\frac{l_0}{i}\right)$ 查得或计算;

φ_m——考虑轴向力和横向弯矩共同作用的折减系数,按下式计算:

$$\varphi_m = \left[1 - \frac{\sigma_m}{f_m + \left(1+\sqrt{\frac{\sigma_c}{f_c}}\right)}\right]^2$$

其中 σ_m——桅杆受弯设计应力,按 $\sigma_m = \frac{M}{W_n}$ 计算;

σ_c——桅杆轴心受压设计应力,按 $\sigma_c = \frac{N}{A_n}$ 计算;

其他符号意义同前。

对于用多根圆木绑扎而成的桅杆,其长细比应乘以松弛系数 1.1。

2. 钢管独脚桅杆截面验算

先根据起重量和吊装高度初步确定钢管直径,然后对顶部截面和中部截面进行验算:

(1)顶部截面

$$\frac{N}{A_n} + \frac{M}{\gamma W_n} \leqslant f \tag{13-118}$$

式中 A_n——钢管桅杆顶端的净截面面积(mm^2);

W_n——钢管桅杆顶端的净截面抵抗矩(mm^3);

f——钢材抗拉、抗压,抗弯强度设计值(N/mm^2);

γ——截面发展系数,因直接承受动力荷载,取 $\gamma=1.10$;

其他符号意义同前。

(2) 中部截面

验算弯矩作用平面内的稳定性：

$$\frac{N}{\varphi_x A}+\frac{\beta_{mx} M_x}{\gamma_x W_{1x}\left(1-0.8\dfrac{N}{N'_{Ex}}\right)} \leqslant f \tag{13-119}$$

式中 N——所计算构件段范围内的轴心压力（N）；

φ_x——弯矩作用平面内的轴心受压构件稳定系数，根据长细比 λ_x 确定；

A——桅杆中部截面的毛截面面积（mm²）；

β_{mx}——等效弯矩系数，$\beta_{mx}=1.0$；

M_x——所计算构件段范围内的最大弯矩（N·mm）；

γ_x——截面塑性发展系数，$\gamma_x=1.0$；

W_{1x}——弯矩作用平面内最大受压纤维的毛截面抵抗矩（mm³）；

N'_{Ex}——欧拉临界力，$N_{Ex}=\dfrac{\pi^2 EA}{\lambda_x^2}$（N）；

λ_x——构件的长细比。

3. 格构式独脚钢桅杆截面验算

先根据起重量和吊装高度，参考表 13-21 初步确定格构式钢桅杆的截面尺寸和主肢型钢规格，然后再对顶端截面和中部截面进行验算，按偏心受压构件验算。

(1) 顶端截面

$$\frac{N}{A_n}+\frac{M}{\gamma W_n} \leqslant f \tag{13-120}$$

式中符号意义同前。

(2) 中部截面

验算弯矩作用平面内的整体稳定性

$$\frac{N}{\varphi_x A}+\frac{\beta_{mx} M_x}{\gamma_x W_{1x}\left(1-0.8\dfrac{N}{N'_{Ex}}\right)} \leqslant f \tag{13-121}$$

式中 W_{1x}——弯矩作用平面内最大受压纤维的毛截面抵抗矩，$W_{1x}=\dfrac{I_x}{y_0}$，I_x 为对 x 轴（虚轴）的毛截面惯性矩；y_0 为由 x 轴到压力较大主肢的轴线距离或到压力较大主肢腹板边的距离，二者取较大者；

φ_x——弯矩作用平面内的轴心受压构件稳定系数，由换算长细比 λ_h 确定；

其他符号意义同前。

格构式独脚钢桅杆系变截面构件，其换算长细比 λ_h 可按下述步骤求得：

1) 求出桅杆截面对 y 轴的最大和最小毛截面惯性矩 I_{max}、I_{min}（图 13-51）。

$$I_{max}=4\left[I+A'\left(\frac{B_z}{2}-Z_0\right)^2\right] \tag{13-122}$$

$$I_{min}=4\left[I+A'\left(\frac{B_d}{2}-Z_0\right)^2\right] \tag{13-123}$$

式中 I——单根主肢型钢对其本身重心轴（平行于 y 轴）的毛截面惯性矩；

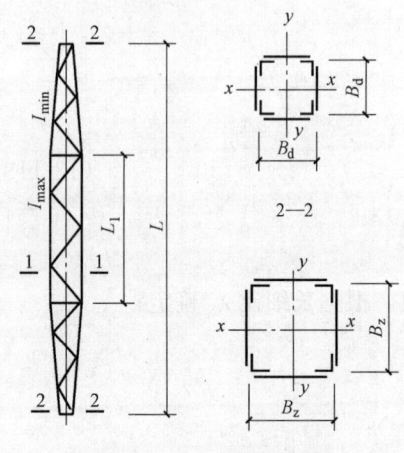

图 13-51 桅杆惯性矩图

B_z、B_d——桅杆最大横截面（中部）、最小横截面（端部）的宽度；

A'——单根主肢型钢的毛截面面积；

Z_0——主肢型钢重心至边缘的距离。

2) 求出桅杆的换算计算长度 l'_0。根据 I_{min}/I_{max} 和 L_1/L，从表 13-22 中查出桅杆计算长度系数 μ，然后按下式求出 l'_0：

$$l'_0 = \mu l_0 \quad (13\text{-}124)$$

式中 l_0——桅杆的计算长度，两端铰接时 $l_0 = L$；下端固定、上端铰接时 $l_0 = 0.7L$（L 为桅杆的设计长度）。

计算长度系数 μ　　　　　　表 13-22

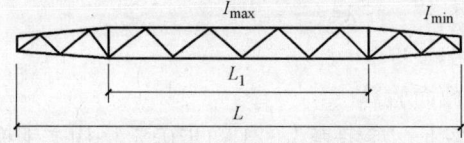

$\dfrac{I_{min}}{I_{max}}$	$L_1:L$				
	0.10	0.2	0.4	0.6	0.8
	μ				
0.001	3.14	1.82	1.44	1.14	1.01
0.01	1.69	1.45	1.23	1.07	1.01
0.1	1.35	1.22	1.11	1.03	1.00
0.2	1.25	1.15	1.07	1.02	1.00
0.3	1.18	1.11	1.05	1.02	1.00
0.4	1.14	1.08	1.04	1.01	1.00
0.5	1.10	1.06	1.03	1.01	1.00
0.6	1.08	1.05	1.02	1.01	1.00
0.7	1.05	1.03	1.01	1.00	1.00
0.8	1.03	1.02	1.01	1.00	1.00
0.9	1.02	1.01	1.00	1.00	1.00
1.0	1.00	—	—	—	—

3) 求出桅杆的长细比 λ。此长细比系将桅杆看成为实腹式构件的长细比。

$$\lambda_x = \frac{l'_0}{\sqrt{\dfrac{I_{max}}{4A'}}} \quad (13\text{-}125)$$

4) 求出桅杆的换算长细比 λ_h。对普遍采用的由四个等肢角钢组成的正方形截面格构式桅杆，按下式计算 λ_h：

$$\lambda_h = \sqrt{\lambda_x^2 + 40\frac{A}{A_{1x}}} \leqslant [\lambda] = 150 \quad (13\text{-}126)$$

式中 λ_h——桅杆的长细比；

A——桅杆主肢型钢毛截面总面积；

A_{1x}——单根斜缀条的毛截面面积。

(3) 桅杆主肢型钢单肢稳定性验算 取顶部和中部（距顶端 1/3 处）两个截面，按轴心受压构件进行验算：

$$\sigma = \frac{\frac{N}{n} + \frac{N_m}{2}}{\varphi A'} \leqslant f \tag{13-127}$$

式中 N——所验算截面的轴向压力；

n——主肢型钢根数；

N_m——由于弯矩产生的对一对主肢型钢产生的轴向压力；

$$N_m = \frac{M}{B - 2Z_0} \tag{13-128}$$

其中 M——所验算截面的弯矩；

B——桅杆截面宽度；

φ——主肢型钢的轴心受压稳定系数，根据截面分类（格构式构件属 b 类）和长细比 λ 由《钢结构设计规范》查得；

A'——单根主肢型钢的毛截面面积。

(4) 缀条的验算 一般只验算斜缀条的稳定性；横缀条可不验算，而采用和斜缀条同样的截面。

$$\sigma = \frac{N_l}{\varphi A_1} \leqslant f \tag{13-129}$$

式中 φ——斜缀条轴心受压稳定系数，由 $\lambda = \frac{l_c}{i}$ 查《钢结构设计规范》得出。l_c 为斜缀条的计算长度（取其轴线长度），i' 为斜缀条的最小回转半径；

A_1——单根斜缀条的毛截面面积；

N_l——单根斜缀条所受的轴向力。

$$N_l = \frac{V}{2\cos\alpha} \tag{13-130}$$

式中 α——斜缀条的水平夹角（40°~70°）；

V——斜缀条所承受的剪力（N），其值按《钢结构设计规范》中的计算剪力和实际剪力公式进行计算，两值中取用较大值。

计算剪力：

$$V = \frac{Af}{85}\sqrt{\frac{f_y}{235}} \tag{13-131}$$

式中 f_y——钢材的屈服强度，对 Q235 钢取 235N/mm²；对 Q345 钢取 345N/mm²；对 Q390 钢取 390N/mm²；

A——4 根主肢型钢毛截面面积；

f——钢材抗拉、抗压、抗弯强度设计值。

实验剪力：

$$V = \frac{M_{max}}{L} + \frac{WA}{2}\cos\beta \tag{13-132}$$

式中 M_{max}——桅杆顶端所受弯矩；
L——桅杆高度；
W——风载，$W = \mu_S \mu_Z \beta_Z W_0 A_F$；
μ_S——风载体型系数，与格构式桅杆的结构形式有关，查表 13-23 或查建筑结构荷载规范取值；
μ_Z——风压高度变化系数，按上述规范采用；
β_Z——Z 高度处的风振系数，按上述规范采用；
W_0——基本风压；
A_F——桅杆受风面的轮廓面积；
β——桅杆的倾角。

格构式体型风载体型系数 μ_S　　表 13-23

项　次	腹杆形式	μ_S
1	只有单斜腹杆	0.60
2	单斜腹杆和水平腹杆	0.80
3	双斜腹杆和水平腹杆	1.00

三、桅杆缆风绳的计算

作用在桅杆起重平面内的缆风绳的总张力 T（即空间合力）：

由 $\Sigma M_0 = 0$ 得：

$$T = \frac{(KP+Q)c}{a \sin\alpha} \tag{13-133}$$

在多根缆风绳的情况下，其吊重总拉力应由某几根缆风绳共同承担，其中受力最大的一根缆风绳的拉力 S，可用下式计算：

$$S = \frac{T}{1 + \cos^2\alpha_1 + \cos^2\alpha_2 + \cdots + \cos^2\alpha_n} \tag{13-134a}$$

式中　α_1、$\alpha_2 \cdots \alpha_n$——各受力缆风绳与最不利位置缆风绳的交角（图 13-52）。

考虑初拉力的影响，计算受力最大一根缆风绳的总拉力 S_p：

$$S_p = S + S_0 \tag{13-134b}$$

式中　S_0——缆风绳初拉力，按公式（13-109）计算。

根据 S_p 选择缆风绳直径，缆风绳的总拉力应满足下列要求：

$$S \leqslant \frac{S_b}{K_1} \tag{13-134c}$$

式中　S_b——钢丝绳的破断拉力；
K_1——缆风绳的安全系数，一般取 3.5。

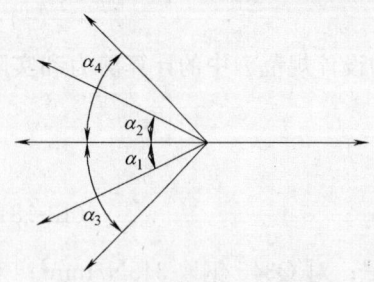

图 13-52　缆风绳计算简图

四、起重滑车组钢丝绳和卷扬机的计算

起重钢丝绳所受的最大拉力（f_k）：

$$f_k = S_k \tag{13-135}$$

根据 f_k 值选择起重钢丝绳的直径，应满足：

$$f_k \leqslant \frac{S_b}{K_2} \tag{13-136}$$

式中 K_2——钢丝绳安全系数,应取 5~10。

卷扬机起重拉力 (q) 的确定:

$$q \geqslant f_k \cdot f^k \tag{13-137}$$

式中 f_k、f、k 符号意义同前。其钢丝绳的起重速度应小于 25m/min。

【例 13-22】 工程吊装用木独脚桅杆,高 11m,起重力为 50kN,起重滑车组及吊具重力 2kN,偏心距为 0.2m,桅杆倾斜角 $\beta=10°$,采用 5 根缆风绳锚碇,与地面成 45°交角,$\alpha_1=30°$,$\alpha_2=60°$,采用电动卷扬机牵引,动载荷系数 $K=1.1$,试计算和选择桅杆截面、缆风、起重钢丝绳直径和卷扬机的规格。

【解】 先参考表 13-19 初步选定桅杆梢径 $d_0=260$mm,缆风钢丝绳直径 $d_1=15.5$mm,起重滑车组为"二一走三",滑车采用铜轴承 $f=1.04$,起重钢丝绳 $d=15.5$mm(重力 8.5N/m),电动卷扬机牵引力为 30kN,现验算如下:

(1) 桅杆强度和稳定性验算(图 13-53)

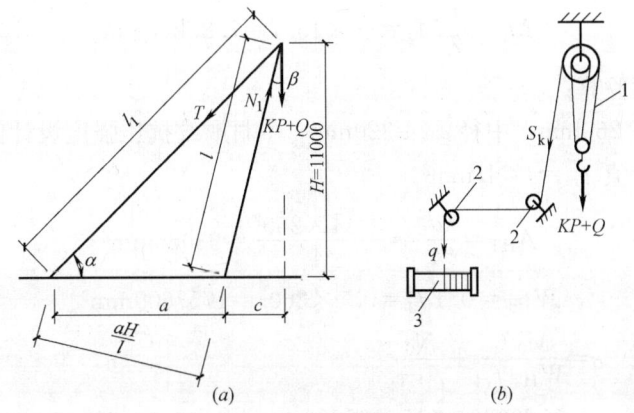

图 13-53 独脚木桅杆计算简图
(a) 独脚木桅杆计算简图;(b) 滑车组计算简图
1—起重滑车组;2—转向滑车;3—电动卷扬机

$$l = \frac{H}{\cos\beta} = \frac{11}{\cos 10°} = 11.17\text{m}; \quad c = \sqrt{11.17^2 - 11^2} = 1.94\text{m}$$

$$a = 11 - 1.94 = 9.06\text{m}; \quad l_1 = \sqrt{11^2 + 11^2} = 15.56\text{m}$$

桅杆上承受的轴向压力为:

$$N_1 = \frac{(KP+Q)(a+c)l}{aH}$$

$$= \frac{(1.1 \times 50 + 2)(9.06 + 1.94) \times 11.17}{9.06 \times 11} = 70.3\text{kN}$$

$$N_2 = S_k \frac{f^n(f-1)}{f^n - 1} \cdot f^k(KP+Q)$$

$$= \frac{1.04^3(1.04-1)}{(1.04^3-1)} \times 1.04 \times (1.1 \times 50 + 2) = 21.4\text{kN}$$

缆风绳的初拉力:

13 建筑结构吊装工程

$$N_3 = \sum S_0 \sin\alpha = 5 \cdot \frac{ql_1^2 \cos\alpha}{8f_1} \cdot \sin\alpha$$

$$= 5 \times \frac{8.5 \times 15.56^2 \cos 45° \cdot \sin 45°}{8 \times 0.04 \times 15.56} = 1033\text{N} = 1.03\text{kN}$$

$$N_4 = G_1 = \frac{6}{2} = 3\text{kN} \quad (\text{设桅杆自重力为 6kN})$$

作用于桅杆顶端的总压力为：

$$N_0 = N_1 + N_2 + N_3 = 70.3 + 21.4 + 1.03 = 92.7\text{kN}$$

作用于桅杆中部的总压力为：

$$N_c = N_1 + N_2 + N_3 + N_4 = 70.3 + 21.4 + 1.03 + 3.0 = 95.7\text{kN}$$

桅杆顶端承受的最大弯矩

$$M_0 = (KP + Q + N_2)e$$

$$= (1.1 \times 50 + 2 + 21.4) \times 0.2 = 15.7\text{kN} \cdot \text{m}$$

桅杆中部承受的弯矩：

$$M_c = \frac{1}{2}M_0 = \frac{1}{2} \times 15.7 = 7.85\text{kN} \cdot \text{m}$$

桅杆顶端强度验算：

桅杆梢径 $d_0 = 260\text{mm}$，中径 $d_0 = 320\text{mm}$，木材顺纹抗压强度设计值 $f_c = 15\text{N/mm}^2$，木材抗弯强度设计值 $f_m = 17\text{N/mm}^2$。

$$A_{HT} = \frac{\pi d_0^2}{4} = \frac{3.14 \times 260^2}{4} = 53066\text{mm}^2$$

$$W_{HT} = 0.1 d_0^3 = 0.1 \times 260^3 = 1757600\text{mm}^3$$

故

$$\sigma = \frac{M_0 f_c}{W_{HT} f_m} + \frac{N_0}{A_{HT}}$$

$$= \frac{15700000 \times 15}{1757600 \times 17} + \frac{92700}{53066} = 9.6\text{N/mm}^2 < f_c = 15\text{N/mm}^2$$

桅杆中部稳定性验算

$$A_c = \frac{3.14 \times 320^2}{4} = 80384\text{mm}^2$$

$$W_{cp} = 0.1 \times 320^3 = 3276800\text{mm}^3$$

$$\lambda = \frac{11.17 \times 4}{0.32} = 139.6 > 75$$

所以

$$\varphi = \frac{3000}{\lambda^2} = \frac{3000}{139.6^2} = 0.154$$

$$\sigma_c = \frac{N_{cp}}{A_{cp}} = \frac{95700}{80384} = 1.19\text{N/mm}^2$$

$$\sigma_m = \frac{M_{cp}}{W_{cp}} = \frac{7850000}{3276800} = 2.40\text{N/mm}^2$$

所以

$$\varphi_m = \left[1 - \frac{2.40}{17\left(1 + \sqrt{\frac{1.19}{15}}\right)}\right]^2 = 0.79$$

$$\sigma = \frac{7850000 \times 15}{3276800 \times 17} + \frac{95700}{0.154 \times 0.79 \times 80384}$$
$$= 2.11 + 9.79 = 11.9 \text{N/mm}^2 < f_c = 15 \text{N/mm}^2$$

根据计算选用的桅杆截面可满足要求。

(2) 缆风绳强度验算

桅杆缆风绳总拉力：

$$T = \frac{(KP+Q)c}{a \sin\alpha} = \frac{(1.1 \times 50 + 2) \times 1.94}{9.06 \times \sin 45°} = 17.3 \text{kN}$$

$$S_p = \frac{T}{1 + 2\cos^2\alpha_1 + 2\cos^2\alpha_2} + S_0 = \frac{17.3}{1 + 2\cos^2 30° + 2\cos^2 60°} + 1.0 = 6.8 \text{kN}$$

缆风绳的破断拉力为：

$$S_b = K_1 S_p = 3.5 \times 6.8 = 23.8 \text{kN}$$

直径 15.5mm 钢丝强度极限为 1550N/mm² 的 6×19 钢丝绳，由表 13-5 查得钢丝破断拉力为 138.5kN，从式 13-5 中查得钢丝绳破断拉力换算系数 $\alpha = 0.85$，则钢丝绳的破断拉力为 138.5×0.85＝117.7kN＞23.8kN，安全。如改选用直径 12.5mm 钢丝绳，破断拉力为 88.7×0.85＝75.4kN，亦可满足要求。

(3) 起重钢丝绳和电动卷扬机验算

起重钢丝绳所受的最大拉力：

$$f_k = S_k = 21.4 \text{kN}$$

取安全系数 $K_2 = 4.5$，选用直径为 15.5mm，钢丝强度极限为 1550N/mm² 的 6×19 钢丝绳，其允许拉力为：$T_b = \frac{0.85 \times 138.5}{4.5} = 26.1 > 21.4 \text{kN}$，可。

经过两个导向滑车后，引向卷筒时的拉力为：$q = f_k \cdot f^2 = 21.4 \times 1.04^2 = 23 \text{kN} < 30 \text{kN}$。选用 30kN 卷扬机符合要求。

13.10.2 钢管独脚桅杆简易计算

钢管独脚桅杆，简称管式桅杆，系采用无缝钢管制作，在缺乏无缝钢管时，亦可采用有缝钢管，但外边应采取加固措施。管式桅杆构造如图 13-47 所示，除立杆用整根可移动或固定的钢管外，顶部设有系风缆的缆风盘，有时焊一短管来悬吊滑轮组或焊一吊耳再通过卸扣连结滑轮组，在管底部焊有底座。如果钢管的高度不够时，可以将两根钢管连结在一起，连结时在接口内加紧密套接的插管，在连结口外边用四根角钢对称焊牢。

管式桅杆的计算方法有两种，一种是应用压弯应力组合公式 $\left(\sigma = \frac{N}{\varphi F} + \frac{M}{W} \leqslant [\sigma]\right)$ 计算，计算较为烦琐，具体计算与木独脚桅杆计算方法基本相同（从略），以下简介较为简易、方便、快速的欧拉公式计算法。

其应用基本条件是采用 Q235 钢，其 $\lambda \geqslant 100$。由于桅杆为两端铰接的长立柱，其使用时的破坏特征是在轴向压力下会失去稳定。此种破坏不是由于桅杆截面强度不够，而是由于压杆临界荷载的影响。而压杆临界载荷可由以下欧拉公式求得：

$$P_K = \frac{\pi^2 EJ}{\mu^2 l^2} \tag{13-138}$$

$$\sigma_K = \frac{\pi^2 E}{\mu^2 \lambda^2} \tag{13-139}$$

式中 P_K——桅杆临界载荷（kN）；

E——材料弹性模量（N/mm²）；

J——压杆截面最小惯性半径（mm），$J = FI^2$；

I——桅杆的惯性矩（mm⁴）；

F——桅杆截面面积（mm²）；

μ——长度系数，两端视作铰接时，$\mu = 1$；

l——压杆实际长度（mm）；

λ——柔度系数，$\lambda = l/2$。

【例 13-23】 某厂房吊装工程管式桅杆承受荷重 500kN，起重高度 $H = 15$m，使用无缝钢管 $\phi 377 \times 8$mm，试核算是否满足吊装要求。

【解】 查表得，无缝钢管 $\phi 377 \times 8$mm 的几何性质为：$F = 92.5$cm²，$I = 13.0$cm⁴

$$\lambda = \frac{\mu l}{I} = \frac{1 \times 1500}{13.0} = 115$$

$$\sigma_K = \frac{\pi^2 E}{\mu^2 \lambda^2} = \frac{3.14^2 \times 2.1 \times 10^6}{1 \times 115^2} = 15656 \text{N/cm}^2$$

该桅杆允许安全荷重为（取安全系数 $K = 2.5$）：

$$[P] = \frac{F \sigma_K}{K} = \frac{92.5 \times 15656}{2.5} = 579 \text{kN} > 500 \text{kN}$$

故知，该桅杆能起吊 579kN，能满足安全起吊要求。

13.10.3　人字桅杆吊装计算

人字桅杆又称两木搭，是用两根圆木、钢管或型钢格构，在顶端用钢丝绳绑扎或钢绞组成人字形，在交接处悬挂起重滑车组，桅杆下端两脚距离约为高度的 1/2～1/3，在下部设防滑钢丝绳或横拉杆以承受水平推力。顶部设置不少于 5 根缆风绳，底部设木底座或木拖或钢底座，用卷扬机或绞磨拖动。人字桅杆的构造如图 13-54，常用木人字桅杆的规

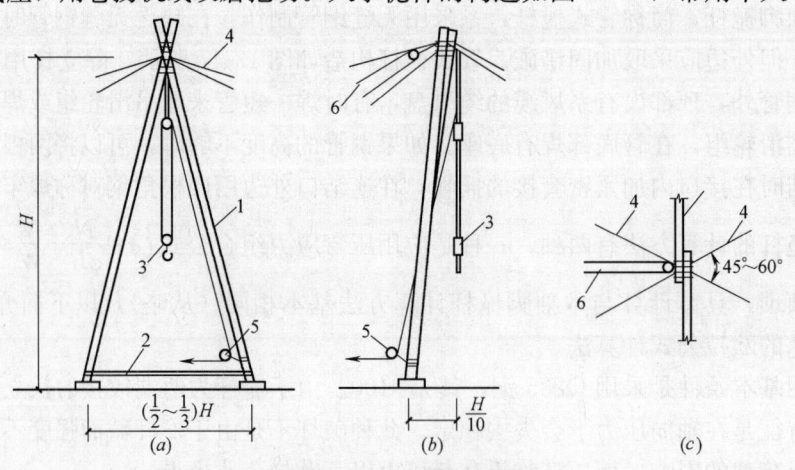

图 13-54　人字桅杆构造

(a) 正立面；(b) 侧立面；(c) 缆风绳布置

1—人字桅杆；2—拉索；3—起重滑车组；4—缆风绳；5—导向滑车；6—主缆风

格和性能见表13-24。钢管人字桅杆的起重性能见表13-25。

木人字桅杆规格性能　　　　　　　　　　　　　　　表13-24

桅杆起重力(kN)	桅杆高度(m)	木料规格		长度(m)	缆风绳直径(mm)	起重滑车组			卷扬机起重力(kN)
		圆木中径(mm)	方木边长(mm)			钢丝绳直径(mm)	滑车门数		
							定滑车	动滑车	
30	6	160		7	12.5	15.5	2	1	15
45	5			6	15.5	15.5	2	1	20
100	3.2			4		17.5	3	2	30
60	7	200		8	15.5	19.5	2	1	30
110	5			6			3	2	30
190	9	300		10	19.5	24.0	3	3	50
310	7			8	24.0	24.0	5	4	50
140	13.7		300×300	15	19.5	21.5	3	2	50
210	10.8			12	21.5	24.0	3	3	50
320	9			10	24.0	24.0	5	5	50

注：1. 桅杆组合尺寸为：吊钩与桅杆底脚的水平距离等于1/10桅杆交叉中心到地面的高度；桅杆两脚间距等于1/2桅杆交叉中心到地面的高度。
　　2. 后缆风2根，前缆风2根，与地面交角为30°。

钢管人字桅杆的起重性能　　　　　　　　　　　　　表13-25

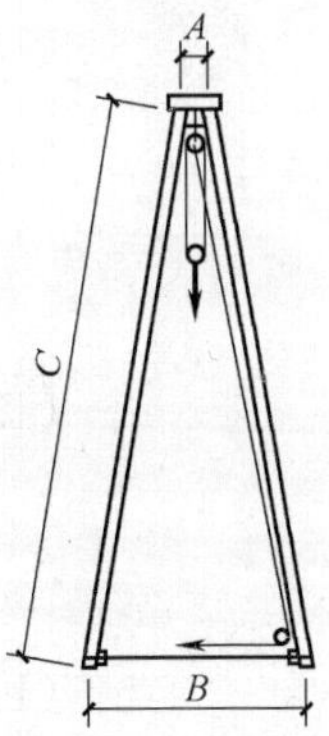

起重量(kN)	钢管规格(mm)		A(mm)	B(mm)	C(mm)
	外径	管壁厚度			
100	273	10	520	8000	20200
200	325	10	520	8000	16765

人字桅杆的计算步骤方法是：先根据结构吊装的实际需要，定出基本参数（起重量和起重高度），其次，初步选择桅杆尺寸（包括型钢规格），最后通过验算确定桅杆尺寸及用料规格。另外还要计算桅杆所需的起重滑车组、卷扬机、缆风绳和锚碇。

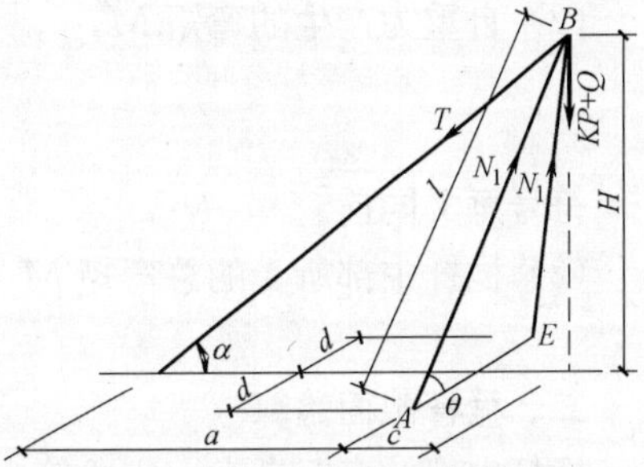

一、桅杆受力分析

1. 缆风绳的总张力（图13-55）

缆风绳的总张力按下式计算

$$T=\frac{(KP+Q)c}{a\sin\alpha} \tag{13-140}$$

图13-55　人字桅杆内力计算简图

式中　T——缆风绳的总张力；
　　　P——荷载重量；

Q——起重滑车组的重力；

K——动载荷系数，对电动卷扬机为 1.1；对手摇卷扬机（绞车）为 1.0；

a——桅杆底至锚碇的距离；

c——桅杆的倾斜距；

$α$——缆风绳与地面的交角。

2. 作用于桅杆上的力的计算（取偏心距较大的一根计算）

(1) 荷载作用下每根桅杆所受的压力 N_1：

由 $\sum F_x = 0$

$$N_1 = \frac{(T\sin\alpha + KP + Q)l}{2H} \tag{13-141}$$

式中　l——桅杆的长度；

　　　H——桅杆的高度，即桅杆顶面至地面的距离，$H = \sqrt{l^2 - c^2}$；

其他符号意义同前。

(2) 起重滑车组绕出绳对桅杆的压力 N_2

$$N_2 = S_k \tag{13-142}$$

式中　S_k——起重滑车组绕出绳的拉力，计算同独脚桅杆。

(3) 桅杆自重力对桅杆中部的压力 N_3

$$N_3 = \frac{G_2 \sin\theta}{2} \tag{13-143}$$

式中　G_2——桅杆的自重力；

　　　$θ$——桅杆与地面的夹角。

(4) 桅杆中部截面所受的总压力 N 为：

$$N = N_1 + N_2 + N_3 \tag{13-144}$$

3. 桅杆中部所受弯矩

(1) 偏心影响所产生的弯矩 M'

$$M' = \frac{1}{2}\left[\frac{(KP+Q)}{2}\sin\theta + S_k\right]e \tag{13-145}$$

式中　e——对桅杆的最大偏心距；

其他符号意义同前。

(2) 自重力产生的弯矩 M''

$$M'' = \frac{G_2 l \cos\theta}{8} \tag{13-146}$$

符号意义同前。

(3) 桅杆中部所受的总弯矩 M

$$M = M' + M'' \tag{13-147}$$

二、桅杆截面验算

桅杆中部的弯矩最大，应验算中部截面的强度和稳定性。

桅杆截面强度按下式验算：

$$\sigma = \frac{M_{cp} f_c}{W_n f_m} + \frac{N_{cp}}{A_n} \leqslant f_c \tag{13-148}$$

稳定性按下式验算：

$$\sigma = \frac{M_{cp} f_c}{W_{cp} f_m} + \frac{N_{cp}}{\varphi \cdot \varphi_m A_{cp}} \leqslant f_c \qquad (13-149)$$

式中 M_{cp}、N_{cp}——桅杆中部截面所受总弯矩和总压力；

A_{cp}——桅杆中部截面面积；

W_n——桅杆净截面抵抗矩；

A_n——桅杆净截面面积；

W_{cp}——桅杆计算截面的抵抗矩；

f_c、f_m——木材的抗压及抗弯强度设计值；

φ——轴压构件稳定系数；

φ_m——考虑轴心力和横向弯矩共同作用下的折减系数。

三、桅杆其他有关计算

桅杆、缆风绳、起重滑车组、钢丝绳以及卷扬机拉力等的计算与独脚桅杆计算相同。

13.10.4 人字桅杆简易计算

人字桅杆由于架设比较方便，稳定性好，且能横跨吊装构件的上方，占场地少。因此，在吊装、起重作业中应用较为广泛。但按 13.10.3 节用数解法计算桅杆所受内力比较烦琐，费工费时。如根据人字桅杆受力图形特征，用图解法和几何图形关系进行计算，则比较简便、快捷，节省工时。

一、图解法计算

上述人字桅杆受力计算为数解法，如用图解法，如图 13-56（a）、（b）、（c）为桅杆的侧面、正面及后缆风平面图。设重物、滑车组和吊具总重力为 Q，绘出桅杆及后缆风绳按侧面图形受力时的平衡三角形（图 13-56d），可得分配于桅杆的力 N 及风缆的力 T_0；再

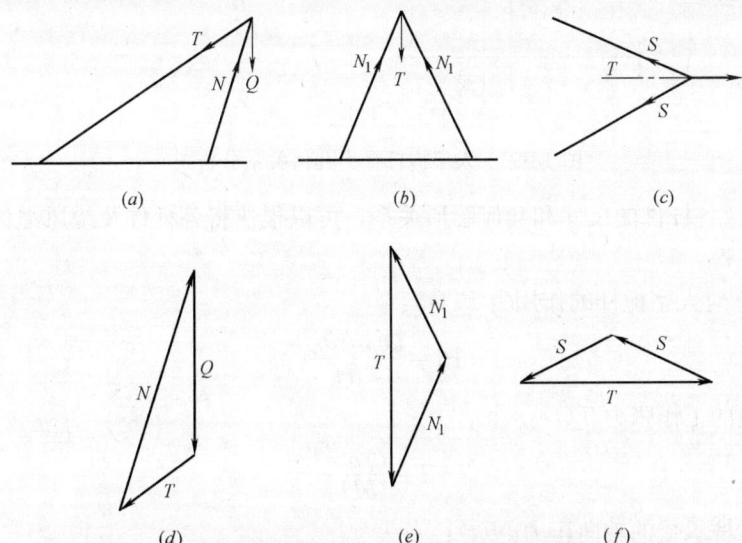

图 13-56 人字桅杆受力计算的图解法
(a) 桅杆侧面；(b) 桅杆正面；(c) 后风缆平面；(d)、(e)、(f) 分别为桅杆侧面、正面、缆风平面力的平衡三角形

按人字桅杆的正面图形绘力 N 的平衡三角形，可得分配于每一根桅杆的轴向压力 N_1（图 13-56e）。同法，将作用于后缆风的力，可得分配于每一根后缆风的拉力 S（图 13-56f），然后按前述求人字桅杆应力的计算公式，可求得桅杆的实际应力。本法略去了桅杆自重力及缆风自重力和初拉力，因此其结果为近似的。

二、几何图形法计算

如图 13-57，从几何图形关系可得：

$$H=\sqrt{l^2-a^2}\,;\quad c=\sqrt{H^2+(a+b)^2}\,;$$
$$L_1=\sqrt{l^2+(b_1/2)^2} \tag{13-150}$$

式中　l——人字桅杆在立面上的投影长度（m）；
　　　a——人字桅杆倾斜于地面的投影长度（m）；
　　　b——人字桅杆底座到锚碇的距离（m）；
　　　b_1——人字桅杆底座之间的距离（m）；
　　　H——人字桅杆顶部到地面之间的垂直距离（m）；
　　　c——人字桅杆顶部到锚碇之间缆风绳的长度（m）；
　　　L_1——人字桅杆的实际长度（m）。

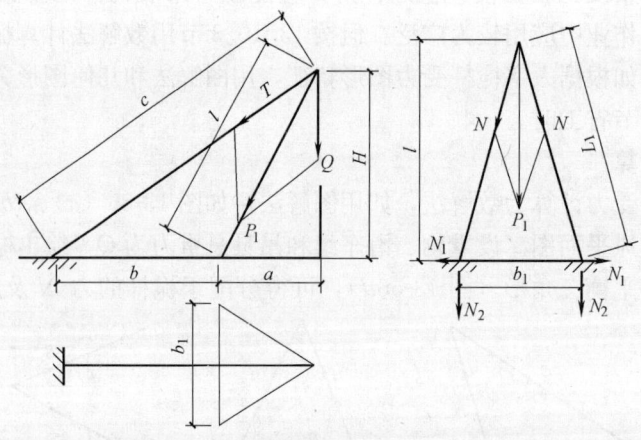

图 13-57　人字桅杆受力几何关系分析图

由图 13-57 各杆件的尺寸和几何图形关系，可以很快将各杆件及缆风绳的作用力按以下各式计算出来：

1. 吊重 Q 对人字桅杆的作用力 $P_1(t)$：

$$P_1=\frac{Q(a+b)l}{bH} \tag{13-151}$$

2. 缆风绳的工作张力 $T(t)$：

$$T=\frac{Q\,a\,c}{bH} \tag{13-152}$$

3. 人字桅杆承受的轴向压力 $N(t)$：

$$N=P_1\frac{L_1}{2l} \tag{13-153}$$

4. 轴向压力 N 所产生的水平分力 $N_1(t)$：

$$N_1 = N\frac{b_1}{2L_1} \tag{13-154}$$

5. 轴向压力 N 所产生的垂直分力 $N_2(t)$：

$$N_2 = P_1\frac{H}{2l} \tag{13-155}$$

【例 13-24】 现场新制作一副人字桅杆，用于吊装 $Q=24\mathrm{t}$ 的构件，已知 $l=26\mathrm{m}$，$b_1=10\mathrm{m}$；$a=6\mathrm{m}$，$b=25\mathrm{m}$，试求 H、c 和 L_1，并计算桅杆各杆件和缆风绳所承受的作用力。

【解】 计算简图同图 13-57，H、c、L_1 由式（13-150）得：

$$H = \sqrt{l^2 - a^2} = \sqrt{26^2 - 6^2} = 25.3\mathrm{m}$$

$$c = \sqrt{H^2 + (a+b)^2} = \sqrt{25.3^2 + (6+25)^2} = 40\mathrm{m}$$

$$L_1 = \sqrt{l^2 + (b_1/2)^2} = \sqrt{26^2 + (10/2)^2} = 26.5\mathrm{m}$$

吊重对人字桅杆的作用力 P_1 由式（13-151）得：

$$P_1 = \frac{Q(a+b)l}{bH} = \frac{24(6+25)\times 26}{25\times 25.3} = 30.6\mathrm{t}$$

缆风绳工作时的张力 T 由式（13-152）得：

$$T = \frac{Qac}{bH} = \frac{24\times 6\times 40}{25\times 25.3} = 9.1\mathrm{t}$$

人字桅杆承受的轴向压力 N 由式（13-153）得：

$$N = \frac{P_1 L_1}{2l} = \frac{30.6\times 26.5}{2\times 26} = 15.6\mathrm{t}$$

由轴向压力产生的水平分力 N_1 由式（13-154）得：

$$N_1 = \frac{Nb_1}{2L_1} = \frac{15.6\times 10}{2\times 26.5} = 2.94\mathrm{t}$$

由轴向压力产生的垂直分力 N_2 由式（13-155）得：

$$N_2 = \frac{P_1 H}{2l} = \frac{30.6\times 25.3}{2\times 26} = 14.85\mathrm{t}$$

13.10.5 桅杆式起重机吊装计算

桅杆式起重机是在独脚桅杆底部，装一根能起伏和回转的吊杆（起重臂）而成。桅杆与吊杆的连接，有的吊杆铰接在桅杆下端；有的将吊杆桅杆连接在一个转盘上，由卷扬机牵动转盘旋转，并共同支承在止推轴承或球形支座上，顶部设 6~8 根缆风绳。起重能力在 50kN 以下的桅杆式起重机，多用圆木或钢管制成；起重能力在 150kN 以上时，常用型钢作成格构式截面。桅杆起重机的构造如图 13-58 所示；常用桅杆式起重机的规格和性能见表 13-26。这种起重机起重臂可作较大幅度起伏，机身可作 360°回转，起重能力可达 150~600kN；多用于构件多而集中的结构吊装。

桅杆式起重机的设计和计算与悬臂式桅杆基本相同。桅杆式起重机受力为一空间结构体系，分析时可按平面力系处理。计算简图如图 13-59 所示。

一、悬臂杆计算

1. 悬臂杆中部所受的压力

13 建筑结构吊装工程

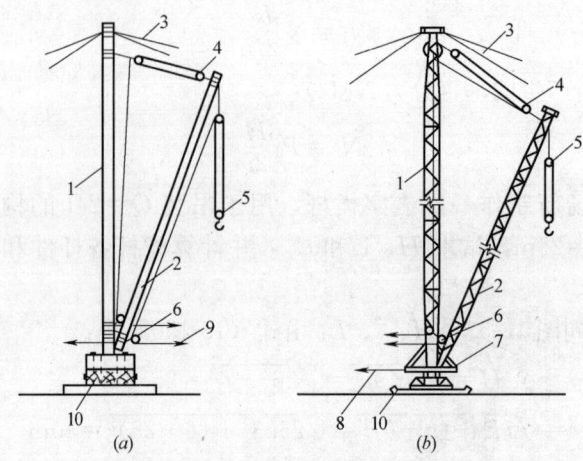

图 13-58 桅杆式起重机构造
(a) 木桅杆起重机；(b) 型钢格构式桅杆起重机
1—木或钢格构桅杆；2—悬臂起重杆；3—缆风绳；4—起伏滑车组；5—起重滑车组；6—导向滑车；
7—转盘；8—回转索；9—接卷扬机；10—底座（底盘）

桅杆式起重机的规格和性能　　　　　表 13-26

编号		1	2	3	4	5
最大起重量(kN)		180	300	350	400	450
桅杆高度(m)		24.7	50	64	32.1	85
吊杆长度(m)		26	45	58	27	77
自重(kN)		131.8	—	—	277	—
桅杆及吊杆截面(mm)	中间	800×800	900×900	1200×1200	1000×1000	1600×1600
	端部	800×800	550×550	800×800	900×900	800×800
	主肢角钢	100×10	120×12	150×12	150×12	200×20
	缀条	65×6	75×8	90×10	90×10	100×10
起重滑车组	工作线数	4	8	10	10	10
	钢绳直径(mm)	21.5	19.5	21.5	21.5	26
吊杆起伏滑车组	工作线数	6	8	10	12	10
	钢绳直径(mm)	21.5	19.5	21.5	21.5	28.5
缆风根数		8	9	12	12	12
缆风直径		32.5	32.5	34.5	37.0	39.5

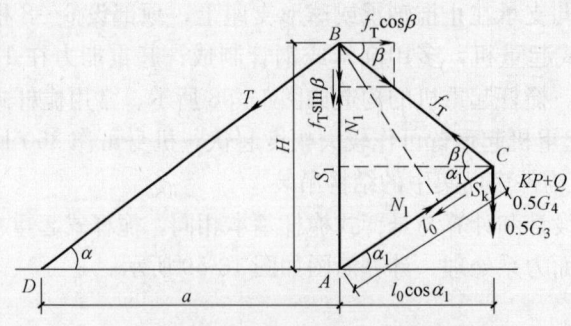

图 13-59 桅杆式起重机内力计算简图

荷载滑车组、起重滑车组绕出绳对悬臂的压力

由 $\Sigma M_B=0$，得：

$$N_1=\frac{(KP+Q+0.5G_4)\cos\beta}{\sin(\alpha_1+\beta)}+S_k \tag{13-156}$$

式中　N_1——荷载滑车组、起重滑车组绕出绳对悬臂杆的压力；
　　　P——荷载重量；
　　　Q——起重滑车组的重力；
　　　K——动载荷系数，对电动卷扬机为 1.1；手摇卷扬机（绞车）为 1.0；
　　　α_1——悬臂杆与水平线的交角；
　　　β——起伏滑车组与水平的交角；
　　　G_4——起重滑车组的自重力；
　　　S_k——起重滑车组绕出绳端的拉力，计算同独脚桅杆。

悬臂上部自重力对中部所产生的压力 N_2

$$N_2=\frac{1}{2}G_3\sin\alpha_1$$

式中　N_2——悬臂杆上部自重对中部的压力；
　　　G_3——悬臂杆的自重力。

作用在悬臂杆中部的总轴向压力：

$$N_{cp}=N_1+N_2 \tag{13-157}$$

式中　N_{cp}——悬臂杆中部的总压力。

2. 悬臂杆自重力作用在悬臂杆中部的弯矩：

$$M_{cp}=\frac{G_3 l_0 \cos\alpha_1}{8} \tag{13-158}$$

式中　M_{cp}——悬臂杆自重在中部产生的弯矩；
其他符号意义同前。

3. 悬臂杆中部截面验算

强度验算

$$\sigma=\frac{M_{cp}f_c}{W_n f_m}+\frac{N_{cp}}{A_n}\leqslant f_c \tag{13-159}$$

稳定性验算

$$\sigma=\frac{M_{cp}f_c}{W_{cp}f_m}+\frac{N_{cp}}{\varphi\cdot\varphi_m A}\leqslant f_c \tag{13-160}$$

式中　σ——悬臂杆产生的应力；
　　　f_c——木材顺纹抗压强度设计值；
　　　f_m——木材抗弯强度设计值；
　　　W_n——净截面抵抗矩，对圆截面 $W_n=0.1d_0^3$；
　　　d_0——木悬臂杆直径；
　　　A_n——净截面面积；
　　　A——计算截面的面积；
　　　W_{cp}——计算截面的截面抵抗矩；

φ——轴心受压构件稳定系数，可根据长细比 $\lambda\left(\lambda=\dfrac{l_0}{i}\right)$ 查得，或按设计规范计算；

φ_m——考虑轴心力和横向弯矩共同作用的折减系数，计算同独脚桅杆；

其他符号意义同前。

二、起伏滑车组受力计算

1. 荷载、滑车组、悬臂杆自重力、起重滑车组绕出绳对起伏绳滑车组的张力 T_1：

由 $\Sigma M_A = 0$ 得：

$$T_1 = \frac{(KP+Q+0.5G_3)\cos\alpha_1}{\sin(\alpha_1+\beta)} \tag{13-161}$$

2. 起伏绳及滑车组所引起的张力 T_2：

$$T_2 = G_4 \tag{13-162}$$

3. 作用于起伏绳滑车组的总拉力 f_T：

$$f_T = T_1 + T_2 \tag{13-163}$$

符号意义均同前。

根据求出的 f_T 选择滑车组，并求出绳端拉力 S_1，然后选择钢丝绳和卷扬机。

三、桅杆计算

1. 作用于桅杆的压力

(1) 起伏绳滑车组受的总张力和缆风绳对桅杆产生的压力 N_1'

由 $\Sigma M_D = 0$ 得：

$$N_1' = \frac{f_T a\sin\beta + f_T H\cos\beta}{a} \tag{13-164}$$

式中　a——桅杆底至锚碇的距离；

　　　H——桅杆高度；

其他符号意义同前。

(2) 起伏滑车组绕出绳对桅杆的压力 N_2'

$$N_2' = S_1 \tag{13-165}$$

式中　S_1——起伏滑车组绕出绳端的拉力。

S_1 计算同独脚桅杆 S_k，计算时以 f_T 代替 $KP+Q$。

(3) 缆风绳自重力对桅杆的压力 N_3'

$$N_3' = \frac{G}{2} \tag{13-166}$$

式中　G——缆风绳自重力。

(4) 核算截面到桅杆顶端的压力 N_4'

$$N_4' = G_1$$

式中　G_1——桅杆的自重力。

(5) 作用于桅杆顶端的总压力 N_0

$$N_0 = N_1' + N_2' + N_3' \tag{13-167}$$

(6) 作用于桅杆中部的总压力 N_c

$$N_c = N_1' + N_2' + N_3' + N_4' \tag{13-168}$$

2. 桅杆所受的弯矩

(1) 作用于桅杆顶端截面的弯矩 M_0：

$$M_0 = N'_2 e \tag{13-169}$$

式中　e——起伏绳滑车组定滑车对桅杆轴线的偏心距。

(2) 作用于桅杆中部截面的弯矩 M_{cp}：

$$M_{cp} = \frac{1}{2} N'_2 e \tag{13-170}$$

3. 桅杆截面验算

桅杆顶端截面强度验算：

$$\sigma_0 = \frac{M_0 f_c}{W_n f_m} + \frac{N_0}{A_n} \leqslant f_c \tag{13-171}$$

桅杆中部稳定性验算：

$$\sigma_{cp} = \frac{M_{cp} f_c}{W_{cp} f_m} + \frac{N_{cp}}{\varphi \varphi_m A} \leqslant f_c \tag{13-172}$$

符号意义同前。

四、桅杆底座上的受力计算

桅杆底座上的垂直分力为：

$$P_v = \frac{(KP + Q + 0.5G_3 + 0.5G_4) \times (a + l_0 \cos\alpha_1)}{a} \tag{13-173}$$

桅杆底座上的水平分力为：

$$P_H = \frac{(KP + Q + 0.5G_3 + 0.5G_4) \times (l_0 \cos\alpha_1)}{H} \tag{13-174}$$

式中　P_v——作用于桅杆底座上的垂直分力；
　　　P_H——作用于桅杆底座上的水平分力；
　　　其他符号意义同前。

五、缆风绳所受的张力计算

缆风绳所受的总张力按下式计算：

$$T = \frac{H f_T \cos\beta}{a \sin\alpha} \tag{13-175}$$

式中　T——作用于缆风绳上的总张力；
　　　其他符号意义同前。

13.10.6　建筑物上设置动臂桅杆吊装计算

建（构）筑物上设置动臂桅杆系在建（构）筑物（框架柱、梁、平台、电梯间）上装置附着式独脚（或人字）桅杆（图13-60），利用建（构）筑物来承受桅杆荷载，可省去竖立较高的主桅杆。适于就地吊装较高、较重的构件、容器或运输材料。

一、动臂桅杆的重力计算

1. 桅杆顶端受力 Q_0(kN)

$$Q_0 = KP + Q + \frac{P_b}{2} + \frac{P_c}{2} \tag{13-176}$$

式中　P——吊装荷载重量（kN）；

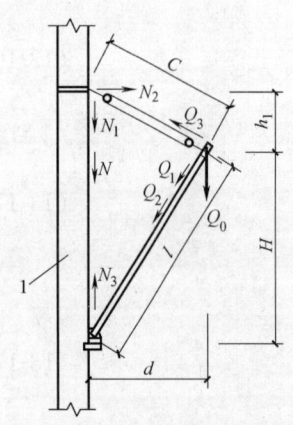

图 13-60 建筑物上设置动臂桅
杆吊装计算简图
1—建筑物

Q——起重滑车组的重力（kN）；
K——动载系数，取 1.1；
P_b——桅杆重量（kN）；
P_c——桅杆滑车组重量（kN）。

2. 桅杆中部受力 Q_1（kN）

$$Q_1 = \frac{Q_0 l}{H} \tag{13-177}$$

式中 l——桅杆长度（m）；
H——桅杆系固支点与桅杆滑轮组系固点间的距离（m）。

3. 桅杆所受总压力 Q_2（kN）

$$Q_2 = Q_1 + S_k \tag{13-178}$$

式中 S_k——起重滑车组绕出绳端的拉力（kN），计算同独脚桅杆。

4. 桅杆滑轮组上受力 Q_3（kN）

$$Q_3 = \frac{Q_0 C}{H} \tag{13-179}$$

式中 C——桅杆滑车组的计算长度（m）。

二、动臂桅杆滑车组作用于建（构）筑物上的受力计算

1. 桅杆滑车组作用于建（构）筑物系固点处的垂直力 N_1（kN）

$$N_1 = \frac{Q_0 h_1}{H} \tag{13-180}$$

式中 h_1——桅杆顶与通过滑车组系固点水平线间的计算垂直距离（m）。

2. 桅杆滑车组在建（构）筑物系固点上的垂直方向总压力 N（kN）

$$N = N_1 + S_1 \tag{13-181}$$

式中 S_1——桅杆滑轮组绕出绳端的拉力（kN），计算同独脚桅杆。

3. 桅杆滑车组作用于建（构）筑物系固点处的水平力 N_2（kN）

$$N_2 = \frac{Q_0 d}{H} \tag{13-182}$$

式中 d——吊钩的伸距（m）。

三、动臂桅杆在建（构）筑物上的受力 N_3（kN）

$$N_3 = \frac{Q_0 h}{H} + \frac{P_c}{2} + S_k \tag{13-183}$$

式中 H——桅杆顶与通过桅杆脚水平线间的计算垂直距离（m）；
其他符号意义同前。

四、动臂桅杆其他有关计算

动臂桅杆截面选择与验算、起重滑车组钢丝绳以及卷扬机拉力等的计算与独脚桅杆相同。

13.10.7 悬索式起重机吊装计算

悬索（缆索）式起重机是将承重走线钢索悬挂于两端支柱（独脚桅杆、人字桅杆或塔

架）上，并用缆风绳固定。通过挂在钢索上的滑车、滑轮及吊钩起吊、运输、安装构件。起重力一般为10~100kN。具有构造简单，跨度较大（可达400m），不受场地、地形限制，既可吊装又可沿走线钢索运输构件等优点。适用于吊装长度大的厂房构件及作构件运输之用。常用悬索式起重机的布置和配线方式见图13-61，其规格性能见表13-27。悬索钢丝绳直径的选择，可参考表13-28。

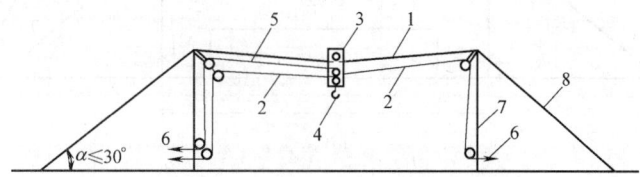

图13-61 悬索式起重机配线示意

1—悬索（走线绳）；2—牵引钢绳；3—滑车组；4—吊钩；5—起重钢绳；
6—接至卷扬机；7—支架；8—缆风绳

悬索式起重机规格性能 表13-27

起重量 (kN)	跨度 (m)	支架高度 (m)	吊钩起重高度 (m)	速度(m/min)		索引力(kN)		起重机重量 (t)
				起重	移动小车	起重卷扬机	索引卷扬机	
7.5	80	19.0	10.0	24	36	12.5	12.5	5.0
10.0	80	24.2	17.0	24	36	7.5	12.5	3.9
10.0	130	24.0	11.0	24	36	12.5	12.5	5.6
30.0	250	27.3	10.0	51	100	30	30.0	8.1
35.0	120	35.5	23.0	20	30	30	30×2	15.3
50.0	120	26.0	22.5	26	50	30	55.0	24.7
55.0	120	37.8	25.5	26	30	30	44.0	25.2

悬索钢丝绳安全荷重与直径关系 表13-28

钢丝绳直径 (mm)	钢丝绳折角 (°)	安全荷重 (kN)	钢丝绳直径 (mm)	钢丝绳折角 (°)	安全荷重 (kN)
19	160	10	16	120	10
22	160	20	19	120	20
30	160	30	25	120	30
38	160	40	30	120	40
44	160	50	38	120	50

一、支架高度计算（图13-62a）

$$H = y + s + k + c + h + m + f \tag{13-184}$$

式中　H——支架高（m）；

　　　y——建筑物的最大高度，或构件的安装高度（m）；

　　　s——建筑物顶面至构件间的工作高度（m）；

　　　k——构件本身高度（m）；

　　　c——绳扣和绑扎高度（m），采用0.5~1.5m；

　　　h——起重滑车组最小高度，采用2~3m；

　　　m——小滑车（或行车）高度，采用1.0m；

f——走线绳在跨中的挠度，一般为 $1/15 \sim 1/20 l$（l 为两支架的间距跨度）。支架的跨度 l 应使支架至建筑物端部尺寸有 $\frac{1}{10}l$ 的距离。

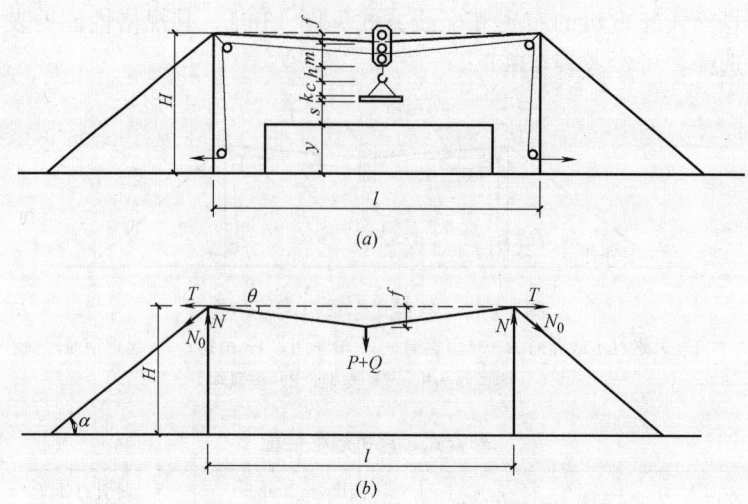

图 13-62 悬索式起重机内力计算简图
(a) 支架高度计算简图；(b) 内力计算简图

二、承重（走线）钢绳内力计算（图 13-62b）

荷载位于悬索中央时，承重钢丝绳之最大内力按下式计算：

$$T = \frac{(P+Q)l}{4f} + \frac{ql^2}{8f} \tag{13-185}$$

式中 P——荷载重量（kN）；
Q——行车起重滑车组、吊钩、吊具等重力（kN/m）；
q——承重钢丝绳每米长的重力（kN）；
l——支架的跨度（间距）(m)。

三、承重钢丝绳截面选择

承重钢丝绳截面按下式确定：

$$S_b \geqslant KT$$

式中 S_b——钢丝绳的破断拉力（kN）；
K——安全系数，取 $3 \sim 4$。

钢丝绳之弯曲应力与拉应力之比，应满足下式要求：

$$\frac{\sigma_n}{\sigma_p} \leqslant 1.0 \tag{13-186}$$

其中

$$\sigma_n = \frac{(P+Q)}{nA_H} \sqrt{\frac{E}{\sigma_p}} \tag{13-187}$$

式中 σ_n——钢丝绳的弯曲应力（N/mm²）；
n——滑车上的滑轮数；
A_H——钢丝绳的截面积（mm²）；
E——弹性模量，$E = 8 \times 10^4 \text{ N/mm}^2$；

σ_p——钢丝绳的拉应力（N/mm²）。

四、缆风绳内力计算

作用在支架缆风绳的总张力为：

$$N_0 = \frac{T}{\cos\alpha} \tag{13-188}$$

式中 α——缆风绳与地面的交角（°）。

五、牵引钢丝绳内力计算

作用于牵引钢丝绳上的内力按下式计算：

$$F = F_1 + F_2 + F_3 \tag{13-189}$$

式中 F_1、F_2——克服沿倾斜承重钢丝绳上升的内力，$F_1 = (P+Q)\sin\theta$；F_2 一般取 $0.5Q$；

θ——为钢丝绳的倾斜角（°）；

F_3——克服滑车滚轴中的摩擦力，一般取 $0.15(P+Q)$。

六、支架（桅杆或钢塔）的计算

作用于走线支架的总压力为：

$$N = N_1 + N_2 + N_3 + N_4 + N_5 \tag{13-190}$$

式中 N_1——承重钢丝绳的重力（kN）；

N_2——载荷及滑轮等的重力（kN）；

N_3——缆风绳的垂直分力（kN）；

N_4——副缆风绳重力（通常采用 20kN）；

N_5——支架自重力（kN），可采用 $1/3 \sim 1/5\,T$（T 为钢丝绳内力）。

先假定支架截面，求其惯性矩 I、截面系数 W 及回转半径 i、细长比 λ、轴心受压稳定系数 φ，再按下式验算其强度和稳定性：

当中心受压时

$$\sigma = \frac{N}{\varphi A} \leqslant [f_\mathrm{c}] \tag{13-191}$$

当偏心受压时

$$\sigma = \frac{N_3 e}{W} + \frac{N}{\varphi \varphi_\mathrm{m} A_\mathrm{c}} \leqslant [f_\mathrm{c}] \tag{13-192}$$

式中 A_c——支架的计算截面积（mm²）；

$[f_\mathrm{c}]$——材料抗压强度设计值（N/mm²）；

W——支架计算截面的抵抗矩（mm³）；

e——作用于至支架中心的偏心距（mm）；

φ——轴心构件稳定系数；

φ_m——考虑轴心力和横向弯矩共同作用下的折减系数。

【例 13-25】 已知悬索式起重机支架的跨度 $l=220\mathrm{m}$，构件重力 $P=30\mathrm{kN}$，行车及吊具重力 $Q=10\mathrm{kN}$，钢丝绳负重时跨中最大挠度 $f/l=0.07$，试选择承重钢丝绳、缆风绳及牵引钢丝绳的规格。

【解】 （1）承重钢丝绳规格的选择

选用承重钢丝绳为 $\phi 32.5\mathrm{mm}$、钢丝强度极限为 $1700\mathrm{N/mm^2}$ 的 $6\times 37+1$ 新钢丝绳。由表 13-6 查得钢丝绳每米重 36.86N，钢丝绳破断拉力为 $S_\mathrm{b}=666.5\times 0.85=566.5\mathrm{kN}$，承重钢丝绳的挠度 $f=0.07\times 220=15.4\mathrm{m}$

承重钢丝绳的工作张力为：

$$T=\frac{(P+Q)}{4f}+\frac{ql^2}{8f}=\frac{(30+10)\times 220}{4\times 15.4}+\frac{0.03686\times 220^2}{8\times 15.4}=157.3\text{kN}$$

安全系数：$K=\frac{S_b}{T}=\frac{566.5}{157.3}=3.6>3.5$ 满足要求。

弯曲应力验算

$$\sigma_p=\frac{T}{A_H}=\frac{157300}{392.11}=401.2\text{N/mm}^2$$

$$\sigma_n=\frac{30000+10000}{4\times 392.11}\sqrt{\frac{8\times 10^4}{401.2}}=360\text{N/mm}^2$$

$$\frac{\sigma_n}{\sigma_p}=\frac{360}{401.2}=0.9<1.0 \quad \text{满足要求。}$$

(2) 缆风绳规格的选择

选用缆风绳为 $\phi 34$mm，钢丝强度极限为 1700N/mm^2 的 $6\times 19+1$ 新钢丝绳。由表 13-5 查得，钢丝绳的破断拉力 $S_b=736\times 0.85=626$kN，缆风绳与地面夹角 $\alpha=45°$。

作用在支架缆风绳的总张力为：

$$T_B=\frac{T}{\cos\alpha}=\frac{157300}{\cos 45°}=223000\text{N}=223\text{kN}$$

每根缆风绳所承受的拉力为：

$$T'_B=\frac{T_B}{1+\cos^2\alpha_1+\cdots+\cos^2\alpha_n}=\frac{223}{1+\cos^2 45°+\cos^2 45°}=111.5\text{kN}$$

安全系数 $\qquad K=\frac{566.5}{111.5}=5.1>3.5 \quad$ 满足要求。

(3) 牵引钢丝绳规格的选择

承重钢丝绳的倾斜角 $\theta=\arctan\frac{15.4}{110}=7.9696$，克服沿倾斜承重钢丝绳上升的内力：$F_1=(P+Q)\sin\theta=(30+10)\times\sin 7.9696=5.5$kN，$F_2=0.5Q=0.5\times 10=5$kN；克服滑车滚轴中的摩擦力 $F_3=0.15(P+Q)=0.15(30+10)=6$kN。

作用于牵引钢丝绳上的总内力：

$$F=F_1+F_2+F_3=5.5+5+6=16.5\text{kN}$$

选用牵引钢丝绳为 $\phi 14$mm，极限强度 1700N/mm^2 的 $6\times 19+1$ 新钢丝绳，钢丝绳的破断拉力 $S_b=123\times 0.85=105$kN。

则安全系数：

$$K=\frac{S_b}{F}=\frac{105}{16.5}=6.36>3.5 \quad \text{满足要求。}$$

13.11 重型物件滑移和滚移计算

滑移和滚移是重型物件（或构件）在水平移动中常用的方法。多用于近距离搬运、装卸等作业，亦可用于钢网架、桥梁架设工程及滑形法安装重型柱和高塔类构件。

一、重型物件滑移法计算

滑移是在适当的滑道上进行。滑道可用钢轨、型钢或木拖，重型物件一般不与滑轨、滑道直接接触,而垫以钢制或木制的滑板或滑台,以减少滑移摩阻力。滑移时所需的牵引力 F_1(kN)可按式计算(图13-63a):

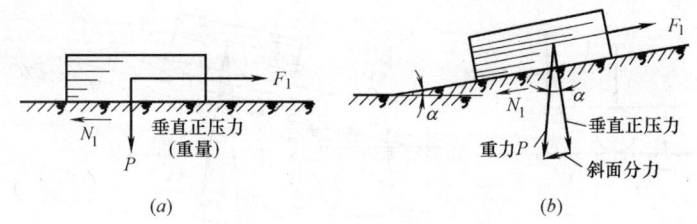

图13-63 滑动摩擦力的分析
(a)平道上滑移;(b)坡道上滑移

在平道上 $\qquad F_1 > N_1 = Pf \qquad$ (13-193)

在坡道上 $\qquad F_1 > N_1 = P\cos\alpha \cdot f \pm P\sin\alpha$
$$= P\cos\alpha(f \pm \tan\alpha) \qquad (13\text{-}194)$$

因 α 角很小,$\cos\alpha \approx 1$,$\tan\alpha = \dfrac{1}{n}$

可改写成 $\qquad F_1 > N_1 = Pf \pm \dfrac{P}{n} \qquad$ (13-195)

式中 N_1——滑动摩擦力(kN);
$\qquad P$——物件重量(kN);
$\qquad \alpha$——坡面与道路的水平夹角(°);
$\qquad \dfrac{1}{n}$——为滑道的坡度,上坡时为正,下坡时为负;
$\qquad f$——滑动摩擦系数(力臂)(cm),可按表13-29取用。

滑动摩擦系数表(cm)　　　　　　　　　　表13-29

摩擦物体	摩擦系数	摩擦物体	摩擦系数
木排在水泥地面	0.50	钢排在水泥地面	0.40
木排在土地面	0.55	钢排在土地面	0.30~0.40
木排在卵石地面	0.60	钢排在卵石地面	0.42~0.49
木排在木板面	0.65	钢排在木板面	0.40~0.50
木排在雪面上	0.10	钢排在钢板面	0.20~0.30
木排与钢 不加油 / 加油	0.60 / 0.15	钢排在钢轨上 不加油 / 加油	0.10 / 0.04
钢排在冰面上	0.035	钢排在雪面上	0.06~0.10

应该指出的是:起动时的摩擦力大于运动中的摩擦力。因此在计算滑移牵引力时,一般应再乘以起动附加系数 K_g,$K_g = 2.5 \sim 5.0$。

二、重型物件滚移法计算

滚移的主要装置由上下走板(或称滚道)与滚轴(或称滚杠)组成。一般上下走板多用木制、钢板、钢轨;滚轴则用钢管(或在管内满灌混凝土)或圆钢;滚轴的长度应比走板的宽度大 300~400mm。一般钢管滚轴的直径为 100~150mm,圆钢可为 50~100mm。

滚轴的间距应为2.5倍滚轴直径,以避免相互卡住。

滚移时,滚动摩擦力 N_2(kN)可用下式计算(图13-64):

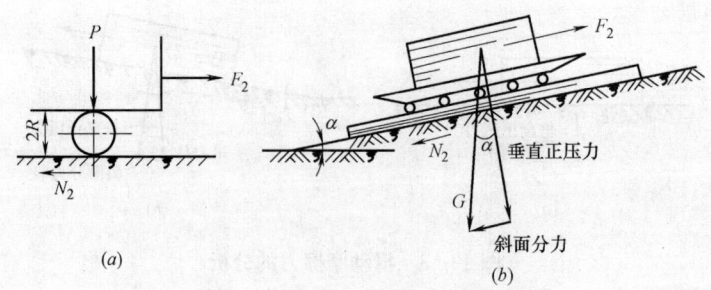

图 13-64 滚动摩擦力的分析
(a)平道上滚移;(b)坡道上滚移

1. 在平道上滚移时:

$$F_2 = \frac{P(f_1+f_2)}{2R} \tag{13-196}$$

滚移时所需的总牵引力 F_2(kN)为:

$$F_2 = K\frac{G(f_1+f_2)}{2R} \tag{13-197}$$

当 $F_1 = f_2$ 时

$$F_2 = K\frac{Gf_2}{R} \tag{13-198}$$

式中 P——滚轴的竖向压力(kN)(滚杠重量忽略不计);
　　　G——物件总重量(kN);
　　　K——因走道板与滚轴表面不平及滚轴方向不正等引起阻力增加系数,一般取 $K=2.5\sim5.0$(钢与钢取下限值,木材与木材取上限值);
　　　R——滚轴外圆半径(cm);
　　　f_1、f_2——分别为沿上滚道(滚杠与排子面)和沿下滚道(滚杠与地面)的滚动摩擦系数(力臂)(cm),参见表13-30。

滚动摩擦系数表(cm)　　　　　　　　　　　　　　　　表13-30

摩擦物体	摩擦系数	摩擦物体	摩擦系数
滚杠在水泥地面	0.08	滚杠在木面上	0.20~0.25
滚杠在沥青路面	0.01	滚杠在钢轨上	0.05
滚杠在土地面	0.15	滚杠在钢板面上	0.05~0.07

2. 在坡道上滚移时:

$$F_2 = K\frac{G\cos\alpha(f_1+f_2)}{2R} \pm KG\sin\alpha$$

$$= KG\cos\alpha\left(\frac{f_1+f_2}{2R} \pm \tan\alpha\right)$$

同样可改写成

$$F_2 = K\left(G\frac{f_1+f_2}{2R} \pm \frac{G}{n}\right) \tag{13-199}$$

当 $f_1 = f_2$ 时 $$F_2 = K\frac{Gf_2}{R} \pm K\frac{G}{n}$$

起动时的牵引力 F_q (kN) 为：

$$F_q = K_q \Big(G\frac{f_1 + f_2}{2R} \pm \frac{G}{n} \Big) \tag{13-200}$$

式中 K_q——起动附加系数，钢滚杠对钢轨时为 1.5；对木料时为 2.5；对土地面时为 3～5；

其他符号意义同前。

三、滚杠的容许载荷和需用根数计算

滚杠滚移时，不应被压变形，根据试验和使用经验，其容许载荷为：

$$W = 4.5d \sim 5.3d \tag{13-201}$$

式中 d——滚杠的直径（cm）；

W——每 1cm 承压长度上的容许载荷（10N/cm）；对于松木滚杠：$W = 4d \sim 4.5d$；对于硬木：$W = 6d$；对于厚壁无缝钢管：$W = 35d$，内充混凝土时，$W = 40d$。

滚移时每副排子所需用的滚杠根数则可按下式计算：

$$m \geq \frac{G}{W \cdot l} \tag{13-202}$$

式中 G——物件计算载荷（kN）；

l——每根滚杠上有效承压长度（cm），对于木排子，$l = 50$cm；对于组合式钢轨排子，一般采用 4 根钢轨组成，即有 4 根钢轨与滚杠相接触，如每根钢轨底宽 $B = 11.4$cm，则 $l = 4 \times 11.4 = 45.6$cm。

四、惯性力计算

任何一个物体都具有保持原有状态，即静者恒静、动者恒动的性质，称为惯性。如要改变物体原有状态，使静止的物体运动（滑移、滚移等），或使运动的物件改变运动的速度，就要施加一定的外力，这个外力的大小，等于该物体惯性力的大小，因此惯性力是起重、搬运、装卸、滑移、滚移等工作起动时必须考虑的因素。惯性力 F_g（kN）一般可按下式计算：

$$F_g = \frac{Gv}{gT} \tag{13-203}$$

式中 G——物件载荷（kN）；

v——直线运动速度（m/s）；

g——重力加速度，取 9.81m/s^2；

T——制动加速度的时间（s）。

【例 13-26】 有一钢制物件，重 500kN，使用钢排在钢轨上从仓库滑移到车间安装，路途上经过 1/10 的坡度，试求在平道上和上坡及起动时的牵引力。

【解】 已知 $P = 500$kN，取滑动摩擦系数 $f = 0.1$，$K_q = 2.5$。

在平道上滑移，由式（13-193）得：

$$F_1 = Pf = 500 \times 0.1 = 50\text{kN}$$

在坡度为 1/10 的钢轨坡道上滑移，由式（13-195）得：

$$F_1 = Pf + \frac{P}{10} = 500 \times 0.1 + \frac{500}{10} = 100\text{kN}$$

起动时的牵引力为:

$$F_1 = K_q\left(Pf + \frac{P}{10}\right) = 2.5\left(500 \times 0.1 + \frac{500}{10}\right) = 250\text{kN}$$

故知,在平道上和上坡及起动时的牵引力分别为 50、100 和 250kN。

【例 13-27】 某厂房安装一台 1500kN/300kN 桥式起重机,其主梁重 300kN,需从厂外堆放场运到厂房内进行拼装,厂房地坪为土地坪,采用钢轨拖排、枕木和半径 $R=4.45\text{cm}$ 的无缝钢管滚杠进行滚移,运输道路最大坡度为 1/10,试求起动时的牵引力和需要滚杠的根数。

【解】 已知 $G=300\text{kN}$,$1/n=1/10$,$R=4.45\text{cm}$,$f_1=0.1\text{cm}$(滚杠在枕木上滚运),$f_2=0.05\text{cm}$(滚杠在钢轨上滚运),$K_q=2.5$,$K=1$(不与 K_q 同时考虑)

起动时的牵引力由式 (13-200) 得:

$$F_2 = K_q\left[G\frac{(f_1+f_2)}{2R} + \frac{G}{n}\right]$$
$$= 2.5\left[300\frac{(0.1+0.05)}{2 \times 4.45} + \frac{300}{10}\right] = 87.6\text{kN}$$

设钢排组成用 4 根 18 号重轨,其宽度 $B=8\text{cm}$,$W=35d$,$l=4 \times 8=32\text{cm}$;考虑载荷的动力系数 1.1,不均衡系数 1.3,则滚杠根数由式 (13-202) 得:

$$m = \frac{G}{Wl} = \frac{30000 \times 1.1 \times 1.3}{35 \times 8.9 \times 32} = 4.3 \text{ 根}$$

考虑前后倒运,选用 8~10 根滚杠。

【例 13-28】 有一个重 200kN 的物件,从静止时起动,经过 2s 后的速度达到 1m/s,试求它的惯性力大小。

【解】 移动该构件的惯性力由式 (13-303) 得:

$$F_g = \frac{Gv}{gT} = \frac{200 \times 1}{9.81 \times 2} = 10.2\text{kN}$$

故知,移动该构件的惯性力为 10.2kN。

13.12 等截面柱吊装绑扎吊点位置计算

13.12.1 等截面柱一点绑扎起吊吊点位置计算

柱(或桩,下同)采用斜吊法起吊、就位,一般采用单点吊立(图 13-65a),可简化为一端带悬臂的简支梁进行计算(图 13-65b),承受自重均布荷载 q 的作用,吊点的合理位置是以使吊点处最大负弯矩与柱身下部最大正弯矩绝对值相等的条件确定。

设 M_c 为柱下部最大正弯矩,则 c 处剪力 (V) 为零,根据剪力 $V_c=0$ 条件,则有:

$$qx = \frac{q(l-a)}{2} - \frac{qa^2}{2}\left(\frac{1}{l-a}\right)$$

13.12 等截面柱吊装绑扎吊点位置计算

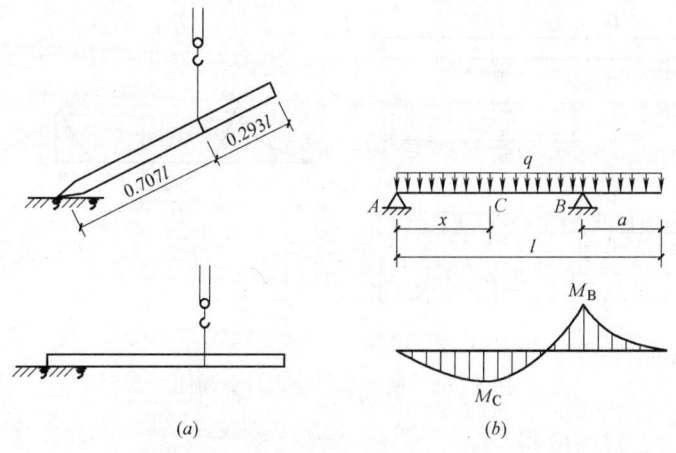

图 13-65 预制构件一点绑扎起吊
(a) 一点起吊情形；(b) 受力计算简图

则

$$x=\frac{l(l-2a)}{2(l-a)} \tag{13-204}$$

再根据 $M_B=M_C$ 条件，则有：

$$\frac{qa^2}{2}=\frac{q(l-a)}{2}x-\frac{qx^2}{2}-\left(\frac{qa^2}{2}\right)\frac{x}{l-a} \tag{13-205}$$

将 x 代入（13-205）式简化得：

$$a=\left(1-\frac{\sqrt{2}}{2}\right)l=0.2929l$$

将 a 代入（13-204）式得：

$$x=\left(1-\frac{\sqrt{2}}{2}\right)l=0.2929l$$

即

$$x=a=0.2929l\approx 0.3l \tag{13-206}$$

故知，合理吊点位置在离构件一端 $0.3l$ 处。

【例 13-29】 厂房等截面柱，长 8.6m，截面 400mm×600mm 采用一点绑扎、起吊，试计算合理吊点位置。

【解】 一点绑扎起吊的合理吊点位置为：

$$a=0.3l=0.3\times 8.6=2.58\text{m}$$

故知，吊点位置在离柱一端 2.58m 处。

13.12.2 等截面柱两点绑扎起吊吊点位置计算

吊装配筋少且细长的等截面柱，往往采用两点绑扎吊装（图 13-66），其吊点位置的确定，一般是使其自重产生的跨间最大正弯矩和柱顶悬挑支座处负弯矩相等，这时产生的吊装弯矩最小。

设柱水平搁置，吊点（支点）为 A、B，两端为悬挑端。令 A 支点到跨间最大弯矩 1—1 截面的长度为 x。

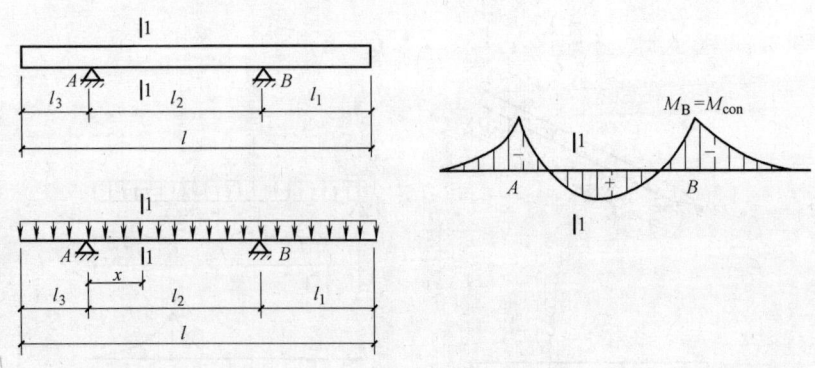

图 13-66 两点起吊受力计算简图

由静力平衡 $\sum M_B = 0$ 得：

$$R_A = \frac{l(l-2l_1)q_0}{2(l-l_1-l_3)} \tag{13-207}$$

令最大正弯矩 1—1 截面处剪力为零，得：

$$R_A - (x+l_3)q_0 = 0 \tag{13-208}$$

将式（13-207）代入式（13-208）并解之得：

$$x = \frac{l(l-2l_1)}{2(l-l_1-l_3)} - l_3 \tag{13-209}$$

按：

$$M_{1-1} = R_A x - \frac{(l_3+x)^2}{2} \cdot q_0$$

并令

$$M_{1-1} = M_{con} \tag{13-210}$$

M_{con} 为同时满足吊装抗弯强度、裂缝宽度条件的柱截面控制弯矩值，可由下式计算：

$$M_{抗弯} = \frac{f_y A_s (h_0 - a'_g)}{K_1 \cdot K} \tag{13-211}$$

$$M_{抗裂} = \frac{0.87 A_s h_0 \sigma_s}{K} \tag{13-212}$$

式中　f_y——受拉钢筋强度设计值（N/mm²）；

　　　A_s——受拉钢筋截面面积（mm²）；

　　　h_0——截面计算有效高度（mm）；

　　　a'_g——受压钢筋合力点至受压边缘距离（mm）；

　　　K_1——安全系数，取 1.26；

　　　K——动力系数，取 1.2～1.5；

　　　σ_s——钢筋计算应力（N/mm²），光面钢筋取 $\sigma_s = 160$N/mm²，螺纹钢筋取 $\sigma_s = 200$N/mm²；

　　　M——吊装截面弯矩（N·mm）。

式（13-211）、式（13-212）代入构件实际数值后，取二者的最小值作为构件截面的控制弯矩 M_{con} 值

将 $M_{con} = \frac{q_0 l_1^2}{2}$、式（13-207）、式（13-209）代入式（13-210）并化简：

13.12 等截面柱吊装绑扎吊点位置计算

令 $m=l(l-2l_1)$；$n=l-l_1$

解之得
$$l_3=\frac{n(m-2l_1^2)-\sqrt{2}ml_1}{2(m-l_1^2)} \quad (13\text{-}213)$$

l_3 即为计算最佳吊点 A 的位置

当按式（13-213）求出的 $l_3 \leqslant 0$ 时，可用 1 点 B 起吊；当 $0 \leqslant l_3 \leqslant l_1$ 时，可用两点起吊；当 $l_3 > l_1$ 时，说明 A 点处的负弯矩大于 M_{con}，两点起吊不能满足要求，而应改用其他方法。

【例 13-30】 某厂房等截面长柱，几何尺寸如图 13-67，已知 $f_y = 300\text{N/mm}^2$，$A_s = 1520.4\text{mm}^2$，$h_0 = 565\text{mm}$，$a'_s = 35\text{mm}$，$\sigma_s = 200\text{N/mm}^2$，$q_0 = 6.43\text{kN/m}$，采取两点绑扎吊装，试求吊点位置。

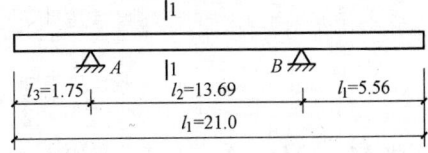

图 13-67 长柱几何尺寸及受力简图

【解】 由式（13-211）、式（13-212）得：

$$M_{抗弯}=\frac{300\times 1520.4(565-35)}{1.5\times 1.26}=127907000\text{N}\cdot\text{mm}=127.9\text{kN}\cdot\text{m}$$

$$M_{抗裂}=\frac{0.87\times 1520.4\times 565\times 200}{1.5}=99647000\text{N}\cdot\text{mm}=99.6\text{kN}\cdot\text{m}$$

比较可知取小值 $M_{抗裂}=99.6\text{kN}\cdot\text{m}$ 作为截面的控制弯矩，即 $M_{抗裂}=M_{con}=99.6\text{kN}\cdot\text{m}$

由 $M_{con}=\frac{1}{2}q_0 l_1^2$ 得：

$$l_1=\sqrt{\frac{2M_{con}}{q_0}}=\sqrt{\frac{2\times 99.6}{6.43}}=5.56\text{m}$$

又
$$m=l(l-2l_1)=21(21.0-2\times 5.56)=207.48\text{m}^2$$
$$n=l-l_1=21.0-5.56=15.44\text{m}$$

将 m、n、l_1 值代入式（13-213）中，得：

$$l_3=\frac{15.44(207.48-2\times 5.56^2)-1.44\times 207.48\times 5.56}{2(207.48-5.56^2)}=1.75\text{m}$$

故知，两点绑扎吊装吊点位置分别离柱端 5.56m 和 1.75m 处。

13.12.3 等截面长柱三点绑扎起吊吊点位置计算

工业厂房高跨围护柱及山墙柱，长度较大（25m 以上），而截面较小，常需采用三点吊装（其中一点着地）方法吊装。

设长柱为等截面、等配筋，强度等级为已知，控制弯矩 M_{con}、l_1 经计算为已知，采用三点平吊如图 13-68。

令需确定的 B 吊点距 A 点距离为 x，C 吊点距右端悬臂端为 l_1，根据连续梁的三弯矩方程有：

$$M_A x+2M_B(l-l_1)+M_C(l-l_1-x)=-6(\overline{A}_{n+1}+\overline{B}_n) \quad (13\text{-}214)$$

根据控制条件为：

$$M_B = M_C = M_{con} = -\frac{1}{2}ql_1^2 ; \quad M_A = 0$$

$$\overline{A}_{n+1} = \frac{1}{2} \cdot \frac{2}{3}(M_{BC})(l-l_1-x)$$

$$= \frac{1}{24} \cdot q(l-l_1-x)^3$$

$$\overline{B}_n = \frac{1}{2} \cdot \frac{2}{3}(M_{AB})x = \frac{1}{24}qx^3$$

将 M_A、M_B、$\overline{A}_{n+1}$、$\overline{B}_n$ 值代入式（13-214），并令 $\eta = l-l_1$ 化简得：

$$3\eta x^2 - (3\eta^2 - 2l_1^2)x + (\eta^3 - 6\eta l_1^2) = 0 \tag{13-215}$$

解方程式（13-215）有：

$$\genfrac{}{}{0pt}{}{x_1}{x_2} = \frac{(3\eta^2 - 2l_1^2) \mp \sqrt{60\eta^2 l_1^2 + 4l_1^4 - 3\eta^4}}{6\eta} \tag{13-216}$$

x_1、x_2 为吊点 B 的两个位置。

令 $K_1 = \frac{x_1}{l_1}; \quad K_2 = \frac{x_2}{l_2}; \quad K = \frac{l-l_1}{l_1}$

代入式（13-216）为：

$$\genfrac{}{}{0pt}{}{K_1}{K_2} = \frac{(3K^2 - 2) \mp \sqrt{60K^2 + 4 - 3K^4}}{6K} \tag{13-217}$$

当式（13-216）右边根号内为零时，如是得重根为：

$$x = \frac{3\eta^2 - 2l_1^2}{6\eta} \tag{13-218}$$

这时只有一个吊点 B 位置满足三点吊装，柱长达到三点吊位置的极限长度。

令式（13-216）右边根号为零，则：

$$3\eta^4 - 60\eta^2 l_1^2 - 4l_1^4 = 0 \tag{13-219}$$

解式（13-219）得：

$$l = 5.4796 l_1 \tag{13-220}$$

当 $l \leqslant 5.4796 l_1$，不等式成立时，表明长柱可采用三点吊装。而长柱 $l = 5.4796 l_1$ 时为三点吊装的上限值。同时由两点吊装极限状态可求得 $l = 4.8284 l_1$ 为三点吊装柱长 l 的下限值。即当 $4.8284 l_1 \leqslant l \leqslant 5.4796 l_1$ 时，可判断长柱宜采用三点吊装方法。

再取出图 13-68 中 AB 跨分析如图 13-69。

令 $M_{1-1} = M_{con}$，M_{Bi} 为 B 点的任意弯矩。M_{1-1} 到 A 点的距离为 x_0。将 $M_A = 0$、$M_C = M_{con}$、M_{Bi}、$\overline{A}_{n+1}$、$\overline{B}_n$ 代入式（13-214），并令：$\eta = l-l_1$，化简有：

$$M_{Bi} = \left[\frac{3}{8}x^2 - \left(\frac{3\eta}{8} - \frac{l_1^2}{4\eta}\right)x + \left(\frac{\eta^2}{8} - \frac{l_1^2}{4}\right)\right]q \tag{13-221}$$

求 A 点反力 R_A：

$$R_A = \frac{qx}{2} - \frac{M_{Bi}}{x}$$

最大弯矩处剪力为零得：$R_A - qx_0 = 0$

则

$$x_0 = \frac{R_A}{q} = \frac{x}{2} - \frac{M_{Bi}}{xq} = \frac{1}{8}x + \left(\frac{3\eta}{8} - \frac{l_1^2}{4\eta}\right) - \left(\frac{\eta^2}{8x} - \frac{l_1^2}{4x}\right) \tag{13-222}$$

13.12 等截面柱吊装绑扎吊点位置计算

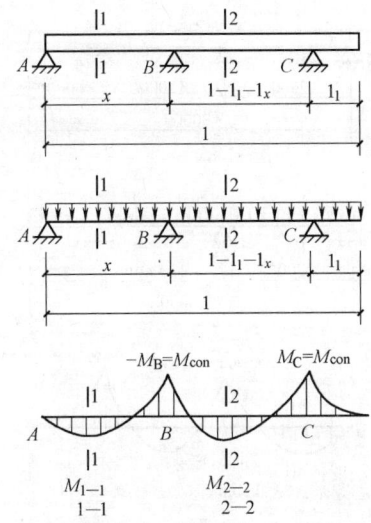

图 13-68 水平搁置柱三点绑扎吊装

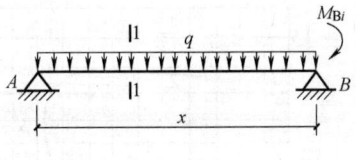

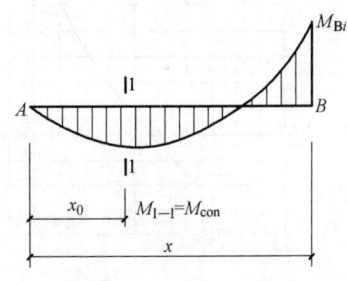

图 13-69 AB 跨计算简图

又

$$M_{1-1} = R_A x_0 - \frac{1}{2}qx_0^2 = \frac{1}{2}qx_0^2 \tag{13-223}$$

令

$$M_{1-1} = \frac{1}{2}ql_1^2$$

故

$$\frac{1}{2}ql_1^2 = \frac{1}{2}qx_0^2$$

解之得

$$x_0 = l_1 \tag{13-224}$$

比较式（13-222）和式（13-223）有：

$$\frac{1}{8}x + \left(\frac{3\eta}{8} - \frac{l_1^2}{4\eta}\right) - \left(\frac{\eta^2}{8x} - \frac{l_1^2}{4x}\right) = l_1 \tag{13-225}$$

令

$$K = \frac{l - l_1}{l_1} = \frac{\eta}{l_1}; \quad K_3 = \frac{x}{l}$$

解式（13-225）得：

$$K_3 = \frac{1}{K} - 1.5K + 4 + \sqrt{3.25K^2 + \frac{1}{K^2} - 12K + \frac{8}{K} + 11} \tag{13-226}$$

对于已定的长柱，在已知 K 的条件下，便可利用式（13-226）求 B 吊点位置 x：

$$x = K_3 l \tag{13-227}$$

利用式（13-217）和式（13-227）可绘出 $K_1 = f_1(K)$、$K_2 = f_2(K)$ 和 $K_3 = f_3(K)$ 三条曲线，如图 13-70。这三条曲线所包围的区间便是 K_i 的取值范围，则 $x_i = K_i l_1$。当吊点 B 位置取 x_i 时，则长柱由自重力产生的 M_B、M_{1-1} 和 M_C 各点的弯矩均小于或等于 M_{con}。

【例 13-31】 一长柱长 30m，拟采用三点吊装，已知 $q = 7\text{kN/m}$，$M_{con} = 126\text{kN}\cdot\text{m}$，$l_1 = 6\text{m}$（图 13-71），求吊点位置 x。

【解】 已知 $K = \dfrac{l - l_1}{l_1} = \dfrac{30 - 6}{6} = 4$

查图 13-70，因 3.8284＜4＜4.4796，故属三点吊装范围。

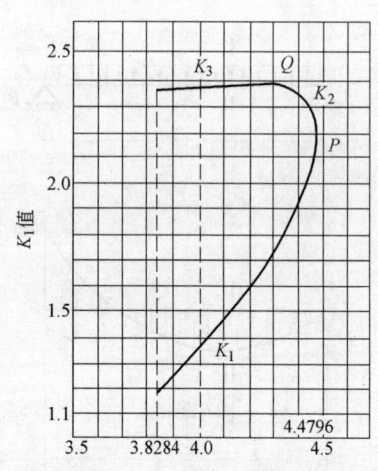

图 13-70 K_1、K_2、K_3 曲线图

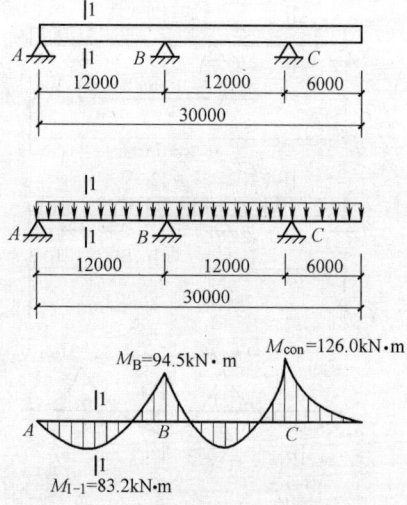

图 13-71 柱尺寸与吊装弯矩

查图 13-70 得：

$$K_1 = \frac{x_1}{l_1} = 1.333; \quad K_3 = \frac{x_3}{l_1} = 2.385$$

任选

$$K_i = 2$$

则 $x_i = K_i l_1 = 2 \times 6 = 12\text{m}$，此时 M_{1-1}、M_B 均能满足小于或等于 M_{con} 的控制条件。

13.12.4 等截面长柱四点绑扎平点吊点位置计算

在发电厂、有色金属冶炼厂等高大厂房预制柱吊装中，柱子长度有的达 30～50m，而截面不大。过去多采用分节吊装，高空就位和焊接的方法安装，工序较复杂、烦琐，费工费时，且不够安全。随着近代大型起重机的开发生产，吊装高度和起重量增大，使细长柱采用四点绑扎一次起吊安装已成为现实，不但可减少高空作业，加快工程进度，而且吊装方便，能有效保证安全和质量。

设长柱为等截面、等配筋、等强度，采用四点平吊，用三个单门滑车使吊索受力相等（不考虑吊索与滑轮之间的摩阻力），整个吊装系统如图 13-72a 所示。选择吊点时，应使吊装过程中的柱子在自重作用下产生的弯矩绝对值最小。其正、负弯矩绝对值相等时的吊点，即为最佳吊点，计算简图如图 13-72 所示。

一、吊索内力 S 和吊索的竖向分为 V_A、V_B 计算

取

$$\sum y = 0 \quad Q = ql$$

$$2S(\sin\alpha + \sin\beta) = Q$$

$$S = \frac{ql}{2} \cdot \frac{1}{\sin\alpha + \sin\beta}$$

$$V_A = \frac{ql}{2} \cdot \frac{\sin\alpha}{\sin\alpha + \sin\beta} \tag{13-228a}$$

$$V_B = \frac{ql}{2} \cdot \frac{\sin\beta}{\sin\alpha + \sin\beta} \tag{13-228b}$$

13.12 等截面柱吊装绑扎吊点位置计算

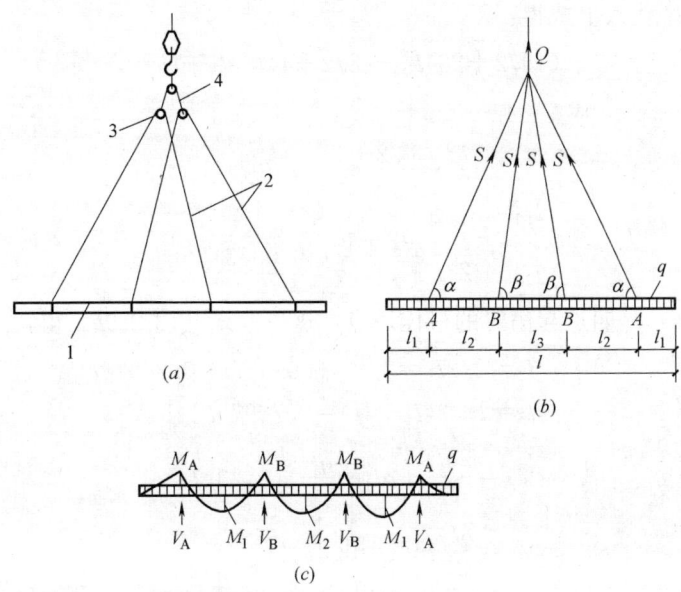

图 13-72 长柱四点平吊计算简图
(a) 长柱四点平吊示意；(b) 平吊计算简图；(c) 弯矩图
1—细长柱；2—绑扎吊索；3—单门滑车；4—短吊索

二、M_A、M_B、M_1、M_2、l_1、l_2、l_3 计算

设按最佳吊点平吊时，弯矩图如图 13-72c 所示。并有：$-M_A = M_1 = -M_B = M_2$

已知
$$M_A = \frac{ql_1^2}{2}$$

$$M_B = V_A \cdot \frac{l_2}{2} - \frac{q}{2}\left(l_1 + \frac{l_2}{2}\right)^2$$

令 $-M_A = M_1$，则

$$V_A = \frac{2ql_1^2}{l_2} + ql_1 + \frac{ql_2}{4}$$

再由 $M_A = M_B$ 得：

$$-\frac{ql^2}{2} = -\frac{q}{2}(l_1 + l_2) + \left(\frac{2ql_1^2}{l_2} + ql_1 + \frac{ql_2}{4}\right)l_2$$

解之得：
$$l_2 = 2\sqrt{2}\, l_1$$

又由 $\sum y = 0$ 得：

$$V_B = \frac{ql - 2V_A}{2} = \frac{ql}{2} - \frac{2ql_1^2}{l_2} - ql_1 = \frac{ql_2}{4}$$

再由 $-M_A = M_2$ 得：

$$\frac{ql_1^2}{2} = \left(\frac{2ql_1^2}{l_2} + ql_1 + \frac{ql_2}{4}\right)\left(\frac{l - 2l_1}{2}\right) - \frac{ql^2}{8}$$

$$+ \left(\frac{ql}{2} - \frac{2ql_1^2}{l_2} - ql_1 - \frac{ql_2}{4}\right)\left(\frac{l - 2l_1 - 2l_2}{2}\right)$$

817

将 $l_2=2\sqrt{2}l_1$ 代入上式得：

$$(16\sqrt{2}+28)l_1^2-(8\sqrt{2}+4)l \cdot l_1+l^2=0$$

解之得：

$$l_1=\begin{cases}\dfrac{l}{2}\cdot\dfrac{3\sqrt{2}+1}{4\sqrt{2}+7}=0.2071l & (13\text{-}229a)\\[2mm]\dfrac{l}{2}\cdot\dfrac{\sqrt{2}+1}{4\sqrt{2}+7}=0.09537l & (13\text{-}229b)\end{cases}$$

式 (13-229a) 是四点起吊时的最佳吊点，这里取式 (13-229b) 得：

$$l_2=2\sqrt{2}l_1=2\sqrt{2}\times 0.09537l=0.26975l$$

$$l_3=l-2(l_1+l_2)=0.26975l$$

$$V_A=\frac{2ql_1^2}{l_2}+ql_1+\frac{ql_2}{4}=0.23gl$$

$$V_B=\frac{ql}{2}-V_A=0.27ql$$

三、柱与吊索之间的夹角 α、β 计算

由式 (13-228a)、式 (13-228b) 得：

$$V_A=\frac{ql}{2}\cdot\frac{\sin\alpha}{\sin\alpha+\sin\beta}=0.23ql$$

解得：$\dfrac{\sin\alpha}{\sin\alpha+\sin\beta}=0.46$，$\dfrac{\sin\beta}{\sin\alpha}=1.17$

又

$$\frac{l_3}{2}=\frac{l-2(l_1+l_2)}{2}=0.134876l$$

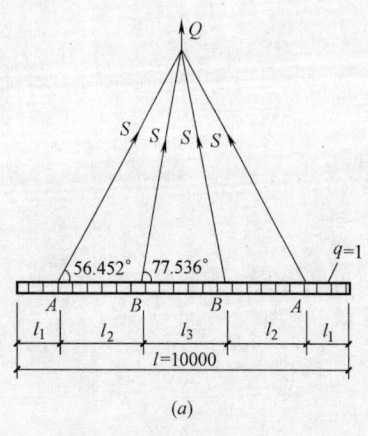

$$\sin\alpha=\frac{OC}{OA},\ \sin\beta=\frac{OC}{OB}$$

$$\frac{\sin\beta}{\sin\alpha}=\frac{OA}{OB}=\frac{\sqrt{(l_2+l_3/2)^2+OC^2}}{\sqrt{(l_3/2)^2+OC^2}}=1.17$$

解得： $OC=0.61l$

$$\tan\alpha=\frac{OC}{OA}=\frac{0.61l}{l_2+l_3/2}=1.508$$

查表得：$\alpha=56.452°$，$\sin\alpha=0.83342$

$$\tan\beta=\frac{OC}{CB}=\frac{0.61l}{l_3/2}=4.524$$

查表得：$\beta=77.536°$，$\sin\beta=0.97643$

【**例 13-32**】 发电厂厂房山墙柱，长度为 35.0m，截面为 600mm×650mm，混凝土密度 25kN/m³，采用四点平吊，如图 13-73a 所示。试求柱最佳吊点位置、吊索内力和柱承受的弯矩，并画弯矩图。

【**解**】 长柱自重荷载：$q=0.60\times 0.65\times 25=9.75$kN/m，考虑索具重，取 $q=10$kN/m

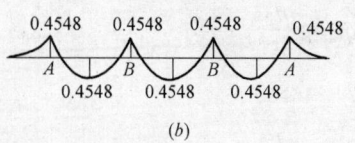

图 13-73 柱四点平吊计算简图及弯矩图
(a) 柱四点平吊计算简图；
(b) 柱四点平吊弯矩图

又知 $\sin\alpha=0.83342$,$\sin\beta=0.97643$

$Q=ql=10\times35=350\text{kN}$

$l_1=0.09537l=0.09537\times35=3.338\text{m}$

$l_2=l_3=0.26975l=0.26975\times35=9.441\text{m}$

$S=\dfrac{ql}{2}\cdot\dfrac{1}{\sin\alpha+\sin\beta}=\dfrac{10\times35}{2}\times\dfrac{1}{0.83342+0.97643}=96.693\text{kN}$

$V_A=S\cdot\sin\alpha=96.693\times0.83342=80.586\text{kN}$

$V_B=S\cdot\sin\beta=96.693\times0.97643=94.414\text{kN}$

$M_A=-\dfrac{ql_1^2}{2}=\dfrac{10\times3.338^2}{2}=55.7\text{kN}\cdot\text{m}$

$M_B=V_A l_2-\dfrac{q}{2}(l_1+l_2)^2=80.586\times9.44-\dfrac{10}{2}(3.338+9.441)^2$

$\quad=55.7\text{kN}\cdot\text{m}$

$M_1=V_A\cdot\dfrac{l_2}{2}-\dfrac{q}{2}\left(l_1+\dfrac{l_2}{2}\right)^2=80.586\times\dfrac{9.441}{2}-\dfrac{10}{2}\left(3.338+\dfrac{9.441}{2}\right)^2$

$\quad=55.7\text{kN}\cdot\text{m}$

$M_2=V_A\cdot\left(l_2+\dfrac{l_3}{2}\right)+V_B\cdot\dfrac{l_3}{2}-\dfrac{ql^2}{8}=80.586\left(9.441+\dfrac{9.441}{2}\right)$

$\quad+94.414\times\dfrac{9.441}{2}-\dfrac{10\times35^2}{8}=55.7\text{kN}\cdot\text{m}$

由计算知: $\quad -M_A=M_1=-M_B=M_2$

弯矩图如图 13-73b 所示。

13.13　变截面柱绑扎吊点位置计算

13.13.1　变截面柱一点绑扎起吊吊点位置计算

变截面柱采用一点起吊，当柱子不太长时，吊点的位置通常设在柱牛腿根部，一般不需计算，但需复核抗弯强度或抗裂度。计算内力可按一端带有悬臂的简支梁进行分析。验算时，荷载一般应将构件自重力乘以动力系数 1.5，根据受力实际情况，动力系数可适当增减。

柱子一般均为平卧预制，中等长度的柱子，均可采取一点不翻身平吊，吊点位置确定后，据此复核产生最大弯矩处的抗弯强度。当满足抗弯强度计算要求，即认为满足不翻身平吊要求。对特殊要求的柱，应进行抗裂验算，要求其满足抗裂度条件或裂缝宽度限制，可按下式计算：

$$\sigma_s=KM_k/0.87h_0 A_s \tag{13-230}$$

式中　σ_s——钢筋计算应力（N/mm²）；

　　　A_s——受拉钢筋截面面积（mm²）；

　　　h_0——吊装时构件截面计算有效高度（mm）；

　　　K——动力系数，视吊装受力情况取 1.2～1.5；

M_k——验算截面的吊装弯矩（N·mm）。

当计算所得钢筋应力 $\sigma_s \leqslant 160\text{N/mm}^2$（光面钢筋）或 $\sigma_s \leqslant 200\text{N/mm}^2$（螺纹钢筋）时，可以认为满足抗裂缝宽度（抗裂度）要求。

对很长的柱，如抗弯强度或抗裂度不能满足平吊要求时，应考虑将四角的钢筋加粗或局部增加配筋；或将柱子翻转 90°，侧立起吊；或采用两点平吊等措施，并按采取措施后，再行验算。

【例 13-33】 厂房柱，几何尺寸、配筋如图 13-74 所示，采用一点平卧起吊，吊点设在距柱顶 3.7m 处，混凝土强度等级为 C20，钢筋用 HRB 335，试验算吊装强度和抗裂度。

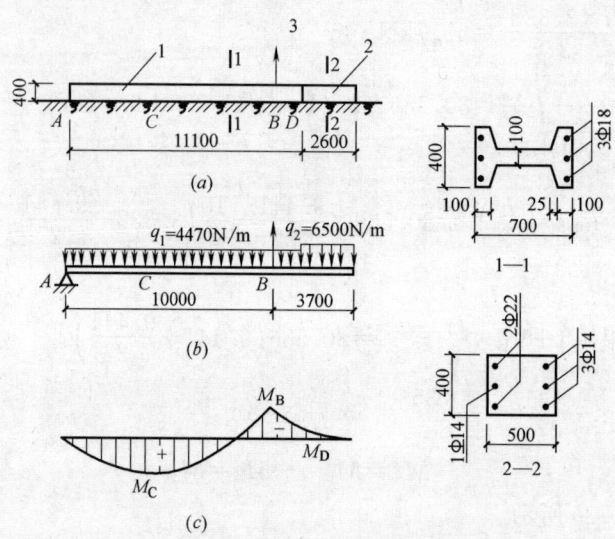

图 13-74 柱子平放一点起吊计算简图
(a) 柱几何尺寸；(b) 验算简图；(c) 弯矩图
1—大柱；2—小柱；3—吊点

【解】 大柱截面面积为 1375cm²，小柱截面面积为 2000cm²，自重力的动力系数取 1.3。

大柱均布荷载　$q_1 = \dfrac{1375}{10000} \times 25000 \times 1.3 = 4470\text{N/m}$

小柱均布荷载　$q_2 = \dfrac{2000}{10000} \times 25000 \times 1.3 = 6500\text{N/m}$

起吊时应对最危险的截面进行验算，各截面弯矩值为：

$$M_B = 6500 \times 2.6\left(3.7 - \dfrac{2.6}{2}\right) + 4470 \times \dfrac{(3.7-2.6)^2}{2} = 43264\text{N}\cdot\text{m}$$

$$M_C = \dfrac{1}{8} \times 4470 \times 10^2 - \dfrac{1}{2} \times 43264 = 34243\text{N}\cdot\text{m} < M_B$$

$$M_D = \dfrac{1}{2} \times 6500 \times 2.6^2 = 21970\text{N}\cdot\text{m}$$

（1）抗弯强度验算

1）截面 B 采用平卧起吊，$h = 400\text{mm}$，仅考虑四角钢筋，$A_s = A_s' = 5.09 \times 10^2 \text{mm}^2$（2Φ18），$h_0 = 400 - 35 = 365\text{mm}$

吊装时的强度验算按受弯构件考虑。按双筋梁计算截面强度。该截面能承担的弯矩：
$M' = A'_s f_g (h_0 - a'_s) = 5.09 \times 10^2 \times 300(365-35) = 50.3 \times 10^6 \text{N} \cdot \text{mm} = 50300 \text{N} \cdot \text{m} > M_B$
(43264N·m)，强度满足要求。

∵ $M_B > M_C$，B 和 C 的截面尺寸和配筋均相同，故截面 C 可不必验算。

2) 截面 D 采用平卧起吊，$h = 400$mm，与大柱相同，$A_s = A'_s = 3.08 \times 10^2$mm² (2Φ14)，则 $M' = A'_g f_g (h_0 - a'_s) = 3.08 \times 10^2 \times 300(365-35) = 30.5 \times 10^6$N·mm = 30500N·m > $M_D = 21970$N·m，强度能满足要求。

(2) 裂缝宽度（抗裂度）验算

截面 B $\sigma_s = 43264000/0.87 \times 509 \times 365 = 267$N/mm²

截面 C $\sigma_s = 34243000/0.87 \times 509 \times 365 = 212$N/mm²

截面 D $\sigma_s = 21970000/0.87 \times 308 \times 365 = 225$N/mm²

由上验算知各截面钢筋计算应力 σ_s 均大于 200N/mm²，抗裂能力不能满足吊装要求。因此，需将大柱截面四角 4Φ18 钢筋改为 4Φ22 钢筋，$A_s = 760.3$mm²，再行验算如下：

截面 B $\sigma_s = 43264000/0.87 \times 760.3 \times 365 = 180 < 200$N/mm²

截面 D $\sigma_s = 21970000/0.87 \times 760.3 \times 365 = 90 < 200$N/mm²

经以上验算，平卧一点绑扎起吊改进配筋后，各截面的抗弯强度及抗裂能力均可满足吊装要求。

13.13.2 变截面柱两点绑扎起吊吊点位置计算

变截面柱采用两点起吊，吊点位置通常一点设在牛腿处，另一合理的吊点位置应以牛腿处吊点的负弯矩与跨中正弯矩绝对值相等的条件确定，计算简图如图 13-75 所示。

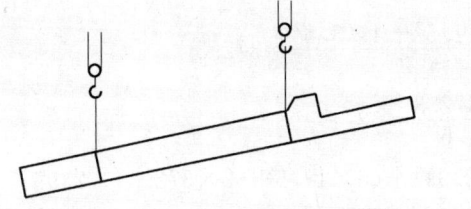
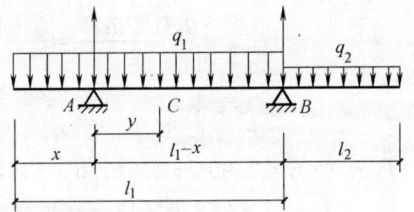

图 13-75 变截面柱两点起吊绑扎位置计算简图

由假定条件 $M_A = M_{AB(\max)}$ 取 $\sum M_B = 0$

$$R_A = \frac{q_1 l_1^2 - q_2 l_2^2}{2(l_1 - x)}; \quad M_A = \frac{q_1 x^2}{2}$$

则 $M_c = R_A y - \frac{q_1(x+y)^2}{2} = \frac{q_1 l_1^2 - q_2 l_2^2}{2(l_1-x)} y - \frac{q_1(x+y)^2}{2}$

令 $\frac{dM_c}{dy} = 0;$ $\frac{q_1 l_1^2 - q_2 l_2^2}{2(l_1-x)} - q_1(x+y) = 0;$ $y = \frac{q_1 l_1^2 - q_2 l_2^2}{2(l_1-x)q_1} - x$

设 $\frac{q_1 l_1^2 - q_2 l_2^2}{2} = \alpha; \frac{\alpha}{q_1} = \beta$

所以 $M_{AB(\max)} = \frac{\alpha}{l_1 - x}\left(\frac{\beta}{l_1 - x} - x\right) - \frac{q_1}{2}\left(\frac{\beta}{l_1 - x}\right)^2$

使

$$M_A = M_{AB(\max)}$$

得

$$\frac{q_1 x^2}{2} = \frac{\alpha}{l_1-x}\left(\frac{\beta}{l_1-x}-x\right) - \frac{q_1}{2}\left(\frac{\beta}{l_1-x}\right)^2$$

整理后得：

$$q_1 x^4 - 2l_1 q_1 x^3 + (q_1 l_1^2 - 2\alpha)x^2 + 2\alpha l_1 x + \beta(q_1\beta - 2\alpha) = 0 \tag{13-231}$$

当吊点 A 的位置满足（13-231）式时，其位置为合理的吊点。(13-231) 式为 x 的一元四次方程式，可用近似根法求解。

设近似根

$$x_0 = 0.26 l_1 \tag{13-232}$$

更近似根

$$x = x_0 + h_1 \tag{13-233}$$

而

$$h_1 = \frac{f(x_0)}{f'(x_0)}$$

其中

$$f'(x_0) = 4q_1 x^3 - 6l_1 q_1 x^2 + 2(q_1 l_1^2 - 2\alpha)x + 2\alpha l_1 \tag{13-234}$$

【例 13-34】 厂房柱，长 15.0m，下柱长 11.5m，截面为 400mm×600mm，配筋为 4⌀25+2⌀20；上柱长 3.5m，截面为 400mm×400mm，配筋 4⌀18mm，混凝土为 C20，吊装强度为 100%，采用两点起吊，动力系数取 1.5，试确定吊点位置。

【解】 吊点 B 取在牛腿处，吊点 A 的位置计算选定如下：

计算荷载：

$$q_1 = 0.4 \times 0.6 \times 1 \times 25 = 6.0 \text{kN/m}$$
$$q_2 = 0.4 \times 0.4 \times 1 \times 25 = 4.0 \text{kN/m}$$

按式 (13-231) 求解 x

设第一次近似根

$$x_0 = 0.26 l = 0.26 \times 11.5 = 2.99 \text{m}$$

$$\alpha = \frac{q_1 l_1^2 - q_2 l_2^2}{2} = \frac{6 \times 11.5^2 - 4 \times 3.5^2}{2} = 372.3$$

$$\beta = \frac{\alpha}{q_1} = \frac{372.3}{6} = 62.1$$

则 $f(x_0) = 6 \times 2.99^4 - 2 \times 11.5 \times 6 \times 2.99^3 + (6 \times 11.5^2 - 2 \times 372.3) \times 2.99^2$
$\qquad + 2 \times 372.3 \times 11.5 \times 2.99 + 62.1(6 \times 62.1 - 2 \times 372.3) = -270.27$

$f'(x_0) = 4 \times 6 \times 2.99^3 - 6 \times 11.5 \times 6 \times 2.99^2 + 2(6 \times 11.5^2 - 2 \times 372.3)$
$\qquad \times 2.99 + 2 \times 372.3 \times 11.5 = 5795.66$

$$h_1 = -\frac{f(x_0)}{f'(x_0)} = -\frac{-270.27}{5795.66} = 0.047 \approx 0.05 \text{m}$$

$$x = x_0 + h_1 = 2.99 + 0.05 = 3.04 \text{m}$$

$$M_A = \frac{q_1 x^2}{2} = \frac{6 \times 3.04^2}{2} = 27.72 \text{kN·m}$$

$$M_B = \frac{q_2 l_2^2}{2} = \frac{4 \times 3.5^2}{2} = 24.50 \text{kN·m}$$

$$R_A = \frac{[(1/2) \times 6 \times 11.5^2 - 24.5]}{11.5 - 3.04} = 44.0 \text{kN}$$

$$y = \frac{\beta}{l_1 - x} - x = \frac{62.1}{11.5 - 3.04} - 3.04 = 4.30 \text{m}$$

所以
$$M_{AB(max)} = R_A y - \left[\left(\frac{q_1}{2}\right)(x+y)^2\right]$$
$$= 44 \times 4.3 - \left[\left(\frac{6}{2}\right) \times 7.34^2\right] = 27.6 \text{kN} \cdot \text{m}$$

满足 $\qquad M_A \doteq M_{AB(max)}$

故选用吊点 A 为距柱脚端 $x = 3.04\text{m}$ 处

裂缝宽度（抗裂度）验算：

由于下柱截面较大，配筋较密，可不进行裂缝宽度验算，主要对 B 点进行验算如下：

$$\sigma_s = \frac{1.5 M_B}{0.87 \times h_0 \times A_s} = \frac{1.5 \times 24.5 \times 10^6}{0.87 \times 365 \times 508.65} \approx 227.5 > 200 \text{N/mm}^2$$

（吊装时可能出现裂缝）

在 B 点处上、下方各加 $2\Phi16$（$l = 1300\text{mm}$）

$$\sigma_s = \frac{1.5 \times 24.5 \times 10^6}{0.87 \times 365 \times 910.6} \approx 127.1 < 200 \text{N/mm}^2 \qquad \text{（可满足裂缝宽度要求）。}$$

13.13.3 变截面柱吊点位置近似计算

变截面柱一点、二点绑扎吊点位置的计算较等截面柱繁琐，为简化计算，一般常用换算长度近似方法，即将变截面柱换算成等截面柱，按等截面柱方法来确定吊点位置（一点起吊吊点离柱顶为 $0.293l$；两点起吊吊点离柱顶和柱脚距离各为 $0.207l$），再求该位置及中间最大弯矩进行截面强度和裂缝宽度的验算。

一、柱子长度换算

柱子长度换算按下式计算（图 13-76）：

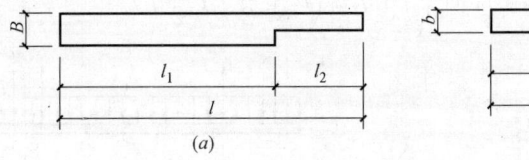

图 13-76 变截面柱的长度换算
(a) 柱子原有长度；(b) 柱子换算后长度

$$l_2' = \frac{b}{B} l_2 \cdot K \qquad (13\text{-}235a)$$

或 $\qquad l_2' = \frac{a}{A} l_2 \cdot K \qquad (13\text{-}235b)$

式中 l_2'——柱子换算截面的换算后长度（m）；

b 或 a——柱子换算截面的宽度（m）（另两面的宽度相同时用）或截面的面积（m²）；

B 或 A——柱子标准截面（即截面）的宽度（m）或截面面积（m²）；

l_2——柱子换算截面的长度（m）；

K——换算后力矩变化系数，当 $\frac{a}{A} < 1$ 时，取 $1.1 \sim 1.3$；当 $\frac{a}{A} > 1$ 时，取 $0.9 \sim 0.7$，即相当 $\frac{1}{K}$。

则一吊点的位置为：$a=0.293l'$；二吊点的位置为：$a=0.207l'$。

二、强度验算

按换算后的长度，以等截面柱子计算在自重力作用下的弯矩（自重力应乘以动力系数1.5）。

一点起吊时（图 13-77），柱子一端落地，另一端悬臂（c 点为吊点，按简支计算）。由 $\sum M_c = 0$，可求出反力 R_A，则跨中最大弯矩为：

$$M_{\max} = R_A x - \frac{1}{2} q_1 x^2 \tag{13-236}$$

式中 x——跨中最大弯矩截面至 A 点的距离。

令 $\dfrac{\mathrm{d}M}{\mathrm{d}x}=0$，得 $x=\dfrac{R_A}{q_1}$，代入上式得：

$$M_B = \frac{R_A^2}{2q_1} \tag{13-237}$$

起吊点 C 处的负弯矩为：

$$M_C = \frac{1}{2}q_1 l_2^2 + q_2 l_3 \left(l_2 + \frac{l_3}{2}\right) + q_3 l_4 \left(l_2 + l_3 + \frac{l_4}{2}\right) \tag{13-238}$$

上、下柱分界处 D 点的弯矩 $M_D = \dfrac{1}{2} q_3 l_4^2$

对于上柱验算 D 点截面，对下柱验算 B、C 两弯矩值较大的截面。

两点起吊时（图 13-78），其 A、C 点的弯矩分别为：

$$M_A = \frac{1}{2} q_1 l_1^2 \tag{13-239}$$

$$M_C = q_3 l_5 \left(l_3 + l_4 + \frac{l_5}{2}\right) + q_2 l_4 \left(l_3 + \frac{l_4}{2}\right) + \frac{1}{2} q_1 l_3^2 \tag{13-240}$$

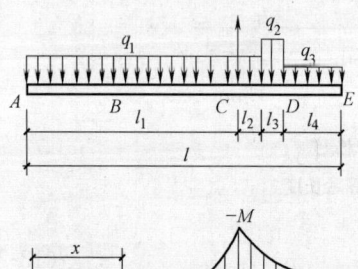
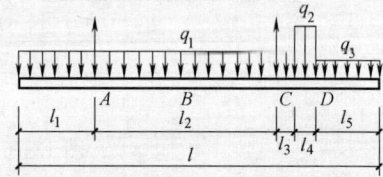
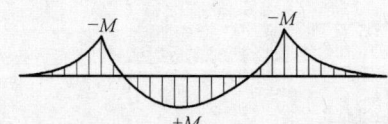

图 13-77 变截面柱一点起吊位置计算简图　　图 13-78 变截面柱两点起吊位置计算简图

其跨中最大弯矩为：

$$M_B = \frac{1}{8} q_1 l_2^2 - \frac{M_A + M_C}{2} \tag{13-241}$$

对于上柱验算 D 点截面，对下柱验算 A、B、C 点弯矩最大值截面，如柱两肢配筋不同，尚应验算另一侧最大弯矩截面。

验算时，将计算得到的弯矩值，按一般钢筋混凝土结构计算方法计算出截面所需要配置的钢筋面积 A_s' 与原来使用阶段柱子截面所配置的钢筋截面 A_s 比较，若 $A_s' \leqslant A_s$，则表

13.13 变截面柱绑扎吊点位置计算

示安全；如 $A'_s > A_s$，则需要采取加固措施之后才能起吊。

三、裂缝宽度验算

取上、下柱的危险截面分别用下式验算：

$$\sigma_s = \frac{KM}{0.87 h_0 A_s} \leqslant [\sigma] \tag{13-242}$$

式中　M——验算截面的弯矩值；

　　　h_0——验算截面的有效高度；

　　　A_s——按使用阶段柱截面配置的钢筋截面面积；

　　　K——动力系数，视吊装受力情况而定，一般取 1.2～1.5；

　　　$[\sigma]$——验算裂缝宽度时的容许应力，对于光圆钢筋，$[\sigma]=160\text{N}/\text{mm}^2$；对于螺纹钢筋 $[\sigma]=200\text{N}/\text{mm}^2$。

【例 13-35】 验算厂房抗风柱在平移和吊装时，强度和裂缝宽度是否满足要求。平移和吊装时，柱子混凝土强度为设计强度的 70%（图 13-79）。

【解】 1. 确定柱子吊点位置

（1）柱子两个吊点平移时

下柱 I 字形截面的截面积：$A = 0.10 \times 0.35 + 0.20 \times 0.50 \times 2 + \frac{1}{2} \times 0.20 \times 0.025 \times 4 = 0.25 \text{m}^2$

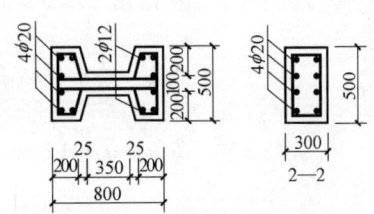

图 13-79　柱子尺寸和截面配筋

下柱矩形截面的截面积：$a_1 = 0.50 \times 0.80 = 0.40 \text{m}^2$

上柱矩形截面的截面积：$a_2 = 0.50 \times 0.30 = 0.15 \text{m}^2$

换算长度：$l'_2 = \frac{a_1}{A} l_2 \cdot \frac{1}{K} + \frac{a_2}{A} l_3 \cdot K$

$= \frac{0.40}{0.25} \times 0.70 \times \frac{1}{1.1} + \frac{0.15}{0.25} \times 3.2 \times 1.1$

$= 3.13 \text{m}$

换算后的柱身全长：$l' = l_1 + l'_2 = 13.1 + 3.11 = 16.21 \text{m}$

∴ 下吊点至柱脚的距离为　$0.207 \times 16.21 = 3.36 \text{m}$

上吊点至柱顶的距离为　$3.36 + (3.20 + 0.70 - 3.13) = 4.13 \text{m}$

吊点位置如图 13-80a 所示。

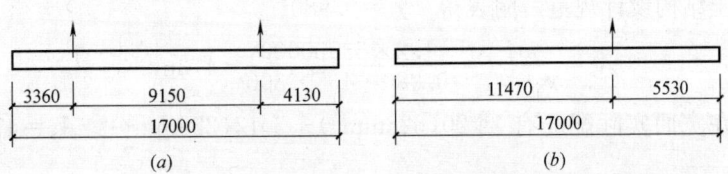

图 13-80　柱子的吊点位置

(a) 两个吊点平移时；(b) 一个吊点起吊时

(2) 柱子一个吊点起吊时（图 13-80b）

吊点至柱脚的距离为 $16.21(1-0.293)=11.47\text{m}$

2. 柱子吊装验算

(1) 柱子两个吊点平移时的吊装验算

1) 强度验算（图 13-81）

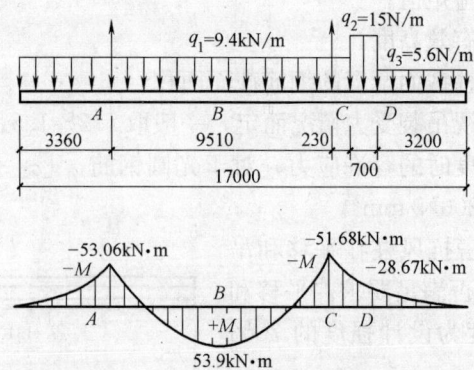

图 13-81 柱身自重荷载与两个吊点平移时的吊装弯矩

$$M_A = \frac{1}{2}q_1 l_1^2 = \frac{1}{2} \times 9.4 \times 3.36^2 = 53.06 \text{kN} \cdot \text{m}$$

$$M_C = q_3 l_5 \left(l_3 + l_4 + \frac{l_5}{l}\right) + q_2 l_4 \left(l_3 + \frac{l_4}{2}\right) + \frac{1}{2} q_1 l_3^2$$

$$= 5.6 \times 3.2 \left(0.23 + 0.70 + \frac{3.2}{2}\right) + 15 \times 0.70 \times$$

$$\left(0.23 + \frac{0.70}{2}\right) + \frac{1}{2} \times 9.4 \times 0.23^2 = 51.68 \text{kN} \cdot \text{m}$$

$$M_B = \frac{1}{8} q_1 l_2^2 - \frac{M_A + M_C}{2}$$

$$= \frac{1}{8} \times 9.4 \times 9.51^2 - \frac{53.06 + 51.68}{2} = 53.90 \text{kN} \cdot \text{m}$$

$$M_D = \frac{1}{2} q_3 l_5^2 = \frac{1}{2} \times 5.6 \times 3.2^2 = 28.67 \text{kN} \cdot \text{m}$$

强度验算：

起吊弯矩中 M_B 最大，故验算平卧的 B 截面

$$a_s = \frac{M}{f_c b h_0^2} = \frac{1.2 \times 53900000}{9.6 \times 800 \times 465^2} = 0.039$$

查《混凝土结构设计规范》附表得 $\gamma_s = 0.980$

$\therefore$
$$A_s = \frac{M}{\gamma_s h_0 f_y} = \frac{1.2 \times 53900000}{0.980 \times 465 \times 300} = 473 \text{mm}^2$$

该抗风柱在宽面实际配筋有 $2\Phi20(628\text{mm}^2) + 2\phi12(226\text{mm}^2) > A_s = 473\text{mm}^2$，可以满足要求。

2) 裂缝宽度验算

裂缝宽度由式（13-242）得：

$$\sigma_s = \frac{KM_B}{0.87A_s h_0} = \frac{1.2 \times 53900000}{0.87 \times 854 \times 465}$$

$=187\text{N/mm}^2 < 200\text{N/mm}^2$ 满足要求。

(2) 柱子一个吊点起吊时的吊装验算

1) 强度验算（图 13-82）

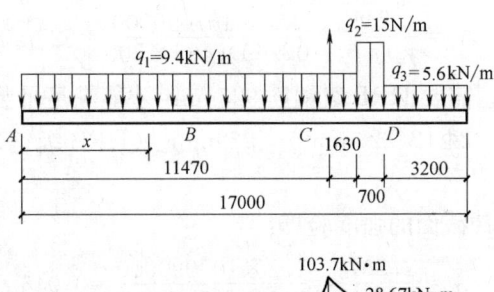

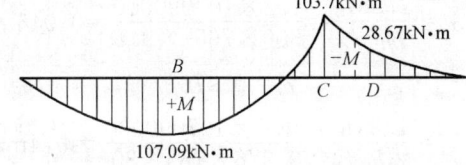

图 13-82 柱身自重荷载与一个吊点起吊时的吊装弯矩

吊装弯矩：由 $\sum M_c = 0$，得：

$$R_A = \frac{\frac{1}{2}q_1 l_1^2 - \frac{1}{2}q_1 l_2^2 - q_2 l_3\left(l_2 + \frac{l_3}{2}\right)}{l_1} - \frac{q_3 l_4\left(l_2 + l_3 + \frac{l_4}{2}\right)}{l_1}$$

$$= \frac{\frac{1}{2} \times 9.4 \times 11.47^2 - \frac{1}{2} \times 9.4 \times 1.63^2}{11.47}$$

$$- \frac{15 \times 0.7\left(1.63 + \frac{0.70}{2}\right) + 5.6 \times 3.2\left(1.63 + 0.70 + \frac{3.2}{2}\right)}{11.47} = 44.87\text{kN}$$

$$x = \frac{R_A}{q_1} = \frac{44.87}{9.4} = 4.77\text{m}$$

∴

$$M_B = R_A x - \frac{1}{2}q_1 x^2 = 44.87 \times 4.77 - \frac{1}{2}$$

$\times 9.4 \times 4.77^2 = 107.09\text{kN·m}$

$$M_C = \frac{1}{2}q_1 l_2^2 + q_2 l_3\left(l_2 + \frac{l_3}{2}\right) + q_3 l_4$$

$$\times \left(l_2 + l_3 + \frac{l_4}{2}\right)$$

$$= \frac{1}{2} \times 9.4 \times 1.63^2 + 15 \times 0.70\left(1.63 + \frac{0.70}{2}\right)$$

$$+ 5.6 \times 3.2\left(1.63 + 0.70 + \frac{3.2}{2}\right) = 103.7\text{kN·m}$$

$$M_D = \frac{1}{2}q_3 l_4^2 = \frac{1}{2} \times 5.6 \times 3.2^2 = 28.67\text{kN·m}$$

在下柱中，$M_B > M_C$，下柱只验算 B 截面即可，上柱验算 D 截面。
柱子从平卧状态起吊时，B 截面的强度验算：

$$\alpha_s = \frac{K \cdot M_B}{bh_0^2 f_c} = \frac{1.2 \times 107090000}{500 \times 465^2 \times 9.6} = 0.077$$

查得：$\gamma_0 = 0.960$

∴ $$A_s = \frac{1.2 M_B}{\gamma_0 h_0 f_y} = \frac{1.2 \times 107090000}{0.960 \times 465 \times 300} = 929 \text{mm}^2$$

根据吊装弯矩计算，需要 HRB 级钢筋 923mm² 才能满足吊装要求，而柱子宽面实际配筋有 2Φ20(628mm²)+2Φ12(226mm²)<929mm²（HRB 级钢），所以柱子从平卧状态直接起吊强度不够。

柱子翻身后起吊的 B 截面的强度验算：

$$\alpha_s = \frac{1.2 M_B}{bh_0^2 f_c} = \frac{1.2 \times 107090000}{500 \times 765^2 \times 9.6} = 0.046$$

查得：$\gamma_0 = 0.976$

∴ $$A_s = \frac{1.2 M_B}{\gamma_0 h_0 f_y} = \frac{1.2 \times 107090000}{0.976 \times 765 \times 300} = 574 \text{mm}^2$$

柱子翻身后窄面实际配筋有 4Φ20(1256mm²)>574mm²，所以，柱子翻身后一点起吊是安全的。

柱子翻身后起吊时 D 截面的强度验算：

$$a_s = \frac{1.2 M_D}{bh_0^2 f_c} = \frac{1.2 \times 28670000}{500 \times 265^2 \times 9.6} = 0.101$$

查得，$\gamma_0 = 0.947$

∴ $$A_s = \frac{1.2 M_D}{\gamma_0 h_0 f_y} = \frac{1.2 \times 28670000}{0.947 \times 265 \times 300} = 442 \text{mm}^2$$

上柱在翻身后实际配筋有 4Φ20(1256mm²)>442mm²，可满足吊装要求。

2) 裂缝宽度验算

B 截面：

$$\sigma_s = \frac{1.2 M_{BK}}{0.87 h_0 A_s} = \frac{1.2 \times 107090000}{0.87 \times 765 \times 1256} = 154 \text{N/mm}^2 < 200 \text{N/mm}^2$$

D 截面：

$$\sigma_s = \frac{1.2 M_{DK}}{0.87 h_0 A_s} = \frac{1.2 \times 28670000}{0.87 \times 265 \times 1256} = 119 \text{N/mm}^2 < 200 \text{N/mm}^2$$

故知，该抗风柱在翻身起吊时，裂缝宽度方面亦可满足吊装要求。

13.14　柱吊装强度及裂缝宽度验算

柱子绑扎起吊吊点位置确定后，对配筋较少、长度较长、刚度较差的细长柱，往往还需进行强度及裂缝宽度验算。

一、强度验算

吊点确定后，用力学方法计算柱子的吊装弯矩。荷载即柱子自重力，但应考虑吊装动

13.14 柱吊装强度及裂缝宽度验算

力系数。强度验算可按以下简易方法进行。

1. 先按下式求 α_s：

$$\alpha_s = \frac{M_k}{f_c \cdot b \cdot h_0^2} \tag{13-243}$$

式中 M_k——吊装时柱子承受的弯矩（N·mm），计算时需考虑动力系数 K，一般取 1.1～1.5，或按实际情况；

f_c——混凝土轴心抗压强度设计值（N/mm²）；

b——柱截面宽度（mm）；

h_0——柱截面有效高度（mm）。

2. 根据 α_s 查表 13-31 得 γ_s，按下式验算柱配筋截面是否满足要求：

$$A_{so} = \frac{M_k}{\gamma_s \cdot f_y \cdot h_0} \leqslant A_s \tag{13-244}$$

式中 A_{so}——柱需要配筋截面面积（mm²）；

γ_s——钢筋混凝土矩形截面受弯构件正截面受弯承载力系数，由表 13-31 查得；

f_y——受拉钢筋的强度设计值（N/mm²）；

A_s——柱实际配筋截面面积（mm²）。

其他符号意义同前。

钢筋混凝土矩形截面受弯构件正截面受弯承载力系数 表 13-31

α_s	γ_s	α_s	γ_s	α_s	γ_s	α_s	γ_s
0.010	0.995	0.156	0.915	0.276	0.835	0.365	0.760
0.020	0.990	0.164	0.910	0.282	0.830	0.370	0.755
0.030	0.985	0.172	0.905	0.289	0.825	0.375	0.750
0.039	0.980	0.180	0.900	0.295	0.820	0.380	0.745
0.048	0.975	0.188	0.895	0.302	0.815	0.385	0.740
0.058	0.970	0.196	0.890	0.308	0.810	0.389	0.736
0.067	0.965	0.204	0.885	0.314	0.805	0.390	0.735
0.077	0.960	0.211	0.880	0.320	0.800	0.394	0.730
0.086	0.955	0.219	0.875	0.326	0.795	0.396	0.728
0.095	0.950	0.226	0.870	0.332	0.790	0.399	0.725
0.104	0.945	0.234	0.865	0.338	0.785	0.401	0.722
0.113	0.940	0.241	0.860	0.343	0.780	0.403	0.720
0.122	0.935	0.248	0.855	0.349	0.775	0.408	0.715
0.130	0.930	0.255	0.850	0.351	0.772	0.412	0.710
0.139	0.925	0.262	0.845	0.354	0.770	0.416	0.705
0.147	0.920	0.269	0.840	0.360	0.765	0.420	0.700

注：表中 $\alpha_s = 0.389$ 以下数值不适于 HRB400 级钢筋；$\alpha_s = 0.396$ 以下数值不适用于钢筋直径 $d \leqslant 25$mm 的 HRB335 级钢筋；$\alpha_s = 0.401$ 以下数值不适用于钢筋直径 $d = 28 \sim 40$mm 的 HRB335 级钢筋。

强度验算亦可近似按以下公式进行：

$$M_k \leqslant M = \alpha_1 f_c bx \left(h_0 - \frac{x}{2}\right) + f_y' A_s' (h_0 - a_s') \tag{13-245}$$

式中 M——弯矩设计值（N·mm）；

α_1——系数，当混凝土强度等级不超过 C50 时，$\alpha_1 = 1.0$，当混凝土为 C80 时，$\alpha_1 = 0.94$，其间用插入法确定；

x——混凝土受压区高度，近似取 $x=2a'$；

f'_y——钢筋的抗压强度设计值（N/mm²）；

A'_s——受压区纵向钢筋截面面积（mm²）；

a'_s——受压区纵向钢筋合力点至截面受压边缘的距离（mm）；

其他符号意义同前。

以上计算系按受弯构件验算各控制截面的强度，控制截面取弯矩最大及柱子断面改变处的截面。应当注意的是：当柱子从预制时的平卧位置不经翻身而直接吊装，则平卧柱子的截面及宽面内的配筋均应满足吊装要求。

二、裂缝宽度验算

（一）简化近似法计算

柱子吊装时裂缝宽度的验算，可用以下公式计算柱内纵向受拉钢筋的应力，并由此近似判断其是否满足裂缝宽度要求：

$$\sigma_s = \frac{M_k}{0.87 h_0 \cdot A_s} \tag{13-246}$$

式中 σ_s——柱纵向受拉钢筋的应力（N/mm²）；

A_s——受拉区钢筋的截面面积（mm）；

其他符号意义同前。

按上式计算的钢筋应力 σ_s，如果小于或等于 160N/mm²（光圆钢筋）或 200N/mm（变形钢筋）时，可以认为满足裂缝宽度要求。否则应按精确法计算裂缝宽度。或采取措施，如改变吊点、增加吊点数量等，以减小吊装时柱子承受的弯矩（M_k）。

（二）精确法计算

系按《混凝土结构设计规范》（GB 50010—2010）第 7 章 7.1.2 节裂缝宽度公式进行精确验算，计算式为：

$$\omega_{max} = \alpha_{cr} \psi \frac{\sigma_s}{E_s} \left(1.9c + 0.08 \frac{d_{ep}}{\rho_{te}} \right) \tag{13-247}$$

符号意义同式（9-23）。

【例 13-36】 厂房钢筋混凝土矩形柱，采用两点绑扎起吊，已知吊点中部控制弯矩 $M_k = 135 \times 10^6 \text{N} \cdot \text{mm}$。柱采用 C20 混凝土，$f_c = 9.6 \text{N/mm}^2$，柱宽 400mm，柱截面有效高度 $h_0 = 765 \text{mm}$，配筋采用 HRB335 级 4Φ20mm，$A_s = 1256 \text{mm}$，$f_y = 300 \text{N/mm}^2$，试验算柱强度和裂缝宽度是否满足吊装要求。

【解】 1. 强度验算

取 $K = 1.2$，先按式（13-243）取动系数 $K = 1.2$，求 α_s

$$\alpha_s = \frac{M_k \cdot K}{f_c \cdot b \cdot h_0^2} = \frac{135 \times 10^6 \times 1.3}{9.6 \times 400 \times 765^2} = 0.072$$

查表 13-31 得 $\gamma_s = 0.963$。

由式 13-244 得：

$$A_{so} = \frac{M_k \cdot K}{\gamma_s \cdot f_y \cdot h_0} = \frac{135 \times 10^6 \times 1.2}{0.963 \times 300 \times 765} = 733.0 \text{mm}^2 < 1256 \text{mm}$$

由计算知 $A_{so}<A_s$ 故强度满足要求。

2. 裂缝宽度验算

裂缝宽度验算由式（13-246）得：

$$\sigma_s = \frac{M_k \cdot K}{0.87 h_0 \cdot A_s} = \frac{135 \times 10^6 \times 1.2}{0.87 \times 765 \times 1256} = 193.8 \text{N/mm}^2$$

由计算知柱纵向受拉钢筋应力为193.8N/mm²，小于控制应力200N/mm²。故知，可满足裂缝宽度要求。

【例 13-37】 有色加工厂单层工业厂房工字形混凝土柱，截面如图13-83所示，采用两点绑扎起吊，已知吊点中部控制弯矩 $M_K = 180\text{kN·m}$，柱的计算高度 $h = 665\text{mm}$，柱采用C30混凝土，$f_{tk}=2.0\text{N/mm}^2$，$E_s = 2.0 \times 10^5 \text{N/mm}^2$，配筋采用 HRB335 级 4Φ22mm，$A_s = 1256\text{mm}^2$，试验算该柱吊装时是否满足抗裂度要求。

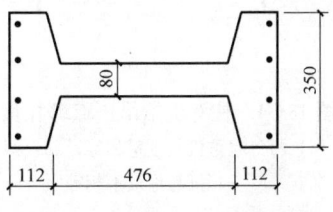

图 13-83 工字形柱截面计算简图

【解】 取 $K=1.1$，由式（13-246）得：

$$\sigma_s = \frac{M_k K}{0.87 A_s h_0} = \frac{180 \times 10^6 \times 1.1}{0.87 \times 1520 \times 665} = 272.5 \text{N/mm}^2 > 200 \text{N/mm}^2$$

不能满足抗裂度要求，应改用式（13-247）进行精确验算

由图知，$b_f = 350\text{mm}$，$h_f = 112\text{mm}$，又 $c = 35\text{mm}$，$\alpha_{cr}=1.9$，$v=1.0$，则

$$A_{te} = 0.56h + (b_f - b)h_f = 0.5 \times 350 \times 700 + (350-350) \times 112$$
$$= 12.25 \times 10^4 \text{mm}^2$$

$$\rho_{te} = \frac{A_s}{A_{te}} = \frac{1256}{12.25 \times 10^4} = 0.01025$$

$$\psi = 1.1 - 0.65 \frac{f_{tk}}{\rho_{te}\sigma_s} = 1.1 - 0.65 \times \frac{2.0}{0.01025 \times 272.5} = 0.63$$

裂缝宽度由式（13-247）得：

$$\omega_{max} = \alpha_{cr}\psi\frac{\sigma_s}{E_s}\left(1.9c + 0.08\frac{d_{eq}}{\rho_{te}}\right)$$
$$= 1.9 \times 0.63 \times \frac{272.5}{2.0 \times 10^5}\left(1.9 \times 35 + 0.08 \times \frac{20 \times 0.7}{0.01025}\right)$$
$$= 0.287\text{mm} < 0.30\text{mm}$$

故知，采用精确法验算，抗裂度满足要求。

13.15 重型柱双机抬吊负荷分配计算

重型柱采用双机抬吊时，要考虑负荷的合理分配，以避免造成起重机因负荷不均，或吊点不均衡而失稳。每台起重机承担的重量不能超过额定荷载的80%，如果超过应通过试验确定。

13.15.1 一点绑扎抬吊负荷分配计算

重型柱一点绑扎抬吊负荷分配有两种情况：

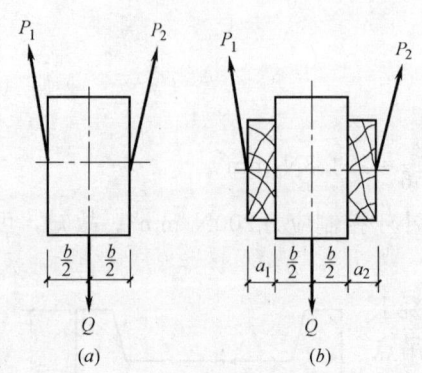

图 13-84 柱双机抬吊一点绑扎负荷分配
(a) 两台起重机起重量相等；(b) 两台起重机起重量不相等

1. 两台起重机的起重量相等，此时可用等分的方法分配负荷（图 13-84a）：

即
$$P_1 \cdot \frac{b}{2} = P_2 \cdot \frac{b}{2} \quad (13\text{-}248)$$

式中 P_1——第一台主起重机负荷（kN）；
P_2——第二台副起重机负荷（kN）；
b——柱的厚度或宽度（m）。

2. 两台起重机的起重量不相等，其负荷分配可采用增加垫木方法（图 13-84b），调整垫木厚度以平衡起重量，垫木需要厚度，如已知主机侧垫木厚度为 a_1，则副机侧垫木厚度 a_2 可按下式计算：

$$a_2 = \frac{P_1 a_1 + \frac{b}{2}(P_1 - P_2)}{P_2} \quad (13\text{-}249)$$

符号意义同前。

双机一点抬吊时（图 13-85a），柱吊直并离开地面后起重机的负荷最大，两台起重机的负荷分配为：

$$P_1 = KG \frac{a_2 + 0.5b}{a_1 + a_2 + b} \quad (13\text{-}250)$$

$$P_2 = KG \frac{a_1 + 0.5b}{a_1 + a_2 + b} \quad (13\text{-}251)$$

式中 G——柱子的重力（kN）；
K——双机抬吊可能引起的超负荷系数，一般取 $K=1.25$；
其他符号意义同前。

【**例 13-38**】 厂房重型柱重力为 130kN，采用双机一点绑扎抬吊，绑扎点离柱重心的距离 $a_1 + 0.5b = 0.55$m，$a_2 + 0.5b = 0.65$m，试求双机负荷分配。

【**解**】 负荷分配按式（13-250）和式（13-251）得：

$$P_1 = 1.25G \frac{a_2 + 0.5b}{a_1 + a_2 + b}$$
$$= 1.25 \times 130 \times \frac{0.65}{0.55 + 0.65} = 88.0 \text{kN}$$

$$P_2 = 1.25G \frac{a_1 + 0.5b}{a_1 + a_2 + b}$$
$$= 1.25 \times 130 \times \frac{0.55}{0.55 + 0.65} = 74.5 \text{kN}$$

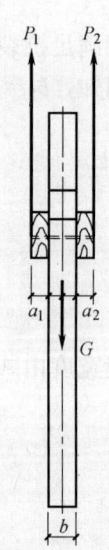

图 13-85 柱双机抬吊一点绑扎负荷分配计算简图

故知，两台起重机的负荷分配分别为 88.0kN 和 74.5kN。

13.15.2 两点绑扎抬吊负荷分配计算

两点抬吊负荷分配，一般先确定主机的负荷值和绑扎点位置，然后按力的平衡条件求

13.15 重型柱双机抬吊负荷分配计算

出副机的负荷值，再根据力矩平衡条件求副机的绑扎点位置。两点绑扎抬吊负荷分配要考虑两种情况：一是起吊时情况；一是柱子被立直后的情况。

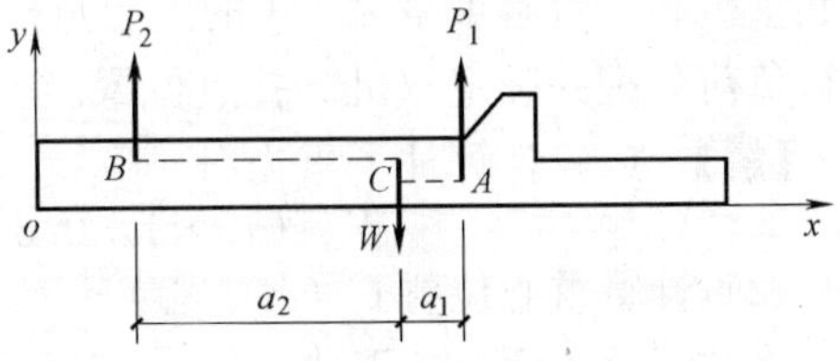

柱起吊时的负荷分配如图13-86所示。设柱重为W，则由力的平衡条件得：

$$P_2 = W - P_1 \quad (13-252)$$

图13-86 柱两点绑扎起吊时的负荷分配

由$\sum M_c = 0$得：

$$P_1 \cdot a_1 = P_2 \cdot a_2 \quad \therefore \quad a_2 = \frac{P_1 a_1}{P_2} \quad (13-253)$$

又柱立直时负荷分配如图13-87所示，则由力矩平衡条件$\sum M_c$可得：

$$P_1 \cdot b_1 = P_2 \cdot b_2 \quad \therefore \quad b_2 = \frac{P_1 b_1}{P_2} \quad (13-254)$$

计算P_1、P_2负荷分配时，亦应乘以可能引起的超负荷系数K。

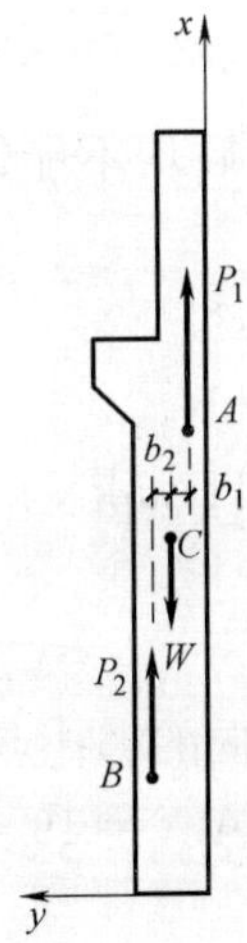

式中　P_1——第一台主起重机负荷（kN）；
　　　P_2——第二台副起重机负荷（kN）；
　　　a_1、a_2——分别为P_1和P_2至柱重心C的距离（m）；
　　　b_1、b_2——分别为P_1和P_2至柱重心C的距离（m）。

计算时，应先求出柱的重心位置，其计算式如下：

$$x_c = \frac{\sum A_i \cdot x_i}{A} \quad (13-255)$$

$$y_c = \frac{\sum A_i \cdot y_i}{A} \quad (13-256)$$

图13-87 柱两点绑扎立直时的负荷分配

式中　x_c、y_c——柱子形心C的x坐标和y坐标（m）；
　　　$\sum A_i \cdot x_i$——柱子各简单图形面积与其形心的x坐标乘积之和（m³），即$\sum A_i \cdot x_i = A_1 x_1 + A_2 x_2 + A_3 x_3 + \cdots$；
　　　$\sum A_i \cdot y_i$——柱子各简单图形面积与其形心的y坐标乘积之和（m³），即$\sum A_i y_i = A_1 y_1 + A_2 y_2 + A_3 y_3 + \cdots$；
　　　A_1、A_2、A_3——各简单图形的面积（m²）；
　　　x_1、x_2、x_3——各简单图形形心的x坐标（m）；
　　　y_1、y_2、y_3——各简单图形形心的y坐标（m）；
　　　A——柱子的总面积（m²），即$A = A_1 + A_2 + A_3 + \cdots$。

【例13-39】 厂房钢筋混凝土柱外形尺寸如图13-88所示，拟用一台起重量为20t的

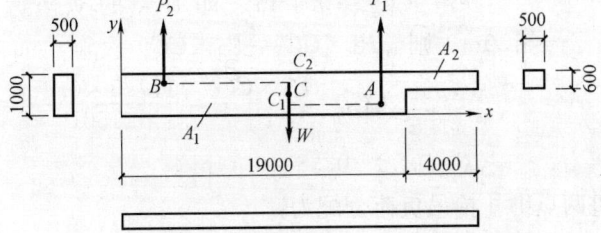

图13-88 双机抬吊负荷和绑扎点位置计算简图

主起重机和一台起重量为15t的副起重机,采用两点绑扎抬吊,不考虑超负荷系数K,试进行负荷分配并确定双机绑扎点位置。

【解】(1) 计算柱子重力W
$$W=(19\times1+0.6\times4)\times0.5\times25=267.5\text{kN}$$

(2) 计算重心位置C(x_c、y_c)

将柱子分为两个矩形A_1、A_2,其面积分别为:

$A_1=19\times1=19\text{m}^2$, $x_1=9.5\text{m}$, $y_1=0.5\text{m}$

$A_2=4\times0.6=2.4\text{m}^2$, $x_2=21.0\text{m}$, $y_2=0.7\text{m}$

$A=A_1+A_2=19.0+2.4=21.4\text{m}^2$

$\sum A_i x_i=A_1 x_1+A_2 x_2=19.0\times9.5+2.4\times21.0=230.9\text{m}^2$

$\sum A_i y_i=A_1 y_1+A_2 y_2=19\times0.5+2.4\times0.7=11.18\text{m}^2$

$$x_c=\frac{\sum A_i x_i}{A}=\frac{230.9}{21.4}=10.79\text{m}$$

$$y_c=\frac{\sum A_i y_i}{A}=\frac{11.18}{21.4}=0.52\text{m}$$

(3) 进行负荷分配

因柱子重力为267.5kN,主机起重力为200kN,故两机将柱子立直后均不能卸钩,而两机实际荷载均不宜大于各机容许负荷的80%,即

主机负荷 $P_1\leqslant 0.8\times20\times10=160\text{kN}$

副机负荷 $P_2\leqslant 0.8\times15\times10=120\text{kN}$

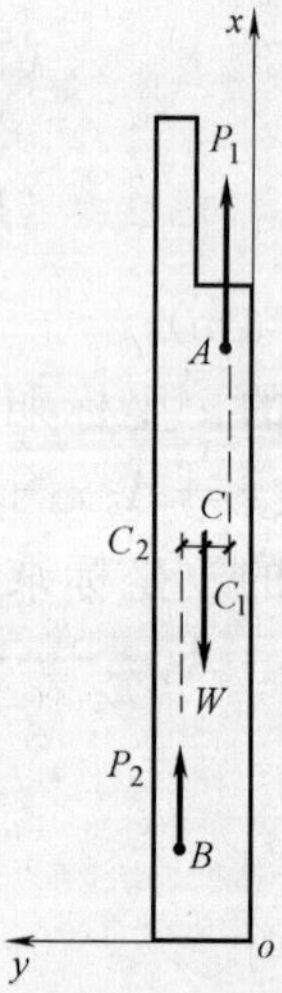

现确定$P_1=150\text{kN}$,则$P_2=267.5-150=117.5\text{kN}$

(4) 确定绑扎点位置

1) 起吊时在x轴方向的绑扎位置计算

如图13-88中的A点,令主机P_1在x轴方向的绑扎点位置为距柱顶下5m处,即:$x_A=23-5=18\text{m}$,$AC_1=19-1-10.79=7.21\text{m}$

再令副机P_2在x轴方向的绑扎点位置为B,由$\sum M_c=0$得:$P_1\times AC_1=P_2\times BC_2$

则 $BC_2=\dfrac{P_1\times AC_1}{P_2}=\dfrac{150\times7.21}{117.5}=9.20\text{m}$

B点至柱脚距离 $x_c-BC_2=10.79-9.20=1.59\text{m}$

2) 柱立直后在y轴方向的绑扎点位置计算如图13-89所示。

图13-89 双机两点绑扎抬吊立直后在y轴方向的绑扎点位置

令$CC_2=0.48\text{m}$ 即B点的y坐标为:$0.48+0.52=1.0\text{m}$ 则 $P_1\times CC_1=P_2\times CC_2$

$\therefore CC_1=\dfrac{P_2\times CC_2}{P_1}=\dfrac{117.5\times0.48}{150}=0.38\text{m}$

即A点的坐标 $y_A=0.52-0.38=0.14\text{m}$

由以上计算双机两点绑扎抬吊负荷分配为:

主机负荷:$P_1=150\text{kN}$,绑扎在A点,其坐标为$x_A=18.0\text{m}$,$y_A=0.14\text{m}$;

副机负荷：$P_2=117.5$kN，绑扎在 B 点，其坐标为 $x_A=1.59$m，$y_B=1.0$m。

13.16 柱子无风缆校正稳定性验算

多层厂房预制柱吊装，一般采用无风缆临时固定和校正柱子的方法。它是利用硬木或钢楔，将柱子临时固定在基础杯口内，来保持柱子脱钩后校正期间的稳定，再利用简单校正工具来校正柱子的垂直度。这种方法节省缆风材料，操作方便，工效高，并且不影响其他工序，可以做到文明施工。但是在吊装前必须核算柱子插入杯口后在风载作用下的稳定性，同时就位后需要快速校正，立即灌浆固定。柱子的稳定性可以按以下方法验算（图 13-90）。

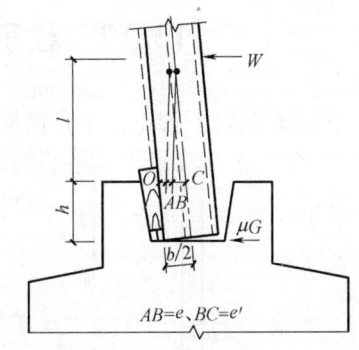

图 13-90 柱子无风缆校正验算简图

柱子在风载 W 作用下产生的倾覆力矩 M_{0v}：

$$M_{0v}=W \cdot l \tag{13-257}$$

柱子用木（或钢）楔临时固定，抵抗倾覆的力矩 M_r：

$$M_r=G\left(\frac{b}{2}-e-e'\right)+G\mu h \tag{13-258}$$

抗倾覆稳定系数 K：

$$K=\frac{M_r}{M_{0v}}=\frac{G\left(\frac{b}{2}-e-e'\right)+G\mu h}{W \cdot l} \geqslant 1.25 \tag{13-259}$$

式中 G——柱子总重力；

b——柱子截面短边的宽度；

e——柱子校正前重心的偏心值；

e'——固定柱子的硬木楔变形引起的柱子中心偏心值；

μ——混凝土与混凝土之间的摩擦系数，$\mu=0.6\sim0.7$；

l——柱子重心位置至杯口的距离；

h——杯口深度，$h \geqslant 600$mm；

W——总的风压，$W=w_0 S$；

其中 w_0——基本风压，按《建筑结构荷载规范》取用，一般取 $0.6\sim0.7$kPa；

S——柱子截面长边的挡风面积。

当计算的 $K \geqslant 1.25$ 时，柱子可采用无缆风吊装校正，否则需要采取措施，保持柱子的稳定。

【例 13-40】厂房矩形柱截面为 800mm×500mm，柱长 15m，杯口深度 $h=0.75$m，拟采用无缆风校正方法，试验算其稳定性。

【解】柱子总重力 $G=0.8\times0.5\times15\times25=150$kN

柱子校正前重心的偏心值及木楔变形引起的柱子中心偏心值取 $e+e'=100$mm，取 $\mu=0.6$；$w_0=0.8$kPa。由公式（13-259）

$$K = \frac{G(0.5b - e - e') + G\mu h}{Wl}$$

$$= \frac{150(0.5 \times 0.5 - 0.1) + 150 \times 0.6 \times 0.75}{0.8 \times 0.8 \times 15 \times (7.5 - 0.75)} = 1.38 > 1.25$$

由计算可知，该柱可采用无缆风校正。

13.17 柱子校正温差影响位移调整计算

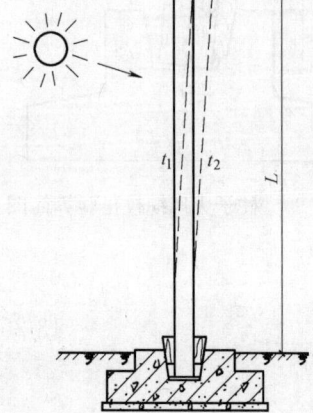

图13-91 柱子在阳光照射下向阴面弯曲情况

在阳光照射下校正柱子，向阳面（简称阳面）温度较背阳面（简称阴面）温度高，柱两侧产生的温差，将使柱子阴面弯曲，使柱顶产生一水平位移（图13-91），其数值可按下式计算：

$$\Delta = \frac{\alpha(t_1 - t_2)}{2h} \cdot L^2 \tag{13-260}$$

式中　Δ——柱顶因温差影响产生的位移值（mm）；
　　　α——钢筋混凝土的线膨胀系数，取1.08×10^{-5}；
　　　t_1——柱子阳面的表面温度（℃）；
　　　t_2——柱子阴面的表面温度（℃）；
　　　L——杯口以上柱子的长度（mm）；
　　　h——温差方向柱截面的厚度（mm）。

根据上式，如温差（$t_1 - t_2$）为1℃时，柱宽（h）相同的柱顶位移值见图13-92。

从理论与实践证明，柱受温差后的位移值是二次抛物线，$\Delta_x = CL_x^2$，温差对柱不同高度产生的位移值Δ_x见表13-32，位移曲线见图13-93a。由表13-32和图13-93知，在温差条件下，校正柱在$\frac{1}{2}L$处使柱中心线与杯口中心线重合，如测得柱顶位移值为Δ（图13-93b），则温差消失后，柱子将恢复到虚线位置（图13-93c）。因此校正柱子时，如再在柱顶位移Δ的同方向增加位移值Δ，使总位移为2Δ（图13-93d），即校正完毕。当温差消失后，该柱即可恢复到垂直状态（图13-93e）。

温差对柱不同高度产生的位移值　　　　表13-32

L_x	$0.5L$ $\left(\frac{1}{2}L\right)$	$0.707L$ $\left(\frac{\sqrt{2}}{2}L\right)$	$0.866L$ $\left(\frac{\sqrt{3}}{2}L\right)$	L (L)
Δ_x	$\frac{1}{4}CL^2$	$\frac{2}{4}CL^2$	$\frac{3}{4}CL^2$	$\frac{4}{4}CL^2$
柱在L_x处的Δ_x相对比例	1	2	3	4

【例13-41】某重型柱杯口以上长度为21m，柱宽600mm，校正时两面温差4℃，试求柱顶产生的位移值。

【解】$t_1 - t_2 = 4$℃，位移值由式（13-260）得：

$$\Delta = \frac{1.08 \times 10^{-5} \times 4 \times 21000^2}{2 \times 600} = 15.88 \text{mm}$$

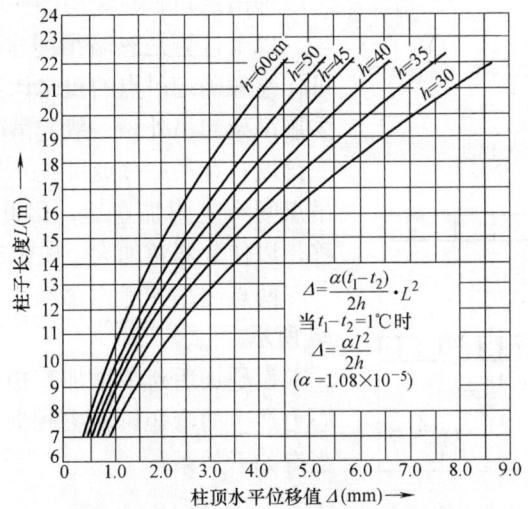

图 13-92 温差 1℃时柱顶位移的理论曲线

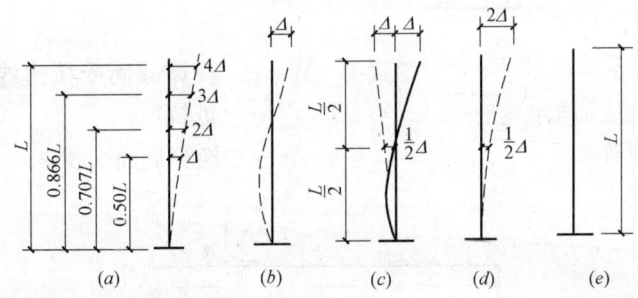

图 13-93 温差对柱产生的位移曲线及柱子校正预留偏差简图
(a) 温差对柱产生位移曲线；(b)、(c)、(d)、(e) 柱子校正预留偏差简图

或查图 13-92，当 $L=21m$，$h=600mm$，温差为 1℃时，查得 $\Delta=4mm$，当温差为 4℃时，则 $\Delta=4\times 4=16mm$（≈15.88mm）。

13.18 梁、板类构件绑扎起吊位置及吊索内力计算

13.18.1 梁、板起吊位置计算

等截面梁、板两点起吊，可简化为双悬臂简支梁计算，受均布荷载 q 作用，最合理的吊点位置是使吊点处负弯矩与跨中正弯矩绝对值相等（图 13-94）。

即 $$M_A=M_B=M_C$$

而 $$M_A=M_B=\frac{qx^2}{2}$$

$$M_C=\frac{q(l-2x)^2}{2}-\frac{qx^2}{2}$$

代入化简得： $$x=0.207l \tag{13-261}$$

即吊点位置在离构件一端 $0.207l$ 处。

以上计算是忽略吊绳水平分力对构件的影响，可作一般确定吊点的粗略计算。实际吊装构件，除采用吊架起吊外，一般起吊的吊索均与构件轴线成一角度，在吊环（或绑扎）处存在水平力，造成两吊点间产生附加弯矩，因此计算的吊点应略往内移，以使此斜角加大，改善起吊条件。

两点起吊如考虑吊绳水平力的影响，如图 13-95 所示。

设叠加后跨中增加弯矩值为 M'_c，则考虑到偏心力产生的弯矩，减去轴向压力引起的相应弯矩，当有如下关系：

$$M'_c = Ny_s - \frac{NW_0}{A_0} = P\cot\alpha\left(y_s - \frac{W_0}{A_0}\right)$$

(13-262)

式中 W_0——换算截面受拉边缘（下缘）的弹性抵抗矩；

A_0——换算截面面积。

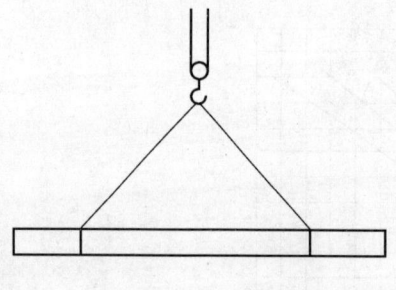

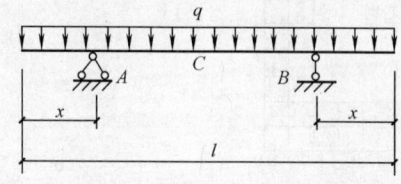

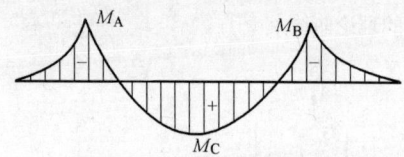

图 13-94 梁板二点绑扎起吊受力计算简图

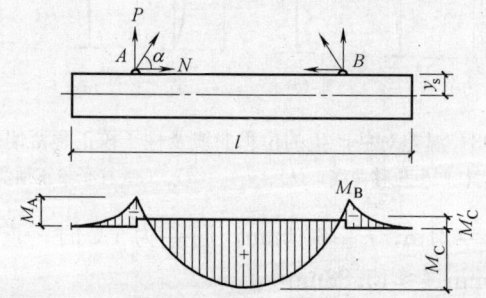

图 13-95 两点起吊考虑吊绳水平力影响计算简图

考虑水平力的影响，则应使 $M_c + M'_c = M_A = M_B$，即 $\frac{q(l-2x)^2}{8} - \frac{qx^2}{2} + \frac{ql^2}{2}\cot\alpha\left(y_s - \frac{W_0}{A_0}\right) = \frac{qx^2}{2}$

$$x^2 - lx - l\left[\cot\alpha\left(y_s - \frac{W_0}{A_0}\right) + \frac{l}{4}\right] = 0 \quad (13\text{-}263)$$

据此可以求得 x 值。

例如对于矩形截面：$y_s = \frac{h}{2}$，$\frac{W_0}{A_0} = \frac{h}{6}$（略去配筋影响）；若 $\alpha = 60°$，$\frac{h}{l} = \frac{1}{20}$，则 (13-263) 式常数项应为 $-0.26l$，解得 $x = 0.214l$。

在实际应用时，可按式 (13-261) 求得的 x 值稍微加大，使 $x \approx 0.21l$ 或稍大一些的整数值。一般钢筋混凝土梁板构件，上部架立筋和负筋常小于下缘受力钢筋，吊环位置往

往取略小于 $0.207l$，而在 $(1/5\sim1/6)$ 附近。

【例 13-42】 厂房等截面矩形梁、长 9m，截面为 600×300（高×宽）mm，采用两点起吊，吊绳与梁身成 $45°$ 角，忽略配筋影响，试计算吊点位置。

【解】（1）不考虑吊索水平力影响时：
$$x=0.207l=0.207\times9=1.863\approx1.9\text{m}$$
（2）考虑吊索的水平力影响时：由（13-263）得：
$$x^2-9x-9\left[\cot45°\left(\frac{0.6}{2}-\frac{0.6}{6}\right)+\frac{9}{4}\right]=0$$
$$x^2-9x-22.05=0$$
解之得
$$x=2.0\text{m}$$

13.18.2 梁、板起吊吊索内力计算

梁、板起吊吊索的内力，根据所吊构件的重量、吊索的根数和吊索与水平夹角大小等，一般可按下式计算（图 13-96）：

$$S=\frac{Q}{n}\cdot\frac{1}{\sin\alpha}\leqslant\frac{S_b}{K} \tag{13-264a}$$

或
$$S=\frac{Q}{n}\cdot\frac{\sqrt{a^2+b^2+4h^2}}{2h} \tag{13-264b}$$

安全吊重可由下式计算：

$$Q=\frac{S_b\cdot n\cdot\sin\alpha}{K} \tag{13-264c}$$

双支、四支起吊对构件的水平压力按下式计算：

$$N_1=S\cos\alpha \tag{13-265}$$

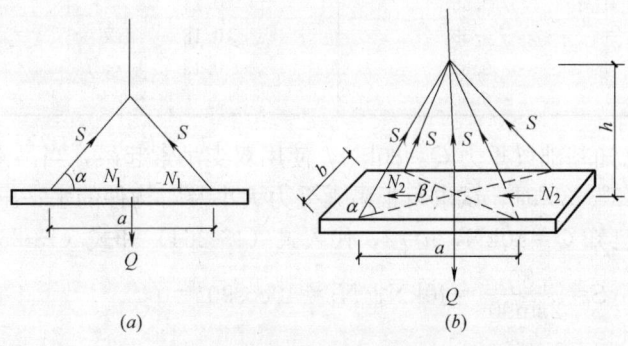

图 13-96 梁、板类构件吊装吊索内力计算简图
（a）双支吊索起吊；（b）四支吊索起吊

$$N_2=2S\cos\alpha\cdot\cos\frac{\beta}{2} \tag{13-266}$$

式中　S——一根吊索所承受的内力；
　　　Q——所吊梁、板类构件的重力；
　　　n——吊索的支（根）数；
　　　α——吊索与水平面的夹角，一般为 $45°\sim60°$，最小不小于 $30°$；

S_b——钢丝绳的破断拉力总和（kN），可由钢丝绳规格及荷重性能表查得，也可近似按 $S_b=0.5d^2$ 计算；

d——钢丝绳直径；

K——安全系数，一般取 6～10；

N_1——双支起吊吊索对构件的水平压力；

N_2——四支起吊吊索对构件的水平压力；

β——四支起吊吊索水平面投影的交角。

a——构件纵向两吊环的距离；

b——构件横向两吊环的距离；

h——起重机吊钩至构件上表面的距离。

采用单支吊索起吊，吊索的内力等于构件的重力；采用两支或四支吊索绑扎，吊索在不同水平夹角时的内力值，亦可从表 13-33 查得。

根据求得的 S 值进行吊索直径的选择，或从表 13-33 所列的数值选择需要的吊索。

吊索在不同水平夹角的内力系数　　　表 13-33

吊索与构件的水平夹角 α	双 支 起 吊		四支起吊吊索拉力 S
	吊索拉力 S	对构件的水平压力 N_1	
25°	1.18	1.07	0.59
30°	1.00	0.87	0.50
35°	0.87	0.71	0.44
40°	0.78	0.60	0.39
45°	0.71	0.50	0.35
50°	0.65	0.42	0.33
55°	0.61	0.35	0.31
60°	0.58	0.29	0.29
65°	0.56	0.24	0.28
70°	0.53	0.18	0.27
75°	0.52	0.13	0.26
90°	0.50	—	0.25

【例 13-43】 已知基础梁重力 $Q=80\text{kN}$，使用双支吊索起吊，当吊索与梁水平面夹角分别为 90°、60°、45°、30°时，试求每根吊索受力大小及对构件的水平压力。

【解】 由题意已知 $Q=80\text{kN}$，$n=2$，代入式（13-264）和式（13-265）得：

当 $\alpha=90°$　　$S=\dfrac{80}{2\sin90°}=40\text{kN}$；$N_1=40\cos90°=0$

当 $\alpha=60°$　　$S=\dfrac{80}{2\sin60°}=46.2\text{kN}$；$N_1=46.2\cos60°=23.1\text{kN}$

当 $\alpha=45°$　　$S=\dfrac{80}{2\sin45°}=56.6\text{kN}$；$N_1=56.6\cos45°=40\text{kN}$

当 $\alpha=30°$　　$S=\dfrac{80}{2\sin30°}=80\text{kN}$；$N_1=80\cos30°=69.3\text{kN}$

13.19　三角架类构件不等长吊索内力计算

起吊图 13-97 所示的三角架类构件时，需使用双支不等长吊索，其内（拉）力可通过解下列式（13-267）和式（13-268）的二元一次方程式求得：

$$S_{AC} \cdot \sin\alpha + S_{BC} \cdot \sin\beta = Q \quad (13\text{-}267)$$
$$S_{AC} \cdot \cos\alpha = S_{BC} \cdot \cos\beta \quad (13\text{-}268)$$

式中 S_{AC}、S_{BC}——分别为吊索 AC 和吊索 BC 的内力（kN）；

α、β——分别为吊索 AC 和吊索 BC 与水平面的夹角（°）；

Q——三角架类构件的重力（kN）。

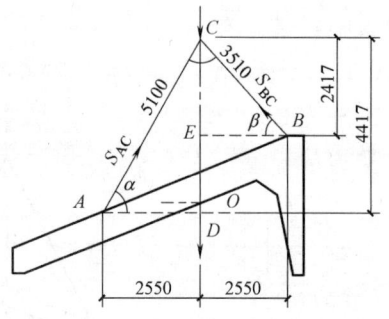

图 13-97 三角架类构件吊装采用双支不等长吊索内力计算简图

【例 13-44】 三角架类构件外形尺寸如图 13-97 所示，拟采用双支不等长吊索起吊，已知构件总重力 $Q=100\text{kN}$，试求每根吊索所受内（拉）力。

【解】 由图 13-97 知：$\sin\alpha = 4417/5100 = 0.8661$；$\sin\beta = 2417/3510 = 0.6886$；$\cos\alpha = 2550/5100 = 0.5000$，$\cos\beta = 2550/3510 = 0.7265$，代入式（13-267）和式（13-268）得：

$$0.8661 S_{AC} + 0.6886 S_{BC} = 100$$
$$0.5000 S_{AC} = 0.7265 S_{BC}$$

解之得
$$S_{AC} = 74.63\text{kN}；\quad S_{BC} = 51.36\text{kN}$$

故知，不等长吊索 S_{AC} 和 S_{BC} 的内力分别为 74.63kN 和 51.36kN。

13.20 异形构件吊装重心位置计算

在吊装工程中，对于一些沿构件中心不对称的异形构件，为了使构件吊装时保持平稳和准确就位，防止产生歪斜、扭转、倾覆等现象，造成重大安全和质量事故，在构件进行绑扎、起吊时，必须先计算确定构件的重心位置，使吊点处在构件重心的铅直线上，再在重心线向两侧等距离设置吊环（图 13-98）。

构件的重心，就是构件各部分重量的合力点，即在构件吊装时，使全部重量都集中作用在重心上，并以重心为中心点，上下、左右的重量是均衡分布的，并对吊点的力矩保持平衡。

确定均质材料制成的重心位置，一般按下式计算：

$$\left. \begin{array}{c} x \\ y \end{array} \right\} = \frac{\sum S}{\sum F} \quad (13\text{-}269)$$

式中 x、y——构件的重心到某轴线的距离（横向、纵向分别求出）；

S——构件平面面积对某轴线的面积矩（m^3）；

F——构件平面面积（m^2）。

【例 13-45】 异形构件平面尺寸如图 13-99a 所示，试求起吊构件的纵向、横向重心位置。

【解】（1）设定轴线位置：如图 13-99b，以构件底边的边线为 x 轴，以左边的边线为 y 轴。将构件平面划分为 1、2、3 三个部分，分别计算三个部分的面积为：

$$F_1 = 130 \times 60 = 7800 \text{mm}^2$$

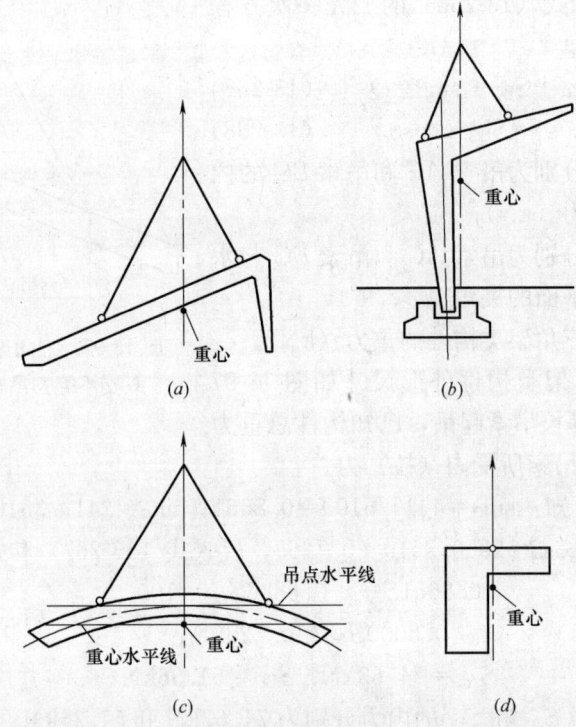

图 13-98 异形构件的起吊示意

(a) 锯齿形厂房大梁起吊;(b) 门式刚架起吊、就位;(c) 抛物线弧形梁起吊;(d) 厂形梁起吊

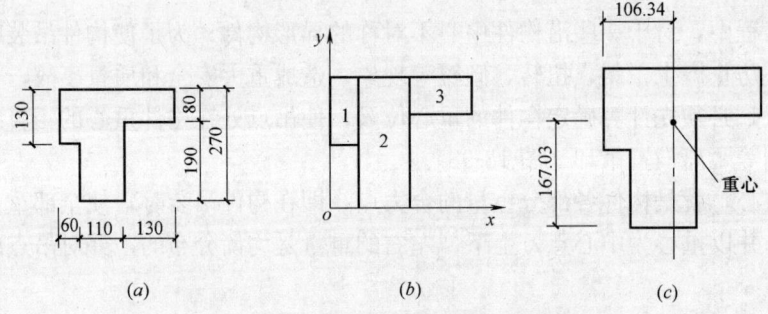

图 13-99 构件尺寸、设定轴线和确定重心

(a) 构件平面尺寸;(b) 设定轴线位置;(c) 确定构件起吊重心位置示意

$$F_2 = 270 \times 110 = 29700 \text{mm}^2$$
$$F_3 = 130 \times 80 = 10400 \text{mm}^2$$

(2) 求重心位置:先求纵向位置,即 x 方向值。再计算三部分面积对 y 轴的面积矩:

$$S_{1y} = F_1 \times x_1 = 7800 \times \frac{60}{2} = 234000 \text{mm}^3$$

$$S_{2y} = F_2 \times x_2 = 29700 \times \left(60 + \frac{110}{2}\right) = 3415500 \text{mm}^3$$

$$S_{3y} = F_3 \times x_3 = 10400 \times \left(60 + 110 + \frac{130}{2}\right) = 2444000 \text{mm}^3$$

由式（13-269）计算重心的纵向位置 x 值：

$$x=\frac{\sum S_y}{\sum F}=\frac{234000+3415500+2444000}{7800+29700+10400}=106.34\text{mm}$$

再求重心横向位置，即 y 方向值。计算三部分面积对 x 轴的面积矩：

$$S_{1x}=F_1\times y_1=7800\times\left(270-\frac{130}{2}\right)=1599000\text{mm}^3$$

$$S_{2x}=F_2\times y_2=29700\times\left(\frac{270}{2}\right)=4009500\text{mm}^3$$

$$S_{3x}=F_3\times y_3=10400\times\left(270-\frac{80}{2}\right)=2392000\text{mm}^3$$

由式（13-269）计算重心的横向位置 y 值

$$y=\frac{\sum S_x}{\sum F}=\frac{159900+4009500+2392000}{7800+29700+10400}=167.03$$

（3）标注构件的重心位置：将计算求得的 x、y 值，标注在构件平面图上，如图13-99c 所示。

13.21　屋架吊装施工计算

13.21.1　屋架吊装绑扎验算

屋架在使用阶段，其受力状态一般是上弦受压，下弦受拉。而在吊装阶段，设屋架的全部自重力作用在下弦的节点上（图13-100），则受力状态与使用阶段完全相反，上弦受拉，下弦受压。因此在吊装阶段，对一些跨度大，起吊悬臂长的屋架，应进行强度和抗裂性验算。

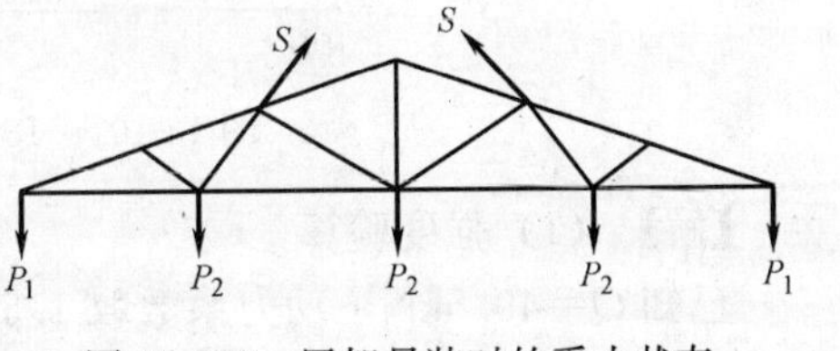

图13-100　屋架吊装时的受力状态

一、强度验算

系设屋架全部自重力作用于下弦节点上，则

下弦杆中间各节点荷载　　　$P_2=1.5\dfrac{l_1Q}{L}$　　　　　　　　（13-270）

下弦杆端节点荷载　　　　　$P_1=0.5P_2$　　　　　　　　　　　（13-271）

式中　l_1——下弦节点间距；

　　　Q——屋架的总重力；

　　　L——屋架的跨度（总长度）；

　　　1.5——起吊时的动力系数。

根据设置的起吊点的位置、数量和作用在下弦节点上的荷载，可求出每一根吊索所承担的拉力 S。再将节点荷载 P_1、P_2 和 S 同时作用于屋架上，用一般求解桁架内力的力学分析方法，如节点法、截面法或图解法等，即可求得上、下弦杆的内力，以其最大值来进行强度验算。通常只对上弦进行验算，对大跨度屋架尚应考虑叠加下弦放张时引起的上弦拉力值。

验算时按轴心受拉构件按下式计算：

$$N \leqslant f_y A'_s \tag{13-272}$$

式中 N——验算轴向力，$N=1.2N_k$；

N_k——吊装时杆件承受的轴向力；

f_y——受拉钢筋的强度设计值；

A'_s——起吊时，上弦杆截面所需要的钢筋截面积。

如计算求得的 A'_s 小于上弦原设计配置的钢筋截面积 A_s 时，即 $A'_s \leqslant A_s$，则可满足吊装强度需要，是安全的。否则需要采取加固措施才能吊装。

二、裂缝宽度验算

上弦的裂缝宽度按下式计算：

$$w_{\max} = \alpha_{cr} \psi \frac{\sigma_{sk}}{E_s} \left(1.9c + 0.08 \frac{d_{eq}}{\rho_{te}} \right) \leqslant 0.2 \text{mm} \tag{13-273}$$

符号意义同 9.2.4 一节式（9-23）。

【例 13-46】 18m 跨预制屋架采取两点起吊，屋架重力为 49.5kN，其起吊点位置及各部尺寸如图 13-101，屋架混凝土为 C30，上弦纵向钢筋为 4Φ12，$f_y=300\text{N/mm}^2$，试验算吊装阶段上弦裂缝宽度及抗裂度。

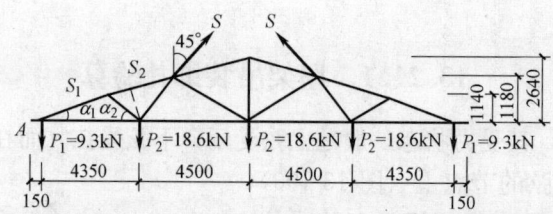

图 13-101 18m 拱形屋架尺寸及受力简图

【解】（1）强度验算

已知 $Q=49.5$kN，动力系数取 1.5，

则 $$P_2 = \frac{1.5Ql_1}{L} = \frac{1.5 \times 49.5 \times 4.5}{18} = 18.6 \text{kN}$$

$$P_1 = \frac{P_2}{2} = \frac{18.6}{2} = 9.3 \text{kN}$$

两点起吊，每根吊索中的拉力 S 为：

$$S = \frac{1.5Q}{2} \cdot \frac{1}{\sin 45°} = \frac{1.5 \times 49.5}{2 \times 0.707} = 52.5 \text{kN}$$

将 P_1、P_2、S 作为节点荷载施加于屋架下弦和上弦节点上，计算屋架上弦 S_1、S_2 内力。

∵ $\sin\alpha_1 = \frac{1.14}{3.07} = 0.3713$；$\sin\alpha_2 = \frac{1.14}{1.884} = 0.6050$

$$S_1 = \frac{9.3}{\sin\alpha_1} = \frac{9.3}{0.3713} = 25 \text{kN}$$

$$S_2 = \frac{4.35 \times 9.3}{1.884 \sin\alpha_2} = \frac{4.35 \times 9.3}{1.884 \times 0.6050} = 35.5 \text{kN}$$

取 S_1 和 S_2 的最大值 35.5kN 作为计算值，按轴心受拉构件验算：

$$A'_s = \frac{N}{f_y} = \frac{1.2 \times 35.5 \times 10^3}{300} = 142 \text{mm}^2$$

上弦内纵向钢筋为 4Φ12；$A_s = 452 > 142 \text{mm}^2$ 安全

(2) 裂度宽度验算

$$\sigma_{sk} = \frac{N_k}{A_s} = \frac{35.5 \times 10^3}{452} = 78.5 \text{N/mm}^2$$

$$\rho_{te} = \frac{A_s}{A_{te}} = \frac{452}{48400} = 0.0093; \quad d_{eq} = \frac{\sum 4 \times 12^2}{\sum 4 \times 1 \times 12} = 12 \text{mm}$$

$$\psi = 1.1 - \frac{0.65 f_{tk}}{\rho_{te} \cdot \sigma_{sk}} = 1.1 - \frac{0.65 \times 2}{0.0093 \times 78.5} = -0.68$$

取 $\psi = 0.2$

$$w_{max} = \alpha_{cr} \psi \frac{\sigma_{sk}}{E_s} \left(1.9c + 0.08 \frac{d_{eq}}{\rho_{te}}\right)$$

$$= 2.7 \times 0.2 \times \frac{78.5}{2 \times 10^5} \left(1.9 \times 35 + 0.08 \times \frac{12}{0.0093}\right)$$

$$= 0.036 \text{mm} < 0.2 \text{mm} \quad \quad \text{满足要求。}$$

13.21.2 屋架翻身扶直验算

钢筋混凝土屋架一般是平卧单层或重叠制作，混凝土达到设计强度后拼装，吊装前要将屋架翻身扶正。因屋架扶正时产生的内力与使用阶段不同，设计未予考虑，因此对屋架翻身扶正要进行施工验算，步骤和方法如下：

一、确定屋架起点位置和数量

根据屋架的跨度，确定节点位置、数量、吊装机械性能等，一般 18m 跨以内屋架，采用 2～3 点起吊；18～33m 跨屋架，采用 4～5 点起吊。

二、绘制计算简图

屋架翻身扶直时，绕下弦转动，下弦不离地面，此时上弦处屋架平面外受力的最不利情况，应验算屋架上弦在平面外的强度和抗裂度。作用在屋架上弦的荷载，包括屋架上弦的自重力，屋架一半的腹杆自重力，并考虑 1.5 的动力系数。

三、计算内力

内力分析计算方法，常用的有二种：一是将屋架上弦视为连续梁，将屋架两端支垫点及起吊点视为支座，用弯矩分配法或查表法计算上弦弯矩，然后按受弯构件进行验算；一是将屋架上弦视作简支梁，将屋架两端支垫点视作支座，把吊索拉力视为集中荷载。在一般情况下，吊索由一根钢丝绳通过若干滑车或横吊梁组成。此时如不计摩擦力，吊点上各钢丝绳中的拉力是相等的，因而可先求出钢丝绳上的拉力及屋架两端支点的支座反力，进而用分析普通静定结构的方法计算出屋架上弦杆的弯矩。由于结构荷载对称，均可取半跨计算。

四、强度和裂缝宽度验算

两种方法均验算屋架上弦刚离地面时（即屋架平面与地面夹角 $\alpha = 0$ 时）的杆件强度、裂缝宽度和抗裂度。根据实践，后一种将屋架上弦视作简支梁计算较简单，更符合实际情况。对验算角度，有的还验算屋架升至地面夹角 $\alpha = \arctan\left(\frac{a}{b}\right)$ 时（当 $a=b$，$\alpha = 45°$）上弦最大弯矩截面的裂缝出现情况，以其最不利情况作为控制。但应指出，在与地面成45°时，由于腹杆的支撑作用，弯矩值相应减小很多，因此只要按起吊的初始（$\alpha=0$）状态验算是不会出现较大的误差，故屋架扶直验算，一般仍按起吊时的初始水平位置进行，可以满足扶直要求。这样将可大大简化计算工作，减少验算的复杂性。

【例13-47】 有色金属加工厂18m预应力混凝土折线形屋架，其几何尺寸如图13-102，各杆件尺寸、截面、配筋情况及重量见表13-34，采取4点绑扎起吊翻身扶直。屋架混凝土强度等级为C30，扶直时屋架强度为设计强度等级的70％，动力系数为1.5，试验算翻身扶直时的强度和抗裂度。

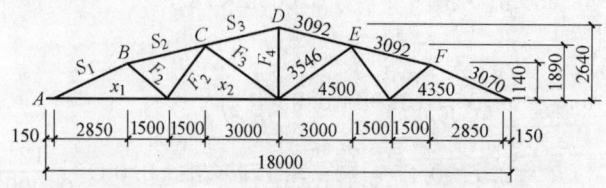

图13-102 18m跨折线形预应力屋架的几何尺寸

屋架各杆件尺寸、配筋及重量表　　　　表13-34

杆件编号	截面尺寸(m)	长度(m)	纵向配筋	体积(m³)	重力(kN)
S_1	0.22×0.22	3.070	4Φ12	0.1486	3.72
S_2	0.22×0.22	3.092	4Φ12	0.1497	3.74
S_3	0.22×0.22	3.092	4Φ12	0.1497	3.74
F_1	0.10×0.10	1.884	4Φ10	0.0188	0.47
F_2	0.10×0.10	2.413	4Φ10	0.0241	0.60
F_3	0.12×0.14	3.546	4Φ10	0.0596	1.49
F_4	0.12×0.14	2.640	4Φ12	0.0444	1.11
X_1	0.22×0.16	4.350	6Φ'12+4Φ10	0.1531	3.83
X_2	0.22×0.16	4.500	6Φ'12+4Φ10	0.1584	3.96
端节点	0.60×0.22	0.800	6Φ'12+4Φ10	0.1056	2.64
合	计			1.0120	25.30

【解】 （1）内力计算

屋架扶直时的绑扎方法和吊索受力计算如图13-103所示，验算时先计算吊索的拉力。屋架上弦的节点荷载为（考虑动力系数为1.5）：

$$q_2 = q_2' = \frac{1.5(S_1+S_2+F_1)}{2} = \frac{1.5(3.72+3.74+0.47)}{2} = 5.95 \text{kN}$$

$$q_3 = q_3' = \frac{1.5(S_2+S_3+F_2+F_3)}{2} = \frac{1.5(3.74+3.74+0.6+1.49)}{2} = 7.18 \text{kN}$$

$$q_4 = \frac{1.5(S_3+S_3+F_4)}{2} = \frac{1.5(3.74+3.74+1.11)}{2} = 6.44 \text{kN}$$

吊索与水平面的夹角，设$\alpha=45°$

则 $\beta \approx \arctan\frac{6.0}{3.0} \approx 63°$

13.21 屋架吊装施工计算

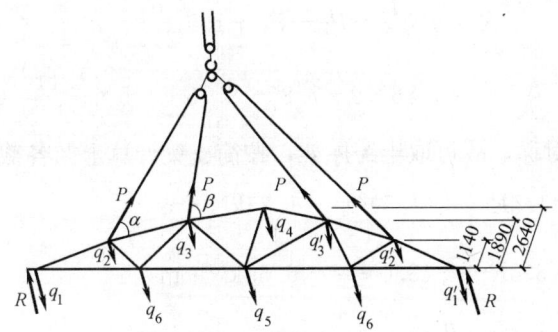

图 13-103 屋架扶直时吊索绑扎受力计算简图

起吊时,吊索拉力 P 作用于上弦,因吊点 B、C 与 E、F 对屋架中心对称设置,并绕过滑轮,故各吊点的拉力 P 均相等。根据力矩平衡条件,将吊索拉力、节点荷载对屋架下弦轴线取力矩,可求得 P 值如下:

$$1.14P \times \sin45° + 1.89P \times \sin63° = 1.14q_2 + 1.89q_3 + 2.64 \times \frac{q_4}{2}$$

则

$$P = \frac{1.14 \times 5.95 + 1.89 \times 7.18 + 2.64 \times 3.22}{1.14 \times 0.707 + 1.89 \times 0.891} = 11.6 \text{kN}$$

扶直屋架时,上弦出屋架平面外方向最为不利,故应验算该方向上弦的抗弯强度和裂缝宽度。屋架腹杆由于自重的弯矩作用影响较小,一般可不验算。为简化计算,上弦可视为简支梁(图 13-104),将屋架两端支垫点视为支座,把吊索拉力视为集中荷载,作用于梁上的荷载计有上弦自重力(视为均布荷载)和腹杆自重(一半重力)传来的集中荷载 q_2、q_3、q_4 及吊索中的垂直分力。

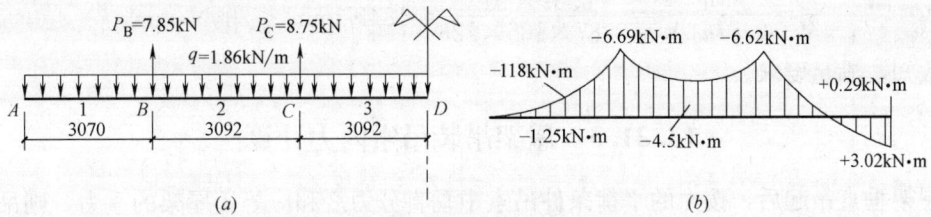

图 13-104 扶直屋架时上弦计算简图
(a)荷载简图;(b)弯矩图

上弦自重荷载:

$$q = \frac{1.5(S_1 + S_2 + S_3)}{0.5L} = \frac{1.5(3.72 + 3.74 + 3.74)}{9} = 1.86 \text{kN/m}$$

在节点 B、C 处,吊索中的垂直分力向上,腹杆自重荷载向下,节点荷载:

$$P_B = P\sin45° - 1.5\frac{F_1}{2} = 11.6 \times 0.707 - \frac{1.5 \times 0.47}{2} = 7.85 \text{kN}$$

$$P_C = P\sin63° - 1.5\frac{F_2 + F_3}{2} = 11.6 \times 0.891 - \frac{1.5(0.6 + 1.49)}{2} = 8.75 \text{kN}$$

支座反力:

$$R = q \times \frac{L}{2} - P_B - P_C + 1.5\frac{F_4}{2\times 2}$$

$$= 1.86 \times 9 - 7.85 - 8.75 + 1.5 \times \frac{1.11}{4} = 0.56 \text{kN}$$

由于结构和荷载对称，故可取半跨屋架，按简支梁计算上弦各截面弯矩如下：

$$M_1 = 1.5R - \frac{q}{2}(1.5)^2 = -1.25 \text{kN} \cdot \text{m}$$

$$M_B = 3.0R - \frac{q}{2}(3.0)^2 = -6.69 \text{kN} \cdot \text{m}$$

$$M_2 = 4.5R - \frac{q}{2}(4.5)^2 - 1.5 P_B = -4.54 \text{kN} \cdot \text{m}$$

$$M_C = 6.0R - \frac{q}{2}(6.0)^2 - 3.0 P_B = -6.62 \text{kN} \cdot \text{m}$$

$$M_3 = 7.5R - \frac{q}{2}(7.5)^2 - 4.5 P_B + 1.5 P_C = +0.29 \text{kN} \cdot \text{m}$$

$$M_D = 9.0R - \frac{q}{2}(9.0)^2 + 6.0 P_B + 3.0 P_C = +3.02 \text{kN} \cdot \text{m}$$

由计算知最大弯矩值在节点 B 处，$M = -6.69 \text{kN} \cdot \text{m}$。

(2) 强度验算

$$a_s = \frac{M_{BK}}{f_c b h^2} = \frac{1.2 \times 6.69 \times 10^6}{14.3 \times 0.7 \times 220 \times 185^2} = 0.1065$$

查表得 $\gamma_s = 0.944$，$2\Phi 12$ $A_s = 226 \text{mm}^2$

$$A'_s = \frac{M_{BK}}{\gamma_s f_y h_0} = \frac{1.2 \times 6.69 \times 10^6}{0.944 \times 300 \times 185} = 153 \text{mm}^2 < 226 \text{mm}^2$$

(3) 验算裂缝宽度时的容许应力

$$\sigma_s = \frac{M_B}{0.87 h_0 A_s} = \frac{6.69 \times 10^6}{0.87 \times 185 \times 226} = 184 \text{N/mm}^2 < 200 \text{N/mm}^2$$

故知，满足要求。

13.21.3 屋架吊装吊索内力计算

屋架垂直吊起后，按力的平衡条件吊索中垂直分力之和应等于屋架的重力，则吊索内力 P、S 可按下式计算（图13-105）：

$$P = \frac{Q}{2(\sin\alpha + \sin\beta)} \quad (13\text{-}274)$$

$$S_1 = 2P \quad (13\text{-}275)$$

其中 $\alpha \approx \arctan\frac{h - h_1}{l_1 + l_2}$；

$$\beta = \arctan\frac{h - (h_1 + h_2)}{l_2}$$

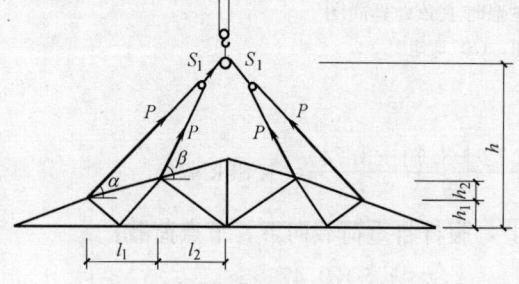

图13-105 屋架吊索内力计算简图

式中 P、S_1——吊索的内力；

Q——屋架的总重力；

α、β——吊索与上弦的夹角。

吊索规格按下式计算：

$$\alpha \cdot F_g \geqslant K \cdot P \tag{13-276}$$

或

$$\alpha \cdot F_g \geqslant K \cdot S_1 \tag{13-277}$$

式中 F_g——钢丝绳的破断拉力；

α——考虑钢丝绳荷载不均的换算系数，对 6×19、6×37、6×61 钢丝绳分别取 0.85、0.82、0.80；

K——钢丝绳使用安全系数，取 $5\sim7$；

P、S_1——吊索的拉力。

【例 13-48】 已知屋架及吊索几何尺寸为 $l_1=l_2=3.0\text{m}$，$h_1=1.89\text{m}$，$h_2=1.14\text{m}$，$h=8.2\text{m}$，$\alpha=45°$，屋架重力 50kN，试计算吊索内力并选择吊索。

【解】 由 β 近似计算式得：

$$\beta \approx \arctan\frac{8.2-(1.89+1.14)}{3}\approx 60°$$

由式（13-274） $P=\dfrac{50}{2(\sin45°+\sin60°)}\approx 15.9\text{kN}$

吊索取 6×37，换算系数取 $\alpha=0.82$，安全系数取 $K=6$。

$$F_g=\frac{6\times15.9}{0.82}=116.3\text{kN}$$

选用抗拉强度为 1550kN/mm^2、$\phi15\text{mm}$ 的钢丝绳，$F_g=132\text{kN}$，可以满足要求。短吊索中拉力为长吊索的两倍，故选用 6×37、$\phi21.5\text{mm}$ 的钢丝绳，$F_g=270\text{kN}>2\times116.3\text{kN}$。

13.22 屋架运输强度及裂缝控制验算

钢筋混凝土屋架制作安装，为扩大工厂化程度，减少现场工作，缩短工期，常采取在工厂预制，用重型汽车或拖车运到现场安装或拼装。由于汽车（拖车）长度和运输道路转弯半径的限制，一般采取在汽车（拖车）上设简单钢支架，把屋架的支点移到下弦的第二节点处。这就改变了屋架使用阶段的受力状态，运输时应根据实际受力情况对屋架弦杆进行必要的强度和抗裂度验算，以确保运输中不损坏屋架。

一般运送 18m 整榀屋架（或薄腹梁）、30m、33m、36m 跨半榀屋架，常采用汽车运输；运送 21m 跨整榀屋架多采用全拖挂车运输。运输情况和支承位置分别见图 13-106 和图 13-107。

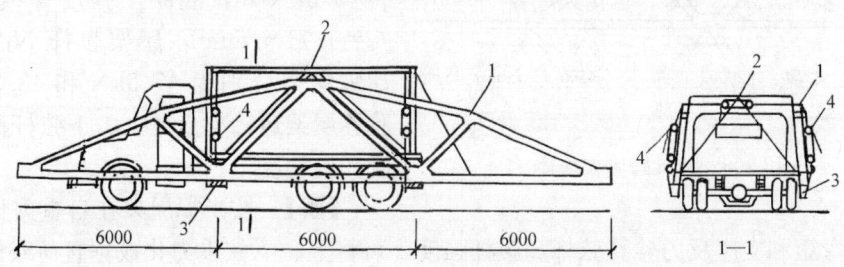

图 13-106 屋架运输示意图

1—18m 屋架、30m 跨半榀屋架；2—钢支架；3—支承点垫木；4—倒链

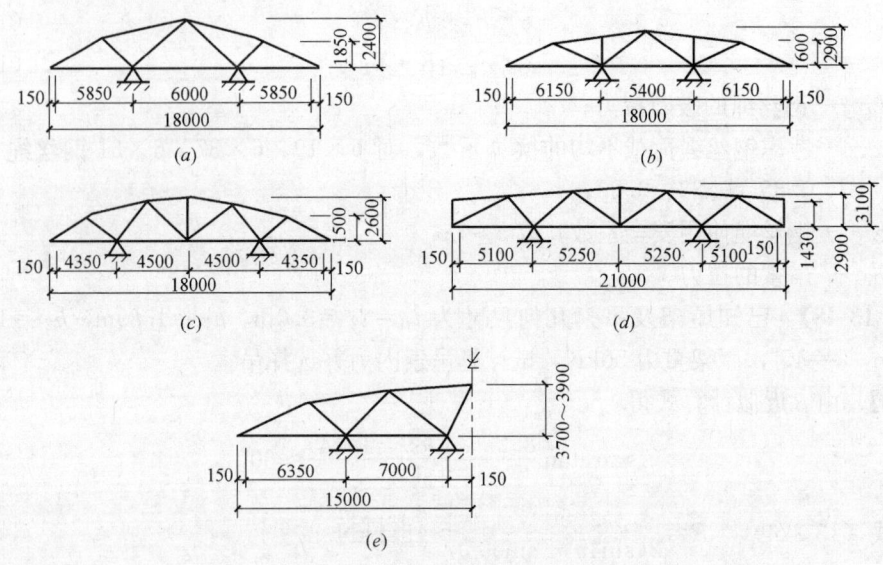

图 13-107 屋架块体运输支点位置
(a)、(b)、(c) 拱形屋架；(d) 梯形屋架；(e) 30m 跨半榀拱形屋架

屋架在运输时，一般采取垂直状态，主要验算外伸臂产生的弯矩对上、下弦杆及腹杆的影响，验算其强度和抗裂度。至于屋架上、下弦本身受力按连续梁考虑，在自重作用下其受力状态与使用阶段无多大差别，强度可不验算。当屋架在垂直状态下运输，上、下弦当成连续梁，并假定上、下弦杆交接处为铰接，由上、下弦杆共同抵抗屋架外伸臂产生的弯矩，此时上、下弦杆的应力，可按下式验算

$$KM \leqslant \gamma W f_t \tag{13-278}$$

式中 M——屋架运输支点截面处的悬臂弯矩；

K——动力系数，取 1.5；

W——上、下弦杆对 x 轴的截面抵抗矩；

γ——截面抵抗矩的塑性系数，取 $\gamma=1$；

f_t——上、下弦杆混凝土的抗拉强度设计值。

【例 13-49】 工业厂房 30m 跨钢筋混凝土屋架，在工厂采取二半榀制作，用 12t 载重汽车运往现场拼装，构件尺寸运输支点如图 13-108。已知屋架自重力为 158kN/榀，$q=5.3$kN/m，混凝土强度等级为 C40，$f_t=1.71$N/mm²，屋架腹杆 N_1、N_2 设计轴向力分别为 47.5kN 和 48.3kN，试验算屋架运输支点处上、下弦杆截面的强度和抗裂度。

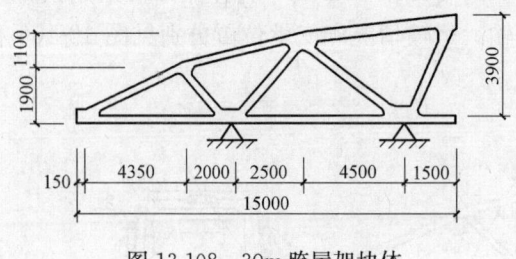

图 13-108 30m 跨屋架块体

【解】 按半榀屋架在自重力作用下产生的悬臂弯矩和支座反力验算弦杆和腹杆强度。可将上、下弦重力化成垂直荷载作用于屋架上，按悬臂简支梁来计算支座反力和弯矩。

(1) 计算支座反力（图 13-109）。

13.22 屋架运输强度及裂缝控制验算

取 $\sum M_B = 0$

$$\frac{1.5^2}{2} \times 5.3 + R_A \times 7 - \frac{13.35^2}{2} \times 5.3 = 0$$

$$R_A = \frac{472.29 - 5.96}{7} = 66.6 \text{kN}$$

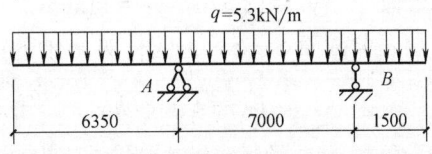

图 13-109　半榀屋架支座反力计算简图

(2) 计算 A、B 点的支座弯矩

$$M_A = \frac{ql^2}{2} = \frac{5.3 \times 6.35^2}{2} = 106.85 \text{kN} \cdot \text{m}$$

$$M_B = \frac{ql^2}{2} = \frac{5.3 \times 1.5^2}{2} = 5.96 \text{kN} \cdot \text{m}$$

(3) 取节点 A 计算 N_1、N_2 杆和上弦杆 N_{1-2} 的轴向力（图 13-110）

$$N'_1 = R_A \cos 46° = 66.6 \times 0.695 = 46.3 \text{kN}$$

$$N'_2 = R_A \cos 44° = 66.6 \times 0.719 = 47.9 \text{kN}$$

$$N'_{1-2} = \sqrt{N'^2_1 + N'^2_2} = \sqrt{46.3^2 + 47.9^2} = 66.62 \text{kN}$$

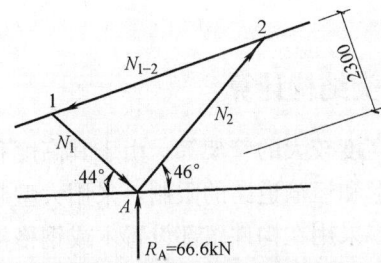

图 13-110　A 点轴向力计算简图

(4) 验算由于悬臂弯矩和支座反力的 N_1、N_2 和 N_{1-2} 杆的应力

屋架悬臂弯矩 M_A 对上弦产生的轴力 N''_{1-2}

$$N''_{1-2} = \frac{M_A}{2.3} = \frac{106.85}{2.3} = 46.5 \text{kN}$$

屋架上弦所受拉力

$$N_{1-2} = N'_{1-2} + N''_{1-2} = 66.62 + 46.5 = 113.1 \text{kN}$$

上弦不考虑钢筋作用，按 $KN \leqslant bhf_{tk}$ 核算，取 $K=1.5$，$f_{tk} = 2.39 \text{N/mm}^2$

$$KN_{1-2} = 1.5 \times 113.1 = 169.7 \text{kN}$$

$$bhf_{tk} = 22 \times 35 \times \frac{2.39}{10} = 184.0 \text{kN} > 169.7 \text{kN} \quad （可）$$

又

$$N_1 = 47.5 \text{kN} > N'_1 \ (= 46.3 \text{kN})$$

$$N_2 = 48.3 \text{kN} > N'_2 \ (= 47.9 \text{kN}) \quad （安全）$$

(5) 验算悬臂弯矩对节点 A 处 S—S 截面上、下弦杆的应力

设 01A 为一刚体，由节点 A 和杆 N_{1-2} 与右端组成一个稳定的刚架，在节点 A 处，上，下弦的截面同时承受由 01A 外悬弯矩的作用，则可由式（13-278）验算（图 13-111）。

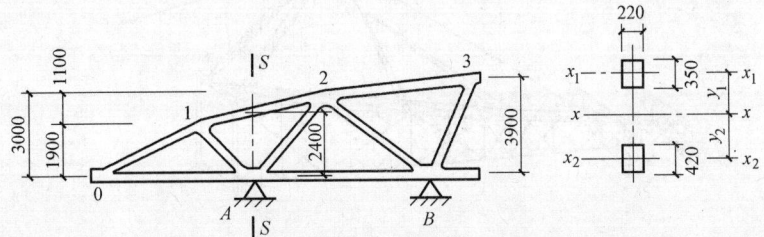

图 13-111　屋架 S—S 截面上、下弦应力验算简图

取 $y_1=125\text{cm}$，$y_2=115\text{cm}$

先求截面 $S—S$，上弦杆对 x 轴的惯性矩（钢筋不计，下弦应扣除 $4\phi5\text{cm}$ 预应力筋）

$$I_{x_1}=\frac{bh^3}{12}+bhy_1^2=\frac{22\times35^3}{12}+22\times35\times125^2=12109854\text{cm}^4$$

$$I_{x_2}=\frac{bh^3}{12}+bhy_2^2=\frac{22\times42^3}{12}+\left(22\times42-\frac{4\times3.14\times5^2}{4}\right)\times115^2-\frac{3.14\times5^4}{64}$$

$$=11317534\text{cm}^4$$

$$W=\frac{I_{x_1}+I_{x_2}}{h}=\frac{2\times23427388}{240}=195230\text{cm}^3$$

$$KM=1.5\times106.85=160.3\text{kN}\cdot\text{m}$$

则 $\sigma=\dfrac{KM}{W}=\dfrac{1.5\times106.85\times1000\times1000}{195230\times1000}=0.82\text{N/mm}^2<f_t\ (=1.71\text{N/mm}^2)$

故知，屋架运输安全。

13.23 塔类结构整体吊装计算

13.23.1 人字桅杆整体吊装塔类结构计算

塔类结构构件，如输电铁塔塔架、电柱、电视塔、高度较大的管架等，由于其高度和体积均较大，而本身刚度较差，在野外零星吊装，受地形和运输道路的限制，采用大型起重设备吊装，有一定困难，较难以发挥机械效能，一般多采用在构件跟部设置木或钢格构人字桅杆，借卷扬机或绞磨在地面旋转整体垂直起吊的方法安装（图13-112）。具有设备

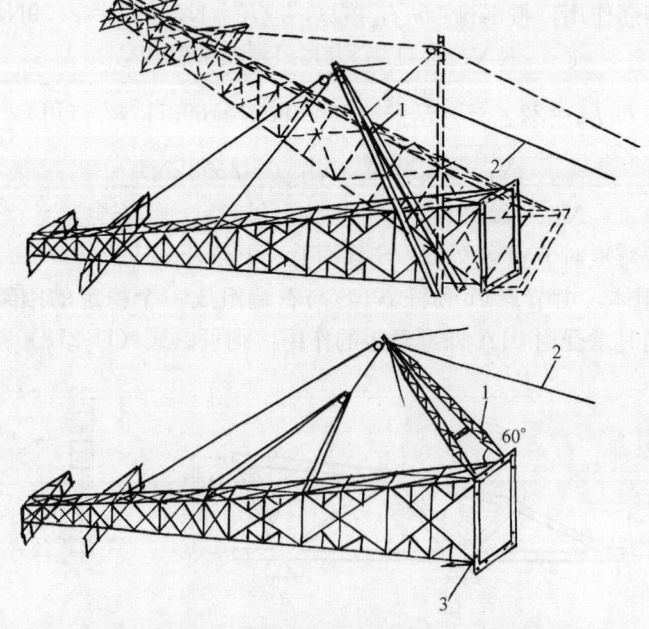

图13-112 用人字桅杆整体吊装塔类构件
1—人字桅杆；2—接卷扬机或绞磨；3—地锚

简单、轻型,操作简便,技术易于掌握,安装快速,经济适用、安全等优点,在工程上广泛应用。

用人字桅杆整体吊装塔类构件的步骤和方法是:先根据塔类构件形式、塔高塔重等拟定吊点位置和数量,计算出塔体的重心位置,以选定使用的桅杆的高度,然后进行桅杆、吊绳、拉绳的内力计算,最后根据内力选定桅杆吊绳、拉绳的截面。

一、确定吊点位置和数量

吊装时,塔类构件的吊点位置,根据塔型、高度、塔重和地形等的不同,可采用1~4点绑扎起吊。人字桅杆支点位置,按塔(或杆)类类型、开跟尺寸大小确定。根据经验,开跟尺寸在3.5m以内时,一般将人字桅杆支于地面上;开跟尺寸在3.5m以上时,桅杆支于塔跟上较为方便。两种支点位置虽不尽相同,但力学分析方法相同,不同之点是桅杆支于地面上时,人字桅杆两脚横跨塔身,塔体和桅杆的旋转支点不在同一位置上,顶端到底部的倾斜比不同。塔体与桅杆的夹角,根据经验取60°最为合适。因此,要考虑塔体从起始位置到与水平成60°角时,在桅杆脱落之前,两者不能相碰,否则无法吊起,一般可用投影法作图检验解决。

二、计算塔体的重心位置

旋转垂直吊装塔类构件,是以"瞬时"的静力平衡为依据(图13-113),取$M_0=0$,塔体重心位置可按下式求得:

$$L=\frac{g_1l_1+g_2l_2+\cdots+g_nl_n}{G}=\frac{\sum g_il_i}{G} \tag{13-279}$$

式中　　L——全塔重心至塔脚(跟)距离(m);
　　　　G——塔体重力(kN);
g_1、$g_2\cdots g_n$——塔体各段重力(kN);
l_1、$l_2\cdots l_n$——各段至塔脚距离(m)。

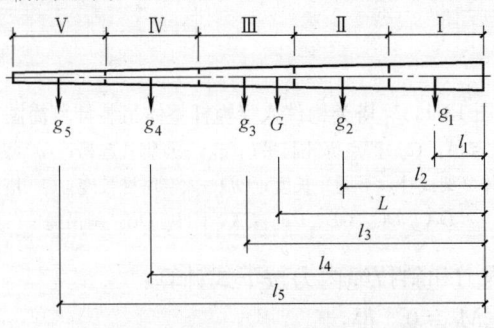

图 13-113　塔体分段及重心计算简图
Ⅰ、Ⅱ、Ⅲ、Ⅳ、Ⅴ—分段号

三、计算桅杆内力和斜拉绳内力

起吊人字桅杆、吊绳和拉绳的内力以起吊"瞬时"的静力平衡进行分析和计算,此时其桅杆和吊索受力最大。

(一)一点绑扎起吊计算(图13-114a)

一点绑扎起吊桅杆和斜拉绳内力按下式计算:

x 点的力　　　　　　　　$F_x=\dfrac{GL}{L_x}$ 　　　　　　　　(13-280)

斜吊绳内力
$$F=\frac{F_x}{\sin\theta_1} \tag{13-281}$$

则桅杆总内力 Q 和卷扬机牵引的斜拉绳内力 T，根据瞬时起吊时，在 D 点力的平衡条件求得为：

$$Q_1=\frac{\sin(\theta_1+\theta_2)}{\sin(60°-\theta_2)}\cdot F \tag{13-282}$$

$$T_1=\frac{\sin(60+\theta_1)}{\sin(60°-\theta_2)}\cdot F \tag{13-283}$$

式中 F_x——在 x 点垂直塔身的力（kN）；
F——斜吊绳内力（kN）；
θ_1、θ_2——分别为斜吊绳和斜拉绳与地面的水平夹角（°），可用计算或作图法求得；
其他符号意义同前。

（二）两点绑扎起吊计算（图 13-114b）

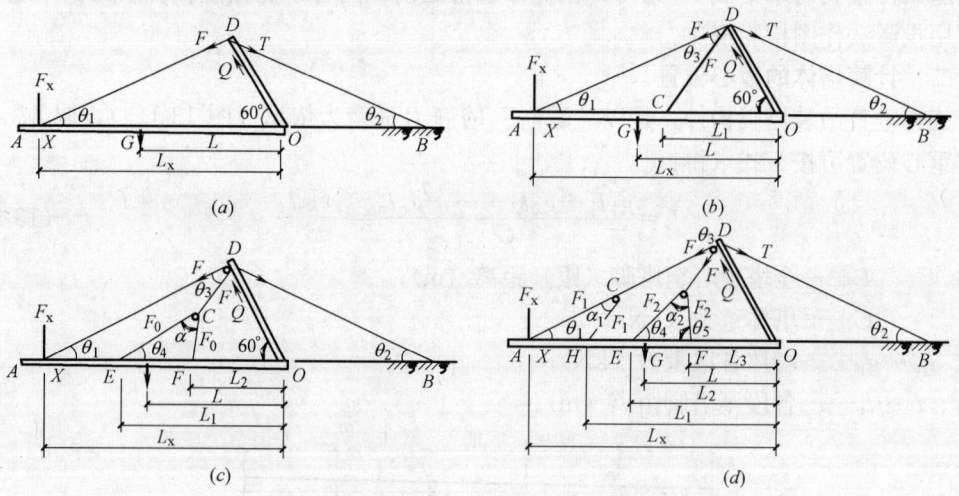

图 13-114 塔类构件人字桅杆整体吊装计算简图
(a)—一点绑扎起吊；(b)—两点绑扎起吊；(c)—三点绑扎起吊；(d)—四点绑扎起吊
OA—塔体（架或柱，下同）长度；OD—人字塔杆长度；O—塔跟支点；
DX、DC、CE、CF、CX、CH、DB—斜吊绳

两点绑扎起吊桅杆内力和斜拉绳内力按下式计算：
斜吊绳内力 F，由 $\sum M_0=0$ 得：

$$F=\frac{LG}{L_x\sin\theta_1+L_1\sin(\theta_1+\theta_3)} \tag{13-284}$$

同样，桅杆总内力 Q 和斜拉绳内力 T 为：

$$Q_2=\frac{\sin(\theta_1+\theta_2)+\sin(\theta_1+\theta_2+\theta_3)}{\sin(60°-\theta_2)}\cdot F \tag{13-285}$$

$$T_2=\frac{\sin(60°+\theta_1)+\sin(60°+\theta_1+\theta_3)}{\sin(60°-\theta_2)}\cdot F \tag{13-286}$$

式中 θ_1、θ_2——分别为端部斜吊绳和斜拉绳与塔架和地面的水平夹角（°），可用计算式作图求得；

13.23 塔类结构整体吊装计算

θ_3——两点绑扎起吊斜吊绳间的夹角（°），可用计算或作图法求得；

其他符号意义同前。

（三）三点绑扎起吊计算（图 13-114c）

三点绑扎起吊桅杆内力和斜拉绳内力按下式计算：

长斜绳内力 F，由 $\sum M_0 = 0$ 得：

$$F = \frac{LG}{L_x\sin\theta_1 + \dfrac{L_1\sin\theta_4}{2\cos\left(\dfrac{\alpha}{2}\right)} + \dfrac{L_2\sin\theta_5}{2\cos\left(\dfrac{\alpha}{2}\right)}} \tag{13-287}$$

短斜绳内力

$$F_0 = \frac{F}{2\cos\left(\dfrac{\alpha}{2}\right)} \tag{13-288}$$

同样桅杆总内力 Q_3 和斜拉绳内力 T_3 为：

$$Q_3 = \frac{\sin(\theta_1 + \theta_2) + \sin(\theta_1 + \theta_2 + \theta_3)}{\sin(60° - \theta_2)} \cdot F \tag{13-289}$$

$$T_3 = \frac{\sin(60° + \theta_1) + \sin(60° + \theta_1 + \theta_3)}{\sin(60° - \theta_2)} \cdot F \tag{13-290}$$

式中　F_0——短斜拉绳内力（kN）；

　　　α——三点绑扎起吊短斜绳 F_0 间的夹角（°）；

　　　θ_4——短斜吊绳 F_0 与塔架间的夹角（°），可用计算或作图法求得；

其他符号意义同前。

（四）四点绑扎起吊计算（图 13-114d）

四点绑扎起吊桅杆内力和斜拉绳内力按下式计算：

长斜吊绳内力 F　由 $\sum M_0 = 0$ 得：

$$F = \frac{2GL}{\left[\dfrac{L_x\sin\theta_1 + L_1\sin(\theta_1 + \alpha_1)}{\cos\left(\dfrac{\alpha_1}{2}\right)} + \dfrac{L_2\sin\theta_4 + L_3\sin(\theta_4 + \alpha_2)}{\cos\left(\dfrac{\alpha_2}{2}\right)}\right]} \tag{13-291}$$

短斜吊绳内力 F_1、F_2 为：

$$F_1 = \frac{F}{2\cos\left(\dfrac{\alpha_1}{2}\right)}; \quad F_2 = \frac{F}{2\cos\left(\dfrac{\alpha_2}{2}\right)} \tag{13-292}$$

桅杆总内力 Q_4 和斜拉绳内力 T_4 的计算公式同三点绑扎起吊计算公式。

式中　F_1、F_2——短斜绳的内力（kN）；

　　　θ_4、θ_5——分别为短斜吊绳与 F_2 和 F_1 与塔间的夹角和外角（°）；可用计算或作图法求得；

　　　α_1、α_2——分别为短斜吊绳 F_1 和 F_2 间的夹角（°），可用计算或作图法求得。

四、人字桅杆的内力计算

人字桅杆的每杆内力 R 可按下式求得（图 13-115a）；

取 $\sum y = 0$ 得：

$$R = \frac{Q}{2\cos\dfrac{\beta}{2}} \tag{13-293}$$

式中 R——每根人字桅杆的内力(kN);
Q——作用于人字桅杆按式(13-282)或式(13-285)计算的总内力(kN);
β——人字桅杆两脚的夹角(°)。

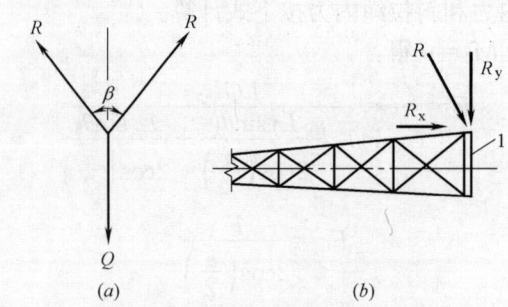

图 13-115 人字桅杆及支撑计算简图
(a) 人字桅杆计算简图;(b) 支撑计算简图
1—塔架

五、塔角支撑木及锚拉绳内力计算

当桅杆设在塔脚上时,应在塔脚设支撑木杆,以加固塔脚杆件,同时设置拉绳从抵抗平衡起吊时人字桅杆脚部产生的水平推力,其垂直力和水平力分别按下式计算(图 13-115b):

$$R_y = R\cos 30° \tag{13-294}$$

$$R_x = R\sin 30° \tag{13-295}$$

式中 R_y——人字桅杆在塔跟产生的垂直分力(kN);
R_x——人字桅杆在塔跟产生的水平分力(kN);
R——作用于每根人字桅杆的内力(kN)。

六、卷扬机(绞磨)的锚着力

卷扬机(绞磨)的锚着力按下式计算:

$$T = T_0 \cos\theta_2 \tag{13-296}$$

式中 T——卷扬机(或绞磨)需要的锚着力(kN);
T_0——分别按一、二、三、四点起吊计算的卷扬机牵引的斜拉绳内力(kN);
θ_2——卷扬机牵引的斜拉绳 T 与地面的夹角(°)。

【例 13-50】 高压输电线路铁塔高 27.8m,重力为 84.2kN,计分 5 段,各段长度及重力如图 13-116 所示,开跟宽 5.5m,底脚重力 5.3kN,用人字桅杆进行三点绑扎整体吊装,试计算各吊绳内力及桅杆内力和根部制动力。

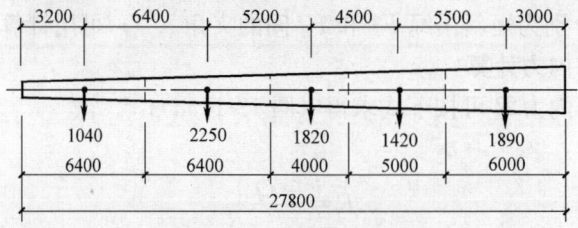

图 13-116 塔架分段图

【解】 1. 重心位置计算及桅杆选用

由图 13-116，$\sum M_0 = 0$ 得：

$$\sum gl = 18.9 \times 3 + 14.2 \times 8.5 + 18.2 \times 13 + 22.5 \times 18.2$$
$$+ 10.4 \times 24.6 = 1079.3 \text{kN} \cdot \text{m}$$

不计底脚在内塔的重力：

$$G = 18.9 + 14.2 + 18.2 + 22.5 + 10.4 = 84.2 \text{kN}$$

则全塔重心至塔角距离 $L = \dfrac{1079.3}{84.2} = 12.82 \text{m}$

考虑根部重力 $G' = 84.2 + 5.3 = 89.5 \text{kN}$

$$L' = \dfrac{1079.3}{89.5} = 12.06 \text{m}$$

选用 9.5m 高人字桅杆，因开距为 5.5m，大于 3.5m，支于塔脚上部并与水平成 60°夹角，故桅杆顶点到塔下角之距离为 9.5+5.5=15m，高于塔体重心位置（12.82m 及 12.06m），安全。

2. 各吊绳及桅杆内力计算

采用三点起吊，吊点位置根据铁塔结构构造和刚度选择（图 13-117），$L_x = 23.8$m，$L_1 = 16.6$m，$L_2 = 8.5$m，尽量使各吊点受力均匀，并由计算或作图求得：$\theta = 29°$，$\theta_2 = 24°$，$\theta_3 = 30°$，$\theta_4 = 28°$，$\alpha = 40°$。

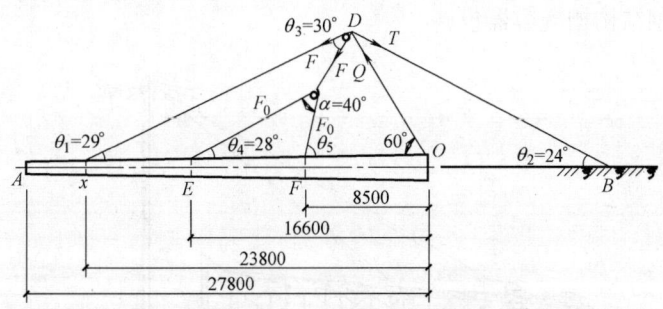

图 13-117 三点起吊吊点位置

(1) 大吊绳内力：由式（13-287）得：

$$F = 1079.3 / \left[23.8 \sin 29° + \dfrac{16.6 \sin 28°}{2 \cos 20°} + \dfrac{8.5 \sin(28° + 40°)}{2 \cos 20°} \right] = 54.29 \text{kN}$$

(2) 小绳内力：由式（13-288）得：

$$F_0 = \dfrac{54.29}{2 \cos 20°} = 28.89 \text{kN}$$

(3) 卷扬机（或绞磨）拉绳内力：由式（13-290）得：

$$T_3 = \dfrac{\sin(60° + 29°) + \sin(60° + 29° + 30°)}{\sin(60° - 24°)} \times 54.29 = 173.12 \text{kN}$$

(4) 作用于人字桅杆的内力：由式（13-289）得：

$$Q_3 = \dfrac{\sin(29° + 24°) + \sin(29° + 24° + 30°)}{\sin(60° - 24°)} \times 54.29 = 165.46 \text{kN}$$

$$\sin \dfrac{\beta}{2} = \dfrac{2.75}{9.5} = 0.2895 \qquad \dfrac{\beta}{2} = 16°50'$$

人字桅杆的每杆内力由式（13-293）得：

$$R = \frac{165.46}{2\cos 16°50'} = 86.43\text{kN}$$

（5）桅杆作用于塔角的分力：由式（13-294）、式（13-295）得：

$$R_y = 86.43\cos 30° = 74.85\text{kN}$$
$$R_x = 86.43\sin 30° = 43.22\text{kN}$$

（6）卷扬机根部制动力：由式（13-296）得：

$$T = 173.12\cos 24° = 158.15\text{kN}$$

求得 F、F_0、T 以后，可按表 13-5、表 13-6 选用钢丝绳直径；长拉吊绳和短斜吊绳均用两根绳，每根按 $\dfrac{F}{2}$、$\dfrac{F_0}{2}$ 受力计算。桅杆内力 Q_3 可按"13.10.3 人字桅杆吊装计算"一节的方法选用桅杆截面。R_x、T 可按"13.5 锚碇计算"一节选用锚碇。由 R_x 可复核塔角竖向杆件强度或由计算选择木（或钢）支撑的截面（略）。

13.23.2 独脚桅杆整体吊装塔类结构计算

系在塔类构件的跟部后面立一辅助独脚桅杆，利用它作支柱，将拟竖立的塔体结构当做悬臂杆，用卷扬机通过滑轮组拉绳整体拔起就位（图 13-118）。本法具有设备简单、操作容易、费用较低、施工安全等优点。在工程上除用于吊装塔类结构构件外，还常用于整体吊装高度大的钢结构槽罐容器设备。

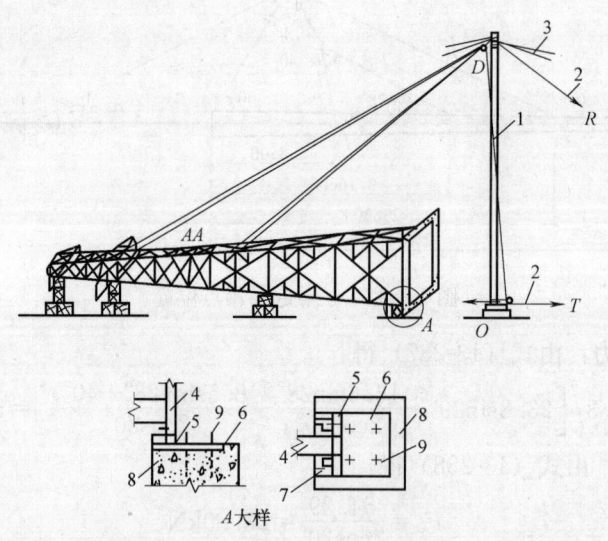

图 13-118 用独脚桅杆整体吊装塔类构件
1—独脚钢管或格构式桅杆；2—接卷扬机或绞磨；3—缆风绳；4—塔脚底板；5—铰轴及铰轴套；6—塔基支座板；7—轴套加劲板；8—塔类构件基础；9—塔架锚固螺栓

独脚桅杆整体吊装塔类构件受力计算简图如图 13-119 所示。计算内容包括塔架（柱，下同）验算、吊装需要起重力、滑轮组、钢丝绳牵引力等。

一、塔架验算和起重力计算

整体吊装塔类结构，要求塔体本身各段应具有足够的强度和刚度。用独脚桅杆起吊塔

13.23 塔类结构整体吊装计算

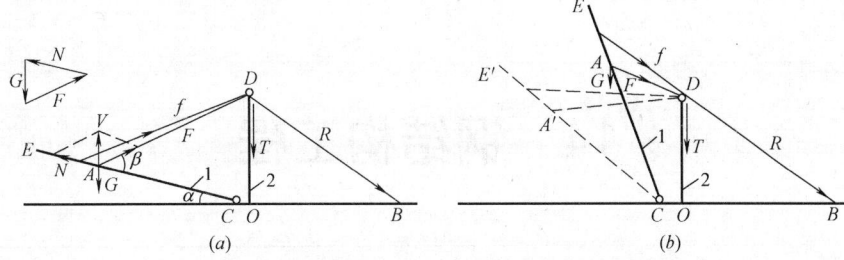

图 13-119 独脚桅杆整体吊装塔类构件计算简图
(a) 起吊前受力；(b) 起板后受力
1—塔架；2—辅助独脚桅杆

架是利用塔身作假想悬臂杆，吊点位置应使塔架杆内力 $|\sigma_{CAmax}|=|\sigma_{AEmax}|$ 或近似使 $|M_{CAmax}|=|M_{AEmax}|$。当吊点多于一个时，A 点应为合力作用点，此时塔架受力近似按多跨连续梁验算，或简化为合力作用下，部分悬臂的单跨梁结构。

当塔体 $\alpha=0$，则：

$$F=F_{min}=\frac{G}{\sin\beta} \tag{13-297}$$

则架设起重力按下式计算：

$$F=K\cdot F_{min} \tag{13-298}$$

以上图中、式中

σ_{CAmax}、σ_{AEmax}——分别为塔架杆件 CA、AE 的最大内应力（N/mm²）；

M_{CAmax}、M_{AEmax}——分别为塔架中杆件 CA、AE 的最大弯矩（kN·m）；

G——塔架重力（kN）；

N——作用于塔身的内力（kN）；

F——塔架架设主起重力（kN）；

F_{min}——塔架架设最小主起重力（kN）；

f——塔架架设辅助起重力（kN）；

α——塔体与地面的夹角（°）；

β——塔体与拉索的夹角（°）；

K——安全系数，一般取 $K=2.5\sim3.0$。

二、滑车组、钢丝绳牵引力 T 和 R 计算

可按一般结构吊装方法选择滑车组、钢丝绳，计算通向卷扬机（或绞车）上的主牵引力 T；当塔架吊点 A 的高度大于桅杆高度时，改用辅助斜拉绳 R 来牵引，R 的计算方法同 T，一般近似取 $T/2$ 即可。

14 钢结构工程

14.1 钢材重量计算

14.1.1 钢材重量基本计算

钢材重量基本计算可按下式进行：

$$W = F \times L \times g \times \frac{1}{1000} \tag{14-1}$$

式中　W——钢材的重量（kg）；
　　　F——钢材截面积（mm^2）；
　　　L——钢材的长度（m）；
　　　g——钢材的密度（g/cm^3）取 7.85g/cm^3。

【例 14-1】 已知一块钢板长 3.5m，宽 1.0m，厚 8mm，试求其重量。

【解】 钢板截面积 $F = 1000 \times 8 = 8000 \text{mm}^2$

钢板的重量由式（14-1）得：

$$W = F \times L \times g \times \frac{1}{1000} = 8000 \times 3.5 \times 7.85 \times \frac{1}{1000} = 219.8 \text{kg}$$

故钢板重量为 219.8kg。

14.1.2 钢材重量简易计算

钢材重量简易计算公式参见表 14-1。

【例 14-2】 已知一根 5m ∟125×12 等边角钢和一根长 6m ∟125×80×10 不等边角钢，试分别求其重量。

【解】 等边角钢重量由式（14-6）得：

$$W = 0.00785 \times 12 \times (2 \times 125 - 12) \times 5 = 112.10 \text{kg}$$

不等边角钢重量由式（14-7）得：

$$W = 0.00785 \times 10 \times (125 + 80 - 10) \times 6 = 91.9 \text{kg}$$

故知，两种角钢的重量分别为 112.1kg 和 91.9kg。

钢材重量简易计算公式　　　　　　　　　　表 14-1

项次	型钢名称	钢材重量计算公式	
1	扁钢、钢板、钢带	$W=0.00785×宽×厚$	(14-2)
2	圆钢、线材、钢丝	$W=0.00617×直径^2$	(14-3)
3	方钢	$W=0.00785×边长^2$	(14-4)
4	钢管	$W=0.02466×壁厚×(外径-壁厚)$	(14-5)
5	等边角钢	$W=0.00785×边厚×(2×边宽-边厚)$	(14-6)
6	不等边角钢	$W=0.00785×边厚×(长边宽+短边宽-边厚)$	(14-7)
7	工字钢	$W=0.00785×腰厚×[高+f(腿宽-腰厚)]$	(14-8)
8	槽钢	$W=0.00785×腰厚×[高+e(腰宽-腰厚)]$	(14-9)

注：1. 角钢、工字钢和槽钢的简式用于计算近似值。
2. f 值：一般型号及带 a 的为 3.34；带 b 的为 2.65；带 c 的为 2.26。
3. e 值：一般型号及带 a 的为 3.26；带 b 的为 2.44；带 c 的为 2.24。
4. 各长度单位均为 mm。

14.1.3　角钢重量近似计算

角钢重量除了按表 14-1 简易公式计算外，还可按以下近似公式计算：

$$W=\frac{1}{67}bd \tag{14-10}$$

或　　　　　　　　　　$W=0.01496bd≈0.015bd$ 　　　　　　　(14-11)

式中　W——角钢每米的重量（kg）；
　　　b——等边角钢取边长，不等边角钢取平均边长（mm）；
　　　d——角钢的厚度（mm）。

【例 14-3】　条件同例 14-2，试分别用近似计算法求角钢重量。

【解】　5m∟125×12mm 等边角钢的近似重量由式（14-10）得：

$$W=\frac{1}{67}×125×12×5=111.94\text{kg}$$

6m∟125×80×10mm 不等边角钢的近似重量由式（14-10）得：

$$W=\frac{1}{67}×\left(\frac{125+80}{2}\right)×10×6=91.79\text{kg}$$

故知，5m∟125×12mm 和 6mm∟125×80×10mm 角钢的近似计算重量分别为 111.94kg 和 91.79kg，与例 14-2 计算重量只分别差 0.14% 和 0.12%，可满足要求。

14.2　钢板与型钢号料长度计算

14.2.1　钢板号料长度计算

一、折角弯曲件的号料长度计算

折角弯曲件可看成圆角很小（$R<0.5t$）的弯曲件。在计算号料长度时，可近似地用内侧直线相加，再加上 0.5 钢板厚度来按下式计算（图 14-1）：

$$L=(A-t)+(B-t)+0.5t \tag{14-12}$$

式中 L——钢板折角弯曲件的号料长度（mm）；

A、B——钢板折角弯曲件直线部分长度（mm）；

t——钢板厚度（mm）。

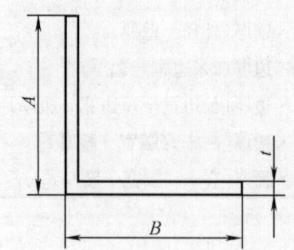
图 14-1 折角弯曲的长度计算简图

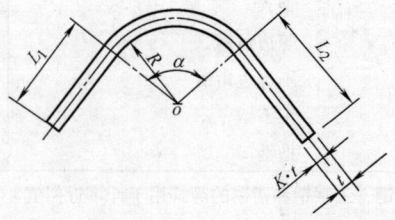
图 14-2 圆角弯曲的长度计算简图

二、圆角弯曲件的号料长度计算

对圆角弯曲件（$0.5t \leqslant R \leqslant 5t$）的号料长度计算，直线部分按图 14-2 图示尺寸，圆弧部分按中性层按下式计算：

$$L=L_1+L_2+\frac{\pi}{180°} \cdot \alpha(R+K \cdot t) \tag{14-13}$$

式中 L——圆角弯曲件的号料长度（mm）；

L_1、L_2——圆角弯曲件的直线部分长度（mm）；

π——圆周率，取 3.14；

α——圆弧部分的圆心角（°）；

R——圆弧半径（mm），板材弯曲最小半径参见表 14-2；

K——钢板压弯时中性（心）层内移系数，当 $\frac{R}{t}>5$ 时，K 为 0.5，即中性层在板厚中心层上；当 $\frac{R}{t} \leqslant 5$ 时，K 值由表 14-3 取用；

t——钢板厚度（mm）。

金属板材的最小弯曲半径 R　　　　表 14-2

图　形	板材钢种	弯曲半径 R	
		经退火	不经退火
	钢 Q235、25、30	0.5t	1.0t
	钢 Q235、5、35	0.8t	1.5t
	钢 45	1.0t	1.7t
	铜	—	0.8t
	铝	0.2t	0.8t

注：1. t—板材厚度。

2. 当煨弯方向垂直于轧制方向时，R 应乘以系数 1.90。

3. 当边缘经加工去除硬化边缘时，R 应乘以系数 2/3。

14.2 钢板与型钢号料长度计算

中性层位移系数 K 表 14-3

R/t	0.5	0.6	0.8	1	1.5	2	3	4	5	>5
K	0.37	0.38	0.40	0.41	0.44	0.45	0.46	0.47	0.48	0.5

三、圆弧板的号料长度计算

圆弧板（$R>5t$）的号料长度，直接按板厚中心层按下式计算（图14-3）：

$$L=(R+0.5t)\frac{\pi}{180°}\cdot\alpha \tag{14-14}$$

式中 L——圆弧板的号料长度（mm）；
其他符号意义同前。

【例14-4】 某钢板厚8mm，宽1200mm，需分别压弯成 R 为24mm、40mm和56mm三种零件，后两种零件的圆心角 $\alpha=60°$，如图14-4所示形状，试分别求其压弯的钢板长度。

【解】 (1) 已知 $R=24$mm，$t=8$mm

$\frac{R}{t}=\frac{24}{8}=3<0.5t=0.5\times8=4$，由式（14-12）得：

$$\begin{aligned}L&=(A-t)+(B-t)+0.5t\\&=(1000-8)+(600-8)+0.5\times8=1588\text{mm}\end{aligned}$$

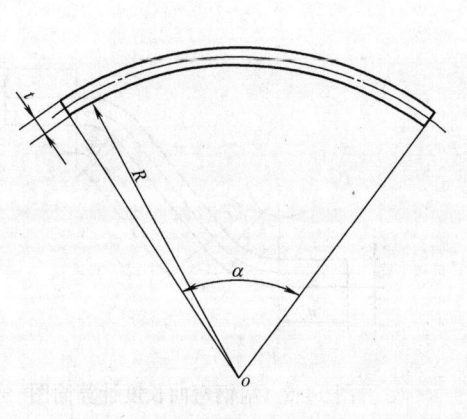

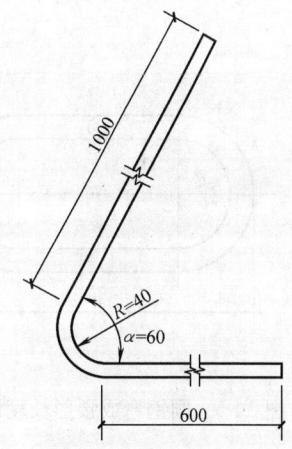

图14-3 圆弧板长度计算简图　　图14-4 钢板压弯尺寸图

(2) 已知 $R=40$mm，$t=8$mm，$\alpha=60°$

$\frac{R}{t}=\frac{40}{8}=5>0.5t=0.5\times8=4$，查表14-3得 $K=0.48$，由式（14-13）得：

$$\begin{aligned}L&=L_1+L_2+\frac{\pi\cdot\alpha}{180°}(R+Kt)\\&=1000+600+\frac{3.14\times60°}{180°}(40+0.48\times8)=1646\text{mm}\end{aligned}$$

(3) 已知 $R=56$mm，$t=8$mm，$\alpha=60°$

$\dfrac{R}{t}=\dfrac{56}{8}=7>5$，查表 14-3 得 $K=0.5$，由式（14-13）得：

$$L=L_1+L_2+\dfrac{\pi\alpha}{180°}(R+0.5t)$$

$$=1000+600+\dfrac{3.14\times60°}{180°}(56+0.5\times8)=1663\text{mm}$$

故知，三种零件压弯钢板的长度分别为 1588mm、1646mm 和 1663mm。

14.2.2 圆钢、扁钢、钢管号料长度计算

一、圆钢弯曲件的号料长度计算

圆钢弯成腰形件的号料长度按下式计算（图 14-5）：

$$L=2[A-2(R+d)]+2\pi\left(R+\dfrac{d}{2}\right) \tag{14-15}$$

二、扁钢弯曲件的号料长度计算

扁钢弯曲件的号料长度按下式计算（图 14-6）：

$$L=A+B+C+\dfrac{\pi\alpha_1}{180°}\left(R_1+\dfrac{b}{2}\right)+\dfrac{\pi\alpha_2}{180°}\left(R_2+\dfrac{b}{2}\right) \tag{14-16}$$

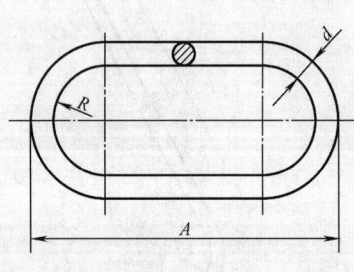
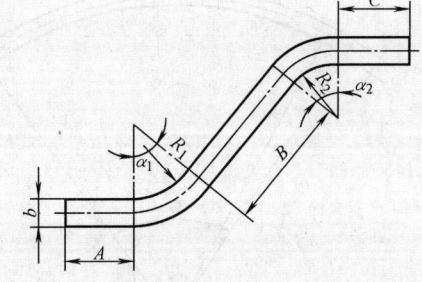

图 14-5　圆钢弯成腰形长度计算简图　　图 14-6　扁钢弯曲长度计算简图

三、钢管弯曲件的号料长度计算

钢管弯曲件的号料长度按下式计算（图 14-7）：

$$L=A-2(R_1-d)+2(B-R_1-R_2-2d)+2(C-R_2-d)+\pi(R_1+R_2)\dfrac{d}{2} \tag{14-17}$$

以上在计算圆钢、扁钢、钢管弯曲时的号料长度，一般都按中性层来计算。同时要控制弯曲半径符合表 14-4、表 14-7 和表 14-5 的规定，因钢材弯曲后，弯曲处会产生冷作硬化，如弯曲半径太小会产生裂缝或断裂，同时还会产生不易加工成型的问题。当圆钢、扁钢、钢管弯曲时，在不超过表 14-4、表 14-7 和表 14-5 所规定的最小弯曲半径时，中性层长度基本不变，因此，可按中性层计算。

14.2 钢板与型钢号料长度计算

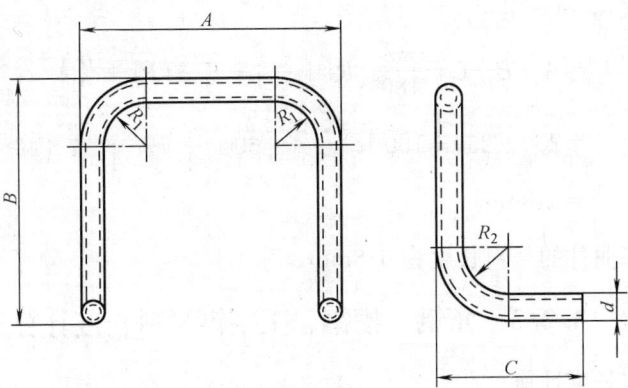

图 14-7 钢管弯曲长度计算简图

圆钢最小弯曲半径 表 14-4

圆钢直径 d	6	8	10	12	14	16	18	20	25	30
最小弯曲半径 R	4		6		8			10	12	14
备注	圆钢在冷弯曲时,弯曲半径一般应使 $R \geqslant d$。特殊情况下允许用表中数值。									

钢管最小弯曲半径 表 14-5

钢管外径 d		弯曲半径 $R \geqslant$			备 注
焊接钢管	任意值	$6d$			
无缝钢管	5~20	壁厚 $\leqslant 2$	$4d$	壁厚 >2	$3d$	L 为弯管端最短直管长度 $L \geqslant 2d$,但应 $\geqslant 45mm$
	>20~35		$5d$		$3d$	
	>35~60		—		$4d$	
	>60~140		—		$5d$	

【例 14-5】 圆钢腰形零件如图 14-5 中的尺寸:$A=1500mm$,$R=210mm$,$d=20mm$,试计算其号料长度。

【解】 由式 (14-15) 得:

$$L = 2[A - 2(R+d)] + 2\pi \left(R + \frac{d}{2}\right)$$

$$= 2[1500 - 2(210+20)] + 2\pi \left(210 + \frac{20}{2}\right)$$

$$= 3462mm$$

故知,圆钢腰形零件的号料长度为 3462mm。

【例 14-6】 扁钢弯曲件如图 14-6 中的尺寸:$A=200mm$,$B=250mm$,$C=100mm$,$R_1=60mm$,$R_2=40mm$,$\alpha_1=40°$,$\alpha_2=32°$,$b=6mm$,试计算其号料长度。

【解】 由式 (14-16) 得：

$$L = A + B + C + \frac{\pi \alpha_1}{180°}\left(R_1 + \frac{b}{2}\right) + \frac{\pi \alpha_2}{180°}\left(R_2 + \frac{b}{2}\right)$$

$$= 200 + 250 + 100 + \frac{\pi \cdot 40°}{180°}\left(60 + \frac{6}{2}\right) + \frac{\pi \cdot 32°}{180°}\left(40 + \frac{6}{2}\right)$$

$$= 618 \text{mm}$$

故知，扁钢弯曲件的号料长度为 618mm。

14.2.3 角钢、槽钢、工字钢号料长度计算

一、角钢号料长度计算

1. 角钢内弯折直角长方框的号料长度计算

角钢内弯折直角框架的号料长度，按里皮的长度按下式计算（图 14-8）：

$$L = 2(A+B) - 8t \tag{14-18}$$

2. 角钢外弧内角内弯直角件的号料长度计算

对角钢外弧内角内弯直角件，在计算号料长度时，将直段和圆弧段相叠加，但圆弧段长度按角钢厚度的一半处来计算，号料长度按下式计算（图 14-9）：

$$L = A + B - 2b + \frac{\pi}{2}\left(b - \frac{t}{2}\right) \tag{14-19}$$

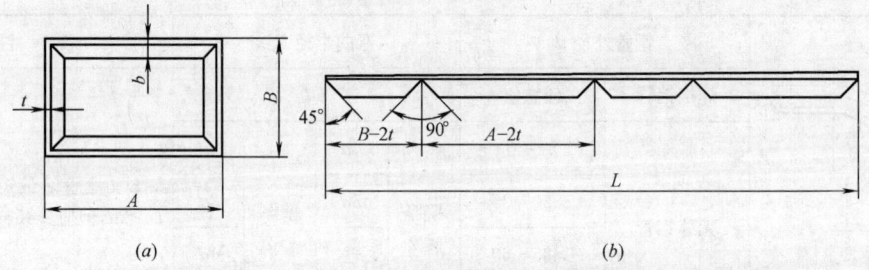

图 14-8 角钢内弯折直角长方框长度计算简图
(a) 平面形状图；(b) 号料展开切口图

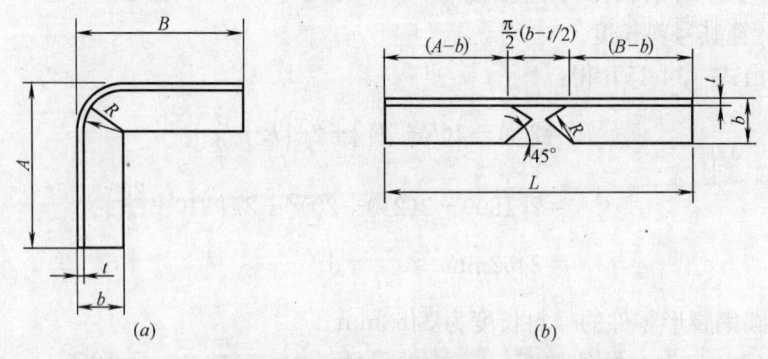

图 14-9 角钢外弧内角内弯直角件长度计算简图
(a) 平面形状图；(b) 号料展开切口图

14.2 钢板与型钢号料长度计算

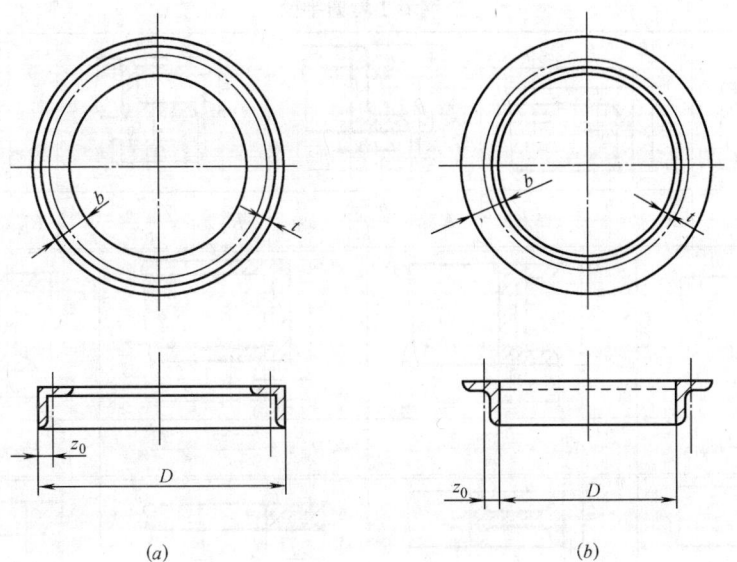

图 14-10 角钢内、外弯法兰长度计算简图
(a) 内弯法兰平面形状；(b) 外弯法兰平面形状

3. 角钢内、外弯法兰的号料长度计算

角钢内、外弯法兰的号料长度按以下两式计算（图 14-10）：

$$L_{内}=\pi(D-2z_0) \qquad (14-20)$$
$$L_{外}=\pi(D+2z_0) \qquad (14-21)$$

式中 z_0——重心线的位置尺寸（mm）。

4. 角钢冷滚弯圆的号料长度计算

角钢冷滚弯圆（煨圆）的号料长度按下式计算（图 14-11）：

$$L=A+B+\frac{\alpha}{180°}(\pi R+K't) \qquad (14-22)$$

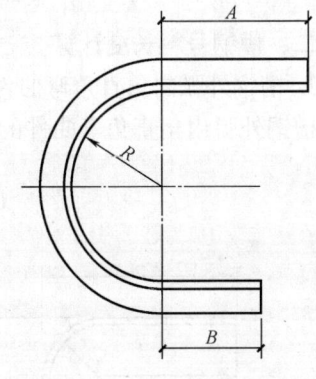

图 14-11 角钢煨圆长度计算简图

式中 K'——角钢煨圆时中性（心）层移位系数，由表 14-6 取用；

R——圆弧半径，角钢（槽钢、工字钢、扁钢）弯曲最小半径参见表 14-7。

其他符号意义同 14.2.1 节一项。

角钢煨圆时中性层移位系数 K'　　　　表 14-6

角 钢 规 格	长 肢 边 方 向	短 肢 边 方 向
∟90×56×6	±10.0	±4.0
∟75×50×5	±6.5	±4.0
∟63×40×6	±7.0	±3.5
等边角钢	±6.0	±6.0

注：1. 其他规格不等边角钢可参照上述数值考虑。
　　2. 角钢外煨时取正号，里煨时取负号。

型钢最小弯曲半径　　　　　　　　　　表 14-7

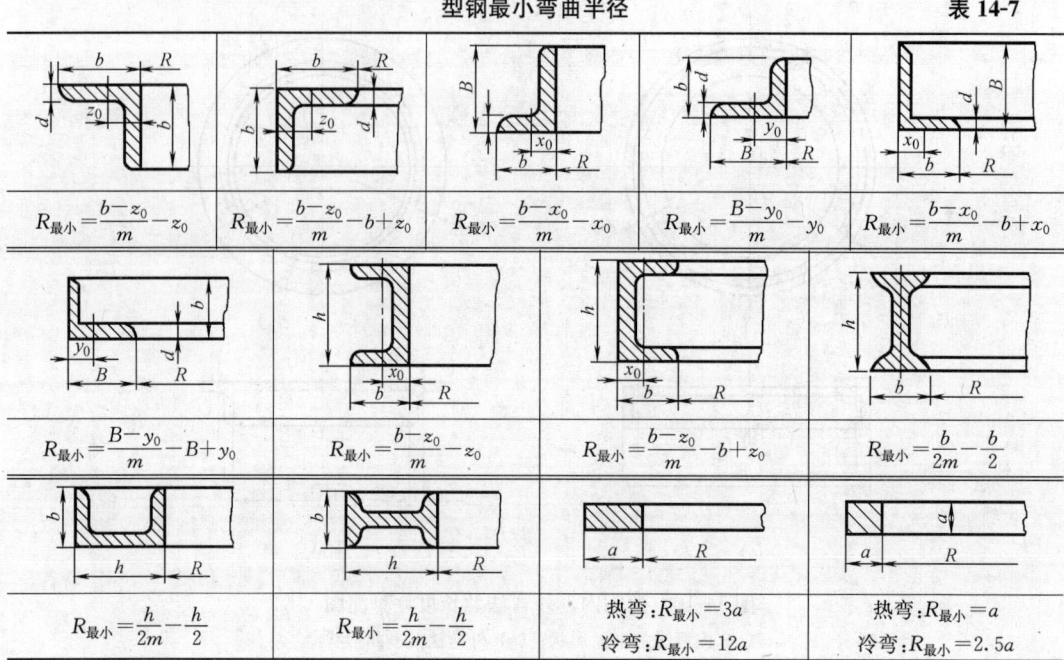

注：热弯时取 $m=0.14$；冷弯时取 $m=0.04$；z_0、y_0 和 x_0 为重心距离。

二、槽钢号料长度计算

1. 槽钢外弧内角直角弯曲件的号料长度计算

槽钢外弧内角直角弯曲件的号料长度按下式计算（图 14-12）：

$$L=A+B-2h+\frac{\pi}{2}\left(h-\frac{t}{2}\right) \tag{14-23}$$

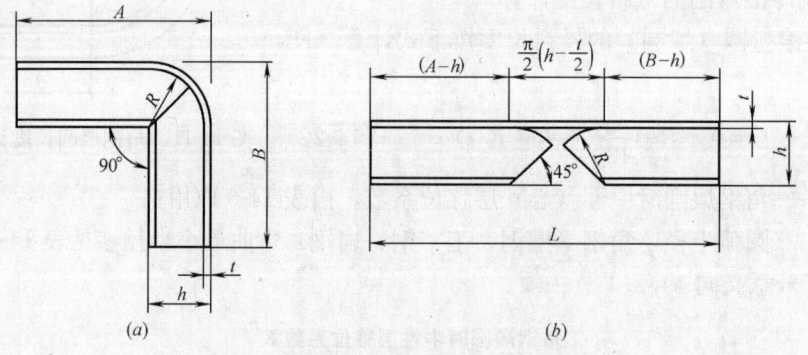

图 14-12　槽钢外弧内角直角弯曲长度计算简图
(a) 平面形状图；(b) 号料展开切口图

2. 槽钢小面内、外弯法兰的号料长度计算

槽钢小面内、外弯法兰的号料长度按以下两式计算（图 14-13）：

$$L_{内}=\pi(D-2z_0) \tag{14-24}$$
$$L_{外}=\pi(D+2z_0) \tag{14-25}$$

式中　z_0——重心线的位置尺寸（mm）。

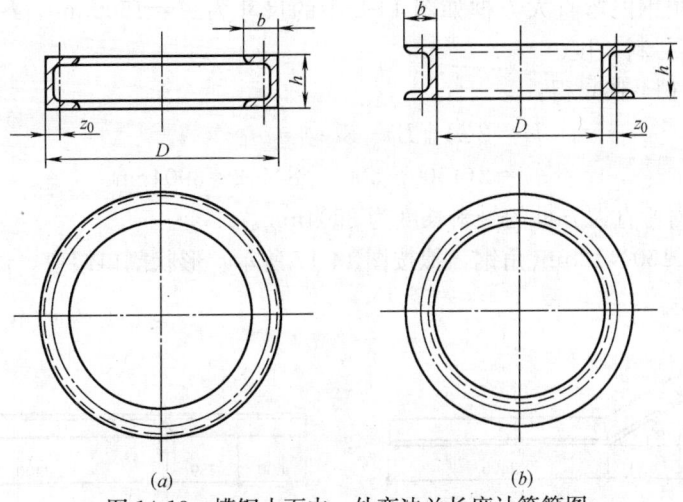

图 14-13 槽钢小面内、外弯法兰长度计算简图
(a) 内弯法兰平剖面形状；(b) 外弯法兰平剖面形状

3. 槽钢大面弯法兰的号料长度计算

槽钢大面弯法兰的号料长度按下式计算（图 14-14）：

$$L=\pi(D-h) \tag{14-26}$$

三、工字钢号料长度计算

1. 工字钢翼缘面弯法兰的号料长度计算

工字钢翼缘面弯法兰的号料长度按下式计算（图 14-15）：

$$L=\pi(D+b) \tag{14-27}$$

2. 工字钢腹板面弯法兰的号料长度计算

工字钢腹板面弯法兰的号料长度按下式计算（图 14-16）：

$$L=\pi(D-h) \tag{14-28}$$

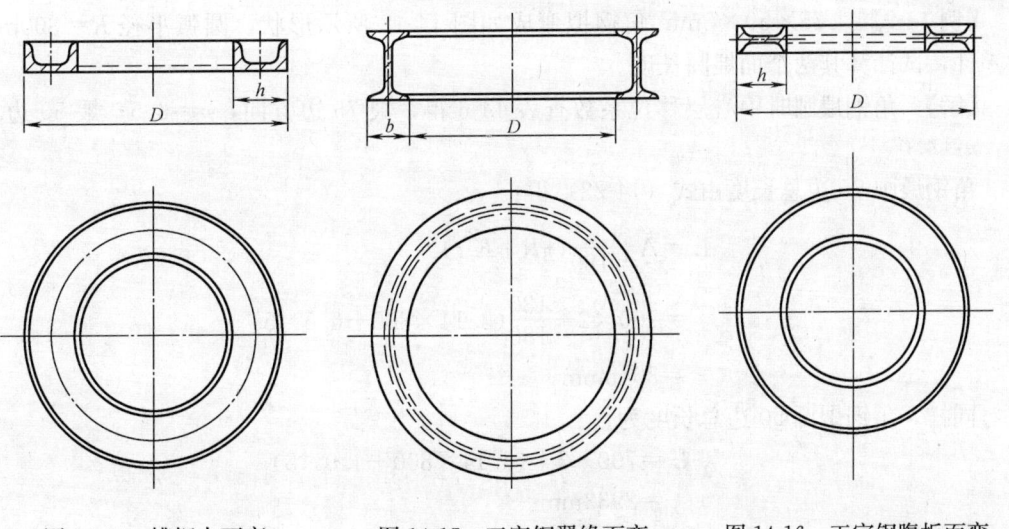

图 14-14 槽钢大面弯法兰长度计算简图

图 14-15 工字钢翼缘面弯法兰长度计算简图

图 14-16 工字钢腹板面弯法兰长度计算简图

14 钢结构工程

【例 14-7】 角钢内弯直大方框如图 14-8 中的尺寸为 $A=1500\text{mm}$，$B=500\text{mm}$，$t=12\text{mm}$，试计算其号料长度。

【解】 由式（14-18）得：
$$L=2(A+B)-8t$$
$$=2(1500+500)-8\times12=3904\text{mm}$$

故知，角钢内弯直大方框的号料长度为 3904mm。

【例 14-8】 ∟160×12mm 角钢，拟按图 14-17 所示。形状割口煨弯，试计算其切口宽度 C 及总长度 L。

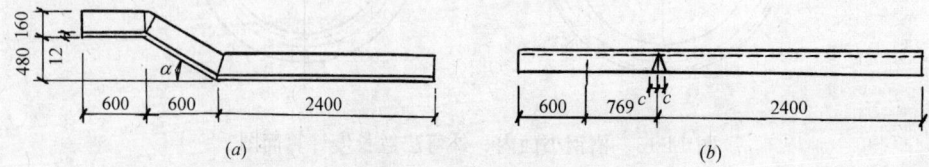

图 14-17 角钢切口煨弯尺寸图

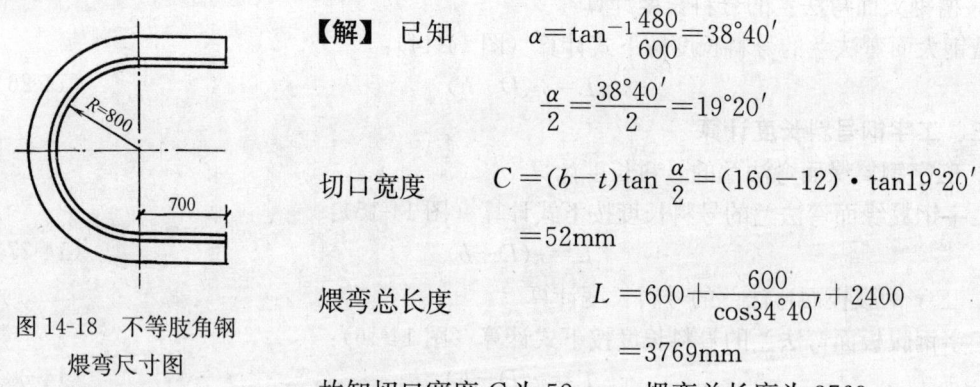

图 14-18 不等肢角钢煨弯尺寸图

【解】 已知
$$\alpha=\tan^{-1}\frac{480}{600}=38°40'$$
$$\frac{\alpha}{2}=\frac{38°40'}{2}=19°20'$$

切口宽度
$$C=(b-t)\tan\frac{\alpha}{2}=(160-12)\cdot\tan19°20'$$
$$=52\text{mm}$$

煨弯总长度
$$L=600+\frac{600}{\cos34°40'}+2400$$
$$=3769\text{mm}$$

故知切口宽度 C 为 52mm，煨弯总长度为 3769mm。

【例 14-9】 ∟75×50×5mm 角钢拟弯成如图 14-18 所示形状，圆弧半径 $R=800\text{mm}$ 的零件，试计算其两个面煨圆长度。

【解】 角钢煨圆时中心层移位系数查表 14-6 得，煨 75 边方向，$n=6.5$；煨 50 边方向，$n=4.0$。

角钢煨圆 75 边总长度由式（14-22）得：
$$L=A+\frac{\alpha}{180}(\pi R+K't)$$
$$=700\times2+\frac{180}{180}(3.14\times800+6.5\times5)$$
$$=3945\text{mm}$$

同样，角钢煨圆 50 边总长度为：
$$L=700\times2+(3.14\times800+4.0\times5)$$
$$=2932\text{mm}$$

故角钢煨圆，长肢边方向和短肢边方向总长度分别为：3945mm 和 2932mm。

【例 14-10】 槽钢外弧内直角弯曲件在图 14-12 中尺寸为：$A=600\text{mm}$，$B=600\text{mm}$，

$h=125$mm，$t=8$mm，试计算其号料长度。

【解】 由式（14-23）得：

$$L=A+B-2h+\frac{\pi}{2}\left(h-\frac{t}{2}\right)$$
$$=600+600-2\times125+\frac{3.14}{2}\left(125-\frac{8}{2}\right)$$
$$=1140\text{mm}$$

故知，槽钢外弧内直角弯曲件的号料长度为1140mm。

14.3 卷板机弯曲钢板曲率半径计算

一、三辊卷板机弯曲钢板曲率半径计算

三辊卷板机弯曲钢板时曲率半径可按下式计算（图14-19a）：

$$R=\frac{(r_2+t)^2-(h-r_1)^2-a^2}{2[h-(r_1+r_2+t)]} \tag{14-29}$$

$$h=\sqrt{(R+t+r_2)^2-a^2}-(R-r_1) \tag{14-30}$$

式中　R——卷圆板料的弯曲半径；
　　　h——上辊与侧辊的中心高度距离；
　　　r_1——上辊半径；
　　　r_2——侧辊半径；
　　　a——两侧辊中心距离之半；
　　　t——板料的厚度。

二、四辊卷板机弯曲钢板曲率半径计算

四辊卷板机弯曲钢板时曲率半径可按下式计算（图14-19b）：

$$R=\frac{r_2^2-(r_1-h)^2-a^2}{2(r_1-r_2-h)} \tag{14-31}$$

$$h=r_1-R'-\sqrt{(r_1+R')^2-a^2} \tag{14-32}$$

$$R'=R+t$$

式中　h——下辊与侧辊的中心高度距离；
　　　r_1——下辊半径；
　　　r_2——侧辊半径；
　　　其他符号意义同上。

以上所能卷弯的最小直径约为上辊直径的1.1～1.2倍。

图14-19 卷板机弯曲钢板曲率半径计算简图
(a) 三辊卷板机；(b) 四辊卷板机

【例14-11】 现有一钢板厚$t=20$mm，拟利用三辊卷板机卷弯半径$R=5840$mm的圆筒，三辊卷板机的上辊$r_1=800$mm，侧辊$r_2=400$mm，两侧辊之间距离之半$a=500$mm，试求上辊与侧辊之间的中心高度h。

【解】 根据题意知$r_1=800$mm，$r_2=400$mm，$a=500$m，$t=20$mm，$R=5840$mm，代入公式（14-30）

$$h = \sqrt{(R+t+r_2)^2 - a^2} - (R-r_1)$$
$$= \sqrt{(5840+20+400)^2 - 500^2} - (5840-800) = 1200\text{mm}$$

故知,上辊与侧辊之间的中心高度为1200mm。

14.4 钢结构零件加工计算

14.4.1 冲剪下料冲剪力计算

冲剪下料一般用机械进行,其剪切力可按下式计算(图14-20):

直剪刀剪断时 $\qquad P = 1.4 F f_t \qquad (14-33)$

斜剪刀剪断时 $\qquad P = 0.55 t^2 f_t / \tan\beta \qquad (14-34)$

式中 P——剪切力(N);
  F——切断材料的截面积(mm^2);
  f_t——钢材抗拉强度(N/mm^2)(因考虑到材料的厚度不均、刃口变钝等因素,故不用抗剪强度,而用抗拉强度);
  t——切断材料的厚度(mm);
  β——剪刀倾斜角,对于短剪刀取$\beta=10°\sim20°$;对于长剪刀取$\beta=5°\sim6°$为宜。

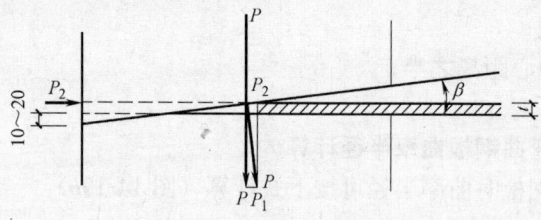

图14-20 剪切力计算简图

【例14-12】 用冲剪机剪切厚6mm、宽1400mm钢板,已知$f_t=460\text{N/mm}^2$,$\beta=6°$,试求用直剪刀和倾角为6°的斜剪刀剪断时的剪切力。

【解】 (1)直剪刀剪断时的剪切力由式(14-33)得:
$$P = 1.4 F f_t = 1.4 \times 6 \times 1400 \times 460$$
$$= 54.1 \times 10^5 \text{N} \approx 5410 \text{kN}$$

(2)斜剪刀剪断时的剪切力由式(14-34)得:
$$P = 0.55 t^2 f_t / \tan\beta = 0.55 \times 6^2 \times 460 / \tan 6°$$
$$= 86660 \text{N} \approx 86.7 \text{kN}$$

14.4.2 零件压弯弯曲力计算

一、压弯料长度计算

压弯料长度计算参见14.2.1节~14.2.3节有关部分。

二、压弯弯曲力计算

压弯时的弯曲力随压弯方法和压弯性质而不同,其弯曲力计算见表14-8。

14.4 钢结构零件加工计算

弯曲力计算　　　　表 14-8

项次	压弯方法	压弯性质	压弯力	
1		纯压弯 矫正	$P=P_1$ $P=P_1+P_2$	(14-35) (14-36)
2		压料不矫正 压料矫正	$P=P_1+Q$ $P=P_1+P_2+Q$	(14-37) (14-38)

最大压弯力 P_1(N) 按下式计算：

$$P_1=\frac{bt^2 f_t}{R+t} \tag{14-39}$$

矫正力 P_2(N) 按下式计算：

$$P_2=Fq \tag{14-40}$$

最大压料力 Q(N) 按下式计算：

$$Q=0.81P_1 \tag{14-41}$$

或

$$Q=0.25\%(P_1+P_2) \tag{14-42}$$

式中　P——总压弯力（N）；
　　　b——料宽（mm）；
　　　t——料厚（mm）；
　　　f_t——抗拉强度（N/mm²）；
　　　R——内压弯半径（mm）；
　　　F——凸模矫正面积（mm）；
　　　q——单位矫正压力（N/mm²）。

【例 14-13】 压弯钢板，条件为钢板厚 8mm、宽为 1400mm、$R=40$mm，钢材抗拉强度 $f_t=460$N/mm²，试求其最大压弯力。

【解】 最大压弯力由式（14-39）得：

$$P_1=\frac{bt^2 f_t}{R+t}=\frac{1400\times 8^2\times 460}{40+8}$$
$$=858667\text{N}\approx 859\text{kN}$$

14.4.3 冲孔冲裁力计算

钢结构制作中，冲孔一般仅用于冲制非圆孔和薄板孔，圆孔多采用钻孔。

冲孔的冲裁力一般按下式计算：

$$P=S \cdot t \cdot f_t \tag{14-43}$$

式中　P——冲孔冲裁力（N）；
　　　S——落料周长（mm）；

t——材料的厚度（mm）；

f_t——材料抗拉强度（N/mm²）（因考虑到材料厚度不均、刃口变钝等因素，故不用抗剪强度而用抗拉强度），一般 Q215 钢，取 $f_t=410$N/mm²；Q235 钢，$f_t=460$N/mm²；Q295 钢，$f_t=570$N/mm²，Q345 钢，$f_t=630$N/mm²。

为减小冲裁力，常把冲头作成对称的斜度或弧形，当斜度 $\alpha=6°$ 时，冲裁力：$P_1\approx0.5P$。

【例 14-14】 Q235 钢板厚 12mm，拟用斜度 6° 的冲头冲直径 20mm 孔，试求其冲裁力。

【解】 冲孔冲裁力由式（14-43）得：
$$P=0.5S \cdot t \cdot f_t=0.5\times3.14\times20\times12\times460$$
$$=173328\text{N}\approx173\text{kN}$$

故知，冲孔冲裁力为 173kN。

14.4.4 钢结构弯曲火焰矫正收缩应力计算

用火焰矫正钢结构零件，其收缩应力按下式计算：
$$\sigma_0 = E \cdot \alpha \cdot T \tag{14-44}$$

火焰烤红宽度按下式计算：
$$\Delta = \frac{\varepsilon}{\alpha \cdot T} \tag{14-45}$$

式中 σ_0——火焰矫正收缩应力（N/mm²）；

E——钢材的弹性模量，取 2.1×10^5N/mm²；

α——钢材的收缩率，取 1.48×10^{-6}/℃；

T——加热温度，一般为 700～800℃；

Δ——火焰矫正烤红宽度（mm）；

ε——边缘应变量（mm）。

【例 14-15】 一钢板零件，宽 250mm、长 4800mm、厚 10mm，弯曲情况如图 14-21 所示，拟用火焰矫正，试求其烘烤宽度和产生的收缩应力。

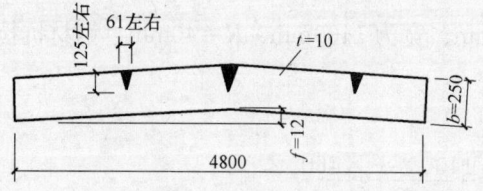

图 14-21 火焰矫正钢板示意

【解】 如在中央部位烤一处，其边缘应变量应为：
$$\varepsilon=\frac{12\times250}{4800}=0.63\text{mm}$$

如烤红区为 $\frac{1}{2}b\sim\frac{2}{3}b$，则变形量应增加一倍左右，达 1.26mm，取加热温度为 700℃，则需烤红宽度为：
$$\Delta=\frac{\varepsilon}{\alpha \cdot T}=\frac{1.26}{1.48\times10^{-6}\times700}=122\text{mm}$$

考虑在中央和在四分点处烘烤（共烤三点），两侧点外伸长度为 $l/4$，两处折合算一处，因此每处的烘烤宽度为 61mm 左右。

如烘烤加热时气温为 30℃，则加热后矫正收缩应力为：

$$\sigma = E \cdot \alpha \cdot T = 2.1 \times 10^5 \times 1.48 \times 10^{-6} \times (700-30) = 208 \text{N/mm}^2$$

14.5 钢结构焊接连接计算

钢结构构件制作安装中，常用的焊接形式有两种：一种是对接焊缝连接；一种是角焊缝连接。前者用于连接同一平面内的两块钢板或两根型钢；后一种是用来连接相互搭接的零件。在焊接结构中角焊缝连接应用最多。

在钢结构制作和安装中，对焊缝的形式、焊缝尺寸要求，设计和规范都有较明确的规定，但在某些情况下，材料长度不够，需要施工单位根据具体情况按等强的原则进行连接计算或核算，以下简介基本计算方法。

一、对接焊接连接计算

在对接接头中，当焊缝长度 l_w 与钢板宽度 l 相等时（钢板为矩形），焊缝与作用力（轴心拉力或轴心压力）垂直，焊缝的强度可按以下两式验算：

$$N_t \leqslant l_w t f_t^w \tag{14-46}$$

$$N_c \leqslant l_w t f_c^w \tag{14-47}$$

式中　N_t、N_c——轴心拉力或轴心压力设计值；

　　　l_w——焊缝长度，当采用引弧板施焊时，取焊缝实际长度；当未采用引弧板施焊时，每条焊缝取实际长度减去 10mm；

　　　t——在对接连接中为连接件的较小厚度，不考虑焊缝的余高部分，在 T 形连接中为腹板的厚度；

　　　f_t^w、f_c^w——对接焊缝的抗拉、抗压强度设计值。

但是，由于一般用手工焊接而采用普通检查时，焊缝的抗拉强度设计值比基本金属的抗拉设计值要低 15%，因此为使焊缝与焊件等强，一般宜采用斜焊缝对接，使 l_w 比 l 长 15%，如图 14-22 所示，使 $\sin\alpha \approx 0.85$，即 $\alpha \approx 58°$，$\tan\alpha \approx 1.6$，取整数为 1.5。于是：如承受轴心拉力的焊件，如采用斜焊缝对接，焊缝与作用力间的夹角 α 符合 $\tan\alpha \leqslant 1.5$，则可不必进行强度验算。

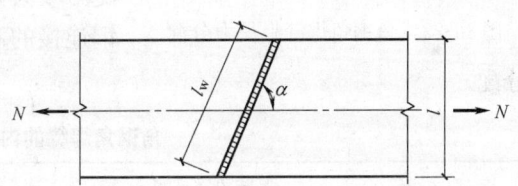

图 14-22　钢板的斜焊缝对接
l_w—斜焊缝长；l—直焊缝长

至于承受轴心压力的焊件，则可以不必采用斜焊缝。

二、角焊缝连接计算

一般采用直角焊缝，由于它的抗剪能力较强，其抗剪强度设计值较对接焊缝取值较高，且角焊缝受剪力情况居多，故不分受力种类，抗拉、抗压、抗剪的强度设计值均采用同一标准，因此焊缝强度可按下列公式计算：

1. 在通过焊缝形心的拉力、压力或剪力作用下：

当力垂直于焊缝长度方向时：

$$\sigma_f = \frac{N}{h_e l_w} \leqslant \beta_f f_t^w \tag{14-48}$$

当力平行于焊缝长度时：

$$\tau_f = \frac{N}{h_e l_w} \leqslant f_t^w \tag{14-49}$$

2. 在其他力或各种力综合作用下，σ_f 和 τ_f 共同作用处：

$$\sqrt{\left(\frac{\sigma_f}{\beta_f}\right)^2 + \tau_f^2} \leqslant f_t^w \tag{14-50}$$

式中　σ_f——按焊缝有效截面（$h_e l_w$）计算，垂直于焊缝长度方向的应力；

　　　τ_f——按焊缝有效截面计算，沿焊缝长度方向的剪应力；

　　　h_e——角焊缝的有效厚度，对直角焊缝等于 $0.7 h_f$；

　　　h_f——为较小焊接尺寸；

　　　l_w——角焊缝的计算长度，对每条焊缝取其实际长度减去 10mm，或 $2h_f$；

　　　N——通过焊缝形心的拉力、压力或剪力设计值；

　　　f_t^w——角焊缝的强度设计值；

　　　β_f——正面角焊缝的强度设计值增大系数，对承受静力荷载和间接承受动力荷载的结构，$\beta_f = 1.22$；对直接承受动力荷载的结构，$\beta_f = 1.0$。

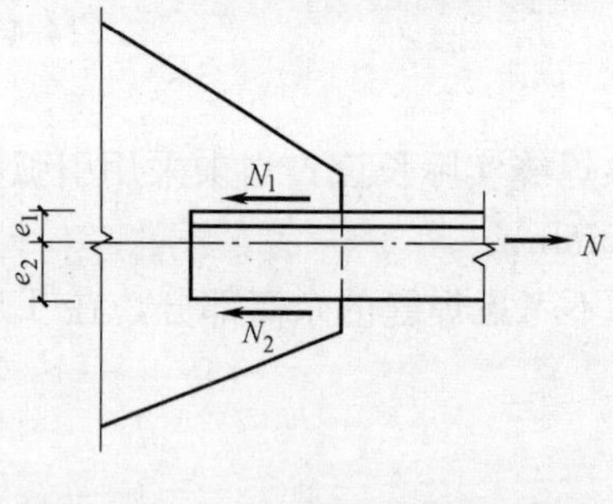

对两角钢与节点板用侧面角焊缝连接，轴心力通过角钢截面的形心。但由于形心距角钢肢背和肢尖的距离 e_1 和 e_2 不等（图 14-23）。计算时应使角钢上的焊缝所受 N_1 和 N_2 的合力也通过角钢截面的形心，以免产生偏心作用。因而要求距形心近的肢背处焊缝受力较大，距形心远的肢尖处焊缝受力较小，针对角钢连接的不同情况，肢背和肢尖焊缝受力可按表 14-9 分配。

图 14-23　角钢角焊缝上受力分配

角钢角焊缝的内力分配系数　　　　　　　　表 14-9

连接情况		等肢角钢连接	不等肢角钢短肢连接	不等肢角钢长肢连接
连接形式		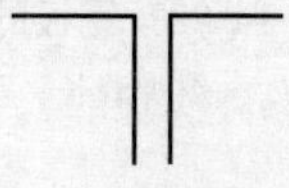	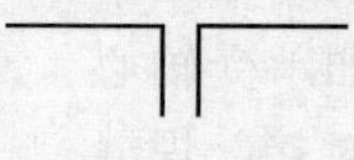	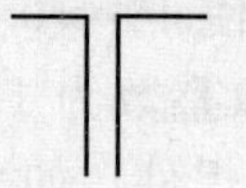
分配系数	肢背 k_1	0.7	0.75	0.65
	肢尖 k_2	0.3	0.25	0.35

【例 14-16】 已知两块钢板的拼接采用对接焊缝，连接处受轴心拉力 525kN，钢板截面为 12mm×240mm，钢材为 Q235 钢，采用手工焊，焊条用 E43 系列型，焊缝为普通三级质量，试进行焊缝强度验算。

【解】 两块钢板的拼接可用对接焊缝，也可用两块盖板藉角焊缝拼接。

(1) 采用有引弧板的对接焊缝拼接（图 14-24）

从附录二附表 2-46 查得对接焊缝的抗拉设计强度 $f_t^w = 185\text{N}/\text{mm}^2$

对接焊缝强度由式（14-46）得：

14.5 钢结构焊接连接计算

$$\sigma = \frac{N}{l_w t} = \frac{525 \times 10^3}{240 \times 12} = 183 < 185 \text{N/mm}^2,\ 可。$$

（2）采用两块盖板的角焊缝拼接（图 14-25a）

根据盖板与拼接板强度相等的原则，盖板钢材亦用 Q235 钢，两块盖板截面积之和应不小于拼接板截面面积。考虑要在盖板边缘施焊，取盖板宽度为 200mm，故盖板的厚度为：

$$t = \frac{240 \times 12}{200 \times 2} = 7.2 \text{mm} \qquad 取\ 8\text{mm}$$

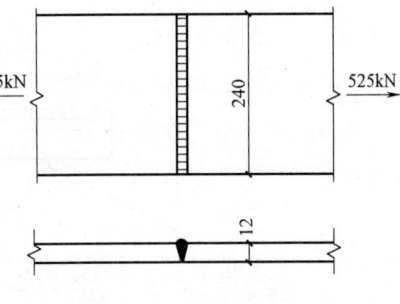

图 14-24　钢板对接尺寸

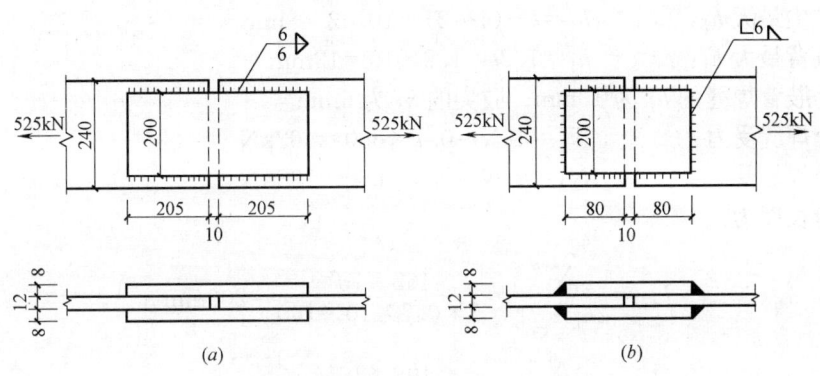

图 14-25　两块盖板的角焊缝对接
(a) 两侧面设焊缝对接；(b) 两侧面及端头设焊缝对接

当仅在侧面设角焊缝时（图 14-25a），取 $h_f = 6$mm，角钢焊缝的设计强度 $f_f^w = 160$N/mm²，则

所需每条角焊缝的长度为：

$$l_w = \frac{N}{4 \times 0.7 h_f f_f^w} + 10 = \frac{525 \times 10^3}{4 \times 0.7 \times 6 \times 160} + 10 = 205 \text{mm}$$

故盖板长度为：$L = 205 \times 2 + 10 = 420$mm

当采用三边围焊时（图 14-25b），取 $h_f = 6$mm，正面角焊缝可承力：

$$N' = 2 \times 0.7 \times 6 \times 200 \times 1.22 \times 160 \frac{1}{10^3} = 328 \text{kN}$$

故侧面角焊缝承力　　$N - N' = 525 - 328 = 197$kN

两侧面每条角焊缝需要长度为：

$$l_w = \frac{197 \times 10^3}{4 \times 0.7 \times 6 \times 160} + 5 = 78.3 \text{mm} \qquad 取\ 80\text{mm}$$

故盖板长度为：　　　　$L = 80 \times 2 + 10 = 170$mm

【例 14-17】 设两角钢 2L100×10 与节点板连接，如图 14-26 所示。角钢承受的轴心力 $N = 660$kN，节点板厚 $t = 12$mm，钢材为 Q235 钢，用手工焊接，采用焊条为 E43 系列型，试求所需角焊缝的焊脚尺寸 h_f 和需要焊缝的实际长度。

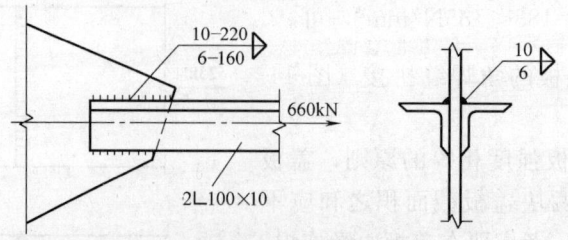

图 14-26 角钢与节点板连接焊接

【解】 由附录二附表 2-46，查得角焊缝的设计强度 $f_f^w = 160\text{N}/\text{mm}^2$

最小焊脚边 h_f：　　　　　$h_f = 1.5\sqrt{t} = 1.5\sqrt{12} = 5.2\text{mm}$
角钢肢尖最大 h_f：　　　　$h_f = t - (1\sim2) = 10 - 2 = 8\text{mm}$
角钢肢背最大 h_f：　　　　$h_f = 1.2t = 1.2 \times 10 = 12\text{mm}$
取角钢肢背焊缝的 h_f 为 10mm；肢尖的 h_f 为 6mm
肢背处焊缝受力：　　　　$N_1 = k_1 N = 0.7 \times 660 = 462\text{kN}$
肢尖处焊缝受力：　　　　$N_2 = k_2 N = 0.3 \times 660 = 198\text{kN}$
故焊缝长度为：

$$l_{w1} = \frac{N_1}{2h_e \cdot f_f^w} = \frac{462 \times 10^3}{2 \times 0.7 \times 10 \times 160} = 206\text{mm}$$

$$l_{w2} = \frac{N_2}{2h_e \cdot f_f^w} = \frac{198 \times 10^3}{2 \times 0.7 \times 6 \times 160} = 147\text{mm}$$

故需要焊缝的实际长度：
肢背　　$L_1 = 206 + 10 = 216\text{mm}$　　　取 220mm
肢尖　　$L_2 = 147 + 10 = 157\text{mm}$　　　取 160mm

14.6　钢结构焊接连接板长度计算

钢结构焊接连接板长度可按下列公式计算：
一、等肢角钢、工字钢、槽钢的翼缘和腹板的连接板长度计算

$$L = 2.02 \frac{A}{h_f} + \delta + 4 \tag{14-51}$$

式中　L——连接板长度（cm）；
　　　A——等肢角钢截面积（cm²）；工字钢、槽钢一块翼缘的截面面积（cm²）；工字钢、槽钢腹杆截面积的一半（cm²）；
　　　h_f——焊缝高度（cm）；
　　　δ——间隙（cm）。
二、不等肢角钢的连接板长度（考虑偏心影响）计算

$$L = 2.22 \frac{A}{h_f} + \delta + 4 \tag{14-52}$$

式中符号意义同前。

式（14-51）、式（14-52）均为按轴向力等强考虑的。

常用标准接头连接板形式和长度及有关参数分别见表14-10～表14-13。

等肢角钢的标准接头 表14-10

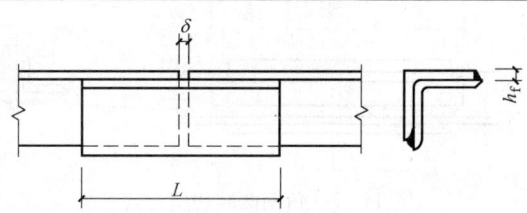

角钢型号	连接角钢长度 L(mm)	间隙 δ(mm)	焊缝高 h_f(mm)	角钢型号	连接角钢长度 L(mm)	间隙 δ(mm)	焊缝高 h_f(mm)
20×4	130	5	3.5	75×7	400	10	6
25×4	155	5	3.5	80×8	460	12	7
30×4	180	5	3.5	90×8	460	12	7
35×4	205	5	3.5	100×10	490	12	9
40×4	225	5	3.5	110×10	540	12	9
45×4	240	5	3.5	125×12	640	14	10
50×5	250	5	4.5	140×14	690	14	12
56×5	300	10	4.5	160×14	790	14	12
63×6	350	10	5	180×16	860	14	14
70×7	370	10	6	200×20	840	20	18

注：1. 当角钢肢宽大于125mm时，考虑角钢受力均匀，对受拉杆件要求其两肢按图14-26方式切斜，两角钢间加设垫板，以减少截面的削弱，受压构件可不切斜，在节点板处可不设垫板。
2. 连接角钢的背与被连接角钢相贴合处应切削成弧形。
3. 表中连接板长度均按轴向力等强考虑，以下表均同。

不等肢角钢的标准接头 表14-11

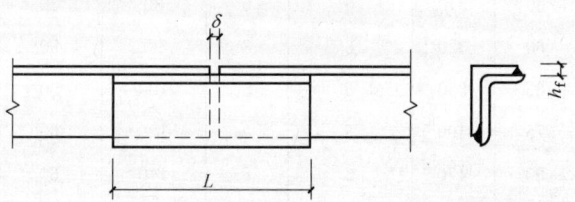

角钢型号	连接角钢长度 L(mm)	间隙 δ(mm)	焊缝高 h_f(mm)	角钢型号	连接角钢长度 L(mm)	间隙 δ(mm)	焊缝高 h_f(mm)
25×6×4	140	5	3.5	90×56×6	440	10	5
32×20×4	170	5	3.5	100×63×8	450	10	7
40×25×4	205	5	3.5	100×80×8	460	12	7
45×28×4	235	5	3.5	100×90×8	460	12	7
50×32×4	250	5	3.5	125×80×10	540	12	9
56×36×4	275	5	3.5	140×90×12	590	12	11
63×40×5	300	8	4.5	160×100×14	700	12	12
70×45×5	340	10	4.5	180×100×14	780	14	12
75×50×5	370	10	4.5	200×125×16	850	14	14
80×50×6	390	10	5.0				

注：肢宽大于125mm的角钢，受拉杆件应于肢部切斜方法见表14-10等肢角钢注。

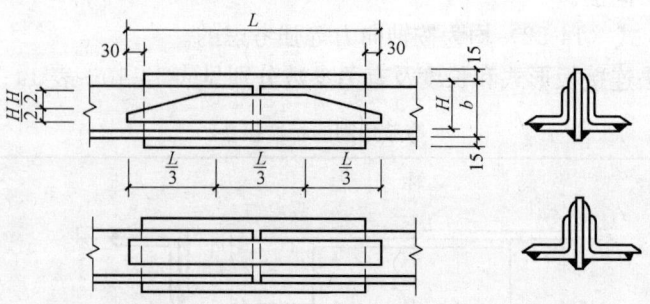

图 14-27 角钢两肢切斜方式

工字钢标准接头　　　　　　　　　　　　　　表 14-12

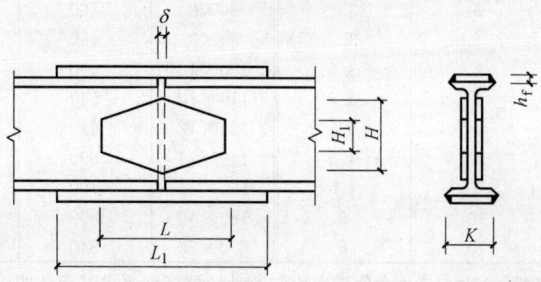

截面型号	水平盖板(mm)				垂直盖板(mm)				
	盖板厚 h	宽度 K	长度 L_1	焊缝高 h_f	厚度	宽度 H	宽度 H_1	长度 L	焊缝高 h_f
10	10	55	260	5	6	60	40	120	5
12.6(12)	12	60	310	5	6	80	40	150	5
14	14	60	320	6	8	90	50	160	6
16	14	65	350	6	8	100	50	190	6
18	14	75	400	6	8	120	60	220	6
20a	16	80	470	6	8	140	60	260	6
22a	16	90	520	6	8	160	70	290	6
25a(24a)	16	95	470	8	10	180	80	290	8
28a(27a)	18	100	480	8	10	200	90	300	8
32a	18	110	570	8	10	250	110	410	8
36a	20	110	500	10	12	270	120	360	10
40a	22	110	540	10	12	300	130	440	10
45a	24	120	600	10	12	350	150	540	10
50a	30	125	620	12	14	380	170	480	12
56a	30	125	630	12	14	480	180	590	12
63a	30	135	710	12	14	480	200	660	12

槽钢标准接头　　　　　　　　　　　　　　　　　　表 14-13

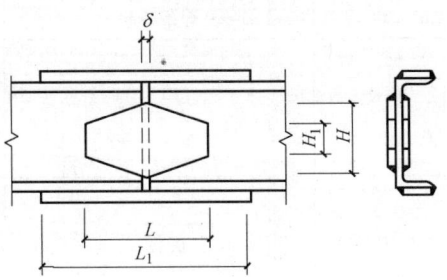

截面型号	水平盖板(mm)				垂直盖板(mm)				
	盖板厚 h	宽度 K	长度 L_1	焊缝高 h_f	厚度	宽度 H	宽度 H_1	长度 L	焊缝高 h_f
10	12	35	180	6	6	60	40	130	5
12.6(12)	12	40	210	6	6	80	40	160	5
14a	12	45	230	6	8	90	50	160	6
16a	14	50	270	6	8	100	50	200	6
18a	14	55	230	8	8	120	60	230	6
20a	14	60	250	8	8	140	60	250	6
22a	14	65	260	8	8	160	70	280	6
25a(24)	16	65	280	8	8	180	80	300	6
28a(27)	16	70	340	8	8	200	90	300	6
32a(30)	18	70	360	8	10	250	110	350	8
36a	20	75	360	10	10	270	120	410	8
40a	24	80	420	10	10	300	130	430	10

【例 14-18】 钢桁架等肢角钢规格为∟125×12mm，按轴向力等强考虑，试计算需用连接角钢长度。

【解】 由题意知角钢截面积 $A=28.912\text{cm}^2$，设两角钢接头间 $\delta=1.4\text{mm}$，接头板焊缝高度 $h_f=1.0\text{cm}$

连接角钢长度由式（14-51）得：

$$L=2.02\frac{A}{h_f}+\delta+4=2.02\times\frac{28.912}{1.0}+1.4+4$$

$$=63.8\text{cm} \quad 取\ 640\text{mm}$$

故知，需连接角钢长度为 640mm。

14.7　钢结构不同焊缝焊条用量计算

钢结构不同形状焊缝所需焊条用量可按表 14-14 进行计算。已知焊缝形状、高度及焊缝长度，即可直接查表求得该种焊缝单位长度所需用焊条重量，乘以焊缝长度，即为求得所需用焊条总重量。

焊条用量参考表　　　　　表 14-14

项次	5kg 焊条能焊成焊缝长度(m)	1m 长焊缝需用焊条(kg)	焊缝截面形状
1	11.521	0.434	角焊缝 6
2	6.863	0.727	角焊缝 8
3	4.562	1.096	角焊缝 10
4	3.255	1.536	角焊缝 12
5	2.445	2.045	角焊缝 14
6	1.902	2.629	角焊缝 16
7	7.874	0.635	60°对接 6
8	6.203	0.961	60°对接 8
9	3.671	1.302	60°对接 10
10	2.703	1.850	60°对接 12

14.7 钢结构不同焊缝焊条用量计算

续表

项次	5kg焊条能焊成焊缝长度(m)	1m长焊缝需用焊条(kg)	焊缝截面形状
11	2.076	2.400	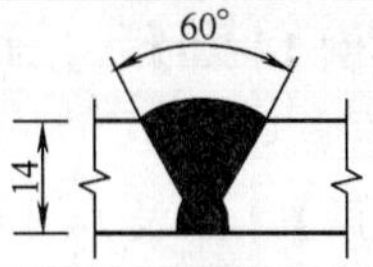 60°, 14
12	3.918	1.276	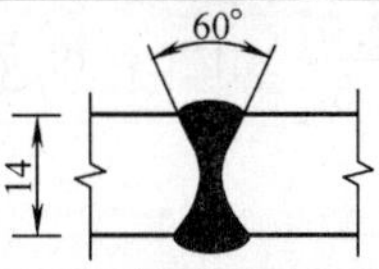 60°, 14
13	1.660	3.012	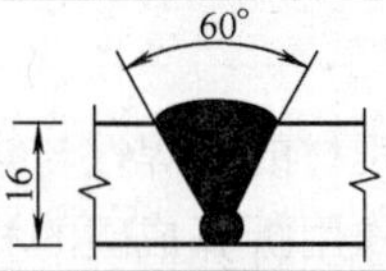 60°, 16
14	3.100	1.610	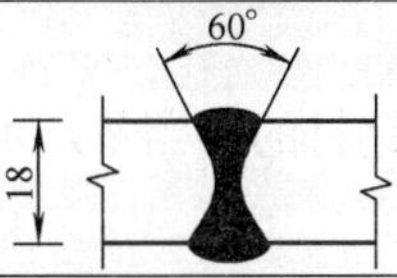 60°, 18
15	2.070	2.415	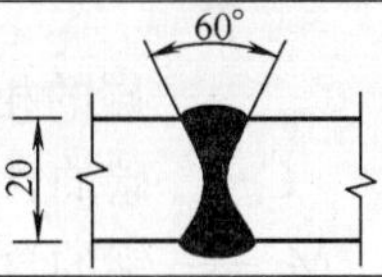 60°, 20
16	1.745	2.866	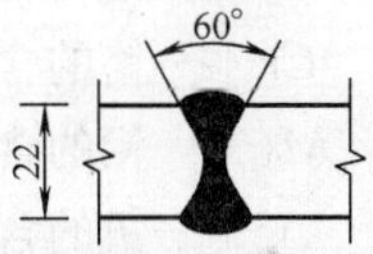 60°, 22
17	1.481	3.377	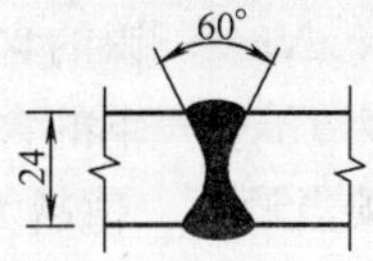 60°, 24
18	1.372	3.644	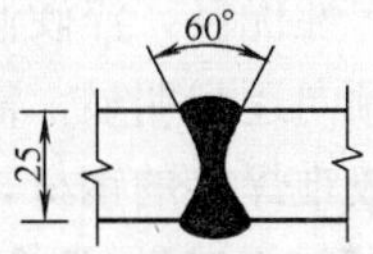 60°, 25
19	0.976	5.122	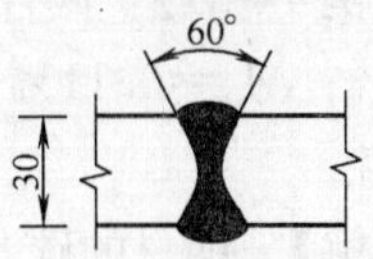 60°, 30
20	0.563	8.887	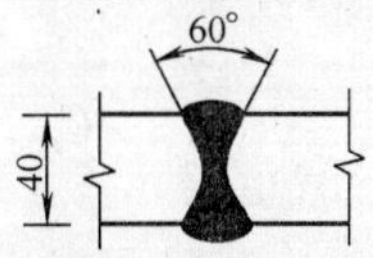 60°, 40
21	0.379	13.482	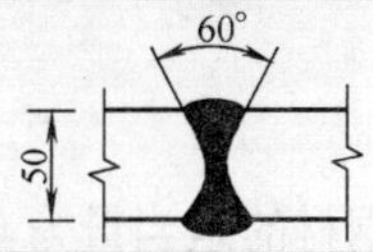 60°, 50

【例 14-19】 已知角焊缝形状如表 14-14 项次 8，焊缝长 42m，试计算焊条需用量。

【解】 由表 14-14 项次 8 知 1m 长焊缝需用焊条 0.961kg，则 42m 长焊缝的焊条需用量为：$42 \times 0.961 = 40.4$kg。

【例 14-20】 工地现有焊条 120kg，问能焊如表 14-14 项次 15 形状焊缝的焊缝长度多少。

【解】 由表 14-14 项次 15 知每 5kg 焊条能焊 2.07m，则 120kg 焊条能焊焊缝长度约为：$\frac{2.07}{5} \times 120 = 49.7$m。

14.8　钢材的含碳当量计算

钢材的可焊性与含碳量有关，在钢材可焊性评价中，常把钢中合金元素（包括碳），按其作用折算成碳的相当含量（以碳的作用系数为 1），作为评定钢材可焊性的一种参考指标。

钢材的碳当量，可按下式计算：

$$C_{egu} = C + \frac{M_n}{6} + \frac{Cr + M_0 + V}{5} + \frac{Ni + Cu}{15} \tag{14-53}$$

式中　C_{egu}——碳的相当含量（%）；
　　　C——碳的含量（%）；
　　　M_n——锰的含量（%）；
　　　Cr——铬的含量（%）；
　　　M_0——钼的含量（%）；
　　　V——钒的含量（%）；
　　　Ni——镍的含量（%）；
　　　Cu——铜的含量（%）。

碳当量 C_{egu} 值越大，钢材淬硬倾向越大，冷裂敏感性也越大。当 $C_{egu} < 0.4\%$ 时，钢材可焊性优良，淬硬倾向不明显，焊接时不必预热；当 $C_{egu} = 0.4\% \sim 0.6\%$ 时，钢材的淬硬性倾向逐步明显，需采取适当预热和控制线能量等措施；当 $C_{egu} > 0.6$ 时，淬硬性强，属于较难焊接的钢材，需采取较高的预热温度和严格的工艺措施。

【例 14-21】 低合金结构钢材的化学成分经化验为：$C = 0.2\%$，$M_n = 0.85\%$，$Cr = 0.09\%$；$M_0 = 0.11\%$，$V = 0.015\%$，$Ni = 0.07\%$，$Cu = 0.065\%$，试求碳当量并评价其可焊性。

【解】 钢材的碳当量由式（14-53）得：

$$\begin{aligned}
C_{egu} &= C + \frac{M_n}{6} + \frac{Cr + M_0 + V}{5} + \frac{Ni + Cu}{15} \\
&= \left(0.2 + \frac{0.85}{6} + \frac{0.09 + 0.11 + 0.015}{5} + \frac{0.07 + 0.065}{15}\right)\% \\
&= 0.394\%
\end{aligned}$$

钢材的碳当量为 0.394%，小于 0.4%，故知可焊性优良。

14.9 高强度螺栓需用长度计算

扭剪型高强螺栓的长度为螺头下支承面至螺尾切口处的长度；对高强度大六角头螺栓应再加一个垫圈的厚度，如图 14-28 所示。

高强度螺栓长度一般计算式如下：

$$l = l' + \Delta l \tag{14-54}$$

其中

$$\Delta l = m + ns + 3p \tag{14-55}$$

式中　l——高强螺栓的长度（m）；

l'——连接板层（板束）总厚度（mm）；

Δl——附加长度，即紧固长度加长值（mm）；

m——高强度螺母公称厚度（mm）；

n——垫圈个数，扭剪型高强度螺栓为1，大六角头高强度螺栓为2；

s——高强度垫圈公称厚度（mm）；

p——螺纹的螺距（mm），见表 14-15。

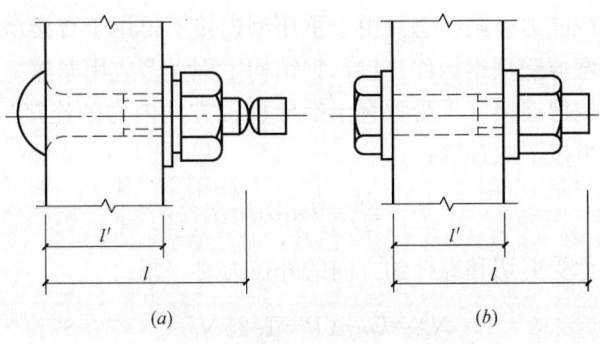

图 14-28　高强螺栓长度计算简图
(a) 扭剪型高强螺栓；(b) 高强度大六角头螺栓
l'—板层（板束）厚度；l—螺栓长度

高强度螺栓螺纹的螺距　　　　　　　表 14-15

螺栓公称直径	M12	M16	M20	M22	M24	M27	M30
螺距(mm)	1.75	2.0	2.5	2.5	3.0	3.0	3.5

高强螺栓的紧固长度加长值＝螺栓长度－板层厚度。一般按连接板厚加表 14-16 增加长度并取 5mm 的整倍数。

高强螺栓紧固长度加长值　　　　　　　表 14-16

螺栓公称直径(mm)	扭剪型高强螺栓(mm)	高强度大六角头螺栓(mm)
M16	25 以上	30 以上
M20	30 以上	35 以上
M22	35 以上	40 以上
M24	40 以上	45 以上

【例 14-22】 梁腹板拼接,板层厚度为 42mm,采用 M20 高强度大六角头螺栓连接,螺母厚 $m=20.7$mm,垫圈厚 $S=4.3$mm,螺纹的螺距 $p=2.5$mm,试计算需要螺栓长度。

【解】 因采用高强度大六角头螺栓,$n=2$,螺栓长度由式(14-54)得:

$$l = l' + m + ns + 3p$$
$$= 42 + 20.7 + 2 \times 4.3 + 3 \times 2.5$$
$$= 78.8 \text{mm} \qquad 取 80\text{mm}$$

故知,需要螺栓长度为 80mm。

14.10 高强度螺栓施工参数计算

14.10.1 高强度螺栓受剪承载力计算

高强度螺栓连接分为摩擦型连接和承压型连接两种。前者在荷载设计值下,以连接件之间产生相对滑移作为承载能力极限状态;后者在荷载设计值下,则以螺栓或连接件达到最大承载能力作为承载能力极限状态。由于承压型连接不得用于直接承受动力和反复荷载作用的构件连接和冷弯薄壁型钢构件连接,钢结构工程大多应用摩擦型连接。

摩擦型连接中的抗剪连接(承受垂直于螺栓杆轴方向内力的连接),一个高强度螺栓的受剪承载力设计值可按下式计算:

$$N_y^b = k n_f \mu P \qquad (14\text{-}56)$$

摩擦型连接同时承受剪切和螺杆轴方向的外拉力时,则:

$$N_y^b = k n_f \mu (P - 1.25 N_t) \qquad (14\text{-}57)$$

式中 N_y^b——高强螺栓受剪承载力设计值;

k——系数,普通钢结构构件取 0.9;冷弯薄壁型钢构件取 0.8;

n_f——传力摩擦面数目;

μ——摩擦面的抗滑移系数,见表 14-17;

P——高强螺栓的预拉力,见表 14-18;

N_t——每个高强度螺栓在其杆轴方向的外拉力,其值不得大于 $0.8P$。

摩擦型连接在环境温度为 100~150℃时,其受剪设计承载力应降低 10%。

摩擦面抗滑移系数 μ 值 表 14-17

连接处构件摩擦面处理方法	构件钢号		
	Q235 钢	Q345 钢、Q390 钢	Q420 钢
喷砂	0.45	0.50	0.50
喷砂后涂无机富锌漆	0.35	0.40	0.40
喷砂后生赤锈	0.45	0.50	0.50
钢丝刷清除浮锈或未经处理的干净轧制表面	0.30	0.30	0.40

注:当连接构件采用不同钢号时,μ 值按较低值取用。

14.10 高强度螺栓施工参数计算

每个高强度螺栓的预拉力 P (kN)　　　　　　　　表 14-18

螺栓的性能等级	螺栓公称直径(mm)					
	M16	M20	M22	M24	M27	M30
8.8 级	80	125	150	175	230	280
10.9 级	100	155	190	225	290	355

【例 14-23】 设两块钢板截面 500mm×16mm，钢材用 Q235 钢，用两块 10mm 盖板连接，承受轴向拉力 1200kN，拟采用 8.8 级 M20 高强度大六角螺栓连接，钢板面用喷砂处理，试求一个高强螺栓的受剪承载力和需用高强螺栓数量。

【解】 由题意知 $n_f=2$，查表 14-17 和表 14-18 得，$\mu=0.45$，$P=125$kN，$K=0.9$。

按摩擦型计算，一个高强螺栓的受剪承载力由式（14-55）得：

$$N_y^b=0.9n_f\mu P=0.9\times2\times0.45\times125=101.3\text{kN}$$

连接边需要高螺栓数量 n 为：

$$n=\frac{N}{N_y^b}=\frac{1200}{101.3}=11.8\text{ 个}\qquad\text{用 12 个}$$

故知，连接二边其需要高强螺栓数量为 $2\times12=24$ 个。

14.10.2　高强度螺栓抗滑移系数计算

摩擦面的抗滑移系数 μ 的检验以钢结构制造批（单项工程每 2000t 为一批，不足者亦视作一批）为单位，由制造厂和安装单位分别进行，每批三组。在拉力试验机上进行，测出滑动荷载后，按下式计算 μ 值：

$$\mu=\frac{N}{nn_f\Sigma P_t} \qquad (14\text{-}58)$$

式中　N——滑动荷载；

　　　n——传递 N 的螺栓数目；

　　　n_f——传力摩擦面数，$n_f=2$；

　　　ΣP_t——与试件滑动荷载一侧对应的高强螺栓预应力（或紧固轴力）之和。

【例 14-24】 高强螺栓试件，钢板用 Q235 钢，连接摩擦面用喷砂处理，共装设 4 个 $\phi16$ 高强度大六角头高强螺栓，预拉力总和为 280kN，在拉力试验机上测出滑动荷载为 1010kN，试求摩擦面的抗滑移系数。

【解】 由题意知 $n=4$，$n_f=2$，$\Sigma P_t=280$kN，$N=1010$kN

抗滑移系数由式（14-57）得：

$$\mu=\frac{N}{nn_f\Sigma P_t}=\frac{1010}{4\times2\times280}=0.45$$

故知，抗滑移系数为 0.45。

14.10.3　高强度螺栓紧固轴力计算

系通过试验测定高强螺栓的紧固扭矩值，然后按下式计算导入螺栓中的紧固力：

$$P=\frac{M_K}{Kd} \tag{14-59}$$

式中 P——紧固轴力（kN）；
M_K——加于螺母上的紧固扭矩值（kN·m）；
K——扭矩系数；
d——螺栓公称直径（mm）。

常温下高强螺栓的紧固轴力应符合表 14-19 规定。

紧固轴力　　　　　　　　　　　　　表 14-19

螺栓公称直径(d)	紧固轴力平均值(kN)	螺栓公称直径(d)	紧固轴力平均值(kN)
M16	107.9～130.4	M22	207.9～251.1
M20	168.7～203.0	M24	242.2～292.2

【例 14-25】 钢柱腹板采用 M20 高强螺栓连接，通过试验测得其紧固扭矩为 480kN·m，试求其紧固轴力。

【解】 取平均扭矩系数 $K=0.13$
高强螺栓的紧固轴力由式（14-59）：

$$P=\frac{M_K}{Kd}=\frac{480}{0.13\times20}=184.6\text{kN} \quad 取 185\text{kN}$$

故知，导入高强螺栓中的紧固轴力为 185kN。

14.10.4　高强度螺栓扭矩及扭矩系数计算

高强螺栓须分两次（即初拧和终拧）进行拧紧，对于大型节点应分初拧、复拧和终拧三次进行。复拧扭矩应等于初拧扭矩。对高强度大六角头螺栓尚应在终拧后进行扭矩值检查。

一、初拧扭矩值计算

扭剪型高强螺栓的初拧扭矩值可按下式计算：

$$T_0=0.065P_c d \tag{14-60}$$

其中

$$P_c=P+\Delta P \tag{14-61}$$

式中 T_0——扭剪型高强螺栓的初拧扭矩（N·m）；
P_c——高强螺栓施工预拉力标准值（kN），见表 14-20；
d——高强螺栓公称直径（mm），即高强螺栓螺纹直径；
P——高强螺栓设计预拉力（kN），见表 14-21；
ΔP——预拉力损失值，一般取设计预拉力的 10%

高强度大六角头螺栓的初拧扭矩一般为终拧扭矩 T_c 的 50%。

二、终拧扭矩值计算

扭剪型高强螺栓的终拧，为采用专门扳手将尾部梅花头拧掉。
高强度大六角头螺栓的终拧扭矩，可按下式计算：

$$T_c = KP_c d \tag{14-62}$$

其中
$$P_c = P + \Delta P \tag{14-63}$$

式中 T_c——高强度大六角头螺栓的终拧扭矩（N·m）；

K——高强螺栓连接副的扭矩系数平均值（按出厂批复验连接副的扭矩系数，每批复验 8 套，8 套扭矩系数的平均值应在 0.110～0.150 范围之内，其标准差≤0.010），一般取 0.13；

P_c——高强螺栓施工预拉力标准值，可按表 14-20 取用；

其他符号意义同前。

高强度螺栓施工预拉力标准值（kN） 表 14-20

螺栓性能等级	螺栓公称直径(mm)						
	M12	M16	M20	(M22)	M24	(M27)	M30
8.8S	45	75	120	150	170	225	275
10.9S	60	110	170	210	250	320	390

注：括号中系已不常用的数据。

高强度螺栓设计预拉力（kN） 表 14-21

螺栓的性能等级	螺栓公称直径(mm)					
	M16	M20	M22	M24	M27	M30
8.8S	70	110	135	155	205	250
10.9S	100	155	190	225	290	355

三、扭矩系数计算

连接副扭矩系数的复验应将螺栓穿入轴力计，在测出螺栓预拉力 P(kN) 的同时，应测定施加于螺母上的施拧扭矩值 T(N·m)，并应按下式计算扭矩系数 K：

$$K = \frac{T}{P \cdot d} \tag{14-64}$$

螺栓预拉力应在表 14-22 范围内。

高强度螺栓预拉力 P 值范围（kN） 表 14-22

螺栓的性能等级	螺栓公称直径(mm)					
	M16	M20	M22	M24	M27	M30
8.8S	62～78	100～120	125～150	140～170	185～225	230～275
10.9S	93～113	142～177	175～215	206～250	265～324	325～390

每组 8 套连接副扭矩系数的平均值应为 0.110～0.150，标准偏差≤0.010。

四、检查扭矩值计算

高强度大六角头螺栓扭矩检查应在终拧 1h 以后，24h 以内完成。扭矩检查时，应将螺母退回 30°～50°，再拧至原位测定扭矩，该扭矩与检查扭矩的偏差应在检查扭矩的±10%以内，检查扭矩应按下式计算：

$$T_{ch} = KPd \tag{14-65}$$

式中 T_{ch}——检查扭矩（N·m）；

14 钢结构工程

其他符号意义同前。

【例 14-26】 钢柱采用 M20 高强螺栓连接,设计拉力 $P=170\text{kN}$,试求其紧固扭矩值。

【解】 M20 高强螺栓,取 $K=0.13$,预拉力损失值取 $\Delta P=10\%$,$P=170\times0.10=17.0\text{kN}$

高强螺栓的终拧扭矩值由式(14-61)得:

$$T_c = K(P+\Delta P)d$$
$$= 0.13(170+17)\times 20 = 486\text{kN}\cdot\text{mm}$$

高强螺栓初拧扭矩值取 50%,则:

$$T_0 = 0.5T_c = 0.5\times 486 = 243\text{kN}\cdot\text{mm}$$

14.11 钢桁架杆件长度及内力系数计算

在钢桁架制作中,常需计算杆件的长度,同时在杆件钢材代换中,常需知道杆件内力系数,以便进行轴向力等强度换算。

表 14-23 为最为常用的梯形钢桁架杆件及内力系数计算表,可供参考。

梯形钢桁架杆件长度及内力系数计算表 表 14-23

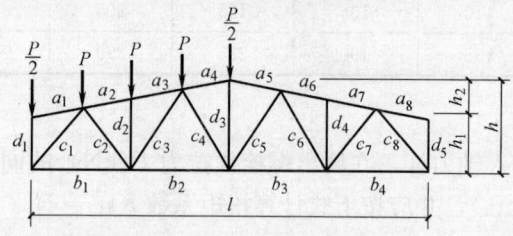

设:$m=\dfrac{l}{h}$;$n=\dfrac{l}{h_2}$;$N=\sqrt{n^2+4}$

$K_1 = \sqrt{m^2n^2+(8n-6m)^2}$;

$K_2 = \sqrt{m^2n^2+(8n-2m)^2}$;

杆件长度 = 表中系数 $\times h$

杆件内力 = 表中系数 $\times P$

杆件	长度系数	内力系数 上弦荷载 全跨屋面	内力系数 上弦荷载 半跨屋面	内力系数 下弦荷载 P_1	内力系数 下弦荷载 P_2
a_1、a_8	$\dfrac{Nm}{8n}$	0	0	0	0
a_2、a_3	$\dfrac{Nm}{8n}$	$-\dfrac{3mN}{2(2n-m)}$	$-\dfrac{mN}{2n-m}$	$-\dfrac{3mN}{8(2n-m)}$	$-\dfrac{mN}{4(2n-m)}$
a_4、a_5	$\dfrac{Nm}{8n}$	$-\dfrac{mN}{n}$	$-\dfrac{mN}{2n}$	$-\dfrac{mN}{8n}$	$-\dfrac{mN}{4n}$
a_6、a_7	$\dfrac{Nm}{8n}$	$-\dfrac{3mN}{2(2n-m)}$	$-\dfrac{mN}{2(2n-m)}$	$-\dfrac{mN}{8(2n-m)}$	$-\dfrac{mN}{4(2n-m)}$
b_1	$\dfrac{m}{4}$	$\dfrac{7mn}{4(4n-3m)}$	$\dfrac{5mn}{4(4n-3m)}$	$\dfrac{3mn}{8(4n-3m)}$	$\dfrac{mm}{4(4n-3m)}$
b_2	$\dfrac{m}{4}$	$\dfrac{15mn}{4(4n-m)}$	$\dfrac{9mn}{4(4n-m)}$	$\dfrac{5mn}{8(4n-3m)}$	$\dfrac{3mn}{4(4n-m)}$
b_3	$\dfrac{m}{4}$	$\dfrac{15mn}{4(4n-m)}$	$\dfrac{3mn}{2(4n-m)}$	$\dfrac{3mn}{8(4n-3m)}$	$\dfrac{3mn}{4(4n-m)}$
b_4	$\dfrac{m}{4}$	$\dfrac{7mn}{4(4n-3m)}$	$\dfrac{mn}{2(4n-m)}$	$\dfrac{mn}{8(4n-3m)}$	$\dfrac{mn}{4(4n-3m)}$

续表

杆件	长度系数	内力系数 上弦荷载 全跨屋面	内力系数 上弦荷载 半跨屋面	内力系数 下弦荷载 P_1	内力系数 下弦荷载 P_2
c_1	$\dfrac{K_1}{8n}$	$-\dfrac{7K_1}{4(4n-3m)}$	$-\dfrac{5K_1}{4(4n-3m)}$	$-\dfrac{3K_1}{8(4n-3m)}$	$-\dfrac{K_1}{4(4n-3m)}$
c_2	$\dfrac{K_1}{8n}$	$\dfrac{(10n-11m)K_1}{4(2n-m)(4n-3m)}$	$\dfrac{(6n-7m)K_1}{4(2n-m)(4n-3m)}$	$\dfrac{3(n-m)K_1}{4(2n-m)(4n-3m)}$	$\dfrac{(n-m)K_1}{2(2n-m)(4n-3m)}$
c_3	$\dfrac{K_2}{8n}$	$-\dfrac{3(2n-3m)K_2}{4(2n-m)(4n-m)}$	$-\dfrac{(2n-5m)K_2}{4(2n-m)(4n-m)}$	$\dfrac{(n+m)K_2}{4(2n-m)(4n-3m)}$	$\dfrac{(n-m)K_2}{2(2n-m)(4n-3m)}$
c_4	$\dfrac{K_2}{8n}$	$-\dfrac{(n-4m)K_2}{4n(4n-m)}$	$\dfrac{(2m+n)K_2}{4n(4n-m)}$	$\dfrac{(m+n)K_2}{8n(4n-m)}$	$\dfrac{(n-m)K_2}{4n(4n-m)}$
c_5	$\dfrac{K_2}{8n}$	$\dfrac{(n-4m)K_2}{4n(4n-m)}$	$\dfrac{(n-m)K_2}{2n(4n-m)}$	$\dfrac{(n-m)K_2}{3n(4n-m)}$	$\dfrac{(n-m)K_2}{4n(4n-m)}$
c_6	$\dfrac{K_2}{8n}$	$-\dfrac{3(2n-3m)K_2}{4(2n-m)(4n-m)}$	$-\dfrac{(n-m)K_2}{4(2n-m)(4n-m)}$	$\dfrac{(n-m)K_2}{4(2n-m)(4n-m)}$	$\dfrac{(n-m)K_2}{2(2n-m)(4n-m)}$
c_7	$\dfrac{K_1}{8n}$	$\dfrac{(10n-11m)K_1}{4(2n-m)(4n-m)}$	$\dfrac{(n-m)K_1}{(2n-m)(4n-m)}$	$\dfrac{(n-m)K_1}{4(2n-m)(4n-m)}$	$\dfrac{(n-m)K_1}{2(2n-m)(4n-m)}$
c_8	$\dfrac{K_1}{8n}$	$-\dfrac{7K_2}{4(4n-3m)}$	$-\dfrac{K_1}{2(4n-3m)}$	$-\dfrac{K_1}{8(4n-3m)}$	$-\dfrac{K_1}{4(4n-3m)}$
d_1	$\dfrac{n-m}{n}$	$-\dfrac{1}{2}$	$-\dfrac{1}{2}$	0	0
d_2	$\dfrac{2n-m}{2n}$	-1	-1	0	0
d_3	1	$\dfrac{4m-n}{n}$	$\dfrac{4m-n}{2n}$	$\dfrac{m}{2n}$	$\dfrac{m}{n}$
d_4	$\dfrac{2n-m}{2n}$	0	0	0	0
d_5	$\dfrac{n-m}{n}$	$-\dfrac{1}{2}$	0	0	0

14.12 钢桁架安装稳定性验算

钢桁架吊装时，桁架本身应具有一定刚度，同时应选择适当的吊点位置，或对桁架侧向进行适当的加固，以防吊装时产生变形或造成失稳。

根据计算和实践，一般如果桁架的上、下弦角钢的最小规格能满足表14-24的要求时，则无论绑扎点在桁架上任何一节点上，吊装时均能保证其稳定性。如若不符合表14-24的要求，则应通过计算，选择适当的绑扎吊点位置，以保证其安装的稳定性，验算方法如下：

保证桁架吊装稳定性的弦杆最小规格（mm） 表14-24

弦杆截面	桁架跨度(m)						
	12	15	18	21	24	27	30
上弦杆 ⊤⌐	90×60×8	100×75×8	100×75×8	120×80×8	120×80×8	150×100×12 / 120×80×12	200×120×12 / 180×90×12
下弦杆 ⌐⌐	65×6	75×8	90×8	90×8	120×80×8	120×80×10	150×100×10

注：分数形式表示弦杆为不同的截面。

14 钢结构工程

一、当弦杆的截面沿跨度方向无变化时

桁架吊装稳定性应符合下式要求（图 14-29）：

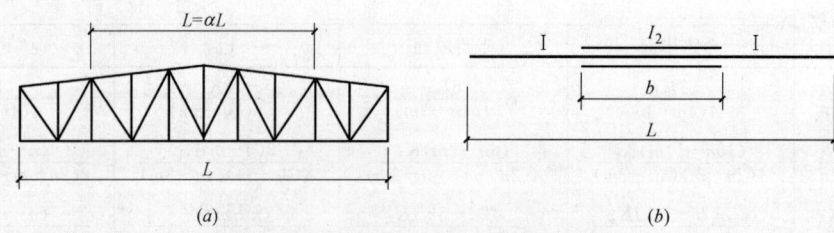

图 14-29 桁架吊装稳定性计算简图
(a) 桁架弦杆等截面时；(b) 桁架弦杆变截面时

$$q_\varphi \psi \leqslant I \tag{14-66}$$

式中 q_φ ——桁架每米长的重量（kg）；

ψ ——系数，其值根据 $\alpha = \dfrac{l}{L}$ 值由表 14-25 和表 14-26 查用；

L ——桁架的跨度（m）；

l ——两吊点之间的距离（m）；

I ——弦杆角钢对垂直轴的惯性矩（cm⁴）。

用于上弦的系数 ψ 值　　　　　表 14-25

$\alpha = \dfrac{l}{L}$	桁 架 跨 度 L(m)						
	12	15	18	21	24	27	30
0	0.422	0.740	1.450	2.230	3.260	4.880	7.450
0.20	0.414	0.726	1.420	2.190	3.210	4.800	7.320
0.30	0.386	0.678	1.330	2.040	3.000	4.480	6.840
0.40	0.331	0.581	1.140	1.750	2.570	3.840	5.860
0.50	0.235	0.412	0.810	1.240	1.820	2.720	4.150
0.60	0.111	0.194	0.380	0.584	0.858	1.280	1.950
0.65	0.028	0.049	0.096	0.156	0.214	0.320	0.490

用于下弦的系数 ψ 值　　　　　表 14-26

$\alpha = \dfrac{l}{L}$	桁 架 跨 度 L(m)						
	12	15	18	21	24	27	30
0.70	0.070	0.121	0.238	0.370	0.540	0.800	1.220
0.72	0.138	0.242	0.475	0.730	1.070	1.600	2.440
0.75	0.290	0.510	1.000	1.540	2.250	3.360	5.120
0.80	0.510	0.895	1.760	2.700	3.960	5.920	9.030
0.84	0.699	1.210	2.380	3.650	5.350	8.000	12.200
0.87	0.827	1.450	2.850	4.380	6.430	9.600	14.700
0.90	0.940	1.660	3.230	4.960	7.280	10.900	16.600
0.95	1.110	1.940	3.800	5.850	8.560	12.800	19.500
1.00	1.330	2.320	4.560	7.000	10.300	15.400	23.400

二、当弦杆的截面沿跨度方向变化时（图 14-29b）

桁架吊装稳定性应符合下式要求：

$$q_\varphi \psi \leqslant \varphi_1 I_1 \tag{14-67}$$

式中 I_1——截面较小的弦杆两角钢对垂直轴的惯性矩（cm^4）；

φ_1——考虑弦杆惯性矩变化的计算系数，其值根据 $\mu = \dfrac{I_2}{I_1}$ 和 $\eta = \dfrac{b}{L}$ 由表 14-27 查得；

其他符号意义同前。

如果按式（14-66）、式（14-67）验算后稳定性不能满足要求，桁架在安装前要进行加固，以免在吊装过程中产生较大的变形，而造成失稳。一般采取在桁架上用 8 号铁丝绑木脚手杆使与弦杆共同工作受力，此时，桁架吊装稳定性可按下式验算：

$$q_\varphi \psi \leqslant I_1 + \dfrac{I_2}{2} \tag{14-68}$$

$$q_\varphi \psi \leqslant \varphi_1 I_1 + \dfrac{I_2}{2} \tag{14-69}$$

式中 I_2——木脚手杆的惯性矩（cm^4），如直径为 d，则 $I_2 = \pi d^4/64$；

其他符号意义同前。

φ_1 值表   表 14-27

$\mu = \dfrac{I_2}{I_1}$	$\eta = l_1/L$							
	0.1	0.2	0.3	0.4	0.5	0.6	0.7	0.8
1.2	1.04	1.10	1.11	1.14	1.16	1.18	1.19	1.20
1.4	1.08	1.17	1.22	1.28	1.33	1.36	1.38	1.39
1.6	1.12	1.25	1.34	1.42	1.49	1.54	1.57	1.59
1.8	1.16	1.33	1.45	1.56	1.65	1.72	1.77	1.79
2.0	1.20	1.39	1.56	1.70	1.82	1.90	1.96	1.99
2.2	1.24	1.46	1.67	1.84	1.99	2.08	2.15	2.18
2.4	1.28	1.54	1.78	1.98	2.15	2.26	2.34	2.38
2.6	1.32	1.63	1.89	2.12	2.31	2.44	2.53	2.58

【例 14-27】 单跨厂房梯形钢屋架，跨度 $L=21m$，拟采用两点绑扎起吊，两吊点间距 $l=8.4m$（图 14-30），上弦角钢采用 $2L110 \times 10 \times 7mm$，试验算吊装时的稳定性。

【解】 由题意知：$L=21m$，$l=8.4m$，$\dfrac{l}{L} = \dfrac{8.4}{21} = 0.4$，查表 14-25 得 $\psi = 1.75$；屋架平均每米重量 $q=119kg/m$，上弦惯性矩 $I=141.6cm^4$

屋架吊装稳定性由式（14-65）得：

$$q_\varphi \psi = 119 \times 1.75 = 208$$

因 $q_\varphi \cdot \psi = 208 > I(=141.6)$，故不稳定。

调整绑扎点位置，使 $l=12.6m$，再重新验算稳定性如下：

$$\dfrac{l}{L} = \dfrac{12.6}{21} = 0.6，\text{查表 14-25 得} \quad \psi = 0.584$$

代入式（14-65）得：

$$q_\varphi \psi = 119 \times 0.584 = 69.5 < I = 141.6 cm^4$$

故知，绑扎点距离改为12.6m，吊装稳定。

【例14-28】 厂房24m梯形钢屋架，跨度$L=24$m，拟采用两点绑扎起吊，两吊点间距$l=9.6$m（图14-31），屋架每米平均重量$q_\varphi=120$kg/m，试验算其吊装稳定性。

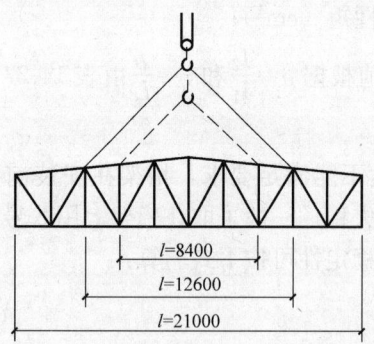 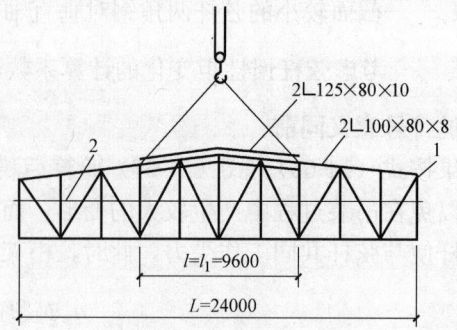

图14-30 桁架吊装稳定性验算简图　　图14-31 桁架弦杆变截面时吊装稳定性验算简图
　　　　　　　　　　　　　　　　　　　1—钢屋架；2—加固木脚手杆

【解】 已知弦杆2L100×80×8，$I_1=157.16$cm^4；2L125×80×10，$I_2=201.34$cm^4

$\dfrac{l}{L}=9.6/24=0.4$，查表14-25得，$\psi=2.57$；又$\dfrac{I_2}{I_1}=\dfrac{201.34}{157.16}=1.28$，查表14-27得，$\varphi_1=1.196$

屋架吊装稳定性由式（14-66）得：

$$q_\varphi\psi=120\times2.57=308.4$$
$$\varphi_1 I_1=1.196\times157.16=187.96$$

因$q_\varphi\psi(=308.4)>\varphi_1 I_1(=187.96)$，故不稳定。

现拟加绑ϕ10cm木脚手杆进行加固，再重新验算稳定性如下：

木脚手杆惯性矩：$I_3=\dfrac{\pi d^4}{64}=\dfrac{\pi\times10^4}{64}=490.9$cm^4

加固后屋架吊装稳定性由式（14-68）得：

$$\varphi_1 I_1+\dfrac{I_3}{2}=187.96+\dfrac{490.9}{2}=433.4>308.4$$

故知，用木脚手杆加固后吊装稳定。

14.13 钢网架施工计算

14.13.1 钢网架拼装支架稳定性验算

钢网架高空拼装多在拼装支架平台上进行，除了要求拼装架本身设置牢固外，施工设计时，还应对单肢稳定、整体稳定进行验算，并估算沉降量。其中单肢稳定按一般钢结构设计方法进行（略）；对支架的沉降量估算，应通过荷载试压，要求最大沉降量不大于5mm。如不能满足要求，对支架本身钢管接头空隙的压缩、钢管的弹性压缩值过大，可采取加固措施；对地基情况不良，沉陷量过大，应对地基采取夯实，并在地面加铺木脚手

14.13 钢网架施工计算

板或枕木以分散支柱传来的集中荷载等措施加以解决。

对于如图 14-32 所示各组合形式的钢管拼装支架，其整体稳定性，可按下列公式进行计算：

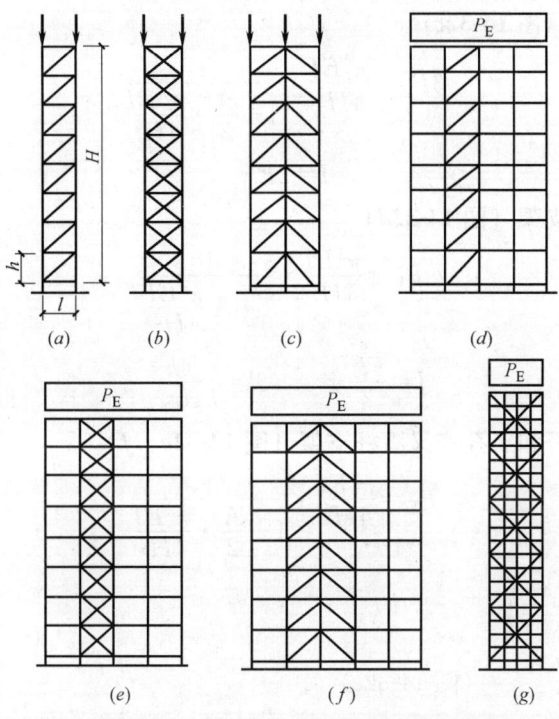

图 14-32 钢管支架构造及受力计算简图

一、单孔斜腹杆支架（图 14-32a）

$$2P_E = \frac{\pi^2 EI}{4H^2} \cdot \frac{1}{1 + A\frac{\pi^2 EI}{4H^2}} \tag{14-70}$$

式中 P_E——竖杆临界荷载；

E——各竖杆的弹性模量；

I——各竖杆垂直截面的整体惯性矩，$I = \frac{Fl^2}{2}$；

F——竖杆截面面积；

H——支架高度；

A——构架的某一层在剪切力作用下所产生的单位水平位移；$A = \frac{4ks^2}{hl^2}$

k——扣件弹性挠曲系数，一般取 0.0005mm/N；

s——斜腹杆长度，$s = \sqrt{h^2 + l^2}$；

l——单孔支架宽度；

h——每格支架高度。

二、单孔交叉腹杆支架（图 14-32b）

$$2P_E = \frac{\pi^2 EI}{4H^2} \cdot \frac{1}{1+\dfrac{A}{2}\cdot\dfrac{\pi^2 EI}{4H^2}} \tag{14-71}$$

三、双孔斜腹杆（图 14-32c）

$$3P_E = \frac{\pi^2 EI}{4H^2} \cdot \frac{1}{1+\dfrac{A}{2}\cdot\dfrac{\pi^2 EI}{4H^2}} \tag{14-72}$$

其中 $\qquad I = 2Fl^2$

四、四孔斜腹杆支架（图 14-32d）

$$P_E = \frac{\pi^2 EI}{4H^2} \cdot \frac{1}{1+A\dfrac{\pi^2 EI}{4H^2}} \tag{14-73}$$

其中 $\qquad I=\dfrac{Fl^2}{2}; \qquad A=\dfrac{4k}{h\cos^2\theta}$

五、四孔交叉腹杆和五孔交叉腹杆支架（图 14-32e、f）

$$P_E = \frac{\pi^2 EI}{4H^2} \cdot \frac{1}{1+\dfrac{A}{2}\cdot\dfrac{\pi^2 EI}{4H^2}} \tag{14-74}$$

其中 $\qquad A=\dfrac{4k}{h\cos^2\theta}$

$I=\dfrac{Fl^2}{2}$ （图 14-32e）

$I=2Fl^2$ （图 14-32f）

六、四孔斜撑支架（图 14-32g）

$$P_E = \frac{\pi^2 EI}{4H^2} \cdot \frac{1}{1+A\dfrac{\pi^2 EI}{4H}} \tag{14-75}$$

其中 $\qquad I = 8Fl^2$

$$A = \frac{8k(1+\sin^2\theta)s^2 + \dfrac{1}{2}kl^2}{hl^2}$$

在图 14-32d、e、f 中，除格构柱外，在其左右如设置竖杆，竖杆间可不设抗风斜杆。为提高图 14-32g 的临界荷载 P_E，并将四层的局部屈曲减到只有一层屈曲，可在斜杆与竖杆的交叉点处拧紧固牢。如为抗风交叉杆应交叉布置。另外，应该指出：当支架的总高与层高之比（h/H）小于 1/5，即所谓高细型支架，上述公式的计算结果才有效，否则所考虑的临界荷载为无效，此时，只能以各层的临界稳定荷载为标准。当为高细型支架时，其整体稳定性验算的安全系数，宜取 4。

【例 14-29】 单孔斜腹杆支架如图 14-32a，钢管用 $\phi 50 \times 3.5$mm，截面积 $F=520$mm^2，$E=2.1\times 10^5$N/mm^2，斜撑腹杆角度 $\theta=45°$，$h=1.5$m，$l=1.5$m，$S=2.12132$m，$H=12$m，扣件按要求拧紧，取 $K=4$，试求允许总临界荷载。

【解】 由已知条件可算得：

$$A = \frac{4ks^2}{hl^2} = \frac{4 \times 0.0005 \times 2121.32^2}{1500 \times 1500^2} = 2.67 \times 10^{-6}$$

$$I = \frac{Fl^2}{2} = \frac{520 \times 1500^2}{2} = 5.85 \times 10^8 \, \text{mm}^4$$

$$\frac{\pi^2 EI}{4H^2} = \frac{3.1416^2 \times 2.1 \times 10^5 \times 5.85 \times 10^8}{4 \times 12000^2} = 21.05 \times 10^5$$

竖杆临界荷载由式（14-69）得：

$$2P_E = \frac{\pi^2 EI}{4H^2} \times \frac{1}{1 + A \frac{\pi^2 EI}{4H^2}}$$

$$= 21.05 \times 10^5 \frac{1}{1 + 2.67 \times 10^{-6} \times 21.05 \times 10^5} = 3.18 \times 10^5 \, \text{N}$$

$$P_E = \frac{3.18 \times 10^5}{2} = 1.59 \times 10^5 \, \text{N} = 159 \, \text{kN}$$

故知，允许临界总荷载：$\frac{P_E}{K} = \frac{P_E}{4} = \frac{159}{4} = 39.75 \, \text{kN}$。

14.13.2 钢网架高空滑移法安装计算

高空滑移法安装网架系在建筑物的一端设平台或支架，将小拼单元或杆件吊至平台上，先在其上拼装两个节距的第一个平移网架单元，两端设导轮，然后用牵引设备通过滑车组将它牵引出拼装平台，向前滑移一定距离，接着继续在拼装平台上拼装第二个拼装单元，拼好后连同第一个拼装单元一同向前滑移，如此逐段拼装不断向前滑移，直至整个网架拼装完毕，并滑移至就位位置（图14-33）。

拼装好网架的滑移可在网架支座下设支座底板，使支座底板沿预埋在钢筋混凝土框架梁上的预埋钢板上滑动，或在网架支座下设滚轮，使滚轮在支座下设置的临时槽钢滑道和导轨上滑动。

一、滑移牵引力计算

网架滑移可用卷扬机或手扳葫芦牵引，根据牵引力大小及网架支座之间的系杆承载力，可采用一点或多点牵引。牵引速度不宜大于1.0m/min；滑移时，两端不同步值不应大于50mm。牵引力可按滑动摩擦或滚动摩擦按下式进行计算：

滑动摩擦的起动牵引力为：

$$F_t = \mu_1 \mu_2 G \tag{14-76}$$

滚动摩擦的起动牵引力为：

$$F_t \geqslant \left(\frac{\mu_3}{R} + \mu_4 \frac{r}{R}\right) G \tag{14-77}$$

式中　F_t——总起动牵引力；
　　　G——需滑移网架总自重；
　　　μ_1——滑动摩擦系数，钢与钢自然轧制表面，经粗除锈充分润滑时取0.12~0.15；
　　　μ_2——阻力系数，当有其他因素影响牵引力时，可取1.3~1.5；
　　　μ_3——滚动摩擦系数，钢制轮与钢之间，取0.5（mm）；
　　　μ_4——滚轮与滚动轴之间的摩擦系数，对经机械加工后充分润滑的钢与钢之间的摩

14 钢结构工程

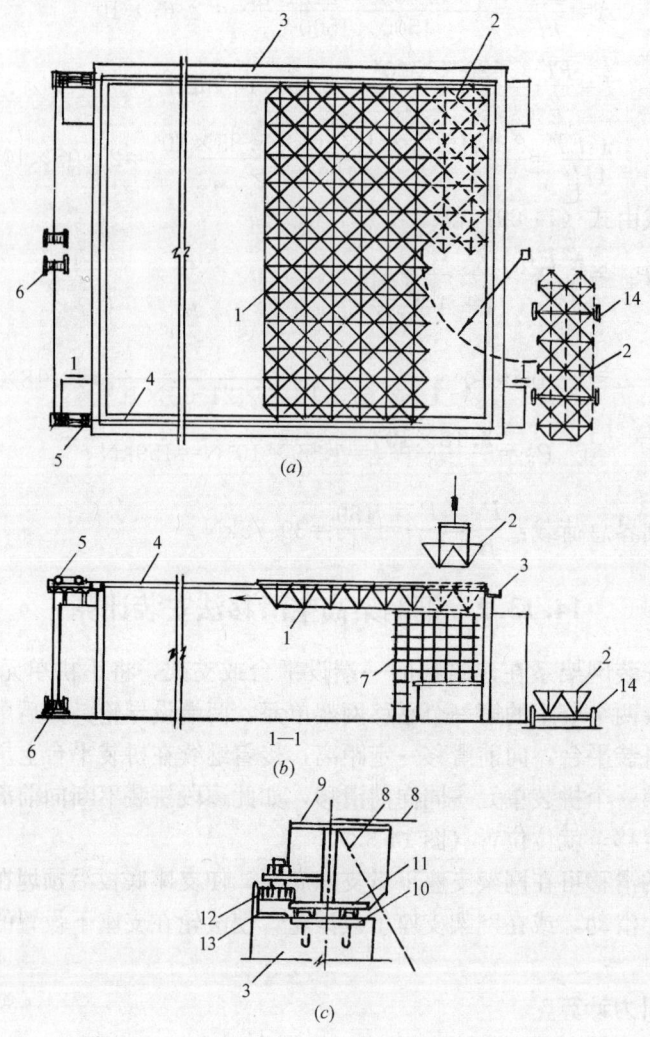

图 14-33 高空滑移法安装网架
(a) 高空滑移平面布置；(b) 网架滑移安装；(c) 支座构造
1—网架；2—网架分块单元；3—天沟梁；4—牵引线；5—滑车组；
6—卷扬机；7—拼装支架平台；8—网架杆件中心线；9—网架支座；
10—预埋铁件；11—型钢轨道；12—导轮；13—滑道或导轨；14—拖车架

擦系数，取 0.1；

R——滚轮的外圆半径（mm）。

r——轴的半径（mm）。

二、滑移支座预埋件锚筋计算

网架整体滑移牵引力是通过预埋在框架梁上的反力支座来承受，预埋件的锚筋承受剪、弯力作用，网架滑移前，应按最大牵引力验算预埋铁件锚筋的数量，可按下式计算：

$$A_s \geq \frac{V}{a_r a_v f_y} + \frac{M}{1.3 a_r a_b f_y Z} \tag{14-78}$$

14.13 钢网架施工计算

$$A_s \geqslant \frac{M}{0.4a_r a_b f_y Z} \tag{14-79}$$

以上两者取较大值。

式中 A_s——锚筋的总截面面积（mm²）；

V——牵引力对预埋件的剪力设计值（kN）；

a_r——锚筋排数的影响系数，当等间距配置时，二排取 1.0，三排取 0.9，四排取 0.85；

a_v——锚筋的抗剪强度系数，按下式计算：

$$a_v = (4.0 - 0.08d)\sqrt{\frac{f_c}{f_y}}$$

f_c——混凝土强度设计值（N/mm²）；

f_y——锚筋强度设计值（N/mm²）；

d——锚筋直径（mm）；

M——牵引力对预埋件的弯矩设计值（kN·m）；

a_b——锚板弯曲变形的折减系数，当 $5 < \frac{s}{t} \leqslant 8$ 时，$a_b = 0.6 + 0.25\frac{t}{d}$；当 $\frac{s}{t} \leqslant 5$ 时，$a_b = 1.0$；

s——锚筋间距（mm）；

t——锚板厚度（mm）；

Z——最外两排锚筋中心距离（mm）。

【例 14-30】 一双向正交斜放平板钢管网架，采用高空滑移法安装，网架及索具等总重 120t，轨道采用滑动支座，钢丝绳穿绕方式如图 14-34 所示，试求总起动牵引力、滑车组绕出绳牵引力和 1 号卷扬机单边牵引时的最大牵引力。

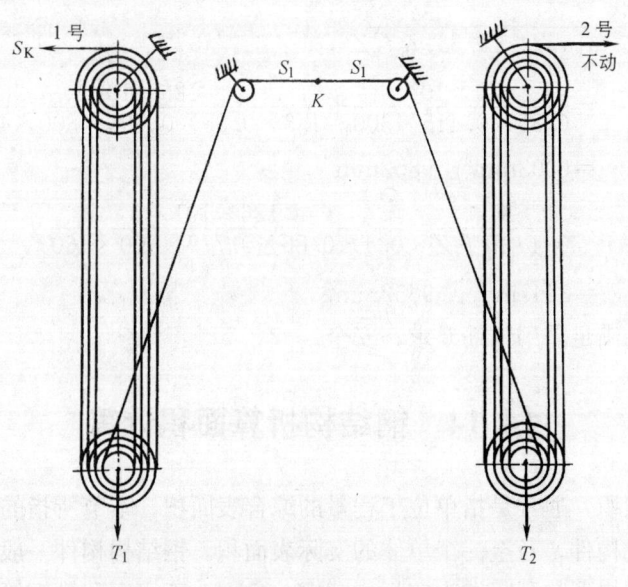

图 14-34 钢丝绳穿通后牵引力计算简图

【解】 由题意取 $\mu_1=0.12$，$\mu_2=1.3$
总牵引力由式（14-75）得：

$$F_t = \mu_1 \mu_2 G = 0.12 \times 1.3 \times 1200 = 187 \text{kN}$$

滑车组绕出绳牵引力：

$$S_K = \left(\frac{f-1}{f^n-1} \cdot f^n\right) T = f_0 T$$

将两边滑轮组组合起来，当 $n=16$，则 $f_0=0.086$
则 $S_K = f_0 T = 0.086 \times 187 = 16.08 \text{kN}$

1 号卷扬机的牵引力： $T_1 = \dfrac{S_K}{f_0}$

当 T_2 先停，而单边牵引时，$n=8$，则 $f_0=0.148$

∴ $T_1 = \dfrac{16.08}{0.148} = 108.6 \text{kN}$

【例 14-31】 某大跨度钢网架，采用高空滑移法整体安装，已知最大牵引力 $V=420 \text{kN}$，牵引力作用位置距预埋钢板 300mm，弯矩 $M=420 \times 0.3 =126 \text{kN} \cdot \text{m}$，预埋铁件锚筋用 HRB335 级钢筋，共 4 排，计 16 根Φ28mm，$f_y=300 \text{N/mm}^2$，$Z=460 \text{mm}$，$S=140 \text{mm}$，锚板厚 $t=20 \text{mm}$，框架梁混凝土用 C30，$f_c=16.7 \text{N/mm}^2$，试验算预埋件锚筋数量，总截面积是否满足要求。

【解】 由已知条件，取 $a_r=0.85$，又

$$a_v = (4.0 - 0.08 \times 28) \times \sqrt{\frac{16.7}{300}} = 0.415, \quad \frac{s}{t} = \frac{140}{20} = 7, \quad a_b = 0.6 + 0.25 \frac{20}{28} = 0.779,$$ 锚筋用16Φ28mm，$A_s = 9852 \text{mm}^2$

需用锚筋 A_s 由式（14-77）、式（14-78）得：

$$\frac{V}{a_r a_v f_y} + \frac{M}{1.3 a_r a_b f_y Z}$$

$$= \frac{420 \times 10^3}{0.85 \times 0.415 \times 300} + \frac{126 \times 10^6}{1.3 \times 0.85 \times 0.779 \times 300 \times 460}$$

$$= 5003 \text{mm}^2 < 9852 \text{mm}^2$$

$$\frac{M}{0.4 a_r a_b f_y Z} = \frac{126 \times 10^6}{0.4 \times 0.85 \times 0.779 \times 300 \times 460}$$

$$= 3447 \text{mm}^2 < 9852 \text{mm}^2$$

故知，两者均满足需用锚筋要求，安全。

14.14 钢结构折算面积计算

钢结构折算面积，通常是指单位工程量的综合表面积，本节所指的折算面积也可表达为单一构件或一批构件，乃至一个单体的实际表面积。钢结构构件一般是由若干个单体型钢所组成，它的规格形状可归纳为钢板、圆钢、角钢、工字钢和槽钢等 5 种，其规格、尺寸与钢结构折算面积的计算有着密切的关系。现分以下三种情况进行分析与计算：

14.14 钢结构折算面积计算

一、每 t 钢板的折算面积计算

设 P 为单位重量（t）；S 为表面面积（m²）；C 为单位重量折算面积（m²）；又设 a 为钢板长度（m）；b 为钢板宽度（m），δ 为钢板厚度（mm）（图 14-35）

$$P = 7.85 ab\delta \times 10^{-3} \text{ (t)} \tag{14-80}$$
$$S = 2ab \text{ (m}^2\text{)}$$

则

$$C = \frac{S}{P} = \frac{2ab}{7.85 ab\delta \times 10^{-3}} = \frac{254.78}{\delta} \text{ (m}^2/\text{t)} \tag{14-81}$$

二、每 t 圆钢的折算面积计算

设 r 为圆钢半径（mm）；l 为圆钢长度（m）（图 14-36）：

$$P = 7.85\pi r^2 l \times 10^{-6} \text{ (t)}$$
$$S = 2\pi rl \times 10^{-3} \text{ (m}^2\text{)}$$

则

$$C = \frac{S}{P} = \frac{2\pi rl \times 10^{-3}}{7.85\pi r^2 l \times 10^{-6}} = \frac{254.78}{r} \text{ (m}^2/\text{t)} \tag{14-82}$$

其他符号意义同前。

由式（14-81）知，直径为 $2r$ 的圆钢的折算面积，与 $\delta = r$ 厚度钢板的折算面积是相等的。

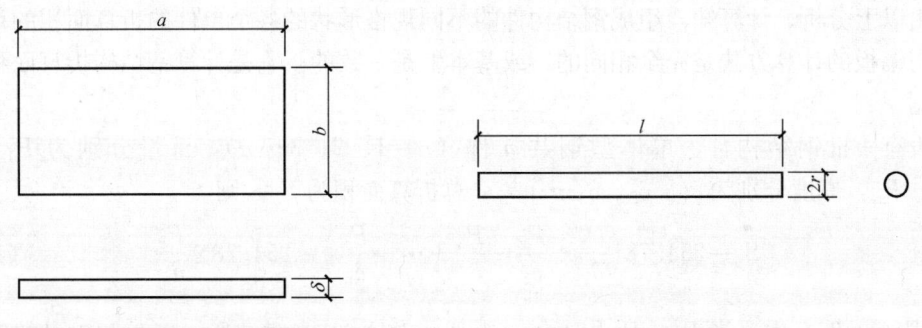

图 14-35　钢板规格形状示意　　图 14-36　圆钢规格形状示意

三、其他型钢每 t 的折算面积计算

其他型钢包括角钢、工字钢和槽钢，规格形状如图 14-37 所示。

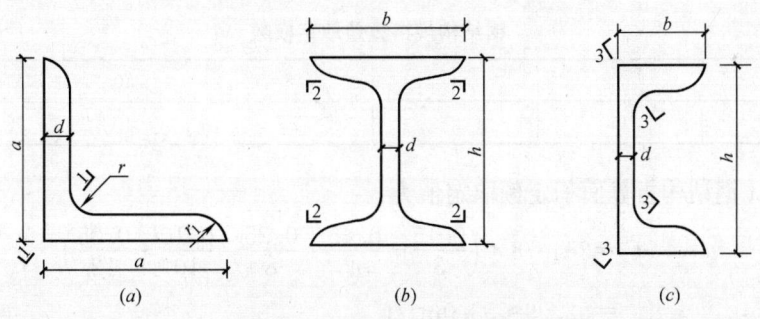

图 14-37　角钢、工字钢和槽钢规格形状示意图
(a) 角钢；(b) 工字钢；(c) 槽钢

图 14-37a 中，1—1 剖面将角钢分成两部分后，可组成一块截面积为 F 的不均厚钢板，按下式计算：

$$F=d(2a-d)+0.246(r^2-2r_1^2) \tag{14-83}$$

式中　d——角钢边宽；

　　　r、r_1——分别为内面圆角和端圆角半径。

式（14-82）截面积与宽为 $2a$、厚度 $\delta=d$ 的钢板截面积 $F=2a\delta$ 是近似相等的。

图 14-37b 中，2—2 剖面将工字钢分割成三块钢板，也可采用钢板计算公式近似地计算它的折算面积。方法是先求出三块钢板的平均厚度，再计算它的折算面积，比其他方法简便。平均厚度 $\bar{\delta}$ 可按下式计算：

$$\bar{\delta}=\frac{2t(b-d)+hd}{2(b-t)+h} \tag{14-84}$$

式中　b——翼缘（腿）宽度；

　　　h——工字钢高度；

　　　d——工字钢腰厚；

　　　t——工字钢平均腿厚。

图 14-37c 中槽钢折算面积的计算，既可采用图 14-37a 的方法计算，亦可按图 14-37b 的方法求得。

由以上分析、计算知，组成钢结构件的不同规格形状的各个单件的折算面积的计算方法，与钢板的计算方法是完全相同的，或基本上是一致的。它是计算钢结构折算面积的理论根据。

设有一批钢结构件、单体型钢共 n 件（i=1、2、3…n），重量分别为 P_1、P_2、P_3……P_n，厚度分别为 δ_1、δ_2、δ_3……δ_n；总折算面积为 S_n，则

$$S_n=254.78\left(\frac{P_1}{\delta_1}+\frac{P_2}{\delta_2}+\frac{P_3}{\delta_3}+\cdots+\frac{P_n}{\delta_n}\right)=254.78\Sigma\frac{P_i}{\delta_i} \tag{14-85}$$

式（14-85）中，当 $P_1+P_2+P_3+\cdots+P_n=1$ 且 $\delta_i=\delta$ 时，$S_n=254.78\Sigma\frac{P_i}{\delta_i}$ 的值就是单位工程量的折算面积 C。这个计算公式在预算定额和实际工作中均具有重要意义。

【例 14-32】　某地区建筑安装预算定额在确定 1t 钢结构折算面积时，其规格重量取定权数见表 14-28 试求其折算面积。

钢结构规格重量取定权数　　　　表 14-28

厚度 δ(mm)	3	4	8	10	12
权数（%）	15	45	25	10	5

【解】　1t 钢结构折算面积定额取定值为：

$$C=254.78\times\left(\frac{0.15}{3}+\frac{0.45}{4}+\frac{0.25}{8}+\frac{0.10}{10}+\frac{0.05}{12}\right)$$
$$=52.99\approx53.0\mathrm{m}^2/\mathrm{t}$$

【例 14-33】　某钢结构厂房屋架垂直支撑规格材料见表 14-29，试求 1t 垂直支撑的折算面积。

垂直支撑规格材料表　　　　　　　　　　　　　　表 14-29

零件序号	截面规格	长度(mm)	数量(件)	重量(kg)	总重(kg)
1	∟70×5	5160	8	224	
2	∟63×5	1970	8	76	
3	∟63×5	2105	8	82	
4	—215×8	275	4	14	446
5	—150×8	225	4	8	
6	—210×8	290	2	8	
7	—235×8	320	4	18	
8	—60×8	90	38	16	

【解】 一榀垂直支撑的折算面积为：

$$S=254.78\times\left(\frac{0.224}{5}+\frac{0.076}{5}+\frac{0.082}{5}+\frac{0.014}{8}+\frac{0.008}{8}+\frac{0.008}{8}+\frac{0.018}{8}+\frac{0.016}{8}\right)$$

$$=254.78\times\left(\frac{0.382}{5}+\frac{0.064}{8}\right)$$

$$=21.50\mathrm{m}^2$$

1t 垂直支撑的折算面积为：

$$C=\frac{S}{P}=\frac{21.50}{0.446}=48.21\mathrm{m}^2/\mathrm{t}$$

由实例计算知，钢结构单位工程量的折算面积实际上与某一厚度钢板的折算面积是等同的。

14.15 钢结构钢材腐蚀速度计算

一、重量变化腐蚀速度计算

重量变化腐蚀速度指单位时间和单位面积上钢材腐蚀重量的变化，其计算式为：

$$K=\frac{W}{S\cdot t} \tag{14-86}$$

式中　K——按失重表示的钢材腐蚀速度（g/m²·h）；
　　　S——钢材的面积（m²）；
　　　t——钢材腐蚀的时间（h）；
　　　W——钢材腐蚀损失或增重的重量（g）。

二、腐蚀深度变化腐蚀速度计算

深度变化腐蚀速度指单位时间内钢材腐蚀的深度（或厚度）变化，其计算式为：

$$K'=\frac{8.76K}{\rho} \tag{14-87}$$

式中　K'——按深度表示的腐蚀速度（mm/年）；金属腐蚀等级标准见表 14-30，各种金属在不同大气中的腐蚀速度见表 14-31；
　　　ρ——钢材密度（g/cm³）。

金属腐蚀三级标准   表14-30

类别	等级	腐蚀深度(mm)	类别	等级	腐蚀深度(mm)
耐蚀	1	<0.1	不可用	3	>1.0
可用	2	0.1~1.0			

各种金属在不同大气中的腐蚀速度   表14-31

金属名称	腐蚀速度(μm/年)		
	农村大气	沿海大气	工业大气
铅	0.9~1.4	1.8~3.7	1.0
镉	—	15~30	—
铜	1.9	3.2~4.0	3.8
镍	1.1	4~58	2.8
锌	1.0~3.4	3.8~19	2.4~15
钢	4~60	40~160	65~230

【例 14-34】 一批露天堆放的热轧工字钢,规格为 28a,总长 200m,堆放 10 年后,经清理、除锈后称得重量为 8630kg,问该批钢材的腐蚀速度及腐蚀等级。

【解】 根据热轧工字钢规格查得该批钢材原始重量为 $43.492\times200=8698.4$kg,则其 10 年后重量损失为 $W=8698.4-8630=68.4$kg;截面面积 $S=55.404$cm^2/m,密度 $\rho=7.87$g/cm^3,代入式(14-85):

$$K=\frac{W}{S\times t}=\frac{68.4\times10^3}{55.404\times200\times10^{-4}\times10\times365\times24}=0.705\text{g/(m}^2\cdot\text{h)}$$

故知,该批钢材的腐蚀速度为 0.705g/(m^2·h)。又已知钢材的密度为 7.87g/cm^3,代入式(14-82):

$$K'=\frac{8.76K}{\rho}=\frac{8.76\times0.705}{7.87}=0.78\text{mm/年}$$

由计算知该批钢材年腐蚀深度为 0.78mm,查表 14-30,属于 2 级腐蚀标准。

【例 14-35】 某厚度为 14mm 的钢结构构件,由结构计算得知需要厚度为 8mm,该地区均匀腐蚀速度为 0.09g/(m^2·h),试求该钢结构构件的使用寿命。

【解】 知钢材密度 $\rho=7.87$g/cm^3,代入式(14-86)

$$K'=\frac{8.76K}{7.87}=\frac{8.76\times0.09}{7.87}=0.1\text{mm/年}$$

故知,该钢结构件的使用寿命为 $\frac{14-8}{0.1}=60$ 年。

15 木结构工程

15.1 木材材积计算

木材的体积称为材积,在工程上采购木料,进行备料,计算用料都需要先计算材积。材积计算分以下四类:

一、板、方材材积计算

板、方材指一定尺寸加工成的板材和方材。凡宽度为厚的三倍以上者称板材,不足三倍的称方材。计算比较简易,只需量出板、方木的厚度、宽度和长度,即可按下式计算:

$$V = h \cdot b \cdot L \tag{15-1}$$

式中 V——枋材、板材材积（m^3）；

h——枋材、板材厚度（m）；

b——枋材、板材宽度（m）；

L——枋材、板材长度（m）。

板、方材延长米换算立方米及立方米换算延长米见表 15-1。

板、方材延长米换算立方米及立方米换算延长米表　　表 15-1

材料规格 宽×高(cm)	延 长 米 折 合 立 方 米						每立方米折合延长米
	1m	2m	3m	4m	5m	6m	
3×3.0	0.0009	0.0018	0.0027	0.0036	0.0045	0.0054	1111.11
3×3.5	0.00105	0.0021	0.00315	0.0042	0.00525	0.0063	952.38
3×4.0	0.0012	0.0024	0.0036	0.0048	0.0060	0.0072	833.33
3×5.0	0.0015	0.0030	0.0045	0.0060	0.0075	0.0090	666.66
3×6.0	0.0018	0.0036	0.0054	0.0072	0.0090	0.0108	555.56
4×4.0	0.0016	0.0032	0.0048	0.0064	0.0080	0.0096	625.00
4×5.0	0.0020	0.0040	0.0060	0.0080	0.0100	0.0120	500.00
4×6.0	0.0024	0.0048	0.0072	0.0096	0.0120	0.0144	416.67
4×7.0	0.0028	0.0056	0.0084	0.0112	0.0140	0.0168	357.14
4×8.0	0.0032	0.0064	0.0096	0.0128	0.0160	0.0192	312.50
5×5.0	0.0025	0.0050	0.0075	0.0100	0.0125	0.0150	400.00
5×6.0	0.0030	0.0060	0.0090	0.0120	0.0150	0.0180	333.33
5×7.0	0.0035	0.0070	0.0105	0.0140	0.0175	0.0210	285.71
5×8.0	0.0040	0.0080	0.0120	0.0160	0.0200	0.0240	250.00
5×10.0	0.0050	0.0100	0.0150	0.0200	0.0250	0.0300	200.00
6×6.0	0.0036	0.0072	0.0108	0.0144	0.0180	0.0216	277.78
6×7.0	0.0042	0.0084	0.0126	0.0168	0.0210	0.0252	238.10
6×8.0	0.0048	0.0096	0.0144	0.0192	0.0240	0.0288	208.34
6×9.0	0.0054	0.0108	0.0162	0.0216	0.0270	0.0324	185.19
6×10.0	0.0060	0.0120	0.0180	0.0240	0.0300	0.0360	166.67

续表

材料规格 宽×高(cm)	延长米折合立方米						每立方米折合延长米
	1m	2m	3m	4m	5m	6m	
7×7	0.0049	0.0098	0.0147	0.0196	0.0245	0.0294	204.08
7×8	0.0056	0.0112	0.0168	0.0224	0.0280	0.0336	178.57
7×9	0.0063	0.0126	0.0189	0.0252	0.0315	0.0378	158.73
7×10	0.0070	0.0140	0.0210	0.0280	0.0350	0.0420	142.86
7×12	0.0084	0.0168	0.0252	0.0336	0.0420	0.0504	119.05
8×8	0.0064	0.0128	0.0192	0.0256	0.0320	0.0384	156.25
8×10	0.0080	0.0160	0.0240	0.0320	0.0400	0.0480	125.00
8×12	0.0096	0.0192	0.0288	0.0384	0.0480	0.0576	104.17
8×15	0.0120	0.0240	0.0360	0.0480	0.0600	0.0720	83.33
9×9	0.0081	0.0162	0.0243	0.0324	0.0405	0.0486	123.46
9×10	0.0090	0.0180	0.0270	0.0360	0.0450	0.0540	111.11
9×12	0.0108	0.0216	0.0324	0.0432	0.0540	0.0648	92.59
9×15	0.0135	0.0270	0.0405	0.0540	0.0675	0.0810	74.07
10×10	0.0100	0.0200	0.0300	0.0400	0.0500	0.0600	100.00
10×12	0.0120	0.0240	0.0360	0.0480	0.0600	0.0720	83.33
10×15	0.0150	0.0300	0.0450	0.0600	0.0750	0.0900	66.67
10×20	0.0200	0.0400	0.0600	0.0800	0.1000	0.1200	50.00

二、原条材积计算

原条指伐倒后经修枝未经加工的长条木材。原条材积按下式计算：

$$V = \frac{\pi D^2}{4} \cdot L \cdot \frac{1}{10000} \tag{15-2}$$

或

$$V = 0.7854 D^2 \cdot L \times \frac{1}{10000} \tag{15-3}$$

式中 V——原条材积（m³）；

D——原条中央截面直径（cm）；

L——原条长度（m）；

$\frac{1}{10000}$——单位换算系数。

上式适用于所有树种的原条材积计算。

三、原木材积计算

原木指伐倒后经修枝并加工成一定长度的木材。原木材积可按下式计算：

$$V = L[D_{小}^2(0.003895L + 0.8982) + D_{小}(0.39L - 1.219) + (0.5796L + 3.067)] \times \frac{1}{10000} \tag{15-4}$$

式中 V——原木材积（m³）；

L——原木长度（m）；

$D_{小}$——小头直径（cm）。

一般直接用原木：小头直径8～30cm，长2～12m；加工用原木：小头直径20cm以上，长2～8m。

上式适用于除杉原木以外所有树种原木材积的计算。

四、杉原木材积计算

杉原木指经修枝、剥皮加工成材的杉木。杉原木材积一般按下式计算：

$$V = 0.0001 \frac{\pi}{4} \cdot L[(0.026L+1)D_{小}^2 + (0.37L+1)D_{小} + 10(L-3)] \tag{15-5}$$

或 $$V = 0.00007854L[(0.026L+1)D_{小}^2 + (0.37L+1)D_{小} + 10(L-3)] \tag{15-6}$$

式中　V——杉原木材积（m³）；

　　　L——杉原木长度（m）；

　　　$D_{小}$——小头直径（cm）。

上式可作为计算或查定国产杉原木材积之用。

常用杉原木材梢径在 6cm 以上，长 2m 以上，其材积亦可以按表 15-2 查用。

常用杉原木材积表　　　　表 15-2

材积 m³ ＼ 长度 m ＼ 直径 cm	2.0	2.5	3.0	3.5	4.0	4.5	5.0	5.5
8	0.0112	0.0154	0.0202	0.0256	0.0315	0.038	0.0451	0.0527
10	0.0177	0.0237	0.0303	0.0376	0.0455	0.054	0.0632	0.073
12	0.025	0.034	0.042	0.052	0.062	0.0734	0.085	0.097
14	0.035	0.045	0.057	0.069	0.082	0.096	0.110	0.125
16	0.045	0.058	0.073	0.088	0.104	0.121	0.139	0.158
18	0.057	0.073	0.091	0.110	0.129	0.150	0.171	0.194
20	0.070	0.090	0.111	0.134	0.157	0.181	0.207	0.234
22	0.084	0.108	0.134	0.160	0.188	0.216	0.246	0.277
24	0.100	0.128	0.158	0.189	0.221	0.254	0.289	0.325
26	0.117	0.150	0.184	0.220	0.257	0.296	0.336	0.377
28	0.135	0.173	0.212	0.253	0.296	0.340	0.386	0.433
30	0.155	0.193	0.243	0.289	0.338	0.387	0.439	0.492
32	0.176	0.225	0.275	0.328	0.382	0.438	0.496	0.556
34	0.198	0.253	0.310	0.368	0.429	0.492	0.557	0.623
36	0.222	0.283	0.346	0.412	0.479	0.549	0.621	0.695
38	0.247	0.315	0.385	0.457	0.532	0.609	0.688	0.770
40	0.273	0.348	0.425	0.505	0.587	0.672	0.759	0.849

材积 m³ ＼ 长度 m ＼ 直径 cm	6.0	6.5	7.0	7.5	8.0	8.5	9.0	10.0
8	0.061	0.0698	0.0791	0.0891	0.0996	0.1107	0.1223	0.1473
10	0.0835	0.0946	0.1063	0.1187	0.1317	0.1453	0.1596	0.1901
12	0.110	0.124	0.139	0.154	0.170	0.186	0.204	0.241
14	0.142	0.159	0.176	0.195	0.214	0.234	0.255	0.299
16	0.177	0.198	0.219	0.241	0.264	0.288	0.313	0.365
18	0.217	0.241	0.267	0.293	0.320	0.349	0.378	0.440
20	0.261	0.290	0.320	0.351	0.383	0.416	0.450	0.522
22	0.310	0.343	0.378	0.414	0.451	0.489	0.529	0.611
24	0.363	0.401	0.441	0.483	0.525	0.569	0.615	0.709
26	0.420	0.464	0.510	0.557	0.606	0.656	0.707	0.815
28	0.481	0.532	0.584	0.637	0.692	0.749	0.807	0.928
30	0.547	0.604	0.663	0.723	0.785	0.848	0.914	1.049
32	0.618	0.681	0.747	0.814	0.883	0.954	1.027	1.178
34	0.692	0.763	0.836	0.911	0.988	1.067	1.147	1.315
36	0.771	0.850	0.930	1.013	1.098	1.185	1.275	1.460
38	0.854	0.941	1.030	1.121	1.215	1.311	1.409	1.613
40	0.942	1.037	1.135	1.235	1.337	1.443	1.550	1.773

【例 15-1】 有 20 根原条木，长 7m，小头直径 10cm，大头直径 14cm，试求其材积。

【解】 中径 $D = \dfrac{10+14}{2} = 12 \text{cm}$

原条木材积由式（15-3）得：

$$V=0.7854\times D^2 \cdot L\times \frac{1}{10000}\times 20=0.7854\times 12^2\times 7\times \frac{1}{10000}\times 20=1.5833\text{m}^3$$

【例 15-2】 白松原木 15 根，小头直径 14cm，长 8m，试求其材积。

【解】 白松原木材积由式（15-4）得

$$V=L[D_{小}^2(0.003895L+0.8982)+D_{小}(0.39L-1.219)+$$
$$(0.5796L+3.067)]\times \frac{1}{10000}\times 15$$
$$=8[14^2(0.003895\times 8+0.8982)+14(0.39\times 8-1.219)+$$
$$(0.5796\times 8+3.067)]\times \frac{1}{10000}\times 15$$
$$=2.5335\text{m}^3$$

【例 15-3】 杉原木 10 根，小头直径 16cm，长 6m，试求其材积。

【解】 杉原木材积由式（15-6）得：

$$V=0.00007854L[(0.026L+1)D_{小}^2+$$
$$(0.37L+1)D_{小}+10(L-3)]\times 10$$
$$=0.00007854\times 6[(0.026\times 6+1)\times 16^2+$$
$$(0.37\times 6+1)\times 16+10(6-3)]\times 10$$
$$=1.779\text{m}^3$$

或查表 15-2，当 $D_{小}$=16cm，L=6m 时，每根材积为 0.177，当为 10 根时，材积为：$0.177\times 10=1.77\text{m}^3$

15.2 木材物理性质指标计算

15.2.1 木材含水率和平衡含水率计算

木材含水率，指木材中所含水量与木材干重之比的百分率，是木材的一项很重要的物理性质。

木材的含水率可按下式计算：

$$w=\frac{m-m_0}{m_0}\times 100\% \tag{15-7}$$

式中　w——木材的含水率（%）；
　　　m——木材试件烘干前的重量；
　　　m_0——木材试件烘干后的重量。

建筑用木材按基含水率大小，可分为潮湿木材（含水率大于 25%）、半干木材（含水率为 18%~25%）和干燥木材（含水率小于 18%）三类。新伐木材的含水率在 35% 以上，约为 70%~140%。

潮湿的木材会在干燥空气中失去水分，干燥的木材则会从空气中吸收水分，当木材的含水率与周围空气的相对湿度达到平衡而不再变化时，此时的含水率称为平衡含水率，一般约为 10%~18%。它与周围环境温度和空气的相对湿度有关，如图 15-1 所示。如预先知道木材所处环境温度和相对湿度，可从该图近似地求出木材的平衡含水率，并以此作为木材干燥应达到的程度。木材的平衡含水率在北方约为12%，长江流域约为15%，南方约为18%。根据含水率的大小建筑木材约分类如表15-3。

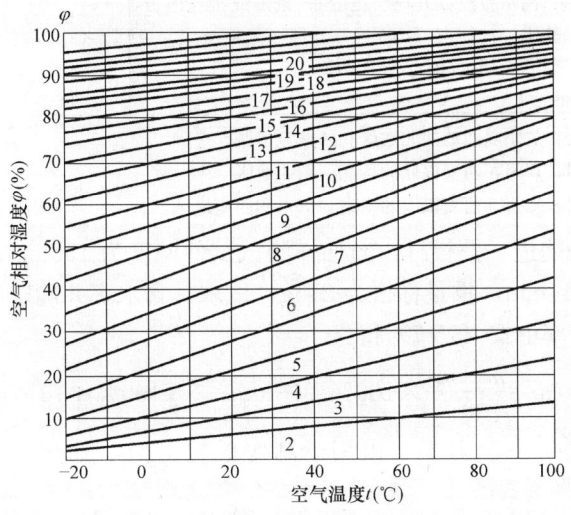

图15-1 木材的平衡含水率与温度、湿度的关系

含水率大的木材，加工为成品，往往因易腐烂而丧失承载力，水分蒸发干燥收缩不均，会使木材变形，造成严重缺陷，影响构件的强度和使用寿命，图15-2为含水率对木材强度的影响。因此对木结构工程施工时，对木结构和制品使用木材的含水率必须加以控制，使接近或达到平衡含水率状态，以确保质量。一般制作承重木结构和装修工程所用木材含水率的允许限值见表15-3和表15-4。

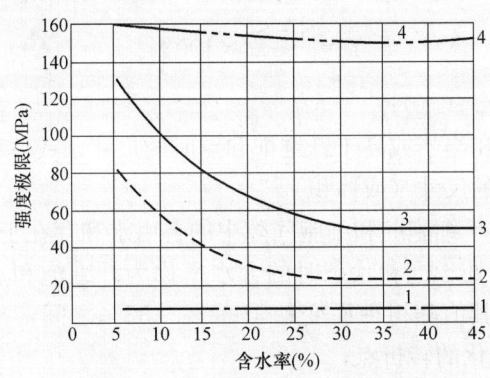

图15-2 含水率对木材强度的影响
1—顺纹受剪；2—顺纹受压；3—弯曲；4—顺纹受拉

承重木结构的木材含水率限值　　　　表15-3

项次	构件名称	含水率（不大于%）
1	柱、屋架上下弦、撑木、横梁、檩条等一般构件	25
2	拉力接头的连接板和板材结构	18
3	胶合木构件、木键、木销、木衬垫及结构中其他重要小配件	15
4	通风条件较差的楼板梁及搁栅	20

注：长期处于潮湿状态下的结构，其木材含水率可不受本表限制。

装饰用的木材含水率限值 表 15-4

项 次	构 件 名 称	含水率(不大于%)		
		Ⅰ	Ⅱ	Ⅲ
1	门心板、内贴脸板、踢脚板、压缝条、条形或拼花地板和栏杆、扶手	10	12	15
2	门窗扇、亮子、窗台板、外贴脸板	13	15	18
3	门窗框	16	18	20

注：Ⅰ类地区：指包头、兰州以西的西北地区和西藏自治区。
　　Ⅱ类地区：指徐州、郑州、西安以北的华北、东北地区
　　Ⅲ类地区：指徐州、郑州、西安以南的中南、华东和西南地区。

【例 15-4】 现场购进一批板材，经抽样测试试件厚度为 150mm，重量称得 250g，烘烤干燥后测得厚度 144mm，重量称得为 215g，试求其含水率并确定用途。

【解】 板材含水率由式（15-7）得：

$$w=\frac{m-m_0}{m_0}\times100\%=\frac{250-215}{215}\times100\%=16\%$$

因含水率为 16%，小于 18%，可用于制作板材结构，但不宜用于制作门窗和细木制品。

【例 15-5】 现场购进一批木材，拟用于温度为 20℃、湿度为 70% 的环境中，试求其平衡含水率。

【解】 由图 15-1，取横坐标 $t=20℃$，纵坐标 $\varphi=70$，查得平衡含水率为 13%。

15.2.2　木材干缩率和干缩系数计算

木材干缩的数值，通常以含水率为纤维饱和点达到绝干状态时所减小的尺寸（或体积）与绝干状态时的尺寸（或体积），两者的比值来表示，称干缩率：

$$Y=\frac{S-S_0}{S_0}\times100\%　　　　　　　(15-8)$$

式中　Y——木材的干缩率（%）；
　　　S——试件含水率相当于或高于纤维饱和点时的尺寸（或体积）；
　　　S_0——试件烘干后的尺寸（或体积）。

木材的水分，有存在于细胞腔和细胞间隙中的自由水和存在于细胞壁内的吸附水。当自由水蒸发完毕，吸附水处于饱和状态时的含水率称为纤维饱和点，当气温为 20℃，空气相对湿度为 100% 时，其值随树种而变动于 23%～33% 之间，平均值约为 30%，它是木材许多物理力学性质变化的转折点。

一般正常木材顺纹方向的干缩率约为 0.1%，由于其数值很小，可忽略不计；径向干缩率为 3%～6%；弦向干缩率为 6%～12%，约为径向的一倍。

干缩率除以引起收缩的含水量，称为干缩系数，以下式表示：

$$K=\frac{Y}{w}　　　　　　　　　　　(15-9)$$

式中　K——木材的干缩系数；
　　　w——木材的含水率（%）；
　　　Y——木材的干缩率（%）。

15.2 木材物理性质指标计算

K 也就是在纤维饱和点以下，吸附水每减少 1% 含水率所引起的干缩数值。

木材干缩会导致木材翘曲、局部弯曲、扭曲或裂缝等现象。由于木构件在长期使用期间的含水率即等于当地的平衡含水率，而锯解时的含水率高于饱和点，因此，板、方材在锯解时都应预留干缩量。各种木材制作时应预留的干缩量见表 15-5。

各种木材制作时的干缩量   表 15-5

板方材厚度(mm)	干缩量(mm)	板方材厚度(mm)	干缩量(mm)
15～25	1	130～140	5
40～60	2	150～160	6
70～90	3	170～180	7
100～120	4	190～200	8

注：落叶松、檫黄等树种的木材，应按表中规定加大干缩量 30%。

【例 15-6】 条件同例 15-4 试求其干缩率和干缩系数。

【解】 干缩率由式（15-8）得：

$$Y = \frac{S - S_0}{S_0} \times 100\% = \frac{150 - 144}{144} \times 100\% = 4\%$$

由例 15-4 已知木材的含水率 $w = 16\%$，其干缩系数由式（15-9）得：

$$K = \frac{Y}{w} = \frac{0.04}{0.16} = 0.25$$

15.2.3 木材质量密度计算与换算

木材质量密度（简称密度）为木材单位体积的密度，按下式计算：

$$\rho = \frac{m}{V} \tag{15-10}$$

式中 ρ——木材的质量密度（kg/m³）；

V——木材的体积（m³）；

m——木材的质量（kg）。

木材密度大的强度高，反之强度低。木材密度随其含水率和树种而异。木材的密度大约为 400～750kg/m³（防潮的）和 500～900kg/m³（不防潮的），各树种的平均密度约为 500kg/m³。各树种所加工的木材相对密度相差不大，其平均值为 1.55 左右。

工程上通常以含水率为 15% 的密度作为标准密度，对含水率小于 30% 的木材密度，可按以下经验式换算成标准密度：

$$\rho_{15} = \rho_w [1 + 0.01(1 - K_v)(15 - w)] \tag{15-11}$$

式中 ρ_{15}——含水率为 15% 时的木材密度；

ρ_w——含水率为 w% 时的木材密度；

K_v——木材体积收缩系数，落叶松、山毛榉、白桦为 0.6，其他木材为 0.5；

w——木材的含水率（$w < 30$）。

木材的密度大小，反映木材一系列物理性质，如木材的密度大，则干缩湿胀也大，强度也大，可用来识别木材和估计木材工艺性质的优劣及作计算运输量的依据。

【例 15-7】 已知鱼鳞松的体积 $V = 0.125\text{m}^3$，重量 $m = 62.43\text{kg}$，含水率为 25%，试

求其质量密度和标准密度。

【解】 已知 $w=25\%$，取 $K_v=0.5$，质量密度由式（15-10）得：

$$\rho=\frac{m}{V}=\frac{62.43}{0.125}=499.4 \text{kg/m}^3$$

标准密度由式（15-11）得：

$$\rho_{15}=\rho_w[1+0.01(1-K_v)(15-w)]$$
$$=499.4[1+0.01(1-0.5)(15-25)]=474.5 \text{kg/m}^3$$

故知，鱼鳞松的质量密度为 499.4kg/m^3，标准密度为 474.5kg/m^3。

15.3 木材的力学性能与换算

木材的力学性能指木材抵抗外力作用的能力。木材的强度按受力状态分为抗压、抗拉、抗剪和抗弯四种。木材由于构造的不均匀性和生长环境的差异，力学性质各异。木材强度因方向不同相差较大，顺纹和横纹抵抗外力的能力各不相同，各项强度之间的关系见表15-6。

建筑工程几种常用树种的力学性能见表15-7。

木材各种强度的比例关系　　　　　　　　　　　　　　　　　　表 15-6

抗压强度		抗拉强度		抗剪强度		抗弯曲强度
顺纹	横纹	顺纹	横纹	顺纹	横纹	
1	$\frac{1}{10}\sim\frac{1}{3}$	$2\sim3$	$\frac{1}{20}\sim\frac{1}{3}$	$\frac{1}{7}\sim\frac{1}{3}$	$\frac{1}{2}\sim1$	$1\frac{1}{2}\sim2$

注：表中以顺纹抗压强度为1，其他各项强度皆为其倍数。

常用木材的物理力学性能　　　　　　　　　　　　　　　　　　表 15-7

材料名称	气干密度 (kg/m^3)	干缩率(%)		抗压强度(MPa)	抗拉强度(MPa)	抗剪强度(顺纹)(MPa)		抗弯强度(弦向)(MPa)
		径向	弦向	顺纹	顺纹	径向	弦向	
红 松	440	0.122	0.321	32.8	98.1	6.3	6.9	65.3
白 松	384	0.129	0.366	36.4	78.8	5.7	6.3	65.1
落叶松	641	0.168	0.398	55.7	129.9	8.5	6.8	109.4
马尾松	519	0.152	0.297	46.5	104.9	7.5	6.7	91.0
樟子松	462	0.145	0.325	31.7	94.5	6.7	7.2	74.2
云 杉	515	0.203	0.318	49.4	140.7	8.2	7.2	89.3
杉 木	478	0.178	0.334	41.9	98.4	6.5	6.4	82.9
水曲柳	686	0.197	0.353	52.5	138.7	11.3	10.5	118.6
柞 栎	766	0.199	0.316	55.6	155.4	11.8	12.9	124.0
栗 木	689	0.149	0.297	59.0	—	14.8	15.3	119.9
榆 木	597	0.186	0.282	27.5	96.0	12.2	12.4	79.5
椴 木	485	0.135	0.20	39.0	106.7	5.8	8.4	92.3
青冈栎	892	0.169	0.406	65.2	—	17.1	20.8	148.0
桦 木	634	0.154	0.232	54.5	124.9	10.3	12.0	95.8

木材强度的大小与含水率、加荷时间、使用温度及木材本身的缺陷等因素有关。木材含水率在纤维饱和点以下时，其强度与含水率成反比，在纤维饱和点以上时，含水率的变化与强度无关。一般以含水率为15%的强度作标准，其他含水率时的强度，可按下式换算：

$$\sigma_{15}=\sigma_w[1+\alpha(w-15)] \tag{15-12}$$

式中　σ_{15}——含水率为15%时的木材强度；

σ_w——含水率为 $w\%$ 时的木材强度；

w——试验时的木材含水率（超过纤维饱和点时，仍按纤维饱和点计算）；

α——含水率校正系数。顺纹抗压：对红松、落叶松、杉、榆、桦，$\alpha=0.05$；对所有其他树种和剪切类型，$\alpha=0.03$；顺纹抗拉：对针叶树为 0；阔叶树为 0.015。

木材的持久强度一般为试验测得的暂时强度的 50%~80%；对计算承重结构的木材应考虑这一因素。木材长期处于 40℃ 的温度下，会引起缓慢碳化，降低强度；60~100℃ 时，木材的强度会随温度升高而降低；超过 100℃ 后，木材会分解变质，强度急剧下降。木材存在缺陷，都会不同程度降低木材的物理力学性能。常用树种木材的强度设计值和弹性模量见附录二附表 2-48。

【**例 15-8**】 条件同例 15-7，经试验测得其顺纹抗压强度为 32.6MPa，试求其标准含水率时的强度。

【**解**】 已知 $w=25\%$，取 $\alpha=0.03$

标准含水率时的强度由式（15-12）得：

$$\sigma_{15}=\sigma_w[1+\alpha(w-15)]$$
$$=32.6[1+0.03(25-15)]=42.4\text{MPa}$$

故知，鱼鳞松标准含水率时的抗压强度为 42.4MPa。

15.4 木材斜纹抗压强度设计值确定计算

在搭设木结构临时设施以及模板支设中，常会遇到木材斜纹承压计算，需要知道木材斜纹承压强度设计值，一般可按下列公式确定：

当 $\alpha \leqslant 10°$ 时：

$$f_{ca}=f_c \tag{15-13}$$

当 $10°<\alpha \leqslant 90°$ 时：

$$f_{ca}=\frac{f_c}{1+\left(\dfrac{f_c}{f_{c,90}}-1\right)\dfrac{\alpha-10°}{80°}\sin\alpha} \tag{15-14}$$

式中 f_{ca}——木材斜纹抗压强度设计值（N/mm²）；
f_c——木材顺纹抗压强度设计值（N/mm²）；
$f_{c,90}$——木材横纹抗压强度设计值（N/mm²）；
α——作用方向与木纹方向间的夹角（°）。

【**例 15-9**】 临时设施工程用三角形豪氏屋架，支座节点齿面连接，屋架坡度 $\alpha=30°$，试确定齿面的斜纹抗压强度设计值。

【**解**】 鱼鳞云杉的承压强度查附录二附表 2-48 得 $f_c=12\text{N/mm}^2$，$f_{c,90}=3.1\text{N/mm}^2$
30° 斜纹抗压强度设计值由式（15-14）得：

$$f_{c,30}=\frac{f_c}{1+\left(\dfrac{f_c}{f_{c,90}}-1\right)\dfrac{\alpha-10°}{80°}\sin\alpha}$$

$$=\frac{12}{1+\left(\dfrac{12}{3.1}-1\right)\dfrac{30°-10°}{80°}\sin 30°}=8.83\text{N/mm}^2$$

故屋架坡度 30°时的斜纹抗压强度设计值为 8.83N/mm²。

15.5 木结构受压杆件计算长度、面积、长细比和稳定系数的确定计算

木结构临时设施和模板工程设计时，需先确定受压构件的计算长度、计算面积、长细比以及稳定系数等，一般可按下列公式计算：

一、计算长度 l_0 确定

1. 当两端铰接

$$l_0 = l \quad (15\text{-}15)$$

2. 当一端固定，一端自由

$$l_0 = 2l \quad (15\text{-}16)$$

3. 当一端固定，一端铰接

$$l_0 = 0.8l \quad (15\text{-}17)$$

式中　l——杆件长度。

二、计算面积 A_0 计算（图 15-3）

1. 当无缺口时

$$A_0 = A \quad (15\text{-}18)$$

式中　A——受压构件的毛截面面积（mm²）。

2. 当缺口不在边缘时（图 15-3a）

$$A_0 = 0.9A \quad (15\text{-}19)$$

3. 当缺口在边缘且为对称时（图 15-3b）

$$A_0 = A_m \quad (15\text{-}20)$$

式中　A_m——受压构件的净截面面积（mm²）。

4. 当缺口在边缘但不对称时（图 15-3c），应按偏心受压构件计算。

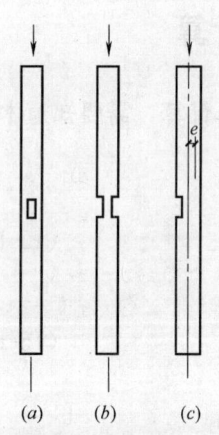

图 15-3　受压构件缺口示意图

三、长细比计算

构件的长细比 λ，不论构件截面上有无缺口，均应按下列公式计算：

$$\lambda = \frac{l_0}{i} \quad (15\text{-}21)$$

其中

$$i = \sqrt{\frac{I}{A}} \quad (15\text{-}22)$$

式中　l_0——受压构件的计算长度（mm）；
　　　i——构件截面的回转半径（mm）；
　　　I——构件的毛截面惯性矩（mm⁴）；
　　　A——构件的毛截面面积（mm²）。

四、稳定系数 φ 计算

轴心受压构件的稳定系数，应根据不同树种的强度等级按下列公式计算：

1. 树种强度等级为 TC17、TC15 及 TB20；

当 $\lambda \leqslant 75$ 时：

$$\varphi = \frac{1}{1+\left(\frac{\lambda}{80}\right)^2} \tag{15-23}$$

当 $\lambda > 75$ 时：

$$\varphi = \frac{3000}{\lambda^2} \tag{15-24}$$

2. 树种强度等级为 TC13、TC11、TB17 及 TB15：

当 $\lambda \leqslant 91$ 时：

$$\varphi = \frac{1}{1+\left(\frac{\lambda}{65}\right)^2} \tag{15-25}$$

当 $\lambda > 91$ 时：

$$\varphi = \frac{2800}{\lambda^2} \tag{15-26}$$

式中　φ——轴心受压构件稳定系数；

λ——构件的长细比，由式（15-21）计算确定。

【例 15-10】 豪氏屋架斜腹杆选用梢径 10cm 的鱼鳞云杉，腹杆两节点间距为 2.8m，试计算确定其计算长度、计算面积、长细比及稳定系数。

【解】 (1) 确定计算长度 l_0

屋架腹杆构件　按两端铰接考虑，故由式（15-15）得：

$$l_0 = l = 3.2\text{m}$$

(2) 计算面积 A_0

梢径 $D_{小} = 12\text{cm}$，则中径 $D_p = 10\text{cm} + 0.9 \times \frac{2}{3}\text{cm} = 11.35\text{cm}$

斜腹杆无缺口　A_0 由式（15-18）得：

$$A_0 = A = \frac{\pi \times 11.35^2}{4}\text{cm}^2 = 101\text{cm}^2$$

(3) 计算长细比 λ

$$\lambda = \frac{l_0}{i} = \frac{280}{0.25 \times 11.35} = 98.7$$

(4) 计算稳定系数 φ

鱼鳞云杉为 TC15B，$\lambda = 98.7 > 75$

稳定系数由式（15-24）得：

$$\varphi = \frac{3000}{\lambda^2} = \frac{3000}{98.7^2} = 0.308$$

15.6　木压杆稳定性验算

轴向受压构件的承载力是根据强度条件（$\sigma = N/A \leqslant [\sigma]$）确定的。在实际工程中常发现,许多细长杆件受压破坏是在满足强度条件下产生的。试验研究证明,细长杆件突然破坏是由于杆件丧失了保持直线形状的稳定性而导致的,这类破坏称失稳。杆件失稳时的极限压力远小于受压破坏时的极限压力。工程上有许多类似的细长杆件,如墙、柱、桁架的压杆等,在设计、施工时应根据情况进行必要的稳定性验算。

一、临界压力计算

杆件失稳时的界限压力称临界压力 P_{cr}(N),可用欧拉公式按下式计算:

$$P_{cr}=\frac{\pi^2 EI}{(\mu l)^2} \tag{15-27}$$

式中　π——圆周率,取 3.14;
　　　E——材料的弹性模量(N/mm^2);
　　　I——杆件截面对形心轴的惯性矩(mm^4);
　　　l——杆件的长度(mm);
　　　μ——长度系数,与杆端支承有关,可由表 15-8 确定。

压杆长度系数 μ 表　　　　表 15-8

支承情况	两端铰支	一端固定一端自由	一端固定一端铰支	两端固定
简图				
μ	1	2	0.7	0.5

二、杆件临界应力计算

在临界压力作用下,压杆截面上的平均应力称临界应力 σ_{cr}(N/mm^2),按下式计算:

$$\sigma_{cr}=\frac{P_{cr}}{A}=\frac{\pi^2 EI}{(\mu l)^2 A} \tag{15-28}$$

令 $I/A=i^2$　则

$$\sigma_{cr}=\frac{\pi^2 E}{(\mu l/i)^2} \tag{15-29a}$$

令 $\lambda=\mu l/i$　则

$$\sigma_{cr}=\frac{\pi^2 E}{\lambda^2} \tag{15-29b}$$

式中　A——杆件截面面积(mm^2);
　　　i——杆件惯性半径(mm);
　　　λ——压杆柔度或长细比,综合反映了压杆长度、支承情况、截面形状与尺寸等因素对临界应力的影响。

三、压杆稳定性验算

$$\sigma=\frac{P}{A}\leqslant \varphi[\sigma] \tag{15-30}$$

式中　$[\sigma]$——强度容许应力(N/mm^2);

15.6 木压杆稳定性验算

φ——折减系数，与 λ 有关，见表 15-9。

压杆折减系数表 表 15-9

λ	φ				λ	φ			
	A2、A3 钢	16Mn 钢	木材	混凝土		A2、A3 钢	16Mn 钢	木材	混凝土
0	1.000	1.000	1.000	1.00	120	0.466	0.325	0.209	—
20	0.981	0.973	0.932	0.96	130	0.401	0.279	0.178	—
40	0.927	0.895	0.822	0.83	140	0.349	0.242	0.153	—
60	0.842	0.776	0.658	0.70	150	0.306	0.213	0.134	—
70	0.789	0.705	0.575	0.63	160	0.272	0.188	0.117	—
80	0.731	0.627	0.460	0.57	170	0.243	0.168	0.102	—
90	0.669	0.546	0.371	0.46	180	0.218	0.151	0.093	—
100	0.604	0.462	0.300	—	190	0.197	0.136	0.083	—
110	0.536	0.384	0.248	—	200	0.180	0.124	0.075	—

式（15-30）可理解为，压杆在强度破坏前失稳，故由降低强度容许压力来保证杆件的安全。利用式（15-30）可进行以下三方面的计算：

（1）稳定校核：已知杆件的支承情况、杆件特征及作用力，检查是否满足稳定条件。

（2）确定许用荷载：已知压杆支承情况和压杆特征，确定许用压力：$[P]=A[\sigma]\cdot\varphi$（$[P]$ 即压杆达到稳定容许应力时的最大压力容许值）。

（3）选择压杆截面：已知压杆的压力和容许荷载，选择杆件截面：$A\geqslant P/[\sigma]\cdot\varphi$。因 φ 与 A 有关，无法直接确定 φ，可以采用试算法。先假定为 φ_1，得出 A_1，再根据 A_1 查出 φ_1'，相差不大时可采用 A_1 并进行稳定校核。如 φ_1、φ_1' 相差较大，可代入 $(\varphi_1+\varphi_1')/2$ 重复以上计算，直至 φ_n' 接近 φ_n 为止。一般迭代 2~3 次即可。

【例 15-11】 轴心受压木柱，长 $l=8.0\text{m}$，截面为矩形 $b\times h=200\text{mm}\times120\text{mm}$，柱两端均为固定，木材 $E=10\times10^3\text{N/mm}^2$，$I=288\times10^5\text{mm}^4$，试求木柱在以与 b 平行的中性轴的平面内临界应力和临界压力。

【解】 木柱的惯性半径为：

$$i=\sqrt{\frac{I}{A}}=\sqrt{\frac{bh^3/12}{bh}}=\sqrt{\frac{h^2}{12}}=\frac{h}{\sqrt{12}}=\frac{120}{\sqrt{12}}=34.64\text{mm}$$

柱子两端固定，取 $\mu=0.5$

柔度

$$\lambda=\frac{\mu l}{i}=\frac{0.5\times8\times10^3}{34.64}=115.47$$

临界应力由式（15-29b）得：

$$\sigma_{\text{cr}}=\frac{\pi^2E}{\lambda^2}=\frac{3.14^2\times10\times10^3}{115.47^2}=7.39\text{N/mm}^2$$

临界力 $\quad P_{\text{cr}}=\sigma_{\text{cr}}\cdot A=7.39\times200\times120=177.4\times10^3\text{N}$

或由式（15-28）得：

$$P_{\text{cr}}=\frac{\pi^2\times EI}{(\mu l)^2}=\frac{3.14^2\times10\times10^3\times288\times10^5}{(0.5\times8\times10^3)^2}=177.4\times10^3\text{N}$$

【例 15-12】 轴心受压木柱，高 $l=3.5\text{m}$，截面为圆形，两端为铰支，轴向力 $P=75\text{kN}$，木材容许应力 $[\sigma]=10\text{N/mm}^2$。试计算选用木柱直径。

【解】 (1) 先设 $\varphi_1=0.5$，则

$$A_1=\frac{P}{[\sigma]\varphi_1}=\frac{75\times10^3}{10\times0.5}=15\times10^3\text{mm}^2$$

则 $d_1=\sqrt{\frac{4A}{\pi}}=\sqrt{\frac{4\times15\times10^3}{3.14}}=138\text{mm}$ 取 $d_1=140\text{mm}$

(2) 在所选直径下，$i_1=\frac{d_1}{4}=\frac{140}{4}=35\text{mm}$

$$\lambda_1=\sqrt{\frac{\mu l}{i}}=\frac{1\times3500}{35}=100$$

查表 15-9 得 $\varphi_1=0.3$，与所设 $\varphi_1=0.5$ 相差较大，应重新计算。

(3) 再设 $\varphi_2=(\varphi_1+\varphi_2)/2=(0.5+0.3)/2=0.4$

则 $$A_2=\frac{P}{[\sigma]\varphi_2}=\frac{75\times10^3}{10\times0.4}=18.75\times10^3\text{mm}^2,$$

则 $$d_2=\sqrt{\frac{4A_2}{\pi}}=\sqrt{\frac{4\times18.75\times10^3}{3.14}}=154.5\text{mm}^2，取 d_2=160\text{mm}$$

(4) $i_2=\frac{d_2}{4}=\frac{160}{4}=40\text{mm}$ $\lambda_2=\frac{\mu l}{i_2}=\frac{1\times3500}{40}=87.5$

查表 15-9 得 $\varphi_2=0.393$，与所设 $\varphi_2=0.4$ 很接近，不必再选。

(5) 稳定性校核

$$\sigma=\frac{P}{A}=\frac{75\times10^3}{3.14/4\times160^2}=3.73\text{N/mm}^2$$

$$\varphi[\sigma]=0.393\times10=3.93\text{N/mm}^2>\sigma(=3.73\text{N/mm}^2)$$

故知，符合稳定条件，最后选定圆木柱直径为 160mm。

15.7　木梁、柱简易计算

一、木梁简易计算

木梁多用于屋面檩条、桁条及楼地面、木模板的搁栅，一般承受均布荷重作用，按简支受弯构件计算。计算步骤、方法为：

1. 计算木梁承受的均布荷重 q (N/m)：

$$q=(活重+静重)\times S \tag{15-31}$$

式中　S——木梁间距 (m)；

活重和静重，应根据《建筑结构荷载规范》GB 50009—2001 的有关数据取用。

2. 按下列公式计算需用木梁直径：

$$M=\frac{ql^2}{8} \tag{15-32}$$

$$W=\frac{M}{f_m} \tag{15-33}$$

$$D=\sqrt[3]{\frac{32W}{\pi}} \tag{15-34}$$

$$d=D-\frac{l}{2}\times 0.8 \tag{15-35}$$

式中 M——木梁承受的弯矩（N·m）；

l——木梁跨度（m），以两端支承中点计；

f_m——木材抗弯强度设计值（N/mm²），杉木取 11N/mm²；

W——木梁截面惯性矩（cm³）；

D——圆木中径（cm）；

d——圆木梢径（cm）；

π——圆周率，取 3.1416。

其他符号意义同前。

3. 按下式验算木梁的挠度

$$\omega=\frac{5ql^3}{384\times E\times 0.0491D^4}<[\omega] \tag{15-36}$$

式中 q——木梁的均布荷重（N/m）；

$[\omega]$——木梁容许挠度，对楼地面、天棚木梁不大于 $\frac{l}{250}$；屋面木梁不大于 $\frac{l}{200}$；

E——木材弹性模量（N/mm²）；

其他符号意义同前。

【例 15-13】 已知木搁栅跨度 $l=3.0$m，间距 $S=0.6$m，楼地面上荷重 $q=2500$N/m，杉圆木抗弯强度设计值 $f_m=11$N/mm²，$E=9000$N/mm² 试求需用杉圆木梁直径。

【解】 已知楼地面荷重 $q=2500\times 0.6=1500$N/m，则

$$M=\frac{1500\times 3^2}{8}=1690\text{N}\cdot\text{m}$$

$$W=\frac{1690\times 100}{11\times 10^2}=154\text{cm}^3$$

$$D=\sqrt[3]{\frac{32\times 153}{3.1416}}=11.6\text{cm}$$

$$d=11.6-\frac{1}{2}\times 3\times 0.8=10.4\text{cm}$$

采用梢径为 11cm 木梁。

核算梁的挠度

$$\omega=\frac{5ql^3}{384\times E\times 0.0491D^4}$$

$$=\frac{5\times 1500\times 10^{-2}\times 300^3}{384\times 9000\times 10^2\times 0.0491\times 11.6^4}$$

$$=0.66\text{cm}<\frac{l}{250}=\frac{300}{250}=1.2\text{cm}（满足要求）$$

二、木柱简易计算

木柱在林区多在临时设施工程或作模板支撑使用。

木柱为轴心受压构件，计算时应先求出包括自重在内的总承压力 N，其次求出纵向弯曲系数，可按表 15-10 取用。

木柱纵向弯曲系数 φ 值表　　　　表 15-10

h/d	5	10	15	20	25	30	35	40	45	50
φ	0.935	0.825	0.66	0.47	0.30	0.21	0.16	0.12	0.09	0.08

注：1. 如 h/d 在中间值时，φ 可用插入法求出。
　　2. h/d 值超过表列时不宜用。

如已知柱高为 h，设柱直径为 d，算出 $\dfrac{h}{d}$ 即可由表 15-10 查得木柱纵向弯曲系数 φ。

已知 N 和 φ，木柱需用直径 d（cm），即可按以下简易公式计算：

$$A = \frac{N}{\varphi f_c} \tag{15-37}$$

$$d = \sqrt{\frac{A}{0.785}} \tag{15-38}$$

式中　A——圆杉木截面积（cm²）；
　　　f_c——木材顺纹抗压强度设计值，一般取 10N/mm²。
　　　φ 符号意义同前。

【例 15-14】 圆杉木柱，高 $h=3.0$m，已知上部荷重为 32kN，试计算木柱需用直径。

【解】 设木柱直径 $d=12$cm，则 $\dfrac{h}{d}=\dfrac{300}{12}=25$，查表 15-10 得 $\varphi=0.3$，由式（15-37）得：

$$A = \frac{N}{\varphi \cdot f_c} = \frac{32 \times 10^3}{0.3 \times 10} = 10667 \text{mm}^2 \approx 107 \text{cm}^2$$

再由式（15-38）得：

$$d = \sqrt{\frac{A}{0.785}} = \sqrt{\frac{107}{0.785}} = 11.7 \text{cm} \quad 用 12\text{cm}$$

故知，用 12cm 直径圆杉木柱，与假设符合。

15.8　三角形结构斜长简易计算

三角形斜边长度计算是木结构制作常遇到的问题，如斜屋面，木屋架上弦、楼梯模板等的斜长以及斜撑木等。

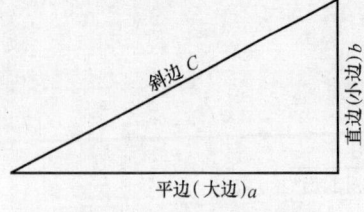

图 15-4　斜长计算简图

一般计算斜长，都已知水平长度 a（即平边）和垂直高度 b（即直边）的尺寸，由于斜边长度与平边和直边成比例（称坡度），这样根据勾股弦定理即可用以下简易方法计算（图 15-4）：

先算出坡度 $i = \dfrac{b}{a}\left(=\dfrac{直边（小边）}{平边（大边）}\right)$，按表 15-11 查出坡度系数 α，即可按下式计算斜长：

$$C = a \cdot \alpha \tag{15-39}$$

坡度系数表　　　　　　　　　　　　　　　表 15-11

坡度	系数	坡度	系数	坡度	系数	坡度	系数	坡度	系数
0.01	1.0001	0.21	1.0218	0.41	1.0808	0.61	1.1714	0.81	1.2869
0.02	1.0002	0.22	1.0239	0.42	1.0846	0.62	1.1766	0.82	1.2932
0.03	1.0004	0.23	1.0261	0.43	1.0885	0.63	1.1819	0.83	1.2996
0.04	1.0008	0.24	1.0284	0.44	1.0925	0.64	1.1873	0.84	1.3060
0.05	1.0012	0.25	1.0308	0.45	1.0966	0.65	1.1927	0.85	1.3124
0.06	1.0018	0.26	1.0332	0.46	1.1007	0.66	1.1982	0.86	1.3189
0.07	1.0024	0.27	1.0358	0.47	1.1049	0.67	1.2037	0.87	1.3255
0.08	1.0032	0.28	1.0384	0.48	1.1092	0.68	1.2093	0.88	1.3321
0.09	1.0040	0.29	1.0412	0.49	1.1136	0.69	1.2149	0.89	1.3387
0.10	1.0050	0.30	1.0440	0.50	1.1180	0.70	1.2206	0.90	1.3454
0.11	1.0060	0.31	1.0469	0.51	1.1225	0.71	1.2264	0.91	1.3521
0.12	1.0072	0.32	1.0499	0.52	1.1271	0.72	1.2322	0.92	1.3588
0.13	1.0084	0.33	1.0530	0.53	1.1318	0.73	1.2381	0.93	1.3656
0.14	1.0098	0.34	1.0562	0.54	1.1365	0.74	1.2440	0.94	1.3724
0.15	1.0112	0.35	1.0595	0.55	1.1413	0.75	1.2500	0.95	1.3793
0.16	1.0127	0.36	1.0628	0.56	1.146	0.76	1.2560	0.96	1.3862
0.17	1.0143	0.37	1.0662	5.67	1.1510	0.77	1.2621	0.97	1.3932
0.18	1.0161	0.38	1.0697	0.58	1.1560	0.78	1.2682	0.98	1.4002
0.19	1.0179	0.39	1.0733	0.59	1.1611	0.79	1.2744	0.99	1.4072
0.20	1.0198	0.40	1.0770	0.60	1.1662	0.80	1.2806	1.00	1.4142

【例 15-15】 简单人字屋架跨度 12m，按 1∶4 的高跨比制作，垂直边 $b=3.0$m，试求上弦中心线的长度。

【解】 已知屋架平边 $a=\frac{12}{2}=6$m，直边 $b=3$m，坡度 $i=\frac{b}{a}=\frac{3}{6}=0.5$，由表 15-11 查得坡度系数 $\alpha=1.118$，则

上弦中心线长度（斜长）$C=a \cdot \alpha=6 \times 1.118=6.71$m

故知，上弦中心线的长度为 6.71m。

【例 15-16】 制作一木楼梯，已知楼梯每级宽 30cm，高 16.5cm，共 12 级，试求楼梯斜梁的长度。

【解】 由题意知楼梯段的平边（大边）长度 $a=30 \times 12=360$cm，楼梯段的直边（小边）长度 $b=16.5 \times 12=198$cm，则楼梯的坡度 $b/a=198/360=0.55$，查表 15-11，坡度系数为 1.1413，故楼梯的斜梁长度 C 为

$$C=360 \times 1.1413=410.87\text{cm} \approx 4.11\text{m}$$

15.9　木屋架杆件内力及长度系数计算

木屋架设计和制作，常需知道各杆件的内力及长度，以便较快的进行制作加工。表 15-12 为工地常用豪氏屋架杆件内力及长度的计算系数，已知跨度、节间数和高跨比，即可根据表中系数值，较快的计算出杆件内力和长度，供设计和放样、加工使用。

木屋架构件内力及长度系数计算　　　表 15-12

图示：（木屋架示意图，节点 A, B, C, D, E, F 上弦，G, H, I, J, K 下弦，高为 H，跨度为 L，荷载 $P/2, P, P, P, P/2$）

高跨比 $= \dfrac{H}{L} = \dfrac{1}{n}$

$n = \dfrac{L}{H}$

$N = \sqrt{n^2 + 4}$

杆件内力 = 表中内力系数 × P

杆件长度 = 表中长度系数 × H

杆件		4节间 内力	4节间 长度	6节间 内力	6节间 长度	8节间 内力	8节间 长度	10节间 内力	10节间 长度
上弦	AB	$-\dfrac{3}{4}N$	$\dfrac{1}{4}N$	$-\dfrac{5}{4}N$	$\dfrac{1}{6}N$	$-\dfrac{7}{4}N$	$\dfrac{1}{8}N$	$-2N$	$\dfrac{1}{10}N$
	BC	$-\dfrac{1}{2}N$	$\dfrac{1}{4}N$	$-N$	$\dfrac{1}{6}N$	$-\dfrac{3}{2}N$	$\dfrac{1}{8}N$	$-2N$	$\dfrac{1}{10}N$
	CD	—	$\dfrac{1}{4}N$	$-\dfrac{3}{4}N$	$\dfrac{1}{6}N$	$-\dfrac{5}{4}N$	$\dfrac{1}{8}N$	$-\dfrac{7}{4}N$	$\dfrac{1}{10}N$
	DE	—	$\dfrac{1}{4}N$	—	$\dfrac{1}{6}N$	$-N$	$\dfrac{1}{8}N$	$-\dfrac{3}{2}N$	$\dfrac{1}{10}N$
	EF	—	$\dfrac{1}{4}N$	—	$\dfrac{1}{6}N$	—	$\dfrac{1}{8}N$	$-\dfrac{5}{4}N$	$\dfrac{1}{10}N$
斜腹杆	BH	$-\dfrac{1}{4}N$	$\dfrac{1}{4}N$	$-\dfrac{1}{4}N$	$\dfrac{1}{6}N$	$-\dfrac{1}{4}N$	$\dfrac{1}{8}N$	$-\dfrac{1}{4}N$	$\dfrac{1}{10}N$
	CI	—	—	$-\dfrac{1}{4}\sqrt{n^2+16}$	$\dfrac{1}{6}\sqrt{n^2+16}$	$-\dfrac{1}{4}\sqrt{n^2+16}$	$\dfrac{1}{8}\sqrt{n^2+16}$	$-\dfrac{1}{4}\sqrt{n^2+16}$	$\dfrac{1}{10}\sqrt{n^2+16}$
	DJ	—	—	—	—	$-\dfrac{1}{4}\sqrt{n^2+36}$	$\dfrac{1}{8}\sqrt{n^2+16}$	$-\dfrac{1}{4}\sqrt{n^2+36}$	$\dfrac{1}{10}\sqrt{n^2}$
	CK	—	—	—	—	—	—	$-\dfrac{1}{4}\sqrt{n^2+64}$	$\dfrac{1}{10}\sqrt{n^2+64}$
竖杆	BG	0	$\dfrac{1}{2}$	0	$\dfrac{1}{3}$	0	$\dfrac{1}{4}$	0	$\dfrac{1}{5}$
	CH	1	1	$\dfrac{1}{2}$	$\dfrac{2}{3}$	$\dfrac{1}{2}$	$\dfrac{1}{2}$	$\dfrac{1}{2}$	$\dfrac{2}{5}$
	DI	—	—	2	1	1	$\dfrac{3}{4}$	1	$\dfrac{3}{5}$
	EJ	—	—	—	—	3	1	$\dfrac{1}{2}$	$\dfrac{4}{5}$
	FK	—	—	—	—	—	—	4	1
下弦	AG	$\dfrac{3}{4}n$	$\dfrac{1}{4}N$	$\dfrac{5}{4}n$	$\dfrac{1}{6}N$	$\dfrac{7}{4}n$	$\dfrac{1}{8}N$	$2n$	$\dfrac{1}{10}N$
	GH	$\dfrac{3}{4}n$	$\dfrac{1}{4}N$	$\dfrac{5}{4}n$	$\dfrac{1}{6}N$	$\dfrac{7}{4}n$	$\dfrac{1}{8}N$	$2n$	$\dfrac{1}{10}N$
	HI	—	$\dfrac{1}{4}N$	n	$\dfrac{1}{6}N$	$\dfrac{3}{2}N$	$\dfrac{1}{8}N$	$2n$	$\dfrac{1}{10}N$
	IJ	—	$\dfrac{1}{4}N$	—	$\dfrac{1}{6}N$	$\dfrac{5}{4}n$	$\dfrac{1}{8}N$	$\dfrac{7}{4}n$	$\dfrac{1}{10}N$
	JK	—	$\dfrac{1}{4}N$	—	$\dfrac{1}{6}N$	—	$\dfrac{1}{8}N$	$\dfrac{3}{2}n$	$\dfrac{1}{10}N$

15.9 木屋架杆件内力及长度系数计算

计算各种杆件长度还可采用更简便的长度系数法，如表15-13所列，已知屋架跨度、节间数和高跨比，即可从表中查出杆件长度系数乘以跨度，即可直接迅速算出各杆件的轴线长度，供施工制作放样应用。

木屋架杆件长度系数表 表15-13

系数\杆件	节间 H/L	4节间		6节间		8节间	
		1/4	1/5	1/4	1/5	1/4	1/5
上弦		0.559	0.5385	0.559	0.5385	0.559	0.5385
下弦		1.000	1.000	1.000	1.000	1.000	1.000
腹杆1		0.250	0.200	0.250	0.200	0.250	0.200
腹杆2		0.2795	0.2693	0.236	0.2134	0.2253	0.1952
腹杆3		0.125	0.100	0.1667	0.1333	0.1875	0.1500
腹杆4		—	—	0.1863	0.1795	0.1768	0.1600
腹杆5		—	—	0.0833	0.0667	0.125	0.100
腹杆6		—	—	—	—	0.1365	0.1346
腹杆7		—	—	—	—	0.0625	0.050

注：1. L—屋架跨度的一半长度；H—屋架高度。
2. 杆件长度＝表中长度系数×L。
3. 杆件屋架节间图式见图15-5。

但应指出，轴线长度为理论长度，并不等于各杆件的实际长度，放样下料时还要根据实际情况和经验，下弦适当加长，上弦和腹杆适当减短。

【例15-17】 木屋架跨度为24m，6个节间，高度 $H=3.0$m，上弦节点垂直荷载 $P=100$kN，试计算各杆件的内力和长度。

【解】 $n=\dfrac{L}{H}=\dfrac{12}{3}=4$，$N=\sqrt{n^2+4}=\sqrt{4^2+4}=4.47$

查表15-12得各杆件的内力系数和杆件长度系数，并杆件内力和杆件长度计算公式分别乘以 P 和 H 得：

上弦 AB 杆内力 $=-\dfrac{5}{4}N\cdot P=-\dfrac{5}{4}\times 4.47\times 100=-558.75$kN

上弦 AB 杆长度 $=\dfrac{1}{6}N\cdot H=\dfrac{1}{6}\times 4.47\times 3.0=2.24$m

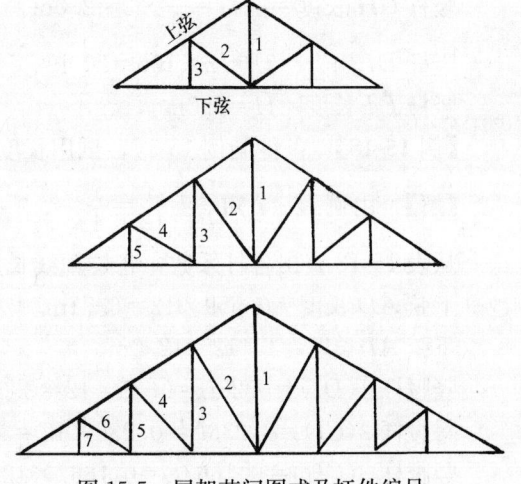

图15-5 屋架节间图式及杆件编号

上弦 BC 杆内力 $=-N\cdot P=-4.47\times 100=-447$kN

上弦 BC 杆长度 $=\dfrac{1}{6}N\cdot H=\dfrac{1}{6}\times 4.47\times 3.0=2.24$m

上弦 CD 杆内力 $=-\dfrac{3}{4}N\cdot P=-\dfrac{3}{4}\times 4.47\times 100=335.25$kN

上弦 CD 杆长度 $=\frac{1}{6}N \cdot H=\frac{1}{6}\times 4.47\times 3.0=2.24\text{m}$

下弦 AG、GH 内力 $=\frac{5}{4}n \cdot P=\frac{5}{4}\times 4\times 100=500\text{kN}$

下弦 AG、GH 长度 $=\frac{1}{6}n \cdot H=\frac{1}{6}\times 4\times 3=2.0\text{m}$

下弦 HI 杆内力 $=n \cdot P=4\times 100=400\text{kN}$

下弦 HI 杆长度 $=\frac{1}{6}n \cdot H=\frac{1}{6}\times 4\times 3=2.0\text{m}$

斜腹杆 BH 内力 $=-\frac{1}{4}N \cdot P=-\frac{1}{4}\times 4.47\times 100=111.75\text{kN}$

斜腹杆 BH 长度 $=\frac{1}{6}N \cdot H=\frac{1}{6}\times 4.47\times 3.0=2.24\text{m}$

斜腹杆 CI 内力 $=-\frac{1}{4}\sqrt{n^2+16} \cdot P=-\frac{1}{4}\sqrt{4^2+16}\times 100=141.42\text{kN}$

斜腹杆 CI 长度 $=\frac{1}{6}\sqrt{n^2+16} \cdot H=\frac{1}{6}\sqrt{4^4+16}\times 3.0=2.83\text{m}$

竖杆 BG 内力 $=0\times P=0$

竖杆 BG 长度 $=\frac{1}{3}H=\frac{1}{3}\times 3=1.0\text{m}$

竖杆 CH 内力 $=\frac{1}{2}P=\frac{1}{2}\times 100=50\text{kN}$

竖杆 CH 长度 $=\frac{2}{3}H=\frac{2}{3}\times 3=2.0\text{m}$

竖杆 DI 内力 $=2P=2\times 100=200\text{kN}$

竖杆 DI 长度 $=H=3.0\text{m}$

【例 15-18】 条件同例 15-17，试用长度系数法求各杆件的轴线长度。

【解】 由例 15-17 知 $\frac{H}{l}=\frac{3}{12}=\frac{1}{4}$

从表 15-13 查出各杆系数，各杆轴线长度计算如下：

上弦 AD 长度 $=0.559\times 12=6.71\text{m}$

下弦 AI 长度 $=1\times 12=12.0\text{m}$

竖腹杆 $1(DI)=0.25L=0.25\times 12=3.0\text{m}$

斜腹杆 $2(CI)=0.236L=0.236\times 12=2.83\text{m}$

竖腹杆 $3(CH)=0.1667L=0.1667\times 12=2.0\text{m}$

斜腹杆 $4(BH)=0.1863L=0.1863\times 12=2.24\text{m}$

竖腹杆 $5(BG)=0.0833L=1.0\text{m}$

15.10 木屋架杆件角度系数计算

木屋架设计和制作放样还常需要知道各杆件间的角度，表 15-14 为工地常用豪氏屋架杆件间角度系数。已知屋架跨度，节间数和高跨比，同样可根据表中系数值，较简捷计算出各杆件间的角度，供设计和放样加工使用。

木屋架构件间之角度系数计算　　　　　　　　　　表 15-14

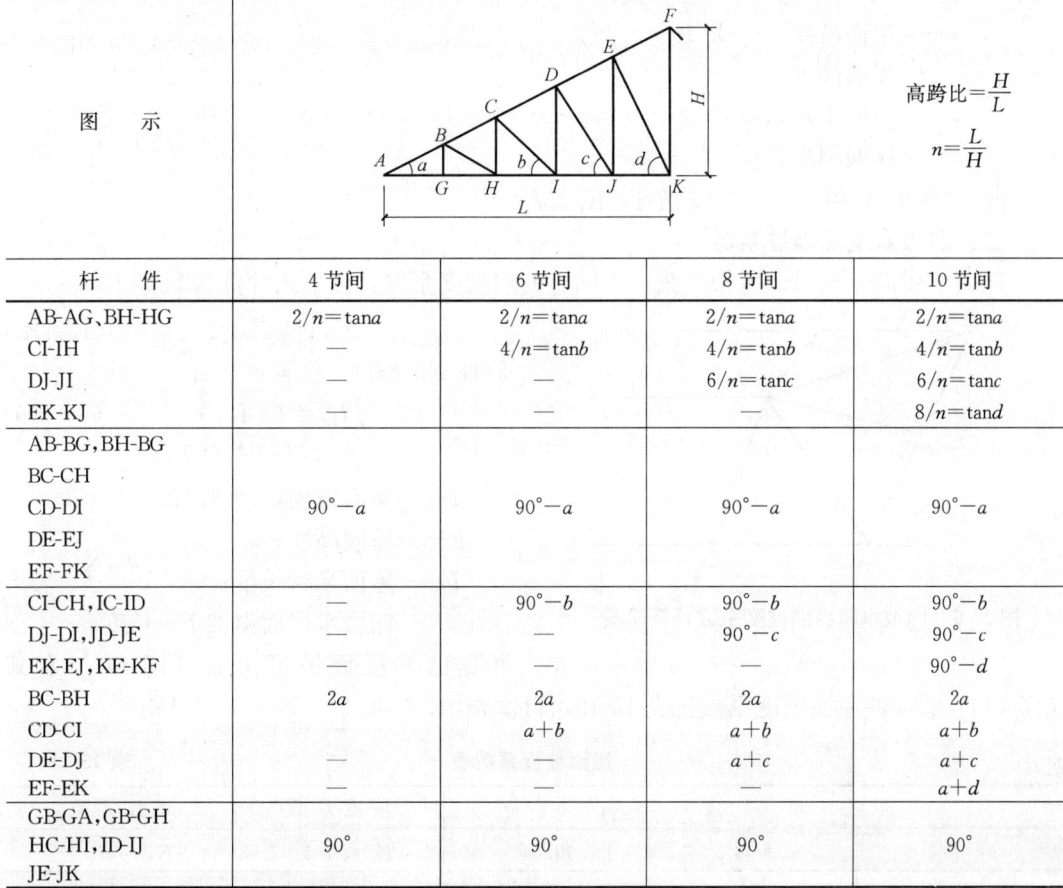

高跨比 = $\dfrac{H}{L}$

$n = \dfrac{L}{H}$

杆件	4 节间	6 节间	8 节间	10 节间
AB-AG、BH-HG	$2/n=\tan a$	$2/n=\tan a$	$2/n=\tan a$	$2/n=\tan a$
CI-IH	—	$4/n=\tan b$	$4/n=\tan b$	$4/n=\tan b$
DJ-JI	—	—	$6/n=\tan c$	$6/n=\tan c$
EK-KJ	—	—	—	$8/n=\tan d$
AB-BG, BH-BG BC-CH CD-DI DE-EJ EF-FK	$90°-a$	$90°-a$	$90°-a$	$90°-a$
CI-CH, IC-ID	—	$90°-b$	$90°-b$	$90°-b$
DJ-DI, JD-JE	—	—	$90°-c$	$90°-c$
EK-EJ, KE-KF	—	—	—	$90°-d$
BC-BH	$2a$	$2a$	$2a$	$2a$
CD-CI	—	$a+b$	$a+b$	$a+b$
DE-DJ	—	—	$a+c$	$a+c$
EF-EK	—	—	—	$a+d$
GB-GA, GB-GH HC-HI, ID-IJ JE-JK	$90°$	$90°$	$90°$	$90°$

【例 15-19】 木屋架跨度 $L=24\mathrm{m}$，6 个节间，高度 $H=3.0\mathrm{m}$，试计算支座处上下弦之间的夹角。

【解】 已知 $n=\dfrac{L}{H}=\dfrac{12}{3}=4\mathrm{m}$

上下弦之间的夹角查表 15-14 得：

$$\tan a = \dfrac{2}{n} = \dfrac{2}{4} = 0.5$$

故知，$a = 26°34'$

15.11　木结构坡度系数计算

在木结构和木模板工程中，常会遇到坡度系数的计算问题，如计算坡屋面的斜长、人字木屋架上弦杆长度以及斜杆长度；四坡水屋面用隅坡度系数计算马尾屋架斜脊（角梁）的长度等。

一、两坡水屋面坡度系数计算

两坡水屋面（基层、屋架上弦，下同）的坡度系数，按下式计算：

$$K_c = \sqrt{i^2+1} \qquad (15\text{-}40a)$$

斜边长度
$$L = l \cdot K_c \qquad (15\text{-}40b)$$

式中 K_c——两坡水屋面的坡度系数；
i——屋面坡度，$i=h/l$；
h——屋面高度；
l——屋面半跨长度；
L——屋面斜坡长度。

式（15-40a）中 $0<i\leqslant 1$，故 $1<K_c\leqslant \sqrt{2}$。

二、四坡水屋面隅坡系数

四坡水屋面（基层、屋架上弦，下同）的隅坡度系数，按下式计算（图15-6）：

$$K_d = \sqrt{i^2+2} \qquad (15\text{-}41a)$$

斜坡 EF 长度
$$l_{EF} = l \cdot K_d \qquad (15\text{-}41b)$$

式中 K_d——四坡水屋面坡度系数；
i——屋面坡度，$i=h/l$；
h——屋面高度；
l——屋面半跨长度；
l_{EF}——四坡水屋面斜坡 EF 长度。

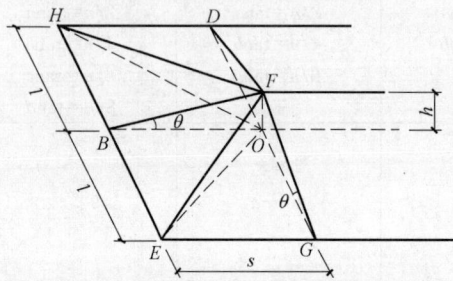

图 15-6 四坡水屋面隅坡度系数计算简图

根据已知屋面坡度由式（15-40a）和式（15-41a）编制的屋面坡度系数见表15-15，可供查用。

屋面坡度系数表　　　　表 15-15

坡　　度			坡度系数	坡度系数
$i=h/l$	$h/2l$	角度 θ	$K_c=\sqrt{i^2+1}$	$K_d=\sqrt{i^2+2}$
1.0000	1/2	45°	1.4142	1.7321
0.700	1/2.86	35°	1.2207	1.5780
0.650	1/3.08	33°01′	1.1927	1.5564
0.577	1/3.47	30°	1.1545	1.5274
0.500	1/4	26°34′	1.1180	1.5000
0.400	1/5	21°48′	1.0770	1.4697
0.300	1/6.67	16°42′	1.0440	1.4457
0.200	1/10	11°19′	1.0198	1.4283
0.125	1/16	7°8′	1.0078	1.4197
0.083	1/24	4°45′	1.0034	1.4166

【例 15-20】 工地仓库采用人字屋架，跨度为 12m，高度为 3m，长 35m，试求屋面木基层的面积。

【解】 由题意知屋面坡度 $i = \dfrac{h}{l} = \dfrac{3}{6} = 0.5$

屋面斜坡长度 $L = l \cdot \sqrt{i^2+1} = 6 \cdot \sqrt{0.5^2+1} = 6.708\text{m}$

则屋面木基层面积 A 为：
$$A = 2 \times 6.708 \times 35 = 469.56 \text{m}^2$$

或查表 15-15 得：$K_c = 1.1180$

则屋面木基层面积 A 为：

$$A = 12 \times 35 \times 1.1180 = 469.56 \text{m}^2$$

【例 15-21】 条件同例 15-20，两端采用四坡水屋面，试求斜坡 EF 长度。

【解】 斜坡长度由式（15-41b）得：

$$l_{EF} = l \cdot \sqrt{i^2+2} = 6 \times \sqrt{0.5^2+2} = 9.0 \text{m}$$

或查表 15-15 得 $K_d = 1.50$，斜坡长度由式（15-41）得：

$$l_{EF} = l \cdot K_d = 6 \times 1.5 = 9.0 \text{m}$$

故知，斜坡 EF 长度为 9.0m。

【例 15-22】 已知屋面坡度 $i=0.5$，试求两坡水屋面的坡度系数和四坡水屋面隅坡度系数各为多少。

【解】 将 $i=0.5$ 分别代入式（15-40a）和式（15-41a），即

$$K_c = \sqrt{i^2+1} = \sqrt{0.5^2+1} = 1.118; K_d = \sqrt{i^2+2} = \sqrt{0.5^2+2} = 1.500$$

故知，两坡和四坡屋面系数分别为 1.118 和 1.500，反之，用以上计算，亦可编制屋面坡度系数如表 15-15。

15.12　木屋架杆件截面及连接螺栓简易计算

一、木屋架杆件截面简易计算

按 15.9 节算出屋架各杆件内力后，对受压杆件可按 15.7 节中木柱简易计算有关公式进行计算。受拉杆件可按下式计算：

$$A_0 = \frac{N_p}{f_t} \tag{15-42}$$

$$d = \sqrt{\frac{A_0}{0.785}} \tag{15-43}$$

式中　A_0——圆木的截面积（cm²）；

　　　N_p——杆件轴向拉力（N）；

　　　f_t——木材的顺纹抗拉强度设计值，一般取 9N/mm²；

　　　d——圆木梢径（cm²）。

二、上（下）弦端点及下弦中部连接螺栓简易计算

木屋架杆件之间多用扒钉连接，但上（下）弦端点和下弦杆中部的连接必须采用螺栓连接，一般可采用以下简易方法：

1. 上（下）弦端点螺栓连接　可按下式计算：

$$A = \frac{N}{0.9 f_t^b} \tag{15-44}$$

$$d = \sqrt{\frac{A}{0.785}} \tag{15-45}$$

式中　A——需用保险螺栓截面积（cm²）；

　　　f_t^b——螺栓抗拉强度设计值（N/mm²），采用 Q235 钢，$f_t^b = 170$N/mm²；

　　　N——上弦杆件的轴心压力×1.05（N）；

　　　d——保险螺栓直径（cm）。

2. 下弦中部螺栓连接　可按下式计算：

$$[N_V]_N = 200d^2\sqrt{0.9} \tag{15-46}$$

$$[N_V]_c = 40c \cdot d \times 0.9 \tag{15-47}$$

$$[N_V]_a = 50a \cdot d \times 0.9 \tag{15-48}$$

取三式中的最小值作为 $[N_V]_c$

$$m = \frac{N_p}{[N_V]} \tag{15-49}$$

式中　$[N_V]$——螺栓容许单剪力（N）；
　　　　c——下弦杆直径（cm）；
　　　　a——夹板厚度（cm）；
　　　　N_p——下弦杆件的拉力（N）；
　　　　d——螺栓直径（cm）；
　　　　m——螺栓个数，取双数。

应该注意的是：当由 A 计算 d 时，圆木应考虑螺栓孔和削口的面积损失，螺栓应考虑螺纹的面积损失，一般选用截面应加大 $15\% \sim 20\%$。

【例 15-23】　餐厅圆木豪氏屋架，跨度为 9m，采用 6 节间、1/4 坡度，高度为 2.25m，上弦节点荷载 $P=71.4$kN，试计算屋架端节点杆体 AB、AG 及下弦杆件 HI 的内力及需用截面积，并计算选用上（下）弦端点和下弦中部连接螺栓需用的截面积和数量。

【解】　(1) 计算杆件内力和截面积

由表 15-12 得：$n = L/H = 9/2.25 = 4$；$N = \sqrt{n^2+4} = \sqrt{4^2+4} = 4.47$，则：

上弦 AB 杆内力 $= -\frac{5}{4}NP = -\frac{5}{4} \times 4.47 \times 71.4 = 398.9$kN

下弦 AG 杆内力 $= \frac{5}{4}nP = \frac{5}{4} \times 4 \times 71.4 = 357.0$kN

下弦 HI 杆内力 $= nP = 4 \times 71.4 = 285.6$kN

上弦 AB 杆长度 $l = 9 \times \frac{0.559}{3} = 1.677$m $= 167.7$cm

选用 $d = 12$cm　则 $l/d = 167.7/12 = 14$
查表 15-10 得：$\varphi = 0.69$

$$A = \frac{3989}{10 \times 0.69} = 578.1 \text{cm}^2$$

$$d = \sqrt{\frac{578.1}{0.785}} = 27.1 \text{cm}$$

考虑钻孔和削口截面损失较大，采用梢径 28cm 圆木。

下弦杆 AG、HI 为同一根圆木，应用内力较大的 AG 杆计算，取 $f = 9.0$N/mm²

$$A = \frac{N}{f} = \frac{3570 \times 10^3}{9 \times 10^2} = 396.7 \text{cm}^2$$

$$d = \sqrt{\frac{A}{0.785}} = \sqrt{\frac{396.7}{0.785}} = 22.5 \text{cm}$$

因构造上同上弦杆 AB，亦采用直径 28cm 圆木。

（2）计算上（下）弦端节点及下弦中部连接螺栓截面积和数量

上（下）弦端部连接螺栓截面和直径由式（15-44）得：

$$A = \frac{N}{0.9 f_c^b} = \frac{3990 \times 1.05}{0.9 \times 1700} = 2.74 \text{cm}^2$$

$$d = \sqrt{\frac{A}{0.785}} = \sqrt{\frac{2.74}{0.785}} = 1.87 \text{cm} \approx 1.9 \text{cm}$$

采用一根直径 22mm 螺栓。

下弦中部连接采用 6cm 厚木夹板，螺栓直径选用 18mm，容许 $[N_V]$ 由式(15-46)～式（15-48）得：

$$[N_V]_N = 200 d^2 \sqrt{0.9} = 200 \times 1.8^2 \times \sqrt{0.9} = 615$$
$$[N_V]_C = 400 cd \times 0.9 = 40 \times 12 \times 1.8 \times 0.9 = 777$$
$$[N_V]_a = 50 ad \times 0.9 = 50 \times 6 \times 1.8 \times 0.9 = 486$$

取以上三式的最小值，$[N_V] = 486$N，需用螺栓数量由式（15-49）得：

$$m = \frac{N}{[N_V]} = \frac{2856}{486} = 5.8 个 \qquad 用 6 个$$

故知，采用直径 18mm 螺栓 6 个。

15.13　木结构正多边形边长和拱高计算

在木结构施工中，有时会遇到六角形、八角形窗或漏花的制作；在水池水塔、筒仓、烟囱等结构物施工，也常会遇到采用多边形模板来支模浇筑成型，都需要计算正多边形的边长和拱高，也就是将一个圆分成若干等分，然后计算每一等分的边长和拱高。在数学上多用半径和圆心角的三角函数来求解，但比较烦琐。为简化计算，一般制成正多边形边长和拱高系数表（表 15-16）供施工时查用。如已知正多边形的直径（图 15-7），则可从表 15-16 中查出边长和拱高系数，按下式计算边长和拱高：

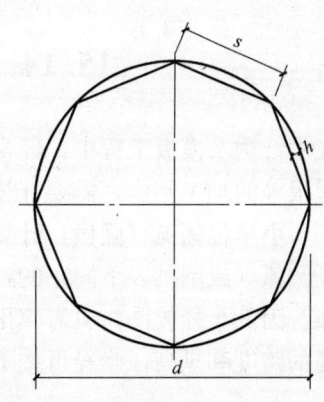

图 15-7　正多边形边长、拱高计算
d—直径；s—边长；h—拱高

$$s = d \cdot K_1 \qquad (15\text{-}50)$$
$$h = d \cdot K_2 \qquad (15\text{-}51)$$

式中　s——正多边形边长；
　　　d——正多边形直径；
　　　h——正多边形拱高；
　　　K_1——边长系数；
　　　K_2——拱高系数。

多边形边长、拱高系数表　　　　　　　　　表 15-16

边数	边长系数 K_1	拱高系数 K_2	边数	边长系数 K_1	拱高系数 K_2	边数	边长系数 K_1	拱高系数 K_2
3	0.86603	0.25000	20	0.15643	0.00616	37	0.08481	0.00180
4	0.70711	0.14645	21	0.14904	0.00558	38	0.08258	0.00171
5	0.58779	0.09549	22	0.14232	0.00509	39	0.08047	0.00162
6	0.50000	0.6699	23	0.13617	0.00466	40	0.07846	0.00154
7	0.43388	0.04952	24	0.13053	0.00428	45	0.06976	0.00122
8	0.38268	0.03806	25	0.12533	0.00394	50	0.06279	0.00100
9	0.34202	0.03015	26	0.12054	0.00365	55	0.05709	0.00082
10	0.30902	0.02447	27	0.11609	0.00338	60	0.05234	0.00069
11	0.28173	0.02025	28	0.11196	0.00314	65	0.04831	0.00058
12	0.25882	0.01704	29	0.10812	0.00293	70	0.04487	0.00050
13	0.23932	0.01453	30	0.10453	0.00274	75	0.04188	0.00044
14	0.22252	0.01254	31	0.10117	0.00257	80	0.03926	0.00039
15	0.20791	0.01093	32	0.09802	0.00241	85	0.03695	0.00034
16	0.19509	0.00961	33	0.09506	0.00226	90	0.03490	0.00030
17	0.18375	0.00851	34	0.09227	0.00213	95	0.03306	0.00027
18	0.17365	0.00760	35	0.08964	0.00201	100	0.03141	0.00025
19	0.16459	0.00682	36	0.08716	0.00190			

【例 15-24】 制作八角形木窗，已知直径 $d=1.5\text{m}$，试求每边边长和拱高。

【解】 已知窗边数为 8，查表 15-16 得边长系数 $K_1=0.38268$，拱高系数 $K_2=0.03806$

每边长度　　　$s=d \cdot K_1=1500 \times 0.3826=574\text{mm}$

每边拱高　　　$h=d \cdot K_2=1500 \times 0.03806=57\text{mm}$

故知，八角形窗每边长度为 574mm，拱高为 57mm。

15.14　木结构圆弧和圆拱计算

在木结构及模板工程中，经常会遇到圆形门窗、阳台、圆拱门窗以及圆形或半圆形构筑物模板等的加工制作，需要计算圆弧或圆拱、或半径。

一、小半径圆弧（圆拱）计算

指圆弧（或圆拱，下同）的跨度在 5m 以内，拱高 h 与跨度 l 之比（即 h/l）大于 0.1 的圆弧。因其半径较小，只需算出半径，然后在平台（或地面）上按半径画弧即可。设已知圆弧的跨度和拱高，半径可按下式计算：

$$R=\left[\left(\frac{l}{2} \times \frac{l}{2} \div h\right)+h\right] \div 2 \tag{15-52}$$

如已知 l 和 R，拱高可按下式计算：

$$h=R-\sqrt{R^2-0.25l^2} \tag{15-53}$$

式中　R——圆弧半径；

　　　l——圆弧跨度；

　　　h——圆弧拱高。

为简化计算，圆弧半径亦可由拱跨比查表 15-17 的半径系数，用跨度乘半径系数求得。

15.14 木结构圆弧和圆拱计算

圆弧半径系数   表 15-17

拱 跨 比	半径系数	拱 跨 比	半径系数	拱 跨 比	半径系数
0.10	1.3000	0.15	0.9083	0.30	0.5667
0.11	1.1914	0.16	0.8613	0.35	0.5321
0.12	1.1027	0.18	0.7844	0.40	0.5125
0.13	1.0265	0.20	0.7250	0.45	0.5028
0.14	0.9629	0.25	0.6250	0.50	0.5000

注：拱跨比中间数值，可用插入法求得。

二、大半径圆弧（圆拱）计算

指圆弧（或圆拱，下同）的跨度大于 5m，或者拱跨比小于 0.1 的圆弧。因其半径很大，画弧不方便，可采用分段算法如图 15-8，先将圆弧跨度的一半平均分为 10 段，每段长度取跨度的 1/20，并由 0～9 编号，以圆心为原点，拱距为 x 坐标，每点坐标到跨中点的距离称为点距（例如 1 点距 $=0.1 \times \dfrac{l}{2}$；2 点距 $=0.2 \times \dfrac{l}{2}$……），如已知跨度和拱高 h，先按式（15-52）求出半径 R，然后按下式求出每点纵坐标的高度：

$$y = \sqrt{R^2 - x^2} - (R-h) \qquad (15-54)$$

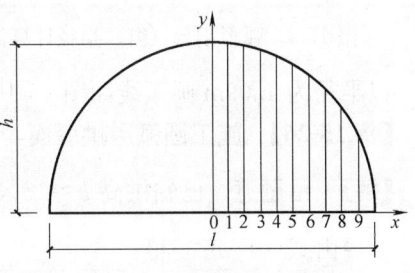

图 15-8　圆弧分段计算简图
l—跨度；h—拱高

式中　y——每点纵坐标高；
　　　x——点距；
　　　R、h——分别为圆弧半径和拱高。

按以上算出的编号 0～9 每点坐标的高度 y，把各点坐标高度连成一条圆滑弧线，即为所求的圆弧（圆拱）。

三、弧形阳台（窗）半径计算

弧形阳台（窗）是住宅楼常遇到的构筑物，设计图纸上往往只注明弦长和弦高，而不标注圆弧半径尺，除了可按一计算外，亦可用更为简易的勾股弦法求得。

如图 15-9 设弦长为 l，弦高为 h，圆弧半径为 R，则可求得：

$$R^2 = (R-h)^2 + (l/2)^2$$

$$R^2 = R^2 - 2hR + h^2 + \dfrac{l^2}{4}$$

$$2hR = (4h^2 + l^2)/4$$

则
$$R = \dfrac{4h^2 + l^2}{8h} \qquad (15-55)$$

【例 15-25】 制作一圆拱窗，窗宽 1.5m，拱高 0.3m，试求出半径并划圆弧。

【解】 圆拱半径由式（15-52）得：

$$R = \left[\left(\dfrac{l}{2} \times \dfrac{l}{2} \div h\right) + h\right] \div 2$$

$$= \left[\left(\dfrac{1.5}{2} \times \dfrac{1.5}{2} \div 0.3\right) + 0.3\right] \div 2$$

$$= 1.0875 \text{m} \approx 1.09 \text{m}$$

或由拱跨比 $h/l = 0.3/1.5 = 0.2$，查表 15-17 得半径系数为 0.725，则半径为：

$$R = 1.5 \times 0.715 = 1.0875 \text{m} \approx 1.09 \text{m}$$

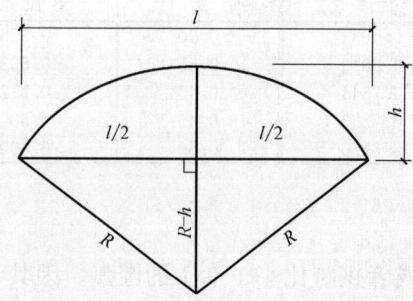

图 15-9 弧形阳台（窗）半径计算简图

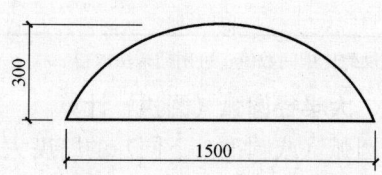

图 15-10 圆拱窗圆拱线

以半径为 1.09m 画弧线如图 15-10 所示。

【**例 15-26**】 施工圆弧形拱屋面，跨度为 18m，拱高为 1/18 跨度，试求圆弧曲线。

【**解**】 由题意，已知拱高 $h = 18 \times \dfrac{1}{18} = 1.0 \text{m}$

半径由式 (15-52) 得：

$$R = \left[\left(\frac{18}{2} \times \frac{18}{2} \div 1 \right) + 1 \right] \div 2 = 41.0 \text{m}$$

每点的点距：1 点 $x_1 = 0.1 \times \dfrac{18}{2} = 0.9 \text{m}$

2 点 $x_2 = 0.2 \times \dfrac{18}{2} = 1.8 \text{m}$

⋮ ⋮ ⋮ ⋮

同样 3 点到 9 点的点距分别为：2.7、3.6、4.5、5.4、6.3、7.2、8.1m。

各点纵坐标高度由式 (15-54) 得：

0 点 = 拱高 $h = 1.0 \text{m}$

1 点 $y_1 = \sqrt{R^2 - x^2} - (R - h) = \sqrt{41^2 - 0.9^2} - (41 - 1) = 0.9901 \text{m}$

2 点 $y_2 = \sqrt{41^2 - 1.8^2} - (41 - 1) = 0.9605 \text{m}$

3 点 $y_3 = \sqrt{41^2 - 2.7^2} - (41 - 1) = 0.9110 \text{m}$

4 点 $y_4 = \sqrt{41^2 - 3.6^2} - (41 - 1) = 0.8416 \text{m}$

5 点 $y_5 = \sqrt{41^2 - 4.5^2} - (41 - 1) = 0.7523 \text{m}$

6 点 $y_6 = \sqrt{41^2 - 5.4^2} - (41 - 1) = 0.6428 \text{m}$

7 点 $y_7 = \sqrt{41^2 - 6.3^2} - (41 - 1) = 0.5131 \text{m}$

8 点 $y_8 = \sqrt{41^2 - 7.2^2} - (41 - 1) = 0.3629 \text{m}$

9 点 $y_9 = \sqrt{41^2 - 8.1^2} - (41 - 1) = 0.1919 \text{m}$

将各点纵坐标高度连成平滑圆弧线，如图 15-11 所示。

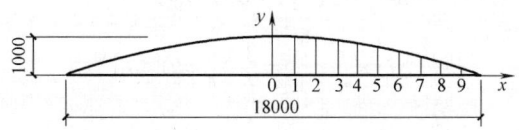

图 15-11 拱屋面圆弧线

【例 15-27】 已知弧形阳台弦长 $l=1.5$m，弦高 $h=0.3$m，试求弧形阳台的半径。

【解】 由式（15-55）得：

$$R=\frac{4h^2+l^2}{8h}=\frac{4\times 0.3^2+1.5^2}{8\times 0.3}=1.0875\approx 1.09\text{m}$$

15.15 梯形构件各挡长度简易计算

木结构梯形构件，如木梯的横挡、木桁架的竖复杆，一般采用现场放大样的方法求其长度，既缓慢，又烦琐。施工时如采用计算两挡之间的差值的方法推算中间各挡长度，则会很快计算出来，既简易、快速，又很实用。

设梯形构件每根横挡的长短差为 Δl，则其差值可按下式计算：

$$\Delta l=\frac{l_n-l_1}{n-1} \tag{15-56}$$

式中 l_1——第一挡的长度

l_n——第 n 挡的长度

n——梯形构件的挡数

按式（15-56）求得差值后，逐挡累计加入 Δl 值，即可算出各挡横杆的长度。对三角形桁架（屋架），可令 $l_1=0$，$l_n=$屋架中竖杆长度，亦可按式（15-56）计算各根竖腹杆长度。

【例 15-28】 已知木梯第 1 挡长 $l_1=350$mm，第 9 挡长 $l_9=550$mm，试求中间各挡的长度。

【解】 由式（15-56）得：

$$\Delta l=\frac{l_n-l_1}{n-1}=\frac{550-350}{9-1}=25\text{mm}$$

则 第 2 挡长 $l_2=350+25=375$mm

第 3 挡长 $l_3=375+25=400$mm

第 4 挡长 $l_4=400+25=425$mm

第 5 挡长 $l_5=425+25=450$mm

第 6 挡长 $l_6=450+25=475$mm

第 7 挡长 $l_7=475+25=500$mm

第 8 挡长 $l_8=500+25=525$mm

【例 15-29】 三角形木屋架，跨度为 24.0m，按 1∶4 高跨比制作，中竖腹杆长 3.0m（图 15-12），

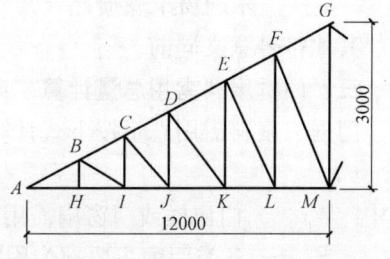

图 15-12 屋架竖杆、斜杆计算简图

试求该屋架竖腹杆、斜腹杆和上弦的长度。

【解】 已知 $l_1=0$，$l_7=3.0\mathrm{m}$，由式（15-56）得：

$$\Delta l=\frac{l_7-l_1}{n-1}=\frac{3-0}{7-1}=0.5\mathrm{m}$$

则 $l_{BH}=0+0.5=0.5\mathrm{m}$ $l_{CI}=0.5+0.5=1.0\mathrm{m}$

$l_{DJ}=1.0+0.5=1.5\mathrm{m}$ $l_{EK}=1.5+0.5=2.0\mathrm{m}$

$l_{FL}=2.0+0.5=2.5\mathrm{m}$

$l_{BI}=\sqrt{2^2+0.5^2}=2.062\mathrm{m}$ $l_{CJ}=\sqrt{2^2+1.0^2}=2.236\mathrm{m}$

$l_{DK}=\sqrt{2^2+1.5^2}=2.500\mathrm{m}$ $l_{EL}=\sqrt{2^2+2.0^2}=2.828\mathrm{m}$

$l_{FM}=\sqrt{2^2+2.5^2}=3.202\mathrm{m}$ $l_{AG}=\sqrt{2^2+3^2}=12.369\mathrm{m}$

15.16 木门窗用料计算

木门窗用料计算步骤方法是：先根据门窗面积和定额每平方米门窗需用毛截面木材用量，并考虑配料损耗计算干锯材需要总量，然后再考虑湿锯材干燥损耗量，计算湿锯材需要总量，最后按门窗各主要部位用料比例计算各部位需要木料总量，计算步骤方法公式分列如下：

一、干锯材需要总量计算

木门窗干锯材需要总量按下式计算：

$$W_0=SV(1+n_1) \tag{15-57}$$

式中 W_0——木门窗干锯材需要总量（m^3）；

     S——木门窗面积（m^2）；

     V——每平方米木门窗需用毛截面材积（$\mathrm{m}^3/\mathrm{m}^2$），可由表 15-18 和表 15-19 查用；

     n_1——木门窗配料损耗（%），见表 15-20。

二、湿锯材需要总量计算

木门窗湿锯材需要总量按下式计算：

$$W=W_0(1+n_2) \tag{15-58}$$

式中 W——木门窗湿锯材需要总量（m^3）；

     n_2——木门窗干燥损耗（%），见表 15-20；

其他符号意义同前。

三、门框扇料需用总量计算

门框、扇料需用总量按下式计算：

$$W_1=WB_1 \tag{15-59}$$

式中 W_1——门窗框或门窗扇需用木材总量（m^3）；

     B_1——各类门窗主要部位用料比例，见表 15-21 和表 15-22；

其他符号意义同前。

15.16 木门窗用料计算

木门毛截面材积参考（m³/m²）　　　　　　　　　　　　　　　　　表 15-18

地区	类别					
	夹板门	镶纤维板门	镶木板门	半截玻璃门	弹簧门	拼板门
华北	0.0296	0.0353	0.0466	0.0379	0.0453	0.0520
华东	0.0287	0.0344	0.0452	0.0368	0.0439	0.0512
东北	0.0285	0.0341	0.0450	0.0366	0.0437	0.0510
中南	0.0302	0.0360	0.0475	0.0387	0.0462	0.0539
西北	0.0258	0.0307	0.0405	0.0330	0.0394	0.0459
西南	0.0265	0.0316	0.0417	0.0340	0.0406	0.0473

注：1. 本表以华北地区木门窗标准图的平均数为基础，其他地区按截面大小折算。
2. 本表按无纱内门考虑。

木窗毛截面材积参考（m³/m²）　　　　　　　　　　　　　　　　　表 15-19

地区	平开窗			中悬窗	百叶窗
	单层玻璃窗	一玻一纱窗	双层玻璃窗		
华北	0.0291	0.0405	0.0513	0.0285	0.0431
华东	0.0400	0.0553	—	0.0311	0.0471
东北	0.0337	—	0.0638	0.0309	0.0467
中南	0.0390	0.0578	—	0.0303	0.0459
西北	0.0369	0.0492	—	0.0287	0.0434
西南	0.0360	0.0485	—	0.0281	0.0425

注：拱跨比中间数值，可用插入法求得。

木门窗配料损耗 n_1 和干燥损耗 n_2 配料利用率 n_3　　　　　　　表 15-20

名称	树种	干燥损耗 n_1 （湿板→干板） （%）	配料损耗 n_2 （干板→半成品构件） （%）	配料利用率 n_3 （干板→半成品构件） （%）
普通门窗	硬木	18	38	62
	软木	12	25	75
高级门窗	硬木	18	50	50

各类门主要部位用料比例　　　　　　　　　　　　　　　　　　　表 15-21

门的类别		门框 （%）	门扇梃亮子 （%）	撑子及压条 （%）	门心板 （%）	梃子 （%）	备注
夹板门	单扇	53	27	20	—	—	
	双扇	42	34	24	—	—	
镶纤维板门	单扇	47	53	—	—	—	
	双扇	36	64	—	—	—	
镶木板门	单扇	37	45	—	18	—	
	双扇	27	52	—	21	—	
半截玻璃门	单扇	40	42	—	15	3	
	双扇	30	49	—	17	4	
弹簧门	双扇	35	53	3	5	4	
	四扇	33	62	3	—	2	全玻
拼板门	单扇	38	41	1	20	—	
	双扇	28	48	1	23	—	

各类窗各部位用料比例 表15-22

窗 的 类 别		窗比料(%)	窗扇料(%)	薄板料(%)
名 称	扇 数			
无亮单层玻璃窗	单 扇	62	38	—
	双 扇	49	51	—
	三 扇	45	55	—
有亮单层玻璃窗	单 扇	56	44	—
	双 扇	46	54	—
	三 扇	51	49	—
有亮一玻一纱窗	单 扇	48	52	—
	双 扇	38	62	—
	三 扇	41	59	—
单层中悬窗	单 扇	60	40	—
	上中悬,下平开	53	47	—
	上中悬,中固定,下平开	43	57	—
木百叶窗	单 扇	49	—	51
	双 扇	48	—	52
	三 扇	42	—	58

【例15-30】 华北地区制作高2.4m,宽1.8m的双扇拼板门120樘,采用硬木料,试求门框、扇等湿锯材料需用量。

【解】 查表15-20得 $n_1=38\%$,$n_2=18\%$

门总面积 $S=1.8\times2.4\times120=518.4\text{m}^2$

查表15-18 得木门每平方米需用毛截面材积 $V=0.0520\text{m}^3$

木门干锯材需要总量 由式(15-57)得:
$$W_0=SV(1+n_1)=518.4\times0.0520\times(1+0.38)=37.2\text{m}^2$$

木门湿锯材需要总量 由式(15-58)得:
$$W=W_0(1+n_2)=37.2(1+0.18)=43.9\text{m}^3$$

双扇拼板门主要部位用料比例由表15-21查得为:门框28%;门扇梃等48%;撑子及压料1%;门心板23%,则各部分需用料总量分别为:

门框料用量 $W_1=WB_1=43.9\times0.28=12.29\text{m}^3$

门扇梃用量 $W_1=43.9\times0.48=21.07\text{m}^3$

撑子及压料用量 $W_1=43.9\times0.01=0.44\text{m}^3$

门心板用量 $W_1=43.9\times0.23=10.10\text{m}^3$

16 防水与防腐蚀工程

16.1 刚性防水屋面混凝土收缩值计算

刚性屋面防水板块在温度、湿度以及空气中二氧化碳与水泥水化（即碳化）作用下，将产生收缩变形，当超过混凝土的极限拉伸值，将导致板块开裂而造成渗漏，因此在施工设计时要对屋面混凝土进行总收缩值计算，以便控制板块不出现开裂情况。

防水屋面的总收缩主要包括干缩、冷缩和碳化收缩三部分，总收缩值与时间因素有关，一般以一年为循环周期，即对期龄为一年的总收缩值进行计算。其方法是在各种基本收缩值的基础上，乘以各种不同的影响折减系数。总收缩值 $\varepsilon_{一年}$ 的计算式如下：

$$\varepsilon_{一年} = K_1 \cdot K_2 \cdot K_3 \cdot K_4 (K_5 \cdot \varepsilon_{干} + \varepsilon_{冷} + \varepsilon_{碳}) \tag{16-1}$$

式中 $\varepsilon_{干}$——干缩值，当相对湿度为50%时，C20混凝土约为 380×10^{-6}；C25混凝土约为 400×10^{-6}；C30混凝土约为 480×10^{-6}；不同相对湿度时，混凝土的干缩值，可由图16-1求得；

$\varepsilon_{冷}$——冷缩值，用河卵石作骨料的混凝土，其线性热膨胀系数为 $10.1 \sim 11.9 \times 10^{-6}/℃$，而线性冷缩系数为 $8 \times 10^{-6}/℃$；

$\varepsilon_{碳}$——碳化收缩值，根据相对湿度由图16-2曲线查得。当相对湿度为80%时，一般为 360×10^{-6}；相对湿度为90%时为 100×10^{-6}；相对湿度为25%及100%时，$\varepsilon_{碳} = 0$；

K_1——纵向钢筋配筋率影响系数，$K_1 = 1 - \rho \times 100$；

其中 ρ——板块配筋率；

K_2——横向变形影响系数，对混凝土取 $K_2 = 0.83$；

K_3——龄期影响系数，根据龄期可由图16-3查得；

K_4——构件暴露于大气中的面积（尺寸）影响系数，通常用一个虚拟厚度 d_m 来决定 K_4，$d_m = \dfrac{Bh}{B+h}$（B 为板块宽度；h 为板块厚度），根据 d_m 可由图16-4查得；

K_5——相对湿度对于干缩的影响系数，根据本地区平均相对湿度可由表16-1查得。

相对湿度对干缩的影响（折减）系数 K_5　　　　　表16-1

相对湿度	50%	60%	70%	80%	90%
相对湿度影响系数	1.00	0.85	0.68	0.46	0.26

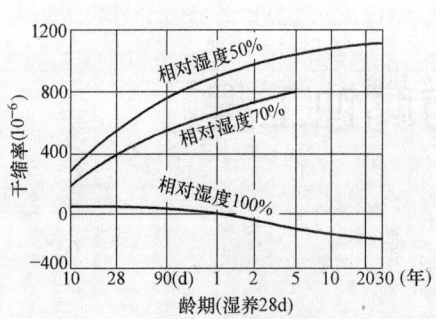

图 16-1 不同相对湿度时混凝土的干缩值

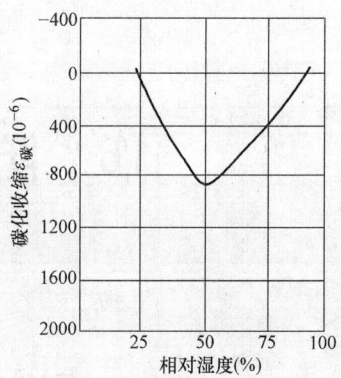

图 16-2 碳化收缩曲线

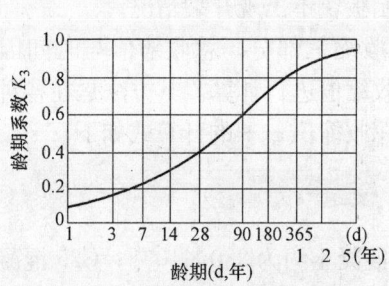

图 16-3 混凝土收缩的龄期
影响系数 K_3

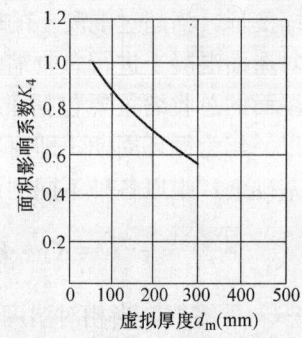

图 16-4 构件的面积（尺寸）对
干缩的影响系数 K_4

当计算的总收缩值大于防水混凝土板块的极限拉伸值，应采取降低混凝土收缩值的技术措施，如采取在混凝土中掺加减水剂、减少水泥用量、减小水灰比、分两次浇捣混凝土，以提高抗裂性；或设置滑动隔离层，以减少约束，设架空隔离层；或采取屋面蓄水或种植等措施，以降低气温，提高湿度，减小收缩。

【例 16-1】 屋面防水板块，尺寸：$B \times L = 3600 \times 7200 \text{mm}$，板厚 $h=40\text{mm}$，混凝土为 C20，板内双向配 $\phi 4 @ 150\text{mm}$ 钢丝网，该地区月平均最高气温为 30℃，月平均最低气温为 -5℃，平均相对湿度为 80%，已知 $\varepsilon_{干}=380 \times 10^{-6}$，线性冷缩系数为 $8 \times 10^{-6}/1$℃，$\varepsilon_{碳}=360 \times 10^{-6}$，$K_2=0.83$，试求一年的混凝土总收缩值。已知混凝土的极限拉伸 $\varepsilon_{max}=150 \times 10^{-6}$，试问该板块是否会出现开裂。

【解】 当月平均最高气温为 30℃，最低气温为 -5℃ 时的最大轴向冷缩值为：

$$\varepsilon_{冷}=8 \times 10^{-6} \times [30-(-5)]=280 \times 10^{-6}$$

防水板块的配筋率 $\rho = \dfrac{1000}{150} \times \dfrac{0.126 \times 100\%}{100 \times 4} = 0.21\%$

则 $K_1 = 1 - \rho \times 100 = 1 - 0.21\% \times 100 = 0.79$

已知龄期为一年，由图 16-3 查得 $K_3=0.80$

由 $d_m = \dfrac{Bh}{B+h} = \dfrac{3600 \times 40}{3600+40} \approx 40mm$，由图16-4查得 $K_4 = 1$。

已知相对湿度为80%，由表16-1查得 $K_5 = 0.46$。

该防水板块一年混凝土的总收缩值，由式（16-1）得：

$$\begin{aligned}\varepsilon_{-年} &= K_1 \cdot K_2 \cdot K_3 \cdot K_4(K_5\varepsilon_干 + \varepsilon_冷 + \varepsilon_碳) \\ &= 0.79 \times 0.88 \times 0.80 \times 1.00 \times (0.46 \times 380 + 280 + 360) \times 10^{-6} \\ &= 427 \times 10^{-6} > \varepsilon_{l\max} = 150 \times 10^{-6}\end{aligned}$$

故知，在总收缩作用下，如未设滑动隔离层，将引起混凝土开裂。

16.2 刚性防水屋面分格缝间距计算

刚性防水屋面防水分格尺寸（$L_{\max}$），由板块长向中间不出现通长的温度裂缝和防水板块的应变值（总收缩值）不大于嵌缝材料的极限拉伸率两个条件控制，经计算取其最小尺寸作为分格缝间距。

一、按板块不出现裂缝的条件确定分格缝间距

1. 对素混凝土防水板块：

$$L \leqslant L_{\max} = \dfrac{0.15 f_t}{\mu\gamma(1+h_1/h)} \tag{16-2}$$

2. 对钢筋混凝土防水板块

为保证分块能克服约束力而自由收缩不开裂，分格缝间距按下式计算：

$$L \leqslant L_{\max} = \dfrac{0.2 f_t(1+2\alpha_E\rho_s)}{\mu\gamma(1+h_1/h)} \tag{16-3}$$

式中　L——分格缝间距；
　　$L_{\max}$——分格缝间距最大值；
　　f_t——混凝土抗拉强度设计值；
　　μ——防水板块底面与搁置面之间的摩擦系数；对可滑动层 $\mu=0$；一般垫层 $\mu=0.25\sim0.5$；对混凝土 $\mu=0.9$。
　　γ——板块的重力密度；
　h、h_1——板块的厚度及其上荷载的折算厚度；
　　α_E——钢筋弹性模量 E_s 与混凝土弹性模量的比值，即 $\alpha_E = E_s/E_c$；
　　ρ_s——钢筋混凝土板块配筋率。

按式（16-3）计算的最大分格缝间距 $L_{\max}$ 见表16-2。

钢筋混凝土防水层分格缝间距最大值 $L_{\max}$　　表16-2

配筋情况	底层或垫层材料	μ	$L_{\max}$(m)		
			$h_1/h_2=0$	$h_1/h=1.04$	$h_1/h=1.19$
$\phi 4@200$ $\rho_s=0.157\%$	混凝土	0.9	10.0	4.9	4.6
	一般垫层	0.4	22.5	11.0	10.3
	薄砂油毡	0.6	15.0	7.4	6.9

续表

配筋情况	底层或垫层材料	μ	L_{max}(m)		
			$h_1/h=0$	$h_1/h=1.04$	$h_1/h=1.19$
$\phi 4@150$ $\rho_s=0.21\%$	混凝土 一般垫层 薄砂油毡	0.9 0.4 0.6	10.1 22.7 15.1	5.0 11.1 7.4	4.6 10.4 6.9

注：按防水层厚 40mm 混凝土强度等级 C20，$\gamma=25kN/m^3$ 计算而得。

二、按嵌缝材料不出现裂缝的条件确定分格缝间距

为保证刚性防水板块的总收缩量不超过嵌缝材料（油膏）的有效粘贴延伸量，分格缝间距按下式计算：

$$L \leqslant L_{max} = \frac{\varepsilon_u \cdot \delta}{\Sigma \varepsilon} \tag{16-4}$$

式中 ε_u——嵌缝材料（油膏）的有效延伸率（%）；

δ——分格缝宽度（mm），按式（16-5）计算；

$\Sigma \varepsilon$——防水板块的总收缩率（%）。

一般情况下，只要嵌缝材料的质量良好，其粘贴延伸率均能满足要求，分格缝的间距主要由防水板块的温度和收缩应力控制。

除以上两项计算外，在结构变形敏感部位和排水方向转折处等位置亦应考虑设置必要的分格缝。

【例 16-2】 屋面混凝土防水板块，混凝土强度等级为C20，已知 $\mu=0.9$，$\gamma=24kN/m^3$，$h_1/h=0$，试计算确定分格缝间距。

【解】 C20 混凝土 $f_t=1.1N/mm^2$

分格缝间距由式（16-2）得：

$$L = \frac{0.15 f_t}{\mu \gamma (1+h_1/h)} = \frac{0.15 \times 1.1 \times 10^6}{0.9 \times 24000 (1+0)}$$
$$= 7.6m \qquad 用 7.5m$$

故知，分格间距为 7.5m。

【例 16-3】 屋面钢筋混凝土防水板块，混凝土强度等级为 C20，板块厚度 $h=40mm$，配 $\phi 4$ 中距 125mm 钢丝网，已知 $\mu=0.9$，$\gamma=25kN/m^3$，$h_1/h=0$，$\alpha_E=7.7$，$f_t=1.1 N/mm^2$，试计算确定分格缝间距。

【解】 防水板块配筋率 $\rho = \frac{8 \times 0.125}{4 \times 100} \times 100\% = 0.252\%$

分格缝间距由式（16-3）得：

$$L_{max} = \frac{0.2 f_t (1+2\alpha_E \rho)}{\mu \gamma (1+h_1/h)}$$
$$= \frac{0.2 \times 1.1 \times 10^6 (1+2 \times 7.7 \times 0.252\%)}{0.9 \times 25000 (1+0)}$$
$$\approx 10.0m$$

故知，分格间距为 10.0m。

【例 16-4】 条件同例 16-2，板块间缝宽 $\delta=30mm$，采用油膏嵌缝，已知 $\varepsilon_u=40\%$，

$\Sigma \varepsilon = 0.05\%$，试求分格缝间距。

【解】 板块分格缝间距由式（16-4）得：

$$L_{max} = \frac{\varepsilon_u \cdot \delta}{\Sigma \varepsilon} = \frac{40 \times 30}{0.05} = 24000 \text{mm} = 24\text{m}$$

但由例 16-2 计算得 $L_{max} = 7.5$m，故取 $L_{max} = 7.5$m。

16.3 刚性防水屋面分格缝宽度计算

屋面防水板块分格缝宽度 δ（即伸缩缝宽度）应大于板块的伸长量 δ_{max}，按下式计算：

$$\delta > \delta_{max} = L_{max} \cdot \alpha_c \cdot \Delta t \tag{16-5}$$

式中 δ——防水板块分格缝宽度；

L_{max}——防水板块最大长度；

α_c——混凝土的线膨胀系数，一般取 1.0×10^{-5}；

Δt——大气最大温度差，根据当地气象资料确定。

【例 16-5】 屋面防水板块长 $L_{max} = 20$m，$\alpha_c = 1.0 \times 10^{-5}$，该地区最大气温差 $\Delta t = 48$℃，试求需设置分格缝宽度。

【解】 板块分格缝宽度由式（16-5）得：

$$\delta = L_{max} \cdot \alpha_c \cdot \Delta t = 20 \times 1.0 \times 10^{-5} \times 48$$
$$= 0.0096\text{m} \approx 10\text{mm} \quad \text{取 10mm}$$

故知，需设置分格缝宽度为 10mm。

16.4 刚性防水屋面板块抗裂性验算

对屋面板块分格缝间距，小于式（16-2）或式（16-3）、式（16-4）计算的 L_{max} 时，表明防水板块能克服温（湿）度变化和结构层的约束作用，在季节性温（湿）度变化的作用下，不会引起开裂。但还应验算板块在上下表面温差作用下的抗裂性。对于有女儿墙的刚性屋面，还应验算高低温区在温差作用下的抗裂性。

1. 对素混凝土防水板块 在上下表面温差作用下，应满足下列抗裂条件：

$$\sigma_t \leqslant \frac{f_t}{K} \tag{16-6}$$

$$\sigma_t = 0.25 \alpha_c \cdot \Delta t \cdot E_c \tag{16-7}$$

式中 f_t——混凝土的抗拉强度设计值；

K——素混凝土抗弯构件的强度安全系数，取 $K = 2.65$；

α_c——混凝土的线膨胀系数，一般取 $\alpha_c = 1.0 \times 10^{-5}$；

E_c——混凝土的弹性模量，一般取 $2.55 \times 10^4 \sim 2.0 \times 10^4$；

Δt——在骤冷骤热的条件下，防水板块上下表面的温差，按当地气象资料或按实测数据确定。

2. 对钢筋混凝土防水板块 在上下表面温差作用下，应满足下列抗裂条件：

$$\sigma_t \leqslant \frac{\gamma_s f_t}{K_f} \tag{16-8}$$

式中 γ_s——塑性系数，对矩形截面 $\gamma_s=1.75$，$K_f=1.25$，则上式可表达为：

$$\sigma_t \leqslant 1.4 f_t \tag{16-9}$$

在高低温区温差作用下的抗裂验算，计算公式与上述相同，只温度应力 σ_t 按下式计算：

$$\sigma_t = 0.5 \alpha_c \cdot E_c \cdot \Delta t$$

式中 Δt——取一年高温季节的最大温差或按实测值确定。

【**例 16-6**】 屋面防水采用钢筋混凝土板块，混凝土采用C20，试验算在上下表面温差20℃作用下，板块是否会出现开裂。

【**解**】 由已知条件，混凝土采用 C20，$f_t=1.1\text{N/mm}^2$，$\alpha_c=1.0\times10^5$，$E_c=2.55\times10^4\text{N/mm}^2$

板块的抗裂强度由式（16-9）得：

$$\sigma_t = 1.4 f_t = 1.4 \times 1.1 = 1.54 \text{N/mm}^2$$

由于上下表面温差产生的温度应力由式（16-7）得：

$$\sigma_t = 0.25 \alpha_c \cdot E_c \cdot \Delta t = 0.25 \times 1.0 \times 10^5 \times 2.55 \times 10^4 \times 20$$
$$= 1.28 \text{N/mm}^2 < 1.54 \text{N/mm}^2$$

因温度应力 1.28N/mm^2 小于抗裂强度 1.54N/mm^2，故板块在上下表面温差作用下，不会开裂。

16.5 刚性防水屋面补偿收缩混凝土板块施工计算

补偿收缩混凝土是利用膨胀水泥或膨胀剂配制的一种具有微膨胀性能的混凝土。混凝土在硬化过程中产生微膨胀，在钢筋或邻位的限制作用下，可使混凝土产生一定的压应力，从而可抵消（补偿）混凝土全部或大部分收缩，避免或大大减轻混凝土开裂。

一、限制膨胀率计算

采用补偿收缩混凝土作屋面防水板块时，其限制膨胀率应满足以下条件：

1. 当要求防水板块不出现拉应力时：

$$\varepsilon_{2p} \geqslant \varepsilon_{2s} \tag{16-10}$$

2. 当要求防水板块不出现裂缝时：

$$\varepsilon_{2p} \geqslant \varepsilon_{2s} - |\varepsilon_{tmax}| \tag{16-11}$$

式中 ε_{2p}——混凝土限制膨胀率；

ε_{2s}——混凝土限制收缩率；

ε_{tmax}——混凝土的极限拉伸值。

施工时，选定补偿收缩混凝土的限制膨胀率，常采用"预估—试验"法。一般刚性防水层的总收缩值约为 $0.035\%\sim0.04\%$，设计时宜控制限制膨胀率略大于 0.04%（配筋率约为 0.25%），自由膨胀率控制在 $0.05\%\sim0.10\%$。

二、板块所受压应力计算

在补偿收缩混凝土中，钢筋因混凝土膨胀而受拉，混凝土则因钢筋弹性回缩而受压，其压应力（即混凝土自应力）可由钢筋与混凝土的静力平衡和变形一致条件，由下式求得：

$$\sigma_c = \varepsilon_{2p} \cdot E_s \cdot \rho_s \tag{16-12}$$

式中　σ_c——混凝土内导入的压应力；
　　　ε_{2p}——混凝土限制膨胀率；
　　　E_s——钢筋弹性模量；
　　　ρ_s——配筋率。

补偿混凝土的自应力随配筋率的增大而增加。一般刚性防水层混凝土的自应力宜控制在 $0.2 \sim 0.7 N/mm^2$。限制膨胀率随配筋率的增大而减小，一般控制补偿收缩混凝土防水层内的配筋率不宜超过 0.25%，以防止限制膨胀率过小，使混凝土在少量干缩作用下就恢复到原有状态，甚至产生拉应变而导致开裂。为防止钢筋因过大的变形而被拉断，应控制混凝土的最大限制膨胀率 ε_{2pmax} 不大于 0.15%，最小配筋率 ρ_{min} 不小于 0.15%。

三、板块分格缝间距计算

补偿收缩混凝土防水层分格缝间距计算：

1. 对非隔离式防水层　当预制板长度或房间开间不超过 6m 时，防水层可按预制板长或按开间设分格缝。

2. 对隔离式防水层　分格缝间距可按下式计算：

$$L \leqslant L_{max} = \frac{0.2 f_t^c (1 + 2\alpha_E \rho_s)}{\mu \gamma (1 + h_1/h)} \tag{16-13}$$

其中

$$f_t^c = f_t + \sigma_c \tag{16-14}$$

$$\sigma_c = \varepsilon_{2p} \cdot E_s \cdot \rho_s \tag{16-15}$$

式中　f_t^c——混凝土抗拉强度设计值和自应力之和；
　　　σ_c——混凝土自应力；
　　　ε_{2p}——混凝土限制膨胀率；

其余符号意义同式（16-12）。

一般情况下，补偿收缩混凝土防水层（板块）宜按结构预制板长分格，且纵横间距不宜大于 6m。

四、补偿收缩混凝土膨胀剂掺量计算

补偿收缩混凝土膨胀剂掺量按内掺法由下式计算：

$$P_p = \frac{P}{C_0} \times 100\% \tag{16-16}$$

其中

$$C_0 = C + P$$

式中　P_p——膨胀剂掺量百分数（%），常用膨胀剂掺量参见表 16-3；
　　　P——膨胀剂用量（kg）；
　　　C_0——计算水泥用量（kg）；
　　　C——实际水泥用量（kg）。

【例 16-7】 商住楼屋面采用补偿收缩混凝土板块，已知混凝土限制收缩率 $\varepsilon_{2s} = 4.2 \times 10^{-4}$，混凝土的极限收缩值 $\varepsilon_{tmax} = 2.0 \times 10^{-4}$，试求板块不出现裂缝时的限制膨胀率。

常用膨胀剂性能及掺量 表 16-3

膨胀剂名称	膨胀剂组分	掺量 ($c\times\%$)	限制膨胀率 (%)	自应力 (MPa)
UEA	明矾石、石膏	10~12	0.02~0.05	0.2~0.7
EA-L	明矾石、石膏	13~17	0.05~0.10	0.2~0.8
复合膨胀剂	CaO、明矾石、石膏	10~12	0.03~0.07	0.3~1.0
YS-PNC 型膨胀剂	钙矾石	10~14	0.02~0.04	0.2~0.7
FN-M 型膨胀剂	钙矾石	12~15	>0.02	0.2~0.7
铝酸钙膨胀剂	钙矾石	10~12		0.2~0.7
脂膜石灰膨胀剂	$Ca(OH)_2$	5~8		
镁质膨胀剂	$Mg(OH)_2$	3~5		

注：掺量按内掺法计算。

【解】 要求补偿收缩混凝土板块不出现裂缝的限制膨胀率由式（16-11）得：

$$\varepsilon_{2p} = \varepsilon_{2s} - |\varepsilon_{tmax}| = 4.2\times10^{-4} - 2.0\times10^{-4}$$
$$= 2.2\times10^{-4}$$

【例 16-8】 条件同 16-7，补偿收缩混凝土防水板块厚 $h=40\text{mm}$，$h_1=0$，混凝土采用 C30，$f_t=1.43\text{N/mm}^2$，$\rho_s=0.2\%$，$E_s=2.0\times10^5$，$\alpha_E=6.7$，$\mu=0.9$，$\gamma=25\text{kN/m}^3$，试求防水板块分格缝间距。

【解】 由例 16-7 知，$\varepsilon_{2p}=2.2\times10^{-4}$

混凝土自应力由式（16-12）得：

$$\sigma_c = \varepsilon_{2p} E_s \rho_s = 2.2\times10^{-4}\times2.0\times10^5\times0.2\%$$
$$\approx 0.09\text{N/mm}^2$$

由式（16-14）得：

$$f_t^c = f_t + \sigma_c = 1.43 + 0.09 = 1.52\text{N/mm}^2$$

防水板块分格缝间距由式（16-13）得：

$$L = \frac{0.2 f_t^c (1 + 2\alpha_E \rho_s)}{\mu\gamma(1+h_1/h)}$$
$$= \frac{0.2\times1.52\times10^6(1+2\times6.7\times0.002)}{0.9\times25000(1+0)} = 13.87\text{m} \qquad 取 13.8\text{m}$$

故知，板块分格缝间距为 13.8m。

【例 16-9】 C30 补偿收缩混凝土刚性防水层板块，厚度 40mm，配筋 $\phi6@150\text{mm}$，加入 UEA 膨胀剂 12%，混凝土限制膨胀率 $\varepsilon_{2s}=0.08\%$，水泥用量 360kg/m^3，试计算每立方米混凝土膨胀剂掺量和计算其自应力。

【解】 1. 计算每立方米混凝土 UEA 膨胀剂用量

已知 $P_p=12\%$，$C_0=360\text{kg/m}^3$

按公式（16-16）得：

$$P_p = \frac{P}{C+P}\times100\%$$

$$P = \frac{P_p C}{100-P_p} = \frac{12\times360}{100-12} = 49\text{kg}$$

2. 计算自应力

配筋率 $\rho_s = \dfrac{6.67 \times 28.3}{40 \times 1000} \times 100\% = 0.47\%$,设混凝土限制膨胀率 $\varepsilon_{2p} = 0.05\%$,$E_s = 2.1 \times 10^5 \mathrm{N/mm^2}$

代入公式(16-12)得:

$$\sigma_c = \varepsilon_{2p} \cdot E_s \cdot \rho_s$$
$$= 0.05\% \times 2.1 \times 10^5 \times 0.47\% = 0.49 \mathrm{N/mm^2}$$

16.6 刚性防水屋面钢纤维混凝土板块施工计算

钢纤维混凝土是将适量的钢纤维掺入混凝土拌合物中而制成的复合材料。将它用作防水屋面板块,其抗拉、抗弯强度以及耐磨、耐冲击、耐疲劳、韧性和抗裂等性能都比一般混凝土有显著增强。

一、钢纤维混凝土抗拉强度计算

钢纤维混凝土,掺入钢纤维体积率(ρ_f)小于或等于2%,对抗压强度影响较小,钢纤维混凝土的抗压强度与相同水灰比的普通混凝土相近。

钢纤维混凝土抗拉强度与钢纤维含量和特征系数有关,可按下式计算:

$$f_{ftk} = f_{tk}(1 + \alpha_t \lambda_f) \tag{16-17}$$
$$f_{ft} = f_t(1 + \alpha_t \lambda_f) \tag{16-18}$$

其中
$$\lambda_f = \rho_f \dfrac{l_f}{d_f}$$

式中 f_{ftk}、f_{ft}——钢纤维混凝土的抗拉强度标准值、抗拉强度设计值($\mathrm{N/mm^2}$);

f_{tk}、f_t——根据钢纤维混凝土强度等级按混凝土设计规范确定的抗拉强度标准值、设计值($\mathrm{N/mm^2}$);

α_t——钢纤维对抗拉强度的影响系数,宜通过试验确定,也可参见表16-4取用;

λ_f——钢纤维含量特征参数,参见表16-5;

l_f、d_f——钢纤维长度、直径(或等效直径 $d_f = 1.128\sqrt{A_{sf}}$)(mm);

A_{sf}——钢纤维的横截面面积($\mathrm{mm^2}$)。

钢纤维对抗拉强度的影响系数 α_t 表16-4

钢纤维品种	熔抽型($l_f<35\mathrm{mm}$)、圆直型	熔抽型($l_f \geqslant 35\mathrm{mm}$)、剪切型
α_t	0.36	0.47

注:两端弯钩、波形或其他异形的剪切型钢纤维,其强度影响系数将大于表中值,宜通过试验确定。

钢纤维的特征参数 表16-5

名称	符号	单位	适宜范围	
长度	l_f	mm	20~50	标准值可分为:20、25、30、35、40、45、50等几种
直径(或等效直径)	d_f	mm	0.3~0.8	非圆形截面的截面长短边之比不应大于2
长径比	l_f/d_f		40~100	

注:如超出表中适宜范围,但经试验验证增强效果和混凝土拌合物性能能满足设计和施工要求时仍可采用。

二、板块分格缝间距计算

钢纤维混凝土防水层，根据分块中部最大拉应变不超过材料极限拉应变的条件，钢纤维混凝土防水层的分格缝最大间距可按下式计算：

$$L \leqslant L_{max} = \sqrt{\frac{2E_f h}{(1-\nu_f^2)C}} \cdot \ln(\beta_T + \sqrt{\beta_T^2 - 1}) \quad (16\text{-}19)$$

$$\beta_T = \left| \frac{\alpha_f T + \varepsilon_{(t)}}{\alpha_f T + \varepsilon_{(t)} - (1-\nu_f)\varepsilon_{fp}} \right| \quad (16\text{-}20)$$

式中 α_f——钢纤维混凝土的温度线膨胀系数；
ν_f——钢纤维混凝土泊松比；
E_f——钢纤维混凝土弹性模量；
$\varepsilon_{(t)}$——钢纤维混凝土收缩应变；
ε_{fp}——钢纤维混凝土极限拉伸应变；
h——防水层厚度；
T——温度差；
C——水平阻力系数，表示防水层与基层之间产生单位相对位移时，在单位接触面积上的最大水平摩阻力（$N/m^2 \cdot m$ 或 N/m^3）。可由试验确定，也可参考表16-6取用。

水平阻力系数 C 表16-6

项目			水平阻力系数 $C(10^6 N/m^3)$		
接触面粗细程度			粗	中粗	细
接触面类型	与油毡接触	防水层厚度（mm） 35	6.01	5.41	5.44
		40	6.68	6.35	6.65
		45	7.99	7.38	7.09
		50	8.57	8.61	8.61
接触面类型	与砂浆层接触	防水层厚度（mm） 35	8.16	8.12	7.55
		40	8.83	8.53	7.58
		45	9.06	8.87	7.92
		50	9.62	9.17	9.00

注：表中粗、中粗、细是指在油毡层或砂浆层上分别撒一层粗砂、中砂、细砂所反映的接触面的粗细程度。

用式（16-19）计算的最大分格缝间距，通常当防水层与基层间的水平阻力减小时，L_{max}增大；钢纤维体积率ρ_f增大时，L_{max}也随着增大。一般情况下，纵横分格缝间距以不大于7～8m为宜。

三、钢纤维掺量计算

刚性防水屋面钢纤维混凝土中钢纤维的参量，一般可按下式计算：

$$G_f = 78.67 \times \rho_f \times 100 \quad (16\text{-}21)$$

式中 G_f——每$1m^3$钢纤维混凝土所需钢纤维重量（kg）；
ρ_f——钢纤维体积率（%），一般刚性屋面防水层可取0.8%～1.2%，不宜超过1.5%；
78.67——钢纤维体积率每1%，约相当于每m^3混凝土内含钢纤维重量为78.67kg。

【例16-10】 CF20钢纤维混凝土，掺入圆直型钢纤维，其直径$d_f = 0.45mm$，长度$l_f = 30mm$，每立方米混凝土掺入钢纤维为70kg，试求其钢纤维的体积率、含量特征参数

及其钢纤维混凝土的抗拉强度标准值、设计值

【解】 (1) 钢纤维体积率

$$\rho_f = \frac{G}{78.67 \times 100} = \frac{70}{78.67 \times 100} = 0.0089 = 0.89\%$$

(2) 钢纤维含量特征参数

$$\lambda_f = \rho_f \frac{l_f}{d_f} = 0.89\% \times \frac{30}{0.45} = 0.59$$

(3) 钢纤维混凝土抗拉强度标准值、设计值

按 C20 混凝土 $f_{tk}=1.54\text{N/mm}^2$，$f_t=1.10\text{N/mm}^2$，按表 16-4，$\alpha_t=0.36$，将上述数据分别代入式 (16-17) 和式 (16-18) 得：

$$f_{ftk} = f_{tk}(1+\alpha_t\lambda_f) = 1.54(1+0.36 \times 0.59) = 1.87\text{N/mm}^2$$

$$f_{ft} = f_t(1+\alpha_t\lambda_f) = 1.10(1+0.36 \times 0.59) = 1.33\text{N/mm}^2$$

故知，钢纤维混凝土中钢纤维的体积率为 0.89%，钢纤维含量特征参数为 0.59，抗拉强度标准值为 1.87N/mm²，设计值为 1.33N/mm²。

【例 16-11】 CF20 钢纤维混凝土防水板块，$E_f=2.55 \times 10^4 \text{N/mm}^2$，$\nu_f=0.2$，$\alpha_f=10^{-5}$，$h_1/h=0$，$\varepsilon_{(c)}=2.9 \times 10^{-4}$，$T=70℃$，钢纤维体积率 $\rho_f=1.0\%$，极限拉伸应变 $\varepsilon_{fp}=104.9 \times 10^{-6}$，防水板块厚 $h=40\text{mm}$，隔离层为砂浆层（中粗），按板块中部最大拉应变不超过材料极限拉应变的条件，计算分格缝的间距 $L_{\max}$。

【解】 按式 (16-19) 计算得：

$$\beta_T = \left| \frac{\alpha_f T + \varepsilon_{(t)}}{\alpha_f T + \varepsilon_{(t)} - (1-\nu_f)\varepsilon_{tp}} \right|$$

$$= \left| \frac{10^{-5} \times 70 + 2.9 \times 10^{-4}}{10^{-5} \times 70 + 2.9 \times 10^{-4} - (1-0.2) \times 104.9 \times 10^{-6}} \right| = 1.09$$

$$L_{\max} = \sqrt{\frac{2E_f h}{(1-\nu_f^2)C}} \cdot \ln(\beta_T + \sqrt{\beta_T^2 - 1})$$

$$= \sqrt{\frac{2 \times 2.55 \times 10^4 \times 40 \times 10^3}{(1-0.2^2) \times 8.53 \times 10^6}} \times \ln(1.09 + \sqrt{1.09^2 - 1})$$

$$= 15.78 \times 0.42 = 6.65\text{m} \qquad 用 6.5\text{m}$$

故知，钢纤维混凝土防水板块的分格缝的最大间距为 6.5m。

16.7 刚性防水屋面预应力混凝土板块施工计算

一、板块分格缝间距计算

屋面混凝土板块采用预应力混凝土时，防水层按全预应力计算分格缝间距，即不允许防水层内出现拉应力，此时分格缝间距 L (mm) 按下式计算：

$$L \leqslant L_{\max} = \frac{1.33\sigma_{pc}}{\mu\gamma(1+h_1/h)} \tag{16-22}$$

式中 σ_{pc}——考虑全部预应力损失后的混凝土有效压应力，按《混凝土结构设计规范》GB 50010 计算；

其他符号意义同 16.1.2 一节。

按式（16-22）计算的最大分格缝间距 L_{max} 见表 16-7。

预应力混凝土刚性防水层分格缝间距最大值 L_{max}　　　表 16-7

配筋情况	钢筋面积 A_p (mm²/m)	σ_{con} (N/mm²)	σ_c (N/mm²)	σ_{pc} (N/mm²)	L_{max}(m) $h_1/h=0$	L_{max}(m) $h_1/h=1.04$
φ4@150	83.8	455	100	0.73	64.8	31.8
φ4@200	62.8	455	100	0.55	48.8	24.0
φ4@250	50.3	455	100	0.44	39.1	19.2

注：按防水层厚度 40mm，混凝土强度等级 C30，甲级Ⅱ组冷拔低碳钢丝 $\mu=0.6$，$\gamma=25$kN/m³，超张拉 5%，混凝土强度达 90% 时放张考虑。

二、温差作用下的抗裂性验算

当分格缝间距满足式（16-20）要求时，在季节性温差作用下，防水板块不会开裂，但应验算在上、下表面温差作用下的抗裂性。对于有女儿墙的屋面刚性防水板块，还应验算高、低温区温差作用下的抗裂性。在上、下表面温差或高低温区温差作用下，温度应力按下式计算：

$$\sigma_t \leqslant \sigma_{pc} + \alpha_{ct}\gamma f_{tk} \tag{16-23}$$

由上下表面温差作用　　　$\sigma_t = 0.25\alpha_c \cdot E_c \cdot \Delta t$ 　　（16-24）

由高、低温区温差作用　　$\sigma_t = 0.5\alpha_c \cdot E_c \cdot \Delta t$ 　　（16-25）

式中　σ_t——由温差引起的防水板块中的拉应力；

α_c——混凝土线膨胀系数，一般取 $\alpha_c = 10^{-5}/℃$；

Δt——温度差，由当地气象资料按热工计算或按实测资料采用；

E_c——混凝土的弹性模量；

α_{ct}——混凝土拉应力限制系数，取 $\alpha_{ct} = 0.5$；

γ——受拉区混凝土塑性影响系数，$\gamma = 1.75$；

f_{tk}——混凝土抗拉强度标准值；

σ_{pc}——混凝土有效预压应力。

【例 16-12】 写字楼采用预应力混凝土刚性防水屋面，纵向长 60m，横向宽 20m，板块厚 40mm，混凝土采用 C30，隔离层采用薄砂层上铺油毡、架空层及雪载的折算厚度 $h=41.5$mm，板块内每米配 5 根 φ4 冷拔低碳钢丝，利用屋顶圈梁作台座进行预应力筋张拉，已知 $\gamma=25$kN/m³，$\mu=0.6$（考虑剪丝后钢丝回缩摩擦力减小），取 $f_{ptk}=550$N/mm² 试计算该屋面防水板块的最大分格间距。

【解】 由题意知：

换算截面积：$A_0 = A_p + nA_s = 1000 \times 40 + 6 \times 5 \times 12.6 = 40400$mm²

张拉控制应力　　$\sigma_{con} = 0.75 f_{ptk} = 0.75 \times 550 = 412.5$N/mm²

预应力损失值　　$\sigma_{l1} = \dfrac{a}{l} E_s = \dfrac{5}{6000} \times 1.8 \times 10^5 = 15$N/mm²

$\sigma_{l4} = 7\text{‰}\sigma_{con} = 0.07 \times 412.5 = 28.9$N/mm²

$\sigma_{l5} = 40$N/mm²

（由于预压应力很小，σ_{l5} 可忽略徐变影响，仅考虑收缩值）预应力总损失值：

$\sigma_l = \sigma_{l1} + \sigma_{l4} + \sigma_{l5} = 15 + 28.9 + 40 = 83.9$N/mm²

$\sigma_l < 100$N/mm²，取 100N/mm²

考虑全部预应力损失后的混凝土有效压应力：
$$\sigma_{pc}=(\sigma_{con}-\sigma_c)\frac{A_s}{A_c}=(412.5-100)\times\frac{5\times12.6}{40400}=0.487\text{N/mm}^2$$

预应力混凝土板块分格缝间距由式（16-22）得：
$$L=\frac{1.33\sigma_{pc}}{\mu\gamma(1+h_1/h)}=\frac{1.33\times0.487}{0.6\times2.5\times10^{-5}\left(1+\frac{41.5}{40}\right)}=21193\text{mm}\approx21.2\text{m}$$

故知，板块的最大分格缝间距为 21.2m。

【**例 16-13**】 条件同例16-12，试验算板块高、低区温差为15℃时，板块是否会出现开裂。

【**解**】 由例16-12知，$\sigma_{pc}=0.487\text{N/mm}^2$，取 $\alpha_{ct}=0.5$；$\gamma=1.75$，$f_{tk}=2.0\text{N/mm}^2$，$\alpha_c=1.0\times10^{-5}$，$E_c=3.0\times10^4\text{N/mm}^2$。

板块的抗裂强度由式（16-23）得：
$$\sigma_t=\sigma_{pc}+\alpha_{ct}\gamma f_{tk}=0.487+0.5\times1.75\times2.0=2.24\text{N/mm}^2$$

由于板块高、低区温差产生的温度应力由式（16-25）得
$$\sigma_t=0.5\alpha_c\cdot E_c\cdot\Delta t=0.5\times1.0\times10^{-5}\times3.0\times10^4\times15$$
$$=2.25\text{N/mm}^2\approx2.24\text{N/mm}^2$$

由计算知板块抗裂强度与高、低区温差产生的温度应力较为接近，故基本上不会出现开裂。

16.8 刚性防水屋面开裂值计算

卷材屋面和刚性防水屋面基层开裂，常常是导致屋面渗漏水的主要原因之一。施工前宜对屋面开裂值进行计算，以便采取防裂措施或设置必要的伸缩缝，以控制裂缝出现。

屋面开裂值包括：温差收缩、板的挠曲、干缩与支座沉降差引起的开裂值等。

一、温差收缩值计算

屋面板在温差作用下，热胀冷缩值 Δ_1 可按下式计算：
$$\Delta_1=\alpha_c(t_1-t_2)L \tag{16-26}$$

式中 Δ_1——预制屋面板产生的温差变形值（mm）；

α_c——钢筋混凝土线膨胀系数，取 1.0×10^{-5}；

t_1——屋面板面最高温度（℃）；

t_2——屋面板面最低温度（℃）；

L——屋面板的长度（mm）。

一般屋面板热胀冷缩值约为 6‰~7‰。

二、屋面板挠曲值计算

屋面板在荷载作用下挠曲，常引起角变形，使板端头裂缝产生位移值 Δ_2 可按下式计算：
$$\Delta_2=2\sin\theta\cdot h \tag{16-27}$$

式中 Δ_2——板端头缝加宽值（mm）；

θ——转角，$\theta=\frac{16}{5L}\cdot\frac{180}{\pi}\cdot\Delta_y$；

其中 Δ_y——挠度（mm）；
L——屋面板的长度（mm）；
h——屋面板的高度（mm）。

屋面因挠曲产生的位移值，一般约为 5‰～6‰。

三、屋面板干缩值计算

屋面板干缩值 Δ_3 可按下式计算：

$$\Delta_3 = \varepsilon \cdot L \tag{16-28}$$

式中 ε——屋面板的干缩值（‰）；
L——屋面板长度（mm）。

钢筋混凝土预制屋面板的干缩值一般为 0.15‰。

四、支座沉降位移值计算

支座因不均匀沉降产生的位移值 Δ_4 可按下式计算：

$$\Delta_4 = \frac{h \cdot \Delta_s}{L} \tag{16-29}$$

式中 Δ_4——支座沉降差引起的开裂值（mm）；
h——屋面板的高度（mm）；
L——屋面板的长度（mm）；
Δ_s——支座沉降差（mm）。

五、总开裂值计算

$$\Delta = \Delta_1 + \Delta_2 + \Delta_3 + \Delta_4 \tag{16-30}$$

式中 Δ——总开裂值（mm）；
其他符号意义同前。

【例 16-14】 自防水屋面板面最高温度为55℃，最低温度为－8℃，屋面板长 $L=6000$mm，板高 $h=240$mm，挠度 $\Delta_y=12$mm，屋面板干缩值 $\Delta_3=0.15$‰，支座沉降差 $\Delta_4=10$mm，试求该预制屋面板的开裂值。

【解】 屋面板的温差收缩值由式（16-26）得：

$$\Delta_1 = \alpha_c(t_1-t_2)L = 1.0 \times 10^{-5}[55-(-5)] \times 6000 = 3.6\text{mm}$$

屋面板的挠曲转角为：

$$\theta = \frac{16}{5L} \cdot \frac{180}{\pi} \cdot \Delta_y = \frac{16}{5 \times 6000} \times \frac{180}{3.14} \times 12 = 0.367$$

屋面板挠曲值由式（16-27）得：

$$\Delta_2 = 2\sin\theta \cdot h = 2 \times \sin 0.367 \times 240 = 3.07\text{mm}$$

屋面板的干缩值由式（16-28）得：

$$\Delta_3 = 0.15 \times \frac{1}{1000} \times 6000 = 0.9\text{mm}$$

支座沉降位移值由式（16-29）得：

$$\Delta_4 = \frac{h\Delta_s}{L} = \frac{240 \times 10}{6000} = 0.4\text{mm}$$

屋面板的总开裂值为：

$$\Delta = \Delta_1 + \Delta_2 + \Delta_3 + \Delta_4$$
$$= 3.6 + 3.07 + 0.9 + 0.4 = 7.97 \text{mm} \approx 8.0 \text{mm}$$

故知，屋面板的总开裂值为 8.0mm。

16.9 防水屋面保温层厚度计算

防水屋面保温层的厚度应根据地区气候条件、使用要求和选用的保温材料，通过计算确定。保温层的厚度可按下式计算：

$$\delta_x = \lambda_x (R_{0,\min} - R_i - R - R_e) \tag{16-31}$$

其中

$$R_{0,\min} = \frac{(t_i - t_e)n}{[\Delta t]} \cdot R_i \tag{16-32}$$

$$R = \frac{\delta_1}{\lambda_1} + \frac{\delta_2}{\lambda_2} + \cdots + \frac{\delta_n}{\lambda_n} \tag{16-33}$$

式中 δ_x——所求保温层厚度（m）；

λ_x——保温材料的导热系数（W/m·K）；

$R_{0,\min}$——屋盖系统的最小传热阻（m²·K/W）；

R_i——内表面换热阻（m²·K/W），取 0.11；

R——除保温层外，屋盖系统材料层热阻（m²·K/W）；

R_e——外表面换热阻，取 0.04m²·K/W；

t_i——冬季室内计算温度（℃），一般住宅取 18℃；高级住宅、医疗、福利、托幼建筑取 20℃；

t_e——围护结构冬季室外计算温度，根据历年最低平均温度确定；

n——温度修正系数，根据屋顶、围护结构及所处情况确定，一般取 0.9~1.0；

R_i——围护结构内表面换热阻（m²·K/W），取 0.11；

$[\Delta t]$——室内空气与围护结构内表面之间允许偏差（℃），对住宅、医院和幼儿园等取 4℃；办公楼、学校、门诊部等取 4.5℃；公共建筑取 5.5℃；

δ_1、δ_2…δ_n——各层材料层厚度（m）；

λ_1、λ_2…λ_n——各层材料的导热系数 [W/(m·K)]，加气混凝土为 0.22；水泥珍珠岩为 0.26；水泥膨胀蛭石为 0.14；膨胀蛭石为 0.10~0.14；聚乙烯泡沫塑料为 0.047W/(m·K)。

【例 16-15】 商住楼屋面构造如图 16-5 所示，室外计算温度 $t_e = -25$℃，试按最小总热阻计算确定保温层需要厚度。

【解】（1）计算确定最小总热阻有关数据

因属一般住宅建筑取，$t_i = 18$℃；因是屋顶取 $n = 1.0$；$[\Delta t] = 4$℃；$R_i = 0.11$m²·K/W，$R_e = 0.04$m²·K/W

（2）计算最小热阻

$$R_{0,\min} = \frac{(t_i - t_e)}{[\Delta t]} R_i = \frac{(18+25)}{4} \times 1 \times 0.11 = 1.183$$

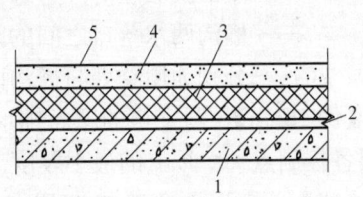

图 16-5 屋面构造示意图
1—钢筋混凝土板厚 30mm；2—水泥砂浆找平层 10mm；3—加气混凝土厚 δ_x；4—水泥砂浆找平层厚 20mm；5—二毡三油防水层厚 10mm

16 防水与防腐蚀工程

(3) 计算屋面系统各层材料热阻之和

取油毡防水层 $\lambda_1=0.17$；水泥砂浆 $\lambda_2=0.93$，钢筋混凝土板 $\lambda_3=1.74 \text{W}/(\text{m} \cdot \text{K})$
各层材料热阻之和 R 由式（16-33）得：

$$R = \frac{\delta_1}{\lambda_1} + \frac{\delta_2}{\lambda_2} + \frac{\delta_4}{\lambda_4} + \frac{\delta_5}{\lambda_5}$$

$$= \frac{0.01}{0.17} + \frac{0.02}{0.39} + \frac{0.01}{0.39} + \frac{0.03}{1.74}$$

$$= 0.059 + 0.022 + 0.011 + 0.017$$

$$= 0.109 \text{m}^2 \cdot \text{K}/\text{W}$$

(4) 计算保温层厚度

因灰缝影响，保温层导热系数应乘以 1.25 修正系数，取加气混凝土导热系数为 $0.22\text{W}/\text{m} \cdot \text{K}$，保温层需要厚度由式（16-31）得：

$$\delta_x = \lambda_x (R_{0,\min} - R_i - R - R_e)$$

$$= 1.25 \times 0.22(1.183 - 0.11 - 0.109 - 0.04)$$

$$= 0.254\text{m} \qquad 取 \ 0.26\text{m}$$

故知，需要保温层厚度为 26cm。

16.10　平屋面找坡层控制厚度计算

在平屋面工程中，找坡层的功用主要是控制屋面及其檐沟的排水坡度满足规范和设计要求。因此，在施工找坡前应先找出屋脊线和分水线的位置，计算其找坡层控制点的厚度，作为施工控制的准绳。

一般屋脊线处和檐沟水落口之间处找坡层的最小厚度按下式计算：

$$h_1 = b \times 2\% + 10 \tag{16-34}$$

$$h_2 = \left(\frac{l}{2} - 645\right) \times 1\% + 20 = \frac{l}{200} + 14 \tag{16-35}$$

式中　h_1——屋脊线处找坡屋的最小厚度（mm）；
　　　h_2——檐沟分水线处找坡层的最小厚度（mm）；
　　　b——屋面找坡层的外边缘至屋坡线处的水平距离（mm）；
　　　l——檐沟两水落口之间的距离（mm）；
　　　10、20——分别为屋脊处与檐沟两水落口处找坡起始最小厚度。

【例 16-16】　写字楼的屋面排水平面尺及檐沟尺寸构造如图 16-6 所示，试计算确定找坡层各控制点 A～E 上的最小厚度。

【解】　屋面及檐口找坡屋各控制点 A～E 处的最小厚度由式（16～34）和式（16-35）得：

$$h_A = 10\text{mm}（找坡层的起始厚度）$$

$$h_B = b \times 2\% + 10 = 6250 \times 2\% + 10 = 135\text{mm}$$

$$h_C = \frac{l}{200} + 14 = \frac{10800}{200} \times 2 + 14 = 122 \text{mm}$$

$$h_D = \frac{l}{200} + 14 = \frac{6250 + 800 + 3850}{200} + 14 = 69 \text{mm}$$

$$h_E = \frac{l}{200} + 14 = \frac{3850 + 400}{200} + 14 = 35 \text{mm}$$

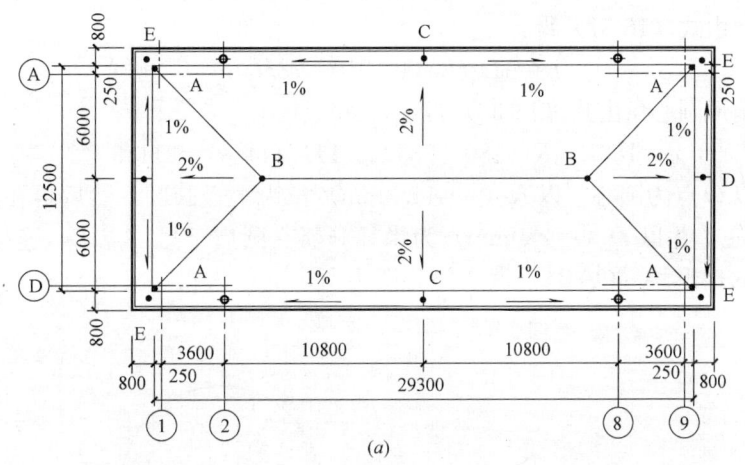

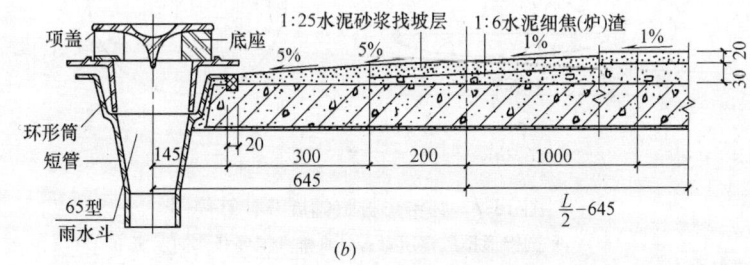

图 16-6 屋面及檐沟排水平面图
(a) 屋顶排水平面；(b) 檐沟找坡及构造

16.11 排汽屋面排汽帽的下料计算

为了排除屋面防水层中的水气和防止雨水进入排汽屋面，造成防水层出现气泡、膨胀或破坏，多在预设排气道的顶部设置排汽帽（罩），其外形多为圆锥形，下料较为复杂。

排汽帽的展开下料应进行以下参数计算：

$$R = D/2\sin\alpha \tag{16-36}$$

$$L = \pi D \tag{16-37}$$

$$\varphi = 180L/\pi R \tag{16-38}$$

式中 R——排汽帽展开后的扇形半径（mm）；

D——排汽帽扇形的底面直径（mm）；

α——排汽帽顶角的半角（°）；
L——排汽帽的扇形弧长（mm）；
φ——排汽帽的圆心角（°）。

【**例 16-17**】 卷材排汽屋面设置圆锥形排汽帽，底面直径为 250mm，顶角为 120°，试求展开下料后的圆心角，并作图。

【**解**】 展开后的扇形半径由式（16-36）得：
$$R = D/2\sin 60 = 250/(2 \times 0.866) = 144.3\text{mm}$$

扇形的弧长由式（16-37）得：
$$L = \pi D = 3.14 \times 250 = 785\text{mm}$$

展开后的扇形圆心角由式（16-38）得：
$$\varphi = 180L/\pi R = 180 \times 785/(3.14 \times 144.3) = 311.9°$$

下料时，以 O 点为圆心，以 R（=144.3mm）长为半径画圆，然后再在所画圆上任取一点 A 为圆心，并以 D（=250mm）为半径画弧交圆周于另一点 B，连接 OA、OB，剪去阴影部分的扇形块（OAB），剩余部分即为所求的排汽帽展开下料样板，如图 16-7 所示。

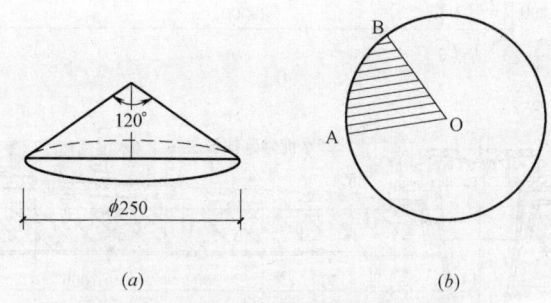

图 16-7 圆锥形排汽帽展开计算简图
（a）圆锥形排汽帽示意；（b）排汽帽展开作图示意

16.12 地下防水工程渗透量计算

在多数情况下，地下工程渗漏水是由于地下水的渗透作用引起的。

地下水对地下防水工程衬砌结构的渗透作用和渗透水量，可按达尔西线性渗透定律，按以下公式计算：

$$Q = K \cdot A \cdot \frac{h}{L} \tag{16-39}$$

式中 Q——地下水渗透量（m^3/s）；
K——渗透系数（m/s），对一般混凝土取 K 为 $2 \times 10^{-6} \sim 2 \times 10^{-5}$ m/s；对防水混凝土 K 值低于 10^{-13} m/s；
A——受水压面积（m^2）；
h——水头高度（m）；
L——衬砌厚度（m）。

在上式中，当 A、h 值不变，地下工程的渗透水量与选用的地下结构材料的渗透系数 K 成正比，与地下结构的厚度成反比。因此结构的渗透系数在一定条件下影响地下防水工程的质量和造价。例如普通混凝土的渗透系数一般约为 $2\times 10^{-4}\sim 2\times 10^{-3}\,\mathrm{cm/s}$，而水泥水化充分，结构密致的防水混凝土的渗透系数可达 $1\times 10^{-11}\,\mathrm{cm/s}$，因此地下防水工程应尽量选用防水混凝土结构。

【例 16-18】 钢筋混凝土地下室壁厚 $L=0.20\,\mathrm{m}$，受水压面积 $A=48\,\mathrm{m}^2$，水头高度 $h=1.8\,\mathrm{m}$，已知 $K=2\times 10^{-6}\,\mathrm{m/s}$，试求地下水渗透量。

【解】 地下水渗透量由式 (16-39) 得：

$$Q=K\cdot A\cdot \frac{h}{L}=2\times 10^{-6}\times 48\times \frac{1.8}{0.20}=8.64\times 10^{-4}\,\mathrm{m^3/s}$$

故知，地下水的渗透量为 $8.64\times 10^{-4}\,\mathrm{m^3/s}$。

16.13 地下槽坑金属板防水层施工计算

金属板防水系用薄钢板焊成四周及底部封闭的箱套，紧贴于防水结构的内侧，使起到防水抗渗作用。适用于面积较小，温度较高，或有贵重设备仪器对防水要求很高，或处于经常有强烈振动、冲击、磨损的地下结构物防水工程。

钢板防水层的构造及施工有先装和后装两种。前者施工时先焊成整体箱套，在外模板及结构底板钢筋安装完后，用起重设备整体吊入基坑内预埋的混凝土（或钢）支墩（架）上准确就位，并作为防水结构物的内模使用，一次浇筑混凝土使成整体。钢板应与防水结构的钢筋焊牢（图 16-8a），或在钢板上焊以一定数量的锚固件，以便与混凝土连接牢固；后者系根据钢板尺寸和结构造型，在防水结构的四壁和底板上预埋带锚爪的预埋铁件，与钢筋或钢固定架焊牢，并使位置准确，待结构混凝土浇筑并达到设计强度后，再在埋设件处焊钢板防水层（图 16-8b）。

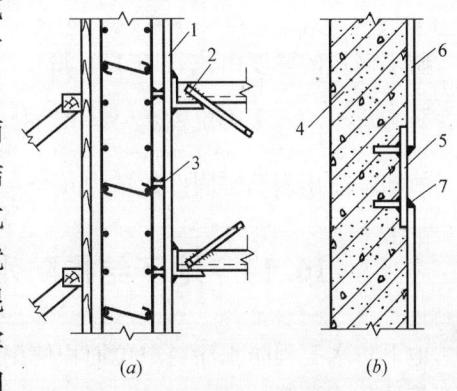

图 16-8 钢板防水层构造做法
(a) 先装钢板箱套支设；(b) 后装钢板与埋设件焊接
1—钢板箱套；2—临时支撑加固；3—与钢筋焊牢；
4—结构内壁；5—埋设件；6—防水钢板；7—焊缝

钢板防水层计算包括：需要锚固件数量和钢板的厚度。

一、钢板锚固件数量计算

承受外部水压的钢板防水层，固定钢板的锚固件的个数和截面，可根据静水压力的平衡条件按下式计算：

$$n=\frac{4KP}{\pi d^2 f_{\mathrm{st}}} \tag{16-40}$$

式中　n——每平方米防水钢板锚固件的个数（个）；

　　　P——钢板防水层所承受的静水压力（$\mathrm{kN/m^2}$）；

　　　K——超载系数，对于水压取 $K=1.1$；

d——锚固钢筋的直径（m）；

f_{st}——锚固钢筋抗拉强度设计值（kN/m²）。

二、钢板厚度计算

防水钢板的厚度，根据等强原则，按下式计算：

$$t_n = 0.25d\frac{f_{st}}{f_a} \tag{16-41}$$

式中 t_n——防水钢板厚度（m）；

f_a——防水钢板承受剪力时的强度，用 Q235 钢时，可取 $f_a = 100\text{N/mm}^2$。

钢板一般用 3~8mm 厚，材质为 Q235 钢或 16Mn 钢板，连接均采用焊接，焊条的规格及材质应满足焊接质量要求。

【例 16-19】 炼钢存放钢水包用钢筋混凝土地坑，采用钢板防水层，静水压力为 120kN/m²，试计算确定需用锚固件数量和钢板厚度。

【解】 钢筋锚固件采用 HPB 300 级钢筋，$f_{st} = 270\text{N/mm}^2$，钢筋直径 $d = 10\text{mm}$
钢筋锚固件个数由式（16-40）得：

$$n = \frac{4KP}{\pi d^2 f_{st}} = \frac{4 \times 1.1 \times 120}{3.14 \times 0.01^2 \times 270 \times 10^3} = 6.0 \text{ 个}$$

防水钢板的厚度由式（16-41）得：用 Q235 钢 $f_{st} = 210\text{N/mm}^2$

$$t_n = 0.25d\frac{f_{st}}{f_a} = 0.25 \times 0.01 \times \frac{210}{100} = 0.0053\text{m} \approx 6\text{mm}$$

故知，需用钢筋锚固件数量为 6 个/m²，钢板厚度为 6mm。

16.14　地下结构防水层防水涂料用量简易计算

地下防水工程防水涂料单位面积使用量，可通过试验测得或使用经验数据，也可采用以下简易公式计算：

$$G = \frac{b \cdot d}{C} \tag{16-42}$$

式中 G——涂料单位面积理论用量（kg/m²）；

b——涂料设计厚度（mm）；

d——涂料密度（g/m³）；

C——涂料固体质量百分含量（%）。

【例 16-20】 某地下室外壁面积为 460m²，采用聚氨酯防水涂料防水，要求涂刷 3 遍成活，涂膜总厚度为 2mm，试求聚氨酯防水涂料的使用量。

【解】 根据聚氨酯防水涂料产品使用说明书，其固体含量为 95%，涂料密度为 1.05g/cm³。

则其每 1m² 涂料用量由式（16-42）得：

$$G = \frac{b \times d}{C} = \frac{2 \times 1.05}{0.95} = 2.21\text{kg}$$

故知，涂刷 460m² 地下室外壁需用涂料总重量为：$2.21 \times 460 = 1017\text{kg}$。

16.15　沥青玛琋脂配合成分计算

沥青玛琋脂（又称沥青胶）是屋面、地下防水以及防腐蚀工程粘结卷材和板块材的常用胶结材料，在工程上应用较为广泛。但对沥青的配合成分、玛琋脂的软化点和耐热度要求必须严格进行，以确保防水、防腐蚀工程质量。

选择沥青玛琋脂胶结材料的配合成分时，应先选配具有所需软化点的一种沥青或两种沥青的熔合物。当采用两种沥青时，每种沥青的配合量，可按照下列公式计算：

对石油沥青熔合物：

$$B_g = \frac{t-t_2}{t_1-t_2} \times 100\% \tag{16-43}$$

$$B_d = 100\% - B_g \tag{16-44}$$

对煤（焦油）沥青熔合物：

$$c = \frac{t_3-t_4}{1.75} \tag{16-45}$$

式中　B_g——熔合物中高软化点石油沥青含量（%）；

B_d——熔合物中低软化点石油沥青含量（%）；

c——以煤（焦油）沥青和焦油配制熔合物时的焦油含量（%）；

t——石油沥青胶结材料熔合物所需的软化点（℃）；

t_1——高软化点石油沥青的软化点（℃）；

t_2——低软化点石油沥青的软化点（℃）；

t_3——煤（焦油）沥青软化点（℃）；

t_4——煤（焦油）沥青和焦油的熔合物所需的软化点（℃）；

1.75——经验系数。

确定沥青胶结材料的配合比时，可先在上述计算的范围内试配，试验其耐热度、柔韧性和粘结力是否符合要求。如耐热度不合要求，可增加高软化点沥青的用量，或适当增加填充料数量；如果韧性不合格，在满足耐热度的情况下，可适当减少填充料；如粘结力不合格，可调整填充料的掺入量或更换品种，试验合格后，方可使用。

沥青玛琋脂采用粉状填充料时，其掺入量一般为 10%～25%；采用纤维填充料时，其掺入量一般为 5%～10%。

【例 16-21】　屋面铺卷材防水层需要软化点为 85℃ 的石油沥青玛琋脂，现场有 10 号和 30 号乙两种石油沥青，试求两种石油沥青的配合量。

【解】　由试验测得 10 号石油沥青软化点为 95℃，30 号乙石油沥青为 60℃
高软化点石油沥青（10 号）的含量由式（16-43）得：

$$B_g = \frac{t-t_2}{t_1-t_2} \times 100\% = \frac{85-60}{95-60} \times 100\% = 71\%$$

低软化点石油沥青（30 乙）的含量由式（16-44）得：

$$B_d = 100\% - B_g = 100\% - 71\% = 29\%$$

根据以上计算的掺配比例在±5%～10%的范围内进行试配，最后确定配合量。

【例 16-22】 地下室卷材防水工程需配制软化点为65℃的焦油沥青玛琋脂，现场有中温煤沥青和焦油两种沥青材料，试计算确定两种沥青材料的配合量。

【解】 由试验测得中温煤沥青的软化点为85℃

煤焦油掺配量由式（16-45）得：

$$c=\frac{t_3-t_4}{1.75}=\frac{85-65}{1.75}=11.4\%$$

故知，焦油掺配量为11.4%。

16.16 水玻璃模数和模数调整计算

16.16.1 钠水玻璃模数和模数调整计算

一、钠水玻璃模数计算

钠水玻璃为钠水玻璃类防腐蚀材料的胶结剂，其模数应在2.6～2.8，密度（比重）应在1.38～1.45范围内。水玻璃的模数通常根据二氧化硅和氧化钠含量百分率按下式计算：

$$M=\frac{SiO_2(\%)}{Na_2O(\%)}\times 1.033 \tag{16-46}$$

式中　M——钠水玻璃模数；

SiO_2——二氧化硅含量（%）；

Na_2O——氧化钠含量（%）；

1.033——Na_2O分子量与SiO_2分子量的比值。

【例 16-23】 钠水玻璃经测定SiO_2含量为26.1%，Na_2O含量为9.8%，试求钠水玻璃模数。

【解】 钠水玻璃模数由式（16-46）得：

$$M=\frac{SiO_2}{Na_2O}\times 1.033=\frac{26.1}{9.8}\times 1.033=2.75$$

故知，钠水玻璃模数为2.75。

二、钠水玻璃模数调整计算

施工中，由于材料供应不能满足材质要求，常需将两种不同模数的钠水玻璃混合使用，以满足钠水玻璃耐酸材料配合比中规定的模数要求。

1. 当钠水玻璃模数过低（小于2.60）时，可掺加高模数的钠水玻璃。加入高模数钠水玻璃的重量可按下式计算：

$$G=\frac{(M_2-M_1)G_1}{M-M_2}\cdot\frac{N_1}{N} \tag{16-47}$$

式中　G——加入高模数钠水玻璃的重量（g）；

G_1——低模数钠水玻璃的重量（g）；

M——高模数钠水玻璃的模数；

M_1——低模数钠水玻璃的模数；

M_2——要求的钠水玻璃的模数;
N——高模数钠水玻璃的氧化钠含量（%）;
N_1——低模数钠水玻璃的氧化钠含量（%）。

2. 当水玻璃模数过高（大于2.90）时，可掺加氢氧化钠（配成水溶液）。加入氢氧化钠的重量可按下式计算：

$$g_1 = \frac{(M-M_2)NG_2}{M_2 P} \times 1.29 \tag{16-48}$$

式中　g_1——加入氢氧化钠的重量（g）;
　　　G_2——高模数钠水玻璃的重量（g）;
　　　P——氢氧化钠的纯度（%）;
其他符号意义同前。

【例 16-24】　工地仓库有模数为2.45和2.85两种钠水玻璃，氧化钠含量分别为9.1%和9.6%，现需将50kg模数为2.45的钠水玻璃全部配制成模数为2.7的钠水玻璃，试问需加入模数为2.85的钠水玻璃多少。

【解】　需加入高模数钠水玻璃的数量由式（16-47）得：

$$G = \frac{(M_2-M_1)G_1}{M-M_2} \cdot \frac{N_1}{N} = \frac{(2.7-2.45) \times 50}{2.85-2.7} \times \frac{0.091}{0.096} = 79 \text{kg}$$

故知，需加入模数为2.85的钠水玻璃79kg。

【例 16-25】　工地存有模数为2.9、氧化钠含量为9.8%的钠水玻璃80kg，现配制钠水玻璃耐酸混凝土，需要用模数为2.7的钠水玻璃，试问需加入纯度为95%的氢氧化钠多少。

【解】　需加入氢氧化钠的数量由式（16-48）得：

$$g_1 = \frac{(M-M_2)NG_2}{M_2 \cdot P} = \frac{(2.9-2.7) \times 0.098 \times 80}{2.7 \times 0.95} \times 1.29 = 0.79 \text{kg}$$

故知，需加入纯度为95%的氢氧化钠0.79kg。

16.6.2　钾水玻璃模数和模数调整计算

一、钾水玻璃模数计算

钾水玻璃模数按下式计算

$$M = \frac{\text{SiO}_2(\%)}{\text{K}_2\text{O}(\%)} \times 1.570 \tag{16-49}$$

式中　M——钾水玻璃模数;
　　SiO_2——二氧化硅含量（%）;
　　K_2O——氧化钾含量（%）;
　1.570——K_2O分子量与SiO_2分子量的比值。

【例 16-26】　钾水玻璃经测定，SiO_2的含量为26.32%，K_2O的含量为14.75%，试求钾水玻璃的模数。

【解】　钾水玻璃模数由式（16-49）得：

$$M = \frac{\text{SiO}_2(\%)}{\text{K}_2\text{O}(\%)} \times 1.570 = \frac{26.32\%}{14.75\%} \times 1.570 = 2.8$$

故知，钾水玻璃模数为 2.8。

二、钾水玻璃模数调整计算

1. 当钾水玻璃模数过低时，可加入硅胶粉进行调高，硅胶粉的加入量按下式计算：

$$G_1 = \frac{M_R - M_L}{M_L \times P_1} \times A \times G_L \times 100 \quad (16\text{-}50)$$

式中 G_1——低模数钾水玻璃中应加入的硅胶粉重量（kg）；
M_R——调整后的钾水玻璃模数；
M_L——低模数钾水玻璃的模数；
P_1——硅胶粉的纯度（%）；
A——低模数钾水玻璃中的二氧化硅含量（%）；
G_L——低模数钾水玻璃的重量（kg）。

调整时，先将磨细的硅胶粉用水调成糊状，加入到钾水玻璃中，然后逐渐加入溶解即成。

2. 当钾水玻璃模数过高时，加入氧化钾进行调低。氧化钾的加入量按下式计算：

$$G_2 = \frac{M_h - M_R}{M_R \times P_2} \times B \times G_h \times 1.19 \times 100 \quad (16\text{-}51)$$

式中 G_2——高模数钾水玻璃中应加入氧化钾的重量（kg）；
M_h——高模数钾水玻璃的模数；
P_2——氧化钾的纯度（%）；
B——高模数钾水玻璃中氧化钾含量（%）；
G_h——应加入高模数钾水玻璃的重量（kg）；
1.19——氧化钾换算成氢氧化钾的换算系数；
其他符号意义同前。

调整时，先将氧化钾配成氢氧化钾溶液，加入到钾水玻璃中，搅拌均匀即可。

三、当采用高、低模数的钾水玻璃相互调整，可按下式计算：

$$G_h = \frac{M_R - M_L}{M_h - M_R} \times \frac{C}{B} \times G_L \quad (16\text{-}52)$$

式中 G_h——应加入高模数钾水玻璃的重量（kg）；
C——低模数钾水玻璃中氧化钾含量（%）；
其他符号意义同前。

调整时，是将两种不同模数的钾水玻璃混合，即配制成所需的钾水玻璃模数。

【例 16-27】 现场有模数为 2.4、SiO_2 重量百分含量为 22% 的钾水玻璃 100kg，需配制成钾水玻璃模数为 2.75，试求需投入纯度为 95% 的硅胶粉重量。

【解】 由式（16-50）得：

$$G_1 = \frac{M_R - M_L}{M_L \times P_1} \times A \times G_L \times 100$$

$$= \frac{2.75 - 2.4}{2.4 \times 95} \times 22\% \times 100 \times 100 = 3.38\text{kg}$$

故知，需投入纯度为 95% 的硅胶粉 3.38kg。

【例 16-28】 现场有模数为 3.12、氧化钾含量为 13% 的钾水玻璃 100kg，需配成模数为 2.85 的钾水玻璃，试求需掺入纯度为 98% 的氧化钾重量。

【解】 由式（16-51）得：

$$G_2 = \frac{M_h - M_R}{M_R \times P_2} \times B \times G_h \times 1.19 \times 100$$

$$= \frac{3.12 - 2.85}{2.85 \times 98} \times 13\% \times 100 \times 1.19 \times 100 = 1.5 \text{kg}$$

故知，需掺入纯度为 98% 的氧化钾 1.5kg。

【例 16-29】 现场有模数为 2.52、氧化钾含量为 15.1% 和模数为 2.95、氧化钾含量为 14.2% 的两种钾水玻璃。现需将模数为 2.52 的钾水玻璃 100kg 全配成模数为 2.75，问需掺入模数为 2.95 的钾水玻璃多少公斤。

【解】 由式（16-52）得：

$$G_h = \frac{M_R - M_L}{M_h - M_R} \times \frac{C}{B} \times G_L$$

$$= \frac{2.75 - 2.52}{2.95 - 2.75} \times \frac{15.1\%}{14.2\%} \times 100 = 122.3 \text{kg}$$

故知，掺入模数为 2.95 的钾水玻璃 122.3kg。

16.17 水玻璃密度调整计算

16.17.1 钠水玻璃密度与波美度换算

在防水、防腐蚀工程施工中，刷喷涂料，配制溶液，都必须知道涂料、溶液的密度（比重，下同），钠水玻璃市场产品一般标志为波美度（°Be′）。波美度是用波美比重计浸入溶液中所测得的度数表示溶液的密度（浓度），使用时再换算成密度，一般密度与波美度的关系可按下式换算：

$$\rho(15℃) = \frac{145}{145 - B} \tag{16-53}$$

式中 ρ——钠水玻璃的密度（g/cm³）；

B——水玻璃的波美度数（°Be′）。

密度与波美度的换算亦可查表 16-8 求得。

钠水玻璃相对密度与波美度换算表　　　　　　表 16-8

相对密度	波美度(°Be′)	相对密度	波美度(°Be′)	相对密度	波美度(°Be′)
1.35	37.6	1.42	42.7	1.49	47.4
1.36	38.4	1.43	43.4	1.50	48.1
1.37	39.2	1.44	44.1	1.51	48.9
1.38	39.9	1.45	44.8	1.52	49.6
1.39	40.7	1.46	45.4	1.53	50.3
1.40	41.2	1.47	46.1	1.54	50.8
1.41	42.0	1.48	46.8	1.55	51.4

水玻璃密度过小时，可加热脱水，进行调整；水玻璃密度过大时，可在常温下加水进

行调整。

【例 16-30】 已知钠水玻璃产品的波美度（°Be′）为 42，试计算其密度。

【解】 钠水玻璃的密度由式（16-53）得：

$$\rho=\frac{145}{145-B}=\frac{145}{145-42}=1.41\text{g/cm}^3$$

或从表 16-8 查得，当波美度为 42 时，其密度为 1.41g/cm³。

16.17.2 钾水玻璃密度调整计算

当钾水玻璃密度过大时，可采用加水稀释的方法降低密度，加水量可按下式计算：

$$D=\frac{D_0-D_1}{D_1-1}\times G_0 \tag{16-54}$$

式中 D——钾水玻璃中的加水量（kg）；
D_0——稀释前钾水玻璃的密度（g/cm³）；
D_1——稀释后钾水玻璃的密度（g/cm³）；
G_0——稀释前钾水玻璃的重量（kg）。

【例 16-31】 现场有钾水玻璃 100kg，密度为 1.55g/cm³，现要稀释至密度为 1.44g/cm³，试求其稀释需加水量。

【解】 钾水玻璃稀释需加水量由式（16-54）得：

$$D=\frac{D_0-D_1}{D_1-1}\times G_0=\frac{1.55-1.44}{1.44-1}\times 100=25\text{kg}$$

故知，钾水玻璃稀释至密度为 1.44g/cm³ 的加水量为 25kg。

16.18　水玻璃类材料固化剂用量计算

在钠水玻璃类防腐蚀材料中，氟硅酸钠为钠水玻璃的固化剂，用量过多过少对耐酸材料质量都有影响。用量过多，硬化速度过快，以至无法满足施工操作时间的要求，同时耐酸性能显著下降；用量过少，硬化反应将不完全，存在游离的水玻璃，即使养护时间很长，仍然不能固化，同时失去耐酸性能，所以氟硅酸钠用量应通过计算准确控制，它是保证钠水玻璃耐酸材料质量的关键。

氟硅酸钠用量一般为钠水玻璃用量的 14%～18%，实际用量应根据水玻璃材料中氧化钠含量多少，按下式进行计算确定：

$$F=1.5\frac{N_1}{N_2}\times 100 \tag{16-55}$$

式中 F——氟硅酸钠用量占钠水玻璃用量的百分率（%）；
N_1——钠水玻璃中含氧化钠的百分率（%）；
N_2——氟硅酸钠的纯度（%）。

【例 16-32】 已知钠水玻璃含氧化钠百分率 $N_1=9.4\%$，氟硅酸钠的纯度 $N_2=96\%$，试求氟硅酸钠用量应占水玻璃用量的百分率。

【解】 氟硅酸钠用量由式（16-55）得：

$$F = 1.5 \frac{N_1}{N_2} \times 100\% = 1.5 \times \frac{0.094}{0.96} \times 100 = 14.7\%$$

故知，氟硅酸钠用量应占水玻璃的 14.7%。

16.19 防腐涂料用量和涂层厚度计算

一、防腐涂层用量计算

估算防腐涂料（油漆，下同）用量，需先计算被涂面积，再从涂料产品技术条件里查得该涂料的使用量，即可按下式计算涂料用量：

$$W_0 = A \cdot G_0 \cdot \frac{1}{1000} \tag{16-56}$$

式中 W_0——每平方米刷一度涂料用量（kg）；
A——被涂刷面积（m²）；
G_0——每平方米涂料使用量（g/m²），常用防腐涂料 G_0 值参见表 16-9。

以 100% 固体含量计，每 1kg 涂料涂刷面积与厚度的关系见表 16-10。

防腐涂料用量参考表　　表 16-9

涂料名称	用量(g/m²)	涂料名称	用量(g/m²)
调和漆	160	环氧漆	210
过氯乙烯漆	185	环氧酚醛涂料	195
沥青漆	190	环氧呋喃涂料	193
漆酚树脂漆	250	环氧煤焦油涂料	205
酚醛耐酸漆	192	聚氨酯漆	215

每 1kg 涂料涂刷面积与厚度的关系　　表 16-10

涂层厚度(μm)	100	50.0	33.3	25.0	20.0	16.7	14.3	12.5	11.1	10.0
涂刷面积(m²)	10	20	30	40	50	60	70	80	90	100

二、防腐涂料涂层厚度计算

涂料涂层的厚度可按下式计算：

$$\delta = \frac{W \cdot g}{D \cdot A} \cdot 100 \tag{16-57}$$

式中 δ——涂层厚度（μm）；
W——所耗漆量（kg）；
g——固体含量（%）；
D——固体含量比重；
A——涂刷面积（m²）。

或将涂料固体含量（不挥发部分）所占容积的百分数与涂料涂刷面积的厚度之乘积，即得涂层总厚度。

【例 16-33】 墙面涂刷环氧漆 200m²，已知灰面漆用量为 210g/m²，试求每涂刷一度的环氧漆用量。

【解】 每涂刷一度的漆用量由式（16-56）得：

$$W = A \cdot G \cdot \frac{1}{1000} = 200 \times 210 \times \frac{1}{1000} = 42 \text{kg}$$

故知，需用环氧漆用量为 42kg。

【例 16-34】 涂刷墙面 50m^2，防腐涂料固体含量所占容积为 52%，试求涂层厚度。

【解】 每 1kg 涂料涂刷涂层厚度由表 16-10 查得为 $20\mu\text{m}$

则涂层厚度为：$\delta = 52\% \times 20 = 10.4\mu\text{m}$

故知，涂层厚度为 $10.4\mu\text{m}$。

17 装饰装修与地面工程

17.1 抹灰工程材料用量计算

抹灰工程分为一般抹灰（如石灰砂浆、水泥砂浆、水泥混合砂浆、聚合物水泥砂浆和麻刀石灰、纸筋石灰、石膏灰等抹灰）和装饰抹灰（如水刷石、斩假石、干粘石、假面砖等抹灰）。一般抹灰按质量要求不同，分普通抹灰和高级抹灰二个级别。普通抹灰的抹灰层次为一遍底层、一遍面层；高级抹灰的抹灰层次为一遍底层，二遍中层、一遍面层。

底层主要起与基层粘结的作用，厚度一般为5～7mm；中层主要起找平作用，使用材料同底层，厚度为5～9mm；面层起装饰作用；厚度由面层使用的材料不同而异，水泥砂浆面层和装饰面层其厚度不大于10mm；麻刀石膏罩面，其厚度不大于3mm；纸筋石灰膏或石膏灰罩面，其厚度不大于2mm。

抹灰工程材料消耗量计算通常依据其面层的面积和抹灰各层的厚度，以 m^3 为单位按实体计算。各种材料消耗量依据其配合比的要求不同，分别计算。

一、抹灰砂浆中砂、水泥、石灰膏的材料用量计算

各种抹灰砂浆按体积比确定，每 m^3 砂浆各种材料消耗量可按下列公式计算：

$$砂消耗量(m^3) = \frac{砂比例数}{配合比总比例数-砂比例数\times砂空隙率}\times(1+损耗率) \quad (17-1)$$

$$水泥消耗量(kg) = \frac{水泥比例数\times水泥密度}{砂比例数}\times砂用量\times(1+损耗率) \quad (17-2)$$

$$石灰膏消耗量(m^3) = \frac{石灰膏比例数}{砂比例数}\times砂用量\times(1+损耗率) \quad (17-3)$$

当砂用量超过 $1m^3$ 时，因其空隙容积已大于灰浆数量，均按 $1m^3$ 计算。

抹灰面层面积（m^2）按工程预算的有关计算规则进行计算（从略）。

二、麻刀灰、纸筋灰的材料用量计算

设 $W_L=1m^3$ 生石灰的重量，可以实际量出，一般取 $W_L=1150kg$；$V_L=$ 生石灰化为熟石灰的体积增加率，亦可由实际量出，一般的增加率为2.0～2.5倍。则每 $1m^3$ 的麻刀灰或纸筋灰所需的石灰数量 L（kg）可按下式计算：

$$L=\frac{W_L}{V_L} \quad (17-4)$$

麻刀或纸筋用量可按其所占石灰的重量比计算。

【例17-1】 办公楼内墙抹水泥石灰砂浆 $8950m^2$，抹灰层厚20mm，砂浆配合比为：水泥：石灰：砂=1：1：3，砂空隙率为41%，水泥密度 $1350kg/m^3$，砂损耗率为2%，水泥、石灰膏损耗率各为1％，试求每 m³ 砂浆各种材料用量和灰总材料用量。

【解】（1）计算每 m³ 砂浆各种材料用量

由式（17-1）、式（17-2）和式（17-3）得：

$$砂消耗量 = \frac{3}{(1+1+3)-3\times0.41}\times(1+0.02) = 0.81\text{m}^3$$

$$水泥消耗量 = \frac{1\times1350}{3}\times0.81\times(1+0.01) = 368.15\text{kg}$$

$$石灰膏消耗量 = \frac{1}{3}\times0.81(1+0.01) = 0.27\text{m}^3$$

（2）计算抹灰总材料用量

抹灰层总体积 = 8950×0.02 = 179m³

需用总材料用量为：砂消耗量 = 179×0.81 = 145m³

水泥消耗量 = 179×368.15 = 65899kg

石灰膏消耗量 = 179×0.27 = 48m³

【例 17-2】已知麻刀灰和纸筋灰，1m³ 生石灰的重量 $W_L=1150$kg，$V_L=2.0$，灰浆中麻刀用量为生石灰的5％，纸筋用量为生石灰的8％。试分别求麻刀和纸筋用量。

【解】每 1m³ 麻刀灰或纸筋灰中，所需生石灰的数量，由式（17-4）得：

$$L = \frac{W_L}{V_L} = \frac{1150}{2} = 575\text{kg}$$

麻刀的重量按生石灰重量的5％计，即

$$L\times5\% = 575\times0.05 = 28.75\text{kg}$$

纸筋的重量按生石灰重量的8％计，即

$$L\times8\% = 575\times0.08 = 46.0\text{kg}$$

17.2　饰面工程材料用量计算

饰面工程是指把饰面板（砖）镶贴（或安装）于基层表面以形成装饰层。饰面板（砖）的种类很多，常用的有瓷板、锦砖、预制水磨石板、大理石（花岗石）板、金属板及各种饰面板（砖）等。一般由底层、结合层和面层组成。底层（找平层）厚度一般为20mm；结合层厚度随铺贴工艺而定，由3～20mm，面层厚度随选用饰面板（砖）材而异，一般由5～60mm。灰缝宽度由1～6mm；深度由20～60mm。饰面板（砖）规格、颜色按设计要求确定。

1. 饰面工程的材料用量计算通常依据饰面层的面积，以 100m² 为单位按下列公式计算：

$$板（砖）块用量(100\text{m}^2) = \frac{100}{(板块长+灰缝宽)\times(板块宽+灰缝宽)}\times(1+损耗率) \tag{17-5}$$

$$结合层用量(100\text{m}^2) = 100\times结合层厚度\times(1+损耗率) \tag{17-6}$$

（底层找平层同）

$$灰缝用量(100\text{m}^2) = [100-(板块长\times板块宽\times100\text{m}^2板块净用量)]\times灰缝深\times(1+损耗率) \tag{17-7}$$

2. 需要板块材叠合铺设时，可按下式计算：

$$板（块）用量 = \frac{100}{(板长-叠合长) \times (板宽-叠合宽)} \times (1+损耗率) \qquad (17-8)$$

3. 各种板（块）材的规格、尺寸应根据设计要求选定。

4. 饰面板（砖）面层面积（m²）按工程预算的有关计算规则进行计算（从略）。

【例 17-3】 写字楼工程外墙面上部安装铝合金饰面板，板规格为 800mm×600mm；下部铺贴大理石板，板规格为 600mm×600mm，灰缝宽为 5mm；室内贴石膏饰面板规格为 500mm×500mm，灰缝宽为 2mm；铝艺术装饰板规格为 500mm×500mm；釉面砖规格为 152mm×152mm，灰缝宽为 1mm。试求每 100m² 饰面各需要板块数量。

【解】 每 100m² 墙面各需用饰面板数，由式 (17-4) 得：

$$铝合金饰面板用量 = \frac{100}{板块长 \times 板块宽} \times (1+损耗率)$$

$$= \frac{100}{0.80 \times 0.60} \times (1+0.01) = 210 块$$

$$大理石饰面板用量 = \frac{100}{(0.60+0.005) \times (0.60+0.005)} \times (1+0.01) = 276 块$$

$$石膏饰面板用量 = \frac{100}{(0.50+0.002) \times (0.50+0.002)} \times (1+0.01) = 401 块$$

$$铝艺术装饰板用量 = \frac{100}{0.50 \times 0.50} \times (1+0.01) = 404 块$$

$$釉面砖饰面用量 = \frac{100}{(0.152+0.001) \times (0.152+0.001)} \times (1+0.01) = 4315 块$$

17.3 贴墙材料用量计算

贴墙材料（墙壁纸、墙布，下同）的花色品种确定后，可根据居室面积大小合理地计算用料尺寸，考虑到施工时可能的损耗率，一般宜比实际用量多购 10% 左右。

计算贴墙材料需用量有以下三种方法。

1. 计算法 贴墙材料的需用量按下式计算

$$S = \left[\left(\frac{L}{M}+1\right)(H+h) + \frac{C}{M} \right](1+损耗率) \qquad (17-9)$$

式中 S——所需贴墙材料的长度（m）；

L——扣除门、窗等洞口后墙壁的总长度（m）；

M——贴墙材料的宽度（m），加 1 作为拼接花纹的余量；

H——所需贴墙材料的高度（m）；

h——贴墙材料上两个相同图案的距离（m），作为纵向拼接余量；

C——门窗等洞口上、下所需贴墙的面积（m²）。

以卷计量时：

$$壁纸(墙布)用量(卷) = \frac{工程量}{卷长 \times 卷幅宽}(1+损耗率) \qquad (17-10)$$

2. 实测法 先选定贴墙材料，并确定材料宽度，依此宽度测量房间墙壁（扣除门、窗等部分）的周长，在周长中有几个贴墙材料的宽度，即需贴几幅；然后再量应贴墙的高度，以此乘以幅数，即为门、窗以外部分墙壁所需贴墙材料的长度（m）；最后仍以此法测量门、窗洞口上、下墙壁、不规则的角落等处所需的用料长度，将它与已算出的长度相加，即为所需用料总长度。本法最适用于细碎花纹图案，拼接时无须特别对位的贴墙材料。

3. 估算法　根据实践经验资料，普通居民的住宅，每间房间需要贴墙材料的数量约等于该房间住房面积的 2.5 倍。先算出房间面积，将它乘以 2.5，其面积即为贴墙材料需用数量。

【例 17-4】　住宅楼卧室墙面装饰采用贴墙布，已知墙周长为 14.8m、门窗洞口长 2.3m，墙高 $H=2.9m$，墙布幅宽 $M=0.86m$，$h=0.3m$，每卷长 12.0m，门窗洞口上下面积 $C=2.0m^2$，试求所需贴墙布材料的长度和卷数。

【解】　由已知条件知 $L=14.8-2.3=12.5m$，取损耗率为 10%，需用墙布材料的长度由式（17-9）得：

$$S = \left[\left(\frac{L}{M}+1\right)(H+h)+\frac{C}{M}\right](1+10\%)$$
$$= \left[\left(\frac{12.5}{0.86}+1\right)(2.9+0.3)+\frac{2}{0.86}\right](1+0.1)$$
$$= 57.2m$$

需用卷数 $\frac{57.2}{12}=4.8$ 卷　　　　用 5 卷

故知，需用墙布 57.2m，约 5 卷。

【例 17-5】　某住宅楼房间面积为 24m²，试用估算法计算该房间需用贴墙材料数量。

【解】　取材料损耗率为 10%，则房间需用贴墙材料数量为：
$$24 \times 2.5(1+10\%) = 66m^2$$

故知，该房间需用贴墙材料 66m²。

17.4　内饰面砖装饰的排砖计算

室内饰面砖多用于卫生间、淋浴间、盥洗间和浴室等墙面。现场施工应进行合理的排砖计算，以保证装修质量和美观。

一、排砖要求、原则和调整

1. 饰面砖排砖要做到上下一致，左右匀称，彼此协调。
2. 每道墙尽量不出现非整块饰面砖。如通过计算仍出现非整块砖，应将其布置在墙两端。
3. 如非整块饰面砖出现难以避免时，多余长度应在半块砖长度以上，不得留有小于半块砖长度的窄条。
4. 门窗部位不得出现非整块饰面砖，即门窗边线必须与饰面砖缝对齐。

由于实际情况复杂，难以全部满足以上排砖要求和原则时，可按以下方法作适当调整。

1. 底层厚度调整：如底层厚度为 12mm，一般在 10～15mm 范围内调整。

2. 中层厚度调整：如中层厚度为 8mm，一般可在 6～10mm 范围内调整。

3. 门窗位置及洞口大小调整：使门窗部位不出现非整块饰面砖。

二、饰面砖排砖计算

每道墙饰面砖块数可按下式计算：

当两端留缝

$$n=\frac{L(H)-w}{b(h)+w} \tag{17-11}$$

当两端不留缝

$$n=\frac{L(H)+w}{b(h)+w} \tag{17-12}$$

式中　　n——饰面砖块数（块）；

　　　　L——墙实际长度（mm）；

　　　　H——墙实际高度（mm）；

　　　　b——饰面砖长度（mm）；

　　　　h——饰面砖高度（mm）；

　　　　w——饰面砖接缝宽度（mm）。

【**例 17-6**】　某卫生间基层为砖墙，底层为 12mm 厚水泥砂浆，中层为 8mm 厚水泥石灰膏砂浆结合层，面砖采用 108mm×108mm×5mm 釉面砖，饰面砖接缝宽 2mm；已知墙实际长度为 3310mm，墙实际高度为 2740mm，试进行排砖设计。

【**解**】　（1）在长度方向排砖

所需饰面砖块数由式（17-11）得：

$$n=\frac{L-w}{b+w}=\frac{3310-2}{108+2}=30.07 \text{块，取 30 块}$$

计算墙长 $108\times30+2\times31=3302$mm，墙实际长度与计算长度相差：$3310-3302=8$mm，将饰面砖装饰层厚度从 25mm（$=12+8+5$mm）调整为 $25+\frac{8}{2}=29$mm。

（2）在高度方向排砖

所需饰面砖块数由式（17-11）得：

$$n=\frac{H-w}{h+w}=\frac{2740-2}{108+2}=24.9 \text{块，取 25 块}$$

计算墙高 $108\times25+2\times26=2752$mm，墙计算高度与实际高度相差：$2752-2740=12$mm，可采取墙第一步砖高取 $108-12=96$mm，实际施工时，可不切割饰面砖，将饰面砖嵌入楼面装饰层内即可。

17.5　常用装饰材料的损耗率估算

材料估算是装饰装修工程施工准备工作的重要一环，同时也是材料采购的依据和工程成本核算的基础，一般装饰装修所需材料难以计算得十分准确，如果计算少了，会出现材料不足，造成窝工和影响工期，如计算多了则会导致材料浪费和占用资金，因此计算装饰装修材料需用数量时，要加上一个相应合适的损耗量（材料数量乘以损耗率）。

计算时，所需装饰材料总用量 A（m²）可按下式计算：

$$A=A_0(1+a\%) \tag{17-13}$$

式中　A_0——单个工面的材料数量（m^2）；
　　　a——材料损耗率（%）。

根据定额积累资料和经验，常用的装饰材料的损耗率参见表17-1。

常用装饰材料的损耗率（%）　　　　　表17-1

材料名称	损耗率	材料名称	损耗率	材料名称	损耗率
石材	1.2	木饰面板	10	铜线条	5
瓷砖	3	塑料面板	3~6	绝缘导线	1.8
玻璃	10~25	塑料地板	1	砂	8
铝型材	3	型钢骨架	5	水泥	4
壁纸（墙布）	10~12(15~16)	铝合金龙骨	3~5	灯具	1.2
地毯	8~12	木线条	4~6	开关、插座	2.5
木地板	6	不锈钢线条	2~5	塑料槽、管	5

【例 17-7】　某写字楼门厅，用 600mm×600mm 大理石板作地面面层，门厅地面面积为 32.6m^2 求所需大理石板及板块数量。

【解】　查表 17-1 大理石板损耗率为 1.2% 由式 (17-13) 得所需大理石板材为：

$$A = A_0(1+a\%)$$
$$= 32.6(1+1.2\%) = 33m^2$$

需用板块数量为：33/0.6×0.6≈92 块

故知，需 600mm×600mm 大理石板块 92 块。

17.6　装饰装修与地面材料配合比理论质量简易计算

装饰装修材料使用的配合比分为体积比和质量（重量，下同）比两种，预算定额中的材料和特种砂浆的配合比多采用质量比。在实际施工时，常需要根据设计要求或施工需要，计算每 1m^3 装饰装修材料中需用各种材料的理论质量或每 1m^3 装饰装修材料的理论质量，以下简介一种常用简易计算方法。

一、由两种材料组成的配合比计算

设材料 y_1、y_2 的配合比为：$y_1 : y_2 = x_1 : x_2$

密度（比重）分别为 d_1、d_2，则有：

$$y_2 = \frac{y_1 x_2}{x_1} \tag{17-14}$$

又

$$\frac{y_1}{d_1} + \frac{y_2}{d_2} = 1 \tag{17-15}$$

解式 (17-14)、式 (17-15) 联立方程式得：

$$y_1 = \frac{x_1 d_1 d_2}{x_1 d_2 + x_2 d_1}; \quad y_2 = \frac{x_2 d_1 d_2}{x_1 d_2 + x_2 d_1} \tag{17-16}$$

或写成

$$y_1 = u x_1; \quad y_2 = u x_2 \tag{17-17}$$

其中

$$u = \frac{d_1 d_2}{x_1 d_2 + x_2 d_1} \tag{17-18}$$

则，每 1m^3 的理论质量为：$y_1 + y_2 = u(x_1 + x_2)$ 　　　(17-19)

二、由三种材料组成的配合比计算

设材料 y_1、y_2、y_3 的配合比为：$y_1 : y_2 : y_3 = x_1 : x_2 : x_3$

密度（比重）分别为 d_1、d_2、d_3，则有：

$$y_2 = \frac{x_2 y_1}{x_1} ; \qquad y_3 = \frac{x_3 y_1}{x_1} \tag{17-20}$$

又

$$\frac{y_1}{d_1} + \frac{y_2}{d_2} + \frac{y_3}{d_3} = 1 \tag{17-21}$$

解式 (17-20)、式 (17-21) 联立方程式得：

$$y_1 = \frac{x_1 d_1 d_2 d_3}{x_1 d_2 d_3 + x_2 d_1 d_3 + x_3 d_1 d_2} \tag{17-22}$$

$$y_2 = \frac{x_2 d_1 d_2 d_3}{x_1 d_2 d_3 + x_2 d_1 d_3 + x_3 d_1 d_2} \tag{17-23}$$

$$y_3 = \frac{x_3 d_1 d_2 d_3}{x_1 d_2 d_3 + x_2 d_1 d_3 + x_3 d_1 d_2} \tag{17-24}$$

或写成 $y_1 = u x_1 ; y_2 = u x_2 ; y_3 = u x_3$

其中

$$u = \frac{d_1 d_2 d_3}{x_1 d_2 d_3 + x_2 d_1 d_3 + x_3 d_1 d_2} \tag{17-25}$$

则，每 $1 m^3$ 的理论质量为：$y_1 + y_2 + y_3 = u(x_1 + x_2 + x_3)$ (17-26)

三、由四种材料组成的配合比计算

设材料 y_1、y_2、y_3、y_4 的配合比为：$y_1 : y_2 : y_3 : y_4 = x_1 : x_2 : x_3 : x_4$

密度（比重）分别为 d_1、d_2、d_3、d_4，则有：

$$y_2 = \frac{x_2 y_1}{x_1} ; \quad y_3 = \frac{x_3 y_1}{x_1} ; \quad y_4 = \frac{x_4 y_1}{x_1} \tag{17-27}$$

$$\frac{y_1}{d_1} + \frac{y_2}{d_2} + \frac{y_3}{d_3} + \frac{y_4}{d_4} = 1 \tag{17-28}$$

解式 (17-27)、式 (17-28) 联立方程式得：

$$y_1 = \frac{x_1 d_1 d_2 d_3 d_4}{x_1 d_2 d_3 d_4 + x_2 d_1 d_3 d_4 + x_3 d_1 d_2 d_4 + x_4 d_1 d_2 d_3} \tag{17-29a}$$

$$y_2 = \frac{x_2 d_1 d_2 d_3 d_4}{x_1 d_2 d_3 d_4 + x_2 d_1 d_3 d_4 + x_3 d_1 d_2 d_4 + x_4 d_1 d_2 d_3} \tag{17-29b}$$

$$y_3 = \frac{x_3 d_1 d_2 d_3 d_4}{x_1 d_2 d_3 d_4 + x_2 d_1 d_3 d_4 + x_3 d_1 d_2 d_4 + x_4 d_1 d_2 d_3} \tag{17-29c}$$

$$y_4 = \frac{x_4 d_1 d_2 d_3 d_4}{x_1 d_2 d_3 d_4 + x_2 d_1 d_3 d_4 + x_3 d_1 d_2 d_4 + x_4 d_1 d_2 d_3} \tag{17-29d}$$

或写成 $y_1 = u x_1 ; y_2 = u x_2 ;$

$$y_3 = u x_3 ; y_4 = u x_4 \tag{17-30}$$

其中

$$u = \frac{d_1 d_2 d_3 d_4}{x_1 d_2 d_3 d_4 + x_2 d_1 d_3 d_4 + x_3 d_1 d_2 d_4 + x_4 d_1 d_2 d_3} \tag{17-31}$$

则，每 $1 m^3$ 的理论质量为：$y_1 + y_2 + y_3 + y_4 = u(x_1 + x_2 + x_3 + x_4)$ (17-32)

同样，由五种以上材料组成的配合比，可按以上计算式的变换模式直接给出。由上可知，单位体积（$1 m^3$）所含各种材料的理论质量仅与材料的密度（比重）和配合比有关。

但在实际制定各种配合比时，还应另加各种材料的运输和操作损耗，损耗率可按 17.5 节或实际情况确定。按以上计算，制定出的配合比（重量比）理论质量计算表参见表 17-2。

配合比（重量比）理论重量计算表　　　　表 17-2

材料组成	配合比（重量比）	材料密度 /(t/m³)	单项材料重量计算式	单位体积理论质量 /m³
两种 y_1、y_2	$y_1:y_2=x_1:x_2$	d_1、d_2	$y_1=ux_1$ $y_2=ux_2$	$u(x_1+x_2)$
			$u=\dfrac{d_1 d_2}{x_1 d_2+x_2 d_1}$	
三种 y_1、y_2、y_3	$y_1:y_2:y_3=$ $x_1:x_2:x_3$	d_1、d_2、d_3	$y_1=ux_1$ $y_2=ux_2$ $y_3=ux_3$	$u\cdot(x_1+x_2+x_3)$
			$u=\dfrac{d_1 d_2 d_3}{x_1 d_2 d_3+x_2 d_1 d_3+x_3 d_1 d_2}$	
四种 y_1、y_2、y_3、y_4	$y_1:y_2:y_3:y_4=$ $x_1:x_2:x_3:x_4$	d_1、d_2、d_3、d_4	$y_1=ux_1$ $y_2=ux_2$ $y_3=ux_3$ $y_4=ux_4$	$u\cdot(x_1+x_2+x_3+x_4)$
			$u=\dfrac{d_1 d_2 d_3 d_4}{x_1 d_2 d_3 d_4+x_2 d_1 d_3 d_4+x_3 d_1 d_2 d_4+x_4 d_1 d_2 d_3}$	

【例 17-8】 已知石棉水泥灰浆的重量配合比为：石棉：水泥=1:14，石棉、水泥的密度分别为 2.5t/m³、3.1t/m³，试求 1m³ 石棉水泥中的石棉和水泥的理论质量。

【解】 由题意知，$x_1=1$、$x_2=14$，$d_1=2.5$，$d_2=3.1$，由式（17-18）得：

$$u=\frac{d_1 d_2}{x_1 d_2+x_2 d_1}=\frac{2.5\times 3.1}{1\times 3.1+14\times 2.5}=0.203412$$

由式（17-17）得：

石板　　　　　　$y_1=ux_1=0.203412\times 1\text{t}=0.203\text{t}$

水泥　　　　　　$y_2=ux_2=0.203412\times 14\text{t}=2.848\text{t}$

故知，1m³ 石棉和水泥的理论质量分别为 0.203t 和 2.848t。

【例 17-9】 已知钠水玻璃耐酸砂浆重量配合比为：钠水玻璃：氟硅酸钠：石英粉：石英砂=0.8:0.12:1:1.5；钠水玻璃、氟硅酸钠、石英粉、石英砂的密度分别为：1.45t/m³、2.75t/m³、2.5t/m³、2.5t/m³，试求 1m³ 钠水玻璃耐酸砂浆的理论质量。

【解】 由题意知 $x_1=0.8$、$x_2=0.12$、$x_3=1$、$x_4=1.5$；$d_1=1.45$、$d_2=2.75$、$d_3=2.5$、$d_4=2.5$。由式（17-31）得：

$$u=\frac{1.45\times 2.75\times 2.5\times 2.5}{0.8\times 2.75\times 2.5\times 2.5+0.12\times 1.45\times 2.5\times 2.5+1\times 1.45\times 2.75\times 2.5+1.5\times 1.45\times 2.75\times 2.5}$$
$$=0.626818$$

钠水玻璃耐酸砂浆的理论质量由式（17-32）得：

$$u(x_1+x_2+x_3+x_4)=0.626818\times(0.8+0.12+1.0+1.5)$$
$$=0.626818\times 3.42\text{t/m}^3=2.144\text{t/m}^3$$

总知，1m³ 钠水玻璃耐酸砂浆的理论质量为 2.144t/m³。

17.7 抹灰砂浆配合比计算

一、抹灰砂浆配合比计算

抹灰砂浆的试配抗压强度应按下式计算：

$$f_{m,0} = k f_2 \tag{17-33}$$

式中 $f_{m,0}$——砂浆的试配抗压强度（MPa），精确至0.1MPa；

f_2——砂浆抗压强度等级值（MPa），精确至0.1MPa；

k——砂浆生产（拌制）质量水平系数，质量水平为优良时，取1.15；一般时，取1.2；较差时，取1.25。

现场配制各种常用抹灰砂浆的强度等级及试配配合比的材料用量可按表17-3选用。

抹灰砂浆配合比材料用量（kg/m³）　　　　表17-3

项次	项目	强度等级	水泥	粉煤灰	石灰膏	砂	水
1	水泥抹灰砂浆	M15	330~380	—	—	1m³砂的堆积密度值	250~300
		M20	380~450				
		M25	400~450				
		M30	460~530				
2	水泥粉煤灰抹灰砂浆	M5	250~290	内掺，等量取代水泥量的10%~30%	—	1m³砂的堆积密度值	270~320
		M10	320~350				
		M15	350~400				
3	水泥石灰抹灰砂浆	M2.5	200~230	—	(350~400)−C	1m³砂的堆积密度值	180~280
		M5	230~280				
		M7.5	280~330				
		M10	330~380				
4	掺塑化剂水泥抹灰砂浆	M5	260~300	—	—	1m³砂的堆积密度值	250~280
		M10	330~360				
		M15	360~410				

注：1. 配合比均按质量计量；C为水泥用量。
　　2. 项次1、2的表观密度不宜小于1900kg/m³；保水率不宜小于82%。
　　3. 项次3、4的表观密度不宜小于1800kg/m³；保水率不宜小于88%。
　　4. 项次1拉伸粘结强度不应小于0.20MPa；项次2、3、4不应小于0.15MPa。
　　5. 抹灰砂浆的分层度宜为10~20mm。

二、配合比试配、调整与确定

1. 查表17-3选取抹灰砂浆配合比和材料用量后，应先进行试拌，测定拌合物的稠度和分层度（或保水率），当不能满足要求时，应调整材料用量，直到满足要求为止。

2. 试配时，至少应采用3个不同的配合比，其中一个配合比为查表得出的基准配合比，其余两个配合比的水泥用量应按基准配合比增加和减少10%，在保证稠度、分层度（或保水率）满足要求的条件下，可将用水量或石灰膏、粉煤灰等用量作相应调整。

3. 试配稠度应满足施工要求，并按规定标准分别测定不同配合比砂浆的抗压强度、

17 装饰装修与地面工程

分层度（或保水率）及拉伸粘结强度，符合要求的且水泥用量最低的配合比，即可作为抹灰砂浆配合比。

三、配合比的校正

1. 应按下式计算抹灰砂浆的理论表观密度值 ρ_t（kg/m³）：

$$\rho_t = \sum Q_i \tag{17-34}$$

式中 Q_i——每立方米砂浆中各种材料用量（kg）。

2. 应按下式计算砂浆配合比校正系数 δ：

$$\delta = \rho_c / \rho_t \tag{17-35}$$

式中 ρ_c——砂浆实测表观密度值（kg/m³）。

3. 当砂浆实测表观密度与理论表观密度之差的绝对值不超过 ρ_t 值的 2%，即可确定为抹灰砂浆配合比。否则应将配合比中每项材料用量乘以校正系数 δ 后，可确定为抹灰砂浆配合比。

【例 17-10】 住宅楼抹灰工程需配制 M5 水泥石灰抹灰砂浆，采用中砂，堆积密度为 1500kg/m³，施工质量水平为一般，试求砂浆配合比及每立方米砂浆中的材料用量。

【解】 （1）计算试配强度

已知 $f_2 = 5$MPa，$k = 1.20$，由式（17-33）得：

$$f_{m,c} = k f_2 = 1.2 \times 5 = 6\text{MPa}$$

（2）选用配合比、材料用量及校正

由表 17-3 选用水泥石灰抹灰砂浆配合比为：水泥 260kg：石灰膏 380－260＝20kg：砂 1500kg：水 230kg＝1：0.08：5.77：0.88

砂浆的理论表观密度由式（17-34）得：

$$\rho_t = 260 + 20 + 1500 + 230 = 2010\text{kg/m}^3$$

经试配试验实测，$\rho_c = 2025$kg/m³，砂浆稠度、抗压强度、保水率及拉伸粘结强度等符合要求。

校正系数 δ 由式（17-35）得

$$\delta = \rho_c / \rho_t = 2025/2010 = 1.0075 \approx 1\%$$

通过试配，水泥石灰抹灰砂浆性能符合要求，校正系数 $\delta \approx 1\% < 2\%$，故不需调整。

17.8 装饰装修与地面工程砂浆体积比换算重量比计算

在建筑装饰装修和地面工程中，常会遇到用 1：2、1：2.5 或 1：3 水泥砂浆打底、抹灰或找平，施工图纸上指的是体积比。所谓体积比就是用砂浆中水泥的体积分别除以各种材料的体积得出的一比例式，亦称体积配合比。但在施工中，体积比不及重量（质量）比量度准确，计量、配料和搅拌方便，质量易于控制，且施工省事，比较好用，故此，施工中多采用重量比。当施工需将砂浆体积比换算成重量比时，一般可采用以下简易方法。

假定砂浆的体积比为 1：n；并设 ρ 为砂浆材料的堆积密度；V 为砂浆材料的体积；m 为砂浆材料的质量。

由于

$$\rho = \frac{m}{V}$$

则有 $\quad 1:n=m_c/\rho_c:m_s/\rho_s$

整理得： $\quad m_s/\rho_s=n\times m_c/\rho_c$

$$m_s/m_c=n\times\rho_s/\rho_c$$

换成 $\quad m_c:m_s=\rho_c:n\rho_s$

则得重量比为： $\quad \rho_c:n\rho_s$

即
$$1:\frac{n\rho_s}{\rho_c} \tag{17-36}$$

式中 n——水泥砂浆中砂子占的体积比值；

ρ_c——水泥的密度（kg/m^3）；

ρ_s——砂子的堆积密度（kg/m^3）。

砂浆用材料的密度可参考下列数值选用：

水泥　　1250kg/m^3；　　粉煤灰　　650～800kg/m^3；

细砂　　1300kg/m^3；　　石灰膏　　1350kg/m^3；

中砂　　1430kg/m^3；　　生石灰粉　1200kg/m^3。

粗砂　　1700kg/m^3；

混合砂浆的配合比也可参照上式换算。

【例 17-11】 已知抹灰水泥砂浆的体积比为 1∶3，水泥的堆积密度为 1250kg/m^3，砂的堆积密度为 1430kg/m^3，试换算成重量配合比。

【解】 砂浆的体积比为 1∶n=1∶3，则重量比由式（17-36）得：

$$1:\frac{n\rho_s}{\rho_c}=1:\frac{3\times 1430}{1250}=1:3.43$$

配制时，每搅拌一盘砂浆如用 1 袋水泥（50kg），按重量比 1∶3.43 计算，用砂子量应为 3.43×50=171.5kg。

17.9　胀锚螺栓的应用计算

胀锚螺栓是一种用 Q235 钢制成的工具式锚固体。其埋深浅，无需粘结材料，只需将它放入现钻孔的孔中，用简单的人工锤击，即可牢固地将螺栓胀锚在锚固体中，借以固定各类管线、设备及支架等，以代替预埋铁体，并能立即投入使用，已广泛应用于装饰装修、建筑抗震加固、小型机械设备、管线、支架安装等工程中。

胀锚螺栓的应用计算包括以下各项：

一、胀锚螺栓抗拉承载力计算

1. 螺栓埋深 h(cm) 按下式计算：

$$h\geqslant\sqrt{\frac{KN}{7f_t}}+0.5 \tag{17-37}$$

当混凝土强度等级为 C15～C25 时，均按 $f_t=1.05N/mm^2$ 计算，即

$$h\geqslant 0.6\sqrt{N}+0.5 \tag{17-38}$$

式中 f_t——混凝土轴心抗拉强度设计值（N/mm^2）；

K——混凝土安全系数，取 2.65；

N——每个螺栓抗拉容许值（N）。

2. 螺栓净直径 d_0(cm) 按下式计算：

$$d_0 \geqslant \sqrt{\frac{4N}{\pi f_t^b}} \tag{17-39}$$

螺栓用 Q235 钢时，取 $f_t^b=135\text{N/mm}^2$，则：

$$d_0 \geqslant 0.097\sqrt{N} \tag{17-40}$$

式中 f_t^b——普通螺栓抗拉强度设计值（N/mm²）；

其他符号意义同前。

二、胀锚螺栓抗剪承载力计算

每个螺栓抗剪容许承载力 Q (N) 按下式计算：

$$Q=\frac{\pi d_0^2}{4}[\tau] \tag{17-41}$$

取 $[\tau]=100\text{N/mm}^2$，因考虑其他不利因素影响，乘以系数 0.9，即 $[\tau]=90\text{N/mm}^2$，则：

$$Q=70.7d_0^2 \approx 70d_0^2 \tag{17-42}$$

以上计算为当胀锚螺栓沿一个方向排列，其间距大于或等于 $15d_0$ 时的情况，如排列间距小于 $15d_0$ 时，其容许承载力应乘以表 17-4 的螺栓组合降低系数 r_z；当两个方向的排列间距均小于 $15d_0$ 时，则按 $r_z=r_{z1} \times r_{z2}$（r_{z1}、r_{z2} 为沿两个相互垂直方向的单向排列组合降低系数）。

在 C15 级混凝土或钢筋混凝土构体上，胀锚螺栓亦可按表 17-5 所列参数选用。

r_z 值　　　　　表 17-4

间距(d 的倍数)	5	6	7	8	9	10	11	12	13	14	15
r_z	0.67	0.70	0.73	0.77	0.80	0.83	0.87	0.90	0.93	0.97	1.00

锚固在混凝土上的容许值　　　　　表 17-5

直径(mm)	M6	M8	M10	M12	M16
容许拉力 N(N)	2400	4400	7000	10300	19400
容许剪力 Q(N)	1600	3000	4700	6900	13000
最小埋深 h(cm)	3.5	4.5	5.5	6.5	9.0

当胀锚螺栓锚固在砖砌体上，其砌体应用不低于 MU10 烧结普通砖和 M5 砂浆砌筑，其容许承载力可按表 17-6 所列参数选用。当其他块材砌体强度相当于烧结普通砖砌体强度时，也可按表使用。

锚固在砌体上的容许值　　　　　表 17-6

直径(mm)	M6	M8	M10	M12
容许拉力 N(N)	600	1100	1750	2550
容许剪力 Q(N)	560	1050	1650	2420
最小埋深 h(cm)	4.5	5.5	6.5	8.0

三、应用注意事项

1. 胀锚螺栓锚固在混凝土构件上的混凝土强度等级为 C10 时，容许承载值需乘以 0.75 的降低系数。

2. 胀锚螺栓至混凝土构件边缘的距离宜大于或等于 $12d$；至砌体边缘小于 $2h$ 时（h 为埋深），其容许荷载值要适当降低。

3. 在钢筋混凝土构件上设置胀锚螺栓时，要避开钢筋，严禁钻断钢筋。

4. 胀锚螺栓的埋深，是以有效截面算起，装饰抹面层的厚度不应计算在内。

5. 胀锚螺栓锚固在砖砌体上应尽量设在砖中间，避开砖缝，特别是丁字缝。在钻孔过程中出现砖被震裂时，不应使用，要更改位置。

6. 当两个以上胀锚螺栓共同工作时，如受力不均或有可能产生突然破坏时，只能按单螺栓计算，其余应属构造设置。当两个以上螺栓受力均匀，间距又较大时，才可按组合考虑。

17.10 植筋钻孔深度、特征值和用胶量计算

在装饰装修工程施工中，常常要在承重钢筋混凝土结构和砖混结构中设置一定数量的拉结筋，与隔墙、顶棚、搁栅等拉结。拉结筋的施工方法对装饰装修工程质量和进度起着极为重要的作用，通常采用植筋的方法，其优点是：装设位置准确，施工方便、锚固效果好，固化快速，安全可靠。

一、植筋构造要求

植筋锚固基材的强度等级不应低于 C15，基材厚度应大于或等于 $L+2D$，也不宜小于 100mm，其中 L 为锚筋的有效锚固深度，D 为锚孔直径。结构植筋多采用 HRB335 级钢筋，墙体结构植筋可采用 HPB300 级钢筋；钻孔直径与锚筋直径对应值的关系参见表 17-7。植筋孔径和最小植入深度见表 17-8。

钻孔直径与锚筋直径对应值的关系   表 17-7

锚筋直径 d(mm)	6	8	10	12	14	16	20	25
最佳钻孔直径 D(mm)	10	12	14	16	22	25	28	35

喜利得植筋孔径和最小植入深度（mm）   表 17-8

钢筋直径 ϕ	孔径 D	最小植入深度 l	钢筋直径 ϕ	孔径 D	最小植入深度 l
10	14	100	20	28	280
12	16	140	25	32	400
14	20	150	28	37	450
16	22	200	32	40	600
18	25	250	40	48	700

注：本表数据适用于 C30 及以上混凝土强度等级和新 II 级钢筋（$f_y=300\text{N/mm}^2$）。

群锚锚筋的间距、边距应大于或等于 $4d$，当边距小于 0.5 倍锚筋埋深时，要求在边距范围内至少有一根 ϕ6mm 钢筋，否则应加大边距值。

植筋胶可采用喜得利 Hit-Hy150 或金草田 JCT-1 型植筋胶，前者在正常温度（20℃）凝胶时间为 5min，固化时间 50min；后者在正常温度（20℃）凝胶时间为 18min，固化时

间45min。

二、植入深度计算

钢筋植入深度应符合以下要求:

$$I_{hmin} \geqslant 10d \tag{17-43}$$

或

$$I_{hmin} \geqslant 100mm \tag{17-44}$$

或

$$I_{hmin} \geqslant 0.3 I_b \tag{17-45}$$

式中 I_{hmin}——钢筋植入深度最小值（mm）；

d——植入钢筋直径（mm）；

I_b——钢筋屈服时的植入深度，或查表17-9；

三、植筋特征抗拉荷载值的计算

植筋设计的特征抗拉荷载值的计算（以喜利得胶植筋为例）见表17-9。

植筋特征抗拉荷载值的计算　　　　表17-9

项目	特征抗拉荷载的极限(N)	应用范围
钢筋	$F_y = 0.25 \times \pi \times d^2 \times f_{yk}/(\gamma_s \times \gamma_q)$	$f_{yk} \leqslant 550 N/mm^2$ $8mm \leqslant d \leqslant 25mm$
粘合力	$F_b = 25 \times \pi \times I_b \times \sqrt{d}/(\gamma_c \times \gamma_q)$	$I_b \leqslant I_{b,min}$
混凝土	$F_c = 4.0 \times \pi \times I_b \times \sqrt{f_{ck} \times D}/(\gamma_s \times \gamma_q)$	$f_{ck} \geqslant 25 N/mm^2$

注：设计时应用抗拉荷载3组数据中的最小值。

表中 F_y——钢筋被充分利用时的设计拉力（KN）；

F_b——钢筋同粘合剂之间的表面粘合所能承受的力（KN）；

F_c——砂浆和孔壁之间的粘合界面所承受的力（KN）；

I_b——孔深（mm）；

f_{yk}——钢筋标准强度（N/mm²）；

γ_s——钢筋安全系数（取1.15）；

γ_c——混凝土安全系数（取1.5）；

γ_q——变化作用系数（取1.5）；

f_{ck}——混凝土标准抗压强度（N/mm²）；

D——孔径（mm）；

d——钢筋直径（mm）。

四、钻孔用胶量计算

钻孔经验用胶量：可取填满钻孔的2/3。

计算用胶量：

$$W = \frac{\pi(D^2 - d^2)}{4} \cdot h_{ef} \cdot P \cdot K \tag{17-46}$$

式中 W——植筋胶用量（g）；

D——钻孔的直径（mm）；

d——钢筋的直径（mm）；

h_{ef}——有效锚固深度（mm）；

P——植筋胶的相对密度（g/cm³），取2；

K——钻孔用胶富余系数,取 1.1。

【例 17-12】 某商住楼装设隔墙,采用Ⅱ 8mm HRB335 级钢筋锚筋与框架柱连接,已知钢筋 $f_{yk}=335\text{N/mm}^2$,柱混凝土强度等级为 C25,$f_{ck}=16.7\text{N/mm}^2$,采用植筋法施工,试求其植入深度,植筋特征抗拉荷载值和每孔钻孔用胶量。

【解】 (1) 计算植筋植入深度

锚筋植入深度由式 (17-43) 得:

$$I_{hmm}=10d=10\times8=80\text{mm} \quad 用 100\text{mm}$$

由表 17-7 钻孔直径 (D) 用 12mm。

(2) 计算植筋特征抗拉荷载值

由表 17-9 中计算公式得:

钢筋 $\quad F_y=\dfrac{0.25\pi d^2 f_{yk}}{\gamma_s\gamma_q}=\dfrac{0.25\times3.14\times8^2\times335}{1.15\times1.5}=9756\text{N}\approx9.8\text{kN}$

粘合力 $\quad F_b=\dfrac{25\pi I_b\sqrt{d}}{\gamma_c\gamma_q}=\dfrac{25\times3.14\times100\times\sqrt{8}}{1.5\times1.5}=9868\text{N}\approx9.9\text{kN}$

混凝土 $\quad F_c=\dfrac{4.0\pi I_b\sqrt{f_{ck}D}}{\gamma_s\gamma_q}=\dfrac{4.0\times3.14\times100\times\sqrt{16.7\times12}}{1.15\times1.5}=10307\text{N}\approx10.3\text{kN}$

取最小值用特征抗拉值为 9.8kN。

(3) 计算每孔钻孔用胶量

每孔钻孔用胶量由式 (17-46) 得:

$$W=\dfrac{\pi(D^2-d^2)}{4}h_{ef}PK=\dfrac{3.14(12^2-8^2)}{4}\times100\times2\times10^{-3}\times1.1$$
$$=13.8\text{g} \quad 用 14\text{g}$$

17.11 基层含水率控制计算

在建筑施工中,有些装饰装修、防水、防腐工程采用抹面、铺贴卷材、板块材或涂刷涂料,根据《建筑装饰装修工程质量验收规范》GB 50210 要求基层含水率必须控制在 8% 以内,有的还要求控制在 6% 以内,以保证粘贴和涂刷质量。具体测定方法是在基层表面 3~4 处用长钻钻取或凿取表层 20mm 的厚度层内的试样。用天平称量,然后将所取试样混合在一起磨碎,应在 100~105℃ 的温度下烘至恒重,称取烘干后的质量。于是含水率可按下式计算:

$$w=\dfrac{G-G_1}{G}\times100\% \tag{17-47}$$

式中 w——基层含水率 (%);
G——烘干前试样的质量 (g);
G_1——烘干后试样的质量 (g)。

【例 17-13】 地面基层铺设卷材防腐、防水隔离层,取样测定含水率,试样烘干前的质量 $G_1=50\text{g}$,烘干后质量 $G_1=47.2\text{g}$,试问基层含水率是否符合要求。

【解】 基层含水率由式 (17-47) 得:

17 装饰装修与地面工程

$$w = \frac{G-G_1}{G} \times 100 = \frac{50-47.2}{50} \times 100 = 5.6\% < 6\%$$

因基层含水率为 5.6%，小于规范的 6%，故含水率符合要求。

17.12 涂料涂刷露点温度的确定计算

金属表面涂刷防腐蚀防火涂料时，应使用温度计测定金属的表面温度，用温、湿度计测定环境的温度和相对湿度，然后按图 17-1 查出露点温度。金属的表面温度必须高于露点温度 3℃ 方可进行施工，否则将会影响涂刷质量，也可按下式进行验证：

图中斜线表示环境相对湿度。$A=B$ 时，则 $RH=100\%$ 就结露。A 取决于 B 和 RH（相对湿度）的条件，当金属表面温度低于 A 则结露，高就不结露。

$$\Phi = e^{-P\left(\frac{1}{A}-\frac{1}{B}\right)} \times 100\% \tag{17-48}$$

式中 Φ——环境相对湿度；
P——当地大气压力；
A——露点温度（K）；
B——环境温度（K）；
e——取 2.718。

【例 17-14】 钢结构表面涂刷防腐蚀涂料，已知施工环境温度 $B=30℃$，相对湿度 $\Phi=65\%$ 并测得钢结构表面温度为 27℃，试问是否可进行施工。

【解】 已知 $B=30℃$，$\Phi=65\%$，由图 17-1 查得露点温度 $A=22℃$

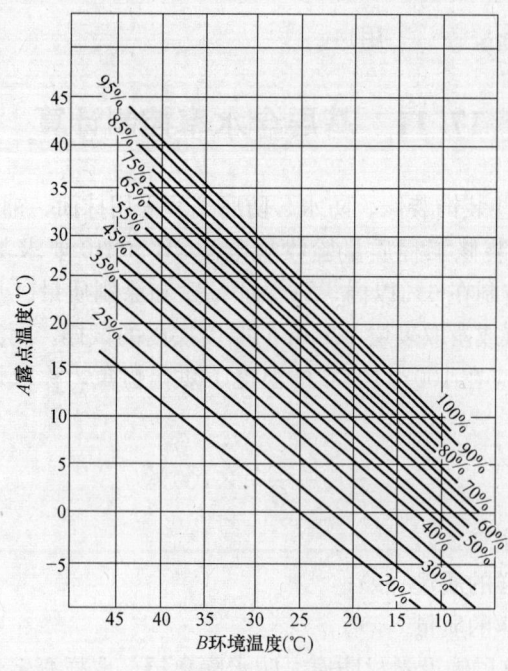

图 17-1 露点温度

金属表面温度应高于露点温度 3℃　即：22°+3℃=25℃

由于实测钢结构表面温度为27℃,高于25℃,故不会出现结露现象,可以进行施工。

17.13 溶液稀释的简易计算

在建筑施工中,常会遇到溶液的配制和稀释问题,如装饰装修、屋面、地下防水工程外加剂,防水剂的配制;防腐蚀工程酸洗液的配制;砖石、混凝土、装饰冬期施工中早强、抗冻剂的配制等,如用一般数学方法计算比较麻烦,以下简介一种溶液配制和稀释的十字交叉半图解法,则较为简易。

设 A 为已知浓溶液重量百分浓度;B 为要配制溶液的重量百分浓度;C 为已知稀释液的重量百分浓度;D 为配制时浓溶液需要量;E 为配制时稀释液需要量,并按以下顺序列出,然后进行对角十字交叉相减,即可以得出溶液稀释时的浓溶液和稀释液各占的重量比例。排列顺序如下:

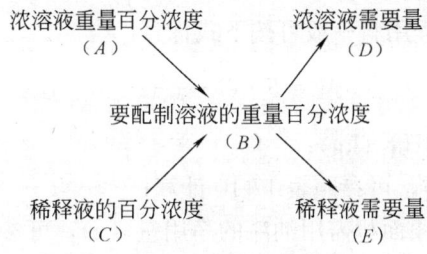

其中 $D=B-C$;$E=A-B$

【例17-15】 住宅楼装饰装修冬期施工中,欲用15%的氯化钠溶液,稀释成5%的氯化钠溶液1000kg,试求需要氯化钠溶液和水的用量。

【解】 稀释剂水的百分浓度为零。

用十字交叉法先求出氯化钠溶液和水需要的比例为:

$$D=B-C=5-0=5$$
$$E=A-B=15-5=10$$

```
15         5 浓
      5
 0        10 水
```

由上知,要配制5%的氯化钠溶液,每5份浓氯化钠溶液,需要10份水来稀释,即浓溶液和水之比为1:2。

欲配制1000kg稀溶液,浓氯化钠溶液需要量为:$1000\times\dfrac{1}{1+2}=333.3$kg

水的需要量为:

$$1000\times\dfrac{2}{1+2}=666.7\text{kg}$$

【例17-16】 防腐蚀工程欲用96%的浓硫酸和18%的稀硫酸溶液配制成40%的酸处理用硫酸溶液100kg,试求出溶液稀释时的浓硫酸和稀硫酸各占的比例。

【解】 用十字交叉法先求出浓、稀两种硫酸的重量比为:

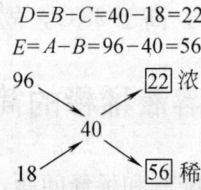

$$D=B-C=40-18=22$$
$$E=A-B=96-40=56$$

浓硫酸需要量为：$100 \times \dfrac{22}{22+56} = 28.2 \text{kg}$

稀硫酸需要量为：$100 \times \dfrac{56}{22+56} = 71.8 \text{kg}$

17.14 油漆（涂料）工程用料的计算

一、油漆（涂料）工程用料计算

油漆（涂料，下同）工程用料一般可按下式计算：

$$W = F \cdot G \cdot \dfrac{1}{1000} \tag{17-49a}$$

式中 W——油漆每一度的用量（kg）；

F——油漆面积（m²），可参照表 17-10 计算；

G——每 1m² 涂刷油漆面积需用油漆的净用量（g），可参照表 17-11 取用。

【例 17-17】 住宅楼全玻璃门洞口面积 185m²，涂刷豆绿色调合漆二度，试求需用油漆量。

【解】 由表 17-9 得实际油漆面积 $F = 185 \times \dfrac{200}{100} \text{m}^2 = 370 \text{m}^2$；又由表 17-10 查得 $G = 120 \text{g/m}^2$。

由式（17-49a）得油漆需用量为：

$$W = F \cdot G \cdot \dfrac{1}{1000} \times 2 = 370 \times 120 \times \dfrac{1}{1000} \times 2 = 88.8 \text{kg}$$

故知，需用油漆 88.8kg。

木材、金属面油漆工程量计算表　　　　　表 17-10

项 目	计量单位	实际面积(m²)	项 目	计量单位	实际面积(m²)
镶板玻璃门	100m² 门窗洞口	250	木扶手	每 1m³ 竣工木料	60
全玻璃门、单层门	100m² 门窗洞口	200	木地面	100m² 地面	112
无框木板门	100m² 门窗洞口	210	木楼梯	100m² 投影面积	200
工业组合窗	100m² 门窗洞口	150	屋面板、屋架、檩条刷油	100m² 屋面板	200
纱门窗	100m² 门窗洞口	120	白铁排水	100m²	100
一玻一纱窗	100m² 门窗洞口	280	钢柱、挡风柱	每 t	21
双玻璃窗	100m² 门窗洞口	320	钢屋架	每 t	25
百叶窗	100m² 门窗洞口	300	钢吊车梁、车挡	每 t	26
木隔断板	100m² 单面面积	230	钢天窗架、支撑	每 t	35
玻璃隔断	100m² 单面面积	94	篦子板、平台	每 t	53
窗台板、筒子板	每 1m³ 竣工木料	45	钢门窗(标准式)	每 t	55
挂镜线、窗帘棍	每 1m³ 竣工木料	80	零星钢构件	每 t	40

各色调合漆、厚漆（铅油）单位面积用量表 表17-11

漆 名	用量(g/m²)	漆 名	用量(g/m²)	漆 名	用量(g/m²)
白色调合漆	160	车皮绿调合漆	不大于70	浅灰调合漆	不大于80
牙黄调合漆	160	黑色调合漆	不大于40	铁红调合漆	不大于50
乳黄调合漆	160	天蓝调合漆	100	紫棕调合漆	不大于50
正黄调合漆	120	浅蓝调合漆	100	特号白厚漆	不大于160
浅绿调合漆	不大于80	正蓝调合漆	80	一号白厚漆	不大于200
正绿调合漆	不大于80	豆绿调合漆	120	一号黑厚漆	不大于40
深绿调合漆	不大于80	紫红调合漆	不大于130	一号黄厚漆	不大于150
酱色调合漆	不大于60	砂色调合漆	不大于80	一号蓝厚漆	不大于120
橘黄调合漆	不大于100	栗皮调合漆	不大于50	一号绿厚漆	不大于180
深驼调合漆	不大于100	银灰调合漆	不大于120	一号朱红厚漆	不大于450
朱红调合漆	不大于130	中灰调合漆	不大于80	一号铁红厚漆	不大于60
草绿调合漆	不大于70	深灰调合漆	不大于70	一号灰厚漆	不大于70

注：厚漆的盖底是将清油与厚漆按1∶3的比例配制后试验的。

二、油漆（涂料）工程用料估算

油漆用量也可根据油漆材料概算指标按下式估算：

$$W_0 = F \cdot R \cdot \frac{1}{100} \tag{17-49b}$$

式中 W_0——油漆用料总量（kg）；
F——油漆涂刷面积（m²）；
R——油漆材料概算指标（kg/100m²），可参见表17-12。

油漆材料概算指标 表17-12

项 目	单 位	油 漆 材 料					
		光油	清油	溶剂	厚漆	调合漆	防锈漆
金属面油漆	kg	3.96	4.24	15.00	22.00	17.27	28.20
抹灰面油漆	kg	4.48	5.94	9.72	12.70	10.80	
单层木门窗油漆	kg	9.46	3.96	16.10	21.30	19.10	
一玻一纱木门窗油漆	kg	10.10	6.50	17.50	23.00	21.40	
单层钢门窗油漆	kg	1.75	1.75	6.60	9.70	7.61	12.42

注：1. 油漆材料用量为每100m²被涂面积的用量。
  2. 面积计算：门窗按高×宽满外框计算；抹灰面按单面长×宽计算。
  3. 金属涂层按3遍成活，其他按4遍成活考虑，如不符可酌增减。
  4. 色漆用量是按浅、中、深色比例确定的。全做浅色时，总量应乘以1.40；全做深色时则乘以0.90。

17.15 粉刷材料用量简易计算

粉刷墙壁所用涂料的用量不易掌握，采购多了造成浪费，采购少了不够用，且有色涂料再加料溶水，会造成色调不一，影响观感。

一般粉刷涂料用量可按下式估算：

$$W = \frac{A}{4} + \frac{10H}{4} \tag{17-50}$$

式中　　W——粉刷墙壁需用涂料两遍重量（kg）；
　　　　A——房间面积（m²）；
　　　　H——粉刷墙壁高度（m）。

另外，还有一种简易的估算方法，就是将房间的地面面积乘以 3.5 的经验系数，即为整个房间的墙面面积，然后根据每 kg 粉刷多少平方米，即可推算出一遍粉刷的用量。

【例 17-18】某住宅楼卧室面积为 24m²，墙壁粉刷高度为 1.6m（已除去 1.2m 高墙裙），试计算粉刷墙壁需用涂料的重量。

【解】　按已知条件由式（17-50）得：

$$W = \frac{A}{4} + \frac{10H}{4} = \frac{24}{4} + \frac{10 \times 1.6}{4} = 10 \text{kg}$$

故知，粉刷房间周围 1.6m 高的墙壁两遍需用涂料 10kg。

17.16　围护结构内表面温度计算

围护结构的内表面温度是衡量围护结构热工质量的重要指标。为确定围护结构内表面是否会结露而产生冷凝水，可用数解法或图解法求出围护结构内表面温度与室内温度之差来判断，如果小于控制值 6℃，则不会出现结露，可保持正常使用。

一、数解法计算

围护结构内表面温度可用下式计算：

$$t_0 = t_b - \frac{t_b - t_a}{R_o} \times R_N \tag{17-51}$$

应满足
$$\Delta T = t_b - t_0 < 6℃ \tag{17-52}$$

式中　　　　t_0——围护结构内表面温度（℃）；
　　　　　　ΔT——围护结构内表面温度与室内温度之差（℃）；
　　　　　　t_b——室内气温（℃）；
　　　　　　t_a——室外环境温度（℃）；
　　　　　　R_N——内表面传（感）热阻（m²·K/W）；
　　　　　　R_w——外表面散热阻（m²·K/W）；
　　　　　　R_o——围护结构总热阻（m²·K/W），按下式计算：

$$R_o = R_N + R_1 + R_2 + R_3 + \cdots + R_n + R_w \tag{17-53}$$

R_1、R_2、$R_3 \cdots R_n$——围护结构各层材料层的热阻（m²·K/W），按下式计算

$$R_i = \delta_i / \lambda_i \tag{17-54}$$

　　　　　　δ_i——每一种材料层的厚度（m）；
　　　　　　λ_i——每一种材料层的导热系数 [W/(m·K)]。

二、图解法求解

系根据在热稳定传热条件下，平壁任何一层的热流量均相同的原理，采用图解求 ΔT 值。方法是（图 17-2）：先根据围护结构的各层构造计算或从表上查出各层的热阻，用横坐标按比例依次标出，再将室内、外气温值用纵坐标在围护结构内、外部标出，再画出室内、外温度的连线，其与内墙面的交点，即为围护结构内表面温度，再由式（17-52）即

可求得 ΔT 值。一般室内应控制 ΔT 值在室内空气露点温度（6℃）以下。

【例 17-19】 某围护结构外墙为 370mm 砖墙 $[\lambda_2=0.817\text{W}/(\text{m}\cdot\text{K})]$，外墙面抹 20mm 厚水泥砂浆饰面 $[\lambda_3=0.952\text{W}/(\text{m}\cdot\text{K})]$，室内抹 20mm 厚白灰砂浆 $[\lambda_1=0.714\text{W}/(\text{m}\cdot\text{K})]$，$R_N=0.113\text{m}^2\text{K}/\text{W}$，$R_W=0.024\text{m}^2\text{K}/\text{W}$。已知室外气温 $t_a=-8℃$，室内气温 $t_6=16℃$，试用数解法和图解法分别求围护结构的内表面温度，并确定是否会产生结露、发霉现象。

【解】（1）数解法计算

由式（17-54）和式（17-53）得：

$R_1=\delta_1/\lambda_1=0.02/0.714=0.028\text{m}^2\cdot\text{K}/\text{W}$；$R_2=\delta_2/\lambda_2=0.37/0.817=0.453\text{m}^2\cdot\text{K}/\text{W}$；$R_3=\delta_3/\lambda_3=0.02/0.952=0.021\text{m}^2\cdot\text{K}/\text{W}$

$$R_0=R_N+R_1+R_2+R_3+R_W$$
$$=0.113+0.028+0.453+0.021+0.042=0.657\text{m}^2\cdot\text{K}/\text{W}$$

围护结构内表面温度由式（17-51）得：

$$t_0=t_b-\frac{t_b-t_a}{R_0}\times R_N=16-\frac{16-(-8)}{0.657}\times 0.113=11.87℃$$

围护结构内表面温度与室内温度之差由式（17-52）得：

$$\Delta T=t_b-t_0=16-11.87=4.13℃<6℃$$

故知，围护结构不会产生结露、发霉现象。

（2）图解法求解

按图解法求解作图方法步骤，将有关数据画出如图 17-2 所示，求得 t_0 为 11.87℃，与（1）数解法计算所得结果相同。

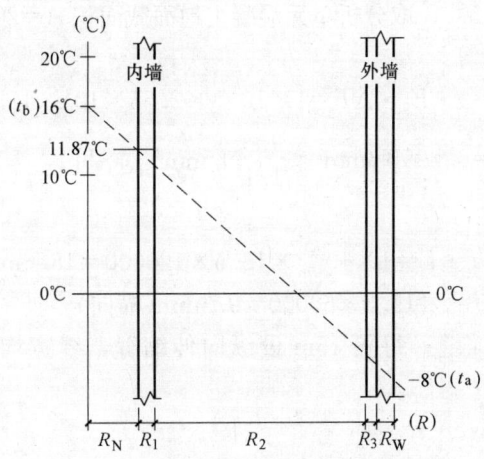

图 17-2 围护结构内表面温度图解法

17.17 大面积地面设置伸缩缝验算

工业厂房和公共建筑大面积地面根据建筑地面工程规范的规定必须设置伸缩缝。伸缩缝、假缝的设置形式应按地面设计和施工规范有关条文及图例进行，除此，还应根据施工组织设计的要求，对地面和柱进行必要的验算，以防止地面出现不规则开裂和膨胀质量事故，确保使用安全、耐久。

一般是根据材料力学提供的以下温差应力应变公式进行验算：

$$\sigma = \alpha \cdot E_c \cdot \Delta T \tag{17-55}$$

$$\Delta l = \alpha \cdot \Delta T \cdot L \tag{17-56}$$

$$F = \alpha \cdot E_c \cdot A \cdot \Delta T \tag{17-57}$$

式中　α——混凝土的线膨胀系数，$\alpha = 10^{-5}$；

E_c——混凝土的弹性模量，C20 时 $E_c = 2.55 \times 10^4$，C25 时，$E_c = 2.80 \times 10^4$（N/mm²）；

ΔT——温差，一般取年温差（℃）；

L——地面板块的计算长度（m）；

Δl——地面温差应变值（mm）；

F——温度变形产生的推力（kN）。

按式（17-55）计算的温差温度应力 σ 应不大于地面的允许应力；按式（17-56）计算的地面温差应变值 Δl 应小于设置的伸缩缝宽度；按式（17-57）计算温差变形产生的推力 F，作用在相应的每一根柱上，对柱形成剪力，应验算柱的抗剪承载力能否满足要求。

【例 17-20】　机加车间，长 120m，宽 60m，柱距 6.0m，柱截面为 350mm×500mm，混凝土强度等级为 C25；地面采用强度等级 C20，200mm 厚混凝土垫层，上铺花岗石板面层；地面每隔 24m 设置横向伸缩缝，每隔 15m 设置纵向伸缩缝，其余各轴线按纵横 6m×6m 设平头伸缩，该地区年温差为 15.5℃，取 $E = 2.55 \times 10^3$，试验算地面能否满足温差应力应变的要求。

【解】　已知 $\Delta T = 15.5$℃，取分析单元混凝土地面截面积 $A = 200 \times 6000 = 12 \times 10^5$ mm²

（1）地面温度应力计算

$$\sigma = \alpha \cdot E_c \cdot \Delta T = 1 \times 10^{-5} \times 2.55 \times 10^3 \times 15.5$$

$$= 0.395 \text{N/mm}^2 < \genfrac{}{}{0pt}{}{9.6}{1.1} \text{N/mm}^2 \quad 可。$$

（2）地面应变值计算

$$\Delta l = \alpha \cdot \Delta T \cdot L = 1 \times 10^{-5} \times 15.5 \times 120000 = 18.6 \text{mm}（纵向）$$

$$\Delta l = 1 \times 10^{-5} \times 15.5 \times 60000 = 9.3 \text{mm}（横向）$$

每隔 24m 设横向伸缩缝；每隔 15m 设纵向伸缩缝，缝宽均为 20mm，可满足应变要求。

（3）柱承受推力计算

$$F = \alpha \cdot E \cdot A \cdot \Delta T = 1 \times 10^{-5} \times 2.55 \times 10^3 \times 12 \times 10^5 \times 15.5 = 474.3 \text{kN}$$

按柱截面为 350mm×500mm，混凝土采用 C25，设四肢箍筋，其允许剪力 $[V] = 0.25 \times f_c b h_0 = 0.25 \times 11.9 \times 350 \times 470 = 489.4$ kN 略大于剪力 $F = 474.3$ kN。由此可知地面设置伸缩缝可以消解温差应力应变的作用，是必要的。

伸缩缝围绕中柱设置，缝宽 20mm，中填沥青类材料，贯通全厚度。伸缩缝设在两柱的中间部位，可将中柱上的温差推力减小至最小限度。同时相对于中柱的应变也为伸缩缝板块总长 1/2 的伸长量，可满足温度变形要求。

18 冬期施工

18.1 土壤冻结深度计算

一、无保温的土壤冻结深度可按下式计算：

$$H=A(\sqrt{P}+0.018P) \tag{18-1}$$

式中 H——未保温的土壤冻结深度（cm）；

A——系数，对黏土、粉质黏土取 2.5；对粉砂、细砂取 3.0；

P——冻结指数，$P=\Sigma tT$；

t——土壤冻结的天数（d）；

T——土壤冻结期间，每天平均负气温（℃）（取正号）。

二、在地表面无雪和草皮覆盖条件下的全年标准冻结深度，可按下式计算：

$$H_0=(0.28\sqrt{\Sigma T_m+7}-0.5)100 \tag{18-2}$$

在预计维护期间的冻结深度 H（cm）亦可按下式估算：

$$H=H_0\sqrt{\frac{\Sigma tT'}{\Sigma tT}} \tag{18-3}$$

式中 H_0——地表面无雪和草皮覆盖的全年标准冻结深度（cm）；

ΣT_m——低于 0℃ 的月平均气温的累计值（取连续 10 年以上的年平均值），以正号代入。

$\Sigma tT'$——计划维护期间的度天积总积；

ΣtT——全冬期的度天积总积。

【例 18-1】 商住楼工程地基土为粉质黏土，冬期开始于11月15日，根据测温记录：11月15日到11月30日平均气温为 -5℃，12月1日到12月31日平均气温为 -8℃，试求此期间土壤的冻结深度。

【解】 由题意知 $A=2.5$，$t=16+31=47$d，$P=\Sigma tT=16\times 5+31\times 8=328$

土壤冻结深度由式 (18-1) 得：

$$\begin{aligned}H&=A(\sqrt{P}+0.018P)\\&=2.5\times(\sqrt{328}+0.018\times 328)=60\text{cm}\end{aligned}$$

故知，冻结深度为 60cm。

【例 18-2】 根据气象资料，某地自11月份至次年3月份冻结，月平均气温，11月为 -2.5℃，12月为 -6.2℃，1月为 -7.6℃，2月为 -6.5℃，3月为 -2.1℃，试计算该地区全年的标准冻结深度及 11 月至 12 月末的冻结深度。

【解】 由题意知：
$$\Sigma T_m = 2.5 + 6.2 + 7.6 + 6.5 + 2.1 = 24.9°$$

全年的标准冻结深度由式（18-2）得
$$H_0 = (0.28\sqrt{\Sigma T_m + 7} - 0.5) \times 100$$
$$= (0.28\sqrt{24.9 + 7} - 0.5) \times 100 = 110 \text{cm}$$

又由题意知：
$$\Sigma tT = 30 \times 2.5 + 31 \times 6.2 + 31 \times 7.6 + 28 \times 6.5 + 31 \times 2.1 = 750$$
$$\Sigma tT' = 30 \times 2.5 + 31 \times 6.2 = 267$$

11 月至 12 月末的冻结深度由式（18-3）得：
$$H = H_0 \sqrt{\frac{\Sigma tT'}{\Sigma tT}} = 110 \sqrt{\frac{267}{750}} = 66 \text{cm}$$

故知，该地区全年土的冻结深度为 110cm，11 至 12 月末冻结深度为 66cm。

18.2　松土保温土壤冻结深度计算

用松土保温预防土壤的冻结，系将要求防冻的地基表面土翻松或耕松 25~50cm，并耙平，使形成一隔热层，以降低土的导热性，减少地基的冻结深度。翻松深度，根据土质和当地气候条件由计算确定。其宽度应不小于土冻结深度的两倍和基坑（槽）底宽之和。松土翻松耙平保温土壤的冻结深度可按以下计算：

一、松土保温的土壤冻结深度

仍可按式（18-1）计算，但 A 值应根据 P 值由表 18-1 查用。

系数 A 值　　表 18-1

基土种类	P	100	200	300	400	500	600	700	800	900	1000	1500	2000
黏性土	A	0.63	0.68	0.70	0.75	0.83	0.92	1.00	1.08	1.17	1.25	1.25	1.25
砂类土	A	0.76	0.82	0.84	0.90	1.00	1.10	1.20	1.30	1.40	1.50	1.50	1.50

注：表面翻松 25cm 并耙平。

二、土壤翻松耙平深度为 25~30cm 时的土壤冻结深度

土壤冻结深度按下式计算：
$$H = \alpha(4P - P^2) \tag{18-4}$$

式中　H——翻松耙平或松土覆盖后土壤冻结深度（cm）；

P——冻结指数，$P = \dfrac{\Sigma tT}{1000}$；

α——土壤的防冻计算系数，按表 18-2 取用；

t——土壤冻结时间（d）；

T——土壤冻结期间的外部平均温度（℃）。

土的防冻计算系数 α　　　　　表 18-2

土壤保温方法	冻结指数 P 值										
	0.1	0.2	0.3	0.4	0.5	0.6	0.7	0.8	0.9	1.0	1.5	2.0
翻松耙平 25~30cm	15	16	17	18	20	22	24	26	28	30	30	30

【例 18-3】 基坑地基土为黏性土，采用翻松耙平土壤25cm保温，从 11 月 11 日开始冻结，11 月平均气温为 $-3.5℃$，12 月为 $-9℃$，试求到 1 月 1 日止该基坑土的冻结深度。

【解】 该基坑受冻时间，11 月份为 20d，12 月份为 31d，则 $P=\Sigma tT=20\times 3.5+31\times 9=349$

由 $P=349$ 查表 18-1 得 $A=0.725$

基坑土的冻结深度由式（18-1）得：

$$H=0.725(\sqrt{349}+0.018\times 349)\approx 18\text{cm}$$

故知，冻结深度为 18cm。

【例 18-4】 地下室地基为黏性土，采用翻松耙平土壤25cm保温防冻，于 11 月 16 日开始冻结，11 月平均气温为 $-5.5℃$，12 月平均气温为 $-11℃$，试求到 1 月 1 日该地基的冻结深度。

【解】 由题意知 11 月份冻结 $30-15=15$d，12 月份冻结 31d，则

$$\Sigma tT=15\times 5.5+31\times 11=423.5$$

$$P=\frac{\Sigma tT}{1000}=\frac{423.5}{1000}=0.43$$

从表 18-2 中查得 $\alpha=18.6$

该地基的冻结深度由式（18-4）得：

$$H=\alpha(4P-P^2)=18.6(4\times 0.43-0.43^2)=28.6\text{cm}$$

故知，地基冻结深度为 28.6cm。

18.3　覆雪保温土壤冻结深度计算

覆雪保温土壤，系在地面上设置篱笆或雪堤，其高度为 0.5~1.0m，间距为 10~15m，横向设置（图 18-1a）。面积较小的基坑（槽），可在基坑（槽）位置的地面上挖积雪沟（图 18-1b），沟深为 30~50cm，宽为预计冻深的两倍和基坑（槽）底宽之和。

覆盖雪层保温土壤的冻结深度可按下式计算：

$$H=A(\sqrt{P}+0.018P)-\lambda h_{\text{SH}} \tag{18-5}$$

或按式（18-4）按覆雪修正按下式计算：

$$H=\frac{60(4P-P^2)}{\beta}-\lambda h_{\text{SH}} \tag{18-6}$$

式中　H——土壤的冻结深度（cm）；

　　　P——冻结系数，$P=\frac{\Sigma tT}{1000}$；

　　　t——土壤冻结时间（d）；

　　　T——土壤冻结期间的外部空气温度（℃）；

　　　λ——雪的平均热导系数，对松填雪取 $\lambda=3$；对堆雪或撒雪取 $\lambda=2$；对初融雪取

$\lambda=1.5$；

h_{SH}——雪的平均覆盖厚度，按历年气象台资料或现场实测资料取值（cm）；

β——各种材料对土壤冻结影响系数，见表18-3。

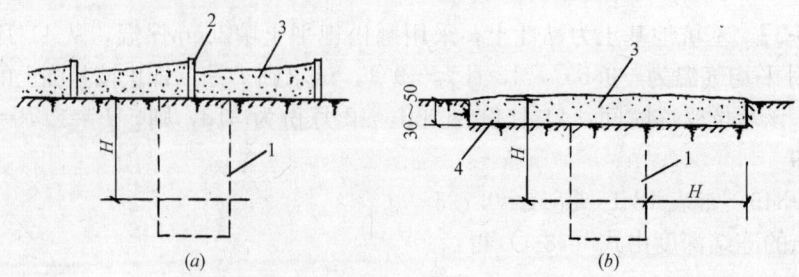

图18-1 覆雪保温土壤防冻
(a) 设篱笆或雪堤挡雪防冻；(b) 挖沟雪堤防冻
1—待挖沟槽；2—篱笆或雪堤；3—积雪或填雪；4—雪沟
H—冻结深度

【例18-5】 某基坑基土为粉质黏土，地下水位较高，冬期开始于11月15日，根据测温：11月15日至11月30日平均气温为$-3℃$，12月1日至12月31日平均气温为$-6℃$。采用10cm厚松填雪覆盖保温，试求土的冻结深度和用多少厚雪覆盖才可预防地基土受冻。

【解】 由题意知$A=2.5$；$t=16+31=47d$；$P=\sum tT=16\times3+31\times6=234$，取$\lambda=3$

覆雪保温土壤的冻结深度由式（18-5）得：

$$H=A(\sqrt{P}+0.018P)-\lambda h_{SH}$$
$$=2.5(\sqrt{234}+0.018\times234)-3\times10=18.8cm$$

如需地基不受冻，令式（18-5）中$H=0$，则

$$h_{SH}=\frac{A(\sqrt{P}+0.018P)}{\lambda}$$
$$=\frac{2.5(\sqrt{234}+0.018\times234)}{3}=16.3cm \quad 用17cm$$

故知，需覆盖雪厚为17cm。

【例18-6】 条件同例18-5，试用式（18-6）求土的冻结深度和用多少厚雪覆盖才可预防地基土受冻。

【解】 由例18-5知$\sum tT=234$，则：

$P=\dfrac{\sum tT}{1000}=\dfrac{234}{1000}=0.234$ 覆盖雪层厚度$h_{SH}=10cm$

查表18-3，粉质黏土$\beta_1=1.06$

覆雪保温土壤的冻结深度由式（18-6）得：

$$H=\frac{60(4P-P^2)}{\beta_1}-\lambda h_{SH}$$
$$=\frac{60(4\times0.234-0.234^2)}{1.06}-3\times10=19.9cm$$

如需地基不受冻，令式（18-6）中 $H=0$，则

$$h_{SH}=\frac{60(4P-P^2)}{\beta\lambda}$$

$$=\frac{60(4\times0.234-0.234^2)}{1.06\times3}=16.6\text{cm} \quad 用17\text{cm}$$

故知，需覆盖雪厚亦为17cm。

18.4 覆盖保温材料防止地基冻结计算

用保温材料保温防冻，系用保温材料直接覆盖在地基表面，以防止地基土遭受冻结。对已开挖的基坑（槽），保温材料铺设在基坑（槽）底表土上面，在靠近基坑（槽）壁处，保温材料适当加厚（图18-2a）；对未开挖的基坑（槽），保温材料铺设的宽度应为土冻结深度的两倍和基坑（槽）底宽之和（图18-2b）。

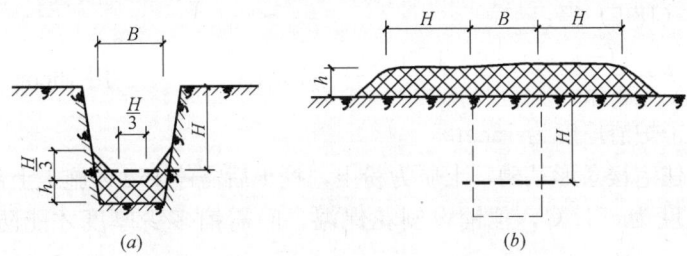

图 18-2 保温材料覆盖基坑（槽）保温
(a) 基槽（坑）底保温；(b) 基槽（坑）土保温
H—土的冻结深度；h—保温材料厚度；B—基槽（坑）底宽度

覆盖保温材料的厚度可按下式计算：

$$h=\frac{H}{\beta} \tag{18-7}$$

其中 $$H=60(4P-P^2) \tag{18-8}$$

式中 h——土壤的保温防冻所需的保温层厚度（cm）；

H——不保温时的土壤冻结深度（cm）；

β——各种材料对土壤冻结影响系数，可按表18-3取用；

其他符号意义同前。

各种材料对土壤冻结影响系数 β　　　　　表 18-3

土壤种类	保温材料												覆盖层	
	树叶	刨花	锯末	干炉渣	茅草	膨胀珍珠岩	炉渣	芦苇	草帘	泥炭土	松散土	密实土	钢筋混凝土	素混凝土
砂土	3.3	3.2	2.8	2.0	2.5	3.8	1.6	2.1	2.5	2.8	1.4	1.12	1.18	1.40
粉土	3.1	3.1	2.7	1.9	2.4	3.6	1.6	2.04	2.4	2.9	1.3	1.08	1.14	1.36
粉质黏土	2.7	2.6	2.3	1.6	2.0	3.5	1.3	1.7	2.0	2.31	1.2	1.06	0.96	1.14
黏土	2.1	2.1	1.9	1.3	1.6	3.5	1.1	1.4	1.6	1.9	1.2	1.00	0.80	0.95

注：1. 表中数值适用于地下水位低于1m以下。
　　2. 当地下水位较高时（饱和水的）其值可取1。

当使用不同种类的多层保温材料时，

$$H = \beta_1 h_1 + \beta_2 h_2 + \cdots + \beta_i h_i \tag{18-9}$$

式中 β_1、$\beta_2\cdots\beta_i$——不同保温材料对土壤冻结影响系数；

h_1、$h_2\cdots h_i$——不同保温材料的铺设厚度（cm）。

【例 18-7】 基坑地基土为黏土，预计冻结深度为50cm，拟采用保温材料防冻，试求（1）采用草帘（垫）覆盖保温需要的厚度；（2）采用地表土翻松25cm并耙平保温，然后再铺干炉渣覆盖保温，需铺干炉渣的厚度。

【解】 （1）由表18-3查得草帘（垫）的$\beta=1.6$，则需铺草帘（垫）厚度由式（18-7）得：

$$h = \frac{H}{\beta} = \frac{50}{1.6} = 31.3 \text{cm} \qquad 用 32\text{cm}$$

（2）采用松土和干炉渣保温，查表18-3得松土$\beta_1=1.20$，干炉渣$\beta_2=1.30$，则需铺干炉渣厚度由式（18-9）得：

$$h = \frac{H - \beta_1 h_1}{\beta_2} = \frac{50 - 1.20 \times 25}{1.3} = 15.4 \text{cm} \qquad 用 16\text{cm}$$

故知，需铺干炉渣厚度为16cm。

【例 18-8】 住宅楼条形基槽，土质为粉土，挖土后需停15d才施工上部基础，预计该期间大气平均温度为－11℃，拟铺设刨花保温，问需铺多少厚度才能防止地基不遭受冻结。

【解】 由题意知 $\Sigma tT = 15 \times 11 = 165$

$$P = \frac{\Sigma tT}{1000} = \frac{165}{1000} = 0.165$$

$$H = 60(4P - P^2) = 60(4 \times 0.165 - 0.165^2)$$
$$\approx 38 \text{cm}$$

查表18-3得刨花$\beta=3.1$

需铺刨花厚度由式（18-7）得：

$$h = \frac{H}{\beta} = \frac{38}{3.1} = 12.3 \text{cm} \qquad 用 13\text{cm}$$

故知，需铺刨花13cm厚才能防止地基遭受冻结。

18.5 混凝土拌合物温度计算

18.5.1 混凝土拌合物出厂温度计算

冬期施工需要混凝土的出厂温度按下式计算：

当用蓄热法时： $T_h \geq 30 - 0.5 T_i$ (18-10)

当用人工加热时： $T_h \geq 10 - 0.5 T_i$ (18-11)

式中 T_h——混凝土拌合物出厂温度（℃）；

T_i——外界气温（℃）。

式（18-10）、式（18-11）计算所得的温度，应不低于10℃。同时组成材料的最高加热温度亦应符合表18-4规定。

拌合水及骨料加热最高温度　　　　表18-4

水 泥 种 类	拌合水（℃）	骨 料（℃）	混凝土自搅拌机中卸出时（℃）
小于42.5级的普通硅酸盐水泥、矿渣硅酸盐水泥	80	60	40
等于及大于42.5级的硅酸盐水泥、普通硅酸盐水泥	60	40	35

注：当水、骨料达到规定温度仍不能满足热工计算要求时，可提高水温到100℃，但水泥不得与80℃以上的水直接接触，投料顺序应先投入骨料和已加热的水，然后再投入水泥。

【例18-9】　商住楼柱基础混凝土用42.5级普通水泥配制，采用蓄热法施工，室外气温为－9℃，试计算混凝土拌合物的出厂温度。

【解】　混凝土拌合物的出厂温度由式（18-10）得：
$$T_h = 30 - 0.5 T_i = 30 - 0.5(-9) = 34.5℃ < 40℃ \quad (可)$$

18.5.2　混凝土拌合物温度计算

混凝土拌合物温度，根据组成材料的温度按热平衡原理先行计算混凝土拌合物的理论温度，然后由试拌调整。

混凝土拌合物的理论温度，可按下式计算：
$$T_0 = [0.92(m_{ce}T_{ce} + m_{sa}T_{sa} + m_g T_g) + 4.2 T_w(m_w - w_{sa}m_{sa} - w_g m_g) + c_1(w_{sa}m_{sa}T_{sa} + w_g m_g T_g) - c_2(w_{sa}m_{sa} + w_g m_g)] \div [4.2 m_w + 0.92(m_{ce} + m_{sa} + m_g)] \quad (18-12)$$

式中　　T_0——混凝土拌合物温度（℃）；

m_w、m_{ce}、m_{sa}、m_g——分别为水、水泥、砂子、石子的用量（kg）；

T_w、T_{ce}、T_{sa}、T_g——分别为水、水泥、砂子、石子的温度（℃）；

w_{sa}、w_g——分别为砂子、石子的含水率（%）；

c_1——水的比热容（kJ/kg·K）；

c_2——冰的溶解热（kJ/kg）。

当骨料温度大于0℃时，$c_1 = 4.2$，$c_2 = 0$；

当骨料温度小于或等于0℃时，$c_1 = 2.1$，$c_2 = 335$。

【例18-10】　基础混凝土拌合物，已知其每立方米材料用量为：水145kg，水泥300kg，砂子680kg，石子1300g，材料温度为：水60℃，水泥5℃，砂子40℃，石子－5℃。砂子含水率为3%，石子含水率为2%，试计算拌合物的温度。

【解】　混凝土拌合物的温度由式（18-12）得：
$$T_0 = [0.92(300 \times 5 + 680 \times 40 - 1300 \times 5) + 4.2 \times 60 \times$$
$$(145 - 0.03 \times 680 - 0.02 \times 1300) + 4.2 \times$$
$$0.03 \times 680 \times 40 - 2.1 \times 0.02 \times 1300 \times 5 - 335 \times$$
$$0.02 \times 1300] \div [4.2 \times 145 + 0.92(300 + 680 + 1300)] = 15.1℃$$

【例18-11】　基础混凝土配合比（重量比）为1∶2.23∶4.49∶0.60，材料温度为：水60℃、水泥5℃、砂40℃、石子15℃。砂石含水率忽略不计，试求混凝土拌合物的温度。如要求混凝土拌合物的温度为25℃，而其他材料温度不变，试求水的加热温度。

【解】 （1）混凝土拌合物的温度由式（18-12）得：

$$T_0=[0.92(1\times5+2.23\times40+4.49\times1)+4.2\times0.60\times60]\div$$
$$[4.2\times0.60+0.92(1+2.23+4.49)]=31.2℃$$

（2）水的加热温度 T_w 应为：

$$25=\frac{0.92(1\times5+2.23\times40+4.49\times15)+4.2\times0.60\times T_w}{0.92(1+2.23+4.49)+0.60\times4.2}$$

解之得：$T_w=36.5℃$

故知，水的加热温度应为 36.5℃。

18.5.3 混凝土拌合物出机温度计算

冬期混凝土在搅拌过程中，由于周围环境温度的影响，出机时的温度常低于理论温度，混凝土的出机温度可按下式计算：

$$T_1=T_0-0.16(T_0-T_i) \tag{18-13}$$

式中　T_1——混凝土拌合物出机温度（℃）；

　　　T_0——混凝土拌合物温度（℃）；

　　　T_i——搅拌机棚内温度（℃）。

【例 18-12】 已知混凝土拌合物温度为 18℃，搅拌机棚内温度为 6℃，试求拌合物的出机温度。

【解】 混凝土拌合物出机温度由式（18-13）得：

$$T_1=T_0-0.16(T_0-T_i)=18-0.16(18-6)=15.4℃$$

故知，混凝土拌合物出机温度为 15.4℃。

18.6 混凝土拌合物温度图表法简易计算

按 18.5.2 节式（18-12）的方法，计算的混凝土拌合温度虽比较准确，但计算较为烦琐，且费工费时。施工时亦可使用表 18-5 的简化速算表，用查表法进行估算，要简易快速得多，可求得近似值，满足工程使用需要。

施工时当砂、石的温度相同时，也可使用图 18-3 作近似计算，可满足工程要求。

拌合物温度速算表　　　　　　　　　　　　　　　表 18-5

温度(℃)	水(℃)	水泥(℃)	砂子(℃)	石子(℃)	温度(℃)	水(℃)	水泥(℃)	砂子(℃)	石子(℃)
-15	—	—	-8.1	-9.9	35	5.6	—	9.8	16.1
-10	—	—	-6.8	-7.7	40	6.4	—	11.2	18.4
-5	—	—	-5.6	-5.5	45	7.2	—	12.6	20.7
0	—	0	-4.3	-3.3	50	8.0	—	14.0	23.0
5	0.8	0.5	1.4	2.3	55	8.8	—	15.4	25.3
10	1.6	1.0	2.8	4.6	60	9.6	—	16.8	27.6
15	2.4	1.5	4.2	6.9	65	10.4	—	—	—
20	3.2	2.0	5.6	9.3	70	11.2	—	—	—
25	4.0	—	7.0	11.5	75	12.0	—	—	—
30	4.8	—	8.4	13.8	80	12.8	—	—	—

【例 18-13】 条件同例 18-10 试用表 18-5，估算混凝土拌合物的温度。

【解】 由表 18-5 查得：
$$T_0 = 9.6 + 0.5 + 11.2 - 5.5 = 15.8℃$$
故知，混凝土拌合物的温度为 15.8℃。

【例 18-14】 需要拌制温度为 20℃的混凝土拌合物，已知水的加热温度为 45℃，试求砂石骨料需要的加热温度。

【解】 查图 18-3 得，砂石骨料的加热温度应为 15℃。

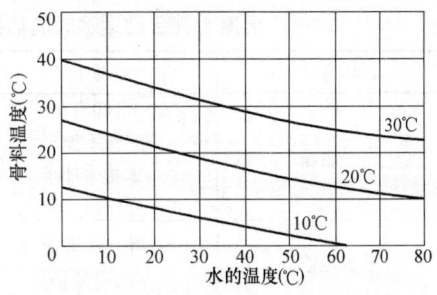

图 18-3 混凝土拌合物温度的简易计算

18.7 混凝土运输和浇筑成型温度计算

一、混凝土拌合物经运输到浇筑时温度计算

混凝土拌合物经运输到浇筑时温度可按下式计算：
$$T_2 = T_1 - (\alpha t_1 + 0.032n)(T_1 - T_a) \tag{18-14}$$

式中 T_2——混凝土拌合物经运输到浇筑时温度（℃）；
T_1——混凝土拌合物出机温度（℃）；
t_1——混凝土拌合物自运输到浇筑时的时间（h）；
n——混凝土拌合物运转次数；
T_a——混凝土拌合物运输时环境温度（℃）；
α——温度损失系数（h^{-1}）：

当用混凝土搅拌车运输时，$\alpha = 0.25$；
当用开敞式大型自卸汽车时，$\alpha = 0.20$；
当用开敞式小型自卸汽车时，$\alpha = 0.30$；
当用封闭式自卸汽车时，$\alpha = 0.10$；
当用手推车时，$\alpha = 0.50$。

混凝土拌合物在搅拌、运输及浇灌中的温度损失，亦可参考表 18-6 和表 18-7 计算。

混凝土（或砂浆）搅拌、运转及浇筑时的热损失温度（℃）　　　表 18-6

搅拌温度与环境温度差（℃）	搅拌时的热损失（℃）	一次运输的热损失（℃）	浇筑时的热损失（℃）
15	3.0	0.55	2.0
20	3.5	0.65	2.5
25	4.0	0.75	3.0
30	4.5	0.90	3.5
35	5.0	1.00	4.0
40	6.0	1.25	4.5
45	7.0	1.50	5.0
50	8.0	1.75	5.5
55	9.0	2.00	6.0
60	10.5	2.25	6.5
65	—	2.50	7.0
70	—	2.75	7.5
75	—	3.00	8.0

注：1. 温度差不等于表列数值时，可用插入法求得相应的热损失温度。
2. 运转一次指混凝土自搅拌机倒入汽车（或灰斗）或由汽车倒入溜槽，或由溜槽倒入小车。

混凝土拌合物运输时的热损失（混凝土温度与室外温差为1℃时）　　表 18-7

运输方法	运输工具	所运混凝土拌合物容积(m³)	热损失(℃/min)
水平运输	自卸汽车	1.4	0.0037
	双轮手推车	0.15	0.007
	独轮手推车	0.10	0.014
	轻便翻斗车	0.75	0.01
垂直运输	井式提升架（起重翻斗）	—	0.0011（每升高 1m）

注：运输热损失＝表列数值×拌合物温度与室外温度差×运输时间（或提升高度）。

【例 18-15】 高层建筑筏板式基础浇筑混凝土，采用混凝土搅拌车运输，混凝土拌合物出机温度 $T_1=40℃$，运输至浇筑时的时间为 0.5h，倒运共 3 次，室外气温为 $-5℃$，试求混凝土运输到浇筑时的温度。

【解】 因用混凝土搅拌车运输，$\alpha=0.25$

混凝土运输至浇筑时的温度由式（18-14）得：

$$T_2=T_1-(\alpha t_1+0.032n)(T_1-T_a)$$
$$=40-(0.25\times 0.5+0.032\times 3)[40-(-5)]=30℃$$

故知，混凝土运输到浇筑时的温度为 30℃。

二、混凝土浇筑成型完成时温度计算

考虑模板和钢筋的吸热影响，混凝土浇筑成型完成时的温度按下式计算：

$$T_3=\frac{c_c m_c T_2+c_f m_f T_f+c_s m_s T_s}{c_c m_c+c_f m_f+c_s m_s} \tag{18-15}$$

式中　　T_3——考虑模板和钢筋吸热影响，混凝土成型完时的温度（℃）；

c_c、c_f、c_s——分别为混凝土、模板、钢筋的比热容（kJ/kg·K）；

m_c——每 m³ 混凝土的重量（kg）；

m_f、m_s——分别为每 1m³ 混凝土相接触的模板、钢筋重量（kg）；

T_f、T_s——分别为模板、钢筋的温度，未预热时可采用当时的环境温度（℃）。

【例 18-16】 条件同例 18-15，已知每 1m³ 混凝土相接触的钢模板和钢筋共重 420kg，$c_c=1$kJ/kg·K，$c_f=0.48$kJ/kg·K，未进行预热，试求混凝土成型完毕的温度。

【解】 混凝土经钢模板和钢筋吸热后成型完成时的温度，由式（18-15）得：

$$T_3=\frac{c_c m_c T_2+c_f m_f T_f+c_c m_s T_s}{c_c m_c+c_f m_f+c_s m_s}$$

$$=\frac{1\times 2400\times 30+0.48\times 420\times(-5)}{1\times 2400+0.48\times 420}=27.3℃$$

故知，混凝土成型完成的温度为 27.3℃。

18.8　混凝土养护硬化平均温度计算

混凝土在冬期施工养护硬化期间要定期进行测温，求出冷却时的平均温度，以便估算在一定时间内达到的强度。以一个测温孔的多次实测温度为依据，则该测温孔的平均温度

18.8 混凝土养护硬化平均温度计算

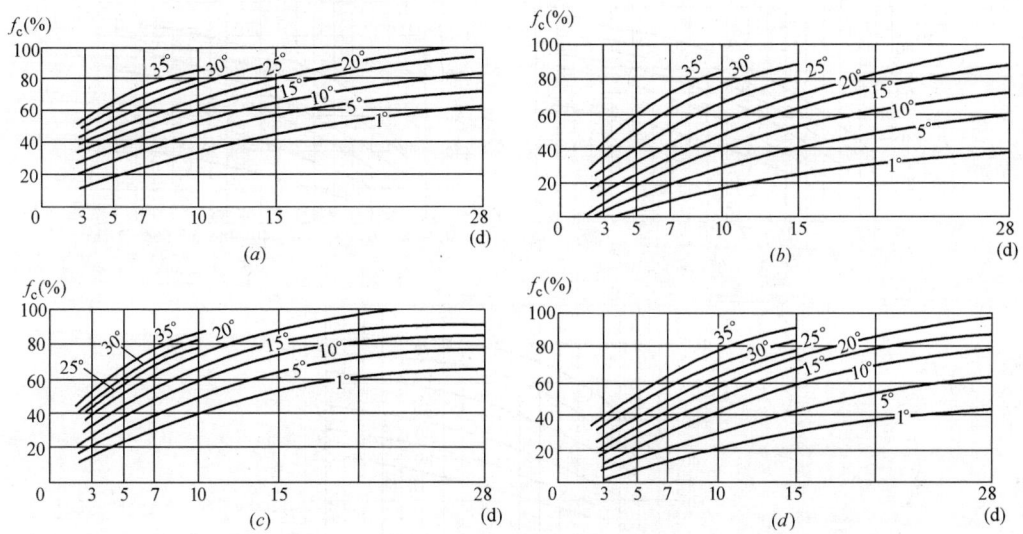

图 18-4　不同温度和龄期养护下混凝土强度增长百分率

(a) 用 32.5 级普通水泥拌制的混凝土；(b) 用 32.5 级矿渣水泥拌制的混凝土；(c) 用 42.5 级的普通水泥拌制的混凝土；(d) 用 42.5 级的矿渣水泥拌制的混凝土

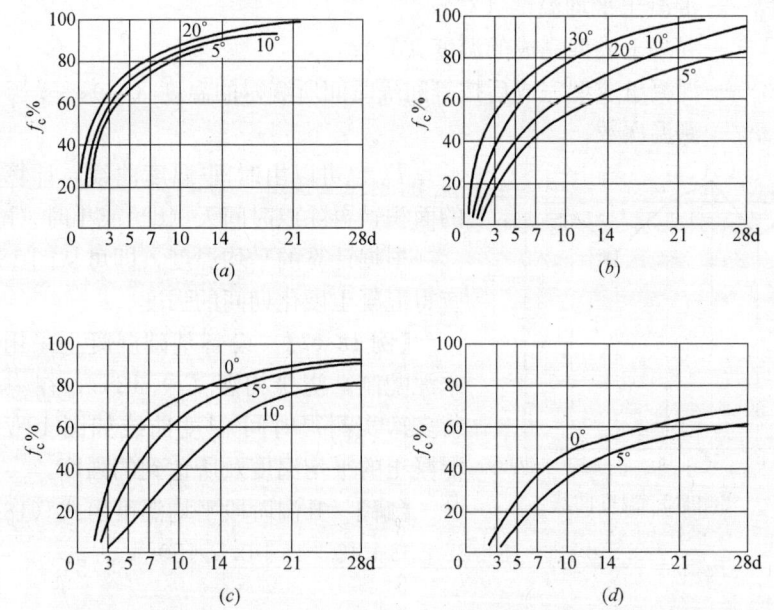

图 18-5　温度、龄期对掺早强减水剂、防冻剂对混凝土强度影响参考曲线

(a) 用普通水泥拌制并掺有早强减水剂的混凝土；(b) 用矿渣水泥拌制并掺有早强减水剂的混凝土；(c) 用普通水泥拌制并掺有防冻剂的混凝土；(d) 用矿渣水泥拌制并掺有防冻剂的混凝土

可按下式计算：

$$T_p = \frac{0.5T_3 + t_1 + t_2 + \cdots + 0.5t_n}{n} \tag{18-16}$$

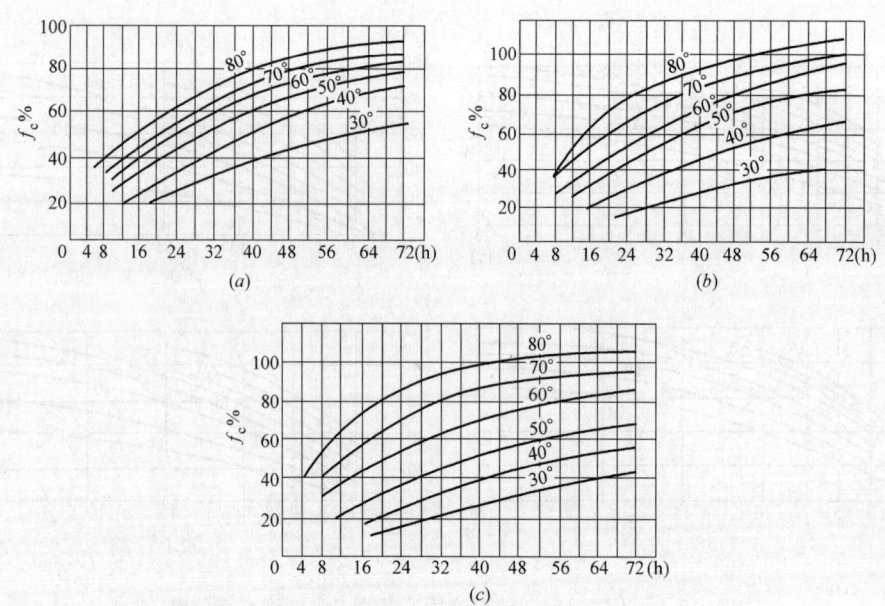

图 18-6 在高温养护下混凝土的强度增长百分率
(a) 用普通水泥拌制的混凝土；(b) 用矿渣水泥拌制的混凝土；(c) 用火山灰质水泥拌制的混凝土

式中　　T_p——混凝土平均温度（℃）；

T_3——混凝土成型完成的温度（℃）；

$t_1、t_2\cdots t_n$——混凝土成型完成后按等间隔时间所测得的温度（℃）；

n——测温次数。

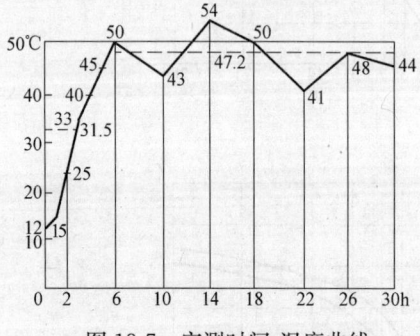

图 18-7 实测时间-温度曲线

T_p 也可以由时间-温度曲线，计算曲线覆盖下的面积，再除以时间天（d）或小时（h）求得。

根据计算的平均温度，即可从图 18-4～图 18-6 查得混凝土硬化期间的强度。

【**例 18-17**】 设备基础混凝土采用 32.5 级普通水泥配制，浇筑初温 $T_3=12℃$，在一个测温孔进行多次实测得时间-温度曲线如图 18-7，试求该孔混凝土的平均温度及所达到的强度。

【**解**】 升温阶段平均温度由式（18-19）得：

$$T_{0\sim 6}=\frac{0.5\times 12+15+25+33+40+45+0.5\times 50}{6}=31.5℃$$

同样，等温阶段的平均温度为：

$$T_{6\sim 30}=\frac{0.5\times 50+43+54+50+41+48+0.5\times 44}{6}=47.2℃$$

将升温阶段和等温阶段的平均温度用虚线描在图上，把虚线下的面积算出来除以横坐标的时间间隔，即得总的平均温度：

$$T_p=\frac{31.5\times 6+47.2(30-6)}{30}=44.1℃$$

查图 18-6 得混凝土的强度达到 42%。

18.9 混凝土当量时间和当量温度计算

混凝土养护硬化当量时间和当量温度可按下式进行计算：

$$t_{do} = \frac{\Sigma T_p \cdot t}{T_{do}} \tag{18-17}$$

式中 t_{do}——当量时间（h）；
T_p——平均温度（℃）；
t——时间（h）；
T_{do}——当量温度（℃）。

当量时间和当量温度亦可从表 18-8 中查得。

【例 18-18】 同例 18-17，计算普通水泥相当于 50℃养护温度的当量时间。

【解】 当量时间由式（18-17）得：

$$t_{do} = \frac{31.5 \times 6 + 47.2 \times 24}{50} = 26.4 \text{h}$$

或按查表 18-8 算得：

$$t_{do} = \frac{1}{3.21}(1.71 \times 6 + 2.95 \times 24) = 25.3 \text{h}$$

两者相比，知按公式计算的数值偏大 4%。

混凝土凝固时间的当量关系换算系数　　　　　表 18-8

平均养护温度（℃）	换算系数值			平均养护温度（℃）	换算系数值		
	普通水泥	矿渣水泥	火山灰质水泥		普通水泥	矿渣水泥	火山灰质水泥
0	0.31	0.19	0.18	48	3.02	4.82	5.18
4	0.43	0.31	0.30	52	3.40	5.70	6.18
8	0.56	0.44	0.42	56	3.80	6.70	7.34
12	0.70	0.60	0.58	60	4.20	7.70	8.50
16	0.85	0.79	0.78	64	4.68	9.02	10.10
20	1.00	1.00	1.00	68	5.16	10.30	11.60
24	1.21	1.40	1.44	72	5.66	11.80	13.40
28	1.48	1.80	1.88	76	6.18	13.40	15.30
32	1.74	2.26	2.38	80	6.70	15.00	17.20
36	2.02	2.78	2.94	84	—	17.10	19.70
40	2.30	3.30	3.50	88	—	19.10	22.20
44	2.66	4.06	4.34	90	—	20.20	23.50

注：1. 本表中以 +20℃温度下的混凝土凝固时间为标准编制的。
2. 无表中温度时，可用插入法求换算系数值。

【例 18-19】 普通水泥在 40℃养护 4h，求相当于矿渣水泥在 40℃养护多少时间。

【解】 查表在 40℃养护条件下，普通水泥与矿渣水泥的换算系数分别为 2.30 和 3.30，则：

$$t_{do} = \frac{3.3 \times 4}{2.3} = 5.7 \text{h}$$

故知，相当于矿渣水泥在40℃养护5.7h。

18.10　混凝土早期强度的成熟度法估算

混凝土养护温度T与硬化时间t的乘积称为成熟度。当混凝土养护温度为一变量时，混凝土的强度，可用成熟度的方法来估算。其基本原理是：相同配合比的混凝土，在不同的温度—时间下养护，当成熟度相同时，其强度也大致相同。本法适用于不掺外加剂在50℃以下正温养护和掺外加剂在30℃以下养护的混凝土。亦可用于掺防冻剂负温养护法施工的混凝土。用于预估混凝土强度标准值60%以内的强度值。

使用本法预估混凝土强度，需用实际工程使用的混凝土原材料和配合比，制作不少于5组混凝土立方体标准试件在标准条件下养护，得出1d、2d、3d、7d、28d的强度值。同时需取得现场养护混凝土的温度实测资料（温度、时间）。

用成熟度法计算混凝土早期强度，国内外提出过多种方法，以下简介三种常用最为简便、实用、较准确的计算方法。

一、成熟度和成熟度系数法

根据试验，混凝土成熟度和强度可按下式计算：

$$M=\Sigma(T+10)t \tag{18-18}$$

式中　M——混凝土的成熟度（℃·h）；
　　　T——在时间段t内混凝土平均温度（℃）；
　　　t——温度为T的持续时间（h）。

式（18-18）求出M后，除以恒温值T_m+10（T_m为标准条件的恒温值，℃）换算成20℃标准条件下的养护时间，就可以从图18-4曲线中查出相对强度或算出绝对强度值。

式（18-18）中的$T+10$，如用成熟度系数f_M代替，可直接得出20℃标准条件下养护的时间，亦可从图18-4曲线中查出混凝土的相对强度。

用成熟度系数法计算成熟度可按下式进行：

$$M=\Sigma f_M \cdot t \tag{18-19}$$

式中　f_M——混凝土的成熟度系数，可由表18-9取用；
　　　其他符号意义同前。

本法适用于混凝土养护温度$T>0$℃，$M>30$℃·h的情况。

二、掺外加剂成熟度法

当混凝土养护温度为0℃（最低气温为-5℃）时，应使用Ⅰ型外加剂，养护温度为-5℃（最低气温为-10℃）时，应使用Ⅱ型外加剂。

对于采用蓄热法施工的掺外加剂混凝土成熟度和强度可按下式计算：

$$M=\Sigma(T+15)t \tag{18-20}$$

$$f=a \cdot e^{-\frac{b}{M}} \tag{18-21}$$

式中　M——掺外加剂混凝土的成熟度（℃·h）；
　　　T——在时间段t内混凝土平均温度（℃）；
　　　t——温度为T的持续时间（h）；

f——混凝土抗压强度（N/mm²）；

a、b——经验公式回归系数，通常通过标准养护试件的成熟度和强度数据，经回归分析得出，当使用Ⅰ、Ⅱ型时，可由表18-10查出；

e——自然对数底，$e=2.72$。

成熟度系数   表18-9

T(℃)	f_M	T(℃)	f_M	T(℃)	f_M
1	0.24	21	1.06	41	2.20
2	0.28	22	1.10	42	2.26
3	0.31	23	1.15	43	2.33
4	0.34	24	1.20	44	2.40
5	0.38	25	1.25	45	2.47
6	0.41	26	1.30	46	2.54
7	0.45	27	1.36	47	2.61
8	0.49	28	1.41	48	2.68
9	0.52	29	1.47	49	2.75
10	0.56	30	1.52	50	2.83
11	0.60	31	1.58	51	2.90
12	0.64	32	1.64	52	2.98
13	0.69	33	1.70	53	3.05
14	0.73	34	1.76	54	3.13
15	0.77	35	1.82	55	3.21
16	0.82	36	1.88	56	3.28
17	0.86	37	1.94	57	3.36
18	0.91	38	2.00	58	3.44
19	0.95	39	2.07	59	3.52
20	1.00	40	2.13	60	3.61

注：本表引自新疆建筑科学研究所资料。

回归系数 a、b 值   表18-10

水泥品种	混凝土强度等级	外加剂型号	a	b
普通硅酸盐水泥	C20	Ⅰ	24.39142	1279.576
		Ⅱ	18.44917	1096.907
普通硅酸盐水泥	C30	Ⅰ	36.68421	1170.687
		Ⅱ	25.62715	850.0695
矿渣硅酸盐水泥	C20	Ⅰ	19.89497	1222.628
		Ⅱ	15.25469	1095.054
矿渣硅酸盐水泥	C30	Ⅰ	29.61403	1355.908
		Ⅱ	22.84191	1210.276

注：外加剂Ⅰ为：木钙0.2%，硫酸钠2.0%，三乙醇胺0.03%。
　　外加剂Ⅱ为：建Ⅰ型减水剂0.5%，硫酸钠2.0%，亚硝酸钠2.0%。

当混凝土养护条件和掺入外加剂的方案、品种与上述条件不同时，式（18-21）应乘以调整系数 K，即：

$$f = K \cdot a \cdot e^{-\frac{b}{M}} \tag{18-22}$$

式中 K——调整系数通常取 0.8～0.9；

其他符号意义同前。

三、等效龄期法

等效龄期指混凝土在养护期间温度不断变化,在这段时间其养护效果与在标准条件下养护效果相同时,所需的龄期(时间)。

等效龄期和混凝土强度按下式计算:

$$t=\Sigma(\alpha_T \cdot t_T) \tag{18-23}$$

$$f=a \cdot e^{-\frac{b}{D}} \tag{18-24}$$

式中 t——等效龄期(h);

α_T——温度为 T℃时的等效系数,按表 18-11 取用;

t_T——温度为 T℃的持续时间(h);

T——混凝土养护温度(℃);

f——混凝土立方体抗压强度(N/mm^2);

a、b——经验公式回归系数;

D——混凝土养护龄期,计算时通常以 t 作 D 代入式(18-24)计算。

计算时先用标准养护试件的各龄期强度数据经回归分析求得 a 和 b,列出曲线方程;然后根据现场的实测混凝土养护温度资料,用式(18-23)计算混凝土已达到的等效龄期(相当于20℃标准养护的时间),最后以等效龄期 t 作 D 代入式(18-24)即可算出强度。

温度 T 与等效系数 α_T 表 表 18-11

温度 T(℃)	等效系数 (α_T)	温度 T(℃)	等效系数 (α_T)	温度 T(℃)	等效系数 (α_T)
50	3.16	28	1.45	6	0.43
49	3.07	27	1.39	5	0.40
48	2.97	26	1.33	4	0.37
47	2.88	25	1.27	3	0.35
46	2.80	24	1.22	2	0.32
45	2.71	23	1.16	1	0.30
44	2.62	22	1.11	0	0.27
43	2.54	21	1.05	−1	0.25
42	2.46	20	1.00	−2	0.23
41	2.38	19	0.95	−3	0.21
40	2.30	18	0.91	−4	0.20
39	2.22	17	0.86	−5	0.18
38	2.14	16	0.81	−6	0.16
37	2.07	15	0.77	−7	0.15
36	1.99	14	0.73	−8	0.14
35	1.92	13	0.68	−9	0.13
34	1.85	12	0.64	−10	0.12
33	1.78	11	0.61	−11	0.11
32	1.71	10	0.57	−12	0.11
31	1.65	9	0.53	−13	0.10
30	1.58	8	0.50	−14	0.10
29	1.52	7	0.46	−15	0.09

【例 18-20】 高层建筑基础用C20混凝土,采用 42.5 级普通水泥配制,用蓄热法养护,混凝土温度和时间间隔记录如表 18-12,试用成熟度法和成熟度系数法求混凝土相对强度。

18.10 混凝土早期强度的成熟度法估算

混凝土温度和时间间隔记录　　　　　　　　表 18-12

测温编号	1	2	3	4	5	6	7	8	9	10
经过时间(h)	0	12	24	30	48	60	72	168	240	312
硬化温度(℃)	24	18	14	12	10	7	5	4	3	3

【解】 (1) 成熟度法

先求每次测温的时间间隔 t、平均硬化温度和 $T+10$，再求两者的乘积，最后相加，结果列于表 18-13。

表 18-13

平均硬化温度(℃)	21	16	13	11	8.5	6	4.5	3.5	3
$T+10$	31	26	23	21	18.5	16	14.5	13.5	13
间隔时间 t(h)	12	12	6	18	12	12	96	72	72
$(T+10)t$(℃·h)	372	312	138	378	222	192	1392	972	936
$\Sigma(T+10)t$(℃·h)	372	684	822	1200	1422	1614	3006	3978	4914

将乘积的总和换算成 20℃ 标准养护条件和时间，即 $4914/(20+10)=163.8h$，相当 6.8d，由 20℃ 和 6.8d 查图 18-4 得混凝土的相对强度为 58%。

(2) 成熟度系数法

成熟度系数法，计算结果列于表 18-14 中，129.06h 相当于 5.4d，由 20℃ 和 5.4d 查图 18-4 得混凝土的相对强度为 52% 左右，两种方法计算结果稍有误差，应用时可互相校核。

表 18-14

平均硬化温度(℃)	21	16	13	11	8.5	6	4.5	3.5	3
间隔时间 t(h)	12	12	6	18	12	12	96	72	72
成熟度系数 f_M	1.05	0.82	0.69	0.6	0.51	0.41	0.36	0.33	0.31
$f_M \cdot t$(h)	12.6	9.84	4.14	10.8	6.12	4.92	34.56	23.76	22.32
$\Sigma f_M \cdot t$(h)	—	22.44	26.58	37.38	43.50	84.42	82.98	106.74	129.06

【例 18-21】 高层住宅楼基础底板，混凝土采用 C20，用普通硅酸盐水泥配制，在混凝土中掺入外加剂（占水泥重%计）：建工减水剂 0.5，硫酸钠 2 和亚硝酸钠 2，混凝土浇筑后测温记录如表 18-15，试求浇筑后 60h 的强度。

【解】 (1) 计算成熟度 M

成熟度由式 (18-20) $M=\Sigma(T+15)t$ 计算，其计算过程见表 18-15，最后得到成熟度 $M=756$ ℃·h。

混凝土浇筑后测温记录及计算　　　　　　　　表 18-15

从浇筑起算的时间 (h)	温度(℃)	间隔的时间 t(h)	平均温度 T(℃)	$T+15$ (℃)	$(T+15)t$ (℃·h)
0	10	—	—	—	—
12	0	12	5	20	240
24	−2	12	−1	14	168
36	−8	12	−5	10	120
48	−4	12	−6	9	108
60	−6	12	−5	10	120
$M=\Sigma(T+15)t$					756

(2) 计算混凝土强度

查表 18-10 得 $a=18.44917$；$b=1096.907$，代入式（18-22）得：

$$f=18.44917e^{-\frac{1096.907}{756}}=4.3\text{N/mm}^2$$

故知，浇筑混凝土后 60h 的强度为 4.3N/mm^2。

【例 18-22】 基础工程的混凝土经测温，从浇筑完毕开始的温度变化如表 18-16 中的第 1、2 栏所列，试计算浇筑后 40h 时的等效龄期。

某混凝土工程浇筑后的温度变化值　　　　表 18-16

1	2	3	4	5	6
从浇筑起算的时间（h）	温度（℃）	间隔时间 t_T（h）	间隔内平均温度 T（℃）	等效系数 α_T	$\alpha_T \cdot t_T$
0	14				
4	16	4	15	0.77	3.08
8	18	4	17	0.86	3.44
12	20	4	19	0.95	3.80
16	22	4	21	1.05	4.20
24	26	8	24	1.22	9.76
30	30	6	28	1.45	8.70
36	26	6	28	1.45	8.70
40	22	4	24	1.22	4.88
				$\sum \alpha_T \cdot t_T$	46.56

【解】 按式（18-23）计算过程列出如表 18-16 中的第 3~6 栏所列，求得浇筑后 40h 时的等效龄期为：

$$t=\sum(\alpha_T \cdot t_T)/24=46.56/24=1.95\text{d}$$

【例 18-23】 某基础工程混凝土经试验，测得 20℃ 标准养护条件下各龄期强度如表 18-17，混凝土浇筑后，初期养护阶段测温记录如表 18-18，试求用等效龄期法估算混凝土浇筑后 38h 的强度。

混凝土标准养护强度　　　　表 18-17

龄期(d)	1	2	3	7
强度(N/mm²)	4.0	11.0	15.4	21.8

混凝土浇筑后测温记录及计算　　　　表 18-18

从浇筑起算的时间（h）	温度（℃）	间隔的时间 t_T(h)	平均温度 T(℃)	α_T	$\alpha_T \cdot t_T$
0	14				
2	20	2	17	0.86	1.72
4	26	2	23	1.16	2.32
6	30	2	28	1.45	2.90
8	32	2	31	1.65	3.30
10	36	2	34	1.85	3.70
12	40	2	38	2.14	4.28
38	40	26	40	2.30	59.80
			$t=\sum \alpha_T \cdot t_T$(h)		78.2

【解】 (1) 根据表 18-18 数据进行回归分析求得曲线方程为:

$$f = 29.459 e^{-\frac{1.889}{D}}$$

(2) 根据测温记录,计算等效龄期如表 18-17 中所列,得到 $t = 78.2\text{h}(=3.2\text{d})$。

(3) 取 t 作为龄期 D 代入上式求得混凝土强度值为:

$$f = 29.459 e^{-\frac{1.989}{3.2}} = 16.0 \text{N/mm}^2$$

故知,混凝土浇筑后 38h 的强度为 16.0N/mm^2。

18.11 混凝土蓄热法计算

蓄热法是利用混凝土的初温和水泥的发热量,用保温材料覆盖表面蓄热,使混凝土在养护过程中能保持一定正温,在混凝土冷却到 0℃前达到要求的抗冻强度。采用蓄热法应计算被蓄热混凝土在各种条件下(如水泥用量、水泥强度等级、品种、保温材料种类、室外气温以及混凝土初温等)混凝土冷却到 0℃所需的时间、平均温度和所能达到的强度。

蓄热法计算,国内应用较广泛的主要有以下两种。

18.11.1 蓄热法简易计算

蓄热法计算包括混凝土冷却时间计算、混凝土冷却期间的平均温度计算以及保温材料的总传热系数及其热阻系数计算等。

一、混凝土冷却时间计算

混凝土冷却时间的计算系根据每一立方米混凝土由初温降低到 0℃所散发出的热量,相当于其组成材料所附加的热量与水泥本身所散发的热量之和,即:

$$C_c T_0 + m_{ce} Q_{ce} = t_0 M (T_m - T_{m,a}) \frac{\omega}{R}$$

于是混凝土冷却到 0℃时的小时数可由下式求得:

$$t_0 = \frac{C_c T_0 + m_{ce} Q_{ce}}{M(T_m - T_{m,a})} \cdot \frac{R}{\omega} \tag{18-25}$$

式中 t_0——混凝土冷却到 0℃时的延续时间(h);

C_c——混凝土的热容量(kJ/m³·K),由混凝土的单位质量密度(2400kg/m³)乘以单位体积比热(1.047kJ/kg·K)求得,一般采用 2510kJ/m³·K;

T_0——混凝土浇筑完毕后的初温(℃);

m_{ce}——每立方米混凝土水泥用量(kg);

Q_{ce}——1kg 水泥在冷却期间的水化热量(kJ/kg),由表 18-19 取用;

M——混凝土结构的表面系数,由下式计算:

$$M = \frac{A(混凝土冷却表面积)(\text{m}^2)}{V(结构的混凝土体积)(\text{m}^3)} \tag{18-26}$$

对矩形截面的梁或柱:$M = \frac{2(a+b)}{ab}$;

对正方形截面的梁或柱:$M = \frac{4}{b}$;

对楼板或墙：$M=\dfrac{2}{d}$；

其中 a、b——梁或柱截面的边长（m）；

d——板或墙的厚度（m）；

T_m——混凝土由浇筑到冷却的平均温度（℃），计算见本节二；

$T_{m,a}$——混凝土冷却期间的室外大气平均温度（℃）；

R——保温材料的热阻系数（m²·K/W），计算见本节三；

ω——保温材料的透风系数，按表 18-20 采用。

根据计算的冷却时间 t_0 及其平均温度，可从图 18-4 和图 18-6 中查出（或从当量温度换算表 18-8）所达到的强度。如强度不能满足抗冻或脱模要求，可改进保温措施或掺加外加剂等方式，使达到要求的强度。

水泥在不同期限内的发热量和水化速度系数　　　　表 18-19

水泥种类	水泥强度等级	每公斤水泥的水化热量 Q_{ce}（kJ/kg）			水化速度系数 v_{ce}（1/d）
		3d	7d	28d	
普通硅酸盐水泥	42.5	315	355	375	0.43
	32.5	250	270	335	0.42
矿渣硅酸盐水泥	32.5	190	250	335	0.26
火山灰质硅酸盐水泥	32.5	165	230	315	0.23

注：本表按平均温度为 +15℃ 编制的，当硬化时的平均温度为 7~10℃，则 Q_{ce} 值按表内数值的 60%~70% 采用。

透风系数 ω 参考表　　　　表 18-20

项次	保温层组成	透风系数	
		ω_1	ω_2
1	单层模板	2.0	3.0
2	不盖模板的表面,用芦苇板、稻草、锯末、炉渣覆盖	2.6	3.0
3	密实模板或不盖模板的表面用毛毡、棉毛毡或矿物棉覆盖	1.3	1.5
4	外层用第 2 项材料,内层用第 3 项材料作双层覆盖	2.0	2.3
5	外层用第 3 项材料,内层用第 2 项材料作双层覆盖	1.6	1.9
6	内外层均用第 3 项材料,中间夹间用第 2 项材料做 3 层覆盖	1.3	1.5

注：1. ω_1 为风速小于 4m/s（相当于 3 级以下），结构物高出地面不大于 25m 情况下的系数。

2. ω_2 为风速和高度大于注 1 情况的系数。

二、混凝土由浇筑到冷却平均温度计算

混凝土由浇筑到冷却的平均温度，与结构的表面系数（M）有关，按下式计算：

$M<3$ 时 $T_m = \dfrac{T_0+5}{2}$

$M=3\sim 8$ 时 $T_m = \dfrac{T_0}{2}$

$M=8\sim 12$ 时 $T_m = \dfrac{T_0}{3}$

$M>12$ 时 $T_m = \dfrac{T_0}{4}$

或由下式计算：

18.11 混凝土蓄热法计算

$$T_m = \frac{T_0}{1.03 + 0.181M + 0.006T_0} \tag{18-27}$$

式中 T_m、M 符号意义同前。

三、保温材料总传热系数及总热阻系数计算

混凝土围壁的隔热效能，取决于总传热系数 K 或其热阻系数 R，传热系数 K 按下式计算：

$$K = \frac{1}{0.043 + \frac{d_1}{\lambda_1} + \frac{d_2}{\lambda_2} + \frac{d_3}{\lambda_3} + \cdots + \frac{d_n}{\lambda_n}} \tag{18-28}$$

或为：

$$K = \frac{\omega}{0.043 + \frac{d_1}{\lambda_1} + \frac{d_2}{\lambda_2} + \frac{d_3}{\lambda_3} + \cdots + \frac{d_n}{\lambda_n}} \tag{18-29}$$

若在保温围壁中有闭塞的空气层时，K 值可按下式计算：

$$K = \frac{\omega}{0.043 + \frac{d_1}{\lambda_1} + \frac{d_2}{\lambda_2} + \frac{d_3}{\lambda_3} + \cdots + R_B} \tag{18-30}$$

热阻系数 R 可按下式计算：

$$R = \frac{1}{K} = 0.043 + \frac{d_1}{\lambda_1} + \frac{d_2}{\lambda_2} + \frac{d_3}{\lambda_3} + \cdots + \frac{d_n}{\lambda_n} \tag{18-31}$$

或

$$R = \frac{0.043 + \frac{d_1}{\lambda_1} + \frac{d_2}{\lambda_2} + \frac{d_3}{\lambda_3} + \cdots + \frac{d_n}{\lambda_n}}{\omega} \tag{18-32}$$

$$R = \frac{0.043 + \frac{d_1}{\lambda_1} + \frac{d_2}{\lambda_2} + \frac{d_3}{\lambda_3} + \cdots + R_B}{\omega} \tag{18-33}$$

式中 d——每一种保温材料的厚度（m）；

λ——每一种保温材料的导热系数（W/m·K）；按表 18-21 取用；

ω——透风系数，见表 18-22；

R_B——由空气层厚度而定的热阻力，见表 18-22。

各种材料的质量密度、导热系数及比热　　表 18-21

材料名称	质量密度 ρ (kg/m³)	导热系数 λ (W/m·K)	比热 c(kJ/kg·K)
新捣实混凝土	2400	1.55	1.05
硬化的混凝土	2200	1.28	0.84
珍珠岩混凝土	800　600	0.26　0.17	0.84
加气混凝土	600　400	0.21　0.14	0.84
泡沫混凝土	600　400	0.21　0.14	0.84
干砂	1600	0.58	0.84
炉渣	1000　700	0.29　0.22	0.84
高炉水渣	900　500	0.20　0.16	0.84
矿渣	150	—	0.75
蛭石	120~150	0.07~0.09	1.34
玻璃棉	100	0.06	0.75
木材	550	0.17	2.51

续表

材料名称	质量密度 ρ (kg/m³)	导热系数 λ (W/m·K)	比热 c(kJ/kg·K)
刨花板	350~500	0.12~0.20	2.51
岩棉板	—	0.04	—
石棉	1000(压实)	0.22	—
锯屑	250	0.09	2.51
草袋、草帘	150	0.10	1.47
草垫	120	0.06	1.47
稻壳	250	0.21	1.88
油毡、油纸	600	0.17~0.23	1.51
水泥袋纸	500	0.07	1.51
厚纸板	1000	0.23	—
毛毡	150	0.06	—
聚氯乙烯泡沫	190	0.06	1.47
聚苯乙烯板	—	0.038	
钢板	7850	58	0.63
干而松的雪	300	0.29	2.09
潮湿密实的雪	500	0.64	2.09
水	1000	0.58	4.19
冰	900	2.33	2.09

本法计算公式（18-25）系由前苏联 Б.К 斯克拉姆耶夫教授所提出，是采用单向稳定传热假设推导而得，计算简便，我国冬期施工曾长期使用，适用于蓄热法计算。但对表面系数较大的综合蓄热法，计算结果与实际出入较大。

空气层的热阻力 R_B 表 18-22

空气薄层的特征		薄层厚度为下面尺寸(mm)时的 R_B 值(m²k/W)					
		10	20	30	50	100	150~300
垂直热流		0.15	0.16	0.17	0.17	0.17	0.17
水平的	由下向上的	0.13	0.15	0.15	0.15	0.15	0.15
	由上向下的	0.15	0.18	0.20	0.21	0.22	0.22

【例 18-24】 某工程混凝土墙，厚 240mm，混凝土强度等级为 C20，用 32.5 级普通水泥，水泥用量为 335kg/m³。由两层 25mm 厚木板外贴油毡纸中填矿渣棉组成的保温模板作保温层。混凝土浇筑初温 $T_0=15℃$，室外平均气温 $T_{m,a}=-15℃$，试求冷却至 0℃ 时混凝土达到的强度。

【解】 结构表面系数 $M=\dfrac{2}{d}=\dfrac{2}{0.24}=8.3$ (m^{-1})

混凝土由浇筑到冷却的平均温度 T_m：

$$T_m = \frac{T_0}{1.03+0.181M+0.006T_0}$$

$$= \frac{15}{1.03+0.181\times 8.3+0.006\times 15}=5.72℃$$

水泥发热量由表 18-19 查得 $Q_{ce}=270$kJ/kg

保温模板的热阻系数 K（由于保温模板和混凝土接触面衬有油毡，故两层模板都按

干木板取用 λ):

$$R = 0.043 + \frac{2\times 0.025}{0.17} + \frac{0.0015}{0.17} + \frac{0.05}{0.05}$$
$$= 1.18 \text{m}^2 \cdot \text{K/W}$$

保温材料的透风系数 ω，由表 18-20 查得 $\omega = 2.0$
冷却时间 t_0 由式 (18-25) 得:

$$t_0 = \frac{C_c T_0 + m_{ce} Q_{ce}}{M(T_m - T_{m,a})} \cdot \frac{R}{\omega}$$
$$= \frac{2510\times 15 + 335\times 270}{8.3(5.7+15)} \times \frac{1.18}{2\times 3.6} = 122\text{h} = 5\text{d}$$

从图 18-4 查得混凝土到达冷却时的强度为 35%。

【例 18-25】 带形混凝土墙基础的外形尺寸及保温情况见图 18-8，混凝土强度等级为 C20，用 32.5 级普通水泥，其用量为 335kg/m^3；混凝土灌筑完毕时的初温 $T_0 = 10℃$，室外平均气温估计为 $T_{m,a} = -15℃$。根据要求，混凝土达到 $40\% f_{28}$ 即行拆模，试计算保温层设置是否合适。

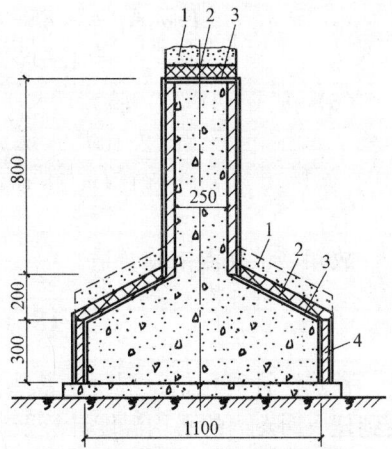

图 18-8 墙基蓄热法简易计算实例
1—木锯屑 300mm 厚；2—草袋（18mm 厚）；3—油毡纸（1.5mm 厚）；4—保温模板（两层 25mm 厚木板，外钉油毡纸，中填 50mm 厚矿渣棉）

【解】 (1) 结构物表面系数

$$A = [(0.3+\sqrt{0.2^2+0.425^2}+0.8)\times 2 \div 0.25]\times 1 = 3.39\text{m}^2$$
$$V = (1.1\times 0.3 + \frac{0.25+1.1}{2}\times 0.2 + 0.25\times 0.8)\times 1 = 0.665\text{m}^3$$

$$\therefore \quad M = \frac{A}{V} = \frac{3.39}{0.665} = 5.1$$

(2) 混凝土冷却期间的平均温度 T_m

$$T_m = \frac{10}{1.03+0.181\times 5.1+0.006\times 10} = 5℃$$

(3) 求冷却时间 t_0

从图 18-4 查得，当温度为 5℃ 时，欲使混凝土达到 $40\% f_{28}$ 所需养护时间为 6.5d，即 $t_0 = 156\text{h}$。

(4) 求 Q_{ce}

从表 18-1 查得龄期为 $\approx 7\text{d}$ 时 $Q_{ce} = 270\text{kJ/kg}$

(5) 求 $\Sigma K\omega_i A_i$

1) 墙基侧面

根据上例计算得保温板 $K_1 = 0.85\text{W/m}^2 \cdot \text{K}$；$\omega_1 = 2.0$，$A_1 = (0.3+0.8)\times 1\times 2 = 2.2\text{m}^2$。

2) 墙基台阶面和顶面 $K_2 = \dfrac{1}{0.043+\dfrac{0.015}{0.17}+\dfrac{0.018}{0.10}+\dfrac{0.3}{0.09}} = 0.28\text{W/m}^2 \cdot \text{K}$

由表 18-20 查得 $\omega_2 = 2.6$；

$$A_2 = (\sqrt{0.425^2+0.2^2}\times 1\times 2 + 0.25\times 1) = 1.19\text{m}^2$$

∴ $\Sigma K_i\omega_i A_i = 0.85\times 2\times 2.2 + 0.28\times 2.6\times 1.19 = 4.61\text{W/K}$
$= 4.61\times 3.6 \approx 16.6\text{kJ/h}\cdot\text{K}$

(6) 按式（18-25）验算

$$\frac{V(2510T_0 + m_{ce}Q_{ce})}{t_0(T_m - T_{m,a})} = \frac{0.665(2510\times 10 + 335\times 270)}{156(5+15)}$$

$$= 37\text{kJ/h}\cdot\text{K} > \Sigma K_i\omega_i A_i (=16.6\text{kJ/h}\cdot\text{K})$$

故知，该保温措施合适。

18.11.2 蓄热规范法计算

蓄热法计算包括：混凝土蓄热养护开始到任一时刻 t 的温度计算和混凝土蓄热养护开始到任一时刻 t 的平均温度计算及混凝土蓄热养护冷却至 0℃ 的时间计算等。

一、混凝土蓄热养护开始到任一时刻的温度计算

混凝土蓄热养护开始到任一时刻 t 的温度按下式计算：

$$T = \eta e^{-\theta\cdot V_{ce}\cdot t} - \varphi e^{-V_{ce}\cdot t} + T_{m,a} \tag{18-34}$$

其中
$$\eta = T_3 - T_{m,a} + \varphi \tag{18-35}$$

$$\varphi = \frac{V_{ce}\cdot Q_{ce}\cdot m_{ce}}{V_{ce}\cdot c_c\cdot \rho_c - \omega\cdot K\cdot M} \tag{18-36}$$

$$\theta = \frac{\omega\cdot K\cdot M}{V_{ce}\cdot c_c\cdot \rho_c} \tag{18-37}$$

式中 T——混凝土蓄热养护开始到任一时刻 t 的温度（℃）；

η、φ、θ——分别为综合参数，由式（18-35）、式（18-36）、式（18-37）计算；

e——自然对数底，可取 $e=2.72$；

V_{ce}——水泥水化速度系数（h^{-1}），由表 18-19 或表 18-23 查用；

t——混凝土蓄热养护开始到任一时刻的时间（h）；

$T_{m,a}$——混凝土蓄热养护开始到任一时刻 t 的平均气温（℃）；取法可采用蓄热养护开始至 t 时气象预报的平均气温，亦可按每时或每日平均气温计算；

T_3——混凝土入模温度（℃）；

Q_{ce}——水泥水化累积最终放热量（kJ/kg），由表 18-23 查用；

m_{ce}——每立方米混凝土水泥用量（kg/m³）；

c_c——混凝土的比热容（kJ/kg·K）；

ρ_c——混凝土的质量密度（kg/m³）；

ω——透风系数，由表 18-24 查用；

K——结构围护层的总传热系数（kJ/m²·h·K），按下式计算；也可从表 18-25 中选取；

$$K = \frac{3.6}{0.04 + \sum_{i=1}^{n}\frac{d_i}{\lambda_i}} \tag{18-38}$$

d_i——第 i 层围护层厚度（m）；

λ_i——第 i 层围护层的导热系数（W/m·K）；

M——结构的表面系数，按下式计算：

$$M = \frac{A(\text{混凝土结构表面积})(\text{m}^2)}{V(\text{混凝土结构的体积})(\text{m}^3)}$$

水泥水化累积最终放热量 Q_{ce} 和水泥水化热速度系数 V_{ce} 表 18-23

水泥品种及强度等级	$Q_{ce}(\text{kJ/kg})$	$V_{ce}(\text{h}^{-1})$
42.5 级硅酸盐水泥	400	0.013
42.5 级普通硅酸盐水泥	360	0.013
32.5 级普通硅酸盐水泥	330	0.013
32.5 级矿渣、火山灰、粉煤灰硅酸盐水泥	240	0.013

透风系数   表 18-24

围护层种类	透风系数 ω		
	小风	中风	大风
围护层由易透风材料组成	2.0	2.5	3.0
易透风保温材料外包不易透风材料	1.5	1.8	2.0
围护层由不易透风材料组成	1.3	1.45	1.6

注：小风风速：$V_w<3\text{m/s}$；中风风速：$3\leqslant V_w\leqslant 5\text{m/s}$；大风风速：$V_w>5\text{m/s}$。

围护层的传热系数   表 18-25

顺序	围护层构造	传热系数 K ($\text{W/m}^2\cdot\text{K}$)
1	塑料薄膜一层	12.0
2	塑料薄膜二层	7.0
3	钢模板	12.0
4	木模板 20mm 厚外包岩棉毡 30mm 厚	1.1
5	钢模板外包毛毡三层	3.6
6	钢模板外包岩棉被 30mm 厚	3.6
7	钢模板区格间填以聚苯乙烯板 50mm 厚	3.0
8	钢模板区格间填以聚苯乙烯板 50mm 厚，外包岩棉被 30mm 厚	0.9
9	混凝土与天然地基的接触面	5.5
10	表面不覆盖	30.0

二、混凝土蓄热养护开始到任一时刻的平均温度计算

混凝土蓄热养护开始到任一时刻 t 的平均温度按下式计算：

$$T_m = \frac{1}{V_{ce}\cdot t}\left(\varphi e^{-V_{ce}\cdot t} - \frac{\eta}{\theta}\cdot e^{-\theta\cdot V_{ce}\cdot t} + \frac{\eta}{\theta} - \varphi\right) + T_{m,a} \tag{18-39}$$

式中 T_m——混凝土蓄热养护开始到任一时刻 t 的平均温度（℃）；

其他符号意义同前。

三、混凝土蓄热养护冷却到 0℃ 的时间计算

当需要计算混凝土蓄热养护冷却至 0℃ 的时间时，可根据式（18-34）采用逐次逼近的方法进行计算。当蓄热养护条件满足 $\dfrac{\varphi}{T_{m,a}} \geqslant 1.5$，且 $KM\geqslant 50$ 时，可按下式直接计算：

$$t_0 = \frac{1}{V_{ce}}\ln\frac{\varphi}{T_{m,a}} \tag{18-40}$$

式中 t_0——混凝土蓄热养护冷却至 0℃ 的时间（h）；

其他符号意义同前。

混凝土冷却至 0℃ 的时间内，其平均温度可根据式（18-39）取 $t=t_0$ 进行计算。

18 冬期施工

本法为国家行业标准《建筑工程冬期施工规程》(JGJ 104)推荐的方法,计算公式采用我国吴振东教授所提出并经修正而成,系根据非稳定传热理论推导而得。适用于非大体积混凝土的计算方法,比较适合于表面系数 $M>5$ 的结构,当 $2<M\leqslant5$ 时亦可按上述公式计算。

【例 18-26】 某工程混凝土冬期施工,施工早期 3d 的平均气温 $T_{m,a}=-9℃$,结构表面系数 $M=8.33\text{m}^{-1}$,保温层总传热系数 $K=10\text{kJ/m}^2·\text{h}·\text{K}$,采用普通硅酸盐水泥,水泥用量 $m_{ce}=360\text{kg/m}^3$,水泥水化速度系数 $V_{ce}=0.017\text{h}^{-1}$,水泥水化放热量 $Q_{ce}=250\text{kJ/kg}$,混凝土质量密度 $\rho_c=2500\text{kg/m}^3$,混凝土的比热容 $c_c=0.96\text{kJ/kg}·\text{K}$,混凝土入模初温 $T_3=15℃$,透风系数 $\omega=1.3$,试计算混凝土冷却至 0℃时的时间 t_0 和混凝土平均温度 T_m。

【解】 (1)计算三个综合参数:

$$\theta=\frac{\omega·K·M}{V_{ce}·c_c·\rho_c}=\frac{1.3\times10\times8.33}{0.017\times0.96\times2500}=2.65$$

$$\varphi=\frac{V_{ce}·Q_{ce}·m_{ce}}{V_{ce}·c_c·\rho_c-\omega·KM}$$

$$=\frac{0.017\times250\times360}{0.017\times0.96\times2500-1.3\times10\times8.33}=22.67$$

$$\eta=T_3-T_{m,a}+\varphi$$
$$=15-(-9)+(-22.67)=1.33$$

(2)计算冷却时间 t_0

利用公式(18-34)

$$T=\eta e^{-\theta·V_{ce}·t}-\varphi e^{-V_{ce}·t}+T_{m,a}$$

将三个综合参数代入上式得:

$$T=1.33e^{-2.65\times0.017t}+22.67e^{-0.017t}-9$$

先估计一个 $t=50\text{h}$,代入上式计算得:

$$T=1.33e^{-2.65\times0.017\times50}+22.67e^{-0.017\times50}-9=0.8293℃$$

说明混凝土蓄热养护至 50h,混凝土温度为 0.8293℃,仍处于正温,继续养护后才降至 0℃,故估计 $t=60\text{h}$,代入上式得:

$$T=1.33e^{-2.65\times0.017\times60}+22.67e^{-0.017\times60}-9=-0.7362℃$$

混凝土在养护 60h 后,已处于负温,说明混凝土冷却到 0℃的时间,必在 50h 与 60h 之间,再估计 $t=55℃$,代入上式得:

$$T=1.33e^{-2.65\times0.017\times55}+22.67e^{-0.017\times55}-9=0.0115\approx0℃$$

计算结果 $t=55\text{h}$

(3)计算平均温度

将以上参数代入式(18-39)得:

$$T_m=\frac{1}{V_{ce}·t}\left[\varphi e^{-V_{ce}·t}-\frac{\eta}{\theta}·e^{-\theta·V_{ce}·t}+\frac{\eta}{\theta}-\varphi\right]+T_{m,a}$$

$$=\frac{1}{0.017\times55}\left(-22.67e^{-0.017\times55}-\frac{1.33}{2.65}·e^{-2.65\times0.017\times55}+\frac{1.33}{2.65}+22.67\right)-9$$

$$= 1.0695 \times (-22.67 \times 0.3926 - 0.5018 \times 0.0839 + 0.5018 + 22.67) - 9$$
$$= 1.0695 \times 14.2295 - 9 = 6.2184℃ \approx 6.2℃$$

故知，混凝土冷却到0℃时间为55h，平均温度为6.2℃。

18.12　混凝土暖棚法计算

暖棚法是在混凝土结构周围，用保温材料搭设大棚，在棚内设热风机或蒸汽排管、火炉，使棚内空气保持正温，混凝土浇筑、养护均在棚内进行，并在正温下硬化。暖棚通常以脚手材料（木杆或钢管）为骨架，用塑料薄膜或帆布、草帘围护。暖棚法适用于混凝土较集中、混凝土量较大的地下工程。

暖棚法热工计算包括能耗计算和加热燃料用量计算等。

一、暖棚耗热量计算

暖棚在单位时间内的耗热量按下列公式计算：

$$Q_0 = Q_1 + Q_2 \tag{18-41}$$

$$Q_1 = \Sigma A \cdot K (T_b - T_a) \tag{18-42}$$

$$Q_2 = \frac{V \cdot n \cdot c_a \cdot \rho_a (T_b - T_a)}{3.6} \tag{18-43}$$

式中　Q_0——暖棚总耗热量（W）；
　　　Q_1——通过围护结构各部位的散热量之和（W）；
　　　Q_2——由通风换气引起的热损失（W）；
　　　A——围护结构的总面积（m²）；
　　　K——围护结构的传热系数（W/m²·K），可按下式计算：

$$K = \frac{1}{0.04 + \dfrac{d_1}{\lambda_1} + \cdots + \dfrac{d_n}{\lambda_n} + 0.114} \tag{18-44}$$

　　$d_1 \cdots d_n$——围护各层的厚度（m）；
　　$\lambda_1 \cdots \lambda_n$——围护各层的导热系数（W/m·K）；
　　　T_b——棚内气温（℃）；
　　　T_a——室外气温（℃）；
　　　V——暖棚体积（m³）；
　　　n——每小时换气次数，一般按两次计算；
　　　c_a——空气的比热容，取1kJ/kg·K；
　　　ρ_a——空气的表观密度（容重），取1.37kg/m³；
　　　3.6——换算系数，1W=3.6kJ/h。

暖棚的总耗热量也可从表18-26查出，再乘以散热系数α；当风速在5m/s以内时，$\alpha=1.25\sim1.50$；当风速大于5m/s时，$\alpha=1.50\sim2.00$。

二、加热燃料用量计算

暖棚内加热的燃料用量可按下式计算：

$$G_p = \frac{Q_0 \eta \times 3.6}{R} \tag{18-45}$$

式中　G_p——燃料耗用量（kg/h）；
　　　Q_0——暖棚总耗热量（W）；
　　　η——加热器效率；
　　　R——燃料发热量，可参见表 18-27。

每 100m³ 暖棚耗热量 Q_0（kW）　　　　表 18-26

Δt (℃)	M	K(W/m²·K)									
		10.0	5.0	3.3	2.5	2.0	1.7	1.4	1.2	1.1	1.0
20	0.5	10.0	5.0	3.3	2.5	2.0	1.7	1.4	1.2	1.1	1.0
	1.0	20.0	10.0	6.7	5.0	4.0	3.3	2.9	2.5	2.2	2.0
	1.5	30.0	15.0	10.0	7.5	6.0	5.0	4.2	3.8	3.3	3.0
	2.0	40.0	20.0	13.3	10.0	8.0	6.7	5.7	5.0	4.4	4.0
	2.5	50	25.0	16.7	12.5	10.0	8.3	7.1	6.3	5.6	5.0
30	0.5	15.0	7.5	5.0	3.8	3.0	2.5	2.1	1.9	1.7	1.5
	1.0	30.0	15.0	10.0	7.5	6.0	5.0	4.3	3.8	3.3	3.0
	1.5	45.0	22.5	15.0	11.3	9.0	7.5	6.4	5.6	5.0	4.5
	2.0	60.0	30.0	20.0	15.0	12.0	10.0	8.6	7.5	6.7	6.0
	2.5	75.0	37.5	25.0	18.8	15.0	12.5	10.7	9.4	8.3	7.5
40	0.5	20	10.0	6.7	5.0	4.0	3.3	2.9	2.5	2.2	2.0
	1.0	40	20.0	13.3	10.0	8.0	6.6	5.7	5.0	4.4	4.0
	1.5	60	30.0	20.0	15.0	12.0	10.0	8.6	7.5	6.7	6.0
	2.0	80	40.0	26.7	20.0	16.0	13.3	11.4	10.0	8.9	8.0
	2.5	100	50.0	33.3	25.0	20.0	16.7	14.3	12.5	11.1	10.0
50	0.5	25	12.5	8.3	6.3	5.0	4.2	3.6	3.1	2.8	2.5
	1.0	50	25.0	16.7	12.5	10.0	8.3	7.1	6.3	5.6	5.0
	1.5	75	37.5	25.0	18.8	15.0	12.5	10.7	9.4	8.3	7.5
	2.0	100	50.0	33.3	25.0	20.0	16.7	14.3	12.5	11.1	10.0
	2.5	125	62.5	41.7	31.3	25.0	20.8	17.9	15.6	13.3	12.5

注：1. M＝暖棚散热面积（m²）/暖棚体积（m³）。
　　2. K——围护结构的平均传热系数。
　　3. Δt——暖棚内外的空气温度差。

常用燃料的发热量　　　　表 18-27

名　称	发热量（kJ/kg）	名　称	发热量（kJ/kg）
标准煤	29300	焦炭	27600～36800
泥煤	21000～24000	重油、渣油	37700～41900
褐煤	25000～32000	天然气	35000～41900
烟煤	32000～37000	发生炉煤气	5400～7500
无烟煤	31000～36000	石油气	35600～37700

【例 18-27】 已知暖棚平面尺寸为 15m×20m，高 3.75m，四周围护层为双层塑料薄膜，棚顶为油毛毡一层，室外平均温度 T_a＝－10℃，棚内平均温度 T_b＝10℃，试计算暖棚的总耗热量。

【解】 四周围护层面积　A_1＝(15＋20)×2×3.75＝262.5m²

查表 18-25 得　K_1＝7W/m²·K

棚顶围护面积　A_2＝15×20＝300m²

$$K_2 = \frac{1}{0.043 + \frac{0.001}{0.17} + 0.114} = 6.1 \text{W/m}^2 \cdot \text{K}$$

$$A_1+A_2=562.5\text{m}^2, V=15\times20\times3.75=1125\text{m}^3$$

$$Q_1=262.5\times7\times(10+10)+300\times6.1(10+10)=73350\text{W}$$

$$Q_2=\frac{1125\times2\times1.37(10+10)}{3.6}=17130\text{W}$$

$$Q_0=Q_1+Q_2=73350+17130=90450\text{W}$$

故该暖棚的总耗热量为 90450W。

或查表 18-26 当 $M=\dfrac{562.5}{1125}=0.5$，$K=\dfrac{7+6.1}{2}\approx6.5$，$\Delta t=20$，查得 $Q_0=6.5\times1000=6500\text{W}$，取 $\alpha=1.25$，则总耗热量为：

$$Q=6500\times1.25\times11.25=91410\text{W}$$

查表与计算相差 1%。

【例 18-28】 暖棚条件同例 18-27，采用焦炭加热，试求焦炭耗用量。

【解】 由例 18-27 计算知暖棚总耗热量为 90480W，设焦炭炉的热效率为 0.8，由表 18-27 查得焦炭的发热量为 30000kJ/kg。

焦炭耗用量由式（18-45）得：

$$G_\text{p}=\frac{Q_0\eta\times3.6}{R}=\frac{90480\times0.8\times3.6}{30000}=8.7\text{kg/h}$$

故知，每小时需耗焦炭 8.7kg。

18.13 混凝土蒸汽加热法计算

18.13.1 蒸汽套加热法计算

蒸汽套法是在混凝土模板外再设一层紧密不透气的外套，其间通入蒸汽来加热混凝土，构造如图 18-9，下部蒸汽套在浇筑混凝土前装设，上部蒸汽套随浇随设。在下部蒸汽套内设通气主管，主管上每隔 2.5～3.0m 设一根直径 19mm 喷汽短管，或在汽管上每隔 1.5m 开一直径 3～6mm 的喷汽孔。管道保持一定坡度，以便冷凝水的排出。蒸汽通过在混凝土板上留设的 50mm×50mm（间距 1.5m）或 100mm×100mm（10～15m² 设一个）送汽孔进入上层汽套，加热温度一般能保持在 30～40℃，耗汽量一般为 600～1200kg/m³。加热整体浇筑的结构时，其温度升降速度不得超过表 18-34 中的数据。本法适用于平面结构，如梁、楼板的加热。

蒸汽套法计算包括：加热时间计算和所需热量计算两部分。

一、加热时间计算

（一）混凝土的升温时间 t_1

$$t_1=\frac{T-T_0}{v} \tag{18-46}$$

式中 T——混凝土的恒温温度（℃）；

T_0——混凝土的初温（℃）；

v——混凝土升温速度（℃/h）。

（二）混凝土的恒温加热时间 t_2

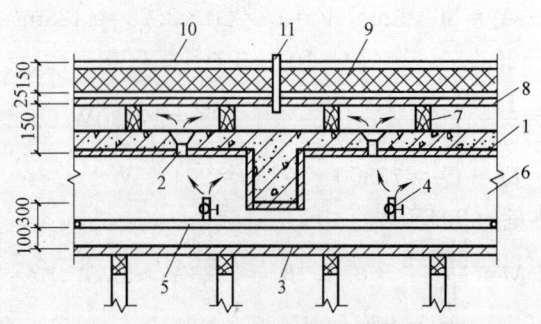

图 18-9 蒸汽套加热法构造

1—肋形楼板；2—斗形孔；3—隔气层（木板上铺水泥袋纸）；4—喷汽阀；5—汽管；6—空气层；7—木楞；8—板皮一层，上铺苇度（或油毡）一层；9—保温层（锯屑）；10—防风层（草袋）；11—测温孔

$$t_2 = \frac{t_0 - t_1 m_1}{m_2} \quad (18-47)$$

式中 t_0——混凝土在+20℃养护条件下达到要求强度的时间，可由表 18-29 查得；

m_1、m_2——分别为温度在 $\frac{T+T_0}{2}$ 和 T 的当量系数，可由表 18-8 查出；

其他符号意义同前。

蒸汽养护的混凝土强度增长百分率见表 18-29。

（三）混凝土的总加热时间 t

$$t = t_1 + t_2 \quad (18-48)$$

二、所需热量计算

（一）混凝土及蒸汽套的吸热量 Q_1（kJ）

$$Q_1 = 2510(T - T_0) + 1.256 V_A + \phi \Sigma c\rho V_B (T - T_a) \quad (18-49)$$

式中 2510——混凝土比热和密度的乘积（kJ/kg·K·kg/m³）；

V_A——空气层体积（m³）；

V_B——保温层体积（m³）；

$c\rho$——保温材料比热和密度的乘积（kJ/kg·K·kg/m³）；

ϕ——温度系数，采用一种保温材料为 0.5，采用两种以上保温材料为 0.7；

1.256——空气的容积比热（kJ/m²·K）；

T_a——室外气温（℃）；

其他符号意义同前。

自然养护不同温度与龄期的混凝土强度增长百分率（%） 表 18-28

水泥品种和强度等级	硬化龄期(d)	混凝土硬化时的平均温度(℃)							
		1	5	10	15	20	25	30	35
32.5级普通水泥	2	—	—	19	25	30	35	40	45
	3	14	20	25	32	37	43	48	52
	5	24	30	36	44	50	57	63	66
	7	32	40	46	54	62	68	73	76
	10	42	50	58	66	74	78	82	86
	15	52	63	71	80	88	—	—	—
	28	68	78	86	94	100	—	—	—

续表

水泥品种和强度等级	硬化龄期(d)	混凝土硬化时的平均温度(℃)							
		1	5	10	15	20	25	30	35
32.5级矿渣水泥、火山灰质水泥	2	—	—	—	15	18	24	30	35
	3	—	—	11	17	22	26	32	38
	5	12	17	22	28	34	39	44	52
	7	18	24	32	38	45	50	55	63
	10	25	34	44	52	58	63	67	75
	15	32	46	57	67	74	80	86	92
	28	48	64	83	92	100	—	—	—

蒸汽养护的混凝土强度增长百分率（%）　　　　表 18-29

养护时间(h)	普通水泥					矿渣水泥						火山灰水泥					
	混凝土硬化时的平均温度(℃)																
	40	50	60	70	80	40	50	60	70	80	90	40	50	60	70	80	90
8	—	—	24	28	35	—	—	32	35	40	—	—	—	30	40	53	72
12	20	27	32	39	44	—	26	32	43	50	63	—	22	38	52	67	82
16	25	32	40	45	50	20	30	40	53	62	75	16	28	45	60	75	90
20	29	40	47	51	58	27	39	48	60	70	83	22	35	50	67	83	96
24	34	45	50	56	62	30	46	54	66	77	90	27	40	56	70	88	100
28	39	50	55	61	68	36	50	60	71	83	94	30	43	60	75	90	—
32	42	52	60	66	71	40	55	65	75	87	97	35	47	63	80	93	—
36	46	58	64	70	75	43	60	68	80	90	100	39	50	67	82	96	—
40	50	60	68	73	80	48	63	70	83	93	—	42	53	70	85	100	—
41	54	65	70	75	82	51	66	75	86	96	—	44	55	73	87	—	—
48	57	66	72	80	85	53	70	80	90	100	—	46	58	76	90	—	—
52	60	68	74	82	87	57	71	82	91	—	—	50	60	78	90	—	—
56	63	70	77	83	88	59	75	84	93	—	—	51	62	80	92	—	—
60	66	73	80	84	89	61	77	87	91	—	—	52	64	82	93	—	—
64	68	76	81	85	89	63	80	89	99	—	—	55	66	83	95	—	—
68	69	77	82	86	90	66	81	90	100	—	—	56	68	84	95	—	—
72	70	79	83	87	90	67	82	91	—	—	—	58	69	85	95	—	—

（二）蒸汽套散失的热量 Q_2（kJ/h）

$$Q_2 = A(T-T_a)\left(K_1\beta_1 + K_2\beta_2 + \frac{98.42nV_A}{273+T}\right) \quad (18\text{-}50)$$

式中　　A——冷却面积（m²）；

K_1、K_2——上、下层汽套的传热系数（W/m²·K）；

β_1、β_2——上、下层汽套的透风系数；

n——每小时换气次数，一般取 1.0～1.5；

其他符号意义同前。

每立方米混凝土总需热量 Q（kJ）

$$Q = Q_1 + Q_2 t \quad (18\text{-}51)$$

折合蒸汽量

$$W = \frac{Q}{I_w}(1+\alpha) \quad (18\text{-}52)$$

式中　I_w——蒸汽含热量（kJ/kg），参见表 19-46；
　　　α——损失系数，一般取 $0.2\sim 0.3$。

【例 18-29】 钢筋混凝土现浇楼板厚 120mm，采用混凝土强度等级 C20，用 32.5 级普通水泥配制，混凝土初温 $T_0=15℃$，恒温加热温度 $T=40℃$，室外气温 $T_a=-20℃$，外套构造：下层为草袋二层厚 30mm，水泥袋纸二层，木板一层和空气层 250mm，上层为锯屑厚 150mm，二层草袋厚 30mm，一层木板厚 25mm 和空气层 150mm，要求加热到混凝土强度达到 $70\%f_{28}$，试计算每立方米混凝土需要的总热量。

【解】 1. 计算加热时间

(1) 因 $M=\dfrac{1}{1\times 0.12}=8.33$，取 $v=8℃/h$

$$t_1=\frac{T-T_0}{v}=\frac{40-15}{8}=3\mathrm{h}$$

(2) 查表 18-28 知在 +20℃ 养护 9d 可达到 $70\%f_{28}$，则

$$t_0=9\times 24=216\mathrm{h}$$

查表 18-8，$\dfrac{T-T_0}{2}=\dfrac{40+15}{2}=27.5℃$ 时，当量系数 $m_1=1.45$；$T=40℃$ 时，当量系数 $m=2.3$。

$\therefore\qquad t_2=\dfrac{t_0-t_1 m_1}{m_2}=\dfrac{216-3\times 1.45}{2.3}=92\mathrm{h}$

(3) 总加热时间

$$t=t_1+t_2=3+92=95\mathrm{h}$$

2. 计算所需热量

(1) 混凝土及汽套的吸热量

因下层汽套已预先加热，因此只计算上层汽套吸热量

每立方米混凝土折算面积　$A=\dfrac{1}{0.12}=8.33\mathrm{m}^2$

$$V_A=0.15\times 8.33=1.25\mathrm{m}^3$$

$\Sigma c\rho V_B$ 为：木板 $0.65\times 4.186\times 650\times (8.33\times 0.025)=368.3$
　　　　　草袋 $0.36\times 4.186\times 280\times (8.33\times 0.03)=105.45$
　　　　　锯屑 $0.60\times 4.186\times 250\times (8.33\times 0.15)=784.56$
　　　　　合计：$368.3+105.45+784.56=1258.3$

$\therefore\quad Q_1=2510(T-T_0)+1.256 V_A+\phi\Sigma c\rho V_B(T-T_a)$
　　　　$=2510\times (40-15)+1.256\times 1.25+0.7\times 1258.3\times (40+20)$
　　　　$=115.6\times 10^3\mathrm{kJ}$

(2) 汽套散失的热量

取 $\beta_1=1.3$；$\beta_2=1$

则　$K_1\beta_1=\dfrac{1}{0.04+\dfrac{0.15}{0.17}+\dfrac{0.03}{0.10}+\dfrac{0.025}{0.17}+0.17}\times 1.3=0.844\mathrm{W/m^2\cdot K}$

$$K_2\beta_2 = \cfrac{1}{0.04 + \cfrac{0.03}{0.10} + \cfrac{0.002}{0.07} + \cfrac{0.025}{0.17} + 0.17} \times 1.1 = 1.604 \text{W/m}^2 \cdot \text{K}$$

取 $n=1$, $V_A = (0.15+0.25) \times 8.33 = 3.33 \text{m}^3$

$$\therefore Q_2 = A(T-T_a)\left(K_1\beta_1 + K_2\beta_2 + \frac{98.42nV_A}{273+T}\right)$$

$$= 8.33(40+20)\left(0.844 + 1.604 + \frac{98.42 \times 1 \times 3.33}{273+40}\right) = 1746.8 \text{W}$$

(3) 每立方米混凝土总需热量

$$Q = Q_1 + Q_2 t = 115.6 \times 10^3 + 1746.8 \times 95 \times 3.6 = 713000 = 713 \times 10^3 \text{kJ}$$

取 $I_w = 2675 \text{kJ/kg}$

折合蒸汽量：

$$W = \frac{Q}{I_w}(1+\alpha) = \frac{713 \times 10^3}{2675}(1+0.3) = 346.5 \text{kg}$$

18.13.2 蒸汽热模加热法计算

蒸汽热模法系使用特制空腔式钢模板，将蒸汽通入模板的空腔中，将模板加热后，再由模板将热量传给混凝土，以达到加热混凝土的目的。空腔式模板系用L 50×5 角钢作骨架，在紧贴混凝土的一面满焊 3mm 厚钢模板，另一面满焊 1.5mm 厚钢板，在中间的角钢肋上钻 ϕ10mm 孔连通，使在模板内部形成一个不透气的空腔，送汽时汽和回水均通过这个空腔。在模板外面嵌以厚度为 50mm 的聚苯乙烯板作为保温层，并用薄铁皮围护，使用时将模板组合成型（图 18-10）。

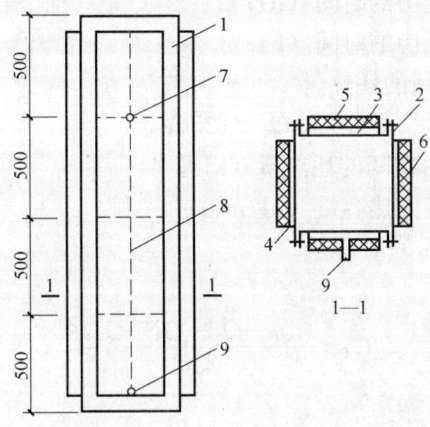

图 18-10 蒸汽热模加热构造

1—空腔式钢模板；2—3mm 厚钢板；3—空腔；4—1.5mm 厚薄钢板；5—50mm 厚聚苯乙烯板；6—0.75mm 厚铁皮；7—进汽口；8—隔板留孔；9—回水口

采用蒸汽热模法时，每立方米混凝土的耗气量约为 300～400kg。
蒸汽热模法计算包括：蒸汽耗用量计算和煤耗用量计算等。

一、蒸汽耗用量计算

(一) 加热混凝土所需热量

$$Q_1 = \rho \cdot c \cdot V(T_h - T_0) \tag{18-53}$$

式中 Q_1——加热混凝土所需热量 (kJ)；
ρ——混凝土表观密度，取 2400kg/m^3；
c——混凝土比热容，取 $1.0\text{kJ/kg}\cdot\text{K}$；
V——混凝土体积 (m^3)；
T_h——混凝土恒温温度 (℃)；
T_0——混凝土浇筑完毕时的温度 (℃)。

(二) 加热模板和保温层所需热量

$$Q_2 = G_1 \cdot c_1(T_h - T_a) + G_2 \cdot c_2(T_h - T_a) \tag{18-54}$$

式中 Q_2——加热模板和保温层所需热量 (kJ)；
G_1、G_2——分别为模板、保温层的重量 (kg)；
c_1、c_2——模板、保温层的比热容 ($\text{kJ/kg}\cdot\text{K}$)；
T_a——环境温度；
其他符号意义同前。

(三) 在周围环境中散失的热量

$$Q_3 = A \cdot K \cdot T_1 \cdot \omega(T_p - T_a)3.6 + A \cdot K \cdot T_2 \cdot \omega(T_h - T_a)3.6 \tag{18-55}$$

式中 Q_3——在周围环境中散失的热量 (kJ)；
A——散热面积 (m^2)；
K——围护层的传热系数 ($\text{W/m}^2\cdot\text{K}$) 按式 (18-38) 计算；
ω——透风系数按表 18-24 取用；
T_p——混凝土平均温度 (℃)；
T_1——升温阶段所经历的时间 (h)；
T_2——恒温阶段所经历的时间 (h)。

(四) 蒸汽充满自由空间的耗热量

$$Q_4 = 1256 V_s \tag{18-56}$$

式中 Q_4——蒸汽充满自由空间的耗热量 (kJ)；
1256——每立方米蒸汽的热容量 (kJ/m^3)；
V_s——自由空间体积 (m^3)。

(五) 蒸汽用量

$$G_z = \frac{(Q_1 + Q_2 + Q_3 + Q_4)\beta}{2500} \tag{18-57}$$

式中 G_z——蒸汽用量 (kg)；
β——损失系数，取 1.3~1.5；
2500——蒸汽含热量 (kJ/kg)。

二、煤耗用量计算

煤耗用量根据蒸汽用量按下式计算：

$$G_m = \frac{(Q_1 + Q_2 + Q_3 + Q_4)\beta}{\eta_1 \cdot \eta_2 \cdot R} \tag{18-58}$$

式中 G_m——耗煤量（kg）；
　　　η_1——管道效率系数，取 0.8；
　　　η_2——锅炉效率系数，取 0.6；
　　　R——煤发热量，取 25000kJ/kg；
其他符号意义同前。

【**例 18-30**】商住楼混凝土柱，截面尺寸为 0.6m×0.8m，高 5.5m，采用空腔式钢模板通蒸汽加热，钢模板重 800kg，聚苯乙烯板重 23kg，环境气温 $T_a = -10℃$，混凝土浇筑完毕时的温度 $T_0 = 15℃$，升温时间 $T_1 = 8h$，达到 $T_h = 75℃$，保持恒温 $T_2 = 20h$，试求蒸汽需要量和耗煤量。

【**解**】加热混凝土所需热量由式（18-53）得：
$$Q_1 = \rho \cdot c \cdot V(T_h - T_0)$$
$$= 2400 \times 1 \times 0.6 \times 0.8 \times 5.5(75-15) = 380160 \text{kJ}$$

加热模板和保温层所需热量由式（18-54）得：
$$Q_2 = G_1 \cdot c_1(T_h - T_a) + G_2 \cdot c_2(T_h - T_a)$$
$$= 800 \times 0.48 \times (75+10) + 23 \times 1.47 \times (75+10) = 35514 \text{kJ}$$

$$K = \frac{1}{0.04 + \frac{0.05}{0.17} + 0.114} = 2.23 \text{W/m}^2 \cdot \text{K}$$

$$T_p = \frac{T_h + T_0}{2} = \frac{75+15}{2} = 45℃$$

$$A = (0.6 + 0.8) \times 2 \times 5.5 = 15.4 \text{m}^2$$

在环境中散失的热量由式（18-55）得：
$$Q_3 = A \cdot K \cdot T_l \cdot \omega(T_p - T_a)3.6 + A \cdot K \cdot T_2 \cdot \omega(T_h - T_a)3.6$$
$$= 15.4 \times 2.23 \times 8 \times 1.3(45+10) \times 3.6 + 15.4 \times 2.23 \times 20 \times 1.3 \times (75+10) \times 3.6$$
$$= 343942 \text{kJ}$$

$$V_s = 15.4 \times 0.05 = 0.77 \text{m}^2$$

蒸汽充满自由空间的耗热量由式（18-56）得：
$$Q_4 = 1256 V_s = 1256 \times 0.77 = 967 \text{kJ}$$

蒸汽需要量由式（18-57）得：
$$G_z = \frac{(Q_1 + Q_2 + Q_3 + Q_4)\beta}{2500}$$
$$= \frac{(380160 + 35514 + 343942 + 967) \times 1.5}{2500} = 456 \text{kg}$$

耗煤量由式（18-58）得：
$$G_m = \frac{(Q_1 + Q_2 + Q_3 + Q_4)\beta}{\eta_1 \cdot \eta_2 \cdot R}$$
$$= \frac{(380160 + 35514 + 343942 + 967) \times 1.5}{0.8 \times 0.6 \times 25000} = 95 \text{kg}$$

故知需耗蒸汽 456kg、耗煤 95kg。

18.13.3 构件内部通汽法计算

内部通汽法是在混凝土构件内部留设孔道或埋管，徐徐通入蒸汽来加热混凝土。构件内部通汽法形式如图18-11。预留孔径一般为25～50mm。加热混凝土的温度一般控制在30～45℃，升温速度保持在5～8℃/h。所用蒸汽一般采用温度不超过60℃的湿饱和蒸汽，如采用高温高压蒸汽时，应设减压装置。根据试验，在温度30～45℃养护24h可达到设计强度的40%。耗汽量为200～300kg/m³。

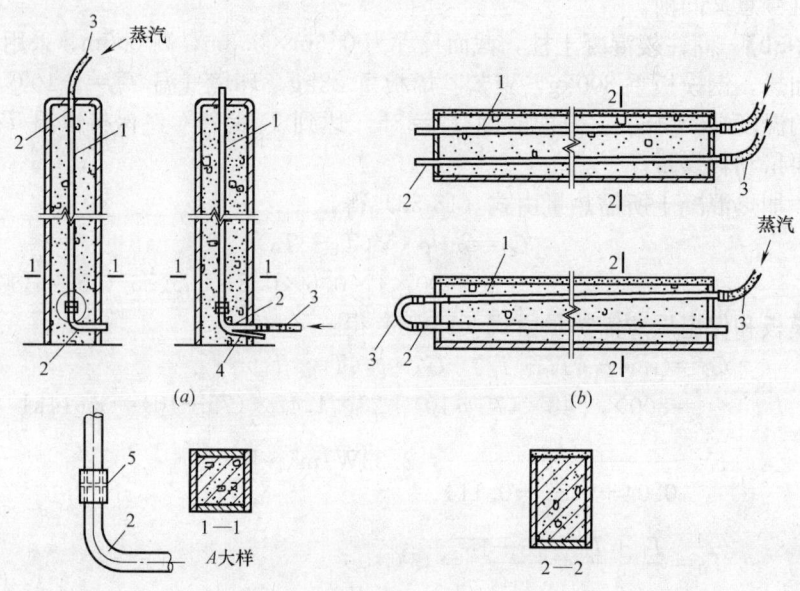

图18-11　构件内部通汽法型式
(a) 柱留孔通汽型式；(b) 梁留孔通汽型式
1—孔道；2—短管；3—胶皮连接管；4—φ18mm冷凝水排出管；5—管箍或铁皮套管

内部通汽法计算包括预留孔数量的计算和耗气量计算。

一、预留孔壁面积及留孔数量计算

结构内部通汽在混凝土构件中需留孔的数量，可从留孔内蒸汽冷凝经孔壁散发出的热量，等于由混凝土经过围壁（模板、围护层）向空气中散发出的热量，按下式计算：

$$A_r = \frac{A_p \cdot K_p \cdot \omega (T - T_a)}{K_r (T_k - T)} \tag{18-59}$$

式中　A_r——预留孔道（埋管）围壁面积（m²/m）；

　　　A_p——混凝土围壁面积（m²/m）；

　　　ω——透风系数，按表18-24取用；

　　　T——混凝土恒温加热温度（℃）；

　　　T_a——大气温度（℃）；

　　　K_r——孔道壁混凝土的传热系数[W/(m²·K)]，取23W/(m²·K)；

　　　T_k——蒸汽温度（℃）；

　　　K_p——混凝土围护层（模板及保温层）的总传热系数，按下式计算：

$$K_p = \frac{1}{0.04 + \dfrac{d_1}{\lambda_1} + \cdots + \dfrac{d_n}{\lambda_n}}$$

　　　$d_1 \cdots d_n$——围护各层的厚度（m）；

$\lambda_1 \cdots \lambda_n$——围护各层的导热系数（W/m·K）。

根据孔壁面积并设定孔道直径后，构件内需要留孔数量，按下式计算：

$$n = \frac{A_r}{\pi d L} \quad (18\text{-}60)$$

式中 n——每个构件内留孔数（个）；
　　　d——孔道直径（m）；
　　　L——孔道长度（m）。

根据实践经验，合理的留孔数量，其留孔道的总截面率以不大于2.5%为宜。

二、耗蒸汽量计算

（一）内部通蒸汽总加热时间计算

混凝土的升温时间 t_1（℃）

$$t_1 = \frac{T - T_0}{v} \quad (18\text{-}61)$$

混凝土的恒温时间 t_2（℃）

$$t_2 = \frac{t_0 - t_1 m_1}{m_2} \quad (18\text{-}62)$$

混凝土总加热时间 t（℃）为：

$$t = t_1 + t_2 \quad (18\text{-}63)$$

式中 T——混凝土恒温加热温度（℃）；
　　　T_0——混凝土初温（℃）；
　　　v——混凝土升温速度（℃/h）；
　　　t_0——混凝土在20℃养护条件下达到要求强度的时间，可由图18-4查得。

（二）内部通蒸汽总需要量计算

混凝土升温期间需要的热量 Q_1（kJ）

$$Q_1 = c\rho V(T - T_0) + 3.6 A_p K_p \left(\frac{T - T_0}{2} - T_a\right) t_1 \quad (18\text{-}64)$$

混凝土恒温期间需要的热量 Q_2（kJ）：

$$Q_2 = 3.6 A_p K_p (T - T_a) t_2 \quad (18\text{-}65)$$

混凝土总需要热量 Q（kJ）：

$$Q = Q_1 + Q_2 \quad (18\text{-}66)$$

混凝土养护蒸汽总需要量 W（kg）：

$$W = \frac{Q}{I_w}(1 + \alpha) \quad (18\text{-}67)$$

式中 $c\rho$——混凝土比热和密度的乘积，取 1.05×2400 [(kJ/kg)·K·(kJ/m³)]；
　　　V——混凝土体积（m³）；
　　　3.6——换算系数，$1W = 3.6$ kJ/h；
　　　I_w——蒸汽含热量，取2675kJ/kg；
　　　α——损失系数，取0.2～0.3。

【例 18-31】 混凝土柱高5m，截面为400mm×600mm，采用内部通汽法养护，已知预留孔芯管外径为50mm，蒸汽温度为70℃，恒温加热温度拟取45℃，室外气温为

−10℃，模板采用 25mm 厚木模板，木材导热系数 $\lambda=0.17\mathrm{W/m\cdot K}$，混凝土浇筑初温为 10℃，升温速度 5℃/h，试求合适的留孔数和等温加热温度以及蒸汽需要量。

【解】 (1) 留孔数量计算

$$A_\mathrm{p}=(0.4+0.6)\times 2\times 1=2\mathrm{m}^2$$

$$K_\mathrm{p}=\frac{1}{0.043+\dfrac{0.025}{0.17}}=5.34\mathrm{W/m}^2\cdot\mathrm{K}$$

蒸汽直接由预留孔混凝土壁传导热量，故 $K_\mathrm{r}=\dfrac{1}{0.043}=23.3\mathrm{W/m}^2\cdot\mathrm{K}$

$$\therefore\quad A_\mathrm{r}=\frac{A_\mathrm{p}\cdot K_\mathrm{p}\cdot\omega(T-T_\mathrm{a})}{K_\mathrm{r}(T_\mathrm{k}-T)}=\frac{2\times 5.34(45+10)}{23.3(70-45)}=1.02\mathrm{m}^2$$

预留孔数量：$n=\dfrac{A_\mathrm{r}}{\pi d\times L}=\dfrac{1.02}{3.14\times 0.05\times 1}=6.5$ 取 6 个孔

留孔数量占构件截面面积百分比 $=\dfrac{6\times 19.63}{40\times 60}\times 100\%=4.9\%>2.5\%$ 留孔数不合适，

故调整恒温温度，取 $T=30℃$，则 $A_\mathrm{r}=\dfrac{2\times 5.34(30+10)}{23.3(70-30)}=0.46\mathrm{m}^2$

预留孔数量：$n=\dfrac{0.46}{3.14\times 0.05}=2.9$ 取 3 孔

预留孔数量占构件截面面积百分比 $=\dfrac{3\times 19.63}{40\times 60}\times 100\%=2.4\%<2.5\%$

故合适留孔数量为 3 孔，等温加热温度为 30℃。

(2) 加热时间计算

升温时间：

$$t_1=\frac{T-T_0}{v}=\frac{30-10}{5}=4\mathrm{h}$$

恒温时间查图 18-4，在 +20℃ 养护 5d 可达 50% 强度，则 $t_0=5\times 24=120\mathrm{h}$，由表 18-8 查得：$\dfrac{T+T_0}{2}=\dfrac{30+10}{2}=20℃$ 时，当量系数 $m_1=1.0$；$T=30℃$ 时，当量系数 $m_2=1.61$，则：

$$t_2=\frac{t_0-tm_1}{m_2}=\frac{120-4\times 1}{1.61}=72\mathrm{h}$$

(3) 加热所需热量计算

已知

$$A_\mathrm{p}=(0.4+0.6)\times 2\times 5=10\mathrm{m}^2$$

$$V=0.4\times 0.6\times 5=1.2\mathrm{m}^3$$

$$K_\mathrm{p}=5.3\mathrm{W/m}^2\cdot\mathrm{K}$$

升温期间热量 $Q_1=c\rho V(T-T_0)+3.6A_\mathrm{p}K_\mathrm{p}\left(\dfrac{T-T_0}{2}-T_\mathrm{a}\right)t_1$

$$=1.05\times 2400\times 1.2(30-10)+3.6\times 10\times 5.3\left(\frac{30-10}{2}+10\right)\times 4$$

$$=76\times 10^3\mathrm{kJ}$$

恒温期间热量：

$$Q_2=3.6A_\mathrm{p}K_\mathrm{p}(T-T_\mathrm{a})t_2$$

$$= 3.6 \times 10 \times 5.34(30+10) \times 72 = 549 \times 10^3 \text{kJ}$$

∴ 总热量 $Q = Q_1 + Q_2$
$$= 76 \times 10^3 + 549 \times 10^3 = 625 \times 10^3 \text{kJ}$$

每 1m^3 混凝土需要热量 q：
$$q = \frac{Q}{V} = \frac{625 \times 10^3}{1.2} = 521 \times 10^3 \text{kJ/m}^3$$

取 $I_w = 2675 \text{kJ/kg}$，$\alpha = 0.3$

则折合蒸汽量：
$$W = \frac{q}{I_w} \cdot (1+\alpha) = \frac{521 \times 10^3}{2675}(1+0.3) = 253 \text{kg/m}^3$$

故知，蒸汽量为 253kg/m^3。

18.13.4 构件蒸汽养护法计算

构件蒸汽养护一般分预养、升温、恒温及降温四个阶段。预养是为使构件具有一定的初始强度，以防升温时产生裂缝。升温的速度与预养时间、混凝土的干硬度及模板情况有关，见表18-30。此外还与构件的表面系数有关，表面系数≥6m^{-1}时，升温速度不得超过15℃/h；表面系数<6m^{-1}时，升温速度不得超过10℃/h。蒸养时升温速度也可随混凝土初始强度的提高而增加，因此亦可以采用变速（渐快）升温和分段（递增）升温。

升温速度限值参考表 (℃/h)   表 18-30

预养时间(h)	干硬度(S)	刚性模型密封养护	带模养护	脱模养护
>4	>30	不限	30	20
	<30	不限	25	—
<4	>30	不限	20	15
	<30	不限	15	—

恒温温度及恒温时间的确定，主要取决于水泥品种、水灰比及对脱模的强度要求，参见表18-31。

恒温时间 (h) 参考表   表 18-31

恒温温度	95℃			80℃			60℃		
水 灰 比	0.4	0.5	0.6	0.4	0.5	0.6	0.4	0.5	0.6
硅酸盐水泥 达设计强度70%	—	—	—	4.5	7	10.5	9	14	18
硅酸盐水泥 达设计强度50%	—	—	—	1.5	2.5	4	4	6	10
矿渣硅酸盐水泥 达设计强度70%	5	7	10	8	10	14	13	17	20
矿渣硅酸盐水泥 达设计强度50%	2.5	3.5	5	3	5	8	6	9	12
火山灰硅酸盐水泥 达设计强度70%	4	6	6.5	6.5	9	11	11	13	16
火山灰硅酸盐水泥 达设计强度50%	2	3.5	4	3.5	5	6.5	6.5	8.5	10.5

注：1. 当采用普通硅酸盐水泥时，养护温度不宜超过80℃。
2. 当采用矿渣硅酸盐水泥时，养护温度可提高到85℃～95℃。

一、升温时间计算

升温时间可由下式计算：

$$T_1 = \frac{t_0 - t_1}{V_1} \tag{18-68}$$

式中 T_1——升温时间（h）；
  t_0——恒温温度（℃）；
  t_1——车间温度（℃）；
  V_1——升温速度（℃/h）。

二、降温时间计算

降温时间可由下式计算：

$$T_2 = \frac{t_0 - t_2}{V_2} \tag{18-69}$$

式中 T_2——降温时间（h）；
  t_0——恒温温度（℃）；
  t_2——出坑允许最高温度（℃）；
  V_2——坑内的降温速度（℃/h），表面系数$\geq 6m^{-1}$时，取$V_2 \leq 10℃/h$；表面系数$\leq 6m^{-1}$时，取$V_2 \leq 5℃/h$。

三、出坑允许最高温度计算

出坑允许最高温度 t_2（℃），一般可按下式计算：

$$t_2 = t_1 + \Delta t \tag{18-70}$$

式中 t_1——车间内温度（℃）；
  Δt——构件与车间的允许最大温差（℃）对采用密封养护的构件，取$\Delta t = 40℃$；对一般带模养护构件，取$\Delta t = 30℃$；对脱模养护构件，取$\Delta t = 20℃$；对厚大构件或薄壁构件，Δt 取值比以上值再低 5~10℃。

四、养护制度的确定

蒸汽养护制度一般用简式表达，称为蒸汽养护制度表达式。如预养 3h，升温 3h，恒温 5h（恒温温度 95℃），降温 2h，则蒸汽养护制度表达式为：

$$3 + 3 + 5(95℃) + 2$$

【例 18-32】 混凝土构件采用硅酸盐水泥配制，水灰比为 0.5，干硬度 40S，经预养 3h 后带模进行蒸养，出坑强度要求达到设计强度的 70%，已知坑内的降温速度为 15℃/h 时，车间温度 20℃，试拟定蒸养制度的试验方案。

【解】 (1) 确定升温速度：查表 18-30 升温速度 V_1 为 20℃/h；
(2) 确定恒温温度及恒温时间，查表 18-31，取恒温温度 $T_0 = 80℃$，恒温时间为 7h；
(3) 确定升温时间（T_1）按式 (18-68) 得：

$$T_1 = \frac{t_0 - t_1}{V_1} = \frac{80 - 20}{20} = 3h$$

(4) 确定降温时间（T_2）：构件与车间的允许最大温度差 Δt 取 30℃，则出坑允许最高温度 $t_2 = t_1 + \Delta t = 20 + 30 = 50$（℃），由式 (18-69) 得：

$$T_2 = \frac{t_0 - t_2}{V_2} = \frac{80 - 50}{15} = 2h$$

于是可得到一个蒸养制度方案，即：

$$3 + 3 + 7(80℃) + 2(h)$$

为在试验中进行比较,再拟定两个方案。一般是在原方案的基础上只改变恒温时间,如果恒温温度为 80℃,应增减恒温时间 2h,如恒温温度为 95℃,则增减恒温时间 1h。

本例所拟定的另外两个蒸养制度方案是:
$$3+3+5(80℃)+2(h)$$
$$3+3+9(80℃)+2(h)$$

按上述三个方案进行比较试验,选取最佳方案,如果三个方案均还不理想,则可对恒温温度在 5℃ 范围内调整,此时用补插法查表 10-30。如果调整后还不理想,则应在调整混凝土的配合比后重新试验。

五、养护强度的确定

采用不同水泥品种、不同温度蒸汽养护的混凝土强度增长情况见表 10-28,已知恒温加热时间和温度,即可从该表预估达到的强度情况。表 10-29 虽指恒温阶段(温度上升至预期的最高温度予以恒定)的强度增长情况,但从表中取用强度的比例时,可适当考虑升温和降温阶段的加热影响。

【**例 18-33**】 一批构件混凝土采用普通水泥配制,用蒸汽加热养护 27h,平均温度为 76.2℃,试预计养护后可达到的混凝土强度。

【**解**】 构件共蒸汽养护 27h,而表中仅有 24h 和 28h 的数值,因此需进行三次直线插值计算。

养护 24h,温度为 76.2℃时为:
$$56+\frac{62-56}{80-70}(76.2-70)=59.7$$

养护 28h,温度为 76.2℃时为:
$$61+\frac{68-61}{80-70}(76.2-70)=65.3$$

故此,养护 27h,温度 76.2℃时应为:
$$59.7+\frac{65.3-59.7}{28-24}(27-24)=63.9$$

故知,蒸汽养护后的混凝土强度预计可达到 $63.9\% f_{28}$。

18.14　混凝土电热法计算

18.14.1　电热法基本计算

电热法系以电为能源,利用电的热效应对混凝土进行热养护,使达到要求的强度。

电热法养护按其所用发热元件和使用方法的不同,常用的有电极加热法、电热模法、工频感应模板加热法、线圈感应加热法、电热毯法以及红外线加热法等,可根据工程和施工具体条件选用。

混凝土电热养护的基本计算包括以下两部分:

一、电热产生的热量和消耗的电功率计算

电流通过导体(混凝土,下同)时,由于具有一定电阻,电能转化为热能,所产生的热量使导体温度升高,即电流的热效应。电热效应产生的热量,可用下式计算:

$$Q=I^2 \cdot R \cdot T \tag{18-71}$$

导体因发热而消耗的电功率可按下式计算：

$$P=U \cdot I=I^2 \cdot R \tag{18-72}$$

式中　Q——电流所产生的热量（J）；

　　　I——电流强度（A）；

　　　R——导体的电阻（Ω）；

　　　T——时间（s）；

　　　P——电功率（W）；

　　　U——电压（V）。

根据上式，导体每瓦特小时（W·h）所产生的热量为3600J（860cal）。

二、混凝土能耗计算

混凝土能耗计算包括：混凝土升温阶段和恒温阶段所需的热量及提供相应的热量所需的电功率计算等。

（一）混凝土构件人工加热时在升温阶段每小时所需热量计算

$$Q_s=Q_1+Q_2+Q_3+Q_4-Q_5 \tag{18-73}$$

其中

$$Q_1=V \cdot \rho \cdot C_c \cdot \Delta t \tag{18-74}$$

$$Q_2=G_1 \cdot C_1 \cdot \Delta t+G_2 \cdot C_2 \cdot \Delta t+G_3 \cdot C_3 \cdot \Delta T \tag{18-75}$$

$$Q_3=A \cdot K \cdot \omega \cdot \beta(T_c-T_a)3.6 \tag{18-76}$$

$$Q_4=A' \cdot K'(T_c-T_a)3.6 \tag{18-77}$$

$$Q_5=V \cdot G_c \cdot Q_c \tag{18-78}$$

式中　　Q_s——构件升温所需热量（kJ）；

　　　　Q_1——混凝土升温所需热量（kJ）；

　　　　Q_2——钢筋、模板和保温材料升温所需热量（kJ）；

　　　　Q_3——在空气中散失的热量（kJ）；

　　　　Q_4——在地基中散失的热量（kJ）；

　　　　Q_5——构件中水泥的水化热（kJ）；

　　　　V——加热构件的混凝土体积（m³）；

　　　　ρ——混凝土表观密度，取2400kg/m³；

　　　　C_c——混凝土的比热容，取1kJ/kg·K；

　　　　ΔT——每小时升温温度（℃）；

G_1、G_2、G_3——分别为构件中的钢筋、模板、保温材料的重量（kg）；

C_1、C_2、C_3——分别为钢筋、模板、保温材料的比热容（kJ/kg·K）；

　　　　A——构件在空气中的散热面积（m²）；

　　　　K——围护层的传热系数，按式（18-38）或表18-25计算（W/m²·K）；

　　　　ω——透风系数，按表18-20取用；

　　　　β——热损失系数，当热源在构件内取1，当热源在构件外部时，根据热源的保温条件$\beta=2\sim3$；

　　　　T_c——混凝土温度（℃）；

　　　　T_a——环境气温（℃）；

A'——构件与地基的接触面积（m²）；

K'——地基的传热系数，取 $5.5W/m^2 \cdot K$；

G_c——每立方米混凝土中的水泥用量（kg/m³）；

Q_c——水泥每小时平均放热量（kJ/kg），按表 18-32 取用。

水泥每小时平均放热量（kJ/kg） 表 18-32

水泥种类	混凝土温度(℃)			
	20	30	40	50
普通 42.5 级	4.46	7.05	10.26	14.09
普通 32.5 级	4.06	6.41	9.34	12.83
火山灰 32.5 级	3.50	5.53	8.05	11.06
矿渣 32.5 级	3.21	5.07	7.38	10.14

注：本表适用于混凝土达到标准强度50%前的养护阶段。

（二）混凝土构件人工加热时在恒温阶段每小时所需热量计算

$$Q_h = Q_3 + Q_4 - Q_5 \tag{18-79}$$

式中　Q_h——构件保持恒温所需热量（kJ）。

（三）混凝土构件电热养护时在升温阶段所需电功率计算

$$P_s = \frac{Q_s}{3.6} \tag{18-80}$$

式中　P_s——构件升温时所需电功率（W）。

（四）混凝土构件电热养护时在恒温阶段所需电功率计算

$$P_h = \frac{Q_h}{3.6} \tag{18-81}$$

式中　P_h——构件保持恒温所需电功率（W）。

（五）构件电热养护的总耗电量计算

$$W = P_s \cdot t_s + P_h \cdot t_h \tag{18-82}$$

式中　W——构件在整个养护过程中的总耗电量（Wh）；

　　　t_s——升温阶段所需时间（h）；

　　　t_h——恒温阶段所需时间（h）。

【例 18-34】 商住楼钢筋混凝土梁尺寸为 0.4m×0.6m×6m，用 32.5 级普通硅酸盐水泥拌制，混凝土水泥用量为 300kg/m³，每根梁含钢筋 150kg，用钢模板 250kg，混凝土浇筑后温度为 5℃，用电热法养护，升温速度为 10℃/h，恒温 40℃保持 20h，梁外表面的围护层为：钢模板外包岩棉被 30mm 厚。环境温度为 -10℃，有小风，试求整个过程的总耗电量。

【解】 取 $K=3.6$，$\omega=1.3$，$\beta=2$

已知　$C_1=0.48m^2$，$C_2=0.75$，$A=12.5m^2$

(1) 构件在升温阶段每小时所需热量由式（18-73）～式（18-78）得：

$$Q_1 = 0.4 \times 0.6 \times 2400 \times 1 \times 10 = 34560 kJ$$

$$Q_2 = (150+250) \times 0.48 \times 10 + 12.5 \times 0.03 \times 100 \times 0.75 \times 10 = 2201 kJ$$

$$Q_3 = 12.5 \times 3.6 \times 1.3 \times 2 \times (40+10) \times 3.6 = 21060 kJ$$

$$Q_5 = 0.4 \times 0.6 \times 6 \times 300 \times 4.06 = 1754 kJ$$

$$Q_s = 34560 + 2010 + 21060 - 1754 = 55876 \text{kJ}$$

(2) 构件在恒温阶段每小时所需热量：

$$Q_h = 21060 - 1754 = 19306 \text{kJ}$$

(3) 构件在升温阶段所需电功率

$$P_s = \frac{Q_4}{3.6} = \frac{55876}{3.6} = 15521 \text{W} = 15.52 \text{kW}$$

(4) 构件在恒温阶段所需电功率：

$$P_h = \frac{Q_h}{3.6} = \frac{19306}{3.6} = 5363 \text{W} = 5.36 \text{kW}$$

(5) 构件在整个养护过程中总耗电量：

$$W = P_s t_s + P_h t_h = 15.52 \times 3.5 + 5.36 \times 20 = 161.5 \text{kWh}$$

故知，梁电热法加热总耗电量为 161.5 kW·h。

18.14.2 电极加热法计算

电极加热法系在结构内部或外表面设置电极，通以低压电流，由于混凝土的电阻作用，使电能变为热能，产生热量，对混凝土进行加热养护，达到要求的强度。一般用于表面系数大于 6 的结构。电极种类分为棒形、弦形和薄片等数种，其常用规格、设置方法、适用范围见表 18-33a；电极与钢筋之间允许的最小距离见表 18-33b；加热养护混凝土的升降温速度见表 18-34；电热养护混凝土的温度见表 18-35。

电极加热法养护混凝土电极的设置和适用范围 表 18-33a

分 类		常用电极规格和设置方法	适 用 范 围
内部电极	棒形电极	电极用 φ6～φ12mm 的钢筋短棒。混凝土浇筑后，将电极穿过模板或在混凝土表面插入混凝土体内，不得与钢筋相碰（图 18-12）	梁、柱、厚度大于 15cm 的板墙及设备基础
	弦形电极	电极用 φ6～φ16mm 的钢筋，长 2～2.5m。在浇筑混凝土前，将电极装入其位置与结构纵向平行的地方，并固定在箍筋上，电极两端弯成直角，由模板孔引出；与钢筋相碰处，用塑料管或橡片绝缘（图 18-13）	含筋较少的墙柱、梁、大型柱基础以及厚度大于 20cm 单侧配筋的板
表面电极		电极用 φ6mm 钢筋或厚 1～2mm，宽 30～60mm 的扁钢。电极固定在模板内侧（图 18-14），或装在混凝土的外表面。电极间距：钢筋 200～300mm，扁钢 100～150mm	条形基础、墙及保护层大于 5cm 的大体积结构和地面等

电极与钢筋间允许最小距离 表 18-33b

电极加热时的工作电压（V）	65	87	106
单根电极与钢筋间的最小距离 （cm）	5～7	8～10	12～15
组电极与钢筋间的最小距离 （cm）	4～6	6～8	6～8

电热养护混凝土升降温速度 表 18-34

结构表面系数（m⁻¹）	升温速度（℃/h）	降温速度（℃/h）
≥6	15	10
<6	10	5

18.14 混凝土电热法计算

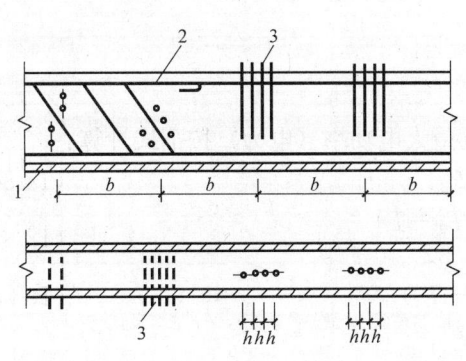

图 18-12 棒形电极设置
1—木模板；2—钢筋；3—棒形电极；
b—电极组的间距；h—同一相的电极间距

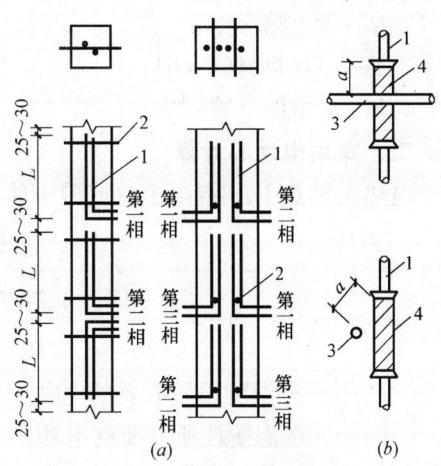

图 18-13 弦形电极设置及绝缘
(a) 弦形电极布置；(b) 电极与钢筋的绝缘
1—弦形电极；2—锚固钢筋；3—结构
钢筋；4—绝缘塑料管或橡皮
L—电极长度；a—电极与钢筋必须保持的最小距离

电热养护混凝土的温度（℃） 表 18-35

水泥种类及强度等级	结构表面系数（m⁻¹）		
	<10	10～15	>15
32.5 级	70	50	45
42.5 级	40	40	35

注：采用红外线辐射加热时，其辐射表面温度可采用 70～90℃。

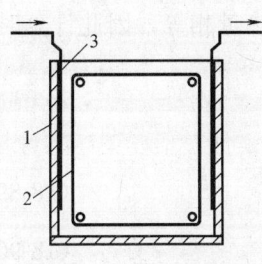

图 18-14 表面电极设置
1—木模板；2—钢筋；
3—表面电极

电极加热法计算包括：热量计算、需用电力计算、需用电量计算和电极布置计算等。计算的基本步骤为：(1) 算出被加热混凝土结构的表面系数；(2) 根据大气温度、设计技术要求、结构类型、表面系数、所用水泥品种以及其他条件，确定混凝土养护方式，被加热的混凝土降温到+5℃时预计达到的强度（以 f_{28} 的％表示）、混凝土的升温速度、等温加热温度、升温、等温和降温阶段所需的时间；(3) 计算所需的电功率和用电量；(4) 布置电极。

一、电极加热法的热量计算

由电能产生的热量可按下式计算：

$$Q = 3.617 I^2 \cdot R \cdot T \qquad (18\text{-}83)$$

$$Q = 3.617 \frac{U^2}{R} \cdot T \qquad (18\text{-}84)$$

$$Q = 3.617 P \cdot T \qquad (18\text{-}85)$$

式中 Q——电能所产生的热量（kJ）；
I——电流（A）；
U——电压（V）；

R——电阻（Ω）；
T——加热时间（h）；
P——电能（W）。

二、需用电功率计算

电热法加热 1m³ 混凝土（或砖砌体）所需的最大电功率（电力）按下式计算：

$$P=P_1+P_2 \tag{18-86}$$

$$P_1=\frac{1}{3.6}c\rho v+KM\left(\frac{T_0+T}{2}-T_a\right) \tag{18-87}$$

$$P_2=KM(T-T_a) \tag{18-88}$$

式中 P_1——升温阶段所需要的电功率（kW/m³）；
  P_2——等温阶段所需要的电功率（kW/m³）；
  c——比热（kJ/kg·K），混凝土为 1.047；砖砌体为 0.837；
  ρ——质量密度（kg/m³），钢筋混凝土为 2400～2500，砖砌体为 1800；
  v——每小时升温速度（℃/h）；根据结构表面系数 M 由表 18-34 取用；
  K——总传热系数（W/m²·K），由式（18-38）计算，对 25mm 厚木模板为 5.35；厚 40mm 木模板为 3.72；
  M——结构表面系数（m⁻¹）；
  T_0——混凝土的浇筑温度，即开始加热时的温度（℃）；
  T——等温加热的温度（℃），随水泥品种、强度等级、结构表面系数而变化，应不超过表 18-35 规定；
  T_a——室外大气平均温度（℃）。

上式未计入模板加热到温度 T 所需要的热量及水泥的放热作用。为简化计算，一般假设加热模板耗用的热量与水泥在加热过程中水化作用所发生的热量相等，因此计算时，两者都不考虑。

三、需用电量计算

加热每 1m³ 混凝土每小时所用电量可按下式计算：

$$W=P_1t_1+P_2t_2 \tag{18-89}$$

或

$$W=P_1\frac{T-T_0}{v}+P_2t_2 \tag{18-90}$$

式中 W——加热 1m³ 混凝土的用电量（kW·h/m³）；
  t_1——升温加热的时间（h）；
  t_2——等温加热的时间（h）；
  其他符号意义同上。

四、电极布置距离计算

布置组电极时，电极距离 b 及 h 之数值可按以下计算（图 18-15）：

$$P=\frac{0.1\pi U^2}{bhR\left(\ln\frac{h}{\pi d}+\frac{\pi b}{h}\right)} \tag{18-91}$$

式中 P——加热 1m³ 混凝土使用的电功率（kW/m³），不得小于热工计算中最大电功率 P_{pk} 的 80% 或大于 120%；

18.14 混凝土电热法计算

π——圆周率 3.1416；

U——电压（V）；

b——各电极组（异极）间距离（m）；

h——一组电极同极间距离（m）；

d——电极直径（m）；

R——比电阻（Ω/cm），在提升阶段为 400～600Ω/cm；在等温加热阶段为 800～1000Ω/cm；

ln——自然对数符号。

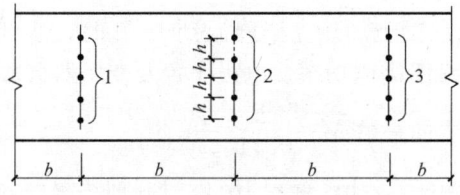

图 18-15 组电极的排列

在计算薄片电极时，可用薄片的宽度代替式（18-91）的 πd。

根据加热 $1m^3$ 混凝土使用的最大电功率（kW/m^3），在各种不同的电压下决定电极组中电极距离 b 及 h 的关系亦可由表 18-36 查出。

直径 6mm 的电极组间的 b 及 h 之距离　　　　　表 18-36

加热电压 (V)	距离 (cm)	最　大　电　功　率(kW/m^3)								
		2.5	3	4	5	6	7	8	9	9.5	10
65	b	55	50	44	39	36	33	31	29	29	28
	h	11	10	9	8	7.5	7	6.5	6.5	6.5	6
87	b	76	67	60	54	49	45	42	40	39	38
	h	11	10	9	8	7.5	7	6.5	6.5	6.5	6
106	b	91	84	73	66	59	54	53	50	48	47
	h	11	10	9	8	7.5	7	6.5	6.5	6.5	6
220	b	192	180	154	140	127	117	110	102	100	98
	h	11	10	9	8	7.5	7	6.5	6.5	6.5	6

注：1. 表中数据系根据式（18-91）计算确定；220V 电压只适用于无筋混凝土。
　　2. 所用电压功率表内未予规定时，可用插入法求之；电极组布置见图 18-15。

计算时先假定电极的直径 d、电极间的距离 b 及 h 和使用的电压 U，将这些假定条件的数值代入式（18-91）内，求出的电极能通过的电功率 P，并和公式（18-86）热工计算出的最大电功率 P_{pk} 相比较，如果 P 不小于 P_{pk} 的 80% 或不大于 120% 时，则说明所假定的条件合适，可按此配置电极。如果电功率 P 超过以上的限度时，须变更电极间的距离 b 或直径 d 以及改变电压 U 值，进行调整。

五、变压器容量计算

需用变压器容量可按下式计算：

$$P_0 = (P_1 V_1 + P_2 V_2) \times \frac{1}{0.82} \tag{18-92}$$

式中 P_0——变压器容量（kVA）；
V_1——一次加热混凝土体积（m^3）；
V_2——同时等温加热的混凝土体积（m^3）；
0.82——电力因素（平衡系数）；
其余符号意义同前。

【例 18-35】 用电热法加热厚 140mm、高 3.2m 的钢筋混凝土墙，采用 C20 混凝土，用 32.5 级矿渣水泥配制，混凝土的初温 $T_0=5℃$，大气温度 $T_a=-10℃$，模板传热系数 $K=3.72W/m^2·K$，要求混凝土加热完毕降温到 +5℃ 时，达到设计要求的 40%（f_{28}），并且不小于 $5N/mm^2$，试求所需电功率、电极布置及变压器台数。

【解】 （1）混凝土的表面系数 $M = \frac{2}{0.14} = 14.3$。

（2）选定升温速度为 $v=5℃/h$；查表 18-35 等温加热温度为 $T=50℃$。

混凝土初温 $T_0=+5℃$，因此升温时间 $t_1 = \frac{50-5}{5} = 9h$。

升温阶段的平均温度为 $\frac{50+5}{2} = 27.5℃$，换算为等温加热温度 50℃ 时的当量时间为：

$$\frac{1.45 \times 9}{3.21} = 4h$$

降温速度为 5℃/h，当降到 +5℃ 时所需的时间为 $\frac{50-5}{5} = 9h$，换算为 50℃ 的当量时间为 4h。

由强度曲线表 18-6，查得 50℃ 养护 23h，混凝土的强度可达到设计强度的 40%（$20 \times 40\% = 8 > 5N/mm^2$），故需等温加热时间 $t_2 = 23-4-4 = 15h$。

（3）电功率计算
由式（18-87）得：

$$P_1 = \frac{1}{3.6} c\rho v + KM\left(\frac{T_0+T}{2} - T_a\right)$$

$$= \frac{1}{3.6} \times 1.047 \times 2400 \times 5 + 3.72 \times 14.3 \times \left(\frac{5+50}{2} + 10\right)$$

$$= 5485 W/m^3 = 5.49 kW/m^3$$

由式（18-88）得

$$P_2 = KM(T-T_a) = 3.72 \times 14.3(50+10) = 3192 W/m^3$$

$$= 3.19 kW/m^3$$

耗电量为 $W = P_1 t_1 + P_2 t_2 = 5.49 \times 9 + 3.19 \times 15$
$$= 97.26 kW·h/m^3$$

（4）电极布置

设用 $\phi 6mm$ 钢筋作电极，根据墙高情况，长度取 2.7m，查表 18-36，当最大电功率 $P_1 = 5.49 kW/m^3$ 时，当电压取 106V，则 $b=600mm$，$h=78mm$；当电压取 87V，则 $b=500mm$，$h=78mm$。

当取 $h=78$mm，由于墙厚为140mm，每组电极的根数 $\frac{140}{78}=1.79$。取2根，排列如图18-16。

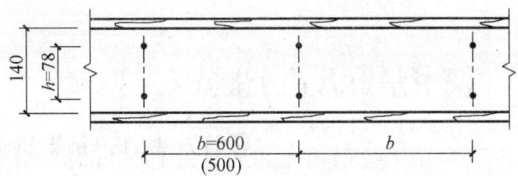

图18-16 钢筋混凝土墙电极布置

【例18-36】 柱子截面为 600×600mm（宽度 $H=600$mm），经计算使用最大电功率 $P=6$kW/m³，采用 $\phi6$mm 棒形电极，提升加热阶段使用的电压 $U=65$V，试用计算和查表方法求电热钢筋混凝土柱时应布置每组电极间的距离 b 和 h 及每组电极个数。

【解】 （1）计算方法

使用 $U=65$V，电极直径 $d=0.006$m，并设同极间距离 $h=0.075$m，异极间距离 $b=0.35$m，比电阻取 $P=500\Omega$/cm，则由式（18-91）求得电功率为：

$$P=\frac{0.1\times3.14\times65^2}{0.35\times0.075\times500\left(\ln\frac{0.075}{3.14\times0.006}+\frac{3.14\times0.35}{0.075}\right)}=6.30\text{kW/m}^3$$

P 与 P_{pk} 相比较 $\frac{P}{P_{pk}}=\frac{6.30}{6.0}=1.05$，则 P 比 P_{pk} 仅大5%，合乎要求，表明假定条件适合，可用以布置电极。

每组中的电极个数 $n=\frac{H}{h}=\frac{600}{75}=8$ 个

（2）查表方法

根据所给的电功率 $P=6$kW/m³，$U=65$V，并使用棒形电极，从表18-36中可以查表各电极组间距离 $b=36$cm，同组电极间距离 $h=7.5$cm。

每组中的电极个数 $n=\frac{H}{h}=\frac{60}{7.5}=8$ 个

排列顺序如图18-17。

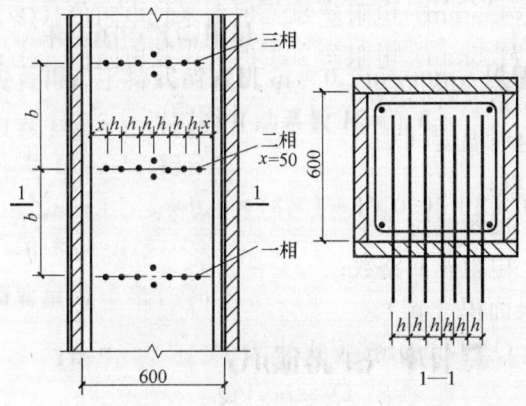

图18-17 钢筋混凝土柱内电极排列

【例 18-37】 同例 18-35 钢筋混凝土墙，长 60m，计算需用变压器台数。

【解】 混凝土总量为 $0.14 \times 3.2 \times 60 = 26.9 \text{m}^3$，已计算得：

$$P_1 = 5.49 \text{kW/m}^3, P_2 = 3.19 \text{kW/m}^3$$

由式（18-92）得：

$$\begin{aligned}P_0 &= (P_1 V_1 + P_2 V_2) \times \frac{1}{0.82} \\ &= (5.49 \times 26.9 + 3.19 \times 26.9) \times \frac{1}{0.82} \\ &= 285 \text{kVA}\end{aligned}$$

选用 100kVA 低压变压器（一次电压为 380V/200V，二次电压为 51、65、87、106V）时，则需要 $285/100 = 2.85$ 台，用 3 台。

18.14.3 电热模加热法计算

电热模养护法是在大模板背面的空隙中设电热丝通电，使电能转变成热能，在大模板背面形成一个热夹层，提高模板中混凝土的温度，从而使混凝土加速硬化，以达到要求的强度。

电热模热夹层的外部用铁皮包矿渣棉预制块封严，以减少热夹层中热量损失。供电采用电焊变压器，一次电压 380V，二次电压 45V。混凝土浇筑后，供电养护 6~8h，停电降温 4~6h。混凝土拆模强度为 3.2~5.0N/mm²。模板一天周转一次。

电热模法计算包括：电热模总发热量计算、电热模总耗热量计算等。

一、电热模总发热量计算

（一）电阻丝发热量计算

电阻丝 8h 在单位面积上的发热量 $Q_1 (\text{J/m}^2)$ 按下式计算：

$$Q_1 = \frac{\left(\frac{U}{R}\right)^2 \cdot R \cdot t \cdot n}{A} \tag{18-93}$$

其中

$$R = R_{80℃} \times 6 = R_{20℃}[1 + \alpha(T_d - 20℃)] \times 6 \tag{18-94}$$

式中 U——电压（V）；

R——电阻（Ω）；

$R_{80℃}$——$Cr25Al_5$（$\phi1.5\text{mm}$）电阻丝 80℃时每米长电阻值（Ω/m）；

$R_{20℃}$——$Cr25Al_5$（$\phi1.5\text{mm}$）电阻丝 20℃时每米长电阻值（Ω/m）；

α——电阻温度系数（3×10^{-5}℃）；

T_d——电阻丝供电时温度（℃）；

6——6m 长电阻丝；

t——时间（s），按 8h 计；

n——一块模板上电阻丝回路数；

A——一块模板表面积（m²）。

（二）水泥水化热量 $Q_2(\text{J/m}^2)$ 按下式计算

$$Q_2 = m_{ce} V Q_{ce} \tag{18-95}$$

式中 m_{ce}——每立方米混凝土水泥用量（kg/m³）；

V——每平方米模板混凝土体积（m³/m²）；

Q_{ce}——1kg 水泥发热量（J/kg），见表 18-19。

（三）电热模总发热量 $Q(J/m^2)$ 为：

$$Q = Q_1 + Q_2 \tag{18-96}$$

二、电热模总耗热量计算

（一）混凝土由初温 T_0 加热到恒温 T 所需的热容量 Q_{01}（J/m²）计算：

$$Q_{01} = C \cdot \rho \cdot V(T - T_0) \tag{18-97}$$

式中 C——混凝土或矿渣棉比热（J/kg·K），取 1.05×10^3；
　　　ρ——混凝土质量密度（kg/m³），取 2400kg/m³；
　　　V——每平方米模板、混凝土或矿渣棉保温板的体积（m³/m²）；
　　　T——恒温温度（℃）；
　　　T_0——混凝土初温（℃）。

（二）矿渣棉热容量 Q_{02}（J/m²）计算：

$$Q_{02} = C \cdot \rho \cdot V \cdot T_1 \tag{18-98}$$

式中 C、ρ、V——分别为矿渣棉保温板的比热、质量密度和体积；
　　　T_1——矿渣棉保温板的平均温度（℃）。

（三）保温块 8h 内散热量 Q_{03}（J/m²）计算：

$$Q_{03} = 3600\lambda \cdot \frac{1}{d} \cdot t \cdot \Delta T \cdot m \cdot A_1 \tag{18-99}$$

其中

$$\Delta T = T_d - 20 - T_a \tag{18-100}$$

式中 λ——矿渣棉保温板的导热系数 [W/(m·K)]；
　　　d——保温板厚度（m）；
　　　t——保温时间（h）；
　　　ΔT——室外和热夹层温度差（℃）；
　　　T_d——电阻丝供电时温度（℃）；
　　　T_a——室外大气平均温度（℃）；
　　　m——墙体两侧面模板上保温块数；
　　　A_1——墙体单位计算面积（m²）。

（四）电热模总耗热量 Q_0 计算：

$$Q_0 = Q_{01} + Q_{02} + Q_{03} \tag{18-101}$$

三、电热模养护混凝土应满足的条件

电热模养护混凝土应满足以下条件：

$$Q \geq Q_0 \tag{18-102}$$

【例 18-38】 现浇混凝土墙厚 160mm，采用电热模法养护，模板面积 $A = 13.4\text{m}^2$。大模板内 8 个空隙中安设电阻丝，$R_{20℃} = 0.7210\Omega/\text{m}$，电阻丝供电温度 $T_d = 80℃$，二次电压 $U = 45\text{V}$，热夹层用矿渣棉预制板厚 100mm，矿渣棉质量密度 $\rho = 130\text{kg/m}^3$，比热 $C = 0.75 \times 10^3 \text{J/m}^3$，$\lambda = 0.041\text{W/m·K}$，矿渣棉预制板平均温度 $T_1 = 36℃$。墙用 32.5 级矿渣水泥浇筑，水泥用量 $m_{ce} = 300\text{kg/m}^3$，$Q_c = 190 \times 10^3 \text{J/kg}$；混凝土质量密度 $\rho = 2400\text{kg/m}^3$，比热 $C = 1.05 \times 10^3 \text{J/kg·K}$，浇筑初温 $T_0 = 15℃$，恒温 $T = 50℃$，室外气

温 $T_a = -12℃$,试计算电热模是否满足要求。

【解】(1) 电热模总发热量计算

1) 计算电阻丝发热量

电阻丝电阻值:
$$R = R_{20℃}[1+\alpha(T_d-20)] \times 6$$
$$= 0.7210 \times [1+3 \times 10^3(80-20)] \times 6 = 4.33\Omega$$

电阻丝 8h 在单位面积模板上的发热量:
$$Q_1 = \frac{(U/R)^2 \cdot R \cdot t \cdot n}{A}$$
$$= \frac{(45/4.33)^2 \times 4.33 \times 8 \times 60 \times 60 \times 15}{13.4} = 15077 \times 10^3 \text{J/m}^2$$

2) 计算水泥发热量
$$Q_2 = m_{ce}VQ_c$$
$$= 300 \times 0.16 \times 190 \times 10^3 = 9120 \times 10^3 \text{J/m}^2$$

3) 电热模总发热量
$$Q = Q_1 + Q_2$$
$$= 15077 \times 10^3 + 9120 \times 10^3 = 24197 \times 10^3 \text{J/m}^2$$

(2) 电热模总耗热量计算

1) 混凝土由初温 15℃提升到恒温 50℃所需热容量:
$$Q_{01} = C \cdot \rho \cdot V \cdot (T-T_0)$$
$$= 1.05 \times 10^3 \times 2400 \times 0.16 \times (50-15) = 14112 \times 10^3 \text{J/m}^2$$

2) 矿渣棉热容量
$$Q_{02} = C \cdot \rho \cdot V \cdot T_1$$
$$= 0.75 \times 10^3 \times 130 \times 0.1 \times 36 = 351 \times 10^3 \text{J/m}^2$$

3) 保温板的散热量
$$Q_{03} = 3600\lambda \cdot \frac{1}{d} \cdot t \cdot \Delta t \cdot m \cdot A_1$$
$$= 3600 \times 0.041 \times \frac{1}{0.1} \times 8 \times (80-20+12) \times 2 \times 1 = 1700 \times 10^3 \text{J/m}^2$$

4) 电热模总耗热量
$$Q_0 = Q_{01} + Q_{02} + Q_{03}$$
$$= 14112 \times 10^3 + 351 \times 10^3 + 1700 \times 10^3 = 16163 \times 10^3 \text{J/m}^2$$

(3) 电热模总发热量与总耗热量关系

$Q = 24197 \times 10^3 \text{J/m}^2 > Q_0 = 16163 \times 10^3 \text{J/m}^2$,故知,电热模可以满足要求。

18.15 远红外线加热法计算

18.15.1 远红外线加热法计算

远红外加热法,系在已浇筑的混凝土构件附近设置红外线辐射器,对混凝土进行辐射加热。其基本原理是：用远红外辐射器辐射混凝土时，当发射波长与混凝土组成材料的吸收波长相匹配时，新拌混凝土作为远红外线的吸收介质，在远红外线的共同作用下，介质分子作强烈旋转和振荡，将辐射能充分转换成热能，使混凝土升温。辐射器依形状不同分为管式、板式或金属网式，在冬期露天现浇构件进行加热时，一般多使用电热管式辐射器。

远红外线加热法计算包括以下各项：

一、辐射波长与温度计算

任何物件，温度在热力学温度零度以上，都会产生热辐射，辐射体产生的辐射波长与辐射体表面温度有以下关系式：

$$\lambda_m T = C \tag{18-103}$$

式中 T——辐射器热力学温度（表面）(K)。

$$T = 273 + t$$

t——摄氏温度（℃）；

λ_m——辐射器产生的辐射波长（μm）；或被加热物体对远红外线最大吸峰波长（μm）；对水的吸收波长为 3~7、14~16μm；水泥、砂、石的吸收波长为 3~9μm，新拌混凝土为 4~10μm；

C——常数，取 2897。

二、辐射器的表面积计算

辐射器的辐射表面积 $A(m^2)$，按下式计算：

$$A = \frac{Q}{C_o\left[\left(\frac{T}{100}\right)^4 - \left(\frac{T_o}{100}\right)^4\right]} \tag{18-104}$$

式中 Q——辐射器的发热量（kJ/h）；

C_o——黑体辐射系数，取 13.5W/m²·K⁴；

T——辐射器的表面温度（K）；

T_o——被加热物体的表面温度（K）。

三、辐射器功率计算

辐射器的功率 $P(W)$ 按下式计算：

$$P = \frac{Q}{3.6\eta} \tag{18-105}$$

式中 Q——辐射器的发热量（kJ/h）；

η——热效率，取 0.85；

3.6——换算系数，1W·h=3.6kJ。

四、辐射器所需电阻丝的功率和长度计算

电热管式远红外线辐射器中所需电阻丝的电功率 $P_0(W)$ 可按下式计算：

$$P_0 = \frac{U^2}{R} = \frac{U^2}{\rho \cdot \frac{4l}{\pi d^2}} \tag{18-106}$$

用于辐射器的电阻丝每平方厘米表面积的负担以 3~5W 为宜，故电功率也等于：

$$P_0 = \pi dlW \tag{18-107}$$

令式（18-106）等于式（18-107）得：

$$l=\sqrt{\frac{U^2 d}{4\rho W}} \tag{18-108}$$

式中 U——电源电压（V）；

R——电阻（Ω）；

ρ——电阻丝的电阻系数，铁铬铝电阻丝为 $0.00014Ω \cdot cm^2/cm$，镍铬电阻丝为 $0.00011Ω \cdot cm^2/cm$；

l——电阻丝长度（cm）；

d——电阻丝直径（cm）；

W——电阻丝每平方厘米表面积的负担（W）。

常用的铁铬铝电阻丝根据公式（18-108）算出的参数如表18-37。

铁铬铝电阻丝的技术参数　　表 18-37

电阻丝直径（cm）	电阻丝总长度（cm）	绕成内径为 4mm 的长度（cm）	参　数			
			电压(V)	电阻(Ω)	电流(A)	总功率(W)
0.04	1073	31.0	220	120.0	1.84	406
0.06	1314	54.6	220	65.0	3.38	744
0.08	1518	80.5	220	42.3	5.20	1145
0.10	1697	108.1	220	30.3	7.27	1600
0.12	1859	136.6	220	23.0	9.56	2103

注：辐射器钢管长度为电阻丝绕成内径 4mm 长度的 1.8～2.0 倍。

【例 18-39】 新拌混凝土养护采用管式电热远红外辐射器，排管表面温度为 145℃，试问辐射波长是否符合要求。

【解】 远红外辐射器波长由式（18-103）得：

$$\lambda_m = \frac{C}{T} = \frac{2897}{273+145} = 6.9\mu m$$

由计算知 $\lambda_m = 6.9\mu m$，在 $4\sim 10\mu m$ 范围内，故符合要求。

【例 18-40】 混凝土构件采用远红外线辐射器加热。根据养护工艺要求已计算出需热量 $Q=5024kJ/h$。混凝土表面温度 353K（80℃）试求远红外辐射器的表面温度、表面积及辐射器的功率。

【解】（1）计算辐射器表面温度

取新拌混凝土 $\lambda_m = 4\mu m$，辐射器的表面温度由式（18-103）得：

$$T = \frac{C}{\lambda_m} = \frac{2897}{4} = 724K$$

（2）计算辐射器的表面积

已知 $T=724K$，$T_0=353K$，$C_o=13.5W/m^2 \cdot K$，辐射器的表面积由式（18-104）得

$$A = \frac{Q}{C_o\left[\left(\frac{T}{100}\right)^4 - \left(\frac{T_0}{100}\right)^4\right]}$$

$$= \frac{5024}{13.5\left[\left(\frac{724}{100}\right)^4 - \left(\frac{353}{100}\right)^4\right]} = 0.143m^2$$

(3) 计算辐射器的功率

取 $\eta=0.85$，辐射器的功率由式（18-105）得：

$$P=\frac{Q}{3.6\eta}=\frac{5024}{3.6\times 0.85}=1642\text{W}$$

18.15.2 大模板远红外线加热法计算

大模板远红外线加热法是在混凝土墙一侧采用聚氯乙烯泡沫或沥青矿渣棉毡保温，另一侧在大模板的钢肋间装设远红外线管式辐射器，设有金铝反射罩（或贴银纸），外面再用石棉板或聚氯乙烯泡沫板围护（图 18-18）。一般墙体的中间部位采用单侧加热，即在一侧设辐射器，另一侧不设。墙体的底部和周边部位采用双侧加热，两个侧面均设辐射器，以保持墙体温度均匀一致。通电后升温速度均为 3℃/h，停电后降温速度约为 3℃/h。每立方米混凝土约需装辐射器 6kW。本法与一般电热法相比，具有绝缘性能好，不易损坏，移动方便，易于管理，节省能源，一次投资费用低，施工安全等优点。

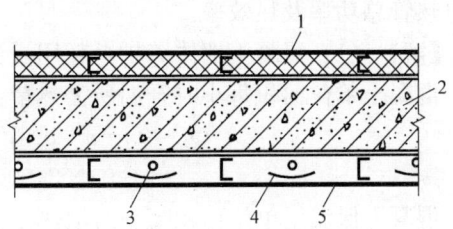

图 18-18　远红外线大模板构造及热工计算简图
1—50mm 厚聚苯乙烯板或 50mm 厚沥青矿渣棉毡；
2—混凝土墙体；3—远红外线辐射器；4—合金铝反射罩或背贴银纸；5—5mm 厚石棉板或 40mm 厚聚苯乙烯板

大模板远红外加热法计算包括：墙体加热总耗热量、所需电功率及热效率计算等。

一、加热总耗热量计算

（一）混凝土单位体积每小时升温需要的热量 Q_1(kg/h) 计算

$$Q_1=C\cdot\rho\cdot V\cdot v \qquad(18\text{-}109)$$

式中　C——混凝土比热（kJ/kg·K），取 $C=1.05$；
　　　ρ——混凝土质量密度（kg/m³），取 $\rho=2400$；
　　　V——混凝土体积（m³）；
　　　v——混凝土升温速度（℃/h）。

（二）保温层单位面积每小时散热量 Q_2(kJ/K) 计算

$$Q_2=3.6A_1(T-T_a)\left(\frac{\lambda_1}{d_1}+\frac{\lambda_2}{d_2}\right) \qquad(18\text{-}110)$$

式中　A_1——墙体面积，$A_1=1.0\text{m}^2$；
　　　T——混凝土等温养护温度（℃）；
　　　T_a——室外平均气温（℃）；
　　　λ_1、λ_2——分别为内外侧保温材料的导热系数（W/m·K）；
　　　d_1、d_2——分别为内外侧保温材料的厚度（m）。

二、所需电功率计算

（一）每平方米墙体所需的电热管功率 P(kW/m²) 计算

$$P=\frac{Q}{4.1868\times 864} \qquad(18\text{-}111)$$

（二）每个单元层所需总电功率 P_T(kW) 计算

$$P_T=P\cdot A \qquad(18\text{-}112)$$

式中 A——墙体总面积（m^2）。

（三）热效率 η（%）计算：

$$\eta = \frac{Q_1}{Q} \times 100\% \qquad (18\text{-}113)$$

符号意义同前。

【**例 18-41**】 家属宿舍楼墙采用大模板远红外线养护保温，远红外大模板构造尺寸如图 18-21。内侧用 50mm 厚沥青矿渣棉毡，$\lambda_1 = 0.047 \text{W/m} \cdot \text{K}$，外侧用 40mm 厚聚苯板，$\lambda_2 = 0.038 \text{W/m} \cdot \text{K}$；每单元层墙体总面积 $A = 195 \text{m}^2$，要求混凝土养护温度 $T = 40℃$，已知室外平均气温 $T_a = -10℃$，试计算每平方米墙体所需电热管功率和每单元层需配置的电热管总功率及热效率。

【**解**】（1）混凝土墙体养护总耗用量计算

混凝土单位面积每小时升温所需热量：

$$Q_1 = C \cdot \rho \cdot v \cdot V$$
$$= 1.05 \times 2400 \times 5 \times 0.16 = 2016 \text{kJ/h}$$

混凝土保温层单位面积每小时散热量：

$$Q_2 = 3.6(T - T_a)A_1\left(\frac{\lambda_1}{d_1} + \frac{\lambda_2}{d_2}\right)$$
$$= 3.6 \times (40 + 10) \times 1 \times \left(\frac{0.047}{0.05} + \frac{0.038}{0.04}\right) = 340.2 \text{kJ/h}$$

每平方米墙体总耗热量：

$$Q = Q_1 + Q_2 = 2016 + 340.2 = 2356.2 \text{kJ/h}$$

（2）每平方米墙体所需电热管率

$$P = \frac{Q}{4.1868 \times 864} = \frac{2356.2}{4.1868 \times 864} = 0.65 \text{W/m}^2$$

（3）每单元层需配置的电热管总功率

$$P_T = PA = 0.65 \times 195 = 126.75 \text{kW}$$

（4）热效率

$$\eta = \frac{Q_1}{Q} = \frac{2016}{2356.2} \times 100\% = 85.56\%$$

18.15.3 室内装修远红外线加热法计算

远红外线室内装修加热养护，是以远红外线幅射电热管作为室内热源，进行室内装修或装配式结构的现浇接头的加热养护。由于可以采用分段加热养护方法，而不必全区段加热，因此比一般室内暖气加热法简单方便，能耗低（仅为蒸汽法的 1/10 左右），费用省。

室内装修远红外线加热法计算包括以下各项：

一、围护结构基本耗热量 Q_1（J/h）计算

$$Q_1 = 3600\left(\sum_{i=1}^{n} A_i \cdot K_i \cdot D_i\right)\Delta T \qquad (18\text{-}114)$$

其中

$$K_i = \frac{1}{0.17 + \frac{d_i}{\lambda_i} + 0.17} \qquad (18\text{-}115)$$

式中　A_i——各散热面面积（m²）；
　　　K_i——散热面传热系数（W/m²·K）；
　　　λ_i——围护材料的导热系数（W/m·K）；
　　　d_i——围护材料的厚度（m）；
　　　D_i——日照风力附加系数，北面取 20%；南面取 -10%；东西面均取 10%；
　　　ΔT——室内外温差（℃）。

二、冷风渗透散热量 Q_2(J/h) 计算

$$Q_2 = 0.24 \times 4.1868 \times 10^3 B \cdot l \cdot \rho \cdot \Delta T \cdot n \quad (18-116)$$

式中　B——门窗缝渗入的冷空气量（m³/m·h）；
　　　l——门窗缝隙长度（m）；
　　　ρ——空气质量密度，近似取 1.33kg/m³；
　　　n——方向修正值，南面取 0.2；北面取 1.0；
　　其他符号意义同前。

三、需要的功率 P(kW) 计算

$$P = \frac{Q}{864 \times 4.1868 \times 10^3} \quad (18-117)$$

符号意义同前。

【例 18-42】 宿舍单元楼层采用远红外线作室内热源进行装修，设四面为砖墙，内墙不计，各面面积、厚度、导热系数如表 18-38 所示，已知 $\Delta T = 20$℃，$B = 8$m³/m·h，试计算需要配置远红外电热管的总功率。

热损失计算用表　　　　　　　　　　　　　　　表 18-38

方　向	围护材料	面积 A_i (m²)	厚度 d_i (m)	导热系数 λ_i (W/m·K)	传热系数 K_i (W/m²·K)	附加系数 D_i	室内外温差 ΔT (℃)	热损失值 $A_i K_i D_i \Delta T$ (W)
南	砖　墙	31	0.37	0.814	1.258	0.9	20	702
	玻　璃	14	0.002	0.756	2.918	0.9	20	735.3
北	砖　墙	27	0.37	0.814	1.258	1.2	20	815.2
	玻　璃	10	0.002	0.756	2.918	1.2	20	700.3
东西	砖　墙	30	0.37	0.814	2.258	1.1	20	830.3
	混凝土墙	30	0.16	1.547	2.255	1.1	20	1488.3
	上层混凝土楼板	150	0.11	1.547	2.432	1.0	20	7296
	下层混凝土楼板	150	0.11	1.547	2.432	1.0	20	7296
	楼梯间混凝土墙	37	0.16	1.547	2.255	1.0	20	1668.7

【解】（1）室内加热需要的总耗热量
围护结构的基本耗热量（各围护面的热损失 $A_i K_i D_i \Delta T$ 列于表 18-38）计算

$$Q_1 = 3600 \left(\sum_{i=1}^{n} A_i \cdot K_i \cdot D_i \cdot \Delta T \right)$$
$$= 3600 \times (702 + 735.3 + 815.2 + 700.3 + 830.3 + 1488.3 + 7296 + 7296 + 1668.7) = 77516 \times 10^3 \text{J/h}$$

冷风渗透散热量计算：

$$Q_2 = 0.24 \times 4.1868 \times 10^3 B \cdot l \cdot \rho \cdot \Delta t \cdot n$$
$$= 0.24 \times 4.1868 \times 10^3 \times 8 \times (30 \times 1 + 35 \times 0.2) \times 1.33 \times 20 \times 1$$
$$= 7912 \times 10^3 \text{J/h}$$

总耗热量:
$$Q = Q_1 + Q_2 = 77516 \times 10^3 + 7912 \times 10^3 = 85428 \times 10^3 \text{J/h}$$

(2) 需要总电功率

$$P = \frac{Q}{864 \times 4.1868 \times 10^3} = \frac{85428 \times 10^3}{864 \times 4.1868 \times 10^3} = 23.62 \text{kW}$$

故知，需要配置远红外电热管的总功率为 23.62kW。

18.16 抗冻外加剂用量和浓度配制计算

18.16.1 抗冻外加剂用量计算

负温养护混凝土、砂浆抗冻外加剂用量，根据设计温度、混凝土的水灰比和选定的最佳初始成冰率等因素按下式计算：

$$a = C\left(1 - \frac{i}{100}\right)\frac{W}{C} \cdot d_t \tag{18-118}$$

式中 a——掺加外加剂用量（占水泥用量的%）；
C——外加剂浓度（%）；
i——计划的初始含冰率（%），一般取 30%～60%；
W/C——要求的水灰比；
d_t——对应设计温度的抗冻外加剂溶液密度（g/mm³）。

不考虑初始成冰率（即 $i=0$），按式（18-118）计算出的常用抗冻外加剂用量见表 18-39。常用单一品种外加剂掺量及主要作用见表 18-40。

常用亚硝酸钠碳酸钾抗冻外加剂不同负温掺量　　　　表 18-39

外加剂种类	$\dfrac{W}{C}$	外加剂用量(占水泥重量%) 设 计 温 度 （℃）			
		-6	-10	-15	-17
NaNO$_2$ KCO$_3$	0.4	4.5 5.9	8.7 10.7	— 13.8	— 15.0
NaNO$_2$ K$_2$CO$_3$	0.45	5.1 6.6	9.5 12.1	— —	— —
NaNO$_2$ K$_2$CO$_3$	0.50	5.63 7.3	— 13.4	— —	— —
NaNO$_2$ K$_2$CO$_3$	0.60	6.8 8.8	— —	— —	— —

常用单一品种外加剂掺量及主要作用　　　　　　　　　　表 18-40

外加剂种类	常用掺量(%)	早期强度	28d 强度	主要作用
NaCl	0.5～2	增强	略有降低	早强、防冻
$CaCl_2$	1～3	增强	略有降低	早强、防冻
$NaNO_2$	2～8	略有增强	降低10%～15%	早强、防冻、阻锈
Na_2SO_4	1～3	增强显著	不降低	早强
$N(C_2H_4OH)_3$	0.03～0.05	正温增强、低温不明显	略有增强	早强催化
$C_2H_{40}N_2$	10	缓凝	降低20%	防冻
NaOH	2～4	增强	降低20%～30%	防冻
$Ca(NO_2)_2$	10	不明显	略有降低	防冻

18.16.2　抗冻外加剂浓度配制计算

抗冻外加剂溶液配制常用方法有两种：一种是一次配制成定量浓度的溶液，再在拌制砂浆时加进去；另一种是先配制成高浓度的溶液，使用时再稀释到含盐量合乎要求，作为拌和水加进去。

一、第一种配制方法计算

先配制外加剂浓度为 $A(\%)$ 的溶液，计算公式如下：

$$A\% = \frac{G \cdot B\%}{W+G} \tag{18-119}$$

式中　G——无水外加剂（盐）的用量（kg）；
　　　W——溶解水的用量（kg）；
　　　B——外加剂（盐）的纯度（%）。

溶液配制好后，再按掺加量计算每次拌制的用量，并在拌和水中扣去这部分水量。

二、第二种方法计算

先配制20%浓度的溶液，方法同上。然后在桶内放入定量的水，再经过计算，把先配好的上述溶液加入水中，配成含盐量合乎要求的拌合水，计算公式如下：

$$B = \alpha \cdot W \tag{18-120}$$

式中　B——20%浓度的溶液用量（kg）；
　　　W——一定量的拌和水（kg）；
　　　α——稀释系数，按表 18-41 取用。

稀释系数 α 值　　　　　　　　　　表 18-41

拌和水浓度(%)	1	2	3	4	5	6
α	0.0526	0.1111	0.1765	0.2500	0.3333	0.4285
拌合水浓度(%)	7	8	9	10	11	12
α	0.5385	0.6667	0.8181	1.0000	1.2212	1.5000

常用抗冻外加剂有氯化钠、氯化钙、亚硝酸钠。各种浓度的氯化钠溶液的相对密度见表 18-42；各种相对密度的氯化钠、氯化钙、亚硝酸钠溶液中的氯化钠、氯化钙、亚硝酸钠含量和冻结温度见表 18-43、表 18-44 和表 18-45。

无水氯化钠不同浓度的相对密度　　　　　　　　　　表 18-42

拌合水浓度(%)	相对密度	拌合水浓度(%)	相对密度	拌合水浓度(%)	相对密度
1	1.005	5	1.034	9	1.063
2	1.013	6	1.041	10	1.071
3	1.020	7	1.049	11	1.078
4	1.027	8	1.056	12	1.086

各种相对密度的氯化钠溶液及冻结温度　　　　　　　　　　表 18-43

+15℃时溶液相对密度	无水氯化钠含量(kg)			冻结温度(℃)	+15℃时溶液相对密度	无水氯化钠含量(kg)			冻结温度(℃)
	1L 溶液中	1kg 溶液中	1kg 水中			1L 溶液中	1kg 溶液中	1kg 水中	
1.01	0.015	0.015	0.015	−0.9	1.10	0.149	0.136	0.157	−9.8
1.02	0.029	0.029	0.030	−1.8	1.11	0.165	0.149	0.175	−11.0
1.03	0.044	0.044	0.045	−2.6	1.12	0.182	0.162	0.193	−12.2
1.04	0.058	0.056	0.060	−3.5	1.13	0.198	0.175	0.242	−13.6
1.05	0.075	0.070	0.075	−4.4	1.14	0.213	0.188	0.231	−15.1
1.06	0.088	0.083	0.090	−5.4	1.15	0.230	0.200	0.250	−16.0
1.07	0.103	0.096	0.106	−6.4	1.16	0.246	0.212	0.269	−18.2
1.08	0.112	0.110	0.123	−7.5	1.17	0.263	0.224	0.290	−20.0
1.09	0.134	0.122	0.140	−8.6	1.175	0.271	0.231	0.301	−21.2

各种相对密度的氯化钙溶液及冻结温度　　　　　　　　　　表 18-44

+15℃时溶液相对密度	无水氯化钙含量(kg)			冻结温度(℃)	+15℃时溶液相对密度	无水氯化钙含量(kg)			冻结温度(℃)
	1L 溶液中	1kg 溶液中	1kg 水中			1L 溶液中	1kg 溶液中	1kg 水中	
1.01	0.013	0.013	0.013	−0.6	1.20	0.263	0.219	0.280	−21.2
1.03	0.037	0.036	0.037	−1.8	1.21	0.276	0.228	0.296	−23.3
1.05	0.062	0.059	0.063	−3.0	1.22	0.290	0.238	0.312	−25.7
1.07	0.089	0.083	0.090	−4.4	1.23	0.304	0.247	0.329	−28.3
1.09	0.114	0.105	0.117	−6.1	1.24	0.319	0.257	0.346	−31.2
1.11	0.140	0.126	0.144	−8.1	1.25	0.334	0.266	0.362	−34.6
1.13	0.166	0.147	0.173	−10.2	1.26	0.351	0.275	0.379	−38.6
1.15	0.193	0.168	0.202	−12.7	1.27	0.368	0.287	0.395	−43.6
1.17	0.221	0.189	0.233	−15.7	1.28	0.385	0.298	0.411	−50.1
1.19	0.249	0.209	0.265	−19.2	1.29	0.402	0.310	0.427	−55.6

各种相对密度的亚硝酸钠溶液及冻结温度　　　　　　　　　　表 18-45

+15℃时溶液相对密度	无水亚硝酸钠含量(kg)			冻结温度(℃)	+15℃时溶液相对密度	无水亚硝酸钠含量(kg)			冻结温度(℃)
	1L 溶液中	1kg 溶液中	1kg 水中			1L 溶液中	1kg 溶液中	1kg 水中	
1.013	0.0198	0.0198	0.0199	−0.9	1.126	0.2010	0.1810	0.2189	—
1.026	0.0395	0.0387	0.0398	−1.8	1.137	0.2190	0.1963	0.2388	—
1.038	0.0588	0.0567	0.0597	−2.7	1.148	0.2362	0.2083	0.2587	−7.6
1.050	0.0777	0.0741	0.0796	−3.6	1.158	0.2521	0.2210	0.2785	—
1.062	0.0962	0.0909	0.0995	−4.5	1.167	0.2690	0.2321	0.2936	−8.9
1.074	0.1141	0.1068	0.1194	—	1.176	0.2850	0.2440	0.3184	—
1.086	0.1322	0.1222	0.1398	—	1.185	0.2990	0.2550	0.3383	—
1.095	0.1496	0.1377	0.1592	−5.8	1.194	0.3160	0.2670	0.3582	—
1.104	0.1665	0.1524	0.1191	—	1.210	0.3470	0.2890	0.3980	—
1.114	0.1835	0.1666	0.1990	−6.9	1.226	0.3760	0.3090	0.4376	−13.8

【例 18-43】 用砂浆搅拌机拌制砂浆，按配合比每次拌制用水泥 50kg，掺入 5% 的氯化钠，它的纯度为 90%，先配成 20% 浓度的溶液，拌制时加入拌合水中，配制用比重计控制相对密度。(1) 计算配制溶液时每千克氯化钠要用多少水？每次拌制要用溶液和拌合水各多少？(2) 将配成 20% 浓度的溶液再稀释至 5% 浓度时的拌合水，要加入多少千克的溶液？

【解】 (1) 计算配成 20% 浓度氯化钠

1) 配制溶液 1kg 氯化钠的用水量

$$W = G\left(\frac{B\%}{A\%} - 1\right) = 1 \times \left(\frac{90}{20} - 1\right) = 3.5 \text{kg}$$

2) 每次拌制需用的溶液

每次拌制应用氯化钠量：$50 \times 5\% = 2.5$ kg

故每次拌制应加入的溶液：$\dfrac{2.5}{20\%} = 12.5$ kg

每次拌制加入水量：$50 - (12.5 - 2.5) = 40$ kg

查表 18-43，20% 浓度的氯化钠溶液的相对密度为 1.15，施工时按此相对密度测定。

(2) 计算配成 5% 浓度拌合水时加入 20% 浓度溶液量：

假定先把 200kg 的水放入桶内，然后加入 20% 浓度的溶液量：

$$\alpha W = 0.3333 \times 200 = 66.66 \text{kg}$$

18.17 砌筑砂浆组成材料加热温度的计算

一、砌筑砂浆组成材料的加热温度计算

$$T_h = [0.9(m_c T_c + 0.5 m_Q T_Q + m_s T_s) + 4.2(m_w - 0.5 m_Q - w_s m_s) T_w] \div [0.9(m_c + 0.5 m_Q + m_s) + 4.2(m_w + 0.5 m_Q)] \tag{18-121}$$

式中 T_h——砂浆搅拌后的温度（℃）；

m_c、m_Q、m_s、m_w——每 1m³ 砂浆中水泥、石灰膏、砂、水的用量（kg/m³），砂按干料计；

T_c、T_Q、T_s、T_w——水泥、石灰膏、砂、水的温度（℃）；

w_s——砂的含水率（%）；

0.9——水泥、砂的比热约值（kJ/kg·K）；

4.2——水的比热约值（kJ/kg·K）。

二、砂浆在搅拌、运输和砌筑过程中的热损失计算

可按表 18-46 和表 18-47 所列的数据进行估算。

砂浆搅拌时的热量损失（℃）　　　　表 18-46

搅拌机搅拌时的温度	10	15	20	25	30	35	40
搅拌时的热损失（设周围温度+5℃）	2.0	2.5	3.0	3.5	4.0	4.5	5.0

注：1. 对于掺氯化盐的砂浆搅拌温度不宜超过 35℃。
　　2. 当周围环境高于或低于+5℃时，应将此数减或增于搅拌温度中再查表。如环境温度为 0℃，原定搅拌时温度为 20℃，损失应改为 3.5℃。

砂浆运输和砌筑时热量损失（℃）   表 18-47

温度差	10	15	20	25	30	35	40	45	50	55
一次运输之损失	—	—	0.60	0.75	0.90	1.00	1.25	1.50	1.75	2.00
砌筑时之损失	1.5	2.0	2.5	3.0	3.5	4.0	4.5	5.0	5.5	6.0

注：1. 运输损失系按保温车体考虑；砌筑时损失系按"三一"砌筑法考虑。
　　2. 温度差系指当时大气温度与砂浆温度的差数。

水泥砂浆组成材料的加热温度亦可由表 18-48 进行近似计算，但不应低于表 18-49 规定的数值。

组成材料加热温度计算表   表 18-48

水温度(℃)	砂浆温度(℃)				砂温度(℃)	砂浆温度(℃)				水泥温度(℃)	砂浆温度(℃)
	砂的含水率(%)					砂的含水率(%)					
	0	1	2	3		0	1	2	3		
1	0.44	0.42	0.40	0.38	−10	−4.4	−4.7	−4.8	−5.1	−10	−1.1
10	4.4	4.2	4.0	3.8	−5	−2.0	−2.1	−2.4	−2.6	−5	−0.5
15	6.6	6.3	6.0	5.7	0	0	0	0	0	0	0
20	8.8	8.4	8.0	7.6	5	2.2	2.4	2.6	2.8	5	0.5
25	11.1	10.5	10.0	9.5	10	4.4	4.7	4.9	5.1		
30	13.2	12.6	12.0	11.4	15	6.6	7.1	7.3	8.2		
40	17.6	16.8	16.0	15.2	20	8.8	9.4	9.8	11.2		
50	22.0	21.0	20.0	19.0	25	11.1	11.8	12.2	14.3		
60	26.4	25.2	24.0	22.8	30	13.2	14.1	14.7	15.3		
70	30.8	29.4	28.0	26.6	35	15.4	16.5	17.1	18.4		
80	35.2	33.6	32.0	30.4	40	17.6	18.8	19.6	20.4		

注：中间值可用插入法求得。

砌筑时砂浆温度   表 18-49

室外气温(℃)	0~−10	−11~−20	−20 以下
砂浆温度(℃)	+10	+15	+20

【例 18-44】 砌筑砂浆配合比为：32.5 级水泥 $m_c=137$kg、砂 $m_s=1500$kg、水 $m_w=68$kg，砂含水率 $w_s=2\%$，测得水泥温度 $T_c=5$℃，砂温度 $T_s=3$℃，水加热温度 $T_w=70$℃，试求砂浆组成材料搅拌后的温度。

【解】 砂浆组成材料搅拌后的温度由式（18-121）得：

$$T_h=\frac{0.9(m_c T_c+m_s T_s)+4.2(m_w-w_s m_s)T_w}{0.9(m_c+m_s)+4.2 m_w}$$

$$=\frac{0.9(137\times5+1500\times3)+4.2(68-0.02\times1500)\times70}{0.9(137+1500)+4.2\times68}=9.0℃$$

故知搅拌后的温度为 9℃。

【例 18-45】 住宅楼砌砖采用水泥砂浆砌筑，砌筑时气温为−10℃。砂浆从搅拌站到现场而经水平、垂直运输和一次周转。砂子露天堆放，经测定温度为−5℃，含水率为 1%，水泥在仓库内堆放，温度为 0℃，试求水需要的加热温度。

【解】 砌筑时砂浆需要温度从表 18-49 查得为+10℃，考虑砂浆经水平、垂直运输和一次周转的温度损失，参照表 18-46、表 18-47 预计约为 10℃，因此要求砂浆出机温度为：

$T_h = 10 + 10 = 20℃$。

查表 18-48 当砂子温度为 $-5℃$，含水率 1%时，得砂浆的温度为 $-2.1℃$；当水泥温度为 0℃，得砂浆的温度亦为 0℃，故要求水加热到能将砂浆达到 $20+2.1=22.1℃$ 的温度时，水应加热的温度值查表 18-48 水加热栏，当砂的含水率为 1%时，水应加热到 $52.5℃$ 才可确保砂浆达到 $22.1℃$ 的温度要求。

故知，水需要的加热温度为 $52.5℃$。

18.18　砖砌体暖棚法计算

砖砌体暖棚法主要用于小型砖砌构筑物（如烟囱等）的保温养护，棚内温度要求保持 10℃以上，加热设施一般采用热风或蒸汽排管供热。

暖棚的热工计算可按下式进行：

$$Q_1 = 3.6 A_1 \cdot K_1 (T_b - T_a) \tag{18-122}$$

$$Q_2 = 3.6 A_2 \cdot K_2 (T_b - T_a) \tag{18-123}$$

$$Q_3 = 40\% \sim 60\% (Q_1 + Q_2) \tag{18-124}$$

总耗热量

$$Q = Q_1 + Q_2 + Q_3 \tag{18-125}$$

式中　Q_1、Q_2——内部加热时，暖棚和筒身或砌体的小时耗热量（kJ）；

　　　Q_3——由于漏缝、透风、积雪融化等的热量损耗，近似估计为 $Q_1 + Q_2$ 的 40%～60%；

　　　A_1、A_2——暖棚和筒身或砌体的传热面积（m^2）；

　　　K_1、K_2——暖棚和筒身或砌体的传热系数（$W/m^2 \cdot K$）；

　　　T_b——棚内温度（℃）；

　　　T_a——棚外大气平均温度（℃）；

　　　Q——暖棚的总小时耗热量（kJ）。

【例 18-46】 砖烟囱砌筑采用小型活动暖棚保温。尺寸如图 18-19 所示，暖棚围壁用帆布及草袋二层，用热风加热，保持棚内温度为 $+10℃$，棚外大气平均温度为 $-15℃$，试求暖棚的耗热量。

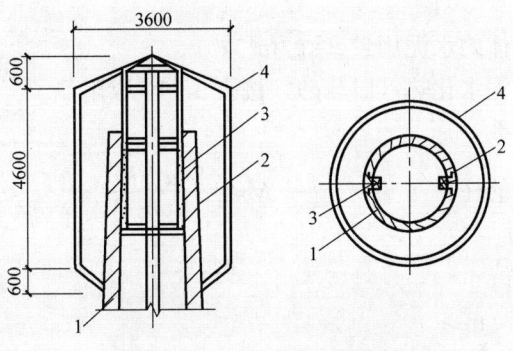

图 18-19　活动暖棚计算简图
1—筒身；2—钢环；3—固定杆；4—活动暖棚

【解】暖棚面积 $A_1 = 3.14 \times 3.6 \times 4.6 + 3.14 \times 1.8 \times \sqrt{1.8^2 + 0.6^2} \times 2 = 73\text{m}^2$

暖棚传热系数 $K_1 = \dfrac{1}{0.043 + \dfrac{d}{\lambda}} = \dfrac{1}{0.043 + \dfrac{0.018}{0.10} \times 2 + \dfrac{0.003}{0.19}} = 2.39\text{W/m}^2 \cdot \text{K}$

暖棚内外温差引起的小时耗热量 Q_1：

$$Q_1 = 3.6 A_1 \cdot K_1 (T_b - T_a)$$
$$= 3.6 \times 73 \times 2.39(10 + 15) = 15702\text{kJ/h}$$

暖棚与烟囱温差为零，故 $Q_2 = 0$

$$Q_3 = 50\% Q_1 = 50\% \times 15702 = 7851\text{kJ/h}$$

$$\therefore \quad Q = Q_1 + Q_2 + Q_3$$
$$= 15702 + 0 + 7851 = 23553\text{kJ/h}$$

18.19 毛石砌体缓遭冻结法计算

毛石砌体缓遭冻结法，系采取材料（水或砂，或水和砂）适当加热和砌体保温等措施，使毛石砌体保持一定正温养护，待砂浆达到设计强度的20%以上，才允许其遭受冻结，使解冻后砂浆强度和粘结力与在正常温度下一样继续增长，28d 强度和未遭受冻结相差无几。为求得砌体冷却到0℃时的砂浆强度，应计算毛石砌体冷却到0℃的时间，一般可按下式进行：

$$t = \dfrac{2100 T_{sg} + m_c Q_c}{M_b \cdot K \cdot \omega (T_{sp} - T_a)} \tag{18-126}$$

其中

$$T_{sg} = 0.35(T_h + 1.4 T_g) \tag{18-127}$$

$$M_b = \dfrac{A(\text{砌体冷却表面积})(\text{m}^2)}{V(\text{砌体体积})(\text{m}^3)} \tag{18-128}$$

$$T_{sp} = \dfrac{T_{sg}}{1.03 + 0.181 M_b + 0.006 T_{sg}} \tag{18-129}$$

式中 t——毛石砌体冷却到0℃时的时间（h）；

T_{sg}——毛石砌体砌筑完毕时的温度（℃）；

T_h——砂浆温度（℃）；

T_g——毛石的温度（℃）；

m_c——每立方米砌体的水泥用量（kg/m³）；

Q_c——冷却期间水泥水化热（kJ/kg），按表18-19取用；

M_b——砌体表面系数：

对矩形截面的柱： $M_b = \dfrac{2(a+b)}{ab}$

对墙： $M_b = \dfrac{2}{d}$

a、b——柱截面边长（m）；

d——墙的厚度（m）；

K——保温材料的传热系数（W/m² · K）；

ω——透风系数，按表 18-20 查用；
T_{sp}——砌体冷却期间的平均温度（℃）；
T_a——室外平均气温（℃）。

根据计算所得的砌体冷却时间 t 值，再查表 18-50，即可得到砂浆相应的强度。当掺用氯化钙时，砂浆强度可按表 18-51 数值调整提高或查图 18-20。

水泥砂浆不同龄期和不同温度强度增长百分率　　　　表 18-50

龄期(d)	不同温度(℃)下砂浆强度百分率(%)									
	1℃	5℃	10℃	15℃	20℃	25℃	30℃	35℃	40℃	50℃
1	1	4	6	9	13	18	23	27	32	42
1.5	2	6	9	14	19	24	31	37	45	61
2	3	8	12	18	24	30	38	45	54	75
3	5	11	18	24	33	42	49	68	66	85
5	9	19	28	37	45	54	61	70	77	94
7	15	26	37	47	56	64	72	79	87	99
10	23	34	48	58	68	75	82	89	94	—
14	31	45	59	71	79	86	92	96	100	—
21	42	58	74	85	92	96	100	103	—	—
28	52	68	83	94	100	104	—	—	—	—

掺氯化钙砂浆强度与未掺氯化钙砂浆强度的百分率　　　　表 18-51

砂浆龄期(d)	氯化钙掺量(%)					
	普 通 水 泥			火 山 灰 水 泥		
	1	2	3	1	2	3
2	140	165	200	150	200	250
3	130	150	165	140	170	185
5	120	130	140	130	140	150
7	115	125	125	125	125	135

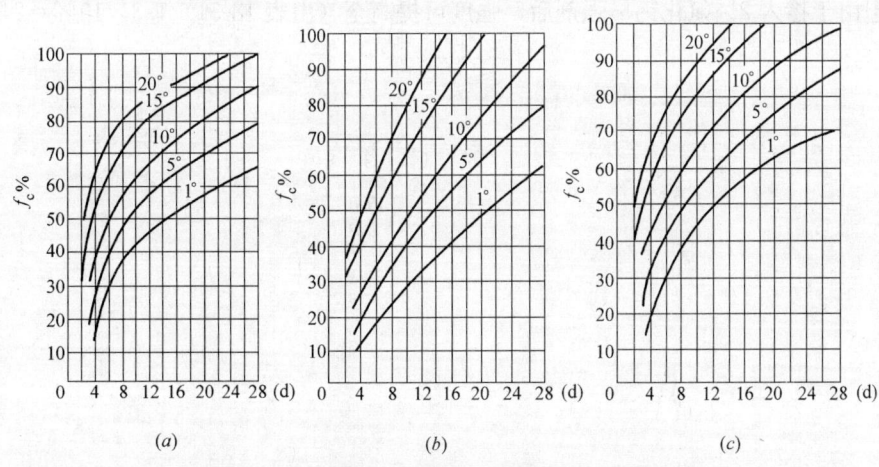

图 18-20　掺氯化钙的普通水泥拌制的混凝土在不同温度和龄期下养护时的强度增长百分率
(a) 掺1%氯化钙；(b) 掺2%氯化钙；(c) 掺3%氯化钙

【例 18-47】 某毛石挡土墙，宽 1.2m，高 2.5m，采用 32.5 级普通水泥拌制的 M5 水泥砂浆砌筑，每立方米砂浆水泥用量为 190kg，并掺入拌合水用量 2%的氯化钙早强剂。砌筑完毕后用一层草垫（60mm 厚）覆盖保温。实测砌筑砂浆温度+20℃，毛石温度−2℃，大气平均温度−15℃，试计算砌体冷却到 0℃时挡土墙达到的强度。

【解】 挡土墙表面系数 $M_b = \dfrac{2}{d} = \dfrac{2}{1.2} = 1.67 \text{m}^{-1}$

砌体砌筑完毕时的温度 T_{sg}：
$$T_{sg} = 0.35(T_h + 1.4T_g) = 0.35(20 - 1.4 \times 2) = 6℃$$

砌体冷却期间的平均温度 T_{sp}：
$$T_{sp} = \frac{T_{sg}}{1.03 + 0.181 M_b + 0.006 T_{sg}}$$
$$= \frac{6}{1.03 + 0.181 \times 1.67 + 0.006 \times 6} = 4.4℃$$

保温层传热系数 K：
$$K = \frac{1}{0.043 + \dfrac{d}{\lambda}} = \frac{1}{0.043 + \dfrac{0.06}{0.10}} = 1.56 \text{W/m}^2 \cdot \text{K}$$

透风系数 ω：查表 18-20 得 $\omega = 1.3$

每立方米毛石砌体中水泥用量 $190 \times 0.34 = 65$kg，水泥发热量查表 18-19 得 $Q_c = 250$ kJ/kg

将上述数据代入 (18-126) 得：
$$t = \frac{2100 T_{sg} + m_c Q_c}{M_b \cdot K \cdot \omega (T_{sp} - T_a)}$$
$$= \frac{2100 \times 6 \times 65 \times 250}{1.67 \times 3.6 \times 1.56 \times 1.3(4.4 + 15)} = 131\text{h} = 5.5\text{d}$$

从表 18-50 查得，毛石砌体在冷却至 0℃（平均温度 4.4℃、时间 5.5d）时强度达到 19%，但由于掺入 2%氯化钙早强剂后，强度可提高至（由表 18-51）$1.3 \times 19\% = 24.7\%$。

19 临时设施工程

19.1 现场材料储备量和仓库及堆场面积计算

19.1.1 材料储备量计算

一、现场材料总储备量计算

现场（建筑群）的材料总储备量，主要用于备料计划，一般按年（季）组织储备，按下式计算：

$$Q_1 = q_1 \cdot K_1 \tag{19-1}$$

式中 Q_1——材料总储备量；

q_1——该项材料最高年（季）需要量；

K_1——储备系数，对型钢、木材、砂、石及用量小、不经常使用的材料取 0.3～0.4；对水泥、砖瓦、块石、管材、暖气片、玻璃、油漆、卷材、沥青取 0.2～0.3；特殊条件下根据具体情况确定。

二、单位工程材料储备量计算

单位工程材料储备量应保证工程连续施工的需要，同时应与全工地材料储备量综合考虑，其储备量按下式计算：

$$Q_2 = \frac{nq_2}{T} \cdot K_2 \tag{19-2}$$

式中 Q_2——单位工程材料储备量；

n——储备天数，按表 19-1 取用；

q_2——计划期内需用的材料数量；

T——需用该项材料的施工天数，且不大于 n；

K_2——材料消耗量不均匀系数（日最大消耗量/平均消耗量）。

【例 19-1】 某建筑工地需主要材料用量：水泥 11000t、砂石 65000t、钢材 4000t、其他材料 7500t，试求其总储备量。

【解】 取钢材、砂石料 $K_1=0.35$，水泥及其他材料 $K_1=0.25$；材料总储备量由式 (19-1) 得：

$$Q_1 = q_1 \cdot K_1 = (65000+4000) \times 0.35 + (11000+7500) \times 0.25$$
$$= 28775t$$

故知，材料总储备量为 28775t。

【例 19-2】 建筑工地单位工程按月计划需用水泥 5500t，试求其月需要储备量。

【解】 取 $n=30$d，$T=22$d，$K_2=1.05$

水泥月储备数量由式 (19-2) 得：

$$Q_2 = \frac{nq_2}{T} \cdot K_2 = \frac{30 \times 5500}{22} \times 1.05$$
$$= 7875\text{t}$$

故知，月需要水泥储备量为 7875t。

19.1.2 仓库和堆场需要面积计算

一、仓库需要面积计算

仓库需要的面积一般按材料储备量由下式计算：

$$F = \frac{Q}{PK_3} \tag{19-3}$$

式中 F——仓库需要面积（m²）；

Q——材料储备量，用于全工地时为 Q_1；用于单位工程时为 Q_2；

P——每平方米仓库面积上材料储存量，按表 19-1 取用；

K_3——仓库面积利用系数，按表 19-1 取用。

仓库及堆场面积计算数据参考指标　　　　表 19-1

材料名称	单位	储备天数 n(d)	每平方米储存量 P	堆置高度 (m)	仓库面积利用系数 K_3	仓库类型保管方法
槽钢、工字钢	t	40～50	0.8～0.9	0.5	0.32～0.54	露天、堆垛
扁钢、角钢	t	40～50	1.2～1.8	1.2	0.45	露天、堆垛
钢筋（直筋）	t	40～50	1.8～2.4	1.2	0.11	露天、堆垛
钢筋（盘筋）	t	40～50	0.8～1.2	1.0	0.11	棚或库约占20%
钢管 φ200 以上	t	40～50	0.5～0.6	1.2	0.11	露天、堆垛
钢管 φ200 以下	t	40～50	0.7～1.0	2.0	0.11	露天、堆垛
薄中厚钢板	t	40～50	4.0～4.5	1.0	0.57	仓库或棚、堆垛
五金	t	20～30	1.0	2.2	0.35～0.40	仓库、料架
钢丝绳	t	40～50	0.7	1.0	0.11	仓库、堆垛
电线、电缆	t	40～50	0.3	2.0	0.35～0.40	仓库或棚、堆垛
木材、原木	m³	40～50	0.8～0.9	1.2	0.40～0.50	露天、堆垛
成材	m³	30～40	0.7	1.2	0.40～0.50	露天、堆垛
胶合板	张	20～30	200～300	1.5	0.40～0.50	仓库、堆垛
木门窗	m²	3～7	30	2.0	0.40～0.50	仓库或棚、堆垛
水泥	t	30～40	1.3～1.5	1.5	0.45～0.60	仓库、堆垛
砂、石子（人工堆）	m³	10～30	1.2	1.5	—	露天、堆放
砂、石子（机械堆）	m³	10～30	2.4	3.0	—	露天、堆放
块石	m³	10～30	1.0	1.2	—	露天、堆垛
红砖	千块	10～30	0.5	1.5	—	露天、堆垛
玻璃	箱	20～30	6～10	0.8	0.45～0.60	仓库、堆垛
卷材	卷	20～30	15～24	2.0	0.35～0.45	仓库、堆垛
沥青	t	20～30	0.8	1.2	0.50～0.60	露天、堆垛
电石	t	20～30	0.3	1.2	0.35～0.40	仓库
油脂	t	20～30	0.45～0.8	1.2	0.35～0.40	仓库、料架
水电及卫生设备	t	20～30	0.35	1	0.32～0.54	库、棚各约占1/4
多种劳保用品	件	—	250	2	0.40～0.50	仓库、料架

仓库需要面积亦可用系数法按下式计算：

$$F = \varphi m \tag{19-4}$$

式中　φ——系数，见表19-2；
　　　m——计算基数，见表19-2。

按系数计算仓库面积参考资料　　表 19-2

名　称	计算基数(m)	单位	系数(φ)
仓库(综合)	按年平均全员人数(工地)	m²/人	0.7~0.8
水泥库	按当年水泥用量的40%~50%	m²/t	0.7
其他仓库	按当年工作量	m²/万元	1~1.5
五金杂品库	按年建安工作量计算时	m²/万元	0.1~0.2
土建工具库	按高峰年(季)平均全员人数	m²/人	0.1~0.2
水暖器材库	按年平均在建建筑面积	m²/百m²	0.2~0.4
电器器材库	按年平均在建建筑面积	m²/百m²	0.3~0.5
化工油漆危险品仓库	按年建安工作量	m²/万元	0.05~0.1
三大工具堆场(脚手、跳板、模板)	按年平均在建建筑面积	m²/百m²	1~2
	按年建安工作量	m²/万元	0.3~0.5

本法适用于规划估算。

每一仓库必须具有必要长度的材料装卸线，其长度按下式计算：

$$L = K \frac{nL_1 + (n-1)L_2}{m} \tag{19-5}$$

式中　L——卸货线长度（m）；
　　　n——每昼夜到达的运输车辆数量；
　　　L_1——运输车辆长度（m），对铁路双轴车箱（载重量20t）为10.86m；对铁路四轴车箱（载重量50~60t）为15.1~15.4m；对铁路四轴平板车（载重量20t）为10.4m；对铁路四轴平板车（载重量50~60t）为14.2~14.6m；对载重汽车：侧面卸料时为6.5m，端头卸料时为3.0m；对马车为6.0m；
　　　L_2——运输车辆的间距（m）：对汽车、端部卸料时为1.5m，侧面卸料时为2.5m；
　　　m——每昼夜向仓库输送次数；
　　　K——输送不均匀系数，铁路运输为1.2；汽车运输为1.3~1.5。

在设计仓库和卸货线长度时，尚应考虑铁路双轴车箱的卸货时间（h）；对毛石及骨料为1.0h；对木材为1.5h；对散状材料（水泥、石灰）为2.5h。

【例 19-3】　工地拟修建堆放900t水泥仓库一座，试求仓库需用面积。

【解】　根据题意由表19-1查得 $P=1.5$，$K_3=0.6$

水泥仓库需用面积由式（19-3）得：

$$F = \frac{Q}{PK_3} = \frac{900}{1.5 \times 0.6} = 1000 \text{m}^2$$

故知，水泥仓库需用面积为1000m²。

二、场地需要面积计算

材料露天堆场面积计算与仓库面积计算大体相同，亦可按式（19-3）进行，有关数据亦可按表19-1取用。

19.1.3 贮料仓库容积计算

为了贮存和转运散粒状材料（如水泥、砂、石等）在工地常需设置一些临时性贮料仓，其使用材料有钢制、钢筋混凝土和木制三种，以前二种使用最多。料仓贮存量一般应满足使用4h或4h以上的要求。料仓的形状有角锥形、角锥混合形、圆锥形等；料仓的倾角，决定于物料的自然休止角及物料与仓壁间的摩擦系数；料仓的出料口多用方形。

各种材料的密度、自然休止角及对仓壁的摩擦系数见表19-3；料仓底壁的倾角参见表19-4，用闸门关闭的料仓出料口最小尺寸见表19-5。

各种材料的密度、自然休止角及其对仓壁的摩擦系数　　　　表19-3

散状物料名称	密度 (t/m³)	自然休止角	侧压力系数	摩擦系数	
				对金属壁	对混凝土壁
干　砂	1.60	35°	0.271	0.50	0.70
湿　砂	1.80	40°	0.217	0.40	0.65
饱和湿砂	2.00	25°	0.406	0.35	0.45
粉状熟石灰	0.70	35°	0.271	0.35	0.55
水　泥	1.60	30°	0.333	0.30	0.58
碎　石	1.4~1.7	35°~45°	0.271~0.171	0.55	—
卵　石	1.4~1.8	35°~45°	0.271~0.171	0.75	0.45
生石灰	1.1~0.9	30°~35°	0.333~0.271	0.35	0.45~0.55

料仓底壁倾角参考表　　　　表19-4

材料名称	贮仓壁材料		
	金属	混凝土	刨光木料
干　砂	40°	50°~55°	50°
湿　砂	50°	60°	60°
特湿砂	65°	—	75°
砂砾混合物	50°	—	60°
洗过的砾石	45°	50°~55°	55°
未分类的碎石	50°	—	60°
分类碎石	45°	50°~55°	60°~65°
混凝土拌合物	50°	—	—
水　泥	55°	60°	65°

用闸门关闭的料仓出料口最小尺寸（mm）　　　　表19-5

物料种类		方形口每边尺寸	物料种类	方形口每边尺寸
	中等砾石	300	水　泥	250
碎石	直径小于50mm	300	炉　渣	
	直径小于100mm	450	颗粒直径小于20mm	300
	直径小于150mm	500	颗粒直径小于40mm	350
	一般砂	300	颗粒直径小于80mm	400
	陶粒	300	颗粒直径小于150mm	500
	干砂	150	干粉煤灰	250
	珍珠岩	200	湿粉煤灰	500
	湿砂	450	磨细生石灰	250
	粒状矿渣	300	石膏	250

常用角锥形圆锥形料仓有效容积按下列公式计算：

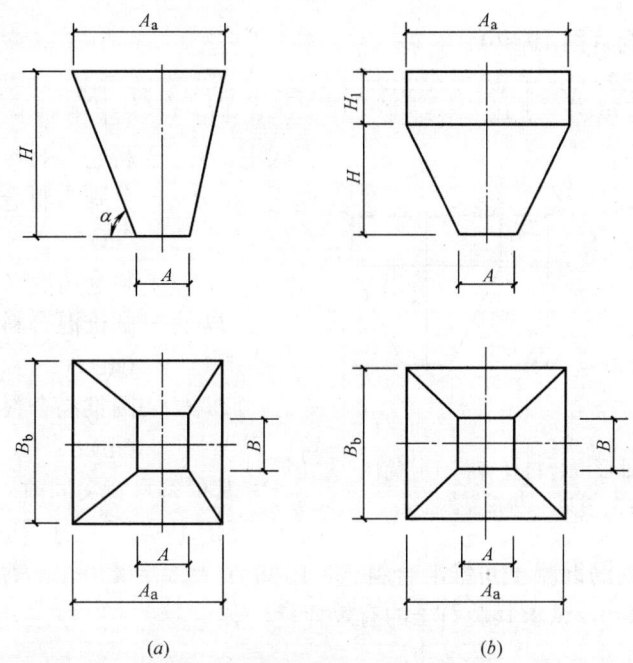

图 19-1 角锥形和角锥形混合料仓容积计算简图（一）
(a) 角锥形料仓；(b) 角锥形混合料仓

一、角锥形和角锥形混合料仓容积计算（图 19-1）

对角锥形料仓（图 19-1a）：

$$V=\frac{H}{6}[A \cdot B+A_a \cdot B_b+(A+A_a)(B+B_b)]K \tag{19-6}$$

当 $A=B$、$A_a=B_b$ 时

$$V=\frac{H}{3}[A^2+A_a^2+A \cdot A_a]K \tag{19-7}$$

对角锥形混合料仓（图 19-1b）：

$$V=\left\{\frac{H_2}{6}[A \cdot B+A_aB_b+(A+A_a)(B+B_b)]+A_a \cdot B_b \cdot H_1\right\}K \tag{19-8}$$

式中 V——料仓有效容积（m³）；
   H——料仓高度（m）；
 A、B——放料口尺寸（m）；
A_a、B_b——料仓上口尺寸（m）；
   K——料仓有效利用系数；一般可取 0.75～0.90；当料仓设有加热设备时，分别乘以 0.80～0.90（加热管竖向布置取下限，横向布置取上限）；
   H_1——角锥混合料仓直壁部分的高度（m）；
   H_2——角锥混合料仓角锥部分的高度（m）。

二、圆锥形和圆锥混合料仓容积计算（图 19-2）

对圆锥形料仓（图 19-2a）：

$$V = \frac{\pi}{12}(D^2 + d^2 + D \cdot d)H \cdot K \qquad (19\text{-}9)$$

对圆锥混合料仓（图 19-2b）：

$$V = \left[\frac{\pi}{12}(d^2 + dD + D^2)H_2 + \frac{\pi}{4}D^2 \cdot H_1\right]K \qquad (19\text{-}10)$$

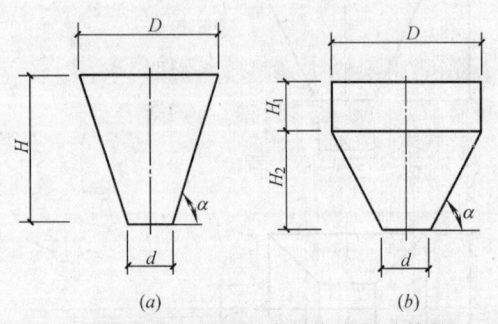

图 19-2 圆锥形和圆锥形混合料仓容积计算简图（二）
(a) 圆锥形料仓；(b) 圆锥形混合料仓

式中 V——料仓有效容积（m^3）；
D、d——分别为料仓上、下口的直径（m）；
H——料仓高度（m）；
H_1——圆锥混合料仓圆柱部分高度（m）；
H_2——圆锥混合料仓圆锥部分高度（m）；

其他符号意义同前。

【例 19-4】 工地混凝土搅拌站，设置一临时贮存石子用钢筋混凝土角锥混合料仓，已知 $A_a = A_b = 4.0$m，$H_1 = 1.25$m，$H_2 = 2.5$m，$A = B = 0.45$m，试求其装石子的有效容量。

【解】 取 $K = 0.9$

料仓装石子的有效容量由式（19-8）得：

$$V = \left\{\frac{H_2}{6}[AB + A_a B_b + (A + A_a)(B + B_b)] + A_a \cdot B_b \cdot H_1\right\}K$$

$$= \left\{\frac{2.5}{6}[0.45 \times 0.45 + 4 \times 4 + (0.45 + 4)(0.45 + 4)] + 4 \times 4 \times 1.25\right\} \times 0.9$$

$$= 31.5 \text{m}^3$$

故知，料仓装石子有效容量为 31.5m^3。

【例 19-5】 工地混凝土搅拌站设置一临时贮存水泥用钢制圆锥形混合料仓，已知 $D = 3.0$m，$d_1 = 0.25$m，$H_1 = 3.5$m，$H_2 = 1.96$m，试求其装水泥的有效容量。

【解】 取 $K = 0.8$，装水泥容量由式（19-10）得：

$$V = \left[\frac{\pi}{12}(d^2 + dD + D^2)H_2 + \frac{\pi}{4}D^2 \cdot H_1\right]K$$

$$= \left[\frac{3.14}{12}(0.25^2 + 0.25 \times 3 + 3^2) \times 1.96 + \frac{3.14}{4} \times 3^2 \times 3.5\right] \times 0.8$$

$$= 23.8 \text{m}^3$$

取水泥重度 $\rho_c = 3.1\text{t/m}^3$，则可装水泥 $23.8 \times 3.1 = 73.8$t。
故知，可装水泥 73.8t。

19.2 构件堆放场和构件拼装场地计算

19.2.1 构件堆放场计算

构件堆放场分为有效面积、操作面积、通行道和分类场地等。堆放场面积可用下式计算：

$$F = \frac{Q}{q_0} \cdot K \tag{19-11}$$

构件卸货和分类的操作面积按下式计算：

$$F' = \frac{Q_d}{(0.25 \sim 0.50) q_0'} \cdot \eta \tag{19-12}$$

式中 Q——同时存放结构件的总重量，钢结构以 t 计，混凝土结构以 m^3 计。$Q = Q_1 + Q_2 + \cdots + Q_n$；

q_0——包括通行道在内的每 $1m^2$ 堆放面积上的平均单位负荷量：

$$q_0 = \frac{Q_1 q_1 + Q_2 q_2 + \cdots + Q_n q_n}{Q_1 + Q_2 + \cdots + Q_n} \tag{19-13}$$

q_1、q_2、q_n——为不同结构件每 $1m^2$ 面积上的单位负荷量；堆放场每 $1m^2$ 面积上的平均单位负荷定额值参见表 19-6 和表 19-7；

K——分类场地和装卸工作面积的计算系数，$K = 1.1 \sim 1.2$；

Q_d——每日计划构件卸货数量（t）；

$0.25 \sim 0.50$——卸货和分类场地的单位面积负荷量与构件堆场的单位面积负荷量的比例系数；

q_0'——意义同 q_0，其值约为 $0.20 \sim 0.25$；

η——构件运输卸货的不均衡系数，取 $1.5 \sim 2.0$。

钢结构堆放场用平均单位负荷定额　　　　　　　　　　　　　　　　　表 19-6

项次	钢结构构件名称		包括通道在内的单位负荷值 $q(t/m^2)$
1	柱子：	5t 以内的轻型柱（实体式）	0.60
		5t 以内的中型柱（格构式）	0.325
		5t 以上的重型柱	0.65
2	吊车梁：	10t 以内	0.5
		10t 以上	1.0
3	桁架：	3t 以内 竖放	0.10
		平放	0.06
		3t 以上 竖放	0.13
		平放	0.07
4	檩条墙骨架撑条（实体式）		0.50
	格状檩条		0.17
5	储液罐钢板		1.00
	煤气罐片段		0.30

装配式钢筋混凝土构件堆放场用平均单位负荷定额　　　　　　　　　　表 19-7

混凝土构件名称	包括通道在内的单位负荷值 $q(m^3/m^2)$	混凝土构件名称	包括通道在内的单位负荷值 $q(m^3/m^2)$
柱子	0.10	楼梯踏步	4.00
吊车梁	0.15	卫生间板和楼梯板	0.80
地基梁	0.20	楼面板和屋面板	5.00

构件堆放场一般都是沿铁路或公路进行布置,无论是铁路或是公路运输的构件场地,采用自行杆式起重机卸货时,离铁路或公路较近的地方应堆放重型结构构件,较远的地方存放较轻构件。

19.2.2 构件拼装场地计算

一般与现场构件堆放场一并设置。构件拼装操作台应在靠近安装起重机的吊装范围内搭设,操作台后面紧接堆放构件,使构件卸车、分类堆放、拼装等工作组成一个流水作业线。

拼装场地的面积 F_P(m^2)可按实际拼装结构的大小及搭设操作台个数按下式计算:

$$F_P = \phi \cdot A \cdot N \tag{19-14}$$

式中 A——拼装结构的平面投影面积(m^2);

N——搭设操作台的个数;

ϕ——操作空间系数,$\phi = 1.8 \sim 2.0$。

【例 19-6】某厂房钢结构工程,计有中型格构式钢柱 $Q_1 = 180t$,8t 重钢吊车梁 $Q_2 = 130t$,5t 重钢屋架 $Q_3 = 50t$,其他构件 $Q_4 = 120t$,拟在露天堆放,试求堆放场面积。

【解】由题意取 $K = 1.15$,由表 19-6 取 $q_1 = 0.325$;$q_2 = 0.5$;$q_3 = 0.13$;$q_4 = 0.5$,由式(19-13)得:

$$q_0 = \frac{180 \times 0.325 + 130 \times 0.5 + 50 \times 0.13 + 120 \times 0.5}{180 + 130 + 50 + 120} = 0.396 t/m^2$$

钢结构堆放场面积由式(19-11)得:

$$F = \frac{Q}{q_0} \cdot K = \frac{480}{0.396} \times 1.15 \approx 1400 m^2$$

故知,需钢结构堆放场面积为 $1400 m^2$。

【例 19-7】某轧钢工程钢结构制作、安装总重量为 3000t,工厂的加工结构将在 120d 内均匀发货,拟定的工程安装完成工期为 90d。从构件首次送到的 40d 以后开始安装,试根据此项任务,计算确定需要的构件堆放场的总面积及构件卸货和分类的操作面积。

【解】(1)每日计划构件卸货量:$Q_d = 3000/120 = 25t$

(2)构件堆放场内存放的数量:$Q = 25 \times 40 = 1000t$

(3)构件堆放场需要的总面积(取 $q_c = 0.25$):

$$F = \frac{Q}{q_0} \cdot K = \frac{1000}{0.25} \times 1.10 = 4400 m^2$$

其中,构件卸货和分类的操作面积(取 $\eta = 2.0$)为:

$$F' = \frac{Q_d}{(0.25 \sim 0.50) q_0'} \eta = \frac{25}{0.375 \times 0.25} \times 2 = 533 m^2$$

故知,构件堆放场需要的总面积为 $4400 m^2$,构件卸货和分类的操作总面积为 $533 m^2$。

19.3 临时设施建筑面积计算

19.3.1 临时生活设施建筑面积计算

工地行政生活福利临时设施建筑面积需要的数量,系根据建筑工程的性质、工程量、工期要求、施工条件及组织方法等,依据建筑工程劳动定额,先确定工地年(季)高峰平均职工人数,然后再按现行的定额或实际经验数值,计算出需要的工地临时行政业务、居住及文化生活用房的面积。其计算方法是将该临时性建筑物的使用人数,乘以相应的使用建筑面积指标。使用人数指按表19-8计算的五类人员的人数。行政管理生活文化福利等临时设施使用的建筑面积指标见表19-9。

临时办公及福利用房使用人数计算表　　　　　　　　　　　表19-8

项次	项目	计算方法及公式
1	基本工人	基本工人指直接参加施工的建筑和安装工人。其人数计算式为: 　　　　基本工人平均人数=施工工程总工日数×(1-缺勤率)/施工有效天数　　(19-15) 　　　　基本工人高峰人数=基本工人平均人数×施工不均匀系数　　(19-16) 式中　缺勤率——建筑和安装工程一般可按5%考虑,边远地区可按6%~8%考虑; 　　　施工有效天数——指扣除了节假休息日的计划施工天数; 　　　施工不均匀系数——土建和安装工程可按1.1~1.3考虑。
2	辅助工人	辅助工人指不直接参加施工的工人,它包括机械维修工人、动力设施管理人员、运输及仓库管理人员等。其人数计算式为: 　　　　辅助工人平均人数=基本工人平均人数×辅助工人系数　　(19-17) 　　　　辅助工人高峰人数=基本工人高峰人数×辅助工人系数　　(19-18) 式中　辅助工人系数——建筑工按10%~20%考虑,安装工按10%~15%考虑。
3	行政技术管理人员	行政技术管理人员人数计算式为: 　　　　技职人员人数=(基本工人平均人数+辅助工人平均人数)×技职人员系数　(19-19) 式中　技职人员系数——土建工程可按15%~18%考虑,安装工程可按17%~22%考虑。
4	其他人员	其他人员指工地上服务性质的人员,其人数计算公式为: 　　　　其他人员人数=(基本工人平均人数+辅助工人平均人数)×其他人员系数　(19-20) 式中　其他人员系数——土建工程可按2.6%~7%考虑,安装工程可按3%~8%考虑。
5	职工家属	职工家属人数与建设工期长短有关,也与建筑工地位置远近有关。一般应以调查统计数据作为规划临时住房的依据。如果没有现成资料,家属人数可考虑一个带家眷家属系数(按10%~30%考虑),并按下式进行计算: 　　　　职工家属人数=(基本工人平均人数+辅助工人平均人数+ 　　　　　　　　　　技职人员人数+其他人员人数)×家眷家属系数　(19-21)

19.3.2 临时生产设施建筑面积计算

按建筑工地承担工程的规模不同,有时需要修建一些临时附属生产设施,如采料、骨料加工、混凝土制备、木材加工、钢筋加工、钢结构加工、机械修配站等。

临时生产设施建筑面积的计算,可根据选用设备的台数或作业人数、生产量参照表19-10~表19-12直接求得。

19 临时设施工程

行政生活福利临时设施建筑面积指标参考　　　　表 19-9

名　　称	定额(m²/人)	指标使用方法
办公室	3.0～4.0	按全部干部计算
宿舍：		按高峰年(季)平均职工人数计算
单层通铺	2.5～3.0	(扣除不在工地住宿人数)
双人床	2.0～2.5	
单人床	3.5～4.0	
食堂	0.5～0.8	按高峰年平均职工人数计算
医务室	0.05～0.07	按高峰年平均职工人数计算
浴室	0.07～0.1	按高峰年平均职工人数计算
理发室	0.01～0.03	按高峰年平均职工人数计算
小卖部	0.03	按高峰年平均职工人数计算
托儿所	0.03～0.06	按高峰年平均职工人数计算
开水房	10～40	
厕所	0.02～0.07	按高峰年平均职工人数计算
工人休息室	0.15	按高峰年平均职工人数计算

临时生产房屋面积参考　　　　表 19-10

名　称	单　位	面积(m²)	名　称	单　位	面积(m²)
汽车或拖拉机库	m²/辆	20～25	木工作业棚	m²/人	2
混凝土或灰浆搅拌棚	m²/台	10	钢筋作业棚	m²/人	3
移动式(或固定式)空压机棚	m²/台	18(9)	烘炉房	m²	30～40
立式锅炉房	m²/台	5～10	焊工房	m²	20～40
发动机房	m²/台	10～20	电工房	m²	15
水泵房	m²/台	3～8	白铁工房	m²	20
通风机房	m²/台	5	油漆工房	m²	20
充电机房	m²/台	8	机、钳工修理房	m²	20
电锯房(1台小圆锯)	m²	40	汽车修理棚	m²	80
卷扬机棚	m²/台	6～12	汽车保养棚	m²	40
钻机房	m²/台	4	机料库及油库	m²	80

现场机运站、机修间、停放场所需面积参考指标　　　　表 19-11

施工机械名称	所需场地(m²/台)	存放方式	检修间所需建筑面积 内容	检修间所需建筑面积 数量(m²)
一、起重、土方机械类				
塔式起重机	200～300	露天	10～20 台设 1 个检修台位(每增加 20 台增设 1 个检修台位)	200(增 150)
履带式起重机	100～125	露天		
履带式正铲或反铲、拖式铲运机、轮胎式起重机	75～100	露天		
推土机、拖拉机、压路机	25～35	露天		
汽车或起重机	20～30	露天或室内		

19.3 临时设施建筑面积计算

续表

施工机械名称	所需场地（m²/台）	存放方式	检修间所需建筑面积 内容	数量(m²)
二、运输机械类 　汽车(室内) 　　　(室外) 　平板拖车	20～30 40～60 100～150	一般情况下，室内不小于10%	每20台设1个检修台位(每增加1个检修台位)	170 (增160)
三、其他机械 　搅拌机、卷扬机、电焊机、电动机、水泵、空压机、油泵、少先吊等	4～6	一般情况下，室内占30%，露天占70%	每50台设1个检修台位(每增加1个检修台位)	50 (增50)

注：所需场地包括道路、通道和回转场地。露天或室内视气候条件而定，寒冷地区应适当增加室内存放。

临时加工厂需用面积参考指标　　　　　　　　表 19-12

加工厂名称	生产量 单位	生产量 数量	单位产量需用建筑面积	占地总面积(m²)	备注
混凝土搅拌机	m³	3200～6400	0.022～0.020(m²/m³)	按砂、石堆场考虑	400L搅拌机2～4台
临时性混凝土预制厂	m³	1000～3000 5000	0.25～0.15(m²/m³) 0.125(m²/m³)	2000～4000 <6000	生产屋面板、梁、柱、板等配有蒸养设备
半永久性混凝土预制厂	m³	3000 5000 10000	0.6(m²/m³) 0.4(m²/m³) 0.3(m²/m³)	9600～12000 12000～15000 15000～20000	生产大中型构件，配有各种设施
木材加工厂	m³	15000 20000 30000	0.0244(m²/m³) 0.0199(m²/m³) 0.0181(m²/m³)	1800～3600 2200～4800 3000～5500	进行原木、木方加工
综合木工加工厂	m³	200～500 1000 2000	0.30～0.25(m²/m³) 0.20(m²/m³) 0.15(m²/m³)	100～200 300 420	加厂门窗、模板、地板、屋架等
粗木加工厂	m³	5000～10000 15000 20000	0.12～0.10(m²/m³) 0.09(m²/m³) 0.08(m²/m³)	1350～2500 3750 4800	加工木屋架、模板及支撑、木方等
细木加工厂	万m²	5～10 15	0.014～0.0114(m²/万m²) 0.0106(m²/万m²)	7000～10000 14300	加厂木门窗、地板等
钢筋加工厂	t	200～500 1000～2000	0.35～0.25(m²/t) 0.20～0.15(m²/t)	280～750 400～900	钢筋下料、加工、成型、焊接
现场钢筋调直拉直场卷扬机棚			所需场地(长×宽)(m²) 70～80×3～4 15～20		3～5t电动卷扬机1台均包括材料及成品堆场

续表

加工厂名称	生产量 单位	生产量 数量	单位产量需用建筑面积	占地总面积 (m^2)	备注
钢筋对焊场地 对焊场地 对焊棚			所需场地(长×宽)(m^2) 30~40×3~4 15~24		包括材料及成品堆放、寒冷地区应适当增加
钢筋加工场地 剪断机 弯曲机			所需场地(m^2/台) 30~50 50~70		钢筋、剪断、弯曲等
金属结构加工场地 (包括一般铁件)			年产 500~1000t 为 10~8(m^2/t) 年产 2000~3000t 为 6~5(m^2/t)		按一批加工数量计算
石灰消化 贮灰池 淋灰池			所需场地(长×宽)(m^2) 5×3=15 4×3=12		每2个贮灰池配1套淋灰池,每 600kg 石灰可消化 $1m^3$ 石灰膏
沥青锅场地			20~40(m^2)		台班产量 1~1.5t/台

19.4 现场临时供水计算

19.4.1 现场临时供水量计算

一、工程用水量计算

工地施工工程用水量可按下式计算:

$$q_1 = K_1 \cdot \frac{\sum Q_1 \cdot N_1}{T_1 \cdot t} \cdot \frac{K_2}{8 \times 3600} \tag{19-22}$$

式中 q_1——施工工程用水量(L/s);

K_1——未预计的施工用水系数,取 1.05~1.15;

Q_1——年(季)度工程量(以实物计量单位表示);

N_1——施工用水定额,见表 19-13;

T_1——年(季)度有效作业日(d);

t——每天工作班数(班);

K_2——用水不均衡系数,见表 19-14。

施工用水量(N_1)定额　　　表 19-13

用水名称	单位	耗水量(L)	用水名称	单位	耗水量(L)
浇筑混凝土全部用水	m^3	1700~2400	抹灰工程全部用水	m^2	30
搅拌普通混凝土	m^3	250	砌耐火砖砌体(包括砂浆搅拌)	m^3	100~150
搅拌轻质混凝土	m^3	300~350	浇砖	千块	200~250
混凝土自然养护	m^3	200~400	浇硅酸盐砌块	m^3	300~350
混凝土蒸汽养护	m^3	500~700	抹灰(不包括调制砂浆)	m^2	4~6
模板浇水湿润	m^2	10~15	楼地面抹砂浆	m^2	190
搅拌机清洗	台班	600	搅拌砂浆	m^3	300
人工冲洗石子	m^3	1000	石灰消化	t	3000
机械冲洗石子	m^3	600	原土地坪、路基	m^2	0.2~0.3
洗砂	m^3	1000	上水管道工程	m	98
砌筑工程全部用水	m^3	150~250	下水管道工程	m	1130
砌石工程全部用水	m^3	50~80	工业管道工程	m	35

19.4 现场临时供水计算

施工用水不均衡系数　　　　　　　　　　　　　　　表 19-14

系 数 号	用 水 名 称	系 数
K_2	现场施工用水 附属生产企业用水	1.50 1.25
K_3	施工机械、运输机械 动力设备	2.00 1.05～1.10
K_4	施工现场生活用水	1.30～1.50
K_5	生活区生活用水	2.00～2.50

二、机械用水量计算

施工机械用水量可按下式计算：

$$q_2 = K_1 \sum Q_2 N_2 \cdot \frac{K_3}{8 \times 3600} \tag{19-23}$$

式中　q_2——施工机械用水量（L/s）；
　　　K_1——未预计施工用水系数，取 1.05～1.15；
　　　Q_2——同一种机械台数（台）；
　　　N_2——施工机械台班用水定额，参考表 19-15 中的数据换算求得；
　　　K_3——施工机械用水不均衡系数，见表 19-14。

施工机械用水量（N_2）定额　　　　　　　　　　　表 19-15

机 械 名 称	单 位	耗水量(L)	机 械 名 称	单 位	耗水量(L)
内燃挖土机	m³·台班	200～300	锅炉	t·h	1050
内燃起重机	t·台班	15～18	点焊机 50 型	台·h	150～200
内燃压路机	t·台班	12～15	点焊机 75 型	台·h	250～300
内燃机动力装置	kW·台班	160～400	对焊机·冷拔机	台·h	300
空压机	m³/min·台班	40～80	凿岩机	台·min	8～12
拖拉机	台·昼夜	200～300	木工场	台·台班	20～25
汽车	台·昼夜	400～700	锻工场	炉·台班	40～50

三、工地生活用水量计算

施工工地生活用水量可按下式计算：

$$q_3 = \frac{P_1 \cdot N_3 \cdot K_4}{t \times 8 \times 3600} \tag{19-24}$$

式中　q_3——施工工地生活用水量（L/s）；
　　　P_1——施工工地高峰昼夜人数（人）；
　　　N_3——施工工地生活用水定额，见表 19-16；
　　　K_4——施工工地生活用水不均衡系数，见表 19-14；
　　　t——每天工作班数（班）。

生活用水量（N_3、N_4）定额　　　　　表 19-16

用 水 名 称	单 位	耗水量(L)	用 水 名 称	单 位	耗水量(L)
盥洗、饮用用水	L/人	25～40	学校	L/学生	10～30
食堂	L/人	10～15	幼儿园、托儿所	L/幼儿	75～100
淋浴带大池	L/人	50～60	医院	L/(病床)	100～150
洗衣房	L/(人·斤)	40～60	施工现场生活用水	L/人	20～60
理发室	L/(人·次)	10～25	生活区全部生活用水	L/人	80～120

四、生活区生活用水量计算

生活区生活用水量可按下式计算：

$$q_4 = \frac{P_2 \cdot N_4 \cdot K_5}{24 \times 3600} \tag{19-25}$$

式中　q_4——生活区生活用水（L/s）；

P_2——生活区居住人数；

N_4——生活区昼夜全部生活用水定额，见表 19-16；

K_5——生活区生活用水不均衡系数，见表 19-14。

五、消防用水量计算

消防用水量 q_5，可根据消防范围及发生次数按表 19-17 取用。

消防用水量 q_5 定额　　　　　表 19-17

用 水 名 称	火灾同时发生次数	单 位	用水量(L)
居住区消防用水：			
5000 人以内	一次	L/s	10
10000 人以内	二次	L/s	10～15
25000 人以内	二次	L/s	15～20
施工现场消防用水：			
施工现场在 25hm² 内	二次	L/s	10～15
每增加 25hm²			5

六、施工工地总用水量计算

施工工地总用水量 Q 可按以下组合公式计算：

(1) 当 $(q_1+q_2+q_3+q_4) \leqslant q_5$ 时，则：

$$Q = q_5 + \frac{1}{2}(q_1+q_2+q_3+q_4) \tag{19-26}$$

(2) 当 $(q_1+q_2+q_3+q_4) > q_5$ 时，则：

$$Q = q_1+q_2+q_3+q_4 \tag{19-27}$$

(3) 当工地面积小于 5hm²，而且 $(q_1+q_2+q_3+q_4) < q_5$ 时，则：

$$Q = q_5 \tag{19-28}$$

最后计算出的总用水量，还应增加 10%，以补偿不可避免的水管漏水损失。

七、选择水源

建筑现场供水水源，最好利用附近居民区或企业职工居住区的现有供水管道。当在现场附近没有现成的供水管道，或现有管道无法利用时，才宜另选择天然水源，但其生活用水、生产用水的水质应符合表 19-18、表 19-19 的规定要求。

生活饮用水水质标准　　　　　表 19-18

项　目		标　准	项　目		标　准
感官性状指标	色	色度不超过 15 度,并不得呈现其他异色	毒理学指标	氟化物	1.0mg/L
				氰化钾	0.05mg/L
				砷	0.05mg/L
	浑浊度	不超过 3 度,特殊情况不超过 5 度		硒	0.01mg/L
				汞	0.001mg/L
	臭和味	不得有异臭、异味		镉	0.01mg/L
	肉眼可见物	不得含有		铬(六价)	0.05mg/L
一般化学指标	pH	6.5～8.5		铅	0.05mg/L
	总硬度（以 $CaCO_3$）	450mg/L		银	0.05mg/L
				硝酸盐(以氮计)	20mg/L
	铁	0.3mg/L	细菌学指标	细菌总数	100 个/mL
	锰	0.1mg/L		总大肠菌群	3 个/L
	铜	1.01mg/L		游离余氯	在与水接触 30min 后应不低于 0.3mg/L,集中式给水除出厂水应符合上述要求外,管网末梢不应低于 0.05mg/L
	锌	1.0mg/L			
	挥发酚类（以苯酚计）	0.002mg/L			
	阴离子合成洗涤剂	0.3mg/L			
	硫酸盐	250mg/L	放射性指标	总 α 放射性	0.1Bq/L
	氯化物	250mg/L		总 β 放射性	1.0Bq/L
	溶解性总固体	1000mg/L			

拌制混凝土的用水标准　　　　　表 19-19

项次	项　目	标　准
1	硫酸盐含量(按 SO_4 计)	不超过 1 台
2	pH 值	大于 4

注：1. 不允许使用污水、含油脂或糖类等杂质的水。
　　2. 在钢筋混凝土和预应力混凝土结构中,不得用海水拌制混凝土。
　　3. 一般能饮用的自来水或清洁的天然水,均能满足上述标准。

【例 19-8】 试计算全现浇大模板多层住宅群工程的工地总用水量。为简化计算,以日用水量最大时的混凝土浇筑工程计算,按计划每班浇灌高峰混凝土量为 100m³ 计,已知工地施工工人共 350 人,居住人数 380 人,施工场地面积共 10 万 m²。

【解】 (1) 计算工程用水量

查表 19-13,取 $N_1=2000$L/m², $K_1=1.10$；查表 19-14,取 $K_2=1.5$, $T_1=1$, $t=1$
施工工程用水量由式 (19-22) 得：

$$q_1=\frac{K_1\sum Q \cdot N_1 \cdot K_2}{T_1 \cdot t \cdot 8 \times 3600}=\frac{1.1\times 100\times 2000\times 1.5}{8\times 3600}=11.46\text{L/s}$$

(2) 计算机械用水量

无拌制和浇注混凝土以外的施工机械,不考虑 q_2 用水量。

(3) 计算工地生活用水量

查表 19-16,取 $N_4=40$L/人,查表 19-14,取 $K_4=1.4$, $t=1$

工地生活用水量由式（19-24）得：

$$q_3=\frac{P_1 \cdot N_3 \cdot K_4}{t\times 8\times 3600}=\frac{350\times 40\times 1.4}{1\times 8\times 3600}=0.68\text{L/s}$$

(4) 计算生活区生活用水量

查表 19-16，取 $N_4=100$L/人，查表 19-14，取 $K_5=2.25$。生活区生活用水量由式（19-25）得：

$$q_4=\frac{P_2 \cdot N_4 \cdot K_5}{24\times 3600}=\frac{380\times 100\times 2.25}{24\times 3600}=0.99\text{L/s}$$

(5) 计算消防用水量

本工程施工场地为 10 万 m^2，合 10hm^2，小于 25hm^2，故取 $q_5=10$L/s

(6) 计算总用水量

因 $q_1+q_2+q_3+q_4=11.46+0+0.68+0.99=13.13L/s>q_5$（$=10$L/s），则总用水量由式（19-27）得：

$$Q=q_1+q_3+q_4=13.13\text{L/s}$$

故知，工地总用水量为 13.13L/s。

19.4.2 供水网路使用钢管计算

一、数解法计算

现场临时供水网路需用管径，可按下式计算：

$$d=\sqrt{\frac{4Q}{\pi \cdot v \cdot 1000}} \tag{19-29}$$

式中 d——配水管直径（m）；

Q——施工工地总用水量（L/s）；

v——管网中水流速度（m/s），临时水管经济流速范围参见表 19-20；一般生活及施工用水取 1.5m/s，消防用水取 2.5m/s。

临时水管经济流速参考表　　　　表 19-20

管　径(mm)	流　速(m/s)	
	正　常　时　间	消　防　时　间
$D<100$	0.5～1.2	—
$D=100\sim500$	1.0～1.6	2.5～3.0
$D>300$	1.5～2.5	2.5～3.0

常用对缝焊接钢管及热轧无缝钢管规格、尺寸见表 19-21 和表 19-22 可供选用参考。

二、查表法计算

为了减少计算工作量，在确定了管段流量 q 和流速范围，亦可直接查表 19-23 和表 19-24 选择管径。

19.4 现场临时供水计算

对缝焊接钢管（水、煤气管）规格、尺寸表 表 19-21

公称直径 DN (mm)	外径 D (mm)	普 通 节 (mm)				加 厚 节 (mm)			
		壁厚	内径 d	计算内径 d_0	重量 (kg/m)	壁厚	内径 d	计算内径 d_0	重量 (kg/m)
15	21.25	2.75	15.75	14.75	1.25	3.25	14.75	13.75	1.44
20	26.75	2.75	21.25	20.25	1.63	3.50	19.75	18.75	2.01
25	33.50	3.25	27.00	26.00	2.42	4.00	25.50	24.50	2.91
32	42.25	3.25	35.75	34.75	3.13	4.00	34.25	33.25	3.77
40	48.00	3.50	41.00	40.00	3.84	4.25	39.50	38.50	4.58
50	60.00	3.50	53.00	52.00	4.88	4.50	51.00	50.00	6.16
70	75.50	3.75	68.00	67.00	6.64	4.50	66.50	65.50	7.88
80	88.50	4.00	80.50	79.50	8.34	4.75	79.00	78.00	9.81
100	114.00	4.00	106.00	105.00	10.85	5.00	104.00	103.00	13.44
125	140.00	4.50	131.00	130.00	15.04	5.50	129.00	128.00	18.24
150	165.00	4.50	156.00	155.00	17.81	5.50	154.00	153.00	21.63

注：1. 对缝焊接钢管分不镀锌（黑管）和镀锌钢管；有带螺纹和不带螺纹的。
2. 镀锌钢管比不镀锌钢管重3%～6%。
3. 钢管长度：无螺纹的黑管为4～12m；带螺纹的黑管和镀锌钢管为4～9m。
4. 钢管应能承受 2.0N/mm² 的水压试验（加厚钢管应能承受3N/mm²）。

热轧无缝钢管规格、尺寸表 表 19-22

外 径 (mm)	壁 厚 (mm)									
	2.5	2.8	3.0	3.5	4.0	4.5	5.0	5.5	6.0	7.0
	钢 管 理 论 重 量 (kg/m)									
32	1.82	2.02	2.15	2.46	2.76	3.05	3.33	3.59	3.85	4.32
38	2.19	2.43	2.59	2.98	3.35	3.72	4.07	4.41	4.74	5.35
45	2.62	2.91	3.11	3.58	4.04	4.49	4.93	5.36	5.77	6.56
50	2.93	3.25	3.48	4.01	4.54	5.05	5.55	6.04	6.51	7.42
60			4.22	4.88	5.52	6.16	6.78	7.39	7.99	9.15
70			4.96	5.74	6.51	7.27	8.01	8.75	9.47	10.88
76			5.40	6.26	7.10	7.93	8.75	9.50	10.36	11.91
89				7.38	8.38	9.38	10.36	11.33	12.28	14.16
95				7.90	8.98	10.04	11.10	12.14	13.17	15.19
102				8.50	9.67	10.82	11.96	13.09	14.21	16.40
114					10.85	12.15	13.44	14.72	15.98	18.47
121					11.54	12.93	14.30	15.67	17.02	19.68
133					12.73	14.26	15.78	17.29	18.79	21.75
140						15.04	16.65	18.24	19.83	22.96
152						16.37	18.13	19.87	21.60	25.03
159						17.15	18.99	20.82	22.64	26.24

19 临时设施工程

给水铸铁管计算表　　　　　　表 19-23

流量(L/s)	管径(mm) 75		100		150		200		250	
	i	v	i	v	i	v	i	v	i	v
2	7.98	0.46	1.94	0.26						
4	28.4	0.93	6.69	0.52						
6	61.5	1.39	14.0	0.73	1.87	0.34				
8	109.0	1.86	23.9	1.04	3.14	0.46	0.765	0.26		
10	171.0	2.33	36.5	1.30	4.69	0.57	1.13	0.32		
12	246.0	2.76	52.6	1.56	6.55	0.69	1.58	0.39	0.529	0.25
14			71.6	1.82	8.71	0.80	2.08	0.45	0.695	0.29
16			93.5	2.08	11.1	0.92	2.64	0.51	0.886	0.33
18			118.0	2.34	13.9	1.03	3.28	0.58	1.09	0.37
20			146.0	2.60	16.9	1.15	3.97	0.64	1.32	0.41
22			177.0	2.86	20.2	1.26	4.73	0.71	1.57	0.45
24					24.1	1.38	5.56	0.77	1.83	0.49
26					28.3	1.49	6.64	0.84	2.12	0.53
28					32.8	1.61	7.38	0.90	2.42	0.57
30					37.7	1.72	8.4	0.96	2.75	0.62
32					42.8	1.84	9.46	1.03	3.09	0.66
34					84.4	1.95	10.6	1.09	3.45	0.70
38					60.4	2.18	13.0	1.22	4.23	0.78

注：v—流速（m/s）；i—压力损失（mm/m）。

给水钢管计算表　　　　　　表 19-24

流量(L/s)	管径(mm) 25		40		50		70		80	
	i	v	i	v	i	v	i	v	i	v
0.2	21.3	0.38								
0.4	74.8	0.75	8.96	0.32						
0.6	159	1.13	18.4	0.48						
0.8	279	1.51	31.4	0.64						
1.0	437	1.88	47.3	0.80	12.9	0.47	3.76	0.28	1.61	0.20
1.2	629	2.26	66.3	0.95	18	0.56	5.18	0.34	2.27	0.24
1.4	856	2.64	88.4	1.11	23.7	0.66	6.83	0.40	2.97	0.28
1.6	1118	3.01	114	1.27	30.4	0.75	8.7	0.45	3.76	0.32
1.8			144	1.43	37.8	0.85	10.7	0.51	4.66	0.36
2.0			178	1.59	46	0.94	13	0.57	5.62	0.40
2.6			301	2.07	74.9	1.22	21	0.74	9.03	0.52
3.0			400	2.39	99.8	1.41	27.4	0.85	11.7	0.60
3.6			577	2.86	144	1.69	38.4	1.02	16.3	0.72
4.0					177	1.88	46.8	1.13	19.8	0.81
4.6					235	2.17	61.2	1.30	25.7	0.93
5.0					277	2.35	72.3	1.42	30	1.01
5.6					348	2.64	90.7	1.59	37	1.13
6.0					399	2.82	104	1.70	42.1	1.21

注：v—流速（m/s）；i—压力损失（min/m）。

【例 19-9】 条件同例 19-8，试求临时网路需用管径。

【解】 由例 19-8 计算得 $Q=13.13$L/s；取 $v=1.5$m/s。

供水管径由式（19-29）得：

$$d=\sqrt{\frac{4Q}{\pi \cdot v \cdot 1000}}=\sqrt{\frac{4\times 13.13}{3.14\times 1.5\times 1000}}$$
$$=0.106\text{m}=106\text{mm}$$

故知，临时网路需用外径为 114mm（内径 106mm）对缝焊接钢管。

19.4.3 现场临时供水系统计算

工地临时供水系统一般由取水设施，净水设施，贮水构筑物（水塔及蓄水池），输水管和配水管等综合而成。地面水源取水设施一般由取水口、进水管及水泵组成。水泵有离心泵和活塞泵两种。水泵的选用，要求有足够的抽水能力和扬程。水泵抽水能力由工地需用总用水量确定；水泵的扬程由水泵将水送至水塔和用户时的扬程并考虑水头的损失来确定。

一、水泵扬程计算

水泵应具有的扬程按下列公式计算：

1. 将水送到水塔时的扬程

$$H_b=(Z_t-Z_b)+H_t+a+\sum h'+h_c \tag{19-30}$$

式中　H_b——水泵所需的扬程（m）；
　　　Z_t——水塔处的地面标高（m）；
　　　Z_b——水泵轴中线的标高（m）；
　　　H_t——水塔高度（m）；
　　　a——水塔的水箱高度（m）；
　　　$\sum h'$——从泵站到水塔间的水头损失（m）；
　　　h_c——水泵的吸水高度。

2. 将水直接送到用户时的扬程

$$H_b=(Z_c-Z_b)+H_f+\sum h+h_c \tag{19-31}$$

式中　Z_c——供水对象（即用户）最不利处的标高（m）；
　　　H_f——供水对象最不利处必须的自由水头，一般为 8~10m；
　　　$\sum h$——供水网路中的水头损失（m）。

二、水塔高度计算

水塔高度 H_t 与供水范围、供水对象的位置及水塔本身的位置有关，可按下式计算：

$$H_t=(Z_c-Z_t)+H_f+\sum h' \tag{19-32}$$

符号意义同前。

三、水头损失计算

计算水头损失在于确定水泵所需的扬程，并根据流量选择水泵和水塔高度能否满足厂区内用水点最大用水时所需要的压力，水头损失可按下式计算：

$$\begin{aligned}h&=h_1+h_2\\&=(1.15\sim 1.20)h_1\\&=(1.15\sim 1.20)iL\end{aligned} \tag{19-33}$$

式中　h——水头损失（m）；
　　　h_1——沿程水头损失（m）；

h_2——局部水头损失（m）；

i——单位管长水头损失，根据流量与管径从表 19-23，表 19-24 直接查得（mm-Hg/m）；

L——计算管段长度（m）。

【例 19-10】 某工程供水系统，管道平面如图 19-3 所示，距厂区 1500m 处有一取水口，标高为±0.00，厂区内设一 150t 高位水池来调节生产和生活及消防用水。根据地形条件初步确定水池池底标高为 40m 左右，各用水点最大用水时的流量、地面标高和所需的自由水头见表 19-25。管材为给水铸铁管。试计算各管段的流量和管径，校核高位水池的池底标高能否满足各用水点在最大用水时的压力要求，选择水泵型号。

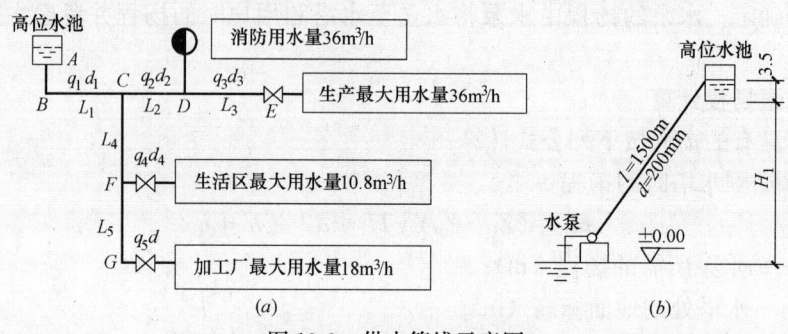

图 19-3 供水管线示意图
(a) 供水管线布置；(b) 供水系统

各用水点的最大用水流量、地面标高和所需自由水头　　　　　表 19-25

节点号	流量 (m³/h)	地面标高 (m)	所需自由水头 $H_{自}$ (m)	与上节点间的管段长度 (m)
A				
B	—	5.0	—	50
C	—	5.0		450
D	36	5.5	20	50
E	36	6.0	20	200
F	10.8	5.0	10	200
G	18	6.0	10	100

【解】（1）先求出各管段在最大用水时的流量 q、管径 d 及水头损失 h。

A—B—C 段

查表 19-23，得管径 $d_1=200$mm（$i_1=7.38$mm/m，$v_1=0.9$m/s，满足流速范围规定要求）

$$h_1=1.2i_1L_1=1.2\times 7.38\times 10^{-3}\times 500=4.43\text{m}$$

C—D 段　$q_2=\dfrac{36+36}{3600}=0.02\text{m}^3/\text{s}=20\text{L/s}$

查表 19-23 得管径 $d_2=150$mm（$i=16.9$mm/m，$v_2=1.15$m/s，满足流速范围规定要求）

$$h_2=1.2i_2L_2=1.2\times 16.9\times 10^{-3}\times 50=1.01\text{m}$$

D—E 段　$q_3=\dfrac{36}{3600}=0.01\text{m}^3/\text{s}=10\text{L/s}$

查表19-23，得管径 $d_3=100$mm（$i_3=36.5$mm/s，$v_3=1.30$m/s，满足流速范围规定要求）

$$h_3=1.2i_3L_3=1.2\times36.5\times10^{-3}\times200=8.76\text{m}$$

$C—F$ 段　$q_4=\dfrac{10.8+18}{3600}=0.008\text{m}^3/\text{s}=8\text{L/s}$

查表19-23，得管径 $d_4=100$mm（$i_4=23.9$mm/m，$v_4=1.04$m/s，满足流速范围规定要求）

$$h_4=1.2i_4L_4=1.2\times23.9\times10^{-3}\times200=5.74\text{m}$$

$F—G$ 段　$q_5=\dfrac{18}{3600}=0.005\text{m}^3/\text{s}=5\text{L/s}$

查表19-23，得管径 $d_5=75$mm（$i_5=44.95$mm/m，$v_5=1.16$m/s，满足流速范围规定要求）

$$h_5=1.2i_5L_5=1.2\times44.95\times10^{-3}\times100=5.39\text{m}$$

（2）根据用水点所需要水头 $H_自$ 和各管头的水头损失 h，校核高位水池的标高。

已知节点 E，$H_自=20$m，从水池至节点 E 管段的水头损失 $\sum h=h_1+h_2+h_3=4.43+1.01+8.76=14.2$m，节点 E 的地面标高为 6m，所以水池的池底标高应为：

$$6+14.2+20=40.2\text{m}$$

已知节点 D，$H_自=20$m，地面标高为5.5m，从水池至节点 D 管段的水头损失 $\sum h=4.43+1.01=5.44$m，所以水池的池底标高应为：

$$5.5+5.44+20=30.94\text{m}$$

已知节点 G、$H_自=10$m，地面标高为6.0m，从水池至节点 G 管段的水头损失 $\sum h=h_1+h_4+h_5=4.43+5.74+5.30=15.56$m，所以水池的池底标高应为：

$$6+15.55+10=31.55\text{m}$$

已知节点 F，$H_自=10$m，地面标高为5.0m，从水池至节点 F 管段的水头损失 $\sum h=h_1+h_4=4.43+5.74=10.17$m，所以水池的池底标高应为：

$$5+10.17+10=25.17\text{m}$$

根据以上计算，高位水池的池底标高应定为40.2m。

（3）水泵选择

取水口至高位水池管道总长 $L=1500$m，管道直径 $d=200$mm，流量 $q=28$L/s，根据流量和管径查表19-23，得 $i=7.38$mm/m，所以总水头损失 $h=1.2\times7.38\times10^{-3}\times1500=13.28$m

总扬程 $H=H_1+h=(40.2+3.5)+13.28=56.98$m（式中3.5m为水池最高水位的水深，取水标高为±0.00m），选用水泵型号为4BA-6A。

19.5　现场临时供电计算

施工现场的电力供应是保证实现高速、高质量施工的重要条件。施工组织设计中，必须根据施工现场用电的特性，从节约用电、降低工程成本、保证工程质量和安全施工着手，进行周密的考虑和安排。在施工组织设计的土建部分确定了各单位工程的施工方案、选用施工机械设备、安排了施工进度，即可进行用电计算。

19.5.1 现场临时用电量及变压器容量计算

一、现场临时用电量计算

建筑现场临时供电，包括施工动力用电和照明用电两部分，其用电量可按下式计算：

$$P_{计}=(1.05\sim1.1)\left(K_1\frac{\sum P_1}{\cos\varphi}+K_2\sum P_2+K_3\sum P_3+K_4\sum P_4\right) \quad (19-34)$$

一般建筑现场多采用一班制，少数采用两班制，因此综合考虑动力用电约占总用电量的 90%，室内外照明用电约占 10%，则式（19-26）可简化为：

$$P_{计}=1.1\left(K_1\frac{\sum P_1}{\cos\varphi}+K_2\sum P_2+0.1P_{计}\right)$$

$$=1.24\left(K_1\frac{\sum P_1}{\cos\varphi}+K_2\sum P_2\right) \quad (19-35)$$

式中 $P_{计}$——计算总用电量（kW·h）；

1.05～1.1——用电不均衡系数；

$\sum P_1$——全部施工动力用电设备额定功率用电量之和，查表 19-26 取用；

$\sum P_2$——电焊机额定容量（kVA），查表 19-26 取用；

$\sum P_3$——室内照明设备额定用电量之和，查表 19-27 取用；

$\sum P_4$——室外照明设备额定用电量之和，查表 19-28 取用；

K_1——全部施工动力用电设备同时使用系数，查表 19-29 取用；

K_2——电焊机同时使用系数，查表 19-29 取用；

K_3——室内照明设备同时使用系数，查表 19-29 取用；

K_4——室外照明设备同时使用系数，查表 19-29 取用；

$\cos\varphi$——用电设备功率因素，施工最高为 0.75～0.78，一般为 0.65～0.75。

施工机械用电定额参考资料　　　　　表 19-26

项次	机械名称		功率(kW)
1	蛙式打夯机	HW-32 HW-60	1.5 3
2	振动夯土机	HZD250	4
3	振动打拔桩机	DZ30Y DZ55Y	30 55
4	螺旋钻孔机	ZKL600 ZKL800	55 90
5	螺旋式钻扩孔机	BQZ400	22
6	冲击式钻机	YKC20C、YKC22M YKC30M	20 40
7	塔式起重机	红旗Ⅱ-16 QT40 TQ60/80 TQ90（自升式） QT100（自升式）	19.5 48 55.5 58 63

19.5 现场临时供电计算

续表

项次	机械名称		功率(kW)
8	混凝土搅拌楼(站)	HL80	41
9	混凝土输送泵	HB-15	32.2
10	混凝土喷射机	HPH6(回转式)	7.5
		HPG4(罐式)	3
11	插入式振动器	Z×50.2×50C	1.1
		HZ6-50	1.5
12	平板式振动器	ZB5	0.5
		ZB11	1.1
13	附着式振动器	ZW5、ZW10	1.1
		HZ2-20	2.2
14	混凝土振动台	ZT-1.5×6	30
		HZ9-2.4×6.2	55
15	预应力拉伸机	ZB2×2/500、ZB4/49	3
		ZB10/49	11
16	钢筋切断机	QJ40	7
		QJ40-1	5.5
17	钢筋调直机	GT16/14	11
		GT16/8	5.5
18	卷扬机	JK2	15
		JM10	22
		2JK5	30
19	自落式混凝土搅拌机	JI250	5.5
		JI400	7.5
20	强制式混凝土搅拌机	JW1000	55
		JW500	30
21	钢筋弯曲机	GW40、WJ40	3
		GW32	2.2
22	交流电焊机	BX3-500-2	38.6[①]
		BX2-1000	76[①]
23	直流电焊机	AX-320(AT-320)	14
		AX5-500、AX3-500	26
24	水磨石机	单盘 SF-D	2.2
		双盘 SF-S	4
25	建筑施工外用电梯	SCD100/100A	11
26	木工电刨	MB103、MB1043	3
		MB106	7.5
27	木工圆锯	MJ104、MJ114	3
		MJ106	5.5
28	灰浆搅拌机	UJ325	3
		UJ100	2.2
29	单斗挖掘机	W_1-50(100)	55(100)
		W-4	250
30	推土机	T_1-100	100
31	深层搅拌桩机	STB-1	60

① 为各持续率时功率其额定持续率 (kVA)。

19 临时设施工程

室内照明用电参考定额　　　　　　　　　　　　　　　　　　　　表 19-27

项　目	定额容量(W/m²)	项　目	定额容量(W/m²)
混凝土及灰浆搅拌站	5	锅炉房	3
钢筋室外加工	10	仓库及棚仓库	2
钢筋室内加工	8	办公楼、试验室	6
木材加工锯木及细木作	5~7	浴室盥洗室、厕所	3
木材加工模板	8	理发室	10
混凝土预制构件厂	6	宿舍	3
金属结构及机电修配	12	食堂或俱乐部	5
空气压缩机及泵房	7	诊疗所	6
卫生技术管道加工厂	8	托儿所	9
设备安装加工厂	8	招待所	5
发电站及变电所	10	学校	6
汽车库或机车库	5	其他文化福利	3

室外照明用电参考定额　　　　　　　　　　　　　　　　　　　　表 19-28

项　目	定额容量(W/m²)	项　目	定额容量(W/m²)
人工挖土工程	0.8	卸车场	1.0
机械挖土工程	1.0	设备堆放、砂石、木材、钢筋、半成品堆放	0.8
混凝土浇灌工程	1.0		
砖石工程	1.2	车辆行人主要干道	2000W/km
打桩工程	0.6	车辆行人非主要干道	1000W/km
安装及铆焊工程	2.0	夜间运料(夜间不运料)	0.8(0.5)
警卫照明	1000		

同时需用系数　　　　　　　　　　　　　　　　　　　　　　　　表 19-29

用电名称	数量	需要系数 K	数量
电动机	3~10 台 11~30 台 30 台以上	K_1	0.7 0.6 0.5
加工厂动力设备			0.5
电焊机	3~10 台 10 台以上	K_2	0.6 0.5
室内照明		K_3	0.8
室外照明		K_4	1.0

二、变压器容量计算

现场附近有 10kV 或 6kV 高压电源时，一般多采取在工地设小型临时变电所，装设变压器将二次电源降至 380V/220V，有效供电半径一般在 500m 以内。大型工地可在几处设变压器（变电所）。需要变压器的容量，可按下式计算：

$$P_变 = 1.05 P_计 \tag{19-36}$$

式中　$P_变$——变压器容量（kVA）；

　　　1.05——功率损失系数；

　　　其他符号意义同前。

在求得 $P_变$ 值之后，可查表 19-30 选用变压器的型号和额定容量。

19.5 现场临时供电计算

常用电力变压器性能表   表 19-30

型　号	额定容量 (kVA)	额定电压(kV)		损耗(W)		总重(kg)
		高 压	低 压	空 载	短 路	
SL$_7$-30/10	30	6;6.3;10	0.4	150	800	317
SL$_7$-50/10	50	6;6.3;10	0.4	190	1150	480
SL$_7$-80/10	80	6;6.3;10	0.4	270	1650	590
SL$_7$-100/10	100	6;6.3;10	0.4	320	2000	685
SL$_7$-200/10	200	6;6.3;10	0.4	540	3400	1070
SL$_7$-400/10	400	6;6.3;10	0.4	920	5800	1790
SL$_7$-500/10	500	6;6.3;10	0.4	1080	6900	2050
SL$_7$-100/35	100	35	0.4	370	2250	1090
SL$_7$-280/35	280	35	0.4	640	4400	1890
SL$_7$-400/35	400	35	0.4	920	6400	2510
SL$_7$-500/35	500	35	0.4	1080	7700	2810
SL$_7$-630/35	630	35	0.4	1300	9200	3225
SZL$_7$-200/10	200	10	0.4	540	3400	1260
SZL$_7$-400/10	400	10	0.4	920	5800	1975
SZL$_7$-500/10	500	10	0.4	1080	6900	2200
S$_6$-10/10	10	11	0.433	60	270	245
S$_6$-50/10	50	11	0.433	175	870	540
S$_6$-100/10	100	6～10	0.4	300	1470	740
S$_6$-200/10	200	6～11	0.4	500	2500	1240
S$_6$-400/10	400	6～10	0.4	870	4200	1750
S$_6$-500/10	500	6～10.5	0.4	1030	4950	2330
S$_6$-630/10	630	6～10	0.4	1250	5800	3080

【例 19-11】 某高层建筑施工工地，在结构施工阶段主要施工机械配备为：QT100 自升式塔式起重机 1 台，电动机总功率为 63kW；SCD100/100A 建筑施工外用电梯 1 台，电动机功率为 11kW；混凝土输送泵（HB·15）1 台，电动机功率为 32.2kW；ZX50 型插入式振动器 4 台，电动机功率为 1.1×4kW；钢筋调直机（GT319）、钢筋切断机（QJ40）、钢筋弯曲机（GW40）各 1 台，电动机功率分别为 7.5kW、5.5kW 和 3kW；钢筋对焊机（UN1-100）1 台，额定容量为 100kVA；电焊机（BX3-300）3 台，额定持续功率为 23.4×3kVA；高压水泵 1 台，电动机功率为 55kW。试估算该工地用电总用量并选择配电变压器。

【解】 施工现场所用全部电动机总功率 P_1：

$$\sum P_1 = 63+11+32.2+1.1\times4+7.5+5.5+3+55 = 181.6 \text{kW}$$

电焊机和对焊机的额定用量 P_2：

$$\sum P_2 = 23.4\times3+100 = 170.2 \text{kVA}$$

查表 19-29，取 $K_1=0.6$，$K_2=0.6$

考虑室内、外照明用电后，按公式（19-35）得：

$$P_{\text{计}} = 1.24\left(K_1\frac{\sum P_1}{\cos\varphi} + K_2\sum P_2\right)$$

$$= 1.24\left(0.6\times\frac{181.6}{0.75} + 0.6\times170.2\right)$$

$$= 1.24\times247.4 = 306.8 \text{kVA}$$

故知,该工地总用电量容量为 306.8kVA。

变压器容量 $P_变=1.05P_计=1.05\times306.8=322$ kVA

当地高压供电 10kV,施工动力用电需三相 380V 电源,照明需单相 220V 电源,按上述要求查表 19-30,选择 SL₇-400/10 型三相降压变压器,其主要技术数据为:额定容量 400kVA,高压额定线电压 10kV,低压额定线电压 0.4kV,作 Y 接使用。

19.5.2 配电导线截面计算

配电导线截面一般根据用电量计算允许电流进行选择,然后再以允许电压降及机械强度加以校核。

一、按导线的允许电流选择

三相四线制低压线路上的电流可按下式计算:

$$I_l = \frac{1000P}{\sqrt{3}\cdot U_l \cdot \cos\varphi} \tag{19-37}$$

式中 I_l——线路工作电流值(A);

U_l——线路工作电压值(V),三相四线制低压时,$U_l=380$V;

P、$\cos\varphi$ 符号意义同前。

将 $U_l=380$V、$\cos\varphi=0.75$ 代入式(19-37)可简化得:

$$I_l = \frac{1000P}{1.73\times380\times0.75} = 2P \tag{19-38}$$

即表示 1kW 耗电量等于 2A 电流,此简化结果可给计算带来很大方便。

建筑工地常用配电导线规格及允许电流见表 19-31 和表 19-32。

求出线路电流后,可根据导线允许电流,按表 19-31 和表 19-32 数值初选导线截面,使导线中通过的电流控制在允许范围内。

橡皮或塑料绝缘电线明设在绝缘支柱上时的持续容许电流表
(空气温度为+25℃,单芯 500V) 表 19-31

导线标称截面 (mm²)	导线的容许持续电流(A)			
	BX 型 铜芯橡皮线	BLX 型 铝芯橡皮线	BV、BVR 型 铜芯塑料线	BLV 型 铝芯塑料线
0.75	18	—	16	—
1.0	21	—	19	—
1.5	27	19	24	18
2.5	35	27	32	25
4	45	35	42	32
6	58	45	55	42
10	85	65	75	59
16	110	85	105	80
25	145	110	138	105
35	180	138	170	130
50	330	175	215	165
70	285	220	265	205
95	345	265	325	250
120	400	310	375	285
150	470	360	430	325
185	540	420	490	380
240	660	510		

19.5 现场临时供电计算

裸铜线（TJ型）、裸铝线（LJ型）露天敷设在
+25℃空气中的持续容许电流表　　　　　　表19-32

标称截面(mm²)	导线的持续容许电流(A)		
	铜线	铜芯铝胶线	铝线
16	130	105	105
25	180	135	135
35	220	170	170
50	270	220	215
70	340	275	265
95	415	335	325
120	485	380	375
150	570	445	440
185	645	515	500
240	770	610	610

二、按导线允许电压降校核

配电导线截面的电压降可按下式计算：

$$\varepsilon = \frac{\sum P \cdot L}{C \cdot S} = \frac{\sum M}{C \cdot S} \leqslant [\varepsilon] = 7\% \tag{19-39}$$

式中　ε——导线电压降（%），一般照明允许电压降为 2.5%～5%；电动机电压降不超过 ±5%；对现场临时网路取 7%；

$\sum P$——各段线路负荷计算功率（kW），即计算用电量 $\sum P$；

L——各段线路长度（m）；

C——材料内部系数，根据线路电压和电流种类按表 19-33 取用；

S——导线截面（mm²）；

$\sum M$——各段线路负荷矩（kW·m），即 $\sum P \cdot L$ 乘积。

导线上引起的电压降必须控制在允许范围内，以防止在远处的用电设备不能启动。

材料内部系数 C　　　　　　表19-33

线路额定电压(V)	线路系统及电流种类	系数 C 值	
		铜线	铝线
380/220	三相四线	77	46.3
380/220	二相三线	34	20.5
220		12.8	7.75
110		3.2	1.9
36		0.34	0.21
24	单相或直流	0.153	0.092
12		0.038	0.023

三、按导线机械强度校核

当线路上电杆之间挡距在 25～40m 时，其允许的导线最小截面，可按表 19-34 查用。

19 临时设施工程

导线按机械强度所允许的最小截面　　表19-34

导线用途	导线最小截面(mm²)	
	铜线	铝线
照明装置用导线：户内用	0.5	2.5①
户外用	1.0	2.5
双芯软电线：用于电灯	0.35	—
用于移动式生活用电设备	0.5	—
多芯软电线及软电缆：用于移动式生产用电设备	1.0	—
绝缘导线：用于固定架设在户内绝缘		
支持件上，其间距为：2m及以下	1.0	2.5①
6m及以下	2.5	4
25m及以下	4	10
裸导线：户内用	2.5	4
户外用	6	16
绝缘导线：穿在管内	1.0	2.5①
木槽板内	1.0	2.5①
绝缘导线：户外沿墙敷设	2.5	4
户外其他方式	4	10

注：根据市场供应情况，可采用小于2.5mm²的铝芯导线。

以上通过计算或查表所选用的导线截面，必须同时满足上述三个条件，并以求得的最大导线截面作为最后确定导线的截面。根据实践，在一般建筑工地，当配电线路较短时，导线截面可先用允许电流选定，再按允许电压降校核；对小负荷的架空线路，导线截面一般以机械强度选定即可。

【例19-12】某工业厂房工地，高压电源为10kV，临时供电线路布置、设备用量如图19-4，共有设备20台，取$K_1=0.7$，施工采取单班制作业，部分因工序连续需要采取两班制作业。试计算确定：（1）用电量；（2）需要变压器型号、规格；（3）导线截面选择。

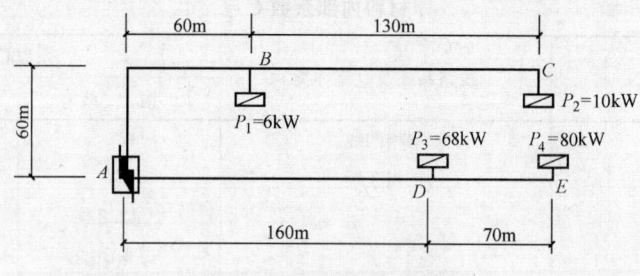

图19-4　供电线路布置简图

【解】计算用量取75%，敷设动力、照明380V/220V三相五线制混合型架空线路，按枝状线路布置架设。

1. 计算施工用电量

由公式（19-35）得：

$$P_{计}=1.24K_1\frac{\sum P}{\cos\varphi}$$
$$=1.24\times0.7\times(6+10+80+68)/0.75$$
$$=189.8\text{kW}$$

2. 计算变压器容量和选择型号

变压器容量由公式（19-36）得：
$$P_{变}=1.05P_{计}$$
$$=1.05\times189.8=199.3\text{kVA}$$

当地高压供电 10kV，查表 19-30 知，型号为 SL_7-200/10，变压器额定容量 200＞199.3kVA，可满足要求。

3. 确定配电导线截面

为安全起见，选用 BX 型橡皮绝缘铜导线，按两路分别进行计算。

1 路导线（A、B、C）截面的选择：

（1）按导线的允许电流选择：该路的工作电流为：
$$I_{线}=\frac{K\sum(P_1+P_2)\times1000}{\sqrt{3}U_{线}\cos\varphi}$$
$$=\frac{0.75\times(6+10)\times1000}{\sqrt{3}\times380\times0.75}=24.3\text{A}$$

由表 19-31，选用 1.5mm^2 的橡皮绝缘铜线。

（2）按允许电压降选择：为了简化计算，把全部负荷集中在 1 路的末端来考虑。已知由变压器总配电盘 A 到 C 端的线路长度为 $L=250$mm；允许相对电压损失 $\varepsilon=7\%$，且 $C=77$，导线截面为：
$$S=\frac{\sum M}{C\varepsilon}\%=\frac{0.75\times(6+10)\times250}{77\times7\%}\%$$
$$=5.6\text{mm}^2 \text{ 取 }6\text{mm}^2$$

（3）按机械强度选择：由表 19-34 中得知，橡皮绝缘铜线架空敷设时，其截面不得小于 4mm^2。

最后，为了同时满足上述三者要求，1 路导线的截面应选用 BX（5×6）。

2 路导线（A、D、E）截面的选择：

（1）按导线允许电流选择：该线路工作电流为：
$$I_{线}=\frac{K\sum(P_3+P_4)\times1000}{\sqrt{3}U_{线}\cos\varphi}$$
$$=\frac{0.75\times(68+80)\times1000}{\sqrt{3}\times380\times0.75}=224.9\text{A}$$

由表 19-31，选用 50mm^2 的橡皮绝缘铜线。

（2）按导线允许电压降校核：该线路电压降由公式（19-39）：
$$\varepsilon_{AE}=\frac{\sum M}{CS}\%=\frac{M_{AD}+M_{DE}}{CS}\%$$
$$=\frac{0.75\times[(68+80)\times160+80\times70]}{77\times50}\%=5.7\%<7\%$$

线路 AD 段导线截面为：

$$S_{AD} = \frac{M}{C[\varepsilon]}\% = \frac{M_{AD} + M_{DE}}{C[\varepsilon]}\%$$
$$= \frac{0.75 \times [(68+80) \times 160 + 80 \times 70]}{77 \times 7} = 40.7\text{mm}^2$$

仍选用 50mm² 即可。

线路 AD 段电压降为：

$$\varepsilon_{AD} = \frac{M_{AD}}{CS_{AD}}\% = \frac{0.75 \times (68+80) \times 160}{77 \times 50}\% = 4.6\%$$

线路 DE 段电压降应大于：

$$\varepsilon_{DE} = 7.0\% - 4.6\% = 2.4\%$$

线路 DE 段导线截面为：

$$S_{DE} = \frac{M_{DE}}{C\varepsilon_{DE}}\% = \frac{0.75 \times 80 \times 70}{77 \times 2.4} = 22.7\text{mm}^2$$

选用 DE 段导线截面为 25mm²。

（3）将所选用的导线按允许电流校核：

$$I_{DE} = 2 \times 0.75 \times 80 = 120\text{A}$$

查表 19-31，当选用 BX 型截面为 25mm² 时，持续允许电流为 145A＞120A，可以满足温升要求。

19.5.3 电缆长度的计算

在现场供电工程中，电缆长度计算的准确性，常常直接影响到施工质量和工程投资。

电缆长度的计算一般可按下式进行：

电缆长度＝（施工设计平面长度＋高差长度＋预留长度）×（1＋A%）×（1＋损耗率）

(19-40)

式中，高差长度为由水平高度的不同而增加的长度，按全长的 1.5%～2.0% 计算；预留长度一般取 1.5～2.0m，如有接头，应另加接头长度，接头个数按下式计算：

$$n = \frac{L}{l} - 1$$

式中　n——中间接头的个数（个）；

　　　L——电缆敷设长度（m）；

　　　l——每段电缆平均长度（m），可按表 19-35 参数取用。

电缆平均长度　　　　　　　　　表 19-35

电缆规格（截面）	1kV 以下电缆	10kV 以下电缆	35kV 以下电缆
35mm² 以内取	600～700m	300～350m	每段电缆平均长度按 200m 考虑
120mm² 以内取	500～600m	250～300m	
240mm² 以内取	400～500m	200～250m	

损耗率一般取 1%；A% 为电缆敷设弧度、弯度、交叉所增加的长度，按全长的 1.5%～2.0% 计算。

19.6 现场临时供热计算

19.6.1 现场临时耗热量计算

一、生产耗热量计算

生产耗热主要为水、砂、石子的加热和暖棚法施工的供热。几种常用材料（水、砂、石子等）单独加热的耗热量可按下式计算：

$$Q_1 = CN\rho(t_2-t_1)\frac{K_a}{K_t} \tag{19-41}$$

式中 Q_1——生产耗热量（kJ/h）；

C——材料比热容（kJ/kg·K）；

N——每小时用料量（m²/h）；

ρ——质量密度（kg/m³）；

t_1——加热前材料温度（℃）；

t_2——加热后材料温度（℃）；

K_a——不均衡系数，一般取 $K_a=1.2\sim1.5$；

K_t——时间利用系数，一般取 $K_t=0.6\sim0.9$。

建筑施工耗热量，根据供热原理、施工方案、操作方法和工程规模进行计算，表19-36～表19-38可供计算时参考。

二、生活耗热量计算

生活耗热量 Q_2（kJ/h）可根据有关蒸汽耗用指标进行计算，参见表19-39。

施工空间需要的温度　　　　　　　　　　表19-36

用　途	需要温度(℃)	用　途	需要温度(℃)
钢筋时效	70～100	水加热	60～80
钢筋时效	100～200	混凝土养生	75～85
砂、石加热	10～40	暖棚或养生池、养生槽	20～40

建筑施工耗热量　　　　　　　　　　表19-37

| 名　称 | 单　位 | 耗　热　量 | |
		热量(kJ)	蒸汽(kg)
用水蒸气加热至75℃	m³	314000	140
混凝土结构的蒸汽养生	m³	921000	400
在暖棚内浇筑混凝土	m³	586000	260
在土上浇筑混凝土	m³	795000	350
溶化土:砂质土	m³	63000	28
黏质土	m³	84000	37

19 临时设施工程

每立方米混凝土、砂浆搅拌加热的平均耗热量（kJ） 表 19-38

名称	拌合料的最初温度（℃）	拌合料体积含湿（%）	拌合料达下列温度（℃）时			
			+10	+20	+30	+40
混凝土	−5	2.5	39800	65300	90900	116400
		5	48900	74200	100000	125500
		10	67200	92700	118300	143800
	−10	2.5	48800	74300	99800	125400
		5	58200	83700	109300	137700
		10	77000	102600	128100	153700
砂浆	−5	2.5	36600	64300	91900	119300
		5	38100	65700	93400	121000
		10	40800	68500	96100	123700
	−10	2.5	44000	71200	99200	126900
		5	45600	73300	100900	128500
		10	48800	76400	104000	131700

注：对加热后运输及往搅拌机里填料等过程的热量损失全部考虑在内，则表内数字应再乘以 1.2 损失系数。

生活用汽量参考表 表 19-39

用汽项目	蒸饭	烧开水	洗澡
用汽量[kg/(h·人)]	0.10～0.15	0.08～0.12	0.25～0.35

包括施工临时房屋、加工、预制品车间等暖棚的采暖耗热量计算，可采用以下几种方法。

1. 按围护结构室内外温差计算

$$Q_3 = 3.6 \sum FK(t_n - t_d)\omega \tag{19-42}$$

其中

$$K = \frac{1}{R_n + R_b + \sum R} \tag{19-43}$$

$$R = \frac{\delta}{\lambda} \tag{19-44}$$

2. 按体积耗热指标法计算

$$Q_3 = q_1 V(t_n - t_d) \tag{19-45}$$

3. 按面积耗热量指标法计算

$$Q_3 = q_2 S \tag{19-46}$$

4. 按冷却表面系数法计算

$$Q_3 = MKV(t_n - t_d)\beta \tag{19-47}$$

式中 Q_3——建筑物内部采暖所需热量（kJ/h）；

F——围护结构表面积（m²）；

K——围护结构的传热系数[W/(m²·K)]；

R_n、R_b——分别为围护结构的内外表面的热阻（m²·K/W），其经验数值参见表 19-40 和表 18-22；

R——围护结构各层材料的热阻（m²·K/W）；
δ——围护结构各层材料的厚度（m）；
λ——围护结构各层材料的导热系数[W/(m·K)]，参见表18-21；
t_n——室内计算温度（℃），参见表19-41；
t_d——室外计算温度（℃），根据当地气象资料确定，主要代表城市冬期室外计算温度见表19-42；
ω——根据缝隙和门窗等透风而采用的系数，查表19-43取用；
q_1——建筑物体积耗热量指标[W/(m³·K)]，即建筑物在室内外温度差为1℃时，每1m³建筑物体积的耗热，参见表19-44；
V——建筑物面积（m²）；
q_2——建筑物单位面积耗热量指标，由表19-45选用；
S——建筑物面积（m²）；
M——暖棚表面系数，即暖棚冷却面与暖棚体积之比（m²/m³）；
β——在计算围护结构散热率时，应根据风力乘以系数β；当风速<5m/s时，β=1.25~1.50；当风速>5m/s时，β=1.50~2.0。

围护结构内外表面的热阻 R_n　　　　　　　　　　　　　　表19-40

项　次	围护结构表面的类别	热阻(m²·K/W)
1	外墙和屋顶的外表面	0.043
2	屋顶、顶棚或外墙的内表面	0.144
3	地板的内表面	0.172

室内计算温度（t_n）　　　　　　　　　　　　　　　　　　表19-41

房　屋　名　称	计算温度(℃)	房　屋　名　称	计算温度(℃)
宿舍办公室走廊	+18	手术室	+25
食堂、俱乐部、会议室、厕所	+16	成人病室	+20
厨房	+15	儿童病室	+22

主要代表性城市冬期采暖室外计算温度（t_d）　　　　　　表19-42

地　名	室外计算温度(℃)	地　名	室外计算温度(℃)	地　名	室外计算温度(℃)
北　京	−9	济　南	−7	贵　阳	−1
上　海	−2	合　肥	−3	成　都	+2
天　津	−9	南　京	−3	武　汉	−2
石家庄	−8	银　川	−15	长　沙	−1
太　原	−12	兰　州	−11	南　昌	−1
呼和浩特	−20	西　宁	−13	杭　州	−1
沈　阳	−20	乌鲁木齐	−23	福　州	+5
长　春	−23	西　安	−5	广　州	+7
哈尔滨	−26	拉　萨	−6	南　宁	+7
郑　州	−5	昆　明	+3		

透风系数 ω 表 19-43

外围结构的种类	一般情况的 ω 值	急风吹袭下的 ω 值
由易渗透的保温材料组成	2.6	3.0
易渗透的保温材料内加一层不易渗透的保温材料	2.0	2.3
易渗透的保温材料外侧表面加一层不易渗透的保温材料	1.6	1.9
易渗透的保温材料内外表面都加一层不易渗透的保温材料	1.3	1.5
由不易渗透的保温材料组成	1.3	1.5

建筑物采暖体积耗热指标 q_1 值   表 19-44

项次	建筑物名称	建筑物体积(m^3)	q_1 值 [$W/(m^3 \cdot K)$]
1	临时生产场所、生活间及办公室	500～1000	1.2～0.9
		1000～5000	0.9～0.5
		50000～10000	0.5～0.4
2	实验室	<5000	0.8～0.7
3	木工、钢筋车间	<5000	0.7～0.6
4	焊接车间	50000～100000	0.4
	金工装配车间	10000～50000	0.5
	工具机修车间	10000～50000	0.5～0.4
	压缩空气、混凝土车间	<500	12～3
	宿舍	—	0.6～0.4
	医院、托儿所	—	0.8～0.6

单位面积耗热指标 q_2 值   表 19-45

项次	建筑物类型	建筑物层数	建筑面积(m^2)	层高(m)	q_2 值(W/m^2)
1	宿舍、办公楼	3～5	4000～7000	3～3.5	75～90
2	医院	2～3	2000～3000	3～3.5	95～105
3	学校	2～3	1000～5000	3～3.5	110～120
4	学校	平房	500 以下	3.5	130～140
5	车间	单层			175～200

注：车间保温较好或有其他热源时，q_2 值可相应减小。

四、总耗热量计算

总耗热量按下式计算：

$$Q = K_a(K_1 Q_1 + K_2 Q_2 + K_3 Q_3 + K_4 Q_4 + K_5 Q_5) \times K_0 \tag{19-48}$$

式中　　　　Q——总耗热量（kJ/h）；

Q_1、Q_2、Q_3、Q_4、Q_5——分别为生产、生活、采暖、通风和锅炉房自身耗热量（kJ/h）；

K_1、K_2、K_3、K_4、K_5——分别为生产、生活、采暖、通风和锅炉房自用热的同时使用系数，一般取 $K_1=0.7\sim0.9$，$K_2=0.5$，$K_3=1$，$K_4=0.8\sim1.0$，$K_5=0.8\sim1.0$；

K_a——保证系数，取 $K_a=1.2$；

K_0——热力管道的热损失系数，约占总耗热量的 5%～15%，即 $K_0=1.05\sim1.15$。

19.6 现场临时供热计算

【例 19-13】 某混凝土搅拌站,每小时用水量为 $3m^3$,水温由 $+10℃$ 加热到 $70℃$;砂子用量为 $8m^3$,露天堆放,室外气温为 $-20℃$,需将其加热到 $40℃$。试计算每小时耗热量。

【解】 查表 18-21 得,水的 $\rho=1000kg/m^3$,$c=4.18kJ/(kg·K)$;砂子的 $\rho=1500kg/m^3$,$c=0.84kJ/(kg·K)$。取 $K_a=1.4$,$K_t=0.7$

将上述数据代入式(19-41)得

$$Q_1=cN\rho(t_2-t_1)\frac{K_a}{K_t}$$

$$=[4.18\times3\times1000(70-10)+0.84\times8\times1500(40+20)]\times\frac{1.4}{0.7}$$

$$=1357200\times\frac{1.4}{0.7}=2714.4\times10^3 kJ/h$$

故知,每小时需耗热量为 $2714.4\times10^3 kJ/h$。

【例 19-14】 上例混凝土搅拌站生活区,共居住职工 320 人,生活区设有职工食堂、开水房、浴室等生活设施,热源由锅炉房集中供应。计算同时使用时每小时最大用汽量。

【解】 由表 19-39 查得,每人每小时用汽量:蒸饭 $0.15kg/(h·人)$,开水 $0.12kg/(h·人)$,洗澡 $0.35kg/(h·人)$。

则同时使用的最大用汽量为:

$$W=(0.15+0.12+0.35)\times320=198.4kg/h$$

故知,该生活区同时使用的最大用汽量为 $198.4kg/h$。

【例 19-15】 混凝土设备基础冬期采用暖棚法施工,暖棚围护结构的表面积为 $1320m^2$,四周及棚顶围护层用 $50mm$ 厚草帘,其导热系数为 $0.1W/m·K$,室外平均气温 $t_d=-10℃$,要求棚内温度 $t_n=8℃$,试求暖棚需消耗热量。

【解】 查表 19-40,$R_n=0.144m^2·K/W$,$R_a=0.043m^2·K/W$,由表 19-43,取 $\omega=2.6$

围护结构的传热系数 由式(19-43)得:

$$K=\frac{1}{R_n+R_a+\frac{\delta}{\lambda}}=\frac{1}{0.144+0.043+\frac{0.05}{0.10}}=1.46W/m^2·K$$

暖棚需要热量消耗量,由式(19-42)得:

$$Q=3.6\sum F·K(t_n-t_d)·\omega$$

$$=3.6\times1320\times1.46\times(8+10)\times2.6=325\times10^3 kJ/h$$

故知,暖棚需消耗热量为 $325\times10^3 kJ/h$。

【例 19-16】 某工地新建一个钢筋车间,长 $44m$,宽 $15m$,高 $5m$,$240mm$ 厚砖墙,钢屋架,保温情况良好,门窗封闭严密,室外气温 $-20℃$,要求车间内温度不低于 $+5℃$。试计算该车间的耗热量。

【解】 建筑物体积 $V=44\times15\times5=3300m^3$

查表 19-44 取体积耗热量 $q_1=0.7W/(m^3·K)$

按体积耗热指标法计算公式(19-45)得:

$$Q_3=q_1V(t_n-t_d)$$

$$=0.7\times3300\times(5+20)=57750W=57.8kW$$

故知，该钢筋车间的耗热量为 57.8kW。

【例 19-17】 例 19-13 混凝土搅拌站有一简易厂房，现改为临时车间使用，该车间建筑面积为 300m²。试估算冬期采暖耗热量。

【解】 查表 19-45，取 $q_2 = 190\text{W/m}^2$

按面积耗热指标法计算公式（19-46）得：
$$Q_3 = q_2 S = 190 \times 300 = 57000\text{W} = 57\text{kW}$$

故知，该车间采暖耗热量为 57kW。

【例 19-18】 施工现场一普通暖棚，长 25m，宽 10m，高 8m，室外气温为 −25℃，要求暖棚温度不低于 15℃，风速为 3m/s，围护结构的平均传热系数 $K = 2.5\text{W/(m}^2 \cdot \text{K)}$。求该暖棚的耗热量。

【解】 暖棚体积 $V = 25 \times 10 \times 8 = 2000\text{m}^3$

暖棚的冷却面积 $F = (25 \times 10) \times 2 + (25 + 10) \times 2 \times 8 = 1060\text{m}^2$

暖棚表面系数 $M = F/V = 1060/2000 = 0.53\text{m}^{-1}$

根据风速，取 $\beta = 1.5$

按冷却表面系数法计算公式（19-47）得：
$$Q_3 = MKV(t_n - t_d) \times \beta = 0.53 \times 2.5 \times 2000 \times (5 + 25) \times 1.5 = 119250\text{W}$$

故知，该暖棚耗热量为 119.25kW。

【例 19-19】 根据例 19-13、19-14、19-17 计算得的各项耗热量为生产耗热量 $Q_1 = 2714.4 \times 10^3 \text{kg/h}$，生活耗热量 $W_2 = 198.4\text{kg/h}$，采暖耗热量 $Q_3 = 57\text{kW}$，没有通风设备用热，$Q_4 = 0$，锅炉房自用及其他用热 $Q_5 = 150 \times 10^3 \text{kJ/h}$。试计算总耗热量。

【解】 汽化热 γ，一般低压蒸汽取 2100kJ/kg

$Q_2 = W_2 \gamma = 198.4 \times 2100 = 416640\text{kJ/h}$

$Q_3 = 57 \times 3600 = 205200\text{kJ/h}$

取 $K_1 = 0.8$，$K_2 = 0.5$，$K_3 = 1.0$，$K_5 = 0.9$，$K_0 = 1.15$，$K_a = 1.2$，代入总耗热量式（19-48）得：

$Q = K_a(K_1 Q_1 + K_2 Q_2 + K_3 Q_3 + K_4 Q_4 + K_5 Q_5) \times K_0$

$= 1.2 \times (0.8 \times 2714.4 \times 10^3 + 0.5 \times 416.64 \times 10^3 + 1.0 \times 205.2 \times 10^3 + 0.9 \times 150 \times 10^3) \times 1.15$

$= 1.2 \times 2720.04 \times 10^3 \times 1.15 = 3753.66 \times 10^3 \text{kJ/h}$

故知，某混凝土搅拌站总耗热量为 $3753.66 \times 10^3 \text{kJ/h}$。

19.6.2 蒸汽用量及供汽管道计算

一、蒸汽用量计算

蒸汽用量可按下式计算：

$$W = \frac{Q}{I \cdot H} \tag{19-49}$$

式中　W——蒸汽用量（kg/h）；

Q——计算所需总热量（kJ/h）；

I——在一定压力下蒸汽的含热量（kJ/kg）见表 19-46；

H——有效利用系数，一般为 0.4~0.5。

工地常用的蒸汽压力，可按表19-47选用。

饱和蒸汽的参数表　　　　　　　　　　　　　　　表 19-46

压力(Pa)	饱和温度(℃)	比容(m³/kg)	比重(kg/m³)	含热量(kJ/kg)
0.05	80.86	3.299	0.3031	2644
0.07	89.45	2.408	0.4153	2659
0.10	99.09	1.725	0.5797	2675
0.16	112.73	1.1110	0.9001	2695
0.20	119.62	0.9088	1.109	2706
0.24	125.46	0.7603	1.315	2714
0.30	132.88	0.6169	1.621	2724
0.40	142.92	0.4709	2.124	2738
0.50	151.11	0.3817	2.620	2748
0.54	154.02	0.3550	2.817	2751
0.60	158.08	0.3214	3.111	2756
0.70	164.17	0.2778	3.600	2763
0.80	169.61	0.2448	4.085	2768
1.00	179.04	0.1980	5.051	2777
1.40	194.13	0.1434	6.974	2789
1.60	200.43	0.1261	7.930	2793
2.00	211.38	0.1015	9.852	2799

工地热负荷常用的蒸汽压力　　　　　　　　　　　表 19-47

输送距离(m)	蒸汽压力(N/mm²)	输送距离(m)	蒸汽压力(N/mm²)
300 以内	0.03～0.05	1000～2000	0.30
600 以内	0.10	2000 以上	0.40 以上
1000 以内	0.20		

二、供气管道管径计算

蒸汽管道需用管径按下式计算：

$$d=\sqrt{\frac{4W\mu}{3600\pi \cdot v}} \tag{19-50}$$

式中　d——蒸汽管道内径（m）；
　　　W——蒸汽用（流）量（kg/h）；
　　　μ——蒸汽的比容（m³/kg），见表19-46；
　　　v——蒸汽的速度，见表19-48。

根据计算得出的管径 d，查钢管规格表（表19-21）选用管材。

蒸汽容许速度表　　　　　　　　　　　　　　　　表 19-48

蒸汽的种类	管道种类	容许速度(m/s)
过热蒸汽	主管	40～60
过热蒸汽	支管	35～40
饱和蒸汽	主管	30～40
饱和蒸汽	支管	20～30
废　汽	—	80～100

为简化计算，快速确定管径，也可根据蒸汽用量和管路的长度，查得表19-49，概略选择出使用的管径。

蒸汽管和凝结水管管径选择   表 19-49

锅炉上的蒸汽表压(MPa)	蒸汽管直径(mm)	凝结水管直径(mm) 凝结水升高 1m	凝结水管直径(mm) 凝结水升高 5m	蒸汽管或凝结水管管路长度(m)	蒸汽量或凝结水量(kg/h)
0.07	25	25	—	180	40
	32	25	—	225	85
	40	32	—	260	130
	50	40	—	295	170
	70	50	—	360	340
	80	60	—	383	575
	100	70	—	405	810
	125	80	—	503	1305
	150	100	—	600	1800
0.2 (0.4)	25	25	25	275 370	65 105
	32	25	32	328 440	140 220
	40	32	40	393 505	216 345
	50	40	50	445 570	295 470
	70	50	70	530 670	565 900
	80	70	80	565 705	975 1555
	100	80	100	600 840	1385 2210
	125	100	125	793 970	2243 3575
	150	125	150	985 1200	3100 4940

注：1. 表中的管路长度为锅炉至现场最远用热设备的距离。
2. 支管管径的确定应根据该支管的负荷蒸汽量或凝结水量及管线长度选用，且支管与干管汇合点处的压力相等。

三、管道的伸缩计算

直管段受热时的伸长量，可按下式计算：

$$\Delta L = 0.012(t_1 - t_2)L \tag{19-51}$$

式中 ΔL——管道受热伸长量（mm）；
t_1——热煤温度（℃）；
t_2——管道安装时的环境温度（℃）；
L——管道的直管段长度（m）；
0.012——管道的线膨胀系数（mm/m·℃）。

【例 19-20】 某工程冬期施工采用暖棚法，已计算得暖棚耗热量为 567×10^3 kJ/h。试计算其蒸汽需用量、蒸汽管道直径以及选择锅炉型号。暖棚距热源 400m。

【解】 (1) 由表 19-46 查得 $I = 2675$ kJ/kg，$H = 0.5$ 代入式（19-49）得：

$$W = \frac{Q}{IH} = \frac{567 \times 10^3}{2675 \times 0.5} = 424 \text{kg/h}$$

故知，蒸汽需用量为 424kg/h。

(2) μ 由表 19-46 查得为 $1.725\text{m}^3/\text{kg}$，$v$ 由表 19-48 查得为 35m/s，代入管径计算式 (19-50) 得：

$$d=\sqrt{\frac{4W\cdot\mu}{3600\pi\cdot v}}=\sqrt{\frac{4\times424\times1.725}{3600\times3.14\times35}}=0.086\text{m} \quad \text{用}100\text{mm}$$

故知，需用蒸汽管道直径为 100mm。

用查表法选定蒸汽管径及蒸汽压力：

在表 19-49 中，找到与已知蒸汽用量和管路长度都较接近的数值：$W=575\text{kg/h}$，$L=383\text{m}$，$d=80\text{mm}$，$d_\text{水}=60\text{mm}$，$p=0.07\text{MPa}$。

故知，应该选择锅炉蒸汽表压为 0.07MPa，蒸汽管径为 100mm（管径放大一级），凝结水管径为 60mm。

19.6.3 锅炉选用及耗煤量计算

一、锅炉选用计算

根据计算的蒸汽需用量和选定的蒸汽压力，查表 19-50 锅炉性能表，即可选定锅炉的型号。

二、锅炉耗煤量计算

锅炉每小时最大耗煤量可按下式计算：

$$B=\frac{W(i_\text{g}-i)}{\eta Q_\text{d}} \tag{19-52}$$

式中 B——锅炉每小时最大耗煤量（kg/h）；

W——蒸汽产量（kg/h）；

i_g——蒸汽焓（kJ/kg）；

i——给水焓（kJ/kg）；

Q_d——煤的低位发热量（kJ/kg），参见表 19-51；

η——锅炉热效率（以小数计）。

锅炉性能表　　　　表 19-50

项次	锅炉型号	发热量(t/h)	工作压力(N/mm²)	供水温度(℃)	效率(%)
1	LSG0.2$\frac{7}{4}$A	0.2	0.7 或 0.4	169.6 或 151	62
2	LSG0.5~7-AⅢ	0.5	0.7	169.6	70
3	KZL2~7	2	0.7	169.6	78
4	KZLA-10	4	1.0	183.2	74
5	DZL240-7/95/70-AⅡ	2.8	0.7	95	78
6	DZL360-7/95/70-A-P-W1	4.2	0.7	95	75.8
7	KZW120-7/95/70-AⅡ	1.4	0.7	95	72
8	KZW4-13-AⅡ	4	1.3	194	76.6
9	SHW360-10/130/70-H	4.2	1.0	130	74.78
10	KQL360-7/95/70-AⅢ	4.2	0.7	95	75

当煤的低位发热量为 20934～25121kJ/kg 时，可按每吨煤产生的蒸汽量来估算耗煤量，参见表 19-52（按煤在完全燃烧时，所发出的全部热量称煤的发热量。煤的发热量有高位和低位发热量两种。一般计算耗煤量时均采用低位发热量。每 1kg 煤低位发热量为 29308kJ 时，称作 1kg 标准煤）。

煤的低位发热量　　　　　　　　　　　　　　　　　　　　表 19-51

煤　种	发热量(kJ/kg)	煤　种	发热量(kJ/kg)
石煤	4187～10467	贫煤	>18841
煤矸石	6282～10467	无烟煤	20934～32657
褐煤	8374～14654	烟煤	12560～29308

锅炉耗煤量估算表　　　　　　　　　　　　　　　　　　　　表 19-52

锅炉热效率 $\eta(\%)$	每吨煤可产生的蒸汽量(t)	每小时产生 1t 蒸汽所需要的煤(kg)
80	7～8.5	143～118
75	6～8	167～125
65	5.5～6.5	182～154
60	4.5～5.5	222～182
50	4～5	250～200

【例 19-21】 条件同例 19-20，已计算得知蒸汽用量为 0.424t/h，试选用锅炉型号。

【解】 根据蒸汽用量 $W=0.424$t/h，查表 19-50，选用 LSG0.5-7-A 型锅炉 1 台，其发热量为 0.5t/h>0.424t/h。

故知，用 LSG0.5-7-A 型锅炉 1 台可满足使用要求。

【例 19-22】 已知锅炉蒸汽量 $W=1500$kg/h，工作压力为 0.8MPa，蒸汽温度饱和，给水温度为 85℃，锅炉热效率 $\eta=72\%$，煤采用无烟煤，低位发热量为 20934kJ/kg。试计算该锅炉的耗煤量。

【解】 已知 $W=1500$kg/h，工作压力 $=0.8$MPa，查表 19-46 得 $i_g=2768$kJ/kg，i 值在一般计算中以给水温度值代入，给水温度 85℃，$i=356$kJ/kg，$\eta=72\%=0.72$，$Q_d=20934$kJ/kg。

代入耗煤量式（19-52）得：

$$B=\frac{W(i_g-i)}{\eta Q_d}=\frac{1500\times(2768-356)}{0.72\times20934}=240\text{kg/h}$$

故知，该锅炉的耗煤量为 240kg/h。

【例 19-23】 有一锅炉房安装有 1t 锅炉 2 台和 2t 锅炉 1 台，其热效率分别为 60% 和 65%。问该锅炉房的小时耗煤量及最冷月份的昼夜耗煤量、月耗煤量各是多少。

【解】 查表 19-52 得：

1t 炉：$222\times1\times2=444$kg/h

2t 炉：$182\times2\times1=364$kg/h

故知，该锅炉房的小时耗煤量为 $444\times364=808$kg/h。

最冷月份昼夜耗煤量计算时以三班工作制，则昼夜耗煤量 B_1 为：

$$B_1=20B=20\times808=16160\text{kg/昼夜}$$

故知，最冷月份月耗煤量为：

$$B_2 = 30B_1 = 30 \times 16160 = 484800 \text{kg/月} = 484.8 \text{t/月}$$

19.6.4 散热器需用面积计算

确定每间房间的采暖设计热负荷后，即可计算所需散热器数量。

散热器的散热面积可按下式计算：

$$F = \frac{Q}{K(t_s - t_n)} \cdot \beta_1 \beta_2 \beta_3 \tag{19-53}$$

式中 F——散热器的外表面积（m^2）；

Q——所需要的散热量（W）；

K——散热器的传热系数（$W/m^2 \cdot K$），参见表19-53；

t_s——散热器内热媒的平均温度（℃），采用热水时，为散热器进出口平均水温；采用低压蒸汽（≤0.03MPa）时为100℃；采用高压蒸汽（＞0.03MPa）时为散热器前蒸汽压力相对应的饱和温度；

t_n——室内采暖计算温度（℃）；

β_1——散热器的片数或长度修正系数，参见表19-54；

β_2——散热器的安装形式修正系数，参见表19-55；

β_3——散热器连接方式修正系数，参见表19-56。

散热器的传热系数 K [W/(m² · K)] 表19-53

项次	散热器名称	热水 $\Delta t = t_s - t_n$ (℃)						蒸汽 表压(MPa)		
		30	40	50	60	70	80	0.03	0.07	＞1
1	四柱(813)	7.44	7.94	8.43	8.96	9.35	9.82	10.32	10.58	11.34
2	五柱(760)	6.10	6.54	7.01	7.49	7.95	8.44	9.13	9.48	10.05
3	五柱(813)	7.22	7.65	8.07	8.50	8.91	9.27	9.77	10.06	10.75
4	二柱(584)	6.82	7.21	7.62	8.02	8.43	8.85	9.96	10.23	10.96
5	M-132	6.92	7.29	7.63	8.02	8.37	8.72	9.71	9.94	10.68
6	大60	5.26	5.78	6.30	6.83	7.35	7.86	8.02	8.18	8.84
7	小60	5.08	5.55	6.01	6.48	6.94	7.36	8.02	8.18	8.84
8	大38	5.80	6.16	6.52	6.70	7.26	7.56	8.43	8.68	9.28
9	四翼(单排)		5.23	5.23	5.82	5.82	5.82	6.98	6.98	7.79
10	四翼(双排)		4.65	4.65	4.94	5.23	5.23	5.82	5.82	6.51

散热器的片数或长度修正系数 β_1 值 表19-54

片式散热器（片）	β_1	板式散热器 长×宽(mm)	β_1	串片散热器长度(mm)	β_1
＜6	0.95	400×600	0.9	0.8	0.9
6～10	1.0	600～800×600	0.95	1.0	1.0
11～20	1.05	1000×600	1.0	1.2	1.1
20～25	1.1	1200～1800×600	1.1	1.4	1.3

散热器安装方式修正系数 β_2 值   表 19-55

项次	散热器安装方式		β_2
1	散热器明装或半暗装,且不加任何外罩		1.0
2	明装散热器一个方向加挡板		
3	暗装散热器顶部至壁龛或盖板底面的距离大于100mm时		
4	散热器带外罩,且在罩子前面的上、下均有通风孔,上通风孔高度为罩宽的0.8倍时		
5	暗装散热器顶部距壁龛面的距离小于100mm时		1.1
6	带外罩散热器,罩前面的上、下端开孔,开孔高度 ≥130mm	开孔用花格装饰时	1.2
7		开孔为敞开式时	1.4
8	散热器外加花格罩,其顶部开孔宽度≥散热器宽度,罩前下端开孔高度 ≥100mm时		1.2

注:壁龛深度≤120mm时为半暗装;壁龛深度>120mm时为暗装。

散热器连接方式修正系数 β_3 值   表 19-56

项次	散热器支管连接方式		β_3
1	同侧上进下出		1.00
2	异侧上进下出		1.00
3	同侧下进上出	$\Delta t \leq 70℃$	1.25
		$\Delta t \geq 70℃$	1.40
4	异侧下进上出	$\Delta t \leq 70℃$	1.20
		$\Delta t \geq 70℃$	1.30
5	下进下出	$\Delta t \leq 70℃$	1.10
		$\Delta t \geq 70℃$	1.20

注:表中 Δt 为热媒平均温度与室内温度之差。

【例 19-24】 某房间冬期进行装修,已计算出所需的热损失为 20934W,采用低压蒸汽采暖,室内要求温度为+15℃,采用大 60 散热器明装,管道连接方式为异侧上进下出。试计算散热器需用片数。

【解】 已知 $Q=20934W$,$t_s=100℃$,$t_n=+15℃$,

查表 19-53 得 $K=7.86W/m^2 \cdot K$;查表 19-54 得 $\beta_1=0.95$;

查表 19-55 得 $\beta_2=1.0$;查表 19-56 得 $\beta_3=1.0$

代入散热器散热面积公式 (19-53) 得

$$F=\frac{Q}{K(t_s-t_n)}\beta_1\beta_2\beta_3$$

$$=\frac{20934}{7.86\times(100-15)}\times 0.95\times 1.0\times 1.0=29.77m^2$$

大 60 散热器每片散热面积为 $1.17m^2$,故知所需散热器片数为 29.77/1.17=25.4 片,即取 26 片大 60 散热器。

19.7 现场临时供气计算

19.7.1 压缩空气需要量计算

工程施工压缩空气需要量可按下式计算：

$$Q = \sum m \cdot K \cdot q \tag{19-54}$$

式中 Q——压缩空气需要量（m^3/min）；

m——某型号风动工具的数量；

K——同一时间开动使用系数，按表 19-57 取用；

q——某型号风动工具的空气消耗量（m^3/min），见表 19-58。

同一时间开动系数 K 表 19-57

联结的工具器具数	1	2～3	4～6	7～10	11～20	25 以上
K	1	0.9	0.8	0.7	0.6	0.5

常用风动机具耗气量   表 19-58

机具名称	耗风量（m^3/min）	需要风压（N/mm^2）	机具名称	耗风量（m^3/min）	需要风压（N/mm^2）
潜孔凿岩机	9～13	0.5～0.6	除锈机	1～1.4	0.5～0.6
导轨式凿岩机	8.5～13	0.5～0.7	风钻	0.5～2.2	0.5
气腿式凿岩机	2.6～3.3	0.5～0.7	风螺刀	0.2	0.5
手持式凿岩机	0.7	0.5	风砂轮	0.7～1.7	0.5
凿岩机 Y-30	2.4	0.5	风扳手	0.6～2	0.5
冲击器 C100(C150)	6(12)	0.5～0.6	风锯	2.0	0.5
风镐	0.9～1.0	0.4～0.5	冲击把柄	1.4	0.5～0.6
风铲	0.6	0.5	水泥喷枪	5.0	0.5～0.6

【例 19-25】 混凝土基础拆除工程，根据工程量及工期要求需用手持式凿岩机 6 台，风镐 4 台，风铲 2 台，试求压缩空气需用量。

【解】 耗风量由表查得：手持式凿岩机 $q_1 = 0.7 m^3/mm$，风镐 $q_2 = 0.95 m^3/min$，风铲 $q_3 = 0.6 m^3/mm$；由表 19-57 查得同时开动系数 $K = 0.6$

压缩空气需用量由式（19-54）得：

$$Q = \sum m \cdot K \cdot q = 0.6 \times (6 \times 1 + 4 \times 0.95 + 2 \times 0.6)$$
$$= 6.6 m^3/min$$

故知，压缩空气需要量为 $6.6 m^3/min$。

19.7.2 空气压缩机生产率计算

工程施工使用的空气压缩机生产率按下式计算：

$$P = (1.3 \sim 1.5)Q \tag{19-55}$$

式中 P——空气压缩机生产率（m³/min）；

Q——压缩空气需要量（m³/min）；

1.3～1.5——考虑网路的损失系数，包括漏气损失、空压机内风量损失。

19.7.3 空气压缩机及管径选用计算

根据式（19-54）计算的压缩空气需要量，即可选择空气压缩机的规格及台数。冬期施工时空气的消耗与空气管道的冷却有关，应增加 20%～25%。

常用空气压缩机类型及技术性能见表 19-59。

根据需要压缩空气流量，可按表 19-60 和表 19-61 选择压缩空气输送管管径。压缩空气输送管道最大长度不应超过 1.5～2.0km，以不超过 0.5km 较适宜。

常用空气压缩机性能　　　　　　　　　　　　　　　　　　表 19-59

型　号	驱动方式	结构形式	冷却方式	安装性能	排气量 (m³/min)	排气压力 (N/mm²)	转　速 (r/min)
AW-3/7	电动	W活塞	风冷	固定式	3	0.7	965
YV-6/8	电动	W活塞	风冷	移动式	6	0.8	980
YW-9/7-1	柴动	活塞式	风冷	移动式	9	0.7	960
VY-9/7	柴动	活塞式	风冷	移动式	9.5	0.7	1500
ZY-9/7	柴动	活塞式	风冷	移动式	8～9	0.7	860
3L-10/8	电动	活塞式	水冷	固定式	10	0.8	975
W-20/8	电动	活塞式	水冷	固定式	20	0.8	750
LG20-10/7	柴动	螺杆式	风冷	移动式	10	0.7	3776
LG20-22/7	电动	螺杆式	风冷	半移动式	22	0.7	3000
LGY25-17/7	柴动	螺杆式	风冷	移动式	17	0.7	2250

压缩空气管道计算直径选择表　　　　　　　　　　　　　　表 19-60

压缩空气流量 (m³/min)	压缩空气管道的长度(m)							
	10	25	50	100	200	300	400	500
	管　道　计　算　直　径(mm)							
1	20	20	25	25	33	33	37	37
2	25	33	33	37	40	43	46	46
4	33	37	37	43	49	54	54	58
6	33	40	43	49	58	64	64	70
8	37	43	49	58	64	70	76	76
10	40	46	52	58	70	76	82	82
15	43	52	64	70	82	88	94	94
25	54	64	76	88	100	106	113	119
50	70	82	94	106	125	131	143	143
100	88	106	119	137	162	176	180	192

注：按 6 计算大气压，压力降为 0.1 计算大气压。管道采用钢管，压力降 0.1 计算大气压系以直线管段计算，不计管道转弯、补偿器和装配件处的压力降。

压缩空气管径流量压降表 表 19-61

管径 (mm)	流量 (L/h)	流量 (m³/min)	压力损失 (MPa/m)
50	300~555	3.87~7.16	0.00008~0.00030
70	705~1040	9.10~13.16	0.00009~0.00020
80	975~1400	12.70~18.06	0.00008~0.00017
100	1045~2130	18.70~27.50	0.00006~0.00013
125	2300~3350	29.60~43.20	0.000045~0.000090
150	3200~4800	41.40~62.00	0.000030~0.000070
200	6100~9400	78.70~121.00	0.000025~0.000055
250	9600~13800	124.00~178.00	0.000016~0.000036
300	13000~19900	168.00~252.00	0.000014~0.000027

注：空气压力 6.5 表压，温度 100℃，比容 0.156m³/kg，流速 8~12m/s。

【例 19-26】 条件同例 19-25，试选择确定空气压缩机型号及数量。

【解】 由例 19-25 已求得 $Q=6.6m^3/min$，需要空气压缩机生产率由式（19-55）得：

$$P=1.4Q=1.4\times 6.6=9.24m^3/min$$

查表 19-59 选用 1 台 VY-9/7 型柴油活塞式风冷移动式空气压缩机，其排气量为 $9.5m^3/min > 9.24m^3/min$，可满足要求。

19.8 现场临时运输设施计算

19.8.1 现场施工运输量计算

施工现场所需运输的主要货物有建筑材料、构件、半成品和建筑企业的机械设备，以及工艺设备、燃料、废料和职工生活福利用的物资。每日货运量可按下式计算：

$$q_i=\frac{\sum Q_i \cdot L_i}{T} \cdot K_1 \tag{19-56}$$

式中 q_i——每日货运量（t·km/d）；

T——货物所需运输天数（d）；

Q_i——整个单位工程的各类材料用量（t）；

L_i——各类材料由发货地点到使用地点的距离（km）；

K_1——运输工作不均衡系数、汽车运输采用 1.2；铁路运输采用 1.5；水路运输采用 1.3。

【例 19-27】 现场须运输水泥 2300t，运距 12km，砂石 12000t，运距 10km，钢筋 1250t，运距 20km，要求在 30d 内运完，试求每日材料运输量。

【解】 材料运输量由式（19-56）得：

$$q=\frac{\sum Q_i \cdot L_i}{T}K_1=\frac{2300\times 12+12000\times 10+1250\times 20}{30}\times 1.2=6904t$$

19 临时设施工程

故知,每日材料运输量为6904t。

19.8.2 现场施工运输工具需用数量计算

运输方式确定后,即可计算运输工具的需要量。每一工作台班内所需用的运输工具数量可按下式计算:

$$N=\frac{q_i}{P \cdot mK_2} \tag{19-57}$$

式中　N——运输工具数量(台);
　　　P——运输工具的台班生产率(t/台班);
　　　m——每日的工作班次;
　　　K_2——运输工具使用不均衡系数,对汽车可取0.6~0.8;马车可取0.5;拖拉机可取0.65;
　　　q_i——每日货运量(t·km/d)。

【例19-28】 现场须运输水泥150t,运距10km,采用汽车运输,要求在30d内运完,每台汽车台班生产率$P=32$t/台班,采用2班运输,试求需用汽车数量。

【解】 取$K_1=1.2$,$K_2=0.8$,每日须运水泥量由式(19-56)得:

$$q=\frac{\sum Q_i L_i}{T} \cdot K_1 = \frac{1500 \times 10}{30} \times 1.2 = 600t$$

又已知$P=32$t/台班,$m=2$,每日需用汽车数量由式(19-57)得:

$$N=\frac{q_i}{P \cdot m \cdot K_2}=\frac{600}{32 \times 2 \times 0.8}=11.7台 \quad 用12台$$

故知,需用12台汽车运输。

19.9　现场临时道路计算

19.9.1　现场简易道路技术要求数据

现场简易施工道路路面种类和厚度、现场简易道路技术要求,施工现场道路最小转弯半径以及路边排水沟最小尺寸规定分别见表19-62~表19-65。

现场简易施工道路路面种类和厚度　　　　表19-62

项次	路面种类	特点及其使用条件	路基土	路面厚度/cm	材料配合比
1	级配砾石路面	雨天照常通车,可通行较多车辆,但材料级配要求严格	砂质土	10~15	体积比: 黏土:砂:石子=1:0.7:3.5 重量比: (1)面层:黏土13%~15%,砂石料85%~87%。 (2)底层:黏土10%,砂石混合料90%
			黏质土或黄土	14~18	

续表

项次	路面种类	特点及其使用条件	路基土	路面厚度/cm	材料配合比
2	碎（砾）石路面	雨天照常通车，碎（砾）石本身含土较多，不加砂	砂质土	10～18	碎（砾）石>65%，当地土壤含量≤35%
			砂质土或黄土	15～20	
3	碎砖路面	可维持雨天通车，通行车辆较少	砂质土	13～15	垫层：砂或炉渣 4～5cm 底层：7～10cm 碎砖 面层：2～5cm 碎砖
			黏质土或黄土	15～18	
4	炉渣或矿渣路面	可维持雨天通车，通行车辆较少，当附近有此项材料可利用时	一般土	10～15	炉渣或矿渣75%，当地土25%
			较松软时	15～30	
5	砂土路面	雨天停车，通行车辆较少，附近不产石料而只有砂时	砂质土	15～20	粗砂50%，细砂、粉砂和黏质土50%
			黏质土	15～30	
6	风化石屑路面	雨天不通车，通行车辆较少，附近有石屑可利用	一般土壤	10～15	石屑90%，黏土10%
7	石灰土路面	雨天停车，通行车辆少，附近产石灰时	一般土壤	10～13	石灰10%，当地土壤90%

现场简易道路技术要求　　　　　　　　　　　　　表 19-63

名　　称	单位	技　术　标　准
行车速度	km/h	不大于 20
路基宽度	m	双车道 6～6.5；单车道 4～4.5；困难地段 3.5
路面宽度	m	双车道 5～5.5；单车道 3～3.5
平曲线最小半径	m	平原、丘陵地区 20，山区 15，回头弯道 12
最大纵坡	%	平面地区 6，丘陵地区 8，山区 11，土路>4
纵坡最短长度	m	平原地区 100，山区 50

施工现场道路最小转弯（曲线）半径　　　　　　　表 19-64

车 辆 类 型	路面内侧的最小转弯半径(m)			备 注
	无 拖 车	有一辆拖车	有二辆拖车	
小客车三轮汽车	6	—	—	
一段二轴载重汽车	9（单车道）、7（双车道）	12	15	如 4t，5t
三轴载重汽车、重型载重汽车、公共汽车	12	15	18	如 12t，25t
超重型载重汽车	15	18	21	如 40t

路边排水沟最小尺寸表　　　　　　　　　　　　　表 19-65

边沟形状	最小尺寸（m）		边坡坡度	适用范围
	深 度	底 宽		
梯形	0.4	0.4	1:1～1:1.5	土质路基
三角形	0.3	—	1:2～1:3	岩石路基
方形	0.4	0.3	1:0	岩石路基

19.9.2 临时道路简易平曲线及竖曲线计算

一、道路简易平曲线计算

道路平曲线一般采用圆弧形，常用最小半径为15m。平曲线的有关尺寸按以下公式计算（图19-5）：

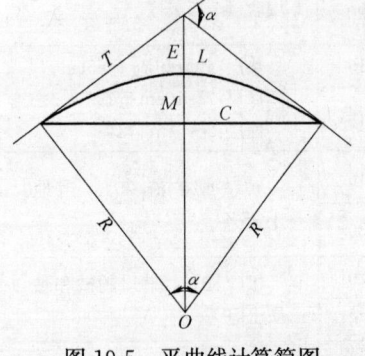

图 19-5 平曲线计算简图

$$T=R\tan\frac{\alpha}{2} \quad (19\text{-}58)$$

$$L=\frac{\pi}{180°}R\cdot\alpha=0.0175R\alpha \quad (19\text{-}59)$$

$$E=R\left(\sec\frac{\alpha}{2}-1\right) \quad (19\text{-}60)$$

$$C=2R\sin\frac{\alpha}{2} \quad (19\text{-}61)$$

$$M=R\left(1-\cos\frac{\alpha}{2}\right) \quad (19\text{-}62)$$

式中 T——切线长度（m）；
R——平曲线半径（m）；
α——转向角（°）；
E——外距（m）；
C——弦长（m）；
M——中距（m）；
L——弧长（m）。

【例 19-29】 已知转向角 $\alpha=32°$，$R=25$m，求平曲线各部尺寸。

【解】 将 $\alpha=32°$，$R=25$m，代入平曲线的有关公式得：

$$T=R\cdot\tan\frac{\alpha}{2}=25\cdot\tan\frac{32°}{2}=7.17\text{m}$$

$$L=\frac{\pi}{180°}\cdot R\cdot\alpha=\frac{\pi}{180°}\times25\times32=13.96\text{m}$$

$$E=R\left(\sec\frac{\alpha}{2}-1\right)=25\left(\sec\frac{32°}{2}-1\right)=1.00\text{m}$$

$$C=2R\sin\frac{\alpha}{2}=2\times25\cdot\sin\frac{32°}{2}=13.78\text{m}$$

$$M=R\left(1-\cos\frac{\alpha}{2}\right)=25\left(1-\cos\frac{32°}{2}\right)=0.97\text{m}$$

二、道路简易竖曲线计算

竖向曲线分凸形和凹形两种。当相邻两纵坡坡度的代数差，在凸形交点处大于2%、在凹形交点处大于0.5%时，即应设置圆形竖曲线。车行道竖曲线的最小半径，在凸形交叉点处为300m，凹形交叉点处为100m。

竖曲线的有关尺寸按以下公式计算（图19-6）：

$$\Delta_i=\arctan(i_1-i_2) \quad (19\text{-}63)$$

$$T=R\tan\frac{\Delta_i}{2}; \quad L=\frac{\pi}{180°}R\cdot\Delta_i \quad (19\text{-}64)$$

19.9 现场临时道路计算

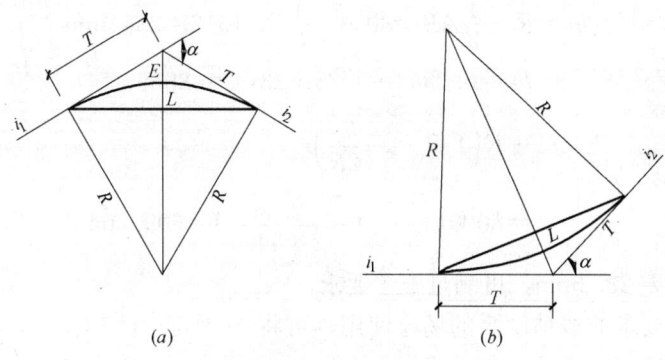

图 19-6 竖曲线计算简图
(a) 凸曲线；(b) 凹曲线

$$E = R\left(\sec\frac{\Delta_i}{2} - 1\right) \approx \frac{T^2}{2R} \tag{19-65}$$

式中 Δ_i——相邻两坡度值的代数差（％）；两坡度异号相加，同号相减；
  T——竖曲线切线长度（m）；
  L——竖曲线长度（m）（$L \approx 2T$）；
  E——竖曲线的纵距长度（m）。

19.9.3 圆曲线放样简易计算

在道路工程施工中，经常遇到圆曲线的放样计算，精确的圆曲线放样方法很多，但比较烦琐、费工费时，以下简介一种较简易的圆曲线放线计算方法，不用经纬仪，且方便、实用，易于掌握。

其方法步骤是：先在场地上定下圆弧段的起点 A 和止点 B（图 19-7），根据弦长 AB 和半径 R 计算出 h_0，连接 AB 点，定出中点 C，并作垂线 DC，高等于 h_0，再作 AD 的垂直平分线量得 $EF = h_1 = 0.25h_0$，然后再作 FD 的垂直平分线，并使 $HG = h_2 = 0.25h_1$，依此类推，便得到曲线上各点，连接 $AFHDB$ 弧线，便形成一半径为 R 的圆弧。

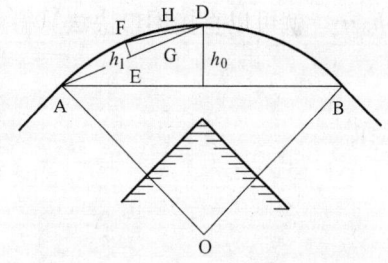

图 19-7 圆曲线放样计算简图

由于 $\overset{\frown}{AD} = \frac{1}{2}\overset{\frown}{ADB}$，有 $h_1 = 0.25h_0$

$$\overset{\frown}{FD} = \frac{1}{2}\overset{\frown}{AFD}, 有 h_2 = 0.25h_1$$

这种圆曲线放线方法，也可用口诀"弧长一半，矢高二五"表达。

【例 19-30】 厂区道路圆弧连接如图 19-7 所示，已知设计半径 $R = 8$m，$\angle AOB = 90°$，试比较简易法 h_1 与精确法 h_1' 的差别。

【解】 因 $AB = \sqrt{2}R = 1.414 \times 8000 = 11312$mm

$$h_0 = R - \frac{1}{2}AB = 8000 - \frac{1}{2} \times 11312 = 2344 \text{mm}$$

简易法 $\qquad h_1 = 0.25h_0 = 0.25 \times 2344 = 586 \text{mm}$

精确法
$$h_1' = R\left(1 - \sqrt{1 - \frac{h_0}{2R}}\right)$$
$$= 8000\left(1 - \sqrt{1 - \frac{2344}{2 \times 8000}}\right) = 609.2 \text{mm}$$

两种方法相差 23.2mm，可满足施工要求。

如果在其他要求放线精度高的场合使用，可将 h_1 作适当修正，再同样口诀法求以后的矢高 h_2、h_3 等。

方法是：先计算 h_0/R 的比值。如 $\frac{1}{3} \geq \frac{h_0}{R} \geq \frac{1}{30}$ 时，先用 $h_1 = \frac{h_0}{4} + \frac{h_c^2}{32R}$ 求得 h_1，再用口诀法求以后的矢高 h_2、$h_3 \cdots$，如 $\frac{1}{3} \leq \frac{h_0}{R}$ 时，则先用 $h_1 = R(1 - \sqrt{1 - h_0/2R})$ 求得 h_1，再用口诀法求以后的 h_2、$h_3 \cdots$，以此放样，即可得到较高精度的圆曲线。

【例 19-31】 条件同例 19-30，试用修正法求较精确值 h_1。

【解】 先计算比值 $\frac{h_0}{R} = \frac{2344}{8000} = 0.293$

则知符合 $\frac{1}{3} > 0.293 > \frac{1}{30}$ 情况

$$h_1 = \frac{h_0}{4} + \frac{h_0^2}{32R} = \frac{2344}{4} + \frac{2344^2}{32 \times 8000} = 607.5 \text{mm}$$

故知，修正后的 $h_1(=607.5\text{mm})$ 仅与精确值 $h_1'(=609.2\text{mm})$ 差 1.7mm。以后的 h_2、$h_3 \cdots$，就可以直接用口诀法算得（略）。

20 施工机具设备

20.1 施工机械需用量综合计算

施工机械需用量,可按以下综合公式计算:

$$N=\frac{Q \cdot K}{T \cdot P \cdot m \cdot \varphi} \tag{20-1}$$

式中 N——施工机械需用数量(台);
Q——工程量,以实物计算单位计算;
K——施工不均衡系数,见表20-1;
T——工作台日数(d),即有效作业天数;
φ——机械工作系数(包括完好率、利用率等),见表20-2和表20-3;
P——机械产量指标,即台班生产率,见表20-4和表20-5;
m——每天工作班数(班),单班为1,双班为2。

施工不均衡系数 K 表20-1

项目名称	不均衡系数 年度	不均衡系数 季度	项目名称	不均衡系数 年度	不均衡系数 季度
土方工程	1.5~1.8	1.2~1.4	道路,地坪	1.5~1.6	1.1~1.2
混凝土	1.5~1.8	1.2~1.4	屋面	1.3~1.4	1.1~1.2
砌砖	1.5~1.6	1.2~1.3	机电设备安装	1.2~1.3	1.1~1.2
钢筋	1.5~1.6	1.2~1.3	电气、卫生技术及管道	1.3~1.4	1.1~1.2
模板	1.5~1.6	1.2~1.3	公路运输	1.2~1.5	1.1~1.2
吊装	1.3~1.4	1.1~1.2	铁路运输	1.5~2.0	1.3~1.5

机械工作系数 φ 值   表20-2

机械设备名称	系数 φ	机械设备名称	系数 φ
≥6t/m² 履带式,铁路及塔式起重机	0.6~0.7	卷扬机	0.5~0.6
≥1m³ 斗容量的挖土机	0.6~0.7	各式汽车	0.5~0.6
<1m³ 斗容量的挖土机	0.5~0.6	打桩机	0.4~0.5
多斗挖土机	0.5~0.6	木工机床	0.4~0.5
≥0.75m³ 斗容量的铲运机	0.5~0.6	移动式皮带运输机	0.4~0.5
≥500L 的混凝土及砂浆搅拌机	0.6~0.7	各式水泵	0.4~0.5
<500L 的混凝土及砂浆搅拌机	0.5~0.6	绞车桅杆式起重机	0.3~0.4
<6t/m 各式起重机	0.5~0.6	砂浆泵	0.3~0.4
≥5t 压路机	0.6~0.7	电焊机	0.3~0.4
<5t 压路机	0.5~0.6	电动工具	0.3~0.4
<15t 以下的压路机	0.4~0.5	振动器	0.3~0.4
各式移动式空压机	0.5~0.6	其他小型机械	0.3~0.4

常用主要机械完好率、利用率（%） 表20-3

机 械 名 称	完好率（%）	利用率（%）	机 械 名 称	完好率（%）	利用率（%）
单斗挖土机	80～95	55～75	自卸汽车	75～95	65～80
推土机	75～90	55～70	拖车车组	75～95	55～75
铲运机	70～95	50～75	拖拉机	75～95	50～70
压路机	75～95	50～65	装载机	75～95	60～90
履带式起重机	80～95	55～70	机动翻斗车	80～95	70～85
轮胎式起重机	85～95	60～80	混凝土搅拌机	80～95	60～80
汽车式起重机	80～95	60～80	空压机	75～90	50～65
塔式起重机	85～95	60～75	打桩机	80～95	70～85
卷扬机	85～95	60～75	综合	80～95	60～75
载重汽车	80～90	65～80			

常用土方及钢筋混凝土机械台班产量 表20-4

序号	机械名称	型号	主要性能	理论生产率 单位	理论生产率 数量	常用台班产量 单位	常用台班产量 数量
1	履带挖土机	W_1-50	斗容量 $0.5m^3$，最大挖深 5.56m	m^3/h	120	m^3	250～350
	履带挖土机	W_1-100	斗容量 $1.0m^3$，最大挖深 6.5m	m^3/h	180	m^3	350～550
2	拖式铲运机	C6-2.5	斗容量 $2.5m^3$，铲土深 15cm	m^3/h	22～28	m^3	100～150
	拖式铲运机	C5-6	斗容量 $6m^3$，铲土深 15cm	—	—	m^3	250～350
3	推土机	T_1-100	90hp，切土深 18cm	m^3/h	45	m^3	300～500
	推土机	T_2-120	12hp，切土深 30cm	m^3/h	80	m^3	400～600
4	蛙式夯土机	HW-20	夯板面积 $0.045m^2$	$m^3/$班	100		
	蛙式夯土机	HW-60	夯板面积 $0.078m^2$	$m^3/$班	200		
5	混凝土搅拌机	J_1-400	装料容量 $0.40m^3$	m^3/h	6～12	m^3	25～50
	混凝土搅拌机	J_4-150	装料容量 $1.5m^3$	m^3/h	30	m^3	
6	混凝土输送泵	2H0.5	最大水平运距250m，垂直40m	m^3/h	6～8		
	混凝土输送泵	HB8	最大水平运距200m，垂直30m	m^3/h	8		
7	钢筋切断机	GJ5-40	加工范围 $\phi6$-$\phi40$	—	—	t	12～20
8	钢筋弯曲机	WJ40-1	加工范围 $\phi6$-$\phi40$	—	—	t	4～8
9	钢筋点焊机	DN-75	焊件厚 8～10mm	点/h	3000	网片	600～800
10	钢筋对焊机	UN-75	最大焊件截面 $600mm^2$	次/h	75	根	60～80
	钢筋对焊机	UN_1-100	最大焊件截面 $1000mm^2$	次/h	20～30	根	30～40
11	钢筋电弧焊机		加工范围 $\phi8$-$\phi40$			m	10～20

起重机械台班产量 表20-5

序号	机械名称	工 作 内 容	常用台班产量 单位	常用台班产量 数量
1	履带式起重机	构件综合吊装，按每吨起重能力计	t	5～10
2	轮胎式起重机	构件综合吊装，按每吨起重能力计	t	7～14
3	汽车式起重机	构件综合吊装，按每吨起重能力计	t	8～18
4	塔式起重机	构件综合吊装	吊次	80～120

20.1 施工机械需用量综合计算

续表

序号	机械名称	工作内容	常用台班产量 单位	常用台班产量 数量
5	少先式起重机	构件吊装	t	15~20
6	卷扬机	构件提升,按每吨牵引力计	t	30~50
		构件提升,按提升次数计(四、五层楼)	次	60~100
7	履带式、轮胎式或塔式起重机	钢柱安装,柱重 2~10t	根	25~35
		钢柱安装,柱重 11~20t	根	8~20
		钢屋架安装于钢柱上,9~18m 跨	榀	10~15
		钢屋架安装于钢柱上,24~36m 跨	榀	6~10
		钢屋架安装于钢筋混凝土柱上 9~18m 跨	榀	15~20
		24~36m 跨	榀	10~15
		钢吊车梁安装于钢柱上,梁重6t以下	根	20~30
		8~15t	根	10~18
		钢吊车梁安装于钢筋混凝土柱上,梁重6t以下	根	25~35
		8~15t	根	12~25
		钢筋混凝土柱安装,单层厂房,柱重 10t 以下	根	18~24
		柱重 11~20t	根	10~16
		多层厂房,柱重 2~6t	根	10~16
		钢筋混凝土屋架安装,12~18m 跨	榀	10~16
		24~30m 跨	榀	6~10
		钢筋混凝土基础梁安装,梁重 6t 以下	根	60~80
		钢筋混凝土吊车梁、连系梁、过梁安装,梁重4t以下	根	40~50
		4~8t	根	30~40
		钢筋混凝土托架安装,托架重9t以下	榀	20~26
		9t 以上	榀	14~18
		大型屋面板安装,板重1.5t 以下	块	90~120
		1.5t 以上	块	60~90
		钢筋混凝土檩条安装,2 根一吊	根	70~90
		1 根一吊	根	40~60
		钢筋混凝土楼板安装,2~3 层,板重 1.5t 以下	块	110~170
		4~6 层,板重 1.5t 以下	块	100~150
		钢筋混凝土楼梯段安装,每段重3t 以下	段	18~24
		3t 以上	段	10~16

【例 20-1】 厂房场地整平需挖土方 20000m^3,采用 W_1-100 型履带式单斗挖土机开挖,采用二班作业,计划 15d 完成,试求要用挖土机数量。

【解】 查表 20-4 得挖土机的平均台班产量为 450m^3/台班,由表 20-1 得 $K=1.3$,由表 20-2 取 $\varphi=0.65$。

挖土数量由式(20-1)得:

$$N=\frac{Q \cdot K}{T \cdot P \cdot m\varphi}=\frac{20000\times1.3}{15\times450\times2\times0.65}=2.96 \text{ 台} \quad \text{用 3 台}$$

故知,需用挖土机 3 台。

20.2 挖掘机生产率及需用数量计算

一、挖掘机生产率计算

（一）单斗挖掘机小时生产率计算

单斗挖掘机小时生产率 P_h（m³/h）按下式计算：

$$P_h = \frac{3600qK}{t} \tag{20-2}$$

式中 t——挖掘机每一工作循环延续时间（s），根据经验数字确定，对 W_1－100 正铲挖掘机为 25～40s；对 W_1－100 拉铲挖掘机为 45～60s；

q——铲斗容量（m³）；

K——土斗利用系数，与土的可松性系数和土斗充盈系数有关，对砂土为 0.8～0.9；对黏土为 0.85～0.95。

（二）单斗挖掘机台班生产率 P_d（m³/台班）计算：

$$P_d = 8P_h K_b \tag{20-3}$$

式中 K_b——工作时间利用系数，在向汽车装土时为 0.68～0.72；侧向推土时为 0.78～0.88；挖爆破后的岩石为 0.60。

二、挖掘机需用数量计算

挖掘机需用数量 N（台），根据土方工程量和工期要求并考虑合理的经济效果，按下式计算：

$$N = \frac{Q}{P_d} \cdot \frac{1}{T \cdot m \cdot K_t} \tag{20-4}$$

式中 Q——土方工程量（m³）；

P_d——单斗挖掘机台班生产率（m³/台班）；

T——工期（d）；

m——每天作业班数（台班）；

K_t——时间利用系数，一般为 0.8～0.85 或查机械定额。

【例 20-2】 大型基坑采用 W_1-100 型单斗挖掘机开挖，铲斗容量 $q = 1$m³，土质为黏土，每一工作循环延续时间 $t = 40$s，土方工程量为 $Q = 15000$m³，要求工期 $T = 10$d，采取两班作业，试求挖掘机的台班生产率和需用数量。

【解】 由题意已知：$q = 1$m³；$t = 40$s；$Q = 15000$m³；$T = 10$d；$m = 2$；取 $K = 0.9$；$K_b = 0.7$；$K_t = 0.8$

由式（20-2）得：

$$P_h = \frac{3600qK}{t} = \frac{3600 \times 1 \times 0.90}{40} = 81 \text{m}^3/\text{h}$$

由式（20-3）得：

$$P_d = 8P_h \cdot K_b = 8 \times 81 \times 0.7 = 453.6 \text{m}^3/\text{台班}$$

由式（20-4）得：

$$N = \frac{Q}{P_d} \cdot \frac{1}{T \cdot m \cdot K_t} = \frac{15000}{453.6} \cdot \frac{1}{10 \times 2 \times 0.8}$$

$$= 2.07 \text{台} \quad 用 2 台$$

故知，W_1-100型单斗挖掘机台班生产率为453.6m^3/台班，需用2台挖掘机。

20.3 挖掘机工期及配套自卸汽车数量计算

一、挖掘机工期计算

若挖掘机数量已定，工期T可按下式计算：

$$T=\frac{Q}{N \cdot P_d \cdot m \cdot K_t} \tag{20-5}$$

符号意义同式（20-4）。

二、自卸汽车配套计算

自卸汽车载重量Q_1，一般宜为挖掘机斗容量的3～5倍。

自卸汽车的数量N_1（台）应保证挖土机连续工作，可按下式计算：

$$N_1=\frac{t}{t_1} \tag{20-6}$$

其中

$$t=t_1+\frac{2l}{v_c}+t_2+t_3$$

$$t=nt_4$$

$$n=\frac{Q_1 \cdot K_s}{q \cdot \gamma \cdot K_c}$$

式中 t——自卸汽车每一个工作循环延续的时间（min）；

t_1——自卸汽车每次装车时间（min）；

n——自卸汽车每车装土次数；

t_4——挖土机每次作业循环的延续时间（s）；

q——挖土机斗容量（m^3）；

K_c——土斗充盈系数；

K_s——土的最初可松性系数；

γ——土的密度（一般取1.7t/m^3）；

l——运距（m）；

v_c——重车与空车的平均速度（m/min），一般取20～30km/h；

t_2——卸车时间（一般为1min）；

t_3——操纵时间（包括停放待装、等车、让车等），取2～3min。

20.4 铲运机生产率及有关参数计算

一、铲运机生产率计算

（一）铲运机小时生产率计算

铲运机每小时生产率P_h（m^3/h）可按下式计算：

$$P_h=\frac{3600q_0 \cdot K_c}{t \cdot K_P} \tag{20-7}$$

其中
$$t=t_1+\frac{2L}{v_c}+t_2+t_3$$

式中 t——铲运机从挖土开始至卸土完毕,每一工作循环延续的时间(s);

K_P——土的可松性系数,见表1-12(即 K_1、K_2);

q_0——铲斗几何容量(m³);

K_c——铲斗装土的充盈系数,一般砂土为0.75;其他为0.85~1.0;最高可达到1.5;

t_1——铲运机装土时间,一般取1.0~1.5min;

t_2——铲运机卸土时间,一般取0.25~0.50min;

t_3——铲运机换挡及调头时间,一般取0.50min;

L——平均运距(m),一般根据铲运机开行路线而定;

v_c——铲运机运土与回程的平均速度,一般取70~100m/min。

(二)铲运机台班产量计算

铲运机每台班产量 P_d(m³/台班)可按下式计算:
$$P_d=8P_h \cdot K_b \qquad (20-8)$$

式中 P_h——铲运机每小时生产率(m³/h);

K_b——时间利用系数,一般取0.65~0.75。

铲运机作业生产率与上坡和填筑路堤的高度有关,其影响系数参见表20-6和表20-7。

铲运机上坡运土增加台班系数　　　　　　表20-6

上坡坡度(%)	5	10	15
增加系数	1.05	1.08	1.14

填筑路堤降低台班产量系数　　　　　　表20-7

填土高度(m)	路面宽度(m)	降低台班产量系数
5以上	5以内	0.95

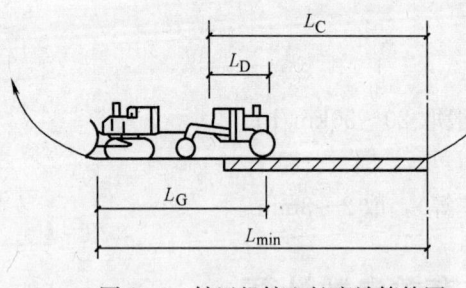

图20-1 铲运机铲土长度计算简图

二、铲运机有关参数计算

(一)铲运机直线铲土最小铲土长度计算

铲运机在运行路线上铲土区需要的最小直线铲土长度 L_{min}(m)可根据经验,或按下式计算(图20-1):
$$L_{min}=L_G-L_D+L_C \qquad (20-9)$$

其中
$$L_C=\frac{q_0(1+K)K_1}{b \cdot c} \qquad (20-10)$$

式中 L_G——铲运机机组长度(m);

L_D——从铲运机刀片到土斗尾部的距离(m);

L_C——铲土长度(m);

K——土斗前形成的土堆体积与斗容量的比值,见表20-8;

K_1——土斗容量利用系数,其值与土的可松系数及土斗装土充盈程度有关,见表20-8;

20.4 铲运机生产率及有关参数计算

c——平均铲土深度（m）见表 20-8；

b——铲土宽度（m），即铲运机的刀片宽度。

铲运机施工计算参数　　　　　　　　　　　　　　　表 20-8

土的类别	密度 (kg/m³)	平均铲土深度 c(m)	土斗容量利用系数 K_1	土斗前土堆体积与土斗容量的比值 K
松软土	1600	0.15	1.26	0.27
中等密实土	1700	0.06	1.17	0.10
密实土	1800	0.03	0.95	0.05

（二）铲运机铲土时的进土量与铲土时间的关系计算

铲运机铲土时的进土量与铲土时间可用下式表达：

$$q(t)=\frac{K_c q_0 t}{t+b} \tag{20-11}$$

式中　$q(t)$——铲运机铲土时的进土量（m³）；

q_0——铲运机铲斗的几何容量（m³）；

t——铲土的时间（min）；

K_c——铲斗装土充盈系数，与铲斗形式、施工条件有关，一般为 1.1~1.2；

b——待定的系数，与施工条件、土质、操作技术水平有关，可实地测定。

（三）铲运机最佳铲土时间计算

铲运机最佳铲土时间 t_k（min）可按下式计算：

$$t_k=\sqrt{bT_0} \tag{20-12}$$

式中　T_0——在运距和挖方或填方一定的条件下，运土往返与卸土的平均时间（min）；

b 符号意义同前。

【例 20-3】 用 C_4-7 自行式铲运机铲运中等密实度的黏土，铲斗容量 $q_0=7m^3$，铲运机平均运距 $L=100m$，运土与回程的平均速度 $v_c=80m/min$，试求铲运机的小时生产率、台班生产率和铲运机直线铲土最小长度。

【解】（1）小时生产率计算

根据题意，知 $q=7m^3$，$L=100m$，$v_c=80m/min$，t_1 取 1.25min，t_2 取 0.4min，t_3 取 0.5min，K_c 取 0.95，K_P 取 1.24，将上述数据代入式（20-7）得：

$$t=t_1+\frac{2L}{v_c}+t_2+t_3=1.25+\frac{2\times 100}{80}+0.4+0.5=4.65\text{min}$$

$$P_h=\frac{3600q_0 K_c}{60 t K_P}=\frac{60 q_0 K_c}{t K_P}=\frac{60\times 7\times 0.95}{4.65\times 1.24}=69.2 m^3/h$$

故知，铲运机小时生产率为 69.2m³/h。

（2）台班生产率计算

K_b 取 0.7，代入式（20-8）得：

$$P_d=8P_h K_b=8\times 69.2\times 0.7=387.5 m^3/台班$$

故知，铲运机台班生产率为 387.5m³/台班。

（3）铲运机直线铲土最小长度计算

查性能表 C4-7 铲运机，其 $L_G=9.7m$，$L_D=3.8m$，$b=2.7m$，查表 20-8，$C=$

0.05m，$K=0.10$，$K_1=1.17$，代入式（20-9）得：

$$L_C = \frac{q_0(1+K)K_1}{bc} = \frac{7(1+0.10) \times 1.17}{2.7 \times 0.05} = 66.73\text{m}$$

$$L_{\min} = L_G - L_D + L_C = 9.7 - 3.8 + 66.73 = 72.63\text{m}$$

故知，铲运机直线铲土最小长度为72.63m。

【例20-4】 场地整平用73.5kW拖拉机牵引6m^3铲运机，经测定进入量为$3\text{m}^3/\text{min}$，由于作业条件较好，铲斗最大装载量可达7.2m^3，求进土量与铲土时间的关系，并求装满6m^3所需时间。

【解】 已知$q_0=6\text{m}^3$，取$n=1.2$，则$K_c q_0 = 1.2 \times 6 = 7.2\text{m}^3$，又知$t=1\text{min}$时，$q=3$，代入式（20-11）得：

$$3 = \frac{7.2 \times 1}{1+b} \quad \therefore \quad b = 1.4$$

则进土量与铲土时间的关系式为：

$$q = \frac{7.2t}{t+1.4}$$

故装满6m^3所需时间为：

$$6 = \frac{7.2t}{t+1.4} \quad 得\ t = 7\text{min}$$

【例20-5】 条件同上例，已知$T_0=20\text{min}$，每班作业时间按$6.5h$（390min）计，试求最佳铲土时间t_k、铲斗的装载量$q(t_k)$、每班的产量$Q(t_k)$。

【解】 由上例已知$b=1.4$；$n=1.2$；$K_c q_0 = 1.2 \times 6 = 7.2\text{m}^3$
由式（20-12）得最佳铲土时间：

$$t_k = \sqrt{bT_0} = \sqrt{1.4 \times 20} = 5.29\text{min}$$

由式（20-11）铲斗装载量：

$$q(t_k) = \frac{K_c q_0 t_k}{t_k + b} = \frac{7.2 \times 5.29}{5.29 + 1.4} = 5.69\text{m}^3$$

每班的产量：

$$Q(t_k) = \frac{q(t_k)}{T_0 + t_k} \cdot 390 = \frac{5.69 \times 390}{20 + 5.29} = 87.75\text{m}^3/\text{班}$$

20.5 推土机生产率及推土机运土土方量计算

一、推土机小时生产率计算

推土机每小时生产率P_h（m^3/h）按下式计算（图20-2）：

$$P_h = nq = \frac{3600q}{tK_P} = \frac{1800H^2 b}{tK_P \tan\varphi} \tag{20-13}$$

其中

$$t = \frac{l_0}{v_1} + \frac{l}{v_2} + \frac{l_0+l}{v_3} + 2t_n + t_c + t_0$$

式中 q——推土机每次（每一工作循环）所完成的推土量（m³）；

n——每小时循环次数；

t——推土机从推土到将土送至填土地点每一工作循环的延续时间（s）；

K_P——土的可松性系数，见表 1-18；

H——铲刀高度（m）；

b——铲刀宽度（m）；

φ——土堆自然坡角；

l_0——铲土路线长度（m），一般 6～10m；

l——运土路线长度（m）；

v_1——推土机铲土行进速度（m/s），取 0.5～0.7m/s；

v_2——推土机运土行进速度（m/s），取 0.6～0.8m/s；

v_3——推土机回程速度（m/s），取 1～2m/s；

t_n——推土机转向时间，取 10s；

t_c——推土机换挡时间，取 5s 以内；

t_0——推土机铲刀放下时间，取 4s 以内。

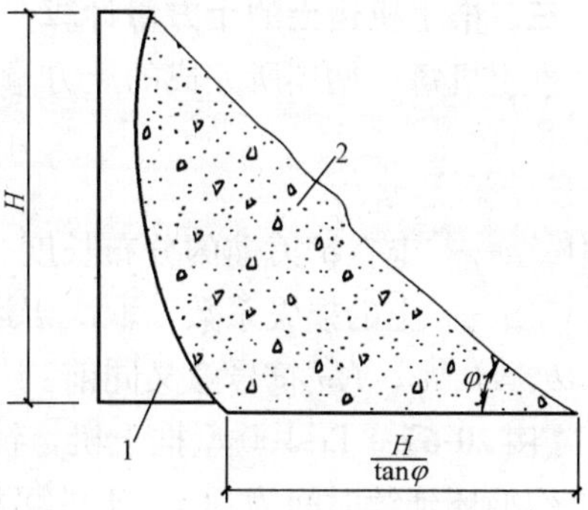

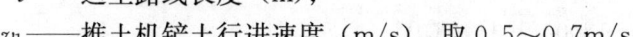

图 20-2 推土机生产率计算简图
1—铲刀；2—堆土

二、推土机台班生产率计算

推土机台班生产率 P_d（/台班）可按下式计算：

$$P_d = 8 P_h K_b \tag{20-14}$$

式中 K_b——时间利用系数，一般在 0.72～0.75 之间。

推土机作业生产率与上坡或推土的高度，宽度有关，其影响系数参见表 20-9～表 20-12。

上坡堆土降低台班产量参考表　　　表 20-9

上坡坡度(%)	10～15	15～25	25 以上
台班产量降低系数	0.92	0.88	0.80

上坡堆土高度折合水平运距表　　　表 20-10

上坡坡度(%)	6～10	10～20	20～25
每升高 1m 折合水平距离(m)	4.0	7.0	9.0

填土高度折合水平距离增加运距表　　　表 20-11

填土高度(m)	1.0	2.0	3.0	4.0
折合水平距离(m)	6.0	10.0	16.0	24.0

填土高度、宽度降低台班产量定额参考表　　　表 20-12

填土高度、宽度	高度 2m 以上,宽度 2～5m
台班定额降低系数	0.90

三、推土机运土的土方量计算

推土机每一循环所完成的土方量 q （m^3）可按下式计算：

$$q = \frac{bHaS}{2K_P} \tag{20-15}$$

式中　a——土在铲刀前的分布长度（m），$a = H/\tan\varphi$，或取 1.25m；
　　　S——土的损失系数，取决于运土距离的远近，一般取 0.7～0.9；
　　　b、H、φ、K_P 符号意义同前。

【例 20-6】 T_1-100 型推土机，铲刀高 $H = 1.10$m，铲刀宽 $b = 3.03$m，推粉质黏土每一工作循环延续时间为 90s，土的可松性系数 $K_P = 1.21$，土堆自然坡角 $\varphi = 40°$，上坡坡度为 20%，试求推土机的台班生产率及推土机运土的土方量。

【解】 由式（20-13）得：

$$P_h = \frac{1800 \times 1.1^2 \times 3.03}{90 \times 1.21 \times \tan 40°} = 72.2 \, m^3/h$$

取 $K_b = 0.73$，上坡推土台班产量降低系数为 0.88，由式（20-14）得：

$$P_d = 8 \times 72.2 \times 0.73 \times 0.88 = 371 \, m^3/台班$$

故知，T_1-100 型推土机的台班生产率为 371m^3/台班。

又已知 $a = H/\tan\varphi = 1.1/\tan 40° = 1.31$m，$S$ 取平均值 0.8，由式（20-15）得：

$$q = \frac{3.03 \times 1.1 \times 1.31 \times 0.80}{2 \times 1.21} = 1.44 \, m^3$$

故知，推土机运土的土方量为 1.44m^3。

20.6　压路机生产率计算

常用压路机台班生产率 P_d（m^2/台班）可按下式计算：

$$P_d = \frac{1}{n} \times 8(B - b) \times v_c K_b \tag{20-16}$$

式中　n——同一地点碾压次（遍）数，参见表 20-13；
　　　B——每次被碾压的宽度（m）；
　　　b——重复压实部分的宽度（m），一般取 0.20～0.25m；
　　　v_c——压路机行驶速度（m/h），一般小于 200m/h；
　　　K_b——时间利用系数，一般取 0.85～0.95。

填土每层铺土厚度和压实遍数　　　　表 20-13

序号	压实机具	每层铺土厚度(mm)	每层压实遍数(遍)
1	平碾	250～300	6～8
2	振动碾	60～130	6～8
3	振动压路机	250～350	3～4
4	推土机	200～300	6～8

【例 20-7】 某场地分层回填土，选用 YZJ7 型振动压路机进行分层压实，试求该压路机的台班生产率。

【解】 YZJ17 振动压路机,查《有关技术性能》表知,每次压实宽度 $B=1.68\mathrm{m}$,b 取 $0.25\mathrm{m}$,选用行走速度 $v_c=1500\mathrm{m/h}$,K_b 取 0.9,压实遍数 n 取 4 遍,由式(20-16)得:

$$P_d=\frac{1}{4}\times 8(1.68-0.25)\times 1500\times 0.9=3860\mathrm{m^2/台班}$$

故知,YZJ7 型振动压路机的台班生产率为 $3860\mathrm{m^2/台班}$。

20.7 爆破凿岩机需要台数计算

爆破凿岩机需用台数 N(台)可按下式计算:

$$N=\frac{VK}{V_B P} \tag{20-17}$$

其中

$$V_B=\frac{V_h}{L};\ V_h=ahW$$

式中 V——每班爆破量($\mathrm{m^3}$/班);

K——不均衡系数,取 1.2~1.3;

V_B——每米钻孔的实际爆破量($\mathrm{m^3}$);

V_h——每钻孔的爆破量($\mathrm{m^3}$);

L——炮孔深度(m),坚硬岩石为 $(1.1\sim 1.15)h$,较软岩石为 $(0.85\sim 0.95)h$;

a——炮孔间距(m);当火花起爆时 $a=(1.4\sim 2.0)W$;当电气起爆时 $a=(0.8\sim 2.0)W$;

h——爆破梯段垂直高度(m);

W——抵抗线长度(m),一般取 $W=(0.6\sim 0.8)h$;

P——钻机台班生产率(m/台班)。

【例 20-8】 某工程需每台班爆破 $100\mathrm{m^3}$,爆破梯段垂直高度 $h=2.0\mathrm{m}$,采用炮孔爆破火花起爆方式,风动凿岩机台班产量为 $16\mathrm{m}$/台班,试计算凿岩机需要台数。

【解】 根据题意 $h=2.0\mathrm{m}$,抵抗线长度 $W=0.7h=0.7\times 2=1.4\mathrm{m}$,炮孔间距 $a=1.4W=1.4\times 1.4=1.96\mathrm{m}$,所以每钻孔爆破量为:

$$V_h=1.96\times 2\times 1.4=5.49\mathrm{m^3}$$

炮孔深度 $L=h=2.0\mathrm{m}$,所以每米钻孔的实际爆破量为:

$$V_B=\frac{5.49}{2}=2.75\mathrm{m^3}$$

将以上数值代入式(20-17)得:

$$N=\frac{100\times 1.3}{2.75\times 16}=2.95\ \text{台}\qquad \text{取用 3 台}$$

故知,需用风动凿岩机 3 台。

20.8 运土车辆生产率及需配数量计算

一、汽车运土台班生产率计算

汽车运土每台班生产率 P($\mathrm{m^3}$/台班)可按下式计算:

$$P = \frac{480q}{t} \cdot K \cdot K_t \tag{20-18}$$

式中 q——运土车辆的装载容量（m³）；

K——运土车辆装实土的换算系数，即土的充盈系数 K_C 与土的可松性系数 K_P 之比，$K = K_C / K_P$；

K_t——每台班的时间利用系数；

t——汽车每次运土循环的延续时间（min），

$$t = t_1 + \frac{2l}{v} + t_2 + t_n$$

t_1——装车所需时间（min）；

t_2——卸车所需时间（min）；

v——重车运行速度与空车运行速度的平均值（m/min）；

l——运土距离（m）；

t_n——操作所需时间（min），包括装车前的停放时间。

二、运土汽车需配备数量计算

运土汽车配备数量 N 可按下式计算：

$$N = \frac{Q}{P} \tag{20-19}$$

或

$$N = \frac{t}{t_1} \tag{20-20}$$

式中 Q——运土土方量（m³）；

P、t、t_1 符号意义同前。

【例 20-9】 场地整平运输土方，采用一台装土机装土，运土土方量 $Q = 320\text{m}^3$，用装载量 $q = 5\text{m}^3$ 的汽车运土，已知 $t = 20\text{min}$，$K = 0.85$，$K_t = 0.8$，试求运土汽车的台班生产率和需配备汽车数量。

【解】 由题意已知 $q = 5\text{m}^3$，$t = 20\text{min}$，$K = 0.85$，$K_t = 0.8$，$Q = 320\text{m}^3/$台班，由式 (20-18) 得汽车运土台班生产率：

$$P = \frac{480q}{t} \cdot K \cdot K_t = \frac{480 \times 5}{20} \times 0.85 \times 0.8 = 81.6\text{m}^3/\text{台班}$$

由式 (20-19) 得运土汽车配备数量：

$$N = \frac{Q}{P} = \frac{320}{81.6} = 3.92 \text{ 台} \quad \text{采用 4 台。}$$

20.9 排水机械需用台数计算

基坑排水多用离心式水泵或潜水电泵，水泵需用台数一般可按下式计算：

$$N = \frac{Q}{q \eta_1 \eta_2} \tag{20-21}$$

式中 N——水泵需用台数（台）；

Q——基坑涌水量（m³/h）；

q——水泵流量（m³/h）；

η_1——水泵效率,一般取 0.4~0.5;
η_2——机械效率,一般取 0.80~0.85。

【例 20-10】 某基坑涌水量 $Q=41.5\text{m}^3/\text{h}$,选用型号为 QY-25 潜水电泵,试求水泵需用台数。

【解】 已知 QY-25 型潜水电泵 $q=15\text{m}^3/\text{h}$,取 $\eta_1=0.5$,$\eta_2=0.8$,由式(20-21)得:

$$N=\frac{41.5}{15\times 0.5\times 0.8}=6.92 \text{ 台} \qquad \text{用 7 台}$$

故知,需用 QY-25 型潜水电泵 7 台。

20.10 各种加工机械需用量综合计算

现场加工厂主要机械需用量可按下式计算:

$$C=\frac{Q\cdot K}{P\cdot T\cdot m} \tag{20-22}$$

式中 C——各种加工机械需用数量(台);
Q——需要使用机械的加工量;
P——机械的台班生产能力;
T——加工生产的天数(一般每月按 25d 计算);
m——每日生产班数(班);
K——加工机械使用的不均衡系数,一般取 1.2~1.7。

【例 20-11】 钢筋加工场采用 WJ40-1 型钢筋弯曲机加工钢筋 125t,计划 14d 弯曲完成,试求需用钢筋弯曲机数量。

【解】 取 $K_1=1.3$,$m=1$,查表 20-4 得钢筋弯曲机平均台班产量 $P=6\text{t}$。
需用钢筋弯曲机数量由式(20-22)得:

$$C=\frac{Q\cdot K_1}{T\cdot P\cdot m}=\frac{125\times 1.3}{14\times 6\times 1}=1.9 \text{ 台} \qquad \text{用 2 台}$$

故知,需用钢筋弯曲机 2 台。

20.11 混凝土搅拌机生产率计算

一、混凝土搅拌机小时生产率计算

混凝土搅拌机小时生产率按下式计算:

$$P_h=\frac{60q}{t}\cdot K \tag{20-23}$$

式中 P_h——混凝土搅拌机小时生产率(m^3/h);
q——混凝土搅拌机出料容量(m^3);当搅拌机采用进料容量时,应乘以出料系数 0.67;
K——混凝土搅拌机利用系数,一般取 0.9;
t——混凝土从装料、搅拌到出料一个循环的延续时间,一般为 5~5.5min。

搅拌机的小时生产能力根据混凝土搅拌所需的装料时间、搅拌时间及出料时间而定，亦可按下式计算：

$$q = 3600 \times \frac{V}{t_1 + t_2 + t_3} \tag{20-24}$$

式中　q——搅拌机的小时生产能力（m^3/h）；
　　　V——搅拌机的出料容量（m^3）；
　　　t_1——装料时间（s）；
　　　t_2——混凝土搅拌时间（s）；
　　　t_3——卸料时间（s）。

二、混凝土搅拌机台班生产率计算

混凝土搅拌机台班生产率按下式计算：

$$P = 8P_h \cdot K_b \tag{20-25}$$

式中　P——混凝土搅拌机台班生产率（$m^3/$台班）；
　　　P_h——混凝土搅拌机小时生产率（m^3/h）；
　　　K_b——工作时间利用系数，取 $K_b=0.9$。

【例20-12】　混凝土搅拌机出料容量为 $0.53m^3$，每罐混凝土自开始搅拌到出料完毕延续时间为 5.5min，试计算混凝土搅拌机的小时生产率和台班生产率。

【解】　由题意知 $q=0.53m^3$，$K=0.9$，$K_b=0.9$，$t=5.5min$
小时生产率由式（20-23）得：

$$P_h = \frac{60qK}{t} = \frac{60 \times 0.53 \times 0.9}{5.5} = 5.2m^3/h$$

台班生产率由式（20-25）得：

$$P = 8P_h \cdot K_b = 8 \times 5.2 \times 0.9 = 37.4m^3/台班$$

故知，混凝土搅拌机的小时生产率和台班生产率分别为 $5.2m^3/h$ 和 $37.4m^3/h$。

20.12　混凝土搅拌机需用数量计算

混凝土搅拌机需用数量可按下式计算：

$$N = \frac{V}{\left(\frac{60}{t_1+t_2}\right)q \cdot K \cdot K_b \cdot T} \tag{20-26}$$

式中　N——混凝土搅拌需用台数；
　　　V——每班混凝土需要总量（$m^3/$台班）；
　　　q——混凝土搅拌机容量（m^3）；
　　　t_1——搅拌机每罐混凝土的搅拌时间（min）；
　　　t_2——搅拌机每罐混凝土的出料时间（min）；
　　　K——搅拌机容量利用系数，取 $K=0.9$；
　　　K_b——工作时间利用系数，取 $K_b=0.9$；
　　　T——每班工作时间，一般取 7～8h。

混凝土搅拌机需用的台数亦可由混凝土搅拌机的小时产量除以每台搅拌机的小时生产

能力求得。

混凝土若采用现场搅拌，所需混凝土搅拌的数量，亦可以采用下式计算：

$$N=\frac{Q}{P_j} \tag{20-27}$$

式中　Q——混凝土浇筑强度（m³/h），按式（10-57）计算；

　　　P_j——所选型号的每台搅拌机的实际生产率，约为其技术生产率的70%～90%（m³/h）。

确定混凝土搅拌机的数量时，应比计算略大些，一般应考虑有1～2台备用。

【例 20-13】　基础浇灌每班需要混凝土量 $V=65\text{m}^3$，选用 J_1-400 型混凝土搅拌机拌制，出料容量 $q=0.26\text{m}^3$，每罐混凝土搅拌时间 $t_1=2\text{min}$，出料时间为 3.5min，每班工作时间取 7h，试求混凝土搅拌机需用数量。

【解】　由式（20-26）混凝土搅拌机需用数量为：

$$N=\frac{V}{\left(\frac{60}{t_1+t_2}\right)q \cdot K \cdot K_b \cdot T}$$

$$=\frac{65}{\left(\frac{60}{2+3.5}\right)\times 0.26 \times 0.9 \times 0.9 \times 7}=4 \text{ 台}$$

故知，需用 J_1-400 型混凝土搅拌机 4 台。

20.13　商品混凝土搅拌站生产率计算

一、混凝土搅拌站小时生产率计算

搅拌站小时生产率按下式计算：

$$P_h=\frac{60q}{t} \tag{20-28}$$

式中　P_h——搅拌站小时生产率（m³/h）；

　　　q——搅拌运输车的容量（m³）；

　　　t——搅拌运输车装料时间，一般为 5min。

二、混凝土搅拌站台班生产率计算

搅拌站台班生产率按下式计算：

$$P=8P_h \cdot K_b \tag{20-29}$$

式中　P——搅拌站台班生产率（m³/台班）；

　　　P_h——搅拌站小时生产率（m³/h）；

　　　K_b——工作时间利用系数，一般为 0.75。

三、混凝土搅拌站年生产率计算

搅拌站年生产率按下式计算：

$$P_y=\frac{P \cdot m \cdot T}{K} \tag{20-30}$$

式中　P_y——搅拌站年生产率（m³/年）；

　　　P——搅拌站台班生产率（m³/台班）；

m——每天作业班数,一般按2.5班计;
T——工作台班日数,即年有效作业天数(d);
K——生产不均衡系数,一般取1.6~1.8。

【例20-14】 混凝土搅拌站,搅拌运输车的容量为$q=6m^3$,装料时间$t=5min$,试计算搅拌站的小时生产率、台班生产率和年生产率。

【解】 由题意知$q=6m^3$,$t=5min$,取$K_b=0.75$,$m=2.5$班,$T=254d$,$K=1.7$
小时生产率由式(20-28)得:
$$P_h=\frac{60q}{t}=\frac{60\times6}{5}=72m^3/h$$
台班生产率由式(20-29)得:
$$P=8P_h\cdot K_b=8\times72\times0.75=432m^3/台班$$
年生产率由式(20-30)得:
$$P_y=\frac{PmT}{K}=\frac{432\times2.5\times254}{1.7}=161365m^3/年$$
故知,混凝土搅拌站的小时生产率、台班生产率和年生产率分别为$72m^3/h$、$432m^3/$台班和$161365m^3/$年。

20.14 混凝土泵车或泵生产率计算

一、小时生产率计算

混凝土泵车或泵小时生产率按下式计算:
$$P_h=60q\cdot z\cdot n\cdot K_c\cdot\alpha \tag{20-31}$$

式中 P_h——混凝土泵车或泵小时生产率(m^3/h);

q——混凝土缸的容积(m^3),
$$q=\frac{1}{4}\pi D^2 l$$

D——混凝土缸径(m);

l——混凝土缸内活塞的冲程(m);

z——混凝土缸数量;

n——每分钟活塞冲程次数;

K_c——混凝土缸内充盈系数;对普通混凝土:当坍落度为18~21cm时,$K_c=0.8$~0.9;坍落度为12~17cm时,$K_c=0.7$~0.9;对人工轻骨料混凝土:当坍落度为20cm时,$K_c=0.60$~0.85;

α——折减系数,按表20-14取用。

二、台班生产率计算

混凝土泵车或泵台班生产率按下式计算:
$$P_d=8P_h\cdot K_b \tag{20-32}$$

式中 P_d——混凝土泵车或泵台班生产率($m^3/$台班);

P_h——混凝土泵车或泵小时生产率(m^3/h);

K_b——工作时间利用系数,一般取0.4~0.8。

20.15 混凝土泵车或泵需用数量计算

混凝土泵产量的折减系数 α　　　　　　　表 20-14

泵送距离（水平换算距离）(m)	折减系数	泵送距离（水平换算距离）(m)	折减系数
0～49	1.0	150～179	0.7～0.6
50～99	0.9～0.8	180～199	0.6～0.5
100～149	0.8～0.7	200～249	0.5～0.4

注：表内数字适用于产量 40m³/h 的混凝土泵或泵车，对于产量 50～90m³/h 者，水平换算距离超过 150m 时，α 可增大 0.10。

【例 20-15】 用 BSA140BD 混凝土固定泵，泵送距离（水平换算距离）为 150m，普通混凝土坍落度为 18cm，试计算该泵的小时生产率和台班生产率。

【解】（1）小时生产率计算

查 BSA140BD 混凝土固定泵性能：$D=0.2m$，$l=1.4m$，$z=2$，$n=31.6$ 次/min；$K_c=0.8$；查表 20-14 得 $α=0.7$；代入式（20-31）得：

$$q = \frac{1}{4}\pi D^2 l = \frac{1}{4} \times 3.1416 \times 0.2^2 \times 1.4 = 0.044 m^3$$

$$P_h = 60q \cdot z \cdot n \cdot K_c \cdot α = 60 \times 0.044 \times 2 \times 31.6 \times 0.8 \times 0.7 = 93.4 m^3/h$$

（2）台班生产率计算

取 0.5，代入公式（20-32）得：

$$P_d = 8P_h \cdot K_b = 8 \times 93.4 \times 0.5 = 373.6 m^3/台班$$

20.15 混凝土泵车或泵需用数量计算

一、混凝土输送泵车的需用数量计算

混凝土输送泵车的需用数量根据混凝土浇筑数量和泵车的最大排量可按下式计算：

$$N_1 = \frac{q_n}{q_{max} \eta} \tag{20-33}$$

式中　N_1——混凝土泵车需用数量（台）；

　　　q_n——计划每小时混凝土的需要量（m³/h）；

　　　q_{max}——混凝土输送泵车最大排量（m³/h）；

　　　$η$——泵车作业效率，一般取 0.5～0.7。

二、混凝土输送泵的需用数量计算

混凝土泵的需用数量可按下式计算：

$$N_2 = \frac{q_n}{q_m \cdot T} \tag{20-34}$$

式中　N_2——混凝土泵需用数量（台）；

　　　q_m——每台混凝土泵的实际平均输出量（m³/h）；

　　　q_n——混凝土浇筑数量（m³）；

　　　T——混凝土泵送施工作业时间（h）。

【例 20-16】 高层建筑筏板式基础厚 3.0m，混凝土量为 1790m³，采取分层浇筑，每层厚 30cm，混凝土浇灌量要求 89.5m³/h，拟采用 IPF-185B 型混凝土输送泵车浇筑，其最大输送能力（排量）$q_{max}=25m^3/h$，作业效率 $η=0.6$，试求需用混凝土输送泵车台数。

【解】 由式（20-33）需用混凝土输送泵车台数为：

$$N_1=\frac{q_n}{q_{max}\cdot \eta}=\frac{89.5}{25\times 0.6}=5.9 \text{ 台}\quad \text{用 6 台}$$

故知，需用混凝土输送泵车 6 台。

20.16 混凝土搅拌运输车需用数量计算

当混凝土泵连续作业时，每台混凝土泵所需配备的混凝土搅拌运输车台数可按下式计算：

$$N_3=\frac{Q_A}{60V}\left(\frac{60L_1}{v_0}+T_1\right) \tag{20-35}$$

其中

$$Q_A=q_{max}\cdot \alpha \cdot \eta$$

式中 N_3——每台混凝土泵车（泵）需配备混凝土搅拌运输车台数（台）；

Q_A——每台混凝土泵车（泵）的实际平均输出量（m³/h）；

V——每台混凝土搅拌运输车容量（m³）；

L_1——混凝土搅拌运输车往返一次行程（距离）（km）；

v_c——混凝土搅拌运输车行车平均速度（km/h），一般取 30km/h；

T_1——每台混凝土搅拌运输车一个运输周期总停歇时间（min），包括装料、卸料、停歇、冲洗等；

其他符号意义同前。

【例 20-17】 条件同例 20-16 混凝土浇筑采用 JC6 型混凝土搅拌运输车运输，装料容量 $V=6m^3$，行车平均速度 $v_0=30km/h$，往返运输距离 $L_1=10km$，$T_1=45min$，试求每台混凝土泵车需配备混凝土搅拌运输车台数。

【解】 取 $\alpha=0.9$，由式（20-35）每台混凝土泵车需配备混凝土搅拌运输车台数为：

$$N_3=\frac{q_{max}\cdot \alpha \cdot \eta}{60V}\left(\frac{60L_1}{v_0}+T_1\right)$$

$$=\frac{25\times 0.9\times 0.6}{60\times 6}\left(\frac{60\times 10}{30}+45\right)=2.4 \text{ 台}$$

由例 20-16 已知，用混凝土输送泵车 6 台，故需配备混凝土搅拌运输车 $6\times 2.4=14.4$ 台，用 15 台。

20.17 塔式起重机或井架运输能力及需要数量计算

一、塔式起重机或井架运输能力计算

采用塔式起重机或井架进行混凝土垂直运输时，每小时的运输能力 S（m³/h），可按下式计算：

$$S=\frac{3600k_tq}{t} \tag{20-36}$$

其中

$$t=t_1+t_2+\frac{h}{v_1}+\frac{h}{v_2}$$

式中　q——每提升一次运输混凝土的数量（m³/次）；
　　　K_t——时间利用系数，一般取 0.8～0.9；
　　　t——提升一次的循环时间（s）；
　　　t_1——装料所需时间（s）；
　　　t_2——卸料所需时间（s）；
　　　v_1——提升速度（m/s）；
　　　v_2——下降速度（m/s）；
　　　h——混凝土运输的最大高度（m）。

二、塔式起重机或井架需要数量计算

塔式起重机或井架进行混凝土垂直运输时，需要数量 N_T（台），可按下式计算：

$$N_t = \frac{Q}{8 \cdot n \cdot s} \tag{20-37}$$

式中　Q——每日需要运输混凝土量（m³/d）；
　　　n——每日采用台班数（台班）；
　　　s——每小时的运输混凝土能力（m³/h）。

20.18　混凝土振捣器需要数量计算

混凝土振捣器需要数量 N_Z（台）可按下式计算：

$$N_Z = \frac{Q_Z}{8 P_Z} \cdot K_Z \tag{20-38}$$

式中　Q_Z——每台班混凝土浇筑量（m³/台班）；
　　　P_Z——混凝土振捣器实际生产率（m³/h）；
　　　K_Z——振捣器备用系数，取 1.2～1.5。

20.19　吊装起重机需要数量计算

起重机需用数量根据工程量、工期要求及起重机的台班产量定额而定，可用下式计算：

$$N = \frac{1}{T \cdot m \cdot K} \sum \frac{Q_i}{P_i} \tag{20-39}$$

式中　N——起重机需用台数（台）；
　　　T——要求工期（d）；
　　　m——每天工作班数；
　　　K——时间利用系数，取 0.8～0.9；
　　　Q_i——每种构件的吊装工程量（件或 t）；
　　　P_i——起重机相应的台班产量定额（件/台班或 t/台班）。

除此，还应考虑构件装卸、拼装和就位的需要。如起重机数量 N 已定，亦可用式（20-39）来计算所需工期或每天应工作的班数。

【例 20-18】 钢筋混凝土装配式单层工业厂房共三跨，计有基础梁 84 根，柱 142 根（单重 12t），连系梁、过梁、吊车梁等构件 384 根，24m 跨屋架 93 榀，大型屋面板 1620 块，要求吊装工期为 30d，试求需用起重机台数。如配备起重机 3 台，试求其需用吊装工期。

【解】 查起重机台班产量表知，基础梁 $P_1=70$ 根，柱 $P_2=14$ 根，过梁和吊车梁 $P_3=35$ 根，屋架 $P_4=10$ 榀，大型屋面板 $P_5=100$ 块

(1) 起重机需要台数由式（20-39）得：

$$N = \frac{1}{T \cdot m \cdot K} \sum \frac{Q_i}{P_i}$$

$$= \frac{1}{30 \times 1 \times 0.8} \times \left(\frac{84}{70} + \frac{142}{14} + \frac{384}{35} + \frac{93}{10} + \frac{1620}{100} \right)$$

$$= 0.0417 \times 47.8 = 1.99 \text{ 台} \quad \text{取 2 台}$$

(2) 配备 3 台起重机其吊装工期由式（20-39）得：

$$T = \frac{1}{N \cdot m \cdot K} \sum \frac{Q_i}{P_i}$$

$$= \frac{1}{3 \times 1 \times 0.8} \times 47.8 = 19.9 \text{ 台班} \quad \text{取 20 台班}$$

20.20 运输工具需用数量及汽车台班产量计算

一、运输工具需用量计算

运输工具需用量按下式计算：

$$C = \frac{Q \cdot K_1}{T_1 \cdot P \cdot m \cdot K_2} \tag{20-40}$$

式中 C——各种运输工具需用数量（台）；

Q——最大年度（季度）货运量（t）；

K_1——运输工作量不均衡系数，见表 20-15；

T_1——全年（全季）施工天数（d）；

P——台班生产率（t/台班）；

m——每天工作班制，一般按一班计算；

K_2——运输工具使用不均衡系数，见表 20-15。

不均衡系数 K_1 和 K_2 值　　　　表 20-15

运输工具名称	K_1	运输工具名称	K_2
汽车	1.20	1.0～2.5t 汽车	0.60～0.65
马车	1.30	3.0～5.0t 汽车	0.70～0.80
火车	1.50	马车	0.50
拖拉机	1.10	拖拉机	0.65

二、汽车台班产量计算

汽车台班产量按下式计算：

20.20 运输工具需用数量及汽车台班产量计算

$$P=\frac{T_2}{t+2L/v} \cdot Q_1 \cdot K_3 \cdot K_4 \tag{20-41}$$

式中 P——汽车台班产量（t/台班）；
　　　T_2——台班工作时间（h）；
　　　Q_1——汽车载重量（t），见表 20-16；
　　　t——材料装卸时间（h）；
　　　L——运输距离（km）；
　　　v——汽车的计算运行速度（km/h），见表 20-17、表 20-18；
　　　K_3——时间利用系数，一般采用 0.9；
　　　K_4——汽车吨位利用系数，见表 20-19。

汽车运输时各种货物装载重量参考表　　表 20-16

货物名称	单位重量		计量单位	载重汽车			翻斗汽车				
	单位	重量		汽车吨位(t)							
				3.0	4.0	7.5	3.0	5.0	6.5	8.0	10.0
砂、卵石	kg/m³	1650	m³	1.8	2.4	4.5	2.1	3.6	3.9	4.4	5.9
红砖	kg/块	2.6	块	1150	1500	2800	1300	1900	2500	3050	3800
泥土	kg/m³	1650	m³	1.8	2.4	4.5	2.1	3.6	3.9	4.4	5.9
水泥	kg/袋	50	袋	60	80	150	70	100	130	160	200
块状生石灰	kg/m³	1000	m³	3.0	4.0	5.9	2.5	3.6	4.6	4.4	5.9
粉煤	kg/m³	1350	m³	2.2	2.9	5.5	2.5	3.6	4.6	4.4	5.9
块煤	kg/m³	1650	m³	1.8	2.4	4.5	2.1	3.6	3.9	4.4	5.9
煤渣	kg/m³	800	m³	3.7	4.7	5.9	2.5	3.6	4.6	4.4	5.9
耐火砖	kg/块	3.7	块	800	1050	2000	900	1300	1750	2150	2700

注：水泥每立方米重量为 1000～1600kg，常采用 1300kg 左右。

汽车的计算速度表（km/h）　　表 20-17

道路位置	道路等级	载重量(t)					
		汽车或自卸汽车			带拖车的汽车		
		2 以下	2.5～4	5～7	2 以下	2.5～4	5～7
在城市和建筑工地以外	Ⅰ	32	28	26	24	20	16
	Ⅱ	30	26	24	21	18	15
	Ⅲ	24	20	16	18	16	14
在城市和建筑工地以内	Ⅰ～Ⅱ	20	19	17	18	17	15
	Ⅲ	18	16	14	16	14	12
	Ⅳ	16	13	12	14	11	10
	Ⅴ	13	11				

平板拖车汽车牵引速度（km/h）　　表 20-18

道路等级	拖车吨位(t)			车速系数(%)	道路等级	拖车吨位(t)			车速系数(%)
	10	15	20			10	15	20	
Ⅰ	15.0	13.0	11.0	100	Ⅲ	10.5	9.4	8.0	72
Ⅱ	13.0	11.0	9.5	81	Ⅳ	9.0	7.3	6.5	60

20 施工机具设备

汽车吨位利用系数 K_4 值　　　　表 20-19

材料名称	汽车吨位利用系数		
	载重量 2t 以内	2.5～4t	6～8t
土和散粒材料、金属、混凝土、钢筋混凝土制品、原木和锯材、小件砌块材料、块石和毛石	1.00	1.00	1.00
块状和碎末状硅藻土	1.00	0.90	0.80
卫生工程设备	1.00	0.85	0.75
稻草板	0.95	0.80	0.70
芦草、芦苇板	0.85	0.75	0.65
木门窗、各种形式的水泵、块状浮石和浮石砂	0.80	0.65	0.55
抹灰板条	0.65	0.55	0.45
软木板、夹层棉麻毡	0.55	0.45	0.40

【例 20-19】 工地采用 5t 载重汽车运输砂子 15000t，已知台班产量 $P=30$ t/台班，要求在一个季度内运完（工作天数为 63d）按一班作业，试求需用运输汽车数量。

【解】 由题意已知 $Q=15000$t，$T=63$d，$P=30$t/台班，$m=1$，由表 20-15 查得 $K_1=1.2$，$K_2=0.8$。

需用汽车数量由式（20-40）得：

$$C=\frac{Q \cdot K_1}{T \cdot P \cdot m \cdot K_2}=\frac{15000 \times 1.2}{63 \times 30 \times 1 \times 0.8}=11.9 \text{ 台} \qquad \text{用 12 台}$$

故知，需用汽车 12 台。

【例 20-20】 工地采用 8t 载重汽车装运石子 30000t，运距 12km，采石场用装载机装车，每次装卸时间为 0.25h，运输道路为Ⅲ级，要求在一个季度内运完（工作天数为 63d，按一班作业），试求需要台班产量。

【解】 由题意已知 $t=0.25$h，$L=5$km，取 $T_2=7$h，运输速度由表 20-17 查得 $v=16$km/h，汽车载重量由表 20-16 查得 $Q_1=4.4 \times 1.65=7.26$t，取 $K_3=0.9$，$K_4=1$

需要汽车台班产量由式（20-41）得：

$$P=\frac{T_2}{t+2l/v} \cdot Q_1 \cdot K_3 \cdot K_4$$

$$=\frac{7}{0.25+2 \times 12/16} \times 7.26 \times 0.9 \times 1=26.1 \text{t/台班}$$

故知，需要汽车台班产量为 26.1t/台班。

21 结构加固工程

在建筑工程施工中,由于设计漏项,施工不当,材料质量不符合要求,使用功能改变,或遭受意外灾害以及出现严重质量事故等原因,常需对结构进行适当的加固处理,以满足使用和耐久性要求。

结构的加固应做到技术可靠,经济合理,施工简便和确保工程质量要求等,以下简介几种结构常用较典型简易的加固计算方法。

21.1 混凝土结构加固计算

混凝土结构加固一般应遵循以下原则:

1. 混凝土结构加固设计应与施工方法紧密结合,并应采取有效措施,保证新浇混凝土与原结构连接可靠,协同工作。
2. 尽量不损伤原结构,保持原结构的整体性和使用功能;并保留具有利用价值的结构构件,避免不必要的拆除、更换和进行大动大补。
3. 对于可能出现倾斜、开裂或倒塌等不安全的结构,应采取临时措施,以防止发生安全事故。
4. 从实际出发,考虑施工技术的可能性。

混凝土结构加固常用较典型方法有以下几种。

21.1.1 加大截面加固法计算

系采取同种材料增大混凝土结构或构筑物的截面面积,以提高其承载能力和满足正常使用的一种加固方法。可用于混凝土的梁、板、柱等构件和一般构筑物的加固。

采用加大截面加固钢筋混凝土结构或构件时,其承载力计算应按照现行国家标准《混凝土结构设计规范》的基本规定,并考虑新混凝土与原结构协同工作进行计算。

1. 当用加大截面加固钢筋混凝土轴心受压构件(图21-1)时,其正截面承载力可按下式计算:

$$N \leqslant \varphi [f_{co}A_{co} + f'_{yo}A'_{so} + \alpha(f_c A_c + f'_y A'_s)] \tag{21-1}$$

式中 N——构件加固后的轴向力设计值;

φ——构件的稳定系数,以加固后截面为准,按《混凝土结构设计规范》规定采用;

f_{co}——原构件混凝土的轴心抗压强度设计值;

A_{co}——原构件的截面面积;

f'_{yo}——原构件纵向钢筋抗压强度设计值;

A'_{so}——原构件纵向钢筋截面面积；

A_c——构件加固用混凝土的截面面积；

f_c——构件加固用混凝土的抗压强度设计值；

f'_y——构件加固用纵向钢筋的抗压强度设计值；

A'_s——构件加固用纵向钢筋截面面积；

α——加固部分混凝土与原构件协同工作时，加固用混凝土和纵向钢筋的强度利用系数，近似取 $\alpha=0.8$。当有充分试验根据时，可适当调整。

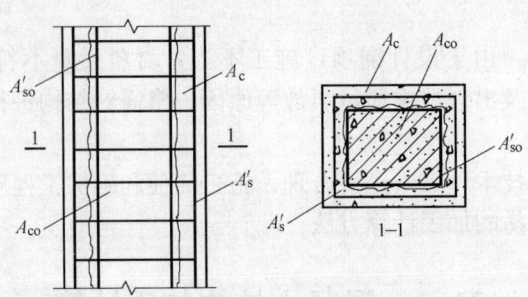

图 21-1 加大截面加固钢筋混凝土轴心受压构件计算简图

2. 当用加大截面加固钢筋混凝土偏心受压构件时，应按整体截面，以《混凝土结构设计规范》中有关公式进行其正截面承载力计算。其中，新增混凝土和纵向钢筋的强度设计值应按下列规定予以折减：受压、受拉区新增混凝土和纵向钢筋的抗压、抗拉强度设计值均乘以 0.9 的系数。

3. 当梁板受弯构件采用加大截面加固时，应根据现场结构的实际情况，分别采用受压区或受拉区两种不同的加固形式。

(1) 采用受压区加固的受弯构件，其承载力、抗裂度、钢筋应力、裂缝宽度及变形计算和验算可按《混凝土结构设计规范》GB 50010—2010 中关于叠合构件的规定进行。

(2) 采用受拉区加固的受弯构件，计算其跨中承载力时，新增纵向钢筋的抗拉强度设计值应乘以 0.9 的折减系数。

【例 21-1】 商住楼框架底层中柱 $H=5.5\text{m}$，截面 $500\text{mm}\times600\text{mm}$，采用 C30 级混凝土，配筋为 4Φ20+4Φ18，承受轴向荷载标准值为 $F_{gk}=145\text{kN}$，$F_{gk}=3800\text{kN}$，由于设计荷载取值漏项，加之施工操作不善，实际混凝土强度等级才达到 C20，施工中发现部分柱子出现纵向裂缝，要求进行加固处理。

【解】 (1) 原柱正截面受压承载力验算

由题意知，$L_0=5.5\text{m}$，$\dfrac{L_0}{b}=5500/500=11$，查规范表得 $\varphi=0.965$

$A_{co}=500\times600=300000\text{mm}^2$，$A'_{so}=2273\text{mm}^2$，$f_{co}=9.6\text{N/mm}^2$。

轴向力设计值：

$$N_1=1.2F_{gk}+1.4F_{gk}=1.2\times145+1.4\times3800=5494\text{kN}$$

承载力设计值：

$$N_2=\varphi(f_{co}A_{co}+f'_{yo}A'_{so})=0.965(9.6\times300000+300\times2273)/1000$$

$=3437\text{kN} < N_1 = 5494\text{kN}$

原柱正截面受压承载力不能满足要求。决定采用如图 21-2 所示混凝土围套加固。

(2) 加固柱承载力验算

围套厚 60mm，用 C30 级混凝土，配 4Φ20+4Φ18 纵向筋及 φ6@300 箍筋；$A_c = 2(620+600) \times 60 = 146400\text{mm}^2$，$A'_s = 2273\text{mm}^2$，加固围套混凝土自重 $N_0 = 1.2 \times 0.1464 \times 2.5 \times 5.5 = 24\text{kN}$

$L_0/b = 5500/620 = 8.87$，$\varphi = 0.99$，取 $\alpha = 0.8$

加固柱承载力设计值由式（21-1）得：

$N = \varphi[f_{c0}A_{c0} + f'_{y0}A'_{s0} + \alpha(f_c A_c + f'_y A'_s)]$

$= 0.99[9.6 \times 300000 + 300 \times 2273 + 0.8 \times (14.3 \times 146400 + 270 \times 2273)]/1000$

$= 5670\text{kN} > 5494 + 24 = 5518\text{kN}$ 可。

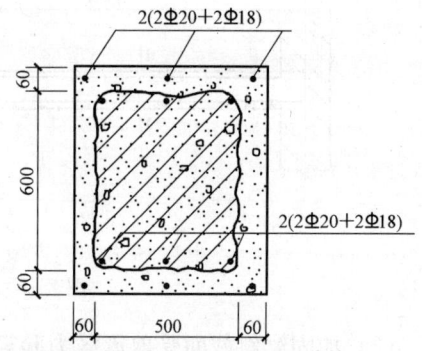

图 21-2 柱采用混凝土围套加固

【例 21-2】 金属加工厂材料库楼盖梁，跨度 $L = 6\text{m}$，简支，截面为 T 形，$b = 200\text{mm}$，$b'_f = 1160\text{mm}$，$h = 350\text{mm}$，$h'_f = 80\text{mm}$，混凝土强度等为 C20，纵向配筋为 2Φ20+1Φ18mm，箍筋用 φ6@200mm，$q_k = 7.0\text{kN/m}$，$q_k = 8.0\text{kN/m}$。因荷载超值，实测 $q_k = 12\text{kN/m}$，要求进行加固处理。

【解】 (1) 原梁实际承载力验算

跨中弯矩 $M = 1.2 \times \dfrac{1}{8} q_k L^2 + 1.4 \times \dfrac{1}{8} q_k L^2$

$= 1.2 \times \dfrac{1}{8} \times 7.0 \times 6^2 + 1.4 \times \dfrac{1}{8} \times 12.0 \times 6^2$

$= 113.4\text{kN} \cdot \text{m}$

梁端剪力 $V = 1.2 \times \dfrac{1}{2} q_k L + 1.4 \times \dfrac{1}{2} q_k L$

$= 1.2 \times \dfrac{1}{2} \times 7.0 \times 6 + 1.4 \times \dfrac{1}{2} \times 12.0 \times 6$

$= 75.6\text{kN}$

$\zeta = \dfrac{A_s f_y}{f_c b h_0} = \dfrac{882.5 \times 300}{9.6 \times 1160 \times 315} = 0.075$

查表得： $\gamma_s = 0.962$

正截面受弯承载力为：

$M_u = \gamma_s \cdot h_0 \cdot A_s \cdot f_y$

$= 0.962 \times 315 \times 882.5 \times 300 = 80227200\text{N} \cdot \text{mm}$

$= 80.23\text{kN} \cdot \text{m} < M = 113.4\text{kN} \cdot \text{m}$ 不能满足要求。

斜截面受剪承载力为：

$V_u = 0.07 f_c b h_0 + 1.5 f_{yv} \cdot \dfrac{A_{sv}}{s} \cdot h_0$

$= 0.07 \times 9.6 \times 200 \times 315 + 1.5 \times 270 \times \dfrac{57}{200} \times 315 = 70620\text{N}$

$= 70.62\text{kN} < V = 75.6\text{kN}$ 也不能满足要求

由于 M_u、V_u 不能满足要求,决定于梁底采用如图 21-3 所示,用钢筋混凝土进行单面加固。

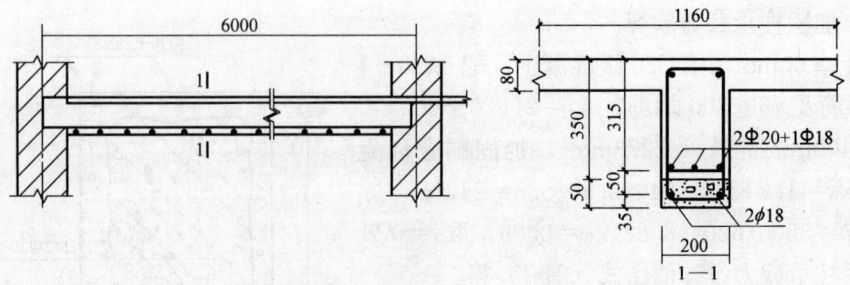

图 21-3 T 形截面梁底单面加固

(2) 加固梁斜截面受剪承载力验算

加固层厚取 85mm;$\Delta h_0 = 50$mm;$h_{02} = 315 + 50 = 365$mm,采用 C20 级混凝土,加固纵向配筋为 2Φ18mm,箍筋用 $\phi 6@200$mm 与原梁箍筋焊接连接,取 $\alpha = 0.8$,$\psi = 1.0$,则加固后受剪承载力为:

$$V_u = 0.07b(f_{c1}h_{01} + \alpha f_{c2}\Delta h_{02}) + 1.5 f_{yv} \cdot \frac{A_{sv}}{s} \cdot h_{02}$$

$$= 0.07 \times 200(9.6 \times 315 + 0.8 \times 9.6 \times 50) + 1.5 \times 210 \times \frac{57}{200} \times 365$$

$$= 80480N = 80.5 kN > V = 75.6 kN \quad 可以。$$

(3) 加固梁正截面受弯承载力验算

2Φ18,$A_{s2} = 509$mm²,略去受压钢筋不计

$$x = \frac{f_{y1}A_{s1} + \alpha f_{y2}A_{s2}}{f_c b_f} = \frac{300 \times 882.5 + 0.8 \times 270 \times 509}{9.6 \times 1160}$$

$$= 33.6mm < h'_f = 80mm$$

$$f_{y1}A_{s1}\left(h_{01} - \frac{x}{2}\right) + \psi f_{y2}A_{s2}\left(h_{02} - \frac{x}{2}\right)$$

$$= \left[300 \times 882.5\left(315 - \frac{31.5}{2}\right) + 1.0 \times 270 \times 628\left(365 - \frac{31.5}{2}\right)\right] / 10^6$$

$$= 138.5 kN \cdot m > M = 113.4 N \cdot m \quad 可以。$$

21.1.2 预应力加固法计算

预应力加固法是采用外加预应力钢拉杆或型钢撑杆对结构构件或整体进行加固的一种方法。其特点是通过对拉杆或撑杆施加预应力,使其受力,并与原结构共同工作,从而可改变原结构内力分布并降低原结构的应力水平,致使一般加固结构中所特有的应力应变滞后现象得以完全消除,使结构的承载力、抗裂性及刚度可显著地提高。本法具有加固、卸荷、改变结构内力三重作用。适用于大跨结构及大型结构的加固。

预应力法加固按加固对象的不同分为预应力拉杆加固及预应力撑杆加固两类。

预应力拉杆加固主要用于一般梁、板结构,框架结构,桁架结构,网架结构以及大偏心受压结构。预应力拉杆加固根据加固目的及被加固结构受力要求不同又分为水平式(或

直线式)、下撑式(或折线式)及混合式等种拉杆布置方式(图21-4)。水平式拉杆适用于梁正截面受弯、桁架下弦受拉承载力不足的加固;下撑式拉杆适用于梁斜截面受剪及正截面受弯、桁架下弦杆受拉承载力不足的加固;混合式拉杆适用于梁正截面受弯、斜截面受剪桁架下弦杆承载力严重不足的加固。

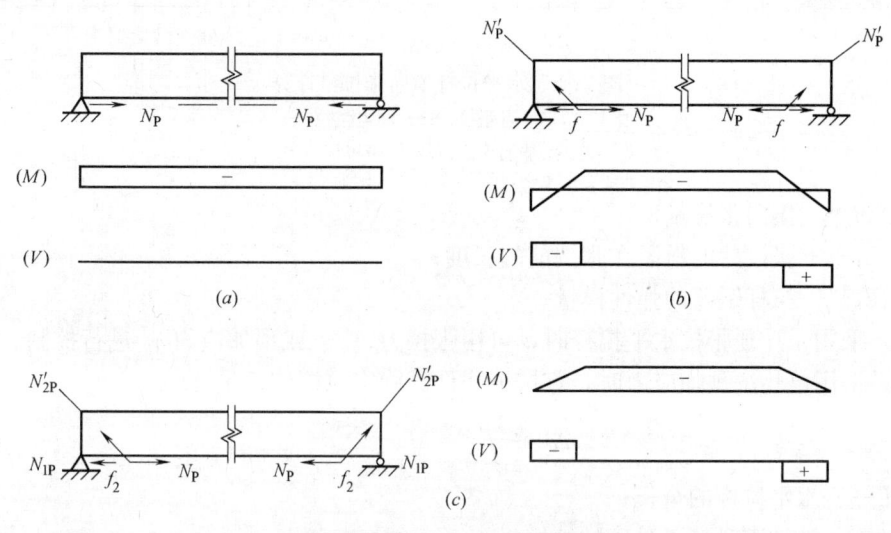

图21-4 预应力拉杆布置方式
(a) 水平式;(b) 下撑式;(c) 混合式

一、预应力水平拉杆加固计算

1. 当用预应力水平拉杆加固钢筋混凝土梁时,预应力水平拉杆的截面面积,可按下式估算:

$$\Delta M = A_p f_{py} \gamma_1 h_{01} \tag{21-2}$$

式中 ΔM——加固梁的跨中截面处受弯承载力需有的增量;
A_p——预应力水平拉杆的总截面面积;
f_{py}——预应力钢拉杆抗拉强度设计值;
h_{01}——由被加固梁上缘到水平拉杆截面形心的垂直距离;
γ_1——经验系数,可取 0.85。

确定对水平拉杆施加的预应力值 σ_p,应满足下式要求:

$$\sigma_p + \Delta N/A_p < \beta_1 f_{py} \tag{21-3}$$

式中 σ_p——水平拉杆施加的预应力值;
A_p——实际选用的预应力水平拉杆总截面面积;
ΔN——水平拉杆内产生的作用效用增量;
β_1——水平拉杆的协同工作系数,取 0.85。

按采用的施加预应力方法,施工中需要的控制量按以下计算确定:

(1) 采用两根预应力水平拉杆横向拉紧时,横向张拉量 ΔH(图21-5)可按下式近似计算:

$$\Delta H = L_1 \sqrt{\frac{2\sigma_p}{E_s}} \tag{21-4}$$

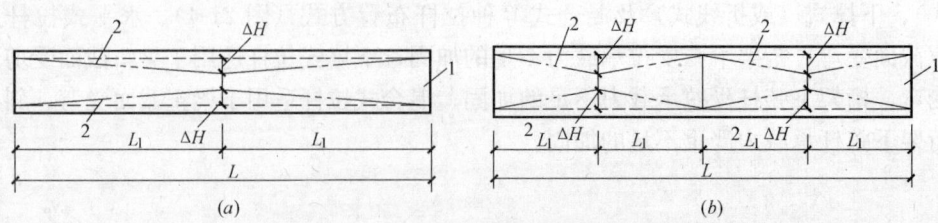

图 21-5 水平拉杆横向张拉量计算
(a) 一点张拉；(b) 两点张拉
1—被加固梁；2—水平拉杆

式中 ΔH——横向张拉量；

L_1——张拉后的斜段在张拉前的长度；

E_s——拉杆钢筋的弹性模量。

(2) 采用千斤顶张拉水平拉杆时，可用张拉力 $A'_p\sigma_p$ 或预加应力 σ_p 进行控制。

(3) 采用电热法预加应力时，宜按下式计算确定拉杆伸长量 ΔL：

$$\Delta L = \frac{L\sigma_p}{E_s} + \Delta L_c + \sum a \tag{21-5}$$

式中 L——水平拉杆的全长；

ΔL_c——被加固梁偏心受压的缩短量；

$\sum a$——电热张拉后各缝隙压缩量之和；

其他符号意义同前。

2. 当用预应力拉杆加固钢筋混凝土屋架时，宜按以下步骤进行设计计算：

(1) 计算在荷载组合作用下原屋架各杆件中的作用效应。

(2) 根据各杆件的作用效应、裂缝状况和屋架变形等确定预应力拉杆的加固布置方式。

(3) 选定预应力拉杆的截面面积 A_p 和施加的预应力值 σ_p，并将 $\sigma_p A_p$ 视为外力作用，计算其在屋架各杆件中引起的作用效应。

(4) 按《混凝土结构设计规范》GB 50010 的规定验算屋架各杆件在最不利荷载组合（1.3 项计算的作用效用叠加）作用下的杆件截面承载力、裂缝宽度以及屋架整体变形；若验算结果不能满足规范规定时，可调整预应力拉杆的截面积或预加应力值，再重新验算。

(5) 预加应力的施工方法、锚夹具选用和施加预应力值的控制方法等，均按照现行国家有关规范规定执行，但应验算锚夹具锚固处的混凝土局部受压承载力。

二、预应力下撑式拉杆加固

当用预应力下撑式拉杆加固钢筋混凝土梁时，可按以下步骤进行设计计算：

(1) 预应力下撑式拉杆的截面面积，可用下式进行估算：

$$\Delta M = A_p f_{py} \gamma_2 h_{02} \tag{21-6}$$

式中 A_p——预应力下撑式拉杆；

f_{py}——下撑式钢拉杆抗拉强度设计值；

h_{02}——由下撑式拉杆中部水平段的截面形心到被加固梁上缘的垂直距离；

21.1 混凝土结构加固计算

γ_2——经验系数，可取 0.80；

ΔM 符号意义同前。

(2) 计算由于张拉预应力下撑式拉杆达到一定应力 σ_p 后，外荷载有所增大，引起下撑式拉杆中部水平段中的作用效应增量 ΔN，可按结构力学的方法进行分析；几种荷载的综合效应等于各种荷载分别作用时的效应之和。

(3) 确定下撑式拉杆施加的预加应力值 σ_p，并应满足下式要求：

$$\sigma_p + \frac{\Delta N}{A_p} < \beta_2 f_{py} \quad (21\text{-}7)$$

式中 β_2——下撑式拉杆的协同工作系数，取 0.8；

其他符号意义同前。

(4) 按《混凝土结构设计规范》验算被加固梁在跨中和支座截面的偏心受压承载力，以及由支座至拉杆弯折处的斜截面受剪承载力，验算中将下撑式拉杆中的作用效应作为外力；若验算结果不能满足规范规定时，可加大拉杆截面或改用其他加固方案。

(5) 按采用的施加预应力方法，确定施工中控制张拉时需要的控制量。当采用两根预应力下撑式拉杆进行横向张拉时，横向张拉量可按下式计算：

$$\Delta H = \frac{L_2}{2}\sqrt{\frac{2\sigma_p}{E_s}} \quad (21\text{-}8)$$

式中 ΔH——中部拉杆的横向张拉量；

L_2——中部水平段的长度；

其他符号意义同前。

【**例 21-3**】车间 T 形简支梁，跨度 $L=6\text{m}$，截面尺寸如图 21-6 所示，采用 C25 级混凝土，主筋用 $4\Phi22\text{mm}$，箍筋 $\phi6@150\text{mm}$，原设计荷载取值 $q_k=10\text{kN/m}$，$q_k=40\text{kN/m}$，由于荷载增值 $\Delta q_k=15\text{N/m}$，要求用预应力下撑式拉杆进行加固处理。

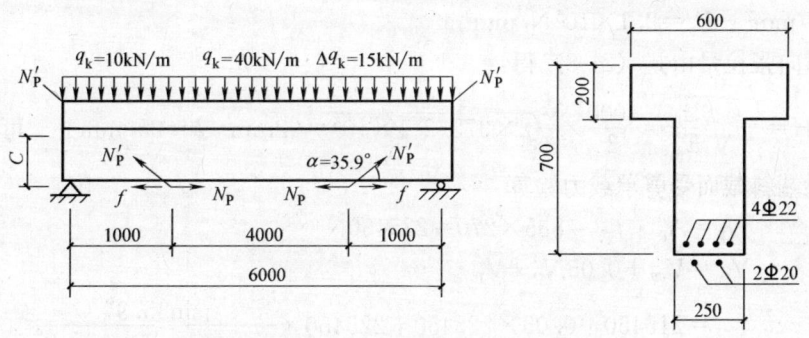

图 21-6 加固 T 形梁截面尺寸及计算简图

【**解**】(1) 原梁实际承载力验算

正截面受弯承载力验算：

$$M = 1.2 \times \frac{1}{8} \times 10 \times 6^2 + 1.4 \times \frac{1}{8} \times (40+15) \times 6^2 = 400.5 \text{kN} \cdot \text{m}$$

$$\zeta = \frac{A_s f_y}{f_c b'_f h_{01}} = \frac{1520 \times 300}{11.9 \times 600 \times 660} = 0.096$$

查表得： $\gamma_s = 0.950$

实际受弯承载力为：
$$M_u = \gamma_s A_s f_y h_{01} = 0.950 \times 1520 \times 300 \times 660/10^6$$
$$= 286 \text{kN} \cdot \text{m} < = 400.5 \text{kN} \cdot \text{m}，不能满足要求。$$

斜截面受剪承载力验算
$$V = 1.2 \times \frac{1}{2} \times 10 \times 6 + 1.4 \times \frac{1}{2} \times 55 \times 6 = 267 \text{kN}$$

实际斜截面受剪承载力为：
$$V_{cs} = 0.07 f_c b h_{01} + 1.5 f_{yv} \frac{A_{sv}}{s} \cdot h_{01}$$
$$= 0.07 \times 11.9 \times 250 \times 660 + \frac{1.5 \times 270 \times 57}{150} \times 660$$
$$= 239020 \text{N} = 239 \text{kN} < V = 267 \text{kN}，不能满足要求。$$

由以上计算知，正截面受弯和斜截面受剪承载力均不能满足要求，决定采用下撑式预应力钢拉杆进行加固。

(2) 拉杆截面积计算

已知 $\Delta M = 400.5 - 286.0 = 114.5 \text{kN} \cdot \text{m}$, $f_{py} = 270 \text{N/mm}^2$，设拉杆直径为 25mm，则 $h_0 = 700 + 22 + \frac{22}{2} = 733 \text{mm}$

拉杆截面积由式 (21-2) 得：
$$A_p = \frac{\Delta M}{f_{py} \cdot \gamma_2 \cdot h_{01}} = \frac{114.5 \times 10^6}{270 \times 0.8 \times 733} = 723 \text{mm}^2$$

配 $2\phi 22\text{mm}$ 拉杆 $A_p = 760 \text{mm}^2 > 723 \text{mm}^2$ 可。

(3) 拉杆横向张拉量计算

设拉杆支承棍离梁端距离取 $a = 1.0 \text{m}$，则 $L_2 = 6 - 1 \times 2 = 4.0 \text{m}$ $\sigma_p = 0.9 f_{ptk} = 0.9 \times 420 = 378 \text{N/mm}^2$, $E_s = 2.1 \times 10^5 \text{N/mm}^2$

拉杆横向张拉量由式 (21-8) 得：
$$\Delta H = \frac{L_2}{2} \sqrt{\frac{2\sigma_p}{E_s}} = \frac{4000}{2} \times \sqrt{2 \times 378/2.1 \times 10^5} = 92 \text{mm} < b = 250 \text{mm} \quad 可。$$

(4) 梁端斜截面受剪承载力验算
$$N_p = A_p \cdot f_{py} = 835 \times 270 = 225450 \text{N}$$
$$V_u = V_{cs} + 0.05 N_p + V_p$$
$$= 216450 + 0.05 \times 225450 + 225450 \times \frac{\sin 35.9°}{1 + 2 \times 0.45 \sin \frac{35.9°}{2}}$$
$$= 216450 + 11273 + 103528 = 331250 \text{N} = 331 \text{kN} > V = 267 \text{kN} \quad 可。$$

三、预应力撑杆加固

预应力撑杆加固，主要用于一般柱的加固。预应力撑杆加固按被加固柱受力要求的不同又分为双侧撑杆加固及单侧撑杆加固。前者适用于轴心受压及小偏心受压柱加固（图 21-7a）；后者适用于受压筋配筋量不足或混凝土强度过低的弯矩不变号的大偏心受压柱的加固（图 21-7b）。

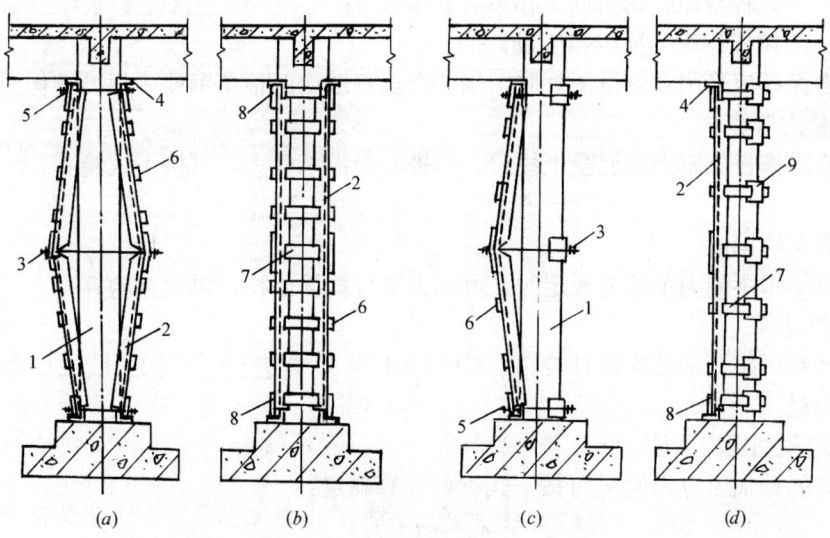

图 21-7 预应力撑杆加固柱

(a) 两侧加固未施加预应力；(b) 两侧加固已施加预应力；(c) 单侧加固未施加预应力；
(d) 单侧加固已施加预应力

1—被加固柱；2—角钢撑杆；3—工具式横向张拉螺栓；4—传力角钢；
5—安装螺栓；6—箍板；7—加宽箍板；8—传力顶板；9—短角钢

(一) 双侧撑杆加固计算

当用双侧预应力撑杆加固轴心受压的钢筋混凝土柱，可按以下步骤方法进行设计计算：

1. 轴力计算

(1) 确定加固后需承受的最大轴心受压承载力 N；

(2) 按《混凝土结构设计规范》GB 50010—2010 计算原钢筋混凝土柱的轴心受压承载力：

$$N_0 = \varphi(A_{co} f_{co} + A'_{so} f'_{yo}) \tag{21-9}$$

式中　N_0——原柱的轴心受压承载力；

　　　φ——原柱的稳定系数；

　　　A_{co}——原柱的截面面积；

　　　f_{co}——原柱的混凝土抗压强度设计值；

　　　A'_{so}——原柱的受压纵筋总面积；

　　　f'_{yo}——原柱的纵筋抗压强度设计值。

(3) 计算需由撑杆承受的轴心受压承载力 N_1：

$$N_1 = N - N_0 \tag{21-10}$$

式中　N——加固后的柱轴心受压承载力。

2. 截面计算

预应力撑杆的总截面面积，可按下式计算：

$$N_1 \leqslant A'_p \beta_3 \varphi f'_{py} \tag{21-11}$$

式中　A'_p——预应力撑杆的总截面面积；

β_3——撑杆与原柱的协同工作系数,取 0.9;

f'_{py}——撑杆钢材的抗压强度设计值。

预应力撑杆应采用双侧设压杆肢,每一个压杆肢由两根角钢或一根槽钢构成。

3. 承载力验算

用预应力撑杆加固钢筋混凝土柱后,其轴心受压承载力,可按下式验算:

$$N = \varphi(A_{co}f_{co} + A'_{so}f'_{yo} + \beta_3 A'_p f'_{py}) \tag{21-12}$$

符号意义均同前。

若验算结果不能满足规范规定时,可加大撑杆截面面积,再重新验算。

4. 缀板计算

缀板计算可按《钢结构设计规范》GB 50017—2003 进行,撑杆压肢或单根角钢在施工时不得失稳。

5. 确定预加压应力值

施工时的预加压应力值 σ'_p 可按下式近似计算确定:

$$\sigma'_p \leqslant \varphi_1 \beta_4 f'_{py} \tag{21-13}$$

式中 σ'_p——施工时的预加压应力值;

φ_1——用横向张拉法时,压杆肢的稳定系数,其计算长度取压杆肢全长之半;用顶升法时,取撑杆全长按格构压杆计算其稳定系数;

β_4——经验系数,取 0.75。

6. 施工控制量计算

按采用的施加预应力方法,按下列公式计算施工中的控制量:

(1) 当用千斤顶、楔子等进行竖向顶升安装撑杆时,顶升量 ΔL 可按下式计算:

$$\Delta L = \frac{L\sigma'_p}{\beta_s E_a} + a \tag{21-14}$$

式中 L——撑杆的全长;

β_s——经验系数,取 0.90;

E_a——撑杆钢材的弹性模量;

a——撑杆端顶板与混凝土间的压缩量,取 2~4mm。

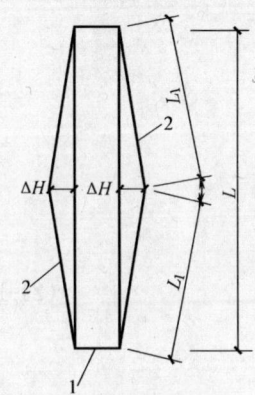

图 21-8 预应力撑杆横向
张拉量计算简图
1—被加固柱;2—撑杆

(2) 当用横向张拉法安装撑杆时,横向张拉量 ΔH 可按下式近似计算(图 21-8):

$$\Delta H = \frac{L}{2}\sqrt{\frac{2\sigma'_p}{\beta_s E_a}} + a \tag{21-15}$$

实际弯折撑杆肢时,宜将长度中点处的横向弯折量,根据撑杆的总高度取为 $\Delta H + 3\sim 5$mm,施工中只收紧 ΔH,以确保撑杆处于预压状态。

(二) 单侧撑杆加固计算

当用单侧预应力撑杆加固弯矩不变号的偏心受压钢筋混凝土柱,可按以下步骤方法进行设计计算:

1. 偏心受压荷载计算

(1) 确定此柱加固后需承受的最不利偏心受压荷载——轴向力 N 和弯矩 M;

(2) 先试用两根较小的角钢或一根槽钢作撑杆肢，其有效受压承载力取 $0.9f'_{py}A'_{p1}$；
(3) 根据静力平衡条件，原柱加固后需承受的偏心受压荷载为：

$$N_{01}=N-0.9f'_{py}A'_{p1} \tag{21-16}$$

$$M_{01}=M-0.9f'_{py}A'_{p1} \cdot \frac{a}{2} \tag{21-17}$$

2. 偏心受压柱加固后承载力验算

(1) 按《混凝土结构设计规范》对原柱截面偏心受压承载力进行验算：

$$N_{01} \leqslant f_{cmo}b_0 X_0 + f'_{yo}A'_{so} - \sigma_{so}A_{so} \tag{21-18}$$

$$N_{01}e \leqslant f_{cmo}b_0 X_0 \left(h_0 - \frac{X}{2}\right) + f'_{yo}A'_{so}(h_0 - a'_{so}) \tag{21-19}$$

其中

$$e = e_0 + \frac{h}{2} - a_{so} \tag{21-20}$$

$$e_0 = \frac{M_{01}}{N_{01}} \tag{21-21}$$

式中　f_{cmo}——原柱的混凝土弯曲抗压强度设计值；
　　　b_0——原柱的宽度；
　　　X_0——原柱的混凝土受压区高度；
　　A_{so}、A'_{so}——原柱受压和受拉纵筋的截面面积；
　　　σ_{so}——原柱受拉纵筋的应力；
　　　e——轴向力作用点至原柱受拉纵筋的合力点之间的距离；
　　　a'_{so}——受压纵筋合力点至受压区边缘的距离。

(2) 当原柱偏心受压承载力不能满足上述要求时，可加大撑杆截面面积，再重新验算。

3. 缀板计算

缀板计算可按《钢结构设计规范》GB 50017—2003 进行。撑杆肢或角钢在施工时不得失稳。

4. 确定施工时的预加应力值

施工时，撑杆的预加压应力值 σ'_p 宜取为 $50\sim80N/mm^2$。

5. 计算横向张拉量

横向张拉量 ΔH 同双侧撑杆加固计算。

当用双侧预应力撑杆加固弯矩需变号的偏心受压钢筋混凝土柱时，可按受压荷载较大一侧用单侧撑杆加固的步骤方法进行计算，角钢截面面积应满足柱加固后需承受的最不利偏心受压荷载，柱的另一侧用同规格的角钢组成压杆肢，使撑杆的双侧截面对称。缀板设计，预加压应力 σ_p 的确定和施工时的横向张拉量 ΔH 或竖向顶升量 ΔL 的计算可参照以上双侧和单侧撑杆加固进行。

【例 21-4】 商住楼框架底层中柱，$H=5.5m$，截面 $b \cdot h=500mm \times 600mm$，混凝土采用 C25，钢筋为 $2\Phi20+2\Phi18$ (mm)，承受轴向荷载标准值，$F_{qk}=145kN$，$F_{qk}=3800kN$，由于设计荷载取值漏项和施工操作不当，施工后柱子出现纵向裂缝，现拟用双侧预应力撑杆加固，撑杆与原柱采用环氧树脂灌粘湿式连接如图 21-9 所示，试核算其承载力，并确定横向张拉量。

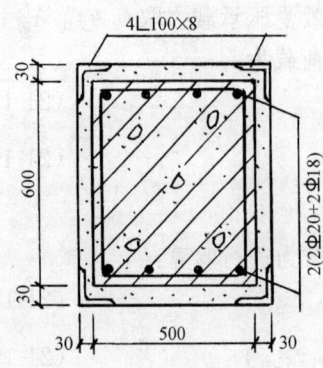

图 21-9 柱双侧预应力撑杆加固截面

【解】（1）承载力计算

型钢撑杆采用 4L100mm×8mm，扁钢箍截面 25mm×3mm，@500mm，外抹 1:2 水泥砂浆保护层，厚 25mm。

轴向力设计值：

$N_1 = 1.2F_{qk} + 1.4F_{qk} = 1.2 \times 145 + 1.4 \times 3800 = 5494 \text{kN}$

加固柱的承载力，参照《混凝土设计规范》GB 50010—2010 按整体截面计算。

$b = 500 + 2(25+8) = 566 \text{mm}$

$\dfrac{L_0}{b} = 5500/566 = 9.7$，查表得 $\varphi = 0.983$，又取 $\beta_3 = 0.9$，用预应力撑杆加固柱后，其轴心受压承载力由式（21-12）得：

$N = \varphi(A_{co}f_{co} + A'_{so}f'_{yo} + \beta_3 A'_p f'_{py})$
$= 0.983(300000 \times 11.9 + 2273 \times 300 + 0.9 \times 4 \times 1560 \times 270)/10^3$
$= 5670 \text{kN} > N = 5494 \text{kN}$ 可。

（2）横向张拉量

$\sigma'_p = 0.85 f_{pyk} = 0.85 \times 300 = 255 \text{N/mm}^2$

取 $\beta_s = 0.9$，$E_a = 2.1 \times 10^5$，$a = 3 \text{mm}$

横向张拉量由式（21-15）得：

$\Delta H = \dfrac{L}{2}\sqrt{\dfrac{2\sigma'_p}{\beta_s E_a}} + a = \dfrac{5500}{2} \times \sqrt{2 \times 255/0.9 \times 2.1 \times 10^5} + 3 = 146 \text{mm}$

21.1.3 粘钢加固法计算

粘钢加固法系在混凝土构件表面用建筑结构胶粘贴钢板，以提高结构承载力的一种加固方法。适用于承受静力作用，环境温度不超过 60℃，相对湿度不大于 70% 的一般受弯受拉构件加固。

加固所用钢板一般用 Q235 钢或 16 锰钢钢板，粘结剂采用 JGN I 型、II 型等建筑结构胶，其各项强度指标可按表 21-1 和表 21-2 采用。

JGN 结构胶的粘结强度 表 21-1

被粘基层材料种类	破坏特征	抗剪强度(N/mm²)			轴心抗拉强度(N/mm²)		
		试验值 (f_v^0)	标准值 (f_{vk})	设计值 (f_v)	试验值 (f_t^0)	标准值 (f_{tk})	设计值 (f_t)
钢—钢	胶层破坏	≥18	9	3.6	≥33	16.5	6.6
钢—混凝土	混凝土破坏	≥f_v^0	f_{cvk}	f_{cv}	≥f_{ct}^0	f_{ctk}	f_{ct}
混凝土—混凝土	混凝土破坏	≥f_v^0	f_{cvk}	f_{cv}	≥f_{ct}^0	f_{ctk}	f_{ct}

一、设计规定和计算方法

1. 受弯构件正截面受拉区加固，可采取在受拉区表面粘结钢板方法，如图 21-10 所示，此时，截面受弯承载力计算，可按《混凝土结构设计规范》GB 50010—2010 进行，

21.1 混凝土结构加固计算

混凝土抗剪强度（N/mm²） 表 21-2

强度名称 \ 混凝土强度等级	C15	C20	C25	C30	C35	C40	C45	C50	C55	C60
试验值（f_{cv}^0）	2.25	2.70	3.15	3.55	3.90	4.30	4.65	5.00	5.30	5.60
标准值（f_{cvk}）	1.70	2.10	2.50	2.85	3.20	3.50	3.80	3.90	4.00	4.10
设计值（f_{cv}）	1.25	1.75	1.80	2.10	2.35	2.60	2.80	2.90	2.95	3.10

其受压区高度可按下式确定：

$$f_{yo}A_{so} + f_{ay}A_a - f'_{yo}A'_{so} = f_c \cdot b_0 X \tag{21-22}$$

式中 f_{yo}——原构件纵向钢筋抗拉强度设计值；

A_{so}——原构件纵向受拉钢筋截面面积；

f_{ay}——加固钢板抗拉强度设计值；

A_a——加固钢板截面面积；

f'_{yo}——原构件纵向受压钢筋抗压强度设计值；

A'_{so}——原构件纵向受压钢筋截面面积；

f_c——原构件混凝土抗压强度设计值；

X——混凝土受压区高度；

b_0——原构件的宽度。

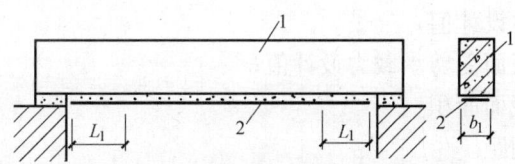

图 21-10 正截面受拉区粘钢加固
1—被加固构件；2—加固钢板

2. 受拉钢板在其加固点外的锚固粘结长度 L_1，可按下式确定：

$$L_1 \geqslant 2f_{ay}t_a/f_{cv} \tag{21-23}$$

式中 t_a——受拉加固钢板厚度；

f_{cv}——被粘混凝土抗剪强度设计值；

其他符号意义同前。

3. 若钢板粘结长度无法满足 2 项要求，可在钢板端部锚固区粘结 U 型箍板（图 21-11a），此时，锚固区的长度应满足以下规定：

当 $f_v b_1 \leqslant 2f_{cv}L_u$ 时， $f_{ay}A_a \leqslant 0.5f_{cv}b_1L_1 + 0.7nf_v b_u b_1 \tag{21-24}$

当 $f_v b_1 > 2f_{cv}L_u$ 时， $f_{ay}A_a \leqslant (0.5b_1L_1 + nb_uL_u)f_{cv} \tag{21-25}$

式中 n——每端箍板数量；

b_u——箍板宽度；

L_u——箍板单肢的梁侧混凝土的粘结长度；

f_v——钢与钢粘结抗剪强度设计值，按表 21-1 取用。

4. 当构件斜截面受剪承载力不足时，可按图 21-17b 所示方法粘结并联 U 型箍板进行

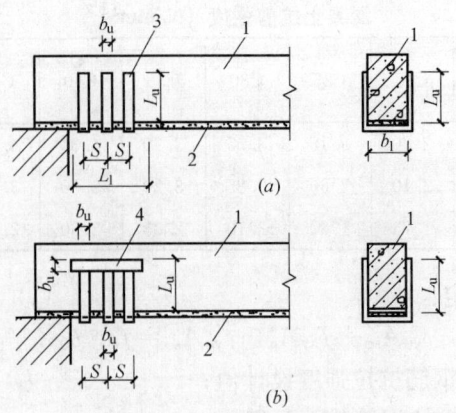

图 21-11 梁端增设 U 型箍板锚固
(a) U 型箍板锚固；(b) 受剪箍板锚固
1—被加固构件；2—加固钢板；3—U 型加固箍板；4—并联 U 型加固箍板

加固。此时斜截面受剪承载力可按下式计算：

$$V \leqslant V_0 + 2f_{ay}A_{a1}L_u/s \tag{21-26}$$

同时，必须满足以下条件：

$$\frac{L_u}{s} \geqslant 1.5 \tag{21-27}$$

式中 V——斜截面剪力设计值；
V_0——原构件斜截面受剪承载力设计值；
A_{a1}——单肢箍板截面面积；
s——箍板轴线间距。

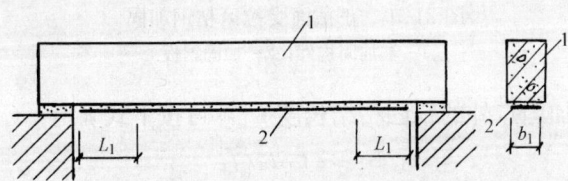

图 21-12 受压区粘钢加固
1—被加固构件；2—加固钢板

5. 受弯构件正截面受压区加固，可在受压区梁两侧粘结钢板（图 21-12）。此时，梁截面承载力计算，可按《混凝土结构设计规范》GB 50010—2010 规定进行，其受压区高度可按下式确定：

$$f_{yo}A_{so} - f'_{yo}A'_{so} - f'_{ay}A'_a = f_c \cdot b_0 X_0 \tag{21-28}$$

式中 f'_{ay}——加固钢板抗压强度设计值；
A'_a——加固钢板截面面积；
其他符号意义同前。

6. 连续梁支座处负弯矩受拉区的加固，应根据该区段有无障碍物，分别采用不同的粘钢方法，如图 21-13 所示，其截面承载力可参照以上各条规定进行计算。

二、构造要求

粘钢加固构造上应注意以下几点：（1）粘钢加固基层的混凝土强度等级不应低于C15；

（2）粘结钢板厚度，以2～6mm为宜。一般最佳厚度：混凝土强度等级<C20为2～3mm；C20～C35为3～4mm；>C25为4～5mm；

（3）对于受压区粘钢加固，当采用梁侧粘钢时，钢板宽度不宜大于梁高的1/3；

（4）粘结钢板在加固点外的锚固长度：对于受拉区，不得小于$200t$（t为钢板厚度），亦不得小于600mm；对于受压区，不得小于$160t$，亦不得小于480mm；对于大跨度结构或可能经受反复荷载的结构，锚固区宜增设U形箍板或螺栓附加锚固措施；

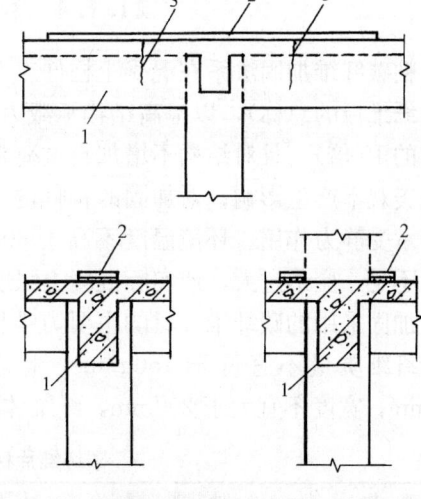

图21-13 连续梁支座区上表面粘钢加固形式
1—连续梁；2—加固钢板；3—裂缝

（5）粘钢加固前，应对被加固构件进行卸荷。如采用千斤顶顶升方式卸荷，对于承受均布荷载的梁应采用多点（至少两点）均匀顶升；对于有次梁作用的主梁，每根次梁下要设一台千斤顶。顶升吨位以顶面不出现裂缝为准；

（6）粘贴钢板表面须用M15水泥砂浆抹面，其厚度：对于梁不应小于20mm，对于板不应小于15mm。粘贴要适当加压固定等待固化。

【**例21-5**】 条件同例21-3，在梁中部2m范围内出现裂缝，拟用粘钢进行加固处理，试验算粘钢加固后的承载力和需加固长度。

【**解**】（1）粘钢加固承载力验算

由例21-3已知$f_{yo}=300\text{N/mm}^2$，$A_{so}=1520\text{mm}^2$，略去受压钢筋作用，设用Q215钢板，厚$t_a=4\text{mm}$，$A_a=(250-50)\times4=800\text{mm}^2$，又$f_c=11.9\text{N/mm}^2$，$b_0=600\text{mm}$

其受压区高度由式（21-22）得：

$$f_{yo}A_{so}+f_{ay}A_a=f_c\cdot b_0 X$$

$$300\times1520+215\times800=11.9\times600\times X$$

$$X=88\text{mm}<h_f'=200\text{mm}$$

粘钢加固后梁的承载力

$$M_u=f_c\cdot b_0 X\left(h_0-\frac{X}{2}\right)$$

$$=11.9\times600\times88\times\left(675-\frac{87}{2}\right)/10^6$$

$$=396.8\text{km}\cdot\text{m}\ \text{比}\ M=400.5\text{kN}\cdot\text{m}\ \text{略差}1\%\ \text{可}$$

（2）粘钢加固长度计算

取 $f_{cv}=1.8\text{N/mm}^2$

钢板锚固粘结长度由式（21-23）得：

$$L_1=2f_{ay}t_a/f_{cv}=2\times215\times4/1.8=956\text{mm} \quad 用960\text{mm}$$

21.1.4 粘碳纤维加固法计算

粘碳纤维加固法系在混凝土构件表面用树脂类粘结材料粘贴碳素纤维片材（碳纤维布和碳纤维板的总称），以提高结构承载力的一种新方法。具有碳纤维轻质高强（高于普通钢材的10倍），且对结构不增加自重荷载；抗腐蚀性强，耐久性好；加固层薄，对结构净空及美观不产生影响；对加固的构件的承载力及抗剪能力可提高20%～40%等优点。适用于承受静力作用、环境温度不高于60℃的一般受弯、受剪、受拉构件加固，不宜用于刚度不足、变形过大，或实际混凝土强度等级低于C15（对柱低于C10）的构件加固。

加固采用的碳纤维片材的主要力学指标应满足表21-3要求。单层碳纤维布的单位面积碳纤维质量不宜低于150g/m²，且不宜高于450g/m²。碳纤维板的厚度不宜大于2.0mm，宽度不宜大于200mm，纤维体积含量不宜小于60%。

碳纤维片材的主要力学性能指标　　　　表21-3

项次	性能项目	碳纤维布	碳纤维板
1	抗拉强度标准值 f_{cfk}	≥3000MPa	≥2000MPa
2	弹性模量 E_{cf}	≥2.1×10⁵MPa	≥1.4×10⁵MPa
3	伸长率	≥1.5%	≥1.5%

粘贴碳纤维片材的树脂类粘结材料的主要性能应满足表21-4要求。

浸渍树脂和粘结树脂的性能指标　　　　表21-4

项次	性能项目	性能指标	试验方法
1	拉伸剪切强度	≥10MPa	GB 7124—1986
2	拉伸强度	≥30MPa	GB/T 2568—1995
3	压缩强度	≥70MPa	GB/T 2569—1995
4	弯曲强度	≥40MPa	GB/T 2570—1995
5	正拉粘结强度	≥2.5MPa，且不小于被加固混凝土的抗拉强度标准值 f_{tk}	CECS 146 附录A
6	弹性模量	≥1500MPa	GB/T 2568—1995
7	伸长率	≥1.5%	GB/T 2568—1995

注：底层树脂和找平层材料的性能指标同项次5。

一、受弯加固计算

在矩形截面受弯构件的受拉面上粘贴碳纤维片材进行受弯加固时，其正截面受弯承载力应按下列公式计算：

1. 当混凝土受压区高度 x 大于 $\xi_{cfb}h$，且小于 $\xi_b h_0$ 时（图21-14a）

$$M \leqslant f_c bx\left(h_0 - \frac{x}{2}\right) + f'_y A'_s(h_0 - a') + E_{cf}\varepsilon_{cf}A_{cf}(h - h_0) \tag{21-29}$$

混凝土受压区高度 x 和受拉面上碳纤维片材的拉应变 ε_{cf} 应按下列公式确定：

$$\begin{cases} f_c bx = f_y A_s - f'_y A'_s + E_{cf}\varepsilon_{cf}A_{cf} \\ x = \dfrac{0.8\varepsilon_{cu}}{\varepsilon_{cu} + \varepsilon_{cf} + \varepsilon_i}h \end{cases} \tag{21-30}$$
$$\tag{21-31}$$

2. 当混凝土受压区高度 x 不大于 $\xi_{cfb}h$ 时（图21-14b）

$$M \leqslant f_y A_s(h_0 - 0.5\xi_{cfb}h) + E_{cf}[\varepsilon_{cf}]A_{cf}h(1 - 0.5\xi_{cfb}) \tag{21-32}$$

3. 当混凝土受压区高度 x 小于 $2a'$ 时

$$M \leqslant f_y A_s (h_0 - a') + E_{cf} [\varepsilon_{cf}] A_{cf} (h - a') \tag{21-33}$$

式中　M——包含初始弯矩的总弯矩设计值；

A_s、A_s'——受拉钢筋、受压钢筋的截面面积；

A_{cf}——受拉面上粘贴的碳纤维片材的截面面积；

f_y、f_y'——受拉钢筋和受压钢筋的抗拉、抗压强度设计值；

f_c——混凝土轴心抗压强度设计值；

E_{cf}——碳纤维片材的弹性模量；

x——等效矩形应力图形的混凝土受压区高度；

ξ_{cfb}——碳纤维片材达到其允许拉应变与混凝土压坏同时发生时的界限相对受压区高度，取 $\dfrac{0.8\varepsilon_{cu}}{\varepsilon_{cu} + [\varepsilon_{cf}] + \varepsilon_i}$；

ε_{cu}——混凝土极限压应变，取 0.0033；

ε_i——考虑二次受力影响时，加固前构件在初始弯矩作用下，截面受拉边缘混凝土的初始应变，按 CECS 146 第 4.3.4 条计算；当可以不考虑二次受力时，取 0；

ε_{cfu}——碳纤维片材的极限拉应变；

$[\varepsilon_{cf}]$——碳纤维片材的允许拉应变，取 $k_m \varepsilon_{cfu}$，且不应大于碳纤维片材极限拉应变的 2/3 和 0.01 两者中的较小值；

ε_{cf}——碳纤维片材的拉应变；

k_m——碳纤维片材厚度折减系数，取 $1 - \dfrac{n_{cf} E_{cf} t_{cf}}{420000}$，其中，$t_{cf}$ 的单位取 mm，E_{cf} 的单位取 MPa；

n_{cf}——碳纤维片材的层数；

t_{cf}——单层碳纤维片材的厚度；

b、h——截面宽度、高度；

h_0——截面的有效高度；

a'——受压钢筋截面重心至混凝土受压区边缘的距离。

图 21-14 中，x_n 为实际混凝土受压区高度。

对翼缘位于受压区的 T 形截面受弯构件，当在其受拉面粘贴碳纤维片材进行受弯加固时，应按 CECS 146 第 4.3.2 条原则和现行国家标准《混凝土结构设计规范》GB 50010—2010 关于 T 形截面构件受弯承载力的计算方法进行计算和验算。

二、受剪加固计算

对钢筋混凝土梁进行受剪加固时，应按下列公式进行斜截面受剪承载力计算：

$$V_b \leqslant V_{brc} + V_{bcf} \tag{21-34}$$

$$V_{bcf} = \varphi \frac{2 n_{cf} w_{cf} t_{cf}}{(s_{cf} + w_{cf})} \varepsilon_{cfv} E_{cf} h_{cf} \tag{21-35}$$

$$\varepsilon_{cfv} = \frac{2}{3} (0.2 + 0.12 \lambda_b) \varepsilon_{cfu} \tag{21-36}$$

式中　V_b——梁的剪力设计值；

V_{brc}——未加固钢筋混凝土梁的受剪承载力，按现行国家标准《混凝土结构设计规范》GB 50010—2010 的规定计算；

V_{bcf}——碳纤维片材承担的剪力；

ε_{cfv}——达到受剪承载能力极限状态时碳纤维片材的应变；

ε_{cfu}——碳纤维片材的极限拉应变；

φ——碳纤维片材受剪加固形式系数，对封闭粘贴取 1.0，对 U 形粘贴取 0.85，对侧面粘贴取 0.70；

λ_b——梁受剪计算截面的剪跨比，对于集中荷载作用情况取 a/h_0，当 λ_b 大于 3.0 时，取 3.0，当 λ_b 小于 1.5 时，取 1.5，a 为集中荷载作用点到支座边缘的距离；对于均布荷载作用情况，取 3.0；

n_{cf}——碳纤维片材的粘贴层数；

h_{cf}——侧面粘贴碳纤维片材的高度；

s_{cf}——碳纤维片材条带的净间距；

t_{cf}——单层碳纤维片材的厚度；

w_{cf}——碳纤维片材条带的宽度。

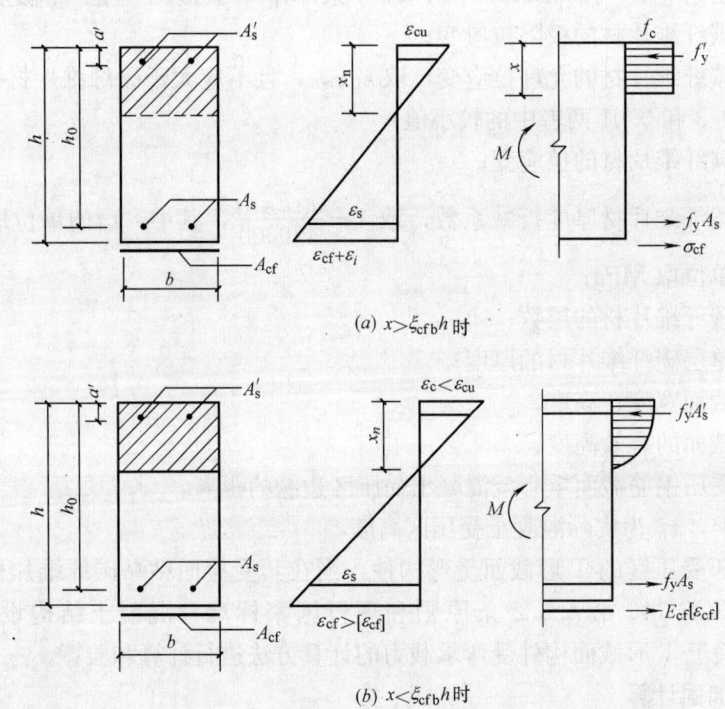

图 21-14　矩形截面正截面受弯承载力计算

对钢筋混凝土柱进行受剪加固时，应按下列公式进行斜截面受剪承载力计算：

$$V_c \leqslant V_{crc} + V_{ccf} \tag{21-37}$$

$$V_{ccf} = \varphi \frac{2 n_{cf} w_{cf} t_{cf}}{(s_{cf} + w_{cf})} \varepsilon_{cfv} E_{cf} h_{cf} \tag{21-38}$$

$$\varepsilon_{cfv} = \frac{2}{3}(0.2 - 0.3n + 0.12\lambda_c)\varepsilon_{cfu} \tag{21-39}$$

式中 V_c——柱的剪力设计值；

V_{crc}——未加固钢筋混凝土柱的受剪承载力，按现行国家标准《混凝土结构设计规范》GB 50010—2010 的规定计算；

V_{ccf}——碳纤维片材承担的剪力；

n——柱的轴压比，取 $N/f_c A$，N 为柱轴向压力设计值，A 为柱截面面积；

λ_c——柱的剪跨比，对于框架柱取 $H_n/2h_0$，当 λ_c 大于 3.0 时取 3.0，当 λ_c 小于 1.0 时取 1.0，H_n 为框架柱净高度，h_0 为框架柱的截面有效高度。

三、加固构造要求

1. 碳纤维布挠转角粘贴加固时，构件转角处外表面的曲率半径不应小于 20mm。

2. 碳纤维布宽宜为 200mm，沿纤维受力方向的搭接长度不应小于 100mm。当采用多条或多层碳纤维布的搭接位置宜相互错开。

3. 为保证碳纤维片材可靠地与混凝土共同工作，必要时应采取附加锚固措施。碳纤维片材应延伸至不需要碳纤维片材截面之外不小于 200mm 处。当不能满足此要求，应采取设置 U 形箍锚固措施，如图 21-15 所示。

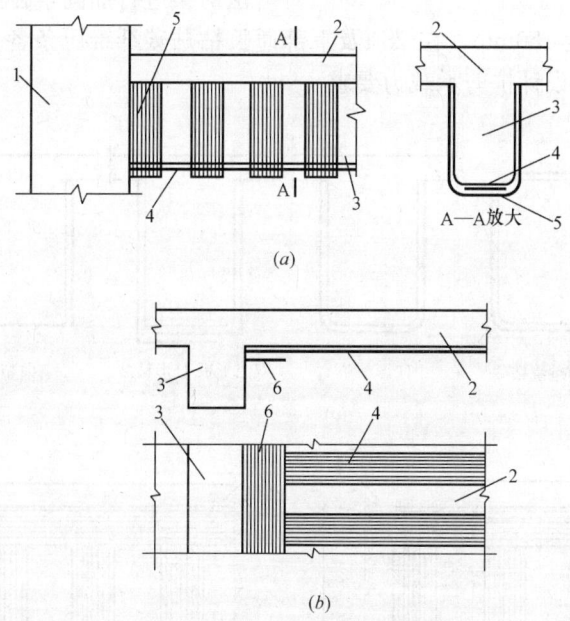

图 21-15 受弯加固时碳纤维片材端部附加锚固措施
(a) 设置 U 型箍；(b) 设置碳纤维片压条
1—柱；2—板；3—梁；4—碳纤维片材；5—U 形箍；6—压条

4. 对于梁（图 21-15a），U 形箍宜在延伸长度范围内均匀布置，且在延伸长度端部必须设置一道。U 形箍的粘贴高度宜伸至板底面。每道 U 形箍的宽度不宜小于受弯加固碳纤维布宽度的 1/2，U 形箍的厚度不宜小于受弯加固碳纤维布厚度的 1/2。对于板，在碳纤维片材延伸长度范围内通长设置垂直于受力碳纤维方向的压条（图 21-21b）。压条宜在延伸锚固长度范围内均匀布置，且在延伸长度端部必须设置一道。每道压条的宽度不宜小于受弯加固碳纤维布条带宽度的 1/2，压条的厚度不宜小于受弯加固碳纤维布厚度的 1/2。

5. 对梁、板负弯矩区进行受弯加固时，碳纤维片材的截断部位距支座边缘的延伸长度应根据负弯矩分布确定，一般对板不小于 1/4 跨度，对梁不小于 1/3 跨度。

当采用碳纤维片材对框架梁负弯矩区进行受弯加固时，应采取可靠锚固措施与支座连接。当碳纤维片材需绕过柱时，宜在梁侧 $4h_f'$ 范围内粘贴（图 21-16）。

6. 受剪加固时碳纤维片材的纤维方向宜与构件轴向垂直，粘贴形式可如图 21-17a 所示，其净间距 s_{cf} 不应大于构件的最大箍筋间距的 0.7 倍，在 U 形粘贴上端宜粘贴纵向碳纤维片材压条（图 21-17b）。

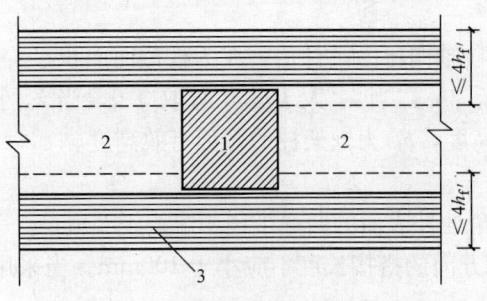

图 21-16 负弯矩区加固时梁侧有效粘贴范围平面图
1—柱；2—梁；3—板顶面碳纤维片材
h_f'—板厚

【例 21-6】 某商住楼单梁，由于施工原因混凝土强度等级未达到设计要求，抗剪强度原设计为 25.3kN，经核算实际为 20.2kN，通过研究采取粘碳纤维布的方法对梁进行加固，在梁两侧表面粘贴碳纤维 U 形箍二层，净距 150mm，在梁顶及下部通长粘贴碳纤维压条各一层，试核算加固后抗剪强度能否满足原设计抗剪承载力要求。

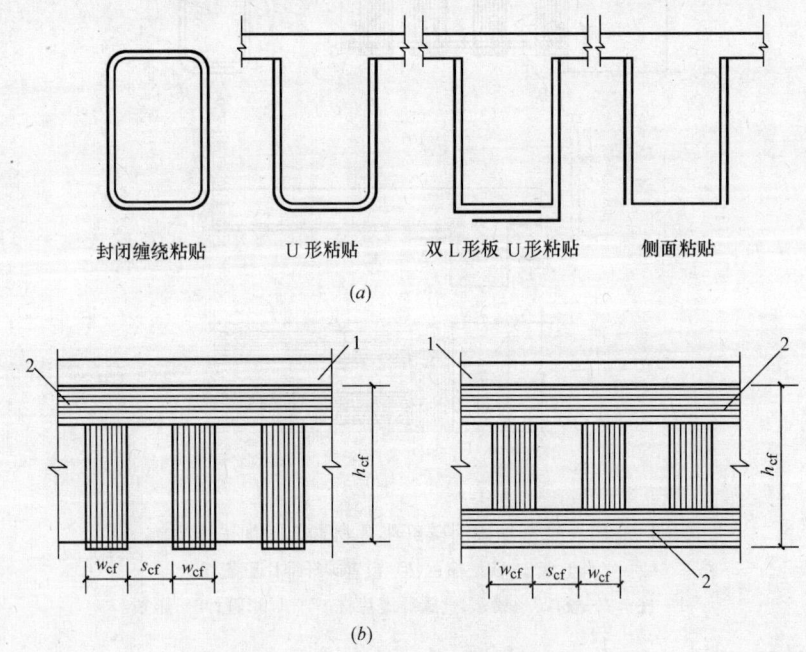

图 21-17 碳纤维片材的抗剪加固方式
(a) 粘贴方式；(b) U 形粘贴和侧面粘贴加纵向压条
1—板；2—压条

【解】 由题意取 $\varphi=0.85$，$n_{cf}=2$，$w_{cf}=200\text{mm}$，$t_{cf}=0.5\text{mm}$，$s_{cf}=150\text{mm}$，$E_{cf}=1550\text{MPa}$，$h_{cf}=600\text{mm}$，$\lambda_b=3$，$\varepsilon_{cfu}=0.015$

由式（21-36）得：

$$\varepsilon_{cfv} = \frac{2}{3}(0.2+0.12\lambda_h)\varepsilon_{cfu} = \frac{2}{3}(0.2+0.12\times 3)\times 0.015 = 0.0056$$

由式（21-35）得：

$$V_{bcf} = \frac{2n_{cf}w_{cf}t_{cf}}{(s_{cf}+w_{cf})}\varepsilon_{cf}E_{cf}h_{cf} = \frac{2\times 2\times 200\times 0.5}{(150+200)}\times 0.0056\times 1550\times 600$$
$$= 5952N \approx 5.95kN$$

由式（21-34）得

$$V_b = V_{brc}+V_{bcf} = 20.2+5.95 = 26.15kN > 25.3kN$$

故知，用粘贴碳纤维布加固后，抗剪承载力达到 26.15kN＞25.30kN，满足原设计要求。

21.2 砌体结构加固计算

21.2.1 套箍加固砌体法计算

用套箍（又称筒箍，下同）加固砖石砌体是砌体加固广泛采用的方法。套箍加固砌体的构造形式有图 21-18 所示几种。

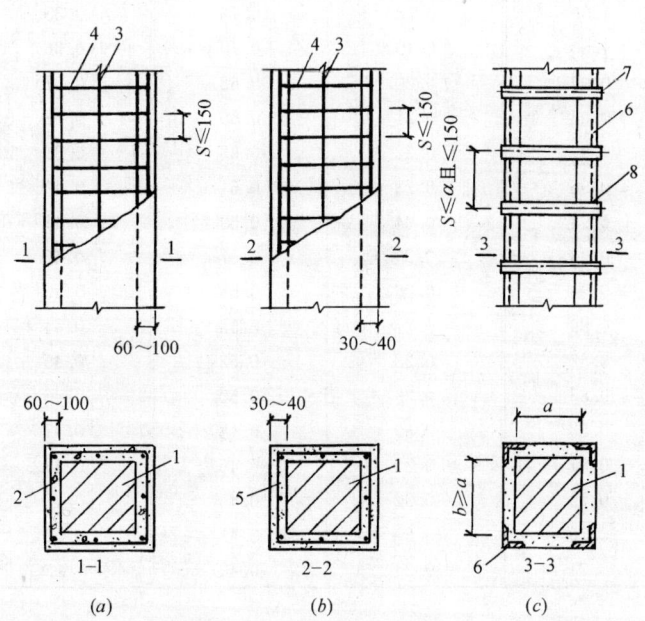

图 21-18 套箍加固形式和构造
(a) 钢筋混凝土套箍；(b) 配筋抹灰层套箍；(c) 型钢套箍
1—砌体；2—C15～C20 混凝土；3—配筋 ϕ6～12mm；
4—箍筋 ϕ4～10mm；5—M5～M10 砂浆抹灰层；6—角钢；7—缀板；8—焊缝

套箍多用于轴心受压和偏心受压砌体加固，可按以下公式进行强度验算：

21 结构加固工程

一、钢筋混凝土套箍计算

$$N_u \leqslant \varphi_n \alpha \left\{ \left[\eta f + \frac{3\rho f_y}{1+100\rho}\left(1-\frac{2e_0}{y}\right) \right] A + 1.5\beta A_h f_c + 1.2\gamma A'_g f'_y \right\} \quad (21\text{-}40)$$

二、配筋抹灰层套箍计算

$$N_u \leqslant \varphi_n \alpha \left[\eta f + \frac{3\rho f_y}{1+200\rho}\left(1-\frac{2e_0}{y}\right) \right] A \quad (21\text{-}41)$$

三、型钢套箍计算

$$N_u \leqslant \varphi_n \alpha \left\{ \left[\eta f + \frac{3\rho f_y}{1+250\rho}\left(1-\frac{2e_0}{y}\right) \right] A + 1.2\gamma A'_g f'_y \right\} \quad (21\text{-}42)$$

式中 N_u——砌体套箍加固后的承载力；

A——被加固的砖石砌体截面面积；

f——砌体抗压强度设计值；

φ_n——网状配筋砌体受压构件承载力影响系数，可按 GB 50003—2011 附录 D 附表 D.0.2 采用；

α——纵向力的偏心影响系数，由 $\frac{e_0}{d}$ 查表 21-5 取用；

矩形和 T 形截面纵向力的偏心影响系数 α　　　　表 21-5

$\frac{e_0}{d}$	α	$\frac{e_0}{d}$	α	$\frac{e_0}{d}$	α
0.01	1.00	0.18	0.72	0.35	0.40
0.02	1.00	0.19	0.70	0.36	0.39
0.03	0.99	0.20	0.68	0.37	0.38
0.04	0.98	0.21	0.65	0.38	0.37
0.05	0.97	0.22	0.63	0.39	0.35
0.06	0.96	0.23	0.61	0.40	0.34
0.07	0.94	0.24	0.59	0.41	0.33
0.08	0.93	0.25	0.57	0.42	0.32
0.09	0.91	0.26	0.55	0.43	0.31
0.10	0.89	0.27	0.53	0.44	0.30
0.11	0.87	0.28	0.52	0.45	0.29
0.12	0.85	0.29	0.50	0.46	0.28
0.13	0.83	0.30	0.48	0.47	0.27
0.14	0.81	0.31	0.46	0.48	0.26
0.15	0.79	0.32	0.45	0.49	0.26
0.16	0.76	0.33	0.43	0.50	0.25
0.17	0.74	0.34	0.42		

e_0——纵向力的偏心距；

d——矩形截面的纵向力偏心方向的边长；

y——沿纵向力偏心方向砌体截面宽度之半；

ρ——配筋率，$\rho = \dfrac{2A_g(a+b)}{abs}\times 100$；

a、b——被加固构件截面的边长；

s——箍筋的间距、螺栓钢筋的螺距或横向钢板中心线之间的距离;

A_g——箍筋或横向钢(缀)板的截面面积;

A_g'——纵向钢筋或钢套箍纵向角钢的截面积;

A_h——钢筋混凝土套层的截面面积;

f_y——抗拉钢筋的设计强度;

f_y'——抗压钢筋的设计强度;

η——被加固砌体的状态(损坏或未损坏)的系数,按表21-6采用;

β——套层参加承担纵向力的系数,根据套层的支承方法,按表21-6采用;

γ——钢筋参加工作的系数,按表21-6采用。

筒箍的系数 η、β 及 γ 表21-6

套层支承方法	加强前砌体状态	η	β	γ
荷载仅直接传至被加强的砌体上	未损坏	1.0	0.35	0.25
	部分损坏	0.7	0.35	0.25
套层下面具有支承,面荷载在上面反传至被加强的砌体上	未损坏	1.0	0.70	0.70
	部分损坏	0.7	0.70	0.70
荷载传至被加强结构的全部截面上	未损坏	0.85	1.0	1.0
	部分损坏	0.70	1.0	1.0

【例 21-7】 住宅楼砖柱,截面为 490mm×490mm,柱高 3.95m,设计轴向力 $N=500$kN,采用 Mu10 砖、M10 混合砂浆砌筑,因承载力不能满足规范规定,要求进行加固处理。

【解】 (1) 原截面强度验算

用 Mu10 砖、M10 砂浆砌筑,砖砌体的抗压强度设计值查附录二附表 2-21 得 $f=1.89$N/mm^2,计算高度 $H_0=1.0H=3950$mm,柱子高厚比 $\beta=\dfrac{H_0}{d}=\dfrac{3950}{490}=8.1$,查 GB 50003—2011 附录 D 表 D.0.1.1 得 $\varphi=0.91$。

砖柱的受压承载力为:

$N=\varphi f A=0.91\times1.89\times490\times490=412948N=413kN<500$kN   不能满足要求。

(2) 加固柱承载力验算

用配筋抹灰套箍加固,竖向构造钢筋选用 8ϕ6mm,箍筋选用 ϕ4mm,间距 100mm,抹灰层选用 M7.5 水泥砂浆、厚度取 40mm 如图 21-19 所示,作强度验算如下:

ϕ4 钢箍的截面积 $A_g=12.6$mm^2 $f_y=270$N/mm^2

配筋率 $\rho=\dfrac{2A_g(a+b)}{abs}\times100$

$=\dfrac{2\times12.6\times2\times490}{490\times490\times100}\times100=0.1$

$\dfrac{3\rho f_y}{1+200\rho}=\dfrac{3\times0.1\times270}{1+200\times0.1}=3.86$N/mm^2

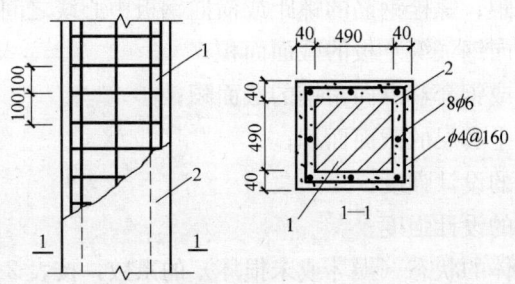

图 21-19 砖柱配筋抹灰层套箍加固
1—砖柱；2—抹 M7.5 砂浆

砖柱为中心受压，$e_0=0$，故 $\left(1-\dfrac{2e_0}{y}\right)=1$

根据 $\beta=8.1$，$\mu=0.1$，查 GB 50003、附录 D 表 D.0.2 得 $\varphi_n=0.89$，取 $\eta=1.0$
采用套箍加固后的承载力为：

$$N_u=\varphi_n\alpha\left[\eta f+\dfrac{3\rho f_y}{1+200\rho}\left(1-\dfrac{2e_0}{q}\right)\right]A=0.89\times1[1\times1.89+3.86\times1]490\times490$$
$$=1228710\text{N}=1229\text{kN}>N=500\text{kN} \quad 满足要求。$$

21.2.2 加大砌体截面法计算

用加大截面加固砖石砌体，亦为砌体加固常用方法之一，具体做法是在原有砖柱或砖墙的外侧增砌一砌体。新砌体的砖强度等级与原砌体相同；砂浆强度等级比原砌体砂浆提高一个等级，且不低于 M2.5。新旧砌体的连接采用咬槎或钢筋连系，如图 21-20 所示。本法适用于砖壁柱、窗间墙及其他承重墙承载能力不够，使用荷载尚未全部加上，砌体尚未被压裂或只轻微压裂，且增加的截面不太大的情况加固。

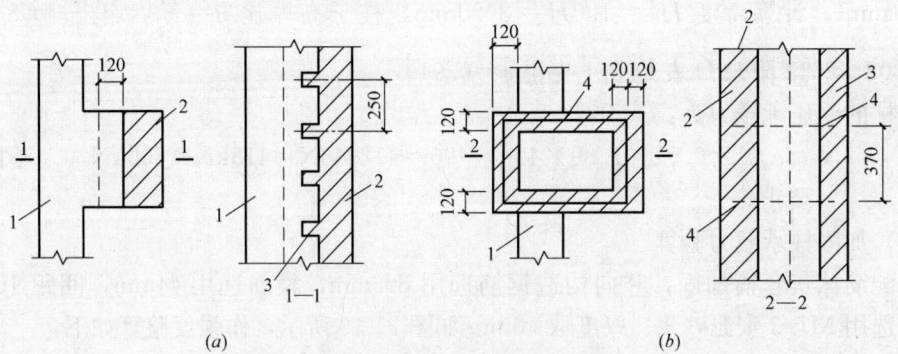

图 21-20 加大截面加固新旧砌体连接
（a）咬槎连接；（b）用钢筋连系
1—原砖砌体；2—新加砖砌体或砖套；3—锯齿形结合，每四皮
砖剔一个半砖深槽；4—ϕ6mm 连接钢筋，每六皮砖配一根

加固结构计算，系把新旧砌体视作一个整体共同工作，承担设计荷载。

承重砖墙采用加大截面加固时，砖砌体加大截面后的受压承载力可按下式计算：

21.2 砌体结构加固计算

$$N \leqslant \varphi(f_0 A_{ob} + \alpha f_a A_a) \tag{21-43}$$

式中 N——房屋加固后全部荷载设计值产生的轴向力；

φ——加固后的砖墙高厚比和轴向力偏心距 e 对受压构件承载力的影响系数，按《砖石结构设计规范》GB 50003—2011 附录 D 的附表 D.0.1.1 至附表 D.0.1.3 采用；

f_0——原砖砌体抗压强度设计值；

f_a——新加砖砌体抗压强度设计值；

A_{ob}——原砖砌体横截面面积；

A_a——新加砖砌体横截面面积；

α——新加砖砌体与原砖砌体协同工作时的强度折减系数，取用 0.6。当为配筋组合砖砌体加固时，对轴心受压时取 0.7；当偏心受压时取 0.8。

【例 21-8】 厂房砖壁柱计算，高度 $H_0=4.5\mathrm{m}$，截面尺寸如图 21-21 所示，原设计采用 Mu10 烧结普通砖、M2.5 砂浆砌筑，$f_0=1.30\mathrm{N/mm^2}$，承载力设计值 $N=328\mathrm{kN}$，荷载偏心距 $e=46\mathrm{mm}$，经核算承载力不足，采取加大砌体截面加固，尺寸如图 21-27 所示，用 Mu10 烧结普通砖、M5.0 砂浆砌筑，$f_a=1.50\mathrm{N/mm^2}$，试验算加固后承载力是否满足要求。

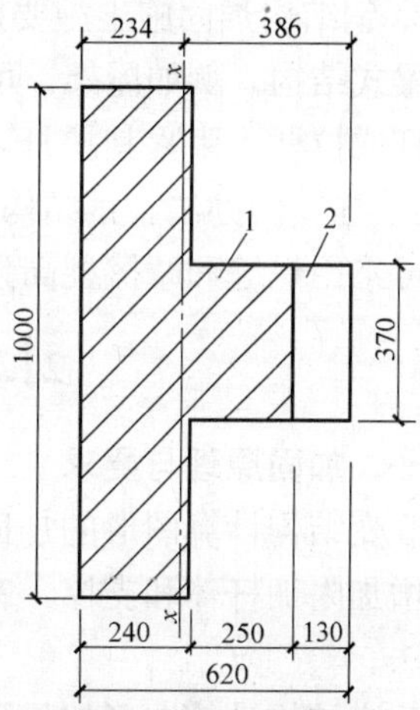

【解】 由题意知

原砖壁柱截面面积

$$A_{ob}=0.24\times 1.0+0.25\times 0.37=0.333\mathrm{m^2}$$

新加砖砌体截面面积

$$A_a=0.13\times 0.37=0.048\mathrm{m^2}$$

图 21-21 砖壁柱截面尺寸及加大截面
1—原砖壁柱；2—加大砖砌体

加固后砖壁柱截面面积

$$A=0.333+0.048=0.381\mathrm{m^2}$$

又知 $I=0.01137\mathrm{m^4}$

$$i=\sqrt{\frac{I}{A}}=\sqrt{\frac{0.01137}{0.381}}=0.173$$

$$\beta=\frac{H_0}{h_T}=\frac{H_0}{3.5i}=\frac{4.5}{3.5\times 0.173}=7.43$$

又

$$\frac{e}{h_T}=\frac{e}{3.5i}=\frac{0.046}{3.5\times 0.173}=0.075$$

由 β、$\frac{e}{h_T}$ 查 GB 50003 规范附表 D.0.1.1 得 $\varphi=0.78$

砖壁柱加固后的承载力由式（21-43）得：

$$N=\varphi(f_0 A_{ob}+\alpha f_a A_a)=0.78(1.30\times 333000+0.6\times 1.50\times 48000)$$
$$=371358\mathrm{N}=371\mathrm{kN}>328\mathrm{kN}$$

故知，砖壁柱加大截面加固后承载力满足要求。

21.3 钢结构加固计算

21.3.1 加固常用方法及选用

1. 钢结构加固常用方法有：改变计算图形；加大原结构件截面和连接强度；阻止裂纹扩展以及减轻荷载等。应用广泛的为前两种方法。

2. 钢结构加固时常用施工操作方式有：负荷加固；卸荷加固和从原结构上拆下加固或更新部件进行加固等。应根据使用单位要求，结构实际受力状态，在确保质量和安全的前提下研究确定。

3. 钢结构加固施工施要拆下或卸荷时，必须措施合理、可靠，传力明确，确保安全。如对梁式结构，例如屋架，可以在屋架下弦节点下设临时支柱支承，或在屋架下弦部位设置撑杆或拉杆，张紧其拉杆，对屋架进行改变应力卸荷；对柱子可采用设置临时支柱或"托梁换柱"的办法。钢结构加固一般宜采用焊缝连接、摩擦型高强度螺栓连接，有依据时亦可采用焊缝和摩擦型高强度螺栓的混合连接。

21.3.2 改变结构计算图形的加固

一、加固原理与要求

改变结构计算图形的加固系采用改变荷载分布状况、传力途径、节点性质和边界条件，增加附加杆体和支撑，施加预应力，考虑空间协同工作等手段、措施对结构进行加固的方法。

改变结构计算图形的加固过程（含施工过程）中，除应对被加固结构承载能力和正常使用极限状态进行计算外，尚应注意和要求对相关结构构件承载能力和使用功能的影响，考虑在结构、构件、节点以及支座中的内力重分布，对结构（包括基础）进行必要的补充验算，并应采取切实可行的合理构造措施。

二、加固常用基本方法

改变结构计算图形一般是采用增加结构或构件刚度的方法对结构进行加图，常用基本方法有：

(1) 增加支撑形成空间结构，并按空间结构进行验算，例如图 21-22 所示；

(2) 加设支撑增加结构刚度或调整结构的自振频率等以提高结构承载力和改善结构动力特性，例如图 21-23 所示；

(3) 增设支撑或辅助杆件使构件的长细比减少，以提高其稳定性，例如图 21-24 所示；

(4) 在排架结构中重点加强某一列柱的刚度，使之承受大部分水平力，以减轻其他柱的荷载；

(5) 对受弯构件采用改变荷载的分布，如将一个集中荷载转化为多个集中荷载；或改变屋架端部支承情况，变铰结为刚接；或调整连续结构的支座位置等；

(6) 将梁或屋架变为撑杆式结构，立柱横向设撑杆，例如图 21-25 (a)、(b) 或梁、板施加预应力加固［图 21-25（c）］；

（7）对桁架采用增设预应力拉杆或增设撑杆变桁架为撑杆式构架，例如图 21-26 所示；

（8）必要时，可采取措施使加固构件与其他构件共同工作或形成组合结构进行加固，例如使钢屋架与天窗架共同工作等。

以上各法均应按钢结构的常规基本计算方进行适当的验算。

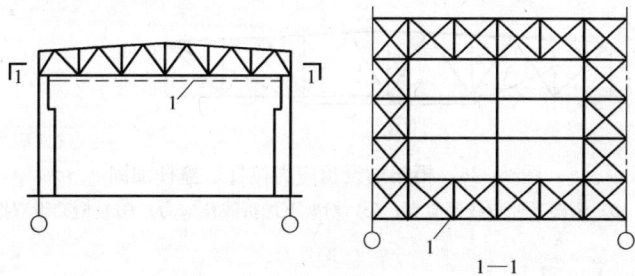

图 21-22 屋架系统增加支撑加固
1—屋架系统支撑

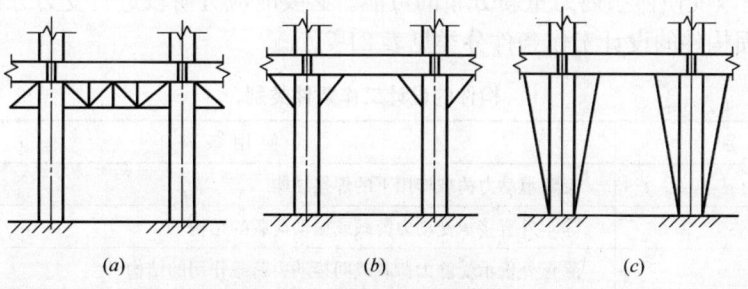

图 21-23 梁下加设支撑加固
(a) 梁下加撑杆；(b) 梁下加角撑；(c) 梁下加斜立柱

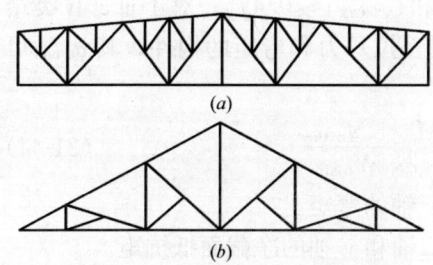

图 21-24 屋架设再分杆加固
(a) 上弦加固；(b) 斜腹杆加固

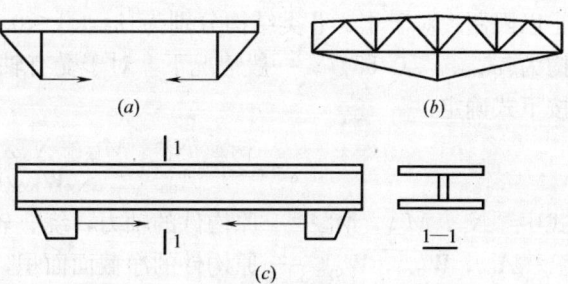

图 21-25 梁、屋架变为撑杆式结构加固
(a)、(b) 梁、屋架变为撑杆式结构；(c) 板、梁施加预应力

21.3.3 加大构件截面加固法计算

一、截面加固计算的一般规定

1. 采用加大截面加大钢构件时，所选截面形式应有利于加固技术要求，并考虑已有

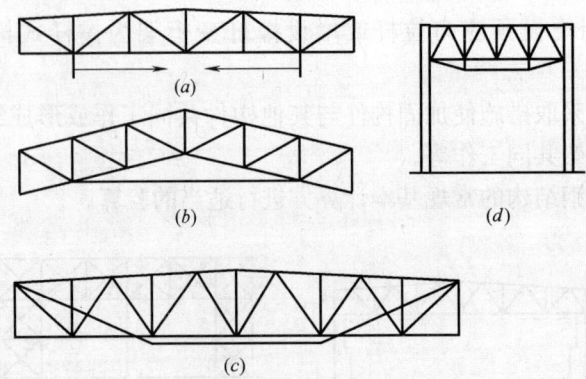

图 21-26 桁架加设预应力拉杆、撑杆加固
(a)、(b) 桁架下加直线预应力；(c) 桁架下加折线预应力；(d) 桁架设双撑杆

缺陷和损伤的状况。

2. 加固的构件受力分析的计算简图，应反映结构的实际条件，考虑损伤及加固引起的不利变形、加固期间、前后作用在结构上的荷载及其不利组合。对于超静定结构尚应考虑加固后刚度改变使体系内力重新分布的可能。必要时应分阶段进行受力分析和计算。

3. 被加固构件的设计工作条件分类见表 21-7。

构件的设计工作条件类别　　　　　　　　　　　　　　　　表 21-7

类　别	使 用 条 件
Ⅰ	特繁重动力荷载作用下的焊接结构
Ⅱ	除Ⅰ外直接承受动力荷载或振动荷载的结构
Ⅲ	除Ⅳ外仅承受静力荷载或间接动力荷载作用的结构
Ⅳ	受有静力荷载并允许按塑性设计的结构

4. 负荷下焊接加固结构，其加固时的最大名义应力 σ_{omax} 应按表 21-7 划分的结构类别予以限制：对于Ⅰ、Ⅱ类结构分别为 $|\sigma_{omax}| \leqslant 0.2 f_y$ 和 $|\sigma_{omax}| \leqslant 0.4 f_y$；对于Ⅲ、Ⅳ类结构为 $|\sigma_{omax}| \leqslant 0.55 f_y$。一般情况下，对于受有轴心压（拉）力和弯矩的构件，其 σ_{omax} 可按下式确定：

$$\sigma_{omax} = \frac{N_o}{A_{on}} \pm \frac{M_{ox} + N_o \omega_{ox}}{\alpha_{Nx} W_{oxn}} \pm \frac{M_{oy} + N_o \omega_{oy}}{\alpha_{Ny} W_{oyn}} \tag{21-44}$$

式中　N_o, M_{ox}, M_{oy}——原构件的轴力，绕 x 轴和 y 轴的弯矩。

A_{on}, W_{oxn}, W_{oyn}——原构件的净截面面积，对 x 轴和 y 轴的净截面抵抗矩。

α_{Nx}, α_{Ny}——弯矩增大系数。对拉弯构件取 $\alpha_{Nx} = \alpha_{Ny} = 1.0$；对压弯构件按下式计算

$$\alpha_{Nx} = 1 - \frac{N_o \lambda_x^2}{\pi^2 E A_o}; \qquad \alpha_{Ny} = 1 - \frac{N_o \lambda_y^2}{\pi^2 E A_o}$$

其中　$A_o, \lambda_x, \lambda_y$——分别为原构件的毛截面面积、对 x 轴和 y 轴的长细比。

ω_{ox}, ω_{oy}——原构件对 x 轴和 y 轴的初始挠度，其值取实测值与等效偏心距 e_{ox}（或 e_{oy}）之和。

5. 钢结构各种受力构件加大截面加固常用形式，可参见表 21-8。

钢结构各种受力构件加大截面加固常用形式 表 21-8

项次	项目	截面加图形式
1	受拉构件	
2	受压构件	
3	受弯构件	

项次	项目	截面加图形式
4	偏心受力构件	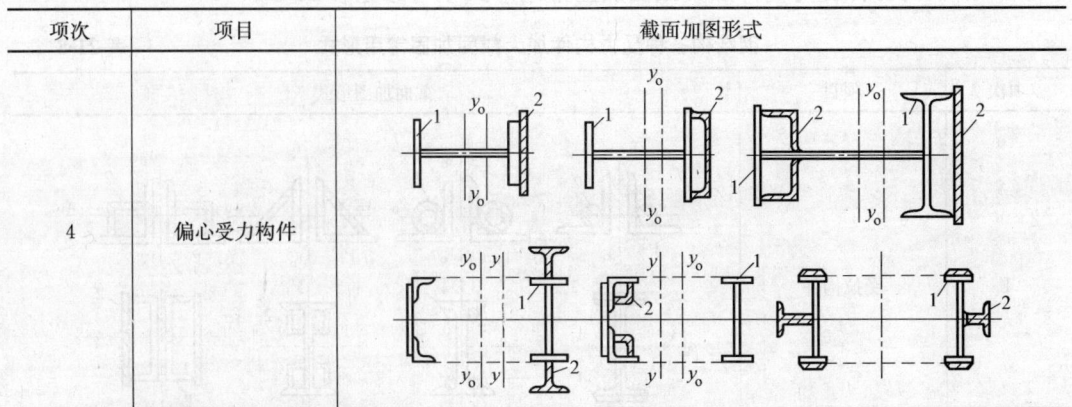

注：1—构件原截面；2—构件增加截面。

二、受弯构件的加固计算

1. 在主平面内受弯的加固受弯构件的抗弯强度可按下式计算：

$$\frac{M_x}{\gamma_x W_{nx}} + \frac{M_y}{\gamma_y W_{ny}} \leq \eta_m f \tag{21-45}$$

式中 M_x，M_y——绕加固后截面形心 x 轴和 y 轴的加固前弯矩与加固后增加的弯矩之和；

W_{nx}，W_{ny}——对加固后截面 x 轴和 y 轴的净截面抵抗矩；

γ_x，γ_y——截机塑性发展系数，对Ⅰ、Ⅱ类结构取 $\gamma_x = \gamma_y = 1.0$；对Ⅲ、Ⅳ类结构，根据截面形状按《钢结构设计规范》GB 50017 表 5.2.1 采用；

η_m——受弯构件加固强度折减系数；对Ⅰ、Ⅱ类焊接结构取 $\eta_m = 0.85$，对其他结构取 $\eta_m = 0.9$；

f——截面中最低强度级别钢材的抗弯强度设计值。

2. 所加固结构构件的总挠度 ω_T 一般可按下式确定：

$$\omega_T = \omega_0 + \omega_w + \Delta\omega \tag{21-46}$$

式中 ω_0——初始挠度，按实测资料或加固时荷载由加固前的截面特性计算确定；

ω_w——焊接加固时的焊接残余挠度；

$\Delta\omega$——挠度增量，按加固后增加荷载标准值和已加固截面特征计算确定。

总的 ω_T 值不应超过《钢结构设计规范》GB 50019 附录 A 表 A.1.1 规定的限值。

三、轴心受力和拉弯、压弯构件的加固计算

1. 轴心受拉或轴心受压构件宜采用对称的或不改变形心位置的加固截面形式，其强度应按下式计算：

$$\frac{N}{A_n} \leq \eta_n f \tag{21-47}$$

式中 A_n——加固后构件净截面积；

f——截面中最低强度级别钢材的强度设计值；

η_n——轴心受力加固构件的强度降低系数。对非焊接加固的轴心受力或焊接加固的轴心受拉Ⅰ、Ⅱ类构件取 $\eta_n = 0.85$；Ⅲ、Ⅳ、类构件取 $\eta_n = 0.9$。对焊接加固的受压构件按式 $\eta_n = 0.85 - 0.23\sigma_0/f_y$ 取值。

其中：σ_0为构件未加固时的名义应力；f_y—钢材屈服强度（或屈服点）标准值。

2. 拉弯或压弯构件的截面加固应根据原构件的截面特性，受力性质和初始几何变形状况等条件，综合考虑选择适当的加固截面形式，其截面强度应按下式计算：

$$\frac{N}{A_n} \pm \frac{M_x + N\omega_{Tx}}{\gamma_x W_{nx}} \pm \frac{M_y + N\omega_{Ty}}{\gamma_y W_{ny}} \leqslant \eta_{EM} f \qquad (21-48)$$

式中 N，M_x，M_y——分别为构件承受的总轴心力，绕 x 轴和 y 轴的总最大弯矩；

A_n，W_{nx}，W_{ny}——分别为计算截面净截面面积，对 x 轴和 y 轴的净截面抵抗矩；

ω_{Tx}，ω_{Ty}——构件对 x 轴和 y 轴的总挠度，按式（21-46）计算；

γ_w、γ_y——塑性发展系数，对Ⅰ、Ⅱ类结构构件，取 $\gamma_x = \gamma_y = 1.0$；对Ⅲ、Ⅳ类结构构件按《钢结构设计规范》GB 50017 中表 5.2.1 采用；

η_{EM}——拉弯或压弯加固构件的强度降低系数，对Ⅰ、Ⅱ类结构构件取 $\eta_{EM} = 0.85$；Ⅲ、Ⅳ类结构构件取 $\eta_{EM} = 0.9$；当 $N/A_n \geqslant 0.55 f_y$ 时，取 $\eta_{EM} = \eta_n$（η_n 同式 21-45η_n）；

f——截面中最低强度级别钢材的强度设计值。

3. 实腹式轴心受压构件，当无初弯曲和损伤且对称或形心位置不改变加固截面时，其整体稳定性按下式计算：

$$\frac{N}{\varphi A} \leqslant \eta_n f'$$

式中 N——加固时和加固后构件所受总轴心压力；

φ——轴心受压构件稳定系数，按《钢结构设计规范》GB 50017 附录 C 相应屈服强度钢材的 C 类截面系数表格查取，或按其表后所附公式计算（计算时取 $f_y = 1.1 f'$）；

A——构件加固后的截面面积；

η_n——轴心受力加固构件强度降低系数（同式 21-47）；

f'——钢材换算强度设计值。

4. 当构件有初始弯曲等损伤或非对称或形心位置改变的加固截面引起的附加偏心时，加固实腹式压弯构件，弯矩作用在对称平面内的稳定性，应按下列规定计算：

（1）弯矩作用平面内的稳定性

$$\frac{N}{\varphi_x A} + \frac{\beta_{mx} M_x + N\omega_x}{\lambda_x W_{1x}(1 - 0.8 N/N_{Ex})} \leqslant \eta_{EM} f' \qquad (21-49)$$

式中 N——所计算构件段范围内轴心压力；

φ_x——弯矩作用平面内的轴心受力构件的稳定系数，按第 5.2.2 条规定采用；

M_x——所计算构件段范围内最大弯矩；

γ_x——截面塑性发展系数，对Ⅰ、Ⅱ类构件取 $\gamma_x = 1.0$，对Ⅲ、Ⅳ类构件按《钢结构设计规范》GB 50017 表 5.21 采用；

W_{1x}——弯矩作用平面内较大受压纤维的毛截面抵抗矩；

η_{EM}——压弯加固构件的强度折减系数；

ω_x——构件对 x 轴的初始挠度 ω_0 及焊接加固残余挠度 ω_x 之和；

β_{mx}——等效弯矩系数，按《钢结构设计规范》GB 50017 第 5.2.2 条的规定采用；

f'——钢材换算强度设计值；

N_{EX}——欧拉临界力，按 $N_{EX} = \dfrac{\pi^2 EA}{\lambda_x^2}$ 计算。

其中　A——加固后构件的截面面积；

λ_x——加固后构件对截面 x 轴的长细比。

对于轧制或组合成的 T 形和槽形单轴对称截面，当弯矩作用在对称轴平面且使较大受压翼缘受压时，除按式（21-49）计算外，尚应按下式计算：

$$\dfrac{N}{A} - \dfrac{\beta_{mx}M_x + N\omega_x}{\gamma_x W_{2x}(1-1.25N/N_{Ex})} \leqslant \eta_{EM} f' \qquad (21\text{-}50)$$

式中　W_{2x}——对较小翼缘或腹板边缘的毛截面抵抗矩。

（2）弯矩作用平面外的稳定性

$$\dfrac{N}{\varphi_y A} + \dfrac{\beta_{tx}M_x + N\omega_x}{\varphi_0 W_{1x}} \leqslant \eta_{EM} f'' \qquad (21\text{-}51)$$

式中　N——构件所受轴心压力；

φ_y——弯矩作用平面外的轴心受压构件稳定系数，参照第 5.1.2 条规定采用；

A——加固后构件的截面面积；

φ_b——均匀弯曲的受弯构件整体稳定系数，按《钢结构设计规范》GB 50017 附录 B 中 5 项规定计算（计算时取 $f_y = 1.1f$），对箱形截面可取 $\varphi_0 = 1.4$；

M_x——所计算构件段范围内最大弯矩；

β_{tx}——等效弯矩系数，按《钢结构设计规范》GB 50017 第 5.2.1 条第二项的规定采用；

ω_x——构件对 x 轴的初始挠度 ω_{ox} 与焊接残余挠度 ω_w 之和。

5. 弯矩作用在两个主平面内的双轴对称加固实腹式工字形和箱形截面压弯构件，其稳定性按下式计算：

$$\dfrac{N}{\varphi_x A} + \dfrac{\beta_{mx}M_x + N\omega_x}{\gamma_x W_{1x}(1-0.8N/N_{Ex})} + \dfrac{\beta_{ty}M_y + N\omega_y}{\varphi_{by} W_{1y}} \leqslant \eta_{EM} f' \qquad (21\text{-}52)$$

$$\dfrac{N}{\varphi_y A} + \dfrac{\beta_{my}M_y + N\omega_y}{\gamma_y W_{1y}(1-0.8N/N_{Ey})} + \dfrac{\beta_{tx}M_x + N\omega_x}{\varphi_{bx} W_{1x}} \leqslant \eta_{EM} f' \qquad (21\text{-}53)$$

式中　φ_x、φ_y——对强轴和弱轴的轴心受压构件稳定系数，参照第 5.2.3 的规定确定；

φ_{bx}，φ_{by}——均匀弯曲的受弯构件整体稳定系数；对箱形截面取 $\varphi_{bx} = \varphi_{by} = 1.4$；对工字形截面，取 $\varphi_{by} = 1.0$，φ_{bx} 可按《钢结构设计规范》GB 50017 附录 B 中 5 项规定计算（计算时取 $f_y = 1.1f'$）；

M_x，M_y——所计算构件段范围内对强轴和弱轴的最大弯矩；

N_{Ex}，N_{Ey}——构件分别对 x 轴和 y 轴的欧拉临界力；

ω_x——构件对 x 轴的初始挠度 ω_{ox} 与焊接残余挠度 ω_{wx} 的和；

ω_y——构件对 y 轴的初始挠度 ω_{oy} 与焊接残余挠度 ω_{wy} 之和；

W_{1x}，W_{1y}——对强轴和弱轴的毛截面抵抗矩；

β_{mx}，β_{my}——等效弯矩系数，按《钢结构设计规范》GB 50017 第 5.2.2 条的规定采用；

21.3 钢结构加固计算

β_{tx}，β_{ty}——等效弯矩系数，按《钢结构设计规范》GB 50017 第 5.2.2 条的规定采用。

【例 21-9】 某轧钢主厂房 36m 跨钢屋架 118 榀，下弦角钢采用 2L160×14mm，材质为 Q235 钢。由于制作时缺乏严格的材质检查制度，安装时发现角钢两肢端普遍存在深达 20mm 的裂缝和夹杂物（图 21-27），影响屋架的承载力（强度）和耐久性。该屋架下弦的设计总轴心拉力 $N=166$kN，经研究采用加大构件截面法加固下弦，试确定其截面加固方法，并验算其抗拉强度是否符合要求。

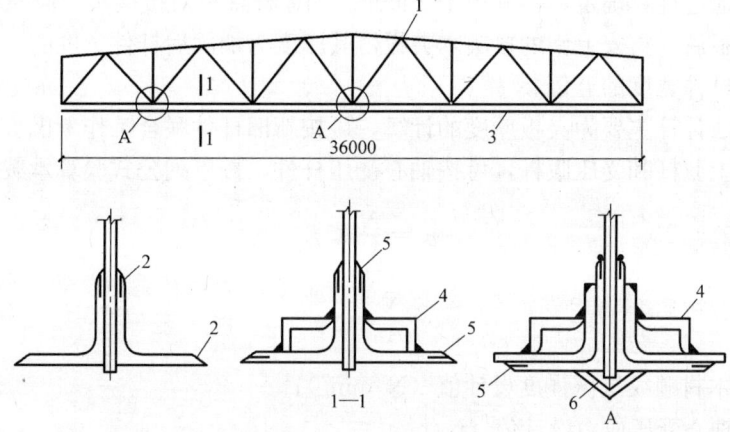

图 21-27 36m 钢屋架下弦加图
1—36m 跨钢屋架；2—下弦角钢（L160×14mm）裂缝；3—下弦角钢加固长度；
4—下弦加固角钢（2L90×56×6mm）；5—电焊封闭裂缝；
6—L63×6mm 角钢加固；A—拼接角钢接点处加固

【解】 （1）加固方法

加固下弦截面一律按已知裂缝深度 20mm，再加 10mm 考虑。为使加固钢材截面与原下弦角钢重心基重合，不产生偏心受拉，加固角钢截面按双肢和对称设置；即在下弦两侧沿长度方向各加焊一根 L90×56×6mm 角钢加固全长。加固角钢在屋架下弦节点板及下弦拼接板范围内均采用连续焊缝，在其余部位采取间断焊缝与原下弦焊接。焊接时要求不损伤原下弦杆件和防止结构变形。下弦裂缝部位，用砂轮表面打磨后用细焊条封闭，以防锈蚀。

(2) 下弦抗拉强度验算

已知 $N=166$kN；$f=215$N/mm²，取 $\eta_n=0.9$。

下弦原截面（2L160×14mm）面积 $A_1=2\times43.296=86.592$cm²；裂缝损伤断面面积 $A_2=4\times3\times1.4=16.80$cm²；加固角钢截面（2L90×56×6mm）面积 $A_3=2\times8.557=17.114$cm²，则加固后下弦的净截面面积为：

$$A_n=A_1-A_2+A_3=86.592-16.80+17.114=86.906\text{cm}^2$$

加固后截面强度由式（21-47）得：

$$\frac{N}{A_n}=\frac{166\times10^4}{86.906\times10^2}=191.0\text{N/mm}^2<193\text{N}(=0.9\times215)$$

故知屋架下弦杆体加固方法和加固后截面强度，满足要求。

21.4 木结构加固计算

21.4.1 木夹板加固法计算

夹板加固法系在木结构构件的两侧加木夹板，用螺栓固定加固，适用于木屋架杆件承载力不够的加固。加固木夹板应用强度及特性与原构件相同或近似的木材，其宽度与原杆件相同，厚度通过计算确定，不宜小于30mm。如原杆件有对接接头，应先将原木夹板取下安上加固夹板后，再安上新的接头木夹板，其厚度为加固后杆件宽度的一半，其长度应不小于加固后杆件宽度的五倍。

夹板加固法计算主要为夹板厚度的计算，可按新旧杆件联合工作考虑。对只在节点处有檩条的屋架上弦杆和受压腹杆，可按轴心受压杆件，按下列公式验算承载能力：

按强度验算
$$\sigma_c = \frac{N}{A_n} \leqslant f_c \tag{21-54}$$

按稳定性验算
$$\frac{N}{\varphi A_0} \leqslant f_c \tag{21-55}$$

式中 f_c——木材顺纹抗压强度设计值（N/mm²）；
σ_c——轴心受压应力设计值（N/mm²）；
N——构件的轴心压力设计值（N）；
A_n——受压构件的净截面面积（mm²）；
A_0——受压构件截面的计算面积（mm²），按本加固方法构件的缺口不在边缘，可取 $A_0 = 0.9A$；
A——受压构件的毛截面面积，即新旧构件总的毛截面面积（mm²）；
φ——轴心受压构件稳定系数，按《木结构设计规范》GB 50005—2003 第5.1.4条确定，或从附录K表K.0.1和表K.0.2中查得。计算杆件细长比时，截面采用加固后的毛截面，不考虑螺孔对截面的削减。

对于除了承受轴心压力之外，还受弯矩作用的上弦杆件，还应按下列公式验算：

$$\frac{N}{\varphi \varphi_m A_0} \leqslant f_c \tag{21-56}$$

其中
$$\varphi_m = \left[1 - \frac{\sigma_m}{f_m \left(1 + \sqrt{\frac{\sigma_c}{f_c}}\right)}\right]^2 \tag{21-57}$$

式中 φ_m——考虑轴心力和横向弯矩共同作用的折减系数；
f_m——木材抗弯强度设计值（N/mm²）；
σ_m——受弯应力设计值（N/mm²）；
其他符号意义同前。

当验算垂直于弯矩作用平面的稳定时，可按式（21-55）验算，不考虑弯矩的影响。

当仅验算压弯构件的截面强度，不考虑轴心受压构件稳定系数 φ 值的影响时，可按下式验算：

$$\frac{N}{A_n} + \frac{Mf_c}{W_n f_m} \leqslant f_c \tag{21-58}$$

式中 M——构件弯矩设计值（N·mm）；

W_n——构件的综合净截面抵抗矩（mm³），对系紧螺栓为并列者，取 $W_n = 0.85W_m$；为错列者，取 $W_n = 0.91W_m$；

W_m——综合毛截面抵抗矩（mm³）。

【例 21-10】 某仓库木屋架受压腹杆长 2830mm，轴心压力为 38000N，采用红松制作，截面为 100mm×100mm，经核算承载能力不够，拟采用两块 30mm×100mm 红松木夹板进行加固，用 ϕ12mm 螺栓紧固，螺栓排列为双排错列，间距 300mm，试验算加固后承载力。

【解】（1）原腹杆承载力验算

已知 $N = 38000\text{N}$，$A_0 = 100 \times 100 = 10000\text{mm}^2$，$f_c = 10\text{N/mm}^2$

为计算纵向弯曲系数 φ，应先按下式计算构件的长细比值：

$$\lambda = \frac{l_0}{i}, \quad i = \sqrt{\frac{I}{A}} \tag{21-59}$$

式中 l_0——受压杆件的计算长度（mm）；

i——杆件截面的回转半径（mm）；

I——杆件的毛截面惯性矩（mm⁴）；

A——杆件的毛截面面积（mm²）。

本例采用方木

$$i = \sqrt{\frac{I}{A}} = \sqrt{\frac{bh^3/12}{bh}} = \sqrt{\frac{h^2}{12}} = 0.289h = 0.289 \times 100 = 28.9\text{mm}$$

$$\lambda = \frac{l_0}{i} = \frac{2830}{28.9} = 97.9 > 91$$

$$\varphi = \frac{2800}{\lambda^2} = \frac{2800}{91^2} = 0.338$$

杆件的承载力由式（21-54）、式（21-55）得：

$$\sigma_c = \frac{N}{A_n} = \frac{38000}{10000} = 3.8\text{N/mm}^2 < f_c = 10\text{N/mm}^2 \quad 可。$$

$$\frac{N}{\varphi A_0} = \frac{38000}{0.338 \times 10000} = 11.24\text{N/mm}^2 > f_c = 10\text{N/mm}^2$$

故知原杆件承载力（稳定性）不够，需进行加固。

（2）加固后承载力验算

加固后计算面积为新旧杆件综合截面乘以缺口削减系数，即：

$$A_0 = 0.9A_m = 0.9 \times 100 \times (100 + 30 \times 2) = 14400\text{mm}^2$$

因截面最小宽度未改变，纵向弯曲系数亦不变。加固材料本身所增加荷载甚微，可忽略不计，即轴心压力值也不变。又：

$$\frac{N}{\varphi A_0} = \frac{38000}{0.338 \times 14400} = 7.8\text{N/mm}^2 < f_c = 10\text{N/mm}^2$$

故知，加固后承载力（稳定性）可以满足要求。

【例 21-11】 仓库木屋架上弦节间长 2240mm，最大轴心压力为 98000N，最大弯矩为 2850N·m，采用红松制作，截面 120mm×160mm，经核算承载能力不够，拟采用两块 50mm×160mm 红松木夹板进行加固，用 ϕ12mm 螺栓紧固，螺栓布置为双排并列，间距为 400mm，试验算加固后承载力。

【解】 (1) 原杆件承载力验算

已知 $N=98000$N，$M=2850$N·m，因截面无缺口，$A_0=A_n=A_m=120\times 160=19200\text{mm}^2$

$$W_n=\frac{bh^2}{6}=\frac{120\times 160^2}{6}=512000\text{mm}^3$$

$l_0=2240\text{mm}$，$i=0.289h=0.289\times 160=46.2\text{mm}$

$$\lambda=\frac{l_0}{i}=\frac{2240}{46.2}=48.5<91$$

$$\varphi=\frac{1}{1+\left(\frac{\lambda}{65}\right)^2}=\frac{1}{1+\left(\frac{48.5}{65}\right)^2}=0.64$$

又 $f_c=10\text{N/mm}^2$

原杆件承载力由式 (21-56) 得：

$$\frac{N}{\varphi\varphi_m A_0}=\frac{98000}{0.64\times 0.563\times 19200}=14.2\text{N/mm}^2>f_c=10\text{N/mm}^2$$

$$\frac{N}{A_n}+\frac{Mf_c}{W_n f_m}=\frac{98000}{19200}+\frac{2850000\times 10}{512000\times 13}$$
$$=5.53\text{N/mm}^2<f_c=10\text{N/mm}^2 \quad 可。$$

故知，原杆件承载力不够，需进行加固处理。

(2) 加固后承载力验算

加固后计算面积为新旧杆件综合截面乘以缺口削减系数，即：

$$A_0=0.9A_m=0.9\times(120+50\times 2)\times 160=31680\text{cm}^2$$

$$W_n=0.85W_m=\frac{0.85\times 220\times 160^2}{6}=798000\text{mm}^3$$

因截面高度未变，φ 值不变。

又 $\sigma_m=\frac{2850000}{512000}=5.57\text{N/mm}^2$，$\sigma_c=\frac{98000}{19200}=5.10\text{N/mm}^2$，$f_m=13\text{N/mm}^2$，则：

$$\varphi_m\left[1-\frac{\sigma_m}{f_m\left(1+\sqrt{\frac{\sigma_c}{f_c}}\right)}\right]^2=\left[1-\frac{5.57}{13\left(1+\sqrt{\frac{5.1}{10}}\right)}\right]^2=0.563$$

加固后的承载力由式 (21-56) 和式 (21-58) 得：

$$\frac{N}{\varphi\varphi_m A_0}=\frac{98000}{0.64\times 0.563\times 31680}=8.6\text{N/mm}^2<f_c=10\text{N/mm}^2$$

$$\frac{N}{A_n}+\frac{Mf_c}{W_n f_m}=\frac{98000}{31680}+\frac{2850000\times 10}{798000\times 13}=5.84\text{N/mm}^2<f_c=10\text{N/mm}^2$$

故知，加固后承载力可以满足要求。

21.4.2 钢拉杆加固法计算

受拉杆件采用钢拉杆代替是一个可靠、简便的加固方法。具有受力工作安全可靠、耐久，节省木材，减少维修，加固无须临时性卸荷措施，不用停止使用等优点。适用于木结构受拉杆整体或局部缺陷或破坏的加固。

钢拉杆一般由拉杆本身及两端的锚固所组成。拉杆通常用两根或四根圆钢（或型钢）共同受力组合而成，圆钢两端刻有螺纹；钢材宜用 Q235 钢；拉杆直径不宜小于 12mm。

采用钢拉杆加固计算应先确定拉杆承受的轴向力。在原杆件未损坏的情况下，拉杆的轴向力可取杆件内力与它的承载力之差；如原杆已严重损坏或退出工作，则全部拉力由钢拉杆承担。

一、拉杆需用截面计算

圆钢拉杆需用截面按下式计算：

$$\frac{N}{A_n} \leqslant K_1 \cdot K_2 \cdot f \tag{21-60}$$

式中 N——轴心拉力；

A_n——拉杆刻螺纹处的有效净截面面积；已知拉杆直径，可按表 21-9 采用；

K_1——考虑净截面处应力集中的折减系数，一般取 0.8；

K_2——考虑两根拉杆受力不均的折减系数，一般取 0.85；

f——钢拉杆抗拉强度设计值，Q235 钢取 215N/mm²。

普通粗螺纹拉杆有效净截面面积　　表 21-9

直径 d(mm)	有效净截面面积 A_n(mm²)	直径 d(mm)	有效净截面面积 A_n(mm²)	直径 d(mm)	有效净截面面积 A_n(mm²)
6	17.9	16	144.1	33	633.0
7	26.1	18	174.4	36	759.5
8	32.9	20	225.2	39	912.9
9	43.7	22	281.5	42	1045.2
10	52.3	24	324.3	45	1224.0
12	76.3	27	427.1	48	1376.7
14	104.7	30	518.9	52	1652.0

二、拉杆承托铁件计算

拉杆端部的承托由一块 U 形钢板和一块角钢组成。U 形钢板一般采用 6～8mm 厚。角钢尺寸需下列公式通过计算确定。

将角钢视作一简支梁如图 21-28 所示。

角钢的抗弯强度、抗剪强度按下式验算：

抗弯强度 $\quad \sigma = \dfrac{M_x}{\gamma_x W_{nx}} \leqslant f \tag{21-61}$

抗剪强度 $\quad \tau = \dfrac{VS}{I t_w} \leqslant f_v \tag{21-62}$

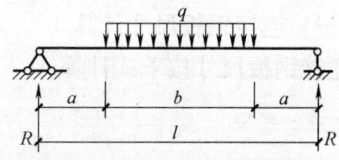

图 21-28 承托角钢计算简图
l—两根加固拉杆中距；b—原杆件宽度；a—原杆件侧面至钢拉杆中心距离；R—每根钢拉杆的拉力，$R = N/2$；q—作用于承托角钢上的均布荷载，$q = N/b$

式中 M_x——计算截面的弯矩设计值；

W_{nx}——净截面抵抗矩；

γ_x——截面塑性发展系数，对角钢、槽钢、工字钢取 1.05；

f——钢材的抗弯强度设计值，对 Q235 钢，取 $f = 215$N/mm²；

V——计算截面的剪力；

S——计算剪应力处以上毛截面对中和轴的面积矩；

I——毛截面惯性矩；

t_w——角钢腹板厚度；

f_v——钢材的抗剪强度设计值，对 Q235 钢，$f_v=125\text{N/mm}^2$。

三、杆件连接铁件计算

杆件中间节点连接铁件，受力较小，可按构造配置。一般连接螺栓用 $4\phi12\text{mm}$；连接钢板用 6mm 厚，长度不小于 140mm，高度不小于 100mm；螺栓中距：水平方向不小于 90mm；垂直方向不小于 60mm；垂直钢板用 8mm 厚；焊缝厚度 6mm，焊缝长度每边 100mm。对跨度较大的屋架，需对连接铁件的尺寸进行验算。

（一）连接螺栓承载力计算

连接螺栓每一剪面的承载力按下式计算：

$$N_v = k_v d^2 \sqrt{f_c} \tag{21-63}$$

式中 N_v——每一剪面的承载力（N）；

f_c——木材顺纹承压强度设计值（N/mm²）；

d——螺栓的直径（mm）；

k_v——螺栓连接承载力计算系数，与连接板厚度 a 有关，当 $a/d=2.5\sim3$，$k=5.5$；$\dfrac{a}{d}=4$，$k_v=6.1$；$\dfrac{a}{d}=5$，$k_v=6.7$；$\dfrac{a}{d}\geqslant6$，$k_v=7.5$。

（二）连接螺栓数量计算

需要的连接螺栓数量，按下式计算：

$$n = \dfrac{N_c}{2N_v} \tag{21-64}$$

式中 n——需要螺栓数量；

N_c——节点两侧节间杆件轴心拉力之差；

N_v——连接螺栓每一剪面的承载力。

（三）连接钢板尺寸计算

连接钢板尺寸按下式计算：

$$\dfrac{N_c}{2(b-nd)t} \leqslant f \tag{21-65}$$

式中 b——连接钢板的宽度；

d——螺孔直径；

n——螺孔排数；

t——连接钢板厚度；

f——钢材的抗拉强度设计值；

其他符号意义同前。

（四）连接钢板螺孔承压能力计算

连接钢板螺孔承压能力按下式计算：

$$\dfrac{N_c}{2ndt} \leqslant f_c^b \tag{21-66}$$

式中 f_c^b——普通螺栓连接钢材的承压强度设计值，对 Q235 钢，$f_c^b=305\text{N/mm}^2$；

n——螺栓个数；

其他符号意义同前。

(五) 垂直腹板尺寸计算

垂直腹板尺寸按下式计算：

$$\frac{N_c}{2lt} \leqslant f_v \tag{21-67}$$

式中 l——腹板长度；

t——腹板厚度；

f_v——钢材抗剪强度设计值，对 Q235 钢 $f_v=125\text{N/mm}^2$。

(六) 连接件焊缝长度计算

钢拉杆与腹板间及腹板与底板间每道焊缝的长度和厚度按下式计算：

$$l_w = \frac{N_c}{2.8 f_t^w \cdot h_f \cdot K} \tag{21-68}$$

式中 l_w——每道焊缝计算长度；

f_t^w——角焊缝的强度设计值，对 Q235 钢，$f_t^w=160\text{N/mm}^2$；

h_f——焊缝高度；

K——焊缝受力不均匀系数，取 0.85。

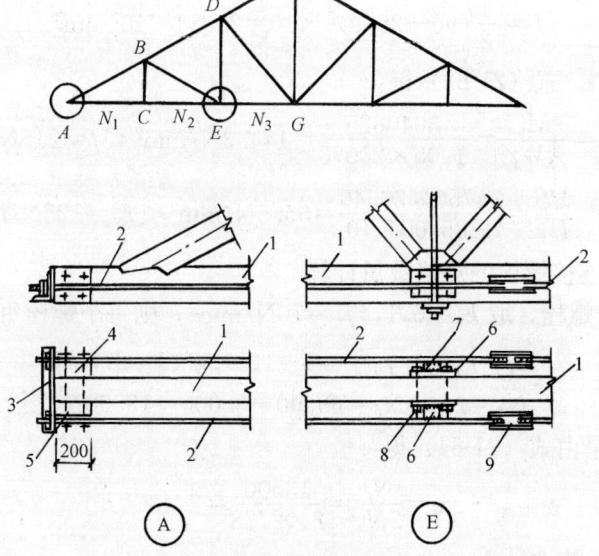

图 21-29 六节间豪氏屋架下弦钢拉杆加固
1—下弦；2—钢拉杆；3—承托角钢；4—垫木；5—U 型钢板；
6—连接钢板；7—焊缝；8—连接螺栓；9—花篮螺栓

【例 21-12】仓库工程六节间豪氏木屋架，如图 21-29 所示，下弦拉力为 $N_1=N_2=69500\text{N}$，$N_3=56000\text{N}$，原设计下弦采用 100mm×140mm 红松方木，在下弦节点 EG 之间设有接头，连接木夹板用两块 50mm 厚红松木板，经核算下弦承载力不够，拟采用钢拉杆进行加固，试确定拉杆及各连接装置尺寸。

【解】 (1) 拉杆需用截面计算

设用两根 $\phi25$mm 圆钢做拉杆，采用 Q235 钢，每根螺栓套丝后净截面积 $A_n = 345$mm^2，已知 $N_1 = N_2 = 69500$N，$f = 215$N/mm^2，则螺栓应力由式 (21-60) 得：

$$\sigma = \frac{N}{K_1 \cdot K_2 \cdot 2A_n} = \frac{69500}{0.8 \times 0.85 \times 2 \times 345}$$
$$= 148.1\text{N/mm}^2 < f = 215\text{N/mm}^2$$

(2) 拉杆承托铁件计算

下弦端部承托角钢受荷情况如图 21-29，由于原屋架下弦有 50mm 厚木夹板，故钢拉杆中心与原下弦杆件侧面距离为 $50 + 25/2 = 62.5$mm，即 $a = 62.5$mm，$b = 100$mm

又 $R = N_1/2 = \dfrac{69500}{2} = 34750$N

$$q = \frac{N_1}{b} = \frac{69500}{100} = 695\text{N/mm}$$

则 $M_{\max} = R\left(a + \dfrac{b}{2}\right) - \dfrac{1}{8}qb^2 = 34750 \times 112.5 - \dfrac{1}{8} \times 695 \times 100^2$

$= 3040625$N·mm

$V_{\max} = R = 34750$N

采用 L90mm×10mm 等边角钢，$I = 128.58 \times 10^4$mm^4；$W = 20.07 \times 10^3$mm^3

已知中和轴与底边缘距离 $Z_0 = 25.9$mm，可近似地求出 S 值：

$$S = \frac{1}{2}(90 - 25.9)^2 \times 10 = 20.54 \times 10^3 \text{mm}^3$$

代入式 (21-61)、式 (21-62) 得：

$$\sigma = \frac{M_x}{\gamma_x W_{nx}} = \frac{3040625}{1.05 \times 20070} = 144.3\text{N/mm}^2 < f = 215\text{N/mm}^2$$

$$\tau = \frac{VS}{It_w} = \frac{34750 \times 20540}{1285800 \times 10} = 55.5\text{N/mm}^2 < f_v = 125\text{N/mm}^2$$

(3) 节点 E 处连接螺栓的规格数量计算

设采用 $\phi12$mm 螺栓，取 $k_v = 6.1$，$f_c = 10$N/mm^2，则每个螺栓每一剪面的承载力为：

$$N_v = k_v d^2 \sqrt{f_c} = 6.1 \times 12^2 \times \sqrt{10} = 2778\text{N}$$

又 $N_c = N_2 - N_3 = 69500 - 56000 = 13500$N

需用螺栓的数量由式 (21-64) 得：

$$n = \frac{N_c}{2N_v} = \frac{13500}{2 \times 2778} = 2.43$$

根据构造需要，配备 4 个。

(4) 连接钢板宽度及厚度计算

采用最小尺寸，宽度 100mm，厚 6mm 钢板。

连接钢板的应力由式 (21-65) 得：

$$\sigma = \frac{N_c}{2(b - nd)t} = \frac{13500}{2(100 - 2 \times 12) \times 6} = 14.8\text{N/mm}^2 < f = 215\text{N/mm}^2$$

螺栓孔的承压能力由式 (21-66) 得：

$$\sigma = \frac{N_c}{2ndt} = \frac{13500}{2\times 4\times 12\times 6} = 23.4\text{N/mm}^2 < f_c^b = 305\text{N/mm}^2$$

垂直腹板采用6mm厚、高度24mm，长度 l 由式（21-67）得：

$$l = \frac{N_c}{2tf_y} = \frac{13500}{2\times 6\times 125} = 9\text{mm}$$

(5) 焊缝长度计算

设焊缝高度为6mm，焊缝长度由式（21-68）得：

$$l_w = \frac{N_c}{2.8 f_t^w \cdot h_f \cdot K} = \frac{13500}{2.8\times 160\times 6\times 0.85} = 5.9\text{mm}$$

从构造需要，垂直腹板采用140mm长，每边焊缝长度确定为60mm，分三段花焊。

节点 G 因两侧节点下弦拉力相等，在构造上配4根 ϕ12mm 螺栓，将焊在钢拉杆上的铁件连接在原下弦木杆件节点上即可。

在节点 C 处，两侧下弦拉力也相等，且 A 至 E 长度与钢拉杆直径之比小于1000，此处不必设联系铁件将钢拉杆与下弦木杆件联系在一起。

【例 21-13】 仓库豪式木屋架原设计下弦采用两根红松方木，在跨中节点处对接，用两块 60mm×120mm 红松夹板连接，总长720mm，连接螺栓采用 12ϕ12mm，每端6根，间距90mm，接头处下弦拉力 $N=36000$N，因木夹板发生裂缝（图21-30），拟采用短拉杆进行加固，试确定短拉杆和承托角钢截面。

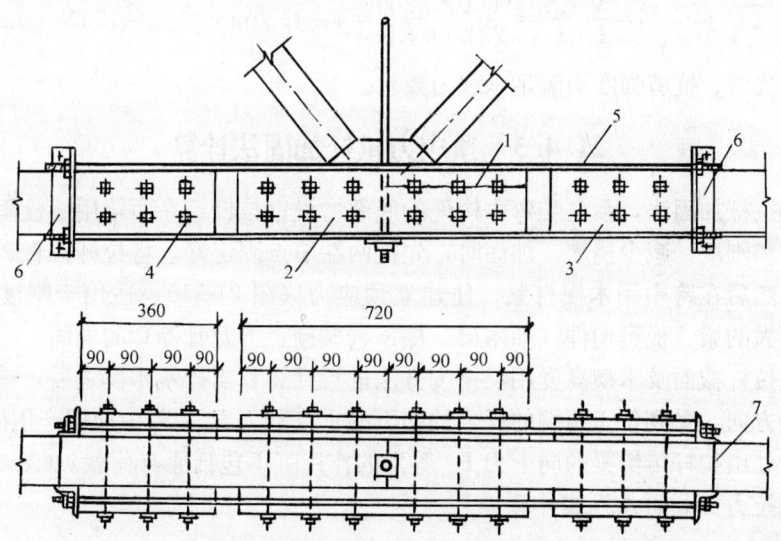

图 21-30 屋架下弦中间节点处短拉杆加固
1—裂缝；2—原设计木夹板 60mm×120mm；3—新增木夹板；4—ϕ12mm 螺栓；
5—加固拉杆每侧两根；6—承托角钢；7—ϕ12mm 联系螺栓

【解】 (1) 拉杆螺栓截面选用计算

经核算，接头处下弦拉力为36000N，原设计下弦杆件，木夹板截面及螺栓规格数量均能满足承载力要求，故新增加固夹板仍用 60mm×120mm 红松板，每块长360mm，每边用6根 ϕ12mm 螺栓连接，双排齐列，纵向间距仍为90mm。

采用4根 Q235 钢制短拉杆螺栓代替原木夹板，需要拉杆螺栓净截面积为：

$$A_n = \frac{N}{K_1 \cdot K_2 \cdot f} = \frac{36000}{0.8 \times 0.85 \times 215} = 246 \text{mm}^2$$

采用 4 根 $\phi14$ 螺栓，净截面积为：

$$4 \times 104.7 = 419 \text{mm}^2 > 246 \text{mm}^2 \quad 可。$$

(2) 承托角钢截面计算

$$q = \frac{36000}{2 \times 120} = 150 \text{N/mm}$$

$$M_{\max} = \frac{36000}{4} \times 68 - \frac{1}{8} \times 150 \times 120^2 = 342000 \text{N} \cdot \text{mm}$$

$$V_{\max} = \frac{36000}{4} = 9000 \text{N}$$

选用 $\llcorner 63\text{mm} \times 5\text{mm}$ 等边角钢，$W = 5080 \text{mm}^3$，$I = 231700 \text{mm}^4$

中和轴与底边缘距离 $Z_0 = 17.4 \text{mm}$，$S = \frac{1}{2}(63 - 17.4)^2 \times 5 = 5200 \text{mm}^3$，$t_w = 5 \text{mm}$

角钢抗弯抗剪应力为：

$$\sigma = \frac{M}{W} = \frac{34200}{5080} = 67.3 \text{N/mm}^2 < f_c = 215 \text{N/mm}^2$$

$$\tau = \frac{V \cdot S}{I \cdot t_w} = \frac{9000 \times 5200}{231700 \times 5} = 40.4 \text{N/mm}^2 < f_y = 125 \text{N/mm}^2$$

故知，抗弯、抗剪强度均满足承载力要求。

21.4.3 预应力拉杆加固法计算

预应力拉杆加固法，系在受弯木构件的底部增设钢拉杆，在两端用螺栓固定，以增强构件的强度和刚度，减少挠度。加固时，先把两端节点固定好，将拉杆拉直、拉紧，使其保持水平，然后在跨中用木楔打紧，使建立预应力（图 21-31）。适用于刚度不足、挠度过大、数量大的梁、板类构件（如木梁、檩条、搁栅、木龙骨等）的加固。

所需钢拉杆截面及木楔高度用反挠度方法进行计算。当打紧木楔之后，被加固梁类构件，在垂直方向，受到位于两端的反力的向下的垂直分力 R_v，跨中加楔产生的力 P_1 以及在拉杆转折处由拉杆传给梁的向上力 P_2 等力的作用（不包括原有荷载）（图 21-32）。

拉杆的拉力 N，可由下式计算：

$$N = \frac{P_1}{2\sin\alpha} \tag{21-69}$$

又知

$$R_v = N\sin 30° = \frac{P_1}{4\sin\alpha} \tag{21-70}$$

并得

$$P_2 = R_v - \frac{P_1}{2} = \frac{P_1}{4\sin\alpha} - \frac{P_1}{2} \tag{21-71}$$

P_1、P_2 作用于梁底部使梁上拱产生一个反向挠度 f'，其值按下式计算：

$$f' = \frac{P_1 l^3}{48EI} + \frac{P_2 a l^2}{24EI}\left(3 - \frac{4a^2}{l^2}\right) \tag{21-72}$$

21.4 木结构加固计算

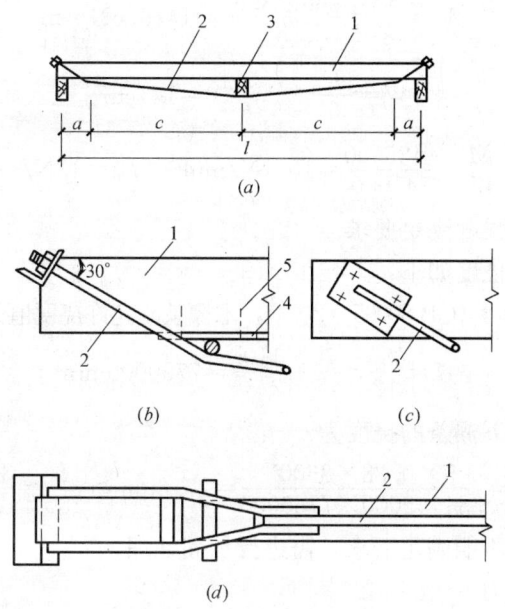

图 21-31 预应力拉杆加固法
(a) 受弯构件加固；(b) 端部节点构造之一；(c) 端部节点构造之二；(d) 节点仰视图
1—原有木梁；2—预应力钢拉杆；3—木楔；4—钢垫板；5—钉子固定

式中 E——木梁的弹性模量；

I——木梁的截面惯性矩；

l——木梁的跨度；

a——梁端至拉杆转折处的距离。

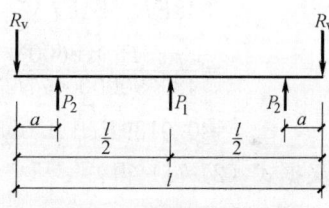

图 21-32 木梁受力计算简图

f' 为消除或减少木梁承受原有荷载后产生的挠度而确定的数值，为已知数。由式（21-69）、式（21-71）即可求出 P_1、P_2 值，从而可求得 N 值。再根据 21.3.2 和 21.3.1 节有关公式即可计算出拉杆截面及各种铁件的规格尺寸，并根据角 α 值可按下式计算出木楔高度 h：

$$h = c\tan\alpha + d + t \tag{21-73}$$

式中 c——檩条下部自跨中至钢垫板上短圆钢中心处的距离；

d——短圆钢直径；

t——钢垫板厚度。

【例 21-14】 材料仓库屋面工程，采用东北红松檩条，采取正放，跨度 $l=3.6\mathrm{m}$，截面为 $70\mathrm{mm}\times110\mathrm{mm}$，竣工后，发现挠度偏大，造成屋面漏水，经核算原设计抗弯强度足够，但刚度不能满足规范要求，拟采用预应力钢拉杆进行加固，试确定钢拉杆和承托角钢截面。

【解】（1）原梁抗弯强度验算

经计算檩条上的实际均布荷载 $q=880\mathrm{N/m}$，木材的抗弯强度设计值 $f_\mathrm{m}=13\mathrm{N/mm^2}$

则
$$M=\frac{ql^2}{8}=\frac{880\times 3.6^2}{8}=1425.6\text{N}\cdot\text{m}$$

又
$$W=\frac{bh^2}{6}=\frac{7\times 11^2}{6}=141\text{cm}^2$$

$$\sigma=\frac{M}{W}=\frac{1425600}{141000}=10.1\text{N/mm}^2<f_m=13\text{N/mm}^2$$

故知,木檩条抗弯强度满足要求。
按简支梁验算梁的挠度如下:
由《木结构设计规范》(GB 50005—2003),木檩条的允许挠度值为$l/250$,$E=9000\text{N/mm}^2$

又
$$I=\frac{bh^3}{12}=\frac{70\times 110^3}{12}=7760000\text{mm}^4$$

在均布荷载q作用下檩条的挠度为:
$$f=\frac{5}{384}\cdot\frac{ql^4}{EI}=\frac{5\times 0.88\times 3600^4}{384\times 9000\times 7760000}=27.6\text{mm}>\frac{l}{250}=\frac{3600}{250}=14.4\text{mm}$$

故知,木檩条刚度不能满足要求,需进行加固处理。

(2) 计算钢拉杆内力

设加固钢拉杆角度$\alpha=3°35'$,则$\sin\alpha=0.0625=\frac{1}{16}$;取$a=240\text{mm}$

檩条的向上反挠度,由式(21-72)得:
$$f'=\frac{P_1 l^3}{48EI}+\frac{P_2 a l^2}{24EI}\left(3-\frac{4a^2}{l^2}\right)$$
$$=\frac{P_1\times 3600^3}{48\times 90000\times 7760000}+\frac{P_2\times 240\times 3600^2}{24\times 9000\times 7760000}\times\left(3-\frac{4\times 240^2}{3600^2}\right)$$
$$=0.0139P_1+0.0055P_2$$

又据式(21-71)得:
$$P_2=\frac{P_1}{4\sin\alpha}-\frac{P_1}{2}=\frac{P_1}{4/16}-\frac{P_1}{2}=3.5P_1$$

再已知原檩条受荷载后,挠度为27.6mm,今拟依靠设预应力拉杆产生27.6mm的向上反挠度,使木檩条处于水平状态,即使$f'=27.6\text{mm}$,代入上式得:
$$f'=0.0139P_1+0.0055\times 3.5P_1=27.6\text{mm}$$

解之得:
$$P_1=833\text{N}$$

同样得:
$$P_2=3.5P_1=3.5\times 833=2916\text{N}$$

$$N=\frac{P_1}{2\sin\alpha}=\frac{833}{2\times\frac{1}{16}}=6664\text{N}$$

(3) 钢拉杆承托角钢选用与验算

设采用$\phi 10\text{mm}$的Q235圆钢作拉杆,毛截面积,$A_m=78.5\text{mm}^2$
$$\sigma=\frac{N}{A_m}=\frac{6664}{78.5}=84.9<f=215\text{N/mm}^2$$

端部用$2\phi 10\text{mm}$套丝,总净截面积$A_n=2\times 52.3=104.6\text{mm}^2$,其应力由式(21-60)得:

21.4 木结构加固计算

$$\sigma = \frac{N}{K_1 \cdot K_2 \cdot A_n} = \frac{6664}{0.8 \times 0.85 \times 104.6} = 93.7 \text{N/mm}^2 < f = 215 \text{N/mm}^2$$

故采用钢拉杆截面均能满足要求。

端部承托角钢采用L50mm×5mm等边角钢。檩条下部垫板用100mm×84mm×4mm钢板,钢垫板上短圆钢用ϕ20mm。已知$\alpha = 3°35'$,$\tan\alpha = 0.0626$;$c = \frac{l}{2} - a = 1800 - 240 = 1560$mm

木楔高度由式(21-73)得:

$$h = c\tan\alpha + d + t = 1560 \times 0.0626 + 20 + 4 = 122 \text{mm}$$

由于施工中加楔之前,拉杆难以拉得很紧,实际施工时木楔高度宜略增大一些,但应控制反挠度不超过计算值。

22 现代施工管理技术

22.1 预测技术

一、基本概念

预测是指对事物未来发展趋势作出科学的判断和推测。其目的是通过对事物过去和现状的数据和资料，进行科学计算和综合分析，并结合预测人员的主观经验和判断力，找出与它相关诸因素的发展规律，以推测某些不确定因素的未来状况，作为企业当前决策的依据。

对企业而言，一项正确的经营决策，往往是建立在对未来环境变化的基础上，而预测却是对未来发展趋势进行估计和推测的一种技术，是为经营预测科学化提供必要的依据，可以认为，现代建筑企业管理的重点在于经营，经营的中心在于决策，决策的基础在于预测。

建筑预测的内容有：建设规模预测、建筑对象类型和建筑体系发展预测等。对一个企业的经营发展决策密切相关的技术预测和经济预测则有：建筑产品销售（或需求）预测、原材料预测、设备投资预测、生产能力预测、人力预测、技术发展预测以及利润和成本预测等。

预测方法有定性预测法、定量预测法和综合预测法三类。

二、定性预测法

是在历史资料不足情况下，借助有关人员的知识、经验与综合分析能力，经分析判断，逻辑推理，从而推测出事物未来发展趋势的一种预测方法。常用方法有专家个人判断法、专家会议法、函询法、互相影响分析法等。主要方法有：

1. **主观概率法**：是要求预测人员给出事物发生的可能性大小，即用概率的形式进行预测。然后，采用算术平均法或加权平均法求出这些预测数字的平均值作为预测结果。

2. **记分法**：系由预测者对每一方案按照一定的标准评出得分值，然后将各种不同方案的得分用算术平均法或比例系数法综合整理，进行比较从而得出预测结论。

(1) 算术平均法：是以各方案的平均得分值，作为互相比较的依据，其计算公式为：

$$M_j = \frac{\sum_{i=1}^{m} X_{ij}}{m_j} \tag{22-1}$$

式中　M_j——方案 j 的平均分数；

　　　X_{ij}——专家 i 给方案 j 的评分值；

　　　m_j——对方案 j 作出预测的专家人数；

m——参加预测的专家人数。

(2) 比例系数法：是从各方案得分总数占全部方案修正总分的比例，作为互相比较的依据，其计算公式为：

$$W_j = \frac{\sum_{i=1}^{m} X_{ij}}{\sum_{i=1}^{n} \left(L_j \times \sum_{i=1}^{m} X_{ij} \right)} \quad (22\text{-}2)$$

式中　W_j——方案 j 占方案修正总分比例；

　　　L_j——积极性系数 $\left(L_j = \dfrac{m_j}{m}\right)$；

　　　n——方案数；

其余符号意义同前。

3. 互相影响分析法：是在取得各个事件的概率之后，根据各个事件之间的相互促进和抑制作用，确定事件（A_1，A_2，…，A_n）及其发生概率（P_1，P_2，…，P_n）之间的变化关系，从而求出修改概率的一种方法。

三、定量预测法

是根据较系统的统计资料和有关数据，建立数学模型，通过计算求解模型，从而得到预测结果的一种预测方法。常用方法有时间系列预测法、因果关系预测法、周期变动预测法等。

（一）时间系列预测法

是按照时间的次序把预测对象的历史数据按时间顺序排列出来，然后分析它们随时间变化的规律，最后再采用一定的技术处理推测出未来的趋势。本法又称趋势外推法。常用方法有简易平均数法、移动平均数法、指数平滑法等。

1. 简易平均数法：又有算术平均、加权平均、几何平均和调和平均法多种。它们都只能求出一组数据的平均值，而不能反映时间顺序的变化规律，故此极少使用。

2. 移动平均数法：假设未来状况只与近期状况有关，而与远期联系不大，因而可以只选用近期的几个数据求平均数作为下一期的预测值。

移动平均数可按下式计算：

$$M_{t+1} = \frac{X_t + X_{t-1} + \cdots + X_{t-n+1}}{n} \quad (22\text{-}3)$$

式中　M_{t+1}——t 期前 n 个数据的算术移动平均数；

　　　X_t——t 期的数据值；

　　　n——移动段数据的个数；

　　　t——周期。

3. 指数平滑法：系用指数函数作为权，对整个时间序列而不是有限几个时间周期进行加权平均的一种方法。如时间序列为 X_t、X_{t-1}、X_{t-2}…则加权平均值 M_{t+1} 作为 $t+1$ 周期的预测值按下式计算：

$$\begin{aligned}M_{t+1} &= \alpha X_t + \alpha(1-\alpha)X_{t-1} + \alpha(1-\alpha)^2 X_{t-2} + \cdots \\ &= \alpha X_t + (1-\alpha)[\alpha X_{t-1} + \alpha(1-\alpha)^2 X_{t-2} + \cdots]\end{aligned}$$

$$=\alpha X_t + (1-\alpha)M_t \tag{22-4}$$

式中 α——平滑系数，介于 0 与 1 之间的小数；

其他符号意义同前。

（二）因果关系预测法

是从事物变化的因果关系出发建立数学模型，并根据模型来进行预测的一种方法。其最为常用的预测方法是回归分析法，它是用变量来表示事物的变化以及有关的变化因素，并找出它们之间的函数关系，其中最为常用的，最为简单、基本的线性回归方程，它的通式为：

$$Y = a + bX \tag{22-5}$$

式中 X 是自变量，即事物变化的原因，Y 是应变量，是变化的结果，也是预测的对象。a 与 b 是回归系数，计算公式和方法见 22.7.6 一节。如事物变化存在多因素关系，应用多元线性回归方程；如果因果关系不按直线规律变化，则应采用非线性回归方程。

由于回归分析法考虑了事物变化的因果关系，因此较时间序列分析法完善、可靠。

四、周期变动预测法

在建筑经营管理中，常出现周期性变化的情况，它是以某一段时间为周期，历史数据随时间的变化大体呈有规律的循环变动，与此同时还常呈现逐年线性增长的趋势。在这种情况下进行预测，应采用有周期性变动而总趋势又为线性增长的预测方法。一般可在线性回归分析的基础上，用季节性系数来修正，预测值可按下式计算：

$$Y_t = (a + bX_t) \times S_t \tag{22-6}$$

其中

$$S_t = \frac{日平均值}{总平均值} \tag{22-7}$$

或

$$S_t = \frac{该期实际值}{周期趋势值} \tag{22-8}$$

式中 S_t——季节性系数；

其他符号意义同前。

五、综合预测法

是将定性预测法与定量预测法二者结合起来，在定量预测的基础上加以定性的分析和判断，进行综合预测，以避免各自单独分析的局限性和片面性，使预测结果更趋于准确、科学和可靠。

【例 22-1】 某项新技术开发请八位专家对开发成功的概率估计如表 22-1，试预测该项新技术成功的概率。

专家对新技术开发成功的概率估计　　　　　　　　表 22-1

专家	A_1	A_2	A_3	A_4	A_5	A_6	A_7	A_8
概率	0.5	0.4	0.7	0.6	0.5	0.8	0.7	0.6

【解】 该项新技术成功概率由 (22-3) 得：

$$[0.5 \times 2 + 0.4 + 0.7 \times 2 + 0.6 \times 2 + 0.8]/8 = 0.6$$

预测结果：该项新技术成功的概率为 60%。

【例 22-2】 某建筑公司为预测明年施工任务上升幅度，分别函询八位专家进行分析估计，回函是：两位提出增长5%，三位提出增长3%，两位提出增长2%，一位提出减少1%，试预测该公司明年施工任务上升幅度。

【解】 由于预测值不一，可采用加权平均法综合归纳为：

$$(2\times 5\% + 3\times 3\% + 2\times 2\% - 1\times 1\%)/8 = 2.75\%$$

预测结果：明年施工任务上升幅度为2.75%。

【例22-3】 某建筑公司为工程投标制定了三个施工方案，邀请五位专家进行评定预测，采取对方案进行打分方法，如表22-2所示，最高分为10分，最低分为0分，试分别用计分法选出最优方案。

专家对施工方案打分表　　　　　　　　　　表22-2

方案	专家1	专家2	专家3	专家4	专家5
一	7	8	6	9	5
二	8	—	9	6	7
三	—	5	8	7	—

【解】 (1) 采用算术平均法各方案平均得分：

方案一　　$M_1 = (7+8+6+9+5)/5 = 7$

方案二　　$M_2 = (8+9+6+7)/4 = 7.5$

方案三　　$M_3 = (5+8+7)/3 = 6.67$

预测结果：施工方案二为最优方案。

(2) 采用比例系数为

方案一　　$W_1 = \dfrac{35}{35\times 5/5 + 30\times 4/5 + 20\times 3/5} = 0.493$

方案二　　$W_2 = \dfrac{30}{35\times 5/5 + 30\times 4/5 + 20\times 3/5} = 0.423$

方案三　　$W_3 = \dfrac{20}{35\times 5/5 + 30\times 4/5 + 20\times 3/5} = 0.282$

预测结果：施工方案一为最优方案，原因是该方案的积极性系数为最大。

【例22-4】 某建筑附属企业通过市场调查发现，其预制混凝土构件产品要求量将提高25%，为满足这一需求，可供选择的方案有三种：方案A_1为扩建；方案A_2为提高劳动生产率；方案A_3为延长劳动时间，其概率分别为0.3、0.5和0.8，用"↑"表示各事件之间的正影响，用"↓"表示各事件之间的负影响，影响大小如表22-3所示，试求各方案之间相互影响后的修改概率。

表22-3

未来事件	概率	A_1		A_2		A_3	
A_1	0.3	—	0.0	↑	+0.3	↓	−0.5
A_2	0.5	↑	+0.2	—	0.0	↓	−0.1
A_3	0.8	↓	−0.3	↓	−0.2	—	0.0

【解】 各方案之间相互影响后的概率为：

$$P(A_1)=0.3+0.5\times 0.2-0.8\times 0.3=0.16$$
$$P(A_2)=0.3\times 0.3+0.5-0.8\times 0.2=0.43$$
$$P(A_3)=0.8-0.3\times 0.5-0.5\times 0.1=0.60$$

预测结果：修改概率分别为：0.16、0.43、0.60。

【例 22-5】 某建筑公司附属钢模板厂，1999 年 1～12 月份的营业额如表 22-4，试用移动平均数法预测 2000 年元月二月份预期的营业额。

钢模板厂 1999 年度营业额移动平均数 表 22-4

时间周期	营业额万元	移动平均数 $M'_t(n=3)$	移动平均数位置 $t-1$	相邻平均数的变化 $M'_t-M'_{t-1}$	变化的移动平均数 $(n=3)$
1	33				
2	34		34.67		
3	37	34.67	35.00	0.33	
4	34	35.00	37.33	2.33	1.66
5	41	37.33	39.66	2.33	3.33
6	44	39.66	45.00	5.34	3.11
7	50	45.00	46.66	1.66	2.67
8	46	46.66	47.66	1.00	1.11
9	47	47.66	48.33	0.67	0.45
10	52	48.33	48.00	−0.33	1.00
11	45	48.00	50.67	2.67	
12	55	50.67			

【解】（1）按表 22-4 数据绘散点图如图 22-1 所示。

（2）根据表 22-4 中营业额计算移动平均数、移动平均数的变化和变化的移动平均数（即数据的变化趋势），列入表 22-4 右面各项中。表中最右一项"变化的移动平均数"表示数据的变化趋势。10、11、12 三个月的平均数"50.67"代表 11 月份的预测值，最右一栏最下一项"1.00"代表近期数据的变化趋势。

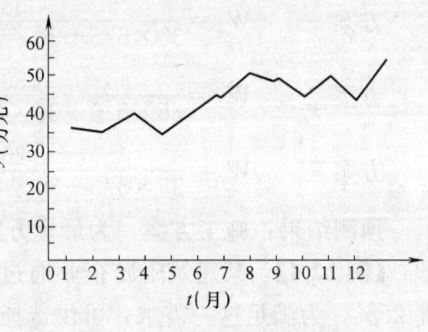

图 22-1 1～12 月营业额散点图

（3）计算预测值

2000 年 1 月份可能达到的营业额为：
$$50.67+1.00\times 2=52.67\ 万元$$

2000 年 2 月份可能达到的营业额为：
$$50.67+1.00\times 3=53.67\ 万元$$

【例 22-6】 根据例 22-5 中表 22-4 的历史数据，试用指数平滑法预测 2000 年 1、2 月份可能达到的营业额。

【解】 列表计算，见表 22-5，α 取 0.2。
$$M_t=(X_1+X_2+X_3)/3=34.67$$

指数平滑法预测计算表 表22-5

时间周期	营业额 万元	计 算 式	一次指数平滑值 $\alpha=0.2$
1	33	0.2×33+0.8×34.67	34.34
2	34	0.2×34+0.8×34.34	34.27
3	37	0.2×37+0.8×34.27	34.82
4	34	0.2×34+0.8×34.82	34.66
5	41	0.2×41+0.8×34.66	35.93
6	44	0.2×44+0.8×35.93	37.54
7	50	0.2×50+0.8×37.54	40.04
8	46	0.2×46+0.8×40.04	41.23
9	47	0.2×47+0.8×41.23	42.39
10	52	0.2×52+0.8×42.39	44.31
11	45	0.2×45+0.8×44.31	44.45
12	55	0.2×55+0.8×44.45	46.56

预测结果 2000年1、2月份可能达到的营业额为：46.56万元。预测结果比移动平均数法的预测值为低，其原因是考虑了远期数据的影响。

【**例22-7**】某建筑企业附属混凝土预制构件厂，销售构件量与村镇居民收入等因素密切相关，历年数据见表22-6，试用因果关系预测法预测，若村镇居民收入分别为4.6亿元和4.8亿元，构件销售量多少。

表22-6

年 度	1992	1993	1994	1995	1996	1997	1998	1999	合计
销售构件量（百万元）	5.5	5.0	6.0	6.1	6.5	7.0	7.6	8.0	51.7
村镇居民收入（亿元）	2.9	2.7	3.0	3.2	3.5	3.7	4.0	4.4	27.4

【**解**】将表中数据绘制散点图如图22-2所示。

由图可看出该散点图呈直线状分布，将此线适当延长，就可用来作预测。此线可用一元线性回归方程表达，用式（22-5）进行计算。

由表22-6数据按式（22-57）和式（22-58）计算回归系数为：

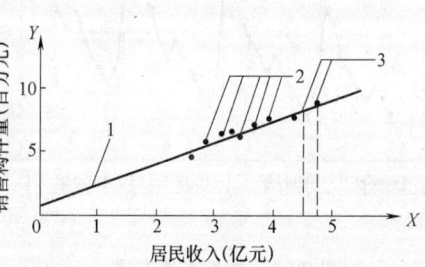

图22-2 销售构件量与居民收入散点图
1—趋势线；2—历年实际值；3—2000年预测值

$$\overline{X}=\frac{\sum X}{n}=\frac{27.4}{8}=3.43$$

$$\overline{Y}=\frac{\sum Y}{n}=\frac{51.7}{8}=6.46$$

$$b=\frac{\sum X \cdot Y-\overline{X}\sum Y}{\sum X^2-\overline{X}\sum X}=\frac{181.2-3.43\times51.7}{96.2-3.43\times27.4}=1.74$$

$$a=\overline{Y}-b\overline{X}=6.46-1.74\times3.43=0.49$$

一元线性回归方程为：$Y=0.49+1.74X$

预测 2000 年预制构件的需要量，若村镇居民收入 $X=4.6$ 亿元，则
$$Y_1=0.49+1.74\times 4.6=8.5 \text{ 百万元}$$
若估计村镇居民收入 $X=4.8$ 亿元，则
$$Y_2=0.49+1.74\times 4.8=8.8 \text{ 百万元}$$
以上结果，从图 22-2 亦可直接量得。

【例 22-8】 某建筑公司 1996 年至 1999 年各月完成的建安工作量如表 22-7 所列，试用周期变动法预测 2000 年度各月可能完成的建安工作量。

公司 1996 年至 1999 年完成建安工作量表（万元） 表 22-7

年 月	1996 年	1997 年	1998 年	1999 年	月平均	季节性系数
1月	50	58	66	72	61.5	86%
2月	40	50	56	62	52	72%
3月	42	52	58	66	54.5	76%
4月	50	60	65	70	61.3	85%
5月	54	62	69	76	65.3	91%
6月	60	68	75	82	71.3	99%
7月	58	65	72	80	68.8	96%
8月	60	68	76	84	72	100%
9月	66	76	84	90	79	110%
10月	73	83	90	95	85.3	119%
11月	80	90	97	105	93	130%
12月	85	94	102	110	97.8	136%
年平均	59.83	68.83	75.83	82.67	71.8	100%

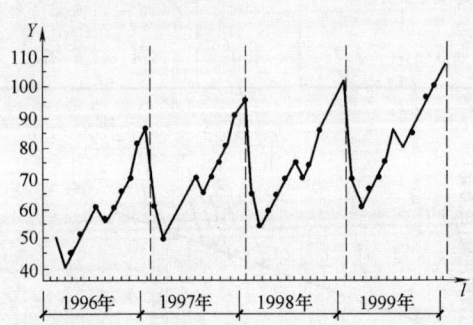

图 22-3 数据点散布图

【解】（1）根据表 22-7 数据绘数据点散布图如图 22-3 所示，由图知，每年完成的工作量基本上呈递增趋势，并以年为周期的季节性变动。

（2）计算完成工作量年、月平均值，并按式（22-7）计算季节性系数，将计算结果列入表 22-7 中。

（3）确定长期趋势变动，由图 22-3 知本例长期趋势变动为线性趋势，故可用回归方程 $Y=a+bX$ 作为预测模型。其计算过程如表 22-8 所列。

表 22-8

年　份	X	Y	X^2	XY
1996 年	0	59.83	0	0
1997 年	1	68.83	1	68.83
1998 年	2	75.83	4	151.66
1999 年	3	82.67	9	248.01
合　计	6	287.16	14	468.50

由表 22-8 中的 X 与 Y 计算得：

$$\overline{X}=\frac{\sum X}{n}=\frac{6}{4}=1.5$$

$$\overline{Y}=\frac{\sum Y}{n}=\frac{287.16}{4}=71.79$$

回归常数由 22.6.6 节式（22-56）、式（22-55）得：

$$b=\frac{\sum XY-\overline{X}\sum Y}{\sum X^2-\overline{X}\sum X}=\frac{468.5-1.5\times 287.16}{14-1.5\times 6}=7.55$$

$$a=\overline{Y}-b\overline{X}=71.79-7.55\times 1.5=60.47$$

由此得回归方程

$$Y=a+bX=60.47+7.55X$$

故 2000 年度预测值 Y_c 为：

$$Y_c=60.47+7.55\times 4=90.67$$

（4）计算各月预测值，各月预测值可用下式计算：

各月预测值＝年度预测值×季节性系数

如 1 月份预测值＝90.67×0.86＝78.0

⋮

12 月份预测值＝90.67×1.36＝123.3

计算结果见表 22-9。

2000 年各月可能完成的建安工作量预测值（万元）　　　　表 22-9

月 份	1月	2月	3月	4月	5月	6月	7月	8月	9月	10	11月	12月
季节系数	86%	72%	76%	85%	91%	99%	96%	100%	110%	119%	130%	136%
预测值	78.0	65.3	68.9	77.1	82.5	89.8	87.0	90.7	99.7	107.9	117.9	123.3

22.2　决 策 技 术

一、基本概念和条件

决策技术是对某一行为的预定目标，运用逻辑、分析和概率统计的方法，通过经济效果的计算和比较，从多个含有不确定因素的方案中，选择效益最大的方案的一种科学管理方法。决策就是对未来的行为确定目标，并从两个以上的可行方案中，选择一个合理方案的分析、判断过程。作为一个决策问题，一般应具备以下五个方面的条件：

1. 要有明确的目标，如谋求最大利润或最短的时间。

2. 必须有两个以上可供选择的方案，便于比较和选择。

3. 不同方案的损益是可以计算的。

4. 当存在着决策者无法控制的几种状态（自然状态）时，在决策期限内出现的概率应是可以估计出的。

5. 可制订一个合理的评价标准，便于分析评价。

再决策要进行优选，选择方案中令人满意的一种方案，决策要实施的，要加强对实施方案的监控，保证决策顺利实现。当客观条件发生重大变化时，要及时修正实施方案，故决策又是一个提出问题、分析问题的系统分析、判断过程。

二、决策步骤

1. 确定决策目标:具体规定目标、期限、负责人并分析实现目标的可能性和约束条件。目标要求具体、明确,可以进行定性和定量分析,并有衡量达到目标的具体标准。

2. 拟定各种可行方案:要求方案从整体原则出发,技术上合理,经济上合算,实际上切实可行。要发挥集体智慧、创造性,以求增加方案数量和提高方案质量。

3. 评价和选择方案:根据当前和未来发展的趋势,对方案进行比较、评价和选择,评价标准包括方案的作用、效果、利益、意义等。评价选择时,对不能用的、重复的、超过资源限度的及劣势的方案予以筛除或合并,直到选出满意方案为止。

4. 实施方案和跟踪检查:选定方案后,要制定具体实施措施,使广大执行者理解和接受决策,并把决策目标层层分解,落实到每个执行单位,在实施过程中,跟踪检查决策的执行情况,按规定标准衡量效果,并做好信息反馈工作,以便及时采取措施,确保决策目标的实现。

三、基本程序与方法

决策方法有多种,建筑管理常用定量决策方法有期望值法和决策树法等。

(一)期望值法

是把每个可行方案的期望值求出来,然后根据决策目标的要求,选取最大期望值或最小期望值所对应的方案作为决策方案的方法,期望损益值按下式计算:

$$V_i = \sum_{i=1}^{m} Q_{ij} P_j \tag{22-9}$$

式中 V_i——第 i 方案期望值($i=1、2\cdots m$);

Q_{ij}——第 i 方案在 j 种自然状态下的损益值;

P_j——第 j 列自然状态发生的概率值($j=1、2\cdots m$)。

计算时先确定概率 P_j,然后计算不同方案在不同自然状态下的损益值 Q_{ij},可编成损益值矩阵表和计算期望值,最后根据期望值的大小,选择期望值最大的方案,进行决策。本法各个方案的期望值是根据该方案的各种自然状态的收益和损失,在假定发生概率的情况下计算而得,它忽略了在偶然情况下的损失,因此具有一定的风险性。

(二)决策树法

是一种图解的方法,是用树形图来表示决策过程中各种备选方案和各方案可能发生事件(状态)及其结果之间的关系与决策程序。决策树由决策点、方案枝、自然状态点和概率枝四部分组成,由左向右,由简到繁地逐渐展开,形如树枝。决策点用小方框"□"表示,用来表明决策的结果;方案枝用从决策点引出的若干条直线表示一个方案,上标明方案名称,以表示该决策点可供决策者选择的若干方案;自然状态点(或称方案节点)用小圆圈"○"注在各个方案枝的末端表示,用来表明各种自然状态所能获得效益的机会;概率枝为从状态点引出的若干条直线,其上标明状态名称及发生的概率,以表示采纳该方案后将可能发生的若干状态。在各概率分枝的末端,因具体问题而异,有的标上结果点"△",并标明所对应状态的收益值(或损失值);有的再标上新的决策点"□",从该点又引出若干方案枝,并由方案枝分别引出若干概率枝,如此一直到结果点为止。决策树的结构形式如图 22-4 所示。

决策树法的计算方法是先根据决策问题绘制树形图,然后由右向左依次计算期望值。

方法是根据各种自然状态的发生概率，分别计算各种自然状态的期望值，遇到自然状态点时，计算其各个分枝期望值的和，标于状态点上，遇到决策点时，则将状态点上的数值与前面方案枝上的数值相加，那个方案枝的汇总数值大，即将它写在决策点上，最后剪枝，即从右向左逐一比较，凡是状态点值与方案枝上数值汇总后小于决策点上数值的方案枝一律剪掉，用"‖"符号表示，最后剩一条贯穿始终的方案枝，即为优选的方案。

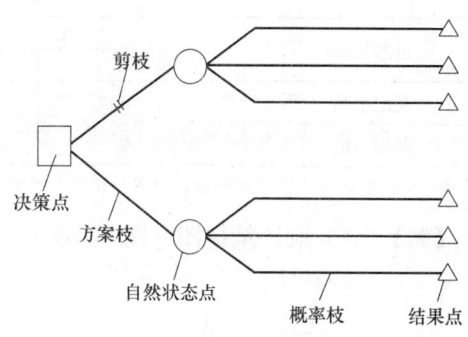

图 22-4　决策树的结构形式

本法形象具体、层次、阶段性清楚，常作为期望值法的一种辅助决策工具。适合分析较为复杂的多层次的决策问题。

【例 22-9】　某基建项目机械开挖土方工程，需确定下个月是否开挖土方，如果开挖遇到天气好，工程挖土顺利可按期完成，将获利 200000 元；遇到天气不好，则要损失 60000 元。如果不开挖，不管天气好坏，都要出机械停班窝工费 15000 元。根据历年气象资料统计，下个月天气好的概率为 0.4，天气坏的概率为 0.6，试作出下月是否挖土的决策。

【解】　(1) 将上述条件及资料列成表格，计算出期望值（见表 22-10）。

期望值计算表　　　　　　　表 22-10

方案 自然状态及概率	开挖		不开挖	
	条件收益	期望收益	条件收益	期望收益
天气好 0.4	200000	80000	−15000	−6000
天气坏 0.6	60000	−36000	−15000	−9000
		44000		−15000

(2) 比较期望值大小

期望值 $V_i = \sum_{i=1}^{m} Q_{ij} \cdot P_j$

开挖方案：$V_{开} = 200000 \times 0.4 - 60000 \times 0.6 = 44000$ 元

不开挖方案：$V_{不} = [-15000 \times 0.4 + (-15000 \times 0.6)] = -15000$ 元

(3) 结论：开挖方案较好，决定开挖土方。

【例 22-10】　某建筑公司有高层建筑施工任务，但由于缺乏高层建筑起重设备，拟选择两种方案解决：一是自行采购 1 台塔式起重机，需一次性投资和经常性维护费用预计为 125 万元，设备可使用 10 年；另一种是向外单位租赁，支付台班费用。根据对施工任务的预测，估计前 5 年内塔式起重机利用率高的概率为 0.6，利用率低的概率为 0.4，如前 5 年的利用率高，则后 5 年的利用率高的概率为 0.8，利用率低的概率为 0.2；如前 5 年的利用率低，则后 5 年的利用率亦低。两个方案的损益如表 22-11 所示。试用决策树法进行分析决策。

概率及损益表 表22-11

自然状态	概率		方案(万元/年)	
	前5年	后5年	采购高塔	租赁高塔
利用率高	0.60	0.80	41	21
利用率低	0.40	0.20	20.5	10.5

注：采购高塔损益值未扣除设备投资；租赁高塔损益值已扣除租赁费。

【解】（1）画决策树图（图22-5）

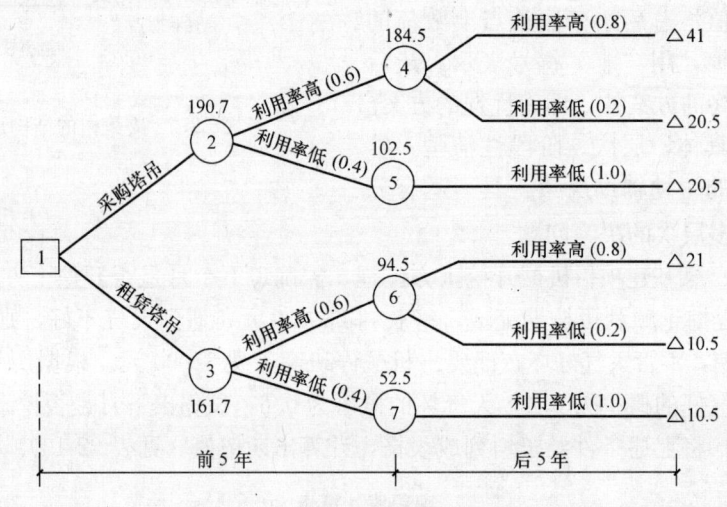

图22-5 决策分析树形图

（2）计算决策点损益期望值

先算出结点④⑤⑥⑦的期望值

结点④＝(0.8×41＋0.2×20.5)×5＝184.5万元

结点⑤＝(1.0×20.5)×5＝102.5万元

结点⑥＝(0.8×21＋0.2×10.5)×5＝94.5万元

结点⑦＝(1.0×10.5)×5＝52.5万元

再算出结点②③的期望值

结点②＝[(0.6×41＋0.4×20.5)×5＋(0.6×184.5＋0.4×102.5)]－125＝190.7万元

结点③＝(0.6×21＋0.4×10.5)×5＋(0.6×94.5＋0.4×52.5)＝161.7万元

（3）方案评价与比较

将计算所得期望值分别标记在决策树中相应的自然状态点上方，如图22-5，从两个方案得到的期望值进行比较，可知从企业纯收益看，采购1台塔吊比租赁塔吊收益期望值高，应予选用。

【例22-11】 某建筑企业拟对A、B两项工程投标，因受企业资源、资金限制，只能选择一项工程投标，或两项工程均不投标。根据以往经验预测：A工程投高标的中标概率为0.3，投低标的中标概率为0.6，投标各种费用为3万元；B工程投高标的中标概率为0.4，投低标的中标概率为0.7，投标各项费用为2万元。两个方案的损益如表22-12所示，试用决策树法进行分析决策。

22.3 网络计划技术

各方承包效果、概率损益表　　　　　表 22-12

方案	效果	概率	损益值(万元)	方案	效果	概率	损益值(万元)
A 高	好	0.3	200	B 高	好	0.4	160
	中	0.5	150		中	0.5	120
	差	0.2	100		差	0.1	80
A 低	好	0.2	160	B 低	好	0.2	120
	中	0.7	110		中	0.5	80
	差	0.1	50		差	0.3	40
不投标	—	—	0	不投标	—	—	0

【解】（1）画决策树图（图 22-6）

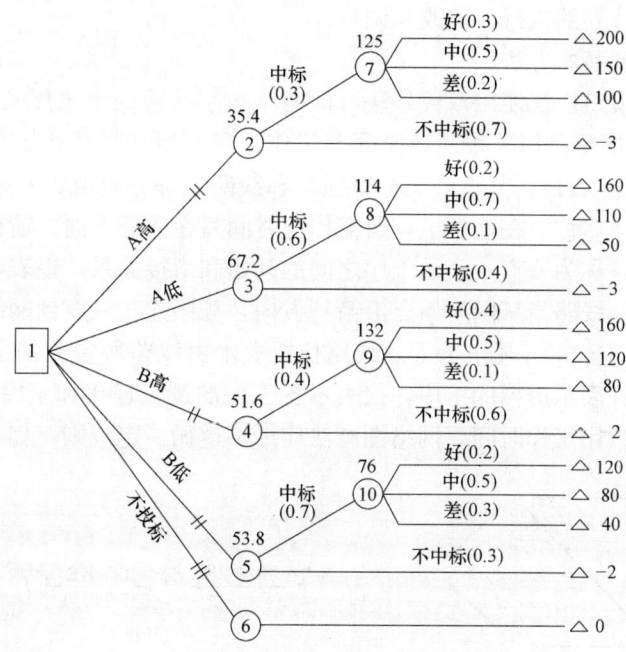

图 22-6　投标方案决策树

（2）计算决策点损益期望值

计算方法同例 22-10，计算所得期望值分别标记在图 22-6 决策树中相应的自然状态上方。

（3）方案评价与比较

根据表 22-12 绘制的决策树见图 22-6。由图得知，节点 3 的期望值（67.2）最大，故知，应投 A 工程低标。

22.3 网络计划技术

22.3.1 基本原理和步骤方法

一、基本原理

网络计划技术系一种现代计划管理的科学新方法，通过网络模型组织生产活动，它是建立在工作关系网络模型的基础上,把计划的编制、协调、优化和控制有机地结合起来。其基本原理是:将一项任务的各个环节,按照时间先后顺序组成网络图,通过网络图对该项任务进行统筹规划,安排进度,对整个任务进行控制和调整,通过计算时间参数,找出关键工序、关键路线和求得控制工期,从而达到优化方案,以最小的消耗完成工程任务,取得最优的技术经济效益。

二、编制步骤

网络计划编制步骤是:(1)认真调查研究,熟悉施工图纸,收集原始资料;(2)编制施工方案,确定施工程序,确定各工序名称及其内容;(3)计算各工序的工程量,填写分项工程(工序)一览表;(4)确定劳动组织和施工机械配备数量;(5)计算确定各工序的持续时间,计算各网络的时间参数;(6)绘制网络计划图;(7)网络计划的优化,确定关键线路;(8)网络计划的执行、修改和调整。

三、网络图画制基本方法

建筑工程网络模型广泛使用双代号法(即两个数字代表一个工序)单代号法网络图。双代号法如图22-6所示。用来表达各工序(工作)间的相互联系和相互制约的关系。它是由工序(又称工作项目)、节点(又称事项)和线路三部分组成。网络图上每一根箭杆表示一道工序,工序名称写在箭杆上,所需作业时间写在箭杆下面。箭杆的首尾用两个圆圈连接起来并编号,称为节点,表示工序之间的开始和衔接关系,也表示紧前工序的完成和紧后工序的开始。线路指从网络始点沿箭杆方向,顺序连接一直到网络终点所形成的通路,如图22-7中的①—③—④—⑥等。线路长短表示由线路所包含的工序作业所需时间的总和,其中虚箭杆表示虚拟的工序,仅表示各工序的逻辑连接和工序之间的相互关系,没有工序名称,不占用工作时间。网络图画法应严格遵循一定规则,如表22-13所列。

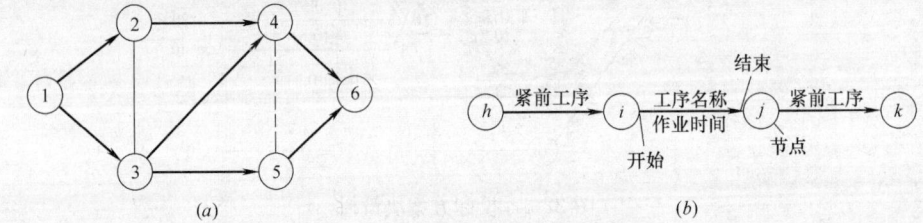

图22-7 网络图基本形式与组成

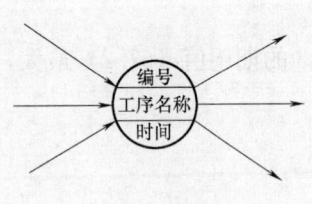

图22-8 单代号工序示意图

单代号网络图是用一个代号表示一项工作(工序)而在两项工作之间用箭号表示其工艺流向和逻辑关系。其网络计划模型建立的方法、画图规则和步骤与双代号计划模型基本相同。由于单代号网络计划模型中不存在虚拟的工序,较双代号表达方式简单,网络图画法规则亦如表22-13所列。单代号网络图由节点和线路两部分组成,通常将节点画成一个大圆圈或方框形式,其内标注工作编号、名称和持续时间;箭线表示该工作开始前和结束后的环境关系,如图22-8所示。线路概念、种类和性质与双代号网络图基本类似。

双代号与单代号网络图各工序逻辑关系的画法规则　　　　表 22-13

序号	工序间的逻辑关系	网络图上的表示方法 双代号	网络图上的表示方法 单代号
1	A 完成后,进行 B,依次进行施工		
2	A、B、C 同时开始,进行平行施工方式		
3	A、B、C 同时结束,进行平行施工方式		
4	A 完成后,进行 B 和 C;B、C 为平行施工方式		
5	A、B 均完成后,进行 C;A、B 为平行施工方式		
6	A、B 完成后,C、D 才开始进行		
7	A 完成后进行 C,A、B 完成后进行 D		
8	A、B 均完成后,进行 D;A、B、C 均完成后,进行 E;D、E 均完成后,进行 F		
9	A、B、C 完成后,进行 D;B、C 完成后,进行 E		
10	A、B 工序按三段进行流水施工; A_1 完成后进行 A_2,A_2 完成后进行 A_3; A_1 完成后进行 B_1,A_2、B_1 完成后进行 B_2; A_3、B_2 完成后进行 B_3		

22.3.2 双代号网络图时间参数计算

网络计划模型计算，主要是计算各工序间互相联系、制约的时差（时间参数），故又称网络时间参数计算。网络时间参数计算的目的是确定关键路线、非关键路线的时差及其计划总工期。

网络时间参数包括：每道工序持续时间（或每道工序平均持续时间）；每道工序最早可能开始时间和最早可能完成时间；每道工序最迟必须开始时间和最迟必须完成时间；关键线路和总工期；非关键线路上的时差等。计算方法有图上计算法、表上计算法、分析计算法、矩阵法和电算法等，其中以图上计算法较为简单、快速、实用、直观，最为常用，它是根据网络的逻辑推理，直接在图上进行逐步比较计算的一种方法。其时间参数计算如（图 22-9）所示：

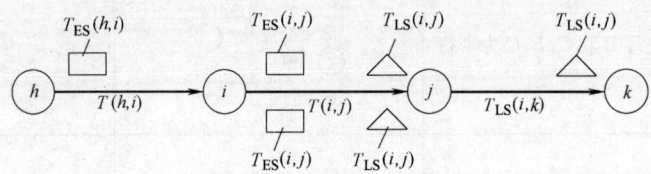

图 22-9 时间参数计算简图

一、每道工序持续时间（单一时间计算法）计算

每道工序（工作）持续时间根据工程量、所采用的产量定额、工作面大小、劳动组织、机械供应以及工作班制按下式计算：

$$D_{ij}=\frac{Q_{ij}}{S_{ij} \cdot M_{ij} \cdot N}=\frac{P_{ij}}{M_{ij} \cdot N} \tag{22-10}$$

式中　D_{ij}——工序 $i-j$ 的持续时间；

　　　Q_{ij}——工序 $i-j$ 的工程量；

　　　S_{ij}——工序 $i-j$ 人工产量定额或机械台班产量定额；

　　　M_{ij}——工序 $i-j$ 施工人数或机械台数；

　　　N——工作班数；

　　　P_{ij}——工序 $i-j$ 的总劳动量或机械台班数。

二、工序最早可能开始时间计算

从网络的起点到终点，顺箭头方向逐一计算。每道工序的最早可能开始时间，就是线路上紧前的各道工序完成时间的总和，按下式计算：

$$T_{ES}(i,j)=T_{ES}(h,i)+T(h,i) \tag{22-11}$$

式中　$T_{ES}(i,j)$——工序的最早能开始时间；

　　　$T_{ES}(h,i)$——紧前工序最早可能开始时间；

　　　$T(h,i)$——紧前工序的本工序作业时间。

$T_{ES}(i,j)$ 用符号□表示，注在箭杆的左上角。当有几个紧前工序，而计算的结果又不相同时，应取其中最大值。

三、工序最迟必须开始时间计算

从网络的终点开始，逆箭头方向逐一计算到起点。等于它的紧后工序最迟必须开始时间减去本工序作业时，按下式计算：

$$T_{LS}(i,j) = T_{LS}(j,k) - T(i,j) \tag{22-12}$$

式中　$T_{LS}(i,j)$——工序的最迟必须开始时间；

　　　$T_{LS}(j,k)$——紧后工序最迟开始时间。就是总工期减去相应的工序持续时间，由终节点逆箭杆方向逐项计算而得；

　　　$T(i,j)$——本工序作业时间。

$T_{LS}(i,j)$ 用符号△表示，注在箭杆的右上角，当有几个紧后工序，而计算的结果又不相同时，应取其中最小值。

四、工序的最早可能完成时间计算

工序的最早可能完成时间，为本工序作业最早可能开始时间加上本工序作业时间，按下式计算：

$$T_{EF}(i,j) = T_{ES}(i,j) + T(i,j) \tag{22-13}$$

式中　$T_{EF}(i,j)$——工序的最早可能完成时间；

其他符号意义同前。

$T_{EF}(i,j)$ 用符号□表示，注在箭杆的左下角。

五、工序最迟必须完成时间计算

工序最迟必须完成时间等于最迟必须开始时间加本工序作业时间，亦等于紧后事项的最迟完成时间，按下式计算：

$$T_{LF}(i,j) = T_{LS}(i,j) + T(i,j) \tag{22-14}$$

$$T_{LF}(i,j) = T_L(j) \tag{22-15}$$

式中　$T_{LF}(i,j)$——工序最迟必须完成时间；

　　　$T_L(j)$——紧后事项的最迟完成时间；

其他符号意义同上。

$T_{LE}(i,j)$ 用符号△表示，注在箭杆的右下角。

六、时差计算

时差就是每道工序的机动时间，它等于每道工序的最早可能开始时间和最迟必须开始时间之差；或每道工序最早可能完成时间和最迟必须完成时间之差，按下式计算：

$$R(i,j) = T_{ES}(i,j) - T_{LS}(i,j) \tag{22-16}$$

或

$$R(i,j) = T_{EF}(i,j) - T_{LF}(i,j) \tag{22-17}$$

式中　$R(i,j)$——工序的时差。

时差越大，机动范围越大，表示有一定潜力可挖，可机动安排工序的开工时间，也可机动抽调人力去支援关键工序，以保证关键工序按期或提前完成。

七、关键线路的确定

通过对工序作业时差的计算，可以找出总时差为零的关键工序联结起来组成的线路，称为关键线路，其他线路都称为非关键线路。

关键线路的确定，亦可采用最长线路法，就是比较所有的线路，取其中经历时间最长的线路，即为关键线路。

【例 22-12】 高层建筑筏板基础工程共由六个事项和十道工序组成（图 22-10），每道工序持续时间根据工程量、劳动定额和劳动组织计算为：

$T(1,2)=5d$；　　　　$T(1,3)=9d$；　　　　$T(1,4)=10d$；
$T(2,4)=7d$；　　　　$T(2,5)=6d$；　　　　$T(3,4)=6d$；
$T(3,6)=8d$；　　　　$T(4,5)=1d$；　　　　$T(4,6)=4d$；
$T(5,6)=3d$。

试计算时间参数，确定关键线路。

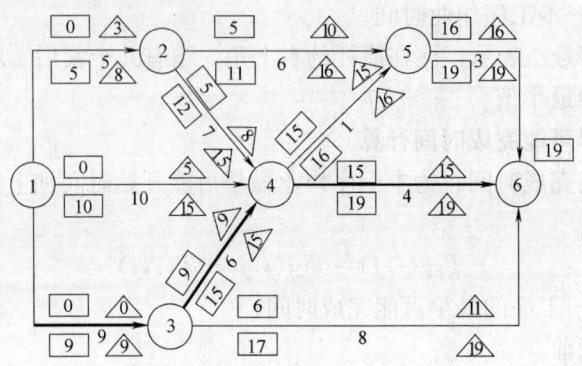

图 22-10　高层建筑筏板基础网络图

【解】 将作业时间分别填在箭杆的下方，现分别计算其时间参数如下：

(1) 计算工序的最早开始时间

从图 22-10 的第一个事项沿着箭头方向，直到第六个事项，由式（22-11）得：

$T_{ES}(1,2)=T(1,3)=T(1,4)=T_E(i)+T_E(i,j)=0$；
$T_{ES}(2,5)=0+5=5$；　　$T_{ES}(2,4)=0+5=5$；
$T_{ES}(3,4)=0+9=9$；　　$T_{ES}(3,6)=0+9=9$；

$T_{ES}(4,5)=\begin{cases}0+10=10\\=5+7=12\\=9+6=15\end{cases}$ 取最大值 $=15$；

$T_{ES}(4,6)=\begin{cases}0+10=10\\=5+7=12\\=9+6=15\end{cases}$ 取最大值 $=15$

$T_{ES}(5,6)=\begin{cases}5+6=11\\=15+1=16\end{cases}$ 取最大值 $=16$

将计算所得 $T_{ES}(i,j)$ 用符号"□"注在箭杆左上角。

(2) 计算工序的最早完成时间 $T_{EF}(i,j)$

$T_{EF}(1,2)=0+5=5$；　　　　　　$T_{EF}(1,3)=0+9=9$；
$T_{EF}(1,4)=0+10=10$；　　　　　$T_{EF}(2,4)=5+7=12$；
$T_{EF}(2,5)=5+6=11$；　　　　　 $T_{EF}(3,4)=9+6=15$；
$T_{EF}(3,6)=9+8=17$；　　　　　 $T_{EF}(4,5)=15+1=16$；

$T_{EF}(4,6)=15+4=19$； $\qquad T_{EF}(5,6)=16+3=19$

将计算所得 $T_{EF}(i,j)$ 用符号"□"注在箭杆左下角。

(3) 计算工序的最迟完成时间 $T_{LF}(i,j)$

$T_{LF}(5,6)=19$； $\qquad T_{LF}(2,5)=16$；
$T_{LF}(4,6)=19$； $\qquad T_{LF}(2,4)=15$；
$T_{LF}(4,5)=16$； $\qquad T_{LF}(1,4)=15$；
$T_{LF}(3,6)=19$； $\qquad T_{LF}(1,3)=9$；
$T_{LF}(3,4)=15$； $\qquad T_{LF}(1,2)=8$

将计算所得 $T_{LF}(i,j)$ 用符号"△"注在箭杆的右下角。

(4) 计算工序的最迟必须开始时间 $T_{LS}(i,j)$

$T_{LS}(1,2)=8-5=3$； $\qquad T_{LS}(3,4)=15-6=9$；
$T_{LS}(1,3)=9-9=0$； $\qquad T_{LS}(3,6)=19-8=11$；
$T_{LS}(1,4)=15-10=5$； $\qquad T_{LS}(4,5)=16-1=15$；
$T_{LS}(2,4)=15-7=8$； $\qquad T_{LS}(4,6)=19-4=15$；
$T_{LS}(2,5)=16-6=10$； $\qquad T_{LS}(5,6)=19-3=16$

将计算所得 $T_{LS}(i,j)$ 用符号"△"注在箭杆的右上角。

(5) 计算工序作业的时差

按照式（22-16）计算时差：

$R(1,2)=3-0=3$； $\qquad R(3,4)=9-9=0$；
$R(1,3)=0-0=0$； $\qquad R(3,6)=11-9=2$；
$R(1,4)=5-0=5$； $\qquad R(4,5)=15-15=0$；
$R(2,4)=8-5=3$； $\qquad R(4,6)=15-15=0$；
$R(2,5)=10-5=5$； $\qquad R(5,6)=16-16=0$

(6) 确定关键线路

将时差为零的工序用粗黑箭杆联结起来，得到关键线路①→③→④→⑥，所需时间为 $9+6+4=19d$，此线路经历时间最长，故为关键线路。

22.3.3 单代号网络图时间参数计算

一、每道工序的持续时间（单一时间计算法）计算

工序持续时间可按下式计算：

$$D_i=\frac{Q_i}{S_iM_iN_i} \qquad (22-18)$$

式中 D_i——工序（i）的持续时间；
$\qquad Q_i$——工序（i）的工程量；
$\qquad S_i$——工序（i）的人工产量定额或机械台班产量定额；
$\qquad M_i$——工序（i）的施工人数或机械台数；
$\qquad N_i$——工序（i）的计划工作班次。

二、工序最早可能开始和完成时间计算

从网络原始节点开始，假定 $T_{ESI}=0$，按照节点编号递增顺序直到结束节点为止，当遇到两个以上前导工序时，要取它们各自计算结果的最大值。

$$\left.\begin{array}{l} T_{ES(j)} = \max | T_{ES(i)} + D_i | \\ \qquad\quad = \max | T_{EF(i)} | \\ T_{EF(j)} = T_{ES(j)} + D_{(j)} \end{array}\right\} \quad (22\text{-}19)$$

式中　$T_{ES(j)}$——工序（j）最早可能开始时间；
　　　$T_{EF(j)}$——工序（j）最早可能完成时间；
　　　$D_{(j)}$——工序（j）的持续时间；
　　　$T_{ES(i)}$——前导工序（i）最早可能开始时间；
　　　$T_{EF(i)}$——前导工序（i）最早可能完成时间；
　　　$D_{(i)}$——前导工序（i）的持续时间。

三、工序最迟必须完成和开始时间计算

从结束节点开始，假定 $T_{LF(n)} = T_{EF(n)}$，按照节点编号递减顺序直到原始节点为止，当遇到两个以上后续时，要取它们各自计算结果的最小值

$$\left.\begin{array}{l} T_{LF(i)} = \min | T_{LS(j)} | \\ T_{LS(i)} = T_{LF(i)} - D_{(i)} \end{array}\right\} \quad (22\text{-}20)$$

式中　$T_{LF(i)}$——工序（i）最迟必须完成时间；
　　　$T_{LS(i)}$——工序（i）最迟必须开始时间；
　　　$T_{LS(j)}$——后续工序（j）最迟必须开始时间；
　　　$D_{(i)}$——工序（i）的持续时间。

四、总时差和自由时差计算

时差按下式计算：

$$\left.\begin{array}{l} TF_{(i)} = T_{LF(i)} - T_{EF(i)} \\ \qquad\quad = T_{LS(i)} - T_{ES(i)} \\ FF_{(i)} = \min | T_{ES(j)} | - T_{EF(i)} \end{array}\right\} \quad (22\text{-}21)$$

式中　$TF_{(i)}$——工序（i）的总时差；
　　　$FF_{(i)}$——工序（i）的自由时差；
　　　$T_{ES(j)}$——后续工序（j）最早可能开始时间。

五、确定关键线路和计算总工期

通过对工序作业时差的计算，可找出总时差为零的关键工序，由关键工序组成的线路即为关键线路，关键线路所确定的工期就是该网络图的计算总工期。

【例 22-13】 某工程由 A、B、C 三个分项工程组成，它在平面上划分为Ⅰ、Ⅱ2个施工段；各分项工程在各个施工段上的持续时间（d），如图 22-11 所示。试以分析计算法和图上计算法，分别计算该网络图各项时间参数。

【解】　1. 分析计算法

（1）计算工序最早可能开始 $T_{ES(j)}$ 和最早可能完成时间 $T_{EF(j)}$ 假定 $T_{ES1}=0$，按照公式（22-19）依次进行计算

$T_{ES1}=0$；　　　　　　　　　　　$T_{EF1}=T_{ES1}+D_1=0+5=5$；
$T_{ES2}=T_{EF1}=5$；　　　　　　　　$T_{EF2}=T_{ES2}+D_2=5+3=8$；
$T_{ES3}=T_{EF2}=8$；　　　　　　　　$T_{EF3}=T_{ES3}+D_3=8+2=10$；

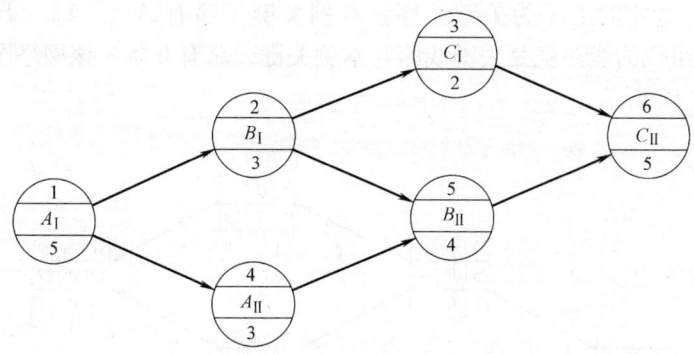

图 22-11 某工程单代号网络图

$T_{ES4} = T_{EF1} = 5$； $T_{EF4} = T_{ES4} + D_4 = 5+3 = 8$；

$T_{ES5} = \max\begin{Bmatrix} T_{EF2}=8 \\ T_{EF4}=8 \end{Bmatrix} = 8$； $T_{EF5} = T_{ES5} + D_5 = 8+4 = 12$；

$T_{ES6} = \max\begin{Bmatrix} T_{EF3}=10 \\ T_{EF5}=12 \end{Bmatrix} = 12$； $T_{EF6} = T_{ES6} + D_6 = 12+5 = 17$

以上计算结果填于图 22-12 上节点方框中间格的两侧。

(2) 计算工序最迟必须完成 $T_{LF(i)}$ 和最迟必须开始 $T_{LS(i)}$ 时间：

假定 $T_{LF6} = T_{EF6} = 17$，按照公式（22-20）依次进行计算。

$T_{LF6} = 17$； $T_{LS6} = T_{LF6} - D_6 = 17-5 = 12$；

$T_{LF5} = T_{LS6} = 12$； $T_{LS5} = T_{LF5} - D_5 = 12-4 = 8$；

$T_{LF4} = T_{LS5} = 8$； $T_{LS4} = T_{LF4} - D_4 = 8-3 = 5$；

$T_{LF3} = T_{LS6} = 12$； $T_{LS3} = T_{LF3} - D_3 = 12-2 = 10$；

$T_{LF2} = \min\begin{Bmatrix} T_{LS3}=10 \\ T_{LS5}=8 \end{Bmatrix} = 8$ $T_{LS2} = T_{LF2} - D_2 = 8-3 = 5$；

$T_{LF1} = \min\begin{Bmatrix} T_{LS2}=5 \\ T_{LS4}=5 \end{Bmatrix} = 5$

以上计算结果填于图 22-12 上节点方框中下面格的两侧。

(3) 计算时差 $[TF_{(i)}]$ $[FF_{(i)}]$

根据公式（22-21）进行计算

$TF_{(1)} = T_{LF1} - T_{EF1} = 5-5 = 0$； $FF_{(1)} = \min\begin{Bmatrix} T_{ES2}=5 \\ T_{ES4}=5 \end{Bmatrix} - T_{EF(1)} = 5-5 = 0$；

$TF_{(2)} = T_{LS2} - T_{ES2} = 5-5 = 0$； $FF_{(2)} = \min\begin{Bmatrix} T_{ES3}=8 \\ T_{ES5}=8 \end{Bmatrix} - T_{EF2} = 8-8 = 0$；

$TF_{(3)} = T_{LF3} - T_{EF3} = 12-10 = 2$； $FF_{(3)} = T_{ES6} - T_{EF3} = 12-10 = 2$；

$TF_{(4)} = T_{LS4} - T_{ES4} = 5-5 = 0$； $FF_{(4)} = T_{ES5} - T_{EF4} = 8-8 = 0$；

$TF_{(5)} = T_{LF5} - T_{EF5} = 12-12 = 0$； $FF_{(5)} = T_{ES6} - T_{EF5} = 12-12 = 0$；

$TF_{(6)} = T_{LS6} - T_{ES6} = 12-12 = 0$

以上计算结果填于图 22-12 上节点方框中竖向中间格的中下两格内。

(4) 判定关键工序和关键线路

总时差 $TF_{(i)}$ 为零的工序为关键工序。本例关键工序有 A_I、A_{II}、B_I、B_{II}、C_{II} 5 项；由关键工序组成的线路就是关键线路，本例关键线路有 2 条。该网络图的计算总工期为 17d，如图 22-12 所示。

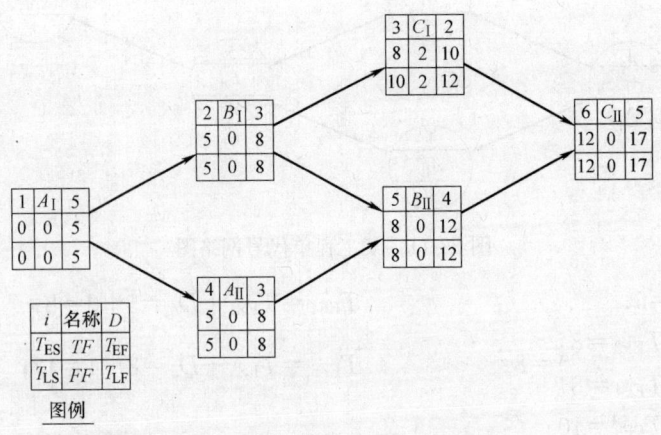

图 22-12 某工程单代号网络图时间参数

2. 图上计算法

(1) 计算 $T_{ES(j)}$ 和 $T_{EF(j)}$

由原始节点开始，假定 $T_{ES}=0$，根据公式 (22-19) 按工序编号递增顺序进行计算，并将计算结果填入相应栏内，如图 22-12 所示。

(2) 计算 $T_{LF(i)}$ 和 $T_{LS(i)}$

由结束节点开始，假定 $T_{LF6}=T_{EF6}=17$，根据公式 (22-20) 按工序编号递减顺序进行计算，并将计算结果填入相应栏内，如图 22-12 所示。

(3) 计算 $TF_{(i)}$ 和 $FF_{(i)}$

本例由原始节点开始，按照公式 (22-21) 逐项工序进行计算，并将计算结果填入相应栏内，如图 22-12 所示。

(4) 判定关键工序和关键线路

本例关键工序为 5 项，关键线路为 2 条，如图 22-12 粗箭线所示。该网络图计算总工期为 17d。

22.3.4 网络计划工期优化方法计算

1. 当计算工期不满足要求工期时，可通过压缩关键工作的持续时间满足工期要求。
2. 工期优化的计算，应按下述规定步骤进行：

(1) 计算并找出初始网络计划的计算工期、关键线路及关键工作。

(2) 按要求工期计算应缩短的时间 ΔT：

$$\Delta T = T_c - T_r \tag{22-22}$$

式中 T_c——网络计划的计算工期；

T_r——要求工期。

(3) 确定各关键工作能缩短的持续时间。

(4) 选择关键工作，压缩其持续时间，并重新计算网络计划的计算工期。

(5) 若计算工期仍超过要求工期，则重复以上步骤，直到满足工期要求或工期已不能再缩短为止。

(6) 当所有关键工作的持续时间都已达到其能缩短的极限而工期仍不能满足要求时，应对计划的原技术、组织方案进行调整或对要求工期重新审定。

3. 选择应缩短持续时间的关键工作宜考虑下列因素：

(1) 缩短持续时间对质量和安全影响不大的工作。

(2) 有充足备用资源的工作。

(3) 缩短持续时间所需增加的费用最少的工作。

4. 在优化过程中，不一定需要全部时间参数值，只需寻求出关键线路，为此介绍一种关键线路直接寻求法之一的标号法。根据计算节点最早时间的原理，设网络计划起节点①的标号值为 0，即 $b_1=0$；中间节点 j 的标号值等于该节点的所有内向工作（即指向该节点的工作）的开始节点 i 的标号值 b_i 与该工作持续时间 D_{i-j} 之和的最大值，即：

$$b_j = \max[b_i + D_{i-j}] \tag{22-23}$$

其中能求得最大值的节点 i 为节点 j 的源节点，将源节点及 b_j 标注于节点上，直至最后一个节点。从网络计划终点开始，自右向左按源节点寻求关键线路，终节点的标号值即为网络计划的计算工期。

【例 22-14】 已知网络计划如图 22-13 所示，当要求工期为 40d 时，试进行优化。

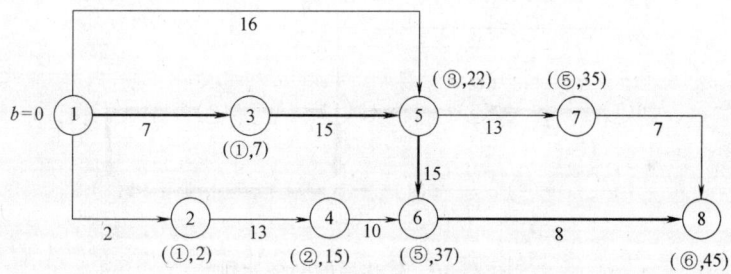

图 22-13 优化前的网络计划

【解】 (1) 用标号法确定出关键线路及正常工期。

(2) 计算应缩短的时间为：$\Delta T = T_c - T_r = 45 - 40 = 5d$

(3) 缩短关键持续时间

先将⑤→⑥缩到 5d，由 15d 缩至 10d，经用标号法计算，计算工期为 42d，如图 22-14 所示，总工期仍有 42d，故⑤→⑥工序只需缩短 3d，其网络图用标号法计算如图 22-15 所示，可知有两条关键线路，两条线路上均需缩短 42－40＝2d。

(4) 进一步缩短关键工作的持续时间

选③→⑤工作缩短 2d，由 15d 至 13d，则两条线路均缩短 2d。用计算后得工期为 40d，满足要求，如图 22-16 所示。

22.3.5 非肯定型网络计划模型计算

凡是各个工序持续时间可以根据工程量和相应的定额、工作面大小、劳动组织、机械

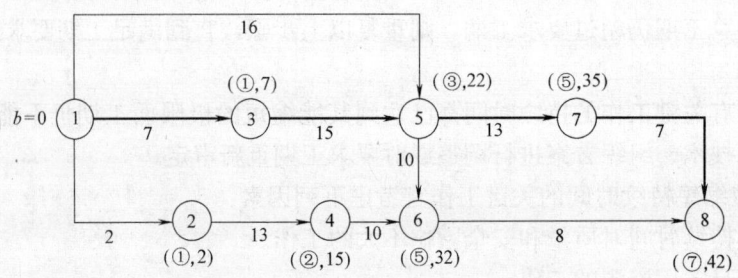

图 22-14 第一次优化后的网络计划

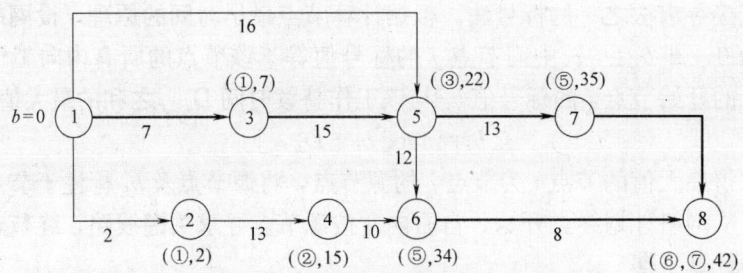

图 22-15 第二次优化后的网络计划

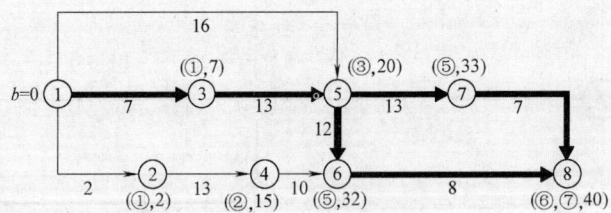

图 22-16 优化后的网络计划

设备供应以及工作班制加以确定的,称肯定型,以上 22.3.2 节计算均指肯定型网络,也是建筑工程使用最广泛的型式。

在网络计划编制中,有时遇到工作持续时间不能按单一时间计算法确定(如工程改建、安装引进设备、新技术工艺),它的工作持续时间,只能是根据估计的三个时间(最乐观的,最可能的,最保守的)用加权平均值来确定各个工作持续时间,叫非肯定型,以此确定的网络称非肯定型网络,其有关计算如下:

一、平均持续时间的计算

假定 T_a 是最乐观的估计;T_b 是最保守的估计;T_c 是最可能的估计。又假定在 (T_a, T_c) 之间,T_c 的可能性两倍于 T_a 的可能性,则其平均值为 $\frac{2T_c+T_a}{3}$。同样在 $(T_c、T_b)$ 之间的平均值为 $\frac{2T_c+T_b}{3}$,因此完成日期的分布可以用 $\frac{2T_c+T_a}{3}$、$\frac{2T_c+T_b}{3}$,各以 1/2 可能性出现分布来代表它(迫近),则两段时间的平均值 T_{ij} 为:

$$T_{ij} = \frac{T_a + 4T_c + T_b}{6} \qquad (22\text{-}24)$$

利用式（22-24）算出各工序的平均持续时间 T_{ij}，以 T_{ij} 作为工序的持续时间，这样工序的持续时间将成为肯定型的持续时间，因而也就将非肯定型网络计划变换成为肯定型网络计划，可应用 22.3.2 节时间参数计算方法进行计算，并以同法确定其关键线路。

二、方差的计算

假定两段时间方差的平均值为工序的方差值（标准离差），则其方差值 σ 可由下式计算：

$$\begin{aligned}\sigma^2 &= \frac{1}{2}\left[\left(\frac{T_a + 4T_c + T_b}{6} - \frac{T_a + 2T_c}{3}\right)^2 + \left(\frac{T_a + 4T_c + T_b}{6} - \frac{T_b + 2T_c}{3}\right)^2\right]\\ &= \left(\frac{T_b - T_a}{6}\right)^2\end{aligned} \qquad (22\text{-}25)$$

方差 σ 可用来衡量频率分布的离散性。σ^2 值越小，不肯定性越小，反之则越大。

三、完工概率计算

非肯定型网络的工序作业时间是用三时估计法得到的，因此整个工程的工期也是估计得到的，也是不确定的。究竟估计的时间是否接近实际，就存在一个完工概率问题，应进行完工概率计算，如果概率很低，则表明实现的可能性不大，应及时加以调整，其计算步骤如下：

1. 用三时估计法求出每道工序作业的平均时间。
2. 计算时间参数，确定关键线路，方法与肯定型网络图计算相同。
3. 计算关键线路各作业的标准离差的平方以及终点事项的标准离差。
4. 计算终点事项的最早开始时间（关键线路所需的时间）。
5. 计算概率系数，求完工概率。

由于总工期 T 是一个以 T_E 为均值，σ 为标准离差的正态分布，则有 $T = T_E + \lambda\sigma$

$$\lambda = \frac{T - T_E}{\sigma} \qquad (22\text{-}26)$$

式中 λ——概率系数（即正态分布偏离系数）；

T——规定的工期；

T_E——平均计划工期；

σ——关键线路的总方差。

求得 λ 值，查表 22-14，可求出整个工程在规定工期内完成任务的概率 P（简称完工概率）。

概率系数 λ 和概率 P 对照表　　　　　表 22-14

λ	P	λ	P	λ	P	λ	P
0.0	0.500	−1.0	0.159	0.00	0.500	+1.0	0.841
−0.1	0.460	−1.2	0.115	+0.1	0.540	+1.2	0.885
−0.2	0.421	−1.4	0.081	+0.2	0.579	+1.4	0.919
−0.3	0.382	−1.6	0.055	+0.3	0.618	+1.6	0.945
−0.4	0.345	−1.8	0.036	+0.4	0.655	+1.8	0.964
−0.5	0.309	−2.0	0.023	+0.5	0.692	+2.0	0.977
−0.6	0.274	−2.2	0.014	+0.6	0.726	+2.2	0.986
−0.7	0.242	−2.4	0.008	+0.7	0.758	+2.4	0.992
−0.8	0.212	−2.6	0.005	+0.8	0.788	+2.6	0.995
−0.9	0.184	−3.0	0.001	+0.9	0.816	+3.0	0.999

当 $P=0$ 时，表明工期太冒进，按规定的工期不可能完成，需采取措施重新制定稳妥的计划；当 $P=1$ 时，表明规定的工期保守，即使遇到困难，也可以如期完成；当 P 满足：$0.3 \leqslant P \leqslant 0.7$ 时，表明制定的计划工期适宜，既不冒进，又不保守。

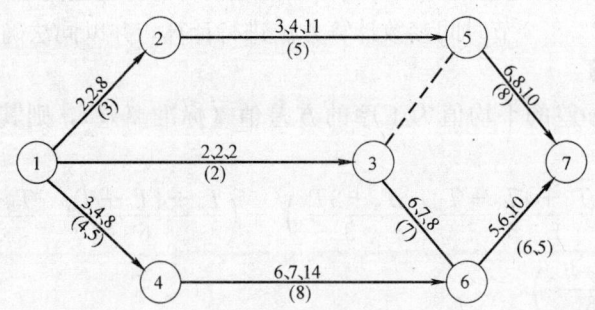

图 22-17 非肯定型网络图

【例 22-15】 某工程非肯定型网络图及已定有关数据见图 22-17，试求（1）按时完工的概率有多大？（2）如果规定完工期为 20.8 周，完工可能性有多大？（3）如果要求完工概率为 98%，问需要多少周才能完工？

【解】（1）计算每个作业的平均时间

$$T(1,2) = \frac{T_a + 4T_c + T_b}{6} = \frac{2 + 4 \times 2 + 8}{6} = 3$$

$$T(1,3) = \frac{2 + 4 \times 2 + 2}{6} = 2; \quad T(1,4) = \frac{3 + 4 \times 4 + 8}{6} = 4.5;$$

$$T(2,5) = \frac{3 + 4 \times 4 + 11}{6} = 5; \quad T(3,5) = \frac{0}{6} = 0;$$

$$T(3,6) = \frac{6 + 4 \times 7 + 8}{6} = 7; \quad T(4,6) = \frac{6 + 4 \times 7 + 14}{6} = 8;$$

$$T(5,7) = \frac{6 + 4 \times 8 + 10}{6} = 8; \quad T(6,7) = \frac{5 + 4 \times 6 + 10}{6} = 6.5$$

（2）计算时间参数，确定关键线路

用图上计算法算出工序的时间参数（略），计算结果列在箭杆左角和右角上，确定关键线路为：①→④→⑥→⑦。

（3）计算关键线路上各作业标准离差的平方以及终点事项的标准离差

关键线路上各作业的标准离差分别为：

$$\sigma^2(1,4) = \left(\frac{T_b - T_a}{6}\right)^2 = \left(\frac{8-3}{6}\right)^2 = \frac{25}{36}$$

$$\sigma^2(6,7) = \left(\frac{10-5}{6}\right)^2 = \frac{25}{36}; \quad \sigma^2(4,6) = \left(\frac{14-6}{6}\right)^2 = \frac{64}{36}$$

终点事项的标准离差（即总完成日数的标准离差）为：

$$\sigma_{cp} = \sqrt{\sigma^2(1,4) + \sigma^2(4,6) + \sigma^2(4,7)} = \sqrt{\frac{25}{36} + \frac{64}{36} + \frac{25}{36}} = 1.8$$

(4) 计算终点事项最早开始时间

将关键线路上所有作业时间加起来，便得到终点事项最早开始时间 T_E

$$T_E = T(1,4) + T(4,6) + T(6,7)$$
$$= 4.5 + 8.0 + 6.5 = 19 \text{ 周}$$

(5) 计算概率

1) 因规定工期 $T=19$ 周，而网络终点事项最早开始时间 $T_E=19$ 周，所以按时完工的概率系数为：

$$\lambda = \frac{T - T_E}{\sigma} = \frac{19 - 19}{1.8} = 0$$

当 $\lambda = 0$，查表 22-14，得按时完工概率 $P = 50\%$。

2) 当规定完工期限 $T = 20.8$ 周，则：

$$\lambda = \frac{20.8 - 9}{1.8} = 1$$

当 $\lambda = 1$，查表 22-13 得，$P = 84.1\%$

故 20.8 周完工概率 84.1%。

3) 如果完工概率 $P = 98\%$，从表 22-14 查得 $\lambda = 2$，则需要完工工期 T 为：

$$T = \lambda \sigma + T_E = 2 \times 1.8 + 19 = 22.6 \text{ 周}$$

22.4 流水节拍施工法

流水节拍施工法是一种科学地组织施工的方法。它是将工程科学地进行分段，以施工段为单元，在各施工段组织各专业班组互相搭接进行均匀连续的平行流水作业，以达到提高工效、缩短工期、降低工程成本的目的。

流水节拍施工首先是在研究工程特点和施工条件的基础上，通过一系列流水参数的计算来实现的，主要包括流水节拍（段）、流水强度专业班组数目以及流水施工工期的计算等。

22.4.1 流水参数的计算

一、流水节拍计算

在组织流水施工时，每个专业班组（或工作队）在各个施工段上完成任务必须的持续时间称为流水节拍，并以 t_i 表示，一般由下式计算确定：

$$t_i = \frac{Q_i}{S_i R_i N_i} = \frac{P_i}{R_i N_i} \tag{22-27}$$

式中　t_i——专业班组（或工作队，下同）在某施工过程、施工段（i）上的流水节拍；

　　　Q_i——专业班组在某施工过程、施工段（i）上的工程量；

　　　S_i——专业工种或机械的产量定额；

　　　R_i——专业班组人数或机械台数；

　　　N_i——专业班组或机械的工作班次；

P_i——专业班组在某施工过程施工段（i）上的劳动量。

二、流水强度计算

在组织流水施工时，某施工过程在单位时间内所完成的工程数量，称为该过程的流水强度，按下式计算：

$$V_i = R_i S_i \tag{22-28}$$

式中 V_i——某施工过程（i）流水强度；

其他符号意义同前。

三、专业班组数目计算

某施工过程需要专业班组数目按下式计算：

$$a_i = \frac{t_i}{t_{\min}} \tag{22-29}$$

式中 a_i——某施工过程所需专业班组数目；

$t_{\min}$——所有流水节拍的最大公约数；

t_i符号意义同前。

【例 22-16】 基础混凝土分项工程，需浇筑混凝土劳动量 80 工日，现有混凝土工 20 人，进行二班作业，试求浇筑混凝土的流水节拍。

【解】 由题意知，$P_i = 80$ 工日，$R_i = 20$ 人，$N_i = 2$

流水节拍由式（22-27）得：

$$t_i = \frac{P_i}{R_i N_i} = \frac{80}{20 \times 2} = 2\text{d}$$

故 浇筑混凝土流水节拍为 2d。

22.4.2 流水施工工期计算

在组织流水施工时，最为常用的有以下两种方式：

一、全等节拍流水施工工期计算

在组织流水施工时，如果每个施工过程在各个施工段上的流水节拍都彼此相等，其流水步距也等于流水节拍，称为全等节拍流水，其流水施工的总工期按下式计算：

$$T = (m+n-1)K_a - \sum C + \sum S + \sum G \tag{22-30}$$

式中 T——流水施工的总工期；

m——施工段的数目；

n——专业班组数目；

K_a——全等节拍的流水步距，即两个专业班组先后开始的合理时间间隔，在全等节拍中，$K = t_i$；

t_i——施工段上的流水节拍；

$\sum C$——所有平行搭接时间 C 的总和；

$\sum S$——所有技术和组织间歇时间的总和；

$\sum G$——所有组织间歇时间 G 的总和。

二、成倍节拍流水施工工期计算

在组织流水施工时，如果同一施工过程在各个施工段上的流水节拍彼此相等，而不同施工过程在同一施工段上的流水节拍之间存在一个最大公约数，构成一个工期最短的成倍节拍流水，其流水施工的总工期按下式计算：

$$T=(m+n_1-1)K_b-\sum C+\sum S+\sum G \tag{22-31}$$

式中　n_1——成倍节拍流水的专业班组总数目；

　　　K_b——成倍节拍的流水步距；在成倍节拍中，$K_b=t_{\min}$；

　　　$t_{\min}$——各过程流水节拍的最大公约数；

其他符号意义同前。

三、分别流水施工工期计算

在组织流水施工时，如果每个施工过程在各个施工段上的工程量彼此不相等，或者各个专业班组生产效率相差悬殊，造成多数流水节拍不相等，这时只能按照施工顺序要求，使相邻两个专业班组最大限度地搭接起来，组织成都能连续作业的非节奏流水施工，称为分别流水。其总工期按下式计算：

$$T=\sum_{j=1}^{n_1}K_{j,j+1}+\sum_{i=1}^{m_1}t_i^n1-\sum C+\sum S+\sum G \tag{22-32}$$

$$K_{j,j+1}=\max\{k_1^{j,j+1}\}=\sum_{i=1}^{i}\Delta t_i^{j,j+1}+t_i^{j+1} \tag{22-33}$$

$K_{j,j+1}$——专业班组（j）与（$j+1$）之间的流水步距；

max——取最大值；

$k_j^{j,j+1}$——（j）与（$j+1$）在各个施工段上的"假定段步距"；

$\sum_{i=1}^{i}$——由施工段（1）至（i）依次累加，逢段求和；

$\Delta t_i^{j,j+1}$——（j）与（$j+1$）在各个施工段上的"段时差"，即 $\Delta t_i^{j,j+1}=t_i^j-t_i^{j+1}$；

t_i^j——专业班组（j）在施工段（i）流水节拍；

t_i^{j+1}——专业班组（$j+1$）在施工段（i）流水节拍；

i——施工段编号，$1\leqslant i\leqslant m$；

j——专业班组编号，$1\leqslant j\leqslant n_1-1$；

n_1——专业班组数目，此时 $n_1=n$；

t_i^n1——最后一个专业班组（n_1）在各个施工段上的流水节拍。

【例 22-17】 住宅楼基础分部工程由挖基槽、支模、浇筑混凝土基础、回填土（含拆模，下同）四个施工过程所组成，每个施工过程均有三个施工段，四个施工过程的流水节拍均为 2d，挖基槽、支模、浇筑混凝土基础三个过程进行平行搭接 1d，浇筑基础后要有 1d 的间歇再回填土，试组织全等节拍流水施工。

【解】 由题意知，施工段数 $m=3$，施工班组数 $n=4$，流水节拍的流水步距 $K_a=t_i=2d$；$\sum C=1\times 2=2d$，$\sum S=1d$。

全等节拍流水施工期由式（22-30）得：

$$\begin{aligned}T&=(m+n-1)K_a-\sum C+\sum S\\&=(3+4-1)\times 2-2+1=11d\end{aligned}$$

该流水施工指示图表见表 22-15。

全等节拍流水施工进度表 表 22-15

施工过程名称	专业班组编号	施工进度(d)
挖基槽	Ⅰ	
支模	Ⅱ	
浇筑基础混凝土	Ⅲ	
回填土	Ⅳ	

$T=(m+n-1)t_i-\sum C+\sum S$

【例 22-18】 住宅楼现浇楼板由支模板、绑钢筋和浇筑混凝土三个施工过程所组成，每个施工过程有四个施工段；三个施工过程的流水节拍分别为 6d、4d 和 2d，试组织成倍节拍流水施工。

【解】 由题意知，施工段数目 $m=4$，流水节拍的最大公约数 $t_{\min}=2$，故流水步距 $K_b=t_{\min}=2$；三个施工过程所需专业班组为：$a_1=\frac{8}{2}=4$，$a_2=\frac{4}{2}=2$，$a_3=\frac{2}{2}=1$，所以 $n_1=\sum a=4+2+1=7$，又知 $\sum C=0$，$\sum S=0$

成倍节拍流水施工期由式（22-31）得：

$$T=(m+n_1-1)K_b-\sum C+\sum S$$
$$=(4+7-1)\times 2=20d$$

该流水施工指示图表见表 22-16。

成倍节拍流水施工进度表 表 22-16

施工过程名称	专业班组编号	施工进度(d)
支模板	Ⅰ	
绑钢筋	Ⅱ	

22.4 流水节拍施工法

续表

施工过程名称	专业班组编号	施 工 进 度(d)																			
		1	2	3	4	5	6	7	8	9	10	11	12	13	14	15	16	17	18	19	20
浇混凝土	Ⅲ																				

$$T=(m+N-1)K_b-\Sigma C+\Sigma S$$

【例 22-19】 某工程由Ⅰ、Ⅱ、Ⅲ 3 个施工过程组成，它在平面上划分为 5 个施工段，每个施工过程在各个施工段上的流水节拍如表 22-17 所示。为缩短工期，允许施工过程Ⅰ与Ⅱ有平行搭接时间 1d；在施工过程Ⅱ完成后，其相应施工段至少应有技术间歇时间 2d。试组织流水施工。

施工持续时间表 表 22-17

施工过程编号	流水节拍(d)				
	①	②	③	④	⑤
Ⅰ	4	5	4	4	5
Ⅱ	3	2	2	3	2
Ⅲ	2	4	3	2	4

【解】 根据题设条件和要求，该工程只能组织分别流水。
1. 确定流水步距。由公式（22-33）得：
$K_{Ⅰ,Ⅱ}$

$$
\begin{array}{rrrrrrl}
& 4, & 5, & 4, & 4, & 5, & \cdots\cdots \quad \tau_i^{Ⅰ} \\
-) & 3, & 2, & 2, & 3, & 2, & \cdots\cdots \quad t_i^{Ⅱ} \\
\hline
& 1, & 3, & 2, & 1, & 3, & \cdots\cdots \quad \Delta t_i^{Ⅰ,Ⅱ}
\end{array}
$$

$$
\begin{array}{rrrrrrl}
& 1, & 4, & 6, & 7, & 10, & \cdots\cdots \quad \sum_{i=1}^{i}\Delta t_i^{Ⅰ,Ⅱ} \\
+) & 3, & 2, & 2, & 3, & 2, & \cdots\cdots \quad t_i^{Ⅱ} \\
\hline
& 4, & 6, & 8, & 9, & 12, & \cdots\cdots \quad k_i^{Ⅰ,Ⅱ}
\end{array}
$$

$\therefore K_{Ⅰ,Ⅱ}=\max |\ 4,\ 6,\ 8,\ 9,\ 12\ |=12d$

$K_{Ⅱ,Ⅲ}$

$$
\begin{array}{rrrrrr}
& 3, & 2, & 2, & 3, & 2, \\
-) & 2, & 4, & 3, & 2, & 4, \\
\hline
& 1, & -2, & -1, & 1, & -2, \\
& 1, & -1, & -2, & 1, & -3, \\
+) & 2, & 4, & 3, & 2, & 4, \\
\hline
& 3, & 3, & 1, & 1, & 1, \\
\end{array}
$$

∴ $K_{\text{II,III}} = \max |3, 3, 1, 1| = 3d$

2. 确定计算总工期。由题意条件可知，$C_{\text{I,II}} = 1d$，$S_{\text{II,III}} = 2d$，代入公式（22-32）得：

$$T = \sum_{j=1}^{n_1} K_{j,j+1} + \sum_{i=1}^{m} t_i^n 1 - \Sigma C + \Sigma S + \Sigma G$$
$$= (12+3) + (2+4+3+2+4) - 1 + 2 = 31d$$

3. 绘制该方案施工水平图表，见表22-18。

分别流水施工进度表　　　　表22-18

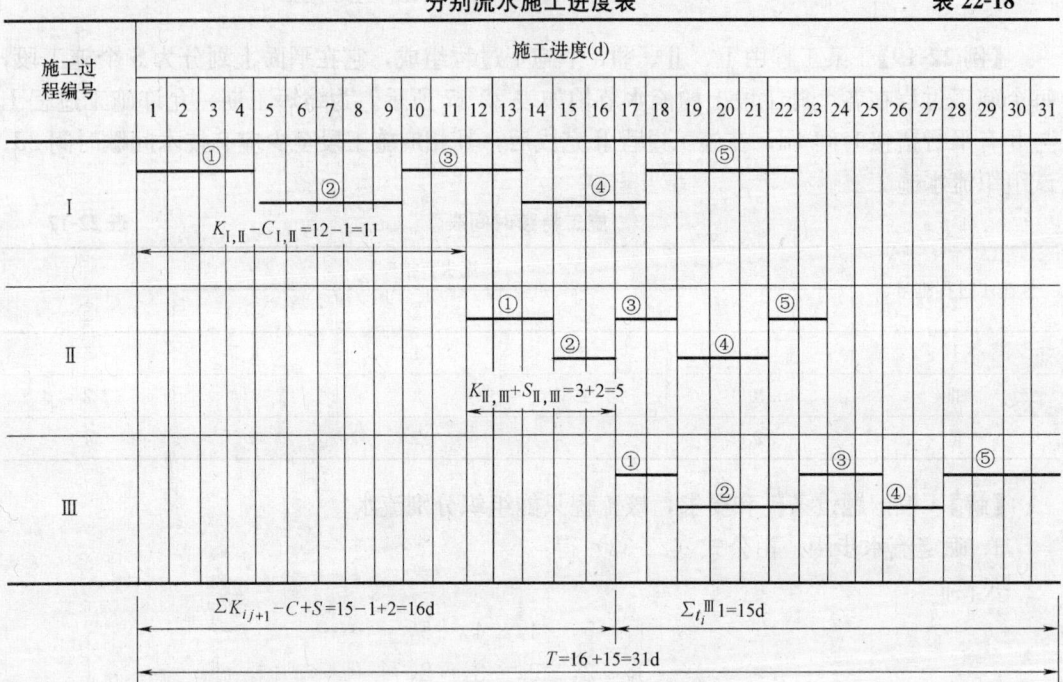

22.5 线性规划

线性规划是现代化管理的常用工具与方法，在建筑施工管理工作中，很多实际问题，如配（下）料、运输（包括土方调配）、施工机具设备、车辆调度，生产布局，经营计划的确定，生产计划的安排，建筑基地建设中各种站场的合理设点，成品半成品原材料的合适贮存量规划问题以及投资的分配问题等等，都可运用线性规划方法求得最优方案。

线性规划的实质是以线性方程和不等式描述建筑领域中的计划、任务、分配等的可行方案、有限资源与预期达到的目标之间的关系，以求得用最少的人力、物力、财力消耗，去取得最优技术经济效益。

一、规划问题的基本原理

规划问题的解决必须满足一定条件，用数学式子描述便形成规划论中的约束条件；同时在满足其约束条件下，常有许多不同方案可供选择，以便选择一个最优方案，取得最佳的经济效果，用数学式子来描述，便形成规划论中的目标函数；再者很明显，规划问题中的变量必须等于或大于零，不可能为负值，否则便无任何经济意义，由此知线性规划问题的基本结构，系由实现目标的约束条件（即约束方程）和目标函数（即极值问题，求极大值或极小值）两部分组成，故此，线性规划问题的实质就是求一组非负变量 x_1、x_2、x_3…的值，在满足一组约束条件的情况下，求得目标函数的最优解（极大值或极小值）问题，而目标函数和约束条件方程都必须是线性函数，亦即数学表达式中变量都为一次项。

二、规划的步骤、程序和基本方法

1. 建立问题的数学模型

一般先确定要求的未知变量 x_1、x_2…x_n，然后找出所有约束条件，并表示为线性方程或不等式，并且是未知量的线性函数。每一组变量的取值代表一个具体的方案。最后找出目标函数，并把它表达为未知变量的线性函数，并对它求极大值或极小值，具体数学模型的建立可表达如下：

设线性规划问题有 n 个决策（方案）变量，需要满足 m 个约束条件，则可得到的一般数学模型就是求一组变量 x_1、x_2…x_n（非负值），使之满足约束条件：

$$a_{11}x_1+a_{12}x_2+\cdots+a_{1n}x_n=b_1 \quad (\geqslant b_1 \text{ 或} \leqslant b_1) \quad (22\text{-}34)$$

$$a_{21}x_1+a_{22}x_2+\cdots+a_{2n}x_n=b_2 \quad (\geqslant b_2 \text{ 或} \leqslant b_2) \quad (22\text{-}35)$$

$$\cdots \quad \cdots \quad \cdots$$

$$a_{m1}x_1+a_{m2}x_2+\cdots+a_{mn}x_n=b_m \quad (\geqslant b_m \text{ 或} b_m) \quad (22\text{-}36)$$

$$x_1、x_2\cdots x_n \geqslant 0 \quad (22\text{-}37)$$

且使目标函数（即线性规划中求最小（大）值的方程式）为：

$$Z=c_1x_1+c_2x_2+\cdots+c_nx_n \quad \text{达到最大值（或最小值）。} \quad (22\text{-}38)$$

式中　$a_{ij}\ (i=1、2\cdots m；j=1、2\cdots n)$——结构系数或消耗系数；

　　　$b_i\ (i=1、2\cdots m)$——限定系数或常数项，一般为非负实数；

　　　$c_j\ (j=1、2\cdots n)$——利润系数或成本系数，对前者通常求最大值问题；对后者通常求最小值问题。

式中　a_{ij}、b_i、c_j 均为已知常数。=、$\geqslant$或$\leqslant$符号表示三种符号中的某一个成立，但在不同的约束条件关系中，符号可以不同。

2. 模型求解

一般变量数目的约束条件较少的情况下，可用手工计算；较多的情况下，则需运用电子计算机求解。

3. 应用模型和数据进行经济分析

【例 22-20】 住宅楼楼板工程施工需要加工制作长度分别为 2.9m，2.1m 和 1.5m 三种长度的钢筋 100 根，钢筋原材每根长 7.3m，试选最优配料方案。

【解】 本问题属于线性规划中的"合理配料问题"，现提出三种可行的配料方案，如表 22-19。

钢筋配料方案表　　　　　　　　　表 22-19

规格(m)	下料数(根)	配料方案		
		I	II	III
2.9	x_1	2	0	1
2.1	x_2	0	2	2
1.5	x_3	1	2	0
剩余量		0	0.1	0.2

1201

按照配套，每种规格的钢筋各要 100 根的要求，可建立以下约束方程组：

$$2x_1 + x_3 = 100$$
$$2x_2 + 2x_3 = 100$$
$$x_1 + 2x_2 = 100$$

解方程组得配料最优方案是：

$$x_1 = 40 （即用Ⅰ方案配 40 根）$$
$$x_2 = 30 （即用Ⅱ方案配 30 根）$$
$$x_3 = 20 （即用Ⅲ方案配 20 根）$$

合计需要 7.3m 钢筋原材 90 根，剩料的总量是：

$$Z = 40 \times 0 + 30 \times 0.1 + 20 \times 0.2 = 7m$$

【例 22-21】 1 号、2 号、3 号、4 号四座混凝土搅拌站，台班产量分别为 800m³、800m³、800m³ 和 640m³，现有甲、乙、丙三个工地需要混凝土量分别为 1280m³、960m³、800m³，从搅拌站运送到工地的运距如表 22-20 所列，试求混凝土从搅拌站运送到工地的最优分配运输方案，使总运输量为最小。

混凝土运距表　　　　　　　　表 22-20

搅拌站编号	工 地 甲	工 地 乙	工 地 丙	供应量(m³)
	运　　　距(km)			
1 号	10	14	20	800
2 号	14	8	18	800
3 号	12	22	14	800
4 号	16	20	8	640
需要量(m³)	1280	960	800	3040

【解】 本题属于线性规划中的"运输调配问题"。

设 1 号、2 号、3 号、4 号四座搅拌站分别向甲、乙、丙三个工地运送混凝土的数量为 x_{ij}（$i = 1、2、3、4$；$j = 1、2、3$），则可以列以下约束方程：

(1) 四座搅拌站供应混凝土量是：

1 号搅拌站：　　$x_{11} + x_{12} + x_{13} = 800$
2 号搅拌站：　　$x_{21} + x_{22} + x_{23} = 800$
3 号搅拌站：　　$x_{31} + x_{32} + x_{33} = 800$
4 号搅拌站：　　$x_{41} + x_{42} + x_{43} = 640$

(2) 每个工地需要混凝土量是：

甲工地：　　$x_{11} + x_{12} + x_{13} + x_{14} = 1280$
乙工地：　　$x_{21} + x_{22} + x_{23} + x_{24} = 960$
丙工地：　　$x_{31} + x_{32} + x_{33} + x_{34} = 800$

(3) 各搅拌站运往各工地的混凝土量应大于或等于零，即 $x_{ij} \geqslant 0$（$i = 1、2、3、4$；$j = 1、2、3$）

以上一共有：$m + n - 1 = 6$ 个独立方程式，有：$m \times n = 12$ 个未知数，因此方程有多个解（即 x_{11}、x_{12}、x_{13}、x_{21}、x_{22}、x_{23}、x_{31}、x_{32}、x_{33}、x_{41}、x_{42}、x_{43} 的答案有多个），即四个搅拌站向三个工地运送混凝土可以有许多方案，可用试算法求得一组未知量：

$x_{11}=640$; $x_{12}=160$; $x_{13}=0$; $x_{21}=0$; $x_{22}=800$; $x_{23}=0$; $x_{31}=640$; $x_{32}=0$; $x_{33}=160$; $x_{41}=0$; $x_{42}=0$; $x_{43}=640$。

则混凝土运输最优调配方案（即一组 x_{ij} 解）总的运输量（最小值）为：

$$Z=10x_{11}+14x_{12}+20x_{13}+14x_{21}+8x_{22}+18x_{23}+12x_{31}+22x_{32}+14x_{33}$$
$$+16x_{41}+20x_{42}+8x_{43}$$
$$=10\times640+14\times160+8\times800+12\times640+14\times160+8\times640$$
$$=30080 \text{m}^3 \cdot \text{km}$$

22.6 全面质量管理

22.6.1 质量管理常用数值计算

一、平均值 ($\overline{X}$)

平均值指一群数据的算术平均值，按下式计算：

$$\overline{X}=\frac{x_1+x_2+x_3+\cdots+x_n}{n} \tag{22-39}$$

式中　x_1、x_2、$x_3\cdots x_n$——数据值；
　　　n——数据的总个数。

二、加权平均值 ($\overline{X}_t$)

即按数据出现的频数（f）加权然后平均。

$$\overline{X}_t=\frac{x_1f_1+x_2f_2+x_3f_3+\cdots+x_nf_n}{f_1+f_2+f_3+\cdots+f_n}=\frac{\sum xf}{\sum f} \tag{22-40}$$

式中　f_1、f_2、$f_3\cdots f_n$——数据 x_1、x_2、$x_3\cdots x_n$ 出现的频数。

三、中值 (U)

即一群数据按大小次序排列后，属于中间位置的数值（如为奇数，则取中间的一个数；如为偶数，则取中间二个数的平均值）。

四、极值 (L)

即一群数据，按大小次序排列后，属于首位和末位的最小和最大的两个数值。

五、极差值 (R)

即一群数据中最大值（$X_{\max}$）与最小值（$X_{\min}$）之差：

$$R=X_{\max}-X_{\min} \tag{22-41}$$

六、移动范围值 (R_s)

即邻近的两个数据 X_i、X_{i+1} 的差取绝对值：

$$R_s=|X_i-X_{i+1}| \tag{22-42}$$

七、误差值 (δ) 与标准偏差 σ (或 S)

在生产中，对每个产品样本（也叫子样、样组）或个体所实测到的数值都会存在误差（偏差）的，其表达式为：

$$\text{误差} \delta = \text{观察值} X - \text{真值} \tag{22-43}$$

或

$$\text{误差} \delta = \text{观察值} X - \text{平均观察值} \overline{X} \tag{22-44}$$

误差值 δ 有"$+$"，有"$-$"，仅用算术平均值难以进一步分析、研究误差值的离散程度,故采取平方(因"+"、"-"数平方后都得"+"的绝对值),然后开方的办法,即用标准偏差(也称标准差或标准离差)来代表误差值对真值的偏离程度,其计算式为:

总体标准偏差:

$$\sigma = \sqrt{\frac{1}{N}\sum_{i=1}^{n}(x_i - \overline{X})^2} = \sqrt{\frac{1}{N}\sum_{i=1}^{n}x_i^2 - \overline{X}^2} \qquad (22\text{-}45)$$

样本(子样)标准偏差:

$$S = \sqrt{\frac{1}{n-1}\sum_{i=1}^{n}(x_i - \overline{X})^2} = \sqrt{\frac{1}{n-1}\left[\sum_{i=1}^{n}x_i^2 - \frac{1}{n}\left(\sum_{i=1}^{n}x_i\right)^2\right]} \qquad (22\text{-}46)$$

式中 x_i——观察值;
  N——总的数据个数;
  n——样本含量(即一个样本中的数据个数)。

标准偏差 S 是反映样本绝对波动的大小,一个样本的标准偏差越大,则各变数的分布就越散,各变数之间的相互差异也越大。反之,如果一个样本的标准偏差越小,表示各变数的值越接近于平均数的值,即各变数之间的差异就越小。故标准偏差的大小,是表示各变数之间差异的大小,是衡量质量优劣的一个重要标准。

八、变异系数(C_v)

变异系数,是用平均数的百分率表示标准偏差的一个系数,用以衡量误差相对波动的大小,其计算式为

$$C_v = \frac{\sigma}{\mu} \times 100\% \text{ 或 } C_v = \frac{S}{\overline{X}} \times 100\%$$

式中 σ、S——分别表示母体与子样的标准偏差;
  μ、$\overline{X}$——分别表示母体与子样的平均值。

九、概率分布

根据大量质量误差统计分析表明,质量变化的客观规律亦服从于概率分布。所谓概率,就是稳定频率的量的特征。所谓频率,为随机事件可能出现的数量标志,亦即该事件发生的可能性大小,频率等于频数除以数据总个数的百分比。所谓频数,为一群数据中各个数值反复出现的次数。通过大量试验表明,对一个随机事件,它的频率多围绕一个数而摆动,这个数就是它的概率。概率和频率都在 0 和 1 之间。如事件 A 的概率,用 $P(A)$ 表示,则 $0 \leqslant P(A) \leqslant 1$。

工程质量中的误差也是同样情况。任何质量数据,都是有波动、有误差的,但误差毕竟有一定的波动范围和幅度,并有一定的规律性。如预制场生产 3.0m 长的预制梁,要求生产的梁绝对长度都为 3m 是不可能的,必定有个误差范围,其长或短的数值,大都是 ±1cm,±2cm。在一般情况下最多不会超过 ±3cm,±4cm。如果把已经生产的几百根梁,作一分类统计,按误差大小,统计出相应的数据(即该误差出现的频数),在正常情况下,肯定接近 3cm 的是绝大多数,越是大的误差,则根数越少。如

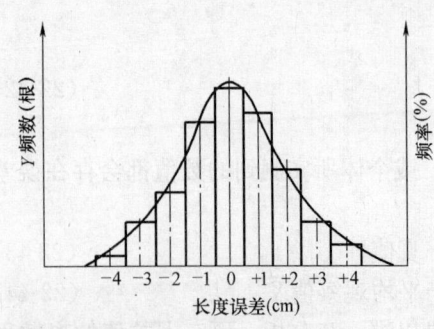

图 22-18 频数分布直方图

把频数作为纵坐标，误差作为横坐标，以误差组距为底宽，以频数为顶高，这样画出的条形图称"频数分布直方图"（图 22-18）。

如再把误差的组距减少至 0.5 或 0.2cm 等，点子加密，则各点连接起来将是一条光滑的曲线，这条曲线称为频率分布曲线。它中间高，两边低，数学上叫正态分布曲线，也就是概率分布曲线，其数学方程式为：

$$\Phi_{(x)} = \frac{1}{\sigma\sqrt{2\pi}} \cdot e^{-\frac{(x-\mu)^2}{2\sigma^2}} \tag{22-47}$$

式中　$\Phi_{(x)}$——概率密度；

　　　x——此分布抽出的随机样本（特征）值（曲线的横坐标值）；

　　　π——圆周率，取 3.1416；

　　　e——自然对数的底，$e=2.7183$；

　　　μ——特征体的平均值（曲线的算术平均值）；

　　　σ——特征体的标准偏差（要求 $\sigma>0$）。

σ 的大小表达曲线宽窄的程度，σ 越大，曲线越宽，数据越分散；σ 越小，曲线越窄，数据越集中，如图 22-19。图中 $\sigma=1$，为标准曲线，且以均值 μ 左右对称。

计算得知，曲线与 X 轴所围成的全部面积等于 1，同时得知正态分布总体的样组（图 22-20）为：

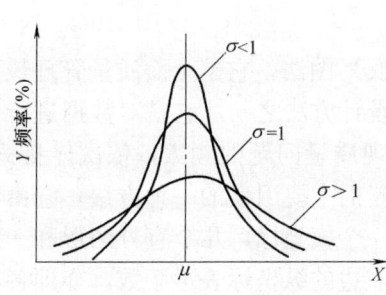

图 22-19　正态分布曲线图

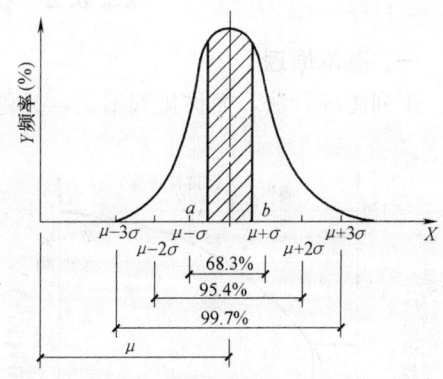

图 22-20　正态分布曲线的概率分布

落在 $(\mu-\sigma, \mu+\sigma)$ 的概率为 0.683（即围成的面积占整个面积的 68.3%，以下同）；

落在 $(\mu-2\sigma, \mu+2\sigma)$ 的概率为 0.954；

落在 $(\mu-3\sigma, \mu+3\sigma)$ 的概率为 0.997；

σ 为曲线正反向转折点距中心线的距离。

落在 $(\mu-1.98\sigma, \mu+1.96\sigma)$ 的概率为 0.95。

一般建筑工程质量分布，基本上都遵从这个概率分布，它基本上反映了质量误差的变化规律，在质量管理中有着重要的实用价值，在施工过程中，只要通过数据搜集和统计计算，掌握其平均数 μ 和标准偏差 σ 这两个特征数值，就可以了解和掌握可能出现质量问题（次品率）的基本情况。

【例 22-22】 筏板式基础，设计强度等级为 $30\mathrm{N/mm^2}$，由试件测得五个抗压强度的实测值为 29.0、29.8、30.6、31.2、31.4$\mathrm{N/mm^2}$，试求其平均值、中值、极值和标准偏差。

【解】（1）求平均值

由式（22-39）得：

$$\overline{X} = \frac{x_1 + x_2 + x_3 + \cdots + x_n}{n}$$

$$= \frac{29.0 + 29.8 + 30.6 + 31.2 + 31.4}{5} = 30.4 \text{N/mm}^2$$

（2）求中值　$U = 30.6 \text{N/mm}^2$

（3）求极值　$x_{\min} = 29.0 \text{N/mm}^2$　$x_{\max} = 31.4 \text{N/mm}^2$

（4）求极差值　由式（22-41）得：

$$R = x_{\max} - x_{\min} = 31.4 - 29.0 = 2.4 \text{N/mm}^2$$

（5）求标准偏差　由式（22-45）得：

$$\sigma = \sqrt{\frac{1}{n}\sum_{i=1}^{n}(x_i - \overline{X})^2}$$

$$= \sqrt{\frac{(29-30.4)^2 + (29.8-30.4)^2 + (30.6-30.4)^2 + (31.2-30.4)^2 + (31.4-30.4)^2}{5}}$$

$$= \sqrt{\frac{4}{5}} = 0.89 \text{N/mm}^2$$

22.6.2　排列图统计法计算

一、基本原理

排列图统计法，简称排列图法，又称巴雷特（Pareto）图法，它是全面质量管理最为常用的数理统计方法之一。它是对数据进行分析，按照出现质量问题的频数，依次序排列，找出影响质量的主要因素的一种方法。它由两个纵坐标，一个横坐标，几个直方图形和一条折线组成。左边的纵坐标表示频数，亦即各种影响质量因素发生或出现的次数（如分项工程、房间数、件数、时间、金额等）；右边的纵坐标表示频率，亦即各种影响质量因素在整个诸因素中的百分比（%）；横坐标表示影响质量的各个因素或项目，按频数大小，由左向右排列；直方形高度表示项目频数的大小；折线由表示各项目累计频率的百分比的点连接而成，此折线称为巴雷特曲线，其基本形式如图22-21所示。

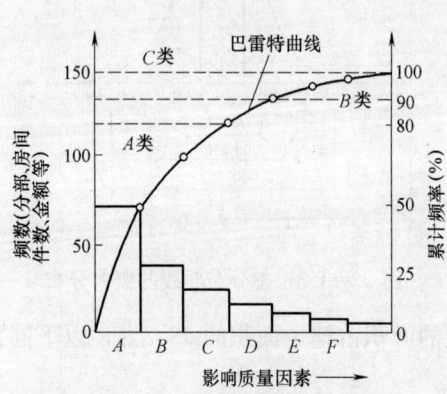

图22-21　排列图的基本形式

本法系 ABC 管理法在质量管理中的应用，简明易懂，形象具体，对建筑工程质量管理十分有效。

二、作图步骤与方法

1. 针对所要解决的质量问题，收集一定期间的数据，并按项目分类，一般可根据分析排列的项目分类。

2. 统计各项目的频数，计算其百分比及累计百分比，列于表中。

3. 根据各项的频数、累计频率作排列图。

4. 在图面标注必要事项，如标题、期间、数字的合计、工序名称、检查及制表人员等。

三、分析方法

一般把项目（影响因素）按累计百分比分为 A、B、C 三类：

A 类：占 $0 \sim 80\%$，为主要因素；

B 类：占 $80\% \sim 90\%$，为次要因素；

C 类：占 $90\% \sim 100\%$，为一般因素。

A 类应作为解决的重点，针对原因采取措施，加以改进，以达到提高质量的目的。

四、注意事项

1. 收集数据以 $1 \sim 3$ 个月为好。

2. 主要因素最好 $1 \sim 2$ 个，至多 3 个，否则失去意义。

3. 一个问题可以分层处理，即把数据按性质、来源、影响等因素分别处理，画不同的排列图，便于分析比较。

4. 项目不宜过多，可把不重要项目并入其他栏，排在最后。

5. 对同一个问题，可以从不同方面分析，画出几张排列图，加以比较，这样容易发现问题。

6. 针对主要因素，采取措施后，应按原项目重画排列图，以验证其效果。

【例 22-23】 混凝土预制厂按随机抽样方法对 115 件混凝土预制构件进行外观检查，共检查 1380 个点，其中不合格点为 135 个，合格率为 90.2%，试采用排列图对不合格点的主要因素进行分析。

【解】（1）按照 7 个检查项目分别进行频数统计并且进行频率计算如表 22-21。

（2）根据表 22-21 中所列数据作排列图，如图 22-22。

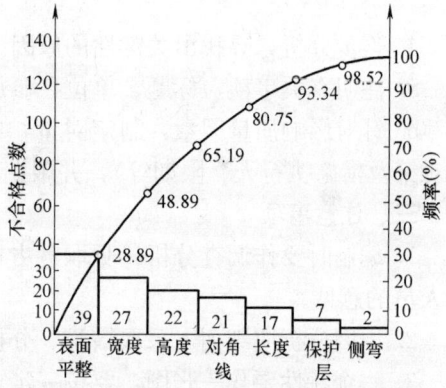

图 22-22 混凝土预制构件质量排列图

（3）从图 22-22 中可以看出，预制构件出现 135 个不合格点的主要因素是：表面平整度、宽度超差、高度超差、对角线超差四项，如果采取措施解决了这四个因素，不合格率就可以减少 80.75%。

预制构件表面质量问题统计表　　　　　　　　　　　　　　表 22-21

序号	影响因素	频数	频率（%）	累计频率（%）
1	表面平整度差	39	28.89	28.89
2	宽度超差	27	20.00	48.89
3	高度超差	22	16.30	65.19
4	对角线超差	21	15.56	80.75
5	长度超差	17	12.59	93.34
6	保护层厚度超差	7	5.18	98.52
7	侧向弯曲超差	2	1.48	100.00
	合　　计	135	100	

22.6.3 因果分析图法绘制

一、基本原理

因果分析图又称特性要因图或鱼刺图、树枝图，是整理分析影响质量问题因果关系、寻找产生质量问题原因的一种统计工具和方法。

因果图有一条主干线指向结果，或称特性，即要研究的质量问题。影响质量的原因分大、中、小和更小的原因，它们之间的关系用箭头表示，基本形式如图22-23所示。

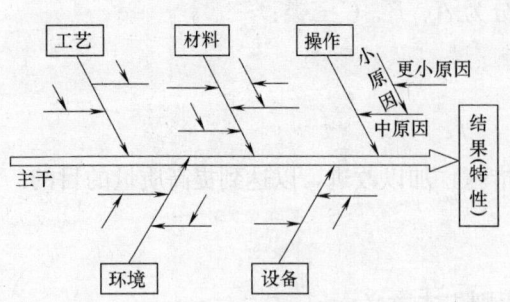

图 22-23 因果分析图的基本形式

二、作图步骤与方法

1. 明确分析研究对象（质量特性）和要解决的问题，画出主干线指向方向。

2. 调查研究、分析确定影响质量的可能因素，作为大枝，如人（操作者）、材料（包括原材料、成品及半成品）、设备（运输、吊装、工具、机械）、工艺（施工程序、工艺、操作方法）、环境（季节、地区、室内外）等因素。

3. 整理，把所有原因从大到小顺次用箭头按其关系逐个标在图上，反复检查避免遗漏。

4. 逐步分析，寻找出关键性的原因，并把它用方框框起来，或作记号。

5. 注明有关事项、标题、单位、参加人员、制图者、年、月、日等。

6. 针对影响质量因素，制定对策，编制对策表（项目包括序号、质量存在因素、采取对策及措施执行人、限期等），并限期改正。

三、注意事项

1. 编制时要作调查分析，听取各方面不同意见，特别应听取在生产第一线有实践经验人员的意见。

2. 原因分析应细列，采取措施、分析要深入细致，表达要具体、简练、明确。

3. 一个特性要作一张图，要按一定方法分析主要原因。

4. 作图要力求美观、形象、易懂。

5. 找出主要原因后，应到现场实地调查确定改进措施。原因与对策不可混同起来。

6. 措施实现后，可用排列图检查效果。

【例 22-24】 某工程现场混凝土强度不够，试用因果分析图法分析产生的大、中、小原因。

【解】 按操作、材料、机械设备、工艺和环境五个方面的影响因素进行因果分析，如图 22-24。

22.6.4 直方图统计法计算

一、基本原理

直方图法又称频数（或频率）分布直方图，它是把搜集到的数据进行整理和分层，然

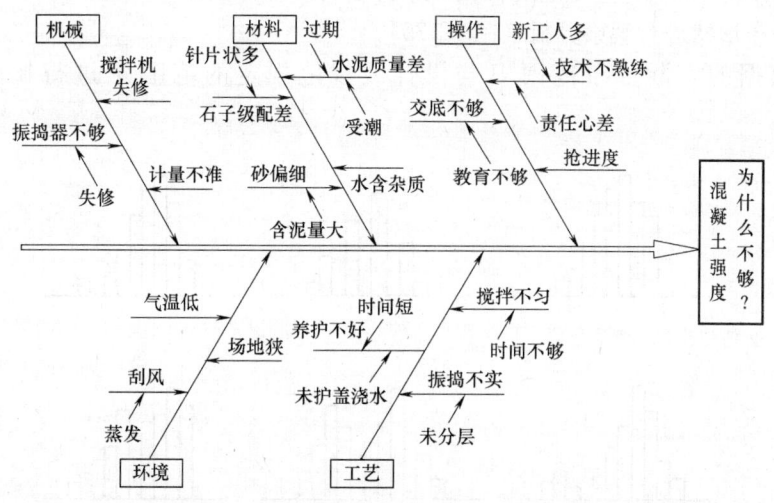

图 22-24 现场混凝土强度不够的因果分析图

后再进行频数统计,并画成若干直方形组成的质量散差分布图,而从频数分布中计算质量特征值,用以检验和判断工程质量状况,它也是整理数据、判断和预测生产过程中质量状况、进行质量管理的一种常用工具。其基本形式如图 22-25。

直方图计算和画图较方便,既可明确表示质量分布,又可较确切的得出平均值 $\overline{X}$ 和标准偏差值 S,但不能反映时间变化,数据的群内和群间的变动情况,并且收集的数据也较多。

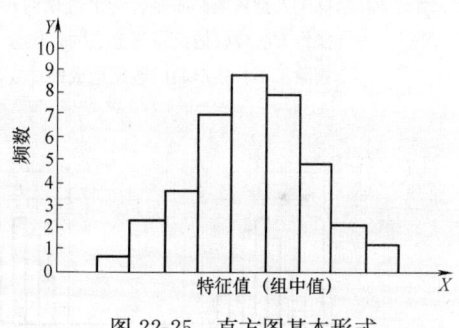

图 22-25 直方图基本形式

二、作图步骤与方法

1. 收集数据 50 个以上,一般 100 个左右,并找出最大值 X_{max} 与最小值 X_{min}。

2. 确定组距(h),$h = \dfrac{X_{max} - X_{min}}{K}$

(K—组数)将数据分组,一般 50~70 个以内数据分成 5~7 组;50~100 个数据分成 6~10 组,100~250 个分成 7~12 组;250 个以上分成 10~20 组;一般用 10 组。

3. 计算各组的上下界限值,第一组上、下界限值 $= X_{min} \pm \dfrac{h}{2}$,其余各组:前一组上限=后一组下限;同一组中:下限+h=上限。

4. 算出频数,即数出每个数据落在每个组的数目,称为频数。将分组区间上、下界值数填入频数分布统计表中,得频数分布表。

5. 画频数分布直方图,以纵坐标 Y 轴表示各分组的频数,以横坐标 X 轴表示各组组中值,并以各组区间的组距为底宽,用直方形分别画入坐标内,该图即为所求的频数分布直方图。

三、观察分析方法

采用直方图法可从中发现产品或工程在生产过程中的质量状况,从而采取措施,预防不合格品或质量事故的产生。直方图的观察分析有两种方法：

1. 按分布形状进行观察分析（图 22-26）。
2. 按数据的实际分布范围 B 与设计或规范规定的范围 T 进行比较分析（图 22-27）。

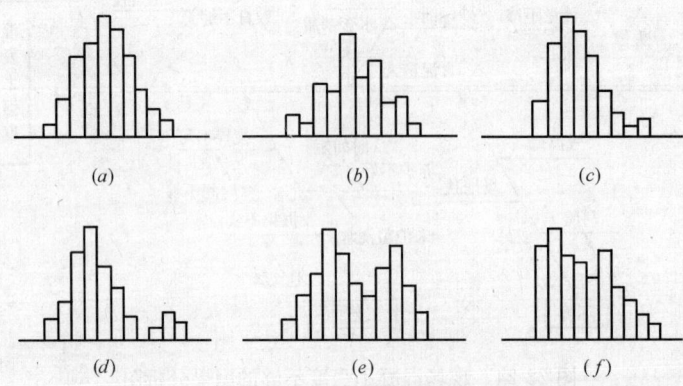

图 22-26　直方图分布形状观察分析图

(a) 正常型——表示工序稳定；(b) 锯齿型——常由测量方法不当或测量不准确，分组的组距太细造成，有必要进行分层画直方图；(c) 偏向型——常由操作者的主观因素或由习惯等造成；(d) 孤岛型——常由原材料变化，不熟练工人替班操作的显著变化造成的；(e) 双蜂型——多由于两种不同材料、操作方法或机械设备所造成的，应分开画两张直方图；(f) 陡壁型——由于剔除了不合格产品的数据造成的

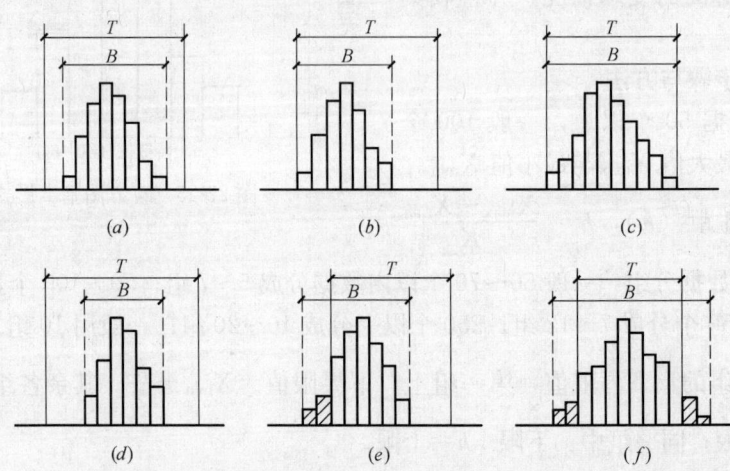

图 22-27　分布范围 B 与规定范围 T 的比较分析图

(a) 正常型——B 在 T 之中，$\overline{X}$ 在中心，属良好的质量控制；(b) 稍有偏移；(c) 分布范围大，这两种情况有出现不合格品的可能，操作不可放松，应严加注意；(d) 分布范围太小，这种情况加工不经济，能力过大，存在"粗活细作"现象，可考虑适当修改标准，缩小 T 或者扩大 B；(e) 偏移太大；(f) 分布范围太大——这两种情况有不合格品出现，存在"细活粗作"现象，应采取措施改变操作方法，缩小 B

22.6 全面质量管理

【例 22-25】 某混凝土预制厂制作一批预应力屋架，混凝土采用 C40，共收集了 35 个混凝土抗压强度数据，如表 22-22，试作直方图并判断其质量状况。

【解】（1）将 35 个数据顺序排列成 7 行，并找出每行的最大值标以"＊＊"，最小值标以"＊"，记在右上角，同时找出 35 个数据中的最大值和最小值列在表 22-22 右边二栏中，本例最大值为 49，最小值为 34，则极差值为 $R = X_{max} - X_{min} = 49 - 34 = 15 \text{N/mm}^2$。

混凝土试块抗压强度表　　　　　　　　　　　表 22-22

序号	混凝土抗压强度(N/mm^2)数据					最大值	最小值
1	41.2	41.5＊＊	35.5＊	37.5	37.2	41.5	35.5
2	40.0	40.9	39.6＊	40.6	41.7＊＊	41.7	39.6
3	40.7	47.1＊＊	42.8	42.1	38.7＊	47.1	38.7
4	41.4＊	47.3	49.0＊＊	43.5	41.7	49.0＊＊	41.4
5	39.5	47.5＊＊	43.8	44.1	36.1＊	47.5	36.1
6	40.7	38.0	34.0＊	43.9	44.5＊＊	44.5	34.0＊
7	35.2＊	45.9＊＊	41.0	38.9	41.5	45.9	35.2

注：表中"＊＊"为最大值；"＊"为最小值。

（2）确定组距（h），进行分组，取组数 $K=7$，则组距 $h = R/K = 15/7 = 2.1 \text{N/mm}^2$。

（3）计算各组的上、下界限值

第一组上、下界限值为 $X_{min} \pm \dfrac{h}{2}$，则

第一组间的下界限值为 $34 - 2.1/2 = 32.95 \text{N/mm}^2$；

第一组间的上界限值为 $34 + 2.1/2 = 35.05 \text{N/mm}^2$；

同样方法计算第二组至第七组上、下界限值。

（4）数出频数，将分组区上下界限值和频数填入表 22-23 频数分布统计表中。

频数分布统计表　　　　　　　　　　　表 22-23

序号	分 组 区 间	频数统计	频　数	相对频率
1	32.95～35.05	一	1	0.029
2	35.05～37.15	下	3	0.086
3	37.15～39.25	正	5	0.143
4	39.25～41.35	正下	9	0.256
5	41.35～43.45	正下	7	0.200
6	43.45～45.55	正	5	0.143
7	45.55～47.65	下	4	0.114
8	47.65～49.75	一	1	0.029
	合　　　　计		35	1

（5）画频数分布直方图如图 22-28。

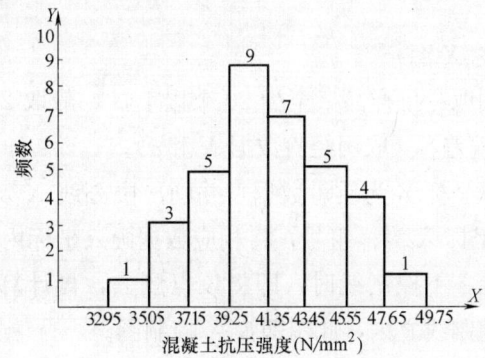

图 22-28　混凝土强度频数直方图

(6) 观察分析直方图，与图 22-20 对比可知本直方图属正常型，表明混凝土强度处于正常状态。

22.6.5　控制图统计法计算

一、基本原理

控制图法又称管理图法，是用统计图表展示生产过程的质量波动状态，从而对生产过程中的各道工序进行质量控制和管理的一种有效的方法。

其作法一般是在生产正常情况下，先取样品，经计算求得上、下界限后，画出控制图。此后，在生产过程中定期取子样，得出数据描在控制图上，并根据点子的分布情况，对生产过程的状态作出判断；如点落在控制界限内，表明生产过程正常，不会发生不合格品，即使偶尔发生，其数量也在允许范围之内；如点越出控制界限，则表明工艺条件发生了某些异常变化，可能会发生或已经发生了少量不合格品，应及时采取适当措施，使生产恢复正常。故此控制图法可起到监控、报警和预防出现大量废品或质量事故的作用。

控制图的基本形式图 22-29 所示。

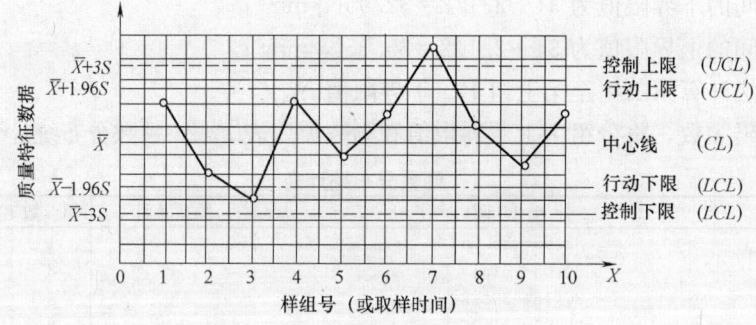

图 22-29　控制图的基本形式

二、作图步骤与方法

建筑工程中常用的控制图有计算值控制、计数值控制和计点值控制等。

（一）计算值控制图：又有单值控制图、单值移动极差控制图及平均值（$\overline{X}$）和极差（R）控制图等。

1. 单值控制图（又称 X 图）

（1）从正常工序中抽取一批样品（至少 20 个以上，一般取 25 个），并按有关公式求出平均值 $\overline{X}$ 和样组标准偏差 S（取用经验数据 $\overline{X}$ 和 σ）。

（2）画控制图，取纵坐标 Y 为质量数据，并画出中心线 $\overline{X}$ 及上、下控制界限（$\overline{X} \pm 3\sigma$）平行于 X 值。取横坐标 X 为样组号，将相应数据画入坐标内。

（3）当个别点越出上、下控制线时，即将该点删去，再计算 $\overline{X}$ 和 S 值，画控制图，直到各点均落在上、下控制线之内，此图即为 $\overline{X}$ 控制图。

本法不用对数据进行分组和计算平均值 $\overline{X}$、中位数 U，只取准单值即可，缺点是不能反映工序的分布和平均变化情况。

2. 单值移动极差控制图（又称 X-R_s 图）

系采用前后两个数据之间的移动极差 R_s（即邻近二个数据的差，取绝对值），求上、下控制界限，再以 $2.66\bar{R}_s$（$\bar{R}_s$ 为 R_s 的平均值）代替 $3S$，至于求平均值和画控制图的方法与 X 图相同。

本法适于每班或一个阶段只能取一个单值，无法计算平均值 $\bar{X}$ 和选择中位数 U 的项目。

3. 平均值（$\bar{X}$）和极差（R）控制图（又称 $\bar{X}$-R 图）

（1）计算 $\bar{X}$、R、$\bar{\bar{X}}$、$\bar{R}$ 值

$\bar{X}$、R、$\bar{\bar{X}}$、$\bar{R}$ 值按下式计算：

$$\bar{X}=\frac{1}{n}\sum_{i=1}^{n}x_i; \qquad \bar{\bar{X}}=\frac{\sum \bar{X}}{M} \tag{22-48}$$

$$R=R_{\max}-R_{\min}; \qquad \bar{R}=\frac{\sum R}{M} \tag{22-49}$$

式中　$\bar{X}$、$\bar{\bar{X}}$——样组的平均值及样组总平均值；

　　　n——样组含量；

　　　x_i——样组数据；

　　　M——样组数；

　　　R、$\bar{R}$——各样组极差及极差平均值；

$R_{\max}$、$R_{\min}$——极差最大值及极差最小值。

（2）画控制图，将样组各点描绘在图上，复核每个 $\bar{X}$ 和 R 值是否都在 $\bar{X}$-R 控制图的上、下界限之间，如有越出，即应删去该点，重新计算 $\bar{X}$ 和 R 值，再画控制图，直到 $\bar{X}$ 和 R 的点全部落在控制上、下界限以内时为止，即得 $\bar{X}$-R 控制图。控制上、下界限按表 22-24 公式计算。

本法适于产品批量大、生产过程比较稳定的工序。代表样组集中程度的 $\bar{X}$ 图，适于分析产品尺寸等平均值的变化；代表样组离散程度的 R 图，适于分析工序加工极差值的变化。

（二）计数控制图：又称不合格品率控制图、P 图。

按随机抽样，每次抽取 n 件进行检查时，其中不合格品件数不是极少（一般 $P \times n > 4$），就成二项分布。则平均不合格品率 $P=$ 不合格品总数/被查总数，$\sigma=\sqrt{\bar{P}(1-\bar{P})/n}$。当 n 充分大（至少大于 50 个），而不合格品较少时，其质量分布 B 趋近于正态分布。故其上、下界限可按 $\pm 3\sigma$ 计算，计算公式按表 20-24。

本法适用于控制一批产品不合格率。

（三）计点控制图：又称缺陷数控制图，C 图。

在生产正常情况下，各种产品上缺陷数成波松分布，$\bar{C}=\frac{\sum c}{M}$，$\sigma=\sqrt{\bar{C}}$（式中 C 为缺陷数，$\bar{C}$ 为平均缺陷数）。当 $\bar{C}$ 较大时（至少 5 以上），则缺陷的分布可认为是正态分布，故其上、下界限可按 $\pm 3\sigma$ 计算，计算公式按表 22-24。

本法主要用于控制产品缺陷数。

控制图法有关控制值的计算　　　　表 22-24

项　目	计算公式	符号意义
X 图的控制上下限值	中心线 $CL_x: \overline{X} = \dfrac{x_1 + x_2 + \cdots + x_n}{n}$ 控制上限 (UCL_x) 值：$\overline{X} + 3S$ 控制下限 (LCL_x) 值：$\overline{X} - 3S$	x_i—样组数据（观察值）； $\overline{X}$—样组的平均值； S—样本标准偏差； n—样本含量（即一个样本中的数据个数）； R—各样组极差； $\overline{R}$—极差平均值； M—样组数； σ_x—各样组平均值 X 的均方差： 　　$\sigma_x = \dfrac{\sigma}{\sqrt{n}}$； σ_R—各样组极差的均方差； R_s—移动极差值，取绝对值； d_2, d_3, A_2, D_3, D_4—样组含量 (n) 有关系数，其中 　　$d_2 = \dfrac{\overline{R}}{S}$； 　　$d_3 = \dfrac{\sigma_R}{S}$； 　　$D_3 = 1 - \dfrac{3d_3}{d_2}$； 　　$D_4 = 1 + \dfrac{3d_3}{d_2}$； 已知 n，可由表 22-25 取用； P—不合格品数； $\overline{P}$—平均不合格率； C—缺陷数； $\overline{C}$—平均缺陷数
$X\text{-}R_s$ 图的控制上、下限值	中心线 $CL_s: \overline{X} = \dfrac{x_1 + x_2 + \cdots + x_n}{n}$ 中心线 $CL_{RS}: \overline{R}_s = \dfrac{R_{s1} + R_{s2} + \cdots + R_{sn}}{n-1}$ X 图的控制上限 (UCL_x) 值：$\overline{X} + 2.66\overline{R}_s$ X 图的控制下限 (LCL_x) 值：$\overline{X} - 2.66\overline{R}_s$ R_s 图的控制上限 (UCL_{RS}) 值：$3.27\overline{R}_s$	
$\overline{X}\text{-}R$ 图的控制上、下限值	中心线 $CL_x: \overline{\overline{X}} = \dfrac{\overline{X}_1 + \overline{X}_2 + \cdots + \overline{X}_n}{n}$ $\overline{X}$ 图的控制上限 $(UCL_{\overline{X}})$ 值：$\overline{\overline{X}} + 3\sigma_x = \overline{\overline{X}} + 3\dfrac{\overline{R}}{d_2\sqrt{n}}$ 　　　　　　　　　　　　　　$= \overline{\overline{X}} + A_2 \overline{R}$ $\overline{X}$ 图的控制下限 $(LCL_{\overline{X}})$ 值：$\overline{\overline{X}} - 3\sigma_x = \overline{\overline{X}} - 3\dfrac{\overline{R}}{d_2\sqrt{n}}$ 　　　　　　　　　　　　　　$= \overline{\overline{X}} - A_2 \overline{R}$ R 图的控制上限 (UCL_R) 值：$\overline{R} + 3\sigma_R = \overline{R} + 3\dfrac{d_3}{d_2}\overline{R}$ 　　　　　　　　　　　　$= D_4 \overline{R}$ R 图的控制下限 (LCL_R) 值：$\overline{R} - 3\sigma_R = \overline{R} - 3\dfrac{d_3}{d_2}\overline{R}$ 　　　　　　　　　　　　$= D_3 R$	
P 图控制上、下限值	中心线 $CL_P: \overline{P} = \dfrac{\sum P}{M_{xn}}$ P 图控制上限 (UCL_P) 值：$\overline{P} + 3\sqrt{\dfrac{\overline{P}(1-\overline{P})}{n}}$ P 图控制下限 (LCL_P) 值：$\overline{P} - 3\sqrt{\dfrac{\overline{P}(1-\overline{P})}{n}}$	
C 图控制上、下限值	中心线 $CL_C: \overline{C} = \dfrac{\sum C}{M}$ C 图控制上限 (UCL_C) 值：$\overline{C} + 3\sqrt{\overline{C}}$ C 图控制下限 (LCL_C) 值：$\overline{C} - 3\sqrt{\overline{C}}$	

控制图控制上、下限相关系数表 表 22-25

n	2	3	4	5	6	7	8	9	10
d_2	1.128	1.693	2.059	2.326	2.534	2.704	2.847	2.970	3.078
d_3	0.853	0.888	0.880	0.864	0.848	0.833	0.820	0.808	0.797
A_2	1.885	1.023	0.729	0.577	0.483	0.419	0.373	0.337	0.308
D_3	—	—	—	—	—	0.076	0.136	0.184	0.223
D_4	3.267	2.575	2.282	2.115	2.004	1.924	1.864	1.816	1.777

三、判断准则

判断正常准则：

1. 点子在控制界限之内呈随机排列，连续 25 个点子在控制界限内。

2. 点子在控制界限内排列无缺陷，虽有个别点越出控制界限，但连续 25 个点中仅出现一个。

判断异常准则：

1. 点子越出控制界限以外。

2. 出现图 22-24 情况之一者。

遇有异常情况，应采用排列图法、因果分析图法分析原因，迅速采取措施处理，改善生产状态，使之恢复正常。

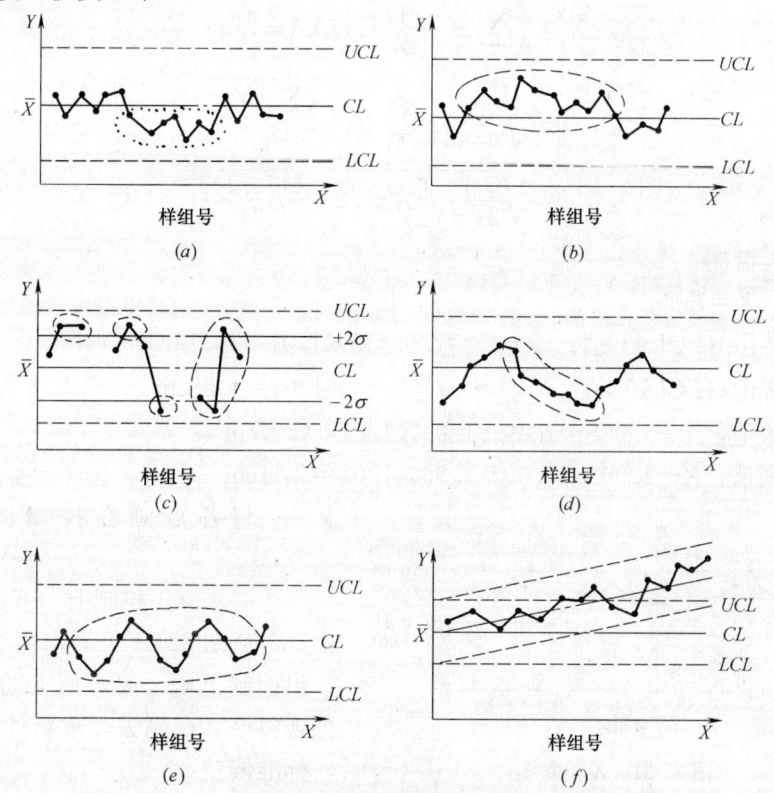

图 22-30 异常控制图分析判断图

(a) 中心线一侧连续出现 7 个点；(b) 中线同一侧多次出现点子偏离；(c) 在控制界限附近出现点子；(d) 连续 7 个点子出现倾向性上升或下降；(e) 点子排列呈现周期性；(f) 点子出现"倾向性"变化，而标准偏差不变

【例 22-26】 某工程现场混凝土搅拌站在生产正常情况下,每班测试混凝土坍落度 5 次,4 个班共测得 24 个数据,如表 22-26 所示,试画 X 控制图。

混凝土坍落度实测数据统计表　　　　表 22-26

试样号	坍落度 x_i	x_i^2	R_S	试样号	坍落度 x_i	x_i^2	R_S
1	6.8	46.2	—	14	6.9	47.6	0.1
2	6.9	47.6	0.1	15	7.5	56.3	0.6
3	7.5	56.3	0.6	16	7.8	60.8	0.3
4	7.8	60.8	0.3	17	7.3	53.3	0.5
5	9.6	92.2	1.8	18	7.7	59.3	0.4
6	8.0	64.0	1.6	19	6.8	46.2	0.9
7	7.4	54.8	0.6	20	6.0	36.0	0.8
8	7.1	50.4	0.3	21	4.0	16.0	2.0
9	6.9	47.6	0.2	22	6.8	46.2	2.8
10	6.5	42.3	0.4	23	7.6	57.8	0.8
11	6.0	36.0	0.5	24	8.0	64.0	0.4
12	6.4	41.0	0.4	合计	$\sum x_i=170.1$	$\sum x_i^2=1228.9$	$\sum R_S=16.8$
13	6.8	46.2	0.4				

【解】（1）计算平均值 $\overline{X}$ 和标准偏差 S

$$\overline{X}=\frac{1}{n}\sum_{i=1}^{n}x_i=\frac{1}{24}\times 170.1=7.09$$

$$S=\sqrt{\frac{1}{n-1}\left[\sum_{i=1}^{n}x_i^2-\frac{(\sum x_i)^2}{n}\right]}$$

$$=\sqrt{\frac{1}{24-1}\left[1228.9-\frac{(170.1)^2}{24}\right]}=1.01$$

（2）画控制图

中心线：$\overline{X}=7.09$

控制上界限（UCL_X）值：$\overline{X}+3S=7.09+3\times 1.01=10.12\mathrm{cm}$

控制下界限（LCL_X）值：$\overline{X}-3S=7.09-3\times 1.01=4.06\mathrm{cm}$

行动上限值：$\overline{X}+1.96S=7.09+1.96\times 1.01=9.07\mathrm{cm}$

行动下限值：$\overline{X}-1.96S=7.09-1.96\times 1.01=5.11\mathrm{cm}$

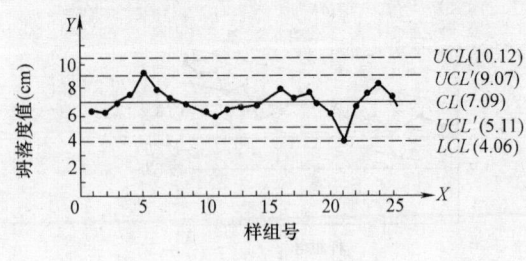

图 22-31　X 控制图

将各点画在控制图上,如图 22-31。

（3）修正控制上、下界限

从图 22-31 可看出第 21 号点已超出控制下限,第 5 号点亦接近上限,现将该二点删去,重新计算平均值和标准偏差：

$$\overline{X}'=\frac{1}{24-2}(170.1-9.6-4.0)=\frac{156.5}{22}=7.11\mathrm{cm}$$

$$S'=\sqrt{\frac{1}{22-1}\left[(1228.9-92.2-16.0)-\frac{156.5^2}{22}\right]}=0.594$$

修正后的界限值为：

中心线 $\overline{X}=7.11$cm

控制上界值 $\overline{X}'+3S'=7.11+3\times0.594=8.89$cm

控制下界值 $\overline{X}'-3S'=7.11-3\times0.594=5.33$cm

修正后的控制图，可作为今后生产过程中控制质量的标准。

【例 22-27】 同上例 22-26 数据如表 22-26，试画 X-R_S 图。

【解】 由表（22-26）得：

$$\overline{R}_S=\frac{\sum R_S}{n-1}=\frac{16.8}{24-1}=0.73$$

则控制上界限值：$\overline{X}+2.66\overline{R}_S=7.09+2.66\times0.73=9.03$cm

控制下界限值：$\overline{X}-2.66\overline{R}_S=7.09-2.66\times0.73=5.15$cm

修正后的 $\overline{R}'_S=\dfrac{16.8-1.8-2.0}{23-2}=0.619$

则控制上界限值：$\overline{X}'+2.66\overline{R}'_S=7.11+2.66\times0.619=8.76$cm

控制下界限值：$\overline{X}'-2.66\overline{R}'_S=7.11-2.66\times0.619=5.46$cm

与前述 X 图基本相近。

【例 22-28】 某大型基础工程浇筑混凝土，共取 125 个混凝土抗压强度的数据（每个数据为 3 个混凝土试块的抗压强度平均值），如表 22-27 所列，试画其平均值 $\overline{X}$ 和极差 R 控制图。

表 22-27

样组号	抗压强度 X 值(N/mm²)					平均值 $\overline{X}$	极差 R
	X_1	X_2	X_3	X_4	X_5		
1	22.0	27.0	26.6	23.4	26.6	25.12	5.0
2	22.4	26.4	24.9	21.3	25.4	24.08	5.1
3	22.8	20.9	27.2	26.9	17.9	23.14	9.3
4	21.7	19.1	17.9	15.5	17.6	18.36	6.2
5	20.9	21.9	21.6	15.0	26.7	21.22	11.7
6	25.5	29.4	28.6	20.5	20.3	24.86	9.1
7	22.6	20.0	19.6	18.5	21.7	20.48	4.1
8	17.5	18.7	24.7	26.7	27.1	22.94	9.6
9	26.3	28.7	23.7	29.9	29.6	27.64	6.2
10	26.3	18.4	21.5	21.1	22.3	21.92	7.9
11	27.6	15.3	19.9	21.7	31.5	23.20	16.2
12	19.5	21.2	21.3	22.1	33.0	23.42	13.5
13	26.4	31.7	23.7	21.5	27.2	26.10	10.2
14	25.3	32.1	27.6	25.4	28.8	27.84	6.8
15	30.6	25.4	27.8	31.3	30.5	29.12	5.9
16	25.8	28.2	26.6	23.3	30.8	26.94	7.5
17	24.7	26.3	22.9	20.8	26.8	24.30	6.0
18	25.5	25.6	31.0	15.4	19.5	23.40	15.6
19	15.0	24.8	23.9	22.5	22.4	21.72	9.8
20	31.1	18.9	20.9	27.8	26.6	25.06	12.2

续表

样组号	抗压强度 X 值(N/mm^2)					平均值 $\overline{X}$	极差 R
	X_1	X_2	X_3	X_4	X_5		
21	22.4	22.9	23.0	27.7	28.2	24.84	5.8
22	24.8	26.9	27.4	25.3	22.4	25.36	5.0
23	29.1	25.7	27.4	25.3	19.4	25.38	9.7
24	21.1	20.3	22.4	19.3	19.4	20.50	3.1
25	18.4	25.6	23.0	20.6	20.9	21.70	7.2
合 计						$\Sigma \overline{X}=598.64$	$\Sigma R=208.7$

【解】(1) 将 125 个数据分成 25 个样组, 每个样组为 5 个数据, 即 $n=5$, 计算每个样组的 $\overline{X}$ 值和 R 值, 如表 22-27 中所示。

则

$$\overline{\overline{X}}=\frac{\Sigma \overline{X}}{M}=\frac{598.64}{25}=23.95$$

$$\overline{R}=\frac{\Sigma R}{M}=\frac{208.7}{25}=8.35$$

(2) 计算控制上、下界限

查表 22-25, 当 $n=5$ 时, $A_2=0.577$

$\overline{X}$ 图的控制上限值　　$\overline{\overline{X}}+A_2\overline{R}=23.95+0.577\times 8.35=28.77$

$\overline{X}$ 图的控制下限值　　$\overline{\overline{X}}-A_2\overline{R}=23.95-0.577\times 8.35=19.13$

查表 22-25, 当 $n=5$ 时, $D_3=0$, $D_4=2.115$

R 图的控制上限制　　$D_4\overline{R}=2.115\times 8.35=17.66$

　图的控制下限制　　$D_3\overline{R}=0\times 8.35=0$

(3) 画 $\overline{X}$ 及 R 控制图 (图 22-32)

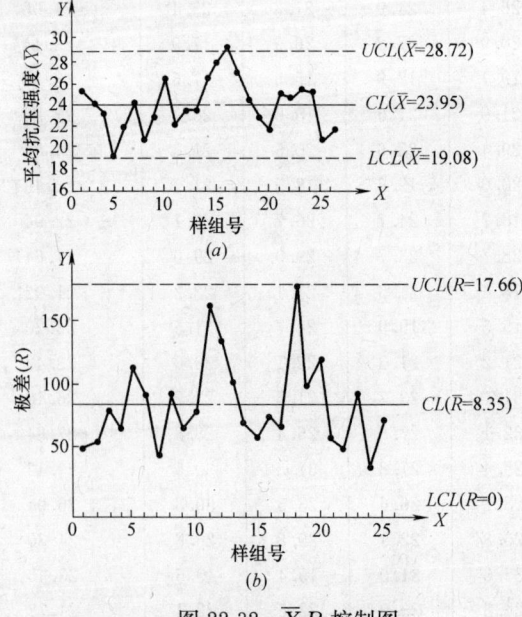

图 22-32 $\overline{X}$-R 控制图

(a) $\overline{X}$ 控制图; (b) R 控制图

【例 22-29】 预制场用拉模生产预应力多孔板,在正常生产情况下,每班生产 100 块,连续 20 个班,记录了其中的不合格品块数(包括强度、张拉应力、几何尺寸、裂缝等缺陷的不合格品),如表 22-28 所示,试画其不合格品率 P 控制图。

预应力钢筋混凝土多孔板不合格品统计表　　　　表 22-28

样组号	不合格品件数(块)	不合格品率 $P(\%)$	样组号	不合格品件数(块)	不合格品率 $P(\%)$
1	2	0.02	12	7	0.07
2	4	0.04	13	9	0.09
3	5	0.05	14	5	0.05
4	8	0.08	15	6	0.06
5	3	0.03	16	2	0.02
6	5	0.05	17	12	0.12
7	4	0.04	18	4	0.04
8	15	0.15	19	3	0.02
9	9	0.09	20	4	0.04
10	4	0.04			
11	3	0.03	合　计	114	

【解】 已知不合格品数为 114,$n=10.0$,$M=20$,则:

平均不合格品率

$$\overline{P}=\frac{114}{20\times100}=0.057$$

P 图的控制上限值

$$\overline{P}+3\sqrt{\frac{\overline{P}(1-\overline{P})}{n}}$$

$$=0.057+3\sqrt{\frac{0.057(1-0.057)}{100}}=0.127$$

P 图的控制下限值

$$\overline{P}-3\sqrt{\frac{\overline{P}(1-\overline{P})}{n}}$$

$$=0.057-3\sqrt{\frac{0.057(1-0.057)}{100}}=-0.013\text{(不考虑)}$$

根据平均值 $\overline{P}$ 和上、下界限值,画 P 控制如图 22-33 所示。

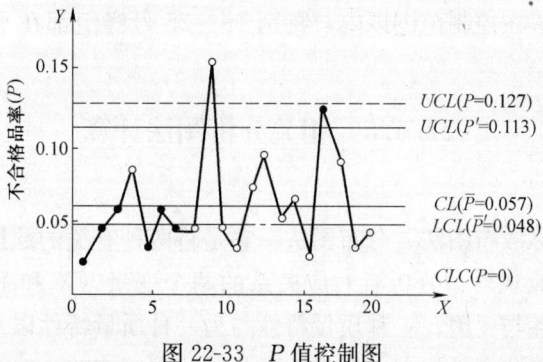

图 22-33　P 值控制图

由图知,8 号样组越出了控制上限,第 17 号样组也接近控制上限,应删去,再按上述同样方法计算修正后的 $\overline{P}'$ 和上、下界限值:

$$\overline{P}' = \frac{114-15-12}{18\times100} = 0.0483$$

修正后的控制上限值 $0.0483+3\sqrt{\dfrac{0.0483(1-0.0483)}{100}} = 0.113$

修正后的控制下限值 $0.0483-3\sqrt{\dfrac{0.0483(1-0.0483)}{100}} = -0.016$（不考虑）

修正后的 $\overline{P}'$ 控制图，即可作为今后控制质量的标准。

【例 22-30】 检查一批木窗制作安装质量，每 5 扇为组，共查 25 组，其缺陷（包括伤痕、毛刺、锤印、开关不灵、五金槽深浅不一、边缘不整齐等不符合要求的质量问题），如表 22-29 所列，试画计点控制 C 图。

【解】 已知缺陷总数 $\sum C = 333$，$M = 25$

木窗制作安装缺陷统计表　　　　　　　　　表 22-29

样组号	1	2	3	4	5	6	7	8	9	10	11	12	13	14
缺陷数	19	16	18	23	11	15	12	23	11	19	15	10	21	10
样组号	15	16	17	18	19	20	21	22	23	24	25			合计
缺陷数	5	16	22	14	6	13	5	12	8	5	4			333

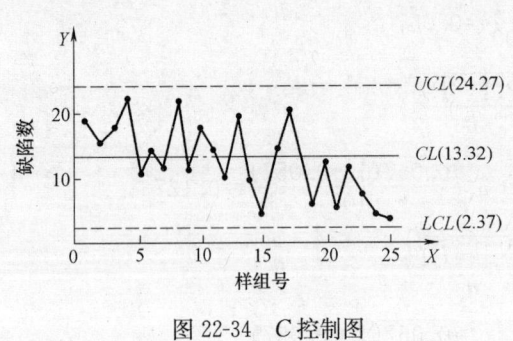

图 22-34　C 控制图

平均缺陷数

$$\overline{C} = \frac{\sum C}{M} = \frac{333}{25} = 13.32$$

均方差

$$\sigma = \sqrt{\overline{C}} = \sqrt{13.32} = 3.65$$

C 图控制上限值

$$\overline{C} + 3\sqrt{\overline{C}} = 13.32 + 3\times 3.65 = 24.27$$

C 图控制下限值

$$\overline{C} - 3\sqrt{\overline{C}} = 13.32 - 3\times 3.65 = 2.37$$

按平均值和上、下界限值画控制图如图 22-34 所示。

由图知，各点均落在控制范围以内，特别 19～25 号样组都在平均水平以下，质量较好，且比较稳定。

22.6.6　相关分析图法计算

一、基本原理

相关分析图法又称散布图法、分布图法。它是将两种有关的数据列出，并用点子填在坐标纸上，用它直观地观察、分析有对应关系的两个变量（X 和 Y）之间关系的一种方法。一般用于分析特性与要因，一种质量特性与另一种质量特性以及同一特性中的两个要因之间的关系，或用于分析掌握某一质量问题与哪些因素有关，以及关系的大小，以便通过控制这一因素的变化来达到解决质量问题的目的。

二、步骤与方法

1. 对调查分析其是否有关的两类数据，以对应形式进行收集，数据一般不少于30组。

2. 求出数据 X 和 Y 各自的最大值和最小值。

3. 在坐标纸上画出横坐标（X 轴）和纵坐标（Y 轴），以横坐标表示要因，纵坐标表示特性，以最大值与最小值的差（范围）在 X、Y 轴上以大体相等的长度划分刻度，表示 X 和 Y 的数据，以便观察与分析。

4. 将集中整理后的各个数据，依次相应的用坐标打点的方法填入坐标图即成。

三、观察与分析方法

（一）相关分析图的观察

根据相关分析图上的分布状态观察相关性，如表 22-30 所列。

相关分析图观察表　　　　　　　　表 22-30

项次	图形	相关系数 r	相关性判定	X 与 Y 的关系
1		$r=1$	正相关	X 增大，Y 随之增大，控制好 X，Y 也随之得到控制
2		$1>r>0$	近于正相关	X 增大，Y 基本也随之增大。此时，除了因素 X 外，可能还有其他因素影响 Y
3		$r=0$	不相关	X，Y 之间没有什么相互关系，必须寻找 X 以外影响 Y 的因素
4		$0>r>-1$	近于负相关	X 增大，Y 基本随之减小。此时，除了因素 X 外，可能还有其他因素影响
5		$r=-1$	负相关	X 增大，Y 随之减小，控制好 X，Y 随之也得到控制
6		$r=0$	非线性相关	X 增大，Y 随之也增大，但当 X 超过一定范围时，Y 则有下降趋势

(二) 相关图的相关验定

常用的有相关系数验定法和中值检定法：

1. 相关系数验定法：两个变量 X 与 Y 间的相关程度，叫相关系数 (r)，其计算公式为：

$$r = \frac{S(XY)}{\sqrt{S(XX) \cdot S(YY)}} \tag{22-50}$$

式中

$$S(XX) = \sum X^2 - \frac{(\sum X)^2}{n} \tag{22-51}$$

$$S(YY) = \sum Y^2 - \frac{(\sum Y)^2}{n} \tag{22-52}$$

$$S(XY) = \sum XY - \frac{(\sum X \sum Y)}{n} \tag{22-53}$$

当 r 在 0~1 时，X 增加，Y 也增加，属正相关；当 r 在 -1~0 时，X 增加，Y 减少，属负相关；当 $r=0$ 时，表明 X 与 Y 值数值之间无相关。表 22-31 为相关系数 r 的检定表，当通过计算求得的相关系数 $r \geq r(n)$ 时，说明有相关；当 $r < r(n)$ 时，说明无相关。用相关系数检定表作出的结论，可靠性大约为 95%。

相关系数检定表　　　　　表 22-31

$n-2$	α		$n-2$	α		$n-2$	α	
	0.01	0.05		0.01	0.05		0.01	0.05
1	1.000	0.997	14	0.623	0.497	27	0.470	0.307
2	0.990	0.950	15	0.606	0.482	28	0.463	0.361
3	0.950	0.878	16	0.590	0.468	29	0.456	0.355
4	0.917	0.818	17	0.575	0.456	30	0.449	0.349
5	0.874	0.754	18	0.561	0.444	35	0.418	0.325
6	0.834	0.707	19	0.549	0.433	40	0.393	0.304
7	0.798	0.666	20	0.537	0.423	50	0.354	0.273
8	0.765	0.632	21	0.526	0.413	60	0.325	0.250
9	0.735	0.602	22	0.515	0.404	70	0.302	0.232
10	0.708	0.576	23	0.505	0.396	80	0.283	0.217
11	0.684	0.553	24	0.496	0.388	90	0.267	0.205
12	0.661	0.532	25	0.487	0.381	100	0.254	0.195
13	0.641	0.514	26	0.478	0.374	200	0.181	0.138

注：表中 n 为点的总数；α 为危险率。危险率为 0.01 (0.05) 系指在 100 次判断中有发生 1 次 (5 次) 判断错误的危险。

2. 中值检定法 (又称符号检定法)：具体方法与步骤如下：

(1) 在相关图上画垂直中值线 X' 和水平中值线 Y'，使图上在垂直 (水平) 中值线左右 (上、下) 的点数相等。如点数为奇数时，则通过当中的点引垂直线 (水平线)。

(2) 进行区域编号，计算各区域的点数。对于中值线划分的四个区域，从右上方起按逆时针方向分别编为 (Ⅰ)、(Ⅱ)、(Ⅲ)、(Ⅳ)，并计算各个区域内的点数，记作 $n(Ⅰ)$、$n(Ⅱ)$、$n(Ⅲ)$、$n(Ⅳ)$，中值线上的点不计入。

(3) 将对角线区域的点数相加，再求全体的和 N (N 不包括中值线上的点)。

(4) 与符号检定表 22-32 比较，进行判断。从表中相当于 N 的一行里，找出危险率 0.01 或 0.05 栏的判定数，如果：

符号检定表的判定数 $>n(Ⅱ)+n(Ⅳ)$，则有正的相关关系；

符号检定表的判定数 $>n(Ⅰ)+n(Ⅲ)$，则有负的相关关系。

四、线性回归方程建立方法

任何具有相关关系的两个变量 X、Y 的若干组试验数据，都可用一条适当的直线来表示 X 与 Y 的关系，这条直线称为变量 Y 对 X 的回归直线，此直线方程式称为变量 Y 对 X 的回归方程，其表达式为：

$$Y=a+bX \tag{22-54}$$

其中
$$a=\overline{Y}-b\overline{X} \tag{22-55}$$

$$b=\frac{S(XY)}{S(XX)}; \quad 或 \frac{\sum XY-\overline{X}\sum Y}{\sum X^2-\overline{X}\sum X} \tag{22-56}$$

$$\overline{Y}=\frac{1}{n}\sum_{i=1}^{n}Y_i; \quad 或 \frac{\sum Y}{n} \tag{22-57}$$

$$\overline{X}=\frac{1}{n}\sum_{i=1}^{n}X_i; \quad 或 \frac{\sum X}{n} \tag{22-58}$$

式中　a——常数；

　　　b——回归系数；

$S(XY)$、$S(XX)$、X_i、Y_i 符号意义同前。

符号检定表　　　　表 22-32

N	α		N	α		N	α		N	α	
	0.01	0.05		0.01	0.05		0.01	0.05		0.01	0.05
8	0	0	29	7	8	50	15	17	71	24	26
9	0	1	30	7	9	51	15	18	72	24	27
10	0	1	31	7	9	52	16	18	73	25	27
11	0	1	32	8	9	53	16	18	74	25	28
12	1	2	33	8	10	54	17	19	75	25	28
13	1	2	34	9	10	55	17	19	76	26	28
14	1	2	35	9	11	56	17	20	77	26	29
15	2	3	36	9	11	57	18	20	78	27	29
16	2	3	37	10	12	58	18	21	79	27	30
17	2	4	38	10	12	59	19	21	80	28	30
18	2	4	39	11	12	60	19	21	81	28	31
19	2	4	40	11	13	61	20	22	82	28	31
20	3	5	41	11	13	62	20	22	83	29	32
21	4	5	42	12	14	63	20	23	84	29	32
22	4	5	43	13	14	64	21	23	85	30	32
23	4	6	44	13	15	65	21	24	86	30	33
24	5	6	45	13	15	66	22	24	87	31	33
25	5	7	46	13	15	67	22	25	88	31	34
26	6	7	47	14	16	68	22	25	89	31	34
27	6	7	48	14	16	69	23	25	90	32	35
28	6	8	49	15	17	70	23	26	—	—	—

【例 22-31】 某预制场生产泡沫混凝土，进行了一系列试验，搜集了 20 对泡沫混凝土强度与发泡剂掺量相对应的数值，如表 22-33 所示，试计算相关系数，并分析其相关性。

泡沫混凝土强度与发泡剂掺量对应数值　　　表 22-33

样组号	发泡剂掺量 X	泡沫混凝土强度 Y(N/mm²)	X²	Y²	XY
1	2.0	2.5	4.00	6.25	5.00
2	2.1	2.0	4.41	4.00	4.20
3	1.8	1.8	3.24	3.24	3.24
4	1.6	1.4	2.56	1.96	2.24
5	1.5	1.0	2.25	1.00	1.50
6	1.3	1.5	1.69	2.25	1.95
7	1.2	1.9	1.44	3.61	2.28
8	0.8	1.7	0.64	2.89	1.36
9	0.7	1.1	0.49	1.21	0.77
10	2.3	1.5	5.29	2.25	3.45
11	0.5	0.3	0.25	0.09	0.15
12	0.5	0	0.25	0	0
13	0.2	0.5	0.04	0.25	0.10
14	0.1	0.5	0.01	0.25	0.05
15	1.0	1.8	1.00	3.24	1.80
16	0.5	1.6	0.25	2.56	0.80
17	0.3	0.8	0.09	0.64	0.24
18	0.2	0.9	0.04	0.81	0.18
19	0.3	1.4	0.09	1.96	0.42
20	0.4	1.6	0.16	2.56	0.64
Σ20	ΣX=19.3	ΣY=25.8	ΣX²=28.19	ΣY²=41.02	ΣXY=30.37

【解】 设泡沫混凝土强度为 Y，发泡剂掺量为 X 值，计算其 X^2、Y^2、XY 及 20 组的和，如表 22-33 中的第 3～5 项。

由相关系数验定法公式知：

$$S(XX)=\sum X^2-\frac{(\sum X)^2}{n}=28.19-\frac{(19.3)^2}{20}=9.565$$

$$S(YY)=\sum Y^2-\frac{(\sum Y)^2}{n}=41.02-\frac{(25.8)^2}{20}=7.738$$

$$S(XY)=\sum XY-\frac{(\sum X \cdot \sum Y)}{n}=30.37-\frac{19.3\times25.8}{20}=5.473$$

$$r=\frac{S(XY)}{\sqrt{S(XX)\cdot S(YY)}}=\frac{5.473}{\sqrt{9.565\times7.738}}=0.636$$

已知 $n=20$，则 $n-2=18$，查表 22-31，$\alpha=0.05$ 时为 0.444，而计算所得相关系数 $r=0.636>0.444$，所以 X 与 Y 有相关。

【例 22-32】 某地下工程采用集料级配防水混凝土，调查分析了混凝土质量密度与抗渗等级之间的关系，收集数据 30 组并列出数据对应表，如表 22-34，试分析其相关性。

【解】 （1）设混凝土的质量密度为 X 轴，抗渗等级为 Y 轴，将表 22-34 所列 X 的数据范围 2550－1800＝750，和 Y 的数据范围 0.85－0.45＝0.40，以大体相等的长度在坐标轴上划分刻度，然后将数据依次相应的用坐标打点的方法填入坐标图，即得相关图。

(2) 在相关图上画垂直中值线 Y' 和水平中值线 X'，使图上在中值线的上、下、左、右的点数相等，如图 22-35 所示。

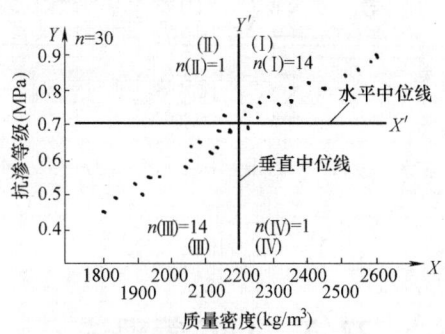

图 22-35 相关图点数分区

质量密度与抗渗等级对应数据统计表 表 22-34

N	X 质量密度 (kg/m³)	Y 抗渗等级 (N/mm²)	N	X 质量密度 (kg/m³)	Y 抗渗等级 (N/mm²)
1	2290	0.78	16	2060	0.64
2	1910	0.50	17	1850	0.48
3	1960	0.55	18	2200	0.73
4	2400	0.81	19	2240	0.75
5	2350	0.80	20	2350	0.78
6	2080	0.65	21	2300	0.74
7	2150	0.70	22	1940	0.55
8	2250	0.72	23	2140	0.68
9	1800	0.45	24	2110	0.62
10	2520	0.84	25	2120	0.63
11	1900	0.52	26	2200	0.70
12	2250	0.76	27	2170	0.69
13	2350	0.78	28	2440	0.81
14	2040	0.58	29	2520	0.84
15	2050	0.59	30	2580	0.85

(3) 由图 22-35 求得：

$$n(Ⅰ)+n(Ⅲ)=14+14=28$$
$$n(Ⅱ)+n(Ⅳ)=1+1=2$$
$$N=n(Ⅰ)+n(Ⅱ)+n(Ⅲ)+n(Ⅳ)=14+1+14+1=30$$

(4) 从符号检定表 22-32 中 $N=30$ 那一行得到危险率 0.01 时，判定数为 7；危险率 0.05 时，判定数为 9。

所以，当危险率为 0.01 时，28＞7＞2 有正的相关关系；

当危险率为 0.05 时，28＞9＞2，有正的相关关系。

【例 22-33】 用例 22-31 试验数据，求泡沫混凝土强度与发泡剂掺量关系的回归方程。

【解】 设直线方程为：

$$Y=a+bX$$

由表 22-33 数据得：

$$b=\frac{S(XY)}{S(XX)}=\frac{5.473}{9.565}=0.57$$

$$\overline{X}=\frac{1}{n}\sum_{i=1}^{n}X_i=\frac{19.3}{20}=0.97$$

$$\overline{Y}=\frac{1}{n}\sum_{i=1}^{n}Y_i=\frac{25.8}{20}=1.29$$

$$a=\overline{Y}-b\overline{X}=1.29-0.57\times0.97=0.74$$

则其回归方程式为：

$$Y=0.74+0.57X$$

22.7　*ABC* 管理法

一、基本原理与应用

ABC 管理法是根据事物有关方面的主要特征，进行分类和排列，分清重点和一般，以便有区别地进行重点管理的一种科学管理方法。因为它被分析的对象分为 A、B、C 三大类，故又称 *ABC* 分析法。

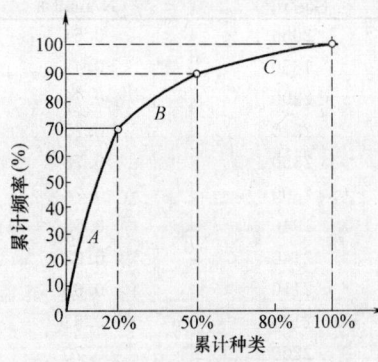

图 22-36　*ABC* 管理法基本图形

其基本原理是区别主次，分类管理。首先根据事物数量多少及作用大小通过制作 *ABC* 分析表和 *ABC* 分析图，将事物分成主要的 A 类，次要的 B 类和一般的 C 类，然后针对主次采取不同的措施，对这三大类分别进行管理，以便能抓住重点、关键，兼顾一般，把有限的人力、物力、财力用到刀刃上，取得事半功倍的效果，其基本图形如图 22-36 所示，又叫巴雷特（Pareto）图。

适用于建筑管理的各个领域（如生产管理、质量管理、安全管理、物资管理、设备管理以及资金、成本管理等）中应用。

二、基本程序与方法

ABC 管理法包括"区别主次和分类管理"两个基本程序。

（一）区别主次：把管理的对象按"关键的少数与一般的多数"的原理，分为主要的、次要的和一般的三大类，并绘制 *ABC* 分析表和 *ABC* 分析图，其步骤方法为：

1. 收集数据：针对不同的分析对象和分析内容，收集一定时间里的有特点的有关数据资料，列表登记。

2. 统计整理：对收集的原始数据进行整理、加工和汇总，从大到小按序排列，并计算占总数的百分比。如有几个层次，则计算每个层次的种类数，再计算累计种类数和累计种类百分比。

3. 进行 *ABC* 分类：制作 *ABC* 分析表，其项目包括分类、占用数量、占总数的百分比，种类数、占全部种类的百分比。

4. 绘制 *ABC* 分析图：先绘坐标图，横坐标轴表示因素数目的累计百分数，纵坐标表示累计的特性数目的百分数,然后按 ABC 分析表所列出的对应关系,在坐标图上取点,并联结各点得 ABC 曲线(亦称巴雷特曲线),即为 ABC 分析图。

(二)分类管理:在制作 ABC 分析表和 ABC 分析图后,再确定分类管理的方式,针对主要矛盾(A 类)和次要的(B 类)矛盾和一般的(C 类)矛盾,采取不同的控制和管理措施加以克服或解决。

【例 22-34】 某建设公司全年发生各类安全事故共 47 次,按事故次数分类顺序排列如表 22-35,试绘制 ABC 分析表、ABC 分析图和管理标准表。

全年安全事故次数、频率统计表　　　　　　　　　　表 22-35

项次	种类	频数(次)	频率(%)	累计频率(%)
1	物体打击	26	55.3	55.3
2	高空坠落	10	21.3	76.6
3	机械伤害	6	12.8	89.4
4	车辆伤害	3	6.4	95.8
5	触电事故	1	2.1	97.9
6	其他事故	1	2.1	100.0
	合计	47	100	

【解】 将表列事故次数计算频率和累计频率列于表 22-36 右二栏内,由表知 1、2 项占次数累计 76.6%,可划为 A 类;第 3 项占次数累计 76.6%~89.4%,划为 B 类;第 4、5、6 项占用次数累计 89.4%~100%,划为 C 类;并确定 A 类为重点管理,C 类为一般管理,分别制作 ABC 分析表和 ABC 分析图如表 22-36、图 22-37,根据区别主次的原则,针对发生事故的原因,采取对策,确定分类管理方式如表 22-36。

全年安全事故 ABC 分析表　　　　　　　　　　表 22-36

项次	项目	次数	比重(%)	累计比重(%)	分类
1	物体打击	26	53.3	53.3	}A 类
2	高空坠落	10	21.3	76.6	
3	机械伤害	6	12.8	89.4	B 类
4	车辆伤害	3	6.4	95.8	}C 类
5	触电事故	1	2.1	97.9	
6	其他	1	2.1	100	
	合计	47	100		

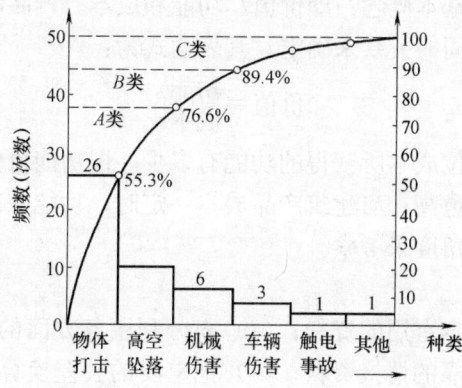

图 22-37　全年安全事故 ABC 分析图

安全事故 ABC 管理标准 表 22-37

分类 项目	A	B	C
思想教育	坚持安全教育制度化,加强现场安全活动和指导,特种作业进行安全技术培训,提高操作安全意识	经常进行安全教育,提高安全责任感	按常规定期进行安全教育
现场检查	经常监督检查	一般检查	按年或季度检查
环境管理	搞好现场安全防护装置,上岗戴安全帽,高空设护栏,挂安全网、系安全带;严禁坠物,危险场所有警示,搞好文明施工	做到轮有罩,轴有套,机具不合格不使用,机械禁止带病或超负荷作业	按要求适当注意防护,道路有标志;临时线路按规定搭设;手动、电动工具装触电保护器;照明使用安全电压
安全管理	认真落实安全技术措施,个人防护品保质、保供应,保证安全费用,严格执行奖罚制度	加强机械设备管理,执行安全操作制度,对违章作业适当奖罚	搞好车辆行驶和电工操作安全培训取证,对违章作业进行教育和批评

22.8 价值工程

一、基本概念与原理

价值工程(Value Engineeing 简称 V·E)是计算、分析和评价建筑产品技术经济效益的一种科学管理技术。它是将建筑产品的功能与实现这些功能所花费的费用之间的相对比值用来评定建筑产品的价值,以确定其技术经济效果。

价值工程是以最低的总成本(指产品从设计、生产、施工到使用期间的全部成本费用,或称寿命周期成本)可靠地实现用户要求的产品(或作业)的必要功能,着重于功能分析的有组织的活动。

本法适用于科研选题、施工设备选择、技术组织措施和业务决策、改造现有产品的设计和指导新产品的设计开发,以达到改善提高产品功能、节约资源、降低成本,从而提高经济效益的目的。

其基本原理包含三个基本概念:即价值、功能和成本。产品的价值由它的功能和实现这一功能所花费的成本之间的关系来确定,其表达式为:

$$价值 = \frac{功能}{成本} \tag{22-59}$$

价值的含义是表示单位成本所获得的功能有多少,即功能价值。当建筑产品功能一定时,成本愈低,产品价值愈高;当建筑产品成本一定时,功能愈高,产品价值愈高。价值工程中的价值应从消费的角度来考察。

二、价值分析原则

(1)收集一切形成成本有用的资料;(2)充分利用各方面的专家,扩大专业知识面;(3)利用最有价值、最可靠的情报资料;(4)把重要的公差换算成费用开支来进行评价;(5)尽量利用专业工厂生产的产品;(6)尽量利用或购买专业工厂的生产技术;(7)尽量利用专门的生产工艺；(8) 尽量利用各种标准和标准件；(9) 对事物进行具体分析，力戒一般化；(10) 突破旧框框，不断创新和提高；(11) 发挥创造性，使产品独具特色；(12) 找出障碍，冲破障碍；(13) 以"我是否这样花自己的钱"作为检查或判断标准。

三、工作程序与基本方法

1. 选择确定价值工程对象：如从产量考虑，宜选择量大面广，改进后影响面大的产品；如从分部分项工程考虑，宜选择生产、施工工艺复杂，易影响质量、功能和施工工期的分部分项工程；从成本费用方面考虑，宜选择与同类产品比较，成本费用高，或在成本构成中比重大的、利润比重与成本比重不相称的分部分项工程；从用户要求考虑，应选择质量差，不能满足功能要求，用户意见多的产品或分部分项工程。

选择价值工程对象的方法有经验分析法、百分比法、ABC 分析法、分层法、产品寿命周期分析法等。

2. 收集有关的情报资料：有目的有计划地进行专门的市场检查和技术调查，收集与对象有关的全部可靠资料，包括同类产品的科研、设计、制造、协作、原材料供应、动力与能源消耗、市场动态、销售机会、使用维修及竞争对手以及技术状况、新技术可供利用等情报资报资料。对收集到的情报尚需进行仔细分析、判断，剔除出不可靠和错误的，将可靠的整理分类列出。

3. 进行功能分析：它是价值工程的核心，是对不同的对象，如对整个建筑物、一项分部分项工程、或对一项方案、一项改进方案，反复交替地进行功能分析来开展活动。功能分析包括功能分类、功能定义、功能整理。功能分类是在一种产品有多种功能情况下，按重要程度分清各种功能的主次地位，首先划分为基本功能与辅助功能，前者为产品存在的主要因素和存在的价值；后者为有效地实现基本功能而附加的功能或其他次要功能。按性质又有使用功能和外观功能之分；按相互关系又可分为上下位功能和并列功能。功能定义是为加深对功能的理解，应用最简单确切的语言来表达产品的特定功能，通常用一个动词和一个名词来表达，如承受压力××kN 等，前者为实现功能的手段，后者尽可能定量化。功能整理是将功能按分类中以分析整理，以确定产品的全部功能以及功能之间的相互关系，如将功能分析结果排列成功能系统图，用以表明一种产品所具有的全部功能以及每一个功能在全部功能中的作用和地位，层层展开，构成产品的功能体系。

4. 进行功能评价：即对功能定量，评定功能的价值，是价值工程活动的重要环节。用价值＝功能/成本这个公式，计算出各个功能（或功能区）的价值系数（简称功能价值）。功能评价常用的方法有功能评价系数法和最适合区域法。前者是先用某种方法对功能评分，然后求出评价系数，再与其成本系数相比求出功能价值的方法；后者是根据价值系数确定价值工程对象时，提出一个选用价值系数的最适合区域。

5. 提出并制定改进方案：通常选择"价值"低的产品作为改进对象，包括提出改进方案，使方案进一步具体化，以及对方案进行评价和优选，通常以小组活动的方式进行，邀请有关方面专家参加，常用方法有列举特性、优缺点、希望等，要求思想活跃，不守成规，相信改进是无止境的。

【例 22-35】 由于目前城市深基础施工急骤增多，经测算某公司需增添 50 套降水井点设备，按市场价，每套 W-3 型井点设备约需 2.5～3.0 万元，计投资 125～150 万元，试应用价值工程改进井点降水设备,使其既减少投资,节约劳力,降低成本,又保证施工需要,解决降水设备不足的矛盾。

【解】 1. 成立课题组,收集信息资料。

(1) 内部收集:1) 从各科室收集设备的技术、经济方面资料;2) 在公司内召开制造、操作、维修人员座谈会,收集设备制造、使用、维修方面资料。

(2) 外部收集:1) 走访各施工工地,用面谈、观察、查阅资料等方法;2) 从建筑市场及国内外杂志资料方面查阅。

2. 功能分析

井点降水设备基本功能是降低地下水位和保持土质在一定范围内疏干,以便施工。它是通过多种辅助功能来保证和配合基本功能的实现,主要包括电动机、真空泵、电气装置、管道、遮挡板及管道外油漆等六大部分。其功能系统图如图 22-38 所示。

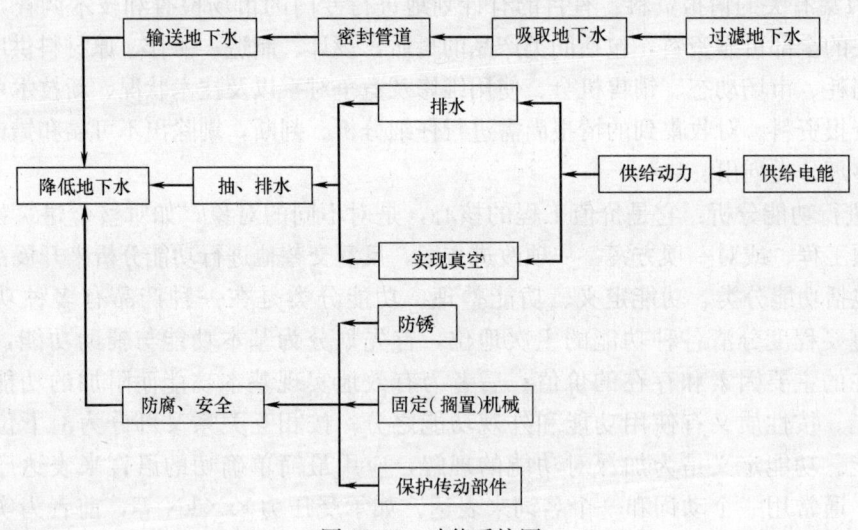

图 22-38 功能系统图

3. 功能评价

经功能分析知输送地下水、抽排水及防腐安全三个为主要功能。

(1) 功能评价系数:请了六位评价人员用"04"打分法进行评价,如表 22-38。经评价,抽排水和输送地下水这两大功能最为重要。

功能评价系数计算 表 22-38

项次	功能名称	参加功能评价人员						总 分 值 ($\sum f_i$)	功能评价系数 $FI_i = \dfrac{f_i}{\sum f_i}$
		1	2	3	4	5	6		
1	输送地下水	3	4	4	3	4	4	22	0.458
2	抽排水	4	3	3	4	2	3	19	0.396
3	防腐安全	1	1	1	1	2	1	7	0.146
	合计							48	1.000

(2) 成本系数:设想每套井点降水设备的制作成本降至 15000 元左右,依次作为总目标成本,并与功能现实成本作比较,见表 22-39。

22.8 价值工程

零件成本系数计算 表 22-39

项次	功能(零件)名称	目前成本(C_i)	成本系数 $CI_i = \dfrac{C_i}{\sum C_i}$
1	输送地下水	5920	0.395
2	抽排水	7650	0.510
3	防腐安全	1430	0.095
	合计	15000	1.000

(3) 计算功能价值系数：如表 22-40。经评价可见，抽排水零件 $VI_2<1$，说明成本过高，应降低，可作为价值工程选择对象；输送地下水零件 $VI_1 \approx 1$，表明功能与成本相适应；防腐安全零件 $VI_3>1$，表明功能高，成本小。

4. 方案创造和评价

(1) 课题组对抽排水零件采用 BS 法进行创造设想，经整理归纳为 6 种设想方案：

1) 保留真空泵部分，将水泵、电机部分作为不必要功能处理，采用自然排水方法。

2) 将真空泵部分改掉，用空压机来抽气，形成真空，达到降低地下水目的。

价值系数计算 表 22-40

项次	功能(零件)名称	FI_i	CI_i	$VI_i = \dfrac{FI_i}{CI_i}$
1	输送地下水	0.458	0.395	1.159
2	抽排水	0.396	0.510	0.776
3	防腐安全	0.146	0.095	1.536
	合计	1.000	1.000	

3) 真空泵抽水，结构较复杂，将抽气部分和排水部分结合起来，简化结构，省略或缩小积水筒。

4) 利用水流循环，改变水的流量，增加流速，达到吸取地下水、降低地下水目的。

5) 利用深井泵直接抽水，降低地下水。

6) 采用大开挖，设明沟和集水井，用潜水泵抽水。

对上述六种方案，从技术、经济和社会三个方面进行概略评价，见表 22-41。

方案概略评价 表 22-41

项次	方案	技术	经济	社会	采用否
1	①	○	○	○	○
2	②	×	×	×	×
3	③	○	×	○	△
4	④	○	○	○	○
5	⑤	×	×	△	×
6	⑥	×	×	×	×

经概略评价：可行方案①④，可考虑方案③，淘汰方案②、⑤、⑥。最后对①、④、③方案进行技术、经济详细评价和综合评价。

(2) 详细评价

1) 技术评价　见表22-42。

技术评价　　　　　　　　　表22-42

项次	功能评价项目	评分标准	方案①	方案③	方案④
1	连续工作性	4	4	4	4
2	真空度500以上	4	4	4	4
3	工作稳定性	4	3	4	2
4	能源消耗	4	1	2	3
5	安装运输	4	1	2	4
6	降水范围	4	4	4	2
	总分值ΣP	24	17	20	19
	技术价值系数 $X=\dfrac{\Sigma P}{nP_{max}}$	1.000	0.71	0.83	0.79

2) 经济评价

方案①　　　　$Y_1=\dfrac{20000-17200}{20000}=0.14$

方案③　　　　$Y_3=\dfrac{20000-16500}{20000}=0.175$

方案④　　　　$Y_4=\dfrac{20000-13200}{20000}=0.34$

3) 综合评价

$$K_1=\sqrt{0.71\times 0.14}=0.315$$
$$K_3=\sqrt{0.83\times 0.175}=0.381$$
$$K_4=\sqrt{0.79\times 0.34}=0.518$$

结论：采用方案④

5. 实施效果

(1) 单套设备制作成本比较

W-3型泵每套制作成本23000元，射流型泵每套制作成本12100元，每套可节约10900元。

(2) 全年净节约额

$$全年净节约额=(23000元-12100元)\times 50(套)-720元$$
$$=544280 元\approx 54.4 万元$$

(3) 成本降低率

$$成本降低率=\dfrac{23000元-12100元}{23000}\times 100\%=47\%$$

22.9　存贮技术

一、基本概念

存贮技术是研究解决存贮问题的管理技术。它是用定量的方法描述存贮物资供求动态过程和存贮状态，描述存贮状态和费用之间的关系，并确定合理经济的存贮策略——既有足够的物资，保障生产（施工）有效进行，又可最大限度地节约物资在存贮过程中的总费用。

一般讲，物资的存贮量因需求而减少，因补充而增加，因而存贮现象本身是一个动态的过程，其总费用将发生在整个存贮过程中。其本质不仅是个存货问题，还必须与外界条件联系，也即它们是一个系统工程，由存贮状态，补充和需求三部分组成，其意义过程如图 22-39。

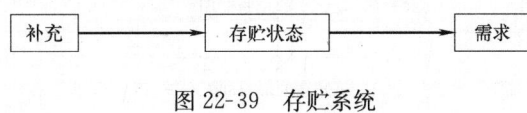

图 22-39　存贮系统

存贮状态是指某种物资的存贮量随时间推移而发生在盘点上的数量变化，它反映了 t 时刻的存贮量 $V(t)$。设 $X(t)$ 表示 t 时刻的补充量；$D(t)$ 表示 t 时刻的需求量；t_0 为观察的初始时刻，于是存贮状态函数可表示为：

$$V(t)=V(t_0)+X(t)-D(t) \tag{22-60}$$

研究存贮系统的目的是为选用最佳的存贮策略，即在满足需求的情况下，结合补充条件，使系统总的存贮费用最小。总存贮费用一般有：存贮费、订货费、生产费、缺货费等。

二、物资存贮技术管理方法

物资存贮量化技术管理常用以下三类方法：

（一）ABC 分类法

分类方法参见 22.7 一节。将材料分为 ABC 三大类，如表 22-43。

材料 ABC 分类表　　　　表 22-43

分类	品种数与总品种数的%	资金占总资金额的%
A	5～10	70～75
B	20～25	20～25
C	65～75	5～10
合计	100	100

按类别给出管理方式，例如：

A 类材料：品种量较少，往往是高价、重要品种或使用量大的品种，或必须批量购买的品种。对这类中的每种材料都必须进行重点管理，平时严格控制库存，可采用定期不定量的订购方式，进行库存量化管理。

B 类材料：往往是中等价格及中等用量的品种。对这类材料应定期盘点，严格检查库存消耗记录，可采用定量和定期相结合的订购方式。

C 类材料：品种量较大，往往是低价或少量使用品种。对这类材料应定期盘点，适当控制库存，可采用定量订购方式（或适当加大订购量），按订货点情况将品种组织在一起订购运输。

（二）定量订购法

是指某种材料的库存量消耗到最低库存之前的某一预定库存量水平时，就提出并组织订货，每次订货的数量是一定的。订货时的库存量称之为订购点库存量，简称订购点。每次的订货数量称为订购批量，订购示意如图 22-40。

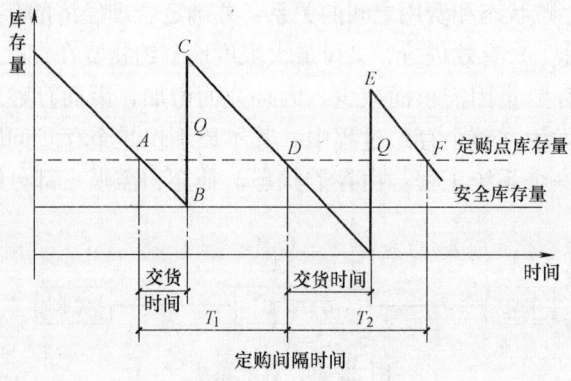

图 22-40　定量定购图

由图知，随着需求的进行，库存材料逐渐减少，当库存量降到 A 时，应立即提出订货，订购批量为 Q，这批材料在 B 点时到达入库，于是库存量又回到 C 点，以后继续使用出库，库存量又将减少，当降至 D 点时，又进行订货，订购批量仍为 Q，接着库存量又回升到 E 点。如此依次重复进行订购。

本法每次的订购批量和订购点是一定的，其关键环节在于确定合理的订购点与经济的订购批量。图中安全库存量是指企业为防止意外情况造成的材料供应脱期，或适应生产中各种材料需用量的临时增加而建立的材料贮备，它也是材料的最低库存量，一般情况下，不得动用，遇特殊情况，动用后应迅速补上。但它需要占用一定流动资金，因而应当合理确定这一贮备，其计算式如下：

安全库存量＝平均每天材料消耗量×保险天数

式中保险天数可根据采购经验或历史资料用统计方法确定。

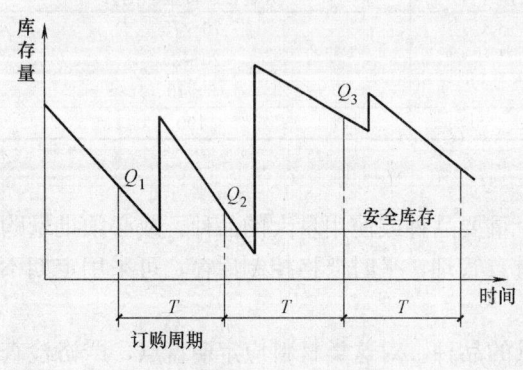

图 22-41　定期定购图

（三）定期订购法

是每隔一定时间补充一次库存，即预先确定订购周期，但订购批量则不一定。订购示意如图 22-41。

由图知，每隔周期 T 订购一次，但订购批量一般不等。其数量要根据各周期初始时的库存量 Q_1、Q_2、Q_3…与外界需求状态而定。

本法订购周期是一定的，关键在于确定合理的订购周期与经济的订购批量。

后两种量化管理方法都涉及两个关键因素：一是确定订货日期；二是确定订货批量，要借助存贮模型进行计算确定。

三、存贮模型计算

（一）经济订货批量模型计算

该模型假设：(1) 进货能力无限。即全部订货可一次供应；(2) 补充时间为零。即当存贮降为零时，可立即补充；(3) 不允许缺货，即短缺费无穷大；(4) 需求是连续均匀的。即需求速度为常数。该模型如图 22-42 所示（T 为进货周期）。

根据以上假设，应用微积分求极值方法，可推导得到：

最优经济批量公式

$$Q=\sqrt{\frac{2RS}{I}} \quad (22\text{-}61)$$

最优订货周期

$$T=\frac{Q}{R}=\sqrt{\frac{2S}{RI}} \quad (22\text{-}62)$$

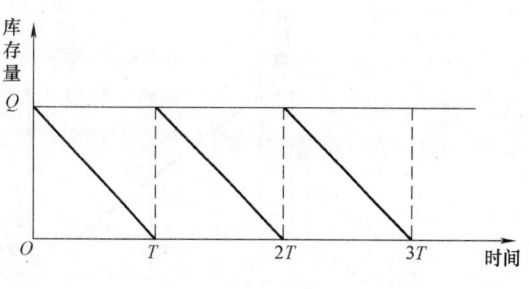

图 22-42　经济订货批量模型图

最优订货次数

$$n=\frac{R}{Q}=\sqrt{\frac{RI}{2S}} \quad (22\text{-}63)$$

总存贮费达到最小

$$C(Q)=\sqrt{2RIS} \quad (22\text{-}64)$$

式中　Q——每次进货（补充）量，也称批量；
　　　R——年总需求量；
　　　S——每次订购费；
　　　I——单位货物年保管费（或存贮费）；
　　　T——订货周期；
　　　n——年进货次数；
　　　C——年总存贮费。

由以上知，在该模型假设条件下，当库存量降为零时，应一次性进货，其经济批量为 Q，进货周期为 T，一年内共分 n 次进货，可使年总存贮费用达到最小值 C。再年总存贮费由订购费 $\frac{R}{Q}\times S$ 与保管费 $\frac{1}{2}QI$ 之和构成，年订购费随批量 Q 的增加而减少，年保管费随批量 Q 的增加而增加，其曲线变化如图 22-43 所示。由图可看出，要想使总存贮费最小，应使年订购费与年保管费相等。

令 $\frac{R}{Q}\times S=\frac{1}{2}Q\times I$　得　$Q=\sqrt{\frac{2RS}{I}}$

$$(22\text{-}65)$$

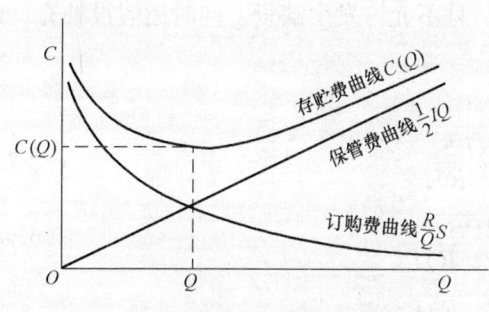

图 22-43　年总贮存费的构成示意

与数学推导所得的经济订货批量公式相同。

（二）允许缺货模型计算

该模型假设存贮现象是允许缺货的，且缺货量在收到下批货物时可不进入存贮，直接满足所欠需求。其余条件同"1."。该模型如图 22-44 所示。

同样根据以上假设，应用微积分学求极值方法可推导得：

最优经济批量

$$Q=\sqrt{\frac{2RS(A+I)}{AI}} \quad (22\text{-}66)$$

最大存货量

$$G=\sqrt{\frac{2RSA}{I(A+I)}} \quad (22\text{-}67)$$

22　现代施工管理技术

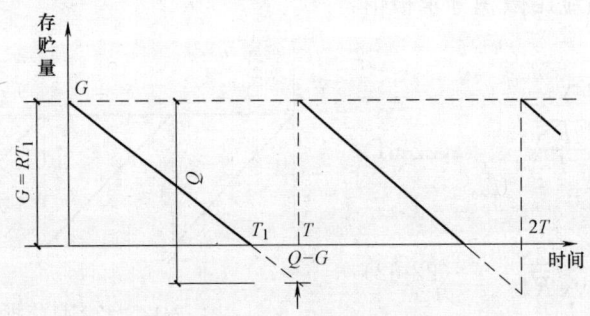

图 22-44　允许缺货模型图

最优订货周期 $$T=\sqrt{\frac{2S(A+I)}{RAI}} \qquad (22-68)$$

最优订货次数 $$n=\sqrt{\frac{RAI}{2S(A+I)}} \qquad (22-69)$$

最小总存贮费 $$C(Q,G)=\sqrt{\frac{2RSIA}{A+I}} \qquad (20-70)$$

于是，最大缺货量 $$Q-G=\sqrt{\frac{2RSI}{A(A+I)}} \qquad (22-71)$$

式中　A——单位货物年短缺费；
　　　G——最大存货量；
其他符号意义同前。

（三）进货能力有限，不允许缺货模型计算

该模型假设存贮现象的进货能力是有限的，且不允许发生缺货。同时还假设补充（进货）是连续均匀的，其余条件同"1"。

同前面建立的模型，可同样推导得：

是优经济批量 $$Q=\sqrt{\frac{2RPS}{(P-R)I}} \qquad (22-72)$$

最优订货周期 $$T=\sqrt{\frac{2PS}{R(P-R)I}} \qquad (22-73)$$

最优订货次数 $$n=\sqrt{\frac{R(P-R)I}{2PS}} \qquad (22-74)$$

最小总存贮费 $$C(Q)=\sqrt{\frac{2RS(P-R)I}{P}} \qquad (22-75)$$

式中　P——年进货量；
其他符号意义同前。

同样，若进货能力改为无限，则在以上各式中令 $P\to+\infty$，所得结果亦同模型 1。

【例 22-36】　某建筑公司全年耗用某项材料的总金额为 10000 元，这项材料每次订货费为 25 元，存货保管费为平均存货的 12.5%，求最佳订货金额。

【解】　（1）列表法

订购情况如表 22-44 所示。

表 22-44

全年订货次数	1	2	3	4	5	10	20
每批订货金额	10000	5000	3333	2500	2000	1000	500
平均库存价值	5000	2500	1666	1250	1000	500	250
保管费	625	313	208	156	125	63	31
订购费	25	50	75	100	125	250	500
总存贮费	650	363	283	256	250	313	531

由表可知，当每年订购 5 次时，保管费与订购费相等，此时总存贮费 250 元最少，最佳订货金额为 2000 元。

（2）数解法

已知 $R=10000$；$S=25$；$I=0.125$，最佳订货金额由式（22-61）得：

$$Q=\sqrt{2RS/I}=\sqrt{2\times10000\times25/0.125}=2000 \text{元}$$

故最佳订货金额为 2000 元。

【例 22-37】 某混凝土构件厂下年度将以不变速度向某工程提供 18000 块预应力大型屋面板，由于工地采用随吊随运的吊装方案，故不允许缺货。如每一制品每月的保管费是 0.2 元，而每一生产循环的建立费为 600 元，试求其经济批量，生产周期及一年的总存贮费。

【解】 由题意知 $I=0.2\times12=2.4$ 元/年，$R=18000$ 块/年，$S=600$ 元/批

经济批量由式（22-61）得：

$$Q=\sqrt{2RS/I}=\sqrt{2\times18000\times6000/2.4}=3000 \text{块}$$

生产周期由式（22-62）得：

$$T=\sqrt{2S/RI}=\sqrt{2\times600/18000\times2.4}=1/6 \text{年}=2 \text{个月}$$

一年的总存贮费由式（22-64）得：

$$C=\sqrt{2RIS}=\sqrt{2\times18000\times2.4\times600}=7200 \text{元/年}$$

【例 22-38】 某木材加工场年需求木材 $100m^3$ 订购费用为 500 元，每立方米年存贮费为 40 元，每立方米年缺货损失费为 15 元，试求最优经济批量、最大存货量、最优订货周期和最小存贮费。

【解】 由题意知：$R=100$，$S=500$，$I=40$，$A=15$

由式（22-66）、式（22-67）、式（22-68）和式（22-70）得：

$$Q=\sqrt{\frac{2\times100\times500(15+40)}{15\times40}}\approx96m^3$$

$$G=\sqrt{\frac{2\times100\times500\times15}{40(15+40)}}\approx26m^3$$

$$T=\sqrt{\frac{2\times500(15+40)}{100\times15\times40}}\approx0.96 \text{年}$$

$$C=\sqrt{\frac{2\times100\times500\times40\times15}{15+40}}\approx1044 \text{元}$$

22.10 量本利分析法

量本利分析法又称盈亏平衡分析法、保本分析法或利量分析法。它是对业务量、成本和利润三者之间的内在联系进行综合分析，从而为企业的经营预测、决策、组织和控制等领域提供数量依据的一种科学管理方法。也是加强企业经营管理的一种有效手段。即按照目标利润→目标成本→相适应的产销量与品种的顺序组织生产经营活动，找出业务量、成本、利润三者相结合的最佳点，使利润最大成本最低。

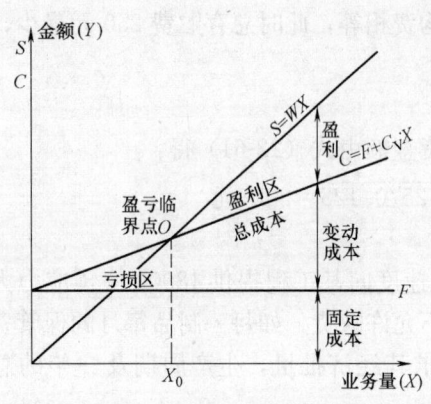

图 22-45　量本利（业务量、成本、利润）关系图

一、量本利关系分析

量本利分析的基础是将成本划分为固定成本和变动成本两大部分。固定成本是在一定期间和一定业务量范围内，不因业务量增减而变动的成本，如工作人员的工资、机械设备折旧费等；变动成本指成本总额随业务量增减成正比例变动的成本，如材料费、计件工资额、消耗能源费等。

量本利三者的关系如图 22-45 所示。横坐标为业务量，可用实物量（如施工面积、竣工面积、工程量等）或营业额（如工作量、销售量等）表示。两条斜线分别为业务量和成本的关系线，业务量和销售收入关系线。两条线的交叉点，称为盈亏临界点，也叫盈亏平衡点或保本点。它是指企业的销售收入等于产品总成本，企业既不盈利又不亏损的分界点。此点所对应的业务量（X_0）是企业盈和亏的转折业务量。超过此量，企业盈利；低于此量，企业亏损。

量本利关系可用以下公式表达：

$$C=F+V \tag{22-76}$$

$$C=F+C_V X \tag{22-77}$$

$$P=S-F-C_V X \tag{22-78}$$

式中　C、F、V——分别为总成本、固定成本和变动成本；
　　　C_V——单位变动成本；
　　　X——业务量（产量、销售量）；
　　　P——利润；
　　　S——销售收入，$S=WX$；
　　　W——单位业务量（产品）销售价。

计算步骤与方法

（一）先将混合成本分解成固定成本和变动成本计算

1. 直接法：用直接观察、分析各项混合成本，视其比较接近于哪一类成本就作为哪一类成本处理。

2. 高低点法：由于总成本与产量为线性关系，为此可根据历史资料中最高产量的成本与最低产量的成本求出本企业的成本——产量直线方程式。所求出直线方程在 Y 轴上的截距便是该企业的固定成本，直线的斜率便是该企业的成本变动率，成本变动率与承包任务之积便是变动成本，如图 22-46 所示，或按下式计算：

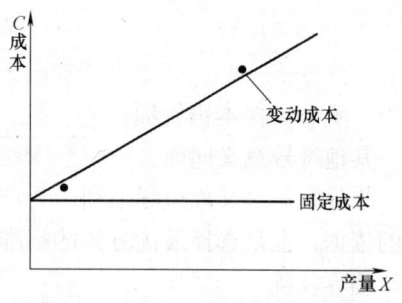

图 22-46　成本与产量关系曲线

$$C_V(\text{单位变动成本}) = \frac{\text{最高点成本} - \text{最低点成本}}{\text{最高点产量} - \text{最低点产量}} \tag{22-79}$$

3. 回归分析法：由于总成本与产量有线性关系，可用以下回归方程式计算：

$$Y = a + bX \tag{22-80}$$

其中

$$a = \frac{\sum Y - b \sum X}{n} \tag{22-81}$$

$$b = \frac{\sum X \cdot Y - \dfrac{\sum X \cdot \sum Y}{n}}{\sum X^2 - \dfrac{(\sum X)^2}{n}} \tag{22-82}$$

式中　Y——总成本（混合成本）；

X——产量；

b——单位变动成本；

a——固定成本；

n——期数，为保证计算正确，宜取 20 个月以上数据。

4. 散布图法：是根据历史资料绘制出成本与承包量的散点图，再按照散点图的变化趋势画出一条成本直线，据此来确定固定成本和变动成本。

（二）用图解法或数学分析法求盈亏临界点（损益平衡点）计算

1. 图解法：以横轴表示销售量，纵轴表示销售收入和成本的金额，然后根据企业有关资料，画出销售收入和销售成本的两条直线，其交点即为盈亏临界点或损益平衡点（或保本点）。从临界点向右为盈利区，向左为亏损区，收入线和总成本线的垂直距离即为损益额。

2. 数学分析法

（1）确定盈亏平衡点

1）产量法（销售量法）：根据盈亏平衡点的销售收入与总成本相等条件有：

$$S = C \qquad WX_0 = F + C_V X_0$$

移项整理得

$$X_0 = \frac{F}{W - C_V} \tag{22-83}$$

2）销售额法：在企业制定计划时，常用销售额代替销售量，此时额定盈亏平衡点可按以下计算：

将 $X_0 = \dfrac{F}{W - C_V}$，两边各乘以 W 整理得：

$$S_0 = WX_0 = \frac{F}{1-\frac{C_V}{W}} \tag{22-84}$$

式中 S_0——保本销售额；

其他符号意义同前。

临界收益（又称边际毛利，为产品的销售收入减去变动成本后的余额）是衡量经济效果的依据，也是选择最优方案的标准，可用销售的单位产品或全部产品表示：

临界收益
$$M = S - V = F + P \tag{22-85}$$

单位产品的临界收益
$$\frac{M}{X} = W - C_V \tag{22-86}$$

临界收益率
$$m = \frac{M}{S} = \frac{W-C_V}{W} \tag{22-87}$$

由此，求得保本销售金额：

$$S_0 = \frac{F}{m} = \frac{F}{1-\frac{C_V}{W}} \tag{22-88}$$

（2）规划目标利润

为保证目标利润，必须达到的销售量或销售额：

$$X = \frac{F+P}{W-C_V} \tag{22-89}$$

二、量本利分析的应用计算

1. 用于进行经营（成本）预测，确定目标成本

$$C_V = W - \frac{F+P}{X} \tag{22-90}$$

2. 由于进行经营（产量、销售量）决策

（1）计算盈亏平衡点的产量，若销售量大于盈亏平衡点的产量，表明有利可图，可以组织生产。

（2）用于决策安全性分析

$$经营安全率 = \frac{C}{A} = \frac{X_1 - X_0}{X_1} \times 100\% \tag{22-91}$$

式中 X_1——全部销售额。

当经营安全率＞30%　　　　　　　　表明经营状况良好
　　　 25%～30%　　　　　　　　　　经营状况较为良好
　　　 15%～25%　　　　　　　　　　经营状况不大好
　　　 10%～15%　　　　　　　　　　经营状况不好，要警惕
　　　 ＜10%　　　　　　　　　　　　经营状况危险

3. 用于进行短期决策分析、工艺方案选择和经营分析

4. 用于确定价格

$$W = \frac{F+P}{X} + C_V \tag{22-92}$$

【例 22-39】　某建筑公司历年完成建安工作量与成本的统计资料如表 22-45 所列，试

用高低点法确定该公司的成本变动率和 2000 年的固定成本和变动成本。

公司历年完成建安工作量与成本统计数据　　　表 22-45

年　份	工作量(m^2)	总成本(万元)	年　份	工作量(m^2)	总成本(万元)
1994	25000	2200	1998	35000	3000
1995	28000	2500	1999	30000	2700
1996	26000	2400	2000	32000	
1997	20000	1800			

【解】　成本变动率由式（22-79）得：

$$C_V = \frac{最高点成本-最低点成本}{最高点工作量-最低点工作量}$$

$$= \frac{30000000-18000000}{35000-20000} = 800 \text{元}/m^2$$

固定成本由式（22-77）得：

$$C = F + C_V X$$

$$3000\text{万} = F + 0.08 \text{万}/m^2 \times 3500 m^2$$

$$F = 3000 - 2800 = 200 \text{万元}$$

2000 年承包建安工作量为 32000m^2 时的总成本由式（22-77）得：

$$C = F + C_V X$$

$$= 200 + 0.08 \times 32000 = 2760 \text{万元}$$

其中变动成本为 $C_V X = 0.08 \times 3200 = 2560$ 万元

故知 2000 年的固定成本为 200 万元，变动成本为 2760 万元。

【例 22-40】　条件同例 22-39，试用散布图法确定该公司 2000 年的固定成本和变动成本。

【解】　按表 22-45 中的数据绘制散布图如图 22-47 所示。根据散点图的变化趋势，画一条代表成本趋势的直线，使直线上下点数大致相同。延长直线，使其与纵坐标相截，截距的坐标值大约为 200 多万元，此便是固定成本费用的值。

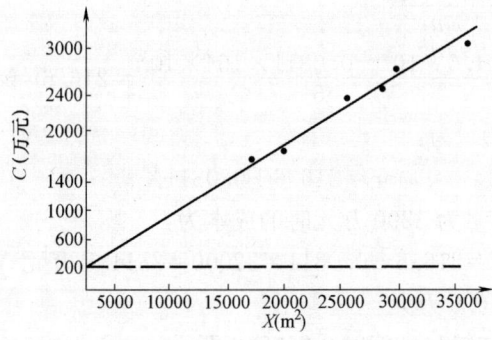

图 22-47　历年完成建安工作量与成本散点图

在直线上任取一点的坐标（2000，1800），计算成本变动率：

$$b = \tan\alpha = \frac{1800-200}{20000} = 0.08 \text{万}/m^2$$

得成本公式：$\quad C = 200 + 0.08X$

2000 年承包工作量为 32000m² 时的总成本为：
$$C = 200 + 0.08 \times 32000 = 2760 \text{ 万元}$$

其中变动成本费用 $= 0.08 \times 32000 = 2560$ 万元

由计算知，用散点图法与高低点法所得结果完全相同。

【例 22-41】 条件同例 22-39，试用回归分析法确定该公司 2000 年的固定成本和变动成本。

【解】 将表 22-45 有关数据列于表 22-46 中。

表 22-46

X	Y	X^2	$X \cdot Y$
25×10^3	2.2×10^3	625×10^6	55×10^6
28×10^3	2.5×10^3	784×10^6	70×10^6
26×10^3	2.4×10^3	676×10^6	62.4×10^6
20×10^3	1.8×10^3	400×10^6	36×10^6
35×10^3	3.0×10^3	1225×10^6	105×10^6
30×10^3	2.7×10^3	900×10^6	81×10^6
$\sum X = 164 \times 10^3$	$\sum Y = 14.6 \times 10^3$	$\sum X^2 = 4610 \times 10^6$	$\sum XY = 409.4 \times 10^6$

单位变动成本由式 (22-82) 得：

$$b = \frac{\sum X \cdot Y - \dfrac{\sum X \cdot \sum Y}{n}}{\sum X^2 - \dfrac{(\sum X)^2}{n}}$$

$$= \frac{409.4 \times 10^6 - \dfrac{164 \times 10^3 \times 14.6 \times 10^3}{6}}{4610 \times 10^6 - \dfrac{(164 \times 10^3)^2}{6}} = 0.0811$$

固定成本 由式 (22-81) 得：

$$a = \frac{\sum Y - b\sum X}{n}$$

$$= \frac{14.6 \times 10^3 - 0.0811 \times 164 \times 10^3}{6} = 216.6$$

回归方程由式 (22-80) 为：
$$Y = 216.6 + 0.0811X$$

2000 年承包建安工作量为 3200 万元时的成本为：
$$C = 216.6 + 0.0811 \times 32000 = 2811.8 \text{ 万元}$$

其中　固定成本为 216.6 万元

变动成本为 $0.0811 \times 32000 = 2595.2$ 万元

由计算知，结果与前两例方法稍有差异，原因是本法是根据实际散点图建立回归方程求得的答案，而两点法是按照最高点与最低点两点连成的直线方程求得的答案，可以认为，回归直线法更接近实际。应该指出，采用回归直线法的条件应是：承包建安工作量与工程成本之间必须为线性相关关系，否则不能使用此法。

【例 22-42】 某建设公司所属预制混凝土厂生产一种构件,预计该构件的市场单价为 670 元/m^3,其变动成本为 250 元/m^3,该厂固定成本总额为 80 万元,求(1)该企业的保本销售量 X_0 和保本销售额 S_0;(2)构件的临界收益和临界收益率。

【解】(1)按题意 $W=670$ 元/m^3,$C_V=250$ 元/m^3,$F=800000$ 元。保本销售量 X_0 由式(22-83)得:

$$X_0 = \frac{F}{W-C_V} = \frac{800000}{670-250} = 1904.8 m^3$$

保本销售额 S_0 由式(22-84)得:

$$S_0 = \frac{F}{1-\frac{C_V}{W}} = \frac{800000}{1-\frac{250}{670}} = 1276190.5 \text{ 元}$$

(2)构件单位临界收益 $\frac{M}{X}$ 由式(22-86)得:

$$\frac{M}{X} = W - C_V = 670 - 250 = 420 \text{ 元}/m^3$$

临界收益率 m 由式(22-87)得:

$$m = \frac{M}{S} = \frac{W-C_V}{W} = \frac{420}{670} \times 100\% = 62.69\%$$

【例 22-43】 某建设公司附属材料厂生产一种防水材料,销售单价为 30 元/m^2,固定成本 600000 元,目标利润年 150000 元,预计销售量为 80000m^2,试计算其目标成本和经营安全率。

【解】(1)计算目标成本:按题意,$W=30$ 元/m^2,$P=600000$ 元,$X=150000$ 元,$X=80000 m^2$,由式(22-90)得:

$$C_V = W - \frac{F+P}{X} = 30 - \frac{600000+150000}{80000} = 20.625 \text{ 元}/m^2$$

(2)计算经营安全率:先确定保本点的产量 X_0

$$X_0 = \frac{F}{W-C_V} = \frac{600000}{30-20.625} = 64000 m^2$$

经营安全率由式(22-91)得:

$$\frac{C}{A} = \frac{X_1-X_0}{X_1} \times 100\% = \frac{80000-64000}{80000} \times 100\% = 20\%$$

说明经营状况不太好,应进行技术改造。

【例 22-44】 条件同例 22-43,如对主要设备进行技术改造,使固定成本增加到 800000 元,变动成本下降为 18.5 元/m^2,单价不变。试判定该改造方案的优劣,及技术改造后的利润和经营安全率。

【解】(1)首先计算出技术改造前费用相等的产量 X_k

$$600000 + 20.625 X_k = 800000 + 18.5 X_k$$

$$X_k = \frac{800000-600000}{20.625-18.5} = 94118 m^2$$

表明当年销售量 $X > 94118 m^2$ 时,改造方案优越,$X < 94118 m^2$ 时,则应仍维持原方案。

(2) 技术改造的利润，由公式（22-92）经整理得：
$$P=(W-C_V)X-F=(30-18.5)\times 94118-800000=282357元$$
(3) 经营安全率
$$X_0=\frac{F}{W-C_V}=\frac{800000}{30-18.5}=59565m^2$$
$$\frac{C}{A}=\frac{X_1-X_0}{X_1}\times 100\%=\frac{94118-69565}{94118}\times 100\%=26\%$$
表明技术改造后的经营状况较为良好。

【例 22-45】 条件同例 22-44，由于建筑市场不景气，任务不足，厂方为加强市场竞争能力，决定对防水材料降价 15%。(1) 试问要增加多少防水材料销售量才能确保原利润目标？(2) 虽增加销售量来保证目标利润，但由于受该厂生产能力和市场需求的约束，据调查市场仅需要 120000m²，因此要保证实现目标利润，其市场竞争价格应多少。

【解】 (1) 计算销售量：按题意 $F=800000$ 元，$P=282357$ 元，$W=30\times(1-0.15)=25.5$ 元/m²，$C_V=18.5$ 元/m²，销售量由式（22-89）得：
$$X_2=\frac{F+P}{W-C_V}=\frac{800000+282357}{25.5-18.5}=154622m^2/年$$

(2) 计算防水材料市场竞争价格，代入公式（22-90）得：
$$W=\frac{F+P}{X}+C_V=\frac{800000+282357}{120000}+18.5=27.52 元/m^2$$

附录一　施工常用计算数据

1.1　重要常数与角度变换

1.1.1　圆周率（π）、自然对数（e）表

常用圆周率（π）、自然对数底（e）　　　　　　　　　　附表 1-1

项目	量	数值	量	数值	量	数值	量	数值
圆周率（π）	$\frac{4\pi}{3}$	4.1888	$\frac{\pi}{180}$	0.0175	$\frac{1}{4\pi}$	0.0796	$\sqrt[3]{\pi}$	1.4646
	π	3.1416	$\frac{180}{\pi}$	57.2958	$\frac{1}{\pi^2}$	0.1013	$\sqrt{2\pi}$	2.5066
	$\frac{\pi}{2}$	1.5708	$\frac{2}{\pi}$	0.6366	$\frac{1}{\sqrt{\pi}}$	0.5642	$\sqrt{\frac{\pi}{2}}$	1.2533
	$\frac{\pi}{3}$	1.0472	$\frac{1}{\pi}$	0.3183	π^2	9.8696	$\sqrt{\frac{2}{\pi}}$	0.7979
	$\frac{\pi}{4}$	0.7854	$\frac{1}{2\pi}$	0.1592	$2\pi^2$	19.7392	$\lg\pi$	0.4972
	$\frac{\pi}{6}$	0.5236	$\frac{1}{3\pi}$	0.1061	$\sqrt{\pi}$	1.7725	$\ln\pi$	1.1447
自然对数底（e）	e	2.7183	$\sqrt[3]{e}$	1.3956	$\frac{1}{\sqrt{e}}$	0.6065	$\lg e^2$	0.8686
	e^2	7.3891	$\frac{1}{e}$	0.3679	$\frac{1}{\sqrt[3]{e}}$	0.7165	$\lg\sqrt{e}$	0.2171
	$\sqrt{e}$	1.6487	$\frac{1}{e^2}$	0.1353	$\lg e$	0.4343	$\lg\sqrt[3]{e}$	0.1448

1.1.2　角度化弧度表

角度化弧度表　　　　　　　　　　附表 1-2

角度	弧度	角度	弧度	角度	弧度	角度	弧度	角度	弧度
1′	0.0003	1°	0.0175	16°	0.2797	31°	0.5411	70°	1.2217
2′	0.0006	2°	0.0349	17°	0.2967	32°	0.5585	75°	1.3090
3′	0.0009	3°	0.0524	18°	0.3142	33°	0.5760	80°	1.3963
4′	0.0012	4°	0.0698	19°	0.3316	34°	0.5934	85°	1.4835
5′	0.0015	5°	0.0873	20°	0.3491	35°	0.6109	90°	1.5708
6′	0.0018	6°	0.1047	21°	0.3665	36°	0.6283	100°	1.7453
7′	0.0020	7°	0.1222	22°	0.3840	37°	0.6458	110°	1.9199
8′	0.0023	8°	0.1396	23°	0.4014	38°	0.6632	120°	2.0944
9′	0.0026	9°	0.1571	24°	0.4189	39°	0.6807	150°	2.6180
10′	0.0029	10°	0.1745	25°	0.4363	40°	0.6981	180°	3.1416
20′	0.0058	11°	0.1920	26°	0.4538	45°	0.7854	200°	3.4907
30′	0.0087	12°	0.2094	27°	0.4712	50°	0.8727	250°	4.3633
40′	0.0116	13°	0.2269	28°	0.4887	55°	0.9599	270°	4.7124
50′	0.0145	14°	0.2444	29°	0.5062	60°	1.0472	300°	5.2360
60′	0.0175	15°	0.2618	30°	0.5236	65°	1.1345	360°	6.2832

注：角度化弧度：$180°=\pi\cdot$弧度，$1°=\frac{\pi}{180}$弧度$=0.01745329$弧度；$1′=0.00029089$弧度，$1″=0.00000485$弧度。

1.1.3 弧度化角度表

弧度化角度表　　　　　　　　　　　　　　　　附表 1-3

弧 度	角 度	弧 度	角 度	弧 度	角 度	弧 度	角 度
0.001	0°03′	0.01	0°34′	0.1	5°44′	1	57°18′
0.002	0°07′	0.02	1°09′	0.2	11°28′	2	114°35′
0.003	0°10′	0.03	1°43′	0.3	17°11′	3	171°35′
0.004	0°14′	0.04	2°18′	0.4	22°55′	4	229°11′
0.005	0°17′	0.05	2°52′	0.5	28°39′	5	286°29′
0.006	0°21′	0.06	3°26′	0.6	34°23′	6	343°46′
0.007	0°24′	0.07	4°01′	0.7	40°06′	7	401°04′
0.008	0°28′	0.08	4°35′	0.8	45°50′	8	458°22′
0.009	0°31′	0.09	5°09′	0.9	51°34′	9	515°40′

注：弧度化角度：1 弧度 $=\dfrac{180°}{\pi}=57.29578°=57°17′44.81″$。

1.1.4 斜度变换角度表

斜度变换角度表　　　　　　　　　　　　　　　　附表 1-4

斜度(%)	角 度	斜度(%)	角 度	斜度(%)	角 度	斜度(%)	角 度	斜度(%)	角 度	斜度(%)	角 度
1	0°40′	6	3°25′	11	6°20′	16	9°10′	22	12°25′	32	17°45′
2	1°10′	7	4°0′	12	6°50′	17	9°40′	24	13°30′	34	18°50′
3	1°40′	8	4°40′	13	7°20′	18	10°10′	26	14°35′	36	19°50′
4	2°20′	9	5°10′	14	8°0′	19	10°45′	28	15°40′	38	20°50′
5	2°50′	10	5°45′	15	8°30′	20	11°20′	30	16°50′	40	21°50′

1.2 重要角度的函数

1.2.1 重要角度的函数

重要角度的函数　　　　　　　　　　　　　　　　附表 1-5

度	π倍数	$\sin\theta$	$\cos\theta$	$\tan\theta$	$\cot\theta$	$\sec\theta$	$\csc\theta$
0°	0	0	1	0	∞	1	∞
30°	$\dfrac{\pi}{6}$	$\dfrac{1}{2}$	$\dfrac{\sqrt{3}}{2}$	$\dfrac{\sqrt{3}}{3}$	$\sqrt{3}$	$\dfrac{2\sqrt{3}}{3}$	2
45°	$\dfrac{\pi}{4}$	$\dfrac{\sqrt{2}}{2}$	$\dfrac{\sqrt{2}}{2}$	1	1	$\sqrt{2}$	$\sqrt{2}$
60°	$\dfrac{\pi}{3}$	$\dfrac{\sqrt{3}}{2}$	$\dfrac{1}{2}$	$\sqrt{3}$	$\dfrac{\sqrt{3}}{3}$	2	$\dfrac{2\sqrt{3}}{3}$
90°	$\dfrac{\pi}{2}$	1	0	∞	0	∞	1
180°	π	0	−1	0	∞	−1	∞
270°	$\dfrac{3\pi}{2}$	−1	0	∞	0	∞	−1
360°	2π	0	1	0	∞	1	∞

1.2.2 计算任意三角函数值的化简表

计算任意角三角函数值的化简表　　　　　　　　　　　　　　　附表 1-6

函 \ 度 数	$-\alpha$	$90°\pm\alpha$	$180°\pm\alpha$	$270°\pm\alpha$	$360°\pm\alpha$
sin	$-\sin\alpha$	$+\cos\alpha$	$\mp\sin\alpha$	$-\cos\alpha$	$\pm\sin\alpha$
cos	$+\cos\alpha$	$\mp\sin\alpha$	$-\cos\alpha$	$\pm\sin\alpha$	$+\cos\alpha$
tan	$-\tan\alpha$	$\mp\cot\alpha$	$\pm\tan\alpha$	$\mp\cot\alpha$	$\pm\tan\alpha$

1.2.3 双曲函数表

双曲函数表　　　　　　　　　　　　　　　　　　　　　　　　附表 1-7

x	sh$x$	ch$x$	th$x$	x	sh$x$	ch$x$	th$x$
0.00	0.00000	1.00000	0.00000	0.40	0.41075	1.08107	0.37995
0.01	0.01000	1.00005	0.01000	0.41	0.42158	1.08523	0.38847
0.02	0.02000	1.00020	0.02000	0.42	0.43246	1.08950	0.39693
0.03	0.03000	1.00045	0.02999	0.43	0.44337	1.09388	0.40532
0.04	0.04001	1.00080	0.03998	0.44	0.45434	1.09837	0.41364
0.05	0.05002	1.00125	0.04996	0.45	0.46534	1.10297	0.42190
0.06	0.06004	1.00180	0.05993	0.46	0.47640	1.10768	0.43008
0.07	0.07006	1.00245	0.06989	0.47	0.48750	1.11250	0.43820
0.08	0.08009	1.00320	0.07983	0.48	0.49865	1.11743	0.44624
0.09	0.09012	1.00405	0.08976	0.49	0.50984	1.12247	0.45422
0.10	0.10017	1.00500	0.09967	0.50	0.52110	1.12763	0.46212
0.11	0.11022	1.00606	0.10956	0.51	0.53240	1.13289	0.46995
0.12	0.12029	1.00721	0.11943	0.52	0.54375	1.13827	0.47770
0.13	0.13037	1.00846	0.12927	0.53	0.55516	1.14377	0.48538
0.14	0.14046	1.00982	0.13909	0.54	0.56663	1.14938	0.49299
0.15	0.15056	1.01127	0.14889	0.55	0.57815	1.15510	0.50052
0.16	0.16068	1.01283	0.15865	0.56	0.58973	1.16094	0.50798
0.17	0.17082	1.01448	0.16838	0.57	0.60137	1.16690	0.51536
0.18	0.18097	1.01624	0.17808	0.58	0.61307	1.17297	0.52267
0.19	0.19115	1.01810	0.18775	0.59	0.62483	1.17916	0.52990
0.20	0.20134	1.02007	0.19738	0.60	0.63665	1.18547	0.53705
0.21	0.21155	1.02213	0.20697	0.61	0.64854	1.19189	0.54413
0.22	0.22178	1.02430	0.21652	0.62	0.66049	1.19844	0.55113
0.23	0.23203	1.02657	0.22603	0.63	0.67251	1.20510	0.55805
0.24	0.24231	1.02894	0.23550	0.64	0.68459	1.21189	0.56490
0.25	0.25261	1.03141	0.24492	0.65	0.69675	1.21879	0.57167
0.26	0.26294	1.03399	0.25430	0.66	0.70897	1.22582	0.57836
0.27	0.27329	1.03667	0.26362	0.67	0.72126	1.23297	0.58498
0.28	0.28367	1.03946	0.27291	0.68	0.73363	1.24025	0.59152
0.29	0.29408	1.04235	0.28213	0.69	0.74607	1.24765	0.59798
0.30	0.30452	1.04534	0.29131	0.70	0.75858	1.25517	0.60437
0.31	0.31499	1.04844	0.30044	0.71	0.77117	1.26282	0.61068
0.32	0.32549	1.05164	0.30951	0.72	0.78384	1.27059	0.61691
0.33	0.33602	1.05495	0.31852	0.73	0.79659	1.27849	0.62307
0.34	0.3459	1.05836	0.32748	0.74	0.80941	1.28652	0.62915
0.35	0.35719	1.06188	0.33638	0.75	0.82232	1.29468	0.63515
0.36	0.36783	1.06550	0.34521	0.76	0.83530	1.30297	0.64108
0.37	0.37850	1.06923	0.35399	0.77	0.84838	1.31139	0.64693
0.38	0.38921	1.07307	0.36271	0.78	0.86153	1.31994	0.65271
0.39	0.39996	1.07702	0.37136	0.79	0.87478	1.32862	0.65841

附录一 施工常用计算数据

续表

x	sh$x$	ch$x$	th$x$	x	sh$x$	ch$x$	th$x$
0.80	0.88811	1.33743	0.66404	1.20	1.50946	1.81066	0.83365
0.81	0.90152	1.34638	0.66959	1.21	1.52764	1.82584	0.83668
0.82	0.91503	1.35547	0.67507	1.22	1.54598	1.84121	0.83965
0.83	0.92863	1.36468	0.68048	1.23	1.56447	1.85676	0.84258
0.84	0.94233	1.37404	0.68581	1.24	1.58311	1.87250	0.84546
0.85	0.95612	1.38353	0.69107	1.25	1.60192	1.88842	0.84828
0.86	0.97000	1.39316	0.69626	1.26	1.62088	1.90454	0.85106
0.87	0.98398	1.40293	0.70137	1.27	1.64001	1.92084	0.85380
0.88	0.99806	1.41284	0.70642	1.28	1.65930	1.93734	0.85648
0.89	1.01224	1.42289	0.71139	1.29	1.67876	1.95403	0.85913
0.90	1.02652	1.43309	0.71630	1.30	1.69838	1.97091	0.86172
0.91	1.04090	1.44342	0.72113	1.31	1.71818	1.98800	0.86428
0.92	1.05539	1.45390	0.72590	1.32	1.73814	2.00528	0.86678
0.93	1.06998	1.46453	0.73059	1.33	1.75828	2.02276	0.86925
0.94	1.08468	1.47530	0.73522	1.34	1.77860	2.04044	0.87167
0.95	1.09948	1.48623	0.73978	1.35	1.79909	2.05833	0.87405
0.96	1.11440	1.49729	0.74428	1.36	1.81977	2.07643	0.87639
0.97	1.12943	1.50851	0.74870	1.37	1.84062	2.09473	0.87869
0.98	1.14457	1.51988	0.75307	1.38	1.86166	2.11324	0.88095
0.99	1.15983	1.53141	0.75736	1.39	1.88289	2.13196	0.88317
1.00	1.17520	1.54308	0.76159	1.40	1.90430	2.15090	0.88535
1.01	1.19069	1.55491	0.76576	1.41	1.92591	2.17005	0.88749
1.02	1.20630	1.56689	0.76987	1.42	1.94770	2.18942	0.88960
1.03	1.22203	1.57904	0.77391	1.43	1.96970	2.20900	0.89167
1.04	1.23788	1.59134	0.77789	1.44	1.99188	2.22881	0.89370
1.05	1.25386	1.60379	0.78181	1.45	2.01427	2.24884	0.89569
1.06	1.26996	1.61641	0.78566	1.46	2.03686	2.26910	0.89765
1.07	1.28619	1.62919	0.78946	1.47	2.05995	2.28958	0.89958
1.08	1.30254	1.64214	0.79320	1.48	2.08265	2.31029	0.90147
1.09	1.31903	1.65525	0.79688	1.49	2.10586	2.33123	0.90332
1.10	1.33565	1.66852	0.80050	1.50	2.12928	2.35241	0.90515
1.11	1.35240	1.68196	0.80406	1.51	2.15291	2.37382	0.90694
1.12	1.36929	1.69557	0.80757	1.52	2.17676	2.39547	0.90870
1.13	1.38631	1.70934	0.81102	1.53	2.20082	2.41736	0.91042
1.14	1.40347	1.72329	0.81441	1.54	2.22510	2.43949	0.91212
1.15	1.42078	1.73741	0.81775	1.55	2.24961	2.46186	0.91379
1.16	1.43822	1.75171	0.82104	1.56	2.27434	2.48448	0.91542
1.17	1.45581	1.76618	0.82427	1.57	2.29930	2.50735	0.91703
1.18	1.47355	1.78083	0.82745	1.58	2.32449	2.53047	0.91860
1.19	1.49143	1.79565	0.83058	1.59	2.34991	2.55384	0.92015

续表

x	sh$x$	ch$x$	th$x$	x	sh$x$	ch$x$	th$x$
1.60	2.37557	2.57746	0.92167	2.00	3.62686	3.76220	0.96403
1.61	2.40146	2.60135	0.92316	2.01	3.66466	3.79865	0.96473
1.62	2.42760	2.62549	0.92462	2.02	3.70283	3.83549	0.96541
1.63	2.45397	2.64990	0.92606	2.03	3.74138	3.87271	0.96609
1.64	2.48059	2.67457	0.92747	2.04	3.78029	3.91032	0.96675
1.65	2.50746	2.69951	0.92886	2.05	3.81958	3.94832	0.96740
1.66	2.53459	2.72472	0.93022	2.06	3.85926	3.98671	0.96803
1.67	2.56196	2.75021	0.93155	2.07	3.89932	4.02550	0.96865
1.68	2.58959	2.77596	0.93286	2.08	3.93977	4.06470	0.96926
1.69	2.61748	2.80200	0.93415	2.09	3.98061	4.10430	0.96986
1.70	2.64563	2.82832	0.93541	2.10	4.02186	4.14431	0.97045
1.71	2.67405	2.85491	0.93665	2.11	4.06350	4.18474	0.97103
1.72	2.70273	2.88180	0.93786	2.12	4.10555	4.22558	0.97159
1.73	2.73168	2.90897	0.93906	2.13	4.14801	4.26685	0.97215
1.74	2.76091	2.93643	0.94023	2.14	4.19089	4.30855	0.97269
1.75	2.79041	2.96419	0.94138	2.15	4.23419	4.35067	0.97323
1.76	2.82020	2.99224	0.94250	2.16	4.27791	4.39323	0.97375
1.77	2.85026	3.02059	0.94361	2.17	4.32205	4.43623	0.97426
1.78	2.88061	3.04925	0.94470	2.18	4.36663	4.47967	0.97477
1.79	2.91125	3.07821	0.94576	2.19	4.41165	4.52356	0.97526
1.80	2.94217	3.10747	0.94681	2.20	4.45711	4.56791	0.97574
1.81	2.97340	3.13705	0.94783	2.21	4.50301	4.61271	0.97622
1.82	3.00492	3.16694	0.94884	2.22	4.54936	4.65797	0.97668
1.83	3.03674	3.19715	0.94983	2.23	4.59617	4.70370	0.97714
1.84	3.06886	3.22768	0.95080	2.24	4.64344	4.74989	0.97759
1.85	3.10129	3.25853	0.95175	2.25	4.69117	4.79657	0.97803
1.86	3.13403	3.28970	0.95268	2.26	4.73937	4.84372	0.97846
1.87	3.16709	3.32121	0.95359	2.27	4.78804	4.89136	0.97888
1.88	3.20046	3.35305	0.95449	2.28	4.83720	4.93948	0.97929
1.89	3.23415	3.38522	0.95537	2.29	4.88683	4.98810	0.97970
1.90	3.26816	3.41773	0.95624	2.30	4.93696	5.03722	0.98010
1.91	3.30250	3.45058	0.95709	2.31	4.98758	5.08684	0.98049
1.92	3.33718	3.48378	0.95792	2.32	5.03870	5.13697	0.98087
1.93	3.37218	3.51733	0.95873	2.33	5.09032	5.18762	0.98124
1.94	3.40752	3.55123	0.95953	2.34	5.14245	5.23879	0.98161
1.95	3.44321	3.58548	0.96032	2.35	5.19510	5.29047	0.98197
1.96	3.47923	3.62009	0.96109	2.36	5.24827	5.34269	0.98233
1.97	3.51561	3.65507	0.96185	2.37	5.30196	5.39544	0.98267
1.98	3.55234	3.69041	0.96259	2.38	5.35618	5.44873	0.98301
1.99	3.58942	3.72611	0.96331	2.39	5.41093	5.50256	0.98335

附录一 施工常用计算数据

续表

x	sh$x$	ch$x$	th$x$	x	sh$x$	ch$x$	th$x$
2.40	5.46623	5.55695	0.98367	4.00	27.28992	27.30823	0.99933
2.41	5.52207	5.61189	0.98400	4.05	28.69002	28.70744	0.99939
2.42	5.57847	5.66739	0.98430	4.10	30.16186	30.17843	0.99945
2.43	5.63542	5.72346	0.98462	4.15	31.70912	31.72438	0.99951
2.44	5.69294	5.78010	0.98492	4.20	33.33567	33.35066	0.99955
2.45	5.75103	5.83732	0.98522	4.25	35.04557	35.05984	0.99959
2.46	5.80969	5.89512	0.98551	4.30	36.84311	36.85668	0.99963
2.47	5.86893	5.95352	0.98579	4.35	38.73278	38.74568	0.99967
2.48	5.92876	6.01250	0.98607	4.40	40.71930	40.73157	0.99970
2.49	5.98918	6.07209	0.98635	4.45	42.80763	42.81931	0.99973
2.50	6.05020	6.13229	0.98661	4.50	45.00301	45.01412	0.99975
2.55	6.36451	6.44259	0.98788	4.55	47.31092	47.32149	0.99978
2.60	6.69473	6.76901	0.98903	4.60	49.73713	49.74718	0.99980
2.65	7.04169	7.11234	0.99007	4.65	52.28771	52.29727	0.99982
2.70	7.40626	7.47347	0.99101	4.70	54.96904	54.97813	0.99983
2.75	7.78935	7.85328	0.99186	4.75	57.78782	57.79647	0.99985
2.80	8.19192	8.25273	0.99263	4.80	60.75109	60.75932	0.99986
2.85	8.61497	8.67281	0.99333	4.85	63.86628	63.87411	0.99988
2.90	9.05956	9.11458	0.99396	4.90	67.14117	67.14861	0.99989
2.95	9.52681	9.57915	0.99454	4.95	70.58394	70.59102	0.99990
3.00	10.01787	10.06766	0.99505	5.00	74.20321	74.20995	0.99991
3.05	10.53399	10.58135	0.99552	5.10	82.00791	82.01400	0.99993
3.10	11.07645	11.12150	0.99595	5.20	90.63336	90.63888	0.99994
3.15	11.64661	11.69946	0.99633	5.30	100.1659	100.1790	0.99995
3.20	12.24588	12.28665	0.99668	5.40	110.7010	110.7055	0.99996
3.25	12.87578	12.91456	0.99700	5.50	122.3439	122.3480	0.99997
3.30	13.53788	13.57476	0.99728	5.60	135.2114	135.2151	0.99997
3.35	14.23382	14.26891	0.99754	5.70	149.4320	149.4354	0.99998
3.40	14.96536	14.99874	0.99777	5.80	165.1483	165.1513	0.99998
3.45	15.73432	15.76607	0.99799	5.90	182.5174	182.5201	0.99998
3.50	16.54263	16.57282	0.99818	6.00	201.7132	201.7156	0.99999
3.55	17.39230	17.42102	0.99835	6.10	222.9278	222.9300	0.99999
3.60	18.28546	18.31278	0.99851	6.20	246.3735	246.7355	0.99999
3.65	19.22434	19.25033	0.99865	6.30	272.2850	272.2869	0.99999
3.70	20.21129	20.23601	0.99878	6.40	300.9217	300.9233	0.99999
3.75	21.24878	21.27230	0.99889	6.50	332.5701	332.5716	1.00000
3.80	22.33941	22.36178	0.99900	6.60	367.5469	367.5483	
3.85	23.48589	23.50717	0.99909	6.70	406.2023	406.2035	
3.90	24.69110	24.71135	0.99918	6.80	448.9231	448.9242	
3.95	25.95806	25.97731	0.99926	6.90	496.1369	496.1379	

续表

x	sh$x$	ch$x$	th$x$	x	sh$x$	ch$x$	th$x$
7.00	548.3161	548.3170		8.50	2457.384		
7.10	605.9831	605.9839		8.60	2715.830		
7.20	669.7150	669.7158		8.70	3001.456		
7.30	740.1496	740.1503		8.80	3317.122		
7.40	817.9919	817.9925		8.90	3665.987		
7.50	904.0209	904.0215		9.00	4051.542		
7.60	999.0977	999.0982		9.10	4477.646		
7.70	1104.174	1104.174		9.20	4948.564		
7.80	1220.301			9.30	5469.010		
7.90	1348.641			9.40	6044.190		
8.00	1490.479			9.50	6679.863		
8.10	1647.234			9.60	7382.391		
8.20	1820.475			9.70	8158.804		
8.30	2011.936			9.80	9016.872		
8.40	2223.533			9.90	9965.185		
				10.00	11013.230		

注：sh$x$、ch$x$、th$x$ 分别为 sinh$x$、cosh$x$、tanh$x$ 的缩写。例如 ch$x=2.170$，查表可得 $x=1.41$；arch2.170$=1.41$。又 $x=0.84$，查表得 th$x=0.68581\approx 0.69$。

1.3 常用几何基本图形计算公式

1.3.1 平面图形计算公式

几何平面图形计算公式　　附表 1-8

名称	简图	面积（F）重心（G）	名称	简图	面积（F）重心（G）
直角三角形		$F=\dfrac{1}{2}ab$ $c=\sqrt{a^2+b^2}$ $GD=\dfrac{1}{3}BD$ $CD=DA$	钝角三角形		$F=\dfrac{1}{2}bh$ $h=\sqrt{c^2-e^2}$ $c=\sqrt{a^2-b^2-2be}$ $GD=\dfrac{1}{3}BD$ $CD=DA$

附录一 施工常用计算数据

续表

名称	简图	面积(F) / 重心(G)	名称	简图	面积(F) / 重心(G)
锐角三角形		$F=\frac{1}{2}bh=\frac{1}{2}bc\sin a$ $h=\sqrt{c^2-e^2}$ $c=\sqrt{a^2-b^2+be}$ $GD=\frac{1}{3}BD$ $CD=DA$	正方形		$F=a^2=\frac{1}{2}f^2$ $f=\sqrt{2}a=1.414a$ G 在对角线交点上
长方形		$F=a\cdot b$ $f=\sqrt{a^2+b^2}$ G 在对角线交点上	弓形		$F=\frac{1}{2}[r(l-c)+ch]$ $=\frac{\pi r^2\theta}{360°}-\frac{c(r-h)}{2}$ $r=\frac{c^2+4h^2}{8h}$ $c=\sqrt{(2r-h)h}$ $h=r-\frac{1}{2}\sqrt{4r^2-c^2}$ $l=\sqrt{c^2+16h^2/3}$ $G_o=\frac{1}{12}\cdot\frac{c^2}{l}$ 当 $\theta=180°$ 时,$G_o=\frac{4r}{3\pi}$
平行四边形		$F=b\cdot h=ab\sin\theta_1$ $=\frac{1}{2}f_1\cdot f_2\sin\theta_2$ G 在对角线交点上			
菱形		$F=\frac{1}{2}f_1\cdot f_2=a^2\sin\theta$ $f_1=2a\cdot\sin\frac{\theta}{2}$ $f_2=2a\cdot\cos\frac{\theta}{2}$ G 在对角线交点上	隅角		$F=\left(1-\frac{\pi}{r}\right)r^2$ $=0.2146r^2$ $=0.1073c^2$
梯形		$F=\frac{1}{2}(a+b)\cdot h$ $=\frac{1}{2}f_1\cdot f_2\sin\theta$ $HG=\frac{h}{3}\cdot\frac{a+2b}{a+b}$ $KG=\frac{h}{3}\cdot\frac{2a+b}{a+b}$	空心圆		$F=\frac{\pi}{4}(D^2-d^2)$ $=\pi(R^2-r^2)$ G 在圆心上
任意四边形		$F=\frac{(h_1+h_2)a}{2}$ $+\frac{bh_1+ch_2}{2}$	椭圆		$F=\pi R\cdot r=\frac{\pi}{4}D\cdot d$ $l=\pi\sqrt{\frac{D^2+d^2}{2}}$ $=\pi\sqrt{2(R^2+r^2)}$ G 在主轴交点上
圆形		$F=\pi r^2=\frac{1}{4}\pi d^2$ $l=2\pi r=\pi d$ G 在圆心上			

1.3 常用几何基本图形计算公式

续表

名称	简图	面积(F) 重心(G)	名称	简图	面积(F) 重心(G)
扇形		$F=\frac{1}{2}lr=\frac{\pi r^2\theta}{360°}$ $l=\frac{\theta}{180°}\pi r$ $\theta=\frac{180°}{\pi}\cdot\frac{l}{r}$ $G_0=\frac{2}{3}\cdot\frac{rb}{l}$ 当$\theta=90°$时 $G_0=\frac{4}{3}\cdot\frac{\sqrt{2}}{\pi}r=0.6r$	正五边形		$F=\frac{n}{2}a\cdot r$ $R=\sqrt{r^2+a^2/4}$ $r=\sqrt{R^2-a^2/4}$ $a=2\sqrt{R^2-r^2}$ $=2R\sin\frac{\theta}{2}$ $\theta=\frac{360°}{n};\alpha=\frac{n-2}{n}180°$ $l=n\cdot a$ G在内、外接圆的圆心上

注：a、b、c——边长；l——弧长或周长；e——三角形高离一角的距离；h——高；f——对角线；θ——中心角；α——边角；R、r——半径；d——直径；n——三角形边数；A——面积；G——三角形中线。

1.3.2 立体图形计算公式

立体图形计算公式   附表1-9

名称	简图	表面积(S)、 体积(V)、重心(G)	名称	简图	表面积(S)、 体积(V)、重心(G)
正四面体		$V=0.1179a^3$ $S=1.7321a^2$	正立方体		$V=a^3$ $S=6a^2$ $f=1.732a$ G在对角线交点上
正长方体		$V=a\cdot b\cdot h$ $S=2(ab+bh+ha)$ $f=\sqrt{a^2+b^2+h^2}$ $G_0=\frac{h}{2}$（位于正长方体中心）	三棱柱		$V=F\cdot h$ $S=(a+b+c)\cdot h+2F$ $G_0=\frac{h}{2}$
角锥		$V=\frac{1}{3}F\cdot h$ $=\frac{han}{6}\sqrt{R^2-\frac{a^2}{4}}$ $S=\frac{1}{2}pl+F$ $G_0=\frac{h}{4}$	截头角锥		$V=\frac{1}{3}h(F_1+F_2+\sqrt{F_1\cdot F_2})$ $S=\frac{1}{2}(P_1+P_2)l+F_1+F_2$ $G_0=\frac{h}{4}\times\frac{F_1+2\sqrt{F_1\cdot F_2}+3F_2}{F_1+\sqrt{F_1\cdot F_2}+F_2}$

续表

名称	简图	表面积(S)、体积(V)、重心(G)	名称	简图	表面积(S)、体积(V)、重心(G)
梯形体		$V=\dfrac{h}{6}[(a_1+2a)b+(2a+a)\cdot b_1]$ $=\dfrac{h}{6}[ab+(a+a_1)\times(b+b_1)+a_1b_1]$	楔形		$V=\dfrac{bh}{6}(a_1+2a)$
直圆柱		$V=\pi r^2 h$ $S=2\pi r(r+h)$ $G_o=\dfrac{h}{2}$	斜切直圆柱		$V=\pi r^2=\dfrac{h_1+h_2}{2}$ $S=\pi r(h_1+h_2)+\pi r^2(1+1/\cos\alpha)$ $G_o=\dfrac{h_1+h_2}{4}+\dfrac{r^2\tan^2\alpha}{4(h_1+h_2)}$ $GK=\dfrac{1}{2}\cdot\dfrac{r^2}{h_1+h_2}\tan\alpha$
直圆锥		$V=\dfrac{1}{3}\pi r^2 h$ $S=\pi rl+\pi r^2$ $G_o=\dfrac{h}{4}$	圆台		$V=\dfrac{\pi h}{3}(R^2+r^2+R\cdot r)$ $S=\dfrac{\pi l}{4}(R+r)+\pi(R^2+r^2)$ $G_o=\dfrac{h}{4}\cdot\dfrac{R^2+2Rr+3r^2}{R^2+Rr+r^2}$
球		$V=\dfrac{4}{3}\pi r^3=\dfrac{1}{6}\pi d^3$ $S=4\pi r^2=\pi d^2$ G 在球心上	球楔		$V=\dfrac{2}{3}\pi r^2 h=2.0944r^2h$ $S=\dfrac{\pi r}{2}(4h+d)$ $G_o=\dfrac{3}{4}\left(r-\dfrac{h}{2}\right)$
圆环		$V=2\pi^2 Rr^2=19.739Rr^2$ $S=4\pi^2 Rr=39.478Rr$ G 在环中心上	椭圆体		$V=\dfrac{4}{3}abc\pi$ $S=2\sqrt{2}b\cdot\sqrt{a^2+b^2}$ G 在轴交点上

注：a、b、c——边长；n——边数；h——高；f——对角线；R、r——半径；d——直径；l——母线长；F——底面积；S——表面积；V——体积；p——多边形周长；P_1、P_2——两端截面周长。

1.4 材料基本性质计算公式

1.4.1 材料有关性质计算公式

材料有关性质计算公式 　　　　　　　　　附表 1-10

名　称	符　号	单　位	物理意义	基本公式	符号意义
含水率	$w_含$	%	材料吸收水分的重量占材料干燥重量的百分率	$w = \dfrac{m_含 - m}{m} \times 100\%$	$m_含$—材料含水时的重量(g); m—材料干燥时的重量(g); m_1—材料吸水饱和后的重量(g); V_1—材料在自然状态下的体积(cm^3); ρ_0—材料的质量密度。 $f_饱$—材料在含水饱和状态下的抗压强度(Pa); $f_干$—材料在干燥状态下的抗压强度(Pa); Q—单位时间内渗过试件的水量(cm^3/s 或 cm^3/d); A—试件的截面积(cm^2); I—水力梯度; v—渗透速度(cm/s 或 cm/d); F—材料在 $-15℃$ 以下冻结,反复冻融后重量损失$\leqslant 5\%$,强度损失$\leqslant 25\%$ 的冻融次数; Q_1—通过材料传导的热量(J); a—材料的厚度(m); A_1—材料导热面积(m^2); Z—导热时间(h)
重量吸水率	$B_重$	%	材料吸水达到饱和状态时所占重量百分率	$B_重 = \dfrac{m_1 - m}{m} \times 100\%$	
体积吸水率	$B_体$	%	材料在水中吸收水分所占体积的百分率	$B_体 = \dfrac{m_1 - m}{V_1} \times 100\%$ $= B_重 \cdot \rho_0$	
软化系数	K_p		材料长期在饱和水作用下强度不降低或不严重降低的性质	$K_p = \dfrac{f_饱}{f_干}$	
渗透系数	K	cm/s 或 cm/d	材料抵抗压力水渗透的能力	$K = \dfrac{Q}{AI} = \dfrac{v}{I}$	
抗冻强度等级	F		材料在吸水饱和状态下经反复冻融而不破坏的强度		
抗渗等级	P		材料能承受的最大水压力值		
导热系数	λ	W/m·K	材料厚 1m,两表面温差 1℃时,1h 通过 $1m^2$ 围护结构表面的热量	$\lambda = \dfrac{Q_1 a}{A_1 Z(t_1 - t_2)}$	
比热	c	kJ/kg·K	1kg 材料温度升高或降低 1℃ 所吸收或放出的热量	$c = \dfrac{Q_2}{m(t_1 - t_2)}$	$(t_1 - t_2)$—材料两侧温度差;或材料受热(或冷却)前后的温度差(℃); Q_2—材料吸收(或放出)的热量(kJ); m_{01}—材料磨损前的重量(g); m_{02}—材料磨损后的重量(g); F—材料磨损面积(cm^2)
热容量	Q	kJ	材料在受热(或冷却)时能吸收(或放出)热量的性质	$Q = c \cdot m$	
磨损率	N	g/cm^2	材料抵抗磨损的能力	$N = \dfrac{m_{01} - m_{02}}{F}$	

1.4.2 材料物理性质计算公式

材料物理性质计算公式　　　　　　　　　　　　　　　　附表 1-11

名称	符号	单位	物理意义	基本公式	符号意义
密度	ρ	g/cm³	材料在绝对密实状态下的单位体积重量	$\rho = \dfrac{m}{V}$	m—材料的重量(g); V—材料在绝对密实状态下的体积(cm³); V_0—材料在自然状态下的体积(cm³); m'—颗粒状材料的重量(kg); V'—颗粒状材料在堆积状态下的体积(m³)
表观密度	ρ_o	g/cm³	材料在自然状态下的单位体积重量	$\rho_o = \dfrac{m}{V_0}$	
堆积密度	ρ'_o	kg/m³	颗粒状材料在堆积状态下的单位体积重量	$\rho'_o = \dfrac{m'}{V'}$	
密实度	D	%	材料体积内固体物质所充实的程度	$D = \dfrac{\rho_o}{\rho} \times 100\%$ $= \dfrac{V}{V_0} \times 100\%$	
孔隙率	ε	%	材料内部孔隙体积所占的百分率	$\varepsilon = \dfrac{V_0 - V}{V_0} \times 100\%$ $= \left(1 - \dfrac{\rho_o}{\rho}\right) \times 100\%$ $= (1 - D) \times 100\%$	
空隙率	ε'	%	颗粒状材料内部空隙体积所占的百分率	$\varepsilon' = \dfrac{V' - V}{V'} \times 100\%$ $= \left(1 - \dfrac{\rho'_o}{\rho_o}\right) \times 100\%$	

1.4.3 材料力学性质计算公式

材料力学性质计算公式　　　　　　　　　　　　　　　　附表 1-12

名称	符号	单位	基本公式	符号意义
抗压强度	f_c	N/mm²	$f_c = \dfrac{F}{A}$	F—材料受压、拉、弯、剪破坏时的荷载(N); A—材料受压、拉、剪面积(mm²); M—弯矩(N·mm); W—构件截面抵抗矩(mm³); L—构件两支点间距(mm); b—构件截面宽度(mm); h—构件截面高度(mm)
抗拉强度	f_t	N/mm²	$f_t = \dfrac{F}{A}$	
抗弯强度	f_m	N/mm²	$f_m = \dfrac{M}{W}$ (一般情况) $f_m = \dfrac{3FL}{2bh^2}$ (矩形截面梁)	
抗剪强度	f_v	N/mm²	$f_v = \dfrac{F}{A}$	

注：材料在外力作用下，达到破坏时，单位面积所受的力称为强度，亦即在外力作用下，抵抗破坏的能力。

1.5 常用建筑材料自重

常用建筑材料自重　　　　　　　　　　　　　　　　　　　　　附表1-13

名　称	自重(kN/m³)	名　称	自重(kN/m³)
杉木	4～6(随含水率而不同)	纸筋石灰泥	16
松木	5～6(随含水率而不同)	水泥	14.5(散装)、16(袋装)
硬杂木	6～7(随含水率而不同)		
普通木板条、椽檩木料	5(随含水率而不同)	矿渣	10～14
锯末	2～2.5	水渣	5～9
木丝板	4～5	炉渣	7～10
刨花板	6	素混凝土	22～24
胶合三夹板	0.019～0.028(kN/m²)	钢筋混凝土	24～25
胶合五夹板	0.03～0.04(kN/m²)	铁屑混凝土	28～65
胶合七夹板	0.058(kN/m²)	浮石混凝土	9～14
木屑板(10mm厚)	0.12(kN/m²)	无砂大孔混凝土	16～19
铸铁	72.5	加气混凝土	5.5～7.5
钢	78.5	沥青混凝土	20
铜	85～89	水玻璃耐酸混凝土	20～23.5
铝	27	粉煤灰陶粒混凝土	19.5
铝合金	28	普通玻璃	25.6
石棉	10(压实)、4(松散)	钢丝玻璃	26
石膏粉	9	玻璃棉	0.5～1.0
石膏块	13～14.5	岩棉	0.5～2.5
砂子	14(细砂)、17(粗砂)	玻璃钢	14～22
卵石	16～18	矿渣棉	1.2～1.5
碎石	14～15	矿渣棉制品	3.5～4.0
砂夹卵石	15～17(干、松)	水泥珍珠岩制品	3.5～4.0
浮石	6～8(干)	膨胀蛭石	0.8～2.0
花岗石、大理石	28	水泥蛭石制品	4～6
石灰石	26.4	沥青蛭石制品	3.5～4.5
毛石	17		
标准黏土砖	18～19	聚氯乙烯板(管)	13.6～16
耐火砖	19～22	聚氯乙烯泡沫塑料	0.5
红缸砖	20.4	聚苯乙烯泡沫塑料	0.3～0.5
耐酸瓷砖	23～25	稻草	1.2
灰砂砖	18	石棉板	13
黏土空心砖	11～14.5	报纸	7
水泥空心砖	9.6～10.3	石膏板	11
蒸压粉煤灰砖	14～16	沥青玻璃棉	0.8～1.0
蒸压粉煤灰加气混凝土砌块	5.5	沥青矿渣棉毡	1.2～1.6
混凝土空心小砌块	11.8	石油沥青	10～11
瓷面砖	19.8	煤沥青	13.4
陶瓷锦砖	0.12(kN/m²)	煤焦油	10
生石灰块	11	无烟煤	8～9.5
生石灰粉	12	汽油	6.4～6.7
熟石灰膏	13.5	煤油	7.2～8
石灰砂浆、混合砂浆	17	柴油	8.7～9.2
水泥砂浆	20	水(4℃时)	10
水泥蛭石砂浆	5～8	冰	8.96
膨胀珍珠岩砂浆	7～15		

1.6 常用计量单位及其换算

1.6.1 法定计量单位

国际单位制的基本单位 附表 1-14

量 的 名 称	单 位 名 称	单 位 符 号
长 度	米	m
质 量	千克(公斤)	kg
时 间	秒	s
电 流	安[培]	A
热力学温度	开[尔文]	K
物质的量	摩[尔]	mol
发光强度	坎[德拉]	cd

国际单位制的辅助单位 附表 1-15

量 的 名 称	单 位 名 称	单 位 符 号
平 面 角	弧 度	rad
立 体 角	球 面 度	sr

国际单位制中具有专门名称的导出单位 附表 1-16

量 的 名 称	单 位 名 称	单 位 符 号	其他表示式例
频 率	赫[兹]	Hz	s^{-1}
力;重力	牛[顿]	N	$kg \cdot m/s^2$
压力;压强;应力	帕[斯卡]	Pa	N/m^2
能量;功;热	焦[耳]	J	$N \cdot m$
功率;辐射通量	瓦[特]	W	J/s
电荷量	库[仑]	C	$A \cdot s$
电位;电压;电动势	伏[特]	V	W/A
电 容	法[拉]	F	C/V
电 阻	欧[姆]	Ω	V/A
电 导	西[门子]	S	A/V
磁 通 量	韦[伯]	Wb	$V \cdot s$
磁通量密度;磁感应强度	特[斯拉]	T	Wb/m^2
电 感	亨[利]	H	Wb/A
摄氏温度	摄氏度	℃	
光 通 量	流[明]	lm	$Cd \cdot sr$
光 照 度	勒[克斯]	lx	lm/m^2
放射性活度	贝可[勒尔]	Bq	s^{-1}
吸收剂量	戈[瑞]	Gy	J/kg
剂量当量	希[沃特]	Sv	J/kg

1.6 常用计量单位及其换算

国家选定的非国际单位制单位　　　　　　　　　　　　　附表 1-17

量的名称	单位名称	单位符号	换算关系和说明
时　间	分 [小]时 天(日)	min h d	1min=60s 1h=60min=3600s 1d=24h=86400s
平面角	[角]秒 [角]分 度	(″) (′) (°)	$1''=(\pi/648000)\text{rad}$($\pi$ 为圆周率) $1'=60''=(\pi/10800)\text{rad}$ $1°=60'=(\pi/180)\text{rad}$
旋转角度	转每分	r/min	$1\text{r/min}=(1/60)\text{s}^{-1}$
长　度	海里	nmile	1nmile=1852m(只用于航程)
速　度	节	kn	1kn=1nmile/h=(1852/3600)m/s (只用于航行)
质　量	吨 原子质量单位	t u	$1\text{t}=10^3\text{kg}$ $1\text{u}\approx 1.6605655\times 10^{-27}\text{kg}$
体　积	升	L,(l)	$1\text{L}=1\text{dm}^3=10^{-3}\text{m}^3$
能	电子伏	eV	$1\text{eV}\approx 1.6021892\times 10^{-19}\text{J}$
级　差	分　贝	dB	
线密度	特(克斯)	tex	1tex=1g/km

1.6.2 有关的非法定计量单位与法定计量单位的换算

有关的非法定计量单位与法定计量单位的换算关系　　附表 1-18

量的名称	非法定计量单位		法定计量单位		换算关系
	名　称	符号	名　称	符号	
长　度	公　尺 公　分 公　厘	m cm mm	米 厘　米 毫　米	m cm mm	1m=100cm=1000mm 1cm=10mm
重　量	公　吨 公　斤 克	t kg g	吨 千　克 克	t kg g	1t=1000kg 1kg=1000g
体积、容积	立　米 公　升	m³ L	立方米 升	m³ L	$1\text{m}^3=1000\text{L}$
力 重　力	千克力 吨　力	kgf tf	牛　顿 千牛顿	N kN	1kgf=9.80665N≈10N 1tf=9.80665kN≈10kN
线分布力	千克力每米 吨力每米	kgf/m tf/m	牛顿每米 千牛顿每米	N/m kN/m	1kgf/m=9.80665N/m≈10N/m 1tf/m=9.80665kN/m≈10kN/m
面分布力	千克力每平方米 吨力每平方米	kgf/m² tf/m²	牛顿每平方米 千牛顿每平方米	N/m² kN/m²	1kgf/m²=9.80665N/m²≈10N/m² 1tf/m²=9.80665kN/m²≈10kN/m²
力矩、弯矩、 扭矩	千克力米 吨力米	kgf·m tf·m	牛顿米 千牛顿米	N·m kN·m	1kgf·m=9.80665N·m≈10N·m 1tf·m=9.80665kN·m≈10kN·m

附录一 施工常用计算数据

续表

量的名称	非法定计量单位 名称	非法定计量单位 符号	法定计量单位 名称	法定计量单位 符号	换算关系
压强、压力（用于液体）	千克力每平方米	kgf/m²	帕斯卡	Pa	1kgf/cm²=9.80665Pa≈10Pa
	吨力每平方米	tf/m²	千帕斯卡	kPa	1tf/m²=9.80665kPa≈10kPa
	标准大气压	atm	帕斯卡	Pa	1atm=101325Pa
	工程大气压	at	帕斯卡	Pa	1at=98065.5Pa
	毫米汞柱	mmHg	帕斯卡	Pa	1mmHg=133.322Pa
	毫米水柱	mmH₂O	帕斯卡	Pa	1mmH₂O=9.80665Pa≈10MPa
应力、材料强度	千克力每平方毫米	kgf/mm²	兆帕斯卡	MPa	1kgf/mm²=9.80665MPa≈10MPa
	千克力每平方厘米	kgf/cm²	兆帕斯卡	MPa	1kgf/cm²=0.0980665MPa≈0.1MPa
	吨力每平方米	tf/m²	千帕斯卡	kPa	1tf/m²=9.80665kPa≈10kPa
弹性、剪切、压缩模量	千克力每平方厘米	kgf/cm²	兆帕斯卡	MPa	1kgf/cm²=0.0980665MPa≈0.1MPa
压缩系数	平方厘米每千克力	cm²/kgf	每兆帕斯卡	MPa⁻¹	1cm²/kgf=(1/0.0980665)MPa⁻¹≈1/0.1MPa⁻¹
功、能、热	千克力米	kgf·m	焦耳	J	1kgf·m=9.80665J≈10J
	吨力米	tf·m	千焦耳	kJ	1tf·m=9.80665kJ≈10kJ
	千瓦小时	kW·h	兆焦耳	MJ	1kW·h=3.6MJ
功率	千克力米每秒	kgf·m/s	瓦特	W	1kgf·m/s=9.80665W≈10W
	千卡每小时	kcal/h	瓦特	W	1kCal/h=1.163W
	米制马力		瓦特	W	1米制马力=735.499W
	锅炉马力		瓦特	W	1锅炉马力=9809.5
发热量	千卡每立方米	kcal/m³	千焦耳每立方米	kJ/m³	1kcal/m³=4.1868kJ/m³
汽化热	千卡每千克	kcal/kg	千焦耳每千克	kJ/kg	1kcal/kg=4.1868kJ/kg
比热容	千卡每千克摄氏度	kcal/(kg·℃)	千焦耳每千克开尔文	kJ/kg·K	1kcal/kg·℃=4.1868kJ/kg·K
体积热容	千卡每立方米摄氏度	kcal/(m³·℃)	千焦耳每立方米开尔文	kJ/m³·K	1kcal/m³·℃=4.1868kJ/m³·K
传热系数	千卡每平方米小时摄氏度	kcal/(m²·h·℃)	瓦特每平方米开尔文	W/m²·K	1kcal/m²·h·℃=1.163W/m²·K
导热系数	千卡每米小时摄氏度	kcal/(m·h·℃)	瓦特每米开尔文	W/m·K	1kcal/m·h·℃=1.163W/m·K
热阻率	米小时摄氏度每千卡	m·h·℃/kcal	米开尔文每瓦特	m·K/W	1m·h·℃/kcal=1/1.163m·K/W

1.6.3 温度单位换算

温度单位换算　　　　　附表1-19

单位	开尔文 (K)	摄氏度 (℃)	华氏度 (℉)	列氏度 (°R)
开尔文	K	K−273.15	$\frac{9}{5}$(K−273.15)+32	$\frac{4}{5}$(K−273.15)
摄氏度	C+273.15	C	$\frac{9}{5}$C+32	$\frac{4}{5}$C
华氏度	$\frac{5}{9}$(F−32)+273.15	$\frac{5}{9}$(F−32)	F	$\frac{4}{9}$(F−32)
列氏度	$\frac{5}{4}$R+273	$\frac{5}{4}$R	$\frac{9}{4}$R+32	R
冰点	273.15	0	32	0
沸点	273.15	100	212	80

1.6.4 标准筛常用网号、目数对照

标准筛常用网号、目数对照表　　　　附表1-20

网号(号)	目数(目)	孔/cm²	网号(号)	目数(目)	孔/cm²	网号(号)	目数(目)	孔/cm²	网号(号)	目数(目)	孔/cm²
5.00	4	2.56	0.63	28	125.44	0.30	60	576	0.088	160	
4.00	5	4.00	0.60	30	144.00	0.28	65	676	0.077	180	5184
3.22	6	5.76	0.55	32	163.84	0.261	70	784		190	5776
2.50	8	10.24	0.525	34	185.00	0.25	75	900	0.076	200	6400
2.00	10	16.00	0.50	36	207.00	0.20	80	1024	0.065	230	8464
	12	23.04	0.425	38	231	0.18	85			240	9216
1.43	14	31.36	0.40	40	256	0.17	90	1296	0.06	250	10000
1.24	16	40.96	0.375	42	282	0.15	100	1600	0.052	275	12100
1.00	18	51.84		44	310	0.14	110	1936		280	12544
0.59	20	64.00	0.345	46	339	0.125	120	2304	0.045	300	14400
	22	77.44		48	369	0.12	130	2704	0.044	320	16384
0.79	24	92.16	0.325	50	400		140	3136	0.042	350	19600
0.71	26	108.16		55	484	0.10	150	3600	0.034	400	25600

注: 1. 网号系指筛网的公称尺寸，单位为：毫米 (mm)。例如1号网，即指正方形网孔每边长1mm。

2. 目数系指1英寸 (in) 长度上的孔眼数，单位为：目/英寸 (目/in)。
例如1in (25.4mm) 长度上有20孔眼，即为20目。

3. 一般英美各国用目数表示；原苏联用网号表示。

1.6.5 pH参考表

pH参考表　　　　附表1-21

pH	0	1	2	3	4	5	6	7
溶液性质	强酸性				弱酸性			中性
pH	8	9	10	11	12	13	14	
溶液性质	弱碱性			强碱性				

附录二 施工常用结构计算用表

2.1 常用设计荷载

2.1.1 民用建筑楼面均布活荷载

民用建筑楼面均布活荷载标准值及其组合值、频遇值和准永久值系数　　附表2-1

项次	类　别		标准值 (kN/m²)	组合值系数 ψ_c	频遇值系数 ψ_f	准永久值系数 ψ_q
1	(1)住宅、宿舍、旅馆、办公楼、医院病房、托儿所、幼儿园		2.0	0.7	0.5	0.4
	(2)试验室、阅览室、会议室、医院门诊室		2.0	0.7	0.6	0.5
2	教室、食堂、餐厅、一般资料档案室		2.5	0.7	0.6	0.5
3	(1)礼堂、剧场、影院、有固定座位的看台		3.0	0.7	0.5	0.3
	(2)公共洗衣房		3.0	0.7	0.6	0.5
4	(1)商店、展览厅、车站、港口、机场大厅及其旅客等候室		3.5	0.7	0.6	0.5
	(2)无固定座位的看台		3.5	0.7	0.5	0.3
5	(1)健身房、演出舞台		4.0	0.7	0.6	0.5
	(2)运动场、舞厅		4.0	0.7	0.6	0.3
6	(1)书库、档案室、储藏室		5.0	0.9	0.9	0.8
	(2)密集柜书库		12.0	0.9	0.9	0.8
7	通风机房、电梯机房		7.0	0.9	0.9	0.8
8	汽车通道及客车停车库	(1)单向板楼盖(板跨不小于2m)和双向板楼盖(板跨不小于3m×3m) 客车	4.0	0.7	0.7	0.6
		消防车	35.0	0.7	0.5	0.0
		(2)双向板楼盖(板跨不小于6m×6m)和无梁楼盖(柱网不小于6m×6m) 客车	2.5	0.7	0.7	0.6
		消防车	20.0	0.7	0.5	0.0
9	厨房	(1)餐厅	4.0	0.7	0.7	0.7
		(2)其他	2.0	0.7	0.6	0.5
10	浴室、卫生间、盥洗室		2.5	0.7	0.6	0.5
11	走廊、门厅	(1)宿舍、旅馆、医院病房、托儿所、幼儿园、住宅	2.0	0.7	0.5	0.4
		(2)办公楼、餐厅、医院门诊部	2.5	0.7	0.6	0.5
		(3)教学楼及其他可能出现人员密集的情况	3.5	0.7	0.5	0.3

2.1 常用设计荷载

续表

项次	类别		标准值 (kN/m²)	组合值系数 ψ_c	频遇值系数 ψ_f	准永久值系数 ψ_q
12	楼梯	(1)多层住宅	2.0	0.7	0.5	0.4
		(2)其他	3.5	0.7	0.5	0.3
13	阳台	(1)可能出现人员密集的情况	3.5	0.7	0.6	0.5
		(2)其他	2.5	0.7	0.6	0.5

注：1. 本表所给各项活荷载适用于一般使用条件，当使用荷载较大、情况特殊或有专门要求时，应按实际情况采用。
2. 第6项书库活荷载当书架高度大于2m时，书库活荷载尚应按每米书架高度不小于2.5kN/m²确定。
3. 第8项中的客车活荷载仅适用于停放载人少于9人的客车；消防车活荷载是适用于满载总重为300kN的大型车辆；当不符合本表的要求时，应将车轮的局部荷载按结构效应的等效原则，换算为等效均布荷载；
4. 第8项消防车活荷载，当双向板楼盖板跨介于3m×3m～6m×6m之间时，应按跨度线性插值确定；
5. 第12项楼梯活荷载，对预制楼梯跨步平板，尚应按1.5kN集中荷载验算；
6. 本表各项荷载不包括隔墙自重和二次装修荷载；对固定隔墙的自重应按永久荷载考虑，当隔墙位置可灵活自由布置时，非固定隔墙的自重应取不小于1/3的每延米长墙重（kN/m）作为楼面活荷载的附加值（kN/m²）计入，且附加值不应小于1.0kN/m²。

活荷载按楼层数的折减系数 附表2-2

墙、柱、基础计算截面以上的层数	1	2～3	4～5	6～8	9～20	>20
计算截面以上各楼层活荷载总和的折减系数	1.00 (0.90)	0.85	0.70	0.65	0.60	0.55

注：当楼面梁的从属面积超过25m²时，采用括号内的系数。

2.1.2 屋面均布活荷载

屋面均布活荷载标准值及其组合值系数、频遇值系数和准永久值系数 附表2-3

项次	类别	标准值 (kN/m²)	组合值系数 ψ_c	频遇值系数 ψ_f	准永久值系数 ψ_q
1	不上人的屋面	0.5	0.7	0.5	0.0
2	上人的屋面	2.0	0.7	0.5	0.4
3	屋顶花园	3.0	0.7	0.6	0.5
4	屋顶运动场地	3.0	0.7	0.6	0.4

注：1. 不上人的屋面，当施工或维修荷载较大时，应按实际情况采用；对不同类型的结构应按有关设计规范的规定采用，但不得低于0.3kN/m²；
2. 当上人的屋面兼作其他用途时，应按相应楼面活荷载采用；
3. 对于因屋面排水不畅、堵塞等引起的积水荷载，应采取构造措施加以防止；必要时，应按积水的可能深度确定屋面活荷载；
4. 屋顶花园活荷载不应包括花圃土石等材料自重。

2.1.3 楼面和屋面的施工或检修集中荷载和栏杆水平荷载

楼面和屋面的施工或检修集中荷载和栏杆水平荷载　　　　附表 2-4

项次	类别	项目	荷载
1	施工或检修荷载	屋面板、檩条、钢筋混凝土挑檐雨篷和预制小梁	1.0kN
2	栏杆顶部水平荷载	住宅、宿舍、办公楼、旅馆、医院、托儿所、幼儿园	0.5kN/m
		学校、食堂、剧场、电影院、车站、礼堂、展览馆或体育场	1.0kN/m

注：1. 第1项对于轻型构件或较宽构件，当施工荷载有可能超过上述荷载时，应按实际情况验算，或采用加垫板、支撑等临时设施承受。
　　2. 第1项当计算挑檐、雨篷承载力时，应沿板宽每隔 1.0m 取一个集中荷载；在验算挑檐、雨篷倾覆时，应沿板宽每隔 2.5~3.0m 取一个集中荷载。

2.2 常用结构静力计算公式

2.2.1 构件常用截面的几何与力学特性

常用截面的几何与力学特征表　　　　附表 2-5

截面简图	截面积 (A)	截面边缘至主轴的距离(y) 对主轴的惯性矩(I)	截面抵抗矩(W) 回转半径(i)
矩形 $b \times h$	$A = bh$	$y = \dfrac{1}{2}h$ $I = \dfrac{1}{12}bh^3$	$W = \dfrac{1}{6}bh^2$ $i = 0.289h$
三角形	$A = \dfrac{1}{2}bh$	$y_1 = \dfrac{2}{3}h$ $y_2 = \dfrac{1}{3}h$ $I = \dfrac{1}{36}bh^3$	$W_1 = \dfrac{1}{24}bh^2$ $W_2 = \dfrac{1}{12}bh^2$ $i = 0.236h$
梯形	$A = \dfrac{1}{2}(b_1 + b_2)h$	$y_1 = \dfrac{(b_1 + 2b_2)h}{3(b_1 + b_2)}$ $y_2 = \dfrac{(b_2 + 2b_1)h}{3(b_1 + b_2)}$ $I = \dfrac{(b_1^2 + 4b_1 b_2 + b_2^2)h^3}{36(b_1 + b_2)}$	$W_1 = \dfrac{(b_1^2 + 4b_1 b_2 + b_2^2)h^2}{12(b_1 + 2b_2)}$ $W_2 = \dfrac{(b_1^2 + 4b_1 b_2 + b_2^2)h^2}{12(2b_1 + b_2)}$ $i = \dfrac{h}{6(b_1 + b_2)} \times \dfrac{\sqrt{2(b_1^2 + 4b_1 b_2 + b_2^2)}}{6(b_1 + b_2)}$
圆形	$A = \dfrac{1}{4}\pi d^2$	$y = \dfrac{1}{2}d$ $I = \dfrac{1}{64}\pi d^4$	$W = \dfrac{1}{32}\pi d^3$ $i = \dfrac{1}{4}d$

2.2 常用结构静力计算公式

续表

截面简图	截面积 (A)	截面边缘至主轴的距离 (y) 对主轴的惯性矩 (I)	截面抵抗矩 (W) 回转半径 (i)
(空心圆)	$A = \dfrac{\pi(d^2 - d_1^2)}{4}$	$y = \dfrac{1}{2}d$ $I = \dfrac{\pi}{64}(d^4 - d_1^4)$	$W = \dfrac{\pi}{32} \cdot \dfrac{(d^4 - d_1^4)}{d}$ $i = \dfrac{1}{4}\sqrt{d^2 + d_1^2}$
(空心矩形)	$A = BH - bh$	$y = \dfrac{1}{2}H$ $I = \dfrac{1}{12}(BH^3 - bh^3)$	$W = \dfrac{1}{6H}(BH^3 - bh^3)$ $i = \sqrt{\dfrac{BH^3 - bh^3}{12(BH - bh)}}$
(空心菱形)	$A = a^2 - a_1^2$	$y = \dfrac{a}{\sqrt{2}}$ $I = \dfrac{1}{12}(a^4 - a_1^4)$	$W = \dfrac{\sqrt{2}}{12} \cdot \dfrac{(a^4 - a_1^4)}{a}$ $i = \sqrt{\dfrac{a^2 + a_1^2}{12}}$
(T形)	$A = Bt + bh$	$y_1 = \dfrac{bH^2 + (B-b)t^2}{2(Bt + bh)}$ $y_2 = H - y_1$ $I = \dfrac{1}{3}[by_2^3 + By_1^3 - (B-b) \times (y_1 - t)^3]$	$W = \dfrac{I}{H - y_1}$ $i = \sqrt{\dfrac{I}{A}}$
(工字形)	$A = BH - (B-b)h$	$y = \dfrac{H}{2}$ $I = \dfrac{1}{12}[BH^3 - (B-b)h^3]$	$W = \dfrac{1}{6H}[BH^3 - (B-b)h^3]$ $i = 0.289 \times \sqrt{\dfrac{BH^3 - (B-b)h^3}{BH - (B-b)h}}$
(不对称工字形)	$A = B_1 t_1 + B_2 t_2 + bh$	$y_1 = H - y_2$ $y_2 = \dfrac{1}{2}\left[\dfrac{bH^2 + (B_2 - b)t_2^2}{B_1 t_1 + bh + B_2 t_2} + \dfrac{(B_1 - b)(2H - t_1)t_1}{B_1 t_1 + bh + b_2 t_2}\right]$ $I_1 = \dfrac{1}{3}[B_2 y_2^3 + B_1 y_1^3 - (B_2 - b)(y_2 - t_2)^3 - (B_1 - b)(y_1 - t_1^3)]$	$W_1 = \dfrac{I_1}{y_1}$ $W_2 = \dfrac{I_1}{y_2}$ $i = \sqrt{\dfrac{I_1}{A}}$
(十字形)	$A = bh \times (B - b)t$	$y = \dfrac{1}{2}h$ $I = \dfrac{1}{12}[bh^3 + (B-b)t^3]$	$W = \dfrac{bh^3 + (B-b)t^3}{6h}$ $i = \sqrt{\dfrac{bh^3 + (B-b)t^3}{12[bh + (B-b)]}}$

续表

截面简图	截面积 (A)	截面边缘至主轴的距离(y) 对主轴的惯性矩(I)	截面抵抗矩(W) 回转半径(i)
	$A=BH-(B-b)h$	$y=\frac{1}{2}H$ $I=\frac{1}{12}[BH^3-(B-b)h^3]$	$W=\frac{1}{6H}[BH^3-(B-b)h^3]$ $i=0.289\times\sqrt{\frac{BH^3-(B-b)h^2}{BH-(B-h)h}}$
	$A=BH-(B-b)h$	$y=\frac{1}{2}H$ $I=\frac{1}{12}[BH^3-(B-b)h^3]$	$W=\frac{1}{6H}[BH^3-(B-b)h^3]$ $i=0.289\times\sqrt{\frac{BH^3-(B-b)h^3}{BH-(B-h)h}}$
	$A=bH+(B-b)t$	$y_1=H-y_2$ $y_2=\frac{1}{2}\cdot\frac{bH^2+(B-b)t^2}{bH+(B-b)t}$ $I=\frac{1}{3}[By_2^3-(B-b)\cdot(y_2-t)^3-by_1^3]$	$W=\frac{I}{y_1}$ $i=\sqrt{\frac{I}{A}}$

注：对主轴的惯性矩 I、截面抵抗矩 W、回转半径 i 的基本公式为：$I=\int_A y^2 dA$；$W=\frac{I}{y_{max}}$；$i=\sqrt{\frac{I}{A}}$。

2.2.2 短柱、长柱压应力极限荷载计算公式

短柱应力计算公式 附表 2-6

荷载作用点	一般截面	矩形截面
轴方向荷载	$\sigma=\frac{F}{A}$	$\sigma=\frac{F}{bh}$
偏心荷载	$\sigma_1=\frac{F}{A}-\frac{M_y}{I}=\frac{F}{A}\left(1-\frac{ye}{i_x^2}\right)$ $\sigma_2=\frac{F}{A}+\frac{M_y}{I}=\frac{F}{A}\left(1+\frac{ye}{i_x^2}\right)$	$\sigma_{1,2}=\frac{F}{bh}\left(1\pm\frac{6e}{h}\right)$
偏心荷载	$\sigma=\frac{F}{A}-\frac{M_y\cdot x}{I_y}+\frac{M_x\cdot x}{I_x}$ $=\frac{F}{A}\left(1+\frac{xe_x}{i_y^2}+\frac{ye_y}{i_x^2}\right)$	$\sigma=\frac{F}{bh}\left(1\pm\frac{6e_x}{h}\pm\frac{6e_y}{b}\right)$

2.2 常用结构静力计算公式

长柱方程式及极限荷载计算公式　　　　　附表 2-7

支座形式	图示	方程式	极限荷载 一般式	极限荷载 $n=1$
两端铰支		$\dfrac{d^2y}{dx^2}=a^2 \cdot y$ $y=A\cos ax+B\sin ax$ $a^2=\dfrac{F}{EI}$ $M=F \cdot y$	$\dfrac{n^2\pi^2}{l^2}EI$	$\dfrac{\pi^2}{l^2}EI$
一端自由他端固定		$\dfrac{d^2y}{dx^2}=a^2 \cdot y$ $y=A\cos ax+B\sin ax$ $a^2=\dfrac{F}{EI}$ $M=F \cdot y$	$\dfrac{(2n-1)^2\pi^2}{4l^2}EI$	$\dfrac{\pi^2}{4l^2}EI$
两端固定		$\dfrac{d^2y}{dx^2}+a\left(y-\dfrac{M_A}{F}\right)=0$ $y=A\cos ax+B\sin ax+\dfrac{M_A}{F}$ $a^2=\dfrac{F}{EI}$ $M=-F \cdot y+M_A$	$\dfrac{4\pi^2}{l^2}EI$	$\dfrac{4\pi^2}{l^2}EI$
一端铰支他端固定		$\dfrac{d^2y}{dx^2}+a^2y=\dfrac{Q}{EI}(l-x)$ $y=A\cos ax+B\sin ax+\dfrac{Q}{F}(l-x)$ $a^2=\dfrac{F}{EI}$ Q—水平荷载		$\dfrac{8.1\pi^2}{4l^2}EI$

2.2.3 单跨梁的反力、剪力、弯矩、挠度计算公式

简支梁的反力、剪力、弯矩、挠度计算公式　　　　　附表 2-8

荷载形式	跨中集中 F (l/2, l/2)	任意位置集中 F (a, b)	对称两集中 F (a, b, a)	三等分四点 F,F,F (l/4 each)
M 图				
V 图				
反力	$R_A=\dfrac{F}{2}$ $R_B=\dfrac{F}{2}$	$R_A=\dfrac{Fb}{l}$ $R_B=\dfrac{Fa}{l}$	$R_A=F$ $R_B=F$	$R_A=\dfrac{3}{2}F$ $R_B=\dfrac{3}{2}F$
剪力	$V_A=R_A$ $V_B=-R_B$	$V_A=R_A$ $V_B=-R_B$	$V_A=R_A$ $V_B=-R_B$	$V_A=R_A$ $V_B=-R_B$
弯矩	$M_{max}=\dfrac{Fl}{4}$	$M_{max}=\dfrac{Fab}{l}$	$M_{max}=Fa$	$M_{max}=\dfrac{Fl}{2}$
挠度	$w_{max}=\dfrac{Fl^3}{48EI}$	若 $a>b$ 时 $w_{max}=\dfrac{Fb}{9EIl}\times\sqrt{\dfrac{(a^2+2ab)^3}{3}}$ (在 $x=\sqrt{\dfrac{a}{3}(a+2b)}$ 处)	$w_{max}=\dfrac{Fa}{24EI}\times(3l^2-4a^2)$	$w_{max}=\dfrac{19Fl^3}{384EI}$

续表

荷载形式	均布荷载 q 全跨 l，支座 A、B	两端对称集中均布 q，长度 a，跨 l	局部均布 q，a 段，跨 l (共 $a+b$)	三角形荷载 q，对称，$l/2+l/2$
M 图	(抛物线)	(抛物线)	(抛物线)	(抛物线)
V 图	(线性)	(线性)	(线性)	(二次)
反力	$R_A=\dfrac{ql}{2}$ $R_B=\dfrac{ql}{2}$	$R_A=qa$ $R_B=qa$	$R_A=\dfrac{qa}{2l}(2l-a)$ $R_B=\dfrac{qa^2}{2l}$	$R_A=\dfrac{ql}{4}$ $R_B=\dfrac{ql}{4}$
剪力	$V_A=R_A$ $V_B=-R_B$	$V_A=R_A$ $V_B=-R_B$	$V_A=R_A$ $V_B=-R_B$	$V_A=R_A$ $V_B=-R_B$
弯矩	$M_{\max}=\dfrac{1}{8}ql^2$	$M_{\max}=\dfrac{1}{2}qa^2$	$M_{\max}=\dfrac{qa^2}{8l^2}\times(2l-a)^2$	$M_{\max}=\dfrac{ql^2}{12}$
挠度	$w_{\max}=\dfrac{5ql^4}{384EI}$	$w_{\max}=\dfrac{qa^2}{48EI}\times(3l^2-2a^2)$	$w_{\max}=\dfrac{qa^3 b}{24EI}\times\left(1-\dfrac{3a}{l}\right)$	$w_{\max}=\dfrac{ql^4}{120EI}$

注：1. 弯矩符号以梁截面下缘受拉为正（＋），反之为负（－）。
2. 剪力符号以绕梁截面顺时针方向为正（＋）反之为负（－）。

悬臂梁的反力、剪力、弯矩、挠度计算公式   附表 2-9

荷载形式	自由端集中荷载 F	中间集中荷载 F	满跨均布荷载 q	局部均布荷载 q
M 图	(三角形)	(三角形)	(抛物线)	(抛物线)
V 图	(矩形)	(矩形)	(三角形)	(三角形)
反力	$R_B=F$	$R_B=F$	$R_B=ql$	$R_B=qa$
剪力	$V_B=-R_B$	$V_B=-R_B$	$V_B=-R_B$	$V_B=-R_B$
弯矩	$M_B=-Fl$	$M_B=-Fb$	$M_B=-\dfrac{1}{2}ql^2$	$M_B=-\dfrac{qa}{2}(2l-a)$
挠度	$w_A=\dfrac{Fl^3}{3EI}$	$w_A=\dfrac{Fb^2}{6EI}(3l-b)$	$w_A=\dfrac{ql^4}{8EI}$	$w_A=\dfrac{q}{24EI}\times(3l^4-4b^3 l+b^4)$

2.2 常用结构静力计算公式

外伸梁的反力、剪力、弯矩、挠度计算公式 附表 2-10

荷载形式	图1 (F在C端，a+l)	图2 (F在a处，C-A-B)	图3 (q满布C到B)	图4 (q满布C到B)
M图	—	—	—	—
V图	—	—	—	—
反力	$R_A = F\left(1+\dfrac{a}{l}\right)$ $R_B = -\dfrac{Fa}{l}$	$R_A = \dfrac{F}{2}\left(2+\dfrac{3a}{l}\right)$ $R_B = -\dfrac{3Fa}{2l}$	$R_A = \dfrac{ql}{2}\left(1+\dfrac{a}{l}\right)^2$ $R_B = \dfrac{ql}{2}\left(1+\dfrac{a^2}{l^2}\right)$	$R_A = \dfrac{ql}{8}\left(3+8\dfrac{a}{l}+\dfrac{6a^2}{l^2}\right)$ $R_B = \dfrac{ql}{8}\left(5-\dfrac{6a^2}{l^2}\right)$
剪力	$V_{A左} = -F$ $V_B = -R_B$	$V_{A左} = -F$ $V_{A右} = -R_B$	$V_{A左} = -qa$ $V_{A右} = R_A - qa$ $V_B = -R_B$	$V_{A左} = -qa$ $V_{A右} = \dfrac{ql}{8}\left(5-\dfrac{6a^2}{l^2}\right)$
弯矩	$M_{max} = -Fa$	$M_A = -Fa$ $M_B = \dfrac{Fa}{2}$	$M_A = -\dfrac{qa^2}{2}$	$M_A = -\dfrac{qa^2}{2}$ $M_B = -\dfrac{ql^2}{8}\left(1-\dfrac{2a^2}{l^2}\right)$
挠度	$w_{cmax} = \dfrac{Fa^2}{3EI}(l+a)$	$w_c = \dfrac{Fa}{12EI}(3l+4a)$ $w_{max} = -\dfrac{Fal^2}{27EI}$	$w_c = \dfrac{qa}{24EI}$ $\times(-l^3+4la^2+3a^3)$	$w_c = \dfrac{qa}{48EI}$ $\times(-l^3+6la^2+6a^3)$

一端固定、一端简支梁的反力、剪力、弯矩、挠度计算公式 附表 2-11

荷载形式	图1 (F集中, a+b)	图2 (两个F, a-b-a)	图3 (q满布)	图4 (q部分布, b)
M图	—	—	—	—
V图	—	—	—	—
反力	$R_A = \dfrac{Fb^2}{2l^2}\left(3-\dfrac{b}{l}\right)$ $R_B = \dfrac{Fa}{2l}\left(3-\dfrac{a^2}{l^2}\right)$	$R_A = \dfrac{F}{2}\left(2-\dfrac{3a}{l}+\dfrac{3a^2}{l^2}\right)$ $R_B = \dfrac{F}{2}\left(2+\dfrac{3a}{l}-\dfrac{3a^2}{l^2}\right)$	$R_A = \dfrac{3}{8}ql$ $R_B = \dfrac{5}{8}ql$	$R_A = \dfrac{qb^3}{8l^2}\left(4-\dfrac{b}{l}\right)$ $R_B = \dfrac{qb}{8}\left(8-\dfrac{4b^2}{l^2}+\dfrac{b^3}{l^3}\right)$
剪力	$V_A = R_A$ $V_B = -R_B$	$V_A = R_A$ $V_B = R_A - 2F$	$V_A = R_A$ $V_B = -R_B$	$V_A = R_A$ $V_B = -R_B$
弯矩	$M_{max} = \dfrac{Fab^2}{2l^2}\times\left(3-\dfrac{b}{l}\right)$	$M_{max} = R_A \cdot a$ $M_B = -\dfrac{3}{2}\left(1-\dfrac{a}{l}\right)Fa$	$M_{max} = \dfrac{9}{128}ql^2$	$M_{max} = R_A\left(a+\dfrac{R_A}{2q}\right)$
挠度			$w_{max} = 0.00542\dfrac{ql^4}{EI}$	

2.2.4 二跨等跨连续梁的弯矩、剪力、挠度计算系数及公式

二跨等跨连续梁的弯矩、剪力、挠度计算系数及公式　　　　附表 2-12

荷载简图		弯矩系数 K_M		剪力系数 K_V		挠度系数 K_w
		$M_{1中}$	$M_{B支}$	V_A	$V_{B左}$ / $V_{B右}$	$w_{1中}$
(均布荷载 q，两跨 ABC)	静　载	0.07	−0.125	0.375	−0.625 / 0.625	0.521
	活载最大	0.096	−0.125	0.437	−0.625 / 0.625	0.192
	活载最小	−0.032	—	—	—	−0.391
(跨中集中荷载 F，每跨一个)	静　载	0.156	−0.188	0.312	−0.688 / 0.688	0.911
	活载最大	0.203	−0.188	0.406	−0.688 / 0.688	1.497
	活载最小	−0.047	—	—	—	−0.586
(跨中两集中荷载 F，每跨两个)	静　载	0.222	−0.333	0.667	−1.333 / 1.333	1.466
	活载最大	0.278	0.333	0.833	−1.333 / 1.333	2.508
	活载最小	−0.084	—	—	—	−1.042

注：1. 均布荷载作用下：$M=K_M ql^2$，$V=K_V ql$，$w=K_w \dfrac{ql^4}{100EI}$；

集中荷载作用下：$M=K_M Fl$，$V=K_V F$，$w=K_M \dfrac{Fl^3}{100EI}$。

2. 支座反力等于该支座左右截面剪力的绝对值之和。
3. 求跨中负弯矩及反挠度时，可查用上表"活载最小"一项的系数，但也要与静载引起的弯矩（或挠度）相组合。
4. 求跨中最大正弯矩及最大挠度时，该跨应满布活荷载，相邻跨为空载；求支座最大负弯矩及最大剪力时，该支座相邻两跨应满布活荷载，即查用上表中"活载最大"一项的系数，并与静载引起的弯矩（剪力或挠度）相组合。

三跨等跨连续梁的弯矩、剪力、挠度、计算系数及公式　　　　附表 2-13

荷载简图		弯矩系数 K_M			剪力系数 K_V		挠度系数 K_w	
		$M_{1中}$	$M_{2中}$	$M_{B支}$	V_A	$V_{B左}$ / $V_{B右}$	$w_{1中}$	$w_{2中}$
(均布荷载 q，三跨 ABCD)	静　载	0.080	0.025	−0.100	−0.400	−0.600 / 0.500	0.677	0.052
	活载最大	0.101	0.075	−0.177	0.450	−0.617 / 0.583	0.990	0.677
	活载最小	−0.025	−0.050	0.017	—	—	−0.313	−0.625
(跨中集中荷载 F，每跨一个)	静　载	0.175	0.100	−0.150	0.350	−0.650 / 0.500	1.146	0.208
	活载最大	0.213	0.175	−0.175	0.425	−0.675 / 0.625	1.615	1.146
	活载最小	−0.038	−0.075	0.025	—	—	−0.469	−0.937
(跨中两集中荷载 F，每跨两个)	静　载	0.244	0.067	−0.267	0.733	−1.267 / 1.000	1.883	0.216
	活载最大	0.289	0.200	−0.311	0.866	−1.311 / 1.222	2.716	1.883
	活载最小	−0.067	−0.133	0.044	—	—	−0.833	−1.667

注：1、2、3 同二跨等跨连续梁。

4. 求某跨的跨中最大正弯矩及最大挠度时，该跨应满布活荷载，其余每隔一跨满布活荷载；求某支座的最大负弯矩及最大剪力时，该支座相邻两跨应满布活荷载，其余每隔一跨满布活荷载，即查上表中"活载最大"一项的系数，并与静载引起的弯矩（剪力或挠度）相组合。

2.2 常用结构静力计算公式

四跨等跨连续梁的弯矩、剪力、挠度计算系数及公式 附表 2-14

荷载简图		弯矩系数 K_M				剪力系数 K_V			挠度系数 K_w	
		$M_{1中}$	$M_{2中}$	$M_{B支}$	$M_{C支}$	V_A	$V_{B左}$ / $V_{B右}$	$V_{C左}$ / $V_{C右}$	$w_{1中}$	$w_{2中}$
见图(a)	静载	0.077	0.036	−0.107	−0.071	0.393	−0.607 / 0.536	−0.464 / 0.464	0.632	0.186
	活载最大	0.100	0.081	−0.121	−0.107	0.446	−0.620 / 0.603	−0.571 / 0.571	0.967	0.660
	活载最小	0.023	0.045	0.013	0.018	—	—	—	−0.307	−0.588
见图(b)	静载	0.169	0.116	−0.161	−0.107	0.339	−0.661 / 0.554	−0.446 / 0.446	1.079	0.409
	活载最大	0.210	0.183	−0.181	−0.161	0.420	−0.681 / 0.654	−0.607 / 0.607	1.581	1.121
	活载最小	0.040	−0.067	0.020	0.020	—	—	—	−0.460	−0.711
见图(c)	静载	0.238	0.111	−0.286	−0.191	0.714	−1.286 / 1.095	−0.905 / 0.905	1.764	0.573
	活载最大	0.268	0.222	−0.321	−0.286	0.857	−1.321 / 1.274	−1.190 / 1.190	2.657	1.838
	活载最小	0.071	0.119	0.036	0.048	—	—	—	−0.819	−1.265

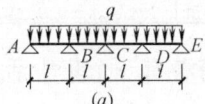
(a)

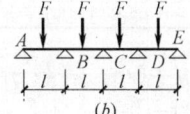
(b)

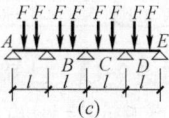
(c)

注：同三跨连续梁。

2.2.5 不等跨连续梁在均布荷载作用下的弯矩、剪力计算系数及公式

二跨不等跨连续梁的弯矩、剪力计算系数及公式 附表 2-15

荷载简图	计算公式
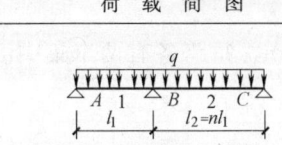	弯矩 $M =$ 表中系数 $\times ql_1^2$ (kN·m) 剪力 $V =$ 表中系数 $\times ql_1$ (kN)

	静载时							活载最不利布置时			
n	M_1	M_2	$M_{B最大}$	V_A	$V_{B左最大}$	$V_{B右最大}$	V_a	$M_{1最大}$	$M_{2最大}$	$V_{A最大}$	$V_{C最大}$
1.0	0.070	0.070	−0.125	0.375	−0.625	0.625	−0.375	0.096	0.096	0.433	−0.438
1.1	0.065	0.090	−0.139	0.361	−0.639	0.676	−0.424	0.097	0.114	0.440	−0.478
1.2	0.060	0.111	−0.155	0.345	−0.655	0.729	−0.471	0.098	0.134	0.443	−0.518
1.3	0.053	0.133	−0.175	0.326	−0.674	0.784	−0.516	0.099	0.156	0.446	−0.558
1.4	0.047	0.157	−0.195	0.305	−0.695	0.839	−0.561	0.100	0.179	0.443	−0.598
1.5	0.040	0.183	−0.219	0.281	−0.719	0.896	−0.604	0.101	0.203	0.450	−0.638
1.6	0.033	0.209	−0.245	0.255	−0.745	0.953	−0.647	0.102	0.229	0.452	−0.677
1.7	0.026	0.237	−0.274	0.226	−0.774	1.011	−0.689	0.103	0.256	0.454	−0.716
1.8	0.019	0.267	−0.305	0.195	−0.805	1.069	−0.731	0.104	0.285	0.455	−0.755
1.9	0.013	0.298	−0.339	0.161	−0.839	1.128	−0.772	0.104	0.316	0.457	−0.794
2.0	0.008	0.330	−0.375	0.125	−0.875	1.188	−0.813	0.347		0.458	−0.833
2.25	0.003	0.417	−0.477	0.023	−0.976	1.337	−0.913	0.107	0.433	0.462	−0.930
2.5	—	0.513	−0.594	−0.094	−1.094	1.488	−1.013	0.108	0.527	0.464	−1.027

三跨不等跨连续梁的弯矩、剪力计算系数及公式　　附表 2-16

荷 载 简 图	计 算 公 式
（图：三跨连续梁 A-B-C-D，跨度 l_1, $l_2=nl_1$, l_1，均布荷载 q）	弯矩＝表中系数×ql_1^2(kN·m) 剪力＝表中系数×ql_1(kN)

	静 载 时						活载最不利布置时					
n	M_1	M_2	$M_{B支}$	V_A	$V_{B左}$	$V_{B右}$	$M_{1最大}$	$M_{2最大}$	$M_{B最大}$	$V_{A最大}$	$V_{B左最大}$	$V_{B右最大}$
0.4	0.087	−0.063	−0.083	0.417	−0.583	0.200	0.089	0.015	−0.096	0.422	−0.596	0.461
0.5	0.088	−0.049	−0.080	0.420	−0.580	0.250	0.092	0.022	−0.095	0.429	−0.595	0.450
0.6	0.088	−0.035	−0.080	0.420	−0.580	0.300	0.094	0.031	−0.095	0.434	−0.595	0.460
0.7	0.087	−0.021	−0.082	0.413	−0.582	0.350	0.096	0.040	−0.098	0.439	−0.593	0.483
0.8	0.086	−0.006	−0.086	0.414	−0.586	0.400	0.098	0.051	−0.102	0.443	−0.602	0.512
0.9	0.083	0.010	−0.092	0.408	−0.592	0.450	0.100	0.063	−0.108	0.447	−0.608	0.546
1.0	0.080	0.025	−0.100	0.400	−0.600	0.500	0.101	0.075	−0.117	0.450	−0.617	0.583
1.1	0.076	0.041	−0.110	0.390	−0.610	0.550	0.103	0.089	−0.127	0.453	−0.627	0.623
1.2	0.072	0.058	−0.122	0.378	−0.622	0.600	0.104	0.103	−0.139	0.455	−0.639	0.665
1.3	0.066	0.076	−0.136	0.365	−0.636	0.650	0.105	0.118	−0.152	0.458	−0.652	0.708
1.4	0.061	0.094	−0.151	0.349	−0.651	0.700	0.106	0.134	−0.168	0.460	−0.668	0.753
1.5	0.055	0.113	−0.163	0.332	−0.663	0.750	0.107	0.151	−0.185	0.462	−0.635	0.798
1.6	0.049	0.133	−0.187	0.313	−0.687	0.800	0.107	0.169	−0.204	0.463	−0.704	0.843
1.7	0.043	0.153	−0.203	0.292	−0.708	0.850	0.108	0.188	−0.224	0.465	−0.724	0.890
1.8	0.036	0.174	−0.231	0.269	−0.731	0.900	0.109	0.203	−0.247	0.466	−0.747	0.937
1.9	0.030	0.196	−0.255	0.245	−0.755	0.950	0.109	0.229	−0.271	0.468	−0.771	0.985
2.0	0.024	0.219	−0.281	0.219	−0.781	1.000	0.110	0.250	−0.297	0.469	−0.797	1.031
2.25	0.011	0.279	−0.354	0.146	−0.854	1.125	0.111	0.307	−0.369	0.471	−0.869	1.151
2.5	0.002	0.344	−0.433	0.063	−0.938	1.250	0.112	0.370	−0.452	0.474	−0.952	1.272

【**附例 2-1**】 已知二跨等跨梁 $l=6$m，静载 $q=15$kN/m，每跨各有一个集中活载 $F=35$kN，求中间支座的最大弯矩和剪力。

【**解**】 查附表 2-12 二跨等跨梁系数得：

$$M_{B支}=K_M ql^2+K_M pl=(-0.125\times15\times6^2)+(-0.188\times35\times6)$$
$$=(-67.5)+(-39.48)=-106.98\text{kN·m}$$
$$V_{B左}=K_v ql+K_v F=(-0.625\times15\times6)+(-0.688\times35)$$
$$=(-56.25)+(-24.08)=-80.35\text{kN}$$

【**附例 2-2**】 已知三跨等跨梁 $l=5$m，静载 $q=15$kN/m，每跨各有两个集中活载 $F=30$kN，求边跨的最大跨中弯矩。

【**解**】 查附表 2-13 三跨等跨梁系数得：

$$M_{1中}=k_M ql+k_M Fl=0.080\times15\times5^2+0.289\times30\times5$$
$$=30+43.35=73.35\text{kN·m}$$

【**附例 2-3**】 已知三跨等跨梁 $l=6$m，静载 $q_1=15$kN/m，活载 $q_2=20$kN/m，求中间跨的跨中最大弯矩。

【**解**】 查附表 2-13 三跨等跨梁系数得：

$$M_{2中}=k_M ql^2=0.025\times15\times6^2+0.075\times20\times6^2=13.5+54=67.5\text{kN·m}$$

【**附例 2-4**】 已知四跨等跨梁 $l=5$m，静载 $q=15$kN/m，活载每跨有两个集中荷载 $F=25$kN，作用于跨内，求支座 B 的最大弯矩和剪力。

【**解**】 查附表 2-14 四跨等跨梁系数得：

$$W_{B支}=k_M ql^2+k_M Fl=(-0.107\times15\times5^2)+(-0.321\times25\times5)$$
$$=(-40.125)+(-40.125)=80.25\text{kN·m}$$
$$V_{B左}=k_v ql+k_v F=(-0.607\times15\times5)+(-1.321\times25)$$

$= (-45.525) + (-33.025) = -78.55 \text{kN}$

【附例 2-5】 二跨不等跨连续梁如附图2-1所示，静载 $q_1=4\text{kN/m}$，活载 $q_2=4\text{kN/m}$，求跨中最大弯矩及AC支座剪力。

【解】 查附表 2-15 二跨不等跨连续梁系数（$n=6/4=1.5$）得：

$M_{1\max} = 0.04 \times 4 \times 4^2 + 0.101 \times 4 \times 4^2 = 9.024 \text{kN} \cdot \text{m}$

$M_{2\max} = 0.183 \times 4 \times 4^2 + 0.203 \times 4 \times 4^2 = 24.704 \text{kN} \cdot \text{m}$

$V_{A\max} = 0.281 \times 4 \times 4^2 + 0.450 \times 4 \times 4^2 = 11.696 \text{kN}$

$V_{C\max} = -0.604 \times 4 \times 4 - 0.638 \times 4 \times 4 = -19.872 \text{kN}$

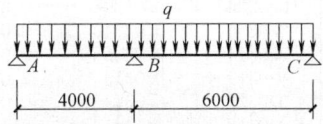

附图 2-1 二跨不等跨连续梁计算简图

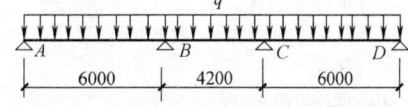

附图 2-2 三跨不等跨连续梁计算简图

【附例 2-6】 三跨不等跨连续梁如附图2-2所示，静载 $q_1=5\text{kN/m}$，活载 $q_2=5\text{kN/m}$，求跨中和支座最大弯矩及各支座剪力。

【解】 查附表 2-16 三跨不等跨连续梁系数（$n=4.2/6=0.7$）得：

$M_{1\max} = 0.087 \times 5 \times 6^2 + 0.096 \times 5 \times 6^2 = 32.94 \text{kN} \cdot \text{m}$

$M_{2\max} = -0.021 \times 5 \times 6^2 + 0.040 \times 5 \times 6^2 = 3.42 \text{kN} \cdot \text{m}$

$M_{B\max} = -0.082 \times 5 \times 6^2 - 0.098 \times 5 \times 6^2 = -32.5 \text{kN} \cdot \text{m}$

$V_A = 0.413 \times 5 \times 6 + 0.439 \times 5 \times 6 = 25.56 \text{kN}$

$V_{B左} = -0.582 \times 5 \times 6 - 0.593 \times 5 \times 6 = -35.25 \text{kN}$

$V_{B右} = 0.350 \times 5 \times 6 + 0.483 \times 5 \times 6 = 24.99 \text{kN}$

2.2.6 双向板在均布荷载作用下的弯矩、挠度计算系数及公式

四边简支板的弯矩、挠度计算系数及公式　　　　　附表 2-17

简　图	l_x/l_y	w	M_x	M_y	l_x/l_y	w	M_x	M_y
	0.50	0.01013	0.0965	0.0174	0.80	0.00603	0.0561	0.0334
	0.55	0.00940	0.0892	0.0210	0.85	0.00547	0.0506	0.0348
	0.60	0.00867	0.0820	0.0242	0.90	0.00496	0.0456	0.0358
	0.65	0.00796	0.0750	0.0271	0.95	0.00449	0.0410	0.0364
	0.70	0.00727	0.0683	0.0296	1.00	0.00406	0.0368	0.0368
	0.75	0.00663	0.0620	0.0317	—	—	—	—

注：1. 挠度＝表中系数 $\dfrac{ql^4}{B_c}$；

　　弯矩＝表中系数 $\times ql^2$；

　　式中 l 取 l_x 和 l_y 中之较小者。

2. B_c—刚度，$B_c = \dfrac{Eh^3}{12(1-\nu^2)}$

　　式中　E—弹性模量；

　　　　　ν—泊桑比；

　　　　　h—板厚。

3. 表中符号：w、$w_{\max}$—分别为板中心点的挠度和最大挠度；

　　　　　　M_x—平行于 l_x 方向板中心点的弯矩；

　　　　　　M_y—平行于 l_y 方向板中心点的弯矩。

两边简支、两边固定板的弯矩、挠度计算系数及公式   附表 2-18

简图	l_x/l_y	l_y/l_x	w	M_x	M_y	M_x^0
	0.50	—	0.00261	0.0416	0.0017	−0.0843
	0.55	—	0.00259	0.0410	0.0028	−0.0840
	0.60	—	0.00255	0.0402	0.0042	−0.0834
	0.65	—	0.00250	0.0392	0.0057	−0.0826
	0.70	—	0.00243	0.0379	0.0072	−0.0814
	0.75	—	0.00236	0.0366	0.0088	−0.0799
	0.80	—	0.00228	0.0351	0.0103	−0.0782
	0.85	—	0.00220	0.0335	0.0118	−0.0763
	0.90	—	0.00211	0.0319	0.0133	−0.0743
	0.95	—	0.00201	0.0302	0.0146	−0.0721
	1.00	1.00	0.00192	0.0285	0.0158	−0.0698
	—	0.95	0.00223	0.0296	0.0189	−0.0746
	—	0.90	0.00260	0.0306	0.0224	−0.0797
	—	0.85	0.00303	0.0314	0.0266	−0.0850
	—	0.80	0.00354	0.0319	0.0316	−0.0904
	—	0.75	0.00413	0.0321	0.0374	−0.0959
	—	0.70	0.00482	0.0318	0.0441	−0.1013
	—	0.65	0.00560	0.0308	0.0518	−0.1066
	—	0.60	0.00647	0.0292	0.0604	−0.1114
	—	0.55	0.00743	0.0267	0.0698	−0.1156
	—	0.50	0.00844	0.0234	0.0798	−0.1191

M_x^0——固定边中点沿 l_x 方向的弯矩。
表注:同四边简支

一边简支、三边固定板的弯矩、挠度计算系数及公式   附表 2-19

简图	l_x/l_y	l_y/l_x	w_{max}	M_x	M_y	M_x^0	M_y^0
	0.50	—	0.00258	0.0408	0.0028	−0.0836	−0.0569
	0.55	—	0.00255	0.0398	0.0042	−0.0827	−0.0570
	0.60	—	0.00249	0.0384	0.0059	−0.0814	−0.0571
	0.65	—	0.00240	0.0368	0.0076	−0.0796	−0.0572
	0.70	—	0.00229	0.0350	0.0093	−0.0774	−0.0572
	0.75	—	0.00219	0.0331	0.0109	−0.0750	−0.0572
	0.80	—	0.00208	0.0310	0.0124	−0.0722	−0.0570
	0.85	—	0.00196	0.0289	0.0138	−0.0693	−0.0567
	0.90	—	0.00184	0.0268	0.0159	−0.0663	−0.0563
	0.95	—	0.00172	0.0247	0.0160	−0.0631	−0.0558
	1.00	1.00	0.00160	0.0227	0.0168	−0.0600	−0.0550
	—	0.95	0.00182	0.0229	0.0194	−0.0629	−0.0599
	—	0.90	0.00206	0.0228	0.0223	−0.0656	−0.0653
	—	0.85	0.00233	0.0225	0.0255	−0.0683	−0.0711
	—	0.80	0.00262	0.0219	0.0290	−0.0707	−0.0772
	—	0.75	0.00294	0.0208	0.0329	−0.0729	−0.0837
	—	0.70	0.00327	0.0194	0.0370	−0.0748	−0.0903
	—	0.65	0.00365	0.0175	0.0412	−0.0762	−0.0970
	—	0.60	0.00403	0.0153	0.0454	−0.0773	−0.1033
	—	0.55	0.00437	0.0127	0.0496	−0.0780	−0.1093
	—	0.50	0.00463	0.0099	0.0534	−0.0784	−0.1146

M_x^0——固定边中点沿 l_x 方向的弯矩;
M_y^0——固定边中点沿 l_y 方向的弯矩。
表注:同四边简支

四边固定板的弯矩、挠度计算系数及公式   附表 2-20

简图	l_x/l_y	w	M_x	M_y	M_x^0	M_y^0
	0.50	0.00253	0.0400	0.0038	−0.0829	−0.0570
	0.55	0.00246	0.0385	0.0056	−0.0814	−0.0571
	0.60	0.00236	0.0367	0.0076	−0.0793	−0.0571
	0.65	0.00224	0.0345	0.0095	−0.0766	−0.0571
	0.70	0.00211	0.0321	0.0113	−0.0735	−0.0569
	0.75	0.00197	0.0296	0.0130	−0.0701	−0.0565
	0.80	0.00182	0.0271	0.0144	−0.0664	−0.0559
	0.85	0.00168	0.0246	0.0156	−0.0626	−0.0551
	0.90	0.00153	0.0221	0.0165	−0.0588	−0.0541
	0.95	0.00140	0.0198	0.0172	−0.0550	−0.0528
	1.00	0.00127	0.0176	0.0176	−0.0513	−0.0513

M_x^0、M_y^0 符号意义及表注同一边简支、三边固定

2.3 砌体结构计算用表

烧结普通砖和烧结多孔砖砌体的抗压强度设计值（MPa）　　附表 2-21

砖强度等级	砂浆强度等级					砂浆强度
	M15	M10	M7.5	M5	M2.5	0
MU30	3.94	3.27	2.93	2.59	2.26	1.15
MU25	3.60	2.96	2.68	2.37	2.06	1.05
MU20	3.22	2.67	2.39	2.12	1.84	0.94
MU15	2.79	2.31	2.07	1.83	1.60	0.82
MU10	—	1.89	1.69	1.50	1.30	0.67

蒸压灰砂砖和蒸压粉煤灰砖砌体的抗压强度设计值（MPa）　　附表 2-22

砖强度等级	砂浆强度等级				砂浆强度
	M15	M10	M7.5	M5	0
MU25	3.6	2.98	2.68	2.37	1.05
MU20	3.22	2.67	2.39	2.12	0.94
MU15	2.79	2.31	2.07	1.83	0.82

注：蒸压灰砂砖和蒸压粉煤灰砖均指蒸压灰砂普通砖和粉煤灰普通砖，以下均同。

单排孔混凝土和轻骨料混凝土砌块砌体的抗压强度设计值（MPa）　　附表 2-23

砌块强度等级	砂浆强度等级				砂浆强度
	M15	M10	M7.5	M5	0
MU20	5.68	4.95	4.44	3.94	2.33
MU15	4.61	4.02	3.61	3.20	1.89
MU10	—	2.79	2.50	2.22	1.31
MU7.5			1.93	1.71	1.01
MU5				1.19	0.70

注：1. 对独立柱或厚度为双排组砌的砌块砌体，应按表中数值乘以 0.7。
　　2. 对 T 形截面的砌体，应按表中数值乘以 0.85。

轻骨料混凝土砌块砌体的抗压强度设计值（MPa）　　附表 2-24

砌块强度等级	砂浆强度等级			砂浆强度
	M10	M7.5	M5	0
MU10	3.08	2.76	2.45	1.44
MU7.5	—	2.13	1.88	1.12
MU5	—	—	1.31	0.78

注：1. 表中的砌块为火山渣、浮石和陶粒轻骨料混凝土砌块。
　　2. 对厚度方向为双排组砌的轻骨料混凝土砌块砌体的抗压强度设计值，应按表中数值乘以 0.8。

毛石砌体的抗压强度设计值（MPa）　　　　　附表 2-25

毛石强度等级	砂浆强度等级			砂浆强度
	M7.5	M5	M2.5	0
MU100	1.27	1.12	0.98	0.34
MU80	1.13	1.00	0.87	0.30
MU60	0.98	0.87	0.76	0.26
MU50	0.90	0.80	0.69	0.23
MU40	0.80	0.71	0.62	0.21
MU30	0.69	0.61	0.53	0.18
MU20	0.56	0.51	0.44	0.15

沿砌体灰缝截面破坏时砌体的轴心抗拉强度设计值、弯曲抗拉强度设计值和抗剪强度设计值（MPa）　　附表 2-26

强度类别	破坏特征及砌体种类	砂浆强度等级			
		≥M10	M7.5	M5	M2.5
轴心抗拉（沿齿缝）	烧结普通砖、烧结多孔砖	0.19	0.16	0.13	0.09
	蒸压灰砂砖、蒸压粉煤灰砖	0.12	0.10	0.08	—
	混凝土砌块	0.09	0.08	0.07	—
	毛石	0.08	0.07	0.06	0.04
弯曲抗拉（沿齿缝）	烧结普通砖、烧结多孔砖	0.33	0.29	0.23	0.17
	蒸压灰砂砖、蒸压粉煤灰砖	0.24	0.20	0.16	—
	混凝土砌块	0.11	0.09	0.08	—
	毛石	—	0.11	0.09	0.07
弯曲抗拉（沿通缝）	烧结普通砖、烧结多孔砖	0.17	0.14	0.11	0.08
	蒸压灰砂砖、蒸压粉煤灰砖	0.12	0.10	0.08	—
	混凝土砌块	0.08	0.06	0.05	—
抗剪	烧结普通砖、烧结多孔砖	0.17	0.14	0.11	0.08
	蒸压灰砂砖、蒸压粉煤灰砖	0.12	0.10	0.08	—
	混凝土和轻骨料混凝土砌块	0.09	0.08	0.06	—
	毛石	0.21	0.19	0.16	0.11

注：1. 对于形状规则的块体砌筑的砌体，当搭接长度与块体高度的比值小于 1 时，其轴心抗拉强度设计值 f_t 和弯曲抗拉强度设计值 f_{tm} 应按表中数值乘以搭接长度与块体高度比值后采用；
2. 表中数值是依据普通砂浆砌筑的砌体确定，采用经研究性试验且通过技术鉴定的专用砂浆砌筑的蒸压灰砂普通砖、蒸压粉煤灰普通砖砌体，其抗剪强度设计值按相应普通砂浆强度等级砌筑的烧结普通砖砌体采用；
3. 对混凝土普通砖、混凝土多孔砖、混凝土和轻集料混凝土砌块砌体，表中的砂浆强度等级分别为：≥Mb10、Mb7.5 及 Mb5。

砌体的弹性模量（MPa）　　　　　附表 2-27

砌体种类	砂浆强度等级			
	≥M10	M7.5	M5	M2.5
烧结普通砖、烧结多孔砖砌体	$1600f$	$1600f$	$1600f$	$1390f$
蒸压灰砂砖、蒸压粉煤灰砖砌体	$1060f$	$1060f$	$1060f$	—
混凝土砌块砌体	$1700f$	$1600f$	$1500f$	—
粗料石、毛料石、毛石砌体	—	5650	4000	2250
细料石砌体	—	17000	12000	6750

注：1. 轻集料混凝土砌块砌体的弹性模量，可按表中混凝土砌块砌体的弹性模量采用。表中砌体抗压强度设计值不按 GB 50003—2011 规范 3.2.3 条进行调整；
2. 表中砂浆为普通砂浆，采用专用砂浆砌筑的砌体的弹性模量也按此表取值；
3. 对混凝土普通砖、混凝土多孔砖、混凝土和轻集料混凝土砌块砌体，表中的砂浆强度等级分别为：≥Mb10、Mb7.5 及 Mb5；
4. 对蒸压灰砂普通砖和蒸压粉煤灰普通砖砌体，当采用专用砂浆砌筑时，其强度设计值按表中数值采用。

砌体的线膨胀系数和收缩率　　　　　　　　　　　　　　　　　　　　　　附表 2-28

砌体类别	线膨胀系数 ($10^{-6}/℃$)	收缩率 (mm/m)	砌体类别	线膨胀系数 ($10^{-6}/℃$)	收缩率 (mm/m)
烧结普通砖砌体	5	−0.1	轻骨料混凝土砌块砌体	10	−0.3
蒸压灰砂砖、蒸压粉煤灰砖砌体	8	−0.2	料石和毛石砌体	8	—
混凝土砌块砌体	10	−0.2			

注：表中的收缩率系由达到收缩允许标准的块体砌筑 28d 的砌体收缩率，当地如有可靠的砌体收缩试验数据时，亦可采用当地的试验数据。

砌体房屋伸缩缝的最大间距（m）　　　　　　　　　　　　　　　　　　　附表 2-29

屋盖或楼盖类别		间距
整体式或装配整体式钢筋混凝土结构	有保温层或隔热层的屋盖、楼盖	50
	无保温层或隔热层的屋盖	40
装配式无檩体系钢筋混凝土结构	有保温层或隔热层的屋盖、楼盖	60
	无保温层或隔热层的屋盖	50
装配式有檩体系钢筋混凝土结构	有保温层或隔热层的屋盖	75
	无保温层或隔热层的屋盖	60
瓦材屋盖、木屋盖或楼盖、轻钢屋盖		100

注：1. 对烧结普通砖、多孔砖、配筋砌块砌体房屋取表中数值；对石砌体、蒸压灰砂砖、蒸压粉煤灰砖和混凝土砌块房屋取表中数值乘以 0.8 的系数。当墙体有可靠外保温措施时，其间距可取表中数值。
2. 在钢筋混凝土屋面上挂瓦的屋盖应按钢筋混凝土屋盖采用。
3. 层高大于 5m 的烧结普通砖、多孔砖、配筋砌块砌体结构单层房屋，其伸缩缝间距可按表中数值乘以 1.3。
4. 温差较大且变化频繁地区和严寒地区不采暖的房屋及构筑物墙体的伸缩缝的最大间距，应按表中数值予以适当减小。
5. 墙体的伸缩缝应与其他结构的变形缝相重合，缝宽度应满足各种变形缝的变形要求；在进行立面处理时，必须保证缝隙的变形作用。

墙、柱的允许高厚比 $[\beta]$ 值　　　　　　　　　　　　　　　　　　　　附表 2-30

砂浆强度等级	墙	柱
M2.5	22	15
M5	24	16
M7.5	26	17

注：1. 毛石墙、柱允许高厚比应按表中数值降低 20%。
2. 组合砖砌体构件的允许高厚比，可按表中数值提高 20%，但不得大于 28。
3. 验算施工阶段砂浆尚未硬化的新砌体高厚比时，允许高厚比对墙取 14，对柱取 11。

高厚比修正系数 γ_β　　　　　　　　　　　　　　　　　　　　　　　　附表 2-31

项次	砌体材料类别	γ_β
1	烧结普通砖、烧结多孔砖	1.0
2	混凝土及轻骨料混凝土砌块	1.1
3	蒸压灰砂砖、蒸压粉煤灰砖、细料石	1.2
4	粗料石、毛石	1.5

受压构件的计算高度 H_0　　　　附表 2-32

房屋类别			柱		带壁柱墙或周边拉结的墙		
			排架方向	垂直排架方向	$s>2H$	$2H \geqslant s > H$	$s \leqslant H$
有吊车的单层房屋	变截面柱上段	弹性方案	$2.5H_u$	$1.25H_u$	$2.5H_u$		
		刚性、刚弹性方案	$2.0H_u$	$1.25H_u$	$2.0H_u$		
	变截面柱下段		$1.0H_l$	$0.8H_l$	$1.0H_l$		
无吊车的单层和多层房屋	单跨	弹性方案	$1.5H$	$1.0H$	$1.5H$		
		刚弹性方案	$1.2H$	$1.0H$	$1.2H$		
	多跨	弹性方案	$1.25H$	$1.0H$	$1.2H$		
		刚弹性方案	$1.10H$	$1.0H$	$1.1H$		
	刚性方案		$1.0H$	$1.0H$	$1.0H$	$0.4s+0.2H$	$0.6s$

注：1. 表中 H_u 为变截面柱的上段高度；H_l 为变截面柱的下段高度。
　　2. 对于上端为自由端的构件，$H_0=2H$。
　　3. 独立砖柱，当无柱间支撑时，柱在垂直排架方向的 H_0 应按表中数值乘以 1.25 后采用。
　　4. s 为房屋横墙的间距。
　　5. 自承重墙的计算高度应根据周边支承或拉接条件确定。

2.4　混凝土结构计算用表

混凝土结构的环境类别　　　　附表 2-33

环境类型	条件
一	室内干燥环境； 无侵蚀性静水浸没环境
二a	室内潮湿环境；非严寒和非寒冷地区的露天环境； 非严寒和非寒冷地区与无侵蚀性的水或土壤直接接触的环境； 严寒和寒冷地区的冰冻线以下与无侵蚀性的水或土壤直接接触的环境
二b	干湿交替环境；水位频繁变动环境； 严寒和寒冷地区的露天环境； 严寒和寒冷地区冰冻线以上与无侵蚀性的水或土壤直接接触的环境
三a	严寒和寒冷地区冬季水位变动区环境； 受除冰盐影响环境；海风环境
三b	盐渍土环境；受除冰盐作用环境； 海岸环境
四	海水环境
五	受人为或自然的侵蚀性物质影响的环境

注：1. 室内潮湿环境是指构件表面经常处于结露或湿润状态的环境；
　　2. 严寒和寒冷地区的划分应符合现行国家标准《民用建筑热工设计规范》GB 50176 的有关规定；
　　3. 海岸环境和海风环境宜根据当地情况，考虑主导风向及结构所处迎风、背风部位等因素的影响，由调查研究和工程经验确定；
　　4. 受除冰盐影响环境是指受到除冰盐盐雾影响的环境；受除冰盐作用环境是指被除冰盐溶液溅射的环境以及使用除冰盐地区的洗车房、停车楼等建筑。
　　5. 暴露的环境是指混凝土结构表面所处的环境。

2.4 混凝土结构计算用表

混凝土强度标准值、设计值及弹性模量与疲劳变形模量　　附表 2-34

混凝土强度等级	强度标准值（N/mm²）		强度设计值（N/mm²）		弹性模量（N/mm²）	疲劳变形模量（N/mm²）
	轴心抗压 f_{ck}	轴心抗拉 f_{tk}	轴心抗压 f_c	轴心抗拉 f_t		
C15	10.0	1.27	7.2	0.91	2.20×10^4	—
C20	13.4	1.54	9.6	1.10	2.55×10^4	1.10×10^4
C25	16.7	1.78	11.9	1.27	2.80×10^4	1.20×10^4
C30	20.1	2.01	14.3	1.43	3.00×10^4	1.30×10^4
C35	23.4	2.20	16.7	1.57	3.15×10^4	1.40×10^4
C40	26.8	2.39	19.1	1.71	3.25×10^4	1.50×10^4
C45	29.6	2.51	21.1	1.80	3.35×10^4	1.55×10^4
C50	32.4	2.64	23.1	1.89	3.45×10^4	1.60×10^4
C55	35.5	2.74	25.3	1.96	3.55×10^4	1.65×10^4
C60	38.5	2.85	27.5	2.04	3.60×10^4	1.70×10^4
C65	41.5	2.93	29.7	2.09	3.65×10^4	1.75×10^4
C70	44.5	2.99	31.8	2.14	3.70×10^4	1.80×10^4
C75	47.4	3.05	33.8	2.18	3.75×10^4	1.85×10^4
C80	50.2	3.11	35.9	2.22	3.80×10^4	1.90×10^4

注：1. 计算现浇钢筋混凝土轴心受压或偏心受压构件时，如截面长边或直径小于300mm，则表中混凝土强度设计值应乘以系数0.8；当构件质量（如混凝土成型、截面和轴线尺寸等）确有保证时，可不受此限制。
2. 离心混凝土强度设计值应按专门标准取用。

普通钢筋强度标准值与设计值（N/mm²）　　附表 2-35

牌号	符号	公称直径 d(mm)	屈服强度标准值 f_{yk}	极限强度标准值 f_{stk}	抗拉强度设计值 f_y	抗压强度设计值 f'_y
HPB300	Φ	6～22	300	420	270	270
HRB335 HRBF335	Φ ΦF	6～50	335	455	300	300
HRB400 HRBF400 RRB400	Φ ΦF ΦR	6～50	400	540	360	360
HRB500 HRBF500	Φ ΦF	6～50	500	630	435	410

预应力筋强度标准值与设计值（N/mm²）　　附表 2-36

种类		符号	公称直径 d(mm)	屈服强度标准值 f_{pyk}	极限强度标准值 f_{ptk}	抗拉强度设计值 f_{py}	抗压强度设计值 f'_{py}
中强度预应力钢丝	光面 螺旋肋	ΦPM ΦHM	5、7、9	620	800	510	410
				780	970	650	
				980	1270	810	
预应力螺纹钢筋	螺纹	ΦT	18、25、32、40、50	785	980	650	410
				930	1080	770	
				1080	1230	900	
消除应力钢丝	光面	ΦP	5	—	1570	1110	410
				—	1860	1320	
			7	—	1570	1110	
	螺旋肋	ΦH	9	—	1470	1040	
				—	1570	1110	
钢绞线	1×3 （三股）	ΦS	8.6、10.8、12.9	—	1570	1110	390
				—	1860	1320	
				—	1960	1390	
	1×7 （七股）		9.5、12.7、15.2、17.8	—	1720	1220	390
				—	1860	1320	
				—	1960	1390	
			21.6	—	1860	1320	390

注：极限强度标准值为1960N/mm²的钢绞线作后张预应力配筋时，应有可靠的工程经验。

冷轧扭钢筋规格及截面参数

附表 2-37

强度级别	型号	标志直径 d(mm)	公称截面面积 A_s(mm²)	等效直径 d_0(mm)	截面周长 u(mm)	节距 l_1 不大于 (mm)	理论重量 G(kg/m)
CTB 550	Ⅰ	6.5	29.50	6.1	23.40	75	0.232
		8	45.30	7.6	30.00	95	0.356
		10	68.30	9.3	36.40	110	0.536
		12	96.14	11.1	43.40	150	0.755
	Ⅱ	6.5	29.20	6.1	21.60	30	0.229
		8	42.30	7.3	26.02	40	0.332
		10	66.26	9.2	32.52	50	0.519
		12	92.74	10.9	38.52	80	0.728
	Ⅲ	6.5	29.86	6.2	19.48	40	0.234
		8	45.24	7.6	23.88	60	0.355
		10	70.69	9.5	29.95	70	0.555
CTB 650	预应力 Ⅲ	6.5	28.20	6.0	18.82	30	0.221
		8	42.73	7.4	23.17	50	0.335
		10	66.76	9.2	28.96	70	0.524

注：Ⅰ型为矩形截面，Ⅱ型为方形截面，Ⅲ型为圆形截面。

钢筋的弹性模量（×10⁵ N/mm²）

附表 2-38

序号	牌号或种类	弹性模量 E_s
1	HPB300 钢筋	2.10
2	HRB335、HRB400、HRB500 钢筋 HRBF335、HRBF400、HRBF500 钢筋 RRB400 钢筋 预应力螺纹钢筋	2.00
3	消除应力钢丝、中强度预应力钢丝	2.05
4	钢绞线	1.95

注：必要时可采用实测的弹性模量。

钢筋混凝土轴心受压构件的稳定系数 φ

附表 2-39

l_0/b	≤8	10	12	14	16	18	20	22	24	26	28
l_0/d	≤7	8.5	10.5	12	14	15.5	17	19	21	22.5	24
l_0/i	≤28	35	42	48	55	62	69	76	83	90	97
φ	1.0	0.98	0.95	0.92	0.87	0.81	0.75	0.70	0.65	0.60	0.56
l_0/b	30	32	34	36	38	40	42	44	46	48	50
l_0/d	26	28	29.5	31	33	34.5	36.5	38	40	41.5	43
l_0/i	104	111	118	125	132	139	146	153	160	167	174
φ	0.52	0.48	0.44	0.40	0.36	0.32	0.29	0.26	0.23	0.21	0.19

注：表中 l_0—构件计算长度；b—矩形截面的短边尺寸；d—圆形截面的直径；i—截面最小回转半径。

2.4 混凝土结构计算用表

钢筋混凝土结构伸缩缝最大间距（m）　　　　　附表 2-40

结构类别		室内或土中	露天
排架结构	装配式	100	70
框架结构	装配式	75	50
	现浇式	55	35
剪力墙结构	装配式	65	40
	现浇式	45	30
挡土墙、地下室墙壁等类结构	装配式	40	30
	现浇式	30	20

注：1. 装配整体式结构房屋的伸缩缝间距宜按表中现浇式的数值取用。
  2. 框架—剪力墙结构或框架—核心筒结构房屋的伸缩缝间距可根据结构的具体布置情况取表中框架结构与剪力墙结构之间的数值。
  3. 当屋面无保温或隔热措施时，框架结构、剪力墙结构的伸缩缝间距宜按表中露天栏的数值取用。
  4. 现浇挑檐、雨罩等外露结构的伸缩缝间距不宜大于 12m。

纵向受力钢筋的最小配筋百分率 ρ_{min}（%）　　　　　附表 2-41

受力类型		最小配筋百分率
受压构件	全部纵向钢筋 强度等级 500MPa	0.50
	全部纵向钢筋 强度等级 400MPa	0.55
	全部纵向钢筋 强度等级 300MPa、335MPa	0.60
	一侧纵向钢筋	0.20
受弯构件、偏心受拉、轴心受拉构件一侧的受拉钢筋		0.20 和 $45f_t/f_y$ 中的较大值

注：1. 受压构件全部纵向钢筋最小配筋百分率，当采用 C60 以上强度等级的混凝土时，应按表中规定增加 0.10；
  2. 板类受弯构件（不包括悬臂板）的受拉钢筋，当采用强度等级 400MPa、500MPa 的钢筋时，其最小配筋百分率应允许采用 0.15 和 $45f_t/f_y$ 中的较大值；
  3. 偏心受拉构件中的受压钢筋，应按受压构件一侧纵向钢筋考虑；
  4. 受压构件的全部纵向钢筋和一侧纵向钢筋的配筋率以及轴心受拉构件和小偏心受拉构件一侧受拉钢筋的配筋率均应按构件的全截面面积计算；
  5. 受弯构件、大偏心受拉构件一侧受拉钢筋的配筋率应按全截面面积扣除受压翼缘面积 $(b'_f-b)h'_f$ 后的截面面积计算；
  6. 当钢筋沿构件截面周边布置时，"一侧纵向钢筋" 系指沿受力方向两个对边中一边布置的纵向钢筋。

结构构件的裂缝控制等级及最大裂缝宽度的限值（mm）　　　　　附表 2-42

环境类别	钢筋混凝土结构		预应力混凝土结构	
	裂缝控制等级	w_{lim}	裂缝控制等级	w_{lim}
一	三级	0.30(0.40)	三级	0.20
二 a		0.20		0.10
二 b			二级	—
三 a、三 b			一级	—

注：1. 对处于年平均相对湿度小于 60% 地区一类环境下的受弯构件，其最大裂缝宽度限值可采用括号内的数值；
  2. 在一类环境下，对钢筋混凝土屋架、托架及需作疲劳验算的吊车梁，其最大裂缝宽度限值应取为 0.20mm；对钢筋混凝土屋面梁和托梁，其最大裂缝宽度限值应取为 0.30mm；
  3. 在一类环境下，对预应力混凝土屋架、托架及双向板体系，应按二级裂缝控制等级进行验算；对一类环境下的预应力混凝土屋面梁、托梁、单向板，应按表中二 a 级环境的要求进行验算；在一类和二 a 类环境下需作疲劳验算的预应力混凝土吊车梁，应按裂缝控制等级不低于二级的构件进行验算；
  4. 表中规定的预应力混凝土构件的裂缝控制等级和最大裂缝宽度限值仅适用于正截面的验算；预应力混凝土构件的斜截面裂缝控制验算应符合 GB 50010—2010 规范第 7 章的有关规定；
  5. 对于烟囱、筒仓和处于液体压力下的结构，其裂缝控制要求应符合专门标准的有关规定；
  6. 对于处于四、五类环境下的结构构件，其裂缝控制要求应符合专门标准的有关规定；
  7. 表中的最大裂缝宽度限值为用于验算荷载作用引起的最大裂缝宽度。

构件受力特征系数　　　　　　　　　附表 2-43

类　型	α_{cr}	
	钢筋混凝土构件	预应力混凝土构件
受弯、偏心受压	1.9	1.5
偏心受拉	2.4	—
轴心受拉	2.7	2.2

钢筋的相对粘结特性系数　　　　　　　　　附表 2-44

钢筋类别	非预应力钢筋		先张法预应力钢筋			后张法预应力钢筋		
	光面钢筋	带肋钢筋	带肋钢筋	螺旋肋钢丝	刻痕钢丝、钢绞线	带肋钢筋	钢绞线	光面钢丝
ν_i	0.7	1.0	1.0	0.8	0.6	0.8	0.5	0.4

注：对环氧树脂涂层带肋钢筋，其相对粘结特性系数应按表中数值的 0.8 倍取用。

2.5　钢结构计算用表

钢材的强度设计值（N/mm²）　　　　　　　　　附表 2-45

钢　材		抗拉、抗压和抗弯 f	抗剪 f_v	端面承压（刨平顶紧）f_{ce}
牌号	厚度或直径(mm)			
Q235 钢	≤16	215	125	325
	>16～40	205	120	
	>40～60	200	115	
	>60～100	190	110	
Q345 钢	≤16	310	180	400
	>16～35	295	170	
	>35～50	265	155	
	>50～100	250	145	
Q390 钢	≤16	350	205	415
	>16～35	335	190	
	>35～50	315	180	
	>50～100	295	170	
Q420 钢	≤16	380	220	440
	>16～35	360	210	
	>35～50	340	195	
	>50～100	325	185	

注：表中厚度系指计算点的钢材厚度，对轴心受力构件系指截面中较厚板件的厚度。

2.5 钢结构计算用表

焊缝的强度设计值（N/mm²）　　　　　　　　　　　　　　　　附表 2-46

焊接方法和焊条型号	构件钢材		对接焊缝				角焊缝
	牌号	厚度或直径(mm)	抗压 f_c^w	焊缝质量为下列等级时，抗拉 f_t^w		抗剪 f_v^w	抗拉、抗压和抗剪 f_f^w
				一级、二级	三级		
自动焊、半自动焊和用 E43 型焊条的手工焊	Q235 钢	≤16 >16～40 >40～60 >60～100	215 205 200 190	215 205 200 190	185 175 170 160	125 120 115 110	160
自动焊、半自动焊和用 E50 型焊条的手工焊	Q345 钢	≤16 >16～35 >35～50 >50～100	310 295 265 250	310 295 265 250	265 250 225 210	180 170 155 145	200
自动焊、半自动焊和用 E55 型焊条的手工焊	Q390 钢	≤16 >16～35 >35～50 >50～100	350 335 315 295	350 335 315 295	300 285 270 250	205 190 180 170	220
	Q420 钢	≤16 >16～35 >35～50 >50～100	380 360 340 325	380 360 340 325	320 305 290 275	220 210 195 185	220

注：1. 自动焊和半自动焊所采用的焊丝和焊剂，应保证其熔敷金属的力学性能不低于现行国家标准《埋弧焊用碳钢焊丝和焊剂》GB/T 5293 和《低合金钢埋弧焊用焊剂》GB/T 12470 中相关的规定。
2. 焊缝质量等级应符合现行国家标准《钢结构工程施工质量验收规范》GB 50205 的规定。其中厚度小于 8mm 钢材的对接焊缝，不宜采用超声波探伤确定焊缝质量等级。
3. 对接焊缝在受压区的抗弯强度设计值取 f_c^w，在受拉区的抗弯强度设计值取 f_t^w。
4. 表中厚度系指计算点的钢材厚度，对轴心受拉和轴心受压构件系指截面中较厚板件的厚度。

螺栓连接的强度设计值（N/mm²）　　　　　　　　　　　　　　附表 2-47

螺栓的钢号（或性能等级）、锚栓和构件的钢材牌号		普通螺栓					锚栓	承压型连接高强度螺栓		
		C 级螺栓			A 级、B 级螺栓					
		抗拉 f_t^b	抗剪 f_v^b	承压 f_c^b	抗拉 f_t^b	抗剪 f_v^b	承压 f_c^b	抗拉 f_t^a	抗拉 f_t^b	抗剪 f_v^b	承压 f_c^b
普通螺栓	4.6 级 4.8 级	170	140	—	—	—	—	—	—	—	—
	5.6 级	—	—	—	210	190	—	—	—	—	—
	8.8 级	—	—	—	400	320	—	—	—	—	—
锚栓	Q235 钢	—	—	—	—	—	—	140	—	—	—
	Q345 钢	—	—	—	—	—	—	180	—	—	—
承压型连接高强度螺栓	8.8 级	—	—	—	—	—	—	—	400	250	—
	10.9 级	—	—	—	—	—	—	—	500	310	—
构件	Q235 钢	—	—	305	—	—	405	—	—	—	470
	Q345 钢	—	—	385	—	—	510	—	—	—	590
	Q390 钢	—	—	400	—	—	530	—	—	—	615
	Q420 钢	—	—	425	—	—	560	—	—	—	655

注：1. A 级螺栓用于 $d \leq 24$mm 和 $l \leq 10d$ 或 $l \leq 150$mm（按较小值）的螺栓；
　　B 级螺栓用于 $d > 24$mm 和 $l > 10d$ 或 $l > 150$mm（按较小值）的螺栓。
　　d 为螺栓公称直径，l 为螺杆公称长度。
2. A、B 级螺栓孔的精度和孔壁表面粗糙度，C 级螺栓孔的允许偏差和孔壁表面粗糙度，均应符合现行国家标准《钢结构工程施工质量验收规范》GB 50205 的要求。

铆钉连接的强度设计值（N/mm²）　　　附表 2-48

铆钉钢号和构件钢材牌号		抗拉（钉头拉脱）f_t^r	抗剪 f_v^r		承压 f_c^r	
			Ⅰ类孔	Ⅱ类孔	Ⅰ类孔	Ⅱ类孔
铆钉	BL2 或 BL3	120	185	155	—	—
构件	Q235 钢	—	—	—	450	365
	Q345 钢	—	—	—	565	460
	Q390 钢	—	—	—	590	480

注：属于下列情况者为Ⅰ类孔：
(1) 在装配好的构件上按设计孔径钻成的孔；
(2) 在单个零件和构件上按设计孔径分别用钻模钻成的孔；
(3) 在单个零件上先钻成或冲成较小的孔径，然后在装配好的构件上再扩钻至设计孔径的孔。

受弯构件挠度允许值　　　附表 2-49

项次	构件类别	挠度允许值	
		$[\nu_T]$	$[\nu_Q]$
1	吊车梁和吊车桁架（按自重和配重量最大的一台吊车计算） (1) 手动吊车和单梁吊车（含悬挂吊车） (2) 轻级工作制桥式吊车 (3) 中级工作制桥式吊车 (4) 重级工作制桥式吊车	$l/500$ $l/800$ $l/1000$ $l/1200$	—
2	手动或电动葫芦的轨道梁	$l/400$	—
3	有重轨（重量≥38kg/m）轨道的工作平台梁 有轻轨（重量≥24kg/m）轨道的工作平台梁	$l/600$ $l/400$	— —
4	楼（层）盖梁或桁架、工作平台梁（第 3 项除外）和平台板 (1) 主梁或桁架（包括设有悬挂起重设备的梁和桁架） (2) 抹灰顶棚的次梁 (3) 除(1)(2)项外的其他梁（包括楼梯梁） (4) 屋盖檩条 　支承无积灰的瓦楞铁和石棉瓦屋面者 　支承压型金属板、有积灰的瓦楞铁和石棉瓦等屋面者 　支承其他屋面材料者 (5) 平台梁	$l/400$ $l/250$ $l/250$ $l/150$ $l/200$ $l/200$ $l/150$	$l/500$ $l/350$ $l/300$
5	墙架构件（风荷载不考虑阵风系数） (1) 支柱 (2) 抗风桁架（作为连续支柱的支承时） (3) 砌体墙的横梁（水平方向） (4) 支承压型金属板、瓦楞铁和石棉瓦墙面的横梁（水平方向） (5) 带有玻璃窗的横梁（竖直和水平方向）	— — — $l/200$ $l/200$	$l/400$ $l/1000$ $l/300$ $l/200$ $l/200$

注：1. l 为受弯构件的跨度（对悬臂梁和伸臂梁为悬伸长度的 2 倍）。
　　2. $[\nu_T]$ 为全部荷载标准值产生的挠度（如有起拱应减去拱度）允许值；
　　　$[\nu_Q]$ 为可变荷载标准值产生的挠度允许值。

钢材和钢铸件的物理性能指标　　　附表 2-50

弹性模量 E(N/mm²)	剪变模量 G(N/mm²)	线膨胀系数 α（以每℃计）	质量密度 ρ(kg/m³)
206×10^3	79×10^3	12×10^{-6}	7850

2.5 钢结构计算用表

内力在角钢焊缝上的分配系数表　　　附表 2-51

角钢种类	连接形式	分配于焊缝上的力	
		肢背	肢尖
等边角钢	等边相连	0.70	0.30
不等边角钢	短边相连	0.75	0.25
	长边相连	0.65	0.35

常见型钢及其组合截面回转半径的近似值　　　附表 2-52

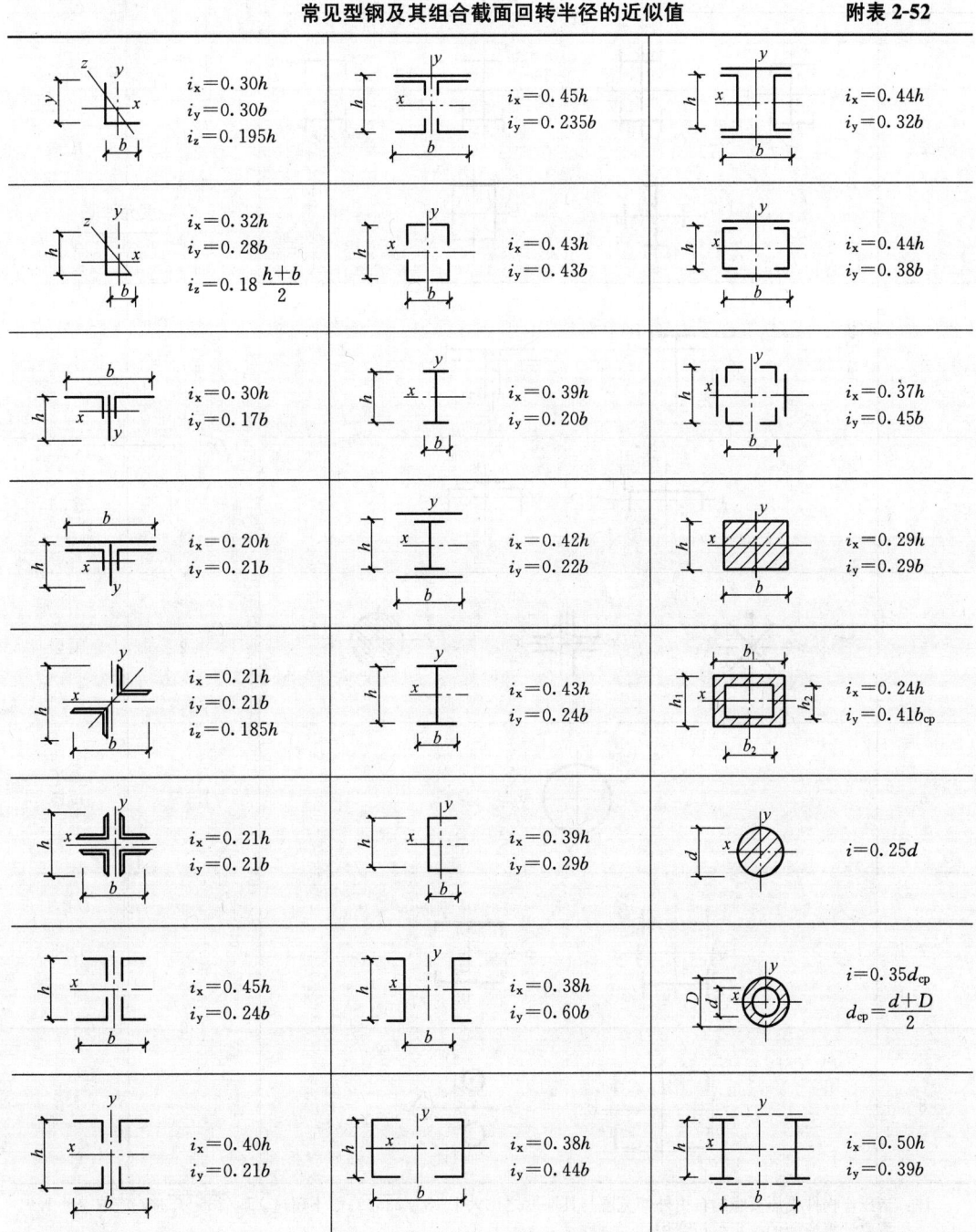

附录二 施工常用结构计算用表

截面塑性发展系数 γ_x、γ_y 附表 2-53

项次	截 面 形 式	γ_x	γ_y
1			1.2
2		1.05	1.05
3		$\gamma_{x1}=1.05$ $\gamma_{x2}=1.2$	1.2
4			1.05
5		1.2	1.2
6		1.15	1.15
7		1.0	1.05
8			1.0

注：当压弯构件受压翼缘的自由外伸宽度与其厚度之比大于 $13\sqrt{235/f_y}$ 而不超过 $15\sqrt{235/f_y}$ 时，应取 $\gamma_x=1.0$。
需要计算疲劳的拉弯、压弯构件，宜取 $\gamma_x=\gamma_y=1.0$。

轴心受压构件的截面分类（板厚 $t<40\text{mm}$）　　附表 2-54

截面形式			对 x 轴	对 y 轴
轧制（圆形截面）			a类	a类
轧制，$b/h\leqslant0.8$			a类	b类
轧制，$b/h>0.8$	焊接，翼缘为焰切边	焊接（圆形）	b类	b类
轧制		轧制等边角钢		
轧制，焊接（板件宽厚比 >20）	轧制或焊接			
焊接		轧制截面和翼缘为焰切边的焊接截面		
格构式		焊接，板件边缘焰切		
焊接，翼缘为轧制或剪切边			b类	c类
焊接，板件边缘轧制或剪切	焊接，板件宽厚比 $\leqslant20$		c类	c类

轴心受压构件的截面分类（板厚 $t \geqslant 40$mm）　　　　附表 2-55

截　面　形　式		对 x 轴	对 y 轴
轧制工字形或 H 形截面	$t<80$mm	b 类	c 类
轧制工字形或 H 形截面	$t\geqslant 80$mm	c 类	d 类
焊接工字形截面	翼缘为焰切边	b 类	b 类
焊接工字形截面	翼缘为轧制或剪切边	c 类	d 类
焊接箱形截面	板件宽厚比 > 20	b 类	b 类
焊接箱形截面	板件宽厚比 ≤ 20	c 类	c 类

受压构件容许长细比　　　　附表 2-56

项次	构　件　长　细　比	容许长细比
1	柱、桁架和天窗架中的杆件 柱的缀条、柱间支撑	150
2	支撑（柱间支撑除外） 用以减少受压构件长细比的杆件	200

注：桁架（包括空间桁架）的受压腹杆，当其内力等于或小于承载能力的 50% 时，容许长细比值可取为 200。

a 类截面轴心受压构件的稳定系数 φ　　　　附表 2-57

$\lambda\sqrt{\dfrac{f_y}{235}}$	0	1	2	3	4	5	6	7	8	9
0	1.000	1.000	1.000	1.000	0.999	0.999	0.998	0.998	0.997	0.996
10	0.995	0.994	0.993	0.992	0.991	0.989	0.988	0.986	0.985	0.983
20	0.981	0.979	0.977	0.976	0.974	0.972	0.970	0.968	0.966	0.964
30	0.963	0.961	0.959	0.957	0.955	0.952	0.950	0.948	0.946	0.944
40	0.941	0.939	0.937	0.934	0.932	0.929	0.927	0.924	0.921	0.919
50	0.916	0.913	0.910	0.907	0.904	0.900	0.897	0.894	0.890	0.886
60	0.883	0.879	0.875	0.871	0.867	0.863	0.858	0.854	0.849	0.844
70	0.839	0.834	0.829	0.824	0.818	0.813	0.807	0.801	0.795	0.789
80	0.783	0.776	0.770	0.763	0.757	0.750	0.743	0.736	0.728	0.721
90	0.714	0.706	0.699	0.691	0.684	0.676	0.668	0.661	0.653	0.645
100	0.638	0.630	0.622	0.615	0.607	0.600	0.592	0.585	0.577	0.570
110	0.563	0.555	0.548	0.541	0.534	0.527	0.520	0.514	0.507	0.500
120	0.494	0.488	0.481	0.475	0.469	0.463	0.457	0.451	0.445	0.440
130	0.434	0.429	0.423	0.418	0.412	0.407	0.402	0.397	0.392	0.387
140	0.383	0.378	0.373	0.369	0.364	0.360	0.356	0.351	0.347	0.343
150	0.339	0.335	0.331	0.327	0.323	0.320	0.316	0.312	0.309	0.305
160	0.302	0.298	0.295	0.292	0.289	0.285	0.282	0.279	0.276	0.273
170	0.270	0.267	0.264	0.262	0.259	0.256	0.253	0.251	0.248	0.246

续表

$\lambda\sqrt{\frac{f_y}{235}}$	0	1	2	3	4	5	6	7	8	9
180	0.243	0.241	0.238	0.236	0.233	0.231	0.229	0.226	0.224	0.222
190	0.220	0.218	0.215	0.213	0.211	0.209	0.207	0.205	0.203	0.201
200	0.199	0.198	0.196	0.194	0.192	0.190	0.189	0.187	0.185	0.183
210	0.182	0.180	0.179	0.177	0.175	0.174	0.172	0.171	0.169	0.168
220	0.166	0.165	0.164	0.162	0.161	0.159	0.158	0.157	0.155	0.154
230	0.153	0.152	0.150	0.149	0.148	0.147	0.146	0.144	0.143	0.142
240	0.141	0.140	0.139	0.138	0.136	0.135	0.134	0.133	0.132	0.131
250	0.130									

b 类截面轴心受压构件的稳定系数 φ　　　　附表 2-58

$\lambda\sqrt{\frac{f_y}{235}}$	0	1	2	3	4	5	6	7	8	9
0	1.000	1.000	1.000	0.999	0.999	0.998	0.997	0.996	0.995	0.994
10	0.992	0.991	0.989	0.987	0.985	0.983	0.981	0.978	0.976	0.973
20	0.970	0.967	0.963	0.960	0.957	0.953	0.950	0.946	0.943	0.939
30	0.936	0.932	0.929	0.925	0.922	0.918	0.914	0.910	0.906	0.903
40	0.899	0.895	0.891	0.887	0.882	0.878	0.874	0.870	0.865	0.861
50	0.856	0.852	0.847	0.842	0.838	0.833	0.828	0.823	0.818	0.813
60	0.807	0.802	0.797	0.791	0.786	0.780	0.774	0.769	0.763	0.757
70	0.751	0.745	0.739	0.732	0.726	0.720	0.714	0.707	0.701	0.694
80	0.688	0.681	0.675	0.668	0.661	0.655	0.648	0.641	0.635	0.628
90	0.621	0.614	0.608	0.601	0.594	0.588	0.581	0.575	0.568	0.561
100	0.555	0.549	0.542	0.536	0.529	0.523	0.517	0.511	0.505	0.499
110	0.493	0.487	0.481	0.475	0.470	0.464	0.458	0.453	0.447	0.442
120	0.437	0.432	0.426	0.421	0.416	0.411	0.406	0.402	0.397	0.392
130	0.387	0.383	0.378	0.374	0.370	0.365	0.361	0.357	0.353	0.349
140	0.345	0.341	0.337	0.333	0.329	0.326	0.322	0.318	0.315	0.311
150	0.308	0.304	0.301	0.298	0.295	0.291	0.288	0.285	0.282	0.279
160	0.276	0.273	0.270	0.267	0.265	0.262	0.259	0.256	0.254	0.251
170	0.249	0.246	0.244	0.241	0.239	0.236	0.234	0.232	0.229	0.227
180	0.225	0.223	0.220	0.218	0.216	0.214	0.212	0.210	0.208	0.206
190	0.204	0.202	0.200	0.198	0.197	0.195	0.193	0.191	0.190	0.188
200	0.186	0.184	0.183	0.181	0.180	0.178	0.176	0.175	0.173	0.172
210	0.170	0.169	0.167	0.166	0.165	0.163	0.162	0.160	0.159	0.158
220	0.156	0.155	0.154	0.153	0.151	0.150	0.149	0.148	0.146	0.145
230	0.144	0.143	0.142	0.141	0.140	0.138	0.137	0.136	0.135	0.134
240	0.133	0.132	0.131	0.130	0.129	0.128	0.127	0.126	0.125	0.124
250	0.123									

c 类截面轴心受压构件的稳定系数 φ   附表 2-59

$\lambda\sqrt{\dfrac{f_y}{235}}$	0	1	2	3	4	5	6	7	8	9
0	1.000	1.000	1.000	0.999	0.999	0.998	0.997	0.996	0.995	0.993
10	0.992	0.990	0.988	0.986	0.983	0.981	0.978	0.976	0.973	0.970
20	0.966	0.959	0.953	0.947	0.940	0.934	0.928	0.921	0.915	0.909
30	0.902	0.896	0.890	0.884	0.877	0.871	0.865	0.858	0.852	0.846
40	0.839	0.833	0.826	0.820	0.814	0.807	0.801	0.794	0.788	0.781
50	0.775	0.768	0.762	0.755	0.748	0.742	0.735	0.729	0.722	0.715
60	0.709	0.702	0.695	0.689	0.682	0.676	0.669	0.662	0.656	0.649
70	0.643	0.636	0.629	0.623	0.616	0.610	0.604	0.597	0.591	0.584
80	0.578	0.572	0.566	0.559	0.553	0.547	0.541	0.535	0.529	0.523
90	0.517	0.511	0.505	0.500	0.494	0.488	0.483	0.477	0.472	0.467
100	0.463	0.458	0.454	0.449	0.445	0.441	0.436	0.432	0.428	0.423
110	0.419	0.415	0.411	0.407	0.403	0.399	0.395	0.391	0.387	0.383
120	0.379	0.375	0.371	0.367	0.364	0.360	0.356	0.353	0.349	0.346
130	0.342	0.339	0.335	0.332	0.328	0.325	0.322	0.319	0.315	0.312
140	0.309	0.306	0.303	0.300	0.297	0.294	0.291	0.288	0.285	0.282
150	0.280	0.277	0.274	0.271	0.269	0.266	0.264	0.261	0.258	0.256
160	0.254	0.251	0.249	0.246	0.244	0.242	0.239	0.237	0.235	0.233
170	0.230	0.228	0.226	0.224	0.222	0.220	0.218	0.216	0.214	0.212
180	0.210	0.208	0.206	0.205	0.203	0.201	0.199	0.197	0.196	0.194
190	0.192	0.190	0.189	0.187	0.186	0.184	0.182	0.181	0.179	0.178
200	0.176	0.175	0.173	0.172	0.170	0.169	0.168	0.166	0.165	0.163
210	0.162	0.161	0.159	0.158	0.157	0.156	0.154	0.153	0.152	0.151
220	0.150	0.148	0.147	0.146	0.145	0.144	0.143	0.142	0.140	0.139
230	0.138	0.137	0.136	0.135	0.134	0.133	0.132	0.131	0.130	0.129
240	0.128	0.127	0.126	0.125	0.124	0.124	0.123	0.122	0.121	0.120
250	0.119									

d 类截面轴心受压构件的稳定系数 φ   附表 2-60

$\lambda\sqrt{\dfrac{f_y}{235}}$	0	1	2	3	4	5	6	7	8	9
0	1.000	1.000	0.999	0.999	0.998	0.996	0.994	0.992	0.990	0.987
10	0.984	0.981	0.978	0.974	0.969	0.965	0.960	0.955	0.949	0.944
20	0.937	0.927	0.918	0.909	0.900	0.891	0.883	0.874	0.865	0.857
30	0.848	0.840	0.831	0.823	0.815	0.807	0.799	0.790	0.782	0.774
40	0.766	0.759	0.751	0.743	0.735	0.728	0.720	0.712	0.705	0.697
50	0.690	0.683	0.675	0.668	0.661	0.654	0.646	0.639	0.632	0.625
60	0.618	0.612	0.605	0.598	0.591	0.585	0.578	0.572	0.565	0.559
70	0.552	0.546	0.540	0.534	0.528	0.522	0.516	0.510	0.504	0.498
80	0.493	0.487	0.481	0.476	0.470	0.465	0.460	0.454	0.449	0.444
90	0.439	0.434	0.429	0.424	0.419	0.414	0.410	0.405	0.401	0.397
100	0.394	0.390	0.387	0.383	0.380	0.376	0.373	0.370	0.366	0.363

续表

$\lambda\sqrt{\frac{f_y}{235}}$	0	1	2	3	4	5	6	7	8	9
110	0.359	0.356	0.353	0.350	0.346	0.343	0.340	0.337	0.334	0.331
120	0.328	0.325	0.322	0.319	0.316	0.313	0.310	0.307	0.304	0.301
130	0.299	0.296	0.293	0.290	0.288	0.285	0.282	0.280	0.277	0.275
140	0.272	0.270	0.267	0.265	0.262	0.260	0.258	0.255	0.253	0.251
150	0.248	0.246	0.244	0.242	0.240	0.237	0.235	0.233	0.231	0.229
160	0.227	0.225	0.223	0.221	0.219	0.217	0.215	0.213	0.212	0.210
170	0.208	0.206	0.204	0.203	0.201	0.199	0.197	0.196	0.194	0.192
180	0.191	0.189	0.188	0.186	0.184	0.183	0.181	0.180	0.178	0.177
190	0.176	0.174	0.173	0.171	0.170	0.168	0.167	0.166	0.164	0.163
200	0.162	—	—	—	—	—	—	—	—	—

注:1. 附表2-67至附表2-70中的 φ 值系按下列公式算得:

当 $\lambda_n = \frac{\lambda}{\pi}\sqrt{f_y/E} \leq 0.215$ 时:

$$\varphi = 1 - \alpha_1 \lambda_n^2$$

当 $\lambda_n > 0.215$ 时:

$$\varphi = \frac{1}{2\lambda_n^2}\left[(\alpha_2 + \alpha_3 \lambda_n + \lambda_n^2) - \sqrt{(\alpha_2 + \alpha_3 \lambda_n + \lambda_n^2)^2 - 4\lambda_n^2}\right]$$

式中,α_1、α_2、α_3 为系数,根据附表2-64的截面分类,按附表2-71采用。
2. 当构件的 $\lambda\sqrt{f_y/235}$ 值超出附表2-67至附表2-70的范围时,则 φ 值按注1所列的公式计算。

系数 α_1、α_2、α_3 附表2-61

截面类别		α_1	α_2	α_3
a类		0.41	0.986	0.152
b类		0.65	0.965	0.300
c类	$\lambda_n \leq 1.05$	0.73	0.906	0.595
c类	$\lambda_n > 1.05$	0.73	1.216	0.302
d类	$\lambda_n \leq 1.05$	1.35	0.868	0.915
d类	$\lambda_n > 1.05$	1.35	1.375	0.432

摩擦面的抗滑移系数 μ 附表2-62

在连接处构件接触面的处理方法	构件的钢号		
	Q235钢	Q345钢、Q390钢	Q420钢
喷砂(丸)	0.45	0.50	0.50
喷砂(丸)后涂无机富锌漆	0.35	0.40	0.40
喷砂(丸)后生赤锈	0.45	0.50	0.50
钢丝刷清除浮锈或未经处理的干净轧制表面	0.30	0.35	0.40

一个高强度螺栓的预拉力 P (kN)   附表2-63

螺栓的性能等级	螺栓公称直径(mm)					
	M16	M20	M22	M24	M27	M30
8.8级	80	125	150	175	230	280
10.9级	100	155	190	225	290	355

2.6 木结构计算用表

普通木结构构件的材质等级　　　　　　　　　附表 2-64

项次	主 要 用 途	材质等级
1	受拉或拉弯构件	I_a
2	受弯或压弯构件	II_a
3	受压构件及次要受弯构件(如吊顶小龙骨等)	III_a

针叶树种木材适用的强度等级　　　　　　　　　附表 2-65

强度等级	组别	适 用 树 种
TC17	A	柏木　长叶松　湿地松　粗皮落叶松
	B	东北落叶松　欧洲赤松　欧洲落叶松
TC15	A	铁杉　油杉　太平洋海岸黄柏　花旗松—落叶松　西部铁杉　南方松
	B	鱼鳞云杉　西南云杉　南亚松
TC13	A	油松　新疆落叶松　云南松　马尾松　扭叶松　北美落叶松　海岸松
	B	红皮云杉　丽江云杉　樟子松　红松　西加云杉　俄罗斯红松　欧洲云杉　北美山地云杉　北美短叶松
TC11	A	西北云杉　新疆云杉　北美黄松　云杉—松—冷杉　铁—冷杉　东部铁杉　杉木
	B	冷杉　速生杉木　速生马尾松　新西兰辐射松

阔叶树种木材适用的强度等级　　　　　　　　　附表 2-66

强度等级	适 用 树 种
TB20	青冈　椆木　门格里斯木　卡普木　沉水稍克隆　绿心木　紫心木　李叶豆　塔特布木
TB17	栎木　达荷玛木　萨佩莱木　苦油树　毛罗藤黄
TB15	锥栗(栲木)　桦木　黄梅兰蒂　梅萨瓦木　水曲柳　红劳罗木
TB13	深红梅兰蒂　浅红梅兰蒂　白梅兰蒂　巴西红厚壳木
TB11	大叶椴　小叶椴

木材的强度设计值和弹性模量（N/mm²）　　　　　附表 2-67

强度等级	组别	抗弯 f_m	顺纹抗压及承压 f_c	顺纹抗拉 f_t	顺纹抗剪 f_v	横纹承压 $f_{c,90}$ 全表面	局部表面和齿面	拉力螺栓垫板下	弹性模量 E
TC17	A	17	16	10	1.7	2.3	3.5	4.6	10000
	B		15	9.5	1.6				
TC15	A	15	13	9.0	1.6	2.1	3.1	4.2	10000
	B		12	9.0	1.5				
TC13	A	13	12	8.5	1.5	1.9	2.9	3.8	10000
	B		10	8.0	1.4				9000

2.6 木结构计算用表

续表

强度等级	组别	抗弯 f_m	顺纹抗压及承压 f_c	顺纹抗拉 f_t	顺纹抗剪 f_v	横纹承压 $f_{c,90}$ 全表面	横纹承压 $f_{c,90}$ 局部表面和齿面	横纹承压 $f_{c,90}$ 拉力螺栓垫板下	弹性模量 E
TC11	A	11	10	7.5	1.4	1.8	2.7	3.6	9000
	B		10	7.0	1.2				
TB20	—	20	18	12	2.8	4.2	6.3	8.4	12000
TB17	—	17	16	11	2.4	3.8	5.7	7.6	11000
TB15	—	15	14	10	2.0	3.1	4.7	6.2	10000
TB13	—	13	12	9.0	1.4	2.4	3.6	4.8	8000
TB11	—	11	10	8.0	1.3	2.1	3.2	4.1	7000

注：计算木构件端部（如接头处）的拉力螺栓垫板时，木材横纹承压强度设计值应按"局部表面和齿面"一栏的数值采用。

不同使用条件下木材强度设计值和弹性模量的调整系数　　附表 2-68

使用条件	调整系数 强度设计值	调整系数 弹性模量
露天环境	0.9	0.85
长期生产性高温环境，木材表面温度达 40～50℃	0.8	0.8
按恒荷载验算时	0.8	0.8
用于木构筑物时	0.9	1.0
施工和维修时的短暂情况	1.2	1.0

注：1. 当仅有恒荷载或恒荷载产生的内力超过全部荷载所产生的内力的 80% 时，应单独以恒荷载进行验算；
　　2. 当若干条件同时出现时，表列各系数应连乘。

新利用树种木材的强度设计值和弹性模量（N/mm²）　　附表 2-69

强度等级	树种名称	抗弯 f_m	顺纹抗压及承压 f_c	顺纹抗剪 f_v	横纹承压 $f_{c,90}$ 全表面	横纹承压 $f_{c,90}$ 局部表面及齿面	横纹承压 $f_{c,90}$ 拉力螺栓垫板下面	弹性模量 E
TB15	槐木、乌墨	15	13	1.8	2.8	4.2	5.6	9000
	木麻黄			1.6				
TB13	柠檬桉、隆缘桉、蓝桉	13	12	1.5	2.4	3.6	4.8	8000
	檫木			1.2				
TB11	榆木、臭椿、梍木	11	10	1.3	2.1	3.2	4.1	7000

注：杨木和拟赤杨顺纹强度设计值和弹性模量可按 TB11 级数值乘以 0.9 采用；横纹强度设计值可按 TB11 级数值乘以 0.6 采用。若当地有使用经验，也可在此基础上作适当调整。

附录二 施工常用结构计算用表

受弯构件挠度限值   附表 2-70

项次	构件类别		挠度限值 $[w]$
1	檩条	$l \leqslant 3.3\text{m}$	$l/200$
		$l > 3.3\text{m}$	$l/250$
2	椽条		$l/150$
3	吊顶中的受弯构件		$l/250$
4	楼板梁和搁栅		$l/250$

注：表中 l—受弯构件的计算跨度。

受压构件长细比限值   附表 2-71

项次	构件类别	长细比限制 $[\lambda]$
1	结构的主要构件（包括桁架的弦杆、支座处的竖杆或斜杆以及承重柱等）	120
2	一般构件	150
3	支撑	200

原木和半原木截面的几何及力学特性表   附表 2-72

断面形状 计算数据		圆形	半圆(下)	半圆(右)	$b=d/3$	$b=d/2$	$b=d/3$	$b=d/2$
截面高度		d	$0.5d$	d	$0.971d$	$0.933d$	$0.943d$	$0.866d$
截面面积		$0.785d^2$	$0.393d^2$	$0.393d^2$	$0.779d^2$	$0.763d^2$	$0.773d^2$	$0.740d^2$
自中性轴至边缘纤维的距离	Z_1	$0.5d$	$0.21d$	$0.5d$	$0.475d$	$0.447d$	$0.471d$	$0.433d$
	Z_2	$0.5d$	$0.29d$	$0.5d$	$0.496d$	$0.486d$	$0.471d$	$0.433d$
截面惯性矩	I_x	$0.0491d^4$	$0.0069d^4$	$0.0245d^4$	$0.0476d^4$	$0.0441d^4$	$0.0461d^4$	$0.0395d^4$
	I_y	$0.0491d^4$	$0.0245d^4$	$0.0069d^4$	$0.0491d^4$	$0.0488d^4$	$0.0490d^4$	$0.0485d^4$
截面抵抗矩	W_x	$0.0982d^3$	$0.0238d^3$	$0.0491d^3$	$0.0960d^3$	$0.0908d^3$	$0.0978d^3$	$0.0921d^3$
	W_y	$0.0982d^3$	$0.0491d^3$	$0.0238d^3$	$0.0981d^3$	$0.0976d^3$	$0.0980d^3$	$0.0970d^3$
最小回转半径 $i_{\min}$		$0.25d$	$0.1322d$	$0.1322d$	$0.2471d$	$0.2406d$	$0.243d$	$0.231d$

附录三　我国建筑施工计算技术的应用与发展

摘要：我国建筑施工计算技术于20世纪50年代起步，不断开拓、应用、丰富、创新、发展，现已广泛应用于建筑工程施工的各个领域，收到显著的技术、经济和社会效益，通过介绍其发展特点和应用状况，提出完善、提高施工计算技术的措施和意见。

改革开放以来，我国建筑业蓬勃发展，建筑施工与管理亦步入信息化时代。施工方案的编制、优化；技术和安全措施的选用、制订；施工程序的统筹、规划；劳动组织的部署、调配；工程材料的选购、储存；生产经营的预测、决策；技术问题的研究、处理；新技术的开发、创新；工程质量的控制、检测；质量事故的分析、评估；招标与投标的准备、实施，以及施工的现代化、科学化管理等，除按常规施工方法进行一般的定性分析外，还需对施工的各个方面进行必要的、严密精确的定量分析，即施工计算，使施工活动更加准确无误和科学化，以确保工程质量、进度和施工安全，并获得最优的技术和经济效益。半个多世纪以来，施工计算这门新兴学科，得到很大的进步与发展，并已成为施工技术领域的一个重要分支和组成部分，受到了各施工企业的高度重视。

1. 施工计算技术的特点

施工计算是一门复杂的多学科综合计算技术，它不同于一般土建专业的建筑结构设计计算，而是一种纯粹为施工控制和管理需要的计算，与一般建筑结构计算相比较，施工计算具有：实用性、针对性强，涉及面广；计算边界条件复杂，无专门的施工计算规范、规程及标准可循；应用时间短、随机性大；计算内容多变、缺乏连续性，因地、因时、因工程而异；对施工安全、质量和进度要求严格等特点。

施工计算除需应用一般土建专业计算理论知识外，还需把其他各专业学科知识渗透、融合到施工计算中，涉及范围广，计算难度相对较大。现场施工人员肩负着繁重而紧迫、艰巨而复杂的工程施工任务，缺少时间去深入学习、研究，因此，应用施工计算存在着一定困难。

2. 施工计算技术的应用状况

1953年，我国开始大规模发展工业建筑，兴建大型工业厂房，推广预制装配式混凝

作者简介：江正荣（1928-），男，江西景德镇市人，教授级高级工程师，全国五一劳动奖章获得者，国务院特殊津贴专家。

土和预应力混凝土结构、钢结构，并进行冬期施工，从施工准备到各个阶段施工，开始应用施工计算，取得了一定成效，施工计算技术水平有较大提高。

20世纪70年代末，以上海宝钢为代表的一大批工业建筑和以北京、深圳为代表的城市高层建筑大量兴建，大力引进国外新技术、新工艺，并加以消化、吸收、自主创新，使我国经济建设迈入到一个新阶段。在众多工程中大量应用施工计算技术，取得了一大批重大成果，使工程施工技术、质量和管理水平显著提高，如混凝土泵送技术，大体积混凝土裂缝控制技术，大型场地整平、基坑开挖的土方平衡调配，深基坑各种降水计算，各种冬期施工方法计算以及各种施工安全、质量、进度控制和科学化管理的施工计算等无不应用较精确的施工计算控制指导施工，并融入到各项工程施工中去，使施工计算这门技术日益受到广大建筑施工人员的高度重视，并精心研究、开发和创新。《建筑技术》和《建筑工人》杂志还开辟"施工计算"专栏，介绍各种工程的施工计算方法、经验以及创新成果，为推动施工计算技术的提高、普及、应用和发展以及规范化起到积极的作用。

20世纪80年代末至21世纪初，《简明施工计算手册》和《建筑施工计算手册》相继出版，较全面总结了施工计算成果，系统介绍施工计算方法及应用，进一步推动施工计算发展，方便施工计算的应用普及和提高。特别是进入21世纪以来，我国经济建设步入快速发展时期，建筑工业蓬勃发展，施工计算技术亦进入到大力应用发展阶段，开发创新了许多建筑新结构、新技术、新工艺和新的施工计算方法。同时，国务院为保证建筑工程安全施工，于2003年11月还专门颁布了《建设工程安全生产管理条例》，要求建筑施工企业对一定规模的危险性较大的分部分项工程，如基坑支护和降水、土方开挖、模板、起重吊装、脚手架支设、拆除及爆破等，在施工前都须编制专项施工方案，并进行安全施工计算或验算，使施工做到科学化、定量化，信息化，以保障施工和建筑物质量和使用安全。如今施工计算技术已成为建筑施工各项工程施工所必须学习、掌握的技术，在建筑工程施工各领域得到广泛应用，而且还在不断地研究、开发、提高、创新和发展中，将为我国社会经济建设发展和迈向现代化作出更大的贡献。

3. 施工计算技术的应用发展

3.1 支护施工计算

在众多重大施工技术问题中，大面积深基坑开挖支护设置是首先应解决的关键技术课题，因而许多新型支护体系，如挡土灌注排桩支护、排桩土层锚杆支护、排桩内支撑支护、地下连续墙支护、水泥土墙支护、土钉墙或喷锚支护、逆作拱墙支护、钢板桩或型钢桩支护等不断涌现，其形式、设置方式、截面尺寸、埋深、受力方式、边坡稳定验算及开挖方法等都需采用合理、实用、较精确或简化的施工计算加以确定，因此使支护施工计算得到大量应用发展，对保证基坑工程施工安全、加快工程进度、降低工程成本起到重要作用。

3.2 大面积排降水施工计算

20世纪50至60年代，大面积深基坑排降水多采用明沟、多层明沟、集水井或挖深沟等方法，遇流沙则采用轻型井点降水。一般开挖明沟、深沟，土方量很大，且降水深度有限（5~6m）。20世纪70至80年代，开发应用喷射井点、电渗井点及管井井点等降水方法，效率有所提高，但排降水深度仍有限，设备较多，涌水量大的深基坑排降水困难。20世纪90年代以后，大面积深基坑降水工程增多，开始采用深井井点、小沉井井点、渗排水井点降水。这种降水方法具有：机具设备埋设和操作简便；降水深度、排水量和面积大；装设管理方便、快速；降水费用较低，可在各种条件下应用等优点，本法较圆满地解决了各种复杂工程涌水量大的大面积、深基坑降水问题，能确保工程顺利进行。这与降水施工计算理论、方法不断研究、完善、创新、应用和发展是分不开的。

3.3　大体积混凝土裂缝控制施工计算

大体积混凝土温度收缩裂缝问题在水电站大坝工程中十分受到重视，因为它关系到工程的成败，而在建筑工程中却常被忽视。1974年，某轧钢厂大型轧机设备基础施工，发生首例重大典型温度收缩裂缝事故，影响基础的持久强度和使用寿命，大体积混凝土裂缝控制施工计算开始引起建筑设计和施工单位的重视，之后在宝钢、武钢、宝鸡有色金属加工厂等众多大体积混凝土设备基础通过裂缝控制施工计算，并采取一系列防裂技术措施，基本控制了裂缝产生。20世纪80年代至今，高层建筑大体积混凝土筏形和箱形基础及工业建筑大型设备基础以及其他大体积混凝土结构，一次浇筑成型，都广泛采用裂缝控制施工计算和相应的裂缝控制措施，已完全控制了裂缝出现，确保了工程质量和结构耐久性，并使裂缝控制施工计算理论、方法逐步得到完善，已被广大施工技术人员掌握和应用，并在全国迅速发展，取得了良好的技术、经济效益。

3.4　模板、脚手架施工计算

随着我国大、中城市高层建筑的大量兴建，各种新型模板、脚手架在施工中不断自主创新、开发和应用。如模板工程中，组合式定型钢（竹、木）模板、大模板、滑动式模板、提升（爬升）模板等模板的创新、开发；脚手架工程中，多种形式钢管脚手架、悬吊式脚手架、外挂式脚手架、插口式脚手架以及各种附着式升降脚手架等脚手架的创新、开发都是通过大量的施工计算（如模板的规格、数量、配料及支设间距、模板强度、受力和整体稳定性计算等；脚手架的制作、搭设形式、间距、允许高度、连接间距及稳定性验算等）和试验，确认安全可靠、经济、合理、实用，并得到完善后再在工程中大量应用，收到了节约材料、施工操作方便、快速和文明施工等效果。

3.5　现代化科学管理施工计算

现代化科学管理涉及建筑工程施工各个方面，科目繁多，如经营管理的预测技术、决策技术、价值工程、线性规划的应用；工程计划管理的网络技术、流水节拍施工；全面质量管理的统计方法；安全管理的ABC分析法；物资管理的材料选购、储存理论，以及财务管理的量本利分析法等，都较为广泛地应用施工计算方法进行定量分析，用数据指导施工管理实践，在建筑工程施工广为应用，大大提高了科学管理水平，并在保证安全、质量、进度、降低工程成本等方面，收到显著的技术、经济、管理和社会效益，而且还在不断地研究、开拓、创新和发展。

3.6 其他施工计算

施工计算的应用贯穿施工全过程，除上文所述，还包括：土方工程的大面积场地整平；深基坑土方的平衡调配和最优运距计算；土石方爆破线路布置及用药量计算、结构物拆除的控制爆破设计计算；各地基处理施工工艺和承载力验算；预制桩打（沉）桩施工计算；预制桩和灌注桩静压、动测承载力计算；砖砌体的砖与砌块排列、加工、允许砌筑高度和整体稳定性验算；钢筋代换、配料、下料的优化计算；各种混凝土配合比计算，泵送混凝土布管、浇筑施工计算；各种钢结构配料、下料、加工制作、安装、连接及稳定性验算；结构吊装工程的索具设备、构件吊点、绑扎、旋转、起吊、抗裂、稳定性验算；特别是冬期施工，更需进行各种冬施方法的施工计算，包括材料加热、浇筑、养护温度的控制计算，混凝土成熟度的计算等，以保证达到要求的抗冻强度；再如施工设施规划、结构加固、工程质量事故和缺陷处理，无不需要通过施工计算或验算，以确保工程质量、安全、进度和降低成本。以上工程施工计算技术，从 20 世纪 80 年代以来都在不断丰富、完善、拓展，对推动建筑施工科技进步，起到重要作用。

4. 提高、发展施工计算技术的几点意见

4.1 重视施工计算的教学和应用

一般土木工程专业的学生，在校学习建筑结构设计的计算课程较多，而对施工计算接触较少，较为生疏，一旦在工作中需进行施工计算，则不知所措或感到茫然。建议根据实际需要在土建专业院校开设施工计算课程，或在有关施工课程中专门列一章或一节施工计算内容，以满足工程施工需要并利于工作开展。

部分施工企业对施工计算不够重视，对具有一定规格的、危险性较大的分部分项工程应进行安全施工计算或验算的常忽略不计，盲目施工，因而有时导致发生重大安全或质量事故，应引起警惕和重视。

4.2 做好施工计算的普及提高

施工计算与保证安全、质量和进度密切相关，应为施工人员所掌握和应用。施工企业应加强对施工计算技术的学习或培训，使施工人员了解施工计算的基本内容、原理、方法。除复杂、难度较大的施工计算外，应使一般施工技术人员和高级技工都能掌握一些较简易的施工计算或制成软件，以便于实际推广应用，提高效率，以达到普及提高施工计算和管理水平。

4.3 应使施工计算规范化、标准化

施工计算技术还处在开拓、发展阶段，各施工单位在进行施工计算时，所采用计算方法、公式、所取施工参数、边界条件往往不一致，也无统一的施工计算专门规范可遵循，因此常存在差异，影响技术经济效果。为提高施工计算质量水平，建议在编制各项专业施工验收规范、规程的同时，应列入相应的施工计算内容、方法、典型施工计算实例和有关

规定，以统一计算方法，使其达到规范化、标准化，使施工计算更加便利、精确，以有效指导施工，提高施工计算技术水平。

4.4 加强施工计算技术的研究、开发、创新和应用

各施工企业和土建院校应在深入学习实践科学发展观的基础上，针对现实和发展需要，加强施工计算技术的研究、开发、创新，提高施工计算水平和填补各项施工计算的空白，特别是开发一些简易实用的施工计算体系方法。由于施工计算技术边界条件复杂，施工荷载和参数多变，计算时往往难以达到精确、符合实际状态，因此施工中应允许采用一些简易近似计算方法，或采用测试数据与电子计算机模拟分析相结合，使施工计算结果更符合实际情况，做到既快速又安全、节约，以指导施工实践，使施工计算这门学科得到更大发展应用，为国家经济建筑作出积极贡献。

（《建筑技术》第43卷第2期2012年2月）

主要参考文献

1. 建筑施工手册(第四版)编写组. 建筑施工手册(第四版)1. 北京：中国建筑工业出版社，2003
2. 刘培正，刘成基. 城乡建筑施工简易计算. 成都：四川科学技术出版社，1985
3. 朱嬿等编著. 建筑施工技术. 北京：清华大学出版社，1994
4. 《地基处理手册》编写委员会. 地基处理手册. 北京：中国建筑工业出版社，1998
5. 叶书麟，韩杰等编著. 地基处理与托换技术(第二版). 北京：中国建筑工业出版社，1994
6. 顾晓鲁，钱鸿缙等主编. 地基与基础(第二版). 北京：中国建筑工业出版社，1993
7. 郭继武编. 地基与基础. 北京：中国建筑工业出版社，1986
8. 张述勇，郭秋生. 土力学及地基基础. 北京：中国建筑工业出版社，1993
9. 赵志缙编著. 高层建筑基础工程施工. 北京：中国建筑工业出版社，1986
10. 卢肇钧，曾国熙等编. 地基处理新技术. 北京：中国建筑工业出版社，1989
11. 尉希成编著. 支护结构设计手册. 北京：中国建筑工业出版社，1995
12. 宁波市城乡建设委员会编. 软土地区深基坑支护工程实例. 北京：中国建筑工业出版社，1997
13. 余志成，施文华编著. 深基坑设计与施工. 北京：中国建筑工业出版社，1997
14. 冶金建筑研究总院主编. 基坑开挖与支护技术. 北京：冶金工业出版社，1993
15. 徐攸在，刘兴满主编. 桩的动测新技术. 北京：中国建筑工业出版社，1995
16. 周九仪，周良模编著. 砖石工程. 北京：中国建筑工业出版社，1986
17. 傅钟鹏编著. 钢筋混凝土构件实用施工计算手册. 北京：中国建筑工业出版社，1994
18. 杨宗放，郭正兴编著. 现代模板工程. 北京：中国建筑工业出版社，1995
19. 杨宗放，方和先编著. 现代预应力混凝土施工. 北京：中国建筑工业出版社，1996
20. 傅温，王宏彬主编. 混凝土工程新技术. 中国建材工业出版社，1994
21. 冶金建筑研究总院主编. 防水混凝土及其应用. 北京：中国建筑工业出版社，1979
22. 王铁梦著. 建筑物的裂缝控制. 上海：上海科学技术出版社，1987
23. 王朝熙，何亚伯主编. 简明防水工程手册. 北京：中国建筑工业出版社，1999
24. 罗国强，傅松甫等. 刚性防水屋面设计与施工. 北京：中国建筑工业出版社，1996
25. 项矗行著. 混凝土冬季施工工艺学. 北京：中国建筑工业出版社，1993
26. 彭圣浩主编. 建筑工程施工组织设计实例应用手册(第三版). 北京：中国建筑工业出版社，2008
27. 徐家和主编，建筑施工实例应用手册. 北京：中国建筑工业出版社，1998
28. 万墨林，韩继云编著. 混凝土结构加固技术. 北京：中国建筑工业出版社，1995
29. 刘鲲编著. 建筑结构修缮. 北京：中国建筑工业出版社，1980
30. 龚晓南主编. 复合地基设计和施工指南. 北京：人民交通出版社，2003
31. 朱国梁、顾雪龙主编. 简明混凝土工程施工手册. 北京：中国环境科学出版社，2003
32. 王定一、王宇红等主编. 简明预应力混凝土工程施工手册. 北京：中国环境科学出版社，2003
33. 梁建智编著. 简明结构吊装工程施工手册. 北京：中国环境科学出版社，2003
34. 王维如主编. 建筑工程现代化管理方法. 北京：中国建筑工业出版社，1996
35. 周建国主编. 建筑结构施工基本计算. 北京：中国建筑工业出版社，1998
36. 北京土木建筑学会主编. 建筑施工脚手架构造与计算手册. 北京：中国电力出版，2009

37. 江正荣编著．建筑施工工程师手册．(第三版)．北京：中国建筑工业出版社，2009
38. 江正荣，朱国梁编著．简明施工计算手册（第三版）．北京：中国建筑工业出版社，2005
39. 江正荣主编．建筑地基与基础施工手册（第二版）．北京：中国建筑工业出版社，2005
40. 江正荣，赵志缙．土方与基坑工程（建筑施工手册．第四版）．北京：中国建筑工业出版社，2003
41. 江正荣．地基处理与桩基工程（建筑施工手册．第四版）．北京：中国建筑工业出版社，2003
42. 江正荣编著．简明土方与地基基础工程施工手册．北京：中国环境科学出版社，2003
43. 江正荣主编．基坑工程便携手册．北京：机械工业出版社，2004
44. 江正荣主编．实用高层建筑施工手册．北京：中国建筑工业出版社，2003
45. 江正荣著．大型设备基础施工技术．北京：中国建筑工业出版社，1997
46. 江正荣，杨宗放主编．特种工程结构施工手册．北京：中国建筑工业出版社，1998
47. 江正荣主编．建筑结构预制与吊装手册．北京：中国建筑工业出版社，1994
48. 江正荣编著．实用建筑施工工程师手册（修订本）．北京：中国建材工业出版社，1998
49. 江正荣编著．建筑施工简易计算（第二版）．北京：机械工业出版社，2008
50. 江正荣编著．建筑施工简易计算（续篇）（第二版）．北京：机械工业出版社，2008
51. 江正荣．混凝土裂缝控制的施工计算，建筑技术，1985（1）
52. 江正荣．塔类结构构件整体吊装与计算．建筑技术，1988（11）
53. 江正荣．喷粉桩施工工艺、应用与问题探讨．建筑技术，1996（3）
54. 江正荣．新型多分支承力盘灌注桩施工工艺及应用．建筑技术，1994（3）
55. 江正荣．山区滑坡原因分析与防治措施．建筑技术，1984（2）
56. 江正荣．大型地下连续墙设备研制与施工新工艺．建筑技术，1992（5）
57. 江正荣．强夯加固湿陷性黄土及软弱地基的试验与应用．有色冶金建筑，1991（2）
58. 江正荣．大型岸边式取水泵站施工问题．工业建筑，1987（5）
59. 江正荣．大型轧机基础裂缝原因分析及加固处理．冶金建筑，1975（6）
60. 江正荣．复杂恶劣条件下深基坑的挡水与支护．建筑技术，1984（2）
61. 江正荣．强约束条件下大型泵站的裂缝控制．建筑技术，1992（11）
62. 江正荣．重型柱的吊装．施工技术，1986（5）
63. 江正荣．大型预制构件的运输方法及问题探讨，建筑技术，1993（11）
64. 江正荣．大跨度钢屋架制作安装质量事故原因及处理．建筑技术，1985（8～9）
65. 江正荣．内部通汽法应用的几个问题，建筑技术，1983（11）
66. 江正荣．我国建筑施工计算技术的应用与发展，建筑技术，2012（2）
67. 江正荣．施工计算，建筑工人，1993（7～12）、1994（2～7）、1995（12）、1996（3）、（4）、（8）、（10）、（12），1997（3）、（5）、（6）1998（2）、（12）1999（1）、（4）、（6）、（12），2000（5）、（9），2001（3）、（8）、（10），2004（9），2005（11），2012（7）
68. 赵本初．深基础施工中的井壁支护设计与计算．《工业建筑》，1983（11）
69. 王祖哲，程培英等．插口飞架脚手架的设计与应用．建筑技术，1999（8）
70. 杨克新．钻孔灌主挡土桩的应用及简易计算．建筑技术，1980（2）
71. 曹韩阳．砖柱大放脚体积计算．建筑工人，1990（5）
72. 曹韩阳．配合比理论重量计算．建筑工人，1991（6）
73. 卢建明．竹、木散装模板的设计计算．建筑工人，2006（10）～（12）
74. 罗中华．用钢筋含量系数法快速预算钢筋重量，建筑工人，2008（7）
75. 李和笙．地下水池在施工期间抗浮计算．建筑工人，2003（4）
76. 黄绍新等．纵向受拉钢筋一层改为两层布置的核算．建筑工人，2001（11）
77. 江薇薇、程道广．梁钢筋代换的抗弯和抗剪承载力验算．建筑工人，2004（7）

主要参考文献

78. 江茜. 高强度螺栓工艺参数计算. 建筑工人，2004（6）
79. 王庞义. 巧算砖基础大放脚的横截面积. 建筑工人，2001（4）
80. 黄绍新. 圆形水池模板的配料计算，建筑工人，2004（11）
81. 李一农. 预冷混凝土在干热地区核电站工程中的应用. 建筑技术，1996（1）
82. 杜忠祥. 大体积混凝土薄层浇筑技术. 建筑技术，1996（1）
83. 高芳胜、杨琳等. 跳仓法施工新技术. 建筑技术，2011（5）
84. 陈晋中、王素琴等. 现浇混凝土空心楼盖施工技术，建筑技术，2011（5）
85. 崔振武等. 平屋面找坡层做法的改进及坡度控制. 建筑工人，2001（10）
86. 张再兴. 大面积地面的伸缩缝处理. 建筑工人，2004（5）
87. 吴前明. 人工挖孔灌注桩采用砖井壁的施工技术. 施工技术，1990（2）
88. 吴培琦. 圆形构件向心钢筋配料计算及施工. 建筑工人，2002（11）
89. 朱良峰. 大体积泵送混凝土初凝时间和用量的计算、建筑工人，1998（9）
90. 史明. 贴墙材料用量计算、建筑工人，2004（2）
91. 陈长兴. 内饰面砖装饰的排砖设计. 建筑工人，1998（5）
92. 建筑结构荷载规范（GB 50009—2012）
93. 建筑地基基础设计规范（GB 50007—2011）
94. 建筑地基处理技术规范（JGJ 79—2012）
95. 砌体结构设计规范（GB 50003—2011）
96. 混凝土结构设计规范（GB 50010—2010）
97. 木结构设计规范（GB 50005—2003）
98. 钢结构设计规范（GB 50017—2003）
99. 建筑桩基技术规范（JGJ 94—2008）
100. 高层建筑箱形与筏形基础技术规范（JGJ 6—99）
101. 建筑基坑支护技术规程（JGJ 120—2012）
102. 基坑土钉支护技术规程（CECS 96：97）
103. 组合钢模板技术规程（GBJ 214—89）
104. 液压滑动模板施工技术规范（GBJ 113—87）
105. 普通混凝土配合比设计规程（JGJ/T 55—2011）
106. 碳纤维片材加固混凝土结构技术规程（CECS 146）
107. 建筑施工扣件式钢管脚手架安全技术规范（JGJ 130—2011）
108. 建筑施工门式钢管脚手架安全技术规范（JGJ 128—2010）
109. 建筑施工工具或脚手架安全技术规范（JGJ 202—2010）
110. 建筑边坡工程技术规范（GB 50330—2002）
111. 水泥土配合比设计规程（JGJ/T 233—2011）
112. 型钢水泥土搅拌墙技术规程（JGJ/T 199—2010）
113. 建筑施工模板安全技术规范（JGJ 162—2008）
114. 钢框胶合模板技术规程（JGJ 96—2011）
115. 大体积混凝土施工规范（GB 50496—2009）
116. 混凝土结构加固设计规范（GB 50367—2006）
117. 混凝土结构加固技术规范（CECS 25：90）
118. 钢结构加固技术规程（CECS 77：96）
119. 钢结构高强度螺栓连接技术规程（JGJ 82—2011）
120. 砌筑砂浆配合比设计规程（JGJ/T 98—2010）
121. 抹灰砂浆技术规程（JGJ/T 220—2010）